分析化学手册

第三版

原子光谱分析

郑国经　主编

罗立强　符 斌　张锦茂　副主编

化学工业出版社

·北京·

本书是《分析化学手册》（第三版）的 3A 分册，按原子光谱分析技术及仪器类型编排，全书共分五篇，第一篇为光谱分析概论；第二篇为原子发射光谱分析，包括火花放电原子发射光谱分析、电弧原子发射光谱分析、电感耦合等离子体原子发射光谱分析、微波等离子体原子发射光谱分析、辉光放电原子发射光谱分析、激光诱导击穿光谱分析以及火焰原子发射光谱分析；第三篇为原子吸收光谱分析，包括火焰原子吸收光谱分析及无火焰原子吸收光谱分析技术；第四篇为原子荧光光谱分析，包括蒸气发生无色散原子荧光分析技术；第五篇为 X 射线荧光光谱分析，包括波长色散 X 射线荧光光谱、能量色散 X 射线荧光光谱及微区 X 射线荧光光谱分析技术。全书每门分析技术均按分析特性、基本原理、仪器结构、定性及定量分析方法、应用实例及参考文献编撰，便于查阅。

本书给出了准确的概念和定义、翔实的分析方法、海量的数据和丰富的应用实例，在兼顾基础的同时更加注重现代技术与仪器的应用，具有较强的实用性。

本书为分析化学工作者的工具书，可供化学、化工、材料、冶金、地质、矿产、环境、生物等领域从事光谱分析的技术人员和科研人员阅读参考，也可作为高等院校分析化学及相关专业师生的教学参考书。

图书在版编目（CIP）数据

分析化学手册. 3A. 原子光谱分析/郑国经主编.
3 版. —北京：化学工业出版社，2016.9（2021.7重印）
ISBN 978-7-122-27857-9

Ⅰ.①分… Ⅱ.①郑… Ⅲ.①分析化学－手册 ②原子
光谱－光谱分析－手册 Ⅳ.①O65-62

中国版本图书馆 CIP 数据核字（2016）第 191687 号

责任编辑：傅聪智　李晓红　任惠敏　　　　　　文字编辑：陈　雨
责任校对：边　涛　　　　　　　　　　　　　　装帧设计：王晓宇

出版发行：化学工业出版社（北京市东城区青年湖南街 13 号　邮政编码 100011）
印　　装：北京虎彩文化传播有限公司
787mm×1092mm　1/16　印张 76¾　字数 1984 千字　2021 年 7 月北京第 3 版第 3 次印刷

购书咨询：010-64518888　　　　　　　　　　售后服务：010-64518899
网　　址：http://www.cip.com.cn
凡购买本书，如有缺损质量问题，本社销售中心负责调换。

定　　价：398.00 元

《分析化学手册》(第三版)编委会

本分册编写人员

主　编：郑国经

副主编：罗立强　符　斌　张锦茂

编写人员（按编写篇章顺序排列）：

郑国经　赵　雷　罗倩华　金钦汉　余　兴　张　勇

符　斌　高介平　冯先进　唐凌天　张锦茂　梁　敬

罗立强　李国会　储彬彬　詹秀春　翟　磊　卓尚军

沈亚婷　柳　检　范晨子　曾　远　孙建伶　袁　静

蔺雅洁　刘　洁　孙晓艳　马艳红　唐力君

序

分析化学是人们获得物质组成、结构及相关信息的科学，即测量与表征的科学。其主要任务是鉴定物质的化学组成及含量测定、确定物质的结构形态及其与物质性质之间的关系。分析化学是一门社会和科技发展迫切需要的、多学科交叉结合的综合性科学。现代分析化学必须回答当代科学技术和社会需求对现存的方法和技术的挑战，因此实际上已发展成为"分析科学"。

《分析化学手册》是一套全面反映现代分析技术，供化学工作者使用的专业工具书。《分析化学手册》第一版于1979年出版，有6个分册；第二版扩充为10个分册，于1996年至2000年陆续出版。手册出版后，受到广大读者的欢迎，成为国内很多分析化验室和化学实验室的必备图书，对我国科技进步和社会发展都产生了重要作用。

进入21世纪，随着科技进步和社会发展对分析化学提出的种种要求，各种新的分析手段、仪器设备、信息技术的出现，极大地丰富了分析化学学科的内涵、促进了学科的发展。为更好总结这些进展，为广大读者服务，化学工业出版社自2010年起开始启动《分析化学手册》(第三版)的修订工作，成立了由分析化学界30余位专家组成的编委会，这些专家包括了10位中国科学院院士、中国工程院院士和发展中国家科学院院士，多位长江学者特聘教授和国家杰出青年基金获得者，以及各领域经验丰富的专家。在编委会的领导下，作者、编辑、编委通力合作，历时六年完成了这套1800余万字的大型工具书。

本次修订保持了第二版10分册的基本架构，将其中的3个分册进行拆分，扩充为6册，最终形成10分册13册的格局：

1	基础知识与安全知识	7A	氢-1核磁共振波谱分析
2	化学分析	7B	碳-13核磁共振波谱分析
3A	原子光谱分析	8	热分析与量热学
3B	分子光谱分析	9A	有机质谱分析
4	电分析化学	9B	无机质谱分析
5	气相色谱分析	10	化学计量学
6	液相色谱分析		

其中，原《光谱分析》拆分为《原子光谱分析》和《分子光谱分析》；《核磁共振波谱分析》拆分为《氢-1 核磁共振波谱分析》和《碳-13 核磁共振波谱分析》；《质谱分析》新增加了无机质谱分析的内容，拆分为《有机质谱分析》和《无机质谱分析》，并对仪器结构及方法原理进行了全面的更新。另外，《热分析》增加了量热学方面的内容，分册名变更为《热分析与量热学》。

本版修订秉承的宗旨：一、保持手册一贯的权威性和典型性，体现预见性和前瞻性，突出新颖性和实用性；二、继承手册的数据查阅功能，同时注重对分析方法和技术的介绍；三、着重收录了基础性理论和发展较成熟的方法与技术，删除已废弃的或过时的内容，更新有关数据，增补各领域近十年来的新方法、新成果，特别是计算机的应用、多种分析技术联用、分析技术在生命科学中的应用等方面的内容；四、在编排方式上，突出手册的可查阅性，各分册均编排主题词索引，与目录相互补充，对于数据表格、图谱比较多的分册，增加表索引和谱图索引，部分分册增设了符号与缩略语对照。

手册第三版获得了国家出版基金项目的支持，编写与修订工作得到了我国分析化学界同仁的大力支持，全套书的修订出版凝聚了他们大量的心血和期望，在此谨向他们，以及在编写过程中曾给予我们热情支持与帮助的有关院校、科研院所及厂矿企业的专家和同行，致以诚挚的谢意。同时我们也真诚期待广大读者的热情关注和批评指正。

《分析化学手册》（第三版）编委会
2016 年 4 月

前　言

光谱分析为历史悠久的分析技术，以 1666 年牛顿首次引入"spectro"（光谱）一词算起，至今已经历了 350 年，不论是基础理论研究还是实用技术都不断发展，已经形成包含原子光谱及分子光谱分析在内，理论完善、技术成熟的分析技术，出现了多种应用于各种领域的光谱分析仪器，成为各个分析检测实验室必备的基础分析手段。作为供化学工作者使用的分析技术专业工具书，《分析化学手册》从第二版起便将光谱分析单独成册，列为手册的第三分册《光谱分析》，汇集了原子光谱、分子光谱的各种分析技术和方法的资料，成为各行业中从事光谱分析的技术人员和分析化学工作者的案头工具书。

第二版出版至今已经历了 18 个年头，这期间光谱分析在仪器设备、测量技术和应用领域又有很大发展，出现多种新的分析技术和新的仪器类别，使光谱分析发展形成了两大门类（原子光谱和分子光谱）、四大分析类型（发射光谱分析、吸收光谱分析、荧光光谱分析和拉曼光谱分析）、多种分析仪器的完整体系。为了满足这一发展所带来的需求，本次再版将《分析化学手册》第二版第三分册《光谱分析》分成了两册——3A 为《原子光谱分析》，3B 为《分子光谱分析》，重新编排改版，以反映 21 世纪以来高新技术发展在光谱分析上的技术进步及应用拓展。

本书为《分析化学手册》（第三版）3A 分册《原子光谱分析》。本分册在第二版原子光谱分析相关内容的基础上，按照原子光谱已自成体系的原子发射光谱（AES）、原子吸收光谱（AAS）、原子荧光光谱（AFS）及 X 射线荧光光谱（XRF）四大部分，独立成篇，原子发射光谱篇则按各类分析技术手段分章进行编撰。

第一篇光谱分析概论保持第二版的框架结构，保留光谱分析有关的基础知识内容和原子光谱分析共通的基础理论资料，作为光谱分析的基础篇。

第二篇原子发射光谱分析按现代原子发射光谱分析技术类型分章编撰，包括火花放电/电弧直读光谱、电感耦合等离子体（ICP）/微波等离子体（MP）发射光谱、辉光放电光谱（GDS）、激光诱导击穿光谱（LIBS）等分析技术，并保留了经典的摄谱法光谱分析技术、火焰发射光谱分析技术的内容，以备参考查阅。章节安排和内容均有较大改变和补充，微波等离子体光谱分析、辉光放电光谱分析及激光诱导击穿光谱分析均为新增内容。

第三篇原子吸收光谱分析将第二版中原子吸收与原子荧光光谱分析法分开，单独成篇，在第二版的基础上，增编了近十多年来 AAS 的技术发展内容，增加连续光源原子吸收光谱分析技术和新型仪器结构，以及近十几年来的应用实例和标准分析方法，内容上有较大程度的更新。

第四篇原子荧光光谱分析对第二版中相关章节进行调整补充和较大程度的更新，增添了

无色散原子荧光光谱分析技术及其应用内容，并收列了在国内发展很快、应用广泛的蒸气发生-原子荧光光谱（VG-AFS）分析实验技术，以及近期发展的色谱-原子荧光光谱联用技术在形态分析上的应用内容。增加了具有我国特色的 VG-AFS 分析仪器结构及其应用和分析标准方法。

第五篇 X 射线荧光光谱分析在第二版的基础上，按波长色散 X 射线荧光（WDXRF）光谱和能量色散 X 射线荧光（EDXRF）光谱分析技术，两大类型 XRF 的仪器及其应用进行编撰。除保留第二版中有关 X 射线荧光光谱分析的基本物理参数表格作为附表收列外，所有内容均重新编撰，加强基本理论、现代 XRF 光谱仪结构、定量分析方法和制样技术等系统内容，增加了现代微区 X 射线光谱分析及形态分析原理和技术章节，增加了 XRF 分析标准物质与标准方法的内容。

本分册由北京理化分析测试技术学会光谱专业委员会组织修编，主编郑国经，副主编罗立强、符斌、张锦茂。第一篇及第二篇第三、第五、第十章由郑国经编写，第四章由赵雷编写，第六章由罗倩华和郑国经编写，第七章由金钦汉编写，第八章由余兴编写，第九章由张勇和余兴编写；第三篇由符斌、高介平、冯先进和唐凌天编写；第四篇由张锦茂、梁敬编写；第五篇由罗立强、詹秀春、卓尚军、沈亚婷、曾远、唐力君等编写。全书由郑国经统稿。

在修订过程中本书责任编辑给予了大力协助，组织审稿，给出了十分宝贵的修改意见，为本次修版的完成倾注了大量精力，在此对本书责任编辑及审稿者表示衷心感谢。

因编撰者在专业知识面及学术水平上的局限，本书的不足之处在所难免，尚祈分析化学界专家及广大读者批评指正，为所企盼。

编者

2016 年 5 月于北京

目　录

第一篇　光谱分析概论

第二篇　原子发射光谱分析

第三篇　原子吸收光谱分析

第四篇　原子荧光光谱分析

第五篇　X射线荧光光谱分析

第一篇
光谱分析概论

第一章　光谱分析导论

光谱分析属于光学分析（optical analysis）。光学分析法是依据物质的电磁辐射或电磁辐射与物质相互作用后发生的变化来测定物质的性质、含量和结构的一类分析方法，广义上称为光学法，分为光谱分析法和非光谱分析法两大类。

光谱分析法是基于物质内能状态改变而发生电磁辐射的发射或吸收与物质组成及其结构之间的关系，以对光谱的波长和强度测量为基础的分析方法，相关的分析方法有原子光谱法、分子光谱法以及 X 射线荧光光谱法等，这是本分册介绍的内容。

非光谱分析法是基于物质所引起的辐射方向和物理性质的改变而进行的分析，不包含物质内能的变化，即不涉及能级跃迁，这类变化有反射、散射、折射、色散、干涉、偏振和衍射等，相关的分析方法有比浊法、折光分析、旋光分析、圆二向色性法以及 X 射线衍射法等，这些方法在本手册中将不作专章讨论，部分内容在有关章节中有所涉及。

光谱分析按产生光谱的基本微粒的不同可分为原子光谱分析和分子光谱分析。本分册讨论原子光谱分析的各类分析方法。本章扼要介绍电磁辐射的性质、有关术语、光谱分析法的分类以及有关光谱分析法的国内外期刊及其他文献等。

第一节　有关物质的辐射和光学性能

光谱分析依据电磁辐射的能量特性及其光学性能所形成的光谱来分析研究物质的组成和结构，并设计出各种光学分析的仪器。

一、电磁辐射的基本性质

1. 电磁辐射的波动性

电磁辐射的传播，具有波动性（称为电磁波）和粒子性（称为光子）。根据麦克斯韦（Maxwell）的理论，电磁波是在空间传播的交变电场和磁场，如图 1-1 所示。其波动性质可以用速度（光速 c）、频率（波长）和强度等参数来加以描述。不同的电磁波具有不同的频率（ν）或波长（λ），它们之间的关系在真空中可用下式表述：

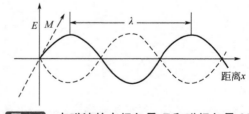

图 1-1　电磁波的电场矢量 E 和磁场矢量 M

$$\lambda = \frac{c}{\nu} \tag{1-1}$$

（1）周期 T　相邻两个波峰或波谷通过空间某一固定点所需要的时间间隔，单位为秒（s）。

（2）频率（frequency）ν（f）　单位时间内通过传播方向某一点的波峰或波谷的数目，即单位时间内电磁辐射振动的次数。

$$\nu = N/t$$

式中，N 是电磁辐射振动周数；t 是时间。

频率的单位为赫兹（Hz）、千赫兹（kHz）、兆赫兹（MHz）等，其符号及相应的 SI 单位的倍数如下：

单位符号	SI 单位的倍数
Hz；s^{-1}	1
kHz；ms^{-1}	10^3
MHz；μs^{-1}	10^6
GHz；ns^{-1}	10^9
THz；ps^{-1}	10^{12}
PHz；fs^{-1}	10^{15}

（3）波长（wavelength）λ 在周期波传播方向上，相邻两波同相位点间的距离。为了方便起见，通常在波形的极大值或极小值处进行测量（图 1-2）。

单位：米（m）、厘米（cm）、毫米（mm）、微米（μm）、纳米（nm）、皮米（pm）、埃（Å）。单位换算：$1m=10^2cm=10^3mm=10^6\mu m=10^9nm=10^{12}pm=10^{10}Å$。

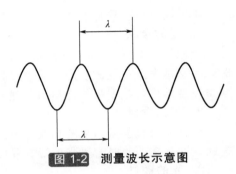

图 1-2 测量波长示意图

（4）波数（wave number）$\tilde{\upsilon}$ 或 σ 每厘米中所含波长的数目，即等于波长的倒数：$\tilde{\upsilon}=1/\lambda$ 或 $\sigma=1/\lambda$。单位：常用 K（kayser）来表示，即 cm^{-1}（每厘米）。若波长以 μm 为单位，波数与波长的换算为：

$$\tilde{\upsilon}\,(cm^{-1})=\sigma\,(cm^{-1})=\frac{1}{\lambda(cm)}=\frac{10^4}{\lambda(\mu m)} \tag{1-2}$$

（5）传播速度（v） 电磁辐射的传播速度 v 等于频率 ν 乘以波长 λ：

$$v=\lambda\nu \tag{1-3}$$

电磁波通过不同介质时，频率不变而波长要发生改变。光波在真空中的传播速度与频率无关，速度以 c 表示，并达到最大值为 $2.99792458\times10^{10}cm/s$，通常取三位有效数字，可以表示为：

$$c=\nu\lambda=3.00\times10^8m/s=3.00\times10^{10}cm/s$$

电磁波在空气中的传播速度与真空传播速度略有差别，所以同一波长在真空谱线表与空气谱线表中略有区别。然而此相差不大，因此通常也用这一公式来表述频率与波长在空气中的关系。

2. 电磁辐射的微粒性

电磁辐射具有不同的能量，它与物质之间的能量交换，物质对电磁辐射的吸收或发射现象的依据是其粒子性——光子，可以看作能量不连续的量子化粒子流，即光子的作用。

（1）光子的能量 光子的能量正比于电磁辐射的频率 ν。这种电磁辐射的能量变化，与频率或波长的关系可用下式表述：

$$E=h\nu=\frac{hc}{\lambda} \tag{1-4}$$

式中，E 为电磁辐射的量子化能量（eV）；h 为普朗克（Planck）常数（$6.623\times10^{-34}J\cdot s$）；$c$ 为光速；λ 为波长（nm）。

电磁辐射与物质之间的能量交换，光电子换能器对辐射强度的测定均与光的粒子性相关。光谱仪器正是利用光电池、光电倍增管或各种固体检测器与光子的能量交换来测定光的强度。

（2）能量单位的换算　见表 1-1。

表 1-1　能量单位换算表

项目	J	eV	erg[①]	cal[①]
1 焦(J)	1	6.241×10^{18}	10^7	0.2390
1 电子伏特(eV)	1.602×10^{-19}	1	1.602×10^{-12}	3.829×10^{-20}
1 尔格(erg)[①]	10^{-7}	6.241×10^{11}	1	2.390×10^{-8}
1 卡(cal)[①]	4.184	2.612×10^{19}	4.184×10^7	1

①erg、cal 为非需用单位，为便于与早期文献资料核对，暂加以保留。

二、电磁辐射与物质的作用

电磁辐射与物质的作用过程可发生发射、吸收、散射、折射与反射、干涉、衍射等现象。

1. 光的吸收

当原子、分子或离子吸收光子的能量与它们的基态能量和激发态能量之差满足 $\Delta E=h\nu$ 时，将从基态跃迁至激发态，这个过程称为吸收。对吸收光谱的研究可以确定试样的组成、含量以及结构。根据吸收光谱原理建立的分析方法称为吸收光谱法。

2. 光的发射

当物质吸收能量后从基态跃迁至激发态，激发态是不稳定的，大约经 10^{-8}s 后将从激发态跃迁回基态，此时若以光的形式释放出能量，该过程称为发射。

3. 光的散射

光通过介质时将会发生散射现象。当介质粒子（如在乳浊液、悬浮液、胶体溶液中）的大小与光的波长差不多时，散射光的强度增强，用肉眼也能看到，这就是丁达尔（Tyndall）效应。散射光的强度与入射光波长的平方成反比，可用于高聚物分子和胶体粒子的大小及形态结构的研究。

当介质的分子比光的波长小时发生 Rayleigh 散射。这种散射是光子与介质分子之间发生弹性碰撞所致。碰撞时没有能量交换，只改变光子的运动方向，因此散射光的频率不变。散射光的强度与入射光波长的 4 次方成反比。

当光子与介质分子间发生了非弹性碰撞，碰撞时光子不仅改变了运动方向，而且还有能量的交换，因此散射光的频率发生了变化。这种散射现象被命名为拉曼散射。

4. 反射与折射

当光从介质（1）照射到另一介质（2）的界面时，一部分光在界面上改变方向返回介质（1），称为光的反射。一部分光则改变方向以 r 的角度（折射角）进入介质（2），这种现象称为光的折射。如图 1-3 所示。

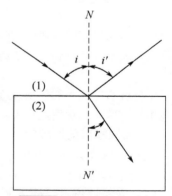

图 1-3　光的反射与折射

反射是光通过具有不同折射率的两种介质界面时所产生的光反射，反射在法线 NN' 的另一侧离开界面，而入射角 i 与反射角 i' 相等。反射分数随两种介质的折射率之差增加而增大。当光垂直投射到界面上时，反射分数（反射率）ρ 为：

$$\rho = \frac{I_r}{I_o} = \frac{(n_2-n_1)^2}{(n_2+n_1)^2} \tag{1-5}$$

式中，I_o 和 I_r 分别为入射光和反射光的强度；n_1 和 n_2 分别为介质 1 和介质 2 的折射率。

当光由空气（n 为 1.00029）通过玻璃（n 约为 1.5）时，在每一空气-玻璃界面约有 4% 的反射损失。必须注意这种反射损失存在于各种光学仪器中，尤其是有数个界面的光学仪器。

折射是由于光在两种介质中的传播速度不同所引起，折射的程度用折射率 n 表示。介质的折射率定义为光在真空中的速度 c 与光在该介质中的速度 c_2 之比：

$$n=c/c_2$$

折射角 r 与介质（2）的折射率有关：

$$n_2\sin r = n_1\sin i$$

即

$$\frac{\sin i}{\sin r} = \frac{n_2}{n_1} = n \tag{1-6}$$

该式为 Snell 折射定律。真空中介质的折射率（n 为 1.00000）称为绝对折射率。介质（1）常为空气，绝对折射率为 1.00029，由此得到的物质折射率称为常用折射率。

不同介质的折射率不同，同一介质对不同波长的光具有不同的折射率。波长越长，折射率越小，据此棱镜可进行分光。

5. 干涉

在一定条件下光波会相互作用，当其叠加时，将产生一个其强度视各波的相位而定的加强或减弱的合成波，当两个波的相位差 180° 时，发生最大相消干涉，当两个波同相位时，则发生最大相长干涉。通过干涉现象，可获得明暗相间的条纹。若两波相互加强，得明亮条纹；若相互抵消，得暗条纹。

6. 衍射

光波绕过障碍物或通过狭缝时，偏离其直线传播的现象，称为衍射现象。它是干涉的结果。

若以一束平行的单色光通过一狭缝 AB 时，可以在屏幕 xy 上看到或明或暗交替的衍射条纹。图 1-4 为单狭缝衍射示意图。

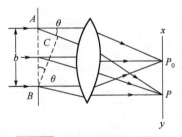

图 1-4　单狭缝衍射示意图

图 1-4 中 b 为狭缝宽度，θ 为衍射角。经聚光镜聚光在 P_0 时相位不变，在 P_0 处出现一明亮的中央明条纹（或称零级亮条纹）；经聚光镜聚光于 P 点时，各光波到达 P 点的相位不等。AP 与 BP 的光程差 AC 应为

$$AC=b\sin\theta$$

P 点是明还是暗决定于光程差。为使两光波在 P 处同相，必须使 AC 对应于相应的波长：

$$\lambda = AC = b\sin\theta$$

此时两波相互加强，在 P 点出现明条纹。当光程差为 2λ、3λ、$\cdots$、$n\lambda$ 时，也产生增强效应。因此，在中央明条纹两边的各亮带的一般表示式为：

$$n\lambda=b\sin\theta \tag{1-7}$$

式中，n 为整数，称为干涉的级。

入射光为单色光时，衍射角 θ 随狭缝宽度变小而增大，也就是中央明条纹区增大；反之，b 变大，θ 变小，中央明条纹区缩小。当狭缝 b 一定时，波长越长，衍射角越大，中央明条纹也越大。

单狭缝衍射的光能主要集中在中央明条纹上。狭缝宽度接近于光的波长时，各亮带的强度将随与中央明条纹距离的增加而降低，如图 1-5 所示。

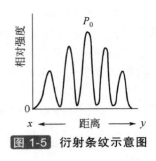

图 1-5 衍射条纹示意图

三、电磁波谱

在光谱分析法中，电磁辐射按波长或频率的大小顺序排列称为电磁波谱，即光谱。按其能量的高低排列由短波段的 γ 射线、X 射线到紫外光、可见光、红外光（光学光谱）到长波段的微波和射频波（波谱）。按电磁辐射的本质，处于不同状态的物质，在状态发生变化时所发生的电磁辐射，经色散系统分光后，按波长或频率或能量顺序排列就形成通常所说的光谱，可分为：原子光谱、分子光谱、X 射线能谱、γ 射线能谱等种类。可以有如表 1-2 所示的不同光谱分析类型。

表 1-2　电磁波谱与相关的光谱类型

能量范围/eV	频率范围/Hz	波长范围	电磁波区域	跃迁类型	光谱分析类型
$>2.5\times10^5$	$>6.0\times10^{19}$	$<0.005\mathrm{nm}$	γ 射线区	核能级	（穆斯堡尔谱）
$2.5\times10^5\sim1.2\times10^2$	$6.0\times10^{19}\sim3.0\times10^{16}$	$0.005\sim10\mathrm{nm}$	X 射线区	K,L 层电子能级	（X 射线荧光光谱）
$1.2\times10^2\sim6.2$	$3.0\times10^{16}\sim1.5\times10^{15}$	$10\sim200\mathrm{nm}$	真空紫外区		原子光谱
$6.2\sim3.1$	$1.5\times10^{15}\sim7.5\times10^{14}$	$200\sim400\mathrm{nm}$	近紫外区	外层电子能级	
$3.1\sim1.6$	$7.5\times10^{14}\sim3.8\times10^{14}$	$400\sim800\mathrm{nm}$	可见光区		
$1.6\sim0.5$	$3.8\times10^{14}\sim1.2\times10^{14}$	$0.8\sim2.5\mu\mathrm{m}$	近红外光区	分子振动能级	分子光谱
$(0.5\sim2.5)\times10^{-2}$	$1.2\times10^{14}\sim6.0\times10^{12}$	$2.5\sim50\mu\mathrm{m}$	中红光外区		
$2.5\times10^{-2}\sim1.2\times10^{-3}$	$6.0\times10^{12}\sim3.0\times10^{11}$	$50\sim1000\mu\mathrm{m}$	远红外光区	分子转动能级	
$1.2\times10^{-3}\sim4.1\times10^{-6}$	$3.0\times10^{11}\sim1.0\times10^{9}$	$1\sim300\mathrm{mm}$	微波区		
$<4.1\times10^{-6}$	$<1.0\times10^{9}$	$>300\mathrm{mm}$	射频区	电子和核自旋	（核磁共振波谱）

四、光学性能的相关术语

（1）辐射能（radiant energy）Q　以辐射形式发射、传播或接收的能量。
单位：

SI 单位的倍数	单位符号
1	J
10^{-3}	mJ
10^{-6}	μJ

$1\mathrm{J}=1\mathrm{kg}\cdot\mathrm{m}^2/\mathrm{s}=1\mathrm{W}\cdot\mathrm{s}=1\mathrm{N}\cdot\mathrm{m}$

（2）辐射能密度（radiant energy density）ω（u）　体积元内的辐射能除以相应的体积元。

单位：J/m^3（焦［耳］每立方米）。

（3）辐射能密度的光密集度（spectral concentration of radiant energy density）ω_λ　在无穷小波长范围内的辐射能密度除以该波长范围。

单位：J/m^4（焦［耳］每四次方米）。

（4）辐射（光）通量（radiant flux）ϕ　以辐射（光）的形式发射、传播或接收的功率。

单位：W（瓦特）。

（5）辐射强度（radiant intensity）I（I_e）　在给定方向上的立体角元内（或辐射源面元）的辐射功率除以该立体角元。

单位：W/sr（瓦［特］每球面度）。

（6）辐射亮度，辐射度（radiance）L（L_e）　表面上一点处的面元在给定方向上的辐射强度，除以该面元在垂直于给定方向的平面上的正投影面积。

单位：$W/(sr·m^2)$（瓦［特］每球面度平方米）。

（7）辐［射］出［射］度（radiant exitance）M（M_e）　离开表面一点处的面元的辐射能通量，除以该面元面积，以前称为辐射发射率（radiant emittance）。

单位：W/m^2（瓦［特］每平方米）。

（8）辐［射］照度（irradiance）E（E_e）　照射到表面一点处的面元上的辐射能通量除以该面元的面积。

单位：W/m^2（瓦［特］每平方米）。

（9）曝辐［射］照度（radiance exposure）H（H_e）　指单位面积上所受的辐射暴露。

$$H = \int E dt$$

单位：J/m^2（焦［耳］每平方米）。

（10）发射率（emissivity）ε　热辐射体的辐射出射度与处于相同温度的全辐射体（黑体）的辐射出射度之比。

（11）光子数（photon number）N_p（Q_p，Q）　对于频率ν的单色辐射，有：

$$N_p = W/(h\nu)$$

式中，W是辐射能。

（12）光子通量（photon flux）Φ_p（Φ）　光及有关电磁辐射的量。

$$\Phi_p = dN_p/dt$$

单位：s^{-1}（每秒）。

（13）光子强度（photon intensity）I_p（I）　在辐射源给定方向的立体角元内，离开辐射源或其面元的光子通量除以该立体角元。

单位：$s^{-1}·sr^{-1}$（每秒球面度）。

（14）光子亮度（photon luminance）L_p（L）　表面一点处的面元在给定方向上的光子强度除以该面元在垂直于给定方向的平面上的正投影面积。

单位：$s^{-1}·sr^{-1}·m^{-2}$（每秒球面度平方米）。

（15）光子出射度（photon exitance）M_p（M）　离开表面一点处的面元的光子通量除以该面元的面积。

单位：$s^{-1}·m^{-2}$（每秒平方米）。

（16）光子照度（photon irradiance）E_p（E）　照射到表面一点处的面元上的光子通量除

以该面元的面积。

单位：$s^{-1}\cdot m^{-2}$（每秒平方米）。

（17）曝光子量（photon exposure）H_p（H）

$$H_p = \int E_p dt$$

单位：m^{-2}（每平方米）。

（18）发光强度（luminous intensity）I（I_v）　在给定方向上光源的辐射强度，是基本量之一。

$$I = \int I_\lambda d\lambda$$

单位：cd（坎［德拉］），坎德拉是一光源在给定方面上的发光强度，该光源发出频率为 540×10^{10}Hz 的单色辐射，且在此方向上的辐射强度为 $\dfrac{1}{683}$ W/sr。

（19）光通量（luminous flux）Φ（Φ_v）　发光强度为 I 的光源立体角 $d\Omega$ 内的光通量。

$$d\Phi = I d\Omega$$

单位：lm（流［明］1lm=1cd·sr）。

（20）光量（quantity of light）Q（Q_v）　光源发出的光所具有的全部能量，数值上等于光通量乘以时间所得的光能。

单位：lm·s（流［明］·秒）。

（21）光出射度（luminous exitance）M（M_v）　离开表面一点处的面元的光通量除以该面元的面积。

$$M = \int M_\lambda d\lambda$$

单位：lm/m^2（流［明］每平方米）。

（22）［光］照度（illuminance）E（E_v）　照射到表面一点处的面元上的光通量除以该面元的面积。

$$E = \int E_\lambda d\lambda$$

单位：lx（勒［克斯］，1lx=1lm/m^2）。

（23）曝光量（light exposure）H　介质表面单位时间内受照射的光通量。

$$H = \int E dt$$

单位：lx·s（勒［克斯］·秒）。

（24）入射辐射（光）通量（incident flux）ϕ_0　射到介质表面的辐射（光）通量。

单位：W（瓦特）。

（25）透射辐射（光）通量（transmitted flux）ϕ_{tr}　从介质内部出射的辐射（光）通量。

单位：W（瓦特）。

（26）透射（transmission）　能保持波长不变地穿过介质的辐射现象。

（27）透射比（transmittance）τ　透射辐射（光）通量和入射辐射（光）通量之比，也称透光率。

$$\tau = \frac{\phi_{tr}}{\phi_0}$$

（28）吸光度（absorbance）A　透射比倒数的对数。

$$A = \lg \frac{1}{\tau}$$

（29）净吸收辐射（光）通量（absorbed flux without phenomena other than absorption）ϕ_a　入射辐射（光）通量与透射辐射（光）通量之差。

$$\phi_a = \phi_0 - \phi_{tr}$$

单位：W（瓦特）。

（30）吸收（absorption）　辐射能与物质作用时，所发生的辐射能减少并使物质内能增加的过程。

（31）吸收比（absorptance）α　净吸收辐射（光）通量和入射辐射（光）通量之比。

$$\alpha = \frac{\phi_a}{\phi_0}$$

（32）内透射比（均匀非散射层的）[internal transmittance (of a homogenous nondiffusing layer)] τ_i　到达介质的出射面的辐射（光）通量和离开入射面的辐射（光）通量之比。

（33）内吸光度（internal absorbance）A　内透射比例数的对数。

$$A_i = \lg \frac{1}{\tau_i}$$

（34）内吸收比（均匀非散射层的）[internal absorptance (of a homogenous nondiffusing layer)] α_i　吸收层的入射面和出射面之间净吸收的辐射（光）通量与离开入射面的辐射（光）通量之比。

第二节　光谱的分类及有关定律、定义

一、光谱的形状

光谱按外形或强度随波长或频率分布的轮廓，可分为线状光谱、带状光谱和连续光谱。

（1）线状光谱　是由一系列分立的有确定峰位的锐线光谱组成。当辐射物质是单个气态原子时，产生的紫外可见光区的线状光谱，其自然宽度约为 10^{-5}nm；谱线的宽度可因各种因素而变宽。

（2）带状光谱　是由多组具有多条波长靠得很近的谱线，由于仪器分辨不开而呈带状分布。当辐射物质是气态分子时，且存在气态基团或小的分子物质时，则会产生带状光谱。此时不仅产生原子能级的跃迁，还产生分子振动和转动能级的变化，由很多量子化的振动能级以及转动能级叠加在分子的基态电子能级上而形成，由许多紧密排列的谱线组所组成的带光谱，由于它们紧密排列，以至于仪器难以分辨，而呈带状的光谱。

（3）连续光谱　是由于背景增加而形成光谱的连续部分，一般宽度在 350nm 以上。当辐射源中存在固体颗粒或凝聚微粒时，由于热辐射（黑体辐射）而产生连续光谱。通过热能激发，凝聚体中无数原子分子振荡产生黑体辐射，呈现由于背景增加而形成光谱的连续背景辐射。通常线状光谱和带状光谱是叠加在连续光谱上的。

图 1-6 是通常在原子发射光谱中看到的线状光谱和带状光谱叠加在连续光谱上的谱图。

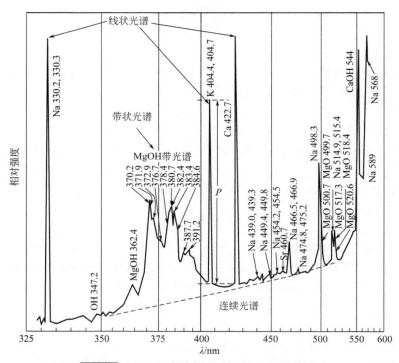

图 1-6 用氢氧火焰获得卤水的发射光谱图

线状光谱、带状光谱是物质的特征光谱，是原子光谱和分子光谱分析的依据。

不同状态的电磁辐射，具有不同的能量，不同波长的光能与原子、分子内电子不同能级的跃迁能量相对应。

二、光谱类型

光谱可分为发射光谱和吸收光谱两大类型。按能量传递方式可分为：发射光谱，吸收光谱，荧光光谱，拉曼光谱。

（1）吸收光谱　由于物质对电磁辐射的选择性吸收而得到的光谱称为吸收光谱，物质的原子、分子或离子将吸收与其内能变化相对应的频率辐射，由基态或较低能态跃迁到较高的能级。

（2）发射光谱　当物质处于激发状态而发生电磁辐射，其特征谱线称为发射光谱，它是物质的原子、分子或离子受到外能的激发，由基态或较低能态跃迁到较高的能级，当其返回到基态时，便以光辐射的形式释放能量，形成发射光谱。

（3）荧光光谱　是物质的原子或分子吸收辐射之后提高到激发态，再由激发态回到基态或邻近基态的另一能态，将吸收的能量以辐射形式沿各个方向放出而产生的发射光谱。

（4）拉曼光谱　是光照射到物质的分子上发生弹性散射和非弹性散射现象（称为拉曼效应），被分子散射的光发生频率变化而产生的分子光谱。拉曼谱线直接与试样分子振动或转动能级有关，是研究分子结构的特征谱线。

三、光谱分析法

光谱分析法可按不同的电磁波谱区、产生光谱的基本粒子、辐射传递的情况等进行分类，表 1-3 列出不同光谱区相应的光谱分析法，表 1-4 给出了各种光谱分析法的应用范围。

表 1-3 光谱区及对应的光谱分析法

光谱区	波长范围	光谱分析法	量子化跃迁型式
γ 射线	0.0005~0.14nm	γ射线光谱学、穆斯堡尔光谱学	原子核
X 射线	0.01~10nm	X 射线光谱学：X 射线荧光分析法、X 射线吸收分析法、X 射线散射法、X 射线光电子能谱法	内层电子跃迁
真空紫外线	10~200nm	远紫外吸收光谱	价电子
紫外可见光	200~780nm	紫外可见光吸收、发射和荧光光谱	价电子
红外线	780~3×10^3nm	红外吸收光谱和拉曼散射光谱	转动/振动的分子
微波	3×10^5~10^9nm	微波吸收	分子的转动
电子自旋共振	3cm	电子自旋共振波谱	磁场中的电子自旋
无线电波	0.6~10m	核磁共振波谱	磁场中的电子自旋

表 1-4 光谱分析法的应用范围

方法名称	检出限		相对标准偏差 RSD/%	主要用途
	g（绝对）	μg/g（相对）		
原子发射光谱法		10^{-4}~10^{-2}	1~20	微量多元素连续或同时测定
原子吸收光谱法	10^{-15}~10^{-9}（非火焰）	10^{-3}~10^{-1}（火焰）	0.5~10	微量单元素分析等
原子荧光光谱法	10^{-15}~10^{-9}	10^{-3}~10	0.5~10	微量单元素分析等
紫外可见吸收光谱法	10^{-9}~10^{-6}	10^{-3}~10^2	1~10	有机物定性定量
分子荧光光谱法		10^{-3}~10^4	1~50	有机物定性定量
红外光谱法		10^3~10^6	5~20	结构分析及有机物定性定量
拉曼光谱法		10^3~10^6	5~20	结构分析及有机物定性定量
核磁共振波谱法		10~10^5	1~10	结构分析
顺磁共振波谱法	10^{-9}~10^{-6}		半定量	结构分析
X 射线荧光法		10^{-1}~10^2	1~10	常量多元素同时测定
俄歇电子能谱法		10^3~10^5	5~20	表面及薄层分析
穆斯堡尔光谱法		10~10^3	半定量	结构分析
中子活化法		10^{-3}~10^{-1}	2~10	微量分析等
电射探针		10^2~10^4	10~50	微区分析
电子探针		10^2~10^3	5	微区分析
离子探针		10^{-1}~10^0	半定量	微区分析

四、光谱分析法的定律和定义

（1）朗伯-布格定律（Lambert-Bouguer's law）　一束辐射（光）通量为 ϕ_0 的平行单色光辐射，垂直入射，通过吸收介质，若该吸收介质的表面是互为平行的平面，且它内部是各向同性的，均匀的，不发光不散射的，则透射辐射（光）通量 ϕ_{tr} 随吸收介质的光路长度 b 的增加而按指数减少，并由下列方程表示：

$$\phi_{tr} = \phi_0 e^{-kb}$$

式中，ϕ_{tr} 为透射辐射（光）通量；ϕ_0 为入射辐射（光）通量；b 为光路长度；e 为自然对数的底；k 为线性吸收系数。

（2）比尔定律（Beer's law）　一束平行单色辐射（光），垂直入射，通过一定光路长度的吸收介质，它的透射辐射（光）通量随介质中吸收物质浓度的增加而按指数减少，并由下列方程表示：

$$\phi_{tr} = \phi_0 e^{-k_m \rho}$$

或
$$\phi_{tr} = \phi_0 e^{-k_e c}$$

式中，k_m 和 k_e 为质量线性吸收系数和摩尔线性吸收系数，在给定试验条件下是常数；ρ 为质量浓度；c 为物质的量浓度。

（3）朗伯-布格和比尔定律的加和性（additive nature of the laws of Lambert-Bouguer and Beer） 一束平行单色辐射（光），垂直入射，通过几种彼此不起反应的物质所组成的吸收介质时，若该吸收介质的入射、出射面是互为平行的平面，且它内部是各向同性的、均匀的、不发光的、不散射的，则该吸收介质总的吸光度等于几种特征吸光度的总和。

（4）通用吸收定律（general absorbance law） 将朗伯-布格和比尔两定律合并为通用吸收定律，以如下单一方程式表示：
$$\phi_{tr} = \phi_0 \times 10^{ab\rho} \text{ 或 } \phi_{tr} = \phi_0 \times 10^{-\varepsilon bc}$$

式中，a 为质量吸收系数；ε 为摩尔吸收系数，在给定试验条件下均为常数。

（5）厚度（thickness）L 吸收池的两个平行且透光的内表平面之间的距离。当辐射以垂直入射时，厚度与光路长度两术语同义。

单位：mm（毫米）或 cm（厘米）。

（6）光路长度（optical path length）b 光通过吸收池内物质的入射面和出射面之间的路程。吸收物质的折射率与光路长度的乘积为光程。

（7）参比辐射（光）通量（reference flux）ϕ_r 单色辐射（光）通过参比物质，并到达检测器的辐射（光）通量。

单位：W（瓦特）。

（8）试样辐射（光）通量（sample flux）ϕ_s 单色辐射（光）通过待测物质，并到达检测器的辐射（光）通量。

单位：W（瓦特）。

（9）百分透射率（percentage transmitance）τ' 试样辐射（光）通量 ϕ_s 与参比辐射（光）通量 ϕ_r 之比，用百分率表示。
$$\tau' = \frac{\phi_s}{\phi_r} \times 100\%$$

（10）部分内吸光度（partial internal absorbance）A_p 由被测物质中部分组分引起的内吸光度，实质上是指物质内吸光度 A_s 与参比物质内吸光度 A_r 之差。
$$A_p = A_s - A_r = \lg \frac{\phi_r}{\phi_s}$$

（11）特征部分内吸光度（characteristic partial internal absorbance，通称特征吸光度）A_c 由物质中某一种组分引起的部分内吸光度。
$$A_c = \lg \frac{\phi_r}{\phi_s}$$

（12）浓度（concentration） 溶质的量和溶液体积之比。

（13）质量浓度（mass concentration）ρ 溶质的质量和溶液体积之比。

单位：kg/m³（千克每立方米）或 g/L（克每升）。

（14）物质的量浓度（amount of substance concentration）c_B 溶质的物质的量和溶液体积之比。

单位：mol/L（摩尔每升）。

（15）特征部分内吸收系数（characteristic partial internal absorbance coefficient，通称吸收

系数） 被溶解的待测物质在单位浓度、单位厚度时的特征吸光度。

按照使用浓度单位的不同，可有质量吸收系数和摩尔吸收系数之分。

注：一般使用的浓度通常是被测的元素或分子的浓度。

（16）质量吸收系数（mass absorption coefficient）a 厚度以厘米表示、浓度以克/升表示的吸收系数。

$$a = \frac{A_c}{L\rho}$$

单位：L/(cm·g)（升每厘米克）。

（17）摩尔吸收系数（molar absorption coefficient）ε 厚度以厘米表示、浓度以摩尔/升表示的吸收系数。

$$\varepsilon = \frac{A_c}{Lc}$$

单位：L/(cm·mol)（升每厘米摩尔）。

（18）等吸光度点（isosbestic point） 在某波长处，可以互相转化的两种物质的吸收系数相等或同浓度下吸光度相等，称此两种物质具有等吸光度点。

（19）等吸收点（isoabsorptive point） 在某波长处，两种或两种以上物质的吸收系数相等或同浓度下吸光度相等，称它们具有等吸收点。

第三节　光谱分析法仪器概述及术语

一、光谱分析法仪器概述

光谱分析法基于六种现象，即吸收、荧光、磷光、散射、发射和化学发光。其测量仪器的组成虽略有不同，但大部分的基本元件十分相似。典型光谱分析仪包含 5 个组件：①稳定的辐射源；②样品池；③波长选择器或频率调制器；④辐射检测器；⑤信号处理显示器或记录仪。5 个组件的 3 种不同搭配方式构成了 6 种光谱测量的分析仪器（见图 1-7）。

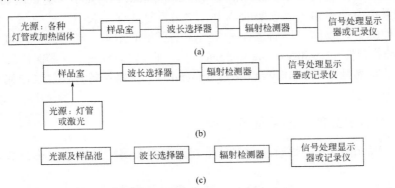

图 1-7　各种光谱分析仪器的组件

（a）吸收光谱分析法；（b）荧光、磷光及散射光谱分析法；（c）发射和化学发光光谱分析法

图 1-7 中（a）、（b）两种仪器的设计方式用于吸收光谱、荧光、磷光及散射光谱的测量，均需要外来的辐射光源，用于吸收光谱时，来自光源的光束通过样品，直接到达波长选择器（在紫外可见分光光度计中，样品室和波长选择器的位置是相反的），在图（b）中光源发出的

辐射照射试样，测量由样品发射出的特殊的荧光、磷光或是散射辐射能，因此光源与样品的位置成一角度（一般为 90°）。

发射光谱分析法和化学发光光谱分析法不同于以上所述的方法，不需要外来的辐射能源，由样品本身发射一定波长的光，故其仪器的设计方式如图 1-7（c）所示。在发射光谱分析法中，样品容器本身为弧光、火花或火焰，它不但容纳样品，并使样品发射出特征辐射。

二、特征及一般性能

（1）光谱范围（spectral range）　仪器能测量光谱的波长范围，它主要取决于辐射源、波长选择器和检测器。光谱范围是由能测量的光谱波长的上下极限所确定的，以纳米表示。

（2）有效光谱范围（effective spectral range）　在规定的不确定度范围内，仪器能进行测量的光谱范围。

（3）工作范围（working range）　仪器能按规定的准确度和精密度进行测量的吸光度或强度的范围。在不同光谱区域，工作范围是不同的。

（4）仪器读数的不确定度（inaccuracy of the instrument）　仪器给出的读数接近真值的能力。它是仪器的一种综合性的特性指标，用系统误差与随机误差组成的综合误差表示。在正常使用仪器情况下，能影响实验结果。可随波长、吸光度或百分透射率以及通带宽度等因素的不同而变化。

（5）仪器读数的准确度（accuracy of the instrument）　在不考虑随机误差的情况下，仪器给出的读数与校测量的真值相一致的能力。它用系统误差表示，即用同一仪器对同一被测量值进行一系列连续测定，仪器所给出的读数的算术平均值与被测量的真值或规定值之间的差值表示。

（6）仪器读数的抗偏差性（freedom from bias of the equipment）　在不考虑重复性误差的情况下，仪器给出的读数与校测量真值相一致的能力。仪器的抗偏差性是指仪器所给出的结果不受系统误差影响的能力。它用系统偏差来表示，即对某一个量用同一仪器进行一系列连续测定过程中所得读数的算术平均值与被测量真值或公认值之间的差。

（7）仪器读数的重复性（repeatability of the equipment）　在不考虑系统误差的情况下，仪器对某一测量值能给出相一致读数的能力。它用重复性误差表示，即对某一测定量，在尽可能短的时间间隔内，以同一样品进行一系列测定所得的结果间相一致的程度。

（8）仪器的稳定性（stability of the equipment）　在一段时间内，仪器保持其精密度的能力。

（9）仪器的可靠性（reliability of the equipment）　仪器保持其性能（准确度、精密度和稳定性）的能力。

三、光谱仪器组分部件的特征及性能

（1）通带（bandpass）　辐射选择器从给定光源中分离出的在某标称波长或频率处的辐射范围。

（2）光谱带宽（spectral bandwidth）　除非另有说明，光谱带宽用通带曲线上高度（光谱强度）的 1/2 处的宽度表示，一般是参照通带轮廓而定义的，如同谱线半强宽度是参照发射谱线轮廓而定义一样。

（3）线色散率（linear dispersion）　在光谱仪焦面上两条谱线间的距离 Δx 与其波长差值 $\Delta\lambda$ 的比值。用 $\Delta x/\Delta\lambda$（mm/nm）表示。

（4）倒线色散率（reciprocal linear dispersion）　线色散率的倒数（$\Delta\lambda/\Delta x$）。

单位：nm/mm。

（5）杂散辐射（stray radiation）　检测器在给定标称波长处所接收的辐射线中，夹杂有不属于入射辐射（光）束的或通带之外的辐射（光）线。杂散辐射按其来源可分为内杂散辐射与外杂散辐射，按其光谱的分布可分为同色杂散辐射与异色杂散辐射。

（6）内杂散辐射（internal stray radiation）　沿辐射通道（经选择器、狭缝、光栅、吸收池等）所发生的反射和散射，或在光栅选择器或干涉滤光片中存在不同级的光谱而引起的杂散辐射。

（7）外杂散辐射（external stray radiation）　外界环境的光线引起的杂散辐射。

（8）同色杂散辐射（homochromatic stray radiation）　光谱通带范围内的，不属于入射辐射（光）束引起的杂散辐射。

（9）异色杂散辐射（heterochromatic stray radiation）　光谱通带范围外的，不属于入射辐射（光）束引起的杂散辐射。

（10）杂散辐射率（level of stray radiation）　检测器接受的杂散辐射（光）通量和总辐射（光）通量之比，用百分率表示。杂散辐射率能用通带滤光片进行测定。实际测量的只是能透过滤光片的、通带范围外的两端辐射线，而不是不能透过滤光片的、通带范围内的辐射线。

（11）分辨率（resolution）　仪器分开相邻的两条谱线的能力。在定性上可用相邻的两条谱线中较弱的辐射（光）通量和两条谱线间最低处的辐射（光）通量之比等于或大于 2 时，则认为是两条不同的谱线。在定量上可用两条可区分的谱线波长平均值（λ）和它们的波长差（$\Delta\lambda$）之比（$\lambda/\Delta\lambda$）表示。

仪器分辨率可根据钠发射谱线 589.0nm 和 589.6nm 分开，或锰（七价）吸收峰在 525nm 和 545nm 处的分开（峰之间最低处即峰谷为 535nm），或钬盐（溶液或玻璃滤光片）吸收线的分开来确定。

（12）波长定位的准确度（accuracy of the wavelength setting）　不考虑随机误差的情况下，仪器提高辐射波长与标称波长相一致的能力。它是用多次测定波长的算术平均值与波长标称值之间的差值表示。这一差值是随波长不同而变的。

波长定位的准确度可由下列方法测定：

① 对于发射谱线　借助于线光谱灯：例如紫外和可见光用汞灯；可见和近红外光用钠弧灯。

② 对于吸收谱线　借助于钬、镨混合物或钛的氧化物滤光片或稀土元素的盐溶液或某些溶剂蒸气（如高纯度苯蒸气）。

（13）波长定位的重复性（repeatability of wavelength setting）　在不考虑波长定位的准确度情况下，对同一波长反复定位时，仪器给出的波长值间相互一致的能力。

（14）响应时间（response time）　当到达检测器的辐射强度改变时，检测器达到平衡状态所需的时间。

注：现代检测器的响应时间小于 0.03s。

（15）时间常数（time constant）　当辐射中断时，检测器指示下降 63.2% 所需的时间。它作为检测器响应快慢的指标。

（16）光谱响应（spectral response）　检测器对各个波长的入射辐射的响应。一般的光电检测器为选择性检测器，只对一定的光谱间隔内的辐射有响应。

（17）（光栅波长选择器的）输出功率 [output power（of a grating wavelength selector）]　光学系统在光谱中分出谱线时，以尽可能小的强度损失提供有用辐射光束的能力。如不考虑光栅波长选择器内透射和反射的损失，可用光栅面积（mm^2）除以倒线色散率（nm/mm）表示。

第四节　有关光谱分析的国内外期刊文献介绍

光谱分析文献繁多，数量庞大，包括图书（教科书、专著、论文集、会议文集及工具书等）、期刊及其检索工具、特种科技文献（技术研究报告、政府出版物、学位论文、产品文本等）及专利资料等。本节仅对涉及光谱分析的有关国内外期刊和检索工具作扼要介绍，其他的有关文献将在以后的各章中介绍。

文献检索工具是在原始资料基础上加工编辑出版的二次文献资料，是在查找光谱分析资料时首先需要的工具书。检索工具就其目录形式来说可分为目录、题录、文摘和文献指南四种；就其出版形式有期刊式检索工具、单卷式检索工具、附录式检索工具和卡片式检索工具。这里仅就和光谱分析有关的期刊式检索工具文摘作简要介绍。

一、文献检索工具

1. Chemical Abstracts（化学文摘，简称"CA"，美国）

它由美国化学会化学文摘社编辑出版，1907 年创刊，初为半月刊，1961 年（第 55 卷）改为双周刊。1962 年起每年出两卷，共 26 期，1967 年（第 66 卷）起改为周刊，每年 12 期，并将内容分类改为 80 类，收录世界 136 个国家与地区的一万多种期刊、28 个国家的专利目录、研究报告、学位论文和图书等。"CA"有五大类 80 个"类目"（section），其中物理和分析化学占 16 个类目，该类目在双周出版，关于每一个类目的详细介绍可参阅《主题范围指南——化学文摘各类目主题范围与文摘编排》。"CA"的索引相当完备，每期有期索引，每卷有卷索引，有累积索引。当需要系统查找某一类光谱分析的文献时可以使用"CA"。

2. Реферативный Журнал Химия рёлчёвбвыцлж 化学文摘（简称"РЖХ"）

1953 年创刊，半月刊。由前苏联（现俄罗斯）科学院情报研究所编辑出版。1961 年后该刊除综合册以外，还按综合册上的类名与编号出版 10 个分册，1965 年后增至 13 个分册，1997 年 7 月起将综合册改为每期两本，分为 13 大类，第 4 类是分析化学，每大类又分许多小类。其中分析化学部分又分为一般问题、无机物分析、有机物分析 3 个小类编排。该文摘内容全面、详尽，索引系统亦较完备。其作用和"CA"相同。

3. 分析文摘（Analytical Abstracts，英国）

1954 年创刊，月刊，由"The Society for Analytical Chemistry"编辑出版。该刊刊载分析化学、实验室分析仪器方面的学术论文文摘。其前身附于 1877 年创刊的"化验师"杂志中，1944~1983 年在"《英国文摘》第三部分　分析和仪器设备"上刊载。1953 年年底《英国文摘》停刊后，该刊即为《化验师》的附刊而单独出版。收录世界各国 600 多种期刊、研究报告、会议论文集和专利等。现在内容分 9 个部分编排。每年文摘量约 9000 条。每卷有著者、主题和专题索引以及累积索引。

4. 分析化学文摘（Analytical Chemistry Abstracts，中国）

1960 年 4 月创刊，月刊，中文。中国科学技术情报研究所创办，全国发行。原名《化学文摘（第四分册化学分析）》，其中一部分摘自《苏联化学文摘》。另一部分摘自国内外最近科技期刊，并出版年度主题索引（1962～1964 年）。1966 年并入《化学文摘》综合本，1973 年 7 月复刊，改为现名，1981 年停刊，1982 年 1 月再度复刊。复刊后分两期出版主题索引，与当年各期《分析化学文摘》配套使用；它是分析化学领域综合性科技情报检索工具。主要栏目有：一般问题、无机化学、有机化学、生物化学、药物化学、食品、农业、环境化学、仪器和技术等。

5. **中国无机分析化学文摘**（Inorganic Analytical Chemistry Abstracts of China，中国）

1984 年 3 月创刊，季刊，中国有色金属工业总公司主办，北京矿冶研究总院编辑，冶金工业出版社出版，国内公开发行，是国内无机分析化学领域的综合性情报检索刊物。每期附有按被测元素、化合物及无机阴离子编排的索引，每年单独出版一册《主题与作者索引》。该刊以文摘、简介和题录形式收录了国内 270 种期刊、会议论文集、新书、新标准等分析化学方面的科技文献，并按分析方法分为十二大类：一般问题、重量分析与容量分析、光度法、电化学分析、光谱分析、色谱分析、物相分析、气体分析、放射化学分析、质谱分析、分离方法、贵金属分析。2010 年停刊，改为《中国无机分析化学》刊物。

6. **中国化学化工文摘**（China Chemical Abstracts，中国）

1983 年创刊，月刊。原名《中国化工文摘》，1993 年改名为《中国化学化工文摘》，中国化工信息中心创办，中国化学化工文摘编辑部编辑，重点收录报道近 1000 种中国化学化工期刊及有关高等院校的学报中发表的文献。全年报道化学化工信息 12000 条左右，报道内容分化学和化学工业两大部分。

7. **分析仪器文摘**（Analytical Instrument Abstracts，中国）

1963 年创刊，季刊，1969~1970 年停刊，1985 年改为双月刊，是分析仪器领域的综合性科技情报检索工具。内容包括光谱、色谱、质谱、电化学等分析仪器的应用论文、研究报告、图书、技术标准及专利等，每年第 6 期附有年度索引。北京分析仪器研究所主编。

8. **Atomic Absorption and Emission Spectrometry Abstracts** （原子吸收与发射光谱文摘，英国）

1969 年创刊，由"PRM Science and Technology Agency"编辑出版，原名"Atomic Absorption and Flame Emission Spectroscopy Abstracts"，1974 年（第 6 卷）起改为现名，双月刊，用英文出版，是国际性刊物，摘录世界各国重要期刊、会议论文和研究报告中本专业有关文献。每年文摘量约为 1000 条。附有年度主题索引、作者索引和分析元素索引。主要内容：基础理论、仪器仪表、实验技术等。

9. **X-Ray Fluorescence Spectrometry Abstracts**（X 射线荧光光谱法文摘，英国）

1970 年创刊，季刊，由 "PRM Science and Technology Agency" 编辑出版，以英文发表。摘录世界各国出版的有关 X 射线荧光光谱方面的期刊、会议论文集等，每期约 100 条。分类有：理论、仪器仪表、试验技术、元素分析等。附有年度主题索引和作者索引。

与光谱分析有关的国外单卷检索工具有：

1. **荧光文献指南**（Guide to Fluoresce Literature，英国）

R. A. Passwater 编辑，Plenum Press 出版。第一卷报道 1950~1964 年 4830 条题录，1967 年出版；第二卷报道 1964~1969 年 4955 条题录，1970 年出版。

2. **X 射线荧光分析**（第一部分，目录；第二部分，索引）（X-ray Fluorescence Analysis，A Bibli-ography Part Ⅰ；Index-Part Ⅱ）

United Kingtom Atomic Energy Authority Research Group 编辑，1966（英文）报道 1957~1964 年有关文献题录 1427 条。

3. **光谱化学分析文献索引**（Index to the Literature on Spectrochemical Analysis）

American Society for Testing and Materials 编辑，第一卷 1941 年再版，1920~1939 年题录 1446 条；第二卷 1947 年出版，1940~1945 年题录 1017 条。

二、光谱分析的主要期刊

1. Fresenius′Zeitschhrift fúr Analytische Chemie（弗雷泽纽斯分析化学杂志，简写 Z. Anal. Chem.）

1862 年创刊，原称"Zeitschrift fúr Analytische Chemie"，后从 1947 年起（第 127 卷）改为现名，由弗雷泽纽斯所创立，是世界上较早的分析化学期刊，刊载分析化学方面的原始性论文以及一般分析化学方法、设备与试剂、有机化合物的特殊应用，可见光-红外光吸收光谱、原子吸收和发射光谱分析、电化学分析等。该刊物另一重要特点是同时系统地刊载其他期刊上的有关文摘，所以又具有文摘期刊的性质，而且每卷都及时编出索引。

2. The Analyst（化验师，英国）

亦译"分析家"，1877 年创刊，月刊，用英文出版，小刊名为"英国分析化学会杂志"（The Analytical Journal of the Royal Society of Chemistry），是分析化学类的国际性刊物，刊载实验室与工厂条件下现代分析方法的研究论文，同时阐述最新分析仪器，有时有评述性文章，着重注意光谱化学分析、色谱分析、红外光谱分析、显微技术、活化分析、量热分析、电化学分析、化学分析等，也有书评。

3. Spectrochimica Acta（光谱分析学报，英国）

1939 年创刊，月刊，Pergamon Press Ltd. 出版，是光谱分析的国际性刊物；主要研讨原子与分子光谱分析的问题。从 1967 年起分 A 辑"分子光谱"和 B 辑"原子光谱"两辑出版。

4. European Spectroscopy News（欧洲光谱学新闻，英国）

1975 年创刊，双月刊。英国约翰·威利父子公司出版。刊载光谱分析的进展和光谱分析设备新产品介绍、国际学术动态报道等。

5. Journal of Analytical Atomic Spectrometry（分析原子光谱法杂志，英国）

1986 年创刊，月刊，由 Royal Society of Chemistry（英国皇家化学会）主编，是用英文版向全世界公开发行的分析原子光谱法杂志。主要刊载内容为：原子光谱测定技术的发展与应用方面的研究论文、评论、简讯、会议消息、书评等。

6. Progress in Analytical Atomic Spectroscopy（分析原子光谱学进展，英国）

1978 年创刊，季刊，Pergamon Press Ltd. 出版。该刊是评论光谱学进展的文献期刊，主要内容有原子吸收光谱法、发射光谱学、原子荧光光谱学、X 射线荧光光谱学等。

7. Journal of the Optical Society of American（美国光学学会杂志，美国，简写 J.O.S.A.）

1917 年创刊，月刊，1922～1929 年（第 6～19 卷）改名为"Journal of the Optical Society of American and Review of Scientific Instruments"，从 1930 年起恢复原名。美国光学协会出版。它是美国光学学会的会刊，刊载光学物理（如光谱学、生理光学、色视学）的实验与理论性论文。

8. Analytical Chemistry（分析化学，美国，简写 Anal. Chem.）

1929 年创刊，月刊，原称"Industrial and Engineering Chemistry, Analytical Edition"，自 1947 年改为现名，英文版本，由 American Chemical Society 出版，刊载有关分析化学理论与应用的研究论文、阶段成果、会议报道、科技动态、新书介绍等。每年 4 月出一期分析化学述评：奇数年为应用述评，刊登有关各种工业产品分析方法新进展的总结；偶数年为基础述评，刊登各种分析方法，如原子发射光谱、原子吸收光谱、红外光谱、紫外光和可见光吸收光谱、分子荧光、磷光和化学发光光谱、X 射线光谱、表面分析（X 射线光电子能谱和俄歇电子能谱等）、电化学分析、色谱等方面的新成就。每年 8 月增出一册"实验室指南"。

9. **Journal of Applied Physics（应用物理学杂志，美国）**

1931 年创刊，月刊，原名"Physics"，从 1937 年（第八卷）起改为现名。美国物理学会编辑出版。刊载与物理有关的实验和理论方面的最新科研成果，以及在其他学科（如光谱学、等离子体、气体放电等）中的应用。论文课题设置 10 大类。

10. **Applied Spectroscopy（应用光谱学，美国）**

1946 年创刊，最初为季刊，后改为双月刊，原名"Bulletin of the Society for Applied Spectroscopy"，从 1951 年（第六卷）起改为现名，美国应用光谱学会编辑出版，是光谱分析专业性较强的期刊文献。

11. **Journal of Molecular Spectroscopy（分子光谱学杂志，美国）**

1957 年创刊，原系双月刊，后改为月刊（9 月出 2 期），该刊主要刊登分子光谱学方面的原始论文、研究报告等。

12. **Atomic Spectroscopy（原子光谱学，美国）**

1962 年创刊，原名"Atomic Absorption Newsletter"，1980 年 1 月起改为现名，双月刊。由 Perkin-Elmer Corp. 编辑出版。报道内容为原子荧光、原子吸收与发射光谱等。

13. **Applied Spectroscopy Review（应用光谱学评论，美国）**

1967 年创刊，原系每年两期，从 1981 年起改为三期，Marcel Dekker Inc.出版。小刊名为"原理、方法与应用方面的国际性刊物"，主要内容有发射光谱学、核磁共振波谱学、拉曼光谱学、红外光谱学、原子荧光光谱学等的综合评论。

14. **Analytical Letters（分析快报，美国，简写 Anal. Lett.）**

1968 年创刊，月刊，用英文出版，小刊名为"分析化学、分析生物化学与临床化学方面快速通讯国际杂志"，主要发表光谱学、色谱学、离子交换、电化学、热分析、放射化学分析的论文和研究成果简报。现分成两辑出版，A 辑——化学分析，B 辑——临床和生物化学分析（Part A：Chemical Analysis；Part B：Clinical and Biochemical Analysis）。A 辑 B 辑交错出版。

15. **Spectroscopy Letters（光谱学快报，美国）**

1968 年创刊，月刊，Marcel Dekker Inc. 出版。小刊名为"国际通讯杂志"，是快速报道原子、分子光谱的实验技术和理论研究成果的杂志。内容还包括核磁共振、电子自旋共振、X 射线光谱、激光、电子显微镜、分子荧光、感光等。来稿直接照相制版印刷，出版周期较短。

16. **ICP Information Newslette（ICP 信息通讯，美国）**

1975 年创刊，月刊，由 Department Chemistry University of Massachusettes（马萨诸塞州立大学化学系）编辑出版，世界公开发行。刊载的主要内容有：电感耦合等离子体在光谱分析中的应用和发展。

17. **Заводская лаборатория（工厂实验室，俄罗斯，简写 Зав. Лаб.）**

1932 年创刊，月刊，因第二次世界大战（1942~1944 年）停刊三年，俄文出版，主要刊载实用性论文和述评等。该刊由前苏联黑色冶金部与黑色冶金科技协会中央理事会合编。每期的前一部分为化学分析和光谱分析，后一部分为物理检验；实验设备一项里常刊登分析仪器设备等。

18. **Журнал Аналитической Химий（分析化学杂志，俄罗斯，简写 Ж.А.Х.）**

1946 年创刊，月刊，前苏联科学院编辑。刊载分析化学的原始论文、述评、简讯、书评、会议消息及学术动态等。有英文目录，并在每篇论文之后附有英文摘要。该刊侧重于分析化学的基础理论问题，在美国化学文摘中，译为 Zh. AML Khim.。美国现已将此杂志全部译成英文出版，英文译名为"Journal of Analytical Chemistry （U.S.S.R.）"。

19. Журнал Прикладкий Спектроскопий（应用光谱学杂志，俄罗斯）

1964 年创刊，前苏联科学院和白俄罗斯科学院编辑出版。刊载光谱分析的研究报告、动态述评、工作简报、新书评介、新型光谱仪器介绍等信息。每篇论文都有英文摘要，并附英文目录。

20. Оптика и Спектроскопия（光学与光谱学，俄罗斯）

1956 年创刊，月刊。前苏联科学院编辑出版，主要刊载光学、光谱学领域内的研究论文与简讯，是一种基础理论科学期刊。列有英文、俄文目录，英文摘要，并以俄文、英文版发行于全世界，是国际上有一定权威性的期刊。

21. 分光研究（Journal of the Spectroscopical Society of Japan，日本光谱学会杂志）

1951 年创刊，日本分光学会出版。刊载光谱理论及应用方面的研究论文、光谱仪器制造、技术报告、研究所介绍等。目录有日文、英文对照，论文有英文摘要。内容设置为卷头言、总说与解说、报告、装置与技术、札记、小经验、现场问题、读者广场、讲座、新刊介绍、简讯及记事等。该刊还以英文出版。

22. 分析化学（Analytical Chemistry，日本）

1952 年创刊，月刊，日本分析化学会出版，该刊主要发表原始性论文与研究札记，论述或介绍分析化学方面的最新研究成果。目录有日文、英文对照，论文附英文摘要。每期附册 section E，专门收载用英文发表的文章。涉及的分析方法包括试剂处理、色谱、可见光吸收光谱分析、电化学分析、原子吸收光谱分析、X 射线分析、容量分析、红外吸收、放射化学、仪器分析、试剂改进等。试样分类有矿石、钢铁、有色金属、大气、水、放射性物质、其他无机物质、高分子、药品、生物、食品、农作物、化工燃料、有机物质等。每期还附有世界主要分析化学期刊的近期目录。每年最后一期增出"分析化学进步总说"的专刊。该刊物还自 1975 年（第 24 卷）起分成两分册出版发行：一分册仍称《分析化学》，主要刊载原始论文及简报；另一分册称为《ぶんせき》（分析）。

23. "ぶんせき"（Japan Analyst，日本）

1975 年创刊，日本分析化学会出版。该刊是从日本《分析化学》第 24 卷中分出的，曾作为《分析化学》每年最后一期的"分析化学进步总说"的附刊而单独出版。主要刊载讲座、综论、展望、试验报告、书评、会议报道以及国内外其他刊物论文题录和仪器介绍等。

24. 分析化学（Analytical Chemistry，中国）

1972 年 9 月创刊，中文出版，目录中文、英文对照，主要文章都有英文摘要，中国科学院和中国化学会《分析化学》编委会编辑出版。最初为季刊，1974 年起为双月刊，1982 年起改为月刊。该刊主要内容有光谱分析（包括原子吸收、直读光谱、X 射线荧光光谱）、电化学分析、发光分析、可见紫外光光谱分析、气相色谱、液相色谱等。栏目有研究报告、研究简报、仪器装置与实验技术、评述与进展、知识介绍、问题讨论等。按年编卷，每年有题目索引刊登在第 12 期上。

25. 分析仪器（Analytical Instrument，中国）

1979 年创刊，季刊，中国仪器仪表学会分析仪器分会和分析仪器行业协会联合主办，1985 年改为公开发行，2008 年改为双月刊。主要内容为国内外分析仪器的发展动态、分析仪器科研成果和新的应用技术、分析仪器的有关理论（包括原子吸收与发射光谱、X 射线光谱、核磁共振）等。

26. 光谱学与光谱分析技术（Optical and Spectral Technology，中国）

1980 年创刊，季刊，天津光学仪器厂主办。1986 年起改由天津仪器仪表学会光谱分会主办。国内公开发行，按年编卷。主要内容有光学理论和光谱仪器的设计与制造、光谱仪器

的使用与维护等。主要栏目设置有设计与工艺、工作报告、综述、仪器与装置、经验交流、公司简介。现已停刊。

27. 光谱学与光谱分析（Spectroscopy and Spectral Analysis，中国）

1981 年创刊，双月刊，原名为《原子光谱分析》，1982 年改为现名，2004 年起为月刊。系中国光学学会会刊，由钢铁研究总院、中国科学院物理研究所、北京大学、清华大学联合承办，全国发行。该刊主要刊载原子发射与吸收光谱、X 射线荧光光谱、分子光谱、激光光谱等方面的研究论文、分析方法、综述、基础理论等，附英文目录及英文摘要，按年编卷。

28. 分析试验室（Chinese Journal of Analysis Laboratory，中国）

1982 年创刊，双月刊，北京有色金属研究总院承办。1985 年曾改为月刊，1989 年恢复为双月刊，2004 年起为月刊。现主管单位为中国有色金属工业协会，主办单位为北京有色金属研究总院、中国分析测试协会。全国公开发行。刊登内容有光谱分析（原子吸收、发射光谱、荧光光谱、分子光谱等）、电化学分析、色谱分析、可见光-紫外光分光光度分析、化学分析等。该刊每年出一期评述专辑，系统地评述国内分析化学中主要课题的进展。附英文目录和摘要，按年编卷，每年最后一期刊登当年总目录。

29. 理化检验·化学分册（Physical Testing and Chemical Analysis Part B: Chemical Analysis，中国）

1963 年 1 月创刊，原为双月刊，现为月刊，以中文出版。原称"理化检验通讯"，1969 年停刊，1971 年复刊分为化学、物理分册出版。1980 年开始按年编卷。中国机械工程学会理化检验分会和上海材料研究所联合主办，是国内外发行的专业技术刊物。该刊报道国内外理化检验方面的新技术、先进经验、试验研究成果以及各地区理化检验学术动态。设置栏目内容有研究与试验报告、工作简报、小知识、小经验、讲座、简讯等。每卷最后一期刊登全年总目录。报道的分析方法有原子吸收和发射光谱、X 射线光谱、X 射线荧光光谱、可见光-紫外光吸收光谱、电化学分析等。分析试样有矿石、钢铁、有色金属、大气、水、放射性物质、医药品、生物、食品与农作物等。

30. 冶金分析（Metallurgical Analysis，中国）

1981 年 12 月创刊，双月刊，钢铁研究总院编辑出版。1983～1985 年曾改名《冶金分析与测试·冶金分析分册》，现由中国钢研科技集团、中国金属学会主办。2007 年起为月刊及不定期英文版。该刊主要内容有钢铁、合金、有色金属与各种矿物原料及环境样品的仪器分析（包括原子吸收与发射光谱分析、X 射线荧光光谱分析、色谱分析及等离子体光谱/质谱分析等）、化学分析、物理化学分析、相分析、气体分析等，按年编卷，附英文目录及摘要，年度主题索引登在当年最后一期上。

31. 岩矿测试（Rock and Mineral Testing，中国）

1982 年由中国地质学会岩矿测试专业委员会和中国地质科学院国家地质实验测试中心共同主办，季刊，2008 年起改为双月刊。地质出版社出版，全国发行。原名《岩石矿物及测试》，1986 年改为现名，该刊主要内容有岩矿测试技术的研究成果、动态及展望、述评、实验技术和知识介绍等。主要栏目有学术讨论、研究报告、综述、经验交流、知识讲座、学术会议简讯、读者与编者等。附英文目录及英文摘要，按年编卷，每卷最后一期登载全卷总目录，有主题索引和作者索引。

32. 分析测试学报（Journal of Instrumental Analysis，中国）

1982 年 9 月创刊，双月刊，中国分析测试协会主办，广东分析测试中心编辑出版，全国发行。该刊栏目设置有研究报告、研究简报、知识介绍、讲座、经验交流、会议信息等。主

要内容有光谱分析（如原子吸收、发射光谱、X 射线光谱、红外光谱、拉曼光谱以及电感耦合等离子体发射光谱）、电化学分析、色谱分析等。每年第 6 期刊登年度题目索引和作者索引，附英文题目和英文摘要。

33. 光谱实验室（Chinese Journal of Spectroscopy Laboratory，中国）

1984 年 9 月创刊，1984 年、1985 年为半年刊，1986 年、1987 年为季刊，按年编卷。1989 年第 6 卷起为双月刊。原由钢铁研究总院学术委员会主办、清华大学出版社出版。1987 年改由铁道部科学研究院金属及化学研究所等单位主办，1988 年改由中国科学院化工冶金研究所主办。该刊主要刊登原子荧光光谱、原子发射光谱、原子吸收光谱、X 射线荧光光谱等方面的文章。主要栏目设置有工作报告、经验交流、综述、仪器与实验技术、知识介绍、问题讨论、译文、简讯、书刊评价、研究方法论述、光谱学家故事、评介和传记等。从 1988 年（第 5 卷 2 辑）起，增设有关光谱、能谱分析的 10 个专题述评（选自美国"分析化学"的译文），报道国际最新动态。

34. 分析科学学报（Journal of Analytical Science，中国）

1985 年 1 月创刊，原名痕量分析（Trace-Analysis），季刊。武汉大学化学系分析化学教研室编辑，武汉大学出版社出版。内容以痕量分析为主要课题，反映国内外痕量分析化学的进展和动态。分析方法包括光谱学、色谱学、电化学等现代分析技术。按年编卷，每期附英文目录和英文摘要，与国外有交流。随后作为教育部主管的分析科学领域的综合性学术刊物，改名为《分析科学学报》，双月刊，由武汉大学、北京大学、南京大学三校共同主办，并由武汉大学分析科学中心承办。主要报道我国在分析科学领域中的新理论、新方法、新技术、新仪器和新试剂，介绍国内外分析科学前沿领域的最新进展和动向。刊物栏目有：研究报告、研究简报、仪器研制与实验技术、综述与评论、技术交流、动态与信息之窗。

35. 光谱仪器与分析（Spectral Instrument and Analysis，中国）

1990 年创刊，季刊，由北京仪器仪表学会物理光学仪器专业委员会主办，北京瑞利分析仪器公司编辑出版。主要报道光谱仪器发展动态、光谱仪器及分析技术的结合性评论、光谱仪器的研制报告、分析方法的研究、光谱仪器新产品、测试方法及维修保养知识、新技术学术活动、难题招标、技术转让、寻求合作伙伴、问题讨论、新书出版消息和器材调剂等。

三、光谱分析相关的工具书

专业工具书主要包括谱线表和光谱图，是实验室应当购备、原子光谱分析工作者应会利用的资料。

1. 谱线工具书

（1）MIT Wavelength Tables（简称"MIT 表"） MIT（Massachusetts Institute of Technology）是美国麻省理工学院的缩写。该谱线表手册由 G. R. Harrison 主编，第一版于 1939 年出版，收集 200~900nm 波长范围内约 11 万条谱线。每条谱线标注电弧、火花或放电管中的相对强度，放电管发射的强度以方括号形式标注。数据来源以发表作者代号标出。由于不同元素的谱线数据来源于不同实验者的数据，因此谱线强度数据可比性差。谱线按波长次序排列。1969 年出版第二版。F. M. Phelps Ⅲ 于 1982 年编制出版了按元素排列的 MIT 表。MIT 表的数据较早，不可避免存在些差误，但至今仍是数据最多的谱线表的经典。

（2）Tables of Spectral-Line Intensities（简称 NBS 表） 美国国家标准局（National Bureau of Standard，NBS）W. F. Meggers，C. H. Corliss 和 B. F. Scribner 编著。第一版出版于 1961 年，第二版出版于 1975 年。表中列出 70 种元素的 39000 多条谱线，其中 9000 多条谱线的波长

数据对 MIT 表有所修正。列出的数据包括：谱线类别 （原子线Ⅰ，一次离子线Ⅱ）、强度、轮廓特征、跃迁能级以及各级电离能。强度是 0.1%原子分数的元素与铜粉混匀压成固体电极，在 220V、10A 直流电弧下弧烧，用阶梯减光器摄谱后测量得到的，各元素谱线用统一的强度标。

本谱线表分两卷，第一卷按波长排列，第二卷按元素排列。由美国政府印刷局出版。

NBS 表对谱线数据作了系统的、大幅度的修正，因此在原子光谱分析中分析线波长都应以 NBS 表的数据为准。

（3）Таблицы Спектральных Линий（光谱线表） 由前苏联 Зайделъ 等于 1956 年编著，有英译本。该谱线表前半部是 MIT 表的缩本，后半部按元素排列，给出谱线强度、轮廓标记和激发电位。该谱线表中铁谱线表的波长精确到 0.001Å（1Å=0.1nm）和 0.0001Å 的谱线用作波长的次级标准。

（4）《光谱线波长表》（中国） 中国工业出版社于 1970 年出版。前半部分为 MIT 表，其中有少量谱线作了改正，后半部分为 Зайделъ 表的后半部分。

（5）《现代光谱分析手册》 由万家亮编著，华东师范大学出版社出版，1987 年 12 月第一版。该手册收集了等离子体发射光谱、电弧及火花发射光谱、原子荧光光谱、火焰及非火焰原子吸收光谱等的主要分析谱线和干扰谱线，并列有相关分析技术的分析条件及其应用实例简表。适用于原子光谱分析实验人员使用。

（6）《A Table of Emission Lines in the Vacuum Ultraviolet for all Elements》（1959） R. L. Kelly 编。

（7）《Atomic and Ionic Emission Lines below 2000 Å，H-Kr》（1973） R. L. Kelly，L. J. Palumbo 编。这是真空紫外区最重要的谱线表。以美国海军研究实验室 7599 号报告形式出版。

（8）《Wavelengths and Transition Probabilities for Atoms and Atomic Ions》（原子和离子谱线的波长和跃迁概率） 美国国家标准局 J. Readers，C. H. Corliss，W. L. Wiese 和 G. A. Martin 编，美国政府印刷局 1980 年出版。该表也全文转载于美国化学橡胶公司出版的 Handbook of Chemistry and Physics 的 63 版及以后各版。列于手册中 E 篇，标题为 Line Spectra of Elements 和 Atomic Transition Probobilities。

（9）《Inductively Coupled Plasma Atomic Emission Spectroscopy：An Atlas of Spectral Information》（1985） Fassel 领导的 Ames 光谱实验室，R. K. Winge、V. A. Fassel 等编。中译本：《感耦等离子体原子发射光谱图册》，中国光谱学会翻译出版。

（10）《Line Coincidence Tables for ICP-AES》 Boumans 编。第一版 1980 年出版，第二版 1984 年出版。该表是现今 ICP-AES 分析光谱干扰最详细的资料。

2. **谱图工具书**

在光谱图（atlas）方面，早期最重要的图谱是 A. Gatterer 和 J. Junks 在 1937～1949 年间编的 Atlas der Restlinien（最后线光谱图），梵蒂冈出版，共三卷，按元素分别编制。

前苏联物理技术所 С.К.Клинин 等编制的 Атлас Спектральных Линий для Кварцевого Спектрографа（石英棱镜摄谱仪谱线图）。1952 年第一版，1959 年第二版。该图谱配用于苏制 ИСП22 型、ИСП28 型以及 ИСП130 型石英棱镜摄谱仪，对于 Q24 型及其他中等色散率的石英棱镜摄谱仪也适用。它广泛使用于光谱定性和半定量分析。它选择的谱线和强度标被多种光谱图所引用。

《混合稀土元素光谱图》 1964 年，由黄本立领导的中国科学院长春应用化学研究所光谱组编制，科学出版社 1964 年出版。用于 KC55 型、KCAI 型等石英棱镜、玻璃棱镜可更换的大色散率棱镜摄谱仪。

　　《2Å/mm 和 4Å/mm 光栅摄谱仪图谱》　　上海科学技术出版社 1984 年出版。复旦大学邱德仁和程晚霞编制，图谱包括两套：第一套，色散率 4Å/mm，波长范围 1936～6590Å，72 种元素的 6000 多条谱线，共 111 张；第二套，色散率 2Å/mm，波长范围 2330～4864Å，70 种元素的 4000 多条谱线，共 96 张。附有《谱线表》一册，说明实验方法和给出谱线的强度标数据的实验条件，利用这些强度标对于作半定量估测和判别干扰十分有用。《谱线表》中列出美国国家标准局《光谱线强度表》第二版的波长数据及 MIT 表数据、谱线类型、谱线特征、跃迁能级、激发电位和元素的电离能等数据。其中少数谱线的波长由作者重新测量作了修正，并予以注明。该图谱是目前唯一的一套大色散率高分辨率光谱图，包括一些谱线的超精细结构，如常用的分析线 Cu 3247、Cu 3274、Bi 3067 等的超精细结构，都首次在图谱中作了准确标示。该图谱也是现今标线最丰富、最详尽的光谱图谱。

　　《WSP-1 光栅摄谱仪图谱》　　湖南冶金地质所编，科学出版社 1981 年出版。色散率 0.45nm/mm 的光栅摄谱仪使用。

　　《元素发射光谱图》　　原子能出版社 1976 年出版。适用于线色散率 0.8nm/mm 的光栅摄谱仪使用。

　　《一米平面光栅摄谱仪谱线和图表》　　山东地质局实验室编，1977 年地质出版社出版。包括 230～350nm 波长范围内的一级光谱和 250～350nm 范围内的二级光谱，67 种元素的分析线及其干扰数据。

　　《稀土元素光栅光谱图》　　北京钢铁学院钱振彭、蒋韵梅等编制，冶金出版社 1981 年出版。适用于色散率 0.37nm/mm 的光栅摄谱仪。

　　《一米平面光栅摄谱仪光谱图表（激光显微光谱分析）》　　葛维宝编，地质出版社 1984 年出版。

　　《原子光谱分析文献题录》　　一套共六册，由《光谱学及光谱分析》编辑部于 1984 年出版。文献搜集于 1961～1982 年，给出了分类索引。包括：题目、期刊名、卷、期、页、年份。

参 考 文 献

[1] GB 3102-6—93 光及有关电磁辐射的量和单位.

[2] 金钦汉，任玉林，孙永青. 仪器分析. 长春：吉林大学出版社，1989.

[3] 徐葆筠，杨根元. 实用仪器分析. 北京：北京大学出版社，1993.

[4] GB 4470—1998 火焰发射、原子吸收和原子荧光光谱分析法术语.

[5] 周开亿. 光谱能谱分析国际信息汇编. 第二集.《光谱实验室》编辑部. 北京：群言出版社. 1992.

[6] Boumans PWJM.Theory of Spectrochemical Excitation.New York:Plenum Press,1966.

[7] Alkenade CThJ, Herranann R. Fundamentals of Analytical Flame Spectroscopy. Bristol: Hilger, 1979.

[8] 马成龙，王忠厚，刘国范等. 近代原子光谱分析. 沈阳：辽宁大学出版社，1989.

[9] 陈捷光，范世福. 光学式分析仪器. 北京：机械工业出版社，1989.

[10] 张锐，黄碧霞，何友昭. 原子光谱分析. 合肥：中国科学技术大学出版社，1991.

[11] 金泽祥，林守麟. 原子光谱分析. 武汉：中国地质大学出版社，1992.

[12] Ingle JD, Crouch SR 著.光谱化学分析. 张寒琦，金钦汉等译. 长春：吉林大学出版社，1996.

[13] 孙汉文.原子光谱学与痕量分析研究. 保定：河北大学出版社，2001.

[14] 邱德仁. 原子光谱分析. 上海：复旦大学出版社，2002.

[15] 孙汉文. 原子光谱分析. 北京：高等教育出版社，2002.

[16] 严秀平，尹学博，余莉萍. 原子光谱联用技术. 北京：化学工业出版社，2005.

[17] 胡斌，江祖成. 色谱-原子光谱/质谱联用技术及形态分析. 北京：科学出版社，2005.

[18] 李民赞. 光谱分析技术及其应用. 北京：科学出版社，2006.

[19] 杨春晟，李国华，徐秋心. 原子光谱分析. 北京：化学工业出版社，2010.

[20] 邓勃. 实用原子光谱分析. 北京：化学工业出版社，2013.

第二章　原子光谱分析基础

第一节　原子光谱分析技术的分类与发展

光谱分析法按产生光谱的基本粒子的不同可以分为原子光谱和分子光谱，按辐射能量的传递方式可分为发射光谱和吸收光谱。原子光谱（atomic spectrum，AS）是以原子为基本粒子所发生的电磁辐射，它是基于原子核外（内层或外层）电子能级的跃迁，呈线状光谱。原子光谱分析主要是建立原子光谱信号与待测组分含量的函数关系，是研究与原子光谱谱线有关的特征物理参数——波长与强度，光谱谱线的波长是定性分析的基础，光谱谱线强度是定量分析的依据。原子光谱分析是分析化学的重要分支，是现今无机元素分析应用最为广泛的光谱分析方法。

一、原子光谱分析技术的分类

根据原子激发方式及光谱的检测方法进行分类，从原理上可将原子光谱法分为原子发射光谱法、原子吸收光谱法、原子荧光光谱法以及 X 射线荧光光谱法。

1. 原子发射光谱法（atomic emission spectrometry，AES）

当原子外层电子受热能、辐射能或与其他粒子碰撞获得能量跃迁到较高的激发态，再由高能态回到较低的能态或基态时，以辐射形式释放出其激发能而产生的光谱即为原子发射光谱。利用原子或离子发射的特征光谱对物质进行定性和定量分析的方法为原子发射光谱法。

根据激发光源和激发条件的不同，原子发射光谱法可分为：火花源原子发射光谱法、电弧原子发射光谱法、电感耦合等离子体原子发射光谱法、微波等离子体原子发射光谱法、辉光放电原子发射光谱法以及激光光谱原子发射光谱法等。

2. 原子吸收光谱法（atomic absorption spectrometry，AAS）

当光源辐射通过原子蒸气，且辐射频率与原子中的电子由基态跃迁到第一激发态所需要的能量相匹配时，原子选择性地从辐射中吸收能量，即产生原子吸收光谱。原子吸收光谱法是基于被测元素的自由基态原子对特征辐射的吸收程度进行定量分析的方法。

根据原子化形式的不同，原子吸收光谱法可分为火焰原子吸收光谱法和非火焰原子吸收光谱法，非火焰法目前应用最广泛的有石墨炉原子化法及氢化物发生法。

3. 原子荧光光谱法（atomic fluorescence spectrometry，AFS）

当基态原子吸收电磁辐射（或又吸收热能）之后跃迁到激发态，处于激发态的受激原子再以辐射形式去活化，回到基态或邻近基态的另一能态，而发射的光谱称为原子荧光光谱，是一种通过测量原子荧光强度进行元素定量分析的方法。

根据分光系统的差别，原子荧光光谱分析法可以分为有色散原子荧光光谱分析法和非色散原子荧光光谱分析法两大类，后者又称为蒸气发生原子荧光光谱分析法。

4. X 射线荧光光谱法（X ray fluorescence spectrometry，XRF）

利用初级 X 射线光子或其他微观离子激发待测物质中的原子，原子内层电子发生共振吸

收射线的辐射能量后发生跃迁，在内层电子轨道上留下一个空穴，处于高能态的外层电子跳回低能态的空穴，将过剩的能量以 X 射线的形式放出，使之产生次级 X 射线，即为 X 射线荧光光谱。所产生的 X 射线即为代表各元素特征的 X 射线荧光谱线。其能量等于原子内层电子的能级差，即原子特定的电子层间跃迁能量，是一种可用于物质成分分析和化学态研究的方法。

根据色散方式不同，X 射线荧光分析仪相应分为 X 射线荧光光谱仪（波长色散）和 X 射线荧光能谱仪（能量色散）。

按激发、色散和探测方法的不同，分为 X 射线光谱法（波长色散）和 X 射线能谱法（能量色散）。

二、原子光谱分析技术的发展

1. 原子光谱的发现

原子光谱的发现，最早可追溯到 16 世纪，在 1666 年牛顿（I.Newton）进行了一个关键性实验[1]。他将自己房间弄暗，让太阳光通过窗板上的小孔，经安置在入口处一个玻璃棱镜折射到室内对面的墙上，观察到太阳光经玻璃棱镜展开为各种颜色的光，发现了光的色散现象，通过实验建立起了光的色散理论，揭示了原子光谱的本质。并于 1672 年在《哲学学报》上发表的"关于光和颜色的新理论"一文中，首次把这些不同颜色的光带称为光谱（spectrum）。

2. 原子光谱的基础研究

1802 年沃拉斯顿（W.H.Wollaston）和 1841 年夫琅荷费（Fraunhofer）独立地用间隔很小的细丝作为光栅及用带狭缝的装置，对太阳光谱进行研究，观察到在太阳的连续光谱中有大量的暗线，发现了原子吸收光谱，这些暗线后来称为夫琅荷费线。直到 1859 年，德国的光谱物理学家基尔霍夫从实验中观察到钠光谱的亮双线正好位于太阳光谱中夫琅荷费标为 D 线的暗线位置上。他断言："夫琅荷费线的产生是由于太阳外层的原子温度较低，因而吸收了由较高温度的太阳核心发射的连续辐射中某些特征波长所引起"，从而阐明吸收与发射之间的关系（即基尔霍夫定律），根据夫琅荷费线可以测定太阳大气层的化学成分。

1826 年塔耳波特（Talbot）将锶盐加到火焰中观察焰色的变化，可用于某些物质的检出。研究了 Na、K、Li 和 Sr 的乙醇火焰光谱和 Ag、Cu 和 Au 的火花光谱，初步确定元素的存在。

1835 年惠特斯通（Wheatstone）观察了 Hg、Zn、Cd、Bi、Sn 和 Pb 的火花激发光谱，并用来确定元素的存在，称可根据光谱线来辨别金属元素。

1848 年 Foucault 观察到火焰中钠发射的 Na D 线能被放在火焰后面的电弧中的钠吸收，这是最早的原子吸收光谱实验。

1859 年本生（R.Busrn）和基尔霍夫（G.Kirchoff）研制了第一台实用的光谱仪，使用了能产生较高温度和无色火焰的光源——本生灯，系统地研究了一些元素，确定了光谱与相应的原子性质之间的简单关系，奠定了光谱定性分析的基础。一般认为这是光谱分析的真正开始。

1859 年发表的 Kirchoff 定律阐明了光源中发射与吸收之间的关系：物体在同一温度下，单位时间内所发射的某波长的能量与所吸收的同一波长的能量相同。

1861 年，Kirchoff 和 Bunsen 指出，光源中的辐射是盐类中金属元素的特性，他们先后发现了新元素铯和铷，该工作成为现代光谱分析的先导。

1862 年，Stokes 发现石英能透过紫外光，从而把光谱实验延伸到紫外区。Mascart 用照相法记录了紫外光谱并测定了波长。之后，Rowland 又将紫外光谱区实验延伸至 2150Å（1Å=0.1nm）。Schumann 制造了真空分光系统和荧光增感的照相版，光谱实验延伸至真空紫外区 1200Å。

1868 年，Andem Ångtröm 发表了太阳光谱中的 1200 条谱线，其中约 800 条谱线属地球元素。他测定的波长达到 6 位有效数字，并以 10^{-8}cm 为单位。该单位被表述为 Å，以纪念他的成就和荣誉沿用至今。

1873 年洛克尔（Lockyer）和罗伯茨（Robents）发现了谱线强度、谱线宽度和谱线数目与分析物含量之间存在一定的关系，开始建立起光谱的定量分析方法。

1882 年哈特雷（Hartley）提出最后线原理，建立了半定量方法即谱线呈现法；在此基础上格拉蒙特（Gramount）做了大量深入的工作首先建立了发射光谱定量分析方法。

1883 年 Hartley 研究了金属光谱随浓度的变化，提出了"最后线"概念。

1887 年 Rowland 发表了一个原子光谱谱线表。

1892 年 Michelson 用光的干涉技术测量三条 Cd 线的波长，有效数字达到 8 位。经校正，1907 年镉红线波长值 6438.4696Å 被定为一级波长标准。该谱线校正至 15℃、于空气气压 760mmHg（1mmHg=133.322Pa）时波长值为 6438.4695Å。目前的波长标准是 1960 年国际上一致同意的 ^{86}Kr 的一条谱线，真空下测得的波长值为 6057.8021Å。

在此后的年代里，光谱分析在发现新元素填充门捷列夫周期表上做出极大的贡献。1860年从碱金属中发现新元素 Rb 和 Cs，1861 年 Crookes 从硒渣中发现了 Tl（发出嫩绿色辐射线）。1863 年 Rich 和 Richter 在 ZnS 中发现了 In。1875 年 Boisbaudran 从闪锌矿中发现了 Ga。光谱法还发现了一系列稀有气体如 He（1895）和稀有元素，如 Tm、Ho（瑞典 Cleve，1879 年），Sm（Boisbaudran，1879 年），Pr 和 Nd（奥地利 von Welsbach，1885 年），Lu（Urdbain 和 von Welsbach，1907 年），以及 Ne、Ar、Kr、Ge、Sc 和 Yb 等。原子光谱法作为发现新元素的手段，做出过重大的贡献，并在其发展史上留下一个辉煌的阶段，作为定性分析最强有力的常规方法仍沿用至今。

1925 年格拉奇（Gerlach）首先提出了谱线的相对强度的概念，即定量分析的内标原理，用内标法来进行分析，提高了光谱分析的精密度和准确度，为原子光谱定量分析奠定了基础。

1930 年罗马金（Lomakin）和赛伯（Scheibe）用实验方法建立了光谱线的谱线强度与分析物含量之间的定量关系，分别提出经验式。这一经验关系式 $I=ac^b$，称为赛伯-罗马金公式，至今仍是光谱定量分析的一个基本公式。

1939 年，美国麻省理工学院 Harrison 编著了《MIT 波长表》，至今它仍被奉为光谱分析的经典专业工具书之一。

20 世纪 30 年代火花光源、火花引燃的电弧等可控制激发条件的光源的出现，为光谱在化学分析上的应用准备了充分的理论基础和物质基础。

第二次世界大战期间，光谱分析获得极大的发展。美国围绕曼哈顿原子弹工程，以铀矿分析为代表的探矿和矿物分析，以铀同位素测定为代表的高分辨率光谱分析，以燃料铀分析为代表的痕量分析，都取得了重大进展。战争结束后，一批阐述光谱分析应用和光谱仪器的专著相继问世，光谱分析成为分析化学的前沿。理论上的成熟和商品光谱仪在光学分析上的不断完善和推广，使之在国民经济各领域发挥重要作用。到这个阶段为止，其他光谱分支都尚未达到瞩目的地位。这时所谓的光谱分析，实际上仅包括原子光谱分析中的原子发射光谱分析。此后，光谱仪器的进步，推动了光谱分析技术的不断发展。

1953 年沃尔什（A. Walsh）提出以空心阴极灯为光源的原子吸收光谱分析方法和仪器，1955 年沃尔什和阿肯麦德（C. T. J. Alkemade）同时各自发表了原子吸收光谱分析方法，开创了火焰原子吸收光谱分析法。

1959 年利沃夫（Б. В. Львов）提出石墨炉原子化器，开创了无火焰原子吸收光谱分析技术，1968 年马斯曼（H. Massmann）对小型石墨炉进行改进——提出了马斯曼石墨炉商品化原子化器，由此发展起来的石墨炉原子化原子吸收光谱（GF-AAS）分析技术，使光谱分析法的绝对灵敏度达到 10^{-12}g，大大促进了原子光谱分析的发展。使原子吸收光谱在 20 世纪 70 年代～20 世纪 80 年代发展成为一项应用广泛的原子光谱分析技术。

20 世纪初在实验和机理上原子荧光光谱（AFS）分析已被认识，但作为分析技术直至 20 世纪 60 年代才发展起来。1962 年阿肯麦德在第 10 届国际光谱分析会议上提出测量原子荧光产率的方法，1964 年温弗德纳（J. D. Winefordner）用原子荧光光谱法测定了锌、镉、汞，并导出了原子荧光的强度表述式，此后 AFS 迅速成为原子光谱分析的又一重要分支。

1968 年 Spectrochimica Acta 主编 Boumans 将该期刊分为分子光谱和原子光谱两部分，标志着包括原子发射光谱、原子吸收光谱和原子荧光光谱的原子光谱分析成为一门独立的学科。

20 世纪 60 年代原子光谱分析出现了一系列的新激发光源，使原子光谱分析技术取得更大进展，首先是 1961 年里德（T. B. Reed）[2]利用自行设计的高频放电炬管装置获得大气压下电感耦合氩等离子体焰炬（inductively coupled plasma torch），并预言这种等离子体焰炬可作为原子光谱的激发光源，1964 年英国人 S. Greenfield 和 1965 年美国人 V.A. Fassel 分别独立报道这种新的电感耦合等离子体激发光源用于原子发射光谱分析。经过许多光谱分析家的努力，电感耦合等离子体原子发射光谱（inductively coupled plasma atomic emission spectrometry, ICP-AES）开始作为原子光谱的分析仪器和方法得到重大发展。到 20 世纪 80 年代，一些重要专著、工具书的出版，以及商品仪器所占领的市场，标志着 ICP-AES 在理论、应用与仪器等方面已趋成熟，现已成为应用最广泛的分析技术之一。

1962 年布莱克（F. Brech）在第 10 届国际光谱学会议上首次提出了采用红宝石微波激射器诱导产生等离子体用于光谱化学分析，开发出激光诱导击穿光谱（laser-induced breakdown spectroscopy，LIBS）新技术[3]。

1968 年格里姆（W. R. Grimm）研发了辉光放电光源，发展了一类辉光放电原子发射光谱仪器和分析技术，用于金属合金、半导体和绝缘材料及金属逐层分析[4]。

1978 年汤普逊（M. Thompson）等用氢化物发生（HG）-ICP-AES 联用技术测定 As、Sb、Bi、Se、Te，灵敏度提高了一个数量级以上[5]。同年温莎（D. L. Windsor）等开发了气相色谱-电感耦合等离子体原子发射光谱（GC-ICP-AES）联用技术，能同时检测气相色谱流出液中 C、H、S、P、I、B 和 Si 7 个非金属元素[6]，弗雷利（D. M. Fraley）[7]、加斯特（C. H. Gast）[8]等分别开发了高效液相色谱-电感耦合等离子体原子发射光谱联用技术（HPLC-ICP-AES）。色谱-原子光谱联用，综合了色谱的高分离效率与原子发射光谱检测的专一性和高灵敏度的优点，用于元素形态分析，为原子发射光谱法开拓了新的应用领域。

随着高新技术的引入，一些新的光源（如微波等离子体、辉光放电、激光诱导等）的研究成功，以及广泛应用微电子技术和数字化技术的结合，使原子光谱分析仪器向高精度和高可靠性发展，向更宽应用范围发展，使原子光谱定量分析在现代分析化学中占有极为重要的地位。

3. 原子光谱分析仪器的发展

1928年出现了第一台商品摄谱仪Q-24中型石英摄谱仪,1954年贾雷尔-阿什(Jarrell-Ash)公司生产了第一台平面光栅摄谱仪,使光谱分析成为工业上重要的分析方法,广泛应用于冶金、地质等领域,在科学研究及生产控制中起了积极的作用。

随着电子技术的发展,光谱仪器也开始向光电化、自动化方向发展。1944年海斯勒(Hasler)和迪特(Dieke)首推由美国ARL公司生产的光电直读光谱仪,用衍射光栅作为色散元件,将待测元素分析线从出射狭缝引出,用12只光电倍增管接收,用光电法代替摄谱法;自1945年迪克和克罗斯怀特介绍了用于大型光栅摄谱仪的光电直读仪以来,在20世纪50~60年代光谱仪器得到了逐步完善。70年代以后,由于电子计算机和微处理机技术的迅猛发展,有力地促进了原子光谱仪器的光电化和自动化。

在对发射光谱法的光源进行深入研究和改革的过程中,人们发现了利用等离子炬作为发射光谱的激发光源,并采用AAS的溶液进样方式,创立起一类具有发射光谱法多元素同时分析的特点又具有吸收光谱法溶液进样的灵活性和稳定性的新型仪器——ICP-AES分析仪,把发射光谱分析技术推向一个新的发展阶段。

早期的光电光谱仪仅局限于有色金属及钢铁分析,随着新型光源的发展,特别是ICP(电感耦合等离子体)光源的应用,使得光电光谱仪得到飞速的发展。现在世界上已有许多国家生产各种类型的原子光谱仪,如美国的热电(TJA)公司、珀金埃尔默(PE)公司、利曼(Leeman)公司、瓦里安(Varian)公司,英国希尔格(Hilger)公司,德国斯派克(Spectro)公司、耶拿(Yena)公司,法国若比·伊冯(JY)公司,日本岛津公司、日立公司,意大利LAB公司等,制造的仪器种类很多,性能和用途十分广泛。

在光电光谱仪发展的同时,原子吸收光谱仪从1959年澳大利亚GBC公司推出第一台商用仪器至今仍然不断发展,火焰与石墨炉原子吸收光谱仪应用十分普遍,不管是常量还是微量元素分析,都有原子吸收分析的一席之地。

原子荧光光谱仪是原子发射与原子吸收结合的产物,我国郭小伟等研制出氢化物发生原子荧光仪,在测定可生成氢化物的元素As、Se、Sb、Bi、Hg等方面很有效,并发展成为一类具有中国特色的原子荧光仪器,在国内有多家仪器厂生产。

在原子光谱分析的发展过程中,人们从光谱仪器的光源、分光系统和检测器等方面,不断加以改进,发展了火花/电弧、等离子体、辉光放电等不同特点的光谱分析方法和现代仪器。这些新光源的开发,使光电光谱仪的应用从常量元素分析扩展到高含量元素分析、痕量元素分析和表面逐层分析。因此,光电光谱仪不仅在采矿、冶金、石油、燃化、机械制造等工业中作为定性和定量分析的工具,而且在农业、食品工业、生物学、医学、核能以及环保领域发挥着重要的作用。

随着仪器制造技术的不断发展,光谱仪器的分辨率不断得到提高(实际分辨率可达到0.005nm),波长应用范围得到拓宽(可以测波长120~850nm,从远紫外区到近红外区的谱线),可以适用于复杂样品的直接测定,以及金属材料中的氮、氢、氧等气体成分的快速测定。

仪器的灵敏度也显著提高,火花源发射光谱仪器可以直接测定高纯金属中μg/g级的痕量元素;等离子体发射光谱仪器的分析灵敏度已接近石墨炉原子吸收仪器测定ng/g级的分析水平。

仪器的自动化程度也得到不断发展,面向冶金工业大生产的全自动光谱仪,从自动制样、测量到报出结果仅需90s,实现无人自动操作。直读仪器的结构和体积也发生了很大变化,出现了结构紧凑型直读光谱仪、小型台式或便携式的直读仪器,作为冶金、机械等行业中金

属料场的分析工具，是合金牌号的鉴别、废旧金属分类、金属材料等级鉴别的一种有效工具。光谱仪器正向更为实用和更为普及的方向发展。

20 世纪 90 年代在 ICP 发射光谱仪器上率先采用了中阶梯光栅与棱镜双色散系统，产生二维光谱，适合于采用 CCD、CID 一类的面阵式检测器，发展起一类兼具光电法与摄谱法优点，且能更大限度地获取光谱信息的同时型仪器。为了区别于多道型仪器受制于预先设定通道数的限制，光谱仪生产厂家纷纷推出所谓"全谱"直读仪器。新型固体检测器属高集成性电子元件，每个像素仅为几微米宽、面积只有十几平方微米的检测单元，同时检测多条分析谱线，便于进行谱线强度空间分布和背景信息的同时测量，有利于谱线干扰校正技术的采用，克服光谱干扰，提高选择性和灵敏度。而且仪器的体积结构更为紧凑，已成为现代直读光谱仪器的发展方向。

尽管如此，现代的直读光谱仪仍不够完善，如分光系统制作复杂、新型光电转换系统在光谱定量测定上的应用技术仍有难点和需要改进之处，设备安装使用环境条件要求仍较高，高性能的仪器仍需在实验室内工作；与已被淘汰的摄谱仪相比，无法像照相干版记录方式那样保留所有谱线，只能对预先设定好的谱线进行测定，由于受到分光系统和检测器的种种限制，传统光电倍增管检测器最多只能记录下 50～60 条谱线的信息，新型的固体检测器虽有"全谱"记录之称，也只能记录下在特定分光系统和检测器范围内谱线的信息，仍不可能真正实现全谱记录。因此，原子光谱仪器在色散系统结构上的改变、固体检测元件的使用、高配置计算机的引入以及新型激发光源技术的创新等方面，仍需进一步发展。

4. 原子发射光谱分析技术的进展

与化学分析的发展历程相似，原子发射光谱分析技术的进步从 20 世纪 50 年代的仪器化、60 年代光电直读化、70 年代的微机化、80 年代的智能化到 90 年代以来的数字化，可以看出原子发射光谱仪器的发展也是向高灵敏度、高选择性、快速、自动、简便和经济实用发展。

传统的以光电倍增管为检测器的电弧和火花光谱仪仍在进一步的发展，并开发出高动态范围光电倍增管检测器（HDD），检测灵敏度和线性范围都有较大的提高。在测光方式上，通过对火花激发机理的研究和计算机软件的应用，提出了峰值积分法（PIM）、峰辨别分析（PDA）、单火花评估分析（SSE）、单火花激发评估分析（SEE）和原位分布分析技术（OPA），这些技术相应的硬件和软件的应用，可以明显地提高复杂样品的分析灵敏度和准确度。而 PDA、SSE、SEE 和 OPA 技术还在解决部分状态分析的问题上发挥了作用，如钢铁中的固溶铝和非固溶铝的定量分析、氮和硫的夹杂物的测定等，使火花光谱分析的测定精密度和准确度都有较大的提高。

火花光谱的测定范围向远紫外波段扩展，测定金属材料中的气体成分、超低碳和其他非金属的方法和技术不断改进，可测定的氮、氧含量已经达到 10μg/g 以下，碳含量可低至 1μg/g，分析精度接近常规分析法的要求。

固体样品直接分析一直是发射光谱的应用优势，但制备或得到样品的困难也是其推广应用中所遇到的最大难题。电感耦合等离子体原子发射光谱（ICP-AES）分析技术由于具有溶液进样的优点，使发射光谱分析不仅在传统应用领域冶金、地质、机械制造等行业中作为定性和定量分析的工具，而且扩大到农业、食品工业、生物学、医学、核能以及环境保护等领域中作为化学成分的监控手段，扩展了发射光谱分析的应用范围，同时将发射光谱分析推向了新的发展阶段。光谱仪器制造技术也在不断提高，特别是中阶梯光栅交叉色散和固体检测元件等新技术在 ICP 直读仪器上得到推广应用，推出所谓全谱型直读仪器，成为今

后发射光谱同时型仪器的一个发展趋势，也为发射光谱仪器向小型化、实用化发展提供了技术基础。

辉光放电（GD）用作原子发射光谱的激发光源，在直读光谱仪器的推动下得到迅速的发展，GD-OES 的商品仪器也得到发展。直流辉光放电（DC-GD）模式用于分析导体样品，射频辉光放电（RF-GD）模式可以分析所有固体（导体、半导体、绝缘体）。GD 作为 AES 的激发光源对样品表面具有溅射和激发能力，有利于进行逐层分析和薄层样品的分析。从而使发射光谱分析的应用扩大到材料表面的研究和分析，将发射光谱分析推向又一新的应用领域。

原子发射光谱分析技术在材料分析上的应用，在传统意义上的成分含量分析方面取得了高灵敏度、高精度、高效、快速、经济和简便实用的进步，同时在各成分的分布分析及元素的状态分析方面也取得了进展。

在了解和利用材料方面，材料的平均成分无疑是极其重要的。而微量元素和夹杂元素的含量、化合态以及它们在材料中的分布，也是材料研究中不可或缺的信息。成分分布分析包括表面成分分布分析和深度分析两部分。作为发射光谱的原态分析，通过光谱法不仅可以获得宏观的成分分布，也可以得到材料中的部分微观成分的信息，这将是发射光谱分析技术在实际应用领域里的发展前景。

5. 原子光谱分析法在我国的发展概况

原子光谱分析在我国的真正发展开始于 20 世纪 50 年代。摄谱仪的大量引入，促进了原子发射光谱分析在各领域中的推广应用。由黄本立领导的长春应用化学研究所编制、科学出版社出版的《混合稀土元素光谱图》，是我国光谱分析工作者早期最重要的专业工具书。

原子光谱分析发展最早的是原子发射光谱分析。在我国最早广泛应用原子发射光谱分析的是地质部门。20 世纪 50 年代初地矿部就开始着手筹建光谱实验室，培训分析人员，大力推广原子发射光谱分析技术。50 年代后期研制出具有自动控制功能的粉末撒样专用装置，60 年代末期又独立地发展为吹样光谱分析法。20 世纪 50 年代中期，建立了第一批光谱定量分析方法，到文化大革命前，地质部门已经能用电弧光谱粉末法分析几十种元素[9]。

20 世纪 70 年代，我国开始对 ICP 光源进行研究开发。李炳林、黄本立、朱锦芳等较早地进行了 ICP-AES 的应用研究。直至 80 年代，国内对 ICP-AES 的研究，多限于使用自己组装的仪器，且多为摄谱法，90 年代国内 ICP 分析技术得到迅速发展。

20 世纪 90 年代，金钦汉等率先提出了一种微波等离子体炬（microwave plasma torch, MPT）新型光源，可在常压下以 He、Ar 或 N_2 工作，焰炬的环形结构类似 ICP 焰炬，形成中央通道，在开管谐振腔获得等离子体，提高了等离子体对样品的承受能力，输入功率大于 2W 即能工作，输入功率大于 29W，工作十分稳定[10]。

20 世纪 60 年代～80 年代原子吸收光谱分析在我国获得很大的发展。国产商品仪器趋于成熟，在各种领域中的应用达到普及的程度。在原子荧光光谱分析方面，开发了具有我国特色的光谱仪器，并得到推广应用。

21 世纪初，王海舟等自主开发了单次火花放电光谱高速采集技术和光谱数字解析技术、无预燃连续激发同步扫描定位技术，开创了火花放电发射光谱金属原位分析新方法，首次采用统计解析的方法定量表征金属材料的偏析度、疏松度、夹杂物分布等指标[11]。2002 年北京纳克分析仪器有限公司研制成功世界首台金属原位分析仪[12,13]。使 AES 仪器由单一的成分分析仪器发展成为能同时得到金属材料中较大尺度范围内成分、状态分布及结构的定量统计信

息的多功能仪器。

进入 21 世纪以来，我国在各种原子光谱分析方法及仪器的研发与应用，如辉光放电光谱 GDS、激光光谱 LIBS、中阶梯光栅棱镜双色散-CTD 光谱仪器分析技术及仪器研发和商品化进程方面得到全面发展。蒸气发生-原子荧光光谱商品仪器的研发生产与应用技术一直居于国际领先地位。原子吸收光谱仪器以及火花源/电弧直读光谱仪器的制造水平及其商品化程度已达到国际同类型仪器的相同水平，个别类型仪器具有独创性，原子吸收和原子荧光光谱仪器在小型化方面处于领先地位。

第二节 原子光谱分析的基础知识

原子光谱的产生与原子结构密切相关。原子结构可以由量子理论来加以描述，通过对原子光谱的解析可以了解各种元素原子结构的特点，进而确定物质的组成。

一、原子能级与原子光谱项

1. 原子的量子状态

原子光谱是由原子核外最外层电子的跃迁所产生的电磁辐射，与原子的状态密切相关。对于含有多个外层电子的原子，考虑原子外层电子之间的相互作用，此时整个原子的运动状态，可用四个量子数 n、L、S、J 来描述，分别称为主量子数、总轨道角动量量子数、总自旋角动量量子数和总角动量量子数（即主量子数 n、角量子数 l、磁量子数 m_1、自旋量子数 m_s）。

当 n、L、S、J 确定时，原子便处于某一确定的状态，即具有一定的能量；反之，任何一个量子数的改变，均会引起相应原子能量的变化。

2. 原子光谱项

在原子光谱中，原子的运动状态可用其光谱项来表征，用以标记电子层、能级（亚层）、原子轨道和分轨道。当量子数确定时，原子便处于某一确定的状态，当任何一个量子数发生改变，原子的状态作相应改变而产生电磁辐射，即形成一定波长的光谱。光谱学中常利用光谱项来表征原子的某一状态及能级的变化。把原子中所有可能存在状态的光谱项，用图解的形式表示即为原子能级图。

$$n^M L_J \quad \text{或} \quad n^{2S+1}L_J$$

式中，n 是主量子数；L 是角量子数；M 或 "$2S+1$" 是光谱项的多重性；J 是内量子数。

光谱项表示式中，符号左上角的 M 或 "$2S+1$" 是表示光谱项的多重性。当 $L > S$ 时，由 L 和 S 所确定的每一个光谱项，将有 $2S+1$ 个具有不同 J 值的光谱支项。由于 J 值不同的支项，其能量差别极小，因而由它们产生的光谱线，波长极为接近，称为多重线系。

例如，钠的 D 双线的光谱项为：

$$\text{Na } 589.0\text{nm} \quad 3^2S_{1/2} \text{—} 3^2P_{3/2}$$
$$\text{Na } 589.6\text{nm} \quad 3^2S_{1/2} \text{—} 3^2P_{1/2}$$

光谱项可以在早期的光谱分析手册中查到。美国国家标准局 1961 年出版的第一版《光谱线强度表》（NBS 表）中列出大多数分析线的光谱项，可供查对。但在实际分析工作中通常并不需要了解线的光谱项，因此在 1975 年第二版出版时，已不再列出光谱项。

3. 原子能级图

1928 年格洛特莱尔（W. Grotrain）用图形表示一种元素的各种光谱项及光谱项的能量和可

能产生的光谱线，称为能级图。在多数情况下，用简化的能级示意图来表示谱线的跃迁关系。

图 2-1 是锂原子的能级图。水平线代表能级或光谱项，纵坐标表示能量，能量的单位是电子伏特（eV）或波数（cm^{-1}），它们之间的换算关系为：1eV＝8065cm^{-1}。

能级图中，并不是所有谱项间的跃迁都是允许的，只有符合光谱选律，即 $\Delta n＝0$ 或任意正整数，$\Delta L＝\pm1$，$\Delta S＝0$，$\Delta J＝0$ 或 ±1 的跃迁，才是允许的。

凡由激发态向基态直接跃迁的谱线称为共振线，由第一激发态与基态直接跃迁的谱线称为第一共振线。那些不符合光谱选律的谱线，称为禁戒跃迁线。

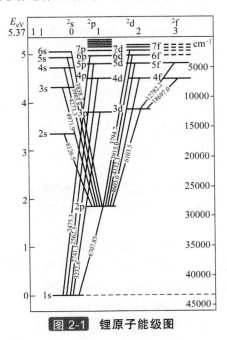

图 2-1　锂原子能级图

原子在能级 j 和 i 之间的跃迁、发射或吸收辐射的频率与始末能级之间的能量差成正比。

$$\nu_{ji}＝\frac{1}{h}(E_j － E_i) \tag{2-1}$$

式中，E_j 和 E_i 分别为跃迁的始末两个能级的能量；h 为普朗克常数。如果 $E_j＞E_i$，则为发射；如果 $E_j＜E_i$，则为吸收。根据 $\lambda＝c/\nu$，则从能级 j 到 i 跃迁的辐射波长可表示为：

$$\lambda_{ji}＝\frac{ch}{E_j － E_i} \tag{2-2}$$

4. 原子的基态、激发态、亚稳态

在光谱的发射与吸收的过程中，处于能量最低的能级的原子或能量最低的离子称为基态原子或基态离子；处于能量高于基态能级以上的原子或离子称为激发态，同时也存在着亚稳态。

亚稳态也是激发态的一种。亚稳态原子不发生自发辐射跃迁，而是通过与其他粒子的碰撞释放或吸收能量改变能级，然后才发生自发辐射跃迁。原子或离子获得或失去能量而改变能级的过程称为跃迁。激发（激活）使原子或离子获得能量，能级升高；失去能量的跃迁是去活。

一般的激发态原子平均寿命约在 10^{-8}s 数量级，处于亚稳态的原子有较长的平均寿命，达 10^{-3}s 数量级。

5. 激发能

激发态原子或离子具有的能量，称激发能，以 cm^{-1} 或 eV 为单位。以 eV 为单位时，也称为激发电位。同一元素的原子有多种激发态，各有其不同的激发能。离子的激发能不包括它的电离能。

6. 电离能

原子或离子获得能量致使电子脱离原子核的作用而成为自由电子，所需的最低能量叫作电离能，单位 cm^{-1} 或 eV。原子可逐级电离，有相应的各级电离能。以 eV 为单位时，电离能称为电离电位。

例如汞原子的共振线 $\lambda = 253.652nm$，由于 $E_1 = 0$，其激发能为：

$$E_2 = E_1 + hc/\lambda$$

$$= \frac{6.625 \times 10^{-34} J \cdot s \times 2.998 \times 10^{10} cm/s}{253.652 \times 10^{-7} cm}$$

$$= 7.835 \times 10^{-19} J$$

$$= \frac{7.835 \times 10^{-19} J}{1.6021 \times 10^{-19} J/eV}$$

$$= 4.89 eV$$

Hg 546.074nm 的跃迁能级，由 NBS 表可查得是 $44043cm^{-1} \rightarrow 62350cm^{-1}$，由 cm^{-1} 换算为 eV（$1eV = 8065cm^{-1}$），可知其激发电位是 $E_2 = 62350/8065 = 7.73eV$。

7. 共振线

原子从激发态跃迁到基态或从基态跃迁到激发态所产生的谱线称为共振线。前者是共振发射线，后者是共振吸收线。同一元素相应的共振发射线和共振吸收线波长一致。每个元素有多条共振线，其中激发能量最低的共振线是第一共振线。在共振线中，第一共振线的强度通常最大。所以原子光谱分析中通常选用共振线作为分析线。但共振线都有自吸特性，因此要注意光源的自吸现象对分析测定带来的影响。

8. 原子线

中性原子跃迁产生的谱线叫作原子线。在谱线表及文献中以罗马字 I 表示中性原子发射的谱线。在火焰、电弧光源中，所发射的光谱主要是原子线，因此旧称其为弧光线或电弧线。

9. 离子线

离子也可以被激发，其外层电子跃迁也发射光谱。离子跃迁产生的谱线叫作离子线。原子获得足够的能量而发生电离，电离所必需的能量称为电离能。原子失去一个电子称为一次电离，一次电离的原子再失去一个电子称为二次电离，依此类推。在谱线表及文献中一次电离的离子 M^+ 发射的谱线称为一次电离离子线，用罗马数字 II 表示，二次电离的离子 M^{2+} 发射的谱线称为二次电离离子线，用罗马数字 III 表示，余类推。在电火花、等离子体光源中，不仅有原子线而且有丰富的离子线，因此旧称其为火花线。

例如，Mg I 285.21nm 为原子线，Mg II 280.27nm 为一次电离离子线。

由于离子和原子具有不同的能级，所以离子发射的光谱与原子发射的光谱是不一样的。每一条离子线也都有其激发电位，这些离子线激发能大小与电离能高低无关。在高温下产生的离子与溶液中的离子不同，可以有 Al^+、Al^{2+}、Al^{3+} 及 Na^+、Na^{2+}、C^+、C^{2+} 等离子状态。在等离子体光源中由于温度很高，原子很容易发生电离，离子的激发概率也很大，因此 ICP 光源是个富离子线的激发光源。

二、原子光谱的规律性

1. 激发能和电离能变化规律

所谓激发能是指气态自由原子或离子，由基态跃迁到激发态所需的能量。电离能是指从气态中性原子基态最低能级移去电子至电离状态所需的能量，移去一个电子所需能量称第一电离能，移去两个、三个……电子所需能量相应称为第二、第三……电离能。

激发能和电离能的高低是原子、离子结构的固有特征，与外界条件无关，是衡量元素激发和电离难易程度以及决定灵敏光谱线类型的重要尺度，其高低取决于原子及离子外围电子与原子核间作用力的大小。因此对原子的激发和电离而言，元素周期表中同一周期元素，由左向右，随着核电荷数、外层电子数的增多和原子半径减小，激发能和电离能依次增大。周期表中同族元素，自上而下，随着核电荷数增多，原子半径增大，激发能及电离能依次减小。表 2-1 为各个元素原子和离子的电离能。不同元素激发和电离的难易程度与周期表位置的关系如图 2-2 所示。

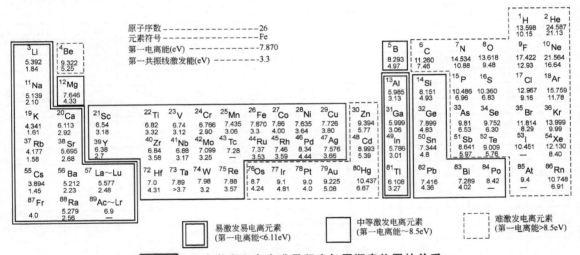

图 2-2 元素激发和电离难易程度与周期表位置的关系

从图 2-2 可见，不同元素具有不同的激发能与电离能，因此在实际光谱分析中，应根据被分析元素激发与电离的难易程度，选择最适宜的激发光源和激发条件。

2. 元素灵敏线类型和波长分布

在原子光谱分析中，通常是根据元素灵敏线进行元素的检出和测定。元素灵敏线的类型及其波长分布，同样与原子或离子的能级结构间存在规律性联系。实践证明，碱金属和除碱土金属外的其他主族元素，其灵敏线多为原子线；而碱土金属和除了铜分族及锌分族外的过渡元素，其灵敏线既可以是原子线，亦可以是一级离子线，甚至后者比前者更为灵敏；而铜分族和锌分族元素的原子线一般比离子线灵敏。

灵敏线的波长取决于参加辐射跃迁的高低能级的能量差。很明显，越易激发的元素，其灵敏线波长越长，越难激发的元素，其灵敏线波长越短。对于多数易激发元素，其灵敏线多分布于近红外及可见区，难激发非金属元素灵敏线多分布于远紫外区，而绝大多数具有中等激发能的元素，其灵敏线则分布于近紫外区。

表 2-1 原子和离子的电离能 [14]

原子序数	元素	I	II	III	IV	V	VI	VII	VIII	IX
1	H	13.598								
2	He	24.587	54.416							
3	Li	5.392	75.638	122.451						
4	Be	9.322	18.211	153.893	217.713					
5	B	8.293	25.154	37.930	259.368	340.217				
6	C	11.260	24.383	47.887	64.492	392.077	489.981			
7	N	14.534	29.601	47.448	77.472	97.888	552.057	667.029		
8	O	13.618	35.116	54.934	77.412	113.896	138.116	739.315	871.387	
9	F	17.422	34.970	62.707	87.138	114.240	157.161	185.182	953.886	1103.089
10	Ne	21.564	40.962	63.45	97.11	126.21	157.93	207.27	239.09	1195.797
11	Na	5.139	47.286	71.64	198.91	138.39	172.15	208.47	264.18	299.87
12	Mg	7.646	15.035	80.143	109.241	141.26	186.50	224.94	265.90	327.95
13	Al	5.985	18.828	28.447	119.99	153.71	190.47	241.43	284.59	330.21
14	Si	8.151	16.345	33.492	45.141	166.77	205.05	246.52	303.17	351.10
15	P	10.486	19.725	30.18	51.37	65.023	230.43	263.22	309.41	371.73
16	S	10.360	23.33	34.83	47.30	72.68	88.049	280.93	328.23	379.10
17	Cl	12.967	23.81	39.61	53.46	67.8	98.03	114.193	348.28	400.05
18	Ar	15.759	27.629	40.74	59.81	75.02	91.007	124.319	143.456	422.44
19	K	4.341	31.625	45.72	60.91	82.66	100.0	117.56	154.86	175.814
20	Ca	6.113	11.871	50.908	67.10	84.41	108.78	127.7	147.24	188.54
21	Sc	6.54	12.80	24.76	73.47	91.66	111.1	138.0	158.7	180.02
22	Ti	6.82	13.58	27.491	43.266	99.22	119.36	140.8	168.5	193.2
23	V	6.74	14.65	29.310	46.707	65.23	128.12	150.17	173.7	205.8
24	Cr	6.766	16.50	30.96	49.1	69.3	90.56	161.1	184.7	209.3
25	Mn	7.435	15.640	33.667	51.2	72.4	95	119.27	196.46	221.8
26	Fe	7.870	16.18	30.651	54.8	75.0	99	125	151.06	235.44
27	Co	7.86	17.06	33.50	51.3	79.5	102	129	157	186.13
28	Ni	7.635	18.168	35.17	54.9	75.3	108	133	162	193
29	Cu	7.726	20.292	36.83	55.2	79.9	103	139	166	199
30	Zn	9.394	17.964	39.722	59.4	82.6	108	134	174	203
31	Ga	5.999	20.51	30.71	64					
32	Ge	7.899	15.934	34.22	45.71	93.5				
33	As	9.81	18.633	28.351	50.13	62.63	127.6			
34	Se	9.752	21.19	30.820	42.944	68.3	81.7	155.4		
35	Br	11.814	21.8	36	47.3	59.7	88.6	103.0	192.8	
36	Kr	13.999	24.359	36.95	52.5	64.7	78.5	111.0	126	230.39
37	Rb	4.177	27.28	40	52.6	71.0	84.4	99.2	136	150
38	Sr	5.695	11.030	43.6	57	71.6	90.8	106	122.3	162
39	Y	6.38	12.24	20.52	61.8	77.0	93.0	116	129	146.52
40	Zr	6.84	13.13	22.99	34.34	81.5				
41	Nb	6.88	14.32	25.04	38.3	50.55	102.6	125		
42	Mo	7.099	16.15	27.16	46.4	61.2	68	126.8	153	
43	Tc	7.28	15.26	29.54						
44	Ru	7.37	16.76	28.47						
45	Rh	7.46	18.08	31.06						
46	Rd	8.34	19.43	32.93						
47	Ag	7.576	21.49	34.83						
48	Cd	8.993	16.908	37.48						

X	XI	XII	XIII	XIV	XV	XVI	XVII	XVIII	XIX
1362.164									
1465.091	1648.659								
367.53	1761.802	1962.613							
398.57	442.07	2085.983	2304.080						
401.43	476.06	523.50	2437.676	2673.108					
424.50	479.57	560.41	611.85	2816.943	3069.762				
447.09	504.78	564.65	651.63	707.14	3223.836	3494.099			
455.62	529.26	591.97	656.69	749.74	809.39	3658.425	3946.193		
478.68	538.95	618.24	686.09	755.73	854.75	918	4120.778	4426.114	
503.44	564.13	629.09	714.02	787.13	861.77	968	1034	4610.955	4933.931
211.270	591.25	656.39	726.03	816.61	895.12	974	1087	1157	5129.045
225.32	249.832	685.89	755.47	829.79	926.00				
215.91	265.23	291.497	787.33	861.33	940.36				
230.5	255.04	308.25	336.267	895.58	974.02				
244.4	270.8	298.0	355	384.30	1010.64				
248.3	286.0	314.4	343.6	404	435.34				
262.1	290.4	330.8	361.0	392.2	457	489.5	1266.1		
276	305	336	379	411	444	512	546.8	1403.0	
224.5	321.2	352	384	430	464	499	571	607.2	1547
232	266	368.8	401	435	484	520	557	633	671
238	274	310.8	419.7	454	490	542	579	619	698
277.1									
177	324.1								
191	206	374							

原子序数	元素	I	II	III	IV	V	VI	VII	VIII	IX
49	In	5.786	18.869	28.03	54					
50	Sn	7.344	14.632	30.502	40.734	72.28				
51	Sb	8.641	16.53	25.3	44.2	56	108			
52	Te	9.009	18.6	27.96	37.41	58.75	70.7	137		
53	I	10.451	19.131	33						
54	Xe	12.130	21.21	22.1						
55	Cs	3.894	25.1							
56	Ba	5.212	10.004							
57	La	5.577	11.06	19.175						
58	Ce	5.47	10.85	20.20	36.72					
59	Pr	5.42	10.55	21.62	38.95	57.45				
60	Nd	5.49	10.72							
61	Pm	5.55	10.90							
62	Sm	5.63	11.07							
63	Eu	3.6	11.25							
64	Gd	6.14	12.1							
65	Tb	5.85	11.52							
66	Dy	5.93	11.67							
67	Ho	6.02	11.80							
68	Er	6.10	11.93							
69	Tm	6.18	12.05	23.71						
70	Yb	6.254	12.17	25.2						
71	Lu	5.426	13.9							
72	Hf	7.0	14.9	23.3	33.3					
73	Ta	7.89								
74	W	7.98								
75	Re	7.88								
76	Os	8.7								
77	Ir	9.1								
78	Pt	9.0	18.563							
79	Au	9.225	20.5							
80	Hg	10.437	18.756	34.2						
81	Tl	6.108	20.428	29.83						
82	Pb	7.416	15.032	31.937	42.32	68.8				
83	Bi	7.289	16.69	25.56	45.3	56.0	88.3			
84	Po	8.42								
85	At	9.4								
86	Rn	10.748								
87	Fr	4.0								
88	Ra	5.279	10.147							
89	Ac	6.9	12.1							
90	Th	6.2	11.5	20.0	28.8					
91	Pa									
92	U	约 6.2								
93	Np									
94	Pu	5.8								
95	Am	6.0								

续表

X	XI	XII	XIII	XIV	XV	XVI	XVII	XVIII	XIX

周期表中各元素最灵敏原子线波长分布如图 2-3 所示。在实际发射光谱分析工作中，需根据欲分析元素灵敏线所在光谱区域，正确选择最适宜的光谱仪及相应的检测装置。

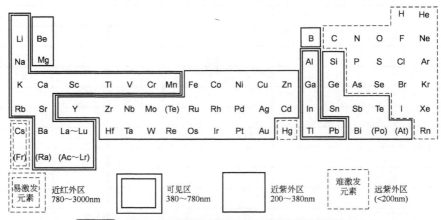

图 2-3 元素最灵敏原子线波长与周期表位置的关系

注：镧系和锕系元素中部分元素的灵敏线在近紫外区

3. 分析物的蒸发、原子化、激发和电离行为与元素周期律的关系

不同元素的蒸发、原子化、激发和电离行为是极不相同的，这主要是因为它们具有不同的沸点、离解能、激发能和电离能所致。元素的电离能、激发能、沸点和化合物的离解能也是元素原子序数的周期性函数。

元素沸点（气化热）的变化规律，主要取决于化学键类型，离子极化作用和分子间作用力的大小，以离子键和原子键结合的晶体，其沸点较高；而以分子间作用力结合的晶体，其沸点较低。通常可以根据元素的沸点及挥发行为，将其分为以下 4 类：气体元素常温下为气态，分布在周期表的右上角；易挥发元素沸点低于 2000℃，如碱金属、碱土金属等；难挥发元素沸点高于 3000℃，主要是一些中间过渡元素；中等挥发元素沸点位于 2000~3000℃，周期表中其他元素均属于此类。这 4 类元素在周期表中的位置如图 2-4 所示。

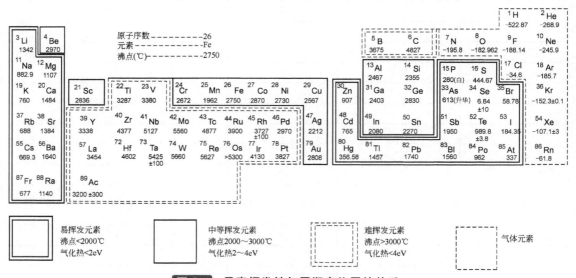

图 2-4 元素挥发性与周期表位置的关系

各元素及其化合物的熔点、沸点和分子离解能如表 2-2 所列。

表 2-2　各元素及其化合物熔点、沸点和分子离解能

元素及化合物	熔点 $\theta/℃$	沸点 $\theta_{B.P.}/℃$	键	离解能 kJ/mol	离解能 eV
Ac	1050	3200±300	—	—	—
Ag	961.93	2212	Ag—Ag	159	1.6
Ag$_2$O	230(d)①	—	Ag—O	238	2.5
AgF	435	约1159	Ag—F	351	3.6
AgCl	455	1550	Ag—Cl	314	3.3
AgI	558	1506	Ag—I	287.4	3.0
Ag$_2$S	825	d	Ag—S	217.2	
AgBr	432	>1300(d)	Ag—Br	289	3.0
Al	660.37	2467	Al—Al	163	1.7
Al$_2$O$_3$	2072	2980	Al—O	481	5.0
AlN	>2200(N$_2$中)	2000(s)	Al—N	293	3.0
AlF$_3$	1291	>2467(s)	F$_2$Al—F	544	5.6
AlCl$_3$	190(0.25MPa)	177.8(s)	Cl$_2$Al—Cl	372	3.9
AlBr$_3$	97.4	263.3	Al—Br	439	4.6
AlI$_3$	191	360	Al—I	364	3.8
Am	994±4	2607	—	—	—
Ar	−189.2	−185.7	Ar—Ar	4.73	0.05
As	817(2.8MPa)	613(s)	As—As	380	3.9
As$_2$O$_3$	312.3	457.2	As—O	477	4.9
AsH$_3$	−116.3	−55	As—H	270	2.8
AsF$_3$	−8.5	−63	As—F	410	4.2
AsCl$_3$	−8.5	130.2	As—Cl	444	4.6
AsI$_3$	146	403	As—I	296.6	3.1
As$_2$S$_3$	300	707	As—S	约482	约5.0
At	302	337	At—At	约80	约0.83
Au	1064.43	2808±2	Au—Au	215.5	2.2
Au$_2$O$_3$	−0.160	−30.250	Au—O	221.8	2.3
AuCl$_3$	254(d)	265(s)	Au—Cl	289	3.0
Au$_2$S$_3$	197(d)	—	Au—S	415	4.3
B	2300	(3675)	B—B	293	3.0
B$_2$O$_3$	45±2	约1860	B—O	782	8.1
B$_4$C	2350	>3500	B—C	444	4.6
BBr$_3$	−46	91.30±0.25	B—Br	433	4.5
BF$_3$	−126.7	−99.9	F$_2$B—F	557	5.8
BCl$_3$	−107.3	12.5	B—Cl	531	5.5
Ba	725	1640	—	—	—
BaO	1918	约2000	Ba—O	561	5.8
BaF$_2$	1355	2137	FBa—F	586	6.1
BaCl$_2$(α)	962	1560	ClBa—Cl	456	4.7
BaCl$_2$(β)	963				
Be	1278±5	2970	Be—Be	58	0.6
BeO	2350±30	约3900	Be—O	444	4.6
Be$_2$N$_3$	2200±100	2240(d)	—	—	—
BeF$_2$	545	800(s)	FBe—F	690	7.2
BeCl$_2$	405	520	ClBe—Cl	536	5.6
Bi	271.3	1560±5	Bi—Bi	192	2.0

续表

元素及化合物	熔点 $\theta/℃$	沸点 $\theta_{B.P.}/℃$	键	离解能 kJ/mol	eV
Bi_2O_3	825±3	1890	Bi—O	356	3.7
$BiBr_3$	218	453	Bi—Br	264	2.7
BiF_3	727	—	Bi—F	255	2.6
$BiCl_3$	230～232	447	Bi—Cl	301	3.1
BiI_3	408	约500	Bi—I	242	2.5
Bi_2S_3	680(在 CO_2 中)	—	Bi—S	289	3.0
Bk	1285	2970	—	—	—
Br_2	−7.2	58.78	Br—Br	192.807	2.0
C	3650	3930	C—C	602	6.2
CO	−199	−191.5	C—O	1071.9	11.1
CN_2	−27.9	−20.7	C—N	730.1	7.6
CH_4	182.48	−164	C—H	335	3.5
CCl_4	−23	76.8	C—Cl	396	4.1
CS_2	−110.8	46.3	C—S	757	7.8
Ca	839±2	1484	Ca—Ca	15	0.155
CaO	2614	2850	Ca—O	460	4.8
CaF_2	1423	约2500	FCa—F	548	5.7
$CaCl_2$	782	>1600	ClCa—Cl	431	4.5
$CaBr_2$	742	1815	—	—	—
CaI_2	784	约1100	Ca—I	289	3.0
Cd	320.9	765	Cd—Cd	12	0.12
CdO	>1500	1559(s)	Cd—O	368	3.8
CdF_2	1100	1758	Cd—F	309	3.2
$CdCl_2$	568	960	Cd—Cl	206	2.14
$CdBr_2$	567	863	—	—	—
CdI	387	796	Cd—I	138	1.43
CdS	—	1380(s)	Cd—S	203	2.1
Ce	798	3443	Ce—Ce	241	2.5
CeO_2	2000	>3000	Ce—O	791	8.2
CeC	—	>2300	Ce—C	453	4.7
CeF_3	1460	2300	Ce—F	579	6.0
$CeCl_3$	848	1727	—	—	—
$CeI_3·9H_2O$	752	1397	—	—	—
Cl_2	−100.98	−34.6	Cl—Cl	239.7	2.5
Co	1495	2870	Co—Co	163	1.7
CoO	1795±20	—	Co—O	367	3.8
CoF_2	约1200	1400	Co—F	434	4.5
$CoCl_2$	724(在 HCl 气中)	1049	Co—Cl	396	4.1
Co_2S_3	480(d)	—	Co—S	347	3.6
Cr	1857±20	2672	Cr—Cr	<167	<1.7
Cr_2O_3	2266±25	4000	Cr—O	423	4.4
Cr_3C_2	1980	3800	—	—	—
CrF_3	>1000	1100～1200(s)	Cr—F	385	4.0
$CrCl_3$	约1150	1300(s)	Cr—Cl	360	3.8
Cs	28.40±0.01	669.3	Cs—Cs	42	0.4

续表

元素及化合物	熔点 θ/℃	沸点 θ_{B.P.}/℃	键	离解能 kJ/mol	eV
Cs$_2$O	490(在 N$_2$ 中)	—	Cs—O	299	3.1
Cs$_2$O$_2$	400	—	Cs—O	299	3.1
CsF	682	1251	Cs—F	502	5.2
CsCl	645	1290	Cs—Cl	435	4.5
CsBr	636	1300	Cs—Br	416.3	4.3
CsI	626	1280	—	—	—
Cu	1083.4±0.2	2567	Cu—Cu	190.4	2.0
CuO	1326	1800	Cu—O	473	4.9
Cu$_2$F$_2$	908	1100(s)	Cu—F	293	3.0
CuF$_2$	950(d)	—	FCu—F	366	3.8
CuCl$_2$	620	993(d)	Cu—Cl	347	3.6
CuCl	430	1490	Cu—Cl	347	3.6
CuBr	492	1345	Cu—Br	326	3.4
CuI	605	1290	Cu—I	192	2
Dy	1412	2567	—	—	—
Dy$_2$O$_3$	2340±10	—	Dy—O	628	6.5
DyF$_3$	1360	>2200	Dy—F	548	5.7
DyCl$_3$	718	1500	—	—	—
DyBr$_3$	881	1480	—	—	—
DyI$_3$	955	1320	—	—	—
Er	1529	2868	—	—	—
Er$_2$O$_3$	—	3000	Er—O	636	6.6
ErF$_3$	1350	2200	Er—F	586	6.1
ErCl$_3$·6H$_2$O	774	1500	—	—	—
ErI$_3$	1020	1280	—	—	—
Eu	822	1527	Eu—Eu	29	0.3
EuF$_3$	1390	2280	Eu—F	548	5.7
EuCl$_2$	727	>2000	Eu—Cl	约 328	约 3.4
EuBr$_2$	677	1880	—	—	—
EuI$_2$	527	1580	—	—	—
F$_2$	−219.62	−188.14	F—F	154.8	1.6
Fe	1535	2750	Fe—Fe	96	1.0
FeO	1369±1	—	Fe—O	414	4.3
Fe$_2$O$_3$	1565	2000(s)	Fe—O	414	4.3
FeF$_3$	>1000	—	—	—	—
FeCl$_2$	672	1030	Fe—Cl	347	3.6
FeCl$_3$	306	315(d)	Fe—Cl	347	3.6
Ga	29.78	2403	Ga—Ga	113	1.2
Ga$_2$O$_3$	1900(α) 1795±15(β)	>1900(s)	Ga—O	247	2.6
GaF$_3$	800(s)(在 N$_2$ 中)	约 1000	Ga—F	602	6.2
GaCl$_2$	164	535	Ga—Cl	477	4.9
GaCl$_3$	77.9±0.2	201.3	Ga—Cl	477	4.9
GaBr$_3$	121.5±0.6	278.8	Ga—Br	435	4.5
GaI$_3$	212±1	345(s)	Ga—I	351	3.6

续表

元素及化合物	熔点 $\theta/\text{℃}$	沸点 $\theta_{\text{B. P.}}/\text{℃}$	键	离解能	
				kJ/mol	eV
Gd	1313	3273	—	—	—
Gd$_2$O$_3$	2330±20	—	Gd—O	715	7.4
GdF$_3$	1377	2277	Gd—F	649	6.7
GdCl$_3$	609	1597	—	—	—
GdI$_3$	926	1340	—	—	—
Ge	937.4	2830	Ge—Ge	272	2.8
GeO$_2$	1115±4	—	Ge—O	669	6.9
GeH$_4$	−165	−88.5	Ge—H	318	3.3
GeF$_4$	−37	−15(s)	Ge—F	484	5.0
GeCl$_4$	−49.5	84	Ge—Cl	339	3.5
GeBr$_4$	26.1	186.5	Ge—Br	251	2.6
GeI$_4$	144	440(d)	—	—	—
GeS	530	430(s)	Ge—S	556	5.8
H$_2$	−259.19	−252.76	H—H	432.00	4.5
He	−272.2	−268.9	He—He	3.8	0.04
Hf	2227±20	4602	—	—	—
HfC	约 3890	—	Hf—C	540	5.6
HfN	3305	—	Hf—N	531	5.5
HfCl$_4$	319(s)	—	—	—	—
HfBr$_4$	420(s)	—	—	—	—
HfO$_2$	2578±25	5400	Hf—O	774	8.0
Hg	−38.87	356.58	Hg—Hg	17	0.18
HgO	400	500(d)	Hg—O	221.1	2.3
HgO$_2$	2758	约 5400	Hg—O	791	8.2
HgF$_2$	645(d)	650	Hg—F	130	1.3
HgCl$_2$	276	302	Hg—Cl	96	1.0
HgBr$_2$	236	322	Hg—Br	68.6	0.7
HgI$_2$	259	354	Hg—I	34	0.4
HgS	583.5	—	Hg—S	268	2.8
Ho	1474	2700	Ho—Ho	84	0.87
HoF$_3$	1143	>2200	Ho—F	561	5.8
HoCl$_3$	718	1500	—	—	—
HoBr$_3$	914	1470	—	—	—
HoI$_3$	989	1300	—	—	—
I$_2$	113.5	184.35	—	152	1.58
In	156.61	2080	In—In	100	1.0
In$_2$O$_3$	1910±10	>850(v)	In—O	105	1.1
InF$_3$	1170±10	>1200	In—F	523	5.4
InCl	225±1	608	In—Cl	435	4.5
InCl$_2$	235	550~570	In—Cl	435	4.5
InCl$_3$	586	600(v)	In—Cl	435	4.5
InI	351	711~715	In—I	339	3.5
Ir	2410	4130	—	—	—
IrO$_2$	1100	>1100(d)	Ir—O	347	3.6
IrF$_6$	44.4	53	—	—	—
IrCl$_3$	763(d)	—	—	—	—

续表

元素及化合物	熔点 θ/℃	沸点 $\theta_{B.P.}$/℃	键	离解能	
				kJ/mol	eV
K	63.25	760	K—K	57	0.59
K₂O	500	>500(d)	K—O	241	2.5
KOH	360.4±0.7	1320~1324	K—OH	339	3.5
KF	858	1505	K—F	490	5.1
KCl	770	1500(s)	K—Cl	423	4.4
KBr	734	1435	K—Br	378.7	3.9
KI	681	1330	K—I	326	3.4
Kr	−156.6	−152.30±0.10	Kr—Kr	5.23	0.054
La	920	3470	La—La	241.0	2.5
La₂O₃	2317	4197	La—O	782	8.1
LaC₂	2356	—	La—C	502	5.2
LaF₃	1427	2327	La—F	598	6.2
LaCl₃	872	>1747	—	—	—
LaI₃	772	—	—	—	—
La₂S₃	2100~2150	—	La—S	573	5.9
Li	180.34	1342	Li—Li	109	1.1
Li₂O	>1700	2327	Li—O	335	3.4
LiF	845	1676	Li—F	573	5.9
LiCl	605	1325~1360	Li—Cl	464	4.8
LiBr	550	1265	Li—Br	418	4.3
LiI	449	1180±10	Li—I	347	3.6
Lu	1663	3402	Lu—Lu	145	1.5
LuF₃	1182	220	Lu—F	569	5.9
LuCl₃	905	750(s)	—	—	—
LuBr₃	1400	—	—	—	—
LuI₃	1050	1200	—	—	—
Mg	648.8	1107	Mg—Mg	8.55	0.0886
MgO	2852	3600	Mg—O	377	3.9
Mg₃N₂	800(d)	—			
MgF₂	1261	2239	FMg—F	577	6.0
MgCl₂	714	1412	ClMg—Cl	322	3.3
Mn	1244±3	1962	Mn—Mn	<88	<0.9
MnO	1785	3100±100	Mn—O	402	4.2
Mn₃O₄	1564	—	Mn—O	402	4.2
Mn₂O₇	5.9	55(d)	Mn—O	402	4.2
MnF₂	856	—	Mn—F	502	5.2
MnCl₂	650	1190	Mn—Cl	335	3.5
Mo	2610	5560	Mo—Mo	约406	约4.2
MoO₂	795	1251	OMo—O	669	6.9
MoO₃	795	1155(s)	O₂Mo—O	561	5.8
MoC	2692	—	—	—	—
Mo₂C	2687	—	—	—	—
MoF₆	17.5	37	—	—	—
MoCl₅	194	268	—	—	—
Mo₂S₃	1100(d)	1200(v)	—	—	—
N₂	−209.86	−195.8	N—N	941.69	9.8

续表

元素及化合物	熔点 $\theta/℃$	沸点 $\theta_{B.P.}/℃$	键	离解能	
				kJ/mol	eV
NO	−163.6	−151.8	N—O	628	6.5
NH$_3$	−77.7	−33.35	H$_2$N—H	431	4.5
NF$_3$	−260.60	−128.8	—	—	—
Na	97.81±0.03	882.9	Na—Na	71	0.75
Na$_2$O	1275(s)	—	Na—O	272	2.8
NaOH	318.4	1390	Na—OH	322	3.3
NaCN	563.7	1496	—	—	—
NaF	993	1695	Na—F	477	4.9
NaCl	801	1413	Na—Cl	410	4.2
NaBr	747	1390	—	—	—
NaI	661	1304	Na—I	297	3.1
Nb	2468±10	5127	Nb—Nb	约511	约5.3
Nb$_2$O$_5$	1485	1520	Nb—O	753	7.8
NbC	3500	4573			
NbN	2573	—			
NbF$_5$	72~73	236	—	—	—
NbCl$_5$	204.7	254	—	—	—
NbBr$_5$	265.2	361.6	—	—	—
Nd	1021	3074	Nd—Nd	<163	<1.7
Nd$_2$O$_3$	约1900	—	Nd—O	690	7.2
NdF$_3$	1410	2300	Nd—F	545	5.6
NdCl$_3$	784	1600	—	—	—
NdBr$_3$	684	540	—	—	—
Ne	−248.67	−245.9	Ne—Ne	3.93	0.041
Ni	1455	2730	Ni—Ni	228.0	2.4
NiO	1984	—	Ni—O	406	4.2
NiF$_2$	1450	1740	Ni—F	368	3.8
NiCl$_2$	1001	973(s)	Ni—Cl	347	3.6
NiS	797	—	Ni—S	357	3.7
Np	630	—	—	—	—
O$_2$	−218.4	−182.962	O—O	494	
H$_2$O	0.000	100.000	HO—H	493.7	5.1
Os	约2700	>5300	—	—	—
OsO$_4$	40.6	130	O$_3$Os—O	452	4.7
OsF$_6$	32.1	45.9	—	—	—
P(黄)	44.1	280	P—P	481	5.0
(红)	590(4.4MPa)	—			
P$_2$O$_5$	580~585	300(s)	P—O	592.0	6.1
PH$_3$	−133	−87.7	P—H	339	3.5
PF$_5$	−83	−75	P—F	435	4.5
PCl$_5$	166.8(d)	162(s)	P—Cl	289	3.0
PBr$_3$	−40	172.9	—	—	—
P$_2$S$_5$	286~290	514	P—S	502	5.2
Pa	<1600	4227	—	—	—
Pb	327.502	1740	Pb—Pb	75	0.8

续表

元素及化合物	熔点 $\theta/℃$	沸点 $\theta_{B.P.}/℃$	键	离解能 kJ/mol	eV
PbO	886	1472	Pb—O	377	3.9
PbF$_2$	855	1290	Pb—F	289	3
PbCl$_2$	501	950	Pb—Cl	297	3.1
PbBr$_2$	373	916	Pb—Br	243	2.5
PbI$_2$	402	954	Pb—I	192	2
PbS	1114	1281	Pb—S	318	3.3
Pd	1554	2970	Pd—Pd	<138	<1.4
PdO	870	550	Pd—O	280	2.9
PdCl$_2$	500(d)	—	—	—	—
PdI$_2$	350(d)	—	—	—	—
PdS	950(d)	—	—	—	—
Pm	1080	(2727)	—	—	—
Po	254	962	Po—Po	184	1.9
PoO$_2$	500(d)	—	—	—	—
PoS	275(d)	—	—	—	—
Pr	931	3520	—	—	—
PrO$_2$	>350	—	Pr—O	761	7.9
PrF$_3$	1370	2327	Pr—F	579	6.0
PrCl$_3$	823	1707	—	—	—
PrBr$_3$	691	1547	—	—	—
PrI$_3$	737		—	—	—
Pt	1772	3827±100	Pt—Pt	约 357	约 3.7
PtO	550(d)	750	Pt—O	347	3.6
PtF$_6$	57.6	—	—	—	—
PtCl$_3$	435	—	—	—	—
Pu	641	3232	—	—	—
PuF$_6$	50.75	62.3	Pu—F	540	5.6
PuCl$_3$	760	—	—	—	—
PuBr$_3$	681	—	—	—	—
Ra	700	<1140	—	—	—
RaCl$_2$	1000	—	Ra—Cl	339	3.5
RaBr$_2$	728	900(s)	—	—	—
Rb	38.89	686	Rb—Rb	46	0.47
Rb$_2$O$_2$	570	1011(d)	Rb—O	347	3.6
Rb$_2$O	400(d)	—	Rb—O	347	3.6
RbF	795	1410	Rb—F	490	5.1
RbCl	718	1390	Rb—Cl	444	4.6
RbBr	693	1340	Rb—Br	385	4.0
RbI	647	1300	Rb—I	331	3.4
Re	3180	5627	—	—	—
Re$_2$O$_7$	约 297	250(s)	—	—	—
ReF$_4$	124.5	500(d)	—	—	—
ReF$_6$	18.8	47.6	—	—	—
ReCl$_4$	—	500	—	—	—
ReC$_3$	—	>500	—	—	—

续表

元素及化合物	熔点 $\theta/℃$	沸点 $\theta_{B.P.}/℃$	键	离解能	
				kJ/mol	eV
Rh	1966±3	3727±100	Rh—Rh	289	3.0
Rh$_2$O$_3$	1100~1150(d)	—	Rh—O	423	4.4
RhF$_3$	>600(s)	—	—	—	—
RhCl$_3$	450~500(d)	800(s)	—	—	—
Rn	−71	−62	—	—	—
Ru	2310	3900	—	—	—
RuO$_4$	25.5	108(d)	Ru—O	435	4.5
RuF$_5$	101	250	—	—	—
RuCl$_3$	>500(d)	—	—	—	—
S(S$_8$)	119.0	444.674	S—S	424.7	4.4
SO$_2$	−72.7	−10	OS—O	547.3	5.7
SO$_3$	16.83	44.8	O$_2$S—O	342.7	3.6
H$_2$S	−85.5	−60.7	HS—H	377	3.9
SCl$_2$	−78	59(d)	—	—	—
Sb	630.5	1750	Sb—Sb	295	3.1
Sb$_2$O$_3$	656	1550(s)	Sb—O	368	3.8
SbF$_3$	292	319(s)	Sb—F	435	4.5
SbCl$_3$	73.4	283	Sb—Cl	356	3.7
SbCl$_5$	2.8	79	Sb—Cl	356	3.7
SbBr$_3$	96.6	280	Sb—Br	310	3.2
Sb$_2$S$_3$	550	约 1150	Sb—S	376	3.9
Sc	1541	2836	Sc—Sc	108.4	1.1
Sc$_2$O$_3$	>1000	4450	Sc—O	678	7.0
ScCl$_2$	939	800~850(s)	Sc—Cl	385	4.0
ScBr$_3$	>1000(s)	—	—	—	—
Se	217	684±1.0	Se—Se	305	3.2
SeO$_2$	340	315(s)	Se—O	418	4.3
SeO$_3$	118	180(d)	Se—O	418	4.3
H$_2$Se	−60.4	−41.5	Se—H	305	3.16
SeF$_4$	−13.8	>100	Se—F	338	3.5
SeCl$_4$	205(s)	288(d)	Se—Cl	318	3.3
Si	1410	2355	Si—Si	314	3.4
SiO$_2$	1723±5	2230	OSi—O	469	4.9
SiC	约 2700(s)	—	Si—C	427	4.4
Si$_3$N$_4$	1900(加压)	—	Si—N	435	4.5
SiF$_4$	−90.2	−86	Si—F	481	5.0
SiCl$_4$	−70	57.57	Si—Cl	381	3.9
SiBr$_4$	5.4	154	Si—Br	339	3.5
SiI$_4$	120.5	287.5	—	—	—
Sm	1074	1794	—	—	—
Sm$_2$O$_3$	2325	—	Sm—O	590	6.1
SmC$_3$	678±1	—	—	—	—
SmF$_3$	1306	2323	Sm—F	548	5.7
SmCl$_2$	740	1667(d)	Sm—Cl	425	4.4
SmBr$_2$	508	1880	—	—	—
SmI$_2$	527	1580	—	—	—

续表

元素及化合物	熔点 θ/℃	沸点 θ_B.P./℃	键	离解能 kJ/mol	eV
Sn	231.9681	2270	Sn—Sn	192	2.0
SnO₂	1630	1800～1900(s)	Sn—O	544	5.6
SnH₄	−150(d)	−52	Sn—H	259	2.7
SnF₂	292	619	Sn—F	376	3.9
SnF₄	705(s)	—	Sn—F	376	3.9
SnCl₂	246	652	Sn—Cl	310	3.2
SnCl₄	−33	114.1	Sn—Cl	310	3.2
SnBr₄	31	202	Sn—Br	192	2.0
SnBr₂	215.5	620	Sn—Br	192	2.0
SnI₂	320	717	—	—	—
SnI₄	144.5	364.5	—	—	—
SnS	882	1230	Sn—S	464	4.8
Sr	769	1384	Sr—Sr	约 15.5	约 0.16
SrO	2430	约 3000	Sr—O	460	4.8
SrF₂	1473	2489	Sr—F	540	5.6
SrCl₂	875	1250	ClSr—Cl	418	4.3
Ta	2996	5425±100	—	—	—
Ta₂O₂	2400	3200	Ta—O	812	8.4
TaC	3880	5500	—	—	—
TaN	3360±50	—	Ta—N	608	6.3
TaF₅	96.8	229.5	—	—	—
TaCl₅	216	242	—	—	—
TaBr₅	265	348.8	—	—	—
Tb	1356	3230	Tb—Tb	125	1.3
Tb₂O₃	2387	—	Tb—O	715	7.4
TbF₃	1172	2280	Tb—F	560	5.8
TbCl₂·6H₂O	588(无水物)	180～200(HCl 中)	—	—	—
TbBr₃	827	1490	—	—	—
TbI₃	946	>1300	—	—	—
Tc	2250	4567	—	—	—
Tc₂O₇	1190	3100	—	—	—
Te	449.5±0.3	989.8±3.8	Te—Te	218	2.3
TeO₂	733	1245	Te—O	377	3.9
H₂Te	−48.9	−2.2	Te—H	268	2.78
TeF₄	−36	35.5	—	—	—
TeCl₄	224	380	—	—	—
TeCl₂	209±5	327	—	—	—
TeBr₂	210	339	—	—	—
Th	1750	4787	Th—Th	≤289	≤3.0
ThO₂	3220±50	4400	OTh—O	<770	<8.0
ThC₂	2655±25	约 5000	Th—C	482	5.0
ThF₄	>900	—	—	—	—
ThCl₄	770±2(s)	928(d)	—	—	—
ThBr₄	610(s)	725	—	—	—
ThI₄	566	839	—	—	—

续表

元素及化合物	熔点 $\theta/℃$	沸点 $\theta_{B.P.}/℃$	键	离解能	
				kJ/mol	eV
Ti	1660±10	3287	Ti—Ti	<243	<2.5
TiO$_2$	1830~1850	2500~3000	OTi—O	519	5.4
TiC	3140±90	4820	Ti—C	<531	<5.8
TiN	2930	—	Ti—N	464	4.81
TiF$_3$	1200	1400	Ti—F	569	5.9
TiF$_4$	>400	284(s)	Ti—F	569	5.9
TiCl$_3$	440(d)	660	Ti—Cl	492	5.1
TiCl$_4$	−25	136.4	Ti—Cl	492	5.1
TiBr$_4$	39	230	—	—	—
TiI$_4$	150	377.1	—	—	—
Tl	303.5	1457±10	Tl—Tl	<88	<0.9
Tl$_2$O	300	1865	—	—	—
Tl$_2$O$_3$	759	875	—	—	—
TlF	327	655	Tl—F	439	4.6
TlCl	430	720	Tl—Cl	364	3.8
TlBr$_3$	462	819	Tl—Br	326	3.4
TlI$_3$	442	823	Tl—I	280	2.9
Tm	1545	1950	—	—	—
TmF$_3$	1158	2277	Tm—F	569	5.9
TmCl$_3$·7H$_2$O	824	1440	—	—	—
TmBr$_3$	952	1440	—	—	—
TmI$_3$	1015	1260	—	—	—
U	1132.3±0.8	3818	U—U	222	2.3
U$_2$O$_3$	1300(d)(生成 UO$_2$)	—	U—O	749	7.8
UO$_2$	2878±20	—	OU—O	674	7.0
UC$_2$	2350~2400	4370	U—C	463	4.8
UCl$_4$	590±1	792	—	—	—
UBr$_4$	516	792	—	—	—
UI$_4$	506	759	—	—	—
V	1890±10	3380	V—V	241	2.5
V$_2$O$_3$	1970	3900	V—O	617.6	6.4
V$_2$O$_5$	690	1750(d)	V—O	617.6	6.4
VC	2810	3900	V—C	473	4.9
VF$_5$	19.5	111.2	V—F	589	6.1
VCl$_4$	−28±2	148.5	V—Cl	473	4.9
W	3410±20	5660	—	—	—
WO$_2$	1500	1830	W—O	661	6.0
WO$_3$	1473	5929	O$_2$W—O	594	6.2
WC	2870±50	6000	—	—	—
WF$_6$	2.5	17.5	W—F	550	5.7
WCl$_5$	248	276	W—Cl	425	4.4
WCl$_6$	275	346.7	W—Cl	425	4.4
WBr$_5$	276	333	—	—	—
Xe	−111.9	−107.1±3.0	Xe—Xe	约 6.53	约 0.068
Y	1522	3338	Y—Y	156.1	1.6
Y$_2$O$_3$	2410	4300	Y—O	707	7.3

续表

元素及化合物	熔点 $\theta/℃$	沸点 $\theta_{B.P.}/℃$	键	离解能	
				kJ/mol	eV
YC$_2$	—	4873	Y—C	415	4.3
YF$_3$	1387	2260	Y—F	360	3.7
YCl$_3$	721	1507	Y—Cl	339	3.5
Yb	819	1196	Yb—Yb	19	0.2
Yb$_2$O$_3$	1477	3227	Yb—O	396	4.1
YbF$_2$	1052	2380	Yb—F	≥521	≥5.4
YbF$_3$	1157	2200	Yb—F	≥521	≥5.4
YbCl$_2$	702	1900	Yb—Cl	约318	约3.3
YbBr$_2$	677	1800	—	—	—
YbI$_2$	780±4	1300(d)	—	—	—
Zn	419.58	907	Zn—Zn	25	0.25
ZnO	1975	>1800(s)	Zn—O	272	2.8
ZnF$_2$	872	约1500	Zn—F	367	3.8
ZnCl$_2$	283	732	Zn—Cl	205	2.1
ZnBr$_2$	394	650	—	—	—
ZnI$_2$	446	624(d)	Zn—I	134	1.4
ZnS	1700±20(5.1MPa)	1185	Zn—S	201	2.1
Zr	1852±2	4377	—	—	—
ZrO$_2$	2715	约5000	OZr—O	628	6.5
ZrC	3540	5100	Zr—C	560	5.8
ZrN	2980±50	—	Zr—N	519	5.4
ZrF$_4$	约600(s)	—	Zr—F	627	6.5
ZrCl$_4$	437(2.5MPa)	>331(s)	Zr—Cl	540	5.6
ZrBr$_2$	350(d)	—	—	—	—
ZrBr$_4$	450±1	357(s)	—	—	—
ZrI$_4$	499±2	约600(d)	—	—	—

①表中 d、s 和 v 分别为分解温度，升华温度和挥发温度。

三、辐射跃迁

1. 原子的碰撞与激发

激发态原子或离子产生电磁辐射，其中许多过程都是在光源等离子体中通过粒子的碰撞来实现。

按照能量交换情况的不同，可将碰撞分为弹性碰撞和非弹性碰撞两种类型。

（1）弹性碰撞　当粒子间发生碰撞时，只发生运动方向和速度的改变，其总动能不发生改变，不引起粒子量子状态或结构上的变化，这种碰撞称为弹性碰撞。当碰撞体的动能小于被碰撞体最低激发态所需能量时，只发生弹性碰撞，而且即使连续多次的弹性碰撞也不会对激发有所促进。

（2）非弹性碰撞　当碰撞前后粒子的总动能发生了变化，引起粒子量子状态或结构的改变，这种碰撞称为非弹性碰撞。当碰撞体的能量（动能、内能、辐射能）达到或超过被碰撞体解离、激发或电离所需最低能量时，碰撞引起分子的解离、原子的激发或电离等过程。这种非弹性碰撞是原子激发的主要过程。

非弹性碰撞又可分为两类：

第一类非弹性碰撞——碰撞体能量大于被碰撞粒子激发、电离或解离所需的能量，碰撞

的结果使被碰撞粒子发生激发、电离或解离。这类碰撞是原子光谱分析时光源分析区中的基本过程。

第二类非弹性碰撞——当激发态粒子与其他粒子碰撞，本身失去能量或部分失去能量，转变为较低能态，所失去的能量转化为被碰撞粒子的动能，或使之解离、激发或电离，这类碰撞称为第二类非弹性碰撞。

在火焰、电弧、电火花及等离子体焰炬等光源中，第一类非弹性碰撞引起原子化和热激发；在辉光光源等气体放电光源中，激发主要是电激发；在原子荧光光谱分析中，基态原子共振吸收光子的光致激发起主要作用。

在火焰、电弧、电火花光源中，分析区中激发态粒子的相对比率很小，平均寿命很短，为 $10^{-8} \sim 10^{-7}$ s 数量级，第二类非弹性碰撞的影响很小，几乎可以忽略。但在 ICP 炬光源中有大量寿命较长的亚稳态氩存在，第二类非弹性碰撞对激发与电离的影响便不可忽视，它是使 ICP 光源中谱线尤其是离子线得到增强的原因。

在荧光光谱中，光致激发产生的激发态粒子（分子或原子）如果在辐射荧光之前发生第二类非弹性碰撞而失活，则引起荧光强度的减弱，这种现象称为"猝灭"。

其他形式的碰撞如多次碰撞激发、光子诱导激发等，在原子光谱分析中不占重要的地位。

（3）碰撞概率、碰撞截面 碰撞概率和碰撞截面是描述碰撞过程的物理量。若在粒子集合体中，有一强度为 I 的单一动能的某粒子流通过一理想气体发生碰撞，其中分子、原子均为刚性球体，截面积为 σ，气体质点的密度为单位体积内 N 个，则该粒子流经过距离 dx 后发生碰撞引起的强度变化 dI 为：

$$\mathrm{d}I = -N\sigma I \mathrm{d}x = -\alpha I \mathrm{d}x \tag{2-3}$$

式中，比例系数 α 为碰撞概率。

碰撞概率 α 与碰撞截面 σ 之间的关系为：

$$\alpha = N\sigma \tag{2-4}$$

$$\sigma = \alpha / N \tag{2-5}$$

2. 辐射跃迁类型

激发态原子从高能级跃迁到低能级释放出能量的形式有两种：一种以光子形式辐射能量，称为辐射跃迁；另一种以热运动形式释放能量，称为无辐射跃迁或非辐射跃迁。

原子光谱主要是辐射跃迁。辐射跃迁分为以下几类。

（1）自发辐射 激发态原子在原子内部电场作用下从高能级跃迁到低能级并辐射出光子，称为自发辐射。自发辐射跃迁不受外界影响，是激发态原子各自独立地、自发地发射辐射，发射的频率相同，彼此之间没有固定的相位关系，偏振方向和传播方向是随机的。

① 辐射的光子频率或谱线波长为

$$E_q - E_p = h\nu = hc/\lambda \tag{2-6}$$

式中，E_q 是高能级 q 的激发能；E_p 是低能级 p 的激发能，若 p 为基态，则 $E_p = 0$；h 是普朗克常数；c 是光速；ν 是光子频率；λ 是谱线波长。

② 跃迁概率（A_{qp}） 爱因斯坦（Einstein）认为，辐射跃迁伴有激发态原子数的衰减。在 dt 时间内由激发态 q 向低能态 p 自发跃迁的原子数即激发态原子数的减少 $-\mathrm{d}N_q$ 与处于激发态 q 的原子数 N_q 及 dt 成正比：

$$-\mathrm{d}N_q = A_{qp} N_q \mathrm{d}t \tag{2-7}$$

比例系数 A_{qp} 称为爱因斯坦跃迁概率或简称跃迁概率，它与处在 q 态的原子数多少无关，也与用什么方法激发至 q 态无关。下角 qp 表示由 q 态至 p 态的自发辐射跃迁。

振子强度是正比于跃迁概率的一个物理量，用符号 f 表示。两者的关系如朗德博格（Ladenburg）公式所示：

$$f_{qp} = \frac{mc}{8\pi^2 e^2} \lambda^2 A_{qp} \qquad (2\text{-}8)$$

式中，m 和 e 分别是电子的质量和电荷。

跃迁概率数据可从美国国家标准局 Readers、Corliss、Weise 和 Martin 编的 "Wavelengths and Transition Probabilities for Atoms and Atomic Ions"（1980 年出版）中查得，它编有全部元素约 5000 条主要谱线的数据。这些数据也可从《CRC Handbook of Chemistry and Physics》1982～1983 年第 63 版及以后各版中查得。

③激发态原子的平均寿命（τ）　处于激发态的原子由自发辐射而数目减少，当它衰减到原有激发态原子数的 1/e 即 36.79% 时所需的时间，称为它的平均寿命。由原子光谱物理学可推得，平均寿命 τ 与跃迁概率成反比：

$$\tau = \frac{1}{A_{qp}} \qquad (2\text{-}9)$$

处于基态的原子不再自发辐射出谱线，迁移概率为零，平均寿命为∞。表 2-3 列出几种原子激发态的平均寿命。

表 2-3　几种原子激发态的平均寿命

原子	波长 λ/nm	平均寿命 τ/s
H	121.6	1.2×10^{-8}
Na	589.6	1.6×10^{-8}
K	770.0	2.7×10^{-8}
Cd	326.1	2.5×10^{-6}
Hg	253.7	1.0×10^{-7}

（2）受激辐射（诱导辐射）　当处于激发态 q 的原子受到频率 $\nu=(E_q-E_p)/h$ 的光子的激励时，激发态原子辐射出频率相同的光子而从 q 态跃迁到 p 态。这种在外界光子影响下发生的辐射称为受激辐射或诱导辐射。外来的激励光子的频率必须与跃迁时发射的光子频率严格相等。受激辐射产生的光，其频率、相位、偏振和传播方向都与外来光子相同，这样获得的光称为相干光。受激辐射可造成光放大，是产生激光的基础。

通常的激发态平均寿命很短，难以实现受激辐射。亚稳态粒子不发生自发辐射，它通过受激辐射释放出能量。

受激辐射时，激发态原子在 dt 时间内的减少 $-dN_q$ 正比于激发态原子数 N_q、外来激励光子密度 ρ 和 dt：

$$-dN_q = B_{qp}\rho N_q dt \qquad (2\text{-}10)$$

比例系数 B_{qp} 叫作受激辐射跃迁概率。

（3）复合辐射　复合是电离的逆过程。离子和电子碰撞而发生复合时，辐射出连续背景及谱线：

$$A^+ + e^-_{\text{快}} \longrightarrow A + h\nu_1$$

或

$$A^+ + e^-_{\text{快}} \longrightarrow A^* + h\nu_1$$

$$A^* \longrightarrow A + h\nu_2$$

由于电子在电场中加速，能量是连续的，因此复合时多余的能量 $h\nu_1$ 是连续的，表现为光谱的连续背景；复合时生成激发态原子 A^* 则辐射线光谱 $h\nu_2$。

（4）爱因斯坦辐射理论　在一个平衡体系中，单位体积内处在能级 E_q 和能级 E_p 的原子数分别是 N_q 和 N_p，两能级间存在三种跃迁过程（图 2-5）。

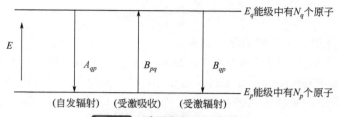

E_q能级中有N_q个原子

E_p能级中有N_p个原子

（自发辐射）　（受激吸收）　（受激辐射）

图 2-5　**爱因斯坦跃迁概率**

①自发辐射　能级 E_q 上的激发态原子的自发辐射跃迁。单位时间内自发辐射的原子数为 $A_{qp}N_q$，系数 A_{qp} 是爱因斯坦跃迁概率或爱因斯坦自发辐射系数。

②受激吸收　能级 E_p 上的原子吸收能量为 $h\nu = E_q - E_p$ 的光子，跃迁至高能级 E_q（光致激发）。单位时间内跃迁原子数为 $B_{pq}\rho N_p$，其中 ρ 是辐射能量密度，B_{pq} 为爱因斯坦吸收系数或爱因斯坦受激吸收系数。

③受激辐射　高能级 E_q 上的激发态原子受到能量为 $h\nu = E_q - E_p$ 的光子的激励而发生受激辐射（荧光）。单位时间内跃迁至 E_p 的原子数为 $B_{qp}\rho N_q$，其中 B_{qp} 是爱因斯坦受激辐射系数。

在热平衡体系中，体系的总能量保持一定，单位时间内由态 q 跃迁到态 p 的原子数和由态 p 跃迁到态 q 的原子数相等：

$$A_{qp}N_q + B_{qp}N_q\rho = B_{pq}N_p\rho \tag{2-11}$$

辐射能量密度 ρ 为：

$$\rho = \frac{A_{qp}}{B_{pq}\dfrac{N_p}{N_q} - B_{qp}} \tag{2-12}$$

根据波尔兹曼（Boltzmann）分布：

$$\frac{N_p}{N_q} = \frac{g_p}{g_q}e^{(E_q - E_p)/(kT)} \tag{2-13}$$

及

$$E_q - E_p = h\nu$$

所以：

$$\rho = \frac{A_{qp}}{\dfrac{g_p}{g_q}B_{pq}e^{h\nu/(kT)} - B_{qp}}$$

$$= \frac{A_{qp}}{\dfrac{g_p}{g_q}B_{pq}(1 + \dfrac{h\nu}{kT}) - B_{qp}}$$

$$= \frac{A_{qp}}{\dfrac{g_p}{g_q}B_{pq} - B_{qp} + \dfrac{g_p}{g_q}B_{pq}\dfrac{h\nu}{kT}} \tag{2-14}$$

高温下黑体辐射有 Rayleigh-Jeans 定律：

$$\rho = \frac{8\pi v^2}{c^3}kT \tag{2-15}$$

由此，爱因斯坦推得这三个系数之间的有用关系式为：

当 $\dfrac{g_p}{g_q}B_{pq} - B_{qp} = 0$，即 $g_p B_{pq} = g_q B_{qp}$ 时，有：

$$\frac{A_{qp}}{\dfrac{g_p}{g_q}B_{pq}\dfrac{hv}{kT}} = \frac{8\pi v^2}{c^3}kT \tag{2-16}$$

得：

$$\frac{A_{qp}}{B_{qp}} = \frac{8\pi h v^3}{c^3} \tag{2-17}$$

这些关系式不仅把三个爱因斯坦系数联系起来，而且可通过 A_{qp} 同原子的振子强度 f 值相联系。根据朗德博格公式有：

$$A_{qp} = 8\pi^2 e^2 f_{qp}/(\lambda^2 mc) \tag{2-18}$$

将式中电子电荷 e，电子质量 m 和光速 c 的数值代入上式后，得到爱因斯坦跃迁概率为：

$$A_{qp} = 0.6770 \times 10^{14} f_{qp}/\lambda^2 \tag{2-19}$$

式中，A_{qp} 的单位是 s^{-1}；λ 的单位是 nm。

3. 激发过程

热等离子体中的原子的激发和电离主要是由粒子（分子、原子、离子、电子等）的热运动碰撞所引起。粒子间的相互碰撞会引起粒子运动状态的改变，也会引起粒子量子状态的变化。按粒子相互作用前后状态变化的情况不同，如前所述这些过程分为弹性碰撞与非弹性碰撞。弹性碰撞前后粒子的总动能保持不变，而非弹性碰撞后伴随着粒子总动能的改变，粒子的量子状态也发生了变化。非弹性碰撞过程导致热等离子体中的原子发生激发或电离。

（1）激发或电离的发生过程

过程 1　　　　　$\vec{e} + A \longrightarrow A^* + \vec{e}'$

过程 2　　　　　$\vec{e} + A \longrightarrow A^+ + e^- + \vec{e}'$

过程 1 的发生是由于电子在碰撞前的动能大于原子最低激发态的激发能，此时原子能级从最低能量状态——基态被激发到激发态（又称共振激发态）。使原子从基态激发到某一激发态（能级）所必需的激发能通常以电子伏特（eV）为单位来量度。在光谱学中通常也用激发电位，它是指使原子从它的基态激发到某一激发态相当于加速电子所需电位差值，以电子伏特为单位时，显然激发能和激发电位的数值是相等的。

过程 2 的发生是由于电子在碰撞前的动能大于原子的电离能，使处于基态的原子有一个外层电子被击出原子之外形成自由电子，即发生电离，此时所必需的能量叫作第一电离能。过程 1 和 2 称为第一类非弹性碰撞。这些过程对光谱分析最为重要，下面还将进一步考虑它们所遵循的规律。

（2）激发态（或电离态）原子与其他粒子之间的能量交换　这是指激发态（或电离态）原子与其他粒子碰撞将能量转移给其他粒子的过程，如：

过程 3　　　　　$A^* + e \longrightarrow A + \vec{e}$

过程 4　　　　　$A^* + B \longrightarrow A + B^*$

过程 5 $A^* + B \longrightarrow A + B^+ + e^-$

过程 6 $A^* + B \longrightarrow A + B^{+*} + e^-$

过程 7 $A^+ + B + e^- \longrightarrow A + B^*$

过程 8 $A^+ + B \longrightarrow A + B^{+*}$

激发态原子是很不稳定的，通常在 10^{-8}s 的时间内即向基态或较低的激发态跃迁，并发出辐射，称为自发辐射。原子发射光谱分析中所测量的，就是这种辐射。过程 3 是过程 1 的逆过程，它使激发态原子不经辐射而回到基态。有些原子的特定激发态具有较长的寿命，故在光源中有较大的浓度，此时发生 4～6 的过程可能是重要的。过程 3～6 称为第二类非弹性碰撞。离子同样可以转移它的能量使另一原子激发或电离，如过程 7 和过程 8。过程 4～8 现在被认为是 Ar-ICP 光源中的重要过程。

（3）有光子参与的光激发过程及电子与离子复合过程引起的激发　光激发通常是指共振吸收激发，可表示为：

$$A + h\nu \longrightarrow A^*$$

电子与离子的复合表示为：

$$A^+ + e^- \longrightarrow A^*, \quad A^+ + e^- \longrightarrow A^* + h\nu$$

4. 激发能级的分布

在热等离子体中，粒子间的频繁能量交换，最后必能达到相近的能量，称为热力学平衡状态。在一个体系中，应具备如下条件才称得上真正的热力学平衡，即：第一，应满足麦克斯韦（Maxwell）分布定律，粒子的平均动能与温度的关系为 $1/2mv^2 = 3/2kT$；第二，各种粒子在各能级上的分布应满足波尔兹曼方程；第三，其分子解离过程应遵守质量作用定律；第四，其电离过程应遵守萨哈（Saha）电离方程。

只有处于封闭状态的体系，并与周围环境的温度相等时，才能达到完全的热力学平衡状态。光谱分析光源中的等离子体不是封闭的，也不是绝热的。等离子体的体积很小，和外界不断发生能量和物质的传递，结果造成等离子体的各部分温度不等，从整体上看不满足完全热力学平衡的条件。但在局部区域，如能量传递的速率和与能量在各自由度的分配速率相比很小，则可认为在体系的各个部分分别建立了热力学平衡。这种在局部区域满足热力学平衡的体系，叫作局部热力学平衡（即 LTE）等离子体。

光谱分析的热等离子体被认为合乎局部热力学平衡条件，因此粒子在各个能级的分布符合波尔兹曼方程，即：

$$\frac{N_q}{N_0} = \frac{g_q}{g_0} e^{-\frac{E_q}{kT}} \tag{2-20}$$

式中，N_q 代表某种粒子（原子、离子或分子）处于 q 激发态的浓度；N_0 为相应的粒子处于基态的浓度；g_q 为激发态能级的统计权重；g_0 为基态能级的统计权重；E_q 为 q 能级的激发能；k 为波尔兹曼常数（$k = 8.614 \times 10^{-5}$eV/K 或 1.380662×10^{-23}J/K）；T 为体系的热力学温度。统计权重与原子能级的内量子数有关，即：

$$g = 2J + 1 \tag{2-21}$$

对于各种能量状态的原子或离子的分布，可将公式（2-20）写成：

$$\frac{N_{a_q}}{N_{a_0}} = \frac{g_q}{g_0} e^{-\frac{E_q}{kT}} \tag{2-22a}$$

$$\frac{N_{i_q}}{N_{i_0}} = \frac{g_q^+}{g_0} e^{-\frac{E_q^+}{kT}} \qquad (2\text{-}22b)$$

公式（2-22a）、式（2-22b）表示温度与激发态粒子和基态粒子数值的关系，下标 a、i 分别代表原子和离子。在给定温度下这个比值的大小决定于激发能的大小，表 2-4 表示了这种关系。

表 2-4 激发态原子的相对分布与激发能的关系（T=5000K）

激发能 E_q/eV	1	2	3	4	10
N_q/N_0	9.8×10^{-2}	9.6×10^{-3}	9.5×10^{-4}	9.3×10^{-5}	8.4×10^{-11}

在比值的计算中，对其他因素忽略不计。从表 2-4 可看出，即使激发能很低，激发态原子的浓度也比基态的浓度低得多。

还应指出，公式（2-22b）中，离子的激发能 E_q^+ 是指从离子的基态跃迁到离子某一激发态所需的能量，不能把离子的第一级电离能的值加到离子的某一激发能中去进行计算。离子的能级是以离子的基态的位能为零来衡量的，因此不少元素的离子激发能比原子的激发能小。

热等离子体中，粒子的电离应遵循萨哈电离方程，即对任意一种粒子，其电离平衡为：

$$M \rightleftharpoons M^+ + e^-$$

平衡时各粒子的浓度为 N_a、N_i 和 N_e。其电离平衡常数为：

$$K_n = \frac{N_i N_e}{N_a} \qquad (2\text{-}23)$$

而该常数 K_n 可由萨哈方程计算求得，即：

$$K_n = \frac{(2\pi m)^{3/2}}{h^3} \cdot \frac{2Z_i}{Z_a} \cdot (kT)^{3/2} \cdot e^{-\frac{E_i}{kT}} \qquad (2\text{-}24)$$

式中，m 为电子的静止质量（9.11×10^{-28}g）；h 为普朗克常数（6.6261×10^{-34}J·s 或 4.136×10^{-15}eVs）；k 为波尔兹曼常数；Z 为电子的配分函数值，Z_i 及 Z_a 分别为原子和离子的配分函数；E_i 为电离能（以 eV 表示）；T 为电离温度。

若热等离子体温度不是很高（<7000K），则该原子的二级电离可忽略不计。若以 N 表示该元素的总浓度，N_a、N_i 分别表示原子与离子的浓度，则：

$$N = N_i + N_a$$

该原子的电离度定义为：

$$\alpha = \frac{N_i}{N}$$

则

$$K_n = \frac{\alpha}{1-\alpha} \cdot N_e \qquad (2\text{-}25)$$

代入式（2-24）并化简，得：

$$\frac{\alpha}{1-\alpha} = 4.83 \times 10^{15} T^{3/2} \cdot \frac{Z_i}{Z_a} \times 10^{-\frac{5040}{T} E_i} \cdot \frac{1}{N_e}$$

取对数形式则为：

$$\lg \frac{\alpha}{1-\alpha} = \frac{3}{2} \lg T - \frac{5040}{T} E_i + \lg \frac{Z_i}{Z_a} - \lg N_e + 15.684 \qquad (2\text{-}26)$$

若以电子分压 p_e（以大气压为单位）代替电子浓度 N_e，$N_e = 7.340 \times 10^{21} p_e/T$，则得：

$$\lg \frac{\alpha}{1-\alpha} = \frac{5}{2} \lg T - \frac{5040}{T} E_i + \lg \frac{Z_i}{Z_a} - \lg p_e - 6.182 \quad (2\text{-}27)$$

公式（2-26）和式（2-27）都实际可用作计算原子在局部热平衡等离子体中的电离度。

由公式可知，等离子体温度愈高，原子的电离能愈低，电子的浓度（压力）愈小，则原子的电离度愈大。此处电子浓度是指等离子体中构成电离平衡的总电子浓度（压力），而非该原子电离所提供的电子。同时，在计算电离度时，不能忽略配分函数的比值，否则将与实际的电离度有较大差别。为使计算简化，将式（2-26）和式（2-27）中的配分函数比值这一项表示为：

$$\lg \frac{Z_i}{Z_a} = -\frac{5040}{T} \delta \quad (2\text{-}28)$$

因为，在一定温度范围内 δ 值实际上是不变的，故该比值可近似地作为其对实际电离能的校正项而在计算中加以考虑，并用有效电离能 $\overline{V}_i$（或称表观电离能）表示，即 $\overline{V}_i = E_i + \delta$，则计算电离能的实用公式即可简化为：

$$\lg \frac{\alpha}{1-\alpha} = \frac{3}{2} \lg T - \frac{5040}{T} \overline{V}_i - \lg N_e + 15.684 \quad (2\text{-}29)$$

$$\lg \frac{\alpha}{1-\alpha} = \frac{5}{2} \lg T - \frac{5040}{T} \overline{V}_i - \lg p_e - 6.182 \quad (2\text{-}30)$$

光谱分析中通常遇到的近 60 种元素在 1500～7000K 的 11 个温度区间的真实电离能的校正值（δ）已有精确数据，因此可根据上述公式计算出比较精确的电离度值。表 2-5 所列数据即以上述根据计算所得的具有参考价值的数据。

表 2-5 元素电离度（α）及有效电离能（$\overline{V}_i$）与温度的关系

T/K		$\overline{V}_i$/eV									
		4.0	5.0	6.0	6.5	7.0	7.5	8.0	8.9	9.0	10.0
4500	a	99	85	30	10	3	0	0	—	—	—
	b	88	36	4	1	0	0	0	—	—	—
5000	a	100	97	72	45	20	7	2	1	—	—
	b	97	73	21	8	3	1	0	0	—	—
5500	a	100	99	92	80	59	33	15	6	1	0
	b	99	91	54	29	12	5	2	1	0	0
6000	a	100	100	98	94	86	70	47	25	4	2
	b	100	97	80	62	38	19	8	3	1	—
6500	a	100	100	100	98	96	89	78	59	19	9
	b	100	99	92	83	68	46	26	13	2	1

注：表中所列 α 值为 $\alpha \times 100$；a 为 $p_e = 40.53$Pa，b 为 $p_e = 405.3$Pa。

由表 2-5 及公式可知，电子浓度（压力）对电离度的影响很显著。在光谱分析的火焰、电弧光源中，电子浓度（压力）的大小决定于等离子体混合物的组成。引入等离子体中试料组成的任何变化，都会通过电子浓度的变化而显著影响原子的电离度。显然，那些具有低电离能的元素所起的作用最大。但需注意，在 Ar-ICP 光源中则还要考虑其他因素。

在光谱分析专著中，常列出大气压力下纯元素在不同温度下的电离度，是以单一元素原子蒸气压力为 1atm（1atm=101325Pa）作为计算的基础。这与火焰、电弧等光源中的实际情况不符，不能作为判断光谱分析光源中电离度估量的依据。对于 Ar-ICP 光源，由于偏离局部

热力学平衡，其电离度的计算要另作考虑。

激发能和电离能的高低是原子、离子结构的固有特征，与外界条件无关，是衡量元素激发和电离难易程度以及决定灵敏光谱线类型的重要尺度，其高低取决于原子及离子外层电子与原子核间作用力的大小。因此对原子的激发和电离而言，元素周期表中同一周期元素，由左向右，随着核电荷数、外层电子数的增多和原子半径减小，激发能和电离能依次增大。周期表中同族元素，自上而下，随着核电荷数增多，原子半径增大，激发能及电离能依次减小。

四、谱线特性

（一）谱线的宽度

原子光谱为锐线光谱，但并不只是一条几何线，而是具有一定宽度与外观轮廓的谱线。对于谱线强度的定量测定与光谱谱线的轮廓有很大关系。

1. 谱线的轮廓

根据波尔（Bohr）频率条件和能级的不连续性，电子在原子能级之间的跃迁产生的电磁辐射，谱线的能量应该是单一的。事实上，无论是发射谱线或吸收谱线均非单一频率，而是具有一定的频率范围，即谱线具有一定的宽度。所谓谱线的轮廓，即指谱线的强度按频率的分布值。以谱线强度 I 对频率 ν 作图，可得到图 2-6 谱线轮廓。

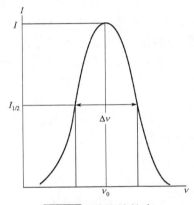

由图可知，谱线强度 I 是频率 ν 的函数。谱线轮廓通常以中心频率 ν_0 和谱线半宽度 $\Delta\nu$（当以波长表示时，分别记为 λ_0 和 $\Delta\lambda$）表示。谱线的半宽越小，则越接近单色光，即谱线越窄或越锐。

图 2-6 谱线的轮廓

在谱线表和光谱分析文献上，常用下列符号来表示谱线轮廓的外观特征：w 表示宽线；h 表示模糊线；s 表示向短波扩散的扩散线；l 表示向长波扩散的扩散线；R、r 表示自吸或自蚀的谱线；c 表示复杂线或多重线；d 表示双线；t 表示三重线；hfs 表示超精细结构。

2. 谱线的物理轮廓

谱线在物理学意义上的宽度与轮廓，不同于通常在光谱仪焦面上摄得或描迹得到的谱线的宽度与轮廓。当采用大色散、高分辨率光谱仪观察谱线时，可以看到不管是发射线还是吸收线，都是具有一定的轮廓与宽度，称为谱线的物理轮廓或本征轮廓，其宽度称为物理宽度。它与原子结构及光源的温度、场强有关，谱线的物理轮廓对于理解原子光谱分析中谱线之间关系的机理是必要的。

普通分辨率的光谱仪不足以观察到谱线的物理轮廓，只有在高分辨率的仪器上才能显示出其本身固有的物理轮廓。鲍曼（Boumans）曾用高分辨率光谱仪观测了 65 种元素 350 条主要分析线的物理轮廓，发表在 Spectrochimica Acta[15]，邱德仁用高分辨率摄谱仪拍摄了一些谱线的物理轮廓照片，发表在 Spectrochimica Acta[16]。

3. 谱线的物理宽度

在原子能级图上，能级是一条有确定能量值的线，并没有宽度。但按照量子力学原理，在微观世界中，若原子在能态 E 上平均时间为 Δt，则海森堡（Heisenberg）的测不准原理指出有一个能量不确定值 ΔE，Δt 与 ΔE 之间存在关系。在各种能态中只有基态不产生辐射，寿命无限长，其能级宽度 $\Delta E = 0$，谱线才是严格的单色辐射。当激发态原子的平均寿命有一定值时 $\Delta E \neq 0$，谱线就呈现一定的宽度，这是谱线的物理宽度，它不同于通常在光谱仪器焦面上

观测到的谱线宽度与轮廓。

但不论物理学理论上的谱线宽度还是光谱仪焦面上谱线的实际宽度，都是以峰值强度的一半所覆盖的波长范围或频率范围来度量。称为"半宽度"或"半峰宽度"，简称宽度，以$\Delta\lambda$或$\Delta\nu$标记之，有时也用$\Delta\lambda_{1/2}$或$\Delta\nu_{1/2}$标记。文献上用 HMLW（half-maximum line width）或 HILW（half-intensity line width）表示。特殊情况下以峰高 1/10 所覆盖的波长范围表示，则标记为$\Delta\lambda_{1/10}$。

对于吸收线，谱线宽度以吸收系数的一半所覆盖的波长范围来度量。

4. 影响谱线轮廓与宽度的因素

谱线的轮廓是单色光强度随频率（或波长）的变化曲线，它由谱线的自然宽度、热变宽、碰撞变宽、共振变宽、电致变宽、磁致变宽、自吸变宽等决定。

（1）自然宽度　原子发射的光谱并不是严格单色的线状光谱，它具有一定的宽度即谱线的自然宽度，一般在$10^{-6}\sim10^{-5}$nm。

自然宽度与发生跃迁的能级有限寿命相关联。处于激发态的原子要通过自发跃迁回到基态，或经过中间态再回到基态，故激发态原子有一定的寿命。对激发态原子的群体，仅可求其平均寿命$\Delta\tau$。根据量子力学的计算，若原子在能态E上平均时间为Δt，则根据测不准原理将有一个能量不确定值ΔE。当处于该激发态平均寿命$\Delta\tau$时，满足下列关系式：

$$\Delta E_q \Delta\tau_q \approx h/2\pi \tag{2-31}$$

式中，h 为普朗克常数；$\Delta\tau_q$ 值一般为 10^{-8}s。由此可计算出相应的能级宽度或对应的频率范围为：

$$\Delta\nu_N = \frac{1}{2\pi\Delta\tau_q} \tag{2-32}$$

若以波长$\Delta\lambda_N$表示，则：

$$\Delta\lambda_N = \frac{c\Delta\nu_N}{\nu^2} \tag{2-33}$$

当两个具有一定能量宽度的能级之间发生跃迁时，产生的谱线的宽度相当于两能级宽度之和，有谱线自然宽度：

$$\Delta\nu_{自然} = \frac{\Delta E_1 - \Delta E_2}{h} \tag{2-34}$$

对于共振线，谱线的自然宽度只考虑激发态的能级宽度。谱线自然宽度以波长表示时有：

$$\Delta\lambda_{自然} = \frac{4\pi e^2}{3mc^2} = 1.19\times10^{-5}\text{nm} \tag{2-35}$$

当谱线波长约为 300nm 时，谱线的自然宽度约为 10^{-5}nm，此数值与其他导致谱线增宽的因素相比可以忽略不计。实际实验条件下，不能观测到这样小的自然宽度，而其他因素产生的谱线变宽要比它大得多。

（2）热运动变宽——多普勒（Doppler）变宽　当光源中发光的粒子相对于光谱检测器观测方向存在随机热运动时，则检测器测得光波的频率会随粒子相对速度的不同而改变，这种现象称为多普勒效应。

由于原子在发射过程中朝着和背离检测器作随机的热运动而产生多普勒效应。对光源中处于无规则运动状态的大量同类原子的辐射而言，向各个方向以不同速度运动，即使每个原子发射的光的频率相同，检测器接收的光波之间的频率也会有一定差异，从而引起谱线变宽，称为热变宽，即多普勒变宽。

光源中原子群的热运动相对于光谱检测器来说，运动方向是随机的，有的相向于光谱仪，有的相背于光谱仪，还有其他方向运动的原子，各方向的机会均等。原子运动的速度服从统计规律，平均速度 $v=\sqrt{\dfrac{2RT}{M}}$，式中，T 是光源温度，M 是原子量。谱线的多普勒展宽轮廓呈高斯（Gauss）函数形状对称分布，中心频率或中心波长不变。可导得谱线的多普勒变宽为：

$$\Delta\nu_D = \frac{2\sqrt{2R\ln 2}\cdot\nu_0\sqrt{\dfrac{T}{M}}}{c} = 0.716\times10^{-6}\nu_0\sqrt{\frac{T}{M}} \tag{2-36}$$

$$\Delta\lambda_D = 0.716\times10^{-6}\lambda_0\sqrt{\frac{T}{M}} \tag{2-37}$$

式中，ν_0 和 λ_0 是谱线的中心频率和中心波长。上式表明，光源温度越高，谱线的多普勒展宽越严重；原子量越小的元素，谱线的展宽越严重；谱线的波长越长，展宽也越显著。谱线的多普勒宽度约在 1pm 至 8pm（$1pm=10^{-3}nm$）之间，它是决定谱线物理宽度的主要因素之一。

在光源中，原子热运动速度的分布服从麦克斯韦分布规律，由此可计算出多普勒变宽的表达式为：

$$\Delta\nu_D = 7.162\times10^{-7}\nu_0\sqrt{\frac{T}{M}} \tag{2-38}$$

或以波长表示为：

$$\Delta\lambda_D = 7.162\times10^{-7}\lambda_0\sqrt{\frac{T}{M}} \tag{2-39}$$

式中，M 为原子量；T 为光源的热力学温度。

由上两式可知，光源温度愈高，元素原子量愈小，谱线波长愈长时，多普勒变宽就愈显著。表 2-6 为一些元素多普勒变宽的数值。

表 2-6　元素的多普勒变宽（T=6000K）

元素	原子量	多普勒变宽($\Delta\lambda_D$)/nm	
		λ=500nm	λ=250nm
H	1.0	0.028	0.014
He	4.0	0.014	0.0069
B	10.8	0.0084	0.0042
Na	23.0	0.0058	0.0029
Fe	55.85	0.0037	0.0018
Ge	72.6	0.0032	0.0016
Cd	112.4	0.0026	0.0013
Bi	209.0	0.0019	0.0010

由表 2-6 可以看出，在电弧光源中，多普勒变宽比自然宽度大 $10^2\sim10^3$ 倍。

（3）碰撞变宽-洛伦兹（Lorentz）变宽　发射跃迁的原子与同种原子或其他气体原子、分子相碰撞使振动受到阻尼时也可使谱线变宽。与同种原子碰撞时引起的变宽称赫茨玛（Holtzmark）变宽，又称共振变宽；与不同种类原子或分子碰撞引起的称洛伦兹（Lorentz）变宽。其中洛伦兹变宽较明显，一般在 $10^{-3}nm$ 左右。在 ICP 光谱分析中，多普勒变宽及洛伦兹变宽是主要的变宽因素，由这两种效应确定的光谱线总轮廓称为沃伊特（Voigt）轮廓。一般谱线宽度在 $10^{-4}\sim10^{-3}nm$。

原子或离子在光源等离子体中与其他粒子如分子、原子、离子、电子等发生碰撞作用而使粒子之间发生能量传递，致使激发态猝灭，寿命缩短，从而使谱线变宽。设 Z 为原子在每秒内的碰撞次数，则在两次连续碰撞间的平均寿命 $\Delta\tau_c$ 为：

$$\Delta\tau_c = \frac{1}{Z} \tag{2-40}$$

与自然宽度处理方法相同，将碰撞变宽表示为：

$$\Delta\nu_c = \frac{1}{2\pi\Delta\tau_c} = \frac{Z}{2\pi} \tag{2-41}$$

因此，碰撞次数越多，寿命越短，频率变化越大。由于 $\Delta\tau_c$ 与气体压力成反比，所以碰撞变宽与压力成正比，即：

$$\Delta\nu_c = \gamma p \tag{2-42}$$

式中，p 为气体的压力；γ 为比例系数，随气体的种类及谱线的不同而异。故碰撞变宽又称压力变宽。

光源气体中存在不同粒子间的碰撞和同种粒子间的碰撞，故可分为两种形式。一种是辐射粒子（原子或离子）与其他粒子碰撞引起的谱线变宽称洛伦兹变宽；另一种是辐射粒子与同类原子碰撞引起的变宽称为赫茨玛变宽。前一种变宽效应要比后一种小得多。

正在发生辐射跃迁或吸收跃迁的原子同其他原子或分子相碰撞，会引起谱线变宽、中心波长位移和谱线轮廓不对称，所产生的谱线变宽称为洛伦兹变宽或碰撞变宽，记为 $\Delta\lambda_L$ 或 $\Delta\nu_L$。由于这种碰撞与他种粒子的气体压力有关，压力越大，粒子密度越大，碰撞越频繁，所以也称为压力变宽。

洛伦兹碰撞过程对能级影响的机理解释尚未完全阐明。已经知道，洛伦兹效应正比于每个原子单位时间内的碰撞次数。对于共振线，有洛伦兹变宽：

$$\Delta\nu_L = \frac{\sigma_L^2 N\sqrt{2\pi RT(1/M_1 + 1/M_2)}}{\pi} \tag{2-43}$$

式中，R 是气体常数；M_1、M_2 是相互碰撞的质点的原子量或分子量；σ_L 是原子洛伦兹变宽的碰撞截面，可由实验测得；N 为单位体积内他种粒子的数目，可按下式从气体压力算得：

$$N = 9740p \times 10^{15}/T \tag{2-44}$$

p 是他种粒子气体压力，单位 Torr（1Torr=133.3Pa）。

经典洛伦兹理论给出的洛伦兹宽度与实验值很接近，但不能解释谱线中心波长的位移（亦称频移）和轮廓不对称。更新的理论给出：

$$\Delta\nu_{红移} = 0.36\Delta\nu_L \tag{2-45}$$

式中，$\Delta\nu_{红移}$ 是谱线洛伦兹轮廓强度中心与谱线中心频率相比移向长波的频移。

在原子吸收光谱法和原子荧光光谱法的火焰原子化池中，高浓度的各种气体分子引起分析线的洛伦兹变宽、洛伦兹红移与分析线的多普勒变宽数值上相当。另一方面，空心阴极灯发射的共振线的洛伦兹变宽与红移可以忽略，这就导致吸收线轮廓及中心波长与空心阴极灯发射线的轮廓及中心波长在物理轮廓上有微小的位移与不对称，引起峰值吸收系数的微小降低，虽然通常在原理叙述中不强调这种细微的影响。

（4）共振变宽——赫茨玛（Holtzmark）变宽　激发态原子与同种基态原子碰撞或受其强的静电场作用而引起的谱线变宽称为赫茨玛变宽。因碰撞对象是基态原子，只有共振线会产生这种变宽，因而又称共振变宽，记为 $\Delta\nu_{共振}$。

　　赫茨玛变宽是洛伦兹变宽的特例，可由洛伦兹宽度计算式（2-43）求得，式中 $M_1＝M_2$。已经实验测得共振碰撞的截面 σ_R 要比洛伦兹碰撞截面 σ_L 大数百倍，但在原子吸收光谱和原子荧光光谱中原子浓度很小，因此，共振变宽实际很小，仅约 0.01pm。

　　（5）电致变宽——斯托克（Stark）宽度　辐射原子（或离子）在强大的非均匀外电场的作用下，或在密度很大的运动着的电子或离子中（原子间的电场作用），其光谱项会发生分裂或增宽，这种使谱线发生分裂或增宽的现象称为斯托克增宽，用 $\Delta\lambda_S$ 表示。

　　外电场（光源中的电子或离子在原子间产生的电场看成是一种外电场）对氢或类氢离子的作用是很强的，光谱项的变化与外电场强度的一次方成正比，称为线性斯托克效应。对于非类氢离子，光谱项的变化与外电场的强度的平方成正比，称为平方斯托克效应，这时斯托克效应比较小。所以，只发生谱线变宽而不出现谱线的分裂。由于原子间的斯托克效应与带电粒子的密度成正比，在光谱分析光源中，由于引入光源的试样成分变化而使等离子体的带电粒子浓度发生变化，因而具有斯托克效应的谱线变宽值也就有明显的差异，甚至在中等色散率的光谱仪器上也可以观察到，图 2-7 为在电弧光源中用 ИСП-28 摄谱仪记录下的两条铊的谱线的斯托克变宽，其中（a）试样以碳粉为基物；（b）试样以 KCl 为基物。

　　电场引起光谱项及谱线分裂并造成强度中心频移的物理现象称为斯托克效应。等离子体中的不均匀强电场以及高速运动中的高密度的带电粒子——离子和电子则引起谱线的斯托克变宽。

　　外电场引起一级斯托克效应，谱线频移与外电场强度成正比。在电弧光源中，电场强度不会超过 100V/cm，所引起的斯托克变宽可以忽略。在气体放电管中，电场强度可高达 1000V/cm，斯托克效应显著，例如 H434.0nm 的频移可达 47pm。

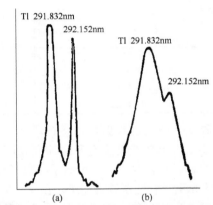

图 2-7　电弧光源中两条铊的谱线的斯托克变宽

　　内斯托克效应由等离子体中辐射原子周围带电的离子和电子的微电场引起，又称二级斯托克效应。内斯托克效应引起的谱线频移与电场强度平方成正比。离子引起的斯托克变宽机理与电子引起的机理不同。离子的运动速度较慢，建立"准恒强"的微电场，使谱线轮廓呈高斯（Gaugs）形变宽；电子的运动速度较快，引起碰撞变宽，轮廓变宽呈洛伦兹形；谱线总轮廓取决于两种效应的总和。

　　微电场引起的二级斯托克效应产生的斯托克宽度和频移由下述关系式给出：

$$\Delta\lambda_{S\ 宽度}=a_1\frac{\lambda}{2c}B^{2/3}v^{1/3}n \tag{2-46}$$

$$\Delta\lambda_{S\ 频移}=a_2\frac{\lambda}{2c}B^{2/3}v^{1/3}n \tag{2-47}$$

　　式中，B 是斯托克常数；v 是原子与离子的相对速度；n 是离子的密度。离子密度 n 通常并不知道，因此不能用关系式计算斯托克宽度和频移。相反，可由实验获得的谱线轮廓利用上式推断离子密度和等离子体温度。上述关系式还解释了内斯托克效应引起的变宽随波长增大而频移与波长无关的实验事实。

（6）磁致变宽——塞曼（Zeeman）分裂　外磁场的存在使能级和谱线发生分裂的现象称为塞曼效应或塞曼分裂。所产生的分裂由波长不变的π组分和波长改变的+σ组分及−σ组分组成。π组分和σ组分有不同的偏振方向。σ组分的分裂大小正比于磁场强度 H：

$$\Delta \nu_Z = \frac{e}{4\pi mc^2} \cdot H = 4.67 \times 10^{-5} H \tag{2-48}$$

当磁场调制变化或不均匀时，塞曼分裂表现为谱线变宽，但中心波长不变。

1896 年塞曼（Zeeman）发现在约几千高斯以上的足够强的磁场中，谱线会分裂成几条偏振化的谱线，故将这种现象叫作塞曼效应。一般场合，由塞曼分裂出来的各谱线波长相差极小，为 $0.00x \sim 0.0x$ nm。

塞曼效应引起的谱线分裂在一般光谱分析仪器上难以分开，实际观察到的是谱线的变宽。虽然获得塞曼效应的条件较发生斯托克效应更容易，但在一般情况下，可以忽略这种谱线变宽现象。表 2-7 中 $\Delta\lambda_D$ 为多普勒变宽，$\Delta\lambda_L$ 为洛伦兹变宽，$\Delta\lambda_S$ 为斯托克变宽。

表 2-7　直流电弧中测得的谱线半宽

谱线/nm	半宽度/nm		
	$\Delta\lambda_D$	$\Delta\lambda_L$	$\Delta\lambda_S$
Tl　535.053	0.0012	0.0032	0.0007
Na　588.995	0.0038	0.0042	0.0009
Na　616.075	0.0039	0.0077	0.0012
Na　819.482	0.0052	0.0043	0.0122

由表 2-7 所列的数据可知，在通常的光谱分析光源中，场致变宽是可以忽略的，谱线的宽度主要是由于多普勒变宽和碰撞变宽两因素引起的。

（7）自吸与自蚀　当一个原子、离子或分子处于相关跃迁能级时，它很容易吸收与其能级相对应的光量子跃迁至较高能级。在一个热光源中，从光源中部所产生的辐射，有可能被外围同类基态原子所吸收，被吸收的光量子仅有很小的概率以荧光形式进行再辐射，而因第二类碰撞使激发能转化为粒子动能或振动能。这一过程使光谱线的强度减弱且破坏了在等离子区中辐射强度与粒子浓度间的关系，这一现象称为自吸收。

光源的等离子体的温度及原子浓度的分布是不均匀的，从等离子体中央区域发出的原子（离子）辐射，在通过光源外围温度较低的区域时，可能被处于基态的同类粒子所吸收，使实际观测到的谱线强度减弱而轮廓却相应变宽，此种现象称为自吸和自吸变宽（图 2-8）。

显然自吸是光源中未激发的原子对同类原子辐射的受激吸收（又称被迫吸收），它是受激发射的逆过程而不是自发辐射的逆过程。即处于基态的原子（或离子）受特征的辐射作用而发生向高能级的跃迁的过程。在光谱分析常用光源的等离子体中，较低温区域的基态原子浓度较大，最容易发生自吸的当然是跃迁至最低激发能级的跃迁（即共振跃迁），因而通常共振线的自吸最显著。

自吸现象所引起的强度减弱可用吸收定律表示，即：

$$I = I_0 e^{-kd} \tag{2-49}$$

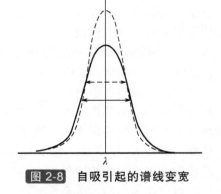

图 2-8　自吸引起的谱线变宽

实线为自吸后谱线实际轮廓与宽度；虚线为无自吸时谱线应有轮廓与宽度

式中，I_0 是由等离子体中心区域发射的谱线强度；I 是经过吸收层后谱线的强度；k 是吸收系数；d 是吸收层的厚度。因为 k 是一个与基态原子浓度成正比的系数，当基态原子浓度越大，外围的吸收云层的厚度越厚，则自吸现象越显著。

由于等离子体中心区域温度高，粒子的运动速度快，因此发射谱线的多普勒变宽比温度较低的外围的吸收层所产生的吸收线的宽度要大，所以自吸总是表现为对谱线中央处的强度影响大，对谱线的两翼影响小。

显然，自吸的程度和等离子体的温度分布和原子浓度的分布有关。不同程度吸收引起谱线轮廓的变化如图 2-9 所示。当原子浓度低时，谱线的强度不发生自吸，随着原子浓度增大，自吸也更明显，中心波长处的吸收比边缘要明显。由于吸收谱线宽度较发射谱线为窄，当原子浓度进一步增大，中心波长附近的振幅被严重减弱，甚至中心部分强度消失，如同分裂为两条谱线一样，这种现象称为自蚀或自返，是自吸的极端情形。

自吸现象在光谱分析中有重要的意义，因为谱线的自吸使谱线强度与原子在等离子体中的浓度的关系发生变化。

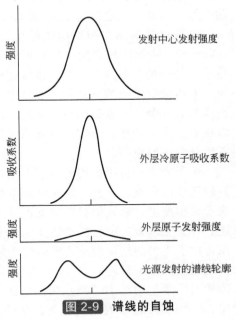

图 2-9　谱线的自蚀

谱线辐射在传播途中被同种元素基态原子所吸收引起谱线物理轮廓改变的现象，叫作自吸。

谱线辐射被自吸引起总强度减弱，但基态原子吸收线物理轮廓上各波长位置的吸收系数不同，中心波长处有最大吸收系数，两翼逐渐变小。所以自吸后辐射线物理轮廓上中心波长强度减弱较多，两翼强度减弱逐渐较小，总轮廓表现为变宽。中心波长自吸在极端情况下表现为自蚀，即中心波长附近的强度被蚀去，外观上谱线"分裂"成两条（图 2-8）。

谱线的自吸自蚀特性在谱线表上记为 R（reversed）。谱线的自蚀和双线（doublet，记为 d）外观上易于弄错，如 MIT 表中 Rh 3692Å、Rh 3700Å 都标记为 d，实际是自蚀线；而 Rh 3713Å 标为 R，实际是双线。借助浓度递变对谱线轮廓影响的实验观察易于加以分辨。

图 2-10 表示浓度改变时自吸对谱线物理轮廓的影响。图中纵坐标强度对不同浓度的曲线是不同的，仅作为比较的示意。可以看到，浓度增大时，谱线宽度变宽，至某浓度时出现自蚀，中心强度反而低于两侧翼，浓度更大时这种情况更趋严重。

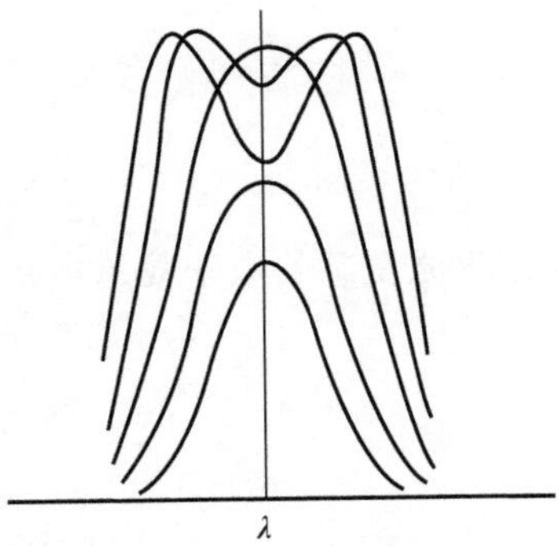

浓度增大时，自吸引起共振线物理轮廓变宽（半峰高宽度增大）；赫茨玛碰撞也引起线宽增大，但与自吸相比则是次要因素。

共振线有显著的自吸特性，某些非共振线、离子线也表现出自吸特性。

在原子发射光谱分析中，自吸发生在分析区温度较低的外缘，使工作曲线在高浓度部分弯向浓度轴，斜率降低。

内标线不应自吸。当内标元素是外加并且含量很小时，自吸线被选作内标线无妨。

图 2-10　浓度对自吸线轮廓的影响

（8）谱线的超精细结构　单条谱线在高分辨率光谱条件下可观察到某些谱线由靠得非常近的几条谱线组成，例如 Cu 324.7nm 由波长为 324.735nm 和 324.757nm 两个组分组成，两组分的强度比为 0.8:1.0；In 285.814nm 由波长为 285.805nm、285.808nm、285.818nm、285.821nm 四个组分组成，强度比为 1.0:0.8:0.6:1.0；有的谱线甚至有更复杂的结构组成。

这种谱线的超精细结构或超精细分裂文献上记为 HFS（hyperfine structure, hyperfine splitting），由原子核自旋与核外电子自旋的相互作用或由原子的同位素产生，是谱线本身的特征，与外场存在与否无关。谱线超精细结构的每个组分的轮廓与宽度受上述影响因素的影响。若组分与组分的分裂比轮廓宽度大，则组分与组分在高分辨率光谱仪上可观察到相互分离或部分重叠，若分裂比轮廓宽度小，组分轮廓合并，光谱仪分辨率不管多高，都不能进一步观察到组分分裂。通常的分光系统只具有中等分辨率，不能区分超精细结构，谱线强度是各组分强度的总和。

对于光谱分析中所用的一般光源，如电弧及火花，依靠改变它们的工作条件不可能改变发射谱线的宽度。试样一般在常压下激发，并且光源有一定的温度，因此不能改变多普勒变宽及碰撞变宽。谱线的自然宽度由原子固有的性质所决定，通常是可以忽略的，因为它比上述各种变宽因素所引起的谱线变宽要小得多。在外界电场或磁场作用下，引起能级的分裂，或者由于光谱的超精细结构或同位素结构，引起能级的分裂，导致的谱线变宽，在发射光谱中这些影响都不显著。谱线有一定的宽度，可以认为主要是由于多普勒变宽及碰撞变宽两个因素而引起，均在 10^{-4} 数量级。以铁为例：$T=5000K$，$M=55.85$，$\lambda=500nm$ 时，估计热变宽 $\Delta\lambda_D \approx 0.003nm$；在大气压下，估计碰撞变宽 $\Delta\lambda_L \approx 10^{-3}nm$。因此在发射光谱中引起谱线变宽主要是热变宽和碰撞变宽以及自吸变宽等因素。

（二）谱线强度

谱线强度是谱线的又一特性，是光谱定量分析的依据。辐射的谱线强度，与处在激发态的原子数目、跃迁概率及辐射能量有关。

1. 谱线的辐射强度

若某原子 $j \to i$ 跃迁，辐射光子的能量为 $h\nu_{ji}$，当体系在一定温度下处于热力学平衡状态时，原子在能级上的布居数，服从波尔兹曼分布：

$$\frac{N_j}{N_i} = \frac{g_j}{g_i} \cdot e^{-\frac{E_j - E_i}{kT}} \qquad (2\text{-}50)$$

式中　N_j、N_i——高能级 j、低能级 i 的原子数；

　　　g_j、g_i——j 能级、i 能级的统计权重；

　　　E_j、E_i——j 能级、i 能级的激发能；

　　　k——波尔兹曼常数（$1.381 \times 10^{-23} J/K$）；

　　　T——光源的激发温度。

公式表明，激发温度越高，越容易将原子激发到高能级，处于激发态的原子数越多。

当低能级为基态时，$N_i = N_0$，$E_i = 0$，上式可表示为：

$$\frac{N_j}{N_0} = \frac{g_j}{g_0} \cdot e^{-\frac{E_j}{kT}}$$

$$N_j = \frac{g_j}{g_0} \cdot N_0 e^{-\frac{E_j}{kT}}$$

此时，处于所有各个能级的原子总数为：

$$N = \sum_{m=0}^{j} N_m = \frac{N_0}{g_0} \sum_{m=0}^{j} g_m e^{-\frac{E_m}{kT}} \tag{2-51}$$

令

$$G = \sum_{m=0}^{j} g_m e^{-\frac{E_m}{kT}} \tag{2-52}$$

则原子总数为

$$N = \frac{N_0}{g_0} G$$

激发态原子数

$$N_j = \frac{g_j}{G} N e^{-\frac{E_j}{kT}}$$

式中，G 为原子所处各能级的状态和，称为配分函数。同一元素的原子和离子有不同的配分函数 $G_原$和 $G_离$。各种元素的原子和离子的基态光谱项及在不同温度下的配分函数值可以查表得到[1]。常见元素的配分函数值可见表 2-8。

表 2-8 原子和离子基态光谱项和配分函数

原子和离子	基态光谱项	配分函数 G				
		2000K	2500K	3000K	5000K	6000K
Ag	$^0S_{1/2}$	2.00	2.00	2.00	2.00	2.01
Ag（Ⅱ）	$^1S_0$	1.00	1.00	1.00	1.00	1.00
Al	$^2P_{1/2}$	5.69	5.75	5.79	5.90	5.90
Al（Ⅱ）	$^1S_0$	1.00	1.00	1.00	1.00	1.00
As	$^4S_{3/2}$	4.00	4.02	4.06	4.50	4.80
As（Ⅱ）	$^3P_0$	3.21	3.80	4.32	5.90	6.50
Au	$^2S_{1/2}$	2.01	2.03	2.07	2.43	2.68
Au（Ⅱ）	$^1S_0$	1.00	1.00	1.01	1.14	1.26
B	$^2P_{1/2}$	5.95	5.96	5.97	6.00	6.00
B（Ⅱ）	$^1S_0$	1.00	1.00	1.00	1.00	1.00
Ba	$^1S_0$	1.02	1.08	1.21	2.53	3.64
Ba（Ⅱ）	$^2S_{1/2}$	2.22	2.47	2.78	4.20	4.80
Be	$^1S_0$	1.00	1.00	1.00	1.02	1.04
Be（Ⅱ）	$^2S_{1/2}$	2.00	2.00	2.00	2.00	2.00
Bi	$^4S_{3/2}$	4.00	4.01	4.02	4.2	4.40
Bi（Ⅱ）	$^3P_0$	1.00	1.00	1.01	1.10	1.20
C	$^3P_0$	8.81	8.86	8.89	9.20	9.40
C（Ⅱ）	$^2P_{1/2}$	5.82	5.86	5.88	5.90	5.90
Ca	$^1S_0$	1.00	1.00	1.00	1.17	1.38
Ca（Ⅱ）	$^2S_{1/2}$	2.00	2.00	2.01	2.21	2.41
Cd	$^1S_0$	1.00	1.00	1.00	1.00	1.00
Cd（Ⅱ）	$^2S_{1/2}$	2.00	2.00	2.00	2.00	2.00
Co	$^4F_{9/2}$	19.30	21.95	24.45	33.50	38.00

原子和离子	基态光谱项	配分函数 G				
		2000K	2500K	3000K	5000K	6000K
Co（Ⅱ）	$^3F_4$	16.09	18.54	20.93	29.60	33.40
Cr	$^7S_3$	7.10	7.30	7.65	10.30	12.60
Cr（Ⅱ）	$^6S_{5/2}$	6.00	6.03	6.08	7.10	8.30
Cu	$^2S_{1/2}$	2.00	2.01	2.03	2.32	2.60
Cu（Ⅱ）	$^1S_0$	1.00	1.00	1.00	1.02	1.07
Fe	$^5D_4$	19.46	20.72	21.94	27.70	31.60
Fe（Ⅱ）	$^6D_{9/2}$	28.17	31.46	34.30	42.60	47.60
Ga	$^2P_{1/2}$	4.21	4.49	4.69	5.10	5.30
Ga（Ⅱ）	$^1S_0$	1.00	1.00	1.00	1.00	1.00
Ge	$^3P_0$	4.85	5.48	6.00	7.50	8.10
Ge（Ⅱ）	$^2P_{1/2}$	3.12	3.4S	3.71	4.40	4.60
Hf	$^3F_2$	6.77	7.81	8.94	13.80	16.60
Hf（Ⅱ）	$^4F_{3/2}$	5.25	6.19	7.27	12.40	15.50
Hg	$^1S_0$	1.00	1.00	1.00	1.00	1.00
Hg（Ⅱ）	$^2S_{1/2}$	2.00	2.00	2.00	2.00	2.00
In	$^2P_{1/2}$	2.81	3.12	3.38	4.10	4.40
In（Ⅱ）	$^1S_0$	1.00	1.00	1.00	1.00	1.00
K	$^2S_{1/2}$	2.00	2.00	2.01	2.18	2.44
K（Ⅱ）	$^1S_0$	1.00	1.00	1.00	1.00	1.00
La	$^2D_{3/2}$	9.41	11.70	14.12	25.70	32.60
La（Ⅱ）	$^3F_2$	14.78	17.70	20.34	29.40	33.80
Li	$^2S_{1/2}$	2.00	2.00	2.00	2.09	2.20
Li（Ⅱ）	$^1S_0$	1.00	1.00	1.00	1.00	1.00
Mg	$^1S_0$	1.00	1.00	1.00	1.02	1.04
Mg（Ⅱ）	$^2S_{1/2}$	2.00	2.00	2.00	2.00	2.00
Mn	$^6S_{5/2}$	6.00	6.00	6.00	6.40	6.90
Mn（Ⅱ）	$^7S_3$	7.01	7.03	7.08	7.70	8.40
Mo	$^7S_3$	7.01	7.04	7.12	8.80	11.20
Mo（Ⅱ）	$^6S_{5/2}$	6.00	6.02	6.07	7.60	9.50
Na	$^2S_{1/2}$	2.00	2.00	2.00	2.05	2.11
Na（Ⅱ）	$^1S_0$	1.00	1.00	1.00	1.00	1.00
Nb	$^6D_{1/2}$	26.68	30.96	34.96	53.30	63.90
Nb（Ⅱ）	$^5D_0$	18.55	22.41	26.24	43.00	52.20
Ni	$^3F_4$	22.70	24.71	26.35	30.80	32.60
Ni（Ⅱ）	$^2D_{5/2}$	7.39	7.83	8.30	10.80	12.40
P	$^4S_{3/2}$	4.00	4.01	4.04	4.40	4.70
P（Ⅱ）	$^3P_0$	7.23	7.57	7.83	8.60	9.00
Pb	$^3P_0$	1.01	1.04	1.10	1.55	1.90
Pb（Ⅱ）	$^2P_{1/2}$	2.00	2.00	2.00	2.08	2.14
Re	$^6S_{5/2}$	6.00	6.02	6.07	7.50	9.30
Re（Ⅱ）	$^7S_0$	7.00	7.01	7.02	7.60	8.50
Sb	$^4S_{3/2}$	4.01	4.05	4.12	4.70	5.20
Sb（Ⅱ）	$^3P_0$	1.42	1.71	2.04	3.30	4.00
Sc	$^2D_{3/2}$	9.32	9.48	9.65	11.90	14.00
Sc（Ⅱ）	$^3D_1$	15.35	16.56	17.81	22.70	Z5.10
Se	$^3P_2$	5.88	6.21	6.50	7.50	7.90
Se（Ⅱ）	$^4S_{3/2}$	4.00	4.00	4.02	4.20	4.40

续表

原子和离子	基态光谱项	配分函数 G				
		2000K	2500K	3000K	5000K	6000K
Si	$^3P_0$	8.15	8.40	8.63	9.50	9.80
Si（Ⅱ）	$^2P_{1/2}$	5.25	5.39	5.49	5.70	5.70
Sn	$^3P_0$	2.32	2.86	3.38	5.15	5.80
Sn（Ⅱ）	$^2P_{1/2}$	2.19	2.35	2.52	3.20	3.40
Sr	$^1S_0$	1.00	1.00	1.01	1.23	1.56
Sr（Ⅱ）	$^2S_{1/2}$	2.00	2.00	2.01	2.16	2.32
Ta	$^4F_{3/2}$	6.16	7.43	8.88	17.0	22.50
Ta（Ⅱ）	$^4F_1$	7.71	9.78	12.02	22.3	28.20
Te	$^3P_2$	5.13	5.27	5.44	6.30	6.70
Te（Ⅱ）	$^4S_{3/2}$	4.00	4.02	4.05	4.40	4.70
Ti	$^3F_2$	18.35	19.49	20.82	29.40	36.00
Ti（Ⅱ）	$^4F_{1/2}$	27.34	40.91	44.02	55.40	61.20
Tl	$^2P_{1/2}$	2.01	2.05	2.10	2.42	2.62
Tl（Ⅱ）	$^1S_0$	1.00	1.00	1.00	1.00	1.00
V	$^4F_{3/2}$	28.32	31.71	34.71	47.60	55.90
V（Ⅱ）	$^5D_0$	25.98	28.97	31.81	43.20	49.90
W	$^5D_0$	3.52	4.87	6.28	12.70	16.50
W（Ⅱ）	$^6D_{1/2}$	4.39	5.61	6.96	13.80	13.10
Y	$^2D_{3/2}$	8.11	8.48	8.81	11.70	14.30
Y（Ⅱ）	$^1S_0$	7.98	9.55	10.94	15.80	18.10
Zn	$^1S_0$	1.00	1.00	1.00	1.00	1.00
Zn（Ⅱ）	$^2S_{1/2}$	2.00	2.00	2.00	2.00	2.00
Zr	$^3F_2$	14.64	17.20	19.91	33.90	43.00
Zr（Ⅱ）	$^4F_{3/2}$	20.85	25.01	29.14	45.00	52.90

按照爱因斯坦理论，谱线发射的净强度为：

$$I_{ji}=A_{ji}h\nu_{ji}N_j+B_{ji}\rho（\nu）h\nu_{ji}N_j-B_{ij}\rho（\nu）h\nu_{ji}N_i \qquad (2\text{-}53)$$

A_{ji}、B_{ji}、B_{ij} 之间存在如下关系：

$$g_iB_{ij}=g_jB_{ji} \qquad (2\text{-}54)$$

$$A_{ji}=（8\pi h\nu^3 a/c^3）B_{ji} \qquad (2\text{-}55)$$

从式（2-54）可以看出，当 $g_j=g_i$ 时，$B_{ji}=B_{ij}$，即在统计权重相同的两个能级中，一个外来光子引起的受激发射概率与吸收跃迁概率是相等的。另外从波尔兹曼（Boltzman）公式可以看出，在热力学平衡状态时，处于高能级 E_j 的布居数 N_j 远小于低能级 E_i 的布居数 N_i，因此在一般情况下，$B_{ji}\rho（\nu）$ 远小于 A_{ji}，受激发射可以忽略，此时

$$I_{ji}=A_{ji}h\nu_{ji}N_j-B_{ij}\rho（\nu）h\nu_{ji}N_i \qquad (2\text{-}56)$$

式（2-56）的第二项决定光谱自吸收程度，当无自吸收时：

$$I_{ji}=A_{ji}h\nu_{ji}N_j \qquad (2\text{-}57)$$

激发态原子数 $N_j=\dfrac{g_j}{G}Ne^{-\frac{E_j}{kT}}$，则原子谱线的强度：

$$I_{ji}=A_{ji}h\nu_{ji}\frac{g_j}{G}Ne^{-\frac{E_j}{kT}} \qquad (2\text{-}58a)$$

式中，N 为处于各种状态的原子总数；G 为原子的配分函数。

对于火花及 ICP 光源，常采用离子线，离子谱线的强度为：

$$I_{ji}^+ = A_{ji}^+ h v_{ji}^+ \frac{g_j^+}{G^+} N^+ e^{-\frac{E_j^+}{kT}} \tag{2-59a}$$

式中，N^+ 为处于各种状态的离子总数；G 为离子的配分函数。

若激发能以 eV 表示，k 值以 8.614×10^{-5} eV/度代入，且指数项以 10 为底，则上两式可表示为：

$$I_{ji} = A_{ji} h v_{ji} \times 10^{-\frac{5040}{T} E_j} \tag{2-58b}$$

$$I_{ji}^+ = A_{ji} h v_{ji}^+ \times 10^{-\frac{5040}{T} E_j^+} \tag{2-59b}$$

式中，带"+"号的物理量为离子的相应物理量。

在发射光谱分析中，通常将式（2-58）或式（2-59）简写为：

$$I = \alpha \beta c \tag{2-60}$$

式中，c 为试样中某元素的含量；$\alpha = \frac{N}{c}$ 或 $\frac{N^+}{c}$，称为蒸发系数；$\beta = A_{ji} h v_{ji} \frac{g_j}{G} N e^{-\frac{E_j}{kT}}$ 或

$A_{ji}^+ h v_{ji}^+ \frac{g_j^+}{G^+} N^+ e^{-\frac{E_j^+}{kT}}$，称为激发系数。

各种原子的跃迁概率及统计权重可由表 2-9 查到。

表 2-9 原子的跃迁概率及统计权重[17]

元素	谱线波长① λ/nm		统计权重 g_i	统计权重 g_j	跃迁概率 $A/10^8 s^{-1}$	元素	谱线波长① λ/nm		统计权重 g_i	统计权重 g_j	跃迁概率 $A/10^8 s^{-1}$
	206.12	I	2	4	0.031		309.27	I	4	6	0.74
	206.99	I	2	2	0.015		309.28	I	4	4	0.12
	328.07	I	2	4	1.4		394.40	I	2	2	0.493
Ag	338.29	I	2	2	1.3		396.15	I	4	2	0.98
	520.91	I	2	4	0.75		669.60	I	2	4	0.0169
	546.55	I	4	6	0.86		669.87	I	2	2	0.0169
	547.16	I	4	4	0.14		783.53	I	4	6	0.057
	226.35	I	2	4	0.66		783.61	I	6	8	0.062
	226.91	I	4	6	0.79		104.79	II	1	3	0.36
	226.92	I	4	4	0.13	Al	104.86	II	3	5	0.48
	236.71	I	2	4	0.72		153.98	II	3	5	8.8
	237.31	I	4	6	0.86		167.08	II	1	3	14.6
	237.34	I	4	4	0.14		171.94	II	1	3	6.79
Al	256.80	I	2	4	0.23		176.40	II	5	5	9.8
	257.51	I	4	6	0.28		177.28	II	1	3	9.5
	257.54	I	4	4	0.044		177.70	II	5	7	17
	265.25	I	2	2	0.133		181.90	II	15	15	5.6
	266.04	I	4	2	0.264		185.59	II	1	3	0.832
	308.22	I	2	4	0.63		185.80	II	3	3	2.48

元素	谱线波长① λ/nm		统计权重 g_i	统计权重 g_j	跃迁概率 $A/10^8 \text{s}^{-1}$	元素	谱线波长① λ/nm		统计权重 g_i	统计权重 g_j	跃迁概率 $A/10^8 \text{s}^{-1}$
Al	186.23	II	5	3	4.12		504.881	I	3	5	0.0046
	193.10	II	3	1	10.8		505.653	I	3	1	0.0057
	199.05	II	3	5	14.7		506.008	I	7	9	0.0037
	281.62	II	3	1	3.83		515.139	I	3	1	0.0239
	466.31	II	5	3	0.53		516.229	I	3	3	0.0190
	622.62	II	1	3	0.62		519.402	I	3	1	0.0078
	623.18	II	3	5	0.84		522.127	I	7	9	0.0088
	624.34	II	5	7	1.1		525.279	I	5	7	0.0054
	633.57	II	5	3	0.14		542.135	I	7	5	0.0060
	682.34	II	3	3	0.34		545.165	I	3	5	0.0047
	683.71	II	5	3	0.57		549.209	I	3	1	0.0056
	692.03	II	3	1	0.96		549.587	I	7	9	0.0169
	704.21	II	3	5	0.59		550.611	I	5	7	0.0036
	705.67	II	3	3	0.58		555.870	I	3	5	0.0142
	747.14	II	5	7	0.94		557.254	I	5	7	0.0066
	135.28	III	10	14	4.40		559.748	I	5	7	0.0042
	137.97	III	2	2	4.59		560.673	I	3	3	0.0220
	138.41	III	4	2	9.1		562.092	I	3	1	0.0036
	160.58	III	2	4	12.2		565.070	I	3	1	0.0320
	161.18	III	4	4	2.42		570.087	I	5	7	0.0059
	161.19	III	4	6	14.5		580.208	I	5	3	0.0042
	185.47	III	2	4	5.40	Ar	588.262	I	3	1	0.0123
	186.28	III	2	2	5.33		588.858	I	7	5	0.0129
	193.59	III	10	14	12.2		592.881	I	5	3	0.011
	360.16	III	6	4	1.34		597.160	I	3	1	0.011
	360.19	III	4	4	0.149		602.515	I	5	3	0.0090
	361.24	III	4	2	1.5		609.881	I	3	3	0.0052
Ar	340.618	I	3	1	0.0039		610.564	I	3	5	0.0121
	364.983	I	3	1	0.0080		614.544	I	5	7	0.0076
	394.898	I	5	3	0.00455		617.310	I	3	5	0.0067
	415.859	I	5	5	0.0140		621.594	I	5	5	0.0057
	419.103	I	1	3	0.00539		629.687	I	3	5	0.0090
	419.832	I	3	1	0.0257		641.631	I	3	5	0.0116
	420.067	I	5	7	0.00967		660.402	I	7	5	0.0028
	425.936	I	3	1	0.0398		666.068	I	3	1	0.0078
	427.217	I	3	3	0.00797		675.284	I	3	5	0.0193
	433.356	I	3	5	0.00568		682.725	I	5	3	0.0024
	451.073	I	3	1	0.0118		693.767	I	3	1	0.0308
	458.721	I	3	1	0.0049		696.543	I	5	3	0.0639
	474.682	I	3	1	0.0036		703.025	I	7	5	0.0267
	476.868	I	3	5	0.0086		706.722	I	5	5	0.0380
	487.626	I	3	5	0.0078		706.873	I	5	3	0.020
	488.795	I	3	3	0.013		715.883	I	3	1	0.021
	489.469	I	3	1	0.018		720.698	I	5	3	0.0248

元素	谱线波长[①] λ/nm		统计权重		跃迁概率 $A/10^8s^{-1}$	元素	谱线波长[①] λ/nm		统计权重		跃迁概率 $A/10^8s^{-1}$
			g_i	g_j					g_i	g_j	
	727.293	I	3	3	0.0183		371.82	II	4	6	2.0
	731.172	I	3	3	0.017		373.79	II	6	8	2.3
	737.212	I	7	9	0.019		380.32	II	6	6	1.5
	738.398	I	3	5	0.0847		386.85	II	4	6	1.9
	750.384	I	3	1	0.445		392.57	II	6	4	1.4
	751.465	I	3	1	0.402		393.25	II	4	4	1.1
	763.511	I	5	5	0.245		394.61	II	8	6	1.4
	772.376	I	5	3	0.0518		397.94	II	4	2	1.3
	772.421	I	1	3	0.117		404.29	II	4	4	1.4
	789.108	I	5	5	0.0095		413.17	II	4	2	1.4
	794.818	I	1	3	0.186		422.26	II	4	2	0.69
	801.479	I	5	5	0.0928		427.75	II	6	4	1.0
	811.531	I	5	7	0.331		434.81	II	6	8	1.24
	852.144	I	3	3	0.139		437.97	II	2	2	1.04
	912.297	I	5	3	0.189		444.89	II	6	6	0.65
	965.778	I	3	3	0.0543		458.99	II	4	6	0.82
	300.04	II	4	4	1.5		460.96	II	6	8	0.91
	302.89	II	2	4	2.3		463.72	II	6	6	0.090
	309.34	II	4	6	4.4		480.60	II	6	6	0.79
	313.90	II	6	6	1.0	Ar	484.78	II	4	2	0.85
	316.14	II	2	4	1.8		487.99	II	4	6	0.78
	324.37	II	4	2	2.0		500.93	II	4	6	0.147
	324.98	II	2	4	1.0		501.72	II	4	6	0.231
	329.36	II	4	4	1.7		663.82	II	6	4	0.129
	330.72	II	2	2	3.4		664.37	II	10	8	0.167
	335.09	II	6	6	1.5		668.43	II	8	6	0.113
	337.64	II	8	8	1.5		302.41	III	5	7	2.6
Ar	338.85	II	2	4	1.9		305.48	III	3	5	1.9
	347.67	II	6	6	1.34		306.48	III	3	3	1.0
	349.12	II	4	4	2.2		307.82	III	1	3	1.4
	350.98	II	2	2	2.5		328.59	III	5	7	2.0
	351.44	II	4	6	1.23		330.19	III	5	5	2.0
	354.56	II	4	6	3.4		331.13	III	5	3	2.0
	354.58	II	6	8	3.9		333.61	III	7	9	2.0
	354.85	II	4	4	1.1		334.47	III	5	7	1.8
	355.95	II	6	8	3.9		335.85	III	3	5	1.6
	356.50	II	2	4	1.1		348.06	III	7	7	1.6
	357.66	II	6	8	2.77		349.97	III	3	3	1.3
	358.16	II	2	4	1.8		350.36	III	5	5	1.2
	358.24	II	4	6	3.72		189.04	I	4	6	2.0
	358.84	II	8	10	3.39		193.76	I	4	4	2.0
	360.02	II	4	4	2.2	As	197.26	I	4	2	2.0
	363.98	II	4	6	1.4		228.81	I	6	4	2.8
	368.01	II	2	4	1.2		234.40	I	2	4	0.35

元素	谱线波长[①] λ/nm		统计权重		跃迁概率 A/10^8s^{-1}	元素	谱线波长[①] λ/nm		统计权重		跃迁概率 A/10^8s^{-1}
			g_i	g_j					g_i	g_j	
As	234.98	I	4	2	3.1		388.93	I	1	3	0.0088
	236.97	I	4	4	0.60		390.99	I	3	5	0.49
	237.08	I	4	6	0.42		393.57	I	5	7	0.47
	245.65	I	6	4	0.072		393.79	I	5	5	0.11
	249.29	I	4	2	0.12		399.34	I	7	9	0.55
	274.50	I	2	4	0.26		399.57	I	7	7	0.088
	278.02	I	4	4	0.78		413.24	I	1	3	0.0071
	286.04	I	2	2	0.55		423.96	I	5	3	0.24
	289.87	I	4	2	0.099		424.26	I	3	5	0.056
Au	242.795	I	2	4	1.99		426.44	I	1	3	0.15
	267.595	I	2	2	1.64		428.31	I	5	7	0.64
	312.278	I	6	4	0.190		432.30	I	3	5	0.15
	627.830	I	4	2	0.034		432.52	I	5	7	0.071
B	137.86	I	2	4	3.50		433.29	I	3	3	0.15
	137.89	I	2	2	14.0		435.03	I	3	5	0.60
	137.89	I	4	4	17.5		440.25	I	5	5	0.27
	137.92	I	4	2	7.0		440.68	I	5	5	0.10
	146.55	I	2	4	3.34		443.19	I	1	3	1.2
	146.57	I	4	4	6.7		446.71	I	5	7	0.066
	146.58	I	6	4	10.0		448.90	I	5	7	0.42
	182.59	I	2	4	2.0		449.36	I	5	5	0.36
	182.64	I	4	6	2.4	Ba	450.59	I	3	3	1.1
	208.89	I	2	4	0.28		452.32	I	5	5	0.96
	208.96	I	4	6	0.33		457.39	I	3	1	1.21
	249.68	I	2	2	0.85		457.96	I	5	5	0.70
	249.77	I	4	2	1.69		459.18	I	5	5	0.016
Ba	240.92	I	1	3	0.00086		459.97	I	3	1	0.407
	241.41	I	1	3	0.0015		460.50	I	3	1	0.077
	242.01	I	1	3	0.0023		461.99	I	1	3	0.093
	242.74	I	1	3	0.0056		462.83	I	5	5	0.060
	243.25	I	1	3	0.0072		467.36	I	7	5	0.065
	243.88	I	1	3	0.0014		469.16	I	5	3	1.6
	244.46	I	1	3	0.0045		470.04	I	3	3	0.24
	245.24	I	1	3	0.00081		472.64	I	5	3	0.46
	247.32	I	1	3	0.0046		551.91	I	3	5	0.50
	250.02	I	1	3	0.015		553.55	I	1	3	1.19
	254.32	I	1	3	0.041		577.76	I	5	7	0.65
	259.66	I	1	3	0.12		578.40	I	3	5	0.21
	264.65	I	1	3	0.011		580.02	I	5	5	0.099
	270.26	I	1	3	0.025		580.57	I	7	7	0.011
	273.92	I	1	3	0.0091		582.63	I	5	3	0.56
	278.53	I	1	3	0.028		590.76	I	3	5	0.015
	307.16	I	1	3	0.41		597.17	I	5	5	0.18
	350.11	I	1	3	0.19		599.71	I	3	3	0.27

元素	谱线波长[①] λ/nm		统计权重 g_i	g_j	跃迁概率 $A/10^8 s^{-1}$	元素	谱线波长[①] λ/nm		统计权重 g_i	g_j	跃迁概率 $A/10^8 s^{-1}$
	601.95	I	3	1	1.4		169.72	II	6	6	0.017
	606.31	I	5	3	0.57		176.18	II	4	4	0.0039
	608.34	I	3	1	0.11		177.10	II	4	2	0.034
	611.08	I	7	5	0.55		178.69	II	6	4	0.044
	612.92	I	3	1	0.060		189.27	II	2	4	0.090
	634.17	I	5	7	0.19		190.42	II	4	6	0.011
	645.09	I	3	5	0.11		190.68	II	2	2	0.051
	648.29	I	5	7	0.44		192.47	II	6	8	0.031
	649.88	I	7	7	0.86		195.42	II	4	6	0.13
	652.73	I	5	5	0.59		195.51	II	4	4	0.018
	659.53	I	3	3	0.39		197.02	II	4	2	0.067
	667.53	I	5	3	0.19		198.56	II	2	4	0.25
	669.38	I	7	5	0.28		199.95	II	2	4	0.10
	686.57	I	5	5	0.023		200.92	II	2	2	0.086
	705.99	I	7	9	0.71		205.27	II	4	6	0.20
	712.03	I	3	5	0.21		205.46	II	4	4	0.029
	719.52	I	1	3	0.24		208.00	II	4	2	0.10
	728.03	I	5	7	0.53		215.39	II	2	4	0.53
	739.24	I	3	3	0.50		220.09	II	2	2	0.20
	741.75	I	7	5	0.025		223.28	II	4	6	0.29
	748.81	I	7	7	0.10		223.54	II	4	4	0.044
Ba	752.82	I	5	5	0.027	Ba	228.60	II	4	2	0.13
	767.21	I	3	5	0.31		252.85	II	2	4	0.71
	778.05	I	5	5	0.13		263.48	II	4	6	0.76
	790.58	I	5	3	0.63		264.14	II	4	4	0.12
	791.13	I	1	3	0.00298		264.73	II	2	2	0.20
	814.77	I	5	5	0.063		277.14	II	4	2	0.40
	964.56	I	7	5	0.11		381.67	II	4	6	0.0023
	970.43	I	3	1	0.16		384.28	II	6	8	0.0022
	982.15	I	3	1	0.055		389.18	II	2	4	1.67
	1037.03	I	3	5	0.013		402.41	II	6	4	0.0053
	1064.91	I	5	5	0.027		405.75	II	8	6	0.012
	141.34	II	6	8	0.017		413.07	II	4	6	1.80
	141.71	II	4	6	0.038		416.60	II	4	4	0.37
	144.49	II	4	6	0.081		421.60	II	2	4	0.058
	146.15	II	6	8	0.087		428.78	II	2	2	0.024
	148.70	II	4	6	0.14		432.57	II	4	6	0.059
	150.39	II	6	8	0.15		432.96	II	4	4	0.0088
	155.44	II	4	6	0.26		440.52	II	4	2	0.039
	157.27	II	6	8	0.24		447.07	II	6	4	0.014
	157.39	II	6	6	0.016		450.96	II	8	6	0.012
	163.04	II	2	2	0.017		452.49	II	2	2	0.72
	167.45	II	4	6	0.22		455.40	II	2	4	1.17
	169.44	II	6	8	0.21		470.89	II	2	4	0.097

第
一
篇

元素	谱线波长① λ/nm		统计权重		跃迁概率 A/10⁸s⁻¹	元素	谱线波长① λ/nm		统计权重		跃迁概率 A/10⁸s⁻¹
			g_i	g_j					g_i	g_j	
Ba	484.35	II	4	6	0.093		313.11	II	2	2	1.15
	484.71	II	2	2	0.041		324.16	II	2	2	0.141
	485.08	II	4	4	0.014		324.18	II	4	2	0.28
	490.00	II	4	2	0.775		327.46	II	2	4	0.19
	493.41	II	2	2	0.955		327.47	II	2	2	0.19
	499.78	II	4	2	0.061		436.07	II	2	4	0.92
	518.50	II	2	4	0.018		436.10	II	4	6	1.1
	536.14	II	4	6	0.048	Be	525.59	II	2	6	0.0256
	539.16	II	6	8	0.052		527.03	II	2	2	0.330
	541.36	II	6	6	0.00084		527.08	II	4	2	0.66
	542.11	II	6	6	0.0019		627.94	II	2	4	0.12
	542.88	II	6	4	0.023		627.97	II	4	6	0.143
	548.03	II	8	6	0.018		675.67	II	2	2	0.051
	578.42	II	2	4	0.20		675.71	II	4	2	0.102
	585.37	II	4	4	0.048		740.12	II	2	4	0.030
	598.13	II	4	6	0.16		740.14	II	2	4	0.030
	599.99	II	4	4	0.026		195.45	I	4	6	1.2
	613.58	II	2	2	0.085		202.12	I	4	4	0.060
	614.17	II	6	4	0.37		206.17	I	4	6	0.99
	636.32	II	6	6	0.0029		211.03	I	4	2	0.91
	637.29	II	4	4	0.00067		217.73	I	4	2	0.026
	637.89	II	4	2	0.099		222.83	I	4	4	0.89
	645.77	II	6	4	0.0030		223.06	I	4	6	2.6
	649.69	II	4	2	0.332		227.66	I	4	4	0.25
	755.68	II	6	4	0.0016		251.57	I	4	2	0.043
	767.82	II	8	6	0.00066		262.79	I	4	4	0.47
	871.07	II	6	8	0.80		269.68	I	4	6	0.064
	873.77	II	4	6	0.93		278.05	I	4	2	0.309
Be	149.18	I	1	3	0.013		279.87	I	6	6	0.036
	166.15	I	1	3	0.20	Bi	289.80	I	4	2	1.53
	234.86	I	1	3	5.56		293.83	I	6	4	1.23
	249.47	I	9	15	1.6		298.90	I	4	4	0.55
	265.06	I	9	9	4.31		299.33	I	4	6	0.16
	457.27	I	3	5	0.79		302.46	I	6	6	0.88
	119.71	II	2	2	0.47		306.77	I	4	2	2.07
	119.72	II	4	2	0.94		307.67	I	4	4	0.035
	151.23	II	2	4	9.2		339.72	I	6	4	0.181
	151.24	II	4	6	11		340.29	I	6	6	0.016
	177.61	II	2	2	1.4		351.09	I	6	4	0.068
	177.63	II	4	2	2.9		359.61	I	2	4	0.198
	245.38	II	2	6	0.142		388.82	I	2	2	0.069
	304.65	II	2	4	0.48		412.15	I	2	2	0.164
	304.67	II	4	6	0.59		430.85	I	2	4	0.016
	313.04	II	2	4	1.14		449.30	I	2	4	0.015

元素	谱线波长[①] λ/nm		统计权重 g_i	统计权重 g_j	跃迁概率 $A/10^8s^{-1}$	元素	谱线波长[①] λ/nm		统计权重 g_i	统计权重 g_j	跃迁概率 $A/10^8s^{-1}$
Bi	472.25	I	4	2	0.117		128.08	I	5	3	0.35
	613.48	I	4	4	0.018		132.88	I	1	3	0.49
Br	148.85	I	4	4	1.2		143.16	I	5	7	1.5
	154.07	I	4	4	1.4		143.21	I	5	5	1.4
	157.48	I	2	4	0.20		143.25	I	5	3	1.3
	157.64	I	4	6	0.021		145.90	I	5	3	0.37
	163.34	I	2	4	0.081		146.33	I	5	7	2.1
	436.51	I	2	4	0.0075		146.74	I	5	3	0.46
	442.51	I	4	2	0.0042		148.18	I	5	5	0.33
	444.17	I	6	4	0.0075		156.03	I	1	3	0.82
	447.26	I	4	4	0.0093		156.13	I	5	5	0.36
	447.77	I	6	8	0.013		156.14	I	5	7	1.4
	451.34	I	6	4	0.0028		165.63	I	3	5	0.80
	452.56	I	6	6	0.0072		165.69	I	1	3	1.1
	457.57	I	4	4	0.016		165.70	I	5	5	2.4
	461.46	I	4	6	0.0054		165.74	I	3	3	0.80
	497.98	I	4	4	0.0026		165.79	I	3	1	3.2
	524.51	I	2	4	0.0031		165.81	I	5	3	1.3
	534.54	I	2	4	0.0076		175.18	I	1	3	0.57
	734.85	I	4	6	0.12		176.39	I	1	3	0.022
	751.30	I	6	4	0.12		193.09	I	5	3	3.7
	780.30	I	2	4	0.053	C	247.86	I	1	3	0.18
	793.87	I	6	6	0.19		290.33	I	3	3	0.017
	813.15	I	2	4	0.038		290.50	I	5	3	0.022
	834.37	I	2	2	0.22		477.00	I	3	1	0.015
	844.66	I	4	4	0.12		477.18	I	5	5	0.012
	863.87	I	6	4	0.097		477.59	I	5	3	0.0062
	470.49	II	5	7	1.1		482.68	I	5	3	0.0047
	478.55	II	5	5	0.94		493.21	I	3	1	0.046
	481.67	II	5	3	1.1		505.22	I	3	5	0.017
C	126.09	I	3	1	1.2		538.03	I	3	3	0.016
	126.10	I	3	3	0.31		579.31	I	7	5	0.0033
	126.11	I	3	5	0.30		580.06	I	5	3	0.0029
	126.14	I	5	3	0.50		580.52	I	3	1	0.0039
	126.16	I	5	5	0.93		658.76	I	3	3	0.024
	127.72	I	1	3	0.88		100.99	II	2	4	5.8
	127.73	I	3	5	1.2		101.01	II	4	4	11.5
	127.76	I	5	7	1.5		101.04	II	6	4	17.3
	127.92	I	5	7	0.11		103.63	II	2	2	8.0
	127.99	I	3	5	0.21		103.70	II	4	2	15.9
	128.01	I	1	3	0.27		132.39	II	4	4	4.53
	128.03	I	5	5	0.62		132.40	II	6	6	4.71
	128.04	I	3	3	0.20		133.45	II	2	4	2.41
	128.06	I	3	1	0.81		133.57	II	4	6	2.89

元素	谱线波长① λ/nm		统计权重 g_i	g_j	跃迁概率 $A/10^8\mathrm{s}^{-1}$	元素	谱线波长① λ/nm		统计权重 g_i	g_j	跃迁概率 $A/10^8\mathrm{s}^{-1}$
	250.91	II	2	4	0.54		429.90	I	3	3	0.466
	251.17	II	4	4	0.106		430.25	I	5	5	1.36
	251.21	II	4	6	0.64		430.77	I	3	1	1.99
	657.81	II	2	4	0.36		431.87	I	5	3	0.74
	658.29	II	2	2	0.36		435.51	I	5	7	0.19
	723.13	II	2	4	0.36		442.54	I	1	3	0.498
	723.64	II	4	6	0.44		443.50	I	3	5	0.67
	723.72	II	4	4	0.072		443.57	I	3	3	0.342
	117.49	III	3	5	3.42		445.48	I	5	7	0.87
C	117.53	III	1	3	4.55		445.59	I	5	5	0.20
	117.56	III	3	3	3.41		452.69	I	5	3	0.41
	117.57	III	5	5	10.2		457.86	I	3	5	0.176
	117.60	III	3	1	13.6		458.14	I	5	7	0.209
	117.64	III	5	3	5.7		458.59	I	7	9	0.229
	124.74	III	3	1	18.6		468.53	I	3	5	0.080
	229.69	III	3	5	1.46		487.81	I	5	7	0.188
	464.74	III	3	5	0.73		504.16	I	5	3	0.33
	465.03	III	3	3	0.74		518.89	I	3	5	0.40
	465.15	III	3	1	0.74		526.17	I	3	3	0.15
	227.55	I	1	3	0.301		526.22	I	3	1	0.60
	299.50	I	1	3	0.367		526.42	I	5	5	0.091
	299.73	I	3	5	0.241	Ca	526.56	I	5	3	0.44
	299.96	I	3	3	0.279		527.03	I	7	5	0.50
	300.09	I	3	1	1.58		558.20	I	5	7	0.060
	300.69	I	5	5	0.75		558.88	I	7	7	0.49
	300.92	I	5	3	0.430		559.01	I	3	5	0.083
	334.45	I	1	3	0.151		559.45	I	5	5	0.38
	335.02	I	3	5	0.178		559.85	I	3	3	0.43
	336.19	I	5	7	0.223		560.13	I	7	5	0.086
	362.41	I	1	3	0.212		560.29	I	5	3	0.14
	363.08	I	3	5	0.297		585.75	I	3	5	0.66
Ca	363.10	I	3	3	0.153		610.27	I	1	3	0.096
	364.44	I	5	7	0.355		612.22	I	3	3	0.287
	364.48	I	5	5	0.094		616.13	I	5	5	0.033
	387.05	I	3	5	0.072		616.22	I	5	3	0.477
	395.71	I	3	3	0.098		616.38	I	3	3	0.056
	397.37	I	5	3	0.175		616.64	I	3	1	0.22
	409.26	I	3	5	0.11		616.91	I	5	3	0.17
	409.49	I	5	7	0.12		616.96	I	7	5	0.19
	409.85	I	7	9	0.13		643.91	I	7	9	0.53
	410.85	I	5	7	0.90		644.98	I	3	5	0.090
	422.67	I	1	3	2.18		646.26	I	5	7	0.47
	428.30	I	3	5	0.434		647.17	I	7	7	0.059
	428.94	I	1	3	0.60		649.38	I	3	5	0.44

元素	谱线波长①λ/nm		统计权重		跃迁概率 $A/10^8s^{-1}$	元素	谱线波长①λ/nm		统计权重		跃迁概率 $A/10^8s^{-1}$
			g_i	g_j					g_i	g_j	
	649.97	I	5	5	0.081		257.29	II	2	2	1.7
	134.19	II	2	4	0.015	Cd	274.85	II	4	2	2.8
	134.25	II	2	2	0.015		441.56	II	4	6	0.014
	164.99	II	2	4	0.0032		118.88	I	4	6	2.33
	165.20	II	2	2	0.0031		120.14	I	2	4	2.39
	167.39	II	2	4	0.224		133.57	I	4	2	1.74
	168.01	II	4	6	0.265		134.72	I	4	4	4.19
	180.73	II	2	4	0.354		135.17	I	2	2	3.23
	181.45	II	4	6	0.42		136.34	I	2	4	0.75
	181.47	II	4	4	0.070		432.33	I	4	4	0.011
	184.31	II	2	2	0.16		436.33	I	4	6	0.0068
	185.07	II	4	2	0.308		437.99	I	4	4	0.014
Ca	210.32	II	2	4	0.82		438.98	I	6	8	0.014
	211.28	II	4	6	0.97		452.62	I	4	4	0.051
	211.32	II	4	4	0.16		460.10	I	2	2	0.042
	219.78	II	2	2	0.31		466.12	I	2	4	0.012
	220.86	II	4	2	0.62		725.66	I	6	4	0.15
	315.89	II	2	4	3.1		741.41	I	6	4	0.047
	317.93	II	4	6	3.6		754.71	I	4	4	0.12
	318.13	II	4	4	0.58		771.76	I	4	4	0.030
	370.60	II	2	2	0.88		774.50	I	2	4	0.063
	373.69	II	4	2	1.7		776.92	I	6	6	0.060
	393.37	II	2	4	1.47		782.14	I	6	8	0.098
	396.85	II	2	2	1.4		783.08	I	4	4	0.097
	228.80	I	1	3	5.3	Cl	787.82	I	6	6	0.018
	283.69	I	1	3	0.28		789.93	I	4	6	0.051
	288.08	I	3	5	0.42		792.46	I	2	4	0.021
	288.12	I	3	3	0.24		793.50	I	6	8	0.039
	298.06	I	5	7	0.59		799.79	I	4	4	0.021
	298.14	I	5	5	0.15		332.91	II	5	7	1.5
	326.11	I	1	3	0.00406		352.21	II	7	7	1.4
	340.37	I	1	3	0.77		379.88	II	5	7	1.6
	346.62	I	3	5	1.2		380.52	II	7	9	1.8
	346.77	I	3	3	0.67		380.95	II	3	5	1.5
Cd	361.05	I	5	7	1.3		385.10	II	5	7	1.8
	361.29	I	5	5	0.35		385.14	II	5	5	1.6
	414.05	I	3	5	0.047		385.47	II	3	5	2.2
	466.24	I	3	5	0.055		386.19	II	5	7	2.4
	467.81	I	1	3	0.13		386.86	II	7	9	2.7
	479.99	I	3	3	0.41		391.39	II	9	9	0.82
	508.58	I	5	3	0.56		399.02	II	5	7	0.84
	643.85	I	3	5	0.59		413.25	II	5	5	1.6
	214.44	II	2	4	2.8		427.65	II	9	7	0.76
	226.50	II	2	2	3.0		476.87	II	3	5	0.77

续表

元素	谱线波长 λ/nm		统计权重		跃迁概率 A/10^{8}s^{-1}	元素	谱线波长 λ/nm		统计权重		跃迁概率 A/10^{8}s^{-1}
			g_i	g_j					g_i	g_j	
Cl	478.13	II	5	7	1.0	Co	238.486	I	10	8	0.24
	479.46	II	5	7	1.04		239.203	I	6	6	0.40
	481.01	II	5	5	0.99		240.206	I	8	6	0.51
	481.95	II	5	3	1.00		240.725	I	10	12	3.6
	490.48	II	5	7	0.81		241.276	I	4	6	0.65
	491.77	II	3	5	0.75		241.446	I	6	8	3.4
	507.83	II	7	7	0.77		241.529	I	4	6	3.6
	521.91	II	3	9	0.86		242.493	I	10	10	3.2
	539.21	II	5	7	1.0		243.221	I	8	8	2.6
	229.85	III	4	4	4.2		243.666	I	6	6	2.6
	234.06	III	6	6	4.2		243.904	I	4	4	2.7
	237.04	III	8	6	2.8		246.080	I	4	6	0.12
	253.18	III	2	4	4.4		246.769	I	6	8	0.070
	253.25	III	4	6	5.3		247.027	I	10	12	0.15
	257.71	III	4	6	4.3		247.664	I	10	8	0.22
	258.07	III	6	8	4.7		250.452	I	10	8	0.18
	260.12	III	2	4	4.6		251.102	I	10	10	0.92
	260.36	III	4	6	5.0		252.136	I	10	8	3.0
	260.95	III	6	8	5.7		252.897	I	8	6	2.8
	261.70	III	8	10	6.6		253.013	I	6	6	0.071
	266.16	III	4	6	3.4		253.596	I	6	4	1.9
	266.55	III	6	8	4.8		253.650	I	8	8	0.30
	269.15	III	4	4	3.5		254.425	I	4	2	3.0
	271.04	III	4	6	3.5		256.212	I	4	4	0.39
	334.04	III	6	6	1.5		256.734	I	6	6	0.30
	339.29	III	4	4	1.9		257.435	I	8	8	0.17
	339.35	III	6	6	1.9		268.534	I	6	8	0.055
	353.00	III	6	8	1.8		301.755	I	8	6	0.069
	356.07	III	4	6	1.7		304.400	I	10	10	0.19
	360.21	III	6	8	1.7		304.889	I	6	4	0.075
	361.29	III	4	6	1.2		306.182	I	8	8	0.16
	372.05	III	4	6	1.7		307.234	I	6	6	0.15
Co	228.780	I	8	8	0.86		308.678	I	4	4	0.19
	229.522	I	10	8	0.22		335.437	I	8	6	0.11
	230.903	I	10	10	0.56		336.711	I	10	8	0.060
	232.313	I	8	8	0.50		338.522	I	8	6	0.11
	232.553	I	6	8	0.11		338.816	I	6	4	0.24
	233.598	I	6	6	0.51		339.537	I	6	8	0.29
	233.866	I	4	4	0.77		340.512	I	10	10	1.0
	235.336	I	8	10	0.15		340.917	I	8	8	0.42
	235.548	I	6	8	0.13		341.234	I	8	10	0.61
	235.818	I	4	6	0.14		341.263	I	10	8	0.12
	236.506	I	10	10	0.13		341.474	I	4	4	0.088
	237.185	I	6	8	0.073		341.715	I	6	6	0.32

元素	谱线波长[①] λ/nm		统计权重 g_i	g_j	跃迁概率 $A/10^8 s^{-1}$	元素	谱线波长[①] λ/nm		统计权重 g_i	g_j	跃迁概率 $A/10^8 s^{-1}$
	343.158	I	8	6	0.11		388.187	I	6	4	0.082
	343.305	I	4	4	1.0		389.407	I	6	8	0.69
	344.292	I	6	4	0.12		389.498	I	4	2	0.088
	344.364	I	8	8	0.69		393.596	I	8	10	0.062
	344.917	I	6	6	0.76		399.531	I	8	10	0.25
	344.944	I	10	10	0.18		399.790	I	6	8	0.070
	345.351	I	10	12	1.1		409.239	I	8	8	0.057
	345.524	I	4	2	0.19		411.053	I	6	6	0.055
	346.280	I	4	6	0.79		411.877	I	6	8	0.16
	346.579	I	10	12	0.092		412.132	I	8	10	0.19
	347.402	I	6	8	0.56		514.675	I	8	8	0.15
	348.341	I	8	10	0.055		521.270	I	10	10	0.19
	348.940	I	8	6	1.3		526.579	I	6	8	0.050
	349.132	I	4	4	0.050		528.063	I	10	8	0.28
	349.568	I	4	6	0.49		535.205	I	12	10	0.27
	350.228	I	10	8	0.80		547.709	I	6	8	0.068
	350.263	I	6	6	0.052		548.396	I	8	10	0.073
	350.632	I	8	6	0.82		608.243	I	10	10	0.054
	350.984	I	6	8	0.32	Co	645.500	I	8	10	0.090
	351.264	I	6	4	1.0		783.812	I	8	10	0.054
	351.348	I	8	10	0.078		809.393	I	12	10	0.20
	351.834	I	6	4	1.6		837.279	I	10	10	0.087
Co	352.158	I	10	8	0.18		228.615	II	11	13	3.3
	352.342	I	4	2	0.98		230.785	II	9	11	2.6
	352.685	I	10	10	0.13		231.161	II	7	9	2.8
	352.903	I	6	8	0.088		231.405	II	5	7	2.8
	352.982	I	8	10	0.46		231.497	II	3	5	2.7
	353.336	I	4	6	0.091		233.036	II	5	3	1.32
	356.089	I	4	4	0.23		234.428	II	3	3	1.5
	356.495	I	6	6	0.070		235.341	II	7	7	1.9
	356.937	I	8	8	1.5		236.380	II	9	9	2.1
	357.497	I	6	6	0.15		237.862	II	11	9	1.9
	357.536	I	8	8	0.096		238.345	II	9	7	1.8
	358.515	I	8	8	0.071		238.892	II	11	11	2.8
	358.719	I	6	6	1.4		238.954	II	5	3	1.5
	359.487	I	6	6	0.092		240.417	II	3	3	1.5
	360.208	I	4	4	0.10		241.766	II	9	9	0.85
	370.406	I	6	8	0.12		199.995	I	9	9	1.4
	374.549	I	8	8	0.075		238.330	I	9	11	0.41
	384.205	I	8	6	0.13		238.921	I	3	5	0.23
	384.547	I	8	10	0.46	Cr	240.860	I	9	7	0.67
	386.116	I	6	4	0.14		240.872	I	7	5	0.29
	387.312	I	10	8	0.12		249.257	I	3	5	0.45
	387.395	I	8	6	0.10		249.508	I	3	3	0.27

续表

元素	谱线波长^① λ/nm	统计权重 g_i	统计权重 g_j	跃迁概率 $A/10^8 s^{-1}$	元素	谱线波长^① λ/nm	统计权重 g_i	统计权重 g_j	跃迁概率 $A/10^8 s^{-1}$
	249.630 I	5	7	0.56		300.506 I	9	7	0.92
	250.255 I	7	9	0.22		301.372 I	3	5	0.83
	250.431 I	7	9	0.45		301.520 I	1	3	1.63
	250.811 I	5	5	0.21		302.067 I	3	3	1.5
	250.897 I	5	3	0.38		302.158 I	9	11	2.91
	252.711 I	9	9	0.53		302.436 I	5	5	1.27
	254.955 I	3	3	0.48		302.917 I	5	3	0.38
	256.070 I	5	5	0.43		303.025 I	7	7	1.1
	257.174 I	7	5	0.64		303.135 I	5	3	0.31
	257.766 I	7	7	0.26		303.419 I	7	7	0.35
	259.184 I	9	7	0.65		303.705 I	9	9	0.54
	262.048 I	5	3	0.19		304.084 I	7	5	0.74
	267.364 I	3	3	0.18		305.387 I	9	7	0.797
	270.199 I	9	11	0.21		314.844 I	9	11	0.56
	272.650 I	5	7	0.75		315.516 I	11	13	0.57
	273.190 I	5	5	0.78		316.376 I	13	15	0.60
	273.646 I	5	3	0.75		323.773 I	9	9	1.3
	275.285 I	3	3	0.87		323.809 I	11	11	0.20
	275.709 I	5	5	0.68		357.868 I	7	9	1.48
	276.174 I	5	3	0.68		359.348 I	7	7	1.50
	276.436 I	7	7	0.37		360.532 I	7	5	1.62
Cr	276.990 I	7	5	1.1	Cr	363.980 I	13	11	1.8
	278.070 I	9	7	1.4		374.389 I	13	13	0.761
	287.927 I	5	7	0.21		375.766 I	7	7	0.413
	288.700 I	3	5	0.27		376.824 I	5	5	0.510
	288.922 I	9	9	0.66		380.480 I	9	9	0.69
	289.325 I	7	7	0.52		396.369 I	13	15	1.3
	289.417 I	1	3	0.33		396.975 I	11	13	1.2
	289.676 I	5	5	0.30		398.390 I	7	9	1.05
	290.548 I	3	1	1.3		399.112 I	5	7	1.07
	290.905 I	5	3	0.68		400.144 I	9	11	0.68
	291.089 I	7	5	0.34		403.910 I	15	15	0.67
	291.115 I	9	7	0.26		404.878 I	13	13	0.64
	296.764 I	7	9	0.39		405.878 I	11	11	0.67
	297.110 I	5	7	0.71		406.571 I	9	11	0.35
	297.548 I	3	5	0.89		416.552 I	11	13	0.75
	298.078 I	1	3	0.510		420.448 I	13	11	0.31
	298.864 I	5	7	0.52		425.433 I	7	9	0.315
	299.188 I	3	1	3.0		426.315 I	15	17	0.64
	299.406 I	5	5	0.25		427.481 I	7	7	0.307
	299.509 I	5	5	0.43		427.598 I	11	11	0.22
	299.657 I	5	3	2.0		428.042 I	13	15	0.47
	299.878 I	5	3	0.407		428.973 I	7	5	0.316
	300.088 I	7	5	1.6		429.197 I	7	5	0.24

元素	谱线波长① λ/nm		统计权重 g_i	g_j	跃迁概率 $A/10^8s^{-1}$	元素	谱线波长① λ/nm		统计权重 g_i	g_j	跃迁概率 $A/10^8s^{-1}$
	429.775	I	11	13	0.49		520.451	I	5	3	0.509
	429.805	I	9	9	0.26		520.602	I	5	5	0.514
	430.052	I	9	7	0.19		520.842	I	5	7	0.506
	430.119	I	11	9	0.26		524.338	I	5	3	0.219
	430.278	I	11	11	0.25		529.737	I	7	9	0.388
	431.966	I	5	3	0.18		529.799	I	7	7	0.30
	433.725	I	3	7	0.20		532.836	I	9	11	0.62
	437.365	I	9	9	0.28		532.917	I	9	9	0.225
	437.680	I	13	13	0.32		578.311	I	3	3	0.21
	441.386	I	7	5	0.27		578.389	I	5	5	0.202
	442.270	I	5	5	0.27		578.797	I	5	7	0.235
	442.429	I	9	7	0.21		265.357	II	4	6	0.35
	442.993	I	3	3	0.24		265.859	II	2	4	0.58
	443.216	I	1	3	0.18		266.602	II	6	8	0.59
	443.277	I	15	15	0.49		266.871	II	4	2	1.4
	444.372	I	3	1	0.45		267.180	II	6	4	1.0
	448.288	I	3	3	0.30		267.283	II	8	6	0.55
	449.055	I	9	7	0.39		274.497	II	4	6	0.85
	449.231	I	5	3	0.447		278.761	II	6	6	1.5
	449.528	I	9	7	0.20		282.238	II	14	16	2.3
	450.029	I	7	7	0.21		283.563	II	10	12	2.0
	450.684	I	13	11	0.27		284.001	II	10	12	2.7
Cr	454.072	I	11	11	0.314	Cr	284.324	II	8	10	0.64
	456.417	I	11	13	0.51		284.983	II	6	8	0.92
	459.560	I	13	13	0.47		285.135	II	8	10	2.2
	462.247	I	7	7	0.41		285.677	II	4	6	0.43
	466.333	I	3	3	0.20		285.740	II	6	8	0.28
	466.590	I	3	3	0.30		286.092	II	2	4	0.69
	468.938	I	7	5	0.23		286.257	II	8	8	0.63
	469.846	I	9	7	0.22		286.672	II	4	4	1.2
	470.802	I	11	9	0.431		286.709	II	4	4	1.1
	471.843	I	13	11	0.34		286.765	II	2	2	1.1
	473.069	I	7	5	0.383		287.043	II	6	6	1.3
	473.733	I	9	7	0.338		287.381	II	4	2	0.88
	474.109	I	3	5	0.22		288.086	II	6	4	0.79
	475.207	I	13	13	0.62		289.853	II	10	12	1.2
	475.609	I	11	9	0.40		292.181	II	8	10	0.90
	479.249	I	7	5	0.26		293.083	II	2	4	1.1
	480.102	I	9	7	0.306		293.512	II	6	8	1.8
	481.613	I	9	9	0.18		295.334	II	2	2	1.8
	487.079	I	7	9	0.35		296.603	II	10	8	0.54
	488.701	I	9	11	0.32		297.190	II	14	14	2.0
	492.228	I	11	13	0.40		297.973	II	12	12	1.8
	496.680	I	3	1	0.30		298.532	II	10	10	2.2

续表

元素	谱线波长[①] λ/nm		统计权重 g_i	g_j	跃迁概率 $A/10^8 s^{-1}$	元素	谱线波长[①] λ/nm		统计权重 g_i	g_j	跃迁概率 $A/10^8 s^{-1}$
	298.918	II	8	8	2.2		324.75	I	2	4	1.39
	311.864	II	2	4	1.7		327.40	I	2	2	1.37
	312.036	II	4	6	1.5		333.78	I	6	8	0.0038
Cr	312.259	II	12	12	0.44		402.26	I	2	4	0.190
	312.869	II	4	4	0.81		406.26	I	4	6	0.210
	313.668	II	6	6	0.64		424.90	I	2	2	0.195
	458.822	II	8	6	0.12		427.51	I	6	8	0.345
	321.28	I	2	4	0.0000119		448.04	I	2	2	0.030
	321.62	I	2	4	0.0000149		450.94	I	4	2	0.275
	322.01	I	2	4	0.000017		453.08	I	4	2	0.084
	322.48	I	2	4	0.000020		453.97	I	6	4	0.212
	323.05	I	2	4	0.000025		458.70	I	8	6	0.320
	323.74	I	2	4	0.000028		465.11	I	10	8	0.380
	324.59	I	2	4	0.0000345		470.46	I	8	8	0.055
	325.67	I	2	4	0.0000425	Cu	510.55	I	6	4	0.020
	327.05	I	2	4	0.000056		515.32	I	2	4	0.60
	328.86	I	2	4	0.00010		521.82	I	4	6	0.75
	331.31	I	2	4	0.00016		522.01	I	4	4	0.150
Cs	334.75	I	2	4	0.00022		529.25	I	8	8	0.109
	334.88	I	2	2	0.000011		570.02	I	4	4	0.0024
	339.79	I	2	4	0.00040		578.21	I	4	2	0.0165
	340.00	I	2	2	0.000024		248.97	II	5	5	0.015
	347.68	I	2	4	0.00066		254.48	II	9	7	1.1
	348.00	I	2	2	0.000066		268.93	II	7	7	0.41
	361.14	I	2	4	0.0015		270.10	II	5	5	0.67
	361.73	I	2	2	0.00025		270.32	II	3	3	1.2
	387.61	I	2	4	0.0038		271.35	II	5	5	0.68
	388.86	I	2	2	0.00097		276.97	II	7	7	0.61
	455.53	I	2	4	0.0188		286.27	I	17	15	0.065
	459.32	I	2	2	0.0080		296.46	I	17	17	0.065
	202.43	I	2	6	0.098		314.77	I	15	17	0.11
	216.51	I	2	4	0.51		326.32	I	15	13	0.14
	217.89	I	2	4	0.913		351.10	I	15	13	0.31
	218.17	I	2	2	1.0		357.14	I	15	13	0.20
	222.57	I	2	2	0.46		375.71	I	17	19	3.0
	224.43	I	2	4	0.0119		386.88	I	17	17	3.1
	244.16	I	2	2	0.020	Dy	396.75	I	17	19	0.87
Cu	249.22	I	2	4	0.0311		404.60	I	17	15	1.5
	261.84	I	6	4	0.307		410.39	I	13	11	1.7
	276.64	I	4	4	0.096		418.68	I	17	17	1.32
	282.44	I	6	6	0.078		419.48	I	17	17	0.72
	296.12	I	6	8	0.0376		421.17	I	17	19	2.08
	306.34	I	4	4	0.0155		421.81	I	15	15	1.85
	319.41	I	4	4	0.0155		422.11	I	15	17	1.52

元素	谱线波长[①] λ/nm		统计权重 g_i	g_j	跃迁概率 $A/10^8s^{-1}$	元素	谱线波长[①] λ/nm		统计权重 g_i	g_j	跃迁概率 $A/10^8s^{-1}$
	422.52	I	13	15	4.5		306.70	I	8	10	0.0091
	426.83	I	15	15	0.036		310.62	I	8	10	0.055
	427.67	I	13	13	0.73		311.14	I	8	10	0.30
	429.20	I	15	15	0.058		316.83	I	8	10	0.069
	457.78	I	17	19	0.022		318.55	I	8	10	0.0058
	458.94	I	17	15	0.13		321.06	I	8	8	0.11
	461.23	I	17	15	0.082		321.28	I	8	8	0.29
	507.77	I	17	17	0.0057		321.38	I	8	6	0.18
	530.16	I	17	15	0.011		323.51	I	8	10	0.010
Dy	554.73	I	17	17	0.0027		324.14	I	8	8	0.023
	563.95	I	17	19	0.0047		324.60	I	8	6	0.014
	597.45	I	17	17	0.0040		324.76	I	8	8	0.023
	598.86	I	17	15	0.0053		332.23	I	8	6	0.035
	601.08	I	15	15	0.026		333.43	I	8	6	0.34
	608.83	I	15	13	0.035	Eu	335.04	I	8	10	0.015
	616.84	I	15	17	0.025		335.37	I	8	8	0.0058
	625.91	I	17	19	0.0085		345.71	I	8	8	0.0084
	657.94	I	17	15	0.0075		346.79	I	8	8	0.010
	386.29	I	13	13	2.5		358.93	I	8	6	0.0069
Er	400.80	I	13	15	2.6		459.40	I	8	10	1.4
	415.11	I	13	11	1.8		462.72	I	8	8	1.3
	237.29	I	8	6	0.19		466.19	I	8	6	1.3
	237.53	I	8	8	0.20		564.58	I	8	6	0.0054
	237.97	I	8	10	0.20		576.52	I	8	8	0.011
	261.93	I	8	10	0.0070		601.82	I	8	10	0.0085
	264.38	I	8	8	0.0066		629.13	I	8	6	0.0018
	265.94	I	8	10	0.012		686.45	I	8	10	0.0058
	268.26	I	8	6	0.012		710.65	I	8	8	0.0026
	271.00	I	8	10	0.14		623.97	I	6	4	0.25
	272.40	I	8	8	0.12		634.85	I	4	4	0.18
	273.14	I	8	8	0.031		641.37	I	2	4	0.11
	273.26	I	8	6	0.037		670.83	I	6	4	0.014
Eu	273.53	I	8	10	0.047		677.40	I	6	6	0.10
	273.86	I	8	10	0.013		679.55	I	4	2	0.052
	274.33	I	8	6	0.11		683.43	I	4	4	0.21
	274.56	I	8	6	0.050	F	685.60	I	6	8	0.42
	274.78	I	8	8	0.052		687.02	I	2	2	0.38
	277.29	I	8	6	0.010		690.25	I	4	6	0.32
	287.89	I	8	10	0.028		690.98	I	2	4	0.22
	289.25	I	8	8	0.10		696.64	I	4	2	0.11
	289.30	I	8	6	0.10		703.75	I	4	4	0.30
	290.90	I	8	10	0.069		712.79	I	2	2	0.38
	295.89	I	8	6	0.016		730.90	I	6	8	0.47
	305.90	I	8	8	0.038		731.10	I	4	2	0.39

续表

元素	谱线波长[①] λ/nm		统计权重		跃迁概率 A/10⁸s⁻¹	元素	谱线波长[①] λ/nm		统计权重		跃迁概率 A/10⁸s⁻¹
			g_i	g_j					g_i	g_j	
F	731.43	I	4	6	0.48		232.036	I	7	9	0.12
	733.20	I	6	4	0.31		237.143	I	5	5	0.052
	739.87	I	6	6	0.31		237.362	I	7	7	0.067
	742.57	I	4	2	0.34		237.452	I	1	3	0.29
	748.27	I	4	4	0.056		238.183	I	3	5	0.054
	748.92	I	2	2	0.11		238.997	I	5	7	0.050
	751.49	I	2	2	0.052		246.218	I	7	5	0.15
	755.22	I	4	6	0.078		246.265	I	9	9	0.58
	757.34	I	2	4	0.10		247.978	I	5	5	1.8
	760.72	I	4	4	0.070		248.327	I	9	11	4.9
	775.47	I	4	6	0.30		248.814	I	7	9	4.7
	780.02	I	2	4	0.21		249.064	I	5	7	3.8
Fe	193.454	I	9	7	0.25		249.115	I	3	5	3.0
	193.727	I	9	7	0.22		250.113	I	9	7	0.68
	194.066	I	7	5	0.26		251.083	I	7	5	1.3
	208.412	I	9	7	0.37		251.810	I	5	3	1.9
	210.235	I	7	7	0.088		252.285	I	9	9	2.9
	211.297	I	1	3	0.19		252.429	I	3	1	3.4
	213.202	I	9	9	0.076		252.743	I	7	7	1.9
	214.519	I	7	7	0.057		252.913	I	5	5	0.98
	215.301	I	5	5	0.069		253.561	I	1	3	0.97
	216.158	I	3	5	0.050	Fe	254.097	I	3	5	0.92
	216.677	I	9	7	2.7		254.598	I	5	7	0.67
	217.130	I	5	7	0.051		254.961	I	7	9	0.36
	217.321	I	3	5	0.083		258.454	I	11	13	0.46
	217.684	I	1	3	0.10		260.683	I	9	11	0.42
	219.120	I	1	3	0.073		261.802	I	7	7	0.40
	219.184	I	5	5	1.2		262.353	I	7	9	0.33
Fe	219.604	I	3	3	1.2		265.615	I	13	15	0.28
	220.072	I	3	5	0.28		266.949	I	11	13	0.17
	225.951	I	9	11	0.070		267.906	I	11	11	0.19
	226.708	I	7	5	0.071		271.903	I	9	7	1.4
	227.207	I	7	9	0.038		272.090	I	7	5	1.1
	227.603	I	9	7	0.17		272.358	I	5	3	0.64
	227.711	I	7	5	37		273.358	I	11	9	0.86
	228.725	I	5	3	0.34		273.548	I	9	7	0.62
	229.252	I	7	9	0.043		273.731	I	3	3	0.85
	229.441	I	3	1	0.61		274.241	I	5	5	0.63
	230.014	I	5	7	0.080		274.407	I	1	3	0.35
	230.168	I	1	3	0.13		275.014	I	7	7	0.39
	230.342	I	1	3	0.094		275.633	I	3	5	0.20
	230.358	I	3	5	0.076		278.810	I	11	13	0.63
	230.900	I	3	5	0.15		289.450	I	5	5	0.62
	231.310	I	5	7	0.14		289.942	I	5	3	0.59

第一篇

续表

元素	谱线波长① λ/nm		统计权重 g_i	g_j	跃迁概率 $A/10^8s^{-1}$	元素	谱线波长① λ/nm		统计权重 g_i	g_j	跃迁概率 $A/10^8s^{-1}$
	292.069	I	5	5	0.052		306.724	I	9	7	0.34
	292.329	I	11	11	1.6		306.817	I	5	3	0.098
	292.536	I	7	9	0.18		307.572	I	7	5	0.29
	292.901	I	7	5	0.073		308.374	I	5	3	0.30
	293.690	I	9	9	0.13		309.158	I	3	1	0.54
	294.134	I	5	3	0.056		309.819	I	11	11	0.11
	294.788	I	7	7	0.20		310.067	I	7	7	0.14
	295.394	I	5	5	0.189		311.949	I	11	9	0.082
	295.465	I	5	7	0.10		312.043	I	9	7	0.089
	295.736	I	3	3	0.177		315.627	I	7	7	0.54
	296.525	I	1	3	0.116		316.066	I	9	9	0.19
	296.690	I	9	11	0.272		316.195	I	11	13	0.12
	296.936	I	3	1	0.0366		316.644	I	9	7	0.114
	297.313	I	5	7	0.135		316.885	I	5	7	0.057
	297.324	I	7	9	0.183		317.545	I	11	11	0.13
	298.053	I	7	7	0.22		317.636	I	5	3	0.092
	298.145	I	7	5	0.0654		319.693	I	9	11	0.90
	298.357	I	9	7	0.280		319.953	I	9	9	0.26
	298.729	I	9	7	0.066		320.540	I	3	3	1.2
	299.039	I	9	11	0.39		321.594	I	5	5	0.80
	299.443	I	7	5	0.44		321.738	I	11	9	0.22
Fe	299.639	I	3	5	0.16	Fe	321.958	I	7	9	0.62
	299.951	I	11	11	0.23		322.207	I	11	11	0.33
	300.095	I	5	3	0.642		322.579	I	11	13	0.88
	300.814	I	3	1	1.07		322.780	I	9	7	1.4
	300.909	I	13	11	0.067		322.825	I	5	3	0.45
	300.957	I	9	9	0.17		322.999	I	9	11	0.45
	301.148	I	7	9	0.47		323.021	I	5	5	0.19
	301.592	I	11	9	0.059		323.096	I	7	5	0.39
	301.618	I	5	3	0.085		323.305	I	13	15	0.54
	301.763	I	3	3	0.0682		323.397	I	9	9	0.20
	301.898	I	7	7	0.13		324.696	I	5	3	0.099
	302.107	I	7	7	0.456		324.820	I	7	7	0.22
	302.403	I	3	5	0.0488		325.360	I	7	9	0.18
	302.584	I	1	3	0.348		325.436	I	11	13	0.51
	302.646	I	5	5	0.11		325.759	I	7	5	0.14
	303.163	I	3	3	0.15		326.562	I	7	5	0.38
	303.739	I	3	5	0.32		326.823	I	3	3	0.059
	304.202	I	3	5	0.049		327.100	I	5	3	0.66
	304.266	I	5	7	0.057		328.026	I	9	11	0.54
	304.760	I	5	7	0.284		328.289	I	3	5	0.30
	305.307	I	3	5	0.15		328.459	I	5	5	0.054
	305.745	I	11	9	0.44		329.099	I	3	5	0.060
	305.909	I	7	9	0.17		329.202	I	7	9	0.61

续表

元素	谱线波长[①] λ/nm		统计权重 g_i	统计权重 g_j	跃迁概率 $A/10^8s^{-1}$	元素	谱线波长[①] λ/nm		统计权重 g_i	统计权重 g_j	跃迁概率 $A/10^8s^{-1}$
	329.259	I	3	3	0.26		350.507	I	5	3	0.099
	329.813	I	3	5	0.081		350.650	I	5	5	0.071
	330.597	I	5	7	0.47		350.849	I	9	11	0.057
	330.636	I	3	5	0.61		351.044	I	1	3	0.044
	330.723	I	13	13	0.20		351.656	I	7	5	0.037
	331.474	I	5	7	0.69		352.184	I	3	5	0.096
	332.247	I	9	11	0.062		352.331	I	5	3	0.076
	332.374	I	5	5	0.30		352.408	I	7	5	0.075
	332.887	I	11	11	0.27		352.424	I	5	7	0.042
	333.766	I	11	9	0.057		352.779	I	9	9	0.20
	334.793	I	5	5	0.040		352.982	I	3	3	0.76
	335.406	I	1	3	0.077		353.656	I	5	7	0.78
	335.523	I	9	9	0.32		353.773	I	5	3	0.11
	336.955	I	9	9	0.24		353.790	I	11	11	0.084
	337.078	I	11	11	0.33		354.012	I	7	9	0.12
	338.011	I	7	7	0.24		354.108	I	9	11	0.62
	338.398	I	7	7	0.093		354.208	I	7	9	0.74
	339.265	I	7	7	0.26		354.367	I	3	5	0.18
	339.458	I	5	3	0.099		354.802	I	5	3	0.097
	339.933	I	5	5	0.38		355.211	I	3	5	0.045
	340.226	I	13	13	0.28		355.283	I	5	5	0.15
	340.644	I	3	5	0.30		355.374	I	11	9	0.81
Fe	340.746	I	7	9	0.58	Fe	355.688	I	9	11	0.44
	341.017	I	3	5	0.47		355.950	I	3	3	0.19
	341.135	I	9	9	0.055		356.070	I	7	9	0.065
	341.313	I	5	7	0.36		356.538	I	7	9	0.38
	341.784	I	3	3	0.51		356.703	I	5	7	0.065
	341.851	I	3	1	1.3		356.842	I	5	3	0.053
	342.428	I	7	7	0.20		356.882	I	7	9	0.056
	342.501	I	9	7	0.28		357.010	I	9	11	0.677
	342.712	I	7	9	0.55		357.200	I	11	11	0.24
	342.819	I	5	5	0.21		357.339	I	5	7	0.075
	342.875	I	7	5	0.27		357.676	I	11	9	0.096
	344.099	I	7	5	0.084		357.838	I	1	3	0.063
	344.236	I	5	5	0.0455		358.119	I	11	13	1.02
	344.388	I	5	3	0.062		358.220	I	13	11	0.25
	344.515	I	5	7	0.28		358.333	I	1	3	0.23
	344.728	I	5	5	0.091		358.532	I	7	7	0.13
	345.033	I	3	3	0.20		358.571	I	9	9	0.0375
	347.670	I	1	3	0.054		358.698	I	5	5	0.16
	347.785	I	3	1	0.042		359.148	I	1	3	0.060
	348.534	I	5	3	0.14		359.267	I	7	5	0.040
	349.529	I	9	7	0.0946		359.463	I	9	9	0.27
	349.710	I	7	7	0.14		359.530	I	5	5	0.054

续表

元素	谱线波长① λ/nm		统计权重 g_i	g_j	跃迁概率 $A/10^8 \text{s}^{-1}$	元素	谱线波长① λ/nm		统计权重 g_i	g_j	跃迁概率 $A/10^8 \text{s}^{-1}$
Fe	359.702	I	5	3	0.17	Fe	368.411	I	9	7	0.34
	359.962	I	11	9	0.18		368.600	I	9	11	0.26
	360.320	I	11	11	0.26		368.626	I	3	1	0.12
	360.382	I	3	3	0.17		368.746	I	11	9	0.0801
	360.545	I	9	9	0.64		368.848	I	7	9	0.069
	360.668	I	11	13	0.82		369.073	I	11	11	0.27
	360.886	I	3	5	0.814		369.401	I	5	7	0.68
	361.016	I	13	13	0.48		369.743	I	7	7	0.21
	361.070	I	5	3	0.071		369.860	I	5	7	0.038
	361.207	I	11	13	0.075		369.915	I	5	7	0.045
	361.345	I	7	7	0.067		370.109	I	7	9	0.48
	361.519	I	3	3	0.058		370.203	I	3	1	0.35
	361.779	I	5	7	0.65		370.369	I	9	11	0.053
	361.877	I	5	7	0.73		370.382	I	1	3	0.12
	362.146	I	9	11	0.51		370.446	I	11	9	0.13
	362.200	I	7	7	0.51		370.925	I	9	7	0.156
	362.319	I	13	13	0.074		371.141	I	3	5	0.073
	362.406	I	5	3	0.054		371.841	I	7	7	0.053
	363.035	I	9	7	0.076		371.993	I	9	11	0.162
	363.146	I	7	9	0.517		372.256	I	5	5	0.0497
	363.204	I	3	5	0.48		372.438	I	5	7	0.13
	363.255	I	11	9	0.052		372.693	I	5	5	0.46
	363.519	I	5	3	0.14		372.709	I	9	7	0.20
	363.786	I	9	9	0.055		372.762	I	7	5	0.225
	363.830	I	7	9	0.26		373.039	I	9	11	0.13
	364.039	I	9	11	0.38		373.095	I	5	7	0.038
	364.480	I	7	5	0.078		373.240	I	5	5	0.28
	364.582	I	1	3	0.57		373.332	I	3	3	0.062
	364.784	I	9	11	0.292		373.486	I	11	11	0.902
	364.951	I	11	9	0.42		373.532	I	9	9	0.24
	365.003	I	7	7	0.099		373.713	I	7	9	0.142
	365.147	I	7	9	0.62		373.831	I	11	13	0.38
	365.546	I	5	5	0.10		374.024	I	7	9	0.14
	365.952	I	9	9	0.058		374.262	I	9	9	0.10
	366.725	I	9	7	0.14		374.336	I	5	3	0.260
	366.915	I	9	7	0.074		374.410	I	5	3	0.36
	366.952	I	9	7	0.30		374.556	I	5	7	0.115
	367.009	I	11	13	0.076		374.590	I	1	3	0.0733
	367.477	I	5	3	0.067		374.693	I	7	7	0.22
	367.631	I	9	11	0.0463		374.826	I	3	5	0.0915
	367.731	I	5	7	0.31		374.948	I	9	9	0.764
	367.763	I	7	5	0.80		375.361	I	7	5	0.093
	367.886	I	3	5	0.041		375.694	I	11	11	0.24
	368.224	I	5	5	1.7		375.745	I	5	3	0.12

续表

元素	谱线波长① λ/nm		统计权重 g_i	统计权重 g_j	跃迁概率 $A/10^8\text{s}^{-1}$	元素	谱线波长① λ/nm		统计权重 g_i	统计权重 g_j	跃迁概率 $A/10^8\text{s}^{-1}$
	375.823	I	7	7	0.634		383.961	I	3	5	0.39
	376.005	I	13	15	0.0447		384.044	I	5	3	0.470
	376.053	I	3	5	0.048		384.105	I	5	3	1.3
	376.379	I	5	5	0.544		384.326	I	9	7	0.47
	376.554	I	13	15	0.98		384.517	I	3	3	0.068
	376.667	I	5	3	0.097		384.569	I	5	7	0.049
	376.719	I	3	3	0.640		384.600	I	9	7	0.043
	376.803	I	3	1	0.084		384.641	I	11	9	0.19
	377.482	I	3	3	0.047		384.680	I	7	7	0.66
	377.851	I	7	5	0.12		384.996	I	3	1	0.606
	378.194	I	5	7	0.037		385.637	I	7	5	0.0464
	378.595	I	11	13	0.042		385.921	I	13	11	0.085
	378.619	I	5	5	0.12		385.991	I	9	9	0.0970
	378.716	I	5	5	0.10		386.552	I	3	3	0.155
	378.788	I	3	5	0.129		386.722	I	5	5	0.34
	378.982	I	9	7	0.039		387.175	I	11	11	0.067
	379.173	I	5	3	0.063		387.250	I	5	5	0.105
	379.387	I	3	3	0.074		387.376	I	11	9	0.080
	379.434	I	9	11	0.038		387.802	I	7	7	0.0772
	379.500	I	5	7	0.115		387.857	I	5	3	0.066
	379.955	I	7	9	0.0732		388.328	I	7	7	0.16
Fe	380.168	I	5	7	0.066	Fe	388.436	I	11	9	0.035
	380.200	I	11	13	0.035		388.551	I	3	5	0.058
	380.228	I	5	5	0.050		388.628	I	7	7	0.0530
	380.401	I	11	9	0.047		388.705	I	9	9	0.0352
	380.535	I	9	11	0.98		388.851	I	5	5	0.26
	380.622	I	3	3	0.23		388.882	I	5	3	0.27
	380.670	I	11	11	0.54		389.193	I	3	3	0.40
	380.754	I	3	5	0.080		389.339	I	11	11	0.13
	380.873	I	9	9	0.0354		389.566	I	3	1	0.0940
	381.076	I	5	3	0.20		390.052	I	7	7	0.075
	381.388	I	13	11	0.087		390.295	I	7	7	0.214
	381.584	I	9	7	1.3		390.390	I	9	9	0.096
	381.764	I	11	11	0.083		390.675	I	5	7	0.067
	381.950	I	7	5	0.046		390.793	I	7	5	0.067
	382.043	I	11	9	0.668		390.966	I	3	5	0.053
	382.118	I	11	13	0.70		390.983	I	3	3	0.065
	382.183	I	5	5	0.078		391.427	I	3	3	0.054
	382.588	I	9	7	0.598		391.673	I	13	11	0.12
	382.782	I	7	5	1.05		391.907	I	9	9	0.039
	383.331	I	9	9	0.0469		392.520	I	1	3	0.057
	383.422	I	7	5	0.453		393.112	I	5	7	0.045
	383.633	I	5	5	0.37		394.128	I	5	5	0.084
	383.926	I	9	9	0.28		394.244	I	3	5	0.090

元素	谱线波长[①] λ/nm		统计权重 g_i	g_j	跃迁概率 $A/10^8s^{-1}$	元素	谱线波长[①] λ/nm		统计权重 g_i	g_j	跃迁概率 $A/10^8s^{-1}$
	394.699	I	9	11	0.044		406.244	I	3	3	0.22
	394.877	I	11	9	0.22		406.359	I	7	7	0.68
	394.914	I	3	3	0.039		406.540	I	3	1	0.19
	394.995	I	7	5	0.059		406.798	I	9	9	0.17
	395.116	I	3	5	0.36		407.077	I	7	5	0.13
	395.260	I	11	11	0.041		407.174	I	5	5	0.765
	395.315	I	7	9	0.037		407.376	I	5	3	0.16
	395.534	I	3	3	0.14		407.479	I	9	9	0.048
	395.596	I	3	3	0.057		407.663	I	9	9	0.19
	395.645	I	13	11	0.21		407.835	I	5	3	0.042
	395.702	I	5	7	0.16		407.918	I	5	5	0.051
	396.028	I	5	7	0.042		407.984	I	1	3	0.063
	396.310	I	3	5	0.17		408.021	I	3	1	0.24
	396.742	I	9	7	0.23		408.244	I	3	3	0.038
	396.796	I	7	9	0.063		408.449	I	11	9	0.11
	396.926	I	9	7	0.23		408.500	I	3	5	0.042
	397.039	I	3	1	0.35		408.530	I	7	7	0.11
	397.132	I	11	9	0.057		408.598	I	7	5	0.050
	397.365	I	5	7	0.066		408.857	I	5	3	0.039
	397.661	I	3	5	0.18		409.818	I	7	7	0.068
	397.774	I	5	5	0.070		410.749	I	5	3	0.25
Fe	398.177	I	9	9	0.039	Fe	410.907	I	1	3	0.045
	398.396	I	9	7	0.076		410.980	I	3	3	0.16
	398.539	I	5	5	0.067		411.296	I	11	13	0.14
	398.986	I	5	7	0.050		411.445	I	5	5	0.047
	399.697	I	9	9	0.067		411.854	I	11	13	0.58
	399.739	I	9	11	0.15		412.618	I	11	11	0.039
	399.805	I	11	9	0.066		412.761	I	1	3	0.13
	400.376	I	3	3	0.071		413.206	I	5	7	0.12
	400.524	I	7	5	0.204		413.290	I	3	5	0.094
	400.631	I	11	9	0.047		413.468	I	5	7	0.18
	400.727	I	7	5	0.042		413.700	I	3	5	0.22
	400.971	I	3	5	0.052		413.742	I	5	7	0.061
	401.453	I	11	11	0.24		414.263	I	3	5	0.074
	401.715	I	9	11	0.045		414.387	I	7	9	0.15
	402.187	I	7	9	0.10		414.937	I	11	13	0.036
	402.472	I	7	9	0.089		415.025	I	3	3	0.071
	403.196	I	3	5	0.071		415.390	I	7	9	0.23
	404.064	I	5	7	0.044		415.480	I	9	11	0.15
	404.461	I	5	3	0.11		415.680	I	5	5	0.19
	404.581	I	9	9	0.863		415.879	I	3	5	0.16
	405.487	I	5	3	0.16		417.090	I	5	5	0.061
	405.822	I	9	7	0.049		417.212	I	7	5	0.097
	405.973	I	5	3	0.081		417.564	I	3	5	0.16

续表

元素	谱线波长[①] λ/nm		统计权重		跃迁概率 $A/10^8s^{-1}$	元素	谱线波长[①] λ/nm		统计权重		跃迁概率 $A/10^8s^{-1}$
			g_i	g_j					g_i	g_j	
	418.175	I	5	7	0.36		430.545	I	5	3	0.060
	418.238	I	5	5	0.049		430.790	I	7	9	0.34
	418.489	I	5	5	0.11		431.508	I	5	5	0.077
	418.704	I	7	5	0.215		432.576	I	5	7	0.50
	418.779	I	9	7	0.152		432.709	I	5	5	0.078
	419.168	I	1	3	0.048		435.273	I	3	5	0.039
	419.621	I	7	7	0.098		436.977	I	9	9	0.072
	419.830	I	11	9	0.0803		438.354	I	9	11	0.500
	419.864	I	5	5	0.13		438.789	I	3	3	0.039
	419.909	I	9	11	0.61		438.841	I	7	7	0.13
	420.009	I	7	7	0.040		440.129	I	7	7	0.059
	420.092	I	7	9	0.042		440.475	I	7	9	0.275
	420.203	I	9	9	0.0822		441.512	I	5	7	0.119
	420.367	I	7	9	0.086		442.257	I	3	3	0.088
	420.394	I	13	13	0.13		443.061	I	3	1	0.0745
	420.554	I	5	5	0.036		443.322	I	5	3	0.23
	420.713	I	5	3	0.043		443.834	I	3	1	0.079
	421.034	I	3	3	0.17		444.234	I	5	5	0.0376
	421.365	I	3	1	0.19		444.319	I	1	3	0.11
	421.755	I	3	5	0.23		444.683	I	3	3	0.053
	421.936	I	11	13	0.38		444.772	I	3	3	0.0511
Fe	422.034	I	3	1	0.19	Fe	445.438	I	5	5	0.038
	422.221	I	7	7	0.0577		445.503	I	9	7	0.039
	422.417	I	9	11	0.13		446.655	I	5	7	0.12
	422.451	I	3	5	0.071		446.937	I	5	7	0.26
	422.545	I	5	7	0.17		448.161	I	3	3	0.042
	422.642	I	3	3	0.037		448.422	I	7	9	0.070
	423.360	I	3	5	0.185		448.567	I	3	3	0.11
	423.594	I	9	9	0.188		452.861	I	7	9	0.0544
	423.881	I	7	9	0.22		453.313	I	3	1	0.037
	424.037	I	5	3	0.057		454.785	I	5	7	0.076
	424.526	I	1	3	0.083		461.929	I	7	5	0.047
	424.608	I	7	5	0.057		466.917	I	5	3	0.040
	424.743	I	9	11	0.20		467.316	I	5	7	0.046
	424.822	I	3	5	0.035		467.885	I	7	9	0.074
	425.012	I	5	7	0.208		470.495	I	3	1	0.081
	425.079	I	7	7	0.10		473.677	I	9	11	0.049
	426.047	I	11	11	0.32		478.965	I	5	5	0.072
	426.783	I	1	3	0.094		485.974	I	5	3	0.13
	426.875	I	5	3	0.042		487.132	I	7	5	0.22
	427.115	I	7	9	0.182		487.214	I	7	5	0.24
	427.176	I	9	11	0.228		487.821	I	1	3	0.091
	428.240	I	7	5	0.11		489.075	I	5	5	0.21
	430.083	I	5	5	0.047		489.149	I	9	7	0.29

元素	谱线波长[①] λ/nm		统计权重 g_i	统计权重 g_j	跃迁概率 $A/10^8 s^{-1}$	元素	谱线波长[①] λ/nm		统计权重 g_i	统计权重 g_j	跃迁概率 $A/10^8 s^{-1}$
	489.287	I	3	3	0.048		541.520	I	11	13	0.56
	490.331	I	3	5	0.047		542.407	I	13	15	0.50
	491.723	I	5	3	0.061		543.295	I	5	5	0.041
	491.801	I	1	3	0.040		544.504	I	11	11	0.20
	491.899	I	7	7	0.17		546.327	I	9	9	0.32
	492.050	I	11	9	0.35		546.639	I	9	7	0.075
	493.031	I	3	3	0.041		547.390	I	7	7	0.055
	496.992	I	3	3	0.18		548.087	I	3	1	0.12
	497.310	I	3	3	0.10		548.774	I	7	5	0.086
	497.860	I	5	3	0.11		555.489	I	9	9	0.087
	498.895	I	7	7	0.049		556.962	I	5	3	0.21
	499.127	I	5	7	0.082		557.284	I	7	5	0.21
	500.186	I	9	7	0.39		557.609	I	3	1	0.21
	500.404	I	5	3	0.035		558.676	I	9	7	0.19
	501.494	I	7	5	0.30		559.830	I	5	5	0.18
	502.224	I	5	3	0.26		561.564	I	11	9	0.17
	507.475	I	9	11	0.15		562.454	I	5	5	0.053
	509.078	I	7	5	0.20		563.397	I	11	13	0.087
	510.965	I	3	5	0.054		563.827	I	9	7	0.040
	512.164	I	5	5	0.079	Fe	565.001	I	3	5	0.050
	512.511	I	9	7	0.26		565.518	I	7	9	0.053
Fe	513.369	I	11	13	0.27		565.882	I	7	7	0.036
	513.738	I	11	9	0.11		567.902	I	5	7	0.036
	515.906	I	5	3	0.13		568.653	I	9	11	0.044
	516.227	I	11	11	0.24		569.151	I	3	1	0.062
	518.426	I	5	7	0.035		570.599	I	7	9	0.067
	520.859	I	7	5	0.052		571.785	I	1	3	0.050
	523.294	I	9	11	0.14		575.312	I	3	5	0.070
	526.330	I	5	5	0.052		576.299	I	5	7	0.10
	526.655	I	7	9	0.086		581.636	I	9	11	0.037
	528.362	I	7	7	0.080		590.567	I	5	3	0.12
	530.230	I	3	5	0.063		592.780	I	5	3	0.051
	532.418	I	9	9	0.15		593.017	I	5	7	0.16
	533.993	I	5	7	0.070		602.017	I	7	9	0.11
	535.339	I	9	7	0.048		602.407	I	9	11	0.13
	536.487	I	5	7	0.55		605.599	I	7	9	0.070
	536.747	I	7	9	0.58		617.049	I	5	5	0.13
	536.996	I	9	11	0.47		633.684	I	3	3	0.049
	537.371	I	7	9	0.035		633.890	I	5	3	0.048
	538.337	I	11	13	0.56		640.000	I	7	9	0.055
	538.948	I	7	7	0.13		641.165	I	5	7	0.035
	539.829	I	5	5	0.098		641.998	I	7	7	0.13
	540.050	I	9	9	0.18		646.921	I	3	3	0.090
	541.091	I	7	9	0.48		649.578	I	3	3	0.060

续表

元素	谱线波长[①] λ/nm		统计权重 g_i	g_j	跃迁概率 $A/10^8\text{s}^{-1}$	元素	谱线波长[①] λ/nm		统计权重 g_i	g_j	跃迁概率 $A/10^8\text{s}^{-1}$
	649.646	I	5	5	0.085		238.837	II	10	12	0.22
	656.923	I	7	9	0.065		238.863	II	8	8	1.0
	663.376	I	7	7	0.036		239.010	II	14	16	5.5
	673.316	I	3	1	0.039		239.077	II	6	6	0.93
	684.135	I	5	7	0.036		239.542	II	6	4	0.33
	713.094	I	3	5	0.043		239.562	II	8	10	2.5
	114.494	II	10	12	4.8		239.924	II	6	6	1.4
	163.540	II	8	6	2.4		240.006	II	12	14	5.2
	164.176	II	6	4	1.8		240.129	II	6	8	2.5
	164.716	II	6	6	0.52		240.443	II	4	2	0.71
	220.841	II	10	10	1.8		240.489	II	6	8	1.7
	221.366	II	14	14	0.44		240.666	II	4	4	1.6
	221.827	II	8	10	1.9		241.052	II	4	6	1.5
	232.740	II	6	4	0.59		241.107	II	2	2	2.4
	233.131	II	10	8	0.29		241.331	II	2	4	1.1
	233.280	II	8	6	1.5		241.645	II	8	10	1.6
	233.801	II	4	4	1.1		241.844	II	6	8	1.6
	234.349	II	10	8	1.7		242.321	II	4	6	1.4
	234.396	II	8	6	0.29		242.836	II	8	10	2.7
	234.428	II	2	4	0.82		243.287	II	14	14	3.2
	234.811	II	10	8	0.51		243.406	II	8	6	0.70
	234.830	II	6	6	1.2		243.424	II	8	10	2.0
Fe	235.167	II	6	6	1.7	Fe	243.473	II	12	12	3.2
	235.231	II	2	4	4.2		243.930	II	12	14	2.8
	235.368	II	8	8	1.3		244.511	II	12	12	1.9
	235.489	II	6	4	0.24		244.580	II	4	6	1.5
	236.000	II	10	10	0.24		244.647	II	12	14	0.29
	236.029	II	8	6	0.59		244.720	II	6	6	1.2
	236.202	II	8	8	0.13		245.398	II	8	10	0.73
	236.386	II	8	10	5.1		245.571	II	8	8	1.0
	236.483	II	8	8	0.61		245.878	II	10	12	2.7
	236.577	II	6	6	2.1		245.897	II	6	4	2.0
	236.659	II	6	6	0.099		246.044	II	10	12	5.3
	236.860	II	6	4	0.59		246.128	II	6	8	2.6
	236.995	II	10	12	5.7		246.186	II	8	10	2.6
	237.050	II	4	4	0.14		246.652	II	2	4	2.1
	237.374	II	10	10	0.33		246.951	II	8	6	2.8
	237.519	II	4	2	0.98		247.261	II	8	10	3.7
	237.927	II	8	8	0.15		247.512	II	4	6	3.9
	238.076	II	6	8	0.31		247.554	II	6	8	3.5
	238.204	II	10	12	3.8		248.105	II	12	12	0.19
	238.290	II	12	14	0.22		248.444	II	8	8	2.3
	238.325	II	6	6	0.34		249.234	II	10	12	0.16
	238.439	II	4	4	0.23		249.326	II	14	16	3.4

元素	谱线波长[①] λ/nm		统计权重 g_i	g_j	跃迁概率 $A/10^8 s^{-1}$	元素	谱线波长[①] λ/nm		统计权重 g_i	g_j	跃迁概率 $A/10^8 s^{-1}$
	250.131	II	2	2	1.4		256.254	II	8	6	1.5
	250.387	II	10	10	2.4		256.348	II	6	4	1.3
	250.834	II	8	10	2.7		256.622	II	8	10	2.5
	253.363	II	12	12	1.3		256.640	II	8	6	2.1
	253.442	II	8	8	1.2		256.691	II	4	2	1.1
	253.536	II	6	4	3.3		256.841	II	2	4	0.44
	253.549	II	10	8	0.54		256.978	II	2	4	1.2
	253.667	II	12	12	0.40		257.053	II	6	8	1.2
	253.714	II	10	10	1.4		257.085	II	8	6	1.7
	253.820	II	14	12	1.2		257.321	II	8	10	0.14
	253.850	II	8	6	0.33		257.436	II	6	4	1.6
	253.880	II	12	10	0.82		257.686	II	10	12	1.1
	253.891	II	10	8	0.78		257.792	II	2	2	1.3
	253.899	II	14	12	1.2		258.241	II	6	8	0.24
	254.052	II	2	2	1.5		258.258	II	4	4	0.77
	254.110	II	8	6	0.73		258.563	II	10	10	0.36
	254.184	II	8	6	0.77		258.588	II	10	8	0.81
	254.273	II	2	2	1.9		258.795	II	8	10	1.4
	254.338	II	10	12	0.44		258.818	II	2	2	0.16
	254.343	II	6	4	0.71		259.055	II	4	6	0.091
	254.497	II	4	6	0.40		259.154	II	6	6	0.51
	254.522	II	8	10	0.33		259.278	II	14	16	2.1
Fe	254.544	II	8	10	0.14	Fe	259.372	II	2	4	0.13
	254.667	II	8	8	0.62		259.496	II	8	8	0.10
	254.734	II	8	8	0.20		259.837	II	8	6	1.3
	254.833	II	4	6	0.20		259.940	II	10	10	2.2
	254.859	II	10	10	0.19		260.405	II	8	8	0.11
	254.874	II	4	2	1.7		260.504	II	6	8	2.1
	254.892	II	12	10	0.48		260.534	II	4	4	1.6
	254.908	II	10	8	1.5		260.542	II	6	6	0.26
	254.940	II	4	4	1.3		260.590	II	4	2	1.2
	254.946	II	6	6	0.80		260.651	II	6	6	1.8
	254.977	II	8	6	0.25		260.709	II	6	4	1.7
	255.003	II	10	10	1.2		260.913	II	8	10	0.30
	255.015	II	8	10	0.40		260.987	II	8	8	0.18
	255.068	II	12	12	0.89		261.187	II	8	8	1.1
	255.121	II	10	8	0.32		261.382	II	4	2	2.0
	255.507	II	6	8	0.18		261.762	II	6	6	0.44
	255.545	II	4	6	0.25		261.907	II	10	10	0.27
	255.751	II	10	8	0.13		262.017	II	6	6	0.13
	255.977	II	6	8	0.24		262.070	II	8	8	0.33
	255.992	II	6	8	0.24		262.167	II	2	2	0.49
	256.028	II	4	4	1.5		262.311	II	14	14	0.11
	256.209	II	4	2	1.5		262.373	II	6	6	0.22

续表

元素	谱线波长[①] λ/nm		统计权重 g_i	g_j	跃迁概率 $A/10^8 s^{-1}$	元素	谱线波长[①] λ/nm		统计权重 g_i	g_j	跃迁概率 $A/10^8 s^{-1}$
	262.567	II	8	10	0.34		272.488	II	6	6	0.97
	262.650	II	4	6	0.34		272.738	II	12	10	0.32
	262.829	II	2	4	0.86		272.754	II	6	4	0.85
	262.959	II	6	8	0.62		272.891	II	8	10	0.088
	263.007	II	4	6	0.57		273.073	II	4	4	0.25
	263.105	II	4	6	0.77		273.294	II	8	6	0.78
	263.132	II	6	8	0.60		273.955	II	8	8	1.9
	263.161	II	10	12	0.53		274.140	II	6	6	0.17
	263.320	II	6	4	1.7		274.320	II	2	4	1.8
	263.669	II	4	4	0.12		274.648	II	4	6	1.9
	263.750	II	6	6	0.52		274.698	II	4	6	1.6
	263.764	II	2	4	0.83		274.918	II	4	4	1.1
	263.956	II	2	2	1.1		274.932	II	6	8	2.1
	264.201	II	6	6	0.36		274.949	II	2	2	1.1
	264.947	II	6	8	1.8		275.329	II	10	12	1.2
	265.048	II	6	8	1.6		275.491	II	8	6	0.84
	265.463	II	4	4	0.77		275.573	II	8	10	2.1
	265.825	II	8	8	0.32		276.181	II	2	4	0.11
	266.256	II	2	2	0.96		276.234	II	6	6	0.37
	266.466	II	8	10	1.5		276.366	II	14	12	1.3
	266.664	II	6	8	1.7		276.513	II	10	8	1.2
Fe	266.722	II	4	6	0.92	Fe	276.750	II	12	14	1.9
	266.993	II	2	4	0.47		276.936	II	12	14	0.16
	267.140	II	2	4	0.56		277.469	II	2	4	0.24
	268.251	II	8	10	0.70		277.691	II	8	8	0.30
	268.300	II	4	6	0.64		277.930	II	10	8	0.76
	268.475	II	8	10	1.4		277.991	II	2	4	0.23
	269.260	II	10	12	1.2		278.004	II	2	2	0.29
	269.733	II	4	4	0.27		278.369	II	12	10	0.70
	269.746	II	4	2	1.8		278.519	II	12	10	1.0
	269.920	II	4	4	0.66		278.724	II	8	6	0.13
	270.399	II	8	8	1.2		279.389	II	10	12	0.096
	270.713	II	4	6	0.85		279.663	II	10	10	0.10
	270.905	II	4	6	0.37		279.929	II	10	8	0.11
	271.184	II	12	14	0.38		280.978	II	8	8	0.16
	271.239	II	10	12	0.13		281.709	II	6	4	0.21
	271.441	II	8	6	0.55		283.156	II	4	6	0.58
	271.622	II	6	6	1.1		283.309	II	6	6	0.27
	271.656	II	14	12	1.6		283.571	II	4	6	0.31
	271.787	II	16	14	1.4		283.822	II	4	2	0.42
	271.864	II	10	8	1.3		283.951	II	10	8	0.99
	271.930	II	6	8	0.37		283.980	II	8	10	0.41
	272.206	II	8	8	0.11		284.065	II	2	4	0.53
	272.274	II	6	8	0.78		284.076	II	10	12	0.11

元素	谱线波长[①] λ/nm		统计权重 g_i	g_j	跃迁概率 $A/10^8s^{-1}$	元素	谱线波长[①] λ/nm		统计权重 g_i	g_j	跃迁概率 $A/10^8s^{-1}$
	284.496	II	2	2	0.45		185.438	III	3	1	5.7
	284.777	II	4	4	0.33		186.520	III	7	7	6.1
	284.811	II	6	6	0.70		189.398	III	11	9	5.5
	284.832	II	6	4	1.1		189.680	III	13	11	5.0
	285.569	II	8	10	0.10		190.43	III	5	5	5.7
	285.638	II	6	8	0.27		190.758	III	15	13	5.3
	285.691	II	8	8	0.87		191.508	III	13	15	6.0
	285.717	II	6	8	0.095		192.279	III	11	13	5.5
	287.239	II	10	8	0.15	Fe	193.039	III	9	11	5.1
	287.340	II	8	10	0.34		193.151	III	9	11	5.3
	287.535	II	8	10	0.095		193.735	III	7	9	5.1
	288.371	II	12	14	0.10		194.348	III	5	7	5.0
	288.477	II	6	8	0.14		195.033	III	13	15	5.5
	289.522	II	8	10	0.080		195.101	III	11	11	5.3
	289.727	II	6	4	0.14		195.265	III	9	9	4.9
	294.440	II	4	2	0.46		195.332	III	7	7	5.1
	294.766	II	6	4	0.20		198.750	III	13	13	4.9
	294.918	II	10	8	0.20		219.54	I	2	2	0.019
	295.984	II	8	6	0.16		219.97	I	4	2	0.033
	296.463	II	2	2	0.093		221.44	I	4	6	0.012
	296.993	II	8	6	0.18		223.59	I	4	2	0.043
Fe	298.206	II	4	6	0.21		225.50	I	2	2	0.031
	298.482	II	6	6	0.36		225.92	I	4	6	0.031
	298.555	II	2	4	0.18		229.42	I	2	4	0.070
	299.730	II	6	8	0.083		229.79	I	4	2	0.058
	300.265	II	4	6	0.14		233.82	I	4	6	0.098
	303.696	II	6	6	0.16		237.13	I	2	2	0.057
	304.899	II	4	4	0.28	Ga	241.87	I	4	2	0.10
	306.223	II	12	10	0.12		245.01	I	2	4	0.28
	307.112	II	2	4	0.19		250.02	I	4	6	0.34
	307.644	II	4	6	0.28		265.99	I	2	2	0.12
	307.717	II	14	12	0.11		271.97	I	4	2	0.23
	307.868	II	6	8	0.42		287.42	I	2	4	1.2
	313.536	II	6	6	0.084		294.36	III	4	6	1.4
	315.420	II	10	10	0.15		294.42	I	4	4	0.27
	316.786	II	8	8	0.13		403.30	I	2	2	0.49
	317.754	II	8	8	0.081		417.20	I	4	2	0.92
	317.950	II	6	8	0.099		82.960	II	1	3	0.22
	524.795	II	4	6	1.7		141.44	II	1	3	18.8
	550.620	II	12	14	1.4		194.47	I	3	1	0.70
	596.171	II	10	12	0.77		195.51	I	3	3	0.28
	184.34	III	9	7	4.8	Ge	198.83	I	5	3	0.25
	184.43	III	7	5	4.9		199.89	I	5	5	0.55
	184.69	III	5	3	5.5		204.17	I	1	3	1.1

元素	谱线波长[①] λ/nm		统计权重 g_i	统计权重 g_j	跃迁概率 $A/10^8s^{-1}$	元素	谱线波长[①] λ/nm		统计权重 g_i	统计权重 g_j	跃迁概率 $A/10^8s^{-1}$
	206.52	I	3	3	0.85		375.015	I	8	288	0.0002834
	206.87	I	3	5	1.2		377.063	I	8	242	0.0004397
	208.60	I	3	5	0.40		379.790	I	8	200	0.0007122
	209.43	I	5	7	0.97		383.538	I	8	162	0.001216
	210.58	I	5	5	0.17		388.905	I	8	128	0.002215
	225.60	I	5	5	0.032		397.007	I	8	98	0.004389
	241.74	I	5	5	0.96		410.173	I	8	72	0.009732
	249.80	I	1	3	0.13		434.046	I	8	50	0.02530
	253.32	I	3	3	0.10	H	486.132	I	8	32	0.08419
	258.92	I	5	3	0.051		656.280	I	8	18	0.4410
	259.25	I	3	5	0.71		866.502	I	18	338	0.0001343
	265.12	I	5	5	2.0		875.048	I	18	288	0.0002021
	265.16	I	1	3	0.85		886.279	I	18	242	0.0003156
	269.13	I	3	3	0.61		901.491	I	18	200	0.0005156
	270.96	I	3	1	2.8		922.902	I	18	162	0.0008905
	275.46	I	5	3	1.1		954.597	I	18	128	0.001651
	303.91	I	5	3	2.8		276.38	I	3	9	0.0111
	312.48	I	5	5	0.031		282.91	I	3	9	0.017
	326.95	I	5	3	0.29		294.51	I	3	9	0.0320
Ge	422.66	I	1	3	0.21		318.77	I	3	9	0.05639
	468.58	I	1	3	0.095		335.46	I	1	3	0.0130
	101.66	II	4	6	2.1		344.76	I	1	3	0.0232
	101.71	II	4	4	0.35		355.44	I	9	15	0.0131
	105.50	II	2	2	0.69		358.73	I	9	15	0.0205
	107.51	II	4	2	1.3		361.36	I	1	3	0.0390
	123.71	II	2	4	19		363.42	I	9	15	0.0261
	126.19	II	4	6	22		370.50	I	9	15	0.0444
	126.47	II	4	4	3.5		381.96	I	9	15	0.0636
	160.25	II	2	2	3.4		383.36	I	3	5	0.00971
	164.92	II	4	2	6.5	He	386.75	I	9	3	0.025
	474.18	II	2	4	0.46		387.18	I	3	5	0.0126
	481.46	II	4	6	0.51		388.87	I	3	9	0.09478
	482.41	II	4	4	0.086		392.65	I	3	5	0.0195
	513.18	II	4	6	1.9		396.47	I	1	3	0.0719
	517.85	II	6	6	0.13		400.93	I	3	5	0.0279
	517.86	II	6	8	2.0		402.62	I	9	15	0.116
	589.34	II	2	4	0.92		412.08	I	9	3	0.0444
	602.10	II	2	2	0.84		414.38	I	3	5	0.0485
	633.64	II	2	2	0.44		438.79	I	3	5	0.0894
	648.42	II	4	2	0.85		443.76	I	3	1	0.033
	102.572	I	2	18	0.5575		447.15	I	9	15	0.246
	121.567	I	2	8	4.699		471.32	I	9	3	0.0955
H	372.194	I	8	392	0.0001303		492.19	I	3	5	0.198
	373.437	I	8	338	0.0001893		501.57	I	1	3	0.1338

续表

元素	谱线波长[①] λ/nm		统计权重 g_i	统计权重 g_j	跃迁概率 A/$10^8 s^{-1}$	元素	谱线波长[①] λ/nm		统计权重 g_i	统计权重 g_j	跃迁概率 A/$10^8 s^{-1}$
He	504.77	I	3	1	0.0675	In	410.18	I	2	2	0.56
	587.57	I	9	15	0.7053		451.13	I	4	2	1.02
	667.82	I	3	5	0.6339		294.11	II	3	1	1.4
	706.52	I	9	3	0.2786	Ir	247.512	I	10	10	0.21
	728.14	I	3	1	0.1829		250.298	I	10	12	0.32
	836.17	I	3	9	0.00334		263.971	I	10	10	0.47
	946.36	I	3	9	0.00501		266.198	I	10	10	0.25
	960.34	I	1	3	0.00610		266.479	I	10	8	0.40
	970.26	I	9	3	0.00858		269.423	I	10	12	0.48
Hg	253.652	I	1	3	0.0800		284.972	I	10	10	0.22
	265.204	I	3	5	0.388		285.331	I	10	10	0.0020
	265.513	I	3	5	0.11		288.264	I	10	8	0.072
	275.278	I	1	3	0.0610		292.479	I	10	12	0.142
	285.694	I	3	1	0.011		293.464	I	8	10	0.20
	289.360	I	3	3	0.16		295.122	I	10	8	0.028
	292.54	I	5	3	0.077		300.363	I	8	10	0.059
	296.73	I	1	3	0.45		316.888	I	8	10	0.0547
	302.150	I	5	7	0.509		322.078	I	10	8	0.24
	302.348	I	5	5	0.094		355.899	I	6	8	0.015
	302.749	I	5	5	0.020		357.372	I	8	10	0.054
	312.566	I	3	5	0.656		361.721	I	6	8	0.020
	334.148	I	5	3	0.168		362.867	I	8	8	0.028
	365.015	I	5	7	1.3		366.171	I	8	10	0.040
	365.483	I	5	5	0.18		373.477	I	8	8	0.027
	404.656	I	1	3	0.21		403.376	I	8	10	0.027
	407.781	I	3	1	0.040		406.992	I	6	8	0.036
	410.81	I	3	1	0.030		491.335	I	12	12	0.033
	433.922	I	3	5	0.0288		493.924	I	10	12	0.0025
	434.750	I	3	5	0.084	K	404.41	I	2	4	0.0124
	435.834	I	3	3	0.557		404.72	I	2	2	0.0124
	491.607	I	3	1	0.058		508.42	I	2	2	0.00350
	502.564	I	3	3	0.00027		509.92	I	4	2	0.0070
	546.075	I	5	3	0.487		532.33	I	2	2	0.0063
	576.959	I	3	5	0.236		533.97	I	4	2	0.0126
	623.44	I	1	3	0.0053		534.30	I	2	4	0.0040
	671.64	I	1	3	0.0043		535.96	I	4	6	0.0046
	690.75	I	3	5	0.028		578.24	II	2	2	0.0123
	772.88	I	1	3	0.0097		580.18	I	4	2	0.0246
I	178.28	I	4	4	2.71		581.22	I	2	4	0.0028
	183.04	I	4	6	0.16		583.19	I	4	6	0.0032
In	256.02	I	2	4	0.40		691.11	I	2	2	0.0272
	271.03	I	4	6	0.40		693.88	I	4	2	0.054
	303.94	I	2	4	1.3		766.49	I	2	4	0.387
	325.61	I	4	6	1.3		769.90	I	2	2	0.382

元素	谱线波长[①] λ/nm		统计权重 g_i	统计权重 g_j	跃迁概率 $A/10^8 s^{-1}$	元素	谱线波长[①] λ/nm		统计权重 g_i	统计权重 g_j	跃迁概率 $A/10^8 s^{-1}$
K	255.00	III	6	4	2.0	Kr	457.72	II	6	8	0.96
	263.51	III	4	4	1.2		458.30	II	6	4	0.76
	299.24	III	6	8	2.5		461.53	II	4	4	0.54
	305.21	III	4	6	1.7		461.92	II	4	6	0.81
	320.20	III	4	4	1.8		463.39	II	4	6	0.71
	328.91	III	4	6	2.0		465.89	II	6	4	0.65
	332.24	III	6	6	1.3		473.90	II	6	6	0.76
	342.18	III	2	4	1.5		476.24	II	2	4	0.42
Kr	427.40	I	5	5	0.026		476.57	II	4	6	0.67
	435.14	I	3	1	0.032		481.18	II	2	4	0.17
	436.26	I	5	3	0.0084		482.52	II	2	4	0.19
	437.61	I	3	1	0.056		483.21	II	4	2	0.73
	440.00	I	3	5	0.020		520.83	II	4	4	0.14
	441.04	I	3	3	0.0044		530.87	II	4	6	0.024
	442.52	I	3	3	0.0097		740.70	II	6	6	0.070
	445.39	I	3	5	0.0078	Li	274.12	I	2	6	0.013
	446.37	I	3	3	0.023		323.27	I	2	6	0.012
	450.24	I	3	5	0.0092		460.28	I	2	4	0.197
	556.22	I	5	5	0.0028		460.29	I	4	6	0.24
	557.03	I	5	3	0.021		610.35	I	2	4	0.60
	564.96	I	1	3	0.0037		610.37	I	4	6	0.71
	587.09	I	3	5	0.018		670.78	I	2	4	0.372
	690.47	I	3	5	0.013		670.79	I	2	2	0.372
	722.41	I	3	5	0.014	Lu	337.65	I	4	4	2.23
	758.74	I	3	1	0.51		356.78	I	4	6	0.59
	760.15	I	5	5	0.31		362.03	I	6	4	0.011
	768.52	I	3	1	0.49		384.12	I	6	6	0.25
	769.45	I	5	3	0.056		451.86	I	4	4	0.21
	785.48	I	1	3	0.23	Mg	202.58	I	1	3	0.84
	805.95	I	1	3	0.19		277.98	I	9	9	5.2
	810.44	I	5	5	0.13		285.00	I	9	15	0.23
	811.29	I	5	7	0.36		285.21	I	1	3	4.95
	819.01	I	3	5	0.11		309.49	I	9	15	0.52
	826.32	I	3	5	0.35		332.99	I	1	3	0.033
	828.11	II	3	3	0.19		333.22	I	3	3	0.097
	829.81	I	3	3	0.32		333.67	I	5	3	0.16
	850.89	I	3	3	0.24		383.53	I	9	15	1.68
	877.67	I	3	5	0.27		470.30	I	3	5	0.255
	892.87	I	5	3	0.37		516.73	I	1	3	0.116
	425.06	II	4	4	0.12		517.27	I	3	3	0.346
	429.29	II	4	4	0.96		518.36	I	5	3	0.575
	435.55	II	6	8	1.0		552.84	I	3	5	0.199
	443.17	II	2	2	1.8		123.99	II	2	4	0.014
	443.68	II	2	4	0.66		124.04	II	2	2	0.014

续表

元素	谱线波长[①] λ/nm		统计权重 g_i	g_j	跃迁概率 $A/10^8s^{-1}$	元素	谱线波长[①] λ/nm		统计权重 g_i	g_j	跃迁概率 $A/10^8s^{-1}$
	266.08	II	10	14	0.38		313.279	I	8	8	0.27
	279.08	II	2	4	4.0		317.558	I	8	10	0.18
	279.55	II	2	4	2.6		320.111	I	4	6	0.22
	279.79	II	4	4	0.79		322.809	I	10	12	0.64
	279.81	II	4	6	4.8		323.023	I	10	12	0.19
	280.27	II	2	2	2.6		323.072	I	8	8	0.35
	292.88	II	2	2	1.2		324.088	I	6	4	0.22
	293.65	II	4	2	2.3		324.378	I	6	6	0.53
	310.48	II	10	14	0.81		325.113	I	4	2	0.23
	384.82	II	6	4	0.028		325.295	I	4	4	0.18
	384.83	II	4	4	0.0030		325.614	I	4	6	0.50
Mg	385.04	II	4	2	0.030		325.841	I	2	2	0.97
	448.12	II	10	14	2.23		326.024	I	2	4	0.38
	921.83	II	2	4	0.36		326.779	I	14	14	0.35
	924.43	II	2	2	0.36		326.872	I	6	8	0.33
	121.90	IV	6	6	5.9		327.035	I	12	12	0.26
	137.55	IV	4	4	4.5		327.302	I	10	10	0.27
	145.96	IV	6	4	4.6		329.823	I	6	4	0.28
	149.55	IV	4	6	6.4		330.328	I	4	4	0.19
	151.07	IV	4	4	6.7		346.366	I	8	8	0.32
	168.30	IV	6	8	5.8		347.001	I	6	8	0.24
	169.88	IV	4	6	3.9	Mn	351.183	I	12	12	0.27
	189.39	IV	6	6	2.8		353.530	I	10	10	0.17
	279.482	I	6	8	3.7		355.981	I	6	6	0.21
	279.827	I	6	6	3.6		357.787	I	10	8	0.94
	280.108	I	6	4	3.7		359.511	I	6	4	0.18
	300.765	I	6	8	0.18		360.127	I	12	10	0.23
	301.138	I	8	10	0.31		360.753	I	8	8	0.23
	301.645	I	10A	12	0.29		360.849	I	6	6	0.36
	304.336	I	8	8	0.59		361.030	I	4	4	0.42
	304.457	I	10	8	0.57		363.570	I	10	8	0.21
	304.559	I	10	10	0.67		366.040	I	12	14	0.91
	304.580	I	8	10	0.17		367.567	I	6	8	0.22
Mn	304.703	I	12	12	0.61		367.696	I	10	12	0.73
	305.436	I	8	6	0.46		368.015	I	12	10	0.19
	307.027	I	6	6	0.19		368.209	I	8	10	0.76
	307.318	I	4	4	0.37		368.487	I	6	8	0.26
	308.271	I	14	14	0.29		370.608	I	12	14	1.4
	311.068	I	6	8	0.27		371.892	I	10	12	0.96
	311.380	I	12	10	0.26		373.194	I	8	10	1.0
	311.810	I	4	6	0.17		377.144	I	14	14	0.19
	312.288	I	10	10	0.19		377.386	I	12	12	0.25
	312.685	I	8	6	0.23		380.055	I	6	8	0.27
	313.228	I	10	10	0.21		380.672	I	10	12	0.59

元素	谱线波长① λ/nm		统计权重		跃迁概率 A/10⁸s⁻¹	元素	谱线波长① λ/nm		统计权重		跃迁概率 A/10⁸s⁻¹
			g_i	g_j					g_i	g_j	
	382.351	I	8	10	0.521		423.530	I	8	6	0.917
	382.389	I	6	6	0.231		423.974	I	4	2	0.39
	383.387	I	4	4	0.314		425.767	I	2	2	0.37
	383.437	I	6	8	0.429		426.593	I	4	4	0.492
	383.978	I	2	2	0.464		428.110	I	6	6	0.23
	384.107	I	4	6	0.33		441.187	I	12	10	0.26
	384.399	I	2	4	0.211		441.489	I	8	6	0.293
	388.946	I	12	14	0.31		441.977	I	10	8	0.21
	389.837	I	6	8	0.17		443.636	I	6	4	0.437
	389.934	I	4	6	0.24		445.158	I	8	8	0.798
	392.408	I	2	4	0.94		445.301	I	4	2	0.544
	392.648	I	6	8	0.54		445.582	I	4	6	0.17
	395.198	I	2	2	0.31		445.704	I	6	4	0.234
	395.284	I	6	6	0.41		445.755	I	6	6	0.427
	397.588	I	2	4	0.18		445.826	I	6	8	0.462
	398.216	I	4	2	0.35		446.109	I	8	8	0.17
	398.258	I	6	4	0.23		446.203	I	8	10	0.700
	398.290	I	6	4	0.55		446.468	I	6	6	0.439
	399.160	I	2	2	0.21		447.014	I	4	4	0.300
	401.191	I	8	8	0.23		447.279	I	2	2	0.435
	401.811	I	10	8	0.254		447.940	I	8	10	0.34
	403.076	I	6	8	0.17		449.008	I	2	4	0.249
Mn	403.307	I	6	6	0.165	Mn	449.890	I	4	6	0.249
	404.136	I	10	10	0.787		450.222	I	6	8	0.186
	404.875	I	6	4	0.75		460.537	I	10	12	0.36
	405.248	I	6	8	0.38		462.654	I	12	14	0.36
	405.555	I	8	8	0.431		470.971	I	8	8	0.172
	405.894	I	4	2	0.725		472.746	I	6	6	0.17
	406.174	I	8	6	0.19		473.911	I	4	4	0.240
	406.353	I	6	6	0.169		475.405	I	6	6	0.303
	406.508	I	12	14	0.25		476.153	I	2	4	0.535
	406.624	I	10	8	0.22		476.238	I	8	10	0.783
	407.028	I	2	2	0.23		476.586	I	4	6	0.41
	407.942	I	2	4	0.38		476.643	I	6	8	0.46
	408.295	I	4	6	0.295		478.343	I	8	8	0.401
	408.363	I	6	8	0.28		482.353	I	10	8	0.499
	408.994	I	8	10	0.17		601.348	I	4	6	0.172
	410.537	I	10	8	0.17		602.179	I	8	6	0.332
	413.503	I	12	12	0.30		259.372	II	7	7	2.6
	414.106	I	10	10	0.26		260.568	II	7	5	2.7
	414.880	I	8	8	0.23		293.305	II	5	3	2.0
	417.661	I	14	12	0.24		293.931	II	5	5	1.9
	418.999	I	12	10	0.20		294.920	II	5	7	1.9
	420.178	I	10	8	0.23		344.199	II	9	7	0.43

元素	谱线波长[①] λ/nm		统计权重		跃迁概率 A/10⁸s⁻¹	元素	谱线波长[①] λ/nm		统计权重		跃迁概率 A/10⁸s⁻¹
			g_i	g_j					g_i	g_j	
Mn	346.032	II	7	5	0.32		306.159	I	7	5	0.441
	347.413	II	5	3	0.15		306.427	I	13	13	0.846
	348.290	II	5	5	0.20		306.504	I	13	13	0.308
	348.868	II	3	3	0.25		306.996	I	11	11	0.272
Mo	261.679	I	3	5	0.734		307.437	I	11	11	1.42
	262.985	I	5	7	0.775		307.988	I	9	11	0.955
	263.830	I	5	5	0.757		308.040	I	7	9	0.361
	264.098	I	7	5	1.20		308.116	I	3	5	0.235
	264.436	I	5	7	0.196		308.562	I	9	9	1.63
	264.946	I	7	9	0.984		308.971	I	5	7	0.234
	265.502	I	9	7	0.408		309.466	I	7	7	1.63
	265.811	I	7	7	0.643		310.088	I	7	9	1.20
	266.509	I	7	9	0.132		310.134	I	5	5	1.92
	267.985	I	9	11	1.31		312.303	I	3	3	0.281
	268.416	I	9	9	0.418		313.259	I	7	9	1.79
	272.515	I	3	5	0.279		313.590	I	9	11	0.368
	273.339	I	5	7	0.295		313.675	I	9	11	0.157
	275.147	I	7	9	0.254		314.275	I	3	5	0.410
	276.302	I	3	1	0.444		314.735	I	13	11	0.241
	278.783	I	9	7	0.285		315.519	I	7	7	0.275
	282.568	I	5	7	0.253		315.817	I	7	7	0.463
	282.675	I	7	7	0.423	Mo	317.034	I	7	7	1.37
	288.660	I	11	11	0.474		317.138	I	5	7	0.203
	290.606	I	3	3	0.804		317.559	I	13	11	0.840
	291.538	I	5	3	0.731		318.303	I	11	9	0.398
	291.884	I	5	3	0.379		318.458	I	7	5	0.277
	294.543	I	7	7	0.366		318.571	I	5	3	0.610
	294.566	I	3	3	0.408		318.810	I	7	9	0.345
	297.296	I	5	3	0.269		318.841	I	5	7	0.440
	297.727	I	9	7	0.328		319.398	I	7	5	1.53
	298.304	I	1	3	0.282		319.596	I	9	7	0.410
	298.792	I	3	5	0.843		319.885	I	15	13	0.722
	298.823	I	5	7	0.428		320.522	I	1	3	0.427
	298.980	I	9	7	0.927		320.589	I	9	9	0.535
	300.085	I	5	7	0.258		321.097	I	7	5	0.694
	300.143	I	5	5	0.231		321.444	I	9	7	0.201
	301.339	I	7	5	0.606		321.507	I	3	5	0.420
	301.678	I	9	9	0.275		321.678	I	15	13	0.210
	302.500	I	5	5	0.849		322.173	I	3	1	1.41
	303.631	I	3	5	0.581		322.821	I	5	7	0.385
	304.170	I	13	11	0.594		322.979	I	9	11	0.144
	304.731	I	11	9	0.501		323.314	I	13	13	0.633
	305.532	I	9	7	0.429		323.706	I	7	9	0.295
	305.756	I	7	5	0.264		324.447	I	5	3	0.280

元素	谱线波长① λ/nm		统计权重 g_i	g_j	跃迁概率 $A/10^8 s^{-1}$	元素	谱线波长① λ/nm		统计权重 g_i	g_j	跃迁概率 $A/10^8 s^{-1}$
	325.165	I	3	5	0.305		346.922	I	5	3	0.696
	325.621	I	5	3	0.689		347.092	I	3	5	0.291
	326.263	I	7	9	0.362		347.503	I	3	3	0.468
	326.440	I	11	9	0.542		347.942	I	7	5	0.226
	326.514	I	5	7	0.260		348.943	I	7	7	0.327
	326.616	I	9	11	0.195		350.441	I	7	9	0.806
	327.090	I	7	7	0.359		350.531	I	7	9	0.225
	327.607	I	11	9	0.118		350.811	I	9	9	0.159
	328.503	I	1	3	0.141		351.077	I	13	13	0.475
	328.535	I	9	7	0.449		351.755	I	11	11	0.541
	328.901	I	9	9	0.508		351.821	I	3	3	0.364
	329.082	I	7	5	0.544		352.141	I	9	11	0.606
	330.591	I	7	9	0.306		352.465	I	5	3	0.310
	332.395	I	9	7	0.282		352.498	I	7	9	0.225
	332.730	I	1	3	0.288		353.892	I	11	11	0.224
	334.473	I	3	5	0.604		354.057	I	5	3	0.446
	334.700	I	3	3	0.272		354.217	I	7	5	0.493
	335.812	I	5	7	0.759		355.271	I	9	7	0.364
	336.378	I	5	7	0.274		355.564	I	3	3	0.346
	337.381	I	3	3	0.203		355.809	I	5	7	0.543
	337.846	I	13	13	0.375		356.605	I	9	9	0.267
Mo	337.996	I	5	5	0.411	Mo	357.064	I	15	15	0.718
	338.461	I	7	9	0.732		357.388	I	3	5	0.358
	338.587	I	9	11	0.330		358.054	I	13	11	0.549
	339.365	I	11	11	0.208		358.188	I	11	13	0.381
	340.433	I	7	7	0.210		358.557	I	7	5	0.395
	341.614	I	9	11	0.245		359.555	I	5	5	0.232
	342.004	I	5	5	0.328		359.888	I	13	11	0.567
	342.231	I	9	9	0.252		360.294	I	5	7	0.296
	342.513	I	11	11	0.229		360.407	I	9	7	0.325
	342.790	I	11	13	0.409		362.322	I	11	9	0.558
	343.545	I	15	15	1.50		362.446	I	9	11	0.527
	343.721	I	11	9	0.806		363.820	I	5	3	0.351
	344.266	I	3	3	0.294		363.821	I	5	3	0.333
	344.526	I	7	5	0.296		365.936	I	7	9	0.670
	344.712	I	9	11	0.875		366.299	I	11	11	0.348
	344.907	I	7	9	0.152		366.327	I	7	5	0.230
	345.260	I	7	7	0.248		366.481	I	11	13	0.954
	345.615	I	5	5	0.360		367.623	I	3	1	0.522
	345.652	I	3	3	0.296		368.068	I	11	11	0.296
	346.022	I	5	3	0.277		368.796	I	5	7	0.212
	346.078	I	9	7	0.603		368.897	I	11	9	0.326
	346.584	I	3	1	0.999		369.059	I	11	9	0.207
	346.785	I	5	7	0.263		369.494	I	5	7	0.636

元素	谱线波长[①] λ/nm		统计权重 g_i	g_j	跃迁概率 $A/10^8s^{-1}$	元素	谱线波长[①] λ/nm		统计权重 g_i	g_j	跃迁概率 $A/10^8s^{-1}$
	369.604	I	11	11	0.359		463.308	I	3	5	0.235
	371.575	I	9	7	0.238		470.725	I	7	9	0.363
	372.025	I	7	9	0.286		473.144	I	9	11	0.449
	372.850	I	7	9	0.220		475.850	I	11	9	0.301
	373.341	I	13	13	0.280		476.018	I	11	13	0.467
	374.719	I	5	7	0.307		476.411	I	9	7	0.216
	374.848	I	9	11	0.395		481.105	I	13	11	0.436
	375.516	I	9	9	0.248		481.925	I	11	9	0.271
	376.088	I	9	9	0.216		483.051	I	9	7	0.407
	376.873	I	9	9	0.288		486.802	I	7	5	0.311
	376.999	I	7	9	0.246		504.770	I	3	1	0.261
	378.825	I	7	9	0.287		516.318	I	9	11	0.203
	379.825	I	7	9	0.690		517.294	I	5	5	0.411
	380.184	I	9	7	0.316		517.418	I	5	3	0.583
	380.599	I	5	5	0.244	Mo	523.821	I	7	9	0.374
	383.211	I	9	9	0.305		524.087	I	7	7	0.389
	384.725	I	3	1	0.241		524.280	I	7	5	0.201
	386.410	I	7	7	0.624		535.646	I	11	11	0.211
	386.767	I	5	3	0.222		536.051	I	9	11	0.619
	390.295	I	7	5	0.617		536.428	I	9	9	0.226
	391.955	I	11	13	0.224		546.050	I	5	3	0.346
	397.376	I	11	13	0.439		549.376	I	7	5	0.213
	398.020	I	5	3	0.270		550.649	I	5	7	0.361
	401.013	I	5	3	0.438		553.303	I	5	5	0.372
	402.101	I	9	11	0.265		557.044	I	5	3	0.330
	406.988	I	13	11	0.325		584.971	I	3	3	0.302
	410.746	I	7	5	0.202		589.336	I	5	5	0.260
	412.009	I	13	15	0.605		589.593	I	5	7	0.312
	415.740	I	13	11	0.217		592.637	I	7	7	0.163
	418.582	I	11	13	0.382		592.888	I	7	9	0.532
	418.832	I	11	13	0.332		715.411	I	9	9	0.345
	423.259	I	9	11	0.317		116.39	I	6	6	0.43
	424.602	I	11	13	0.200		116.43	I	4	4	0.43
	425.495	I	7	9	0.201		116.74	I	6	8	1.1
	427.691	I	7	9	0.285		116.85	I	4	6	1.3
	427.724	I	9	11	0.135		117.65	I	6	4	0.95
	432.614	I	5	7	0.256		117.77	I	4	2	1.3
	438.163	I	13	13	0.293	N	119.96	I	4	6	5.5
	438.241	I	11	13	0.383		120.02	I	4	4	5.3
	441.169	I	11	11	0.263		120.07	I	4	2	5.5
	443.495	I	9	9	0.251		131.05	I	4	6	1.3
	447.457	I	5	5	0.210		149.26	I	6	4	5.3
	449.165	I	11	11	0.209		149.28	I	4	4	0.58
	453.680	I	13	15	0.503		149.47	I	4	2	5.0

(Mo 元素标注位于左侧表格中部)

元素	谱线波长① λ/nm		统计权重 g_i	统计权重 g_j	跃迁概率 $A/10^8 \mathrm{s}^{-1}$	元素	谱线波长① λ/nm		统计权重 g_i	统计权重 g_j	跃迁概率 $A/10^8 \mathrm{s}^{-1}$
N	409.99	I	2	4	0.034		463.05	II	5	5	0.84
	415.15	I	6	4	0.013		498.74	II	3	1	0.63
	421.48	I	4	6	0.022		499.44	II	3	3	0.74
	421.61	I	2	4	0.031		500.11	II	3	5	1.02
	421.89	I	2	2	0.012		500.15	II	5	7	1.08
	422.31	I	6	6	0.051		500.52	II	7	9	1.22
	422.49	I	4	2	0.061		504.51	II	5	3	0.410
	423.05	I	6	4	0.033		545.42	II	3	1	0.41
	439.24	I	4	2	0.0102		549.57	II	5	5	0.30
	493.51	I	4	2	0.0158		566.66	II	3	5	0.423
	519.98	I	2	2	0.023		567.96	II	5	7	0.56
	520.16	I	2	4	0.023		593.18	II	3	5	0.425
	528.12	I	6	6	0.00282		594.17	II	5	7	0.56
	530.94	I	4	2	0.00273		648.21	II	3	3	0.37
	535.66	I	4	6	0.00189	N	661.06	II	5	7	0.59
	537.83	I	2	2	0.00210		409.73	III	2	4	0.82
	581.65	I	4	6	0.00278		410.34	III	2	2	0.82
	582.95	I	6	6	0.0064		463.41	III	2	4	0.65
	583.46	I	2	4	0.00383		464.06	III	4	6	0.78
	585.40	I	6	4	0.00409		464.19	III	4	4	0.130
	585.60	I	4	2	0.0076		171.86	IV	3	5	2.37
	660.62	I	4	6	0.00079		348.08	IV	3	9	1.1
N	662.25	I	6	6	0.0071		405.78	IV	3	5	0.68
	663.69	I	4	4	0.0125		638.08	IV	1	3	0.14
	664.50	I	8	6	0.0311		711.67	IV	9	15	0.12
	664.65	I	2	2	0.0194		123.88	V	2	4	3.41
	665.35	I	6	4	0.0244		124.28	V	2	4	3.38
	665.65	I	4	2	0.0193		460.37	V	2	4	0.412
	692.67	I	4	6	0.0064		462.00	V	2	2	0.408
	694.52	I	6	6	0.0149		330.24	I	2	4	0.0281
	695.16	I	2	4	0.0088		330.30	I	2	2	0.0281
	697.92	I	6	4	0.0094		439.00	I	2	4	0.0077
	698.20	I	4	2	0.0174		439.33	I	4	6	0.0092
	742.36	I	2	4	0.052		449.42	I	2	4	0.012
	744.23	I	4	4	0.106		449.77	I	4	6	0.014
	746.83	I	6	4	0.161		466.48	I	2	4	0.0233
	108.40	II	1	3	2.0	Na	466.86	I	4	6	0.025
	108.57	II	5	7	3.6		474.79	I	2	2	0.0063
	383.84	II	5	5	0.45		475.18	I	4	2	0.0127
	385.51	II	3	1	0.60		497.85	I	2	4	0.041
	391.90	II	3	3	1.00		498.28	I	4	6	0.0489
	399.50	II	3	5	1.3		514.88	I	2	2	0.0117
	444.70	II	3	5	1.30		515.34	I	4	2	0.0233
	462.14	II	3	1	0.90		568.26	I	2	4	0.103

续表

元素	谱线波长[①] λ/nm		统计权重 g_i	统计权重 g_j	跃迁概率 $A/10^8\text{s}^{-1}$	元素	谱线波长[①] λ/nm		统计权重 g_i	统计权重 g_j	跃迁概率 $A/10^8\text{s}^{-1}$
	568.82	I	4	6	0.12		440.08	II	10	10	0.068
	589.00	I	2	4	0.622		445.16	II	12	14	0.25
	589.59	I	2	2	0.618		445.64	II	16	18	0.064
	615.42	I	2	2	0.026		446.30	II	14	16	0.18
	616.08	I	4	2	0.052		495.81	II	12	10	0.012
	818.33	I	2	4	0.453		513.06	II	22	20	0.16
	819.48	I	4	6	0.54		519.26	II	20	18	0.17
	1138.1	I	2	2	0.089		524.96	II	18	16	0.18
	1140.4	I	4	2	0.176		527.69	II	12	10	0.12
	30.015	II	1	3	30		529.32	II	16	14	0.12
	30.144	II	1	3	49		530.23	II	20	18	0.11
Na	37.208	II	1	3	34		531.15	II	14	12	0.11
	199.10	III	4	6	8.3	Nd	531.98	II	12	10	0.16
	200.42	III	2	4	4.6		535.70	II	18	16	0.18
	201.19	III	6	8	8.4		537.19	II	20	20	0.051
	215.15	III	2	4	4.4		548.57	II	18	18	0.057
	217.45	III	4	6	5.3		559.44	II	16	16	0.070
	223.03	III	6	8	3.7		562.06	II	18	18	0.13
	223.22	III	4	4	3.3		568.85	II	14	14	0.059
	224.67	III	4	6	2.4		571.81	II	16	16	0.087
	245.93	III	4	6	3.0		572.68	II	10	10	0.056
	246.89	III	2	4	2.4		574.09	II	12	12	0.072
	249.70	III	6	6	1.7		580.40	II	10	10	0.046
	378.04	II	16	18	0.14		586.51	II	16	18	0.013
	380.54	II	14	16	0.69		605.19	II	12	10	0.011
	380.72	II	10	12	0.049		336.99	I	5	3	0.0076
	386.33	II	8	10	0.15		341.79	I	3	5	0.0092
	394.15	II	10	10	0.61		344.77	I	5	5	0.021
	395.12	II	12	12	0.60		345.42	I	3	1	0.037
	397.33	II	18	18	0.63		347.26	I	5	7	0.017
	397.95	II	10	12	0.27		350.12	I	3	3	0.012
	399.01	II	16	16	0.52		352.05	I	3	1	0.093
	401.23	II	18	20	0.55		363.37	I	3	1	0.011
Nd	406.11	II	16	18	0.44		453.63	I	3	3	0.0050
	410.66	II	14	16	0.068	Ne	470.25	I	3	3	0.0021
	410.95	II	14	16	0.37		470.89	I	3	3	0.042
	413.34	II	14	12	0.15		511.37	I	3	3	0.010
	415.61	II	12	14	0.34		515.44	I	3	3	0.019
	420.56	II	18	16	0.18		519.13	I	3	3	0.013
	428.45	II	18	18	0.085		534.11	I	3	3	0.11
	430.36	II	8	10	0.47		540.06	I	3	1	0.0090
	432.58	II	16	16	0.16		565.26	I	3	3	0.0089
	435.82	II	14	14	0.15		585.25	I	3	1	0.682
	438.27	II	12	10	0.040		586.84	I	3	3	0.014

续表

元素	谱线波长① λ/nm		统计权重		跃迁概率 A/10⁸s⁻¹	元素	谱线波长① λ/nm		统计权重		跃迁概率 A/10⁸s⁻¹
			g_i	g_j					g_i	g_j	
	588.19	I	5	3	0.115		290.68	II	2	4	0.55
	591.36	I	3	3	0.048		291.01	II	4	2	1.7
	594.48	I	5	5	0.113		291.04	II	2	4	0.59
	596.16	I	3	3	0.033		292.56	II	2	2	0.56
	597.55	I	5	3	0.0351		295.57	II	6	4	1.2
	603.00	I	3	3	0.0561		300.17	II	4	4	0.87
	607.43	I	3	1	0.603		302.70	II	6	6	1.4
	609.62	I	3	5	0.181		302.87	II	4	2	0.85
	614.31	I	5	5	0.282		303.45	II	6	8	3.1
	615.03	I	3	3	0.015		303.77	II	4	4	2.1
	616.36	I	1	3	0.146		304.56	II	2	2	2.5
	621.73	I	5	3	0.0637		304.76	II	4	6	1.8
	626.65	I	1	3	0.249		305.47	II	2	4	0.94
	627.30	I	3	3	0.0097		309.29	II	6	6	1.3
	630.48	I	3	5	0.0416		309.71	II	8	8	1.3
	632.82	I	5	3	0.0339		319.46	II	4	4	0.52
	633.09	I	3	3	0.023		319.86	II	6	6	1.7
	633.44	I	5	5	0.161		320.94	II	2	4	0.60
	638.30	I	3	3	0.321		321.37	II	2	4	1.7
	650.65	I	3	5	0.300		321.43	II	4	6	2.2
	653.29	I	1	3	0.108		321.82	II	8	10	3.6
	659.90	I	3	3	0.232		322.48	II	6	8	3.5
Ne	667.83	I	3	5	0.233	Ne	322.96	II	8	10	3.6
	671.70	I	3	3	0.217		323.01	II	6	6	1.8
	692.95	I	3	5	0.174		323.24	II	4	4	1.6
	703.24	I	5	3	0.253		324.41	II	6	8	1.5
	705.91	I	3	5	0.068		326.99	II	4	6	0.51
	724.52	I	3	3	0.0935		331.97	II	4	2	1.6
	747.24	I	3	3	0.040		332.37	II	4	4	1.6
	753.58	I	3	3	0.43		332.72	II	4	4	0.91
	793.70	I	5	5	0.0078		333.48	II	6	8	1.8
	811.85	I	3	3	0.049		333.61	II	4	6	1.1
	812.89	I	3	5	0.0072		334.44	II	2	2	1.5
	857.14	I	3	3	0.055		334.55	II	6	4	1.4
	864.70	I	5	5	0.0391		335.50	II	4	6	1.3
	868.19	I	3	3	0.21		336.03	II	2	4	0.86
	877.17	I	3	3	0.16		337.82	II	2	2	1.7
	878.38	I	3	5	0.313		338.84	II	4	6	2.2
	886.53	I	3	3	0.0094		340.48	II	4	6	1.9
	920.18	I	3	3	0.091		340.70	II	6	8	2.3
	953.42	I	3	3	0.063		341.32	II	4	4	1.8
	191.61	II	4	4	0.69		341.77	II	6	8	1.6
	285.80	II	6	6	0.79		343.89	II	2	2	1.4
	287.63	II	4	6	0.78		345.48	II	4	4	1.6

元素	谱线波长① λ/nm		统计权重 g_i	g_j	跃迁概率 $A/10^8\mathrm{s}^{-1}$	元素	谱线波长① λ/nm		统计权重 g_i	g_j	跃迁概率 $A/10^8\mathrm{s}^{-1}$
Ne	345.93	II	6	6	1.6		219.735	I	3	3	0.78
	348.19	II	4	2	1.4		220.159	I	5	3	0.73
	350.36	II	2	2	2.0		222.194	I	5	3	0.22
	354.29	II	4	6	1.2		224.446	I	5	5	0.38
	356.85	II	6	8	1.4		225.357	I	7	7	0.19
	357.46	II	4	6	1.3		225.481	I	9	9	0.096
	359.42	II	4	2	1.3		225.815	I	7	5	0.17
	364.49	II	2	4	0.99		225.956	I	5	3	0.20
	369.42	II	6	6	1.0		226.142	I	9	7	0.091
	370.96	II	4	2	1.1		228.732	I	3	5	0.18
	371.31	II	4	6	1.3		228.998	I	9	7	2.1
	372.71	II	2	4	0.98		229.311	I	5	5	0.38
	382.98	II	4	6	0.84		230.077	I	7	7	0.75
Ni	196.385	I	7	7	0.11		230.297	I	3	3	0.45
	197.687	I	7	9	1.1		230.735	I	5	7	0.16
	198.161	I	5	5	0.13		231.234	I	7	7	5.5
	199.025	I	5	7	0.83		231.398	I	5	5	5.0
	200.701	I	5	5	0.17		231.716	I	7	5	3.8
	200.769	I	7	7	0.090		232.003	I	9	11	6.9
	201.425	I	3	5	0.93		232.138	I	5	7	5.6
	202.540	I	7	5	0.23		232.465	I	7	9	0.18
	202.662	I	9	7	0.24	Ni	232.579	I	7	9	3.5
	204.735	I	7	5	0.18		232.996	I	5	3	5.3
	205.204	I	9	9	0.097		234.554	I	9	7	2.2
	205.550	I	5	3	0.33		234.663	I	7	5	0.55
	205.992	I	7	5	0.21		234.751	I	9	9	0.22
	206.020	I	5	3	0.23		234.873	I	7	7	0.22
	206.439	I	3	1	0.40		241.931	I	7	5	0.20
Ni	206.952	I	5	5	0.11		294.391	I	7	5	0.11
	208.557	I	5	5	2.6		298.165	I	5	3	0.28
	208.909	I	7	5	0.097		300.248	I	7	7	0.80
	209.513	I	5	7	0.11		300.362	I	5	5	0.69
	211.443	I	5	5	0.097		301.200	I	5	5	1.3
	212.140	I	7	5	0.28		303.793	I	7	7	0.28
	212.480	I	5	3	0.38		305.082	I	7	9	0.60
	214.780	I	5	3	0.47		305.431	I	5	5	0.40
	215.783	I	5	3	0.41		305.764	I	3	3	1.0
	215.831	I	7	5	0.69		306.462	I	5	7	0.11
	216.104	I	5	5	0.13		310.156	I	5	7	0.63
	217.354	I	5	3	0.15		310.188	I	5	7	0.49
	217.448	I	3	1	0.89		313.411	I	3	5	0.73
	218.238	I	7	5	0.13		322.502	I	5	3	0.093
	218.391	I	5	5	0.12		336.956	I	9	7	0.18
	219.022	I	5	5	0.30		338.057	I	5	3	1.3

元素	谱线波长[①] λ/nm		统计权重 g_i	g_j	跃迁概率 $A/10^8 s^{-1}$	元素	谱线波长[①] λ/nm		统计权重 g_i	g_j	跃迁概率 $A/10^8 s^{-1}$
	339.298	I	7	7	0.24		493.734	I	9	9	0.12
	341.476	I	7	9	0.55		495.320	I	5	5	0.12
	342.371	I	3	3	0.33		498.017	I	9	11	0.19
	343.356	I	7	7	0.17		500.034	I	7	7	0.14
	344.626	I	5	5	0.44		501.246	I	7	7	0.11
	345.288	I	5	7	0.098		501.758	I	11	11	0.20
	345.846	I	3	5	0.61		503.537	I	7	9	0.57
	346.166	I	7	9	0.27		504.220	I	3	5	0.14
	347.255	I	5	7	0.12		504.885	I	7	7	0.16
	348.377	I	5	3	0.14		508.053	I	9	11	0.32
	349.296	I	5	3	0.98		508.111	I	7	9	0.57
	351.033	I	3	1	1.2		508.235	I	3	3	0.25
	351.505	I	5	7	0.42		508.408	I	7	9	0.31
	352.454	I	7	5	1.0		509.995	I	7	7	0.29
	356.637	I	5	5	0.56		511.540	I	11	9	0.22
	359.770	I	3	3	0.14		512.937	I	7	5	0.12
	361.939	I	5	7	0.66		515.514	I	5	5	0.11
	402.767	I	5	7	0.13		515.576	I	5	7	0.29
	429.588	I	9	7	0.17		517.657	I	5	5	0.18
	440.154	I	9	11	0.38		537.133	I	7	7	0.16
	446.246	I	3	5	0.17		547.691	I	1	3	0.095
Ni	447.048	I	5	7	0.19	Ni	563.712	I	3	3	0.11
	460.037	I	5	3	0.26		566.402	I	5	7	0.11
	460.499	I	9	7	0.23		569.500	I	3	3	0.17
	460.623	I	5	3	0.10		608.629	I	3	5	0.11
	464.866	I	11	9	0.24		617.542	I	3	3	0.17
	468.622	I	5	5	0.14		712.224	I	5	7	0.21
	470.154	I	9	9	0.14		738.194	I	9	11	0.097
	471.442	I	13	11	0.46		742.230	I	7	5	0.18
	471.578	I	7	7	0.20		772.766	I	7	7	0.11
	473.247	I	7	9	0.093		216.555	II	10	10	2.4
	475.243	I	3	3	0.20		216.910	II	8	8	1.58
	475.652	I	9	9	0.15		217.467	II	8	10	1.43
	478.654	I	11	11	0.18		217.515	II	6	6	1.77
	481.200	I	3	1	0.095		218.461	II	4	4	2.90
	482.903	I	5	7	0.19		220.141	II	4	6	1.3
	483.118	I	9	7	0.16		220.672	II	6	8	1.66
	483.864	I	9	7	0.22		221.648	II	10	12	3.4
	485.541	I	5	5	0.57		222.040	II	6	8	2.3
	490.441	I	5	3	0.62		222.296	II	10	10	0.98
	491.203	I	3	3	0.15		222.486	II	8	8	1.55
	491.397	I	1	3	0.22		222.633	II	8	8	1.3
	491.836	I	9	7	0.23		225.385	II	4	6	1.98
	493.583	I	7	5	0.24		226.446	II	6	8	1.43

元素	谱线波长[①] λ/nm		统计权重 g_i	统计权重 g_j	跃迁概率 $A/10^8s^{-1}$	元素	谱线波长[①] λ/nm		统计权重 g_i	统计权重 g_j	跃迁概率 $A/10^8s^{-1}$
	227.021	II	8	10	1.56		748.07	I	1	3	0.226
	227.877	II	8	6	2.8		777.19	I	5	7	0.340
	228.709	II	6	4	2.8		777.42	I	5	5	0.340
	229.655	II	8	8	1.98		777.54	I	5	3	0.340
	229.714	II	6	4	2.70		788.63	I	3	5	0.370
	229.749	II	4	2	3.0		793.95	I	7	5	0.00165
	229.827	II	6	6	2.8		794.32	I	7	7	0.0417
	230.300	II	8	6	2.9		794.72	I	5	5	0.058
	231.604	II	10	8	2.88		794.76	I	7	9	0.373
	233.458	II	8	8	0.80		795.08	I	5	7	0.331
	237.542	II	6	8	0.66		795.22	I	3	5	0.313
	239.452	II	8	10	1.70		798.19	I	3	3	0.12
Ni	241.613	II	6	8	2.1		798.24	I	1	3	0.16
	243.789	II	8	10	0.54		798.70	I	3	5	0.21
	251.087	II	8	10	0.58		798.73	I	5	5	0.072
	169.251	III	11	13	7.9		799.51	I	5	7	0.29
	170.990	III	9	11	6.3		300.71	II	8	10	0.84
	171.946	III	5	7	6.0		301.34	II	6	8	0.74
	172.228	III	3	5	5.9		303.21	II	8	10	0.85
	172.452	III	3	1	6.7		313.48	II	8	6	1.23
	174.196	III	9	7	5.7		327.35	II	8	6	1.14
	175.243	III	7	5	5.5	O	337.72	II	2	2	1.88
	176.056	III	5	3	6.5		339.03	II	2	4	1.86
	176.964	III	11	11	6.2		340.74	II	6	6	0.75
	182.306	III	9	9	5.6		374.95	II	6	4	0.90
	102.82	I	1	3	0.20		391.20	II	6	4	1.27
	115.22	I	5	5	5.5		391.93	II	4	2	1.40
	121.76	I	1	3	1.8		397.33	II	4	4	1.27
	130.22	I	5	3	3.3		406.96	II	2	4	1.39
	130.49	I	3	3	2.0		406.99	II	4	6	1.49
	130.60	I	1	3	0.66		407.22	II	6	8	1.70
	543.52	I	3	5	0.0061		407.59	II	8	10	1.98
	543.58	I	5	5	0.0102		408.51	II	6	6	0.478
	543.69	I	7	5	0.0142		408.72	II	4	6	2.24
O	645.36	I	3	5	0.0142		408.93	II	10	12	2.62
	645.44	I	5	5	0.0237		409.56	II	6	8	2.23
	645.60	I	7	5	0.0331		409.72	II	8	10	2.37
	665.38	I	3	1	0.600		410.47	II	4	6	1.04
	715.67	I	5	5	0.473		410.50	II	4	4	0.80
	747.14	I	5	3	0.0114		411.92	II	6	8	1.48
	747.32	I	5	5	0.102		413.28	II	2	4	0.84
	747.64	I	5	7	0.408		427.67	II	6	8	1.82
	747.72	I	3	3	0.170		427.74	II	2	4	1.49
	747.91	I	3	5	0.306		428.14	II	6	6	0.60

元素	谱线波长[①] λ/nm		统计权重 g_i	g_j	跃迁概率 $A/10^8s^{-1}$	元素	谱线波长[①] λ/nm		统计权重 g_i	g_j	跃迁概率 $A/10^8s^{-1}$
	428.28	II	4	4	1.06		167.97	I	4	6	0.39
	428.30	II	4	6	1.58		177.50	I	4	6	2.17
	429.48	II	4	6	1.39		178.29	I	4	4	2.14
	430.38	II	6	8	1.97		178.77	I	4	2	2.13
	432.86	II	4	2	1.21		213.55	I	4	4	0.211
	434.04	II	6	8	2.23		213.62	I	6	4	2.83
	434.74	II	4	4	0.94		214.91	I	4	2	3.18
	435.13	II	6	6	0.97		215.29	I	2	4	0.485
	441.49	II	4	6	1.15		215.41	I	4	6	0.58
	441.70	II	2	4	0.95		253.40	I	2	4	0.200
	448.95	II	2	4	1.51		253.56	I	4	4	0.95
	449.13	II	4	6	1.81		255.33	I	2	2	0.71
	459.62	II	4	6	1.03		255.49	I	4	2	0.300
	460.21	II	4	6	1.70		130.19	II	1	3	0.50
	460.94	II	6	8	1.82		130.45	II	3	1	1.5
	464.18	II	4	6	0.79		130.47	II	3	3	0.37
	470.12	II	4	4	0.87		130.55	II	3	5	0.38
	470.32	II	4	6	0.82		130.99	II	5	3	0.62
	470.54	II	6	8	1.38	P	131.07	II	5	5	1.1
	494.11	II	2	4	0.83		447.53	II	5	7	1.3
	494.31	II	4	6	1.06		449.92	II	5	7	1.4
O	520.67	II	4	4	0.391		453.08	II	3	5	1.0
	662.76	II	4	4	0.089		455.48	II	3	5	0.96
	672.14	II	4	2	0.189		458.80	II	5	7	1.7
	688.51	II	4	4	0.067		458.99	II	3	5	1.6
	689.53	II	10	8	0.298		460.21	II	7	9	1.9
	690.65	II	8	6	0.272		494.35	II	7	5	0.63
	690.81	II	4	2	0.332		525.35	II	3	5	1.0
	691.08	II	6	4	0.267		542.59	II	3	5	0.69
	110.95	III	3	3	2.8		602.42	II	3	5	0.51
	176.45	III	5	5	1.8		604.31	II	5	7	0.68
	177.23	III	3	1	2.3		133.48	III	2	4	0.55
	239.04	III	3	3	2.2		134.43	III	4	6	0.64
	295.97	III	3	5	2.1		134.48	III	4	4	0.11
	311.57	III	3	1	1.5		405.74	III	4	4	0.10
	312.17	III	3	3	1.5		405.93	III	6	4	0.90
	313.29	III	3	5	1.4		408.01	III	4	2	0.99
	326.10	III	5	7	1.8		202.20	I	1	3	0.052
	326.55	III	7	9	2.1		205.33	I	1	3	0.12
	326.73	III	3	5	1.7		217.00	I	1	3	1.5
	371.51	III	5	7	1.1	Pb	240.19	I	3	3	0.19
	396.16	III	5	7	1.3		244.62	I	3	3	0.25
P	167.17	I	4	2	0.39		247.64	I	3	5	0.28
	167.46	I	4	4	0.40		257.73	I	5	3	0.50

续表

元素	谱线波长[①] λ/nm		统计权重 g_i	g_j	跃迁概率 $A/10^8 s^{-1}$	元素	谱线波长[①] λ/nm		统计权重 g_i	g_j	跃迁概率 $A/10^8 s^{-1}$
Pb	261.37	I	3	3	0.27		522.01	II	17	15	0.235
	261.42	I	3	5	1.9		525.17	II	15	13	0.011
	262.83	I	5	3	0.031		525.97	II	15	13	0.224
	265.71	I	3	5	0.00098		529.26	II	13	13	0.093
	266.32	I	5	5	0.71	Pr	581.06	II	17	19	0.023
	280.20	I	5	7	1.6		587.93	II	15	15	0.076
	282.32	I	5	5	0.26		620.08	II	15	17	0.018
	283.31	I	1	3	0.58		627.87	II	13	15	0.026
	287.33	I	5	5	0.37		639.80	II	11	13	0.019
	357.27	I	5	3	0.99		302.25	I	2	4	0.0000413
	363.96	I	3	3	0.34		303.20	I	2	4	0.0000493
	367.15	I	5	3	0.44		304.42	I	2	4	0.000082
	368.35	I	3	1	1.5		306.02	I	2	4	0.000105
	373.99	I	5	5	0.73		308.20	I	2	4	0.000149
	401.96	I	5	7	0.035		311.26	I	2	4	0.00025
	405.78	I	5	3	0.89		311.31	I	2	2	0.00013
	406.21	I	5	3	0.92		315.75	I	2	4	0.000338
	416.80	I	5	5	0.012		315.83	I	2	2	0.00020
	500.54	I	1	3	0.27	Rb	322.80	I	2	4	0.00064
	520.14	I	1	3	0.19		322.92	I	2	2	0.00038
	722.90	I	5	3	0.0089		334.87	I	2	4	0.00137
	399.70	II	15	15	0.187		335.08	I	2	2	0.00089
	406.28	II	13	15	1.00		358.71	I	2	4	0.00397
	410.07	II	17	19	0.84		359.16	I	2	2	0.0029
	414.31	II	15	17	0.58		420.18	I	2	4	0.018
	417.94	II	13	15	0.52		421.55	I	2	2	0.015
	422.29	II	11	13	0.391		780.03	I	2	4	0.370
	424.10	II	17	15	0.230		794.76	I	2	2	0.340
	435.98	II	15	15	0.11		308.396	I	8	6	0.048
	440.58	II	17	17	0.090		311.491	I	6	4	0.0445
	442.93	II	15	15	0.228		312.176	I	6	6	0.11
	444.98	II	13	13	0.124		312.370	I	10	8	0.046
Pr	446.87	II	11	13	0.154		313.771	I	4	6	0.033
	451.02	II	13	15	0.116		318.905	I	6	6	0.303
	453.42	II	15	17	0.049		319.713	II	6	6	0.0435
	473.42	II	15	13	0.025		326.314	I	6	6	0.13
	487.91	II	15	15	0.018	Rh	327.161	I	6	4	0.20
	488.60	II	15	15	0.013		328.055	I	8	8	0.236
	491.26	II	17	15	0.057		328.357	I	6	8	0.44
	503.44	II	19	19	0.11		328.914	I	4	4	0.10
	511.08	II	21	19	0.278		332.309	I	8	10	0.63
	513.51	II	17	17	0.125		333.109	I	4	2	0.0540
	517.39	II	19	17	0.318		333.854	I	8	6	0.035
	521.91	II	15	15	0.095		336.080	I	4	4	0.12

续表

元素	谱线波长① λ/nm		统计权重 g_i	统计权重 g_j	跃迁概率 $A/10^8 \mathrm{s}^{-1}$	元素	谱线波长① λ/nm		统计权重 g_i	统计权重 g_j	跃迁概率 $A/10^8 \mathrm{s}^{-1}$
	336.838	I	6	4	0.11		405.344	I	2	2	0.028
	339.682	I	10	10	0.65		405.634	I	6	4	0.0095
	339.970	I	6	8	0.12		408.278	I	6	4	0.14
	346.204	I	6	6	0.62		409.752	I	2	4	0.070
	347.066	I	4	4	0.85		412.168	I	6	6	0.098
	347.891	I	6	6	0.332		412.887	I	6	8	0.173
	348.404	I	6	8	0.0093		413.527	I	8	8	0.10
	349.873	I	4	6	0.212		419.650	I	6	8	0.039
	350.252	I	10	10	0.43		421.114	I	8	10	0.162
	350.732	I	6	8	0.34		424.444	I	4	4	0.0065
	352.802	I	8	8	0.85		427.860	I	4	6	0.0092
	354.395	I	4	4	0.465		428.871	I	6	8	0.061
	354.954	I	6	6	0.222		437.304	I	2	4	0.018
	357.018	I	4	6	0.182		437.480	I	8	10	0.164
	358.310	I	8	10	0.26		437.992	I	6	6	0.0248
	359.619	I	6	4	0.55		449.247	I	6	6	0.0045
	359.715	I	6	8	0.59		452.872	I	6	8	0.0135
	361.247	I	4	2	0.890		454.873	I	4	6	0.0055
	362.046	I	6	4	0.085		455.164	I	4	4	0.0400
	365.487	I	8	8	0.060		456.519	I	4	4	0.011
	365.799	I	8	6	0.88	Rh	456.900	I	6	8	0.010
Rh	366.622	I	6	8	0.084		460.812	I	2	2	0.021
	369.070	I	6	4	0.323		467.503	I	8	8	0.0064
	369.236	I	10	8	0.91		472.100	I	6	4	0.00343
	370.091	I	8	10	0.39		474.511	I	6	6	0.0052
	371.302	I	4	4	0.083		475.558	I	4	4	0.0060
	378.847	I	4	6	0.14		484.243	I	6	8	0.0016
	379.322	I	8	6	0.42		496.371	I	2	2	0.030
	379.931	I	8	8	0.55		497.775	I	4	4	0.0098
	380.676	I	6	6	0.062		497.918	I	4	6	0.010
	381.819	I	6	4	0.58		509.063	I	6	6	0.0050
	382.226	I	6	6	0.85		512.069	I	6	8	0.0031
	382.848	I	6	6	0.62		513.076	I	4	4	0.00435
	383.389	I	6	4	0.58		515.554	I	2	4	0.0098
	385.652	I	8	10	0.59		518.419	I	6	8	0.0016
	387.239	I	4	6	0.0067		521.273	I	4	2	0.00595
	387.734	I	8	6	0.037		529.214	I	10	10	0.0037
	391.351	I	8	8	0.0025		539.044	I	4	6	0.0095
	392.219	I	4	2	0.0625		542.472	I	4	4	0.0050
	393.423	I	8	8	0.158		559.942	I	6	8	0.013
	394.272	I	4	2	0.715		598.360	I	10	10	0.021
	395.886	I	6	8	0.55		129.57	I	5	5	4.9
	398.440	I	4	4	0.11	S	129.62	I	5	3	2.7
	399.561	I	4	6	0.047		130.23	I	3	5	1.8

元素	谱线波长① λ/nm		统计权重 g_i	g_j	跃迁概率 $A/10^8\text{s}^{-1}$	元素	谱线波长① λ/nm		统计权重 g_i	g_j	跃迁概率 $A/10^8\text{s}^{-1}$
	130.29	I	3	3	1.6		446.36	II	8	6	0.53
	130.31	I	3	1	6.6		448.34	II	6	4	0.31
	130.34	I	5	3	1.9		448.67	II	4	2	0.66
	130.59	I	1	3	2.4		452.47	II	4	4	0.093
	140.15	I	5	3	0.91		452.50	II	6	4	1.2
	140.93	I	3	3	0.50		455.24	II	4	2	1.2
	141.29	I	1	3	0.16		465.67	II	2	4	0.090
	142.50	I	5	7	4.5		471.62	II	4	4	0.29
	142.52	I	5	5	1.2		481.55	II	6	4	0.88
	143.33	I	3	5	3.3		488.56	II	2	4	0.17
	143.33	I	3	3	1.9		491.72	II	2	2	0.66
	143.70	I	1	3	2.4		492.41	II	4	6	0.22
	144.82	I	5	3	7.3		492.53	II	2	4	0.24
	147.30	I	5	7	0.42		494.25	II	2	2	0.15
	147.40	I	5	7	1.6		499.19	II	4	4	0.15
	147.44	I	5	5	0.50		500.95	II	4	2	0.70
	147.46	I	5	3	0.062		501.40	II	4	4	0.84
	148.17	I	3	5	0.17		502.72	II	4	2	0.26
	148.30	I	3	5	1.2		503.24	II	6	6	0.81
	148.32	I	3	3	0.75		504.73	II	4	2	0.36
	148.72	I	1	3	0.87		510.33	II	6	4	0.50
	166.67	I	5	5	6.3		514.23	II	2	2	0.19
S	168.75	I	1	3	0.94	S	520.10	II	4	4	0.75
	178.23	I	1	3	1.9		520.13	II	6	4	0.065
	180.73	I	5	3	3.8		521.26	II	4	6	0.098
	182.03	I	3	3	2.2		521.26	II	6	6	0.85
	182.62	I	1	3	0.72		532.07	II	6	8	0.92
	469.41	I	5	7	0.0067		534.57	II	4	6	0.88
	469.54	I	5	5	0.0067		534.57	II	6	6	0.11
	469.62	I	5	3	0.0065		542.86	II	2	4	0.42
	640.36	I	3	5	0.0057		543.28	II	4	6	0.68
	640.81	I	5	5	0.0095		545.38	II	6	8	0.85
	641.55	I	7	5	0.013		547.36	II	2	2	0.73
	675.12	I	15	25	0.079		550.97	II	4	4	0.40
	767.96	I	3	5	0.012		552.62	II	8	8	0.081
	768.61	I	5	5	0.020		553.68	II	4	6	0.066
	769.67	I	7	5	0.028		555.60	II	4	2	0.11
	112.44	II	2	4	1.0		556.49	II	6	6	0.17
	112.50	II	4	4	4.6		557.88	II	6	6	0.11
	113.10	II	2	2	3.5		560.61	II	10	8	0.54
	113.16	II	4	2	1.4		561.66	II	4	4	0.12
	125.05	II	4	2	0.46		564.00	II	4	6	0.66
	125.38	II	4	4	0.42		564.56	II	6	4	0.018
	125.95	II	4	6	0.34		564.70	II	2	4	0.57

续表

元素	谱线波长① λ/nm		统计权重		跃迁概率 A/10⁸s⁻¹	元素	谱线波长① λ/nm		统计权重		跃迁概率 A/10⁸s⁻¹
			g_i	g_j					g_i	g_j	
S	565.99	II	6	4	0.46		270.793	I	6	4	0.149
	566.47	II	4	2	0.58		271.134	I	6	6	0.32
	581.92	II	4	4	0.085		296.588	I	4	6	0.075
	630.55	II	8	6	0.18		297.401	I	4	4	0.55
	631.27	II	6	4	0.30		298.076	I	6	6	0.54
	249.62	III	7	5	2.5		298.897	I	6	4	0.069
	250.82	III	5	3	2.3		301.537	I	4	6	0.78
	266.54	III	5	5	1.4		301.935	I	6	8	0.87
	270.28	III	3	1	1.9		303.076	I	6	6	0.100
	271.89	III	3	3	1.2		325.568	I	4	4	0.32
	273.11	III	5	5	1.1		326.990	I	4	2	3.13
	275.69	III	7	7	1.4		327.363	I	6	4	2.81
	285.60	III	5	7	5.1		390.748	I	4	6	1.66
	286.35	III	7	9	5.7		391.181	I	6	8	1.79
	287.20	III	3	5	4.7		393.338	I	6	6	0.162
	295.02	III	3	5	3.0		399.660	I	6	6	0.165
	296.48	III	5	7	4.0		402.039	I	4	4	1.63
	371.78	III	5	3	1.0		402.322	I	4	4	0.30
	383.83	III	5	5	1.3		402.368	I	6	6	1.65
	386.06	III	3	1	1.6		403.138	I	6	6	0.29
	425.36	III	5	7	1.2		403.686	I	6	4	0.079
	428.50	III	3	5	0.90	Sc	404.380	I	8	8	0.311
	309.75	IV	2	4	2.6		404.780	I	6	4	0.154
	311.77	IV	2	2	2.5		405.183	I	8	6	0.077
	211.67	I	4	4	0.20		405.454	I	4	2	0.167
	212.04	I	6	6	0.20		406.700	I	6	8	0.191
	226.23	I	4	4	0.058		406.763	I	10	8	0.041
	226.66	I	4	2	0.48		407.496	I	4	6	0.37
	227.09	I	6	4	0.46		407.856	I	2	4	0.43
	228.08	I	4	6	0.28		408.057	I	4	4	0.066
	228.96	I	6	6	0.041		408.239	I	6	4	0.273
	231.129	I	4	6	0.041		408.666	I	6	8	0.37
	231.569	I	4	4	0.25		408.747	I	4	6	0.112
Sc	232.032	I	6	6	0.24		409.312	I	4	4	0.123
	232.475	I	6	4	0.041		409.486	I	6	6	0.144
	232.819	I	4	6	0.046		409.836	I	8	8	0.087
	233.467	I	4	2	0.17		413.298	I	4	6	1.19
	234.603	I	6	4	0.13		414.027	I	6	8	1.17
	242.919	I	4	4	0.28		414.738	I	6	6	0.174
	243.863	I	6	6	0.21		416.185	I	8	8	0.177
	246.840	I	4	2	0.049		417.153	I	6	4	0.136
	269.278	I	4	2	0.161		418.642	I	6	8	0.084
	269.902	I	4	6	0.024		418.761	I	8	6	0.128
	270.674	I	4	4	0.31		419.353	I	4	6	0.061

元素	谱线波长 λ/nm		统计权重		跃迁概率 $A/10^8\text{s}^{-1}$	元素	谱线波长 λ/nm		统计权重		跃迁概率 $A/10^8\text{s}^{-1}$
			g_i	g_j					g_i	g_j	
	420.452	I	6	8	0.035		509.672	I	6	4	0.169
	420.520	I	10	8	0.112		509.927	I	4	6	0.150
	421.232	I	4	6	0.158		510.112	I	10	8	0.088
	421.248	I	6	6	0.086		533.179	I	4	4	0.111
	421.608	I	2	4	0.236		533.943	I	6	6	0.106
	421.823	I	4	4	0.226		534.107	I	4	2	0.38
	422.554	I	6	8	0.095		534.934	I	6	4	0.59
	422.569	I	4	6	0.076		535.028	I	8	8	0.068
	423.164	I	4	4	0.131		535.579	I	6	4	0.30
	423.359	I	6	6	0.40		535.610	I	8	6	0.57
	423.805	I	8	8	0.71		537.537	I	8	6	0.34
	423.955	I	6	4	0.227		539.206	I	10	8	0.42
	424.614	I	8	6	0.115		541.616	I	4	6	0.044
	454.255	I	6	4	0.128		541.641	I	6	6	0.020
	454.467	I	8	6	0.133		542.555	I	6	8	0.045
	470.694	I	4	6	0.281		542.942	I	2	4	0.090
	470.931	I	6	8	0.40		543.298	I	4	4	0.054
	471.172	I	2	4	0.181		543.325	I	6	4	0.097
	471.430	I	4	4	0.214		543.828	I	4	6	0.034
	471.931	I	6	4	0.104		543.904	I	2	2	0.174
	472.877	I	8	8	0.116		544.262	I	4	2	0.215
Sc	472.920	I	4	4	0.220	Sc	544.620	I	8	8	0.28
	472.924	I	6	6	0.193		545.137	I	6	6	0.150
	473.411	I	4	2	1.10		545.524	I	4	4	0.066
	473.765	I	6	4	0.88		546.495	I	4	2	0.032
	474.102	I	8	6	0.91		546.840	I	6	4	0.097
	474.382	I	10	8	0.98		547.219	I	8	6	0.097
	497.367	I	4	2	0.84		548.201	I	8	8	0.52
	498.036	I	6	4	0.56		548.463	I	6	6	0.52
	498.343	I	4	4	0.258		551.423	I	6	8	0.41
	499.191	I	6	6	0.38		552.052	I	8	10	0.43
	499.500	I	4	6	0.059		552.610	I	4	4	0.071
	501.841	I	6	4	0.209		554.107	I	6	6	0.055
	502.152	I	4	4	0.230		563.104	I	2	4	0.030
	506.431	I	8	10	0.073		567.183	I	10	12	0.54
	506.638	I	6	6	0.036		568.686	I	8	10	0.49
	507.017	I	6	8	0.116		570.019	I	6	8	0.46
	507.271	I	2	4	0.020		570.864	I	10	10	0.047
	507.582	I	4	6	0.115		571.179	I	4	6	0.45
	508.022	I	4	4	0.041		571.731	I	8	8	0.075
	508.156	I	10	10	0.76		572.413	I	6	6	0.074
	508.372	I	8	8	0.62		598.843	I	6	6	0.066
	508.555	I	6	6	0.57		602.616	I	4	4	0.072
	508.694	I	4	4	0.66		614.620	I	6	8	0.042

续表

元素	谱线波长①λ/nm		统计权重 g_i	g_j	跃迁概率 $A/10^8\mathrm{s}^{-1}$	元素	谱线波长①λ/nm		统计权重 g_i	g_j	跃迁概率 $A/10^8\mathrm{s}^{-1}$
Sc	619.843	I	4	6	0.035	Sc	334.323	II	9	7	1.1
	624.996	I	6	8	0.032		335.372	II	5	7	1.51
	626.222	I	4	6	0.084		335.967	II	5	5	0.216
	628.016	I	2	4	0.040		336.126	II	3	3	0.34
	628.416	I	6	6	0.039		336.193	II	3	1	1.17
	628.473	I	4	4	0.071		336.894	II	5	3	0.83
	629.302	I	2	2	0.104		337.215	II	7	5	0.99
	774.116	I	10	10	0.038		337.916	II	3	3	2.5
	780.042	I	8	8	0.051		353.571	II	5	3	0.61
	188.06	II	5	3	5.0		355.853	II	5	7	0.30
	206.43	II	7	5	2.2		356.770	II	3	5	0.35
	206.80	II	5	3	2.0		357.253	II	7	7	1.38
	227.31	II	1	3	7.7		357.634	II	5	5	1.06
	254.520	II	5	5	0.40		358.093	II	3	3	1.23
	255.235	II	7	5	2.21		358.963	II	5	3	0.46
	255.579	II	3	3	0.69		359.047	II	7	5	0.29
	256.023	II	5	3	2.01		361.383	II	7	9	1.48
	256.319	II	3	1	2.70		363.074	II	5	7	1.20
	261.119	II	5	5	2.2		364.278	II	3	5	1.13
	266.770	II	3	5	1.5		364.531	II	7	7	0.274
	274.636	II	3	1	3.9		365.180	II	5	5	0.30
	278.231	II	5	5	1.3		385.959	II	7	5	1.1
	278.915	II	7	7	1.3		424.682	II	5	5	1.29
	280.131	II	9	9	1.3		431.408	II	9	7	0.41
	281.949	II	3	5	2.3		432.075	II	7	5	0.40
	282.212	II	5	7	2.5		432.500	II	5	3	0.43
	282.664	II	7	9	2.8		437.446	II	9	9	0.148
	287.085	II	5	3	1.1		440.039	II	7	7	0.143
	291.298	II	5	3	1.1		441.554	II	5	5	0.147
	297.968	II	3	5	1.2		467.041	II	5	7	0.116
	298.892	II	5	7	2.9		503.101	II	5	3	0.35
	303.992	II	7	9	3.5		523.981	II	1	3	0.139
	304.573	II	5	7	3.68		552.679	II	9	7	0.33
	305.292	II	7	9	3.92		565.791	II	5	5	0.104
	306.054	II	7	7	0.30		566.906	II	3	1	0.131
	306.512	II	5	11	4.00	Si	197.76	I	1	3	0.18
	307.536	II	9	9	0.25		197.92	I	3	1	0.51
	312.827	II	3	3	1.9		198.06	I	3	3	0.13
	313.307	II	5	5	1.8		198.32	I	3	5	0.14
	313.972	II	7	7	2.1		198.64	I	5	3	0.21
	319.098	II	3	3	1.1		198.90	I	5	5	0.41
	319.933	II	5	3	1.9		220.80	I	1	3	0.311
	331.272	II	5	7	1.2		221.09	I	3	5	0.416
	332.040	II	5	3	1.2		221.17	I	3	3	0.232

元素	谱线波长① λ/nm		统计权重 g_i	统计权重 g_j	跃迁概率 $A/10^8s^{-1}$	元素	谱线波长① λ/nm		统计权重 g_i	统计权重 g_j	跃迁概率 $A/10^8s^{-1}$
	221.67	I	5	7	0.55		152.67	II	2	2	3.73
	221.81	I	5	5	0.138		153.35	II	4	2	7.4
	250.69	I	3	5	0.466		180.80	II	2	4	0.037
	251.43	I	1	3	0.61		290.43	II	4	6	0.67
	251.61	I	5	5	1.21		290.57	II	6	8	0.71
	251.92	I	3	3	0.456		321.00	II	4	6	0.46
	252.41	I	3	1	1.81		412.81	II	4	6	1.32
	252.85	I	5	3	0.77		413.09	II	6	8	1.42
	253.24	I	1	3	0.26		504.10	II	2	4	0.98
	263.13	I	1	3	0.97		505.60	II	4	6	1.2
	288.16	I	5	3	1.89		595.76	II	2	2	0.42
	390.55	I	1	3	0.118		597.89	II	4	2	0.81
	473.88	I	3	3	0.010		634.71	II	2	4	0.70
	478.30	I	5	3	0.017		637.14	II	2	2	0.69
	479.23	I	5	5	0.017		784.88	II	4	6	0.39
	481.81	I	5	7	0.011		784.97	II	6	8	0.42
	482.12	I	3	5	0.0080		129.45	III	3	5	5.42
	494.76	I	3	1	0.042		129.67	III	1	3	7.19
	500.61	I	3	5	0.028	Si	129.89	III	3	3	5.36
	562.22	I	3	3	0.016		130.33	III	5	3	8.85
	569.04	I	3	3	0.012		177.87	III	7	9	4.4
	570.84	I	5	5	0.014		178.31	III	5	7	3.8
Si	575.42	I	5	3	0.015		324.16	III	5	3	2.3
	577.21	I	3	1	0.036		348.69	III	15	21	1.8
	594.85	I	3	5	0.022		359.05	III	3	5	3.9
	722.62	I	3	5	0.0079		455.26	III	3	5	1.26
	740.58	I	3	5	0.037		456.78	III	3	3	1.25
	740.91	I	5	7	0.023		471.67	III	5	7	2.8
	768.03	I	3	5	0.046		547.31	III	5	7	0.79
	791.84	I	3	5	0.052		761.24	III	3	5	1.1
	793.23	I	5	7	0.051		106.66	IV	10	14	39.1
	794.40	I	7	9	0.058		112.25	IV	2	4	20.5
	797.03	I	5	5	0.0071		112.83	IV	4	4	4.03
	102.07	II	2	2	1.3		112.83	IV	4	6	24.2
	119.04	II	2	4	6.9		139.38	IV	2	4	7.73
	119.33	II	2	2	28		140.28	IV	2	2	7.58
	119.45	II	4	4	36		172.41	IV	10	6	5.5
	119.74	II	4	2	14		207.31	I	1	3	0.036
	124.84	II	4	4	13		219.93	I	3	5	0.29
	125.12	II	6	4	19		220.97	I	5	5	0.56
	126.04	II	2	4	20	Sn	224.61	I	1	3	1.6
	126.47	II	4	6	23		226.89	I	5	7	1.2
	130.44	II	2	2	3.6		228.67	I	5	5	0.31
	130.93	II	4	2	7.0		231.72	I	5	7	2.0

续表

元素	谱线波长^① λ/nm		统计权重		跃迁概率 $A/10^8 s^{-1}$	元素	谱线波长^① λ/nm		统计权重		跃迁概率 $A/10^8 s^{-1}$
			g_i	g_j					g_i	g_j	
Sn	233.48	I	3	3	0.66		603.77	I	5	5	0.050
	235.48	I	3	5	1.7		606.90	I	1	3	0.046
	238.07	I	3	5	0.031		607.35	I	3	1	0.063
	240.82	I	5	3	0.18		617.15	I	3	3	0.049
	242.17	I	5	7	2.5		236.83	II	4	2	0.0044
	242.95	I	5	7	1.5		244.90	II	4	6	0.37
	243.35	I	5	3	0.0080		248.70	II	6	8	0.55
	245.52	I	5	5	0.011		328.32	II	4	6	1.0
	247.64	I	5	3	0.011		335.20	II	6	8	1.0
	248.34	I	5	5	0.21	Sn	347.25	II	2	4	0.16
	249.18	I	1	3	0.17		357.55	II	4	6	0.13
	249.57	I	5	5	0.62		533.24	II	2	4	0.86
	252.39	I	5	3	0.074		556.20	II	4	6	1.2
	254.66	I	1	3	0.21		558.89	II	4	6	0.85
	255.80	I	1	3	0.34		559.62	II	4	4	0.15
	257.16	I	5	7	0.45		579.72	II	6	6	0.28
	259.44	I	5	5	0.30		579.92	II	6	8	0.81
	263.69	I	1	3	0.11		645.35	II	2	4	1.2
	266.12	I	3	3	0.11		676.15	II	2	2	0.32
	270.65	I	3	5	0.66		684.41	II	2	2	0.66
	276.18	I	5	5	0.0037		220.62	I	1	3	0.0066
Sn	277.98	I	5	7	0.18		221.13	I	1	3	0.0085
	278.50	I	5	3	0.14		221.78	I	1	3	0.012
	278.80	I	1	3	0.14		222.63	I	1	3	0.016
	281.26	I	1	3	0.23		223.77	I	1	3	0.023
	281.36	I	5	5	0.12		225.33	I	1	3	0.037
	284.00	I	5	5	1.7		227.53	I	1	3	0.067
	285.06	I	5	5	0.33		230.73	I	1	3	0.12
	286.33	I	1	3	0.54		235.43	I	1	3	0.18
	291.35	I	1	3	0.83		242.81	I	1	3	0.17
	300.91	I	3	3	0.38		256.95	I	1	3	0.053
	303.28	I	1	3	0.62		293.18	I	1	3	0.019
	303.41	I	3	1	2.0	Sr	460.73	I	1	3	2.01
	314.18	I	1	3	0.19		201.87	II	2	2	0.12
	317.51	I	5	3	1.0		205.19	II	4	2	0.24
	321.87	I	1	3	0.047		228.20	II	2	4	0.83
	322.36	I	5	5	0.0012		232.24	II	4	6	0.91
	326.23	I	5	3	2.7		232.45	II	4	4	0.15
	333.06	I	5	5	0.20		242.35	II	2	2	0.24
	365.58	I	1	3	0.041		247.16	II	4	2	0.48
	380.10	I	5	3	0.28		346.45	II	4	6	3.1
	452.47	I	1	3	0.26		347.49	II	4	4	0.51
	563.17	I	1	3	0.024		407.77	II	2	4	1.42
	597.03	I	5	3	0.096		416.18	II	2	2	0.65

元素	谱线波长[①] λ/nm		统计权重		跃迁概率 $A/10^8 s^{-1}$	元素	谱线波长[①] λ/nm		统计权重		跃迁概率 $A/10^8 s^{-1}$
			g_i	g_j					g_i	g_j	
Sr	421.55	II	2	2	1.27		337.758	I	7	5	0.69
	430.55	II	4	2	1.4		338.594	I	9	7	0.50
	441.48	II	4	6	0.11		363.546	I	5	7	0.804
	441.75	II	4	4	0.018		364.268	I	7	9	0.774
	458.59	II	4	2	0.070		365.350	I	9	11	0.754
	530.31	II	2	4	0.19		372.457	I	9	9	0.91
	537.91	II	4	6	0.22		372.516	I	5	3	0.73
	538.55	II	4	4	0.037		372.981	I	5	5	0.427
	572.37	II	2	2	0.071		374.106	I	7	7	0.417
	581.90	II	4	2	0.14		375.286	I	9	9	0.504
	868.89	II	4	6	0.55		378.604	I	5	3	1.4
Ti	227.675	I	7	5	1.3		394.867	I	5	3	0.485
	228.000	I	9	7	0.94		395.634	I	7	5	0.300
	229.986	I	5	5	0.69		395.821	I	9	7	0.405
	230.275	I	7	7	0.57		398.176	I	5	5	0.376
	230.569	I	9	9	0.52		398.976	I	7	7	0.379
	242.426	I	9	9	0.17		399.864	I	9	9	0.408
	252.054	I	5	3	0.38		401.324	I	7	5	0.20
	252.987	I	7	5	0.38		405.501	I	1	3	0.28
	254.192	I	9	7	0.43		406.026	I	3	5	0.24
	259.991	I	5	5	0.67		406.420	I	3	3	0.24
	260.516	I	7	7	0.64		406.509	I	3	1	0.70
	261.129	I	9	9	0.64	Ti	418.612	I	9	9	0.210
	261.147	I	7	5	0.33		426.623	I	5	5	0.31
	261.994	I	9	7	0.21		428.499	I	5	5	0.32
	263.155	I	7	7	0.17		428.907	I	5	5	0.30
	263.242	I	5	5	0.27		429.093	I	3	3	0.45
Ti	264.112	I	5	3	1.8		429.575	I	3	1	1.3
	264.428	I	7	5	1.4		439.393	I	9	11	0.33
	264.665	I	9	7	1.5		441.727	I	11	9	0.36
	273.327	I	5	5	1.9		444.914	I	11	11	0.97
	273.530	I	3	1	4.1		445.090	I	9	9	0.96
	291.207	I	5	7	1.3		445.331	I	5	5	0.598
	294.200	I	5	5	1.0		445.371	I	7	7	0.47
	294.826	I	7	7	0.93		445.532	I	7	7	0.48
	295.613	I	9	9	0.97		445.743	I	9	9	0.56
	295.680	I	7	5	0.18		446.581	I	5	7	0.328
	318.645	I	5	7	0.80		448.126	I	7	7	0.57
	319.199	I	7	9	0.85		449.615	I	7	5	0.44
	319.992	I	9	11	0.94		451.802	I	7	9	0.172
	334.188	I	5	7	0.65		452.280	I	5	7	0.19
	335.463	I	7	9	0.69		452.731	I	3	5	0.22
	337.044	I	5	3	0.76		453.324	I	11	11	0.883
	337.145	I	9	11	0.72		453.478	I	9	9	0.687

续表

元素	谱线波长[①] λ/nm		统计权重		跃迁概率 $A/10^8 s^{-1}$	元素	谱线波长[①] λ/nm		统计权重		跃迁概率 $A/10^8 s^{-1}$
			g_i	g_j					g_i	g_j	
	454.469	I	5	3	0.33		253.463	II	6	4	0.54
	454.876	I	7	5	0.285		253.589	II	4	2	0.68
	455.245	I	9	7	0.21		255.599	II	6	8	0.32
	456.343	I	9	11	0.21		263.544	II	4	4	1.9
	461.727	I	7	9	0.851		263.856	II	6	6	1.7
	462.310	I	5	7	0.574		264.202	II	8	8	1.9
	463.994	I	3	3	0.664		264.586	II	10	10	2.7
	464.043	I	3	1	0.50		274.654	II	6	8	2.6
	464.519	I	3	1	0.857		275.159	II	8	10	3.7
	465.002	I	5	3	0.26		275.268	II	8	10	1.1
	474.279	I	9	9	0.53		275.762	II	6	8	0.72
	475.812	I	11	11	0.713		275.835	II	4	6	0.99
	475.927	I	13	13	0.740		275.879	II	2	4	0.44
	477.826	I	9	9	0.20		276.428	II	4	4	0.74
	480.542	I	5	7	0.58		280.482	II	6	8	4.6
	484.087	I	5	5	0.176		281.030	II	8	10	5.1
	485.601	I	13	15	0.52		281.783	II	10	12	3.8
	488.508	I	11	13	0.490		281.987	II	8	8	0.65
	491.362	I	7	9	0.444		282.126	II	6	8	0.79
	492.834	I	3	5	0.62		282.712	II	8	10	1.0
	498.173	I	11	13	0.660		282.806	II	12	14	4.4
Ti	498.914	I	7	5	0.325	Ti	282.864	II	6	6	1.2
	499.107	I	9	11	0.584		282.883	II	10	10	0.91
	499.950	I	7	9	0.527		283.402	II	10	12	0.79
	500.099	I	9	7	0.352		283.647	II	8	8	1.2
	500.721	I	5	7	0.492		283.964	II	12	12	0.83
	501.428	I	3	5	0.68		284.593	II	10	10	1.2
	503.647	I	7	9	0.394		285.111	II	2	4	0.41
	503.840	I	5	7	0.387		285.610	II	12	12	1.5
	506.211	I	5	3	0.298		286.233	II	4	6	0.40
	522.269	I	3	3	0.195		287.747	II	8	8	0.57
	522.430	I	11	11	0.36		288.413	II	10	10	0.52
	525.998	I	5	7	0.23		291.065	II	8	8	0.46
	535.107	I	7	7	0.34		292.664	II	10	8	0.89
	550.390	I	11	9	0.26		293.110	II	6	6	3.2
	577.404	I	9	11	0.55		293.602	II	4	6	2.7
	578.598	I	11	13	0.61		293.857	II	6	8	2.4
	580.427	I	13	15	0.68		294.190	II	8	10	1.8
	609.866	I	9	7	0.25		294.297	II	8	8	1.1
	622.046	I	9	7	0.18		294.530	II	10	12	2.7
	244.091	II	4	4	0.51		295.200	II	8	8	0.30
	245.118	II	6	6	0.45		295.459	II	10	12	4.0
	252.559	II	10	8	0.56		295.880	II	8	10	4.0
	253.128	II	8	6	0.49		297.906	II	4	6	1.2

续表

元素	谱线波长[①] λ/nm		统计权重 g_i	g_j	跃迁概率 $A/10^8 s^{-1}$	元素	谱线波长[①] λ/nm		统计权重 g_i	g_j	跃迁概率 $A/10^8 s^{-1}$
	299.006	II	6	8	0.56		327.828	II	4	4	0.96
	301.717	II	12	12	0.36		327.891	II	6	4	1.0
	302.264	II	10	10	1.2		328.232	II	2	2	1.6
	302.367	II	8	8	1.0		328.766	II	8	10	1.4
	302.976	II	10	10	0.35		331.532	II	2	4	0.38
	305.675	II	2	4	0.32		332.170	II	4	4	0.72
	305.808	II	6	6	0.50		332.294	II	10	10	0.396
	306.634	II	4	4	0.33		332.946	II	8	8	0.325
	307.125	II	6	4	0.36		333.211	II	6	4	1.1
	307.299	II	4	2	1.6		334.034	II	4	4	0.36
	307.523	II	6	6	1.13		336.123	II	8	10	1.1
	307.865	II	8	6	1.09		337.280	II	6	8	1.11
	308.152	II	10	8	1.1		338.377	II	4	6	1.09
	308.804	II	10	8	1.25		345.249	II	2	2	0.77
	308.944	II	8	6	1.3		345.640	II	4	4	0.82
	309.720	II	4	4	0.44		346.556	II	4	2	0.41
	310.381	II	10	8	1.1		348.363	II	10	8	0.97
	310.510	II	2	4	0.63		349.237	II	8	6	0.98
	310.626	II	6	6	0.78		350.490	II	10	10	0.82
	311.767	II	4	2	1.1		351.086	II	8	6	0.93
	311.983	II	6	4	0.59		352.027	II	2	4	0.48
Ti	312.786	II	6	6	1.6	Ti	353.541	II	4	6	0.55
	312.850	II	8	8	1.1		364.133	II	4	2	0.49
	316.123	II	4	2	0.59		370.623	II	4	4	0.31
	316.180	II	6	4	0.46		374.164	II	6	6	0.62
	316.259	II	8	6	0.39		375.770	II	4	4	0.41
	316.855	II	10	8	0.41		375.930	II	8	8	0.94
	318.173	II	6	8	0.46		376.133	II	6	6	0.99
	318.254	II	4	6	0.43		491.118	II	6	4	0.32
	318.949	II	4	4	0.92		100.237	III	5	5	7.6
	319.091	II	6	8	1.3		100.467	III	7	5	43
	320.256	II	4	6	1.1		100.580	III	3	3	13
	322.425	II	12	10	0.70		100.716	III	5	3	38
	322.862	II	4	2	2.0		100.812	III	3	1	51
	323.229	II	8	6	0.60		128.637	III	9	9	2.0
	323.451	II	10	10	1.38		128.930	III	7	7	2.2
	323.613	II	4	4	0.70		129.162	III	5	5	2.4
	323.658	II	8	8	1.11		129.323	III	9	7	1.0
	323.904	II	6	6	0.987		129.897	III	7	5	4.9
	323.966	II	6	4	0.94		132.759	III	5	3	3.2
	324.199	II	4	4	1.16		142.044	III	1	3	1.2
	325.191	II	6	4	0.338		142.163	III	3	1	4.0
	325.292	II	8	6	0.39		142.241	III	5	5	3.0
	327.207	II	2	4	0.32		142.414	III	5	3	1.6

元素	谱线波长① λ/nm		统计权重 g_i	g_j	跃迁概率 $A/10^8 s^{-1}$	元素	谱线波长① λ/nm		统计权重 g_i	g_j	跃迁概率 $A/10^8 s^{-1}$
	145.519	III	9	7	6.4		437.894	III	3	5	1.6
	149.870	III	5	5	2.8		443.391	III	11	13	1.8
	200.736	III	3	3	3.4		444.066	III	1	3	1.2
	200.760	III	1	3	1.2		453.326	III	3	5	1.5
	201.080	III	5	3	5.4		457.653	III	9	7	1.3
	209.730	III	5	7	3.3		462.807	III	3	1	1.5
	209.986	III	3	5	2.5		465.286	III	7	9	2.6
	210.486	III	3	3	1.1		487.400	III	5	7	1.5
	210.509	III	1	3	1.7	Ti	497.119	III	9	11	2.1
	219.922	III	3	3	5.7		750.687	III	11	13	1.1
	223.777	III	7	7	2.4		118.364	IV	2	2	6.9
	233.135	III	3	1	4.3		206.756	IV	2	4	5.1
	233.166	III	3	3	1.2		210.316	IV	2	2	5.0
	233.900	III	5	3	3.0		254.179	IV	4	6	6.9
	234.679	III	7	5	3.3		254.688	IV	6	8	7.4
	237.499	III	5	3	4.0		286.260	IV	4	2	4.1
	241.399	III	5	7	3.8		357.644	IV	4	6	4.6
	251.605	III	7	9	3.4		210.46	I	2	4	0.040
	256.756	III	3	3	2.3		211.89	I	2	2	0.020
	298.475	III	5	5	1.9		212.93	I	2	4	0.058
	306.651	III	3	3	2.5		215.19	I	2	2	0.031
Ti	322.889	III	3	3	1.5		216.86	I	2	4	0.098
	327.831	III	7	9	3.4		223.78	I	2	4	0.19
	332.094	III	3	5	2.8		231.60	I	2	2	0.078
	334.020	III	7	9	3.7		237.97	I	2	4	0.44
	334.618	III	9	11	3.7		250.79	I	4	2	0.011
	335.471	III	11	13	4.4		253.82	I	4	2	0.016
	339.724	III	3	1	1.8		258.01	I	2	2	0.18
	340.446	III	3	3	1.8		260.90	I	4	6	0.10
	341.762	III	3	5	1.9	Tl	260.98	I	4	4	0.019
	391.547	III	9	11	2.1		266.56	I	4	2	0.057
	411.914	III	5	5	0.99		270.92	I	4	6	0.17
	421.326	III	9	11	2.2		271.07	I	4	4	0.037
	421.553	III	9	11	2.2		276.79	I	2	4	1.26
	424.762	III	11	13	1.1		282.62	II	4	2	0.080
	424.854	III	5	7	2.3		291.83	I	4	6	0.42
	425.009	III	3	5	0.95		292.15	I	4	4	0.076
	425.901	III	11	13	0.94		322.98	I	4	2	0.173
	426.984	III	9	11	1.7		351.92	I	4	6	1.24
	428.561	III	13	15	3.0		352.94	I	4	4	0.220
	428.866	III	11	13	1.1		377.57	I	2	2	0.625
	429.670	III	11	13	1.6		535.05	I	4	2	0.705
	431.956	III	9	11	1.1	Tm	251.38	I	8	10	0.069
	434.325	III	3	1	1.0		252.70	I	8	8	0.17

续表

元素	谱线波长① λ/nm		统计权重 g_i	g_j	跃迁概率 $A/10^8 s^{-1}$	元素	谱线波长① λ/nm		统计权重 g_i	g_j	跃迁概率 $A/10^8 s^{-1}$
	259.65	I	8	10	0.16		468.19	I	6	8	0.039
	260.11	I	8	6	0.17		469.11	I	6	6	0.039
	262.25	I	8	10	0.061	Tm	530.71	I	8	10	0.023
	284.11	I	6	6	0.20		565.83	I	6	8	0.010
	285.42	I	8	6	0.27		567.58	I	8	10	0.013
	291.48	I	8	8	0.077		576.02	I	6	6	0.013
	293.30	I	8	6	0.10		355.30	I	13	13	0.020
	297.32	I	8	8	0.23		355.30	I	9	7	0.014
	304.69	I	8	8	0.18		355.34	I	15	13	0.022
	308.11	I	8	8	0.19		355.45	I	11	9	0.0084
	312.25	I	6	6	0.52		355.49	I	15	17	0.0079
	314.24	I	6	6	0.088		355.53	I	13	15	0.027
	317.27	I	8	8	0.18		355.58	I	13	11	0.0041
	323.37	I	8	10	0.051		355.69	I	13	11	0.0075
	324.70	I	6	8	0.30		355.78	I	13	13	0.029
	325.18	I	6	4	0.52		355.80	I	11	13	0.016
	338.07	I	6	8	0.20		355.86	I	9	7	0.039
	340.60	I	6	8	0.15		355.94	I	7	9	0.015
	341.01	I	8	10	0.10		356.03	I	9	7	0.064
	341.66	I	8	8	0.057		356.14	I	15	13	0.055
	341.86	I	6	6	0.11		356.15	I	9	9	0.025
Tm	356.39	I	8	6	0.098		356.18	I	13	11	0.057
	356.74	I	8	10	0.042		356.37	I	13	13	0.029
	374.41	I	8	8	0.95		356.38	I	7	7	0.011
	375.18	I	8	10	0.19		356.50	I	13	11	0.029
	379.85	I	6	4	1.2	U	356.60	I	13	15	0.017
	380.77	I	6	6	0.39		356.66	I	11	11	0.24
	388.31	I	8	6	1.0		356.88	I	13	13	0.038
	388.74	I	8	8	0.38		356.91	I	17	15	0.11
	391.65	I	6	8	1.5		356.94	I	9	9	0.015
	394.93	I	6	6	1.0		357.01	I	13	11	0.013
	402.26	I	6	8	0.040		357.02	I	11	9	0.0053
	404.45	I	6	4	0.29		357.06	I	13	15	0.027
	409.42	I	8	6	0.90		357.07	I	15	15	0.012
	410.58	I	8	10	0.60		357.12	I	11	11	0.0063
	413.83	I	6	4	0.70		357.16	I	17	15	0.13
	415.86	I	6	8	0.055		357.29	I	13	15	0.015
	418.76	I	6	8	0.61		357.39	I	13	11	0.040
	420.37	I	8	10	0.25		357.41	I	13	15	0.035
	422.27	I	6	8	0.15		357.48	I	13	15	0.019
	427.17	I	6	6	0.11		357.71	I	17	15	0.043
	435.99	I	8	6	0.13		357.75	I	15	13	0.0078
	438.64	I	8	8	0.042		357.78	I	11	11	0.0083
	439.44	I	6	4	0.11		357.79	I	13	13	0.023
	464.31	I	6	6	0.034		357.83	I	13	11	0.020

元素	谱线波长① λ/nm	统计权重 g_i	g_j	跃迁概率 $A/10^8 s^{-1}$	元素	谱线波长① λ/nm	统计权重 g_i	g_j	跃迁概率 $A/10^8 s^{-1}$
U	358.00 I	9	9	0.012		321.887 I	8	6	0.35
	358.02 I	11	9	0.029		323.319 I	10	8	0.32
	358.04 I	11	13	0.0075		327.303 I	8	8	0.27
	358.09 I	13	13	0.021		328.436 I	10	10	0.28
	358.26 I	13	13	0.029		330.918 I	4	4	0.32
	358.46 I	7	5	0.024		332.985 I	6	4	0.77
	358.49 I	13	15	0.18		335.635 I	4	6	0.31
	358.54 I	11	11	0.019		336.555 I	2	4	0.48
	358.58 I	11	9	0.028		337.605 I	4	4	0.32
	358.78 I	9	11	0.013		337.739 I	4	2	0.90
	358.83 I	7	9	0.018		337.762 I	6	6	0.60
	358.97 I	11	13	0.021		339.758 I	6	4	0.23
	358.98 I	15	13	0.059		340.039 I	8	8	0.25
	359.07 I	9	7	0.022		352.973 I	4	6	0.41
	359.17 I	11	9	0.053		353.368 I	6	8	0.52
	359.30 I	11	11	0.014		353.376 I	2	2	0.37
	359.32 I	13	15	0.042		354.349 I	2	2	0.67
	359.37 I	11	11	0.072		354.533 I	4	4	0.37
V	304.312 I	6	8	0.23		355.327 I	6	6	0.22
	305.039 I	10	8	0.53		355.514 I	4	2	0.26
	305.365 I	4	4	1.3	V	366.360 I	4	6	3.1
	305.633 I	6	6	1.3		366.774 I	6	8	2.7
	306.046 I	8	8	1.4		367.241 I	12	12	0.92
	306.637 I	10	10	2.1		367.341 I	8	10	2.7
	306.653 I	6	4	0.32		367.670 I	14	14	1.3
	307.593 I	4	6	0.28		368.012 I	10	12	2.2
	308.033 I	2	4	0.27		368.626 I	10	12	0.23
	308.354 I	6	8	0.25		368.750 I	12	14	2.9
	308.706 I	2	2	0.92		368.807 I	8	8	0.35
	308.811 I	4	6	0.49		369.028 I	2	4	0.45
V	308.913 I	4	4	0.53		369.222 I	6	6	0.54
	309.379 I	6	6	0.41		369.534 I	14	16	2.8
	309.469 I	2	4	0.43		369.586 I	4	4	0.66
	311.292 I	4	2	0.50		370.357 I	10	8	0.92
	318.341 I	6	8	2.4		370.470 I	8	6	0.66
	318.396 I	8	10	2.5		370.504 I	6	4	0.36
	318.398 I	4	6	2.4		370.603 I	10	10	0.52
	318.538 I	10	12	2.7		370.871 I	12	12	0.44
	319.801 I	6	6	0.39		379.046 I	10	8	0.23
	320.239 I	8	8	0.40		379.496 I	10	10	0.23
	320.558 I	8	10	1.3		380.679 I	10	10	0.25
	320.741 I	10	10	0.26		381.824 I	4	2	0.673
	321.243 I	10	12	1.4		382.856 I	6	4	0.533

续表

元素	谱线波长[①] λ/nm		统计权重 g_i	统计权重 g_j	跃迁概率 $A/10^8 s^{-1}$	元素	谱线波长[①] λ/nm		统计权重 g_i	统计权重 g_j	跃迁概率 $A/10^8 s^{-1}$
	384.075	I	8	6	0.548		438.998	I	6	8	0.69
	385.536	I	4	4	0.330		439.522	I	4	6	0.55
	385.585	I	10	8	0.578		440.057	I	2	4	0.34
	386.386	I	8	6	0.31		440.664	I	10	10	0.22
	386.486	I	6	6	0.270		440.763	I	8	8	0.44
	387.107	I	10	8	0.28		440.820	I	6	6	0.60
	387.507	I	8	8	0.236		441.647	I	4	2	0.26
	390.226	I	10	10	0.268		445.201	I	14	16	0.92
	392.186	I	4	2	0.27		445.775	I	10	12	0.27
	392.243	I	6	6	0.26		446.033	I	10	8	0.30
	393.002	I	10	10	0.33		446.236	I	12	14	0.76
	393.401	I	8	8	0.62		446.800	I	8	10	0.23
	399.280	I	12	10	1.2		446.971	I	10	12	0.62
	399.873	I	14	12	1.0		447.404	I	10	8	0.47
	405.096	I	10	10	1.4		449.606	I	8	6	0.40
	405.135	I	12	12	1.3		451.418	I	6	4	0.33
	409.057	I	8	10	0.85		452.421	I	12	10	0.30
	409.268	I	8	10	0.230		452.517	I	4	2	0.41
	409.548	I	6	8	0.72		452.958	I	10	8	0.24
	409.978	I	6	8	0.410		454.540	I	10	12	0.76
	410.215	I	4	6	0.71		456.072	I	8	10	0.70
V	410.477	I	10	8	2.1	V	457.179	I	6	8	0.60
	410.516	I	4	6	0.49		457.873	I	4	6	0.68
	410.978	I	2	4	0.500		470.616	I	6	4	0.24
	411.178	I	10	10	1.01		475.747	I	4	2	0.76
	411.518	I	8	8	0.580		476.662	I	6	4	0.56
	411.647	I	6	6	0.32		477.636	I	8	6	0.51
	411.659	I	2	2	0.290		478.650	I	10	8	0.47
	412.350	I	4	2	1.00		479.692	I	12	10	0.48
	412.806	I	6	4	0.770		480.752	I	14	12	0.58
	413.199	I	8	6	0.55		519.300	I	12	12	0.40
	413.449	I	10	8	0.290		519.539	I	8	8	0.23
	423.246	I	10	10	0.98		523.408	I	10	10	0.49
	423.295	I	8	8	0.77		524.087	I	12	12	0.43
	426.864	I	14	14	1.2		541.525	I	12	14	0.31
	427.155	I	12	12	0.96		548.791	I	12	10	0.29
	427.695	I	10	10	0.94		550.775	I	10	8	0.35
	428.405	I	8	8	1.2		609.021	I	8	6	0.260
	429.182	I	12	14	0.88		252.790	II	13	13	0.61
	429.610	I	10	12	0.77		252.847	II	9	9	0.52
	429.767	I	8	10	0.70		252.883	II	11	11	0.53
	429.803	I	6	8	0.78		255.404	II	9	9	0.54
	437.923	I	10	12	1.1		258.910	II	9	9	0.77
	438.471	I	8	10	1.1		264.086	II	5	7	1.2

续表

元素	谱线波长[①] λ/nm		统计权重		跃迁概率 A/10^8s^{-1}	元素	谱线波长[①] λ/nm		统计权重		跃迁概率 A/10^8s^{-1}
			g_i	g_j					g_i	g_j	
	267.780	II	3	5	0.34		297.226	II	5	7	0.52
	267.933	II	7	7	0.34		297.398	II	9	11	0.35
	268.309	II	1	3	0.34		298.518	II	7	9	0.44
	268.796	II	9	9	0.76		300.120	II	7	7	0.75
	268.988	II	3	1	0.92		301.482	II	5	3	0.89
	269.025	II	7	5	0.34		301.678	II	7	5	0.50
	269.079	II	5	3	0.52		302.021	II	9	7	0.50
	270.094	II	9	11	0.35		304.821	II	11	13	0.70
	270.617	II	7	9	0.34		306.325	II	9	11	1.0
	273.422	II	9	7	0.62		310.094	II	7	7	0.58
	275.341	II	13	11	0.42		311.356	II	11	11	0.50
	278.420	II	9	9	1.3		312.289	II	11	13	0.76
	278.791	II	7	9	0.50		313.493	II	13	13	0.59
	282.586	II	9	7	1.2		313.650	II	11	11	0.53
	284.382	II	7	5	0.99		313.973	II	9	9	0.52
	284.757	II	9	7	0.46		315.132	II	3	5	0.44
	285.434	II	11	9	0.50		319.069	II	9	9	0.33
	286.231	II	11	11	0.36		325.078	II	11	9	0.52
	286.811	II	5	3	2.1		325.187	II	5	7	0.35
	286.913	II	13	11	0.48		327.112	II	7	9	0.69
	288.249	II	5	5	0.42		327.612	II	9	11	0.52
	288.478	II	3	3	0.56		327.984	II	9	11	0.58
V	288.961	II	3	1	1.9	V	328.771	II	5	7	0.75
	289.164	II	5	3	1.4		333.785	II	5	7	0.53
	289.243	II	9	9	0.36		351.730	II	9	7	0.38
	289.265	II	7	5	1.3		353.077	II	5	3	0.45
	289.331	II	9	7	1.2		354.519	II	7	5	0.43
	290.307	II	3	5	0.34		355.680	II	9	7	0.51
	290.645	II	7	7	0.78		359.201	II	7	5	0.44
	290.881	II	11	9	1.6		361.892	II	3	5	0.33
	291.001	II	5	5	1.1		231.806	III	8	10	4.6
	291.038	II	3	3	1.2		232.382	III	6	8	3.8
	291.105	II	7	9	0.37		233.042	III	10	10	3.2
	291.246	II	11	9	0.50		233.175	III	8	8	2.5
	291.588	II	9	7	0.49		233.421	III	6	6	2.2
	292.402	II	11	11	1.7		233.713	III	4	4	2.7
	292.463	II	9	9	1.2		234.310	III	6	8	3.6
	293.080	II	7	7	0.58		235.873	III	6	8	4.2
	294.137	II	11	9	0.35		236.631	III	8	10	4.2
	294.457	II	9	7	0.76		237.106	III	10	12	5.2
	294.808	II	9	11	0.40		237.306	III	4	6	2.9
	295.207	II	7	5	0.72		238.246	III	8	10	5.0
	295.558	II	7	9	0.33		239.358	III	6	8	4.3
	296.837	II	7	9	0.70		240.418	III	4	6	2.5

续表

元素	谱线波长[①] λ/nm		统计权重 g_i	统计权重 g_j	跃迁概率 $A/10^8 s^{-1}$	元素	谱线波长[①] λ/nm		统计权重 g_i	统计权重 g_j	跃迁概率 $A/10^8 s^{-1}$
	251.614	III	10	10	3.7		108.54	I	1	3	0.410
	252.155	III	8	8	3.5		109.97	I	1	3	0.434
	254.821	III	6	4	2.0		111.07	I	1	3	1.5
	255.422	III	8	6	1.2		112.93	I	1	3	0.044
	259.305	III	6	6	2.8		117.04	I	1	3	1.6
	259.510	III	8	8	2.8		119.20	I	1	3	6.2
	107.105	IV	5	5	6.1		125.02	I	1	3	0.14
	111.220	IV	7	7	6.3		129.56	I	1	3	2.5
	112.784	IV	7	5	8.9		146.96	I	1	3	2.8
	113.126	IV	9	7	9.4		450.10	I	5	3	0.0062
	124.372	IV	3	1	9.4		452.47	I	5	5	0.0021
	130.542	IV	5	7	7.0		462.43	I	5	5	0.0072
	130.806	IV	7	9	7.9		467.12	I	5	7	0.010
	130.950	IV	5	5	8.7		480.70	I	3	1	0.024
	131.272	IV	7	7	8.6		711.96	I	7	9	0.066
	131.757	IV	5	7	8.7		796.73	I	1	3	0.0030
	132.192	IV	7	9	9.9		840.92	I	5	3	0.010
	133.036	IV	1	3	6.0		418.01	II	4	4	2.2
	133.246	IV	5	3	7.5		433.05	II	6	8	1.4
V	133.449	IV	9	9	8.3	Xe	441.48	II	6	6	1.0
	140.042	IV	5	7	7.5		460.30	II	4	4	0.82
	140.362	IV	7	9	8.4		484.43	II	6	8	1.1
	142.372	IV	3	5	7.1		487.65	II	6	8	0.63
	145.104	IV	3	3	7.0		526.04	II	2	4	0.22
	152.014	IV	5	7	7.2		526.20	II	4	4	0.85
	180.618	IV	5	3	7.3		529.22	II	6	6	0.89
	180.985	IV	3	1	7.2		537.24	II	4	2	0.71
	186.156	IV	5	7	6.6		541.92	II	4	6	0.62
	193.907	IV	7	9	5.8		543.90	II	4	2	0.74
	212.005	IV	7	9	8.1		547.26	II	8	8	0.099
	214.120	IV	3	5	7.0		553.11	II	8	6	0.088
	214.683	IV	7	9	6.6		571.96	II	4	6	0.061
	215.109	IV	7	9	4.3		597.65	II	4	4	0.28
	244.680	IV	9	11	5.3		603.62	II	6	6	0.075
	257.072	IV	9	11	7.6		605.12	II	8	6	0.17
	328.456	IV	7	9	5.3		609.76	II	6	4	0.26
	349.642	IV	7	9	4.4		627.08	II	4	6	0.18
	351.425	IV	9	11	4.7		627.75	II	4	6	0.036
	104.38	I	1	3	0.59		680.57	II	8	6	0.061
	104.71	I	1	3	1.3		699.09	II	10	8	0.27
	105.01	I	1	3	0.085		294.841	I	4	4	0.35
Xe	105.61	I	1	3	2.45		297.459	I	4	6	0.35
	106.12	I	1	3	0.19	Y	298.425	I	6	8	0.48
	106.82	I	1	3	3.99		299.526	I	6	4	0.051

元素	谱线波长[①] λ/nm		统计权重		跃迁概率 $A/10^8 s^{-1}$	元素	谱线波长[①] λ/nm		统计权重		跃迁概率 $A/10^8 s^{-1}$
			g_i	g_j					g_i	g_j	
	299.694	I	4	6	0.084		478.103	I	8	10	0.10
	300.526	I	4	4	0.048		479.930	I	6	8	0.16
	302.228	I	6	6	0.066		480.431	I	6	4	0.26
	304.536	I	6	6	0.107		480.480	I	4	4	0.384
	305.395	I	6	4	0.0019		482.163	I	6	6	0.10
	315.565	I	4	6	0.0027		484.567	I	8	8	0.68
	317.284	I	4	4	0.0099		485.268	I	6	6	0.62
	318.596	I	6	8	0.0012		485.671	I	6	6	0.20
	320.938	I	6	6	0.0030		485.984	I	4	4	0.726
	322.716	I	6	4	0.00110		489.344	I	6	4	0.22
	348.405	I	4	6	0.012		490.008	I	8	6	0.20
	354.966	I	6	6	0.0010		490.611	I	10	8	0.12
	355.269	I	4	4	0.23		495.001	I	8	6	0.020
	407.736	I	4	6	1.1		496.349	I	4	4	0.014
	408.371	I	4	4	0.25		498.197	I	4	6	0.0047
	410.236	I	6	8	1.3		500.444	I	6	4	0.012
	412.830	I	6	6	1.6		520.501	I	4	4	0.0084
	414.284	I	4	4	1.6		525.847	I	6	6	0.0029
	416.751	I	6	6	0.238		527.182	I	8	6	0.011
	423.593	I	6	4	0.30		538.063	I	6	4	0.32
	435.240	I	4	4	0.0067		538.124	I	4	4	0.0099
	437.933	I	6	4	0.783		538.839	I	6	8	0.011
Y	438.547	I	4	4	0.069	Y	539.081	I	8	6	0.029
	439.401	I	8	8	0.019		540.188	I	6	8	0.0060
	440.970	I	4	6	0.0027		542.436	I	6	4	0.347
	441.743	I	10	8	0.032		546.624	I	4	4	0.10
	443.734	I	6	6	0.0864		546.647	I	10	12	0.63
	444.365	I	10	8	0.11		546.910	I	4	6	0.0036
	445.901	I	4	6	0.018		551.365	I	6	6	0.239
	447.695	I	8	6	0.28		551.988	I	4	6	0.012
	449.174	I	10	10	0.023		552.643	I	6	4	0.0039
	451.401	I	4	6	0.334		552.756	I	8	10	0.54
	452.778	I	8	6	0.833		554.163	I	8	8	0.052
	453.409	I	6	8	0.044		555.100	I	4	4	0.069
	454.431	I	6	6	0.410		557.303	I	6	4	0.018
	455.936	I	2	4	0.40		559.412	I	6	8	0.050
	458.133	I	6	4	0.15		560.634	I	10	10	0.0584
	461.300	I	6	4	0.18		561.996	I	6	4	0.020
	464.370	I	4	6	0.18		563.014	I	4	6	0.49
	465.378	I	4	6	0.16		564.178	I	2	4	0.019
	467.485	I	6	8	0.13		567.527	I	6	6	0.093
	472.584	I	4	4	0.15		567.564	I	4	6	0.043
	476.296	I	6	4	0.042		569.363	I	4	4	0.11
	478.016	I	2	4	0.089		571.494	I	8	6	0.020

元素	谱线波长① λ/nm		统计权重 g_i	g_j	跃迁概率 $A/10^8 s^{-1}$	元素	谱线波长① λ/nm		统计权重 g_i	g_j	跃迁概率 $A/10^8 s^{-1}$
	572.925	I	6	6	0.0022		393.066	II	5	5	0.021
	573.209	I	6	6	0.075		395.036	II	3	5	0.280
	574.022	I	8	6	0.040		395.159	II	5	3	0.015
	575.759	I	4	6	0.0076		398.260	II	5	5	0.27
	578.836	I	4	4	0.0094		412.491	II	5	7	0.018
	584.413	I	6	4	0.0056		417.754	II	5	5	0.527
	587.993	I	4	2	0.085		419.927	II	3	5	0.00536
	590.291	I	6	8	0.040		420.469	II	1	3	0.0220
	608.794	I	6	4	0.11		423.573	II	5	5	0.023
	619.172	I	4	4	0.047		430.962	II	7	5	0.129
	622.258	I	4	6	0.0059		435.873	II	3	3	0.0555
	640.201	I	6	4	0.0027		437.495	II	5	5	0.997
	643.502	I	6	6	0.040		439.801	II	5	3	0.116
	643.717	I	10	8	0.048		442.259	II	3	1	0.183
	653.857	I	10	10	0.15		468.233	II	5	5	0.019
	662.248	I	8	6	0.0045		478.658	II	7	7	0.021
	681.515	I	2	4	0.0718		482.331	II	5	5	0.043
	700.989	I	2	4	0.044		485.487	II	5	3	0.39
	703.515	I	4	4	0.063	Y	488.144	II	5	3	0.0015
	311.203	II	1	3	0.013		488.369	II	9	7	0.47
	317.942	II	3	5	0.038		490.011	II	7	5	0.451
	319.562	II	3	3	0.823		498.213	II	7	9	0.015
Y	320.027	II	5	5	0.48		508.742	II	9	9	0.20
	320.332	II	3	1	2.77		511.911	II	5	7	0.016
	321.669	II	5	3	2.0		520.041	II	5	5	0.13
	324.228	II	7	5	2.0		520.573	II	7	7	0.16
	344.881	II	5	5	0.041		528.982	II	7	5	0.0067
	346.788	II	5	3	0.027		532.078	II	9	7	0.0039
	349.608	II	1	3	0.349		547.339	II	3	5	0.043
	354.901	II	5	7	0.397		548.073	II	1	3	0.0762
	358.451	II	3	5	0.402		549.741	II	5	5	0.12
	360.074	II	7	7	1.4		550.990	II	5	5	0.0424
	360.191	II	3	3	1.13		554.461	II	3	1	0.18
	361.104	II	5	5	1.04		554.601	II	5	3	0.058
	362.870	II	5	3	0.33		572.889	II	5	5	0.030
	366.462	II	7	5	0.37		661.374	II	5	7	0.017
	371.029	II	7	9	1.5		683.248	II	5	5	0.0033
	374.755	II	3	3	0.19		726.416	II	5	3	0.013
	377.434	II	5	7	1.1		246.45	I	1	3	0.91
	377.656	II	5	3	0.242		267.20	I	1	3	0.118
	378.870	II	3	5	0.81		346.44	I	1	3	0.62
	381.834	II	5	5	0.0970	Yb	398.80	I	1	3	1.76
	383.290	II	7	7	0.30		555.65	I	1	3	0.0114
	387.829	II	7	5	0.029		328.94	II	2	4	1.8

续表

元素	谱线波长[①] λ/nm		统计权重 g_i	统计权重 g_j	跃迁概率 $A/10^8 s^{-1}$	元素	谱线波长[①] λ/nm		统计权重 g_i	统计权重 g_j	跃迁概率 $A/10^8 s^{-1}$
Yb	369.42	II	2	2	1.4		334.59	I	5	3	0.045
Zn	110.91	I	1	3	0.305	Zn	636.23	I	3	5	0.474
	213.86	I	1	3	7.09		1105.4	I	3	1	0.243
	307.59	I	1	3	0.000329		202.55	II	2	4	3.3
	328.23	I	1	3	0.90		206.42	II	2	4	4.6
	330.26	I	3	5	1.2		209.99	II	4	6	5.6
	330.29	I	3	3	0.67		210.22	II	4	4	0.93
	334.50	I	5	7	1.7		491.16	II	4	6	1.6
	334.56	I	5	5	0.40						

① 表中 I、II、III……依次为中性原子谱线、一次电离的离子谱线、二次电离的离子谱线……。

由此可见谱线的发射强度与许多因素有关，但对于给定的谱线，A_{ji}、g_j、ν_{ji}、G_a（或 g_i）及 E_j 均为定值，谱线强度只与 N（或 N^+）及 T 有关。在给定的等离子体条件下，T 是定值，则谱线强度仅与原子（或离子）的浓度有关，这就是光谱分析的理论依据。

在发射光谱分析的激发光源中，物质是处于等离子状态，不同光源温度不同，等离子体的组成也不同。涉及很多原子的电离、激发和发射光谱的现象。温度低时，蒸气云中有分子及原子。温度高时，有原子及离子。因此在温度低时，应考虑分子的离解；而在温度高时，应考虑原子的电离。在电弧中，可以认为等离子体主要是原子及一次电离离子组成，在电火花中，还有高次电离离子。在大气压力下，这种等离子体中粒子具有同一温度的特性，达到某种热力学平衡，在此条件下，原子的激发主要是由于热激发。在通常的控制气氛下，例如在惰性气体氩气中，样品的激发情况不同。在辉光放电光源中，原子的激发将主要是电激发，情况也不一样。常用的电弧或火花光源，温度比较高，可以忽略等离子体中分子的离解问题，主要考虑的是原子的电离。这些因素均对辐射的谱线强度有影响。

2. 同一线系中谱线的强度比

当由同一激发态 q 向不同低能态 m、n、p 跃迁时，产生的谱线属同一线系（图 2-11）。

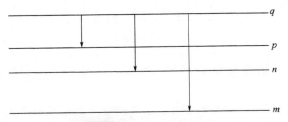

图 2-11　同一线系的谱线

同一线系的谱线的强度比与跃迁概率成正比：

$$I_{qm} : I_{qn} : I_{qp} = A_{qm} : A_{qn} : A_{qp} \tag{2-61}$$

考虑到简并度，上述关系式修正为：

$$I_{qm} : I_{qn} : I_{qp} = g_m A_{qm} : g_n A_{qn} : g_p A_{qp} \tag{2-62}$$

考虑到光源分析区中激发态原子或离子的波尔兹曼分布、配分函数、跃迁概率和统计权重等因素，光源中单位立体角内谱线辐射的能量强度可表述为：

$$I = \frac{h\nu_{qp}}{4\pi} \cdot A_{qp} N_q \qquad (2\text{-}63)$$

对于原子线：

$$I_{原} = \frac{h\nu_{qp}}{4\pi} \cdot N_{总原} \cdot \frac{g_q A_{qp}}{G_{原}} \cdot e^{-E_q/(kT)} \qquad (2\text{-}64)$$

对于离子线：

$$I_{离} = \frac{h\nu_{qp}}{4\pi} \cdot N_{总离} \cdot \frac{g_q A_{qp}}{G_{离}} \cdot e^{-E_q/(kT)} \qquad (2\text{-}65)$$

上述所给出的激发态原子（离子）与基态原子（离子）浓度比值的表达式，由于随着温度的增高，激发态原子（离子）的浓度增大而基态原子（离子）的浓度降低，在光谱分析中，考虑的不是基态原子或离子的浓度，而是要知道给定的粒子（原子或离子）的总浓度。

将该原子在各能级的分配表示为各能级该原子的浓度对给定原子的总浓度的比，更有利于考虑谱线的强度问题。

如果在固定条件下考虑同一种原子发射的两条谱线的强度关系时，当高能态是两个很接近的能级 E_{q_1} 及 E_{q_2}，当由它们分别向同一低能态跃迁时，此时根据前述谱线强度关系式可得出两谱线的发射强度比等于其上能级统计权重之比，即：

$$\frac{I_1}{I_2} = \frac{2J_{q_1}+1}{2J_{q_2}+1} = \frac{g_{q_1}}{g_{q_2}} \qquad (2\text{-}66)$$

例如，钠原子的 D 双线是由两个 J 值不同的高能级 $3^2p_{1/2}$ 和 $3^2p_{2/3}$ 分别向同一基态能级 $3^2s_{1/2}$ 跃迁产生的，按上式可求得两条钠线（D_1 及 D_2）的强度比为：

$$\frac{I_{D_2}}{I_{D_1}} = \frac{2 \times \frac{3}{2} + 1}{2 \times \frac{1}{2} + 1} = 2$$

即 D_2（588.995nm）的强度为 D_1（589.593nm）的两倍，此计算值与实际测量的结果极为相近。

钠双线是个类似的特例。其激发态能量近似相等，激发态原子数可看作近似相等，近似地属同一线系。它们向基态跃迁的概率亦近似相等（$A_{589.0}=0.622$，$A_{589.6}=0.618$）。因此，这两条钠线在任何情况下强度比近似等于激发态简并度之比 1:2。

同样，当由同一高能级分别向 J 值不同的低能级跃迁而产生两条或多条谱线，亦可以计算出它们的强度比。例如镁的三重线（波长分别为 516.734nm、517.270nm、518.362nm），它们是由同一高能级（4^3s_1）向 J 值不同的三个低能级 3^3p_0，3^3p_1，3^3p_2 分别跃迁产生的，跃迁概率近似相等，因此它们的强度比近似等于低能级简并度之比：

$$I_{516.7} : I_{517.2} : I_{518.3} = 1 : 3 : 5$$

这三条谱线的强度比应具有相应的关系，实验测量的结果也验证了这一点。以上两例的跃迁如图 2-12 及图 2-13 所示。

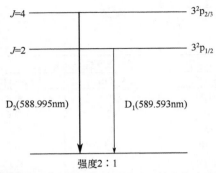

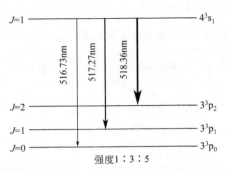

图 2-12 钠的 D 双线的跃迁及其强度比关系   图 2-13 镁的三重线的跃迁及其强度比关系

3. 谱线的强度及其影响因素

（1）温度及电离度的影响 由式（2-64）及式（2-65）可知，无论是原子谱线的强度 I_{qp} 还是离子谱线的强度 I_{qp}^+ 依赖于谱线的固有常数（g_q、A_{qp}、ν_{qp} 及 E_q）外，光源的温度及原子（离子）的浓度是决定因素。根据电离度的概念及关系式，可将式（2-58b）及（2-59b）改写为与该元素总浓度 N（$N=N_i+N_a$）相联系的谱线强度表达式：

$$I_{qp}=A_{qp}h\nu_{qp}N（1-\alpha）\cdot\frac{g_q}{G_a}\cdot10^{-\frac{5040}{T}E_q} \tag{2-67}$$

$$I_{qp}^+=A_{qp}^+h\nu_{qp}^+N（1-\alpha）\cdot\frac{g_q^+}{G_i}\cdot10^{-\frac{5040}{T}E_q^+} \tag{2-68}$$

可见温度对谱线强度的影响是非常敏感的，但原子谱线与离子谱线的情况则不同，对于原子谱线而言，随着温度升高，波尔兹曼因子项显著增大，使谱线强度增大，然而温度升高，原子的电离度增加，导致中性原子浓度降低，使谱线强度下降。故谱线的强度与温度的关系取决于这两种相反的倾向作用的结果。一般原子谱线强度随温度升高经历一个极大值，随后开始下降。显然，不同电离能的元素强度极大值所对应的温度是不同的，同一元素激发能（E_q）不同的谱线之间也是不同的。对于离子谱线，当温度升高时，波尔兹曼因子的增大与电离度增大对谱线强度的增强是叠加的，因此，离子谱线的强度随温度升高的曲线斜率很陡，直到二级电离使单电荷离子浓度显著降低时，谱线强度才出现转折。图 2-14 表达了钙的两种谱线变化的情况。

根据式（2-67）及式（2-68），可以计算出谱线强度随温度变化的具体相对

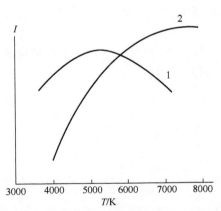

图 2-14 钙的原子谱线和离子谱线发射强度与激发源温度的关系

1—原子谱线；2—离子谱线

数值，表 2-10 列出了一些有代表性的谱线的计算结果。

表 2-10 某些谱线强度随温度的变化（p_e=101.3Pa）

谱线/nm		激发能/eV	相对强度值		
			5000K	5600K	62001K
Ag I	328.068	3.78	4000	7700	5400
As I	234.948	6.59	96	47	1500
Ba I	553.548	2.24	450	140	54
Ba II	455.404	2.72	530	880	1400
Ca I	422.673	2.93	1200	300	110
Ca II	393.367	3.15	590	920	1500
Cu I	324.754	3.82	4200	8300	7200
Fe I	358.119	4.32	530	88a	440
Ni I	341.477	3.66	600	1200	960
Pb I	283.307	4.38	740	860	340
Na I	588.995	2.10	2200	640	260
Zn I	213.856	5.80	700	2900	7200

（2）解离平衡的影响　上述内容只考虑热等离子体中原子和离子状态的存在，并认为所讨论的粒子的总浓度为 $N=N_q+N_i$，并且只考虑一次电离离子（忽略二级电离）。在实际光源中，如温度较低的火焰及电弧，还应考虑粒子的分子状态的存在。在进一步考察该元素的谱线强度时，分子分解为原子的平衡应予考虑才能得到较客观的结果。在热光源中，温度足够高，仅双原子分子可能存在，故只考虑这种双原子分子的存在及其解离平衡：

$$XY \Longleftrightarrow X+Y$$

解离常数为：

$$K_N = \frac{N_X N_Y}{N_{XY}}$$

N_X、N_Y 及 N_{XY} 分别代表 X、Y 及 XY 的浓度，分子的解离度为 $\beta = \dfrac{N_X}{N_X + N_{XY}}$ 或 $\beta = \dfrac{K_N}{K_N + N_Y}$。

此时该原子的二级电离可忽略不计，则总粒子浓度为：

$$N = N_a + N_i + N_m$$

N_a、N_i 及 N_m 分别为中性原子、单电荷离子及双原子分子的浓度，则电离度（α）及解离度（β）可定义为：

$$\alpha = \frac{N_i}{N_a + N_i}$$

$$\beta = \frac{N_a}{N_a + N_m}$$

则

$$N_a = \frac{(1-\alpha)\beta N}{1-\alpha(1-\beta)} \tag{2-69}$$

$$N_i = \frac{\alpha\beta N}{1-\alpha(1-\beta)} \tag{2-70}$$

将式（2-69）、式（2-70）代入式（2-67）、式（2-68）可得原子及离子谱线的强度：

$$I_{qp} = A_{qp} h\nu_{qp} N \frac{(1-\alpha)\beta}{1-\alpha(1-\beta)} \cdot \frac{g_q}{Z_a} \cdot 10^{-\frac{5040}{T}E_q} \tag{2-71}$$

$$I^+_{qp} = A^+_{qp} h\nu^+_{qp} N \frac{\alpha\beta}{1-\alpha(1-\beta)} \cdot \frac{g^+_q}{Z_i} \cdot 10^{-\frac{5040}{T}E^+_q} \tag{2-72}$$

除温度直接决定波尔兹曼因子的大小外，还通过温度影响电离度、解离程度及配分函数的变化而改变谱线的发射强度，因此温度对谱线强度影响的机理是很复杂的。图 2-15 表明具有代表性的元素的这种复杂关系示意图。结合表 2-11 给出的电离能及解离度数据即可理解其内在关系。

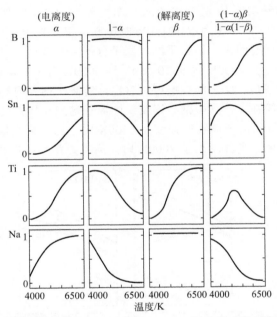

图 2-15 温度对 B、Sn、Ti、Na 谱线强度的影响

表 2-11 几种氧化物的电离能及解离度与温度的关系

氧化物	解离能/eV	温度/K	氧浓度/cm^{-3}	解离常数（K_N）	解离度（β)
BO	8.3	4000	5.0×10^{17}	2.23×10^{14}	0
		5000	3.5×10^{17}	2.74×10^{16}	0.07
		6000	2.0×10^{17}	6.50×10^{17}	0.76
TiO	6.8	4000	5.0×10^{17}	1.13×10^{16}	0.02
		5000	3.5×10^{17}	6.54×10^{17}	0.65
		6000	2.0×10^{17}	1.05×10^{19}	0.98
SnO	5.4	4000	5.0×10^{17}	5.00×10^{17}	0.50
		5000	3.5×10^{17}	1.26×10^{19}	0.97
		6000	2.0×10^{17}	1.07×10^{19}	1.00
AlO	5.0	4000	5.0×10^{17}	1.38×10^{18}	0.73
		5000	3.5×10^{17}	2.31×10^{19}	0.99
		6000	2.0×10^{17}	1.50×10^{20}	1.00

这四种元素的电离能分别为：B（8.30eV）、Sn（7.34eV）、Ti（6.82eV）、Na（5.14eV）。

（3）影响因素的综合效应 根据以上讨论，综合考虑谱线强度随温度变化的趋势。图 2-15

以几种代表性的元素的谱线为例，说明温度变化如何影响各种因素并使谱线强度发生变化。所选用的谱线及其激发能、电离能、氧化物的解离能的数据列于表 2-12 中。

表 2-12　几种元素谱线的有关特性

元素	谱线波长/nm	激发能/eV	电离能/eV	氧化物的解离能/eV
Na	Ⅰ 303.294	3.74	5.14	—
Sn	Ⅰ 317.505	4.31	7.34	5.4
Ti	Ⅰ 365.350	3.43	6.82	6.8
B	Ⅰ 249.473	4.94	8.30	8.3
Ti	Ⅱ 334.940	3.73	6.82	6.8

图 2-16 所描述的趋势是假设该粒子的总浓度不变（即 N 保持恒定），并将常数项（$g_qA_{qp}h\nu_{qp}$）的值取 1020、电子压力取 101.3Pa 时计算所得。光源为大气压力下的电弧放电，因此氧是粒子平衡中的重要因素，即粒子的双原子分子主要考虑其氧化物的平衡，氧原子的浓度假设是线性变化的，由 4000K 时 $5×10^{17}\mathrm{cm}^{-3}$ 到 6000K 时 $1.25×10^{17}\mathrm{cm}^{-3}$。

由图 2-16 及表 2-1 和表 2-12 的数据可以看出，解离平衡及电离平衡显著影响光源等离子体中的粒子组成及谱线强度，其中钠、锡及钛的原子谱线在指定的温度范围都有一极大强度，而硼的原子谱线及钛的离子谱线的强度在 6500K 时才出现最大值。这种差别可根据解离平衡和电离平衡加以解释。当温度高于 7000K 时，应考虑第二级电离。

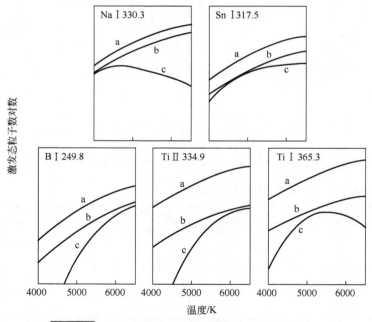

图 2-16　不同因素对谱线强度与温度关系的影响

a—NdⅠ330.3nm、SnⅠ317.5nm、BⅠ249.8nm、TiⅠ365.3nm及TiⅡ334.9nm各群体的波尔兹曼分布；b—波尔兹曼分布及配分函数，波尔兹曼分布、配分函数与解离、电离平衡；c—解离-电离平衡配分函数、波尔兹曼分布在不同温度时对谱线的影响

图 2-16 还显示，电离能相差较显著的元素其原子谱线强度极大所对应的温度有明显差异。尽管谱线的激发能相近，同一元素的离子谱线的强度极大，所对应的温度比原子谱线的要显著升高。有较高电离能及较高氧化物解离能的元素，其原子谱线强度与电离能较低的元

素其离子谱线强度随温度的变化可能表现相似的规律性。如图 2-16 中 B I 249.8nm 与 Ti II 334.9nm 的曲线形态十分相似。由于硼原子及钛离子随温度升高而增加，其粒子数的倾向是相似的。但不能随意地把激发能高的原子谱线与同一元素的离子谱线等同起来考虑它们的发射强度随温度变化的规律。

此外，还要指出的是，以上所讨论的解离平衡是以大气压力中的电弧光源为基础的，若在 Ar-ICP 光源中，情况显然很不相同。因为在氩气氛中不存在上述高浓度的氧原子，氧化物解离平衡的问题不会构成影响谱线强度的重要因素。另外在 Ar-ICP 光源中的分析区域，一般认为是偏离局部热力学平衡的，粒子的分布偏离波尔兹曼分布，原子的电离也不遵循 Saha 方程，离子谱线与原子谱线的强度关系及变化倾向都有不同程度的"反常"，要引入新的概念才能进一步解释。

（4）试样组成对谱线强度的影响　　以上讨论了多种因素对谱线强度的复杂影响，但都是以所讨论的粒子的浓度不变（N 不变）为前提。在实践中，元素在光源观测区域中的总浓度（N）决定于试样中该元素的浓度，在固定条件下，观测区中该粒子的浓度与试样中该元素的浓度成正比，粒子的总浓度为：

$$N \propto c, \quad N = \alpha c$$

对于给定的谱线，在固定条件下，谱线强度与试样中该元素浓度成正比，故可简化为一个通式：

$$I = \alpha c \tag{2-73}$$

光谱定量分析就建立在这一关系的基础上。式中，α 包括了谱线的常数及各项受温度影响的参量以及比例系数在内。在严格固定的条件下，α 才是一个定值，谱线强度与浓度才成正比关系。

经验表明，即使试样中被测元素的浓度相等，在相同的实验条件下，同一谱线的发射强度因试样的化学组成及物理状态不同而异。引起谱线强度发生变化的原因是非常复杂的，目前尚难以用数学方程表达，故仅就某些问题作原则性概括说明。

①由于试样的化学组成或物理状态不同，待测元素的蒸发速率、化学反应过程、进入观测区的比例及化合物的形式等均将改变，使待测元素在观测区中的粒子浓度、空间分布及粒子在光源中停留时间发生变化。

②由于样品的组分不同，影响光谱激发条件，即观测区等离子体总组成发生变化，使电子浓度改变，影响电离平衡使待测原子（或离子）的浓度变化，同时光源等离子体总组成的变化，改变了光源的温度，从而通过波尔兹曼因子、电离度、解离平衡的变化影响谱线强度。这种现象在电弧光源中表现得尤其突出。

③样品的组成不同使待测元素与其他组分（包括阴离子、非金属的存在）发生复杂的相互作用（例如形成稳定的化合物），从而改变待测元素在观测区的总粒子浓度及自由原子的浓度或分布等。

总之，从影响谱线强度的三要素（温度、分析物的浓度、电子浓度）出发，可对试样组成的影响进行定性的推测，此外还存在自吸、第二类非弹性碰撞等其他过程。深入考察试样组成对谱线强度的影响，是光谱定量分析中经常要考虑的问题。内标元素的选择，缓冲物质的应用等都是为了消除基体成分的影响。这将在第五章中讨论。

4. 激发温度的测量

光源中激发温度是影响谱线强度的最重要因素。对于局部热平衡的光源等离子体，激发温度、气体温度和电离温度的数值相同。因此测量激发温度对于研究光源的一系列基本特性十分重要。

测量光源的激发温度通常都采用"二线法"及"多线法"（又称斜率法）。

（1）光谱学方法"二线法" 根据同一元素的两条激发能不同的谱线（可以是两条原子线，也可以是两条离子线）的强度比与激发温度的确定关系来测量激发温度。根据前面谱线强度的计算公式可导出其强度比为：

$$\frac{I_1}{I_2} = \frac{A_1 h v_1 g_1}{A_2 h v_2 g_2} \cdot e^{-\frac{E_1 - E_2}{kT}}$$

式中，T 为激发温度；I 为谱线强度；A 为跃迁概率；g 为统计权重；E 为激发能；v 为谱线的频率。

激发能以 eV 为单位，并将波尔兹曼常数 k 以 8.618×10^{-5} eV/K 代入上式，可变换为实用形式，即：

$$T = \frac{5040(E_1 - E_2)}{\lg \frac{A_1 g_1}{A_2 g_2} - \lg \frac{\lambda_1}{\lambda_2} - \lg \frac{I_1}{I_2}} \tag{2-74}$$

可见，只要测得两条谱线的强度比即可计算出激发温度。此法测量的可靠性主要取决于 A 值的准确性。通常要求两条谱线的激发能有较大的差值。由于跃迁概率 A 的数值不够准确，故测得的温度误差较大。

（2）多线法（斜率法） 测量激发温度的公式为

$$\lg \frac{I \lambda^3}{gf} = -\frac{5040}{T} \cdot E + C_1 \tag{2-75}$$

式中，λ 为谱线波长；E 为谱线激发能；g 为谱线上能级的统计权重；f 为振子强度；C_1 为常数。当用同一元素的多条谱线测量温度时，其波长及 gf 值为已知，谱线强度可由实验测出。由此可得一系列 $\lg \frac{I \lambda^3}{gf}$ 值，对应于每条谱线激发能为坐标作图，可得一斜率为 $-\frac{5040}{T}$ 的直线，据此可算出激发温度 T。若谱线的激发能以 cm^{-1} 为单位表示，则：

$$\lg \frac{I \lambda^3}{gf} = -\frac{0.6246}{T} \cdot E + C_2 \tag{2-76}$$

多线法较"二线法"可靠，gf 值的准确测量是此法的前提。无论使用何种方法，要求温标元素引入光源时，光源的固有特性不应有显著变化；所选谱线应清晰、强度适宜、无自吸现象，谱线之间激发能差别要大；波长则应尽可能比较接近。

用多线法测量激发温度有许多成功经验，表 2-13 和表 2-14 为两组谱线，供参考。

表 2-13 一组供测量温度的钛原子谱线[①]

元素波长/nm	激发能		lggf[②]	元素波长/nm	激发能		lggf[②]
	cm^{-1}	eV			cm^{-1}	eV	
Ti Ⅰ 259.992	38.5×10^3	4.76	-0.16	Ti Ⅰ 294.200	34.0×10^3	4.21	0.00
Ti Ⅰ 260.515	38.4×10^3	4.78	-0.04	Ti Ⅰ 295.613	34.2×10^3	4.24	0.21
Ti Ⅰ 264.110	37.9×10^3	4.69	0.12	Ti Ⅰ 318.615	31.4×10^3	3.89	0.09
Ti Ⅰ 264.664	38.2×10^3	4.73	0.33				

①振子强度正比于跃迁概率，根据 $f = \frac{mcg}{8\pi^2 e^2 g_0} \lambda^2 A$ 换算。

式中，m 为电子质量；e 为电子电荷；c 为光速；g_0 及 g 分别为基态及激发态的统计权重。

②谱线上能级的 gf 值可在参考文献[5]中查阅。

表 2-14 一组供温度测量的钒离子谱线

波长/nm	激发能/cm⁻¹	lggf	
		Wones 的值	Coliss 的值
299.600	46880	0.22	0.45
300.120	47052	0.86	1.00
300.346	46880	0.32	0.53
300.730	46755	−0.36	—
300.861	46740	0.00	0.22
301.202	49724	0.10	—
301.310	46690	0.30	0.51
301.480	46755	0.54	0.70
301.678	46880	0.52	0.84
302.257	46580	−0.20	
302.388	49593	0.02	
302.498	52181	0.31	
302.760	52181	0.03	
303.840	52181	0.38	
303.345	53320	1.29	1.53
304.389	47603	0.84	1.12
304.142	49211	0.31	0.47
304.727	49202	0.52	0.77
304.354	49269	0.09	—
304.851	53077	1.18	—
304.889	49211	0.51	0.78

5. 电子浓度的测量

如前所述，电子浓度是等离子体的基本参量，是影响谱线强度的重要因素，在研究工作中往往是与激发温度同时测量的。电子浓度可以通过测量同一元素的原子线和离子线的相对强度求得，比较常见的方法如下。

（1）Saha 法　Saha 法适用于测量局部热平衡体系中的电子密度。由上述谱线强度表述式，等离子体中同一元素的离子线与原子线的强度比有：

$$\frac{I_{离}}{I_{原}} = \frac{(gA)_{离}}{(gA)_{原}} \cdot \frac{\lambda_{原}}{\lambda_{离}} \cdot \frac{Z_{原}}{Z_{离}} \cdot \frac{n_{离}}{n_{原}} \times 10^{-5040(E_{原}-E_{离})/T} \tag{2-77}$$

式中符号意义同前。"原"、"离"分别代表原子线、离子线。

由电离平衡常数方程与 Saha 方程的实用公式得：

$$K_{电离} = \frac{n_{离子} n_{电子}}{n_{原子}}$$

$$K_{电离} = 4.83 \times 10^{15} T^{3/2} \frac{2Z_{离}}{Z_{原}} 10^{-\frac{5040}{T}V}$$

联立可导得：

$$n_{电子} = 4.83 \times 10^{15} \times (\frac{I_{原}}{I_{离}}) \times (\frac{gA}{\lambda})_{离} \times (\frac{\lambda}{gA}) \times T^{3/2} \times 10^{-5040(V+E_{离}-E_{原})/T} \tag{2-78}$$

谱线强度比和温度都可由光谱法实验测得，然后计算出电子密度。

（2）Stark 法　Stark 法通过谱线的 Stark 展宽效应测量谱线轮廓的半宽度来计算电子密度，无须经过温度测量，因此准确度较 Saha 法好。Stark 法可用于测量非 LTE 体系的电子密度，因此用于 ICP 光源的诊断。测量 Stark 效应常用的谱线是 H_β 线，它是氢光谱 Balmer 系的第二条谱线，波长 486.1nm。采用此线的优点是：有较可靠的数据可用；较少受到干扰；轮廓有足够的展宽及强度，便于测量。

采用 H_β 线法的缺点是：在 H_β 线测量时，光源中须引入约 1%的氢。对于 ICP，由于氢是分子气体，电阻率与热导率与氩不同，加入氢会影响耦合状况，使炬焰外观和放电特性有所改变。

H_β 线的 Stark 展宽正比于 $n^{2/3}$ 电子，有关系式：

$$n_{电子} = C\Delta\lambda^{3/2} \times 10^{13} \tag{2-79}$$

系数 C 与电子密度及电子温度有关。Greim 给出它的值：当 T =10000K，λ 以 Å 为单位时，对于 $n_{电子}$ = 10^{14}cm^{-3}，C 值为 38.0；对于 $n_{电子}$ = 10^{15}cm^{-3}，C 值为 35.8。

这样仍不便计算，Hill 给出另一个关系式：

$$n_{电子} = (C_0 + C_1\lg\Delta\lambda)\Delta\lambda^{3/2} \times 10^{13} \tag{2-80}$$

式中 λ 以 Å 为单位，$C_0 = 36.57$，$C_1 = -1.72$。$\Delta\lambda$ 是实验测得的半宽度。

Grieg 给出另一个修正式：

$$n_{电子} = [C_0 + C_1\ln\Delta\lambda + C_2(\ln\Delta\lambda)^2 + C_3(\ln\Delta\lambda)^3]\Delta\lambda^{3/2} \times 10^{13} \tag{2-81}$$

式中 ln 代表自然对数，系数 C_0=36.84，C_1=-1.430，C_2=-0.133，C_3=0.0089。

Czemichowski 和 Chapelle 提出一个含有温度修正项的新的计算式：

$$\lg n_{电子} = C_0 + C_1\lg\Delta\lambda + C_2(\lg\Delta\lambda)^2 + C_3\lg T \tag{2-82}$$

式中，系数 C_0=22.578，C_1=1.478，C_2=-0.144，C_3=-0.1265；$\Delta\lambda$ 以 nm 为单位。由于 Stark 轮廓不对称，所以由测量短波侧的一半半宽度再乘以 2 得到。计算式适用于电子密度范围为 $3\times10^{14}\sim3\times10^{16}$cm^{-3}。

测量电子密度的其他谱线还有 Ar I 549.5 和 Ar I 565.0。氩线的 Stark 展宽比 H_β 小，且需要在实验测得的谱线半宽度中作 Doppler 宽度和 Lorentz 宽度的校正，系数的误差也较大。

测量电子密度的其他方法有连续光谱法、Inglis-Teller 法。有关测量电子密度的细节可参阅有关文献[15,16,18~21]。

第三节　原子光谱的定性及定量分析

一、光谱定性分析

光谱定性分析是判断试样中含有哪些元素或有无某些指定的元素，并粗略地估计这些元素的大致含量。

光谱分析的定性是依据元素的特征谱线，以判断该元素的存在。每种元素辐射的特征谱线有多有少，多的可达几千条。当进行定性分析时，不需要将所有的谱线全部检出，只需检出几条合适的谱线就可以了。如果只见到某元素的一条谱线，还不能断定该元素是否确实存在于试样中，因为这一条谱线有可能是其他元素谱线的干扰线。确定某元素是否存在，必须有 2 条以上不受干扰的最后线与灵敏线存在。

定性分析可由元素的灵敏线、最后线来加以确定。最后线是指当样品中某元素的含量逐

渐减小时，最后仍能观察到的几条谱线。它也是该元素的灵敏线。每种元素的灵敏线或特征谱线组可从有关书籍中查出。

二、光谱半定量分析

光谱半定量分析介于定性分析和定量分析之间，可以给出含量近似值。半定量分析是以谱线数目或谱线强度为依据，常用的光谱半定量分析方法有谱线强度比较法、谱线呈现法、均称线对法和加权因子法等。

现代光谱仪器特别是全谱型仪器的出现，对于光谱分析的定性、半定量工作已经可以很方便地进行，由仪器的扫描功能或全谱直读软件，直接记录相关谱线和显示相应元素的大致含量。

三、光谱定量分析

光谱定量分析就是根据样品中被测元素的谱线强度来准确确定该元素的含量。

（1）光谱定量分析的基本关系式　元素的谱线强度与元素含量的关系是光谱定量分析的依据，可用如下经验式表示：

$$I = Kc^B \tag{2-83}$$

式中，I 为谱线强度；c 为元素含量；K 为发射系数；B 为自吸系数。

若对式（2-83）取对数，则得：

$$\lg I = B\lg c + \lg K \tag{2-84}$$

上式即为摄谱法光谱定量分析的基本关系式。以 $\lg I$ 对 $\lg c$ 作图，在一定的浓度范围内为直线。

直读光谱法则通过光电元件测光并由电子线路进行对数转换，显示出浓度与谱线强度的线性关系，直接读出元素的含量。

（2）光谱定量方法

①校准曲线法　光谱定量分析中最基本和最常用的一种方法。即采用含有已知分析物浓度的标准样品制作校准曲线，然后由该曲线读出分析结果。由于标准样品与试样的光谱测量在同一条件下进行，避免了光源、检测器等一系列条件的变化给分析结果带来的系统误差，从而保证了分析的准确度。

②标准加入法　在试样中加入一定量的待测元素进行测定，以求出试样中的未知含量。该法无须制备标准样品，可最大限度避免标准样品与试样组成不一致造成的光谱干扰，适用于微量元素的测定。

此法仅适用于纯物质中低含量组分的测定。对高含量组分的测定，因自吸收存在，B 不等于 1，外推法的结果不够准确。

③浓度直读法　在光电光谱分析中，通过光电转换元件，将谱线强度转换为电信号，根据其相关方程式，直接计算出待测物浓度。

通过实验用三个以上标准样品建立谱线强度与待测元素浓度的校准曲线方程，由计算机系统来确定，直接读出分析物的浓度，并由打印机自动打印出分析结果。此法的主要特点是分析速度快，精密度好，自动化程度高。

参 考 文 献

[1] 中国大百科全书出版社编辑部编. 中国大百科全书(物理卷). 北京: 中国大百科全书出版社, 1989: 808.

[2] Reed T B. J Appl Phys, 1961, 32: 821.

[3] 马艺闻, 杜振辉, 孟繁莉, 等. 分析仪器, 2010, (3): 9.

[4] Grimm W. Eine neue glimmentladungslampe für die optische Emissions.

[5] Thompson M, Pahlavanpour B, Walton S J, et al. Analyst, 1978, 103(1227): 568; 103(1228): 705.

[6] Windsor D L, Denton M B. Appl Spectrosc, 1978, 32(4): 366.

[7] Fraley D M, Yales D, Monahan S E. Anal Chem, 1979, 51(13): 2225.

[8] Gast C H, Kraak J C, Poppe H, et al. J Chromatography, 1979, 185: 549.

[9] 陈隆懋. 地质实验室, 1994, 10(4-5): 214.

[10] 金钦汉, 杨广德, 于爱民. 吉林大学自然科学学报, 1985, (1): 90.

[11] 王海舟. 中国科学(B 辑), 2002, 32(6): 484.

[12] 王海舟, 杨志军, 陈吉文, 等. 中国冶金, 2002, (6): 20.

[13] 陈吉文, 等. 现代科学仪器, 2005, 5: 11.

[14] 光电光谱分析之 4. 光谱实验室. 1993, 10(增刊): 4.

[15] Boumans P W J M. Spectrochim Acta, 1986, 41B: 1235.

[16] Qui D R(邱德仁). Spectrochim Acta, 1987, 42B: 867.

[17] David R Lide ph D ed. CRC Handbook of Chemistry and Physics, 73rd Ed. U.S.A: CRC Press Inc, 1993: 10.

[18] Boumans P W J M: Inductively Coupled Plasma Emission Spectroscopy, Part Ⅱ, Ch.10, Spectroscopic Diagnostics: Basic Concept. New York: Wiley, 1987.

[19] Bastiaas G J, Mangold R A. Spectrochimica Acta, 1985, 40B: 885.

[20] Montaser A, et al. Applied Spectroscopy, 1981, 35: 385; 1982, 36: 613.

[21] Komblum G R, Galan L de. Spectrochimica Acta, 1974, 29B: 249; 1977, 32B: 71.

第二篇
原子发射光谱分析

第三章　原子发射光谱分析概述

第一节　原子发射光谱分析方法的分类

原子发射光谱分析是光谱分析的重要应用技术。它对金属、合金、矿物成分的测定，以及对生产过程的控制均起着重要作用。随着电子技术、等离子体技术、激光技术和电子计算机技术的引入，发射光谱分析技术得到了迅速发展，其应用范围已扩展到高分子材料、石油化工、农业、医药、环境科学及生命科学等领域。它在现代科学技术的各个领域及国民经济的许多部门正发挥着重要的作用。

原子发射光谱分析法根据激发光源的不同，可形成下列不同类型的分析方法：

（1）火焰发射光谱分析法（FAES）　在燃烧火焰的温度下将分析物蒸发、原子化，并以此为激发光源，进行发射光谱分析，是研究原子发射光谱最早使用的激发光源和分析方法。由于火焰温度等原因以及电激发光源的发展，已经很少应用，仅在一些特定需要的地方仍有很好的应用。

（2）火花放电发射光谱分析法（Spark AES）　以电火花为激发光源，具有很好激发能力和适应性，并形成现代化的直读仪器。在冶金、机械制造等工业分析上获得广泛应用，成为导电材料成分测定的主要工具。

（3）电弧发射光谱分析法（Arc-AES）　以电弧放电为激发光源，具有很好的激发能力。适合物质化学成分的定性分析，特别适合非导电材料中杂质成分的多元素同时测定。

（4）等离子体发射光谱分析法　以等离子体焰炬为激发光源，具有很强的激发能力，适合各种状态的物质化学成分的分析。具有广泛的应用范围，当前已形成现代化仪器的主要有下列形式：

①电感耦合等离子体发射光谱分析法（ICP-AES）　以电感耦合等离子体炬为激发光源的分析方法，具有很好的分析性能和很宽的测定范围。

②微波等离子体发射光谱分析法（WP-AES）　以微波等离子体炬为激发光源的分析方法。

（5）辉光放电光谱分析法（GD-OES）　以在低气压下发生的辉光放电（glow discharge, GD）作为激发光源，适合于非金属、薄膜、半导体、绝缘体和有机材料成分分析，并具有逐层分析能力。

（6）激光诱导击穿光谱分析法（LIBS）　以激光光束为激发光源，利用强脉冲激光照射到被分析样品上时产生的激光诱导等离子体，所出现的激光光谱瞬态信号进行光谱分析，称为激光诱导击穿光谱法（laser induced breakdown spectroscopy 或 laser induced plasma spectroscopy，LIBS 或 LIPS）。

本篇按不同的激发光源所形成的分析方法分章进行叙述，介绍其分析机理、物化特性和分析参数，以及所形成的分析仪器和在不同领域中的应用。

第二节 原子发射光谱分析过程及仪器组成

发射光谱分析是根据自由原子或离子外层电子辐射跃迁得到的发射光谱来研究物质的组成和含量。分析过程一般分为激发、分光和检测三步。第一步是利用激发光源使试样蒸发，解离成原子，或电离成离子，然后使原子或离子得到激发，发生电磁辐射；第二步是利用光谱仪将发射的各种波长的光按波长顺序展开为光谱；第三步是利用检测器对分光后得到的不同波长的辐射进行检测，由所得光谱线的波长，对物质进行定性分析，由所得光谱线的强度，对物质进行定量分析。

物质发射光谱的获得过程和分析过程，可以分别进行，也可同时进行，前者属于摄谱分析法，后者属目视法及光电直读法。

发射光谱仪器通常包括激发系统、分光系统和检测系统三部分，原子发射光谱分析所用主要仪器及其类型，如图 3-1 所示。

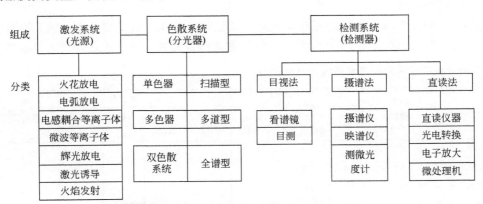

图 3-1 发射光谱分析过程及所形成仪器框图

根据所采用激发光源类型可形成 Spark AES 光谱仪、Arc-AES 光谱仪、ICP-AES 光谱仪、WP-AES 光谱仪、GD-OES 光谱仪、LIBS 光谱仪及火焰光度计等类型分析仪器。

根据分光器的类型不同可形成：采用单色器分光的单道扫描型仪器；采用多色仪的多道型仪器；采用中阶梯-棱镜双色散分光的全谱型仪器。

根据采用检测器的不同，按接收特征辐射的方式，可有三种测量形式：目视法、摄谱法和光电直读法。

（1）目视法 通过目视观察可见光区光谱线的波长及强度进行分析的方法，所形成的仪器称为看谱镜。

（2）摄谱法 用照相的方法，将经分光系统色散后的辐射能按波长顺序记录在感光板上，经显影、定影后，用光谱投影仪及测微光度计对不同特征谱线的黑度进行检测。所用仪器称为摄谱仪。摄谱法分析仪器还应包括观察光谱、测定波长和强度的映谱仪和测微光度计等辅助设备。

（3）光电直读法 通过在光谱仪的焦面上放置光电转换元件，将待测元素特征波长的辐射能直接转变为电信号，经放大，显示读数及含量。具有计算机数字处理系统的光电光谱仪，是现代光谱分析的主要手段。

第三节　原子发射光谱的分析方法

一、定性分析

发射光谱的定性分析是根据元素电磁辐射的灵敏线和最后线来判断该元素的存在，并粗略地估计这些元素的大致含量水平。可以采用谱线比较法、波长比较法和波长测定法。

定性分析采用摄谱法或看谱法较为方便，它主要是根据样品中发射光谱线出现的情况来确定元素的存在，因而正确辨认元素谱线，是发射光谱定性分析的关键。

1. 元素的灵敏线、最后线及分析线

（1）灵敏线　元素的灵敏线一般是指强度较大的一些谱线，通常具有较低的激发能和较大的跃迁概率。元素的灵敏线多是一些共振线，而激发能最低的共振线通常是理论上的最灵敏线。

（2）最后线　最后线是当样品中某元素含量逐渐减小时，最后仍能观察到的谱线。

在进行光谱定性分析时，并不需要找出元素的所有谱线，一般只需找出一根或几根灵敏线即可，所用的灵敏线，称为分析线。

表 3-1 是按元素符号排列的元素灵敏线及其强度，表 3-2 是按波长排列的元素灵敏线及其强度，表 3-3 是 200~180nm 真空紫外区的元素光谱线波长，表 3-4 是铁谱的标准波长。

表 3-1　**按元素符号排列的元素灵敏线及其强度**[①][1]

元素	λ/nm	激发电位 E/eV	强度				检出限				干扰元素及浓度 $(w/\%)$
			电弧	火花（放电管）	经典光源	ICP	碳电弧/%	ICP/(μg/mL)			
									(A)	(B)	
Ac 锕	418.312 I	3.0	500	20							
	417.998 I	3.0	1000	50							
	408.844 II	10.8	2000	3000							
	262.644 III	23.7	20	5000							
Ag 银	546.549 I	6.04	1000R	500R		18.0					
	520.907 I	6.04	1500R	1000R		11.0	0.01				Cr(0.03)
	405.546 I	6.72	800R	500R							
	338.289 I	3.66	1000R	700R	28000	2200.0	0.0001	13	2		Sb(1), Cr(0.5), Ti
	328.068 I	3.78	2000R	1000R	55000	4200.0	0.0001	7	1		Fe, Mn, V
	243.779 II	17.5	60	500wh	90	23.0	1	120	25		Cu(0.1), Mn (0.3), Fe, Ni
	224.641 II	17.9	25	300		11.0		130			
Al 铝	624.336 II	21.0		80							
	396.153 I	3.14	3000	2000	9000	2050.0	0.001	28	1		Mo, Ca, Ti, V, Zr, Ce
	394.403 I	3.14	2000	1000	4500	1050.0	0.001	47	2		Ar, Mo, Ce
	309.271 I	4.02	1000R	1000R	6500	1400.0	0.003	23	1		Fe, Mo, Mg, V
	308.216 I	4.02	800R	800R	3200	780.0	0.003	45	2		V, Mn, Mo, OH, Ce
	266.039 I	4.66	150R	60		55.0	0.01				Fe
	265.250 I	4.66	150R	60		27.0	0.01				
	237.335 I	5.22	200R	100R	170		0.1	30			Cr, Fe, Mn
	236.706 I	5.22	150R	50R		75.0		51			

续表

元素	λ/nm	激发电位 E/eV	强度				检出限			干扰元素及浓度 (w/%)
			电弧	火花(放电管)	经典光源	ICP	碳电弧/%	ICP/(μg/mL)		
								(A)	(B)	
Am 镅	351.013 Ⅰ	3.53	5000							
	296.929 Ⅱ	10.5	1000							
	282.226 Ⅱ	10.4	5000							
Ar 氩	811.531 Ⅰ	13.1		[5000]		4300				
	750.387 Ⅰ	13.5		[700]		1500				
	706.722 Ⅰ	13.3		[400]		2200				
	696.543 Ⅰ	13.3		[400]		2400				
	675.283 Ⅰ	14.74		[200]		170.0				
	603.213 Ⅰ	15.13		[60]		160.0				
	549.588 Ⅰ	15.33		[1000]		110.0				
	451.073 Ⅰ	14.57		[1000]		120.0				
	420.067 Ⅰ	14.50		[1200]		750.0				
	415.859 Ⅰ	14.53		[1200]		800.0				
	404.442 Ⅰ	14.68		[1200]		230.0				
	394.898 Ⅰ	14.68		[2000]		170.0				
	355.431 Ⅰ	15.04		[300]		100.0				
	331.934 Ⅰ	15.28		[300]		20.0				
	317.296 Ⅰ	15.45		[150]		8.0				
As 砷	289.871 Ⅰ	6.56	25R	40			0.1			Fe
	286.044 Ⅰ	6.56	50R	50	900	8.5	0.003		300	
	278.022 Ⅰ	6.74	75R	75	1400	16.0	0.003	526	200	
	245.653 Ⅰ	6.37	100R	8		2.0	0.1			Mo, Cu, W, V, Ti, Zr
	234.984 Ⅰ	6.56	250R	18	2600	30.0	0.003	142	75	Cd(0.01), Fe, N, Co, Ni
	228.812 Ⅰ	6.74	250R	5	2600	36.0	0.003	83	60	Al, V
	197.262 Ⅰ	6.29	500		65000	5.8		76		Al, Fe, V
	193.759 Ⅰ	6.40	500		55000	6.5		53		
	189.042 Ⅰ	6.56	500			1.7		136		
Au 金	312.278 Ⅰ	5.10	500h	5	1600	58.0	0.01		6	
	267.595 Ⅰ	4.63	250R	100	3400	620.0	0.001	31	2	Co, W(1), Cr, Fe, Mg, Mn, V
	242.795 Ⅰ	5.10	400R	100	2600	500.0	0.001	17		Sr, Pt(1), Fe, Mn
B 硼	249.773 Ⅰ	4.96	500	400	4800	2200.0	0.003	4.8	0.4	Fe(3), Sn(0.1), W, Ta, Mn, Mo, Co
	249.678 Ⅰ	4.96	300	300	2400	1150.0	0.003	5.7	0.8	F(3), W, Co
	208.959 Ⅰ	5.94	155	20		140.0	0.05	10		Al, Fe, Mo, Ni, Cr
	208.893 Ⅰ	5.94	100	15	4200	75.0	0.05	12		Al, Fe, Ni
	206.723 Ⅲ	43.9		20		1.2	1.0			
	206.577 Ⅲ	43.9		20		1.0	1.0			

续表

元素	λ/nm	激发电位 E/eV	强度				检出限			干扰元素及浓度 (w/%)
			电弧	火花(放电管)	经典光源	ICP	碳电弧/%	ICP/(μg/mL)		
								(A)	(B)	
Ba 钡	659.533 I	3.00	1000	300		4.0	0.01			
	649.690 II	7.70	800R	300Wh		4100.0	0.003			
	614.172 I	2.72	200Wh	200Wh		4300.0	0.003			
	553.548 I	2.24	1000R	200R		65.0	0.003			Mo, Fe
	493.409 II	7.70	400h	400h	20000	16000.0	0.001	2.3		Fe
	455.404 II	7.90	1000R	200	65000	43000.0	0.0003	1.3	0.05	Cr, Ni, Ti
	307.158 I	4.04	100R	50R			0.1			Mo(0.5), Nb(0.3)
	233.527 II	11.2	60R	100R	2000	1150.0	0.03	4	0.04	V(1), Fe, Ni
Be 铍	457.267 I	7.98	15	15		65.0	1.0			
	332.134 I	6.45	1000R	30	1100	800.0	0.001	21	1.2	
	332.109 I	6.45	100	15			0.001			
	313.107 II	13.2	200	150	3200	41000.0	0.0003	0.73	0.1	Ti(0.3), Nb
	313.042 II	13.2	200	200	4800	64000.0	0.0003	0.27	0.07	V(0.01), Nb, Ti
	265.078 I	7.40	25				0.001			Pb
	265.064 I	7.40	10				0.003			
	265.062 I	7.40	20	15			0.003			
	265.055 I	7.40	30				0.003			
	265.047 I	7.40	100	15	1400	900.0	0.003	4.7	0.6	Pb(3), Zr(0.1), Co(0.5)
	249.473 I	7.68	30	20	1000	800.0	0.003	3.8		Fe, Cr, Mg, Mn
	234.861 I	5.25	2000R	50	9500	11500.0	0.0003	0.31	0.06	Ni(3), Cu, Fe, Ti
Bi 铋	472.255 I	4.04	1000	100			0.001			Zn
	306.772 I	4.04	3000hR	2000Wh	36000	380.0	0.0003	75	14	Fe, Mo, Sn(10), V, Zr, OH
	299.334 I	5.60	200Wh	100Wh		6.0	0.01			Mo(0.2)
	298.903 I	5.60	250W	100Wh	2800	22.0	0.01		150	
	293.830 I	6.1	300W	300W	3200	32.0	0.01		130	
	289.798 I	5.7	500WR	500WR	4000	38.0	0.01	333	100	Mn, Nb(0.1)
	280.962 I	6.3	200	100			0.1			
	278.052 I	5.9	200	100		3.5	0.1			
	227.658 I	5.5	100R	40	340	6.8	0.01	250		
	206.170 I	6.0	300R	100	14000	6.5	0.1	85		Al, Cr, Cu, Fe, Ti
	195.389 I				48000			214		
Br 溴	481.671 II	26.1		[300]						
	478.550 II	26.1		[400]						
	470.486 II	26.2		[250]						
C 碳	426.726 II	32.2		500			0.3			
	426.703 II	32.2		350						

续表

元素	λ/nm	激发电位 E/eV	强度 电弧	强度 火花（放电管）	强度 经典光源	强度 ICP	检出限 碳电弧/%	检出限 ICP/(μg/mL) (A)	检出限 ICP/(μg/mL) (B)	干扰元素及浓度(w/%)
C 碳	283.760 II	27.6		40						
	283.671 II	27.6		200						
	247.857 I	7.65	400	[400]	100	4.5	0.1	176	40	Fe, Cr, Ti, V
	229.689 III	53.7		200			0.1			
	199.362 I							8823		
	193.091 I					1.8		44		Al, Mn, Ti
Ca 钙	534.947 I	5.02	12	12		5.0	1.0			
	527.028 I	4.88	20	10		17.0	0.1			
	526.556 I	4.88	20	10		9.0				
	526.424 I	4.88	15	8		3.5				
	445.478 I	4.68	200	5		100.0	0.01			
	443.496 I	4.68	150	25		65.0	0.01			
	442.544 I	4.68	100	20		30.0	0.03			
	422.673 I	2.93	500R	50R	11000	2900.0	0.001	10	3	Fe, Cr
	396.847 II	9.20	500R	500R	22000	230000	0.001	0.50	0.03	Fe, Ar, V, H
	393.367 II	9.30	600R	600R	42000	450000	0.001	0.19	0.04	V
	317.933 II	13.2	100	400W	500	1600.0	0.01	10	3	Fe, Mo, Cr, OH, W
	315.887 II	13.2	100	300W	200	950.0	0.03		7	Fe, Mo, Co, Cr
	299.496 I	6.01	25	3		3.0	1.0			Cr(>0.3)
Cd 镉	643.847 I	7.34	2000	1000		7.0	0.03			
	479.992 I	6.39	300	300	1400	30.0	0.03	600	15	
	361.051 I	7.37	1000	500	3600	135.0	0.003	260	4	Fe, Mn, Ni, Ti
	346.620 I	7.37	1000	500	2500	77.0	0.003	428	5	
	340.365 I	7.37	800	500h	800	35.0	0.003		15	Nb(3), Cr(0.1), V(0.3), Ni, Zr(1), Ti(2)
	326.106 I	3.80	300	300	320	95.0	0.003	333		Co(0.3), Ti(0.02), V(0.3), Fe
	274.858 II	19.30	5	200		5.0	1.0			
	257.293 II	19.30	3	150		2.0	1.0			
	231.277 II	20.1	1	200	190	4.2	1.0	600		
	228.802 I	5.41	1500R	300R	15000	1400	0.001	2.7	≈0.4	As(0.01), Ar, Al, Fe, Ni
	226.502 II	5.47	25d	300	9000	1000		3.4	≈0.8	Fe, Ni
Ce 铈	441.878 II	10.3	40	10		500.0	0.03			
	418.660 II	10.4	80	25	3500	1400	0.03	52	2	CN, Fe, Ti, Zr
	413.765 II	10.1	25	12	2000		0.03	48		Ca, Fe, Ti
	404.076 II	10.1	70	5	2100	900.0	0.03	75		
	401.239 II	10.2	60	20	2700	850.0	0.03	75	2	CN, Ti, Cr
	399.924 II	10.0	80	20	2800	850.0	0.03		1.5	CN, Ti, Cr

第二篇

续表

元素	λ/nm	激发电位 E/eV	强度				检出限			干扰元素及浓度 (w/%)
			电弧	火花(放电管)	经典光源	ICP	碳电弧/%	ICP/(μg/mL)		
								(A)	(B)	
Ce 铈	389.827 II	10.2	80	6		200.0				
	357.746 II	10.5	300	12		500.0				
	356.080 II	10.8	300	2		550.0				
	353.909 II	10.4	100	10		240.0				
	322.117 II	11.0	50	8			0.3			W(0.1), Ti(0.5)
	320.171 II	11.3	50	10		300.0	0.1			Ti(3), Sm(0.3), Mo
Cl 氯	489.677 II	31.2		[200]						
	481.946 II	28.9		[200]						
	481.006 II	28.9		[200]						
	479.454 II	28.9		[200]						
	413.248 II	32.0		[200]						
	383.340 II	34.5		[200]						
Co 钴	412.132 I	4.03	1000R	25		85.0	0.01			
	411.877 I	4.1	1000R			45.0	0.01			
	399.531 I	4.23	1000R	20		100.0	0.01			
	352.981 I	4.0	1000R	30		190.0	0.01			
	350.228 I	4.18	2000R	20		290.0	0.003			
	347.402 I	4.15	3000R	100		160.0	0.001			
	346.580 I	3.6	2000R	25		130.0	0.003			
	345.351 I	4.02	3000R	200	21000	530.0	0.001		0.4	Ni(0.03), Cr(1), La
	341.234 I	4.15	1000R	100		200.0	0.01			
	340.512 I	4.07	2000R	150		350.0	0.1			Zr, Ce
	251.982 II	14.1	40	200		90.0	0.1			
	237.862 II	13.5	25	50W	2100	500.0	0.1	9.7	2	Al, Fe
	236.379 II	13.6	25	50	1900	400.0	0.1	11	2	
	230.786 II	15.5	25	50W	2900	400.0	0.1	9.7	1	
	228.616 II	13.7	40	300	4100	570.0	0.1	7	≈0.07	Cr, Fe, Ni, Ti, Mo
Cr 铬	520.844 I	3.32	500R	100		210.0	0.01			
	520.604 I	3.32	500R	200		150.0	0.01			
	520.452 I	3.32	400R	100		90.0	0.01			
	428.972 I	2.89	3000R	800r	10000	480.0	0.001		6	Ca
	427.480 I	2.90	4000R	800r	16000	750.0	0.001		3	Cu(1), Ti(1), Nb(3), Zr(5)
	425.433 I	2.91	5000R	1000R	20000	1000.0	0.001		3	Nb, Pr, Mo
	360.533 I	3.43	500R	400R	13000	1200.0	0.003		3	
	359.349 I	3.44	500R	400R	17000	1600.0	0.003		2	
	357.869 I	3.46	500R	400R	19000	2000.0	0.003	23	2	
	286.093 II	12.6	60	100		450.0	0.01			

元素	λ/nm	激发电位 E/eV	强度				检出限			干扰元素及浓度 $(w/\%)$
			电弧	火花(放电管)	经典光源	ICP	碳电弧/%	ICP/(μg/mL)		
								(A)	(B)	
Cr 铬	285.568 Ⅱ	12.6	60	200	880	1000.0	0.01	18		
	284.984 Ⅱ	12.6	80	150R	1200	1700.0	0.01	14	2.5	Fe(10), Zr
	284.325 Ⅱ	12.6	125	400R	1700	2600.0	0.01	8.6	2	
	283.563 Ⅱ	12.6	100	400R	2500	3700.0	0.01	7.1		Fe, Mg, V
	273.191 Ⅰ	5.5	300r	30		15.0	0.1			V(0.1), Ti
	240.862 Ⅰ	6.2	150r	2r		4.5	0.3			Co(0.3)
Cs 铯	894.350 Ⅰ	1.4	2000R		8000		0.001			
	852.110 Ⅰ	1.5	5000R		15000		0.001			
	459.318 Ⅰ	2.70	1000R	50R	200		0.01		14	V(0.01), Fe, Ni
	455.536 Ⅰ	2.72	2000R	100	400	950.0	0.01	100	27	Ba(0.01), Fe, Ti(≈0.1)
Cu 铜	521.820 Ⅰ	6.19	700			40.0	0.1			
	515.324 Ⅰ	6.19	600			25.0	0.1			
	510.554 Ⅰ	3.82	500			25.0	0.1			Co(0.3), Th(0.5), Ti(1), Fe(5), Ca, Ni, V
	327.396 Ⅰ	3.78	3000R	1500R	25000	4000.0	0.0001	9.7	0.6	
	324.754 Ⅰ	3.82	5000R	2000R	50000	8000.0	0.0001	5.4	0.3	Co, Mo(0.1), Nb, Cr(1), Fe(10), Ca, Ti, Ni
	296.117 Ⅰ	5.57	350	300	240	21.0	0.03		50	
	282.437 Ⅰ	5.78	1000	300	500	30.0	0.03		20	Ag(3)
	261.837 Ⅰ	6.12	500W	100	400	30.0	0.1		25	
	249.215 Ⅰ	4.97	200r	50		27.0	0.1			
	224.699 Ⅱ	16.0	30	500	400	350	0.1	7.7		Fe, Ni, Ti
	219.226 Ⅱ	16.2	25	500h	360	100	0.1	17		
	213.598 Ⅱ	16.2	25	500W	2000	120	0.1	12		
Dy 镝	421.175 Ⅰ	>2.9	200				0.01			CN
	416.799 Ⅰ	>3.0	50				0.1			
	407.798 Ⅱ	9.9	150r	100	7400		0.1	40		
	404.599 Ⅰ	>3.0	150	12			0.1			Ar, CN
	400.048 Ⅱ	10.0	400	300	8000		0.1	35	0.9	
	394.468 Ⅱ	3.14	300		22000			10	0.3	
	364.540 Ⅱ	3.50	300		11000			23	0.6	Ca, Fe, Sc, V
	353.170 Ⅱ	3.50	100		22000			10	0.3	
Er 铒	400.797 Ⅰ		35				0.01			Ti(3)
	390.632 Ⅱ	>3.2	25	12	11000		0.01	21	0.6	
	369.264 Ⅱ	9.6	20	12	7900		0.01	18	0.8	
	349.911 Ⅱ	9.8	18	15	6700		0.01	17		Fe, Ti, V
	337.275 Ⅱ	9.9	35	20	7700		0.01	10		Ti(0.001), Sc(0.01)

续表

元素	λ/nm	激发电位 E/eV	强度				检出限			干扰元素及浓度 (w/%)
			电弧	火花(放电管)	经典光源	ICP	碳电弧/%	ICP/(μg/mL)		
								(A)	(B)	
Er 铒	291.036 Ⅱ		20	6	1500		0.01	27		Zr(0.1), Ce(10), Gd(0.3)
	258.673						0.01			Zr(1)
Eu 铕	420.505 Ⅱ	8.6	200R	50	60000		0.001	4.3	0.08	CN, Cr, Cu, Fe, Mn, V
	412.974 Ⅱ	8.7	100R	50R	33000		0.001	4.3	0.13	CN, Ca, Cr, Ti
	390.711 Ⅱ	9.1	1000R W	500R	28000		0.03	7.7		
	381.966 Ⅱ	8.9	500Wd	500Wd	39000		0.03	2.7	0.08	CN, Ca, Cr, Fe, Ti, V
	290.668 Ⅱ	10.0	300W	300	11000		0.01	21	0.6	
	282.077 Ⅱ	10.1	200W	200W			0.03			
	281.395 Ⅱ	10.1	300W	300Wh	3400		0.1	13		Y(10)
	272.778 Ⅱ	10.2	300	500	4200		0.01	8.1		Ce(10), Fe
	263.876 Ⅱ	10.6	300	200			0.1			
F 氟	739.87 Ⅰ	14.4		[400]						
	720.24 Ⅰ	14.7		[125]						
	712.80	14.8		[150]						
	690.246 Ⅰ	14.5		[500]						
	685.602 Ⅰ	14.5		[1000]						
	529.10	≤3.2	200				0.1			
	577.20									
	405.08									
Fe 铁	440.475 Ⅰ	4.37	1000	700		550	0.01			
	438.355 Ⅰ	4.31	1000	800		150	0.01			
	432.577 Ⅰ	4.50	1000	700		72	0.01			
	430.791 Ⅰ	4.40	1000R	800R		70	0.003			
	427.176 Ⅰ	4.40	1000	700		35	0.01			
	406.360 Ⅰ	4.60	400	300		100	0.03			
	404.582 Ⅰ	4.60	400	300		190	0.03			
	374.826 Ⅰ	3.40	500	200		90	0.03			
	374.590 Ⅰ	3.43	150	100			0.03			
	374.556 Ⅰ	3.39	500	500		210	0.01			
	373.487 Ⅰ	4.18	1000r	600	7000	560	0.003		4	
	371.994 Ⅰ	3.33	1000R	700		520	0.0005			
	358.120 Ⅰ	4.32	1000R	600R		600	0.001			
	302.064 Ⅰ	4.11	1000R	600R			0.001			Cr(0.3)
	297.324 Ⅰ	4.22	500R	400R		140	0.003			
	271.903 Ⅰ	4.54	500r	300r		480	0.001			
	259.957 Ⅰ	5.68	1000				0.001			Mo(10)
	259.940 Ⅱ	4.77	1000	1000	2000	7000		6.2	12	Mo(10), Mn, Ti, Nb

续表

元素	λ/nm	激发电位 E/eV	强度				检出限			干扰元素及浓度 (w/%)
			电弧	火花(放电管)	经典光源	ICP	碳电弧/%	ICP/(μg/mL) (A)	(B)	
Fe 铁	259.837 Ⅱ	12.7	700	1000h	650	2100	0.001	12		Mn(8)
	248.327 Ⅰ	4.99	500R	5		650				
	238.204 Ⅱ	5.20	40R	100R	1300			4.6	0.7	Cr, V, Co
Ga 镓	417.206 Ⅰ	3.07	2000R	1000R	20000	900	0.001	66	3	Fe, Cr, Ti
	403.298 Ⅰ	3.07	1000R	500R	10000	500	0.001	111	5	Mn, Ca, Cr, Fe
	294.418 Ⅰ	4.29	10	15R	1500	60	0.001	319	20	Ni(01), Fe, V, W
	294.364 Ⅰ	4.29	10	20r	9500	650	0.001	46	3	Ni(0.1), Fe, V, W, Cr, Mn, Ti
	287.424 Ⅰ	4.29	10	15r	5000	360	0.001	78	5	Fe(0.1), Cr, Mg, Ti, V
	265.987 Ⅰ	4.64	5	12	340	11	0.01	833		Al(1)
	250.017 Ⅰ	5.04	12	10r	120	15	0.003	187		
Gd 钆	376.839 Ⅱ	9.6	20	20	8700		0.1	25	4	
	364.620 Ⅱ	9.8	200W	150	6100		0.01	30	6	
	335.863 Ⅱ	9.9	100	100	4300		0.01	21		Ce
	303.406 Ⅱ	10.3	100	60	1600		0.01	34		Sn(0.003), Cr(0.1), Th, V
	303.285 Ⅱ	10.4	100	100	2100		0.01	27		Sn(0.1), As(0.3), Ce(3)
Ge 锗	422.657 Ⅰ	4.96	200	50		14	0.1			Ca
	326.949 Ⅰ	4.67	300	300		45	0.01			
	303.907 Ⅰ	4.96	1000	1000	7500	350	0.001	103	9	In(0.01), Fe(3), Nb(0.5)
	275.459 Ⅰ	4.65	30	20	6500	220	0.001	107	9	
	270.963 Ⅰ	4.62	30	20	8500	190	0.001	111	7	Cr(0.3)
	269.134 Ⅰ	4.65	25	15		120	0.001			Cr(0.1), V(0.5), Mn(5)
	265.158 Ⅰ	4.65	30	20	5500	120	0.001	83	10	Fe, Pb(10)
	265.118 Ⅰ	4.83	40	20	12000	500	0.0003	48	4	Pt, Cr, Fe, Mn, Ti, V
	259.254 Ⅰ	4.83	20	15	5000	160	0.001	103		
H 氢	656.279 Ⅰ	12.09		[3000]		1100				
	486.133 Ⅰ	12.74		[500]		105				
	434.047 Ⅰ	13.05		[200]		45				
	410.174 Ⅰ	13.21		[100]		1.5				
He 氦	587.597 Ⅰ	23.1		[3000]						
	587.562 Ⅰ	23.1		[1000]						
	468.575 Ⅱ	75.6		[300]						
	388.865 Ⅰ	23.0		[1000]						
Hf 铪	409.316 Ⅱ	9.0	25	20		300				
	339.980 Ⅱ	9.1	60	100	2300	1200	0.003		2.5	
	313.472 Ⅱ	9.8	80	125		650	0.003			

元素	λ/nm	激发电位 E/eV	强度				检出限			干扰元素及浓度 (w/%)
			电弧	火花 (放电管)	经典光源	ICP	碳电弧/%	ICP/(μg/mL)		
								(A)	(B)	
Hf 铪	301.290 II	9.5	80	100		750	0.003			Cr, V, Os
	286.637 I	4.3	50	12		50	0.01			W, Fe
	277.336 II	10.8	25	60	980	950	0.01	15		Fe, Cr, Mg, Mn, Ni, V
	264.141 II	11.2	40	125	1100	750	0.01	18		Th(0.1), Ti, Fe, Cr, V
	263.871 II	10.2	40	100	1100	850	0.01	18		Mo(0.01), Zr, Cr, Fe, Mn, Ti
	234.744 II	11.6	80	125		70	0.01			Ba, Ni
Hg 汞	546.074 I	7.73		[2000]		5.5				
	435.835 I	7.73	3000W	[500]		11	0.01			Cr, Cu, Fe, Ni
	404.656 I	7.73	200	300	1800	5.0			90	
	366.328 I	8.85	500	400		2.0				
	365.483 I	8.83		[200]	300	3.0		1000		
	365.015 I	8.86	200	500						
	313.183 I	8.85	200	100	320		1		300	
	313.155 I	8.82	400	300			1			
	312.566 I	8.85	200	150	400		1		250	
	296.728 I	8.84	100W	100	1200	9.0		1764	70	
	253.652 I	4.88	2000R	1000R	15000	230	0.01	61	5	Co(0.1), Fe, Pt, Ta, Mn, Ti
	194.164 II					22				
Ho 钬	410.384 I		400	400			0.01			CN, Ce(3)
	404.543 II		200	80			0.01			CN, Ce(3)
	389.102 II	10.1	200	40	13000		0.01	10	0.5	CN, Ce(3), Ca, Cr, Er, Fe, Tm, V
	374.817 II	10.2	60	40			0.1			
	345.600 II		60	60	16000		0.1	5.7	0.3	Er, Y(1), Dy(0.1), Cr, Fe, Ti
	341.646		30	40	5400		0.1	18		Ce(1), Er(1)
	339.898 II		40	60	8100		0.1	13	0.7	Fe, Ce(10), Cr, Ti
	293.667	7.4		1000R			0.01			
I 碘	567.808 II	24.3		[80]						
	546.462 II	22.7		[900]						
	540.736 II	24.3		[60]						
	533.819 II	24.3		[300]						
	516.120 II	22.9		[300]						
	498.692 II	24.3		[200]						
	206.238			[900]						
In 铟	451.131 I	3.02	5000R	4000R	18000	300	0.001	187	6	Ti, Sn, Ta, Ar, Fe, V
	410.177 I	3.02	2000R	1000R	17000	250	0.001	468	6	
	325.856 I	4.1	500R	300R	3000	45	0.003	600	20	Mn(0.1), Fe

第一篇

元素	λ/nm	激发电位 E/eV	强度				检出限			干扰元素及浓度 (w/%)
			电弧	火花(放电管)	经典光源	ICP	碳电弧/%	ICP/(μg/mL)		
								(A)	(B)	
In 铟	325.609 I	4.1	1500R	600R	13000	370	0.001	120	5	Mn(0.1), Fe, V
	303.936 I	4.1	1000R	500R	8000	240	0.003	150	6	Ge(0.003), Cr(01), Nb(0.3), Co(1), Fe, W
	293.262 I	4.47	500	300	1100	13	0.03	1500		V(0.5), Ta(10), Ni
	275.388 I	5.01	300R	300Wh	700	8	0.03	1875		
	271.027 I	4.81	800R	200Rh	1600	25	0.01	555	25	
Ir 铱	351.365 I	3.52	100	100		30	0.01			
	343.702 I	4.39	20	15		9	0.03			
	322.078 I	4.20	100	30	5100	65	0.01		20	Pb
	313.332 I	4.74	40	2		50	0.03			
	292.479 I	4.24	25	15	4400	55	0.03		15	
	284.973 I	4.35	40	20	3800	65	0.03	300		Cr, Co
	282.445 I	4.74	20	15		40	0.1			
	269.423 I	4.95	150	50	3000	45	0.01	272		
	266.479 I	4.65	200	50		50	0.01			
	263.971 I	4.70	100	15	3500	65	0.03	176		
	254.397 I	5.22	200	100	7900	55	0.01	157	9	
K 钾	769.898 I	1.61	5000R	200	9000	10	0.001			Cr, Ti
	766.490 I	1.62	9000R	400	18000	22	0.001			Ti
	404.720 I	3.06	400	200	160	0.9	0.03	42857	100	
	404.414 I	3.06	800	400	320		0.03		200	Ar, Ca, Cr, Fe, Ti
	344.770 I	3.60	100R	75R			1			Mo(0.03), Fe(3), Cr, Rh, Ne
	344.672 I	3.60	150R	100R			1			
	321.750 I	3.86	50R	25			10			
	321.716 I	3.86	100R	20			10			
Kr 氪	587.092 I	12.1		[3000]						
	557.029 I	12.1		[2000]						
	435.547 II	30.8		[3000]						
La 镧	624.993 I	2.49	300							
	593.068 I	2.09	100							
	545.515 I	2.40	200	1						
	433.373 II	8.6	800	500	4600		0.01		1	Zr(10)
	412.323 II	8.9	500	500	4400		0.01	10	1	
	408.671 II	8.6	500	500	5500		0.01	10	0.8	Ca, Cr, Fe
	399.575 II	8.9	600	300	3600		0.01	13		Zr(5), Pr
	398.852 II	9.1	1000	800	4400		0.01	11	0.8	
	394.911 II	9.1	1000	800	9000		0.01		0.4	Ar, Ti, Fe, Cd
	333.749 II	9.7	800	300	1500		0.01	10		Mg, Cu, Co(0.5), Fe

元素	λ/nm	激发电位 E/eV	强度 电弧	强度 火花(放电管)	强度 经典光源	强度 ICP	检出限 碳电弧/%	检出限 ICP/(μg/mL) (A)	检出限 ICP/(μg/mL) (B)	干扰元素及浓度 $(w/\%)$
La 镧	261.034 II	11.3	10	150			0.1			Mn(0.3)
Li 锂	670.784 I	1.85	3000R	200	36000	123000	0.0001		0.3	Mo, Co, V, Ti
	610.364 I	3.87	2000R	300	3200	420	0.0003		4.0	Ca, Fe, Mo, Co
	460.286 I	4.54	800		130	52	0.03	8.57	0.50	Fe
	323.261 I	3.83	1000R	500	170	11	0.03	1071	70	Sb(0.1), Ni, Ti(0.05), W
Lu 镥	451.856 I	2.74	300	40			0.01			
	355.444 II	11.8	50	100			0.03			
	347.249 II	11.3	50	150	4800		0.03	15		
	339.705 II	11.3	50	20r	4100		0.03	10		
	291.139 II	12.2	100	300	9000		0.01	6.2	0.5	Yb, Th, Cr, Fe, Ti, V
	290.030 II	12.0	50	150	4500		0.03	12		
	289.484 II	12.2	60	200	6300		0.03	10	0.7	
	261.542 II	10.9	100	250	18000		0.001	1	0.2	Fe, Al, Ca, Cr, Mn, Ni, V
	239.219 II	13.5	30	100			0.1			
Mg 镁	518.362 I	5.11	500Wh	300		320	0.003			
	517.270 I	5.11	200Wh	100Wh		190	0.01			
	516.734 I	5.11	100Wh	50		55	0.01			
	383.826 I	5.94	300	200	5000	1950	0.003	33	4	
	383.231 I	5.94	250	200	3000	1550	0.003	42		
	382.935 I	5.94	100W	150		390	0.003			
	285.213 I	4.34	300R	100R	60000	17500	0.0001	1.6	0.2	Fe, Na(1), Cr, V, Zr, OH
	280.270 II	12.1	150	300	6000	83000	0.001	0.3	0.03	Cr, Mn, V, Ti
	279.553 II	12.1	150	300	10000	99000	0.001	0.15	0.02	Fe, Ag, Ar, Mn
	279.079 II	16.5	40	80	130	830	0.1	30	1.5	
	278.297 I	7.18	15	15		110	0.1			
	278.142 I	7.18	20	8		75	0.1			
	277.983 I	7.18	40	50	900	420	0.03	50		
	277.829 I	7.18	25	20		80	0.1			
	277.669 I	7.18	30	20		100	0.1			
Mn 锰	482.352 I	4.89	400	80		42	0.01			
	478.342 I	4.89	400	60		35	0.01			
	475.404 I	4.89	400	60		28	0.01			
	403.449 I	3.08	250r	20		900	0.001			
	403.307 I	3.08	400r	20	19000	1450	0.001	47		
	403.076 I	3.08	500r	20	27000	2100	0.001	44	2	

续表

元素	λ/nm	激发电位 E/eV	强度				检出限			干扰元素及浓度 (w/%)
			电弧	火花(放电管)	经典光源	ICP	碳电弧/%	ICP/(μg/mL) (A)	(B)	
Mn 锰	293.306 Ⅱ	12.8	40	100	1100	2700	0.01	13		Ni(3), In(0.1), Cr, OH
	280.106 Ⅰ	4.43	600R	60	3700	1450	0.001	21		Zn
	279.827 Ⅰ	4.43	800R	80	5100	2100	0.001	16		Mg(0.3), Ni
	279.482 Ⅰ	4.44	1000R	5	6200	2700	0.0003	12		Fe, Co
	260.569 Ⅱ	12.2	100R	500R	4300	9900	0.003	2.1	0.4	Cr, Fe
	259.373 Ⅱ	12.2	200R	1000R	6200	13000	0.003	1.6	0.25	Fe
	257.610 Ⅱ	12.2	300R	2000R	12000	18000	0.003	1.4	0.14	Al, Cr, Fe, V, W, Co
Mo 钼	390.296 Ⅰ	3.17	1000R	500R	19000	1500	0.001		3	Fe, Cr
	386.411 Ⅰ	3.20	1000R	500R	29000	2100	0.001		2	Zr
	379.826 Ⅰ	3.26	1000R	1000R	29000	2400	0.001		2.5	
	319.397 Ⅰ	3.88	1000r	50r		820	0.001			
	317.035 Ⅰ	3.91	1000R	25r		1200	0.001			Co(0.5), W, Fe(3), Ta
	313.259 Ⅰ	3.96	1000R	300R	14000	1800	0.001		3	V, Fe, Ta
	289.099 Ⅱ	12.9	30	50		650	0.01			
	287.151 Ⅱ	13.0	100	100	1700	1180	0.01	27	5	
	284.823 Ⅱ	13.1	125	200	1700	1800	0.003	20	5	
	281.615 Ⅱ	13.2	200	300	1700	2400	0.003	14		Al(10), Cr, Fe, Mg, Mn, Ti
N 氮	567.956 Ⅱ	35.2		[500]						
	567.602 Ⅱ	35.2		[100]						
	566.664 Ⅱ	35.1		[300]						
	410.998 Ⅰ	13.70		[1000]						
	410.337 Ⅲ	74.6		[70]						
	409.994 Ⅰ	13.69		[150]						
	409.731 Ⅲ	74.6		[100]						
Na 钠	616.076 Ⅰ	4.12	500	100			0.03			
	615.423 Ⅰ	4.12	500	100			0.03			
	589.592 Ⅰ	2.10	5000R	500R	10000	300	0.0001	69	0.2	Fe, Ti, V
	588.995 Ⅰ	2.11	9000R	1000R	20000	650	0.0001	29	0.1	
	330.299 Ⅰ	3.75	300R	150R	150	3.0	0.03	4285	11	Zn(0.03), La, Zr
	285.303 Ⅰ	4.35	80R	15			0.1	27272		Fe
	285.283 Ⅰ	4.35	100R	20			0.1	27272		
	268.044 Ⅰ	4.62	40R				1			
	268.034 Ⅱ	4.62	60R	10			1			
Nb 铌	413.710 Ⅰ	2.99	100	60		14	0.1			
	412.381 Ⅰ	3.02	200	125		33	0.03			
	410.092 Ⅰ	3.07	300W	200W		55	0.01			

元素	λ/nm	激发电位 E/eV	强度				检出限			干扰元素及浓度 (w/%)
			电弧	火花(放电管)	经典光源	ICP	碳电弧/%	ICP/(μg/mL)		
								(A)	(B)	
Nb 铌	407.973 I	3.12	500W	200W		80	0.01			Ar, Sr
	405.894 I	3.18	1000W	400W		110	0.01			Mn
	358.027 I	3.59	100	300		50	0.01			
	322.548 II	11.0	150W	800wr	800	1100	0.01	71		
	319.498 II	11.1	30	300	1000	1500	0.1	73		Mo, Ta
	316.342 II	11.2	15	8	1200	1900	0.01	40		Ca, Cr, Fe, W, OH
	313.079 II	11.3	100	100	1500	2200	0.003	50		Be(0.001), V(0.1), Ar, Cr, Ti, Ce
	309.418 II	11.4	100	1000	1800	2500	0.003	36		Cu(1), Mo, Ca, V, Al, Cr, Fe, Mg
	295.088 II	11.6	15	200	1100	1200	0.01	75		Hf, Fe
	284.115 II	11.6	10	100		140	0.1			V(0.3)
	269.706 II	11.7	10	500	1000	960	0.005	69		Fe, Cr, V
Nd 钕	430.357 II	9.2	100	40	5400		0.03	75	1.3	Ca(10), Pr(0.3), Fe
	428.452 II	9.8	30	15			0.1			
	417.732 II	9.3	15	25	2400		0.1	136		
	415.608 II	9.5	50	20	3000		0.1	107		Zr(0.1), Ca, Fe
	395.115 II	9.7	40	30	1400		0.1	176		
	311.517 II		4	2			0.3			Sm(1), Er(0.3), Yb(0.3)
Ne 氖	640.225 I	18.6		[2000]						
	585.249 I	19.0		[2000]						
	540.056 I	19.0		[2000]						
	475.273 I	21.2		[1000]						Ar
Ni 镍	547.691 I	4.09	400W	8			0.3			
	503.537 I	6.09	300W	5			0.3			
	471.442 I	6.00	1000	8			0.1			
	385.830 I	3.63	800r	70h			0.03			
	361.939 I	3.85	2000R	150h	6600	940	0.003		5	
	359.771 I	3.65	1000r	50h		80	0.03			
	356.637 I	3.90	2000R	100Wh		460	0.003			
	352.454 I	3.54	1000R	100Wh	8200	1600	0.003	45	4	V, Mo
	351.505 I	3.63	1000R	50h	6600	880	0.001		5	Nb
	349.296 I	3.65	1000R	100h	5500	710	0.003		5	
	346.165 I	3.60	800R	50		680	0.003			
	341.477 I	3.65	1000R	50Wh	8200	1400	0.001	48	4	Co(0.1), Zr(1)
	313.411 I	4.17	1000R	150		290	0.01			
	310.188 I	4.42	400R	150		95	0.03			
	310.155 I	4.11	1000R	150		500	0.01			

元素	λ/nm	激发电位 E/eV	强度				检出限			干扰元素及浓度 (w/%)
			电弧	火花 (放电管)	经典光源	ICP	碳电弧/%	ICP/(μg/mL)		
								(A)	(B)	
Ni 镍	305.082 I	4.09	1000R			610	0.001			Co(1), V
	300.249 I	4.16	1000R	100		600	0.001			
	228.708 II	14.9	100	500		65	0.1			
	227.021 II	14.2	100	400		240	0.1	25		
	226.446 II	14.3	150	400		150	0.1			
	225.386 II	14.4	100	300		120	0.1	25		
O 氧	844.638 I	10.98		[2000]		44				
	794.759 I	14.10		[1000]						
	777.543 I	10.73		[100]		160				
	777.414 I	10.73		[300]		260				
	777.193 I	10.73		[1000]		370				
	615.820 I	12.75		[1000]		18				
	615.678 I	12.75		[300]		12				
	615.599 I	12.75		[150]		8				
Os 锇	442.047 I	2.80	400R	100		15	0.1			
	426.085 I	2.91	200	200		15	0.3			
	330.156 I	3.76	500R	50		60	0.03			
	326.795 I	3.80	400R	30		16	0.1			
	326.229 I	4.32	500R	50		22	0.03			
	305.866 I	4.05	500R	500	8600	105	0.03		10	Ru(3), Fe
	290.906 I	4.26	500R	400	9600	150	0.03		8	Mo(0.1), Cr(0.3), V(0.01), Fe
	283.863 I	5.00	100R	100		62	0.1			
	248.855 I	5.62	50W	15		82	0.1			
P 磷	650.797 II	23.4		[600]						
	650.346 II	23.4		[600]						
	645.999 II	23.5		[600]						
	545.074 II	26.0		[400]						
	542.591 II	23.7		[400]						
	529.613 II	23.7		[400]						
	494.353 II	26.0		[500]						
	460.208 II	26.1		[600]						
	458.986 II	26.1		[500]						
	458.804 II	26.1		[500]						
	255.490 I	7.14	60	[500]	150	4	0.1		250	Ca(10), V, W, Ni(1), Fe(0.3), Co
	255.325 I	7.14	80	[600]	380	9	0.1	576		
	253.565 I	7.18	100	[700]	600	21	0.03	272	60	Fe(0.03), Cr, Mn, Ti
	253.399 I	7.18	50	[500]	220	4.5	0.3	1000	150	Fe(0.03)

续表

元素	λ/nm	激发电位 E/eV	强度 电弧	强度 火花(放电管)	强度 经典光源	强度 ICP	检出限 碳电弧/%	检出限 ICP/(μg/mL) (A)	检出限 ICP/(μg/mL) (B)	干扰元素及浓度 (w/%)
Pa 镤	395.78			[100]						
	305.46			[100]						
	305.35			[100]						
Pb 铅	560.88 Ⅱ	17.0		[40]			1.0			
	416.805 Ⅰ	5.63	20	10						Ti, Mn, Co
	405.783 Ⅰ	4.38	2000R	300R	34000	320	0.0001	272	20	Fe, Zn
	368.347 Ⅰ	4.34	300	50	14000	240	0.003	348	40	
	363.958 Ⅰ	4.38	300	50h	5500	110	0.003	576		
	283.307 Ⅰ	4.37	500R	80R	9500	340	0.0001	142	30	Ne, Fe, Cr, Mg
	280.200 Ⅰ	5.74	250Rh	100h	10000	250	0.0003	157	30	Ni(0.1), Mn
	266.317 Ⅰ	5.97	300Wh	40	3000	48	0.001	389		V(3), Mo, Cr(1)
	261.418 Ⅰ	5.71	200r	80	7000	180	0.003	130	40	
	239.379 Ⅰ	6.50	2500	1000	1700	11	0.003	476		
	220.353 Ⅱ	14.8	50W	5000R	1400	150	0.03	42		Nb, W, Fe
	216.999 Ⅰ	5.71	1000R	1000R	5500	50	0.03	90		Al, Cr, Cu, Fe, Ni, W
Pd 钯	363.470 Ⅰ	4.23	2000R	1000R	20000	600	0.001	54	6	Ar, Co, Fe, Ni, Ti
	360.955 Ⅰ	4.40	1000R	700R	20000	550	0.003	85	6	
	351.694 Ⅰ	4.49	1000R	500R	12000	220	0.003		9	
	342.124 Ⅰ	4.58	2000R	1000R	13000	360	0.001	100	8	Cr, Ni(1)
	340.458 Ⅰ	4.46	2000R	1000R	24000	1000	0.001	44	4	Fe, Mo, Zr, Co, Ti, V
	324.270 Ⅰ	4.64	2000	600R	11000	420	0.003	76	9	
	285.458 Ⅱ	16.7	4	500R		12	1			
	265.872 Ⅱ	17.0	20	300		7.0	1			
	250.574 Ⅱ	17.5	3	30		7.0	3			
	249.878 Ⅱ	17.3	4	150h		15.0	1			
	248.892 Ⅱ	16.4	10	30	130	95.0	3	103		
Pm 钷	399.895			1000						
	395.774			1000						
	391.909			1000						
	391.026			1000						
	389.216			1000						
Po 钋	386.193			500						
	300.321 Ⅰ	5.1		2500						
	266.333			700						
	255.801 Ⅰ	4.8		1500						
	245.011 Ⅰ	5.1		1500						
Pr 镨	422.533 Ⅱ	8.7	50	40	3800		1	42	2	
	418.952 Ⅱ	9.1	100	50	2500		0.3	60		
	417.942 Ⅱ	8.9	200	40	5200		0.1	41		CN, Co

续表

元素	λ/nm	激发电位 E/eV	强度				检出限			干扰元素及浓度 (w/%)
			电弧	火花(放电管)	经典光源	ICP	碳电弧/%	ICP/(μg/mL)		
								(A)	(B)	
Pr 镨	406.282 II	9.2	150	50	3400		0.1		2	
	390.843 II	8.9	100	60	3100		0.1	37	2	Ca, Cr, Fe, V
	321.955 I		20	5			1			
	317.231 II		25	5			1			
	316.824 II		25	5			1			Ti(0.1), Co
	316.374 II		4				1			
	312.157 II		50	4			1			Ti(1), Co
Pt 铂	444.255 I	4.04	800	25			0.1			
	306.471 I	4.04	2000R	300R	3200	260	0.001	120	5	Ni(0.03), Ru(0.1), Co
	299.797 I	4.23	1000R	200r	1800	110	0.003		8	Cu
	292.979 I	4.23	800R	200W		72	0.003			
	283.030 I	4.38	1000R	600r		65	0.003			
	273.396 I	4.63	1000	200	1800	70	0.003	150	7	
	270.240 I	4.68	1000	300	2000	78	0.003		6	
	265.945 I	4.66	2000R	500R	2800	230	0.001	81		Ru(0.3), Ta, Cr, Fe, Mg, Mn, V
Ra 镭	482.591 I	2.57		800						
	468.228 II	7.9		800						
	381.442 II	8.5		2000						
Rb 铷	794.760 I	1.56	5000R		16000		0.001			Ar
	780.023 I	1.59	9000R		30000		0.001			Ar, Ti
	629.833 I	3.57	1000	150			0.01			Fe
	421.556 I	2.94	1000R	300	160		0.001		500	Sr(0.001), CN
	420.185 I	2.95	2000R	500	320		0.003	37500	250	Fe, CN, Ar, Mn, Ni, V
Re 铼	488.917 I	2.53	2000W							Fe
	346.473 I	3.57	100		40000		0.001		2.5	Sr(0.03)
	346.046 I	3.58	1000W		55000		0.003	115	2	Mo, Mn(0.05), Cr
	345.181 I	3.59	100		16000		0.003		6	Fe
Rh 铑	437.480 I	3.54	1000	500		50				
	369.236 I	3.35	500	150	940	560		8.5	7	
	365.799 I	3.57	500W	200W	8200	250		150	8	
	352.802 I	3.70	1000	150		280				
	350.252 I	3.53	1000	150		220				
	343.489 I	3.60	1000r	200r		710	0.001	60		Mo(0.3), V
	339.685 I	3.64	1000W	500	5600	280		125		Fe
	332.309 I	3.92	1000	200		145	0.003			Ti(0.1), Ir(1)
Rn 氡	745.000 I	8.43		[600]						
	705.542 I	8.53		[400]						

第二篇

续表

元素	λ/nm	激发电位 E/eV	强度				检出限			干扰元素及浓度 (w/%)
			电弧	火花(放电管)	经典光源	ICP	碳电弧/%	ICP/(μg/mL)		
								(A)	(B)	
Rn 氡	434.960 I	9.62		[5000]						
Ru 钌	379.935 I	3.26	3000R	150		160				
	379.890 I	3.41	3000R	150		100				
	372.803 I	3.32	9000R	300	11000	315		120	6	
	359.618 I	3.70	2000R	200		50				
	349.894 I	3.54	6000R	600	8300	280		111	7	Rh(0.3)
	343.674 I	3.75	3000R	150			0.01			Ni(0.1), Ir, Co
	294.567 II	14.0	100	500		65				
	269.212 II	13.4	250	400	330	250		90		
	267.876 II	13.3	300	800	690	730	<0.1	36	3	V, Cr, Zr, Fe, Mn
S 硫	921.291 I	7.9		[200]						
	545.388 II	26.3		[750]						
	481.552 II	26.6		[800]						
	416.270 II	29.3		[600]						
Sb 锑	326.750 I	5.82	150	150Wh		10	0.03			V(0.03)
	287.792 I	5.36	250W	150	1400	26	0.01	638	40	Cr(0.2), V(0.3)
	259.806 I	5.98	200	100	6000	95	0.001	107	7	Fe, Mn(5)
	252.852 I	6.12	300 R	200	3200	85	0.001	107	14	Si(0.003), Cr, Fe, Mg, Mn, V
	231.147 I	5.36	150R	50	2200	70	0.01	61	13	Fe, Ni
Sc 钪	431.408 II	10.1	50	150	4200		0.001	7.9		
	424.683 II	9.8	80	500	15000		0.0003	2.7	0.2	Ce(1), Fe
	402.369 I	3.10	100	25						
	402.040 I	3.08	50	20						
	391.181 I	3.19	150	30						
	390.749 I	3.17	125	25						
	364.279 II	10.0	60	50	6600			8.6		
	363.075 II	10.0	50	70	20000			2.1	0.09	Ca, Cr, Fe, V
	361.384 II	10.1	40	70	28000			1.5	0.06	Cr, Cu, Fe, Ti
	335.373 II	10.5	50	60	9900		0.001	3.8	0.14	Zr(0.3), Fe, Co, W
Se 硒	484.063 II	24.4	10	800						
	473.903 I	8.59		800						
	473.078 I	8.59		1000						
	206.279 I	6.30		800	11000		0.3	300		Al, Cr, Fe, Ni, Ti, V
	203.985 I	6.33		1000	40000			115		Al, Cr, Fe, Mn
	196.026 I	6.32	100	100R	90000			75		
Si 硅	288.158 I	5.08	500	400	2600	720	0.0005	27	4	Cr, Fe, Mg, V, Co, Ce, Ta

第二篇

元素	λ/nm	激发电位 E/eV	强度				检出限			干扰元素及浓度 $(w/\%)$
			电弧	火花(放电管)	经典光源	ICP	碳电弧/%	ICP/(μg/mL)		
								(A)	(B)	
Si 硅	252.851 I	4.93	400	500	2000	280	0.001	31	5	
	252.411 I	4.92	400	400	2400	240	0.001	40	4	
	251.611 I	4.95	500	500	3600	850	0.001	12	3	Cr, Fe, Mn, V, Mo, W
	250.690 I	4.95	300	200	1700	280	0.003	30	6	Al, Cr, Fe, V
	243.516 I	5.87	150	80	320	50	0.03	83		
	221.668 I	5.62	40	40	480	75		41		
	212.412 I	6.62	200R	50	2200	90		16		
Sm 钐	443.434 II	9.8	200	200	1800			83		
	442.435 II	9.9	300	300	2900			54		Nd, Cr, Ca, Ti, V
	439.087 II	9.6	150	150						
	428.078 II	10.0	200	200	2200			69		
	427.967 II	9.8	100	100			0.03			Ce(10), Fe
	426.268 II	9.9	200	150			0.03			Ti(1), Cr
	336.587 II		25	10			0.03			Ce(10), Cr
Sn 锡	452.474 I	4.87	500	50						
	326.234 I	4.87	400	300		57				
	317.502 I	4.33	500h	400hr	5500	65	0.001	214		Mo, Fe, Co
	303.412 I	4.30	200Wh	150Wh	8500	50	0.001		40	Cr(0.03), V(0.1)
	300.914 I	4.33	300h	200h	7000	28	0.001		50	
	286.333 I	4.32	300R	300R	10000	43	0.0003	214	30	
	283.999 I	4.78	300R	300R	1400	90	0.0003	111	25	Cr(0.2), Mn(3), Al, Fe, Mg, Ti, V, Nb
	242.950 I	5.51	200R	250R	5500	38	0.003	96		Fe, Mn, Mo, Co
	242.169 I	6.18	150R	200R	3600	20	0.003	157		
Sr 锶	483.208 I	4.34	200	8		5.0				
	460.733 I	2.69	1000R	50R	6500	400	0.0003	68	2	Mn, Fe
	421.552 II	8.6	300r	400W	32000	63000		0.77	0.03	Rb, CN, Fe
	407.771 II	8.7	400r	500W	46000	120000	0.001	0.42	0.02	Yb(0.01), CN, Co, La, Cr, Fe, Ti
	346.446 II	12.3	200	200	950	1050	0.001	23	0.06	Re, Yb, CN
	338.071 II	12.3	150	200	650	780		34	0.08	
Ta 钽	331.116 I	4.4	300	70		17	0.01			W(1), Ar
	271.467 I	5.05	200	8			0.01			Fe(3), Co
	268.511 II	12.5	15	25	1500	700	0.01	30	2.5	Fe, Ti(1), V, W
	265.327 I	4.9	200	15		45				Mo(0.3)
	264.747 I	4.7	200	10		38				
Tb 铽	432.648 I		150	4			0.03			Ti(1), Mn
	427.852 II		200	100			0.03			Ti(0.3), W

续表

元素	λ/nm	激发电位 E/eV	强度				检出限			干扰元素及浓度 (w/%)
			电弧	火花(放电管)	经典光源	ICP	碳电弧/%	ICP/(μg/mL) (A)	(B)	
Tb 铽	387.419 Ⅱ	>3.2	200	200	3500		0.1	62		La, Ce, Sm
	384.876 Ⅱ	>3.2	100	200	3700			55		
	356.174 Ⅱ	>3.5	200	200	3200			63		
	350.917 Ⅱ	>3.5	200	200	5700			23	1	CN, Cr, Fe, Ti, V
Tc 锝	429.706 Ⅰ	2.9	500	300						
	426.226 Ⅰ	2.9	400	200						
	423.819 Ⅰ	2.9	300	150						
	363.610 Ⅰ	3.7	400	200						Ar
	264.702 Ⅱ	11.9	300	600						
	261.000 Ⅱ	12.0	400	800						
	254.324 Ⅱ	12.1	500	1000						
Te 碲	238.576 Ⅰ	5.8	120	60	1500	14	0.01	176	40	
	238.325 Ⅰ	5.8	100	60	1200	7.5	0.01	272	50	Fe, Cr
	214.275 Ⅰ	5.8	120		18000	25		41		
	200.202 Ⅰ				26000	1.0		250		
	199.418 Ⅰ				14000	0.3		476		
Th 钍	439.111 Ⅱ	10.4	50	40		300				
	438.186 Ⅱ	10.7	30	30	1300	350			11	
	401.914 Ⅱ	10.1	8	8	4200	1070		83	2.5	Ca, Cu, Mn
	374.119 Ⅱ	10.5	80	80	1300	700		96	8	
	287.041 Ⅱ	11.6	18	20	550	300	0.01	130		Cr, V
	283.730 Ⅱ		15	10	1200	720	0.01	65		Zr(0.1), W, U(1), Cr, Fe, Mg, Ni, V
	275.217 Ⅱ	11.7	15	12	410	230	0.01	130		Zr(0.01), Mn
Ti 钛	498.173 Ⅰ	3.33	300	125		45				
	399.864 Ⅰ	3.14	150	100		85				
	365.350 Ⅰ	3.44	500	200			0.03			
	364.268 Ⅰ	3.42	300	125		95				
	363.546 Ⅰ	3.40	200	100		80				
	338.376 Ⅱ	10.5	70	300R	5700	5100		8.1	0.7	
	337.280 Ⅱ	10.5	80	400R	5700	6800	0.003	6.7	0.6	Ni, V
	336.121 Ⅱ	10.5	100	600R	7200	8800		5.3	0.5	Ca, Cr, Ni, V
	334.904 Ⅱ	11.1	125	800R	4300	1800		7.5		
	323.452 Ⅱ	10.7	100	500r	6600	7700		5.4	0.6	Ar, Cr, Fe, Mn, Ni, V
	308.803 Ⅱ	10.9	70	500R	3600	4000	0.001	7.7		V, Cu(1), Ar, Nb, Ta, Mo, Ni
	307.865 Ⅱ	10.9	60	500R	2300	2700	0.001	8.1		
Tl 铊	535.046 Ⅰ	3.28	5000R	2000R		37	0.001			Ca, Ar
	377.572 Ⅰ	3.28	3000R	1000R	12000	120	0.001	230	11	Ni(0.3), CN, Ca, Fe, Ti, V

续表

元素	λ/nm	激发电位 E/eV	强度 电弧	火花 (放电管)	经典光源	ICP	检出限 碳电弧/%	ICP/(μg/mL) (A)	(B)	干扰元素及浓度 (w/%)
Tl 铊	351.924 I	4.49	2000R	1000R	20000	120	0.003	200	6	CN, Cr, Fe, Ni, V
	322.975 I	4.77	2000	800						
	291.832 I	5.18	400R	200R	2800	12	0.1	1034	30	Fe
	276.787 I	4.44	400R	300R	4400	120	0.01	120		Fe(0.5), Cr, Ag, Mg, Mn, Ti, V
Tm 铥	418.762 I	3.0	300	30			0.01			La(0.1), Fe, CN
	376.192 II	9.9	200	120	4800		0.1	13		Ti
	376.133 II	9.9	250	150	6000		0.1	11		
	346.221 II	10.2	250	200	8500			8.1	0.3	Ca, Cr, Fe, Ni, V
	313.126 II	10.6	400	500	7400		0.01	5.2	0.4	Ce(1), Ti(0.3), Be(0.0003), Nb
U 铀	424.167 II	7.5	40	50	1000	105		461		
	409.014 II	7.2	25	40	2200	170		337	20	
	385.958 II	7.2	20	30	4900	300		250	8	Ca, Cr, Fe
	302.221		12	12		40	0.1			Co(0.01)
	290.828		12	30	780	50	0.1	500		Nb(0.1)
	286.568 II	8.3	30	50		48	0.05			Zr(0.3), Cr, W, Nb (0.1)
V 钒	438.472 I	2.88	125R	125R		190				
	437.924 I	3.13	200R	200R	12000	300	0.003	17	9	
	411.179 I	3.31	100R	100R		170				
	318.540 I	3.96	500R	400R		280	0.001			Fe
	318.398 I	3.90	500R	400R		190	0.001			Fe, W(3)
	318.341 I	3.91	200R	100R		150	0.001			
	312.528 II	11.1	80	200R	750	3000		15		
	311.838 II	11.1	70	200R	2000	4100		12		
	311.071 II	11.1	70	300R	2600	5600		10	0.9	
	310.230 II	11.1	70	300R	3000	7000		6.4	0.8	Fe, Ni, Ti
	309.311 II	11.2	100R	400R	3800	9400		5.0	0.6	Al, Cr, Fe, Mg
	290.308 II	11.3	35	150R		300	0.01			Mo
W 钨	430.211 I	3.24	60	60						
	429.461 I	3.25	50	50						
	407.436 I	3.40	50	45						
	400.875 I	3.45	45	45			0.01			Ti, Mo, Pr
	361.379 II	13.2	10	30						
	321.556 I	4.6	10	9						
	294.698 I	4.57	20	18			0.01			Mo, Nb(0.1), Cr(1)
	294.440 I	4.57	30	20			0.01			Ga, Fe, V, Mo
	289.645 I	4.63	15	25			0.03			V(0.1)
	289.601 I	4.50	10	12			0.03			V(0.1)
	216.632 II	6.30	10	30	15000	22		75		

续表

元素	λ/nm	激发电位 E/eV	强度				检出限			干扰元素及浓度 (w/%)
			电弧	火花 (放电管)	经典光源	ICP	碳电弧/%	ICP/(μg/mL)		
								(A)	(B)	
W 钨	202.998 II	6.36	10	30	15000	9.5		75		
	200.807 II	6.76	12	25	13000	7.5		71		
Xe 氙	467.123 I	11.0		[2000]						
	462.428 I	11.0		[1000]						
	450.098 I	10.1		[500]						
Y 钇	467.485 I	2.72	80	100						
	464.370 I	2.67	50	100						
	437.494 II	9.6	150	150	12000		0.001	6.5	0.13	Mn
	417.754 II	9.8	150	50	8000			11	0.2	
	410.238 II	9.5	50	30			0.001			
	378.870 II	9.8	30	30	7400			7.5		
	377.433 II	9.8	12	100	10000		0.003	5.3	0.11	Fe, Mn, Ti, V
	371.029 II	9.9	80	150	13000		0.003	3.5	0.08	Ti, Y
	363.312 II	9.8	50	100	7800			8.3		
	360.073 II	10.0	100	300	10000			4.8	0.10	
	324.228 II	10.4	60	100	6200		0.003	4.5		Ti(0.01), U(1), Fe, Cu, Ni, Zr
	321.668 II	10.4	40	70	3900		0.003	7.9		Ti(0.1), Mn(0.5), Ni, V, Ar
Yb 镱	398.799 I	3.1	1000R	500R	3200		0.0003		4.0	
	369.420 II	9.6	500R	1000R			0.0003	3.0	0.10	Ca, Fe, Mn, Ni, Ti, V
	328.937 II	10.0	500R	1000R	18000		0.0003	1.8	0.14	Mo(0.1), V(0.3), Fe, Cu, Ti
	289.138 II	10.5	50	100	3600		0.01	8.6	0.5	
	265.375 II	13.5	50	200	990		0.03	21		Er(1)
Zn 锌	636.235 I	7.74	1000	500						
	481.053 I	6.66	400	300	1400	45	0.03	230	50	Cr
	472.216 I	6.66	400	300	1000	30		230	70	Bi
	468.014 I	6.66	300	200	400	10			150	
	334.557 I	7.78	500	100	300	17		750	110	
	334.502 I	7.78	800	300	1400	95	0.01	136	25	Mo(0.1), Mn(1), Cr(3), Ce, Zr
	330.259 I	7.78	800	300	900	50	0.01	230	40	Na(0.1)
	328.233 I	7.78	500R	300	200	22	0.03	500		Ti(0.1)
	307.206 I	8.11	200	125	260					
	255.796 II	20.4	10	300						
	250.200 II	20.4	20	400W						
	213.856 I	5.80	800R	500	10000	1020	0.001	1.8	0.3	Fe, Cu, Al, Ni, Ti, V
	206.191 II	15.4	100	100	10000	185		5.9		Al, Cr, Fe, Ni, Ti
	202.551 II	15.5	200	200	3000	215		4.0		

续表

元素	λ/nm	激发电位 E/eV	强度				检出限			干扰元素及浓度 (w/%)
			电弧	火花（放电管）	经典光源	ICP	碳电弧/%	ICP/(μg/mL)		
								(A)	(B)	
	468.780 I	3.37	125			40				
	360.119 I	3.59	400	15		75				
	357.247 II	3.46	60	80	2100	3800		10		
	354.768 I	3.56	200	12		55				
	351.961 I	3.52	100	10		45				
Zr 锆	349.621 II	10.5	100	100	4100	5000		10	0.9	Mn, Co
	343.823 II	10.6	250	200	4700	6500	0.001	7.1	0.8	V, Fe, Ca, Cr, Mn, Ti, Nb
	339.198 II	10.7	300	400	5700	8000	0.001	7.7	0.6	Ni(0.1), Fe, Th, Cr, Ti, V, Mo, OH
	267.863 II	11.6	80	100	1800	1300	0.003	15	1.4	Nb, Cr, V(0.1)
	257.139 II	11.7	300R	400R	2100	1300	0.003	9.7	1.2	Nb, W, Mo(0.3), Sn, Cr, Fe, Hf, Mg, Mn, Ti, Y

① 表中[ ]表示在放电管中的强度，d 表示双线，r 表示窄谱线自蚀，R 表示宽谱线自蚀，w 表示宽或复合的，W 表示非常宽或复合的，h 表示模糊的、发散的。

表 3-2　按波长排列的元素灵敏线及其强度[2]

λ/nm	元素		强度		灵敏度①	λ/nm	元素		强度		灵敏度①
			电弧	火花[放电管]					电弧	火花[放电管]	
923.749	S	I	—	[200]	U 6	696.5430	Ar	I	—	[400]	U 3
922.811	S	I	—	[200]	U 5	690.246	F	I	—	[500]	U 3
921.291	S	I	—	[200]	U 4	685.602	F	I	—	[1000]	U 2
894.350	Cs	I	2000R	—	U 2	670.7844	Li	I	3000R	200	U 1
852.110	Cs	I	5000R	—	U 1	656.273	H	I	—	[3000]	U 2
811.5311	Ar	I	—	[5000]	U 2	643.84696	Cd	I	2000	1000	—
794.760	Rb	I	5000R	—	U 2	640.2246	Ne	I	—	[2000]	—
780.0227	Rb	I	9000R	—	U 1	636.2347	Zn	I	1000	500	—
777.5433	O	I	—	[100]	U 4	624.9929	La	I	300	—	U 1
777.4138	O	I	—	[300]	U 3	624.336	Al	II	—	800	V 3
777.1928	O	I	—	[1000]	U 2	623.176	Al	II	—	35	
769.8959	K	I	5000 R	200	U 2	610.3642	Li	I	2000R	300	U 3
766.4899	K	I	9000R	400	U 1	593.068	La	I	250	—	U 2
750.3868	Ar	I	—	[700]	U 4	589.5923	Na	I	5000R	500R	U 2
745.000	Rn	I	—	[600]	U 2	588.9953	Na	I	9000R	1000R	U 1
706.7217	Ar	I	—	[400]	U 3	587.5618	He	I	—	[1000]	U 3
705.542	Rn	I	—	[400]	U 3	587.0915	Kr	I	—	[3000]	U 2

续表

λ/nm	元素		强度		灵敏度[①]	λ/nm	元素		强度		灵敏度[①]
			电弧	火花[放电管]					电弧	火花[放电管]	
585.2488	Ne	I	—	[2000]	—	481.5515	S	I	—	[800]	—
577.762	Ba	I	500R	100R	U 2	481.0534	Zn	I	400	300	—
568.8224	Na	I	300	—	—	481.006	Cl	II	—	[200]	V 3
568.2657	Na	I	80	—	—	479.992	Cd	I	300	300	—
567.956	N	II	—	[500]	V 2	479.454	Cl	II	—	[250]	V 2
567.602	N	II	—	[100]	V 4	478.550	Br	II	—	[400]	V 2
566.664	N	II	—	[300]	V 3	477.2312	Zr	I	100	—	—
560.88	Pb	II	—	[40]	V 2	474.225	Se	I	—	[500]	U 6
557.0289	Kr	I	—	[2000]	U 3	473.9478	Zr	I	100	—	—
553.548	Ba	I	1000R	200R	U 1	473.903	Se	I	—	[800]	U 5
551.905	Ba	I	200	60	U 3	473.078	Se	I	—	[1000]	U 4
546.5487	Ag	I	1000R	500R	U 4	472.2552	Bi	I	1000	100	—
546.462	I	II	—	[900]	—	472.2159	Zn	I	400	300	—
546.074	Hg	I	—	[2000]	—	471.0075	Zr	I	60	—	—
545.5146	La	I	200	1	U 3	470.486	Br	II	—	[250]	V 1
542.455	Ba	I	100R	30R	U 4	469.625	S	I	—	[15]	U 9
540.0562	Ne	I	—	[2000]	—	469.545	S	I	—	[30]	U 8
535.046	Tl	I	5000R	2000R	U 1	469.413	S	I	—	[50]	U 7
529.10	bhCaF[②]		200	—	—	468.7803	Zr	I	125	—	U 4
521.8202	Cu	I	700	—	U 3	468.575	He	II	—	[300]	—
520.9067	Ag	I	1500R	1000R	U 3	468.228	Ra	II	—	[800]	U 2
520.844	Cr	I	500R	100	U 4	468.0138	Zn	I	300	200	—
520.604	Cr	I	500R	200	U 5	467.4848	Y	I	80	100	U 1
520.452	Cr	I	400R	100	U 6	467.1226	Xe	I	—	[2000]	U 2
518.3618	Mg	I	500	300	—	464.3695	Y	I	50	100	U 2
517.2699	Mg	I	200	100	—	462.4276	Xe	I	—	[1000]	U 3
516.7343	Mg	I	100	50	—	460.7331	Sr	I	1000R	50R	U 1
516.120	I	II	—	[300]	—	460.2863	Li	I	800	—	U 4
515.3235	Cu	I	600	—	U 4	459.3177	Cs	I	1000R	50R	U 4
510.5541	Cu	I	500	—	U 5	455.5355	Cs	I	2000R	100	U 3
500.7213	Ti	I	200	40	—	455.403	Ba	II	1000R	200	V 1
499.9510	Ti	I	200	80	—	453.6053	Ti	I	40	20	—
499.1066	Ti	I	200	100	—	453.5922	Ti	I	40	20	—
498.1733	Ti	I	300	125	U 1	453.5575	Ti	I	80	50	—
496.2263	Sr	I	40	—	U 4	453.4782	Ti	I	100	40	—
493.4086	Ba	II	400	400	V 2	453.3244	Ti	I	150	40	—
488.914	Re	I	2000	—	U 2	452.4741	Sn	I	500	50	—
487.2493	Sr	II	25	—	U 3	451.856	Lu	I	300	40	—
486.1327	H	I	—	[500]	U 3	451.1323	In	I	5000R	4000R	U 1
483.2075	Sr	I	200	8	U 2	450.0977	Xe	I	—	500	U 4
482.591	Ra	I	—	[800]	U 1	445.4781	Ca	I	200	5	U 2
481.946	Cl	II	—	[200]	V 4	443.496	Ca	I	150	25	U 3
481.671	Br	II	—	[300]	V 3	443.434	Sm	II	200	200	V 2

续表

λ/nm	元素		强度		灵敏度①	λ/nm	元素		强度		灵敏度①
			电弧	火花[放电管]					电弧	火花[放电管]	
442.5441	Ca	I	100	20	U 4	418.952	Pr	II	100	50	—
442.435	Sm	II	300	300	V 1	418.6599	Ce	II	80	25	—
442.0468	Os	I	400R	100	—	418.312	Ac	I	500	20	—
440.8511	V	I	30R	20	—	417.998	Ac	I	1000	50	—
440.4753	Fe	I	1000	700	—	417.942	Pr	II	200	40	—
439.1114	Th	II	50	40	—	417.754	Y	II	50	50	—
439.087	Sm	II	150	150	—	417.732	Nd		15	25	—
438.9974	V	I	80R	60R	—	417.206	Ga	I	2000R	1000R	U 1
438.4722	V	I	125R	125R	—	416.799	Dy		50	—	—
438.3547	Fe	I	1000	800	—	416.5606	Ce	II	40	6	—
438.1859	Th	II	30	30	—	416.2698	S	II	—	[600]	—
437.9238	V	I	200R	200R	U 1	413.7646	Ce	II	25	12	—
437.4935	Y	II	150	150	—	413.7095	Nb	I	100	60	U 3
437.480	Rh	I	1000	500	—	413.3800	Ce	II	35	8	—
435.835	Hg	I	3000	500	—	413.0664	Ba	II	50R	60	V 3
432.5765	Fe	I	1000	700	—	412.973	Eu	II	100R	50R	—
431.409	Se	II	50	150	—	412.3810	Nb	I	200	125	U 4
430.7905	Fe	I	1000R	800R	—	412.323	La	II	500	500	V 4
430.5916	Ti	I	300	150	—	412.1319	Co	I	1000R	25	—
430.5447	Sr	II	40	—	—	411.8773	Co	I	1000R	—	—
430.3573	Nd	II	100	40	—	411.1785	V	I	100R	100R	—
430.2108	W	I	60	60	U 1	410.998	N	I	—	[1000]	U 2
429.706	Te	I	500	300	—	410.337	N	III	—	[70]	—
429.4614	W	I	50	50	U 2	410.1773	In	I	2000R	1000R	U 2
429.09	Np		—	50	—	410.0923	Nb	I	300	200	U 3
428.972	Cr	I	3000R	800R	U 3	409.994	N	I	—	[150]	U 3
427.480	Cr	I	4000R	800R	U 2	409.731	N	III	—	[100]	—
427.1763	Fe	I	1000	700	—	409.3161	Hf	II	25	20	—
426.7258	C	II	—	500	V 2	409.014	U	II	25	40	—
426.7003	C	II	—	350	V 3	408.844	Ac	II	2000	3000	—
426.226	Te	I	400	200	—	407.9729	Nb	I	500	200	U 2
426.0854	Os	I	200	200	—	407.798	Dy	II	150R	100	—
425.435	Cr	I	5000R	1000R	U 1	407.7714	Sr	II	400R	500	V 1
424.6829	Se	II	80	500	—	407.735	La	II	600	400	V 3
424.1669	U	II	40	50	—	407.4364	W	I	50	45	—
423.819	Te	I	300	150	—	406.3596	Fe	I	400	300	—
422.6728	Ca	I	500R	50R	U 1	406.282	Pr	II	150	50	—
422.657	Ge	I	200	50	—	405.894	Nb	I	1000	400	U 1
422.5327	Pr	II	50	40	—	405.783	Pb	I	2000R	300R	U 1
421.5556	Rb	I	1000R	300	U 4	404.7201	K	I	400	200	U 4
421.5524	Sr	II	300R	400	V 2	404.6561	Hg	I	200	300	—
421.175	Dy		200	—	—	404.599	Dy		150	12	—
420.505	Eu	II	200R	50	—	404.5815	Fe	I	400	300	—
420.1851	Rb	I	2000R	500	U 3	404.4140	K	I	800	400	U 3

λ/nm	元素		强度		灵敏度①	λ/nm	元素		强度		灵敏度①
			电弧	火花[放电管]					电弧	火花[放电管]	
404.0762	Ce	II	70	5	—	382.93	Np		—	10	—
403.4490	Mn	I	250R	20	U 3	381.442	Ra	II	—	[2000]	V 1
403.3073	Mn	I	400R	20	U 2	380.1529	Ce	II	25	3	—
403.298	Ga	I	1000R	500R	U 2	379.935	Ru	I	3000R	150	—
403.0755	Mn	I	500R	20	U 1	379.890	Ru	I	3000R	150	—
402.3688	Sc	I	100	25	U 3	379.8252	Mo	I	1000R	1000R	U 1
402.0399	Sc	I	50	20	U 4	378.8697	Y	II	30	30	—
401.914	Th	II	8	8	—	377.572	Tl	I	3000	1000R	U 2
401.2388	Ce	II	60	20	—	377.4332	Y	II	12	100	—
400.8753	W	I	45	45	U 3	376.839	Gd	II	20	20	—
400.048	Dy		400	300	—	376.192	Tm	II	200	120	—
399.896	Pm		—	1000	—	376.1333	Tm	II	250	150	—
399.8640	Ti	I	150	100	—	374.8264	Fe	I	500	200	U 4
399.5310	Co	I	1000R	20	—	374.817	Ho		60	40	—
398.97	Pu		—	100	—	374.5901	Fe	I	150	100	U 5
398.799	Yb	I	1000R	500R	—	374.5562	Fe	I	500	500	U 3
396.8468	Ca	II	500R	500R	V 2	374.119	Th	II	80	80	—
396.1527	Al	I	3000	2000	U 1	373.7133	Fe	I	1000R	600	U 2
395.78	Pa		—	100	—	373.4866	Fe	I	1000R	600	—
395.774	Pm		—	1000	—	372.803	Ru	I	9000R	300	—
395.1154	Nd	II	40	30	—	371.9937	Fe	I	1000R	700	U 1
394.910	La	II	1000	800	V 2	371.0290	Y	II	80	150	V 1
394.403	Al	I	2000	1000	U 2	369.4203	Yb	II	500R	1000R	—
393.3666	Ca	II	600R	600R	V 1	369.264	Er	II	20	12	—
391.909	Pm		—	1000	—	369.2357	Rh	I	500	150	—
391.1810	Sc	I	150	30	U 1	368.3471	Pb	I	300	50	U 2
391.026	Pm		—	1000	—	367.258	U		8	15	—
390.749	Sc	I	125	25	U 2	367.007	U	II	15	18	—
390.72	Pu	II	—	100	—	366.3276	Hg	I	500	400	U 5
390.634	Er	II	25	12	—	365.799	Rh	I	500	200	—
390.5528	Si	I	20	15	—	365.4833	Hg	I	—	[200]	U 4
390.2963	Mo	I	1000R	500R	U 3	365.3496	Ti	I	500	200	U 2
389.216	Pm		—	1000	—	365.0146	Hg	I	200	500	U 3
389.1785	Ba	II	18	25	V 4	364.619	Gd	II	200	150	—
389.102	Ho		200	40	—	364.2785	Sc	II	60	50	V 3
388.865	He	I	—	[1000]	U 2	364.2675	Ti	I	300	125	—
387.419	Tb		200	200	—	363.9580	Pb	I	300	50	—
386.4110	Mo	I	1000R	500R	U 2	363.610	Tc	I	400	200	—
386.193	Po		500	—	—	363.5463	Ti	I	200	100	—
385.9580	U	II	20	30	—	363.4695	Pd	I	2000R	1000R	U 3
384.876	Tb		100	200	—	363.3123	Y	II	50	100	—
383.8258	Mg	I	300	200	U 2	363.075	Sc	II	50	70	V 2
383.2306	Mg	I	250	200	U 3	361.9392	Ni	I	2000R	150	—
382.9350	Mg	I	100	150	U 4	361.3836	Sc	II	40	70	V 1

λ/nm	元素		强度		灵敏度[①]	λ/nm	元素		强度		灵敏度[①]
			电弧	火花[放电管]					电弧	火花[放电管]	
361.3790	W	II	10	30	—	346.046	Re	I	1000	—	U 1
361.0510	Cd	I	1000	500	—	345.3505	Co	I	3000R	200	U 1
360.9548	Pd	I	1000R	700R	—	345.188	Re	I	4000R	3000	—
360.533	Cr	I	500R	400R	—	345.141	B	II		100	V 2
360.1193	Zr	I	400	15	U 1	343.8230	Zr	II	250	200	V 2
360.104	Th	II	8	10	—	343.7015	Ir	I	20	15	—
360.0734	Y	II	100	300	—	343.6737	Ru	I	3000R	150	U 2
359.618	Ru	I	2000R	200	U 3	343.4893	Rh	I	1000R	200R	U 1
359.349	Cr	I	500R	400R	—	342.462	Re	I	300	—	—
358.1195	Fe	I	1000R	600R	—	342.124	Pd	I	2000R	1000R	U 2
358.027	Nb	I	100	300	—	341.4765	Ni	I	1000R	50	U 1
357.869	Cr	I	500R	400R	—	341.2339	Co	I	1000R	100	—
357.253	Sc	II	30	50	—	340.666	Ta		70	18	—
357.2473	Zr	II	60	80	V 4	340.5120	Co	I	2000R	150	—
356.174	Tb		200	200	—	340.4580	Pd	I	2000R	1000R	U 1
356.0798	Ce	II	300	2	—	340.3653	Cd	I	800	500	—
355.444	Lu	II	50	100	—	339.705	Lu		50	20R	—
355.217	U		8	12	—	339.685	Rh	I	1000	500	—
354.7682	Zr	I	200	12	U 2	339.1975	Zr	II	300	400	V 1
353.875	Th	III	—	50	—	338.3761	Ti	II	70	300R	—
352.9813	Co	I	1000R	30	U 3	338.2891	Ag	I	1000R	700R	U 2
352.8024	Rh	I	1000	150	—	338.0711	Sr	II	150	200	—
352.4541	Ni	I	1000R	100	—	337.2800	Ti	II	80	400R	V 3
351.9605	Zr	I	100	10	U 3	336.1213	Ti	II	100	600R	V 2
351.924	Ti	I	2000R	1000R	U 3	334.9035	Ti	II	125	800R	V 1
351.6943	Pd	I	1000R	500R	—	334.5020	Zn	I	800	300	U 2
351.5054	Ni	I	1000R	50	—	332.3092	Rh	I	1000	200	—
351.3645	Ir	I	100	100	U 2	332.1343	Be	I	1000R	30	U 2
350.917	Tb		200	200	—	332.1086	Be	I	100	15	U 3
350.252	Rb	I	1000	150	—	332.1013	Be	I	50	—	U 4
350.2279	Co	I	2000R	20	—	331.8840	Ta	I	125	35	—
349.911	Er	II	18	15	—	331.1162	Ta	I	300	70	U 1
349.894	Ru	I	6000R	600	U 1	330.299	Na	I	300R	150R	U 4
349.6210	Zr	II	100	100	V 3	330.2588	Zn	I	800	300	U 3
349.2956	Ni	I	1000R	100	U 2	330.232	Na	I	600R	300R	U 3
347.4887	Sr	II	80	50	—	330.1559	Os	I	500R	50	—
347.249	Lu	II	50	150	—	329.059	Th	III	—	40	—
346.6201	Cd	I	1000	500	—	328.937	Yb	II	500R	1000R	—
346.5800	Co	I	2000R	25	U 2	328.2333	Zn	I	500R	300	U 4
346.473	Re	I	7000R	5000	—	328.0683	Ag	I	2000R	1000R	U 1
346.4457	Sr	II	200	200	—	327.3962	Cu	I	3000R	1500R	U 2
346.221	Tm	II	250	200	—	326.9489	Ge	I	300	300	U 3
346.1652	Ni	I	800R	50	—	326.7945	Os	I	400R	30	—

续表

λ/nm	元素		强度		灵敏度[①]	λ/nm	元素		强度		灵敏度[①]
			电弧	火花[放电管]					电弧	火花[放电管]	
326.751	Sb	I	150	150	—	305.866	Os	I	500R	500	—
326.2340	Sn	I	400	300	U 3	305.46	Pa		—	100	—
326.2290	Os	I	500R	50	—	305.35	Pa		—	100	—
326.106	Cd	I	300	300	—	305.0819	Ni	I	1000R	—	—
325.8564	In	I	500R	300R	U 5	303.9356	In	I	1000R	500R	U 4
325.6090	In	I	1500R	600R	U 3	303.9066	Ge	I	1000	1000	U 2
324.7540	Cu	I	5000R	2000R	U 1	303.4121	Sn	I	200	150	—
324.2703	Pd	I	2000	600R	—	302.0641	Fe	I	1000R	600R	—
324.2280	Y	II	60	100	—	300.9136	Sn	I	300	200	—
323.702	Tc	II	200	400	—	300.321	Po		2500	—	—
323.4516	Ti	II	100	500R	—	300.2491	Ni	I	1000R	100	—
323.261	Li	I	1000R	500	U 2	299.7967	Pt	I	1000R	200R	—
323.252	Sb	I	150	250	—	298.9029	Bi	I	250	100	—
322.975	Tl	I	2000	800	—	297.659	Ru	II	50	200	—
322.5479	Nb	II	150	800	—	296.929	Am	II	—	1000	—
322.0780	Ir	I	100	30	U 1	296.555	Ru	II	75	200	—
321.5560	W	I	10	9	—	294.6981	W	I	20	18	—
321.201	Tc	II	80	300	—	294.567	Ru	II	100	500	—
319.498	Nb	II	30	300	—	294.4395	W	I	30	20	—
318.5396	V	I	500R	400R	U 2	294.3637	Ga	I	10	20R	U 3
318.3982	V	I	500R	400R	—	294.077	Hf	I	60	12	—
318.3406	V	I	200R	100R	—	293.830	Bi	I	300	300	—
317.9332	Ca	II	100	400	V 3	293.677	Ho		—	1000R	—
317.5047	Sn	I	500	400	—	292.9794	Pt	I	800R	200	—
316.3402	Nb	II	15	8	—	292.4792	Ir	I	25	15	—
315.8869	Ca	II	100	300	V 4	291.832	Tl	I	400R	200R	—
313.472	Hf	II	80	125	—	291.6481	Hf	I	50	15	—
313.3321	Ir	I	40	2	—	291.139	Lu		100	300	—
313.1072	Be	II	200	150	V 2	290.912	Mo	II	25	40	V 5
313.079	Nb	II	100	100	—	290.9061	Os	I	500R	400	U 1
313.0416	Be	II	200	200	V 1	290.4408	Hf	I	30	6	—
312.5284	V	II	80	200R	—	289.871	As	I	25R	40	—
311.8383	V	II	70	200 R	V 4	289.8259	Hf	I	50	12	—
311.0706	V	II	70	300R	V 3	289.7975	Bi	I	500R	500R	U 2
310.2299	V	II	70	300R	V 2	289.484	Lu	I	60	200	—
309.418	Nb	II	100	1000	V 1	289.0994	Mo	II	30	50	V 4
309.3108	V	II	100R	400R	V 1	288.158	Si	I	500	400	U 1
309.2713	Al	I	1000	1000	U 3	287.7915	Sb	I	250	150	—
308.2155	Al	I	800R	800R	U 4	287.4244	Ga	I	10	15R	U 4
307.2877	Hf	I	80	18	—	287.1508	Mo	II	100	100	V 3
307.158	Ba	I	100R	50R	U 5	286.333	Sn	I	300R	300R	U 2
306.7716	Bi	I	3000R	2000	U 1	286.098	Cr	II	60	100	V 5
306.4712	Pt	I	2000R	300R	U 1	286.044	As	I	50R	50	—

λ/nm	元素		强度		灵敏度[①]	λ/nm	元素		强度		灵敏度[①]
			电弧	火花[放电管]					电弧	火花[放电管]	
285.568	Cr	II	60	200	V 4	268.511	Ta		15	25	—
285.4581	Pd	II	4	500	—	267.8759	Ru	II	300	800	—
285.2129	Mg	I	300R	100R	U 1	267.595	Au	I	250R	100	U 2
284.984	Cr	II	80	150R	V 3	267.5901	Ta	II	150	200	—
284.9725	Ir	I	40	20	—	266.9166	Al	II	3	100	V 1
284.823	Mo	II	125	200	V 2	266.4786	Ir	I	200	50	—
284.325	Cr	II	125	400R	V 2	266.333	Po		700	—	—
283.9989	Sn	I	300R	300R	U 1	265.9454	Pt	I	2000R	500R	U 2
283.7602	C	II	—	40	V 5	265.8722	Pd	II	20	300	—
283.730	Th		15	10	—	265.3274	Ta	I	200	15	—
283.6710	C	II	—	200	V 4	265.158	Ge	I	30	20	—
283.5633	Cr	II	100	400R	V 1	265.118	Ge	I	40	20	—
283.306	Pb	I	500R	80R	—	265.0781	Be	I	25	—	U 5
283.226	Am	II	—	5000	—	264.7472	Ta	I	200	10	—
283.0295	Pt	I	1000R	600R	—	264.702	Tc	II	300	600	—
282.4448	Ir	I	20	15	—	264.1406	Hf	II	40	125	—
282.0224	Hf	II	40	100	—	263.971	Ir	I	100	15	—
281.6179	Al	II	10	100	V 2	263.593	Ta	I	50	—	—
281.6154	Mo	II	200	300	V 1	263.1553	Al	II	—	60	—
280.962	Bi	I	200	100	—	262.644	Ac	III	20	5000	—
280.270	Mg	II	150	300	V 2	261.4178	Pb	I	200R	80	—
280.206	Au	II	—	200	—	261.000	Tc	II	400	800	—
280.200	Pb	I	250R	100	—	260.5688	Mn	II	100R	500R	V 3
280.106	Mn	I	600R	60	—	259.9396	Fe	II	1000	1000	—
279.8271	Mn	I	800R	80	—	259.805	Sb	I	200	100	—
279.553	Mg	II	150	300	V 1	259.3729	Mn	II	200R	1000R	V 2
279.4817	Mn	I	1000R	5	—	259.254	Ge	I	20	15	—
278.052	Bi	I	200	100	—	258.9167	W	II	15	25	—
278.022	As	I	75R	75	U 5	257.6104	Mn	II	300R	2000R	V 1
277.3357	Hf	II	25	60	—	257.293	Cd	II	3	150	—
276.967	Te	I	—	30	—	255.801	Po	I	1500	—	—
276.787	Tl	I	400R	300R	—	255.7958	Zn	II	10	300	V 3
275.5737	Fe	II	300	100	—	255.493	P	I	—	500	—
275.459	Ge	I	30	20	—	255.328	P	I	80	[600]	U 3
274.9324	Fe	II	30	30	—	254.3971	Ir	I	200	100	—
274.858	Cd	II	5	200	—	254.324	Tc	II	500	1000	—
273.3961	Pt	I	1000	200	—	253.6519	Hg	I	2000R	1000R	U 2
271.4674	Ta	I	200	8	—	253.565	P	I	—	[700]	U 2
271.2409	Ru	II	100	300	—	253.401	P	I	—	[500]	—
270.963	Ge	I	30	20	—	253.070	Te	I		[30]	—
270.2399	Pt	I	1000	300	—	252.852	Sb	I	300R	200	—
269.4233	Ir	I	150	50	—	252.851	Si	I	400	500	U 2
269.212	Ru	II	250	400	—	251.4112	Si	I	400	400	—

续表

λ/nm	元素		强度		灵敏度[①]	λ/nm	元素		强度		灵敏度[①]
			电弧	火花[放电管]					电弧	火花[放电管]	
251.9822	Co	II	40	200	—	233.5269	Ba	II	60R	100R	—
251.6881	Hf	II	35	100	—	231.277	Cd	II	1	200	—
251.6111	Si	I	500	500	U 3	231.1469	Sb	I	150R	50	—
251.4320	Si	I	300	200	—	230.7857	Co	II	25	50	—
251.3028	Hf	II	25	70	—	230.4235	Ba	II	60R	80R	—
250.6899	Si	I	300	200	U 4	229.689	C	III	—	200	—
250.5739	Pd	II	3	30	—	228.812	As	I	250R	5	U 3
250.2001	Zn	II	20	400	V 4	228.8018	Cd	I	1500R	300R	U 1
249.8784	Pd	II	4	150	—	228.7084	Ni	II	100	500	V 1
249.7733	B	I	500	400	U 1	228.6156	Co	II	40	300	V 1
249.6778	B	I	300	300	U 2	227.6578	Bi	I	100R	40	—
248.8921	Pd	II	10	30	—	227.0213	Ni	II	100	400	V 2
248.3272	Fe	I	500R	50	—	226.5017	Cd	II	25	300	V 2
247.8573	C	I	400	[400]	U 2	226.4457	Ni	II	150	400	V 3
245.653	As	I	100R	8	U 4	225.386	Ni	II	100	300	V 4
245.011	Po	I	1500	—	—	224.6995	Cu	II	30	500	V 3
243.7791	Ag	II	60	500	V 2	224.6412	Ag	II	25	300	V 3
242.795	Au	I	400R	100	U 1	220.353	Pb	II	50	5000R	V 1
241.3309	Fe	II	60	100	V 5	219.2260	Cu	II	25	500	V 2
241.0517	Fe	II	50	70	V 4	217.588	Sb	I	300	40	U 2
240.4882	Fe	II	50	100	V 3	216.9994	Pb	I	1000R	1000R	—
239.7091	W	II	18	30	—	214.438	Cd	II	50	200R	V 1
239.5625	Fe	II	50	100	V 2	214.275	Te	I	120	—	—
238.8915	Co	II	10	35	—	213.856	Zn	I	800 R	500	U 1
238.576	Te	I	120	[60]	U 2	213.5976	Cu	II	25	500	V 1
238.325	Te	I	100	[60]	U 3	206.833	Sb	I	300R	3	U 1
238.2039	Fe	II	40R	100R	V 1	206.2788	Se	I	—	[800]	U 3
237.8622	Co	II	25	50	—	206.238	I		—	[900]	—
237.077	As	I	50R	3	—	206.191	Zn	II	100	100	V 2
236.967	As	I	40R	20	—	206.170	Bi	I	300R	100	—
236.3787	Co	II	25	50	—	203.9851	Se	I	—	[1000]	U 2
234.984	As	I	250R	18	U 3	202.551	Zn	II	200	200	V 1
234.8610	Be	I	2000R	50	U 1						

①表中 U1、U2、U3…表示按灵敏度递减顺序的中性原子最灵敏线；V1、V2、V3…表示按灵敏度递减顺序的离子最灵敏线。

②bh 表示光谱带头。

表 3-3 200～180nm 真空紫外区的元素光谱线波长[3]

λ/nm	元素		强度	λ/nm	元素		强度	λ/nm	元素		强度	λ/nm	元素		强度
200.035	Cu	II	7	199.891	Ge	I	7R	199.589	Zr	II	7	199.543	Cd	II	30
200.03	Fe		3	199.801	Be	I	50	199.58	Mn	I	9	199.52	Sr	II	5
200.068	Ag	II	30	199.72	Ru		3	199.558	Hg	II	4	199.488	As	I	12
199.95	Ba		3	199.65	Ir		3	199.543	As	I	50	199.48	Ir		3
199.91	Mn	I	9	199.591	Pt	I	30	199.537	Hg	III	6	199.47	Se		5

续表

λ/nm	元素	强度	λ/nm	元素	强度	λ/nm	元素	强度	λ/nm	元素	强度
199.435	Ag II	20	197.979	C III	3	196.136	Ar II	2	194.744	Mn III	20
199.365	C I	2	197.935	C III	4	196.090	Se I	100	194.699	N III	5
199.3	Se	5	197.93	Ni	60	196.070	Al II	3	194.666	Zr III	10
199.26	Ru	4	197.891	Hg II	4	196.034	O II	1	194.56	Ag	3
199.123	Si I	5	197.857	Si I	12	196.032	Fe III	13	194.515	Mn II	25
199.19	Au I	6	197.85	Pt	3	195.96	Bi	30	194.479	Mn II	12
199.164	N II		197.82	Nb IV	60	195.93	Pb IV	20	194.473	Ge I	60
199.159	Pt I	20	197.819	Au I	30	195.902	Th IV	200	194.459	Ca II	59
199.113	As I	25	197.794	Hg II		195.894	Co I	15	194.46	Ag	3
199.053	Al II	20	197.745	In II	20	195.891	As I	10	194.417	Mn II	15
199.04	Ga	7	197.703	Ag III	50	195.852	Hg II	1	194.38	Pt	5
199.035	As I	100	197.70	Cd	2	195.783	Ar III	1	194.37	Be I	5
198.985	Al II	80	197.696	Si I	15	195.762	Ag III	70	194.354	Cd II	100
198.98	Pt	5	197.592	Ag III	60	195.742	Co II	30	194.33	Cd III	3
198.964	Co II	100	197.438	Co II	40	195.739	Hg II	1	194.313	Mn II	80
198.96	Ni	6	197.39	Ni	6	195.65	Ga	8	194.312	Ca III	20
198.94	Bi II	25	197.389	Hg II	8	195.54	Ga	8	194.265	Mn II	20
198.911	Pt I	20	197.378	Ar III	4	195.517	Co I	40	194.232	Hg II	50
198.836	Si I	30	197.37	Ne III	2	195.512	Ge I	60	194.2	Sn	6
198.827	Ge I	60	197.348	Ar II	1	195.44	Ga	8	194.128	Co II	50
198.805	C II	1	197.32	Bi	30	195.422	Co I	30	194.123	Mn III	100
198.793	Hg II	6	197.262	As I	500	195.42	Rb	2	194.108	Zr II	100
198.78	Pt I	1	197.26	Xe II	5	195.41	Pt	4	194.106	Ar II	2
198.750	Fe III	15	197.09	Pt	4	195.40	Bi	5	194.10	Pd	5
198.72	Hg II	10	197.088	Ge I	60	195.380	N III	3	194.07	Ru	5
198.702	Ag III	20	197.049	Cu II	15	195.366	N III	3	194.038	Mn III	15
198.681	Cd II	3	196.97	Pt I	20	195.349	Fe III	10	194.020	Zr III	200
198.639	Si I	4	196.89	Co I	50	195.341	Ni	10	194.014	Mn II	6
198.59	Ba II	1	196.82	Cu II		195.323	Mn II	40	193.996	P II	3
198.573	Si I	20	196.803	Ca III	5	195.243	Mn III	200	193.96	Ni II	4
198.556	Cd II	2	196.738	Ag II	10	195.23	Ag	9	193.959	Cd III	20
198.54	U	50	196.689	Ag III	40	195.220	N III	1	193.930	Al II	5
198.52	Sb	5	196.688	In II	10	195.215	Sn I	150	193.92	Pt	6
198.51	Be I	3	196.625	Zr III	100	195.193	Au I	25	193.92	Au I	2
198.45	Te	5	196.53	Se	6	195.143	N III	2	193.892	Ne II	8
198.382	Si I	4	196.53	Cd	2	195.039	Sb I	200	193.832	Ge I	6
198.32	Co	4	196.523	Al II	4	195.010	Co II	20	193.759	As I	500
198.32	Rb	4	196.470	Ca III	5	194.996	Hg II	30	193.749	Ge I	6
198.31	Pt	8	196.47	Sr II	3	194.981	N III		193.729	Zr III	15
198.19	Ni	5	196.459	Be I	40	194.922	N II	6	193.696	Al II	4
198.145	Hg II	2	196.434	Fe II	12	194.92	Pt	4	193.672	Mn II	10
198.12	U	50	196.425	O II	0	194.866	Hg II	2	193.663	Zr III	15
198.05	Ga	5	196.384	O II	2	194.831	Ca III	5	193.634	Pb	20
198.000	Si I	10	196.274	Ar III	2	194.795	Mn II	40	193.625	In II	10
197.995	Cu II	50	196.224	O II	3	194.77	Ag	4	193.583	Al III	70
197.979	Pt I	20	196.201	Ge I	70	194.765	Hg II	2	193.57	Ga	8

续表

λ/nm	元素	强度	λ/nm	元素	强度	λ/nm	元素	强度	λ/nm	元素	强度
193.52	Cs	8	192.223	Cd II	20	190.78	Ag	4	188.20	As I	5
193.475	Al II	10	192.19	Pd II	8	190.76	Sn	5	188.170	Co III	1000
193.454	Al II	10	192.18	Cd	3	190.756	Ne II	8	188.115	Tl II	60
193.253	Ag III	5	192.164	Au II	20	190.744	N III	4	188.105	Ce IV	18
193.243	Al II	5	192.149	N III	4	190.73	As	5	188.036	Ag III	40
193.19	As	10	192.125	Mn II	25	190.657	Al II	4	187.91	Au I	30
193.141	Mn II	10	192.086	N III	15	190.60	Ga	5	187.860	N II	2
193.103	C III	4	191.999	N III	2	190.50	Ga	5	187.65	Mn I	4
193.10	Sb	4	191.98	Be I	2	190.476	Hg II	4	187.64	I I	70
193.0897	C I	150	191.964	Au I	20	190.443	Au II	10	187.58	Mn I	5
193.064	Mg III	60	191.952	Ar III	4	190.438	Al II	2	187.554	Hg II	3
193.052	In II	8	191.944	N III	1	190.43	Mn	50	187.49	Ru	3
193.048	Co III	50	191.919	Se I	60	190.39	Ga	5	187.486	Si I	25
193.043	Ni III	20	191.912	Co III	500	190.35	Cd III	5	187.408	Cd III	150
193.039	Fe III	15	191.90	Zn II	10	190.241	Bi II	100	187.345	Ag III	40
193.011	Ne II	8	191.893	Au II	7	190.134	Si I	50	187.31	As I	4
193.01	Ru	3	191.867	Ar III	4	190.027	S I	40	187.28	Zn	4
193.003	Al II	20	191.806	Ar III	1	190.019	Hg II	2	187.27	Pt	8
192.99	Ne III	2	191.708	Ag III	60	189.991	Sn II	60	187.255	Ag III	10
192.987	Ge I	4R	191.692	Ag III	40	189.855	Se I	80	187.242	Au	6
192.98	Ni	5	191.648	O III	2	189.59	Ag	4	187.239	Ca III	5
192.97	Be I	3	191.62	Ru	3	189.546	Fe III	20	187.23	Ca II	12
192.97	Pd	4	191.616	Ne II	10	189.53	Ce	3	187.17	As I	5
192.94	Ir	3	191.556	Ar III	35	189.498	Fe III	4	187.115	Sb I	300
192.93	Pt I	3	191.510	Mn II	30	189.33	Ag	4	187.078	Hg II	1
192.85	Pt	4	191.508	Fe III	15	189.322	Si I	25	187.028	Ca III	6
192.82	As	5	191.48	Ce IV	35	189.28	Tl II	100	187.028	Ca III	20
192.774	Co III	200	191.468	Mn II	12	189.272	Si I	16	187.01	As I	4
192.764	Hg II	1	191.468	S I	15R	189.042	As I	500	186.924	Hg II	10
192.708	Sb I	200	191.465	Ar III	3	188.98	Au	20	186.92	Ba II	50
192.658	Mn	15	191.440	Ar III	40	188.957	Ag III	40	186.76	Sb	8
192.630	Fe III	18	191.406	Fe III	19	188.952	Pt II	50	186.712	Ag III	35
192.556	Mn II	10	191.40	Pd	5	188.92	Cs	6	186.606	Ag II	1
192.530	Ag III	20	191.379	Se I	80	188.89	Ag	6	186.462	Mn	15
192.470	Ba II	5	191.37	Pb	4	188.855	P IV	80	186.440	Mn II	10
192.47	Au	5	191.362	Fe III	4	188.77	Si I	2	186.44	N II	
192.387	Mg III	3	191.26	Sn I	15	188.75	Ru	3	186.4	Mg	40
192.386	N III	2	191.22	Ag	4	188.696	Au II	7	186.4	Zn	50
192.340	C III	2	191.19	Cu II		188.682	N II	4	186.35	Pb	5
192.334	Mn II	10	191.140	Mn II	12	188.61	Ar	70	186.282	Mn II	20
192.322	C III	2	191.091	Al II	5	188.6	Mg	5	186.278	Al III	100
192.311	N III	2	190.912	N III	1	188.525	N III	20	186.257	N II	2
192.306	Mn II	10	190.87	Ra II	8	188.40	Cs	6	186.252	Mn II	10
192.301	C III	3	190.864	Tl II	20	188.32	Tl	5	186.248	Al II	10
192.26	Sb	5	190.846	Mg III	3	188.27	Tl	5	186.234	Al II	100
192.24	Nb IV	60	190.811	N III	15	188.205	Fe	20	186.178	Co III	1000

续表

λ/nm	元素		强度	λ/nm	元素		强度	λ/nm	元素		强度	λ/nm	元素		强度
186.166	Mn	Ⅱ	10	184.957	Hg	Ⅰ	100R	183.45	P		40	181.77	Ni	Ⅱ	1
186.161	Au	Ⅱ	10	184.95	Ba	Ⅱ	4	183.431	Ag	Ⅲ	10	181.694	Si	Ⅱ	8
186.064	Ag	Ⅲ	10	184.93	Ga		9	183.43	Bi	Ⅲ	20	181.688	Mn	Ⅱ	10
186.05	Ag	Ⅰ	8	184.85	Ag		5	183.43	Zn	Ⅱ	3	181.683	Ag	Ⅲ	25
186.010	Ge	Ⅰ	6	184.827	Mn	Ⅱ	20	183.348	Zn	Ⅱ	3	181.64	Cr		100
185.96	N	Ⅱ		184.816	Mn	Ⅱ	10	183.33	Au	Ⅰ	5	181.629	Mn	Ⅱ	20
185.943	P	Ⅰ	150	184.778	Mn	Ⅱ	10	183.285	Al	Ⅱ	8	181.524	Mn	Ⅱ	20
185.922	N	Ⅱ	5	184.747	Si	Ⅰ	35R	183.28	U		50	181.497	Sb	Ⅱ	50
185.891	P	Ⅰ	150	184.74	As	Ⅰ	6	183.268	Ni	Ⅱ	2	181.480	Tl	Ⅱ	25
185.884	Se	Ⅰ	50	184.719	P	Ⅰ	100	183.233	Ag	Ⅲ	25	181.46	Ca	Ⅱ	80
185.85	Ag		4	184.70	Ge	Ⅰ	5	183.19	Sn	Ⅱ	12	181.402	Si	Ⅰ	50
185.847	N	Ⅱ	2	184.70	Sr	Ⅱ	3	183.188	Zr	Ⅲ	4	181.398	Ga	Ⅱ	90
185.819	Mg	Ⅲ	20	184.640	N	Ⅰ	6	183.18	As	Ⅰ	6	181.386	Mn	Ⅱ	15
185.813	Al	Ⅱ	7	184.580	N	Ⅲ	4	183.14	Ar		90	181.217	Ca	Ⅲ	5
185.805	Al	Ⅱ	70	184.564	N	Ⅲ	5	183.033	I	Ⅰ	1000	181.19	Sn	Ⅲ	20
185.792	Mn	Ⅱ	20	184.530	Ga	Ⅱ	80	182.950	Sb	Ⅰ	100	181.134	Sn	Ⅱ	80
185.783	N	Ⅱ	3	184.507	Co	Ⅲ	100	182.833	Ag	Ⅲ	35	181.1	Zr		3
185.702	Mn	Ⅱ	10	184.466	Cd	Ⅲ	100	182.86	Al	Ⅱ	10	180.98	Mo		20
185.670	Mn	Ⅱ	12	184.45	As	Ⅰ	3	182.825	Mn	Ⅱ	20	180.905	Si	Ⅰ	30
185.667	Cd	Ⅲ	200	184.445	I	Ⅰ	500	182.81	Mg	Ⅰ	30	180.829	Hg	Ⅱ	4
185.600	Al	Ⅱ	3	184.39	Fe		2	182.786	Tl	Ⅱ	60	180.823	Ag	Ⅲ	30
185.597	Al	Ⅱ	8	184.37	Te		5	182.762	Cd	Ⅱ	11	180.801	Si	Ⅱ	7
185.58	Cd	Ⅲ	9	184.31	Ar		90	182.708	Mn	Ⅱ	50	180.791	Ca	Ⅲ	5
185.56	Ag		4	184.309	Ca	Ⅱ	60	182.641	B	Ⅰ	10	180.774	Ca	Ⅱ	70
185.55	As	Ⅰ	2	184.280	B	Ⅱ	5	182.625	S	Ⅰ	50	180.74	Se	Ⅰ	8
185.520	Se	Ⅰ	60	184.22	Pd	Ⅱ	6	182.6	Te		50	180.731	S	Ⅰ	50
185.5	Na		5	184.06	Cu		3	182.587	B	Ⅰ	10	180.62	As	Ⅰ	5
185.490	Mn	Ⅱ	20	184.059	Hg	Ⅱ	1	182.535	Cu	Ⅰ	50	180.55	N	Ⅲ	7
185.472	Al	Ⅲ	100	184.014	Ag	Ⅲ	40	182.380	Bi	Ⅱ	50	180.528	Zr	Ⅲ	100
185.472	Ca	Ⅲ	20	184.006	Ca	Ⅱ	100	182.370	Mn	Ⅱ	30	180.448	Ni	Ⅱ	20
185.333	Hg	Ⅱ	2	183.959	N	Ⅲ	2	182.250	Cl	Ⅲ	20	180.44	Ti		5
185.33	As	Ⅰ	5	183.943	Ar		9	182.24	Te	Ⅰ	20	180.43	N	Ⅲ	6
185.327	Mn	Ⅱ	25	183.93	Zn	Ⅲ	60	182.221	Mn	Ⅱ	10	180.300	Mn	Ⅱ	12
185.30	Ag		4	183.801	Ca	Ⅱ	90	182.21	Zn		5	180.23	Ga		70
185.281	Mn	Ⅱ	10	183.674	N	Ⅰ	2	182.20	Ag		4	180.224	Ag	Ⅲ	15
185.271	Co	Ⅰ	30	183.67	Zn	Ⅱ	8	182.20	Sn		8	180.18	Sb	Ⅳ	6
185.248	Si	Ⅰ	25R	183.642	Ar	Ⅲ	5	182.17	Pb	Ⅱ	10	180.127	Mn	Ⅱ	50
185.160	Mn	Ⅱ	15	183.610	Ag	Ⅲ	25	182.073	Hg	Ⅱ	5	180.075	Mg	Ⅲ	4
185.122	P	Ⅰ	80	183.559	N	Ⅲ	6	182.04	Cd		1	180.058	Au	Ⅱ	35
185.110	Ca	Ⅱ	70	183.54	Zn	Ⅲ	70	182.037	S	Ⅰ	50	180.004	Zr	Ⅲ	50
185.11	Cd	Ⅲ	9	183.52	Pb		10	182.00	Ar		70				
185.068	Si	Ⅰ	50R	183.482	Al	Ⅱ	6	181.841	B	Ⅰ	6				
185.03	As	Ⅰ	6	183.457	Mn	Ⅱ	25	181.790	B	Ⅰ	5				

表 3-4 铁谱的标准波长[3]

15℃、1.01325×10⁵Pa 大气压下的 λ/nm						
210.0795	228.7632	256.25348	296.52551	339.98343	523.2948	808.5200
210.2349	229.1122	257.57442	298.14448	340.15196	526.6564	809.6874
210.8955	229.25227	257.61033	298.72919	340.74608	537.1493	819.8951
211.0233	229.38454	258.45349	299.03923	341.31335	540.5779	820.7767
211.2966	229.44059	258.58753	299.95123	342.71207	543.4527	822.0406
211.5168	229.69247	259.83689	300.30311	344.38774	545.5613	823.2347
213.0962	229.7785	261.18725	300.95698	344.51506	549.7520	823.9130
213.2015	229.92180	261.38240	301.59129	346.58622	550.6783	824.8151
213.5957	230.01397	261.76160	302.40330	347.67035	556.9626	829.3527
213.8589	230.16818	262.16690	303.01491	348.53415	558.6763	832.7063
213.9695	230.34225	262.56663	303.73891	349.05746	561.5652	833.1941
214.1715	230.3579	262.82923	304.04281	349.78418	565.8825	833.9431
214.5188	230.89971	263.58082	304.76059	351.3821	570.9396	836.0822
214.7787	231.31022	264.39972	305.52631	355.6882	576.3013	836.5642
215.0182	232.03561	264.75576	305.74452	360.6682	585.7759Ni	838.7781
215.1099	232.73940	265.17059	305.90874	364.0392	589.2882Ni	843.9603
215.3004	233.13067	266.20563	306.72433	367.6314	602.7058	846.8413
215.4458	233.27972	267.32127	307.57204	367.7630	606.5489	851.4075
215.7792	233.80052	267.90608	308.37419	372.4381	613.7697	852.6685
216.1577	234.42802	268.92117	309.15777	375.3615	619.1563	858.2267
216.3368	235.48888	269.91060	311.66329	380.5346	623.0729	861.1807
216.3860	235.91039	270.65812	312.5653	384.3361	626.5141	862.1612
216.4547	235.9997	271.16548	313.41113	385.0820	631.8023	866.1908
216.5861	236.0294	271.4413	314.39896	386.5527	633.5338	867.4751
217.2581	236.2019	271.84352	315.70388	390.6482	639.3606	868.8633
217.3212	236.48269	272.35770	316.06582	390.7937	643.0852	875.7192
217.6837	236.6592	272.7540	317.54465	393.5816	649.4985	876.4000
218.0866	236.8595	273.5473	317.80137	397.7744	654.6245	879.3376
218.3979	237.0497	273.95467	318.48948	402.1870	659.2920	880.4624
218.6890	237.14285	274.64833	319.16583	407.6638	667.7994	882.4227
218.7192	237.4517	274.69823	319.69288	411.8549	675.0157	883.8433
219.1202	237.5193	274.9325	320.04744	413.4680	716.4469	886.6961
219.6040	237.92756	275.57366	320.53992	414.7673	718.7341	894.5204
220.07227	238.07591	276.31078	321.59398	419.1436	720.7406	897.5408

15℃、1.01325×10⁵Pa 大气压下的 λ/nm						
220.1117	238.4386	276.75208	321.73796	423.3609	738.9425	899.9561
220.7068	238.86270	277.82205	322.20682	428.2406	740.1689	901.2098
221.0686	238.99713	278.18347	322.57883	431.5087	741.1178	907.9599
221.1234	239.92396	279.77751	323.62226	437.5933	741.8674	908.8326
222.81704	240.4430	280.45200	323.94362	442.7313	744.5776	908.9413
223.1211	240.66593	280.69840	324.41887	446.6556	749.5088	911.8888
224.0627	241.05172	281.32861	325.43628	449.4568	751.1045	914.7800
224.5651	241.10663	282.32753	325.75937	453.1152	753.1171	921.0030
224.8858	241.33087	283.24350	327.10014	454.7851	756.8925	925.830
224.9177	243.1025	283.81193	328.02613	459.2655	758.3796	935.046
225.31251	243.81811	284.55945	328.45892	460.2945	758.6044	935.9420
225.5861	244.25674	285.17970	328.67538	464.7437	762.0538	936.2370
225.9511	244.38707	286.3864	329.81328	469.1414	766.1223	937.2900
226.0079	244.77086	286.93075	330.5971	470.7282	766.4302	943.008
226.43894	245.34746	287.41722	330.6356	473.6782	771.0390	951.324
226.5053	245.75956	287.73005	331.47421	478.9654	774.8281	956.9960
						962.6562
227.08601	246.51479	289.45050	332.37374	487.8219	778.0586	965.3143
227.1781	246.88782	289.50352	332.88669	490.3318	783.2224	973.8624
227.20670	247.48131	289.94156	333.76655	491.9001	791.2866	975.3129
227.40085	248.70643	291.21581	334.05659	500.1872	793.7166	976.3450
227.60247	249.65324	292.06906	334.79262	501.2072	794.5878	976.3913
						980.0335
227.7098	250.78987	292.90081	335.52285	504.9825	799.4473	986.1793
227.9922	251.96279	294.13430	337.07845	508.3343	799.8972	988.9082
228.3653	253.06938	295.39400	338.01111	511.0414	802.8341	1006.5080
228.4087	254.21007	295.73654	338.39808	516.7491	804.6073	1014.5601
228.72477	255.10936	295.99924	339.69772	519.2353	808.0668	1021.6351

2. 光谱比较法

光谱比较法是将试样光谱与标样光谱进行比较从而确定试样中元素是否存在的方法。常用的有标样光谱比较法和光谱图片比较法。

（1）标样光谱比较法　把标样光谱与试样光谱摄在感光板上，直接进行比较。

（2）光谱图片比较法　把标样光谱预先制成光谱图片，试样光谱摄在感光板上，然后在光谱投影仪上观察，把谱片的光谱放大像与图片的光谱图像进行比较，以确定试样中元素存在与否。观察时要通过铁光谱确定分析线的位置，间接地进行比较。

铁光谱比较法是目前最通用的定性分析方法，它采用铁的光谱作为波长的标尺，来判断其他元素的谱线。铁光谱作为标尺有如下特点：谱线多，在 210～660 nm 范围内有几千条谱线；谱线间相距都很近，在上述波长范围内均匀分布；对每一条铁谱线波长，人们都已进行了精确的测量。标准光谱图是在相同条件下，把 68 种元素的谱线按波长顺序插在铁光谱的相应位置上而制成的。

铁光谱比较法实际上是与标准光谱图进行比较，因此又称为标准光谱图比较法。如图 3-2 所示，上面是元素的谱线，中间是铁光谱，下面是波长标尺。

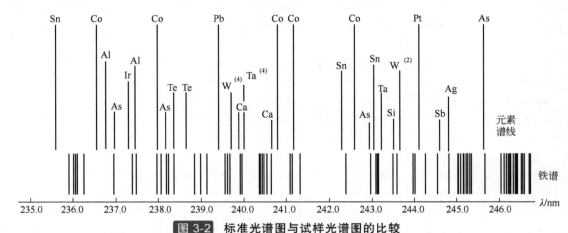

图 3-2 标准光谱图与试样光谱图的比较

做定性分析时，在试样光谱下面并列拍摄一铁光谱（如图 3-3 所示），将这种谱片置于光谱投影仪的谱片台上，在白色屏幕上得到放大的光谱影像。先将谱片上的铁谱与标准光谱图上的铁谱对准，然后检查试样中的元素谱线。若试样中的元素谱线与标准图谱中标明的某一元素谱线出现的波长位置相同，即为该元素的谱线。

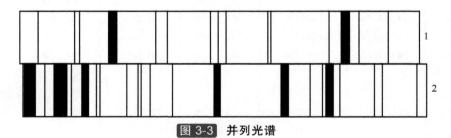

图 3-3 并列光谱

1—试样光谱；2—铁光谱

例如，将包括 Cu 324.754nm 和 Cu 327.396nm 谱线组的"元素光谱图"置于光谱投影仪的屏幕上，使"元素光谱图"的铁谱与谱片放大影像的铁谱完全重合。看试样光谱中在 Cu 324.754nm 和 Cu 327.396nm 位置处有无谱线出现。如果有的话，则表明试样中含铜；反之，则说明试样中不含铜或铜的含量低于检出限。如果在试样光谱中有谱线的重叠现象，说明有干扰存在，这就需要根据仪器、光谱感光板的性能和试样的组分进行综合分析，才能得出正确的结论。

光谱定性分析时，一般多采用直流电弧光源，并通过摄谱法记录谱线进行分析。为了尽可能避免谱线间重叠及减小背景，有时采用"分段曝光法"，即先用小电流激发光源，以摄取

易挥发元素的光谱；然后调节光栅，改变摄谱的相板位置，继之加大电流以摄取难挥发元素的光谱。这样，一个试样可在不同电流条件下摄取多条谱线，就可保证易挥发与难挥发元素都能很好地被检出。定性分析多采用较小的狭缝宽度（约 5~7 μm）和高分辨率的分光器，以避免谱线间重叠。

3. 波长测定法

波长测定法是依据未知谱线处于两条已知波长的铁谱线中间，这些谱线的波长很接近，谱片上的谱线间的距离与谱线间的波长差可看作成正比，因而谱线的波长可由线间距的准确测量来确定，再根据波长的数值由谱线表中查出该谱线所属元素。

二、光谱半定量分析

光谱半定量分析介于定性分析和定量分析之间，可以给出含量近似值。发射光谱的半定量分析是以谱线波长及谱线强度为依据，常用的方法有谱线强度比较法、谱线呈现法、均称线对法和加权因子法等。

1. 谱线强度比较法

将试样中某元素的谱线强度，与已知的参考强度进行比较，以确定该元素的含量。鉴于所采用的参考强度不同，比较法可分为标样光谱比较法、标准黑度比较法和内标光谱比较法。

2. 谱线呈现法

谱线呈现法是基于被测元素的谱线数目随着样品中待测元素含量的增加而增多。因此，可在固定的工作条件下，用递增标样系列摄谱，把相应的谱线，编成一个谱线呈现表。在测定时，按同样条件摄谱，利用谱线呈现表，就可以估计出试样中元素的含量。

3. 均称线对法

选用一条或数条分析线与一些内参比线组成若干个均称线组，将分析样品按确定的条件摄谱后，观察所得光谱中分析线与内参比线的黑度（或强度），找出黑度（或强度）相等的均称线对，即可确定样品中分析元素的含量。

4. 加权因子法

由于某元素的谱线强度与蒸气云中该元素的原子浓度成正比，而后者又由试样中该元素的相对含量所决定。因此，在相同的工作条件下，某元素的谱线强度是试样中该元素相对含量的函数，可用经验式表示为：

$$c_i = \frac{F_i(R_i^2)}{\sum\limits_{i=1}^{n} R_i} \tag{3-1}$$

式中　　c_i ——试样中元素 i 的相对含量；

　　　R_i ——元素 i 的特征谱线的相对强度；

$\sum\limits_{i=1}^{n} R_i$ ——所有待测元素谱线相对强度的总和；

　　　F_i ——分析元素的加权因子。

在确定的条件下，某元素的某一根谱线的加权因子为一常数。通过事先对标样的试验，可以确定各个待测元素的加权因子。在分析试样时，只需测出试样光谱中各元素分析线的相对强度，利用已确定的加权因子，即可计算出各元素的相对含量。

三、定量分析方式

光谱定量分析是根据谱线强度的测量来计算出元素的含量。不同的发射光谱分析技术，采用不同的方式处理强度与含量的关系。

1. 光谱定量分析的基本关系式

元素的谱线强度与元素含量的关系是光谱定量分析的依据，可用如下经验式表示：

$$I = Ac^B \tag{3-2}$$

式中　　I——谱线强度；

　　　　c——元素含量；

　　　　A——发射系数；

　　　　B——自吸系数。

若对式（3-2）取对数，则得：

$$\lg I = B\lg c + \lg A \tag{3-3}$$

式（3-3）即为光谱定量分析的基本关系式。通过对数转换，可以使强度与浓度成线性关系。

2. 内标法光谱定量分析的原理

为了提高定量分析的准确度，通常测量谱线的相对强度。即在被分析元素中选一根谱线为分析线，在基体元素或定量加入的其他元素谱线中选一根谱线为内标线，分别测量分析线与内标线的强度，然后求出它们的比值。该比值不受实验条件变化的影响，只随试样中元素含量变化而变化。这种测量谱线相对强度的方法，称为内标法。

根据式（3-3），分析线和内标线的强度分别为：

$$\lg I = B\lg c + \lg A$$
$$\lg I_0 = B_0\lg c_0 + \lg A_0$$

因内标元素的含量 c_0 是固定的，两式相减得：

$$\lg R = B\lg c + \lg A' \tag{3-4}$$

式中，$R=I/I_0$，为线对的相对强度；$A'=A/(A_0c_0{}^B)$ 为新的常数。

式（3-4）是内标法定量关系式，用标样系列摄谱，可绘制 $\lg R$-$\lg c$ 校准曲线。在分析时，测得试样中线对的相对强度，即可由校准曲线查得分析元素含量。

3. 光谱定量分析方法

（1）校准曲线法　光谱定量分析中最基本和最常用的一种方法。即采用含有已知分析物浓度的标样制作校准曲线，然后由该曲线读出分析结果。该法由于标样与试样的光谱摄于同一感光板上，避免了光源、相板性质等一系列条件的变化给分析结果带来的系统误差，从而保证了分析的准确度。

（2）标准加入法　在试样中加入一定量的待测元素标准溶液进行测定，以求出试样中待测元素的未知含量。该法无须制备标样，可最大限度避免标样与试样组成不一致造成的光谱干扰，对微量元素的测定尤为适用。

由光谱定量公式 $R=Kc^B$ 可知，当自吸收系数 $B\approx1$ 时，$R=Kc$，设样品中原始浓度为 c_x，加入量 Δc 为 C_{K_1}、C_{K_2}、C_{K_3}… 故加入"标准"后：

$$R=I_x/I_K=Kc=K(c_x+\Delta c)=Kc_x+K\Delta c \tag{3-5}$$

以 R 对 Δc 作图，可得一直线，将其外推与 c 轴相交（$R=0$ 处），则其截距的绝对值，即为 c_x。

此法仅适用于纯物质中低含量组分的测定；对高含量组分的测定，因自吸收存在，B 不等于 1，外推的结果不够准确。同时，本法也仅能用于溶液进样分析或粉末样品分析中，便于待测试样中加入标准物的场合下，不适于块状的固体样品直接分析。

（3）浓度直读法　在光电光谱分析中，根据所测电压值的大小来确定元素的含量。在含量较低时，分析物浓度与电压的关系，可用下式表示：

$$c = \alpha + \beta V + \gamma V^2 \tag{3-6}$$

式中，c 为元素浓度；V 为积分电容器电压之读数；α、β、γ 为待定常数，可通过实验用三个标样来确定。在实际分析时，只要测出各样品中分析物的 V 值及干扰值，便可自动校准干扰，直接读出分析物的浓度，并由电传打印机自动报出分析结果，此法的主要特点是分析速度快，精密度好，自动化程度高。

4. 光谱背景的来源、影响及扣除

（1）光谱背景的来源　炽热固体，如炽热的电极头及一些炽热固体炭颗粒发射的连续光谱，在光源中生成的双原子分子辐射的带光谱、分析线旁的散射线、感光板上的灰雾以及光学系统的杂散光等都会造成光谱背景。

（2）光谱背景的影响　背景增加会降低谱线-背景比值，影响检出限。分析线有背景时，会使校准曲线斜率降低，并出现下部弯曲现象；内标线有背景时，会使校准曲线平移。也就是说，由于背景的存在，会改变校准曲线的形状和位置，从而影响光谱分析的准确度和灵敏度。

因此，背景扣除常常是光谱定量分析中必不可少的工作。

（3）光谱背景的扣除　谱线的总强度，指谱线强度与背景强度之和。光谱背景的扣除，就是从总强度中减去背景强度，即

$$I_a = I_{a+b} - I_b \tag{3-7}$$

式中，I_a 为纯分析线强度；I_{a+b} 为有背景存在时的分析线强度，即总强度；I_b 为背景强度，可用式（3-7）进行背景扣除。在直读光谱仪器中，根据上式原理由计算机采用背景校正软件自动扣除。

在摄谱法中，为简化手续，常借助光谱背景扣除表来扣除背景。普遍采用的背景扣除表有 D 表和 M 表。

5. 发射光谱分析的检出限及改善检出限的途径

检出限是指用特定的分析方法，可以可靠检出的分析物的最小量或最小浓度，前者称为绝对检出限，后者称为相对检出限。元素检出限的高低与元素性质、样品组成、仪器性能和分析条件等密切相关，只有这些条件都确定后，元素的检出限才是一个可比较的参数。

实际工作中，为改善发射光谱分析的检出限，可采用如下途径：

① 减小分析信号和背景的随机噪声；

② 采用适当的内标元素和内标法，以减小和补偿非随机噪声；

③ 提高净分析信号强度或减小背景强度，使信背比增大；

④ 增大校正曲线斜率和检测器的相对响应因子，使分析信号和背景噪声的相对影响较小；

⑤ 对样品中分析物进行预富集，可使元素检出限大大降低。

表 3-5 为各种发射光谱分析法的检出限，表 3-6 为激光显微光谱分析的检出限及干扰限，表 3-7 为元素分析线、灵敏度与干扰谱线表。

表 3-5　各种发射光谱分析法的检出限

元素	直流电弧[2] nm	直流电弧[2] %	铜火花[7] nm	铜火花[7] ng	石墨火花[1] ng	火花多孔杯电极法[7] nm	火花多孔杯电极法[7] μg/mL	蒸发法[6] ng	直读光谱法[5] %	火焰发射法[4] nm	火焰发射法[4] μg/mL	激光火花法[9] nm	激光火花法[9] %	ICP-AES[12] nm	ICP-AES[12] μg/mL	MIP-AES[7] nm	MIP-AES[7] μg/mL
								发射光谱法									
Ac			339.28	20[6]						328.1	0.02						
Ag	328.07	0.00001		200[11]	0.5	328.07	1	5		396.2	0.005	328.07	0.003	328.07	0.001		
Al	396.15	0.001	394.40	10	3	396.15	1	250	0.0025	396.15	0.01[7]	309.27	0.03	308.22	0.007	396.15	0.03
As	234.98	0.003	286.05	500	100	278.02	100	500	0.0018	267.6	4.0	267.59	0.1	193.71	0.003	228.81	4
Au	242.80	0.001	267.59	20	0.3	267.59	100	15			2[5]	242.79	0.1	242.79	0.002		
B	249.77	0.003	249.77	10		249.77	0.5	5	0.00014	249.67	0.3[7]	249.78	0.001	249.67	0.002	249.67	0.03
Ba	455.40	0.0003	389.18 614.28	100		413.07	50			553.6	0.002	455.40	0.01	493.41	0.001	455.40	1
Be	234.86	0.0003	313.04	0.2		313.11	0.02	5		234.9	0.1	313.04	<0.001	313.04	0.001		
Bi	306.77	0.0003	306.77	20	5	306.77	5	2		223.1	2.0	306.77	0.03	223.06	0.004		
C	247.86	0.1										247.86	0.05				
Ca	422.67	0.001	393.37	10		309.42	5			422.7	0.0001	317.93	0.01	317.93	0.002		
Cd	228.80	0.001	274.86	200	20	226.50 361.05	100	1		326.1	2.0	326.10	0.3	226.05	0.0005	228.80	0.5
Ce	399.92	0.03	401.24 418.66	100		394.27	25			418.66	10[7]	258.08	0.03	418.66	0.007[7]	418.66	20
Co	345.35	0.001	266.35	50	5	345.35	2	25	0.00014	345.4	0.05	345.35	0.03	228.6	0.001	345.35	
Cr	425.43	0.001	284.32	5	1	284.33	2	10	0.0014	425.5	0.005	283.56	0.003	228.6	0.0009		
Cs	852.11	0.001	852.11	50		852.11	15				0.6[5]						
Cu	324.75	0.0001		100[11]	0.5	324.75	0.6	10	0.0007	327.4	0.01	327.40	0.001	342.7	0.0007		

续表　（第二篇）

元素	直流电弧[2] nm	直流电弧[2] %	铜火花[7] nm	铜火花[7] ng	石墨火花[11] ng	火花多孔杯电极法[7] nm	火花多孔杯电极法[7] μg/mL	蒸发法[6] ng	直读光谱法[5] %	火焰发射法[4] nm	火焰发射法[4] μg/mL	激光火花法[9] nm	激光火花法[9] %	ICP-AES[12] nm	ICP-AES[12] μg/mL	MIP-AES[7] nm	MIP-AES[7] μg/mL
Dy	421.18	0.01	400.05	50							0.05[5]	313.54	0.1		0.004[3]		
Er	400.8	0.01	390.63	50							0.07[5]	337.28	0.05		0.001[3]		
Eu	420.50	0.001	397.20	5							0.0002[5]				0.001[3]		
F	529.10	0.1	397.20, 685.61	2, 10													
Fe	371.99	0.0005	382.04, 438.35	100, 50	3	259.94	2.5	50		372.0	0.05	259.94	0.003	271.44	0.05	371.99	0.5
Ca	287.42	0.001	294.36	100		294.36	10			417.2	0.01	394.36	0.03		0.014[3]		
Gd	364.62	0.01	376.84, 376.84	50, 10		403.29	10				5[5]				0.007[3]		
Ge	265.12	0.0003				303.91	10	15		265.2	0.5	303.91	0.1				
Hf	313.47	0.003	387.75, 404.80	200, 50		282.02	4			339.98	75[7]	264.14	0.01	339.98	0.01[7]		
Hg	253.65	0.01	253.65	500	10	253.65	50			253.7	40	264.14	0.1		0.2[3]		
Ho	410.38	0.01	389.10, 389.10	100, 20											0.01[3]		
I											0.1[5]			178.28	0.2~9.9[8]		
In	451.13	0.001	325.61	100	10	325.61	15	1.5		451.1	0.005	325.61	0.01		0.03[3]		
Ir	266.48	0.01	283.32	500					0.4	380.0	100	313.33	0.3		6[11]		
K	766.49	0.001	769.90	10		404.41	200	100			0.00005[5]	344.67	1	766.5	0.035		
La	394.91	0.01	394.91	5		394.91	5			408.67	0.1[7]	333.75	0.03	408.67	0.003[1]		

续表

发射光谱法

元素	直流电弧[2]		铜火花[7]		石墨火花[1]	火花多孔杯电极法[7]		蒸发法[6]	直读光谱法[5]	火焰发射法[4]		激光火花法[9]		ICP-AES[12]		MIP-AES[7]	
	nm	%	nm	ng	ng	nm	μg/mL	ng	%	nm	μg/mL	nm	%	nm	μg/mL	nm	μg/mL
Li	670.78	0.0001	670.78	0.2		670.78	0.1	1			0.00002[5]	323.26	1	670.7	0.13[13]		
Lu	261.54	0.001	339.71	200							1[5]				0.008[3]		
Mg	285.21	0.0001	285.21	1		279.55	0.01	50		285.2	0.005	279.55	0.001	279.1	0.007		
Mn	279.48	0.0003	294.92	2	0.3	259.37	2	5	0.002	403.1	0.005	257.61	<0.001	257.6	0.00015		
Mo	313.26	0.001	281.61	5					0.001	390.3	0.1	281.61	0.03	202.03	0.001		
Na	588.99	0.0001	589.59	10		330.23	35	50		589.6	0.0001	330.30	1	330.2	0.2		
Nb	309.42	0.003	316.34	20[6]					0.003	405.89	0.6[7]	309.42	0.01	405.89	0.01[7]		
Nd	430.36	0.03	401.23	50							0.7[5]	313.36	1		0.05[3]		
Ni	341.48	0.001	241.61	10	1	341.48	10	50	0.0012	341.5	0.03	341.48	0.1	231.6	0.001	352.45	0.3
Np			416.45	200													
Os	330.16	0.03									2[5]	305.87	0.5		0.15[11]		
P	253.56	0.03	255.49	2000	10	253.56	80	500		213.62	3[7]	255.33	0.3	178.28	0.008		
Pa			274.40 / 421.72	500 / 200													
Pb	283.31	0.0001	283.31 / 405.78	50 / 5		283.31	10	20		405.8	0.2	283.13	0.1	220.3	0.002	405.78	1
Pd	340.46	0.001	360.95	50		240.46	2			363.5	0.005	324.27	0.03		0.007[3]		
Pr	417.94	0.1	410.08 / 422.53	50 / 20							0.07[5]				0.06[3]		
Pt	265.95	0.001	306.47	2		265.94 / 306.47	100 / 100			265.9	2.0	265.94	0.1		0.08[3]		
Pu			370.91	200													

元素	直流电弧[2] nm	直流电弧[2] %	发射光谱法 铜火花[7] nm	铜火花[7] ng	石墨火花[11] ng	火花多孔杯电极法[7] nm	火花多孔杯电极法[7] μg/mL	蒸发法[6] ng	直读光谱法[5] %	火焰发射法[4] nm	火焰发射法[4] μg/mL	激光火花法[9] nm	激光火花法[9] %	ICP-AES[12] nm	ICP-AES[12] μg/mL	MIP-AES[7] nm	MIP-AES[7] μg/mL
Ra			381.44	10													
Rb	780.02	0.001	780.02	20							0.008[5]			780.02	100~316[8]		
Re	346.47	0.001	436.05	200		346.05	10				0.2[5]			197.31	3.2~9.9[8]		
Rh	343.49	0.001				349.89	100			369.2	0.9	343.49	0.03		0.003[3]		
Ru	343.67	0.01								372.8	0.3	343.67	0.1		6[11]		
S	206.28	0.3												182.04	0.010		
Sb	259.81	0.001	279.04	500	10	259.81	100	100		259.81	20	259.81	0.01	206.8	0.003	259.81	0.6
Sc	424.68	0.0003	424.70	1							0.8[5]	361.38	0.001	361.38	0.00008		
Se		0.0005	424.70	0.5				50	0.0017	204.0	23			196	0.003		
Si	288.16	0.03	288.16	20	10				0.0014	251.6	5.0	288.16	0.001	288.19	0.004		
Sm	426.27	0.0003	288.16	10							0.2[5]	323.05	0.1		0.02[3]		
Sn	284.00	0.01	428.00	50		283.99	100	10		284.0	0.3	303.41	0.01	189.99	0.004		
Sr	460.73	0.03	428.00	20		407.77	0.5			460.7	0.0002	346.45	0.1	421.55	0.0005		
Ta	331.12	0.01	346.46	50						301.25	18[7]	309.42	0.01	301.25	0.07[7]		
Tb	427.85	0.01	268.55	100							0.03[5]				0.2[3]		
Te	238.58	0.01	238.32	50		238.58	1000			238.6	200			214.38	0.0243[10]		
Th	287.04	0.01	401.91	50		329.06	100			401.91	150[7]	287.04	0.05	401.91	0.003[7]	401.91	4
Ti	308.80	0.001	376.13	10	3	334.90	3	500	0.0004	320.0	0.2	334.94	0.001	334.94	0.0002	334.94	1

续表

本表中"发射光谱法"包含以下子方法：铜火花[7]、石墨火花[1]、火花多孔杯电极法[7]、蒸发法[6]、直读光谱法[5]、火焰发射法[4]、激光火花法[9]。

元素	直流电弧[2]		铜火花[7]		石墨火花[1]	火花多孔杯电极法[7]		蒸发法[6]	直读光谱法[5]	火焰发射法[4]		激光火花法[9]		ICP-AES[12]		MIP-AES[7]	
	nm	%	nm	ng	ng	nm	μg/mL	ng	%	nm	μg/mL	nm	%	nm	μg/mL	nm	μg/mL
Tl	377.57	0.001			50					535.1	0.02			190.8	0.003		
Tm	313.13	0.01	379.58	5							0.004[5]				0.007[3]		
U	286.57	0.05	393.20	500						409.01	10[7]	290.69	0.3	409.01	0.03[7]		
			393.20	100													
V	318.54	0.001	309.31	5	1	309.31	5	500	0.0006	437.9	0.01	310.23	0.003	292.4	0.001	437.92	0.1
W	294.44	0.01	400.87	50	10	400.87	500			400.88	0.5[7]	289.65	0.1			400.88	0.2
Y	437.49	0.001	371.03	10		371.03	0.1			371.03	0.06[7]	324.23	0.003	371.03	0.0003		
			371.03	1													
Yb	328.94	0.0003	369.42	10								328.94	0.003				
Zn	213.86	0.001	334.50	200	10	328.23	25	100		213.9	50	334.50	0.1	206.2	0.0008	213.86	0.1
						334.50	25										
Zr	339.19	0.001	339.20	50	3	349.62	2		0.0013	343.82	3[7]	339.20	0.03	339.19	0.0015	343.82	15
			414.92	10		327.30	2										

本表参考文献：

1 多田格三，水池敦. 超微量成分分析，1971，7: 173.
2 雷素范，周开亿. 发射光谱分析简明手册. 1983.
3 中国地质科学院情报所编. 电感耦合高频等离子体发射光谱分析资料选编. 地质出版社：1978: 57.
4 朱建中，徐根发. 理化检验，1979，(2): 11.
5 不破敬一郎，原口紘炁主编. ICP 发射光谱分析. 1987: 136, 158.
6 Зайдель А Н. Основы Спектрального Анализа. 1965: 139, 223, 235, 293.
7 Ramon M B. Emission Spectroscopy. 1976: 262, 271, 425.
8 AKbar M, Golightly D W. 感耦等离子体原子发射分析法中的应用. 1992: 130, 252, 254.
9 李廷钧. 发射光谱分析，1983: 456.
10 北京瑞利分析仪器公司 7502 型 ICP 光量计样本.
11 法国 JY 公司仪器样本.
12 美国 TJA 公司仪器样本.
13 美国 TJA 公司仪器样本.

表 3-6　激光显微光谱分析的检出限及干扰限[4]

元素	分析线 λ/nm		激发电位 E_i/eV	检出限 w/%	干扰元素及干扰限 w/%			元素	分析线 λ/nm		激发电位 E_i/eV	检出限 w/%	干扰元素及干扰限 w/%		
Ag	224.6412	II	10.36	7				As	228.812	I	6.77	3~5	Co	228.8018	7~10
	224.8740	II	10.55	≥10					234.984	I	6.59	1	Mo	234.989	5
	227.9982	II	11.13	10					236.967	I	7.55	7			
	231.7033	II	10.77	10					237.077	I	7.55	10			
	232.0246	II	11.05	5					238.118	I	6.56	10			
	232.4677	II	10.18	7					245.653	I	6.41	7	Rh	245.6180	7~10
	233.1370	II	10.36	10					274.4991	I	6.77	5	Cr	274.4591	3
	235.7920	II	10.68	7									W	274.5028	3
	235.886	II	16.29	7	Ru	235.7917	7						Co	274.5100	7
	236.218	II	15.80	10					278.0197	I	6.77	0.5	Mo	278.0036	1
	236.4001	II	15.80	7									Nb	278.0245	1
	241.1350	II	10.55	5									Cr	278.0299	1~2
	241.318	II	10.18	3					286.0452	I	6.59	1	Hf	286.0313	1
	242.964	II	15.81	7					289.871	I	6.59	5~7	Cr	289.8536	0.1
	243.7791	II	9.93	0.1	Ni	243.7888	7						Mn	289.8693	2~3
					Mn	243.7914	5						Hf	289.8709	3
	244.793	II	10.77	7					295.970	II		10			
	276.7523	II	10.18	7					311.663	II	15.07	10	Fe	311.6590	150
	288.220	II		7	Th	288.2014	10						V	311.6476	7
					Mo	288.2378	7~10						Th	311.6476	7
	328.0683	I	3.78	0.005	Mn	328.0756	7						Tb	311.6288	2
					Rh	328.055	5	Au	242.795	I	5.10	0.2	Mn	242.798	0.05
	338.2891	I	3.66	0.007	Cr	338.2683	0.1		264.149	I	5.82	7			
					Tb	338.280	2		267.595	I	4.63	0.05	Nb	267.5944	3
Al	226.3453	I	5.48	0.5									Ta	267.5901	2
	236.7062	I	5.22	0.7									Eu	267.605	0.05
	237.3362	I	5.24	0.3					268.763	II	10.62	10			
	263.1553	II	15.32	0.5					268.871	I	7.26	10			
	265.2489	I	4.66	0.3	Mn	265.2485	3		274.826	I	5.64	0.5			
					Sb	265.2606	5		280.206	II	13.40	0.5			
	266.0393	I	4.66	3					282.545	II	8.06	3~5			
	281.6179	II	11.82	0.05	Mo	281.6154	0.02		290.706	II	14.39	3			
	305.0079	I	7.65	7	Cr	305.0137	0.07		291.354	II	9.27	0.3	Ni	291.359	7
	305.4697	I	7.65	7	Zr	305.484	0.1						Pt	291.354	3
	305.7154	I	7.66	7	Ta	305.712	10		299.028	II	7.82	1	Ho	299.027	2
	305.905	II	7.65	10									Nb	299.0258	3
	306.4304	I	7.65	7	Ti	306.6220	0.07		299.482	II	13.40	3~5			
	306.6162	I	7.65	7					302.9205	I	5.22	3			
	308.2155	I	4.02	0.005	Tb	308.236	0.5		312.2781	I	5.10	0.3	Ti	312.2895	0.5
					Th	308.2176	7			II	8.99				
					Mo	308.2220	5						Er	312.256	0.03
					V	308.2523	5						Sc	312.2542	1
	309.2713	I	4.02	0.003~0.005									Th	312.2962	2
	358.6908	II	15.30	1					323.0636	II	14.5	1	Er	323.0585	0.01

续表

元素	分析线 λ/nm		激发电位 E_i/eV	检出限 w/%	干扰元素及干扰限 w/%	
Au					Ho 323.057	5
					Sm 323.0544	≥10
					Mn 323.0712	7
B	243.229	II		≥10	Fe 243.2267	70
					Co 243.2214	1
					Ir 243.1938	5~7
	249.6778	I	4.96	0.1~0.2	Fe 249.6533	15
	249.7733	I	4.96	0.1		
	317.9351	II	21.76	0.5	Ca 317.9332	0.005
					W 317.9435	≥10
	345.141	II	12.69	0.3	Pd 345.135	0.5
Ba	225.4732	II	6.19	3		
	230.4235	II	5.98	0.2~0.5		
	233.5269	II	6.00	0.07~0.1		
	234.7577	II	5.98	3	Hf 234.7444	10
					Co 234.739	1
	263.4783	II	7.39	10		
	307.1591	I	4.04	1	Nb 307.156	3
					Cr 307.1572	1~2
	350.1116	I	3.54	0.7	Ni 350.0852	5
Be	234.8610	I	5.28	0.005		
	249.4559	I		0.03		
	249.4576	I	7.68	0.03		
	249.4733	I	7.68	0.03		
	265.0470	I	7.40	0.005	Fe 265.0492	150h
	265.0550	I	7.40	0.005		
	265.0702	I	7.40	0.005	Mn 265.0994	7
	265.0781	I	7.40	0.005	Mn 265.1165	5
	298.609	I	10.61	1		
	313.0416	II	3.95	0.0001	V 313.0627	0.05
					Ce 313.0344	1
					W 313.0456	7~10
					Ir 313.0578	5
					Ta 313.0578	7~10
	313.1072	II	3.95	0.0003	Er 313.107	5
					Mn 313.0800	0.05
					Tm 313.126	0.03
	332.134	I	6.45	0.01	Tb 332.115	0.1
					Mo 332.1196	10
					V 332.1538	5
					Ti 332.1700	0.07
					Th 332.1453	5
					Sm 332.1184	10

元素	分析线 λ/nm		激发电位 E_i/eV	检出限 w/%	干扰元素及干扰限 w/%	
Bi	222.8251	I	5.55	7		
	223.0608	I	5.55	≥10		
	227.6578	II	5.45	3		
	262.7906	I	6.12	10		
	289.7975	I	5.69	0.5	Nb 289.7812	0.5
					Pt 289.787	5
					V 289.790	3~5
	293.8298	I	6.13	3~5	V 293.8254	7~10
	298.929	I	5.55	1	Ru 298.8948	≥10
					Sc 298.895	0.05
					Lu 298.927	7
					Cr 298.9194	
	299.3342	I	5.55	5	Mo 299.3515	5
					W 299.3611	1
	302.4635	I	6.00	1	Hf 302.4603	7
					Cr 302.4350	0.3
					Nb 302.4738	0.5
					W 302.4920	5~7
	303.518	I	8.19	7		
	306.7716	I	4.04	0.01	Mo 306.7642	5
					Th 306.7734	1
	307.6662	I	5.43	7		
	339.7213	I	5.55	5	Lu 339.707	0.005
	351.0853	I	5.43	10	Ti 351.0841	0.07
					Ta 351.104	7~10
	359.6110	I	6.12	≥10	Ti 359.6052	2
					Ru 359.6179	5
					Rh 359.6194	1~2
					Tb 359.638	0.7
C	229.689	III	18.08			
	247.8573	I	7.69			
	250.911	II	18.67		Fe 250.9122	50
	251.203	II	18.66			
	251.171	II	18.67		Fe 251.1759	100
	280.131	II			Mn 280.1064	0.7
					Sc 280.1312	0.3
					V 280.193	3
	283.6710	II	16.34			
	283.7602	II	16.34			
Ca	279.163			7	Ta 279.1370	5~7
					Fe 279.1462	20
					Mo 279.1540	7~10
					Tm 279.162	7~10

元素	分析线 λ/nm		激发电位 E_i/eV	检出限 w/%	干扰元素及干扰限 w/%
Ca	279.715			3~5	Tm 279.7269　5
	294.920	I		1	V 294.917　5
	299.7314	I	6.02	5	Mo 299.735　0.5
					Cu 299.736　7
	299.9641	I	6.01	5	
	300.6858	II	6.02	5~7	
	300.921	I	6.01	5	
	313.6003	I	5.83	≥10	Ta 313.5893　3~5
	315.8869	II	7.05	0.01	
	317.9332	II	7.05	0.005	B 317.9351　≥10
					W 317.9425　≥10
	318.0516	I	5.74	0.2	Fe 318.0226　300
					Nb 318.0290　0.05
					Cr 318.0701　0.2
	335.036	I	5.58	≥10	
	336.1918	I	5.58	>10	
	337.268	III	33.73	>10	Nb 337.2562　5
	364.4765	I	5.30	1	V 364.4706　≥10
	370.603	II	6.47	0.2	
Cd	226.517	II	5.47	1	
	228.802	I	5.41	7	As 228.812　5
	230.661	I	9.17	≥10	
	231.284	II	11.14	3	
	232.115	II	11.12	5	Hf 232.114　1
	232.9282	I	9.27	10	
	257.293	II	10.28	5	
	274.858	II	10.28	1	
	325.033	II	9.28	7	
	326.1057	I	3.80	0.5	
	340.3653	I	7.37	1	Zr 340.3684　7~10
					Cr 340.3322　0.1
	346.6201	I	7.37	0.3	Fe 346.6500　70
	346.7656	I	7.37	1	Ni 346.7502　5
	361.0510	I	7.37	0.05~0.1	Mn 361.0299　3
					Ni 361.0462　5
	361.2875	I	7.37	1	
Ce	260.359	III		7	Ta 260.357　1
	303.156	III	6.09	5	Fe 301.1215　150
					Fe 301.3639　200
	305.559	III	6.31	3~5	W 305.5397　≥10
					Nb 305.5522　1
	305.6777	II		7~10	Ta 305.6615　5
					V 305.6334　5
					Lu 305.672　0.02

元素	分析线 λ/nm		激发电位 E_i/eV	检出限 w/%	干扰元素及干扰限 w/%
Ce	306.3010	II	4.94	1	Ti 305.6740　3
					Th 306.3026　3
					Nb 306.3130　10
					V 306.3247　0.1
					Cu 306.3415　10
	312.1281			10	V 312.1145　0.01
					Co 312.1415　5
	313.0334	II		1	V 313.0267　0.05
					Be 313.0416　0.00001
					Ho 313.028　1
					Ta 313.0578　7
	313.0872	II		3	Eu 313.074　7
					Nb 313.0786　0.01
					Ti 313.0800　0.1
	314.6400	II	4.23	10	
	314.7555	III	6.23	≥10	
	314.8463	II		10	
	319.4825	III	4.48	10	
	320.1714	III	4.72	3~5	Mo 320.1500　5
	321.8944	II	4.70	5~7	Tb 321.893　0.05
	322.7114	II		10	
	323.4274	II		7	Cr 323.406　0.07
					Tb 323.450　5
					Os 323.4196　≥10
					Ti 323.4516　0.005
	327.1151	II		10	Fe 327.1002　300
					Mo 327.0904　5
	327.2253	II	4.19	3~5	Ti 327.2080　0.2
					Zr 327.2222　3
	342.2507	II		7	Fe 342.2493　10
	348.2420	II		10	
	351.7380	II	4.43	5	Dy 351.758　2
					Mo 351.7557　≥10
					Nb 351.7671　2
	353.9086	II	3.82	10	
	356.0798	II	4.22	5	Nd 356.0729　1
					Yb 356.0727　0.5
					Os 356.0798　5
					Co 356.0893　0.5
	357.7458	II	3.97	0.5~1	
	362.3843	I	4.21	7	Mo 362.350　7
					Mn 362.3792　≥10
	365.5851	II	3.70	1	Mo 365.5788　5
	366.0641	II		10	

元素	分析线 λ/nm		激发电位 E_i/eV	检出限 w/%	干扰元素及干扰限 w/%			元素	分析线 λ/nm		激发电位 E_i/eV	检出限 w/%	干扰元素及干扰限 w/%		
Ce	366.7981	II	3.73	7					243.9046	I	5.30	10	Ho	243.933	7
	226.001	II		10									Fe	243.9300	100
	228.6156	II	5.84	0.3					244.776			0.7~1	Fe	244.7708	100
	223.2877	I		10									Fe	244.7747	80
	229.1455	I		1					245.0004	II		2	Fe	244.9960	30
	230.7857	II	7.60	0.5					246.4195	II		3	Fe	246.4007	80
	231.1604	II	5.92	0.5									Hf	246.419	1~2
	231.364	II		7					246.706			10			
	231.4054	II	5.97	0.3~0.5					250.6462	II	6.16	0.2	V	250.6220	7
	231.498	II	6.00	1					250.7676	I	5.52	7			
	231.5760		5.83	7					251.1016	I	5.36	0.5	Nb	251.1005	5~7
	232.432	II	7.60	0.7									Fe	251.0834	50
	232.5615	I	5.84	0.7~1									Ni	251.0873	3
	232.648	II	5.74	1					251.9822	II	6.24	0.3			
	233.0350	II		5	Ta	233.079	≥10		251.4965	II	6.31	0.1~0.2			
	233.6241	II		7	Os	233.650	1		252.8967	I	5.00	0.07~0.1	V	252.8836	5
	234.112			3									Fe	252.9080	70
	234.2418			10					253.0133	I	5.48	1	Fe	253.0106	30
	234.4260	II		0.1					253.381	II	7.92	5			
	234.660			5					254.1938	II	6.20	0.5			
	234.739	II		1	Hf	234.7444	10		255.9407	II	6.24	0.03~0.5			
					Ba	234.7577	1		256.009			0.5			
Co	235.342	II		0.5				Co	256.4036	II	6.16	0.07~0.1			
	236.0509			5					257.4862			5			
	236.3787	II	5.74	0.3					258.0326	II	6.02	0.05	Os	258.0026	3
	237.8622	II	5.62	0.2									Nb	258.0285	5
	238.346	II		0.5					258.2241	II	6.20	0.1	Fe	258.2985	80
	238.6363	II		0.5					258.3176			3			
	238.8915	II	5.60	0.05					258.7221	II	6.12	0.1			
	238.9540	I		1	Fe	238.8627	30		260.6122	I	5.38	1~2	Hf	260.6372	2
	239.7388	II	6.38	0.5	W	239.7091	1		261.4361	II	6.94	0.5			
	239.837			7					261.9802	I	5.36	5	Fe	261.9076	50
	240.454			0.5									Lu	261.926	1
	240.7668	II		0.5					262.8761			10	Ta	262.885	10
	240.8750	II	5.76	1					263.2239	II	6.94	1~2	Ta	263.227	10
	241.4063	II		0.5	Nb	241.4211	5						Fe	263.2236	60
	241.6896	II		2~3									Mn	263.2352	1
	241.765	II	5.62	1	Fe	241.7866	100		263.239	II	6.94	1~2	Nb	263.2516	5
	242.0726	II		0.5	Rh	242.0979			264.8635	I	5.11	1	Ru	264.8635	≥10
	242.3621	II		7					265.3703	II		3	Yb	265.375	1
	243.2214	II	5.20	1	B	243.279	≥10						Mo	265.334	0.7
					Fe	243.2267	70						Cr	265.3586	0.3
					Ir	243.1936	5~7						W	265.3567	10
	243.6979	II		3					266.3529	II	5.87	0.3	Pb	266.3166	1

续表

元素	分析线 λ/nm	激发电位 E_i/eV	检出限 w/%	干扰元素及干扰限 w/%
				V　266.3248　5
				Cr　266.3678　0.07
	269.4680 II	5.92	0.7~1	Ta　269.4759　3
	287.124 II		3	Mo　287.1508　0.1
	295.474 I	6.27	1	Ti　295.4476　1
				Fe　295.4655　70
	298.7162 I		2	Fe　298.7292　200
	298.9588 I	4.15	7	
	304.4005 I	4.07	0.7	
	306.1819 I		5	
	307.2344 I	4.21	5	Ti　307.2107　0.02
				Th　307.2120　2
				Er　307.252　0.1
	308.2844 I	5.90	7	Al　308.2155　0.003
				Ta　308.2536　10
				V　308.2523　5
				Mo　308.2822　5~7
	308.6777 I	4.24	5	
	308.9595 I	4.13	7	Ti　308.9001　0.07
				Ta　308.958　0.2
	309.8196 I	4.18	10	
Co	312.1415 I	3.97	7	V　312.1145　0.1
	312.1566 I	4.07	7	
	313.6726 I	3.95	≥10	Mo　313.6412　2
				Fe　313.6499　40
				V　313.6514　0.1
				Cr　313.6680　0.1
	313.7327 I	4.18	7	
	313.9943 I	4.05	5	
	314.5021 I	5.72	≥10	Tb　314.522　3~5
				Cr　314.5103　7~10
				Dy　314.5222　3~5
				Hf　314.5319　5
				V　314.5324　3~5
	314.7064 I	4.12	3	
	315.4678 I	5.97	0.5	Th　315.4370　1
				Nb　315.4815　3
	324.3842 I	5.70	2	Dy　324.378　5
				Fe　324.3724　100
				Mn　324.3780　5
	325.4206 I	5.69	2	Fe　325.4363　150
				Ti　325.4250　0.01
				Nb　325.4067　0.5
	331.4076 I	6.62	5	

元素	分析线 λ/nm	激发电位 E_i/eV	检出限 w/%	干扰元素及干扰限 w/%
	331.9478	6.66	3	
	332.6991	6.65	5	
	333.3388 I	4.23	2	
	335.4377 I	4.21	1	Ti　335.4635　0.1
	336.7109 I	4.12	0.5	Nb　336.6956　5
				Pr　336.716　5
	338.5224 II	4.18	1	Er　338.5087　0.03
				Dy　338.5027　0.01
				Ho　338.505　5
	338.8173 II	5.89	0.7	Ti　338.7837　0.01
				Zr　338.7872　3
				Zr　338.8209　1
				Nb　338.7928　10
	339.5375 I	4.23	0.3	Cr　339.561　0.7
				Er　339.5280　1
				Mo　339.5360　10
	340.5120 I	4.07	0.03	Zr　340.4832　3~5
				Yb　340.5160　5
	340.9177 I	4.15	0.1	Nb　340.919　2
	341.2339 I	4.15	0.05	Ho　341.286　10
				Rh　341.227　7
Co	341.5783 II	5.83	5	
	341.7160 I	4.12	0.3	Ti　341.696　10
	343.1575 I	3.17	1	
	343.3040 I	4.24	0.1	Nd　343.2985　10
				Cr　343.3311　0.2
	344.2926 I	3.78	1	
	344.3641 I	4.12	0.1	Fe　344.3878　200
	344.6388 II	5.38	5	
	344.9170 I	4.18	0.07	
	344.9441 I	4.03	0.07	
	345.3505 I	4.02	0.003	Ho　345.313　0.2
				Tm　345.361　1
				La　345.3168　1
				Eu　345.347　0.05
	345.5234 I	3.82	5	
	346.2809 I	4.21	0.07	Zr　346.2017　5
				Th　346.2855　7
				W　346.3032　7
	346.5800 I	3.57	0.2	Fe　346.5862　400
	347.4022 I	4.15	0.07	Sb　347.3915　3
				Mn　347.4044　1
				Ho　347.425　0.1
	348.3410 I	4.07	1~2	Zr　348.3539　5

元素	分析线 λ/nm		激发电位 E_i/eV	检出限 w/%	干扰元素及干扰限 w/%		
	348.5366		6.67	0.7	Pt	348.5267	5~7
					Fe	348.5342	50
					Er	348.5169	0.7
	348.9402	I	4.48	0.07~0.1			
	349.5687	I	4.18	0.2	Hf	349.5748	3
					Mn	349.5819	3~5
					Mn	349.5839	5
	350.1725	II	5.74	0.7			
	350.2279	I	3.97	0.05	Rh	350.252	0.7
	350.6315	I	4.05	0.1			
	351.2641	I	4.11	0.07	Dy	351.2563	2
					Nd	351.2909	3~5
					Ce	351.2988	≥10
	351.3480	I	3.62	0.3			
	351.8349	I	4.57	0.2			
	352.1567	I	3.95	0.2	V	352.1839	7
	352.3434	I	4.15	0.1~0.2	Tb	352.366	0.1
	352.6849	I	3.51	0.3	Fe	352.6676	50
					Nb	352.6625	5
	352.9033	I	3.68	0.7			
Co	352.9813	I	4.03	0.05	Fe	352.9820	80
	353.3358	I	3.73	1	Fe	353.3202	50
	354.3259	I	5.38	3	V	354.3500	1
	355.0595	I	3.66	7	Dy	355.0228	0.03
	356.0893	I	4.11	0.5	Os	356.0798	5
					Nd	356.0729	1
					Yb	356.0727	0.5
					Ce	356.0798	5
	356.4951	I	4.06	7			
	356.9379	I	4.40	0.05	Hf	356.9041	0.7
	357.5361	I	3.56	0.5			
	358.7190	I	4.50	0.05~0.1			
	359.4872	I	3.62	1	Fe	359.4636	100
					Dy	359.5046	3
	360.2084	I	3.65	1			
	361.1701	I	5.75	7~10			
	362.7808	I	3.93	1			
	366.2161	I	5.66	0.7	La	366.2073	1
					Ti	366.2273	0.05
	367.6554	I	6.24	0.7			
	368.4479	I	5.44	0.5			
Cr	265.3586	I		0.3	Yb	265.3753	1
					Mo	265.3349	1

元素	分析线 λ/nm		激发电位 E_i/eV	检出限 w/%	干扰元素及干扰限 w/%		
					W	265.3567	10
					Co	265.3703	3
	265.8592	II		0.1			
	266.1728	II		5	Hf	266.1875	5
	266.3679	II		0.07	Co	266.3529	0.3
					Pb	266.3166	1
					V	266.3248	5
	266.6021	II		0.07	Hf	266.5966	7
	266.8712	II		0.1			
	267.1809	II	6.15	0.5	Mo	267.1834	10
					Nb	267.1931	1~2
					V	267.1004	1
	267.2831	II		0.5	Mn	267.2586	2
					W	267.2669	≥10
					Mo	267.2834	0.5
	267.7159	II	6.18	0.007	Mn	267.7246	≥10
	267.8792	II	6.13	0.2	V	267.8568	3
					Zr	267.8632	1~2
					Ru	267.8758	5
	268.709	II	6.12	1			
Cr	268.8042	I	5.63	3	V	268.7956	0.1
					Mo	268.7993	0.5
	269.1041	II	6.16	0.1	V	269.0786	3
					Mn	269.0977	7
	269.750			3	Fe	269.7462	50
					V	269.7745	7
	269.8409	II		0.1	Mn	269.8378	10
	269.8686	II		0.1	Er	269.8392	2
					V	269.8378	10
	270.3856	II		3	Fe	270.3989	100
	271.2307	II	6.08	2	Fe	271.2388	100
					Hf	271.2425	3
	271.7509	II		5			
	272.2749	II	6.05	2	Zr	272.2610	3
					V	272.2558	2
	274.2030	II	6.02	3			
	274.3643	II	6.00	1~2			
	275.0728	II	6.02	0.07			
	275.1871	II	6.03	0.1			
	275.7723	II	6.00	0.1			
	276.2593	II	6.02	0.02			
	276.6540	II	6.03	0.007	Rh	276.654	≥10
					V	276.6455	5

第二篇

元素	分析线 λ/nm		激发电位 E_i/eV	检出限 w/%	干扰元素及干扰限 w/%
	277.8060	II	9.40	3	Rh 277.815 7 / Fe 277.8221 80
	278.5700	II	8.62	2	
	279.2164	II	8.62	2	
	280.0771	II	8.61	0.1	Ti 280.061 7 / Zn 280.0869 7 / Mn 280.1064 0.7
	281.2006	II	8.58	0.2	
	281.8359	II	8.56	2	
	282.2371	II	8.16	0.07	Ru 282.2552 ≥10 / W 282.2572 7 / Hf 282.2677 3
	283.0468	II	8.14	0.07	Pt 283.0295 3~5
	283.4262	II		5	Mo 283.4394 7
	283.5633	II	5.93	0.007	Fe 283.5459 100
	283.8786	II	9.11	5	Er 283.8714 3~5 / Os 283.8626 0.7~1
	284.0021	II	8.12	0.07	Ti 283.980 7 / Sn 283.9989 0.07
	284.3252	II	5.90	0.007~0.01	Ta 284.351 7 / Fe 284.3632 100
Cr	284.9838	II	5.86	0.01	
	285.1356	II	8.09	0.05~0.1	Ti 285.1102 5 / Hf 285.1206 5
	285.3218	II	8.10	3	Mo 285.3229 0.1
	285.5676	II	5.84	0.01	Fe 285.5670 200
	285.7402	II	6.79	1~2	
	285.8911	II	5.89	0.01~0.02	
	286.0934	II	5.82	0.07	Os 286.0956 7~10 / Hf 286.1012 1~2 / Nb 286.1093 1 / Fe 286.0498 50
	286.2571	II	5.86	0.007~0.01	
	286.5107	II	5.84	0.01	Fe 286.5973 50
	286.6742	II	5.82	0.03	Fe 286.6629 80 / Mo 286.6693 1
	287.0436	II	6.77	0.1	Th 287.0413 3 / V 287.0547 7~10
	287.5993	II	6.79	0.05	
	287.7978	II	5.84	3	V 287.7688 5 / Sb 287.7915 1
	288.0869	II	6.76	2	Ho 288.099 0.7
	289.8536	II		0.1	As 289.871 7 / Mn 289.8693 2~3

元素	分析线 λ/nm		激发电位 E_i/eV	检出限 w/%	干扰元素及干扰限 w/%
					Hf 289.8709 3
	292.1817	II	8.11	1	
	292.3684			2	V 292.3620 3~5 / Fe 292.385 70
	293.0853	II	7.94	5	V 293.0806 0.07 / Ti 293.0261 5
	293.2705	II		5	Nb 293.2662 10 / Th 293.252 1 / In 293.2624 1 / Ta 293.2303 3
	293.3970	II		3	Ta 293.3550 70
	293.4493	I		5	Mo 293.4299 0.5 / Dy 293.4529 3 / V 293.4401 2
	297.1906	II	7.94	0.05	Mo 297.1906 5
	297.9741	II	7.92	0.1	Ho 297.963 0.5 / Fe 297.9352 100 / Nb 297.9878 1
	298.5325	II	7.00	0.1	Nb 298.5049 5 / V 298.5170 5~7 / Fe 298.5550 300
Cr	298.6473	I	5.18	0.1	
	298.9194	II	7.89	0.1	Ru 298.8948 ≥10 / Bi 298.9029 1 / Lu 298.927 7 / Os 298.9127 0.5
	299.6580	I	5.12	0.5	
	300.5057	I	5.15	3	
	301.3713	I	5.08	5	
	301.4760	I	5.08	5	Ho 301.461 3
	301.4915	I	5.09	0.03	V 301.4823 0.07 / Dy 301.5074 10
	301.5194	I	5.07	3	Dy 301.5074 10 / Sc 301.5364 0.5
	301.5510	II	8.52	3	Tm 301.529 0.5
	301.7596	I	5.11	0.1	Dy 301.773 1~2
	302.1558	I	5.13	0.05	Mo 302.1617 7
	302.4350	I	5.08	0.5	Fe 302.4033 200 / Hf 302.4603 7 / Th 302.4669 ≥10 / Bi 302.4630 1 / Nb 302.4738 0.5 / W 302.4920 5~7
	303.2927	II	6.79	5	Dy 303.318 7

元素	分析线 λ/nm		激发电位 E_i/eV	检出限 w/%	干扰元素及干扰限 w/%		
Cr	303.4190	I	5.09	5	V	303.3822	0.07
					Th	303.4069	5
					Sn	303.4121	0.05
	304.0846	I	5.08	0.05	Os	304.0900	5
					Mn	304.0603	7
					Mo	304.101	10
	305.0137	II	8.37	0.7	Al	305.0079	7
	305.3880	I	5.09	0.1~0.2	Nb	305.0637	5
					V	305.089	1
					Ho	305.099	2
	307.7831	II	7.14	5	Mo	307.7661	1
					Lu	307.760	0.005
					Os	307.7720	5
	311.8652	II	6.40	0.05	Os	311.8328	10
					V	311.8383	0.02
					Lu	311.843	7~10
					Ho	311.851	0.5
	312.0371	II	6.41	0.03	Fe	312.0434	80
	312.4978	II	6.42	0.01	Ge	312.4817	5
					V	312.5284	0.01
	313.2058	II	6.44	0.005	Hg	313.1546	5
	313.6680	II	6.41	0.1	Mo	313.6412	5
					Mo	313.6465	5
					V	313.6514	0.1
					Co	313.6726	≥10
	314.5103	II		7~10	Tm	314.489	1
					Co	314.5021	≥10
					Fe	314.5057	25
					Tb	314.522	3~5
					Dy	314.5222	3~5
					Hf	314.5319	5
					Nb	314.540	0.1
	314.7227	II	6.42	0.1	Tb	314.704	1
	315.5149	I	6.91	0.5			
	318.0701	II	6.44	0.05	Fe	318.0755	100
	318.3325	II	8.30	3~5	Dy	318.3196	10
					V	318.3406	0.1
	319.7079	II	6.42	0.05~0.1			
	320.8590	II	6.41	5~7	V	320.8352	3
					Fe	320.8475	5~7
					Dy	320.871	5~7
					Dy	320.881	5~7
					Mo	320.8834	0.5
					Nb	320.8858	5

元素	分析线 λ/nm		激发电位 E_i/eV	检出限 w/%	干扰元素及干扰限 w/%		
Cr	320.9183	II	6.41	0.1	Mo	320.8834	0.5
					Fe	320.9297	125
	321.7400	II	6.40	0.5	Ti	321.7060	0.01
					Hf	321.7305	7
					Fe	321.7380	125
	323.406	II	8.12	3	Ce	323.427	7
	329.1762	II	8.06	5~7	Nb	329.1726	7
					Fe	329.1023	125
	329.561	II	7.93	3	Co	329.5375	0.1
	336.804	II	6.16	0.05	Mo	336.797	0.5
	340.2399	II	6.75	5	Fe	340.2262	150
					Tb	340.233	2
					Ti	340.2422	5
					Sm	340.246	5
					Zr	340.2523	7
	340.3322	II	6.75	0.1	Cd	340.3653	1
					Zr	340.3684	7~10
	340.8765	II	6.11	0.05	Mo	340.8634	5~7
					Nb	340.8678	0.5
	342.119	II	6.04	0.05			
	342.2739	II	6.07	0.1	Fe	342.2660	50
					Mo	342.2777	1
	343.3311	II	6.04	0.1~0.2	Co	343.3040	0.1
					Pd	343.3449	0.5
					Ni	343.3558	0.7
	351.0538	I	6.53	7			
	351.1836	II	6.01	0.5			
	355.063	I	6.68	3			
	357.8687	I	3.46	0.001~0.002			
	359.3488	I	3.44	0.005	V	359.3344	0.5
	360.5333	I	3.43	0.005	Fe	360.5458	150
	363.9802	I	5.94	2			
	364.1470	I	5.94	5			
Cs	293.111	II	19.55	>10			
	347.688	I	3.54	>10			
	348.013	I	3.54	>10			
Cu	222.5697	I	5.57	10			
	224.2613	II	8.78	7			
	224.6995	II	8.23	5			
	236.9887	II	8.48	5			
	250.6270	II	13.42	10	V	250.6220	7
					Co	250.6462	0.2
	254.480	II	13.38	1	Nb	254.480	0.5
	261.8366	I	6.12	1			

第
二
篇

元素	分析线 λ/nm	激发电位 E_i/eV	检出限 w/%	干扰元素及干扰限 λ/nm	w/%	元素	分析线 λ/nm	激发电位 E_i/eV	检出限 w/%	干扰元素及干扰限 λ/nm	w/%
Cu	271.8775 II	13.67	≥10	Hf 271.851	7		304.9133		10	Th 304.9095	5
				Fe 271.8435	60					V 304.8892	5
	282.4369 I	5.78	0.5				305.2324		7	Mo 305.2320	7
	296.1165 I	5.57	1	Fe 296.1281	40					Ta 305.2534	7
				Mo 296.1320	5		306.0653		1~2	V 306.0460	2
	303.6104 I	5.72	7							Mo 306.0777	7
	306.3415 I	5.69	10	Th 306.3026	3		306.2620 II		1	Os 306.2192	≥10
				Nb 306.3130	10					Fe 306.2233	400
				V 306.3247	0.1		307.1920 II		10	Ti 307.2107	0.02
	310.8605 I	8.82	7	V 310.8701	7					Er 307.252	0.1
	320.8234 I	5.50	7							Tb 307.260	1
	322.3435 I	9.09	10	Nb 322.333	0.05					Hf 307.2877	5
	322.4664 I	9.09	10				307.3542 II		3	V 307.3823	5
	323.5713 I	9.07	3							Tm 307.385	0.2
	324.3164 I	8.92	3				307.835		5	Fe 307.843	50
	324.7540 I	3.82	0.003	Nb 324.7474	1					Ti 307.8645	0.02
				Mn 324.7542	3		310.219		3	V 310.2299	0.001
	327.3962 I	3.78	0.007	Nb 327.3886	1		310.3839		5	Ti 310.3804	0.05
				Sc 327.3619	0.03		310.5001		5	Ti 310.5084	0.1
	327.9816 I	5.42	5							Fe 310.5168	60
	329.0544 I	8.84	7	Th 329.059	0.7		310.9768 II		1~2	Ho 310.993	7
				V 329.0238	10		312.203		10	Er 312.189	7~10
				Mo 329.0823	2					Mo 312.1999	0.5
	333.7844 I	5.10	5~7	La 333.7488	0.2		313.568 II		0.7~1		
Dy	293.4529		3	Mo 293.4299	0.5		314.0645 II		2	Hf 314.0763	5~7
				V 293.4401	2		314.113 II	3.94	5		
				Cr 293.4517	7		314.3831 II		3~5	Ti 314.3756	0.7
				Er 293.4517	7		314.5222		3~5	Co 314.502	≥10
	297.582		7~10	Ta 297.5568	10					Cr 314.5103	7~10
				Mo 297.5614	2					Mo 314.5268	≥10
				Er 297.5679	2					Tb 314.5286	3~5
				Hf 297.5883	0.5					Hf 314.5319	5
	301.230		7~10	Ni 301.2004	0.7					V 314.5242	3~5
				Hf 301.220	0.5					Nb 314.540	0.1
	301.5074		10	Ho 301.461	3		314.6165 II		7	V 314.6230	3
				V 301.4823	0.07		315.652 II		0.5		
				Cr 301.4915	0.03		316.2824 II		1	Ti 316.2570	0.003
	301.696		5	V 301.6784	1					Hf 316.2611	2
	302.9826		3	Fe 302.9149	100					Fe 316.2800	100
				Ti 302.9730	1					Th 316.2836	10
				Sb 302.9807	1		316.9978 II		1		
	303.318		7	Cr 303.2927	5		317.7531		3	Fe 317.7535	300
	303.8291		2	Mn 303.8503	5		318.3196		10	Cr 318.3325	3~5
	304.3144 II		2	Mn 304.3356	10					V 318.3406	0.1

元素	分析线 λ/nm	激发电位 E_i/eV	检出限 w/%	干扰元素及干扰限 w/%			元素	分析线 λ/nm	激发电位 E_i/eV	检出限 w/%	干扰元素及干扰限 w/%		
	318.4777 Ⅱ		10	Fe	318.4896	150					Mn	324.3780	5
	318.6375 Ⅱ		10	Os	318.6402	10					Co	324.3842	2
				Ti	318.6454	2		325.1260 Ⅱ		0.5	Fe	325.1235	150
	318.7676 Ⅱ		7~10	Mo	318.7529	2~3					Sc	325.132	0.5
				Ho	318.7708	1		325.219 Ⅱ		2	V	325.1870	1
				V	318.7708	0.05					Ti	325.1991	0.07
				Er	318.7785	1~2					Tb	325.234	0.5
	320.546		5	Fe	320.5400	200		325.625 Ⅱ		1	Im	325.6090	0.005
				V	320.5582	3					Mn	325.6137	5
	320.640 Ⅱ		2	Nb	320.6343	0.1					Mo	325.6210	7
				Ta	320.6386	7					Th	325.6473	7
				W	320.6406	3		326.6207 Ⅱ		1	Tb	326.640	3
	320.710 Ⅱ		5	Fe	320.7089	50		328.010 Ⅱ	3.88	1	Hf	327.998	3
	320.881		5~7	Fe	320.8475	80					Fe	328.0216	150
				Nb	320.8585	5					Tb	328.0216	0.3
				Cr	320.8590	5~7					Er	328.022	1
				Mo	320.8834	0.5					Th	328.0374	5
	321.2684		7	V	321.2434	3~5					Ti	327.9995	5
				Mo	321.3189	5~7		328.279 Ⅱ		1	Th	328.2610	10
				W	321.326	0.7					Th	328.2671	2
				Ho	321.3570	3					Zr	328.2834	1
				Mn	321.2884	10					Fe	328.2892	80
Dy	321.663 Ⅱ		0.5	Cr	321.656	1	Dy				Mo	328.2909	7
				Th	321.6628	0.7		328.934		5	Mo	328.9015	5
				Ho	321.667	2					Yb	328.937	0.005
				Y	321.6682	0.05					Mo	328.938	10
				Ta	321.6933	5					V	328.9389	3
	322.150 Ⅱ		2	Ce	322.1170	5		329.1119		7	Tm	329.100	0.1
				Th	322.1293	0.3					Nb	329.1059	7
	322.329 Ⅱ		3	Er	322.3308	3					Mo	329.0823	2
				Nb	322.3324	3					Fe	329.0989	80
	322.508 Ⅱ		7	Th	322.5359	5		330.547		3~5	Zr	330.5152	5
	323.590 Ⅱ		1	Fe	323.6223	200					Nb	330.5609	5
				Th	323.5843	5		330.889 Ⅱ		0.5	Ti	330.8806	1
	323.663		3~5	Ti	323.6573	0.0007		331.2729			Er	331.2424	0.03
				Mn	323.6778	1~2					Nb	331.2600	3
				Tm	323.6797	0.3					Sc	331.2736	0.5
	323.959		7	Fe	323.9436	300		331.331		5	Sc	331.3539	0.1
				Sm	323.9638	≥10					Mo	331.3624	3
				Ti	323.966	0.07					Th	331.3650	0.7
				V	323.9834	10		331.6325 Ⅱ		3	Tm	331.617	7~10
	324.0878		5	Sm	323.9638	≥10					Os	331.6688	≥10
				V	323.9834	10		331.9887 Ⅱ		0.5	Nb	331.9584	3
				Zr	324.1046	5					Ho	331.987	0.7
	324.378		5	Fe	324.3724	60		332.642		3	W	332.6190	5

续表

第二篇

左半部分

元素	分析线 λ/nm	激发电位 E_i/eV	检出限 w/%	干扰元素及干扰限 w/%		
				Ir	332.6403	5
				Zr	332.6414	5
				Nb	332.6619	7
				Ti	332.6765	0.1
	334.188 II		7	Nb	334.1974	0.5
				Er	334.1836	5
				Ti	334.1875	0.0005
	335.3595		3	Sc	335.3734	0.003
	335.507		5	Fe	335.3229	100
	336.8116 II		2	Mo	336.7969	1
				Cr	336.9054	0.05
	337.176		3	Mo	337.1692	5
				Ni	337.1993	7
				Tb	337.150	1
	338.5027 II		0.01	Ho	338.505	2~3
				Er	338.5087	0.02
				Co	338.5224	1
	338.8863 II		3	Ti	338.8755	5
	339.3583 II	3.76	0.03	Tb	339.358	10
				Cr	339.3839	0.2
	339.6169 II		0.5	Er	339.605	1
Dy	340.780 II	3.63	0.01~0.02	Fe	340.7461	400
				Hf	340.7759	2
	341.3794		0.5	Hf	341.374	10
				Tb	341.376	0.7
	342.257		1~2	Tb	342.244	1
				Cr	342.2739	0.1
				Mo	342.2777	5
				Fe	342.2660	50
	342.506 II		3	Fe	342.5015	40
				Tm	342.508	0.01
				Ho	342.535	0.3
	342.9442 II		7			
	343.4373 II	3.06	0.7~1			
	343.527		10	Mo	343.540	5
	343.591		2	Cr	343.6187	2
	343.8952		5	Yb	343.8720	2~3
				Yb	343.8840	2~3
				Mo	343.8871	7
				Th	343.8953	5
				Mn	343.8974	10
	344.094 II		1	Th	344.0019	5
				Fe	344.0991	5
	344.1453 II	3.70	7~10	Pd	344.1396	0.5

右半部分

元素	分析线 λ/nm	激发电位 E_i/eV	检出限 w/%	干扰元素及干扰限 w/%		
				Tm	344.151	0.1
	344.5582 II	3.60	0.5			
	344.7001 II		1			
	345.4326 II		0.5	Nb	345.397	3
	345.6566 II		0.7	Mo	345.6387	7
				Ti	345.6390	0.7
	346.0971 II	3.58	0.03	Pd	346.0774	0.3
				Nd	346.816	0.5
				Th	346.822	10
				Nd	346.8420	1
	347.7074 II		0.7	Ti	347.7182	0.5
	349.4135		0.05			
	349.867		0.3	Nb	349.8629	5
	350.4522 II		2	Mo	350.4413	5
				V	350.444	0.01
	350.5457 II		2	Mo	350.5315	7
				Zr	350.5485	0.5
				Ho	350.442	2
	351.2563		2	Co	351.2641	0.1
				La	351.2917	7
	351.7270 II		2	Ce	351.7380	5
Dy				Mo	351.7557	10
				Nb	351.7671	2
	352.403		0.1	Fe	352.407	40
	352.461		7	Ni	352.4501	0.01
				Mo	352.4646	3
				V	352.4715	5
				Er	352.4920	1~2
	353.1712 II	3.50	0.003	Ho	353.174	5
				Mn	353.1848	1
	353.4963 II	3.60	0.2			
	353.6024 II		0.05	Tm	353.621	0.3
	353.8523 II	3.50	0.02	Th	353.875	3
	354.2333 II		0.5	Fe	354.2178	100
	354.4211 II		0.7			
	354.6841 II	3.60	0.5	Ti	354.6039	10
	355.0228 II		0.03	Co	355.0595	7
	356.3154 II	3.58	0.3	Mo	356.3138	7
	356.3699 II		0.5	Mo	356.3755	10
	357.3838 II		1	Ti	357.3737	7
				Mo	357.8882	7
	357.6250 II	4.06	0.5	Mo	357.6174	2
				Sc	357.6340	0.003
	359.5046 II		0.7	Co	359.4872	1

元素	分析线 λ/nm	激发电位 E_i/eV	检出限 w/%	干扰元素	干扰线	干扰限 w/%
Dy	360.034		1	Y	360.0734	0.01
	363.078		0.7	Sc	363.074	0.002
	364.5416 Ⅱ	3.50	0.01	Sc	364.5311	0.01
				La	364.5414	0.2
				Pr	364.5539	0.5
Er	267.0255 Ⅱ		3~5	Sb	267.0643	5
	269.8392		1~2	V	269.8378	7~10
				Cr	269.8409	0.1
	275.9204		2	Cr	275.9391	3
	279.2524		2	Nb	279.3048	1~2
	283.8714 Ⅱ		3~5	Os	283.8626	0.7~1
				Cr	283.8786	5
	287.8913		7	Mo	287.9043	1
				W	287.9047	10
				Hf	287.9112	10
	289.6960 Ⅱ		5~7	Fe	289.6262	200
	290.4467 Ⅱ		0.5			
	291.0357 Ⅱ		0.05	Ho	291.035	2
				V	291.0398	0.3
				Nb	291.0587	0.3
	293.4517		7	Mo	293.4299	0.5
				V	293.4401	2
				Cr	293.4493	5
				Dy	293.4529	3
	294.5280 Ⅱ		3	Ti	294.547	1
	294.6615 Ⅱ		2	Mo	294.6690	1
				Nb	294.6898	3
	295.007		5~7	Fe	295.0243	300
				V	295.0348	1
				La	295.0492	2~3
				Hf	295.0670	5~7
	296.4518 Ⅱ		0.03	Fe	296.4639	
	297.2279		7	V	297.2254	1~2
				Nb	297.2572	0.2
				Fe	297.2279	40
	297.5679 Ⅱ		2	Mo	297.5404	2
				Ta	297.5558	10
				V	297.5652	5
				Hf	297.5882	0.5
	301.6838 Ⅱ		1~2	V	301.6784	0.5
	302.8278 Ⅱ		7	V	302.8043	7
				Cr	302.8125	0.3
				Nb	302.8443	0.2
	303.6222 Ⅱ		0.5	Cu	303.6104	7
				Zr	303.6393	5
Er	305.442 Ⅱ		1	Ni	305.4316	1
				Mn	305.4362	10
	307.0743 Ⅱ		0.5			
	307.252 Ⅱ		0.1	Co	307.234	2
				Tb	307.260	1
				Hf	307.2877	0.005
				Ti	307.2971	0.005
	307.3347 Ⅱ		1	Tm	307.3083	0.1
	309.919 Ⅱ		0.1	Nb	309.986	1
				Mo	309.924	1
	311.203		0.7	Ti	311.205	3~5
				Mo	311.2124	7
				Th	311.235	1
	311.3536 Ⅱ		0.5	Sc	311.3370	1
				Dy	311.3536	1
				V	311.3567	1
				Tb	311.3620	5
	312.189		7~10	Ti	312.1599	7
				Tb	312.194	7
				Th	312.1962	2
				Mo	312.200	0.5
	312.265		0.03	Sc	312.254	1
				Au	312.2781	0.1
				V	312.2895	0.5
	312.565		1	Fe	312.5654	300
				Hg	312.567	5
	313.107		5	Nb	313.0786	0.01
				Ti	313.0080	0.1
				Th	313.1070	7~10
				Tm	313.126	0.03
	313.2775 Ⅱ		0.03	Mo	313.2599	0.07
				Ta	313.2643	10
	313.849		3	Mo	313.8715	1~2
	314.180		0.7	Mo	314.1730	5
	314.363		0.3	Fe	314.3988	150
	318.1923 Ⅱ		0.1			
	318.7785		3	Ho	318.737	1
				Dy	318.7676	7~10
				V	318.7708	0.05
	322.3308 Ⅱ		0.5	Dy	322.329	3
				Nb	322.3324	3
	323.0585 Ⅱ		0.01	Ho	323.057	5
				Nb	323.0240	2
				Sm	323.0344	≥10
				Mn	323.0712	7

第二篇

元素	分析线 λ/nm	激发电位 E_i/eV	检出限 w/%	干扰元素及干扰限 w/%		
Er	323.2026 II		1	Au	323.064	10
				V	323.1950	7
				Os	323.2055	5
				Th	323.2123	2
				Ti	323.2280	0.07
	323.7979 II		0.7	Mo	323.784	5
				V	323.7874	0.5
				Nb	323.8024	5
				Th	323.8118	2
	324.0484		3	Tm	324.0229	0.7
				Mn	324.0399	7
				Mo	324.0713	1
	324.9342 II		1	La	324.9351	0.5
	325.9048 II		0.3~0.5	Fe	325.9048	200
	326.280		1	Th	326.2671	2
	326.4781 II		0.02	Ho	326.477	5
	326.715 II		0.1	Mo	326.6887	5
				Os	326.7200	3
	326.9411 II		0.5	Os	326.9609	10
				Ge	326.9494	1
	327.932 II		0.3	Ti	327.8927	0.05
				Tb	327.904	1
				Ho	327.926	1
				Zr	327.9265	0.07
				Mo	327.940	10
	328.022 II		1	Ti	327.9995	0.7
				Dy	328.010	1
				Tb	328.0216	0.3
				Fe	328.0261	150
	330.4074		0.5	Mo	330.3657	5
	331.2424 II	3.80	0.03	Nb	331.2600	3
				Sc	331.2731	0.5
				Dy	331.2729	2~3
	331.3653		1	Mo	331.3624	3
				Th	331.3653	0.7
	331.6385 II		0.07			
	333.2703 II		0.07~0.1			
	333.779 II		3	La	333.75	0.2
				Cu	333.7844	5~7
	334.002 II		1	Cr	333.9804	0.1
				Ta	333.9910	3~5
				Mo	334.0167	10
	334.603 II		0.5	Zn	334.5572	1
	335.0255 II		0.05			

元素	分析线 λ/nm	激发电位 E_i/eV	检出限 w/%	干扰元素及干扰限 w/%		
Er	336.409 II		0.05	Ho	336.426	5
	336.807 II	3.74	0.1			
	337.2750 II	3.67	0.005	Pt	337.2791	5
				Ti	337.2800	0.0005
				Pd	337.3001	0.5
	337.4170 II		0.2	Nb	337.4012	2
				Ho	337.426	1
				Tb	337.441	5
	338.1079		0.7	La	338.0910	0.07
				Nb	338.0938	1
	338.5087 II		0.03	Dy	338.5027	0.01
				Ho	338.505	5
				Co	338.5224	1
	338.9599		1	Ho	338.9595	2
				Th	338.9645	7
				Hf	338.9853	1
	339.1989		0.03	Mo	339.1851	5
				Zr	339.1975	0.01
				Ho	339.205	2
	339.5280		1	Nb	339.4975	5
				Hf	339.4983	1~2
				Co	339.5375	0.3
	339.605 II		1	Dy	339.6169	0.5
	340.1830 II		0.7	Zr	340.1796	≥10
	340.8678		2	Nb	340.8678	0.5
	342.8394 II		1	Ho	342.813	0.5
				Ru	342.8329	3
				Hf	342.837	2
	343.8473		1	Zr	343.8230	0.03
				Hf	343.8235	5
	346.4536		1	Yb	346.437	0.5
				Sr	346.4457	0.02
	347.1714 II		0.5			
	347.9416 II		0.7			
	348.5860 II		0.7	Ho	348.586	2
	348.6828 II		1	Tm	348.708	1
	349.6860 II		1	V	349.7030	3
				Dy	349.7111	3
	349.9104 II	3.59	0.007~0.01	Ru	349.8942	0.1
				Ho	349.908	0.7
				Ti	349.9099	7~10
	350.8395		0.7~1	Mo	350.8115	7
				Ho	350.835	2
	354.9848 II		0.7			

元素	分析线 λ/nm		激发电位 E_i/eV	检出限 w/%	干扰元素及干扰限 w/%			元素	分析线 λ/nm		激发电位 E_i/eV	检出限 w/%	干扰元素及干扰限 w/%		
	355.9902	II		0.5	Os	355.9786	5		273.9546	II	5.51	0.005			
	359.9829	II		0.03~0.05					275.3287	II	7.77	0.1			
	360.5695			1	Fe	360.5458	150		275.5737	II	5.48	0.02			
Er	361.6573			0.5				Fe	275.6264	II	4.55	0.02			
	363.3541	II		0.7					275.6329	II	4.61	0.02			
	364.6782			0.7					302.0492	II	4.19	1			
	369.2652	II	3.41	0.05	Mo	369.265	0.05		302.0640	II	4.11	1			
	244.604	III		3	Co	214.60	0.5		250.019	I	5.06	1			
	251.379	III		3					265.9866	II	4.66	2			
	263.8764	II	4.85	7					270.047	II	13.35	1	Rh	270.060	5
	264.126	II	4.69	7	Ti	264.1099	7		271.9653	II	4.66	3			
					Mo	264.115	7		278.015	II	13.22	5	Nb	278.024	0.01
					Hf	264.1406	1	Ga					Cr	278.030	0.005
	266.833	II	4.85	10					287.4244	I	4.31	0.1	Fe	287.4172	
	270.1125	II	4.59	10									Ce	287.414	1
	271.697	II	4.81	10					294.3637	I	4.31	0.05	Mo	294.3380	10
	272.7780	II	4.50	3	Ta	272.778	7		294.4175	I	4.31	0.5~1	Ho	294.450	10
	272.939	II	4.54	10	Mo	272.9683	3						Fe	294.4398	
	280.286	II	4.63	1	Ti	280.2500	7						V	294.4571	0.07
					V	280.2523	5		262.812			0.7	Bi	262.791	0.1
					Mg	280.2695	0.002						Cr	262.801	0.05
Eu					Mn	280.2820	0.7~1						Rh	262.813	0.1
					Co	280.2844	7						Pt	262.803	0.5
	281.395	II	4.41	0.5					265.559			1			
	282.078	II	4.39	2	Rh	281.9626	7		267.941			1			
	290.668	II	4.26	1					271.730			1	Mo	271.736	0.1
	292.505	II	4.44	7~10					310.050	II	4.24	1			
	327.778	II	6.72	10					333.1388	II	3.71	3			
	339.658	II	6.98	5	Zr	339.6733	10		333.213	II	4.78	3			
					Rh	339.685	0.7	Gd	335.048	II	3.85	1			
	352.109	II	6.77	1					336.071	II	3.72	10			
	354.388			1					336.225	II	3.77	1			
	368.779			3	Cd	368.776	3		336.425	II		≥10			
	368.844	II	3.36	0.05					342.246	II	3.86	0.5			
	372.499	II	3.32	0.03	Tm	372.507	0.03		366.1668			7			
					La	372.505	0.07		367.123	II	3.46	5			
	255.5442	II		3					367.407	I	3.40	5~7			
	256.3474	II	5.87	0.05					368.7759	II	3.71	7	Nb	368.7971	0.1
	259.8369	II	4.82	0.002									V	368.7069	0.1
Fe	259.9396	II	4.77	0.001					241.7366	I	6.01	7~10			
	261.7616	II	4.82	0.03				Ge	259.2537	I		1			
	268.4751	II	8.43	0.3					265.1178	I	4.85	0.1	Mn	265.0994	7
	269.2597	II	8.37	0.3									Nb	265.1122	3

元素	分析线 λ/nm		激发电位 E_i/eV	检出限 w/%	干扰元素及干扰限 w/%			元素	分析线 λ/nm		激发电位 E_i/eV	检出限 w/%	干扰元素及干扰限 w/%		
Ge	265.1575	I	4.67	0.5~1	Hf	265.1165	5	Hf	255.902			7			
					Ta	265.1221	5		257.1670	II	5.27	1	Zr	257.1391	0.7
					Fe	265.1706	60						Th	257.1617	2
					La	265.171	5~7						Nb	257.1336	5
					Yb	265.171	5		257.1670	II	5.27	1			
	269.1344	I	4.67	0.7	Nb	269.1773	2		257.3897	II	6.31	3			
	270.9626	I	4.64	0.5	Mn	270.9610	7		257.6823	II	5.85	3	Fe	257.6865	70
	274.0431	I		7					260.6372	II	5.13	2	Co	260.6122	1~2
	275.4592	I	4.67	0.5	Nb	275.4522	10						Ta	260.6543	7
					Mo	275.447	0.05		262.2738	II	5.18	3			
	279.3938	I		≥10					263.8710	II	4.70	0.7~1	Nb	263.8592	2
	284.548	II	12.44	≥10	V	284.5245	7						Ta	263.867	7
	303.9064	I	4.96	0.03~0.05	In	303.9356	0.01						Mo	263.8758	0.5
	312.4817	I	4.85	5	Cr	312.4978	0.01						Eu	263.876	0.05
	326.9494	I	4.67	1	Os	326.9209	0.01		264.1406	II	5.73	0.1	Mo	264.115	7
					Er	326.9411	0.5						Ti	264.1099	7
					Th	326.9469	10		264.7292	II	5.72	0.5~0.7	Ba	264.7289	3
					Zr	326.9657	3						Ta	264.7472	7
													Fe	264.7557	70
Hf	229.613	II		7					265.1165	II		5	Nb	265.1122	3
	232.114	II	5.95	5									Ta	265.1221	5
	232.247	II	5.34	7~10									Be	265.0781	5
	233.733	II		5									Ge	265.1178	0.1
	234.7444	II	6.07	10	Ba	234.7577	3						Mn	265.0994	7
					Co	234.739	1		265.7837	II		7	Lu	265.780	0.3
	235.1215	II	5.27	5	Pd	235.1338	10						Nb	265.8027	5
	238.818			10									W	265.8037	2
	239.3262	II	5.79	5	V	239.3575	≥10		266.1875	II		5	Cr	266.1728	5
	239.383	II	5.18	5	V	239.3575	≥10		266.5966			7	Cr	266.6021	0.07
	240.5425	II	5.94	3									Yb	266.608	3
	243.356	II	7.25	5					268.3353	II	6.49	2	Mo	268.3231	0.5
	244.7254	II	5.44	3									Rh	268.3563	10
	246.0493	II	5.41	3					270.6727	II		5			
	246.419	II	6.07	1~2	Fe	246.401	80		271.2425	II	5.18	3	Cr	271.2307	2
					Co	246.420	3						Fe	271.2388	100
	246.9179	II	6.69	5					271.851	II		7	Fe	271.8435	60
	249.517	III		1									Cu	271.8775	≥10
	251.140	II		0.5					273.8760	II	5.13	1			
	251.2689	II		2					275.1812	II	5.54	3	Ti	275.170	10
	251.5156	II		3					275.6911	II		7			
	251.6881	II	5.30	1	Fe	251.7120	60		277.3357	II	5.25	0.1	Cr	277.331	0.02
					Ti	253.1251	10		277.4016	II	5.50	2	V	277.4276	5
	253.1193	II	5.50	7									Fe	277.4691	50
	255.140	II		1									Th	277.4072	7~10

续表

元素	分析线 λ/nm		激发电位 E_i/eV	检出限 w/%	干扰元素及干扰限 w/%		
Hf	281.3865	II	5.20	5			
	281.4475	II		2	Mo	281.4672	3
	281.4758			5	Mo	281.4672	3
	282.0224	II	4.77	0.3			
	282.2677	II	5.18	3	Cr	282.2371	0.07
					Ru	282.2552	≥10
					W	282.2572	7
					Au	282.272	10
	284.9208	II	5.85	1~2	Ho	284.910	2~3
					V	284.9050	7
	285.1206	II	5.13	3~5	Ta	285.0985	3
					Ti	285.1102	5
					Cr	285.1356	0.1
	285.2012	II	5.95	3	Mg	285.2129	0.007
					Fe	285.213	80
					Ta	285.2355	10
	286.1012	II	4.33	1~2	Cr	286.0934	0.1
					Nb	286.1093	1
					Os	286.0956	7~10
	286.1696	II	4.78	0.7~1	Ho	286.149	1
					Ti	286.199	7
	286.6373	I	4.32	7	W	286.6373	5
					Fe	286.6629	80
	286.9825	II		≥10	V	286.9961	1
					Zr	286.9811	7
					Ti	287.004	5
	287.6329	II	6.18	1	Bi	289.7975	5
	289.8709	I	4.57	3	Cr	289.8536	0.1
					As	289.871	7
					Mn	289.8639	2~3
	290.4408	I	4.83	5~7			
	290.4519			5~7	I	290.4799	3~5
	291.6481	I	4.81	3~5	Th	291.6440	10
	291.9594	II	4.70	2	Ho	291.959	1
					Os	291.9794	7
					Th	291.9842	≥10
					V	291.9992	2
	293.7795	II	5.25	1	Fe	293.7811	150
	294.0772	I	4.21	5	Ta	294.0215	7
					Fe	294.0591	80
	295.0679	I		5~7	V	295.0348	1
					La	295.0493	2~3
					Nb	295.0878	0.02
	296.7231	II		1~2	Hg	296.7278	2

元素	分析线 λ/nm		激发电位 E_i/eV	检出限 w/%	干扰元素及干扰限 w/%		
Hf	296.8812	II		1	Mo	296.8774	5
					Zr	296.8961	7~10
	297.5882	II	4.77	0.5	Mo	297.5404	2
					V	297.5652	5
					Er	297.5679	2
					Dy	297.582	7~10
	297.7595			7	Nb	297.7681	1
					Mo	297.7765	5
	297.9280	I		7~10	Ti	297.9199	5
					Fe	297.9352	100
					Ho	297.963	0.5
	298.0810	I		7	Pd	298.052	3
	300.0096	II	4.50	5	Mo	300.0232	0.5
	300.5557	I	5.40	7	Yb	300.5765	0.5
					Nb	300.5767	5
	301.220			0.5	Ni	301.2004	0.7
					V	301.2015	10
					Dy	301.230	7~10
	302.4603			7	Cr	302.4350	0.3
					Bi	302.4635	1
					Nb	302.4738	0.5
					W	302.4920	5
	303.116	II	4.70	0.7~1	Mn	303.1063	1
					Fe	303.1215	150
					Zr	303.1918	≥10
	305.0758	I	4.76	5~7	Tm	305.073	0.5
					V	305.0730	7
					Ho	305.073	2
					Ni	305.0819	0.1
	306.468	II		5	Ho	306.419	1
					Nb	306.4533	0.3
					Ni	306.4623	5~7
					Pt	306.4717	0.5
	307.2877	I	4.04	5	Tb	307.260	1
					Er	307.252	0.1
					Dy	307.292	10
					Ti	307.2971	0.005
	308.0845	II	6.17	1	Ni	308.035	2
					Ni	308.0755	7
	309.2245			7	Mo	309.2074	2
					Sc	309.247	7
	310.1397	II	4.78	3	Ni	310.1554	0.7
					Mn	310.1557	7~10
	310.9117	II	4.77	0.7~1	Sc	310.9341	0.3

元素	分析线 λ/nm	激发电位 E_i/eV	检出限 w/%	干扰元素及干扰限 w/%		
Hf	313.4718 II	4.33	0.1	V	310.9372	7
				Os	310.9381	7~10
				Nd	313.4897	7
				V	313.4931	0.1
	313.9653 II		5~7	Tb	313.964	3
				Sc	313.9729	1~2
				V	313.9745	0.5
	314.0763 II		5~7	Dy	314.0645	2
	314.5319 II	3.94	5	Cr	314.5103	7~10
				Co	314.5021	≥10
				Tb	314.522	3~5
				Dy	314.5222	3~5
				Mo	314.5288	≥10
				Nb	314.540	0.1
	316.2611 II		2	Ti	316.2570	0.003
				Fe	316.2800	100
				Dy	316.2824	1
				Th	316.2836	10
	317.6856 II		1	Ho	317.696	1
	318.1153 I		≥10	Fe	318.0775	100
	319.3526 II		1	Fe	319.3228	70
	319.4193 II		0.5	Mo	319.3973	0.3
				Nb	319.4275	0.03
	319.9994 II		5	Sc	319.937	0.1
				Fe	319.9525	200
				Ti	319.9915	0.05
	321.7305 II		7	Ti	321.7062	0.01
				Fe	321.7380	125
				Cr	321.7440	0.5
	322.0606 II		1~2	Er	322.0730	0.3
				Ir	322.0780	0.7~1
	323.9438 I		5	Th	323.9289	10
				Fe	323.9436	300
				Dy	323.959	7
				Ti	323.9664	0.07
				V	323.9834	10
	325.3702 I		1			
	325.528 II		5	Mo	325.5246	7
	326.2474 I		7~10	Os	326.2290	2
				Th	326.2671	2
	327.998 II		3	Ti	327.9995	0.7
				Dy	328.010	1
				Tb	328.0216	0.3
				Er	328.022	1
Hf	331.2865 I		7	Fe	328.0261	150
				Ag	328.0683	0.002
				Mo	331.294	7
				Dy	331.304	5
	331.7988 II		3	Ta	331.9928	7
				Ti	331.8025	
	332.336 II		3	Fe	332.3068	100
				Fe	332.3737	150
	332.8213 II		5~7	Nd	332.8270	5
				Mo	332.8565	10
	335.2055 II	4.73	1	Sc	335.2048	3
				Ti	335.2071	7
				Ho	335.208	2
	337.069 II		5	Fe	337.0786	200
	338.9833 II		1	Er	338.9599	1
				Mo	338.9799	7
				Tb	339.002	3
	339.4589 II		3~5			
	339.4983 II	5.84	1~2	Er	339.5290	1
	339.9795 II	3.64	0.07~0.1	Nb	339.9711	5~7
	340.7759 II		2	Fe	340.7461	400
				Dy	340.780	0.02
	341.0171 II	5.50	1	Zr	341.0248	1
				Ho	341.025	0.5
	342.8366 II		3	Ho	342.813	0.5
				Fe	342.8197	50
				Ru	342.8309	3
				Er	342.8394	1
	343.8235 II		5	Zr	343.8230	0.03
				Er	343.8473	0.7
	347.8990 II		3	Nb	347.8778	2
				Yb	347.880	0.3
				Rh	347.8906	5
	347.9285 II		1	Zr	347.9025	0.5
	348.757 II		7	Tb	348.762	5~7
	349.5748 II		3~5	Co	349.5687	0.2
				Mn	349.5859	5
	350.5227 II	4.57	0.7			
	353.5545 II	4.12	0.7	Nb	353.5301	0.5
				Ti	353.5412	0.7
				Tm	353.5520	0.5
				Sc	353.5729	0.01
	355.2696 II		3			
	356.1664 II	3.48	0.7~1	Ti	356.1575	7~10

元素	分析线 λ/nm		激发电位 E_i/eV	检出限 w/%	干扰元素及干扰限 w/%			元素	分析线 λ/nm		激发电位 E_i/eV	检出限 w/%	干扰元素及干扰限 w/%		
Hf	356.9041	II	4.26	0.7~1	Tb	356.174	0.07		294.205	II		3	Ti	294.1955	0.7
					Fe	356.8979	35						Er	294.2211	5
					Co	356.9397	0.05		295.311	II		0.7	Fe	295.3486	50
	364.4355	II	4.19	1									Ta	295.299	5~7
	366.5346	II		5~7									Pr	295.3537	5
	366.6775	II		3					297.963	II		0.5	Hf	297.9280	7~10
	368.2236	II	3.36	1~2	Fe	368.2209	300						Fe	297.9352	100
	370.1148	II		0.7~1									Cr	297.9741	0.1
	370.492	I		0.5					299.027	II		0.7			
Hg	253.4775	I	9.53	>10					301.461	II		3	Cr	301.4760	0.03
	253.6519	I	4.88	3									V	301.4823	0.07
	284.783	II		1					302.314			2	Ti	302.2820	7
	296.7278	I	8.84	2	Fe	296.6900	600						Mo	302.3300	2~3
					Hf	296.7231	1~2		303.869	II		1			
	312.567	I	8.85	5	Fe	312.5654	300		304.938	II		2	Dy	304.9133	10
					Er	312.565	1						Mo	304.929	5
	313.1546	I	8.82	2	Tm	313.126	0.03						Th	304.9615	5
					Os	313.1115	7		305.073			2	Tm	305.073	0.5
	365.0146	I	8.86	1	Hf	365.053	3						V	305.0730	7
					La	365.0170	0.7						Hf	305.0758	5~7
					Fe	365.0032	30						Ni	305.0829	0.1
Ho	243.933			7	Fe	243.9300	100	Ho	305.488			2	Zr	305.4835	1
	281.200	II		7	W	281.225	≥10		306.419			1	Tb	306.409	5
	281.474	II		2~3	Ta	281.4801	≥10						Mo	306.4279	5
					Mo	281.4672	3						Nb	306.4533	0.3
	286.149	II		1	Hf	286.1696	0.77						W	306.497	≥10
					Ti	286.199	7		307.430	II		1	Mo	307.4374	5
	286.782			3	Ta	286.741	7		308.436	II		0.5			
					Cr	286.7648	1		308.654	II		1	V	308.6503	10
					Mo	286.8110	7		310.268			2	Th	310.2666	7
	288.099	II		0.5~0.7	Cr	288.0896	2		310.833	II		2	Th	310.8298	1
	289.499	II		0.7~1	Lu	289.484	0.007		310.993	II		7	Th	311.022	7~10
					Fe	289.4778	80						Dy	310.9768	1~2
	289.736			7	Fe	289.7262	200		311.851	II		0.5	Os	311.8328	10
					Mo	289.7421	5						V	311.8383	0.02
	290.083	II		5	Ta	290.0750	≥10						Cr	311.8652	0.05
					Mo	290.0795	5~7						Lu	311.843	7~10
	290.942	II		2	Mo	290.9116	0.7		313.038			0.7~1	Eu	313.074	10
					Os	290.9061	0.5						V	313.0267	0.05
	291.959			1	Hf	291.9594	2						Ce	313.0334	1
					Os	291.9794	7						Be	313.0416	0.0001
					Th	291.9842	≥10						W	313.0456	7~10
	292.829	II		3	Th	292.8256	5						Ir	313.0578	0.5
					Mo	292.8493	≥10						Ta	313.0578	7

元素	分析线 λ/nm	激发电位 E_i/eV	检出限 w/%	干扰元素及干扰限 w/%	元素	分析线 λ/nm	激发电位 E_i/eV	检出限 w/%	干扰元素及干扰限 w/%
	313.440	II	1	Ni 313.4108 0.5		325.880		1	In 325.856 0.02
				Fe 313.4111 125					Fe 325.8048 200
	314.435	II	0.7						Fe 325.8773 150
	316.662	II	0.5	Ta 316.6377 10		325.917		3	Fe 325.9048 200
				Fe 316.6438 100		327.815	II	0.5	Ti 327.8290 0.07
	317.171	II	0.5			327.926	II	1	Ti 327.8922 0.05
	317.379	II	0.3	Tm 317.358 1					Ho 327.926 1
				Os 317.3926 3					Zr 327.9265 0.05
	317.486	II	0.5~0.7	Sm 317.509 0.03					Er 327.932 0.3
	317.696	II	1	Hf 317.6856					Mo 327.944 10
	318.152	II	0.5	Fe 318.1520 70		328.117		0.5	Fe 328.1300 100
	318.385	II	0.7	V 318.3982 0.07					Tb 328.140 0.3
				Nb 318.4223 7		328.307		3	Dy 328.279 1
	318.7743	I	1	Mo 318.7592 2~3					Zr 328.2834 1
				Dy 318.7676 7~10					Fe 328.2892 80
				Er 318.7676 3					Mo 328.2909 10
				V 318.7708 0.05					Th 328.2967 10
	319.097		1	V 319.0678 0.03		328.846	II	2	Zr 328.8803 10
				Ti 319.0874 0.002		329.096	II	2	Nd 329.0643 7
				Sc 319.1005 0.5					Mo 329.0821 2
				Nb 319.1096 0.5					Fe 329.0989 80
	319.607		2	Mo 319.5956 3					Tm 329.100 0.1
Ho				Fe 319.6076 150	Ho				Dy 329.1119 7
	319.783	II	2	V 319.8011 5		329.706		7	Mn 329.6882 10
				Tb 319.8012 0.5					Nd 329.1048 7
				Lu 319.812 0.5		330.516	II	3	Zr 330.5152 5
	320.177	II	0.7			331.987	II	0.7	Tb 331.918 3
	321.537		3	Mo 321.5189 5					Nb 331.9584 3
				Dy 321.5189 1					Dy 331.9887 5
				W 321.526 5~7		332.902		0.5	Sm 332.8667 7
				Nb 321.5595 0.1					Mo 332.9215 0.3
	321.667		2	Cr 321.656 1		333.101		3	Y 333.0880 5
				Dy 321.663 0.5					Mo 333.090 10
				Th 321.6625 0.7					Sc 333.107 0.1
				Y 321.6682 0.05		333.720	II	0.7	
				Ta 321.6923 5		333.876		0.7	Rh 333.8545 3
	322.142	II	1~2	Th 322.1293 10					Tb 333.900 3
				Ta 322.1315 10		334.046		7	Ti 334.0344 0.02
	323.057		5	Er 323.0585 0.01					Mo 334.0508 210
				Mn 323.0712 7					Zr 334.0555 3
	323.336	II	2	Mo 323.3140 2					Fe 334.0566 100
	323.562		1	Tm 323.545 0.1		334.356	II	0.7	Th 334.3614 10
				Mo 323.5385 7		334.446	II	3	La 334.4560 0.1
	325.739	II	0.5	Th 325.7162 10		335.046	II	1	Dy 335.066 5
				Fe 325.7594 100		335.208	II	2	Sc 335.2048 3

元素	分析线 λ/nm	激发电位 E_i/eV	检出限 w/%	干扰元素及干扰限 w/%	元素	分析线 λ/nm	激发电位 E_i/eV	检出限 w/%	干扰元素及干扰限 w/%
				Hf 335.2055 1		342.919 II		0.5	
				Ti 335.2071 7		343.209 II		2	Mo 343.2232 10
	335.790 II		0.7			345.313		0.2	La 345.3168 0.7~1
	337.086 II		2	Os 337.0588 7		345.600 II		0.01	
				Nb 337.0611 5		346.196 II		0.5	Rh 346.2040 1
				Fe 337.0786 200					Tm 346.220 0.01
	337.416 II		1	Nb 337.4090 2		346.940		3	Ni 346.9486 7
				Er 337.4170 0.2					V 346.9525 1
				Ti 337.4352 7		347.225		3	Cr 347.207 5
				Tb 337.441 5		347.425 II		0.07~0.1	Co 347.4022 0.07
	338.955		2	Nd 338.9325 0.2					Mn 347.4133 0.2
				Er 338.9599 1		347.805		0.7	V 347.7516 1
				Hf 338.9833 1		348.473		0.07~0.1	Nb 348.4627 2
	339.075 II		1	Tb 339.060 3		348.959 II		1~2	Co 348.9379 0.05
				V 339.0765 7		349.477 II		0.2	
				Ni 339.105 1~2		349.908		0.7	Rh 349.8732 10
	339.898 II		0.03						Sc 349.8912 2~3
	340.057		1	Tb 340.053 2~3					Ru 349.8942 0.1
	340.159		1	Fe 340.1521 90	Ho				Er 349.9104 0.01
				Er 340.1830 2		350.835		2	Mo 350.8115 7
	340.217		3	Fe 340.2262 150					Er 350.8395 1
Ho				Cr 340.2399 5		350.935 II		3~5	Tb 350.917 0.01
				Tb 340.2422 1					Ru 350.9201 0.05
				Ti 340.2422 3~5					Zr 350.9323 ≥10
	341.025 II		0.5	Hf 341.0171 0.5		351.558 II		0.2	Nb 351.5422 2
				Zr 341.0248 1		351.965		0.5	Ni 351.9766 5
				Tb 341.040 2		354.597		1	V 354.519 0.1
				Mo 341.062 3		355.678 II		0.5	Zr 355.6597 0.1
	341.286		10	Co 341.2633 0.05					V 355.6801 0.05
	341.426		1	Ta 341.414 3~5					Fe 355.6883 150
				Mo 341.4422 7		357.478 II		0.7	Co 357.4964 0.03
				Ni 341.4765 0.1		359.877 II		1	Ti 359.8716 2
	341.492		0.5	Ta 341.4220 5		361.333 II		3	Zr 361.3100 3
				Ni 341.4765 0.1		362.670 II		2	Rh 362.6590 3
				Dy 341.4830 7		362.718		1	Mo 362.735 5
	341.646		0.07~0.1	Tb 341.624 3~5		363.832 II		2	Fe 363.8298 80
				Er 341.645 1		367.477 II		1	Zr 367.4718 1
	342.535 II		0.3	Dy 342.506 3		368.516 II		0.5	Ti 368.5195 0.0005
				Tm 342.508 0.07		230.6879 I	5.37	5	
				Nb 342.5424 0.5		271.0265 I	4.84	1	
	342.676		3	Nb 342.6571 0.5		275.3878 I	4.50	2	Pt 275.386 7
	342.813 II		0.3~0.5	Fe 342.8197 50	In	288.995 II	12.10	3	
				Ru 342.8309 3		293.2624 I	4.49	1	V 293.2323 3
				Hf 342.8366 3					Th 293.252 1
				Er 342.8394 1					Nb 293.2662 10

第二篇

元素	分析线 λ/nm	激发电位 E_i/eV	检出限 w/%	干扰元素及干扰限 w/%		
In	294.1050 II		2	Ta	293.2695	≥10
				Cr	293.2705	5
				Mo	294.098	0.01
	303.936 I	4.08	0.01	Mo	303.9058	7
				Nb	303.9815	1
				C	303.906	0.05
	325.6090 I	4.08	0.005	Fe	325.5890	100
				Mn	325.6137	5
				Mo	325.621	7
				Dy	325.625	1
				Th	325.627	7
	325.8564 I	4.08	0.02	Ho	325.847	1
				Fe	325.8773	150
Ir	224.268 II		7			
	236.804 II		≥10	Pd	236.796	1
	239.8746		≥10			
	243.1938 I	5.60	7	Co	243.2214	1
				Fe	243.2267	70
				B	243.229	≥10
	263.9712 I	4.70	3~5	Fe	263.9553	100
				Mn	263.9835	3
	267.6828 I		5	Hf	267.663	≥10
	269.4223 I	4.95	7	Zr	269.4060	≥10
				Mn	269.4093	7
	269.5930 I		7~10			
	272.4796		7	Mn	272.4449	1
	277.497		7	Tm	277.499	0.01
	282.445 I	4.74	10			
	283.324 II		5			
	284.973 I	4.35	10			
	293.4638 I	5.10	5			
	296.7004		5	Fe	296.6900	600
	304.2646 II		7	Pt	304.264	0.5
	306.8890 I		3			
	313.3321 I	4.74	5			
	318.0174 I		5	Th	318.0199	1
				Fe	318.0226	300
				Nb	318.0290	0.03
	322.0780 I	4.20	0.7~1	Hf	322.0606	1~2
				Er	322.0730	0.07
	332.6403		5	Dy	332.642	3
				W	332.6130	5
				Os	332.6786	2~3
				Ti	332.677	0.1

元素	分析线 λ/nm	激发电位 E_i/eV	检出限 w/%	干扰元素及干扰限 w/%		
Ir	357.3724 I	4.35	0.1	Zr	332.6414	5
				Dy	357.3838	1
	360.583		10	Mo	357.3882	7
	365.319		7			
K	344.6722 I	3.60	>10	Ta	344.6910	3
	344.7701 I	3.60	>10			
La	229.777 III	5.59	2			
	237.938 III	5.21	3			
	261.0335 II	5.66	1	Mn	261.0200	0.5
	265.171		5~7	Fe	265.1706	60
				Ge	265.1575	1
	269.5458 II		7~10			
	280.839 II	5.66	1			
	288.5141 II	6.94	0.7~1	Th	288.5045	2
				Mn	288.5125	≥10
	289.3071 II	7.04	2			
	295.0492 II	7.73	2~3	Fe	295.0243	300
				Er	295.007	5~7
				V	295.0348	1
				Hf	295.0679	5~7
	310.4589 II	4.00	1			
	314.2763 II	4.12	3	V	314.2475	0.1
				Mo	314.2750	7
				Th	314.2839	5
				Fe	314.2883	70
				Ta	314.2955	7~10
	317.1668 III	5.59	0.1			
	319.302 II	4.12	5			
	324.513 II	4.00	0.2	Tb	324.517	5~7
	324.935 II	3.99	0.5	Er	324.9344	1
	326.567 II	4.12	0.1	Fe	326.5619	300
	330.311 II	3.99	0.1	Zn	330.2941	0.5
				Nb	330.3320	5
	333.7488 II	4.12	0.2	Cu	333.7844	5~7
				Er	333.725	3
	334.456 II	3.94	0.07~0.1	Ho	334.446	3
	337.633 II	4.00	0.5~0.7			
	338.091 II	3.99	0.05~0.07	Ni	338.071	0.5
				Nb	338.094	1
				Er	338.108	0.7
	345.218 II	3.77	5			
	345.3168 II	4.00	1	Ho	345.313	0.2
				Co	345.3505	0.003

元素	分析线 λ/nm		激发电位 E_i/eV	检出限 w/%	干扰元素及干扰限 w/%			元素	分析线 λ/nm		激发电位 E_i/eV	检出限 w/%	干扰元素及干扰限 w/%		
La	350.9989	II		5~7	Ni	351.0338	0.7	Lu	284.751	II	5.81	0.1	V	284.7572	2
	351.2917	II	3.77	7	Co	351.2641	0.1						Hg	284.767	7
					Dy	351.2563	2		289.484	II	6.04	0.007	Fe	289.4505	150
	351.714	III	5.21	0.1									Fe	289.4778	80
	360.923	II		7									Ho	289.499	0.7
	361.2334	II	3.77	3					290.030	II	5.81	0.01	Ta	290.0263	10
	362.8822	II	3.54	0.7									Mn	290.055	2~3
	363.7148	II	4.12	3	Nd	363.6990	2						Mo	290.0795	5
	364.1656	II		5	Tb	364.1099	7		291.139	II	6.02	0.005	Er	291.1417	7
					Nd	364.1502	1						Nb	291.1745	0.5
	364.5414	II	3.40	0.1~0.2	Tb	364.538	3		295.169	II	6.35	0.5	Ta	295.1918	10
					Sc	364.5311	0.01		295.578	II		7			
					Dy	364.5416	0.01		296.332	II	5.64	0.01	Ta	296.3322	7~10
	365.0174	II	3.39	0.7	Mo	365.0046	3		296.982	II	5.63	0.07~0.1	Fe	296.9477	60
					Mg	365.0146	1		298.927	I	4.15	7	Bi	298.9029	1
					Fe	365.0280	50						Os	298.9127	0.5
	366.2073	II	3.51	1	Ti	366.2237	0.05						Cr	298.9194	0.1
					Cr	366.2161	0.7						Ta	298.9497	≥10
	370.5818	II	4.12	0.1					305.672	II	5.81	0.02	Ce	305.6334	7~10
Li	323.261	I	3.38	≥10	Ti	323.2280	0.07						Ta	305.6615	5
					V	323.2953	5						Ti	305.6740	3
Lu	239.218	II	7.31	2~3									Tb	305.6740	3
	248.172	II	9.00	5					305.790	II	4.83	0.01	Mo	305.788	10
	257.123	II		3~5	Sn	257.1592	0.5		307.760	II	5.57	0.005	Mo	307.7661	1
					Hf	257.1670	1						Os	307.7720	5
					Zr	257.1391	0.7						Cr	307.7880	5
	257.879	II		0.7~1					308.147	I	4.27	5	Mo	308.165	3
	260.339			0.1					311.843	I		7~10	Ho	311.851	0.5
	261.340	II	6.20	0.7									Os	311.8328	10
	261.542	II	4.74	0.005									V	311.8383	0.02
	261.926	II	6.19	1	Fe	261.9076	150						Cr	311.8652	0.05
	265.780	II	6.20	0.3	Hf	265.750	7						Fe	311.8434	80
					Hf	265.7837	7		317.136	I		5	Fe	317.1353	0.3
	270.171	II	6.35	0.03~0.05	Mo	270.1873	1		319.180	II	7.90	1~2	Nb	319.1427	0.3
					Mo	270.1700	0.3						Fe	319.1659	150
	275.417	II	6.04	0.05	Nb	275.4522	10		319.812	II	5.63	0.5	Tb	319.8013	0.5
					Ge	275.4592	0.5		325.431	II	5.57	0.01	Nb	325.4076	0.5
	277.258	III	5.54	0.5									Ti	325.4250	0.01
	279.664	II	6.58	0.5	Ta	279.6339	10						Fe	325.4363	150
					Ta	279.6565	10						Co	325.4206	2
					Os	279.6727	5		327.897	I	3.78	5	Tb	327.804	
	283.435	II		5	Mo	283.4394	7						Fe	327.8734	60
					Nb	283.4116	5						Mo	327.8881	0.7~1
	283.484	II	6.04	0.5									Ti	327.8922	0.05

元素	分析线 λ/nm	激发电位 E_i/eV	检出限 w/%	干扰元素及干扰限 w/%	
				Ho 327.926	1
	328.174 I	4.02	0.7~1	V 328.1754	7
	331.211 I	3.74	0.5	Sc 331.1708	0.3
				Cr 331.1925	1
	335.956 I	3.94	0.3~0.5	Dy 335.9478	5
				Sc 335.9679	0.1
				Os 335.9749	7~10
Lu	337.650 I	3.67	1		
	339.705 II	5.11	0.005	Bi 339.7213	5
	347.249 II	5.11	0.007	Hf 347.2405	5~7
				Ni 347.2545	2
	350.739 II	3.53	0.01	Rh 350.7316	1
	350.842 I	3.78	3	Fe 350.8485	20
	355.443 II	5.63	0.003		
	356.784 I	3.47	1	Sc 356.7707	0.007
	362.399 II	5.57	1	Hf 362.400	7
	277.6690 I	7.18	0.5		
	277.8288 I	7.18	1	Fe 277.8221	80
	277.9834 I	7.18	0.02	Mo 278.0036	7
	278.1417 I	7.18	0.7	V 278.1454	10
	278.2974 I	7.18	0.7		
	279.0787 II	8.86	0.01		
	279.553 II	4.43	0.01		
	279.806 II	8.86	0.007		
	280.2695 II	4.42	0.002	Ti 280.2500	7
				V 280.2523	5
Mg				Mn 280.2800	1
				Co 280.2844	7
				Eu 280.286	1
	280.978		5~7		
	285.2129 I	4.34	0.007	Hf 285.2012	3
				Fe 285.213	80
				Ta 285.2355	10
				Zr 285.2967	≥10
	291.552		5		
	292.875 II	8.65	3		
	293.6895 I	6.92	0.3	Mo 293.681	2
				Fe 293.6905	500
	245.2526 II	9.86	3		
	253.8047		10		
Mn	254.2495		7~10		
	255.6573 II		3~5		
	255.7537 II		7	Fe 255.7502	50
				Ta 255.7709	7
	255.8588 II		2		
	257.6104 II	4.81	0.007~0.01		
	257.891		10		
	258.2965 II	10.19	7~10		
	258.4533		10		
	258.8957		5		
	258.9708 II	8.85	3~5		
	259.0143		5		
	259.3729 II	4.77	0.01	Ta 259.3660	3
				Fe 259.3726	70
				Nb 259.3764	10
	259.5761 I	7.10	7~10	Ta 259.5586	10
	260.2720 II	10.50	5	Mo 260.2798	5
	260.3719 II		10	Ta 260.3573	1~2
	260.4356		≥10	Nb 260.4754	≥10
	260.5688 II	4.75	0.01~0.02	Co 260.5677	3
	261.0200 II	8.16	0.5	La 261.0335	1
	261.8143 II	8.15	0.5	Fe 261.8017	50
	263.2352 II	8.13	1	Ta 263.227	10
				Co 263.2239	1~2
				Fe 263.2236	60
Mn				Nb 263.2516	5
	263.8171 II	8.12	2	Nb 263.8130	2
	263.9835 II	8.75	5	Fe 263.9553	100
				Ir 263.9712	3~5
				Zr 264.0151	7
	265.0994 II	10.19	1	Nb 265.1112	3
				Be 265.0702	0.005
				Hf 265.1165	5
				Ta 265.1221	5
				Ge 265.1178	0.1
	265.2485 II	8.75	3	Al 265.2489	0.3
				Sb 265.2606	5
	265.5792		5	V 265.5676	10
				Ni 265.5907	10
	266.7005 II	8.72	3~5	Yb 266.697	3~5
	267.2586 II	8.34	2	Cr 267.2831	0.5
				Mo 267.2843	0.3
	267.3368 II	8.71	5	V 267.323	≥10
				Mo 267.3273	1
				Eu 267.3409	10
				Nb 267.3567	0.5
	267.4744		7	Rh 267.4441	7
	267.7246		≥10	Cr 267.7159	0.3

元素	分析线 λ/nm	激发电位 E_i/eV	检出限 w/%	干扰元素及干扰限 w/%	元素	分析线 λ/nm	激发电位 E_i/eV	检出限 w/%	干扰元素及干扰限 w/%
Mn	267.7846		7	Nb 267.7660　7	Mn	281.5018 II	8.75	3	
				V　267.7802　1		287.0083 II		2~3	V　286.9961　10
	268.1235 II	10.44	7			287.2914 I	6.47	5	
	268.5940 I	7.76	7	Mo 268.5790　10		287.9488 II		2	
	II	8.39				288.5125		≥10	Th 288.5045　2
	268.8246 II		2						La 288.5141　0.7~1
	269.1974		7	Nb 269.1773　0.1		288.6678 II		1	Tm 288.6159　≥10
	269.2447 I	7.74	5	Fe 269.2597　300		288.958 II		0.1	
				Mo 269.2013　7		289.1321		5	Th 289.1254　10
	269.4093		7	Ir　269.4233　3~5					Mo 289.1275　5
				Zr　269.406　≥10					Yb 289.138　0.3
	270.1700 II	8.00	1	Mo 270.1417　1					Tb 289.141　5
				W　270.1477　2					V　289.1647　0.07
				Lu　270.171　0.3		289.2392 II		1~2	V　289.2441　0.05
	270.5735 II	7.99	1	W　270.5572　10					Fe 289.2483　40
				Rh　270.5629　2		289.7427		7~10	Fe 289.7262　200
				Co　270.5848　7					Ho 289.736　7
	270.7530 II	7.99	7	Co　270.7505　10					Mo 289.7421　5
				Nb　270.7833　7~10		289.8693 II		2~3	Mo 289.8481　5
				V　270.7863　7					Cr　289.8536　0.1
	270.8451 II	7.99	1						Hf 289.8709　3
	270.9610		7	W　270.9577　≥10					As 289.871　7
				Ge　270.9626　0.5		290.0547 I	7.41	2~3	Lu 290.030　0.01
	271.0333 II		1~2	Mo 271.0194　7					Ta 290.0363　10
	271.1584 II	7.99	1						Nb 290.0675　10
	271.9300		2						Ta 290.0750　10
	272.4449 II	8.26	0.7~1	W　272.4627　3					Mo 290.0795　5
	272.8608 II	13.02	3~5	V　272.8640　5		290.722 I	7.40	3	
				Mo 272.8704　7		291.311		0.5	
	279.4817 I	4.44	0.7	Fe 279.5007　35		293.025 I	6.35	0.2	
				Co 279.4816　5		293.3063 II	5.41	0.1	
	279.8271 I	4.43	0.7	Mg 279.806　0.007		293.9304 II	5.40	0.01	Ta 293.928　≥10
	280.1064 I	4.43	0.7	Cr 280.0771　0.1					Ho 293.929　5
				Eu 280.0869　1		294.3132		5	Th 294.2862　3
				Mo 280.0771　10					Ti 294.313　3
				Sc 280.1312　0.3					Co 294.315　≥10
				Zn 280.1869　7		294.9205 II	5.37	0.005~0.01	Th 294.9096　5~7
				C　280.131					V　294.9168　0.7
	280.2800		0.7~1	Mg 280.2695　0.002		295.1160		3~5	Nb 295.0878　0.03
				Co 280.2844　7					Tb 295.1264　1
				V　280.2523　5		296.361 I	6.33	1	Zr 303.0918　≥10
				Ti　280.2500　7					Sc 303.0769　0.1
				Eu　280.286　1					Hf 303.116　0.7~1
	281.2845 I	6.59	3	Mo 281.2585　10					Fe 303.1215　150

续表

元素	分析线 λ/nm	激发电位 E_i/eV	检出限 w/%	干扰元素及干扰限 w/%		
Mn	303.5365		3~5	Th	303.5113	7
				Mo	303.4925	7
				Nb	303.495	2
	303.8503		5	Dy	303.8291	2
	304.0603 I	7.22	7	Fe	304.0428	400
				Cr	304.0846	0.05
				Os	304.0900	3
	304.3356 I	7.22	10	Dy	304.3144	7
				Mo	304.3447	7
	304.7035 I	7.21	5			
	304.8864 I	7.21	≥10	Ta	304.8864	10
				V	304.8892	5
	305.4362 I	6.19	10	Ni	305.4316	1
				Er	305.442	1
	321.2884 I	5.97	1~2	V	321.2434	3~5
				Dy	321.2648	7
	322.8090 I	5.95	0.7~1	Mo	322.8215	
				Fe	322.8254	80
	323.0719 I	5.97	7	Ho	323.057	5
				Er	323.0585	0.01
				Au	323.0636	
				Th	323.0869	10
				Fe	323.0967	200
	323.6778 I	5.97	1~2	Zr	323.6578	10
				Ti	323.6573	0.0007
				Dy	323.663	3~5
				Tm	323.6797	0.3
	324.3780 I	5.98	5	Fe	324.3724	60
				Dy	324.378	5
				Co	324.3840	2
	324.7542		3	Cu	324.7540	0.002
	324.8519 I	5.98	3	Ti	324.860	0.003
				Nb	324.7974	1
	325.6137 I	5.97	5	Fe	325.5890	100
				In	325.6090	0.005
				Mo	325.6210	7
				Dy	325.625	1
				Th	325.6273	7
	325.8413 I	5.98	10	Ho	325.847	1
				In	325.856	0.02
				Tm	325.862	0.5
				Mo	325.8687	5
				Fe	325.8773	150
	343.8974 II	4.78	0.7			
Mn	344.1988 II	5.37	0.5	Dy	344.1453	7~10
				Tm	344.151	0.1
	346.0328 II	5.39	1	Tb	346.038	3
				Re	346.047	0.1
	347.4044 II	5.37	1	Co	347.4022	0.1
				Nb	347.3934	5
				Ho	347.425	0.1
	348.2909 II	5.39	1~2	Nb	348.2951	5
				Tb	348.304	7
	348.8680 II	5.40	2	Nb	348.8832	3
	349.5839 II	5.40	5	Co	349.5687	0.2
				Hf	349.5748	3~5
	349.6807 II		7	Er	349.6860	1
				V	349.7050	3
	353.1848 I	5.79	1	Dy	353.1712	0.003
				Ho	353.174	5
	354.7802 I	5.79	0.7~1			
	357.0100		0.5	Fe	357.0097	300
	357.7880 I	5.57	3			
	360.8494 I	5.59	10			
	361.0299 I	5.61	7~10	Ti	361.0156	3~5
				Cd	361.0510	0.1
				Fe	361.0162	90
				Ni	361.0462	1
Mo	260.2798 II	7.80	5	W	260.2512	10
				Mn	260.2720	5
	263.6670 II	6.19	2			
	263.8758 II	6.23	0.5	Hf	263.8710	0.7~1
				Eu	263.8768	7
	264.115		7	Ti	264.1099	7
				Eu	264.126	7
				Hf	264.1406	0.1
	264.4353 II	7.80	0.7	Fe	264.4000	150
				Ti	264.4264	10
				V	264.4355	10
				Ta	264.4598	5
	264.6488 II	6.22	1	Nb	264.6258	1
				Ta	264.677	10
	265.3349 II	6.26	0.7	Ta	265.3274	5
				W	265.3567	10
				Cr	265.3586	0.3
				Co	265.3703	3
	266.0579 II	6.15	0.5~0.7			
	267.1834 II	6.55	1	Cr	267.1809	0.5

续表

左半部分

元素	分析线 λ/nm	激发电位 E_i/eV	检出限 w/%	干扰元素及干扰限 w/%		
Mo	267.2843 II	8.23	0.5	Nb	267.1931	1~2
				V	267.2004	1
				Mn	267.2586	2
				W	267.2669	≥10
				Cr	267.2831	0.5
	267.3273 II	7.42	1	Nb	267.3567	0.5
				Mn	267.3368	5
				Cr	267.3656	1~2
				V	267.323	≥10
	268.3231 II	7.84	0.5	Hf	268.3353	2
				Rh	268.3563	10
	268.4143 II	6.28	0.3	Rh	268.4214	10
	268.7993 II	6.14	0.5	V	268.7956	0.1
				Cr	268.804	3
	270.1417 II	6.08	1	Mn	270.1700	0.7
				Lu	270.171	0.3
	271.3093		5	V	271.3046	10
	271.7352 II	6.48	1	Nb	271.7329	≥10
	272.9683 II	6.08	3	Eu	272.939	10
	273.0197 II	7.82	5			
	273.7880 II		5			
	275.8506		7~10	Nb	275.878	5
				Zr	275.8813	7
	276.3620 II	6.36	5			
	276.9762 II	7.83	3	Cr	276.9915	5
				Sb	276.9939	1
	277.4392 II	6.41	5~7			
	277.5400 II	6.13	0.2	Co	277.5181	7~10
				Hf	277.75266	≥10
				Ni	277.5327	10
	278.4992 II	6.55	1	Ta	278.4967	7
				Th	278.4978	≥10
	280.7755 II	8.80	1			
	281.6154 II	6.06	0.01~0.02			
	281.7500		3~5	Ta	281.7101	5~7
	283.4394 II		5	Lu	283.435	5
	283.9164		1	Ir	283.916	10
	284.2151 II		2~3	Ti	284.1938	0.5
				Ni	284.2420	≥10
	284.2369		5	Nb	284.2648	3
	284.5647		7	Ho	284.560	0.005
				Nb	284.5802	0.7
	284.8232 II	5.95	0.05	Zr	284.8192	≥10
				Os	284.8241	≥10

右半部分

元素	分析线 λ/nm	激发电位 E_i/eV	检出限 w/%	干扰元素及干扰限 w/%		
Mo	285.0674		7	Ta	288.5491	5
	285.3229 II	7.70	0.1	Cr	285.3218	0.01
	286.3811 II	7.64	0.7	Fe	286.3864	100
				Ni	286.3700	5~7
	286.6693 II		1	Fe	286.6629	80
				Cr	286.6742	0.03
				Sc	286.671	2~3
	286.8316 II		7	Nb	286.8525	0.5
				Ho	286.782	3
	287.1508 II	5.86	0.1	Co	287.124	3
				Ta	287.1417	10
	287.2884 II	8.44	1			
	287.4847 II	8.46	3	Os	287.4955	≥10
	287.9047 II	8.07	1	Er	287.8913	7
				W	287.9047	5
	288.5736		7	Dy	288.550	10
				Fe	288.5928	70
	288.8153 II		1	U	288.826	1
				V	288.8246	1
	289.099 II	5.78	0.1	Ta	289.1038	10
				Ti	289.1066	7
	289.2812		2	V	289.2659	0.05
	289.4451 II	5.95	0.1	Fe	289.4505	50
	289.7421		5	Fe	289.7262	200
				Ho	289.736	7
				Mn	289.7427	7
	290.0795 II		5	Ta	290.001	≥10
				Lu	290.030	0.01
				Ta	290.0363	10
				Mn	290.055	2~3
				Nb	290.0675	10
				Ho	290.083	5
	290.306 II	7.55	0.5			
	290.5266 II		7~10	Zr	290.5226	≥10
				Os	290.5970	≥10
	290.7116 II		7			
	290.9116 II	5.72	0.7	Os	290.9061	0.5
				Ho	290.942	2
	291.1915 II	5.86	0.2	Nb	291.1745	0.5
	291.3808 II	8.45	2~3	Os	291.3844	≥10
	291.8828 II		5	Ta	291.896	7
				Zr	291.927	5
	292.3391 II	5.78	0.2			
	292.4318 II		2	V	292.4025	0.01~0.02

续表

元素	分析线 λ/nm	激发电位 E_i/eV	检出限 w/%	干扰元素及干扰限 w/%		
Mo	292.5405		2	Ta	292.5265	10
	292.622		3	Fe	292.6587	400
	292.7539 Ⅱ		2	Nb	292.7810	0.05
	293.0064 Ⅱ		7	Pt	292.9794	5
	293.0503 Ⅱ	5.72	0.3	Co	293.043	10
				V	293.0806	0.07
				Cr	293.0853	5
	293.4299 Ⅱ	7.82	0.5	V	293.4401	2
				Cr	293.4493	5
				Er	293.4517	7
				Dy	293.4529	3
	294.1222 Ⅱ		2	V	294.1369	0.07
	294.4821 Ⅱ	8.56	1	Fe	294.4398	600
				Ho	294.450	7~10
				V	294.4571	0.5
	294.6009 Ⅰ		2	Nb	294.5882	1
				Y	294.595	0.5
	294.6690 Ⅱ		1	Er	294.6615	5
				Nb	294.6898	3
	294.7285 Ⅱ		2	Fe	294.7658	100
				V	294.6981	0.7
	295.6902 Ⅱ		3	Ta	295.684	7
	296.1320		5	Cu	296.1165	0.5
				Fe	296.1281	40
	296.3794 Ⅱ		5	Ta	296.3910	10
	297.1906 Ⅱ		5	Cr	297.1906	0.05
	297.2614 Ⅱ	6.27	1	Nb	297.2572	0.2
	297.5404 Ⅱ		2	Ta	297.5558	10
				V	297.5652	5
				Er	297.5679	2
				Dy	297.582	7~10
	297.7270		10	Pr	297.6975	5
	297.7765		7	Hf	297.7595	7
				Nb	297.7681	1
	297.8609		5	Th	297.864	0.7
				Ta	297.8754	10
	298.6162 Ⅱ	7.87	3~5			
	298.6912		7	Ta	298.6807	7
	298.7920 Ⅰ		3~5	Si	298.7684	≥10
				Zr	298.7799	10
				V	298.8021	1
				Th	298.8234	5
	299.2838 Ⅱ		2	V	299.2988	7
	299.3515 Ⅱ		5	Bi	299.3342	5

元素	分析线 λ/nm	激发电位 E_i/eV	检出限 w/%	干扰元素及干扰限 w/%		
Mo				W	299.3611	0.7
				Th	299.3803	1
	300.0232		5	Hf	300.0096	5
				Fe	300.0452	80
	301.3763 Ⅰ		2~3			
	301.855 Ⅱ	9.04	5	Hf	301.8314	≥10
				Cr	301.8496	0.3
	302.1617		7	Cr	302.1558	0.05
	302.3300 Ⅱ	8.49	2~3	Ti	302.2820	7~10
				Ho	302.314	2
	302.7771 Ⅱ		7	Pd	302.7910	2~3
				Zr	302.8040	5
				V	302.8043	5
	303.333		2~3			
	304.101		10	Cr	304.0846	0.05
				Os	304.0900	5
	304.929		5	Th	304.9095	5
				Ho	304.938	2
	305.2320 Ⅱ	7.37	7	Tb	305.218	5~7
				Dy	305.2324	7
				Ta	305.2534	7
	305.3289		3	Fe	305.3070	80
				Y	305.327	5
				V	305.3387	0.5
	306.0777 Ⅱ		7	V	306.0460	2
				Dy	306.0653	1~2
	306.4279 Ⅰ	6.12	5	Tb	306.409	5
				Ho	306.419	1
				Nb	306.4533	0.3
				Ni	306.4623	5~7
	306.7642 Ⅱ	7.80	5~7	Bi	306.7716	0.01
				Th	306.7734	2
	307.4374 Ⅰ	6.13	5	Ho	307.430	1
	307.7661 Ⅱ	8.41	1	Lu	307.766	0.005
				Os	307.7720	5
				Cr	307.7831	5
	308.2220		5~7	Al	308.2155	0.003
				Ta	308.236	10
				V	308.2523	5
				Co	308.2844	7
	308.5615 Ⅰ	6.10	7	Ta	308.5535	≥10
	308.7621 Ⅱ	7.38	0.2	Ta	308.776	5~7
	309.2074 Ⅱ	5.95	2	Hf	309.2245	7
	309.4664 Ⅰ	6.08	7	Nb	309.5183	0.007

元素	分析线 λ/nm	激发电位 E_i/eV	检出限 w/%	干扰元素及干扰限 w/%		元素	分析线 λ/nm	激发电位 E_i/eV	检出限 w/%	干扰元素及干扰限 w/%	
	309.7201		10	Nb 309.7122	2					Ti 315.5610	0.1
				Ti 309.7186	0.5					Zr 315.5671	7
				Ni 309.7118	1					Nb 315.5763	7
	309.7689		10	Th 309.776	1		315.8165 I	3.93	0.5	Ta 315.7955	10
	309.8465		10	Tm 309.859	7		317.0347 I	3.91	0.05	Ta 317.0289	≥10
	311.0644		3~5	Ti 311.0673	0.7					Dy 317.0289	7
				V 311.0706	0.01		317.2742 II	5.85	3	Pr 317.2314	7
	311.2124 I		7	Er 311.203	0.7					Tm 317.282	0.1
				Ti 311.205	3~5		317.5049 II	7.17	2	Sn 317.5019	0.03
				Th 311.235	1					Ho 317.486	0.5~0.7
	311.7545		2				317.633 II	8.07	2		
	312.1999		0.5	Er 312.189	7~10		318.7592 II	6.85	2~3	Dy 318.7676	7~10
				Tb 312.194	7					V 318.7708	0.05
				Dy 312.203	10					Ho 318.7743	1
	312.1999 II	7.28	5							Er 318.7785	3
	313.2594 I	3.96	0.07	Er 313.251	0.05		318.8403		10	V 318.8513	0.05
				Ta 313.2641	10					Fe 318.8571	100
				Sc 313.2729	1~2		319.3973 I	3.88	0.3	Hf 319.3526	1
				V 313.2745	0.03		320.5541		7	Fe 320.5400	200
	313.6412		3~5	V 313.6514	0.1		320.8834 I	3.87	0.5	V 320.8352	3
				Cr 313.6680	0.1					Fe 320.8275	80
				Co 313.6726	≥10					Nb 320.8585	5
Mo	313.8715 II		1~2	Er 313.849	3	Mo				Cr 320.8590	7
	313.9871		≥10	Tb 313.9640	3					Dy 320.881	5~7
				Hf 313.9653	5~7		321.4442 II	7.45	5	Zr 321.4189	1
				Th 313.9729	2					V 321.4750	2
	314.1730		3~5	Er 314.180	0.7		321.5073 I		5~7	V 321.4750	2
	314.2750		7	Dy 314.2302	7					Ti 321.4750	1
				Fe 314.2453	100					Dy 321.5189	1
				V 314.2475	0.1					Zr 321.519	10
				La 314.2762	3					W 321.526	5~7
				Ta 314.2955	7~10					Ho 321.537	3
	314.5286		≥10	Co 314.502	≥10		321.6068 II	7.95	2	Fe 321.5940	150
				Cr 314.5103	7~10		322.9710 II	7.55	2	Nb 322.9563	2
				Tb 314.522	3~5					Tb 323.003	2
				Dy 314.5222	3~5		323.7075 I		7	Dy 323.7098	0.7
				Hf 314.5319	5					Tm 323.6799	0.3
				V 314.5342	3		324.0713 II	5.95	1	Tm 324.0229	0.7
				Nb 314.540	0.1					Er 324.0484	3
	315.1630		3	V 315.1322	3		325.3510 II	7.96	2		
				Fe 315.1351	150		325.6210 I		7	Th 325.5273	5
				Tm 315.189	1					Fe 325.5890	100
				Dy 315.1893	5					In 325.6090	0.005
	315.2819 II	7.21	0.5	Nb 315.2782	5					Dy 325.625	1
	315.5644 II	7.52	1	V 315.5408	5					Mn 325.6137	5

元素	分析线 λ/nm	激发电位 E_i/eV	检出限 w/%	干扰元素及干扰限 w/%		元素	分析线 λ/nm	激发电位 E_i/eV	检出限 w/%	干扰元素及干扰限 w/%	
Mo	326.5139		7	Fe 326.5048	150					Fe 332.8867	100
	326.6887		5	Tm 326.663	1		332.9215 II	6.78	2	Tb 332.908	0.5
				Er 326.715	0.1					Ti 332.9456	0.01
	326.7639		7	Tm 326.741	0.7~1		333.090		10	Sn 333.0594	0.5
				Sb 326.7502	0.7~1					Ta 333.1007	3~5
				V 326.771	0.02		334.4746 I	5.09	5		
	327.1666 II	6.85	3~5	Ti 327.1652	5		334.6403 II	6.85	1	Ti 334.6728	0.7
	327.6336		3	V 327.6124	0.01					Nb 334.6750	5
	327.8881 II	7.37	7	Ti 327.8922	0.07		334.7018 I		3	Ti 334.6728	0.7
	327.9422		10	Tb 327.904	1					Nb 334.6956	5
				Ho 327.926	1		335.812 I	5.11	1	Nb 335.8417	0.5
				Zr 327.9265	0.07		336.3783		7		
				Er 327.932	0.3		336.7969	7.77	2	Dy 336.8116	2
				Ti 327.9922	0.05		336.9939		7	Tb 337.014	0.7
	328.5024 I		7	Zr 328.5150	5					Nb 337.0158	5
				Tb 328.504	0.1					Os 337.0202	≥10
	328.9015 II	7.37	5	Dy 328.934	1		338.0215		2	Ti 338.0280	0.01
				Yb 328.937	0.005					Ni 338.0574	0.5
				Ho 328.938	10		338.3981		7		
				V 328.9389	3		338.4616 I	5.13	5		
	329.0823 II	6.85	2	V 329.0238	10		339.1851		5		
				Cu 329.0544	7		340.2812 II	7.80	1	Th 340.2701	5
				Nd 329.0643	7	Mo	340.5937 I		3		
				Th 329.0823	0.7		342.2777		5	Dy 342.257	1~2
				Ho 329.096	2		343.540 II	7.37	5		
	329.2312 II	6.91	0.5	Nb 329.2020	7		343.7216 I		3	Ni 343.7280	2
				Fe 329.2023	125					Ta 343.7373	7
				Th 329.2518	3		344.6085 II		2	Ni 344.6263	0.3
	329.629		7	Nb 329.6012	7		344.7123 I	5.14	0.7	Ta 344.6910	7
				V 329.6052	≥10		344.9074 I		7	Co 344.9170	0.05
	331.294 II	7.32	7	Dy 331.2729	3		345.6387 I		7	Dy 345.6566	0.7
				Hf 331.2865	7		346.0784 I		7	Pd 346.0774	0.3
	331.3624 II	7.32	3	Sc 331.3539	0.1		350.4413 I	5.80	5	V 350.4439	2
				Th 331.3650	0.7					Dy 350.4522	2
				Er 331.3653	1		350.8115 I		7	Er 350.8395	1
	332.0902 II	6.85	2	Tb 332.115	0.7					Ho 350.835	3~5
				Sn 332.1184	10		352.4646 II	6.48	3	Ni 352.4541	0.02
				Th 332.081	5					Dy 352.461	0.1
	332.1196		10	Tb 332.115	5					V 352.4715	5
				Be 332.1343	0.01		353.7275 I		5		
				Th 332.1453	5		361.4253		3~5		
	332.3949 I		7	Tb 332.389	5		362.4464 I		5		
				Nb 332.3894	10		363.5429 I		1		
	332.8563		10	Hf 332.8213	5~7		365.9359		5		
				Nd 332.8270	5		368.1725		1		

续表

元素	分析线 λ/nm	激发电位 E_i/eV	检出限 w/%	干扰元素及干扰限 w/%
Mo	368.8307 II	6.48	0.1	
	369.2645 II	6.42	0.7	V 369.223 0.3
Na	330.2323 I	3.75	≥10	
	330.2988 I	3.75	≥10	
Nb	241.4211		5	Co 241.4063 0.5
	245.6996		1	
	249.973 III	8.24	1~2	
	251.1005 II		5~7	Ni 251.0873 3
				Co 251.1016 0.5
				Ho 251.112 7
	255.6936 II		7	
	258.0285		5	Co 258.0326 0.05
				Os 258.0026 3
	258.3986 II	6.02	0.7~1	Ta 258.4027 3
	259.0944 II		3~5	
	260.1291		3	
	263.2516		5	Co 263.2239 1~2
				Fe 263.2236 60
				Mn 263.2352 1
	263.8597		2	Hf 263.8710 0.7
				Mo 263.8758 0.5
	264.2238 II		0.7	Mo 264.2408 ≥10
	264.6258 II		1	Mo 264.6488 1
				Ti 264.6657 5~7
				Ta 264.677 10
	265.1122 II	6.02	3	Mn 265.0994 7
				Hf 265.0165 5
				Ge 265.1178 0.1
				Ta 265.1221 5
	267.1931 II	4.74	1~2	Cr 267.1809 0.5
				Mo 267.1834 10
				V 267.2004 1
	267.3567 II	6.55	0.5	Mo 267.3273 1
				Mn 267.3368 5
				Cr 267.3656 1~2
	267.5944 II	4.60	3	Ta 267.5901 2
				Au 267.595 0.05
	268.0057 II	5.60	5	Ta 268.006 7
	268.6391 II	6.91	1	Zr 268.628 7
	269.1773 II	4.62	2	Fe 269.1732 35
	269.7063 II	4.75	0.2	
	271.5344 II	6.58	3	V 261.5686 5
	271.6624 II	4.71	0.7	Fe 271.6218 150
				Eu 271.697 10

元素	分析线 λ/nm	激发电位 E_i/eV	检出限 w/%	干扰元素及干扰限 w/%
Nb	275.4522 II	4.55	10	Ge 275.4592 0.5
	275.878 II	5.84	5	Ni 275.8019 ≥10
				Mo 275.8506 7~10
				Zr 275.8813 7
	276.5279		7	
	276.8128 II	4.53	0.5	
	277.1654		5	V 277.1404 ≥10
				Th 277.1515 7
				Mo 277.1689 7
				Ta 277.1833 7
	278.0245 II	4.97	1	Mo 278.0036 0.5
				As 278.0197 0.5
	279.1740 II	5.66	3	Mo 279.1540 7
	279.3048 II	4.88	1~2	Er 279.3168 1
	279.7693 II	5.84	5	Ta 279.7760 3
				Th 279.7740 5
	281.0812 II	5.45	2	Ti 281.0302 1
				Ta 281.0916 10
	281.6677 II	6.09	7	
	282.7077 II	4.40	2	Tm 282.702 7
	284.1146 II	4.74	3	
	284.2648 II	4.69	1	
	284.4435		10	Ta 284.4463 3
				Zr 284.4579 5
	284.6285 II	4.65	3	Ti 284.6092 2
	286.1093 II	4.62	1	Hf 286.1012 1~2
				Cr 286.0934 0.07
				Os 286.0956 7~10
	286.8525 II	4.65	0.5	Mo 286.8316 7
				Ti 286.8742 7
	287.5392 II	4.69	0.3	Fe 287.5346 70
	287.6947 II	4.75	0.2	Fe 287.6802 100
	288.3178 II	4.74	0.05	
	288.8833 II	4.58	1	Ti 288.863 10
	289.7812 II	4.65	0.5	Bi 289.7975 5
	289.9239 II	4.71	0.7	Ta 289.9044 10
				Fe 289.9415 100
	290.8243 II	4.55	0.5	U 290.8275 1
	290.8979 II		3	
	291.0587 II	4.63	0.3	Ho 291.035 2
				Er 291.0357 0.05
	291.1745 II	4.58	0.5	Mo 291.1915 0.2
				Lu 291.139
	291.7052 II	5.58	5	Mo 291.7151 ≥10

续表

元素	分析线 λ/nm	激发电位 E_i/eV	检出限 w/%	干扰元素及干扰限 w/%			元素	分析线 λ/nm	激发电位 E_i/eV	检出限 w/%	干扰元素及干扰限 w/%		
Nb				Os	291.7258	0.3	Nb	306.4533 II	5.32	0.5	Th	306.3026	3
	292.7810 II	4.75	0.05								Tb	306.409	5
	293.1469 II		3	Ti	293.1261	5					Ho	306.419	1
	293.2562 II	5.57	10	Th	293.252	1					Mo	306.4279	5
				V	293.2624	3					Ni	306.4623	2
				In	293.2624	1					Pt	306.4712	0.2
				Ta	293.2695	≥10					Hf	306.4758	5
				Cr	293.2705	5		306.5264	5.39	0.3	Sc	306.5106	0.02
	294.1543 II	4.65	0.1	V	294.136	0.02					Pd	306.5306	1~2
				Ti	294.1369	0.07					Fe	306.5315	60
	294.6116 II		1	Y	294.595	2		306.9680 II		1			
	295.0878 II	4.71	0.02~0.03	La	295.0490	2~3		307.1178		3	Ti	307.1242	0.7
				Hf	295.0679	5					Ba	307.1591	10
	297.2572 II	5.58	0.2	Fe	297.2279	40		307.218		2			
				Mo	297.2614	1		307.427		3			
	297.4098 II	5.53	0.1	Sc	297.4006	0.1		308.035 II	5.37	1	Nd	308.0099	1
				Th	297.4013	7					Th	308.0221	5
				Tm	297.429	10		309.4183 II	4.52	0.007	V	309.4199	0.05
	297.7681 II	5.49	1	Hf	297.7595	7		312.589		7	Zn	312.592	0.01
				Mo	297.7765	7		312.7526 II	6.12	0.2	Th	312.715	10
	297.8943 II	6.31	5	Ta	297.8754	10					Ta	312.7765	3
	298.0717	5.68	2	Fe	298.0539	70		313.0786 II	4.40	0.01	Ta	313.0578	7~10
				Sc	298.0752	0.1					Ti	313.0800	0.1
	300.5767	6.27	5	Hf	300.5557	7		314.540 II	4.97	0.1	Cr	314.5103	7~10
				Yb	300.5765	0.5					Tb	314.522	3~5
	302.2739 II	6.26	2	V	302.2566	3					Dy	314.5222	3~5
				Ti	302.2820	7					Hf	314.5319	5
	302.4738 II	5.45	0.5	Cr	302.4350	0.5					V	314.5286	≥10
				Bi	302.4635	1		315.2159 II	6.54	1	Ti	315.2251	0.1
				Th	302.4669	≥10		316.3402 II	4.30	0.01~0.02			
				Hf	302.4603	7		317.320 II	5.74	2			
	302.8443 II	4.53	0.2	Zr	302.8040	5		317.5850 II	4.83	0.07	Th	317.5730	7
				Cr	302.8125	0.3		318.0290 II	4.88	0.07	Th	318.0199	1
				Er	302.8278	7					Ir	318.0174	5
	303.2768	5.41	0.2	Cr	303.2927	5					Fe	318.0226	300
	303.495 II	6.09	2	Mn	303.5365	3~5		318.4223 II	5.87	1	V	318.3982	0.07
				Th	303.5113	7		318.9282 II	6.05	0.7	Dy	318.9064	0.03
	303.9815 II	5.49	1	In	303.956	0.01					V	318.9078	0.03
	305.3637 I		5	Cr	305.3880	0.2					W	318.9236	7
				V	303.389	1					Os	318.9459	7
	305.5522 II	6.05	1	Fe	305.5263	150		319.1096 II	4.40	0.5	Ti	319.0874	0.002
				Hf	305.544	7					Ho	319.097	1
				Ce	305.559	5					Sc	319.1096	0.5
	306.3130		10	Ce	306.3010	1		319.1427 II	6.03	0.3	Fe	319.1659	150

第二篇

续表

元素	分析线 λ/nm	激发电位 E_i/eV	检出限 w/%	干扰元素及干扰限 w/%		
				Lu	319.179	1~2
	319.4977 II	4.21	0.03	Mo	319.5235	5
	320.3353 II	6.01	0.5	Y	320.3323	0.07
	320.6343 II	4.80	0.1	Ta	320.6386	≥10
				Dy	320.640	2
				W	320.6405	10
	320.8585		5	V	320.835	3
				Fe	320.8475	80
				Cr	320.8590	7
				Mo	320.8830	0.5
				Dy	320.871	5~7
	321.5595 II	4.30	0.1	W	321.526	5~7
				Mo	321.5189	5~7
				Dy	321.5189	1
				Ho	321.537	3
	322.3324 II	4.88	3	Th	322.3284	≥10
				Dy	322.329	3
				Er	322.3308	0.5
	322.548 II	4.14	0.05			
	322.9563 II	4.74	2	Ta	322.9236	10
				Mo	322.9710	2
Nb	323.6403 II	4.21	0.3	Ti	323.6573	0.0007
				Dy	323.663	3~5
				Mn	323.6778	1~2
	323.8024 II	5.17	5	V	323.7874	0.5
				Er	323.7979	0.7
				Th	323.8118	2
	324.7474 II	4.80	1	Cu	324.7540	0.002
				Mn	324.7542	3
	325.4067 II	4.14	0.5	Ti	325.4250	0.01
				Fe	325.4363	150
				Lu	325.431	0.01
	326.1695 II	6.09	0.5	Th	326.1544	≥10
				Tm	326.166	0.7
				Ti	326.161	0.001
	326.3366 II	6.41	0.5	Ta	326.3404	5
				Ti	326.3686	1
	327.3886 II	4.68	1	Cu	327.3962	0.005
				Sc	327.3619	0.03
				Hf	327.3655	10
	328.3463 I	5.76	0.5	Tm	328.340	0.5
				Rh	328.3573	5
	329.436 II	5.74	1~2			
	331.2600 I	4.01	3	Dy	331.2729	3

元素	分析线 λ/nm	激发电位 E_i/eV	检出限 w/%	干扰元素及干扰限 w/%		
				Sc	331.2736	0.5
	331.8984 I		5	Ta	331.8840	7
				Zr	331.9025	≥10
	331.9584 II	4.63	3	Tb	331.918	3
				Dy	331.9421	0.5
				Ho	332.024	0.7
	332.4660 II	6.17	5~7	Tb	332.440	0.03
				Fe	332.4537	80
				Th	332.4754	1
	332.6619 I		7	Dy	332.642	3
				Co	332.6564	5
				Ti	332.6765	0.1
				Zr	332.6414	5
	332.9619		7			
	334.1974 II	3.85	0.5	Ti	334.1875	0.007
				Dy	334.188	80
				Mo	334.691	1
	335.8417 I	4.04	0.5	Mo	335.812	1
				Cr	335.8501	0.1
				Hf	335.8303	10
	336.5584 II	4.71	1			
Nb	336.6956 II		5	Co	336.7109	0.5
				Mo	336.691	3
	337.4090		2	Tb	337.441	5
				Ho	337.426	1
				Er	337.4174	0.2
	337.4925 I		3~5	Zr	337.4726	3
				Mo	337.4768	3
				Tb	337.503	0.5
	338.6244 II	4.88	0.7			
	338.7928		10	Co	338.7173	7
				Ti	338.7877	0.01
				Zr	338.7872	3
	340.8678 II	4.41	0.5	Mo	340.8634	10
				Sm	340.8668	≥10
				Er	340.8678	2
				Cr	340.8756	0.05
	340.9188 II	4.33	2	Co	340.9177	0.1
				Th	340.9273	5
	342.0631 II	4.55	3	Tb	342.034	1
				Er	342.0183	2
	342.1162 II	5.03	10	Cr	342.1213	0.1
				Pd	342.124	0.05
	342.5424 II	4.99	0.5	Dy	342.505	3

续表

第二篇

元素	分析线 λ/nm	激发电位 E_i/eV	检出限 w/%	干扰元素	λ/nm	w/%
				Tm	342.505	7
				Ho	342.535	0.3
	343.2701 II	5.62	0.5	Tb	343.290	3
	345.397	4.93	2~3	Co	345.3505	0.003
				Tm	345.361	1
				Tb	345.406	0.3
				Yb	345.307	0.7
	347.8778 II	4.83	2	Yb	347.884	0.3
				Rh	347.8906	5
				Hf	347.8990	3
	347.9564 II	4.88	0.7	Zr	347.9392	3
				Hf	347.9285	1
	348.2951 II	6.57	5	Tb	348.280	7
				Mn	348.2909	1~2
	348.4049 II	4.32	5	Cr	348.415	0.5
	348.8832		3	Mn	348.8608	2
	351.0257 II	5.20	1	Ni	351.0338	0.7
	351.5423 II	4.80	2	Ho	351.558	0.2
	351.7671 II	5.53	2	Ce	351.7380	5
				Mo	351.7557	5
				Dy	351.758	2
Nb	353.5301 I	3.50	0.5	Ti	353.5412	0.7
				Hf	353.5545	0.7
	357.5848 I	3.55	1~2			
	361.9513 II	4.41	0.5	Ni	361.9392	0.1
	361.9727 II	5.40	0.5	Yb	361.9809	3
	368.7971 III	5.52	0.1	Gd	368.7759	7
				V	368.8069	0.1
	299.4734		5	Fe	299.4492	1~2
				Nb	299.4728	0.7
	308.0930 II		0.7~1	V	308.1004	1
	309.9515 II		1			
	313.3603 II		7~10			
	314.4839		5~7	Fe	314.4758	50
	315.6259		7			
	332.827 II		5			
	333.2174		10	Mg	333.2153	1
	333.5771		7	Fe	333.5768	100
	335.872		0.5	Gd	335.8628	
	336.1773		0.7	Cr	336.1770	0.5
	341.7528		7	Fe	341.7843	100
				Tb	341.772	2
	342.363		0.5~0.7			
	343.2985		7	Co	343.3040	0.1

元素	分析线 λ/nm	激发电位 E_i/eV	检出限 w/%	干扰元素	λ/nm	w/%
	343.897		5	Yb	343.884	2
	345.018		5	Fe	345.0330	80
	346.8420		5			
	348.1438		3~5	Cr	348.1303	0.5
	349.1364		7	Os	349.1495	2
	349.426		3~5			
	350.6028		7	Mo	350.5315	5
	351.2909		5			
Nd	354.9370		1			
	359.2595 II		7			
	360.1321		10			
	364.5626		1			
	365.4156		5			
	366.2263 II		7			
	366.4649		1			
	367.1449		3~5	V	367.1205	0.7
	367.1660		3~5	Ti	367.1673	0.5
	368.5804 II		7	Fe	368.6003	125
	231.6037 II	6.38	3~5			
	234.544 II		3			
	239.4516 III	6.85	3~5			
	240.517 II	8.75	7			
	241.305 II	6.99	7			
	241.6138 II	6.98	0.2	Rh	241.5841	5
	243.7888 II	6.76	7	Ag	243.7791	0.1
	247.315 II	6.87	5			
	250.584 II	8.55	7			
	251.0873 II	6.61	3	Rh	251.0655	3
				Fe	251.0836	50
				Nb	251.1005	5~7
				Co	251.1016	0.5
Ni	254.590 II	6.72	5	Fe	254.5979	100
	299.2595 I	4.17	7			
	300.2491 I	4.16	0.5			
	300.3629 I	4.24	1	V	300.3248	1
	301.2004 I	4.54		Hf	301.220	0.5
				Dy	301.230	7~10
	303.7935 I	4.11	1			
	305.0819 I	4.09	0.1	V	305.0730	7
				Tm	305.073	0.5
				Hf	305.0758	5~7
				Th	305.0989	≥10
	305.4316 I	4.17	1	Mn	305.4462	10
				Hf	305.452	10

元素	分析线 λ/nm	激发电位 E_i/eV	检出限 w/%	干扰元素及干扰限 (元素)	(λ/nm)	(w/%)	元素	分析线 λ/nm	激发电位 E_i/eV	检出限 w/%	干扰元素及干扰限 (元素)	(λ/nm)	(w/%)
	305.7638 I	4.27	0.7~1								Ho	341.492	7
	306.4623 I	4.16	5~7	Nb	306.4533	0.3		342.3711 I	3.34	1			
				Hf	306.468	5		343.3558 I	3.63	0.7	Cr	343.3311	0.1~0.2
				Pt	306.4712	0.5					Pd	343.3449	0.5
	308.0755 I	4.24	7	Hf	308.0845	1		343.7280 I	3.60	2	Mo	343.7216	3
				Dy	308.0927	10		344.6263 I	3.70	0.3	Co	344.6085	2
				Nd	308.0930	1		345.2890 I	3.69	1			
	308.7077 II	7.12	2	Tm	308.702	2		345.8474 I	3.80	0.1~0.2			
	309.7118 I	4.17	1	Tm	309.697	≥10		347.2545 I	3.67	2			
				Nb	309.7122	2		349.2956 I	3.65	0.1			
				Ti	309.7186	0.5		350.0852 I	3.70	5	Ba	350.1116	0.3
				Mo	309.7201	10		351.0338 I	3.74	0.7	Tb	351.010	5
	310.1554 I	4.11	0.7	Hf	310.1397	3					Nb	351.0251	1
	310.1879 I	4.42	1				Ni	351.5054 I	3.63	0.2	Tb	351.504	5
	311.4124 I	4.09	10	Pd	311.4040	1		352.4541 I	3.54	0.05~0.07	Dy	352.461	7
	313.4108 I	4.17	0.5	Tm	313.388	0.1					Mo	352.4646	3
				Ho	313.440	1					V	352.4715	5
				Fe	313.4111	125		356.6372 I	3.90	0.2	Tm	356.6474	0.1
	323.2963 I	3.84	3	Fe	323.3054	60		357.1869 I	3.63	5	Fe	357.1996	60
	323.4649 I	3.94	5					359.7705 I	3.65	5			
	324.3058 I	3.85	5~7	Mo	324.3203	7		361.0462 I	3.54	5			
Ni	331.5663 I	3.85	5					361.2741 I	3.70	7	Rh	361.2470	5
	332.0257 I	3.90	5~7	Ho	332.024	5					Dy	361.2563	2
				Th	332.0302	10					Co	361.2641	0.1
	332.2310 I	4.16	7~10	Fe	332.2477	80					La	361.2741	7
	336.1556 I	3.80	1	Tb	336.124	1		361.9392 I	3.85	0.1	Nb	361.9513	0.5
				Ti	336.1263	0.0005					Nb	361.9727	0.5
				Sc	336.1270	0.02		225.5847 II	5.49	7			
	336.6168 I	3.85	7					228.283 I		7			
	336.9573 I	3.67	0.2	Dy	336.927	7		233.680 II	5.75	5	Co	233.6241	5
				Fe	336.9549	200		236.735 II	5.72	5			
	337.1993 I	3.84	7	Dy	337.176	3		242.3071 II	6.09	5			
	337.422 I	3.69	10					248.8548 I	5.62	10			
	337.4642 I	3.69	7~10					258.0026 II	6.44	3	Nb	258.0285	5
	338.0574 I	4.09	0.3~0.5	Mo	338.0215	2					Co	258.0326	0.05
				Ti	338.0280	0.01	Os	250.9708 II		7	Rh	250.9697	≥10
				Sr	338.0711	0.5		268.9816 I	5.25	7			
	339.1050 I	3.65	1~2	Ho	339.075	1		279.6727 I	4.77	5	Ta	279.6339	10
	339.2992 I	3.67	0.5	Cr	339.2987	1~2					Lu	279.663	0.5
				Zr	339.3124	≥10					Mo	279.6777	7
	341.3478 I	3.80	10					283.8626 I	5.00	0.7~1	Ta	283.824	≥10
	341.4765 I	3.65	0.1	Zr	331.4661	7					Cr	283.8786	5
				Mo	341.4422	7					Er	283.8714	3~5

第二篇

元素	分析线 λ/nm	激发电位 E_i/eV	检出限 w/%	干扰元素及干扰限 w/%		
Os	286.0956 I	4.97	7~10	Nb	286.1093	1
				Hf	286.1012	1~2
				Zn	286.0934	0.07
	290.9061 I	4.26	0.5	Mo	290.9116	0.7
				Ho	290.942	2
	291.2334 I	4.77	5	Fe	291.2158	150
	291.9794 I	4.58	7	Ho	291.959	1
				Hf	291.9594	2
				Th	291.9842	≥10
	301.7247 I	5.19	≥10	Ti	301.719	0.01
	301.8039 I	4.11	2			
	303.0695 I	4.73	5	Sc	303.0769	0.1
				Zr	303.0918	≥10
	304.0900 I	4.42	3	Cr	304.0846	0.05
				Mo	304.101	10
				Mn	304.0603	7
	304.2739 II	5.49	1~2	Nb	304.250	5
				Pt	304.2637	2
				Fe	304.2665	200
	305.866 I	5.80	0.3~0.5	Fe	305.9086	100
	306.2192 I	4.56	≥10	Tm	306.206	10
				Dy	306.2190	1
				Co	306.2201	≥10
				Fe	306.2233	400
	306.6116 I	5.93	7			
	307.7720	5.39	5	Lu	307.760	0.005
				Mo	307.7661	1
				Cr	307.7831	5
	308.4596 I	5.67	10			
	310.9381 I	4.74	7~10	Hf	310.9117	1
				Th	310.9022	7~10
				Sc	310.9341	0.3
				V	310.9372	7
	311.8326 I	7.11	10	V	311.8383	0.03
				Ho	311.851	0.5
				Cr	311.8652	0.05
				Lu	311.843	7~10
	313.0002		7~10	V	313.0267	0.05
				Ce	313.0456	1
	315.6248 I	4.57	2			
	317.3928 II	4.88	3	Mo	317.4777	5
				Ho	317.379	0.3
	318.698 II	5.30	7~10	Fe	318.6741	300
				Th	318.7002	2

元素	分析线 λ/nm	激发电位 E_i/eV	检出限 w/%	干扰元素及干扰限 w/%		
Os	321.3312 II	5.49	1			
	323.2055 I	4.35	5	Sm	323.1938	10
				V	323.1950	7
				Er	323.2026	1
				Th	323.2123	2
				Ti	323.2280	0.07
	323.4196 I	5.67	≥10	Fe	323.3971	150
				Cr	323.406	3
				Ce	323.4161	7
				Ho	323.452	2
	326.2290 I	4.32	2	Hf	326.2474	7~10
	326.7200		3			
	326.7945 I	3.80	2	Sb	326.7502	0.7~1
				V	326.7702	0.02
				Mo	326.8193	7
	326.9209 I	4.50	10	Tm	326.900	0.5
				Dy	326.912	7
				Er	326.9411	0.5
				Ge	326.9494	1
	330.1559 I	3.76	0.3~0.5	Nb	330.1491	5
	339.7758 II		7	Mo	329.7688	7
	355.9786 I	4.57	5			
	356.0855 I	4.57	5	Ce	356.0798	5
				Yb	356.0727	0.5
				Co	356.0893	0.5
	360.4475 II	4.88	7	Sm	360.4276	5~7
P	253.399 I	7.22	10			
	253.561 I	7.22	3~5			
	255.325 I	7.18	3~5	Fe	255.3185	20
	255.490 I	7.18	5~7	W	255.5205	3
				Ta	255.4907	5
Pb	220.3505 II	7.37	≥10			
	247.6379 I	5.98	≥10	Pd	247.642	10
	261.3653 I	5.71	>10			
	261.4178 II	5.71	>10			
	266.3166 I	5.97	0.7~1	V	266.3248	5
				Co	266.3529	0.3
				Cr	266.3679	0.07
	280.2003 I	5.74	0.1	Ta	280.2071	7
	282.3189 I	5.70	7			
	283.3069 I	4.37	0.3			
	287.332 I	5.63	2			
	357.2734 I	6.12	0.1	Zr	357.2473	0.05
				V	357.2496	3

续表

元素	分析线 λ/nm	激发电位 E_i/eV	检出限 w/%	干扰元素		干扰限 w/%
Pb	363.9580 I	4.38	0.2~0.5	Sc	357.2523	0.003
	368.3471 I	4.34	0.2~0.5			
	373.9947 I	5.97	0.5			
Pd	240.8736 II	10.56	5	Co	240.875	5
	243.1777 II		10			
	244.6182 II	8.44	0.5			
	244.6714 II	10.17	3			
	246.9254 II	9.52	0.5			
	247.001 II	9.52	0.5			
	247.1152 II	9.02	0.5			
	247.2512 II	10.46	3			
	248.6528 II	8.34	1			
	248.8921 II	8.09	0.5	Ta	248.8696	3~5
	249.878 II	8.96	0.5	Co	249.883	5
	285.4581 II	8.34	1			
	302.7910 I	5.05	2~3	Mo	302.7771	7
				Zr	302.8040	5
				V	302.8043	5
				Cr	302.8125	0.3
	306.5306 I	5.00	1~2	Sc	306.5106	0.02
				Nb	306.5264	0.3
	311.4040 I	4.94	1	Ti	311.4092	≥10
				Ni	311.4124	10
	324.2703 I	7.06	0.05			
	325.1640 I	5.06	2	Sc	325.132	0.5
				V	325.1570	3
				Ti	325.1911	0.07
	330.2128 I	5.00	0.5	Ti	330.2096	≥10
				I	330.2432	
				Tm	330.245	0.1
	337.3001 I	4.64	0.5	Pt	337.2791	5
				Er	337.2750	0.005
				Ti	337.2800	0.0005
	340.4580 I	4.46	0.02	Fe	340.4359	50
				V	340.4832	2
				Zr	340.4832	3~5
	342.124 I	4.58	0.05	Nb	342.1162	10
				Cr	342.1212	0.1
	343.3449 I	5.06	0.5	Er	343.3131	7
				Cr	343.3311	0.5
				Ni	343.3558	0.7
	344.1396 I	5.05	0.3~0.5	Er	344.1135	5
				Dy	344.1453	7~10

元素	分析线 λ/nm	激发电位 E_i/eV	检出限 w/%	干扰元素		干扰限 w/%
Pd	346.0774 I	4.40	0.3	Tm	344.151	0.1
				Mo	346.0784	7
				Ho	346.095	7~10
				Re	346.0971	0.03
				Tb	346.100	5
	348.1152 I	4.81	0.1	Zr	348.1146	0.3
	348.9772 I	5.00	1	Ti	348.9739	≥10
				Ho	348.959	1
	351.694 I	4.49	0.07	Er	351.699	1
	355.3082 I	4.94	0.1			
	357.1155 II	4.72	0.3			
	360.9548 I	4.40	0.05			
	363.4695	4.23	0.03~0.05	Sm	363.4271	1
				Er	363.4679	0.7
				Nd	363.4871	2
	369.0341 I	4.81	0.3~0.5	V	369.0281	0.5
Pr	297.6975		5	Ta	297.6542	10
				Mo	297.7270	10
	298.052		3	Fe	298.0539	70
				Sc	298.0752	0.1
				Hf	298.0810	7~10
	299.707		7			
	300.0454		1			
	301.068		7	Ta	301.0844	5~7
	302.9393		7			
	308.027		7			
	309.8503		10	Tm	309.859	1
	312.1571 II		7~10	Ti	312.1599	7
	317.2314 II		7	Cr	317.2079	5
				Mo	317.2370	3
	334.1473		2	Nb	334.1600	1
	335.7692		7			
	364.5660 II		5	Fe	364.5825	80
	366.0375		1	Mn	366.0404	5
	366.8477		1			
	368.5265		3~5			
	368.7200 II		1			
Pt	224.5518 II	6.68	5			
	242.4869 II	7.07	2	Co	242.493	10
	265.9454 I	4.66	0.7	C	265.96	7
				V	265.9606	10
	270.2399 I	4.68	3~5			
	270.5894 I	4.68	3			
	271.3127 I	5.82	10			

元素	分析线 λ/nm	激发电位 E_i/eV	检出限 w/%	干扰元素及干扰限 w/%		
Pt	272.9915 I	5.35	5			
	273.3961 I	4.63	2			
	276.9837 I	5.29	≥10	Mo	276.976	0.01
	277.4779 II	7.55	0.7~1	Tm	277.478	0.05
	279.4208 II	6.68	0.5			
	282.2270 II	12.0	3			
	283.0295 I	4.38	2	Cr	283.0468	0.07
	292.9794 I	4.23	2			
	297.9806		10	Cr	297.974	0.005
	299.7967 I	4.23	1			
	300.1169 II	6.37	7	V	300.121	0.5
	304.2637 I	4.18	2	Ta	304.2439	3
				Tb	304.250	5
	306.4712 I	4.04	0.3~0.5	Nb	306.4533	0.3
				Ni	306.4623	5~7
				Hf	306.468	5
	330.1861 I	4.57	3~5	Er	330.193	5
	337.2791		5	Pd	337.2001	0.5
				Er	337.2750	0.005
				Ho	337.279	0.7~1
				Ti	337.2800	0.005
	348.5267 I	4.81	5~7	Er	348.5169	0.7
				Co	348.5366	0.7
				Mo	348.5483	7
				Fe	348.5342	50
Rb	334.872 I	3.71	>10			
	335.089 I	3.71	>10			
	346.1574 II	23.01	>10			
	353.1602 II	20.44	>10			
Re	227.462 I	5.44	2			
	250.235 II	7.55	2			
	255.463 II	7.39	5	Ta	255.462	2
	260.850 II	6.53	0.3	Mn	260.843	0.5
	273.156 II	6.87	2			
	273.304 II	6.67	0.3			
	275.364 II	6.87	7			
	281.995 I	5.84	5			
	345.188 I	3.59	10			
	346.047 I	3.58	0.1	Mn	346.0328	1
				Tb	346.038	3~5
	346.4722 I	3.57	1	Yb	346.437	0.5
				Sr	346.4487	0.02
				Er	346.4536	1

元素	分析线 λ/nm	激发电位 E_i/eV	检出限 w/%	干扰元素及干扰限 w/%		
Re	358.015 II	5.60	0.2			
Rh	233.477 II	7.40	7			
	241.5841 II	7.58	5	Ni	241.6138	3
	242.0979 II	7.67	7	Co	242.0762	0.5
	245.890 II	7.48	7			
	246.1036 II	7.32	7			
	249.0770 II	7.07	3			
	250.5104 II	7.40	5			
	251.0655 II	7.23	3	Ni	251.0873	3
				Fe	251.0836	50
	252.0533 II	7.00	2~3	Mn	252.0584	5~7
	260.917		5	Mo	260.922	0.3
	267.4441		7			
	270.5629 II	7.72	2	Mn	270.5731	5
				Co	270.5848	7~10
	271.5308 II	7.71	5	Nb	271.534	0.1
				W	271.534	7
	272.895 I	4.86	7~10			
	273.7400		1~2	Nb	273.7088	1
				Fe	273.7314	150
	276.654		≥10	Co	276.6221	7~10
				V	276.6455	5
				Cr	276.6540	0.007
	277.815 I	5.94	7	Cr	277.8060	3
				Fe	277.8221	80
	281.9626 I		7	Eu	282.077	2
	291.0171 II	7.40	3			
	328.055 I	3.96	5	Fe	328.0261	150
				Tb	328.0286	0.07
				Ag	328.0683	0.005
	328.3573 I	4.10	5	Tm	328.340	0.5
				Nb	328.3463	0.5
	332.3092 I	3.92	0.7~1	Ti	332.294	0.005
	337.2254 I	4.00	5	Sc	337.2151	0.005
				Tb	337.236	5
	339.685 I	3.64	0.7	Fe	339.6978	25
				Zr	339.6733	10
				Eu	339.658	5
	341.2274 I	5.62	7	Co	341.2339	0.05
	343.4893 I	3.60	0.05	Mo	343.4790	5
	346.2040 I	3.91	1	Tm	346.220	0.01
	347.066 I	4.00	1			
	347.4780 I	4.00	1			

续表

元素	分析线 λ/nm	激发电位 E_i/eV	检出限 w/%	干扰元素及干扰限 w/%		
Rh	347.8906 I	3.98	5	Nb	347.8778	2
				Yb	347.884	0.3
				Hf	347.8990	3
	350.2524 I	3.53	0.7	Co	350.2279	0.05
	350.7316 I	3.86	1	Lu	350.739	0.01
				Eu	350.7480	3
	352.8024 I	3.70	0.5	Ni	352.7982	7~10
	354.3948 I	4.20	2			
	359.6194 I	3.77	1~2	Ti	359.6052	2
				Ru	359.6179	5
				Tb	359.638	0.7
				Bi	359.6110	≥10
				Dy	359.6067	0.5
	359.7147 I	3.86	1			
	361.2470 I	3.87	5			
	362.6590 I	4.56	3	Tb	362.650	2
				Ta	362.6617	10
				Ho	362.670	2
	365.7987 I	3.57	0.5	Th	365.8069	1
				Ti	365.8100	0.7
	369.0704 I	3.76	1			
	369.2357 I	3.35	0.03			
	369.5525 I	5.34	2			
	370.0909 I	3.53	0.5			
Ru	240.2717 II	6.29	3			
	245.5530 II	6.31	3			
	245.6438 II	6.39	0.5			
	245.6568 II	6.31	0.5			
	264.8780 I	6.20	≥10	V	264.870	≥10
				Co	264.8635	1
	267.8758 II	5.76	3	V	267.8568	3
				Zr	267.8632	1~2
				Cr	267.8792	0.2
				Ta	267.8804	10
	269.212 II	5.86	3			
	282.2552 II	7.02	≥10	Cr	282.2371	0.07
				W	282.2572	7
				Hf	282.2677	3
	291.6255 I	4.40	7			
	291.852 II	8.62	10			
	292.7536 II	6.78	1			
	294.5668 II	6.61	0.7			
	296.555 II	6.72	1			

元素	分析线 λ/nm	激发电位 E_i/eV	检出限 w/%	干扰元素及干扰限 w/%		
Ru	298.8948 I	4.15	≥10	Cr	298.9194	0.1
				W	298.8885	≥10
				Bi	298.9029	1
				Sc	298.8952	0.005
	341.733 I	3.89	1			
	342.8309 I	3.61	3	Ho	342.813	0.5
				Er	342.8394	1
				Fe	342.8197	50
				Hf	342.8366	3
	343.6737 I	3.75	1~2	Nb	343.6962	3
				Er	343.6336	1
	349.8942 I	3.54	0.07~0.1	Sc	349.8912	2~3
				Ho	349.908	0.7
				Ti	349.9099	2~10
				Rh	349.8732	10
				Er	349.9104	0.01
	359.3022 I	3.79	5	Ho	359.313	3
	359.6179 I	3.70	5	Bi	359.6110	≥10
				Ti	359.6052	2
	366.1353 I	3.53	2			
	367.2383 I		10			
	372.693 I	3.47	7			
Sb	231.1469 I	5.36	10			
	252.8535 I	6.12	0.5	V	252.836	5
				Si	252.8516	0.01
				Co	252.8967	0.1
	254.384		7			
	255.462		≥10	Ta	255.462	5
	259.8062 I	5.98	0.1~0.2			
	261.2301 I	7.03	7			
	265.2606 I	6.95	5	Mn	265.2485	3
				Al	265.2489	0.3
	267.0643 I	5.69	5	Er	267.0255	3~5
	268.2762 I	6.90	7			
	269.2253 I	6.63	10			
	271.8893 I	6.84	5			
	276.9939 I	5.69	1	Mo	276.9762	3
				Cr	276.9915	5
	287.7915 I	5.36	0.7~1	Ta	287.7686	7
				V	287.7688	5
				Cr	287.7978	3
	302.9807 I	6.12	1	Ti	302.9730	0.5
				Dy	302.9826	3

元素	分析线 λ/nm	激发电位 E_i/eV	检出限 w/%	干扰元素及干扰限 w/%		元素	分析线 λ/nm	激发电位 E_i/eV	检出限 w/%	干扰元素及干扰限 w/%	
Sb	323.2499 I	6.12	1	Fe 303.0149	300		306.5106 II	7.49	0.02	Ta 305.2534	7
				Ti 323.2280	0.07					Cr 306.5067	≥10
				Os 323.2540	0.7					Nb 306.5264	0.3
	324.1280		2							Pd 306.5306	1~2
	326.7502 I	5.82	0.7~1	Tm 326.741	1		308.256 II		1	Ta 308.236	10
				Mo 326.7639	7					Dy 308.2515	10
				V 326.741	0.02					Co 308.2618	7
				Os 326.7945	2					V 308.2523	5
Sc	254.5204 II		0.1							Mo 308.2822	5
	255.238 II	4.88	0.01				309.242		7	Mo 309.2074	2
	255.5799 II		0.05	Ti 255.5987	5					Hf 309.2245	7
	256.0227 II	4.85	0.1	Fe 256.0272	80					Ta 309.2444	≥10
	268.4233 II		5	Fe 268.4071	15					Al 309.2713	0.005
	269.9104 III	7.75	0.05				310.7529 II		0.05	Mo 310.7549	5
	273.4089	7.70	0.1							Cr 310.7572	5
	278.2358 II		1				310.9341		0.3	Hf 310.9117	1
	278.9169 II		0.5							V 310.9372	7
	280.1312 II		0.3	W 280.1051	≥10					Th 310.9022	7~10
				Mn 280.1064	0.7					Os 310.9381	7~10
				Zn 280.1869	7		312.2542 II		1	Er 312.256	0.03
	281.9521 II		0.3	Er 281.9815	3					V 312.2895	0.5
	282.6664 II	7.87	0.1	Tm 282.644	10	Sc				Au 312.2781	0.1
				Ho 282.663	≥10		312.8286 II		0.1	Dy 312.8409	5
	286.671 II		3	Fe 286.6629	80					Mo 312.851	10
				Mo 286.6693	1		313.3096 II		0.05		
				Cr 286.6742	0.03		313.9729 II		0.01	Tb 313.964	3
Sc	291.303 II		1							Hf 313.9653	5~7
	297.4006 I		0.1	Nb 297.4098	0.1					V 313.9745	0.5
				Tm 297.429	10					Fe 313.9908	40
				V 297.4969	≥10					Co 313.994	3
	297.9683 II		5							Mo 313.9871	≥10
	298.0752 II		0.1	Nb 298.0717	5		319.1005 II		0.5	Ti 319.0874	0.002
				Pd 298.052	3					Nb 319.1096	0.5
	298.8952 I	4.17	0.005	Ru 298.8948	≥10					Ho 319.097	1
	301.5364 I		0.5	Tm 301.529	0.5		319.937 II		0.1	Ta 319.9225	10
				Dy 301.5074	10					Fe 319.9525	150
				Cr 301.5510	3					Ti 319.9975	0.05
	301.9350 I	4.13	0.3~0.5				325.132 II		0.5	Fe 325.1235	150
	303.0769 I		0.1	Mn 303.1063	1					Dy 325.126	0.5
				Zr 303.0918	≥10		325.5678 I		0.5		
	304.5714 II	7.47	0.1	Th 304.5568	10		326.9904 I	3.79	0.1		
				Mo 304.5719	≥10		327.3619 I	3.81	0.03	Mo 327.3582	≥10
	305.2929 II	7.48	0.1	Fe 305.3070	80					Hf 327.3655	10

元素	分析线 λ/nm	激发电位 E_i/eV	检出限 w/%	干扰元素及干扰限 w/%	元素	分析线 λ/nm	激发电位 E_i/eV	检出限 w/%	干扰元素及干扰限 w/%
Sc	331.1708 II		0.7	Th 327.3884 7 Nb 327.3886 1 Cr 331.1925 1 Lu 331.111 0.5	Sc	357.6340 II	3.47	0.003	Pb 357.2734 0.1 Mo 357.6174 2 Dy 357.6250 0.5
	331.3539 II		0.1	Mo 331.3624 3 Dy 331.331 5 Th 331.3650 0.7 Zr 331.3689 ≥10		358.0927 II	3.46	0.007	Fe 358.1195 600R
	331.7038 II		0.1	Fe 331.7121 80		361.3836 II	3.45	0.001~0.002	Tb 361.368 2 W 361.3790 5 Dy 361.4083 5
	332.0422 II		0.3	Ho 332.024 7		363.0740 II	3.42	0.002	Dy 363.020 0.7
	333.107 II		0.1	Mo 333.090 10 Ta 333.1007 3~5		364.2785 II	3.40	0.007~0.01	
	335.2048 II		3	Hf 335.2055 1		364.5311 II	3.42	0.01	La 364.5414 0.2 Dy 364.5416 0.01
	335.3734 II	4.01	0.005~0.007	Dy 335.3595 3		365.1798 II	3.40	0.01	Fe 365.1469 200
	335.9679 II	3.69	0.1	Lu 335.958 0.5		366.654 II		7	
	336.1270 II	3.68	0.02	Tb 336.124 1 Ti 336.1263 0.0005 Ni 336.1556 1		367.8342 II		0.5	
	336.3501 II		0.7	Mo 336.3783 7	Si	243.5159 I	5.87	0.05	
	336.8946 II	3.68	0.1			245.2136 I	5.08	0.5	
	337.2151 II	3.69	0.005	Rh 337.2254 5 Tb 337.236 5		250.6899 I	4.95	0.01~0.03	Co 250.6462 0.2
	337.8209 II		1	Cr 337.8337 1 Mo 337.8461 ≥10 Th 337.8579 5 Dy 337.843 10		251.4331 I	4.93	0.007	
	337.918 II		0.1	Hf 337.8928 ≥10 Nb 337.9300 10 Cr 337.9371 3		251.612 I	4.95	0.003	Mo 251.6109 2~3 Ti 251.600 10
	342.9483 I		3~5			251.921 I	4.93	0.01	
	343.5555 I		5			252.4118 I	4.92	0.01	
	349.8912 I		2~3	Er 349.9104 0.01 Rh 349.8732 10 Ru 349.8942 0.1 Ho 349.908 0.7		252.8516 I	4.93	0.01	V 252.8468 5 Sb 252.8535 0.5
	353.5729 II	3.82	0.01	Ti 353.5412 0.7 Tm 353.5520 0.5 Hf 353.5545 0.7		254.183 III	15.14	0.7	
	355.8538 II	3.49	0.01	Fe 355.8518 300		253.2378 I	6.80	1~2	
	356.7701 II	3.47	0.007			257.713 I	6.72	1	
	357.2523 II	3.49	0.005~0.007	Th 357.2399 ≥10 Zr 357.2473 0.05 W 357.2475 3 Mo 357.2592 3~5		263.1310 I	6.62	0.5	
						288.1578 I	5.08	0.03~0.05	Th 288.1147 ≥10
					Sm	287.845		3	Cr 287.845 0.05
						288.876		5	Cr 288.874 0.1 Ti 288.863 0.05 Ti 288.893 0.05
						323.9638 II	4.31	≥10	Fe 323.9436 300 Dy 323.959 7 Ti 323.966 0.07 V 323.9834 10
						324.717		5	
						326.939		5	
						330.6616 II	4.24	7	Zr 330.6278 1 Fe 330.6354 150
						332.1184 II	4.11	10	
						340.2463 II	4.02	7	Fe 340.2262 150 Tb 340.233 1

第二篇

元素	分析线 λ/nm		激发电位 E_i/eV	检出限 w/%	干扰元素及干扰限 w/%
					Cr　340.2399　5
					Ti　340.2422　5
					Zr　340.2523　7
Sm	356.8258	II	3.96	1	
	358.2683	II		7	
	359.2595	II	3.83	1	
	360.4276	II	3.93	5~7	
	360.9484	II	3.71	3	
	363.4271	II	3.59	7	
	367.0503	II	3.48	5	
	369.3996	II	3.35	7	
Sn	235.4845	I	5.47	1	
	236.8226	II		5	
	242.1693	I	6.18	0.1	
	242.9495	I	5.51	0.1	
	270.6510	I	4.78	0.01	
	276.1776	I	4.91	7	
	281.3582	I	5.47	3	
	283.9989	I	4.78	0.07	Ti　283.980　7
					Cr　284.0021　0.07
	285.0618	I	5.41	0.1	
	286.3327	I	4.32	0.1~0.2	Mo　286.3121　0.7
					Fe　286.3435　80
	300.9147	I	4.33	0.07~0.1	Fe　300.9092　60
	303.2775	I	6.21	1	
	303.4121	I	4.30	0.03~0.05	Th　303.4069　5
					Cr　303.4190　5
					V　303.4822　0.07
	317.5019	I	4.33	0.03	Ti　317.480　7
					Ho　317.486　0.5
					Mo　317.5049　2
	326.2328	I	4.87	0.05	Mo　326.2188　5~7
					Os　326.229　10
	328.351	II		0.1	
	333.0594	I	4.79	0.5~1	Mo　333.090　10
					Mn　333.067　0.7
	335.2435			0.1	
Sr	336.6333	I	5.53	3	Ni　336.6168　2
	338.0711	II	6.61	0.5	Ni　338.0574　0.5
					La　338.0910　0.05
					Nb　338.0938　1
	346.4457	II	6.62	0.02	Yb　346.437　0.5
					Er　346.4536　1
Sr	347.4887	II	6.61	0.7	Re　346.4722　1
					Rh　347.478　0.5
Ta	233.198	II		5	
	236.424	II		10	
	238.706	II	5.74	5	
	240.063	II		3	
	241.6892	II		5	
	243.2701	II	5.86	5	
	248.8397	I	6.36	5	Fe　248.8148　100
	250.1985			7~10	
	253.2125	II	5.22	5	Co　253.2175　7
	255.4907	II	5.40	5	P　255.493　5~7
					W　255.5205　3
	255.7709	I	6.30	7	Fe　255.7502　50
					Mn　255.7537　7
	257.737	I	5.30	2	
	258.4027	II		3	Nb　258.3986　0.7~1
					Ni　258.3995　10
	258.4691			10	
	259.3660	II	5.33	3	Fe　259.3726　70
					Mn　259.3729　0.01
					Nb　259.3764　10
	259.4247	II		5	
	259.5586	II	4.77	10	Mn　259.561　7~10
	259.6450	II	5.10	5	
	260.3573	II	5.53	1~2	Mn　260.3719　5
					Fe　260.9504　80
	260.7840	II		7	V　260.798　10
	263.379	II	6.96	10	Mo　263.3507　≥10
	263.5583	II		1~2	Ti　263.5633　≥10
					Hf　263.579　5~7
					Fe　263.5808　200
	264.4598	II	6.26	5	Ti　264.4264　10
					Mo　264.4353　0.7
					V　264.4355　10
	264.5100	I	6.29	≥10	
	264.677	I	5.37	10	Mo　264.6488　1
					Ni　264.7056　≥10
	265.1221	II	5.22	5	Mn　265.0994　7
					Nb　265.1112　3
					Hf　265.1165　5
					Ge　265.1275　0.1
	265.3274	I	4.91	5	Mo　265.3349　0.7

元素	分析线 λ/nm		激发电位 E_i/eV	检出限 w/%	干扰元素及干扰限 w/%	元素	分析线 λ/nm		激发电位 E_i/eV	检出限 w/%	干扰元素及干扰限 w/%
					W 265.3567 10		291.896	II	6.38	7	Mo 291.8828 5
					Cr 265.3586 0.3		293.2695	I	5.74	≥10	V 293.2323 3
	266.5935	II		7~10							Th 293.252 1
	267.449			≥10							In 293.2624 1
	267.5901	II	5.18	2	Nb 267.5944 3						Nb 293.2662 10
					Au 267.595 0.05						Cr 293.2705 5
	268.006	II	5.33	3	Nb 268.0075 5		293.3550	I	4.22	7	V 293.3835 ≥10
	268.0665	II		3~5							Cr 293.3970 3
	268.511	II	4.62	1	Hf 268.522 >10		294.0215	I	5.54	7	Mo 294.0101 7
	268.924	I		3	Cu 268.930 1						Hf 294.0772 5
	269.4759	I	5.35	3	Co 269.4680 0.7~1		295.1918	I	4.44	10	Lu 295.169 0.5
	270.280			7							Ti 295.2081 0.1
	270.9274	II	5.78	3~5	Fe 270.9056 100		295.299	II	5.40	5~7	Eu 295.268 5
	271.4674	I	4.56	7	Co 271.4418 1						Ho 295.311 0.7
	273.625	I	4.77	10			295.684	II	6.14	7	Mo 295.6902 3
	275.2489	II	4.83	3			296.3322	I	4.43	7~10	Mo 296.3794 5
	276.1676	II	4.62	3	Mo 276.1533 10		296.5133		4.18	1	Fe 296.5037 50
					Fe 276.1813 200		297.626	II	5.74	5~7	
					Er 276.1905 5		301.0844	II	4.76	5~7	Pd 301.068 7
	277.183		6.70	3			304.206	II	4.58	3	Fe 304.2022 100
	277.5877	I	4.46	10	V 277.577 7						V 304.2264 5
Ta	278.4967	II	5.15	3~5	Mo 278.4992 1	Ta					Pt 304.2627 2
	279.1370	II	5.10	5~7	Mo 279.1540 7		304.2439			7	
	279.7760	II	6.19	3	Nb 279.7693 5		305.2534	II		7	Mo 305.2320 7
					Th 279.7740 5						Dy 305.2324 7
					V 279.7795 5		305.6615	II	6.19	5	V 305.6334 5
	281.7101	I	5.61	5~7	Mo 281.7510 3~5						Ce 305.6334 7~10
	282.8579	II	8.26	5	Fe 282.8634 80						Lu 305.672 0.02
	284.351	II	6.61	7	Cr 284.3252 0.01						Ti 305.6740 3
					Fe 284.3632 100		308.2447			10	Mo 308.2220 5~7
	284.4463	II	4.48	3	Zr 284.4579 5						Al 308.2155 0.003
					Nb 284.46 10						V 308.2523 5
	285.0985	I	5.04	5	Mo 285.0674 7						Co 308.2844 7
	285.2355	II	6.60	10	Hf 285.2012 3		308.776	II	5.22	5~7	Mo 308.7621 0.2
					Mg 285.2129 0.007						Cr 308.7884 3~5
					Fe 285.213 80						Ti 308.8025 0.01
	286.741	II	6.55	7	Ho 286.7648 0.01~0.02		312.7765	II	5.17	3	Nb 312.7526 0.2
	287.7686	II	5.51	7	V 287.7688 5						Ti 312.7883 10
					Sb 287.7915 1		313.5893	II	5.16	7	
					Cr 287.7978 3		313.029	I		7~10	Ce 313.0344 1
	288.1232			7							Ho 313.038 1
	290.2046	I	5.92	7~10	Ti 290.194 ≥10						Be 313.0416 0.0001
	290.4074	I	5.58	10			314.2955	II	5.15	7~10	La 314.2762 3

第二篇

续表

元素	分析线 λ/nm	激发电位 E_i/eV	检出限 w/%	干扰元素及干扰限 w/%
Ta	327.4458		≥10	
	327.4947 Ⅱ	4.18	5	
	331.1162 Ⅰ	4.44	5	
	331.8840 Ⅰ	4.43	7	Nb 331.8984 5
				Zr 331.9025 ≥10
	333.1007 Ⅰ	5.24	3~5	Mo 333.090 10
				Sc 333.107 0.1
	333.2411 Ⅰ	4.86	7~10	
	337.9515 Ⅱ	4.18	7	
	339.8327 Ⅰ		7	
	343.0938 Ⅱ	4.01	3~5	Tm 343.020 1
	344.6916 Ⅱ	5.17	7	Dy 344.6001 0.5
				K 344.6722 >10
	357.3438 Ⅱ	4.93	7~10	Nd 357.3183 2
				V 357.3516 5
				Ir 357.3724 0.01
Tb	289.141		5	Ti 289.1066 3
				Th 289.1254 10
				Mo 289.1275 5
				Mn 289.1321 5
				Yb 289.138 0.3
				V 289.1642 0.07
	304.497 Ⅱ		5	
	305.324 Ⅱ		1	Fe 305.344 50
				V 305.389 1
	307.005 Ⅱ		1	
	307.260 Ⅱ		1	Er 307.252 0.1
				Hf 307.2877 5
				Dy 307.2920 10
	307.886 Ⅱ		0.3	Ti 307.8645 0.002
				Th 307.8832 1
	308.236 Ⅱ		0.5	Th 308.2176 7
				Mo 308.2220 5
				Al 308.2115 0.005
				V 308.2523 5
	308.958 Ⅱ		0.7	Ti 308.9401 0.07
				Co 308.9595 7
				Er 308.9686 10
	310.297 Ⅱ		2	Er 310.2686 10
				Ta 310.3351 ≥10
	311.362		5	Er 311.3536 0.5
				V 311.3567 1
	311.726		5	Mo 311.7545 2
	313.964 Ⅱ		3	Sc 313.964 3
Tb				Hf 313.9635 5~7
				V 313.9745 0.5
				Mo 313.9871 ≥10
	314.667 Ⅱ		3	V 314.6812 3
	314.821		3	Ti 314.8036 0.2
				Mo 314.8179 10
	317.466 Ⅱ		1	
	318.054 Ⅱ		1	
	319.956 Ⅱ		0.5	
	321.893 Ⅱ		0.3	
	321.995 Ⅱ		0.1	Fe 321.9810
	323.003 Ⅱ		2	Mo 322.9710 2
	323.106 Ⅱ		2	Ti 323.1315 1
				Fe 323.0967 200
	325.234 Ⅱ		0.5	Ti 325.1991 0.07
				Mo 325.233 7
	326.810		3	Os 326.7945 3
				V 326.7742 0.02
				Mo 326.893 7
	327.419 Ⅱ		7	Ti 327.5293 10
				Ta 327.4947 5
	328.028		0.3	Dy 328.010 1
				Fe 328.0261 150
				Hf 327.998 3
				Er 328.022 1
				Ti 327.9995 0.7
	328.140 Ⅱ		0.5	Mo 328.2909 7
				Ho 328.307 1
	328.504 Ⅱ		0.1	Mo 328.5024 7
				V 328.5024 5
				Zr 328.5024 5
	328.755 Ⅱ		3	Mo 328.7202 5
				Ti 328.2655 0.01
	329.307 Ⅱ		0.1	
	329.866 Ⅱ		3	
	330.780		1	
	332.115 Ⅱ		0.7	Ho 332.111 2
				Sm 332.1184 10
				Mo 332.0902 2
				Th 332.1453 5
				Be 332.1343 0.0005
	332.440 Ⅱ		0.03	Fe 332.4537 80
				Nb 332.4660 5~7
	332.908 Ⅱ		0.5	Mo 332.925 2

续表

元素	分析线 λ/nm	激发电位 E_i/eV	检出限 w/%	干扰元素及干扰限 w/%
Tb				Fe 332.8867
	334.942 II		0.1	Ti 334.9406 0.0005
				Nb 334.9348 5
	336.124		1	C 336.109
				Sc 336.1270 0.02
				Tm 336.1213 0.05
				Ni 336.1556 1
				Ti 336.1213 0.001
	336.424		0.5	Ho 336.426 2
	337.014		0.7	Nb 337.0158 0.7
				Mo 336.9931 7
				Os 337.0202 ≥10
	337.150 II		1	Ti 337.1454 0.1
				Mo 337.1692 5
				Dy 337.176 3
	337.441		5	Ho 337.426 1
				Er 337.4170 0.2
				Nb 337.4090 2
				Tm 337.451 1
	337.503 II		0.5	
	337.886 II		0.7	
	338.015		5	Mo 338.0215 2
				Ti 338.0280 0.01
	338.280 II		2	Cr 338.2683 0.1
				Ag 338.2891 0.007
	340.233 II		1	Fe 340.2262 150
				Cr 340.2399 5
				Ti 340.2422 5
				Sm 340.2463 7
				Zr 340.2523 7
	340.424		2	Mo 340.4342 5
				Fe 340.4359 50
				V 340.4425 ≥10
				Hf 341.0171 0.5
				Nd 341.0234 2
				Zr 341.0248 1
				Ho 341.025 0.5
				Mo 341.062 3
				Dy 341.072 2~3
	341.376 II		0.7	Hf 341.374 10
				Dy 341.3794 0.3
	341.772		2	Er 341.7638 2
				Nd 341.7525 7
				Fe 341.7843 100

元素	分析线 λ/nm	激发电位 E_i/eV	检出限 w/%	干扰元素及干扰限 w/%
Tb	342.034 II		1	Mo 342.0037 ≥10
				Er 342.0183 2
				Nb 342.0630 3
	345.406 II		0.3	Nb 345.397 2~3
				Er 345.4318 3
				Yb 345.407 0.7
	346.803 II		1	Th 346.8221 7~10
				Nb 346.8127 ≥10
	347.282 II		0.3	Ni 347.2545 0.1
	348.017 II		3	Nb 348.0213 7
	348.280		5	Mn 348.2909 1
				Nb 348.2951 2
	350.084 II		0.5	Ni 350.0852 10
	350.745 II		0.5	Th 350.7522 3
				Lu 350.739 0.007
	350.917 II		0.01	Ru 350.9201 0.05
				Zr 350.9323 ≥10
				Ho 350.935 3~5
	351.976 II		0.7	Ni 351.9766 1
	352.366 II		0.1	Co 352.3434 0.2
				Nd 352.3625 5
	353.794 II		1	V 353.8241 ≥10
	354.024 II		0.07	Hf 356.1664 0.7~1
				Ti 356.1575 7~10
	355.976		1	
	356.851 II		0.5	Sm 356.8288 2
	357.920 II		0.2	
	359.638 II		1	Mo 359.6351 7
				Rh 359.6194 1~2
				Bi 359.6110 ≥10
				Ti 359.6052 2
				Ru 359.6179 5
	359.806		2	
	360.044 II		0.2	
	362.650 II		7	
	364.166 II		1	
	365.040 II		0.2	
	365.488 II		0.7	
	365.888 II		0.2	
	367.635 II		0.01	
	367.956		0.3	
	368.226 II		0.3	
Te	238.325 I	5.78	3~5	
	238.576 I	5.78	3~5	

续表

元素	分析线 λ/nm	激发电位 E_i/eV	检出限 w/%	干扰元素及干扰限 w/%	元素	分析线 λ/nm	激发电位 E_i/eV	检出限 w/%	干扰元素及干扰限 w/%
Te	276.967 I	5.78	≥10						Nb 291.0587 0.3
	255.520		10			291.9842 Ⅱ	4.80	≥10	Ho 291.959 1
	256.436 Ⅲ	6.0	2	Tb 256.431 2					Hf 291.9594 2
	256.5597		5						Os 291.9794 7
	257.1612		2	Nb 257.1326 5		292.505 Ⅱ		3	Zr 292.4792 5
				Zr 257.1391 0.7					Eu 292.5035 7
				Hf 257.1670 1					Ta 292.5265 10
	259.705 Ⅱ	4.77	10			292.8256 Ⅱ	5.27	5	Ho 292.929 2
	272.933 Ⅱ	5.66	7						Mo 292.9493 ≥10
	275.2172 Ⅱ	4.69	5	Zr 275.2206 3~5		293.252 Ⅲ	4.9	1	V 293.2323 3~5
				Ta 275.2295 5					In 293.2624 1
	276.8848 Ⅱ	5.24	2	V 276.8556 0.7~1					Nb 293.2662 7~10
				Ni 276.8785 10					Ta 293.2695 ≥10
				Fe 276.8934 200					Cr 293.2705 5
	277.1515 Ⅱ		7	V 277.1404 5		294.2862 Ⅱ		3	Ti 294.313 7~10
				Nb 277.1404 10					Th 294.2862 3
	277.4072		7~10	Hf 277.4016 2		296.8685 Ⅱ		5	Mo 296.8774 0.7~1
				V 277.4276 5					Hf 296.8812 0.5
				Fe 277.4691 50		297.864 Ⅲ	4.3	0.7~1	Mo 297.8609 5
	279.7740 Ⅱ	4.98	5	Ta 279.7760 3		298.1362		5	V 298.1201 1~2
				Fe 279.7775 80					Fe 298.1446 200
Th				V 279.7795 7	Th	298.8234 Ⅱ	4.69	5	Mo 298.7920 3~5
	283.232 Ⅱ	4.89	0.2	Mo 283.2073 5					V 298.8021 3~5
				Ti 283.2160 3					Cr 298.8649 2~3
				Fe 283.2436 200		299.3803 Ⅱ	4.91	1	Bi 299.3342 2~3
				Cr 283.246 0.1					Mo 299.3515 5
	284.2815 Ⅱ	4.55	7	Nb 284.2648 0.7		299.5270		5	Cr 299.5103 1~2
				Ta 284.2815 ≥10		299.9093 Ⅱ		2	
	285.1261 Ⅱ	4.53	7	Ti 285.1102 3		302.6580 Ⅱ		5	Co 302.6371 7
				Hf 285.1206 2~3					Fe 302.6461 200
				Cr 285.1356 0.07~0.1					Cr 302.6647 0.3
	286.137		7			303.4069 Ⅱ	5.13	5	V 303.3822 0.07
	287.0413 Ⅱ	4.55	3	Cr 287.0436 0.1					Sn 303.4121 0.05
				V 287.0547 5~7					Cr 303.4190 5
	288.4295 Ⅱ	4.85	3	Ti 288.4107 5		303.5113 Ⅱ		7	Nb 303.495 2
	288.5045 Ⅱ		2	V 288.4785 0.2					Mn 303.5365 3~5
				Mn 288.5125 ≥10		304.9095 Ⅱ	4.62	5	V 304.8892 5
	288.7821 Ⅱ		3	Fe 288.7807 60					Dy 304.9133 10
	289.671 Ⅲ	5.50	1						Mo 304.929 5
	289.893 Ⅲ	4.4	0.5	Hf 289.8709 1					Ho 304.938 2
				Bi 289.8975 1		306.0182 Ⅱ		7	Dy 306.000 2
	291.0597 Ⅱ	4.77	10	Ho 291.035 1					Ta 306.0289 ≥10
				Er 291.0357 0.03		306.1703 Ⅱ		7	Er 306.1683 7

元素	分析线 λ/nm	激发电位 E_i/eV	检出限 w/%	干扰元素及干扰限 w/%	元素	分析线 λ/nm	激发电位 E_i/eV	检出限 w/%	干扰元素及干扰限 w/%
	306.3026 II		3	Co 306.1819 0.7~1					Dy 314.6165 5
				Ce 306.3010 1					V 314.6230 2
				Nb 306.3130 10		314.8040		3	
				V 306.3247 0.7		315.4730 II	4.76	1	Co 315.4678 0.5
	306.7734		1	Mo 306.7642 5~7					Nb 315.4815 3
				Bi 307.6716 0.005		316.2836 II	5.12	10	Ti 316.2570 0.003
	307.0821 II		5	Mo 307.0619 1					Hf 316.2611 2
	307.2120		1	Ti 307.2107 0.02					Dy 316.2824 1
				Co 307.2344 5		317.5730 II	4.73		Fe 317.5447 200
				Er 307.252 0.1		318.0199 II	4.08	0.7~1	Ir 318.0174 5
	307.8832 II	4.53	0.7	Ti 307.8645 0.002					Fe 318.0226 300
				Tb 307.886 0.3					Nb 318.0290 0.07
	308.022 II		1	Nb 308.0350 0.7~1		318.8188		1	
	308.2176 II		7	Er 308.208 ≥10		321.6625 III	4.9	0.7	Cr 321.656 0.1
				Al 308.2115 0.005					Dy 321.663 0.5
				Mo 308.2220 5					Ho 321.667 7
				Tb 308.236 5					Y 321.6682 0.03
	308.335 II	5.35	5	V 308.3214 7		322.1293 III	4.3	0.3	Ce 322.170 5
				Fe 308.3742 500					Ho 322.142 3
	308.8473 II	4.92	5	Tb 308.843 5					Dy 322.150 2
	309.796 III	4.9	1	Mo 309.7689 10		322.5359 II	5.05	5	Dy 322.508 7~10
	310.2666 II	4.75	7	Ho 310.268 2		322.8969 II	4.75	1	Zr 322.8810 5
Th				Er 310.2686 ≥10	Th	323.2123 II	4.9	2	V 323.1950 7
	310.5053 II		5	Dy 310.5001 7					Tb 323.200 1~2
				Ti 310.5084 0.1					Er 323.2026 1
	310.7029 II	4.83	10	Er 310.6787 2					Os 323.2055 5
	310.8298 II		1	Ho 310.833 2					Ti 323.2280 0.07
	311.0022 II	4.81	7	Ti 311.0095 0.1		323.5843 II	4.60	5	Dy 323.590 1
				Sc 311.0238 0.5		323.8118 II		2	Er 323.7978 0.7
	311.235 III	4.9	1	Er 311.203 0.7					Nb 323.8024 5
				Ti 311.205 3~5					Mo 323.8399 1~2
				Mo 311.2124 7					V 323.7874 0.5
	311.6476 II		7	Tb 311.6288 2		325.6273 II		7	In 325.609 0.005
				V 311.6476 7					Mn 325.6173 0.7~1
				Fe 311.6590 150					Mo 325.6210 7
				As 311.663 10					Dy 325.625 1
	311.9484 II	4.45	2	Fe 311.9494 80		325.7935		10	Cr 325.7822 3
				Tb 311.962 5					V 325.7889 2
	312.2962 II	4.73	2	Er 312.265 0.03					Tm 325.804 0.1
				Sc 312.2954 1		326.2671 II	4.56	7~10	Dy 326.279 1
				Tb 312.305 5					Er 326.280 1
	312.4388 II	4.73	1	Tb 312.454 5					Fe 326.2892 80
	313.9307 II		3			328.2610 II	4.76	≥10	Er 328.6754 5
	314.6041 II	4.70	1	Tm 314.616 0.1					Fe 328.6755 400

第二篇

元素	分析线 λ/nm		激发电位 E_i/eV	检出限 w/%	干扰元素及干扰限 w/%
Th	329.059	III	4.3	0.5~0.7	V 329.0238 10
					Cu 329.0544 7
					Mo 329.0823 2
	329.2518	II	4.58	3	Mo 329.2312 0.5~0.7
					Fe 329.2590 150
	330.049	III	4.9	1	
	331.025	II	4.52	3	
	331.3650	III	4.4	0.7	Sc 331.3539 0.1
					Mo 331.3624 3
					Er 331.3653 1
	331.4831	II		7	Cr 331.4563 0.7
					Fe 331.4742 200
	332.1453	II	4.24	5	Mo 332.1196 10
					Tb 332.115 0.7
					V 322.1538 5
					Ti 332.1700 0.07
	332.513	II	4.24	1	
	336.1739	II		7	V 336.1508 5~7
					Ta 336.1640 7
					Cr 336.1770 0.7~1
	336.4698			10	Er 336.443 0.03
	337.039			10	Tb 337.014 0.7
					Nb 337.0158 5
					Os 337.0158 7
					Er 337.059 1~2
	337.1800			10	
	337.8579			5	Sc 337.8209 0.7
					Cr 337.8337 1
					Dy 337.843 10
					Fe 337.8685 80
	339.204	II	3.85	1	Er 339.199 0.1
	340.2031			5	Ho 340.217 2
					Fe 340.2262 150
	341.8931			5	
	342.7995			3	
	343.1816			5	
	343.4000	II	3.84	5	
	343.5979	II	3.60	5	Cr 343.6187 0.7~1
	343.8953	II	5.25	5	Yb 343.884 2~3
					Mo 343.8871 5~7
					Dy 343.8952 0.02
	343.9714	II		5	
	346.2855	II	4.78	7	Co 346.2808 0.07
	346.3722	II	5.22	7	

元素	分析线 λ/nm		激发电位 E_i/eV	检出限 w/%	干扰元素及干扰限 w/%
Th	346.8221	II		10	Tb 346.803 0.3
					Nb 346.8127 ≥10
					Nd 346.816 0.5~0.7
					Dy 346.8435 3
	351.1674			5	
	353.875	III	6.0	3	
	357.5323			5	
	360.1040	II		5	
	360.3208			3	
	362.5628	II		7	
	362.5940			7	
	365.9513		4.52	1	
	367.6694			7	
	374.119	II	3.50	0.5	
Ti	251.60	III	9.70	2	Si 251.6123 0.003
	252.78	III	9.65	1	V 252.7903 5
					Nb 252.7920 7
	253.1251	II	5.03	1	Hf 253.1193 7
	253.587	II	5.00	7	
	254.002	III	9.61	5	
	255.5987	I		5	Sc 255.5799 0.05
	258.0817			10	
	264.1099	I	4.69	7	Mo 264.115 7
	264.4264	I	4.71	10	Fe 264.400 150
					Mo 264.4353 0.7
					V 264.4355 10
					Mn 264.4353 0.7
					Ta 264.4598 5
	264.6637	I	4.73	7	Nb 264.6258 1
					Ta 264.677 10
	275.170	II	8.41	3	Hf 275.1812 3
	276.482	II	5.56	5	
	280.061	II	8.30	7	Ta 280.0572 ≥10
					Cr 280.0771 0.1
	280.2500	I	5.32	7~10	Mo 280.2354 7~10
					Mg 280.2695 0.002
					Co 280.2706 5
	280.501	II	8.08	3	
	281.0302	II	8.10	1	V 281.0269 1
	281.7866	II	8.12	0.7	
	282.8150	II	8.14	0.7	
	282.89	II	8.05	0.2	Fe 282.8634 80
					Ta 282.8634 80
	283.2160	II		3	Mo 283.2073 5

元素	分析线 λ/nm	激发电位 E_i/eV	检出限 w/%	干扰元素及干扰限 w/%
Ti				Th 283.2319 0.2
				Fe 283.2436 200
				Cr 283.246 0.1
	283.930 II	8.12	7	Sn 283.9989 0.07
				Cr 284.0021 0.05
	284.1938 II	4.97	0.5	Mo 284.215 2~3
	285.1102 II	5.56	3	Hf 285.1206 3~5
				Cr 285.1356 0.1
	285.624 II	8.09	2	
	286.199 II		1~2	Hf 286.1696 0.7~1
	286.8742 II		7	Nb 286.8525 0.5
				Ta 286.8651 7~10
				W 286.8729 10
				Fe 286.8871 60
	287.004		5~7	Zr 286.9811 7
				Hf 286.9825 ≥10
				V 286.9961 1
				Th 286.9927 ≥10
	287.7436 II	5.42	0.5	Fe 287.7301 125
				Ta 287.7685 7
				V 287.7688 5
	288.4107 II	5.42	0.1	Th 288.4295 3
	288.863		10	Nb 288.8833 1
	288.8932		5	
	290.194 II		≥10	Ta 290.2046 7~10
	293.1261 II	8.10	5	Nb 293.1469 3
				Zr 293.1060 ≥10
				Cr 293.0853 5
	293.617 II	8.05	3	Tm 293.5997 0.5
				Th 293.6194 10
				Zr 293.6308 ≥10
	293.870 II	8.06	3	
	294.1995	4.21	0.7	Nb 294.1543 0.1
				Ho 294.205 3
	294.547 II	8.09	1	Er 294.5280 2
	294.8255 I	4.22	3	
	295.2081 II		≥10	V 295.2075 0.1
	295.476 II	8.51	1	Co 295.474 1
				Fe 295.4655 70
	295.899 II	8.48	1~2	
	300.0868 I	4.18	7	Cr 300.089 0.01
	301.7187 II	5.69	0.7	Tm 301.710 1
				Os 301.7247 2
	302.9730 II	5.66	0.5	Dy 302.9826 3

元素	分析线 λ/nm	激发电位 E_i/eV	检出限 w/%	干扰元素及干扰限 w/%
Ti	304.6685 II	5.23	2	
	305.6740 II	5.21	3	Ta 305.6615 5
				Lu 305.672 0.02
	305.8090 II	5.23	0.07	Lu 305.790 0.01
	305.974 II		5	
	306.3280 II		7	
	306.6354 II		0.01	Th 306.621 10
				V 306.6375 0.5
	307.1242 II	5.21	0.7	Nb 307.156 3
				Dy 307.1920 1
	307.2107 II	4.07	0.02	Zn 307.2062 10
				Co 307.2344 5
				Er 307.252 0.1
	307.2971 II	4.04	0.005	Co 307.2664 3
				Hf 307.2877 5
				Dy 307.2971 10
	307.5224 II	4.04	0.005	
	307.8645 II	4.06	0.002	Tb 307.886 0.3
				Dy 307.835 5
				Fe 307.843 50
				Th 307.8832 1
	308.8025 II	4.07	0.01	Ta 308.776 5~7
				Cr 308.7884 3~5
	308.9401 II	5.90	0.07	Tb 308.958
	309.7186 II	5.23	0.5	Ni 309.7122 1
				Nb 309.7122 2
				Tm 309.697 10
				Mo 309.7201 10
	310.3804 II	5.88	0.05	Dy 310.3839 5
	310.5084 II	5.21	0.1	Dy 310.5001 5
	310.6234	5.23	0.02	
	311.0673	5.21	0.7	Mo 311.0644 3~5
				V 311.0706 0.01
	311.2050 II	5.20	3~5	Er 311.203 0.7
				Mo 311.2124 7
				Th 311.235 1
	311.4092 I		≥10	Pd 311.4040 1
				Ta 311.3903 ≥10
				Ni 311.4124 10
				Fe 311.4293 80
	311.7669 II	5.20	0.1	Mo 311.7545 ≥10
	311.980 II	5.20	0.05	
	312.1599 II		7	Pd 312.1571 7~10
				Dy 312.189 7

第二篇

续表

元素	分析线 λ/nm	激发电位 E_i/eV	检出限 w/%	干扰元素及干扰限 w/%
Ti	313.0800 II	3.97	0.1	Ce 313.0344 1
				Ta 313.0578 7~10
				Nb 313.0786 0.01
				Er 313.107 5
	314.3756 II	3.97	0.7	Fe 314.398 150
				Dy 314.3831 3~5
	314.8036 II	3.94	0.1~0.2	Mo 314.8179 10
				Mn 314.8179 5~7
				Tb 314.821 3
	315.2251 II	4.06	0.1	Nb 315.2159 1
	316.1205 II	4.04	0.05	V 316.1371 10
	316.1774 II	4.04		Fe 316.1949 150
	316.2570 II	4.06	0.003	Hf 316.2611 2
				Fe 316.2800 100
				Dy 316.2824 1
				Th 316.2836 10
	316.8521 II	4.07	0.003	
	319.0874 II	4.97	0.002	Ho 319.097 1
				V 319.0678 0.03
				Sc 319.0005 0.5
				Nb 319.1096 0.5
	319.9915 I	3.92	0.05	Fe 319.9994 200
				Hf 319.9994 5
	320.2538 II	4.95	0.01	V 320.2381 3
	321.4750 II	3.91	1	Mo 321.4442 5
				Dy 321.4636 5
				V 321.4750 2
				Tb 321.501 3~5
	321.7060	3.88	0.01	Mn 321.6946 ≥10
				Hf 321.6305 7
	321.8270 II	5.42	0.07	
	322.2842 II	3.86	0.01	Mo 322.290 5
	322.4241 II	5.42	0.07	
	322.8605 II	4.92	0.07	Zr 322.8810 7
	322.9193 II	3.84	0.1	Ta 322.9236 10
	322.9423 II	4.97	0.1	
	323.1315 II		1	Tb 323.106 2
	323.2280 II	4.95	0.07	Er 323.2026 1
				Os 323.2055 5
				V 323.1950 7
				Th 323.2123 2
				Sb 323.2499 1
	323.4516 II	3.88	0.0005	Tb 323.450 5
				Ce 323.4495 7
Ti				Fe 323.4611 125
	323.612 II		0.05	
	323.6573 II	3.86	0.0007	Fe 323.6223 200
				Nb 323.6430 0.3
				Zr 323.6578 10
				Dy 323.663 3~5
				Tm 323.6797 0.3
				Mn 323.6778 1~2
	323.9038 II	3.84	0.001	Fe 323.9436 300
	323.9664 II	4.91	0.07	Fe 323.9436 300
				Dy 323.959 7
				Sm 323.9638 ≥10
				V 323.9834 10
	324.1986 II	3.83	0.001	
	324.8602 I	4.87	0.003	Mn 324.8516 3
				Th 324.8892 10
	324.9370 II		3	La 324.935 0.01
				Tb 324.942
	325.1911	3.83	0.07	Pd 325.1640 2
				V 325.1870 1
				Dy 325.119 2
				Tb 325.134 0.5
	325.2914 II	3.84	0.005	Fe 325.2926 50
				Mn 325.2948 5
	325.4250 II	3.86	0.01	Nb 325.4067 0.5
				Co 325.4206 2
				Lu 325.431 0.01
				Fe 325.4363 150
	326.161 II	5.03	0.001~0.002	Tm 326.166 0.7
				Nb 326.1695 0.5
	326.3686 II	4.96	1	Nb 326.3366 0.5
				Ta 326.3404 5
	327.2080 II	5.01	0.2	Dy 327.2073 7
				Zr 327.2222 3~5
				Ce 327.2253 5
	327.5293 II	4.86	10	Er 327.5442 2
	327.6774 II	4.96	3~5	
				Ho 327.515 0.5
	327.8290 II	5.01	0.07	Tb 327.904 1
	327.8922 I	4.68	0.05	Er 327.932 0.3
				Mo 327.8881 0.7
				Lu 327.897 5
				Ho 327.826 1
				Zr 327.8265 0.07

左半部分：

元素	分析线 λ/nm	激发电位 E_i/eV	检出限 w/%	干扰元素及干扰限 w/%
Ti	327.9995		0.7	Fe 327.8734 60 Mo 327.944 10 Hf 327.998 3 Dy 328.010 1 Er 328.022 1 Tb 328.0216 0.3 Fe 328.0216 150
	328.2329 II	5.00	0.1	Zn 328.2333 0.5 V 328.2533 0.7
	328.7655 II	5.66	0.01	Tb 328.755 3 Nd 328.741 10 Dy 328.7953 7
	330.8806 II	3.88	1	Dy 330.889 0.5
	330.9501 I	4.80	1	Mo 330.942 ≥10 Tm 330.980 0.5
	331.5324 I	4.96	1	
	331.8025 II	3.86	1	Hf 331.7988 3 Ta 331.7928 7
	332.1700 II	4.95	0.07	V 332.1538 5 Th 332.1453 5
	332.2937 II	3.88	0.005	Fe 332.2068 100
	332.6765 II	3.84	0.07~0.1	Dy 332.642 3 Co 332.6564 5~7 Zr 332.6414 5 Nb 332.6619 7
	332.9456 II	3.86	0.01	Tb 332.908 0.5 Mo 332.9215 2
	333.2112 II		0.07	
	333.5195 II	3.84	0.05	Th 333.5062 ≥10 Tb 333.542 3
	334.1875 I	3.70	0.0007	Dy 334.188 7 Fe 334.1905 80 Nb 334.1974 0.5
	334.6728 II	3.84	0.7	Mo 334.6403 1 Cr 334.6742 0.5 Nb 334.6750 5
	334.9035 II	4.31	0.001	Mo 334.8940 10 Cr 334.9072 7
	334.9406 II	3.74	0.0005	Tb 334.942 0.1
	335.2071 II		5~7	Hf 335.2055 1 Ho 335.208 2 Sc 335.2048 3
	335.4635 I	3.71	0.1	Co 335.4377 0.5
	336.1213 II	3.71	<0.0005	Os 336.1149 1

右半部分：

元素	分析线 λ/nm	激发电位 E_i/eV	检出限 w/%	干扰元素及干扰限 w/%
Ti				Tb 336.124 1 Sc 336.1270 0.02 Mo 336.1373 3
	336.6176 I		2	
	337.0439 I	3.67	7	Os 337.0588 10 Nb 337.0158 5 Mo 337.0520 ≥10
	337.1454 I	3.72	0.1	Tb 337.150 1 Mo 337.1692 5 Dy 337.176 3
	337.2800 II	3.68	0.0005	Er 337.2750 0.005 Pt 337.2791 5 Pd 337.3001 0.5
	337.4352 II		7	Ho 337.426 1
	337.7585 I		0.1	
	338.0280 II	3.71	0.01	Mo 338.0215 2 Tb 338.015 5 Ni 338.0575 0.5
	338.376 II	3.66	0.001	Fe 338.3698 70 Fe 338.3980 100
	338.5946 I	3.70	1	
	338.7837 II	3.68	0.01	Zr 338.7872 3 Nb 338.7926 10 Co 338.8173 0.7
	338.8755		5	Dy 338.8863 3
	340.2422 II	4.86	3~5	Ho 340.217 3 Cr 340.2399 5 Tb 340.2422 1 Sm 340.2463 7 Fe 340.2262 150 Zr 340.2523 7
	341.6957 II	4.86	10	Ta 341.7026 10
	344.4311 II	3.74	0.1	Nb 344.4279 5 Tb 344.458 10
	345.247 II	5.63	1	Th 345.2683 ≥10
	345.6390 II	5.64	0.7	Dy 345.6566 0.7
	346.1500 II	3.71	0.1	Ni 346.1652 0.1~0.2
	347.7182 II	3.68	0.5	Dy 347.7074 0.7 Ta 347.7220 ≥10
	350.4892 II	5.42	0.01	Dy 350.4522 2
	351.0841 II	5.42	0.07	Bi 351.0853 10
	352.0253 II		1	Dy 351.160 5
	353.5412 I	5.56	0.7	Nb 353.5301 0.5 Tm 353.5520 0.5

续表

元素	分析线 λ/nm	激发电位 E_i/eV	检出限 w/%	干扰元素及干扰限 w/%	元素	分析线 λ/nm	激发电位 E_i/eV	检出限 w/%	干扰元素及干扰限 w/%
Ti	357.3737 II		7	Hf 353.5545 0.7; Sc 353.5729 0.01; Dy 357.3838 1; Er 357.3843 ≥10; Mo 357.3882 7		301.465 II		2	Ta 298.6807 7
	359.6052 II	4.06	2	Bi 359.6110 ≥10; Ru 359.6179 5; Rh 359.6194 1~2		301.529 II	4.14	0.5	Cr 301.5510 0.5; Sc 301.5364 0.5; Dy 301.5074 10
	362.4825 II	4.64	1	Ni 362.4733 ≥10		301.710 II		1	Dy 301.696 5; Ti 301.7187 0.05; Os 301.7247 2
	363.5463 I	3.40	3			305.073 II		0.5	V 305.0730 7; Ho 305.073 2; Hf 305.0758 5~7; Ni 305.0819 0.1
	364.1331 II	4.64	1	Er 364.1269 2		305.606 II		0.7	V 305.6334 3~5
	365.3496 I	3.44	0.7~1			306.642		10	
	366.2237 II	4.95	0.05	La 366.2073 1; Cr 366.2161 0.7; Nd 366.2263 5		307.3085 II		0.2	Ti 307.2971 0.005; Er 307.252 0.1
	368.5195 II	3.96	0.0005	Ho 368.516 0.5; Y 368.5903 0.5		308.702 II		2	Tb 308.678 5; Co 308.6777 5; Ni 308.7077 2
Tl	229.816 II		3		Tm	309.697 II		≥10	Ni 309.7118 1; Nb 309.7122 2; Ti 309.7186 0.5; Mo 309.7101 0.5
	245.172 II		7						
	246.895 II		10						
	253.07 II	14.30	0.5						
	258.014 I	4.80	3	Co 258.0326 5					
	276.787 I	4.48	0.5						
	291.832 I	5.21	3	Tm 291.827 0.007; Hf 291.8576 1		309.859 II	4.03	7	Mo 309.8465 10
	309.166 II	13.39	1			313.126 II	3.96	0.02~0.03	Be 313.1072 0.0002; Os 313.1115 7; Hg 313.1546 2
	351.924 I	4.49	0.1			313.389 II	3.96	0.1	Nd 313.3603 10; Ni 313.4108 0.5; Fe 313.4111 125
	352.943 I	4.48	3			314.489 II		1	Cr 314.5103 7~10; Dy 314.5222 5
Tm	267.957 II		7~10			314.616 II		2	V 314.6230 3
	272.1192 II		7			315.007		7	Fe 315.0304 30
	279.7269 II		5	V 279.7018 7; U 279.7145 7		315.1035 II		0.1~0.2	V 315.1322 3; Mo 315.1630 5
	282.792 II		1~2	Mo 282.7743 5; Ti 282.8150 0.7		315.734 II	3.96	0.3	Mo 315.7328 5; Fe 315.7040 100
	286.922 II		0.3	V 286.9134 0.7; Fe 286.9308 70		316.244		2	
	289.093 I		10			316.819		1	Ta 316.8183 0.7
	293.599 II		0.5	Ti 293.617 3		316.989		2	
	295.126 II		1	Mn 295.1160 3~5; Nb 295.0878 0.03		317.282 II	3.94	0.1	Mo 317.2742 3; Ta 317.2874 10
	296.587 II		1	Ta 296.5920 7~10; Cr 296.6051 3					
	298.652 II		0.7	Fe 298.6460 60					

续表

左半部分：

元素	分析线 λ/nm	激发电位 E_i/eV	检出限 w/%	干扰元素及干扰限 w/%
Tm	317.358 Ⅱ		1	Ho 317.379 0.3
	323.544 Ⅱ	3.86	0.5	
	323.6797 Ⅱ	4.94	0.3	Mo 323.7075 7
				Dy 323.663 3~5
				Mn 323.6778 1~2
				Co 323.7028 0.1
	324.0229 Ⅱ		0.7	Mn 324.0399 7
				Er 324.0484 1
				Mo 324.0713 1
	324.153 Ⅱ	3.83	0.1~0.2	
	325.804 Ⅱ	3.81	0.5	Ho 325.806 1
				V 325.7889 0.5
				Th 325.8118 2
				Mn 325.8413 10
				Zn 325.856 0.02
	326.166 Ⅱ		0.7	Ta 326.1511 10
				Ti 326.161 0.001
				Nb 326.1695 0.5
	326.663 Ⅱ	3.83	1	Dy 326.6207 1
				Tb 326.640 3
				Mo 326.6887 5
	326.741 Ⅱ	4.90	0.7	Mo 326.7639 7
				Sb 326.7502 0.7
				V 326.771 0.02
	326.900 Ⅱ		0.5	Os 326.9209 10
				Er 326.9411 0.5
	328.340 Ⅱ		0.5	Nb 328.3463 0.5
				Rh 328.3573 5
	328.561 Ⅱ		0.5	
	329.101 Ⅱ	3.76	0.1	Mo 329.0823 2
				Ho 329.096 2
				Fe 329.0989 80
				Dy 329.0117 7
	330.245 Ⅱ	3.79	0.3	Na 330.2323 >10
				Zn 330.2588 0.5
				Mo 330.2716 7
	330.980 Ⅱ		0.5	Mo 330.942 7
				Ti 330.9501 1
	336.261 Ⅱ	3.72	0.07	Dy 342.5015 3
				Fe 342.5015 40
				Ho 342.535 0.3
	342.997 Ⅱ		0.5	
	343.120 Ⅱ	4.70	1	Ta 343.0938 3~5
	344.151 Ⅱ	3.63	0.1	Pd 344.1396 0.5

右半部分：

元素	分析线 λ/nm	激发电位 E_i/eV	检出限 w/%	干扰元素及干扰限 w/%
Tm				Dy 344.1453 7~10
	345.366 Ⅱ	3.61	0.05	Co 345.3505 0.002
	346.221 Ⅱ	3.58	0.007~0.01	Ho 346.196 0.5
				Rh 346.2040 1
	353.6570 Ⅱ	3.50	0.5	Fe 353.6557 200
	364.3652 Ⅱ			Mo 364.347 ≥10
	365.367 Ⅱ		1	Co 365.3505 0.003
	366.581 Ⅱ		0.7	
	366.808 Ⅱ		0.5	
	367.8864 Ⅱ	4.48	0.3	
	370.026 Ⅱ	3.37	0.7	
U	256.541 Ⅱ		2	
	263.553 Ⅱ		5	
	279.394 Ⅱ		2	
	279.7145		7	V 279.7018 7
	279.912		7	Fe 279.9286 100
	280.2157		7	Ta 280.2071 7
	288.826 Ⅱ		0.7~1	Mo 288.8153 1
				Fe 288.8093 80
				V 288.8246 1
	288.9121		2~3	Ti 288.8932 5
				Nb 288.8833 1
	290.6798 Ⅱ		1	Ti 290.668 7
	290.8275 Ⅱ		0.7~1	Nb 290.8243 0.5
				Ti 290.814 10
	311.935 Ⅱ	4.62	1	
	330.593 Ⅱ	3.75	2	
	343.7934		3~5	Zr 343.8230 0.03
	364.0948		0.3	Dy 364.080 1
V	250.6220 Ⅱ	6.04	7	Cu 250.6270 10
				Co 250.6462 0.2
	252.790 Ⅱ	6.48	5	Ti 252.7985 10
	252.8836 Ⅱ	6.46	5	Sb 252.8535 0.5
				Co 252.8967 0.1
	264.0855 Ⅱ	8.98	10	C 264.058
	264.2270		2	
	264.4355	8.99	7	Ti 264.4264 10
				Mo 264.4353 0.7
				Ta 264.4598 5
	264.584 Ⅱ	6.48	5	
	266.3248 Ⅱ	9.05	5	Co 266.3529 0.3
				Pb 266.3166 0.5~1
	267.2004 Ⅱ	4.65	1	Cr 267.1809 0.5
				Nb 267.1931 1~2

元素	分析线 λ/nm	激发电位 E_i/eV	检出限 w/%	干扰元素		w/%	元素	分析线 λ/nm	激发电位 E_i/eV	检出限 w/%	干扰元素		w/%
				Mo	267.1834	10		284.7572 II	6.86	5			
	267.7802 II	4.63	1	Mn	267.7846	≥10		284.905 II	6.02	7	Hf	284.9208	1~2
	267.8568 II	4.65	3	Zr	267.8632	1~2		285.0686		7			
				Ru	267.8758	5		285.4336	6.86	1			
				Cr	267.8792	0.2		285.5491 I	4.34	7			
				Ta	267.8804	10		286.4517		7			
	267.9322 II	4.65	1	Fe	267.9062	200		286.9134 II	6.84	1			
				Ni	267.9241	≥10		287.7688 II	6.10	5	Ti	287.7436	0.5
	268.287 II	4.63	3								Ta	287.7686	7
	268.7956 II	4.65	0.1	Mo	268.7993	0.5					Sb	287.7915	1
	268.8715 II	4.65	5								Cr	287.7978	3
	268.9876 II	4.61	3					287.9163 II	4.65	5	Mo	287.9047	0.5
	269.0786 II	4.62	3	Ni	269.0640	10					W	287.9107	5
				Cr	269.100	0.1		288.003 II	4.65	1			
	269.7745 I	5.97	7	Cr	269.750	3		288.2501 II	4.63	0.5	Ta	288.2332	10
	269.8378		10	Er	269.8392						Mo	288.2378	10
				Cr	269.8403	0.1		288.4785 II	4.62	0.2	Th	288.5045	2
	270.0936 II	4.63	0.7	Cr	270.0963	5		288.8246 II	6.11	1	Mo	288.8153	1
	270.2189 II	4.61	2	Mo	270.1417	1					U	288.826	1
				Nb	270.2196	5		288.9621 II	4.61	0.7	Mn	288.958	0.1
	270.6169 II	4.60	1								Hf	288.9619	7~10
	271.5686 II	4.60	1	Nb	271.5344	3		289.1642 II	4.62	0.07	Mn	289.1321	5
				Mn	272.8608	3~5					Yb	289.138	0.3
				Mo	272.8704	7					Tb	289.141	5
V	276.0124 II		5~7				V				Ta	289.1843	10
	276.0698 II	6.87	3	Mo	276.0526	≥10		289.2659 II	4.63	0.05	Mn	289.2392	1~2
	276.5668 II	9.11	1~2	Ti	276.565	7					Fe	289.2483	40
	276.6455 II	6.16	5	Co	276.6221	7~10					Mo	289.2812	2
				Cr	276.6540	0.007		289.3320 II	4.65	0.05			
				Rh	276.6540	≥10		289.6211 II		1			
	277.1404 II	9.08	≥10	Nb	277.165	5		290.307 II	4.59	0.7			
				Th	277.6515	7		290.6457 II	4.60	0.07			
	277.4276 II	6.02	5	Hf	277.4016	2		290.746 II	4.63	0.1			
				Th	277.4072	7~10		290.8817 II	4.65	0.02	Os	290.9061	0.5
				Fe	277.4691	50					Mo	290.9116	0.7
				Ho	277.470	5		291.001 II	4.59	0.1			
	277.577 II	6.84	7	Ta	277.5877	10		291.0389 II	4.58	0.5	Nb	291.035	2
	277.7733 II	6.16	3								Er	291.0357	0.05
	279.7018	6.46	7	U	279.7145	7					Nb	291.0587	0.3
				Tm	279.7269	5					Lu	291.139	0.005
	279.8758 II	6.48	3					291.9992 II	4.60	2	Hf	291.9594	2
	279.945 II	6.10	3								Os	291.9794	7
	280.3467 II	6.10	3								Th	291.9842	≥10
	281.0269 II	6.68	1	Ho	280.999	10		292.0385 II	4.58	0.3	Fe	292.0690	80
				Ti	281.0302	1		292.4025 II	4.63	0.01	Mo	292.3793	0.1
	281.7500	6.66	7~10								Fe	292.3852	70

元素	分析线 λ/nm	激发电位 E_i/eV	检出限 w/%	干扰元素及干扰限 w/%			元素	分析线 λ/nm	激发电位 E_i/eV	检出限 w/%	干扰元素及干扰限 w/%		
	292.4644 II	4.61	0.01~0.02	Tb	292.416	1		301.5983		2			
				Mo	292.4318	2		301.6784 II	5.81	1	Dy	301.696	5
	293.0806 II	4.58	0.07	Mo	293.0532	0.3					Er	301.6838	1~2
				Cr	293.0853	5		303.3448 II		0.07			
	293.2323 II	6.78	3	Th	293.252	1		303.3822 II	5.90	0.07	Th	303.4069	5
				In	293.2624	1					Sm	303.4121	0.05
				Mn	293.2662	10					Cr	303.4191	5
				Ta	293.2695	≥10		304.2264 II	6.09	5	Fe	304.2022	100
				Cr	293.2705	5					Ta	304.2062	0.7~1
	293.4401 II	4.55	2	Mo	293.4299	0.5					Pt	304.2637	2
				Cr	293.4493	5		304.3124 I	4.09	7	Dy	304.3144	5
				Er	293.4517	7		304.8215 II	6.58	0.07	Nb	304.8204	5
				Dy	293.4529	3					Mo	304.805	7
	294.1492 II	4.55	0.07	Mo	294.1222	2		304.8892 II	6.10	5	Mn	304.8864	≥10
				Fe	294.1343	300		305.0730 II	6.34	7	Tm	305.073	0.5
				Nb	294.1543	0.7					Ho	305.073	3
	294.4571 II	4.58	0.07	Ga	294.4175	1					Ni	305.0819	0.1
				Fe	294.4398	600		305.3387 II	5.86	0.5	Nb	305.3637	5
	295.0348 II	4.52	1	Er	295.007	5~7					Cr	305.3880	0.2
				Fe	295.0243	300					Ho	305.399	2
				La	295.0492	2~3		305.6334 I	4.07	5	Sc	305.6306	0.02
				Hf	295.0679	5~7					Ta	305.6615	5
V	295.2075 II	4.55	0.1	Ti	295.2081	≥10	V				Ce	305.6777	7~10
				W	295.2288	5		306.0460 I	4.09	2	Dy	306.0635	1~3
				Lu	295.169	0.5					Mo	306.0777	7
				Tu	295.1918	10		306.3247 II	6.56	0.07~0.1	Ce	306.3010	1
	295.7518 II	4.52	0.7	Fe	295.7365	300					Nb	306.3130	10
				Th	295.7598	3~5					Th	306.3132	3
				Mo	295.7749	5					W	306.341	7
	296.277 I	4.23	7								Cu	306.3415	10
	297.2254 II	6.54	1~2	Fe	297.229	40		306.6375 I	4.11	0.5	Th	306.622	10
				Er	297.2279	7					Er	306.6225	5
				Nb	297.2572	0.2					Ti	306.6354	0.01
	297.5652		5					307.3823 I	4.05	5	Dy	307.3542	3
	297.620 II	5.83	3								Tm	307.385	0.2
	297.6520 I		0.1					308.2111 1	4.09	5			
	298.5170 II	7.95	7	Co	298.5325	10		308.2523		7	Al	308.2155	0.003
	298.8021	5.83	1	Mo	298.7920	3~5					Mo	308.2220	5
	300.1205 II	5.83	0.1								Ta	308.236	10
	300.3284 II	5.81	1								Tb	308.236	0.5
	300.8614 II	6.67	1	In	300.831	1					Mn	308.2800	0.7~1
				Ni	300.8629	0.2					Co	308.2844	7
	301.310 II	5.78	2					308.3214 II	6.54	7	Th	308.3347	5
	301.4823 II	5.79	0.07	Mo	301.478	3		309.3108 II	4.40	0.0005~0.001	Tm	309.312	0.01
				Cr	301.4915	0.03		309.4199 II	6.04	0.05	Nb	309.4183	0.007

第二篇

元素	分析线 λ/nm	激发电位 E_i/eV	检出限 w/%	干扰元素及干扰限 w/%		
V	310.0935 II	6.02	0.5			
	310.2299 II	4.36	0.003~0.005	Dy	310.219	3
	310.4913		≥10			
	310.8701 II	6.02	7	Os	310.8981	7
				Cu	310.8605	7
	310.9372 II	7.11	7	Hf	310.9117	1
				Sc	310.9341	0.3
				Os	310.9381	7~10
	311.0706 II	4.33	0.01	Mo	311.0644	5
				Ti	311.0673	0.7
				Dy	311.0757	7
	311.3567 II	6.88	1	Er	311.3536	0.5
				Dy	311.3536	5
				Tb	311.362	5
	311.6781		10	Fe	311.649	150
				As	311.663	10
	311.8383 II	6.88	0.03	Th	311.8328	10
				Os	311.8328	10
				Lu	311.843	7~10
				Ho	311.851	0.5
				Cr	311.8652	0.05
	312.0734 II	6.53	1	Fe	312.0874	50
	312.1145 II	4.36	0.1	Ce	312.1085	10
				Co	312.1415	5
	312.2895 II	6.87	0.5	Er	312.265	0.03
				Au	312.2781	0.05~0.1
				Sc	312.2954	1
				Th	312.2962	2
	312.5284 II	4.29	0.01	Cr	312.4978	0.01
	312.6215 II	4.33	0.07~0.1	Fe	312.6176	
	313.0267 II	4.31	0.05	Ho	313.038	1
				Ce	313.0394	1
				Be	313.0416	0.0001
				W	313.0456	7~10
				Ta	313.0578	7
				Ir	313.0578	0.5
	313.3328 II	4.29	0.1	Zr	313.3457	1
	313.4931 II	6.48	0.1	Hf	313.4718	0.1
				Nd	313.4897	7
	313.6514 II	6.47	0.1	Mo	313.6412	5
				Cr	313.6680	0.1
				Co	313.6726	≥10
	313.9745 II	6.46	0.5	Tb	313.964	3
				Hf	313.9653	5~7

元素	分析线 λ/nm	激发电位 E_i/eV	检出限 w/%	干扰元素及干扰限 w/%		
V				Sc	313.9729	3
				Mo	313.9871	≥10
	314.1485 II	6.55	5	Ta	314.1380	7~10
				Mo	314.1730	3~5
				Er	314.180	0.7
	314.2475 II	6.16	0.1	Dy	314.2303	7
				Fe	314.2453	100
				Mo	314.2750	7
				La	314.2762	3
	314.5342 II		3~5	Co	314.5021	≥10
				Tb	314.522	3~5
				Dy	314.5222	3~5
				Mo	314.5286	≥10
				Hf	314.5319	5
				Nb	314.540	0.1
	314.6230 II	6.50	3	Dy	314.6165	7
	315.1322 II	6.43	3	Tm	315.1035	0.1~0.2
				Mo	315.1630	3
	318.2591		10	Ti	318.252	10
	318.3406 I	3.91	0.1	Cr	318.3325	3~5
	318.3982 I	3.90	0.07	Ho	318.385	0.7
				Tb	318.388	5
				Nb	318.4223	1
	318.5396 I	3.96	0.1			
	318.7708 II	4.96	0.05	Mo	318.7592	2~3
				Dy	318.7676	7~10
				Ho	318.7743	1
				Er	318.7785	3
	318.8513 II	4.98	0.05	Mo	318.8403	10
				Fe	318.8571	100
				Fe	318.8821	100
	319.0678 II	5.01	0.03	Ho	319.097	1
	319.4915 I		7			
	319.8011 I	3.90	5	Tb	319.801	0.5
				Lu	319.812	0.5
				Ho	319.883	2
	320.2381 I	3.91	3	Ti	320.2538	0.01
	320.5582 I		3			
	320.7410 I	3.94	5			
	320.8352 II	4.96	3	Nb	320.8158	5
				Fe	320.8475	80
				Dy	320.871	5~7
				Mo	320.8832	0.5
	321.7112 II	5.90	0.1			

元素	分析线 λ/nm		激发电位 E_i/eV	检出限 w/%	干扰元素及干扰限 w/%		
V	323.1950	II	6.09	7	Zr	323.1693	1~2
					Er	323.2026	1
					Os	323.2055	5
					Th	323.2123	2
					Ti	323.2280	0.07
	323.3768			3			
	323.7874	II	6.84	0.5	Er	323.800	0.7
					Nb	323.8024	5
					Tm	323.804	0.5
					Th	323.8118	2
	323.9834			10	Fe	323.9436	300
					Hf	323.9438	5
					Dy	323.959	5
					Sm	323.9638	≥10
					Ti	323.966	0.07
	325.078	II	6.71	0.7	Dy	325.119	2
					Dy	325.1206	2
	325.1870	II	6.34	1	Pd	325.1640	2
					Mo	325.1649	5
					Ti	325.1911	0.07
	325.477	II	5.83	0.7	Mo	325.4680	0.5
					Nb	325.4880	0.7
	326.771	II	4.86	0.02	Tm	326.741	0.7~1
					Sb	326.7502	1
					Mo	326.7639	7
					Os	326.7945	2
	327.1125	II	4.88	0.05	Fe	327.1002	
	327.612	II	4.91	0.01	Mo	327.6366	3
	327.9845	II		0.1			
	328.2533	II	6.14	1	Dy	328.279	1
	328.9389	II	4.86	3	Mo	328.9015	5
					Dy	328.934	5
					Yb	328.937	0.005
					Ho	328.938	10
	330.4470	II	6.30	≥10			
	332.1538	II	6.50	5	Tb	332.115	0.7
					Be	332.134	0.01
					Ti	332.1700	0.07
	333.7846	II	6.84	7			
	345.7152	II	6.18	5			
	348.5867	I		5			
	349.7030	II	6.14	3			
	350.4439	II	4.63	2	Mo	350.4413	5

元素	分析线 λ/nm		激发电位 E_i/eV	检出限 w/%	干扰元素及干扰限 w/%		
V					Dy	350.4522	2
	351.730	II	4.65	0.1			
	352.4715	II		5	Ni	352.4541	0.07
					Dy	352.461	7
					Mo	352.4646	3
	353.077	II	4.45	0.5			
	354.519	II	4.59	0.1	Ho	354.597	5
	355.6801	II		0.05	Zr	355.6597	0.1
					Ho	355.676	0.5
	356.618	II	4.55	5			
	358.976	II	4.52	0.07			
	359.2024	II	4.55	0.1			
	359.3334	II	4.58	0.5			
	366.941	II	5.90	1			
	367.1205	I	4.73	5			
	368.3126	I	3.63	1	Pb	368.3471	0.01
	368.8069	I	3.62	0.1	Gd	368.7759	7
					Nb	368.7971	0.2
	369.0281	I	3.62	0.5	Pd	369.0341	0.3~0.5
	369.223	I	3.63	0.3	Mo	369.2645	0.7
W	239.037	II	6.10	10			
	239.293	I	6.82	10			
	239.7091	II	5.56	2	Er	239.725	5~7
					Co	239.7388	0.5
	247.780	II	5.76	7			
	248.0049	I	5.20	7			
	248.8118	II		5			
	248.8771	II	5.90	5	Pt	248.888	2
	249.9216			7			
	255.5205			10			
	256.3162	II	6.99	10			
	257.1445	II	5.21	1	Zr	257.1391	0.7
	257.2235	II		5			
	257.9258	II		3~5			
	258.0332			5			
	258.1200	II	5.56	7			
	258.9167	II	5.55	5	Mn	258.8957	5
	260.3021	II	6.81	5			
	265.3567	II	5.25	10	Mo	265.3349	0.7
					Cr	265.3586	0.7
					Co	265.3703	3
					Yb	265.375	3
	265.6539	I	5.02	10			

第二篇

元素	分析线 λ/nm	激发电位 E_i/eV	检出限 w/%	干扰元素及干扰限 w/%
W	265.6539 I	5.43	10	Ni 265.6907 10
	265.8037 II	4.85	2	Lu 265.780 0.3
				Hf 265.7837 7
				Nb 265.8027 5
	266.4318 II	6.81	3~5	
	267.1466 I	5.23	7~10	Nb 267.1256 1~2
	267.2669		10	Mn 267.2586 2
				Cr 267.283 0.5
				Mo 267.2843 0.5
	267.3591 II		10	Mo 267.3273 0.5
				Mn 267.3567 5
	268.1413 I	4.98	5	
	269.4380		7	V 269.4468 3
	269.7714 II	4.78	2	V 269.7745 7
	270.0009 I	6.08	10	
	270.2111 II	6.25	1~2	Mo 270.1873 5
	271.5338 II	6.62	7	
	271.7699 II		5	
	272.4627 I	5.32	2	Mn 272.4449 1
	276.4266 II	4.48	1	Cr 276.4350 5~7
	277.4480 I	5.23	7	V 277.4276 5
				Mo 277.4392 5~7
	277.6502 II	6.30	7	
	280.5627		10	
	281.8060 I	5.16	7	
	282.2572 II	6.05	7	Cr 282.2371 0.07
				Ru 282.2552 ≥10
				Hf 282.2677 3
	285.6027		5	Mo 285.5995 10
				Ti 285.624 10
	286.6061 I	4.73	5	
	287.9107			Mo 287.9047 1
				V 287.9163 5
				Er 287.9913 7
	289.6008		7	
	289.6446 I	4.63	1	Th 289.671 1
	293.4991 I	4.42	5	Cr 293.5139 1
	294.6981 I		0.7	Zr 294.6972 ≥10
	295.2288 II	5.51	5	V 295.2075 0.1
				Ti 295.2081 ≥10
	297.9858		3~5	Ho 297.963 0.5
				Sc 297.9683 5
				Cr 297.9741 0.1
	299.3611		2	Bi 299.3342 5
W				Mo 299.3515 5
				Th 299.3803 1
	301.7443		7	
	302.4920 II	5.50	5~7	Hf 302.4603 7
				Nb 302.4738 0.5
	303.666 II	5.74	10	
	304.986 II		7	
	305.1291 II	5.72	3	Th 305.1796 ≥10
	306.397 II	6.10	≥10	
	307.7519		2	Fe 307.7168 300
				Ta 307.7245 5~7
				Lu 307.760 0.005
				Mo 307.7661 1
				Os 307.7720 5
	309.3512		7	Fe 309.3357 40
				Cr 309.3488 3
	310.2221		7	
	311.1123 I	5.80	7	Os 311.009 ≥10
				Hf 311.0874 5
	311.8786		10	V 311.8383 0.02
				Lu 311.8435 7~10
				Ho 311.851 0.5
				Cr 311.8652 0.05
				Er 311.8833 1
	314.985 II	5.56	7	Cr 314.9822 5~7
				Ho 314.992 3
	316.3418 I	5.78	7	
	318.9236 II		7~10	Nb 318.9282 0.7
				Os 318.9459 1
	320.7252 I		7	
	321.1382 I	4.10	3~5	Fe 321.1487 40
	321.526 I	4.63	1	Dy 321.5189 1
				Mo 321.5189 5~7
				Ho 321.557 3
	330.0820 I	4.36	5	
	331.1382 I	6.12	7	
	332.6190 I	4.50	7	Zr 332.6414 5
				Dy 332.642 3
				Co 332.6564 5~7
	333.1672 I	4.08	7	Ta 333.1487 10
				Fe 333.1612 70
	337.6144 II	5.55	7	V 337.6057 7
				La 337.6329 0.5~0.7
	349.5246 I	5.99	7	

元素	分析线 λ/nm		激发电位 E_i/eV	检出限 w/%	干扰元素及干扰限 w/%
W	357.2476	Ⅱ	4.78	3	Zr 357.2473 0.05 Sc 357.2523 0.003 Pb 357.2734 0.1
	357.5226	Ⅰ		7	
	359.242	Ⅱ	4.85	7	
	361.3790	Ⅱ	5.24	5	Tb 361.368 2 Sc 361.3836 0.001
	361.7521	Ⅰ	3.80	1	
	364.185	Ⅱ	4.48	7~10	
Y	224.306	Ⅱ	5.52	0.2	
	281.703	Ⅲ	5.32	0.7	Cr 281.6842 5 Ta 281.7101 5~7
	294.595	Ⅲ	5.13	0.5	Mo 294.5009 Nb 294.5883 1
	319.562	Ⅱ	3.99	0.07	
	320.0270	Ⅱ		0.07~0.1	
	320.3323	Ⅱ	3.98	0.07	Nb 320.3353 0.5
	321.228	Ⅱ		0.7	
	321.6682	Ⅱ	3.99	0.03~0.05	Cr 321.656 1 Th 321.6625 0.7 Dy 321.663 0.5 Ho 321.667 2 Ta 321.6923 5
	324.228	Ⅱ	4.01	0.07	
	327.843			10	
	328.091	Ⅱ		0.7	
	329.060			1~2	V 329.0238 10 Th 329.059 0.5~0.7 Nd 329.0643
	332.7875	Ⅱ	4.14	0.03	
	349.6080	Ⅱ	3.54	0.3	Zr 349.6210 7~10
	354.9011	Ⅱ	3.62	0.07	Dy 354.9255 1
	360.0734	Ⅱ	3.62	0.01	Dy 360.034 1 Tb 360.044 0.7~1 Er 360.0742 3
	360.1921	Ⅱ	3.54	0.07	Tb 360.175 1 Co 360.2084 1
	361.105	Ⅱ	3.56	0.1	
	362.094	Ⅰ		1	
	362.8706	Ⅱ	3.54	0.2	La 362.8822 0.7
	363.3123	Ⅱ	3.41	0.05	Cr 363.2839 ≥10 Dy 363.300 1 Au 363.324 7
	366.4614	Ⅱ	3.56	0.05	Er 366.4440 7

元素	分析线 λ/nm		激发电位 E_i/eV	检出限 w/%	干扰元素及干扰限 w/%
Y	368.4903	Ⅱ		0.5	Gd 366.4621 7 Ho 368.516 0.5 Ti 368.5192 0.0005
	371.029	Ⅱ	3.52	0.01	
Yb	246.140			7	
	265.375	Ⅱ	7.33	1~2	Mo 265.3369 0.7 W 265.3567 10 Cr 265.3586 0.3 Co 265.3703 3
	265.611	Ⅱ		10	
	275.048	Ⅱ	7.16	0.7	Y 275.040 0.5
	281.875			1	Zr 281.874 0.2
	289.138	Ⅱ	4.29	0.5	Th 289.1275 10 Mo 289.1275 5 Ti 289.1301 ≥10 Mn 289.1321 5 Ho 289.139 1~2 Tb 289.141 5 V 289.1642 0.07
	300.5765	Ⅱ	8.05	0.5~0.7	Hf 300.5557 7 Nb 300.5767 5
	319.2878	Ⅱ		1	
	328.937	Ⅱ	3.77	0.007	Dy 328.934 5 Ho 328.938 10 V 328.9389 3
	337.548	Ⅱ	6.99	0.7	
	343.884	Ⅱ	7.57	2~3	Dy 343.8952 0.02 Nd 343.897 5
	345.407	Ⅱ	6.90	0.7	Nb 345.397 2~3 Tb 345.406 0.3 Er 345.4318 3
	346.437	Ⅰ	3.58	0.5	Sr 346.4457 0.02 Re 346.4722 1
	347.884	Ⅱ	7.31	0.3	Nb 347.8778 2 Rh 347.8906 5 Hf 347.8990 3
	356.0727	Ⅱ	7.80	0.5	Nd 356.0729 1 Os 356.0798 5 Ce 356.0798 5 Co 356.089 0.5
	361.131	Ⅱ	8.08	0.5	
	361.982	Ⅱ	6.99	0.3	Nb 361.973 0.1
	367.507	Ⅱ	7.16	0.7	
	369.4203	Ⅱ	3.35	0.005	Er 369.4193 0.5

第二篇

元素	分析线 λ/nm	激发电位 E_i/eV	检出限 w/%	干扰元素及干扰限 w/%
Zn	250.2001	10.97	7	
	275.645 I		10	
	277.098 I	5.50	10	
	280.0869 I	8.50	7	Ti 280.061 7
				Cr 280.0771 0.1
				Mn 280.1064 0.7
				Sc 280.132 0.3
	301.835 I	8.11	10	
	307.590 I	4.03	5	
	328.2333 I	7.78	0.7	Ti 328.2329 0.07
				V 328.2533 3
	330.2588 I	7.78	0.1	Tm 330.245 0.3
	330.2941 I	7.78	0.05	Mo 330.2716 1~2
				La 330.311 0.07~0.1
	334.5020 I	7.78	0.05	Zr 334.4786 7
				W 334.4904 5
	334.5572 I	7.78	0.7	Er 334.546 0.5
Zr	244.1991 II		10	
	245.654 I		7	
	256.7638 II	4.83	7	
	256.8873 II	4.99	3	
	257.1391 II	4.91	0.7	Lu 257.123 3~5
				Sm 257.1592 0.3~0.5
				Hf 257.1670 0.5
	262.0576 III	7.12	5~7	
	263.909 II		10	
	264.3395 II		5~7	
	265.647 III	7.00	7	
	267.8632 II	4.79	1~2	V 267.8568 3
				Ru 267.8758 5
				Cr 267.8792 0.2
	268.2160 III	6.95	5~7	
	268.628 III	6.89	7	Th 268.616 7
				Nb 268.6391 1
	269.050 III	6.88	7	V 269.0245 1
	270.0131 II	4.68	5	
	272.2610 II	4.72	3	Cr 272.2749 2
	272.6493 II	4.64	5	Cr 272.6511 5
	273.4855 II	4.57	3	
	275.2206 II	4.54	3~5	Th 275.2172 5
				Ta 275.2489 5
	275.8813 II		7	Mo 275.8506 7~10
	284.4579 II	5.36	5	Nb 284.4435 10

元素	分析线 λ/nm	激发电位 E_i/eV	检出限 w/%	干扰元素及干扰限 w/%
	286.9811 II		7	Ta 284.4463 3
				Hf 286.9825 ≥10
				V 286.9961 5
				Ti 287.004 5
	291.5991 II		5	
	292.698 II		3	
	295.5783 II		5~7	Lu 295.578 7
	296.2683 II		7~10	V 296.2772 7
	302.8040 II		5	Mo 302.7771 7
				Pd 302.7910 2~3
				Cr 302.8125 5
	303.6393 II		5	
	305.4835 II		2	
	306.5211 II		10	
	309.5071 II		7~10	
	310.6576 II	4.99	4	Ti 310.6234 1
	311.0878 II		5	
	312.5193 II		7	
	312.5918 II		5	
	312.9176 II		5	
	312.9761 II		3	
Zr	313.3475 II	4.90	1	V 313.3328 0.1
				Nd 313.3603 7
	313.8678 II	4.05	0.7	
	315.567 II		7	Mo 315.5644 1
	315.6996 II		5	
	316.4310 II		5	
	316.5446 II		1	
	316.5974 II		0.05	
	318.2858 II	4.45	0.07	
	321.4189 II	3.94	1	Mo 321.4442 5
	322.8810 II		7	Ti 322.8605 0.07
	323.1693 II		1~2	V 323.1950 7
	324.1046 II	3.86	5	Dy 324.0878 5
	325.0392 I		7	
	327.2222 II		3~5	Ti 327.2080 0.2
				Co 327.2253 3~5
	327.3047 II	3.95	0.05	Er 327.308 2
	327.9265 II	3.88	0.07	Ti 327.8922 0.07
				Ho 327.926 1
				Er 327.932 0.3
				Mo 327.944 10
	328.2834 II		1	Dy 328.279 1

续表

元素	分析线 λ/nm	激发电位 E_i/eV	检出限 w/%	干扰元素及干扰限 w/%	元素	分析线 λ/nm	激发电位 E_i/eV	检出限 w/%	干扰元素及干扰限 w/%
				Fe 328.2892 80		340.4832 II		3~5	Pd 340.4580 0.02
				Ho 328.307 3					Tb 340.471 5
	328.4713 II	3.78	0.7~1	Fe 328.4588 125					Co 340.5120 0.03
				Mo 328.4622 7					Cr 340.5120 0.03
	330.5152 II		5	Ho 330.516 3		341.0284 II	4.05	1	
	330.6278 II	3.79	1	Dy 330.619 5		341.340 II		10	Ho 341.025 0.5
				Fe 330.6354 150		341.4661 II		5	
				Sm 330.6372 7		343.0532 II	4.08	0.7~1	
	332.2988 II		7	Fe 332.2068 100		343.8230 II	3.69	0.03	U 343.7934 2~5
				Ti 332.2937 0.005					Hf 343.8235 5~7
	332.6414 II	5.26	5	W 332.6190 5					Er 343.8473 0.7
				Dy 332.642 3		344.737 I	3.59	10	
				Nb 332.6619 7		346.3017 II	5.06	0.7	Mo 346.3032 7
				Ti 332.6765 0.1		347.9392 II	4.28	0.5	Hf 347.9285 1
	333.3556 I		5						Tb 347.929 3
	333.4251 II		5						Nb 347.9564 0.7~1
	334.0555 II		3	Ho 334.046 7		348.1146 II	4.36	0.3	Pd 348.1152 0.1
				Er 334.048 2		348.3539 II		5	Co 348.3410 1~2
				Mo 334.0508 ≥10		349.6210 II	3.58	0.03~0.05	Y 349.6080 0.3
	335.6091 II	3.79	2~3	Dy 335.6220 5		350.5485 II	5.07	0.5	Ho 350.695 10
Zr	335.726 II	3.69	5		Zr				Dy 350.5457 2
	335.9955 II		7			350.9323 I	3.60	≥10	Tb 350.917 0.01
	337.4726 II		3	Nb 337.4925 5					Ho 350.935 3~5
	338.7872 II	4.63	3	Ti 338.7836 0.01		354.2623 II	5.26	0.7	
				Nb 338.7928 10		355.1951 II		0.7	
				Co 338.8173 0.7		355.6597 II	3.95	0.1	Ho 355.678 0.5
	338.8229 II	3.65	1	Co 338.8173 0.7					V 355.6801 0.05
	339.1975 II	3.82	0.02	Mo 339.1851 5					Fe 355.6883 150
				Er 339.1989 0.03		357.2473 II	3.46	0.05	Sc 357.2523 0.002
	339.6658 III		10	Eu 339.658 5					Pb 357.2734 0.1
				Rh 339.685 0.7		357.6854 II	3.88	0.5	Dy 357.6873 0.5
	339.9349 II	3.97	5	Fe 339.9336 200		361.1893 II	5.17	3	W 361.1855 7
	340.1796 I		≥10	Fe 340.1521 90		361.3100 II		3	Fe 361.220 50
				Er 340.1830 0.7					Ho 361.335 3
	340.2523 II		7	Tb 340.233 1		361.4774 II	3.79	1	Mo 361.4686 3
				Cr 340.2399 5					Dy 361.4707 5
				Ti 340.2422 5		367.1269 II		3	Gd 367.1216 7
				Sm 340.2701 5		367.4718 II	3.69	1	Ho 367.477 1
	340.3684 II		7~10	Cr 340.3322 0.1		367.8905 II		7	
				Dy 340.345 7		369.8167 II	4.36	0.5	
				Cd 340.3653 1					

表 3-7 元素分析线、灵敏度与干扰谱线表[3]

元素	分析线 λ/nm		激发电位 E_i/eV	灵敏度/%		干扰元素检出限量 w/%			备注
				垂直法	撒料法				
Ag	243.779	II	9.93	≈1	0.05~0.1	Mo	243.774	>1	
						Ni	243.789	≈0.3	
	328.068	I	3.78	0.0001	0.00003	Fe	328.026	>3	
						Th	328.037	≈0.5	
						Ce	328.048	0.3	
						Cu	328.068	>1	
						Zr	328.075	3	
						Mn	328.076	≥0.3	
						Ta	328.087	10	
						Y	328.091	≈0.5	
						Mo	328.107	≈0.1	
						V	328.112	1	
	338.289	I	3.66	0.0001	0.00003	Cr	338.268	0.1	
						Th	338.312	1	
						Sb	338.314	>1	
						Ce	338.368	>1	
Al	237.841	I	5.23	<1	1	Co	237.862	1	铝含量>3%时用此线
	265.249	I	4.66	0.03	0.01~0.03	Mn	265.249		黑度变化明显,Al含量为0.1%~3%时用此线
						Sb	265.260	0.1	
						W	265.261	10	
	266.039	I	4.66	0.03	0.01~0.03				适于 0.1%~3%铝含量测定
	305.008	I	7.65	3	1~3	Th	304.987	1	
						W	305.000		
	308.215	I	4.02	0.001	0.0005	Mo	308.195	大量	适于低含量铝的测定
						Mn	308.205	1	
						V	308.211	0.3	
						Th	308.217	大量	
	309.271	I	4.02	0.003	0.001	Mo	329.270		适于低含量铝的测定
						V	329.272		
						Nb	329.288	大量	
						Mg	329.299	0.3	
						Th	329.305	大量	
	394.409	I	3.14	≤0.001		Nb	394.367	高含量	由于氰带干扰,仅用于定性
						Ni	394.412	高含量	
	396.153	I	3.14	≤0.001		Zr	396.16	>0.01	由于氰带干扰,仅用于定性
						Ni	396.212	1	

元素	分析线 λ/nm		激发电位 E_i/eV	灵敏度/%		干扰元素检出限量 w/%			备注
				垂直法	撒料法				
As	234.984	I	6.59	0.01	0.003	U	234.960	10	As 含量为 0.01%~0.3%时用此线
						W	234.982	>3	
						Mo	234.989	10	
						In	234.99	高含量	
						Ti	234.994	0.3	
	238.118	I	6.56	0.5~1	0.1	Hf	238.100	≈3	
						Re	238.114	1	As 含量为 0.1%时用此线
	286.044	I	6.59	0.05~0.1	0.01	Ti	286.027	1	
						U	286.046	0.3	
	299.099	I	6.37	3~5	1	V	299.095	0.3	
						Ti	299.099	3	
						Ni	299.109	1	
Au	235.265	II	6.40	≥1		Mo	235.261	0.1	
						Co	235.285	0.3	
	242.795	I	5.10	0.001	0.0003	Nb	242.754	>10	SiO 分子光谱
						Sr	242.81	1	
						Pt	242.820	≈1	
						V	242.828	≈1	
	267.595	I	4.63	0.001	0.0003	Mn	267.551	10	
						Cr	267.568	3	
						V	267.576	1	
							267.597	1	
						W	267.587	≈1	
						U	267.588	>1	
						Nb	267.594	0.3	
						Co	267.598	>0.3	
						Fe	267.611	10	
	270.089	I	5.72	0.3		Cr	270.059	1~3	
						V	270.094	0.03	
						Mo	270.103	3	
						Eu	270.112	0.1	
	274.826	II	5.64	0.01	0.005	Cr	274.829	0.1	
						U	274.845	0.3	
	312.282	I	5.10	0.02	0.005	Mo	312.276	0.1	
						V	312.289	0.1~0.03	
B	249.678	I	4.96	0.001	0.0005	Fe	249.655	1	
						Hf	249.698	0.3~1	
	249.773	I	4.96	0.001	0.0005	Sn	249.772	>0.1	

续表

元素	分析线 λ/nm		激发电位 E_i/eV	灵敏度/% 垂直法	灵敏度/% 撒料法	干扰元素检出限量 w/%			备注
B						Fe	249.782	>10	
						Mo	249.786	>1	
Ba	233.527	Ⅱ	6.00	0.01	0.01				Ba 含量为 0.01%~0.5% 时用此线
	234.758	Ⅱ	5.98	0.3	0.05	Co	234.739	0.3.~1	Ba 含量为 0.3%~5% 时用此线
						Ni	234.752	0.1	
	263.478	Ⅱ	7.39	≈1		Dy	263.481	0.3	Ba 含量>5%用此线
	277.135	Ⅱ	7.15	1~3		Mn	277.143	0.3~1	SiO 分子光谱
	307.158	Ⅰ	4.04	0.1	0.03	Cr	307.130	1	
						Mo	307.144	1	
						Nb	307.156	0.1	
	455.404	Ⅱ	2.72	<0.001		Ti	455.342	3	
						Cr	455.395	1	
						Zr	455.397	2	
	493.409	Ⅱ	2.51	0.001		Zr	493.364	5	
						La	493.482	1	
						V		5	
Be	234.861	Ⅰ	5.28	0.0001	0.0005	Ni	234.874	3	适于微量 Be 测定
						Cu	234.882	≈1	SiO 分子光谱
	235.069	Ⅰ	7.99	0.3	0.5				Be 含量>0.5%用此线
	249.458	Ⅰ	7.68	0.01	0.03	Mn	249.440	3~10	Be 含量为 0.01%~0.x% 用此线
	249.473	Ⅰ	7.68	0.01	0.03	Ru	249.448	1~3	
	265.047	Ⅰ	7.40	0.001	0.005	Co	265.027	0.3	Be 含量>0.001%用此线
						Zr	265.038	0.3	
						Pb	265.04	3~10	
						Th	265.058	0.3~1	
	298.609	Ⅰ	10.61	1	1	Mo	298.584	3	
						Cr	298.585	0.03	
							298.599	0.01	
						Mn	298.600	1	
	313.007	Ⅱ	3.95	0.0001	0.0005	V	313.026	≥0.01	
	313.042	Ⅱ	3.95	0.0001	0.0005	Nb	313.079	>0.01	
						Ti	313.080	>0.1	
						Cr	313.121	0.3	
Bi	240.088	Ⅰ	7.07	0.3~1	1	Co	240.056	3	
							240.110	1~3	
						Ta	240.063	0.3	
						Hf	240.078	1	
	289.798	Ⅰ	5.69	0.01	0.003	Mo	289.763	≈1	

元素	分析线 λ/nm		激发电位 E_i/eV	灵敏度/%		干扰元素检出限量 w/%			备注
				垂直法	撒料法				
Bi						Y	289.767	≈1	
						Cr	289.770	3	
						La	289.776	10~15	
						Nb	289.781	>0.1	
						Mn	289.799	>0.5	
						Be	289.827	5	
	299.334	I	5.55	0.03~0.1		Ru	299.327	0.3	
						Mo	299.351	0.3	
						W	299.361	0.3	
	306.772	I	4.04	0.001	0.0005	Fe	306.724	1	Bi 含量为 0.002%~0.01%用此线
						Mo	306.764	3	
						Th	306.773	0.1	
						Sn	306.776	10	
Ca	239.856	I	5.18	1~3	1	V	239.827	10	
	272.165	I	4.55	5	5	Th	272.169	0.3	
						Ag	272.182	0.3	
	299.731	I	6.02	≈0.5		Cu	299.736	3	
						Mo	299.741	3	
						Ru	299.742	0.3	
	315.887	II	7.05	0.03~0.1	0.05	Th	315.861	1	Ca含量为0.03%~0.5%用此线
						Co	315.877	0.1	
	317.933	II	7.05	0.03	0.03	Fe	317.897		
						Cr	317.928	0.3	
						Rh	317.972	1	
	393.367	II	3.15	≤0.001		Fe	393.361		
	396.847		3.12	≤0.001		Cr	396.901		
	422.673	I	2.93	0.001		Fe	422.643		
						Ce	422.673		
Cd	228.802	I	5.41	0.001		As	228.812	>0.01	严重自吸
	283.691	I	8.10	0.3~1	0.1~0.3	V	283.669	1	
						Co	283.715	0.3	
	286.82	I	8.26	1~3					
	313.317	I	7.76	0.3	0.1	Ru	313.288	0.3	
						V	313.333	0.01	
	326.106	I	3.80	0.01	0.003	Co	326.082	~0.1	Cd 含量为 0.00x%~0.3%用此线
						Th	326.092	1	
						Ce	326.098	0.1	
						V	326.108	0.3	
						W	326.116	1	

元素	分析线 λ/nm		激发电位 E_i/eV	灵敏度/%		干扰元素检出限量 w/%			备注
				垂直法	撒料法				
Cd						Fe	326.133	3	
Ce	306.301	II	4.94	0.3		Th	306.303	0.1	
						W	306.318	1	
						V	306.324	0.5	
						Cu	306.342	0.3	Ce 含量为 0.01%~1% 用此线
	320.171	II	4.72	0.1		Ti	320.159	>0.3	
						Dy	320.162	>1	
						Sm	320.179	>0.3	
	322.117	II	4.40	0.3		Nb	322.093	≈0.1	
						W	322.121	0.3	
						Ni	322.127	0.3	
						Ti	322.138	>0.1	
	422.26	II	3.05	≥0.03		Mo		高含量	
	429.667	II	3.40	0.01~0.03		Zr		≈3	
	439.166	II	3.14	≥0.03		Mo		高含量	
Co	236.379	II	5.74	0.1		Si	236.382	>10	
	238.049	I	5.32	0.1~0.3		Hf	238.030	0.3~1	
						Mo	238.041	0.3	
						Zr	238.055	>0.3	
	242.493	I	5.11	0.01~0.03	0.005	Os	242.497	0.3~1	SiO 分子光谱
	308.678	I	4.24	0.03		Cr	308.677	≈3	
						V	308.678	0.3	
	340.512	I	4.07	0.001	0.0005	Zr	340.481	0.1	
						Ti	340.509	≈0.5	
						V	340.516	0.3	
						Cr	340.522	0.3	
						Bi	340.532	10	
						Nb	340.541	≈0.3	
						Th	340.556	7	
	344.917	I	4.18	0.003	0.005	Mo	344.907	0.03	
	344.944	I	4.03	0.003	0.005	Mn	345.060	1	
	345.351	I	4.02	0.001	0.0005	Ni	345.289	≈0.03	Co 含量为 0.001%~0.01%用此线
						La	345.317	≈1	
						Cr	345.333	>0.3	
							345.374	>0.3	
						Ni	345.416	≈0.1	
Cr	240.860	I	6.18	0.3		Mo	240.839		
						Co	240.875	1	
	267.716	II	6.18	0.01	0.003	V	267.711	0.03	

元素	分析线 λ/nm		激发电位 E_i/eV	灵敏度/%		干扰元素检出限量 w/%			备注
				垂直法	撒料法				
Cr						Pt	267.715	0.3	
						Mn	267.725		
						W	267.728	>0.05	
	273.190	I	5.48	0.1	0.05	V	273.151	>0.3	
						Ti	273.157	0.3	
						Mg	273.208	1	
	301.476	I	5.08	0.003		Mo	301.469	1	
	301.493	I	5.09	0.003		Mn	301.469	1	
						Mo	301.478	>1	
						V	301.482	0.3	
						Th	301.492	0.3~1	
	425.433	I	2.91	0.001		Zr	425.357	≈5	
						Nb	425.439	≈2	
						Mo	425.443	≈1	
						Nb	425.469	≈2	
						Ti	425.603	≈1	
	427.480	I	2.90	0.001		Ti	427.458	≈1	
						Nb	427.467	≈3	
						Zr	427.477	≈5	
						Cu	427.513	≈1	
						La	427.564	≈0.5	
Cs	455.536	I	2.72	0.3		Ba	455.404	≈0.01	
						Ti	455.549	≈0.1	
	459.318	I	2.70	1		Fe	459.265		
						V	459.418	>0.01	
Cu	282.437	I	5.78	0.03	0.001	Re	282.424	0.3	Cu 含量>0.03%用此线
						Ag	282.437	3	
						Ir	282.444	0.03	
	296.117	I	5.57	0.05~0.1	0.05	U	296.094	0.3	
						V	296.112	0.3	
	297.827	I	9.55	5	2	Co	297.801	>1	
						Mn	297.812	>3	
						Mo	297.829	>0.3	
	301.084	I	5.50	≈0.2		U	301.075	0.3~1	
						W	301.076	0.03	
						Cr	301.109	0.5	
						Mn	301.116	0.5	
	310.860	I	8.82	1.0	0.1	La	310.846	0.3	
						Mn	310.863	0.3	
	324.754	I	3.82	0.0001	<0.0005	Co	324.718	0.3	Cu 含量<0.03%用此线

元素	分析线 λ/nm		激发电位 E_i/eV	灵敏度/%		干扰元素检出限量 w/%			备注
				垂直法	撒料法				
Cu	327.396	Ⅰ	3.78	0.0001	<0.0005	Fe	324.721	10	Cu含量<0.03%用此线 含大量 Mn、Ca 时谱线变细而实
						Cr	324.727	1	
						Nb	324.747	1	
						Mn	324.754	0.3	
						Mo	324.762	0.3	
						Co	327.393	0.3~1	
						Mo	327.396	≈1	
						Ti	327.404	≈1	
						Th	327.439	≈0.5	
						Fe	327.445	≈5	
Dy	263.481	Ⅱ		>0.1		Ba	263.471	1	
						Nb	263.471	1~3	
	291.395			0.1~0.3		Cr	291.373	0.03~0.1	
						Ni	291.400	1	
						Fe	291.420	1~3	
	293.453			0.1~0.3		V	293.440	0.1	
						Zr		>0.1	
	313.536	Ⅱ		0.03		Fe	313.545	>3	
						Ce	313.557	1	
	315.652	Ⅱ		≈0.03		Fe	315.627	1	
						Gd	315.654	≈1	
						Cu	315.662	1	
	330.889			<0.1		Mn	330.878	0.3	
						Ti	330.880	0.1	
						Co	330.881	0.3	
	331.989	Ⅱ	3.74	0.1		Cu	331.968	1	
						Co	331.982	0.1~0.3	
	339.36	Ⅱ	3.76	>0.03		Ce		>1	
	387.212	Ⅱ	3.20	0.03~0.1		Ce		>10	
						Zr		≈10	
	389.854	Ⅱ	3.77	<0.1		Ce		>10	
						La		>0.3	
						Ti		>1	
						Zr		>10	
	394.47	Ⅱ	3.14	0.03		Al	394.403	≈10	
						Ce	394.483	≈10	
Er	258.673			0.1~0.3		Co	258.622	0.3	特征谱线
						Zr	258.686	≈1	
	258.704			≈0.3					
	258.736			≥1		Co	258.722	0.3	
	283.871			>0.1		Os	283.862	0.1	

续表

元素	分析线 λ/nm	激发电位 E_i/eV	灵敏度/% 垂直法	灵敏度/% 撒料法	干扰元素检出限量 w/%			备注
Er	290.447		0.1		Ru	283.862	3	特征谱线
					Ni	283.896	1~3	
					Zr	290.427	0.3	
					Hf	290.440	0.01	
					Cr	290.468	0.3	
	291.036	Ⅱ	<0.03		Ce		>10	
					Gd		>0.3	
					Sm		>0.3	
					Zr		0.1	
	389.623	Ⅱ	3.24	>0.03	Nd	389.614	1	
	390.632	Ⅱ	0.03		Fe	390.65		
	400.797	Ⅰ	0.01~0.03		Ti	400.806	>3	
Eu	268.565	Ⅱ	4.62	<0.3	Co	268.534	0.3	
					V	268.584	0.3	
					Mn	268.594	3	
	272.778	Ⅱ	4.54	0.003~0.01	Ce		>10	在 Fe 272.754(强线)与 272.802(弱线)之间
	281.395	Ⅱ	4.41	0.01	Hf	281.386	0.03~0.1	
					Re	281.396	0.3	
					Mn	281.399	1	
	282.078	Ⅱ	4.39	>0.03	Fe	282.081	>3	
					Cr	282.082	0.3	
	290.668	Ⅱ	4.26	0.01	Fe	290.642	3	
					V	290.645	0.03	
	412.974	Ⅱ	3.00	0.001				需要消除氰带
Fe	259.837	Ⅱ	4.82	0.003~0.01	0.003	Sb	259.806	0.03	
						Mn	259.817	≈3	
						Ru	259.858	3	
	259.939	Ⅱ	4.77	0.003	0.001	Mo	259.964	>1	
	259.957	Ⅱ		0.003	0.001	Re	259.986	0.3	
						Ti	259.99	>0.3	
	288.631	Ⅰ	5.85	3~10		Co	288.644	0.3	
	290.192	Ⅰ	6.67	1	0.3	Mn	290.220	1	适于测含 Fe 1%~10%
	290.416			3	1~2	Ta	290.407	1	
						V	290.412	0.3	
	301.619	Ⅰ	5.10	≈0.3	0.1	Mn	301.645		适于测含 Fe 0.1%~1%
	301.898	Ⅰ	5.06	≈0.03	0.01~0.03	Cr	301.882	0.03	Fe 为 0.1%~1%用此线
						Ni	301.914	0.1	
	302.064	Ⅰ	4.11	0.001	0.001	Cr	302.067	0.3	适于测定低含量铁
	317.034	Ⅱ	5.60	10		Ru	317.009	3	
						Mo	317.034	0.01	

元素	分析线 λ/nm		激发电位 E_i/eV	灵敏度/%		干扰元素检出限量 w/%			备注
				垂直法	撒料法				
Ga	250.017	I	5.06	0.05	0.01	Cr	249.984		
						Co	250.050	3	
	250.071	I		≥0.3		U	250.086	0.3~1	
						Fe	250.092	0.03~0.1	
	265.987	I	4.66	0.03		Ru	265.961	0.3	
						Al	266.039	≥1	
	287.424	I	4.31	0.003		Ta	287.416	高含量	
						Fe	287.417	≈0.1	
						V	287.421	高含量	
						Ta	287.452	高含量	
	294.364	I	4.31	0.0001	<0.0003	Co	294.348	3	
						La	294.355	≈10	
						Fe	294.357	1	
						U	294.389	0.3~1	
						Ni	294.391	0.03	
	294.418	I	4.31	0.01	0.003	Ni	294.391	0.03	
						Mo	294.421	0.3	
						W	294.439	>0.01	
						Fe	294.440	0.3	
						V	294.457	>0.1	
Gd	280.971	II	4.84	0.1		V	280.951	3	
						Mg	280.978	1	
	301.014	II	4.12	0.01					
	302.760	II	4.24	0.03		Ca	302.762	0.3	
						U	302.769	0.3	
						Mo	302.777	1~3	
	303.285	II	4.17	0.03		Ce	303.272	1	
						Sn	303.277	≈0.1	
						As	303.284	1	
						Cr	303.292	1~3	
						Fe	303.310	1~3	
	303.405	II	4.12	>0.3		Cr		>0.1	
						Pr		>1	
						Sn		0.003	
						Th		≈0.1	
	335.861	II	3.72	≈0.03		Ti	335.840	0.01	
						Cr	335.850	0.1	
						Re	335.856	0.3	
	376.839	II	3.36	>0.1					
	391.659	II	3.77	0.1		Bi		0.3	

元素	分析线 λ/nm		激发电位 E_i/eV	灵敏度/%		干扰元素检出限量 w/%			备注
				垂直法	撒料法				
Ge	241.736	I	6.01	0.01	0.003	Co	241.733	1	
						V	241.735	>0.3	
	258.919	I	4.94	0.3		Ru	258.903	3	
						Th	258.906	0.3	
						W	258.916	1	
	265.118	I	4.85	0.001	0.0003	Ce	265.101	0.5	Ge 含量为 0.001%~0.03%用此线
						Fe	265.129	高含量	
	265.158	I	4.67	0.001	0.001	Pb	265.04	>10	
						Fe	265.171	1	
						Ru	265.184	1	
	269.134	I	4.67	0.005	0.003	V	269.079	0.5	
						Mn	269.098	≈5	
						Cr	269.104	0.1	
						Ta	269.131	≈1	
						W	269.156	≈3	
	279.394	I		1		Fe	279.39	高含量	
							279.416	高含量	
	303.906	I	4.96	0.001	0.0003	Nb	303.918	0.5	
							303.940	0.5	
						Ir	303.926	0.3	
						U	303.926	0.3	
						Fe	303.931	3	
						In	303.936	≈0.005	
Hf	234.744	II	6.07	0.3		Co	234.739	0.3	
						Ni	234.752	0.1~0.3	
						Ba	234.757	0.3	
	263.871	II	4.70	0.01	0 05~0.1	Ru	263.851	1	
						Ti	263.870	3	
						Zr	263.871	0.3	
						Mo	263.876	>0.3	
						Cr	263.890	1	
	264.141	II	5.73	0.01	0.05	Ba	264.137	>0.3	
						Th	264.149	0.1	
						Fe	264.165	0.3	
	264.729	II	5.72	0.03	0.3	Re	264.712	0.1	
						Fe	264.755	1	
	277.336	II	5.25	0.01	0.1	Fe	277.323		
	282.022	II	4.77	0.01	0.05~0.1	Re	281.996	0.03	
						Co	282.001	1	
						Er	282.018	0.1	

元素	分析线 λ/nm		激发电位 E_i/eV	灵敏度/%		干扰元素检出限量 w/%			备注
				垂直法	撒料法				
Hf	286.637	Ⅱ	4.32	0.03	0.3	Mo	286.626	>1	
						W	286.637	>0.3	
						V	286.641	0.1	
						Fe	286.663	0.3	
Hg	253.652	Ⅰ	4.88	0.03	0.003	Co	253.596	>0.1	
						Pt	253.648	1	
	312.567	Ⅰ	8.85	<0.3		Th	312.546	0.1	
						Fe	312.565		
	313.155	Ⅰ	8.82	0.3		Be	313.107	0.001	
						Hf	313.181	0.03	
	313.184	Ⅰ	8.85	0.3		Cr	313.206	0.01	
						Zr	313.206	0.01	
Ho	339.898	Ⅱ		≈0.01		Co	339.881	1	
						Ce	339.892	≈1	
						Fe	339.933		
	341.646	Ⅱ		>0.01		Co		≈1	
						Er		≈0.1	
	345.600	Ⅱ		≈0.01		Dy		0.1	
						Er		>1	
						Y		1.0	
	388.896	Ⅱ		0.1					
	389.102	Ⅱ	3.2	≈0.03		Ce	389.99	≈3	
	416.303	Ⅰ		0.01~0.03		Gd	416.311	0.3	
						La	416.330	>10	
In	260.176	Ⅰ	5.04	0.5~1	0.3	Mo	260.182	3	
						Re	260.188	0.3	
	293.262	Ⅰ	4.49	0.03		Ni	293.262	3~10	
						Ta	293.269	0.3	
	303.936	Ⅰ	4.08	0.001	0.0003	Ge	303.906	≈0.003	
						Ir	303.926	0.3	
						Fe	303.931	≈3	
						W	303.931	1	
						Nb	303.940	1	
						Co	303.956	1	
						Cr	303.978	0.1	
						Nb	303.981	0.3	
	325.609	Ⅰ	4.08	0.001		Fe	325.589	1~3	
						Mn	325.614	≈0.01	
						Mo	325.621	0.1	
						Th	325.627	0.3	
						Ru	325.633	1	

元素	分析线 λ/nm		激发电位 E_i/eV	灵敏度/%		干扰元素检出限量 w/%			备注
				垂直法	撒料法				
In	325.856	I	4.08	0.001	0.003	Mn	325.841	0.1	用全色相板摄谱
						Mo	325.868	高含量	
	451.132	I	3.02	0.0003		Ti	451.117	>3	
						Sn	451.130	0.5	
Ir	289.715	I		0.1~0.3		Er	289.696	0.1	
						Th	289.707	0.3~1	
	292.479	I	4.24	0.01~0.03		Re	292.460	0.1~0.3	
						V	292.464	0.01	
	313.332	I	4.74	0.03		Cd	313.316	0.3	
						V	313.333	0.01	
	322.078	I	4.20	0.01		Pb	322.054	≈10	
						Nb	322.092	0.1~0.3	
						Ni	322.127	<3	
K	321.715	I	3.86	>3		Mn	321.694	0.1	
						V	321.711	0.1	
	344.672	I	3.60	0.5~1		Co	344.608	0.1	
						Ni	344.626	0.03	
						Zr	344.661	≈1	
							344.736	≈1	
	404.414	I	3.06	0.1~0.3					在中型摄谱仪上,用 Li_2CO_3 抑制氰带后方可使用
	404.720	I	3.06	0.1~0.3					
	766.491	I	1.62	<0.001					用玻璃光学系统红色相板摄谱
	769.898	I	1.61	0.001					
La	261.034	II	5.66	0.1	0.1	Mn	261.020	>0.3	
						Nb	261.027	3	
	289.307	II	7.04	≈0.3		Mo	289.281	0.3	
						Pt	289.322	1	
						Cr	289.325	0.01	
						V	289.332	0.03	
	324.513	II	4.00	0.01	0.03	Ce	324.516	≈1	
						Sm	324.516	0.1	
						Ni	324.537	≈3	
						Cr	324.548	0.2	
							324.554	0.2	
	333.749	II	4.12	0.01	0.01~0.03	Mg	333.668	≈0.2	
						Co	333.717	≈3	
						Ta	333.749	≈1	
						Th	333.749	≈0.3	
						Fe	333.766	≈3	
						Ta	333.779	≈1	

第二篇

元素	分析线 λ/nm		激发电位 E_i/eV	灵敏度/%		干扰元素检出限量 w/%			备注
				垂直法	撒料法				
La	433.374	Ⅱ	3.03	0.003~0.01		Cu	333.784	0.5	
						Zr	433.326	>10	
						Ce	433.34	高含量	
Li	256.254	Ⅰ	4.83	≈1					
	274.131	Ⅰ	4.52	0.1	0.05	Cr	274.106	0.1	
						Fe	274.111	3	
						Mo	274.132	1	
	323.261	Ⅰ	3.83	0.003~0.01	0.003	W	323.248	1	
						Sb	323.249	≈0.1	
						Nb	323.279	≈1	
						Ti	323.279	≈0.05	
						Co	323.287	≈0.1	
						Ni	323.296	≈0.01	
	610.364	Ⅰ	3.87	0.005		Ca	610.27		用玻璃光学系统全色相板摄谱
	670.784	Ⅰ	1.85	0.001					用玻璃光学系统全色相板摄谱
Lu	239.218	Ⅱ	7.31	≈0.1					
	261.542	Ⅱ	4.74	0.001		W	261.512	1	
						Fe	261.542		
	276.574	Ⅰ		≈0.1		Er	276.561	0.3	
						V	276.567	0.1	
	290.030	Ⅱ	5.81	0.01		Mn	290.016	3	
						Cr	290.026	3	
						Mn	290.054	1	
	291.139	Ⅱ	6.02	0.003		Yb	291.15	>0.3	
						Er			
						Th		≥1	
Mg	277.669	Ⅰ	7.18	≈0.1					
	277.829	Ⅰ	7.18	≈0.1		Fe	277.822		特征线组
	277.983	Ⅰ	7.18	≈0.03					Mg 含量为 0.1%~1%时可用此线组
	278.142	Ⅰ	7.18	≈0.1					
	278.297	Ⅰ	7.18	≈0.1					
	279.079	Ⅱ	8.86	≈0.3	0.1	Mn	279.091	>3	Mg 含量为 0.1%~1% 的沉淀用此线
	279.553	Ⅱ	4.43	0.001		Fe	279.501		
						Fe	279.554		
						Cr	279.581		
	285.213	Ⅰ	4.34	0.0003~0.0001	0.0003	Fe	285.180		Mg 含量<0.1%的沉淀用此线
						Fe	285.213		
						Na	285.282	>1	

元素	分析线 λ/nm		激发电位 E_i/eV	灵敏度/%		干扰元素检出限量 w/%			备注
				垂直法	撒料法				
Mg	291.552	I	10.0	1	1	V	291.533	0.3	谱线扩散
						Mo	291.538	1	
Mn	238.405	I	5.21	≈3		Zr	238.416	3	
						V	238.427	1	
	259.576	I	7.10	0.05~0.1					Mn 含量为 0.1%~5% 用此线 SiO 分子光谱
	260.569	II	4.75	0.03					用于 Mn 含量为 0.005%~0.3%的测定
	263.817	II	8.12	0.5	0.3	Mo	263.830	1	用于 Mn 含量为 1%~10%的测定
	263.984	II	8.75	1	0.5	Ir	263.971	0.01	用于 Mn 含量为 1%~10%的测定
	279.482	I	4.44	0.0005	0.0003	Fe	279.470	1	
						Co	279.481		
						Fe	279.500	3	特征线组 适于微量 Mn 的测定
	279.827	I	4.43	0.0005	0.0003	Mg	279.806	0.3	
						Zr	279.827	0.1	
						Ta	279.840	1	
	280.106	II	4.43	0.0005	0.0003	Cr	280.077	0.3	
						Ir	280.082	1~3	
						Zn	280.087	0.3	
	293.306	II	5.41	0.005	0.005	Tb	293.305	0.3	
						Ru	293.324	3	
Mo	260.280	II	6.22	1		W	260.280	高含量	
	281.615	II	6.06	0.01	0.003	V	281.597	0.03	
						Al	281.618	10	
						Mn	281.632	1	
	287.151	II	5.86	0.01	0.005	W	287.136	1	Mo 含量为 0.01%~1% 用此线
						Ta	287.141	>0.2	
						Cr	287.163	0.1	
						Ru	287.163	1	
	290.306	II	7.55	0.3	0.1	V	290.307	0.1	
						Ti	290.318	3	
						Co	290.319	1	
						Tb	290.321		
	308.561	I	6.10	0.03~0.1		Ta	308.553	3	
	313.259	I	3.96	0.0003	0.0003	Nb	313.213	1	
						Fe	313.251	3	
						Ce	313.259		
						V	313.259	1	
						Ce	313.264	1	

元素	分析线 λ/nm		激发电位 E_i/eV	灵敏度/%		干扰元素检出限量 w/%			备注
				垂直法	撒料法				
Mo	317.035	I	3.91	0.0003	0.0003	Ta	313.264	0.5	Mo 含量<0.03%用此线
						Nb	313.276	1	
						Mn	313.28	2	
						Cr	313.282	0.3	
						Ru	313.288	1	
						W	317.020	1	
						Ta	317.029	0.1	
						Fe	317.034	>1	
						Th	317.043	0.3	
Na	268.034	I	4.62	>1	1~2	Fe	268.016	3	
	268.044	I	4.62	>1	1~2	Cr	268.034.1		
						Ca	268.036		
						Fe	268.045	3	
	285.283	I	4.35	0.3	0.3	Mg	285.213	>0.01	Na 含量为 0.5%~10%用此双线
	285.303	I	4.35	0.3	0.3	Re	285.286	0.3	
						V	285.286	0.3	
	330.232	I	3.75	0.03	0.03	Zn	330.258	0.03	Na 含量为 0.0x%~1%用此双线
	330.299	I	3.75	0.03	0.03	Cr	330.287	高含量	
						Mn	330.328	1	
						La		0.1	
						Zn	330.294	0.03	
	588.995	I	2.11	0.0001~0.0003					用玻璃光学系统全色相板摄谱
	589.592	I	2.10						Mo 含量高时用 Na 588.995 线
Nb	241.246	II	6.17	0.3~1	1	Ni	241.264	0.5	
						V	241.268	0.3	
	284.114	II	4.74	0.1	0.1~0.3	V	284.104	0.3	
	290.824	II	4.55	0.03	0.05	Mn	290.799	0.5	
						Mo	290.816	3	
						W	290.826	1	
						Re	290.834	0.3	
	292.781	II	4.75	0.01	0.03	Fe	292.753	1	
						W	292.753	≈10	
						V	292.764	0.1	
						Co	292.767	1	
						Pt	292.810	高含量	
						W	292.819	≈10	
	295.088	II	4.71	0.01	0.03	Re	295.083	0.3	

续表

元素	分析线 λ/nm		激发电位 E_i/eV	灵敏度/%		干扰元素检出限量 w/%			备注
				垂直法	撒料法				
Nb						Mn	295.116	3	
						Th	295.121	1	
						Cu	295.126	高含量	
	309.418	Ⅱ	4.52	0.003	0.01~0.03	Cu	309.399	>1	
						V	309.419	高含量	
	313.078	Ⅱ	4.40	0.003	0.005	V	313.03	0.1	
						Be	313.042	>0.001	
						Ti	313.080	0.03	
						Be	313.107	>0.001	
						Th	313.107	0.1	
	316.340	Ⅱ	4.30	0.003	0.005	Ta	316.312	0.1	
						Mo	316.328		
						W	316.328	≈1	
						Cr	316.375		
Nd	311.517	Ⅱ		≥0.3		Cr	311.486	1	
						Sm	311.504	>1	
						Er	311.509	0.3	
						Yb	311.533	>0.3	
						Mn	311.546		
	313.360	Ⅱ		0.1~0.5		V	313.332	0.01	
						Th	313.362	0.3	
						W	313.388	0.3	
	415.608	Ⅱ	3.16	≈0.03		Zr	415.623	0.1	需消除氰带
	428.452	Ⅱ	3.52	0.1					
	430.357	Ⅱ	2.88	≈0.03		Ca	430.253	>10	
						Pr	430.36	>0.3	
Ni	232.579	Ⅰ	5.49	0.03	0.01	Co	232.561	0.3	Ni 含量>0.1%用此线
						Mo	232.581	1	
	233.170	Ⅰ		1		Co	233.169	0.5	
						Ta	233.198	1	
	239.452	Ⅱ	6.85	0.1					SiO 分子光谱
	299.260	Ⅰ	4.17	0.01	0.01	Re	299.257	0.01	
						Mo	299.283	0.3	
	305.082	Ⅰ	4.09	0.001	0.0003	Hf	305.075	0.01	黑度变化明显, Ni 含量为 0.001%~0.03%用此线
						V	305.089	0.1	
						Co	305.093	>1	
	341.477	Ⅰ	3.65	0.001	0.0003	Ru	341.464	1	背景较深
						Zr	341.466	0.3	
						Co	341.473	0.2	
						Dy	341.483	0.1	

元素	分析线 λ/nm		激发电位 E_i/eV	灵敏度/%		干扰元素检出限量 w/%			备注
				垂直法	撒料法				
Os	283.863	I	5.00	≈0.1		W	283.867	3	
						Cr	283.878		
						Ni	283.895		
	290.906	I	4.26	0.03	0.001	Cr	290.805	>0.3	
						V	290.881	>0.01	
						Fe	290.886	1	
						Mo	290.911	>0.1	
	305.866	I	4.05	0.03		Ru	305.865	≥3	
						Re	305.878	≈0.3	
						Ru	305.878	≥3	
						Fe	305.908		
P	253.399	I	7.22	0.5	0.5	Fe	253.380	1	
	253.565	I	7.22	0.1	0.1	Fe	253.560	0.03	
	255.328	I	7.18	0.1	0.1	Cr	255.306	1	
						Co	255.307	0.1	
						Fe	255.318	1	
	255.490	I	7.18	0.5	0.2	V	255.486	0.5	
						Fe	255.522	3	
Pb	239.379	I	6.50			Hf	239.383	0.3	Pb 含量为 0.3%~5% 用此线
	247.638	I	5.98	≥0.03		Fe	247.465	3	Pb 含量为 0.03%~1% 用此线
	266.317	I	5.97	0.03	0.003	V	266.325	>0.3	
						Cr	266.342	0.1	
	280.200	I	5.74	0.003		Ni	280.227	1	
						Mg	280.27	>0.1	
	283.307	I	4.37	0.001	0.0003	W	283.295	1	Pb 含量<0.03%用此线
						Fe	283.310	10	
						Mn		10	
						Hf	283.327	0.1	
Pd	292.249	I	5.05	0.1	0.01	Fe	292.262	3	
	302.791	I	5.05	<0.01		Mo	302.777	1~3	
	324.270	I	4.64	0.003		Ti	324.199	>0.1	
						Ta	324.283	0.1	
						Ni	324.305	>0.01	
	340.458	I	4.46	0.003		Fe	340.436	0.3	
						Re	340.472	0.01	
	342.124	I	4.37	0.003		Th	342.119	0.03	
						Cr	342.121	0.3	
						Ni	342.134	0.1~0.3	

元素	分析线 λ/nm		激发电位 E_i/eV	灵敏度/%		干扰元素检出限量 w/%			备注
				垂直法	撒料法				
Pr	316.824	Ⅱ		1		V	316.814	0.1	
						Fe	316.815	1	
						Ti	316.852	0.01	
	317.231	Ⅱ		1		Fe	317.207	3	
						Ce	317.230	0.3	
	390.843	Ⅱ	3.17	0.1					
	396.483	Ⅱ	3.18	0.1					
	396.526	Ⅱ	3.33	0.1					
	417.942	Ⅱ	3.17	0.03		Ce	417.928	≈1	需消除氰带
	422.298	Ⅱ	2.99	≈0.03		Ca	422.673	10	
Pt	265.945	Ⅰ	4.66	0.001		V	265.897		Al 266.039(10%) 光晕影响
						Ru	265.961		
						Cr	265.974		
						Ga	265.986		
	283.030	Ⅰ	4.38	0.01		Mo	282.994	7	
						Ta	283.001	2	
						Ir	283.017	1	
						W	283.028	1	
						V	283.040	0.3	
						Cr	283.046	0.3	
	291.354	Ⅰ	5.51	0.3		Sn	291.354	≥0.3	
						Cr	291.373	0.1	
	292.979	Ⅰ	4.23	0.003~0.01		Co	292.951	0.3~1	
						Fe	292.962	3	
						Hf	292.962	0.1	
	306.471	Ⅰ	4.04	0.001		Re	306.460	0.3	
						Ni	306.462	>0.03	
						Ru	306.484	>0.1	
Rb	420.185	Ⅰ	2.95	0.1					
	421.556	Ⅰ	2.94	0.3		Fe	421.542		
						Sr	421.552	0.005	
	780.023	Ⅰ	1.59	≤0.001					玻璃光学系统,红外相板摄谱
	794.760	Ⅰ	1.56	≤0.001					
Re	345.180	Ⅰ	3.59	0.003		Mo	345.175	1	
						Fe	345.191	1	
	346.047	Ⅰ	3.58	0.001		Mn	346.032	>0.05	
						Cr	346.043	0.1	
						Co	346.072	1	

元素	分析线 λ/nm		激发电位 E_i/eV	灵敏度/%		干扰元素检出限量 w/%			备注
				垂直法	撒料法				
Re	346.472	I	3.57	<0.003		Mo	346.078	>0.05	
						Sr	346.446	0.03	
						Cr	346.483	1	
Rh	312.370	I	3.96	0.1~0.3		Ti	312.377	0.1~0.3	
	326.314	I	4.21	0.03		Co	326.321	0.3	
						Fe	326.337	3	
	332.309	I	3.92	0.003		Ir	332.287	1	
						Ti	332.294	≥0.03	
						Cr	332.325	3	
	339.635	I	3.64	0.003		Er	339.683	0.1	
						Fe	339.698	1	
	343.489	I	3.60	0.001		Mo	343.479	0.3	
						Ru	343.518	0.3	
Ru	281.003	I	4.67	0.1~0.3		Cr	280.994	1~3	
						V	281.015	0.1	
						Fe	281.026	3~10	
	281.065	II	8.90	0.03~0.1		F	281.027	3	
						V	281.027	0.1	
	288.653	I	4.63	0.1		Fe	288.631	1	
						Co	288.644	0.3	
	343.6737	I	3.75	0.01		Ir	343.701	0.3	
						Ni	343.73	≥1	
	349.8944	I	3.54	0.03		Rh	349.873	0.03	
						Ti	349.909	0.3	
Sb	238.364	I	7.48	1~3		Cr	238.333	0.3~1	
						Co	238.346	0.3	
	259.806	I	5.82	0.01	0.003	W	259.811	10	Sb 含量为 0.00x%~0.1%用此线
						Mn	259.817	3	
						Fe	259.837	10	
	268.276	I	6.90	0.3		V	268.287	0.1	
						Mn	268.301	1	
	269.225	I	6.63	1	0.1	Fe	269.225	3	
						Th	269.242		
	287.792	I	5.36	0.01		Ta	287.768	0.3	
						Cr	287.798	0.3	
						V	287.802	0.3	
						Nb	287.816	10	
						Ta	287.820	10	
						Cr	287.845	0.3	

元素	分析线 λ/nm		激发电位 E_i/eV	灵敏度/%		干扰元素检出限量 w/%			备注
				垂直法	撇料法				
Sb	326.750	I	5.82	0.03		V	326.770	0.03	
						Mn	326.779	0.3	
Sc	255.238	II	4.88	0.003		W	255.248	>5	
						Ti	255.253	5	
	256.026	II	4.85	0.01	0.03	In	256.022	高含量	
						Fe	256.027	3	
	282.213	II	7.87	>0.3		Cr	282.201	1	
						Mo	282.203	3	
	326.990	I	3.79	0.003		W	326.962	>1	
						Ge	326.949	0.003	
						W	327.026	>1	
	335.373	II	4.01	0.001		W	335.355	3	
						Cr	335.361	0.1	
						Ru	335.364	1	
						Zr	335.366	0.1	
						W	335.374	3	
						Fe	335.406	0.1	
						Mo	335.412	5	
						Zr	335.438	0.1	
	336.895	II	3.68	0.003		Eu	336.905	0.1	
						Ti	336.905	0.1	
	424.683	II	3.23	≥0.0003		Ce		1	
	431.408	II	3.49	~0.003					
Sm	320.718	II	3.87	>0.1		Fe	320.709	(弱线)	
						Dy	320.710	>0.1	
	336.596	II		0.03~0.1		Cu	336.535	>3	
						Ni	336.576	0.01	
						Ce	336.583	>1	
	425.640	II	3.29	0.1					
	426.269	II	3.28	0.03~0.1		Ti	426.313	>1	
	427.967	II	3.17	0.03~0.1		Ce	428.014	>10	
	428.078	II	3.38	0.03~0.1					
	442.435	II	3.28	0.03~0.1					
Si	243.516	I	5.87	0.03					
	243.878	I	5.08	0.3~1		Re	243.847	0.3	
						Co	243.904	0.3	
	250.690	I	4.95	0.003	0.003				
	251.612	I	4.95	0.001	0.001	Mo	251.611	(弱线)	
						V	251.611	(弱线)	
	256.864	I	6.73	5~10		V	256.839	3	

元素	分析线 λ/nm		激发电位 E_i/eV	灵敏度/% 垂直法	撒料法	干扰元素检出限量 w/%			备注
Si	257.713	I	6.72	≥10		Zr	256.887	0.1	
						Fe	257.609	0.3~1	
						V	257.729	1	
	288.158	I	5.08	<0.001	0.001	Co	288.158	高含量	
Sn	233.481	I	5.51	≤0.1					Sn 含量为 0.1%~1% 用此线
	242.170	I	6.18	0.01~0.03					SiO 分子光谱
	242.95	I	5.51	0.01					
	281.257	I		0.3~1		Mn	281.284	0.3	
	283.999	I	4.78	0.001	0.0003	Mn	284.000	0.1	Sn 含量<0.03%用此线
						Cr	284.002	0.1	
						W	284.009	10	
						V	284.010	3	
	285.062	I	5.41	0.01~0.03		Os	285.076	0.3	Sn 含量为 0.03%~1% 用此线
						Mo	285.078	3	
						Mg	285.212	>1	
	291.354	I	6.38	0.1~0.3		Cr	291.372	0.1	Sn 含量为 0.1%~1% 用此线
	303.278	I	6.21	<0.1		As	303.285	0.3	
						Cr	303.287	1	
	303.412	I	4.30	0.001	0.0005	V	303.344	0.3	当 Mn 为高含量时用此线
						V	303.382	0.3	
						Th	303.407	0.3	
						Cr	303.419	0.03	
						Fe	303.453	10	
	317.505	I	4.33	0.001	0.0005	La	317.488	10	
						Co	317.490	≈0.3	
						Mo	317.505	1	
Sr	247.160	II	8.05	≈3		Rh	247.147	0.3	
	293.183	I	4.23	≈0.5		Rh	293.194	0.3	KCl 中灵敏度约 0.1%
	346.446	II	6.62	0.01	0.03	Cr		(弱线)	Sr 含量为 0.01%~1% 用此线
						Y		0.01	
	460.733	I	2.69	0.003					宜用高色散摄谱仪全色相板摄谱
Ta	265.327	I	4.91	≥0.03		V	265.292	1	
						Mo	265.338	1	
						W	265.356	3	
						Sr	265.358	0.1	
	268.511	II	4.62	0.03	0.03	V	268.513	0.01	SiO 分子光谱
						Ti	268.514	>1	

续表

元素	分析线 λ/nm		激发电位 E_i/eV	灵敏度/%		干扰元素检出限量 w/%			备注
				垂直法	撒料法				
Ta	271.467	I	4.56	0.03	0.03	Fe	271.441	0.3	
						Ni		>10	
						Os	271.441	0.3	
						Th	271.441	0.3	
Tb	321.893	II		0.03		Cr	321.869	0.3	
						V	321.887	0.1	
						Co	321.915	0.3	
	332.440	II		≈0.03		Fe	332.453		
	350.917	II	>3.5	0.1					
	384.875	II	>3.2	≈0.1		Ce	384.860	>3	
						La	384.901	≈0.1	
	389.919	II		0.03~0.1					
	427.851	II		0.03~0.1		Ti	427.822	>0.3	
						Ce	427.825		
	432.648	I		≥0.03		Fe	432.576		
						Fe	432.676		
Te	238.325	I	5.78	0.03	0.03	Fe	238.324	0.3	
						Cr	238.333	0.03	
						Co	238.346	0.03	
						Mo	238.352	10	
	238.576	I	5.78	>0.01	0.01	Ta	238.573	10	
						Cr	238.574	3	
						W	238.579		
						Co	238.581	10	
	253.070	I	5.49	0.3~1		Fe	253.069		
	317.511	I	6.78	3		Co	317.491	0.3	
						Sn	317.502	0.03	
Th	259.705	II	4.77	0.1~0.3		Mo	259.722	10	
	269.242	II	4.60	0.01~0.03					当 V、Zr 同时都高 (Th 含量>0.03%)用此线
	283.730	II		0.01~0.03		In	283.692	1	
						Co	283.715	0.3	
						Zr	283.723	0.1	
						W	283.734	1	
	284.282	II	4.55	0.03	0.1	Nb	284.264	>0.03	
						Ta	284.281	1	
	287.041	II	4.55	>0.01	0.01	Cr	287.043	≥0.1	Th 含量为 0.01%~0.3% 用此线
						V	287.054	0.03	
	323.929			≈1		Ti	323.904	0.03	
						Fe	323.943	0.1	

元素	分析线 λ/nm		激发电位 E_i/eV	灵敏度/%		干扰元素检出限量 w/%			备注
				垂直法	撒料法				
Ti	241.836	I	5.12	1		Fe	241.787	10	Ti 含量<0.05%用此线
						Pt	241.806	1	
	264.663	I	4.73	0.01		Mo		0.3	
						W		>1	
	284.194	II	4.97	0.1		Ru	284.168	>1	
						Mn	284.208	>1	
	295.613	I	4.24	0.01		Mn	295.61	>1	
						Cr	295.633	1	
	308.803	II	4.07	0.003	0.003	Th	308.803	≈1	
						Cu	308.813	>1	
	334.904	II	4.31	≤0.001					
	337.280	II	3.68	0.001		Mo	337.292	≈3	
						Co	337.323	≈3	
						W	337.323	1	
	337.759	I		0.003~0.01		Co	337.706	3	
						Zr	337.745	1	
						V	337.762	0.1	
Tl	276.787	I	4.48	0.03	0.003	Fe	276.752	1	
						Mo	276.809	3	
						V	276.813	1	
	282.616	I	5.34	1		W	282.608	高含量	
						Ta	282.618	3	
	291.832	I	5.21	0.1	0.03	Fe	291.802	0.3	
						Zr	291.824	0.1	
						W	291.825	0.3	
	292.152	I	5.21	0.3	0.1	W	292.111		玻璃光学系统,全色相板摄谱
						Pt	292.138	1	
	535.046	I	3.28	<0.001					
Tm	313.126	II	3.96	0.01~0.03		Be	313.1072	0.001	
						Cr	313.121	0.3	
	376.192	II	3.29	0.1		Ti		>1	
	379.577	II	3.29	0.1		Ti		≈3	
	435.993	II	2.84	0.01~0.03		Zr	435.97	>0.3	
U	263.553			0.3		Ta		0.1	U 含量为 0.1%~x%用此线
						Zr		0.3	
	286.568	II	4.32	0.05~0.1		W	286.557	0.3	
						Nb	286.560	0.13	
						Zr	286.560	0.3	
	290.691			0.1~0.3					
	290.828			0.1~0.3					

元素	分析线 λ/nm		激发电位 E_i/eV	灵敏度/%		干扰元素检出限量 w/%			备注
				垂直法	撒料法				
V	242.012	I	5.19	0.3~1		Mn	242.011	3	Si 分子光谱
	290.307	Ⅱ	4.59	0.01					
	295.207	Ⅱ	4.55	0.01	0.003	W	295.223	0.3	V 含量为 0.01%以上用此线
	305.219	I	4.08	0.1	0.01	Cr	305.222	>0.3	
						Mo	305.232	0.3	
	318.341	I	3.91	0.001	0.001	Ni	318.325	1	V 含量为 0.001%~0.03%用此线
						Cr	318.332	0.03	
						Er	318.341	0.03	
						W	318.351	3	
						Ce	318.352	0.03	
	318.398	I	3.90	<0.001	<0.001	Ti	318.397	0.3	
						Ca	318.421	0.3	
						Ni	318.436	0.01	
	318.540	I	3.96	0.001	0.001	Fe	318.531	10	
W	265.738	I		0.3		Ti	265.719	0.5	
						Hf	265.750	1	
	272.435	I		0.01~0.03					
	289.645	I	4.63	0.01		V	289.621	0.01	
						Cr	289.646	0.05	
	294.698	I	4.57	0.01	0.003	V	294.653	0.03	W 含量为 0.003%~0.1%用此线
						Nb	294.689	0.3	
						Ta	294.691	3	
						Ni	294.743	10	
Y	242.219	Ⅱ	5.52	0.03		V	242.198	0.3	Si 分子光谱
						Sb	242.214	10	
						W	242.225		
	319.562	Ⅱ	3.99	0.01		Ni	319.557	0.5	
	320.332	Ⅱ	3.98	0.003~0.01		Co	320.303	0.3	Y 含量<0.1%用此线
						Nb	320.335	0.3	
						Ti	320.344	0.1	
	321.668	Ⅱ	3.99	0.003~0.01	0.005	Mn	321.694	0.3	
						Ti	321.706	0.01	
						V	321.711	0.03	
	324.228	Ⅱ	4.01	0.003		Ti	324.198	0.01	
						W	324.202	1	
						Zr	324.216	0.01	
						Th	324.225	3	

元素	分析线 λ/nm		激发电位 E_i/eV	灵敏度/%		干扰元素检出限量 w/%			备注
				垂直法	撒料法				
Y	332.788	II	4.14	0.001~0.003		Nb	324.241	0.1	Y 含量为 0.003%~0.03%用此线
						W	332.762	3	
						Zr	332.767	3	
						V	332.798	3	
						Co	332.821	2	
Yb	265.374	II	7.33	0.03~0.1	0.1~0.3	Cr	265.358	0.3	
						V	265.382	1	
	274.866	II		1	1	W	274.857	0.3	
						Zr	274.861	1	
						Nb	274.884	0.3	
	275.048	II	7.16	0.03~0.1	0.3	Fe	275.014	>1	
						Ti	275.014	1	
	289.139	II	4.23	0.003~0.01	0.01	Th	289.125	0.1	
						Cr	289.141	0.3	
						V	289.164	0.1	
	328.937	II	3.77	0.0003	0.001	Mo	328.901	>0.1	Yb 含量为 0.0003%~0.03%用此线
						V	328.938	>0.3	
						Fe	328.943	3	
Zn	277.087	I	8.50	<0.3		Fe	277.070	3	
						W	277.088	0.3	
	301.835	I	8.11	3		Os	301.804	0.03	
						Cr	301.849	0.3	
	328.233	I	7.78	0.1		Ti	328.233	>0.1	Zn 含量为 0.1%~1%用此线
						V	328.253	0.1	
	330.259	I	7.78	0.01~0.03		Na	330.232	0.1	
	330.294	I	7.78	0.01~0.03		Na	330.299	0.1	
	334.502	I	7.78	0.01	0.003	La	334.356	0.1	Zn 含量为 0.01%~0.3%用此线
	334.557	I	7.78	0.01	0.003	Mo	334.474	0.03	
						Ti	334.493	3	
						Ru	334.531	1	
Zr	233.038		7.07	>0.5		Co	233.035	0.3	
						V	233.046	0.01	
	235.745		7.01	>0.1		Co	235.750	10	
	257.142		4.91	0.01		Sn	257.159	0.1	Zr 含量为 0.01%~0.3%用此线
	272.261		4.72	0.01		V	272.255	0.1	
						Cr	272.274	0.3	
	327.305		3.95	0.001	0.01	Mn	327.301	0.1	
						V	327.302	0.1	
						Ta	327.313	0.3	

参 考 文 献

[1] 光电光谱分析之 4. 光谱实验室, 1993, 10(增刊): 4.

[2] 冶金工业部科技情报产品标准研究所编译. 光谱线波长表. 北京: 中国工业出版社, 1971: 797.

[3] 杭州大学化学系分析化学教研室编. 分析化学手册, 第三分册. 北京: 化学工业出版社, 1983: 866.

[4] 葛维宝. 一米平面光栅摄谱仪光谱图表//激光显微光谱分析. 北京: 地质出版社, 1984: 1.

第四章　火花放电原子发射光谱分析

第一节　火花放电原子发射光谱的分析特点

一、火花放电原子发射光谱的激发光源

火花光源是通过电容放电的方式，在两个导电的电极之间产生电火花，火花在电极间击穿时，在电极之间产生放电通道呈现高电流密度和高温，电极被强烈灼烧，使电极物质迅速蒸发，形成高温喷射焰炬而激发。由于火花放电可以在两个导体之间发生，导体材料可以将样品作为一个电极，由难熔的导电体如钨或石墨作为对电极，可以很方便地对金属材料进行分析。

为了适应实验室对不同样品分析及不同分析目的的要求，充分利用电弧与火花放电的有利特性，在现代直读光谱仪中普遍采用具有多功能的火花光源，将数种放电特性组合在一起的复合光源，以发挥电弧和火花激发光源的优异特性，将交直流、高低压、振荡型与脉冲型等功能，在同一放电装置中，可以进行互换。在放电特性方面，复合光源多是通过数种放电特性进行组合，形成特定的放电，以实现预定的分析特性。

二、火花放电原子发射光谱仪的结构

随着高新技术的发展，火花放电原子发射光谱仪引进了微电子技术及电子计算机，在分析精度、灵敏度、快速、仪器性能等方面得到极大的改进，形成了自动化程度很高的直读光谱仪器。然而仪器的原理和仪器结构框架与通常的原子发射光谱分析的原理和仪器是相似的，可由六个部分组成：火花光源、电极架、分光系统、检测系统、电子控制系统及数据处理系统。

后两部分在现代仪器上均由电子计算机实行程序控制、实时监控和数据处理。典型仪器的结构如图 4-1 所示。

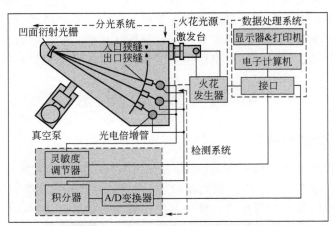

图 4-1　火花源原子发射光谱仪结构图

火花光源部分为火花放电的发生器；电极架（包括充氩气方式、非常规样品架）即样品的激发台（又称火花台）；分光系统即发射光谱的色散装置；检测系统即将光谱辐射转换为电信号，记录下光谱线的强度；电子控制系统和数据处理系统使仪器实现自动控制和分析结果直接显示。

三、火花放电原子发射光谱的使用方式

火花放电原子发射光谱分析主要用于导电的金属及合金材料元素组成的分析。通常是将金属试样制成样块，样品本身作为一个电极，用另一金属钨（或银）作为对电极，置于电极架上（又称火花台），设置好火花源的工作参数，接通火花发生器的电路，对样品进行激发，所发射的光谱经色散系统进行分光，在不同波长位置上由光电转换元件对其谱线的强度进行测量，由数据处理系统直接读出结果，实现对试样中待测元素进行定量分析。

采用火花光源时，以点-点方式放电或点-面方式放电（图 4-2）。商品仪器为了操作上的方便，将激发台设计成内置有钨制对电极的火花台，试样预先加工成有一定光洁平面的样块，扣在火花台上，便可方便地进行激发操作。

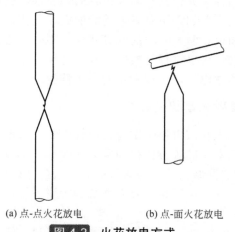

(a) 点-点火花放电　　　　(b) 点-面火花放电

图 4-2 火花放电方式

仪器的色散系统和测量系统及火花发生器的电路部分、控制系统及信号处理系统均安装在一起成为主机部分，外加数据处理的电子计算机，组成一套完整的火花放电原子发射光谱分析仪器。尽管现代光谱仪器均已具有直接显示分析结果的功能，但习惯上仍将火花放电光谱仪器简称为直读光谱仪，广泛地用于炼钢炉前和冶金、机械金属材料的成分分析。

第二节　基　本　理　论

一、火花激发光源的特点

火花光源是一种通过电容放电方式，在电极之间发生不连续气体放电。主要有两种类型：一类是采用高电压、低电容的高压火花光源；另一类是采用低电压、高电容的低压火花光源。普通火花放电随放电间隙、电极形状、样品温度、表面光洁度以及样品氧化情况的变化而发生很大的变化，严重影响分析的稳定性。因此先后发展了控制火花、整流火花、高频火花、

类弧火花、低电压低电容火花、多性能火花等技术，以适应不同试样分析的要求。而通常普遍采用的是高能预燃火花和低压火花相结合的方法，以保证分析的重现性。

火花光源的主要优点是：

（1）与电弧相比，有较好的稳定性，用于定量分析有较好的再现性，使分析精密度得到提高。

（2）谱线自吸比较小。

（3）温度高，可用于做难激发元素的分析。

（4）电极头温度比电弧低，可用于做低熔点的金属及合金的分析，以及长时间的分析。

主要缺点是：

（1）灵敏度较差，不利于痕量元素的分析测定。

（2）光谱背景较大，特别是在紫外区域更为严重。

（3）用于定量分析时，由于光源稳定性差，必须采用内标法分析手段。

（4）预燃和曝光时间较长，影响分析速度。

二、火花放电的激发机理

火花放电的激发机理是一个极为复杂又难以说明的问题[1]。它的放电特征和电弧不同，因此火花放电的激发机理也不同。

火花放电的形状是一束明亮、曲折而分叉的细丝状，由导电管道和电极物质蒸气喷射焰炬两者所构成，如图 4-3（a）所示。管道和焰炬不同，可由图（b）将管道和焰炬分开观察的实验得到证明：将一根金属丝置于磁管内略下凹，击穿时管道位于沿电场的力线方向，而焰炬是垂直于电极表面而喷射出来的。放电管道一般在放电击穿阶段形成，其中气体强烈电离，是维持放电所必需的；焰炬一般是在低压放电阶段形成的，是发射光谱的主要区域。

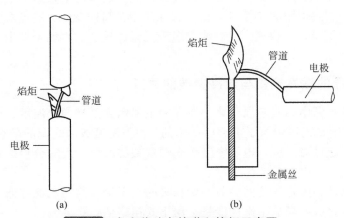

图 4-3　电火花放电管道和焰炬示意图

火花放电是电容放电，开始时电源向电容充电，当电容电压达到火花隙的击穿电压时，火花隙中的气体被击穿而电离，其内阻急剧减小，电压迅速下降，进入低压火花放电作用，如电弧；在很短时间内强电流脉冲通过后，放电立即停止，电容又开始充电，重新进行击穿和放电。整个过程可以分为四个阶段[2]，即击穿前阶段、击穿阶段（$10^{-8} \sim 10^{-7}$s）、电弧阶段（$10^{-6} \sim 10^{-4}$s）和余辉阶段（10^{-3}s）。

火花在电极间击穿时，在电极之间产生了数条细小弯曲的放电通道，在导电管道中，

气体被强烈电离。管道形成后，电容通过管道放电，在短时间内，释放大量能量，放电通道的电流密度高达 $10^5 \sim 10^6 \text{A/cm}^2$，并具有很高的高温（10000K 以上），放电通道与电极表面接触的区域被强烈灼烧，使电极物质迅速蒸发而喷射，形成喷射焰炬。管道形成以后，即以 $1 \sim 5000 \text{m/s}$ 速度剧烈扩张，形成冲击波，波前温度迅速下降，可以听到火花放电的噼啪声。

电极被火花击穿后，电压急剧下降，电流密度降低，光源的性质实际转变为电弧。电容器通过管道在电极表面接触的区域中释放大量能量，使电极物质呈一股发光蒸气喷射出来，其喷射速度约为 10^5cm/s，通常称为焰炬。每次放电都在电极两端表面的不同地方产生新管道，因此焰炬也在电极表面的不同地方产生。电极上每一单个火花的直径约为 0.2mm。在实际分析时，曝光数十秒钟，将发生几千次击穿，因此作用的面积并不很小，有时直径达到几个毫米。虽然管道温度很高，火炬喷射使电极物质强烈的灼热，但由于每次击穿面积不大，时间很短，电极头灼热并不显著，单位时间内进入放电区的物质也没有电弧那样多。由于火花产生的焰炬具有很高的温度，因此辐射的光谱中，出现的谱线和电弧时不同，有的增强，有的减弱，而突出的是光谱中出现更多的激发电位高的原子线及离子线。与电弧一样，火花等离子体不同区域温度也不同，中心温度比边缘温度要高。

研究表明：火花的放电特性与火花光源的电路参数有密切关系[3]，火花光谱分析时测量的信号是来自放电通道的光谱（主要是保护气体的谱线）信号，与喷射焰炬中的光谱（主要是待测元素的谱线和保护气谱线）信号的总和。在火花光谱分析中，利用的是火花激发电极物质而发射的光谱，即主要是焰炬的辐射，其辐射的强度又与样品的侵蚀量有关。样品的侵蚀量与电学参数的关系可表示为：

$$E = CBV^{3/2}/R \tag{4-1}$$

式中，C 为电容量；B 为每半周放电次数；V 为击穿电压；R 为回路电阻。

可以看出，在火花电源条件固定（电容量 C 固定）的情况下，影响谱线强度的变化主要来自击穿电压 V 和回路电阻 R 的变化，而引起样品侵蚀量的变化。通过对火花放电电路中放电参数 R、L、C 的调节，对快速、同时测定多种元素比较合适，如金属中的合金成分和杂质元素的定量。

三、火花光源的激发能量与电路参数的关系

在电弧、火花光源中，影响原子化与激发的主要因素是光源的温度、电子密度以及氧的密度，其中电子密度是光源中原子电离所产生的，因而温度成为光源的最重要的参数。基体、第三元素在光源中通过对温度、电子密度等光源参数的改变，而对分析线或分析线对的信号产生影响。

火花放电特性是和火花线路的参数密切相关的。无论是高压火花或低压火花都是电容放电过程。每一次电容放电释放出来的能量可用下式粗略估计：

$$W = \frac{1}{2}CV^2 \tag{4-2}$$

式中，C 为电容器的电容量；V 为电容器放电前充电达到的电压。

火花的放电线路，可以看作由下图四个部分所组成（见图 4-4）。

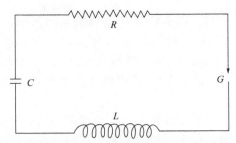

图 4-4 组成电火花放电线路的四个部分

图中 C 是放电电容器；G 是分析间隙；R 是线路中电阻，即使在线路中没有接入电阻，放电间隙 G 及导线本身也有电阻；L 是线路中电感，即使在线路中没有接入电感线圈，导线本身也有电感，而且在火花中一根长的导线就具有一定的电感，对火花的放电性能即产生不小的影响。

由于有电阻 R 及电感 L，火花在放电间隙中实际作用的能量要比上式所示的小一些。

火花放电的电学性质实际上可以用两个参数来表示：一是放电时释放的能量大小，二是放电时间的长短。而重要的是要按不同的分析任务选择和保持发生器的电压和放电线路中的 C、R 及 L 一定，放电间隙的距离一定，也就保证了释放的能量大小和脉冲时间的长短一定，达到光源工作的稳定。因此火花光源的火花线路参数，对光谱激发有很大影响。

由于火花放电光谱的性质主要由火花的温度决定，而温度由放电电流密度决定。在较高的电流密度下，一般离子线增强而原子线减弱。火花线路参数对光谱激发影响，可以简述如下：

电感 L 的影响——电流密度决定于电容放电的速度，放电时间愈短，电流密度就愈大。对一定电容量的电容的放电，随着电感减小，放电管道中电流密度就增加，使火花温度也增加。反之，L 增大，火花温度下降，这样称为火花"变软"，使光谱离子线减弱，原子线相对增强，但电极固定位置重复击穿率提高。

电容 C 的影响——电容增大，使放电时间延长，因此电流密度不会显著增加，对管道温度影响不显著。但放电速度减慢，放电在电极表面作用持久，电极灼热加强，电极物质进入弧柱增加，使光谱总强度提高。

电压 V 的影响——电压升高使电容中充储能量增加（$W=CV^2/2$），而放电周期不改变，因此，使电流密度增加，电火花温度升高。

电阻 R 的影响——放电回路内电阻的增加，使电容放电由振荡放电过渡到阻尼放电，图 4-5 表示不同阻尼电阻时，对放电时间的影响。放电速度减慢，火花"变软"，谱线强度减弱，电极固定位置重复击穿率降低。

从上述讨论可以看出，低压电容电火花和交流电弧，并不存在绝对的界限。在低压放电的回路中，因 R、L、C 不同，区别三种放电状态，是

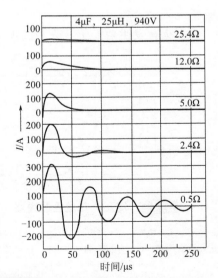

图 4-5 放电回路中电阻对放电的影响

由 R 和 $2\sqrt{L/C}$ 的相对值决定的。因为在低压电容放电回路中，R、L、C 的变化范围比较大，当 R 很小时，产生振荡放电，特别是在 C 较大而 L 又很小时，可以得到最大放电电流，使放电具有较强的火花性，此时称为低压火花。当 R 不断增大时，产生非周期放电（放电持续时间较长约为 10^{-3}s 或更长），具有脉冲性并有较强的电弧性能，有时被称为电容电弧，或类弧火花。

不同的放电形式（振荡、阻尼、过阻尼）对电极的蒸发、谱线的自吸程度、分析的灵敏度和准确度、第三元素影响等，产生不同的影响。

选用火花光源的性能，要看火花放电的稳定性，以保证分析结果的精密度；还要看其激发时间的长短，以保证炉前快速分析的需要；再者要看光源的检测限满足分析需要，以保证对测定下限的要求。

第三节 火花放电原子发射光谱仪器

一、火花放电光源

火花光源发生器的最基本工作原理，是用高电压对一电容器充电，在达到一定电压后放电，这一过程重复不断，也就达到维持电火花放电的目的。由于火花在它的放电一瞬间，能释放出很大的能量，通过放电间隙的电流密度很大，因此能够激发一些难以激发的元素（即灵敏线为激发电位较高的元素），而且多数为离子线。

火花光源发生器根据电容充电电压的高低，可分为高压火花（约 12000V）和低压火花（约 1000V）两种类型，前者电容量小，后者电容量大。这两种性能略有差异的光源可应用于不同试样、不同分析元素中。

早期的火花光源采用单脉冲放电，随后发展了各种性能更好的激发光源，如高速火花光源、高能预燃火花光源、高压可控波光源和类弧火花光源等。这些新型的光源提高了分析速度和分析精度，提高了样品的蒸发量，使其应用范围从常量元素分析扩展到高含量元素分析和痕量元素的分析。

典型火花发生器即火花光源的电路在下面分别加以介绍。

1. 高压火花光源

高压火花发生器线路见图 4-6，220V 交流电压经变压器 T 升压至 8000～12000V 高压，通过扼流圈 D 向电容器 C 充电。当电容器 C 两端的充电电压达到分析间隙的击穿电压时，通过电感 L 向分析间隙 G 放电，G 被击穿产生火花放电。在交流电下半周时，电容器 C 又重新充电、放电。这一过程重复不断，维持火花放电而不熄灭。

获得火花放电稳定性好的方法是在放电电路中串联一个由同步机带动的断续器 M，断续器的绝缘圆盘直径两端固定两个钨电极 2 和 3，与这两个电极相对应的固定电极 1 和 4 装置在电火花电路中。圆盘每转 180°，对应的电极趋近一次，电火花电路接通一次，电容器放电，分析间隙 G 放电。同步电机转速为 50r/s，

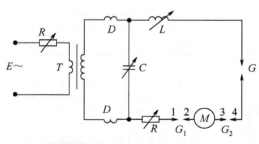

图 4-6 高压火花发生器线路

E—电源；R—电阻；C—电容；L—电感；D—扼流圈；T—升压变压器；G—分析间隙；G_1、G_2—断续控制间隙；M—同步电机带动的断续器

电火花电路每秒接通 100 次，电源为 50Hz，保证火花每半周放电一次。控制放电间隙仅在每交流半周电压最大值的一瞬间放电，从而获得最大的放电能量。其他方法中，也有采用串联一个控制间隙或并联一个自感线圈的。

高压火花光源的特点：由于在放电一瞬间释放出很大的能量，放电间隙电流密度很高，因此温度很高，可达 10000K 以上，具有很强的激发能力，一些难激发的元素可被激发，而且大多为离子线。放电稳定性好，因此重现性好，可做定量分析。电极温度较低，由于放电间歇时间略长，放电通道窄小之故，易于做熔点较低的金属与合金分析，而且自身可做电极，如炼钢厂的钢铁分析。灵敏度较差，但可做较高含量的分析；噪声较大；做定量分析时，需要有预燃时间。

2. 低压电容放电火花光源

当以低电压（例如 1000V）的交流电对一个较大电容量的电容器（数十微法以上）充电，然后放电，可以获得被称为低压电容放电的光源。由于这种低电压电容放电回路中的电阻（R）、电容（C）及电感（L）可在很大范围内改变，从而使放电性能可以从较强的电火花性一直过渡到较强的电弧性，因而这种放电在光谱分析中也得到较广泛的应用。由于电压低，一般常用的分析间隙（例如在 2mm 以上）是不能被电容器充电电压所击穿的，因而这类放电总是像引燃交流电弧那样，需要用某种形式的引燃电路来引燃。

这类光源可分为两大类，一类是低压电火花，主要要求放电有强电火花性；另一类是多性能光源，要求放电性能可在较大范围内改变。现分述如下。

（1）低压电火花　一般采用高频引燃的交流低压电火花线路（见图 4-7）的工作原理和引燃交流电弧基本相同。由高压变压器 T_r、L_a（或 L）、C_a 和 d_a 构成高频振荡回路。低压回路包括两部分：源和 R、C 构成充电回路，C、L、d 构成放电回路。在放电回路中除了 d 的电阻和寄生电阻之外，不加入电阻。

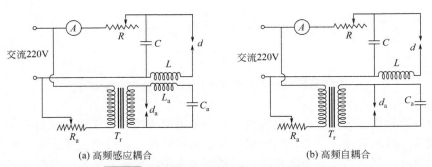

(a) 高频感应耦合　　　　　　　　　　(b) 高频自耦合

图 4-7　高频引燃的交流低压电火花线路

C—低压回路电容；C_a—高频振荡线路电容；L_a—电感；R, R_a—电阻；
d—分析间隙；d_a—高频振荡放电间隙；T_r—高压变压器；A—电流表

图 4-7（a）是高频感应耦合线路，利用感应线圈 L 将高频电流耦合到低压回路中去，低压回路中高频电压决定于 L 和 L_a 匝数之比，L 和 L_a 匝数之比越大，则感应电压值越大。这样分析间隙极距较大也能击穿。然而 L 增大，使电火花变"软"。

如果减少 L 的匝数，则降低火花的引燃电压，使引燃发生困难。因此低压火花常常采用自耦线路，见图 4-7（b），才能保证在较小的 L 时得到既稳定且较"硬"的火花状态。图 4-8 表示低压电火花线路放电时电容器上的电压和通过分析间隙的放电电流强度变化曲线。假定高频引燃每半周引燃一次分析间隙，使电容 C 放电，从 t_1 到 t_2 时间内，间隙 d

上的电压随电容充电不断升高，在时间 t_2 引燃使电容放电形成脉冲，放电以后，放电电流随即中断，所以在 t_2 到 t_3 之间放电电流为零。此后电容器又重新充电，到 t_3 再引燃，这样重复进行。因此低压火花电流是脉冲性质，有很大的放电电流密度，而且在两次放电之间有较长的停熄时间。

图 4-8（a）线路和高频引燃交流电弧线路基本相同。在交流电弧状态是用较小的 C 和较大的 L，而在低压火花状态是用较大的 C（几十微法以上）和较小的 L。需要指出的是当低压火花用较大的电容量 C 时，应考虑到在交流半周波时间内电容器是否能充至最大电压。要充至最大电压，充电回路中的电阻 R 不能用得太大。但 R 也不能用得太小，因为太小时火花状态就会转变为电弧状态，特别是在大电容、小电感时更是这样。所以当电容量 C 太大，在交流半周波时间来不及充满时，须改用直流充电。用直流电充电，电容量 C 可以增至很大，充电时间可以增长，待充满以后，然后引燃放电。这样的大电容放电，释放的能量可以很大，可以激发许多激发电位很高的谱线以及许多离子线。例如，当电容量 C 增大至数千微法时，即能激发出钢中氢、氧、氮等气体的谱线。这样的大电容放电时，曝光不以多少秒计算，而以放电次数计算，有时放电次数少，即能获得所需的谱线。

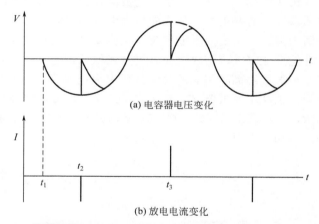

(a) 电容器电压变化

(b) 放电电流变化

图 4-8 低压电火花中电压和电流强度的变化

另一个问题是低压火花要求放电线路有较小的电感 L 时也能工作，最好是 $L=0$，以便激发某些难激发元素的谱线。例如，钢中碳、磷、硫的谱线。但这是做不到的，因为线路的寄生电感不能消除，同时为了使引燃稳定，L 还不能太小，要使几毫米的分析间隙击穿，需要 $L=10\mu H$ 以上，否则引燃发生困难。这就是实际工作中要获得"硬"的火花状态和引燃困难之间的矛盾。为了解决这个矛盾，可以采用多种方式来解决。

（2）多性能光源 这类低压电容放电光源放电回路中的 C、L、R 都可以在较大范围内改变，因而放电性能具有较大的可变性。其低压回路及引燃回路一般都采用半波整流充电，低压电容在头半周内被充满电，等到下半周才由引燃 R 电路使之通过 L 及分析间隙放电。

图 4-9 是最早提出来的所谓"多性能光源"，它的引燃电路是同步控制间隙高压整流火花，低压电容 C 的充电回路包括有 900V 左右输出的变压器 T_{r_2}、半波整流器 F_2 及扼流圈 H。

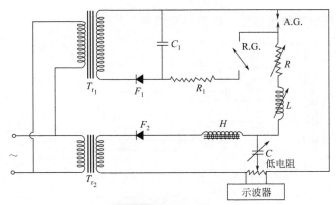

图 4-9 多性能光源

C—电容（1~60μF）；L—电感（25~400μH）；A.G.—分析间隙
引燃回路中：T_{r_1}—高压变压器；R_1—电阻；F_1—整流片；R.G.—同步控制隙；
低压回路中：T_{r_2}—变压器；H—扼流圈；R—电阻（0~300Ω）；F_2—整流片

该电路的特点是电容 C 的放电和充电两个过程互相不干扰，每个过程分别控制。另一特点是放电条件的多变性，电容 C、电感 L 和电阻 R 可在较大范围内变化，得到各种放电状态，几种放电波形如图 4-10 所示。

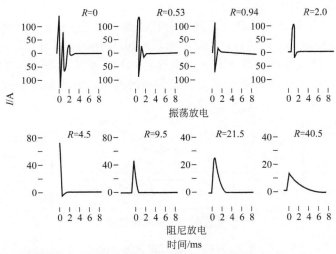

图 4-10 多性能光源不同参数的电容放电电流波形图

3. 整流火花发生器

随着技术不断改进，新型火花光源中，整流火花发生器也装配在直读光电光谱仪中。在其电路中，高压变压器次级的交流输出通过整流管给电容器充电，图 4-11 就是一例。

整流电火花的一个特点就是可以实现"单向放电"，即可以选择试样的极性。图 4-11 是一种带有同步转动控制间隙的整流高压火花线路，即美国和日本仪器厂商都生产的所谓"高性能光源"的高压火花部分。这种火花电路在电源每个半周内有两个电容器，例如 C_1 及 C_2，通过整流管 K_1 及 K_2 同时被充电，到下一个半周这两个电容器则一先一后地通过由同步电动机驱动的控制隙 S、电感 L 和分析隙 G 放电。而在这半周内另两个电容器 C_3 及 C_4 则被充电，至再下一个半周则转动控制隙 S 使 C_3 及 C_4 放电。这样，每周可有四次放电，这种方式既可

控制放电次数，又可控制放电能量，得到很好效果。

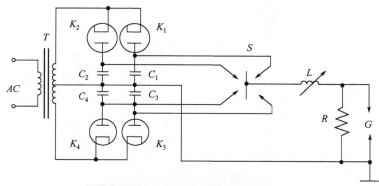

图 4-11 转动控制隙整流电火花线路

G—分析隙；R—高电阻；L—电感；C_1, C_2, C_3, C_4—电容器；
K_1, K_2, K_3, K_4—高压整流管；S—同步转动控制隙；T—高压变压器；AC—交流电源

4. 高速火花光源

频率可调，高频放电火花装置属于低电压火花放电光源。这种高频放电光源能方便地进行电弧和火花放电的选择，以适应不同条件下的分析。由于采用高速放电，激发次数增多，提高了分析速度和测定的精密度。

图 4-12 是一种直流低压电弧和低压高速火花装置，采用 50Hz 交流电源，经变频器转换为 $400\sim600$Hz 的高频电流，再经升压整流，输出电压为 1000V 的直流，对电容 C 进行充电，同时输入触发回路，触发分析间隙 A.G.，使电容 C 以同一频率对分析间隙放电，放电频率由电源的频率来控制，电源电压的变动不会引起频率的改变，放电的稳定性得到提高。

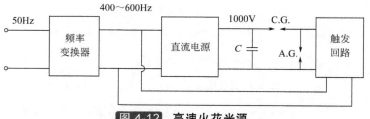

图 4-12 高速火花光源

C—电容；A.G.—分析间隙；C.G.—控制间隙

以往的火花放电是与电源频率同步放电，而现在是与内置振荡器的振荡频率同步放电，脉冲重复频率为 $400\sim800$Hz。这样就缩短了分析时间，现在最快的是约 5s 的放电时间，完成一个分析。随着光电直读光谱分析技术的发展，人们普遍认为提高火花光源的放电频率，增大放电功率，对提高分析精度、减少基体效应及对抗分析试样表面缺陷的影响，起到很好的效果。使火花源光谱仪器的激发和测光过程大为缩短，满足快速炉前分析缩短分析时间的要求，而推出高速发光分析装置作为管理分析用的发射光谱。

目前大多数火花光源商品仪器都采用了"数字化光源"，触发电压、关断时间都是可控的，激发能量稳定且呈周期性的变化，从激发光源上提高了火花放电原子发射光谱仪的精度。在"数字化光源"的基础上，各个厂商发展了其特有的技术。如美国 ARL 公司的 CCS（current control source）电流控制光源，其峰值电流及调制电流分别由各自独立的单元提

供，两个电流的大小、上升速率、下降速率及放电频率均可调整，大的放电电流可以更好地消除金属材料的冶金效应，使基体均匀化，对于改善灰口铸铁、白口铸铁及易切屑钢的分析性能有着极其重要的意义。德国斯派克公司的高效等离子发生器激发光源采用全数字信号发生和激发过程控制，激发区域的等离子能量可以高精度、高保真输出。德国 OBLF 公司采用了 GDS（gated discharge source）脉冲放电光源技术。国内钢研纳克的国产光谱仪，其新型固态连续可调数字激发光源实现了激发能量、激发频率的程序可调，解决了火花发射光谱领域紫外强度弱的技术难题，而且其单次放电数字解析 SDA（single discharge analysis）专利技术有效提高了分析精密度。

二、分光系统

分光系统是火花放电原子发射光谱仪的核心，其作用是把不同波长的复合光进行色散变成单色光，并用光电转换器件采集单色光的强度。目前均以衍射光栅为主要分光元件，将入射狭缝、准光镜、光栅、成像物镜和出射狭缝等部件构成光栅装置，组成光谱仪的分光系统。按照光学面形状的不同，可分为平面光栅装置、凹面光栅装置及平场光栅装置。

1. 平面光栅装置

采用刻划面或复制面为平面的衍射光栅色散元件。对平面光栅装置来说，是光栅 G、准光镜 O_1、成像物镜 O_2、入射狭缝 S 及光电检测器的中心均置于主截面（水平面）内，而入射狭缝与检测器中心以及准光与投影物镜中心对主光轴取对称位置。垂直对称式平面光栅装置，又称艾伯特-法斯提（Ebert-Fastic）装置，是平面光栅光电光谱仪中常用的装置；水平对称式的装置，又称切尔尼-特纳（Czerny-Turner）装置，其光

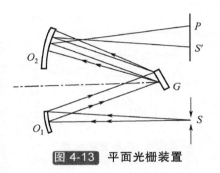

图 4-13　平面光栅装置

路图如图 4-13 所示，是扫描型单色仪最常采用的光栅装置。

2. 凹面光栅装置

采用刻划在凹球面圆弧弦上一系列等距刻槽的反射式凹面光栅为色散元件。罗兰（Rowland）提出凹面光栅有关罗兰圆成像理论，若光栅的曲率半径为 R，如果将入射狭缝 S_1 放在半径为 $R/2$ 并与光栅中心点 O 相切的圆的任一点上，则所得的光谱也都在这个圆弧上，这个圆称为罗兰圆。并据此出现了不少凹面光栅装置。除了罗兰（Rowland）装置以外，还有艾伯内（Abney）装置、伊格尔（Eagle）装置、帕邢-龙格（Paschen-Runge）装置和瓦兹渥斯（Wadswooth）装置。在这些装置中凹面光栅既是色散元件，又具准光及聚焦作用。这类装置结构简单，使用波长范围宽，被广泛用于火花放电原子发射光谱仪上。

目前，真空或充气多通道火花放电原子发射光谱仪最为常用的分光系统是采用凹面光栅分光的帕邢-龙格光栅装置，其分光系统结构见图 4-14。

由光源发出的复色光经准直透镜后通过入射狭缝 1 直接（或入射狭缝 2 经反射镜 1 反射）照射在光栅色散元件上，经衍射分光后的单色光通过出射狭缝照射在光电检测器上，通常在光电检测器与出射狭缝间加装一面反射镜 2，有利于光电检测器的排布。在有些光谱仪中往往在出射狭缝前加上一个折射片，改变出射光的角度，用于寻找分析线。最常用的光电检测器为光电倍增管（PMT），也有的采用线阵固体检测器（如 CCD）等。

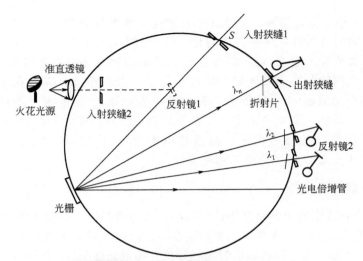

图 4-14 帕邢-龙格型分光系统结构图

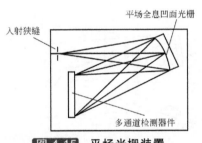

图 4-15 平场光栅装置

3. 平场光栅装置

采用平场全息凹面光栅为色散元件，具有传统凹面光栅的准直、色散以及成像功能，且具有平直的成像光谱面（图 4-15）。可将一定光谱宽度内的光谱近似成像在一个平面上，用某种平面多通道固体检测器接受光谱信号，在像面上，由于准直、色散和聚焦都集一体，因而不仅光能损失小，而且整个光谱仪也变得小巧轻便，可使光谱光学系统结构简单、记录速度快、通光效率高、稳定性好，并可做瞬间光谱分析。广泛用于各种小型台式、便携式等微型 CCD 光谱仪上。

4. 光栅色散的主要性能

凹面光栅光谱仪主要性能可以从色散率、分辨率、集光本领三个方面加以衡量。

（1）线色散率（D_L）　线色散率是指将不同波长的辐射色散开的能力。一般用波长差为 $d\lambda$ 的两条谱线在焦面色散开的距离 dL 来表示。一般用线色散率 $D_L=dL/d\lambda$ 表示。在实际使用中常用线色散率的倒数 $1/D_L$ 或 $d\lambda/dL$，称为倒色散率。用 nm/mm 表示，倒色散率的数值越小，色散能力越大。

凹面光栅光谱仪线色散率表达式为：

$$D_L = mr/d\cos\theta \tag{4-3}$$

式中，D_L 为线色散率；m 为光栅的级次；r 为凹面光栅曲率半经；θ 为衍射角；d 为光栅常数（常用光栅刻线数倒数表示 $n_r=1/d$）。

（2）分辨率（R）　光谱仪的分辨率是指光谱仪的光学系统能够正确分辨出紧邻两条谱线的能力。一般常用两条可以分辨开的光谱线波长的平均值 $\overline{\lambda}$ 与其波长差 $\Delta\lambda$ 之比来表示：

$$R = \frac{\overline{\lambda}}{\Delta\lambda} \tag{4-4}$$

按瑞利（Rayleigh）准则为可分辨标准。光栅的理论分辨率可用 $R=mN$ 来表示，m 是衍射的级次，N 是受照射的刻线数。因此，光栅刻划面积越大，级次越高，光栅的分辨能

力就越大。

光栅的理论分辨率是将谱线看作没有宽度的几何线，通过衍射公式计算求出，具有判别光栅色散能力意义。而光谱仪在实际分析时，考虑到光谱仪入射狭缝几何宽度、成像系统的光学像差、检测器分辨率及谱线本身具有的宽度，所呈现的分辨率称为实际分辨率 R_S，达不到理论分辨率的程度。实际分辨率可以采用仪器实测方法求出（测试方式可参见第六章）。

凹面光栅光谱仪的像差比平面光栅光谱仪要严重得多。由于入射狭缝上每一点的像为一段线，所以入射狭缝在调试时，必须精确地平行于光栅的刻线，否则谱线就会变宽，分辨率就会明显下降。

光谱仪的实际分辨能力又与分光系统的狭缝有关，如导论中所述。由于光谱仪检测到的谱线像是狭缝的单色光像，狭缝宽度与观察辐射的强度及其分布有关，限定了通过出口狭缝的波长范围（nm），影响到分析线的背景和邻近谱线的干扰情况，因此必将影响单色仪的实际分辨能力。在实际分析中，常常通过改变狭缝宽度，来调整仪器的信噪比，选择最佳工作条件。

（3）聚光本领　聚光本领表示光谱仪光学系统传递辐射能的本领。常用入射于狭缝的光源亮度为一个单位时，在感光焦面上单位面积内所得到的辐射通量来表示。

集光本领与物镜的相对孔径的平方$(d/F)^2$成正比，而与狭缝宽度无关。d为照相物镜孔径，F为焦距。狭缝宽度变大，像也增宽，单位面积上能量不变。增大物镜焦距F，可增大线色散率，但要减弱集光本领。

为了增加光谱的信噪比，必须尽量增加到达检测器的辐射能。通常用f数可以提供测定单色器收集来源于入射狭缝辐射的能力。用下式可定义f数：

$$f = F/d \tag{4-5}$$

式中，F是准直镜的焦距；d是准直镜的直径。一个光学仪器的聚光本领是随着f数的负平方而增加的。因此$f/2$的集光本领比$f/4$大四倍。大多数单色器的f数在$1\sim10$范围内。

三、测量系统

光谱仪测量系统是光谱分析达到定性和定量分析结果的显示部分，由光电转换器件和测量装置组成。

1. 光电转换器件

光电转换及测量系统是将由分光器色散后的单色光的强度转换为电的信号，然后经测量→转移→放大→转换→送入计算，进入数据处理，进行定性、定量分析。目前广泛用于火花源原子发射光谱仪的光电转换器件有光电倍增管及固态成像器件。

（1）光电倍增管（PMT）　光电倍增管是根据二次电子倍增现象制造的光电转换器件，即外光电效应所释放的电子打在物体上能释放出更多的电子的现象称为二次电子倍增。它由一个表面涂有一层光敏物质的光阴极、多个表面都涂有电子逸出功能材料的打拿极和一个阳极所组成，如图 4-16（a）所示，每一个电极保持比前一个电极高得多的电压（如 100V）。当入射光照射到光阴极而释放出电子时，电子在高真空中被电场加速，打到第一打拿极上。一个入射电子的能量传给打拿极上的多个电子，从打拿极表面发射出多个电子。二次发射的电子又被加速打到第二打拿极上，发射电子数目再度被二次发射过程倍增，如此逐级进一步倍增，直到电子聚集到管子阳极为止，电子放大系数（或称增益）可达10^8以上。通常光电倍增管约有 12 个打拿极，这种增益可达$10^{10}\sim10^{13}$数量级。因此，特别适合于对微弱光强的测量，

发射光谱的谱线强度通过光电倍增管的转换便可以输出足够大的光电流进行测量，一直为传统光谱仪器所采用。

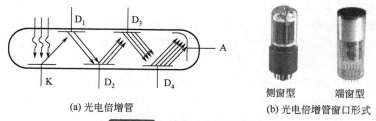

(a) 光电倍增管

侧窗型   端窗型
(b) 光电倍增管窗口形式

图 4-16 光电倍增管原理图

K—光阴极；D_1, D_2, D_3, D_4—打拿极；A—阳极

光电倍增管按其接收入射光的方式一般可分成端窗型（head-on）和侧窗型（side-on）两大类。侧窗型光电倍增管是从玻璃壳的侧面接收入射光，而端窗型光电倍增管则从玻璃壳的顶部接收入射光。图 4-16（b）分别是侧窗型光电倍增管和端窗型光电倍增管的外形图。

在通常情况下，侧窗型光电倍增管在分光光度计、旋光仪和常规光度测定方面具有广泛的应用。大部分的侧窗型光电倍增管使用不透明光阴极（反射式光阴极）和环形聚焦型电子倍增极结构，这种结构能够使其在较低的工作电压下具有较高的灵敏度。

端窗型光电倍增管也称顶窗型光电倍增管。它是在其入射窗的内表面上沉积了半透明的光阴极（透过式光阴极），这使其具有优于侧窗型的均匀性。端窗型光电倍增管的特点是拥有从几十平方毫米到几百平方厘米的光阴极。

光阴极材料决定了光电倍增管对可见光的响应及其长波截止特性，其多采用功函数低的碱金属为主要成分的半导体化合物，到现在为止，实用的光阴极种类约有十多种。几种主要光阴极材料特性[4]有：

① 双碱阴极（Sb-Rb-Cs，Sb-K-Cs） 使用两种碱金属，波长灵敏度范围从紫外线到 700nm 左右。

② 多碱阴极（Sb-Na-K-Cs） 使用三种碱金属，具有从紫外到 850nm 的宽光谱范围。

③ 高温双碱阴极（Sb-Na-K） 与双碱一样也使用两种碱金属，其光谱特性和上述的双碱几乎一样，但其灵敏度要低一些。一般光阴极的保证温度是 50℃，而它因为可以耐 175℃ 的高温，所以多数使用于石油勘探等高温用途。另外，因其在常温下暗电流非常小，对微弱光探测是有利的，所以也可用于光子计数和必须使用低噪声测量场合。

④ 日盲管（Cs-I，Cs-Te） 由于对太阳光不灵敏，所以被称为"日盲"。波长在大于 200～300nm 时，灵敏度急剧下降，是真空紫外区专用材料。入射窗用 MgF_2 或合成石英时，波长范围是 115～200nm。

如前所述，光阴极一般对于紫外线都有较高的灵敏度，但入射窗材料吸收紫外线，所以，短波区的界限取决于窗材料对紫外线的吸收特性。入射窗材料的透过率如图 4-17 所示。

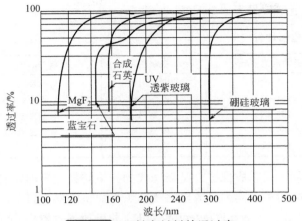

图 4-17　入射窗材料的透过率

光电倍增管使用的窗材料有以下各种：

① MgF_2 晶体　卤化碱金属的晶体是透紫外线很好的窗材料，但是有水解的缺点。氟化镁晶体几乎不水解，是一种实用的窗材料，直到 115nm 的真空紫外线都能透过。

② 蓝宝石（Al_2O_3）　用 Al_2O_3 晶体可作为窗材料。紫外线的透过率处于透紫玻璃和合成石英玻璃之间。短波的截止波长为 150nm 附近，比合成石英的截止波长短一些。

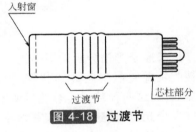

图 4-18　过渡节

③ 合成石英　合成石英直到 160nm 的紫外线还能透过，紫外区的吸收比熔融石英小。因为石英的热膨胀系数和芯柱丝使用的可伐合金有很大差别，所以在和芯柱部分的硼硅玻璃之间要加入数种热膨胀系数逐渐过渡的玻璃，即"过渡节"（见图 4-18）。过渡节部分容易裂，使用时须注意。氦气容易透过石英，所以不能在有氦的气体中使用。

④ UV 玻璃（透紫玻璃）　因为紫外线（UV）很容易通过这种玻璃，所以取了这个名字。能透过的紫外线波长延伸到 185nm。

⑤ 硼硅玻璃　广泛使用的材料，和光电倍增管芯柱丝所用的可伐合金有相近膨胀系数，称为"可伐玻璃"。因为短于 300nm 波长的紫外线不能透过，不适于紫外线探测。

图 4-19 为光电倍增管的光谱响应曲线。对不同光谱波段的响应和器件的性能及其应用技术均已经发展得很成熟，目前仍为大多数光电直读光谱仪所普遍采用。

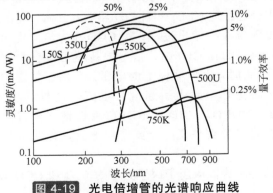

图 4-19　光电倍增管的光谱响应曲线

光谱仪常用光电倍增管见表 4-1。

表 4-1 光谱仪常用光电倍增管

型号	光谱响应范围/nm	光阴极	窗口材料	入射方式
R212 1P28	185~650	双碱光阴极	透紫玻璃	侧窗型
CR184	165~650	双碱光阴极	石英	侧窗型
CR109	185~870	多碱光阴极	透紫玻璃	端窗型
R105	300~650	双碱光阴极	硼硅玻璃	端窗型
R8487	115~195	CsI	MgF_2	侧窗型

（2）**固态成像器件**   固态成像器件是新一代的光电转换检测器，它是一类以半导体硅片为基材的光敏元件制成的多元阵列集成电路式的焦平面检测器。目前应用较多的这类成像器件是电荷注入器件（charge-injection detector，CID）和电荷耦合器件（charge-coupled detector，CCD）。CCD 分为线阵型和面阵型两种，目前已有的商品仪器火花光谱仪使用的 CCD 为线阵型，如图 4-20 所示。

图 4-20 线阵型和面阵型 CCD

用于原子光谱分析的固体检测器主要是 CCD 与 CID。在这两种器件中，由光子产生的电荷被收集并储存在金属-氧化物-半导体（MOS）电容器中，从而可以准确地进行像素寻址而滞后极微。这两种装置具有随机或准随机像素寻址功能的二维检测器。可以将一个 CCD 看作是许多个光电检测模拟移位寄存器。在光子产生的电荷被储存起来之后，它们近水平方向被一行一行地通过一个高速移位寄存器记录到一个前置放大器上。最后得到的信号被储存在计算机里。

CCD 器件的整个工作过程是一种电荷耦合过程，因此这类器件称为电荷耦合器件。应用于原子光谱分析的 CCD 器件，在设计过程中可以进行改进，如进行分段构成分段式电荷耦合器件（SCD），或加装溢流的技术装置，并结合自动积分技术等。CCD 器件属公开技术，为多家仪器厂商所使用。

CID 是一种电荷注入器件，其基本结构与 CCD 相似，也是一种 MOS 结构，当栅极上加上电压时，表面形成少数载流子（电子）的势阱，入射光子在势阱邻近被吸收时，产生的电子被收集在势阱里，其积分过程与 CCD 一样。CID 属专利技术，仅在几家公司的仪器上使用。

CID 与 CCD 的主要区别在于读出过程，在 CCD 中，信号电荷必须经过转移，才能读出，信号一经读取即刻消失。而在 CID 中，信号电荷不用转移，是直接注入体内形成电流来读出的。即每当积分结束时，去掉栅极上的电压，存储在势阱中的电荷少数载流子（电子）被注入到体内，从而在外电路中引起信号电流，这种读出方式称为非破坏性读取（non-destructive read out，NDRO）。CID 的 NDRO 特性使它具有优化指定波长处的信噪比（S/N）的功能。同时 CID 可寻址到任意一个或一组像素，因此可获得如"相板"一样的所有元素谱线信息。

与传统的光电转换器件相比，应用于原子光谱的 CID 和 CCD 具有很高的光电效应和量

子效率，在-40℃的低温下，暗电流很小，检测速度快，线性范围可达 $10^7\sim10^9$，可制成面阵列结构，体积小，具有多谱线同时测定及二维测量的特点。

目前火花放电原子发射光谱主要使用线阵 CCD。光谱仪常见镀膜 CCD 见表 4-2。

表 4-2 光谱仪常见镀膜 CCD

型号	光谱响应范围/nm	像素个数	像素尺寸/μm	厂家
TCD1304DG	100~1000	3648	8×200	TOSHIBA
ILX554B	100~1000	2048	14×56	SONY

2. 光电转换测光方式

火花光谱信号测量从原理上讲，常用的测光方式主要有：模拟积分测光、脉冲分布分析测光和模拟积分后数字变换处理测光（即所谓单火花技术）三种方式。在上述三种方式的基础上，现代仪器还发展了时间分解测光法和原位分布分析法等创新技术。

（1）模拟积分测光方式 也称为全积分测光法，是比较传统的测光方式，至今仍然为大多数商品化仪器所采用。

直读光谱仪中的光电转换系统（包括光电倍增管 PMT 或电荷耦合器件 CCD 等）得到的微弱的光电流信号 i_p，经过在电容 C 上累积积分，最终得到 ΣE_n 电压，再经过后级的放大器放大为正常电平，由光强度记录系统或现代计算机模数（A/D）转换器接口处理，得到光强度信号。光强度信号与分析物中元素的浓度成线性关系，再与已知元素的浓度（标准试样）与光强度信号成线性关系的工作曲线比较，即可得到最终的定量分析结果。一次积分完毕之后，与电容 C 并联的开关闭合，清除电容上的电荷，准备下一次火花放电（也称为曝光）的积分过程，如图 4-21 所示。

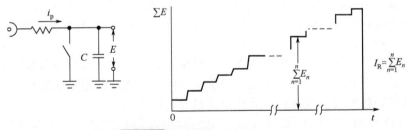

图 4-21 模拟积分测光示意图

模拟积分（全积分）测光，线路简单，数据比较稳定，可以获得较高的仪器稳定性。所以至今仍然在各种直读光谱仪中广泛采用。

然而，模拟积分（全积分）测光，无论光电流信号是否由金属样品固溶元素成分所贡献，其他的干扰成分，包括非固溶的元素偏析、样品表面污染、样品表面缺陷（例如针孔、裂纹等）都会被记录下来，造成分析精度降低。特别是模拟积分（全积分）测光不能区分固溶与非固溶元素，无法满足现代钢铁工业洁净钢冶炼过程提出的金属元素的形态分析的要求，所以出现了以下的新型测光方法。

（2）脉冲分布分析测光方式 脉冲分布分析测光法（pulse distribution analysis，PDA），出现在 20 世纪 70 年代末期[5]，是在钢铁工业迫切需要解决区分固溶与非固溶元素，例如酸溶铝-非酸溶铝的定量分析，以满足高品质钢种冶炼的质量管理为目的而提出的新型测光技术。PDA 技术改变了传统的模拟全积分测光方式，对于后来洁净钢元素形态分析，钢中微量元素分析，气体元素分析和夹杂物分析评价，起到重要的作用。被誉为发射光谱仪 20 世纪

除离子刻蚀全息光栅之外的重要发展。

脉冲分布测光（PDA），以脉冲强度而不是总积分强度作为火花放电特定波长的评价依据，所以能够更加精确、详细地了解每个放电脉冲对定量分析结果的影响，提供了进一步开发利用发射光谱分析方法的广阔可能性。

光谱仪每次放电由光电转换系统得到的微弱的光电流信号 i_p，在电容 C 上进行积分，得到一个 E_1 的脉冲电压，经过后级的放大器放大为正常电平，由测光系统的模数（A/D）转换器处理，得到光强度数字信号而存储在存储器里。同时与火花放电同步的模拟开关闭合，清除掉电容 C 上的电压，准备记录下一个放电脉冲的光强度信号。依次反复，可以在存储器中记录下全部放电脉冲信号 E_1、E_2、$\cdots$、E_n。然后，由计算机对这一系列脉冲信号按照不同的强度和出现的频次，进行归纳整理，得到图 4-22 右面的以频率（F）和强度（E）为坐标的脉冲分布图形。

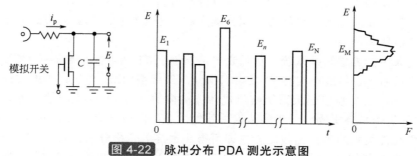

图 4-22　**脉冲分布 PDA 测光示意图**

通常的脉冲分布是符合正态分布规律的，即强度很低的脉冲很少，同时强度很高的脉冲也很少，中等强度的脉冲占大多数。这里可以出现频率最多次数的平均强度 E_M 或采用 E_M 为脉冲分布的强度面积方式。使用这两种方式其中之一的积分强度与标样制作工作曲线，即可得到最终的定量分析结果。

与模拟积分测光相比，两者的不同在于，模拟积分是把全部脉冲信号强度累积起来作为定量分析的依据，而脉冲分布测光是把每个单个脉冲信号存储，对全部脉冲信号进行分布分析处理之后以平均强度或强度面积方式作为定量分析的依据。

脉冲分布分析测光法的特长是可以采用脉冲强度监控方法（其专利原名"内部标准监控法"），对常规光谱分析中异常脉冲进行鉴别，去除非正常脉冲，提高定量分析结果的精度。

实验表明，脉冲分布分析测光过程中，异常低强度的脉冲绝大多数是样品表面缺陷（针孔和裂纹等）所造成的；而异常高强度的脉冲绝大多数是由非固溶态（如夹杂物等）所造成的。由经试验预存的标准强度数据，设定仪器内部标准规定的上限 I_H 和下限 I_L，对不符合规定的超过上下限的异常脉冲进行删除，从而在定量分析时只采用正常脉冲范围内的脉冲，可以大幅度提高定量分析的精度。

如图 4-23 所示，在去除异常脉冲（白色代表）之后，只采用正常脉冲（黑色代表）进行积分，可以使定量分析精度有效提高。一般来说，脉冲分布图形越窄，则分析精度越高。内部标准规定的上限 I_H 和下限 I_L，可以通过试验确定，或者采用厂家的推荐数值。脉冲强度监控方法，对于容易产生偏析的非固溶元素，如 Al、S、Pb、B、Ca 等，分析精度有相当明显的改进。

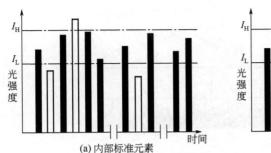
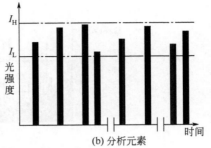

（a）内部标准元素　　　　　　　　（b）分析元素

图 4-23　脉冲分布测光脉冲强度监控方法示意图

（3）模拟积分后数字变换处理测光方式（单火花技术）　现代火花发射光谱商品仪器还采用了另外一种与脉冲分布测光法类似的测光方法，实现光谱信号的脉冲化处理。目前采用最多的是模拟积分后进行数字变换处理测光。在如图 4-24 所得到的模拟全积分信号基础上，通过电压-频率（V/F）转换器，把每个模拟阶梯强度记录为脉冲信号，进行频率计数，再送到计算机存储和处理。

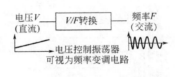

图 4-24　电压-频率（V/F）转换器原理

电压-频率（V/F）转换器，是分析仪器中经常运用的数据转换器件。电压-频率（V/F）转换器的原理如图 4-24 所示。常用的有 AD650、AD651、AD654、LM331 等器件，其转换速度基本都能满足现代光谱仪的需要。以 AD654 为例，其外部电路及内部电路框图如图 4-25 所示。经过 V/F 转换处理的放电脉冲如图 4-26 所示。

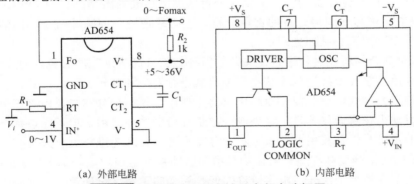

（a）外部电路　　　　　　　　（b）内部电路

图 4-25　AD654 外部电路及内部电路框图

数字变换处理测光对高计数脉冲的识别，被称为单火花技术。

数字变换处理测光对金属中固溶与非固溶元素的定量分析方法，基本上与脉冲分布测光法相同。

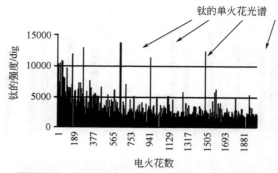

图 4-26　钛的放电脉冲图形（钛的单火花）

图 4-27 为钢中 Al_2O_3 夹杂物的测定。

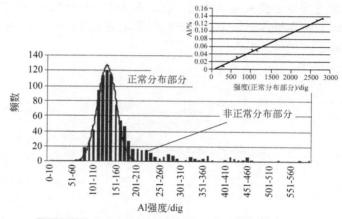

图 4-27　数字变换处理测光的非酸溶铝测定方法

模拟积分后数字变换处理测光（单火花技术），是类似于脉冲分布测光法的，在金属中固溶与非固溶元素的定量分析方面，两者有近似的效果。然而，模拟积分后，数字变换处理测光毕竟受到全积分的影响，其最主要的特点是不能取部分脉冲进行处理，通常必须使用全部的脉冲信号。因此，在以下几个方面存在问题是值得注意的：

① 不能采用脉冲强度鉴别法，所以对分析精度的提高受限制；

② 金属中固溶与非固溶元素的定量分析，也必须使用全部脉冲信号，而洁净钢新发展的一些钢种需要采用部分脉冲处理；

③ 难以对夹杂物粒径进行测量，夹杂物粒径与部分高强度脉冲有较好的线性对应关系，采用模拟积分后数字变换处理测光法不容易将其进行对应和解析。

上述三种测光方式，目前都在商品化仪器上使用。模拟积分测光，电路简单，系统稳定性很高，为目前火花直读仪器进行常规成分定量分析所广泛采用，但不能进行金属中固溶与非固溶元素的定量分析是其主要缺点。脉冲分布测光，技术先进，近年来又有一系列长足的发展，特别是氧的高强度脉冲鉴别氧化物类型和脉冲强度鉴别功能，暂时没有其他方法替代。模拟积分后数字变换处理测光，电路造价较低，易于实现数字化处理，在金属中固溶与非固溶元素的定量分析方面，可以达到使用要求，特别是单火花技术发展为单次放电数字解析技术，推出了原位分布分析新技术，使火花光谱分析出现了创新性的发展前景。

上述三种测量方式主要性能的比较参见表 4-3。

表 4-3 常用测光方法比较表

测光方式	模拟积分测光	脉冲分布测光	模拟积分后 数字变换处理测光
稳定性	◎	○	◎
分析精度	○	◎	○
金属元素状态分析	×	◎	◎
夹杂物评价	×	◎	◎

注：◎ 表示最佳，○ 表示良好，× 表示不能。

3. 火花放电光谱分析的测量技术

在火花光谱商品仪器中，各主要厂家分别开发的峰值积分法（PIM）、峰辨别分析（PDA）、单火花评估分析（SSE）和单火花激发评估分析法（SEE）以及单次放电数字解析技术（single discharge analysis，SDA）等新的火花分析技术，在相应的仪器硬件和软件中使用，可以明显地提高复杂样品的分析灵敏度和准确度。而 PDA、SSE 和 SEE 及 SDA 技术还有望解决部分状态分析的问题，如钢铁中的固溶铝和非固溶铝的定量分析、N 和 S 的夹杂物的分析等。PDA测光法发展出时间分解光谱法技术（TRS 法），在钢中元素和物质状态分析中得到应用；SDA法发展成为"金属原位统计分布分析技术"，使火花光谱的分析功能得到极大的提高和新的突破，由单纯的对元素总体含量的测定，发展到可以对金属材料原始状态的化学成分和结构进行分析。

（1）时间分解光谱法　在火花放电过程中，不同的元素放电激发经历是不相同的，有的元素选用分析谱线为离子线，可以较快地达到最大强度而后衰减。而有的元素选用分析谱线为原子线，则需要一段时间才能达到最大强度。为了对各种元素都能实现最佳化测光，产生了时间分解光谱技术（time resolution spectroscopy，TRS）。

火花光源典型的放电曲线如图 4-28 所示。

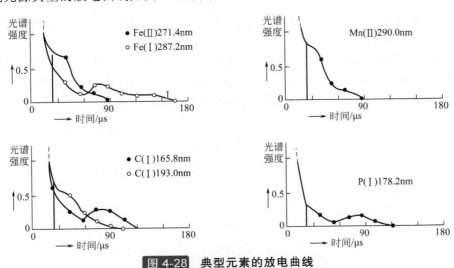

图 4-28 典型元素的放电曲线

○为原子线；●为离子线

可以看出不同的元素、不同的谱线类型（原子线或离子线），随着放电时间变化其谱线强度不断发生变化，其变化规律不同。初始时段变化激烈，随后逐渐变缓，在某一时段可能

变为平坦。

　　时间分解测光的目的，就是希望在特定元素放电最稳定和强度最高的时间区间对该元素信号进行记录，以实现对该元素的最佳化测量。

　　具体的实现方法主要有两种：时间窗法和三峰组合放电法。以下分别介绍。

　　① 时间窗法　时间窗法即在测光系统中，对特定元素分析谱线的积分时间设定时间窗口，使其控制时间窗口的开启和关闭时间，以及时间窗口的宽度。这些均可由计算机通过开闭光电倍增管的负高压进行设置。通过厂家经验软件设定或用户试验，确定这些参数。参考图 4-29 和图 4-30。

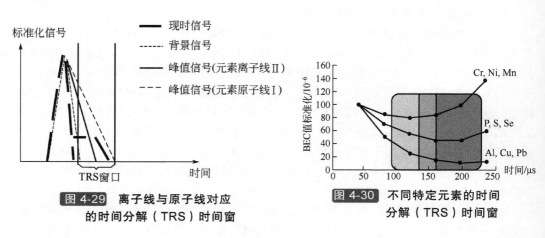

图 4-29　离子线与原子线对应
的时间分解（TRS）时间窗

图 4-30　不同特定元素的时间
分解（TRS）时间窗

　　时间窗法很好地解决了不同元素最佳放电的时间序列问题，有效降低了背景浓度（BEC），可以提高多元素同时分析的灵敏度。时间窗法既可用于模拟积分测光系统，也可以用于模拟积分后数字变换处理测光系统。

　　② 三峰组合放电法　三峰组合放电法是专门设计用于时间分解 - 脉冲分布测光（TRS-PDA）系统的专用方法。

　　图 4-31 是标准放电条件的电流峰形。高能放电主要用于样品预燃，火花放电对离子线元素有较好的放电特性，而类弧放电对原子线元素的激发更为有利。组合放电包括了火花和类弧放电的两部分放电特性，对离子线和原子线各种元素均可有效激发。

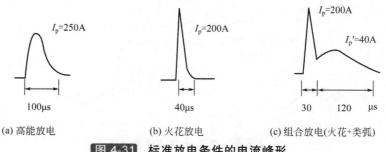

(a) 高能放电　　　　　(b) 火花放电　　　　(c) 组合放电(火花+类弧)

图 4-31　标准放电条件的电流峰形

　　把上述放电特点结合起来，就构成了三峰组合放电。即在一个电流峰形中，包含高能预燃放电、火花放电和类弧放电三个部分，当同时选取火花放电和类弧放电时，构成组合放电的特性。

换句话说，即在三峰组合放电条件下，可以实现单纯预燃功能，火花放电、类弧放电和组合放电三种积分功能和对应的三种时间窗功能。三峰组合放电的电流峰形如图4-32所示。

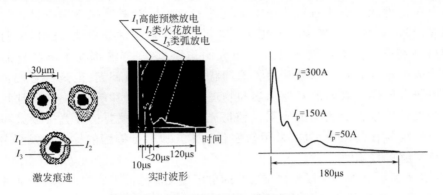

图 4-32 三峰组合放电条件的电流峰形

在三峰组合放电时同步选定元素分析谱线对应的光电倍增管开闭，进行脉冲分布测光，即可完成时间分解的测定过程。如图4-33所示。

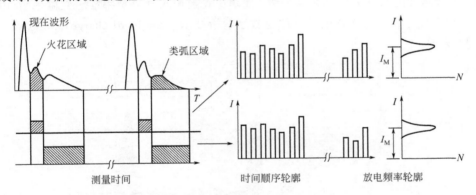

图 4-33 时间分解-脉冲分布测光示意图

在三峰组合放电的 spark area（火花放电区，简称 S 区）以及 arc area（类弧放电区，简称 A 区），选定对应元素（例如 Cu、Ti 等在 S 区，Ca、Pb 等在 A 区）进行光电倍增管负高压的切换。例如,在三峰组合放电的第一个峰形（高能放电）时，全部光电倍增管均关闭负高压；在第二个峰形（S 区），开启 Cu、Ti 等元素通道的负高压，进行脉冲分布测光，得到图4-33 上半部分的强度峰形，然后将 Cu、Ti 等元素通道的负高压关闭；在第三个峰形区（A 区），开启 Ca、Pb 等元素通道的负高压，进行脉冲分布测光，得到图4-33 下半部分的强度峰形，然后将 Ca、Pb 等元素通道的负高压关闭。

使用脉冲分布测光，可以方便地在同一放电峰形下，对不同放电特性的元素都寻找到最佳条件，从而缩短了以前分时间序列地选用不同放电峰形所需的时间，满足工业上提出的最佳化的快速分析需要。

（2）单次放电数字解析技术　普通的火花光谱分析，是利用光电倍增管将元素谱线发出的光信号转换为电信号，然后用电容器收集这些电信号，再经放大器放大后通过模数转换，变成计算机可识别的数字信号。电容器相当于一个积分器，可以将一定时间内

的电信号累加起来。这一方面增大了信号的强度，使得后续电路的设计比较简单；另一方面又将不确定的信号进行了平均，使得读出稳定性得到提高。但是，研究表明，元素谱线强度的不确定性除了分析过程中仪器条件的变化外，对谱线强度影响最大的是样品的表面状态和形貌。脉冲分布测量法（PDA）和单火花评估技术分析法（SSE），对提高分析结果的准确性和分析结果的精密度都有很大的作用。这些方法都在于解决样品表面的不均匀性所造成的不利影响，部分解决了不同状态 Al 的测量问题。但是，它们也都忽略了异常信号所包含的样品表面的其他化学和物理信息，如偏析和缺陷等。随着计算机技术的快速发展和高性能线性放大器的应用，使得光电倍增管的微弱信号直接放大和对信号的多通道高速采集与存储成为可能。采用数字化技术，加上可编程的样品激发平台，提出了单次放电数字解析技术[6]。

交流火花光源所施加于电极和样品之间的电压是交流脉冲形式的，每个脉冲中都包含了大量的放电过程，单次脉冲放电很难控制，单个脉冲周期内，火花放电所引出的放电斑点数是很大的，放电的区域分布和能量分布也是随机的。用单次放电来描述样品的激发，将比单次脉冲更加准确，主要表现在每次脉冲都将在 3～5mm 的直径范围内形成大量微米尺寸的单火花放电，单次脉冲的尺寸分辨率为毫米级，而单火花放电尺寸分辨率能达到微米级。由此产生的新的分析方法称为火花光谱的单次放电数字解析技术（single discharge analysis，SDA），如图 4-34 所示。

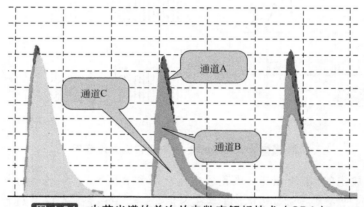

图 4-34 **火花光谱的单次放电数字解析技术（SDA）**

传统火花光谱采用单次脉冲法分析，当采用单火花的单次放电数字解析技术以及数据采集积分延时技术进行分析时，分析准确度和精密度都得到提高。

SDA 方法中定量公式为：

$$R_i = \frac{I_{a,i}}{I_{r,i}} = KC_i^b \tag{4-6}$$

式中，R_i 为第 i 次测量时的谱线强度比；$I_{a,i}$ 和 $I_{r,i}$ 分别为第 i 次测量时分析线和参比线的强度值；C_i 为 i 次激发点的含量；b 是与谱线性质相关的常数。

每次电压脉冲都将产生大量的放电，对这些不同的放电激发的信号进行数字采集，可以得到如图 4-35 和图 4-36 所示的谱线强度图。

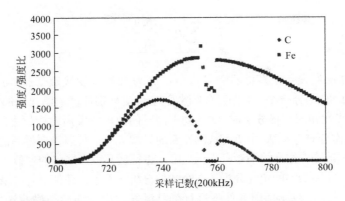

图 4-35 一次电压脉冲在夹杂物样品中所形成的放电激发

在样品表面形成大量的激发斑点。由于采集速度的限制,图中每个采集点都是多个放电信号的叠加。图 4-35 和图 4-36 分别是单次电压脉冲过程中,含有夹杂物的样品和成分相对均匀的标钢的不同的放电激发行为。

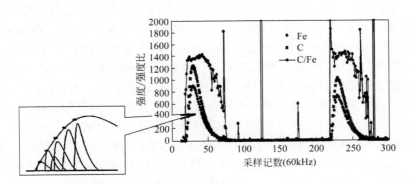

图 4-36 各次电压脉冲在标钢中所形成的放电激发

从图 4-36 可以看出,在脉冲所引起的初期放电过程中,虽然 C 和基体 Fe 的谱线强度在不断变化,但是它们的比值 R_i 保持不变。脉冲初期的火花放电激发称为有效激发。采用高速的电路设计,包括检测器、放大器和采集电路对前期放电激发进行测量,将其定义为单次放电。用经过时间标记的不同放电激发的谱线强度进行元素的含量测定和缺陷与夹杂物判别即为单次放电的数字解析技术。要实现这项技术的关键在于必须对样品进行扫描分析。而且在扫描分析过程中,必须在无预燃条件下进行样品激发。

由此可以导出以下分析方法:

① SDA 的单点分析法 根据有效激发的统计平均值 R_s 计算被测元素含量的误差,有可能小于由算术平均值 R 所计算的被测元素的含量误差。算术平均值 R 和有效激发的统计平均值 R_s 的相应表达式如下:

$$R = \frac{\sum_{i=1}^{n} I_{a,i}}{\sum_{i=1}^{n} I_{r,i}} \tag{4-7}$$

$$R_{\mathrm{s}} = \frac{\sum\limits_{i=1}^{m} R_i}{m} = \frac{\sum\limits_{i=1}^{m} \dfrac{I_{\mathrm{a},i}}{I_{\mathrm{r},i}}}{m} \tag{4-8}$$

式中，i 为第 i 次激发；n 为总的激发次数；m 为有效激发次数，$m \leqslant n$。

② 成分分布的 SDA 分析法　可以由单个激发的 R_i 值分别计算被测元素的浓度值。用扫描激发平台进行样品的线性和面扫描分析时，则得到不同时间放电激发所对应位置的含量和缺陷情况。

③ 样品表面状态分布分析法　由所有被测元素的异常 R_i 值，可以确定样品的非正常激发，从而判断样品表面的物理缺陷。结合扫描激发平台，可以进行样品表面缺陷的定位、尺寸判断和统计分析；可以进行样品中的夹杂物的定性分析。在合适的分析条件下，还能进行夹杂物的含量分析。

结合扫描激发平台，在无预燃条件下进行样品激发，由于连续扫描非均匀的样品表面过程中，所有被分析的界面都是新鲜而不均匀的表面，这与常规需经过预燃的均匀表面的火花分析有很大的不同，这些火花所激发的谱线中将包含大量的样品表面信息。由此发展起一种崭新的火花光谱分析技术，即金属原位统计分布分析技术（original position analysis for metal）[7]。

（3）原位统计分布分析法（original position analysis，OPA）　常规的火花光谱分析手段，要求对一个固定的激发点，先火花放电若干秒（预燃）使其光谱信号稳定后，再激发若干秒（积分），将测得的数值进行计算。这种方式仅仅能得到材料成分的宏观信息，无法得到材料化学成分的分布以及夹杂等形态结构信息，更无法得到材料中较大范围内成分分布及结构的定量信息。

原位统计分布分析法，打破传统火花光谱的预燃放电、固定激发点，通过积分采集信号的模式，不经预燃直接通过连续激发、扫描样品所产生的光谱信号，直接高速数据采集，利用 SDA 数字解析技术，从而得到样品表面不同位置的原始状态下的化学成分和含量以及表面的结构信息，进而实现样品的成分分析、缺陷判别与分析以及进行的夹杂物相的分析，是对被分析对象的原始状态的化学成分和结构进行分析的一项新技术，可以实现对金属样品的成分分布分析、大型缺陷的定位、小型缺陷的分布和统计[8]，以及对金属中夹杂物相的分布和统计分析；解决了金属材料中化学成分、元素成分分布、夹杂物分布、偏析度、疏松度同时准确快速检测的难题，具备了宏观和微观的分析能力。使火花源发射光谱分析功能得到极大的提高。

由我国钢铁研究总院研究的金属原位分析系统就是以连续激发同步扫描定位系统、单次火花放电高速采集系统和火花光谱单次放电数字解析三项关键技术为基础，由北京纳克公司研制推出的 OPA-100 金属原位分析仪[9]，包括数控扫描激发平台、单色仪、弱信号放大与采集、仪器控制和数据处理计算机等硬件系统，以及仪器控制、数据采集与存储、数据解析与表达、图形显示等软件子系统（图 4-37）。

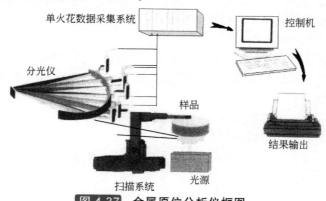

单火花数据采集系统　　控制机

分光仪

样品

结果输出

扫描系统　光源

图 4-37　金属原位分析仪框图

OPA-100 型金属原位分析仪（图 4-38）主要技术参数如下：

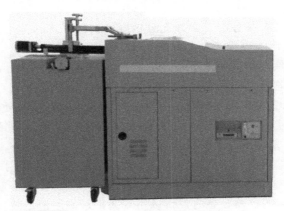

图 4-38　OPA-100 型金属原位分析仪外形

① 激发频率 480Hz；激发电容 7.0μF；激发电阻 6.0Ω。

② 测定波长为 120～800nm。

③ 电极材料：直径为 3mm 的 45°顶角纯钨电极；样品扫描方式：线性扫描，扫描速度为 1mm/s。

④ 信号采集速度 200kHz/通道；火花间隙 2.0mm；工作曲线的制作和分析结果的处理采用 OPA-100 软件。

⑤ 沿 X 方向（横向）为连续激发和扫描，沿 Y 方向为步进方式。沿 X 方向的横向扫描距离根据样品的厚度进行调整；整个扫描面积则根据样品大小来调整。

⑥ 成分分析结果及夹杂物、表面缺陷由 OPA 软件给出。

依照金属原位分析技术的基本原理，异常火花的出现预示夹杂物的存在及表面缺陷的发生。此外，异常火花越高，夹杂物的粒度越大；异常火花数量越多，其夹杂含量越高。

四、仪器的使用与维护

1. 工作环境、安全保障及安装要求

（1）仪器的设置　火花源原子发射光谱仪器属于精密的光学仪器，需要仔细维护和保养，以保持其稳定的分析性能，使仪器能正常工作。安装仪器时，必须满足仪器要求的安装条件，一般应注意下列事项：

① 仪器要安装在灰尘少、无腐蚀气体的实验室内。仪器避免日光直接照射。

② 实验室内温度和湿度应满足仪器规定的要求。要求实验室温度为 15～30℃，相对湿度小于 80%。

③ 光谱仪要安装在振动尽可能小的地方，仪器附近无强烈振动源，使之免受振动影响。仪器周围应无强交流电干扰，无强气流及酸、碱等腐蚀性气体。

④ 向仪器供电的电源应接上稳压装置，使其电压变动保持在±1%内，同时希望其频率变动尽可能小。

⑤ 为使仪器工作稳定并减轻对其他设备的有害干扰，必须按仪器说明书要求设置专用接地设备。

⑥ 供给光源电极架部分的气体导管，最好用不锈钢管或铜管等，内壁要干净，连接部分应尽可能短。

⑦ 最好能将真空泵排出气体和光源电极架部分排出气体引出室外。

（2）安全防护

① 电线应全部符合有关标准。必须充分做好仪器的绝缘和接地。必须配备一个能切断全部电路的总开关，同时在室内还要备有扑灭电气火灾的灭火器。

② 检修仪器时，除不得已的情况外，均需在切断总开关后进行。特别是电路中有电容器的光源发生器，由于在切断开关之后短时间内还带电，因此要让其对地放电后再进行检修。带电检查最好由两名以上工作人员进行，并且要懂得触电时的应急处理办法。

③ 为了尽量减少实验室内的有害气体和灰尘，应设置空气净化装置和排风扇。另外，还要注意病菌的污染。氩气最好不要排放在室内。

④ 注意不要让仪器内低压汞灯光直接照射眼睛。必要时，使用有色玻璃或有机玻璃的防护用具。

⑤ 在使用产生噪声的仪器设备时，可以用耳塞，最好用消声装置。

⑥ 制备样品用的机械，应充分掌握其操作规程后再进行操作。高速切割机、砂纸磨盘、砂带研磨机和砂轮机等应配备安全罩和集尘装置。操作车床、钻床时不要戴手套。为防止切屑有可能溅入眼中，要用防护用具。

2. 辅助设备与气体供给

要使一台火花光谱仪器有效的运行，除了一台性能良好的仪器主机外，还需要与之配套的辅助设备，才能组成一套完备的光谱自动分析系统。这些辅助设备包括：

供电，稳压器，以保证仪器电源的稳定供电，可以根据仪器使用说明书要求配置；

供气，氩气源及其稳压稳流装置和调节仪表，以保证仪器运行期间和分析过程中对氩气的要求；

取制样的设备，砂轮机或小型车床，用于样品表面的打磨或车制，根据所承担的分析任务和要求配置。

3. 仪器日常维护、保养与调整

（1）清理火花台 打开火花台盖板，用脱脂棉或毛刷等物品，将火花台里的残留物（沉积物）清理干净，最好将尾气排出管断开，采用吸尘器将缝隙中的灰尘吸干净，之后盖上火花台盖板，接上尾气排出管，并且用大流量氩气吹扫 2min 以上。主要目的是保持火花台的清洁，避免残留物（沉积物）干扰，如果长时间不进行清扫，残余元素和难电离元素的稳定性就会变差，分析的准确度下降。清扫的周期可根据实际工作情况而定，工作量较大的企业，最好每次换班前清理一次。

（2）电极的维护 用金属电极刷对电极旋转清理，使电极表面没有灰尘残留，当使用频繁导致电极尖变钝时，需要更换电极头。电极头可采用砂纸或专业工具进行处理，按要求处理成 30°～120° 锥角。安装电极时，应根据不同仪器使用不同的安装工具，注意用极距规调整好电极的位置和高度。

主要目的是为了保证电源从电极放电的时候没有异常，分析结果稳定。

（3）清洗透镜 由于激发样品时会产生电离态的尘，附着在聚光镜上会降低透光率，所以要定期进行清洗。采用脱脂棉或透镜纸等不含有纤维的物品蘸上无水乙醇轻轻擦拭透镜，直至透镜表面光亮，没有其他附着物即可。如果透镜有附着物，用丙酮或无水乙醇浸泡 15min，然后再擦拭，最后用洗耳球吹干。在擦拭的过程中注意不要用指甲或其他物品划伤透镜。一些特殊的透镜，如有氟化镁或氟化钙涂层，一定要按照供应商提供的试剂和方法进行擦拭，否则容易刮伤涂层，造成透光率降低，使一些特殊元素的分析异常。

（4）光路校准（描迹） 由于温度变化及其他因素的影响，可能引起谱线漂移，为保证谱线和出射狭缝稳定重合，应定期用描迹的方法进行调整，使所有出射狭缝调整到较理想的位置上。光室中的光学器件安装在金属底座上，而环境等因素会使光室中的金属发生位移，所以需要不定期进行描迹，从而保证各个光学器件在最佳位置工作。描迹的方法因不同的仪器会有所不同，有些仪器安装自动光路校准系统，所以不需要手动描迹。在描迹的过程中要求激发的样品为基体的高含量，如铁基最好采用纯铁，如果没有也可以采用分析元素含量较低的样品进行描迹。

在全谱型光谱仪中是不需要描迹的。因为全谱型光谱仪能够接受全谱的谱图，那么就可以从软件上来校正环境因素对光路的影响，保证了光路的完全固定。

（5）清理尾气过滤系统 火花台在激发样品后产生的部分尘会由氩气吹走，时间长了就会囤积在过滤器和过滤管中，需要定期进行清理，保持尾气的通畅。如果尾气气路堵塞，激发样品产生的灰尘会从样品处逸出，同时硫、铝等元素分析结果异常。

（6）真空系统或充气系统的维护 在测量紫外元素的时候需要光室中没有氧分子，因为空气中的氧分子会对紫外光线产生自吸，使其无法测量，所以光室必须在真空状态，或者在充氩气（氮气）状态下工作。真空系统一般有连续抽真空和自动间隔抽真空两种，间隔抽真空系统一定要注意维护仪器控制抽真空系统，防止因为传感器等故障造成系统无法按要求抽真空。连续抽真空系统也可以在没有工作的情况下关闭真空泵，在工作以前重新开启真空泵，符合要求后进行工作。充气系统一般是把短波长光室抽成真空状态下，充入高纯的氩气或氮气，采用过滤装置对充入的氩气或氮气进行往复过滤，在使用的过程中一定要注意过滤芯失效的颜色，过滤芯失效后或短波元素分析精密度严重下降时，一定要重新进行充气和更换过滤芯。

使用油真空泵抽真空的系统需要定期检查真空泵油液面的高度，如需要的话，及时加油。采用仪器公司推荐的油品。薄膜泵和分子牵引泵的专用抽真空系统，由于薄膜泵易磨损，需定期检查，及时更换。分子牵引泵转速极快，较易损坏。只有断电后完全停下才能处理更换。其轴承需定期加润滑油润滑。

在真空系统中，还应考虑真空油的挥发，由于油的挥发，会使分光系统中光学元件覆盖一层油膜，对所辐射的光谱会产生吸收，因此在真空型光电光谱仪中，常在真空泵与分光计管道之间安置分子筛的油收集器。在仪器使用时，应注意按时更换分子筛。

为了减少真空油的挥发，在保证一定真空度的前提下，可以在分光系统充入少量的氩气。

（7）氩气净化系统的维护 氩气纯度决定测量结果的准确度，氩气净化系统是在氩气纯度达不到仪器要求时使用，用于排除氩气中的水分子和氧分子，使得氩气纯度更高。尤其是在分析铸铁的时候必须用氩气净化系统。为了使得净化功能正常工作，避免样品激发点不正常，紫外元素分析不准确，最好每年维护一次氩气净化系统。具体方法：更换交换柱或者使用自净化功能。

（8）软件的维护 由于不同仪器的软件使用方法不同，要定期对仪器分析软件的曲线组进行备份，最好存入其他的计算机、U 盘或刻录成光碟，防止因仪器操控计算机的损坏而造成不必要的损失。

4. 常见故障及排除

（1）光源不激发 如果遇到光源不激发，首先检查：仪器电源是否接好，确认主电源开关、光源开关已经按下，急停按钮处于释放状态（此时急停按钮的灯亮）。

如果光源依然不激发，继续检查：

① 氩气供给系统：查看氩气质量是否太差或已用到瓶内的残气；压力是否大于 0.3MPa，电磁阀是否正常；激发时氩气流量是否正常，流量表应在 8～10L/min。

② 查看激发控制板：检查控制板时先将板上的光纤拔掉，运行程序，用鼠标单击手动激发按钮，观察两个光纤座的灯是否亮；若不亮应重新安装程序，或更换控制板。

③ 检查光纤：工控机控制板的光纤是否接好，仪器内光纤是否接好。

④ 检查光源板、点火板：在断电时检查光源板、点火板上的插头和高压线是否松动；火花台地线连接是否牢固。

⑤ 查看极距是否准确，电极头是否受损。

（2）测试数据稳定性差

① 当发现数据不稳定时，首先要确认仪器的外围设施是否正常.例如氩气的纯度、压力是否正常，在更换氩气时管道是否漏气，样品制备是否有问题。

② 根据激发斑点的形状及大小即可判断氩气纯度是否有问题。

③ 分析样品在制备时如存在裂纹、砂眼等也会影响分析结果的准确性。

④ 通常引起分析数据不稳定的主要原因是氩气的纯度和样品的制备。

⑤ 清理透镜、火花台，更换尾气过滤器，描迹。

⑥ 检查描迹是否与碳元素和基体元素（Fe）同步。

（3）测试数据不准确

① 整条曲线标准化（高低点标准化）是否做好。

② 类型标准化样品是否选择合适。

（4）分析数据为零（无绝度强度）

① 检查透镜前是否有相应的阀门处于关闭状态。

② 激发点为白点，样品不被侵蚀，可能氩气不纯，样品表面太光滑，没有一定的纹路。

③ 是否加上负高压或负高压开关没有打开。

当用户遇到自身无法解决的问题时，应及时将数据打印后传真到技术服务中心由工程师进行初步判断，在提供数据前首先彻底清理火花台、透镜以及氩气过滤器，并进行描迹和高低点标准化。用户在传真时应提供以下即时数据：高低点标准化系数、仪器自带的标准化样品的 5 次以上激发结果（绝对强度、参比强度和标准含量）。

第四节　定性及定量分析

一、火花源原子发射光谱分析的操作与分析方法

1. 摄谱法的操作与分析方法

随着光谱技术的发展，火花发射光谱摄谱法已很少采用，仅在某些特殊需要时应用。具体操作要求与电弧光谱分析相似。详见第五章的摄谱技术。

2. 火花放电光谱仪的操作与分析方法

（1）样品的制备　火花放电光谱分析时，要求样品相对均匀，无物理缺陷，有代表性。在分析样品前，必须对样品进行加工，使之有一个平整光滑的平面。分析样品要求是块状或较厚片状固体，从模具中取出的样品，如果是柱状、锥状样品或铸坯样品一般采用装有树脂切割片的切割机在高度方向的下端 1/3 处截取样品，通常要求分析样品的直径大于 16mm，厚度大于 2mm，表面加工制备后其表面积能盖住火花台的激发孔。其他不进行切割的样品，其

表面必须去掉 1mm 的厚度。加工后的样品表面条纹清楚，磨痕一致，不要有任何物质沾污，不能用手接触表面，表面温度最好不超过室温。如果加工的样品表面温度过高可以使用冷水进行冷却，用抹布擦干后，再进行二次加工。同时由于选择不同的研磨材料可能对相关的痕量元素检测带来影响，如用硅质砂纸加工对残余的硅分析会产生影响。

（2）仪器各个工作参数的设定及检查　在分析之前检查仪器各项工作是否符合要求，首先要检查室内的温度在 20～30℃，并且稳定在一个固定温度，每小时温度波动最好小于 1℃，如果不理想，最好采用与仪器所在房间相匹配的空调进行恒温。湿度一般要求小于 80%，如果雨季等因素造成湿度过高，一定要采用除湿机进行除湿，否则容易造成电路板的损坏。还要检查使用的氩气余量，氩气余量过少时，就要更换氩气。

（3）直读仪器操作步骤

①　开机

a．闭合供电开关，打开稳压器开关，待输出 220V 稳定后，按下交流接触器的绿色开关，向光谱仪供电。

b．开启真空泵电源，待运行 1～2min 后，打开泵的手动隔离阀即红色扳手由水平到垂直位置。

c．启动光谱仪的主开关（MAINS）和光源开关（SPARK/ELECTRA）。

d．压下负高压（H.V.）按钮，其下方指示灯亮（个别仪器没有指示灯）。

e．确保将其他所有的开关都打开，其他开关根据仪器型号的不同而有所区别，具体情况由现场安装工程师作详细说明。

f．启动计算机、显示器、打印机。

g．接通高纯氩，钢瓶主阀全部打开，分压表供氩压力 0.25～0.5MPa。

②　运行分析软件

a．选择相应的分析程序，如中低合金钢、不锈钢或铸铁程序。

b．空烧样品，激发 4～5 次直至结果稳定。

c．校准曲线的标准化：由于受环境的温湿度变化和振动等因素影响，仪器预制的标准曲线会发生强度的变化，由此影响未知试样的浓度分析结果的准确性。因此在选定分析程序和分析任务后，采用随仪器带来的标准化试样对仪器进行标准化。

d．进行类型控制样品的校正。

e．分析待测样品。

③　标准化结果确认（SPC）　仪器标准化校正正常后，用固定的标准样品对仪器进行准确度确认。如标样的分析结果与标准值的差值超出标准（日本 JIS G1253 或国标 GB/T 4336、GB/T 11170 等标准）的标样允许差范围，则需重新校正仪器。如果校正后的标样分析结果仍然超出同一标准的误差范围，则需要对仪器进行调整。（如能将每次固定的标准样品分析结果，用测量系统分析即 MSA 数据系统加以统计的话，即可得到仪器的长期稳定性数据）

④　控制样品的确认和分析结果的修正　控制样品的确认有两种方法：一种采用人工方法；另一种采用仪器将控制样品设定为类型标准化样品，进行校正。人工方法可以通过控制样品的标准值和分析值的差值对未知样品进行人工加减；仪器校正，首先进行类型标准化校正（分析控制样品），类型标准化样品校正的光谱值以 5 次分析的平均值为准。

类型标准化后，再次分析控制样品。如果发现两次平行误差超出了标准（日本 JIS G1253 或国标 GB/T 4336、GB/T 11170 等标准）中允许差的要求，需重新研磨再次进行分析；如果其平行差再次超出，则判定其均匀性有问题，需及时更换控制样品。

如果控制样品的两次平行误差符合标准（日本 JIS G1253 或国标 GB/T 4336、GB/T 11170 等标准）的允许差要求，可以通过仪器进行结果确认，仪器会根据控制样品的标准值自动修正结果。否则需要重新对仪器进行类型标准化校正，并再次进行确认。对控制样品的校正必须每天进行。

⑤ 分析过程控制、数据处理及结果输出　在分析过程中一定要分析两次以上的数据才能取平均值，如果分析过程中出现异常的数据，即分析数据的极差值超过规定的允许偏差，应该再分析一次数据，抛弃异常的分析数据，然后再取平均值。分析数据一般采用控样校正等手段进行校正，才能得到最终的结果，在分析校正的过程中可以采用分析过程直接校正，也可以采用分析结束后人为进行校正，或者在分析数据之前，将仪器分析曲线组采用控样进行校正，分析过程中不使用任何控样，直接分析样品，得到最终的分析结果。用户可根据实际情况选择不同的数据处理方式。

二、火花放电原子发射光谱分析样品的要求

火花光谱分析采用块状试样直接测定，因此分析样品应保证均匀、无缩孔和裂纹，铸态样品的制取应将钢水注入规定的模具中，钢材取样应选取具有代表性的部位。火花光谱分析样品取制样对不同材料有专门的要求。取制样的用具、样品的尺寸，特别是对操作人员的磨样水平要求较高。

金属与合金的分析试样，一般用铸造而成的试样，也有用锻轧加工过的试样作分析。待测元素谱线强度虽主要与试样中该元素的含量有关，但也与其他因素如试样形状、大小和激发面积大小等有关。试样形状与大小影响在光源激发时试样的温度，例如成分相同的合金，薄的、小块的试样与大块的试样比较，在同样的光源条件作用下，前者达到的温度比较高，从而各自所含成分进入放电区的条件就有所不同，致使谱线的强度也不相同。为此分析试样和标准试样的形状、大小尺寸应当保持一致。此外，制备试样的方法也对分析结果有影响，标准试样及分析试样的制备方法应当相同。铸样一般用金属模或特制的取样勺，进行浇铸，为使试样结构较均匀，浇好后采用急冷-快淬火冷却。

金属或合金试样的形状，不同材料有不同的要求，通常为圆柱状和块状。

当采用棒状或丝状试样时，两个电极可以都由试样制成，或用另一种材料的棒状电极，称为辅助电极，其一端制成半球形或带截面的圆锥形，或直径为 2～3mm 的圆柱体，采用点对点法进行激发。当分析试样为块状电极时，采用棒状辅助电极，则通常称为点面法。商用直读光谱仪器，通常都是将块状试样作为电极。这样，更换一个试样耗费的时间可以缩短。对熔点高的金属或合金棒状电极直径可以细些，对于易熔金属或易氧化金属电极的直径应当大些[10]。

在钢铁分析中，为既能适用于光电直读光谱仪，又能适用于一般光谱仪上做测定，固体试样的规格采用直径 25～35mm、高度 40～50mm 的圆柱体。对于铝镁等有色金属及其合金一般采用直径 6～10mm、长度 100～200mm 的圆棒状试样。也有铸成块状的，其直径（或长方形边长）为 20～35mm，高度为 40～80mm。相应的标准方法都有规定。

当分析成品或半成品的机件或材料时，假如能够取棒状或块状试样，或者机件、材料的形状和大小适宜作为一个电极，也可以用点对点法或点对面法进行分析。需要注意的是这种成品或半成品的机件或材料曾经过一定的加工，如锻、压、轧等加工或热处理，组织结构不同于铸造的试样，如果用铸态的标准试样作工作曲线进行分析，则定量分析不能得到可靠结果，应该是采用同一状态的标准样品绘制工作曲线，或者需要进行适当的校正，才能得到准确的定量分析结果。

分析小尺寸的试样时,可以把小试样焊接或在惰性气氛中熔成适合分析用的试样。分析直径在 0.2～0.03mm 以下的细金属丝时,可以将它们扭成金属束,或者把金属丝或金属屑压制成团片进行分析,但其分析精度将受到影响。

对于不能送到实验室内的大型物件的分析,现时最为便捷的方法是采用移动式或便携式光谱仪,但分析精度和准确性上受一定的限制。还有一种所谓迁移取样法也可以解决巨型物件的分析,即利用放电时一个电极的物质向另一个电极迁移的现象制成的取样器来取样。取样电极的表面受到放电作用的结果,覆盖了一层薄的试样物质,用这个覆盖有试样物质的取样电极和另一个辅助电极组成一对电极进行激发分析。一般用铜或石墨作为取样电极。这种迁移取样法也可以应用于金属镀层、机件的内表面等的成分分析。这种迁移取样法的分析结果大打折扣,多用于定性或半定量分析。

三、标准化及标准样品

火花放电光谱分析中所使用的样品有标准样品、标准化样品、控制样品和分析样品。

（1）标准样品

标准样品是为绘制工作曲线而使用的,其化学性质和物理性质应与分析样品相近似,应包括分析元素含量范围,并保持适当的梯度,分析元素的含量系用准确可靠的方法定值。

光谱用标准样品一般分为有证参考物质 CRM（certificate reference material）和参考物质 RM(reference material)。CRM 样品是分析元素含量采用准确可靠的方法定值,经过技术鉴定,附有说明其性能特征的证书,并经国家标准化管理机构批准的标准样品。RM 样品是具有足够均匀的、准确含量值的样品,经过技术鉴定,并附有说明有关性能数据证书的样品。从以上定义看,它们既有计量学方面的特性,又有标准化方面的内涵。就冶金、有色金属等行业而言,两者性质相近,其英文的描述也是相近的（CRM、RM）;对使用者而言,其作用不尽相同,一般认为 CRM 具有溯源性,可用于标准分析方法。

在标准样品系列选用不适当时,分析结果会产生偏差,因此对标准样品的选择必须充分注意。在绘制工作曲线时,通常使用几个分析元素含量不同的标准样品作为一个系列,其组成和冶炼过程最好要和分析样品近似。如使用内标元素含量不同的标准样品时,也可以换算成诱导含量使用。

（2）标准化样品　标准化样品（setting up sample,SUS）是为修正由于仪器随时间变化而引起的测量值对工作曲线的偏离而用的,必须均匀并能得到稳定的谱线强度比。个别的标准样品也可当作标准化样品使用。为直接利用原始校准曲线,求出准确结果,通常用 1～2 个样品对仪器进行标准化,这种样品称为标准化样品。

标准化样品应非常均匀并要求有适当的含量,它可以从标准样品中选出,也可以专门冶炼。当使用两点标准化时,其含量分别取每个元素校准曲线上限和下限附近的含量。

（3）控制样品　控制样品是与分析样品有相似的冶金加工过程和化学成分,用于对分析样品测定结果进行校正的样品。应定期用标准化样品对仪器进行校准,校准的时间间隔取决于仪器的稳定性。

控制样品一般是自制的。市售的控制样品有时会因与分析样品的冶炼过程和分析方法不同而受到影响。控制样品有取自熔融状金属铸模成型或金属成品。对自制的控制样品,在决定标准值时,应注意标准值定值误差等因素;在冶炼控制样品时,应适当规定各元素含量,使各样品的基体成分大致相等。

（4）分析样品　分析样品必须根据分析目的,在能代表平均化学成分的部位进行取样。

固体样品的形状有块状和棒状。制备时要充分注意切割和研磨对样品的沾污。特别是由研磨材料引起的沾污，应根据分析目的选择合适的研磨材料种类和粒度。

将铸块或成品样品切割成具有直径在 20mm 以上的平面，再把该面磨到一定的光洁度。对于铸块样品之间由于内标元素的差别和共存元素给分析值带来偏差时，应预先求出这些元素的含量变化给分析结果造成的偏差，并予以校正。

分析样品、标准样品、标准化样品和控制样品的制备条件必须一致。

四、定量分析方法

在火花光谱定量分析时，由于分析条件的影响，必须在实验的基础上，通过制作校准曲线，从而确定样品中元素的含量，主要方法分为以下 3 种。

1. 预制校准曲线法

预制校准曲线法是仪器出厂前由厂家预先用一套标准系列样品（按照用户分析对象匹配相同基体的标准系列，严格来说，应采用与待测样品有相同的冶炼历程和晶体结构的标准样品）制作持久校准曲线，每次分析时仅激发分析试样，从持久曲线上求含量。在实际分析过程中，只需用标准化样品对校准曲线的漂移进行修正即可。由于标准样品与分析试样的光谱测量在同一条件下进行，避免了光源、检测器等一系列条件的变化给分析结果带来的系统误差，从而保证了分析的准确度。

谱线强度与分析物浓度的关系，可按幂函数展开：

$$c = \sum_{m=0}^{n-1} a_m I^m = a_0 + a_1 I + a_2 I^2 + \cdots + a_n I^n \tag{4-9}$$

曲线拟合成功后，存储。随后分析待测样品，并将各元素的强度值 I 代入式（4-9），计算出待测元素的含量。预先用标准试样法制作持久校准曲线，每次分析时仅激发分析试样，从持久曲线上求含量。

校准曲线法又分为绝对强度-浓度校准曲线法，相对强度-浓度校准曲线法（内标法），相对强度-相对浓度校准曲线法（高合金钢）。目前相对强度-相对浓度校准曲线法使用相对较少。

标准系列样品为绘制校准曲线用，其化学性质和物理性质应与分析样品相近似，应包括分析元素含量范围，并保持适当的间隔，分析元素的含量系用准确可靠的方法定值。

由于温度、湿度、氩气压力、振动等变化，会使谱线产生位移、透镜污染、电极沾污、电源波动等，均会使校准曲线发生平移或移动。为此在实际分析过程中，每天（每班）必须用标准化样品对校准曲线的漂移进行修正，即所谓校准曲线标准化。

校准曲线的标准化有两点标准化和单点标准化：两点标准化是选取两个含量分别在校准曲线上限和下限附近的标准样品，分别激发求出其光谱强度比 R_u、R_l，则有：

$$R_u^0 = \alpha R_u + \beta$$
$$R_l^0 = \alpha R_l + \beta \tag{4-10}$$

$$\alpha = \frac{R_u^0 - R_l^0}{R_u - R_l} \tag{4-11}$$

两式相减 $\qquad\qquad \beta = R_u^0 - \alpha R_u = R_l^0 - \alpha R_l \tag{4-12}$

式中，R_u^0、R_l^0 分别为原持久曲线上限和下限附近含量所对应的光强比值；α、β 为曲线

的漂移系数，α 表示曲线斜率的变化，β 表示曲线的平移量。

对单点标准化来说，仅选取一个含量在上限附近的标准样品，在激发时所测得的光强 R，其在原校准曲线上所对应的原始基准为 R_0，则校正因子为：

$$f = \frac{R_0}{R} \tag{4-13}$$

这种标准化方法仅能校正原校准曲线的转动。

在实际工作中，由于分析试样和标样的冶金过程和某些物理状态的差异，常使分析结果存在一定的偏差，这就需要用控制试样来校正。

2. 现场校准曲线法

现场校准曲线法是在分析样品前现场制作校准曲线，这样可以避免由环境改变导致的曲线漂移。当用户需要分析的样品在仪器中没有相应的预制分析程序时，可以使用此材质的系列标准物质现场绘制校准曲线建立新的分析程序。需要注意的是，在制作分析程序前一定要检查仪器的通道是否满足新材质含量范围的要求，避免造成某元素的分析灵敏度不够或者超出测量范围。当用户开发生产新型材质时，往往无法购买到相应的系列标准物质，此时也可以采用现场校准曲线法。首先需要冶炼适合新型材质的绘制曲线的系列样品，其次该样品要求保证每个关注的元素含量应有梯度，且含量范围能够包括新型材质的含量，最后此系列样品需要经过均匀性检验和化学分析定量。

3. 控制试样法

控制试样是与分析试样的冶金过程和物理状态相一致的标准样品，其各元素含量应准确可靠、成分分布均匀，外观无气孔、沙眼、裂纹等物理缺陷，并且各元素含量应位于校准曲线含量范围之内，尽可能与分析试样的含量接近。控制试样一般是自制的，为类型校准而用。市售的控制试样有时会受到因与分析试样的冶炼过程和分析方法不同的影响。控制试样有取自熔融状金属铸模成型或金属成品。对自制的控制试样，在决定标准值时，应注意标准定值误差等；在冶炼控制试样时，应适当规定各元素含量，使各试样的基体成分大致相等。

在日常分析时，用与待测试样同样的工作条件，将控制试样与待测试样一起分析，设控制试样的读数为 $R_{控}$，其对应的含量为 $C_{控}$，待测试样的读数为 $R_{待}$，则其对应的含量为：

$$C_{待} = R_{待} + C_{控} - R_{控} \tag{4-14}$$

至此我们得到了待测试样的确切含量。

五、分析质量及其监控

分析质量一般由测量精度和对化学分析值的偏差可以看出。因此，应该对精度和偏差进行控制并维持一定水平。

1. 测定精度的监控

测定精度分连续重复精度、断续重复精度和再现精度。这些精度一般是根据在实际分析条件下多次重复分析同一试样而得到的一组测定数据来求得的。因此所用的试样必须均匀、无缺陷，而且分析元素的含量最好在日常的测定含量范围内。

（1）连续重复精度　这种精度是由同一试样连续测定一组数据求出，它是评价连续重复精度和再现精度的标准。这种精度不好的主要原因，一般认为是测定条件的瞬时变化。因此，特别要对下列事项采取必要的措施：

① 所分析试样的均匀性和试样污染；

② 电源的波动（电压，频率等）；

③ 分析条件的变化（电极位置、分析间隙、试样面光洁度、对电极的形状和气体流量等）；

④ 仪器未调整好或劣化。

（2）断续重复精度　这种精度是根据在下一次标准化后，同一试样间隔一定的时间或重复激发测定数次而得到的一组测定值求得的。根据这种连续重复精度决定标准化间隔的依据。这种精度不好时，特别要对下列事项采取必要的措施：

① 对电极形状的变化；

② 聚光透镜系统的污染；

③ 室温变化；

④ 仪器调整不当；

⑤ 断续操作造成的偏差。

（3）再现精度　这种精度是根据在各次标准化后的任意时间内测定同一试样得到的一组测定值求得的。这种精度包括标准化的误差，是表示该分析方法的总精度，连续重复精度必须在此精度范围内。这种精度是判定试样是否均匀、仪器性能的优劣、每个分析者的技术水平等的标准。

2. 偏差的监控

判断光谱分析值是否发生偏差的一般方法是：用许多试样进行光谱分析后再做化学分析，然后对相应的两种分析数据的差值进行统计检验。在检验结果不满意的情况下，要考虑化学分析值的正确性。同时，对于光谱分析方法，也要考虑标准样品和控制样品是否合适、分析样品好坏和定量方法正确与否等。

① 标准样品和控制样品不合适时，有标准样品系列、控制样品和分析样品系列的组成显著不同、冶炼过程和非金属夹杂物不同以及标准值不准等引起的影响。这种情况需要重新选定标准样品系列、控制样品，或者研究校正方法。

② 分析样品不好时，可能是取样方法不合适和制备时被污染等。当分析样品产生成分偏析和缺陷时，要重新考虑取样方法。至于制备时被污染，需要重新考虑研磨材料、工具和制备方法，查明其原因。

③ 定量方法产生误差的主要原因有：标准曲线绘制有误和校正共存元素影响的方法不合适。要重新考虑标准曲线或增加标准样品数目，通过实验予以适当校正。

六、火花源原子发射光谱分析的误差来源及干扰校正

火花直读光谱分析为块状样品直接测定，误差的来源与仪器的操作及光谱分析本身的干扰有关，与块状样品本身的均匀性及其组织结构直接相关。

（1）误差产生的原因

① 操作者：技术水平、熟练程度。

② 仪器设备：光源的稳定、分光计的精度、氩气纯度。

③ 分析试样：均匀性、组织结构。

④ 标样：标准值的可靠性、均匀性。

⑤ 分析方法：校正曲线的拟合程度。

⑥ 环境：温度、湿度。

（2）偶然误差产生的原因

① 样品成分的不均匀。

② 光源的不稳定。

③ 室温、氩气压力的波动。

（3）系统误差产生的原因

① 第三元素的干扰。

② 组织结构。

③ 曲线漂移。

因此为了保证光电光谱分析结果的可靠性，在仪器运行和分析操作方面，样品制备及标准曲线的校正，偏差监控等加以严格控制。

七、常用发射光谱分析线

见表 4-4。

表 4-4 火花放电光谱分析的常用谱线

分析线/nm	元素	样品基体	干扰成分	分析线/nm	元素	样品基体	干扰成分
133.5	C	Fe		263.8	Mn	Cu, Fe, Al, Ni	
149.3	N	Fe, Ni		266.0	Al	Cu ref	
157.4	Fe	ref		267.7	Cr	Cu, Fe, Al, Ni	
165.8	C			268.9	Mn		
174.2	N			269.0	Cu		
174.5	N			271.2	Mn		
175.7	Sn	Cu		271.4	Fe	ref	
177.5	P		Cu, Mn, Ni	273.0	Fe	ref Al, Cu, Ni	
178.3	P	Cu, Fe, Ni	Ni, Cr, Al	274.0	Fe		
178.6	Fe			275.6	Fe		
179.0	Zr			277.5	Mo		Mn, Ni
180.7	S	Cu, Fe, Ni	Ni, Mn	278.0	Mg		
181.7	Si		Ti, V, Mo	279.0	Mg	Fe, Al, Cu	
182.0	S			279.5	Mg		
182.5	Cu			279.5	Mn		
182.6	B		S	279.9	Mn		
185.3	Mn			280.1	Mn		
185.5	Al			280.2	Mg		
185.6	Al			281.6	Mo		Mn
185.8	Al			281.6	Al	ref	
186.3	Al			282.5	Cu		
187.7	Fe	Fe ref		283.0	Cr		
189.0	As	Fe, Cu		283.3	Pb		
189.9	Sn	Fe, Cu, Ni		285.2	Mg		
190.9	Ti			286.3	Cr		Si
191.5	Mn			286.4	Sn		
192.1	Mn			288.1	Si	Al, Cu	Mo, Cr, W, Al
192.6	Mn			290.1	Mn		
192.6	Fe			290.9	V		
193.1	C		Al, Mo, Co	293.3	Mn	Cu, Fe, Al, Ni	
196.1	Se	Fe, Al		296.1	Cu	ref	
197.0	Cu	ref		298.5	N		
197.2	As	Cu		298.9	Cr	Fe, Al, Ni	
197.9	Cu			302.1	Fe		

分析线/nm	元素	样品基体	干扰成分	分析线/nm	元素	样品基体	干扰成分
198.9	Al			305.0	Al		
199.1	Al			306.0	Al		
200.0	Cu			306.7	Bi	Fe, Al, Cu	
202.0	Mo	Fe		308.2.	Al	Fe, Ni	Mo
202.6	Zn			310.9	Cu		
203.0	W			311.0	V	Fe, Al, Ni	Al
203.6	Cu			311.7	V		
203.9	Mo			313.1	Be		
204.1	Fe			315.5	Fe		
205.5	Cu			317.2	Cu		
206.1	Zn	Fe		317.5	Sn	Cu, Al	
206.6	Cr			319.5	Cu		
206.8	Sb			319.5	Nb	Fe	
207.9	W			322.9	Mn		
208.8	Fe			324.2	Ti		
209.9	W			324.4	Ni		
210.9	Nb			324.7	Cu	Fe, Al	
211.2	Cu		Cr, Ni	326.2	Sn		
212.4	Si	Fe, Ni	C, Nb	327.4	Cu		
213.9	Zn			328.3	Zn		
214.1	V			328.7	Fe		
214.9	Cu			330.3	Zn		
217.5	Sb	Fe		333.1	Sn		
218.2	Cu			334.5	Zn	Fe, Al, Cu	
218.5	Ni			334.9	Ti		
218.6	Ni			337.2	Ti	Fe, Al, Cu, Ni	
220.4	W	Fe, Ni	Ni, Al	339.2	Zr		
222.6	Cu			341.4	Ni	Al, Cu	
223.0	Ni	Cu		343.8	Zr		
223.0	Cu			345.4	Co		
224.3	Cu	Fe		349.6	Zr	Fe, Al, Cu	
224.4	Cu	ref		356.5	P		
224.7	Cu			361.4	S		
224.9	Fe			3652.8	B		
225.3	Ni	Al, Zn		371.9	Fe	Ni	
226.9	Al			378.0	As		
227.1	Ni			382.9	Mg	Al	
227.6	Cu			386.1	C		
228.6	Co	Fe, Al, Cu, Ni		386.4	Mo		
228.8	As			393.1	Fe		
228.8	Cd	Cu, Zn		393.4	Ca		
231.1	Sb	Cu		394.4	Al	Fe, Cu, Ni	
231.6	Ni	Fe, Al, Cu	Cr	396.1	Al		
234.9	Fe			396.8	Ca	Fe	
235.0	As			400.6	Fe		
236.7	Al			400.7	C		
237.2	Al			400.8	W		
237.4	Al			401.9	Mn		

续表

分析线/nm	元素	样品基体	干扰成分	分析线/nm	元素	样品基体	干扰成分
237.6	Cu			403.1	Mn		
238.2	Fe			403.4	Mn		
243.7	Ni	Fe, ref		403.5	Mn		
243.8	Si	Al		403.6	Mn		
249.2	Cu			404.2	Mn		
249.3	Fe			404.9	Mn		
250.2	Zn	Cu		405.6	Mn		
251.6	Si		Ti, V, Mo	405.7	Pb	Cu, Fe, Al, Ni	
253.5	P	Cu		407.6	Ce		
254.5	Cu			408.7	La		
256.7	Al			413.8	Ce		
256.8	Al	ref		418.6	Ce	Fe	
258.0	Co	Fe, Al, Ni		433.3	La	Fe	
259.4	Mn			437.9	V		
259.8	Sb	Al, Cu		455.4	Ba		
259.9	Fe	Al, Cu		492.3	Fe	ref	
260.0	Fe			510.5	Cu	Fe, Al, ref	
263.2	Al			518.3	Mg	Fe, Ni	

注: ref 为参比线。

八、常用火花放电光谱仪

常用的火花放电光谱仪的商品仪器见表 4-5～表 4-7。

表 4-5 实验室落地型仪器

型　号	色散系统	波长范围	检测器	生产商
ARL3460 ARL4460 ARL iSpark8820 ARL iSpark8860 ARL iSpark8880 ARL Quantris	凹面光栅 焦距 1000mm, 刻线 1080gr/mm、 1667gr/mm、2160gr/mm 凹面光栅 焦距 200mm, 刻线 590gr/mm、 1105gr/mm、3240gr/mm	120～850nm	PMT+滤光片 PMT+CCD 3 块线阵 CCD	美国赛默飞世尔
PDA-5500S PDA-7000 PDA-8000 PDA-5000	凹面光栅 焦距 600mm, 刻线 2400gr/mm 凹面光栅 焦距 600mm, 刻线 2400gr/mm 凹面光栅 焦距 1000mm, 刻线 2400gr/mm	120～589nm 120～800nm 120～800nm	PMT	日本岛津
Q8 Magellan	凹面光栅 焦距 750mm, 刻线 3600gr/mm	110～800nm	CPM	德国布鲁克
QSN750 GS1000	凹面光栅 焦距 750mm, 刻线 2400gr/mm 焦距 500mm, 刻线 2700gr/mm		PMT	德国 OBLF
SPECTROLAB SPECTROMAXx	凹面光栅 焦距 750mm、400mm, 刻线 3600gr/mm、2924gr/mm、2400gr/mm	120～780nm 140～670nm	PMT+CCD CCD	德国斯派克
FOUNDRY-MASTER PRO	凹面光栅 焦距 350mm, 刻线 3000gr/mm	130～800nm	CCD	德国牛津
Vario Lab	凹面光栅 焦距 1000mm, 刻线 3600gr/mm	120～589nm	PMT	德国贝莱克
Atlantis PMT/CCD	凹面光栅 焦距 750mm, 刻线 2400gr/mm	120～800nm	PMT 和多块CCD	意大利 GNR
Lab Spark750 Lab Spark1000	凹面光栅 焦距 750mm, 刻线 2400gr/mm	120～800nm	PMT	钢研纳克
MA-8002 M8001	凹面光栅 焦距 750mm, 刻线 2400gr/mm 凹面光栅 焦距 1000mm, 刻线 2160gr/mm	170～450nm	PMT	北京盈安科技

型 号	色散系统	波长范围	检测器	生产商
DF-100 DF-300	凹面光栅 焦距 750mm, 刻线 3600gr/mm、2400gr/mm	120~800nm 140~600nm	PMT PMT+CCD	烟台东方
WLD-1C1/3C1 AES-7100 直流电弧 AES-7200 交流电弧	凹面光栅 焦距 750mm, 刻线 2400gr/mm	175~450nm 200~500nm	PMT	北分瑞利
TY-9600 TY-9610 TY-9510	凹面光栅 焦距 1000mm, 3600gr/mm 凹面光栅 焦距 750mm, 2400gr/mm	160~450nm 200~650nm	PMT	无锡金义博
HGP-7500	凹面光栅 焦距 750mm, 刻线 2400gr/mm 或 3600gr/mm	130~800nm	PMT	无锡英之诚
GP100	凹面光栅 焦距 1000mm, 刻线 1440gr/mm	173~767nm	PMT	四川旌科
QL-5800	凹面光栅 焦距 750mm, 刻线 2400gr/mm	170~600nm	PMT	南京麒麟
WL6A-V	凹面光栅 焦距 750mm	160~650nm	PMT	上海御翔
宁四分牌 SFGP-750	凹面光栅 焦距 750mm, 刻线 2400gr/mm	160~650nm	PMT	南京第四分析仪器
HK-9600	凹面光栅 焦距 1000mm, 刻线 1667gr/mm	160~450nm	PMT	北京华科易通
OES1000VMI	凹面光栅 焦距 1000mm, 刻线 2160gr/mm	170~463mm	PMT	江苏天瑞

表 4-6 小型台式仪器

型 号	色散系统	波长范围	检测器	生产商
ARL Quanto-Desk	凹面光栅 焦距 200mm, 刻线 755gr/mm	170~410nm	8044 像素线阵 CCD	美国赛默飞世尔
SPECTROMAXx	凹面光栅 焦距 400mm, 刻线 3600gr/mm	140~670nm	CCD	德国斯派克
CCD 直读光谱仪	凹面光栅 焦距 750mm, 刻线 3600gr/mm	140~680nm	PMT+CCD	无锡金义博
Lab 3000s	凹面光栅 焦距 300mm, 刻线 3600 gr/mm	175~430nm	PMT	德国贝莱克
SolarisCCD Plus MiniLab MiniScp SolarisCCD-NF	凹面光栅 焦距 500mm, 刻线 2700gr/mm 凹面光栅 焦距 150mm, 刻线 3600gr/mm 凹面光栅 焦距 350mm, 刻线 3600gr/mm 凹面光栅 焦距 350mm, 刻线 3600gr/mm	140~800nm 170~450nm 140~800nm 190~900nm	3648 像素线阵 CCD	意大利 GNR
Q2 ION Q4 TASMAN Q6 Columbus	平场光栅 凹面光栅 凹面光栅 焦距 400mm, 刻线 2400gr/mm	170~685nm 130~800nm 133~615nm	2048 像素线阵 CCD CPM	德国布鲁克
FOUNDRY-MASTER COMPACT FOUNDRY-MASTER Xpert FOUNDRY-MASTER Xline FOUNDRY-MASTER UV	凹面光栅 焦距 400mm, 刻线 2400gr/mm 凹面光栅 焦距 350mm, 刻线 3000gr/mm 凹面光栅 焦距 350mm, 刻线 3000gr/mm 凹面光栅 焦距 350mm, 刻线 3000gr/mm	185~590nm 130~800nm 165~780nm 160~800nm	CCD	德国牛津
M2500 PolySpek-J	平场光栅	174~406nm 170~780nm	4096 像素线阵 CCD	英国阿朗
Labspark 5000	凹面光栅 焦距 500mm, 刻线 3600gr/mm	170~500nm	PMT+CCD	钢研纳克
M5000	凹面光栅	140~680nm	CCD	北京盈安科技
DF-200 DF-400	凹面光栅 焦距 750mm, 刻线 3600gr/mm 平场光栅	120~800nm 170~500nm	PMT CCD	烟台东方

表 4-7 便携式仪器

型 号	色散系统	波长范围	检测器	生产商
Q4 MOBILE	凹面光栅 焦距 750mm, 刻线 3600 gr/mm	120~589nm	CCD	德国布鲁克
Compact Port	凹面光栅双光室 焦距 300mm, 刻线 3600 gr/mm	190~410nm 220~430nm	PMT	德国贝莱克
SPECTRO TEST SPECTRO iSORT	凹面光栅 焦距 400mm, 刻线 2400 gr/mm	174~520nm 275~554nm	CCD	德国斯派克
TEST-MASTER PRO PMI-MASTER PRO PMI-MASTER Smart	凹面光栅 焦距 350mm, 刻线 3000 gr/mm	185~420nm 170~420nm 170~800nm	CCD	德国牛津

第二篇

第五节　火花放电光谱分析的应用

一、金属及合金的化学成分分析

　　火花放电原子发射光谱分析在金属材料无机元素的成分测定方面，已成为一种快速有效的常规分析方法，其光电直读仪器已经成为冶金生产控制、冶金炉前分析的必备手段，广泛应用于黑色冶金、有色金属与机械制造行业固态金属样品的快速分析。

1. 冶金工艺、机械制造行业的成分分析及材质性能分析

　　黑色金属主要包括铁、锰、铬及其合金，如钢、生铁、铁合金、铸铁等。在实际生产领域、国家标准和行业标准方法中，火花放电光谱分析法都作为主要检测工具，见表 4-8。

表 4-8 黑色金属及合金的分析应用

分析样品	分析元素	应用内容	文献
45 钢	C、Si、Mn、P、S	对 45 号钢管及圆钢的冷轧开裂原因进行分析	1, 2
高碳高合金钢	常规元素	对冷作模具钢失效分析	3
20Mn2 镀锌链条	C、Si、Mn、P、S	分析电镀锌后链条脆性的原因，氢脆是镀锌链条脆性主要原因	4
38CrMoAl 钢	C、Mn、Si、Cr、Mo、Al	采用 DV-5 型光电直读光谱仪测定 38CrMoAl 中主要元素含量	5
H13 钢	常规元素	通过直读光谱对 H13 钢 2#KO 钢制模具失效原因分析及改进	6
1Cr17Ni2 钢	常规元素	对 1Cr17Ni2 碟式分离机转鼓密封槽边缘开裂进行失效分析	7
生铁和低、中、高碳钢	C、Si、Mn、P、S	样品铣削技术对测量精度的影响，确定铣削深度，转速和进给量	8
低合金钢	C、Si、Mn、P、S	采用连续激发的方式；对谱线重叠干扰和基体干扰进行校正	9
取向硅钢	C、Si、Mn、P、S	讨论了共存元素干扰，硅对锰的干扰，采用干扰系数法进行校正	10
不锈钢	Cr、Ni	建立不锈钢快速分析法；利用直读光谱仪与 XRF 仪联合测定 Cr、Ni	11, 12
易切削钢	S、Cr、Ni 等	分析硫系易切削钢，硫系易切削不锈钢的直读光谱法	13, 14
不锈钢	C、Si、Mn、P、S、Cr、Ni、Cu、Mo	运用单因子方差分析法，对不同加工方制样对 304 钢种 9 个元素直读光谱测定结果的影响	15
不锈钢	C、Ni、Cr、Cu、Mo	测定 CD4MCu 不锈钢中碳、镍、铬、铜、钼	16
高锰、高铬不锈钢	C、Ni、Cr、Cu、Mo	测定高锰不锈钢中硫量的改进；铬不锈钢中的元素	17, 18
高锰钢	C、Si、Mn、P、S、	在选定的测量条件下，对高锰钢中常规元素进行测定	19
低合金钢	Ce	用 413.76nm 测铈，用干扰系数法消除 Cr 的干扰，测定下限 0.002%	20

分析样品	分析元素	应用内容	文献
普碳钢、不锈钢	N	测定钢中氮，对测氮波动因素进行探讨和改进	21~23
钢	Nb	钢中铌直读光谱分析方法	24
铸钢	As、Sn、Nb	铸钢中微量砷、锡和铌，砷，锑及压力容器用钢锑测定	25~27
中低合金钢、冷镦钢	Ca、B	采用铣样测中低合金钢中钙；测冷镦钢中痕量钙和硼	28,29
不锈钢	B	核电用不锈钢中硼；不锈钢系列的B在线检验	30,31
铸铁与铸钢	C、Si	铸铁与铸钢中碳含量的测定	32
合金灰铸铁	C、Si	用热分析仪和直读光谱仪对比分析了Cu-Sn系、Cr-Ni-C系、Cr系及Cr-Ni-Mo系四种合金灰铸铁中碳和硅含量的测定	33
低碳钢	C	直读光谱法测定低碳含量的条件	34
普碳钢	C	钢中含铝量对直读光谱法测定碳的影响	35
超低碳钢	C	测定超低碳钢板中0.002%~0.030%的碳含量	36
洁净钢	超低碳	采用铣刀取样，可有效测量0.0005%~0.025%的超低碳含量	37
钢	S	直读光谱法测钢中硫的影响因素探讨	38
钢水	O	用测定钢水中酸溶铝含量，间接测定钢中氧含量	39
钢	La、Ce、稀土总量	选择光源的激发方式及火花直读光谱测定参数	40~42
低合金钢	非金属夹杂物	以脉冲分辨分析方法确定了低合金钢中全铝、酸溶铝组分	43,44
非白口化铸铁样品	C、Si、Mn、P、S、Cr、Ni、Cu、Mo、As、Mg	对同一区域重复激发，促使灰口、球墨铸铁中的游离碳转化成化合碳，形成可供光谱分析的白口化层，满足了光谱分析铸铁的条件	45,46
球墨铸铁	C、Si、Mn、P、S、Cr、Ni、Ti、Mo、V、Mg	球墨铸铁样品表面组织状态和火花光谱行为，对球墨样品的制取样、光谱分析条件和分析方法做了测试，提高检测速度和效率	47~50
铸铁	C、Si、Mn、P、S	对不同品种的铸铁进行实验条件的优化	51~55
生铁	Si、Mn、P	探讨了基体效应、狭缝位置、分析条件和制样方法等影响因素	56
生铁	S	通过调整标准化样品中硫的相对谱线强度，提高了硫的准确度	57
生铁	C、Si、P、S、V	对试样的取样方式、加工深度及激发部位开展了研究	58
生铁	C、Si	通过改进试样尺寸、白口化工艺、曲线调整等手段，提高了生铁中各成分光谱分析的准确性	59
钒钛生铁	Si、Mn、S、P、Ti、V	考察了火花光谱法分析结果的稳定性	60
合金钢棒	C、Si、Mn、P、S、Ni、Cr、Mo、Cu、V、Sn	试验了圆棒试样直径大小对各元素测定结果的影响，提出曲线插入校正法改善分析结果，适用于ϕ3mm以上圆棒试样直接分析	61
线材	C、Si、Mn、P、S	探讨4mm以上线材取样、制样方法及标准样品选择影响因素	62
低合金钢焊丝	Cr、Ni、Mo、Ti、Cu	自制丝材夹具，设定氩气流量10L/min进行分析	63
埋弧焊丝	C、Si、Mn、P、S	用自制分析线材的夹具和埋弧焊丝控样测定	64,65
不锈钢窄条、圆棒	C、Si、Mn、P、S、Cr、Ni、Mo、Cu、V	宽度为3mm以上的窄条可以拼接分析，采用曲线插入法对圆棒样进行校正	66
中低合金钢	Ce	用PDA-5500Ⅱ直读光谱仪测定中低合金钢中稀土元素铈	67
不锈钢丝	C、Si、Mn、P、S、Cr、Ni、Mo、Cu、N	用小样品夹具分析ϕ2mm不锈钢丝，光源参数冲氩10s，不预燃、积分14s	68
不锈钢丝	C、S、P、Cr、Ni、Ti	ϕ0.8mm丝以圆管作为夹具，优化条件冲氩3s，预燃5s，积分9s	69
不锈钢薄板	C、Si、S、P、Cr、Ni	分析厚0.2~1.2mm薄板，氩气流量600L/h，80#砂纸磨光表面	70
低合金钢丝	C、Si、Mn、P、S、As、Cr、Ni、Mo、Cu、V、Ti、Al	以同尺寸丝状标准化样品制标准化曲线，参数冲氩3s，预燃5s，积分5s分析ϕ5.5mm钢丝	71

续表

分析样品	分析元素	应用内容	文献
碳素钢线材	C、Si、Mn、P、S	ϕ5~15mm线材应用"类型标准化"消除原始曲线产生的系统误差	72
普通钢	C、Si、Mn、P、S	用线、棒材卡具分析ϕ6~11mm钢棒，分析线、棒材的制样条件等	73
不锈钢薄带	C、Si、Mn、P、S、Ni、Cr、Cu	选择电感低能放电型火花光源分析0.12mm厚不锈钢薄带	74
钢薄板	常规元素	改进制样方式、控制激发条件等避免薄板激发时过热和击穿	75
低合金钢屑状样	C、Si、Mn、P、S、Ni、Cr、Cu、Mo、Al、V、Ti等元素	采用自制专用样品成型工具和专用试样夹具及固定的样品模具实现对钻削样品的直读光谱分析	76
中低合金钢	C、Mn、Cr、Ni、Mo	利用标准物质对测量结果进行不确定度评估	77
钢铁	火花光谱测量不确定度	探讨了火花光谱法中测量不确定度的表述及原材料规格一致性概率的计算，介绍OXSAS软件中用于计算测量不确定度的功能	78
不锈钢	Cr测量不确定度	对其在测量过程中不确定度产生的原因进行了分析，并对测量结果不确定度进行了评定	79, 80
不锈钢	C、Si、Mn、P、S、Cr、Ni、Mo	其不确定度主要来源包括仪器的精密度、标准物质以及工作曲线校准过程所引起的不确定度	81
不锈钢标样	C、Si、Mn、P、S、Ni、Cr、Cu、Mo、Al、V、Ti、W、Nb、Co、Sn	研制包括高钼、高铜、高铌、高氮在内20个元素的不锈钢光谱系列标准样品	82
低碳钢控样	C、Si、Mn、P、S、Ni、Cr、Cu、Mo、Al、V、Ti、Sn、Pb、Sb	研制适于生产的低碳钢控样，并使用火花光谱仪、X荧光、ICP、红外碳硫仪对各成分检测，所得分析结果基本一致	83
焊丝标样	常规元素	研制焊丝光谱标准样品	84
镍基高温合金控样	C、Si、Mn、P、S、Ni、Cr、Cu、Al、Ti、W、Mo、Nb、Co、Fe	研制GH3536系仿美Hastelloy X合金镍基高温合金系列控样	85
钢控样	常规元素	探讨了控样的制备、取材、定值和应用等方面的问题	86

本表参考文献：

1 丁晔. 金属热处理, 2014, 39(04): 142.
2 吕祺. 浙江冶金, 2013, (01): 26.
3 朱经辉, 史厚忠. 金属热处理, 2011, 36(增刊): 392.
4 朱丹, 师红旗, 丁毅, 马立群. 热加工工艺, 2011, 40, (14): 184.
5 周琳燕, 彭小伟, 徐雯. 洪都科技, 2009(1): 33.
6 胡伟勇, 沈雅明, 王峰, 徐瑞荃. 轴承, 2011, (8): 36.
7 罗娟, 胡伟勇, 郦剑. 金属热处理, 2010, 35(12): 127.
8 张彦荣. 冶金分析, 2013, (11): 54.
9 李治国, 许鸿英, 耿艳霞, 赵兰季. 理化检验(化学分册), 2011, 47(7): 853.
10 徐永林, 梁潇, 张东生. 冶金分析, 2013, 33(10): 19.
11 宋玉环. 中国材料科技与设备, 2014, 10(2): 74.
12 芦飞. 冶金自动化, 2014, 38(1): 50.
13 赵兰季. 河北冶金, 2013, (9): 20.
14 赵国栋. 硅谷, 2013, (11): 173.
15 项秀智. 科学技术与工程, 2010, 10(4): 966.
16 刘宏, 王敏. 理化检验(化学分册), 2012, 48(1): 68.
17 项秀智, 王明生. 理化检验(化学分册), 2011, 47(6): 668.
18 戚佳琳, 王境堂. 化学分析计量, 2004, 13(5): 44.
19 李晓, 赵玲玲. 冶金分析, 2004, 24(10): 74.
20 赵涛, 缪虹. 宝钢技术, 2014, (2): 72
21 谢欢. 福建分析测试, 2014, 23(2): 44
22 罗晔. 仪器仪表与分析监测, 2014, (02): 39.
23 任维萍. 太钢科技, 2013, (3): 49.
24 张娅红, 程海明, 李玉玲. 河南冶金, 2001(2).
25 于晓梅. 铸造技术, 2013, (07): 936.
26 梁启华. 江苏冶金, 2007, 35(3): 17.
27 何静. 大型铸锻件, 2005, (1): 34.
28 李梅兰, 韩宗才, 汪焕林. 青海师范大学学报(自然科学版), 2008, (4): 36.
29 陆向东. 冶金分析, 2013, (07): 58.
30 赵涛, 缪虹, 龚红丽. 冶金分析, 2012, 32(3): 40.
31 瞿晓刚, 林香菊. 价值工程, 2013, (1): 16.
32 李传栻. 现代铸铁, 2009, (4): 61.
33 沈保罗. 中国铸造装备与技术, 2011, (6): 17.
34 左丽峰, 连秀敏, 刘博. 第七届(2009)中国钢铁年会论文集(下), 2009: 34.
35 田桂英. 光谱实验室, 2003, 20(2): 304.
36 李吉, 牟正明, 包雪鹏, 等. 理化检验(化学分册), 2014, 50(11): 1430.
37 苏红梅, 周尚元, 王神武. 涟钢科技与管理, 2013, (04): 39.
38 刘玉法. 光谱实验室, 2005, 22(4): 791.
39 陈菲菲. 冶金标准化与质量, 2013, (4): 31.

40 高良豪. 光谱实验室, 2004, 4: 672.

41 郭芳, 刘翔, 沈克, 祁郁, 等. 2002 全国光谱分析学术年会论文集, 2003(1): 55.

42 朱国兴. 2002 全国光谱分析学术年会论文集, 2002: 59.

43 胡德新. 冶金分析, 2014, 34(1): 17.

44 韩宗才. 科技传播, 2013, (22): 140.

45 张海, 陈家新, 肖爱萍, 郭徐俊. 冶金分析, 2009, 29(1): 63.

46 崔凌高. 齐齐哈尔大学学报, 2007: 66.

47 陈君, 李颖, 王书强. 中国无机分析化学, 2011, 1(3): 50.

48 黄艳霞. 装备制造技术, 2010, (12): 156.

49 张秀山, 岳明杰. 2002 全国光谱分析学术年会论文集, 2002: 46.

50 梁启华. 冶金分析, 2000, 20(3): 54.

51 孟小军. 中国铸造装备与技术, 2004, (6): 54.

52 梁启华. 江苏冶金, 2003, 31(5): 44.

53 张智贤. 光谱实验室, 2002, 19(1): 72.

54 徐海权. 2002 全国光谱分析学术年会论文集, 2002.

55 李俊峰. 2002 全国光谱分析学术年会论文集, 2002.

56 谢小运, 刘跃进. 理化检验(化学分册), 2011, 47(1): 81.

57 李刚, 吴卫彦. 理化检验(化学分册), 2008, 44(2): 125.

58 但娟. 攀枝花科技与信息, 2002, 27(1): 50.

59 张明荣, 王德龙, 李军, 徐志刚. 山东冶金, 2006, 28(5): 78.

60 税必刚. 冶金分析, 2008, 28(8): 76.

61 石蕊. 岩矿测试, 2014, 33(2): 241.

62 赵兰季. 理化检验(化学分册), 2014, (02): 169.

63 陈俊义. 科学中国人, 2014, (06): 8.

64 邹莉莎, 张华. 理化检验(化学分册), 2011, 47(5): 611.

65 邹莉莎. 理化检验(化学分册), 2010, 46(11): 1308.

66 吴金龙, 晁小芳, 赵挺等. 检验检疫学刊, 2013, (03): 15.

67 丁洪伟. 黑龙江冶金, 2013, 33(6): 5.

68 古星, 曾莉. 中国井矿盐, 2010, 41(2): 41.

69 王琳, 王晓洁, 方秋萍. 化学分析计量, 2008, 17(1): 48.

70 洪泽浩, 蔡锐波. 理化检验(化学分册), 2013, (02): 177, 182.

71 蒋存林, 郭亚平, 陈铭舫. 理化检验(化学分册), 2005, 41(11): 812.

72 金德龙, 陆晓明, 张志颖, 赵涛. 宝钢技术, 2000, (5): 29.

73 魏古琳, 刘瑾, 崔军. 包钢科技, 2003, 29(4): 81.

74 蔡继杰, 黄宗平, 杨立辉. 光谱实验室, 2003, 20(2): 221.

75 张志颖, 赵涛, 缪虹, 等. 2002 年中国机械工程学会年会论文集, 2002.

76 张教赟, 张忠和. 光谱实验室, 2010, 27(4): 1490.

77 王春苗. 价值工程, 2013, 32(7): 304.

78 Edmund Halász, J-M Böhlen. 冶金分析, 2012, 32(1): 19.

79 刘守江, 李莉. 光谱实验室, 2011, 28(4): 1873.

80 邱建华, 张树潮, 詹铁成. 现代科学仪器, 2013, (1): 152.

81 柴艳英, 詹会霞. 科技创新与生产力, 2014, (2): 110.

82 彭霞, 胡修伟, 胡晓燕, 等. 冶金分析, 2009, 29(3): 62.

83 王桦, 唐芳. 金属材料与冶金工程, 2011, 39(2): 37.

84 张林, 陈易新, 李晓勇, 陈晓忠. 2008 年中国机械工程学会年会暨甘肃省学术年会论文集, 2008: 278.

85 卢世安. 特钢技术, 2008, 14(2): 51.

86 曹月萍. 柴油机设计与制造, 2000, (2): 43.

2. 有色金属样品成分分析

有色金属是指铁、铬、锰三种金属以外所有的金属。火花直读光谱仪在有色金属分析领域有着广泛的应用, 见表 4-9。

表 4-9 有色金属及合金的成分分析

分析样品	分析元素	应用内容	文献
高硅铝合金	常规元素	建立了高硅铝合金中常规元素同时测定的检测方法	1
4032 铝合金铸锭	Si、Cu、Mg、Ni	直读光谱测试铸锭表面偏析层厚度	2
银	Cu、Bi、Fe、Pb、Sb、Pd、Se、Te	用车床或压样机加工样品表面, 用盐酸 (1+9) 去除试样表面的沾污	3
镍基高温合金	B	硼分析带来主要干扰元素有基体镍和硫元素	4
镍基合金	9 种合金元素	对各元素的分析线及测量的分析参数进行了试验和优化	5
青铜样品	Al、Fe、Mn、Cr 等	优化分析条件, 多元素直接测定	6,7
紫铜	Cu、Ag	Cu+Ag 含量采用减量法分析, 与化学电解法数据一致性良好	8
高纯阴极铜	Pb、Fe、Bi 等	通过调整标准化系数校正测量误差, 测定 18 个杂质元素	9
铝及铝合金	常规元素	在分析方法、仪器维护以及仪器简单故障排除等方面的经验	10,11
铝合金	常规元素	Al-Mg 系、Al-Mn 系、变形铝合金、铸铝和纯铝等的光源条件、干扰校正等因素探讨	12~17

续表

分析样品	分析元素	应用内容	文献
铝合金、镁合金	Si、Fe、Cu、Mn、Mg、Cr、Ni	对国内外汽车变速器上使用的轻合金材料牌号进行了测试	18
镁合金	8种元素	对光源的激发方式及操作参数进行了选择	19
锌合金	Al、Pb、Fe、Cd、Cu、Sn	测定值与ICP或化学法定值结果相比较，满足国家标准允许差要求	20
锌合金、锌锭	铝及杂质元素	优化热镀锌合金、高铝稀土锌合金、低铁锌锭的分析条件	21~23
钛合金	Al、C	探讨了铝对碳元素的光谱干扰及校正	24,25
锡锭	杂质元素	9种元素的分析线及测定的分析参数	26
纯金	杂质元素	减少试样损失，达到可完全满足黄金生产分析的需要	27~29
银产品	Cu、Fe、Pb、Sb、Bi、Pd、Se、Te	考察了分析条件、样品制备、结果准确性、精密度等方面	30
高铝稀土锌合金	合金及杂质元素	以其简单制样、快速分析方法，满足分析精密度和准确度要求	31
稀土铝合金	La、Ce、Pr、Nd、Sm、Si、Fe、Cu	方法重现性较好，含量在 0.001%~0.02%，$RSD<6\%$，0.02%~0.3% $RSD<3\%$	32
薄、细、丝材分析	10余种元素	0.3mm铜带、ϕ0.6mm不锈钢丝、ϕ4mm铝棒试样用小样品夹具和叠加多个薄片样品并施压块样的方法，结果符合相关标准要求	33
铝合金薄板	Mg、Cu、Mn、Fe、Si、Zn、Ti、Ni	对厚0.2~0.3mm的铝合金薄板的光源参数、采用与标样大小相近、材质相似的垫块，进行分析	34
纯铝薄板	Fe、Si、Cu、Mn、Mg、Ti、Zn	对厚度≥0.2mm的纯铝薄板，选用加电感低能放电火花光源进行分析	34
铝黄铜	光谱标准样品	铝黄铜系列标准物质研制，共 20 块主要成分含量范围 Al 4.5%~7.0%，Fe 2.0%~4.0%，Mn 1.5%~4.0%	35
铝合金	光谱标准样品	介绍西南铝光谱标样的特点及其应用，为用户提供借鉴	37
铅钙合金	光谱标准样品	介绍了铅钙合金光谱用标准物质制备过程中成分设计、工艺方法、标样的分析及检验等	38

本表参考文献：

1 杨丽蓉，李海瑞. 科学中国人，2014，（03S）：83.
2 朱光磊，长海博文，李新涛，纪黎. 特种铸造及有色合金，2014，34（3）：318.
3 林英玲.冶金分析，2014，（05）：56.
4 杨静，李业欣，暴云飞. 光谱实验室，2009，26（5）：1129.
5 李文新. 甘肃科学学报，2008，20（2）：86.
6 周力. 中国石油和化工标准与质量，2011（12）：25.
7 裴敬国. 理化检验（化学分册），2011，47（3）：348.
8 王爽. 铜加工，2006（1）：55.
9 薛世钦，胡晓春. 光谱实验室，2002，19（2）：216.
10 刘廷荣. 轻金属，2004（4）：51.
11 陈中彦. 有色冶金节能，2004，21（4）：66.
12 刘昕，周兵，刘立国. 中小企业管理与科技，2011（10）：277.
13 刘博涛，谢宝强，于洋. 冶金分析，2009，29（11）：46.
14 王丽艳. 光谱实验室，2002，19（2）：143.
15 张立. 理化检验（化学分册），2000，36（11）：521.
16 陈中彦. 有色冶金节能，2004，21(4)：66.
17 林红. 铝加工，2001，24(1)：42.
18 温才云，谭崇凯. 2010重庆汽车工程学会年会论文专辑，2010，24（12）：138.
19 李跃萍. 光谱实验室，2001，18（3）：347.

20 张泽儒. 江西冶金，2009，29（4）：35.
21 邓乐章. 分析试验室，2009，28（增刊）：93.
22 王军学. 岩矿测试，2008，27（2）：153.
23 邓乐章. 湖南有色金属，2013，（02）：68.
24 李海军，陈超选. 理化检验（化学分册），2006，42（7）：514.
25 陈超选，李海军，赵教育. 化学分析计量，2006，15（2）：35.
26 李政军，钟志光，张海峰，等. 理化检验（化学分册），2006，42（8）：620.
27 李四红.湖南有色金属，2004，20（2）：40.
28 陈杰，李晖，李左丹. 现代仪器，2003（1）：25.
29 李四红. 湖南有色金属，2004，20(2)：40.
30 邓乐章，纪喜生. 福建分析测试，2013，（04）：54.
31 王军学. 岩矿测试，2008，27（2）：153.
32 李跃平. 光谱学与光谱分析，2002，22（3）：317.
33 钱晓东，俞耿华，陈旭光，孔水龙.浙江冶金，2008，（4）：49.
34 魏暹英，黄文志，张震坤.光谱实验室，1998，15（2）：55.
35 金献忠. 光谱实验室，1998，15（3）：29.
36 刘博涛. 理化检验（化学分册），2012，48（2）：233.
37 陈瑜，刘功达，吴洪军. 中国有色金属学会第八届学术年会论文集，2010：465.
38 焦福溪，刘颂禹，张维维，庄雅静.蓄电池，1999，（2）：36.

3. 金属原位分析技术的应用

金属原位分析技术（OPA）是在传统火花光谱分析技术的基础上发展起来的光谱分析新技术，可对较大面积上的样品进行连续激发、同步扫描，高速采集光谱数据，利用 SDA 数字解析技术，可以得到样品表面原始状态下不同位置的化学成分和含量以及表面的结构信息，实现样品的成分定量，成分分布、材料缺陷判别与分析以及非金属夹杂物相的分析。在金属材料化学成分定量、元素成分分布分析、钢材、钢锭、连铸坯的偏析度、疏松度、夹杂物定量分析与分布分析、冶金工艺过程中材质形态判别上均有应用，如表 4-10 所列。

表 4-10 金属原位分析技术的应用

分析对象	应用及其研究内容	文献
低合金钢方坯	低合金钢方坯不同结晶态的原位分布分析	1
连铸钢坯	连铸钢坯质量的原位统计分布分析	2
连铸方坯	连铸方坯质量的原位分析技术	3
连铸板坯	连铸板坯的偏析和夹杂物的原位分析方法研究	4
连铸板坯	连铸板坯横截面中心偏析的原位统计分布分析	5
薄板坯	原位分析薄板坯的偏析、疏松和夹杂	6
薄板坯	唐钢薄板坯连铸机的铸坯质量分析	7
耐候钢板坯	CSP 转炉冶炼高强耐候钢板坯质量分析	8
低合金钢	低合金钢连铸坯的原位统计分布分析研究	9
连铸钢板	连铸钢板中心偏析及其对组织和韧性的影响	10
汽车用钢板	CSP 工艺热轧汽车用钢板的组织演变和特征	11
钢板坯	材料组成特性的原位统计分布分析	12
不锈钢	不锈钢化学成分的原位统计分布分析及基体影响的校正	13
珠钢薄板	珠钢薄板坯连铸液芯压下量对比试验研究	14
连铸板坯	不同拉速工艺下连铸板坯横截面中心偏析和夹杂物的原位统计分布分析	15
IF 钢	拉速变化对 IF 钢铸坯非金属夹杂物含量的影响	16
10CrNiCu 钢	10CrNiCu 钢连铸坯中心偏析的原位分布分析	17
40Cr 连铸坯	40Cr 连铸坯化学元素偏析的金属原位分析研究	18
IF 钢铸坯	非稳态浇铸时 IF 钢铸坯表层夹杂物粒径的原位分布	19
帘线钢方坯	帘线钢方坯的原位统计分布分析	20
FTSC 连铸薄板坯	FTSC 连铸薄板坯的质量分析	21
钢	钢中铝夹杂物的原位统计分布分析及其判据方法	22
钢铁	单次放电数字解析技术分析钢铁中夹杂锰的含量	23
连铸坯	非定常连铸过程中铸坯速度变化对铸坯非金属夹杂物的影响	24
钢铁	MnS 夹杂物成分的原位统计分布分析	25
连铸坯	连铸坯凝固偏析的原位统计分布分析	26

分析对象	应用及其研究内容	文献
连铸板坯	中等厚度连铸板坯中心宏观偏析特性的研究	27
连铸板坯	连铸板坯宏观偏析特性的分析	28
管道板材	管道板坯中可溶元素的分布与分离	29
焊接材料	焊接材料的原位统计分布分析	30
轴承钢	轴承钢连铸坯偏析和致密度的原位分析	31
汽车大梁钢坯	汽车大梁钢坯的原位统计分布分析	32
中低合金钢	中低合金钢中铝系夹杂物的原位统计分布分析	33
连铸薄板坯	连铸薄板坯中铝夹杂物的原位统计分布分析	34
钢中硫化锰夹杂物	MnS 夹杂物成分的原位统计分布分析	35
矩形铸坯	矩形铸坯夹杂物的状态分析	36
钢铁	钢中硼钛夹杂物的原位统计分布分析	37
板坯铸机辊	基于凝固收缩板坯铸机辊缝的原位分析研究	38
高强耐候钢	CSP 生产线生产 Ti 微合金化高强耐候钢铸态组织的原位分析研究	39
板坯	加热工艺对板坯中心元素偏析影响的原位分析研究	40
钢	钢中碳、硅、锰等元素的原位统计分布分析法与发射光谱法的比较	41
WB36 钢连铸坯	对 WB36 钢连铸坯的偏析与致密度进行原位统计分布分析	42
不锈钢	对不同类型不锈钢板的偏析进行原位统计分布解析	43
连铸坯	连铸坯内部质量解析	44
普碳钢连铸板坯	对普碳钢连铸板坯截面的原位统计分布分析	45
钢	单次放电数字解析技术分析钢中非金属夹杂物的硫含量	46
低碳钢板坯	对低碳钢板坯原位统计分布分析特征参数与硫印评级的相关性研究	47
铸坯	扇形段不同压下量对铸坯中心偏析的影响分析	48
连铸板坯	凝固组织对连铸板坯中心偏析影响的原位分析	49
薄板坯	CSP 流程薄板坯原位统计分布分析	50
高强船板	高强船板 AH36/DH36 成分的原位分析	51
Q345B 钢	Q345B 钢轧后拉伸分层试样的显微组织研究	52
模具钢	热作模具钢的原位统计分布分析	53
中低合金钢连铸板坯	中低合金钢连铸板坯横截面上 C、Si、Mn、P、S、Nb、Ti、V 原位分析	54
钢	钢中铝夹杂物粒径的原位统计分布分析	55
圆坯	圆坯 Al 系夹杂物原位统计分布分析	56
不锈钢板	不锈钢板中锰、钛、铝、铌夹杂物的原位统计分布分析	57
钢	钢中硅系夹杂物粒度的原位统计分布分析	58
船板钢	A131GrAH36 船板钢拉伸断口分层原因分析及改善措施	59

续表

分析对象	应用及其研究内容	文献
套管连铸圆坯	套管连铸圆坯质量的原位分析	60
厚钢板	进口厚钢板偏析状态的原位统计分布分析	61
耐候钢	稀土元素对耐候钢元素偏析的影响	62
中厚钢板	均匀性对连铸高强度中厚钢板力学性能的影响	63
船板钢坯	船板钢坯断口样品中碳元素偏析的原位统计分布分析	64
高碳钢	高碳钢连铸圆坯中碳、锰的原位统计分布研究	65
高强船板	高强船板 AH36/DH36 成分优化研究	66
连铸方坯	10CrNiCu 连铸方坯和球扁钢偏析原位分析及其对性能的影响	67
齿轮钢	齿轮钢 20CrMnTi 连铸电磁搅拌工艺研究	68
中低合金钢	连铸板坯横截面上 C、Si、Mn、P、S、Nb、Ti、V 的原位分布分析	69
高温合金	高温合金压气机盘锻件纵断面中铌分布的原位分布分析	70
高碳钢	高碳钢连铸方坯中心偏析的原位分布分析	71
钢	钢中硅系夹杂物含量的原位统计分布分析	72
钢	火花源原子发射光谱法在钢中夹杂物状态分析中的应用	73
IF 钢	IF 钢连铸坯表层夹杂物的原位分析	74
无取向电工钢	邯钢无取向电工钢 H50W800 铸坯的原位分析	75
IF 钢	钛稳定超低碳钢的表面清洁度的评价	76
板材	非金属夹杂物和金相组织对板材伸长率的影响	77
连铸板坯	应用金属原位分析仪对连铸板坯偏析的分析	78
IF 钢	RH 纯循环对 Ti-IF 钢洁净度的影响	79
钢铁	原位分析仪检测钢中偏析分析影响因素的探讨	80
中碳 Cr-Ni-Mo 钢	中碳 Cr-Ni-Mo 钢靶试损伤原因分析，兵器材料科学与工程	81
连铸板坯	连铸板坯中心线偏析形成机制与轻压下技术的原位分析	82
连铸板坯	原位统计分布分析技术在连铸板坯成分偏析检测方法中的应用	83
铸造铝合金	铝硅系铸造铝合金的原位统计分布分析	84
钢坯	35 号钢圆坯的原位统计分布分析	85
齿轮钢	齿轮钢中硫化物的原位统计分布分析	86
高强度船板钢	高强度船板钢连铸坯中心偏析的原位分布分析	87
不锈钢	不锈钢连铸板坯横截面夹杂物的原位统计分布分析	88
优质碳素结构	优质碳素结构钢圆坯的原位统计分布分析与其微观组织及力学性能的相关性研究	89
铸造黄铜	铸造黄铜的原位统计分布分析	90
42CrMo 钢	用金属原位分析仪研究 42CrMo 钢连铸坯的偏析	91
20CrMnTi 钢	20CrMnTi 钢元素偏析和疏松的原位分布分析	92

续表

分析对象	应用及其研究内容	文献
帘线钢	帘线钢 82A 大方坯的原位统计分布分析	93
连铸圆坯	大断面连铸圆坯白亮带的金属原位分析	94
IF 钢	IF 钢铸坯中夹杂物分布规律的原位分析	95
GCr15 轴承钢	GCr15 轴承钢连铸坯的中心偏析的原位分析研究	96
轴承钢	连铸轻压下技术对轴承钢中心碳偏析的影响	97
电渣重熔钢锭	结晶器旋转对电渣重熔钢锭中元素分布影响的原位分析	98
帘线钢	原位分析在改善帘线钢中心偏析上的应用	99
大梁钢	大梁钢中夹杂物的原位统计分布分析	100
船用钢板	成分偏析对连铸 10NiCrCu 船用钢板板厚方向性能影响	101
齿轮钢	齿轮钢中硫化物的原位统计分布分析	102
硅钢锭	在硅锭中夹杂物分布的研究	103
电渣钢锭	电渣冶金过程中结晶器旋转对铸锭致密度的影响	104
镀锌板	冷轧热镀锌板表面条形缺陷的原位分析及形成原因探讨	105
不锈钢	不锈钢连铸板坯横截面偏析的原位统计分布分析	106
F550 船板钢	F550 船板钢中心偏析遗传性研究	107
大圆钢坯	结晶器电磁搅拌电流对 ϕ650mm 大圆坯内部质量的影响	108
管线钢根焊铜衬垫	X65 管线钢根焊工艺中铜衬垫渗铜的原位分析研究	109
塑料模具钢	塑料模具钢 1.2311 厚板硬度不均原因的原位分析及对策	110

本表参考文献:

1 杨志军, 王海舟. 钢铁, 2003, 38(9): 67.

2 王海舟, 李美玲, 陈吉文. 中国工程科学, 2003, 5(10): 34.

3 杨志军, 王海舟. 钢铁, 2002, 37(增刊): 189.

4 杨志军, 王海舟. 钢铁, 2003, 38(3): 61.

5 李美玲, 张秀鑫, 王辉. 冶金分析, 2004, 24(增刊): 66

6 杨忠梅, 何玉田. 冶金分析, 2004, 24(增刊): 20.

7 杨春政, 梁红兵, 郝华强, 等. 钢铁, 2004, 39(增刊): 464.

8 骆小刚, 王建泽, 康永林, 谷海容. 山东冶金, 2005, 27(5): 25.

9 王海舟, 赵沛, 陈吉文. 中国科学(E 辑), 2005, 35(3): 260.

10 赵路遇, 邢建东, 王任甫. 钢铁, 2005, 40(11): 62.

11 赵征志, 康永林, 于浩, 等. 2006 年薄板坯连铸连轧国际研讨会论文集: 259.

12 王海舟. 理化检验-化学分册, 2006, 42(1): 1.

13 袁良经, 王海舟. 冶金分析, 2006, 26(6): 20.

14 苏亮, 阳军, 田乃媛. 2006 年薄板坯连铸连轧国际研讨会论文集: 443.

15 陈吉文, 李美玲, 吴超, 等. 冶金分析, 2006, 26(3): 1.

16 张乔英, 王新华, 张立. 炼钢, 2006, 22(6): 21.

17 侯家平, 苏航, 周丹. 钢铁, 2006, 41(11): 69.

18 薛正良, 齐江华, 高俊波. 河南冶金, 2006, 14(增刊): 36.

19 张乔英, 王立涛, 王新华, 等. 特殊钢, 2006, 27(5): 9.

20 刘俊. 河南冶金, 2006, 14(增刊): 24.

21 杨晓江, 杨春政, 张洪波, 等. 连铸, 2006, 5: 19.

22 张秀鑫, 贾云海, 陈吉文, 等. 冶金分析, 2006, 26(4): 1.

23 赵雷, 贾云海, 刘庆斌, 等. 冶金分析, 2006, 26(1): 1.

24 Zhang Qiaoying, Wang Litao, Wang Xinhua. ISIJ International, 2006, 46(10): 1421.

25 Jia Y H, Wang H, Wang H Z. Advanced Materials Research, 2006, 15-17: 810.

26 薛正良, 左都伟, 齐江华, 等. 特殊钢, 2007, 28(1): 13.

27 徐红伟, 张立, 方园. 冶金分析, 2007, 27(10): 11.

28 徐红伟, 张立, 方园, 等. 2007, 2: 66.

29 Liu Jianhua, Bao Yangping, Dong Xian. Journal of University of Science and Technology Beijing, 2007, 14(3): 212.

30 Li Meiling, Yang Zhijun, Zhang Xiuxin. Materials Science Forum, 2007, 539-543: 4099.

31 沈峰, 唐红伟, 吴夜明. 宽厚板, 2007, 13(1): 31.

32 杨忠梅, 何玉田, 林少田, 等. 冶金分析, 2007, 27(7): 36.

33 王辉, 贾云海. 冶金分析, 2007, 27(8): 1.

34 Hongbin Gao, Liangjing Yuan, Haizhou Wang. Materials Science Forum, 2007, 15-17: 798.

35 Jia Yunhai, Wang Hui, Wang Haizhou. Materials Science

Forum, 2007,15-17: 810.

36 Li Dong ling, Zhou Wei, LI, Mei ling. Metallurgical Analysis, 2007, 27(11): 1.

37 Li Dongling, Wang Haizhou. Materials Science Forum, 2007, 539-543: 4272.

38 马长文, 陈松林, 郑天然. 钢铁, 2008, 43(3): 44.

39 苏亮, 毛新平, 田乃媛. 钢铁钒钛, 2008, 29(3): 7.

40 陈松林, 李少坡, 王彦峰. 2008 年全国轧钢生产技术会议文集: 816.

41 Martinat G, Cinos A, Garetto S. Metallurgical Analysis, 2008, Suppl.2: 874.

42 韩春梅, 龚宜勇. 冶金分析, 2008, 28(增 2): 888.

43 李美玲, 陈吉文, 吴超. 冶金分析, 2008, 28(6): 1.

44 张殿英, 高良豪, 耿后安, 等. 中国稀土学报, 2008, V26 专辑: 874.

45 王文焱, 何玉田, 闫宏江. 冶金分析, 2008, 28(增 2): 862.

46 赵雷, 贾云海, 刘庆斌, 冶金分析, 2008, 28, (增 2): 898.

47 陈吉文, 李美玲, 张秀鑫, 等. 冶金分析, 2008, 28(增 2): 892.

48 石中雪, 牛重军, 杨俊锋. 河南冶金, 2009, 17(4): 17.

49 田陆, 包燕平, 黄郁君. 北京科技大学学报, 2009, 31(增刊): 164.

50 黎先浩, 康永林, 吴光亮. 钢铁研究学报, 2009, 21(8): 9.

51 徐党委, 苏晓峰, 夏志升, 等. 特钢技术, 2009, 15(3): 22.

52 郑建平, 黄贞益, 姜辉. 热处理, 2009, 24(1): 42.

53 王海舟, 李美玲, 张秀鑫. 中国工程科学, 2009, 11(10): 39.

54 李美玲, 王辉, 杨植岗, 等. 第七届(2009)中国钢铁年会论文集, 11: 132.

55 张秀鑫, 贾云海, 陈吉文. 冶金分析, 2009, 29(4): 1.

56 龚宜勇, 韩春梅. 第七届(2009)中国钢铁年会论文集, 4: 74.

57 李美玲, 高宏斌, 常丽丽. 冶金分析, 2009, 29(6): 1.

58 李冬玲, 司红, 李美玲. 冶金分析, 2009, 29(1): 1.

59 肖丰强, 唐国红, 侯登义. 物理测试, 2009, 27(2): 52.

60 张志远, 都清坤, 李志群, 等. 第七届(2009)中国钢铁年会论文集, 2: 823.

61 黄玉森. 冶金分析, 2010, 30(1): 1.

62 郭宏海, 宋波, 毛璟红, 等. 北京科技大学学报, 32(1): 44.

63 高文涛. 冶金丛刊, 2010, 185(1): 1.

64 袁良经, 胡畔, 石小溪, 等. 冶金分析, 2010, 30(7): 1.

65 李维, 王克杰. 天津冶金, 2010, 4: 16.

66 苏晓峰, 徐党委. 河南冶金, 2010, 18(1): 8.

67 果春焕, 杨阳, 陈凤秋, 等. 兵工学报, 2011, 32(6): 707.

68 刘建, 彭振宇. 铸造技术, 2011, 32(8): 1125.

69 李美玲, 王辉, 杨植岗, 等. 2011, 31(6): 1.

70 王海舟, 李美玲, 庄景云. 中国工程科学, 2011, 13(10): 19.

71 夏念平, 余卫华, 张穗忠. 冶金分析, 2011, 31(10): 1.

72 李冬玲, 李美玲, 贾云海, 等. 冶金分析, 2011, 31(1): 1.

73 李冬玲, 李美玲, 贾云海, 等. 冶金分析, 2011, 31(5): 20.

74 陈俊杰, 刘建华, 刘建飞, 等. 2011, 33(增刊): 173.

75 卉章国, 张旭峰, 张军力, 等. 第八届(2011)中国钢铁年会论文集.

76 Wang M, Bao Y P, Cui H, et al. Ironmaking & Steelmaking, 2011, 38(5): 386.

77 田庆荣, 王克杰, 刘莹. 物理测试, 2011, 29(4): 23.

78 尹显武. 天津冶金, 2011, 3: 52.

79 王敏, 包燕平, 崔衡, 等. 北京科技大学学报, 2011, 33(12): 1448.

80 乔蓉, 易凤兰. 分析仪器, 2011, 2: 64.

81 张起生, 董恩龙, 王勇, 等. 兵器材料科学与工程, 2011, 34(5): 91.

82 侯自兵, 成国光, 饶添荣, 钢铁, 2011, 46(11): 45.

83 王克杰, 李维. 冶金分析, 2012, 32(1): 7.

84 李冬玲, 程海明, 司红, 等. 冶金分析, 2012, 32(10): 37.

85 李冬玲, 文志旻, 王海舟. 2012, 32(12): 1.

86 李冬玲, 肖国华, 贾云海, 等. 第二届钢材质量控制技术学术研讨会论文集, 2012 年: 180.

87 杜大鹏, 邹早勤, 周立平. 宽厚板. 2013, 19(5): 45.

88 罗倩华, 李冬玲, 马飞超, 等. 冶金分析, 2013, 33(12): 1.

89 李冬玲, 高永, 文志旻, 等. 矿冶, 2013, 22(增刊): 107.

90 王文龙, 张秀鑫, 刘英, 等. 2013, 33(6): 1.

91 李荣祥, 范建通. 河北冶金, 2013, 5: 7.

92 周淑新, 周惠芳, 周立波. 河北冶金, 2013, 5: 11.

93 李江文, 张穗忠, 夏念平. 冶金分析, 2013, 33(7): 1.

94 崔雪英, 田磊, 张向海. 山东冶金, 2013, 35(6): 34.

95 王全, 刘建华, 刘建飞, 等. 钢铁钒钛, 34(4): 62.

96 范植金, 罗国华, 朱玉秀, 等. 第九届中国钢铁年会论文集, 2013.

97 章照, 顾铁, 李英, 等. 现代冶金, 2014, 42(2): 40.

98 常立忠, 施晓芳, 从俊强, 等. 过程工程学报, 2014, 14(2): 266.

99 章照, 刘荣泉, 朱国荣. 现代冶金, 2014, 42(5): 24.

100 李冬玲, 夏念平, 李江文, 等. 冶金分析, 2014, 34(12): 1.

101 陈爱志, 彭冀湘, 徐嘉隆. 材料开发与应用, 2014, 29(4): 34.

102 Li Dong ling, Wang Haizhou. ISIJ International, 2014, 54(1): 160.

103 Liu Jian hua, Zhuang Chang ling, Cui Xiao ning, et al. Journal of Iron and Steel Research, International, 2014, 21(7): 660.

104 常立忠, 施晓芳, 从俊强, 等. 特种铸造及有色合金, 2014, 34(12): 1247.

105 邵慧琪, 阮强, 刘燕, 等. 冶金分析, 2015, 35(5): 1.

106 罗倩华, 李冬玲, 范英泽, 等. 分布分析, 2015, 35(10): 1.

107 季益龙, 刘建华, 陈方, 等. 第十届中国钢铁年会暨第六届宝钢学术年会论文集.

108 孙涛, 岳峰, 吴华杰, 等. 特殊钢, 2015, 36(5): 43.

109 鹿锋华. 焊接, 2015, 7: 37.

110 黄军, 何广霞. 特钢技术, 2015, 21(3): 24.

4. 火花光谱分析的标准方法

表 4-11 火花光谱分析主要标准

标准编号	标准名称	标准属性及国别
GB/T 14203—1993	钢铁及合金光电发射光谱分析法通则	中国国家标准
GB/T 13304.1—2008	钢分类 第1部分：按化学成分分类	中国国家标准
GB/T 4336—2002	碳素钢和中低合金钢火花源原子发射光谱分析方法（常规法）	中国国家标准
GB/T 11170—2008	不锈钢 多元素含量的测定 火花放电原子发射光谱法（常规法）	中国国家标准
GB/T 24234—2009	铸铁 多元素含量的测定 火花放电原子发射光谱法（常规法）	中国国家标准
GB/T 8647.10—2006	镍化学分析方法砷、镉、铅、锌、锑、铋、锡、钴、铜、锰、镁、硅、铝、铁量的测定发射光谱法	中国国家标准
GB/T 7999—2007	铝及铝合金光电直读发射光谱分析方法	中国国家标准
GB/T 26042—2010	锌及锌合金分析方法 光电发射光谱法	中国国家标准
GB/T 4103.16—2009	铅及铅合金化学分析方法 第16部分：铜、银、铋、砷、锑、锡、锌量的测定 光电直读发射光谱法	中国国家标准
GB/T 13748.21—2009	镁及镁合金化学分析方法 第21部分：光电直读原子发射光谱分析方法测定元素含量	中国国家标准
GB/T 21834—2008	中低合金钢多元素成分分布的测定金属原位统计分布分析法	中国国家标准
YST 464—2003	阴极铜直读光谱分析方法	中国国家标准
YST 482—2005	铜及铜合金分析方法 光电发射光谱法	中国国家标准
SNT 2083—2008	黄铜分析方法 火花原子发射光谱法	中国国家标准
YST 631—2007	锌分析方法 光电发射光谱法	中国国家标准
ASTM B954—2007	原子发射光谱法分析镁和镁合金的标准试验方法	美国国家标准
ASTM E1251—2007	原子发射光谱法分析铝和铝合金的标准试验方法	美国国家标准
ASTM E305—2007	建立和控制原子发射光谱分析曲线的标准规程	美国国家标准
ASTM E634—2005	锌和锌合金发射光谱法取样的标准规程	美国国家标准
ASTM E826—2008	火花原子发射光谱法测定固态金属样品均匀性的标准规程	美国国家标准
BS DD ENV 12908—1998	铅和铅合金.火花激发光学发射光谱测定法分析	英国国家标准
BS EN 14726—2005	铝和铝合金.化学分析.原子发射光谱测定分析指南	英国国家标准
BS EN 15079—2007	铜和铜合金.火花源发射光谱测定法（S-OES）分析	英国国家标准
CR 10316—2001	低合金钢的发射光谱分析法(常规法)的标准常规法制定指南	欧盟标准
ENV 12908—1997	铅和铅合金 火花发射光谱分析法	欧盟标准
DIN 51008-1—2004	发射光谱.火花和低压放电系统术语	德国国家标准
DIN EN 14726—2005	铝和铝合金.化学分析.火花源发射光谱分析指南	德国国家标准
DIN EN 15079—2007	铜和铜合金.火花源发射光谱测定法	德国国家标准
ISO 3815-1—2005	锌和锌合金.第1部分：用光发射光谱测定法分析固体样品	国际标准
JIS G1253—2002	钢铁.火花放电原子发射光谱分析法	日本国家标准
JIS H1103—1995	电解阴极铜的光电发射光谱化学分析法	日本国家标准

标准编号	标准名称	标准属性及国别
JIS H1123—1995	铅金属的光电发射光谱化学分析法	日本国家标准
JIS H1163—1991	镉金属的光电发射光谱化学分析法	日本国家标准
JIS H1183—2007	银锭的发射光谱分析法	日本国家标准
JIS H1303—1976	铝锭的发射光谱化学分析法	日本国家标准
JIS H1305—2005	铝和铝合金的光发射光谱分析法	日本国家标准
JIS H1322—1976	镁锭的发射光谱化学分析法	日本国家标准
JIS H1630—1995	钛的原子发射光谱分析法	日本国家标准
JIS K0116—2003	原子发射光谱测定法总则	日本国家标准
JIS Z2611—1977	金属材料光电发射光谱化学分析的通用规则	日本国家标准
NF A01-810—1975	锌合金锭.发射光谱分析用样品的制备和抽样	法国国家标准
NF A01-811—1975	锌锭.发射光谱分析用样品的制备和抽样	法国国家标准
NF A06-840—1998	锌和锌合金.光学发射光谱分析	法国国家标准
NF A07-001—1970	冶金产品.关于发射光谱分析的重要数据	法国国家标准
NF A07-500—1979	铝及其合金的发射光谱分析	法国国家标准
NF A07-510—1971	非合金铝的发射光谱分析	法国国家标准
NF A07-510X2—1975	非合金铝的发射光谱分析	法国国家标准
NF A07-515—1971	铝铜合金的发射光谱分析	法国国家标准
NF A07-520—1971	铝硅及铝硅铜合金的发射光谱分析	法国国家标准
NF A07-830—1973	镀锌用锌.发射光谱分析用技术规范	法国国家标准

二、火花放电光谱分析技术的应用前景

随着光谱仪器整体制造技术的不断进步，这其中包括高性能、高稳定性光源的研制，光学器件（光栅、透镜等）、新型检测器件的开发，远紫外区灵敏谱线的应用，仪器加工精度的提高，标准物质/样品研制能力和样品制备水平的进步等，使火花放电光谱分析技术及其仪器自身的发展取得了很大的进步。在超低含量（微量、痕量）元素和金属中气体成分的测定，非金属夹杂物的分布分析和定量测定方面都有新技术出现，显现了很好的应用前景。从制样到测定结果的全自动化分析，固体检测器多谱线同时分析、仪器超小型化等方面都取得了很大进展。

1. 冶金炉前全自动化分析技术

冶金过程中的成分控制，均是采用光电直读光谱仪器进行炉前分析，要求仪器必须均有很好的长期稳定性，以保证其可以常年运行的需要。自动化是现代工业生产的重要特征，火花光谱分析用于冶金生产过程控制也不例外，当前全世界大型钢铁厂炉前分析均以火花光谱仪、机械手和自动制样设备为主体的集成化全自动火花光谱分析系统，可以实现从样品制备、样品分析、结果识别到结果输出的全自动分析过程，如图 4-39 所示。节省人力、提高效率、提高操作安全性等是自动化技术的共有特点，除此以外，全自动光谱分析更好地保证了制样过程、分析过程的一致性，有效消除了分析过程中的人为因素影响，使生产过程控制、最终

产品质量控制更为有效。自动化光谱分析系统也是当前这一领域的热点技术之一。

图 4-39　全自动光谱分析系统

2. 金属材料中痕量成分的快速测定

火花光谱仪器应用于常规元素的分析技术已经相当成熟，它的免溶样、免稀释直接测定的特点对于痕量成分也极具优势，可满足金属材料中痕量成分快速测定的需求。根据相关应用研究报告，已经在一些类型的火花直读光谱仪上，通过仪器硬件、软件技术和应用技术的改进，实现了对金属样品中痕量成分的有效测定，检测下限可以达到 μg/g 级，并有良好的重现性和再现性。这意味着对高纯金属和一些特殊合金中痕量成分直接测定的应用得到扩展。

提高仪器的检出限和测定下限水平是首要条件，它要求仪器有良好的短期精度和稳定性。良好的辅助条件是必要的保障，如高纯度的氩气、良好的制样、稳定的电源等。适用的标准样品的研制和最佳分析线及参比线的选择、基体的干扰校正等分析条件及仪器参数的设定，都是不可缺少的条件。目前，已经有仪器公司在商品仪器上推出适用于痕量元素分析的硬件、专用软件和相应的分析测定技术，推出痕量元素火花光谱分析技术（SAFT），以满足用户对痕量成分测定的需求。例如采用脉冲分布分析法（PDA）、单火花数字评估技术（SDA）、单火花评估分析（SSE）、电流控制光源技术（CCS）、时间分辨技术（TRS）等，基于硬件和对光源激发产生的光谱信号的精细化评价和模型处理相结合，从而提高分析精度，实现超低含量元素的测定。

3. 钢铁合金中气体成分的快速测定

随着对远紫外区有分析性能很好的分析谱线的开发应用，火花光谱在测定非金属和气体元素 C、S、P、B、N、O、H 时，在 190nm 以下谱线有很好的分析性能[11]。但需要仪器具有相应的分析通道。

钢中碳的测定常规采用 190.09nm，钢铁样品的检测限为 5μg/g，采用 165.70nm 时，检测限为 1μg/g，采用 133.6nm 谱线，可测定钢中超低含量 C 的分析。如果选择合适的控制样品，其实际测定下限可以达到 5～10μg/g。从而使 C 的分析从常规含量向低碳、超低碳含量不断发展。磷的测定采用 178.28nm 时，检测限为 0.5μg/g。

采用火花光谱法通过远紫外谱线（氮 149.26nm，氧 130.22nm）可以测出金属块状样品中的氧、氮含量。测 N_2 采用 174.27nm 可以测 200μg/g 以上的 N_2；采用 149.26nm 则可测到 10μg/g 的 N_2，检测限为 3μg/g。测 O_2 采用 130.22nm 可测μg/g 级的 O_2。

当前各仪器厂商的真空或充氩型直读光谱仪器，已能提供测低碳、测氮、测氧的专用通道。已有用火花直读光谱测定了钢中氧含量[12]，测定了钢中 20～200μg/g 氮含量[13]的报告，需对样品制备方法、预燃时间、冲氩时间、干扰校正进行优化。有报道 Spark-AES 测定铬不锈钢中氮含量的应用[14]，结果表明 Spark-AES 法和惰气熔融-热导法的测量结果没有显著差异

（α=0.05）；也有用于测定管线钢、硅钢和 **NiFeCr** 合金中氮含量的研究[15~17]。应用火花光谱法同时测定金属合金中的金属元素和氮、碳、硫、磷、硅等非金属元素，与常规化学分析法相比，减少了分析步骤，节约了分析时间，尤其适合炉前快速分析。目前氧的定量分析结果尚不够准确，技术不成熟，标准样品研制工作不完善，尚需深入研发。

低碳以及氧、氮的分析进展，与传统的红外燃烧法相比，可以大大提高分析速度、降低分析成本和生产成本，同时也为火花光谱应用于金属中夹杂物的分析打下了基础。但是，实际工作中，特别是生产过程控制中对低碳、氮和氧的火花光谱分析仍需进一步开发。与低含量成分分析相比，它具有更大的难度，对仪器和分析条件的要求更高。特别需要指出，对氧的分析而言，光谱标样数量极为有限，这是限制火花光谱用于氧元素定量分析的重要因素之一。

4. 钢中非金属夹杂物的分布分析技术

钢铁中非金属夹杂物分析是当前火花放电光谱分析应用的研究热点。众所周知，发射光谱分析法的基本原理是利用试样成分在高温下产生元素固有的原子光谱，与元素的结合状态无关，因此理论上无法用来进行元素状态分析。但是已有的研究已经证实，金属材料中非金属夹杂物存在异常火花放电行为，这种异常放电的机理，如异常火花放电强度、强度分布等，与夹杂物的含量、粒度等有相关性，可以应用于夹杂物相的分析。从而逐步形成了脉冲分布分析法（PDA）、峰值积分法（PIM）、单火花评估法（SSE）、金属原位统计分布分析技术（OPA）进行夹杂物分析。其中金属原位统计分布分析技术（OPA）更是在夹杂物的含量、粒度、粒度分布解析以及元素成分分布分析上取得重要突破。

脉冲分布分析法是将每一次放电的发光强度转换成脉冲信号记录下来，根据各个脉冲强度的时序分布，得出脉冲强度与出现频数的曲线，再解析不同的脉冲强度出现频数的分布而进行状态分析。峰值积分法是基于含有夹杂物和不含夹杂物的钢样，其燃烧曲线不同的现象，分别测定峰值强度和稳定状态的强度，解析峰值强度的出现与夹杂物含量的关系，并换算得到酸不溶物的含量。单火花评估法是一种对火花激发进行时间分辨的多谱线强度的检测方法。金属原位统计分布分析技术是金属材料研究及质量判据的一项新技术，是研究材料较大尺度范围内各化学组成及其形态的定量统计分布规律的分析技术。

5. 全谱型及小型台式仪器的发展扩展应用面

多元素同时快速分析是火花光谱技术应用的重要特点之一。传统的光电倍增管 PMT 检测器，由于一个 PMT 只能接收一条谱线，而受光室结构和可放置光电倍增管的有效空间限制，使得仪器同时设置元素通道数受到限制，通常只能设置 30~40 个通道。尽管曾出现过如多光室技术、小光电倍增管技术、大焦距光室技术等致力于扩大通道数，但都还存在难以满足的问题。随着高集成固体检测器的应用，为仪器提供全覆盖检测元素的可能（即通常所说的全谱检测），发展起全谱型仪器，实现更多元素的同时分析能力。当前由于技术的原因，在一些元素的分析中，集成化的固体检测器尚不能全部替代传统的 PMT 检测器。当前，采用 PMT+CCD 于同一光室中的检测器，似乎成为多元素（全谱）光谱分析的解决方案之一。目前该技术有两种方案：一种是 PMT 和 CCD 均在同一罗兰圆上；另一种是入射光经分光后射至不同的光栅，PMT 和 CCD 在不同的罗兰圆上接收出射光，如图 4-40 所示。上述两种技术均已实现仪器商品化。

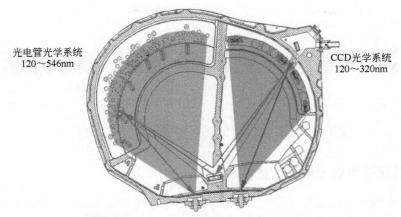

光电管光学系统
120～546nm

CCD光学系统
120～320nm

图 4-40 **PMT+CCD 光学系统结构示意图**

　　另外，面阵式固体检测器的性能不断普及和提高，加上平场光栅分光技术的发展，台式小型光谱仪器的分析性能及测量精度不断提高，已经与实验室大型仪器分析性能越来越接近，在生产现场及加工料场快速分析的应用前景得到提升，这也是火花光谱仪器发展不可忽视的方面。

参 考 文 献

[1] 钱振彭，黄本立，等. 北京：冶金工业出版社，1977.

[2] 翁永和. 光谱实验室，1993，10(增刊 1)：36.

[3] Coeliss C H. Spectrochimica Acta，1953，5：378.

[4] 滨松光子学株式会社编辑委员会. 光电倍增管基础及应用. 株式会社数字出版印刷研究所，1995.

[5] Imamura N, Fukui I, Ono J, Saeki M, Pitt. Conf On Anal Chem and Appl Spectrom. 1976: 42.

[6] 杨志军. 火花光谱的单次放电数字解析技术及其在铸坯原位分析中的应用[D]. 北京：钢铁研究总院，2001.

[7] 王海舟. 中国科学(B 辑)，2002，32(6)：484.

[8] 王海舟，李美玲，陈吉文，吴超. 中国工程科学，2003，5(10)：34.

[9] 陈吉文，等. 现代科学仪器，2005，5：11.

[10] 陈新坤. 原子发射光谱分析原理. 天津：天津科学技术出版社，1991.

[11] 刘攀，杜丽丽，唐伟，李治亚. 理化检验（化学分册）2015，51(1)：131.

[12] 马爱方. 河北冶金，2003(6)：53.

[13] 陆向东，吴桂彬，王海，等. 理化检验(化学分册)，2013，49(9)：1127.

[14] 王化明，陈学军. 分析科学学报，2009，25(5)：579.

[15] 张晨鹏，张远生，刘红利，等. 理化检验（化学分册），2007，43(10)：878.

[16] 夏念平，张穗忠，李亚非，等. 理化检验（化学分册），2012，48(增 1)：265.

[17] 刘辉，张春晓，胡军，等. 冶金分析，2012，32(6)：10.

第五章 电弧原子发射光谱分析

第一节 电弧发射光谱分析的特点

一、电弧原子发射光谱分析法概况

电弧激发光源与火花放电激发光源,是应用最早的电激发光源,在 20 世纪 40 年代便成为原子发射光谱分析的主流。电弧光源的电极温度较高,蒸发能力强,分析的绝对灵敏度较高,很早就用于物质的定性研究及定量分析。在非导体材料,特别是难熔无机氧化物、地质矿物样品中多元素微量成分的快速测定上,具有独特的优越性。因此,尽管从 20 世纪 60 年代以来原子光谱分析技术不断发展,出现了各种新光源和新型光谱仪器,电弧光谱分析方法至今仍是固体材料中痕量成分不可或缺的检测手段,且在相关行业中还被保留为标准分析方法使用。

电弧发射光谱分析法在应用上,长期停留在采用干板照相的摄谱法进行分析,因其弧焰的不稳定性和容易发生谱线自吸现象等特性,使其在推广应用上受到了一定的限制。随着分析仪器的发展,电弧直读光谱仪器不断得到改进,已可以和火花放电直读仪器一样,应用于粉末样品的快速测定,得到很好的应用。

本章介绍电弧直读光谱分析技术,并保留经典的摄谱法作为参考。

二、电弧光源的光谱分析特点

电弧是两个固体电极之间的低电压高电流放电,形成电弧。一个电极可以是样品或者是电极上装填样品,与另一个对电极进行激发。适合于大多数元素的定性鉴定和痕量成分的定量分析。

(1)电弧光源的特点是电极温度高,蒸发能力强,光谱分析的绝对灵敏度相对较高。优点是可以直接激发非导体粉末材料。

(2)电弧激发时弧焰易呈飘忽状,被蒸发物的浓度较高且有分馏效应,使其定量的精密度变差。因此对装样电极的形状及结构有一定的要求,并需要添加载体和缓冲剂,以提高电弧放电的稳定性,保证测定的精密度。

(3)设备相对于火花光源要简单和容易操作。适用于未知物的定性分析,适用于非导电性固体粉末中痕量成分的多元素快速测定。当前仍为有色金属杂质成分快速分析的有效方法之一。

三、电弧光谱分析的定量方式

1. 摄谱法

采用照相干板记录发射的谱线信息,经显影-定影等暗室操作,得到带有谱线黑度的相版后,用映谱仪观察谱线的波长做定性分析,在测微光度计上测出相应谱线的黑度值,进行定量分析。

分析时将标准样品与试样在同一块感光板上摄谱,得到一系列黑度值,由乳剂特性曲线求出 $\lg I$。再将 $\lg R$ 对 $\lg c$ 做校准曲线,进而求出未知元素含量。通常采用"三标准法"进行定量分析。

2. 光电直读法

采用光电转换元件作为检测器,将光谱辐射转变为电信号,经放大器及对数转换器,由

数据处理器直接显示出测定结果。通常采用标准曲线法进行定量分析。

现代的电弧直读光谱仪，主要由电弧发生器、石墨电极激发架、色散系统、检测器、计算机处理系统等几个部分组成。仪器结构和组成部件，与火花放电直读光谱仪器相同，仅光源发生器及激发台要求不同，激发过程对石墨电极的形状及样品装填有特别要求，同时需采用粉状标准物质样品进行标准化。

第二节　电弧光源的基本理论[1~3]

电弧光源是在两个电极之间加上直流或交流电，形成电弧放电进行激发，分为直流电弧和交流电弧两类。电极之间的电弧放电过程，影响着被分析物的激发效果，下列对电弧光源的放电的特性描述，是电弧光源分析条件选定的基础。

一、直流电弧光源

直流电弧是在两个电极之间加上低压直流电发生电弧放电，形成由弧柱、弧焰、阳极点、阴极点组成的电弧激发光源，如图 5-1 所示。电极材料通常采用棒状高纯石墨。直流电弧阴极端发射出的热电子流，高速穿过分析间隙而飞向阳极，冲击阳极形成灼热的阳极斑，使阳极温度达到 3800K，阴极温度在 3000K，弧焰温度在 4000～7000K。电弧的外焰区温度则较低，电流密度也比弧柱小得多。试样在电极表面蒸发和原子化，产生的原子与电子碰撞，再次产生的电子向阳极奔去，正离子则冲击阴极又使阴极发射电子。这一过程连续不断地进行，使电弧不灭。被分析物质的原子在弧焰中被激发，发射光谱。

1. 直流电弧发生器

直流电弧发生器的电路原理如图 5-2 所示。由一个电压为 220～380V，电流 5～30A 的直流电源 E，一个铁芯自感线圈 L 和一个镇流电阻 R 所组成。镇流电阻 R 用于稳定和调节电弧电流大小；分析间隙 G 由两个电极组成，其中一个电极装有试样。装样电极置于下电极，激发时，使上下电极接触短路引燃电弧或采用高频电压引燃。此时电极尖端发热引弧，燃弧后使两电极离开 4～6mm，就形成了电弧光源。

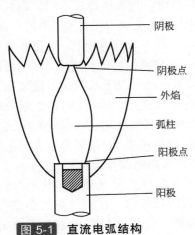

图 5-1　直流电弧结构

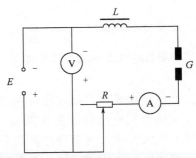

图 5-2　直流电弧发生器的电路原理

直流电源可用直流发电机、汞弧整流器或硒整流器。现在多用大功率的硅整流器，如图 5-3 所示。图中，$D_{1~6}$ 为整流器，T 为三相可调变压器，C_1、C_2、L 组成滤波电路，Ⓥ为电压

表，F 为熔断器。

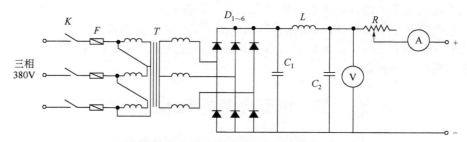

图 5-3 三相全波整流直流电源线路图

直流电弧由于采用低压大电流模式，低压(200~300V)直流电压无法击穿电极间隙，不能自发形成电弧，需要预先引燃。可以接触引弧，但给操作带来不便，也不安全。一般均采用高频引弧，通过高频电火花使空气局部电离导电并将气体加热而形成电弧放电。其电路如图 5-4 所示，上部为高频引弧电路，与直流电弧电路结合，电容 C_2 起隔离直流作用，使直流通过 R_2-A-L_2-G 放电回路。电弧引燃后，即可切断高频线路的电源。

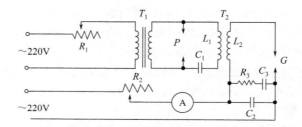

图 5-4 用高频火花点燃直流电弧的线路图

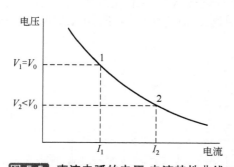

图 5-5 直流电弧的电压-电流特性曲线

2. 直流电弧放电特性

（1）放电呈负阻特性 直流电弧放电是在大气压力下的气体放电，与固体导体不同，电弧的电阻受温度影响，而具有负电阻特性，电流升高，电极两端的电压反而下降，其电压-电流特性曲线如图 5-5 所示。这种随电弧电流增大，电阻陡降的负阻特性，导致回路电流无法控制，造成电流过大或变小使电弧熄灭。为了保持电弧放电的稳定，必须在回路中串联镇流电阻，起限制电流及稳定电弧的作用。镇流电阻 R 阻值要远大于电弧的电阻 R_0，才能使电弧电阻的变化对回路电流影响减小，维持电弧的稳定。

（2）直流电弧放电过程 在直流电弧点燃之后，电子从阴极向阳极移动，被两极间电压加速，撞击阳极发热，使电极材料蒸发、电离。阳离子向阴极迁移，在阴极附近形成强电场的阴极电位降区，即为阴极区，具有相当清晰的发光界面，区域两端约有 20V 左右的阴极位降。通过这个区域的电子被加速，轰击阳极，使阳极产生白热化的亮斑——阳极斑，在贴近阳极处也出现小的空间负电荷区域，即为阳极区。阳极区与阴极区之间的弧柱中部，是电弧放电的等离子区域，放电条件亦较稳定，是光谱分析的主要观测区。直流电弧间隙中的

电位分布如图 5-6 所示。电位降的大小取决于电弧等离子体的组成、电流及间隙的大小。

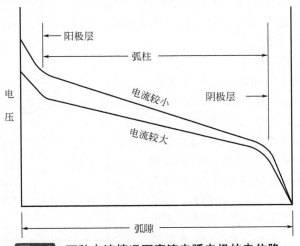

图 5-6 两种电流情况下直流电弧电极的电位降

（3）电弧温度 直流电弧放电温度约在 4000～7000K，电弧压降约在 40～80V，与试样组成、电极材料及电极间隙大小有关。电子密度约在 $10^{14}～10^{15}cm^{-3}$ 范围内，密度分布亦随空间位置而异，图 5-7 及图 5-8 分别为直流电弧温度的径向分布以及 Al、Li、K 存在下电弧温度和电子密度的轴向(竖向)分布轮廓。在与弧轴垂直的方向，由于散热，温度下降很快，低电流时更明显。

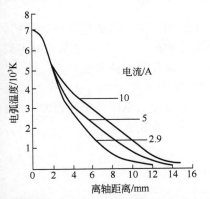

图 5-7 直流碳电弧温度径向分布轮廓

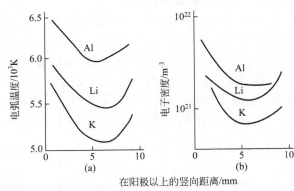

在阳极以上的竖向距离/mm

图 5-8 直流碳电弧温度（a）和电子密度（b）的竖向分布

（4）电极温度 直流电弧放电时，从阴极发出的大量电子冲击阳极表面，使阳极的电极温度很高。阳极斑的温度常较阴极斑高，对于碳电极，前者可达 3600℃左右，后者一般不超过 3000℃。当试样装在阳极孔穴时，高的电极温度使样品更容易蒸发和分解，因而具有更好的检出限。试样分解和电离产生的阳离子，将富集于阴极附近，形成阴极富集层。增大电流(或功率)，电极温度正比升高，但弧温上升缓慢，因为随着电流增大，电弧半径亦随之增大，电流密度并无明显改变。

二、交流电弧光源

当在两个电极之间加上交流电压，所得的电弧放电，即为交流电弧。交流电弧有高压和低

压电弧之分，高压电弧电压在 2000～5000V，低压电弧一般电压在 110～220V。由于高压交流电弧的设备费用较高，操作不便，实际上很少使用。光谱分析上使用的低压交流电弧有高频引燃低压交流电弧、脉冲触发引燃交流电弧、断续电弧、单向电弧等。商品仪器中常用的是这些技术相结合的复合光源系统。

1. 低压交流电弧发生器

低压交流电弧一般用 220V 交流电为电源，为维持稳定的电弧放电，通常采用高频引燃。交流电弧发生器电路(图 5-9)，由高频引弧电路和低压电弧电路组成。220V 的交流电通过变压器 B_1 使电压升至 3000V 左右，通过电感 L_1 向电容器 C_1 充电，当电压升至放电盘 G_1 击穿电压时，放电盘击穿，此时 C_1 通过电感 L_1 放电，在 L_1C_1 回路中产生高频振荡电流，振荡的速度由放电盘的距离和 R_1 充电速度来控制，使半周只振荡一次。高频振荡电流经高频变压器 B_2 升压至 10kV，并耦合到低压电弧回路，通过隔直

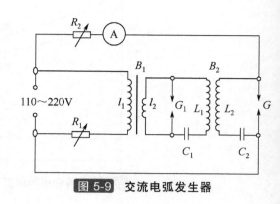

图 5-9　交流电弧发生器

电容器 C_2，使分析间隙 G 的空气电离，形成导电通道，使低压电流沿着已电离的空气通道，通过 G 引燃电弧。当电压降至低于维持电弧放电所需的电压时，弧焰熄灭。此时，第二个半周又开始，该高频电流在每半周使电弧重新点燃一次，使弧焰不熄。同时应用可调电阻 R_2 改变交流电弧电流大小。

2. 交流电弧放电特性

（1）放电具有脉冲性　交流电弧的电流和电压都在交替地改变方向，其放电是不连续的，即使在半周期内也是如此。燃弧时间与停歇时间的比值由引燃位相所决定。交流电弧在每半周波中都有燃弧时间和停熄时间。燃弧及停熄时间的长短，可随光源参数不同而变化。

图 5-10 表示交流电弧在不同位相引燃时，电压电流曲线。图中上面的曲线是弧隙间电压示波曲线，下面的曲线为电流示波曲线。1为在电压峰值时引燃，2为在电压峰值前引燃，3为在电压峰值后引燃。引燃位相的变化，影响瞬时电流密度从而影响谱线强度。

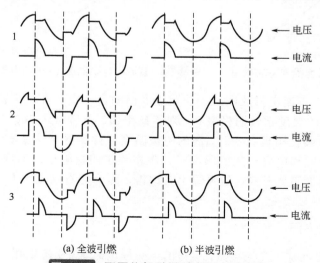

(a) 全波引燃　　　(b) 半波引燃

图 5-10　不同位相引燃时电压电流变化

图 5-11 表示不同燃弧时间(每半周内通电时间)谱线相对强度变化。因此使用交流电弧分析时，不但要使每半周内引燃的次数恒定，还必须使每次引燃位相恒定，才能保证光源的稳定性。

（2）电弧温度　由于交流电弧放电具有间隙性质，电弧半径扩大受到限制，电流密度较直流电弧大，弧温比直流电弧高，所获得的光谱中出现的离子线要比在直流电弧中稍多些。激发能力高于直流电弧。

（3）电极温度　交流电弧电极温度低于直流电弧。由于放电的间隙性及电极极性的交替变更，试样蒸发速率低于直流电弧，灵敏度不如直流电弧。其分析线性范围也较窄。但该光源对地质试样、粉末和固体样品中杂质成分的直接分析，效果颇佳。由于电弧电极温度比火花放电高，也存在一定程度的分馏效应。

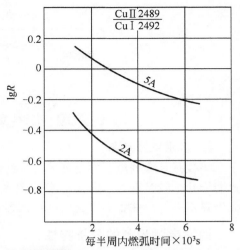

图 5-11　燃弧时间对谱线强度影响

（4）交流电弧的稳定性比直流电弧要好，测定结果有较好的重现性与精密度，适于定量分析。

三、交直流电弧光源

1. 可控硅交、直流电弧光源

将交、直流电弧光源设计在一台设备中，由直流整流调压及交流调压装置组合，利用转换开关选择工作模式，可以使用直流电弧激发，也可以使用交流电弧进行激发，设备体积小、效率高、操作方便。

该电弧光源在直流工作时，电路采用单相半控桥式整流调压。主电路如图 5-12 所示，用两个可控硅 SCR_1、SCR_2 和两个硅二极管 D_1、D_2。输出电路中有滤波电感 L 和电容 C_2，以增强直流成分。二极管 D_3 起续流作用，在低电流时，与电抗 L 一起提高电流连续性。R_9 为假负载，在可控硅 SCR_1、SCR_2 未导通时，使正负极之间有一定的电压，当触发电路的电压加入可控硅控制极时，可控硅才能导通。R_7 为电流负反馈电阻。

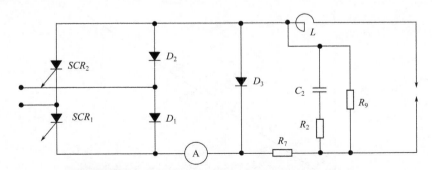

图 5-12　可控硅交、直流电弧发生器直流工作电路

在交流状态工作时，采用转换开关使可控硅 SCR_1、SCR_2 反向并接，起交流调压作用，主电路如图 5-13 所示。R_{13} 为镇流电阻，R_7、R_{13} 与电抗 L 构成阻抗电路，可相对缩短可控硅过零时间和减少电流冲击，同样 C_2 对冲击电流有一定吸收。

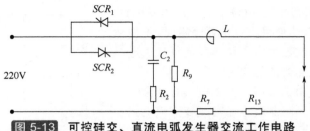

图 5-13 可控硅交、直流电弧发生器交流工作电路

2. 多用电弧光源

该装置是根据电弧发生器的常用线路组合起来的一种多性能光源。根据分析工作的需要，借助于几个转换开关，实行交流/直流多用的电弧光源，可以选用交流电弧、交流双电弧、直流电弧点火等，并备有曝光时间控制器，是一种比较适用的光源。

四、电弧光源的分析特性[4]

样品在碳电弧中激发的过程极为复杂。电弧等离子体中蒸发物的成分与样品组成有关，电弧的蒸发效应也与电弧温度等诸多因素相关。

1. 电弧中元素的电离能与电弧温度的关系

电弧等离子体中的物质组分与电弧的电离能有关，分析样品多是各种元素共存的复合体，电弧的电离能与电弧中所存在的各成分的原子浓度 n_1、n_2、$\cdots$、n_m，它们的电离能 V_1、V_2、$\cdots$、V_m 及其电离度 x_1、x_2、$\cdots$、x_m 有关。即电弧不依赖单一元素的电离能，而是由各元素共同参与的有效电离能，其表达式如下：

$$V_{ieff} = kT\ln\left[\frac{n_1(1-x_1)}{N}\cdot e^{-\frac{V_{I1}}{kT}} + \frac{n_2(1-x_2)}{N}\cdot e^{-\frac{V_{I2}}{kT}} \cdots\cdots + \frac{n_m(1-x_m)}{N}\cdot e^{-\frac{V_{Im}}{kT}}\right]$$

式中，k 为波尔兹曼常数；T 为热力学温度，N 为电弧等离子体中的原子总浓度。从公式可看出电离能低、电离度大的元素其含量越高，蒸发时间又集中，则电弧的有效电离能越低，电弧的温度也越低。碳电弧等离子体中温度与元素电离能的关系如图 5-14 所示，从图可知，电弧温度与元素的电离能成线性关系。

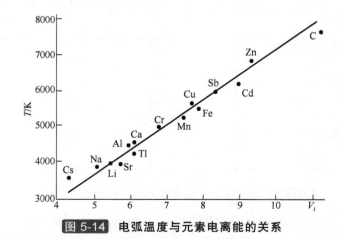

图 5-14 电弧温度与元素电离能的关系

2. 电弧温度与功率的关系

电弧功率与温度密切相关，对电弧谱线强度起重要作用。电弧温度与电流有一定关系，随

着电流增加，弧柱变宽，温度增加但不明显，如图 5-15 所示。

电弧电流与电弧功率的关系，与电极上引入的物质成分有关。电弧中若存在低电离能的元素，虽然增加电流，功率却增长有限；而存在较高电离能的元素时，功率随电流增加上升很快。如图 5-16 所示，样品在弧烧的初期，弧焰中以 K、Cs 元素为主时，功率上升不大；待其蒸发完后，C、Si 元素为主时，电弧功率上升较大。

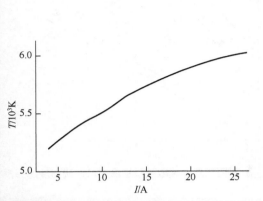

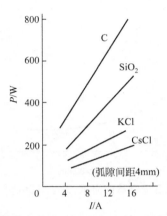

图 5-15 空气中碳电弧温度与电流强度的关系　　**图 5-16** 电弧中不同物质存在时功率与电流的关系

由于电弧各参数之间的密切依赖关系，故不可能单独进行调节。通常电弧消耗的功率约在 0.1～1.5kW。功率最高的为纯碳的电弧，因而温度也最高，它对电流变动也是最敏感的。

3. 电弧温度的轴向与径向分布

电弧分为弧柱与弧焰两部分，弧柱直径随电流而异，原子激发主要是在弧柱里，一般为 3～5mm；弧焰是围绕弧柱周围的赤热气体。弧柱是电弧放电通道，一般在电极表面移动，电流小时更为明显，而弧焰由于周围气体的流动而很不稳定。电弧里温度的径向分布见图 5-17(a)，轴向温度分布见图 5-17(b)。可以看出在靠近阴极与阳极附近的弧柱有较高的温度，与在这两个区域有较大的电位降相对应。

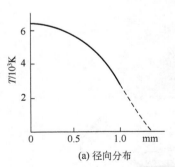

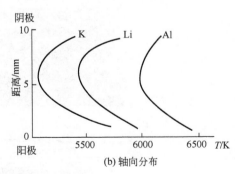

图 5-17 弧柱的温度分布

在燃弧过程中，应保持电极距离不变，否则将使电极两端的电位降改变，也影响弧隙间温度分布。摄谱时，直流电弧截取的曝光部位也应固定不变，特别是截取阴极或阳极附近时更要注意。

4. 温度在电极上的分布

图 5-18 表示碳电极的轴向温度分布。当离开放电的电极表面时，由于热辐射沿电极的传导将能量带走，温度急剧下降。这时若采用带细颈的杯形电极，限制热的损失，可显著提高电极表面的温

度，对样品的蒸发有好处。电极的温度，还与电极周围的气氛有关。图 5-19 为碳电弧阳极表面以下 2mm 处的温度和电流的关系。在空气和二氧化碳的气氛中，电极温度上升较快与电极发生的氧化反应有关。带颈电极的温度上升比一般电极要快。当用带氩气氛电极罩时，可以提高放电的稳定性，避免电极和分析物质在放电过程中产生化学反应，以消除 CN、CO、NO 等分子光谱的干扰。

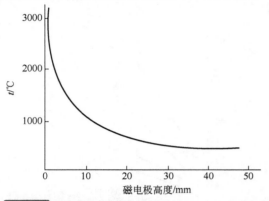

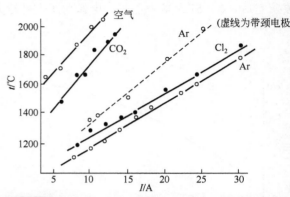

图 5-18 沿碳电极测量的温度(9A，ϕ6mm)　　图 5-19 不同气氛中碳电弧阳极温度与电流强度的关系

第三节 仪器装置及测定方式

电弧原子发射光谱分析仪器的结构与火花放电仪器相似，仅光源激发和测定操作上有所区别。

一、电弧发射光谱分析装置

1. 电弧发射光谱摄谱装置

（1）摄谱仪 摄谱仪配用的分光装置多为一米或两米光栅摄谱仪，光栅刻线密度在 2400 条/mm，可以保证有足够的分辨率。采用照相干版记录光谱，用测微光度计测量谱线黑度，并按三标准试样法和内标法绘制标准曲线。图 5-20 为北京光学仪器厂的 WPS-1 摄谱仪分析装置。

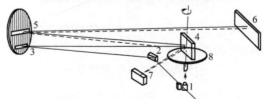

图 5-20 WPS-1 型平面光栅摄谱仪光路系统

1—狭缝；2—反射镜；3—准直镜；4—光栅；5—成像物镜；
6—相版；7—二次反射镜；8—光栅转动台

电弧发生器：配备直流或交流电弧发生装置。如天津光学仪器厂 WPF 型电弧发生器等。

照相干板：如天津医疗器械二厂紫外型照相干板。

（2）照明系统 摄谱分析照相法测光，要求摄得的谱线黑度均匀，便于黑度测量。为保证摄谱仪获得尽可能大的光谱信号，在摄谱装置上须有能满足不同要求的照明系统。

通常采用三透镜照明系统，即中间成像照明系统，以使摄谱仪的入射狭缝得到均匀的照明。由三个透镜组成，成像关系是：L_1 把光源成像在 L_2 上；L_2 把 L_1 成像在 L_3 即狭缝上；L_3 将 L_2 成像在准直镜 O_1 上。这种成像关系中，狭缝获得 L_1 像的照明，因此是均匀的(图 5-21)。

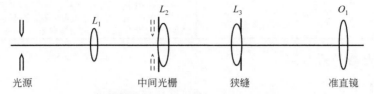

图 5-21 三透镜照明系统光路图

（3）辅助设备

① 映谱仪 观看相板上的光谱线用。如 WTY 型映谱仪、GST_1-70 型双片映谱仪等。

② 测微光度计 用于测定相板上谱线的黑度。如 WCD 9W、WCC、德国 Zeiss GⅠ、GⅡ、MD-100 型(带有自动测量装置)等。

2. 电弧直读光谱仪器

（1）仪器结构 与火花直读仪器结构相同，激发系统由电弧发生器光源、电极架及装填分析样品的石墨电极组成，分光部分现多采用多道型或双色散系统的全谱型装置。仪器的组成结构如图 5-22 所示，适合于粉末样品的直接分析。

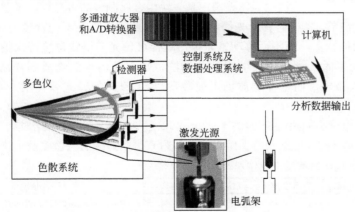

图 5-22 电弧直读光谱仪器结构图

（2）商品仪器 现时已有的商品仪器型号及主要性能、技术指标简列于表 5-1。

表 5-1 现有商品仪器的型号及其技术指标

仪器公司	仪器型号	主要技术指标
北京北分瑞利 分析仪器公司	AES－7100 (直流电弧) 高纯金属专用多道型仪器	Paschen－Runge 光学结构-光电倍增管检测器，波长范围 200~500nm，焦距 750mm，刻线密度 2400 条/mm，交直流电弧发生器，电流 2~20A，水冷电极夹，自动描迹、分段积分功能，多道型仪器
	AES－7200 (交流电弧) 地质样品专用多道型仪器	

仪器公司	仪器型号	主要技术指标
北京北分瑞利分析仪器公司	AES-8000 交直流电弧全谱直读	1m 平面光栅，Ebert-Fastic 光学系统及三透镜光路，紫外波段灵敏 CMOS 传感器，FPGA 高速同步采集系统，全谱式交直流电弧发射光谱仪器
聚光科技仪器公司	E5000 全谱电弧直读型仪器	Paschen–Runge 光学结构–线阵式 CCD 检测器，波长范围 190～680nm，焦距 500mm，数控电弧光源，自动对准电极夹，具有时序分析功能，全谱型仪器
美国利曼-徕伯斯仪器公司	Prodigy DC Arc 直流电弧全谱直读型仪器	中阶梯–棱镜双色散光学结构–L–PAD(CID)检测器，波长范围 175～900 nm，直流电弧发生器，紫外区驱气式，时序分析功能、实时背景校正。全谱型仪器

二、电弧光谱分析方法

1. 摄谱定性分析

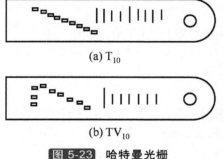

(a) T_{10}

(b) TV_{10}

图 5-23　哈特曼光栅

电弧摄谱法，被测物的蒸发量大，灵敏度高，相板记录谱线有全谱保存作用，常常用于定性分析。最常用的是直流电弧光源，采用阳极激发，可以激发七十多种元素。采用直流电弧光源时，为了尽可能避免谱线间重叠及减小背景，有时采用"分段曝光法"，即先用小电流激发光源，以摄取易挥发元素的光谱；然后调节光栅，改变摄谱的相板位置，继之加大电流以摄取难挥发元素的光谱。这样一个试样，可在不同电流条件下摄两条谱线，就可保证易挥发与难挥发元素都能很好地被检出。摄谱时多采用哈特曼(Hartman)光栅，是一块由金属制成的多孔板，见图 5-23。

该光栅放在狭缝前，摄谱时移动光栅，使不同样品或同一样品不同阶段的光通过光栅不同孔径摄在感光板不同位置上，而不用移动感光板，这样可使光谱谱线位置每次拍谱都不会改变。

在分析难熔元素时，利用电弧的载体分馏法，加入低沸点的物质到样品中，使更易挥发的痕量组分先进入弧柱，而基体物质仍未被激发。常用载体如碱式氟化铜、氟化银、氯化银、氟化锂和氧化镓。

定性分析多采用较小的狭缝宽度(约 5～7μm)，以避免谱线间重叠。释谱时利用最后线及特征谱线。表 5-2 为常见元素的灵敏线及特性组谱线，并附有每条谱线的灵敏度及干扰情况。

表 5-2　电弧分析谱线灵敏度及干扰情况[2, 4]

元素	波长/nm	激发能/eV	检出限/%	干扰情况
Ag	328.068　I	3.78	0.0001	Mn 328.076nm(3%), Mo 328.032nm(0.1%)
	338.289　I	3.66	0.0001	Cr 338.268nm(1%), Sb 338.314nm(1%)
	520.907　I	6.04	0.03	Cr 520.844nm(0.03%)
	546.549　I	6.04	0.03	
	243.799　II	9.93	0.3	
	272.177　I	8.28	约 2	Ca 277.165nm(3%)
Al	309.271　I	4.02	0.0005	Mg 309.299nm(0.3%)
	308.216　I	4.02	0.0001	V 308.201nm(0.3%), Mn 308.205nm(1%)
	265.249　I	4.66	0.01	
	266.039　I	4.66	0.01	
	237.841　I	5.23	0.5	
	305.008　I	7.65	1～3	
	281.618　I	11.82	10	

元素	波长/nm	激发能/eV	检出限/%	干扰情况
As	228.812 Ⅰ	6.77	0.003	Cd 228.802nm(0.001%)
	234.984 Ⅰ	6.59	0.01	
	286.045 Ⅰ	6.59	0.1	To 286.028nm(1%), Zr 286.085nm(3%)
	299.099 Ⅰ	6.37	3~5	
Au	242.795 Ⅰ	5.10	0.001	Sr 242.810nm(1%)
	267.595 Ⅰ	4.63	0.001	Ta 267.59nm(0. 03%), W 267.587nm(0.3%) V 267.597nm(3%), Co 267.598nm(1%)
	312.278 Ⅰ	5.10	0.01	
	274.826 Ⅰ	5.64	0.03	
	270.089 Ⅰ	5.72	0.3	
	235.265 Ⅰ	6.40	1~3	
B	249.773 Ⅰ	4.96	0.001	Sn 249.772nm(0.1%), Fe279.772nm(10%)
	249.678 Ⅰ	4.96	0.001	
Ba	455.404 Ⅱ	2.72	<0.001	
	493.409 Ⅱ	2.51	0.001	
	233.527 Ⅱ	6.00	0.01	
	234.758 Ⅱ	5.98	0.3	
	263.478 Ⅱ	7.39	1	
Be	243.861 Ⅰ	5.28	0.0001	
	313.042 Ⅱ	3.95	0.0003	V 313.207nm(0.1%), Ti 313.080nm(3%)
	313.107 Ⅱ	3.95	0.0003	
	265.047 Ⅰ	7.40	0.001	Zr 265.038nm(0.1%)
	249.473 Ⅰ	7.68	0.01	
	298.609 Ⅰ	10.61	1	
Bi	306.772 Ⅰ	4.04	0.001	
	289.798 Ⅰ	5.69	0.01	Mn 289.799nm(1%), Fe 289.836nm(3%), Nb 289.781nm(0.1%), Cr 289.770nm(3%)
	299.334 Ⅰ	5.55	0.03	Mo 299.352nm(0.2%), W 299. 361nm(0.2%)
	240.088 Ⅰ	7.07	1.0	
C	247.857 Ⅰ	7.69	0.1	
	388.335	—	0.3	
Ca	393.367 Ⅱ	3.15	0.001	
	396.847 Ⅱ	3.12	0.001	
	351.887 Ⅱ	7.05	0.01	W 315.881nm(1%)
	317.933 Ⅱ	7.05	0.01	Cr 317.928nm(0.3%)
	299.731 Ⅰ	6.02	0.5	
	272.165 Ⅰ	4.55	3	
Cd	228.802 Ⅰ	5.41	0.001	严重自吸
	326.105 Ⅰ	3.80	0.003	V 328.108nm, Co 326.0.82nm(0.3%),Ti 326. 126nm(0.1%)
	340.365 Ⅰ	7.37	0.1	Mo 340.335nm, Cr 340.360nm(0.1%)
	313.317 Ⅰ	7.76	0.3	V 313.333nm(0.03%)
	283.691 Ⅰ	8.10	1	
	286.826 Ⅰ	8.26	3	
Ce	413.765 Ⅱ	3.52	0.03	
	429.668 Ⅱ	3.40	0.03	Zr 429.674nm(3%)
	306.301 Ⅱ	4.94	0.05	Th 306.302nm(0.1%), Cu 306.342nm(1%)

续表

元素	波长/nm	激发能/eV	检出限/%	干扰情况
Ce	320.171 Ⅱ	4.72	0.05	Ti 320.160nm(0.5%)
	322.117 Ⅱ	4.40	0.1	Ti 322.115nm, W 322.121nm(1%), Ni 322.127nm(2%)
	300.879 Ⅱ		1	
Co	345.351 Ⅰ	4.02	0.001	Ni 345.289nm(0.3%), Cr 345.333nm(1%)
	242.493 Ⅰ	5.11	0.003	
	304.401 Ⅰ	4.07	0.01	
	289.959 Ⅰ	4.15	0.1	Mo 298.981nm(1%), V298.960nm(1%)
	236.379 Ⅰ	5.74	0.1	
	238.049 Ⅰ	5.32	0.3	
Cr	301.476 Ⅰ	5.08	0.003 ⎫	V 301.482nm(0.3%), Mn 301.467nm(1%)
	301.492 Ⅰ	5.09	0.003 ⎬	Mo 301.469nm, Mo301.478nm(1%)
	301.519 Ⅰ	5.07	0.003 ⎭	
	267.716 Ⅱ	6.18	0.003	W 267.728nm(3%)
	284.325 Ⅱ	5.90	0.01	
	300.506 Ⅰ	5.15	0.01	
	273.191 Ⅰ	5.48	0.1	
	247.407 Ⅰ	5.98	1	
Cs	852.110 Ⅰ	1.46	0.001	
	894.350 Ⅰ	1.39	0.01	
	455.536 Ⅰ	2.72	0.03	Ti 455.549nm(1%), Ba 455.404nm(1%)
	459.318 Ⅰ	2.70	0.1	
Cu	327.396 Ⅰ	3.78	0.0001	Co 327.393nm(0.3%), Mo 327.396nm(0.3%)
	324.754 Ⅰ	3.82	0.0001	Mn 324.754nm(0.1%)
	282.437 Ⅰ	5.78	0.03	
	239.263 Ⅰ	6.81	0.3	
	297.827 Ⅰ	9.55	3	
Dy	394.496 Ⅱ	3.14	0.03	Ce 394.484nm(10%), Al 394.403nm(10%)
	400.045 Ⅱ	3.20	0.03	Fe 400.045nm.Er 400. 045nm.Nd 400.049nm
	404.598 Ⅱ		0.03	Fe 404.58nm, Sm 404.615nm, Ce 404.597nm
	315.652 Ⅱ		0.03	Cd 315.654nm(0.3%)
	291.395		0.3	
Er	400.797 Ⅰ		0.01	Ti 400.806nm(3%)
	390.632 Ⅱ		0.03	Fe 390.648nm
	291.036 Ⅱ		0.03	Zr 291.025nm(0.1%), Gd 291.053nm(0.3%) Ce 391.021nm(10%), Sm 291.027nm(0.3%)
	283.871		0.1	
Eu	393.050 Ⅱ	3.36	0.01	
	443.553 Ⅱ	3.00	0.01	
	281.395 Ⅱ	4.41	0.01	Y 281.365nm(10%)
	290.668 Ⅱ	4.26	0.01	Er 290.650nm(1%), Dy 290.639nm(1%)
	268.565 Ⅱ	4.62	<0.3	
F	529.10	<3.15	0.05	系 CaF_2 分子光谱
Fe	302.064	4.11	<0.001	
	259.957	5.68	0.001	
	259.940	4.77	0.001	
	259.885	6.38	0.003	
	301.898	5.06	0.1	
	301.619	5.10	0.3	
	290.192	6.67	1.0	

续表

元素	波长/nm	激发能/eV	检出限/%	干扰情况
Fe	290.416	—	3	
	286.663	5.31	10	
Ga	294.364 I	4.31	0.0003	Ni 294.391nm(0.1%), Fe 294.357nm(10%)
	265.987 I	4.66	0.03	
	250.017 I	5.06	0.01	
	250.071 I	5.04	0.3	
Gd	425.174 II	3.29	0.03	Tb 425.172nm, Er425.194nm, Sm 425.179nm, Dy 425.173nm
	303.285 II	4.17	0.03	Ce 303.273nm, Sn 303.278nm(0.1%)
	303.406 II	4.21	0.03	Sn 303.412nm(0.003%),Cr 303.419nm(0.1%)
Ge	265.118 I	4.85	0.001	受 Pb 带影响
	265.158 I	4.67	0.001	
	303.906 I	4.96	0.001	In 303.936nm(0.003%), Fe 303.932nm(10%)
	270.963 I	4.64	0.002	
	269.134 I	4.67	0.003	
	241.737 I	6.01	0.1	V 241.735nm(0.3%)
Hf	264.141 II	5.73	0.01	Th 264.149nm(0.1%)
	282.022 II	4.77	0.01	
	313.472 II	4.33	0.01	
	255.140 II	—	0.1	
Hg	253.652 I	4.88	0.001	
	253.478 I	9.35	0.1	
	313.155 I	8.82	0.1	
	312.566 I	8.85	0.1	
Ho	405.392 I	3.06	0.01	Er 405.389nm, Nd 405.384nm, Gd 405.365nm
	389.102 II		0.03	Nd 389.094nm(0.5%),Ce 389.099nm(3%)
	404.543 II		0.03	Co 404.539nm
	399.898		0.01	Ce 339.893nm
In	303.936 I	4.08	0.001	Fe 303.931nm(10%)
	325.609 I	4.08	0.001	Mn 325.614nm(0.05%),Mn 325.589nm(10%)
	325.856 I	4.08	0.01	Mn 325.841nm(0.01%)
	293.262 I	4.49	0.01	
	256.023 I	4.84	0.1~0.3	
	260.176 I	5.04	1.0	
Ir	322.078 I	4.20	0.01	
	292.479 I	4.24	0.01	
	236.304 I	6.04	0.1	
	260.204 I		1	
K	766.491 I	1.62	0.001	
	769.898 I	1.61	0.001	
	404.414 I	3.06	0.1	
	404.720 I	3.06	0.3	
	344.672 I	3.60	1.0	
	344.770 I	3.60	3.0	Ni 344.626nm(0.003%)
La	433.373 II	3.03	0.001	Pr 433.391nm
	333.749 II	4.12	0.003	Ce 333.750nm(3%), Cu333.784nm(0.3%), Yb 333.717nm(0.3%), Fe333.767nm
	324.512 II	4.00	0.01	Ce 324.512nm(1%)

元素	波长/nm	激发能/eV	检出限/%	干扰情况
La	289.307 Ⅱ	7.04	0.3	
	267.291 Ⅱ		1	
Li	670.784 Ⅰ	1.85	0.0001	
	610.364 Ⅰ	3.87	0.005	
	812.652 Ⅰ	3.37	0.03	
	323.261 Ⅰ	3.83	0.01	Sb 323.250nm(0.05%), W323.265nm(1%), Ti 323.228nm(0.1%)
	274.131 Ⅰ	4.52	0.1	
	256.254 Ⅰ	4.83	1.0	
Lu	261.542 Ⅱ	4.74	0.001	Fe 261.542nm(1%)
	451.857 Ⅰ	2.74	0.005	Er 451.864nm
	547.669 Ⅱ	4.03	0.005	Ni 547.691nm
	290.030 Ⅱ	5.81	＞0.01	
	276.574 Ⅱ		~0.1	
Mg	279.553 Ⅱ	4.43	0.0001	
	285.213 Ⅰ	4.34	0.0001	
	277.669 Ⅰ	7.18	0.03	
	277.829 Ⅰ	7.18	0.03	
	277.983 Ⅰ	7.18	0.01	这是一组特征线组
	278.142 Ⅰ	7.18	0.03	
	279.297 Ⅰ	7.18	0.03	
	291.552 Ⅰ	10.0	0.5	
	267.245 Ⅰ	7.35	5	
Mn	279.482 Ⅰ	4.44	0.0001	Fe 279.501nm, Fe 279.470nm, Co 279.482nm
	279.827 Ⅰ	4.43	0.0001	
	280.106 Ⅰ	4.43	0.0001	
	257.610 Ⅱ	4.81	0.0001	
	260.569 Ⅱ	4.75	0.001	
	293.306 Ⅱ	5.41	0.003	
	259.576 Ⅰ	7.10	0.1	
	263.984 Ⅱ	8.75	1	
	265.591 Ⅰ	10.0		
Mo	317.035 Ⅰ	3.91	0.0003	Ta 317.029nm(1%), W317.020nm(3%), Fe 317.035nm(10%)
	313.259 Ⅰ	3.96	0.001	Fe 313.251nm(3%), Mn 313.229nm(3%), V313.259nm(10%)
	281.615 Ⅱ	6.06	0.01	受高含量 Mn、V、Al 的影响
	287.151 Ⅱ	5.86	0.01	受高含量 Cr、W 的影响
	264.435 Ⅱ	7.80	0.1	
	234.047 Ⅱ	8.14	1	
Na	589.592 Ⅰ	2.10	0.0001	
	589.995 Ⅰ	2.11	0.0001	
	330.232 Ⅰ	3.75	0.03	受 Zn 330.259nm、Zn 330.294nm 的影响
	330.299 Ⅰ	3.75	0.03	
	285.283 Ⅰ	4.35	0.03	Mg 285 213nm(1%)
	285.303 Ⅰ	4.35	0.03	
	268.034 Ⅰ	4.62	1	
	268.044 Ⅰ	4.62	1	

续表

元素	波长/nm	激发能/eV	检出限/%	干扰情况
Nb	309.418　Ⅱ	4.52	0.003	Al 309.271nm(3%), Cu 309.399nm(1%)
	316.340　Ⅱ	4.30	0.003	与 Cr 线相近
	269.706　Ⅱ	4.75	0.005	
	295.088　Ⅱ	4.71	0.01	
	284.115　Ⅱ	4.74	0.1	
	241.699　Ⅱ	6.48	3	
Nd	430.357　Ⅱ	2.83	0.03	Ca 430.252nm(10%), Pr 430.359nm(0.3%)
	428.452　Ⅱ	3.52	0.1	
	311.517　Ⅱ		0.5	Sm 311.504nm(1%), Er311.509nm(0.3%) Yb311.533nm(0.3%)
Ni	349.477　Ⅰ	3.65	0.001	Co 341.473nm(0.2%), Zr 341.466nm(0.3%)
	305.082　Ⅰ	4.09	0.001	V 305.089nm(0.1%), Co 305.093nm(1%)
	299.260　Ⅰ	4.17	0.01	
	239.452　Ⅱ	6.85	0.3	
	233.170　Ⅰ		1	
Os	290.906　Ⅰ	4.26	0.03	V290.882nm(0.01%), Cr 290.905nm(0.3%), Mo290.911nm(0.1%), Fe 290.886nm
	305.886　Ⅰ	5.80	0.01	
	283.863　Ⅰ	5.00	0.1	
P	255.328　Ⅰ	7.18	0.1	Fe 255.319nm
	255.493　Ⅰ	7.18	0.3	Ca 255.482nm(10%), Fe 255.507nm, V 255.486nm(3%), W 255.486nm(0.2%)
	253.401　Ⅰ	7.22	0.3	
Pb	283.307　Ⅰ	4.37	0.001	
	280.200　Ⅰ	5.74	0.001	Mg 280.270nm(10%)
	287.332　Ⅰ	5.63	0.01	
	266.317　Ⅰ	5.97	0.01	
	239.379　Ⅰ	6.50	0.1	
	240.159　Ⅰ	6.13	1	
	265.711　Ⅰ	5.63	5	
Pd	342.124　Ⅰ	4.58	0.001	Cr 342.120nm(0.3%), Ni342.134nm(1%)
	324.270　Ⅰ	4.64	0.003	Ni 324.305nm(0.1%), Ti 324. 198nm
	302.791　Ⅰ	5.05	0.01	
	292.249　Ⅰ	5.05	0.1	
	285.458　Ⅱ	8.34	3	
Pr	440.884　Ⅱ	2.81	0.03	
	422.289　Ⅱ	2.99	0.03	受 Ca 422.673nm 线背景影响
	316.824　Ⅱ		0.3	Ti 316.852nm(1%)
	312.157　Ⅱ		＞1	
Pt	265.945　Ⅰ	4.66	0.001	
	306.471　Ⅰ	4.04	0.001	Ni 306.462nm(0.003%), Ru306.484nm(0.1%)
	283.030　Ⅰ	4.38	0.01	Ir 283.017nm(1%)
	264.689　Ⅰ	4.68	0.03	
	291.354　Ⅰ	5.51	0.3	Sn 291.354nm(0.3%)
Rb	780.023　Ⅰ	1.59	＜0.001	
	794.760　Ⅰ	1.56	0.001	
	421.556　Ⅰ	2.94	0.1 ⎫	受氰带干扰
	420.185　Ⅰ	2.95	0.3 ⎭	

元素	波长/nm	激发能/eV	检出限/%	干扰情况
Re	346.047 I	3.57	<0.001	Mo 346.023nm(0.05%), Mo 346.078nm (0.05%), Mn 346.033nm(0.1%)
	346.472 I	3.56	<0.003	Sr 346.446nm(0.03%)
	345.181 I	3.59	0.003	Fe 345.191nm, Mo 345.175nm
Rh	343.489 I	3.60	0.001	Mo 343.479nm(0.3%)
	332.309 I	3.92	0.003	Ti 332.294nm(0.1%)
	326.314 I	4.21	0.03	
	312.370 I	3.96	0.1	
Ru	343.674 I	3.75	0.01	Ni 343.728nm(0.1%)
	267.876 II	5.76	0.03	
	281.055 I	8.90	0.03	
	281.033 I	4.67	0.3	
Sb	259.806 I	5.98	0.01	
	287.792 I	5.36	0.1	Cr 287.798nm(0.2%), V 287.769nm(0.3%)
	326.750 I	5.82	0.1	V 326.770nm(0.01%)
	268.276 I	6.90	>1	
Sc	424.683 II	3.23	0.0003	
	431.408 II	3.49	0.001	
	335.373 II	4.01	0.001	W 335.374nm(1%), Ti 335.464nm(1%), Zr 335.366nm(1%)
	336.895 II	3.68	0.003	
	255.238 II	4.88	0.005	
	282.213 II	7.87	>0.3	
Se	206.279 I	6.33	0.01	加入硫黄粉, 用脉冲电弧激发得到的检出限
	241.352 I	6.32	1	
Si	288.158 I	5.08	0.0001	
	250.690 I	4.95	0.003	
	243.878 I	5.08	0.3	
	256.864 I	6.73	1	
	257.713 I	6.72	>10	
Sm	427.967 II	3.17	0.03	
	426.268 II	3.28	0.03	
	336.587 II		0.03	
	320.718 II		>0.1	
Sn	283.999 I	4.78	0.001	Cr 284.002nm(0.2%)
	303.412 I	4.30	0.001	Cr 303.419nm(0.03%)
	317.502 I		0.001	
	285.062 I	5.41	0.1	靠近 Mg 285.2nm 强线
	233.481 I	5.51	0.1	受 Mn、Mo、Ni 的弱线干扰
	281.257 I		1	
Sr	460.733 I	2.69	0.001	受 Mn 460.763nm 线干扰
	346.446 II	6.62	0.01	Yb 346.437nm(0.01%)
	293.183 I	4.23	0.3	
	247.160 II	8.05	3	
Ta	271.467 I	4.56	0.01	大量 Fe 存在时, 其光晕所蔽
	268.511 II	5.13	0.01	Ti 268.514nm(1%), 及 V、W、Hf 的弱线
	240.063		0.1	受 SiO₂ 分子光谱影响
	238.706 II	5.74	1	

续表

元素	波长/nm	激发能/eV	检出限/%	干扰情况
Tb	432.648　Ⅰ		0.03	Ti 423.636nm(1%), Nb 432.633nm, Yb 432.640nm
	427.851　Ⅱ		0.03	Ti 427.823nm(0.3%)
	321.893　Ⅱ		0.03	Ce 321.894nm(0.3%)
W	289.601	4.47	0.03	V 289.621nm(0.1%)
	272.435	4.89	0.03	
	272.463	5.32	0.03	
	265.804　Ⅱ	4.85	0.3	Mo 265.811nm
	240.675		3	
Y	437.494　Ⅱ	3.23	0.001	Mn 437.494nm
	332.788　Ⅱ	4.14	0.003	W 332.762nm(3%), Zr 332.767nm(3%), Ce 332.790nm(1%), Sm 332.790nm, Nb332.792nm(5%)
	319.562　Ⅱ	3.99	0.01	Ce 319.517nm(1%), Ti 319.572nm(0.5%), Ni 319.557nm(1%)
	320.332　Ⅱ	3.98	0.01	Ti 320.344nm(0.3%), Mn 320.374nm(1%)
	321.668　Ⅱ	3.97	0.003	Ti 321.620nm(0.1%), Mn 321.695nm(0.5%)
	324.228　Ⅱ	3.99	0.003	Ti 324.199nm(0.01%), U 324.199nm(1%)
	242.219　Ⅱ	5.50	0.03	
	317.942　Ⅱ		0.1	
	241.392　Ⅱ		1	
Yb	328.937　Ⅱ	3.77	0.0003	Mo 328.902nm(0.1%), V 328.939nm(0.3%)
	398.799　Ⅰ	3.10	0.0003	
	346.437　Ⅰ	3.58	0.003	
	289.138　Ⅱ	4.29	0.01	
	265.375　Ⅱ	7.33	0.03	
	274.866　Ⅱ		1	
Zn	334.502　Ⅰ	7.78	0.01	Mo 334.475nm(0.1%), Mn 334.535nm(1%)
	334.557　Ⅰ	7.78	0.01	Ca 334.451nm(10%)
	334.593　Ⅰ	7.78	0.01	
	328.233　Ⅰ	7.78	0.03	Ti 328.233nm(0.1%)
	301.835　Ⅰ	8.11	1	
	267.053	8.64	10	
Zr	339.198　Ⅱ	3.82	0.01	有 Ni、Th、Fe 弱线干扰
	343.823　Ⅱ	3.69	0.001	有 Mn、V 弱线干扰
	327.305　Ⅱ	3.95	0.001	V 327.303nm, Mn 327.302nm
	267.863　Ⅱ	4.79	0.003	Nb 267.866nm(10%), V 267.857nm
	257.139　Ⅱ	4.91	0.003	
	235.744　Ⅱ	7.01	0.3	
	233.038　Ⅱ	7.07	1	
	243.457　Ⅱ		5	
W	289.601	4.47	0.03	V 289.621nm(0.1%)
	272.435	4.89	0.03	
	272.463	5.32	0.03	
	265.804　Ⅱ	4.85	0.3	Mo 265.811nm
	240.675		3	
Y	437.494　Ⅱ	3.23	0.001	Mn 437.494nm
	332.788　Ⅱ	4,14	0.003	W 332.762nm(3%), Zr 332.767nm(3%), Ce 332.790nm(1%), Sm 332.790nm, Nb 332.792nm(5%)
	319.562　Ⅱ	3.99	0.01	Ce 319.517nm(1%), Ti 319.572nm(0.5%), Ni 319.557nm(1%)
	320.332　Ⅱ	3.98	0.01	Ti 320.344nm(0.3%), Mn 320.374nm(1%)

元素	波长/nm	激发能/eV	检出限/%	干扰情况
Y	321.668 Ⅱ	3.97	0.003	Ti 321.620nm(0.1%), Mn 321.695nm(0.5%)
	324.228 Ⅱ	3.99	0.003	Ti 324.199nm(0.01%), U 324.199nm(1%)
	242.219 Ⅱ	5.50	0.03	
	317.942 Ⅱ		0.1	
	241.392 Ⅱ		1	
Yb	328.937 Ⅱ	3.77	0.0003	Mo 328.902nm(0.1%), V 328.939nm(0.3%)
	398.799 Ⅰ	3.10	0.0003	
	346.437 Ⅰ	3.58	0.003	
	289.138 Ⅱ	4.29	0.01	
	265.375 Ⅱ	7.33	0.03	
	274.866 Ⅱ		1	
Zn	334.502 Ⅰ	7.78	0.01	Mo 334.475nm(0.1%), Mn 334.535nm(1%)
	334.557 Ⅰ	7.78	0.01	Ca 334.451nm(10%)
	334.593 Ⅰ	7.78	0.01	
	328.233 Ⅰ	7.78	0.03	Ti 328.233nm(0.1%)
	301.835 Ⅰ	8.11	1	
	267.053	8.64	10	
Zr	339.198 Ⅱ	3.82	0.01	有 Ni、Th、Fe 弱线干扰
	343.823 Ⅱ	3.69	0.001	有 Mn、V 弱线干扰
	327.305 Ⅱ	3.95	0.001	V 327.303nm, Mn 327.302nm
	267.863 Ⅱ	4.79	0.003	Nb 267.866nm(10%), V 267.857nm
	257.139 Ⅱ	4.91	0.003	
	235.744 Ⅱ	7.01	0.3	
	233.038 Ⅱ	7.07	1	
	243.457 Ⅱ		5	

2. 摄谱定量分析

采用相板感光成像，摄谱后冲洗相板，经过显影、定影、冲洗等过程获得光谱的影像，测光、绘制曲线，计算后获得检测结果。详见摄谱技术部分。

3. 光电直读分析

使用电弧直读光谱仪，用带孔穴的石墨电极，将粉末样品装填于石墨电极的孔穴中，以另一根带尖端或带平台的锥形的石墨棒为对电极，进行电弧放电，激发出被测元素的光谱，由分光系统和光电转换系统接收，通过计算机数据处理，报出定量结果。

直流电弧激发时，一般是将含有样品的一极作为阳极(如我国和美国)，也有用它作为阴极的(如欧洲)，有时根据测定元素的不同，可以分组改变极性进行测定。

三、摄谱技术

摄谱法通常采用光栅摄谱仪(或棱镜摄谱仪)，用照相干版记录光谱，用测微光度计测量谱线黑度，并按三标准试样法和内标法绘制标准曲线，分析线与内标线黑度差 ΔS 与被测元素浓度的对数 $\lg c$ 呈线性关系，进行定量分析。

1. 摄谱法定量原理

谱线黑度与试样中待测元素浓度的关系式为：

$$\Delta S = rb\lg c + A \tag{5-1}$$

式中，ΔS 为分析线与内标线的黑度差；r 为照相谱板的乳剂特性曲线的反衬度；b 为谱线的自吸收系数；c 为元素浓度；A 为常数。这是摄谱法定量分析内标法的基本关系式。

也可以通过照相谱板的乳剂特性曲线将 ΔS 变换成谱线与内标线的强度比 R 绘制标准曲线。

只有当分析线与内标线的黑度均应落在感光板正常曝光部分，即落在乳剂特性曲线的直线部分，这时才可直接用分析线对黑度差 ΔS 与 $\lg c$ 建立校准曲线。

2. 干板照相及谱线黑度测量

(1)感光板的性能及类型

① 相板的灵敏度　干板照相用的感光板是根据卤化银乳剂的感光原理记录谱线影像。在曝光条件下，感光记录下谱线强度的潜像。相板的灵敏度也称感光度，与乳剂层的物理性质有密切的关系。

乳剂性质不同，影响着乳剂特性曲线的形状。乳剂的光谱灵敏度各个国家均有其标准表示。表 5-3 为几种常用相板灵敏度对照表。

表 5-3　几种常用相板灵敏度对照表

H & D	GB	DIN	ASA	NSG	ГОСТ
50	5	5/10	2.5	2.6	—
150	10	10/10	8	8	8
500	15	15/10	25	26	24
1600	20	20/10	80	80	80
5000	25	25/10	250	260	250

注：GB 为中国国家标准；DIN 为德国工业标准；ASA 为美国标准协会制定的标准；NSG 为日本写真学会制定的标准；ГОСТ 为苏联国家标准。

② 相板的类型　根据感光范围可分为紫外、可见光、全色及红外型相板；根据灵敏度则有慢速、中速和快速相板；根据衬度则有一般、硬型、特硬和超硬型相板。但是，它们之间是相互联系的。表 5-4 为天津感光胶片厂生产的光谱相板及其性能。日常定量分析中常用紫外 I 型或紫外 II 型相板。

表 5-4　不同型号相板及其性能

型号	灵敏度	衬度	灰雾	感光范围/nm
紫外 I 型	12±3	3.0±0.2	<0.06	250~500
紫外 II 型	20±5	2.0±0.2	<0.06	250~500
紫外 III 型	20±5	2.8±0.2	<0.06	250~400
蓝快型	40±15	1.0±0.2	<0.08	250~500
蓝硬型	20±5	2.0±0.2	<0.06	250~500
蓝特硬型	12±3	2.8±0.2	<0.06	250~500
蓝超硬型	1~2	4.0±0.5	<0.06	250~500
黄快型	45±15	1.0±0.2	<0.08	300~600
黄特硬型	13±5	2.5±0.2	<0.08	300~600
红快型	50±20	1.0±0.2	<0.08	300~700
红特硬型	13±5	2.5±0.2	<0.08	300~700

实验室中常用来接收、记录光源发射光谱的感光板型号及性能见表 5-5。

表 5-5　国产天津感光板型号及性能[①]

型号	灵敏度（$SD_0+0.2$）	反衬度	灰雾	感光范围/nm	特点与用途
紫外Ⅰ型	12 ± 3	3.0 ± 0.2	<0.06	250~500	特细粒度，适用于定量分析
紫外Ⅱ型	20 ± 5	2.0 ± 0.2	<0.06	250~500	较细粒度，适用于定性分析，也可做定量分析
紫外Ⅲ型	20 ± 5	2.8 ± 0.2	<0.06	230~500	细粒度，适用于定量分析
蓝快型	40 ± 15	1.0 ± 0.2	<0.08	250~500	较粗粒度，适用于定性分析
蓝硬型	20 ± 5	2.0 ± 0.2	<0.06	250~500	同紫外Ⅱ型
蓝特硬型	12 ± 3	2.8 ± 0.8	<0.06	250~500	同紫外Ⅰ型
蓝超硬型	1~2	4.0 ± 0.5	<0.06	250~500	极细粒度，适用于定量分析
黄快型	45 ± 15	1.0 ± 0.2	<0.08	300~600	适用于定性分析
黄特硬型	13 ± 5	2.5 ± 2.0	<0.08	300~600	适用于定量分析
红快型	50 ± 20	1.0 ± 0.2	<0.08	300~700	适用于定性分析
红特硬型	13 ± 5	2.5 ± 0.2	<0.08	300~700	适用于定量分析

① 规格：9cm×12cm，9cm×24cm，18cm×24cm。

③ 乳剂特性曲线——黑度与曝光量的关系　相板曝光时，光源强度愈大，曝光时间愈久，则显影后乳剂中被还原生成的金属银也愈多。乳剂经曝光和显影后变黑的程度称为黑度，以 S 表示。黑度的测量通常在测微光度计上进行。

图 5-24 为黑度的示意图，黑度 S 与曝光量 H 之间的关系，通常用图解法表示，见图 5-25。不同曝光量测得的黑度 S 作为纵坐标，以曝光量的对数值 $\lg H$ 为横坐标作图，得到的曲线，称为乳剂特性曲线。此曲线表明黑度与曝光量的对数关系。

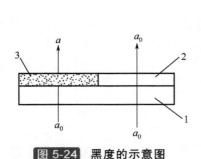

图 5-24　黑度的示意图

1—玻璃板；2—乳剂未曝光部分；3—乳剂曝光部分

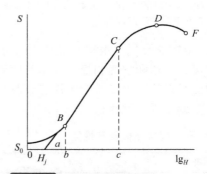

图 5-25　乳剂特性曲线图

乳剂特性曲线的直线部分，通常称为正常黑度部分或正常曝光部分。直线 BC 在横轴上的投影 bc，称为乳剂的展度（以 $\lg H$ 表示）。对定量分析而言，展度决定了线性关系的分析范围。

特性曲线的 AB 部分称为曝光不足部分，CD 部分称为曝光过度部分，DF 部分称为曝光过度的负感部分。这三部分黑度变化的规律是很复杂的。

在曲线的下部，相应于 $H=0$ 时的黑度 S_0 称为雾翳黑度。

特性曲线的形状与乳剂的性质、显影条件（如显影液的成分、显影温度、显影时间等）有很大的关系。因此，要得到稳定的特性曲线，必须严格控制显影条件。

（2）感光板的化学处理　感光板经曝光后，需要进行显影、定影、水洗和干燥，才能获得清晰的谱片。这个过程，称为化学处理或暗室处理。

① 显影　显影过程是在显影液中进行，显影液的成分包含显影剂(米多尔、对苯二酚等)、

加速剂(Na_2CO_3、K_2CO_3、硼砂等)、保护剂(主要是亚硫酸钠)、抑制剂(KBr、NaBr 等)。

对于光谱分析来说，一般都是在固定条件下显影，以求得到高的衬度和黑度，尽可能小的雾翳，显影液要能保持较长时间。实际工作上常用 A、B 显影液和天津相板推荐的显影液。具体配方如下：

a．A、B 显影液配方

显影液 A 液		显影液 B 液	
米多尔	2.3g	无水碳酸钠	46g
无水亚硫酸钠	55g	溴化钾	7g
海得尔	11.5g	溶于水中稀释至	1000mL
溶于水中稀释至	1000mL		

A、B 液保存于棕色瓶中，用时取等量混合使用。

b．天津相板推荐的显影液配方

米多尔	1g	无水碳酸钠	20g
无水亚硫酸钠	26g	溴化钾	1g
海得尔	5g	溶于水中稀释至	1000mL

配制时按一定次序先后溶解试剂，不能随意颠倒，上述配方按:米多尔──→亚硫酸钠──→海得尔──→碱──→溴化钾顺序配制。

当使用特殊相板(如红外相板)时，则需按使用说明书中所推荐的显影液配方。

② 定影　显影后还需将没被显影的溴化银溶洗去除，将影像固定称为定影。定影液的成分包含定影剂(海波、硫代硫酸铵等)、中和剂(乙酸、硼酸等)、保护剂(亚硫酸钠等)、坚膜剂(明矾、甲醛等)。

实验室中常用的定影液配方有：

F-5 酸性坚模定影液		快速定影液	
硫代硫酸钠	240g	硫代硫酸钠	300g
无水亚硫酸钠	15g	氯化铵	60g
冰醋酸	15mL	溶于水稀释至	1000 mL
硼酸	7.5 g		
钾明矾	15g		
溶于水稀释至	1000 mL		

③ 乳剂特性曲线的绘制　在光谱定量分析中，感光板的曝光量 H 转换成感光层的黑度 S，由于 S 和 H 之间的关系不能用一个简单的数学公式完整表达，因此常用黑度为纵坐标，曝光量的对数为横坐标绘制乳剂特性曲线来表示这一关系。乳剂特性曲线直线部分的关系式为：

$$S = r\lg H - i \tag{5-2}$$

式中，r 为乳剂的反衬度；i 为常数。通过乳剂特性曲线，可以计算谱线的强度，校正光谱背景等。光谱分析时，主要是利用乳剂特性曲线的直线部分进行计算，此时 S 正比于 $\lg H$。但当对低含量元素进行分析时，S 落于乳剂特性曲线的曝光不足部分，此时曲线发生弯曲。因此，常选用另一个类似于黑度 S 的函数来代替 S，这种函数称为换值黑度 W。

当采用 W 对 $\lg H$ 作图时，其乳剂特性曲线的直线范围可延伸至曝光不足部分。如果选用一个与 S 及 W 相似，且与 $\lg H$ 成线性关系的函数 P 作为换值黑度，则在低含量部分后者的线性较前两者为好。因此，在进行低含量光谱定量分析时，常采用 P 标尺进行测光。表 5-6 为换值黑度 W，表 5-7 为换值黑度 P。

表 5-6 换值黑度 W[2]

s	0	1	2	3	4	5	6	7	8	9
0.99	943	944	945	946	948	949	950	951	952	953
0.98	932	933	934	935	936	938	939	940	941	942
0.97	921	922	923	924	925	926	927	928	930	931
0.96	910	911	912	913	914	915	916	917	919	920
0.95	898	899	901	902	903	904	905	906	907	909
0.94	887	888	889	890	892	893	894	895	896	897
0.93	876	877	878	879	880	881	883	884	885	886
0.92	864	866	867	868	869	870	871	872	873	875
0.91	853	854	855	856	858	859	860	861	862	863
0.90	842	843	844	845	846	847	848	850	851	852
0.89	830	831	832	834	835	836	837	838	839	840
0.88	819	820	821	822	823	824	825	827	828	829
0.87	807	808	809	811	812	813	814	815	816	818
0.86	796	797	798	799	800	801	802	804	805	806
0.85	784	785	786	787	789	790	791	792	793	794
0.84	772	773	775	776	777	778	779	780	782	783
0.83	760	762	763	764	765	766	768	769	770	771
0.82	749	750	751	752	753	755	756	757	758	759
0.81	737	738	739	741	742	743	744	745	746	748
0.80	725	726	727	729	730	731	732	733	735	736
0.79	713	714	716	717	718	719	720	721	723	724
0.78	701	702	704	705	706	707	708	710	711	712
0.77	689	690	692	693	694	695	696	698	699	700
0.76	677	678	680	681	682	683	684	686	687	688
0.75	665	666	667	669	670	671	672	674	675	676
0.74	653	654	655	656	658	659	660	661	663	664
0.73	641	642	643	644	645	647	648	649	650	652
0.72	628	629	631	632	633	634	636	637	638	639
0.71	616	617	618	620	621	622	623	625	626	627
0.70	603	605	606	607	608	610	611	612	613	615
0.69	591	592	593	595	596	597	598	600	601	602
0.68	578	580	581	582	583	585	586	587	588	590
0.67	566	567	568	569	571	572	573	574	576	577
0.66	553	554	555	557	558	559	561	562	563	564
0.65	540	541	543	544	545	546	548	549	550	552
0.64	527	528	530	531	532	534	535	536	537	539
0.63	514	515	517	518	519	521	522	523	524	526
0.62	501	502	504	505	506	508	509	510	511	513
0.61	488	489	490	492	493	494	496	497	498	500
0.60	474	476	477	478	480	481	482	484	485	486
0.59	461	462	464	465	466	468	469	470	472	473
0.58	447	449	450	452	453	454	456	457	458	460
0.57	434	435	437	438	439	441	442	443	445	446
0.56	420	421	423	424	426	427	428	430	431	432
0.55	406	408	409	410	412	413	413	416	417	419
0.54	392	394	395	396	398	399	401	402	403	405
0.53	378	380	381	382	384	385	387	388	389	391
0.52	364	365	367	368	370	371	372	374	375	377
0.51	349	351	352	354	355	357	358	360	361	362
0.50	335	336	338	339	341	342	344	345	347	348
0.49	320	322	323	325	326	328	329	331	332	333

S	0	1	2	3	4	5	6	7	8	9
0.48	305	307	308	310	311	313	314	316	317	319
0.47	290	292	293	295	296	298	299	301	302	304
0.46	275	277	278	280	281	283	284	286	287	289
0.45	260	261	263	264	266	267	269	270	272	274
0.44	244	246	247	249	250	252	253	255	257	258
0.43	228	230	231	233	235	236	238	239	241	243
0.42	212	214	215	217	219	220	222	224	225	227
0.41	196	198	199	201	203	204	206	207	209	211
0.40	180	181	183	184	186	188	189	191	193	194
0.39	163	164	166	168	170	171	173	175	176	178
0.38	146	147	149	151	153	154	156	158	159	161
0.37	128	130	132	134	135	137	139	141	142	144
0.36	111	113	114	116	118	120	121	123	125	127
0.35	093	095	097	098	100	102	104	106	107	109
0.34	075	077	078	080	082	084	086	088	089	091
0.33	056	058	060	062	064	065	067	069	071	073
0.32	037	039	041	043	045	047	049	050	052	054
0.31	018	020	022	024	026	027	029	031	033	035
0.30	−002	000	002	004	006	008	010	012	014	016
0.29	−022	−020	−018	−016	−014	−012	−010	−008	−006	−004
0.28	−043	−041	−039	−037	−035	−033	−031	−029	−026	−024
0.27	−064	−062	−060	−058	−056	−054	−052	−049	−047	−045
0.26	−086	−084	−082	−080	−078	−075	−073	−071	−069	−066
0.25	−109	−107	−104	−102	−100	−098	−095	−093	−091	−089
0.24	−132	−130	−127	−125	−123	−120	−118	−116	−113	−111
0.23	−156	−154	−151	−149	−146	−144	−142	−139	−137	−134
0.22	−181	−178	−176	−173	−171	−168	−166	−163	−161	−158
0.21	−206	−204	−201	−199	−196	−193	−191	−188	−186	−183
0.20	−233	−230	−228	−225	−222	−220	−217	−214	−212	−209
0.19	−261	−258	−255	−252	−249	−247	−244	−241	−238	−236
0.18	−289	−286	−284	−281	−278	−275	−272	−269	−266	−263
0.17	−320	−316	−313	−310	−307	−304	−301	−298	−295	−292
0.16	−351	−348	−345	−342	−338	−335	−332	−329	−326	−323
0.15	−384	−381	−378	−374	−371	−368	−364	−361	−358	−354
0.14	−420	−416	−413	−409	−405	−402	−398	−395	−391	−388
0.13	−457	−453	−450	−446	−442	−438	−434	−431	−427	−423
0.12	−497	−493	−489	−485	−481	−477	−473	−469	−465	−461
0.11	−540	−536	−531	−527	−523	−518	−514	−510	−506	−501
0.10	−587	−582	−577	−572	−568	−563	−558	−554	−549	−545
0.09	−638	−632	−627	−622	−617	−612	−607	−602	−597	−592
0.08	−694	−688	−682	−677	−671	−665	−660	−654	−649	−643
0.07	−757	−751	−744	−737	−731	−725	−718	−712	−706	−700
0.06	−829	−822	−814	−807	−799	−792	−785	−778	−771	−764
0.05	−914	−904	−896	−887	−878	−870	−861	−853	−845	−837
0.04	−1016	−1004	−993	−983	−972	−962	−952	−942	−932	−923
0.03	−1146	−1131	−1117	−1103	−1089	−1076	−1063	−1051	−1039	−1027
0.02	−1327	−1305	−1284	−1264	−1245	−1227	−1210	−1193	−1177	−1161
0.01	−1633	−1591	−1553	−1517	−1485	−1454	−1426	−1399	−1373	−1350
0.00	−∞	−2637	−2336	−2159	−2033	−1936	−1857	−1789	−1731	−1679

S	W	S	W	S	W	S	W
1.000	0.954	1.20	1.172	1.40	1.382	1.70	1.691
1.10	1.064	1.30	1.278	1.50	1.486	2.00	2.000

注：表中 0~9 栏的数据在使用时需 ×10^{-3}。

表 5-7 换值黑度 $P^{[2]}$

S	0	1	2	3	4	5	6	7	8	9
0.99	967	968	969	970	971	972	973	974	975	976
0.98	956	957	958	959	960	962	963	964	965	966
0.97	946	947	948	949	950	951	952	953	954	955
0.96	935	936	937	938	939	940	941	942	944	945
0.95	924	925	927	928	929	930	931	932	933	934
0.94	914	915	916	917	918	919	920	921	922	923
0.93	903	904	905	906	907	908	910	911	912	913
0.92	892	894	895	896	897	898	899	900	901	902
0.91	882	883	884	885	886	887	888	889	890	891
0.90	871	872	873	874	875	876	877	879	880	881
0.89	860	861	862	864	865	866	867	868	869	870
0.88	850	851	852	853	854	855	856	857	858	859
0.87	839	840	841	842	843	844	845	846	847	849
0.86	828	829	830	831	832	833	834	836	837	838
0.85	817	818	819	820	822	823	824	825	826	827
0.84	806	807	809	810	811	812	813	814	815	816
0.83	795	797	798	799	800	801	802	803	804	805
0.82	785	786	787	788	789	790	791	792	793	794
0.81	774	775	776	777	778	779	780	781	782	784
0.80	763	764	764	766	767	768	769	770	772	773
0.79	752	753	754	755	756	757	758	759	761	762
0.78	741	742	743	744	745	746	747	749	750	751
0.77	730	731	732	733	734	735	736	737	739	740
0.76	719	720	721	722	723	724	725	727	728	729
0.75	708	709	710	711	712	713	714	715	717	718
0.74	697	698	699	700	701	702	703	704	706	707
0.73	685	687	688	689	690	691	692	693	694	696
0.72	674	675	677	678	679	680	681	682	683	684
0.71	663	664	665	666	668	669	670	671	672	673
0.70	652	653	654	655	656	658	659	660	661	662
0.69	641	642	643	644	645	646	647	649	650	651
0.68	629	630	632	633	634	635	636	637	638	640
0.67	618	619	620	621	623	624	625	626	627	628
0.66	607	608	609	610	611	612	613	615	616	617
0.65	595	596	598	599	600	601	602	603	604	606
0.64	584	585	586	587	588	589	591	592	593	594
0.63	572	573	575	576	577	578	579	580	581	583
0.62	560	562	563	564	565	566	568	569	570	571
0.61	549	550	551	553	554	555	556	557	558	560
0.60	537	539	540	541	542	543	544	546	547	543
0.59	526	527	528	529	530	532	533	534	535	536
0.58	514	515	516	518	519	520	521	522	523	525
0.57	502	503	505	506	507	508	509	510	512	513
0.56	490	491	493	494	495	496	497	499	500	501
0.55	478	480	481	482	483	484	486	487	488	489
0.54	466	468	469	470	471	472	474	475	476	477
0.53	454	456	457	458	459	460	462	463	464	465
0.52	442	443	445	446	447	448	449	451	452	453
0.51	430	431	432	434	435	436	437	439	440	441
0.50	418	419	420	421	423	424	425	426	428	429
0.49	405	407	408	409	410	412	413	414	415	416
0.48	393	394	395	397	398	399	400	402	403	404

S	0	1	2	3	4	5	6	7	8	9
0.47	380	382	383	384	385	387	388	389	390	392
0.46	368	369	370	372	373	374	375	377	378	379
0.45	355	356	358	359	360	361	363	364	365	367
0.44	342	344	345	346	347	349	350	351	353	354
0.43	329	331	332	333	335	336	337	338	340	341
0.42	316	318	319	320	322	323	324	326	327	328
0.41	303	305	306	307	309	310	311	312	314	315
0.40	290	291	293	294	295	297	298	299	301	302
0.39	277	278	279	281	282	283	285	286	287	289
0.38	263	264	266	267	269	270	271	273	274	275
0.37	249	251	252	254	255	256	258	259	260	262
0.36	236	237	238	240	241	243	244	245	247	248
0.35	222	223	225	226	227	229	230	232	233	234
0.34	208	209	210	212	213	215	216	218	219	220
0.33	193	195	196	198	199	200	202	203	205	206
0.32	179	180	182	183	185	186	188	189	190	192
0.31	164	166	167	169	170	171	173	174	176	177
0.30	149	151	152	154	155	157	158	160	161	163
0.29	134	136	137	139	140	142	143	145	146	147
0.28	119	120	122	123	125	126	128	129	131	133
0.27	103	105	106	108	109	111	112	114	115	117
0.26	087	089	090	092	093	095	097	098	100	101
0.25	071	072	074	076	077	079	081	082	084	085
0.24	054	056	058	059	061	063	064	066	068	069
0.23	037	039	041	042	044	046	047	049	051	053
0.22	020	022	023	025	027	029	030	032	034	036
0.21	002	004	006	007	009	011	013	015	016	018
0.20	−017	−015	−013	−011	−009	−007	−006	−004	−002	−000
0.19	−036	−034	−032	−030	−028	−026	−024	−022	−020	−019
0.18	−055	−053	−051	−049	−047	−045	−043	−041	−039	−037
0.17	−075	−073	−071	−069	−067	−065	−063	−061	−059	−057
0.16	−096	−094	−092	−090	−087	−085	−083	−081	−079	−077
0.15	−118	−115	−113	−111	−109	−107	−104	−102	−100	−098
0.14	−140	−138	−136	−133	−131	−129	−126	−124	−122	−120
0.13	−164	−161	−159	−157	−154	−152	−149	−147	−145	−142
0.12	−189	−186	−184	−181	−179	−176	−174	−171	−169	−166
0.11	−215	−213	−210	−207	−205	−202	−199	−197	−194	−191
0.10	−244	−241	−238	−235	−232	−229	−226	−224	−221	−218
0.09	−274	−271	−268	−265	−262	−259	−256	−253	−250	−247
0.08	−307	−304	−300	−297	−294	−290	−287	−284	−281	−277
0.07	−344	−340	−336	−332	−329	−325	−321	−318	−314	−311
0.06	−385	−381	−376	−372	−368	−364	−360	−356	−352	−348
0.05	−432	−427	−422	−417	−412	−408	−403	−398	−394	−389
0.04	−488	−482	−476	−470	−464	−459	−453	−448	−442	−437
0.03	−558	−550	−543	−535	−528	−521	−514	−507	−501	−494
0.02	−654	−642	−631	−621	−611	−601	−592	−583	−575	−566
0.01	−812	−790	−771	−752	−736	−720	−705	−691	−678	−666
0.00	−∞	−1318	−1167	−1078	−1014	−966	−925	−891	−862	−835

S	P	S	P	S	P
1.000	0.977	1.200	1.186	1.600	1.594
1.100	1.082	1.400	1.391	2.00	2.000

注：表中 0~9 栏的数据在使用时需×10^{-3}。

乳剂特性曲线的绘制方法：常用的有谱线组法、减光板法和扇形板法。

a．谱线组法　在一定的实验条件下，元素的同一多重线组中的各谱线具有确定的相对强度，测定这一组不同相对强度的谱线，得到一系列不同的黑度，以这些谱线的相对强度的对数为横坐标，黑度 S 为纵坐标作图，可以绘制乳剂特性曲线。表 5-8 给出了常用的铁谱线组及其相对强度。

表 5-8 铁谱线组及其相对强度

第一组		第二组		第三组		第四组	
λ/nm	lg$I$	λ/nm	lg$I$	λ/nm	lg$I$	λ/nm	lg$I$
316.387	0.28	295.02	1.50	315.32	1.10	324.419	1.66
316.886	0.49	287.23	1.00	315.78	1.17	323.944	1.61
316.501	0.62	286.93	2.13	315.70	1.30	322.579	2.00
316.586	0.83	284.04	1.08	316.06	1.36	322.207	1.90
316.644	1.00	283.81	2.30	320.53	1.60	321.738	1.34
317.545	1.30	282.88	0.76	320.04	1.68	321.594	1.48
318.023	1.56	280.45	2.59	322.20	2.05	320.540	1.44
319.693	1.80			322.57	2.16	320.047	1.51
						317.801	1.13
						317.545	1.22
						316.066	1.20
						315.789	1.01
						315.704	1.13
						315.321	0.94

前两组适用于直流电弧和大型摄谱仪，第三组应用最多，它广泛用于直流电弧、交流电弧、高压火花以及大、中型摄谱仪。第四组的谱线数目较多，对作乳剂特性曲线极为有利。

b．减光板法　同一谱线经阶梯减光板后，可获得一系列不同强度 I_i：

$$I_i = P_i I_0 \tag{5-3}$$

式中，P_i 为减光板某一阶梯的透光率；I_0 为谱线未减弱时的强度。

把式(5-3)代入 $S = r\lg I - i'$，可得黑度阶为：

$$S_i = r\lg P_i + r\lg I_0 - i' = r\lg P_i - i'' \tag{5-4}$$

式中，i'' 为一常数。用阶梯减光板摄谱后，测出某一谱线各阶的黑度 S_i，然后查出各阶梯的透光率 P_i，即可绘出 S-$\lg P$ 乳剂特性曲线。表 5-9 为阶梯减光板数据。

表 5-9 阶梯减光板数据[5]

型号 透光率/% 阶数	WSP-2 7018 （九阶梯）	WSP-2 7018 （三阶梯）	WSP-2 71 （五阶梯）	1 号 （五阶梯）	2 号 （五阶梯）
1	100	51.5	100	100	100
2	68	10.0	31.6	29.3	44.1
3	49.5	6.0	10.0	11.5	17.5
4	27.5	—	3.16	4.9	6.5
5	25	—	1.0	1.8	2.7
6	15	—	—	—	—
7	9.0	—	—	—	—
8	1.5	—	—	—	—
9	100	—	—	—	—

c．扇形板法

旋转扇形减光板上不同阶梯的曝光时间不同，因而谱线在不同阶梯下的积分强度不同，干板上得到的谱线黑度也不同。根据：

$$S_i = rP\lg t - i'''\qquad\qquad(5\text{-}5)$$

式中，P 为斯瓦奇尔德系数；t 为曝光时间；i''' 为常数。以黑度 S 为纵坐标，以时间为横坐标，即可绘制出 $S\text{-}\lg t$ 乳剂特性曲线。表 5-10 为阶梯扇形板数据。

表 5-10 阶梯扇形板数据[5]

阶梯类型	阶数	切割角/（°）	透光率/%	阶梯高度/mm
十阶梯扇板	1	360	100	—
	2	167.0	46.4	0.4
	3	77.7	21.5	0.4
	4	36.0	10.0	0.3
	5	16.7	4.60	0.3
	6	7.8	2.15	0.3
	7	3.6	1.00	0.3
	8	1.7	0.46	0.3
	9	0.8	0.22	0.2
	10	0.4	0.10	0.2
九阶梯扇板	1	360	100	(1)扇板半径为 30mm
	2	180	50	
	3	90	25	(2)每阶高度 0.25mm
	4	45	12.5	
	5	22.5	6.25	
	6	11.25	3.13	
	7	5.63	1.57	
	8	2.82	0.79	
	9	1.4	0.39	
八阶梯扇板	1	360	100	0.2
	2	167	46.4	0.1
	3	78	21.5	0.1
	4	36	10.0	0.1
	5	17	4.60	0.1
	6	7.8	2.10	0.1
	7	3.6	1.00	0.1
	8	1.7	0.46	0.1
五阶梯扇板	1	360	100	0.2
	2	114	31.7	0.2
	3	36	10.0	0.2
	4	11.4	3.17	0.2
	5	3.27	1.00	0.2

（3）黑度的测量　在相板上谱线黑度的测量在测微光度计上进行，一般测微光度计上有 3 个刻度标尺，如图 5-26 所示：一个是透过率标尺 D；一个是黑度值标尺 S；还有一个是换值黑度标尺 P。P 的量程为 $+\infty$ 到 $-\infty$，当测量的黑度值 <0.5 时，可用 P 标尺，能使分析校正曲线下部弯曲部分得到一些校直。扩大乳剂特性曲线的线性部分的下限约为 0.5～0.04。也有采用测微光度计与微机组成的光电读谱自动测量装置进行自动测量的。

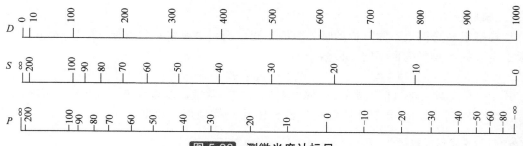

图 5-26 测微光度计标尺

测量过程需很仔细将相板调平,保证测量过程的稳定。测量时作为定位基点的参考线通常选铁线,要求参考线的波长值小于且接近最短波分析线的波长值,并在色散曲线的范围内。参考线不能过宽、太黑和太浅,旁边不允许有干扰线,不能弯曲变形,以利于定位。在谱线测量过程中要认真观察辅助狭缝是否模糊及狭缝是否在谱带的上下中间部位,分析线上是否有异常,随时准备按下暂停进行调节或记录异常。

3. 摄谱法操作过程中影响因素

(1) 称样与混样及装填对分析结果的影响 摄谱法对粉末样品的分析步骤包括样品的称取、样品与缓冲剂混合、电极填装、摄谱、相板测量几个主要步骤。为了减少基体的干扰及加入内标元素,需要加入含有内标元素的光谱缓冲剂,混合要充分和保证均匀。通常要按 1:1 称取样品与光谱缓冲剂混合,两次称样均要保证其称量的准确度。电极填装时要保证样品在电极中压实,密度差异别过大,以免摄谱起弧时发生迸溅。

(2) 摄谱过程中注意事项 摄谱时电弧激发的电流和曝光时间,要根据不同的基体和测定元素要求,作出设定调节,摄谱过程中要控制好电极的位置,保持电极间距,以免影响摄谱成像。在摄谱中为防止突然鼓起和电流冲击导致的样品迸溅,应以低电流起弧 3s 预燃后,再转入正常工作电流,保证燃弧的稳定。

(3) 相板的读谱及保存 相板记录下大量的谱线信息,也可以长期保存,便于核验,以及日后的再分析。因此定影后的相板,必须充分水洗干净,除去残存乳剂中的化学物质,然后在无尘的地方干燥后,才能读谱、测光和长期保存。

4. 摄谱法背景干扰校正

(1) 电弧摄谱的光谱背景干扰 电弧激发时炽热的电极头及一些炽热固体碳颗粒发射的连续光谱,弧隙中分子辐射的带光谱,感光板上的灰雾以及光学系统的杂散光等光谱背景,在摄谱时给照相干板留下背景灰度,降低谱线-背景比值,影响检出限;会使校准曲线斜率降低,并出现下部弯曲现象,影响光谱分析的准确度。

(2) 光谱背景的扣除方法 背景的扣除就是从总强度中减去背景强度,$I_a = I_{a+b} - I_b$。而在谱法中表现为从谱线的总黑度 S_{a+b} 中如何扣除背景的黑度 S_b。在摄谱分析中,为简化手续,常借助光谱背景扣除表来扣除背景。普遍采用的背景扣除表有 D 表和 M 表。

① D 表的使用方法 根据谱线总黑度 S_{a+b} 和背景黑度 S_b,查乳剂特性曲线,得 $\lg I_{a+b}$ 和 $\lg I_b$;再根据 $\lg(I_{a+b}/I_b)$ 的计算值,查 D 表,则 $\lg R = \lg(I_{a+b}/I_b) - D$。

② M 表的使用方法 为了便于了解 M 表的使用方法,表 5-11 列出了有关公式和查表依据等。

表 5-11 公式及其查表依据一览表[1]

欲求项目	公式	查表依据	备注
$\lg R$	以背景为内标的背景扣除公式: $\lg R=M$	$\gamma,\ \Delta S\rightarrow M$	$\Delta S=S_{a+b}-S_b$
$\lg\beta$	以谱线为内标的背景全面扣除公式: $\lg\beta=M_1-M_0+\Delta S_b/\gamma$	$\gamma,\ \Delta S_1,\Delta S_0,\Delta S_b$ $\Delta S_1\rightarrow M_1\Delta S_0\rightarrow M_0\ \Delta S_b\rightarrow\Delta S_b/\gamma$	$\Delta S_1=S_{a_1+b_1}-S_{b_1}$ $\Delta S_0=S_{a_0+b_0}-S_{b_0}$ $\Delta S_b=S_{b_1}-S_{b_0}$
$\lg\beta_v$[2]	以谱线为内标的背景单一扣除公式: $\lg\beta_v=M_1-\Delta S_{0v}/\gamma$	$\gamma,\Delta S_1,\ \Delta S_{0v}$ $\Delta S_1\rightarrow M_1$ $\Delta S_{0v}\rightarrow\Delta S_{0v}/\gamma$	$\Delta S_1=S_{a_1+b_1}-S_{b_1}$ $\Delta S_{0v}=S_{a_0+b_0}-S_{b_1}$

① "a" 代表谱线,"b" 代表背景,"1" 代表分析线,"0" 代表内标线,γ 为感光板的反衬度。
② ΔS_{0v} 为内标线与其背景的总黑度减去分析线的背景黑度之差,$\lg\beta_v$ 为谱线相对强度的对数值。

表 5-12 和表 5-13 为 D 表,表 5-14 为 $\Delta S/\gamma$ 与 $\lg(I_a/I_b)$ 换算表,表 5-15 为 M 表,表 5-16 为影响谱线强度的元素或化合物。

表 5-12 光谱背景的校正值 D（一）（$\times 10^3$）[2]

$\lg\dfrac{I_{a+b}}{I_b}$	0	1	2	3	4	5	6	7	8	9
0.99	047	047	047	0.47	046	046	046	046	046	046
0.98	048	048	048	048	048	047	047	047	047	047
0.97	049	049	049	049	049	049	049	048	048	048
0.96	050	050	050	050	050	050	050	050	049	049
0.95	052	052	051	051	051	051	051	051	051	050
0.94	053	053	053	053	052	052	052	052	052	052
0.93	054	054	054	054	054	054	055	055	055	054
0.92	056	055	055	055	056	056	056	056	056	056
0.91	057	057	057	057	056	058	058	057	057	057
0.90	058	058	058	058	058	058	058	059	059	059
0.89	060	060	060	059	059	059	059	060	060	060
0.88	061	061	061	061	061	061	060	060	060	060
0.87	063	063	063	062	062	062	062	062	062	061
0.86	065	064	064	064	064	064	064	063	063	063
0.85	066	066	066	066	065	065	065	065	065	065
0.84	068	068	067	067	067	067	067	067	066	066
0.83	070	069	069	069	069	069	068	068	068	068
0.82	071	071	071	071	071	070	070	070	070	070
0.81	073	073	073	072	072	072	072	072	072	071
0.80	075	075	075	074	074	074	074	074	073	073
0.79	077	077	076	076	076	076	076	076	075	075
0.78	079	079	078	078	078	078	078	077	077	077
0.77	081	081	080	080	080	080	080	079	081	081
0.76	083	083	082	082	082	082	082	081	083	083
0.75	085	085	085	084	084	086	086	086	085	085
0.74	087	087	087	087	086	086	088	088	088	087
0.73	089	089	089	089	089	090	090	090	090	090
0.72	092	092	091	091	091	091	090	092	092	092
0.71	094	094	094	093	093	093	093	092	092	092
0.70	097	096	096	096	096	095	095	095	095	094
0.69	099	099	099	098	098	098	098	097	097	097
0.68	102	101	101	101	101	100	100	100	100	099
0.67	104	104	104	104	103	103	103	103	102	102

第二篇

续表

$\lg \dfrac{I_{a+b}}{I_b}$	0	1	2	3	4	5	6	7	8	9
0.66	107	107	107	106	106	106	105	105	105	105
0.65	110	110	109	109	109	109	108	108	108	107
0.64	113	113	112	112	112	111	111	111	111	110
0.63	116	116	115	115	115	114	114	114	114	113
0.62	119	119	118	118	118	117	117	117	117	116
0.61	122	122	122	121	121	121	120	120	120	119
0.60	126	125	125	125	124	124	124	123	123	123
0.59	129	129	128	128	128	127	127	127	126	126
0.58	133	132	132	131	131	131	130	130	130	129
0.57	136	136	135	135	135	134	134	134	133	133
0.56	140	140	139	139	138	138	138	137	137	137
0.55	144	143	143	143	142	142	141	141	141	140
0.54	148	147	147	147	146	146	145	145	145	144
0.53	152	151	151	151	150	150	149	149	149	148
0.52	156	156	155	155	154	154	154	153	153	152
0.51	161	160	160	159	159	158	158	157	157	157
0.50	165	165	164	164	163	163	162	162	161	161
0.49	170	169	169	168	168	167	167	166	166	166
0.48	175	174	174	173	173	172	172	171	171	170
0.47	180	179	179	178	178	177	177	176	176	175
0.46	185	184	184	183	183	182	182	181	181	180
0.45	190	190	189	189	188	188	187	187	186	185
0.44	196	195	195	194	194	193	193	192	192	191
0.43	202	201	201	200	199	199	198	198	197	196
0.42	208	207	207	206	205	205	204	203	203	202
0.41	214	213	213	212	211	211	210	210	209	208
0.40	220	219	219	219	218	217	217	216	215	215
0.39	227	226	226	225	224	224	223	222	222	221
0.38	234	233	233	232	231	231	230	229	229	228
0.37	242	240	240	239	239	238	237	236	236	235
0.36	249	248	248	247	246	245	245	244	243	242
0.35	257	255	255	255	254	253	252	251	251	250
0.34	265	264	264	263	262	261	260	259	259	258
0.33	274	273	272	271	270	270	269	268	267	266
0.32	283	282	281	280	279	278	277	277	276	275
0.31	292	291	290	289	288	288	287	286	285	284
0.30	302	301	300	299	298	297	296	295	294	293
0.29	312	311	310	309	308	307	306	305	304	303
0.28	323	322	321	320	319	318	317	316	314	313
0.27	334	333	332	331	330	329	328	326	325	324
0.26	346	345	344	343	342	340	339	338	337	335
0.25	359	358	356	355	354	353	351	350	349	348
0.24	372	371	369	368	367	365	364	363	361	360
0.23	386	385	383	382	380	379	378	376	375	373
0.22	401	399	398	396	395	393	392	390	389	387
0.21	416	415	413	412	410	408	407	405	404	402
0.20	433	431	430	428	426	425	423	421	420	418

lg$\frac{I_{a+b}}{I_b}$	0	1	2	3	4	5	6	7	8	9
0.19	451	449	447	445	443	442	440	438	436	435
0.18	469	467	466	464	462	460	458	456	454	452
0.17	490	487	485	483	481	479	477	475	473	471
0.16	511	509	507	505	502	500	498	496	494	492
0.15	535	532	530	527	525	523	520	518	516	513
0.14	560	557	555	552	549	547	544	542	539	537
0.13	587	584	582	579	576	573	570	568	565	562
0.12	617	614	611	608	605	602	599	596	593	590
0.11	650	647	643	640	637	633	630	627	624	620
0.10	687	683	679	675	672	668	664	661	657	654
0.09	728	723	719	715	711	707	703	699	695	691
0.08	774	769	764	760	755	750	746	741	737	732
0.07	827	822	816	810	805	800	794	789	784	779
0.06	889	883	876	870	863	857	851	845	839	833
0.05	964	955	948	940	932	925	917	910	903	896
0.04	1056	1045	1035	1026	1016	1007	998	989	980	972
0.03	1176	1162	1149	1136	1123	1111	1099	1088	1077	1066
0.02	1347	1326	1306	1287	1269	1252	1236	1220	1205	1190
0.01	1643	1602	1565	1530	1499	1469	1442	1416	1391	1369
0.00	∞	2638	2338	2162	2037	1941	1863	1796	1739	1688

表 5-13　光谱背景的校正值 D（二）

lg$\frac{I_{a+b}}{I_b}$	D	lg$\frac{I_{a+b}}{I_b}$	D	lg$\frac{I_{a+b}}{I_b}$	D
2.00	0.004	1.60	0.011	1.20	0.028
1.90	0.006	1.50	0.014	1.10	0.036
1.80	0.007	1.40	0.018	1.00	0.046
1.70	0.009	1.30	0.022		

表 5-14　$\Delta S/\gamma$ 与 $\lg\frac{I_a}{I_b}$ 的换算表[6]

$\frac{\Delta S}{\gamma}$	0	1	2	3	4	5	6	7	8	9
0.05	−0.914	−0.904	−0.896	−0.887	−0.878	−0.870	−0.861	−0.853	−0.845	−0.837
0.06	−0.829	−0.822	−0.814	−0.807	−0.799	−0.792	−0.785	−0.778	−0.771	−0.764
0.07	−0.757	−0.751	−0.744	−0.737	−0.731	−0.725	−0.718	−0.706	−0.706	−0.700
0.08	−0.694	−0.688	−0.682	−0.677	−0.671	−0.665	−0.660	−0.654	−0.649	−0.643
0.09	−0.638	−0.632	−0.627	−0.622	−0.617	−0.612	−0.607	−0.602	−0.597	−0.592
0.10	−0.587	−0.582	−0.577	−0.572	−0.568	−0.563	−0.558	−0.554	−0.549	−0.545
0.11	−0.540	−0.536	−0.531	−0.527	−0.523	−0.518	−0.514	−0.510	−0.506	−0.501
0.12	−0.497	−0.493	−0.489	−0.485	−0.481	−0.477	−0.473	−0.469	−0.465	−0.461
0.13	−0.455	−0.453	−0.450	−0.449	−0.442	−0.438	−0.434	−0.431	−0.427	−0.423
0.14	−0.420	−0.416	−0.413	−0.409	−0.405	−0.402	−0.398	−0.395	−0.391	−0.388
0.15	−0.384	−0.381	−0.378	−0.375	−0.371	−0.368	−0.364	−0.361	−0.358	−0.354
0.16	−0.351	−0.348	−0.345	−0.342	−0.338	−0.335	−0.332	−0.329	−0.326	−0.323
0.17	−0.320	−0.316	−0.313	−0.310	−0.307	−0.304	−0.301	−0.298	−0.295	−0.292

第二篇

续表

$\dfrac{\Delta S}{\gamma}$	0	1	2	3	4	5	6	7	8	9
0.18	−0.289	−0.286	−0.284	−0.281	−0.278	−0.275	−0.272	−0.269	−0.266	−0.263
0.19	−0.261	−0.258	−0.255	−0.252	−0.249	−0.247	−0.244	−0.241	−0.238	−0.236
0.20	−0.233	−0.230	−0.228	−0.225	−0.222	−0.220	−0.217	−0.214	−0.212	−0.209
0.21	−0.206	−0.204	−0.201	−0.199	−0.196	−0.193	−0.191	−0.188	−0.186	−0.183
0.22	−0.181	−0.178	−0.176	−0.173	−0.171	−0.168	−0.166	−0.163	−0.161	−0.158
0.23	−0.156	−0.154	−0.151	−0.149	−0.146	−0.144	−0.142	−0.139	−0.137	−0.134
0.24	−0.132	−0.130	−0.127	−0.125	−0.123	−0.120	−0.118	−0.116	−0.113	−0.111
0.25	−0.109	−0.107	−0.104	−0.102	−0.100	−0.098	−0.095	−0.093	−0.091	−0.089
0.26	−0.086	−0.084	−0.082	−0.080	−0.078	−0.075	−0.073	−0.071	−0.069	−0.067
0.27	−0.064	−0.062	−0.060	−0.058	−0.056	−0.054	−0.052	−0.049	−0.047	−0.045
0.28	−0.043	−0.041	−0.039	−0.037	−0.035	−0.033	−0.031	−0.029	−0.026	−0.024
0.29	−0.022	−0.020	−0.018	−0.016	−0.014	−0.012	−0.010	−0.008	−0.006	−0.004
0.30	−0.002	0.000	0.002	0.004	0.006	0.008	0.010	0.012	0.014	0.016
0.31	0.018	0.020	0.022	0.024	0.026	0.028	0.029	0.031	0.033	0.035
0.32	0.037	0.039	0.041	0.043	0.045	0.047	0.049	0.050	0.052	0.054
0.33	0.056	0.058	0.060	0.062	0.064	0.065	0.067	0.069	0.071	0.073
0.34	0.075	0.077	0.078	0.080	0.082	0.084	0.086	0.088	0.089	0.091
0.35	0.093	0.095	0.097	0.098	0.100	0.102	0.104	0.106	0.107	0.109
0.36	0.111	0.113	0.114	0.116	0.118	0.120	0.121	0.123	0.125	0.127
0.37	0.128	0.130	0.132	0.134	0.135	0.137	0.139	0.141	0.142	0.144
0.38	0.146	0.147	0.149	0.151	0.153	0.154	0.156	0.158	0.159	0.161
0.39	0.163	0.164	0.166	0.168	0.170	0.171	0.173	0.175	0.176	0.178
0.40	0.180	0.181	0.183	0.184	0.186	0.188	0.191	0.191	0.193	0.194
0.41	0.196	0.198	0.199	0.201	0.203	0.204	0.206	0.207	0.209	0.211
0.42	0.212	0.214	0.215	0.217	0.219	0.220	0.222	0.224	0.225	0.227
0.43	0.228	0.230	0.231	0.233	0.235	0.236	0.238	0.239	0.241	0.243
0.44	0.244	0.246	0.247	0.249	0.250	0.252	0.253	0.255	0.257	0.258
0.45	0.260	0.261	0.263	0.264	0.266	0.267	0.269	0.270	0.272	0.274
0.46	0.275	0.277	0.278	0.280	0.281	0.283	0.284	0.286	0.287	0.289
0.47	0.290	0.292	0.293	0.295	0.296	0.298	0.299	0.301	0.302	0.304
0.48	0.305	0.307	0.308	0.310	0.311	0.313	0.314	0.316	0.317	0.319
0.49	0.320	0.322	0.323	0.325	0.326	0.328	0.329	0.331	0.332	0.333
0.50	0.335	0.336	0.338	0.339	0.341	0.342	0.344	0.345	0.347	0.348
0.51	0.349	0.351	0.352	0.354	0.355	0.357	0.358	0.360	0.361	0.362
0.52	0.364	0.365	0.367	0.368	0.370	0.371	0.372	0.374	0.375	0.377
0.53	0.378	0.380	0.381	0.382	0.384	0.385	0.387	0.388	0.389	0.391
0.54	0.392	0.394	0.395	0.396	0.398	0.399	0.401	0.402	0.403	0.405
0.55	0.406	0.408	0.409	0.410	0.412	0.413	0.415	0.416	0.417	0.419
0.56	0.420	0.421	0.423	0.424	0.426	0.427	0.428	0.430	0.431	0.432
0.57	0.434	0.435	0.437	0.438	0.439	0.441	0.442	0.443	0.445	0.446
0.58	0.447	0.449	0.450	0.452	0.453	0.454	0.456	0.457	0.458	0.460
0.59	0.461	0.462	0.464	0.465	0.466	0.468	0.469	0.470	0.472	0.473
0.60	0.474	0.476	0.477	0.478	0.480	0.481	0.482	0.484	0.485	0.486
0.61	0.488	0.489	0.490	0.492	0.493	0.494	0.496	0.497	0.498	0.500
0.62	0.501	0.502	0.504	0.505	0.506	0.507	0.509	0.510	0.511	0.513
0.63	0.514	0.515	0.517	0.519	0.519	0.521	0.522	0.523	0.524	0.526
0.64	0.527	0.528	0.530	0.531	0.532	0.533	0.535	0.536	0.537	0.539

$\dfrac{\Delta S}{\gamma}$	0	1	2	3	4	5	6	7	8	9
0.65	0.540	0.541	0.543	0.544	0.545	0.546	0.548	0.549	0.550	0.551
0.66	0.553	0.554	0.555	0.557	0.558	0.559	0.560	0.562	0.563	0.564
0.67	0.566	0.567	0.568	0.569	0.571	0.572	0.573	0.574	0.576	0.577
0.68	0.578	0.579	0.581	0.582	0.583	0.585	0.586	0.587	0.588	0.590
0.69	0.591	0.592	0.593	0.595	0.596	0.597	0.598	0.600	0.601	0.602
0.70	0.603	0.605	0.606	0.607	0.608	0.610	0.611	0.612	0.613	0.615
0.71	0.616	0.617	0.618	0.620	0.621	0.622	0.623	0.624	0.626	0.627
0.72	0.628	0.629	0.631	0.632	0.633	0.634	0.636	0.637	0.638	0.639
0.73	0.641	0.642	0.643	0.644	0.645	0.647	0.648	0.649	0.650	0.652
0.74	0.653	0.654	0.655	0.656	0.658	0.659	0.660	0.661	0.663	0.664
0.75	0.665	0.666	0.667	0.669	0.670	0.671	0.672	0.673	0.675	0.676
0.76	0.677	0.678	0.680	0.681	0.682	0.683	0.684	0.686	0.687	0.688
0.77	0.689	0.690	0.692	0.693	0.694	0.695	0.696	0.698	0.699	0.700
0.78	0.701	0.702	0.704	0.705	0.706	0.707	0.708	0.710	0.711	0.712
0.79	0.713	0.714	0.716	0.717	0.718	0.719	0.720	0.721	0.723	0.724
0.80	0.725	0.726	0.727	0.729	0.730	0.731	0.732	0.733	0.735	0.736
0.81	0.737	0.738	0.739	0.740	0.742	0.743	0.744	0.745	0.746	0.748
0.82	0.749	0.750	0.751	0.752	0.753	0.755	0.756	0.757	0.758	0.759
0.83	0.760	0.762	0.763	0.764	0.765	0.766	0.768	0.769	0.770	0.771
0.84	0.772	0.773	0.775	0.776	0.777	0.778	0.779	0.780	0.782	0.783
0.85	0.784	0.785	0.786	0.787	0.789	0.790	0.791	0.792	0.793	0.794
0.86	0.795	0.797	0.798	0.799	0.800	0.801	0.802	0.804	0.805	0.806
0.87	0.807	0.808	0.809	0.811	0.812	0.813	0.814	0.815	0.816	0.817
0.88	0.819	0.820	0.821	0.822	0.823	0.824	0.826	0.827	0.828	0.829
0.89	0.830	0.831	0.832	0.834	0.835	0.836	0.837	0.838	0.839	0.840
0.90	0.842	0.843	0.844	0.845	0.846	0.847	0.848	0.850	0.851	0.852
0.91	0.853	0.854	0.855	0.856	0.858	0.859	0.860	0.861	0.862	0.863
0.92	0.864	0.866	0.867	0.868	0.869	0.870	0.871	0.872	0.873	0.875
0.93	0.876	0.877	0.878	0.879	0.880	0.881	0.883	0.884	0.885	0.886
0.94	0.887	0.888	0.889	0.890	0.892	0.893	0.894	0.895	0.896	0.897
0.95	0.898	0.899	0.901	0.902	0.903	0.904	0.905	0.906	0.907	0.908
0.96	0.910	0.911	0.912	0.913	0.914	0.915	0.916	0.917	0.919	0.920
0.97	0.921	0.922	0.923	0.924	0.925	0.926	0.927	0.929	0.930	0.931
0.98	0.932	0.933	0.934	0.935	0.936	0.938	0.939	0.940	0.941	0.942
0.99	0.943	0.944	0.945	0.946	0.948	0.949	0.950	0.951	0.952	0.953
1.0	0.954	0.965	0.976	0.987	0.998	1.009	1.020	1.031	1.042	1.053
1.1	1.064	1.075	1.086	1.097	1.107	1.118	1.129	1.140	1.150	1.161
1.2	1.172	1.182	1.193	1.204	1.214	1.225	1.235	1.246	1.257	1.267
1.3	1.278	1.288	1.299	1.309	1.320	1.330	1.341	1.351	1.362	1.372
1.4	1.382	1.393	1.403	1.414	1.424	1.434	1.445	1.455	1.465	1.476
1.5	1.486	1.496	1.507	1.517	1.527	1.538	1.548	1.558	1.568	1.579
1.6	1.589	1.599	1.609	1.620	1.630	1.640	1.650	1.661	1.671	1.681
1.7	1.691	1.701	1.712	1.722	1.732	1.742	1.752	1.763	1.773	1.783
1.8	1.793	1.803	1.813	1.824	1.834	1.844	1.854	1.864	1.874	1.884
1.9	1.894	1.905	1.915	1.925	1.935	1.945	1.955	1.965	1.975	1.986

表 5-15 M（$\times 10^{-3}$）表[7]

ΔS	0	1	2	3	4	5	6	7	8	9
	γ =0.80，α=1.25000000									
0.00	$-\infty$	-2637	-2159	-2033	-1936	-1857	-1731	-1679	-1633	-1591
0.01	-1517	-1485	-1454	-1426	-1373	-1350	-1327	-1305	-1264	-1245
0.02	-1227	-1210	-1177	-1161	-1146	-1131	-1103	-1089	-1076	-1063
0.03	-1039	-1027	-1016	-1004	-983	-972	-962	-952	-932	-923
0.04	-914	-904	-887	-878	-870	-861	-845	-837	-829	-822
0.05	-807	-799	-792	-785	-771	-764	-757	-751	-737	-731
0.06	-725	-718	-706	-700	-694	-688	-677	-671	-665	-660
0.07	-649	-643	-638	-632	-622	-617	-612	-607	-597	-592
0.08	-587	-582	-572	-568	-563	-558	-549	-545	-540	-536
0.09	-527	-523	-518	-514	-506	-501	-497	-493	-485	-481
0.10	-477	-473	-465	-461	-457	-453	-446	-442	-438	-434
0.11	-427	-423	-420	-416	-409	-405	-402	-398	-391	-388
0.12	-384	-381	-374	-371	-368	-364	-358	-354	-351	-348
0.13	-342	-338	-335	-332	-326	-323	-320	-316	-310	-307
0.14	-304	-301	-295	-292	-289	-286	-281	-278	-275	-272
0.15	-266	-263	-261	-258	-252	-249	-247	-244	-238	-236
0.16	-233	-230	-225	-222	-220	-217	-212	-209	-206	-204
0.17	-199	-196	-193	-191	-186	-183	-181	-178	-173	-171
0.18	-168	-166	-161	-158	-156	-154	-149	-146	-144	-142
0.19	-137	-134	-132	-130	-125	-123	-120	-118	-113	-111
0.20	-109	-107	-102	-100	-098	-095	-091	-089	-086	-084
0.21	-080	-078	-075	-073	-069	-066	-064	-062	-058	-056
0.22	-054	-052	-047	-045	-043	-041	-037	-035	-033	-031
0.23	-026	-024	-022	-020	-016	-014	-012	-010	-006	-004
0.24	-002	000	004	006	008	010	014	016	018	020
0.25	024	026	027	029	033	035	037	039	043	045
0.26	047	049	052	054	056	058	062	064	065	067
0.27	071	073	075	077	080	082	084	086	089	091
0.28	093	095	098	100	102	104	107	109	111	113
0.29	116	118	120	121	125	127	128	130	134	135
0.30	137	139	142	144	146	147	151	153	154	156
0.31	159	161	163	164	168	170	171	173	176	178
0.32	180	181	184	186	188	189	193	194	196	198
0.33	201	203	204	206	209	211	212	214	217	219
0.34	220	222	225	227	228	230	233	235	236	238
0.35	241	243	244	246	249	250	252	253	257	258
0.36	260	261	264	266	267	269	272	274	275	277
0.37	280	281	283	284	287	289	290	292	295	296
0.38	298	299	302	304	305	307	310	311	313	314
0.39	317	319	320	322	325	326	328	329	332	333
0.40	335	336	339	341	342	344	347	348	349	351
0.41	354	355	357	358	361	362	364	365	368	370
0.42	371	372	375	377	378	380	382	384	385	387
0.43	389	391	392	394	396	398	399	401	403	405
0.44	406	408	410	412	413	415	417	419	420	421
0.45	424	426	427	428	431	432	434	435	438	439
0.46	441	442	445	446	447	449	452	453	454	456
0.47	458	460	461	462	465	466	468	469	472	473

ΔS	0	1	2	3	4	5	6	7	8	9
					γ =0.80, α=1.25000000					
0.48	474	476	478	480	481	482	485	486	488	489
0.49	492	493	494	496	498	500	501	502	505	506
0.50	508	509	511	513	514	515	518	519	521	522
0.51	524	526	527	528	531	532	534	535	537	539
0.52	540	541	544	545	546	548	550	552	553	554
0.53	557	558	559	561	563	564	566	567	569	571
0.54	572	573	576	577	578	580	582	583	585	586
0.55	588	590	591	592	595	596	597	598	601	602
0.56	603	605	607	608	610	611	613	615	616	617
0.57	620	621	622	623	626	627	628	629	632	633
0.58	634	636	638	639	641	642	644	645	647	648
0.59	650	652	653	654	656	658	659	660	663	664
0.60	665	666	669	670	671	672	675	676	677	678
0.61	681	682	683	684	687	688	689	690	693	694
0.62	695	696	699	700	701	702	705	706	707	708
0.63	711	712	713	714	717	718	719	720	723	724
0.64	725	726	729	730	731	732	735	736	737	738
0.65	741	742	743	744	746	748	749	750	752	753
0.66	755	756	758	759	760	762	764	765	766	768
0.67	770	771	772	773	776	777	778	779	782	783
0.68	784	785	787	789	790	791	793	794	796	797
0.69	799	800	801	802	805	806	807	808	811	812
0.70	813	814	816	818	819	820	822	823	824	825
0.71	828	829	830	831	834	835	836	837	839	840
0.72	842	843	845	846	847	848	851	852	853	854
0.73	856	858	859	860	862	863	864	866	868	869
0.74	870	871	873	875	876	877	879	880	881	883
0.75	885	886	887	888	890	892	893	894	896	897
0.76	898	899	902	903	904	905	907	909	910	911
0.77	913	914	915	916	919	920	921	922	924	925
0.78	926	927	930	931	932	933	935	936	938	939
0.79	941	942	943	944	946	948	949	950	952	953
0.80	954	955	957	959	960	961	963	964	965	967
0.81	969	970	971	972	974	975	976	978	980	981
0.82	982	983	985	986	987	989	991	992	993	994
0.83	996	997	998	1000	1002	1003	1004	1005	1007	1008
0.84	1009	1011	1013	1014	1015	1016	1018	1019	1020	1022
0.85	1024	1025	1026	1027	1029	1030	1031	1032	1035	1036
0.86	1037	1038	1040	1041	1042	1043	1046	1047	1048	1049
0.87	1051	1052	1053	1054	1057	1058	1059	1060	1062	1063
0.88	1064	1065	1067	1068	1069	1071	1073	1074	1075	1076
0.89	1078	1079	1080	1081	1084	1085	1086	1087	1089	1090
0.90	1091	1092	1095	1096	1097	1098	1100	1101	1102	1103
0.91	1105	1106	1107	1109	1111	1112	1113	1114	1116	1117
0.92	1118	1119	1121	1123	1124	1125	1127	1128	1129	1130
0.93	1132	1133	1134	1135	1137	1139	1140	1141	1143	1144
0.94	1145	1146	1148	1149	1150	1151	1154	1155	1156	1157
0.95	1159	1160	1161	1162	1164	1165	1166	1167	1170	1171
0.96	1172	1173	1175	1176	1177	1178	1180	1181	1182	1183

ΔS	0	1	2	3	4	5	6	7	8	9
				γ =0.80, α=1.25000000						
0.97	1186	1187	1188	1189	1191	1192	1193	1194	1196	1197
0.98	1198	1199	1201	1203	1204	1205	1207	1208	1209	1210
0.99	1212	1213	1214	1215	1218	1219	1220	1221	1223	1224
1.0	1225	1239	1251	1265	1278	1291	1304	1318	1330	1344
1.1	1356	1370	1382	1396	1408	1422	1434	1448	1460	1474
1.2	1486	1499	1512	1525	1538	1551	1563	1577	1589	1602
1.3	1615	1628	1640	1654	1666	1679	1691	1705	1717	1730
1.4	1742	1755	1768	1781	1793	1806	1818	1832	1844	1857
1.5	1869	1882	1895	1908	1920	1933	1945	1958	1970	1984
1.6	1996	2009	2021	2034	2046	2059	2071	2084	2097	2110
1.7	2122	2135	2147	2160	2172	2185	2197	2210	2222	2236
1.8	2248	2261	2273	2286	2298	2311	2323	2336	2348	2361
1.9	2373	2386	2398	2411	2423	2436	2448	2462	2474	2487
2.0	2499	2512	2524	2537	2549	2562	2574	2587	2599	2612
				γ =0.90, α=1.11111111						
0.00	−∞	−2637	−2336	−2159	−2033	−1857	−1789	−1731	−1679	−1633
0.01	−1591	−1553	−1517	−1485	−1426	−1399	−1373	−1350	−1327	−1305
0.02	−1284	−1264	−1245	−1210	−1193	−1177	−1161	−1146	−1131	−1117
0.03	−1103	−1089	−1063	−1051	−1039	−1027	−1016	−1004	−993	−983
0.04	−972	−952	−942	−932	−923	−914	−904	−896	−887	−878
0.05	−861	−853	−845	−837	−829	−822	−814	−807	−799	−785
0.06	−778	−771	−764	−757	−751	−744	−737	−731	−718	−712
0.07	−706	−700	−694	−688	−682	−677	−671	−660	−654	−649
0.08	−643	−638	−632	−627	−622	−617	−607	−602	−597	−592
0.09	−587	−582	−577	−572	−568	−558	−554	−549	−545	−540
0.10	−536	−531	−527	−523	−514	−510	−506	−501	−497	−493
0.11	−489	−485	−481	−473	−469	−465	−461	−457	−453	−450
0.12	−446	−442	−434	−431	−427	−423	−420	−416	−413	−409
0.13	−405	−398	−395	−391	−388	−384	−381	−378	−374	−371
0.14	−364	−361	−358	−354	−351	−348	−345	−342	−338	−332
0.15	−329	−326	−323	−320	−316	−313	−310	−307	−301	−298
0.16	−295	−292	−289	−286	−284	−281	−278	−272	−269	−266
0.17	−263	−261	−258	−255	−252	−249	−244	−241	−238	−236
0.18	−233	−230	−228	−225	−222	−217	−214	−212	−209	−206
0.19	−204	−201	−199	−196	−191	−188	−186	−183	−181	−178
0.20	−176	−173	−171	−166	−163	−161	−158	−156	−154	−151
0.21	−149	−146	−142	−139	−137	−134	−132	−130	−127	−125
0.22	−123	−118	−116	−113	−111	−109	−107	−104	−102	−100
0.23	−095	−093	−091	−089	−086	−084	−082	−080	−078	−073
0.24	−071	−069	−066	−064	−062	−060	−058	−056	−052	−049
0.25	−047	−045	−043	−041	−039	−037	−035	−031	−029	−026
0.26	−024	−022	−020	−018	−016	−014	−010	−008	−006	−004
0.27	−002	000	002	004	006	010	012	014	016	018
0.28	020	022	024	026	029	031	033	035	037	039
0.29	041	043	045	049	050	052	054	056	058	060
030	062	064	067	069	071	073	075	077	078	080
0.31	082	086	088	089	091	093	095	097	098	100
0.32	104	106	107	109	111	113	114	116	118	121
0.33	123	125	127	128	130	132	134	135	139	141
0.34	142	144	146	14	149	151	153	156	158	159
0.35	161	163	164	166	168	170	173	175	176	178

ΔS	0	1	2	3	4	5	6	7	8	9
				$\gamma=0.90$, $\alpha=1.11111111$						
0.36	180	181	183	184	186	189	191	193	194	196
0.37	198	199	201	203	206	207	209	211	212	214
0.38	215	217	219	222	224	225	227	228	230	231
0.39	233	235	238	239	241	243	244	246	247	249
0.40	250	253	255	257	258	260	261	263	264	266
0.41	269	270	272	274	275	277	278	280	281	284
0.42	286	287	289	290	292	293	295	296	299	301
0.43	302	304	305	307	308	310	311	314	316	317
0.44	319	320	322	323	325	326	329	331	332	333
0.45	335	336	338	339	341	344	345	347	348	349
0.46	351	352	354	355	358	360	361	362	364	365
0.47	367	368	370	372	374	375	377	378	380	381
0.48	382	384	387	388	389	391	392	394	395	396
0.49	398	401	402	403	405	406	408	409	410	412
0.50	415	416	417	419	420	421	423	424	426	428
0.51	430	431	432	434	435	437	438	439	442	443
0.52	445	446	447	449	450	452	453	456	457	458
0.53	460	461	462	464	465	466	469	470	472	473
0.54	474	476	477	478	480	482	484	485	486	488
0.55	489	490	492	493	496	497	498	500	501	502
0.56	504	505	506	509	510	511	513	514	515	517
0.57	518	519	522	523	524	526	527	528	530	531
0.58	532	535	536	537	539	540	541	543	544	545
0.59	548	549	550	552	553	554	555	557	558	561
0.60	562	563	564	566	567	568	569	571	573	574
0.61	576	577	578	580	581	582	583	586	587	588
0.62	590	591	592	593	595	596	598	600	601	602
0.63	603	605	606	607	608	611	612	613	615	616
0.64	617	618	620	621	623	625	626	627	628	629
0.65	631	632	633	636	637	638	639	641	642	643
0.66	644	645	648	649	650	652	653	654	655	656
0.67	658	660	661	663	664	665	666	667	669	670
0.68	672	674	675	676	677	678	680	681	682	684
0.69	686	687	688	689	690	692	693	694	696	698
0.70	699	700	701	702	704	705	706	708	710	711
0.71	712	713	714	716	717	718	720	721	723	724
0.72	725	726	727	729	730	732	733	735	736	737
0.73	738	739	741	742	744	745	746	748	749	750
0.74	751	752	753	756	757	758	759	760	762	763
0.75	764	765	768	769	770	771	772	773	775	776
0.76	777	779	780	782	783	784	785	786	787	789
0.77	791	792	793	794	796	797	798	799	800	802
0.78	804	805	806	807	808	809	811	812	814	815
0.79	816	818	819	820	821	822	823	825	827	828
0.80	829	830	831	832	834	835	837	838	839	840
0.81	842	843	844	845	846	848	850	851	852	953
0.82	854	855	956	858	860	861	862	863	864	866
0.83	867	868	869	871	872	873	875	876	877	878
0.84	879	880	883	884	885	886	887	888	889	890
0.85	892	894	895	896	897	898	899	901	902	903
0.86	905	906	907	909	910	911	912	913	914	916
0.87	917	919	920	921	922	923	924	925	927	928

续表

ΔS	0	1	2	3	4	5	6	7	8	9
$\gamma=0.90$, $\alpha=1.11111111$										
0.88	930	931	932	933	934	935	936	939	940	941
0.89	942	943	944	945	946	948	950	951	952	953
0.90	954	955	956	957	959	961	962	963	964	965
0.91	967	968	969	970	972	973	974	975	976	978
0.92	979	980	981	983	984	985	986	987	989	990
0.93	991	992	994	995	996	997	998	1000	1001	1002
0.94	1003	1005	1006	1007	1008	1009	1011	1012	1013	1014
0.95	1016	1017	1018	1019	1020	1022	1023	1024	1025	1027
0.96	1028	1029	1030	1031	1032	1034	1035	1036	1038	1039
0.97	1040	1041	1042	1043	1045	1046	1047	1049	1050	1051
0.98	1052	1053	1054	1055	1057	1058	1060	1061	1062	1063
0.99	1064	1065	1066	1067	1068	1071	1072	1073	1074	1075
1.0	1076	1088	1100	1112	1125	1136	1148	1160	1172	1183
1.1	1195	1207	1219	1231	1243	1255	1266	1278	1289	1301
1.2	1312	1324	1337	1348	1359	1371	1382	1394	1405	1417
1.3	1428	1441	1452	1463	1475	1486	1497	1509	1520	1531
1.4	1544	1555	1566	1578	1589	1600	1612	1623	1634	1646
1.5	1658	1669	1680	1691	1702	1714	1725	1736	1748	1760
1.6	1771	1782	1793	1804	1815	1827	1838	1850	1861	1872
1.7	1883	1895	1906	1917	1928	1939	1951	1962	1973	1985
1.8	1996	2007	2018	2029	2040	2052	2063	2074	2085	2097
1.9	2108	2119	2130	2141	2153	2164	2175	2186	2197	2208
2.0	2219	2230	2242	2254	2265	2276	2287	2298	2309	2320
$\gamma=1.00$, $\alpha=1.00000000$										
0.00	$-\infty$	−2637	−2336	−2159	−2033	−1936	−1857	−1789	−1731	−1679
0.01	−1633	−1591	−1553	−1517	−1485	−1454	−1426	−1399	−1373	−1350
0.02	−1327	−1305	−1284	−1264	−1245	−1227	−1210	−1193	−1177	−1161
0.03	−1146	−1131	−1117	−1103	−1089	−1076	−1063	−1051	−1039	−1027
0.04	−1016	−1004	−993	−983	−972	−962	−952	−942	−932	−923
0.05	−914	−904	−896	−887	−878	−870	−861	−853	−845	−837
0.06	−829	−822	−814	−807	−799	−792	−785	−778	−771	−764
0.07	−757	−751	−744	−737	−731	−725	−718	−712	−706	−700
0.08	−694	−688	−682	−677	−671	−665	−660	−654	−649	−643
0.09	−638	−632	−627	−622	−617	−612	−607	−602	−597	−592
0.10	−587	−582	−577	−572	−568	−563	−558	−554	−549	−545
0.11	−540	−536	−531	−527	−523	−518	−514	−510	−506	−501
0.12	−497	−493	−489	−485	−481	−477	−473	−469	−465	−461
0.13	−457	−453	−450	−446	−442	−438	−434	−431	−427	−423
0.14	−420	−416	−413	−409	−405	−402	−398	−395	−391	−388
0.15	−384	−381	−378	−374	−371	−368	−364	−361	−358	−354
0.16	−351	−348	−345	−342	−338	−335	−332	−329	−326	−323
0.17	−320	−316	−313	−310	−307	−304	−301	−298	−295	−292
0.18	−289	−286	−284	−281	−278	−275	−272	−269	−266	−263
0.19	−261	−258	−255	−252	−249	−247	−244	−241	−238	−236
0.20	−233	−230	−228	−225	−222	−220	−217	−214	−212	−209
0.21	−206	−204	−201	−199	−196	−193	−191	−188	−186	−183
0.22	−181	−178	−176	−173	−171	−168	−166	−163	−161	−158
0.23	−156	−154	−151	−149	−146	−144	−142	−139	−137	−134
0.24	−132	−130	−127	−125	−123	−120	−118	−116	−113	−111
0.25	−109	−107	−104	−102	−100	−098	−095	−093	−091	−089

ΔS	0	1	2	3	4	5	6	7	8	9
				$\gamma=1.00,\ \alpha=1.00000000$						
0.26	−086	−084	−082	−080	−078	−075	−073	−071	−069	−066
0.27	−064	−062	−060	−058	−056	−054	−052	−049	−047	−045
0.28	−043	−041	−039	−037	−035	−033	−031	−029	−026	−024
0.29	−022	−020	−018	−016	−014	−012	−010	−008	−006	−004
0.30	−002	000	002	004	006	008	010	012	014	016
0.31	018	020	022	024	026	027	029	031	033	035
0.32	037	039	041	043	045	047	049	050	052	054
0.33	056	058	060	062	064	065	067	069	071	073
0.34	075	077	078	080	082	084	086	088	089	091
0.35	093	095	097	098	100	102	104	106	107	109
0.36	111	113	114	116	118	120	121	123	125	127
0.37	128	130	132	134	135	137	139	141	142	144
0.38	146	147	149	151	153	154	156	158	159	161
0.39	163	164	166	168	170	171	173	175	176	178
0.40	180	181	183	184	186	188	189	191	193	194
0.41	196	198	199	201	203	204	206	207	209	211
0.42	212	214	215	217	219	220	222	224	225	227
0.43	228	230	231	233	235	236	238	239	241	243
0.44	244	246	247	249	250	252	253	255	257	258
0.45	260	261	263	264	266	267	269	270	272	274
0.46	275	277	278	280	281	283	284	286	287	289
0.47	290	292	293	295	296	298	299	301	302	304
0.48	305	307	308	310	311	313	314	316	317	319
0.49	320	322	323	325	326	328	329	331	332	333
0.50	335	336	338	339	341	342	344	345	347	348
0.51	349	351	352	354	355	357	358	360	361	362
0.52	364	365	367	368	370	371	372	374	375	377
0.53	378	380	381	382	384	385	387	388	389	391
0.54	392	394	395	396	398	399	401	402	403	405
0.55	406	408	409	410	412	413	415	416	417	419
0.56	420	421	423	424	426	427	428	430	431	432
0.57	434	435	437	438	439	441	442	443	445	446
0.58	447	449	450	452	453	454	456	457	458	460
0.59	461	462	464	465	466	468	469	470	472	473
0.60	474	476	477	478	480	481	482	484	485	486
0.61	488	489	490	492	493	494	496	497	498	500
0.62	501	502	504	505	506	508	509	510	511	513
0.63	514	515	517	518	519	521	522	523	524	526
0.64	527	528	530	531	532	534	535	536	537	539
0.65	540	541	543	544	545	546	548	549	550	552
0.66	553	554	555	557	558	559	561	562	563	564
0.67	566	567	568	569	571	572	573	574	576	577
0.68	578	580	581	582	583	585	586	587	588	590
0.69	591	592	593	595	596	597	598	600	601	602
0.70	603	605	606	607	608	610	611	612	613	615
0.71	616	617	618	620	621	622	623	625	626	627
0.72	628	629	631	632	633	634	636	637	638	639
0.73	641	642	643	644	645	647	648	649	650	652
0.74	653	654	655	656	658	659	660	661	663	664

ΔS	0	1	2	3	4	5	6	7	8	9
	γ =1.00, a=1.00000000									
0.75	665	666	667	669	670	671	672	674	675	676
0.76	677	678	680	681	682	683	684	686	687	688
0.77	689	690	692	693	694	695	696	698	699	700
0.78	701	702	704	705	706	707	708	710	711	712
0.79	713	714	716	717	718	719	720	721	723	724
0.80	725	726	727	729	730	731	732	733	735	736
0.81	737	738	739	741	742	743	744	745	746	748
0.82	749	750	751	752	753	755	756	757	758	759
0.83	760	762	763	764	765	766	768	769	770	771
0.84	772	773	775	776	777	778	779	780	782	783
0.85	784	785	786	787	789	790	791	792	793	794
0.86	796	797	798	799	800	801	802	804	805	806
0.87	807	808	809	811	812	813	814	815	816	818
0.88	819	820	821	822	823	824	825	827	828	829
0.89	830	831	832	834	835	836	837	828	839	840
0.90	842	843	844	845	846	847	848	850	851	852
0.91	853	854	855	856	858	859	860	861	862	863
0.92	864	866	867	868	869	870	871	872	873	875
0.93	876	877	878	879	880	881	883	884	885	886
0.94	887	888	889	890	892	893	894	895	896	897
0.95	898	899	901	902	903	904	905	906	907	909
0.96	910	911	912	913	914	915	916	917	919	920
0.97	921	922	923	924	925	926	927	928	930	931
0.98	932	933	934	935	936	938	939	940	941	942
0.99	943	944	945	946	948	949	950	951	952	953
1.0	954	965	976	987	998	1009	1020	1031	1042	1053
1.1	1064	1075	1086	1097	1107	1118	1129	1140	1150	1161
1.2	1172	1182	1193	1204	1214	1225	1236	1246	1257	1267
1.3	1278	1288	1299	1309	1320	1330	1341	1351	1362	1372
1.4	1382	1393	1403	1414	1424	1434	1445	1455	1465	1476
1.5	1486	1496	1507	1517	1527	1538	1548	1558	1568	1579
1.6	1589	1599	1610	1620	1630	1640	1650	1661	1671	1681
1.7	1691	1701	1712	1722	1732	1742	1752	1763	1773	1783
1.8	1793	1803	1813	1824	1834	1844	1854	1864	1874	1884
1.9	1895	1905	1915	1925	1935	1945	1955	1965	1975	1986
2.0	1996	2006	2016	2026	2036	2046	2056	2066	2076	2086
	γ =1.10, a=0.90909090									
0.00	$-\infty$	−2637	−2336	−2159	−2033	−1936	−1936	−1857	−1789	−1731
0.01	−1679	−1633	−1591	−1553	−1517	−1485	−1454	−1454	−1426	−1399
0.02	−1373	−1350	−1327	−1305	−1284	−1264	−1245	−1227	−1227	−1210
0.03	−1193	−1177	−1161	−1146	−1131	−1117	−1103	−1089	−1076	−1076
0.04	−1063	−1051	−1039	−1027	−1016	−1004	−993	−983	−972	−962
0.05	−962	−952	−942	−932	−923	−914	−904	−896	−887	−878
0.06	−870	−870	−861	−853	−845	−837	−829	−822	−814	−807
0.07	−799	−792	−792	−785	−778	−771	−764	−757	−751	−744
0.08	−737	−731	−725	−725	−718	−712	−706	−700	−694	−688
0.09	−682	−677	−671	−665	−665	−660	−654	−649	−643	−638
0.10	−632	−627	−622	−617	−612	−612	−607	−602	−597	−592
0.11	−587	−582	−577	−572	−568	−563	−563	−558	−554	−549

ΔS	0	1	2	3	4	5	6	7	8	9
				γ =1.10, α=0.90909090						
0.12	−545	−540	−536	−531	−527	−523	−518	−518	−514	−510
0.13	−506	−501	−497	−493	−489	−485	−481	−477	−477	−473
0.14	−469	−465	−461	−457	−453	−450	−446	−442	−438	−438
0.15	−434	−431	−427	−423	−420	−416	−413	−409	−405	−402
0.16	−402	−398	−395	−391	−388	−384	−381	−378	−374	−371
0.17	−368	−368	−364	−361	−358	−354	−351	−348	−345	−342
0.18	−338	−335	−335	−332	−329	−326	−323	−320	−316	−313
0.19	−310	−307	−304	−304	−301	−298	−295	−292	−289	−286
0.20	−284	−281	−278	−275	−275	−272	−269	−266	−263	−261
0.21	−258	−255	−252	−249	−247	−247	−244	−241	−238	−236
0.22	−233	−230	−228	−225	−222	−220	−220	−217	−214	−212
0.23	−209	−206	−204	−201	−199	−196	−193	−193	−191	−188
0.24	−186	−183	−181	−178	−176	−173	−171	−168	−168	−166
0.25	−163	−161	−158	−156	−154	−151	−149	−146	−144	−144
0.26	−142	−139	−137	−134	−132	−130	−127	−125	−123	−120
0.27	−120	−118	−116	−113	−111	−109	−107	−104	−102	−100
0.28	−098	−098	−095	−093	−091	−089	−086	−084	−082	−080
0.29	−078	−075	−075	−073	−071	−069	−066	−064	−062	−060
0.30	−058	−056	−054	−054	−052	−049	−047	−045	−043	−041
0.31	−039	−037	−035	−033	−033	−031	−029	−026	−024	−022
0.32	−020	−018	−016	−014	−012	−012	−010	−008	−006	−004
0.33	−002	000	002	004	006	008	008	010	012	014
0.34	016	018	020	022	024	026	027	027	029	031
0.35	033	035	037	039	041	043	045	047	047	049
0.36	050	052	054	056	058	060	062	064	065	065
0.37	067	069	071	073	075	077	078	080	082	084
0.38	084	086	088	089	091	093	095	097	098	100
0.39	102	102	104	106	107	109	111	113	114	116
0.40	118	120	120	121	123	125	127	128	130	132
0.41	134	135	137	137	139	141	142	144	146	147
0.42	149	151	153	154	154	156	158	159	161	163
0.43	164	166	168	170	171	171	173	175	176	178
0.44	180	181	183	184	186	188	188	189	191	193
0.45	194	196	198	199	201	203	204	204	206	207
0.46	209	211	212	214	215	217	219	220	220	222
0.47	224	225	227	228	230	231	233	235	236	236
0.48	238	239	241	243	244	246	247	249	250	252
0.49	252	253	255	257	258	260	261	263	264	266
0.50	267	267	269	270	272	274	275	277	278	280
0.51	281	283	283	284	286	287	289	290	292	293
0.52	295	296	298	298	299	301	302	304	305	307
0.53	308	310	311	313	313	314	316	317	319	320
0.54	322	323	325	326	328	328	329	331	332	333
0.55	335	336	338	339	341	342	342	344	345	347
0.56	348	349	351	352	354	355	357	357	358	360
0.57	361	362	364	365	367	368	370	371	371	372
0.58	374	376	377	378	380	381	382	384	385	385
0.59	387	388	389	391	392	394	395	396	398	399
0.60	399	401	402	403	405	406	408	409	410	412

ΔS	0	1	2	3	4	5	6	7	8	9
				$\gamma =1.10,\ a=0.90909090$						
0.61	413	413	415	416	417	419	420	421	423	424
0.62	426	427	427	428	430	431	432	434	435	437
0.63	438	439	441	441	442	443	445	446	447	449
0.64	450	452	453	454	454	456	457	458	460	461
0.65	462	464	465	466	468	468	469	470	472	473
0.66	474	476	477	478	480	481	481	482	484	485
0.67	486	488	489	490	492	493	494	494	496	497
0.68	498	500	501	502	504	505	506	508	508	509
0.69	510	511	513	514	515	517	518	519	521	521
0.70	522	523	524	526	527	528	530	531	532	534
0.71	534	535	536	537	539	540	541	543	544	545
0.72	546	546	548	549	550	552	553	554	555	557
0.73	558	559	559	561	562	563	564	566	567	568
0.74	569	571	572	572	573	574	576	577	578	580
0.75	581	582	583	585	585	586	587	588	590	591
0.76	592	593	595	596	597	597	598	600	601	602
0.77	603	605	606	607	608	610	610	611	612	613
0.78	615	616	617	618	620	621	622	622	623	625
0.79	626	627	628	629	631	632	633	634	634	636
0.80	637	638	639	641	642	643	644	645	647	647
0.81	648	649	650	652	653	654	655	656	658	659
0.82	659	660	661	663	664	655	666	667	669	670
0.83	671	671	672	674	675	676	677	678	680	681
0.84	682	683	683	684	686	687	688	689	690	692
0.85	693	694	695	695	696	698	699	700	701	702
0.86	704	705	706	707	707	708	710	711	712	713
0.87	714	716	717	718	719	719	720	721	723	724
0.88	725	726	727	729	730	731	731	732	733	735
0.89	736	737	738	739	741	742	743	743	744	745
0.90	746	748	749	750	751	752	753	755	755	756
0.91	757	758	759	760	762	763	764	765	766	766
0.92	768	769	770	771	772	773	775	776	777	778
0.93	778	779	780	782	783	784	785	786	787	789
0.94	790	790	791	792	793	794	796	797	798	799
0.95	800	801	801	802	804	805	806	807	808	809
0.96	811	812	813	813	814	815	816	818	819	820
0.97	821	822	823	824	924	825	827	828	829	830
0.98	831	832	834	835	836	836	837	838	839	840
0.99	842	843	844	845	846	847	847	848	850	851
1.0	852	862	872	883	893	904	914	924	934	944
1.1	954	964	974	984	994	1004	1015	1025	1035	1045
1.2	1054	1064	1074	1084	1093	1103	1113	1124	1138	1143
1.3	1153	1162	1172	1181	1191	1200	1210	1220	1230	1240
1.4	1249	1259	1268	1278	1287	1297	1306	1316	1325	1336
1.5	1345	1354	1364	1373	1382	1392	1401	1410	1420	1429
1.6	1440	1449	1458	1467	1477	1486	1495	1505	1514	1523
1.7	1533	1543	1552	1561	1570	1580	1589	1598	1608	1617
1.8	1626	1635	1645	1655	1664	1673	1682	1691	1700	1710
1.9	1719	1728	1737	1747	1757	1766	1775	1784	1793	1802
2.0	1811	1821	1830	1839	1849	1858	1867	1876	1885	1895

ΔS	0	1	2	3	4	5	6	7	8	9
				γ =1.20, α=0.83333333						
0.00	$-\infty$	-2637	-2336	-2336	-2159	-2033	-1936	-1857	-1789	-1789
0.01	-1731	-1679	-1633	-1591	-1553	-1553	-1517	-1485	-1454	-1426
0.02	-1399	-1399	-1373	-1350	-1327	-1305	-1284	-1284	-1264	-1245
0.03	-1227	-1210	-1193	-1193	-1177	-1161	-1146	-1131	-1117	-1117
0.04	-1103	-1089	-1076	-1063	-1051	-1051	-1039	-1027	-1016	-1004
0.05	-993	-993	-983	-972	-962	-952	-942	-942	-932	-923
0.06	-914	-904	-896	-896	-887	-878	-870	-861	-853	-853
0.07	-845	-837	-829	-822	-814	-814	-807	-799	-792	-785
0.08	-778	-778	-771	-764	-757	-751	-744	-744	-737	-731
0.09	-725	-718	-712	-712	-706	-700	-694	-688	-682	-682
0.10	-677	-671	-665	-660	-654	-654	-649	-643	-638	-632
0.11	-627	-627	-622	-617	-612	-607	-602	-602	-597	-592
0.12	-587	-582	-577	-577	-572	-568	-563	-558	-554	-554
0.13	-549	-545	-540	-536	-531	-531	-527	-523	-518	-514
0.14	-510	-510	-506	-501	-497	-493	-489	-489	-485	-481
0.15	-477	-473	-469	-469	-465	-461	-457	-453	-450	-450
0.16	-446	-442	-438	-434	-431	-431	-427	-423	-420	-416
0.17	-413	-413	-409	-405	-402	-398	-395	-395	-391	-388
0.18	-384	-381	-378	-378	-374	-371	-368	-364	-361	-361
0.19	-358	-354	-351	-348	-345	-345	-342	-338	-335	-332
0.20	-329	-329	-326	-323	-320	-316	-313	-313	-310	-307
0.21	-304	-301	-298	-298	-295	-292	-289	-286	-284	-284
0.22	-281	-278	-275	-272	-269	-269	-266	-263	-261	-258
0.23	-255	-255	-252	-249	-247	-244	-241	-241	-238	-236
0.24	-233	-230	-228	-228	-225	-222	-220	-217	-214	-214
0.25	-212	-209	-206	-204	-201	-201	-199	-196	-193	-191
0.26	-188	-188	-186	-183	-181	-178	-176	-176	-173	-171
0.27	-168	-166	-163	-163	-161	-158	-156	-154	-151	-151
0.28	-149	-146	-144	-142	-139	-139	-137	-134	-132	-130
0.29	-127	-127	-125	-123	-120	-118	-116	-116	-113	-111
0.30	-109	-107	-104	-104	-102	-100	-098	-095	-093	-093
0.31	-091	-089	-086	-084	-082	-082	-080	-078	-075	-073
0.32	-071	-071	-069	-066	-064	-062	-060	-060	-058	-056
0.33	-054	-052	-049	-049	-047	-045	-043	-041	-039	-039
0.34	-037	-035	-033	-031	-029	-029	-026	-024	-022	-020
0.35	-018	-018	-016	-014	-012	-010	-008	-008	-006	-004
0.36	-002	000	002	002	004	006	008	010	012	012
0.37	014	016	018	020	022	022	024	026	027	029
0.38	031	031	033	035	037	039	041	041	043	045
0.39	047	049	050	050	052	054	056	058	060	060
0.40	062	064	065	067	069	069	071	073	075	077
0.41	078	078	080	082	084	086	088	088	089	091
0.42	093	095	097	097	098	100	102	104	106	106
0.43	107	109	111	113	114	114	116	118	120	121
0.44	123	123	125	127	128	130	132	132	134	135
0.45	137	139	141	141	142	144	146	147	149	149
0.46	151	153	154	156	158	158	159	161	163	164
0.47	166	166	168	170	171	173	175	175	176	178
0.48	180	181	183	183	184	186	188	189	191	191
0.49	193	194	196	198	199	199	201	203	204	206

ΔS	0	1	2	3	4	5	6	7	8	9
	$\gamma =1.20$, $\alpha=0.83333333$									
0.50	207	207	209	211	212	214	215	215	217	219
0.51	220	222	224	224	225	227	228	230	231	231
0.52	233	235	236	238	239	239	241	243	244	246
0.53	247	247	249	250	252	253	255	255	257	258
0.54	260	261	263	263	264	266	267	269	270	270
0.55	272	274	275	277	278	278	280	281	283	284
0.56	286	286	287	289	290	292	293	293	295	296
0.57	298	299	301	301	302	304	305	307	308	308
0.58	310	311	313	314	316	316	317	319	320	322
0.59	323	323	325	326	328	329	331	331	332	333
0.60	335	336	338	338	339	341	342	344	345	345
0.61	347	348	349	351	352	352	354	355	357	358
0.62	360	360	361	362	364	365	367	367	368	370
0.63	371	372	374	374	375	377	378	380	381	381
0.64	382	384	385	387	388	388	389	391	392	394
0.65	395	395	396	398	399	401	402	402	403	405
0.66	406	408	409	409	410	412	413	415	416	416
0.67	417	419	420	421	423	423	424	426	427	428
0.68	430	430	431	432	434	435	437	437	438	439
0.69	441	442	443	443	445	446	447	449	450	450
0.70	452	453	454	456	457	457	458	460	461	462
0.71	464	464	465	466	468	469	470	470	472	473
0.72	474	476	477	477	478	480	481	482	484	484
0.73	485	486	488	489	490	490	492	493	494	496
0.74	497	497	498	500	501	502	504	504	505	506
0.75	508	509	510	510	511	513	514	515	517	517
0.76	518	519	521	522	523	523	524	526	527	528
0.77	530	530	531	532	534	535	536	536	537	539
0.78	540	541	543	543	544	545	546	548	549	549
0.79	550	552	553	554	555	555	557	558	559	561
0.80	562	562	563	564	566	567	568	568	569	571
0.81	572	573	574	574	576	577	578	580	581	581
0.82	582	583	585	586	587	587	588	590	591	592
0.83	593	593	595	596	597	598	600	600	601	602
0.84	603	605	606	606	607	608	610	611	612	612
0.85	613	615	616	617	618	618	620	621	622	623
0.86	625	625	626	627	628	629	631	631	632	633
0.87	634	636	637	637	638	639	641	642	643	643
0.88	644	645	647	648	649	649	650	652	653	654
0.89	655	655	656	658	659	660	661	661	663	664
0.90	665	666	667	667	669	670	671	672	674	674
0.91	675	676	677	678	680	680	681	682	683	684
0.92	686	686	687	688	689	690	692	692	693	694
0.93	695	696	698	698	699	700	701	702	704	704
0.94	705	706	707	708	710	710	711	712	713	714
0.95	716	716	717	718	719	720	721	721	723	724
0.96	725	726	727	727	729	730	731	732	733	733
0.97	735	736	737	738	739	739	741	742	743	744
0.98	745	745	746	748	749	750	751	751	752	753
0.99	755	756	757	757	758	759	760	762	763	763

ΔS	0	1	2	3	4	5	6	7	8	9
				γ =1.20, α=0.83333333						
1.0	764	775	784	793	804	813	822	832	842	851
1.1	861	870	879	889	898	907	917	926	935	945
1.2	954	963	973	982	991	1001	1009	1018	1028	1037
1.3	1046	1055	1064	1073	1082	1091	1100	1110	1118	1127
1.4	1136	1145	1154	1163	1172	1180	1190	1198	1207	1216
1.5	1225	1233	1243	1251	1260	1269	1278	1286	1296	1304
1.6	1312	1322	1330	1339	1348	1356	1365	1374	1382	1391
1.7	1400	1408	1417	1426	1434	1443	1452	1460	1468	1478
1.8	1486	1494	1504	1512	1520	1529	1538	1546	1555	1563
1.9	1571	1581	1589	1597	1606	1615	1623	1632	1640	1648
2.0	1658	1666	1674	1683	1691	1699	1709	1717	1725	1734
				γ =1.80, α=0.55555555						
0.00	$-\infty$	-2637	-2637	-2336	-2336	-2159	-2159	-2033	-2033	-1936
0.01	-1857	-1857	-1789	-1789	-1731	-1731	-1679	-1679	-1633	-1591
0.02	-1591	-1553	-1553	-1517	-1517	-1485	-1485	-1454	-1426	-1426
0.03	-1399	-1399	-1373	-1373	-1350	-1350	-1327	-1305	-1305	-1284
0.04	-1284	-1264	-1264	-1245	-1245	-1227	-1210	-1210	-1193	-1193
0.05	-1177	-1177	-1161	-1161	-1146	-1131	-1131	-1117	-1117	-1103
0.06	-1103	-1089	-1089	-1076	-1063	-1063	-1051	-1051	-1039	-1039
0.07	-1027	-1027	-1016	-1004	-1004	-993	-993	-983	-983	-972
0.08	-972	-962	-952	-952	-942	-942	-932	-932	-923	-923
0.09	-914	-904	-904	-896	-896	-887	-887	-878	-878	-870
0.10	-861	-861	-853	-853	-845	-845	-837	-837	-829	-822
0.11	-822	-814	-814	-807	-807	-799	-799	-792	-785	-778
0.12	-778	-778	-771	-771	-764	-764	-757	-751	-751	-744
0.13	-744	-737	-737	-731	-731	-725	-718	-718	-712	-712
0.14	-706	-706	-700	-700	-694	-688	-688	-682	-682	-677
0.15	-677	-671	-671	-665	-660	-660	-654	-654	-649	-649
0.16	-643	-643	-638	-632	-632	-627	-627	-622	-622	-617
0.17	-617	-612	-607	-607	-602	-602	-597	-597	-592	-592
0.18	-587	-582	-582	-577	-577	-572	-572	-568	-568	-563
0.19	-558	-558	-554	-554	-549	-549	-545	-545	-540	-536
0.20	-536	-531	-531	-527	-527	-523	-523	-518	-514	-514
0.21	-510	-510	-506	-506	-501	-501	-497	-493	-493	-489
0.22	-489	-485	-485	-481	-481	-477	-473	-473	-469	-469
0.23	-465	-465	-461	-461	-457	-453	-453	-450	-450	-446
0.24	-446	-442	-442	-438	-434	-434	-431	-431	-427	-427
0.25	-423	-423	-420	-416	-416	-413	-413	-409	-409	-405
0.26	-405	-402	-398	-398	-395	-395	-391	-391	-388	-388
0.27	-384	-381	-381	-378	-378	-374	-374	-371	-371	-368
0.28	-364	-364	-361	-361	-358	-358	-354	-354	-351	-348
0.29	-348	-345	-345	-342	-342	-338	-338	-335	-332	-332
0.30	-329	-329	-326	-326	-323	-323	-320	-316	-316	-313
0.31	-313	-310	-310	-307	-307	-304	-301	-301	-298	-298
0.32	-295	-295	-292	-292	-289	-286	-286	-284	-284	-281
0.33	-281	-278	-278	-275	-272	-272	-269	-269	-266	-266
0.34	-263	-263	-261	-258	-258	-255	-255	-252	-252	-249
0.35	-249	-247	-244	-244	-241	-241	-238	-238	-236	-236
0.36	-233	-230	-230	-228	-228	-225	-225	-222	-222	-220
0.37	-217	-217	-214	-214	-212	-212	-209	-209	-206	-204

第二篇

ΔS	0	1	2	3	4	5	6	7	8	9
				$\gamma = 1.80$, $a = 0.55555555$						
0.38	−204	−201	−201	−199	−199	−196	−196	−193	−191	−191
0.39	−188	−188	−186	−186	−183	−183	−181	−178	−178	−176
0.40	−176	−173	−173	−171	−171	−168	−166	−166	−163	−163
0.41	−161	−161	−158	−158	−156	−154	−154	−151	−151	−149
0.42	−149	−146	−146	−144	−142	−142	−139	−139	−137	−137
0.43	−134	−134	−132	−130	−130	−127	−127	−125	−125	−123
0.44	−123	−120	−118	−118	−116	−116	−113	−113	−111	−111
0.45	−109	−107	−107	−104	−104	−102	−102	−100	−100	−098
0.46	−095	−095	−093	−093	−091	−091	−089	−089	−086	−084
0.47	−084	−082	−082	−080	−080	−078	−078	−075	−073	−073
0.48	−071	−071	−069	−069	−066	−066	−064	−062	−062	−060
0.49	−060	−058	−058	−056	−056	−054	−052	−052	−049	−049
0.50	−047	−047	−045	−045	−043	−041	−041	−039	−039	−037
0.51	−037	−035	−035	−033	−031	−031	−029	−029	−026	−026
0.52	−024	−024	−022	−020	−020	−018	−018	−016	−016	−014
0.53	−014	−012	−010	−010	−008	−008	−006	−006	−004	−004
0.54	−002	000	000	002	002	004	004	006	006	008
0.55	010	010	012	012	014	014	016	016	018	020
0.56	020	022	022	024	024	026	026	027	029	029
0.57	031	031	033	033	035	035	037	039	039	041
0.58	041	043	043	045	045	047	049	049	050	050
0.59	052	052	054	054	056	058	058	060	060	062
0.60	062	064	064	065	067	067	069	069	071	071
0.61	073	073	075	077	077	078	078	080	080	082
0.62	082	084	086	086	088	088	089	089	091	091
0.63	093	095	095	097	097	098	098	100	100	102
0.64	104	104	106	106	107	107	109	109	111	113
0.65	113	114	114	116	116	118	118	120	121	121
0.66	123	123	125	125	127	127	128	130	130	132
0.67	132	134	134	135	135	137	139	139	141	141
0.68	142	142	144	144	146	147	147	149	149	151
0.69	151	153	153	154	156	156	158	158	159	159
0.70	161	161	163	164	164	166	166	168	168	170
0.71	170	171	173	173	175	175	176	176	178	178
0.72	180	181	181	183	183	184	184	186	186	188
0.73	189	189	191	191	193	193	194	194	196	198
0.74	198	199	199	201	201	203	203	204	206	206
0.75	207	207	209	209	211	211	212	214	214	215
0.76	215	217	217	219	219	220	222	222	224	224
0.77	225	225	227	227	228	230	230	231	231	233
0.78	233	235	235	236	238	238	239	239	241	241
0.79	243	243	244	246	246	247	247	249	249	250
0.80	250	252	253	253	255	255	257	257	258	258
0.81	260	261	261	263	263	264	264	266	266	267
0.82	269	269	270	270	272	272	274	274	275	277
0.83	277	278	278	280	280	281	281	283	284	284
0.84	286	286	287	287	289	289	290	292	292	293
0.85	293	295	295	296	296	298	299	299	301	301
0.86	302	302	304	304	305	307	307	308	308	310

续表

ΔS	0	1	2	3	4	5	6	7	8	9
	γ =1.80, a=0.55555555									
0.87	310	311	311	313	314	314	316	316	317	317
0.88	319	319	320	322	322	323	323	325	325	326
0.89	326	328	329	329	331	331	332	332	333	333
0.90	335	336	336	338	338	339	339	341	341	342
0.91	344	344	345	345	347	347	348	348	349	351
0.92	351	352	352	354	354	355	355	357	358	358
0.93	360	360	361	361	362	362	364	365	365	367
0.94	367	368	368	370	370	371	371	372	374	374
0.95	375	375	377	377	378	380	380	381	381	382
0.96	382	384	384	385	387	387	388	388	389	389
0.97	391	391	392	394	394	395	395	396	396	398
0.98	398	399	401	401	402	402	403	403	405	405
0.99	406	408	408	409	409	410	410	412	412	413
1.0	415	421	430	437	445	452	460	466	474	482
1.1	489	497	504	511	518	526	532	540	548	554
1.2	562	568	576	582	590	596	603	611	617	625
1.3	631	638	644	652	658	665	672	678	686	692
1.4	699	705	712	718	725	732	738	745	751	758
1.5	764	771	777	784	791	797	804	809	816	822
1.6	829	835	842	848	854	861	867	873	879	886
1.7	892	898	905	911	917	923	930	935	942	948
1.8	954	961	967	973	979	985	991	997	1003	1009
1.9	1016	1022	1028	1034	1040	1046	1052	1058	1064	1071
2.0	1076	1082	1088	1095	1100	1106	1112	1118	1125	1130
	γ =1.90, a=0.52631578									
0.00	$-\infty$	−2637	−2637	−2336	−2336	−2159	−2159	−2033	−2033	−1936
0.01	−1936	−1857	−1857	−1789	−1789	−1731	−1731	−1679	−1679	−1633
0.02	−1591	−1591	−1553	−1553	−1517	−1517	−1485	−1485	−1454	−1454
0.03	−1426	−1426	−1399	−1399	−1373	−1373	−1350	−1350	−1327	−1305
0.04	−1305	−1284	−1284	−1264	−1264	−1245	−1245	−1227	−1227	−1210
0.05	−1210	−1193	−1193	−1177	−1177	−1161	−1161	−1146	−1131	−1131
0.06	−1117	−1117	−1103	−1103	−1089	−1089	−1076	−1076	−1063	−1063
0.07	−1051	−1051	−1039	−1039	−1027	−1027	−1016	−1004	−1004	−993
0.08	−993	−983	−983	−972	−972	−962	−962	−952	−952	−942
0.09	−942	−932	−932	−923	−923	−914	−904	−904	−896	−896
0.10	−887	−887	−878	−878	−870	−870	−861	−861	−853	−853
0.11	−845	−845	−837	−837	−829	−822	−822	−814	−814	−807
0.12	−807	−799	−799	−792	−792	−785	−785	−778	−778	−771
0.13	−771	−764	−764	−757	−751	−751	−744	−744	−737	−737
0.14	−731	−731	−725	−725	−718	−718	−712	−712	−706	−706
0.15	−700	−700	−694	−688	−688	−682	−682	−677	−677	−671
0.16	−671	−665	−665	−660	−660	−654	−654	−649	−649	−643
0.17	−643	−638	−632	−632	−627	−627	−622	−622	−617	−617
0.18	−612	−612	−607	−607	−602	−602	−597	−597	−592	−592
0.19	−587	−582	−582	−577	−577	−572	−572	−568	−568	−563
0.20	−563	−558	−558	−554	−554	−549	−549	−545	−545	−540
0.21	−536	−536	−531	−531	−527	−527	−523	−523	−518	−518
0.22	−514	−514	−510	−510	−506	−506	−501	−501	−497	−493
0.23	−493	−489	−489	−485	−485	−481	−481	−477	−477	−473

ΔS	0	1	2	3	4	5	6	7	8	9
	γ =1.90, a=0.52631578									
0.24	−473	−469	−469	−465	−465	−461	−461	−457	−453	−453
0.25	−450	−450	−446	−446	−442	−442	−438	−438	−434	−434
0.26	−431	−431	−427	−427	−423	−423	−420	−416	−416	−413
0.27	−413	−409	−409	−405	−405	−402	−402	−398	−398	−395
0.28	−395	−391	−391	−388	−388	−384	−381	−381	−378	−378
0.29	−374	−374	−371	−371	−368	−368	−364	−364	−361	−361
0.30	−358	−358	−354	−354	−351	−348	−348	−345	−345	−342
0.31	−342	−338	−338	−335	−335	−332	−332	−329	−329	−326
0.32	−326	−323	−323	−320	−316	−316	−313	−313	−310	−310
0.33	−307	−307	−304	−304	−301	−301	−298	−298	−295	−295
0.34	−292	−292	−289	−286	−286	−284	−284	−281	−281	−278
0.35	−278	−275	−275	−272	−272	−269	−269	−266	−266	−263
0.36	−263	−261	−258	−258	−255	−255	−252	−252	−249	−249
0.37	−247	−247	−244	−244	−241	−241	−238	−238	−236	−236
0.38	−238	−230	−230	−228	−228	−225	−225	−222	−222	−220
0.39	−220	−217	−217	−214	−214	−212	−212	−209	−209	−206
0.40	−204	−204	−201	−201	−199	−199	−196	−196	−193	−193
0.41	−191	−191	−188	−188	−186	−186	−183	−183	−181	−178
0.42	−178	−176	−176	−173	−173	−171	−171	−168	−168	−166
0.43	−166	−163	−163	−161	−161	−158	−158	−156	−154	−154
0.44	−151	−151	−149	−149	−146	−146	−144	−144	−142	−142
0.45	−139	−139	−137	−137	−134	−134	−132	−130	−130	−127
0.46	−127	−125	−125	−123	−123	−120	−120	−118	−118	−116
0.47	−116	−113	−113	−111	−111	−109	−107	−107	−104	−104
0.48	−102	−102	−100	−100	−098	−098	−095	−095	−093	−093
0.49	−091	−091	−089	−089	−086	−084	−084	−082	−082	−080
0.50	−080	−078	−078	−075	−075	−073	−073	−071	−071	−069
0.51	−069	−066	−066	−064	−062	−062	−060	−060	−058	−058
0.52	−056	−056	−054	−054	−052	−052	−049	−049	−047	−047
0.53	−045	−045	−043	−041	−041	−039	−039	−037	−037	−035
0.54	−035	−033	−033	−031	−031	−029	−029	−026	−026	−024
0.55	−024	−022	−020	−020	−018	−018	−016	−016	−014	−014
0.56	−012	−012	−010	−010	−008	−008	−006	−006	−004	−004
0.57	−002	000	000	002	002	004	004	006	006	008
0.58	008	010	010	012	012	014	014	016	016	018
0.59	020	020	022	022	024	024	026	026	027	027
0.60	029	029	031	031	033	033	035	035	037	039
0.61	039	041	041	043	043	045	045	047	047	049
0.62	049	050	050	052	052	054	054	056	058	058
0.63	060	060	062	062	064	064	065	065	067	067
0.64	069	069	071	071	073	073	075	077	077	078
0.65	078	080	080	082	082	084	084	086	086	088
0.66	088	089	089	091	091	093	095	095	097	097
0.67	098	098	100	100	102	102	104	104	106	106
0.68	107	107	109	109	111	113	113	114	114	116
0.69	116	118	118	120	120	121	121	123	123	125
0.70	125	127	127	128	130	130	132	132	134	134
0.71	135	135	137	137	139	139	141	141	142	142
0.72	144	144	146	147	147	149	149	151	151	153

ΔS	0	1	2	3	4	5	6	7	8	9
					$\gamma =1.90,\ \alpha=0.52631578$					
0.73	153	154	154	156	156	158	158	159	159	161
0.74	161	163	164	164	166	166	168	168	170	170
0.75	171	171	173	173	175	175	176	176	178	178
0.76	180	181	181	183	183	184	184	186	186	188
0.77	188	189	189	191	191	193	193	194	194	196
0.78	198	198	199	199	201	201	203	203	204	204
0.79	206	206	207	207	209	209	211	211	212	214
0.80	214	215	215	217	217	219	219	220	220	222
0.81	222	224	224	225	225	227	227	228	230	230
0.82	231	231	233	233	235	235	236	236	238	238
0.83	239	239	241	241	243	243	244	246	246	247
0.84	247	249	249	250	250	252	252	253	253	255
0.85	255	257	257	258	258	260	261	261	263	263
0.86	264	264	266	266	267	267	269	269	270	270
0.87	272	272	274	274	275	277	277	278	278	280
0.88	280	281	281	283	283	284	284	286	286	287
0.89	287	289	289	290	292	292	293	293	295	295
0.90	296	296	298	298	299	299	301	301	302	302
0.91	304	304	305	307	307	308	308	310	310	311
0.92	311	313	313	314	314	316	316	317	317	319
0.93	319	320	322	322	323	323	325	325	326	326
0.94	328	328	329	329	331	331	332	332	333	333
0.95	335	336	336	338	338	339	339	341	341	342
0.96	342	344	344	345	345	347	347	348	348	349
0.97	351	351	352	352	354	354	355	355	357	357
0.98	358	358	360	360	361	361	362	362	364	365
0.99	365	367	367	368	368	370	370	371	371	372
1.0	372	381	388	395	402	410	417	424	431	439
1.1	446	453	460	468	474	481	489	496	502	509
1.2	517	523	530	536	544	550	557	563	571	577
1.3	583	590	597	603	610	617	623	629	636	643
1.4	649	655	661	669	675	681	687	694	700	706
1.5	712	719	725	731	738	744	750	756	763	769
1.6	775	780	787	793	799	805	812	818	823	829
1.7	836	842	847	854	860	866	871	878	884	889
1.8	895	902	907	913	919	925	931	936	942	949
1.9	954	960	967	972	978	983	990	995	1001	1006
2.0	1013	1018	1024	1029	1036	1041	1047	1052	1059	1064
					$\gamma =2.00,\ \alpha=0.50000000$					
0.00	$-\infty$	−2637	−2637	−2336	−2336	−2159	−2159	−2033	−2033	−1936
0.01	−1936	−1857	−1857	−1789	−1789	−1731	−1731	−1679	−1679	−1633
0.02	−1633	−1591	−1591	−1553	−1553	−1517	−1517	−1485	−1485	−1454
0.03	−1454	−1426	−1426	−1399	−1399	−1373	−1373	−1350	−1350	−1327
0.04	−1327	−1305	−1305	−1284	−1284	−1264	−1264	−1245	−1245	−1227
0.05	−1227	−1210	−1210	−1193	−1193	−1177	−1177	−1161	−1161	−1146
0.06	−1146	−1131	−1131	−1117	−1117	−1103	−1103	−1089	−1089	−1076
0.07	−1076	−1063	−1063	−1051	−1051	−1039	−1039	−1027	−1027	−1016
0.08	−1016	−1004	−1004	−993	−993	−983	−983	−972	−972	−962
0.09	−962	−952	−952	−942	−942	−932	−932	−923	−923	−914

第二篇

ΔS	0	1	2	3	4	5	6	7	8	9
γ =2.00, α=0.50000000										
0.10	−914	−904	−904	−896	−896	−887	−887	−878	−878	−870
0.11	−870	−861	−861	−853	−853	−845	−845	−837	−837	−829
0.12	−829	−822	−822	−814	−814	−807	−807	−799	−799	−792
0.13	−792	−785	−785	−778	−778	−771	−771	−764	−764	−757
0.14	−757	−751	−751	−744	−744	−737	−737	−731	−731	−725
0.15	−725	−718	−718	−712	−712	−706	−706	−700	−700	−694
0.16	−694	−688	−688	−682	−682	−677	−677	−671	−671	−665
0.17	−665	−660	−660	−654	−654	−649	−649	−643	−643	−638
0.18	−638	−632	−632	−627	−627	−622	−622	−617	−617	−612
0.19	−612	−607	−607	−602	−602	−597	−597	−592	−592	−587
0.20	−587	−582	−582	−577	−577	−572	−572	−568	−568	−563
0.21	−563	−558	−558	−554	−554	−549	−549	−545	−545	−540
0.22	−540	−536	−536	−531	−531	−527	−527	−523	−523	−518
0.23	−518	−514	−514	−510	−510	−506	−506	−501	−501	−497
0.24	−497	−493	−493	−489	−489	−485	−485	−481	−481	−477
0.25	−477	−473	−473	−469	−469	−465	−465	−461	−461	−457
0.26	−457	−453	−453	−450	−450	−446	−446	−442	−442	−438
0.27	−438	−434	−434	−431	−431	−427	−427	−423	−423	−420
0.28	−420	−416	−416	−413	−413	−409	−409	−405	−405	−402
0.29	−402	−398	−398	−395	−395	−391	−391	−388	−388	−384
0.30	−384	−381	−381	−378	−378	−374	−374	−371	−371	−368
0.31	−368	−364	−364	−361	−361	−358	−358	−354	−354	−351
0.32	−351	−348	−348	−345	−345	−342	−342	−338	−338	−335
0.33	−335	−332	−332	−329	−329	−326	−326	−323	−323	−320
0.34	−320	−316	−316	−313	−313	−310	−310	−307	−307	−304
0.35	−304	−301	−301	−298	−298	−295	−295	−292	−292	−289
0.36	−289	−286	−286	−284	−284	−281	−281	−278	−278	−275
0.37	−275	−272	−272	−269	−269	−266	−266	−263	−263	−261
0.38	−261	−258	−258	−255	−255	−252	−252	−249	−249	−247
0.39	−247	−244	−244	−241	−241	−238	−238	−236	−236	−233
0.40	−233	−230	−230	−228	−228	−225	−225	−222	−222	−220
0.41	−220	−217	−217	−214	−214	−212	−212	−209	−209	−206
0.42	−206	−204	−204	−201	−201	−199	−199	−196	−196	−193
0.43	−193	−191	−191	−188	−188	−186	−186	−183	−183	−181
0.44	−181	−178	−178	−176	−176	−173	−173	−171	−171	−168
0.45	−168	−166	−166	−163	−163	−161	−161	−158	−158	−156
0.46	−156	−154	−154	−151	−151	−149	−149	−146	−146	−144
0.47	−144	−142	−142	−139	−139	−137	−137	−134	−134	−132
0.48	−132	−130	−130	−127	−127	−125	−125	−123	−123	−120
0.49	−120	−118	−118	−116	−116	−113	−113	−111	−111	−109
0.50	−109	−107	−107	−104	−104	−102	−102	−100	−100	−098
0.51	−098	−095	−095	−093	−093	−091	−091	−089	−089	−086
0.52	−086	−084	−084	−082	−082	−080	−080	−078	−078	−075
0.53	−075	−073	−073	−071	−071	−069	−069	−066	−066	−064
0.54	−064	−062	−062	−060	−060	−058	−058	−056	−056	−054
0.55	−054	−052	−052	−049	−049	−047	−047	−045	−045	−043
0.56	−043	−041	−041	−039	−039	−037	−037	−035	−035	−033
0.57	−033	−031	−031	−029	−029	−026	−026	−024	−024	−022
0.58	−022	−020	−020	−018	−018	−016	−016	−014	−014	−012

续表

ΔS	0	1	2	3	4	5	6	7	8	9
				$\gamma=2.00,\ \alpha=0.50000000$						
0.59	−012	−010	−010	−008	−008	−006	−006	−004	−004	−002
0.60	−002	000	000	002	002	004	004	006	006	008
0.61	008	010	010	012	012	014	014	016	016	018
0.62	018	020	020	022	022	024	024	026	026	027
0.63	027	029	029	031	031	033	033	035	035	037
0.64	037	039	039	041	041	043	043	045	045	047
0.65	047	049	049	050	050	052	052	054	054	056
0.66	056	058	058	060	060	062	062	064	064	065
0.67	065	067	067	069	069	071	071	073	073	075
0.68	075	077	077	078	078	080	080	082	082	084
0.69	084	086	086	088	088	089	089	091	091	093
0.70	093	095	095	097	097	098	098	100	100	102
0.71	102	104	104	106	106	107	107	109	109	111
0.72	111	113	113	114	114	116	116	118	118	120
0.73	120	121	121	123	123	125	125	127	127	128
0.74	128	130	130	132	132	134	134	135	135	137
0.75	137	139	139	141	141	142	142	144	144	146
0.76	146	147	147	149	149	151	151	153	153	154
0.77	154	156	156	158	158	159	159	161	161	163
0.78	163	164	164	166	166	168	168	170	170	171
0.79	171	173	173	175	175	176	178	178	178	180
0.80	180	181	181	183	183	184	184	186	186	188
0.81	188	189	189	191	191	193	193	194	194	196
0.82	196	198	198	199	199	201	201	203	203	204
0.83	204	206	206	207	207	209	209	211	211	212
0.84	212	214	214	215	215	217	217	219	219	220
0.85	220	222	222	224	224	225	225	227	227	228
0.86	228	230	230	231	231	233	233	235	235	236
0.87	236	238	238	239	239	241	241	243	243	244
0.88	244	246	246	247	247	249	249	250	250	252
0.89	252	253	253	255	255	257	257	258	258	260
0.90	260	261	261	263	263	264	264	266	266	267
0.91	267	269	269	270	270	272	272	274	274	275
0.92	275	277	277	278	278	280	280	281	281	283
0.93	283	284	284	286	286	287	287	289	289	290
0.94	290	292	292	293	293	295	295	296	296	298
0.95	298	299	299	301	301	302	302	304	304	305
0.96	305	307	307	308	308	310	310	311	311	313
0.97	313	314	314	316	316	317	317	319	319	320
0.98	320	322	322	323	323	325	325	326	326	328
0.99	328	329	329	331	331	332	332	333	333	335
1.0	335	342	349	357	364	371	378	385	392	399
1.1	406	413	420	427	434	441	447	454	461	468
1.2	474	481	488	494	501	508	514	521	527	534
1.3	540	546	553	559	566	572	578	585	591	597
1.4	603	610	616	622	628	634	641	647	653	659
1.5	665	671	677	683	689	695	701	707	713	719
1.6	725	731	737	743	749	755	760	766	772	778
1.7	784	790	796	801	807	813	819	824	830	836

ΔS	0	1	2	3	4	5	6	7	8	9
					γ =2.00, α=0.50000000					
1.8	842	847	853	859	864	870	876	881	887	893
1.9	898	904	910	915	921	926	932	938	943	949
2.0	954	960	965	971	976	982	987	993	998	1004
					γ =2.10, α=0.47619047					
0.00	$-\infty$	-2959	-2637	-2637	-2336	-2336	-2159	-2159	-2033	-2033
0.01	-1936	-1936	-1857	-1857	-1789	-1789	-1731	-1731	-1679	-1679
0.02	-1633	-1633	-1663	-1591	-1591	-1553	-1553	-1517	-1517	-1485
0.03	-1485	-1454	-1454	-1426	-1426	-1399	-1399	-1373	-1373	-1350
0.04	-1350	-1327	-1327	-1327	-1305	-1305	-1284	-1284	-1264	-1264
0.05	-1245	-1245	-1227	-1227	-1210	-1210	-1193	-1193	-1177	-1177
0.06	-1161	-1161	-1146	-1146	-1146	-1131	-1131	-1117	-1117	-1103
0.07	-1039	-1089	-1089	-1076	-1076	-1063	-1063	-1051	-1051	-1039
0.08	-1039	-1027	-1027	-1016	-1016	-1016	-1004	-1004	-993	-993
0.09	-983	-983	-972	-972	-962	-962	-952	-952	-942	-942
0.10	-932	-932	-923	-923	-914	-914	-914	-904	-904	-896
0.11	-896	-887	-887	-878	-878	-870	-870	-861	-861	-853
0.12	-853	-845	-845	-837	-837	-829	-829	-829	-822	-822
0.13	-814	-814	-807	-807	-799	-799	-792	-792	-785	-785
0.14	-778	-778	-771	-771	-764	-764	-757	-757	-757	-751
0.15	-751	-744	-744	-737	-737	-731	-731	-725	-725	-718
0.16	-718	-712	-712	-706	-706	-700	-700	-694	-694	-694
0.17	-688	-688	-682	-682	-677	-677	-671	-671	-665	-665
0.18	-660	-660	-654	-654	-649	-649	-643	-643	-638	-638
0.19	-638	-632	-632	-627	-627	-622	-622	-617	-617	-612
0.20	-612	-607	-607	-602	-602	-597	-597	-592	-592	-587
0.21	-587	-587	-582	-582	-577	-577	-572	-572	-568	-568
0.22	-563	-563	-558	-558	-554	-554	-549	-549	-545	-545
0.23	-540	-540	-540	-536	-536	-531	-531	-527	-527	-523
0.24	-523	-518	-518	-514	-514	-510	-510	-506	-506	-501
0.25	-501	-497	-497	-497	-493	-493	-489	-489	-485	-485
0.26	-481	-481	-477	-477	-473	-473	-469	-469	-465	-465
0.27	-461	-461	-457	-457	-457	-453	-453	-450	-450	-446
0.28	-446	-442	-442	-438	-438	-434	-434	-431	-431	-427
0.29	-427	-423	-423	-420	-420	-420	-416	-416	-413	-413
0.30	-409	-409	-405	-405	-402	-402	-398	-398	-395	-395
0.31	-391	-391	-388	-388	-384	-384	-384	-381	-381	-378
0.32	-378	-374	-374	-371	-371	-368	-368	-364	-364	-361
0.33	-361	-358	-358	-354	-354	-351	-351	-351	-348	-348
0.34	-345	-345	-342	-342	-338	-338	-335	-335	-332	-332
0.35	-329	-329	-326	-326	-323	-323	-320	-320	-320	-316
0.36	-316	-313	-313	-310	-310	-307	-307	-304	-304	-301
0.37	-301	-298	-298	-295	-295	-292	-292	-289	-289	-289
0.38	-286	-286	-284	-284	-281	-281	-278	-278	-275	-275
0.39	-272	-272	-269	-269	-266	-266	-263	-263	-261	-261
0.40	-261	-258	-258	-255	-255	-252	-252	-249	-249	-247
0.41	-247	-244	-244	-241	-241	-238	-238	-236	-236	-233
0.42	-233	-233	-230	-230	-228	-228	-225	-225	-222	-222
0.43	-220	-220	-217	-217	-214	-214	-212	-212	-209	-209
0.44	-206	-206	-206	-204	-204	-201	-201	-199	-199	-196

ΔS	0	1	2	3	4	5	6	7	8	9
				$\gamma=2.10,\ \alpha=0.47619047$						
0.45	−196	−193	−193	−191	−191	−188	−188	−186	−186	−183
0.46	−183	−181	−181	−181	−178	−178	−176	−176	−173	−173
0.47	−171	−171	−168	−168	−166	−166	−163	−163	−161	−161
0.48	−158	−158	−156	−156	−156	−154	−154	−151	−151	−149
0.49	−149	−146	−146	−144	−144	−142	−142	−139	−139	−137
0.50	−137	−134	−134	−132	−132	−132	−130	−130	−127	−127
0.51	−125	−125	−123	−123	−120	−120	−118	−118	−116	−116
0.52	−113	−113	−111	−111	−109	−109	−109	−107	−107	−104
0.53	−104	−102	−102	−100	−100	−098	−098	−095	−095	−093
0.54	−093	−091	−091	−089	−089	−086	−086	−086	−084	−084
0.55	−082	−082	−080	−080	−078	−078	−075	−075	−073	−073
0.56	−071	−071	−069	−069	−066	−066	−064	−064	−064	−062
0.57	−062	−060	−060	−058	−058	−056	−056	−054	−054	−052
0.58	−052	−049	−049	−047	−047	−045	−045	−043	−043	−043
0.59	−041	−041	−039	−039	−037	−037	−035	−035	−033	−033
0.60	−031	−031	−029	−029	−026	−026	−024	−024	−022	−022
0.61	−022	−020	−020	−018	−018	−016	−016	−014	−014	−012
0.62	−012	−010	−010	−008	−008	−006	−006	−004	−004	−002
0.63	−002	−002	000	000	002	002	004	004	006	006
0.64	008	008	010	010	012	012	014	014	016	016
0.65	018	018	018	020	020	022	022	024	024	026
0.66	026	027	027	029	029	031	031	033	033	035
0.67	035	037	037	037	039	039	041	041	043	043
0.68	045	045	047	047	049	049	050	050	052	052
0.69	054	054	056	056	056	058	058	060	060	062
0.70	062	064	064	065	065	067	067	069	069	071
0.71	071	073	073	075	075	075	077	077	078	078
0.72	080	080	082	082	084	084	086	086	088	088
0.73	089	089	091	091	093	093	093	095	095	097
0.74	097	098	098	100	100	102	102	104	104	106
0.75	106	107	107	109	109	111	111	111	113	113
0.76	114	114	116	116	118	118	120	120	121	121
0.77	123	123	125	125	127	127	128	128	128	130
0.78	130	132	132	134	134	135	135	137	137	139
0.79	139	141	141	142	142	144	144	146	146	146
0.80	147	147	149	149	151	151	153	153	154	154
0.81	156	156	158	158	159	159	161	161	163	163
0.82	163	164	164	166	166	168	168	170	170	171
0.83	171	173	173	175	175	176	176	178	178	180
0.84	180	180	181	181	183	183	184	184	186	186
0.85	188	188	189	189	191	191	193	193	194	194
0.86	196	196	196	198	198	199	199	201	201	203
0.87	203	204	204	206	206	207	207	209	209	211
0.88	211	212	212	212	214	214	222	224	225	225
0.89	219	219	220	220	222	222	224	224	231	233
0.90	227	227	228	228	228	230	230	231	231	233
0.91	233	235	235	236	236	238	238	239	239	241
0.92	241	243	243	244	244	244	246	246	247	247
0.93	249	249	250	250	252	252	253	253	255	255
0.94	257	257	258	258	260	260	260	261	261	263

续表

ΔS	0	1	2	3	4	5	6	7	8	9
	$\gamma =2.10,\ \alpha=0.47619047$									
0.95	263	264	264	266	266	267	267	269	269	270
0.96	270	272	272	274	274	275	275	275	277	277
0.97	278	278	280	280	281	281	283	283	284	284
0.98	286	286	287	287	289	289	290	290	290	292
0.99	292	293	293	295	295	296	296	298	298	299
1.0	299	307	314	320	328	335	342	349	355	362
1.1	370	377	382	389	396	403	409	416	423	430
1.2	435	442	449	456	461	468	474	481	488	493
1.3	500	506	513	518	524	531	537	543	549	555
1.4	562	567	573	580	586	591	597	603	610	616
1.5	621	627	633	639	644	650	656	663	667	674
1.6	680	686	690	696	702	708	713	719	725	731
1.7	737	742	748	753	759	764	770	776	782	786
1.8	792	798	804	808	814	820	825	830	836	842
1.9	847	853	858	863	869	875	879	885	890	896
2.0	901	906	912	917	922	927	933	939	943	949
	$\gamma =2.20,\ \alpha=0.45454545$									
0.00	$-\infty$	−2979	−2637	−2637	−2336	−2336	−2159	−2159	−2033	−2033
0.01	−1936	−1936	−1936	−1857	−1857	−1789	−1789	−1731	−1731	−1679
0.02	−1679	−1633	−1633	−1633	−1591	−1591	−1553	−1553	−1517	−1517
0.03	−1485	−1485	−1454	−1454	−1454	−1426	−1426	−1399	−1399	−1373
0.04	−1373	−1305	−1305	−1327	−1327	−1327	−1305	−1305	−1284	−1284
0.05	−1264	−1264	−1245	−1245	−1227	−1227	−1227	−1210	−1210	−1193
0.06	−1193	−1177	−1177	−1161	−1161	−1146	−1146	−1146	−1131	−1131
0.07	−1117	−1117	−1103	−1103	−1089	−1089	−1076	−1076	−1076	−1063
0.08	−1063	−1051	−1051	−1039	−1039	−1027	−1027	−1016	−1016	−1016
0.09	−1004	−1004	−993	−993	−983	−983	−972	−972	−962	−962
0.10	−962	−952	−952	−942	−942	−932	−932	−923	−923	−914
0.11	−914	−914	−904	−904	−896	−896	−887	−887	−878	−878
0.12	−870	−870	−870	−861	−861	−853	−853	−845	−845	−837
0.13	−837	−829	−829	−829	−822	−822	−814	−814	−807	−807
0.14	−799	−799	−792	−792	−792	−785	−785	−778	−778	−771
0.15	−771	−764	−764	−757	−757	−757	−751	−751	−744	−744
0.16	−737	−737	−731	−731	−725	−725	−725	−718	−718	−712
0.17	−712	−706	−706	−700	−700	−694	−694	−694	−688	−688
0.18	−682	−682	−677	−677	−671	−671	−665	−665	−665	−660
0.19	−660	−654	−654	−649	−649	−643	−643	−638	−638	−638
0.20	−632	−632	−627	−627	−622	−622	−617	−617	−612	−612
0.21	−612	−607	−607	−602	−602	−597	−597	−592	−592	−587
0.22	−587	−587	−582	−582	−577	−577	−572	−572	−568	−568
0.23	−563	−563	−563	−558	−558	−554	−554	−549	−549	−545
0.24	−545	−540	−540	−540	−536	−536	−531	−531	−527	−527
0.25	−523	−523	−518	−518	−518	−514	−514	−510	−510	−506
0.26	−506	−501	−501	−497	−497	−497	−493	−493	−489	−489
0.27	−485	−485	−481	−481	−477	−477	−477	−473	−473	−469
0.28	−469	−465	−465	−461	−461	−457	−457	−457	−453	−453
0.29	−450	−450	−446	−446	−442	−442	−438	−438	−438	−434
0.30	−434	−431	−431	−427	−427	−423	−423	−420	−420	−420
0.31	−416	−416	−413	−413	−409	−409	−405	−405	−402	−402
0.32	−402	−398	−398	−395	−395	−391	−391	−388	−388	−384

ΔS	0	1	2	3	4	5	6	7	8	9
	$\gamma=2.20$, $\alpha=0.45454545$									
0.33	−384	−384	−381	−381	−378	−378	−374	−374	−371	−371
0.34	−368	−368	−368	−364	−364	−361	−361	−358	−358	−354
0.35	−354	−351	−351	−351	−348	−348	−345	−345	−342	−342
0.36	−338	−338	−335	−335	−335	−332	−332	−329	−329	−326
0.37	−326	−323	−323	−320	−320	−320	−316	−316	−313	−313
0.38	−310	−310	−307	−307	−304	−304	−304	−301	−301	−298
0.39	−298	−295	−295	−292	−292	−289	−289	−289	−286	−286
0.40	−284	−284	−281	−281	−278	−278	−275	−275	−275	−272
0.41	−272	−269	−269	−266	−266	−263	−263	−261	−261	−261
0.42	−258	−258	−255	−255	−252	−252	−249	−249	−247	−247
0.43	−247	−244	−244	−241	−241	−238	−238	−236	−236	−233
0.44	−233	−233	−230	−230	−228	−228	−225	−225	−222	−222
0.45	−220	−220	−220	−217	−217	−214	−214	−212	−212	−209
0.46	−209	−206	−206	−206	−204	−204	−201	−201	−199	−199
0.47	−196	−196	−193	−193	−193	−191	−191	−188	−188	−186
0.48	−186	−183	−183	−181	−181	−181	−178	−178	−176	−176
0.49	−173	−173	−171	−171	−168	−168	−168	−166	−166	−163
0.50	−163	−161	−161	−158	−158	−156	−156	−156	−154	−154
0.51	−151	−151	−149	−149	−146	−146	−144	−144	−144	−142
0.52	−142	−139	−139	−137	−137	−134	−134	−132	−132	−132
0.53	−130	−130	−127	−127	−125	−125	−123	−123	−120	−120
0.54	−120	−118	−118	−116	−116	−113	−113	−111	−111	−109
0.55	−109	−109	−107	−107	−104	−104	−102	−102	−100	−100
0.56	−098	−098	−098	−095	−095	−093	−093	−091	−091	−089
0.57	−089	−086	−086	−086	−084	−084	−082	−082	−080	−080
0.58	−078	−078	−075	−075	−075	−073	−073	−071	−071	−069
0.59	−069	−066	−066	−064	−064	−064	−062	−062	−060	−060
0.60	−058	−058	−056	−056	−054	−054	−054	−052	−052	−049
0.61	−049	−047	−047	−045	−045	−043	−043	−043	−041	−041
0.62	−039	−039	−037	−037	−035	−035	−033	−033	−033	−031
0.63	−031	−029	−029	−026	−026	−024	−024	−022	−022	−022
0.64	−020	−020	−018	−018	−016	−016	−014	−014	−012	−012
0.65	−012	−010	−010	−008	−008	−006	−006	−004	−004	−002
0.66	−002	−002	000	000	002	002	004	004	006	006
0.67	008	008	008	010	010	012	012	014	014	016
0.68	016	018	018	018	020	020	022	022	024	024
0.69	026	026	027	027	027	029	029	031	031	033
0.70	033	035	035	037	037	037	039	039	041	041
0.71	043	043	045	045	047	047	047	049	049	050
0.72	050	052	052	054	054	056	056	056	058	058
0.73	060	060	062	062	064	064	065	065	065	067
0.74	067	069	069	071	071	073	073	075	075	075
0.75	077	077	078	078	080	080	082	082	084	084
0.76	084	086	086	088	088	089	089	091	091	093
0.77	093	093	095	095	097	097	098	098	100	100
0.78	102	102	102	104	104	106	106	107	107	109
0.79	109	111	111	111	113	113	114	114	116	116
0.80	118	118	120	120	120	121	121	123	123	125
0.81	125	127	127	128	128	128	130	130	132	132

ΔS	0	1	2	3	4	5	6	7	8	9
				$\gamma =2.20, \alpha=0.45454545$						
0.82	134	134	135	135	137	137	137	139	139	141
0.83	141	142	142	144	144	146	146	146	147	147
0.84	149	149	151	151	153	153	154	154	154	156
0.85	156	158	158	159	159	161	161	163	163	163
0.86	164	164	166	166	168	168	170	170	171	171
0.87	171	173	173	175	175	176	176	178	178	180
0.88	180	180	181	181	183	183	184	184	186	186
0.89	188	188	188	189	189	191	191	193	193	194
0.90	194	196	196	196	198	198	199	199	201	201
0.91	203	203	204	204	204	206	206	207	207	209
0.92	209	211	211	212	212	212	214	214	215	215
0.93	217	217	219	219	220	220	220	222	222	224
0.94	224	225	225	227	227	228	228	228	230	230
0.95	231	231	233	233	235	235	236	236	236	238
0.96	238	239	239	241	241	243	243	244	244	244
0.97	246	246	247	247	249	249	250	250	252	252
0.98	252	253	253	255	255	257	257	258	258	260
0.99	260	260	261	261	263	263	264	264	266	266
1.0	267	274	281	287	295	301	308	314	322	328
1.1	335	342	348	355	361	368	374	381	387	394
1.2	399	406	413	419	426	431	438	443	450	456
1.3	462	468	474	481	486	493	498	505	510	517
1.4	522	528	534	540	546	552	558	563	569	574
1.5	581	586	592	597	603	610	615	621	626	632
1.6	637	643	648	654	659	665	671	676	682	687
1.7	693	698	704	708	714	719	725	731	736	742
1.8	746	752	757	763	768	773	778	784	790	794
1.9	800	805	811	815	821	825	831	836	842	847
2.0	852	858	862	868	872	878	883	888	893	898
				$\gamma =2.30, \alpha=0.43478260$						
0.00	$-\infty$	-3000	-2637	-2637	-2336	-2336	-2159	-2159	-2159	-2033
0.01	-2033	-1936	-1936	-1857	-1857	-1789	-1789	-1789	-1731	-1731
0.02	-1679	-1679	-1633	-1633	-1633	-1591	-1591	-1553	-1553	-1517
0.03	-1517	-1517	-1485	-1485	-1454	-1454	-1426	-1426	-1399	-1399
0.04	-1399	-1373	-1373	-1350	-1350	-1327	-1327	-1327	-1305	-1305
0.05	-1284	-1284	-1264	-1264	-1264	-1245	-1245	-1227	-1227	-1210
0.06	-1210	-1193	-1193	-1193	-1177	-1177	-1161	-1161	-1146	-1146
0.07	-1146	-1131	-1131	-1117	-1117	-1103	-1103	-1103	-1089	-1089
0.08	-1076	-1076	-1063	-1063	-1051	-1051	-1051	-1039	-1039	-1027
0.09	-1027	-1016	-1016	-1016	-1004	-1004	-993	-993	-983	-983
0.10	-983	-972	-972	-962	-962	-952	-952	-942	-942	-942
0.11	-932	-932	-923	-923	-914	-914	-914	-904	-904	-896
0.12	-896	-887	-887	-887	-878	-878	-870	-870	-861	-861
0.13	-853	-853	-853	-845	-845	-837	-837	-929	-929	-929
0.14	-822	-822	-814	-814	-807	-807	-807	-799	-799	-792
0.15	-792	-785	-785	-778	-778	-778	-771	-771	-764	-764
0.16	-757	-757	-757	-751	-751	-744	-744	-737	-737	-737
0.17	-731	-731	-725	-725	-718	-718	-712	-712	-712	-706
0.18	-706	-700	-700	-694	-694	-694	-688	-688	-682	-682

ΔS	0	1	2	3	4	5	6	7	8	9
				γ =2.30, α=0.43478260						
0.19	−677	−677	−677	−671	−671	−665	−665	−660	−660	−654
0.20	−654	−654	−649	−649	−643	−643	−638	−638	−638	−632
0.21	−632	−627	−627	−622	−622	−622	−617	−617	−612	−612
0.22	−607	−607	−602	−602	−602	−597	−597	−592	−592	−587
0.23	−587	−587	−582	−582	−577	−577	−572	−572	−572	−568
0.24	−568	−563	−563	−558	−558	−554	−554	−554	−549	−549
0.25	−545	−545	−540	−540	−540	−536	−536	−531	−531	−527
0.26	−527	−527	−523	−523	−518	−518	−514	−514	−510	−510
0.27	−510	−506	−506	−501	−501	−497	−497	−497	−493	−493
0.28	−489	−489	−485	−485	−485	−481	−481	−477	−477	−473
0.29	−473	−469	−469	−469	−465	−465	−461	−461	−457	−457
0.30	−457	−453	−453	−450	−450	−446	−446	−446	−442	−442
0.31	−438	−438	−434	−434	−431	−431	−431	−427	−427	−423
0.32	−423	−420	−420	−420	−416	−416	−413	−413	−409	−409
0.33	−409	−405	−405	−402	−402	−398	−398	−395	−395	−395
0.34	−391	−391	−388	−388	−384	−384	−384	−381	−381	−378
0.35	−378	−374	−374	−374	−371	−371	−368	−368	−364	−364
0.36	−361	−361	−361	−358	−358	−354	−354	−351	−351	−351
0.37	−348	−348	−345	−345	−342	−342	−342	−338	−338	−335
0.38	−335	−332	−332	−329	−329	−329	−326	−326	−323	−323
0.39	−320	−320	−320	−316	−316	−313	−313	−310	−310	−310
0.40	−307	−307	−304	−304	−301	−301	−298	−298	−298	−295
0.41	−295	−292	−292	−289	−289	−289	−286	−286	−284	−284
0.42	−281	−281	−281	−278	−278	−275	−275	−272	−272	−269
0.43	−269	−269	−266	−266	−263	−263	−261	−261	−261	−258
0.44	−258	−255	−255	−252	−252	−252	−249	−249	−247	−247
0.45	−244	−244	−241	−241	−241	−238	−238	−236	−236	−233
0.46	−233	−233	−230	−230	−228	−228	−225	−225	−225	−222
0.47	−222	−220	−220	−217	−217	−214	−214	−214	−212	−212
0.48	−209	−209	−206	−206	−206	−204	−204	−201	−201	−199
0.49	−199	−199	−196	−196	−193	−193	−191	−191	−188	−188
0.50	−188	−186	−186	−183	−183	−181	−181	−181	−178	−178
0.51	−176	−176	−173	−173	−173	−171	−171	−168	−168	−166
0.52	−166	−163	−163	−163	−161	−161	−158	−158	−156	−156
0.53	−156	−154	−154	−151	−151	−149	−149	−149	−146	−146
0.54	−144	−144	−142	−142	−139	−139	−139	−137	−137	−134
0.55	−134	−132	−132	−132	−130	−130	−127	−127	−125	−125
0.56	−125	−123	−123	−120	−120	−118	−118	−116	−116	−116
0.57	−113	−113	−111	−111	−109	−109	−109	−107	−107	−104
0.58	−104	−102	−102	−102	−100	−100	−098	−098	−095	−095
0.59	−093	−093	−093	−091	−091	−089	−089	−086	−086	−086
0.60	−084	−084	−082	−082	−080	−080	−080	−078	−078	−075
0.61	−075	−073	−073	−071	−071	−071	−069	−069	−066	−066
0.62	−064	−064	−064	−062	−062	−060	−060	−058	−058	−058
0.63	−056	−056	−054	−054	−052	−052	−049	−049	−049	−047
0.64	−047	−045	−045	−043	−043	−043	−041	−041	−039	−039
0.65	−037	−037	−037	−035	−035	−033	−033	−031	−031	−029
0.66	−029	−029	−026	−026	−024	−024	−022	−022	−022	−020
0.67	−020	−018	−018	−016	−016	−016	−014	−014	−012	−012

ΔS	0	1	2	3	4	5	6	7	8	9
				γ =2.30, α=0.43478260						
0.68	−010	−010	−008	−008	−008	−006	−006	−004	−004	−002
0.69	−002	−002	000	000	002	002	004	004	004	006
0.70	006	008	008	010	010	012	012	012	014	014
0.71	016	016	018	018	018	020	020	022	022	024
0.72	024	024	026	026	027	027	029	029	031	031
0.73	031	033	033	035	035	037	037	037	039	039
0.74	041	041	043	043	043	045	045	047	047	049
0.75	049	050	050	050	052	052	054	054	056	056
0.76	056	058	058	060	060	062	062	062	064	064
0.77	065	065	067	067	067	069	069	071	071	073
0.78	073	075	075	075	077	077	078	078	080	080
0.79	080	082	082	084	084	086	086	088	088	088
0.80	089	089	091	091	093	093	093	095	095	097
0.81	097	098	098	098	100	100	102	102	104	104
0.82	106	106	106	107	107	109	109	111	111	111
0.83	113	113	114	114	116	116	116	118	118	120
0.84	120	121	121	123	123	123	125	125	127	127
0.85	128	128	128	130	130	132	132	134	134	134
0.86	135	135	137	137	139	139	141	141	141	142
0.87	142	144	144	146	146	146	147	147	149	149
0.88	151	151	151	153	153	154	154	156	156	158
0.89	158	158	159	159	161	161	163	163	163	164
0.90	164	166	166	168	168	168	170	170	171	171
0.91	173	173	175	175	175	176	176	178	178	180
0.92	180	180	181	181	183	183	184	184	184	186
0.93	186	188	188	189	189	191	191	191	193	193
0.94	194	194	196	196	196	198	198	199	199	201
0.95	201	201	203	203	204	204	206	206	207	207
0.96	207	209	209	211	211	212	212	212	214	214
0.97	215	215	217	217	217	219	219	220	220	222
0.98	222	224	224	224	225	225	227	227	228	228
0.99	228	230	230	231	231	233	233	233	235	235
1.0	236	243	249	257	263	270	277	283	290	296
1.1	302	310	316	322	329	335	341	348	354	360
1.2	367	372	378	385	391	396	403	409	416	421
1.3	427	434	439	445	452	457	462	469	474	480
1.4	486	492	497	504	509	514	521	526	531	537
1.5	543	549	554	559	566	571	576	582	587	592
1.6	598	603	608	615	620	625	631	636	641	647
1.7	652	656	663	667	674	678	683	689	694	699
1.8	705	710	714	720	725	730	736	741	745	751
1.9	756	760	766	771	776	782	786	792	797	801
2.0	807	812	816	822	827	831	837	842	846	852
				γ =2.40, α=0.41666666						
0.00	−∞	−3018	−2637	−2637	−2336	−2336	−2159	−2159	−2159	−2033
0.01	−2033	−1936	−1936	−1936	−1857	−1857	−1789	−1789	−1731	−1731
0.02	−1731	−1679	−1679	−1633	−1633	−1663	−1591	−1591	−1553	−1553
0.03	−1517	−1517	−1517	−1485	−1485	−1454	−1454	−1454	−1426	−1426
0.04	−1399	−1399	−1373	−1373	−1373	−1350	−1350	−1327	−1327	−1327

ΔS	0	1	2	3	4	5	6	7	8	9
				$\gamma = 2.40$, $\alpha = 0.41666666$						
0.05	−1305	−1305	−1284	−1284	−1264	−1264	−1264	−1245	−1245	−1227
0.06	−1227	−1227	−1210	−1210	−1193	−1193	−1177	−1177	−1177	−1161
0.07	−1161	−1146	−1146	−1146	−1131	−1131	−1117	−1117	−1103	−1103
0.08	−1103	−1089	−1089	−1076	−1076	−1076	−1063	−1063	−1051	−1051
0.09	−1039	−1039	−1039	−1027	−1027	−1016	−1016	−1016	−1004	−1004
0.10	−993	−993	−983	−983	−983	−972	−972	−962	−962	−962
0.11	−952	−952	−942	−942	−932	−932	−932	−923	−923	−914
0.12	−914	−914	−904	−904	−896	−896	−887	−887	−887	−878
0.13	−878	−870	−870	−870	−861	−861	−853	−853	−845	−845
0.14	−845	−837	−837	−829	−829	−829	−822	−822	−814	−814
0.15	−807	−807	−807	−799	−799	−792	−792	−792	−785	−785
0.16	−778	−778	−771	−771	−771	−764	−764	−757	−757	−757
0.17	−751	−751	−744	−744	−737	−737	−737	−731	−731	−725
0.18	−725	−725	−718	−718	−712	−712	−706	−706	−706	−700
0.19	−700	−694	−694	−694	−688	−688	−682	−682	−677	−677
0.20	−677	−671	−671	−665	−665	−665	−660	−660	−654	−654
0.21	−649	−649	−649	−643	−643	−638	−638	−638	−632	−632
0.22	−627	−627	−622	−622	−622	−617	−617	−612	−612	−612
0.23	−607	−607	−602	−602	−597	−597	−597	−592	−592	−587
0.24	−587	−587	−582	−582	−577	−577	−572	−572	−572	−568
0.25	−568	−563	−563	−563	−558	−558	−554	−554	−549	−549
0.26	−549	−545	−545	−540	−540	−540	−536	−536	−531	−531
0.27	−527	−527	−527	−523	−523	−518	−518	−518	−514	−514
0.28	−510	−510	−506	−506	−506	−501	−501	−497	−497	−497
0.29	−493	−493	−489	−489	−485	−485	−485	−481	−481	−477
0.30	−477	−477	−473	−473	−469	−469	−465	−465	−465	−461
0.31	−461	−457	−457	−457	−453	−453	−450	−450	−446	−446
0.32	−446	−442	−442	−438	−438	−438	−434	−434	−431	−431
0.33	−427	−427	−427	−423	−423	−420	−420	−420	−416	−416
0.34	−413	−413	−409	−409	−409	−405	−405	−402	−402	−402
0.35	−398	−398	−395	−395	−391	−391	−391	−388	−388	−384
0.36	−384	−384	−381	−381	−378	−378	−374	−374	−374	−371
0.37	−371	−368	−368	−368	−364	−364	−361	−361	−358	−358
0.38	−358	−354	−354	−351	−351	−351	−348	−348	−345	−345
0.39	−342	−342	−342	−338	−338	−335	−335	−335	−332	−332
0.40	−329	−329	−326	−326	−326	−323	−323	−320	−320	−320
0.41	−316	−316	−313	−313	−310	−310	−310	−307	−307	−304
0.42	−304	−304	−301	−301	−298	−298	−295	−295	−295	−292
0.43	−292	−289	−289	−289	−286	−286	−284	−284	−281	−281
0.44	−281	−278	−278	−275	−275	−275	−272	−272	−269	−269
0.45	−266	−266	−266	−263	−263	−261	−261	−261	−258	−258
0.46	−255	−255	−252	−252	−252	−249	−249	−247	−247	−247
0.47	−244	−244	−241	−241	−238	−238	−238	−236	−236	−233
0.48	−233	−233	−230	−230	−228	−228	−225	−225	−225	−222
0.49	−222	−220	−220	−220	−217	−217	−214	−214	−212	−212
0.50	−212	−209	−209	−206	−206	−206	−204	−204	−201	−201
0.51	−199	−199	−199	−196	−196	−193	−193	−193	−191	−191
0.52	−188	−188	−186	−186	−186	−183	−183	−181	−181	−181
0.53	−178	−178	−176	−176	−173	−173	−173	−171	−171	−168

ΔS	0	1	2	3	4	5	6	7	8	9
				$\gamma=2.40$, $a=0.41666666$						
0.54	−168	−168	−166	−166	−163	−163	−161	−161	−161	−158
0.55	−158	−156	−156	−156	−154	−154	−151	−151	−149	−149
0.56	−149	−146	−146	−144	−144	−144	−142	−142	−139	−139
0.57	−137	−137	−137	−134	−134	−132	−132	−132	−130	−130
0.58	−127	−127	−125	−125	−125	−123	−123	−120	−120	−120
0.59	−118	−118	−116	−116	−113	−113	−113	−111	−111	−109
0.60	−109	−109	−107	−107	−104	−104	−102	−102	−102	−100
0.61	−100	−098	−098	−098	−095	−095	−093	−093	−091	−091
0.62	−091	−089	−089	−086	−086	−086	−084	−084	−082	−082
0.63	−080	−080	−080	−078	−078	−075	−075	−075	−073	−073
0.64	−071	−071	−069	−069	−069	−066	−066	−064	−064	−064
0.65	−062	−062	−060	−060	−058	−058	−058	−056	−056	−054
0.66	−054	−054	−052	−052	−049	−049	−047	−047	−047	−045
0.67	−045	−043	−043	−043	−041	−041	−039	−039	−037	−037
0.68	−037	−035	−035	−033	−033	−033	−031	−031	−029	−029
0.69	−026	−026	−026	−024	−024	−022	−022	−022	−020	−020
0.70	−018	−018	−016	−016	−016	−014	−014	−012	−012	−012
0.71	−010	−010	−008	−008	−006	−006	−006	−004	−004	−002
0.72	−002	−002	000	000	002	002	004	004	004	006
0.73	006	008	008	008	010	010	012	012	014	014
0.74	014	016	016	018	018	018	020	020	022	022
0.75	024	024	024	026	026	027	027	027	029	029
0.76	031	031	033	033	033	035	035	037	037	037
0.77	039	039	041	041	043	043	043	045	045	047
0.78	047	047	049	049	050	050	052	052	052	054
0.79	054	056	056	056	058	058	060	060	062	062
0.80	062	064	064	065	065	065	067	067	069	069
0.81	071	071	071	073	073	075	075	075	077	077
0.82	078	078	080	080	080	082	082	084	084	084
0.83	086	086	088	088	089	089	089	091	091	093
0.84	093	093	095	095	097	097	098	098	098	100
0.85	100	102	102	102	104	104	106	106	107	107
0.86	107	109	109	111	111	111	113	113	114	114
0.87	116	116	116	118	118	120	120	120	121	121
0.88	123	123	125	125	125	127	127	128	128	128
0.89	130	130	132	132	134	134	134	135	135	137
0.90	137	137	139	139	141	141	142	142	142	144
0.91	144	146	146	146	147	147	149	149	151	151
0.92	151	153	153	154	154	154	156	156	158	158
0.93	159	159	159	161	161	163	163	163	164	164
0.94	166	166	168	168	168	170	170	171	171	171
0.95	173	173	175	175	176	176	176	178	178	180
0.96	180	180	181	181	183	183	184	184	184	186
0.97	186	188	188	188	189	189	191	191	193	193
0.98	193	194	194	196	196	196	198	198	199	199
0.99	201	201	201	203	203	204	204	204	206	206
1.0	207	214	220	227	233	241	247	253	260	266
1.1	272	280	286	292	299	304	310	317	322	329
1.2	335	341	347	354	360	365	371	377	382	389

ΔS	0	1	2	3	4	5	6	7	8	9
				$\gamma=2.40$, $a=0.41666666$						
1.3	395	401	406	412	417	424	430	435	441	446
1.4	452	458	464	469	474	480	485	492	497	502
1.5	508	513	518	524	530	535	540	545	550	557
1.6	562	567	572	577	582	588	593	598	603	608
1.7	613	620	625	629	634	639	644	650	655	660
1.8	665	670	675	681	686	690	695	700	705	711
1.9	716	720	725	730	735	741	745	750	755	759
2.0	764	770	775	779	784	789	793	799	804	808
				$\gamma=2.50$, $a=0.40000000$						
0.00	$-\infty$	-3036	-2637	-2637	-2336	-2336	-2336	-2159	-2159	-2033
0.01	-2033	-2033	-1936	-1936	-1857	-1857	-1857	-1789	-1789	-1731
0.02	-1731	-1731	-1679	-1679	-1633	-1633	-1633	-1591	-1591	-1553
0.03	-1553	-1553	-1517	-1517	-1485	-1485	-1485	-1454	-1454	-1426
0.04	-1426	-1426	-1399	-1399	-1373	-1373	-1373	-1350	-1350	-1327
0.05	-1327	-1327	-1305	-1305	-1284	-1284	-1284	-1264	-1264	-1245
0.06	-1245	-1245	-1227	-1227	-1210	-1210	-1210	-1193	-1193	-1177
0.07	-1177	-1177	-1161	-1161	-1146	-1146	-1146	-1131	-1131	-1117
0.08	-1117	-1117	-1103	-1103	-1089	-1089	-1089	-1076	-1076	-1063
0.09	-1063	-1063	-1051	-1051	-1039	-1039	-1039	-1027	-1027	-1016
0.10	-1016	-1016	-1004	-1004	-993	-993	-993	-983	-983	-972
0.11	-972	-972	-962	-962	-952	-952	-952	-942	-942	-932
0.12	-932	-932	-923	-923	-914	-914	-914	-904	-904	-896
0.13	-896	-896	-887	-887	-878	-878	-878	-870	-870	-861
0.14	-861	-861	-853	-853	-845	-845	-845	-807	-807	-799
0.15	-829	-829	-822	-822	-814	-814	-814	-807	-807	-799
0.16	-799	-799	-792	-792	-785	-785	-785	-778	-778	-771
0.17	-771	-771	-764	-764	-757	-757	-757	-751	-751	-744
0.18	-744	-744	-737	-737	-731	-731	-731	-725	-725	-718
0.19	-718	-718	-712	-712	-706	-706	-706	-700	-700	-694
0.20	-694	-694	-688	-688	-682	-682	-682	-677	-677	-671
0.21	-671	-671	-665	-665	-660	-660	-660	-654	-654	-649
0.22	-649	-649	-643	-643	-638	-638	-638	-632	-632	-627
0.23	-627	-627	-622	-622	-617	-617	-617	-612	-612	-607
0.24	-607	-607	-602	-602	-597	-597	-597	-592	-592	-587
0.25	-587	-587	-582	-582	-577	-577	-577	-572	-572	-568
0.26	-568	-568	-563	-563	-558	-558	-558	-554	-554	-549
0.27	-549	-549	-545	-545	-540	-540	-540	-536	-536	-531
0.28	-531	-531	-527	-527	-523	-523	-523	-518	-518	-514
0.29	-514	-514	-510	-510	-506	-506	-506	-501	-501	-497
0.30	-497	-497	-493	-493	-489	-489	-489	-485	-485	-481
0.31	-481	-481	-477	-477	-473	-473	-473	-469	-469	-465
0.32	-465	-465	-461	-461	-457	-457	-457	-453	-453	-450
0.33	-450	-450	-446	-446	-442	-442	-442	-438	-438	-434
0.34	-434	-434	-431	-431	-427	-427	-427	-423	-423	-420
0.35	-420	-420	-416	-416	-413	-413	-413	-409	-409	-405
0.36	-405	-405	-402	-402	-398	-398	-398	-395	-395	-391
0.37	-391	-391	-388	-388	-384	-384	-384	-381	-381	-378
0.38	-378	-378	-374	-374	-371	-371	-371	-368	-368	-364
0.39	-364	-364	-361	-361	-358	-358	-358	-354	-354	-351

ΔS	0	1	2	3	4	5	6	7	8	9
				γ =2.50, α=0.40000000						
0.40	−351	−351	−348	−348	−345	−345	−345	−342	−342	−338
0.41	−338	−338	−335	−335	−332	−332	−332	−329	−329	−326
0.42	−326	−326	−323	−323	−320	−320	−320	−316	−316	−313
0.43	−313	−313	−310	−310	−307	−307	−307	−304	−304	−301
0.44	−301	−301	−298	−298	−295	−295	−295	−292	−292	−289
0.45	−289	−289	−286	−286	−284	−284	−284	−281	−281	−278
0.46	−278	−278	−275	−275	−272	−272	−272	−269	−269	−266
0.47	−266	−266	−263	−263	−261	−261	−261	−258	−258	−255
0.48	−255	−255	−252	−252	−249	−249	−249	−247	−247	−244
0.49	−244	−244	−241	−241	−238	−238	−238	−236	−236	−233
0.50	−233	−233	−230	−230	−228	−228	−228	−225	−225	−222
0.51	−222	−222	−220	−220	−217	−217	−217	−214	−214	−212
0.52	−212	−212	−209	−209	−206	−206	−206	−204	−204	−201
0.53	−201	−201	−199	−199	−196	−196	−196	−193	−193	−191
0.54	−191	−191	−188	−188	−186	−186	−186	−183	−183	−181
0.55	−181	−181	−178	−178	−176	−176	−176	−173	−173	−171
0.56	−171	−171	−168	−168	−166	−166	−166	−163	−163	−161
0.57	−161	−161	−158	−158	−156	−156	−156	−154	−154	−151
0.58	−151	−151	−149	−149	−146	−146	−146	−144	−144	−142
0.59	−142	−142	−139	−139	−137	−137	−137	−134	−134	−132
0.60	−132	−132	−130	−130	−127	−127	−127	−125	−125	−123
0.61	−123	−123	−120	−120	−118	−118	−118	−116	−116	−113
0.62	−113	−113	−111	−111	−109	−109	−109	−107	−107	−104
0.63	−104	−104	−102	−102	−100	−100	−100	−098	−098	−095
0.64	−095	−095	−093	−093	−091	−091	−091	−089	−089	−086
0.65	−086	−086	−084	−084	−082	−082	−082	−080	−080	−078
0.66	−078	−078	−075	−075	−073	−073	−073	−071	−071	−069
0.67	−069	−069	−066	−066	−064	−064	−064	−062	−062	−060
0.68	−060	−060	−058	−058	−056	−056	−056	−054	−054	−052
0.69	−052	−052	−049	−049	−047	−047	−047	−045	−045	−043
0.70	−043	−043	−041	−041	−039	−039	−039	−037	−037	−035
0.71	−035	−035	−033	−033	−031	−031	−031	−029	−029	−026
0.72	−026	−026	−024	−024	−022	−022	−022	−020	−020	−018
0.73	−018	−018	−016	−016	−014	−014	−014	−012	−012	−010
0.74	−010	−010	−008	−008	−006	−006	−006	−004	−004	−002
0.75	−002	−002	000	000	002	002	002	004	004	006
0.76	006	006	008	008	010	010	010	012	012	014
0.77	014	014	016	016	018	018	018	020	020	022
0.78	022	022	024	024	026	026	026	027	027	029
0.79	029	029	031	031	033	033	033	035	035	037
0.80	037	037	039	039	041	041	041	043	043	045
0.81	045	045	047	047	049	049	049	050	050	052
0.82	052	052	054	054	056	056	056	058	058	060
0.83	060	060	062	062	064	064	064	065	065	067
0.84	067	067	069	069	071	071	071	073	073	075
0.85	075	075	077	077	078	078	078	080	080	082
0.86	082	082	084	084	086	086	086	088	088	089
0.87	089	089	091	091	093	093	093	095	095	097
0.88	097	097	098	098	100	100	100	102	102	104

ΔS	0	1	2	3	4	5	6	7	8	9
					γ =2.50, a=0.40000000					
0.89	104	104	106	106	107	107	107	109	109	111
0.90	111	111	113	113	114	114	114	116	116	118
0.91	118	118	120	120	121	121	121	123	123	125
0.92	125	125	127	127	128	128	128	130	130	132
0.93	132	132	134	134	135	135	135	137	137	139
0.94	139	139	141	141	142	142	142	144	144	146
0.95	146	146	147	147	149	149	149	151	151	153
0.96	153	153	154	154	156	156	156	158	158	159
0.97	159	159	161	161	163	163	163	164	164	166
0.98	166	166	168	168	170	170	170	171	171	173
0.99	173	173	175	175	176	176	176	178	178	180
1.0	180	186	193	199	206	212	219	225	231	238
1.1	244	250	257	263	269	275	281	287	293	299
1.2	305	311	317	323	329	335	341	347	352	358
1.3	364	370	375	381	387	392	398	403	409	415
1.4	420	426	431	437	442	447	453	458	464	469
1.5	474	480	485	490	496	501	506	511	517	522
1.6	527	532	537	543	548	553	558	563	568	573
1.7	578	583	588	593	598	603	608	613	618	623
1.8	628	633	638	643	648	653	658	663	667	672
1.9	677	682	687	692	696	701	706	711	716	720
2.0	725	730	735	739	744	749	753	758	763	768
					γ =2.60, a=0.38461538					
0.00	$-\infty$	−3051	−2637	−2637	−2336	−2336	−2336	−2159	−2159	−2159
0.01	−2033	−2033	−1936	−1936	−1936	−1857	−1857	−1789	−1789	−1789
0.02	−1731	−1731	−1731	−1679	−1679	−1633	−1633	−1633	−1591	−1591
0.03	−1553	−1553	−1553	−1517	−1517	−1517	−1485	−1485	−1454	−1454
0.04	−1454	−1426	−1426	−1399	−1399	−1399	−1373	−1373	−1373	−1350
0.05	−1350	−1327	−1327	−1327	−1305	−1305	−1284	−1284	−1284	−1264
0.06	−1264	−1264	−1245	−1245	−1227	−1227	−1227	−1210	−1210	−1193
0.07	−1193	−1193	−1177	−1177	−1177	−1161	−1161	−1146	−1146	−1146
0.08	−1131	−1131	−1117	−1117	−1117	−1103	−1103	−1103	−1089	−1089
0.09	−1076	−1076	−1076	−1063	−1063	−1051	−1051	−1051	−1039	−1039
0.10	−1039	−1027	−1027	−1016	−1016	−1016	−1004	−1004	−993	−993
0.11	−993	−983	−983	−983	−972	−972	−962	−962	−962	−952
0.12	−952	−942	−942	−942	−932	−932	−932	−923	−923	−914
0.13	−914	−914	−904	−904	−896	−896	−896	−887	−887	−887
0.14	−878	−878	−870	−870	−870	−861	−861	−853	−853	−853
0.15	−845	−845	−845	−837	−837	−829	−829	−829	−822	−822
0.16	−814	−814	−814	−807	−807	−807	−799	−799	−792	−792
0.17	−792	−785	−785	−778	−778	−778	−771	−771	−771	−764
0.18	−764	−757	−757	−757	−751	−751	−744	−744	−744	−737
0.19	−737	−737	−731	−731	−725	−725	−725	−718	−718	−712
0.20	−712	−712	−706	−706	−706	−700	−700	−694	−694	−694
0.21	−688	−688	−682	−682	−682	−677	−677	−677	−671	−671
0.22	−665	−665	−665	−660	−660	−654	−654	−654	−649	−649
0.23	−649	−643	−643	−638	−638	−638	−632	−632	−627	−627
0.24	−627	−622	−622	−622	−617	−617	−612	−612	−612	−607
0.25	−607	−602	−602	−602	−597	−597	−597	−592	−592	−587

ΔS	0	1	2	3	4	5	6	7	8	9
$\gamma=2.60$, $\alpha=0.38461538$										
0.26	-587	-587	-582	-582	-577	-577	-577	-572	-572	-572
0.27	-568	-568	-563	-563	-563	-558	-558	-554	-554	-554
0.28	-549	-549	-549	-545	-545	-540	-540	-540	-536	-536
0.29	-531	-531	-531	-527	-527	-527	-523	-523	-518	-518
0.30	-518	-514	-514	-510	-510	-510	-506	-506	-506	-501
0.31	-501	-497	-497	-497	-493	-493	-489	-489	-489	-485
0.32	-485	-485	-481	-481	-477	-477	-477	-473	-473	-469
0.33	-469	-469	-465	-465	-465	-461	-461	-457	-457	-457
0.34	-453	-453	-450	-450	-450	-446	-446	-446	-442	-442
0.35	-438	-438	-438	-434	-434	-431	-431	-431	-427	-427
0.36	-427	-423	-423	-420	-420	-420	-416	-416	-413	-413
0.37	-413	-409	-409	-409	-405	-405	-402	-402	-402	-398
0.38	-398	-395	-395	-395	-391	-391	-391	-388	-388	-384
0.39	-384	-384	-381	-381	-378	-378	-378	-374	-374	-374
0.40	-371	-371	-368	-368	-368	-364	-364	-361	-361	-361
0.41	-358	-358	-358	-354	-354	-351	-351	-351	-348	-348
0.42	-345	-345	-345	-342	-342	-342	-338	-338	-335	-335
0.43	-335	-332	-332	-329	-329	-329	-326	-326	-326	-323
0.44	-323	-320	-320	-320	-316	-316	-313	-313	-313	-310
0.45	-310	-310	-307	-307	-304	-304	-304	-301	-301	-298
0.46	-298	-298	-295	-295	-295	-292	-292	-289	-289	-289
0.47	-286	-286	-284	-284	-284	-281	-281	-281	-278	-278
0.48	-275	-275	-275	-272	-272	-269	-269	-269	-266	-266
0.49	-266	-263	-263	-261	-261	-261	-258	-258	-255	-255
0.50	-255	-252	-252	-252	-249	-249	-247	-247	-247	-244
0.51	-244	-241	-241	-241	-238	-238	-238	-236	-236	-233
0.52	-233	-233	-230	-230	-228	-228	-228	-225	-225	-225
0.53	-222	-222	-220	-220	-220	-217	-217	-214	-214	-214
0.54	-212	-212	-212	-209	-209	-206	-206	-206	-204	-204
0.55	-201	-201	-201	-199	-199	-199	-196	-196	-193	-193
0.56	-193	-191	-191	-188	-188	-188	-186	-186	-186	-183
0.57	-183	-181	-181	-181	-178	-178	-176	-176	-176	-173
0.58	-173	-173	-171	-171	-168	-168	-168	-166	-166	-163
0.59	-163	-163	-161	-161	-161	-158	-158	-156	-156	-156
0.60	-154	-154	-151	-151	-151	-149	-149	-149	-146	-146
0.61	-144	-144	-144	-142	-142	-139	-139	-139	-137	-137
0.62	-137	-134	-134	-132	-132	-132	-130	-130	-127	-127
0.63	-127	-125	-125	-125	-123	-123	-120	-120	-120	-118
0.64	-118	-116	-116	-116	-113	-113	-113	-111	-111	-109
0.65	-109	-109	-107	-107	-104	-104	-104	-102	-102	-102
0.66	-100	-100	-098	-098	-098	-095	-095	-093	-093	-093
0.67	-091	-091	-091	-089	-089	-086	-086	-086	-084	-084
0.68	-082	-082	-082	-080	-080	-080	-078	-078	-075	-075
0.69	-075	-073	-073	-071	-071	-071	-069	-069	-069	-066
0.70	-066	-064	-064	-064	-062	-062	-060	-060	-060	-058
0.71	-058	-058	-056	-056	-054	-054	-054	-052	-052	-049
0.72	-049	-049	-047	-047	-047	-045	-045	-043	-043	-043
0.73	-041	-041	-039	-039	-039	-037	-037	-037	-035	-035
0.74	-033	-033	-033	-031	-031	-029	-029	-029	-026	-026

续表

ΔS	0	1	2	3	4	5	6	7	8	9
				γ =2.60, α=0.38461538						
0.75	−026	−024	−024	−022	−022	−022	−020	−020	−018	−018
0.76	−018	−016	−016	−016	−014	−014	−012	−012	−012	−010
0.77	−010	−008	−008	−008	−006	−006	−006	−004	−004	−002
0.78	−002	−002	000	000	002	002	002	004	004	004
0.79	006	006	008	008	008	010	010	012	012	012
0.80	014	014	014	016	016	018	018	018	020	020
0.81	022	022	022	024	024	024	026	026	027	027
0.82	027	029	029	031	031	031	033	033	033	035
0.83	035	037	037	037	039	039	041	041	041	043
0.84	043	043	045	045	047	047	047	049	049	050
0.85	050	050	052	052	052	054	054	056	056	056
0.86	058	058	060	060	060	062	062	062	064	064
0.87	065	065	065	067	067	069	069	069	071	071
0.88	071	073	073	075	075	075	077	077	078	078
0.89	078	080	080	080	082	082	084	084	084	086
0.90	086	088	088	088	089	089	089	091	091	093
0.91	093	093	095	095	097	097	097	098	098	098
0.92	100	100	102	102	102	104	104	106	106	106
0.93	107	107	107	109	109	111	111	111	113	113
0.94	114	114	114	116	116	116	118	118	120	120
0.95	120	121	121	123	123	123	125	125	125	127
0.96	127	128	128	128	130	130	132	132	132	134
0.97	134	134	135	135	137	137	137	139	139	141
0.98	141	141	142	142	142	144	144	146	146	146
0.99	147	147	149	149	149	151	151	151	153	153
1.0	154	159	166	173	180	186	193	199	204	211
1.1	217	224	230	236	241	247	253	260	266	272
1.2	278	283	289	295	301	307	313	317	323	329
1.3	335	341	347	352	357	362	368	374	380	385
1.4	389	395	401	406	412	417	423	427	432	438
1.5	443	449	454	458	464	469	474	480	485	490
1.6	494	500	505	510	515	521	524	530	535	540
1.7	545	550	555	559	564	569	574	580	585	588
1.8	593	598	603	608	613	618	622	627	632	637
1.9	642	647	650	655	660	665	670	675	680	683
2.0	688	693	698	702	707	711	716	720	725	730
				γ =2.70, α=0.37037037						
0.00	−∞	−3071	−2637	−2637	−2637	−2336	−2336	−2159	−2159	−2159
0.01	−2033	−2033	−2033	−1936	−1936	−1857	−1857	−1857	−1789	−1789
0.02	−1789	−1731	−1731	−1679	−1679	−1679	−1633	−1633	−1633	−1591
0.03	−1591	−1591	−1553	−1553	−1517	−1517	−1517	−1485	−1485	−1485
0.04	−1454	−1454	−1426	−1426	−1426	−1399	−1399	−1399	−1373	−1373
0.05	−1350	−1350	−1350	−1327	−1327	−1327	−1305	−1305	−1305	−1284
0.06	−1284	−1264	−1264	−1264	−1245	−1245	−1245	−1227	−1227	−1210
0.07	−1210	−1210	−1193	−1193	−1193	−1177	−1177	−1161	−1161	−1161
0.08	−1146	−1146	−1146	−1131	−1131	−1131	−1117	−1117	−1103	−1103
0.09	−1103	−1089	−1089	−1089	−1076	−1076	−1063	−1063	−1063	−1051
0.10	−1051	−1051	−1039	−1039	−1027	−1027	−1027	−1016	−1016	−1016
0.11	−1004	−1004	−1004	−993	−993	−983	−983	−983	−972	−972

第二篇

续表

ΔS	0	1	2	3	4	5	6	7	8	9
	γ =2.70, α=0.37037037									
0.12	−972	−962	−962	−952	−952	−952	−942	−942	−942	−932
0.13	−932	−923	−923	−923	−914	−914	−914	−904	−904	−804
0.14	−896	−896	−887	−887	−887	−878	−878	−878	−870	−870
0.15	−861	−861	−861	−853	−853	−853	−845	−845	−837	−837
0.16	−837	−829	−829	−829	−822	−822	−822	−814	−814	−807
0.17	−807	−807	−799	−799	−799	−792	−792	−785	−785	−785
0.18	−778	−778	−778	−771	−771	−764	−764	−764	−757	−757
0.19	−757	−751	−751	−751	−744	−744	−737	−737	−737	−731
0.20	−731	−731	−725	−725	−718	−718	−718	−712	−712	−712
0.21	−706	−706	−700	−700	−700	−694	−694	−694	−688	−688
0.22	−688	−682	−682	−677	−677	−677	−671	−671	−671	−665
0.23	−665	−660	−660	−660	−654	−654	−654	−649	−649	−643
0.24	−643	−643	−638	−638	−638	−632	−632	−632	−627	−627
0.25	−622	−622	−622	−617	−617	−617	−612	−612	−607	−607
0.26	−607	−602	−602	−602	−597	−597	−592	−592	−592	−587
0.27	−587	−587	−582	−582	−582	−577	−577	−572	−572	−572
0.28	−568	−568	−568	−563	−563	−558	−558	−558	−554	−554
0.29	−554	−549	−549	−545	−545	−545	−540	−540	−540	−536
0.30	−536	−536	−531	−531	−527	−527	−527	−523	−523	−523
0.31	−518	−518	−514	−514	−514	−510	−510	−510	−506	−506
0.32	−501	−501	−501	−497	−497	−497	−493	−493	−493	−489
0.33	−489	−485	−485	−485	−481	−481	−481	−477	−477	−473
0.34	−473	−473	−469	−469	−469	−465	−465	−461	−461	−461
0.35	−457	−457	−457	−453	−453	−453	−450	−450	−446	−446
0.36	−446	−442	−442	−442	−438	−438	−434	−434	−434	−431
0.37	−431	−431	−427	−427	−423	−423	−423	−420	−420	−420
0.38	−416	−416	−416	−413	−413	−409	−409	−409	−405	−405
0.39	−405	−402	−402	−398	−398	−398	−395	−395	−395	−391
0.40	−391	−388	−388	−388	−384	−384	−384	−381	−381	−381
0.41	−378	−378	−374	−374	−374	−371	−371	−371	−368	−368
0.42	−364	−364	−364	−361	−361	−361	−358	−358	−354	−354
0.43	−354	−351	−351	−351	−348	−348	−348	−345	−345	−342
0.44	−342	−342	−338	−338	−338	−335	−335	−332	−332	−332
0.45	−329	−329	−329	−326	−326	−323	−323	−323	−320	−320
0.46	−320	−316	−316	−316	−313	−313	−310	−310	−310	−307
0.47	−307	−307	−304	−304	−301	−301	−301	−298	−298	−298
0.48	−295	−295	−292	−292	−292	−289	−289	−289	−286	−286
0.49	−286	−284	−284	−281	−281	−281	−278	−278	−278	−275
0.50	−275	−272	−272	−272	−269	−269	−269	−266	−266	−263
0.51	−263	−263	−261	−261	−261	−258	−258	−258	−255	−255
0.52	−252	−252	−252	−249	−249	−249	−247	−247	−244	−244
0.53	−244	−241	−241	−241	−238	−238	−236	−236	−236	−233
0.54	−233	−233	−230	−230	−230	−228	−228	−225	−225	−225
0.55	−222	−222	−222	−220	−220	−217	−217	−217	−214	−214
0.56	−214	−212	−212	−209	−209	−209	−206	−206	−206	−204
0.57	−204	−204	−201	−201	−199	−199	−199	−196	−196	−196
0.58	−193	−193	−191	−191	−191	−188	−188	−188	−186	−186
0.59	−183	−183	−183	−181	−181	−181	−178	−178	−178	−176
0.60	−176	−173	−173	−173	−171	−171	−171	−168	−168	−166

ΔS	0	1	2	3	4	5	6	7	8	9
				γ =2.70, α=0.37037037						
0.61	−166	−166	−163	−163	−163	−161	−161	−158	−158	−158
0.62	−156	−156	−156	−154	−154	−154	−151	−151	−149	−149
0.63	−149	−146	−146	−146	−144	−144	−142	−142	−142	−139
0.64	−139	−139	−137	−137	−134	−134	−134	−132	−132	−132
0.65	−130	−130	−130	−127	−127	−125	−125	−125	−123	−123
0.66	−123	−120	−120	−118	−118	−118	−116	−116	−116	−113
0.67	−113	−111	−111	−111	−109	−109	−109	−107	−107	−107
0.68	−104	−104	−102	−102	−102	−100	−100	−100	−098	−098
0.69	−095	−095	−095	−093	−093	−093	−091	−091	−089	−089
0.70	−089	−086	−086	−086	−084	−084	−084	−082	−082	−080
0.71	−080	−080	−078	−078	−078	−075	−075	−073	−073	−073
0.72	−071	−071	−071	−069	−069	−066	−066	−066	−064	−064
0.73	−064	−062	−062	−062	−060	−060	−058	−058	−058	−056
0.74	−056	−056	−054	−054	−052	−052	−052	−049	−049	−049
0.75	−047	−047	−045	−045	−045	−043	−043	−043	−041	−041
0.76	−041	−039	−039	−037	−037	−037	−035	−035	−035	−033
0.77	−033	−031	−031	−031	−029	−029	−029	−026	−026	−024
0.78	−024	−024	−022	−022	−022	−020	−020	−020	−018	−018
0.79	−016	−016	−016	−014	−014	−014	−012	−012	−010	−010
0.80	−010	−008	−008	−008	−006	−006	−004	−004	−004	−002
0.81	−002	−002	000	000	000	002	002	004	004	004
0.82	006	006	006	008	008	010	010	010	012	012
0.83	012	014	014	016	016	016	018	018	018	020
0.84	020	020	022	022	024	024	024	026	026	026
0.85	027	027	029	029	029	031	031	031	033	033
0.86	035	035	035	037	037	037	039	039	039	041
0.87	041	043	043	043	045	045	045	047	047	049
0.88	049	049	050	050	050	052	052	054	054	054
0.89	056	056	056	058	058	058	060	060	062	062
0.90	062	064	064	064	065	065	067	067	067	069
0.91	069	069	071	071	073	073	073	075	075	075
0.92	077	077	077	078	078	080	080	080	082	082
0.93	082	084	084	086	086	086	088	088	088	089
0.94	089	091	091	091	093	093	093	095	095	095
0.95	097	097	098	098	098	100	100	100	102	102
0.96	104	104	104	106	106	106	107	107	109	109
0.97	109	111	111	111	113	113	113	114	114	116
0.98	116	116	118	118	118	120	120	121	121	121
0.99	123	123	123	125	125	127	127	127	128	128
1.0	128	135	142	147	154	161	168	173	180	186
1.1	191	198	204	211	215	222	228	233	239	246
1.2	250	257	263	269	274	280	286	290	296	302
1.3	307	313	319	325	329	335	341	345	351	357
1.4	362	367	372	378	382	388	394	398	403	409
1.5	415	419	424	430	434	439	445	449	454	460
1.6	465	469	474	480	484	489	494	500	504	509
1.7	514	518	523	528	532	537	543	548	552	557

ΔS	0	1	2	3	4	5	6	7	8	9
				γ =2.70, α=0.37037037						
1.8	562	566	571	576	680	585	590	595	598	603
1.9	608	612	617	622	627	631	636	641	644	649
2.0	654	658	663	667	672	676	681	686	689	694
				γ =2.80, α=0.35714285						
0.00	$-\infty$	-3086	-2637	-2637	-2637	-2336	-2336	-2159	-2159	-2159
0.01	-2033	-2033	-2033	-1936	-1936	-1936	-1857	-1857	-1857	-1789
0.02	-1789	-1731	-1731	-1731	-1679	-1679	-1679	-1633	-1633	-1633
0.03	-1591	-1591	-1591	-1553	-1553	-1517	-1517	-1517	-1485	-1485
0.04	-1485	-1454	-1454	-1454	-1426	-1426	-1426	-1399	-1399	-1373
0.05	-1373	-1373	-1350	-1350	-1350	-1327	-1327	-1327	-1305	-1305
0.06	-1305	-1284	-1284	-1264	-1264	-1264	-1245	-1245	-1245	-1227
0.07	-1227	-1227	-1210	-1210	-1210	-1193	-1193	-1177	-1177	-1177
0.08	-1161	-1161	-1161	-1146	-1146	-1146	-1131	-1131	-1131	-1117
0.09	-1117	-1103	-1103	-1103	-1089	-1089	-1089	-1076	-1076	-1076
0.10	-1063	-1063	-1063	-1051	-1051	-1039	-1039	-1039	-1027	-1027
0.11	-1027	-1016	-1016	-1016	-1004	-1004	-1004	-993	-993	-983
0.12	-983	-983	-972	-972	-972	-962	-962	-962	-952	-952
0.13	-952	-942	-942	-932	-932	-932	-923	-923	-923	-914
0.14	-914	-914	-904	-904	-904	-896	-896	-887	-887	-887
0.15	-878	-878	-878	-870	-870	-870	-861	-861	-861	-853
0.16	-853	-845	-845	-845	-837	-837	-837	-829	-829	-829
0.17	-822	-822	-822	-814	-814	-807	-807	-807	-799	-799
0.18	-799	-792	-792	-792	-785	-785	-785	-778	-778	-771
0.19	-771	-771	-764	-764	-764	-757	-757	-757	-751	-751
0.20	-751	-744	-744	-737	-737	-737	-731	-731	-731	-725
0.21	-725	-725	-718	-718	-718	-712	-712	-706	-706	-706
0.22	-700	-700	-700	-694	-694	-694	-688	-688	-688	-682
0.23	-682	-677	-677	-677	-671	-671	-671	-665	-665	-665
0.24	-660	-660	-660	-654	-654	-649	-649	-649	-643	-643
0.25	-643	-638	-638	-638	-632	-632	-632	-627	-627	-622
0.26	-622	-622	-617	-617	-617	-612	-612	-612	-607	-607
0.27	-607	-602	-602	-597	-597	-597	-592	-592	-592	-587
0.28	-587	-587	-582	-582	-582	-577	-577	-572	-572	-572
0.29	-568	-568	-568	-563	-563	-563	-558	-558	-558	-554
0.30	-554	-549	-549	-549	-545	-545	-545	-540	-540	-540
0.31	-536	-536	-536	-531	-531	-527	-527	-527	-523	-523
0.32	-523	-518	-518	-518	-514	-514	-514	-510	-510	-506
0.33	-506	-506	-501	-501	-501	-497	-497	-497	-493	-493
0.34	-493	-489	-489	-485	-485	-485	-481	-481	-481	-477
0.35	-477	-477	-473	-473	-473	-469	-469	-465	-465	-465
0.36	-461	-461	-461	-457	-457	-457	-453	-453	-453	-450
0.37	-450	-446	-446	-446	-442	-442	-442	-438	-438	-438
0.38	-434	-434	-434	-431	-431	-427	-427	-427	-423	-423
0.39	-423	-420	-420	-420	-416	-416	-416	-413	-413	-409
0.40	-409	-409	-405	-405	-405	-402	-402	-402	-398	-398
0.41	-398	-395	-395	-391	-391	-391	-388	-388	-388	-384
0.42	-384	-384	-381	-381	-381	-378	-378	-374	-374	-374

第二篇

ΔS	0	1	2	3	4	5	6	7	8	9
					$\gamma=2.80$, $a=0.35714285$					
0.43	−371	−371	−371	−368	−368	−368	−364	−364	−364	−361
0.44	−361	−358	−358	−358	−354	−354	−354	−351	−351	−351
0.45	−348	−348	−348	−345	−345	−342	−342	−342	−338	−338
0.46	−338	−335	−335	−335	−332	−332	−332	−329	−329	−326
0.47	−326	−326	−323	−323	−323	−320	−320	−320	−316	−316
0.48	−316	−313	−313	−310	−310	−310	−307	−307	−307	−304
0.49	−304	−304	−301	−301	−301	−298	−298	−295	−295	−295
0.50	−292	−292	−292	−289	−289	−289	−286	−286	−286	−284
0.51	−284	−281	−281	−281	−278	−278	−278	−275	−275	−275
0.52	−272	−272	−272	−269	−269	−266	−266	−266	−263	−263
0.53	−263	−261	−261	−261	−258	−258	−258	−255	−255	−252
0.54	−252	−252	−249	−249	−249	−247	−247	−247	−244	−244
0.55	−244	−241	−241	−238	−238	−238	−236	−236	−236	−233
0.56	−233	−233	−230	−230	−230	−228	−228	−225	−225	−225
0.57	−222	−222	−222	−220	−220	−220	−217	−217	−217	−214
0.58	−214	−212	−212	−212	−209	−209	−209	−206	−206	−206
0.59	−204	−204	−204	−201	−201	−199	−199	−199	−196	−196
0.60	−196	−193	−193	−193	−191	−191	−191	−188	−188	−186
0.61	−186	−186	−183	−183	−183	−181	−181	−181	−178	−178
0.62	−178	−176	−176	−173	−173	−173	−171	−171	−171	−168
0.63	−168	−168	−166	−166	−166	−163	−163	−161	−161	−161
0.64	−158	−158	−158	−156	−156	−156	−154	−154	−154	−151
0.65	−151	−149	−149	−149	−146	−146	−146	−144	−144	−144
0.66	−142	−142	−142	−139	−139	−137	−137	−137	−134	−134
0.67	−134	−132	−132	−132	−130	−130	−130	−127	−127	−125
0.68	−125	−125	−123	−123	−123	−120	−120	−120	−118	−118
0.69	−118	−116	−116	−113	−113	−113	−111	−111	−111	−109
0.70	−109	−109	−107	−107	−107	−104	−104	−102	−102	−102
0.71	−100	−100	−100	−098	−098	−098	−095	−095	−095	−093
0.72	−093	−091	−091	−091	−089	−089	−089	−086	−086	−086
0.73	−084	−084	−084	−082	−082	−080	−080	−080	−078	−078
0.74	−078	−075	−075	−075	−073	−073	−073	−071	−071	−069
0.75	−069	−069	−066	−066	−066	−064	−064	−064	−062	−062
0.76	−062	−060	−060	−058	−058	−058	−056	−056	−056	−054
0.77	−054	−054	−052	−052	−052	−049	−049	−047	−047	−047
0.78	−045	−045	−045	−043	−043	−043	−041	−041	−041	−039
0.79	−039	−037	−037	−037	−035	−035	−035	−033	−033	−033
0.80	−031	−031	−031	−029	−029	−026	−026	−026	−024	−024
0.81	−024	−022	−022	−022	−020	−020	−020	−018	−018	−016
0.82	−016	−016	−014	−014	−014	−012	−012	−012	−010	−010
0.83	−010	−008	−008	−006	−006	−006	−004	−004	−004	−002
0.84	−002	−002	000	000	000	002	002	004	004	004
0.85	006	006	006	008	008	008	010	010	010	012
0.86	012	014	014	014	016	016	016	018	018	018
0.87	020	020	020	022	022	024	024	024	026	026
0.88	026	027	027	027	029	029	029	031	031	033
0.89	033	033	035	035	035	037	037	037	039	039
0.90	039	041	041	043	043	043	045	045	045	047
0.91	047	047	049	049	049	050	050	052	052	052

续表

ΔS	0	1	2	3	4	5	6	7	8	9
				$\gamma=2.80$, $\alpha=0.35714285$						
0.92	054	054	054	056	056	056	058	058	058	060
0.93	060	062	062	062	064	064	064	065	065	065
0.94	067	067	067	069	069	071	071	071	073	073
0.95	073	075	075	075	077	077	077	078	078	080
0.96	080	080	082	082	082	084	084	084	086	086
0.97	086	088	088	089	089	089	091	091	091	093
0.98	093	093	095	095	095	097	097	098	098	098
0.99	100	100	100	102	102	102	104	104	104	106
1.0	106	113	118	125	130	137	144	149	156	161
1.1	168	173	180	186	191	198	203	209	214	220
1.2	227	231	238	243	249	253	260	266	270	277
1.3	281	287	292	298	304	308	314	319	325	329
1.4	335	341	345	351	355	361	365	371	377	381
1.5	387	391	396	401	406	412	416	421	426	431
1.6	435	441	446	450	456	460	465	469	474	480
1.7	484	489	493	498	502	508	513	517	522	526
1.8	531	535	540	545	549	554	558	563	567	572
1.9	577	581	586	590	595	598	603	608	612	617
2.0	621	626	629	634	639	643	648	652	656	660
				$\gamma=2.90$, $\alpha=0.34482758$						
0.00	$-\infty$	-3102	-2637	-2637	-2637	-2336	-2336	-2336	-2159	-2159
0.01	-2159	-2033	-2033	-2033	-1936	-1936	-1857	-1857	-1857	-1789
0.02	-1789	-1789	-1731	-1731	-1731	-1679	-1679	-1679	-1633	-1633
0.03	-1633	-1591	-1591	-1591	-1553	-1553	-1553	-1517	-1517	-1517
0.04	-1485	-1485	-1485	-1454	-1454	-1426	-1426	-1426	-1399	-1399
0.05	-1399	-1373	-1373	-1373	-1350	-1350	-1350	-1327	-1327	-1327
0.06	-1305	-1305	-1305	-1284	-1284	-1284	-1264	-1264	-1264	-1245
0.07	-1245	-1245	-1227	-1227	-1210	-1210	-1210	-1193	-1193	-1193
0.08	-1177	-1177	-1177	-1161	-1161	-1161	-1146	-1146	-1146	-1131
0.09	-1131	-1131	-1117	-1117	-1117	-1103	-1103	-1103	-1089	-1089
0.10	-1089	-1076	-1076	-1063	-1063	-1063	-1051	-1051	-1051	-1039
0.11	-1039	-1039	-1027	-1027	-1027	-1016	-1016	-1016	-1004	-1004
0.12	-1004	-993	-993	-993	-983	-983	-983	-972	-972	-972
0.13	-962	-962	-952	-952	-952	-942	-942	-942	-932	-932
0.14	-932	-923	-923	-923	-914	-914	-914	-904	-904	-904
0.15	-896	-896	-896	-887	-887	-887	-878	-878	-878	-870
0.16	-870	-861	-861	-861	-853	-853	-853	-845	-845	-845
0.17	-837	-837	-837	-829	-829	-829	-822	-822	-822	-814
0.18	-814	-814	-807	-807	-807	-799	-799	-799	-792	-792
0.19	-785	-785	-785	-778	-778	-778	-771	-771	-771	-764
0.20	-764	-764	-757	-757	-757	-751	-751	-751	-744	-744
0.21	-744	-737	-737	-737	-731	-731	-731	-725	-725	-718
0.22	-718	-718	-712	-712	-712	-706	-706	-706	-700	-700
0.23	-700	-694	-694	-694	-688	-688	-688	-682	-682	-682
0.24	-677	-677	-677	-671	-671	-671	-665	-665	-660	-660
0.25	-660	-654	-654	-654	-649	-649	-649	-643	-643	-643
0.26	-638	-638	-638	-632	-632	-632	-627	-627	-627	-622
0.27	-622	-622	-617	-617	-617	-612	-612	-607	-607	-607
0.28	-602	-602	-602	-597	-597	-597	-592	-592	-592	-587
0.29	-587	-587	-582	-582	-582	-577	-577	-577	-572	-572
0.30	-572	-568	-568	-568	-563	-563	-558	-558	-558	-554
0.31	-554	-554	-549	-549	-549	-545	-545	-545	-540	-540

ΔS	0	1	2	3	4	5	6	7	8	9
					γ =2.90, α=0.34482758					
0.32	−540	−536	−536	−536	−531	−531	−531	−527	−527	−527
0.33	−523	−523	−523	−518	−518	−514	−514	−514	−510	−510
0.34	−510	−506	−506	−506	−501	−501	−501	−497	−497	−497
0.35	−493	−493	−493	−489	−489	−489	−485	−485	−485	−481
0.36	−481	−481	−477	−477	−473	−473	−469	−469	−469	−453
0.37	−465	−465	−465	−461	−461	−461	−457	−457	−457	−453
0.38	−453	−453	−450	−450	−450	−446	−446	−446	−442	−442
0.39	−442	−438	−438	−434	−434	−434	−431	−431	−431	−427
0.40	−427	−427	−423	−423	−423	−420	−420	−420	−416	−416
0.41	−416	−413	−413	−413	−409	−409	−409	−405	−405	−405
0.42	−402	−402	−398	−398	−398	−395	−395	−395	−391	−391
0.43	−391	−388	−388	−388	−384	−384	−384	−381	−381	−381
0.44	−378	−378	−378	−374	−374	−374	−371	−371	−371	−368
0.45	−368	−364	−364	−364	−361	−361	−361	−358	−358	−358
0.46	−354	−354	−354	−351	−351	−351	−348	−348	−348	−345
0.47	−345	−345	−342	−342	−342	−338	−338	−338	−335	−335
0.48	−332	−332	−332	−329	−329	−329	−326	−326	−326	−323
0.49	−323	−323	−320	−320	−320	−316	−316	−316	−313	−313
0.50	−313	−310	−310	−310	−307	−307	−307	−304	−304	−301
0.51	−301	−301	−298	−298	−298	−295	−295	−295	−292	−292
0.52	−292	−289	−289	−289	−286	−286	−286	−284	−284	−284
0.53	−281	−281	−281	−278	−278	−278	−275	−275	−272	−272
0.54	−272	−269	−269	−269	−266	−266	−266	−263	−263	−263
0.55	−261	−261	−261	−258	−258	−258	−255	−255	−255	−252
0.56	−252	−252	−249	−249	−249	−247	−247	−244	−244	−244
0.57	−241	−241	−241	−238	−238	−238	−236	−236	−236	−233
0.58	−233	−233	−230	−230	−230	−228	−228	−228	−225	−225
0.59	−225	−222	−222	−222	−220	−220	−217	−217	−217	−214
0.60	−214	−214	−212	−212	−212	−209	−209	−209	−206	−206
0.61	−206	−204	−204	−204	−201	−201	−201	−199	−199	−199
0.62	−196	−196	−196	−193	−193	−191	−191	−191	−188	−188
0.63	−188	−186	−186	−186	−183	−183	−183	−181	−181	−181
0.64	−178	−178	−178	−176	−176	−176	−173	−173	−173	−171
0.65	−171	−171	−168	−168	−166	−166	−166	−163	−163	−163
0.66	−161	−161	−161	−158	−158	−158	−156	−156	−156	−154
0.67	−154	−154	−151	−151	−151	−149	−149	−149	−146	−146
0.68	−146	−144	−144	−142	−142	−142	−139	−139	−139	−137
0.69	−137	−137	−134	−134	−134	−132	−132	−132	−130	−130
0.70	−130	−127	−127	−127	−125	−125	−125	−123	−123	−123
0.71	−120	−120	−118	−118	−118	−116	−116	−116	−113	−113
0.72	−113	−111	−111	−111	−109	−109	−109	−107	−107	−107
0.73	−104	−104	−104	−102	−102	−102	−100	−100	−100	−098
0.74	−098	−095	−095	−095	−093	−093	−093	−091	−091	−091
0.75	−089	−089	−089	−086	−086	−086	−084	−084	−084	−082
0.76	−082	−082	−080	−080	−080	−078	−078	−078	−075	−075
0.77	−073	−073	−073	−071	−071	−071	−069	−069	−069	−066
0.78	−066	−066	−064	−064	−064	−062	−062	−062	−060	−060
0.79	−060	−058	−058	−058	−056	−056	−056	−054	−054	−052
0.80	−052	−052	−049	−049	−049	−047	−047	−047	−045	−045
0.81	−045	−043	−043	−043	−041	−041	−041	−039	−039	−039

第二篇

ΔS	0	1	2	3	4	5	6	7	8	9
					γ =2.90, α=0.34482758					
0.82	−037	−037	−037	−035	−035	−035	−033	−033	−031	−031
0.83	−031	−029	−029	−029	−026	−026	−026	−024	−024	−024
0.84	−022	−022	−022	−020	−020	−020	−018	−018	−018	−016
0.85	−016	−016	−014	−014	−014	−012	−012	−010	−010	−010
0.86	−008	−008	−008	−006	−006	−006	−004	−004	−004	−002
0.87	−002	−002	000	000	000	002	002	002	004	004
0.88	004	006	006	006	008	008	010	010	010	012
0.89	012	012	014	014	014	016	016	016	018	018
0.90	018	020	020	020	022	022	022	024	024	024
0.91	026	026	026	027	027	029	029	029	031	031
0.92	031	033	033	033	035	035	035	037	037	037
0.93	039	039	039	041	041	041	043	043	043	045
0.94	045	045	047	047	049	049	049	050	050	050
0.95	052	052	052	054	054	054	056	056	056	058
0.96	058	058	060	060	060	062	062	062	064	064
0.97	064	065	065	067	067	067	069	069	069	071
0.98	071	071	073	073	073	075	075	075	077	077
0.99	077	078	078	078	080	080	080	082	082	082
1.0	084	089	097	102	109	114	121	127	132	139
1.1	144	151	156	163	168	175	180	184	191	196
1.2	203	207	214	219	225	230	235	241	246	252
1.3	257	263	267	274	278	284	289	293	299	304
1.4	310	314	320	325	331	335	339	345	349	355
1.5	360	365	370	375	380	384	389	394	399	403
1.6	409	413	419	423	428	432	437	442	446	452
1.7	456	461	465	470	474	478	484	488	493	497
1.8	502	506	511	515	519	524	528	534	537	543
1.9	546	552	555	561	564	568	573	577	582	586
2.0	591	595	600	603	607	612	616	621	625	629
					γ =3.00, α=0.33333333					
0.00	$-\infty$	−3114	−2637	−2637	−2637	−2336	−2336	−2336	−2159	−2159
0.01	−2159	−2033	−2033	−2033	−1936	−1936	−1936	−1857	−1857	−1857
0.02	−1789	−1789	−1789	−1731	−1731	−1731	−1679	−1679	−1679	−1633
0.03	−1633	−1633	−1591	−1591	−1591	−1553	−1553	−1553	−1517	−1517
0.04	−1517	−1485	−1485	−1485	−1454	−1454	−1454	−1426	−1426	−1426
0.05	−1399	−1399	−1399	−1373	−1373	−1373	−1350	−1350	−1350	−1327
0.06	−1327	−1327	−1305	−1305	−1305	−1284	−1284	−1284	−1264	−1264
0.07	−1264	−1245	−1245	−1245	−1227	−1227	−1227	−1210	−1210	−1210
0.08	−1193	−1193	−1193	−1177	−1177	−1177	−1161	−1161	−1161	−1146
0.09	−1146	−1146	−1131	−1131	−1131	−1117	−1117	−1117	−1103	−1103
0.10	−1103	−1089	−1089	−1089	−1076	−1076	−1076	−1063	−1063	−1063
0.11	−1051	−1051	−1051	−1039	−1039	−1039	−1027	−1027	−1027	−1016
0.12	−1016	−1016	−1004	−1004	−1004	−993	−993	−993	−983	−983
0.13	−983	−972	−972	−972	−962	−962	−962	−952	−952	−952
0.14	−942	−942	−942	−932	−932	−932	−923	−923	−923	−914
0.15	−914	−914	−904	−904	−904	−896	−896	−896	−887	−887
0.16	−887	−878	−878	−878	−870	−870	−870	−861	−861	−861
0.17	−853	−853	−853	−845	−845	−845	−837	−837	−837	−829
0.18	−829	−829	−822	−822	−822	−814	−814	−814	−807	−807
0.19	−807	−799	−799	−799	−792	−792	−792	−785	−785	−785
0.20	−778	−778	−778	−771	−771	−771	−764	−764	−764	−757

ΔS	0	1	2	3	4	5	6	7	8	9
				$\gamma=3.00$, $\alpha=0.33333333$						
0.21	−757	−757	−751	−751	−751	−744	−744	−744	−737	−737
0.22	−737	−731	−731	−731	−725	−725	−725	−718	−718	−718
0.23	−712	−712	−712	−706	−706	−706	−700	−700	−700	−694
0.24	−694	−694	−688	−688	−688	−682	−682	−682	−677	−677
0.25	−677	−671	−671	−671	−665	−665	−665	−660	−660	−660
0.26	−654	−654	−654	−649	−649	−649	−643	−643	−643	−638
0.27	−638	−638	−632	−632	−632	−627	−627	−627	−622	−622
0.28	−622	−617	−617	−617	−612	−612	−612	−607	−607	−607
0.29	−602	−602	−602	−597	−597	−597	−592	−592	−592	−587
0.30	−587	−587	−582	−582	−582	−577	−577	−577	−572	−572
0.31	−572	−568	−568	−568	−563	−563	−563	−558	−558	−558
0.32	−554	−554	−554	−549	−549	−549	−545	−545	−545	−540
0.33	−540	−540	−536	−536	−536	−531	−531	−531	−527	−527
0.34	−527	−523	−523	−523	−518	−518	−518	−514	−514	−514
0.35	−510	−510	−510	−506	−506	−506	−501	−501	−501	−497
0.36	−497	−497	−493	−493	−493	−489	−489	−489	−485	−485
0.37	−485	−481	−481	−481	−477	−477	−477	−473	−473	−473
0.38	−469	−469	−469	−465	−465	−465	−461	−461	−461	−457
0.39	−457	−457	−453	−453	−453	−450	−450	−450	−446	−446
0.40	−446	−442	−442	−442	−438	−438	−438	−434	−434	−434
0.41	−431	−431	−431	−427	−427	−427	−423	−423	−423	−420
0.42	−420	−420	−416	−416	−416	−413	−413	−413	−409	−409
0.43	−409	−405	−405	−405	−402	−402	−402	−398	−398	−398
0.44	−395	−395	−395	−391	−391	−391	−388	−388	−388	−384
0.45	−384	−384	−381	−381	−381	−378	−378	−378	−374	−374
0.46	−374	−371	−371	−371	−368	−368	−368	−364	−364	−364
0.47	−361	−361	−361	−358	−358	−358	−354	−354	−354	−351
0.48	−351	−351	−348	−348	−348	−345	−345	−345	−342	−342
0.49	−342	−338	−338	−338	−335	−335	−335	−332	−332	−332
0.50	−329	−329	−329	−326	−326	−326	−323	−323	−323	−320
0.51	−320	−320	−316	−316	−316	−313	−313	−313	−310	−310
0.52	−310	−307	−307	−307	−304	−304	−304	−301	−301	−301
0.53	−298	−298	−298	−295	−295	−295	−292	−292	−292	−289
0.54	−289	−289	−286	−286	−286	−284	−284	−284	−281	−281
0.55	−281	−278	−278	−278	−275	−275	−275	−272	−272	−272
0.56	−269	−269	−269	−266	−266	−266	−263	−263	−263	−261
0.57	−261	−261	−258	−258	−258	−255	−255	−255	−252	−252
0.58	−252	−249	−249	−249	−247	−247	−247	−244	−244	−244
0.59	−241	−241	−241	−238	−238	−238	−236	−236	−236	−233
0.60	−233	−233	−230	−230	−230	−228	−228	−228	−225	−225
0.61	−225	−222	−222	−222	−220	−220	−220	−217	−217	−217
0.62	−214	−214	−214	−212	−212	−212	−209	−209	−209	−206
0.63	−206	−206	−204	−204	−204	−201	−201	−201	−199	−199
0.64	−199	−196	−196	−196	−193	−193	−193	−191	−191	−191
0.65	−188	−188	−188	−186	−186	−186	−183	−183	−183	−181
0.66	−181	−181	−178	−178	−178	−176	−176	−176	−173	−173
0.67	−173	−171	−171	−171	−168	−168	−168	−166	−166	−166
0.68	−163	−163	−163	−161	−161	−161	−158	−158	−158	−156
0.69	−156	−156	−154	−154	−154	−151	−151	−151	−149	−149
0.70	−149	−146	−146	−146	−144	−144	−144	−142	−142	−142
0.71	−139	−139	−139	−137	−137	−137	−134	−134	−134	−132
0.72	−132	−132	−130	−130	−130	−127	−127	−127	−125	−125

ΔS	0	1	2	3	4	5	6	7	8	9
	γ =3.00, a=0.33333333									
0.73	−125	−123	−123	−123	−120	−120	−120	−118	−118	−118
0.74	−116	−116	−116	−113	−113	−113	−111	−111	−111	−109
0.75	−109	−109	−107	−107	−107	−104	−104	−104	−102	−102
0.76	−102	−100	−100	−100	−098	−098	−098	−095	−095	−095
0.77	−093	−093	−093	−091	−091	−091	−089	−089	−089	−086
0.78	−086	−086	−084	−084	−084	−082	−082	−082	−080	−080
0.79	−080	−078	−078	−078	−075	−075	−075	−073	−073	−073
0.80	−071	−071	−071	−069	−069	−069	−066	−066	−066	−064
0.81	−064	−064	−062	−062	−062	−060	−060	−060	−058	−058
0.82	−058	−056	−056	−056	−054	−054	−054	−052	−052	−052
0.83	−049	−049	−049	−047	−047	−047	−045	−045	−045	−043
0.84	−043	−043	−041	−041	−041	−039	−039	−039	−037	−037
0.85	−037	−035	−035	−035	−033	−033	−033	−031	−031	−031
0.86	−029	−029	−029	−026	−026	−026	−024	−024	−024	−022
0.87	−022	−022	−020	−020	−020	−018	−018	−018	−016	−016
0.88	−016	−014	−014	−014	−012	−012	−012	−010	−010	−010
0.89	−008	−008	−008	−006	−006	−006	−004	−004	−004	−002
0.90	−002	−002	000	000	000	002	002	002	004	004
0.91	004	006	006	006	008	008	008	010	010	010
0.92	012	012	012	014	014	014	016	016	016	018
0.93	018	018	020	020	020	022	022	022	024	024
0.94	024	026	026	026	027	027	027	029	029	029
0.95	031	031	031	033	033	033	035	035	035	037
0.96	037	037	039	039	039	041	041	041	043	043
0.97	043	045	045	045	047	047	047	049	049	049
0.98	050	050	050	052	052	052	054	054	054	056
0.99	056	056	058	058	058	060	060	060	062	062
1.0	062	069	075	080	088	093	098	106	111	116
1.1	123	128	134	141	146	151	158	163	168	175
1.2	180	184	191	196	201	207	212	217	224	228
1.3	233	239	244	249	255	260	264	270	275	280
1.4	286	290	295	301	305	310	316	320	325	331
1.5	335	339	345	349	354	360	364	368	374	378
1.6	382	388	392	396	402	406	410	416	420	424
1.7	430	434	438	443	447	452	457	461	465	470
1.8	474	478	484	488	492	497	501	505	510	514
1.9	518	523	527	531	536	540	544	549	553	557
2.0	562	566	569	574	578	582	587	591	595	600

注：$a = 1/\gamma$，即 a 为感光板反衬度的倒数。

表 5-16 影响谱线强度的元素或化合物 [8]

受影响的元素	造成谱线增强的元素(或化合物)	造成谱线削弱的元素(或化合物)	其他影响
Ag	大量的 Pb、Zn、Cu	大量的 Fe、Co、Ni、Mn、S、K_2SO_4	加入 $CaCO_3$ 和 C 粉可减弱其影响
As	Mg、Si、Pb 及大量 Sb、NH_4I；大量的 Zn	K_2SO_4	大量的 Fe 使 As 形成 Fe_3As 延长蒸发。加入 I，会形成碘化反应，灵敏度可以提高
B	AgCl 及大量的 Ca		C 易与 B 作用形成难挥发的 BC Zn 粉可促使 B 提前蒸发
Ba	Ca, KCl		碱金属，C 粉可消除成分影响
Be	C 粉，SiO_2	K 等碱金属	F 加速蒸发，减弱组分影响

续表

受影响的元素	造成谱线增强的元素(或化合物)	造成谱线削弱的元素(或化合物)	其他影响
Bi	NH_4I, K_2SO_4 及大量的 Pb		NH_4I 亦可减弱组分影响
Cd	$NH_4Cl+Li_2CO_3=1+3$ 的混合物, 大量的 Zn	过量的碱金属	
Co		C	NaCl 使 Co 的蒸发受到抑制
Cu		Fe, Ca 大量，Cu 327.4nm 减弱; Mn 大量，Cu 282.4nm 减弱	碱金属、Pb、Zn、Fe、Mn 延长 Cu 的蒸发
Cr	SiO_2	Ca, Mg, C	Ca>20%时，Cr 线变细
Ga	大量的 Al, Pb, Zn, Sn, Bi, Na, S, Sb_2O_3, SiO_2, Fe		
Ge	大量的 Cu, Pb, Zn, Sb_2S_3, S, NH_4I		K 阻止 Fe 蒸发,加强 Ge 蒸发
Hg			Na 盐对 Hg 有抑制作用
In	Pb, Zn, Sb, Bi, NaCl, Li_2CO_3	SiO_2	
K	Ca, Na		
Li	碱金属氯化物		
Mn			不同分析线受影响不同
Mo			火花线与电弧线比值受基体成分影响大，不同分析线误差大
Ni	Cr	SiO_2, Mg 使 Ni 305.1nm 减弱(但 Ni 232.5nm 增强)	
Nb	C	SiO_2	Tl、P、Mo 延长其蒸发；C、Si 加速蒸发
Pb	Sn, SiO_2, 碱金属	S, Fe, Mn 使 Pb 283.3nm 减弱; Ca,Mg 高 Pb 线减弱	Fe、Mn 高使 Pb 线变虚而宽; Sb 高延长 Pb 蒸发
P		Mg, 碱金属	
Se	NH_4I, S		
Sb	大量 Pb, Zn, NH_4I	大量 Fe, SiO_2	Na 盐对 Sb 线有抑制，Cu 高 Sb 蒸发慢
Sn	S(PbS, ZnS, Fe_2S_3), K_2SO_4, NaCl	$CaCO_3$, SiO_2	
Sr	KCl, NaCl, C		C 可减弱其影响
Ta	AgCl, C		C 粉使基体元素提前蒸发，使 Ta 得到富集
Te	NH_4I, S		
Ti		大量 Mg	加 C 粉 Ti 线出现多
Tl			K_2SO_4、Li_2CO_3 抑制 CN 带, 提高 Tl 灵敏度
U	$PbCl_2$, AgCl, Ga_2O_3		$BaCO_3$：C=3：7 与样品 1：1 混合，灵敏度略有提高
V	C 粉使火花线增强，K、Na 使原子线增强		火花线与电弧线比值受基体成分影响大
W	PbS, SiO_2, AgCl	Ca, Fe	NaCl 使 W 蒸发受抑制；W 的氧化物易挥发，当被还原成金属 W 或 WC 时则难挥发
La	C, Al_2O_3, TiO_2		
Y	C, Al_2O_3, TiO_2		
Yb	Mo, U, Ti, Cr, C		
Zn	Sn, AgCl, S, Fe		碱金属，Ca 对 Zn 有抑制; Mn、Ca 干扰 Zn 线
Zr	AgCl, C		

第二篇

第四节   分析方法及定量方式

一、电弧发射光谱分析操作

1. 分析试样制备

电弧发射光谱分析对于非导体的固体粉末直接测定最为有效，因此通常分析时均采用粉末样品。

对于固体试样如各种岩石、矿物、土壤及无机固体材料，通常将样品粉碎并磨制成具有一定粒度的粉状试样，一般不大于 0.125mm(120 目)，有时需粉碎至 0.074mm(200 目)。当加入载体和缓冲剂时，还需要将其研磨充分混匀，才能作为试样装填于杯状电极中进行电弧激发。

对于高纯金属中杂质成分的测定，或对于一些非匀质样品的分析时，则采用酸溶解后将溶液蒸干，在一定的高温下灼烧成氧化物粉末样品，再进行测定。

2. 装样电极要求

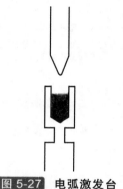

图 5-27   电弧激发台

电弧激发可以有多种进样方式，固体粉末样品的直接分析一般采用垂直电极法(图 5-27)，用带孔的杯状炭电极，将粉末样品装填于孔穴中，以另一根带尖端的炭棒或带小平台的锥形炭棒为对电极，接通交流或直流电弧发生器，进行激发。

炭电极通常采用质地较软、易于机械加工、导电导热性良好的光谱纯石墨棒。石墨耐化学腐蚀、耐高温，可蒸发高沸点物质，本身 3600℃开始升华。

不同的电极形状，显著地影响电极头的温度和电极温度的纵向分布，特别是装样电极的结构、装样品的空穴大小及深度，均对粉末样品的激发状态产生影响，因此装样电极的形状，影响电弧分析性能。图 5-28 为电弧法分析时采用的不同类型的杯形装样电极，通过选用形状不同的电极以控制电极头的温度，适用于不同类型样品和不同元素的分析测定。

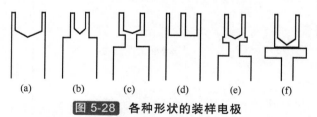

(a)   (b)   (c)   (d)   (e)   (f)

图 5-28   各种形状的装样电极

装样电极的孔穴大小及深度不同，具有不同的分析效果。在相同电弧放电条件下，电极孔径越大，孔壁越厚，电极头的温度就越低，反之，温度越高。图 5-28(a)型电极头温度将比(b)型的低。(c)型电极带细颈，减小了热传导，电极温度则更高。(d)型电极孔穴中带有极芯，以提高电弧燃烧的稳定性。(e)型电极带有小台阶用于电弧浓缩法，用以增强基体元素与难挥发元素之间的分馏效应。在进行微粒矿物或微量样品分析时，常采用小孔径电极，以提高电极温度，加速元素的蒸发，提高被测元素谱线强度与背景的比值。为了提高电极温度，有时用带有电极台的(f)型电极，杯状的装样电极置于石墨电极台上，在起弧时，装样电极与电极台之间因存在较大的接触电阻，产生火花放电，使电极温度急剧上升，试样迅速熔化、蒸发，被测元素与基体元素之间产生分馏效应，可使某些元素的灵敏度大为提高。还有用于多元素连续测定的

加罩电极，以减少电极孔穴中原子蒸气的扩散损失，提高被测元素的有效蒸发系数。它将载体蒸馏法、直接燃烧法和电弧浓缩法合理组合，达到多元素分组连续测定的目的。

电极形状不同，还将影响电弧燃烧的稳定性。一般来讲，电极头越小，弧烧越稳定。锥形电极比平头柱状电极形成的燃弧更稳定。带有小气孔的锥形电极可以获得更稳定的电弧等离子体。

3. 光谱载体和缓冲剂

对粉末样品进行电弧分析时，为了稳定弧烧、控制电弧温度和元素的蒸发行为，常常需要在试样中加入光谱载体或缓冲剂，参与电弧放电过程中的化学反应，以促进被分析物质蒸发、原子化和激发。

缓冲剂主要用于稀释试样，控制电弧的放电特性，稳定电弧温度，促进试样有规律的蒸发，且对待测元素具有最小的基体效应。当然缓冲剂的稀释作用也降低了检出限。

载体的作用比较复杂，也属控制试样中元素的蒸发行为，增加谱线强度和消除干扰。载体在电弧放电时，可通过电极孔穴中发生的热化学反应，与一些元素转化成新的化合物，产生分馏效应，改变其蒸发行为。如将难挥发性化合物(主要是氧化物)转变为沸点低、易挥发的化合物，如卤化物、硫化物，使其提前蒸发，与基体分离。实际上，载体和缓冲剂的作用并没有明确的区分，通常统称为光谱缓冲剂。

对于导电性很差的样品，通常用炭粉为载体以增加粉末样品的导电性，配以适当比例的非化学活性及参与高温反应的化学活性试剂等的均匀混合物作为缓冲剂，在大气下或适当辅助气体保护下稳定电弧放电。

选用光谱缓冲剂须注意：

① 用作缓冲剂及载体的物质应预先经过检查，确实不含分析元素；

② 应具有增强分析元素谱线强度的作用，以利于微量元素的测定；

③ 必须能使被测元素和内标元素的蒸发行为趋于一致，得到一个稳定的激发条件；

④ 能消除试样喷溅现象，促使弧焰稳定，并能消除或减轻由于组分变化对测定结果的影响；

⑤ 缓冲剂及载体应具有比较浅的背景和较少的谱线，使分析线和内标线不受到缓冲剂谱线的干扰，从而获得好的检出限。

⑥ 作为缓冲剂及载体的物质，需具有稳定的化学及物理性质，以便于研磨及保存。应避免使用有毒及放射性物质。

光谱缓冲剂的选择需要通过实验进行确定。常用的光谱缓冲剂见表 5-17。

表 5-17　常用的光谱缓冲剂[9]

分析元素	类型	缓冲剂混合物(w/%)	内标元素	样品+缓冲剂
Ag	1	$80C+20Li_2CO_3+0.03Sn+0.02Ge$	Sn, Ge	
	2	$90SiO_2+10NaF+0.04CdO$	Cd	
	3	$50K_2SO_4+30S+20SiO_2+0.015In_2O_3$	In	2+3
	4	$50ZnO+45SiO_2+5NaF+0.4CdO$	Cd	1+6
Au	1	$100C+0.02Pt+0.1Pd$	Pt, Pd	
	2	$90C+10SrSO_4+0.015Pt$	Pt	
	3	$20C+79SiO_2+0.5PbO+0.4Sb_2O_3+0.1Pt$	Pt	
B	1	$100C+0.1Be$	Be	
	2	$52K_2SO_4+40ZnO+8AgCl+0.1SnO_2$	Sn	1+2
	3	$44K_2SO_4+37ZnO+4AgCl+15$ 空矿*$+0.25SnO_2$	Sn	1+20
	4	$50Na_2CO_3+25Al_2O_3+25Sb_2O_3+2SnO_2$	Sn	1+3
Be	1	$75C+25SrSO_4+0.7BaCO_3$	Ba	
	2	$70C+26SrSO_4+2Li_2CO_3+2CO_2O_3$	Co	

分析元素	类型	缓冲剂混合物(w/%)	内标元素	样品+缓冲剂
	3	$70CuO+30C$	Cu	
Be	4	$30C+20NaF+25CaF_2+16CuO+7SnO_2+2Bi_2O_3$	Sn, Bi	
	5	$65CuO+35C+0.6BaCO_3$	Ba	1+20
				1+50
	6	$84CaF_2+9NaF+5CdO+2Sb_2O_3$	Sb	1+2
	7	$32SrSO_4+64C+2LiCO_3+2CoO_3$	Co	1+30
				1+50
	8	$50BaCO_3+30C+20Na_2B_4O_7$	Ba	1+3
Bi	1	$95C+5Na_2CO_3+0.03Sb_2O_3$	Sb	
As, Sb, Bi	1	$67Zn+5S+5C+22$ 空矿+$1SnO_2$	Sn	2+3
As, Sn, Sb, Bi	1	$66NaSiO_4+17C+17Ag+0.02PbO$	Pb	1+2
Al	1	$80C+20SrCO_3$	Sr	
	2	$78C+20SrCO_3+2Y_2O_3$	Y	
Ca, Mg, Fe, Al, Ti	1	$83C+17BaCO_3$	Ba	1+2
Mg, Fe, Al, Mn, Cr, Si	1	$96C+2CuO+0.5Y_2O_3+1.5La_2O_3$	Cu, Y, La	1+2
Ga	1	$56C+33SiO_2+10NaCl+1SnO_2$	Sn	1+3
Ga, Ge	1	$100NaCl+0.005Sn$	Sn	
	2	$99Sb_2O_3+1SnO_2$	Sn	
	3	$100CdS+0.003Sn+0.3Bi$	Sn, Bi	
Ga, Ge, In, Tl	1	$78Sb_2S_3+10C+4NaCl+5CbS+3SnO_2$	Sn	
	2	$30SnO+34SiO_2+12K_2SO_4+5NaF+5Li_2CO_3+$ $13LiF+1Bi_2O_3$	Sn, Si	1+2
In	1	$48C+48Sb_2O_3+3NaCl+SnO_2$	Sn	
	2	$82NaF+15C+3SnO_2+0.5Bi_2O_3$	Bi	1+2
	3	$50SiO_2+50NaF+0.01Bi_2O_3$	Bi	1+1
Ge	1	$65ZnO+32S+1.2SbS+0.85SnO_2+0.6CuO+3PbO+0.3Bi_2O_3$	Sb	1+3
	2	$38.5ZnO+30S+30Li_2CO_3+0.5SnS+0.5Sb_2S_3+0.5Bi_2O_3$	Sb, Bi	2+1
	3	$50S+20C+20SiO_2+10NaCl+0.35Bi_2O_3+1.5SnO_2$	Bi, Sn	1+4
In, Ge	1	$40S+20NaF+20C+20SiO_2+0.1Bi_2O_3$	Bi	1+1
In, Tl	1	$98NaF+2Bi_2O_3$	Bi	1+1
Tl	1	$95PbCl_2+5NaCl+0.1In$	In, Na	
	2	$43Sn+43SiO_2+13K_2SO_4+0.7Sb_2O_3$	Sb	1+2
Li	1	$45C+45K_2SO_4+10Cs$	Cs	
	2	$100K_2SO_4+0.01In_2O_3$	In	
	3	$50K_2SO_4+50SiO_2$	K	1+3
	4	$28KCl+22NaCl+50C$	K	2+3
Li, Rb, Cs	1	$60KCl+20K_2SO_4+20$ 空矿	K	3+5
	2	$50K_2SO_4+50NaCl$	K	1+1
Rb, Cs	1	$NaCl$		
	2	K_2SO_4		1+1
	3	$33K_2SO_4+33NaCl+34C$		
Pb	1	$50SiO_2+40C+10Li_2CO_3+0.3Bi_2O_3+0.03SnO_2$	Sn, Bi	
	2	$20C+40Na_2CO_3+40SiO_2+0.25CdO$	Cd	
	3	$50Na_2SO_4+50C+0.3Bi_2O_3$	Bi	1+3
P	1	$99ZnO+1Sb_2O_3$	Sb	3+2
F	1	$50CaCO_3+50C$	背景	1+1
Sr	1	$100C+0.25Cr_2O_3$		1+6
Sr, Ba	1	$50C+50NaNO_3+0.4Cr_2O_3$	Cr	
	2	$100C+0.4Sm$	Sm	
	3	$45C+45SiO_2+4NaSiO_4+4K_2SO_4+2Sm_2O_3$	Sm	1+20
Pt, Pd, Rh, Ru, Ir, Os	1	$75C+25SrSO_4+0.05Ru+0.03Zr$	Ru, Zr	

续表

分析元素	类型	缓冲剂混合物(w/%)	内标元素	样品+缓冲剂
	2	$85PbO_2+15Bi(OH)_2NO_3$	Bi	
	3	$80Fe_2O_3+20C+0.3Bi_2O_3$	Bi	
Pt, Pd	1	$98C+2NaCl+0.02CoNO_3$	Co	
	2	$100C+0.01Lu_2O_3+0.03La_2O_3$	Lu, La	
La, Ce, Gd, Eu, Tm, Y, Lu	1	$85C+15BaCO_3+3Y_2O_3+0.1Lu_2O_3$	Y, Lu	
	2	$85C+15BaCO_3+0.01Sc_2O_3$	Sc	
Y, Yb, La, Ce, Pr, Nd	1	$56C+44CaCO_3+0.02Sc_2O_3$	Sc	1+3
	2	$84C+16CaCO_3+0.02Sc_2O_3$	Sc	1+3
稀土	1	$20SrO+20Al_2O_3+60C+0.02Sc_2O_3(ErO)$	Sc(Er)	2+1
	2	$5LiF+10K_2SO_4+85C+0.5Sc_2O_3$	Sc	1+4
	3	$20BaO+80C+0.3Sc_2O_3$	Sc	1+4
	4	$48C+47SiO_2+5NaF+0.04Sc_2O_3$	Sc	
	5	$92C+5CdCl_2+3CuO$		1+6
Mo	1	$80C+20Cr_2O_3+0.025HfO$	Hf	
	2	$90C+10BaO+0.02ThO_2$	Th	
	3	$8SiO_2+10KCl+10CuO+0.4V_2O_5$	V	1+9
Mo, V	1	$66Zn+6S+6C+22$ 空矿$+1Cr_2O_3$	Cr	2+3
V	1	$100C+0.05Co$	Co	
Nb	1	$100C+0.2Mo_2O_3$	Mo	
	2	$100C+0.5Co_2O_3$	Co	
Nb, Ta	1	$80C+20Cr_2O_3+0.05HfO+0.01WC$	Hf, W	2+1
	2	$100C+0.025HfO+0.1WC$		1+9
Sc	1	$75C+25SrCO_3+0.5La_2O_3$	La	
	2	$70C+30SrSO_4+0.2Sm_2O_3$	Sm	
	3	$90C+10BaCO_3+0.3Er_2O_3$	Er	
	4	$20SrO+20Al_2O_3+60C+0.3Er_2O_3$	Er	
	5	$20BaO+80C+1Er_2O_3$	Er	1+4
U, Th	1	$85C+15BaCO_3+0.1Lu_2O_3$	Lu	
	2	$100PbCl+0.2V_2O_5$	V	
Th	1	$20SrO+20Al_2O_3+60C+0.1MoC$	Mo	2+1
	2	$20BaO+80C+0.05MoC$	Mo	1+9
Sn	1	$50K_2SO_4+25C+25ZnO+6Sb_2O_3$	Sb	
	2	$30NaF+7C+63SiO_2+1.5GeO_2$	Ge	
	3	$50C+50CaCO_3+0.3Sb_2O_3$	Sb	
	4	$92K_2SO_4+8Sb_2O_3$	Sb	1+3
	5	$70C+15Na_2CO_3+15Sb_2O_3$	Sb	1+8
Zn	1	$21As_2O_3+21Li_2CO_3+58C+0.15CdO$	Cd	1+5
	2	$40SiO_2+40K_2SO_4+20Sb_2O_3$	Sb	1+4
Zr, Hf	1	$80C+20Cr_2O_3+0.05MoO_3$	Mo	
	2	$80C+20Cr_2O_3+0.15W$	W	
Zr	1	$80C+20Cr_2O_3+0.05Hf$	Hf	
	2	$100C+0.1MoC$	Mo	
Hf	1	$80C+20Cr_2O_3+0.05Nb_2O_5$	Nb	
	2	$5BaO+95C+0.02Nb_2O_5$	Nb	
Te	1	$38I+50SiO_2+12CaF_2+0.3Bi_2O_3$	Bi	3+5
Sn, Pb, Mo, Cu, Ag	1	$66K_2SO_4+34SiO_2+0.05CdO+0.01GeO_2$	Cd, Ge	1+2
				2+3
	2	$50K_2SO_4+50Fe_2O_3+0.05CdO+0.01GeO_2$	Cd，Ge	1+1
Ti, V, Mn, Co, Ni	1	$8CaCO_3+20As_2O_3+66C+1Ga_2O_3+5CuS$	Ga	1+3
Co	1	$70SiO_2+15C+15Li_2CO_3+0.005Rh$	Rh	1+2

　　载体的加入是电弧法的一大特点，载体加入量往往比较多，甚至可占到样品的百分之十几。载体量大可控制电极温度，从而控制试样中元素的蒸发行为并可改变基体效应。表5-18列出若干难挥发物质分析时所用的载体及其用量[1]，以供参考。

表 5-18　若干难挥发物质分析时所用的载体及其用量

样品	载体及用量	测定杂质元素	样品	载体及用量	测定杂质元素
La₂O₃	C∶NH₄IO₄=1∶1	Mn、Fe、Cu、Ni、Co、Cr	HfO₂	AgCl 10%或 NaCl 6%	24 个元素
	样品∶载体=2∶1		HfO₂	AgCl 25%	Co、Al、V 等 14 个元素
	（阴极含 2% Ca₂O₃ 的 C 粉）		V₂O₅	Ag∶C=2∶1	11 个元素
CeO₂	同上	同上		样品∶载体=20∶3	
CeO₂	NaF-S(1∶2)	Mn、Pb、In 等 11 个元素		（阴极含 6% NaCl 的炭粉）	
	AgCl-LiF(11∶1)	Fe、Co、Ni	V₂O₅	C∶AgCl∶H₃BO₃=21∶78∶1	Ti、Cr 等 9 个元素
CeO₂	AgCl 20%	18 个非稀土杂质		样品∶载体=1∶1	
Pr₆O₁₁	NaCl 2%	Sn、Pb 等 9 个元素	Nb₂O₅	样品∶AgCl=10∶1	20 个元素
Nd₂O₃	Ga₂O₃ 3%	Cu、Mn 等 9 个元素		或样品∶炭粉=3∶1	
Sm₂O₃	Ga₂O₃ 3%	同上	Ta₂O₅	样品∶AgCl=10∶2	同上
Eu₂O₃	Ga₂O₃	37 个元素（包括稀土）		或样品∶炭粉=3∶1	
Gd₂O₃	Ga₂O₃	P	Ta₂O₅	AgCl∶C=2∶1，样品∶载体=5∶3	10 个元素
Dy₂O₃	Ga₂O₃ 3%	Cu、Mn 等 9 个元素	Ta₂O₃	Ag∶BaF₂∶AgCl=3∶2∶5	12 个元素
Dy₂O₃	AgCl 5%	Cu、Mn、Fe、Bi、Mg、Ni、Pb、Sn	MoO₃	样品∶载体=21∶9	
Y₂O₃	Ga₂O₃∶LiF∶C=4∶1∶5	18 个元素	MoO₃	样品∶(C₂H₅)₄NI=3∶1	As、Te、Sn、Pb、Bi、Cd、Ag、In
	Ar∶O₂=5∶2 样品∶载体=3∶1			Ga₂O₃∶C=3∶7 样品∶载体=1∶1	
Y₂O₃	Ga₂O₃∶AgF=2∶1 Ar∶O₂=3∶1	Mg、Mn 等 12 个元素	WO₃	KI、Tl₂SO₄、In₂O₃∶C=1∶19 或 NaF∶C=1∶99 样品∶载体=4∶1	15 个元素
	样品比载体=3∶1		WO₃	C 粉约 15%	Mo、Ti 等 18 个元素
Y₂O₃	NH₄F-HF 2.4%	B、Mn、Pb、Sn、Fe、Mg	U₃O₈	Ga₂O₃ 2%	33 个元素
Y₂O₃	Ga₂O₃ 10%	15 个元素	U₃O₈	NaF 或 NaF-AgCl(1∶4)5%	B、Cd、V 等 11 个元素
Y₂O₃	Ga₂O₃	P	U₃O₈	SrF₂-AgCl(1∶5) 6%	31 个元素
Y₂O₃	NaF∶AgCl∶C=1∶4∶6 样品∶载体=3∶1	16 个元素	U₃O₈	LiF-AgCl(1∶11) 10%	
			ThO₂	RbCl 5%	Li、Na、K、Cs、Ba、Sr
TiO₂	AgCl 20%(阴极含 6% NaCl 的 C 粉)	22 个元素		Ga₂O₃ 15%	36 个元素
TiO₂	GaF₂ 5%	Pb、Sn、Mn、V 等 11 个元素		或 Ga₂O₃ 5%	B、Cd
ZrO₂	Ga₂O₃ 2%	15 个元素	PuO₂	LiF-AgCl-8-羟基喹啉 (2∶22∶5)	23 个元素
ZrO₃	AgCl 10%	12 个元素		样品∶载体=192∶58	
ZrO₂	AgCl 10% 或 NaCl 6%	24 个元素	C 粉	LiF 或 C₂Cl₆、C₃Cl₈	Ti
ZrO₂	AgCl 25%	Al、Ti、V 等 12 个元素	石墨	AlF₃-NaF(2∶1)	B
ZrO₂	HF 10%~15%	B,Cd		CuF₂	B、Si、Ti、Mo 等 16 个元素
ZrO₂	BaF₂-C	近 30 个元素			

4. 电弧放电参数和控制气氛

电弧激发的电流条件，包括选用直流电弧还是交流电弧，起弧电流大小、燃弧时间及曝光时间。直流电弧是采用阳极激发还是阴极激发，或是分别测定哪些元素。

杯状电极中的试样在起弧以后很快呈熔融状态，试样中各种物质按其熔点和沸点，不同元素在弧燃过程中有不同的蒸发行为，决定了元素谱线的强度。被测元素的谱线强度随燃弧时间不断改变，不可能采取瞬时强度的测量方法，只能采取积分强度的方法进行光谱分析。通过制作蒸发曲线，设定曝光积分时间，或在不同时间段对不同元素进行积分测量，缩短曝光时间，增加单位时间内采集分析谱线的强度，同时可以消除或减小共存组分的相互影响，或防止谱线自吸，可以提高测量的再现性，也可有效地降低被测元素的检出限。图 5-29 为不同元素在电弧直读仪器上的蒸发曲线图。

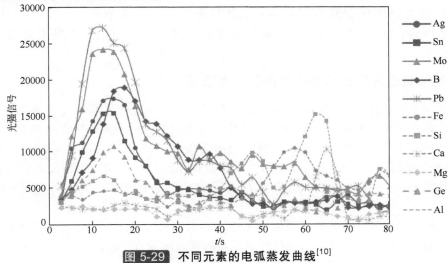

图 5-29　不同元素的电弧蒸发曲线[10]

在采用电弧直读仪器测量时，可以通过仪器的软件进行时序分析，控制在不同时间对不同元素进行积分测量，得到满意的测定结果。

控制电弧周围的气氛，可以消除 CN 带的产生并减小光谱背景，实验证明，使用氩气作为保护气消除 CN 带效果较好，而且氩气还可以起到稳定电弧的作用。通过实验选择合适的氩气流量气氛，可以降低背景，得到最佳信噪比。

5. 内标元素及分析线对

电弧光谱分析通常采用内标法，特别是对于摄谱法更为必要。内标元素的选择及分析线与内标线对的选定也需在实验中得到确认，加入方式通常是与光谱缓冲剂配制时一起加入，并研磨均匀。

内标元素及其谱线的选择：内标元素的蒸发行为要与分析元素一致，选择其物理化学性质相似的元素；分析线对的激发能应尽量相近，同属一种类型的谱线；分析线对的波长应该尽量靠近，背景一致，且不受基体及其他共存元素的谱线干扰；有时，对某些样品分析不用加内标元素，而是采用背景作为分析线对。

二、标准化及标准样品

电弧光谱分析的标准化，必须采用相同基体的粉状标准样品，在与样品分析的相同条件下进行电弧激发绘制校正曲线。标准样品可以采用现成的系列有证标准物质(CRM)，或用标准

物质和基体物质合成标准系列样品。

1. 常规分析可以用合成法制备标准样品

选用不含待测元素的基体物质制成粉末，按比例称取待测元素的稳定化合物粉末混合均匀，制成的标准系列样品。在岩矿样品分析中，没有现成标准样品，常常采用这种方式制备分析用的标准物。

2. 痕量成分分析的标准物

可以称取一定量的不含待测元素的基体物质，将其溶解于溶液中，按比例分别加入待测元素的标准溶液混匀，稀释至需要的浓度，形成标准溶液，再将其蒸干，在一定温度下灼烧成干燥粉状物，研磨成均匀的粉状标准样品。

3. 纯金属中杂质成分分析的标准样品系列

多采用将光谱纯的金属溶于酸中，加进待测元素的标准溶液，蒸干、灼烧制粉。如难熔(溶)金属钨、钼、铌、锆等氧化物中痕量杂质测定时，可采用这种方式制作标准系列样品。

三、电弧直读法分析的误差来源及注意事项

电弧法因是粉状样品直接测定，误差的来源除与仪器的操作条件设定及光谱分析本身的谱线干扰有关外，还与粉状样品本身的均匀性及光谱载体内标元素选用直接相关。

（1）粉末试样与缓冲剂及内标元素混合的均匀性　电弧法采用粉末样品，必须预先将样品粉碎并磨制成具有一定粒度的粉状试样，粉碎粒度要均匀，需要加入缓冲剂，内标元素要按比例称量，两次称量均要准确。而且混匀时一定要充分，装填于电极杯中紧密程度要一致。

（2）选择合适的装样电极　通常装样电极由石墨电极棒车制，制成不同形状的电极，控制电极温度的纵向分布，保证粉末样品被测元素的有效蒸发。可将载体蒸馏法、直接燃烧法和电弧浓缩法合理组合，达到多元素分组连续测定的目的。

（3）光谱缓冲剂和内标元素的加入　电弧法分析测定时，选择合适的载体或缓冲剂加入试样中，对于提高分析准确度、精密度和改善检出限是很必要的。而且这一过程通常与添加内标元素一起进行，缓冲剂的加入量大而内标元素的量很小，故常常将内标元素的化合物预先与光谱缓冲剂配制在一起充分混匀，添加时准确称量一并加入，充分混匀，确保了内标元素的准确加入。

对于导电性差的样品常用炭粉为载体，以利于样品的受热蒸发，配以适当比例的缓冲剂，在大气下或适当辅助气体保护下稳定电弧放电。

（4）控制电弧放电气氛，通过实验选择合适的氩气流量气氛，可以降低背景，得到最佳信噪比。

第五节　电弧发射光谱法的应用

电弧光谱分析作为古老的分析技术，在物质的无机元素定性分析以及半定量分析方面，仍是最为有效的方法。虽然可以用于各种形态样品的分析，但随着其他光谱分析技术的出现，至今仍保有最具优势的应用在于：非导电性的固体物料中多种痕量成分的同时测定，诸如陶瓷和玻璃，金属氧化物如氧化钨、氧化钼，碳化物、硼化物以及氮化物，难溶粉末如 SiC，贵金属及其他高纯金属，石墨粉末，地质矿物、土壤、淤泥，核原料氧化铀、氧化钍，煤灰、

耐火材料等物料中低含量成分的快速测定，填补了火花放电直读光谱仪不能有效解决的应用领域。可以避免难溶(熔)固体样品的分解难题，适用于国土资源调查、地质勘探大量样品的定量定性分析，适用于高纯金属中多个痕量元素的同时测定，适用于固体无机材料中杂质元素的快速分析。

一、应用实例

电弧发射光谱法在地质样品及有色矿冶、高纯材料、贵金属、稀有元素的快速测定电弧直读仪器上得到很好的应用，见表5-19。

表 5-19 电弧法在地质、粉状样品及材料分析上的应用

分析对象	测定元素	测定条件	文献
岩石矿样	B、Be、Sr、Be、V、Ti、Mn、Nb、La、Zr、Y、Cr、Ni、Co、Cu	交直流电弧摄谱法；缓冲剂:石墨粉+NaF 9:1，用量1:2；内标元素Nd；细颈杯状石墨电极；岩石标样GSR绘制标准曲线。用于多种盐矿石样分析	1
碳酸盐岩石样品	Be、B、Sn、Ag、Mo、Cu、Pb、Ga	交直流电弧摄谱法；缓冲剂:NaF+ZnO+SiO_2+石墨粉=20+25+50+5，用量1:1；内标元素Ge和Sb；细颈杯状石墨电极ϕ3.8mm×3.6mm×0.6mm；合成标样	2
土壤、水系沉积物样品	微量Ag	交流电弧摄谱法，光栅摄谱仪;分析线对Ag 328.97nm/Ge 303.97nm；缓冲剂中加氧化铅、碳酸钙，可抑制银的挥发速度，分析检出限$0.03×10^{-6}$	3
水系沉积物样品	Ag、Sn、Cu、Pb、Zn、Mo、Be	光栅摄谱仪，下电极ϕ3.4mm×4.0mm×0.5mm，带颈，上电极为尖头电极，以$K_2S_2O_7$+NaF+Al_2O_3为缓冲剂，Ge、Sb为内标，用于化探样品测定	4
地球化学勘查样品	Ni	平面光栅摄谱仪、GBZ-Ⅱ光谱相板测光仪，直流电弧5A起弧，5s后升至15A，曝光40s，共45s；检出限为1.07μg/g	5
地球化学样品	痕量B、Mo、Ag、Sn、Pb (检测限0.01~1.0μg/g)	直流电弧直读仪器，激发电流4A起弧，程序升温至14A，保持16s(共35s)；电极间距3mm；保护气流量Ar 3.5L/min，缓冲剂与试样1:1；Ge为内标	6
地球化学样品	Ag、Sn、B、Mo、Pb	多道电弧直读仪器，交流电弧5A起弧，预燃5s，激发14A，曝光25~35s；细颈杯状电极；缓冲剂:$K_2S_2O_7$+NaF+Al_2O_3+炭粉=22+20+44+14；Ge为内标，检出限为0.012μg/g、0.24μg/g、1.65μg/g、0.20μg/g、1.30μg/g	7
勘查地球化学样品	Ag、Sn (检出限Ag 0.015μg/g、Sn 0.25μg/g)	平面光栅摄谱仪，交流电弧，5A起弧，3s后升至15A，保持33s，曝光36s。缓冲剂Al_2O_3+$K_2S_2O_7$+NaCl=50:33:17，用量1:1，Ge为内标	8
地质样品	Au、Pt、Pd	平面光栅摄谱仪，直流电弧，10A起弧后升至15A；上电极(阴极)圆柱形，下电极杯形，缓冲剂为硫酸钡与炭粉的等量混合物，样品经吸附富集后测定	9
金属钨	Fe、Si、Al、Mn、Mg、Ni、Ti、V、Co、As、Pb、Bi、Sn、Sb、Cu、Cr、Ca、Mo 含量：0.00005%~0.02%	直流电弧摄谱法，三透镜照明系统，中间光栅5mm，狭缝宽度10μm；杯状电极ϕ6mm×4mm×7mm；缓冲剂：石墨炭粉(+NaF+Na_2CO_3+ZnO+GaO+GeO_2)，用量2:1；电流5A起弧，5s后自动升至14A，预燃6s，曝光15s；内标元素:Ge、Zn、Ga	10
金属钼	Fe、Co、Cr、Cd、Mn、Mg、Ca、Ti、Cu、Si、Sn、Ni、Al、Sb、Pb、Bi、V 含量：0.00005%~0.012%	直流电弧摄谱法，三透镜照明系统；紫外Ⅰ型相板；装样电极ϕ6mm×4mm×7mm；缓冲剂：石墨粉(+NaF+Na_2CO_3+ZnO+GaO+GeO_2)，用量2:1；电流5A起弧，5s后自动升至14A，预燃6s，曝光15s；内标元素:Ge、Zn、Ga	10
金属铌	CSM 06 07 93 01—2007 Fe、Cr、Ni、Mn、Ti、Al、Zr 含量：0.0001%~0.03%	直流电弧摄谱法，三透镜照明系统，中间光栅3.2mm，狭缝宽度12μm；紫外Ⅰ相板型；装样电极ϕ6mm×3mm×10mm，电极距3mm；缓冲剂：石墨炭粉9.4g+NaF 0.6g，加入量2:1；电流14A，预燃6s，曝光60s；内标元素:Pd	10
金属钽	CSM 06 07 93 03—2007 Fe、Cr、Ni、Mn、Ti、Al、Cu、Zr 含量：0.0001%~0.02%	直流电弧摄谱法，三透镜照明系统，中间光栅3.2mm，狭缝宽度10μm；紫外Ⅰ相板型；装样电极ϕ6mm×3mm×4mm，电极距3mm；缓冲剂：NaCl 1份+7份炭粉，用量3:1；电流18A，曝光35s；内标元素:Pd、Ge、Ta	10

续表

分析对象	测定元素	测定条件	文献
金属钽	Fe, Al, Si, Mn, Mg, Ni, Ti, V, Co, Pb, Bi, Sn, Zr, Sb, Cu, Ca, Cr, Nb, Mo, Y, Ga, Ba, In, Ag, As, Re, Zn, Hf, Cd, Te	全谱直读法，直流电弧，15A，时序分析和扫描峰，扣背景直读测定，样品转化为氧化物以炭粉+氟化钠(94+6)做载体，测定范围 0.3~600 µg/g	11
铌制品	Fe, Cr, Ni, Sb, Al, Si, Ti, Zr, Pb, Sn, V, Ca, Co, B, Mn, Cu, Mg, Cd	直读光谱仪；直流电弧，阳极激发，电流 16A，预然 1s，曝光 60s；缓冲剂：9.40g 石墨粉+0.60g NaF+0.10g GeO₂，用量 2:1；Nb、Pd、Ge 和背景为内标	12
钨钴合金粉	Fe, Si, Ti, V, Cr, Ca, Mn, Mg, Al, Ni, Cu, Bi, Sn, Pb, Yb, Y, Cd, Nb, Mo, Sb, La	平面光栅摄谱仪摄谱法，用氟化钠做载体，采用载体分馏法，以直流电弧阳极激发，测定下限 0.05~36pg，合成氧化物粉状标样	13
铌钛合金	Al, Cu, Cr, Fe, Mn, Mg, Ni, Pb, Sn	光栅摄谱仪，三透镜照明系统，狭缝 12µm，遮光板 5mm，直流电弧，14A；下电极 3mm×8mm；缓冲剂：氯化银+炭粉+试样=2+3.5+7.5，测定下限 5×10⁻⁴%	14
氧化锆粉	Hf (0.005%~5.0%)	光栅摄谱仪，直流电弧 15A，曝光 40s；80%氩气控制气氛，装样电极 3mm×2mm，4:1 炭粉为载体，以锆为内标，分析线对 264.14/264.52 nm	15
钛和钛合金	Mn, Sn, Cr, Ni, Al, Mo, V, Cu, Zr, Y (0.001%~0.06%)	直读仪器 Prodigy DC Arc；光谱缓冲剂氯化银+炭粉 1:1，用量 1:1；浅孔薄壁细颈杯形电极；直流电弧 10A，积分 50s；样品酸溶后制粉	16
铍及铍合金	Cu, Mg, Mn, Ag, Al, Fe, Pb, Ni, Co, Cr, Mo (0.0003%~0.1%)	大型石英摄谱仪，交流电弧，电流 10A，曝光 60s；装样电极 φ6mm×3.5mm×4mm，氧化物装样，滴加 1 滴 10% KCl 溶液，120℃烘干后激发	17
金属镍	As, Pb, Sn, Sb, Bi, Cd, Zn, Co, Fe, Si, Mn, Mg, Al, Cu (0.0005%~0.03%)	中型摄谱仪，三透镜照明系统；杯状电极，电极距 3mm；相板紫外Ⅱ型；直流电弧，阳极激发测 As、Pb、Sn、Sb、Bi、Cd、Zn，6A，曝光 20s；阳极激发后熔块，阴极激发 5.5A，曝光 30s，测 Co、Fe、Si、Mn、Mg、Al、Cu	18
金属钴	Cu, Bi, Sn, As, Zn, Pb, Sb, Si, Fe, Mn, Ni, Al, Mg (0.0001%~0.75%)	光栅摄谱仪，三透镜照明系统；直流电弧：阳极激发测 Cu、Bi、Sn、As、Zn、Pb、Sb，23V 6A，曝光 40~50s；阴极激发测 Si、Fe、Mn、Ni、Al、Mg，预燃 20s，曝光 40s	18
金属钴	As, Cd, Cu, Ca, Ni, Si, Fe, Mg, Zn, Al, Sb, Mn, Cr, Sn, Bi, Pb	光栅摄谱仪，直流电弧 10 A，阳极激发，曝光 50s；上电极为圆锥尖电极，下电极为直径 φ3mm×4mm 杯形电极；炭粉作为缓冲剂，试样与炭粉比为 4:1	19
金	Sb, Mn, Sn, Fe, Ni, Bi, Al, Ca, Cu, Ag, Rh (0.0005%~0.1%)	石英摄谱仪，三透镜照明系统；直流电弧，电流 10A，曝光 60s；杯状电极 φ6mm×2mm×4.5mm，用背景作为内标线；试样酸溶，按 3:1 加炭粉，蒸干，灼烧制粉	20
锇粉	Pt, Pd, Rh, Ir, Ru, Au, Ag, Cu, Fe, Co, Ni, Cr, Mo, Mn, Mg, Al, Pb, Zn, Bi, Si, Ca	PCS-2 型摄谱仪；GBZ-Ⅱ型光谱相板自动测光仪；直流电弧 9A，曝光 90s，缓冲剂：石墨粉+In=10+1；样品加石墨粉(2:1)于 660℃挥发 OsO₄ 后测定	21
炼铜尾气烟灰	As, Sb, Bi, Pb, Te, V	2 米光栅摄谱仪，直流电弧，阳极激发，电压 220V，电流 5A，曝光时间 40s。缓冲剂：炭粉+氟化钙+焦硫酸钾+氧化镓=60+25+10+5，试样+缓冲剂=2:1	22
煤灰	Ag, Mn, Cr, Pb, Sn, Ni, Co, Mo, V, Cu, Zn	光栅摄谱仪，交流电弧，15A，曝光 40s，二次重叠摄谱；缓冲剂：Al₂O₃、K₂S₂O₇、NaF、炭粉；Ge 作为内标，方法检出限 0.015~20.1µg/g	23
镁砂	Si, Fe	光栅摄谱仪；直流电弧，阳极激发，电流 5A，无预燃，曝光 40s。缓冲剂 BaCO₃，内标为 Co，镁砂+BaCO₃+Co₂O₃=95+5+0.1。样品粉碎至 200 目	24

本表参考文献：

1 张文华，石静，张雪梅. 地质实验室，1995，11(4): 203.

2 张文华，张芳. 岩矿测试，1995，14(1): 37.

3 章淑琴. 贵州地质，2003，20(1): 60.

4 叶晨亮. 岩矿测试，2004，23(3): 238.

5 陈伟锐，董薇. 广东化工，2013，48(18): 125.

6 郝志红，姚建贞，唐瑞玲，等. 光谱学与光谱分析，2015，35(2): 527.

7 张文华，王彦东，吴冬梅，等. 中国无机化学，2013，3(4): 16.

8 龚锐，龚巍峥. 中国非金属矿工业导刊，2011，(4): 39.

9 黄华鸾. 光谱实验室，2002，19(4): 516.

10 王海舟主编. 难熔及中间合金分析(上册). 北京：科学出版社，2007: 127，279，449，453.

11 颜晓华，彭宇，张蕾，等. 硬质合金，2014，31(2):5.

12 陈明伦，张永龙，刘春玉，等. 光谱实验室，2007，24(2): 194.

13 任凤莲，李彤，许永林. 冶金分析，2006，26(5): 58.

14 李波, 王辉, 魏宏楠, 等. 钛工业进展, 2011, 28(1): 30.
15 王长华, 钱伯仁, 潘元海. 分析试验室, 2004, 23 (12): 52.
16 王辉, 马晓敏, 郑伟, 等. 岩矿测试, 2014, 33(4): 506.
17 王海舟主编. 非铁金属及合金分析(第一分册). 北京: 科学出版社, 2011: 563.
18 王海舟主编. 非铁金属及合金分析(第二分册). 北京: 科学出版社, 2011: 90, 226.
19 施平. 分析试验室, 2000, 19(4): 50.
20 王海舟主编. 非铁金属及合金分析(第四分册). 北京: 科学出版社, 2011: 512.
21 刘伟, 方卫. 贵金属, 2003, 24(2): 53.
22 王晋平. 理化检验-化学分册, 2006, 42(12):1040.
23 杨金辉. 新疆有色金属, 2013, 增刊 2: 123.
24 李广明, 彭会宵. 光谱实验室, 2000, 17(2): 193.

二、分析标准应用

在地质勘探部门和有色金属行业有不少标准方法仍使用电弧法, 摄谱法不少已经作废, 但随着电弧直读仪器的涌现, 在难熔氧化物分析、高纯金属分析、地质调查及有色矿冶分析领域仍有电弧发射光谱法的标准方法被采用, 见表 5-20。

表 5-20 电弧法在标准分析方法上的应用

标准编号	标准名称	标准属性
GB/T 16599—1996	钼的发射光谱分析方法	国家标准
GB/T 16600—1996	钨的发射光谱分析方法	国家标准
GB/T 8647.10—2006	镍化学分析方法	国家标准
YS/T 558—2009	钼的发射光谱分析方法	行业标准
YS/T 559—2009	钨的发射光谱分析方法	行业标准
YS/T 281.16—2011	钴化学分析方法	行业标准
SJ 3198—1989	真空硅铝合金中硅、铁、镁、铜的发射光谱分析方法	行业标准
SJ/T 10551—1994	电子陶瓷用三氧化二铝中杂质的发射光谱分析方法	行业标准
SJ/T 10552—1994	电子陶瓷用二氧化钛中杂质的发射光谱分析方法	行业标准
SJ/T 10553—1994	电子陶瓷用二氧化锆中杂质的发射光谱分析方法	行业标准
DZ/T 0130.4—2006	区域地球化学调查(1：50000 和 1：200000)样品化学成分分析	行业标准
DZ/T 0130.5—2006	多目标地球化学调查(1：250000)土壤样品化学成分分析	行业标准

参 考 文 献

[1] 陈新坤主编. 原子发射光谱分析原理. 天津: 天津科学技术出版社, 1991.
[2] 钱振彭, 黄本立, 等编. 发射光谱分析. 北京: 冶金工业出版社, 1979.
[3] 李连仲主编. 岩石矿物分析(第二分册), 北京: 地质出版社出版, 1991.
[4] 尹明, 李家熙主编. 岩石矿物分析(第二分册), 第四版. 北京: 地质出版社出版, 2011: 351.
[5] 杭州大学化学系分析化学教研室编. 分析化学手册, 第三分册. 北京: 化学工业出版社, 1983: 844.
[6] 《发射光谱分析》编写组. 发射光谱分析. 北京: 冶金工业出版社, 1979: 373.
[7] 赵玉海编. 发射光谱分析背景扣除速查表. 北京: 国防工业出版社, 1980: 116.
[8] 福建省地质中心实验室编. 光谱分析仪器与常用技术资料, 1977.
[9] 李廷钧编. 发射光谱分析. 北京: 原子能出版社, 1983: 448.
[10] 张文华, 王彦东, 吴冬梅, 等, 中国无机化学, 2013, 3(4): 16.

第二篇

第六章　电感耦合等离子体原子发射光谱分析

第一节　概　述

一、等离子体的概念

1. 等离子体

等离子体是一种由自由电子和带电离子为主要成分的物质形态，是物质除固态、液态、气态之外存在的第四态。1879 年由克鲁克斯(William Crookes)发现处于高温状态下的气体，分解为原子并发生电离，形成了由离子、电子和中性粒子组成的"超气态"，处于"等离子"形态。这种状态广泛存在于宇宙中，从处于放电中的气体到太阳和恒星表面的电离层等都是等离子体。据印度天体物理学家沙哈(M. Saha)的计算，宇宙中 99.9%的物质处于等离子体状态。

1928 年美国科学家欧文·朗缪尔(Langmuir)和汤克斯(Tonks)首次将"等离子体"(plasma)一词引入物理学，用来描述气体放电管里的物质形态。将等离子体定义为一种在一定程度上被电离了的气体，其导电能力达到充分电离气体的程度，而其中电子和阳离子的浓度处于平衡状态，宏观上呈电中性，故称为等离子体。

2. 等离子体的性状

物理学上的等离子体是指物质处于高度电离、高温高能、低密度的气体状态，常被称为"超气态"，它和气体有很多相似之处，没有确定形状和体积，具有流动性，是一种电离气体，总体呈电中性，可被电磁场控制在一定的范围之内。存在带负电的自由电子和带正电的离子，具有很高的电导率，与电磁场存在极强的耦合作用，带电粒子可以同电场耦合，带电粒子流可以和磁场耦合。

等离子体密度：在自然和人工生成的各种主要类型等离子体的密度数值，从密度为 $10^6 m^{-3}$ 的稀薄星际等离子体到密度为 $10^{25} m^{-3}$ 的电弧放电等离子体，跨越近 20 个数量级。

等离子体温度：等离子体包含 2~3 种不同粒子，有自由电子、带正电的离子和未电离的中性原子和分子。不同的组分有不同的温度，如电子温度 T_e、离子温度 T_{ion} 和中性粒子温度 T_n。由于密度和电离程度的不同，它们之间的温度可以相近，也可以有很大的差别。其温度分布范围从低温 100K 到超高温核聚变等离子体的 $10^8 \sim 10^9 K$。

等离子体类型：按温度区分可分为高温等离子体和低温等离子体两大类。

高温等离子体是指高度电离的等离子体，电离度接近 100%，离子温度 T_{ion} 和电子温度 T_e 都很高，等离子体的温度可达 $10^6 \sim 10^8 K$。

低温等离子体是指轻度电离的等离子体，电离度在 0.1%~1%，离子温度 T_{ion} 一般远低于电子温度，等离子体的温度低于 $10^6 K$。

在实际应用中低温等离子体呈现为热等离子体和冷等离子体：

① 热等离子体　当气体压力在常压时，粒子密度较大，电子浓度高，平均自由程小，电子和重粒子之间碰撞频繁，电子的动能很容易直接传递给重粒子(原子和分子)，这样，各种粒子(电子、正离子、原子和分子)的热运动动能趋于接近，整个气体接近或达到热力学平衡状态，气体

的温度和电子温度相等，温度约为数千度到数万度，这种等离子体称为热等离子体。

② 冷等离子体　当在气体放电系统中，气体的压力和电子浓度低，则电子与重粒子碰撞的机会少，电子从电场中得到的动能不易与重粒子交换，重粒子的动能较低，即气体的温度较低，这样的等离子体处于非热力学平衡状态，叫作冷等离子体。光谱分析用的辉光放电灯，空心阴极灯内的等离子体都属于冷等离子体。

在大气压下工作的光谱分析的光源都具有低温等离子体性状，属于热等离子体或非热力学平衡状态等离子体，温度约在 4000~10000K。发射光谱分析的电弧、直流等离子体喷焰、N_2-ICP 光源等是热等离子体，而 Ar-ICP 光源有热等离子体的性质，也有偏离热等离子的特性。在光谱分析的光源中，如前所述的发射光谱光源如电弧放电(arc)、火花放电(spark)和辉光放电光源以及某些类型的火焰发射光源，均具有等离子体的属性。但通常不将火焰、电弧、火花光源称为等离子体光源，习惯上仅将 ICP、MP 等呈火焰状的放电光源叫作等离子体光源。

二、光谱分析中的等离子体概念

在物理学中，等离子体状态是指物质已全部离解为电子及原子核的状态，而光谱分析中的等离子体概念则不是十分严格，光谱分析中的等离子体仅在一定程度上被电离(电离度在0.1%以上)，是包含分子、原子、离子、电子等各种粒子的集合体。

原子光谱分析中的等离子体通常采用气体放电的方法获得，作为原子和离子发射光谱的激发光源。在激发光源中，试样经历其中组分被蒸发为气体分子，气体分子获得能量而被分解为原子，部分原子电离为离子等过程，形成了包含分子、原子、离子、电子等多种气态粒子的集合体，因而这种气体中除含有中性原子和分子外，还含有大量的离子和电子，而且带正电荷的阳离子和带负电荷的电子数相等，使集合体宏观上呈电中性，处于类似于等离子体的状态。

目前应用最广泛的有电感耦合等离子体焰炬(inductively coupled plasma torch)、微波等离子体焰炬(microwave-plasma torch)及直流等离子体喷焰(direct current plasma jet)，它们是具有火焰形状的放电光源，不仅外形与火焰相似，时间与空间分布的稳定性也近似火焰，但其光源的温度和电子密度却比通常化学法产生的火焰高得多，在许多方面都具有突出的特点，称为等离子体光源。

三、等离子体光谱分析的类型及其特性

1. 等离子体光源类型

发射光谱分析中用于原子发射光谱的等离子体光源大致可以分为如下几类。

(1) 高频等离子体光源　可分为：电容耦合等离子体(capacitive coupled plasma，CCP)和电感耦合等离子体(inductively coupled plasma，ICP)。

电感耦合等离子炬(ICP)是应用最为广泛的一种等离子体光源。ICP 是利用电磁感应高频加热原理，在高频电场作用下，使流经石英炬管的工作气体电离而形成能自持的稳定等离子体。ICP 光源装置由高频发生器、进样系统和等离子炬管三部分组成。高频发生器又称 RF 电源，采用频率 10MHz 以上的高频电；进样系统可以溶液进样和气态进样或固体进样。

在 ICP 光源中，由于高频电流的趋肤效应和载气流的涡流效应，使等离子体呈现环状结构(如图 6-1 所示)。这种环状结构有利于从等离子体中心通道进样并维持火焰的稳定，且使样品在中心通道停留时间达 2~3ms，中心通道温度约为 7000~8000K，有利于使试样完全蒸发并原子化，达到很高的原子化效率，ICP 光源又是一种光薄光源，自吸现象小，线性动态范围宽达 5~6 个数量级，可同时测定高、中、低含量及痕量组分。ICP 属无电极放电，无电极沾污，长时间稳定性好，接近于一个理想的光谱光源，能分析所有元素，不改变操作条件

即可对样品中主、次、痕量元素进行同时或快速顺序测定，能适用于各种状态样品的分析，且所需样品前处理工作量小，有可接受的分析精度和准确度，分析速度快、可自动化。

（2）微波等离子体光源（microwave plasma，MP）可分为：电容耦合微波等离子体(capacitive coupled microwave plasma, CMP)和微波感生等离子体(microwave induced plasma,MIP)。

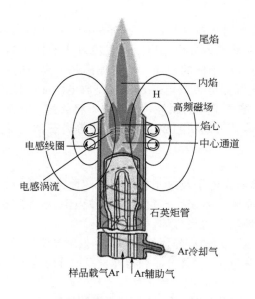

图 6-1　ICP 焰炬的环状结构

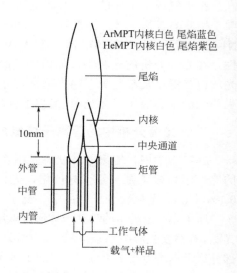

图 6-2　MPT 放电结构

实际应用中的微波等离子体焰炬(microwave plasma torch, MPT)亦属于无极放电等离子体光源。采用微波(频率 100MHz～100GHz)电源，微波能量通过谐振腔耦合给炬管中的气体，使其电离并形成自持微波感生等离子体(MIP)放电（图 6-2）。

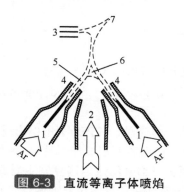

图 6-3　直流等离子体喷焰

1—阳极-石墨电极；2—样品气溶胶；3—阴极-钨电极；
4—陶瓷套筒；5—电流"核心"；
6—分析区；7—尾焰

与 ICP 相似，MP 也有很强的激发能力，可激发周期表中的绝大多数金属和非金属元素，如 F、Cl、B、S、P、Si、C、H、O、N 等。与 ICP 光源比较，设备费用和运转费用相对较低，但基体效应却比 ICP 严重些。

目前的应用尚不如 ICP 普遍，多用于非金属元素、气体元素和有机元素分析，作为实用的商品仪器仍在发展中。

（3）直流等离子体光源（direct current plasma，DCP）：DCP 又称直流等离子体喷焰，是利用低压直流电弧放电加热氩气，类似于一种被气体压缩了的大电流直流电弧，在电弧交汇处形成等离子体作为原子光谱的激发光源。DCP 装置类型通常根据电极配置方式可分为垂直式双电极 DCP、"倒 V 形"双电极 DCP 及"倒 Y 形"三电极 DCP（如图 6-3 所示）三类。

DCP 的主要优点是设备费用和运转费用比 ICP 低，电源采用直流供电，结构简单，没

有高频设备的安全问题。氩气消耗也较低，约为 ICP 的 1/3。

DCP 以直流等离子体喷焰作为原子发射光源，其特点为：①激发能力和检出限优于火焰 AAS，适用于难挥发元素、铂族元素和稀土元素的分析，对大多数元素的检出限比 ICP 约差 0.5～1 个数量级；②精度较差；③基体效应大。DCP 的应用目前尚不如 ICP 和 MP 普遍。

2. 等离子体光谱分析特性

上述各种类型等离子体光源均可用于光谱分析上，都有自身的特点和局限性：DCP、ICP 是具有较大体积的光源，约几个立方厘米，功率在 0.5W 至几千瓦；MIP 是小体积光源，体积一般 $<0.1cm^3$，功率在几百瓦至 1kW。共同的优点如下：

（1）具有较高的蒸发、原子化和激发能力　许多元素的最佳原子光谱法（包括 AAS 法和 AFS 法）的检出限，是由 ICP（具有灵敏离子线的元素）和 MIP（非金属和气体元素）的发射光谱法提供的。

（2）稳定性好　这些等离子光源与火焰的稳定性相当，优于电弧和火花放电光源。分析精度与湿式化学法相近。

（3）样品组成的影响(基体效应)小　因为这些等离子光源大多是在惰性气氛下工作，且工作温度极高，所以有利于难激发元素的测定,且避免了碳电弧放电时产生的 CN 带、火花放电时产生的空气带状光谱的影响。

这些等离子体光源在原子发射光谱分析上的应用，以 ICP 光源的研究和应用最为广泛、最为深入，约占全部等离子光源研究和应用文献的 80%以上。ICP（inductively coupled plasma）已于 1975 年经国际纯粹和应用化学联合会(IUPAC)的推荐，成为专用术语。

第二节　电感耦合等离子体光源

一、ICP–AES 分析技术的发展与特点

1. 电感耦合等离子体(ICP)光源的发展历程

ICP-AES (inductively coupled plasma-atomic emission spectrometry)分析技术发展开始于 20 世纪 60 年代，至今已发展成为原子发射光谱分析应用最为广泛的光谱分析技术。

关于 ICP 光源的出现，文献上认为 1884 年 W. Hittorf 发现高频感应在真空管内产生的辉光，是等离子放电的最初观察。至 1942 年，Babat 才实现了常压下的 Ar-ICP 放电。

但是，具有光谱分析意义的发现，应自 1961 年 T.B.Reed[1]设计的三层同心石英管组成的等离子炬管装置，和从切线方向通入冷却气，得到在大气压下类似火焰形状的高频无极放电装置开始，并预示其作为发射光谱分析光源的可能性。至今常规 ICP 的炬管与 T.B.Reed 的装置没什么本质区别，而切线方向进气所产生的涡流效应被称为 Reed 效应，是实现 ICP 光源稳定放电的重要条件。

1962 年美国 V. A. Fassel 和英国 S. Greenfield 首次开始 ICP-AES 分析法的研究。S. Greenfield[2]于 1964 年和 R. H. Wendt、V. A. Fassel[3]于 1965 年分别发表了 ICP 在原子光谱分析上的应用报告。前者指出了 ICP 光源没有基体效应，后者指出 ICP 光源是一种有效的挥发-原子化-激发-电离器(VAEI)。1976 年 V. A. Fassel 将 ICP-AES 用于有机试样的分析，测定了润滑油中轴承磨损的金属含量[4]。

1969 年出现了 ICP-AFS 装置。20 世纪 70 年代出现了荷兰、法国、英国、美国 4 种流行

的 ICP 仪器系统,开始应用于原子发射光谱光源。特别是美国 Fassel 型装置,成为后来 ICP-AES 仪器的主要设计类型。

　　1975 年出现了第一台 ICP-AES 同时型(多道)商品仪器,1977 年出现了顺序型(单道扫描)商品仪器,此后,ICP-AES 仪器在分析实验室中的应用显著增多,迎来了 ICP-AES 分析技术的发展高潮。

　　1993 年出现中阶梯(echelle)光栅-棱镜双色散系统与面阵式固体检测器相结合的 ICP-AES 商品仪器。这一新型仪器以高谱级光谱线实现仪器的高分辨,极大地改变了传统光谱仪器的光学结构;采用电荷注入器件(charge injection device,CID)或电荷耦合器件(charge couple device,CCD)检测器,实现多谱线同时测定,具有全谱的直读功能,使发射光谱分析方法进入了一个新的发展时期。

　　进入 21 世纪以来,ICP-AES 仪器的功能得到迅速提高,仪器的灵敏度比 20 世纪 80 年代初期文献报道的提高了 1 个数量级以上。随后相继推出各种分析性能好、性价比越来越有优势的商品化仪器,使 ICP-AES 分析技术逐渐成为元素分析的常规手段。

　　2. 电感耦合等离子体光源(ICP)的光谱分析特点

　　① 检出限低:一般元素检出限可达亚微克/毫升级。

　　② 精密度好:在检出限 100 倍浓度,相对标准偏差(RSD)为 0.1%～1%。

　　③ 基体效应低:受到分析物主成分(基体)比其他分析方法干扰少,使之较易建立分析方法。

　　④ 动态线性范围宽,自吸收效应低,工作曲线具有较宽的线性动态范围 10^5～10^6。

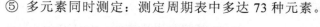

　　⑤ 多元素同时测定:测定周期表中多达 73 种元素。

二、ICP-AES 光源的获得及其特点

1. ICP 焰炬的形成条件及其过程

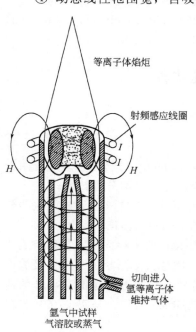

图 6-4　等离子体焰炬

　　ICP 炬焰形成的过程(见图 6-4)就是 ICP 工作气体电离的过程。

　　形成 ICP 炬焰必须具备四个条件:

　　(1)负载线圈　为 2～4 匝铜管,中心通水冷却。高频发生器为其提供高频能源。频率采用 27.12MHz 或 40.68MHz 工频,功率为 1～1.6kW。

　　(2)ICP 炬管　由三管同心石英玻璃制成。外管 ϕ 约 20mm、中间管 $\phi\approx$16mm、内管出口处 ϕ 1.2～2mm。外管气体以切线方向进入。

　　(3)工作气体　一般使用氩气,外管与中间管之间通入 10～20L/min 氩气,称为等离子气(通常称为冷却气),它是形成等离子体的主要气体,起到冷却炬管的作用。中间管与内管之间通入 0.5～1.5L/min 氩气,称为辅助气,它的作用是提高火焰高度,保护内管。内管通入 0.2～2L/min 氩气,称为载气,它的作用是将样品气溶胶带入 ICP 火焰。

　　(4)高压 Tesla 线圈　通过尖端放电引入火种,使氩气局部电离为导电体,进而产生感应电流。

　　当高频电流通过负载线圈时,其周围空间产生交变磁场 H,这种交变磁场使空间气体电离,但此时它仍是非导体。炬管内虽有交变磁场却不能形成等离子体火焰。如果在管口处用

Tesla 线圈放电，引入几个火花，使少量氩气电离，产生电子和离子的"种子"。这时，交变磁场就立即感应这些"种子"，使其在相反的方向上加速并在炬管内沿闭合回路流动，形成涡流。这些电子和离子被高频场加速后，在运动中遭受气流的阻挡而发热，达到高温，同时发生电离，出现更多的电子和离子，而形成火焰状的等离子焰炬。此时，负载线圈像一个变压器的初级线圈，等离子体火焰是变压器的次级线圈，也是它的负载。高频能量通过负载线圈耦合到等离子体上，而使 ICP 火焰维持不灭。

2. ICP 环状结构与趋肤效应

ICP 焰炬与一般化学方式(化合、分解)产生的火焰截然不同。用于光谱分析的 ICP 焰炬呈环状结构，外围的温度高，中心的温度低。外围是个明亮的圆环，中心有较暗的通道(习惯上称之为中心通道或分析通道)。环状结构的形成，主要是高频电流的趋肤效应和载气冲击双重作用的结果。环状结构是 ICP 优越分析性能的主要原因。

趋肤效应是指高频电流在导体表面集聚的现象。等离子体具有很好的导电性，与通常的导体一样,也具有表面集聚的性能。趋肤效应的大小，常用趋肤深度 δ 表示，它相当于电流密度下降为导体表面电流密度 1/时距离导体表面的距离。即离导体表面 δ 处，电流密度已降至表面电流密度的约 36.8%，大部分能量汇集在厚度为 δ 处的表面层内，使感应区呈现很高的能量密度。趋肤深度的大小，与高频电流的频率有如下关系：

$$\delta = \frac{5030}{\sqrt{\mu\sigma f}} \tag{6-1}$$

式中，f 为高频频率，Hz；μ 为相对磁导率(对气体而言，$\mu=1$)；σ 为电导率。可以看出频率愈高，趋肤效应愈显著。

实验发现为了使样品有效引进等离子炬，与使用的高频频率有关。当所用频率过低(低于7MHz)时，形成如图 6-5(a)所示泪滴状等离子体，炬焰呈泪滴状实心结构。这时，引入样品气溶胶由炬焰外侧滑过，样品无法引入 ICP 火炬的中心通道而不被激发。随着频率增高，趋肤效应增大，趋肤层变薄，当频率增大到 7MHz 以上时，形成具有环状结构和中心通道的 ICP 炬焰，见图 6-5(b)。样品被有效地带入中心通道而被激发，形成稳定的 ICP 焰炬，具有优越的分析性能。目前商品仪器的 ICP 光源频率采用 27.12MHz 和 40.68MHz 均可获得很好的分析性能。

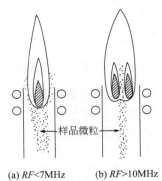

(a) RF<7MHz　　(b) RF>10MHz

样品微粒

图 6-5　等离子体焰炬形状

1969 年 Dickinson 和 Fassel 报道实现了这种环状结构的 ICP 焰炬，多数元素的检出限达到 0.1～10ng/mL，从实验上实现了用 ICP 作为激发光源，成为 ICP 光谱分析发展过程中的一个重要阶段。

3. ICP 的工作气体

目前 ICP 光谱仪光源均采用氩气作为工作气体。当所用氩气纯度在 99.99% 以上时，易于形成稳定的 ICP，所需的高频功率也较低。用氩气作为等离子体气分析灵敏度高且光谱背景较低，用分子气体(氮气、空气、氧气、氩-氮混合气)作为工作气体，虽然在较高功率下也能形成等离子

体，但点火困难，很难在低功率下形成稳定的等离子体焰炬，所形成的等离子体激发温度也较氩等离子体低。因而未采用氮气和空气等分子气体。

这与单原子气体和分子气体的电离所需能量与气体温度有关。如图 6-6 所示[5]，把气体加热到同样温度，分子气体氮气和氢气所消耗的热能远高于单分子气体。分子气体形成离子的过程须将分子状态的气体离解为原子，再进一步电离，需要离解能与电离能，而以原子态存在的氩，只给予电离能即可（表 6-1）。

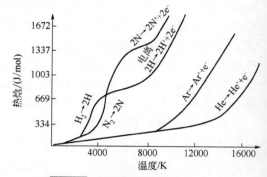

图 6-6 气体热焓与温度的关系

表 6-1 气体的电离能

气体	氢（H—H）	氦（He）	氩（Ar）	氮（N—N）	氧（O—O）
离解能（键能）/(kJ/mol)	(436)	—	—	873(946)	(498)
电离能/(kJ/mol)	1304	1523	1509	1402	1314

工作气体的物理性质，如电阻率、比热容及热导率等也影响等离子体形成的稳定性。从表 6-2 可看出氩的电阻率、比热容和热导率都是最低的。据实验测试表明，当外管氩气流量为 5L/min、10L/min、15L/min 时，石英炬管热传导损耗的总能量分别为 60%、43%、20%。氩气为工作气体，维持 ICP 的最低功率要大大低于用氮气时。提高高频频率可以相应降低维持 ICP 所需的功率，但用分子气体形成的等离子体，其温度仍要比 Ar-ICP 和 He-ICP 低(如图 6-6 所示)。

表 6-2 气体的物理参数

气体类型	氢	氦	氩	氮	氧	空气
电阻率/$\Omega \cdot cm$	5×10^3	2×10^4	5×10^4	10^5	10^5	10^5
比热容/[J/(g·℃)]	14.23	0.54	5.23	1.05	0.92	1.00
热导率/[10^4W/(cm·℃)]	18.2	1.77	15.1	2.61	2.68	2.60

三、ICP 光源的物理特性

1. ICP 焰炬的温度不均匀性及其分布

等离子体温度和温度分布是光源激发特性最重要的基本参数。ICP 焰炬具有很高的温度，感应涡流加热气体形成的等离子体火焰，高温区温度可达 10000K，而尾焰区在 5000K 以下，由下至上温度逐渐降低，温度分布见图 6-7，ICP 放电分区见图 6-8。

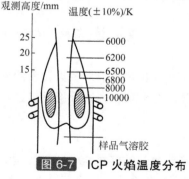

图 6-7 ICP 火焰温度分布

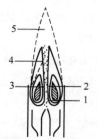

图 6-8 ICP 放电形状和分区名称

1—预热期（PHZ）；2—感应区；3—初辐射区（IRZ）；
4—标准分析区（NAZ）；5—尾焰

高频功率主要通过环形外区或感应区耦合到等离子体中，因而该区域的温度最高，同时由于外气流的热箍缩作用，此处电流密度很大，温度可达 10000K 以上，作为分析物蒸发、原子化和激发能量供应区。分析物进入中心通道，首先进入预热区(PHZ)，预热区主要作用是预热气体并使溶剂挥发。下一步进入初辐射区(IRZ)，使分析物蒸发、挥发。最后气溶胶进入标准分析区(NAZ)至尾焰。标准分析区是使分析物原子化、激发和辐射的主要区域，也是最适合的观测区域。一般在负载线圈以上 10～20mm 左右。在此观测区域内，随着不同的观测高度，温度是不同的。采用不同功率，在观测区域也得到不同的温度。同样使用不同的载气流量，粒子在通道中停留的时间随之变化，使得温度产生改变等。在尾焰区域，环状结构消失，温度降低，原子、离子、电子可能重新复合为分子或原子。由于温度低，此区域对观测易挥发、使用原子线作为分析线的元素(如 Li、Na、K)还是相当有利的。

发射光谱光源的等离子体因为体积小，气体不断流动与外界有大量的能量和质量交换，等离子体各部分有较大温度梯度，不服从 Planck 定律，体系不能认为是处于热平衡状态。但等离子体的某一部分，可满足除 Planck 定律外的其他条件，局部温度接近相等，体系属于局部热平衡状态(local thermal equilibrium，LTE)。光谱分析用的电弧光源及直流等离子体光源，实验证明可以认为是处于 LTE 状态。而 ICP 光源则存在不同程度上偏离热力学平衡状态。也有认为其热环区接近 LTE 状态。

由于 ICP 光源的分析区不处于 LTE 状态，因而其温度要用组成它的各种粒子温度来表征。等离子体中温度有：①气体温度 T_g，决定于原子、离子等较重粒子的动能；②电子温度 T_e，决定电子动能；③电离温度 T_{ion}，决定电离平衡；④激发温度，以粒子在各能级上的布居数来描述。

光谱分析通常要研究并测量其激发温度 T_{exc}、气体温度 T_g、电子温度 T_e 及电离温度 T_{ion}。

2. 激发温度及其测量

等离子体的温度和粒子密度是等离子体的两大基本参数，其中温度是考察等离子体的特性及操作条件最佳化的关键。气体动态温度有分子旋转谱线法和 Doppler 加宽法来测定，激发温度有两谱线法和 Boltzmann 斜率法来测定，电子温度有粒子密度间接法和双探头法来测定，电离温度由 Boltzmann-Saha 方程法来测定。

激发温度是表征等离子体光源所能激发的原子外层电子在各能级分布状态的参数，是代表光源激发能力的主要参数之一。常用的激发温度 T_{exc} 测量方法为多谱线斜率法及双线法，前者又称为 Boltzmann 图法。

由于把发射光谱等离子体光源作为 LTE 体系，这四种温度基本相同，测量温度的基本方法可用两谱线法和多谱线法。

(1)两谱线法　它是通过用同一元素两条激发能(E_1 和 E_2)不同的谱线强度比来测量温度。谱线强度比与激发温度关系如下。

测量从 q 至 p 发射谱线强度应为：

$$I_{qp} = N_0 \frac{g_q}{g_0} e^{-\frac{Eq}{kT}} A_{qp} h\nu_{qp} \tag{6-2}$$

式中，N_0 为分析元素的总原子数；g_0、g_q 为基态和能级 q 的统计权重；E_q 为 q 能级的激发能；k 为波尔兹曼常数；A_{qp} 为 $q{\to}p$ 跃迁概率；h 为普朗克常数；ν_{qp} 为 $q{\to}p$ 发射谱线的频率。

两条被激发谱线强度比：

$$\frac{I_1}{I_2} = \frac{\nu_1}{\nu_2} \times \frac{g_1 A_1}{g_2 A_2} \times \exp[\frac{E_2 - E_1}{kT}] \qquad (6\text{-}3)$$

I_1 与 I_2 为两谱线发射强度，ν_1 与 ν_2 为发射频率，$g_1 A_1$ 与 $g_2 A_2$ 为跃迁概率，E_1 与 E_2 为两谱线的激发电位，k 为 Boltzmann 常数，$k=1.381 \times 10^{16} erg/℃$，$T$ 为激发温度。将上式频率 ν 换算为波长 λ，并将已知的常数 k、E_1、E_2、$g_1 A_1$、$g_2 A_2$(gA 值由美国国标局 Readers 等编的跃迁概率表查得)代入。因而当测得两条谱线强度比值，可以通过如下简化公式，求出激发温度。

$$T = \frac{5040(E_1 - E_2)}{\lg \dfrac{g_1 A_1}{g_2 A_2} - \lg \dfrac{\lambda_1}{\lambda_2} - \lg \dfrac{I_1}{I_2}} \qquad (6\text{-}4)$$

用此法测定温度注意事项如下：

① 测温时温标元素(测温谱线所用元素)，应选择电离电位高的元素(例如 Zn)，以免外界因素变化，而引起温度与温度分布改变。

② 尽量选用两条激发电位相差较大的谱线，一般采用一条是离子线，另一条是原子线，使谱线强度比随温度变化灵敏。

③ 选用谱线不应有自吸现象。

④ 查阅 gA 值的精度等级愈高愈好。

表 6-3 为常用两线法测温所用的 Fe 谱线对。

表 6-3　常用两线法测温所用的 Fe 谱线对

Fe 谱线对/nm	$\Delta E/cm^{-1}$	$\dfrac{g_1 A_1}{g_2 A_2}$
302.403/303.015	−18666	0.012
370.557/370.925	−6934	0.144
381.584/382.444	12035	33.9
382.043/382.444	6959	29.2
382.444/382.588	−7367	0.048

（2）多谱线法　由于两谱线强度测量和谱线跃迁概率值引起的温度测量误差较大。所以在测量温度时采用多谱线方法。这种方法又称多谱线斜率法。

根据波尔兹曼分布定律，当谱线从能级 j 向 i 跃迁时，根据式（6-2），产生的谱线强度 I 为：

$$I = N_0 \frac{g_j}{g_0} e^{\frac{-E_j}{kt}} Ah\nu \qquad (6\text{-}5)$$

用波长 λ 代替频率，并取自然对数时则得到：

$$\lg(\frac{I\lambda}{gA}) = -\frac{5040}{T} E_j + C \qquad (6\text{-}6)$$

式中，$\lg(\dfrac{I\lambda}{gA})$ 和 E_j 成线性关系。由多条谱线测量绘成的直线图，其斜率为 $-\dfrac{5040}{T}$，即可计算出温度 T。常用的测温元素为铁的原子线（Fe I）和离子线（Fe II）的谱线组。

表 6-4 为多谱线法测温所用 Fe I 谱线组参数。

表 6-4　多谱线法测温所用 Fe I 谱线组参数

波长/nm	激发电位/eV	gA	波长/nm	激发电位/eV	gA
388.85	4.85	1.43	373.71	3.37	1.29
388.63	3.24	0.386	373.49	4.18	9.76
385.99	3.21	0.796	371.99	3.33	1.79
382.78	4.85	6.00	368.22	6.91	9.73
382.59	4.15	4.56	365.15	6.15	6.15
382.04	4.10	6.16	361.88	4.42	5.09
381.58	4.73	8.15	360.89	4.45	4.16
276.55	6.53	5.90	360.67	6.13	11.7
374.95	4.22	7.02	360.55	6.17	6.31

使用 Fe 谱线测温的波尔兹曼图见图 6-9。

四、ICP 光源的光谱特性

1. ICP 光源的原子发射光谱

由于 ICP 光源有很高的激发温度和较强的电离能力，ICP 光源的原子发射光谱属多谱线系统，谱线繁多，形成原子线和离子线多谱线的复杂原子及离子光谱图。与电弧光源和直流等离子体光源相比，ICP 光源有丰富的离子谱线，灵敏度较高，且其谱线强度也高于原子谱线，故 ICP 光谱分析常用的灵敏线多为离子线。

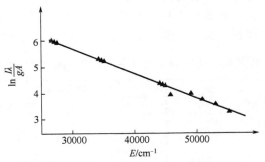

图 6-9　测 T_{exc} 用 Fe I 的波尔兹曼图

Wohlers 等编制的常用谱线表约有 15000 条谱线，随后增扩到 24000 条谱线。在 ICP 光源中 1%的铬溶液可观察到 4000 多条铬线。作为工作气体的氩气发射谱线信背比大于 50 的谱线列于表 6-5 中。要注意它们对稀土元素测定的光谱干扰。如用氮气作为工作气体还会有较强的 N_2^+ 子光谱。

表 6-5　较强的 Ar I 发射线波长　　　　　　　　　　　　　　　　　　单位：nm

波长	线背比	波长	线背比	波长	线背比
415.859	>50	433.356	38	394.898	27
419.832	50	419.103	32	451.074	21
420.068	50	419.071	32	355.431	18
425.936	50	426.629	32	416.418	17
427.213	43	404.442	31	433.534	11
430.010	40	418.188	28		

2. ICP 光源的激发机理

高频放电可以是有电极的介质阻挡或不阻挡电容耦合放电，也可以是无电极的电感耦合放电。高频等离子体不管有没有介质阻挡，几乎都能够维持连续、均匀、有效的放电。在相对较低频率的情况下，用来激发和维持等离子体所消耗在电极上的功率与 DC 放电的情形相当。然而，在高频情况下(如 RF)，由于维持电子和离子在放电的半周期内到达不了电极，大大降低了带电粒子的损失。即使是很低的能量也能维持等离子体的放电状态。

RF 放电的特点是可以在相当高的气压（10～500mTorr）下激发并维持等离子体。通常电

离度低，属于非平衡等离子体，常常又称为 RF 辉光等离子体。电子从 RF 场中吸收功率，通过弹性碰撞和非弹性碰撞传递能量。在高气压下（约 n Torr），电离度很低（$<10^{-4}$），主要是电子与中性粒子的碰撞。在高电离度（10^{-2}）的情形下，主要是电子与粒子的碰撞。在弹性碰撞中，电子不会失去能量，但会改变运动方向，如果电子运动方向的改变与电场一致，电子就会从 RF 场中得到额外的能量，所以在 RF 放电中，即使在较低的电场中，电子也能获得足够的能量产生电离过程。

在大气压力下放电的 ICP 光源属于热力学平衡体系。但实验数据也显示了存在非热力学过程。分析实验中的 ICP 光源温度，受组成等离子体的各种粒子的温度(电子温度 T_e、气体温度 T_g、电离温度 T_{ion} 及激发温度 T_{exc})影响。在热力学平衡等离子体或局部热力学平衡等离子体(LTE)各种温度应该是接近相等的。分析中 ICP 光源的 T_e、T_g、T_{ion} 及 T_{exc} 均不相同，且普遍存在以下关系：$T_e > T_{ion} > T_{exc} > T_g$。激发温度和电离温度是谱线的激发电位和元素电离电位的函数，而实验表明 ICP 光源中离子谱线强度很高，远高于按局部热力学平衡状态下的计算值。表 6-6 是 ICP 光源中离子线和中性原子线强度的比较。多数元素离子线强度普遍比原子线强度大十数倍至数百倍，且实验测定值比按局部热力学平衡的计算值大数十倍至数百倍。

表 6-6 ICP-AES 光源中离子线和原子线强度的比较

元素	波长/nm		离子线和原子线强度比		
	离子线	原子线	实测值	计算值	实测/计算
Ba	455.4	553.5	560	1.5	380
La	408.7	521.2	380	1.6	240
V	309.3	437.9	11	0.17	65
Mn	257.6	403.1	13	0.24	55
Mg	279.5	285.2	11	0.035	310
Pd	248.9	361.0	0.27	0.00014	1900
Cd	226.5	228.8	0.87	0.029	30
Be	313.1	234.9	0.94	0.0029	320

在高频等离子体中被测元素被激发,其激发机理涉及原子化及原子的电离。

为了解析 ICP 中发射出的原子线和丰富的离子线,根据这些现象提出多种 ICP 光源激发机理的模型：

（1）Penning（潘宁）电离反应模型[6] 是指处于亚稳态的 Ar 原子(以 Ar^m 表示)以其高的激发能使被测原子发生电离及激发,称为 Penning 电离效应：

$$Ar^m + X \longrightarrow Ar + X^+ + e^- \qquad (6\text{-}7)$$

$$Ar^m + X \longrightarrow Ar + X^{+*} + e^- \qquad (6\text{-}8)$$

式中，X^+代表分析物的离子；X^{+*}代表分析物离子的激发态；e^-代表电子。

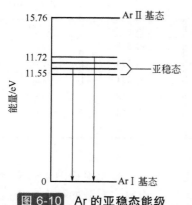

图 6-10 Ar 的亚稳态能级

Ar I 有两个亚稳态(见图 6-10),其激发电位分别是 11.55eV 和 11.72eV。处于亚稳态的 Ar^m 不能自发地发出辐射返回基态或低能态的能级,但可以通过碰撞,把能量转移给其他粒子,使其他粒子激发或电离。这一电离反应机理解释了在 ICP 光源出现的更高能态的离子谱线，是先由 Ar^m 将分析物原子电离[式(6-7)],再由高能电子碰撞激发：

$$X^+ + e^- \longrightarrow X^{+*} + e^- \tag{6-9}$$

也可以用 Ar^m 的直接激发：

$$Ar^m + X \longrightarrow Ar + X^* \tag{6-10}$$

有的研究认为 Ar-ICP 光源中的高的电子密度和低的电离干扰与 Ar^m "被电离"并产生更多电子的反应有关：

$$Ar^m + e^- \longrightarrow Ar^+ + 2e^- \tag{6-11}$$

由于用原子吸收测量给出了 Ar-ICP 光源中 Ar^m 密度在 $10^{17} \sim 10^{20}\text{cm}^{-3}$，而实际上，$Ar^m$ 绝对值仅为 $2 \times 10^{11}\text{cm}^{-3[7]}$，因而把 Ar^m 看成是在 ICP 光源中起主要作用的 Penning 电离模型受到质疑。

（2）电荷转移反应模型[8]　该模型认为 Ar-ICP 光源中，电离和激发反应起主要作用的是 Ar^+，其电离电位是 15.76eV，具有足够的能量使分析物原子电离并激发，其反应为：

$$Ar^+ + X \longrightarrow Ar + X^+ + \delta E \tag{6-12}$$

$$Ar^+ + X \longrightarrow Ar + X^{+*} \tag{6-13}$$

即 Ar^+ 把能量转移给分析物原子 X，使其电离或激发。X 的电离电位或电离电位与激发电位之和应接近 Ar 的电离电位，如 $\text{Mg}\,\text{II}\,279.81\text{nm}$，其电离电位与激发电位总和为 16.5eV。所以可观测到某些元素的离子线强度异常偏高，其激发能与电离电位之和也接近 Ar^+ 的电离电位。

电荷转移反应模型的主要缺点是忽略了分析物离子同中性氩原子的电荷转移反应，即上述反应的逆反应。在 Ar-ICP 光源中基态 Ar 的密度高达 10^{18}cm^{-3} 数量级，如此高的 Ar 密度与分析物原子或离子碰撞，可能使分析物离子密度降低，并使 ICP 可能接近局部热力学平衡。

（3）复合等离子体模型[9]　ICP 光源感应产生的涡流区呈环形结构，具有很高的温度和电子密度，而中心通道温度较低，电子和离子从环形高温区流向中心通道的低温区。而在 ICP 的正常分析区的位置(观测高度 $10 \sim 20\text{mm}$ 处)，电子密度相对于该区的温度偏高，则发生离子和电子的复合反应，这一区域称为复合等离子体(recombining plasma)区。在这一区域由于复合反应，使处于 $14 \sim 15\text{eV}$ 的高能的中性 Ar 原子过剩，因而激发态的 Ar^+ 原子就比 Ar^m 具有更高的能量，可使分析物原子激发和电离，发出较强的离子线：

$$Ar^* + X \longrightarrow Ar + X^{+*} + e^- \tag{6-14}$$

$$X^{+*} \longrightarrow X^+ + h\upsilon(\text{离子谱线}) \tag{6-15}$$

然后 X^+ 再进行复合反应发射原子线：

$$X^+ + e^- \longrightarrow X^* \tag{6-16}$$

$$X^* \longrightarrow X + h\upsilon(\text{原子线}) \tag{6-17}$$

式中，X^* 和 X^{+*} 分别是分析物原子和离子的激发态；Ar 及 Ar^* 为氩原子的基态和激发态；h 为普朗克常数；υ 为发射线的频率。

（4）双极扩散模型(ambipolar diffusion)　ICP 光源中多数元素的谱线强度分布呈双峰形[10]，谱线强度呈径向分布，中心强度较低，而径向 $2 \sim 4\text{mm}$ 处强度较大，以此为依据提出双极扩散模型。该模型认为电子质量小，扩散速度比离子快，在通道边沿首先建立起空间电荷而形成电场，使离子加速，电子减速，一起向外扩散，致使中心通道离子布居减少。为了补偿这种减少，中心通道的原子进一步电离，致使中心通道原子布居也减低。但这一解析不能说明，电子在何种推动力作用下由低密度区向高密度区扩散。双极扩散的另一解释为：

在热环区的电子和离子成双成对地扩散到观测区并形成离子流。按照这一模型计算结果与观察结果基本一致：热环区温度为 8000K，观测区温度约为 5000K，靠近管壁温度约为 3000K，电子密度为 $10^{15} \sim 10^{16} \text{cm}^{-3}$。

（5）辐射俘获模型[11] "辐射俘获"是指分析通道中分析物粒子吸收周围的 Ar^* 辐射的光子流而处于激发态发光的过程。如前所述，ICP 光源分析通道温度较低，一般为 $4000 \sim 6500K$，其电子密度 n_e 及 Ar^* 的密度 n_{Ar^*} 均较小；而 ICP 的热环区(环形涡流区)温度高达 10000K 以上，这一温度会产生较多的 Ar^*，并辐射强的光子流，使中心通道中 Ar 及分析物原子或离子激发。辐射俘获模型可解释 ICP 光源中心通道温度不太高但具有较高的激发能力。

（6）分析物的电离和激发过程 由于影响 ICP 光源中激发过程和电离过程的因素较多，炬管结构、气体流量、高频功率等均有影响。并且作为 ICP 光谱分析的光源功率低，体积小，表面积大，环流加热，与外界有大量热能、辐射能及物质交换。等离子体的不同区域，温度与电子密度均不相同，其电离和激发过程并不相同。因此其激发机理必然相当复杂，不能用单一因素来解释。上述激发机理模型，只能部分解释 ICP 光源的激发和电离现象，尚无实验验证，不能合理解释所有 ICP 光源特征。

考虑到各种 ICP 光源激发模型的电离和激发机理，可以认为 ICP 光源中分析物电离和激发与下述过程有关(表 6-7)。

表 6-7 分析物电离和激发过程

机理	反应过程
潘宁电离	$M+Ar^m \longrightarrow M^{+*}+e^-+Ar$
	$M+Ar^m \longrightarrow M^++Ar+e^-$
电子碰撞电离	$M+e^- \longrightarrow M^{+*}+2e^-$
	$M+e^- \longrightarrow M^++2e^-$
电子碰撞激发	$M+e^- \longrightarrow M^*+e^-$
	$M+e^- \longrightarrow M^{+*}+2e^-$
辐射离子电子复合	$M^++e^- \longrightarrow M+h\nu$
三体离子电子复合	$M^++2e^- \longrightarrow M^*+e^-$
电子转移反应	$M^++e^-+Ar \longrightarrow M^*+Ar$
	$M+Ar^+ \longrightarrow M^{+*}+Ar$
粒子的高能 Ar 碰撞激发	$M+Ar^m+e^- \longrightarrow M^*+Ar+e^-$
	$M^++Ar^m+Ar \longrightarrow M^{+*}+2Ar$
	$M^++Ar^m \longrightarrow M^{+*}+Ar+h\nu$
	$M^++Ar^m+e^- \longrightarrow M^*+Ar+e^-$
	$M^++Ar^m+Ar \longrightarrow M^{+*}+2Ar$
光子激发	$M+h\nu \longrightarrow M^*$

有学者认为 ICP 光源的环流区处于局部热力学平衡状态。实验[12]表明：采用大直径炬管，低的气体流量，改善等离子体内的能量传递等有助于获得接近 LTE 的等离子体。也有人认为[13]ICP 光源中温度梯度很大，它导致等离子体内部每平方厘米有几十瓦的热流，高的热流量显示 ICP 光

源的非热平衡特性。

3. ICP 光源的分子发射光谱

ICP 光源在尾焰、初始辐射区及焰炬的外围，由于温度较低，呈现分子光谱，造成光谱干扰，常见的分子谱带有 OH、NO、N_2^+、NH。在有机化合物存在时还会有较强的 CN 带及 C_2 带。C_2 分子带的带头为 563.5nm、558.5nm、554.0nm、516.5nm、512.9nm、473.7nm、471.5nm 及 469.7nm。CN 带的带头为 421.6nm、412.7nm、388.3nm、358.6nm。OH 分子带主要分布在 306.0～324.5nm 波段，可能对微量铅的测定产生干扰。万家亮等研究了 OH 带对多种元素有干扰[14,15]。图 6-11 为 ICP 光源中某些分子谱带的发射图。

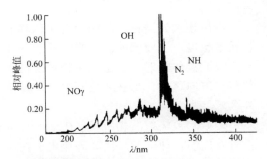

图 6-11 ICP 光源中的分子发射光谱

当试液含有高含量稀土元素时，可以产生较强的稀土单氧化物的发射谱带，如 YO 的发射带头在 597.2nm。

OH 等分子谱带在光源中的强度分布与分析物原子发射的谱线不同。OH 306.7nm、CN 359.0nm、NH 366.0nm 及 N_2 337.1nm 的横向强度分布在中心通道无峰值，而 V 367.02nm、Ca 396.85nm 及 Ar 425.9nm 均有中心对称的峰值。出现这种差别的原因是焰炬的周围温度较低，有较强的分子发射，并且它们的形成与空气组分有关。C_2 438.2nm 也是中心通道进样，故在中心出现峰值[16]。

4. ICP 光源的连续背景

ICP 光源观测区的光谱背景发射较碳电弧光源低，但仍有明显的背景光谱叠加在元素光谱上，形成连续背景。ICP 光源的背景光谱主要特点是由远紫外到近红外波段发射强度逐渐增加，其发射强度的绝对值见表 6-8。

表 6-8 Ar-ICP 光源辐射连续光谱的绝对强度与波长的关系

λ/nm	I_λ/[光子/(s·mm²·Sr·nm)]		λ/nm	I_λ/[光子/(s·mm²·Sr·nm)]	
	条件 A	条件 B		条件 A	条件 B
192.5	—	0.28×10^{12} ±30%	325	0.65	8.1
195	—	0.29 ±25%	350	0.88	9.8
197.5	0.023×10^{12} ±30%	—	375	1.02	10.8
200	0.025	0.48	400	1.19	12.0
205	0.039	0.74	425.4	1.39	13.7
210	0.049	0.84	450	1.52	14.2
220	0.070	1.31	473.0	1.49	13.9
230	0.093	1.80	499.6	1.35	13.5
240	0.129	2.3	527.0	1.15	12.0
250	0.183	3.0	551.5	1.10	11.3
260	0.25	4.0	576.0	1.11	10.4
280	0.34	5.2	598.0	1.31	11.3
300	0.49	6.7			

表6-8中Ar-ICP背景发射强度是在不进样条件下测量的。所用高频电源频率为27.12MHz，功率为1250W；等离子体气流量为12.0L/min。条件A辅助氩气流量为0.53L/min，雾化气(Ar)流量为0.88L/min，观测高度为14.0～16.0mm，有25mm长的炬管冷却延伸管；而条件B的辅助气流量为0.7L/min氩气，无雾化气及延伸管，观测高度为3.0～5.0mm。可以看出，条件B获得的光谱有较强的背景发射。实验显示，增加载气流量可以降低光谱连续背景发射强度。

产生连续光谱背景的因素有黑体辐射、轫致辐射及复合辐射三种。高浓度碱土元素和其他元素也能产生较强的散射光，叠加到连续光谱背景上。

（1）黑体辐射　是由炽热物质发出的连续光谱辐射。随着温度的升高，辐射最强的波长往短波方向移动。在ICP光源中，一般温度在5000～8000K范围内，其辐射峰值在紫光及紫外区域。

（2）轫致辐射　轫致辐射(bremsstrahlung)是磁辐射的一种，泛指带电粒子在库仑场中碰撞时发出的一种辐射。例如高速电子在库仑场中与其他粒子发生碰撞而突然减速，其损失的能量以辐射形式发出而形成轫致辐射。轫致辐射为连续谱。

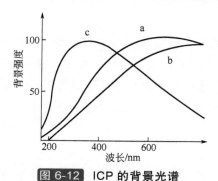

图 6-12 ICP 的背景光谱

a—观测值；b—由轫致辐射产生的连续光谱(计算值)；
c—8250K时黑体辐射的计算值

（3）复合辐射　离子俘获电子成为低电荷的离子或中性原子，电子在此过程中失去的能量，以辐射形式释放出来，就形成复合辐射。由于自由电子具有连续的速度分布，所以复合后释放的能量，便形成连续光谱。复合辐射强度随电子密度的升高而急剧增强。

在ICP光源中，涡流区温度高，电子密度大，故产生很强的光谱背景。当温度从10000K降低到8000K时，背景强度将降低到原来的1%。再降低到7000K时，背景强度将降低到原来的0.1%。图6-12是黑体辐射和轫致辐射的波长分布图。

一般认为在高温等离子体中，其辐射波长较短，复合辐射和黑体辐射起主要作用，而轫致辐射在长波波段影响较大。

（4）高浓度基体元素产生的连续背景辐射　试液中含有高浓度碱土元素 Ca、Mg 及 Al 等时会产生很强的连续背景。实验观测到不仅碱土元素，过渡元素也可产生连续波长背景(见表 6-9)[17]。

表 6-9 实验观测的连续辐射波长范围

基体元素	连续辐射波长范围/nm
Al	197~216, 227~231
Mg	210~232, 267~269, 245~263, 290~293
Ca	190~206, 258~268, 290~293
Ni	223~224
Fe	196.5~198.5, 208~210
Cr	187~203, 207~211, 226~230

第三节　　电感耦合等离子体原子发射光谱仪器的构成

ICP-AES 仪器由以下五个部分组成(见图 6-13)。

（1）高频(RF)发生器　提供 ICP 光谱仪的能源。

（2）进样系统　将溶液样品转换为气溶胶，使之进入 ICP 火焰。它包含雾化器、雾室、炬管、等离子气、辅助气、载气以及各种气路装置系统。

（3）分光系统　将复合光转化为单色光装置。

（4）检测系统　由光电转换装置将分光后的单色光转换为电流，在积分放大后，然后交计算机处理。

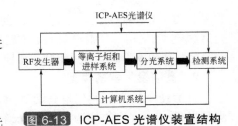

图 6-13　ICP-AES 光谱仪装置结构

（5）计算机系统　完成程序控制、实时控制、数据处理三部分工作，还包括操作系统、谱线图形制作、工作曲线制作、背景定位与扣除、光谱干扰校正系数制作与储存、基体干扰校正系数制作与储存等各种软件，以及内标法、标准加入法、管理样或标准样的插入法和称样校正、金属氧化物的计算等各种类型数据处理。

当前，使用的商品化 ICP 光谱仪有三种类型：

第一类是由凹面光栅分光装置和光电倍增管或固体检测器组成的多道型 ICP 光谱仪。它可以同时进行多元素分析。

第二类是由平面光栅装置和光电倍增管或固体检测器组成的顺序扫描型 ICP 光谱仪，它可以进行从短波段至长波段连续不间断的谱线测定，可以得到全波段高分辨率的光谱。

第三类是由中阶梯光栅双色散系统和固体检测器组成所谓"全谱型"ICP 光读仪。具有多道型 ICP 光谱仪多元素同时测定能力，又具有多谱线同时分析的灵活性。

一、高频发生器

1．对高频发生器性能的基本要求

高频发生器在工业上称射频发生器。在 ICP 光谱分析上又称高频电源(简称 RF)。它是 ICP 火焰的能源。对高频发生器性能的基本要求如下：

（1）输出功率设计应不小于 1.6kW。这里所说的输出功率是指输出在等离子体火焰负载线圈上得到的功率，又称正向功率。而反射功率愈小愈好，一般不能超过 10W。当高频电源频率为 27.12MHz 或 40.68MHz 时，功率在 300～500W 时就能维持 ICP 火焰，但不稳定，无法用于样品分析,必须使输出功率在 800W 以上，火焰保持稳定后才能进行样品分析。一般在上述两种频率工作时，其点燃 ICP 火焰所需功率为 600W。点燃炬焰后，需等待不小于 5s 时间使其稳定后才能进样分析。

（2）频率设计为 27.12MHz 或 40.68MHz，这是由分析性能和电波管理制度所决定的。

分析性能要求频率不能过低，频率过低维持稳定的 ICP 放电必须增大输出功率，这不仅要消耗更多的电能，使发生器体积庞大，同时还要耗用更多的冷却氩气。此外，频率过低趋肤效应明显减弱，不易形成火焰中心通道，造成样品难以通过 ICP 火焰。

频率为 27.12MHz 或 40.68MHz，是电波管理制度所规定的工业频率区域，为标准工业频率振荡器 6.78MHz 的 4 倍或 6 倍值，完全符合电波管理制度的规定要求。

（3）输出功率波动要求≤0.1%。在 ICP 发射光谱分析中，高频发生器功率输出的稳定性直接影响分析的检出限与分析精度。这是发生器的重要指标，它的波动将增大测量的误差。

（4）频率稳定性一般要求≤0.1%。频率稳定性在 ICP 发射光谱分析中，对测试影响比功

率影响要小得多，频率稳定性是比较容易做到的。但也有一定要求，不能提供过高频率，以免干扰无线电通信。

（5）电磁场辐射强度，应符合工业卫生防护的要求。根据国家环境电磁波卫生防护标准，频率为 3～30MHz 时，一级安全区的电磁波允许强度应≤10V/m。30～300MHz 频率范围内允许强度≤5V/m。目前商品仪器的 ICP 电源的电磁辐射场强度远低于标准值。

（6）高频发生器尽量采用独立接地。以免影响附近电器设备，尤其是同一电源的计算机工作。

2. 高频发生器的类型

目前使用的高频发生器有两种类型：自激式高频发生器和它激式高频发生器。它们都能满足提供 ICP 火焰的能源及 ICP 光谱分析的要求。高频发生器是由振荡、倍频、激励、功放、匹配等单元组成。自激式的高频发生器是由一个电子管同时完成振荡、激励、功放、匹配输出的功能。它激式高频发生器是由一个标准化频率为 6.78MHz 的石英晶体振荡器经两次或三次倍频，得到 27.12MHz 或 40.68MHz 频率后，使之激励，再经过功率放大到 2.5kW 以上输出，并经过定向耦合器、匹配箱与负载线圈相连。

（1）自激振荡式和它激振荡式电路区别　自激式高频发生器电路简单，调试容易，负载 (ICP 火焰)发生变化，振荡参数变化而引起频率迁移时，它有自动补偿、自身调谐作用。但它功率转换效率低，功率转换时损失较大。往往需要制成大功率高频发生器才可满足使用。同时，它的振荡频率无法控制，如果自激式高频发生器不带功率自动控制电路装置，ICP 火焰进入不同性质物质、样品溶液浓度相差很大、负载产生较大变化时，输出功率稳定性差，其分析的精度受到很大影响。

它激式高频发生器的优点是输出转化效率高，振荡频率稳定。易采用闭环控制激励级，使其实现功率自动控制。当 ICP 火焰进入不同性质物质、样品溶液浓度相差较大、负载产生较大变化时，由于功率输出端自动反馈信号而进行调节，使功率自动控制。其分析精度不受影响。

（2）自激式高频发生器原理[18]　自激式高频发生器是由整流电源、功率放大电子管、电感-电容组成 LC 振荡回路三部分组成(见图 6-14)。

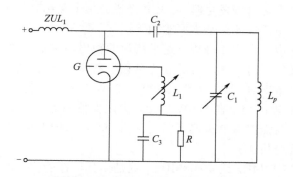

图 6-14　自激式高频发生器振荡回路

G—三极管；R—栅漏电阻；C_1—振荡电容器；C_2—隔直电容器；C_3—栅极旁路电容器；L_p—负载线圈；L_1—栅极反馈线圈；ZUL_1—扼流圈

当接通电源时，高频电流通过隔直电容器 C_2，对可调的振荡电容器 C_1 充电，C_1 与电感 L_p(为 ICP 负载线圈)并联产生高频振荡。其振荡的频率为：

$$f_0 = \frac{1}{2}\pi\sqrt{LC}$$

（6-18）

通过反馈线圈电感 L_1 耦合作用，产生反馈电压(称为激励电压，其频率也为 f_0)，加在电子管的栅极上，保持对 ICP 放电的稳定，维持等幅振荡，不间断地给振荡回路补充能量。图 6-14 所示为采用正反馈激励方式。当电路工作条件有变动而使振幅减小时，则加在栅极上的反馈电压亦减小，使栅流减小，栅压降低，则阳流增大，振荡重新增大到原来的数值;如果由于某种原因使振幅加大，则反馈增强，使栅流增大，栅极降低到更负，放大倍数降低，从而限制振幅的增大。这样振荡回路的能量便可由电子管得到合拍的补充，使等幅振荡得以维持，并可自动补偿振荡能量的微小变化。

自激式高频发生器，通过从高频输出端到负载线圈之间，增加定向耦合器，从定向耦合器上，取其高频信号，经减频、减波与提供的基准电压比较，其差值经放大反馈到输入的振荡管阳极电压，达到输出功率稳定，使之能满足 ICP 光谱分析的要求。

（3）它激式高频发生器原理 它激式高频发生器线路框图见图 6-15。

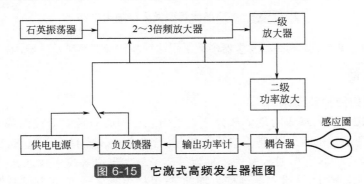

图 6-15 它激式高频发生器框图

由石英晶体振荡器、倍频、激励、功放、匹配五部分组成。采用标准化频率为 6.87MHz 的石英晶体振荡器工作，经过倍频电路处理，使之产生 27.12MHz 或 40.68MHz 工作频率，将这种电流激励和放大，其输出功率通过匹配箱和同轴电缆传输到 ICP 负载线圈上。

这种类型的高频发生器，频率稳定性高、耦合效果好、功率转换效率高、功率输出易实现自动控制、输出功率的稳定性可达≤0.1%。完全可以满足 ICP 光谱分析的要求。当负载阻抗发生变化时，可借助置于同轴电缆与负载线圈之间的阻抗匹配网路(匹配箱)自动调谐。同时，从安装在主高频传输线上的定向耦合器上，取出高频信号作为反馈信号，与标准电源参比，然后对整机的输出功率进行调节，从而得到稳定的功率输出。

（4）晶体管型高频发生器 高频电流的传输与普通的交流电路和直流电路不同，一段几厘米长的导线，不仅有不可忽略的电阻，而且随线路走线的路径不同，有很大的感抗和容抗，因此在整机中不能忽视它的存在。过去很多 ICP 光谱仪装置中，将高频发生器与主机分离，从高频电源到负载线圈之间必须采用同轴电缆相连接。随着高频技术进步，目前很多光谱仪均采用一体化结构，把高频电源与等离子体负载线圈装在一起，其距离愈近愈好，以降低高频电流传输引起的高频损耗。同时，为了提高功率转换效率，减小仪器体积，采用高频晶体管取代电子管或一般晶体管作为放大的器件。它只需采用两支高频的晶体管(Q_1 和 Q_2)完成功率放大。这种新型高频发生器，频率稳定性高、耦合效果好、功率转换效率高、功率稳定好。同时，仪器体积大大缩小，特别适合于与整机体积小、中阶梯光栅分光-CCD 光电转换的所谓"全谱型" ICP 光谱仪相匹配。高频晶体管型发生器放大电路部分见图 6-16。

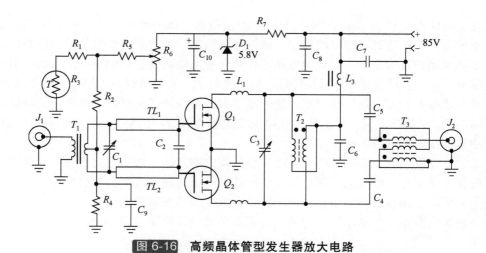

图 6-16 高频晶体管型发生器放大电路

目前商品化的 ICP 仪器,其高频发生器多数采用这种晶体管型高频发生器,称为全固态发生器。

二、ICP 炬管

1. ICP 炬管的结构及要求

ICP 炬管是 ICP 火焰形成的重要部分。它是由三层同心石英管套接而成。三层石英管内通入工作气体,商品化的 ICP 光谱仪均通入氩气(当然实验装置有通入空气、N_2、Ar-N_2 混合气、He 等),外管由切线方向通入氩气,称为等离子气,形成等离子体能源(也称冷却气,它有冷却炬管的作用)。中间管通入氩气称为辅助气(也称为等离子气),起到托起 ICP 火焰的作用,防止等离子焰炬烧坏内管。内管通入氩气称为载气,它是将溶液试样经过雾化后的气溶胶载入 ICP 火焰。优越的炬管必须有如下性能:

① 容易点燃 ICP 火焰;

② 产生持续、稳定的等离子体,引入试样对焰炬稳定性的影响轻微,无熄灭或形成沉积物的危险;

③ 样品经中心通道到分析观测区的量足够大;

④ 样品在等离子体中有较长的滞留时间并被充分加热;

⑤ 耗用的工作气体较节省;

⑥ 点燃 ICP 火焰所需功率尽量小;

⑦ 污染容易清洗,拆卸、安装简易方便。

2. 常用的 ICP 炬管

ICP 发射光谱技术的开创者 Greenfild 和 Fassel 在炬管的设计和加工方面,为这门技术立下汗马功劳。至今,商品化 ICP 光谱仪多数仍然采用 Fassel 型炬管作为常规炬管。常用的 ICP 炬管如下:

(1) Fassel 型炬管　形状与尺寸见图 6-17。

其外管外径 20mm、壁厚 1mm;中间管外径 16mm、壁厚 1mm;内管外径 2mm,其中心出口处内径 1.0～1.5mm。总长度 100～120mm。

(2) 省气型炬管　通用型常规 Fassel 炬管,不足之处是耗气量大。为此,ICP 工作者在不影响 ICP 炬管点火容易、火焰稳定的前提下,对炬管结构进行某些更新,使其节省工作气体。

① 中间管为喇叭口形的炬管　何志壮等设计的中间管为喇叭口形的炬管(见图 6-18)使外管与中间管的环隙面积减小,适当提高结构因子(即中间管外径与外管内径比值)在 0.93 时,

其炬管点火容易，火焰稳定，而且可节省氩气 40%。

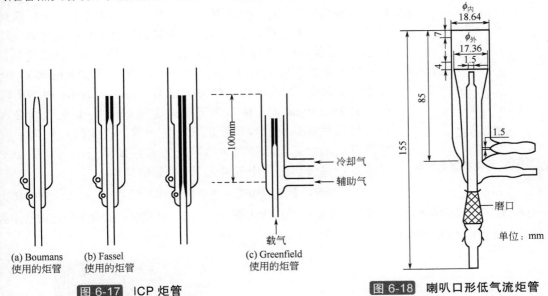

图 6-17　ICP 炬管

图 6-18　喇叭口形低气流炬管

② 微型省气炬管　通过降低炬管尺寸，在不影响点火及 ICP 火焰的稳定性的前提下，节省氩气。其外径 14mm，中间管 12mm，内管 2mm，中心出口处 1.0～1.5mm。其点火功率为 0.6kW，工作功率为 0.8～1.4kW，冷却气流量为 10L/min。其对有些元素的检出能力与常规炬管一致，但火焰温度低，有些元素检出能力不如常规炬管，基体效应也较大。

（3）可拆卸式炬管　由于 ICP 光谱仪的高频发生器高频功率转换不够，使得负载线圈很多能量不能完全转换到 ICP 火焰上，使之炬管外管易烧坏，有时内管中心处也经常发生堵塞而烧毁。所以有些商品化仪器采用可拆卸式炬管(见图 6-19)。

（4）有机物分析的专用炬管　有机物的主要成分是碳氢化合物，当 ICP 分析有机物中杂质元素时，引入大量烃类化合物，使碳的微粒很容易在炬管内管中心处附留，使得内管堵塞无法进样，不能工作。所以做有机物分析时，要选用有机物炬管(见图 6-20)。

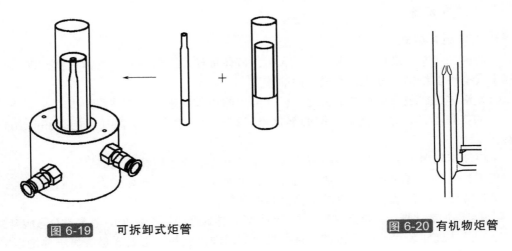

图 6-19　可拆卸式炬管

图 6-20　有机物炬管

图 6-21 耐氢氟酸的炬管

（5）耐氢氟酸的炬管　一般炬管的材料是由石英制备，当分析氢氟酸或分析试样溶液介质是氢氟酸时，由于它对石英材质有腐蚀作用，不能采用。耐氢氟酸的炬管制作材质有：氧化铝、氧化锆、聚四氟乙烯、内管中心处镀铂、镀钯材料制成炬管(图 6-21)。

（6）加长炬管　在 Ar-ICP 光源中，有小于 200nm 的 O_2 分子谱带、$200\sim250nm$ 的 NO 分子谱带、$300\sim320nm$ 的 OH 谱带、$380\sim390nm$ 的 CN 谱带干扰。这些 O_2、N_2 是从大气进入的，可采用加长炬管或炬管上套一延伸管，将大气与等离子火焰隔开。同样采用这种将大气隔开方式，如果采用真空型 ICP 光谱仪，可分析试样中的碳元素(见图 6-22)。

（7）附带护套气的炬管　在中间管和内管之间，加入一支护套吹扫气(Ar)管，当试样溶液进入完毕后，用吹扫气清理内管和中间管，使试样、盐类不附在内管中心出口处，防止堵塞(见图 6-23)。

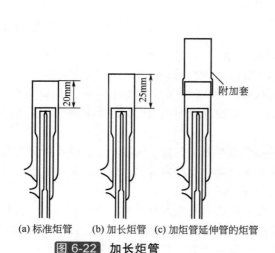

(a) 标准炬管　(b) 加长炬管　(c) 加炬管延伸管的炬管

图 6-22 加长炬管

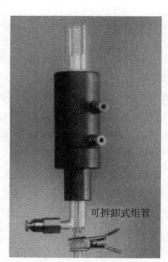

图 6-23 附带护套气的炬管

三、进样系统

1. ICP 进样方式

按照样品状态，进样方式可分为三大类：液体进样、固体进样、气体进样。每一类进样方式中又有许多结构、方法、方式不同的装置。

（1）液体进样装置　将液体雾化，以气溶胶的形式送进等离子体焰炬中。

气动雾化器：包括不同类型同心雾化器、垂直交叉雾化器、高盐量的 Babington 式雾化器。

超声波雾化器：包括去溶的超声波雾化器和不去溶的超声波雾化器。

高压雾化器：这种雾化器比通常的雾化装置能承受更高的气体压力。

微量雾化器：包括进样量少的雾化器和循环雾化器。

耐氢氟酸的雾化器：由特殊材料制作（例如铂、铑或聚四氟乙烯等），不易被氢氟酸腐蚀。

（2）固体进样装置　将固体试样直接气化，以固态微粒的形式送进等离子体焰炬中。

火花烧蚀进样器：采用火花放电将样品直接烧蚀产生的气溶胶引入 ICP 焰炬中。

激光烧蚀进样器：采用激光直接照射在试样上，使产生的气溶胶引入 ICP 焰炬中，包括激光微区烧蚀进样。

电加热法进样器：可进液体样品与胶状物样品，类似于 AA 石墨炉进样装置方式、钽片电加热进样装置。

悬浮液进样器：可将具有悬浮物的液体试样引入 ICP 火焰。

插入式进样：石墨杯(Horlick 式)进样装置见后面介绍。

（3）气体进样装置　将气态样品直接送进等离子体焰炬中。

除了气体直接进样装置外，通过氢化物发生装置，将生成气态氢化物送进等离子体焰炬中，也属气体进样方式。

总之，进样装置种类繁多，它的性能对 ICP 发射光谱仪分析性能有很大的影响。仪器的检出限、测量精度、灵敏度均与进样装置的性能有直接关系。

长期以来，进样装置一直是 ICP 发射光谱技术研究的一个热点。当前 ICP 发射光谱分析主要以溶液进样应用最为广泛，对于溶液样品，它是将溶液引入，使其成为气溶胶进入 ICP 火焰中，并使之蒸发、原子化、激发，得到需要的原子发射光谱谱线。这一进样系统是由炬管、雾化器、雾室三部分组成，由于篇幅所限，这里只介绍经常使用的几种进样装置。

2. 溶液进样雾化器

将溶液雾化转化成气溶胶引入 ICP 火焰中。通常由雾化器、雾室以及相应的供气管路组成。

（1）玻璃同心雾化器——Meinhard 雾化器　玻璃同心雾化器是 ICP 光谱仪应用最多的雾化装置。工作最初是由迈哈德(Meinhard)等创新完成的，而且产品已标准化和系列化，在全世界销售。其结构见图 6-24。

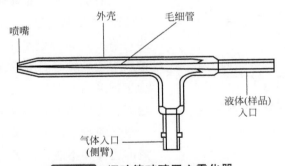

图 6-24　迈哈德玻璃同心雾化器

迈哈德雾化器是双流体结构，它有两个通道，尾管由于负压作用使溶液样品吸入，支管通载气，材质用硼酸硅玻璃制成。喷口毛细管(中心管)与外管之间的缝隙为 0.01～0.035mm，毛细管出口处孔径为 0.15～0.20mm，毛细管壁厚为 0.05～0.1mm。它的作用原理是：当载气通入时，使之产生 Venturi 效应，在毛细管尾端形成负压自动提升溶液。载气不仅使之产生负压使样品引入，而且起到溶液雾化动力作用。在喷口处将溶液细粒打碎，同时又是打通等离子体中心通道和输运样品气溶胶的动力。

迈哈德雾化器可分为 A 型、C 型和 K 型三种，它们的主要区别在于喷口形状及加工方法(见图 6-25)。

A 型为平口型(又称标准型)，它的喷口处内管与外管在同一平面上，端面用金刚砂磨平。

C 型为缩口型，其中心管缩进约 0.5mm，而且中心管经过抛光。

K 型与 C 型一样，制作方面的不同只是中心管不抛光。

C 型与 K 型雾化器进样耐盐能力较强，不易堵塞。A 型雾化效率略高。

在分析高盐溶液时，为抑制盐类在雾化器喷口处沉积，将玻璃同心雾化器外管出口处制成喇叭口形(见图 6-26)，使之出口处保持湿润，不易堵塞。但分析进样时，记忆效应增强，需增长清洗时间。

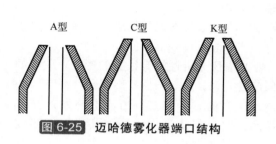

图 6-25 迈哈德雾化器端口结构

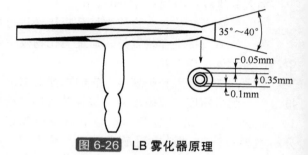

图 6-26 LB 雾化器原理

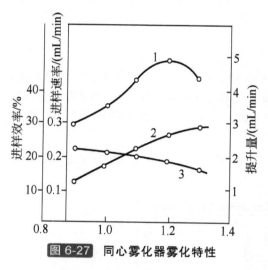

图 6-27 同心雾化器雾化特性

1—进样速率；2—提升量；3—进样效率

玻璃同心雾化器雾化性能主要包括试液提升量、进样效率及进样速率。进样效率是指进入等离子体的气溶胶量与提升量的比值，以百分数表示。进样速率是单位时间进入等离子体的物质绝对量。玻璃同心雾化器典型雾化性能曲线见图 6-27。

随着载气压力的增加，试液提升量逐渐增大(但压力达到一定值时，再增大压力，提升量为定值)，而进样效率却逐渐降低，这是由于气溶胶中大颗粒雾滴所占比重增加,废液量增多。由于玻璃同心雾化器是手工制品，对每个雾化器而言，进样速率只是在某一载气压力下、某一载气流量下，具有最佳值。实验证明，提升量的提高并不能获得更高的谱线强度。

玻璃同心雾化器另一性能是对试液的含盐量(试液中离子总浓度)极为敏感。试液中盐量增加，显著改变试液物理性质，使进样效率明显下降，同时导致提升量的降低，甚至造成雾化器喷口处部分堵塞或完全堵塞，使之无法进样。

（2）交叉雾化器　也是气动雾化器中的一种，由于它是由互成直角的载气进气管和进样毛细管组成的，故又称直角雾化器。其进气管和进样管的基座多为工业胶塑料，所以制作容易定型，加工不像玻璃同心雾化器那样废品率高。进样管采用玻璃材质或能耐氢氟酸的铂-铱合金材质制作。后者可用于含氢氟酸试样的引入。它与基座的连接采用固定式或可调节式，这两种方式各有所长。固定式雾化效率稳定，雾化时参数规格化，但雾化器发生堵塞时，更换不如可调节式方便。交叉雾化器工作原理见图 6-28。

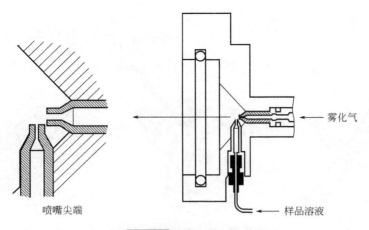

图 6-28　交叉雾化器

它是由互成直角的进气管、进样毛细管和基座组成。水平方位放置进气管，垂直方位放置进样管。两管放置的位置不应大于 0.1mm。当高速气流进入进样管喷出口处时，在与进样管交叉口处形成负压，将试液抽提出来，然后气流冲击打碎试液，使之成为更细的气溶胶进入 ICP 火焰。

交叉雾化器雾化性能基本与玻璃同心雾化器相似。有文献报道，其耐盐浓度比玻璃同心雾化器优越，但实验数据表明：这种优点微乎其微。同时这两种雾化器的分析检出限与分析精度基本相近（表 6-10）。

表 6-10　同心雾化器和交叉雾化器的检出限　　　　　　　　　　　　　　　单位：μg/L

元素及分析线/nm	玻璃同心雾化器	交叉雾化器	元素及分析线/nm	玻璃同心雾化器	交叉雾化器
Al 396.1	5.0	3.8	Fe 259.9	1.8	1.7
B 249.7	3.0	2.3	Mn 257.6	0.3	0.4
Cd 226.5	3.0	1.4	Mo 203.8	—	5.0
Co 238.9	2.0	2.7	Ni 231.6	6.0	8.0
Cr 267.7	3.0	3.7	Pb 220.3	30.0	21
Cu 324.7	0.9	1.8	Zn 213.9	3.0	3.6

（3）高盐雾化器——Babington 雾化器　上述两种常用的气动雾化器，其雾化性能缺点是耐高盐性能差，即溶液离子总浓度不能过大，一般当离子浓度≥20mg/mL 时，易造成雾化器堵塞无法工作。1966 年 Babington 发表了他所研制的可雾化高盐量试液的新型雾化器，称为 Babington 雾化器或高盐雾化器。

高盐雾化器的原理及其基本结构如图 6-29 所示：当溶液用蠕动泵通过输液管送到雾化器基板上，让溶液沿倾斜的基板(或沟槽)自由流下，在溶液流经的通路上有一小孔，高速的载气从背面小孔处进入，使小孔出口处喷出高压气体，将溶液雾化。由于喷口处不断有溶液流过，不会形成盐的沉积，所以可承担高盐溶液的雾化作用，故称高盐雾化器。

GMK 型的 Babington 式雾化器的雾化效率可达 2%～4%,比一般气动雾化高(气动雾化器雾比效率是 1%～3%)。即便试液含盐量很高时，例如试液中钠浓度在 2.5～100g/L 变化时，其进样效率也变化不大。其最高盐浓度为 NaCl 250g/L 时还可以工作。

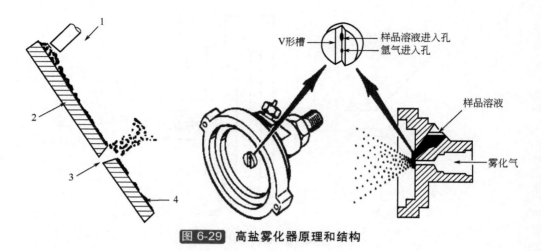

图 6-29 高盐雾化器原理和结构

GMK 型 Babington 式雾化器的检出限比气功雾化器要低，测量精密度与气功雾化器相似。同时其记忆效应比气动雾化器小，分析样品之间清洗时间缩短，是一种性能优秀的雾化装置。

商品化 Babington 式雾化器是 Labtest Equipment Company 生产的高盐雾化器，称 GMK 型雾化器，其结构见图 6-30。

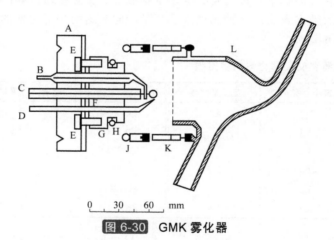

图 6-30 GMK 雾化器

图 6-30 中所示：A 为基座，B 为进样管，C 为进气管，D 为碰击球，E、F、G、J、K 为连接及紧固件，H 为 O 形垫圈，L 为雾室罩。

表 6-11 为常用高盐雾化器与交叉雾化器的分析性能比较[19]。

表 6-11 高盐雾化器与交叉雾化器分析性能比较表

元素及分析线 /nm	检出限/(μg/L)		精密度/%		BEC/(mg/mL)	
	交叉雾化器	高盐雾化器	交叉雾化器	高盐雾化器	交叉雾化器	高盐雾化器
Al 396.1	6	5	0.47	2.4	0.58	0.32
As 193.6	12	25	0.48	1.05	0.77	1.2
Ba 493.4	0.4	0.6	0.55	1.1	0.038	0.034
Ca 317.9	4	8	0.48	0.85	0.32	0.60

续表

元素及分析线 /nm	检出限/(μg/L)		精密度/%		BEC/(mg/mL)	
	交叉雾化器	高盐雾化器	交叉雾化器	高盐雾化器	交叉雾化器	高盐雾化器
Cd　228.8	2	1.2	0.46	0.88	0.062	0.049
Co　228.6	2	4	0.46	0.81	0.15	0.24
Cu　324.7	1.7	0.9	0.48	1.8	0.11	0.098
Fe　259.9	2	3.5	0.39	0.96	0.14	0.23
K　766.5	500	40	0.89	4.4	25	2.9
Mn　257.6	0.7	0.9	0.70	0.98	0.031	0.045
Mo　202.0	3	5	0.39	0.92	0.16	0.17
Na　589.0	15	1.5	0.82	5.3	0.80	0.14
Ni　231.6	9	5	0.44	0.88	0.29	0.03
Pb　220.3	15	20	0.57	0.91	0.96	1.2
Pt　203.6	50	40	1.15	0.90	1.1	1.2
Si　251.6	5	25	0.49	1.5	0.28	1.05
Sn　189.9	12	15	0.42	1.1	0.33	0.59
Sr　421.5	0.15	0.25	0.55	1.3	0.012	0.012
Ti　334.9	0.7	1.0	0.47	0.93	0.056	0.070
V　292.4	2	3	0.30	0.93	0.14	0.17
W　207.9	45	10	0.92	1.5	1.8	0.80
Zn　213.8	1.8	1.0	0.40	0.69	0.99	0.069

（4）双铂栅网雾化器　它是另一种改型 Babington 式雾化器，其结构见图 6-31。

雾化器的主体用聚四氟乙烯材质制成，溶液试样的进样管从垂直方向进入，雾化气喷口为 0.17mm 从水平方向进气，雾化原理与 Babington 式雾化器一样。它的改动是在喷口处前，加入两层可以调节之间距离的铂网，其网孔为 100 目，当载气从小孔喷出，将试液雾化时，经过已调节最佳距离双层铂网，使雾化的气溶胶更加细化，

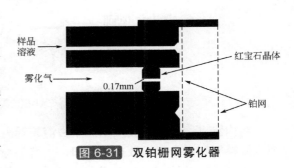

图 6-31　双铂栅网雾化器

这种双铂栅网雾化器具有耐高盐的能力，而且降低分析检出限，是一种很好的雾化器。

（5）超声波雾化器　上面介绍的雾化器，其能源均为气体。它们共同的特征是制作简便、价廉。但共同的缺点是雾化效率低，气动雾化器(包括玻璃同心雾化器和交叉雾化器)的雾化效率是 1%～3%，而 Babington 式雾化器的雾化效率是 2%～4%。试液中只有百分之几试样能转变成气溶胶进入 ICP 火焰中，限制了 ICP 测定灵敏度的提高。超声波雾化器是将气体的能源转换为超声波能源，利用超声波振动的空化作用，将溶液雾化成高密度的气溶胶，其雾化效率可达 10%，使用这种雾化器在分析时，检出限下降 1～1.5 数量级，个别元素可下降 2 个数量级。

超声波雾化器的原理：用一台超声波发生器，其频率为 200kHz～10MHz 驱动压电晶体，使其振荡。当试液流经晶体时，由晶体表面向溶液至空气界面垂直传播的纵波所产生的压力使液面破碎为气溶胶。其表面波的波长与超声波振动频率和溶液的表面张力及黏度有关：

$$\lambda = (\frac{8\pi\sigma}{\rho f^2})^{1/3} \tag{6-19}$$

式中，λ 为波长；σ 为溶液的表面张力；ρ 为黏度；f 为超声波的频率。

其所产生的气溶胶平均直径与波长应为：

$$D=0.34\lambda \tag{6-20}$$

将两式合并：

$$D=0.34(\frac{8\pi\sigma}{\rho f^2})^{1/3} \tag{6-21}$$

此式说明为了得到更小液粒，超声波振荡频率应≥200kHz。

常用商品化超声波雾化器目前有两种型号：

① CETAC 公司生产的 U-5000AT 型超声波雾化器，其结构见图 6-32。

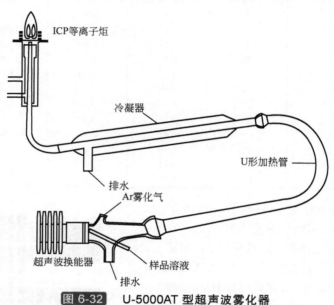

图 6-32 U-5000AT 型超声波雾化器

结构特点：由超声波发生器和去溶装置组成。超声波振动频率为 1.4MHz，功率 35W，超声波换能器由金属铝散热片冷却，去溶剂加热温度 140℃，冷却除去溶剂温度 5℃。

② 岛津公司的 UAG-1 超声波雾化器，其结构见图 6-33。

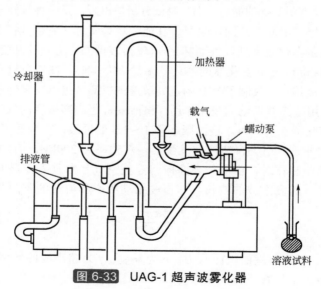

图 6-33 UAG-1 超声波雾化器

结构特点：由超声波发生器与去溶装置组成。超声波振动频率为 2MHz，功率 50W，超声波换能器是由旋回化学冷冻剂冷却，去溶加热温度 150℃，冷却除去溶剂温度 5℃。

这两种超声波雾化器基本参数接近，如果仪器结构不同，其分析性能效果不一样，二者的检出限如表 6-12 所示。

表 6-12 U-5000AT 与 UAG-1 超声波雾化器检出限

型号	CETAC U-5000AT		岛津 UAG-1	
元素	波长/nm	检出限/10^{-9}	波长/nm	检出限/10^{-9}
Ag	328.06	0.1	328.06	0.05
Al	396.15	0.2	167.08	0.06
As	193.69	1.0	193.76	1.0
Ba	493.40	0.2	445.40	0.01
Be	234.86	0.03	234.86	0.01
Ca	317.93	0.3	393.37	0.002
Cd	228.80	0.1	228.80	0.04
Co	228.61	0.3	238.89	0.1
Cr	205.55	0.5	205.55	0.08
Cu	324.75	0.06	324.75	0.05
Fe	259.94	0.2	259.94	0.06
Ga	417.20	0.4	417.20	0.2
K	766.49	10.0	766.49	5.0
Mg	279.55	0.03	279.55	0.005
Mn	257.61	0.03	257.61	0.03
Mo	202.03	0.3	202.03	0.1
Na	588.99	0.4	588.99	0.2
Ni	231.60	0.8	231.61	0.1
Pb	220.35	1.0	220.35	1.0
Sb	217.58	3.0	217.58	1.0
Sc	261.38	0.02	261.38	0.01
Se	196.02	2.0	196.02	1.0
Si	251.61	0.4	251.61	0.2
Sn	189.98	2.0	189.98	0.6
Sr	421.55	0.1	407.77	0.003
Ti	190.66	3.0	334.94	0.02
V	292.40	0.1	311.07	0.2
Zn	213.85	0.07	213.85	0.1

超声波雾化器结构是直接影响分析性能的关键：去溶效果好坏与检出限、分析精度、记忆效应有直接关系。早期超声波雾化器气溶胶走的路程长，记忆效应严重，清洗时间过长，分析时间过多。这些都是早期超声波雾化器设计、制造去溶装置效果不好而引起的。现代超声波雾化器，去溶效果好得多，因为大部分溶剂已去掉，记忆效应明显减少，清洗时间与气动雾化器相似。

为确保超声波雾化器的良好性能,提供超声波雾化器的发生器晶体振荡器频率必须是稳定的。

公式（6-21）表明，振荡器频率，直接影响雾液粒的大小，它是影响检出限、精密度的关键。

超声波雾化器的晶体振荡器冷却装置也很重要。晶体振荡片工作一段时间就会发热，热的晶体振荡片和凉的晶体振荡片振荡频率产生变化，使雾化效率发生变化，分析精密度下降。

例如，U-5000AT 采用的是半导体冷却方式，而 UAG-1 采用循环冷却剂方式，其效果不一样。

超声波雾化器特点如下：

① 雾化效率高，一般达到 10%～13%。雾粒细，所以检出限下降 1～2 个数量级。

② 产生气溶胶的速率，不像气动雾化器那样依靠于载气的压力和流量。因此，产生气溶胶速率和进样的载气流量可以独立调节到最佳值。

③ 在装置结构上无进样毛细管，也无小孔径进气管的限制，不易堵塞。试液提升量是由蠕动泵控制的，黏度、试样密度等影响小。

④ 虽然超声波雾化器提高了雾化效率，但对于分析复杂基体物质，其分析元素谱线强度增加，同时分析物基体元素谱线强度也随之增强，这就需要慎重考虑谱线光谱干扰、基体背景干扰等。当然，当 Li、Na、K 碱金属浓度高时，由于它的雾化效应增强，这时就需要考虑 ICP 分析平时很少见的电离干扰效应。

⑤ 超声波雾化器结构复杂，价格高。

⑥ 超声波雾化器是很有前途的雾化装置，尤其是 ICP 发射光谱分析微量元素方面，怎样与石墨炉 AA 和 ICP-MS 的检出限方面争艳，是 ICP 发射光谱很好的研究课题。

（6）氢化物发生雾化器　氢化物发生器是将分析元素转变为气态的化合物，它是将元素周期表中能生成氢化物的元素，经氢化反应生成气态化合物，引入 ICP 火焰中。所以很多文献称此方法为气体注入进样系统。元素周期表中能生成氢化物的元素目前有：第 Ⅳ 族 Ge、Sn、Pb，第 Ⅴ 族 As、Sb、Bi，第 Ⅵ 族 Se、Te。当前常用方法是在酸性样品溶液中加入硼氢化钠或硼氢化钾，使其反应产生氢化物。它的反应式为：

$$NaBH_4 + HCl + 3H_2O \longrightarrow NaCl + H_3BO_3 + 8H$$
$$\downarrow E^{m+}$$
$$EH_n + H_2(过量)$$

式中，E 为氢化元素；m 可等于或不等于 n。

上述生成氢化物的 8 个元素，其生成氢化物形式为：AsH_3、BiH_3、GeH_3、PbH_4、SbH_3、SeH_2、SnH_4、TeH_2。

氢化物的这种气体注入进样方式，其检出限比常规的气动雾化器明显得到很大的改善，检出限下降 1～2 数量级。氢化法与气动雾化法的检出限比较见表 6-13。

表 6-13　氢化法与气动雾化法的检出限比较

元素	检出限/(ng/mL)		元素	检出限/(ng/mL)	
	气动雾化器	氢化法		气动雾化器	氢化法
As	20	0.02	Te	50	0.7
Sb	60	0.08	Ge	10	0.2
Bi	20	0.3	Sn	40	0.05
Se	60	0.03	Pb	20	1.0

常规氢化法测定的 As、Sb、Bi、Se、Te、Ge、Sn、Pb，不仅在金属材料测量中应用广泛，如钢材中五害元素 As、Sb、Bi、Sn、Pb 的测定，在环境试样、生物化学试样及食品、饮料样品的测定中也是极为重要的。因为这些样品必测元素就包括在其中，同时普通的气动雾化 ICP 方法的检测灵敏度不够，采用氢化物进样 ICP 方法才能检测。

氢化物发生器种类很多，大致可分为两类：连续发生法和间歇发生法。常用连续发生法产生氢化物引入 ICP 火焰的例子见图 6-34。

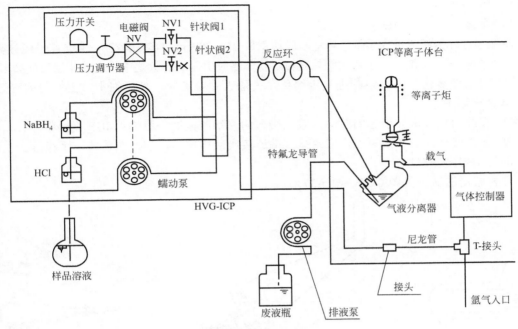

图 6-34　氢化物发生器

　　它采用多通道的蠕动泵，将 $NaBH_4$ 溶液及 HCl 溶液分别引入，使溶液会合，在反应圈中发生氢化反应，然后反应的氢化物送到气液分离器，废液排去，反应的氢化物被载气带入 ICP 火焰。

　　氢化法特点如下：

　　① 采用氢化法检出限有明显改善，虽然 8 个元素改善检出限程度不同，但表 6-13 中实验数据表明，它比气动雾化器检出限要好 1～2 个数量级。

　　② 采用氢化法在氢化反应同时可以分离基体，产生的氢化物元素引入 ICP 火焰，所以可降低基体干扰。

　　③ 由于氢化法采用大口径进样方式，故不存在雾化器堵塞问题。

　　④ ICP 发射光谱多元素同时分析，在氢化法上应用是有困难的。上述的 8 个元素同时测定困难很多，例如，测定 Pb、Bi 时，它的介质酸性不能过强，而 As、Se、Ge、Sb、Se、Sn 则需要 20% HCl。同样测定 Pb 时，需将试液中二价的 Pb 首先采用氧化方式转化为四价的 Pb，只有使 Pb 转换为 PbH_4 后，才能引入 ICP 火焰中(氧化剂一般用过硫酸铵、铁氰化钾等)。

　　⑤ 采用氢化法会带来较多的化学干扰问题，这是应该注意的。

　　(7) 电子雾化器[20]　为了提高溶液进样的雾化效率，近年来出现采用电子雾化器作为溶液进样系统，从其他专业移植过来的具有高效、稳定的溶液雾化系统。其原理为：采用两个均匀微米级细孔有机薄膜，不需高压雾化气流，仅在膜片的两端加以高频电场，在激烈振荡的电场作用下，从薄膜的微孔处不断喷射出大小一致的液滴，形成高效而均匀细小的气溶胶，直接进入等离子炬。气溶胶喷头的膜片，采用耐腐蚀的高分子材料薄膜制成，经激光打孔形成 10μm 以下均匀的密集微孔，孔径和形状保持严格一致，使得形成气溶胶颗粒具有很好的一致性(可控制在不超过 10μm 的很窄范围内)，从而很好地提高了溶液进样的雾化效率。根据厂家提供的试验数据，与雾化效率最好的 Meinhard 同心雾化器相比，其信噪比提高了近 4 倍。表现出很好的精密度和长时间稳定性，雾化器的精密度可在 0.2%RSD。而最好的 Meinhard 气动雾化器为 0.6%RSD。这类雾化器目前还未在

实际应用中得到推广。

3. 雾室

雾室与雾化器组成进样系统，雾室一般体积是 $25\sim200cm^3$ 的玻璃容皿，它是将已经过雾化器后的气溶胶进一步细化，去除大颗粒雾粒，将气溶胶引入 ICP 火焰中。它的作用表现如下：

① 将已经雾化后的气溶胶进一步细化，去除大颗粒雾粒，使更细小、更均匀的气溶胶引入 ICP 火焰中。

② 缓冲因载气进样引起的脉动，载气带入的气溶胶流能平稳进入 ICP 火焰中。

③ 根据气体压力平衡原理，雾室另一端连接废液排出口，使之能连续、平稳排出废液。雾室的气压始终保持恒定。

几种常用的雾室见图 6-35～图 6-37。

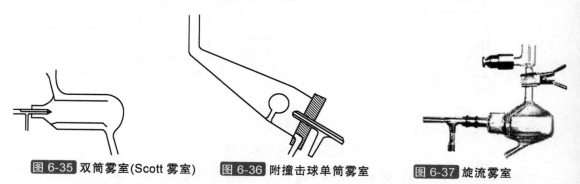

图 6-35 双筒雾室(Scott 雾室)   图 6-36 附撞击球单筒雾室   图 6-37 旋流雾室

这三种雾室性能及特点如下：

① 双筒(Scott 型)雾室　适应大流量、大提升量的雾化器工作。其分析的精密度较高。缺点是消耗试液多，记忆效应严重，清洗时间长。

② 附撞击球单筒雾室　使雾化器雾化的气溶胶能进一步破碎，细化雾粒，提高雾化效率。缺点是载气进样引起脉动性大，使 ICP 火焰易产生抖动，分析精度差。

③ 旋流雾室　是将气溶胶流沿切线方向引入雾室，利用离心力作用分离掉大颗粒的雾粒，从而达到细化气溶胶的目的。它与小提升量(1mL/min 左右)同心气动雾化器结合，在雾化效率、分析灵敏度、精密度上得到良好的效果，为目前大多商品仪器所采用的雾室标准配置。

4. 其他形式进样装置

将固体试样直接引入 ICP 火焰，通常不需要样品前处理，可减少试样溶解和稀释，提高分析灵敏度，同时也减少化学试剂及容器带来的污染，减少溶液稀释误差等。特别适应地质方面矿物、岩石分析应用，也适应难熔金属、合金分析应用。但是，存在如下难以克服的问题，使之不易推广：

① 取样量少，当试样不甚均匀时，分析结果的可靠性差。

② 固体进样基体效应，比溶液进样要严重得多，而且很难克服。当采用基体匹配方式工作时，不管是金属试样或地质试样，其标准试样很难制备。

固体试样进样方式种类繁多，这里不作详细介绍，下面介绍 Hörlick 直接试样插入法，简称 DSI(direct sample insertion)和激光烧蚀进样法，该法既可做试样成分分析，也可做微区分析。

（1）直接试样插入法　将试样放置在由石墨、钽、钨等材料制成的装样头上，一般采用类似如交、直电弧常用的各种类型石墨杯状电极插入石英炬管中心管中，再伸入 ICP 光源中，

利用等离子体高温加热石墨杯中试样，使其蒸发进入 ICP 火焰中。支持石墨杯的石英棒，可以上下移动，经实验可调节到最佳的位置（见图 6-38）。

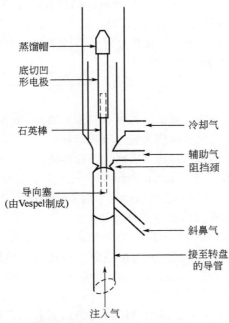

图 6-38　Hörlick 直接试样插入法

直接试样插入法性能及特点如下：

a. 此法的检出限由于空白的固体样品难以找到，因此得到确切的检出限数据比较困难。文献报道的数据相差很大。其检出能力比常用气动雾化器略好。

b. 其分析的精密度一般比溶液法要差，相对标准偏差(RSD)是 7%～10%。

c. 其基体效应比溶液法严重，制备与试样性质类似的标准样品较为困难。

（2）激光烧蚀进样法　用激光束照射试样使其蒸发、气化，用载气将试样气化的气溶胶引入 ICP 火焰,如果在激光烧蚀装置上配置激光显微装置，则可进行试样的微区分析。装置见图 6-39。

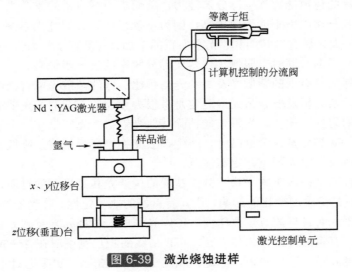

图 6-39　激光烧蚀进样

激光烧蚀进样法工作原理及性能特点：采用钕钇铝石榴石(Nd：YAG)激光器通过折射板照射样品，使之蒸发、原子化、激发样品，引入 ICP 火焰检测样品成分。一般固体样品测定，当折射板转开另一角度，用显微镜 x、y 位移台观察样品位置，并用 z 位移台调节焦距，然后恢复折射板位置，用激光照射进行样品的微区分析。这种方式特别适用于地质样品单矿物测定。

ICP 的固体试样进样方式，一直是 ICP 发射光谱技术的一个研究热点，激光烧蚀 ICP 进样装置已经有性能不错的商品配件问世。

四、分光系统

当试样在 ICP 火焰中接受能量，辐射出各种不同波长的光，需要采用分光系统将这些复合光按照不同波长展开进行测定。这套设备称为分光装置或称为光谱仪，也称为色散系统。经色散或分光系统后所得到的光谱中，有线状光谱、带状光谱和连续光谱。ICP 光谱分析仪器常见的分光装置主要有多通道型凹面光栅装置(Paschen-Rung 型)、扫描型平面光栅装置(仅介绍 Czerny-Turner 型)、中阶梯光栅双色散系统，组成多通道仪器、单道扫描型仪器及"全谱型"仪器。

1. ICP 发射光谱对分光系统的技术要求

ICP 光源具有很高的温度和电子密度，对分析元素有很强的激发能力，可以激发产生原子谱线和更多的离子谱线。同时，ICP 光源的发射光谱还具备检出能力强、精密度好、基体效应少、分析含量动态范围宽及多元素同时测定的特点，这就需要适应这种光源性能的分光装置。分光装置总的技术要求如下：

（1）分光装置具有宽的工作波长范围　ICP 光源具有多元素同时激发能力，它可以测定多达 73 个元素。这就需要分光装置有超紫外光→紫外光→可见光→近红外光工作波长范围的分光器。即波长范围为 Cl 134.72nm～Cs 852nm。由于空气中的氧气吸收波长<190nm 的光谱线，如果需测定<190nm 元素的谱线，需将分光器抽真空或充氮气、氩气。通常的真空型或充气型分光装置可测至 Al 167.081nm。非真空型分光器可测波长范围是 190～800nm。

（2）分光装置应具备较高的色散能力和实际分辨能力　由于 ICP 光源具有很高的温度和激发能力，其发射光谱谱线极为丰富。1985 年 Wohlers 发表的 ICP 谱线表中记录了 185～850nm 波长范围内就有约 15000 条谱线[21]。而此谱线表中并未含有谱线极其繁多的稀土元素的谱线，这说明 ICP 发射光谱谱线的复杂性，谱线多各元素之间很容易产生谱线重叠干扰。这就需要分光装置具备较高的色散能力和实际分辨能力，从而极力减少谱线重叠光谱干扰。但是，分光装置色散能力和分辨能力不能无限提高，因为不管任何型式的分光系统，提高色散能力和分辨本领，均要扩大光栅宽度和面积，光栅面积的增加，其准直镜与聚光镜的尺寸也需加大，不仅仪器造价提高很多，同时也限制了仪器实际分辨率的进一步提高。

（3）分光装置应具有低的杂散光及高的光信噪比　低的杂散光能有效降低背景，降低检出限，对于痕量元素分析及低含量元素测定是有很大帮助的。杂散光主要来源：分光器内壁涂刷无光黑漆的均匀性不佳，挡光板未能挡除其他光辐射，光栅没使用全息光栅等。当试样溶液中 Ca、Mg、Fe 等元素含量过高时，产生杂散光将提高背景值，降低光的信噪比。这种影响尤其是多通道仪器更为严重，更需注意。

（4）分光装置的结构应牢固平稳　分光装置的构架尤其是机座的材质，应牢固平稳，不易振动及位移，不易受温度变化的影响，使其有良好的热稳定性。分光器必须采用恒温装置。

（5）分光装置应有良好波长定位精度　ICP 光源中，各种元素及其元素谱线的性能不一样，有窄的谱线，有宽的谱线。总体而言，ICP 谱线的物理宽度应在 2～5pm 范围内[22]，要获得谱线峰值强度测量的准确数值，其定位精度必须<±3pm，实际上对 ICP 光谱仪要求定

位精度<±1pm。

（6）分光装置应有快速分光定位的检测能力　尤其对 ICP 扫描型分光器是极为重要的。波长零级校正、非测定波长区域快速移动、谱线定位测定方式、分光器内机械磨损校正等，这些快速检测效率，都必须考虑。

（7）真空型或充气型分光装置，应使抽真空或充气设备简单，达到标准所需抽真空度或充气量时间要尽量短，以便达到快速测定。

2. 光栅光谱仪质量因数

光栅光谱仪的核心分光元件是光栅。光栅是由许多平行、等距、等宽、间隔很近的槽沟刻蚀在玻璃基板上(而全息光栅是采用激光全息照相方法制造)。大部分光栅都采用反射光栅形式制造。光栅光谱仪是将入射的复合光照射到光栅后，依据光的衍射原理，将复合光转换为单色光。要评价作为 ICP 发射光谱的分光装置用的分光器，除关注这类仪器的色散率、分辨率、光栅光谱的级次重叠与分离方法外，还应该注意杂散光、仪器快速检测能力等。

当前 ICP 发射光谱仪使用的光栅有：凹面光栅、平面光栅、中阶梯光栅。它们的原理基本相似，但结构完全不同，性能大不相同。由于第三章详细介绍过凹面光栅性能，本节将介绍平面光栅、中阶梯光栅工作原理，介绍光栅光谱仪质量因数（色散率、分辨率、光栅光谱的级次重叠与分离方法）。

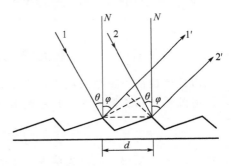

图 6-40 平面反射光栅的衍射

d—光栅常数；N—光栅法线；1，2—入射光束；
1′，2′—衍射光束；θ—入射角；φ—衍射角

3. 平面光栅

（1）衍射光栅的特点　当光栅在光的照射下，每条刻线都产生衍射，各条刻线所衍射的光又会互相干涉，这些按波长排列的干涉条纹，就构成了光栅光谱。其衍射原理见图 6-40。

图中 1 和 2 是互相平行的入射光，1′和 2′是相应的衍射光，衍射光互相干涉，光程差与入射波长成整数倍的光束互相加强，形成谱线，谱线的波长与衍射角有一定关系。

其光栅方程式为：

$$m\lambda = d(\sin\theta \pm \sin\varphi) \tag{6-22}$$

式中，m 为光谱级次(或称谱级)，它是整数也包括零，零级光谱不起色散作用；λ 为谱线波长，即衍射光的波长；d 为光栅常数，指两刻线之间距离(一般而言，$1/d$ 即光栅刻线数)；θ 为入射角，永远取正值；φ 为衍射角，与入射角在法线 N 同一侧时为正，异侧时为负。

从光栅方程式可以看出衍射光栅具有以下特点：

① 当 m 取零值时，则 $\varphi = -\theta$，出现无色散的零级光谱。此时，入射光中所有波长都沿同一方向衍射、相互重叠在一起，并未进行色散。

② 当光栅级次 m 取整数，入射角 θ 固定时，对应每一个 m 值，在不同衍射角方向可得到一系列衍射光，得到不同谱级的光谱线。m 愈大，衍射角 φ 愈大，即高谱级光谱有较大的衍射角。短波谱线离零级光谱均较近。当 m 取正值，φ 和 θ 在法线 N 的同一侧时，称为正级光谱；当 m 取负值，φ 和 θ 分布在法线两侧时，称为负级光谱。负级光谱因其强度较弱，对光谱分析无使用价值。

③ 当入射角与衍射角一定时，在某一位置可出现谱级重叠，出现谱级干扰。从光栅方程

式可以看出：

$$M\lambda = m_1\lambda_1 = m_2\lambda_2 = m_3\lambda_3 = \cdots$$

即只要谱级 m 与波长 λ 的乘积等于 $m\lambda$ 的各级光谱就会在同一位置上出现。例如，一级光谱 600nm，二级光谱 300nm 和三级光谱 200nm 等重叠在一起，如图 6-41 所示。

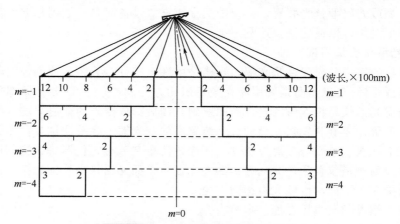

图 6-41 光栅光谱谱级重叠示意图

光谱分析是在不重叠的波段，不受其他谱级重叠的波长区寻找谱线进行检测。此区域称为自由色散区。相邻谱级间的自由色散区应为：

$$\delta\lambda = \lambda_m - \lambda_{m+1} = \frac{\lambda_m}{m+1} \tag{6-23}$$

式中，m 为谱级；λ_{m+1} 为更高一级的光谱波长。可以看出，谱级愈高自由色散区愈小。每级光谱覆盖波长范围愈窄。

（2）平面光栅的色散率　色散率定义为单位波长差在焦面上分开的距离，$\mathrm{d}l/\mathrm{d}\lambda$。它分为角色散率和线色散率。

① 角色散率　将光栅方程式（6-22）进行微分，即为光栅的角色散率：

$$\frac{\mathrm{d}\varphi}{\mathrm{d}\lambda} = \frac{m}{d\cos\varphi} \tag{6-24}$$

角色散率与谱级（m）成正比，与光栅常数（d）成反比，与衍射角（φ）成正比。当离法线很近时，$\cos\varphi \approx 1$ 时，其角色散率为：

$$\frac{\mathrm{d}\varphi}{\mathrm{d}\lambda} \approx \frac{m}{d} \tag{6-25}$$

② 线色散率　光栅光谱仪往往用线色散率表示，这就要考虑物镜焦距 f_2，谱面倾斜角 ε。那么线色散率为：

$$\frac{\mathrm{d}l}{\mathrm{d}\lambda} = \frac{f_2}{\sin\varepsilon} \times \frac{\mathrm{d}\varphi}{\mathrm{d}\lambda} \tag{6-26}$$

将式（6-24）代入，光栅光谱仪线色散率方程式为：

$$\frac{\mathrm{d}l}{\mathrm{d}\lambda} = \frac{f_2 m}{d\sin\varepsilon\cos\varphi} \tag{6-27}$$

此式表明：线色散率与物镜焦距 f_2 成正比，与光谱级次 m 成正比，与光栅常数（d）成反比，与谱面倾角（ε）成反比，与衍射角（φ）成正比。线色散率的单位为 mm/nm。

③ 倒线色散率　ICP 光谱仪往往采用线色散率的倒数表示仪器色散率大小，称为倒线色散率。它的单位是 nm/mm。它的数值愈小，说明色散率愈大。式（6-27）的倒数为：

$$\frac{\mathrm{d}\lambda}{\mathrm{d}l} = \frac{d\sin\varepsilon\cos\varphi}{f_2 m} \tag{6-28}$$

式（6-27）表明光栅光谱仪色散率的特性：

① 色散率与谱级成正比，因此采用高谱级(m)可获得大的色散率。但由于平面光栅光谱仪的特点，谱级不可能过大，一般采用 1 或 2 级光谱，3 级光谱很少采用，因为谱级增加，光强损失过大。

② 色散率与物镜焦距(f_2)成正比，焦距增大色散率增大。这是采用增多光栅刻划密度($1/d$)困难时经常采用的手段。例如，摄谱照相法光谱仪，2m 焦距光谱仪色散率比 1m 焦距光谱仪要好一倍。

③ 色散率与光栅刻划密度($1/d$ 即通常所言每毫米光栅刻线数)成正比。同一焦距、同一谱级光谱仪，光栅刻数越多的光谱仪，其色散率越高。

④ 对平面光栅而言，由于在法线附近，衍射角 φ 很小，$\varphi \approx 0$，$\cos\varphi \approx 1$。

色散率公式可以简化为：$\mathrm{d}l/\mathrm{d}\lambda \approx mf_2/d$（这里不考虑谱面倾角 ε）。此式表明平面光栅光谱仪的色散率的均匀性，即长、短波长区域内，其色散率变化很小。

（3）平面光栅的分辨率　分辨率定义为两条谱线被分开的最小波长的间隔，即两波长平均值与波长差之比。

Rayleigh(瑞利)规定了一个"可分辨"的客观标准，称为 Rayleigh(瑞利)准则。见图 6-42。

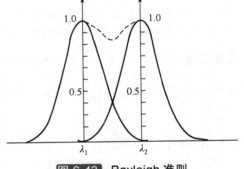

图 6-42　Rayleigh 准则

准则假定两谱线呈衍射轮廓，其强度相等。而且一条谱线强度的衍射极小值落在另一条谱线的衍射极大值上。在此情况下，两条谱线部分重叠，其侧部相交处强度各为 40.5%，这时两条谱线合成轮廓最低处的强度约为最大强度处的 81%，则认为两条谱线是可分辨的。

按照 Rayleigh(瑞利)准则，光栅理论分辨率应为：

$$R = \frac{\lambda}{\Delta\lambda} = mN \tag{6-29}$$

式中，m 为光谱级次；N 为光栅刻线总数(即光栅刻线数×光栅宽度)。将光栅方程式（6-22）代入，即可得：

$$R = \frac{\lambda}{\Delta\lambda} = \frac{Nd(\sin\theta \pm \sin\varphi)}{\lambda} \tag{6-30}$$

如果 Nd 是光栅总宽度，令 $W=Nd$，可得：

$$R = \frac{\lambda}{\Delta\lambda} = \frac{W}{\lambda}(\sin\theta \pm \sin\varphi) \tag{6-31}$$

因为 $\sin\theta \pm \sin\varphi$ 的最大值不能超过 2，因而分辨率的最大值应为：

$$R = \frac{\lambda}{\Delta\lambda} = \frac{2W}{\lambda} \tag{6-32}$$

式（6-31）表明：虽然平面光栅可以用增加光栅刻线密度，即增加光栅刻线数来提高光栅的色散率，但不能用无限增加光栅刻线密度来提高光栅的分辨率。光栅的理论分辨率只取决于光栅宽度、波长及所用的角度。因而要得到高分辨率的光谱仪器，必须采用大块光栅及增大入射角和衍射角的角度。

对于光栅光谱分辨率而言，瑞利准则在很大程度上是理想化的，实际上对于两条强度相等的谱线，有时两者间距离较瑞利准则规定稍小时也能分辨。但对强度不同的两条谱线，尤其是强度大的谱线，其附近的强度小的弱线，两者间距离较瑞利准则规定值大些时才能分辨。

（4）光栅的实际分辨率　上述均为理论分辨率，光栅光谱仪理论分辨率是在假定的理想情况下可达到的结果：即采用无限窄狭缝，两条谱线是单色的并且强度相等，谱线的轮廓和宽度仅由衍射效应决定，成像系统无像差等。但实际上使用光栅光谱仪都无法满足这些条件，因此更为实用的是光栅光谱仪的实际分辨率。实际分辨率只能达到理论分辨率的60%～80%。

常用两种方法测量光栅光谱仪的实际分辨率：

① 谱线组法　采用多谱线元素(例如 Fe)的已知波长的谱线组，观测谱线是否有效分开，采用比长仪测量两谱线间的实际距离、两谱线波长差计算实际分辨率。表 6-14 是英国皇家化学会分析方法委员会所推荐的评价 ICP 光谱仪分辨率测量的谱线组。表 6-15 是我国 ICP 摄谱仪采用的测量分辨率的 Fe 谱线组。可以根据波长选用相应的谱线组。

表 6-14　用于检测分辨率的各种元素谱线组

双线组/nm					三线组/nm
Al　237.31 Al　237.34	B　208.893 B　208.959	Ge　265.12 Ge　265.16	Fe　371.592 Fe　371.645	Ti　319.08 Ti　319.20	Fe　309.997 Fe　309.030 Fe　310.067
Al　257.41 Al　257.44	B　249.773 B　249.678	Hg　313.155 Hg　313.185	Fe　372.256 Fe　372.438	Ti　522.430 Ti　522.493	Ti　334.884 Ti　334.904 Ti　334.941
Al　309.27 Al　309.28	Be　313.024 Be　313.107	Na　330.23 Na　330.30	Fe　390.648 Fe　390.794		

表 6-15　用于检测分辨率的 Fe 谱线组

λ/nm	$\Delta\lambda$/nm	R	λ/nm	$\Delta\lambda$/nm	R
234.8303 234.8009	0.0204	11500	350.5061 350.4864	0.0197	17800
249.3180 249.3261	0.0081	30800	367.0071 367.0028	0.0043	85400
285.3774 285.3686	0.0088	32400	383.0864 383.0761	0.0103	37200
310.0666 310.0304	0.0362	8600	448.2256 448.2171	0.0084	53400
309.9971 309.9891	0.0080	38800	502.7136 502.7212	0.0076	66100
318.1908 318.1855	0.0053	60000			

② 半宽度法　采用测量谱线轮廓半宽度的方法来表示仪器的实际分辨率（见图 6-43）。

在分析线 λ_0 的附近由 λ_1 到 λ_2 进行波长扫描，记录其谱峰轮廓，测定峰高一半处的峰宽，计算分辨率，用 nm 表示。

目前国内外制造光谱仪大多数采用谱线半宽度作为仪器分辨率的技术指标。注意，选用此法时，要选择没有自吸收的谱线及避免误用未分开的双线，作为测量谱线。

4. 中阶梯光栅

中阶梯光栅刻制方式与平面光栅和凹面光栅完全不同，它刻制高精密的宽平刻槽，刻槽为直角阶梯形状，宽度比高度大几倍，且比入射波长大 10～200 倍，光栅常数为微米级，光栅刻线数比平面光栅少得多，一般在 10～80 条线/mm，闪烁角 60°，入射角大于 45°，常用谱级 20～200 级。其原理见图 6-44。

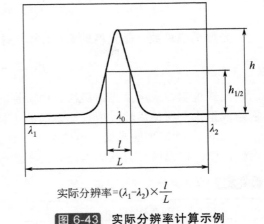

$$实际分辨率 = (\lambda_1 - \lambda_2) \times \frac{l}{L}$$

图 6-43　实际分辨率计算示例

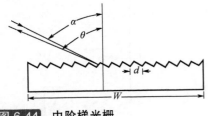

图 6-44　中阶梯光栅

从角色散率公式（6-25）来看，似乎只要增加光谱级次，角色散可以无限度增加。其实并非如此，因为可观察到的最高光谱级次受条件限制。根据光栅衍射方程式[式(6-25)]，它必须满足下式：

$$\frac{m\lambda}{d} = (\sin\theta \pm \sin\varphi) \leqslant 2$$

那么最高可用光谱级次为：

$$m_{max} \leqslant \frac{2d}{\lambda} \tag{6-33}$$

为了提高光谱仪分辨率，对于平面光栅采用高密度刻线数，使 d 值很小，这样就限制了最高观察到的光谱级次。由式（6-33）可得出光栅常数：

$$d \geqslant \frac{m\lambda}{2}$$

若用 1 级光谱时，必须遵守 $d \geqslant \lambda/2$，即光栅刻线密度不能无限制增加。当 d 比 λ 小得多时，光栅由衍射转为反射作用，这时就不能产生色散。这说明要采用增大谱级方式，提高光栅分辨率时，其光栅常数(d)不适于过小。而中阶梯光栅的光栅常数介于阶梯光栅和衍射光栅之间。阶梯光栅的光栅常数是毫米级，衍射光栅的光栅常数为亚纳米级，而中阶梯光栅的光栅常数为微米级。综合上述中阶梯光栅的性能，它完全适应 ICP 光谱仪要求。

中阶梯光栅方程式与平面光栅是一样的：

$$m\lambda = d(\sin\theta \pm \sin\varphi)$$

由于中阶梯光栅多在 $\varphi \approx \theta$ 条件下使用，故上式简化为：

$$m\lambda = 2d\sin\theta$$

$$m = \frac{2d\sin\theta}{\lambda} \tag{6-34}$$

光栅刻线总数，是光栅的宽度(W)与刻线数($1/d$)的乘积。因此中阶梯光栅的分辨率为：

$$R = \frac{\lambda}{\Delta\lambda} = mN = \frac{2W}{\lambda}\sin\theta \tag{6-35}$$

此式说明，采用高光谱级次、中阶梯光栅光谱仪，它的分辨率与光栅宽度成正比，与衍射角成正比，与使用波长成反比，即波长越长其分辨率越小。

表 6-16 列出平面光栅光谱仪和中阶梯光栅光谱仪性能的比较。可以看出，同是 0.5m 光谱仪，中阶梯光栅光谱仪的理论分辨率远高于平面光栅光谱仪。

表 6-16 两种光栅光谱仪性能比较

技术指标	平面光栅光谱仪	中阶梯光栅光谱仪
焦距/m	0.5	0.5
刻线密度/(线/mm)	1200	79
衍射角	10°22′	63°26′
光栅宽度/mm	52	128
光栅级次(300nm)	1	75
分辨率(300nm)	62400	758400
线色散率(300nm)/(mm/nm)	0.61	6.65
线色散率倒数(300nm)/(nm/ mm)	1.6	0.15

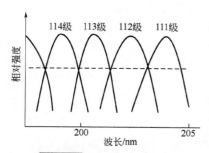

图 6-45 光谱级次重叠

在上述光栅基本性能中，关于谱级重叠的问题，即 $m\lambda = m_1\lambda_1 = m_2\lambda_2 = m_3\lambda_3 = \cdots$，只要谱级 m 与波长 λ 的乘积等于 $m\lambda$ 的各级光谱就会在同一位置上出现(见图 6-41)，光谱仪器必须将这些重叠光谱进行分离，才能正确地测量光谱信号。对于采用中阶梯光栅光谱仪，因为它使用高的光谱级次，每级光谱覆盖波长范围较窄，由近百级光谱组合才能覆盖从超紫外区到紫外区至近红外区。从中阶梯光栅几个光谱级的工作波段可以看出，200～205nm 波段是由 3 个光谱级来覆盖的，见图 6-45。所以需要谱级分离的第二个色散装置，称此装置为预色散系统。

中阶梯光栅光谱仪与平面光栅光谱仪不同，中阶梯光栅各谱级的色散率不同，短波段色散率高，长波段色散率低。例如，一台具有 79 条/mm 中阶梯光栅，63°26′闪耀角，且在 42 级处，ICP 光谱仪的色散率与分辨率见表 6-17。

表 6-17 中阶梯光栅光谱仪的线色散率倒数与分辨率

波长/nm	线色散率倒数/(nm/mm)	分辨率/(nm/mm)
200	0.083	0.008
400	0.137	0.016
600	0.205	0.021

中阶梯光栅光谱仪的工作原理见图 6-46。图 6-47 为中阶梯光栅双色散二维光谱成像。

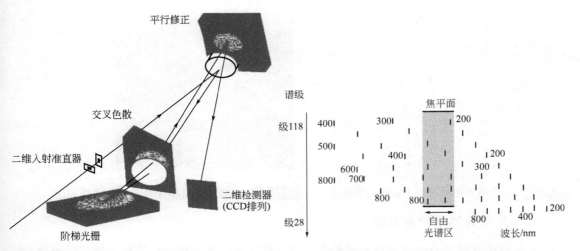

图 6-46　中阶梯光栅光谱仪的工作原理　　　图 6-47　中阶梯光栅双色散二维光谱成像

中阶梯光栅光谱仪为防止谱级重叠，都采用双色散系统。一般预色散系统采用石英棱镜(也有用光栅的)，用中阶梯光栅作为主色散器。石英棱镜沿狭缝方向(Y 轴方向)作预色散，用于谱级分离。中阶梯光栅作为主光栅在 X 轴方向上色散。这种互相垂直方向的色散称为二维色散或交叉色散，得到的光谱称二维光谱。

为了更好说明中阶梯光栅、二维光谱谱线成像，以 Pb 短波段 9 条光谱线为例，从短波段到长波段有：

Pb 220.3nm　　Pb 224.6nm

Pb 239.3nm　　Pb 247.6nm

Pb 261.4nm　　Pb 266.3nm

Pb 280.1nm　　Pb 283.3nm　　Pb 287.3nm

看它如何在中阶梯光栅光谱仪色散成像：按平面光栅扫描式光谱应为图 6-48；而这 9 条 Pb 的谱线在中阶梯光栅光谱仪二维色散系统将转变为图 6-49。波段短的谱线成像在光栅高级次上，波段长的谱线成像在光栅低级次上。同一级次上谱线按波长长短顺序排列。

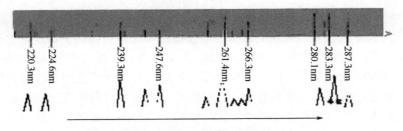

图 6-48　平面光栅光谱仪 Pb 谱线

图 6-50 表明中阶梯光栅光谱仪二维光谱一些元素谱线所取的位置。Al 167.0nm 波长短，它成像取在高级次位置。而 Pb 220.3nm 波长长，它成像取在低级次位置。对于同在一个级次位置的 P 213.62nm 与 Cu 213.60nm 的成像是按短波长向长波长顺序分开排列的。

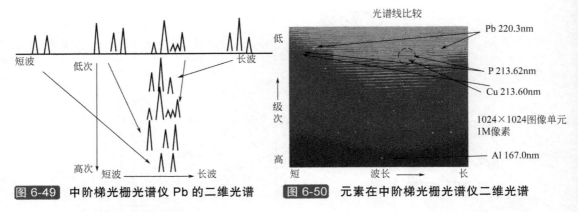

图 6-49　中阶梯光栅光谱仪 Pb 的二维光谱　　图 6-50　元素在中阶梯光栅光谱仪二维光谱

五、光电转换及测量系统

光电转换及测量系统是将由分光器色散后的单色光强度转换为电信号，然后经测量→转移→放大→转换→送入计算，进入数据处理，进行定性、定量分析。ICP 光谱仪常用于光电转换的器件有：光电倍增管和电荷转移器件 CTD(charge transfer device)两种。目前光谱仪器上常见的光电转换元件（图 6-51）有：PMT(光电倍增管)、CID(离子注入式检测器)、CCD(电荷耦合式检测器)、SCD(分段式电荷耦合检测器)。

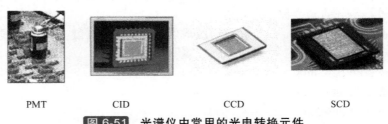

PMT　　　　　CID　　　　　CCD　　　　　SCD

图 6-51　光谱仪中常用的光电转换元件

1. 光电倍增管

光电倍增管(PMT)工作原理和特性，在前面火花光谱仪中已有介绍(见图 4-16)。当光阴极受辐射光照射后，发射光电子产生的光电流与辐射的光通量成正比。根据二次电子倍增现象使电流值有很大增益，可达 $10^{10}\sim10^{13}$ 数量级。因此，即便接受微弱的辐射信号，光电倍增管也能转换成足够大的光电流进行测量。当今的光电倍增管，除了电极热发射的暗电流外，其他原因形成的暗电流，在工艺上均可消除。在常温下使用仍具有很满意的工作性能，输出电流范围完全可以满足 ICP 测量的需求。

PMT 在应用技术上仍有所发展，对紫外谱线检测仍保持很高的灵敏度，尤其是增加负高电压自动调节技术，出现高动态检测器(HDD)，光电倍增管动态范围可达到 8～9 数量级。使仪器在毫秒时间内对界面处信号从低计数至百万计数的变化有线性响应，即无信号饱和，不必调节电压，可进行快速而灵敏的检测，具有瞬时测定痕量及高浓度元素的能力。

由于 ICP 是多元素同时测定的工作方式，要提高各种测定元素、不同含量的信噪比，需要在电路上进行改进，才能使其适用于测定各个元素不同含量范围。而 ICP 光谱仪通过采用自动调节负高压的供给方法，使光电倍增管输出电流达到最佳信噪比。所以至今仍应用于单道扫描型 ICP 仪器上。

2. 电荷转移器件

电荷转移器件(charge transfer device，CTD)，它是一类以半导体硅片为基材的光敏元件，

制成多元阵列式面检测器，已经应用于原子发射光谱仪的有电荷耦合器件 (charge coupled devices，CCD)及电荷注入器件 (charge injection device，CID)两种。作为固体摄像器件引入，使 ICP 光谱仪性能得到很大的改善。应用这种检测器与中阶梯光栅的双色散系统相结合，使仪器既具有多通道光谱仪测定的快速性，又具有选择分析谱线灵活性的优点。它的主要优点还表现在，可使用一次曝光同时摄取超紫外→紫外→近红外光区的全部光谱。对于这种测量方式，将给分析工作带来极大好处：

可以方便查询分析谱线附近谱线干扰、背景干扰的状况，有利于选用分析线、为设定分析方法提供帮助。

可以同时测定内标元素内标线，充分发挥光谱分析内标法的补偿作用，定量分析准确。

可以同时测定分析线附近的背景值，为采用扣除背景工作方式做微量分析提供有力保障。

可对每个元素选择多条分析线同时进行测定，同时获得多个测定的数据，从这些数据中可以发现光谱干扰。

可采用灵敏度不同的分析线同时进行测定，扩大测量的浓度范围。避免多次稀释样品及重复测定。同时，可选用斜率高、误差小的工作曲线做分析。

（1）电荷耦合器件

① 电荷耦合器件结构及原理　电荷耦合器件 CCD(charge coupled devices)是 20 世纪 70 年代发展起来的一种光电摄像器件，已广泛应用于摄影及摄像器材(如家用的摄像机和数码相机)。20 世纪 90 代初，经过改进，使其光谱响应在紫外区有较高的量子化效应，将它应用于 ICP 光谱仪，使其 ICP 光谱仪性能发生重大改变。这种仪器使用一次曝光同时摄取从超紫外→紫外→近红外光区的全部光谱。

电荷耦合器件 CCD 由光敏单元、转移单元、电荷输出单元三部分组成。有面阵式和线阵式两种，面阵的 CCD 器件像素排列为一个平面，它包含若干行和列的结合。目前"全谱型"光谱仪使用的光电转换器件 CCD 多为面阵式。

CCD 器件是由许多个光敏像素组成的，每个像素就是一个 MOS 电容器。电荷耦合器件结构及原理见图 6-52。它是在半导体硅(P 型硅或 N 型硅)衬座上，经氧化形成一层 SiO_2 薄膜，再在 SiO_2 表面蒸镀一层金属(多晶硅)作为电极，称为栅极或控制极。因为 SiO_2 是绝缘体，这样便形成一个类似图 6-52(b)的电容器。当栅极与衬底之间加上一个偏置电压时，在电极下就形成势阱，又称耗尽层，见图 6-52(c)。

a. 光敏单元　当光线照射 MOS 电容时，在光子进入衬底时产生电子跃迁，形成电子-空穴对，电子-空穴对在外加电场的作用下，分别向电极两端移动，这就在半导体 Si 片内产生光生电荷，见图 6-53。光生电荷被收集于栅极下的势阱中。光生电荷与光强成比例，这就是它作为光电转换器件的原理。

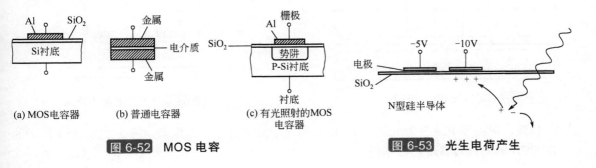

(a) MOS电容器　　(b) 普通电容器　　(c) 有光照射的MOS
　　　　　　　　　　　　　　　　　　　　　　　电容器

图 6-52　MOS 电容　　　　　　　图 6-53　光生电荷产生

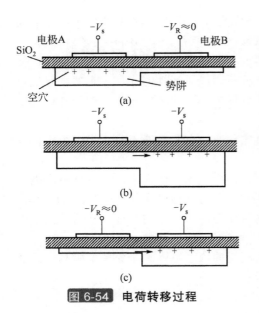

图 6-54　电荷转移过程

b. 光生电荷转移单元　如果需对光生电荷进行测量，需把电荷转移出去，这是 CCD 第二项转移功能，因而也称它为电荷转移器件。电荷转移要在一系列 MOS 电容间进行，就像接力赛跑一样，电荷在栅极电压作用下从一个像素(MOS 电容)转移到下一个电容的势阱中。为了顺序改变栅极上电压，需有时钟脉冲装置，定时地给各栅极传送信号，直至终端光生电荷转移完成(见图 6-54)。

图 6-54 表示：当电极 A 处在低电位时，电荷被收集在左侧的耗尽层(势阱)中[见图 6-54(a)]，此时电极电压 $V_R \approx 0$；当电极 B 随着时钟脉冲电路运行，降到低电位时，电极 A 升高电位，电荷流向电极 B 的耗尽层[见图 6-54(b)]；当 B 电极电压 $V_R \approx 0$ 时，说明电荷全部转移至 B 电极，这样完成电荷从 A 到 B 的转移过程。当有一系列 MOS 电容成线性排列时，可以控制时钟脉冲装置改变各栅极电压方式，快速地完成电荷的转移。

每个 CCD 像素通常有 2～4 个 MOS 电容。有 3 个 MOS 电容的像素称为三相 CCD。为了使电荷按一致方向同步转移。像素中相同位相的电极联结在一起，连线称为相线。如图 6-55 所示。

φ_1、φ_2 及 φ_3 均为相线。各相线之间施加由时钟脉冲电路提供的 120° 相位差的电压。当 $t=t_1$ 时，φ_1 是高电位，φ_2、φ_3 为低电位，φ_1 电极下形成势阱，电荷集中在 φ_1 电极下；当 $t=t_2$ 时，φ_1 电位下降，φ_2 电位最高，φ_3 仍在低电位。φ_2 电极下的势阱最深，φ_1 下的电荷向 φ_2 下转移；当 $t=t_3$ 时，φ_1 及 φ_2 均为低电位，φ_3 为高电位，φ_3 电极下势阱最深，φ_2 下的电荷向 φ_3 转移。所以从 t_1 到 t_2 或从 t_2 到 t_3，每经历 1/3 时钟周期，电荷就转移一个电极。经过一个时钟周期，信号就向右移动三个电极，即移动 1 位 CCD，直至移至 CCD 的输出单元。

c. 电荷输出单元　常用方式是采用反向偏置二极管输出信号。其基本原理见图 6-56。在 P 型硅衬底中内置一个 PN 结。PN 结的势阱和时钟脉冲控的 MOS 电容的势阱互相耦合，最后一个电极下的电荷被转移到二极管，从负载电阻上可以测得电压输出信号。有时在最后转移电极和输出二极管之间加上一个固定偏置的附加电压 U_{DC}，以减少最后一个转移电极上的控制脉冲对输出的干扰。

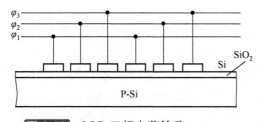

图 6-55　CCD 三相电荷转移

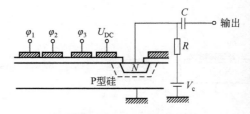

图 6-56　CCD 的输出单元

目前，应用于 ICP 发射光谱的 CCD 均为几十万至百万以上像素，图 6-57 为 4×5 像素的二维 CCD 的电荷转移过程的示例。

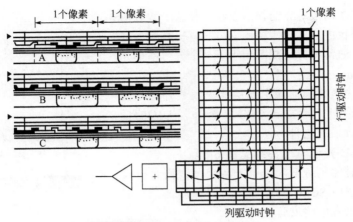

图 6-57　二维 CCD 结构原理

它是一个三相的 CCD，每个像素有三个 MOS 电容器。阵列的右侧是行时钟脉冲电路。阵列下方是移位寄存器及列时钟脉冲电路。在时钟脉冲电路的控制下，光生电荷由上自下逐渐转移到寄存器，然后输出到信号放大器，从而获得完善的二维图像。左侧图显示电荷在像素间的转移过程。

② 电荷耦合器件 CCD 的性能与特点

a. 量子效率与光谱响应　量子效率反映 CCD 光敏效果的能力：

$$量子效率 = \frac{可检测的量子数目}{入射光子总量} \times 100\%$$

量子效率与 CCD 器件的材料有关。就通用的半导体 Si 材料而言，它的禁阻带宽约为1.14eV，只有波长≤1090nm 的辐射能，才能被硅基 CCD 检测。其量子效率与光谱响应关系很大。不同的光谱波长其 CCD 量子效率相差很大。见图 6-58。

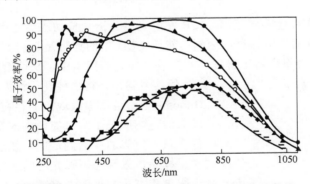

图 6-58　不同型号 CCD 量子效率与波长关系曲线

图 6-58 中显示，不同型号的 CCD 器件，它的波长响应范围不一样，通常波长响应范围为 400～1000nm。不同波长的光进入 CCD 获得不同的量子效率。一般在 500nm 左右，得到最好的量子效率。而 ICP 发射光谱绝大部分谱线波长在紫外区域。为使 CCD 器件适应发射光谱波段区域，目前采用三种办法。

（a）采用透明导电金属氧化物(ITO)作为透光栅极材料，取代多晶硅材料，提高紫外区(UV)的量子效率。这种方法造价高，使 CCD 成本加大。

（b）由于 CCD 栅极对光的强烈吸收，使量子效应明显下降，ICP 光谱仪中很多采用背照射方式，提高紫外区(UV)的量子效率。通常将衬底减薄到小于一个分辨率单元的尺寸，小于 30μm。

（c）在 CCD 的敏感膜前涂上一层能吸收紫外光并发出 500nm 荧光的物质，而提高 CCD 在紫外区(UV)的量子效率。目前多数采用这种方法。

改进型的 CCD 光谱响应曲线见图 6-59。

这种 CCD 器件具有宽的光谱响应范围，而且有较高的量子效率。图中 SCD 是分段式 CCD 检测器。它们的量子效率通常比光电倍增管要高。

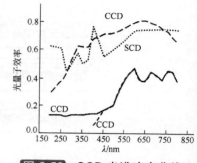

图 6-59 CCD 光谱响应曲线

b．噪声　ICP 发射光谱仪要求光电检测器有极小噪声，有较强的信噪比，尤其是对微量元素的分析。

CCD 器件噪声来源由三部分组成：信号噪声(N_s)、读数噪声(N_r)、暗电流噪声(N_d)。

其总噪声中信号噪声是主要来源，总噪声应为：

$$N_T = N_s + N_r + N_d$$

（a）信号噪声　包括信号光子散粒噪声与信号的闪烁噪声。

（b）读数噪声　是由读数电路引起的噪声。它与器件中随机转移电荷有关，它受温度的影响，温度升高读数噪声提高。

（c）暗电流噪声　是在不曝光时在检测器上的电荷累加而形成的，是由热过程产生的电子从价带上升到导带而产生的电流，与器件的温度有关。通常可用冷却检测器方式来降低暗电流。

从上述两条噪声来源充分说明，用 CCD 作 ICP 光谱仪检测器时，冷却 CCD 器件的重要性。常用冷却 CCD 器件有−15℃、−40℃、−70℃几种。冷却方法有温差电子冷却器和水循环冷却器两种。

c．分析含量动态线性响应范围　ICP 发射光谱分析含量动态线性范围是 5～6 数量级，CCD 检测器电荷转移器件应该可以达到。然而 CCD 中的势阱是有一定容量的，如果超过了势阱容量，多出的信号将会溢出势阱，并扩散到邻近的像素中，从而给本来信号电荷较少或根本无信号电荷的像素带来"污染"，产生假信号输出，将这种现象称为电荷溢出，又称弥散(blooming)。由于弥散现象的存在，CCD 在分析含量动态线性响应范围时只能做到 5 个数量级。为完成高、低含量差值大的样品测定，只能选择次灵敏线分析高含量样品，采用缩短曝光时间或缩小入口光栅等降低光强工作方式，见图 6-60。

在硬件上，防止电荷溢出的方法一般有两种：

（a）在势阱旁邻电极加偏压，使溢出的电荷在此被复合。

（b）设置"排流渠"，把一组像素用导电材料圈起来，当有电荷溢出时，通过它将过剩电荷导出，以免溢入邻近像素。

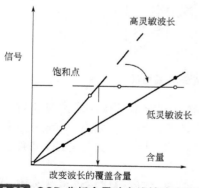

图 6-60 CCD 分析含量动态线性响应范围

d．分辨率与灰度分辨率　这里的分辨率是指摄像器材对物像中明暗细节的分辨能力，即光的强度分辨能力。

灰度分辨率是影响动态线性范围及分辨率的重要因素。

势阱(像素)中的电荷读出后，被模数转换卡转换至计算机进行数字信号处理。这种转换过程对 CCD 的性能会产生重要影响，它是用灰度分辨率这一重要参数来衡量的。

灰度分辨率是指模数转换卡区分不同电子数目的能力。而它不同于空间分辨率（指势阱中最大容量）。同样它也是影响动态范围和分辨率的重要因素。

一般灰度分辨率是 10~16bits。10bits 模数转换卡能产生 10 位二进制数（即 0~1024）。其中每一个数被称为一个模数转换单位（ADU）。而 16bit 应为 10 位二进制数（即 0~65535ADU）电子容量。每一个 ADU 单位的电子数，可称与模数转换卡的电子数相等。通常将它设置为与单个像素的读数噪声所代表的电子数相等。如果设置模数转换卡电子数目较少，可以对弱信号提高灵敏度，但很容易溢出；如果设置电子数较多，范围可以扩大。但是弱信号不易检出，小峰分辨率差。这是将 CCD 测光装置用于 ICP 发射光谱仪应该考虑的问题。一般采用设置电子数较多方式，便于弱信号检测。光强过大时，采用光栅缩小、控制狭缝前遮光板曝光时间或更改分析谱线方式工作。

要在 CCD 检测器上，如图 6-61 所示，将谱线 Cu 213.60nm 与 P 213.62nm 分开，除考虑分光器的光学分辨率外，从检测器上还应考虑像素多少，像素分辨率多高，同时也需考虑灰度分辨率模数转换卡数的问题。

e．寿命　CCD 的几何尺寸是不同的，但任何几何尺寸及光电性能都很稳定。虽然它有电荷溢出的弥散现象，但器件不怕过度曝光。它适合于长期运转，寿命长。

f．光谱分辨率　CCD 中的像素愈多其光谱分辨率愈大。CCD 的最大容量(指势阱中积累的最大电荷数)，随像素面积增大而加大。一般在 10000~50000。

（2）电荷注入器件(CID)　另一种光电转换器件是电荷注入器件 CID(charge injection device)。它与 CCD 器件一样，也是由 MOS 电容构成的光电检测器件，但其转移、输出读出方式与 CCD 不同，它是非破坏性读出过程。虽原理类似于 CCD，但其性能有独到之处。

① CID 结构与原理　CID 检测器与 CCD 结构基本类似，也是由金属-氧化物-半导体构成的电荷转移器件。它与 CCD 不同处在于，CCD 器件衬底 P 型或 N 型的 Si 半导体材料均可使用，而 CID 的衬底只能用 N 型 Si，所以电极势阱下收集的是少数载流子空穴。如图 6-62 所示。

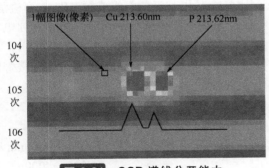

图 6-61　CCD 谱线分开能力

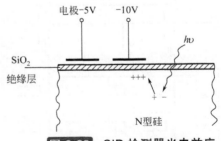

图 6-62　CID 检测器光电效应

在 N 型 Si 的衬底上氧化一层 SiO$_2$ 的薄膜，在薄膜上装有两个金属(Si)电极，这也与 CCD 不同。当有光照射时，硅片中产生电子-空穴对。当控制电极被施加负电压时，空穴被收集在电极下的势阱中，空穴形成的光生电荷量与光照的强度成比例。这就是 CID 光敏作用的原理。与 CCD 转移方式不同之处在于，产生的光生电荷可以在两个电极之间转移并读出。当许多单个 CID 组成面阵时，就组成二维的电荷注入阵列检测器。每个单元由两个 MOS 电容组成，通常将 MOS 电容称为像素。ICP 光谱仪一般采用几十万个像素 CID 的阵列检测器。

图 6-63 很好地说明了 CID 像素的积分和读出过程。

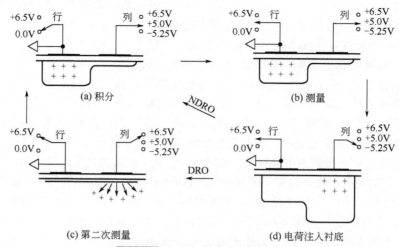

图 6-63 CID 检测器读出过程

当分别改变行电极及列电极的电压时，就可以实现积分、读出和注入过程。图 6-63(a) 是积分过程，图(b)是第一次读出过程，图(c)是第二次读出过程，当两个电极上的电压恢复至图(a)时，可以再次进行非破坏性读出过程(NDRO)。如此可多次循环下去，进行多次读出以改善信噪比。如将电极电压改变为图(c)状态，光生电荷被注入衬底，这种读出过程称为破坏读出过程(DRO)。CID 读出过程与 CCD 不同，它不需要将阵列所有电荷顺序全部输出，它只需改变电极电压，让电荷在两个电极下的势阱转移，就可实现读出过程。而且可实现非破坏性多次读出。测量电荷方法有两种：

a. 当电荷在两个电极势阱中转移时，通过检测电极上电容电压变化来检测电荷。

b. 当电荷注入衬底时，检测产生的位移电流。从 CID 电荷转移与读出来看，它两个像素间没有电荷转移，没有要迈过的势垒，所以它没有电荷溢出的弥散现象。

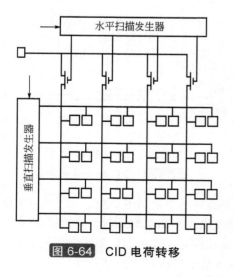

图 6-64 CID 电荷转移

图 6-64 是由若干像素组成的 CID 阵列检测器。为了控制电极电压变化过程，将行电极和列电极分别接到垂直扫描发生器和水平扫描发生器上，从而可以进行 x-y 选址，信号输出则用偏置二极管输出电荷信号。

② CID 性能与特点 总的性能类似 CCD，但也存在一些差别：

a. 量子效率不如 CCD 例如：在 500nm 时峰量子效率为 90%，一般而言，在 200~1000nm 光谱范围内的量子效率不低于 10%。这是由于 CID 不能采用背照射方式工作，由于金属电极大量吸收紫外光，所以它只能采用在 CID 敏感膜前涂上一层能吸收紫外光并发出 500nm 荧光的物质，以提高 CID 在紫外区(UV)的量子效率的办法。

b. 暗电流 CCD 制冷达到所需温度时，一般为 0.001~0.03 个电子/(像素·s)，而 CID 的暗

电流为 0.008 个电子/(像素·s)。

　　c. 动态范围 CID 无电荷移出弥散现象，分析动态范围宽。

　　d. 整体结构较 CCD 复杂，为非破坏性读出，无溢出。

　　CID 属于专利产品，在应用上受到一定的限制。CCD 属开放产品，商品化程度高，市场上有不同规格的 CCD，而且价格便宜，因此 CCD 在光谱仪中应用比较广泛。

　　(3)图像传感器(CMOS)　　固态成像器件概念为 20 世纪 60 年代末期由美国贝尔实验室提出，随后得到了迅速发展，成为传感技术中的一个重要部件，是 PC 机多媒体不可缺少的外设，也是监控设备中的核心器件[23]。

　　CMOS (complementary metal oxide semiconductor，互补金属氧化物场效应管)作为图像传感器与电荷耦合器件(CCD)图像传感器的研究几乎是同时起步，但由于受当时工艺水平的限制，CMOS 图像传感器在图像质量、分辨率、噪声和光照灵敏度等方面，用于光谱仪器检测器均不够理想。而 CCD 可以在较大面积上有效、均匀地收集和转移所产生的电荷并在低噪声下测量，因此一直是光谱仪器固体检测器的主流元件，得到不断发展。但是进入 21 世纪以来，由于集成电路设计技术和工艺水平的提高，CMOS 图像传感器过去存在的缺点已得到克服，而且它固有的像元内放大、列并行结构，以及深亚微米 CMOS 处理等独有的优点，更是 CCD 器件所无法比拟的，而且与 CCD 技术相比，CMOS 技术集成度高、采用单电源和低电压供电、成本低和技术门槛低，以及低成本、单芯片、功耗低和设计简单等优点使 CMOS 图像传感器作为光谱仪器固体检测器的元件，再次成为应用研究的热点。

　　CMOS 图像传感器和 CCD 在光检测方面都是利用了硅的光电效应原理。不同点在于像素光生电荷的读出方式。CCD 是通过垂直和水平 CCD 转移输出电荷，而在 CMOS 图像传感器中，电压通过与 DRAM 存储器类似的行列解码读出。图 6-65 为不同类型的 CMOS 图像传感器结构。

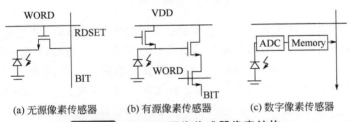

(a) 无源像素传感器　　　(b) 有源像素传感器　　　(c) 数字像素传感器

图 6-65　CMOS 图像传感器像素结构

　　CMOS 与 CCD 图像传感器在结构、工作方式和制造工艺兼容程度上的差别，使得 CMOS 图像传感器具有 CCD 所不具有的一些优点：

　　① CMOS 图像传感器输出的数字信号可以直接进行处理。

　　② CMOS 电路的基本特性是静态功耗几乎为零，只有在电路接通时才有电能的消耗。

　　③ CMOS 集成度高,可以将放大器、ADC 甚至影像数字信号处理电路集成在芯片上。

　　④ CMOS 制造成本低、结构简单、成品率高，在价格上与 CCD 图像传感器相比具有优势

　　⑤ CMOS 图像传感芯片除了可见光，对红外光也非常敏感。在 890～980nm 范围内其灵敏度远高于 CCD 图像传感芯片的灵敏度，并且随波长增加而衰减的梯度也相对较慢。

　　近年来 CMOS 固体检测器已经出现在光谱分析的商品仪器上，利曼公司的 ICP-AES 仪器，北分瑞利公司的电弧直读光谱仪器均采用了 CMOS 固体检测器，在读取速度和光信号接收转换处理电路上，比现在全谱仪器上流行的 CCD/CID 固体检测器要简便和有效。

利曼采用 CMOS 阵列检测器的 ICP-OES 产品 Prodigy 7，CMOS 检测器 28mm×28mm，有效像素点 1840×1840，约 338 万像素，每个像素大小在 15μm；认为其读取速度是传统的 CCD 检测器速度的 10 倍，线性范围普遍提高 10 倍以上；检测器信号控制不再使用速度较慢的寻址以太网通信，使得 ICP-OES 的检测速度更快，并可以增加信号的灵敏度和稳定性。2016 年在美国匹兹堡会议上展现的新产品 PRODIGY PLUS 增加了卤素检测波段，使得检测波长扩展到 135～1100nm。

CMOS 图像传感器将成为 CCD 图像传感器的竞争者，并将推动下一代固体检测器的发展。

六、几种常见的 ICP 发射光谱仪结构

1. 多道型凹面光栅光谱仪(Paschen–Runge 型)

早期商品化 ICP 发射光谱仪均由火花光源直读光谱仪改造完成，除将其火花光源更改为等离子光源外，测光系统稍加改变，分光系统基本采用凹面光栅作为色散器。它的原理见图 6-66。

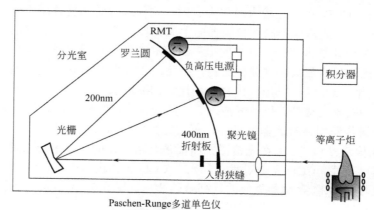

Paschen-Runge多道单色仪

图 6-66　多通道光谱仪

从 ICP 光源发射光经聚光镜照到入射狭缝上，狭缝装在光栅的"罗兰圆"(Rowland circle)上，起光谱仪光源作用。进入凹面光栅，经光栅衍射后的单色光按波长不同，分别照射到在"罗兰圆"安置的各个波长的出口狭缝上，出口狭缝后放置光电倍增管，使之测量强度。

凹面光栅光谱仪的特点：它的光栅既作为色散元件，同时又起到准直系统和成像系统的作用，

图 6-67　多通道用 CCD 检测 ICP 光谱仪

所以结构简单，由于分光器内无移动部件，所以性能稳定，分析精密度好。但该仪器安排出口狭缝的数量有限，最多可排 48 个出口狭缝，分析元素有限。另外选择分析谱线的灵活性差。

目前仪器公司生产的 ICP 发射光谱仪，采用凹面光栅分光系统与 CCD 检测器结合，生产多通道型仪器具有很多优点，尤其在超紫外光区域（<190nm）非金属元素的谱线，其检出限低，抗光谱干扰能力强，是其他 ICP 发射光谱仪难以得到的。其光谱仪结构见图 6-67。

如图所示：光谱仪的分光系统采用 Paschen-Runge 装置，光栅 2924gr/mm 或更高刻线。在"罗兰圆"(Rowland circle)上装多块线阵 CCD 检测器，有用于测量 125～360nm 紫外和近紫外光谱区域的，也有用于测量可见光区到近红外光区谱

线的。为了检测真空紫外光区的谱线，采用带自净化装置的密闭充氩气的紫外光学室，以除去空气中氧气，使之测定<190nm 分析元素谱线，免除工作时需经常吹气。零级光谱经反射镜作为虚拟的入射狭缝，投射在第二块光栅上(其原理图可参看第 3 章)，用于检测 460nm 以上的长波段分析线的元素，可以采用如 Na 589nm、Li 670nm、K 766nm 等谱线。在等离子体和分光器的界面，用 0.5L/min 的氩气吹扫，使 ICP 仪器的分析波长范围可以扩展到由 120nm 到 800nm。其装置结构与火花直读多道仪器相同，充分发挥了高刻线光栅分光分辨率高且均匀的特点，又具有线阵固体检测器可安装更多通道、同时背景测定的优点，使这类 ICP 仪器具有比传统多道仪器更多的优点。

值得一提的是，这类 ICP 仪器可以在 130～190nm 波段内工作，可用 Cl 134.72nm 谱线测定氯、用 Br 163.34nm 谱线测定溴、用 I 161.76nm 谱线测定碘、用 S 180.70nm 谱线测定硫等。尤其 Cl、Br、I、Ga、Ge 等最灵敏线均在远紫外区，可选择其最灵敏线进行分析，使之降低检出限。同时可选用 120～180nm 光区的无干扰谱线，避免谱线干扰。可以测定 10^{-6} 级以下的痕量卤素。

2. 平面光栅扫描式(顺序式)光谱仪(Czerny–Turner 型)

ICP 发射光谱仪常用的两种扫描型光谱仪，即光学系统 Ebert-Fastic 和 Czerny-Turner。而多数平面光栅扫描式光谱仪采用 Czerny-Turner 光学系统。Czerny-Turner 光学系统 ICP 光谱仪的原理见图 6-68。光源经过聚焦物镜(1)照射到狭缝(2)上，狭缝成为光源的光点，而狭缝位置放置在准直凹面镜(3)焦点上，准直镜反射的光平行照射到平面光栅(4)上，经平面光栅的衍射作用，使之复合光经分光形成单色光，然后单色光经聚焦凹面镜(5)聚焦到出口狭缝(6)，通过出射狭缝，单色光直接照射到检测器(7)。检测器可以是光电倍增管或 CCD。如果用计算机改变旋转平面光栅(4)的平台的角度，即入射光的角度发生改变，因而出射光角度发生改变，这样在出口狭缝就能得到从短波长至长波长一个系列的光谱。

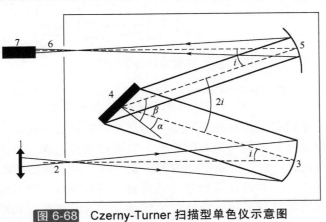

图 6-68 Czerny-Turner 扫描型单色仪示意图

1—聚焦物镜；2—入射狭缝；3—准直凹面镜；4—旋转平面光栅；
5—聚焦凹面镜；6—出射狭缝；7—检测器

对于性能优越的扫描型光谱仪需要解决既需要有高色散率、高分辨率，又需要能测量宽工作波长范围的问题。根据上节所述平面光栅色散率与分辨率性能，提高色散率与分辨率有三个途径：

① 增大光栅的级次。这方法在平面扫描型光谱仪上不适应，因为平面光栅的结构决定它只能使用一、二级光谱，超过二级光谱其光强下降严重使之无法工作。

② 增长物镜的焦距。这样仪器体积增大，运输、安装调试不方便，也不适合采用。

③ 增加光栅的刻线数。这是目前普遍采用的方法。当今，平面光栅刻线数有：4960gr/mm、4320gr/mm、3600gr/mm 商品化的仪器。然而，增加平面光栅的刻线数，虽提高仪器的色散与分辨能力，但工作波长范围进一步缩小。光栅刻线数与光谱波长范围关系见表 6-18。

表 6-18 光栅刻线数与光谱波长范围关系

光栅刻线数/mm	2400	3600	4300	4960
光谱范围/nm	160~800	160~510	160~420	160~372
实际分辨率/nm	≈0.01	≈0.006	≈0.005	≈0.0045

解决这对矛盾常用的方法是在光路设计中安置两块或多块不同光栅刻数的光栅。刻线数多的光栅，其工作波长范围为 160~458nm，用于紫外光和超紫外光波段区域的多数元素高色散率与高分辨率测定；另一块刻线少的光栅，其工作波长范围为 485~850nm，用于光谱干扰较少的可见区域元素，如 Li、Na、K 等的测定。这样既使仪器具有高色散、高分辨率，又可在宽工作波长范围下工作。

为了达到寻找分光后的分析谱线，必须使光栅角度作相应的精确变化。为了提高光栅旋转台转动的精密度，常见的光栅旋转台转动方式有以下两种。

第一种方式为螺纹螺杆传动机构方式，见图 6-69。

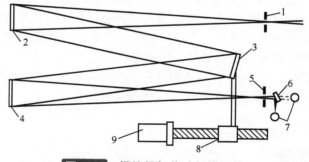

图 6-69 螺纹螺杆传动扫描机构

1—入射狭缝；2—准直镜；3—光栅；4—聚光镜；5—出射狭缝；
6—反射镜；7—光电倍增管；8—螺杆；9—同步电机

如图所示：步进电机带动螺纹螺杆转动，通过精密的螺纹的转动，带动螺杆的位移驱动光栅台转动。螺杆是一根高精密抛光的导杆，它通过精密的螺纹与驱动发动机连接。在光谱仪光栅转台最短波处，选择一条定位的参比线，例如：零级光谱线、Ar 谱线或汞的谱线，当驱动发动机转动后，通过计算机算出离开参比线的步数，并知道螺杆移动距离，应用正弦公式可知光栅转动的角度。通过这种正弦杆驱动方式达到寻找谱线的目的。然而专门用这种方式还不能达到扫描高分辨率的目的。因为光栅台移动很小的角度，波长移动仍很大，一般均采用分两步扫描方式，首先用上面方式使光栅转动初步定位，后在出射狭缝处作 5mm 内横向位移，进行精密的扫描搜索。以达到位移步长误差为 ±0.0002nm。对 ICP 发射光谱而言，谱线宽度一般在 0.005~0.03nm，要准确测量谱线峰值强度，其光栅驱动机构定位精度不能>0.001nm，使上述步移误差值能满足测量谱线的要求。

为达到这种要求，扫描型光谱仪必须有如下功能：

① "波长校正"的作用　实际上，仪器都存在机械和光学的缺陷，这就引起由线性计算所得的波长与实际波长之间有微小的系统偏差。该系统误差在光谱中是随机性的，因此在用仪器分

析前，必须对它进行"波长校正"的程序。这个程序各种扫描光谱仪与软件结合，其方式不同，但原理是一样的。例如：以零级光谱为"参比线"，以空气中 C、O、N 和 Ar 元素从短波段至长波段，对已知谱线的波长进行测定。通过仪器运行，计算机算出步进的距离。在测量过程中将误差校正加在开始算出的步数上，以至于所需的分析波长能够准确定位。当分析者提供分析元素与波长后，计算机可以通过驱动发动机，根据步进距离推算，进行自动测量。同样，"波长校正"也可以在放置 ICP 光源后部安置汞灯，使用各波长区域的汞谱线进行校正。

② 光栅旋转台机械磨损校正　无论何种形式光栅旋转台都属于机械传动装置，长期使用都有机械磨损存在，使之产生寻峰误差。因此，在每天仪器做分析工作前，必须完成"波长校正"的程序工作，即按上述的方法，进行"寻峰测量"，将寻峰位移误差算出的步数，反馈到计算机中进行校正。由于采用当时"校正"，这样就能准确找到谱线，达到消除机械磨损的影响。

③ 谱线峰值定位更为准确的方式　峰值定位的测量方式是借助光电测量系统与软件相结合进行工作。尽管上述方式能精密找到谱线，同时又能对波长移动进行校正。但是由于瞬时的热变化和机械变化，峰值偏差仍然略有存在，因此不能直接对波长波峰定位测量。用上述方法搜索所需的分析线后，在其谱线附近–0.025nm 距离内，按光栅驱动发动机最小步进距离，选择 9 个点(或 11 个点)，对每个点光强测量，将这些点的光强度拟合到波峰的数学模式中，算出实际的波峰最高强度，以此强度为分析线信号定值。

④ 提高扫描式光谱仪分析速度的办法　当输入测试元素及分析线波长后，计算机的软件可按波长由小到大的次序排列，在没有谱线测量时，驱动光栅台快速运转(称空载)，不需测量取数。在需测量分析线时，光栅台慢速运转，并按上述方式测量取数。同时每次均按波长由小到大的次序排列进行测量，所以一次测定光栅台不会反转，节省测量时间。

⑤ 扫描式光谱仪瞬时测光获得内标分析方法的手段　尽管 ICP 分析方法分析的精密度好，一般分析方法不需采用内标法，但微量分析有时需采用内标法工作，尤其是高含量的分析(>10%)时，必须采用内标分析方法。这是 ICP 光谱分析不可缺少的手段。扫描型的光谱仪内标工作方式，是在分光器内，加设一台小型的内标分光器，其分光器的焦距很短，采用面积小的凹面光栅，出口狭缝采用 2～3 个元素的测量，此内标分光器对灵敏度无很高的要求，因为内标元素的含量可有较大变化的余地，在 ICP 火焰处使用光导纤维方式，使分析时一束光进入主分光器进行分析元素测定，另一束光进入内标分光器进行内标元素测定，从而达到扫描式光谱能瞬时测光获得内标分析效果(图 6-70)。

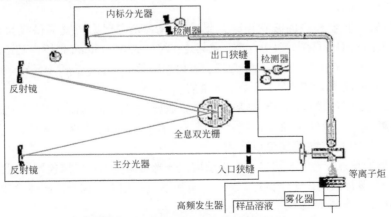

图 6-70　附有内标分光器的扫描型光谱仪

第二种方式为蜗轮蜗杆驱动方式。图 6-71 和图 6-72 分别为驱动方式的原理及其实物图。

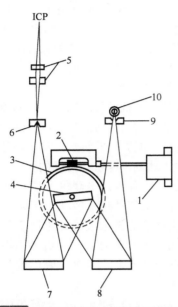

图 6-71 蜗轮蜗杆光栅传动原理图

图 6-72 蜗轮蜗杆驱动方式实物

1—步进电机；2—蜗杆；3—蜗轮；4—光栅；5—聚光镜；
6—入射狭缝；7—准直镜；8—聚光反射镜；
9—出射狭缝；10—光电倍增管

这种方式是将蜗轮与光栅台直接连接，利用同步电机带动蜗杆经过蜗轮的减速驱动光栅，同样是改变光栅的角度，使出口狭缝光的波长获得顺序变化。它的扫描步距与扫描定位精度要求与上述基本一致。同样需作"波长校正"定位、测定谱线的精密定位、克服机械长期运转磨损，均需每日以"波长校正"的方式进行。基本性能和需要解决的问题与上述螺纹螺杆传动机构基本相同。只有某些软件执行方式不同，例如："参比线"不采用零级光谱线，采用汞短波长的谱线。谱线定位方式，采用宽波长范围拟合和窄波段范围拟合两种定位方式等(例如 Ultima ICP 光谱仪)。

扫描型 ICP 光谱仪特征如下：

① 可得到从短波至长波的线状连续光谱，为 ICP 光谱理论研究提供极为有利的条件。

② 可在全波段范围内得到较高分辨率。尤其是在波长 350~450nm 范围内其谱线强度强，分辨率仍然较高。这是稀土工业中，稀土金属与稀土氧化物中稀土元素及非稀土元素测定最佳的分析仪器。而其他 ICP 光谱仪器做这方面工作是很艰难的。

③ 整个波段范围色散率、分辨率基本一致，适应于波长表的制作与分析波长的选用。同时，同一种元素各分析谱线都取在同级次光谱区，所以其强度具有可比性。而且目前出版的很多波长表及所附的光谱参数均可以应用。

④ 这种仪器的缺点：增大分辨能力，必须增大分光器的焦距，导致仪器体积大。而增多光栅刻线数，受到很多条件限制，无法执行。另外，分析速度不如中阶梯光栅固体检测器件光谱仪快。

3. 组合型 ICP 光栅光谱仪

组合型 ICP 光栅光谱仪种类繁多，有多通道型与单一扫描型的光谱仪组合型的光谱仪(称 N+1 型)。有多通道型与扫描型的光谱仪组合型的光谱仪(N+M 型)，见图 6-73。

这种光谱仪，采用一个 ICP 光源，一套进样系统，双边通过两台分光器进行分光检测。一边进入多通道光谱仪，达到快速、稳定检测。另一边进入扫描型光谱仪，达到分析灵活、抗光谱干扰能力强、准确测定目的。

组合型光谱仪的特点是可满足一些特殊工业厂矿的需要，例如 N+M 组合光谱仪，它的多通道型部分可用于钢铁试样的常规固定元素测定。而扫描型部分可以做新材质检测、工厂的环保检测等，测定元素可变的研究工作测定。还有一种 S+S 组合 ICP 光谱仪，例如：ICPS-8100 其分光器由两个独立色散系统组成，见图 6-74。第一分光器，焦距 1000mm，波长范围 160～372nm，大面积的

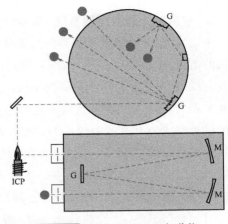

图 6-73　组合型 N+M 光谱仪

光栅，刻划条数 4960gr/mm，分辨率为 0.0045nm/mm。真空型分光器是商品化仪器中分辨率很高的分光器。第二分光器，焦距 1000mm，两块光栅：一块光栅刻线条数 4320gr/mm，分辨率为 0.0055nm/mm，波长范围 250～426nm；另一块光栅，刻线条数 1800gr/mm，分辨率为 0.013nm，波长范围 426～850nm。这两个分光器可互为内标分光器。测定时，两个分光器同时运行。每个分光器分别由单独的 CPU 控制扫描程序，进行测量信息取数。将得到的信息输送到另一台 CPU 进行处理。当需测定高纯的 Ni、W、Cr、V、Ti、Mo、Nb、Ta、Zr、Hf 及稀土金属这些发射光谱多谱线的杂质元素时，则需要分辨率极高扫描型与扫描型组合光谱仪，使其分析灵敏度达到所需要求。如果分析元素过多，为加快分析速度，也可另配置一台小型的内标分光器。

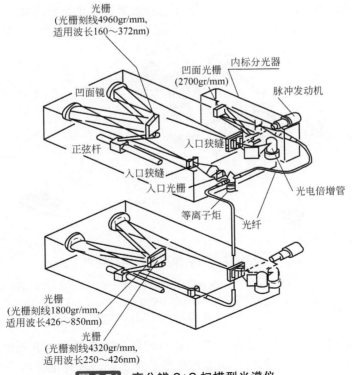

图 6-74　高分辨 S+S 扫描型光谱仪

4. 中阶梯光栅双色散系统–固体检测器件光谱仪

中阶梯光栅-棱镜双色散系统与固体检测器组成的 ICP 光谱仪，即所谓全谱型光谱仪。以较高的衍射级次（30～150 级次）的光谱仪，增大衍射角的方式，提高仪器的分辨率。它的光栅刻线数少(通常是几十条刻线/mm)，分光器焦距短，仪器结构紧凑，工作时分光器内无移动光学器件，稳定性好。仪器所具有的快速、准确、使用极为方便等一系列优点，进入 21 世纪以来已成为 ICP 光谱仪器的主流，得到广泛的应用。

固体检测器 CCD 或 CID 与中阶梯光栅结合光谱仪的种类与生产厂家很多，其分光原理及检测器已在上节作过介绍，各厂家生产的仪器现有特性略有差别，性能也有差异，这里仅对特殊检测器分段式 SCD(CCD 的一种)光谱仪与 CID 检测器的光谱仪作介绍。

（1）分段式 SCD 检测器光谱仪 所谓分段式固体检测器 SCD 是 CCD 的一种变型。如 Optima-5000 系列仪器为减少 CCD 转移电荷所需的过程，将一块 13mm×19mm 的 CCD 划分成 235 个子阵列，每个阵列含 20～80 像素，每段子阵列用来检测一条分析线或一个波段的光谱。在其四周设有屏蔽地线，以防止子阵列中过剩电荷溢出到相邻的子阵列中。每个子阵列都有单独的地址码，可按分析要求单独输出数据，改变了 CCD 读出时必须全部顺序读出的缺点。

从图 6-75 看出，采用 SCD 检测器光谱仪的特点是采用两套成像光学系统。一套检测紫外光区，另一套检测可见光区。ICP 光源发射的光，经过两个反射镜聚焦于入射狭缝，由准直镜把入射光反射成平行光照射到中阶梯光栅上，经衍射分光后，再经 Schmidt 光栅交叉色散生成二维光谱，经紫外区照相物镜，照射到紫外区 SCD 检测器检测。检测波长范围是 165～403nm。从 Schmidt 中心透过的光经棱镜交叉色散成像到可见光检测器上，可检测波长范围为 404～782nm。

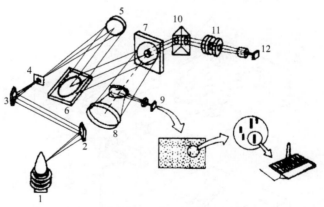

图 6-75 SCD 光谱仪光路原理图

1—ICP光源；2, 3—曲面反光镜；4—狭缝；5—准直镜；6—中阶梯光栅；7—Schmidt光栅；
8—紫外区照相物镜；9—紫外CCD检测器；10—可见区棱镜；
11—组合聚光镜；12—可见光区CCD检测器

（2）电荷注入 CID 检测器光谱仪 采用 CID 检测器的全谱型 ICP 光谱仪见图 6-76。电荷注入 CID 检测器最大的特点是非破坏性的读出，它没有电荷移出和图像模糊现象。

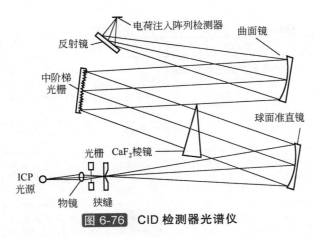

图 6-76 CID 检测器光谱仪

而且它的器件无法使用背照射技术，它是在器件表面涂覆荧光剂将紫外光转化成可见光接收，在真空紫外光区(<190nm)仍有良好的接收能力。

ICP 光源发射出光，经物镜、光栅照射到入口狭缝，狭缝在准直镜的焦点上，准直镜反射的平行光，经氟化钙材料制作的棱镜作为预色散元件，照射到中阶梯光栅使之分光。单色光经曲面镜聚焦，经反射镜到 CID 检测器检测。

七、商品仪器举例

典型 ICP-AES 商品仪器型号及主要技术指标与性能见表 6-19。

表 6-19 (a) 同时型 ICP-AES 商品仪器型号及特性

厂商及仪器型号	光学系统	检测方式	特点
赛默飞世尔 (Thermo) iCAP 6300	中阶梯光栅-棱镜双色散系统；52.91条/mm，波长范围 166~847nm，焦距383nm，分辨率 0.007nm(200nm 处)，驱气型光室，光室恒温(38.0±0.1)℃	CID 检测器。检测器模式：随机读取积分 (RAI)。工作温度为 −40℃，半导体制冷。iCAP 7000系列 ICP-OES 由一个科学数据处理软件驱动	全谱直读，Ar 线自动波长校正，固态 RF 发生器频率 27.12MHz；功率750~1500W，紧凑型仪器
iCAP 7000	紧凑型台式仪器。Qtegra ISDS 智能科技数据处理(ISDS) 软件平台，从样品导入到生成报告和数据处理，简化了工作流程，并实现了快速、低成本、痕量元素分析		
珀金 埃默尔 (Perkin Elmer) Optima-7000 系列	中阶梯光栅-光栅/棱镜双色散系统；波长范围 165~403nm/403~782nm，光栅刻线 79 条/mm；焦距 504mm；分辨率 0.006nm (200nm 处)	双 SCD 检测器(一块检测紫外区；一块检测可见光)。工作温度为−40℃。检测器采用 N₂(密封器内)。光室恒温 38℃	全谱直读，双向观测。MSF 多谱拟合技术，汞灯波长自动校正。固态 RF发生器频率 40.68MHz
Optima 8000 系列	RF 发生器采用平板等离子体感应板，替代传统负载线圈，不需水冷，氩耗降低；冷却气低至 8L/min。推出 eNeb 电喷雾进样系统，设置 PlasmaCam 观测相机，连续等离子观测，具有远程诊断功能		
安捷伦 (Agilent) ICP 730 ES	中阶梯光栅-棱镜双色散系统；波长范围 165~1100nm；光栅刻线 94.74条/mm；焦距 0.4m；光学分辨率≤0.007nm (As 188.980nm 处)	CCD 检测器连续覆盖，半导体制冷 −35℃，等离子体冷却气0~22.5L/min 可调；充气光室，光室恒温 35℃	全谱直读，FACT 自动谱线拟合校正；FITTED 多点自动拟合法背景校正。RF发生器频率 40.68MHz
5100 ICP-OES	采用同步垂直双向观测 (SVDV) ICP-OES 智能光谱组合(DSC)技术，可在一次读数中获得等离子体的水平和垂直观测结果；采用 VistaChip II CCD 检测器，可快速预热，具有高通量、高灵敏度和最宽的动态范围		
日本岛津 (Shimadzu) ICPE-9000	中阶梯光栅双色散系统；光栅刻线79 条/mm；波长范围 167~800nm；分辨率<0.008nm(200nm 处)	CCD 检测器，百万像素 CCD检测器，像素尺寸 20μm×20μm，冷却温度−15℃；真空型分光器，恒温系统(38.0±0.1)℃	全谱直读，小炬管低冷却气；分析波长自动选择。测定结果自动评价。固态RF 发生器频率 40.68 MHz
ICPE-9800	真空光室，高灵敏度应对深紫外区波长分析，简单快捷测定。小炬管设计省氩气，可使用工业氩气(≥99.95%)，采用 Eco 模式，RF 低功率 0.5kW，低流量 5L/min 氩气。垂直炬管放置，双向观测，自动切换		

厂商及仪器型号	光学系统	检测方式	特点
美国利曼 (LEEMAN LABS) ICP Prodigy 系列	固定式中阶梯光栅-弧面棱镜/透镜交叉色散系统；波长范围165~1100nm；光栅刻线 79 条/mm；焦距 750mm；分辨率 0.006 (200nm)	CID/大面积固态检测器阵列 L-PAD，后置 Pentium III CPU 处理系统，对全谱信号进行非破坏性实时处理	全谱直读，双铂网雾化器，适用于无机、有机、油品、高盐及 HF 样品。固态 RF 发生器频率 40.68 MHz
ICP Prodigy 7	波长范围 165~1100nm；分辨率≤0.007 nm (在 200 nm 处)；采用 CMOS 固态检测器，读取速度、线性范围提高 10 倍以上		
德国耶拿 (Analytikjena) ICP PQ 9000	中阶梯双色散系统，全谱直读；光学分辨率 0.003nm(在 200nm 处)；波长范围 160~900nm；垂直矩管，双向观测	高灵敏度、高量子化效率新 CCD 检测器，分辨率优于 0.002nm，充气式光室	全谱直读，全自动气体质量流量控制，高频发生器频率 40.68MHz，功率 1700W
聚光科技 ICP-5000	中阶梯光栅的二维分光系统、自激式全固态射频电源	背照式科研级 CCD 检测器，深制冷面阵 CCD 高速数采系统	全谱直读，智能化软件控制，自激式全固态 RF 发生器
钢研纳克 Plasma-2000	中阶梯光栅-二维分光系统，光栅 52.67 gr/mm，焦距 400mm；谱线范围 165~900nm，光学分辨率 0.007nm (200nm处)	科研级 CCD 检测器全谱采集。全组装式炬管，可变速 10 滚轴四道或两道蠕动泵，有快速清洗功能	全谱直读，自激式全固态射频电源，40.68MHz 频率
江苏天瑞 ICP-3000	中阶梯光栅，52.67lp/mm，闪耀角 64℃，波长范围 165~900nm；焦距 430mm；分辨率(200nm 处)6.8pm	采用大尺寸 CID 探测器，先进、成熟、稳定；大靶面尺寸，百万级像素；165~900nm 范围连续覆盖	全谱直读，频率 27.12MHz；功率 700~1600W
德国斯派克 (SPECTRO) SPECTRO CIROS	凹面光栅 Paschen-Rung 装置，一维色散；三光栅：3600 线/mm(2)，1800 线/mm(1)；波长范围 130~770nm	32 个线阵 CCD 检测器；多分光系统，在整个光谱区域内均保持恒定的光谱分辨率	73 个元素同时型全谱定量。固态 RF 发生器频率 40.68 MHz。密闭充氩循环光室
北京瑞利 WLD-2C	凹面光栅 Paschen-Rung 装置；刻线 3600 条/mm；1m 焦距，分辨率 0.009nm	PMT 检测器，标准配置 16 个通道、可选	多通道仪器，固态 RF 发生器，频率 40.68 MHz

表 6-19 (b) 顺时型 ICP-AES 商品仪器型号及特性

厂商及仪器型号	光学系统	检测方式	技术特点
HORABA JY JY Activa Ultima Expert	平面光栅 Czerny-Turner 装置，背靠背双面 4343/2400 刻线/mm 离子蚀全息闪耀光栅；焦距 0.64m；波长范围 160~800nm，光学分辨率 0.0035nm	背照式 CCD 检测器/HDD 高动态检测器，IMAGE 全谱定性半定量系统。Ultima Expert 高性能仪器，深紫装置可使波长范围为 120~800nm	高速扫描全谱采集功能，全自动谱线选择及光谱干扰判断软件。固态 RF 发生器频率 40.68 MHz；充气光室
岛津 (Shimadzu) ICPS-8100	平面光栅 Czerny-Turner 装置，刻线 2400~4960 条/mm；焦距 1m，最高分辨率 0.0045nm。波长范围 160~850nm	PMT 检测器，双光室双光电倍增管检测器，带内标通道，高分辨率扫描型仪器	不同光室不同分辨率，适应不同波段测量，高频发生器 27.12 MHz，功率 1.8kW(MAX)
GBC 公司 Intgera XL	双道扫描 Czerny-Turner 装置，平面光栅刻线 3600 条/mm；焦距 0.75m，波长范围 160~800nm；分辨率最高为 0.004nm	PMT 检测器，直接在峰测量。双 PMT，双光路，双单色器可选。Ar 线进行全波长校准，光室空气/真空可选	低流速(冷却气 10 L/min)，低功率，可拆卸石英炬管，自激式高频发生器 40.68 MHz
科创海光 WLY 100-2	单道扫描 Czerny-Turner 装置，平面光栅 3600条/mm；1m 焦距，分辨率≤0.009nm	PMT 检测器，高灵敏、宽波长范围光电倍增管	立式分光室结构，固体高频发生器，频率 40.68 MHz
江苏天瑞 ICP 2060T	单道扫描 Czerny-Turner 装置，平面光栅 3600条/mm；1m 焦距，分辨率≤0.008nm	PMT 检测器，PMT 负高压 200~1000V 稳定性<0.05%；光室恒温 32℃±1℃	电感反馈自激式 RF 频率 40MHz
钢研纳克 Plasma-1000	单道扫描 Czerny-Turner 装置，平面光栅，刻线 3600 条/mm；1m 焦距，分辨率≤0.008nm	PMT 检测器，高灵敏、宽波长范围光电倍增管，负高压在 0~1000V 范围内独立可调	自动峰位校正；RF 发生器频率 40.68 MHz，功率 0.75~1.5kW.

厂商及仪器型号	光学系统	检测方式	技术特点
北京翰时 DGS-Ⅲ	单道扫描 Czerny-Turner 装置，平面光栅，刻线 3600条/mm；1m 焦距，分辨率≤0.008nm	PMT 检测器，高灵敏、宽波长范围光电倍增管	电感反馈式自激振荡器频率 40MHz
无锡金义博 TY 9900	单道扫描 Czerny-Turner 装置，平面光栅，刻线 3600条/mm；1m 焦距，分辨率≤0.008nm	PMT 检测器，高灵敏、宽波长范围光电倍增管	电感反馈自激式 RF 发生器 40.68 MHz,功率 0.8~1.2kW

注：仪器型号不断更新，此表相关技术指标仅供参考。

第四节　电感耦合等离子体原子发射光谱仪器使用与分析操作

一、ICP 仪器工作参数的设定

ICP 仪器的工作参数要适合于多元素同时测定的条件。对于一台已经选定的商品 ICP 光谱仪，用户可调节控制的实验参数有：高频发生器的功率、工作气体(冷却气、辅气、载气)的流速、进样速率和观测高度。其中，功率、载气流速和观测高度三者是影响分析线信号的关键因素。这种影响一方面与谱线性质有关，另一方面三种因素的影响又是互相关联的。在分析单一元素时，通常优化工作条件以获得最佳信背比。在多元素同时分析时，则采用折中条件。不过，对信背比的优化或折中(实际上也是对检出限的优化或折中)在某些分析工作中并不是主要矛盾。因此，条件的折中应适合分析任务的要求。

在获得最大信背比和检测能力的优化条件下，电离干扰较严重。相反，采取降低电离干扰的工作条件时，检测能力却变差。这也需要按分析任务的要求加以折中或协调。

1. 分析谱线的特性

按照受 ICP 工作参数影响的行为不同，Boumans 把光谱线分为软线和硬线两类：标准温度在 9000K 以下的谱线属软线，9000K 以上的属硬线。软线主要是那些电离电位较低和中等(≤8eV)的元素的原子线，以及二次电离电位较低的元素的一次离子线，其他的原子线和离子线则是硬线。

中心通道中谱线强度的极大值位置，软线出现在较低观测高度，而硬线则在较高处(图6-77)。软线的强度极大值随发生器功率增大而移向低观测高度，在不同观测区域会观测到功率对强度的不同影响。硬线的强度极大值位置不受发生器功率影响，但强度随功率增大而迅速增大。

2. 工作气体流速

（1）冷却气　对于给定的 ICP 体系，冷却气流速有个最低限，低于这个限度会导致外管过热而烧毁，或使炬焰熄灭。从经济角度考虑，采用比等离子体稳定工作所需最低限稍大的冷却气气流。用更大的冷却气流速对分析性能影响不大。分析有机溶剂样品时，需优化冷却气流速，同时采用较大的功率。

由于它是形成等离子炬焰的主要气体，有些文献将其称为等离子气。

（2）辅助气　对于只含无机物的水溶液样品，辅助气一般省略不用。但分析有机物时，辅助气用于防止炬管的碳沉积物是必不可少的。

（3）载气　它不仅是 ICP 很关键的参数之一，影响中心通道内各种参数和分布，影响试样在通道内滞留时间，而且还是雾化器的重要参数。超声雾化时，一定程度上载气会影响带

入炬焰中的气溶胶的量，气动雾化时则更是如此。因此，谱线强度随载气流速的变化反映气溶胶流速和等离子体特性两方面因素。由于对 ICP 优化的载气条件下，雾化器接近于它的饱和水平，因此载气的优化条件最终取决于等离子体而不是雾化器。

载气增大时，谱线强度峰位置移向高观测高度，但峰值降低(图 6-78)。

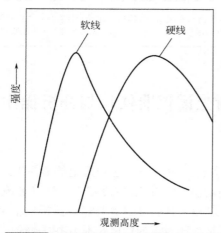

图 6-77 软线和硬线发射强度与观测高度

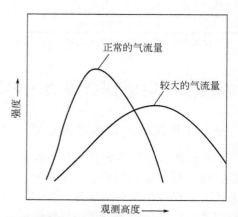

图 6-78 载气流量对谱线强度的影响

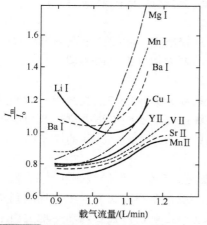

图 6-79 基体效应与载气流量的关系

工作条件：KCl溶液10mg/mL，功率1.5kW，
观测高度15mm

增大载气对提高信背比、改善检测能力似乎是有利的，尤其是对软线。但是，载气增大时，基体影响趋于严重，对于软线的影响也更为严重，如图 6-79 所示。因此，应在检测能力和干扰两者之间作折中。

在氢化法进样情况下，观测到谱线净信号和信背比随载气增大而单调降低，背景的影响不明显。这与分析元素在通道观测区的滞留时间因载气增大而减小及被载气稀释有关[22]。

3. 观测高度

观测高度是观测位置距负载线圈上缘的高度距离，以 mm 为单位。实际上，光谱仪观察窗本身有一定高度，如 5mm 左右，这时观测高度是观测窗中点与线圈上缘之间的高度距离。

光源中温度、电子密度、氩的各种粒子密度等参数在中心通道内有不同的轴向分布，分析元素粒子受到加热，经历蒸发、原子化、激发、辐射等过程，这些过程随元素和谱线而不同，表现为各种元素和谱线的强度与观测高度有关。

图 6-80 是 Baumans 给出的一些代表性元素和谱线的最合适的观测高度[23]。随着通道位置的升高，样品受热时间增加。沸点高的物质蒸发和原子化趋于完全，因此，W、Mo 之类元素的谱线强度极大出现在较高观测高度。另一方而，高度升高到逐渐脱离环形热区，这时温度逐渐降低，Li、Na、K 等碱金属的原子线在此位置出现强度极大。Zn、Cd、P 之类元素易于原子化，但激发电位较高，在低观测区原子化已充分，并且有较高温度利于激发，所以它们的谱线强度极大出现在较低的位置。

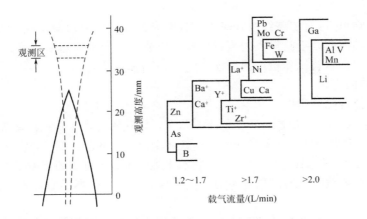

图 6-80　若干元素最佳观测高度分布与载气流量关系

软线的最佳观测高度受功率的影响，增大功率时观测高度移向较低位置。硬线则受功率的影响不明显。

Blades 和 Horlick 的试验观察表明：谱线强度峰的观测高度与它的标准温度大体呈直线关系，见图 6-81。

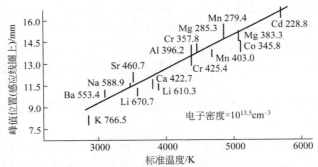

图 6-81　谱线的峰值与标准温度的关系

图 6-82 是钠盐在不同观测高度对谱线信号的基体影响。在仪器的最佳载气流量 1.0L/min 条件下，NaCl 对硬线的影响受到抑制，随高度改变很小。但对软线 Ca I、Cr I 的影响随观测区上移，谱线强度由抑制变为增强。在它们的仪器中干扰影响最小的观测高度在 20mm 处，在此位置同时有很好的检出限。因此，在小功率下，可通过正确选择观测高度取得较轻的基体干扰效应。

4. 高频发生器功率

在常用范围内，增大高频功率提高 ICP 温度，使谱线增强，但同时背景也增大更快。因此，通常信背比随功率增大而下降。谱线越硬，强度受功率的影响越显著。

在常规分析条件下功率变化对各种分析线强度的变化影响很大，试验表明谱线强度受功率影响的程度与原子线激发电位(EP)或与离子线的激发电位加电离电位(EP+IP)有关，硬线

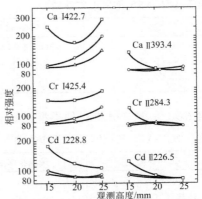

图 6-82　Na(6.9mg/mL)对不同谱线的基体干扰

○功率1025W，载气速率1.0L/min；
△功率1250W，载气速率1.0L/min

受功率波动的影响更大。有的谱线波长表中有标明它的激发电位或激发电位加电离电位数值。

实验上取低功率有利于获得大的信背比和检出能力，但基体影响较重。采用大的功率则可减轻基体影响，但信背比和检出限受损。

5. 测定条件的优化

由前面所讨论可归结为以下几点：

（1）若同时需要高的检出能力和低的干扰水平，则功率、载气流量、观测高度三者可采用的数值范围很小。偏离最佳工作条件时，功率较高则检出限变差，载气较大和观测高度较高则干扰偏重，观测高度较低则检出限变差、干扰水平提高，载气过小还限制了气溶胶的产生。

（2）最佳工作参数随仪器而稍有不同。当更换炬管、雾化器等组件时，需要重新调整设置的参数。

（3）通过对一条硬线(如 Mn Ⅱ 257.6nm)信背比变化的观察和若干条软线、硬线(如 Li Ⅰ 670.7nm，Ba Ⅰ 553.5nm，Zn Ⅰ 213.9nm，Mn Ⅱ 257.6nm)的 KCl 基体干扰的观察，就能迅速找到优化条件。

具体步骤是：

① 功率 选择射频发生器能稳定工作的最小功率，通常这样一个功率水平约为 1kW。

② 载气流量 在固定功率条件下，取光谱观测窗约 5mm 高，观测窗中心位于负载线圈上 15mm。改变载气气流，观测 Mn Ⅱ 257.6nm 的信背比，取信背比最大时的载气流量并固定之。

③ 观测高度 观测 10mg/mL KCl 基体对上述软线和硬线的净信号的影响。所观测的范围为负载线圈上 15mm±2～3mm。根据观测结果改取新的观测高度，使基体影响估计不超过 ±15%的水平。

④ 核对经过上述观测高度调整后，载气流速是否要稍微调整，取最终确定的流速。

6. 常用工作参数

实际采用的工作条件主要取决于炬管，大的炬管需要大流量的工作气体，因而需要大的功率。然而，多数商品提供 Fassel 型的小型炬管。许多研究表明，不同型号的 ICP 光谱仪所优化的工作参数很接近。

表 6-20 是用雾化方法分析水溶液样品时的常用工作参数。

表 6-20 ICP-AES 常用工作参数

炬管	Fassel 型	炬管	Fassel 型
载气流量	0.6～1.0 L/min	正向功率	1.1～1.3 kW
辅气流量	0～0.5 L/min	观测高度	14～18 mm
冷却气流量	12～18 L/min	雾化速率	0.5～2.0 mL/min

表 6-21 是 ICP 分析三种类型样品溶液时的典型折中工作条件。

表 6-21 ICP-AES 的典型折中工作条件

工作参数	无机物水溶液	无机-有机物水溶液	有机溶剂
功率/kW	1.1	1.1	1.7
冷却气/(L/min)	14	14	18
辅气/(L/min)	0.2	0.7	0.9
载气/(L/min)	1.0	0.9	0.8
观测高度/mm	15	15	15
雾化速率/(mL/min)	1.4	1.4	0.8～1.4

二、ICP-AES 光谱仪的使用

1. 日常分析操作

使用 ICP-AES 仪器进行分析，其日常分析操作步骤主要有：①开机预热；②设定仪器参数和分析方案；③编辑分析方法操作软件程序；④点火操作；⑤谱线校准；⑥建立标准曲线；⑦分析样品；⑧熄火并返回待机状态；⑨完全关机。

以下以同时型仪器中阶梯光栅分光-面阵式固体检测器的仪器和顺序型仪器高刻线平面光栅单道扫描仪器为例介绍 ICP-AES 分析仪器的日常分析操作问题。对于其他类型的仪器，可作参照。

（1）仪器预热　在仪器开始使用或断电后重新开机运行时，通电预热至少 2h。使用短波段（200nm 以下）时需在真空系统下或充惰性气体下。充气要充分，至少在 4h 以上，与充气流速、光室密封性能有关。

在点火之前，必须检查各路气体流量是否符合要求，水冷和排风系统是否正常，现在大多数仪器均有自动显示或报警，没满足要求的，均应检查改正，否则将影响后面的操作，无法自动点火。

（2）进样系统安装准备

① 进样系统的选择　依据要分析的元素、基体和溶样酸的特性，选择相应的雾化器、雾室。

样品中含氢氟酸的必须用耐氢氟酸雾化器、耐氢氟酸雾室和陶瓷中心管；盐分高于 10mg/mL 应采用高盐雾化器；用于油品分析时应采用专用进样系统。

② 中心管道的选择　不同类型的商品仪器，可能配备不同形式的炬管，见图 6-83。为了改变到达离子区样品的特性，要求等离子炬管中使用不同的中心管。对于可拆卸式炬管，应根据分析对象不同选用不同类型的中心管。如：分析水相时选用 1.5mm 石英管；分析有机相时选用 1.0mm 石英管；分析高盐溶液时选用 2.0mm 石英管；分析含 HF 酸溶液时选用氧化铝陶瓷制品。

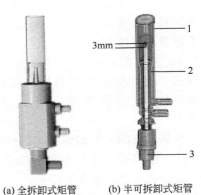

(a) 全拆卸式炬管　　(b) 半可拆卸式炬管

图 6-83　等离子炬管

1—外管；　2—中管；　3—中心管

③ 雾室的选择

a. 水溶液雾室　金属材料产品分析选用标准配置的旋流雾室即可，记忆效应小，但比回形雾室稳定性差，蒸气压较高的样品选择能制冷恒温雾室。

b. 有机溶液雾室　低密度有机样品喷雾腔里有挡板管，这将减小样品的气化密度；要用有机中心管。

高挥发性有机样的分析要求控制喷雾腔的温度，这要求在喷雾腔上套上能维持其温度为 4℃ 的循环流体装置，应选用专用冷凝器。

④ 蠕动泵管的选择　下列两种管道可用：

a. 聚乙烯管（Tygon）　适用于水溶性样品、强酸类、强极性溶剂，例如甲醇、乙醇等有机溶剂。

b. 维托橡胶管（Viton）　适用于低极性溶剂类，例如烷烃、芳香烃、卤代烃像汽油、

煤油、甲苯、二甲苯、氯仿和四氯化碳等。

⑤ 雾化器的选择 标准雾化器的应用范围较宽，含有较多的溶解性固体的分析溶液可能导致标准雾化器的阻塞，清洁雾化器相当困难，应格外小心。为防止雾化器的阻塞，可加装含氩湿润器附件；或可选用高盐雾化器、V 形槽雾化器。

高密度有机样高盐溶液应采用 V 形槽雾化器。

⑥ 耐氢氟酸进样系统，包括雾化器及雾室、炬管中心管，均需更换为耐 HF 腐蚀的部件。

必须更换的部件：瓷质中心管；耐氢氟酸雾化器；配有喷雾腔适配器的耐氢氟酸喷雾室。

（3）进样系统的组装

① 等离子体炬管装配 等离子体炬管不同仪器使用不同类型，其装配可按仪器使用说明书安装步骤进行。

a. 整体式炬管 其中心管是石英材质，与炬管是一个整体，炬管直接安装在固定位置上使用。对于一体式炬管只能整体更换。

b. 半可拆卸式炬管 中心管是单独的，炬管外层管、内层管和/或中心管底座是一体的，使用时将中心管安装在中心管底座上，有的仪器再将中心管底座固定在炬管上。中心管要略低于炬管内层管的上边缘。

c. 全拆卸式炬管 中心管、炬管外层管、内层管、中心管底座和炬管底座都是分离式的。使用时要按照说明书组装好。对于带金属外套的可拆卸式炬管装配时，炬管的石英部分应与金属外套相配合，中心管正好插入中心管套，确保中心管道处于炬管的正中央。

商品仪器的可拆卸炬管均确保其炬管体和其金属炬外壳完全配套，对于石英炬管的更换及清洗，操作起来均很方便。对于一体性炬管只能整体更换。

炬管在使用前要清洗干净，并晾干，检查炬管表面不得有破损。半可拆卸式或全可拆卸式炬管会有一些 O 形圈，做密封用，要经常检查 O 形圈是否老化或破损，防止漏气。如果金属炬管内外两侧的圆环存在明显的破损或破坏应该检修或更换。

对于有固定卡位的仪器炬管架，只要将炬管固定到位即可保证炬管安装位置，对于没有固定卡位的炬管架，安装炬管的位置要使炬管内层管的上边缘与线圈的下边缘保持 2～5mm 的距离。炬管固定之后，将等离子气（冷却气）和辅助气与炬管连接。

② 安装雾化进样系统 炬管、雾室、雾化器、气管、毛细管的连接。

雾室也有不同类型，有的雾室是可以拆卸的，有的雾室是不可拆卸的，如玻璃旋流雾室，对于可拆卸式雾室在使用前要检查雾室的密封性，确保 O 形圈无破损。

现时商品仪器多使用旋流雾化进样系统，安装时把排放废液的毛细管与喷雾室的底部相连接，雾化器插入雾室，雾室固定在炬管下，然后将载气与雾化器连接，接上雾化气管道、进样毛细管和排样毛细管。如图 6-84 所示。

连接雾化气管和雾化气入口，将喷雾室及雾化器配置同焰炬系统相连，最后，用夹子锁定在设备中。使用前，务必关上等离子焰炬箱门。

样品介入系统安装后，务必用适当溶液检测各连接点气体是否泄漏。

③ 蠕动泵管安装 每次实验前应检查泵管是否完好，如有磨损应立即更换。

（4）仪器条件的优化

① 氩气压力/流量设置 雾化气流量直接关系到仪器的灵敏度和稳定性，一般随着雾化

气流量的增加，灵敏度迅速增大，随后变化趋小，甚至灵敏度略有下降（图 6-85）。

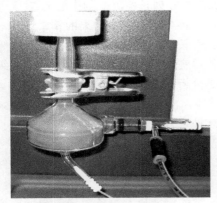

图 6-84 进样系统的安装

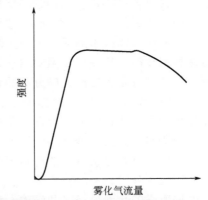

图 6-85 雾化气流量对信号强度的影响

原因为雾化效率、等离子温度场变化和传质速度交互作用影响所致。

一般雾化器效率为 1%，超声波雾化效率约 10%。

冷却气流量和辅助气流量亦对 ICP 的稳定性有显著影响，关系到火焰的温度及分布，均应按仪器说明书要求设定。

② 进样量设置　进样速度应完全由蠕动泵控制，泵管夹持松紧程度、弹性、泵速、泵速均匀程度、泵头直径、滚柱直径、滚柱数量等与进样的稳定性直接相关。通常 ICP 分析的进样量应控制在 0.5～1.5mL/min，过大的进样量将使等离子炬火焰不稳定，甚至出现熄火。一般多采用 1.0mL/min。

③ 功率调整　加载到 ICP 上的功率是维持 ICP 稳定的能量，它通过负载线圈耦合到 ICP 上。功率影响等离子体的温度和温度场分布，随功率提高，开始时灵敏度增加，同时背景增加，继续增大功率，信背比改善不明显甚至变差（见图 6-86）。

对于易激发的元素应选择低功率，如 Na、K；难激发元素选择高功率。通常选择折中功率，兼顾难易激发元素。

④ 建立分析方法　首先选择要分析元素的谱线，由于ICP-AES 谱线丰富，测定时需选择相应的谱线进行定性定量分析。谱线选择要考虑到分析元素的含量、分析谱线的灵敏度、谱线干扰、背景、级次、投射到固体检测器上的位置等因素。

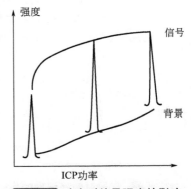

图 6-86 功率对信号强度的影响

a. 建立分析方法时选取谱线与级次的原则

（a）对于微量元素的分析，要采用灵敏线，对于高含量元素的分析，要采用弱线。谱线信号有足够强度是准确定量分析的前提，信号太强 CID/CCD 光电转换负荷大，线性变差，影响定量的准确性。

（b）应优先选择无干扰谱线，其次选择干扰小的谱线。由于采用二元色散系统，可以同时接收大量谱线信息，元素可供选择的谱线较一维色散系统多得多，因而通常情况可以选择到无干扰且强度较高的谱线作为分析线。在分析基体复杂的样品时有时难以选择到无干扰的谱线，可以退而求其次，选择干扰较小的谱线，通过干扰校正、背景校正等办法解析干扰而进行分析。

（c）对于行或列小于 10 或大于 530 的任意谱线不能用作分析线。

（d）相同的谱线具有不同的级次，不同的级次其强度亦不同，利用谱线的列信息，选取落在靠近检测器中心位置的谱线与级次（有的固体检测器 256 列是检测器的中心）。对于强度接近的同一谱线的两个级次，有时取两者的平均值，用这种方法可提高结果的精密度。

（e）谱线选择或添加后，采用汞灯、氩线、氮线、含长波中波短波元素的混合溶液等对仪器进行粗校准，然后用元素对谱线进行精细校准，使得实际谱线波长与理论值对应、级数对应。波长位置是否准确影响分析的精度、正确度，是分析前必须进行的工作。

b．选择或添加谱线　　根据上述的原则选择分析谱线，添加所需谱线到方法文件中。具体操作步骤见仪器说明书。仪器所带的谱库通过运行软件可以很清晰地进行。

添加所需的元素谱线（和级次），删除无用的谱线（如果是利用原有的方法文件）。

具体操作可在分析模块的对话框中按提示进行。确认所需的谱线（和级次）会在软件的元素周期表中列出。

添加所需的元素谱线（和级次）的对话框中含有元素的谱线以及每条谱线的详细资料，包括谱线与级次、所属波长范围、谱线在固体检测器中的坐标位置、谱峰状态（是否经过校准）、谱线状态（Ⅰ代表原子谱线、Ⅱ代表离子谱线）、相对强度、用于分析的谱线和为新方法自动选择的谱线。通过点击"加入…"或"删除…"按钮，来添加或从该表中删除选定的谱线。显示"分析可用"表示用于定量分析的谱线，只有此处被选择的谱线，才能出现在元素周期表中，用于定量分析。

c．添加谱线库中不存在的谱线　　在某些情况下，需要将一条谱线库中不存在的谱线添加于其中。在仪器操作软件上称此为创建谱线。其过程如下：

（a）找到波长表的可靠设定值以确保所选择的谱线有正确的波长。

（b）在软件相应的对话框中，点击"添加谱线"。

（c）打开加入谱线的对话框，点击"建立"输入波长，点击"确认"。

选用此谱线后，按前面方法进行校准即可。

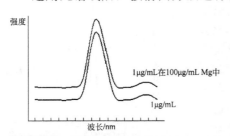

图 6-87　背景对信号强度的影响示例

⑤　设置背景校正　　对于 ICP 光谱仪来说，常常采用基体匹配以消除干扰。但在很多情况下，由于样品之间的成分不同、样品与标准之间的成分难以完全匹配、连续光谱以及谱线拖尾的出现导致背景干扰，因此要得到正确的分析结果，还须进行背景校正。

如图 6-87 为背景对信号强度的影响。如果不实行背景校正，则在每个峰值中心位置确定的原强度被用于计算浓度。较高的峰值比未受镁影响的峰值获得较高的分析结果。对于这种背景来说，背景校正是必需的。背景校正消除了由于背景抬高所带来的干扰。浓度是以净强度为基础计算的。

$$净强度＝原强度－背景强度$$

在选择背景位置时，应遵循：

a．将背景位置定在尽可能平坦的区域(无小峰)。

b．将背景位置定在离谱峰足够远的地方，从而不受谱峰两翼的影响。

c．左背景、右背景以及左右背景强度的平均值尽可能与谱峰背景强度一致。

⑥　设置干扰校正　　当存在谱线干扰时，一般采用如下步骤进行处理。

a．确定干扰元素　　如果没有把握弄清哪个元素产生谱线干扰，那么：

（a）检查元素周期表中的"谱线信息"列表，看是否有潜在的谱线干扰。

（b）在列表中挑出待测样品中最可能存在的元素。

（c）配制一套单元素的标准溶液使其浓度接近样品含量。

（d）将每一个标准溶液作为未知样进行分析。

（e）观察其 Subarray 谱图，确定哪个元素的谱峰与测定元素的谱峰相重叠或部分重叠。

（f）确定哪个元素对测定元素产生干扰。

（g）由于光谱仪软件中给出的谱线库不可能表明出所有的干扰，一部分干扰必须通过实验来确定，在基体复杂的样品测试时尤其要注意。

如：高牌号不锈钢、高温合金中铝的 394.4nm、309.2nm、308.2nm 线不同程度受 Ni、Mo、Cr、Zr、Nb、V 等干扰，在谱线库中只列出 Ni 有干扰。

b．查看谱线干扰情况。

c．减少谱线干扰的方法　在某些情况下，干扰可能会很小，可通过减小谱峰的测量宽度或者改变谱峰的测量位置来进一步降低干扰。在分析低浓度的样品时，可以通过将谱峰的测量宽度减少到两个甚至一个，来改善分析结果。它除了减少光谱干扰的作用之外，常常可导致分析信号的强度增加。但是，谱线可能更易受到谱线漂移的影响，在恶劣的实验室条件下尤为突出。

对于呈现明显谱线重叠干扰的情况时，可以采用谱线干扰系数校正法消除其干扰。

d．干扰元素校正系数(IEC)　当采用 ICP 光源时，一般就可假设，所测得的干扰元素浓度与它向分析元素所贡献的浓度是成正比的，而其比值为一常数，称为 K_i，此常数可以通过光谱仪进行测定。

（a）分别配制一套分析元素和干扰元素标准溶液并对其进行标准化。

（b）将干扰元素的标准溶液作为未知样进行分析。

（c）同时得到干扰元素浓度和干扰元素为分析元素所贡献的浓度。

（d）计算干扰校正系数

$$K_i = 干扰元素为分析元素所贡献的浓度/仪器确定的干扰元素浓度$$

例如干扰元素 B 的标准溶液（100μg/mL）在 A 309.271nm 处进行分析时，测得 A 浓度为 8.4μg/mL，在同样的分析中，B 测得的浓度为 100.4μg/mL。由于在 B 标准溶液中没有 A(要仔细检查 A 的其他灵敏线以确保这一点是真实的)，所以报告中 A 的浓度是由于 B 的干扰造成的，其干扰校正系数 $K_1 = 8.4/100.4 = 0.08367$。

在得到干扰校正系数 K_i 后，再把它输入到方法中去。从此时起，分析方法中 B 对 A 的干扰将被扣除。

（5）谱线定位或峰位校正　对于同时型仪器分析谱线位置已经预先设置好，或仪器装备有自动定位功能，如采用汞灯或采用 C、N 和 Ar 线进行自动定位，执行波长校准程序，可确保较长时间的波长稳定性。但在分析前仍需用相应元素的标准溶液喷测，检查分析线的峰位是否保持不变，并作精确的定位，方可保证测定的准确性。

对于顺序型的扫描型仪器每次开机进行测定时，都要进行谱线定位或峰位校正。在分析样品前，对仪器波长进行初始化，以零级光的机械位置为起点，进行谱图扫描，以准确设定谱峰的位置。在仪器的操作软件上点击相关按钮，进入操作界面。在这个界面设定扫描范围和宽度，设置完成后，将进样管放入含有待测元素的纯水溶液中（浓度不大于 10μg/mL），点击"扫描"按钮开始扫描。等所选元素扫描完成后，软件自动认定峰位。有时则需要分析者人为判断设定峰位。例如，在扫描范围内出现双峰，就需要分析者从技术的角度加以判断，

手动确定峰位。

扫描型仪器定完峰位后，可在扫描谱图上设定扣背景点，及使用峰值检测功能实现仪器检测条件的优化。一般要选择在实际样品和标准溶液的扫描谱图上都比较平滑的地方。实际操作时，可在操作界面上选定的左/右边的扣背景地方，设定扣背景点。实际应用时可以仅扣单边背景，也可左背景和右背景均扣。完成上述过程后可以进行强度优化，将进液管放入标准溶液中（10μg/mL），点击"峰值监测"按钮进入监测画面，可以实时显示强度变化。当改变载气流量时，可以观测到被测元素强度的变化。同样，可以用在其他参数的调节中，如冷却气用量、辅助气用量和炬管位置的调节（水平位置和高度）。由此设定该元素激发的最佳条件。

（6）标准曲线绘制　仪器参数和运行软件设定完毕即可点燃等离子炬焰，预热 15min 以上。开始喷测空白溶液，仪器显示平稳后，在所建立的分析方法文件下，先由低至高喷测各标准系列溶液，记录各分析线的强度值，查看每条分析线的回归曲线线性情况及每条分析线的峰位及扣背景位置是否正确，必要时进行适当调整。当工作曲线线性相关系数在 0.999 以上，即可认为符合分析测定要求。确定所得到标准曲线的线性回归方程，即可进行样品的分析测定。

每次喷测完标准系列溶液后，必须逐一查看对每个元素、每条分析谱线的峰位和扣背景位置设定，特别是扣背景的位置，如不是设在背景平坦处，而是设在有小波峰或斜坡处，则扣背景出现错误效果，影响曲线线性和测定结果。只有当谱线的峰位正确，所扣背景合理有效，所绘制的标准曲线才是可靠的。

（7）样品分析　在相同的条件下逐个喷测样品溶液，记录下测定结果。

同样，在样品喷测后仍需逐一查看每个元素、每条分析谱线的峰位和扣背景位置是否合适，特别是扣背景的位置，对于未能进行基体匹配或未能完全匹配试样，或含有未知成分试样，可能出现差别。应该在测定时打开其谱线图查看分析线的波形、峰位及背景情况，确定峰位与扣背景设置与标准溶液测定时是否一致。如不一致，以待测样品为准，调整方法文件中的设置，重新回归标准曲线，再重新测定或重新计算样品的测定结果。

为了控制分析质量，需要在测定过程加测含量相近的标准样品溶液或控制样品溶液，以检查测定质量是否符合要求。

（8）质量控制　在用 ICP-AES 分析中，为保证检测结果的准确性，必须对涉及的各个环节进行质量控制，诸如样品分解、标样或控样监测、空白控制、校准曲线溶液配制、仪器状态保证、基体匹配、内标校正、干扰校正、背景校正、测量精度、仪器漂移等环节。这里只涉及仪器分析过程中的质量控制。

① 精度控制　短期精度保证是准确分析的前提，例如 3.0% Cr 平行样测定 2 次结果之差须不大于 0.040%，单样测量精度 SD 必须控制在 0.028%以内。即：

$$SD \leqslant \frac{0.040\%}{\sqrt{2}} = \frac{0.040\%}{1.414} = 0.028\%$$

如果测量精度 SD 超过 0.028%，则应考虑进样系统进行优化、维护或更换部件。可能由于泵管磨损严重、雾化器堵塞、气流控制不稳、气流配比不当、ICP 功率不稳、泵滚柱磨损、泵夹松动或过紧等原因造成，应确认原因进行针对性维护或维修。

② 仪器漂移控制　仪器的漂移常采用长期稳定性指标来衡量,其表象为周期性变化或单向变化。若出现周期性变化并观察到波长红移或紫移，长波段和高级次谱线更加明显，应是由于温度波动的原因，光室在 38℃上下波动(冷却低于 38℃，受热高于 38℃)，则应考虑环境温度控制是否符合要求、光室温控系统是否有故障。

若漂移呈单向性，则应考虑光室充气时间是否足够、泵管是否磨损老化、负载线圈冷却效果、炬管变脏、雾化器堵塞或性能变差等因素的影响。常见的现象为由于光室充气时间短造成短波信号单向正漂移，长波变化不大。

若呈现无规律现象，则应考虑 ICP 稳定性、电控部分、炬管变脏、ICP 负载和炬管的匹配等因素。

③ 质量控制(QC)及极限检查(LC)　仪器软件中往往通过质量控制(QC)及极限检查(LC)对仪器的状态进行监控。QC 是用来监测仪器性能的，而 LC 被用来检查样品是否符合规格要求。编辑和运行 LC 检查表同编辑和运行 QC 检查表相似。

质量控制(QC)用标准样品进行反复分析，以确保光谱仪产生的结果正确无误。运行 QC 标样前，需要建立一个 QC 检查表，表内包括 QC 标样所含元素、浓度以及可接受的范围，任何超出该接受范围的结果均会被进行标记。根据 QC 标样的结果，操作人员或者自动进样器就可以作出决定来重新进行标准化以及/或者重新运行 QC 标样。

极限检查(LC)应用于未知样品，极限检查表包括元素列表以及每一元素所确定的上下限，对于超出该界限的结果进行标记。

④ 内标校正　内标校正可以校正仪器的波动、基体效应。在 ICP 光谱中，使用内标是很平常的事，它能补偿一些光谱漂移带来的干扰，因此能改善长期精密度。

内标元素和谱线选择需遵循下列原则：分析样品中不含内标元素；谱线信号强度足够大；内标元素与被测元素谱线同时进样曝光；内标谱线无干扰。

在方法文件中可以设置内标元素及其内标分析线，测量时记录谱线对的强度比，并以此绘制工作曲线，按回归方程计算测定结果。

有的仪器配置在线内标加入的附件，但在线加入内标元素不是严格意义上的内标校正。

⑤ 标样/控样监测　在每次测试后如何判别结果的对错是每一个实验者必须掌握的技能。对于实验者而言，最好的结果检验办法是在测量过程中测量标样或控样，看测试结果与推荐值是否一致，质量管理者对实验者进行检测质量评价也常采用该法，只是将标样或控样作为盲样来考核实验者。

若要提高检测的质量必须强化标样或控样监测与考核，结合其他手段如人员比对、方法比对、能力验证、设备比对等进行质量监督和控制，并保持相应的频度。

（9）关机　测定完毕，先熄灭等离子炬，用蒸馏水喷几分钟冲洗雾化系统后，再关雾化气。

待高频发生器充分冷却（约 5～15min）后，关掉预热电源。

关掉风机、循环水系统电源，关掉气体总阀门。

使计算机退出仪器软件运行系统，关计算机主机箱电源，再关显示器、打印机电源。

关掉仪器及总电源。

2. 灵敏度、检出限和精密度

（1）灵敏度　按国际纯粹化学与应用化学联合会（IUPAC）规定，在分析化学中，分析方法的灵敏度 S 是单位浓度变化所引起的响应量的变化，用下列公式表示：

$$S = \frac{\mathrm{d}X}{\mathrm{d}c}$$

式中，$\mathrm{d}X$ 是响应量的变化值；$\mathrm{d}c$ 是浓度的变化值。它相当于校准曲线的斜率。

（2）检出限　在 ICP 光谱分析中，能可靠检出样品中某元素的最小量或最低浓度称为检出限。

IUPAC 定义检出限为："检出限的浓度(或质量)表示，由特定的分析方法能够合理地检出

的最小分析信号 X_L 求得的最低浓度(或质量)",表达式为：

$$c_L(q_L) = (\bar{X}_L - \bar{X}_b)/m = \frac{kS_b}{m}$$

式中，$\bar{X}_L$ 为标准曲线在较低浓度时的平均值；$\bar{X}_b$ 为空白平均值，空白指不含待测组分且与样品组成一致的样品所得分析信号；S_b 为空白标准偏差；k 为与置信水平相关的常数。IUPAC 建议取 $k=3$ 作为检出限计算的标准，对应置信水平为 99.6%。

在 ICP 光谱分析中所说的检出限分两类：一是仪器的检出限，它是用不含基体的无机酸水溶液测量而求出的；二是分析方法的检出限，即在有机体的条件下求出的检出限。通常分析方法的检出限要高于仪器检出限。

由于 $\bar{X}_b$ 和 S_b 是依据有限测定次数(不少于 10 次)得到的，其误差规律不易确定，检出限值的误差波动较大。一般来说检出限相差 2～3 倍以内，则认为无显著性差异。

在 ICP 光谱分析中常用信背比（SBR）或背景等效浓度（BEC）来表达检出限计算式：

$$c_L = \frac{kS_b}{m} = \frac{k \cdot RSD_b \cdot c}{I_X/I_b} = k \cdot RSD_b \cdot \frac{c}{SBR}$$

式中，RSD_b 是空白溶液的相对标准偏差；c 为产生强度 I_X 的被测元素对应的浓度；$SBR = I_X/I_b$。

也可用 BEC 来表示 c_L：

$$c_L = \frac{kS_b}{m} = \frac{k \cdot RSD_b \cdot I_b}{m} = k \cdot RSD_b \cdot BEC$$

式中，$BEC = \dfrac{I_b}{m}$。

定量限与检出限不同，在测定下限浓度时，应能给出准确测定值。通常用 3～5 倍检出限作为定量限。

（3）精密度　精密度通常用单次测定结果测定的相对标准偏差来表示。即在固定光谱条件下重复多次测量，计算平均值：

$$\bar{x} = \frac{x_1 + x_2 + \cdots + x_n}{n}$$

单次测定的标准偏差为：

$$S = \sqrt{\frac{\sum\limits_{i=1}^{n}(x_i - \bar{x})^2}{n-1}}$$

单次测定的相对标准偏差为：

$$RSD = \frac{S}{\bar{x}} \times 100\%$$

3. ICP 光谱仪的维护

（1）进样系统维护　实验人员应每天对进样系统维护，包括：泵管更换，炬管清洗，疏通雾化器(堵塞)，雾室积液排除，废液排放和冷却循环水监视等。

（2）冷却循环水维护　冷却循环水应根据情况进行维护，主要是定期更换冷却液。冷却液应保持无霉菌等微生物、不含腐蚀成分或含有防腐(缓蚀)成分、不结垢。

（3）气路系统维护 必须保证供应足够纯度的洁净氩气,氩气的输出压力应维持在 0.7 Mpa,测试过程中避免断气熄火。

进行短波(<200nm)分析时对光室应充分充气,保证紫外波段分析的稳定性。

0.5～1 年应检查一次气路:过滤器变脏与否,必要时需及时进行更换；检查气阀、压力表或流量计状态是否正常。

（4）光路系统维护 包括外光路和内光路的光路系统都要进行维护.外光路维护相对频繁,尤其是内外光路的隔离窗体、外光路反光镜表面易沾污,应 3～6 个月清理 1 次.外光路应根据各元素灵敏度情况进行准直.建议每年对内光路进行 1 次维护.光路系统的维护建议由仪器维修工程师进行。

（5）电控系统维护 电控系统维护应由专业的工程师完成,经验丰富人员可进行电路板的清洁维护。

（6）软件维护 工作软件是实验人员对仪器的控管工具,需对软件和数据进行控制和维护,以保障其功能正常、安全可靠.控制机应设有密码,禁止插入移动存储器。

4. ICP-AES 分析样品的处理

（1）分析样品的取制样 ICP-AES 法应用中,仪器的操作使用要简单得多,而样品的预处理却是十分重要和关键的。

ICP-AES 法可以对固、液、气态样品直接进行分析。对于液体样品分析的优越性是明显的, 对于固体样品的分析, 所需样品处理也很少,只需将样品加以溶解制成一定浓度的溶液即可。通过溶解制成溶液再行分析,不仅可以消除样品结构干扰和非均匀性, 同时也有利于标准样品的制备。分析速度快,一次测定可同时测定多个元素,甚至可实现"全谱"自动记录和测定。

ICP 对试样的要求与通常的化学分析法相同,不同种类的样品如矿石、金属、植物等分析样品, 都有不同的样品制取规范。总的要求如下:

① 采样的代表性 每一个分析用的样品必须对某一种类的物质（如金属、矿石、生物、食品、环境样品等）,具有代表性。通过样品的粉碎、缩分,最终得到分析用试样。

② 分析样品的加工 样品加工应包括直接从现场钻取的屑样或从现场取得的原始样品进行粉碎（研磨）、过筛、缩分、混匀至需要的粒度,并保证均匀,得到有代表性的分析用样品。

破碎、过筛过程中要注意样品的被污染问题,常用的破碎机及筛网等都是由金属制成的,某种情况下可用刚玉颚板破碎机,或用玛瑙球磨机来粉碎样品。需要测定样品中微量元素时更应避免引入污染。可采用玛瑙、刚玉、陶瓷等研磨设备及尼龙筛网来解决粉碎过程中污染问题。

潮湿的样品（如铁矿、炉渣、污泥、环保样品等）在破碎前需要干燥,不然会影响粉碎效果。如要求测的元素中含有易挥发元素,在不影响粉碎工作时,尽可能不烘样,采用自然风干,或低于 60℃下干燥（测定 Hg、Se 在 25℃下干燥）。

③ 样品加工粒度 固体样品一般粉碎至 0.10～0.075mm（即为 160～200 筛目）,如原始样品量大,可用破碎机反复破碎至全部通过 0.84mm 筛孔（20 目）后,混匀缩分至 100g 以上,再粉碎至所需的粒度。样品的粒度关系到样品的均匀性,也与样品的完全分解及其溶解速率有关,越细的样品越易于被酸、碱等分解。

对于金属样品,可切屑后再细碎。如果样品是均匀的且极易溶解,切屑即可。对于金属丝材或薄片状试样,剪切为适当大小即可。

对于植物、生物等有机样品可干燥后剪碎再细碎。

（2）分析试液的制备 试样通过溶解制成溶液再行分析,这是 ICP-AES 分析上最方便的

方式。可以采用酸(碱)溶液进行直接溶解即酸(碱)溶解法，或通过酸(碱)熔剂经熔融分解后酸化制成溶液即熔融法，或采用微波消解法直接制备分析溶液。

① 酸(碱)溶解法 常用两种基本方式：敞开式容器酸分解和密闭式容器(多用微波消解法)酸分解。

a. 矿石原材料，耐火材料，炉渣，保护渣，地质类样品中 K、Na、Ca、Mg、Cu、Mn 等元素的测定。

称样量 0.1～0.5g，于聚四氟乙烯烧杯中加少量水润湿，用盐酸和硝酸加热溶解，加氢氟酸助溶，再加高氯酸加热至冒烟近干除去氟化物，用硝酸或盐酸溶解盐类，定容，测定。如有明显酸不溶物，可将其过滤，用碱法熔融处理后，酸化，与过滤液合并，这时标准系列溶液也要加入相应熔剂；也可分别单独测定，再加合。

此法操作简便，可除去大量的硅，与碱熔相比试样溶液中离子总浓度大为降低。但对一些矿物如刚玉、锆英石、锡石、铬铁矿、金红石、独居石等不能为上述酸类所溶解，只能用碱熔法熔样。

此法不能用来分析 Hg、Se、As、Ge、Sn、Te 等元素，因为它们的氯化物会挥发。同时 Cr 将会以 $CrOCl_3$ 的形式挥发损失 10%左右。

b. 低合金钢中 Si、Mn、P、Cu、Al、V、Ti、Mo、B、Nb 等元素的测定。

称样量 0.25～0.50g，用硝酸、盐酸处理试样，其中测 B 只用硝酸，测 Nb 用硝酸和酒石酸，定容，测定。

c. 生铁、中高合金钢中元素的测定。

（a）可用盐酸-硝酸溶样 样品加稀王水(1+2)低温加热，至完全溶解，用少量水冲洗瓶壁，加热煮沸，冷却至室温，稀释至刻度，混匀后干过滤，待测（含中、高含量的 C、W、Nb、Zr 等材料除外）。

（b）硫酸，磷酸 称取 0.2g 样品置于 200mL 锥形杯中，加入 10mL 王水加热至溶解，然后加入 14mL 硫磷混合酸溶液(1+1+2)，继续加热至冒白烟，滴加硝酸直至碳化物被氧化完全，稍冷，沿壁加入 30～40mL 水，混匀，加热溶解盐类，冷却至室温，转移至 100mL 容量瓶中，稀释至刻度，摇匀后干过滤，待测（此方法不能用于测定 Si，而且磷酸的存在影响 P 的测定，适合含中、高含量的 C、W、Nb、Zr 的高合金钢、不锈钢、高温合金、高速工具钢，合金铸铁等材料）。

（c）盐酸，硝酸，氢氟酸 称取 0.2g 样品置于可以密封的聚四氟乙烯瓶中，加入 10mL 王水和 10 滴氢氟酸迅速密封好，于 60～70℃的水浴中加热，直到完全溶解，然后流水冷却至室温，转移至 100mL 聚乙烯容量瓶中，稀释至刻度，混匀后干过滤，待测。

或使用微波消解法：称取 0.1g 样品，加 10mL 王水作用几分钟，加 2mL 氢氟酸迅速密封好，按程序加热 20min，冷却后泄压，转移至 100mL 聚乙烯容量瓶中定容（需配备耐氢氟酸进样系统，适合含中、高含量的 C、W、Nb、Zr 的高合金钢，高铬铸铁等）。

（d）$HNO_3+H_2SO_4+(NH_4)_2S_2O_6$ 称取 0.2g 样品置于 150mL 锥形瓶中，加入 85mL 硫硝混合酸（50+8+942）加热溶解，然后加入 1g 过硫酸铵继续低温加热，待试样溶解完全后，煮沸 2～3min，若有二氧化锰沉淀析出，滴加数滴 1%亚硝酸钠溶液，煮沸 1min，冷却至室温，转移至 100mL 容量瓶中，稀释至刻度，摇匀后干过滤，待测(适合生铁、合金铸铁等)。

处理样品时硫酸、磷酸尽量少用，称样量应在 0.1g 左右，以免黏度增大，影响测定。需保持氢氟酸介质可加入 H_3BO_3 形成氟硼酸络合物，同时用塑料瓶装溶液，仪器则用耐 HF 装置，并加强排风。

d. 有色金属类样品各元素的测定

（a）可用盐酸，硝酸 用硝酸(1+1)或硝酸+盐酸(3+1)溶样：适合纯铜、铜合金、锌及锌合金、铅、锑、镍。

用盐酸(1+1)及少量过氧化氢溶样：适合锡及锡合金,纯铝、铝合金（低 Si）。

（b）用氢氧化钠溶液(20%)及少量过氧化氢溶样、盐酸(1+1)酸化：适合铝合金（高 Si）、铸铝。

（c）用硝酸或硫酸，氢氟酸溶样：适合钛、钛合金、锆、锆合金（HF 测定系统）。

加入酸量应控制，以所测元素不产生沉淀、不水解为原则。

（d）K$_2$S$_2$O$_6$ 熔融处理硅石、氧化矿物、中性或碱性耐火材料时，适宜在瓷坩埚 700℃加热。测量 Fe、Al、Ti、Zr、Nb、Ta、Cr 等元素。

② 熔融法

a. 矿石、原材料、酸性炉渣、耐火材料中 Si、Al、Ca、Mg、As 等元素的测定

称取 0.1～0.5g 样，用铂皿或其他适宜的坩埚，用碳酸钠、碳酸钾、碳酸钠+硼酸、偏硼酸锂(LiBO$_2$)、氢氧化钠+过氧化钠、铵盐等方式于马弗炉中高温熔融，水浸取后用硝酸或盐酸酸化，于 200～250mL 容量瓶中定容。使用偏硼酸锂的好处是不引入 K$^+$、Na$^+$。

b. 稳定氧化夹杂分量的测定 将电解夹杂物用 1～2g 混合熔剂（碳酸钠+硼酸=1+1）高温熔融，用水浸取后，用硝酸酸化，100mL 容量瓶定容。

其他类型试样的分解方法参考不同应用领域的样品分解要求进行。

③ 微波消解 由于微波消解设备的功能日益完善和装置设备的普及,已经被铁矿石的分析所采用。微波溶样处理矿石样品的方法已经有较多的实验报告发表，对于难以分解的无机材料及矿物样品是一个有力的手段。

微波是指频率在 300～3×10^{5}MHz 的高频电磁波,其中最常用的频率为 2450MHz±13MHz。一般民用微波炉输出功率为 600～700W，可在 5min 之内提供 180kJ 的热能。微波可以穿透玻璃、塑料、陶瓷等绝缘体制成的容器。微波辅助酸消解法就是利用酸与试样混合液中极性分子在微波电磁场作用下，迅速产生大量热能，促进酸与试样之间更好的接触和反应，从而加速样品的溶解。其反应速率大大地高于传统的样品处理技术，而且，所制得的试样溶液的酸溶剂用量等可以降到最低，特别适合于 ICP-AES 法的分析。微波消解技术的早期工作大都是生物样品的湿法消解，后来发展用于无机物料分析。这一新技术已成为 ICP-AES 分析中难溶物料的有效分解手段。

④ 制备 ICP-AES 分析溶液应注意的问题 试样在溶解处理成为溶液时，必须保证待测成分定量地转移到测定溶液中，必须保证待测成分不被丢失或被沾污。因此，由样品制备 ICP-AES 分析溶液时，溶样时要注意加热蒸发易挥发成分或产生沉淀物而造成损失，如要注意加热时 Hg、Se、Te 等易挥发元素的损失和易形成挥发性氧化物（如 Os、Ru）、挥发性氯化物（如 Pb、Cd）元素的损失。

同时要注意溶样时所用试剂及容器材质所带来的污染。表 6-22～表 6-24 可供参考。

表 6-22 加热易发生挥发或沉淀损失的元素

加热出现损失形式	出现挥发或沉淀损失的元素
以单体释放出来	氢、氧、氮、氯、溴、碘、汞等
以氢化物形式挥发	碳、硫、氮、硅、磷、砷、锑、铋、硒、碲
以氧化物形式挥发	碳、硫、氮、铼、锇、钌等
以氯(溴)化物挥发	锗、锑、锡、汞、硒、砷等

续表

加热出现损失形式	出现挥发或沉淀损失的元素
以氟化物形式挥发	硼、硅等
以羟基卤化物挥发	铬、硒、碲等
以卤化物形式沉淀	银、铅、铊等
以硫酸盐形式沉淀	钙、锶、钡、镭、铅等
以磷酸盐形式沉淀	钛、锆、铪、钍等
以含氧酸形式沉淀	硅、铌、钽、锡、锑、钨等

表 6-23　HF-HClO$_4$溶液蒸发时元素的损失率

元素	损失率 w/%	元素	损失率 w/%
As	100	Re	不定
B	100	Sb	<10
Cr	不定	Se	不定
Ce	<10	S	100
Mn	<2		

表 6-24　酸和容器材质造成的污染

酸	材质	$w_{E1} \times 10^{-7}$/%										
		Al	Fe	Ca	Cu	Mg	Mn	Ni	Pb	Ti	Cr	Sn
氢氟酸 HF	特氟隆	3	3	1	<0.04	<3	0.1	<0.4	<0.1	0.1	<0.4	—
	白金	10	10	10	0.4	10	0.2	0.3	0.5	1	0.5	—
盐酸 HCl	特氟隆	<4	3	5	0.2	3	0.1	—	<0.4	—	—	—
	白金	2	2	10	1	6	0.2	0.6	<0.4	0.4	Tr	<0.4
	石英	10	10	60	1	10	0.4	2	0.5	2	0.6	0.4
硝酸 HNO$_3$	特氟隆	2	8	4	<0.01	7	0.1	—	—	—	—	—
	白金	20	20	30	0.4	20	0.6	Tr	1	0.8	—	—
	石英	20	20	60	0.1	20	0.6	—	1	0.3	—	—

注：—为未检出；Tr 为未做定量检测。

5. 标准与标准工作曲线

（1）标准样品　光谱分析都是基于标准工作曲线法，工作曲线除用标准溶液配制外，大量都是依赖标准样品来制定的，无论是火花光电和 X 荧光光谱法用固体标样，还是原子吸收、ICP 法用屑状化学标样，都遵循以下要求：

① 标准样品的各元素含量要有准确的标准化学方法(绝对测量法)分析结果。通常参加标样研制定值单位为 8～10 个，并采用相应的国家标准或行业标准的分析方法，如有用 AAS 或 ICP 方法参加定值的，也应以标准化学方法为主。

② 标准样品各元素含量分布均匀，没有偏析现象，标样都是经过均匀性检验合格才能取得合格证，在此基础上的测定，化学分析成分才准确可靠。

③ 建立标准工作曲线所用标准样品应与所分析试样品种相同，即标样的化学组成和冶炼制作工艺应与要求测量的未知试样相近，所含元素相同，其含量范围应比试样中所测元素的范围要宽，一般按上、下限各延伸 10%～30%。固体标样还应使内标元素含量尽量一致，一般相差<±1%。

④ 冶金标准样品的稳定期至少在一年以上，二级标准物质稳定性虽低于一级标准物质，

但是应能满足实际测量的需要。

购买标准样品应注意三证齐全：标样生产许可证，标准物质证书，标准样品证。经销单位还应有销售许可证。生产、销售许可证有效期均为五年。

标准样品的保存主要是防潮、防尘、防腐蚀。固体标样应在木盒中保存，化学标样（屑样）应在干燥器中保存，若屑样出现明显锈疤则不宜使用。保存较长年限的标样需检查确认没有变化方可使用，因此有些标样的购置与存放一定注意失效期限。

标准溶液也有市售，除三证齐全外，还应注意标准溶液的介质。如测量水质用的混合标准溶液中有的按天然水成分加入 K、Na、Ca、Mg 作为本底，再加入有关金属元素的标准溶液配成。若不考虑基体影响，测量将会产生误差。

（2）标准溶液与标准方法　光谱分析需用标准样品制定标准工作曲线后进行测量。ICP 光谱分析处理类似化学方法湿法处理样品，属溶液分析法，可以用标准溶液或标准样品配制成相应的标准系列溶液，建立工作曲线进行测量；若采用激光气化固体样等装置也可在 ICP 上实现固体直接进样测量。

① 基准试剂与标准方法　ICP 法所用标准溶液都是用基准物质配制的，从量值传递观点看，它们与经典化学方法相似，ICP 法可上升成为行业级、国家级和国际组织的标准分析方法。由于 ICP 法与化学方法一样可溯源于基准物质，因此 ICP 方法也可用于标准样品定值的分析。

基准试剂符合以下条件：

a. 纯度大于 99.95%；

b. 组成恒定，实际组成与化学式完全相符；

c. 性质稳定，不易分解、吸湿、被空气氧化等；

d. 试剂三证齐全，出厂日期清楚，使用不超过保证期。

通常基准试剂包装严密，放置在干燥器中，避阳、防潮、保存期不超过 10 年，但纯金属表面可能出现氧化，需作处理后方可使用。

实际工作中采用标准溶液配制及基体物质打底后加标准溶液配制方式，或直接用标准样品配制方式都可以，前者是基础，可作为标准方法使用，并用来校正后者。当标准样品不足时，必须依赖标准溶液来配制工作曲线溶液。

② 标准溶液配制　各元素标准储备液浓度通常为 1.000g/L，基准物质经湿法化学处理后，用经校准的容量瓶（500mL 或 1000mL）于 20℃左右定容，储存在防尘柜中，瓶口加防尘措施，保存期通常不超过 3 年。有些标液如 SiO_2 标液应转移到塑料瓶中保存。见光易分解的如 $AgNO_3$ 应在棕色瓶中保存。如储备液发现浑浊，出现沉淀物或剩余量少于 1/10 时，不能再使用，储备液标签应注明元素或化合物名称、称取物及质量、浓度、介质、制备时间、制备人。

移取储备液配制稀释标准溶液时应逐级稀释（每级 10 倍量为宜），同时注意不让移液管尖残留水或溶液落入容量瓶内，移液管吸取三次冲洗后方可取液。

浓度为 100μg/mL 的标准溶液可保存 6 个月，浓度为 1～20μg/mL 常用标准溶液应在一个月内使用。不超过 1μg/mL 的标准溶液应随配随用。保存期还与总体积和室温有关，体积大、室温低，可适当多保存一段时间；体积小、室温又高，则不宜较长期保存。

ICP 分析方法中尽量不用硫酸、磷酸处理样品，非用不可时应尽量控制在低浓度下，以硫酸不超过 5%、磷酸不超过 3%为宜。因为硫酸和磷酸会增大溶液的黏度，造成雾化效率不同而影响精度；使用碱溶/熔法也尽量减少试剂用量，并使试剂用量严格一致，同时使用高盐雾化器，以防堵塞。

③ 配制 ICP-AES 标准溶液应注意的问题　用 ICP-AES 进行分析时，可以采用待测成分的标准溶液进行标准化。由于 ICP-AES 法 10 多种元素同时测定，常常采用多元素标准溶液。为防止元素之间的相互干扰和减少基体效益，配制标准溶液应注意以下几点：

a．多元素的标准溶液，元素之间要注意光谱线的相互干扰，尤其是基体或高含量元素对低含量元素的谱线干扰。

b．所用基准物质要有 99.9%以上的纯度，保证标准值的准确性，同时也保证其他干扰元素的引入。

c．标准溶液中酸的含量与试样溶液中酸的含量要相匹配，两种溶液的黏度、表面张力和密度大致相同。

d．要考虑不同元素的标准溶液"寿命"，不能配一套标准长期使用。特别是标准中有硅、钨、铌、钽等容易水解或形成沉淀的元素时。

e．在混合标准溶液中，要注意有无混入对某些元素敏感的离子，例如 F⁻ 对 Al、B、Si 等元素易形成挥发性化合物。因此，如果用金属 Nb 或金属 Ta 为基准物，溶样离不了氢氟酸，Nb 和 Ta 的混合物标准应与 Al、B、Si 的混合物标准分开，即配制成两套标准测定各自的元素。

（3）标准工作曲线的绘制　光谱定量分析是以光谱分析原理为依据通过实验总结出的定量数学公式，在具体应用中这一数学公式又须根据实验，在仪器最佳条件下，用标准样品或配制的标准溶液进行各元素谱线强度的测定，然后由计算机将各元素谱线强度与含量进行线性回归或拟合绘制成直角坐标系的一次或二次方程形式的函数曲线，经选定确认某方程，则成为标准工作曲线。通常用一次或二次方程作为工作曲线，其数学表达式为：

$$Q=aR+b \quad 或 \quad Q=aR^2+bR+c$$

式中，Q 为质量分数（X 轴坐标）；R 为谱线相对强度或强度（Y 轴坐标）；a，b，c 为曲线系数。

为使工作曲线成为平滑的曲线或近似为直线，应该选取尽可能多的标准样品测量点，同时考虑谱线的灵敏度及测量的线性范围，还有仪器所能提供的条件，如固定通道测高低含量时，光电倍增管须选取不同的增益，才能保证工作曲线的线性。ICP 发射光谱分析的标准工作曲线多呈线性，采用一次方程。

ICP 发射光谱分析线性范围较宽为 4～5 个数量级，其优势在于低含量分析。由于受光电倍增管增益的限制（CCD 检测器也同样），此类光谱仪工作曲线以 3 个数量级为宜，如配制的是标准溶液则可以均匀分布，例如配制 0.001%～0.500% ICP 用标准工作曲线溶液，可安排百分含量为 0、0.002、0.005、0.015、0.030、0.080、0.200、0.400、0.500 共 9 个点。对同一元素，选用谱线不同，灵敏度不同，因此线性范围的确定以工作曲线的直线部分为准，必要时仍分成高低含量两条工作曲线。ICP 法测定高含量元素时，可以直接测定，也可以适当稀释，因其精度高还能满足要求。

如果是按同类型，或按相同基体打底后配制成的标准工作曲线溶液所建的工作曲线，而且不存在共存元素的干扰，则可直接用于样品分析。但是实际应用中总会有差别，基体也会产生背景等干扰，共存元素也会发生干扰及影响，所以必须经过实验，在确认不存在影响，或通过扣除背景影响及共存元素干扰后，即经种种校正后的工作曲线才能投入使用。同时对仪器分析来说，由于光路、电学及环境因素多方面的原因会造成漂移的影响，已建成的工作曲线还须定时进行标准化工作来校正漂移，才能进行日常分析工作。

第五节 电感耦合等离体原子发射光谱分析的应用

ICP 光源由于其等离子体的高温及其等离子体焰炬的结构，有利于试样蒸发-原子/离子化，能分析绝大多数元素，具有很高的激发效率，因而具有很好的分析性能，可以对大多数元素实现同时测定。ICP 光源自吸现象小，线性动态范围宽达 5～6 个数量级，有可接受的分析精度和准确度，不改变操作条件即可进行主、次、痕量元素的同时或快速顺序测定，同时测定试样中高、中、低含量及痕量组分。能适用于固、液、气态样品分析，溶液进样技术所需样品前处理工作量少，有利于标准校正曲线的绘制，使测定结果具有可溯源性，适合于作为标准分析方法使用。现代的 ICP-AES 仪器分析速度快、可自动化。因此，ICP-AES 是光谱分析中应用范围最为广泛的分析技术之一，已在冶金、地质、能源、化工、水质、环境、食品、生物、医药等行业，以及材料科学、生命科学等领域得到广泛应用。

一、在黑色冶金分析中的应用[24,25]

1. 在钢铁合金分析中的应用

钢铁及合金分析范围，主要是对铁及其合金，还包括金属锰、铬及合金的分析。钢铁包含生铸铁、非合金钢、合金钢、工具钢、高温合金和金属功能材料几大类型。

生铸铁包括炼钢生铁、铸造生铁、普通铸铁和合金铸铁，用作机械的结构件和各种部件，化学成分中碳和硅含量较高，且有游离碳、石墨碳存在，给样品溶解带来难度。

非合金钢(unalloyed steel)包括低合金钢、碳素工具钢及纯铁等各类钢材，广泛用于工程结构用钢、机械结构用钢和轨道用钢，耐热和耐蚀钢，轴承钢，通常合金元素的含量低于 5%，易为无机酸所溶解，有利于 ICP-AES 的分析操作。

合金钢(alloyed steel)包括一般工程结构用合金钢，合金钢筋钢，地质、石油钻探用合金钢，电工用硅(铝)钢，铁道用合金钢，不锈、耐热和耐蚀钢、压力容器用合金钢，管道用钢及汽车用钢，工具钢和各种模具用钢，有些合金元素的含量高于 5%，通常选用合适比例的混合酸进行溶样。

高温合金包括变形高温合金和铸造高温合金、焊接用高温合金丝及粉末高温合金，主要用作航空航天材料，地面燃气轮机的动、静叶片、涡轮盘及其他工业用耐热承力部件、高温构件等的制造，有多种合金元素共存且含量很高，对于试样的溶解需要选择不同配比的混合酸和络合试剂，才能顺利进行分析。

金属功能材料(metallic functional materials)包括软磁合金、变形永磁合金、弹性合金、膨胀合金、热双金属和精密电阻合金及铸造永磁合金、稀土永磁材料、烧结钕铁硼永磁材料、形状记忆合金、储氢材料以及快淬合金-非晶态合金或微晶材料，广泛用于电子工业及各种控制元件，基体成分多种多样，含量很高且有一定的成分范围要求，需要对其高含量成分进行准确测定。

钢铁及合金是应用极为广泛的工业基础材料，其产品的化学成分均有相关标准作出规定，有一定的合格范围，因此对于分析方法及其测定结果的精确程度有一定的要求，大多有相应的国家标准及行业标准加以规范。在分析方法标准上已经有很多相应的 ICP-AES 分析标准方法。

大多数的黑色金属材料可用无机酸分解以溶液方式直接进行测定。常用的酸有盐酸、硝酸、高氯酸、氢氟酸、硫酸等无机酸以及它们的混合酸等，适用于大多数黑色金属材料及合金。对于含有难溶元素及易于水解的元素需要加大酸度或引入合适的络合剂。对于少量难溶黑色金属材料及合金可采用密封容器酸消解样品或微波消解技术溶解样品。

对于各类钢铁及合金产品的分析，主要是对其中无机元素含量的测定，ICP-AES 是这类

产品有效的分析技术。对于钢铁及其合金中常见的元素 Fe、Ni、Cu、Mo、Mn、Si、P、Co、Ca、Ba、Mg、Sc、Zr、Hf、Nb、Ta、W、As、Bi、Sn、Pb、Sb、Ba、La、Ce、Y、Nd、B、Cr、Al、Ti、V、Zn、K、Na、Sr 可以使用 ICP 光谱仪进行测定。大多数样品通过选择合适的无机酸进行溶解，即可多元素同时测定，分析速度快且效率高。由于钢铁及其合金材料均含有大量的铁基体或多种合金元素，因此其分析测定必须考虑大量的铁基体或共存合金元素的干扰，通常采用基体匹配法消除基体及共存元素的相互干扰。选用具有高分辨率的 ICP 光谱仪更为适合于钢铁、高合金等复杂基体冶金产品的直接测定。

ICP-AES 在该领域中典型应用的实例见表 6-25。

表 6-25 **ICP-AES 在钢铁合金分析中的应用**

应用对象	测定元素或分析内容	测定范围或技术要点	文献
普碳钢，低合金钢	Si, Mn, P, B, Ni, Cr, Co, Cu, Al, Ti, W, Mo, V, Nb, Mg, Ca, Ba, Zn, La, Ce, Pr, Nd, Sm	酸溶，基体匹配，直接测定钢中常量及痕量成分 0.00x%~x%	1
普碳钢，低合金钢	As, Sn, Pb, Sb, Bi	利用气动雾化氢化物发生装置，以 5g/L 硫脲+5g/L 抗坏血酸+2g/L 碘化钾为还原抑制剂，氢化物发生法直接测定	2
中低合金钢	Nb, W, Zr, Co, V, Sn	样品 HNO₃-HCl-H₂SO₄-HF 微波消解，加草酸-硼酸络合测定	3
碳素钢	Al, As, Co, Cr, Cu, Mn, Mo, Ni, P, S, Si, Sn, V	采用稀硝酸分解试样，同时测定 13 种微量元素	4
低合金钢	Cr, Cu, Mn, Mo, Ni, Si, V, Ti	自制激光剥蚀系统固体直接进样测定钢中多元素	5
钢铁	测定全硅	试样酸溶，碱熔处理残渣，测量钢中 0.02%~2.0%Si	6
合金钢	Al$_s$, Al$_t$, 全铝	样品以 HCl(1+9)处理为酸溶铝，残渣以 NaHSO₄ 熔熔处理为酸不溶铝，酸溶铝+酸不溶铝为全铝	7
合金钢	B (分析线 249.678nm)	用王水溶样，直接测定 12Mn2CrSi 钢中约 0.0002%硼	8
帘线钢	痕量钛	酸溶 HF 处理，萃取分离 Fe,测定下限 0.00008%Ti	9
不锈钢	Ni, Cr, Cu, Mn, P, Si, Mo, Ti	用王水溶样，基体匹配法，加钇，内标法测定	10
Ni 基合金	Si, Mn, Cr, Fe, Al, Ti	用王水溶样，以相同基体标准样品绘制工作曲线测定	11
Cr₂₀Ni₈₀合金	Cr, Si, Mn, P, Cu, Fe, Ti, Ce	用合适比例 HNO₃-HCl 溶样，直接测定主量和次量元素	12
高温合金	Ti, W, Ta, Mo, B, Cr, Nb, Al, Zr, Co	HNO₃-HF 酸分解试样，用耐氢氟酸雾化系统测定	13
高温合金	Hf (分析线 282.022nm)	用硝盐混酸(1+7)溶样，以干扰系数和基体匹配法进行测定	14
高温合金	Ta (分析线 240.063 nm)	HCl-HNO₃ 溶样，硫酸冒烟，以柠檬酸铵络合，基体匹配法测定	15
镍基高温合金	Al, B, Ce, Co, Cr, Cu, Fe, Hf, La, Mg, Mo, Nb, Ta, Ti, W, Zr	用王水溶样，滴加 HF 并用柠檬酸络合，直接测定	16
铁镍合金	Cr, Co, Mn, Mo	酸溶直接测定 70%Fe+20%Ni 合金样品元素含量	17
钴基高温合金	La, Ce, Pr, Nd, Er, Y	微波消解溶样，对钴基样品中稀土元素进行测定	18
钴基合金及钴基钎料	La, Ce, Pr, Nd, Gd	样品酸溶,基体匹配法测定;分析线选用 La 408.672nm、Ce 418.660nm、Pr 414.311nm、Nd 406.109nm、Gd 336.223nm	19
铁精粉	K, Na, Pb, Zn	痕量;微波消解样品，基体匹配法直接测定	20
稀土镁铸铁	Si, Mn, P, Cu, Mo, V, Ti, Sn, Sb, Mg, La, Ce	采用 HNO₃+H₂SO₄+H₂O(4+25+20)溶样直接测定	21
生铁	Si, Mn, P	用硝酸+硫酸溶样，直接测定	22
碳钢及生铁	痕量 As, Sb, Bi, Sn, Pb	用硝酸、盐酸混合酸溶样，采用波长扫描测定	23
铬镍生铁	Ni, Cr, Mn, P, Mo, Cu, Co	样品用王水滴加 HF 溶样，HClO₄ 冒烟处理后测定	24
镝铁电解粉尘	La, Ce, Pr, Nd, Sm, Eu, Gd, Tb, Dy, Ho, Er, Tm, Yb, Lu, Y	用硝酸和氢氟酸溶解试样，高氯酸冒烟除氟，在硝酸介质中直接测定	25
钕铁硼	Mo, W, Nb, Zr, Ti	采用 HNO₃-H₂SO₄ 溶样，在 5%硫酸中，基体匹配法测定	26

应用对象	测定元素或分析内容	测定范围或技术要点	文献
钕铁硼合金	Al, Cu, Co, Mg, Si, Ca, Ti, V, Cr, Mn, Ni, Zn, Ga	采用 HCl-HNO₃ 溶样，以基体匹配法测定	27
金属锰	Si, P, Fe	杂质；稀 HNO₃ 溶样，基体匹配法测定	28
金属钼	Al, Ba, Ca, Co, Cu, Fe, Mn, Ni, V, Zn	以阳离子交换树脂分离钼与待测元素，直接测定	29
海绵钛	Fe, Si, Mn, Mg	用硫酸和硝酸溶解样品，测定海绵钛中铁、硅、锰和镁	30
钛合金	Y, La, Pr, Sm, Ce, Gd, Nd	样品硝盐酸+HF 酸溶解，用基体匹配测定稀土元素	31
钛合金	Ir, Au, Pd, Rh, Ru,	采用 HCl-HF、HNO₃ 溶样，基体匹配法测定贵金属	32
钨产品	Co, Mg, Ca, Mn, Al, Na, K, Ni, Cr, Cd, Si, Cu, Pb, Sn, As, Sb, Bi, V, Ti	密闭塑料瓶中硝酸、氢氟酸常温常压分解样品，钨酸沉淀分离基体后，以水溶液标准曲线直接测定	33
储氢材料	La, Ce, Pr, Nd, Ni, Co, Mn, Al, Fe, Zn, Mg, Ca, Cd, Cu, Sb, Pb	样品用 HCl-HNO₃、H₂O₂ 溶解后直接对储氢合金和混合稀土的主体元素和杂质元素进行测定	34
钢材镀锌层	Pb, Cd, As	用六亚甲基四胺(乌洛托品)盐酸脱镀液剥离后测定	35
汽车气门合金	Ni, Cu, Mn, Mo, Co, Cr, Si, P	用 HNO₃+HClO₄-H₂O₂ 溶样，铁基体匹配直接测定	36
铁酸钙	Al, Mg, P	用 HCl-HF 溶样，HClO₄ 除氟后，在稀盐酸介质中，以基体匹配法测定预熔型炼钢造渣剂中铝镁磷含量	37
硅铝钡锶合金	Sr (0.001~0.025 mg/mL)	用 HCl-HNO₃-HF 溶样，硼酸除氟，过滤后在 421.5nm 测定	38
高铬镍基合金	微量钴 (检出限 0.001μg/mL)	用基体匹配法克服基体效应，多谱线拟合(MSF)法校正主量元素铁、铬和镍对钴的光谱干扰	39
镍铬钼系油井管材	Al	选择 394.401nm 为分析线，基体元素铬、铁、镍有严重干扰，以基体匹配及干扰系数方法校正	40
非晶合金	高含量硼(2%~8%B)	用王水溶样，加 HF，90℃水浴加热溶解，基体匹配法测定	41

本表参考文献:

1 董利珍, 祁世明, 崔军. 冶金分析, 2001, 21(5): 27.
2 关剑侠. 冶金分析, 2005, 25(2): 69.
3 韦莉, 周素莲, 何小虎. 冶金分析, 2012, 32(8): 75.
4 王彦芬, 王玉涛, 富玉, 等. 南开大学学报:自然科学版, 2005, 38(5): 52.
5 程海明, 罗倩华, 姚宁娟, 等. 冶金分析, 2007, 27(6): 14.
6 李新丽, 唐健, 朱鸭梅. 冶金分析, 2011, 31(10):38.
7 陈学琴, 张桂华, 高文红, 等. 理化检验(化学分册), 2002, 38(1):25.
8 刘信文, 崔素君. 理化检验(化学分册), 2001, 37(2): 88.
9 于俊君, 杨丽荣, 顾继红, 等. 冶金分析, 2009, 29(1): 52.
10 王国新, 许玉宇, 俞路. 理化检验(化学分册), 2011, 47(1): 78.
11 张兴梅. 理化检验(化学分册), 2001, 37(10):470.
12 程石, 王伟旬, 黄伟嘉, 等. 冶金分析, 2013, 33(10): 40.
13 童坚. 分析实验室, 2001, 20(3): 20.
14 杨桂香, 郑国经. 冶金分析, 2002, 22(2): 1.
15 张秋月, 郑国经. 冶金分析, 2005, 25(4): 25.
16 李帆, 叶晓英. 光谱学与光谱分析, 2003, 23(6): 1174.
17 杜月鹏, 曹磊. 现代仪器, 2009, (1): 64.
18 刘淑君, 刘卫, 吴丽琨, 等. 矿产综合利用, 2013. 33(5): 47.
19 高颂, 庞晓辉, 房丽娜, 等. 航空材料学报, 2011, 31(z1): 168.
20 郭利华, 耿艳霞, 刘佳, 等. 冶金分析, 2009, 29(6): 50.
21 王铁, 亢德华, 于媛君, 等. 冶金分析, 2012, 32(5): 66.
22 方红, 杨小兵, 连庚寅, 等. 理化检验(化学分册), 2001, 37(3): 127, 140.
23 陈安明. 冶金分析, 2007, 27(3): 68.
24 刘爱坤. 冶金分析, 2015, 35(9): 42.
25 徐静, 王志强, 李明来, 等. 冶金分析, 2013, 33(7): 25.
26 杜梅, 刘春, 王东杰, 等. 冶金分析, 2014, 34(3): 65.
27 刘鹏宇, 刘兵, 李娜. 分析试验室, 2013, 32(4): 109.
28 李享. 冶金分析, 2011, 31(2): 60.
29 侯列奇, 李洁. 理化检验 (化学分册), 2009, 45(2): 148.
30 杜米芳, 李治亚, 李景滨, 等. 冶金分析, 2009, 29(7): 24.
31 庞晓辉, 高颂, 李亚龙, 等. 航空材料学报, 2011. 31(z1): 172.
32 庞晓辉, 高颂. 冶金分析, 2012, 35(5): 45.
33 李盛意, 彭霞, 赵益瑶. 冶金分析, 2013, 33(9): 77.
34 李新海, 陶芝勇, 范健, 等. 光谱实验室, 2001, 18(2): 231.
35 周明辉, 唐志锟, 宋武元, 等. 冶金分析, 2012, 32(1): 48.
36 刘俊, 李诚, 开小明, 高迎春. 冶金分析, 2007, 27(9): 39.
37 刘文甫, 应腾远, 王丽, 等. 冶金分析, 2014, 34(4): 70.
38 门生会. 冶金分析, 2014, 34(3): 69.
39 邹智敏, 郭宏杰, 马洪波, 等. 冶金分析, 2014, 34(7): 74.
40 朱莉. 冶金分析, 2010, 31(5): 68.
41 崔黎黎, 张立新. 冶金分析, 2010, 31(2): 58.

第二篇

2. 在冶金物料分析中的应用

冶金工业分析中还需要对很多冶金原材料、燃料、辅料、炉渣、耐火材料等样品进行成分分析和品质判定。

冶金工业以矿物为主的原、辅料，包含钢铁冶炼用的铁矿石、锰矿、铬铁矿、钛铁矿、钼矿、钨矿等金属矿物原料，也有非金属矿如石灰石、重晶石、萤石、硼矿、石墨等辅料，冶炼工艺过程还有添加合金元素用的各种铁合金、硅钙脱氧剂等。这些物料的成分分析，对其主成分和杂质元素含量的测定，均可采用 ICP-AES 法测定。

冶金物料的化学成分不一定比钢铁合金产品复杂，但其样品的前处理技术却要困难得多。除了使用不同比例混合的无机酸能溶解的样品外，通常还须使用熔剂在高温下熔融处理，再用酸溶液浸取进行 ICP 测定，现在还越来越广泛地采用微波消解技术以解决其溶样中的难题，将其与 ICP-AES 法相结合将使这些物料的成分分析变得简便、快捷。表 6-26 为 ICP-AES 在该领域中应用的典型实例。

表 6-26 ICP-AES 在冶金物料分析中的应用

应用对象	测定元素或分析内容	测定方式及技术要点	文献
铁矿石	K, Na, Cu, Zn, Pb, As	用 HNO_3+HCl-HF 溶样，$HClO_4$ 冒烟除氟，7%HCl 中测定	1
铁矿石	Si, Ca, Mg, Mn, Al, P, V, Ti	用 Na_2CO_3-H_3BO_3(1+1)熔融，HCl 浸取，直接测定	2
铁矿石	K_2O, Na_2O, Cu, Pb, Zn, Mn, Ti, As	用微波消解技术处理铁矿石样品，直接进样测定	3
钒钛烧结矿	V, Ti, Al, Mg, Mn, K, Na, Pb, Zn	试样用王水微波消解后，直接测定主量及痕量元素	4
铬铁矿	Cr, Fe, Al, Mg, Ca, Ti, Si, Mn, V	样品用碳酸钠-四硼酸钠熔融再用稀盐酸浸取，定容，对铬铁矿中主要元素进行测定	5
铬精矿	Au, Pt, Pd	用 Na_2O_2 熔融，经 D290 树脂-活性炭柱分离富集后测定	6
锰铁合金	Cr, Si, P	试样 H_2O_2 熔融分解，盐酸酸化，加锶为内标直接测定	7
硅铁合金	As, Pb	以 HF-HNO_3 溶样，高氯酸冒烟除硅，HCl 溶解后测定	8
硅铁	全硼	在硫磷混酸冒烟的条件下，测出硅铁中的全硼	9
硅铁材料	Al, Ca, Co, Cr, Cu, Mg, Mn, Ni, Ti, V	以 HCl+HNO_3-HF 溶样，HNO_3 赶 HF 后测定	10
硅钙合金	Fe, Al, Mn	常量 0.x%~x%	11
硅铬合金	Al, Mn	用 HF-$HClO_4$ 处理样品，基体匹配法和钇内标法测定	12
硅铝钡合金	Si, Al, Ba, Fe, Ca, Mn, Cu	用盐酸-硝酸-氢氟酸溶样，加硼酸溶液除氟，直接测定	13
铝铁合金	Si, P, Mn, Ti, Fe	低含量; HCl+HNO_3 溶样，直接测定	14
高碳铬铁	Si, P	以氢氟酸、高氯酸为溶剂，采用微波消解法处理高碳铬铁样品，基体匹配法可消除其干扰	15
钛铁	Al, Si, P, Cu, Mn	用 HNO_3-HF 溶样，以基体匹配法绘制工作曲线	16
钨铁	As, Cu, Mn, Mo, P, Si	草酸-过氧化氢溶样，基体匹配法直接测定低含量元素	17
钨铁	As, Sb, Bi	草酸-过氧化氢溶样，钨酸沉淀分离后测定微量元素	18
钼铁	Si, P, Cu, Sb, Sn(Sb 0.0011 %, Sn 0.0004%)	用王水低温溶样，基体匹配法直接测定	19, 20
铌铁	Nb, Ta	用 HF-HNO_3 溶样，硫酸冒烟除氟，酒石酸钾钠络合，防止铌、钽水解，直接测定	21
铌铁	Si, P, Al, Ta, Cu, Ti	用 HNO_3-HF 溶样，硫酸冒烟除氟，加入柠檬酸络合铌钽	22
高炉炉料	K_2O, Na_2O, ZnO	采用 HCl-HNO_3-HF-$HClO_4$ 溶样，在 0.6mol/L HCl 中测定	23

续表

应用对象	测定元素或分析内容	测定方式及技术要点	文献
钒渣	V_2O_5, TFe, SiO_2, Al_2O_3, CaO, MgO, MnO, TiO_2, P, S	样品经碳酸钠和四硼酸钠混合熔剂熔融后，用盐酸浸取测定；采用基体匹配和钇内标法进行干扰校正	24
氧化钒	K, Na, P, S, Fe	样品经 HCl-HNO_3 分解后，基体匹配法直接测定	25
氧化铁粉	Al, Si, S, Ca, Mn, B, Ti, Mg, K, Na, P, Cr, Cu, Ni	用 HCl-HNO_3 微波消解，测定酸再生氧化铁粉中元素	26
电解二氧化锰	Cu, Fe, Pb, Si, P	酸溶直接测定，基体无干扰，检测限 $0.003\sim0.035\mu g/mL$	27
氧化铝	Si, Fe, Ti, Ca, V, Zn	微波压力罐加磷酸溶样，基体匹配法测定杂质元素	28
碳化硅	Fe, Al, Ti, Ca, Mg, P, Mn	样品用 Na_2CO_3+H_3BO_3 熔融，HNO_3 提取，甲醇除硼，HF 挥硅，基体匹配法校正；检测限 $0.001\sim0.054\ \mu g/mL$	29
镁质耐火材料	SiO_2, Al_2O_3, Fe_2O_3, TiO_2, CaO, K_2O, Na_2O, MnO	样品用四硼酸锂和碳酸锂熔剂在 1000℃左右下熔融，分解试样；用基体匹配法测定次量及微量成分	30
萤石	SiO_2, Fe_2O_3, MgO, K_2O, Na_2O, S, P	以 HCl-HF-HNO_3 微波消解，选择合适谱线进行测定	31
萤石	低含量 SiO_2(0.70%~5.00%)	用 Na_2CO_3-H_3BO_3 熔样，HCl 浸取，耐 HF 雾化系统测量	32
氟石粉	Al, Cd, Cr, Cu, Fe, K, Mg, Mn, Na, P, Pb, V, Zn	用 HF 溶样，经 $HClO_4$ 冒烟除氟，于 HCl 介质中测定	33
重晶石	Ca, Sr, Fe	Na_2CO_3 熔样，热水浸取，过滤，用 HNO_3 酸溶解沉淀，测定	34
保温材料	Na, K	用 HF-$HClO_4$ 溶样并冒烟处理，在盐酸溶液中测定	35

本表参考文献：

1 王丽君，胡述戈，杜建民，等. 冶金分析，2003，23(3): 67.
2 许祥红，王桂群，刘洪清，等. 冶金分析，2006，26(2): 89.
3 胡述戈. 冶金分析，2006，26(6): 40.
4 孙喜顺，王彦茹，安贵明. 冶金分析，2015，35(2): 65.
5 张洋，郑诗礼，王晓辉，等. 光谱学与光谱分析，2010，30(1): 251.
6 杨丽飞，李异，苏明跃. 冶金分析，2010，30(6): 12.
7 唐华应，方艳，薛秀萍. 冶金分析，2007，27(9): 48.
8 孙普兵，刘文丽，刘建宇. 冶金分析，2008，28(5): 61.
9 许建平，谌文华. 冶金分析，2001，21(4): 59.
10 侯列奇，李洁，王树安，等. 冶金分析，2008，28(1): 52.
11 胡洛翡，刘婷. 冶金分析，2001，21(1): 57.
12 张香荣，刘婷，张立新. 冶金分析，2002，22(4): 47, 52.
13 莫庆军. 冶金分析，2006，26(5): 44.
14 侯社林，李存根，陈延昌，等. 冶金分析，2012. 32(9): 40.
15 王振坤，李异，姚传刚，等. 冶金分析，2010，31(2): 62.
16 徐昀，曾波，张强. 冶金分析，2009，29(12): 29.
17 陈金凤，黄焕斌，陈章捷，等. 冶金分析，2011，31(3): 42.
18 郑海东，刘冰，张云鹏，吴丽玉. 冶金分析，2010，31(5). 65

19 陆军，刘璜. 理化检验 (化学分册)，2005，41(12): 34, 38.
20 支国瑞，刘吉红，卢艳军，等. 理化检验 (化学分册)，2002，38(9): 459.
21 李韶梅，王国增，赵军，等. 冶金分析，2012，32(3): 48.
22 陶俊. 冶金分析，2009，29(2): 69.
23 刘信文，刘洁，郑连杰. 冶金分析，2009，29(9): 26.
24 杨洪春，冯宗平. 冶金分析，2010，30 (6): 50.
25 冯宗平. 冶金分析，2010，31(3): 30.
26 于成峰，李玉光，王晗，等. 冶金分析，2009，29(1): 35.
27 张萍，贺惠. 冶金分析，2010，30(7): 21.
28 胥成民，陈宗宏. 理化检验 (化学分册)，2006，42(1): 46.
29 姚永生. 冶金分析，2010，30(7): 48.
30 王本辉，梁献雷，彭西高，曹海洁. 冶金分析，2009，9(2): 24.
31 年季强，顾锋，朱春要，等. 冶金分析，2015，35(4): 39.
32 闻向东，赵希文，文斌，周正伦. 冶金分析，2008，28(3): 61.
33 胥成民，王宏. 冶金分析，2000，20(2): 48.
34 钟志光，陈佩玲，张海峰. 光谱实验室，2002，19(2): 143.
35 王安宝，陈其兰，陈天裕. 光谱实验室，2001，18(1): 39

3. 在冶金行业上应用的标准分析方法

ICP-AES 法由于可采用标准物质进行标准化，具有可溯源性，因此在钢铁及合金分析上，不断被纳入各类标准分析方法，不仅规范了 ICP 分析方法，而且对方法的精密度进行了统计试验，提供了判断 ICP 分析结果可信度的依据。在冶金行业上应用的标准分析方法见表 6-27。

表 6-27 在黑色冶金分析上的标准分析方法[26]

标准号	标准名称
GB/T 20125—2006	低合金钢 多元素含量的测定
GB/T 24520—2009	铸铁和低合金钢 铜、铈和镁含量的测定
GB/T 20127.3—2006	钢铁及合金 痕量元素的测定 第3部分 电感耦合等离子体发射光谱法测定钙、镁和钡含量
GB/T 20127.9—2006	钢铁及合金—痕量元素的测定 第9部分 电感耦合等离子体发射光谱法测定钪含量
GB/T 24194—2009	硅铁 铝、钙、锰、铬、钛、铜、磷和镍含量的测定
GB/T 24585—2009	镍铁 磷、锰、铬、铜、钴和硅含量的测定
GB/T 24583.8—2009	钒氮合金 硅、锰、磷、铝含量的测定
GB/T 7731.6—2008	钨铁 砷含量的测定
GB/T 7731.7—2008	钨铁 锡含量的测定
GB/T 7731.9—2008	钨铁 铋含量的测定
GB/T 7731.14—2008	钨铁 铅含量的测定
GB/T 6730.63—2006	铁矿石 铝、钙、镁、锰、磷、硅和钛含量的测定
GB/T 24197—2009	锰矿石 铁、硅、铝、钙、钡、镁、钾、铜、镍、锌、磷、钴、铬、钒、砷、铅和钛含量的测定
GB/T 24193—2009	铬矿石和铬精矿 铝、铁、镁和硅含量的测定
GB/T 24916—2010	表面处理溶液 金属元素含量测定 ICP-AES 法(铝,钠,钙,镁,铁,铜,铬,铅,锌,锰,镍,锑)
YB/T 4174.1/2—2008	硅钙合金 铝含量的测定
YB/T 4200—2009	五氧化二钒 硫、磷、砷和铁含量的测定
SN/T 1427—2004	金属锰中硅、铁、磷含量的测定

二、在有色金属材料分析上的应用

1. 有色金属分析范围

有色金属又称非铁金属，除铁以外的 92 种金属(含半金属)统称为有色金属。我国在 1958 年把有色金属中的锰和铬划为黑色金属，将锕系金属镭、锕、钍、钫以及超锕系元素划为放射性金属，余下的 64 种金属定为有色金属。其中生产量大、应用比较广的 10 种金属——铜、铝、铅、锌、镍、锡、锑、汞、镁、钛称为常用有色金属。

有色金属按其性质、用途及其在地壳中的储量状况一般分为有色轻金属、有色重金属、贵金属、稀有金属和半金属五大类。在稀有金属中，又分稀有轻金属、稀有重金属、稀有难熔金属、稀散金属、稀土金属、稀有放射性金属。

有色轻金属：包括铝(Al)、镁(Mg)、钠(Na)、钾(K)、钙(Ca)、锶(Sr)、钡(Ba)。

有色重金属：包括铜(Cu)、铅(Pb)、锌(Zn)、镍(Ni)、钴(Co)、锡(Sn)、镉(Cd)、铋(Bi)、锑(Sb)、汞(Hs)、锰(Mn)和铬(Cr)。

稀有轻金属：如锂(Li)、铍(Be)、铷(Rb)、铯(Cs)。

稀有难熔金属：如钛(Ti)、锆(Zr)、铪(Hf)、钒(V)、铌(Nb)、钽(Ta)、钨(W)、钼(Mo)、铼(Re)。

稀散金属：如镓(Ca)、铟(In)、铊(Tl)、锗(Ce)。也有把半金属硒(Se)、碲(Te)列为稀散金属的。

稀土金属：包括镧(La)、铈(Ce)、镨(Pr)、钕(Nd)、钷(Pm)、钐(Sm)、铕(Eu)、钆(Gd)、铽(Tb)、镝(Dy)、钬(Ho)、铒(Er)、铥(Tm)、镱(Yb)、镥(Lu)、钪(Sc)、钇(Y)。

稀有放射性金属：包括各种天然放射性元素钋(Po)、镭(Ra)、钫(Pr)、锕(Ac)、钍(Th)、镤(Pa)和铀(U)，天然放射性元素在矿石中常常与稀土金属矿伴生，这类金属在原子能工业起着极其重要的作用。

贵金属：如金(Au)、银(Ag)、锇(Os)、铱(Ir)、铂(Pt)、钌(Ru)、铑(Rh)、钯(Pd)。

半金属：如硅(Si)、硼(B)、砷(As)、硒(Se)、碲(Te)、砹(At)。此外，锗(Ce)、锑(Sb)、钋(Po)也具有半金属的属性，也有的国家将其划分为半金属。

这些有色金属及其合金的元素含量及其中杂质元素的测定，均可采用 ICP-AES 分析。

2. 有色金属样品处理方式

（1）有色金属试样常用溶样酸

① 盐酸、硝酸　在电化学序列上比氢活泼的金属，大多都能溶于盐酸等非氧化性酸中，例如 Sn、Ni、Co、Tl、Cd、Fe、Cr、Zn、Mn、V、Al 等。大部分金属和合金可用硝酸溶解生成相应的易溶于水的硝酸盐，但金和铂除外，不少金属当浸泡在硝酸中时，其表面都会形成一层不溶性的氧化物保护膜，因此这些金属不易溶解在硝酸中，如 Al、B、Cr、Ga、In、Ti、Zr、Hf。

② 硝酸-氢氟酸　对于溶解金属硅、钛、铌、钽、锆、铪及其合金特别有效，也可以用来溶解铼、锡及锡合金，各种碳化物及氮化物。样品在与 HNO_3、HF、$HClO_4$ 一同加热冒烟时，硒和铬会完全损失，而 Hg、As、Ge、Te、Re、Os 也有一定的损失。

易为氢氟酸溶解并保持在氢氟酸介质中的样品，可用 ICP-AES 直接测定，但须采用耐氢氟酸的雾化系统测定。也可在分解试样后用高氯酸或硫酸加热蒸发至冒烟的方式除去氢氟酸，但用高氯酸蒸发一次后仍可能留下氟约 $1\sim5\mu g$，两次蒸发则留下约 $1\mu g$，如果用硫酸，残留的氟少于 $1\mu g$，即用硫酸去除氟化物较为彻底，特别是有氟硅酸盐存在时。同时硫酸的存在可以防止钛、铌、钽的挥发损失，在单独使用氢氟酸蒸发时，这些元素会全部或部分挥发损失。当试样中含有大量硅、铝时，由于与氟的络合作用较牢固，难以完全除去氟，要完全分解除去所有的氟化物，可以多次加浓硫酸或高氯酸反复蒸发冒烟赶氟。

③ 硫酸　常用来溶解氧化物、氢氧化物、碳酸盐，加入硫酸铵或硫酸钾能提高硫酸的沸点，对于溶解灼烧过的氧化物的效力有较大提高。硫酸与硫酸钾的混合物可溶解金属锆以及锆合金、镍合金。硫酸对于溶解锑及砷、锑、锡、铅的合金效果较好，得到 As(Ⅲ)、Sb(Ⅲ)和 Sn(Ⅳ)，而铅则以硫酸铅的形式沉淀。但作为 ICP-AES 分析的酸介质，硫酸对溶液雾化率和光谱背景有影响，不常用且浓度不能过大。

④ 硝酸-氟硼酸　可以用来溶解锡铅焊料、锡铅锑合金。

⑤ 硝酸-有机酸(酒石酸、柠檬酸)　可以用来分解铅合金，有机酸的存在可以防止金属离子水解。

（2）各类有色金属的溶样方式

① 铝合金溶样方式　在银烧杯中用氢氧化钠溶液溶解，此溶液可用于铝合金中 Si 的测定。

② 镁合金溶样方式　用盐酸(1+1)滴加少量硝酸，加热溶解。

③ 钛合金溶样方式　用硫酸(1+1)加热溶解；或用盐酸(1+1)滴加氢氟酸，低温加热溶解。

④ 锆合金溶样方式　用硫酸铵及浓硫酸，强热溶解；或用盐酸(1+1)滴加氢氟酸溶解。

⑤ 镍合金溶样方式　用硝盐混酸加热溶解；或用硝盐混酸加氯化钾溶液，滴加氢氟酸，水浴溶解。

⑥ 钒合金溶样方式　用硫酸、硝酸及水，缓缓加热溶解；或用王水，加热溶解。

⑦ 铌合金溶样方式　用硝酸滴加氢氟酸溶解；或用硫酸铵及浓硫酸强热溶解；或用 HNO_3-HF 溶解。

⑧ 金合金溶样方式　用王水加热溶解。

3. 各种有色金属及其合金的分析方法

（1）钛及钛合金分析　通常用氢氟酸和硝酸溶样进行测定。标准系列溶液采用钛基体匹配法。

（2）镁及镁合金　通常分次加入稀盐酸溶样，锆、锰含量高的镁合金可滴加氢氟酸助溶，

直接测定。标准系列溶液以镁基体匹配法配制。

（3）金属锡的分析　试料用硝酸和盐酸的混合酸溶解，在稀酸介质中进行测定；当试样中杂质元素含量较低时，采用分离基体的方法，或以盐酸-氢溴酸除锡，进行测定。

（4）金属铋的分析　用 HNO_3 以微波消解样品，测定杂质元素。高纯铋中杂质在样品处理过程中，加入 HBr 后将试液置于红外干燥箱内蒸发，使大量铋基体以 $BiBr_3$ 的形式挥发除去，再进行测定。

（5）金属铬的分析　用盐酸缓慢加热，滴加硝酸至试样完全溶解，如需测 Si，则在试样溶解后加氢氟酸处理，直接测定。

（6）金属镓的分析　高纯镓以 MIBK 萃取除去基体镓，绝大多数金属杂质则留在水相中测定，检出限在 $0.001\sim0.075\mu g/mL$。

（7）金属铟的分析　用硝酸低温分解试样，直接进行测定。

（8）金属钯的分析　用王水室温放置溶解，再低温加热至样品完全溶解后，采用基体匹配法测定。

（9）金属钽的分析　用 HF-HNO_3 微波消解，采用基体匹配法，用耐氢氟酸雾化系统进行测定。

（10）金属钨的分析　用过氧化氢使样品分解完全后加硝酸，加热蒸至近干，再加硝酸，加热，取下加沸水 20 ml，搅拌均匀析出钨酸沉淀，趁热转入容量瓶中定容，干过滤后测定。根据测定的残存钨量利用干扰系数法进行校正，得出各元素的测定结果。

4. 稀土金属及其化合物的分析

稀土金属是我国重要的有色金属矿产，在工业各领域，尤其是国防科技领域，具有特殊的意义。稀土元素在周期表中为第三族的副族元素：镧(La)、铈(Ce)、镨(Pr)、钕(Nd)、钷(Pm)、钐(Sm)、铕(Eu)、钆(Gd)、铽(Tb)、镝(Dy)、钬(Ho)、铒(Er)、铥(Tm)、镱(Yb)、镥(Lu)，加上钇(Y)统称为稀土。它们的化学性质极为相似，采用传统化学分析方法难以测定。尤其对 4N(99.99%)或 4N 以上纯稀土金属或稀土氧化物中的杂质元素测定极为困难，测定的灵敏度要求很高。目前对各个稀土元素分量的分析测定，主要是采用 ICP-AES 和 ICP-MS 分析技术。

在采用 ICP-AES 分析方法时，由于稀土为多谱线元素，其光谱基体干扰、元素谱线之间干扰现象也很复杂，光谱谱线重叠干扰极为严重。因此，对所使用的 ICP 光谱仪要求具有高分辨率。稀土 15 个元素的分析灵敏线均在 350～450nm 波段内，所以目前高纯稀土金属、稀土氧化物中稀土杂质元素与非稀土杂质元素测定，多数采用大色散率、高分辨率的扫描型 ICP 光谱仪。

采用 ICP 仪器可以很方便地测定钢铁合金中的稀土分量。然而稀土金属及稀土氧化物中除本身外其他各个稀土元素的测定，还必须采用高分辨率的 ICP-AES 仪器进行测定，这是目前较为简便和有效的手段。

稀土元素的光谱线较复杂，相互间存在着不同程度的干扰。已有公开发表的稀土元素分析谱线光谱图表[27,28]可供查询。据文献报道，稀土元素 ICP-AES 法检出限是相当低的，见表 6-28。

表 6-28　**稀土元素 ICP-AES 分析法的检出限**[29]　　　　　　　　　　　　　　单位：$\mu g/L$

元素	Sc	Y	La	Ce	Pr	Nd	Pm	Sm	Eu	Gd	Tb	Dy	Ho	Er	Tm	Yb	Lu
D L.①	0.4	3.2	9.4	50	36	47	—	40	2.5	14	22	10	5.4	9.4	4.9	1.7	0.94
D L.②	0.09	0.3	1	2.0	2	2	—	2	0.2	0.9	2	1.0	0.4	0.7	0.4	0.3	0.2

① 20 世纪 80 年代文献上所发表的数据。

② 20 世纪 90 年代末商品仪器所提供的资料。

稀土冶金分析包含三个方面：① 矿物原料中稀土氧化物含量的测定；② 稀土分离中间产品分离物稀土元素的测定；③ 稀土金属及其氧化物中其他稀土元素的含量测定——稀土纯度分析。

前面两项在各应用领域都有应用方法，第三项属稀土产品的纯度分析，对于稀土元素的应用具有重要意义，我国制定有相应的国家标准和分析方法。该标准分析方法，对于 5N(99.999%)以下的稀土金属及其氧化物采用 ICP-AES 法直接测定，5N(99.999%)以上采用 ICP-MS 测定。

该标准分析方法适用于各个稀土元素纯金属及其氧化物中除其本身以外的各个稀土杂质元素的测定。试样除铈及氧化铈以硝酸溶解在稀硝酸介质中测定外，其他稀土试样均以盐酸溶解在稀盐酸介质中直接进行测定，并用系数校正法校正被测稀土杂质元素间的光谱干扰，以基体匹配法校正基体对测定的影响。

5. 有色金属分析的应用实例

见表 6-29。

表 6-29 ICP-AES 在有色金属分析中的应用

应用对象	测定元素或分析内容	测定范围或技术要点	文献
铝合金	Fe, Si, Cu, Mg, Mn, Ni, Zn, Ti, Cr, Sr	以氢氧化钠溶样，用硝酸酸化后，基体匹配法直接测定	1
铝及铝合金	Cu, Fe, Mg, Mn, Ni, Zn	用盐酸和硝酸溶样直接测定，测定范围为 20~6400μg/g	2
铝合金	Y, La, Pr, Sm, Ce, Gd, Nd	HCl-HNO_3 低温溶样，选择合适谱线测定其中稀土元素	3
铝合金	高含量硅(约 10%Si)	0.05g 样用 $NaOH$+H_2O 微波消解，HNO_3 酸化，基体匹配法测定	4
含铜物料	铝、钙、锌、铅、砷、镁、锰、镉	样品以 HNO_3-HCl 溶解，再用 $HClO_4$-HF 冒烟处理，在盐酸介质中，可测定铜矿石、铜精矿等物料中杂质元素	5
纯铜	As, Bi, Fe, Ni, P, Pb, S, Sb, Sn, Zn	标准加入曲线法直接测定纯铜中多种杂质元素	6
高纯铜	Mn, Fe, Ni, Zn, Ag, Sb, Sn, P, As, Se	以 HNO_3-HCl 溶样，再用 $HClO_4$-HF 冒烟处理，在盐酸介质中测定	7
锡青铜	La, Ni, Ce	HNO_3-HCl 滴加 HF 溶样，用基体匹配法直接测定，基体浓度在≤5mg/mL 时，不用分离基体，不加内标，直接测定	8
锌及锌合金	Al, Bi, Ca, Cd, Co, Cr, Cu, Fe, Mg, Mn, Mo, Ni, Pb, Sn, Ti, V	采用酸溶样，基体匹配法测定锌及锌合金中 16 种元素	9
TG6 钛合金	Mg, V, Cr, Fe, Co, Cu, Mn, Mo, W	以 H_2O-HCl-HF-HNO_3 溶样，采用基体匹配法进行测定	10
铅及铅合金	Ag, Bi, Sb, Cu, Sn, Fe, As, Zn	用 HNO_3 溶样，酒石酸络合，基体匹配法直接测定	11
锡锗中间合金	Ge (Ge 256.118nm)	稀 HNO_3 和稀 HCl 低温(<60℃)溶样，防止 $GeCl_4$ 挥发损失	12
镁钪合金	Sc	HCl(1+1)滴加 HNO_3 溶样，直接测定	13
纯金	Ag, Cu, Pb, Fe, Sb, Bi 等	痕量杂质(Au≥99.95%)；王水溶样直接测定	14
高纯银	Al, Ca, Cr, Fe, Mg, Mo, Ni, Ti, Ba, Bi, Cd, Co, Cu, In, Li, Mn, Pb, Sn, V, Y, Zn	用氯化银沉淀法分离银后，超声雾化进样直接测定	15
金属镁	Be, Al, Si, Cr, Mn, Fe, Ni, Cu, Zn, Cd, Sb, Bi	样品用 HF+H_3BO_3 微波消解，试液直接测定杂质元素	16
工业硅	Fe, Al, Ca, P, Ti, Cr, Mn, Ni, V, B	HNO_3、HCl 和 HF 挥硅处理方法，低温下加热，直接测定	17
工业硅	痕量硼(检出限为 0.03μg/mL)	HNO_3-HF 混合酸溶样，控制加热温度在 140~180℃，可抑制硼的挥发	18

应用对象	测定元素或分析内容	测定范围或技术要点	文献
金属锂	Al, Au, Ba, Ca, Co, Cr, Cu, Fe, In, Mg, Mn, Mo, Ni, Pb, Pd, Pt, Sn, Ti, V, Y, Zn	用 HNO_3、HCl 溶样，保持 1mol/L 硝酸浓度及 Li 基体浓度相同，基体匹配法进行测定	19
高纯铟	As, Sb, Sn(D.L 0.13μg/g, 0.017μg/g, 0.12μg/g)	溶样，盐酸中采用自制氢化物连续发生法测定	20
高纯硒	Al, As, Bi, Cd, Co, Cr 等 18 种杂质元素	用硝酸溶样并蒸干挥发除硒，残渣 HCl 溶解直接测定	21
铋及氧化铋	Cu, Fe, Pb, Ni, Cr	微波消解样品，直接测定杂质元素	22
锑及氧化锑	Cu, Cd, Pb, As, Cr, Se, Sn, Hg, Bi	样品经酸消解后，基体匹配法直接测定	23
高纯金属锡	Cu, Fe, Sb, As, Al, Cd, Pb, Bi, Zn	HCl-H_2O_2-HNO_3 溶解样品，用基体匹配法消除干扰	24
金属钇	Na, K, Mg, Ca, V, Cr, Mo, Mn, Fe, Co, Ni, Sn, Se, As, Cd, Al, Pb, Sr, B	盐酸溶解，采用基体匹配法直接测定	25
金属钕，氧化钕	La, Ce, Pr, Sm, Dy, Gd, Y, Fe, Ca, Mg, Al, Si, Mn, Zr, Ni, Cr, Ta, Nb, W, Mo, Ti, Li, Na, K	样品溶于盐酸中，采用基体匹配和多组分光谱拟合(MSF)技术消除基体光谱干扰，测定 RE 及非 RE 杂质元素	26
稀土混合物	La, Ce, Pr, Nd, Sm(LREEs)	研究了轻稀土元素 ICP 测定谱线干扰，利用 K 矩阵校正，分析稀土渣、稀土混合物和铝合金样品	27
稀土富集物	La, Ce, Pr, Nd, Sm, Eu, Gd, Tm, Tb, Yb, Dy, Lu, Er, Ho, Y	样品用 HNO_3-H_2O_2 低温溶解，直接测定镧铈镨钕富集物中主要稀土成分及低含量稀土元素	28
贵金属合金	Ir, Ru	以盐酸溶样直接测定贵金属-难熔金属涂布液中的铱和钌	29
铑粉	Pt, Pd, Ru, Ag, Cu, Fe, Zn, Ni, Mn, Mg, Al, Ca, Sn, Ir, Na, Au, Si, Pb	试样用 HCl 和 H_2O_2 微波消解，用多元光谱拟合(MSF)方法校正铑对 Pt、Ir、Au 光谱干扰，同时测定 19 种杂质	30
铀钼合金	Al, Ba, Ca, Co, Cr, Cu, Fe, Mg, Mn, Ni, Pb, Sn, Ti, V, Zn	TBP 色谱柱分离铀后，于 2.4mol/L HNO_3 淋出液中测定微量成分	31
高纯氧化铌	Ag, Al, B, Fe, Ga, Ti, Zr, Ta, Hf, Mo, W, V, Y	样品用 HF 微波消解，使用耐 HF 系统，以基体匹配法测定	32
铜精矿	Pb, As, Sb, Bi	用氢氧化铁和氢氧化镧共沉淀分离后测定	33
锌精矿	Cr, Cd, Cu, Co, Mn, As, Pb, Sb, Sn	样品用微波消解后，直接测定	34
锌精矿及焙砂	Pb, Sb, As, Cu, Cd, Fe, Co, Ni, Ag, In	用王水溶样，加入酒石酸络合 Sb，以基体匹配法测定	35
磁制冷材料钆硅锗合金	Mo, Mn, Al, V, Ni, Cu, Ga, Fe, Ca	硝酸-氢氟酸溶样，高氯酸冒烟处理后测定	36

本表参考文献:

1 钟志光，卞群洲，郑建国. 光谱学与光谱分析，2002，22(1): 83.

2 费浩，卢菊生. 冶金分析，2004，24(4): 28.

3 庞晓辉，高颂，李亚龙，等. 分析仪器，2012(2): 41.

4 陈建国，应晓浒，曹国洲. 冶金分析，2001，21(1): 59.

5 黎香荣，陈永欣，马丽方，等. 冶金分析，2009，29(3): 24.

6 胡艳君，陈晶玮，曾贤明. 冶金分析，2009，29(7): 40.

7 胡晓江，谷福. 现代仪器，2008，14(4): 58.

8 费浩，王树安，黄建初，张弘澍. 冶金分析，2009，29(5): 56.

9 周伟，贾云海. 冶金分析，2007，27(10): 27.

10 高颂，庞晓辉，梁红玲. 冶金分析，2015，35(3): 51.

11 李正明，杨智凤. 理化检验 (化学分册)，2010，46(10): 1213.

12 李沙沙，申志云. 理化检验 (化学分册)，2008，44(8): 732.

13 李芬，李启华，樊朝英. 理化检验 (化学分册)，2011，47(7): 816.

14 杨玲，张孟成，赵丽. 现代科学仪器，2011(2): 117.

15 侯列奇，王树安，李洁，等. 冶金分析，2007，27(2): 51.

16 聂西度，谢华林. 冶金分析，2012，32(7): 75.

17 杨万彪，傅明，陈新焕，等. 冶金分析，2003，23(16): 9.

18 潘文艳，樊国洋，林为涛. 冶金分析，2010，30(6): 37.

19 侯列奇，王树安，李洁，等. 冶金分析，2007，27(11): 33.

20 邓必阳，黄惠芝，谢建新. 理化检验 (化学分册)，2006，42(5): 347, 351.

21 熊晓燕，张永进，王津. 冶金分析，2010，30(7): 35.

22 胡汉祥，李立波. 冶金分析，2006，26(1): 59.

23 杨桂香，纪杉，侯艳红. 冶金分析，2009，29(6): 69.

24 宋小年，冯天培. 岩矿测试，2006，25(3): 282.

25 杨黎，战国利. 光谱实验室，2001，18(1): 51.

26 张光炎，王巨，吕建明. 分析科学学报，2002，18(1): 48.

27 张杰，于永丽，戚淑芳，等. 冶金分析，2009，29(4): 20.

28 余磊，李银保，彭湘君，等. 理化检验 (化学分册)，2009，45(2): 218.

29 杨萍. 分析实验室，2000，19(2): 56.

30 李光俐，甘建壮，马媛，等. 冶金分析，2014，34(5): 35.

31 侯列奇, 王树安, 李洁, 等. 理化检验 (化学分册), 2007, 43(3): 179.

32 张颖. 理化检验 (化学分册), 2008, 44(11): 1097.

33 陈永欣, 黎香荣, 魏雅娟, 等. 冶金分析, 2009, 29(5): 41.

34 胡晓静, 殷国建, 张建华, 等. 冶金分析, 2007, 27(3): 48.

35 程键. 冶金分析, 2007, 27(11): 65.

36 李娜, 刘鹏宇, 颜广炅. 稀有金属, 2009, 33(3): 450.

6. 有色金属的 ICP-AES 标准分析方法

在有色金属分析上应用的标准分析方法见表 6-30, 稀土金属及其氧化物的标准分析方法见表 6-31。

表 6-30 在有色金属分析上的标准分析方法(GB/T&YB)[26]

标准号	标准名称及测定元素
GB/T 20975.25—2008	铝及铝合金化学分析方法 第 25 部分：电感耦合等离子体原子发射光谱法（测定铁、铜……锑等 22 种元素的含量）
GB/T5121.27—2008	铜及铜合金化学分析方法 第 27 部分：电感耦合等离子体原子发射光谱法(测定磷、银、汞等 25 种元素含量)
GB/T 23607—2009	铜阳极泥化学分析方法 砷、铋、铁、镍、铅、锑、硒、碲量的测定 电感耦合等离子体原子发射光谱法
GB/T12689.12—2004	锌及锌合金化学分析方法 铅、镉、铁、铜、锡、铝、砷、锑、镁、镧、铈量的测定 电感耦合等离子体原子发射光谱法
GB/T 13748.5—2005	镁及镁合金化学分析方法 钇含量的测定 电感耦合等离子体原子发射光谱法
GB/T 13748.20—2009	镁及镁合金化学分析方法第 20 部分：ICP-AES 测定元素含量
GB/T 14849.4—2008	工业硅化学分析方法 第 4 部分：电感耦合等离子体原子发射光谱法测定元素含量
GB/T 15072.7—2008	贵金属合金化学分析方法 金合金中铬和铁量的测定 电感耦合等离子体原子发射光谱法
GB/T 15072.11—2008	贵金属合金化学分析方法 金合金中钇和铍量的测定 电感耦合等离子体原子发射光谱法
GB/T 15072.13—2008	贵金属合金化学分析方法 银合金中锡、铈和镧量的测定 电感耦合等离子体原子发射光谱法
GB/T15072.14—2008	贵金属合金化学分析方法 银合金中铝和镍量的测定 电感耦合等离子体原子发射光谱法
GB/T15072.16—2008	贵金属合金化学分析方法 金合金中铜和锰量的测定 电感耦合等离子体原子发射光谱法
GB/T15072.18—2008	贵金属合金化学分析方法 金合金中锆和镓量的测定 电感耦合等离子体原子发射光谱法
GB/T15072.19—2008	贵金属合金化学分析方法 银合金中钒和镁量的测定 电感耦合等离子体原子发射光谱法
GB/T 11067.3—2006	银化学分析方法 硒和碲量的测定 电感耦合等离子体原子发射光谱法
GB/T 11067.4—2006	银化学分析方法 锑量的测定 电感耦合等离子体原子发射光谱法
GB/T 11066.8—2009	金化学分析方法 银、铜、铁、铅、锑、铋、钯、镁、镍、锰和铬量的测定 乙酸乙酯萃取-电感耦合等离子体原子发射光谱法
GB/T 4324.8—2008	钨化学分析方法 镍量的测定 电感耦合等离子体原子发射光谱法、火焰原子吸收光谱法和丁二铜肟重量法
GB/T 4324.13—2008	钨化学分析方法 钙量的测定 电感耦合等离子体原子发射光谱法
GB/T 4324.15—2008	钨化学分析方法 镁量的测定 电感耦合等离子体原子发射光谱法
GB/T 12690.5—2003	稀土金属及其氧化物中非稀土杂质化学分析方法 方法 1：ICP-AES 法测定铝、铬、锰、铁、钴、镍、铜、锌、铅的含量
GB/T 16484.3—2009	氯化稀土、碳酸轻稀土化学分析方法 第 3 部分：测定15 个稀土元素氧化物配分量的测定 电感耦合等离子体原子发射光谱法
GB/T 18115.1—2006~GB/T 18115.12—2006	稀土金属及其氧化物中稀土杂质化学分析方法
YS/T 630—2007	氧化铝化学分析方法 氧化铝杂质含量的测定 电感耦合等离子体原子发射光谱法

表 6-31　稀土金属及其氧化物的标准分析方法

标准号	分析对象	测定元素
GB/T 18115.1—2006	金属镧或氧化镧	Ce、Pr、Nd、Sm、Eu、Gd、Tb、Dy、Ho、Er、Tm、Yb、Lu、Y
GB/T 18115.2—2006	金属铈或氧化铈	La、Pr、Nd、Sm、Eu、Gd、Tb、Dy、Ho、Er、Tm、Yb、Lu、Y
GB/T 18115.3—2006	金属镨或氧化镨	La、Ce、Nd、Sm、Eu、Gd、Tb、Dy、Ho、Er、Tm、Yb、Lu、Y
GB/T 18115.4—2006	金属钕或氧化钕	La、Ce、Pr、Nd、Sm、Gd、Tb、Dy、Ho、Er、Tm、Yb、Lu、Y
GB/T 18115.5—2006	金属钐或氧化钐	La、Ce、Pr、Nd、Eu、Gd、Tb、Dy、Ho、Er、Tm、Yb、Lu、Y
GB/T 18115.6—2006	金属铕或氧化铕	La、Ce、Pr、Nd、Sm、Gd、Tb、Dy、Ho、Er、Tm、Yb、Lu、Y
GB/T 18115.7—2006	金属钆或氧化钆	La、Ce、Pr、Nd、Sm、Eu、Tb、Dy、Ho、Er、Tm、Yb、Lu、Y
GB/T 18115.8—2006	金属铽或氧化铽	La、Ce、Pr、Nd、Sm、Eu、Gd、Dy、Ho、Er、Tm、Yb、Lu、Y
GB/T 18115.9—2006	金属镝或氧化镝	La、Ce、Pr、Nd、Sm、Eu、Gd、Tb、Ho、Er、Tm、Yb、Lu、Y
GB/T 18115.10—2006	金属钬或氧化钬	La、Ce、Pr、Nd、Sm、Eu、Gd、Tb、Dy、Er、Tm、Yb、Lu、Y
GB/T 18115.11—2006	金属铒或氧化铒	La、Ce、Pr、Nd、Sm、Eu、Gd、Tb、Dy、Ho、Tm、Yb、Lu、Y
GB/T 18115.12—2006	金属钇或氧化钇	La、Ce、Pr、Nd、Sm、Eu、Gd、Tb、Dy、Ho、Er、Tm、Yb、Lu

注：标准中给出的稀土氧化物换算为金属的换算系数(k)，如下所列：

元素	La	Ce	Pr	Nd	Sm	Eu	Gd	Tb	元素	Dy	Ho	Er	Tm	Yb	Lu	Y
k	0.5826	0.8140	0.8277	0.8573	0.8624	0.8636	0.8676	0.8502	k	0.8713	0.8730	0.8745	0.8756	0.8782	0.7894	0.7874

三、在地质、矿产资源领域上的应用

1. 地质样品的分析

地质样品(包括岩石、矿物、地球化学样品)的成分分析是 ICP-AES 分析法最早的应用领域。尤其是地球化学样品测定，已经成为地质实验室不可缺少的分析手段。地质样品种类繁多，要求分析元素和分析误差规范不尽相同，随样品不同，测试样品的目的不一样而有所变化，故分析资料、分析报告繁多，这里仅就岩石、矿物、地球化学样品分析中的应用加以介绍。

（1）岩矿分析　岩石全分析又称硅酸盐岩石分析，既用于地质理论研究又用于地质学的应用研究领域。需要测定的主量分析元素有：SiO_2、Al_2O_3、Fe_2O_3(包括 FeO、Fe_2O_3)、MgO、CaO、Na_2O、K_2O、TiO_2、P_2O_5 和 MnO。这些元素的总量，包含吸附水和结晶水，应在 99.50%～100.50%，而 ICP-AES 分析方法的分析精密度 RSD 为 0.2%～1%，可以满足上述元素的测定要求。

在岩石分析中，除分析主量元素外，根据地质研究的不同要求，也需测定一些微量元素，其中包括：Au、Ag、Cd、Pb、Co、Zn、Ba、Sr、B、Bi、As、Sb、Hg、Se、Cr、Ni、Cu、Ga、Ge、Hf、Li、Mo、Nb、Ta、Zr、Ni、Sc、Sn、U、Th、V、W、Y、Ce、La 及其他稀土元素等。

在硅酸盐岩石分析中，测定目标明确，分析精度要求高，需准确测定。测定元素为硅酸盐岩石中的主量元素，以 SiO_2、Al_2O_3、Fe_2O_3、MgO、CaO、Na_2O、K_2O、TiO_2、P_2O_5 和 MnO 等氧化物形式表示。还有微量元素如 Sr、Ba、Cu、Zn、V、Zr、Y、Yb、Cr、Co 等。

ICP-AES 法在硅酸盐岩石测定中，由于 SiO_2 含量为 45%～80%、Al_2O_3 含量为 10%～20%、Fe_2O_3 含量为 1%～20%、MgO 含量为 0.1%～20%、CaO 含量为 0.1%～30%、Na_2O 含量为 1%～10%、K_2O 含量为 1%～10%、TiO_2 含量为 0.01%～5%、P_2O_5 含量为 0.1%～5%、MnO 含量为 0.005%～1%，这些元素含量范围对 ICP-AES 分析均属高含量测量，所以样品稀释比例大，基体效应影响小，不必考虑基体匹配，同时由于高含量的测定，谱线选择余地很大，也可不考虑光谱谱线的干扰问题。

（2）地球化学样品测定 虽然地球化学样品 ICP-AES 分析方法与岩石全分析采用酸溶的方法有很多相似之处，均可用 HCl、HNO₃、HClO₄、HF 四酸法分解样品，但其数据取得后研究目标与手段很不相同。地球化学样品分析为探矿寻找异常与靶区：以比例尺 1/20 万、1/5 万填图的方式，鉴别某些特殊元素含量异常高的局部范围，通常称为异常区或靶区，为探矿提供极为有用的数据。

作为环境研究：从地球化学样品的测试数据中，尤其是微量元素测试，可以做工业污染的研究，农作物、牲畜甚至人体中微量元素失调的研究。

地球化学样品分析的测定误差比岩石全分析可大大放宽，只需了解地球化学变化，寻找异常与靶区，甚至有时不需要准确测定，分析精密度 RSD<5%即可满足需要。

地球化学探矿(简称化探)样品分析采用 ICP-AES 法测定，可分析元素多，多元素同时测定，分析效率高，适于大量样品的测定。

试样的测定，可将试样用盐酸、硝酸、氢氟酸、高氯酸加热分解，放置过夜。次日继续加热至白烟冒尽，赶尽 HF，盐酸溶液溶盐，定容测定。

单矿物、包裹体样品测定用于研究矿物组成，查明某些元素的赋存状态，确定矿物名称及其分子式，只需测定其主要成分及比例即可。若要确定新矿物的组成，必须对单矿物做全元素的精密分析。若能采用激光微区-ICP-AES 方法测定单矿物主量元素与杂质元素将是一种更有效的方式。

2. 岩矿样品的溶解方式

包括岩石、矿产资源(含矿产品)样品、土壤、沉积物、淤泥、矿渣等应用 ICP 法分析，重要的是考虑样品分解问题。此类样品多采用常压下酸溶或密封加压下酸溶方法处理。

常用的样品分解方法有：

① 四酸溶解法 可以采用 HCl+HNO₃+HF+HClO₄ 四种无机酸分解样品，并冒出高氯酸烟，赶尽 HF，最后在硝酸溶液中测定，通常称为四酸法。但四酸法用酸量较大，污染不易控制，不适于地质样品中难溶矿样及一些超痕量元素的 ICP 分析。同时不能分析 Si 元素，必须采用其他方法单独分析 Si。

② 偏硼酸锂(LiBO₂)分解试样法 试样在铂金坩埚或石墨坩埚中，加偏硼酸锂在 1000℃ 熔融后，制成数微米厚的样片，粉碎后用 5%硝酸浸取，再定容测定。可加 Co 100μg/mL 做内标分析。

③ 常规碱熔法 如果不需分析 K、Na 两个元素，可采用常规碱熔方式氢氧化钠(钾)、碳酸钠(钾)熔融对样品进行分解。例如在银坩埚中，加氢氧化钾，升至 550～600℃，熔融 3～5min，以 Co 10μg/mL 做内标，在 5%硝酸介质中进行分析。

对于难溶于酸的样品分析，可采用酸性熔剂硫酸氢钾、焦硫酸钠熔融方法分解样品。也有的采用半熔法(如碳酸钠-氧化锌混合熔剂的半熔法)分解样品。这时除了考虑溶解效率外，还要考虑不同种类的熔剂可能带来的影响，酸性熔剂焦硫酸钠和硫酸氢钾对谱线强度会有影响。

一般采用过氧化钠或偏硼酸锂为熔剂，根据样品种类不同，过氧化钠与样品的质量比约为（5:1）～（8:1），偏硼酸锂与样品的质量比一般为（3:1）～（5:1）。

由于矿物成矿条件的不同，矿物结构复杂，为了保证矿样的完全分解，常常不得不采用高温熔融分解。但采用氢氧化钠(钾)进行碱熔后酸化，会引入大量 Na⁺、K⁺而产生离子化和盐效应的干扰。由于等离子炬中电子密度很高，易电离元素对谱线强度无明显影响，但大量盐类的基体效应却不能不引起注意，因此在保证完全熔融的前提下尽量减少熔剂的用量。当盐类的浓度并不太高(≤5%)时，只要校正溶液和样品溶液的熔剂种类和用量尽可能保持一致，对测

定的影响不大，尽可能少用硫酸盐和磷酸盐，也可以通过加入内标元素予以校正。

采用微波消解技术处理矿石样品，既可保存更多的待测成分，又可最大限度降低溶样过程引入酸类、盐类的量，可以有效地分解绝大多数土壤和沉积物样品。

岩石中各个稀土元素含量的测定，对变质岩、沉积岩、火成岩成因研究起到极为关键的作用。对于待测组分低于检出限或测定中存在基体或组分间相互干扰的情况，可再采用溶剂萃取、离子交换等分离富集方法，分离干扰，富集待测组分。

对于岩石中贵金属、稀散元素及稀土元素等含量极低的元素，难以采用 ICP-AES 直接测定，必须采用分离富集的方法进行，经离子交换分离、色谱分离、螯合萃取分离等富集方式才能测定。通常利用离子交换树脂，分离富集后，用 ICP-AES 可同时测定稀土中 15 个元素。

下面以几种精矿粉的常规溶解方法作为示例以供参考。

（1）铁精矿溶样方式　称取 0.2g 试样加 30mL 盐酸，1~2mL 氢氟酸，加热溶解，加 5mL 高氯酸加热至冒烟近干赶氟(试样难溶时可加少许硝酸)，取下冷却，加 5mL 盐酸溶盐。此时溶液若无不溶残渣，可冷却后直接移入 100mL 容量瓶中，加内标溶液用水定容即可测定。若仍有不溶残渣，应过滤，灰化、灼烧后，加 0.5g 硼酸-碳酸钠(1+2)混合熔剂，于 1000℃熔融 8min.取出冷却，置于盛滤液的烧杯中，补加 5mL 盐酸，微热浸出熔块，洗净取出坩埚，冷却，移入 100mL 容量瓶中，加内标溶液，用水定容。这样处理的溶液不能测铁矿中的二氧化硅和在氢氟酸、高氯酸冒烟时有挥发损失的元素。对于结构复杂难于直接溶于酸中的铁矿石样品，则可按国标方法直接采用熔融处理方式。

（2）锰精矿溶样方式　将 0.20g 试料用水润湿，加入 40mL 盐酸(1+1)，加热溶解，试料分解后，加入 2mL 硝酸，加热蒸发至近干。加入 10mL 盐酸和 20mL 热水，溶解盐类。若有不溶残渣用滤纸过滤，处理残渣后浸取液合并于滤液后，移入 100 mL 容量瓶中定容。

或将 0.1~0.2g 试料置于微波消解罐中，加 5mL 水，5mL 盐酸硝酸混合酸(3+1)，1mL 氢氟酸，将容器密闭放入微波炉内微波消解，测定。如此处理的溶液可测定二氧化硅、氧化钙、氧化镁、磷、砷、铁、钴、镍、铬、铜、钛、钒、硼等的含量。

（3）钨精矿溶样方式　称取 0.2g 试样于 100mL 烧杯中，加入 50mL 盐酸，置于沸水浴上加热 1h，取下冷却，加入 10mL 硝酸，置于电炉上加热，蒸至体积约为 5mL，再加入 5mL 硝酸，继续加热蒸发至 5mL，加水至体积为 50mL，煮沸使盐类溶解，取下稍冷.用慢速定量滤纸过滤于 100mL 容量瓶中，用水定容。

（4）钼精矿溶样方式　称取 0.5 g 试样于 100mL 烧杯中，加入 20mL 硝酸，盖上表面皿，加热溶解，待剧烈反应停止后，加入 10mL 盐酸，蒸发至 10mL 左右，冷却，转移至 100mL 容量瓶中，用水定容。

（5）铜精矿溶样方式　称取 0.2g 试样于 100mL 烧杯中，用水润湿，加入 10mL 盐酸，于低温处加热 3~5min，若试样中硅含量较高时，需加入 0.5g 氟化铵，继续加热片刻，取下稍冷，加入 5mL 硝酸和 0.5mL 溴，盖上表面皿，继续加热使试样完全分解。冷却，将试液移入 100mL 容量瓶中，用水定容。

（6）锌精矿溶样方式　称取 0.20g 试样于 100mL 烧杯中，用水润湿，加入 10mL 盐酸，于低温处加热 5~10min，驱赶硫化氢，加入 5mL 硝酸至试样完全分解。冷却，将试液移入 100mL 容量瓶中，用水定容。

（7）锡精矿溶样方式　称取 0.20g 试样于 10mL 刚玉坩埚中，加 2g 过氧化钠，用塑料棒搅匀，并用毛刷扫净，将坩埚置于 650~700℃高温炉中熔融至红色透明，取出冷却，放入已盛有水 20mL 的 250mL 烧杯中浸取，用硫酸(1+1)中和至酸性，加 5mL 盐酸，用水洗坩埚，

于电炉上加热煮沸，冷却，转移至 200mL 容量瓶中，用水定容。

（8）铋精矿溶样方式 称取 0.5g 试样于 100mL 烧杯中，加入 15mL 盐酸，加热溶解并蒸发至 3～5mL，加入 10mL 硝酸，继续蒸至 2～3mL，加 2～3mL 高氯酸蒸至冒烟取下，加 8mL 硝酸，用 4%硝酸吹洗表面皿及杯壁，加热煮沸使盐类溶解后取下，加 40mL 水，冷却，转移至 100mL 容量瓶中，用水定容。

ICP-AES 法在地质领域中的典型应用实例列于见表 6-32。

表 6-32 ICP-AES 法在地质领域中的应用

应用对象	测定元素或分析内容	测定范围或技术要点	文献
岩石，土壤，水系沉积物	Ca, Fe, Al, K, Mg, Na, Ba, Be, Ce, Co, Cr, Cu, Ga, La, Li, Mn, Mo, Nb, Ni, P, Pb, Rs, Sc, Sr, Th, Ti, V, Zn	试样 HNO_3-HCl-HF-$HClO_4$ 四酸分解法处理样品，制备 HCl 试液，适用于岩石矿物中主量、次量及痕量元素分析	1
岩矿样品	K, Na, Ca, Mg, Sr, Ba, Mn, Cu, Fe, Al, Ni, Li, Co, V, Zn, Ti, Cr	用王水-HF-$HClO_4$ 处理样品，直接测定岩石和矿物中 17 种金属元素	2
化探样品	Cu, Pb, Zn, Co, Ni, Cr, Sr, Ba, V, Mn	经一次取样，用 HCl-HF-HNO_3-$HClO_4$ 溶样直接测定	3
地质样品	Cu, Pb, Zn, Sc, Mo	样品经 HCl-HNO_3+HF+$HClO_4$ 溶解处理后直接测定	4
硫化物矿石	Al, Fe, Cu, Pb, Zn, Ca, Mg, K, Na, Sb, Mn, Ti, Li, Be, Cd, Ag, Co, Ni, Sr, V, Mo, S	四酸溶样法测定铁矿石、铜矿石、铅矿石、锌矿石及多金属矿石等硫化物矿石中 22 个元素	5
土壤样品	Al, As, S, Mg, Fe, Ti, Na, Ca, Co, Ce, Nd, La, Zn, V, Gd, Th, Sm, Rb, Pr, Dy, Eu, In, U, Er, Ge, Tb, Hf, Mn, Ba, Li, Sn, K, Sr, P, Pb, Ni, Be, Cu, Mo, Y, Cd, Cr, W, Tl, Nb, Sb, Sc, Ga, Yb, Lu, Se, Ho, Ta, Tm	用 $HClO_4$-HF-HNO_3 溶样，加 HNO_3 反复蒸至湿盐状处理，最后用 2mL 王水浸取盐类，定容 25Ml，采用基体匹配法，以校正曲线法，直接测定土壤样品中 54 种组分	6
钾长石	CaO, gO, Al_2O_3, Fe_2O_3, TiO_2, K_2O, Na_2O	采用四酸法分解样品，同时测定钾长石中组分	7
硅酸盐岩石	Si, Ti, Al, Fe, Mn, Mg, Ca, Na, K, P 和 40 余种微量元素	对比 HF+HNO_3+$HClO_4$ 酸溶和 $Li_2B_4O_7$+H_3BO_3 碱熔分解硅酸盐岩石样品，用 ICP-AES/MS 法测定的结果	8
碳酸盐	SiO_2, Al_2O_3, Fe_2O_3, CaO, MgO, K_2O, Na_2O, P_2O_5, TiO_2, MnO, SO_3	四酸分解法溶样，基体匹配法双向观测，同时测定石灰岩和白云石中 11 种组分	9
石灰石	Fe, Al, Ca, Mg, K, Na, Ti	用磷酸、硝酸 4 步微波消解石灰石样品直接测定	10
地球化学样品	Cu, Pb, Zn, Ni	样品经酸溶或碱熔分解再进行适当的稀释直接测定	11
地质样品	Pt, Pd, Au	小试金法富集，酸溶后测定地质样品痕量贵金属	12
岩石矿物	微量钨(0.00xx%)及常量钨(x.xx%)	HNO_3-HF-$HClO_4$-H_2SO_4 溶样，加草酸直接络合测定	13
岩石矿物	全硫(S 182.037 nm)	HNO_3+H_2O_2 溶样测定全硫，选择次灵敏线，避免 Ca 干扰	14
矿物	常量硫	用硝酸低温溶样，测定常量 S(线性范围为 0~40%)	15
矿样	Au (D.L. 0.010μg/mL，对金矿 0.10 g/t)	用预处理，分离富集法，测定尾矿中的痕量金	16
矿石	Ga (检出限为 0.052μg/mL)	用 HNO_3-HF-H_2SO_4 溶解矿样，在 6mol/L HCl 中以乙酸丁酯萃取氯化镓，反萃取于水相中测定	17
磷矿石	Si, Al, P, S, Ca, Mg, Fe, Ti, Mn	NaOH 熔融，热水浸取后用盐酸酸化，基体匹配法测定	18
磷矿	La, Ce, Pr, Nd, Sm, Eu, Gd, Tb, Dy, Ho, Er, Tm, Yb, Lu, Y	样品经碱熔，溶液提取，沉淀富集后得到只含稀土元素的溶液，直接测定磷矿中稀土元素	19
锰矿	MnO_2, CaO, Fe, Al_2O_3, K_2O, MgO, Na_2O, P, Ti, Co, Cu, Ni, Pb, Zn, Ba	用 HCl、HF、HNO_3、$HClO_4$ 溶样，盐酸提取后，直接测定矿样中 15 种主次成分	20
锰矿石	Al, Cu, Zn, Pb, As, Cd	用 HCl 缓慢溶样，HNO_3-HF 再消解，基体匹配法测定	21
铬矿石	Cr, Al, Fe, Mg, Si 等	样品经碱熔融，盐酸浸取后，选用 Sea Spray 雾化器和旋流雾室，对铬矿石中主量成分进行测定	22
钼矿石	Si, Al, P, S, Ca, Mg, Fe, Ti, Mn	酸溶，不溶物需用碱熔；阳离子交换树脂柱分组测定	23
钼矿石	W, Mo	矿样以 Na_2O_2 碱熔，用盐酸、柠檬酸、过氧化氢提取，测定	24

续表

应用对象	测定元素或分析内容	测定范围或技术要点	文献
钼和铜矿石	铼(Re 197.321nm)	用 $MgO-NaNO_3$ 烧结，热水浸取处理样品，直接测定	25
铜钼矿	铜和钼(分析线 327.393nm, 202.031nm)	用 $HCl-HNO_3+HF+HClO_4$ 溶样，在稀盐酸介质中测定	26
稀土铌钽矿	La, Ce, Pr, Nd, Sm, Eu, Gd, Dy, Ho, Er, Tm, Yb, Lu, Y, Th	用 HCl-HF 酸溶，$K_2S_2O_7$ 熔融，酒石酸浸取制备样品溶液	27
富钴锰结壳	Au, Ag, Pd, Pt	采用 717 阴离子树脂-活性炭联合交换分离富集测定	28
铅精矿	Zn、Cu、Al、Mg、As	试样用 $NaOH-Na_2O_2$ 熔融，用 HCl 提取后直接测定	29
方铅矿	Cd, Co, Cu, Fe, In, Zn, Pb	用 $HCl-NH_4Cl-HNO_3$ 溶矿，基体匹配法测定	30
锡精矿	Pb、As、Cu、Zn、Bi	经盐酸和硝酸混合酸溶样，水解分离锡后直接测定	31
铅锌矿	Pb, Zn, Cd, Hg, As, Mn, Ag, Cu, Fe	用 $HCl-HNO_3$ 溶样，直接测定铅锌矿中杂质元素含量	32
黄铁矿	Cd, Co, Cu, Mn, Pb, Zn	用 $HCl-HNO_3$ 溶样，干扰系数校正法消除铁的干扰	33
贵金属矿	Au, Pd, Rh (D.L. 0.61ng/mL, 0.58ng/mL, 1.89ng/mL)	改性纳米 TiO_2 对 Au^{3+}、Pd^{2+} 和 Rh^{3+} 吸附分离富集测定	34
珍珠岩矿	Al, Fe, Ca, Mg, K, Na, Ti, Mn	$HClO_4-HF$ 加热冒烟处理，在 1% HCl 溶液中直接测定	35
尾矿渣固体废物	痕量铅(D.L. 1.0μg/L)	样品用水振荡浸取和硝酸处理后，用氢化物发生法测定尾矿渣固体废物水浸出液中痕量铅	36

本表参考文献:

1 岩石矿物分析编委会编著. 岩石矿物分析: 第四版, 第二分册. 北京: 地质出版社, 2011: 98.
2 龚炜. 化学分析计量, 2015, 24(4): 48.
3 于阗, 张连起, 陈小迪. 岩矿测试, 2011, 30(1): 71.
4 张微, 张丽微, 艾婧娇, 等. 矿物学报, 2013, 33(4): 521.
5 马生凤, 温宏利, 马新荣, 等. 矿物岩石地球化学通报, 2011, 30(1): 69.
6 赵庆令, 李清彩. 岩矿测试, 2011, 30(1): 75.
7 曹立峰, 连文莉, 于亚辉. 冶金分析, 2014, 34(11): 73.
8 李献华, 刘颖, 涂湘林, 等. 地球化学, 2002, 31(3): 289.
9 沙艳梅. 冶金分析, 2008, 28(10): 27.
10 杜米芳. 冶金分析, 2008, 28(9): 30.
11 苏梦晓, 陆安军. 冶金分析, 2015, 35(5): 48.
12 孙中华, 诸堃, 毛英, 王卫国. 光谱学与光谱分析, 2004, 24(2): 233.
13 冯勇, 吴丽琨, 黄立伟. 矿产综合利用, 2012 (6): 60.
14 王荣, 雷丽莉. 水利与建筑工程学报, 2013, 11(2): 151.
15 薛静, 李清昌. 有色矿冶, 2013, 29(3): 95.
16 季春红, 李建强, 黄文杰, 等. 光谱学与光谱分析, 2010, 30(5): 1396.

17 倪文山, 张萍, 姚明星, 等. 冶金分析, 2010, 30(4): 14.
18 郭振华. 岩矿测试, 2012, 31(3): 446.
19 李明来, 王良士, 彭新林, 等. 冶金分析, 2010(1): 47.
20 谭雪英, 张小毅. 冶金分析, 2009, 29(10): 36.
21 陈永欣, 黎香兰, 吕泽娥, 等. 冶金分析, 2009, 29(4): 46.
22 金献忠, 谢健梅, 梁帆, 等. 冶金分析, 2010(1): 29.
23 赵庆令, 李清彩, 高玉花. 岩矿测试, 2009, 28(5): 488.
24 王凤, 程相恩, 陈传伟. 冶金分析, 2014, 34(6): 53.
25 赵庆令, 李清彩. 岩矿测试, 2009, 28(6): 593.
26 林翠芳. 冶金分析, 2014, 34(7): 60.
27 许涛, 崔爱端, 杜梅, 等. 岩矿测试, 2009, 28(6): 549.
28 李展强, 汉汉萍, 张学华, 等. 岩矿测试, 2012, 24(2): 141.
29 李良军, 姚永生, 王秋莲. 冶金分析, 2010, 31(3): 57.
30 王松君, 常平, 王璞, 等. 分析试验室, 2007, 26(3): 39.
31 陈永欣, 吕泽娥, 刘顺琼, 等. 冶金分析, 2008, 28(4): 20.
32 闵国华, 张庆建, 刘稚, 等. 冶金分析, 2014, 34(5): 51.
33 常平, 王松君, 孙春华, 等. 岩矿测试, 2002, 21(4): 304.
34 胡力玫, 郑红, 刘江涛, 等. 冶金分析, 2012, 32(2): 38.
35 方林霞, 井强山, 姚玉娟. 光谱实验室, 2010, 27(3): 1005.
36 贺攀红, 杨珍, 荣耀, 等. 冶金分析, 2014, 34(7): 43.

四、在石油化工及能源领域中的应用

能源领域样品的分析包括石油化工、煤焦工业、核能材料方面的分析应用。

1. 在石油化工分析上的应用

(1) 基本要求 石油炼制加工中，石油及石油产品的金属含量多少是研究炼油工艺及其产品质量评估的重要指标之一。其产品如润滑油、原油、重油、沥青、焦炭、渣油、轻油等，其中一些金属成分测定是必要的。同样对石油添加剂，催化剂中某些金属含量直接影响其炼制石油的催化作用。例如，催化剂中 Ni、V 元素沉积量达到一定含量时，导致催化剂丧失活性，使之失效。各种化工产品的主要成分及其中的杂质成分的测定，既是生产工艺控制的需要，也是产

品质量的评判依据，ICP 法分析提供了极便利的测试手段。

ICP-AES 在石油样品测定中的难点是石油样品处理以及分析时所用的标准物质。

（2）样品处理　　根据不同的石油产品可采用干法灰化、湿法消解、微波消解及微波灰化法，也可用直接稀释法测定。

① 消解后测定

a．干法灰化　　在一定温度条件下直接将样品灰化，用酸溶解灰分中残留物进行测定，适用于重油、沥青、焦炭、渣油中 Fe、Ni、Cu、V、Na、K、Ca、Mg 等元素测定。优点是方法简便，取样量灵活，样品溶液具有一定的浓缩作用，检出限低，且可以用水溶液的标准样品进行校准。它的缺点则是操作冗长，一些易挥发的元素如 As、Sb、B、Sn 在样品处理时，容易挥发，使结果偏低。

b．湿法消解法　　用硫酸、硝酸、高氯酸、过氧化氢等氧化性试剂消解样品进行测定。通常是用硫酸分解样品后，再用 HNO_3、H_2O_2 分解有机物，生成盐和水、二氧化碳除去，是一种稳定而可靠的分解消化过程。但须注意的是石油及石油产品等易燃有机物，在用浓硫酸和浓硝酸、热浓高氯酸等氧化性酸直接处理时，需小心操作处理，以免出现危险。

此法虽然分解样品速度较慢，但能测定一些易挥发元素。

c．微波消解法　　适用于石油添加剂、重油及催化剂中某些金属元素含量较高的样品分析。

d．微波灰化法　　使用微波加热，通入氧气流，在温度不超过 150℃下进行灰化后酸溶测定。适用于分析一些易挥发元素如 As、Sb、Se 等的测定。

② 直接测定法——有机溶剂稀释法　　对于液体石油样品，可以采用有机溶剂稀释的方式，直接将稀释后的样品引入 ICP 焰炬中测定。

对于 ICP-AES 分析选择有机溶剂稀释剂有下列要求：稀释剂要有良好的油溶性和稳定性；有较低的密度、黏度和挥发性；纯度要高，不含被测元素；溶剂毒性小，廉价易得；对 ICP 炬焰放电稳定性要好，一般使用的溶剂多为二甲苯、甲苯异丁基苯酮(MIBK)、四氢化萘、氯仿和四氯化碳等。

当然采用有机溶剂稀释直接测定的方法，制作工作曲线的标准溶液必须采用有机溶剂中含金属元素的标准系列溶液。而这种标准系列的制备必须具有：稳定的化学计量；能与样品相似的基础油或有机溶剂相混溶；在 ICP 炬管中要有良好的放电稳定性。

同时有机试样在 ICP-AES 分析中，应注意其对等离子体稳定性的影响：

a．有机样品直接进样时，ICP 的高频发生器调谐响应的自动匹配速度要保证焰炬的稳定。

b．在使用有机试样进样时，一般炬管 ICP 火焰不够稳定，炬管内管易堵塞，应使用专用有机炬管。

c．进样受样品黏度的影响明显，采用蠕动泵方式进样及采用内标法可降低其影响。

d．有机进样时存在光谱背景影响，如 CN、NO、NH 分子光谱带的干扰。可以在载气中引入少量氧气；在炬管口上安装石英延伸管，阻止空气中 N_2 进入；增大冷却气流量等方式减少干扰。

③ 萃取浓缩分离法　　适用于处理轻油样品，如汽油、石脑油、煤油、轻柴油等。加入一种有效氧化剂如碘、二甲苯、硫酰氯、次氯酸钠、过氧化氢，使样品金属与碳链断裂后，以 10%的硝酸或盐酸溶液萃取分离。此法对 ICP-AES 而言，分析的灵敏度高，可以检测到 ng/g 级的浓度。

（3）在油品分析上的应用示例　　见表 6-33。

表 6-33 ICP-AES 在石油及其加工产品分析中的应用

应用对象	测定元素或分析内容	测定范围或技术要点	文献
润滑油及基础油	Al, B, Ba, Ca, Cr, Cu, Fe, Pb, Mg, Mn, Mo, Ni, P, K, Na, Si, Ag, S, Sn, Ti, V, Zn	采用溶剂稀释法,按试样+二甲苯溶剂=1+10 稀释,用耐高盐雾化器测定润滑油中添加剂元素、磨损金属和污染物以及基础油中油溶性金属含量	1
燃料油	Al, Si	干法灰化,残渣以 $Li_2B_4O_7$-LiF 熔融,再用酒石酸-盐酸溶解,测定	2
原油和燃料油	掺杂重金属如 Ni, V, Fe	采用有机溶剂(混合二甲苯、邻二甲苯、四氢化萘和烷烃芳烃混合溶剂 1∶10)稀释测定;或灰化后溶剂测定	3
润滑油	Mg, Mo, Ca, Zn, Ba, P 及 Ni, Ti, Cr, Fe, Sn, Al, Mn, Si, Pb, Cu, Ag	干法燃烧炭化高温灰化,酸溶液进样或加稀释剂有机溶液直接进样,测定润滑油中添加剂元素及磨损和污染元素	4
原油	Ni, V, Fe, Na, Ca	样品经微波 800℃灰化,盐酸溶解残渣直接测定	5
原油	Na, Mg, Ca, Fe, V, Ni, Cu	微波 500℃灰化,残渣溶于盐酸中直接测定	6
管输原油	Ca, Cd, Co, Cr, Cu, Fe, K, Mg, Na, Ni, Pb, V	于坩埚中燃烧,高温灰化法,残渣溶于硝酸中测定	7
渣油	Fe, Ni, Ca, Mg, Na, V	干式灰化油样,灰分用 HNO_3-$HClO_4$ 烟处理,1%硝酸中测定	8
原油及渣油	Fe、Ni、Ca、Mg	对原油、常渣、减渣用微波灰化,直接灰化,酸溶后测定	9
润滑油,基础油及再生油	Ag, Al, B, Ba, Ca, Cd, Cr, Cu, Fe, Mg, Mn, Mo, Na, Ni, P, Pb, Si, Sn, Ti, V, Zn	以航空煤油为稀释剂将样品稀释 10 倍,直接进样测定润滑油中添加、污染、磨损的油溶性金属元素	10
汽油	Si(方法测定下限 0.084μg/mL)	样品燃烧后 550℃高温灰化 10min,硝酸溶解灰分测定	11
汽油	Cl(分析谱线为 134.724 nm)	用航空煤油为稀释剂,按 4∶1 稀释,在辅助气中引入氧气 0.050 L/min,消除积碳,直接测定氯含量	12
石油产品	S	以氧瓶燃烧法处理样品,于盐酸性水中测定产品中硫	13
石油沥青	Ca, Fe, Na, Ni, V	加硫酸微波消解,用盐酸溶解灰分进行测定	14
聚丙烯	Ca, Mg, Fe, Al, Ti	样品于 600℃下焙烧至完全灰化,加硝酸溶解后测定	15
塑料及其制品	铅,汞,铬,镉,钡,砷	用 HNO_3-H_2O_2-HBF_4 微波消解,直接测定	16

本表参考文献:

1 GB/T 17476—1998(2004 年确认) 使用过润滑油中添加元素、磨损金属和污染物以及基础油中某些元素测定法 (ICP-AES 法).

2 SH/T 0706—2001 燃料油中铝和硅含量测定法(ICP-AES 法).

3 SH/T 0715—2002 原油和残渣燃料油中镍、钒、铁含量测定法(ICP-AES 法).

4 黄宗平. 冶金分析, 2006, 26(2): 43.

5 林培喜, 陈东华, 揭永文, 等. 理化检验 (化学分册), 2011, 47(6):706, 710.

6 王豪, 邬蓓蕾, 林振兴, 等. 分析科学学报, 2012, 28(4):553.

7 索金玲, 吴珊, 张金龙, 徐颖洁. 石油炼制与化工, 2013, 44(4): 100.

8 季梅, 郑振国, 俞跃春. 分析实验室, 2002, 21(2): 39.

9 马越, 唐新忠, 丁恬甜. 分析测试技术与仪器, 2010, 16(3): 206.

10 邹云, 陈武, 张占恩. 价值工程, 2014(23): 304.

11 陈信悦, 吴建国, 刘名扬. 光谱实验室, 2011, 28(6): 3044.

12 赵彦, 陈晓燕, 徐董育. 光谱学与光谱分析, 2014, 34(12): 3406.

13 陈燕. 化工管理, 2013(8): 82.

14 王豪, 张樱, 邬蓓蕾, 等. 光谱实验室, 2012, 29(6): 3620.

15 杨志滨. 石油化工, 2001, 30(8): 635.

16 刘崇华, 曾嘉欣, 钟志光, 等. 检验检疫科学, 2007, 17(4): 32.

2. 煤焦样品的分析

煤焦分析包括煤炭、煤灰及焦炭产品中无机元素的分析测定。

(1) 分析要求 工业用煤及焦炭的成分,可分为有机成分与无机成分。有机成分主要为碳、氢、氧、氮、硫等组成的复杂有机化合物,为煤的本体。无机成分为硅、铝、钙、镁、铁、钛、钾、钠、硫化铁及二氧化硫等物质,是地层掺入的杂质。煤中砷、氯、氟、锗、镓、铀、钒、硒、汞、钾、

钠、铁、钙、镁、锰、铬、镉、铅、铜、钴、镍、锌的测定，ICP法已纳入行业标准及国标。

（2）分析样品处理　煤质、煤焦中金属成分的测定均须先将其碳质灰化至成为灰分后，用无机酸溶解转入溶液中再用ICP法测定。

煤样的灰化通常采用干式灰化，先空气干燥成为分析煤样，再将其放在灰皿中铺平，置于马弗炉中，由较低的温度缓慢升温到300℃，然后缓慢升温到500℃，在此温度下灼烧至无炭粒。而灰化后的煤灰样可用酸分解后在酸介质中定容测定，难以完全用酸溶解的灰样，可以采用适当熔剂熔融分解，再酸化转为溶液进行测定。

（3）ICP-AES在煤焦分析中的应用实例　见表6-34。

表6-34　ICP-AES在煤焦分析中的应用

应用对象	测定元素或分析内容	测定范围或技术要点	文献
焦炭灰，煤矸石灰	SiO₂, Al₂O₃, Fe₂O₃, CaO, MgO, TiO₂, P₂O₅, K₂O, Na₂O, SO₃	煤灰中主要成分，用熔融法分解，在硝酸介质中直接测定	1
煤炭	Ba, Be, Cd, Co, Cr, Cu, Ga, Mn, Mo, Ni, Pb, Sr, V, Zn, Zr, B, As, Se, Ge, Hg	煤中微量元素	2
石油焦炭	Al, Ba, Ca, Fe, Mg, Mn, Ni, Si, Na, Ti, V, Zn	灰分含量小于1%的未煅烧或已煅烧石油焦炭	3
煤灰	Fe, Ca, Mg, K, Na, Mn, P, Al, Ti, Ba, Sr	将灰样用HF-HClO₄冒烟处理，稀盐酸溶盐后测定	4
煤与焦炭	Si, P, Al, V, Cr, Cd, Pb, Cu, Co, Ni, Zn, K, Na, Fe, Ca, Mg, Mn, Ti	取灰化后灰样，用NaOH熔融，盐酸浸取测Si、P；灰样用HClO₄-HF冒烟处理，酸溶测定Si、P外其他16个元素	5
石煤矿	V, Mg, Zn, Fe, Cu, Mn	试样经HNO₃-HCl-HF和HClO₄混酸溶解后测定	6
煤及煤灰	Fe, Al, Ca, Mg等21个主次微量元素	样品经HCl-HNO₃-HF-HClO₄溶解，盐酸提取，直接测定	7
煤灰	Si, Al, Fe, Ca, Mg, S, Ti, K, Na, P	采用偏硼酸锂熔融成片，溶于5%王水，加镉内标测定	8
粉煤灰	Ga（分析线294.4nm，D.L. 0.58μg/g）	用HNO₃-HF-HClO₄分解粉煤灰样品，稀盐酸溶液中测定	9
煤	Ga, V, Th, P	干法灰化，用HF-HClO₄冒烟处理，稀盐酸溶盐后测定	10
泥炭	Al, Ni, Ca, Mg, Zn, Cu, Ba, Cr, Fe, P, Na, K	用HF-HNO₃-HClO₄加热至冒高氯酸烟进行消解，测定	11
煤	Cl（测Ag 328.068nm）	高压氧弹燃烧煤样，加定量银标准溶液使氯沉淀，测定离心液中过量的Ag，间接测定煤中氯的含量	12

本表参考文献：
1 SN/T 1599—2005 煤灰中主要成分的测定　电感耦合等离子体原子发射光谱法.
2 SN/T 1600—2005 煤中微量元素的测定　电感耦合等离子体原子发射光谱法.
3 SN/T 1829—2006 石油焦炭中铝、钡、钙、铁、镁、锰、镍、硅、钠、钛、钒、锌含量测定　ICP-AES法.
4 MT/T 1014—2006 煤灰中主要及微量元素的测定方法　电感耦合等离子体原子发射光谱法
5 王雪莹，刘合燕，王娜. 冶金分析, 2007, 27(7): 54.
6 李佗，杨军红. 冶金分析, 2012, 32(2): 70.
7 谭雪英，张小毅，赵威. 岩矿测试, 2008, 27(5): 375.
8 刘华，李健，杜东平，谢灵芝. 岩矿测试, 2010, 29(4): 387.
9 刘冰冰，王英滨. 光谱实验室, 2012, 29(6): 3840.
10 刘华，李健，杜东平，等. 煤质技术, 2010, 25(1): 19.
11 徐爱列，周建青，冯瑛，程子毓. 光谱实验室, 2011, 28(5): 2395.
12 岳春雷，刘稚. 岩矿测试, 2003, 22(1): 64.

3. 化工材料与产品的分析

化工材料与产品种类繁多，它包括化学试剂、化工产品、无机化学品、各种电镀液中无机元素成分的测定。ICP-AES在化工材料和产品检验中的应用实例见表6-35。

表6-35　ICP-AES在化工材料和产品检验中的应用

应用对象	测定元素或分析内容	测定范围或技术要点	文献
铬酸钠	Al, Ca, Fe, Mg, Si	样品溶于水，用优级纯HCl调为酸性，采用标准加入法测定	1
二氯氧化锆	Ca, Ba	直接测定高纯ZrOCl₂中杂质元素，不需进行基体匹配	2
钛酸钡	游离钡	用10%的乙酸作为溶剂，标液保持乙酸匹配，Ti不干扰	3

续表

应用对象	测定元素或分析内容	测定范围或技术要点	文献
硫酸锰	Ca, Mg (Ca 317.9nm, Mg 285.2nm)	直接用水溶解，在2%盐酸介质中，硫酸基体匹配测定	4
硫酸镍	Co, Fe, Cu, Zn, Ca, Mg, Cd, Cr, Mn, Pb, Na	溶于5%盐酸中直接测定样品中主量镍和杂质元素	5
钴酸锂	Cu, Ni, Mn, Pt, Bi, Pb, Au, Al, Cd, Pd, Sn, As	用 HNO_3-$HClO_4$ 溶样，再用 HCl-HNO_3 溶解残渣后测定	6
碘化铯晶体	Tl, Na(D.L. 0.21μg/mL, 0.095μg/mL)	晶体研粉，用7% H_2SO_4 溶解，直接测定掺杂元素	7
固体混合碱	Na(测碳酸钠和碳酸氢钠含量)	用带气态 CO_2 发生装置的在线连续混合稀盐酸和样品溶液，形成气态二氧化碳进行测定	8
钾混盐	K, Na, Ca, Mg, S(硫酸根)	用蒸馏水溶解盐湖钾混盐矿，直接测定	9
镀金液	铅，铜，铁，镍	用甲基异丁基酮(MIBK)萃取分离金，直接测定杂质元素	10
汽车催化剂	助剂元素 La, Ba, Zr, Ti, Ce	试样用 HCl-H_2O_2 高温高压密闭溶解，残渣再用 HF-HNO_3-HCl-H_2SO_4 高温高压密闭二次处理后，在盐酸介质中测定	11
吗啉催化剂	Cu, Zn, Al, Ni	样品用 HCl-HNO_3 溶解，直接测定合成催化剂中活性组分	12
车用催化器	Pt, Pd, Rh	微波消解-ICP-AES 法测定车用催化器中贵金属	13
陶瓷颜料	Cd, Zn, Ti, Cr, Fe, Ca	样品用王水缓慢溶解，加 HF 除硅，在 HNO_3 介质中测定	14
玩具涂层	Sb, As, Ba, Cd, Cr, Pb, Se	刮取涂层，粉碎过筛制成样品，于 0.07mol/L HCl，pH=1.0~1.5，37℃±2℃下超声振荡 1h，测定提取液中可迁移重金属	15
涂料	Cd, Cr, Co, Pb 元素总量	将液体涂料蒸干，干漆膜试料于 450℃灰化研成细粉状试样，用硝酸(1+1)加热提取，定容测定	16
食品玻璃容器	As, Cd, Pb, Sb 溶出量	样品用 4%乙酸于 22℃±2℃浸泡 24h，耐热玻璃容器在 95℃±5℃，浸泡 120min±2min，直接测定	17
搪瓷餐具	Pb, Cd, Sb, Ni 溶出量	餐具先用水洗净，再用沸 4%乙酸，22℃±2℃浸泡 24h 后测定	18
不锈钢制品	Cr, Ni, Pb, Cd 的析出量	样品洗涤干净后，用蒸馏水冲洗两次，晾干，按每平方厘米表面积加 2mL 4%乙酸室温放置 24h 浸取，直接测定	19
涂料	Pb, Cd, Cr, Hg	方法可满足涂料安全标准对各元素的检出限要求，适用于涂料的日常检验	20
涂料	Pb, Cr, Se, Co	涂膜干燥粉碎后于 8mLHNO_3 中放置 30min 后，加入 1mL H_2O_2 和 1mL HBF_4，进行微波消解	21
水性墙面涂料	Pb, Cd, Cr	采用盐酸浸泡样品，以干扰系数法和标准加入法校正干扰，测定室内装饰装修用涂料中可溶性重金属	22
内墙涂料	Pb, Cr, Cd, Hg	可测合成树脂乳液内墙涂料中多种重金属元素	23
精对苯二甲酸	Cr, Co, Fe, Mn, Mo, Ni, Ti	微波灰化处理试样法同时测定 PTA 中重金属元素含量	24
滑石粉	SiO_2, MgO, CaO, Al_2O_3, Fe_2O_3	用碳酸钠-硼砂熔融、酸浸取，同时测定其中含量成分	25
催化剂	Fe, Ni, Cu, V, Na, Sb, Ca	样品加 HCl 微波消解，测定 FCC、DCC 催化剂中金属元素	26
炭黑	Pb, Cd, Hg(0.108μg/mL, 0.062μg/mL, 0.087μg/mL)	样品用硝酸浸泡 1h 后，过滤后直接测定	27
三氯氢硅	Ca, Mg, Cu, Fe, Al, B, P	试样在充氮下蒸至近干，HF 挥硅，在 HNO_3 溶液中测定	28

本表参考文献：

1 王立平，冯海涛，董亚萍，等. 光谱学与光谱分析，2015, 35(2): 523.

2 鄢爱平，柳英霞，姜月，等. 冶金分析，2008, 28(5): 19.

3 王惠敏，张彩云. 冶金分析，2007, 27(6): 70.

4 江荆，伍斯静，周花珑，等. 冶金分析，2014, 34(1): 71.

5 龚昌合. 光谱实验室，2013, 30(4): 2016.

6 李光俐，徐光，何姣. 光谱实验室，2009, 26(6): 1654.

7 武少华，姚士仲，崔璐，等. 光谱实验室，2001,18(3): 335.

8 段旭川. 冶金分析，2009, 29(2): 45.

9 何文鉴，王慧，靳芳. 光谱实验室，2013, 30(6): 2824.

10 何晓梅. 冶金分析，2005, 25(1): 39.

11 任传婷，胡洁，李青，等. 光谱实验室，2013, 30(3): 1063.

12 杨宏，赵荣林，刘丽华，等. 光谱实验室，2005, 22(3): 645.

13 黎林，雷双双，陈云霞. 冶金分析，2012, 32(9): 51.

14 罗明贵，黎香荣，高浩华，等. 光谱实验室，2012, 29(4): 2306.

15 王栋，沈国军，韩子婵，等. 中国卫生检验杂志，2007, 17(9): 1645.

16 陈建国, 朱丽辉, 陈少鸿. 光谱实验室, 2004, 21(6): 1142.

17 刘磊, 刘毅, 李红梅. 食品科学, 2008, 29(2): 353.

18 吕水源, 杨荣鑫, 刘伟. 理化检验（化学分册）, 2006, 42(2): 122.

19 陈丽玲, 李杰龙, 洪泽浩. 科技信息, 2011(23): 84.

20 钟志光, 莫蔓, 李浩杰, 等. 2003, 20(6): 848.

21 朱万燕, 刘心同, 薛秋红, 等. 电镀与涂饰, 2010, 29(12): 72.

22 金献忠, 郑曙昭, 李荣专, 等. 光谱学与光谱分析, 2004, 24(9): 1127.

23 李培, 谢晓烽. 化学工程师, 2006, 124(1): 47.

24 俞雄飞, 王巧英, 林振兴, 等. 合成纤维工业, 2009, 32(1): 63.

25 杨德君, 赵永魁, 陆雅琴, 等. 光谱学与光谱分析, 2002, 22(1): 86.

26 刘立明. 安徽化工, 2008, 34(2): 66.

27 杨柳, 刘新群, 王进. 橡胶工业, 2011, 58(2): 756.

28 褚连青, 魏利洁. 现代仪器, 2009, 15(5): 54.

4. 核能材料与产品的分析

通常用于测定具有放射性的核材料中金属元素，或经分离核元素后溶液中残存杂质元素的含量。试样溶于酸后，在酸介质中，通过离子交换树脂或 CL-TBP 萃淋树脂，使待测元素与核材料基体分离，收集杂质淋洗液，在 ICP-AES 仪器上直接测定。ICP-AES 在核燃料分析中的应用实例见表 6-36。

表 6-36 ICP-AES 在核燃料分析中的应用

应用对象	测定元素或分析内容	测定范围或技术要点	文献
(Gd, U)O₂	Al, Ca, Co, Cr, Fe, Mg, Mn, Mo, Ni, Sn, Ti, V, Gd	以反相色谱分离 U, 测定可燃毒物(Gd,U)O₂ 中微量元素, 大量 Gd 不干扰	1
二氧化铀	痕量钍	用 717 型阴离子交换树脂分离 U、Fe、Ca、Mg 后测钍	2
铀铌陶瓷材料	Al, Ba, Ca, Co, Cr, Cu, Ni, Sn, Fe, Hf, Mg, Mn, Mo, Ti, V	应用磷酸三丁酯为固定相, 聚偏氟乙烯粉为支持体的反相色谱柱萃取技术, 使铀与铌及杂质元素分离测定	3
二氧化铀微球	Sm, Eu, Gd, Dy	用 HCl+HNO₃ 溶样, 经阴离子交换树脂使铀与元素分离, 用超声波雾化器进样测定	4
锆铀合金	微量铪	用磷酸三丁酯为固定相, 反相分配色谱柱分离铀测定	5

本表参考文献:

1 侯列奇, 李洁, 盛红伍, 等. 冶金分析, 2006, 26(2): 61.

2 侯列奇, 罗淑华, 李洁, 等. 冶金分析, 2006, 26(4): 50.

3 侯列奇, 王树安, 李洁, 等. 冶金分析, 2007, 27(5): 40.

4 费浩, 王树安, 廖志海, 等. 冶金分析, 2008, 28(2): 6.

5 侯列奇, 李洁, 卢菊生. 理化检验(化学分册), 2008, 44(7): 643, 646.

五、在水质、环境分析领域中的应用

1. 分析范围及要求[30,31]

环境分析样品包括水、大气颗粒物、土壤以及水系沉积物、固体废弃物等。

环境水质分析可分为饮用水、自然水(地下水、雨雪水、湖水、江河水、海水等)、工业废水、生活污水以及各级处理过的污水等。无论作为生活饮用水、工业给水、农业用水、渔业用水，还是特殊用途的水等都有一定的水质要求。

大气颗粒物是指悬浮于空气中的固体或液体颗粒与气体载体共同组成的大气飘尘。大气颗粒物形状复杂，可分为 TSP、PM₁₀、PM₂.₅。研究表明，粗粒子多由 Ca、Mg、Na 等 30 多种元素组成，细粒子主要是痕量金属、硫酸盐、硝酸盐等。不同环境条件、不同时间、不同粒径的大气颗粒物其组成成分差异较大。大气颗粒物可长期悬浮于空气中，同时 PM₁₀ 可进入人体呼吸道，PM₂.₅ 可直接进入人体肺部，对环境保护与人体健康产生巨大的危害。其中的重金属元素可用 ICP-AES 法测定。

工业废弃物多为与生产工艺过程相关的重金属污染。在固体废弃物中，对环境影响较大

的是工业有害固体废弃物和城市垃圾。固体废弃物、矿物、岩石中的有害金属元素通过地表径流、大气沉降等多种途径进入环境中，最终累积于土壤与水系沉积物中。随着环境条件的变化，土壤、沉积物中累积的金属元素会造成二次污染，甚至通过食物链的作用危害人类和生态系统的安全。固体废弃物中有害成分主要有汞、镉、砷、铬、铅、铜、锌、镍、锑、铍等，可以采用 ICP-AES 分析技术对样品中的多元素同时检测。

2. 样品处理

一般情况下，水样中元素含量测定可以分为测定水溶性元素和测定水中酸可溶出元素总量。测定水溶性元素含量，可将水样过滤再酸化后直接分析。测定酸可溶出元素总量，即为水溶性与固体悬浮物中的元素总量，则需将水样直接酸化消解后，测定酸可溶出元素总量。对于饮用水及水源水等清洁用水，采样后可直接测定。

大气颗粒物样品使用大气采样器采集，使用滤膜采样后微波消解法消解，一般采用混合酸体系消解大气颗粒物样品。

对于土壤和沉积物样品，由于其中成分复杂，并且含有难以消解的石块及沙砾，所以在样品消解前还需要经过预处理，先将其干燥、研磨、过筛制成分析样品，称样进行消解后测定。

微波消解可以有效地应用于土壤、水系沉积物样品的消解。对于一些易损失金属元素，测定结果准确度和精密度均比较高。一般在测量样品中金属 Hg 等元素时需要采取这种方法。

空气中污染物并不是单一状态存在，往往以多种状态(如气态和气溶胶)共存于空气中，取样比较复杂，需要采取综合采样方法，如采用泡沫塑料采样法、多层滤料法以及环形扩散管和滤料组合采样法等，用各种方法将不同状态的物质同时采集下来。

不同金属元素存在于空气中的状态也不尽相同，常见的汞以蒸气状态存在，而大多数是以气溶胶形式(如烟、雾、尘)分散在大气中。铅、铬、锰、锌、锑、硅、砷等氧化物则以悬浮颗粒物形式存在而污染大气。这些金属类物质进入大气后，由于性质不同，对人体危害也不一样。常见环境试样，如水质中铜、锌、铅、镉、银、汞、锂、钠、钾、钙、镁、铝、锰、铁、镍、钴、铬、钒、硒、钡等元素的测定，大气悬浮物中汞、铅、镉的分析，固体废物中铜、锌、铅、镉、铬、镍等元素的分析，土壤成分的分析，生物、植物样品中重金属元素的分析，采用 ICP-AES 法，是很有效的分析手段。

除了通常的直接雾化进样、超声波雾化器、氢化物发生器等直接测定方法外，有很多时候还需要采用浓缩富集或联用技术，测定水质中 As、Pb、Se、Tl 等 ICP-AES 检出能力不够的元素，其效果相当良好。

水质及环境试样的 ICP-AES 分析，主要是在取样和分析试液的预处理基础上，处理成为分析溶液后，使用 ICP 仪器进行测定比较简便，仪器操作上没有特别的要求，只要仪器的灵敏度足够，检出限越低越有利于分析测定。

3. 水质中无机污染物的分析

自来水、海水、河水、湖水、排放水等，作为无机成分的分析项目、标准项目、饮用水质项目、监视项目合起来共 22 项目、17 个元素。美国、日本、欧共体等均采用 ICP-AES 或 ICP-MS 作为标准方法测定方式来进行水质检测。

采用超声波雾化装置的 ICP-AES 的分析方式，水质样品可不经过任何预处理，直接进样即可测定其中所有元素(除 Hg 外)。而分析 Hg 需采用氢化雾化器与 ICP-AES 相结合，可达到很高的检测灵敏度。

对于水中多种元素的测定方法，国际上均有相应的 ICP 法标准可供参考，如 ISO 11885—2007（水质　中电感耦合等离子体原子发射光谱法测定 33 种元素）、ASTM D

1976—2007（用电感耦合氩等离子原子发射光谱法对水中元素的标准试验方法）、ASTM D 7035—2004[用感应耦合等离子体原子发射光谱法(ICP-AES)测定空气颗粒物中金属和类金属的标准试验方法]可供参考。

4. 大气悬浮物的分析

环境大气中的有害污染物质，由于长期悬浮在大气空间，对人类的身体健康是极为有害的。尤其是 Sb、Cr、Zn、Co、Hg、Sn、Ce、Se、Tl、Ti、Ni、V、Ba、Pd、As、Pt、Mn、Be 等元素及其化合物，均为测定的重点。

UAG-ICP-AES 和 ICP-MS 都是测定这些元素的有效方法，但需注意的是城市中大气悬浮物中，包括尘埃、灰尘、煤尘、烟尘以及汽车排放的尾气等，它们的成分较复杂，所以样品采集及样品的处理需特别注意。一般采用硝酸、氢氟酸、高氯酸湿法分解或微波分解以及高压釜分解方式进行工作。

5. 土壤成分的分析

土壤成分与环境及人类有密切关系，它涉及地球化学、农业化学、农学、园艺、畜牧、医学等。土壤成分分析元素很多，它的各种元素含量差异很大，某些元素含量是 ng/g 级，而另一些元素含量是百分含量级。尤其是 ICP-AES 更适应于土壤成分的分析，因为它更适应各种含量差距较大的样品分析。

土壤成分的分析，其分析条件设定，样品的分解，标准溶液制备等，基本与地球化学试样分析相同。以中国环境监测总站对土壤中 17 个元素的测定为例，采用 ICP-AES 法。

6. 固体废弃物的分析

固体废弃物包括矿渣、城市垃圾焚烧后的残灰成分的有害元素的测定。矿渣种类繁多，垃圾焚烧后残灰成分也极为复杂。ICP-AES 法测定的难题是试样分解。一般采用高压釜或微波消解以酸分解的方式，用 $HCl\text{-}HNO_3\text{-}HF$ 或 $HClO_4\text{-}HNO_3\text{-}HF$ 混合酸进行分解。

也可以采用碱熔的方式，如果需分析 K、Na，则采用偏硼酸锂作为熔剂，在 1000℃ 下熔融近 1h。碱熔方式可参照上述的岩矿分析。

7. 应用实例（见表 6-37）

表 6-37　ICP-AES 在环境领域中的应用

应用对象	测定元素或分析内容	测定范围或技术要点	文献
饮用水	As, Cd, Cr, Hg, Pb	在水样中加 6%正丙醇，以提高直接测定的灵敏度	1
饮用水	Hg, As	水样用 $HNO_3\text{-}H_2O_2$ 微波消解，直接测定痕量汞和砷	2
纯净水	As, Hg	在 2% HCl 介质中，以氢化物发生法同时测定	3
地表水	Pb, Mn	采用氯化锂增敏进行测定，在水平观测时有 10g/L 氯化锂的存在，谱线灵敏度可增强 19%~41%水平	4
地表水	Cu, Pb, Zn, Mn, Cd	采用铜试剂富集，于 HNO_3 介质中测定	5
自然界水	P	将水样用硫酸调 pH<2.0，在 213.618nm 下直接测定	6
环境水质	Cr(VI)/Cr(III)	用纳米 TiO_2 材料吸附分离，测定水样中铬的形态	7
环境水	Ba, Be, B, V, Co, Mo, Ti	样品通过 0.45μm 滤膜采集，加硝酸酸化测定，适用于井水、河水、湖水、城市自来水及一般工业用水分析	8
海水	Cd, Cr, Pb, Cu, Ni, Zn	采用阴离子交换树脂预富集，10% HNO_3 溶液洗脱测定	9
油田水	Cu, Zn, Mn, Ni, Cr, Fe, Sr, Ba	较清洁水样经滤膜过滤，盐酸酸化直接测定；黏度较大水样，需经 H_2O_2 加热消解后在 1%盐酸下测定	10
冶炼废水	Cu, Pb, Zn, Cd, Cr, Hg, As	将废水加 $HClO_4$ 蒸干处理，酸化后直接测定	11
大气降尘	Cd, Cu, Ni, Pb, Cr, Zn	降尘自然晾干，研至 100 目，用四酸法微波消解后测定	12

第二篇

续表

应用对象	测定元素或分析内容	测定范围或技术要点	文献
大气颗粒	Al, Ca, Fe, Mg, Ba, Co, Cr, Cu, Mn, Ni, P, Pb, S, Ti, V, Zn, Na, K	用滤膜采样，以 HNO_3-$HClO_4$ 消解，测定	13
大气 PM_{10}	Al, Ba, Ca, Cd, Cr, Cu, Fe, K, Mg, Na, Mn, Ni, Pb, Sc, Si, Ti, V, Zn	滤膜取样，HNO_3-H_2O_2+HF 微波消解，硼酸络合过量氟离子，测定大气颗粒物 PM_{10} 中的无机元素	14
大气颗粒物	Si, Al, Ca, Mg, Fe, Ti, Ba, Sr, Zr	滤膜取样，碱熔，酸化后测定大气颗粒物中无机元素	15
大气颗粒物	Ca, Mg, Al, Mn, Fe, Zn, Pb, V, Cu, Co	用超细玻璃纤维滤膜采样，以不同提取剂按 5 种形态分别提取并测定不同粒径上重金属元素的形态分布	16
污泥	Cu, Zn, Pb, Cd, Ni 等痕量金属元素	污泥经风干、筛分制样，用 HNO_3-HF-HCl 微波消解测定	17
工作场所空气	Ba, In, Co, Cr, Mn, Ni, Cd, Zn, Al, Cu（检测限在 0.03~0.0006 µg/mL）	微孔滤膜采样，经 HNO_3 微波消解，在 2%硝酸条件下，同时测定钡、铟等需监控元素及其化合物的含量	18
工作场所空气	二硼烷(线性范围 0.1~10.0µgB/mL)	用氧化剂浸渍，活性炭管采样，用 3% H_2O_2 解吸，测定硼	19
湖泊沉积物	Pb, Cu, As, Zn, Co, Ni, Cd, Cr, Mn, Se, Mo, V, Sn, Sb, W	采用(4+4+2)HNO_3-HF-H_2O_2 或 HNO_3-HF-$HClO_4$ 微波消解样品，测定鄱阳湖沉积物中微量元素	20
造纸污泥	Al, Ba, Ca, Cu, Fe, K, Cr, Li, Mg, Mn, Na, Ni, P, Pb, Si, Sr, Zn	将污泥干燥灼烧灰化，溶于酸中直接测定 4 种造纸污泥中 17 种有毒、有害金属元素含量	21
矿区土壤	Hg, Pb, As	建立了基于连续提取法和 HG-ICP-AES 技术的土壤重金属形态含量的检测方法	22
水系沉积物	La, Nd, Eu, Gd, Er, Yb	强酸性阳离子交换纤维富集，测定稀土元素含量	23
再生酸液	Al, Si, Mn, P, Cr, Ni, Cu, V, Ti, Pb, Mg, Ca, K, Na, S	取再生酸液稀释后直接测定，用于冷轧薄板酸洗废液中各种元素的检测	24

本表参考文献：

1 陈凤玲, 陈金忠, 丁振瑞, 等. 光谱实验室, 2010, 27(3): 896.
2 文国颖, 苏效东. 青海医学院学报, 2010, 31(1): 56.
3 黄志, 刘美萍, 张宏. 光谱实验室, 2001, 18(3): 382.
4 陈江, 费勇, 吴锦芳, 等. 冶金分析, 2010, 30(4): 41.
5 陈建斌, 游宗保, 许斌. 光谱实验室, 2002, 19(3): 367.
6 贺惠, 张萍. 光谱实验室, 2002, 19(2): 143.
7 梁沛, 李春香, 秦水超, 等. 分析科学学报, 2000, 16(4): 300.
8 袁挺侠. 中国环境监测, 2011, 27(1): 32.
9 张娜, 黄燕华. 热带农业科学, 2014, 34(10): 88, 100.
10 李君文. 光谱实验室, 2011, 28(5): 2264.
11 于景娣, 何秀梅. 环境化学, 2008, 27(2): 271.
12 李震, 赵志梅, 宋娟梅, 等. 现代科学仪器, 2010(5): 111, 116.
13 李玉武, 张雅琳, 狄一安, 等. 岩矿测试, 2000, 19(1): 63.
14 邹本东, 徐子优, 华蕾. 中国环境监测, 2007, 23(1): 6.
15 付爱瑞, 陈庆芝, 罗宇定, 等. 岩矿测试, 2011, 30(6): 751.
16 谢华林, 张萍, 贺惠, 等. 环境工程, 2002, 20(6): 55.
17 李化全. 分析仪器, 2009(2): 46.
18 谢建滨, 刘桂华, 陈卫, 等. 职业与健康, 2008, 24(18): 1863.
19 丁春光, 张敬, 闫慧芳. 中华劳动卫生职业病杂志, 2011, 29(6): 452.
20 弓晓峰, 陈春丽, 赵晋, 周文斌. 光谱学与光谱分析, 2007, 27(1): 155.
21 刘贤淼, 江泽慧, 费本华, 等. 光谱学与光谱分析, 2010, 30(1): 255.
22 李永华, 杨林生, 王丽珍, 等. 光谱学与光谱分析, 2007, 27(9): 1834.
23 龚琦, 洪欣, 伍娟, 等. 冶金分析, 2008, 28(10): 5.
24 朱梅, 刘琰, 陈健. 冶金分析, 2006, 26(4): 97.

六、在食品分析上的应用

1. 基本要求

食品饮料以及动植物食品是供给人体必需元素的来源，与人体的健康和疾病有关。食品安全法对重金属及有害元素等外源污染物的检测有质量要求。对食品有关微量元素的分析，对其中有利的营养元素、有害元素测定都是完全必要的。ICP-AES 测定食品中微量元素的重要环节是食品试样的消解。ICP-AES 法测定食品及动植物、中草药材中多种元素的含量是很有效的手段。

2. 样品处理

食品与生物、植物分析样品的分解一般采用干法、湿法、微波消解法、高压釜法以及高

频加热密闭通氧气法等。必须使食品与动植物样品消化后变成透明清亮的溶液。同时要求消化处理过程既不能沾污也不能损失试样。

① 干法灰化法　在低于<500℃下灰化，然后用硝酸溶解即可制得分析溶液。但需注意:As、Se、Pb 等元素在该温度下可能挥发，而当温度超过 550℃时，Al、Fe、Cr 也将有所损失。

② 湿法消解法　用硝酸-高氯酸、硝酸-过氧化氢、过氧化氢-硝酸-高氯酸、硝酸-硫酸等消解的方法。

③ 微波消解法　用硝酸、硝酸-过氧化氢、硝酸-过氧化氢-氢氟酸等微波消解，可以加快溶解的速度，同时避免某些元素溶解的损失。

干法灰化法容易造成某些被测元素的损失(例如 S、K、Na 等)，而湿法消化应注意某些元素可能消解不够完全使分析结果偏低。

3. 在食品类样品分析中的应用

食品的种类繁多，如大米粉、奶粉、蔬菜、蜂蜜农副产品中金属元素含量的分析等，通常采用湿法消解或微波消解的方式处理样品，将样品中的有机物基体分解制备分析溶液，直接测定。应用实例见表 6-38。

表 6-38　ICP-AES 在食品分析中的应用

应用对象	测定元素或分析内容	测定范围或技术要点	文献
食品分析	Pb, As, Fe, Ca, Zn, Al, Na, Mg, B, Mn, Cu, Ba, Ti, Sr, Sn, Cd, Cr, V	采用干灰化法(砷除外)、湿法和微波消解法制备试液，适用于谷物、淀粉、茶叶、糕点、蔬菜、水果及其制品等食品分析	1
食品	总砷	试样用 HNO_3 微波消解，直接测定食品中总砷含量	2
大米、小麦粉	Al, Ba, Ca, Cu, Fe, Mg, Mn, Mo, Sr, Zn, Rb	用浓硝酸、盐酸和高氯酸加热消解试样，加热赶酸后在硝酸介质中直接测定各种金属元素	3
粳稻糙米	S, Mo, Ni, Fe, Cr, Na, Al, Cu, P, Sn, Zn, B, Mn, Mg, Ca, Sr, K	样品经湿法消解后，用盐酸溶解残渣制备试液测定粳稻近等基因系群体糙米的 17 种矿质元素	4
大米	Cu, Mn, Fe, Zn, Ca, K, Na	用 HNO_3 微波消解直接测定大米中 8 种微量元素	5
粮食	K, Na, Ca, Mg, Al, Fe, Zn	用微波消解样品，测定糙米、大米、燕麦、玉米等的金属元素	6
淀粉	Pb, Hg, Cd, As	采用 HNO_3+$HClO_4$ 加热消解，至 $HClO_4$ 烟冒尽，加 2% HNO_3 溶盐，并用 2%硝酸溶液定容 10mL，测定	7
豆类食品	Ca, Mg, Mn, Sr, Fe, Co, Ni, Se, Ba	样品先干烧炭化、600℃灰化，再用 HNO_3+$HClO_4$-HF 于高压硝化罐消解后测定，检出限为 0.0003~0.004μg/g	8
奶粉	K, Ca, Mg, Fe, Mn, Cu, Pb	样品中加 HNO_3-H_2O_2，在紫外光消解装置中光解一定时间后，取出定容，直接测定其中微量元素	9
奶茶粉	Al, Ba, Ca, Cu, Fe, K, Mg, Mn, Na, P, Pb, Sr, Zn, S	采用干法灰化法处理样品，王水溶解灰分，内标法测定奶茶粉中常量、微量元素	10
糖果，豆奶粉	Ca, Mn, Zn, Ti, Pb, Cd	分别以干法灰化和湿法消解分解后，测定微量金属元素	11
婴幼儿乳粉	K, Na, Ca, Mg, Fe, Mn, Cu, Zn, P	采用微波消解样品，直接测定婴幼儿配方乳粉中微量元素	12
水牛乳	K, Na, Ca, Mg, Zn, Fe, Ba, Mn, Al, Sr	用 HNO_3-$HClO_4$(4+1)湿法消化，测定水牛乳中矿物元素含量	13
茶和咖啡	B	试样用 HNO_3 微波消解和热浸提后，直接测定	14
花粉	Fe, Mn, Cu, Zn, Cd, Pb, As, Al	样品粉碎过 20 目筛，用 HNO_3-H_2O_2 微波消解，直接测定	15
茶叶	K, Ca, Mg, Zn, P, Fe, Mn, Pb	用 HNO_3 微波消解，对不同品种、不同等级及不同产地的茶叶、茶水中人体所必需的矿物质和微量元素测定	16
茶叶	Al, Ba, Ca, Cd, Ce, Co, Cr, Cs, Cu, Fe, La, Mg, Mn, Na, Ni, Pb, Rb, Sb, Sr, Th, U, Y, Zn	采用 HNO_3-$HClO_4$-HF 湿法消解，ICP-AES/MS 测定 13 种中国茶叶和 6 种日本茶叶中 23 种矿质元素含量	17

续表

应用对象	测定元素或分析内容	测定范围或技术要点	文献
茶叶	Sc, Dy, Er, Eu, Gd, Ho, La, Lu, Nd, Pr, Sm, Tb, Tm, Y, Yb	用 HNO_3-$HClO_4$-HF 进行湿法消解和微波消解，直接测定茶叶中 15 种稀土元素的含量	18
花茶	Fe, Mn, Cu, Zn, Ni, Cr, Cd, Pb	用 HNO_3-$HClO_4$ 微波消解样品，并冒烟处理，2% HNO_3 进样测定了金银花，菊花等 7 种花茶中元素含量及其溶出率	19
蔬菜	Ca, Mg, K, Na, P, Zn, Fe, Cu, Mn, Al, Cr, Cd, Hg Pb, As, Se	用 HNO_3 微波消解后测定了卷心菜、芹菜、土豆、刀豆、海带、西红柿、藕、荸荠 8 种蔬菜中的微量元素	20
蔬菜	Zn, Pb, Cu, Cd	用 HNO_3-H_2O_2 微波消解样品，测定蔬菜中重金属元素	21
黄瓜	K, Ca, Mg, Fe, Mn, Cu, Zn, Se	用 HNO_3-H_2O_2 微波消解样品，测定大黄瓜和荷兰小黄瓜两种黄瓜样品	22
苋菜	Ca, Cd, Cr, Cu, K, Fe, Mg, Mn, Na, Zn	用 HNO_3 微波消解处理样品，测定蔬菜中矿质元素的含量	23
黑番茄	Cu, Zn, Fe, Mn, Ca, Ba, K, Mg, Na, Ni, V, Co, Mo, Sr, Cd, P	用硝酸-过氧化氢微波消解，测定鲜果匀浆中微量元素	24
食用菌	K, Na, Ca, Mg, Fe, Cu, Zn, Ni, Mn, Se, Cr, Cd, Pb, Hg	选择干灰化法、湿法消解法和微波消解法处理样品，确定样品的消化方式，测定食用菌营养成分中有益微量元素	25
植物浮萍	K, Ca, Mg, Na, Al, Ba, B, Co, Cr, Cu, Fe, Mn, Mo, Ni, Zn, Cd, As, P, V, +Sn, Se, Sr, Hg	采用微波消解-ICP-AES 法测定不同产地浮萍中无机元素含量，为浮萍质量标准的建立和利用提供科学依据	26
白酒	K, Na, Ca, Mg	采用 HNO_3 微波消解酒样，测定不同产地酒样中常见元素	27
市售食醋	Ca, Mg, Fe, Zn, Mn, Cu, Cr, Al, Ni, Pb	采用微波消解法，测定米醋、陈醋、香醋、白醋中无机元素	28
香料	Na, K, Sr, Ca, Mg, P, As, Zn, Pb, Co, Cd, Ni, Ba, Fe, Mn, Cr, Cu, B, Ti, Al	采用微波消解法处理样品，测定 8 种香料中 20 种常量和微量元素的含量	29
面制食品	Ca, Fe, Na, K, Zn	用微波消解法测定面制品中五种常量元素的含量	30
面制食品	铝含量	用微波消解样品进行检测，并用国家标准方法进行验证	31
豆制品	K, Na, Ca, Mg, Fe, Mn, Ni, Cr, Zn, Cu, Pb, Cd	采用微波消解处理样品，直接测定 8 种豆制品中金属元素	32
肉制品	Pb, As, Cu, Sn, Fe	用 HNO_3-H_2O_2 微波消解测定如腊肉、灌肠等加工肉腌制品	33
肉类	Cu, Zn, Ni, Mn, Mo, Co	采用微波消解样品，直接测定牦牛肉中微量元素含量	34
贝螺肉类	Ca, P, Fe, Se, Ti, Ge, As, Mg, S, Cu, Sn, V, Si, K, I, Pb, Zn, Cr, Ni, Mo, Al, Cd, Hg, Na, Mn, Co, Ba	采用 HNO_3 微波消解，海水养殖的贝螺类较难消解，需加 $HClO_4$；ICP 采用垂直观察方式，直接测定 27 种微量元素	35
蜂蜜	Cu, Fe, Zn, Mn, Na, K, Ca, Mg, P	用 HNO_3-H_2O_2 微波消解，直接测定各种蜂蜜中微量元素	36
蜂胶	Zn, Be, V, Fe, Mn, Ni, Se, Ba	用微波消解消样，测定蜂胶中的 8 种营养元素的含量	37
竹笋	K, Ca, Mg, Fe, Mn, Zn, Cu	微波灰化 ICP-AES 法测定微量金属元素	38
海产品等食品	Zn, Fe, Mn, Cu, Cd, Cr, As	用 HNO_3-H_2O_2 微波消解处理，测定动植物食品中微量元素	39
水果, 蔬菜	Pb, Cd, Cr, Ni	采用干法消解样品，高灵敏度雾化器及轴向观测法测定	40

本表参考文献：

1 DB53/T 288—2009 食品中铅、砷、铁、钙、锌、铝、钠、镁、硼、锰、铜、钡、钛、锶、锡、镉、铬、钒含量的测定 电感耦合等离子体原子发射光谱（ICP-AES）法.

2 许金伟，周晓红，吴建阳. 广州化工，2015, 43(22): 116.

3 汪丽萍，张佳欣，吴春花，等. 分析试验室，2008, 27(Z2): 215.

4 曾业文，汪禄祥，孙正海，等. 光谱学与光谱分析，2008, 28(12): 2966.

5 微叶润，刘芳竹，刘剑，等. 食品科学，2014, 35(6): 117.

6 马占玲. 安徽农业科学，2012, 40(10): 6186.

7 王守箐. 化学分析计量，2005, 14(4): 43

8 王莹，辛士刚. 光谱学与光谱分析，2004, 24(2): 226.

9 郭璇华，李万霞，龙蜀南. 现代预防医学，2007, 34(21): 4151, 4154.

10 刘华，谢灵芝，李健. 光谱实验室，2011, 28(1): 179.

11 王义惠，宋晓春，穆晓伟，等. 广州化工，2011, 39(9): 128

12 杨彦丽，林立，周谱非，等. 现代食品科技，2010, 26(2): 209.

13 林波，黎颖，李玲，等. 中国乳品工业，2014, 42(3): 15, 21.

14 Krejčová A, Černohorský T. Food Chem, 2003, 82: 303.

15 何燕，曹丽玲，李世杰. 职业与健康，2008, 24(23): 2528.

16 韩立新，李冉. 光谱学与光谱分析，2002, 22(2): 304.

17 王小平，马以瑾，伊藤光雄. 光谱学与光谱分析，2005, 25(10): 1703.

18　郭武学, 蔡月萍, 李瑞芬. 光谱实验室, 2011, 28(1): 388.

19　汤长青, 朱芳坤. 光谱实验室, 2010, 27(4): 1415.

20　盛华栋. 理化检验 (化学分册), 2008, 44 (1): 25.

21　丛俏, 蔡艳荣. 食品科学, 2010, 31(20): 290.

22　刁春霞, 乔秋菊, 黄为红. 化学分析计量, 2015, 24(5): 78.

23　孙涌栋, 杜晓华. 光谱实验室, 2010, 27(5): 1780.

24　温建华, 迟晓峰, 董琦, 等. 光谱实验室, 2010, 27(5): 1878.

25　于灏, 汪发文. 生命科学仪器, 2014, 12(2-4 月刊): 55.

26　基刘杰, 吴启南, 秦李凡, 等. 中国现代中药, 2014, 16(7): 524.

27　刘玲玲, 陈桥, 王继坤. 中国科技纵横, 2014(4): 77.

28　李利华. 中国调味品, 2015, 40(9): 101.

29　陈燕芹, 刘红, 刘登曰, 等. 中国调味品, 2014, 39(7): 110.

30　覃毅磊, 赖毅东, 何雪芬. 食品工业科技, 2010, 31(2): 329.

31　李浩洋, 叶少媚, 李云松, 等. 粮食与饲料工业, 2015, (6): 166.

32　丛俏, 曲蛟. 食品与发酵工业, 2010, 36(7): 166.

33　范柯, 杨小媛, 邢培志. 中国卫生检验, 2005, 15(7): 827.

34　张玉玉, 唐善虎, 胡子文, 等. 食品科学, 2008, 29(9): 526.

35　何晋浙, 赵培城, 杨开, 等. 光谱学与光谱分析, 2006, 26(9): 1720.

36　杨理, 闫清华, 张慧蓉, 等. 光谱实验室, 2010, 27(1): 260.

37　陈文, 王湘君, 赵阳, 等. 食品工业科技, 2013, 34(20): 56.

38　林培喜, 陈东华, 揭永文, 等. 食品工业科技, 2011, 32(4): 389.

39　陈伟珍, 陈永生, 赖惠琴. 食品研究与开发, 2008, 29(6): 98.

40　刘素华, 曹小丽, 焦海涛, 等. 预防医学论坛, 2015, 21(12): 894.

七、在生物与植物样品(包括中草药)分析中的应用

1. 分析要求

生物样品包括人体血液、器官，动物组织等样品和微生物样品，以及菌类、藻类等；植物样品，包括中草药材及其制剂等，需要对其中金属元素的含量进行测定。采用 ICP 分析技术对金属在生物学和医学中的应用，可以对细胞、组织或完整生物体内全部金属原子的分布、含量、化学种态提供有用的信息，已成为生命科学领域金属组学的研究工具之一。

2. 样品前处理

这类样品的主体为碳水化合物，其中的金属元素含量很低，只要将其有机物主体除去，余下的金属元素溶液可用 ICP 法以金属离子的标准溶液为基准直接测定。

处理多采用酸溶方法，采用含氧化剂的酸加热至样品颗粒消化后，加适量高氯酸，加热直至冒烟，彻底消解有机物基体。或采用干法灰化至灰渣为白色，无残存有机物及炭，最后用 2%的硝酸溶解，进行测定。现在多采用微波消解或微波灰化后酸分解的方法。溶液最终用 2% 的硝酸介质为好。

（1）生物样品前处理　生物样品包括人体、动物各组织器官、毛发、血、尿等样品。除了尿液样品可以直接稀释外，一般采用硝酸消解，对于有机基质比较高的，采用硝酸/双氧水消解。为了减少污染，通常采用微波消解。

组织样品：剪碎后，放入真空冷冻干燥机中低温干燥 48h，取出研磨成粉状并记下干重。用硝酸-过氧化氢和超纯水进行微波消解。

（2）医药样品前处理　药物中间体和原料药的杂质检查，以及中药质量评价和金属含量的分析，检测的元素多为碱金属和碱土金属，过渡元素中的铬、铁、铜、锌等；与抗癌药物治疗相关的有贵金属元素如铂等；非金属元素磷、硫、硒、氯、溴、碘等；汞和砷等无机杂质分析及放射性元素。根据医药样品基质和要检测的元素选择合适的消解方法。中药可以是原药材，或是汤剂以及成品制剂。

中药材微量元素测定前处理，常常采用 HNO_3-H_2O_2 静置过夜预消解，随后再行微波消解，测定。

ICP-AES 在生物和医药领域内的应用实例见表 6-39。

表 6-39 ICP-AES 在生物和医药领域内的应用

应用对象	测定元素或分析内容	测定范围或技术要点	文献
血液	Ca, Zn, Cu	采用微量末梢血取代静脉血，血样经 3%稀硝酸处理后直接测定，检出限分别为 0.40μg/L、0.20μg/L 和 0.40μg/L	1
血清	Mg, Ca, Cr, Mn, Fe, Cu, Zn	采用 HNO_3-$HClO_4$ 加热消化血清样品，直接测定血脂正常组和血脂升高组血清中元素含量	2
头发	Ca, Mg, K, Al, P, Cu, Zn, Fe	采用 HNO_3-$HClO_4$ 加热并冒烟消解，5% HNO_3 介质测定	3
头发	Cu, Fe, Mg, Ca, K, Ni, Al, Zn, Co, Pb, Mn, P, As, Cd, Cr, Se, Sn, Sb, Hg, Sr	采用高压密封消化罐消解人发样品，测定人头发中 20 种微量元素	4
动物肝脏	Pb, Mo	样品用 HNO_3-$HClO_4$ 加热消解并冒烟，制备分析溶液，用多元光谱拟合校正(MSF)法，校正基体的光谱干扰	5
肝癌组织	Mg, Na, Ca, Mn, Fe, Co, Cu, Zn	用 HNO_3+$HClO_4$ 微波消解样品后直接进样测定	6
人工唾液	Ni	在模拟口腔环境下，用人工唾液浸泡 Ni-Cr 合金，150h 后测定 Ni-Cr 合金在人工唾液中的离子析出量	7
刺参体壁	Fe, Mn, Cu, Zn, Cr	将刺参粉末样用 10mol/L 次氯酸微波消解，测定	8
滇龙胆	Cd, Pb	样品采用干灰化法和湿法处理，比对方法结果，以湿法(HNO_3+$HClO_4$=4+1，冒烟处理)分析结果为好	9
红景天	Zn, Fe, Mn, Ti	用 70%乙醇回流浸提红景天，提取液用 HNO_3-HF-$HClO_4$ 加热消解至冒 $HClO_4$ 烟，制备分析溶液进行测定	10
藏药	Cr, Zn, Mn, Cu, Fe, Ni, Co, Sn, Mo	将藏药粉剂采用 HNO_3-$HClO_4$ 微波消解，同时测定了 4 种藏药中的 9 种生命必需元素的含量	11
中成药	Pb, Cr, Cd, As	将当归补血汤中当归、黄芪主药材的 HNO_3 消解液及不同配伍形式的水煎液，直接测定其中金属元素含量	12
中成药	Fe, Mn, Cu, Ti, Cr, Zn, Al, Sr, In	将成药水剂蒸干，加 HNO_3-$HClO_4$ 加热消解，并冒烟处理，用 5%HCl 定容，测定中成药金水清中多种微量元素	13
中成药	Al, As, B, Ba, Ca, Co, Cr, Cu, Fe, K, Li, Mg, Mn, Ni, P, Pb, V, Zn, Be, Bi, Cd, Se, Sr, Na	用电感耦合等离子体原子发射光谱法快速测定寿胎丸中多种痕量元素	14
抗癌中药	Pb	以微波辅助 HNO_3-H_2O_2 消解样品，在碱性介质中发生 PbH_4，ICP-AES 测定动物源抗癌中药中痕量铅	15
注射液	Gd （Gd 342.247nm）	将样品稀释 1000 倍，直接测定钆喷酸葡胺注射液中钆	16
西药片剂	Ca, Cr, Cu, Fe, K, Mg, Mn, Na, P, Zn	采用微波辅助高压溶样，对多种矿物质和维生素制剂中多种元素进行测定	17, 18
中药广藿香	Al, Ba, Ca, Cu, Fe, K, Mg, Mn, Na, Sr, Ti, Zn	采用 HNO_3+$HClO_4$(4+1)湿法消解样品，进行测定	19
植物人参	Al, Pb, K, Na, Ca, Mg, Mn, Fe, Cu, Zn	采用 HNO_3-H_2O_2 微波消解人参样品，同时测定	20
中药饮片	As, Ca, Mg, Al, Mn, Sr, Ba, Se, Ni, Cd, Cu, Zn, Mo, Pb	采用 HNO_3-H_2O_2 微波消解，测定牛黄解毒片中微量元素	21
中草药	Mn, Fe, Zn, Cu, Cr, Ti, Al, Ba, Sr	药材及水煎液用 HNO_3+$HClO_4$(4+1)湿法消解，测定草药漏芦中多种微量元素	22
药用淀粉	Pb, As	以硝酸镍作为基体改进剂，对淀粉样品灰化方式及温度分段控制，防止铅、砷的灰化损失	23
丹参	Cd, Pb (D.L. 1.92ng/mL 和 1.07ng/mL)	采用干灰化法和 HNO_3-$HClO_4$ 湿法法处理样品，干灰化法适合测定丹参中 Pb，但不适合测定 Cd，湿化法稳定	24

本表参考文献：

1　朱中平, 沈彤, 张海燕, 等. 中国公共卫生, 2006, 22(5): 632.
2　张学东, 王晖, 黄沛力, 等. 中国卫生检验杂志, 2010, 20(9): 2294.
3　侯坤, 季宏兵, 李海蓉, 等. 光谱学与光谱分析, 2009, 29(4): 1100.
4　王莹, 康万利, 辛士刚, 等. 光谱学与光谱分析, 2007, 27(11): 2333.
5　丁莉莉, 卢汉兵, 郝啸. 华中师范大学学报(自然科学版), 2007, 41(4): 557.
6　周学忠, 聂西度. 广东微量元素科学, 2010, 17(6): 27.
7　程海明, 陈吉文, 鲁毅强, 等. 光谱实验室, 2007, 24(1): 28.
8　毕琳, 赵雪, 李八方. 理化检验(化学分册), 2008, 44(9): 828.
9　金航, 王元忠, 杨维泽, 等. 光谱实验室, 2010, 27(5): 1872.
10　胡兰基, 马文, 马龙, 等. 光谱实验室, 2010, 27(3): 1156.
11　郑琳, 峰山. 药学服务与研究, 2009, 9(1): 3.
12　万益群, 余枭然. 分析科学学报, 2008, 24(1): 33.
13　李凤, 丁健华, 熊松, 等. 微量元素与健康研究, 2000, 17(1): 37.
14　范丽霞, 付志红, 柳英霞. 湖北中医学院, 2011, 33(6): 74.
15　刘冬莲. 理化检验(化学分册), 2009, 45(1): 49.
16　王水锋, 郭敬华. 分析试验室, 2008, 27: 408.
17　Frentiu T, Ponta M, Darvasi E, et al. Food Chemistry, 2012, 134(4): 2447.
18　Simon A, Frentiu T, Anghel S, Simon D. Journal of Analytical Atomic Spectrometry, 2005, 20(9): 957.
19　徐晓铭, 管艳艳, 辅志辉. 海峡药学, 2009, 21(12): 87.
20　张春和, 叶敏. 中外健康文摘, 2012, 9(23): 98.
21　郑永军, 赵斌, 尤进茂. 光谱学与光谱分析. 2006, 26(6): 1155.
22　李凤, 廖振环, 丁健华, 等. 光谱学与光谱分析, 2000, 20(1): 58.
23　张毅民, 姜晖, 吕学斌, 王虹. 光谱学与光谱分析, 2006, 26(3): 554.
24　赵爱红, 王建华, 宋志刚, 等. 光谱学与光谱分析, 2006, 26(11): 2137.

八、在电子电器、轻工产品分析中的应用

ICP-AES 法还广泛应用于纺织品、电子电器产品、塑料及其制品中有害或限用的金属元素测定。

纺织品纺织材料及其产品，对其可萃取重金属砷、镉、钴、铬、铜、镍、铅、锑等的测定。

塑料及其制品对其限用的有害金属元素铅、汞、铬、镉、钡和砷的测定，试料可用 HNO_3-H_2O_2-HBF_4 混合溶剂经微波消解处理消解后，用 ICP 光谱仪测定。

对于不同类型的电子电器产品的测定，主要在于样品的消解上，通常是将试样经灰化或酸消解后进行定量分析。不同类型电子电器产品的样品，可采用不同方式制备分析溶液。

金属材料-普通金属试样经粉碎后，用硝酸盐酸混合酸加热溶解，对于含锆、铪、钛、钽、铌或钨的样品，用 HNO_3+HF(1+3)混合酸，溶解，赶酸后定容测定。

聚合物-样品粉碎后可用微波消解法分解；玻璃、陶瓷等非金属也可采用微波消解法分解。

在相关行业中的应用实例见表 6-40。

表 6-40 ICP-AES 在电子电器和轻工产品检验中的应用

应用对象	测定元素或分析内容	测定范围或技术要点	文献
电子电气产品	Pb, Cd, Cr, Hg	冷凝回流消解-双向观测，分析电子电气产品铜合金样品	1
聚丙烯材料	Pb, Cd, Cr, Hg	用 HNO_3-H_2O_2 微波消解，测定电子电器设备中有害物质	2, 3
废电路板	Ag, Ca, Zn, Pb, Mn, Mg, Fe, Al, Sn, Ni, Ti, Cr, As, Si, Au, Pd, Pt	采用微波消解，基体匹配，元素分组进样，直接测定废电路板中 18 种主要金属元素	4
废旧线路板	As, Sb, Bi, Sn, Ni, Pb, In, Ag, La, Ce, Gd, Y	样品粉碎，用硝酸和盐酸低温加热浸取直接测定	5
玩具涂层	Sb, As, Ba, Cd, Cr, Pb, Se	刮取涂层，粉碎过筛制样，于 0.07mol/L HCl，pH=1.0~1.5 和 37℃±2℃下超声振荡 1h，测定提取液中可迁移重金属	6
纺织物	Pb, Cd, As, Cu, Co, Ni, Cr, Sb	织物样品剪碎，用酸性汗液于 37℃±2℃水浴振荡 60min 浸取，直接测定提取液中元素	7
天然纺织纤维	Al, As, Ba, Bi, Ca, Cd, Co, Cr, Cu, Fe, K, Hg, V, Mg, Mn, Mo, Na, Ni, Pb, Sc, Se, Sr, Tl, Zn	用 HNO_3 微波消解样品，以轴向观测提高灵敏度，方法适用于纺织用天然纤维(棉、亚麻和工业大麻)等的分析	8

续表

应用对象	测定元素或分析内容	测定范围或技术要点	文献
纺织品	Cd, As, Cu, Co, Ni, Cr, Sb	将纺织品试样剪碎，用稀硝酸润湿，加硝酸镁溶液缓慢蒸干，于530℃灼烧灰化后用硝酸溶解，定容测定	9
纺织品	可萃取痕量 Hg(D.L. 0.11μg/L)	用氢化物发生，以汞蒸气测定，最小检出量为 0.0022mg/kg	10
化妆品	Ba, Pb, Cd, Sb, Se, Cr, Hg, As	采用微波消解法对沐浴露、柔肤霜、粉块和口红 4 类有代表性的化妆品进行处理，测定其中有毒元素	11
化妆品	Pb, As, Hg	用 H_2O_2-HNO_3 放置 30min 浸提后，沸水加热 2h，冷后过滤测定	12
木材，木制品	Cu, Cr, As	比较了湿法、干法消解样品，提出采用高压消解测定方法	13
食品玻璃容器	As, Cd, Pb, Sb 溶出量	样品用 4 %乙酸于 22℃±2℃浸泡 24h，耐热玻璃容器在 95℃±5℃，浸泡 120min±2min，直接测定	14
搪瓷餐具	Pb, Cd, Sb, Ni 溶出量	餐具先用微碱性洗洁剂及自来水洗净，再用二次水淋洗，加沸乙酸(4%)并于 22℃±2℃下浸泡 24h 后测定	15
不锈钢制品	Cr, Ni, Pb, Cd 的析出量	样品洗涤干净后，用蒸馏水冲洗两次，晾干，按每平方厘米表面积加 2mL 4%乙酸室温放置 24h 浸取测定	16
水性墙面涂料	Pb, Cd, Cr	采用盐酸浸泡样品，以干扰系数法和标准加入法校正干扰，测定室内装饰装修用涂料中可溶性重金属	17
涂料	Cd, Cr, Co, Pb 元素总量	将液体涂料蒸干，干漆膜试于 450℃灰化研成细粉状试样，用硝酸(1+1)加热提取，定容测定	18
涂料	Pb, Cd, Cr, Hg	方法可满足涂料安全标准对各元素的检出限要求，适用于涂料的日常检验	19
涂料	Pb, Cr, Se, Co	涂膜干燥粉碎后于 8mL HNO_3 中放置 30min 后，加入 1mL H_2O_2 和 1mL HBF_4，进行微波消解	20
墙涂料	Pb, Cr, Cd, Hg	可测合成树脂乳液内墙涂料中多种重金属元素	21

本表参考文献：

1 翟翠萍，张海峰，陈佩玲，等. 冶金分析，2007, 27(7): 42.
2 王艳泽，张学凯. 冶金分析，2008, 28(2): 55.
3 薛海燕. 现代仪器，2011, 17(6): 83.
4 吴骏，陈亮，杨明，等. 冶金分析，2008, 28(8): 48.
5 刘英，李华昌，冯先进. 冶金分析，2014, 34(5): 46.
6 王栋，沈国军，韩子婵，等. 中国卫生检验杂志，2007, 17(9): 1645.
7 陈飞，徐殿斗，唐晓萍，等. 分析实验室，2011, 30(4): 89.
8 保琦蓓，杨力生，张驰，等. 理化检验化学分册，2014, 50(7): 864.
9 郭维，于涛，闫婧，等. 理化检验 (化学分册)，2006, 42(7): 547.
10 鲁丹，阮毅. 印染，2006, 7: 37.
11 严锦雄. 化学分析计量，2010, 19(1): 27.

12 戴骐，周瑛，朱晔. 分析试验室，2007, 26(11): 82.
13 金献惠，陈建国，朱丽辉，等. 光谱学与光谱分析，2007, 27(9): 1837.
14 刘磊，刘毅，李红梅. 食品科学，2008, 29(2): 353.
15 吕水源，杨荣鑫，刘伟. 理化检验 (化学分册)，2006, 42(2): 122.
16 陈丽玲，李杰龙，洪泽浩. 科技信息，2011(23): 84.
17 金献忠，郑曙昭，李荣专，等. 光谱学与光谱分析，2004, 24(9): 1127.
18 陈建国，朱丽辉，陈少鸿. 光谱实验室，2004, 21(6): 1142.
19 钟志光，莫蔓，李浩杰，等. 光谱实验室，2003, 20(6): 848.
20 朱万燕，刘心同，薛秋红，等. 电镀与涂饰，2010, 29(12): 72.
21 李培，谢晓烽. 化学工程师，2006, 124(1): 47.

九、在其他领域的标准分析方法

ICP-AES 在其他分析领域的标准分析方法见表 6-41。

表 6-41 在其他分析领域的标准分析方法(GB/T&YB)[26]

标准号	标准名称及测定元素
能源及轻工	
GB/T 13372—1992	二氧化铀粉末和芯块中杂质元素的测定 ICP-AES 法
SH/T 0706—2001	燃料油中铝和硅含量测定法(电感耦合等离子体发射光谱及原子吸收光谱法)
GB/T 17593.2—2007	纺织品 重金属的测定 第 2 部分：电感耦合等离子体原子发射光谱法
GB/T 24794—2009	照相化学品 有机物中微量元素的分析 电感耦合等离子体原子发射光谱(ICP-AES)法

标准号	标准名称及测定元素
SN/T 1478—2004	化妆品中二氧化钛含量的检测方法 ICP-AES 法
SN/T 2046—2008	塑料及其制品中铅、汞、铬、镉、钡、砷的测定 电感耦合等离子体原子发射光谱法
SN/T 2186—2008	涂料中可溶性铅、镉、铬和汞的测定 电感耦合等离子体原子发射光谱法
GB/Z 21274—2007	电子电气产品中限用物质铅、汞、镉检测方法
环境检测	
GB/T 17087—1997	车间空气中钼的等离子体发射光谱测定方法
DZ/T 0064.22—1993	地下水质检验方法 感耦等离子体原子发射光谱法测定铜、铅、锌、镉、锰、铬、镍、钴、钒、锡、铍及钛
DZ/T 0064.42—1993	地下水质检验方法 感耦等离子体原子发射光谱法测定锶、钡
食品及农副产品	
GB/T 18932.11—2002	蜂蜜中钾、磷、铁、钙、锌、铝、钠、镁、硼、锰、铜、钡、钛、钒、镍、钴、铬含量的测定方法 电感耦合等离子体原子发射光谱(ICP-AES)法
GB/T 23199—2008	茶叶中稀土元素的测定 电感耦合等离子体发射光谱法和电感耦合等离子体质谱法
GB/T 23372—2009	食品中无机砷的测定 液相色谱-电感耦合等离子体质谱法
GB/T 23545—2009	白酒中锰的测定 电感耦合等离子体原子发射光谱法
NY/T 1653—2008	蔬菜、水果及制品中矿质元素的测定 电感耦合等离子体发射光谱法
SN/T 1796—2006	进出口木材及木制品中砷、铬、铜的测定 电感耦合等离子体原子发射光谱法
SN/T 1911—2007	进出口卷烟纸中铅、砷含量的测定 电感耦合等离子体原子发射光谱法
SN/T 2056—2008	进出口茶叶中铅、砷、镉、铜、铁含量的测定 电感耦合等离子体原子发射光谱法
SN/T 2207—2008	进出口食品添加剂 DL-酒石酸中砷、钙、铅含量的测定 电感耦合等离子体原子发射光谱法

十、在元素形态分析中的应用

1. 基本要求

元素的形态即该元素在一个体系中特定化学形式的分布。识别或定量检测样品中某种元素实际存在的价态或赋存状态的分析，即为元素形态分析。

元素形态分析在环境、食品、生物分析中越来越占有重要地位，元素在环境中的迁移转化规律，元素的毒性、生物利用度、有益作用及其在生物体内的代谢行为在相当大的程度上取决于该元素存在的化学形态，特别是汞、砷、铅、硒、锡、碘、铬等元素形态分析的研究得到了普遍重视。

目前研究比较多的元素形态分析如下。

砷形态：亚砷酸盐(As^{III})、砷酸盐(As^{V})、一甲基胂酸(MMA)、二甲基胂酸(DMA)、砷甜菜碱(AsB)、砷胆碱(AsC)、砷糖(AsS)、阿散酸、洛克沙砷等。

汞形态：甲基汞、乙基汞、苯基汞、无机汞等。

硒形态：硒酸(Se^{VI})、亚硒酸(Se^{IV})、硒代蛋氨酸(SeMet)、硒代胱氨酸(SeCys)、甲基硒代胱氨酸(SeMeCys)等。

铅形态：四甲基铅(TeML)、四乙基铅(TeEL)、三甲基铅(TML)、三乙基铅(TEL)、二甲基铅(DML)、二乙基铅(DEL)、无机铅.

锡形态：三甲基氯化锡(TMT)、二丁基氯化锡(DBT)、三丁基氯化锡(TBT)、二苯基氯化锡(DPhT)、三苯基氯化锡(TPhT)。

铬形态：三价铬(Cr^{III})、六价铬(Cr^{VI})。

碘形态：碘离子(I^-)、碘酸根(IO_3^-)。

溴形态：溴离子(Br^-)、溴酸根(BrO_3^-)。

ICP-AES 用于元素形态分析需要采用色谱及各种分离柱联用进行预先分离，再行测定。

2. 应用实例

ICP-AES 在元素形态赋存态分析中的应用见表 6-42。

表 6-42　ICP-AES 在元素形态赋存态分析中的应用

应用对象	测定元素或分析内容	测定范围或技术要点	文献
溶液中	Fe^{3+}和 Fe^{2+}形态分析	在$(NH_4)_2SO_4$-H_2SO_4介质中，pH 5.0 时以 Fe(*o*-phen)$_3^{2+}$与 FeEDTA$^-$形式由毛细管电泳分离，分别测定 Fe^{2+}与 Fe^{3+}	1
水样	Cr(Ⅲ)和 Cr(Ⅵ)形态分析	采用离子交换纤维柱分离铬(Ⅲ)和铬(Ⅵ)后分别测定，用于管网水池塘水样和土壤提取液中的 Cr 价态分析	2
铅锌冶炼烟尘	铟物相分析	样品选择合适试剂分别提取，分别测定硫化铟、氧化铟、硫酸铟形态的铟	3
污泥中	Mn, Cu, Zn, Cr, Pb, Cd 重金属元素的赋存态分析	分步提取，分别测定重金属元素的可交换态、碳酸盐结合态、铁锰氧化物结合态、硫化物及有机结合态、残渣态	4
土壤中	Mo, Pb, As, Hg, Cr, Cd, Zn, Cu, Ni 重金属全量及各种赋存态分析	采用邻苯二甲酸氢钾-氢氧化钠处理对照，分别测定元素全量、酸可提取态、氧化结合态、有机结合态元素	5
燃烧飞灰	Cd, Cr, Cu, Mn, Ni, Pb, Zn 重金属各种赋存态分析	采用不同提取剂分级提取，分别测定水溶及交换态、碳酸盐结合态、铁锰氧化物结合态、有机结合态、残留态	6
金莲花	Fe, Mg, Cu, Zn, Mn, Cr, Pb, As 赋存态分析	按照初级形态分析流程制备样品溶液，用 0.45μm 微孔滤膜分离浸取液中的可溶态和悬浮态，测定初级形态	7
当归、黄芪及当归补血汤	Ca, Cu, Fe, Mg, Mn, Sr, Zn 赋存态分析	采用中药煎煮法提取，用 0.45μm 滤膜分离煎液中可溶态和不可溶态，可溶态元素分为有机态和无机态	8

本表参考文献：

1 邓必阳，曾楚杰，陈荣达. 光谱学与光谱分析，2005，25(11): 1868.
2 伍娟，龚琦，杨黄，潘雪珍. 冶金分析，2010, 31(2): 23.
3 赵良成，胡艳巧，王敬功，等. 冶金分析，2015, 35(5): 25.
4 朱延强，张媛媛. 中国无机分析化学，2011, 1(4): 40.
5 曲蛟，袁星，丛俏. 光谱学与光谱分析，2008, 28(11): 2674.
6 郭玉文，蒲丽梅，乔玮，等. 光谱学与光谱分析，2006, 26(8): 1540.
7 张莉，吴大付，张安邦. 光谱实验室，2011, 28(2): 739.
8 潘秀红，鄢贵龙，吴菲菲. 安徽农业科学，2008, 36(21): 9110.

十一、ICP–AES 分析常用谱线

ICP-AES 分析常用谱线见表 6-43～表 6-46。

表 6-43　ICP-AES 分析常用谱线及其特性

元素	波长/nm	类型	强度[①]	D.L./(μg/L)[①]	干扰元素	元素	波长/nm	类型	强度[①]	D.L./(μg/L)[①]	干扰元素
Ag	328.068	Ⅰ	4200	0.6	Fe, Mn, V	As	188.983	Ⅰ		5.0	
	338.289	Ⅰ	2200	8.7	Cr, Ti		189.042	Ⅰ	20000	5.8	
	243.779	Ⅱ	23.0	80	Fe, Mn, Ni		193.759	Ⅰ	16000	35	Al, Fe, V
	224.641	Ⅱ	11.0	87	Cu, Fe, Ni		197.262	Ⅰ	9000	51	Al, V
Al	167.020	Ⅰ		0.9	Mo, Fe, Si		228.812	Ⅰ	36.0	55	Fe, Ni
	308.215	Ⅰ	780	30	Mn, V		200.334	Ⅰ	4.0	120	Al, Cr, Fe, Mn
	309.284	Ⅰ	1400	23	Mg, V	Au	201.200	Ⅰ		10	
	394.401	Ⅰ	1050	47			211.080	Ⅰ	60	42	
	396.152	Ⅰ	2050	1.9	Ca, Ti, V		208.209	Ⅱ		7.6	
	237.312	Ⅰ	130	30	Cr, Fe, Mn		242.794	Ⅰ		3.0	

续表

元素	波长/nm	类型	强度①	D.L./(μg/L)①	干扰元素	元素	波长/nm	类型	强度①	D.L./(μg/L)①	干扰元素
Au	267.592	I		5.7		Cd	346.620	I	77.0	160.0	
B	249.773	I		0.6	Fe, Mo	Ce	413.765	II		9.0	Ca, Fe, Ti
	249.678	I		4.2	Fe, Mo (Ni)		413.380	II	1400	9.4	Ca, Fe, V
	208.959	I		6.7	Al, Fe, Mo		418.659	II	1400	7.0	Fe, Ti
	208.893	I		8.0	Al, Fe, Ni, Mo		395.254	II		10	
	182.583	I	40000	12	S		393.109	II		11.0	Mn, V
	182.529	I	90000	57			399.924	II	850.0	11.0	
Ba	455.403	II	43000	1.3	Cr, Ni, Ti		446.021	II	950.0	12	
	493.409	II	16000	2.3	Fe		394.275	II	1200	13	
	233.527	II	1150	4.0	Fe, Ni, V	Cl	725.671	I			
	230.424	II	800	4.1	Cr, Fe, Ni	Co	238.892	II	900.0	1.0	Fe, V
	413.066	II	1200	32			228.616	II	570.0	0.3	Cr, Fe, Ni, Ti
Be	313.042	II	64000	0.04	V, Ti		237.862	II	500.0	1.4	Al, Fe
	234.861	I	11500	0.2	Fe, Ti		230.786	II	400.0	9.7	Cr, Fe, Ni
	313.107	II	41000	0.5	Ti		236.379	II	400.0	11	
	249.473	I		3.8	Fe, Cr, Mg, Mn		231.160	II	320.0	13	
	265.045	I	900	3.1			238.346	II	330.0	9.3	
Bi	223.061	I	66	6.0	Cu (II)	Cr	205.552	II	220.0	0.3	Al, Cu, Fe, Ni
	306.772	I	380	50	Fe, V		206.149	II	170.0	2.4	Al, Fe, Ti
	222.825	I	21.0	83	Cr, Cu, Fe		267.716	II	2200	0.9	Fe, Mn, V
	206.170	I	6.5	57	Al, Cr, Cu, Fe		283.563	II	3700	4.7	Fe, Mg, V
	190.241	II	6000	300			284.325	II	2600	2.7	
Br	863.866	I	25				276.654	II	1500	4.1	
	478.550	II	400			Cs	452.673	II		4000	
C	193.091	I		29	Al, Mn, Ti		455.531	I		10000	
	247.856	I		120	Fe, Cr, Ti, V	Cu	324.754	I	8000	0.95	Ca, Cr, Fe, Ti
	199.362	I		5900			327.396	I	4000	1.8	Ca, Fe, Ni, Ti, V
Ca	393.366	II	450000	0.08	V		223.008	II	190.0	13.0	
	396.847	II	230000	0.06	Fe, V		224.700	II	350.0	1.4	Fe, Ni, Ti
	422.673	I	2900	6.7	Fe		219.958	I	160.0	1.8	Al, Fe
	317.933	II	1600	6.7	Cr, Fe, V		222.778	I	130.0	15.0	
	315.887	II	950	30	Cr, Fe	Dy	353.170	II		2.0	
	214.438	II	720	0.6	Al, Fe		364.540	II		4.4	
	228.802	I	1400	1.8	Al, As, Fe, Ni		340.780	II		5.3	
Cd	226.502	II	1000	2.3	Fe, Ni	Er	337.271	II		2.0	
	361.051	I		83.0	Fe, Mn, Ni, Ti		349.910	II		3.2	
	326.106	I	95.0	120.0			323.058	II		3.5	

元素	波长/nm	类型	强度①	D.L./(μg/L)①	干扰元素	元素	波长/nm	类型	强度①	D.L./(μg/L)①	干扰元素
Eu	381.967	II		0.45		La	379.083	II		2.2	
	412.970	II		0.73			379.478	II		2.0	Ca, Fe, V
	420.505	II		0.73			261.542	II		0.3	
Fe	238.204	II	2500	0.8	Cr, V		291.139	II		1.9	Er, V
	239.562	II	2400	0.7	Cr, Mn, Ni		408.672	II		2.0	Ca, Cr, Fe
	259.940	II	7000	0.8	Mn, Ti		412.323	II		2.0	
	234.349	II	1100	1.4		Li	670.784	I	12300	1.8	V, Ti
	240.488	II	1600	1.5			610.362	I	420	11	Ca, Fe
	259.837	II	2100	1.6			460.286	I	52	300	Fe
	261.187	II	2600	2.0	Cr, Mn, Ti, V		323.261	I	33	370	Fe, Ni, Ti, V
	275.574	I	2100	8.0			219.554	II		2.5	Er, Fe, V, Ni
Ga	294.364	I		7.0		Lu	261.542	II		0.3	
	417.206	I		10			291.139	II		1.9	Er, V
	287.424	I		12		Mg	279.553	II	99000	0.10	Fe, Mn
	245.007	I		4.5			279.079	II	830	20	Cr, Fe, Mn, Ti
Ge	265.118	I		15			280.270	II	83000	0.20	Cr, Mn, V
	209.426	I		13			285.213	I	17500	1.1	Cr, Fe, V
	265.158	I		26			279.806	II	2200	0.01	Cr, Fe, Mn, V
	164.917	I					383.826	I	1950	22	
Hf	232.247	II		7.5		Mn	257.610	II	18000	0.08	Al, Cr, Fe, V
	264.141	II		7.5			259.373	II	13000	0.35	Fe
	273.876	II		6.9			260.569	II	9900	0.45	Cr, Fe
	277.336	II		6.3			294.920	II	8600	1.6	Cr, Fe, V
	282.022	II		7.5			293.930	II	4600	2.2	Fe, Mo, Nb, Ta
	339.980	II		5.0			279.482	I	2700	2.6	
Ho	339.898	II		2.3			293.306	II	2700	2.8	
	345.600	II		1.0		Mo	202.030	II	155	0.6	Al, Fe
	389.102	I		2.9			203.844	II	90	3.1	Al, V
I	178.215	I		8.0			204.598	II	100	3.1	Al
	206.238	I	900	100	Cu, Zn		281.615	II	2400	3.6	Al, Cr, Fe, g
	142.549	I					284.823	II	1800	20.0	
In	230.606	II	80	20	Fe, Mn, Ni, Ti		277.540	II	1020	25.0	
	325.609	I	370	38	Cr, Fe, Mn, V	N	149.262	I			
	451,131	I	300	57	Ar, Fe, Ti, V		174.27	I	2500	30000	
	303.936	I	240	48	Cr, Fe, Mn, V	Na	588.995	I	650.0	10	Ti(二级谱线)
	410.176	I	250	150			589.592	I	300.0	2.0	Fe, Ti, V
Ir	224.268	II		7.0			330.237	I	8.3	650	Cr, Fe, Ti
	212.681	II		8.0	Cu		330.298	I	3.0	1500	
	205.222	I		16		Nb	309.418	II	2500	10	Al, Cr, Cu, Fe
K	766.490	I		4.0			316.340	II	1900	11	Ca, V, Fe
	404.414	I		40	Ca, Cr, Fe, Ti		313.079	II	2200	14	Cr, Ti, V
La	333.749	II		2.0	Cr, Cu, Fe, Mg		269.706	II	960.0	69.0	Cr, Fe, V

续表

元素	波长/nm	类型	强度①	D.L./(μg/L)①	干扰元素	元素	波长/nm	类型	强度①	D.L./(μg/L)①	干扰元素
Nb	322.548	II	1100	71.0		Ru	240.272	II		7.0	
Nd	401.225	II		10			245.650	II		7.0	Fe
	406.109	II		19			267.876	II		8.6	
	415.608	II		21			269.207	I		21	
	430.358	II		15		S	180.676	I		60.0	Al, Ca
Ni	216.556	II	190.0	5.0	Al, Cu, Fe		181.978	I		9.0	
	221.647	II	520.0	3.0	Cu, Fe, S, V		182.568	I		300.0	
	231.604	II	620.0	4.5	Fe	Sb	206.833	I	33.0	2.8	Al, Cr, Fe, Ni
	232.003	I	410.0	4.5	Cr, Fe, Mn		217.581	I	55.0	14	Al, Fe, Ni
	230.300	II	410.0	23.0			231.147	I	70.0	20	Fe, Ni
	352.454	I	1600	45.0			252.852	I	85.0	34	Cr, Fe, Mg, Mn, V
	341.476	I	1400	46.0			259.805	I	95.0	34	
Os	189.900	II		0.80		Sc	361.384	II		1.0	Cr, Cu, Fe, Ti
	225.585	II		0.24			357.252	II		0.5	Fe, Ni, V
	228.226	II		0.42			363.075	II		0.6	Ca, Cr, Fe, V
P	177.440	I	20000	15			364.279	II		0.7	Ca, Cr, Fe, Ti, V
	178.229	I	15000	20	Mo, Fe		424.683	II		1.8	
	213.618	I		30	Al, Cr, Cu, Fe (Mo)		335.373	II		1.0	
	214.914	I		30	Al, Cu	Se	196.026	I		3.5	Al, Fe
	253.565	I		110	Cr, Fe, Mn, Ti		203.985	I	8.5	23	Al, Cr, Fe, Mn
	213.547	I		140	Al, Cr, Cu, Ni		206.279	I	3.0	60	Al, Cr, Fe, Ni
Pb	220.353	II	150.0	5.0	Al, Cr, Fe		207.479	I	0.5	320	Al, Cr, Fe, V
	216.999	I	50.0	43	Al, Cr, Cu, Fe	Si	251.611	I	850.0	1.6	Cr, Fe, Mn, V
	261.418	I	180.0	62	Cr, Fe, Mg, Mn		212.412	I	90.0	11	Al, V
	283.306	I	340.0	68	Cr, Fe, Mg		288.158	I	720.0	18	Cr, Fe, Hg, V
	405.783	I	320.0	130			250.690	I	280.0	12	Al, Cr, Fe, V
Pd	340.453	I		10			288.168	I	280.0	11	
	344.140	I		30		Sm	359.260	II		8.0	
	229.650	II		16			428.079	II		13	
Pr	390.844	II		9.0	Ca, Cr, Fe, V		442.434	II		10	
	414.311	II		9.0	Fe, Ni, Ti, V	Sn	189.989	II		10	
	417.939	II		10	Cr, Fe, V, Th		235.484	I	28.0	38	Fe, Ni, Ti, V
	422.535	II		10	Ca, Fe, Ti, V		242.949	I	38.0	38	Fe, Mn
	422.293	II		31			283.999	I	90.0	44	Al, Cr, Fe, Mg
Rb	420.185	I		300		Sr	407.771	II		0.1	
	422.293	I		300			421.552	II		0.2	
Re	197.313	II		2.0	Al, Ti		216.596	II		2.0	
	221.426	II	580.0	2.0	Cu, Fe, Mn	Ta	226.230	II		8.0	
	227.525	II	650.0	2.0	Ca, Fe, Ni		240.063	II		10	
	346.046	I	160.0	115.0			268.517	II		10	
Rh	233.477	II		29			301.253	II		8.0	
	249.077	II		38	Sn	Tb	350.917	II		5.0	
	343.489	I		40	Fe		384.873	II		12	
	252.053	II		51			367.635	II		13	

续表

元素	波长/nm	类型	强度①	D.L./(μg/L)①	干扰元素	元素	波长/nm	类型	强度①	D.L./(μg/L)①	干扰元素
Te	214.281	I	25.0	27	Al, Fe, Ti, V	W	207.911	II		10	Al, Cu, Ni, Ti
	225.902	I	6.5	120	Fe, Ni, Ti, V		224.875	II		15	Cr, Fe
	238.578	I	14.0	120	Cr, Fe, Mg, Mn		218.935	II		16	Cu, Fe, Ti
	214.725	I	3.0	140	Al, Cr, Fe, Ni, T		209.475	II		16	Al, Fe, Ni, Ti, V
Th	283.730	I		14			209.860	II		18	
	325.627	I		43			239.709	II		19	
	326.267	I		43		Y	371.030	II		0.8	Ti, V
Ti	334.941	II	100	0.8	Ca, Cr, Cu, V		324.228	II		1.0	Cu, Ni, Ti
	336.121	II	8800.0	1.2	Ca, Cr, Ni, V		360.073	II		1.1	Mn
	323.452	II	7700.0	1.2	Cr, Fe, Nn, Ni, V		377.433	II		1.2	Fe, Mn, Ti, V
	337.280	II	6800.0	1.5	Ni, V	Yb	328.937	II		0.4	
	334.904	II	1800.0	1.7			369.420	II		0.7	
	307.864	II	1950.0	1.8			211.665	II		2.1	
Tl	190.864	II		27			212.672	II		2.1	
	276.787	I		80		Zn	213.856	I	1020	0.5	Al, Cu, Fe, Ni, V
	351.924	I		130			202.548	II	215.0	1.2	Al, Cr, Cu, Fe
Tm	313.126	II		1.3			206.200	II	185.0	2.7	Al, Cr, Fe, Ni, Bi
	336.262	II		2.7		Zr	334.502	I	95.0	76	Ca, Cr, Fe, Ti
	342.508	II		2.6			343.823	II	6500	0.9	Ca, Cr, Fe, Mn
V	309.311	II		1.0	Al, Cr, Fe, Mg		339.198	II	8000	5.1	Cr, Fe, Ti, V
	310.230	II		1.3	Cr, Fe, Ti		257.139	II	1300	2.6	
	292.402	II		0.7	Cr, Fe, Ti		349.621	II	5000	2.7	Ce, Hf, Mn, Ni
	290.882	II		1.8	Cr, Fe, Mg, Mo		357.247	II	3800	2.7	
	311.071	II		0.5	Ni, Al		327.305	II	3500	3.2	

① 数据引自不同资料，可能差别较大，只能作为参考。

注：谱线类型Ⅰ为原子线；Ⅱ为离子线。可能干扰元素因仪器分辨率不同而有差别，仅供参考

表 6-44 某些元素在 200nm 以下的灵敏分析线

元素	波长/nm	元素	波长/nm	元素	波长/nm	元素	波长/nm
H	(121.57)	S	143.328	Sb	156.548	P	177.495
O	130.485	Pb	143.389	In	158.583	Pt	177.709
Tl	132.171	I	142.549	Ge	164.917	P	178.287
Cl	134.724	C	145.907	C	165.70	S	180.713
B	136.246	Sn	147.415	S	166.669	Hg	184.95
P	138.147	N	149.262	Al	167.078	As	189.042
Sn	140.052	Si	152.672	Pb	168.215	Tl	190.864
Ga	141.444	Bi	153.317	Te	170.000	C	193.091
S	142.503	Br	154.065	Au	174.047	Se	196.068

表 6-45 中阶梯光栅分光仪器常见元素主要分析线及检出限

元素	波长/nm (级次)	检出限(3σ)/(μg/mL)	元素	波长/nm (级次)	检出限(3σ)/(μg/mL)
Al	308.215 (84)	0.0148	Mn	259.373 (100)	0.0004
	394.401 (66)	0.0672		260.569 (99)	0.0007
	396.152 (65)	0.0381	Mo	202.030 (128)	0.0082
Ca	317.933 (82)	0.0026		281.615 (92)	0.0057

元素	波长/nm (级次)	检出限(3σ)/(μg/mL)	元素	波长/nm (级次)	检出限(3σ)/(μg/mL)
Fe	238.204 (108)	0.0054	Mo	313.259 (83)	0.0233
	239.562 (109)	0.0092		267.716 (97)	0.0025
	259.940 (100)	0.0027	Cr	284.325 (91)	0.0024
K	766.490 (34)	3.391		283.563 (91)	0.0019
	769.896 (34)	2.003	Cu	324.754 (80)	0.0031
Mg	279.079 (93)	0.0298		327.396 (79)	0.0066
	285.213 (91)	0.0009	Cd	214.438 (121)	0.0021
	293.654 (88)	0.001		226.502 (114)	0.0015
Na	588.995 (44)	0.0706		228.802 (113)	0.0031
	598.592 (44)	0.467	Sc	361.384 (72)	0.0013
Sr	346.446 (75)	0.0021		363.075 (71)	0.0026
	407.771 (64)	0.0004		364.279 (71)	0.0073
	421.552 (62)	0.0007	Ga	287.424 (90)	0.0201
Li	670.784 (39)	0.0148		294.364 (88)	0.0095
Ba	455.403 (57)	0.0006	Ce	413.380 (63)	4.250
	493.409 (53)	0.0022		418.660 (62)	0.096
Co	228.616 (113)	0.0037		446.021 (58)	0.0394
	230.786 (112)	0.005	La	394.910 (66)	0.179
	237.862 (109)	0.0045		433.374 (60)	1.940
Bi	223.061 (116)	0.0464	Nb	309.418 (84)	0.0036
	306.772 (85)	0.0524		316.340 (82)	0.0035
Pb	220.353 (117)	0.040		319.498 (81)	0.0066
	261.418 (99)	0.037	Ta	240.063 (108)	0.0089
Zn	206.220 (125)	0.039		268.517 (96)	0.0162
	213.856 (121)	0.0028	V	292.402 (89)	0.0036
Be	234.861 (110)	0.0005		309.311 (84)	0.0007
	234.861 (111)	0.0011	Y	360.073 (72)	0.0025
	313.042 (83)	0.0002		371.030 (70)	0.0029
Ni	221.647 (117)	0.0034		437.498 (59)	0.0037
	231.604 (112)	0.0057	Dy	353.170 (73)	0.0037
Zr	343.823 (75)	0.0039		394.468 (66)	0.0255
	343.823 (76)	0.0032		406.109 (64)	0.0346
P	213.618 (121)	0.0247	Gd	335.047 (77)	0.0046
	214.914 (120)	0.061		342.247 (76)	0.0069
S	180.731 (185)	0.0094	Yb	297.056 (87)	0.0067
	182.034 (184)	0.020		328.937 (79)	0.0002
Mn	336.121 (77)	0.588	Ti	323.452 (80)	0.520
	257.610 (61)	0.0006		334.941 (77)	1.320

表 6-46 ICP-AES 常见元素不同基体分析常用谱线

基体 \ 元素	水样	盐水	Fe 基	Ni 基	FeNi 基	FeNiCr 基	CoNi 基	Cu 基	Ti 基	Nb 基
Ag	328.068	328.068	338.289				328.068	328.068 338.289	328.068	
Al	167.020 396.152	167.020	394.401	394.401	394.401	394.401	396.152	396.152	394.401	394.401

续表

基体\元素	水样	盐水	Fe 基	Ni 基	FeNi 基	FeNiCr 基	CoNi 基	Cu 基	Ti 基	Nb 基
As	188.983		189.042	188.983			189.042	188.983 189.042	189.042	189.042
Au	242.794		208.209				242.795	267.595	242.795	
B	208.959		182.583				182.583		249.773	249.773
Ba	233.527	455.403	455.403				455.403		455.403	
Be	313.042		234.861				313.107		234.861	
Bi	223.061		233.061				306.771^5	289.797^5	306.771^5	
Ca	317.933	393.366	393.366				393.366		393.366	393.367
Cd	226.502	214.438	214.438				214.438		214.438	226.502
Ce	413.380		418.660		456.236	456.236	418.660		413.765	
Co	228.616		228.616	228.616	238.892	238.892		228.616	237.862	238.892
Cr	205.552	267.716	267.716	206.149 283.563	267.716	267.716	267.716	267.716	205.552	202.552
Cu	324.754	324.75	324.754	324.754	324.754	324.754	324.754	224.700	324.754	223.008
Fe	259.940	259.940		259.940			259.940	259.940	238.204	273.955
Ge	209.426									209.426
Hf	277.336			282.022						282.022
Hg	194.227		184.890				184.890		194.227	
K	766.940									766.490
La	408.672		408.672				398.852		408.672	398.852
Mg	279.079	279.553	279.553	279.553			279.553		279.553	279.553
Mn	257.610	257.610	257.610	257.610	257.610	257.610	294.920	257.610	257.610	257.610
Mo	202.030	202.030	202.030		202.030	202.030	202.030		281.615	202.030
Na	589.592	330.23								589.592
Nb	316.340			316.340						
Ni	231.604	231.604	231.604		231.604	231.604		231.604	231.604	231.604
P	178.229		178.29	178.29		178.29	178.29		213.618	178.29
Pb	220.353	220.353	220.353	405.783		220.353	405.783	248.892	220.353	405.783
Pd	340.453							248.892		
Pt	214423		214.423				265.945	265.945	214.423	
S	180.676		180.73				180.73		180.73	
Sb	217.564		206.833				217.581	206.833	217.581	
Sc	361.383									361.384
Se	196.026		196.090				196.090		196.090	
Si	251.612		288.157			288.157	251.612	251.611	251.612	252.851
Sn	189.989		189.989	189.989			189.989	189.989	242.949	189.989
Sr	407.770	407.771	407.771				407.771		407.771	407.771
Ta	268.517	240.063		263.558						263.558
Te	214.281		214.281				214.281	238.578	238.578	
Ti	337.280	338.376	337.280	338.376		337.280				337.280
Tl	190.864									
U	424.167		409.014				409.014		409.014	
V	292.402	310.230	310.230	437.924		310.230	292.402		310.230	292.402
W	207.912	207.911	207.911	207.911			207.911		239.709	207.911
Y	371.029	324.228								360.073
Zn	213.856	213.856	206.200				206.200	334.502	202.548	213.856
Zr	343.823	339.198	343.823	343.823			343.823		343.823	349.621

参 考 资 料

[1] Winge R K, Fassel V A, Peterson V J, Floyd M A .Inductively Coupled Plasma Atomic Emission Spectroscopy. An Atlas of Spectral information. Amsterdam Elsevier: 1984.

[2] 陈新坤. 电感耦合等离子体光谱法原理和应用. 天津:南开大学出版社,1987.

[3] 汤普森 M, 沃尔什 J N, 著. ICP 光谱分析指南. 符斌, 殷欣平译. 北京: 冶金工业出版社, 1991.

[4] 辛仁轩. 等离子体发射光谱分析. 第 2 版. 北京: 化学工业出版社,2011.

[5] 郑国经, 计子华, 余兴. 原子发射光谱分析技术及应用, 北京: 化学工业出版社, 2010.

[6] 周西林, 李启华,胡德声. 实用等离子体发射光谱分析技术. 北京: 国防工业出版社, 2012.

参 考 文 献

[1] Reed T B. J App Phys, 1961, 32(12): 2534. 32, 821.

[2] Greenfield S. Analyst, 1964, 89: 713.

[3] Wendt R H, F assel V A. Anal Chem, 1965, 37: 920.

[4] Pilon M J, Denton M B, Schleicher R G. Evaluation of a New Array Detector Atomic Emission Spectrometer for Inductively Coupled Plasma Atomic Emission Spectroscopy, 1990: 10

[5] Boumans P W J M. Inductively Counpled Plasma Emission Spectroscopy. Part Ⅰ. New York: John Wiley and Sons INC, 1987: 237.

[6] Boumans P W J M, Boer F J. Spectrochimica Acta, 1977, 32B(3): 365.

[7] Uchida H, Tanahe K, Nojin Y, et al. Spectrochimica Acta, 1981, 36B(7): 711.

[8] Schram D C, Raaymakers I J M M. Spectrochimica Acta, 1983, 38B(11/12): 1545.

[9] Fujimato T. J Phys Soc Japan, 1980, 49(12): 1569.

[10] Korblum G R, Galan L. Spectrochimica Acta, 1974, 29(2): 249.

[11] Blades M W, Hieftje G R. Spectrochimica Acta, 1982, 37B(3): 191.

[12] 唐咏秋. 光谱学与光谱分析, 1991, 11(1): 49.

[13] 刘克玲, 黄茅. 光谱学与光谱分析, 1989, 9(3): 35.

[14] 万家亮, 钱沙华, 张悟铭. 光谱学与光谱分析, 1987, 7(2): 15.

[15] 辛仁轩, 赵玉珍, 薛进敏. 分析测试通讯, 1996, 6(4): 198.

[16] 辛仁轩, 林敏华, 王国欣. 光谱学与光谱分析, 1982, 2(3/4): 215.

[17] 郑建国, 张展霞, 钱浩雯. 光谱学与光谱分析, 1991, 11(1): 38.

[18] 黄本立, 吴绍祖, 王素文. 分析化学, 1980, 8(5): 416.

[19] Wohlers C C, Hoffman C J. ICP Information Newsletter, 1981, 6(9): 500.

[20] 中国分析测试协会编. 分析测试仪器评议——从 BCEIA2011 仪器展看分析技术的进步. 北京: 中国质检出版社, 2012: 17.

[21] Wohlers C C. ICP Information Newsletter, 1985, 10(8): 593.

[22] 鲍曼斯, 富拉京, 邱德仁, 等. 光谱学及光谱分析, 1986, 6(5): 26.

[23] 倪景华, 黄其煜. 光机电信息, 2008, 25(5): 33.

[24] 郑国经. 冶金分析, 2001, 21(1): 36.

[25] 郑国经. 冶金分析, 2014, 34(11): 1.

[26] 中国质检出版社第五编辑室. 电感耦合等离子体原子发射光谱分析技术标准汇篇. 北京: 中国质检出版社, 2011.

[27] 黄本立, 中国科学院应用化学研究所光谱组编制. 混合稀土元素光谱图谱. 北京: 科学出版社, 1964.

[28] 钱振彭, 王长庆, 陈维本. 稀土元素 ICP-AES 光谱图, 北京: 冶金工业出版社, 1982.

[29] 王海舟主编. 冶金分析前沿. 北京: 科学出版社, 2004: 74.

[30] 姚朝英, 任兰. 黑龙江环境通报, 2004, 28(1): 44, 56.

[31] 齐文启, 孙宗光. 现代科学仪器, 1998, (6): 32.

第二篇

第七章 微波等离子体原子发射光谱分析

第一节 微波等离子体原子发射光谱分析法概述[1~5]

微波等离子体原子发射光谱分析法（MWP-AES）是以微波等离子体作为激发光源的光谱分析方法，是一种伴随着微波等离子体器件的发展而发展起来的痕量分析新技术，当前仍处在发展阶段。

一、名词术语

（1）微波（microwave）　是指频率从 100MHz 到 100GHz 即波长从 300cm 至几毫米的电磁波。

（2）微波等离子体（microwave plasma，MWP）　是指由微波作用于工作气体（氩、氦或氮等）形成的等离子体。

（3）电容耦合微波等离子体（capacitively coupled microwave plasma，CMP）　经电容耦合在同轴谐振腔内电极顶端维持的微波等离子体。

（4）微波诱导等离子体（microwave induced plasma，MIP）　由位于谐振腔中的放电管（无电极）维持的微波等离子体。

（5）谐振腔（resonant cavity）　一种用以产生及维持微波等离子体的器件，由具有矩形或圆形横截面的封闭腔体组成,微波通过谐振腔耦合至从放电管中中流过的工作气体而产生的微波等离子体。

（6）表面波发生器（surfatron）　一种按表面波传播原理制作而成的微波器件，一般由纯铜加工而成，由输入耦合部分和同轴的表面波形成结构两部分组成。

（7）微波等离子体炬（microwave plasma torch，MPT）　其炬管具有类似 ICP 的三管同轴结构，等离子体维持气由中间管进入，样品气溶胶由载气从内管引入，等离子体在靠近炬管端部的中间管和内管之间形成。可在常压下获得呈倒漏斗形的 Ar、He 或 N_2 等微波等离子体焰炬。

二、发展概要

20 世纪 40 年代第二次世界大战末期美国麻省理工学院开始了这类等离子体物理性质的研究。根据微波耦合方式的不同，可以分为 CMP、MIP 两类微波等离子体。从历史上看，CMP 与 MIP 是并行发展的，这是由于这两种方法在技术设计与操作上都存在有一些本质的区别。其中一个区别是工作频率：CMP 可以在一个很宽的频率范围（包括微波和射频波段）内工作，传统上主要专注于射频等离子体；用于维持 MIP 的谐振腔则专用于单个工作频率——通常为 2.45GHz。

CMP 在 1951 年，首次被用于原子光谱分析[6]，1963 年 Mavrodineanu 和 Haughes 将其用于溶液分析[7]。CMP 的分析应用主要集中于溶液的元素分析，1968 年 Murayama 等人推出了一种商品 CMP-AES 仪器。然而，由于存在严重的元素间效应而无法与电感耦合等离子体光谱 ICP-AES 仪器相竞争。

20 世纪 60~70 年代，CMP 为一些西欧国家和日本的科学家所研究和改进，出现过两种

商品仪器：Hitachi 300 UHF Plasma Scan 和 Applied Research Laboration（ARL）31000 型。但是这些仪器共存元素的干扰效应很严重，其分析性能远不如同时发展起来的 ICP 光源好，因此两者都未被市场所接受。

1952 年 MIP 最初在光谱化学上被成功应用于对 H-D 混合物的同位素分析，1958 年由 Broida 将 MIP 用于对氮同位素的光谱分析[8]。

1965 年 McCormack 等开发了第一台基于 MIP 发射光谱的元素选择性气相色谱检测器[9]。应用 MIP 作为溶液分析的办法最初是由 Yamamoto 提出的[10]。1990 年 Quimby 和 Sullivan 推出应用于 GC 系统上最为成功的商品化微波等离子体发射光谱检测器（MPD）[11]。

1976 年 Beenakker 发明了一种新型的以 TM_{010} 模式工作的谐振腔[12]，利用该种腔可以在常压下获得氦或者氩等离子体，很快就被许多研究者改进后用于光谱化学分析，或者用作 GC 和超临界流体色谱（SFC）的原子发射光谱检测器（AED），或者用作气体和溶液光谱分析的激发光源。

1975 年，Moisan 等采用表面波传播原理研制出了一种被称为 Surfatron 的器件[13]，用这种器件也可获得常压氦或者氩等离子体。但是这种新 MIP 发生器件直到 1984 年才有几篇用于元素分析的报道，到 20 世纪 90 年代后一系列新的研究证明，由 Surfatron 获得的 MIP 不仅可用作气体和溶液样品分析的激发光源，还可以用作 SFC 和 GC 的 AED，而且还可以用作 GC 离子化检测器和原子吸收光谱法的原子化器。

大多数 MIP 对于溶液样品的承受能力都不高，CMP 虽然对溶液样品的承受能力较高，但是也有因中心电极烧蚀而致等离子体被污染的缺点。因此未形成像 ICP 光源那样有效的元素分析仪器，应用范围难以拓展。

1985 年，我国吉林大学金钦汉课题组发明了一种新的获得微波等离子体的器件——微波等离子体炬（MPT），它是一种由三个同轴金属管构成的炬管，用它可以在低微波功率下获得常压氦、氩、氮甚至空气等离子体[14]，容易获得包括高电离电位的 He 在内的多种气体的常压等离子体。被认为是微波等离子体研究中的“突破性进展”，推动了 MWP 光谱分析的发展。

随后，金钦汉与美国 Hieftje 合作，对 MPT 光源性能进行了系统的研究和改进，证明 MPT 不仅有与 ICP 类似的炬管结构，所形成的等离子体呈倒漏斗形状，有利于样品的引入，且对溶液和分子气体的引入有“很强的承受能力”[15]，以氦为工作气体的 HeMPT-AES 可测定包括卤素等 ICP 难以检测的非金属元素在内的周期表中几乎所有元素。

1990 年，Okamoto[16]研发了一种表面波激励的高功率 N_2 MIP。这种高功率激发源首先被应用到光学发射光谱法中，后来又被用于 N_2MIP-质谱仪（Hitachi P-6000）[17]上。

20 世纪 90 年代末，基于 MPT 的多种进样方式和光谱技术被成功建立，长春吉大-小天鹅仪器公司推出了一种商品化 MPT-OES 仪器（JXY-1010MPT）。1995 年一家日本公司推出了一种基于 HeMIP 的颗粒物分析仪（Yokogawa PT1000 型）。它为同时测量微纳颗粒的化学组分和尺寸、基本物理构造提供了可能性[18]。最近，Jankowski 等人用横电磁波传输模式（TEM 模式）在低于 3L/min 的氦气流和低功率条件下获得了环形等离子体[19,20]。

进入 21 世纪以来，基于 MPT 的 MWP-AES 分析技术得到推广应用，以吉大 MPT 技术为基础的长春吉大-小天鹅仪器公司，开始了 MPT 光谱仪器的商品化，实现了低功率下工作的单通道顺序扫描型 MPT-AES 仪器的商品化生产。随后，浙江中控科技集团公司又研发了低功率下工作的全谱直读型 MPT 光谱仪，为 MPT 发射光谱仪的进一步提升和发展奠定了良好的基础。

2008 年 Hammer[21]报道了一种性能接近电感耦合等离子体 ICP 的磁激励微波等离子体光源的原子发射光谱仪器，于 2011 年由 Agilent 公司在市场上推出了 4100MP-AES 型千瓦级氮微波等离子体原子发射光谱仪。采用磁耦合微波等离子体作为激发光源，快速顺序扫描式光学

结构，CCD 检测器，具有与 ICP-AES 相近的分析功能。可在氮气下工作，而且除碱金属和碱土金属元素外，还对贵金属和稀土元素及其他一些金属元素有良好的分析性能。

用千瓦级氦 MIP 作为激发光源的原子发射光谱技术已有人研究过，但是由于受传统 HeMIP 的体积所限，其结果并不太理想。而当采用 MPT 作为激发光源时，由于 MPT 体积较大，且又有利于样品引入的中央通道，样品承受能力和激发能力都好，因此千瓦级的 HeMPT 光源具有很好的分析性能。在对其结构做适当改进后，千瓦级 HeMPT 光谱分析技术的分析性能将有望具有"全元素分析"能力。

表 7-1 是 2011 年英国皇家化学会出版的专著《微波诱导等离子体分析光谱法》[1]对于微波等离子体光谱分析发展历史上最有意义的 15 块里程碑的总结，其中有关 MPT 的 3 块里程碑主要是我国学者的贡献[15]。从商品仪器的发展来看，安捷伦公司于 2011 年推出的 Agilent 4100MP-AES 的磁耦合高功率氮微波等离子体原子发射光谱仪，采用氮气做工作气体，"只要有电和有空气的地方就能够工作"、可长时间"无值守"安全运行，使 MWP-AES 仪器商品走向市场化，应该也算 MWP-AES 发展中的一块有意义的里程碑[21]。

表 7-1 原子光谱分析用微波等离子体光源发展史上的里程碑[1]

年　份	事　件
1951	开发成功 CMP 激发光源
1958	用 MIP-OES 测定了氮同位素
1965	开发成功 GC 用微波等离子体发射光谱检测器
1968	CMP-OES 仪器(Hitachi 300 UHF)商品化
1976	开发成功常压下工作的 TM_{010} 谐振腔
1981	开发成功元素分析用 MIP-MS
1985	开发成功 MPT 激发光源
1989	MIP-OES 仪器(Analab MIP750MV)商品化
1990	GC 用 MPD(HP 5921A AED)商品化
1990	开发成功 Okamoto 谐振腔
1994	N_2 MIP-MS 仪器(Hitachi P-6000)商品化
1995	颗粒大小测定用 MWP 仪器(Yokogawa PT1000)商品化
1999	MPT-OES 仪器(JXY-1010 MPT)
2000	MW 微等离子体系统商品化
2000	开发成功 MPT-TOFMS
2011	磁耦合高功率氮微波等离子体原子发射光谱仪 Agilent 4100 MP-AES

三、应用范围和发展

目前 MWP 已在化学分析的各个领域得到应用。作为一种联用技术，气相色谱-微波诱导等离子体发射光谱分析技术（GC-MIP-OES）在非金属元素检测、元素形态分析和金属组学应用领域已占据了突出的位置。

从 MWP 在光谱分析应用方面的情况看，由于其有可容易地获得常压氦、氩或者氮等离子体的独特优势和特殊的激发机理，使其能够在检测许多金属和非金属时保持良好的灵敏度和较低的仪器运行成本。

微波等离子体原子光谱分析技术仍处于发展阶段，要想使 MWP-AES 真正成为一种实用的新技术，发挥其分析潜能，达到像 ICP-AES 那样的实用化及仪器化，仍有待于高功率 MWP 技术上的进一步突破。

第二节　微波等离子体光源

一、微波等离子体（MWP）的获得及其类型

用于获得光谱分析用微波等离子体的方法有许多种，按照微波等离子体形成的方法和装置结构的不同，主要有两大类：CMP 和 MIP。

由电容耦合方式获得的微波等离子体称为 CMP，它是将从磁控管产生的微波通过同轴电缆传送至一个同轴谐振腔内，当腔内有工作气体（He 或 Ar）引入并对腔体进行调谐时，即可在内电极的顶端上方形成一个明亮的火焰状等离子体[图 7-1(a)]。因为可把金属管当作电容器，故将其称为电容耦合微波等离子体，亦称为单电极微波放电。

以微波诱导方式获得的微波等离子体称为 MIP，它是将微波通过一个外部金属腔耦合至流经其中石英管内的气体时，由于能量耦合的结果，使其在石英管里形成一个明亮的火焰状等离子体，由于此处不存在电极，故又称为无电极微波放电[图 7-1(b)]。

用于产生与维持微波等离子体的相关器件，又可以分为谐振腔、表面波发生器（Surfatron）及微波等离子体炬管（MPT 炬管）。

通过谐振腔将微波耦合至流经置于其中的放电管内的工作气体而产生的等离子体称为微波诱导等离子体（MIP），它是一种无极波电。腔体可以设计成矩形或圆形的金属腔体，容积大小以确保微波引入时在腔中能产生驻波为度。已采用过的有：渐缩矩形腔、1/4 波长径向腔、3/4 波长径向腔、TM_{010} 腔等[图 7-1(c)]。

用基于表面波传波原理的 Surfatron 装置，也可以获得 MIP[图 7-1(d)]，既可用其作为原子光谱激发光源，还可用其作为 GC 的离子化检测器，或 AAS 的原子化器。

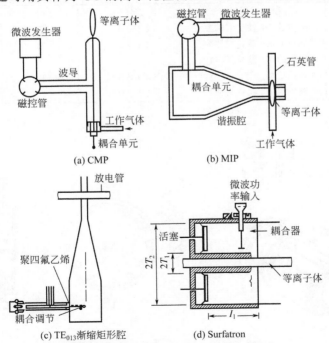

(a) CMP　　(b) MIP

(c) TE_{013} 渐缩矩形腔　　(d) Surfatron

图 7-1　微波等离子体光源及器件原理图

20 世纪 70 年代中期以前，能用于原子光谱分析的 MWP 放电几乎完全是在减压气体中获得的 MIP，特别是 HeMIP。因此，MWP 技术发展的这段时间也被称为低压 MIP 时代。期间

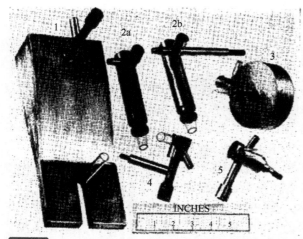

图 7-2 几种早期微波谐振腔（含石英放电管）照片

研制了多种谐振腔（图 7-2 和表 7-2），包括各种同轴谐振腔和渐缩矩形腔，并在较宽压强范围（1 ～ 760Torr，1Torr=133.322Pa）内进行了检验[22]。当使用低压放电时，待测物的引入主要通过气相色谱、电热蒸发或者化学气相发生技术等完成，因为低压 MIP 对样品的承受能力较低，难以在有较多水蒸气进入的情况下保持工作稳定。

随着可以获得在常压下稳定工作的氦和氩微波等离子体器件 TM$_{010}$ 腔[图 7-3(a)][7]和 Surfatron[图 7-3(b)][8]及微波等离子体炬（MPT）[9][图 7-3(c)]的引入，情况已有根本性好转。

MPT 如图 7-3（c）所示，其结构由三个同心的金属管组成，工作气体由中间管进入，样品由载气从内管引入，等离子体在中间管与内管之间靠近炬管的顶端形成，并延伸至管外，微波的能量通过绕着中间管的圆筒状天线耦合到等离子体气，在最佳耦合状态时用 Tesla 放电将等离子体点燃，即可得到稳定的微波等离子体焰炬。

表 7-2 微波等离子体谐振腔腔体特性

对应图 7-2 中腔的编号	电学结构	适用频率范围/MHz	耦合调节	可否移出玻璃放电系统
1	TE$_{013}$ 型渐缩矩形腔	2.45	可	可
2a	缩短的 3/4 波长同轴腔	2.3~2.6	否	否
2b	缩短的 3/4 波长同轴腔	2.3~2.6	可	否
3	缩短的 1/4 波长径向腔	2.3~2.6	否	否
4	同轴终端	0.5~4.5	可	可
5	缩短的 1/4 波长同轴腔	2.0~3.0	可	可

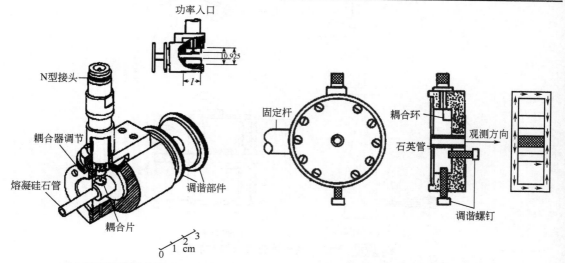

(a) 1975年表面波器件Surfatron

(b) 1976年TM$_{010}$腔及其电流模式

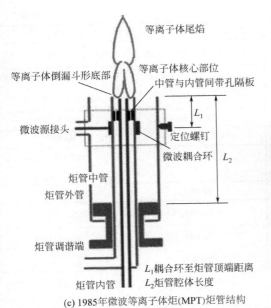

(c) 1985年微波等离子体炬(MPT)炬管结构　　　　所获得的HeMPT和ArMPT照片

图 7-3　可获得常压氦和氩微波等离子体的几种器件

这一结构的 MPT 独特之处在于等离子体中央通道的存在，明显地改善了微波等离子体对样品气溶胶和分子组分的承受能力，使其对溶液样品气溶胶及含微粒气溶胶气态样品的直接引入，具有优越的分析性能。

二、MWP 光源的物理化学特性

如果等离子体中所有自由度，包括分子和原子的解离和电离，原子、离子和分子的激发，所有电离阶段中所有形态（原子、离子、电子）动能的能量分布都可用同一温度来描述，而这一温度又可表征此等离子体的辐射场及热力学性质和传输性质，则此种等离子体被称为处于完全热力学平衡状态（CTE）。也就是说，处于 CTE 的等离子体将遵循下列所有的定律，即：各种粒子的平动动能遵循由平动温度 T_{rot} 所表征的 Maxwell 分布函数；辐射场遵循由辐射温度 T_{rad} 所表征的 Planck 分布函数；激发态粒子遵循由激发温度 T_{exc} 所表征的 Boltzmann 分布函数；分子、原子和离子遵循质量作用定律。质量作用常数则由反应温度 T_{rea}，或者更具体地说，由离解温度 T_{dis} 或电离温度 T_{ion} 所决定。但是，实验室所获得的等离子体中辐射场并不均匀一致（因为大部分发射辐射都离开了等离子体，而没有被吸收），因此，此种等离子体只能被称为处于局部热力学平衡状态（LTE）。

迄今的实验研究结果表明，不管用什么方法获得的光谱分析用 MWP 甚至都不是处于局部热力学平衡状态的（即非 LTE）等离子体（参见表 7-3）[1]。

表 7-3　光谱分析用 MWP 特性

类　型	等离子体气体	电子数目密度/cm⁻³	电子温度/K	激发温度[①]/K	转动温度[①]/K
TE₀₁₃	Ar	1.8×10^{15}	—	6280(Ar)	1440~2440(OH)
TM₀₁₀	Ar	3.8×10^{14}	—	4500(Ar)	1150(OH)
	He	1.3×10^{14}	—	4000~5700(Fe)	
				3400(He)	1300(OH)
				5700(Fe)	1400(N_2^+)

续表

类　型	等离子体气体	电子数目密度/cm⁻³	电子温度/K	激发温度[①]/K	转动温度[①]/K
TE₁₀₁	Ar	1.1×10^{15}	7900	4600~5900(Fe)4000~6400(Ar)	2500~3600(OH)4900(N_2^+)
Surfatron	He	4×10^{14}	12500	3000(He)5500(Fe)	2200~2700(OH)
	Ar	4×10^{14}	7800	1900(Ar)	2250(OH)3600(N_2^+)
TEM	He	1×10^{14}	—	3000(He)	2000(OH)
	He	$(5.5\sim7.5)\times10^{14}$	—	3000~3300(He)	3000(OH)
MPT	Ar	7×10^{14}	13000	5300~6000(Fe)	1500~6000(OH)
	He	1×10^{14}	21500		2100(OH)
TIA	Ar	1×10^{14}	19100	5500(Ar)	3000(OH)
	He	$(1\sim5.7)\times10^{14}$	26000	3800(He)	2400~2900(N_2^+)
Okamoto 腔	N₂	5×10^{13}	—	5400(Fe)	5000(N_2^+)
	He	2.3×10^{14}	—	5000(Fe)	—
CMP	N₂	$<1\times10^{14}$	—	4900~5500(Fe)	4300(N_2^+)
	He	4×10^{14}	—	3430(He)	1620(OH)
三相 MIP	He	7.5×10^{14}		4000(He)	3100(OH)

①括号内所列化学组分为测温所用组分。

　　但是，表中大多数此类诊断结果又都是不得不以 LTE 为初始假定（例如，使用 Boltzmann 和 Saha 方程）导出来的。直到 20 世纪 80 年代，才得以把无须假定处于 LTE 状态就可应用的激光 Thomson 散射法用于研究微波等离子体炬（MPT）[23]。结果表明，MPT 放电严重偏离 LTE，MPT 的电子温度（T_e）随等离子体工作气体和空间位置的不同而不同，范围在 13000~21500K，而气体温度（T_g）则要比电子温度低 2 倍至一个数量级（见图 7-4）。实测的电子数目密度大致比根据 LTE 预测的值（由所测得的电子温度和 Saha 方程计算而得）低 2~3 个数量级 [ArMPT：$(1.0\sim9.8)\times10^{14}$cm⁻³；HeMPT：$(0.7\sim1.2)\times10^{14}$cm⁻³]。

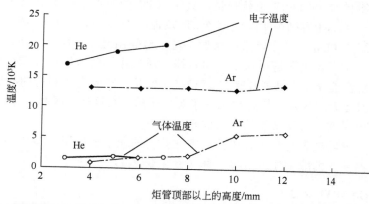

图 7-4 Ar/He MPT 中电子温度和气体温度随观察高度的变化

（用激光Thomson散射法测得，微波功率350W）

　　但是，进一步用激光 Thomson 散射法的研究（图 7-5）证明，对于 350W 的 He MPT，由图中直线部分计算得到的大部分电子的温度为 T_e=20000±100K。曲线尾部实验数据明显向高

的方向偏离，表明高能电子是明显过布居的。这对于高激发电位元素谱线的激发十分有利。但是，由于气体温度较低，其原子化能力则并不理想。综合文献报道，可以看出，对于各种用于光谱分析的低功率微波等离子体光源来说，其电子温度 T_e，离子温度 T_{ion}，激发温度 T_{exc}，转动温度 T_{rot} 和平动温度 T_{tr} 大致有如下关系：

$$T_e \gg T_{ion} \sim T_{exc} > T_{rot} \sim T_{tr}$$

其中 T_{tr} 大体上与实际的气体温度 T_g 接近。

表征等离子体的另一个重要物理量是其电子数目密度及其空间分布。这也可用激光 Thomson 散射法测得。对于 350W 的 ArMPT 和 HeMPT，其值分别在（1.0～9.8）×10^{14}/cm^3 和（0.7～1.2）×10^{14}/cm^3（图 7-5）。可见在 HeMPT 中高能电子是明显过布居的。

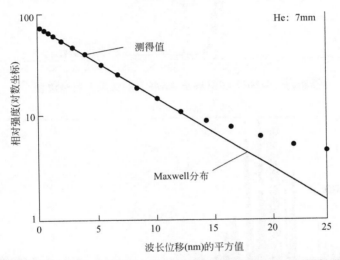

图 7-5 He MPT 中距炬管 7mm 处测得的电子 Thomson 散射谱图

三、MWP 光源的光谱特性

图 7-6～图 7-8 分别为用 HeMIP、ArMPT 和 HeMPT 获得的等离子体的背景发射光谱图。

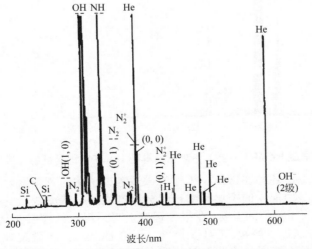

图 7-6 用 TM$_{010}$ 腔获得的常压 HeMIP 背景发射光谱图[12]

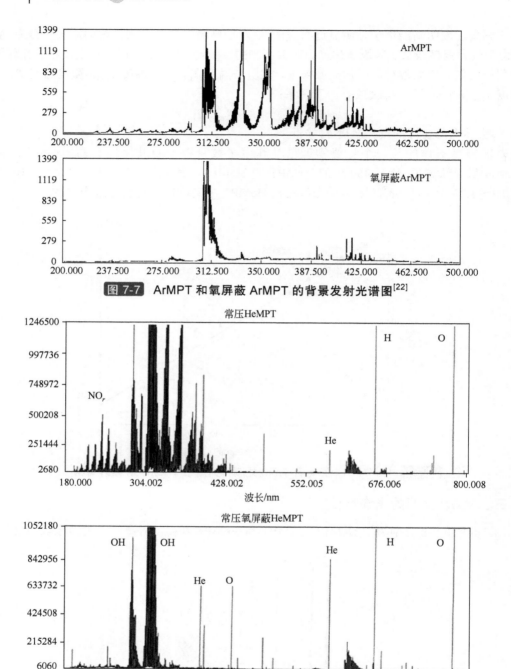

图 7-7 ArMPT 和氧屏蔽 ArMPT 的背景发射光谱图[22]

图 7-8 常压 HeMPT（上）和常压氧屏蔽 HeMPT 背景发射光谱图（下）

从以上几个图可见，各种在常压下工作的微波等离子体的背景发射在未加氧屏蔽时，都不可避免地出现了一些由混入的空气和溶剂组分所产生的带状或线状发射成分（图 7-6）。但是，对于 MPT 光源来说，它们的干扰，在很大程度上可采用在外管引入氧屏蔽气（OS-Ar-MPT 和 OS-He-MPT）的办法加以解决。还可以看出，无论 He 还是 Ar 微波等离子体，其自身的背景发射光谱都比较简单，特别是那些在石英管中形成的微波诱导等离子体（MIP），除混入少量空气组分（氮、氧、氢、碳）和石英放电管组成元素（硅、氧）的发射谱线（带）外，几

乎没有其他元素的发射谱线（表 7-4）[1]。但是对于那些直接暴露在空气中的等离子体（例如氩或者氦 MPT）来说，情况就要复杂一些，这时与空气主要成分氮、氧和 CO_2 相关的一些分子基团（如 NO、OH、NH、N_2、N_2^+、C_2 等）的带状发射会十分明显，从而干扰一些元素灵敏谱线的检测。对于 MPT 光源，这个问题可通过在外管中切向引入氧气将整个等离子体屏蔽起来的办法加以较好的解决（图 7-7），此时残留的背景发射就只剩由水溶液和屏蔽气中也存在的氢和氧产生的 OH 谱带及 H 和 O 的谱线了。

表 7-4 常压 MWP 中最突出的背景发射光谱特征

源组分	波长/nm	跃迁	源组分	波长/nm	跃迁
NO		$[A^2\Sigma^+ - x^3\pi]$		375.54	1.30
	205.24	2.00		380.49	0.20
	215.49	1.00	N_2^+		$[B^2\Sigma^+ - x^2\pi]$
	226.94	0.00		391.44	0.00
	237.02	0.10	CO^+	219.0	0.00
	247.87	0.20		221.5	1.10
	259.57	0.30		230.0	0.10
OH		$[^2\Sigma^+ - ^2\pi]$	CN		$[B^2\Sigma - x^2\Sigma]$
	281.13	1.00		358.59	2.10
	287.53	2.10		359.04	1.00
	294.52	3.20		385.47	3.30
	306.36	0.00		386.19	2.20
NH		$[A^3\pi - x^3\Sigma^-]$		387.14	1.10
	336.00	0.01		388.34	0.00
	337.09	1.10		416.78	3.40
N_2		$[^3P_u - B^3P_g]$		419.72	1.20
	296.20	3.10		421.60	0.10
	311.67	3.20	CH		$[A^2\Delta - x^2\pi]$
	315.93	1.00		431.42	0.00
	337.13	0.00	C_2		$[A^3\pi - x^2\pi_u]$
	353.67	1.20		473.7	1.00
	357.69	0.10		512.9	1.10
	371.05	2.40		516.5	0.00

第三节 微波等离子体原子发射光谱仪器构成

微波等离子体原子光谱分析用仪器主要由三部分，即样品引入系统、微波等离子体发生系统和分光检测系统（见图 7-9）组成。其中样品引入系统和分光检测系统与前述电感耦合高频等离子体（ICP）光谱仪十分类似，此处不再多述。

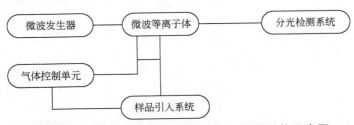

图 7-9 微波等离子体原子光谱分析用仪器结构示意图

一、微波等离子体发生系统

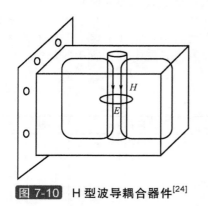

图 7-10　H 型波导耦合器件[24]

微波等离子体发生系统由微波发生器（也称微波功率源）、等离子体工作气体供给系统和等离子体形成器件三部分组成。早期的微波发生器都以磁控管为核心部件构成，由于磁控管早在家用微波炉和工业加热设备中获得了广泛的应用，因此价格低廉、皮实耐用，但是稳定性稍差，不过随着微波等离子体原子发射光谱法的发展，市场上已可买到功率连续可调、输出功率稳定度达 0.5% 的 1.5kW 磁控管微波功率源和稳定性更好的 300W 全固态微波源。供气系统一般都采用钢气瓶加质量流量计构成，所用工作气体为高纯氦、氩或者氮气，有时（如 MPT）还需用屏蔽气体，如氧气。用以形成等离子体的器件则包括前已述的几种微波谐振腔和几种表面波器件、MPT 炬管及最近安捷伦公司推出的 H 型波导耦合器件（图 7-10）等。

要获得可供光谱分析用的高度稳定的微波等离子体，所用的微波功率源必须十分稳定可靠。市场上现有的连续波磁控管微波源虽然皮实耐用，但是功率稳定度欠佳。新近出现的全固态微波源，在百瓦水平上工作时稳定性不错，但如何在提高功率水平的同时又保持其良好的稳定性则仍有待解决（表 7-5）。

表 7-5　国内市场上可供选用的两种微波功率源

型　号	类　型	频率/MHz	功率范围/W	功率稳定性	生产厂家
FLA2450	全固态	2450.00±0.25	150~300	±5W	南京烽烟
MPG-201C	磁控管	2450±50	100~1500	±0.5%	成都华宇

二、进样系统

微量气体样品可以直接引入各种微波等离子体光源进行原子光谱分析。用微波等离子体发射光谱检测器做气相色谱仪的元素特效检测器，是迄今为止微波等离子体原子发射光谱法最成功的商业应用。前几章用于原子光谱分析系统溶液样品的进样技术也基本上都可在加或者不加去溶系统后用于低功率 MWP-AES，这里不加赘述。已经证明，适合在低气体流量下工作的 MWP 去溶系统主要有两种：Nafion 膜去溶系统（图 7-11）[25]和水冷凝+浓硫酸吸收池组成的去溶系统（图 7-12）[26]。根据 Y. Huan 等的研究，在其他条件相同的情况下前者的去溶效果优于后者。后者则已证明可去除样品中 99.7% 以上的溶剂水[27]。

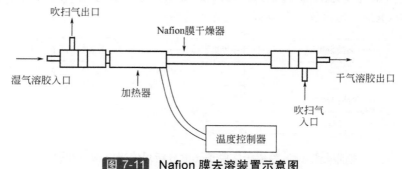

图 7-11　Nafion 膜去溶装置示意图

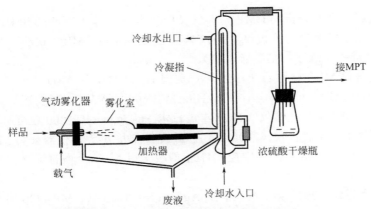

图 7-12　水冷凝+浓硫酸吸收去溶装置示意图

三、分光检测系统

MWP-AES 分光系统与通常的原子发射光谱仪器分光系统相同，可以采用单道扫描或多道分光检测系统（参见 ICP-AES 仪器分光检测系统）。

（1）扫描型　吉大-小天鹅仪器公司先后生产销售了 1020 型、510 型和 520 型等多种型号微波等离子体炬（MPT）光谱仪，均采用 2400gr/mm 光栅分光和光电倍增管做检测器，焦距则有 1000mm 和 500mm 之分。光源均为小功率（＜200W）氧屏蔽-MPT 炬管，样品经同轴气动雾化，接去溶装置后进入等离子体。

安捷伦仪器公司 Agilent MP 4100 型仪器采用切尔尼-特纳型光栅分光装置，光栅刻线为 2400gr/mm，焦距为 600mm；采用 CCD 检测器，532×128 像素（像素 24μm×24μm）。其光路图见图 7-13。

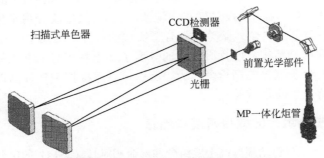

图 7-13　MP-AES 分光检测系统示意图

（2）全谱直读型　浙江中控公司的 QJ100 型 MPT 全谱直读光谱仪，其主要技术参数如下：微波功率＜200W，连续可调；同轴气动雾化进样；湿气溶胶在载气（氩）载带下经去溶装置后引入 MPT 等离子体；载气流量＜1.0L/min，可调；维持气（氩）流量＜1.5L/min，可调；屏蔽气（氧）流量 1.6L/min，可调；波长范围 240～460nm；入射狭缝宽度 5μm；CCD 像素 2048；光谱分辨率 0.065nm；积分时间 3～65000ms，可调。

四、商品仪器举例

在 MWP-AES 发展历史上先后曾经商品化过的以各种微波等离子体为光源的原子发射光谱仪器有：

（1）用于金属与合金分析的 CMP 光谱仪（1968 年，日本 Hitachi 300 UHF 型光谱仪）。

（2）通用型原子发射光谱分析仪（1989 年，波兰 Analab MIP750MV 型光谱仪，0.75m 焦距，0.02nm 分辨率，顺序扫描型光谱仪）。

（3）气相色谱仪 MPD 检测器（1990 年，美国 HP 5921A 型 AED）。

（4）氦 MIP-MS 仪器（1994 年，日本 Hitachi P-6000 型 MIP 质谱仪）。

（5）粒度分析用 MWP 光谱仪（1995 年，日本 Yokogawa PT1000 粒度分析仪）。

（6）微波等离子体炬光谱仪（2000 年，中国长春吉大-小天鹅仪器公司 510 型、520 型和 1010 型 MPT 光谱仪；2008 年浙江中控 QJ100 型教学用 MPT 全谱直读光谱仪；仪器参数如上面所列）。

（7）氮 MP 光谱仪（2011 年，澳大利亚 Agilent MP 4100 型、MP 4200 型光谱仪等，仪器参数如上面所列）。

上述仪器都受到了市场一定程度的欢迎，但是除了少数仪器能够在本国取得一定成功外，只有最后一款形成商品市场，具有一定国际影响。

第四节　微波等离子体原子发射光谱分析技术的特点

一、可获得多种常压等离子体激发光源

由于惰性气体元素的电离电位都较高（见表 7-6），要在常压下使其成为等离子体并不容易。理论与实践都证明相对于高频放电，用微波较容易获得惰性气体的等离子体。采用表 7-1 所列的 CMP 腔（1951 年）、Surfatron（1975 年）、TM_{010} 腔（1976 年）、MPT 炬管（1985 年）及 Okamoto 腔（1990 年）等器件都可容易地在较低功率和气体流量条件下维持在常压下工作的氦、氩或者氮等离子体，空气样品也都可较容易地被引入其中进行测量。这是其他办法所难以达到的（例如，He ICP 就始终没有能够实现商品化）。氦微波等离子体的成功应用，还使分析化学工作者一直梦想的"全元素分析"有了实现的可能。这当中，MPT 炬管由于具有类似于 ICP 炬管的三管同轴结构，而且所形成的等离子体也具有与 ICP 类似的中央通道，还具有 ICP 所不具有的对分子气体的高承受能力，所以可以直接把空气样品以一定比例连续引入其中也无大碍，因而最受同行所看重[1]。

二、MWP 中主要组分的数目密度和能量

等离子体中的重要组分包括那些高密度组分和寿命相对长（>1s）的组分。对于每一种惰性气体（A），其高能组分包括原子离子（A^+）、原子的三重态（A^m）、第一分子三重态（A_2^m）、分子离子基态（A_2^+）和电子。原子光谱分析常用等离子体的主要亚稳态组分及其能量如表 7-6 所示。

表 7-6　常用微波等离子体的主要亚稳态组分和离子及其所具有的能量

组　分	能　态	能量/eV	组　分	能　态	能量/eV
Ar^m	$4s^3S$	11.67	He^m	$2s^3S$	19.73
Ar^m	$4s^1S$	11.50	He^m	$2s^1S$	20.52
Ar_2^+	$x^2\Sigma u^+$	14.0	He_2^+	$x^2\Sigma u^+$	18.3~20.5
Ar_2^m	$a^3\Sigma u^+$	10.2	He^m	$a^3\Sigma u^+$	13.3~15.9

研究证明，除高能电子直接引起的非弹性碰撞致样品原子被激发和电离外，引起待测元

素原子被激发和电离的另一个主要过程是涉及等离子体中亚稳态组分的激发机理，其中以如下 Penning 电离-激发-再发射的过程最为重要：

$$A^m + X \longrightarrow X^+ + A + e^-$$ （7-1）

式中，A^m 是维持气（氩气或氦气）的亚稳态原子；X 是待测物原子。接着这一过程的是与慢电子的复合：

$$X^+ + e^- \longrightarrow h_{连续} + X^{\cdot-}$$

或

$$e^- + A + X^{+\cdot} \longrightarrow A + X^{\cdot-}$$ （7-2）

式中，$X^{\cdot}$ 是待测物的一个激发态原子。

由表 7-6 可以看出，氦等离子体中由于亚稳态氦所具有的能量已足够通过 Penning 电离过程让周期表中差不多所有元素的基态原子跃迁到各自的第一激发态。这就意味着，用氦等离子体作为激发光源将可以原子发射光谱法检测周期表中几乎全部天然存在的元素（即具有"全元素分析"能力）。

三、MWP-AES 常用的元素发射光谱谱线

由单原子分子惰性气体 Ar 或者 He 维持的微波等离子体的背景发射十分简单，因此很容易识别出由进入其中的微量其他元素所产生的发射谱线。表 7-7 是由引入其中的一些常见元素所产生的发射谱线及其相对强度表。

表 7-7(a)　MWP-AES 分析用的元素发射谱线表[1]

元　素	谱线类别	波长/nm	I_n/I_b	DL_{exp}/(ng/mL)	备　注
Ag	I	338.29	100	9	
	I	328.07	96	14	OH 带
	II	243.78	5		
Al	I	396.15	100	110	
	I	394.01	50	200	
	I	309.27	n.m.		OH 带
	I	237.64	30		
Ar	I	415.86	100		
	I	420.07	98		
	I	419.83	44		
	I	419.03	42		
	I	427.22	42		
	I	425.94	39		
	I	430.01	34		
	I	433.37	30		
	I	404.44	29		
	I	426.63	28		
	I	394.9	27		
	I	668.44	27		
	I	451.07	21		
As	I	228.81	100	90	
	I	234.98	47	190	

元　素	谱线类别	波长/nm	I_n/I_b	DL_{exp}/(ng/mL)	备　注
	I	200.33	35		
	I	193.7	27		
	I	278.02	27		
	I	197.2	25		
	I	198.97	23		
Au	I	267.59	100	90	
	I	242.79	82	95	
	I	197.82	18		
	I	201.2	10		
	II	191.89	10		
B	I	249.77	100	110	
	I	249.68	84		
	I	208.96	80		
	I	208.89	73		
Ba	II	493.41	100	110	
	II	455.4	85	190	
	II	233.53	32		
	I	553.55	24		
Be	I	234.86	100	2	
	I	332.13	29		OH 带
	I	249.47	21		
	II	313.04	18		OH 带
Bi	I	223.06	100	80	
	I	472.24			
Br	II	470.49	100	20	
	II	478.55	65		
	I	635.07	45		
	II	481.67	40		
C	I	193.09	100	50	
	I	247.86	89		
	I	199.36	2		
Ca	II	393.37	100	3	
	I	422.67	62	4	
	II	396.85	47		
Cd	I	228.8	100	5	
	II	214.44	39	8	
	II	226.5	34		
	I	479.99	20		
	I	326.11	15		
Ce	II	413.77	100	80	
	II	422.26	95		
	II	399.92	70		
Cl	II	479.54	100	14	

元　素	谱线类别	波长/nm	I_n/I_b	$DL_{exp}/(ng/mL)$	备　注
	Ⅱ	481.01	72		
	Ⅰ	725.66	65		
	Ⅱ	481.95	54		
Co	Ⅱ	238.89	100	85	
	Ⅰ	240.73	90	90	
	Ⅰ	345.35	45		
Cr	Ⅰ	357.87	100	45	
	Ⅰ	359.35	90	55	
	Ⅰ	425.43	85	60	
Cs	Ⅰ	455.53	100	65	
	Ⅰ	459.32	24		
	Ⅱ	452.67	5		
Cu	Ⅰ	324.75	100	20	OH 带
	Ⅰ	327.4	52	25	
	Ⅱ	213.6	17		
	Ⅱ	217.89	14		
	Ⅰ	223.01	13		
	Ⅱ	219.23	12		
	Ⅱ	224.7	10		
Dy	Ⅱ	364.54	100	36	
	Ⅱ	396.84	90		
	Ⅱ	353.17	65		
Er	Ⅱ	390.63	100	44	
	Ⅱ	369.26	80		
	Ⅱ	323.06	75		OH 带
Eu	Ⅱ	420.51	100	12	
	Ⅱ	381.97	80		
	Ⅱ	412.97	70		
F	Ⅰ	685.6	100	4000	
	Ⅰ	623.96	80		
	Ⅰ	634.85	60		
	Ⅰ	690.25	48		
Fe	Ⅰ	248.32	100	45	
	Ⅰ	373.49	67		
	Ⅰ	371.99	60		
	Ⅰ	248.82	53		
	Ⅰ	252.29	44		
	Ⅰ	249.06	43		
	Ⅱ	238.2	35	65	
Ga	Ⅰ	417.21	100	16	
	Ⅰ	403.3	53		
Gd	Ⅱ	342.25	100	40	

第二篇

元　素	谱线类别	波长/nm	I_n/I_b	DL_{exp}/(ng/mL)	备　注
	Ⅱ	376.7	97		
	Ⅱ	358.5	65		
Ge	Ⅰ	265.12	100	65	
	Ⅰ	265.16	62		
	Ⅰ	275.46	47		
	Ⅰ	303.91	41		
H	Ⅰ	656.28	100		
	Ⅰ	486.13	36		
	Ⅰ	434.05	6		
	Ⅰ	410.17	2		
He	Ⅰ	587.6	100		
	Ⅰ	706.57	28		
	Ⅰ	388.87	26		
	Ⅰ	667.82	24		
	Ⅰ	501.57	18		
	Ⅰ	447.15	12		
	Ⅰ	492.19	8		
Hf	Ⅱ	368.22	100	37	
	Ⅱ	339.98	85		
	Ⅱ	277.34	45		
Hg	Ⅰ	253.65	100	23	
	Ⅰ	365.02	90		
	Ⅰ	435.83	65		
	Ⅰ	546.07	62		
	Ⅱ	194.23	43		
Ho	Ⅱ	389.1	100	20	
	Ⅱ	381.07	50		
I	Ⅰ	206.24	100	60	
	Ⅱ	516.12	71		
	Ⅱ	546.46	35		
In	Ⅰ	451.13	100	18	
	Ⅰ	303.9	70		
	Ⅰ	325.61	n.m.		OH 带
Ir	Ⅰ	380.01	100	130	
	Ⅰ	208.88	65		
	Ⅰ	322.08	n.m.		OH 带
K	Ⅰ	766.49	100	2	
	Ⅰ	769.9	53	5	
	Ⅰ	404.7	7		
La	Ⅱ	408.67	100	60	
	Ⅱ	398.85	60		
	Ⅱ	379.48	55		

元　素	谱线类别	波长/nm	I_n/I_b	DL_{exp}/(ng/mL)	备　注
Li	I	670.78	100	0.3	
	I	610.36	21	2	
	I	460.3	3	11	
Lu	II	261.54	100	7	
	II	350.74	65		
Mg	II	279.55	100	7	OH 带
	II	280.27	60	9	
	I	285.21	43	11	
	I	383.83	27		
	I	383.23	18		
Mn	I	403.08	100	25	
	II	257.61	98	30	
	I	403.3	83		
	II	259.37	81		
	I	279.48	70		
Mo	II	202.03	100	350	
	I	379.83	85	420	
	I	386.41	70		
N	I	746.88	100		
	I	744.26	61		
	I	742.39	31		
Na	I	588.99	100	0.9	
	I	589.59	55		
	I	330.29	2.3		
Nb	I	405.89	100	580	
	I	407.97	75		
	I	410.09	56		
	II	202.93	40		
Nd	II	410.95	100	110	
	II	430.36	99		
	II	401.22	80		
Ni	I	232	100	90	
	II	221.65	92		
	I	231.1	90		
	I	232.58	68		
O	I	777.19	100		
	I	777.41	70		
	I	777.54	49		
Os	I	201.81	100	600	
	I	202.02	95		
	I	305.86	60		
P	I	213.61	100	70	
	I	214.91	70		

第二篇

续表

元　素	谱线类别	波长/nm	I_n/I_b	DL_{exp}/(ng/mL)	备　注
	I	253.56	40		
	I	255.33	35		
Pb	I	405.78	100	60	
	I	368.35	41		
	I	261.42	32		
	I	363.96	31		
Pd	I	340.46	100	55	
	I	363.47	83		
	I	360.96	64		
	I	324.27	62		OH 带
	I	344.14	38		
	I	342.12	36		
Pr	II	390.84	100	230	
	II	417.94	90		
	II	422.53	85		
	II	422.3	80		
Pt	I	265.95	100	160	
	I	217.47	84		
	I	292.98	56		
	II	214.42	44		
Rb	I	420.18	100	65	
	I	421.56	42		
Re	II	227.53	100	75	
	II	221.43	88		
	I	346.05	85		
	I	488.92	57		
Rh	I	343.49	100	60	
	I	369.24	88		
	I	350.25	75		
	I	352.8	71		
	I	339.68	69		
	I	248.33	67		
Ru	I	372.8	100	85	
	I	372.69	85		
	II	379.93	50		
S	I	469.41	100	70	
	I	190.03	54		
	II	545.39	54		
	II	481.55	50		
Sb	I	252.85	100	50	
	I	259.81	92		
	I	217.92	26		

元　素	谱线类别	波长/nm	I_n/I_b	DL_{exp}/(ng/mL)	备　注
	I	231.15	21		
Sc	I	391.18	100	27	
	I	402.04	90		
	I	361.38	75		
Se	I	203.99	100	47	
	I	196.03	76		
	I	206.28	36		
Si	I	251.61	100	75	
	I	250.69	42		
	I	252.85	42		
	I	252.41	37		
	I	221.67	30		
	I	251.43	30		
	I	212.41	29		
	I	221.09	20		
Sm	II	359.26	100	170	
	II	442.43	95		
	II	363.43	90		
Sn	I	235.48	100	190	
	I	242.95	88		
	I	270.65	88		
	I	224.61	68		
Sr	II	407.77	100	7	
	II	421.55	53	11	
	I	460.73	50		
Ta	II	268.51	100	750	
	II	263.56	70		
Tb	II	384.87	100	340	
	II	387.42	90		
	II	350.92	65		
Te	I	214.28	100	140	
	I	238.58	45		
	I	225.9	32		
	I	238.33	30		
Th	II	401.91	100	160	
	II	374.12	45		
Ti	II	334.94	100	70	
	II	336.12	70		
	II	337.28	45		
Tl	I	535.05	100	17	
	I	377.57	63		
	I	351.92	19		

元 素	谱线类别	波长/nm	I_n/I_b	$DL_{exp}/(ng/mL)$	备 注
Tm	I	276.79	19		
	II	384.8	100	23	
	II	376.13	60		
	II	370.03	30		
U	II	424.22	30		
	II	385.96	100	360	
	II	409.01	80		
	II	393.2	70		
V	I	437.92	100	90	
	I	438.47	75		
	I	411.18	70		
W	II	209.48	100	500	
	I	400.86	85		
Y	II	371.03	100	12	
	II	437.49	80		
	II	360.07	75		
Yb	II	369.42	100	17	
	II	328.94	70		
	I	398.8	45		
Zn	I	213.86	100	15	
	II	202.55	71	26	
	I	481.05	65		
	II	206.2	46		
	I	472.22	40		
Zr	II	339.2	100	320	
	II	343.82	85		
	II	349.62	70		
	II	360.12	47		

注：I_n/I_b 是对某一给定元素浓度所得的信/背比；符号 I 和 II 分别代表源自中性原子和单电离态原子的谱线；DL_{exp} 为实测检出限；n.m.指由于备注栏所列谱线干扰而无法测定。

表 7-7(b) 各元素最常用的 MWP 发射谱线简表[1,3]

元 素	谱线类别	波长/nm	$DL_{exp}/(ng/mL)$	
			MWP	OS-ArMPT[3]
Ag[1]	I	338.29	9	0.5
Al[1]	I	396.15	110	5.3
As[1]	I	228.81	90	27[4]
Au[1]	I	267.59	90	5.1
B[1]	I	249.77	110	30
Ba[1]	II	493.41	110	18(455.403nm)
Be[1]	I	234.86	2	0.47
Bi[1]	I	223.06	80	
Br[2]	II	470.49	20	

元　素	谱线类别	波长/nm	DL_{exp}/(ng/mL)	
			MWP	OS-ArMPT[③]
C[①]	I	193.09	50	47
Ca[①]	II	393.37	3	3; 0.9(422.673nm)
Cd[①]	I	228.80	5	1; 20(326.106nm)
Ce[①]	II	413.77	80	83
Cl[②]	II	479.54	14	8
Co[①]	II	238.89	85	16(345.350)
Cr[①]	I	357.87	45	7.5; 11(359.431nm)
Cs[①]	I	455.53	65	
Cu[①]	I	324.75	20	2.1
Dy[①]	II	364.54	36	4.2
Er[①]	II	390.63	44	6.1
Eu[①]	II	420.51	12	0.6(420.5nm)
F[②]	I	685.60	4000	
Fe[①]	I	248.32	45	7.3(344.061nm)
Ga[①]	I	417.21	16	
Gd[①]	II	342.25	40	5
Ge[①]	I	265.12	65	39(267.1nm)
Hf[①]	II	368.22	37	
Hg[①]	I	253.65	23	6.4
Ho[①]	II	389.10	20	0.4;63.5(345.600nm)
I[②]	I	206.24	60	1.4[④]
In[①]	I	451.13	18	17(325.690nm)
Ir[①]	I	380.01	130	12(322.1nm)
K[①]	I	766.49	2	
La[①]	II	408.67	60	6.3
Li[①]	I	670.78	0.3	0.99
Lu[①]	II	261.54	7	0.5
Mg[①]	II	279.55	7	0.7; 3.6(285.213nm)
Mn[①]	I	403.08	25	2.4(257.6nm)
Mo[①]	II	202.03	350	10(379.825nm)
Na[①]	I	588.99	0.9	1.4
Nb[①]	I	405.89	580	
Nd[①]	II	410.95	110	22
Ni[①]	I	232.00	90	27(352.454nm)
Os[①]	I	201.81	600	
P[①]	I	213.61	70	2.1
Pb[①]	I	405.78	60	36
Pd[①]	I	340.46	55	1
Pr[①]	II	390.84	230	51
Pt[①]	I	265.95	160	8.9
Rb[①]	I	420.18	65	
Re[①]	II	227.53	75	

第二篇

元　素	谱线类别	波长/nm	DL_{exp}/(ng/mL)	
			MWP	OS-ArMPT[③]
Rh[①]	Ⅰ	343.49	60	1.6
Ru[①]	Ⅰ	372.80	85	
S[②]	Ⅰ	469.41	70	1
Sb[①]	Ⅰ	252.85	50	
Sc[①]	Ⅰ	391.18	27	
Se[①]	Ⅰ	203.99	47	45
Si[①]	Ⅰ	251.61	75	11
Sm[①]	Ⅱ	359.26	170	82
Sn[①]	Ⅰ	235.48	190	49[④]
Sr[①]	Ⅱ	407.77	7	0.2
Ta[①]	Ⅱ	268.51	750	
Tb[①]	Ⅱ	384.87	340	65
Te[①]	Ⅰ	214.28	140	3[④]
Th[①]	Ⅱ	401.91	160	
Ti[①]	Ⅱ	334.94	70	47
Tl[①]	Ⅰ	535.05	17	20(351.924nm)
Tm[①]	Ⅱ	384.80	23	0.2
U[①]	Ⅱ	385.96	360	
V[①]	Ⅰ	437.92	90	5.3; 44(292.402 nm)
W[①]	Ⅱ	209.48	500	
Y[①]	Ⅱ	371.03	12	0.3
Yb[①]	Ⅱ	369.42	17	0.7(328.937nm)
Zn[①]	Ⅰ	213.86	15	63(334.502nm)

① 用溶液雾化(SN)-ArMIP-AES 测得。
② 用化学蒸气发生(CVG)-HeMIP-AES 测得。
③ 低功率氧屏蔽氩 MPT-AES 测得。
④ 电热蒸发进样结果。
注：符号Ⅰ和Ⅱ分别指源自中性原子和单电离态原子的光谱线；DL_{exp} 为实测检出限。

　　表 7-8 是一种采用微波等离子体作元素特效检测器的商品气相色谱仪的实测结果。

表 7-8　一种气相色谱用 MPD 的分析性能[1]

元　素	波长/nm	检出限/(pg/s)	对碳的选择性
Al	396.2	5	＞10000
As	189	3	47000
	228.8	6.5	47000
B	249.8	3.6	9300
Be	234.9	(10pg)	—
Br	470.5	10	11400
	478.6	30	599
C	247.9	2.6	1
	193.1	0.2	1
¹³C	171	10	—
Cl	479.5	39	25000
	481	7	200

续表

元　素	波长/nm	检出限/(pg/s)	对碳的选择性
Co	240.7	6.2	182000
Cr	267.7	7.5	108000
F	685.6	8.5	3500
Fe	302.1	0.05	3500000
	259.9	0.28	280000
Ga	294.3	ca.200	>10000
Ge	265.1	1.3	7600
H	656.3	7.5	160
	486.1	2.2	variable
^{2}H	656.1	7.4	194
Hg	253.7	0.1	3000000
	301.2	1	—
I	206.2	21	5010
	516.1	50	400
Mn	257.6	0.25	1900000
Mo	281.6	5.5	24200
N	174.2	7	—
	746.9	2900	6000
Nb	288.3	69	32100
Ni	301.2	1	200000
	231.6	2.6	6470
O	777.2	75	25000
Os	225.6	6.3	50000
P	177.5	1	5000
	185.9	1	—
	253.6	2.1	26000
Pb	261	0.8	314000
	283.3	0.17	25000
	105.8	2.3	200000
	406	0.2	286000
Pd	340.4	5	>10000
Pt	405.8	(0.1ng/L)	—
	407.8	(1.1pg)	—
Ru	240.3	7.8	134000
S	180.7	1.7	150000
	545.4	25	200
Sb	217.6	5	19000
Se	196.1	2.3	135000
	204	5.3	10900
Si	251.6	7	90000
Sn	271	1	295000
	284	1.6	36000
	303.1	1.4	1500000
Ti	338.4	1	50000
V	292.4	4	36000
	268.8	10	56900
W	255.5	51	5450

如前所述，MWP（特别是 He MWP）也可用于溶液样品中非金属元素组成的测量，只不过通常都需要在将待测组分引入 MWP 之前，尽可能先把过量的溶剂水除去才行。

MWP-AES 分析中碰到的元素定性、定量方法、各种光谱和非光谱干扰效应及其校正方

法则与前一章 ICP-AES 分析方法类似。

表 7-9 是用 MWP-AES 对部分非金属元素实测的检出限结果。

表 7-9 MWP-AES 对溶液样品中非金属元素的检出限[4]①

元　素	MWP	工作气体	波长/nm	检出限	
				相对/(ng/mL)	绝对/ng
Br	MIP	He	470.5	230	0.09~1.2
	MIP	He	478.5	120~60000	0.3~1
	MIP	He	734.8	20~40	0.4
	MIP	He	827.2	20	
C	MIP	He	139.1	12000	
Cl	MIP	He	479.5	7~2000	
	MIP	He	481.0	350	
	MIP	He	725.6	10~40	0.2
	MIP	He	912.1	20	
	MPT	He	479.5	6	
F	MIP	He	685.6	4000~35000	
H	CMP	He	656.3		2.5ng/s
	MIP	Ar	206.2	12~7000	50
	MIP	He	183.0	2.3	
	MIP	He	206.2	3.2~1600	0.2
	MIP	He	608.2	130~200	2.6
	MIP	He	905.8	7900	
N	MIP	He	N_2 337.1	6~8	
			N_2^+ 391.4	4	
			NH 336.0	6~20	
			N 746.8	9~10	
O	CMP	He	777.2		11ng/s
P	MIP	Ar	213.6	30~400	
	MIP	Ar	253.6	30	
	MIP	He	213.6	4.5	
	CMP	N_2	253.6	10000	
S	MIP	Ar	469.4		80
	MIP	He	139.1	12000	
	MIP	He	217.1	1200	
	MIP	He	564.0		10
	MIP	He	675.7	80~150	1.6

① 视进样不同会有不同，故在多数情况下所给出的是一个范围。

第五节　微波等离子体原子发射光谱法的分析应用

一、MWP-AES 分析的应用领域

由于与其他激发光源相比，MWP 可以较容易地获得常压下工作的氦、氩、氮等离子体，因而具有较高的激发效率。这类光源的标志性特点是对非金属元素（特别是氦 MWP-AES 对卤素）可获得低检出限。氦 MWP 能对几乎所有的元素进行从痕量至常量的检测（即所谓实现样品"全元素全量程分析"的能力）。MWP-AES 的通用性又使其成为适合很多领域应用的分析技术（见表 7-10）。

表 7-10 微波等离子体原子光谱分析的十大应用领域

序　号	应用领域	
1	钢铁及其合金	碳钢、低合金钢、高合金钢、铸铁、铁合金等
2	有色金属及其合金	纯铝及其合金、纯铜及其合金、铅合金、贵金属、稀土金属等
3	环境样品	土壤、水体、固体废物、大气飘尘、废气、煤飞灰、污水等
4	地质样品	岩石和矿物等
5	生物化学样品	血液、生物样品、生物制品
6	食品和饮料	农畜产品、工业加工食品、海产品
7	化学化工产品	千万种化合物、塑料等各种非金属材料
8	无机和有机材料	建材、聚合物等
9	核材料	核燃料和核材料
10	其他	信息和电子产品、文物考古、公安刑侦等

　　早期 MWP 对液体样品的耐受力相对较低，而且所有的 MWP 都或多或少受基体效应的影响，这使 MWP 的样品引入技术得到了深入细致的研究。所以，已有适用于 MWP 的多种不同的样品引入技术被开发出来。这其中 GC-MIP-OES 被认为是迄今为止所有应用 MWP 的分析技术中最为成熟和强有力的一种。

　　表 7-11 列出了用于 MWP-AES 的一些样品引入技术。在这里，视待分析样品形式的不同而使用了不同的样品引入技术。从中可以看出，与不同色谱技术的联用在 MWP-AES 的应用中有着重要地位。特别是 GC-MWP-AES 已经在现代痕量分析和形态研究领域中确立了其牢固地位[28]。它可被用于包含杂原子（如 N、S、Cl、Br、F、P 和 Si）的有机化合物和有机金属化合物的痕量分析[29]。其优点是同时利用了色谱方法的高分辨率和检测技术的高灵敏度（对许多元素可达到 pg/s）和选择性。MWP 的原子发射光谱法还已被用作多种液相色谱、毛细管电泳和流动注射分析的检测方法。

表 7-11 MWP 光谱技术的样品引入技术

样品引入技术	系统缩写	参考文献
载气进样	GS-MWP-AES	1, 2
电热蒸发进样	ETV-MWP-AES	3, 4
液体雾化	SN-MWP-AES	5~10
氢化物发生法	HG-MWP-AES	11~14
冷蒸气发生法	CV-MWP-AES	15, 16
化学蒸气方法	CVG-MWP-AES	17, 18
激光烧蚀	LA-MWP-AES	19~21
火花烧蚀	SA-MWP-AES	22, 23
直接样品注入	DSI-MWP-AES	24
样品粉末引入	CPI-MWP-AES	25, 26
流动注射	FIA-MWP-AES	27~29
气相色谱分析	GC-MWP-AES	30~35
超临界流体色谱法	SFC-MWP-AES	36, 37
液相色谱法	LC-MWP-AES	38, 39
高效液相色谱	HPLC-MWP-AES	40
毛细管电泳法	CZE-MWP-AES	41

本表参考文献：

1　Kirschner S, Golloch A, Telgheder U. J Anal At Spectrom, 1994, 9: 971.

2　Pack B W, Hieftje G M, Jin Q. Anal Chim Acta, 1999, 383: 231.

3　Broekaert J A C, Leis F. Mikrochim Acta, 1985, 86: 261.

4　Matusiewicz H. Spectrochim Acta Rev, 1990, 13: 47.

5　Long G L, Perkins L D. Appl Spectrosc, 1987, 41: 980.

6　Brown P G, Haas D L, Workman J M, et al. Anal Chem, 1987, 59: 1433.

7 Jankowski K, Karmasz D, Starski L, et al. Spectrochim Acta, Part B, 1997, 52: 1801.

8 Matusiewicz H, Slachcinski M, Hidalgo, et al. J Anal At Spectrom, 2007, 22: 1174.

9 Okamoto Y. Anal. Sci., 1991, 7: 283.

10 Zhao L, Song D, Zhang H, et al. J Anal At Spectrom, 2000, 15: 973.

11 Bulska E, Broekaert J A C, Tschopel P, et al. Anal Chim Acta, 1993, 276: 377.

12 Barnett N W. Spectrochim Acta, Part B, 1987, 42: 859.

13 Tao H, Miyazaki A. Anal Sci, 1991, 7: 55.

14 Pereiro R, Wu M, Broekaert J A C, Hieftje G M. Spectrochim Acta, Part B, 1994, 49: 59.

15 Kaiser G, Gotz D, Schoch P, Tolg G. Talanta, 1975, 22: 889.

16 Nojiri Y, Otsuki A, Fuwa K. Anal Chem, 1986, 58: 544.

17 Drews W, Weber G, Tolg G. Fresenius' Z Anal Chem, 1989, 332: 862.

18 Barnett N W. J Anal At Spectrom, 1988, 3: 969.

19 Uebbing J, Ciocan A, Niemax K. Spectrochim Acta, Part B, 1992, 47: 601.

20 Ishizuka T, Uwamino Y. Anal Chem, 1980, 52: 125.

21 Cleveland D, Stchur P, Hou X, et al. Appl Spectrosc, 2005, 59: 1427.

22 Pak Y N, Koirtyohann S R. J Anal At Spectrom, 1994, 9: 1305.

23 Layman L R, Hieftje G M. Anal Chem, 1975, 47: 194.

24 Pless A M, Smith B W, Bolshov M A, et al. Spectrochim Acta, Part B, 1996, 51: 55.

25 Jankowski K, Jackowska A. Trends Appl Spectrosc, 2007, 6: 17.

26 Takahara H, Iwasaki M, Tanibata Y. IEEE Trans Instrum Meas, 1995, 44: 819.

27 Madrid Y, Wu M, Jin Q. Anal Chim Acta, 1993, 277: 1.

28 Zhang H, Ye D, Zhao J, et al. Microchem J, 1996, 53: 69.

29 Jin Q, Yang W, Liang F. J Anal At Spectrom, 1998, 13: 377.

30 Bulska E. J Anal At Spectrom, 1992, 7: 201.

31 Sullivan J J. Trends Anal Chem, 1991, 10: 23.

32 Yobinski R, Adams F C. Trends Anal Chem, 1993, 12: 41.

33 Scott B F, Wylie P L. Chem Plant Prot, 1995, 12: 33.

34 Uden P C. Trends Anal Chem, 1987, 6: 238.

35 Chau Y K, Wong P T S. Fresenius' J Anal Chem, 1991, 339: 640.

36 Luffer D R, Galante L J, David P A, et al. Anal Chem, 1988, 60: 1365.

37 Webster G K, Carnahan J W. Anal Chem, 1992, 64: 50.

38 Zhang L, Carnahan J W, Winans R E. Anal Chem, 1989, 61: 895.

39 Galante L J, Wilson D A, Hieftje G M. Anal Chim Acta, 1988, 215: 99.

40 Kollotzek D, Oechsle D, Kaiser G. Fresenius' Z Anal Chem, 1984, 318: 485.

41 Liu Y, Lopez-Avila V. J High Resolut Chromatogr, 1993, 16: 717.

　　由于 HeMWP-AES 具有可以检测包括卤素在内所有元素的能力，使 GC-MWP-AES 在确定有机化合物经验式方面具备了巨大的潜力。

　　HeMWP-AES 的"全元素全量程"分析能力，还已被成功地用于鉴定和表征单个微观颗粒，成为基础纳米技术研究的非常有价值的工具。同样，它也可为鉴别药品、食品、文物真伪，对大气细颗粒物污染进行实时监测和溯源，刑侦中做痕迹鉴定和追踪等提供一种强有力的工具。

二、HeMIP-AES 用于色谱检测

　　微波等离子体光谱法迄今最成功的应用是用其作为色谱仪，特别是气相色谱仪的元素特效检测器（微波等离子体检测器，MPD）。有人对用电子轰击电离质谱法（EI-MS）、MPD 和 ICP 飞行时间质谱法（ICP-TOF-MS）做雨水中有机铅形态分析时的灵敏度、选择性和稳定性进行过比较，得出的结论是：ICP-TOF-MS 与 MPD 所得到的检出限不相上下[1]。由于 MPD 与气相色谱法兼容性好，尤其是氦等离子体，它对金属和非金属的检测都有很高的灵敏度（表 7-12）、适用元素广、结构紧凑和价格低廉等优点，目前色谱-MPD 已在元素形态分析、金属组学研究等领域获得了广泛的应用。

表 7-12 一种气相色谱用 MPD 的分析性能

元 素	波长/nm	检出限/(pg/s)	对碳的选择性
Al	396.2	5	>10000
As	189	3	47000
	228.8	6.5	47000
B	249.8	3.6	9300
Be	234.9	(10pg)	—
Br	470.5	10	11400

元　素	波长/nm	检出限/(pg/s)	对碳的选择性
	478.6	30	599
C	247.9	2.6	1
	193.1	0.2	1
^{13}C	171	10	—
Cl	479.5	39	25000
	481	7	200
Co	240.7	6.2	182000
Cr	267.7	7.5	108000
F	685.6	8.5	3500
Fe	302.1	0.05	3500000
	259.9	0.28	280000
Ga	294.3	ca.200	>10000
Ge	265.1	1.3	7600
H	656.3	7.5	160
	486.1	2.2	可变动
^{2}H	656.1	7.4	194
Hg	253.7	0.1	3000000
	301.2	1	—
I	206.2	21	5010
	516.1	50	400
Mn	257.6	0.25	1900000
Mo	281.6	5.5	24200
N	174.2	7	—
	746.9	2900	6000
Nb	288.3	69	32100
Ni	301.2	1	200000
	231.6	2.6	6470
O	777.2	75	25000
Os	225.6	6.3	50000
P	177.5	1	5000
	185.9	1	—
	253.6	2.1	26000
Pb	261	0.8	314000
	283.3	0.17	25000
	105.8	2.3	200000
	406	0.2	286000
Pd	340.4	5	>10000
Pt	405.8	(0.1ng/L)	—
	407.8	(1.1pg)	—
Ru	240.3	7.8	134000
S	180.7	1.7	150000
	545.4	25	200
Sb	217.6	5	19000
Se	196.1	2.3	135000
	204	5.3	10900
Si	251.6	7	90000
Sn	271	1	295000
	284	1.6	36000
	303.1	1.4	1500000
Ti	338.4	1	50000
V	292.4	4	36000
	268.8	10	56900
W	255.5	51	5450

　　MPD 可在多种模式下操作：单元素模式和通过监测碳的通用模式。用第一种模式时，MPD 的选择性远远超过了所有其他检测器的选择性。用通用模式时，MPD 是最灵敏的气相色谱检测器，这是因为有机分子通常都含有比杂原子更多的碳原子。

　　MPD 也为用气相色谱仪检测被分离物质的元素组成提供了可能性。通过特定元素的原子数和相应信号之间的线性关系可以确定未知化合物的经验式。这种检测选择性的提高对于复杂材料的分析具有重要意义。

　　用 GC-MWP-AES 测定农药和除草剂残留物时[30]虽不如电子捕获检测器灵敏，但是，它的选择性更好，且能够轻松地同时进行多元素定性、定量检测。多波长同时检测又使在一次色谱分析中同时鉴别包含不同杂原子的多种农药、除草剂残留物成为可能。对于环境和生物样品这类复杂基体样品，虽然包含有许多种组成化合物，但由于 MPD 检测器的选择性，色谱图完全不会出现样品的基体效应。Cook 等人已建立了储存有超过 400 种农药信息的数据库，为使用 GC-MWP-AES 筛查含氮、硫、磷、氯农药残留物的环境、生物样品奠定了基础[31]。而同时，Stan 等[32]也为食品中农药残留物检测收集了差不多数目并经过德国多种方法认证的数据。

　　由于 MPT 具有对分子气体很高的承受能力，因此 MPT-AES 也可作为超临界流体色谱仪的元素特效检测器[33]。

　　MWP-AES 还可用于国际标准化组织（ISO）规则和美国环境保护署（EPA）要求的多种水质分析[34]和海洋中重金属的测定。尽管 MWP-AES 的检出限与 ISO 11885124 规定中 ICP-OES 的指标相比，两种技术都只有大约 50%的被研究元素以类似的程度符合 EPA 项目的要求。但实验已证明，MWP-AES 方法能直接测定 Fe、Mn、Zn、Cu、Pb、Cr、Na、K、Mg 和 Ca 等元素，这在很多情况下已能满足典型水中杂质检测的需求。MWP-AES 方法对 8 种元素的灵敏度都比 ICP-OES 要好得多，特别是碱金属都能够在很低的含量水平下被检测出来。另外，诸如镉、铅和银等重要元素也是用 MWP-AES 检测效果更好。31 种元素中有 8 种 MIP 和 ICP 的检出限处于同一水平。另外 15 种元素，则 ICP 的效果更好，这主要是对那些能形成稳定氧化物的金属元素（W、Mo、Zr 和 Ti）的测定。

三、HeMPT–AES 用于大气污染物连续实时监测

　　用 HeMWP-AES 颗粒物分析仪[18]可以对从大气中收集到的微粒逐个进行分析并获得其所含全部元素的含量信息（即实现"全元素分析"），从而使不同来源污染物微粒的溯源成为可能（参见图 7-14）。这就是说，如果可将污染空气样品直接连续引入 HeMWP（例如 HeMPT），就将有可能为连续实时监控大气污染情况并实现污染物（特别是重金属污染物，包括如 $PM_{2.5}$ 这样的细颗粒物）的溯源提供宝贵的实时信息，这是目前其他方法所难以做到的。

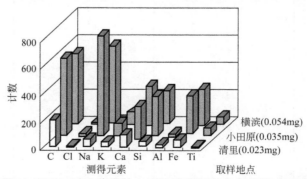

图 7-14 用 HeMWP-AES 获得的、可用于溯源的大气微粒全元素分析结果

四、MPT–AES 用于合金材料分析

将 ArMPT-AES 与火花烧蚀取样技术联用可做固体金属样品的直接分析（见图 7-15）[35]，如果采用 HeMPT 做光源，将可实现此类导电固体样品中包括卤素等非金属在内的"全元素分析"。这在耐高温合金材料分析领域是一项其他方法无法比拟的优势。

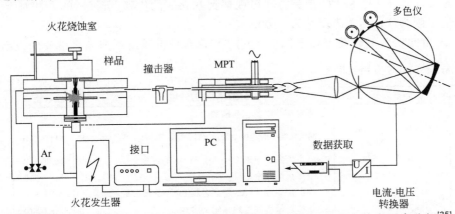

图 7-15 He 或者 ArMPT-AES 与火花烧蚀取样法联用用于合金的全元素分析[35]

对于非导体材料和食品、药品及生物样品等则可通过激光烧蚀的办法取样（图 7-16）后引入 HeMWP-AES 进行测定，同样可以获得"全元素分析"的信息，实现品质、真假鉴别等，这也是其他方法所无法比拟的。

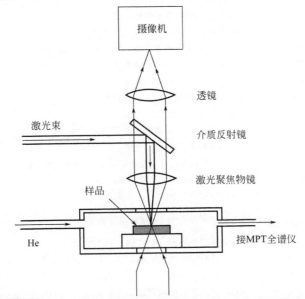

图 7-16 适于非导体固体样品分析用的激光烧蚀取样装置

五、MWP–AES 用于临床诊断[1]

生命必需、有毒和有疗效微量元素的测定对医学研究实验室、临床和药品实验室都很重要。尿液中 As、F、Ge、Hg、Ni 和 Se 元素的测定[36,37]；头发中 Ag、As、Ca、Cu、Fe、Ge、Hg、Mg、Mn、Na、Ni、Pb、Sr 和 Zn 元素的测定[38,39]；血液中 As、Ca、Cd、Cr、Cu、Fe、Ge、Hg、K、Li、Mg、Mn、Na、Ni、Pb、Se 和 Zn 元素的测定[40,41]；老鼠不同组织中 Ca、Cd、Cr、Cu、Fe 和 Ni

元素的测定[42]；老鼠器官内稀土元素的测定；血液中 Hg 元素的形态分析等都已有应用报告。

　　MWP-AES 在临床中的另一类可能的应用是药物及其代谢产物的筛选以及目标代谢产物和意外化合物的定量分析。Quimby 等人[43]甚至利用 GC-MPD 可在 ^{12}C 中选择性地检测出同位素 ^{13}C 的能力，测定了尿液中 ^{13}C 标记的化合物及其代谢产物。这是因为在真空紫外区有强的 C 分子发射带，且在 ^{12}C 和 ^{13}C 带头之间可观察到 0.4nm 的位移。所报道的方法对 ^{13}C 标记的化合物的检出限为 7 pg/s，选择性为 2500。

　　表 7-13 为低功率氩微波等离子体炬（MPT）元素分析通用型商品光谱仪的应用实例。

表 7-13 ArMPT-AES 应用实例

测定对象	测定成分	MPT-AES 方法概要	仪器型号	文　献
茶叶	Mn、P	测定茶叶中的锰和磷的含量	MPT-510	1
生物化学	Zn、Mn、Mg、Cu、Ca、Al	测定人发中的六种微量元素锌、锰、镁、铜、钙和铝含量	MTP-510	2
饮用水	Ca、Mg、Na	测定矿泉水中的 Ca、Mg 和 Na 的含量	MPT-510	3
煤焦产品	Si	测定石油焦中的硅含量	MPT-510	4
催化剂	Ce	微波消解-MPT-AES 法测定催化剂中的稀土元素铈含量	MPT-510	5
石油化工	Pb	测定无铅汽油中痕量铅的含量	MPT-510	6
钢铁合金	Cu、Mn、Mo	氧屏蔽 MPT-AES 测定合金钢中的铜、锰、钼的含量	MPT-510	7
植物样品	Ge	微波消解-MPT-AES 法测定蔬菜中微量锗的含量	MPT-1020	8
钢铁合金	Cu、Mn、Mo	测定合金钢中铜、锰、钼含量	MPT-510	9
催化剂	Fe、Ni	催化剂中铁和镍含量的测定	MPT-510	10
土壤样品	P	测定土壤中速效磷含量	MPT-1020	11
石油化工	Al、Mg、Cu	测定航空润滑油中的铝、镁和铜含量	MPT-510	12
奶粉	Ca、Fe、Zn	测定奶粉中的三种微量元素含量	MPT-510	13
石油化工	Fe、Ni、Cu、Na	测定原油和渣油中的铁、镍、铜和钠的含量	MPT-1020	14
植物样品	Fe、Pb	测定芦荟中 Fe 和 Pb 的含量	MPT-510	15
奶粉	Ca、Fe	测定奶粉中钙和铁的含量	MPT-510	16
石油化工	Fe、Ag、Ni	测定航空润滑油中铁、银和镍含量	MPT-510	17
酒类	Pb	测定葡萄酒中的铅的含量	MPT-510	18
石油化工	Cu、Fe	测定汽油中痕量铜和铁的含量	MPT-510	19
食品	Ca、Zn	测定海带中钙和锌的含量	MPT-510	20
食品	Ca、Mg、Zn、Mn	微波消解-MPT-AES 法测定豆制品中的金属元素含量	MPT-510	21
催化剂	Cu、Cr、Mn、Al	测定加氢催化剂中的铜、铬、锰、铝含量	MPT-510	22
食用油	Cu、Fe	测定核桃油中铜和铁的含量	MPT-510	23
食品	Mg、Ca、Cu、Fe、Zn、Ph、Ni、Cr、Cd、Mn	测定豆制品中的 10 种金属含量	MPT-510	24
食品	Cu、Fe、Ni、Cd	测定豆制品中铜、铁、镍、镉的含量	MPT-510	25
有机材料	Fe、Ca、Ni、Mg、Zn	测定乳胶管中的铁、钙、镍、镁、锌的含量	MPT-510	26
矿泉水	Si、Mg、Ca、Sr、K	测定矿泉水中硅、镁、钙、锶、钾元素含量	JXY-1010	27
中成药	Zn、Mo、Co、Ca、Pd	测定潮州凉茶中五种微量元素含量	MTP-520	28
有机材料	Fe、Ni、Mg、Ca、Zn	测定乳胶手套中的铁、镍、镁、钙、锌含量	MPT-510	29
钢铁合金	Ni、Cr	测定钢中镍和铬的含量	MPT-510	30
有色金属	Pd、Pt 和 Au	流动注射-离子交换分离 MPT-AES 测定钯、铂和金含量	MPT-510	31
石油化工	Cu、Fe、Ni	测定脱蜡油中的铜、铁、镍含量	MPT-510	32
酒类	Pb、Mg、Al、Cu、Mn、Fe、Zn	测定葡萄酒中的铅、镁、铝、铜、锰、铁和锌 7 种微量元素含量	MPT-510	33
化学制剂	Sb	微波消解-MPT-AES 法测钝镍剂中的锑含量	MPT-1020	34
食用油	Cu、Fe	测定黄瓜籽油中的铜和铁含量	MPT-510	35

续表

测定对象	测定成分	MPT-AES 方法概要	仪器型号	文　献
石油化工	Cu、Fe	测定汽油中的铜和铁含量	MPT-510	36
化学试剂	Sb	测定金属钝化剂中的锑含量	MPT-1020	37
催化剂	Cu、Na	测定催化剂中铜和钠的含量	MPT-510	38
植物样品	Ca、Mg、Fe、Zn	测定芦荟中金属元素钙、镁、铁、锌的含量	MPT-510	39
土壤样品	Pb、Hg	微波消解-MPT-AES法测定电池污染土壤中铅和汞含量	MPT-510	40
奶粉	Mg、Na	测定奶粉中的微量金属元素含量	MPT-510	41
食品	Ca、Na、Fe、Zn、Cu	测定东北野生红蘑中金属元素钙、钠、铁、锌、铜的含量	MPT-510	42
茶叶	Sr	测定茶叶中的锶含量	MPT-1020	43
植物样品	Ca、Mg、Fe、Zn	测定华芦荟和元江芦荟的钙、镁、铁、锌的含量	MPT-510	44
食品	Fe、Ni、Mg、Ca、Zn、Cu	测定大豆皮中的金属元素铁、镍、镁、钙、锌和铜的含量	MPT-510	45
奶粉	Ca、Mg、Na	微波消解-MPT-AES法测定奶粉中钙、镁和钠含量	MTP-510	46
茶叶	Mn、Zn、Cu、Fe、Cr、Se	同时测定绿茶中锰、锌、铜、铁、铬、硒的含量	MPT-510	47
酒类	Cu、Zn、Fe、Mn、Se、Sr	测定啤酒中的铜、锌、铁、锰、硒、锶的含量	MPT-510	48
茶叶	Cu、Zn、Mn、Fe、Mg、Ca	测定野松茶中6种微量元素含量	MPT-1020	49
有机材料	Cu	表面活性剂增敏 MPT-AES 法测定聚烯烃树脂中铜含量	MPT-510	50
煤焦产品	Cu	吐温-80增敏 MPT-AES 测定煤焦油中铜含量	MPT-510	51
食品	Pb、Cr	测定老酸奶中铅和铬的含量	MPT-510	52
化妆品	Pb、Cd、Cr	测定化妆品中铅、镉和铬含量	MPT-1020	53
茶叶	Mg、Al、Ca、Mn、Fe、Cu、Zn、K、Na、Co、Pb	测定23种不同产地绿茶样品中11种元素的含量	MPT-510	54
植物样品	Fe、Mg、Co、Cr、Mn、Ca、Ni、Ba	分析木瓜中的微量元素铁、镁、钴、铬、锰、钙、镍、钡的含量	MPT-520	55
食品	Pb、Al	微波消解-MPT-AES法测定膨化食品中铅和铝含量	MPT-510	56
煤焦产品	Si、Fe、V	测定石油焦中的硅，铁，钒的含量	MPT-510	57
环境样品	Pb、Cd、Cr、Cu、Mn	测定抚顺环境 PM$_{2.5}$ 和 PM$_{10}$ 中的重金属元素含量	MPT-1020	58
钢铁合金	Fe	测定镍基合金中的铁含量	MPT-510	59

本表参考文献：

1 梁培红，李安模. 光谱学与光谱分析，2000，20(1): 61.

2 彭增辉，周建光，郇延富，等. 分析仪器，2001, (1): 24.

3 李丽华，张金生，张起凯，等. 石油化工高等学校学报，2002, 15(2): 46.

4 杨英，张金生，李丽华，等. 抚顺石油学院学报，2002, 22(3): 11.

5 张金生，李丽华，孙淑英，等. 分析科学学报，2003, 19(5): 455.

6 张金生，李丽华，张金平，金钦汉. 高等学校化学学报，2004, 25(7): 1248.

7 张金生，李丽华，金钦汉. 分析试验室，2004, 23(7): 31.

8 董洪霞，赵晓松，孙安娜，等. 吉林农业大学学报，2005, 27(1): 79.

9 李丽华，张金生，李秀萍，等. 石油化工高等学校学报，2005, 18(2): 23.

10 孙淑英，张金生，李丽华，等. 辽宁石油化工大学学报，2004, 24(3): 1.

11 王玉军，崔俊涛，赵晓松，等. 植物营养与肥料学报，2004, 10(4): 444.

12 卢莹冰，高德忠，李丽华，等. 光谱实验室，2005, 22(1): 95.

13 张丹，李丽华，张金生，等. 辽宁石油化工大学学报，2005, 25(1): 30.

14 张金生，李丽华，金钦汉. 分析化学，2005, 33(5): 690.

15 张金生，赵爽，李丽华，等. 现代仪器，2005, (5): 26.

16 李丽华，张金生，张起凯. 分析试验室，2005, 24(6): 47.

17 卢莹冰，张金生，李丽华，等. 分析试验室，2005, 24(8): 73.

18 张金生，董媛，李丽华. 食品与发酵工业，2005, 31(9): 85.

19 张金生，李丽华，卢莹冰. 分析测试学报，2006, 25(1): 30.

20 张金生, 赵爽, 李丽华, 等. 石油化工高等学校学报, 2006, 19(3): 41.

21 李丽华, 张丽静, 张金生, 等. 辽宁石油化工大学学报, 2006, 26(4): 133.

22 仲东魁, 徐荣福, 张春波. 广州化工, 2006, 34(5): 46.

23 邵海, 宫晓杰, 李丽华, 等. 辽宁石油化工大学学报, 2007, 27(1): 21.

24 李丽华, 张丽静, 张金生, 等. 化学研究, 2007, 18(1): 86.

25 李丽华, 张丽静, 张金生, 等. 大豆科学, 2007, 26(2): 240.

26 李秀萍, 李丽华, 张金生. 分析科学学报, 2007, 23(3): 319.

27 李欣欣. 分析仪器, 2007, (3): 42.

28 杨驰, 徐春秀, 林燕文. 江西化工, 2007, (4): 107.

29 李秀萍, 李丽华, 张金生. 分析测试学报, 2007, 26(5): 754.

30 李丽华, 高辉, 张金生, 等. 冶金分析, 2007, 27(6): 41.

31 张丽娟, 赵丽巍, 张寒琦, 等. 光谱学与光谱分析, 2001, 21(1): 62.

32 仲东魁, 张宝君, 徐荣福. MTP-AES 法测定脱蜡油中的铜、铁、镍. 中国化工学会 2008 年学术年会, 2008.

33 毕淑云, 孙艳涛, 李为. 化学分析计量, 2009, 18(1): 36.

34 李玲, 张金生, 李丽华, 等. 辽宁石油化工大学学报, 2009, 29(1): 31.

35 王永艳, 李丽华, 张金生, 等. 辽宁石油化工大学学报, 2009, 29(3): 12.

36 李丽华, 张金生, 卢莹冰, 等. 辽宁石油化工大学学报, 2009, 29(4): 12.

37 李丽华, 张金生, 李秀萍. 现代仪器, 2009, 15(5): 86.

38 张金生, 李丽华, 张金平. 分析试验室, 2009, 28(9): 79.

39 赵爽, 张金生. 科学技术与工程, 2010, 10(1): 42.

40 李丽华, 高辉, 张金生, 等. 辽宁石油化工大学学报, 2006, 26(4): 96.

41 张丹. 光谱实验室, 2010, 27(5): 23012.

42 赵爽, 张金生. 科学技术与工程, 2010, 10(6): 1528.

43 薛丽敏, 李丽华, 张金生, 等. 广州化工, 2010, 38(6): 173.

44 赵爽, 张金生. 科技导报, 2010, 28(13): 97.

45 李秀萍, 赵荣祥, 李丽华, 等. 大豆科学, 2011, 30(2): 314.

46 张丹, 李君华. 天津化工, 2011, 25(2): 49.

47 韦琳骥, 李丽华, 张金生, 等. 食品工业科技, 2011, (12): 458.

48 周雅兰, 张金生, 李丽华, 等. 分析科学学报, 2012, 28(1): 67.

49 赵文涛, 张金生, 李丽华等. 辽宁石油化工大学学报, 2012, 32(2): 8.

50 张起凯, 焦金庆. 冶金分析, 2012, 32(10): 60.

51 张起凯, 蒲万琼. 化学研究与应用, 2013, 25(1): 58.

52 牛桂昂, 李丽华, 张金生. 中国乳品工业, 2013, 41(2): 47.

53 焦瑞, 张金生, 李丽华. 香料香精化妆品, 2013, (2): 56.

54 李丽华, 张金生, 韦琳骥. 辽宁石油化工大学学报, 2013, 33(3): 12.

55 徐春秀, 蔡龙飞, 萧桎霞. 食品研究与开发, 2014, 35(3): 75.

56 赵丽, 张金生, 李丽华. 分析科学学报, 2014, 30(4): 458.

57 李仲福, 卞涛. 天津化工, 2014, 28(6): 51.

58 王雪, 李丽华, 张金生. 当代化工, 2014, 43(10): 2208.

59 高辉, 邓秀琴, 贺小平. 应用化工, 2014, 43(10): 1925.

六、常压 N₂MP-AES 的分析应用

在微波等离子体发射光谱法发展史上, 曾经有多家仪器公司推出过以氮气为工作气体的微波等离子体发射光谱仪[MP-AES], 主要看中的是 N_2 在相同功率条件下所形成的等离子体的气体温度会较高, 有利于样品的原子化。但由于氮本身的电离电位和激发电位都不算高, 加上由其自身及与水溶液所含氢、氧原子产生的背景分子发射带又较多, 不利于一些元素分析谱线的选用, 所以早期的应用并不不理想。

2011 年安捷伦公司推出的 MP-4100 微波等离子体原子发射光谱仪 (图 7-17), 可以采用氮气发生器为气源, 获得了很好效果和市场应用。

该仪器已在下列多个领域获得推广应用:

(1) 环保　饮用水、地表水、废水、灌溉水、土壤、肥料、动植物等。

(2) 食品　粮食、蔬菜、饮料、酒类、食品加工产品。

(3) RoHS & WEEE 监测　皮革, 电子材料。

(4) 地矿冶金　金、银、铂等贵金属及 Cu、Zn、Fe 等有色、黑色金属矿石检测; 钢铁及合金等常规检测。

(5) 石油化工　各种油品、润滑油中磨损金属; 由于 MP-AES 使用氮气避免了炬管积炭等问题, 而具有特别的优势。

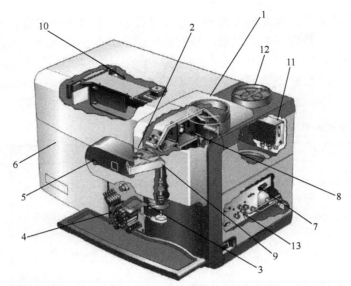

图 7-17 安捷伦氮微波等离子体原子发射光谱仪结构示意图

1—废气排放口；2—前置光路窗口；3—炬管手柄；4—蠕动泵；5—等离子体控制按钮；6—高压供电电源；
7—电子控制（control PWB）；8—前置光路；9—等离子体；10—单色器及CCD检测器系统；
11—扩展气路控制模块；12—冷却空气进口；13—气路连接面板

　　由于仪器功率固定为 1200W，加上采用面阵背照式珀耳帖制冷 CCD 检测器，所以整机结构十分紧凑、稳定性好、光谱检测灵敏度高。该仪器（MP-AES）对于不少元素的检出限甚至好于用该公司传统的 ICP 发射光谱仪所得的结果（表 7-14）。

表 7-14 MP-AES 与 ICP-AES 测若干元素的检出限比较　　　　　　　　　单位：10^{-9}

元　素	FAAS[①]	垂直 ICP-AES	MP-AES	饮用水法规(强制)
Al	30	0.9	0.8	200
Au	10	3	0.9	
Ca	1	0.06	0.05	
Cd	2	0.6	0.9	5
Co	5	1	2	
Cr	6	0.9	0.4	50(Ⅵ)
Cu	3	1	0.3	1000
Fe	6	0.8	1.3	300
K	3	4	0.2	
Mg	0.3	0.04	0.09	
Mn	2	0.08	0.2	100
Pb	10	5	2	10
Pd	10	70	0.5	
Pt	100	30	6	
Si	300	3	2	
Sn	100	7	7	
Sr	2	0.05	0.08	
Ti	100	0.3	3	
V	100	0.7	0.4	
Zn	1	1	1	1000

①FAAS 为火焰原子吸收光谱法。

　　由于氮等离子体固有的激发能力有限，且这类仪器的等离子体温度仍不及 ICP 来得高，对于一些高激发电位和高电离电位元素，特别是像卤素等非金属元素的检测能力，仍然有所限制，甚至有的还难以测量。

　　表 7-15 为千瓦级氮微波等离子体（MP-AES）元素分析通用型商品光谱仪的应用实例。

表 7-15 MP-AES 应用实例

测定对象	测定成分	MPT-AES 方法概要	仪器型号	文 献
环境水样	Be、Cd、Ca、Co、Cr、Cu、Fe、Mn、Ni、Na、K、Mg、Pb、Zn、Ti、V	测定环境水样中的多种金属元素	MP-4100	1
植物样品	多种元素同时测定	MP-AES 仪器同时检测植物、树及灌木枝叶中的多种元素	MP-4100	2
轻工产品	As、Cd、Co、Cr、Cu、Hg、Ni、Pb、Sb	测定 9 种皮革及纺织品中多种重金属元素	MP-4100	3
工业烟气	Hg	对电厂的 SCR 前，除尘前，脱硫前和脱硫后燃煤烟气中汞浓度的测定	MP-4100	4
地质样品	多种元素同时测定	测定地质样品中的主量和微量元素	MP-4100	5
有色金属	Au、Pt、Pd	测定矿石中的金、铂、钯贵金属元素	MP-4100	6
有色金属	Si	测定金属铜中微量硅	MP-4100	7
地质样品	Au、Pt、Pd	测定矿石中的贵金属元素	MP-4100	8
地质样品	Ag、Cu、Mo、Ni、Pb、Zn	测定地质样品中的主量和微量元素	MP-4100	9
食品	Mg、K、P、Ai、Ca、Cd、Co、Cr、Cu、Fe、Mo、Ni、Sr、Zn	测定米粉中的常量、微量和痕量元素	MP-4100	10
食品	Ca、Mg、Na、K	测定果汁中的常量元素	MP-4100	11
氧化物	Cu、Pb、Fe、Cd、Mn	测定氧化锌中铜、铅、铁、镉、锰	MP-4100	12
中药材	Al、As、Hg、Ca、Cu、Cr、Pb、Zn 等	测定特色中药材样品溶液中 17 种元素的含量	MP-4100	13
环境水样	As、Hg、Sb、Se、Cd、Cu、Cr、Ni、Pb、Ti、V、Zn	MP-AES 法对环境水样中可氢化物发生元素及重金属元素的同时测定	MP-4100	14
地质样品	Ag、Cu、Ni、Pb、Zn	MP-AES 测定地质样品中的常量和微量元素	MP-4200	15
饲料	Cu、Fe、Mn、Zn、K、Na	测定水产饲料中铜、铁、锰、锌、钾、钠等多种金属元素	MP-4200	16

本表参考文献：

1 吴春华，欧阳昆，陈玉红，张之旭.环境化学, 2011, 30(11): 1967.

2 欧阳昆，吴春华，张兰，陈玉红. 环境化学, 2011, 30(12): 2112.

3 吴春华，赵洋，马琳，等. 环境化学, 2012, 31(1): 126.

4 王相凤，邓双，刘宇，等. 环境工程, 2013, 31(2): 126.

5 Craig T, Elizabeth R. 第一届全国有色金属分析检测与标准化技术交流研讨会论文集. 2013:17.

6 Craig Taylor. 第一届全国有色金属分析检测与标准化技术交流研讨会论文集, 2013:1.

7 冯先进. 矿冶, 2013, 22(4): 121.

8 Craig T. 中国无机分析化学, 2013, (增刊): 1.

9 Craig T, Elizabeth R. 中国无机分析化学, 2013, 3(增刊): 17.

10 John Cauduro. 中国无机分析化学, 2014, 4(3): 82.

11 Phuong T, John C. 中国无机分析化学, 2014, 4(4): 62.

12 冯先进. 冶金分析, 2014 年, 34(8): 58.

13 杨熙，潘佳钏，雷永乾，等.分析测试学报, 2015, 34 (2): 227.

14 郭鹏然，潘佳钏，雷永乾，等. 分析化学, 2015, 43(5): 748.

15 Terrance H, Phil L, Terrance H, Phil L.中国无机分析化学, 2015, 5(1): 41.

16 李应东，余晶晶，刘耀敏，等. 光谱学与光谱分析, 2015, 35(1): 234.

第六节　技 术 展 望

微波等离子体原子光谱分析技术仍处于发展阶段，正在迎来一个意义深远的转折期。

目前通过对 MPT 炬管结构和电磁场在其中的传输和分布特点的深入研究，已经发现了一种可使微波能量几乎完全集中到炬管开口端内管与中管之间的双谐振电场结构，并开发出一种具有此种结构的新型微波等离子体炬管，用它可在千瓦级微波功率下获得非常稳定的、带有十分有利于样品引入中央通道的倒漏斗形等离子体[44]。

研究发现在低功率下的氩 MPT 等离子体实际上是一种由"单丝（single filament）放电"快速旋转形成的一种新型等离子体[45]，随着所加微波功率的提高，形成的等离子体可从高速旋转着的"单丝放电"发展成为稳定性和检测能力都更加强大的"双丝放电"等离子体（图7-18）。这意味着继续增加微波功率，有可能获得功能更加强大的由旋转着的"三丝"，甚至"四丝放电"形成的等离子体。使 MPT 中微波的能量利用率得到最大的提高，以至高于 ICP。从而使高功率 MPT 有望真正成为与 ICP 一样的实用新技术。千瓦级 MPT-AES 仪器的初步研发结果已显示出良好的分析性能，可以长时间（＞72h）连续工作的千瓦级常压氧屏蔽氩和氦微波等离子体炬（OS-MPT）激发光源均已研发成功（图 7-19）

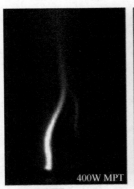

400W MPT　　　　1000W MPT

图 7-18　MPT 微波放电的等离子体形态

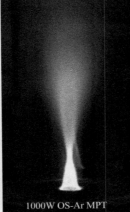

1000W OS-He MPT　　　1000W OS-Ar MPT　　　有湿气溶胶引入时的 OS-Ar MPT

图 7-19　千瓦级 OS-He MPT、OS-Ar MPT 焰炬照片

由于 MPT 对于包括氮、氧、CO_2 及许多有机分子气体在内的各种气体样品的良好承受能力，用氦等离子体原子光谱法可以检测周期表中几乎所有天然存在的、从痕量到常量的元素（即具有"全元素全量程分析"能力），千瓦级 MPT 光谱仪进一步的研发，将可为原子光谱

分析应用和研究领域提供一种新的可供选用的新技术，以至可为如下重大科学技术问题的解决提供独特的解决方案：

（1）大气污染物（包括 $PM_{2.5}$）中有毒有害元素的实时连续监测和溯源；

（2）特种耐高温材料的质量控制、地质勘探中的多元素探查和"全元素全量程分析"监控；

（3）通过"全元素全量程分析"鉴别药品、保健品、食品等生物医学材料的真伪和原产地；

（4）通过"全元素全量程分析"做文物真伪、公安刑侦中的痕迹鉴定；

（5）通过炉气、液流等"全元素分析"监控生产过程；

（6）通过油液监测，为实现飞机、舰船和巨型机械的视情维修等提供一种全新的强有力分析检测工具。

参 考 文 献

[1] Jankowski K J, Reszke E. Microwave Induced Plasma Analytical Spectrometry. Cambridge UK: RSC Publishing, 2011.

[2] 金钦汉, 黄矛, Hieftje G M. 微波等离子体原子光谱分析. 长春: 吉林大学出版社, 1993.

[3] 金钦汉. 微波化学. 北京: 科学出版社, 1999.

[4] Yang W, Zhang H, Yu A, Jin Q. Microchem J, 2000, 66: 147.

[5] Jin Q, Duan Y, Olivares J A. Spectrochim Acta: Part B, 1997, 52: 131.

[6] Cobine J D, Wilbur D A J. J Appl Phys, 1951, 22: 835.

[7] Mavrodineanu R, Hughes R C. Spectrochim Acta: Part B, 1963, 19: 1309.

[8] Broida H P, Morgan H. Anal Chem, 1952, 24: 799.

[9] McCormack A J, Tong S C, Cooke W D. Anal Chem, 1965, 37: 1470.

[10] Murayama S, Matsuno H, Yamamoto M. Spectrochim Acta: Part B, 1968, 23: 513.

[11] Quimby B D, Sullivan J J. Anal Chem, 1990, 62: 1027.

[12] Beenakker C I M. Spectrocchim Acta: Part B, 1976, 31:483.

[13] Moisan M, Beaudry C, Leprince P. IEEE Trans Plasma Sci, 1975, 3: 55.

[14] 金钦汉, 杨广德, 于爱民, 等. 吉林大学自然科学学报, 1985, (1): 90.

[15] Jin Q H, Wang F D, Zhu C, et al. J Anal At Spectrom, 1990, 5: 487.

[16] Okamoto Y, Yasuda M. Murayama S. Jpn J Appl Phys, 1990, 29: L670.

[17] Okamoto Y. J Anal At Spectrom, 1994, 9: 745.

[18] Takahara H, Iwasaki M, Tanibata Y. IEEE Trans Instrum Meas, 1995, 44: 819.

[19] Jankowski K, Jackowski A, Ramsza A P, Reszke E. J Anal At Spectrom, 2008, 23: 1234.

[20] Jankowski K, Ramsza A P, Reszke E, Strzelec M. J Anal At Spectrom, 2010, 25: 44.

[21] Hammer M R. Spectrochim Acta, Part B, 2008, 63: 456.

[22] Fehsenfeld F C, Evenson K M, Broida H P. Rev Sci Instr, 1965, 36(3): 294.

[23] Huang M, Hanselman D S, Jin Q, Hieftje G M. Spectrochim Acta, 1990, 45: 1339.

[24] Hammer M R. US 7030979, 2006; US 6683272, 2004.

[25] Huan Y, Zhou J, Peng Z, et al. J Anal At Spectrom, 2000, 15: 1409.

[26] 金钦汉, 张寒琦, 俞世荣. 光谱学与光谱分析, 1989, 9(4): 32.

[27] Jin Q, Zhang H, Wang Y, et al. J Anal At Spectrom, 1994, 1: 851

[28] van Stee L L P, Brinkman U A T. J Chromatogr A, 2008, 1186: 109.

[29] Kirschner S, Golloch A, Telgheder U. J Anal At Spectrom, 1994, 9: 971.

[30] O'Connor G, Rowland S J, Evans E H. J Sep Sci, 2002, 25: 839.

[31] Andersson J T. Anal Bioanal Chem, 2002, 373: 344.

[32] Stan H J, Linkerhagner M. J Chromatogr A, 1996, 750: 369.

[33] Jin Q, Zhang H. Yu A. et al. And Science. 1991. 7: 559.

[34] Seely J A, Zeng Y, Uden P C, et al. J Anal At Spectrom, 1992, 7: 979.

[35] Engel U, Kehden A, Voges E, Broekaert J A C. Spectrochim Acta, 1999, 54B: 1279.

[36] Kuo H W, Chang W G, Huang Y S, et al. Bull Environ Contam Toxicol, 1999, 62: 677.

[37] Shinohara A, Chiba M, Inaba Y. J Anal Toxicol, 1999, 23: 625.

[38] Matusiewicz H, Slachcinski M, Hidalgo M, et al. J Anal At Spectrom. , 2007, 22: 1174.

[39] Matusiewicz H, Spectrochim Acta, Part B, 2002, 57: 485.

[40] Besteman A D, Bryan G K, Lau N, Winefordner J D. Microchem J, 1999, 61: 240.

[41] Mohamed M M, Ghatass Z F. Fresenius' J Anal Chem, 2000, 368: 449.

[42] Shinohara A, Chiba M, Inaba Y. Anal Sci, 2001, 17(suppl): i1539.

[43] Quimby B D, Dryden P C, Sullivan J J. Anal Chem, 1990, 62: 2509.

[44] 金伟, 于丙文, 朱旦, 等. 高等学校化学学报, 2015, 36(11): 2157

[45] van der Mullen J J A M, van de Sande M J, de Vries N, et al. Spectrochim Acta, 2007, 62B: 1135.

第八章　辉光放电原子发射光谱分析

辉光放电原子发射光谱法（glow discharge optical emission spectrometry，GD-OES）是以辉光放电作为原子发射光谱激发光源的分析方法。辉光放电（glow discharge，GD）是一种低压（13.3～1333Pa）气体放电现象，其名称来源于由激发态气体所产生的非常亮的辉光。由于GD光源操作的简便性以及应用的广泛性，使其发展成为一种适合于金属、非金属、薄膜、半导体、绝缘体和有机材料分析的多面分析技术。

W. R. Grove[1]早在1852年就已经报道了辉光放电管中的阴极溅射现象，随之第一台用于光谱分析的辉光放电光源是以空心阴极灯的形式应用于原子吸收光谱分析；1967年Grimm[2]设计了应用于发射光谱的新光源，被称为Grimm型辉光放电光源，用于金属样品的成分分析中。1970年第一篇GD-OES应用于深度分析的文章在国际会议上公开发表，1978年出现了第一台商品化的辉光放电光谱仪。20世纪80年代辉光放电光谱分析技术在德国、法国和日本的金属生产和研究中心中得到迅速应用。20世纪90年代以后，随着计算机技术、光栅技术的发展以及深度定量模式的完善，在表面分析领域得到迅速发展[3]。目前，辉光放电原子发射光谱作为一种直接对固体样品分析的技术，既能对均匀块状样品直接进行成分分析（bulk analysis），也能对涂镀层材料及表面处理材料进行材料成分的深度分布分析（depth profile analysis），提供元素成分在深度方向分布状况的信息。

第一节　辉光放电原子发射光谱原理

一、辉光放电的产生及过程

1. 辉光放电的基本装置及原理

辉光放电属于低压气体放电。辉光放电简单装置如图8-1所示，样品作为阴极，在封闭的低气压装置中进行放电。通常在装置内充入一定气压的Ar气（1Torr左右），两电极间加足够高的电压（一般为250～2000V），即可形成辉光放电。

在低压气体放电中[4]，气态的原子或分子受到某些外界能量作用，形成荷电质点（电子和离子）。当放电管两端加以足够高的电压，

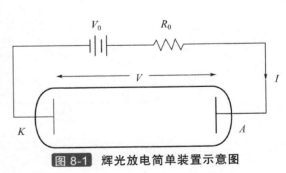

图 8-1　辉光放电简单装置示意图

这些荷电质点将在电场力作用下定向运动而形成电流，促使气体导电，称之为气体放电。由于放电条件不同，气体放电有不同的形式和特点。其中，管内所充气体的压强，对放电形式有显著的影响。在气压大于20Torr（2666Pa）时，放电基本上属于电弧型；但是，当气压在0.1～10Torr（13.3～1333Pa）时，放电将出现新的特点。此时，管端压降与管电流的关系如图8-2所示。

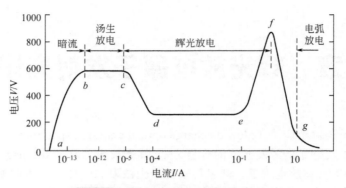

图 8-2 低压气体放电的伏安特性

从图 8-2 中可知，电压和电流不成线性关系，即不遵从欧姆定律，而是呈现比较复杂的函数关系。其中的辉光放电阶段，外加电压继续升高，达到 c 点值时，管电压会突然下降，电流突然增大，放电管内出现有颜色的光，称为气体的点燃，此时的放电称为辉光放电，放电也由非自持放电转变为自持放电，对应于 c 点的电压 V_c 称为点火电压。

辉光放电分为正常辉光放电和异常辉光放电。正常辉光放电的管电流较小，阴极辉覆盖不满阴极，当电流继续增加时，整个阴极被阴极辉覆盖，管电压降随电流的增高而迅速升高（ef 段），称为异常辉光放电，其电流值在 $10^{-1} \sim 10^0$A 左右。

2. **辉光放电的主要过程**

辉光放电过程包括：样品的原子化、样品原子的激发与离子化过程。

（1）样品的原子化　在辉光放电中，样品的原子化是通过阴极溅射来实现的[5]，如图 8-3 所示。

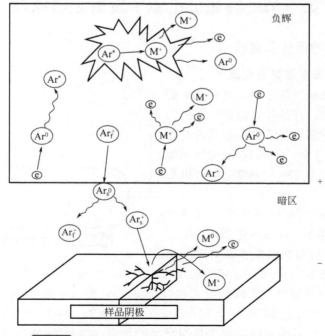

图 8-3 辉光放电中原子化、激发和离子化过程

放电气体离子（如氩离子）在电场的加速下达阴极表面，当一个离子碰撞到表面时，其动能（>30eV）可能传递给阴极表面的原子，处于表面的样品原子就可能获得足以克服晶格束缚的能量，在正常的情况下以平均能量为 5～15eV 的中性原子形式逸出样品表面[6]。正离子由于受到阴极暗区电场的作用而返回到样品的表面，而中性原子将进一步扩散进入负辉区。从而阴极（样品）物质的原子在离子的轰击下释放出来，进入等离子体中并经历一系列碰撞，使原子激发并发生电磁辐射。溅射进入辉光等离子体的原子组成与被溅射样品的原子组成相同[7]。通过阴极溅射出来的物质除了有样品原子还有阴极材料小簇、离子和二次电子等。

不同的溅射材料和放电气体对样品的溅射率有影响，图 8-4 给出了在不同离子能量条件下各溅射材料和放电气体的溅射情况[1]。

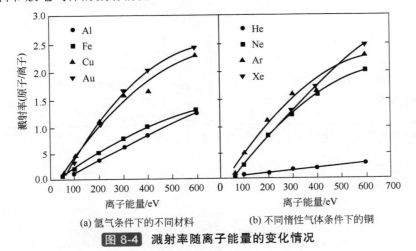

(a) 氩气条件下的不同材料　　(b) 不同惰性气体条件下的铜

图 8-4　溅射率随离子能量的变化情况

（2）样品原子的激发和离子化　从阴极溅射出来的样品原子扩散进入反应活跃的负辉区时，与其中的高能电子和亚稳态原子等发生频繁碰撞（图 8-3）。表 8-1 为辉光放电中的激发和电离过程[8]。其中，电子碰撞与彭宁（Penning）碰撞为样品原子激发和离子化的两种主要方式，研究表明电子碰撞是原子激发机理的主要碰撞，而彭宁碰撞是溅射出来的样品原子离子化过程的主要贡献者[9]。

表 8-1　辉光放电中的激发和电离过程

过程	公式
初级激发/电离过程	
A.电子碰撞	$M^0 + e^-(快) \longrightarrow M^* + e^-(慢)$ 或 $M^0 + e^-(快) \longrightarrow M^+ + 2e^-$
B.Penning 碰撞	$M^0 + Ar_m^* \longrightarrow M^* + Ar^0$ 或 $M^0 + Ar_m^* \longrightarrow M^+ + Ar^0 + e^-$
二级过程	
A.电荷转移	
1.不对称	$Ar^+ + M^0 \longrightarrow M^+(M^{+*}) + Ar^0$
2.对称（共振）	$X^+(快) + X^0(慢) \longrightarrow X^0(快) + X^+(慢)$
3.离解	$Ar^+ + MX \longrightarrow M^+ + X + Ar^0$
B.缔合电离	$Ar_m^* + M^0 \longrightarrow ArM^+ + e^-$
C.光诱导激发/电离	$M^0 + h\nu \longrightarrow M^*$ 或 $M^0 + h\nu \longrightarrow M^+ + e^-$
D.累积电离	$M^0 + e^- \longrightarrow M^* + e^- \longrightarrow M^+ + 2e^-$

注：M^0 为溅射中性原子；Ar_m^* 为亚稳态氩原子；X 为任何气相原子。

3. 辉光放电中粒子和器壁的相互作用

辉光放电作为等离子体是一个复杂的体系[10]，存在各种各样的粒子形态，主要有不同种类的原子与离子、处于基态及不同激发态的原子与离子、电子、光子等。而且多种不同的过程同时交错进行，并相互影响。Annemie Bogaerts 和 Renaat Gijbels 对这些相互作用过程的大量研究作了详细的综述[11]。用于描述等离子体粒子种类的不同模型如表 8-2 所示。

表 8-2 描述等离子体粒子种类的不同模型

等离子体种类	模型
快电子	蒙特卡罗（全部放电）
慢电子	流体（全部放电）
Ar^+离子	流体（全部放电）
	蒙特卡罗（CDS）
Ar_f^0 原子	蒙特卡罗（CDS）
Ar_m^* 亚稳态原子	流体（全部放电）
M^0（热化）	蒙特卡罗（全部放电）
M^0, M^+（扩散，电离）	流体（全部放电）
M^+	蒙特卡罗（CDS）

不同碰撞中的截面积随粒子能量的变化如图 8-5 所示[1]。

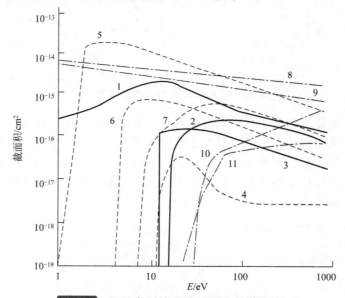

图 8-5 不同类型的碰撞过程中的截面积

1—电子弹性碰撞；2—氩基态原子的电子碰撞电离；3—从氩基态原子的全部电子碰撞激发；
4—从氩基态原子到亚稳态级的电子碰撞激发；5—从氩亚稳态级的全部电子碰撞激发；
6—从氩亚稳态级的电子碰撞电离；7—从铜基态原子的电子碰撞电离；
8—氩离子的对称电荷转移；9—氩离子和原子的弹性碰撞；
10—氩离子与原子碰撞电离和氩原子碰撞激发到氩亚稳态级；
11—氩离子碰撞激发到亚稳态级

放电气体（Ar）的辉光放电等离子体特性对样品原子激发与电离起着重要作用。图 8-6（a）、（b）分别显示了选定氩原子和离子态的能级图。氩原子线按照其所产生，划分成 a～d 组并在图 8-6（a）中[12]。

部分所关心的氩原子发射谱线列于表 8-3（a）和表 8-3（b）[13]。

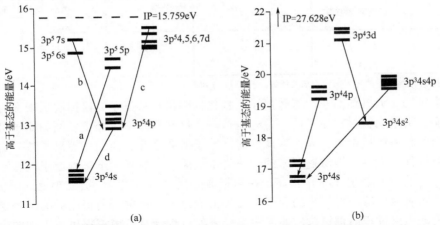

图 8-6　各种氩原子（a）和离子（b）状态的能级图

表 8-3（a）　部分氩原子线的光谱数据

波长/Å	跃迁概率 $A/10^8 s^{-1}$	能量水平/eV		统计权重	
		E_L	E_U	g_L	g_U
4200.7	0.010	11.55	14.46	5	7
4333.6	0.006	11.83	14.69	3	5
5373.5	0.003	13.15	15.46	3	5
5495.9	0.017	13.08	15.33	7	9
5650.7	0.032	12.91	15.10	3	1
5888.6	0.013	13.08	15.18	7	5
5912.1	0.011	12.91	15.00	3	3
6664.1	0.002	13.09	14.95	5	5
6719.2	0.002	13.27	15.12	1	3
7503.9	0.445	11.83	13.48	3	1
7514.7	0.402	11.62	13.27	5	5
7635.1	0.245	11.55	13.17	5	3
7723.8	0.052	11.55	13.15	5	7
8115.3	0.331	11.55	13.08	5	7

表 8-3（b）　部分氩离子线的光谱数据

波长/Å	跃迁概率 $A/10^8 s^{-1}$	能量水平/eV		统计权重	
		E_L	E_U	g_L	g_U
4131.7	1.4	18.43	21.43	4	2
4277.5	0.41	18.45	21.35	4	6
4331.2	0.56	16.75	19.61	4	4
4348.1	1.24	16.64	19.49	6	8
4370.8	0.65	18.66	21.49	4	4
4401.0	0.322	16.41	19.22	8	6
4426.0	0.83	16.75	19.55	4	6
4545.1	0.413	17.14	19.87	4	4
4590.0	0.82	18.43	21.13	4	6
4609.6	0.91	18.45	21.14	6	8
4657.9	0.81	17.14	19.80	4	2
4726.9	0.5	17.14	19.76	4	4
4764.9	0.575	17.26	19.87	2	4

续表

波长/Å	跃迁概率 $A/10^8 s^{-1}$	能量水平/eV		统计权重	
		E_L	E_U	g_L	g_U
4806.0	0.79	16.64	19.22	6	6
4879.9	0.78	17.14	19.68	4	6
4965.1	0.347	17.26	19.76	2	4

注：E_L 和 E_U 分别表示的是下部和上部的能级；g_L 和 g_U 分别表示的是下部和上部的统计权重。

当能量粒子（如气体离子、气体原子，也包括阴极材料离子）碰撞阴极表面时，它们可以穿透表面，引起阴极材料原子的一系列碰撞。在这些碰撞中，处于表面的原子可以获得一些能量，当所获得的能量大于表面束缚能时，原子就会逃逸表面进入等离子体，这个过程称为阴极溅射过程。大多数被溅射下来的粒子为中性原子。被溅射下来的原子能量一般在 5～15eV。离子也可以被溅射下来，正离子在阴极前的强电场作用下，会立刻返回阴极。

每一个入射粒子所溅射下来的原子数目称为溅射率，是关于阴极溅射的一个定量概念。科学家们根据溅射过程的理论与实践的关系及溅射过程计算机模拟提出了不同的阴极溅射率的分析表达式及估算式。总的来说，溅射率与入射粒子的质量（种类）、能量、数量及靶材的种类和表面状况等有关。辉光放电在惰性气体中放电，可以产生较高的溅射率，并且不会与阴极材料发生化学反应。溅射率一般随碰撞粒子质量的增加而增加。入射粒子的能量必须大于一个阈值能量，使阴极表面原子获得充分的能量，克服表面束缚能，溅射才可能发生。表面束缚能与材料的升华热有关。一般来说，溅射的最低能量应是阴极材料升华热的 4 倍。在最低能量以上，溅射率随着碰撞粒子能量的增加而增加，并在几千电子伏特达到最大值。如果能量再继续升高，溅射率将下降，因为离子注入过程变得越来越重要。

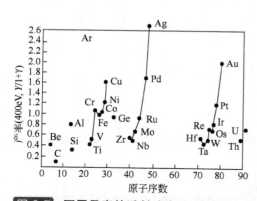

图 8-7 不同元素的溅射速率（氩离子动能为 400eV）

关于阴极材料对溅射率的影响，一般来说，在周期表的每一行中，溅射率随着阴极材料的原子序数的增高而增加（图 8-7）[14]。这是由于随着入射离子穿透深度的增加，更多的能量在碰撞中扩散，导致溅射率下降。溅射率的增加与靶材的外层电子结构有关，外层填充得越满，靶材则越不易穿透，使得溅射率增加。值得注意的是不同元素之间的溅射率的差别一般不会超过 10 倍（而不同元素之间的蒸发速度的差别会高达几个数量级）。较均匀的溅射速率，辉光放电的基体效应会较小。溅射率一般会随着阴极表面污染，表面形成氧化层等而降低。溅射率也会随着阴极温度的升高而略有下降。

以铜原子的研究为例，表 8-4 列出了其发射线的光谱数据[15]。通过铜原子线的发射强度比率可以确定辉光放电等离子体中的热力学平衡。

表 8-4 铜原子发射线的光谱数据

波长/Å	跃迁概率 $A/10^8 s^{-2}$	能量水平/eV		统计权重	
		E_L	E_U	g_L	g_U
2238.5		1.64	7.18	8	6
2492.2	0.031	0.00	4.97	2	6
2618.4	0.307	1.39	6.12	6	4

续表

波长/Å	跃迁概率 $A/10^8 s^{-2}$	能量水平/eV		统计权重	
		E_L	E_U	g_L	g_U
2824.4	0.078	1.39	5.78	6	6
3073.8		1.39	5.42	4	6
3093.9		1.39	5.39	4	8
3194.1	0.016	1.64	5.52	4	4
3247.5	1.390	0.00	3.82	2	4
3273.9	1.370	0.00	3.79	2	2
3279.8		1.64	5.42	4	6
3292.8		1.39	5.15	6	6
3337.9	0.004	1.39	5.10	6	8
3385.4		3.79	7.45	2	4
3414.0		3.82	7.45	4	6
3481.6		3.79	7.35	2	4
3511.8		3.82	7.35	4	6
3530.4		1.64	5.15	4	6
3654.2		3.79	7.18	2	4
3687.4		3.82	7.18	4	6
3825.0		3.79	7.03	2	2
3861.7		3.82	7.03	4	2
4062.6	0.210	3.82	6.87	4	6
4063.2	0.210	3.82	6.87	4	6
4480.3	0.030	3.79	6.55	2	2
5105.5	0.020	1.39	3.82	6	4
5153.2	0.600	3.79	6.19	2	4
5218.2	0.750	3.82	6.19	4	6
5700.2	0.002	1.64	3.82	4	4
5782.1	0.017	1.64	3.79	4	2
7933.1		3.79	5.35	2	2
8092.6		3.82	5.35	4	2

　　Kazuaki Wagatsuma 等从辉光等离子体中的铁原子线激励机制进行了波尔兹曼统计研究[16]。结果表明，具有较高的激发能量的发射线偏离正常的波尔兹曼分布也较大，而具有较低激发能（3.3～4.3eV）的发射线可以很好地符合。表 8-5 列出在纯 Ar 或 Ne 作为等离子体气的多种条件下，所测得的所有 Fe I 谱线的发射强度[17,18]。

表 8-5　在 Ar 等离子体中观测到的铁原子线及其与相对强度的分配

波长/nm	分配					跃迁概率 $A/10^8 s^{-1}$	相对强度(Ar^*)
	高能级(eV)			低能级(eV)			
Fe I 368.305	$3d^6 4s 4p$	$^5F_2$	3.4169	$3d^6 4s^2$	$^5D_3$	0.0516	0.014	1000
Fe I 368.746	$3d^7 4p$	$^5F_4$	4.2203	$3d^7 4s$	$^5F_3$	0.8590	0.721	3200
Fe I 370.109	$3d^6 4s 4d$	$^7F_4$	6.3469	$3d^6 4s 4p$	$^7P_3$	2.9980	4.32	3100
Fe I 370.369	$3d^6 4s 4d$	$^5G_5$	6.2864	$3d^6 4s 4p$	$^7P_4$	2.9398	0.583	520
Fe I 370.446	$3d^6 4s 4p$	$^3G_4$	6.0383	$3d^7 4s$	$^3G_5$	2.6923	1.17	390
Fe I 370.557	$3d^6 4s 4p$	$^5F_3$	3.3965	$3d^6 4s^2$	$^5D_3$	0.0516	0.2254	13.000
Fe I 370.782	$3d^6 4s 4p$	$^5F_2$	3.4301	$3d^6 4s^2$	$^5D_2$	0.0873	0.0215	1600
Fe I 370.925	$3d^7 4p$	$^5F_3$	4.2562	$3d^7 4s$	$^5F_4$	0.9146	1.09	4400

续表

波长/nm	分配 高能级(eV)			低能级(eV)			跃迁概率 $A/10^8 s^{-1}$	相对强度(Ar*)
Fe I 371.993	$3d^64s4p$	$^5F_5$	3.3320	$3d^64s^2$	$^5D_4$	0.0000	1.782	9800
Fe I 372.256	$3d^64s4p$	$^5F_2$	3.4169	$3d^64s^2$	$^5D_2$	0.0873	0.2485	17.000
Fe I 372.549	$3d^64s4p$	$^3H_4$	6.3737	$3d^74s$	$^3G_4$	3.0468	0.135	80
Fe I 372.692	$3d^64s4d$	$^7F_2$	6.3641	$3d^64s4p$	$^7P_2$	3.0384	2.3	2100
Fe I 372.762	$3d^74p$	$^5F_2$	4.2832	$3d^74s$	$^5F_3$	0.9581	1.125	3800
Fe I 373.039	$3d^74p$	$^3G_5$	6.3694	$3d^74s$	$^3G_4$	3.0468	1.43	290
Fe I 373.095	$3d^64s4p$	$^3G_3$	5.9305	$3d^64s^2$	$^3F_2$	2.6084	0.266	160
Fe I 373.137	$3d^64s4p$	$^5G_2$	5.9302	$3d^64s^2$	$^3F_2$	2.6084	0.169	100
Fe I 373.240	$3d^74p$	$^5S_2$	5.5187	$3d^74s$	$^5P_2$	2.1978	1.4	720
Fe I 373.332	$3d^64s4p$	$^5F_1$	3.4301	$3d^64s^2$	$^5D_1$	0.1101	0.186	13.000
Fe I 373.486	$3d^74p$	$^5F_5$	4.1776	$3d^74s$	$^5F_3$	0.8590	9.922	48.000
Fe I 373.532	$3d^64s4d$	$^7P_4$	6.2580	$3d^54s4p$	$^7P_4$	2.9398	2.16	2000
Fe I 373.713	$3d^64s4p$	$^5F_4$	3.3682	$3d^64s^2$	$^5D_3$	0.0516	1.278	74.000
Fe I 373.831	$3d^74p$	$^3I_6$	6.5827	$3d^74s$	$^3H_5$	3.2670	4.94	530
Fe I 374.024	$3d^75p$	$^5F_4$	6.5653	$3d^74s$	$^3D_3$	3.2514	1.26	690
Fe I 374.262	$3d^64s4d$	$^5D_4$	6.2515	$3d^64s4p$	$^7P_4$	2.9398	0.90	650
Fe I 374.336	$3d^74p$	$^5F_1$	4.3012	$3d^74s$	$^5F_2$	0.9901	0.78	2700
Fe I 374.410	$3d^64s4d$	$^7F_2$	6.3488	$3d^64s4p$	$^7P_2$	3.0384	1.08	540
Fe I 374.556	$3d^64s4p$	$^5F_3$	3.3965	$3d^64s^2$	$^5D_2$	0.0873	0.805	49.000
Fe I 374.590	$3d^64s4p$	$^5F_1$	3.4301	$3d^64s^2$	$^5D_0$	0.1213	0.2199	15.000
Fe I 374.649	$3d^64s4p$	$^5D_1$	5.5061	$3d^74s$	$^5P_2$	2.1978	0.033	840
Fe I 374.692	$3d^64s4d$	$^7D_3$	6.3060	$3d^64s4p$	$^7P_3$	2.9980	1.54	1200
Fe I 374.826	$3d^64s4p$	$^5F_2$	3.4169	$3d^64s^2$	$^5D_3$	0.1101	0.4575	30.000
Fe I 374.948	$3d^74p$	$^5F_4$	4.2203	$3d^74s$	$^5F_4$	0.9146	6.876	26.000
Fe I 375.106	$3d^64s4p$	$^5F_2$	6.6051	$3d^74s$	$^3D_2$	3.3008	0.060	60
Fe I 375.182	$3d^64s4p$	$^5H_4$	5.9960	$3d^74s$	$^3G_3$	2.6923	0.0387	40
Fe I 375.451	$3d^64s4d$	$^7D_4$	6.2992	$3d^64s4p$	$^7P_3$	2.9980	0.216	160
Fe I 375.694	$3d^64s4p$	$^3G_5$	6.8723	$3d^74s$	$^1H_5$	3.5731	2.64	180
Fe I 375.745	$3d^74p$	$^3P_1$	6.5995	$3d^74s$	$^3D_2$	3.3008	0.36	100
Fe I 375.823	$3d^74p$	$^5F_3$	4.2562	$3d^74s$	$^6F_3$	0.9581	4.438	16.000
Fe I 376.005	$3d^64s4p$	$^3I_7$	5.7004	$3d^64s^2$	$^3H_6$	2.4040	0.6705	450
Fe I 376.053	$3d^74p$	$^5S_2$	5.5187	$3d^74s$	$^5P_3$	2.2227	0.24	140
Fe I 376.221	$3d^64s4d$	$^3G_5$	6.6626	$3d^64s4p$	$^5F_4$	3.3682	0.319	150
Fe I 376.379	$3d^74p$	$^5F_2$	4.2832	$3d^74s$	$^5F_2$	0.9901	2.72	8600
Fe I 376.554	$3d^74p$	$^3I_7$	6.5282	$3d^74s$	$^3H_6$	2.7288	14.7	1500
Fe I 376.609	$3d^74p$	$^3D_2$	5.8792	$3d^74s$	$^3F_3$	2.5880	0.034	170
Fe I 376.719	$3d^74p$	$^5F_3$	4.3012	$3d^74s$	$^5F_1$	1.0110	1.92	6100
Fe I 376.803	$3d^64s4p$	$^5D_0$	5.5121	$3d^74s$	$^5P_3$	2.2227	0.084	50
Fe I 377.370	$3d^64s4d$	$^7D_2$	6.3229	$3d^64s4p$	$^7P_2$	3.0384	0.165	150
Fe I 377.482	$3d^64s4p$	$^5D_1$	5.5062	$3d^74s$	$^5P_1$	2.2227	0.141	120

波长/nm	分配				跃迁概率 $A/10^8\text{s}^{-1}$	相对强度(Ar*)
	高能级(eV)		低能级(eV)			
Fe I 377.745	$3d^64s4p$	$^3H_4$ 5.8403	$3d^74s$	$^3F_4$ 2.5591	0.0772	120
Fe I 377.851	$3d^74p$	$^3D_2$ 6.5317	$3d^74s$	$^3D_3$ 3.2514	0.60	240
Fe I 378.245	$3d^64s4d$	$^7P_3$ 6.2748	$3d^64s4p$	$^7P_3$ 2.9980	0.084	140
Fe I 378.595	$3d^64s4p$	$^3I_6$ 5.7065	$3d^74s$	$^3H_5$ 2.4326	0.546	310
Fe I 378.784	$3d^74p$	$^5F_2$ 4.2832	$3d^74s$	$^3F_1$ 1.0110	0.645	2100
Fe I 379.173	$3d^64s4d$	$^5P_1$ 6.6857	$3d^64s4p$	$^5F_2$ 3.4169	0.189	80
Fe I 379.215	$3d^64s4p$	$^5H_4$ 5.9960	$3d^74s$	$^3G_4$ 2.7275	0.171	140
Fe I 379.500	$3d^74p$	$^5F_3$ 4.2562	$3d^74s$	$^5F_2$ 0.9901	0.805	3000
Fe I 379.851	$3d^74p$	$^5F_5$ 4.1776	$3d^74s$	$^5F_4$ 0.9146	0.355	2000
Fe I 379.955	$3d^74p$	$^5F_4$ 4.2203	$3d^74s$	$^5F_3$ 0.9581	0.659	2800
Fe I 380.401	$3d^64s4d$	$^5D_4$ 6.5902	$3d^64s4p$	$^5F_5$ 3.3319	0.423	240
Fe I 380.535	$3d^74p$	$^3I_5$ 6.5585	$3d^74s$	$^3H_4$ 3.3013	10.78	980
Fe I 380.622	$3d^64s4p$	$^5D_1$ 6.6711	$3d^74s$	$^1P_1$ 3.4148	0.69	190
Fe I 380.754	$3d^64s4p$	$^5D_2$ 5.4780	$3d^74s$	$^5P_3$ 2.2227	0.40	290
Fe I 381.584	$3d^74p$	$^3D_3$ 4.7330	$3d^74s$	$^3F_4$ 1.4848	9.1	10.000
Fe I 381.634	$3d^64s4p$	$^5D_3$ 5.4456	$3d^74s$	$^5P_2$ 2.1978	0.161	180
Fe I 382.043	$3d^74p$	$^5D_4$ 4.1033	$3d^74s$	$^5F_3$ 0.8590	6.012	35.000
Fe I 382.588	$3d^74p$	$^5D_3$ 4.1542	$3d^74s$	$^5F_4$ 0.9146	4.186	19.000
Fe I 382.782	$3d^74p$	$^3D_2$ 4.7954	$3d^74s$	$^3F_3$ 1.5573	5.25	6200
Fe I 383.416	$3d^74p$	$^5D_2$ 4.1908	$3d^74s$	$^5F_3$ 0.9581	2.265	9400
Fe I 384.044	$3d^74p$	$^5D_1$ 4.2174	$3d^74s$	$^5F_2$ 0.9901	1.41	4700
Fe I 384.105	$3d^74p$	$^3D_1$ 4.8348	$3d^74s$	$^3F_2$ 1.6079	3.9	4300
Fe I 384.996	$3d^74p$	$^5D_0$ 4.2305	$3d^74s$	$^5F_3$ 1.0110	0.606	2000

注：　放电条件为 Ar 530Pa/700V/29mA。

在不同的等离子体气形成的等离子体中，元素的发射强度具有较大的差异，与激发能量紧密相关。Kazuaki Wagatsuma 和 Hitoshi Honda 对将氩气和氪气作为等离子气体的辉光放电等离子体镍离子线的发射特性进行了研究[19]。对 $3d^84p$—$3d^84s$ 跃迁的镍离子线的相对强度存在着的巨大差异进行了观测，具体如表 8-6 所示[20]。不同强度的 Ni II 线出现在氪光谱和氩光谱中，如 Ni II 231.601nm 对于 Kr 等离子体和 Ni II 230.009nm 对于 Ar 等离子体。

表 8-6　在 Ar 和 Kr 等离子体中观测到的镍离子线（201～271nm）及净发射强度

波长/nm	分配				净强度	
	高能级(eV)		低能级(eV)		Ar	Kr
Ni II 201.903	$3d^84p$	$^4S_{3/2}$(9.2119)	$3d^84s$	$^4P_{3/2}$(3.0733)	45	7
Ni II 202.098	$3d^84p$	$^4S_{3/2}$(9.2119)	$3d^84s$	$^4P_{1/2}$(3.0792)	3	<1
Ni II 208.488	$3d^84p$	$^2P_{1/2}$(9.0489)	$3d^84s$	$^2P_{3/2}$(3.1041)	1	<1
Ni II 213.908	$3d^84p$	$^2D_{5/2}$(8.8982)	$3d^84s$	$^2D_{5/2}$(3.1040)	3	<1
Ni II 216.555	$3d^84p$	$^4F_{9/2}$(6.7641)	$3d^84s$	$^4F_{9/2}$(1.0407)	940	1000
Ni II 216.909	$3d^84p$	$^4F_{7/2}$(6.8708)	$3d^84s$	$^4F_{7/2}$(1.1567)	650	490

第二篇

续表

波长/nm	分配				净强度	
	高能级(eV)		低能级(eV)		Ar	Kr
Ni II 217.467	$3d^84p$	$^2G_{9/2}(6.8561)$	$3d^84s$	$^4F_{9/2}(1.1567)$	660	330
Ni II 217.514	$3d^84p$	$^4F_{5/2}(6.9523)$	$3d^84s$	$^4F_{5/2}(1.2541)$	780	380
Ni II 217.710	$3d^84p$	$^4D_{3/2}(8.7663)$	$3d^84s$	$^4P_{3/2}(3.0733)$	20	2
Ni II 217.738	$3d^84p$	$^4D_{1/2}(8.7715)$	$3d^84s$	$^4P_{1/2}(3.0792)$	15	2
Ni II 218.048	$3d^84p$	$^4D_{5/2}(8.7575)$	$3d^84s$	$^4P_{3/2}(3.0733)$	35	4
Ni II 218.462	$3d^84p$	$^4F_{3/2}(6.9965)$	$3d^84s$	$^4F_{3/2}(1.3221)$	790	480
Ni II 220.140	$3d^84p$	$^4F_{5/2}(6.9523)$	$3d^84s$	$^4F_{3/2}(1.3221)$	680	340
Ni II 221.110	$3d^84p$	$^2S_{1/2}(9.2098)$	$3d^84s$	$^2P_{3/2}(3.6042)$	4	<1
Ni II 221.648	$3d^84p$	$^4G_{11/2}(6.6326)$	$3d^84s$	$^4F_{9/2}(1.0407)$	1600	3200
Ni II 222.040	$3d^84p$	$^2F_{7/2}(8.4470)$	$3d^84s$	$^4P_{5/2}(2.8650)$	1200	20
Ni II 222.295	$3d^84p$	$^4G_{9/2}(6.6163)$	$3d^84s$	$^4F_{9/2}(1.0407)$	330	1100
Ni II 222.436	$3d^84p$	$^2F_{5/2}(7.2521)$	$3d^84s$	$^2F_{7/2}(1.6800)$	250	55
Ni II 222.487	$3d^84p$	$^4G_{7/2}(6.7276)$	$3d^84s$	$^4F_{7/2}(1.1568)$	580	840
Ni II 225.386	$3d^84p$	$^4G_{5/2}(6.8213)$	$3d^84s$	$^4F_{3/2}(1.3221)$	440	490
Ni II 225.615	$3d^84p$	$^2P_{1/2}(9.1626)$	$3d^84s$	$^2P_{1/2}(3.6690)$	8	<1
Ni II 226.447	$3d^84p$	$^4G_{7/2}(6.7276)$	$3d^84s$	$^4F_{5/2}(1.2541)$	580	850
Ni II 227.021	$3d^84p$	$^4G_{9/2}(6.6163)$	$3d^84s$	$^4F_{7/2}(1.1567)$	560	1900
Ni II 227.569	$3d^84p$	$^2P_{3/2}(8.5505)$	$3d^84s$	$^2D_{5/2}(3.1040)$	190	4
Ni II 227.644	$3d^84p$	$^2P_{1/2}(9.0489)$	$3d^84s$	$^4P_{1/2}(3.0792)$	4	<1
Ni II 227.728	$3d^84p$	$^2F_{5/2}(8.3929)$	$3d^84s$	$^2D_{3/2}(2.9503)$	1600	20
Ni II 227.877	$3d^84p$	$^2D_{5/2}(7.1190)$	$3d^84s$	$^2F_{7/2}(1.6800)$	2200	710
Ni II 228.709	$3d^84p$	$^2D_{3/2}(7.2784)$	$3d^84s$	$^2F_{5/2}(1.8592)$	1600	190
Ni II 228.764	$3d^84p$	$^2D_{5/2}(8.5220)$	$3d^84s$	$^2D_{5/2}(3.1040)$	610	80
Ni II 229.655	$3d^84p$	$^2F_{7/2}(7.0769)$	$3d^84s$	$^2F_{7/2}(1.6800)$	1700	780
Ni II 229.714	$3d^84p$	$^4D_{3/2}(6.6497)$	$3d^84s$	$^4F_{5/2}(1.2542)$	580	2000
Ni II 229.749	$3d^84p$	$^4D_{1/2}(6.7167)$	$3d^84s$	$^4F_{3/2}(1.3221)$	250	740
Ni II 229.827	$3d^84p$	$^2F_{5/2}(7.2521)$	$3d^84s$	$^2F_{5/2}(1.8592)$	2300	500
Ni II 229.965	$3d^84p$	$^4P_{3/2}(8.2546)$	$3d^84s$	$^4P_{5/2}(2.8650)$	1500	25
Ni II 230.009	$3d^84p$	$^4P_{5/2}(8.2536)$	$3d^84s$	$^4P_{5/2}(2.8650)$	3400	45
Ni II 230.299	$3d^84p$	$^4D_{5/2}(6.5386)$	$3d^84s$	$^4F_{72}(1.1567)$	680	5200
Ni II 231.604	$3d^84p$	$^4D_{7/2}(6.3922)$	$3d^84s$	$^4F_{9/2}(1.0407)$	1200	15000
Ni II 234.121	$3d^84p$	$^2D_{5/2}(8.8982)$	$3d^84s$	$^2P_{3/2}(3.6043)$	40	4
Ni II 236.739	$3d^84p$	$^4D_{7/2}(6.3922)$	$3d^84s$	$^4F_{7/2}(1.1568)$	40	500
Ni II 241.227	$3d^84p$	$^4D_{7/2}(6.3922)$	$3d^84s$	$^4F_{5/2}(1.2542)$	4	25
Ni II 241.890	$3d^85s$	$^4F_{3/2}(11.6626)$	$3d^84p$	$^4D_{5/2}(6.5386)$	9	3
Ni II 250.586	$3d^84p$	$^2P_{3/2}(8.5505)$	$3d^84s$	$^2P_{3/2}(3.6043)$	100	3
Ni II 251.087	$3d^84p$	$^4G_{9/2}(6.6163)$	$3d^84s$	$^2F_{7/2}(1.6800)$	270	1000
Ni II 251.462	$3d^85s$	$^4F_{5/2}(11.5786)$	$3d^84p$	$^4D_{3/2}(6.6497)$	45	5
Ni II 254.590	$3d^84p$	$^4G_{7/2}(6.7276)$	$3d^84s$	$^2F_{5/2}(1.8592)$	80	130
Ni II 254.955	$3d^84p$	$^2P_{1/2}(8.4656)$	$3d^84s$	$^2P_{3/2}(3.6042)$	40	9

续表

波长/nm	分配				净强度	
	高能级(eV)		低能级(eV)		Ar	Kr
Ni II 255.103	$3d^84p$	$^4D_{9/2}(6.5386)$	$3d^84s$	$^4F_{7/2}(1.6800)$	2	15
Ni II 255.498	$3d^85s$	$^4F_{5/2}(11.5786)$	$3d^84p$	$^4G_{7/2}(6.7275)$	15	4
Ni II 255.786	$3d^84p$	$^2D_{3/2}(8.4499)$	$3d^84s$	$^2P_{3/2}(3.6042)$	15	4
Ni II 256.015	$3d^85s$	$^4F_{3/2}(11.6626)$	$3d^84p$	$^4G_{5/2}(6.8213)$	10	2
Ni II 256.594	$3d^85s$	$^4F_{7/2}(11.4467)$	$3d^84p$	$^4G_{9/2}(6.6163)$	40	10
Ni II 258.400	$3d^85s$	$^2P_{1/2}(8.4656)$	$3d^84s$	$^2P_{1/2}(3.6690)$	70	5
Ni II 258.831	$3d^84p$	$^2F_{5/2}(8.3929)$	$3d^84s$	$^2P_{3/2}(3.6042)$	10	<1
Ni II 260.102	$3d^85s$	$^4F_{9/2}(11.3815)$	$3d^84p$	$^4G_{9/2}(6.6163)$	20	6
Ni II 260.994	$3d^85s$	$^4F_{9/2}(11.3815)$	$3d^84p$	$^4G_{11/2}(6.6326)$	85	20
Ni II 263.029	$3d^84p$	$^4D_{7/2}(6.3922)$	$3d^84s$	$^4F_{7/2}(1.6800)$	8	100
Ni II 264.872	$3d^84p$	$^4D_{5/2}(6.5386)$	$3d^84s$	$^2F_{5/2}(1.8592)$	2	20
Ni II 266.525	$3d^84p$	$^4P_{3/2}(8.2546)$	$3d^84s$	$^2P_{3/2}(3.6043)$	100	2
Ni II 266.585	$3d^84p$	$^4P_{5/2}(8.2536)$	$3d^84s$	$^2P_{3/2}(3.6043)$	30	1
Ni II 267.032	$3d^84p$	$^4P_{1/2}(8.3106)$	$3d^84s$	$^2P_{1/2}(3.6690)$	40	1
Ni II 268.427	$3d^85s$	$^4F_{9/2}(11.3815)$	$3d^84p$	$^4F_{9/2}(6.7641)$	45	10
Ni II 270.864	$3d^85s$	$^4F_{7/2}(11.4467)$	$3d^84p$	$^4F_{7/2}(6.8708)$	25	10

注：放电电压为 700V。

图 8-8 显示出了镍分别在氪等离子体（a）和氩等离子体（b）中波长范围从 229.6nm 到 230.4nm 的光谱扫描图谱（气体压力：Kr 620Pa；Ar 670Pa）。

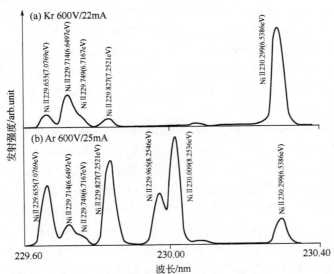

图 8-8 Kr 等离子体（a）和 Ar 等离子体（b）中的 Ni 光谱图

4. 辉光放电的发光区域

根据辐射强度、电压电场分布、空间电荷电流密度等，辉光放电在阴极和阳极之间可以划分为一系列明暗相间的区域，如图 8-9 所示[7]。典型辉光放电可以分为以下几个区域：

（1）阿斯顿暗区（aston dark space） 邻近阴极的一很薄的暗区层，暗区的厚度与气体

压强成反比。

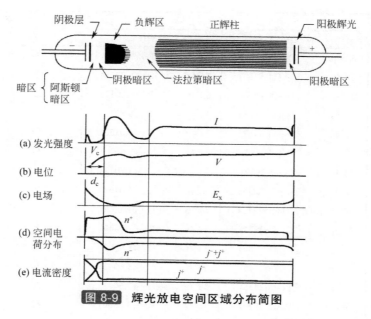

图 8-9　辉光放电空间区域分布简图

（2）阴极层（cathode layer）　紧靠阿斯顿暗区的一层很薄、很弱的发光层，它是由向阴极运动的正离子与阴极发射出的二次电子发生复合所产生。

（3）阴极暗区（cathode dark space）　紧靠阴极光层，是一发光极弱的阴极暗区，阴极暗区与阴极层没有明显的界限。这个区域的电压降占整个放电电压的绝大部分，为辉光放电中最重要的部分，是辉光放电得以持续所必需的区域。

（4）负辉区（negative glow）　紧邻阴极暗区的较宽的、最明亮的区域，与阴极暗区有明显的界限，提供最有用的光谱分析信息，是分析中最感兴趣的区域。

（5）法拉第暗区（faraday dark space）　穿过负辉区就是法拉第暗区，该暗区一般比上述各区域都厚。从阿斯顿暗区至法拉第暗区五个区域组成的放电部分称为阴极部分。

（6）正辉柱（positive column）　又称为正柱区，从电场强度上看，正柱区的场强比阴极位降区场强小几个量级。

（7）阳极区（anode space）　位于正柱区与阳极之间的区域为阳极区。有时可以观察到阳极暗区（anode dark space）和阳极表面处的阳极辉光（anode glow）。

在实际辉光放电中，区域的多少和大小由气压、电压、电流、气体种类和阴阳极之间的距离等放电参数决定。在辉光放电各放电区域中，负辉区和正辉柱是主要的放电区。当用一个圆筒形阴极代替两个平板阴极时，负辉区收缩在圆筒阴极内，此时阴阳两极间的距离须保持在阴极暗区厚度的 2 倍左右。若进一步缩小两极间的距离，阴极暗区就将放生畸变，放电也就熄灭了[21]。

由于辉光放电等离子体的光谱分析信息基本在负辉区，其他部位提供极少有用的分析信息，所以大多数用于分析辉光放电光源中，只存在阴极暗区、负辉区和法拉第暗区三个主要区域[22]，如图 8-10 所示。这时等离子体承担所有的正电位，而阳极区则是负电位降，该负电位降排斥电子吸引正离子。图 8-11 显示了分析用辉光放电的电位分布。

除了辉光放电池的结构对辉光放电的结构性质有影响外，其他辉光放电参数如放电气体的种类、压力、放电电流电压及阴极材料都会影响其放电的结构及性质[10]。

放电气体的种类决定各区域的颜色，如表 8-7 列出了常用气体辉光放电各区域颜色。另

外阴极暗区的长度也会受放电气体的种类的影响，当使用易于电离的放电气体时，阴极暗区会变短。阴极材料影响阴极暗区的长度，如果阴极材料易于发射二次电子，辉光放电容易自持，只需较短的阴极暗区。

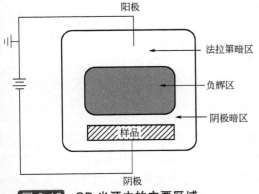

图 8-10 GD 光源中的主要区域

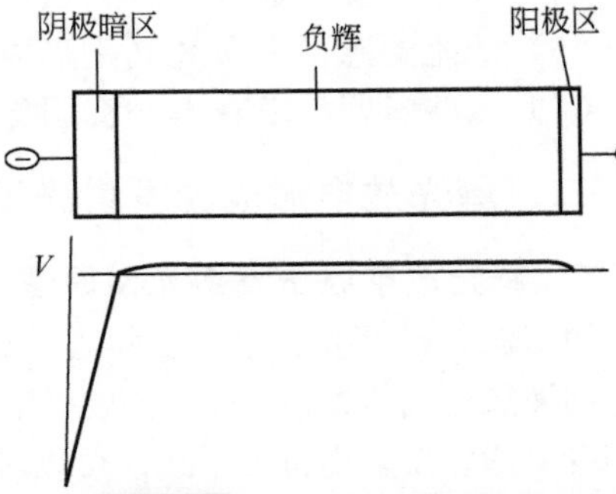

图 8-11 辉光放电的电位分布

表 8-7 常用气体辉光放电各区域颜色

区域 气体种类	阴极层	负辉区	正辉柱
空气	桃色	蓝色	桃红色
H_2	红褐色	淡蓝色	桃色
N_2	桃色	蓝色	桃色
O_2	红色	黄白色	淡黄色有桃色中心
He	红色	绿色	红发紫
Ar	桃色	暗蓝色	暗紫色
Ne	黄色	橙色	橙红色
Hg	绿色	绿色	绿色

5. 辉光放电的特点

辉光放电作为一种分析光源，具有一些显著的优点[7]：

（1）直接分析固体样品 样品的前处理简单，可以利用辉光等离子体轰击试样表面，剥去表面层后再行分析，简化了试样制备，减少沾污，有利于痕量分析。

（2）检出限较低 用 Grimm 辉光放电光谱法分析金属和合金试样的检出限一般为 μg/g 级。

（3）基体干扰少 由于试样的原子化通过阴极溅射来实现，试样的蒸发和激发是分开的，元素间的影响较低，不同的基体对一定的分析对象所引起的干扰基本上相同。

（4）多种放电方式 直流放电技术可直接分析导体样品；射频放电方式可以直接分析导体与非导体；脉冲放电因其瞬时功率大，可以提高脉冲信号强度。

（5）放电稳定，实验数据精密度好 控制适当放电参数，可使分析信号在数小时内保持良好稳定性。

（6）适用的放电气体多 常用的气体为 Ar、Ne 和 N_2 等，有时也采用混合气体。

（7）操作费用低 相对于 ICP 光源工作气体用量少（0.1～0.3L/min），放电功率低（20～100W）。

（8）光谱简单 辉光放电溅射过程主要产生原子粒子，分子粒子相对很少，分子带状光谱极少，连续背景也相对较低。

辉光放电也具有局限性[8]：

（1）主要用于固体分析　对溶液试样分析需要特殊处理是其缺陷。

（2）同样存在光谱干扰　特别在待测物非常低的浓度下，光谱干扰更严重。

（3）等离子体易于受沾污　最明显的是水蒸气，它是通过放电气体、系统渗漏或从光源表面罩引入。

（4）真空系统下进行　辉光放电一般在减压下操作，实际应用上带来不便。

（5）低能光源　在负辉光区形成的多原子粒子不易完全离解。

（6）标准问题　要获得一套固体标准并非容易做到。

二、辉光放电形成的发射光谱

1. 辉光放电原子发射光谱原理

阴极溅射是辉光放电用于固体样品元素分析及深度分析的基础。样品作为阴极受辉光等离子体中高速放电气体离子（Ar^+）的轰击，将样品表面的原子溅射（或剥离）出来。在辉光放电等离子体中受到激发发射出特征谱线，可以对样品中所含元素进行定性和定量分析，而控制适当的放电条件，可以对样品均匀地逐层剥离、逐层分析，达到测试元素成分深度分布的目的。

与其他发射光谱相似，辉光发射光谱呈线状谱，所涵盖的波长范围从真空紫外区到可见光区。

2. 辉光放电原子发射光谱放电特性

辉光放电是弱离子化等离子体，在辉光放电中，带电粒子如离子、电子的密度远远小于中性粒子，典型的离子化效率只有 1%。辉光放电光谱以原子线为主。对于大多数元素，都是使用中性原子的共振线作为分析线，可以得到较大的谱线强度。GD 发射光谱与其他原子发射光谱的不同特性如下：

（1）基体效应小　在辉光放电光源中，通过阴极溅射使样品表面原子进入负辉区被激发，由于辉光放电是在低气压下进行，放电区是处于非热平衡状态，粒子间相互碰撞概率很小，在放电区主要靠高速电子的碰撞而激发，所以激发过程中元素间的互相影响也不大[23]。因此，对于不同组成和结构的样品，虽其溅射率不同，但对元素的激发过程不产生明显的效应，可以通过计算各标准样品或标准物质的溅射率，对测得的强度进行校正，从而将不同组成和结构的样品中的同一元素制作在同一条校准曲线上[24]，图 8-12 为分别采用火花光谱和辉光放电光谱分析铝合金中 Si 的工作曲线。这也是辉光放电光谱进行定量深度分析的理论依据。

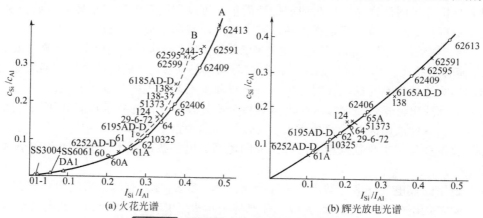

图 8-12　测定铝合金中 Si 的工作曲线

（2）低能级激发　样品表面的原子被高能氩离子轰击后被溅射出来进入辉光等离子体后，主要受到电子碰撞而被激发。由于电子所带的能量较小，使原子处于低能级的激发，所产生的谱线往往是简单的原子谱线，因而谱线间的干扰较小，且具有很低的背景。

（3）谱线的宽度狭窄　辉光放电发生在低压下，在辉光放电等离子体中，氩气的温度较低，且光源内保持一定的低压，减小了多普勒（Doppler）效应和洛伦兹（Lorentz）效应[25]，谱线宽度主要取决于多普勒变宽，因此辉光放电的典型谱线宽度与其他发射光谱相比要窄，谱线重叠干扰效应相对较小，且光谱背景易于检测，但谱线强度相对较弱，其背景测量应尽可能靠近信号最大值。

（4）自吸收效应小　在辉光放电光谱中，Grimm 光源的设计使样品激发时的等离子体厚度薄，只有 1mm 左右[26]，加上放电区粒子浓度不大，所产生的自吸收效应小，因而能获得线性范围较宽的校准曲线[27]。

3. 辉光放电原子发射光谱的发展趋势[8,10,28]

目前辉光放电原子发射光谱正处于一个实用化的扩展过程，不断发掘其在固体样品直接分析上的优势。辉光放电光谱的研究与应用将主要集中在下列方面：

（1）辉光光谱基础研究　一方面是各种参数对分析性能影响的研究，如电流、电压、功率、频率、气流、气压、放电气体种类、样品种类、样品形状等；另一方面为对辉光放电过程的研究，如辉光发射的放电机理、电子特性与光学特性、原子离子电子的密度及空间分布、粒子的能量分布、光谱特征、自吸效应等。

（2）新辉光光源的探索　包括各种辉光增强技术、脉冲辉光技术以及与辉光相关的级联光源技术。进一步研究各种能提高辉光放电光源性能的技术，通过优化耦合条件，以达到最佳效果。

（3）辉光光谱深度轮廓分析方法及应用研究　包括背景和谱线干扰校正研究、深度分辨提高、定量深度轮廓分析方法等。对镀层材料进行元素的深度分布分析是辉光光谱最重要的应用。

（4）辉光光谱仪器的研制　包括辉光放电光源与傅里叶转换光谱仪、各种新型检测器和时间飞行质谱的联用。同时，射频辉光放电作为唯一能够分析所有固体（导体、半导体、绝缘体）的辉光放电形式，仍是辉光放电光源研究的重点。

三、辉光放电的供能方式

辉光放电光源通常有直流（DC）、射频（RF）两种供能方式。其中直流方式最为常用，它可以直接分析导体样品[29,30]；射频供能方式（RF）可以分析所有固体样品（导体、半导体和绝缘体）[31,32]；这两种供能方式都可以采用脉冲（pulse）方式操作，脉冲方式可在相同平均功率下获得更高的峰电流，其中微秒级脉冲辉光放电光源已用作原子发射光谱的激发光源并获得了比较好的结果。

1. 直流辉光放电（DC-GD）

直流辉光放电是辉光放电光源最常采用的供能方式[33,34]，即将一定的直流高压加在光源上，被分析样品作为阴极，样品即可被连续的溅射、激发和检测。由于在直流辉光放电中被分析的固体样品用作阴极，所以该样品必须是导体；对非导体的分析，只能将其与导体基质（如石墨粉、铜粉、银粉等）预混合、压块后，再进行放电[35~37]。试验表明这种压制样品具有相对低的基体效应，但在使用这种方法时制备样品时必须十分小心，以防止引入污染和将空气带入等离子体，影响分析的精密度和准确性[38]。

辉光直流方式具有费用低廉、操作简便、工作稳定等特点。其放电电压一般在 500~1500V 范围，放电电流从几到几百毫安变化。样品原子通过阴极溅射而蒸发，在负辉区激发和离子化，产生的等离子体是均匀的、致密的，发射光信号可以从等离子体任意方向取得。直流辉光放电可以在恒定电流、恒定电压或恒定功率模式下操作，其中恒定功率模式可以得到较好的线性响应。

此外，直流辉光放电光源功率不高，离子化不如其他的等离子体光源（如 ICP）完全，典型的离子化效率只有 1%，带电粒子和电子密度远远小于中性粒子，因此对于大多数元素，都是使用中性原子的共振线（具有较大强度）。表 8-8 列出了直流 Grimm 型辉光放电光谱的典型分析性能[8]。

表 8-8　直流 Grimm 型辉光放电光谱的典型分析性能

检出限/(μg/g)	深度分辨率/nm	溅射速度/(nm/s)	短期精度(主量和少量元素)RSD/%
1~100	1	1~100	<1

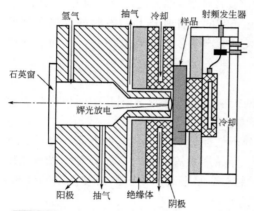

氩气　抽气　冷却　样品　射频发生器

石英窗

辉光放电

冷却

阳极　抽气　绝缘体　阴极

图 8-13　Grimm 型射频辉光放电光源图

2. 射频辉光放电（RF-GD）[39~43]

射频辉光放电是将射频电压加在辉光光源上，既可以分析导体样品，也可以分析非导体的样品[8]，是唯一可以分析所有固体（导体、半导体和绝缘体）样品的 GD 放电模式[44]。但射频方式初始时，由于溅射率低、精密度和检出限不理想、仪器设备复杂等原因，使其发展和应用经历了一个曲折的过程。目前已有成熟的商品 RF-GD-OES 仪器。

图 8-13 为典型的 Grimm 型射频辉光放电光源。射频电压可以通过一个导电电极从样品背部加入，也有的设计将射频电压直接加在样品表面。

一定频率的射频交流电压加在非导体电极上时，样品交替地作为阴极或阳极，表面轮流受到正离子和电子的撞击，在前半个放电周期聚集在电极表面的正电荷被在下半个周期聚集的负电荷中和，从而避免了电极表面的充电现象。由于电子具有比正离子更大的运动能力，负电荷的聚集速率大于正电荷的聚集速率，使样品电极在整体上表现为阴极，具有一个会逐渐达到平衡的负电势，称之为"直流自偏电压"。图 8-14 为高频方波输入时，绝缘样品表面的电压变化情况。由于这个直流自偏电压的存在使得非导体可以进行连续的溅射，辉光等离子体得以维持，实现对非导体的分析。射频辉光放电中的射频激发频率对于连续溅射和直流自偏电压的大小起着至关重要的作用，通常在分析应用中，RF-GD 采用的操作频率为 13.56MHz。

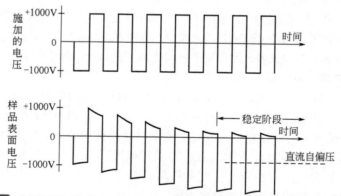

图 8-14　射频辉光放电中施加的电压时间变化和样品表面的电压时间变化

在 RF-GD 中，激发和离子化效率得到提高，在相同的放电电流下，RF-GD 比 DC-GD 有更高的信背比。表 8-9 为 RF-GD-OES 的基本分析特性[40]。

表 8-9　RF-GD-OES 基本分析特性

试样	稳定时间(RSD5%)	短期精密度 RSD	长期精密度 RSD	外部精密度 RSD	检出限
金属	0.5min	0.5%	2%	4%	1~50ng/g
非导体	0.5min	0.8%	2%	5%	0.1~5μg/g

RF-GD 还可以对表面不导电涂层和基板导电的样品（如彩涂板）进行深度轮廓分析，提供如涂层和基板的化学组成、涂层的厚度和涂层的均匀性，以及元素在涂层与基体或不同涂层界面之间迁移情况等信息，极大地扩展了辉光放电分析样品的范围。

此外 RF-GD-OES 的气体分析能力比 DC-GD 更具优势，如将挥发性有机化合物（含有 C、Br、Cl 和 S）通过阳极筒引入 He 等离子体，可达四个数量级的线性响应范围以及良好的精度和准确度，与 MIP-OES、ICP-OES 相比具有更高的灵敏度，与 MIP-OES、ICP-OES、DC-GD-OES 和 CMP（电容耦合微波等离子体）的检测限比较如表 8-10 所示[45~49]。

表 8-10 RF-GD-OES 对挥发性有机化合物的分析性能

元素	波长/nm	本工作			MIP DL /(pg/s)	ICP DL /(pg/s)	DC-GD DL /(pg/s)	CMP DL /(pg/s)
		DL/(pg/s)	RSD/%	线性范围中的上限值/(ng/s)				
Cl	479.45	0.7	3.9(2.2)	1000	8.1		5000	7000
	837.59					800		
C	193.09				13		400	100
	247.86	0.3	2.0(0.7)	360				
	833.51					2200		
Br	470.49	11	4.6(3.0)	900	9.5			10000
	827.24					1000		
S	190.03						1000	
	545.38	6	3.2(4.4)	900	58			

使用 RF-GD 时，样品的厚度、几何形状以及非导体样品中所含的非金属元素（如氧）都会对等离子体产生较大影响[38]。为了获得最大的原子化、激发和电离效率，在 RF-GD 光源设计时必须考虑光源的几何结构、射频能量耦合系统和光源的操作频率这三个因素。增大阴极和阳极表面积比可以增加直流自偏压和使放电区域集中在样品表面[8]。由于射频信号发生器所提供的功率在传输过程中常常以各种不为人们所注意的方式消耗掉（如耦合损失、辐射损失等）[50]，所以为了使能量尽可能耦合到样品上，需要做好阻抗匹配以及屏蔽措施。

RF-GD 的激发和电离机制的特征与直流放电的特征是相同的，即电子激发主要是由电子碰撞导致，而电离主要通过电子碰撞或彭宁碰撞所引起[51]。虽然射频和直流辉光放电的激发和电离机制相同，但在射频放电中的电离显然更有效率。射频放电更有效的离子化表明较高的电子密度和能量，利用朗缪尔探针技术研究比较了在使用相同放电装置下分析用直流和射频辉光放电的带电粒子数量，研究的典型结果总结于表 8-11 中[52]。

表 8-11 使用相同放电装置下射频和直流模式的放电粒子特性比较

参数	RF	DC
电子密度/cm^{-3}	$2 \times 10^{10} \sim 6 \times 10^{10}$	$6 \times 10^{10} \sim 18 \times 10^{10}$
平均电子能量/eV	4~7	0.7~1.0
激发温度/K	5000~8000	2500~4000
电子温度/eV	1.5~2.5	0.2~0.6
离子数密度/cm^{-3}	$3 \times 10^{10} \sim 12 \times 10^{10}$	$4 \times 10^{10} \sim 20 \times 10^{10}$
等离子体电势/eV	9~16	2~4

3. 脉冲辉光放电（pulse GD）[53~61]

脉冲辉光放电可以提供一个更强的、更低背景的光谱，具有更好的信背比（S/B）和信噪比（S/N）。对于直流辉光放电和射频辉光放电都可以采用脉冲形式操作。

辉光放电光源是一种低能光源,在辉光放电中,增加功率会导致样品阴极过热甚至熔化以及不需要的背景发射和不稳定的放电。采用水冷却虽可以使阴极避免过热,但使光源装置复杂化。在有些情况下,需要光源有较大的功率来提高原子化和电离效率,而又不至于使样品熔化,利用脉冲式放电技术可以达到此目的[44]。另外,在分析亚纳米至微米厚度的镀层时,即使控制在维持辉光放电所需的最低放电参数(电压、电流和气压等),仍存在困难,如采用脉冲辉光放电就可以很好地实现对放电参数的控制,成功地分析薄层样品。

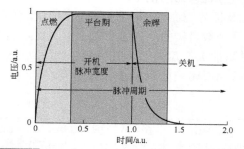

图 8-15 占空比为 50%时的脉冲顺序示意图

脉冲辉光放电具有众多优点[62],其中之一可以通过选择脉冲参数,如脉冲宽度和周期,以选择最佳放电条件(图 8-15),给控制等离子体提供了一种有效的方法。

脉冲辉光放电采用高短期功率,加强原子化和原子的激发、电离,可以大为提高信号强度。即使瞬时功率很高,但平均功率由脉冲的占空因素决定,可以选择适当的脉冲长短和频率以防止阴极过热,使辉光放电保持良好的稳定性。如图 8-16 所示,采用普通的 RF 光源分析不锈钢样品表面橡胶上的磷酸盐处理层时,在表面可以观测到 Fe 和 Cr,说明表面已经熔化,而采用脉冲式 RF 光源则无此现象。正因为脉冲辉光放电具有以上优点,使其成为辉光放电分析技术研究中的一个重要分支。

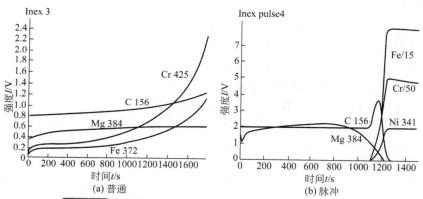

图 8-16 普通 RF 辉光光源与脉冲 RF 辉光光源比较

脉冲辉光放电增强辉光放电信号强度的原理如图 8-17 所示,在脉冲时间采集信号,这时的信号处于最大值。与普通的辉光放电相比,在相同的放电功率下,可以得到更大的分析信号,从而提高了分析灵敏度。脉冲辉光的另一个优势是能进行时间分辨研究,因而可降低光谱干扰[54,63]。

围绕脉冲辉光放电技术的研究有许多,早期的脉冲辉光放电研究主要集中在空心阴极放电上,如通过 15~40μs 的脉冲获得了比稳态条件增强 50 到几百倍的空心阴极强度[64],利用干涉手段研究脉冲宽度 10~1280μs、电流达 1A 条件下的脉冲商品性阴极灯[65],100~200mA 峰电流和 25μs 脉冲空心阴极灯中的背景校正方法[66],评价 8μs 脉冲空心阴极放电的 Be、V 和 Ti 的检出限[67]等。Harrison 等[53~58,68]对脉冲直流 GD 进行了研

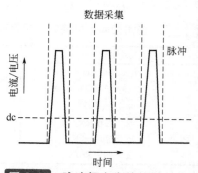

图 8-17 脉冲辉光中的信号采集

究，并由毫秒级[53,54,68]脉冲扩展到微秒级[55~58]脉冲技术上。脉冲技术在 RF-GD 中也有应用，如 Marcus 等[59,60]和 King 等[61]还对 RF-GD 的发射特征进行了研究。

四、辉光放电发射光谱的成分和深度分析

1. 成分分析

辉光放电等离子体所发射的元素特征谱线的强度与样品中所含元素的含量呈线性关系，可以根据所发射的特征谱线及其强度，对样品进行成分分析，得到样品中所含元素的种类与含量。由于辉光放电过程中原子化过程和激发过程在空间上和时间上都是分离的，因此，元素 i 发射线信号强度 I_i 可由下式给出[1]：

$$I_i = k_i e_i q_i$$

式中，k_i 指的是仪器的检测效率，对给定的仪器一般认为是恒定的；e_i 代表的是发射过程光子产率；q_i 是原子的溅射速率，即指元素 i 进入等离子体的速度。

原子溅射速率 q_i 随样品中 i 元素的浓度而变化，又可以表达为：$q_i = c_i q$。

e_i 随单位被溅射原子发射的光子数和这些光子在到达发射窗的过程中被吸收的情况而变化，可以表达为：$e_i = S_i R_i$，R_i 为发射率（定义为进入等离子体的每个被溅射原子发射的光子数），S_i 为自吸系数，随元素的溅射速率在 0～1 变化。

由于有光电倍增管暗电流、仪器噪声、氩原子的发射光及其他一些未知因素，在元素发射信号强度式中应该加入背景 b_i 一项，即：

$$I_i = k_i S_i R_i c_i q + b_i$$

对于在一定条件下给定的分析任务中，假定 $k_i S_i R_i q_i$ 为常数 A，因此，元素发射光强度就只是浓度的函数。

$$I_i = A c_i + b_i$$

从而样品中元素浓度与发射光强度之间为正比关系。

2. 深度分析

辉光放电通过阴极溅射将样品原子从样品表面逐层剥离，然后进入辉光放电等离子体中被激发，在样品表面可以形成一个近乎平底的溅射坑，能很好地满足表面深度轮廓分析的要求。

样品的剥离速率和溅射坑平坦度可以很容易地通过调节操作参数，如放电电压、电流和气体压力来控制，而溅射产生的坑的形状由阳极几何结构决定。溅射的分析物质通过在等离子体中碰撞激发，从而产生元素的特征发射光谱。这样，通过记录分析信号（光发射或离子流）和溅射时间的函数关系，就可以得到元素的浓度轮廓信息。辉光放电由于较高的溅射速率和良好的时间分辨（≤10ms 积分时间），使得它可以进行从几个纳米到几十个微米深度的表面层的表面深度轮廓分析。

GD-OES 进行深度分析时，所得到的基本信息为样品中元素成分所对应谱线的强度（I）与溅射时间（t）的相互关系。所以，深度分析的定量化包括两个方面：一方面是将强度转化为浓度；另一方面是将溅射时间转化为溅射深度。

对于 GD-OES 深度分析的定量转换方法有很多种，如 SIMR 法、IRSID 法、BHP 法等，目前商品仪器普遍采用的方法是瑞典金属研究所 A.Bengtson 等人提出的 SIMR 方法[24]。GD-OES 深度分析中元素的光谱信号强度不仅与元素在样品中的含量成正比，还与样品的溅射速率有关，如下式所示：

$$I_{im} = c_i q_j R_{im}$$

式中，I_{im} 为元素 i 的 m 谱线的强度；c_i 为元素 i 在样品中该溅射深度时的浓度；R_{im} 为元素 i 的 m 谱线的发射效率，不受基体影响，由特征谱线和仪器状态决定；q_j 为深度为 j 时样品的溅射速率。

其中，在分析过程中，若保持电流和电压不变，气压随深度分析过程中成分的变化而波动，这时 R_{im} 可认为是一个常数。上式即为：

$$\Delta m_i = I_{im}\Delta t/R_{im}$$

式中，Δm_i 为在 Δt 时间内元素 i 的溅射质量。该式给出了元素强度与溅射质量间的发射效率关系。

使用工作曲线进行深度分析的定量化时，需要测定较多元素含量和基体不同的校准样品。在 SIMR 方法中，使用溅射速率校正强度来校正由于样品不同的溅射速率所造成的校准工作曲线中样品数据点的分散性。具体做法是将每块校准样品的谱线强度乘以标准化因子（q_{ref}/q_s），即

$$I_{nim}(\mathrm{normalized})=I_{im}q_{\mathrm{ref}}/q_{\mathrm{s}}$$

式中，q_{ref} 和 q_{s} 分别为参考基体和校准样品的溅射速率。

这种方法假定校准样品的溅射速率为已知，可以通过深度密度法或质量差法测量得到。选定一个已知溅射速率的参考物，一般都选用低合金样品，因为低合金有大量商业标准样品并且其溅射速率与其他物质相比比较居中。这种溅射速率校正强度标准曲线定量转化法的优越性在于它只需均匀块状标准样品，而这种标准样品大量存在。

实际分析中，激发标准样品，以 c_iq_j/q_{ref} 为纵坐标，I_{im} 为横坐标，建立校准工作曲线，如图 8-18 所示。实际样品深度分析进行谱线强度与元素含量转化时，根据该溅射深度处元素 i 的 m 谱线的强度（I_{im}）和校准工作曲线得到 c_iq_j/q_{ref}，然后将所有元素的 c_iq_j/q_{ref} 进行加和得 $\sum c_iq_j/q_{ref}$。SIMR 法与其他基于溅射效率的方法一样，必须对全部（或主量）元素进行归一化。由于 $\sum c_i=1$，即可计算出该溅射深度的相对溅射速率 q_j/q_{ref}，再用此时各元素的谱线强度 I_{im} 和相对溅射速率 q_j/q_{ref} 就能得到该溅射深度处各元素的含量 c_i。同时，也能得到该溅射深度时的溅射速率 q_j。

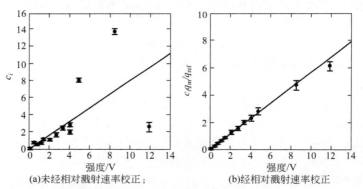

(a)未经相对溅射速率校正；　　　(b)经相对溅射速率校正

图 8-18　元素 Si 的多基体校准工作曲线[69]

在很小的时间间隔 Δt 内，溅射的样品深度 Δd 即为：

$$\Delta d=q_j\Delta t/（\rho_j\pi r^2）$$

式中，q_j 为样品在该溅射深度时的溅射率；ρ_j 为样品在该溅射深度时的密度；r 为溅射坑的半径。样品的总溅射深度 d 为：

$$d=\sum\Delta d$$

SIMR 方法中，样品的密度可以根据各元素单质的密度（ρ_i）及其在样品中的含量（c_i）计算得到的加权平均密度[70]，即该溅射深度时的密度 ρ_j 为：

$$\rho_j=1/\sum(c_i/\rho_i)$$

通过以上方式就可以在不知道被分析样品溅射速率的前提下，实现谱线强度定量转化为相应成分的含量以及将溅射时间定量转化为溅射深度，从而得到样品中元素含量随深度变化的关系。

表 8-12 列示出了各种材料的计算密度与测量密度的对比情况，从表中的数据可以知道有

机物的计算密度的偏差相对于金属材料来说更大。

表 8-12 各系列材料的测量与计算密度对比[1]

No.	名称	浓度概要	密度/(kg/m³)	计算密度 质量分数/%		使用密度 原子分数/%		规格密度	
				kg/m³	误差/%	kg/m³	误差/%	kg/m³	误差/%
1	ZnAl	Zn10Al90	2878	3144	9.2	2895	0.6	2879	0.0
5	ZnAl	Zn50Al50	3902	4920	26.1	3997	2.4	3918	0.4
9	ZnAl	Zn90Al10	6116	6696	9.5	6198	1.3	6132	0.3
13	黄铜	Cu70Zn30	8550	8414	-1.6	8425	-1.5	8323	-2.7
17	镍银	Cu62Ni25Zn13	8820	8708	-1.3	8718	-1.2	8658	-1.8
21	白铜	Cu67Ni30Fe	8900	8915	0.2	8911	0.1	8910	0.1
25	Inconel 601	Ni61Cr23Fe15	8110	8244	1.7	8122	0.1	8016	-1.2
29	Incoloy 合金 DS	Ni40Fe40Cr18	7910	8033	1.6	7893	-0.2	7712	-2.5
33	IMI 680	Ti83Sn11Mo4	4860	4991	2.7	4670	-3.9	4725	-2.8
37	Zn Al Cu Mg	Zn71Al27	5000	5982	19.6	5072	1.4	4959	-0.8
41	高合金钢	Fe69Cr30	7900	7623	-3.5	7578	-4.1	7596	-3.8
45	高合金钢	Fe75Cr12Ni12	8010	7894	-1.4	7864	-1.8	7864	-1.8
49	高合金钢	Cr40Fe36Ni20	8020	7975	-0.6	7754	-3.3	7631	-4.9
53	氧化铜	CuO	6400	7681	20.0	6570	2.7	6402	0.0
57	氧化钼	MoO₃	4696	7665	63.2	5685	21.1	5666	20.7
61	乙醛	CH₃CHO	805	1381	71.6	869	8.0	843	4.7
65	苯	C₆H₆	874	738	-15.6	925	5.8	953	9.0
69	丁炔	CH₃CH₂CCH	712	711	-0.1	560	-21.3	729	2.4

　　如果在分析过程中，电压、电流需要改变，例如需使用与标准曲线不同的溅射条件分析未知样品，SIMR 法也给出了一些经验公式来校正电流电压变化的影响，可以在一定的情况下避免重新制作工作曲线。

　　辉光放电光谱在深度轮廓分析所用部分元素的波长如表 8-13 所示[8,71]。

表 8-13 GD-OES 表面深度轮廓分析所用部分元素的波长

元素	波长/nm	元素	波长/nm	元素	波长/nm	元素	波长/nm
Ag	338.28	Cr	267.71	Mn	257.61	Sb	206.83
			298.92		403.14		
			425.43		403.44		
Al	237.84	Cu	219.22	Mo	317.03	Sc	424.68
	256.80		327.39		386.41		
	394.40						
	396.15						
Ar	137.72	Fe	259.90	N	149.26	Se	196.09
	157.49		271.40		174.20		
			273.95		411.00		
			371.99				
As	189.04	Ga	403.14	Na	330.23	Si	251.61
	200.33				588.99		288.15
					589.59		
Au	242.79	Gd	376.83	Nb	316.34	Sm	189.98

　　表 8-14 列出各种基体的参考样品在选定的不同放电条件下的溅射速率，样品的基本类型和主要元素的含量如表 8-15 所示[72]。

表 8-14　不同放电条件下各种不同基体参考样品的溅射速率

参考物质	溅射速率/(mg/s)	
	方法 1：40W-8 Torr	方法 2：460V-8 Torr
B.S.50D	0.00129(7.5%)	0.00166(8.8%)
13X-12535-BB	0.00155(1.6%)	0.00162(10.7%)
233	0.00574(2.6%)	0.00597(0.9%)
234	0.00539(8.8%)	0.00574(11.8%)
G26H2-C	0.00076(4.2%)	0.00107(5.5%)
SRM 628	0.00668(2.2%)	0.00865(2.7%)
31X-B7-H	0.00545(4.0%)	0.00635(3.2%)
43Z11-C	0.00547(3.4%)	0.00713(3.5%)

注：括号中的值是相对标准偏差。

表 8-15　所选参考样品中研究元素的含量　　　　　　　　　　　　单位：%

物质	参考	公司	Fe	Ni	Zn	Cu
纯铁	B.S.50D	Brammer Std.Co	99.96	—	—	—
不锈钢	13X-12535-BB	MBH Analytical	61.55	14.88	—	0.08
黄铜	233	USSR Certified Reference Material	0.72	0.41	32.00	60.47
黄铜	234	USSR Certified Reference Material	0.99	1.43	31.10	61.81
Al/Si	G26H2-C	MBH Analytical	0.80	0.37	0.94	3.50
锌基	SRM628	NIST	0.07	0.03	94.30	0.61
黄铜	31X-B7-H	MBH Analytical	0.01	0.01	15.00	85.00
Zn/Al/Cu	43Z11-C	MBH Analytical	0.18	—	88.00	0.49

　　虽然 SIMR 法较好地解决了辉光放电光谱深度分析中最根本的两个定量问题，但关于辉光光谱深度分析的基础研究如深度分析的深度分辨率、溅射的非均性（溅射坑形状）等方面还需进一步研究。

3.　与其他固体直接分析方法比较

　　辉光放电原子发射光谱与其他固体试样直接分析方法比较如表 8-16 所示[22]。

表 8-16　辉光放电原子发射光谱与其他固体试样直接分析方法比较

方法	整体分析			
	检测能力	精密度	基体效应	分析速度
直流电弧发射光谱	+++	+	+	++
火花发射光谱	+	++	+	+++
火花融蚀 ICP-AES	++	++	+	+++
GD-OES	+	++	+++	++
GD-MS	+++	++	+++	+
火花源质谱	+++	+	+	+
激光原子发射光谱	++	++	+	++
X 射线荧光	+	+++	+	+++

方法	深度轮廓分析			
	检测能力	精密度	分辨	分析速度
二次电离质谱	+++	+++	+++	+
Auger 电子光谱	+	++	+++	+
溅射中性质谱	+++	+++	+++	+
GD-OES	++	++	+	+++
GD-MS	+++	+++	+++	++

注：+为差；++为良好；+++为很好。

第二节　辉光放电原子发射光谱的主要仪器设备

一、辉光放电光谱仪的基本组成

辉光放电光谱仪主要由辉光放电光源、气路控制系统、分光系统、检测系统、信号采集处理系统等部分组成。仪器结构与其他发射光谱仪相似，最主要的区别是在光源类型及其供电方式上。

（一）辉光放电光源

1. GD 光源类型

GD 光源的结构主要有空心阴极型、Grimm 型和 Marcus 型几种形式，目前商用仪器中主要为 Grimm 型。

（1）Grimm 型　Grimm 型光源的结构简单，也是至今应用最广泛的一种光源，既可采用直流方式供能，也可采用射频方式供能，现在的商品化仪器大多数都使用这种光源。

该光源结构如图 8-19 所示，具有磨平表面的样品直接作为光源放电的阴极，与光源的阴极盘接触；伸入阴极中圆筒状部分称之为阳极筒，与阳极体相连，阳极筒与阴极（样品）之间隙约 0.2mm，阳极与阴极之间用绝缘垫圈隔开；光源的另一端用石英玻璃片密封，同时作为辉光放电光源的出光口；阴极体采用循环水冷，以防止阴极过热熔化，影响溅射效应和逐层取样效果；各联结处均采用胶圈密封以防漏气。放电时，阴极（样品）须充分冷却，以保持阴极"冷"的状态。

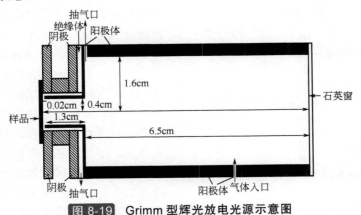

图 8-19 Grimm 型辉光放电光源示意图

该光源工作时，先将光源内空气抽至 10^{-2}Torr（1.33Pa）以下，再由进气口送入高纯氩（≥99.999%），同时采用真空泵分别从两抽气口将充入的氩气抽走，可以调节进气和抽气的速率，使光源内的氩气压力保持一个动态平衡，通常使阳极筒内的氩气压保持在几至十几托。光源的阳极接地保持零电势，阴极加负高压。由于光源的这种结构，放电被限制在阳极筒内阴极前面很短的空间之内，正柱消失，发光主要是明亮的负辉区，这种限制式辉光放电，可以将电压加得很高，使放电处于异常辉光放电状态，以增大放电功率[4]。

在较高阴极位降的作用下，在放电中产生的载气离子（氩离子）加速向着阴极运动。离子强烈轰击试样产生了阴极溅射，使样品物质进入放电区域。Grimm 辉光放电光源是非 LTE（局部热平衡过程）光源，电子温度较高，气体及电极温度较低。其放电电流约几十至 300mA，放电电压约 1～2kV，其伏安特性曲线比空心阴极放电的曲线上升更快，如图 8-20 所示。

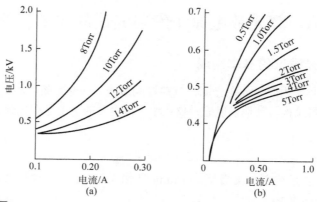

图 8-20 Grimm 辉光灯（a）和空心阴极灯（b）的伏安特征曲线比较

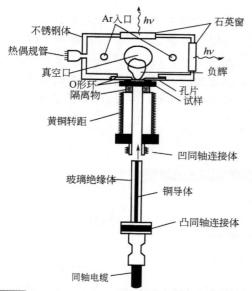

图 8-21 Marcus 型射频辉光放电光源结构示意图

Grimm 辉光放电光源经短时间的预溅射后，可以对样品进行稳定的剥离，测量线性范围很宽，高达几个数量级；由于是对样品逐层剥离，所以适于表面和逐层分析，同时样品容易更换。例如采用该光源对钢和合金渗氮、渗硼、渗铝、渗铬层的逐层分析可获得良好结果；用于高含量成分的分析，即使含量高达 50%，也能准确测定，相对标准偏差小于 1%[25]。

（2）Marcus 型　Marcus 等人[73]提出了一种非 Grimm 型的辉光放电光源（Marcus 型），结构如图 8-21 所示。它主要是为 RF-GD-OES 所设计，具有以下特点：①射频电压是从样品背面加载；②在光源内，样品的暴露面积与阳极面积相比很小，这样可以保证射频电压的大部分压降发生在样品上，而阳极壁基本不发生溅射；③真空抽气口只有一个；④样品和射频接头用金属壳屏蔽，减少射频辐射损失。

Macrus 型辉光放电光源分为射频和直流供电，对两种供电方式的基本特性进行了研究和比较[74]。表 8-17 列出了在分析 NIST SRM1252 磷铜样品时 RF 和 DC-GD-OES 两种供电模式的发射光谱特性比较。

表 8-17 优化条件下 Macrus 型 GD-OES 的 RF 和 DC 模式发射光谱特性比较

分析物	λ/nm	浓度/(μg/g)	S 强度(平均)		S/B(平均)		S/N(平均)	
			RF	DC	RF	DC	RF	DC
Ag	338.29	166.6	22088	29364	53.9	20.3	2973	2232
Ni	361.94	128	5153	6681	17.6	11.0	861	620
Co	384.55	90	36008	44354	43.8	49.4	1947	2841
Mn	403.08	17	4899	6863	15.4	8.7	515	522

注：$n=3$。

表 8-18 给出了在 RF 和 DC 模式下分析铜样品所计算的检出限，可以看出除 Co 外在 RF 和 DC 模式下具有相同的检出限（LOD）。

表 8-18 GD-AES 分析 NIST SRM 磷铜样品在 RF 和 DC 模式下的检出限比较

分析物	波长/nm	浓度/(μg/g)	平均 LOD/(μg/g)	
			RF	DC
Ag	338.29	166.6	0.1	0.2
Ni	361.94	128	0.4	0.5
Co	384.55	90	0.1	0.1
Mn	403.08	17	0.04	0.05

注：$n=3$，通过 RSDB 法。

（3）空心阴极型　普通辉光放电管的负辉区虽具有较大的发光强度，但有时仍不能满足发射光谱分析的要求。如果把辉光放电管阴极做成空心圆筒，当其内径小到一定尺寸时（例如 10～20mm），负辉区发光强度将大大增强，并充满阴极内腔，放电电流显著增大，这就是所谓"空心阴极效应"，这种形式的辉光放电称为空心阴极放电。如果两个电极之间距离较小，当气压降低至 2～5Torr 时（对氩气而言），放电的形式将发生突然变化，正柱消失，从阴极壁，沿阴极截面径向方向，分布着阿斯顿暗区、阴极辉、阴极暗区和负辉区，如图 8-22 所示。

空心阴极放电管的构造如图 8-23 所示。通常空心阴极杯用石墨或金属制成（或导体样品直接制成），并固定在钨棒上，如光谱纯石墨电极车制成孔径 3～6mm、孔深 10～30mm 的空腔。视具体分析样品和测定元素而定，一般对于测定易挥发元素可用较深的孔，对于低挥发元素可用较浅的孔，内装 20～50mg 样品。阴极的形状、尺寸及材料对放电影响较大。如需较高的阴极温度可采用石墨电极（可达 2000℃），但易吸附杂质气体和水分，产生分子光谱带影

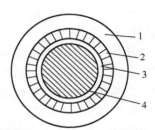

图 8-22 空心阴极中发光区域示意图

1—阴极；2—阴极辉；3—阴极暗区；4—负辉区

响分析工作；如试样无须加热太高，可以采用其他合适的金属做阴极。而阳极可用镍或铜等材料制成，其尺寸、材料、形状对放电几乎没有影响，光源的窗口材料常用石英[4,25]。

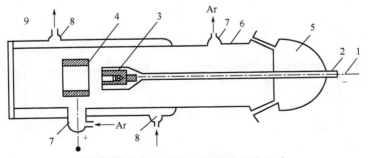

图 8-23 空心阴极放电管的基本构造

1—阴极钨棒；2—阴极套管；3—空心阴极杯；4—环状阳极；5—外壳塞子；
6—外壳；7—载气进出口；8—冷却水进出口；9—观测窗口

空心阴极辉光放电是一种非 LTE（局部热平衡过程）光源，其电子温度与气体温度很不相同。电子温度一般可高达几万度，气体温度却很低，一般不到 2000K，因而这种光源具有较强的激发能力（分析物主要是由电子碰撞激发）。阴极温度的高低与电流大小有关，低电流时，电极温度低（"冷阴极"），样品导入负辉区主要是靠阴极溅射；电流较大时（例如 1A），阴极温度可达 2000K，样品除阴极溅射外也可能以热蒸发方式进入负辉区。热蒸发取样方式与电弧、火花光源相似，但空心阴极放电光源对于不同元素的蒸发条件可加以较严格的人为控制，而电弧、火花光源难以控制。

空心阴极辉光放电管的极间击穿电压为 250～400V，常用电流为 0.2～0.5A。由于阴极溅射或电极放出气体而使放电工作气体（如 Ar）被沾污，需用机械泵不断将其抽出，同时不断送入纯净的放电工作气体，使其维持一定压力（一般为 0.1～10Torr）。这种"动态"平衡式真空系统不仅能满足使用要求，而且成本低、系统简单、易于操作，对扩大空心阴极光源的应用起了积极的推动作用。

空心阴极辉光放电光源具有以下特点：①激发能量高，②光谱背景低，③分子光谱带强度低，④原子化效率高[75,76]，⑤激发效率高，⑥放电易调节与控制，⑦固体样品直接分析，⑧谱线宽度小[4]。

空心阴极的局限性是直接测定高熔点元素（如 W、Mo、Zr、Ti 等）的检出限不够低，这是由于空心阴极放电特性所决定的。空心阴极放电的阴极温度不可能升得很高，一般不超过 2000～2200℃，这一温度不足以大量蒸发难熔金属。

2. 供能源

辉光供能源为辉光放电光源产生辉光等离子体，从而发出特征波长的光提供能量。辉光供能源主要有直流（恒压或恒流）供能源和射频供能源两大类。直流供能源较为简单，只需将正极与光源腔体、负极与阴极相连即可为辉光放电光源提供能量。射频供能源的供能较为复杂，它与辉光放电光源的结构、样品的形状密切相关，射频信号发生器所提供的功率在传输过程中常常以各种不为人们所注意的方式（如耦合损失、辐射损失等）消耗掉[50]，所以为了使能量尽可能耦合到样品上，需要做好阻抗匹配以及屏蔽措施。

辉光直流和射频供能源除了分析样品的类型不同外，同时，它们使辉光放电光源产生辉光等离子体有一些细微的不同（如带电粒子的密度和能量分布），这些细微的差别可能使激发源得到不同的激发和电离效果[51]。辉光放电等离子体的能量由射频供给，溅射束斑可达到极为平坦，等离子体稳定时间极短，表面信息无任何失真，如图 8-24 所示。

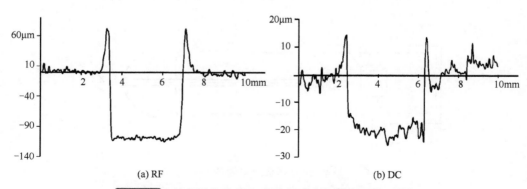

(a) RF

(b) DC

图 8-24 射频辉光光源与直流辉光光源溅射形状比较

目前的商品化仪器可单独以上两种光源或同时装配，使用时可相互切换，如美国 LECO

公司的辉光光谱仪。

（二）气路控制系统

辉光光源的气路系统由真空泵、高压气瓶、减压阀、真空规、电磁阀和连接管路等组成。图 8-25 为辉光放电光谱的真空及供气系统的示意图[1]。其光学分光系统的真空由真空泵来实现，或为充气系统以实现对紫外区域光谱线的检测。

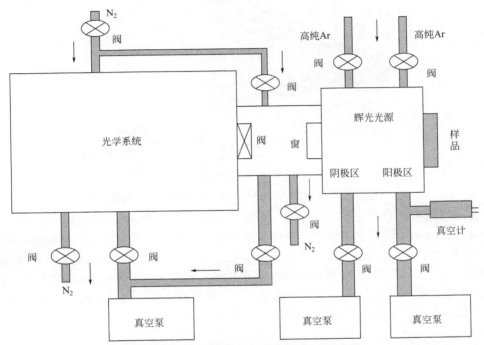

图 8-25 辉光光谱仪真空及供气系统示意图

对光源抽真空，同时引入设定流速的惰性气体，使光源内的气压达到一个动态平衡，惰性气体的流速一般控制在 0.2～0.3L/min。为了保证惰性气体（如氩气）的纯度大于 99.999%，各连接管路一般都采用紫铜管或不锈钢管。通过对电磁阀的控制，使辉光放电光源内达到分析所需的放电气压，并保证光源在放电参数下稳定工作。图 8-26 为辉光放电光源气路自动控制系统示意图。

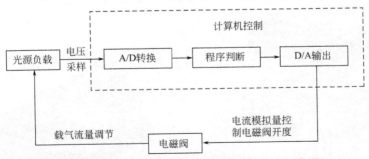

图 8-26 辉光放电光源气路自动控制系统示意图

辉光放电光谱仪采用的分光系统与其他发射光谱仪器相似，主要有多道同时型和单道扫描型。最为常用的是多道同时型。多道同时型辉光放电光谱仪的分光系统如图 8-27 所示，主

要由聚焦透镜、入射狭缝、全息光栅、出射狭缝等组成。采用检测器（如光电倍增管或 CCD）对各不同波长的光进行检测，一般配备 30 个通道左右。其中，光栅的刻线越密分辨能力就越强，通常使用的为 2400 线/mm 或 3600 线/mm。罗兰圆的直径一般在 750mm 左右。对于测定波长低于 190nm 的远紫外光，相应的光源窗口、透镜和折射镜都需采用 MgF_2 材料制成。

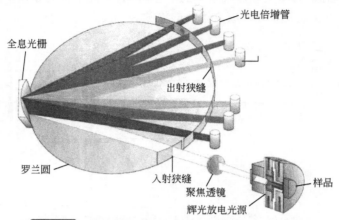

图 8-27 多道型 GD-OES 光谱仪光学系统示意图

单道扫描顺时型分光系统也有应用。商品仪器还出现一种结合型仪器，如 JY 公司的 GD-PROFILER HR 型辉光放电光谱仪在传统多道分光系统的基础上加一个 1000mm 焦距的单色仪，如图 8-28 所示。单色仪配置大面积离子刻蚀全息光栅（3600 线/mm），最高分辨率达 9pm，有比多色仪部分还高的分辨率。采用高速扫描和 Image 软件功能，可在 2min 之内采集任何样品的全部光谱谱图，具有全谱快速分析功能，通过谱线库就能轻而易举地鉴别样品中所存在元素的谱线，大大扩展了辉光光谱仪的应用灵活性。

（三）检测系统

经分光后的单色光通过出射狭缝，由检测器采集谱线信号。传统辉光放电光谱仪的检测器，一般都采用光电倍增管（PMT），由于检测一条谱线需要一个 PMT 检测器，设置一个独立通道，限制了选择分析元素的灵活性。见图 8-29，现代多采用电荷耦合固体检测器（CCD）等大规模集成元件，可以是线阵式或面阵式的检测器，具有多谱线同时记录功能，并缩小分光系统的焦距，使 GD-OES 向全谱型发展。在仪器体积及检测功能上得到极大的提高，通过软件的控制和自动校正，适用于多种基体、多元素同时测定及镀层深度分析，获得精确的测量结果。

图 8-28 结合型 GD-OES 光学系统

图 8-29 LECO GDS-500A 型 CCD 光学系统

在 GD-OES 进行深度轮廓分析时，样品溅射的连续过程，通常以 3 μm/min 的速度由表及里。这就要求检测器应能够非常快速地采集样品或涂层的全部光谱信息，真实地反映样品的情况，不造成有价值信息的损失；同时由于溅射样品的不同涂镀层到达各个界面的过程中，元素含量迅速改变，仪器对此要有准确而即时的响应。JY 公司的 GD-PROFILER 系列辉光放电光谱仪都采用其专利技术的高动态检测器（HDD），其从本质上说还是属于光电倍增管，但它通过对光电倍增管电压的自动调节，线性动态范围达到 10 个数量级，使仪器在毫秒时间内对界面处信号从低计数至百万计数的变化有线性响应，既无信号饱和也不必预调电压，可进行快速而灵敏的检测，即具有瞬时测定痕量及高浓度元素的能力。这种响应是固态检测器或普通高压固定的光电倍增管（PMT）检测系统通常不可能做到的。如图 8-30 如示，在分析钢表面的磷化层没有采用 HDD 时，H、P 和 Fe 的信号都饱和，而采用 HDD 就实现了对样品的正确测定。

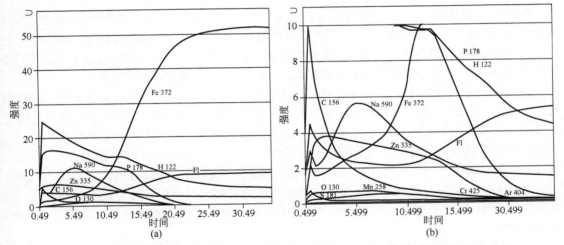

图 8-30　采用 HDD（a）与普通 PMT（b）的分析结果比较

（四）数据采集处理系统

数据采集处理系统是最终对各元素的特定波长光进行采集，经过分析处理给出被分析样品中所含元素的情况及各元素的浓度情况。通常信号处理器是一种电子器件，它可放大检测器的输出信号，此外，它也可以把信号从直流变成交流改变信号的相位，滤掉不需要的成分。同时，信号处理器也可用来执行某些信号的数学运算，如微分、积分或转换成对数。

二、辉光放电光谱仪器的基本控制参数

直流辉光放电光谱仪和射频辉光放电光谱仪分析时所控制的基本参数有所区别，具体如下。

1. 直流辉光放电光谱仪

辉光放电的直流放电特性取决于电压、电流和气压三个参数，这三个参数之间的关系反映了辉光放电光源的放电性能，如图 8-31 所示[1]。其中只有两个参数是变量，而另一个参数则是因变量，即其中两个参数固定，则第三个参数就确定。由于样品成分和结构的差别，不同类型的样品具有不同的放电特性。此外，不同结构的光源也具不同的放电参数，可以通过改变放电参数来改变样品的溅射速率和元素谱线的发射强度。

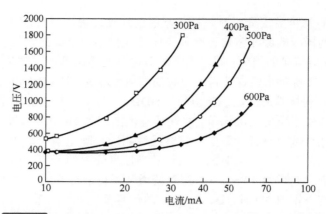

图 8-31 镍基样品 DC-GD 中电流、电压和气压之间关系

在不同 Ar 气压下，多种金属和合金的 Grimm 型 GD 光源放电电压与电流的变化，在给定气压下放电电流随电压的增加而增大，符合异常辉光放电规律[77,78]。Cr、Nb 与无氧 Cu 的放电特性，在低气压下放电电压，随气压增加而逐渐减弱[79,80]。在较高气压下，由于粒子碰撞效率提高，仅需要较低初始能量的二次电子就能使原子离子化形成等离子体，维持稳定的辉光放电。

Grimm 型 GD-OES 的一般工作条件：放电电流为 25～100mA；放电电压为 400～2000V；气压为 100～600Pa。在样品分析中，通常推荐的方法是让气体流量实时变化以保证获得恒定的放电电压和放电电流，从而可建立真正的多基体校正曲线，进行准确的定量分析。

除电学参数外，其他一些仪器参数也很重要。其中，阳极的内直径一般在 2.5～8mm，气体的纯度应大于 99.999%，气体的流速控制在 0.2～0.3L/min，预燃时间一般为 30～120s，积分时间为 10s 左右。通常情况下用直流模式的辉光放电光谱分析低合金钢的材料时，一般采用内径为 4mm 的阳极筒，典型的操作条件是：氩气流量为 0.25L/min，放电电压为 600～1000V，放电电流为 30～60mA。

2. 射频辉光放电光谱仪

射频辉光放电光谱仪的影响因素较多，基本控制参数有放电功率、射频频率和放电气压。一般而言，提高放电功率，能加速溅射，提高激发效率，可以提高分析的灵敏度。但也有研究[1]表明，发射强度在某一特定功率时出现尖峰，这是由于电子能量分布和跃迁概率之间存在相互匹配关系，在该点时达到最佳。

辉光放电的元素信号强度由溅射原子化率和特征谱线的激发率决定。提高放电气压可能增强溅射率，也有可能是减小。通常提高放电气压可以提高电离电子的密度，但是在高放电气压下，这些电子的平均能量比较低。

随着射频频率的升高，放电体的射频电压峰-峰值和相应的直流负自偏压会降低，而射频电流会升高。射频频率对溅射率的影响可能是促进或是抑制，一般来说，溅射率会随频率的升高而降低。电子能量分布与有效激发所需能量的匹配对有效的激发具有重要意义，这也是射频激励的频率选择的依据。射频电源可以是固定频率或可变频率，通常在 3～41MHz。常用的固定频率是 13.56MHz、27.12MHz 或 40.68MHz，现在 GD 光谱上的放电频率大多用 13.56MHz。

三、常用辉光放电发射光谱仪

1. 辉光放电发射光谱仪发展历程

辉光放电发射光谱仪是伴随着各种相关的辉光部件、技术的出现、改进而发展的，与

GD-OES 相关的主要里程碑事件具体如表 8-19 所列。Grimm 光源的提出使得辉光放电现象用于分析更为便捷和可能；深度定量模型的提出与完善使得辉光放电光谱在材料的表面、深度轮廓分析方面独具优势；射频供能源技术的采用极大扩展了辉光放电光谱仪的分析样品类型和范围。

表 8-19 辉光放电光谱仪发展历程的主要里程碑事件

时间	描述
1852	W. R. Grov 报道了辉光放电管中的阴极溅射现象
1967	W. Grimm 发明了 Grimm 型辉光放电光源
1968	W. Grimm 提出了用他的新光源(Grimm 型)进行第一次定量分析
1970	J. E. Greene 和 J. M. Whelan 报道采用 Grimm 型辉光放电光源进行第一次深度轮廓分析
1972	C. J. Belle 和 J. D. Johnson 报道采用 Grimm 型光源进行第一次定量深度轮廓分析
1972	Boumans 测定 Grimm 辉光放电的主要特征
1975	Roger Berneron 证明 GD-OES 用于定性深度轮廓分析的广泛性能
1978	采用 Grimm 光源的第一台商业化 GD-OES 仪器
1985	J Pons-Corbeau 推出了第一款用于 GD-OES 定量深度轮廓分析的算法
1988	Chevrier M 和 Richard Passetemps 发明了第一台 Grimm 型光源的射频供能源
1991	Marcus 推出了一种非 Grimm 型的射频辉光放电激发源(Marcus 型)
1994	Bengston 发表一篇目前商用仪器仍在采用的深度定量方法(SIMR 法)的文章
2004	Michael R Winchester 等发表一篇关于射频辉光放电光谱的综述文章
2009	钢研纳克推出国内第一台商品化 GD-OES

随着辉光放电光谱各项技术和仪器的完善，不断有 GD-OES 商品仪器推出。20 世纪 70 年代德国 RSV 公司首先推出了 HVG2 型 GD-OES 商品化仪器。随后法国 JY 公司的 JY32、JY38、JY50、JY56 系列，美国 ARL 公司的 3500 OES 系列，英国 Hilger 公司的 980C 系列，日本岛津公司的 5017 系列光电光谱仪器上均配置了辉光放电光源。1990～1992 年美国 LECO 公司陆续生产了适合表层、逐层分析的 GDS 400、GDS 750、GDS 1000 和 GDS 2000 型辉光放电光谱仪。目前，生产商品化辉光放电光谱仪主要集中在以下几个厂商，所生产的型号下面详述。

2. 国内外常用型号及性能

目前，商品化的辉光放电光谱仪主要由法国的崛场（HORIBA Jobin Yvon）公司、美国的力可（LECO）公司、德国的斯派克（SPECTRO）公司和中国的钢研纳克（NCS）公司生产。型号及主要参数如表 8-20 所示。

表 8-20 目前商品化的主要辉光放电光谱仪器比较

厂商	型号	供能方式	波长范围/nm	焦距/mm	元素通道	检测器
法国 JY	GD-Profiler 2	脉冲+RF	110~800	500	48	HDD
法国 JY	GD-Profiler HR	脉冲+RF	110~800	1000	60	HDD
法国 JY	3D Metal	DC	149~480	500	—	CCD
美国 LECO	GDS-500A	DC 或 RF	165~460	225	—	CCD
美国 LECO	GDS-850A	DC 或 RF	120~800	750	58	PMT
德国 SPECTRO	GDA150A	DC	120~800	150	—	CCD
德国 SPECTRO	GDA750A	DC 或 RF	120~800	750	60	PMT
中国 NCS	GDL 750	DC	165~420	750	30	PMT

注：HDD（high dynamic range detection）为高动态检测器；PMT（photoelectric multiplier tube）为光电倍增管；CCD（charge coupled device）为电荷耦合固体检测器。

第三节　辉光放电原子发射光谱的分析技术与方法

一、样品的选择与准备[69]

辉光放电原子发射光谱有很多优点，其中的一项是它可以直接分析固体样品，同时所需要的样品制备最少。适当的分析样品选择和准备可以提高分析的重复性和准确度，特别在辉光放电光谱仪进行校准或漂移校正时，样品的选择和准备尤其重要。

（一）样品的选择

GD-OES 分析中要求非常均匀的样品。在分析过程中，典型的阳极筒内径以及所产生的溅射斑点直径为 2～8mm，样品的溅射率通常为几微米/分钟，若积分时间为 10s，对于钢铁样品在分析中只需使用了 2~3mg 的样品。因此，应选择均匀性好的样品，以真正代表样品整体，测量才具有好的结果。

同样，样品的晶粒大小也会影响分析结果的质量。不同的晶粒产生不同的溅射率，即差分溅射。如果晶粒相比大于溅射坑的直径，则样品不同区域会出现不同的溅射速率，从而在样品不同部分的元素就会产生可变的光谱信号。在材料制造过程中，一些痕量元素会在晶界富集，当晶粒与溅射体积相比较大时，两次分析间晶界与晶粒的信号强度，可能会有显著的差别，从而影响对微量元素分析的结果。

（二）分析样品的准备

1. 成分分析的样品表面处理

光源的阳极与样品的间隙变化影响 GD 等离子体的性质，所以要求样品表面应该平坦和光洁，确保样品与真空腔体的密封。通常表面经抛光的样品可以获得可重复的分析结果。样品粗糙的表面、样品锋利的边缘和表面划痕均会对分析结果产生不良影响。

表 8-21 列出了一些常见的金属制样的方法。应避免使用干砂纸来打磨软的材料（如铝和黄铜）。例如，当用干的 SiO_2 砂纸打磨铝样品时，纯铝中的 Si 观测到的检出限为 0.1%。

表 8-21　不同种类的材料推荐的样品准备方法

材料	表面抛光
钢	180~600 目砂纸
铸铁	180~600 目砂纸
Cr, Ni	180~600 目砂纸
铜，黄铜	机铣
铝	机铣，避免用 SiO_2 或 SiC 砂纸

块状样品在分析前应先抛光，但样品表面获得镜面光洁度不是绝对必要的，大多是采用200 目的砂纸进行抛光。要求样品进行抛光或研磨尽可能平坦，没有任何深的刮痕或凹坑，减少样品表面嵌入污染的可能性。用于校准和块状分析的材料（如铝合金和铜合金）最好采用车床或铣床加工进行制备，以确保得到一个光滑、平整和新鲜的表面。可以避免研磨磨粒给样品表面带来的污染，并且也可避免由于手工抛光引入的表面曲率。

样品也可以通过湿法抛光，然后进行干燥，相比于干法抛光更加优越。湿法抛光可以使样品表面避免受过热影响，降低扩散和减少砂纸的颗粒留在样品表面，也会减少样品表面出现大而深的划痕。

为了避免样品表面氧化，最好是样品抛光的当天进行样品分析，这对于极易氧化的材料

（如锌合金和铝合金）尤为重要。只要有可能，校准样品和分析样品应采取完全相同的抛光方式，以确保预燃对两组样品是相同的效果。

抛光会损伤样品的表面，即改变它的结构和化学成分（图 8-32，用 220 目 SiC 砂纸抛光黄铜）。经验表明，损伤的深度等于研磨颗粒的大小。即 5μm 颗粒会对样品表面形成 5μm 深的损伤。如果溅射率约为 5μm/min，那么通常需要花费 1min 时间从表面受损的区域溅射到正常的块状材料。

通常情况下，样品先用粗的砂纸以去除先前辉光溅射坑，然后用细的砂纸（通常为 220 目）去除可见的深刻痕。也可用更细的砂纸（如 400 目）继续抛光以去除更多深的损坏区域，对于通常成分分析不是必需的，但对于测量溅射坑的形状和深度有极大的帮助。

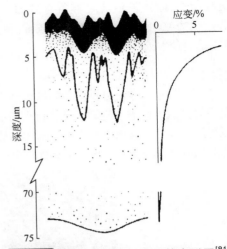

图 8-32　砂纸抛光黄铜表面的变形层[81]

2. 深度分析的样品表面处理

深度分析在大多数情况下不需要对样品进行表面处理，因为任何样品表面处理将改变表面化学性质，并且可能去除分析所需的表面特征。但对于高油的样品在分析前应进行脱脂处理，以得到表面和涂层的最佳深度剖面分析。表面油中还含有大量的碳，而 C 是溅射最慢的元素之一，会严重影响溅射过程。由于表面上的油层在溅射过程中去除会很慢，所以对于表面有油的样品做深度分析时，会持续较长的时间。如图 8-33 所示，分别展现了一个有油的样品表面在用丙酮脱脂前后，采用 RF-GD-OES 进行深度剖面后的谱图叠加情况。在 DC-GD-OES 中，样品的油膜层会导致不稳定的等离子体。同时，由于厚的油脂膜是不导电的，而且厚度通常不均匀，在样品表面的存在会显著地降低深度分辨率。工业样品中的厚油脂层可能使点燃的 DC-GD 放电停止，致使深度分析不能进行。

除了前面所提及的油、脂膜、指纹会降低溅射率和减小深度分辨率干扰样品表面分析外，同时这些杂质中也包含有 H 元素，而 H 在不同谱线的发射产率上的影响可能非常强。因此，用于表面分析的样品必须小心处理，以避免污染对待分析样品表面的分析影响。

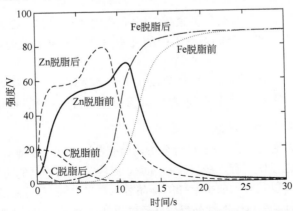

图 8-33　采用 RF-GD-OES 分析采用丙酮脱脂前后的涂油薄镀锌钢板谱图

几个微米厚的工业涂层可以先用柔软的纸巾进行擦拭，以清除大部分的油脂，然后再用酒精、丙酮、石油精或洗涤剂液体进行冲洗。任何残留可以采用酒精、丙酮或类似的快干溶剂

进行漂洗。超声波清洗是非常有效的，但需注意超声波清洗不要损坏涂层。溶剂的选择也要小心，因为它可能会残留在样品表面。例如一些低品质的丙酮中含有油，首次使用一种溶剂前，最好进行相应的检查和确认。

（三）小样品的准备

辉光放电光谱对分析样品的形状尺寸有要求，样品必须有一个直径为 15mm 或以上的平面，这是由辉光放电光谱仪光源的结构特点所决定的。为了保证样品完全覆盖住光源上的样品密封圈，可以采用小样品夹具加以解决，如图 8-34 所示[82]。将小样品完全包围在夹具内部，夹具内部的弹簧将样品顶到光源表面上，再在夹具外环用一密封圈进行密封，使夹具内及整个样品都处于真空中。

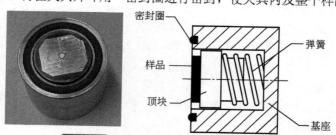

图 8-34 辉光放电光谱仪小样品夹具

样品宽度必须大于阳极的外径，通常至少要比阳极大 1mm，对于 4mm 的阳极，样品直径至少为 5mm 宽，而对于 2mm 或 2.5mm 阳极，样品至少为 3mm。并需仔细确保小样品位于阳极的中心轴位置。薄样品应当使用导电胶装嵌在平坦、光滑的金属表面，以防它们在真空下弯曲朝向阳极从而造成与阳极短路。对于大小、形状不规则或粗糙的样品，难以按正常方式置于辉光光源上，需要对这些样品进行切削使它们可以被安装在小样品夹具中；多孔样品也可以相同方式处理。

（四）粉末状样品的准备

粉末材料如金属粉末、粉碎的岩石等样品，必须先研磨成细粉状态，然后再与黏合剂充分混合，在高压下压制成固体片状。通常分析物粉末与黏合剂的正常比例是 1∶10。最常见的黏合剂材料是铜粉，如果铜也是分析元素，可使用银粉和金粉。高压压制时压力通常需要高达 800MPa，并保持 2～3min。

粉末样品制备是获得一个高均匀性紧凑、非多孔的片样，其中研磨和混合过程是非常重要的。由于黏合剂的加入，使得分析物粉末中的元素含量被稀释，从而降低了元素的强度，使检测限受到影响。

压制的片样应为 2～3mm 厚，以具有刚性和用于真空密封。典型的片样直径为 20mm、厚2.5mm，大约需要 6g 的粉末（其中 0.5g 为分析物粉末）。片样中的残留气体应尽可能少。

（五）异形样品（棒、管、线状）的准备

有一些弯曲样品可以通过 GD-OES 进行分析，而有些则是相当困难，主要取决于样品的曲率半径。弯曲的样品可能包括棒、管、线、球和透镜。因为阳极到样品的距离是恒定，并需保证样品不会接触到阳极，所以具有大曲率半径的样品可以直接安装在光源上。有些管可以压平后如同平面样品一样进行分析。小直径的样品可以并排铺设在软金属（如铅）衬底中进行分析。

对于特殊的应用，如管上的镀层，面向阳极的前表面可以切削以匹配样品的曲率，从而保证阳极到样品的距离恒定。导线和小直径杆可以作为"针"状样品被安装在源上，同时上述的样品需要位于阳极的中心轴方向，如将样品垂直插入一个在金属支撑的孔的中心。

二、辉光放电发射光谱分析参数的优化[69]

GD-OES 的分析参数包括电流、电压、功率、气压、频率、预燃时间、积分时间等，影响仪器的分析性能。GD-OES 在成分分析与深度分析时，仪器分析参数的选择也不尽相同。

（一）冲洗时间、预燃时间、积分时间

1. 冲洗时间

GD 光源在样品更换时采用氩进行冲洗，但光源腔体在每次样品更换或移动到一个新的位置时会进入一些空气。为了保证光源内的纯 Ar 气氛，在样品放入封闭的光源之后，先抽真空，再用氩气冲洗。在分析前冲洗光源腔体可以缩短分析过程中等离子体达到稳定的时间。

不同的仪器采用了不同的冲洗顺序，主要有：①简单的氩气冲洗；②交替的排空和冲洗；③脉冲式氩气冲洗。这些方式都有效，具体选择何种方式更为有效，取决于真空泵的类型、光源腔体的设计以及连接的真空管。当使用含油的旋转泵时，应避免光源腔体的真空长时间降至极限真空，因为会促使碳氢化合物从泵回流到光源造成污染。最有效去除 Ar 气氛中空气的方式是朝向真空泵维持一个强而持续的纯氩气流，另外还可以增加光源腔壁的温度去除吸附在腔壁上的蒸气。

显然，难以确定一个最佳的冲洗时间用于所有的应用和所有的需求。对于大多数的成分分析，通常的经验是 10s 的冲洗时间足以满足分析的要求。只有在分析痕量水平（低于 100μg/g）的元素时，例如 N、O、H 和 C 时，氩气可能带来这些元素的残余物，需要增加冲洗时间为 1min 或 2min，消除其污染。表面分析由于没有预燃时间，所以需要的冲洗时间应更长些。典型的氩气冲洗时间需要 30～40s，分析低含量元素或极端表面时需要 1～3min。

2. 预燃时间

预燃样品也叫预积分，简单的是指样品放电点燃和光谱强度积分前的等待阶段。预燃的目的类似于冲洗腔体，所不同的是预燃可以去除来自于样品表面的油、氧化膜和其他污染物。点燃放电通过破坏蒸气的分子结构的方式有助于从光源腔中去除蒸气（如水），改进了测量的相对标准偏差（RSD）。典型的预燃时间是 30～90s，这对应于约 5～10μm 的溅射深度。经验表明良好打磨的样品与非常粗糙的样品比较，良好打磨的样品所需要的预燃时间可以减少。只有在少数情况下，相当长的预燃时间是必需的，如灰口铸铁样品中检测低含量水平（C<10μg/g，N、O<100μg/g）元素时，通常推荐使用超过 3min 的预燃时间。

对于一个给定的应用，预燃时间的优化可以很容易通过简单地对一个典型样品进行一次深度轮廓分析得到。如图 8-35 所示，对于一个块状的铸铁样品，快速查看可知约 30s 的预燃时间可能足够了，但仔细查看放大 C 强度尺度后表明大约需要 80s 的预燃时间。

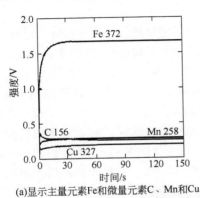

(a)显示主量元素Fe和微量元素C、Mn和Cu

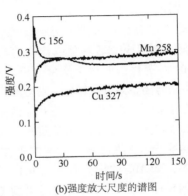

(b)强度放大尺度的谱图

图 8-35　铸铁深度轮廓分析图

图 8-36 为黄铜样品的定性深度轮廓分析图，从图中可知约 50～60s 的预积分时间足以建立稳定的信号。所选择的条件为：阳极筒直径 4mm、RF 功率 30W、气体压力 800Pa。

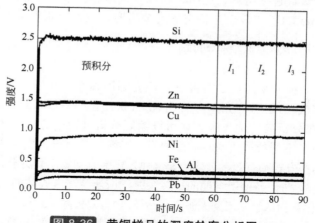

图 8-36 黄铜样品的深度轮廓分析图

表 8-22 显示了通过在不同预积分时间下黄铜样品中的 Ni341nm 谱线的强度变化，以确定最佳的预积分时间。

表 8-22 黄铜样品中 **Ni341nm** 谱线的强度随预积分时间的变化

时间/s	1	2	3	4	...	8	平均	*SD*
0~10	1.422	1.492	1.487	1.511		1.543	1.480	0.048
10~20	1.455	1.567	1.547	1.536		1.634	1.524	0.061
20~30	1.477	1.576	1.547	1.536		1.634	1.524	0.061
30~40	1.479	1.588	1.585	1.539		1.630	1.534	0.060
40~50	1.490	1.607	1.597	1.572		1.620	1.542	0.057
50~60	1.505	1.612	1.612	1.555	...	1.611	1.553	0.051
60~70	1.515	1.611	1.610	1.558		1.592	1.553	0.048
70~80	1.508	1.636	1.615	1.566		1.612	1.561	0.044
80~90	1.526	1.632	1.617	1.590		1.590	1.566	0.046
90~100	1.528	1.636	1.640	1.602		1.597	1.572	0.044
100~110	1.531	1.642	1.644	1.598		1.600	1.581	0.046
110~120	1.540	1.645	1.654	1.597		1.613	1.588	0.044
						1.609	1.591	0.043

当预燃时间足够长，分析的标准偏差（*SD*）不再有进一步改善或足以满足需求时，没有必要再延长预燃时间。从表 8-22 的数据证实，60s 的预燃时间适合该黄铜样品的分析。

3. 积分时间

无论是对于成分分析或深度分析，元素的信号强度可通过"积分时间"记录下来。即信号可在一定时间内被计数，然后除以该段的时间得到一个平均信号。对于块状分析，积分时间可以从 5s 到 30s 内变化；而对于深度分析，积分时间约为 0.1～1s，也可短至 1ms。

如果噪声信号随正态分布恒定，则增加积分时间将不会改变平均值，所观测的 *SD* 会降低。增加积分时间将会限制平均值随信号变化而改变的速度，对于深度轮廓分析，深度分辨率将变差。

在信号采集电路中电子时间常数决定最短可能的积分时间。对于一个随机噪声的恒定信号，观察到的噪声 *SD* 将以积分时间的平方根趋势减小（图 8-37），图中的实线与积分时间的平方根成比例。如 10s 的积分时间与 0.1s 的积分时间相比，所观测到的噪声将减小约 1/10。

对于黄铜样品积分时间的变化对平均值及 *SD* 的影响如表 8-23 所示。在总积分时间相同时，对平均值没有影响。

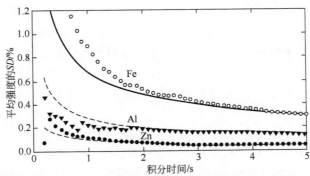

图 8-37　黄铜样品中元素测定平均强度不确定度随积分时间的变化

表 8-23　积分时间对于黄铜样品中元素的强度及标准偏差的影响

信号	积分/s	重复	平均	*SD*	*SD* 平均
Al	6	5	0.31496	0.00075	0.00034
	0.1	300	0.31496	0.00252	0.00015
Fe	6	5	0.36236	0.00098	0.00044
	0.1	300	0.36236	0.00723	0.00042
P	6	5	0.01445	0.00013	0.000059
	0.1	300	0.01445	0.00120	0.000069
Pb	6	5	0.26730	0.0019	0.00085
	0.1	300	0.26730	0.0040	0.00023
Zn	6	5	1.61779	0.0056	0.00249
	0.1	300	1.61779	0.0064	0.00037

注：预溅射时间为 60s，总积分时间为 30s。

（二）电压、电流、功率、气压

对于恒定参数操作的辉光光源设计，不是所有这些参数都可以被单独固定。当电压和电流固定时，放电功率（电压和电流的乘积）也就固定了。如果改变样品的基体，需要对气压进行调节以维持在给定的电压条件下所需要的电流。类似的结论对于其他参数的组合同样成立，例如恒定功率和气压，当样品的基体发生改变时，电流与电压的比率将会发生改变。

图 8-38 显示了镍样品在不同气压时直流电压和电流的变化。在恒定气压时，电压增加电流也随之增加；而当给定一个电流时，增加气压相应的电压降低。同样，在射频操作模式下实际值会不同，但总体趋势将是相似的。

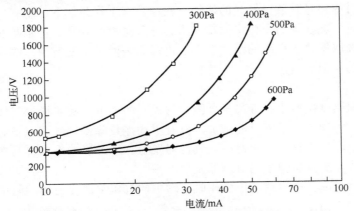

图 8-38　镍样品 DC 模式下电流、电压和气压的关系[1]

1. 电压

增加电压将导致更高能量的离子撞击样品表面，因而增加溅射速率；具有更高平均能量的电子加速进入等离子体辉光，使原子和离子被激发到更高的能态。但增加电压也将缩短阴极暗区（CDS）和延长负辉区（NG）[7]，由于具有更高能量的电子降低了碰撞截面，对于分析相关的特征谱线发射产率将减小。如果溅射率的增加大于发射产率减小的速度，随着电压的增加谱线强度仍将增加。

2. 电流

图 8-39（a）是对数电流刻度形式以全局方式显示了汤生暗放电-正常辉光放电-异常辉光放电-电弧放电的变化；而图 8-39（b）是线性电流刻度形式以局部放大方式（电流 0～100mA）显示了异常放电的情况。

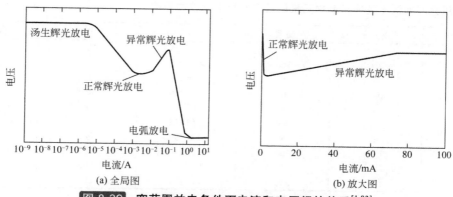

图 8-39 宽范围放电条件下电流和电压间的关系[1,83]

辉光放电光谱中使用的等离子体是所谓的异常放电，它的行为就像一个电阻，其中电流和电压同时增加。在异常放电中，放电电流的增加使电流的密度和放电中带电粒子的密度增加，会增加等离子体中激发粒子的数量，从而增加溅射率和发射产率。放电电流对谱线强度有很大的影响。随着放电电流的减小，电流密度也随之减小。当放电电流被充分减小时，放电就接近正常的放电范畴，电流密度不再均匀地覆盖于阴极表面，将导致样品表面的非均匀溅射。

3. 功率

对于许多光谱线的发射产率几乎与等离子体功率无关。而增加功率的主要作用可以增加溅射率，增加溅射率将导致放电发光的增加。在高功率工作条件下，更多的物质在单位时间内被去除，但同时消耗在等离子体中的功率将会导致温度的升高，特别是在样品的表面，实际分析中功率的选取取决于样品的耐热性。通过样品表面的蒸发所引起等离子体变得不稳定将使增加功率受到相应的限制。

4. 气压

氩气的气压和温度决定了在等离子体腔中氩原子的密度。随着增加气体的密度，碰撞的概率也随之增加，将导致离子密度的增加，以及平均能量降低。气压似乎对溅射率几乎没有直接的影响。由于取决于材料和光谱线，气压对发射产率的影响不太容易建立起相关性。然而，对于许多谱线增加气压似乎略有降低发射产率[84]。

当放电以恒定功率、电流或电压操作时，增加的气压将改变光源的阻抗、溅射速率和溅射坑形，如表 8-24 所示。

表 8-24　对于恒定功率、电流或电压时增加气压的效应

功率	电流	电压	阻抗	溅射速率	强度	溅射坑形状
恒定	↑	↓	↓	↑	↑	凸到凹
↓	恒定	↓	↓	↓	↓	凸到凹
↑	↑	恒定	↓	↑	↑	凸到凹

（三）成分分析参数优化

成分分析的优化参数要达到：①分析时间短；②微量元素的检出限低；③主要合金元素测定有高重复性。通常倾向于选择高功率和高气压或高电压和高电流，但是对一些材料会受到限制。如锡、铅合金、锌等材料具有低的熔点，不能在高功率下运行，因为它们的表面会熔化和放电变得不稳定。

对于一些常见材料的典型条件如表 8-25 所示，实际的值会因仪器和阳极直径的不同而发生变化。

表 8-25　用于成分分析推荐的条件

物质	功率（RF）	电流（DC）	压力
Al, Al-Si	高	高	高
黄铜	中	低	中
Pb, Sn	低	高	高
钢	高	高	中
Zn	中	中	中
陶瓷	高	—	低到中
玻璃	低到中	—	低到中
聚合物	低	—	低

对于分析时间而言，高功率是有益的，因为更多的物质从样品表面被去除，所以样品表面将被清洁得更快，预燃时间可以减少。对于痕量元素分析而言，高功率也是有益的，因为有更多样品进入到等离子体中，从而在积分时间内信号强度更高。

实验表明以时间分辨（深度剖析）模式进行分析，可以很快地找到达到稳定放电需要的时间。通常对于成分分析的最佳分析条件是当溅射坑底部为轻微的 U 形，即采用高电压或高电流。

（四）深度分析参数优化

表面分析或深度剖析优化参数时，要达到：①对主量和次量元素有高重复性；②良好的深度分辨率；③低信号噪声。特别是在信息获取开始的时候，作为优化结果可选择不会使样品过热（或如玻璃样品裂缝）的功率、一个低到中等的气压以提高深度分辨率和一个短的积分时间。对于一些常见材料的典型条件如表 8-26 所列，可以采用射频或直流方式，实际值会因仪器和阳极直径不同而有变化。

表 8-26　在深度轮廓分析典型应用中良好的条件

涂层	功率	压力
Al, Al-Si	中	中
Sn	低	低到中
钢表面	中	中
Zn-Al	低到中	中
陶瓷	中	低
玻璃	中	低
聚合物	中	低

第二篇

1. 溅射坑形状

当 GD-OES 进行深度轮廓分析时，溅射坑的形状是一个重要的因素。为了获得良好的深度分辨率，溅射坑的底部必须平坦或者只是在边缘略凹[85]。

GD 光源能否产生平坦的溅射坑，取决于放电条件和样品，用于直流操作的典型条件如图8-40 所示。在射频操作时，因为 RF 电流难以测量，以功率为 x 轴，也表现出相类似的趋势。

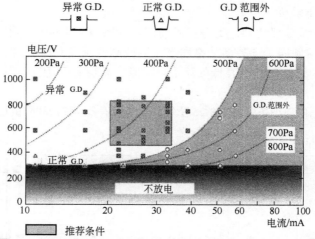

图 8-40　光源直流操作不同条件下溅射坑的形状(4mm 阳极、碳钢)[1]

作为常规适度高的气压（低电压和高电流或低阻抗）导致形成 U 形（凸）溅射坑，溅射斑点中心比边缘有更多的溅射。另一极端，当气压过低时，溅射坑将是凹形，即溅射坑的边缘比中心有快的溅射。

对于优化溅射坑的形状，轮廓仪是一种有效的手段。对块状样品或镀层样品进行溅射，溅射坑形状采用轮廓仪进行测量，同时调整放电条件直到获得一个平坦的溅射坑。在以射频操作模式时，通常选择一个功率，改变气压以优化溅射坑形。在以直流操作模式时，通常选择一个电流或电压，通过调节气压以优化溅射坑形。

通过调节气压可以使镀层和基体之间的界面深度轮廓分析的宽度最小化。如图 8-41 示例，为在四个不同氩气气压条件下，商用 Zn-Ni 镀层钢的深度轮廓分析图，从图可知最佳的气压约在 580Pa。

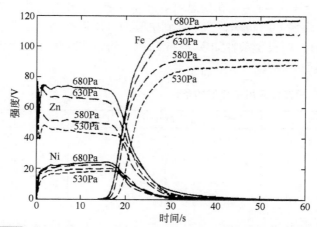

图 8-41　在不同氩气压力条件下 Zn-Ni 镀层钢不同的深度分辨率

2. 深度分辨率

在溅射技术诸如 GD-OES 和 SIMS（二次离子质谱法）中，深度分辨率已经由 ISO 定义，为在深度轮廓分析中 84％与 16％点之间的距离[86]。选择 84％和 16％代表正态分布的宽度，测得的分布被假定为一个深度函数的卷积，类似于高斯分布，如图 8-42 所示。

高斯分布假设溅射是一个具有随机变化平坦溅射坑底部的统计过程。在真实的 GD 深度轮廓中，溅射坑形的变化将使测量轮廓发生扭曲；在不同层的溅射率的变化也将使深度轮廓发生扭曲。例如，在快速溅射基体上的慢速溅射的镀层（如黄铜上的铝或金属上的聚合物）将拉长镀层中元素所测量的轮廓；而在慢速溅射基体上的快速溅射的镀层（如钢上的锌）将缩短镀层中元素所测量的轮廓。

GD-OES 获得的深度分辨率在很大程度上取决于样品的性质。Shimizu 等发现对于在高度抛光铝表面上的氧化膜的深度分辨率为几个纳米，可以媲美 SIMS[87]。在二氧化硅涂覆的硅的深度分辨率大约在总厚度的 2%，低至几百个纳米[88]。然而，通常的深度分辨率没有这么好，相比于 GD 光源局限性，主要是因为样品的特性。例如，较差的深度分辨率可能由在两层之间的界面粗糙度、迁移过程或晶体结构引起。镀层厚度在分析区域的变化也将使深度分辨率恶化。对于工业材料，深度分辨大约为 15％的深度。

通常溅射坑底部的平均粗糙度随溅射深度而增加，对于高度结构化的材料（如黄铜）可多达 50%的深度[1]。然而，整体溅射坑形状似乎随深度变化不大，见图 8-43。凸侧或凹侧以溅射坑中心深度成比例增长。

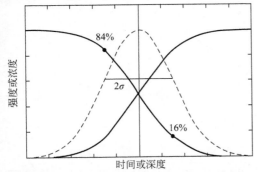

图 8-42　用 84%和 16%的点定义深度分辨率

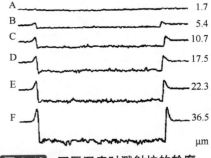

图 8-43　不同深度时溅射坑的轮廓

（五）参数优化的顺序

推荐下面步骤用于建立光源和分析参数：①选择合适的冲洗时间（如果可选）；②选择合适的预燃（预积分）时间；③选择用于校准和成分分析的积分时间；④选择合适的光源模式，如恒定压力和功率，或恒定电流和电压；⑤选择合适的功率，无论是施加功率或电流×电压；⑥调整其他光源的参数以获得最佳的信号（成分分析）或最佳溅射坑形状；⑦调整探测器得到预期的信号。

三、辉光放电发射光谱法的校准[69]

（一）成分分析的校准

1. 校准类型

在 GD-OES 中，当进行成分分析时，通常在一段时间内分析一种基体，所以一般的校准公式可以简化描述为：

$$c_i q_m / q_{ref} = k_i R_i S_i I_i - b_i + \sum_j d_j I_j$$

式中，c_i 是元素的浓度；q_m/q_{ref} 是基体 m 的相对溅射速率；k_i 是仪器常数；R_i 是相对逆发射产率；S_i 是相对逆自吸系数；I_i 是元素 i 的发射强度；b_i 是背景项；I_j 是干扰元素 j 的谱线强度，d_j 是干扰的相对大小。

（1）单一元素的材料 对于由一种元素形成单基体接近于纯的材料，如纯的铁、铜或铝，可以假设样品间的溅射速率是恒定的，切换分析样品后等离子体没有变化，而且发射产率也没有变化。所有待测元素含量都比基体元素低得多，因此没有显著的自吸现象。因此，可以简化为：

$$c_i = k_iI_i - b_i + \sum_j d_jI_j$$

从上式可以认为所有的微量和痕量元素的校准曲线都是线性的。

在此模式下，背景项被称为背景等效浓度（BEC）。在 GD-OES 中，BEC 的典型值范围在 $10 \sim 900\mu g/g$。作为经验法则，检出限大致等于 $BEC/30$，即介于 $0.3 \sim 30\mu g/g$。

为了提高精度，通常测量相对内部参比的强度，以减少样品溅射时的变化。内部参比可以为主量元素的强度，或为氩线强度，或为辉光光源的光总强度。然后，校准方程可变为：

$$c_i = k_iI_i/I_{ref} - b_i + \sum_j d_jI_j\,/I_{ref}$$

如图 8-44 所示，元素浓度 c_i 对相对强度 I_j/I_{ref}（C 156nm 与 Fe 372nm 谱线强度比）作图。基于外部的干扰，不同参比线用于不同的分析线。

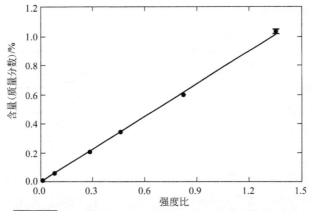

图 8-44 低合金钢中 C156nm 谱线的分析校准曲线

（2）合金 对于合金和含一个以上主量元素的材料，如黄铜、不锈钢和 Al-Si 合金，可以限制含量范围和光源操作条件，以使相对发射产率恒定。也可以引入校正对应发射产率的变化，以使校正的强度有恒定的发射产率。选择一个主量元素的强发射谱线作为参比，它不受自吸的影响，标记为 R，它的强度将表示为：

$$c_Rq_m/q_{ref} = k_RI_R$$

其中，对于此强发射谱线背景信号和谱线干扰可以忽略不计，可以得到一个校正公式：

$$c_i/c_R = k_iI_i/I_R - b_i/I_R + \sum_j d_jI_j\,/I_R$$

如图 8-45 所示，以相对含量 c_i/c_R 对相对强度 I_i/I_R（Al 396nm 与 Cu 225nm 谱线强度比）作图，将此方法称为"相对法"，可适用于许多材料。

通常选择背景和光谱干扰可以对参比线忽略不计。实际操作中，主量元素的含量负相关性经常出现。由于元素含量的总和接近 100%，所以当一种元素的含量（如黄铜中的 Cu）增加时，

另一种元素的含量（如黄铜中的锌）将减小。因此在参比线中有显著的自吸收时，对于相关元素将趋向于校准曲线弯曲。

对于参比元素含量不同的样品，在参比线中具有不同的自吸收量，因此在校准曲线中将分离成不同的类别。如图 8-46 所示，其中的强度比为 Al 396nm 与非线性的 Cu 325nm 谱线的比值。在所有非线性的参比线情况下，分析结果都将受到不利的影响。在可能的情况下，选择一个线性的谱线作为参比线。

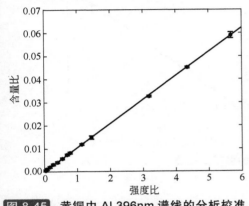

图 8-45 黄铜中 Al 396nm 谱线的分析校准曲线(线性参比)

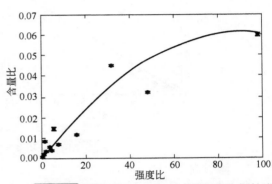

图 8-46 黄铜中 Al 396nm 谱线的分析校准曲线(非线性参比)

（3）未知样和复杂基体 该方法用于分析未知样品和复杂的基体，如 Ni-Co-Cr-Fe 合金。校准用于宽范围基体和深度轮廓分析，都是以相同的方式进行，即以 $c_j q_m / q_{ref}$ 对 I_i 进行校正。

这种分析模式的优点是可用于多种不同材料的分析，缺点是在相对溅射率上的不确定度将导致校准常数存在着大的不确定性，这可以通过大量使用校准样品来提高。可以利用这种分析模式以提供溅射率方面可靠的实验数据，不断地提高对多基体校准的理解。对于一个完全未知含量的样品，该方法可以作为给出一个近似成分的预测定步骤，从而进行更具体的校准分析。

2. 类型标准化

微校准对于分析少量样品是一种通常的手段，它也被称为"类型标准化"。尽管这种方法没有被标准化组织正式批准，但如果小心处理它往往可以提供好的结果。严格地说，它根本不是一种真正的校准，而是对现有校准进行调整。选择一种与被分析样品非常相似的参比样品作为类型标准化样，进行类型标准化。类型标准化样品中的元素含量准确已知，与被分析的样品相似。

运行类型标准化样品后，在软件中通过加法或乘法因子自动调节校准系数。然后，使用调整后的校准系统对待测样品进行分析。

对测定准确度要求特别高时，可以采用类型标准化方法进行。实践经验表明，当一个未知样品与类型标准化样品非常类似时可以显著地提高数据的精度。

3. 校准顺序

推荐以下步骤用于成分分析的校准：

（1）创建方法 选择元素→选择合适的谱线→选择校准、校准和溅射参考样品→检查校准样品的组成范围满足分析的需求→选择光源条件。

（2）校准 准备样品→进行校准→优化回归→检查漂移校正（重校准）标准→验证校准。

（二）深度分析的校准

GD-OES 的深度分析（CDP）的校准在本质上与成分分析是一样的，成分分析的校准规

则同样适用于深度分析。但对于深度分析有两个不同的地方：①通常是多基体，包含了一系列不同的材料；②必须包含溅射率信息。引入溅射率后元素信号强度与含量有良好的线性关系，从图 8-47 可以看出，溅射率对 Si 288nm 谱线的多基体校准的作用。

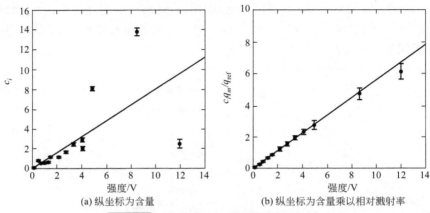

(a) 纵坐标为含量　　　　　　(b) 纵坐标为含量乘以相对溅射率

图 8-47 Si 288nm 谱线的多基体校准

1. 溅射率

溅射率为物质通过粒子轰击从样品中移除的速率。在 GD-OES 中，通常用单位时间内溅射的质量速率或单位时间内单位面积内溅射的质量速率。溅射速率的大小取决于样品的性质和辉光放电的等离子体条件。通常用于测定样品的质量溅射率有两种方法：①在一定溅射时间内样品质量损失；②在一定溅射时间内溅射坑的体积。

样品的相对溅射率表示为相对于一个共同的物质（例如纯铁）在相同的条件下进行测定得到的溅射率比。在使用过程中，通常使用样品的相对溅射率替代样品的绝对溅射率，优点是相对溅射率的值可以在不同的仪器间进行比较，即使阳极直径或功率、电流、电压的条件不同。

（1）测量质量损失　溅射后样品的质量损失可以通过直接测量溅射前后样品质量得到。通常常见校准样品的质量从数十克至几百克，而使用 4mm 阳极的质量损失通常小于 1mg/min，所以要求测量天平要有良好的精度。

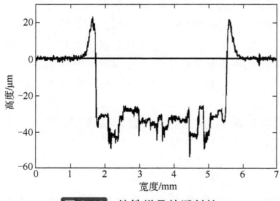

图 8-48 纯铁样品的溅射坑

假设在溅射坑边缘重新沉积的物质量不显著，如图 8-48 所示，从溅射坑的形状估计，猜测大约有 7%从溅射坑溅射的总质量。因此重新沉积在溅射坑边缘是系统误差的可能来源，但相对溅射率（RSR）则不明显。

（2）溅射坑体积测定　溅射坑的体积可以用轮廓仪直接测定溅射坑的宽度和深度而得到，过程中也应检查溅射坑底部的平坦度。为了减少测量的不确定性，可以重复测量几个不同的溅射坑、

不同的溅射时间或等离子体条件，并通过回归计算平均侵蚀速率。对于大多数样品和通常的轮廓曲线，溅射坑的深度为 10～30μm 较为合适。较小的深度通常难以准确的测量，而较大的深度可在等离子体中产生系统性变化，从而溅射速率也随深度发生变化。

（3）测量溅射坑深度　有几种类型的仪器可以用于测量溅射坑深度。这些轮廓仪也称表面

粗糙度仪和干涉仪。最常见的轮廓仪使用一个接触金刚石触针、光学焦点或激光。一些轮廓仪能够记录整个溅射坑，但多数只能记录整个溅射坑的单一痕迹，完整的溅射坑如图 8-49 所示。为了确定溅射坑的平均深度，首先需要使样品水平（在轮廓仪的软件中），然后识别溅射坑的内部区域（暗）和外部区域（亮）。在图 8-49 中对于两个区域在高度上差别是 16.8μm。

溅射坑深度也可以从整个溅射坑的 2D 扫描估计出来。在图 8-50 中的溅射坑，2D 扫描给出的一个平均深度是 16.9μm，与 3D 扫描吻合。由于溅射坑底部的粗糙度，每个坑的至少两次扫描是 2D 扫描的一种好方法，每次转动样品，以扫描坑的不同部分。当溅射坑底部几乎平坦时，3D 和 2D 扫描可以给出相似的结果。如果溅射坑底部不平坦时，通常则是不同的。见图 8-50，所示的"线扫描"代表了整个溅射坑的单次扫描；溅射坑的不同区域段在图的底部显示了半圆。显然，行扫描的相等直线段代表非常不同的溅射坑区域。一次单扫描多强调溅射坑的中心。

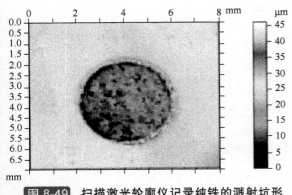

图 8-49 扫描激光轮廓仪记录纯铁的溅射坑形

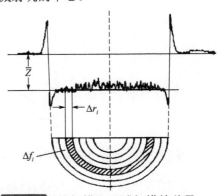

图 8-50 线扫描和区域扫描的差异
（$\bar{z}$ 为平均深度，Δr_i 为在该行扫描中的线性段，Δf_i 为对应的扫描区域）[1]

如何在 2D 扫描中估计平均深度的位置，见图 8-51：图（a）为凸形溅射坑，加权平均（实线）比非加权 2D 平均略高，图（b）为近平面，图（c）为凹形溅射坑，加权的和非加权的估计几乎完全相同。在图（a）中实线是在 22.6μm，虚线是在 23.8μm，有 5%的差异。因此，对于凸形溅射坑非加权 2D 扫描往往会略微高估溅射率。

（4）估计"溅射因子" 可以使用 CDP 校准本身来计算校准样品的相对溅射率（RSR），然后重新将该样品采用新的 RSR 进行校准。实际上，改变样品的 RSR 以确保样品对应于一个或多个主要元素匹配校准曲线。

以一个不锈钢样品作为例子，假设主要元素 Fe、Cr 和 Ni 已经使用其他样品校准，给定新样品的相对溅射率为 1，测量新样品中的 Fe、Cr 和 Ni 强度，并从校准曲线可以得到这些元素的含量为 120%，而从标准样品证书可以知道这些元素的含量为 95%。因此，对于这个样

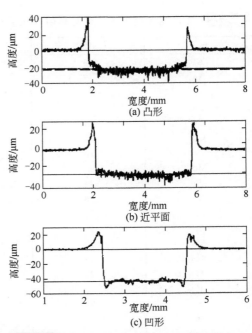

图 8-51 不同溅射坑形状的深度测量说明

品 *RSR* 应该是 120/95=1.26，可用于次量元素（如 Co、Mo 或 Mn）的校准。以这种方式计算出的相对溅射率称为"溅射因子"[89]。

对于没有包括在回归中的参数，溅射因子也可能显示出系统偏差。图 8-52 显示了测定 6 块 Zn-Al 合金有证参考物质的溅射因子（相对于铁），与测量得到的相对溅射率（相对于铁）相比较。同一元素的不同谱线对于气压的变化有不同的响应，显示出不同的溅射因子，当然元素的 *RSR* 是相同的。

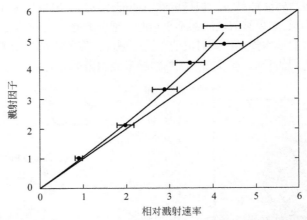

图 8-52 直流溅射因子与通过 6 块认证的 Zn-Al 合金样品测量的直流溅射速率比较[90]

（5）测量相对溅射率　不同材料的溅射率对于不同基体可以相差很大。特别是对于深度轮廓分析，不同材料典型的溅射率可能影响分析的最优条件和对结果的解释。表 8-27 显示了一系列接近纯元素测量的相对溅射率（*RSR*），它们的值从 Si 的 0.21 到 Pb 的 17，这里给出的值是以纯铁作为参考物质。

表 8-27 接近纯元素固体的相对溅射率（相对于铁）

元素	*Z*	*RSR* 平均	范围	*n*
Al	13	0.37	0.34~0.39	2
Ag	47	9.3		1
Au	79	8.1	5.0~11	2
Co	27	1.8	1.2~2.4	2
Cr	24	1.0	0.77~1.1	3
Cu	29	3.5	3.4~3.6	5
Fe	26	1.0		ref
Mo	42	1.3	1.2~1.4	2
Nb	41	0.71		1
Ni	28	1.5	1.49~1.52	2
Pb	82	17		1
Si	14	0.21	0.17~0.25	2
Sn	50	6.5		1
Ta	73	3.4		1
Ti	22	0.43	0.427~0.430	2
V	23	0.50		1
W	74	2.9	2.5~3.3	2
Zn	30	8.2	7.8~8.6	2
Zr	40	0.77	0.50~1.0	2

注：其中的范围是显示了 *n* 次单独测定的范围。

表 8-28 显示了一系列常见材料的测量相对溅射率。一些材料如 Cu-Al 合金和铸铁显示相对小的差异，而其他特别是 Cu-Zn 和 Zn-Al 合金取决于含量显示出较大的差异。

表 8-28 大量有证参考物质的相对溅射率（*RSR*）

主量元素	材料类型	典型 CRM	典型组成(质量)/%	*RSR* 的典型范围	*n*
Al	Al/Mg	Pechiney 6039	Al95Mg4Fe0.6	0.55~0.58	3
Al	Al/Si	MBHG28J5	Al71Si26Mn0.9	0.39~0.56	17
Al	Al/Zn	Pechiney 9165	Al90Zn6Mg2Cu2	0.66~1.3	2
Al	陶瓷	SIMR CC650A	Al37O32Ti22C5	0.19	1
Co	合金	MBHX404C	Co53Cr24Ni11W7	2.4	3
Cu	黄铜	CTIF LH11	Cu67Zn26Ni3Pb1	2.2~4.6	32
Cu	青铜	CTIF UE51/26	Cu82Sn7Zn4Pb4	4.9~5.1	2
Cu	Cu/Al	CTIF2151/R	Cu85Al9Fe4	2.1~2.3	4
Cu	Cu/Ni	MBH C62.13	Cu84Ni14Mn1	2.3	1
Cu	Cu/Si/Zn/Fe	MBH WSB-4	Cu87Zn5Si4Mn2	2.7	1
Cu	低合金	MBH17868	Cu99P0.1Cr0.1	3.5	5
Fe	铸铁	CTIF FO2-2	Fe93Si3C2Mn1	0.71~0.97	41
Fe	镁电气石	SIMR JK41-IN	Fe48Ti25Co7N7	0.92	1
Fe	高合金钢	MBH BS 186	Fe63Ni36Mn0.7	0.92~1.8	4
Fe	低合金钢	NBS1763	Fe95Mn2Si0.5	0.90~1.1	60
Fe	不锈钢	BAS 464	Fe52Cr26Ni21	1.0~1.4	23
Fe	工具钢	BAS 486	Fe81W6Mo5Cr5	1.0~1.7	9
Mg	Mg/Al/Zn	MBH MGB1B	Mg95Al3Zn2	1.1	1
Ni	高合金	MBH 4005B	Ni70Cu21Si2Al2	1.3~1.9	11
Ni	低合金	BRAMMER BS200-1	Ni99.6Mn0.1	1.5~1.6	6
Ni	Ni/Cr/Co/Mo	MBH 14939 D	Ni48Cr21Co20Mo6	1.3~1.5	9
Sn	低合金	MBH SR3/A	Sn99Pb0.3Sb0.2	6.5~6.6	3
Sn	焊料	MBH S63PR2	(Sn50Pb50)	5.5	1
Ti	钛基材料	NBS BST-15	Ti88Al6Mo3Cr1	0.46~0.62	6
Zn	低合金	MBH41Z3G	Zn99.95	4.5~7.8	9
Zn	Zn/Al	MBH 42ZN5E	Zn96Al4Cu0.1	1.2~5.9	23

注：*n* 是种类中测量的 CRM 数量。

测量数据如来自不同实验室，使用不同的方法和不同的设备（微量天平、2D 和 3D 轮廓仪等），测量的 *RSR* 值可能有显著差异。

2. 基体效应

基体效应是由于化学或物理环境的变化所引起的每个分析物原子在强度或光谱信息的改变[91]。在 GD-OES 中通常将基体效应分为两组：①相加效应，通常作为光谱干扰处理；②非相加效应，基于发射产率的变化。基体效应对于发射产率变化不仅取决于元素和等离子体。

不同的等离子体阻抗影响发射产率。实际表明等离子体阻抗的变化导致电压和电流的变化，从而影响元素谱线的发射产率，这种效应显示或大或小的程度取决于材料的组成[92]。

许多不同的反应同时出现在等离子体中，这些反应的概率依赖于反应物种的组成和反应的截面。如果两个物种之间的反应截面特别高，这些物种在等离子体中的含量可能会极大地减少反应。

3. 校准顺序

推荐以下步骤用于深度剖析的校准顺序：

（1）创建方法　选择元素→选择校准、校准和溅射参考样品→检查校准样品的组成范围满足分析的需求→选择光源条件，确保良好的溅射坑形状。

（2）校准　测量或计算样品密度→测量溅射参考样品的溅射率→测量或计算校准和重新校准样品的相对溅射率→进行校准→优化回归→检查漂移校正（重新校准）标准→验证校准。

四、辉光放电发射光谱的分析应用

辉光放电光谱与其他发射光谱分析技术一样可用于元素的成分分析。同时，辉光放电光谱对涂镀层样品和薄层样品的独特深度分析性能是其区别于其他分析技术的重要特征。GD-OES 的应用主要集中在成分分析和深度分析上。

（一）成分分析

1. 固体样品

对于块状导电试样，仅需简单的机械加工成型，然后直接用 DC-GD-OES[93~104] 或 RF-GD-OES[105,106]分析；对于非导电块状试样，则采用 RF-GD-OES 分析；对粉末导电试样，只需压成合适形状便可用 DC 或 RF-GD-OES 分析；对粉末非导电试样，则通过与导电基体混合并压成块后用 DC-GD-OES 分析[71,107~110]，也可将试样直接压成合适形状后用 RF-GD-OES 分析。

（1）导体样品　金属及合金等导体样品是 GD-OES 常用和成熟的分析对象，操作方式与常规直读光谱分析相似，可以采用光谱标样进行校正，容易找到与分析样品匹配的校准样品。存在的主要问题是许多金属材料分析没有国际上统一认可的 GD-OES 标准方法，各实验室之间的实验数据由于实验条件、所用仪器型号不同没有可比性。但 GD-OES 与其他类似技术相比具有检测限低、灵敏度高、线性范围宽、快速、费用较低等特点，使之成为金属及合金样品分析的有力工具。用 Grimm 辉光放电原子发射光谱法分析金属和合金试样的检出限一般为 μg/g 级。GD-OES 分析钢和铜样品的检出限见表 8-29[8,95,111]。

表 8-29　GD-OES 分析钢和铜中元素的检出限

元素及波长/nm		检出限/(μg/g)		
		钢		铜
		GD-OES	微波增强 GD-OES	
Ag(I)	338.3			1.8
Al(I)	396.2	0.4	0.1	
As(I)	190.0			<10
B(I)	209.1	0.8	0.3	
	208.9	0.9	0.4	
Cr(I)	425.4	0.2	0.05	
Cu(I)	327.4	1.5	0.3	
	324.8	2	0.9	
Mg(I)	285.2	2	1.5	
Mg(II)	279.6	1.3	0.9	
Mn(I)	403.1	1	0.2	
Mo(I)	386.4	1.5	0.8	
Nb(I)	405.9	4	0.6	

元素及波长/nm		检出限/(μg/g)		
		钢		铜
		GD-OES	微波增强 GD-OES	
Ni(Ⅰ)	232.0	0.5	0.1	
Si(Ⅰ)	288.2	3	0.4	
Ti(Ⅰ)	364.3	3	0.6	
V(Ⅰ)	318.4	3	1	
Zr(Ⅰ)	360.1	8	1.5	

　　GD-OES 在合金分析上应用最为简便[112,113]。一般低合金钢可以建立一个快速定量分析方法，适合不同牌号低合金钢、生铁以及工具钢等的准确分析。

　　GD-OES 在生铸铁分析中独具优势，由于铸铁显微组织结构不同，利用火花直读光谱仪或 X 荧光光谱仪进行快速分析时，需对铸铁样品进行白口化，即使如此仍会造成某些元素的分析误差。GD-OES 基体效应小，不仅可以有效分析白口铸铁，而且能够分析存在有不同形态石墨碳的灰口铸铁、可锻铸铁和球墨铸铁。采用白口铸铁标样校准后，选择优化条件，可直接对灰口样品进行测定[114]，如表 8-30 所示。

表 8-30 GD-OES 测定灰口铸铁样品中 15 种元素的分析结果

分析物	样品	认证质量分数/%	GD-OES 测定质量分数/%	相对误差/%	分析物	样品	认证质量分数/%	GD-OES 测定质量分数/%	相对误差/%
C	20E	3.24±0.03	3.27±0.07	0.93	Si	20E	2.29±0.03	2.27±0.08	0.87
	20G	3.33±0.01	3.40±0.08	2.10		20G	3.02±0.03	2.89±0.10	4.30
	20K	3.21±0.03	3.21±0.07	0		20K	2.47±0.02	2.40±0.09	2.83
	20P	3.22±0.05	3.21±0.07	0.31		20P	2.62±0.03	2.60±0.09	0.76
	20R	3.25±0.04	3.29±0.07	1.23		20R	2.72±0.05	2.63±0.09	3.31
	20W	3.27±0.02	3.26±0.07	0.31		20W	2.64±0.02	2.55±0.09	3.41
	24G	2.42±0.02	2.30±0.05	4.96		24G	2.93±0.02	2.96±0.11	1.02
				平均相对误差：1.40					平均相对误差：2.36
P	20E	0.042±0.003	0.040±0.004	4.8	Mn	20E	0.80±0.01	0.81±0.05	1.3
	20G	0.028±0.004	0.030±0.003	7.1		20G	0.58±0.01	0.58±0.04	0
	20K	0.060±0.008	0.052±0.006	13		20K	0.68±0.01	0.70±0.05	2.9
	20P	0.032±0.003	0.035±0.004	9.4		20P	0.63±0.01	0.63±0.04	0
	20R	0.047±0.005	0.044±0.005	6.4		20R	0.62±0.01	0.61±0.04	1.6
	20W	0.045±0.005	0.042±0.005	6.7		20W	0.62±0.01	0.63±0.04	1.6
	24G	0.022±0.002	0.024±0.003	9.1		24G	0.13±0.01	0.13±0.01	0
				平均相对误差：8.1					平均相对误差：1.1
S	20E	0.044±0.002	0.044±0.005	0	Cu	20E	0.23±0.01	0.23±0.01	0
	20G	0.029±0.002	0.029±0.004	0		20G	0.54±0.01	0.51±0.01	5.6
	20K	0.025±0.001	0.025±0.003	0		20K	0.56±0.02	0.57±0.01	1.8
	20P	0.044±0.001	0.042±0.005	4.5		20P	0.067±0.003	0.068±0.001	1.5
	20R	0.034±0.001	0.035±0.004	2.9		20R	0.35±0.01	0.36±0.01	2.9
	20W	0.036±0.001	0.035±0.004	2.8		20W	0.29±0.01	0.31±0.01	6.9
	24G	0.019±0.002	0.017±0.003	11		24G	0.55±0.01	0.54±0.01	1.8
				平均相对误差：3.0					平均相对误差：2.9

续表

分析物	样品	认证质量分数/%	GD-OES 测定质量分数/%	相对误差/%	分析物	样品	认证质量分数/%	GD-OES 测定质量分数/%	相对误差/%
Ni	20E	0.156±0.012	0.147±0.004	5.77	Sn	20R	0.104±0.005	0.100±0.007	3.85
	20G	0.38±0.02	0.37±0.01	2.6		20W	0.086±0.005	0.080±0.006	7.0
	20K	0.28±0.02	0.27±0.01	3.6		24G	0.158±0.004	0.159±0.011	0.63
	20P	0.14±0.01	0.14±0.01	0					平均相对误差：5.1
	20R	0.096±0.010	0.098±0.005	2.1	V	20E	0.007±0.002	0.008±0.003	14
	20W	0.082±0.009	0.084±0.003	2.4		20G	0.018±0.002	0.019±0.004	5.6
	24G	0.21±0.01	0.20±0.01	4.8		20K	0.013±0.001	0.014±0.003	7.7
				平均相对误差：3.0		20P	0.017±0.002	0.018±0.004	5.9
Mo	20E	0.042±0.002	0.037±0.004	12		20R	0.007±0.001	0.007±0.003	0
	20G	0.19±0.01	0.16±0.02	16		20W	0.007±0.001	0.007±0.003	0
	20K	0.21±0.01	0.21±0.02	0		24G	0.163±0.007	0.165±0.023	1.23
	20P	0.033±0.003	0.031±0.004	6.1					平均相对误差：4.9
	20R	0.053±0.002	0.054±0.006	1.9	Al	20E	0.006±0.001	0.007±0.001	17
	20W	0.054±0.002	0.053±0.006	1.9		20G	0.008±0.001	0.008±0.001	0
	24G	0.23±0.01	0.23±0.02	0		20K	0.004±0.001	0.005±0.001	25
				平均相对误差：5.4		20P	0.008±0.002	0.007±0.001	13
Cr	20E	0.088±0.001	0.088±0.005	0		20R	0.005±0.001	0.006±0.001	20
	20G	0.086±0.003	0.086±0.005	0		20W	0.004±0.001	0.005±0.001	25
	20K	0.117±0.005	0.120±0.007	2.56		24G	0.011±0.001	0.011±0.002	0
	20P	0.079±0.002	0.079±0.005	0					平均相对误差：14
	20R	0.094±0.004	0.097±0.006	3.2	Co	20E	0.006±0.002	0.007±0.002	17
	20W	0.092±0.002	0.092±0.005	0		20G	0.022±0.002	0.024±0.003	9.1
	24G	0.21±0.01	0.21±0.01	0		20K	0.013±0.001	0.015±0.002	15
				平均相对误差：0.8		20P	0.018±0.002	0.020±0.002	11
Ti	20E	0.017±0.002	0.017±0.002	0		20R	0.006±0.001	0.006±0.002	0
	20G	0.012±0.001	0.012±0.002	0		20W	0.005±0.002	0.008±0.002	60
	20K	0.019±0.001	0.019±0.003	0		24G	0.023±0.002	0.024±0.003	4.3
	20P	0.018±0.001	0.018±0.003	0					平均相对误差：17
	20R	0.015±0.001	0.015±0.002	0	As	20E	0.003±0.004	0.006±0.003	100
	20W	0.015±0.001	0.015±0.002	0		20G	0.004±0.001	0.006±0.003	50
	24G	0.14±0.01	0.14±0.02	0		20K	0.004±0.001	0.004±0.003	0
				平均相对误差：0		20P	0.004±0.007	0.004±0.003	0
Sn	20E	0.093±0.005	0.096±0.007	3.2		20R	0.004±0.001	0.006±0.003	50
	20G	0.12±0.01	0.11±0.01	8.3		20W	0.004±0.001	0.005±0.003	25
	20K	0.058±0.002	0.054±0.005	6.9					平均相对误差：38
	20P	0.099±0.003	0.093±0.007	6.1					

注：所有的不确定度是 95% 置信区间。

对中高合金材料的分析，GD-OES 对高含量组分的分析精度高和基体效应小，如可将不同类型不锈钢（如铬不锈钢、铬镍不锈钢等）在一起测定。表 8-31 为分析不同牌号不锈钢的分析结果。

表 8-31　不同不锈钢的辉光放电光谱分析结果

样品	测定元素/%										
	C	Si	Mn	P	S	Cr	Ni	Mo	Cu	V	Al
NIST C1153A	0.221	0.97	0.534	0.031	0.018	16.78	8.90	0.24	0.232	0.184	0.0027
RSD/%	1.3	1.1	0.65	1.3	1.9	0.22	0.17	0.50	0.97	0.66	4.8
标准值	0.225	1.00	0.544	0.030	0.019	16.70	8.76	0.24	0.226	0.176	
7-6-1-1	0.025	0.55	0.418	0.010	0.019	17.07	9.79	0.051			
标准值	0.026	0.55	0.422	0.007	0.021	17.05	9.68	0.052			
IRMM25A	0.021	0.34	0.49	0.020	0.004	19.76	33.54	2.22	3.31	0.11	
标准值	0.024	0.32	0.48	0.020	0.003	19.63	33.57	2.10	3.23	0.10	
IRMM 10A	0.12	0.54	0.80	0.023	0.35	12.28	0.42	0.13	0.14	0.040	0.0018
标准值	0.12	0.53	0.80	0.024	0.37	12.18	0.40	0.12	0.13	0.040	0.0020

在薄钢板分析中，由于 GD-OES 的激发能量相对较低，可以对薄钢板（0.1～0.3mm）进行快速分析。通过适当降低光源的激发条件直接测定，可在 90s 内激发约 20μm 深度的试样；检出限可达 5～50μg/g。可以将不同牌号的钢铁标准物质（如低合金钢、中高合金钢、生铁、工具钢）在相同的分析条件下建立一个快速的定量分析方法，不需采用类型标准化其分析结果的准确度也能满足快速分析的要求。

GD-OES 对金属固体样品成分分析的相对标准偏差（*RSD*）一般在 2%～3%[115,116]，其分析结果的重现性好于火花光谱；同时分析的检测限也低于火花光谱[117]，如表 8-32 所示。

表 8-32　火花光谱和辉光放电光谱分析钢铁的检测限

元　素	火花光谱/(μg/g)	辉光放电光谱/(μg/g)	元　素	火花光谱/(μg/g)	辉光放电光谱/(μg/g)
Al	0.5	0.1	Nb	2	0.6
B	1	0.3	Ni	3	0.1
Cr	3	0.05	Si	3	0.4
Cu	0.5	0.3	Ti	1	0.6
Mg	2	0.9	V	1	1
Mn	3	0.2	Zr	2	1.5
Mo	1	0.8			

（2）半导体样品　对于半导体样品，与导体样品一样可以采用 GD-OES 直接进行分析，这有利于减少制样过程中的污染，同时还可以通过样品的预溅射过程对样品表面起到自清洁作用，有利于改善半导体样品分析的检测限，并已成功应用到半导体工业中[118]。射频辉光放电光谱分析半导体样品时，对于 4mm 的阳极筒，功率一般设为 40W，气压为 500Pa左右。

（3）非导体样品　对于非导体样品，可采用 RF-GD-OES 直接进行分析。如对非导电的高分子聚合物——负载无机染料（金红石和氧化铁）高聚物的负载量进行测定，钛和铁分析的*RSD* 为 3%~6%，工作曲线的 r^2 大于 0.98[119]；又如对骨头中钙、钠、镁、磷和氮的分析，直接测定生物有机固体的元素及成分分布[120]。

也可以将非导体预先与导体金属粉末（如 Cu、Ag 等）混合压块，采用 DC-GD-OES 进

行分析[109,110]。导电载体采用高纯金属粉末，一般为铜粉，按比例混合（5%～10%样品粉末，95%～90%金属粉末），压成片状。这种压片样品具有相对较低的基体效应和较高的测量精度。可以对氧化物粉末进行分析，*RSD* 为 3%~5%[121,122]。也可将炼钢的渣样与铜粉混合压片直接测定渣样的成分[123]。

若使用 RF-GD-OES 直接分析非导体的粉末样品，如玻璃和陶瓷，可以直接压片分析。避免引入金属粉末产生稀释和污染[41,124]。但使用射频时，无论是样品的厚度还是非导体样品中所含的非金属元素，如玻璃和陶瓷材料中的氧，都会对等离子体产生较大的影响。

RF-GD-OES 直接分析玻璃样品[125]，以成分上有很大差别的硅酸盐玻璃（例如，SiO_2 含量 10%～70%，CaO 含量 0～25%，Na_2O 含量 0～15%，K_2O 含量 0～19%等）作为校准样品，所选择的分析谱线见表 8-33，分析结果如表 8-34 所示。测定为两块不同样品不同厚度的玻璃样品（3mm 和 1.1mm）的主要成分（SiO_2、Na_2O、CaO、MgO、Al_2O_3 和 K_2O）。

表 8-33 所选择 GD-OES 分析发射谱线

谱线	波长/nm	谱线	波长/nm
B(Ⅰ)[①]	249.67	Ca(Ⅱ)	393.36
Mg(Ⅰ)[①]	285.21	Al(Ⅰ)[①]	396.15
Si(Ⅰ)	288.15	Ar(Ⅰ)	404.44
Cu(Ⅰ)	324.75	Sr(Ⅱ)	407.77
Zn(Ⅰ)	334.50	Nb(Ⅰ)	416.46
Zr(Ⅱ)	339.19	Cr(Ⅰ)	425.43
Ni(Ⅰ)	341.47	Cd(Ⅰ)[②]	228.80
P(Ⅰ)[②]	178.28	Mn(Ⅱ)[②]	257.60
S(Ⅰ)[②]	180.73	Na(Ⅰ)	589.59
Ti(Ⅰ)	365.35	K(Ⅰ)[①]	766.49
Fe(Ⅰ)	371.99		

①采用单色器测定。
②采用二级谱线测定。

表 8-34 RF-GD-OES 测定不同厚度玻璃的分析结果　　　　　　　　　　单位：%

物质	认可组成		RF-GD-OES[①]			
			20W		15W	25W
	HGb	S-620	HGb	S-620	HGb	S-620
SiO_2	70.9±0.2	72.08±0.08	68.1±1.3	73.0±1.0	68.1±1.2	72.1±1.1
Na_2O	13.9±0.1	14.39±0.06	15.5±0.1	11.7±0.9	15.7±0.2	11.4±0.9
CaO	9.38±0.05	7.11±0.05	10.5±0.3	6.2±0.4	10.3±0.2	8.5±0.5
MgO	4.53±0.04	3.69±0.05	4.5±0.3	4.8±0.2	4.6±0.2	5.1±0.2
Al_2O_3	0.58±0.02	1.80±0.03	1.04±0.05	3.2±0.2	1.05±0.06	2.3±0.3
K_2O	0.28±0.01	0.41±0.03	0.23±0.02	0.45±0.05	0.25±0.03	0.27±0.06

①样品 HGb 厚 1.1mm，样品 S-620 厚 3mm。

2. 液体样品

GD-OES 的分析对象主要为固体材料，但在实际中的液体样品同样可以用 GD-OES 来分析，这也是多年来辉光光谱应用感兴趣的分支领域。GD-OES 用于液体样品分析有下列优点：光源较常压等离子体光源简单；可用于微体积样品的分析；可提供分子类型的信息。

辉光等离子体温度不高，样品较难蒸发为固态气体颗粒，所以 GD 液体样品的进样方式主要有：①干燥的液体残留进样[117,126~128]，如图 8-53 所示；②液态气溶剂连续进样[129,130]；③采用常规的雾化系统将溶液试样引入到 GD 中[131]；④电解质阴极辉光放电方法[132]。

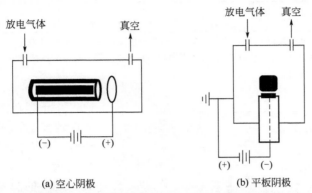

(a) 空心阴极　　　　　　　(b) 平板阴极

图 8-53 两种溶液残留分析的辉光系统基本结构

3. 气体样品

GD-OES 还可以进行气态样品分析。GD 本身适合于气体混合物的定量分析，有关报道相对较少。有利用氢化物发生方法测定生物试样中的 As、Se[133]。也有提出一种新的气体进样装置，用于有机物中非金属元素测定[48,134]。以 He 作为等离子体气，采用射频辉光放电光谱法（RF-GD-OES）对有机蒸气的气体样品的分析能力进行了评价[135]，见图 8-54。表 8-35 为采用 RF-GD-OES 在 80W 功率与最佳压力条件下对 Cl、C、Br 和 S 的分析性能，并与其他方法进行比较。

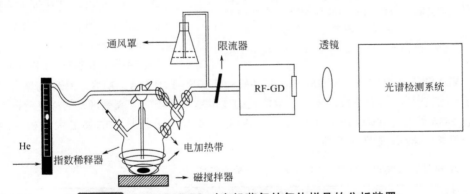

图 8-54 RF-GD-OES 对有机蒸气的气体样品的分析装置

表 8-35 RF-GD-OES 对挥发有机化合物中非金属元素的分析性能

元　素	波长/nm	本研究			MIP DL/(pg/s)	ICP DL/(pg/s)	DC-GD DL/(pg/s)	CMP DL/(pg/s)
		DL/(pg/s)	RSD/%	线性范围最高值/(ng/s)				
Cl	479.45	0.7	3.9(2.2)	1000	8.1		5000	7000
	837.59					800		
C	193.09				13		400	100
	247.86	0.3	2.0(0.7)	360				
	833.51					2200		
Br	470.49	11	4.6(3.0)	900	9.5			10000
	827.24					1000		

续表

元素	波长/nm	本研究			MIP DL/(pg/s)	ICP DL/(pg/s)	DC-GD DL/(pg/s)	CMP DL/(pg/s)
		DL/(pg/s)	RSD/%	线性范围最高值/(ng/s)				
S	190.03						1000	
	545.38	6	3.2(4.4)	900	58			

注：1.为了进行比较，其他发射光谱采用在氦等离子体的检出限（DL），DL 的计算是 3 倍背景测量的标准偏差值。
2.RSD 为相对标准偏差，以 ng/s 的分析物浓度的相对标准偏差评价被引用在括号中。

（二）深度分析

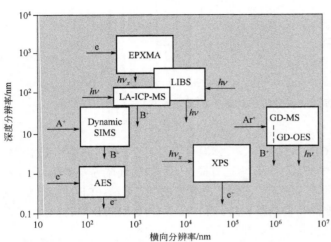

图 8-55　直接固体分析的光谱和质谱技术在横向和
深度分辨率上的比较

（A⁺、B⁺分别为入射和发射离子；e⁻为电子；hν为光子）

由于辉光放电过程中，样品原子不断地被逐层剥离，随着溅射过程的进行，光谱信息所反映的化学组成也由表及里，用于深度分析[136~141]。GD-OES 的深度分辨率可达到小于 1nm，分析深度由 nm 级至 300μm 以上，分析速度可以是 1～100μm/min。随着辉光放电光谱仪的发展，它具有其他分析仪器（如 XPS、AES、SIMS、XRF）所不具备的优越性能[142]，在涂镀层的深度轮廓分析方面的应用，如等离子气相沉积、涂层、电镀板、氮化物层等，可以在几分钟内分析得到 10μm 以内的所有元素沿层深方向连续分布的情况，成为一种表面和逐层分析的手段。图 8-55 对多种深度分析技术，如 GD-OES、GD-MS、SIMS、LA-ICP-MS、LIBS、EPXMA、XPS、AES 的横向和深度分辨率进行了比较[143]，其中越接近图左下角位置的技术越具有较高（或更好）的深度分辨率。

而表 8-36 给出了 GD-OES、GD-MS、SIMS 和 XPS 等分析技术的如最大分析深度、横向和深度分辨率、检出限等分析性能。

表 8-36　几种溅射深度轮廓分析技术的物理和分析性能比较

项目	GD-OES/MS	SIMS(动态)	XPS(氩蚀刻)
粒子轰击	Ar⁺	Ar⁺, Cs	Ar⁺
工作气压/mbar	4~10	10^{-10}~10^{-8}	10^{-8}
电流密度/(mA/cm²)	50~500	<10	1~5
入射角/(°)	90	0~90	15~90
离子能量/keV	<0.3	1~30(Ar⁺)	1~5
溅射速率/(μm/min)	1~10	<2	5×10^{-4}~5×10^{-2}
最大分析面积/mm²	3~40	3×10^{-4}~1	1~4
最大分析深度/μm	100	1	<0.05
横向分辨率/nm	10^6	10^3	10^2
深度分辨率/nm	<0.5	0.5~1.5	0.5~2.5
检出限/(μg/g)	10^{-3}~1	10^{-3}~1	10^3

近些年来，辉光放电深度轮廓分析的应用文献迅速增加[43,130,144~153]，其中不同类型的金

属涂镀层分析占绝大多数，也成功地应用于氧化物、氮化物和一些其他的非金属涂层分析中。

1. 金属材料

GD-OES 技术用于材料表面质量的分析、镀层产品的研发、产品生产工艺参数的优化以及钢板的表面质量检验上。图 8-56 为表面有黄斑的镀锡板与正常产品的辉光放电光谱深度分析结果比较。光源阳极筒直径为 4mm，测定镀锡板的放电电压为 700V 和放电电流为 20mA。

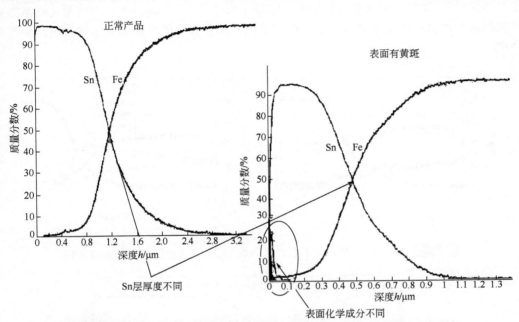

图 8-56　表面有黄斑的镀锡板与正常产品的 GD-OES 深度分析结果比较

钢板上镀锌有防腐和改善材料表面外观及着漆性能，为汽车制造行业大量使用。镀锌板的镀层中的元素分布和镀层的厚度直接影响着产品的品质，采用 GD-OES 可以很方便得到这些信息[154,155]。对一定的热浸镀条件下，在镀层中总是生成锌、铁成分一定的合金化层；对热浸镀锌的灰斑成因的解析，如图 8-57 所示。为了防止高功率可能会导致镀层熔化和不稳定，实验中选择相对"温和"的激发条件。

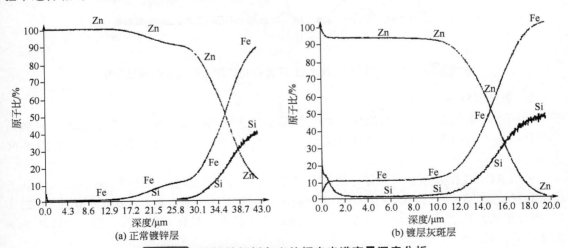

图 8-57　热镀锌钢板灰斑处辉光光谱定量深度分析

采用辉光放电光谱可以对钢材表面镀上钛、钒、铬、锆等的氮、碳化合物（如 TiC、TiN、VC、VN、Cr_3C、CrN、ZrC、ZrN）等的 PVD、CVD 硬镀层进行深度分布分析（图 8-58），如检测镀层的成分和均匀性，研究生产工艺过程中不同参数对成分的影响等，可以提供许多镀层与基体交界面的信息[156]。

图 8-59 为辉光放电光谱分析一个在铝基上镀钛的样品经在 500℃下、2h 等离子渗氮后的深度分布图[157]。从图中可以看出氮的渗入深度非常浅（小于 200nm），因为氮化钛是非常有效的阻挡层，可以有效阻止氮进一步向深层扩散，在钛和铝的交界处有一层清晰的中间合金层产生。

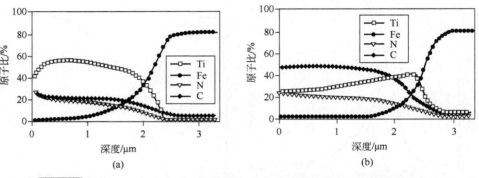

图 8-58 GD-OES 对不同工艺条件下镀 TiCN 膜高速工具钢的深度分析

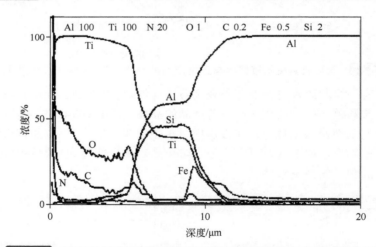

图 8-59 渗氮处理的 Al 基上镀 Ti 的样品的辉光放电光谱深度分析

2. 非金属材料

对于不导电的非金属材料涂层（如彩涂板），可采用 RF-GD-OES 对其测定。对于表面是非导体涂层、下面为导体镀层的复杂的涂镀层样品，同样也能实现很好的测定，如图 8-60 所示。

采用 RF-GD 模式可以对非导电的高分子镀膜进行定量深度分析[119,158]，图 8-61 为负载了无机染料（金红石和氧化铁）的高分子聚合物（金红石：氧化铁：高分子聚酯＝0.25：0.25：1）的分析图，从中可以看出从样品表面至 5μm 几乎没有无机化合物染料，铁、钛峰从 5μm 处才开始出现。

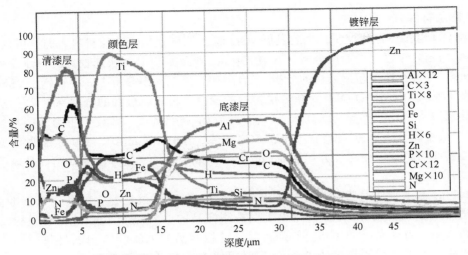

图 8-60　钢板表面涂镀层的 GD-OES 分析结果

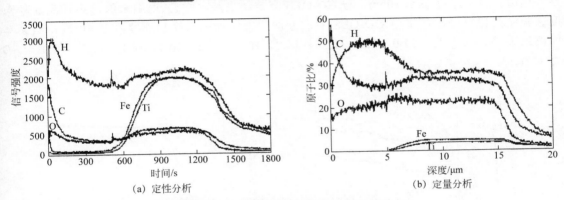

（a）定性分析　　　　　　　（b）定量分析

图 8-61　混合染料的辉光放电光谱深度分析

　　图 8-62 所分析的样品为在镀有 Al-Zn-Si 镀层的钢样上再镀一层负载了金红石无机染料的硅改性高分子聚酯膜，从图中可以看出最外表面高分子聚酯膜涂层的厚度约为 12～13μm，然后是含有较高浓度的锶和铬的底漆层，金属镀层的厚度约为 20μm。

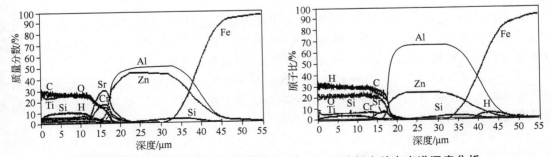

图 8-62　高分子聚酯膜+金属镀层（Al+Zn+Si）的辉光放电光谱深度分析

　　但是，半导体材料、玻璃、陶瓷这些材料的表面分析由于目前缺少相应的标准物质的支持，其表面逐层定量分析受到一定程度的限制。

3. 薄层材料

随着 GD 电源设计和控制技术的发展，GD-OES 逐渐适用于薄层材料表面分析。近年来开展的纳米（nm）级复合表面层分析，直流 Grimm 型光源以其可快速稳定的特点，稳定时间小于 20ms，可进行这类超薄表层的分析。已有用辉光放电光谱分析 304 不锈钢上 2nm 厚的氧化膜（图 8-63），表明 GD-OES 对超薄层样品的深度分析具有极高的分辨率[87,159]；从图中可知，氧化膜包含两层，外层为氧化铁层，内层则以氧化铬为主，氧化膜下为一层富 Ni 层。何晓蕾等[160]采用直流（DC）光源通过低的放电条件（700V、20mA）、200 次/s 的数据采集频率和精心的样品处理，使深度分辨达 0.1nm 左右，成功对纳米级厚度的薄膜样品表面进行了定量深度分析。

GD-OES 对纳米级薄膜材料分析的准确度也相当高。通过已建立的各元素标准曲线，计算机给出各元素的浓度分布。分析结果是以被测样品的分析深度（nm）为横坐标，元素的质量分数（%）为纵坐标的图谱。图 8-64 是冷轧板样品的 GD-OES 分析图谱[160]。从图谱中可知，样品表面的氧化膜厚度为 9.6nm。同时采用 X 射线光电子能谱（XPS）变角度法测定该氧化膜，膜层厚度在 5~10nm，与 GD-OES 测定结果基本吻合。对纳米级薄膜样品的精密度试验结果也良好，如采用 GD-OES 对弱酸洗闪镀镍冷轧板样品连续测定 10 次，结果其闪镀镍膜厚（nm）为：13.0、12.6、13.6、14.0、10.0、12.6、10.4、14.0、11.5、12.0，RSD 为 11%。

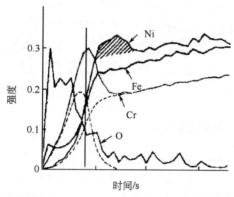

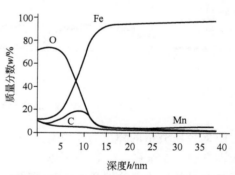

图 8-63　不锈钢上氧化膜的 GD-OES 深度分析　　图 8-64　冷轧板样品的 GD-OES 分析图谱

对 GD-OES 用于薄层材料的深度分析做了相应的综述[161]，说明了薄镀层分析对辉光分析技术的特殊要求，指出目前用于薄镀层分析存在的问题及需改进的方面。GD-OES 在深度分析方面获得了较为广泛的应用，但仍然存在一些问题[8]，主要包括：

（1）标准样品的问题　对于有些元素来说，固体标准样品太少甚至没有，尤其是高浓度的气体元素 N、O 和 H 的标准样品；具有标准厚度和涂层组成的标准样品缺少，难以满足定量深度轮廓分析的要求。

（2）深度测量的准确性　定量方法（或模型）将时间转换为深度时，必须知道材料的密度。而材料密度的估算方法对于气体和其他轻元素作为主要组成时会导致很大误差。

（3）分子粒子对发射强度的影响　在 Grimm 型光源中，样品中含有高反应性元素（氧、氮等含量大于 0.1%）与溅射材料中相当一部分元素形成分子粒子，从而导致某些元素分析信号强度的变化[162]。

（4）背景校正和谱线干扰　在 GD 深度轮廓分析中，由于不同层基体元素组成不同，因

而背景当量浓度（BEC）也会随之变化，背景校正比整体分析中要困难得多[163]。

五、辉光放电发射光谱分析线选择

GD-OES 无论是对于仪器设计还是使用中，谱线的选择都是关键部分。

1. 辉光放电光谱线

理论光谱可用于周期表中几乎所有元素的原子态和它们的第一离子态[164]。对于激发态原子是处于局部热平衡（LTE）中，根据波尔兹曼（Boltzmann）统计，这种假设对于估计原子和离子在各种激发态的数目是必要。由于 GD 等离子体不是处于 LTE 中，这意味着尽管发射谱线的波长与其他等离子体（忽略小压力效应）的几乎相同，强度以及原子线与离子线的比率则可能完全不同。因此，在 GD-OES 中用于分析最佳的发射谱线与其他光学发射技术有所不同。

对于单色器或同时固态检测器的仪器，相对容易记录光谱的大部分。对于单一元素纯材料，通过比较观察到的谱线与公知的谱线表[164~166]，可以相对简单地确定该元素的最强谱线。例如 Al 的最大强度的 GD 谱线列于表 8-37 中。

表 8-37　元素 Al 最大强度的谱线

波长/nm	低能量/eV	强度(计算)/a.u.	强度(测量)/a.u.
396.152	0.014	870000	870000
394.401	0.000	435000	750000
309.271	0.014	261000	335000
308.215	0.000	148000	245000
309.284	0.014	28300	240000
256.798	0.014	19000	33500
266.039	0.000	56000	33500

Ar 谱线是共存的，一种快速识别 Ar 谱线的方式记录来自两种不同种类的纯材料的谱线（如图 8-65 的铜和硅）。由于 Ar 谱线存在于两种光谱中，相乘的光谱将突出 Ar 的谱线。将相乘的光谱开平方根，所得的 Ar 光谱显示于图 8-66，而一些最强的谱线列于表 8-38 中。

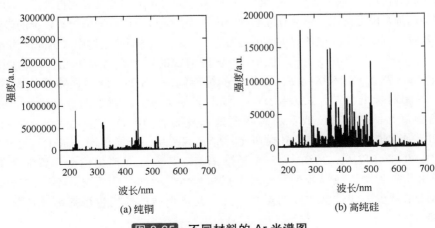

(a) 纯铜　　　　(b) 高纯硅

图 8-65　不同材料的 Ar 光谱图

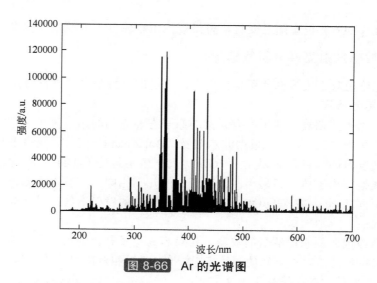

图 8-66 Ar 的光谱图

表 8-38 对于 Ar 观测到的最大强度的谱线

波长/nm	强度/a.u.	波长/nm	强度/a.u.
358.844	20090	415.859	10400
349.154	19120	420.068	10150
357.662	15710	427.752	9960
355.951	15520	354.584	9950
410.391	15190	376.527	9270
434.806	14160	378.084	8650
358.241	12040		

对于一些元素没有可用的合适单元素材料，难以测定最大强度的谱线。一种方法是采取两个或三个样品，最好是一个相似的基体，感兴趣元素有完全不同含量，叠加它们的光谱。感兴趣的谱线显示强度几乎与 $c_i q_m/q_{ref}$ 成比例，即该元素的含量与基体的相对溅射率的乘积。如果样品有相同的基体，则强度应几乎与含量成比例。

用于分析用的最佳发射谱线可以根据以下标准进行判断[1,105]：①高灵敏度（改进检出限）；②高信号-背景比（降低背景等效浓度）；③高信号-噪声比（改进检出限）；④低光谱干扰（减少校准曲线分散）；⑤低自吸收（提供线性校准曲线）；⑥所希望含量范围有良好的再现性；⑦痕量气体发射产率影响小。符合以上特点，线性校准曲线分散性少、检出限低。选择一条以上的谱线，以覆盖不同的含量范围（例如由于有限的灵敏度或自吸收），用于不同的基体中（例如因为光谱干扰）。

关键参数（参见图 8-67）用于评估一个发射谱线的适合性有以下几种：①强度，S；②背景，B；③信号背景比，$SBR=S/B$；④信号的标准偏差，SDS，通常在峰值位置重复测量 10 次；⑤信号的相对标准偏差，$RSD=SDS/S$，通常表示为%；⑥背景的标准偏差，SDB，通常从一次扫描测量（图 8-67），或在远离峰值处重复测量 10 次；⑦背景的相对标准偏差，$RSD=SDB/B$，通常表示为%；⑧信号噪声比，$SNR=S/SDB$；⑨检出限，基于信号（$SBR-RSDB$ 的方法），$DL=0.03×RSDBc_0/SBR$，为三个标准偏差，其中 c_0 是产生信号元素的含量。

同时使用几条光谱谱线以减少意外的干扰和基体效应的可能情况。不同的谱线可作为不同的内部标准以减少非线性参比线的影响。几条光谱谱线的使用也可提高统计数据的质量。

2. 谱线干扰

在 GD-OES 中光谱干扰可能来自于其他元素谱线的重叠（见图 8-68），或来自于光谱仪中散射光的背景信号干扰。主量元素是最为关注的元素，将会引起显著的干扰。如果干扰谱线与分析谱线不

完全重叠，就可能通过扫描周围的分析线直接观察到干扰谱线。在分析时最好是用已知的干扰表或发射谱线表检查可疑干扰。在 GD-OES 中通常用的谱线的已知和可能干扰的列表在后述中详列。

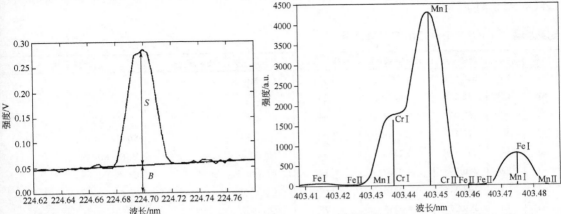

图 8-67　钢样品 NBS 1765A 中 Cu224.70nm 谱线的信号 S 和背景 B（Cu 的含量 13μg/g）

图 8-68　Mn 的 403.448nm 光谱图（9pm 的光谱分辨率）

在采用射频辉光放电发射光谱法对铜合金中的磷元素进行测定，其中表 8-39 对 17 种紫外和真空紫外的 P 跃迁进行了评价，只有 5 种跃迁发现没有光谱干扰[167]。

表 8-39　铜合金分析中磷元素的发射线和潜在光谱干扰

P 跃迁/nm	可能干扰/nm	间距/nm①	相对强度②
167.168	Zn 167.154	0.014	强
167.461	Fe II 167.472	0.011	弱
167.971	无	—	—
177.499	Cu I 177.482	0.017	更强
178.287	无	—	—
178.768	无	—	—
185.891	无	—	—
185.943	Ni I 185.941	0.002	弱
213.547	Cu II 213.598	0.051	更强③
	Ni I 213.534	0.013	相等
213.620	Cu II 213.598	0.022	更强③
	Zn I 213.646	0.026	更强③
	Fe 213.619	0.001	相等
214.911	Cu II 214.897	0.014	更强
	Fe 214.917	0.008	相等
215.295	Ar II 215.260	0.032	更强③
	Fe I 215.300	0.005	相等
215.408	Fe I 215.419	0.011	弱
253.401	无	—	—
253.565	Fe I 253.560	0.005	强
255.328	Fe 255.319	0.009	相等
	Ni I 255.338	0.010	相等
255.493	Fe II 255.507	0.014	弱
	Ni II 255.511	0.018	强

①P 峰与潜在干扰峰中心之间的间距。
②估计的干扰峰相对 P 峰的相对强度。估计的强度基于峰的相对强度为公布的各种波长表和辉光放电环境中预期原子气相密度。
③虽然干扰峰的中心位于±0.020nm 窗口外，但由于干扰原子气相密度预计高，干扰峰翼是可预期的干扰。

3. 常用的分析谱线

辉光放电光谱中最常用的分析谱线如表 8-40 所示，而 GD-OES 中额外的感兴趣的发射光谱线如表 8-41 所示。

表 8-40 GD-OES 中最常用的发射光谱线[69]

元素	状态	谱线/nm	上限能量/eV	$s_L/10^{-12}m^2$	干扰：OES 库	计算干扰
Ag	I R	328.068	3.7782	4.37	Ce, Mn, Rh	
Ag	I R	338.289	3.6640	2.23		
Al	II R	167.079	7.4208	4.64		
Al	II	172.127	11.8468	1.50		Sn, Cr
Al	I r	237.839	5.2253	0.01	Hg, Zr	V, Fe, Mn, Zr
Al	I R	256.798	4.8267	0.17	Fe, Mo, Ru, Zn	Cr
Al	I R	308.215	4.0215	0.82	OH	V, Ta
Al	I r	309.271	4.0217	0.73	OH	V
Al	I r	309.284	4.0215	0.08	OH	V, Ta
Al	I R	394.401	3.1427	0.67	Ce, Re, Ru	
Al	I r	396.152	3.1427	0.67	Zr	
Ar	II	137.005	25.8624	0.04	P	
Ar	II	157.500	21.3521	0.10	Fe, Si	Si
Ar	II	264.960	21.4268	1.00		Mn, Mo, V, W
Ar	I	345.497	15.2113	0.02		Nb, V, Ti
Ar	II	349.155	22.7732	3.51		Nb
Ar	II	355.949	23.1626	4.70	N₂	Co, Cr, Mo
Ar	II	357.665	23.0148	4.60	N₂	V, W, Zr
Ar	II	358.848	22.9489	4.67	N₂	Fe, Mo, Zr
Ar	I	404.441	14.6884	0.01	Fe, Hf, N₂ W, Zr	Fe, Mo, Ti, V, Zr
Ar	II	410.391	22.5151	1.17		Cr, Mo, Nb, Ta, Ti
Ar	I	415.859	14.5290	0.03		Sc, Zr
Ar	I	420.067	14.4992	0.03	Mo, Ti	Fe, Mo, V, W
Ar	II	487.986	19.6803	3.85		Cr, Nb, Ta
Ar	I	696.543	13.3280	0.35		V, Zr
As	I R	189.043	6.5586	0.75	Cr, Pd	Cr, Fe, Mo
As	I	200.334	7.5402	0.00		Co, Mo, Pt, V, Zr
As	I	234.984	6.5880	0.74	Mo, Os	Mo, Nb, Ti, W, Zr
Au	I R	242.796	5.1050	3.42	Cl, Pt, Sr	Sr
Au	I R	267.594	4.6320	1.83	Co, Fe, Nb Rh, Ta, V, W	Ni, Ti, W
B	I r	182.652	6.7900	0.27		Ir
B	I r	208.959	5.9336	0.06		Cr, Ni, Pt, W
B	I r	249.677	4.9644	0.19	Re, Sn, Ta, W	Co, Nb, Sc, W
Ba	II	230.425	5.9834	4.40	Co, Ir, Os	Co, Mo, Ru, S, Ti
Ba	II R	455.403	2.7218	11.32	Ce, Cr	Fe, Nb

元素	状态	谱线/nm	上限能量/eV	$s_L/10^{-12}m^2$	干扰：OES 库	计算干扰
Be	ⅡR	313.041	3.9595	0.86	Ce, N₂ Ta, V, W	Ta, Ti, V, W
Be	Ⅰ	332.108	6.4573	0.12	Be, Ce, Cr, Pd, Ru	Cr, Mo, Nb, Ru, Sc, Ti, V, W, Zr
Bi	ⅠR	306.771	4.0405	1.87	Mo, OH, Sn	La, Zr
Br	ⅠR	148.861	8.3289	0.15	Cu, Ru	
C	Ⅰr	156.140	7.9460	0.09	Tl	Cu, Fe
C	Ⅰr	165.700	7.4879	0.17		Fe
C	Ⅰ	193.093	7.6849	0.22		Cr, Co, Mo, Sn, Ta, Ti
Ca	ⅡR	393.366	3.1510	4.93	Ag, Ce, Fe, Hf, Ir	Ru, Sc
Cd	ⅠR	228.802	5.4172	8.60	As, Ir, Pt	As, Fe, Sc
Cd	ⅠR	326.105	3.8009	0.02	Ce, Ru, V, W	Ca, Mo, Pt, Ru, V, W, Zr
Cd	Ⅰ	346.620	7.3769	3.76		Fe, La, Mo, Nb, Tc, Ti, V
Cd	Ⅰ	361.051	7.3791	3.87	Fe, Ni, Re	Fe, Mn, Mo, Ni
						V
Ce	Ⅱ	413.765	3.5121	2.74	Os, Re, W	W
Cl	ⅠR	118.884	10.4291	0.15		Ge, Pt
Cl	ⅠR	133.581	9.2817	0.05	C	C
Cl	ⅠR	134.732	9.2024	0.26		Fe, Sc
Cl	ⅠR	138.978	8.9212	0.34		Fe, Pt, Re
Cl	Ⅱ	479.452	15.9606	3.91	La, Mo, Ru	Ca, Fe, La, Mo, Zr, W
Co	Ⅱ	228.615	5.8371	1.52	Ir	Nb, Ni, Y
Co	Ⅰ	340.511	4.0719	1.29	Bi, Cr, Ti, V	Fe Mo Ti V, W
Co	Ⅰ	345.351	4.0209	1.78	Cr, Re	Cr, Mo, Nb, Ti
Co	Ⅰ	351.835	6.9335	0.95		La, Mo, Nb, V, W
Co	Ⅰ	387.311	6.8880	0.06	Ir, Mn, Ti	Mo, Nb, Ti
Cr	Ⅱ	267.716	6.1792	1.59	Ce, Mn, P, Pt, Re, Ru, Te, W	Pt, V, W
						Bi, Ca, La, Hf
Cr	Ⅱ	298.919	7.8856	1.81	Bi, Os, Ru, Ta	Mo, Ta, V, Zr
Cr	ⅠR	425.433	2.9135	0.94	Bi, Mo, Nb	La, Zr
Cr	ⅠR	428.972	2.8895	0.55	Ti	La
Cs	ⅠR	459.311	2.6986	0.04		Mo, Sc Ta, V
Cu	Ⅱ	219.227	8.4865	1.40		Nb, Sn, V
Cu	Ⅰ	219.959	7.0239	0.06		Cr, Ga, Mn, Nb, Ta, Ti
Cu	Ⅱ	224.700	8.2349	0.91		Pb, Pt, V, W
Cu	Ⅰ	296.116	5.5748	0.04	N₂	Mn, Os, Ru, V, W, Zr
Cu	ⅠR	324.754	3.8167	3.26	Ag, Ce, Fe, Mn, Mo, Nb	Nb, Zr
Cu	ⅠR	327.395	3.7859	1.67	Ce, Co, Mo, Nb	La, Ti, V
Cu	Ⅰ	402.263	6.8673	0.84		Fe, Cr, Co, Ge, Mo, Nb, V
Cu	Ⅰ	458.695	7.8047	0.79		Co, Fe, Mn, Mo, Sb, Ta, Ti, V, W, Zr
Cu	Ⅰ	510.554	3.8167	0.06		Cr, Fe, Mo, Sc, Ti, Zr

元素	状态	谱线/nm	上限能量/eV	$s_L/10^{-12}m^2$	干扰：OES库	计算干扰
Cu	I	515.323	6.1912	9.29	Ta	Al, Fe, Na, Nb, Ta
Cu	I	521.820	6.1921	8.69		Hf, Nb, V, Zr
Eu	II R	372.493	3.3276	2.99	La, Ru, Ti	La, Nb, Rh, Ru, Ta
F	I	685.601	14.5048	3.91		Co, Fe, Mn, Mo, Pt, Ti
F	I	690.246	14.5267	2.93	Ne	La, Nb, Ni, Ti, V, Zr
Fe	I	208.972	7.5391	0.11		As, B, Co, V
Fe	II R	238.204	5.2034	1.96		La, Nb, Pt
Fe	II r	239.563	5.2216	1.37	Cr, Ni	Co, Cr, Mo, V
Fe	II	249.326	7.6062	2.24		Mo, Ti, V, W, Zr
Fe	I	249.400	5.9809	0.13	Co, Ru, Ti	Al, Co, Mn, Nb, Ta, Os, W
Fe	II R	259.940	4.7683	1.23	Ir, Mo, Ru, Ta	Co, Ta, W
Fe	II	260.017	7.9197	0.05		Mn, Nb, Ta, V, W
Fe	II	271.441	5.5526	0.26		Nb, Ti, Zr
Fe	I	271.487	5.5237	0.23	Rh, Ta, V	Cr, Ta, Ti, W
Fe	II	273.955	5.5108	1.24	Cr, V	Co, Cr, Nb, V, W, Zr
Fe	I R	302.064	4.1034	0.67		Cr, Hf, Mo, Nb,
Fe	I R	371.994	3.3320	0.32	Ce, Os	Ba
Fe	I	373.486	4.1777	1.49		Mo, Nb, Ti
Fe	I R	385.991	3.2112	0.18	Ta, W	Mo, Se, Ta, Zr,
Ga	I r	294.364	4.3132	1.91		Nb, V
Ga	I R	403.298	3.0734	1.14	Mn, N_2, Ta, Tb	Co, Cr, Mn, Ta, V, Zr
Ga	I r	417.204	3.0734	1.19	Ce, Fe, Ti	
Gd	II r	376.840	3.3677	2.77	Cr, Gd, W	La, Mo, Ti, W
Ge	I	303.907	4.9620	1.71	Ir	Cr, Ta, V, Zr
H	I R	121.567	10.1989	0.06		
H	I	486.134	12.7486	0.07	Cr	Ca, Cr, Fe, Hf, Mn, Mo, Ru, V, W, Zr
H	I	656.280	12.0876	0.75		Al, Ba, Ca, Cr, Mn, Mo, Ni, Sc, Ti, W
Hf	I R	286.637	4.3242	2.06	V, W	Mo, W
Hg	I R	253.652	4.8865	0.24	Pt, Rh	Co, Cr, Hf, Ti
Hg	I	435.832	7.7305	2.80		Ca, Fe, Ir, Mn, Pb, Re, Sc, Tc, Zr
I	II R	145.798	8.5039	0.08	Cu	Co, Cr, Cu, V
I	II R	183.038	6.7737	0.07		Mo
In	I	325.609	4.0810	3.07	Ce, Fe, Mn, Mo	Pt, W
In	I R	410.177	3.0219	1.76	Ce, Ru	La, Ru
In	I	451.131	3.0219	2.10	Ti, Ru, Ta	
Ir	I R	203.358	6.0949	0.34	Os, P	Fe, W
Ir	I	322.078	4.1999	0.38	Ce, Hf, Nb	La, Mo, Nb

元素	状态	谱线/nm	上限能量/eV	$s_L/10^{-12}m^2$	干扰：OES库	计算干扰
Ir	I R	380.012	3.2617	1.65	Ce, N$_2$, Ru, Y	La, Ta
K	I R	404.414	3.0649	0.04	N$_2$, W	Cr, Mo, Nb, W
K	I R	404.721	3.0626	0.02	N$_2$	Cr, Mo, Nb, W
K	I R	766.491	1.6171	9.36		
La	II R	408.671	3.0330	1.92	Sc	Nb, Sc, Ti
Li	I R	323.266	3.8343	0.01	Os, Ru, Sb	Mo, Nb, W
Li	I	610.364	3.8786	2.72		
Li	I R	670.776	1.8479	2.44	N$_2$	
Mg	I	277.669	7.1755	1.20	W	Cr, Ta, Ti, W
Mg	II	279.800	8.8637	3.31		Cr, Hf, Ir, Mo, Ni, Re, Ta, W
Mg	II R	280.270	4.4225	1.20	Ce,Co, Cu, Mn, Ru, Ti, V	La, Te, Ti
Mg	I R	285.213	4.3458	7.16	Hf, Ir, Mo, Zr	La
Mg	II	293.651	8.6548	0.61		Ca, Co, Fe, Mo, Nb, Pt, V, Zn Zr, W
Mg	I	383.230	5.9460	2.17		Cr, Mo, Nb, Pd, V, W, Y, Zr
Mg	I	383.829	5.9460	2.49	Mn, Ru, Zr	Fe, Mo, V, W, Zr
Mn	II R	257.611	4.8115	2.36	Co, Hg	
Mn	I	403.179	6.2093	0.18	Ce, Fe, La, N$_2$, Ti, V	Ca, Co, Fe, La, Mo, Nb, Rh, Ta, Ti, V
Mn	I R	403.306	3.0734	0.35	Cr, Ga, N$_2$, Ta	Co, Cr, Ga, Sc, Sr, Ta, V, Zr
Mn	I R	403.448	3.0723	0.22	Nb, N$_2$	Cr, Fe
Mo	I R	317.034	3.9097	1.86	Cl, Fe, Ta, W	Nb
Mo	I R	379.825	3.2633	2.03	Nb, N$_2$, Ru, Ti	Nb
Mo	I R	386.410	3.2077	1.49	V	Co, Cr
Mo	I R	390.295	3.1758	1.10	Cr, Fe, N$_2$	Ru
N	I	149.255	10.6904	0.11	Cu	Cr, Fe, Mn, P, V
N	I	174.267	10.6904	0.01	As	As, Cr, Ge, Mn, Ni, Mo, V
N	II	411.001	26.2125	0.77	Fe, La, V	Ca, Cr, Mn, Mo, Nb, V, Zr
Na	I R	330.237	3.7534	0.04	Bi, Cr, Re	Ag, Cr, Mo, Ta, W
Na	I R	588.995	2.1044	5.09	Cr, Mo, N$_2$	
Na	I R	589.592	2.1023	2.55	N$_2$	
Nb	II	313.078	4.9383	3.39	Ce, N$_2$, Rh, Ta, Ti	Ta, Ti, V
Nb	II	316.340	4.2939	3.18	Ce, Ta, W	Cr, Mo, Ni, Ta, V, W
Nb	I r	410.092	3.0711	2.87	Hf	Ta
Nb	I r	416.466	3.0248	1.48	Pt	Ni, Pt
Nd	II R	430.357	2.8802	2.40	Hf	W
Ni	II	225.385	6.8215	1.12	Co, Hf, Pb, Re	Co, Cr, Fe, Pb, V, W
Ni	I r	341.476	3.6552	0.92	K, Co, Ru, Zr	Co, Mo, Nb, Ta, Zr
Ni	I r	349.296	3.6576	0.82	Ce, Mn	Cr, Fe, Mo, Nb, V
Ni	I r	351.505	3.6353	0.83		Cr, Mo, Nb, V

元素	状态	谱线/nm	上限能量/eV	$s_L/10^{-12}m^2$	干扰：OES 库	计算干扰
Ni	I r	352.454	3.5422	1.02	Mn, V	Al, Mo, V, W
Ni	I	361.939	3.8474	1.43		Mn, Nb, V, Zr
Ni	I	460.036	6.2916	0.50		Co, Cr, Fe, Mn, Mo, Nb, Ta, Ti, W
O	I R	130.217	9.5214	0.08		S
O	I	777.196	10.7410	4.14		Ca, Cr, Co, Cu
						La, Mn, Nb, Fe, V
Os	I R	330.157	3.7543	0.03	Re, Ru, Sr	Fe, La, Mo, Sr
P	I R	177.495	6.9853	0.44	Au, Cu, Hf, Pt	Cu, Mn, Nb, Ni, W
P	I R	178.283	6.9544	0.28	Na	I
P	I	185.890	8.0784	0.03		Fe, Mo, Nb, Sb, Se
P	I	253.561	7.2128	0.37	Fe, Ta	Co, Cr, Fe, Ru, Ta, Sr
Pb	II	220.356	7.3707	1.02	Nb, Rh	Co, Fe, Nb, W, Zr
Pb	I	261.418	5.7109	3.47		Co, Fe, Mo, Nb, V
Pb	I	280.200	5.7441	3.02		Nb, Ta
Pb	I R	283.305	4.3751	2.43	OH	Mo, Ru
Pb	I	363.958	4.3751	1.01		Ba, Co, Nb, Ta
Pb	I	368.348	4.3345	1.53		Ti, V, W, Zr
Pb	I	405.783	4.3751	2.19	In, Mg, Mn, N_2, Ti, V, Zn	Ba, Mn, Ti
Pd	I	340.458	4.4545	3.34	Ce, Re	La, Nb
Pd	I	360.955	4.3954	3.18	Ce, Cr, Ti	Mn, Mo
Pd	I	363.469	4.2240	1.36	Fe	Nb
Pr	I R	433.392	2.8600	0.15	La, N_2, V	Hf, La, Mo, V
Pt	I R	265.944	4.6607	0.11	Pa, Ru, Ta	Nb, P, Ta
Pt	II	279.422	6.6798	0.06		Al, Co, La, Mg, Ti, V, W, Zr
Pt	I R	306.471	4.0444	0.06	Hf, Mo, Ni, OH, Re, Ru	Fe, Mo, Ni, Te, Ti, W, Zr
Rb	I R	420.179	2.9499	0.11	Ar, Fe, Mn, Ni	Fe, Ta, Ti, V
Re	I R	345.187	3.5908	0.53		Nb, W
Rh	I R	343.489	3.6086	3.15		Sc
Rh	I	437.481	3.5389	0.72	Ca, Co, Mn, Y	Mo, Ta, V, Y, Zr
Ru	I r	372.692	3.4734	1.82	Ce, Fe, Ir, Re	Ta, Ti
Ru	I R	372.803	3.3248	2.11	Ir	La, W
S	I R	180.731	6.8602	0.32	N	Ni, Mo, Sn
S	I	189.408	9.2959	0.27	Fe	Fe, Mo, Sc
S	II	200.227	19.8505	0.73	Te	Co, Cr, Fe, Mn, Mo, Nb, Ni, Si, Ti
Sb	I R	206.834	5.9925	0.01	Ir, Os	Co, Cr, Pt, V, W
Sb	I	252.852	6.1238	0.02	Mn, Si, V	Ba, Co, Cr, Fe, Mn, Mo, Si, V, W
Sb	I	259.804	5.8262	0.06	Mn, Re	Cr, Ni, W
Sc	II	424.682	3.2337	2.84	Ce, P, Re, Ru	C, Mo
Se	I R	196.090	6.3229	0.01	Co, Na, Pd	Co, Cr, Cu, Fe, Pd
Si	I r	250.690	4.9538	0.28		Co, Cr, Mn, Sc, V
Si	I r	251.611	4.9538	0.43	Mo, Re, Ru, V	Fe, V

续表

元素	状态	谱线/nm	上限能量/eV	$s_L/10^{-12}m^2$	干扰：OES库	计算干扰
Si	I r	252.851	4.9297	0.17		Mo, V, W
Si	I	288.158	5.0824	0.62		Mn, Mo, Ta, V, W, Zr
Si	I	390.552	5.0824	0.48	N_2	Ca, Cr, Fe, Mo
Si	I	576.298	7.7700	0.10		Mn, Ta, V
Sm	II	360.428	3.9237	0.23	Fe, Re, Ti	Fe, Mo, Ti, V, Y, Zr
Sm	II	411.855	3.6689	0.36	Fe, Pt, Ru	Fe, Hf, Pt, Ru, Sc Ta, Ti, V
Sm	II	443.432	3.1737	0.15		Hf, Ta, Ti, Zr
Sn	II R	175.791	7.0530	0.38		P, Sb, Sc
Sn	II	189.990	7.0530	0.49		Sc, Ti, V
Sn	I	242.170	6.1861	2.31	Re	Fe, Mn, Re, Ru, V
Sn	I	283.999	4.7894	1.81	Cr, Mn, OH	Re, W
Sn	I r	300.914	4.3288	0.48		Ca, Mo, Nb, V, W
Sn	I r	303.411	4.2949	0.86	Cr, Ru, W	Cr, Mo, Nb
Sn	I	317.505	4.3288	0.89	Ce, Co, Fe, Te, Ru	Co, La, V
Sn	I	326.233	4.8673	2.61	Fe, Hf, Pb, Os	Mo, V, Zr
Sn	I	380.103	4.3288	0.43	N_2	Hf, Mo, Nb, Pt, Ti, V
Sr	II R	407.771	3.0397	7.57	Cr, Hg	
Sr	I R	460.733	2.6903	23.40		
Ta	II	239.993	5.5589	0.33	Hg, Ru, V	Cr, Ru, V
Ta	I R	301.254	4.1144	0.33		Nb, Pt, Zr
Ta	I	301.637	5.5033	2.52	Fe, Ir, Mn, Re, W	Fe, Mn, Nb, V, W
Ta	II	302.017	5.9012	0.12		Ca, Cr, Fe, Sc, Si, V, W
Ta	I	362.661	3.9093	0.24	Rh	Fe, Mo, Rh, Ru
Tb	II R	384.873	3.2205	0.19		Fe, Ta
Tb	II R	387.417	3.1994	0.02	Co, Ti, V, W	Cr, Fe, La, Mo, Pb, Sc, Ti, V, W, Zr
Tb	II r	403.302	3.1994	0.22	Cr, Ga, Mn, N_2, Ta	Co, Fe, Ga, Mn, Nb, Sc, Sr, Ta, V, Zr
Tb	I R	432.643	2.8650	0.54	Nb, N_2, Ti	Co, Mo, Nb, Sr, Ti
Te	I R	214.281	5.7843	0.02		Fe, Mo, Nb, Re, V, W
Te	I R	225.903	5.4867	0.15	Ir, Re	Cr, Fe, Ga, Ir
Te	I	238.579	5.7843	0.04	Cr, Ir	Cr, Te
Ti	II	282.712	8.0709	0.83	OH	Al, Ca, Cr, Fe, Mo, Nb, Se, Ta, V, W
Ti	II r	323.452	3.8809	1.70		Fe, Ni
Ti	II r	334.941	3.7494	2.79	N_2	Cr, Mo, Nb, W, Zr
Ti	II r	337.280	3.6866	1.66	N_2, Pd, Pt	Pd, V, Zr
Ti	I	360.105	5.7336	0.02		Ca, Cr, Fe, La, Mn, Mo, Sc, Ti, Zr
Ti	I r	365.350	3.4406	1.32	Ce, Nb, Re	Ni
Tl	I	351.923	4.4883	4.78		
Tl	I R	377.572	3.2828	2.07	Mo, Ni, N_2, V	
U	II r	385.957	3.2473	0.08		Cr, Mo, Mn, Sc Ta, Zr
V	II	309.311	4.3994	2.23	OH	Mg, Ta, W, Zr

元素	状态	谱线/nm	上限能量/eV	$s_L/10^{-12}m^2$	干扰：OES 库	计算干扰
V	II	311.070	4.3329	2.00	Be, Co, Cr, Fe, Hf, Mn, Os, Re, Ru, Zr	Co, Mo, Zr
V	I r	318.397	3.9330	3.07	Ti, W	Mo, Nb
V	I	411.177	3.3152	2.11	Cr	Cr, Sc
V	I	437.923	3.1311	3.37	Bi, Hf	Hf, Mn, Y
W	I	196.474	6.6764	0.12		Ca, Ni, Ta
W	II	200.810	6.7570	0.56		Co, Sn
W	II	203.000	6.8678	0.48		Ca, Cr, Fe, Mn, Nb, Re
W	I	400.875	3.4579	0.77	Ti	Ti
W	I	429.461	3.2521	0.39	Ce, Cs, Hf, Ru	Hf, Ti, Ru, Zr
Y	II r	371.029	3.5205	3.96	Mo, Nb	Mo, Zr
Y	II r	377.433	3.4136	3.33	Os	La
Zn	II R	202.548	6.1193	1.89		Cr, Fe
Zn	I R	213.857	5.7957	7.18	Cu, Ir, Ni	Cu, Ni, W
Zn	II	250.199	10.9649	0.65	Ru, W	Fe, Mo, Ru, Ta, W
Zn	I	330.258	7.7828	2.48	Ta, Zr	Ag, Ca, Cu, Nb, Ta, Tc, Ti
Zn	I	330.294	7.7824	0.83	Cr, La, Na, Ta	Ca, Cr, Cu, Ir, La, Na, Nb, Ta, Ti, V, W
Zn	I	334.502	7.7834	3.07	Cr, N₂	Ca, Co, Cr, Fe, Mo, Nb, Re, Sc, Ti
Zn	I	472.215	6.6546	0.83		As, Co, Cr, Fe, Mo, Nb, Sr, Ta, Ti, V
Zn	I	481.053	6.6546	0.85	Cr, Nb, Rh	Cr, Mo, Nb, Ti, V, W
Zr	II r	339.198	3.8182	4.00	Fe, Mo, Ru	Mo
Zr	I	350.592	4.1863	1.38		Mo, Nb, Sc, W
Zr	I r	360.117	3.5958	0.39	Mn, Ti	Ru

注：当搜索谱线时，由于自吸收可显示非线性回归，这些通常是有高 s_L 值原子共振线或近共振线（即 R 或 Ir）。N₂ 干扰通常表明漏气。

表 8-41 在 GD-OES 中额外的感兴趣的发射光谱线[69]

元　素	状　态	谱线/nm	元　素	状　态	谱线/nm	元　素	状　态	谱线/nm
Ag	II	224.642	Ar	I	317.296	Ar	II	480.601
Ag	II	241.318	Ar	II	347.676	As	I R	159.360
Ag	II	243.779	Ar	II	351.441	As	I R	189.043
Al	I R	214.556	Ar	II	354.584	As	I R	193.760
Al	I R	216.883	Ar	II	356.433	As	I R	193.760
Al	I r	220.462	Ar	II	358.239	As	I R	197.263
Al	I R	220.467	Ar	II	376.527	As	I R	197.263
Al	I r	257.509	Ar	II	378.086	As	I	228.811
Al	I r	257.540	Ar	II	386.853	Au	II	174.047
Al	I R	265.248	Ar	II	407.200	Au	I	191.961
Al	I r	266.039	Ar	I	416.418	Au	I	197.817
Al	II	281.619	Ar	II	427.752	Au	I	201.208
Al	I	305.007	Ar	II	434.806	Au	II	208.209
Al	I	305.714	Ar	II	442.600	B	I R	136.246
Al	I	515.253	Ar	II	460.955	B	I R	182.598

续表

元 素	状 态	谱线/nm	元 素	状 态	谱线/nm	元 素	状 态	谱线/nm
B	I R	208.889	Cl	I	725.664	Er	Ⅱ R	326.478
B	I r	249.775	Cl	I r	135.174	Er	Ⅱ	333.386
Ba	Ⅱ	233.527	Co	Ⅱ	230.786	Er	Ⅱ R	337.275
Ba	Ⅱ R	493.408	Co	Ⅱ	231.160	Er	Ⅱ r	349.910
Ba	Ⅱ	614.171	Co	Ⅱ	236.379	Er	Ⅱ r	369.265
Ba	Ⅱ	649.690	Co	Ⅱ	237.863	Er	Ⅱ R	390.631
Be	I R	234.861	Co	Ⅱ	238.892	Eu	Ⅱ R	381.967
Be	I	249.454	Co	I R	346.579	Eu	Ⅱ r	390.711
Be	I	249.458	Co	I	352.981	Eu	Ⅱ r	393.050
Be	I	249.473	Cr	Ⅱ R	205.560	Eu	Ⅱ R	412.973
Be	I	265.045	Cr	Ⅱ R	206.158	Eu	Ⅱ R	420.504
Be	Ⅱ R	313.106	Cr	Ⅱ	283.563	Eu	I R	459.404
Bi	Ⅱ	153.316	Cr	Ⅱ	284.325	F	Ⅱ	156.478
Bi	Ⅱ	190.230	Cr	I R	357.868	Fe	Ⅱ R	234.350
Bi	I R	195.470	Cr	I R	359.348	Fe	Ⅱ r	240.489
Bi	I R	206.163	Cr	I R	427.480	Fe	Ⅱ r	259.837
Bi	I R	222.821	Cs	Ⅱ	452.675	Fe	Ⅱ	259.879
Bi	I R	223.061	Cs	I R	455.523	Fe	Ⅱ R	259.940
Br	I R	145.004	Cs	I	672.326	Fe	I r	302.049
Br	I	153.190	Cs	I	697.329	Fe	I R	344.061
Br	I R	154.082	Cs	I R	852.110	Fe	I	355.951
Br	I	163.357	Cu	Ⅱ	213.598	Fe	I	357.024
Br	Ⅱ	470.486	Cu	I	221.458	Fe	I	357.676
Br	Ⅱ	478.550	Cu	I	221.566	Fe	I	358.119
Br	Ⅱ	481.671	Cu	I R	222.571	Fe	I	358.861
C	I	199.365	Cu	I	222.778	Fe	I r	374.826
C	I	247.856	Cu	I	223.009	Fe	I	374.949
C	Ⅱ	336.175	Cu	I	223.846	Fe	I	375.823
C	I	437.133	Cu	Ⅱ	224.262	Fe	I	382.043
Ca	Ⅱ	315.887	Cu	Ⅱ	229.437	Fe	I	382.588
Ca	Ⅱ	317.933	Cu	I	261.837	Fe	I r	388.628
Ca	Ⅱ R	396.847	Cu	I	276.637	Fe	I	404.581
Ca	I R	422.673	Cu	I	282.437	Fe	I	410.415
Cd	Ⅱ R	214.439	Cu	I	674.142	Ga	Ⅱ R	141.443
Cd	Ⅱ R	226.502	Dy	Ⅱ R	340.780	Ga	I r	250.019
Ce	Ⅱ r	393.108	Dy	Ⅱ R	353.171	Ga	I R	287.423
Ce	Ⅱ	399.924	Dy	Ⅱ	353.602	Gd	Ⅱ r	303.284
Ce	Ⅱ	413.380	Dy	Ⅱ r	364.540	Gd	Ⅱ r	310.050
Ce	Ⅱ	418.659	Dy	Ⅱ R	394.468	Gd	Ⅱ r	335.048
Ce	Ⅱ	428.993	Dy	I	396.863	Gd	Ⅱ r	335.863
Ce	Ⅱ	446.021	Dy	Ⅱ r	400.045	Gd	Ⅱ r	336.224
Cl	I r	136.353	Dy	I R	421.172	Gd	Ⅱ r	342.246
Cl	Ⅱ	479.452	Er	Ⅱ r	323.058	Gd	Ⅱ r	358.496

元 素	状 态	谱线/nm	元 素	状 态	谱线/nm	元 素	状 态	谱线/nm
Gd	Ⅱ r	364.620	I	Ⅱ	546.463	Mg	I	278.142
Ge	Ⅱ r	164.919	I n	Ⅱ R	158.645	Mg	Ⅱ	279.078
Ge	I r	169.894	I n	Ⅱ R	230.615	Mg	Ⅱ R	279.553
Ge	I r	206.866	I n	I R	303.936	Mg	Ⅱ	292.863
Ge	I r	209.426	I n	I	325.856	Mg	I	294.199
Ge	I	219.871	I r	I	204.323	Mg	I	332.992
Ge	I r	259.253	I r	I	205.222	Mg	I	333.215
Ge	I r	265.117	I r	I R	208.883	Mg	I	333.667
Ge	I R	265.157	I r	I	212.642	Mg	I	382.936
H	I	410.176	I r	I	215.265	Mg	I	383.230
H	I	434.049	I r	I	224.276	Mg	I	516.732
H	I	656.280	I r	I	236.805	Mg	I	517.268
He	Ⅱ	468.570	I r	I	254.397	Mg	I	518.361
Hf	Ⅱ R	232.248	I r	I R	284.978	Mg	I	552.841
Hf	Ⅱ	251.689	I r	I R	292.479	Mn	Ⅱ R	259.372
Hf	Ⅱ R	263.872	I r	I	343.701	Mn	Ⅱ R	260.568
Hf	Ⅱ	264.141	I r	I R	351.365	Mn	I R	279.482
Hf	Ⅱ	273.877	K	I R	769.897	Mn	I R	279.827
Hf	Ⅱ	277.336	Kr	I	557.029	Mn	Ⅱ	293.306
Hf	Ⅱ	282.023	Kr	I	587.091	Mn	Ⅱ	293.931
Hf	I R	286.637	La	Ⅱ	333.749	Mn	Ⅱ	294.921
Hf	Ⅱ R	339.979	La	Ⅱ r	379.477	Mn	I R	403.075
Hg	Ⅱ R	164.995	La	Ⅱ	394.910	Mo	Ⅱ R	202.032
Hg	I R	184.950	La	Ⅱ	398.852	Mo	Ⅱ R	203.846
Hg	Ⅱ R	194.231	La	Ⅱ r	407.734	Mo	Ⅱ R	204.598
Hg	I	296.728	La	Ⅱ	412.322	Mo	Ⅱ	281.615
Hg	I	365.015	La	Ⅱ r	433.375	Mo	Ⅱ	284.824
Hg	I	404.656	La	I	624.991	Mo	Ⅱ	287.151
Ho	Ⅱ R	339.895	Li	I R	274.120	Mo	I R	313.260
Ho	Ⅱ r	341.644	Li	I	460.289	N	I	149.481
Ho	Ⅱ R	345.602	Li	I R	670.776	N	I	174.546
Ho	Ⅱ r	347.425	Lu	Ⅱ R	219.556	N	I	409.880
Ho	Ⅱ R	381.074	Lu	Ⅱ R	261.541	N	Ⅱ	410.426
Ho	Ⅱ r	389.094	Lu	Ⅱ	289.484	N	Ⅱ	566.663
Ho	Ⅱ R	404.547	Lu	Ⅱ	291.139	N	Ⅱ	567.601
I	I R	142.549	Lu	Ⅱ	307.761	N	Ⅱ	567.956
I	I R	161.761	Lu	Ⅱ	339.707	N	I	746.860
I	I R	178.276	Lu	Ⅱ	347.248	Na	I R	285.301
I	I	179.909	Lu	Ⅱ	355.442	Na	I R	330.298
I	I	184.445	Lu	I R	451.857	Na	I	568.820
I	I	206.163	Mg	I R	202.582	Na	I R	588.995
I	Ⅱ	516.122	Mg	I	267.246	Nb	Ⅱ r	269.706

续表

元素	状态	谱线/nm	元素	状态	谱线/nm	元素	状态	谱线/nm
Nb	Ⅱ	309.417	Ni	Ⅱ	256.637	Pb	Ⅰ	239.380
Nb	Ⅱ	319.497	Ni	Ⅰ R	336.956	Pb	Ⅰ	240.195
Nb	Ⅱ	322.548	Ni	Ⅰ	338.057	Pb	Ⅰ	241.174
Nb	Ⅰ r	405.893	Ni	Ⅰ r	339.299	Pb	Ⅰ	244.384
Nb	Ⅰ r	407.972	Ni	Ⅰ r	342.371	Pb	Ⅰ	244.619
Nb	Ⅰ r	412.381	Ni	Ⅰ r	343.356	Pb	Ⅰ	247.638
Nb	Ⅰ R	413.709	Ni	Ⅰ r	344.626	Pb	Ⅰ	261.418
Nd	Ⅱ	378.425	Ni	Ⅰ r	345.289	Pb	Ⅰ	261.365
Nd	Ⅱ	401.224	Ni	Ⅰ r	345.846	Pb	Ⅰ	262.828
Nd	Ⅱ	406.108	Ni	Ⅰ r	346.165	Pb	Ⅰ	266.316
Nd	Ⅱ	410.945	Ni	Ⅰ r	347.255	Pb	Ⅰ	282.320
Nd	Ⅱ r	415.607	Ni	Ⅰ r	359.770	Pb	Ⅰ	357.275
Nd	Ⅱ r	417.732	Ni	Ⅰ r	361.046	Pb	Ⅰ	367.151
Ne	Ⅰ	540.056	Ni	Ⅰ	460.622	Pb	Ⅰ	373.994
Ne	Ⅰ	585.248	O	Ⅱ	486.097	Pb	Ⅱ	560.886
Ne	Ⅰ	640.224	O	Ⅰ	615.819	Pd	Ⅱ	229.653
Ni	Ⅰ r	215.831	O	Ⅰ	777.418	Pd	Ⅱ	248.892
Ni	Ⅱ	216.555	O	Ⅰ	777.540	Pd	Ⅱ	249.880
Ni	Ⅱ	216.909	Os	Ⅰ	189.834	Pd	Ⅱ	265.875
Ni	Ⅱ	217.467	Os	Ⅰ R	190.099	Pd	Ⅱ	285.458
Ni	Ⅱ	217.514	Os	Ⅱ	206.723	Pd	Ⅰ	324.270
Ni	Ⅱ	218.047	Os	Ⅱ R	225.585	Pd	Ⅰ	342.122
Ni	Ⅱ	218.460	Os	Ⅱ R	228.228	Pd	Ⅰ	351.694
Ni	Ⅱ	218.550	Os	Ⅱ	233.681	Pr	Ⅱ R	390.843
Ni	Ⅰ r	219.735	Os	Ⅰ R	290.906	Pr	Ⅱ	406.281
Ni	Ⅱ	220.141	Os	Ⅰ R	305.865	Pr	Ⅱ	410.072
Ni	Ⅱ	220.671	Os	Ⅰ	326.229	Pr	Ⅱ	414.311
Ni	Ⅱ	221.038	Os	Ⅰ R	326.795	Pr	Ⅱ r	417.939
Ni	Ⅱ	221.648	Os	Ⅰ R	442.047	Pr	Ⅱ	418.948
Ni	Ⅱ	222.040	P	Ⅰ R	138.148	Pr	Ⅱ r	422.293
Ni	Ⅱ	222.295	P	Ⅰ	168.598	Pr	Ⅱ R	422.532
Ni	Ⅱ	222.486	P	Ⅰ	169.403	Pt	Ⅱ	177.708
Ni	Ⅱ	225.783	P	Ⅰ R	178.765	Pt	Ⅱ	203.647
Ni	Ⅱ	226.446	P	Ⅰ	185.789	Pt	Ⅱ	204.917
Ni	Ⅱ	227.021	P	Ⅰ	185.887	Pt	Ⅱ	214.425
Ni	Ⅱ	227.473	P	Ⅰ	185.941	Pt	Ⅰ	217.647
Ni	Ⅱ	227.568	P	Ⅰ	213.618	Pt	Ⅰ R	283.029
Ni	Ⅱ	227.667	P	Ⅰ	214.914	Pt	Ⅰ R	292.980
Ni	Ⅱ	227.832	Pb	Ⅱ R	168.214	Pt	Ⅰ r	299.797
Ni	Ⅱ	228.708	Pb	Ⅰ R	168.791	Pu	Ⅱ	363.224
Ni	Ⅱ	230.299	Pb	Ⅱ	182.206	Pu	Ⅱ	402.154
Ni	Ⅱ	231.604	Pb	Ⅰ R	217.000	Pu	Ⅱ	453.615
Ni	Ⅰ R	232.003	Pb	Ⅰ	223.743	Ra	Ⅱ R	381.442

第二篇

元 素	状 态	谱线/nm	元 素	状 态	谱线/nm	元 素	状 态	谱线/nm
Ra	II R	468.227	Sc	II r	357.253	Sn	II	147.501
Ra	I R	482.591	Sc	II r	361.383	Sn	II	181.120
Rb	I R	421.552	Sc	II r	363.074	Sn	II	189.990
Rb	I R	780.026	Sc	II R	364.278	Sn	II R	215.152
Rb	I R	794.760	Sc	I R	390.749	Sn	I	226.892
Re	II	189.774	Sc	I r	391.182	Sn	I r	235.484
Re	II R	189.836	Sc	I R	402.039	Sn	I	242.170
Re	II	197.279	Sc	I r	402.368	Sn	I	242.949
Re	II R	197.313	Sc	I	567.182	Sn	I R	254.655
Re	I R	204.910	Se	I	185.518	Sn	I	257.158
Re	II R	221.427	Se	I	199.511	Sn	I r	266.124
Re	II R	227.525	Se	I r	203.985	Sn	I	277.981
Re	I R	229.448	Se	I	206.279	Sn	I	278.502
Re	I R	346.045	Se	I R	207.479	Sn	I	281.257
Re	I R	488.914	Se	I r	216.417	Sn	I	285.060
Rh	II	233.477	Se	I	241.351	Sn	I R	286.332
Rh	II	249.078	Se	I	254.796	Sn	I	333.062
Rh	I r	250.465	Se	I	473.075	Sn	I	452.475
Rh	II	252.052	Se	I	473.900	Sn	II	645.341
Rh	I r	332.309	Se	I	474.222	Sn	II	684.349
Rh	I R	339.682	Si	I r	198.899	Sr	II	215.283
Rh	I r	365.799	Si	I	212.412	Sr	II	216.591
Rh	I R	369.236	Si	I R	220.798	Sr	II	338.071
Ru	II	240.273	Si	I r	221.089	Sr	II	346.445
Ru	II	245.644	Si	I r	221.175	Sr	II	347.489
Ru	II	245.658	Si	I r	221.667	Sr	II R	421.552
Ru	II	266.162	Si	I	243.515	Sr	II	430.544
Ru	II	267.878	Si	I R	251.432	Sr	I	483.204
Ru	I	269.214	Si	I r	251.920	Sr	I	487.249
Ru	I R	349.894	Si	I r	252.411	Sr	I	496.226
S	I	166.669	Si	I	253.238	Ta	II	226.230
S	I r	182.034	Si	I	263.128	Ta	II	228.916
S	I r	182.625	Si	I	298.764	Ta	II	233.218
S	I	469.411	Si	II R	152.671	Ta	I R	238.709
S	I	469.544	Sm	II r	330.632	Ta	II	240.086
S	I	469.625	Sm	II	356.827	Ta	II r	263.558
Sb	I R	206.834	Sm	II	359.260	Ta	II R	268.515
Sb	I R	217.582	Sm	II	360.949	Ta	II	269.451
Sb	I R	231.146	Sm	II r	363.427	Ta	I	331.114
Sb	I	287.791	Sm	II	422.536	Ta	I	331.885
Sb	I	323.253	Sm	II	428.079	Ta	II	340.667
Sb	I	326.751	Sm	I	429.674	Tb	II	321.998
Sc	II	335.372	Sm	II	442.434	Tb	I	332.443

元　素	状　态	谱线/nm	元　素	状　态	谱线/nm	元　素	状　态	谱线/nm
Tb	Ⅱ R	350.914	Ti	Ⅰ	500.721	W	Ⅰ	321.556
Tb	Ⅱ	356.170	Ti	Ⅰ	501.428	W	Ⅱ	361.380
Tb	Ⅱ r	367.636	Tl	Ⅱ R	190.865	W	Ⅰ	430.210
Tb	Ⅱ r	370.285	Tl	Ⅰ R	237.958	Xe	Ⅰ	450.097
Tc	Ⅰ	371.886	Tl	Ⅰ R	276.789	Xe	Ⅰ	462.427
Te	Ⅰ R	214.281	Tl	Ⅰ	291.832	Xe	Ⅰ	467.122
Te	Ⅰ	238.329	Tl	Ⅰ	322.975	Y	Ⅱ r	321.668
Te	Ⅰ	253.076	Tl	Ⅰ	535.046	Y	Ⅱ r	324.227
Te	Ⅰ	276.973	Tm	Ⅱ R	313.126	Y	Ⅱ r	360.073
Th	Ⅱ	274.716	Tm	Ⅱ r	317.283	Y	Ⅱ R	363.312
Th		283.231	Tm	Ⅱ r	336.262	Y	Ⅱ r	371.029
Th	Ⅱ	283.730	Tm	Ⅱ r	342.508	Y	Ⅱ r	378.870
Th	Ⅱ	294.286	Tm	Ⅱ R	346.220	Y	Ⅱ	437.493
Th		318.020	Tm	Ⅱ R	376.133	Yb	Ⅱ R	211.668
Th		329.059	Tm	Ⅱ R	376.191	Yb	Ⅱ R	222.447
Th		332.513	Tm	Ⅱ	384.806	Yb	Ⅱ R	289.139
Th		353.875	U	Ⅱ R	263.553	Yb	Ⅱ R	297.056
Th		360.104	U	Ⅱ r	279.393	Yb	Ⅱ R	328.937
Th		401.914	U	Ⅱ	355.217	Yb	Ⅱ R	369.419
Th	Ⅱ	438.186	U	Ⅱ r	367.007	Yb	Ⅰ R	398.799
Ti	Ⅱ r	190.821	U	Ⅱ	367.258	Zn	Ⅱ R	206.200
Ti	Ⅱ	275.161	U	Ⅱ r	393.202	Zn	Ⅱ	206.423
Ti	Ⅱ	281.782	U	Ⅰ	409.013	Zn	Ⅱ	209.994
Ti	Ⅱ r	323.658	U	Ⅰ	424.164	Zn	Ⅱ	210.218
Ti	Ⅱ r	323.904	V	Ⅱ r	268.796	Zn	Ⅰ	247.942
Ti	Ⅰ R	334.188	V	Ⅱ	290.881	Zn	Ⅰ	249.140
Ti	Ⅱ	334.904	V	Ⅱ	292.401	Zn	Ⅱ	255.795
Ti	Ⅱ r	336.122	V	Ⅱ	292.464	Zn	Ⅱ	256.780
Ti	Ⅰ	337.786	V	Ⅱ	310.229	Zn	Ⅰ	256.987
Ti	Ⅱ R	338.377	V	Ⅱ	311.837	Zn	Ⅰ	258.243
Ti	Ⅰ R	363.546	V	Ⅱ	312.528	Zn	Ⅰ	260.856
Ti	Ⅰ r	364.268	V	Ⅰ r	318.341	Zn	Ⅰ	267.053
Ti	Ⅰ r	392.453	V	Ⅰ r	318.538	Zn	Ⅰ	268.416
Ti	Ⅰ R	394.867	V	Ⅰ	438.471	Zn	Ⅰ	275.645
Ti	Ⅰ r	395.634	V	Ⅰ	438.998	Zn	Ⅰ	277.085
Ti	Ⅰ r	395.821	W	Ⅱ	207.912	Zn	Ⅰ	277.097
Ti	Ⅰ R	396.285	W	Ⅱ r	209.475	Zn	Ⅰ	280.086
Ti	Ⅰ r	396.427	W	Ⅱ r	218.936	Zn	Ⅱ	280.194
Ti	Ⅰ R	398.176	W	Ⅱ	220.449	Zn	Ⅰ	301.836
Ti	Ⅰ r	399.864	W	Ⅱ R	224.876	Zn	Ⅰ	303.578
Ti	Ⅰ	498.173	W	Ⅱ	239.708	Zn	Ⅰ	307.206
Ti	Ⅰ	499.107	W	Ⅱ	248.924	Zn	Ⅰ R	307.590
Ti	Ⅰ	499.950	W	Ⅱ	258.917	Zn	Ⅰ	328.233

续表

元　素	状　态	谱线/nm	元　素	状　态	谱线/nm	元　素	状　态	谱线/nm
Zn	I	334.557	Zr	II r	327.307	Zr	I	468.781
Zn	I	334.594	Zr	II r	327.927	Zr	I	471.008
Zn	I	377.438	Zr	II	343.714	Zr	I	473.948
Zn	I	468.013	Zr	II r	349.619	Zr	I	477.232
Zn	II	492.401	Zr	I R	351.959	Zr	I	481.562
Zn	I	636.234	Zr	I r	354.768			
Zr	II r	257.147	Zr	II R	357.247			

六、辉光放电发射光谱分析国内外相关标准及参考资料

1. 国内外标准

现已制订的辉光放电发射光谱（GD-OES）分析国际标准及各国国家标准列于表 8-42。

表 8-42　现有辉光放电发射光谱分析国际标准及国家标准汇总

标准类型	标准号	标准名称
国际标准	ISO 14707—2000	Surface chemical analysis-Glow discharge optical emission spectrometry (GD-OES)- Introduction to use
国际标准	ISO 16962—2005	Surface chemical analysis - Analysis of zinc- and/or aluminum - based metallic coatings by glow - discharge optical - emission spectrometry
国际标准	ISO 25138—2010	Surface chemical analysis-Analysis of metal oxide films by glow-discharge optical-emission spectrometry
国家标准	GB/T 19502—2004	表面化学分析-辉光放电发射光谱方法通则(对应 ISO 14707—2000)
国家标准	GB/T 22368—2008	低合金钢多元素含量的测定-辉光放电原子发射光谱法(常规法)
国家标准	GB/T 22462—2008	钢表面纳米、亚微米尺度薄膜 元素深度分布的定量测定　辉光放电原子发射光谱法
国家标准	GB/T 29559—2013	表面化学分析 辉光放电原子发射光谱 锌和/或铝基合金镀层的分析(对应 ISO 16962—2005)
国家标准	GB/T 31926—2015	钢板及钢带 锌基和铝基镀层中铅、镉和铬含量的测定 辉光放电原子发射光谱法
日本标准	JIS K0144—2001	表面化学分析-グロー放電発光分光分析方法通则(对应 ISO14707—2000)
日本标准	JIS K0150—2009	表面化学分析-亜鉛及び/又はアルミニウム基金属めっきのグロー放電発光分光分析方法(对应 ISO 16962—2005)
法国标准	NF X21-053—2006	Surface chemical analysis-Glow discharge optical emission spectrometry (GD-OES)-Introduction to use(对应 ISO 14707—2000)
英国标准	BS ISO 14707—2000	Surface chemical analysis-Glow discharge optical emission spectrometry (GD-OES)-Introduction to use(对应 ISO 14707—2000)
英国标准	BS DD ISO/TS 25138—2011	Surface chemical analysis. Analysis of metal oxide films by glow-discharge optical-emission spectrometry(对应 ISO 25138—2010)

2. 主要参考书籍

辉光放电原子发射光谱的专著以国外为主，以下书籍可作为参考。

（1）Nelis T, Payling R. Glow Discharge Optical Emission Spectroscopy: A Practical Guide. Cambridge: RSC Analytical Spectroscopy Monographs, 2003.

（2）Marcus R K, Broekaert J C （eds）. Glow Discharge Plasmas in Analytical Spectroscopy. Chichester: John Wily & Sons, 2002.

（3）Payling R, Jones D G, Bengton A （eds）. Glow Discharge Optical Emission Spectrometry. Chichester: John Wily & Sons, 1997.

（4）Marcus R K（eds）. Glow Discharge Spectroscopies. New York: Plenum Press, 1993.

（5）Chapman B. Glow Discharge Processes. New York: John Wiley & Sons, 1980.

（6）Weston G F. Cold Cathode Glow Discharge Tubes. London: Iliffe Books, 1968.

（7）Softley T P. Atomic Spectra. Oxford: Oxford Science Publications, 1994.

第四节 辉光放电原子发射光谱的应用

一、在冶金行业中的应用

1. 钢铁材料

钢铁属于基体复杂的材料，不仅需要对材料进行成分分析，同时需要对材料表面处理层及涂镀层检测，在这些方面 GD-OES 是非常适用的技术[168]。大多数元素的检出限可达 µg/g 级，深度分辨率可达几纳米。表 8-43 列出了 GD-OES 测定钢铁材料样品分析中的相关应用。

表 8-43 GD-OES 在钢铁材料样品分析中的应用

样 品	分析元素	分析要点	文 献
低合金钢	V, Mo	RF-GD-OES，脉冲偏压电流调制，检出限为 V6.2×10^{-3}%（质量）和 Mo2.0×10^{-3}%（质量），有效的偏置电流为 15mA	[169]
电工钢	C, Si, Mn, P, S, Cr, Ni, Cu	DC-GD-OES，以铁为内标元素，*RSD* 值小于 2%	[170]
硅钢薄板	B	放电电压 1200V，电流 50 mA，预溅射时间 40s，积分 10s。校准曲线范围 0.0001%~0.022%，*RSD* 小于 10%	[171]
中低合金钢	Ca	RF-GD-OES，功率 50W、氩气压力 900Pa、预燃时间 90s、积分 10s，*RSD* 小于 2%	[172]
硅钢	C, S, P, Si, Mn, Cr, Ni, Cu, Al, B, Ti 11 种元素	DC-GD-OES，放电电压 1100V、电流 50mA、预溅射时间 45s、积分 10s，C、S、P 的 *RSD* 小于 4%，其他元素 *RSD* 小于 2%	[173]
电工钢	C, Si, Mn, P, S, Cr, Ni, Cu, V, Ti, Al, B, Mo, Nb, Zr	DC-GD-OES，以铁为内标元素，电压 1200V，电流 50mA，预溅射时间 45s、积分 10s，*RSD*<2.0%(*n*=11)，检出限<3µg/g	[174]
钢	Co, Ni, V	对于铁基合金样品，在氦等离子体中测定 Co、Ni，在氩等离子体中测 V	[175]
不锈钢	C, Si, Mn, P, S, Cr, Ni, Cu, Co, Al	RF-GD-OES，功率 90W、载气 300Pa、预溅射 100s、积分 20s	[176]
钢	C	DC-GD 对于钢中的 C 分析可以获得更高的溅射率，对碳的发射强度的延长拖尾的机理进行了研究	[177]
高温合金	C, Si, Mn, P, S, Cr, Ti, Cu, Al, Fe	DC-GD-OES，对电流、电压、预溅射时间和积分时间进行优化	[178]
不锈钢	C, Si, Mn, P, S, Cr, Ni, Cu, Ti, Co, Al	DC-GD-OES，预溅射 40s、积分 6s，放电电压 1100V、电流 40mA	[179]
钢	As, Pb, Sb, Sn	对预溅射参数和积分时间进行优化，测定 0.003%~0.015% 砷、铅、锑、锡的 *RSD*=2%(*n*=9)	[180]
钢	Mn	DC-GD-OES，对 0.329%Mn，用 Mn I 403.08nm，*RSD* 为 0.1%	[181]
Fe-Ni-Cr 合金	Fe, Ni, Cr	固态检测器，校准模型以一组单元素发射谱线提高准确度	[182]
钢	As	以 Ar-He 混合气改善钢中砷的检测灵敏度，检出限在 700V 的 Ar 气为 0.009%，Ar-He 气则为 0.004%	[183]
灰口铸铁	C, P, S, Si, Mn, Cu, Ni, Mo, Cr, Ti, Sn, V, Al, Co, As	以白口铸铁作为校准样品，长时间、激烈预溅射消除白口和灰口铸铁之间的基体效应差异	[114]
钢	P, S	DC-GD-OES，电压调制技术，分析线 P177.49nm、S180.73/182.72nm	[184]
钢	C	Ar-He 混合气增强效应，与纯氩气相比，灵敏度提高 3 倍	[185]

2. 有色金属

有色金属样品主要涉及黄铜、铝基合金、锌基合金、贵金属、纯金属等，表 8-44 列出了

GD-OES 测定有色金属样品分析中的相关应用。

表 8-44 GD-OES 在有色金属样品分析中的应用

样 品	分析元素	分析要点	文 献
黄铜合金	Zn, Cu	LS-APGD 微等离子体, 氦载气 0.30L/min, 放电电流 60mA, 激光脉冲能量 44mJ, 溶液电极鞘气 0.2L/min 和溶液流速 10μL/min	[186]
铜	Cu	脉冲 RF-GD-OES, 对脉冲参数, 如频率、占空比、脉冲宽度和断电时间的影响进行研究	[187]
高纯镉	O	RF-GD-OES, 对氩纯化时间、RF 功率、氩气压力、预燃时间和积分时间等参数进行了优化	[188]
高纯碲	Se, Ca, Mg, Si, Fe, Cr, Cu, Ni, Pb	RF-GD-OES, 大多数元素检出限低于 10ng/g, *RSD* 为 10%左右	[189]
冶金级硅	Al, Ca, Fe, Ti, B	直流和射频 GD-OES, 不同厚度(1.6~4mm)的样品, 采用多基体校正实现了对 Al、Ca、Fe、Ti、B 的定量分析	[190]
铜钛锌合金	Cu	GD-OES, 铜谱线 327.3nm, 在 0.001%~0.2%最佳参数为电流 15mA、电压 1400V, 在 0.50%~2.0%最佳参数为电流 50mA、电压 700V	[191]
铜钛锌合金	Cu, Ti, Fe, Pb, Cd, Sn, Al	研究了不同方式取样对 Cu-Ti-Zn 合金试样的均匀性的影响, 并对方差分析(ANOVA)进行了评价	[192]

二、在环境、有机物领域中的应用

对于环境、有机物领域的样品, 主要有粉末与颗粒、液体溶液、气体与挥发性样品等形态。

1. 粉末与颗粒样品

GD-OES 对粉末与颗粒样品直接制样。在分析之前, 样品干燥、均匀化、研磨（粒径小于 50mm±100mm）。样品粉末与数倍量的纯导电基质粉末充分混合, 压成片状。作为导电基体通常是高纯铜粉, 但石墨、银、钽也有使用。表 8-45 列出了 GD-OES 测定粉末与颗粒样品分析中的相关应用。

表 8-45 GD-OES 在粉末与颗粒样品分析中的应用

样 品	分析元素	分析要点	文 献
氧化锆压制样品	Zr	以光谱纯氧化锆作为参考物质, 并用不同量石墨和胶木粉混合, 得到适用于锆材基质的 GD-OES 分析线性区域	[193]
溶胶-凝胶样	Al, Fe, Mg, S, Si	RF-GD-OES 测定水泥和粉煤灰凝胶样品, 检测限在 1~10μg/g	[194]

2. 液体溶液

采用空心阴极放电（HCD）干燥残留分析、压片吸附液体分析、通过采用适当的进样技术, 对液体样品直接 GD 分析。校准的制备标准略有不同, 但均采用标准物质的水溶液。表 8-46 列出了 GD-OES 测定液体溶液样品分析中的相关应用。

表 8-46 GD-OES 在液体溶液样品分析中的应用

样 品	分析元素	分析要点	文 献
环境和生物样品	Cd, Hg, Pb, Cr	SCGD-OES, 加 0.15%离子型表面活性剂 CTAC, 增强 Cd、Hg、Pb、Cr 的发射线净强度, 改进检测限分别为 1.0ng/mL、7.0ng/mL、2.0ng/mL 和 42ng/mL	[195]
水溶液	Ag, Cd, Cu, Fe, Hg, Mg, Ni, Pb, Se	LDGD-OES, 检测极限为 Ag1ng/g、Cd 2ng/g、Cu 8ng/g、Fe 40ng/g、Hg 20ng/g、Mg 3ng/g、Ni 12ng/g、Pb 10ng/g、Se 3μg/g, $r^2 \geq 0.9994$	[196]
溶液	Mg, Fe, Ni, Cu, Pb, Ag, Se, Hg	加低分子量有机化合物增强阴极辉光放电信号, 1kV、70mA 时 Ag、Se、Pb 和 Hg 信号强烈增强, 检出限改进 1 个数量级	[197]
有机和无机硒化合物	Se	PB-HC-OES, 对硒代胱氨酸、硒代蛋氨酸等五种化合物进行检测, 硒 204.0nm, 200μL, 检测限 200ng/g, 200~1960ng 范围内 *RSD* 为 10%	[198]

样　品	分析元素	分析要点	文　献
水溶液	Na	小型化 GD-OES，通过阴极放电引入样品，Na 用 589nm 谱线	[199]
电解质溶液	Na, Fe, Pb	大气压下液体直接进样，放电电流 30~60mA、电压 500~900V，溶液流速 3.0mL/min，电极间隙 0.5~3mm，5μL 的样品 Na、Fe、Pb 检测限在 11~14μg/g(约 60ng)范围内	[200]
溶液	As, Sb	HC/FC-GD-OES 用流动体系在线氢化物发生(HG)测定，对 RF 和 DC 放电光源进行，砷发射谱线：193.7nm、200.3nm、228.8nm、234.9nm 检出限 0.2μg/L，锑发射谱线：259.7nm、252.7nm、231.1nm 检出限 0.7μg/L	[201]

3. 气体与挥发性样品

作为气相分析物样品引入辉光放电中：气体样品直接引入；预先热蒸发样品引入；利用化学反应（如氢化物发生或氧化反应)将分析物转化为挥发性物质引入。通常在将样品引入辉光之前，在冷阱中对气态或挥发性样品冻结预浓集，或引入 GD 之前采用气相色谱对气态或挥发性样品分离。表 8-47 列出了 GD-OES 测定气体和挥发性样品分析中的相关应用。

表 8-47 GD-OES 在气体和挥发性样品分析中的应用

样　品	分析元素	分析要点	文　献
反应气体	Si, N, O, H, B	Grimm 型放电室，由 Si 腐蚀产生部分反应气体通过一个恒定 Ar 流经干燥柱进入放电室，通过连续 DC 溅射铁样品激发	[202]
有机化合物	Sn, Pb	GC 和 HC-RF-GD-OES 用于元素形态分析，谱线 Sn 283.9nm，Pb 283.3nm，检出限为 MBT 0.021μg/L，DBT 0.026μg/L，TBT 0.075μg/L，TEL 0.03μg/L，TML 0.15μg/L	[203]
蒸气	Hg	HC-GD-OES 通过 FI 测定无机 Hg，分析谱线 253.6nm，100μL 样品进样时，检出限 SnCl$_2$ 时为 0.2ng/mL，NaBH$_4$ 时为 1.8ng/mL	[204]

三、在其他成分分析领域中的应用

GD-OES 也应用在玻璃、陶瓷、生物等样品的测定，表 8-48 列出了在这些领域中的相关应用。

表 8-48 GD-OES 在其他成分分析领域中的应用

样　品	分析元素	分析要点	文　献
玻璃	SiO$_2$, Na$_2$O, CaO, MgO, Al$_2$O$_3$, K$_2$O	RF-GD-OES，内部标准校准法定量.不同组成和厚度(2.8~5.8mm)玻璃用于校准，以 Si 为内标，分析结果与标准值吻合	[205]
磷酸脱氧核苷酸	P, C	PB/HC-OES 测定 5 个核苷酸(AMP, ADP, dATP, dCTP, dGTP)，P219.9nm 和 C193.0nm，P 发射响应和磷酸化程度之间存在相关性	[206]
玻璃	SiO$_2$, Na$_2$O, CaO, MgO, Al$_2$O$_3$, K$_2$O	RF-GD-OES，用(SiO$_2$ 10%~70%，CaO 0~25%，Na$_2$O 0~15%，K$_2$O 0~19%)特殊硅酸盐玻璃校准.对两个不同厚度的样本进行分析	[125]
玻璃	Mg, Si	RF-GD-OES，放电功率 30W、放电压力 6Torr，使用基于 Ar(Ⅰ)内标(归一化)定量修正，检出限在 μg/g 级，线性范围为 1~500μg/g	[31]
骨	Ca, Na, Mg, P, C	RF-GD-OES 对骨骼元素组成进行分析，气压 6Torr，功率 35W，阳极孔内径 6mm	[120]

四、在材料表面分析中的应用

1. 金属合金镀层

金属合金镀层样品主要涉及镀锌或锌铝合金钢板、镀锡钢板、镀镍、铬层等样品，表 8-49 列出了 GD-OES 在金属合金镀层分析中的相关应用。

表 8-49 **GD-OES 在金属合金镀层分析中的应用**

样　品	分析问题	分析要点	文　献
金属涂层和薄膜	硅上多层系统及界面污染分析	GD-OES 检测硅表面的 Cr/Ti 多层系统,以及对 Ti₃SiC₂MAX 相涂层和 V/Fe 多层系统中氢进行检测	[207]
导体和绝缘体	导体和绝缘体样品成分分析和深度剖面分析	RF-GD-OES 对三种不同基体(铜、钢和铝)的导电材料以及成分均匀非涂层的不同厚度(1mm, 1.8mm, 2.8mm)的玻璃的样品分析	[208]
金属涂层	RF 供电的脉冲模式 GD-OES 对深度分布量化的研究	RF-GD-OES,对脉冲模式和连续模式进行了比较,分析多种样品(热浸镀锌、镀锌、薄膜光伏太阳能电池背面接触面和马口铁)	[209]
黄铜	对圆形黄铜样品成像和图像失真的校正	用在单色成像光谱仪的图像失真校正方法,并在 GD-OES 的表面元素分布进行了评估和应用	[210]
镀锌板、镀锡板、硅钢涂层	RF-GD-OES 对钢铁表面分析特殊实例的研究	RF-GD-OES 分析了镀锌板镀层中元素的组成,建立了一种强度积分法直接对未校正元素进行半定量分析	[211]
镀锡钢板	对镀锡钢板定量深度分析的研究	GD-OES 对不同放电条件下镀锡钢板的光谱行为进行研究,研究了深度分析中基体材料的溅射率对工作曲线的影响	[212]
镀锌层	测量金属基体表面粗糙度	GD-OES 测量基板表面粗糙度,以电镀锌层上铜衬底试样为例	[213]
铬和钛多层金属涂层	对分析多层金属涂层界面效应的研究	RF-GD-OES 对沉积在硅基板上金属涂层进行分析,研究对深度分辨率的不同效果的贡献	[214],[215]
薄导电层	研究 RF-GD-OES 分析时玻璃表面上薄导电层的影响	以"恒定压力-恒定功率"操作模式分析不同厚度的玻璃样品,金属厚度为 10~50nm,玻璃的厚度为 1.8~4.8mm 的发射产率	[216]
铝	对铝表面的元素分析	GD-OES 采用多基准方法进行校准分析常量元素,整个分析 8min、20μm 的深度,氧化物层约 1.5μm 厚,表面约有 1% 的碳	[217]
镀锌钢板、TiN 硬涂层、电镀层	导电涂层定量分析和密度校正研究	RF-GD-OES 分别对三种类型的导电性涂镀层(镀锌钢板、TiN 硬涂层、电镀层)进行了深度轮廓分析	[70]
镍电镀钢板	薄电镀层的深度分析	RF-GD-OES 采用偏置电流控制对薄电镀层进行分析。较低的采样率及更高的灵敏度可用于改善 RF-GD-OES 深度轮廓分析	[218]
青铜器	古代青铜器表面腐蚀产物的微量化学研究	GD-OES 研究考古发掘的意大利西部撒丁岛的青铜文物。得到了元素 Cu、Sn、As、Zn、Pb、Fe 的深度分布谱图	[219]
CuNi 薄膜	CuNi 薄膜的表征和大面积的元素分布图	通过快元素映射技术 GD-OES 进行元素分布分析,定性分析图像表明 Cu 和 Ni 组成梯度可以在几秒钟内获得	[220]
Si 基板的 Cr/Ni 多层涂层	纳米级别的 Cr/Ni 多层涂层的深度分布分析	RF-GD-OES 用于定量分析的硅衬底上纳米级别铬/镍多层的深度。TEM 图像和 AES 深度剖析结果确认 GD-OES 数据的有效性	[221]

2. 工艺处理层

工艺处理层样品主要涉及渗碳、氮、碳氮共渗钢板、磷化钢,如 TiN、TiCN、CrN 涂层等,表 8-50 列出了 GD-OES 在工艺处理层分析中的相关应用。

表 8-50 **GD-OES 在工艺处理层分析中的应用**

样　品	分析问题	分析要点	文　献
AlN-CrN 薄膜	表征氮化铝/氮化铬薄膜组合物扩散分布	RF 源耦合到高光谱成像系统和限制性阳极管 GD 源上,AlN-CrN 薄膜定量元素分布图可在 16.8s 内获得	[222]
涂层	各种类型的涂料和表面处理方法的比较	RF-GD-OES 对涂层样品进行元素分析,分析结果是涂层的最大分析深度为大约 80μm,深度分辨率为 10~20nm	[223]
碳氮层	对碳氮层中氮和碳分布的轮廓分析	GD-OES 对碳氮共渗的 25CrMnSiNiMo 钢和阿姆科铁进行轮廓分析,对工艺进行了研究	[224]
CrN/AlN 多层薄膜涂层	镍合金上 CrN/AlN 多层薄膜涂层的剖析	通过 SIMS 和 GD-OES 对镍合金上的 CrN/AlN 多层薄膜涂层进行溅射和深度轮廓分析	[225]
钝化膜	不锈钢表面薄钝化膜的剖面分析	GD-OES 对形成于高耐腐蚀型 312L 不锈钢表面的钝化薄膜进行深度分析,含有 20% 的铬和 6% 的钼	[226]

续表

样 品	分析问题	分析要点	文 献
氮化碳薄膜	CH_4/N_2 辉光放电等离子体束对氮化碳薄膜进行表征	以 CH_4/N_2 的辉光放电等离子体，CH_4 的比例从 1%至 20%，了解前体掺入到碳氮硅(CNX)薄膜的效果	[227]
渗硼层	Cr12 钢表面渗硼层的逐层分析和不同工艺的比较	GD-OES 对两种工艺形成的 Cr12 表面渗硼层进行逐层分析，利用 XRD 分析了渗硼层的相结构，两者的测试结果相吻合	[228]
铬和氮化铝层	对薄和超薄多层涂层的深度剖面分析	RF-GD-OES 对金属和金属氮化物的多层涂层进行深度分析，采用超薄 5nm 厚的铬和氮化铝层，评估 GD-OES 的深度分辨能力	[229]
多层氮化物涂层	对多层 CrN/AlN 涂层的快速深度轮廓分析	GD-OES 对 CrN/AlN 多层涂层从几百纳米到几纳米深度进行解析，在近表面区的 GD-OES 深度分辨率估计为 4~6nm	[230]
Ni-P 层	镀铝硬盘 Ni-P 层的深度解析	RF-GD-OES 对镀铝硬盘 Ni-P 层进行分析，RF 功率 40W、氩气压力 6Torr，分析了微观非均匀性的 Al 系合金基材的表面	[231]
铜上变色薄膜	短期户外暴露形成的铜表面变色薄膜的深度剖面分析	GD-OES 对铜表面上的变色薄膜进行元素深度剖析。并与 AES、XRD、FE-SEM、库仑还原和 XPS 进行补充比较	[232]
渗碳钢	渗碳钢中内部氧化的研究	GD-OES 对渗碳钢中的内部层(<10μm)进行元素分布深度轮廓分析。表明渗碳表面由一个连续氧化物层，接着复杂内氧化层	[233]
硬质涂层	工具钢上硬质涂层的定量深度剖面分析	RF-GD-OES 对 TiN、TiC、TiCN 和 Cr_7C_3 的硬质涂层进行深度轮廓分析。使用直流偏置电压校正和氢校正	[234]
Ni-P 薄膜	非均匀性电沉积膜的深度分析	GD-OES 对大约 0.53μm 厚的 Ni-P 薄膜进行深度分析，结果表明在组成分布上层间的顺序与沉积材料有良好的相关性	[235]
Ni-P 镀层	Ni-P 镀层的深度剖面分析	GD-OES 对分析涂层、中间层和边界层进行了分析，发现电镀 Ni 镀涂层是通过 Ni 离子还原沉积在钢基表面的 Ni-P 涂层	[236]

3. 纳米级薄层

纳米级薄层样品主要涉及近表面分析如氧化膜、掺杂纳米硅薄膜等，表 8-51 列出了 GD-OES 在纳米级薄层分析中的相关应用。

表 8-51 GD-OES 在纳米级薄层分析中的应用

样 品	分析问题	分析要点	文 献
氧化锌薄膜	铝掺杂氧化锌薄膜光伏电池的化学和光学特性研究	GD-OES 分析原子层沉积(ALD)制造铝掺杂的 ZnO(AZO)合金膜，同时测量均质薄膜的厚度、平均化学组成	[237]
$Zn-TiO_2$ 纳米复合膜	对 $Zn-TiO_2$ 纳米复合膜进行快速和灵敏的深度表征	RF-GD-OES 对沉积在 Ti 和钢的 $Zn-TiO_2$ 纳米复合膜进深度轮廓表征，操作参数 75W、600Pa、10kHz、占空比 50%	[238]
钢板	钢板在连续退火过程中的选择性氧化研究	GD-OES 对选择性氧化得到的 Mn、Al、Si 和 B 的浓度梯度进行测定。发现在 800℃、60s 后退火氧化深度为几百纳米	[239]
纳米尺度薄膜	测定钢铁表面纳米尺度薄膜厚度的重复性和再现性	以 GD-OES 测定钢铁表面纳米尺度薄膜的厚度为例，进行膜厚测定的实验室间共同试验。得到相应的重复性和再现性数据	[240]
氧化膜	氧化膜固体形态深度分辨的可能性研究	RF-GD-OES 对氧化膜进行定量，采用直流偏置电压校正作为替代量化方法。在压力 700Pa 和正向功率 30W 下进行了研究	[241]
氧化物薄膜	钢板表面上纳米级氧化物薄膜的分析	GD-OES 对各种氧化物薄膜进行定量深度轮廓分析，钢表面的磷化程度，表明表面覆盖了一个纳米层二氧化硅膜(8~10nm)	[242]
氧化铝和氧化钛膜	Al_2O_3 和 TiO_2 纳米孔氧化膜中 Ni 纳米线阵列的分析	RF-GD-OES 对自有序氧化铝和二氧化钛纳米多孔膜模板的深度剖面分析进行比较研究	[243]
氧化膜	Nb 和 NbN_x 上氧化膜的深度剖面分析	GD-OES 分析合金/膜界面的氧化膜(70%~75%的膜厚度)进行分布分析	[244]
氧化铝和氧化钛纳米板	自组装 TiO_2 纳米管和自有序纳米多孔氧化铝深度的定量	RF-GD-OES 对充满氧化铝和氧化钛纳米板进行深度轮廓分析。将结果与扫描电镜和 ED-XRF 光谱仪的其他技术相比较	[245]

4. 有机涂层

有机涂层样品主要涉及彩涂钢板、聚合物涂层等样品，表 8-52 列出了 GD-OES 在有机涂

层分析中的相关应用。

表 8-52 GD-OES 在有机涂层分析中的应用

样 品	分析问题	分析要点	文 献
电沉积聚苯胺薄膜	分析电沉积聚苯胺薄膜	GD 阳极直径 4mm, 功率 10W 和气压 400Pa 提高深度分辨率。通过碳信号减小来估计聚苯胺/氟掺杂氧化锡的界面位置	[246]
金属表面的分子单层	在银和金基板硫脲分子以及对 MCMWs 的吸附	RF-GD-OES 对吸附在银、金和铜表面的硫脲分子和 4~6nm 长的金属中心的分子导线(MCMWs)进行检测	[247]
聚合物涂层和硅酸盐薄膜	分子发射对 GD-OES 元素分析的影响研究	GD-OES 对聚合物和其他材料进行溅射, 观察到光双原子分子(CO、CH、OH、NH、C$_2$)有强光谱发射, 对 GD-OES 元素分析有影响	[248]
阻燃涂料	对阻燃剂涂料中溴的定量	RF-GD-OES 直接分析含溴阻燃剂聚合物层, 70W 和 45Torr, 检出限(0.044%Br), 在 He 中放电, Br I 827.24nm 进行测量	[249]
油残余层	对低合金钢表面残油清理过程的控制	RF-GD-OES 对覆盖在钢的表面的残油清洗工艺的控制进行研究, 以控制存于钢板表面上的碳基杂质	[250]
彩涂镀层	对彩涂钢板涂镀层的逐层分析研究	GD-OES 测定彩涂钢板涂镀层厚度, 通过溅射率校正, 建立了多基体线性校准曲线, 解决彩涂钢板涂镀层的逐层定量分析	[251]

5. 其他方面

GD-OES 在其他方面应用有电池电极、太阳能薄膜、非晶硅薄膜等样品, 表 8-53 列出相关应用。

表 8-53 GD-OES 在其他深度分析中的应用

样 品	分析问题	分析要点	文 献
薄膜	去噪技术更有效去除噪声并减少空间分辨率损失的研究	脉冲 GD-OES 测定表面元素分布, 对图像去噪技术在均匀样品、不均匀样品两维度分布及不均匀样品三维度分布进行比较	[252]
锂离子电池石墨电极	锂离子电池中石墨电极深度剖析和定量分析	对氩+氧气(Ar-0.50%体积比 O$_2$)和+氢气(Ar-1.00%体积比 H$_2$)的反应性溅射法研究, 加氧的氩等离子体增大溅射速率和提高锂的灵敏度	[253]
锰基正极/石墨锂电池中间相 SEI 层	对市售锰基/石墨锂离子电池的石墨电极固体电解质 SEI 和锰的沉积进行了表征	RF-GD-OES, 阳极筒直径 4mm, 对电极层进行高速率测量, 使用 Ar-1%H$_2$ 放电气体。对沉积在电极上固体电解质中间相(SEI 层)进行详细的表面测量, 脉冲的占空比降低到 10%	[254]
磷酸铁锂/石墨电极	对磷酸铁锂/石墨电池进行元素分布分析	GD-OES 对磷酸铁锂/石墨电池老龄化状态和几个容量衰减水平进行了研究, 测得的 Li 强度与 ICP-OES 和 AAS 相符	[255]
LIB 电极	对正负电极中 Li 的定量分析	GD-OES 对 NCM 和 SOC0~100%的硬碳基电极样品进行分析, 得到的 Li 强度与使用 ICP-MS 相符	[256]
薄膜太阳能电池	对氢化非晶硅薄膜太阳能电池(TFSC)定量深度剖面分析	RF-PGD-OES 通过多基体校正程序对 α-Si: HTFSC 进行了深度剖面分析, 与元素浓度和层厚度的标称值有良好的一致性	[257]
非晶硅薄膜	研究内源性和外源性氢对分析非晶硅薄膜的影响	RF-PGD-OES 分析非晶硅薄膜, 以 600Pa、50W、10kHz 和 25%占空比, 分析三种氢化样品: 本征、基于 α-Si: H 硼掺杂、磷掺杂层	[258]
含 H 钽与含 D 钛/镍层状结构	对等离子表面相互作用的研究测量氘和氢	GD-OES 对深度剖面含 H 钽与含 D 钛/镍层状结构进行了分析, 研究了分辨率。得到的深度剖面结果与透射电镜有相关性	[259]
光伏薄膜硅太阳能电池	对光伏 TFSC 直接表征, 研究对光伏器件的涂层扩散过程	RF-PGD-OES 对薄膜太阳能电池(TFSC)深度剖面分析, 对连续模式和脉冲模式在信号强度、溅射速率、发射产率和深度分辨率进行比较	[260]
二氧化钛膜	测定溶胶-凝胶沉积在钠钙玻璃上二氧化钛膜中钠迁移	GD-OES 测定沉积在 SLG 衬底上无定形二氧化钛薄膜中的 Na 迁移, 验证了碱迁移此阻挡层的有益作用及预防机制	[261]
Y-Pd 薄层	Y-Pd 薄层的 H 和 O 的深度上的演变	GD-OES 对 Y-Pd 薄层进行元素深度分布分析, 对氢的吸收和释放过程的 H 和 O 的深度分布进行研究	[262]
锂离子电池	电极深度剖面分析研究	GD-OES 对锂离子电池中的正电极的构成元素进行深度分布分析和电源衰减机理研究	[263]
锆钛酸铅薄膜	锆钛酸铅(PZT)薄膜的成分测量	脉冲 GD-OES 对锆钛酸铅(PZT)薄膜进行快速深度剖析。同时不同参数对这种脉冲模式的影响进行讨论	[264]
玻璃表面上薄层	玻璃表面上沉积的薄膜深度轮廓分析	RF-GD-OES 对薄膜进行定量分析, 20W、450Pa、13.56MHz、积分时间 0.1s, 不同厚度玻璃表面薄导电层发射产率影响进行研究	[265]

样　品	分析问题	分析要点	文　献
锆钛酸铅薄膜	锆钛酸铅单靶直流脉冲沉积薄膜的化学和机械性能研究	以脉冲 DC-GD-OES 对锆钛酸铅(PZT)薄膜进行分析。在整个涂层厚度中异常的 Pb 富集在表面上和界面处	[266]
玻璃样品	研究 H、O、N 对玻璃表面深度剖面分析的影响	RF-GD-OES，添加任一种氢、氧、氮气于氩气中，表明 0.5%~5% 的分子气体/氩气、20W、450Pa 对于均匀玻璃样品有很好溅射坑形	[267]
二氧化硅薄膜	光学干涉效应测定 SiO₂ 厚度	GD-OES 分析反射基板上的透明层，深度剖面分析除了可以获得化学信息，还可以得到任一层厚度或折射率额外信息	[268]

参 考 文 献

[1] Payling R, Jones D G, Bengtson A. Glow discharge optical emission spectrometry. Chichester: John Wiley & Sons Ltd, 1997.

[2] Grimm W. Spectrochim Acta Part B, 1968, 23: 443.

[3] 张毅, 陈英颖, 张志颖. 宝钢技术, 2001, 4: 45.

[4] 徐秋心. 实用发射光谱分析. 成都: 四川科学技术出版社, 1993.

[5] 苏永选, 孙大海, 王小如, 杨芃原. 分析测试学报, 1999, 18(3): 82.

[6] Stuart R V, Wehner G K. J Appl Phys, 1964, 35(6): 1819.

[7] Bogaerts A, Neyts E, Gijbels R, Van der Mullen J. Spectrochim Acta Part B, 2002, 57: 609.

[8] 江祖成, 田笠卿, 陈新坤, 胡斌, 冯永来. 现代原子发射光谱分析. 北京: 科学出版社, 1999.

[9] Pan C, King F L. Anal Chem, 1993, 65(22): 3187.

[10] 王海舟. 冶金分析前沿. 北京: 科学出版社, 2004.

[11] Bogaerts A, Gijbels R. Spectrochim Acta Part B, 1998, 53(1): 1.

[12] Jackson G P, King F L. Spectrochimica Acta Part B, 2003, 28: 1417.

[13] Martin W C, Fuhr J R, Kelleher D E, et al. NIST Atomic Spectra Database (version 2.0), http://physics.nist.gov/asd.

[14] Benninghoven A, Riidenauer F G, Wemer H W. Secondary Ion Mass Spectrometry: Basic Concepts, Instrumental Aspects, Applications and Trends. New York: Wiley, 1987.

[15] Martin W C, Fuhr J R, Kelleher D E, et al. Handbook of Basic Atomic Spectroscopic Data. Gaithersburg: National Institute of Standards and Technology, 2002.

[16] Zhang L, Kashiwakura S, Wagatsuma K. Spectrochimica Acta Part B, 2011, 66: 785.

[17] Walters J P. Anal Chem, 1968, 40: 1540.

[18] Fuhr J R, Martin G A, Wiese W L. J Phys Chem Ref Data, 1988, 17(Suppl 4): 13.

[19] Wagatsuma K, Honda H. Spectrochimica Acta Part B, 2005, 60: 1538.

[20] Sugar J, Corliss C. J Phys Chem Ref Data, 1985, 14 (Suppl 2): 587.

[21] 赵化侨. 等离子体化学与工艺. 合肥: 中国科学技术大学出版社, 1993.

[22] Marcus R K. Glow Discharge Spectroscopies. New York: Plenum, 1993.

[23] 蔡华义. 光谱学与光谱分析, 1987, 7(1): 34.

[24] Bengtson A. Spectrochim Acta Part B, 1994, 49: 411.

[25] 陈新坤. 原子发射光谱分析原理. 天津: 天津科学出版社, 1991.

[26] Ferreira N P, Human H G C, Butler L R P. Spectrochim Acta Part B, 1980, 35: 287.

[27] 张毅, 张志颖, 陈英颖. 现代科学仪器, 2000, 2: 63.

[28] 余兴, 王海舟, 李小佳. 分析仪器, 2006, (4): 9.

[29] Bogaerts A, Wilken L, Hoffmann V, et al. Spectrochimica Acta Part B, 2001, 56: 551.

[30] 滕璇, 李小佳, 王海舟. 冶金分析, 2003, 23(5): 1.

[31] Anfone A B, Marcus R K. J Anal At Spectrom, 2001, 16(5): 506.

[32] Pisonero J, Costa J M, Pereiro R, et al. Anal BioAnal Chem, 2004, 379: 17.

[33] Harrison W W, Barshick C M, Klingler J A, et al. Anal Chem, 1990, 62: 943A.

[34] Broekaert J A C. J Anal At Spectrom, 1987, 2: 537.

[35] El Nady A B M, Zimmer K, Zaray G. Spectrochim Acta Part B, 1985, 40: 999.

[36] Ehrlich G, Stahlberg U, Hoffmann V, et al. Spectrochim Acta Part B, 1991, 46: 115.

[37] Brenner I B, Laqua K, Dvorachek M. J Anal At Spectrom, 1987, 2: 623.

[38] 辛学武. 冶金标准化与质量, 2007, 44: 20.

[39] Marcus R K, Harville T R, Mei Y, et al. Anal Chem, 1994, 66: 902A.

[40] Marcus R K. J Anal At Spectrom, 1996, 11: 821.

[41] Winchester M R, Marcus R K. J Anal At Spectrom, 1990, 5: 575.

[42] Ratinen H. Rf Sputtering Investigations Using an Apparatus Equipped with an Optical Spectrometer. Helsinki: Finnish Academy of Technical Sciences, 1974.

[43] Greene J E, Whelan J M. J Appl Phys, 1973, 44(6): 2509.

[44] 阮小林, 李攻科. 分析测试技术与仪器, 2001, 7(3): 156.

[45] Centineo G, Fernandez M, Pereiro R, et al. Anal Chem, 1997, 69: 3702.

第二篇

[46] Long G L, Ducatte G R, Lancaster E D. Spectrochim Acta Part B, 1994, 49: 75.

[47] Chan S K, Montaser A. Spectrochim Acta Part B, 1987, 42: 591.

[48] Pereiro R, Starn T K, Hieftje G M. Appl Spectrosc, 1995, 49(4): 616.

[49] Uchida H, Berthod A, Winefordner J D. Analyst, 1990, 115: 933.

[50] Marshall K A, Casper T J, Brushwyler K R, et al. J Anal At Spectrom, 2003, 18: 637.

[51] Winchester M R, Payling R. Spectrochimica Acta Part B, 2004, 59: 607.

[52] Marcus R K. J Anal At Spectrom, 1993, 8: 935.

[53] Klingler J A, Savickas P J, Harrison W W. J Am Soc. Mass Spectrom., 1990, 1: 138.

[54] Klingler J A, Barshick C M, Harrison W W. Anal Chem, 1991, 63: 2571.

[55] Walden W O, Hang W, Smith B W, et al. Fresenius' J Anal Chem, 1996, 355: 442.

[56] Hang W, Walden W O, Harrison W W. Anal Chem, 1996, 68(7): 1148.

[57] Harrison W W, Hang W. J Anal At Spectrom, 1996, 11: 835.

[58] Hang W, Bakers C, Smith B W, et al. J Anal At Spectrom, 1997, 12: 143.

[59] Winchester M R, Marcus R K. Anal Chem, 1992, 64: 2067.

[60] Parker M, Marcus R K. Appl Spectrosc, 1996, 50: 366.

[61] Pan C, King F L. Appl Spectrosc, 1993, 47: 2096.

[62] Jakubowski N, Dorka R, Steers E, et al. J Anal At Spectrom, 2007, 22: 722.

[63] Harrison W W, Hang W, Yan X, et al. J Anal At Spectrom, 1997, 12: 891.

[64] Dawson J B, Ellis D J. Spectrochim Acta Part A, 1967, 23A: 565.

[65] Piepmerer E H, Galan L de. Spctrochim. Acta Part B, 1975, 30(8): 263.

[66] Araki T, Uchida T, Minami S. Appl Spectrosc, 1977, 31(2): 150.

[67] Drobyshev A I, Turkin Y I. Spectrochim Acta Part B, 1981, 36(12): 1153.

[68] Harrison W W, Mattson W A. Proc. of 23th ASMS Cof. On Mass Spectrom and Allied Topies, Houston: 1975.

[69] Nelis T, Payling R. Glow Discharge Optical Emission Spectrometry: a Practical Guide. Cambridge: RSC Analytical Spectroscopy Monographs, 2003.

[70] Payling R, Michler J, Aeberhard M. Surface and Interface Analysis, 2002, 33(6): 472.

[71] EI Alfy S, Laqua K, Hassmann H. Fresenius' Z Anal Chem, 1973, 263: 1.

[72] Pérez C, Pereiro R, Bordel N, et al. J Anal At Spectrom, 2000, 15: 67.

[73] Winchester M R, Lazik C, Marcus R K. Spectmchim Acta Part B, 1991, 46: 483.

[74] Pan X, Hu B, Ye Y, et al. J Anal At Spectrom, 1998, 13: 1159.

[75] Thornton K. Analyst, 1969, 94: 958.

[76] Thelin B. Appl Spectrosc, 1981, 35(3): 302.

[77] Dogan M, Laqua K, Massmann H. Spectrochim Acta Part B, 1972, 27: 65.

[78] Boumans P W J M. Anal Chem, 1972, 44: 1219.

[79] Tong W G, Chen D A. Appl Spectrosc, 1987, 41(4): 586.

[80] Fang D, Marcus R K. Spectrochim Acta Part B, 1988, 43(12): 1451.

[81] Samuels L E, Metallographic Polishing by Mechanical Means, 2nd edn. Melbourne: Pitman & Sons, 1971.

[82] 张加民. 理化检验-化学分册, 2006, 42: 197.

[83] Penning F M. Electrical Discharges in Gases. Einhoven: Philips Technical Library, 1957.

[84] Payling R. Surf Inferface Anal, 1995, 23(1): 12.

[85] Shimizu K, Habazaki H, Skeldon P, et al. Surf Inferface Anal, 2001, 31(9): 869.

[86] ISO 14707-2001, Glow discharge optical emission spectrometry (GD-0ES)-Introduction for use.

[87] Shimizu K, Brown G M, Habazaki H, et al. Surf Inferface Anal, 1999, 27: 998.

[88] O'Connor D J, Sexton B A, Smart R St C. Surface Analysis Methods in Materials Science, 2nd ed. Berlin: Springer-Verlag, 2003.

[89] Weiss Z J Anal Atom Spectrom, 1995, 10: 891.

[90] Weiss Z, Smid P. J Anal Atom Spectrom, 2000, 15(11): 1485.

[91] ISO 18115-2001, Surface chemical analysis-vocabulary.

[92] Marshall K A. J Anal Atom Spectrom, 1999, 14(6): 923.

[93] Bengston A. J Anal At Spectrom, 1996, 11: 829.

[94] Durr J, Vandorpe B. Spectrochim Acta Part B, 1981, 36(2): 139.

[95] Ko J B. Spectrochim Acta Part B, 1984, 39: 1405.

[96] Huang W, Hu B, Xiong H. Fresenius' J Anal Chem, 2000, 367: 254.

[97] Kruger R A, Bombelka R M, Laqua K. Spectrochim Acta Part B, 1980, 35(10): 589.

[98] Dogan M. Spectrochim Acta Part B, 1981, 36(2): 103.

[99] Marco R De, Kew D, Sullivan J V. Spectrochim Acta Part B, 1986, 41(6): 591.

[100] Marco R De, Kew D J, Chadjilazarou C, et al. Anal Chim Acta, 1987, 194: 189.

[101] Pérez C, Pereiro R, Bordelb N, et al. J Anal At Spectrom, 1999, 14: 1413.

[102] 张毅, 邬君飞, 陈英颖. 理化检验-化学分册, 2007, 43(3): 174.

[103] Leis F, Steers E B M. Fresenius' J. Anal Chem, 1996, 355(7-8): 873.

[104] Weiss Z. Spectrochim Acta Acta Part B, 1996, 51(8): 863.

[105] Harville T R, Marcus R K. Anal Chem, 1993, 65(24): 3636.

[106] Harville T R, Marcus R K. Anal Chem, 1995, 67(7): 1271.

[107] S. Lomdahl, J. V. Sullivan. Spectrochim Acta Part B, 1984, 39B: 1395.

[108] Lomdahl G S, McPherson R, Sullivan J V. Anal Chim Acta, 1983, 148: 171.

[109] Caroli S, Senofonte O, Caimi S, et al. J Anal At Spectrom, 1996, 11: 773.

[110] Florian K, Fischer W, Nickel H. J Anal At Spectrom 1994, 9: 257.

[111] Leis F, Broekaert J A C, Laqua K. Spectrochim Acta Part B, 1987, 42: 1169.

[112] 张毅, 陈英颖, 张志颖. 冶金分析, 2002, 22(1): 66.

[113] 张毅, 陈英颖, 张志颖. 现代仪器, 2001, (2): 25.

[114] Winchester M R, Miller J K. J Anal At Spectrom, 2001, 16(2): 122.

[115] Wagatsuma K, Hirokawa K. Anal Chem, 1984, 56: 412.

[116] Rademacher H W, De Swardt M C. Spectrochim Acta Part B, 1975, 30(9): 353.

[117] Marcus R K, Broekaert J C. Glow Discharge Plasmas in Analytical Spectroscopy. Chichester: John Wily & Sons, 2003.

[118] Dharmadasa I M, Yves M, Brooks J S, et al. Semicond Sci Technol, 1995, 10(4): 369.

[119] Jones D G. Payling R. Gower S A, et al. J Anal At Spectrom., 1994, 9: 369.

[120] Martínez R, Pérez C, Bordel N, et al. J Anal At Spectrom, 2001, 16(3): 250.

[121] Marcus R K, Harrison W W. Anal Chem, 1987, 59(19): 2369.

[122] Winchester M R, Marcus R K. Appl Spectros, 1988, 42: 941.

[123] Charlie Maul. LECO Application Bulletin, 1997.

[124] Lazik C, Macrus R K. Spectrochim Acta Part B, 1993, 48(6-7): 863.

[125] Fernández B, Bordel N, Pereiro R, et al. Anal Chem, 2004, 76(4):1039.

[126] Broekaert J A C. Spectrochim Acta Part B, 1980, 35: 225.

[127] Caroli S, Falasca O, Senofonte O, et al. Can J Spectrosc, 1985, 30(4): 79.

[128] Alimonti A, Caroli S, Petrucci F, et al. Anal Chim Acta, 1984, 156: 121.

[129] Strange C M, Marcus R K. Spectrochim Acta Part B, 1991, 46(4): 517.

[130] Berneron R. Spectrochim Acta Part B, 1978, 33(5): 665.

[131] Schroeder S G, Horlick G. Spectrochim Acta Part B, 1994, 49(12-14): 1759.

[132] Caerfalvi T, Mezei P. J Anal At Spectrom, 1994, 9: 345.

[133] Matsumoto K, Ishiwatari T, Fuwa K. Anal Chem, 1984, 56: 1545.

[134] Starn T K, Pereiro R, Hieftje G M. Appl Spectrosc, 1993, 47(10): 1555.

[135] Centineo G, Fernández M, Pereiro R, et al. Anal Chem, 1997, 69: 3702.

[136] Hodoroaba V-D, Unger W E S, Jenett H, et al. Applied Surface Science, 2001, 179: 30.

[137] Lewis C L, Jackson G P, Doorn S K, et al. Spectrochim Acta Part B, 2001, 56: 487.

[138] 周振, 苏永选, 弓振斌等. 分析科学学报, 1997, 13(2): 89.

[139] Michler J, Aeberhar M, Velten D, et al. Thin Solid Films, 2004, 447: 278.

[140] Thobor A, Rousselot C, Mikhailov S. Surface and Coatings Technology, 2003, 174-175: 351.

[141] Webb M R, Hoffmann V, Hieftje G M. Spectrochim Acta Part B, 2006, 61(12): 1279.

[142] Garcia J A, Rodriguez R J, Martinez R, et al. Applied Surface Science, 2004, 235: 97.

[143] Andrade-Garda J M. Basic Chemometric Techniques in Atomic Spectroscopy. Cambridge: RSC, 2013.

[144] Belle C J, Johnson J D. Appl Spectrosc, 1973, 27(2): 118.

[145] Berneron R, Charbonnier J C. Surf Interf Anal, 1981, 3: 134.

[146] Berneron R, Caplet J-L, Charbonnier J C, et al. Mem Sci Rev Metall, 1978, 75: 503.

[147] Hocquaux H. Bull Cercle Etud Metaux, 1983, 15(1): 4.1.

[148] Hocquaux, H, Leveque M. Gulvano-organo, 1984, 53(550): 837.

[149] 徐永林. 冶金分析, 2015, 35(3): 7.

[150] Bengston A. Spectrochim Acta Part B, 1985, 40(4): 631.

[151] Bengston A, Eklund A, Hundholm M, et al. J Anal At Spectrom, 1990, 5: 563.

[152] Bengston A, Eklund A, Praßler F. Fresenius' J Anal Chem, 1996, 355(7-8):836.

[153] Quentmeier A, Demeny D, Laqua K. Fresenius' Zeitschrift für analytische Chemie, 1983, 314(3): 235.

[154] Angeli J, Kaltenbrunner T, Androsch F M. Fresenius'J Anal Chem, 1991, 341: 140.

[155] 李小佳. 辉光质谱(光谱)法镀锌钢板镀层深度结构分析研究. 北京: 钢铁研究总院, 2001.

[156] Freire Jr F L, Senna L F, Achete C A, et al. Nuclear Instruments and Methods in Physics Research B, 1998, 136-138: 788.

[157] Weiss Z, Musil J, Vlcek J. Fresenius J Anal Chem, 1996, 354(2): 188.

[158] Payling R, Jones D G, Gower S A. Surf Interface Anal, 1993, 20(12): 959.

[159] Shimizu K, Habazaki H, Skeldon P, et al. Surf Inferface Anal, 2000, 29: 743.

[160] 何晓蕾, 张毅, 蓝闽波等. 理化检验-化学分册, 2006, 42(9): 693.

[161] Angeli J, Bengtson A, Bogaerts A, et al. J Anal At Spectrom, 2003, 18: 670.

[162] Fischer W, Nickel H, Naoumidis A. Fresenius' J Anal Chem, 1993, 346(1-3): 144.

[163] Payling R, Brown N V, Gower S A. J Anal At Spectrom, 1994, 9(3): 363.

[164] Payling R, Larkins P L. Optical Emission Lines of the Elements. Chichester: John Wiley & Sons, 2000.

[165] Harrison G R. Wavelength Tables with Intensities in Arc, Spark, or Discharge Tube of more than 100, 000 Spectrum Lines. Cambridge: The M.I.T. Press, 1969.

[166] Striganov A R, Sventitskii N S. Tables of Spectral Lines of Neutral and Ionized Atoms. New York: IFI/Plenum Press, 1968.

[167] Winchester M R. J Anal At Spectrom, 1998, 13: 235.

[168] Xhoffer C, Dillen H. J Anal At Spectrom, 2003, 18: 576.

[169] Urushibata S, Wagatsuma K. ISIJ International, 2012, 52(9): 1616.

[170] 邓军华. 鞍钢技术, 2011, 367(1): 39.

[171] 邓军华, 曹新全, 李化. 中国无机分析化学, 2011, 1(3): 39.

[172] 胡维铸, 范连明. 冶金分析, 2011, 31(7): 31.

[173] 邓军华, 邴一宏. 冶金分析, 2010, 30(1): 24.

[174] 邓军华, 曹新全, 李化. 化学分析计量, 2010, (6): 39.

[175] Wagatsuma K. ISIJ International, 2009, 49(7): 1184.

[176] 韩永平, 李小佳, 王海舟.冶金分析, 2007, 27(7): 8.

[177] Yasuhara H, Yamamoto A, Wagatsuma K, et al. ISIJ International, 2006, 46(7): 1054.

[178] 余兴, 李小佳, 王海舟. 钢铁研究学报, 2006, 18(5): 55.

[179] 韩永平, 李小佳, 王海舟. 冶金分析, 2006, 26(3): 11.

[180] 张翔辉, 宋立伟, 赵宇. 冶金分析, 2005, 25(5): 32.

[181] Wagatsuma K, Kodama K, Park H. Analytica Chimica Acta, 2004, 502(2): 257.

[182] Weiss Z. J Anal At Spectrom, 2003, 18: 584.

[183] Wagatsuma K. Analytical Sciences: the International Journal of the Japan Society for Analytical Chemistry, 2003, 19(2): 325.

[184] Wagatsuma K. ISIJ international, 2000, 40(8): 783.

[185] Wagatsuma K. ISIJ international, 2000, 40(6): 609.

[186] Quarles Jr C D, Gonzalez J, Choi I, et al. Spectrochimica Acta Part B, 2012, 76: 190.

[187] Alberts D, Horvath P, Nelis Th, et al. Spectrochimica Acta Part B, 2010, 65(7): 533.

[188] Anil G, Reddy M R P, Ali S T, et al. Atomic Spectroscopy, 2008, 29(3): 90.

[189] Anil G, Reddy M R P, Prasad D S, et al. Annali di Chimica, 2007, 97(10): 1039.

[190] Menéndez A, Bordel N, Pereiro R, et al. J Anal At Spectrom, 2005, 20(3): 233.

[191] Koklič B, Veber M, Zupan J. J Anal At Spectrom, 2003, 18: 157.

[192] Koklič B, Veber M. Accreditation and Quality Assurance, 2003, 8(3-4): 146.

[193] Lötter S J, Purcell W, Nel J T. Advanced Materials Research, 2014, 1019: 393.

[194] Davis W C, Knippel B C, Cooper J E, et al. Anal Chem, 2003, 75 (10): 2243.

[195] Zhang Z, Wang Z, Li Q, et al. Talanta, 2014, 119(15): 613.

[196] Doroski T A, King A M, Fritz M P, et al. J Anal At Spectrom, 2013, 28: 1090.

[197] Doroski T A, Webb M R. Spectrochimica Acta Part B, 2013, 88: 40.

[198] Davis W C, Jin F, Dempster M A, et al. J Anal At Spectrom, 2002, 17: 99.

[199] Jenkins G, Manz A. Micro Total Analysis Systems 2002, 2002, 1: 266.

[200] Marcus R K, Davis W C. Anal Chem, 2001, 73 (13): 2903.

[201] Orellana-Velado N G, Fernández M, Pereiro R, et al. Spectrochimica Acta Part B, 2001, 56(1): 113.

[202] Hoffmann V, Steinert M, Acker J. J Anal At Spectrom, 2011, 26: 1990.

[203] Orellana-Velado N G, Pereiro R, Sanz-Medel A. J Anal At Spectrom, 2001, 16(4): 376.

[204] Martínez R, Pereiro R, Sanz-Medel A, et al. Fresenius' J Anal Chem, 2001, 371(6): 746.

[205] Fernández B, Martín A, Bordel N, et al. J Anal At Spectrom, 2006, 21: 1412.

[206] Brewer T M, Fernández B, Marcus R K. J Anal At Spectrom, 2005, 20(9): 924.

[207] Wilke M, Teichert G, Gemma R, et al. Thin Solid Films, 2011, 520(5): 1660.

[208] Alberts D, Fernández B, Pereiro R, et al. J Anal At Spectrom, 2011, 26: 776.

[209] Sánchez P, Fernández B, Menéndez A, et al. Analytica Chimica Acta, 2011, 684(1-2): 47.

[210] Engelhard C, Ray S J, Buscher W, et al. J Anal At Spectrom, 2010, 25: 1874.

[211] 余卫华, 张穗忠, 于录军. 冶金分析, 2008, 28(7): 11.

[212] 史玉涛, 李小佳, 王海舟. 冶金分析, 2007, 27(2): 1.

[213] Biao X, Meng Z. Surface and Interface Analysis, 2007, 39(11): 885.

[214] Galindo R E, Forniés E, Albella J M. J Anal At Spectrom, 2005, 20(10): 1108.

[215] Galindo R E. Forniésa E, Albella J M. J Anal At Spectrom, 2005, 20(10): 1116.

[216] Fernández B, Bordel N, Pereiro R, et al. J Anal At Spectrom, 2005, 20(5): 462.

[217] Long J M. Proceedings of the 27TH Annual A&NZIP Condensed Matter and Materials Meeting, Wagga Wagg: 2003.

[218] Yamashita N, Hiramoto F, Wagatsuma K. Tetsu-to- hagané, 2002, 88(1): 44.

[219] Ingo G M, Calliari I, Dabala M, et al. Surface and Interface Analysis, 2000, 30(1): 264.

[220] Gamez G, Mohanty G, Michler J. J Anal At Spectrom, 2013, 28: 1016.

[221] Yoon Jang-Hee, Kim Jong-Pil, Kim Kyung Joong, et al. JAST, 2011, 2(1): 36.

[222] De Vega C G, Alberts D, Chawla V, et al. Analytical and Bioanalytical Chemistry, 2014, 406(29): 7533.

[223] Kiryukhantsev-Korneev Ph V. Protection of Metals and Physical Chemistry of Surfaces, 2012, 48(5): 585.

[224] Zumbilev A. Acta Technica Corvininesis-Bulletin of Engineering, 2012, 5(2): 69.

[225] Tolstoguzov A B. Journal of Analytical Chemistry, 2010, 65(13): 1370.

[226] Uemura M, Yamamoto T, Fushimi K, et al. Corrosion Science, 2009, 51(7): 1554.

[227] Hu W, Tang J Y, Wu J D, et al. Physics of Plasmas, 2008, 15(7): 073502.

[228] 范爱兰, 刘小平, 秦林, 等. 冶金分析, 2007, 27(9): 12.

[229] Galindo R E, Forniés E, Albella J M. Surface and Coatings Technology, 2006, 200(22-23): 6185.

[230] Galindo R E, Gago R, Forniés E, et al. Spectrochimica Acta Part B, 2006, 61(5): 545.

[231] Luesaiwong W, Marcus R K. J Anal At Spectrom, 2004, 19(3): 345.

[232] Toyoda E, Watanabe M, Higashi Y, et al. Corrosion, 2004, 60(8): 729.

[233] An X, Cawley J, Rainforth W M, et al. Spectrochimica Acta Part B, 2003, 58(4): 689.

[234] Payling R, Aeberhard M, Delfosse D. J Anal At Spectrom, 2001, 16(1): 50.

[235] Shimizu K, Brown G M, Habazaki H, et al. Corrosion Science, 2001, 43(2): 199.

[236] Ćurković Lidija. Proceedings book 10th International Foundrymen Conference-Progress through Knowledge, Quality and Environmental Protection. Sisak: Faculty of Metallurgy, 2010.

[237] Schmitt S W, Gamez G, Sivakov V, et al. J Anal At Spectrom, 2011, 26: 822.

[238] Alberts D, Fernández B, Frade T, et al. Talanta, 2011, 84(2): 572.

[239] Ollivier-Leduc A, Giorgi M-L, Balloy D, et al. Corrosion Science, 2011, 53(4): 1375.

[240] 张毅, 郭君飞, 缪乐德, 等. 宝钢技术, 2010, (4): 41.

[241] Malherbe J, Fernández B, Martinez H, et al. J Anal At Spectrom, 2008, 23: 1378.

[242] Rout T K. Scripta Materialia, 2007, 56(7): 573.

[243] Prida V M, Navas D, Pirota K R, et al. Physica status solidi (a) Special Issue: Trends in Nanotechnology (TNT2005), 2006, 203(6): 1241.

[244] Habazaki H, Matsuo T, Konno H, et al. Surface and Interface Analysis, 2003, 35(7): 618.

[245] Alberts D, Vega V, Pereiro R, et al. Analytical and Bioanalytical Chemistry, 2010, 396(8): 2833.

[246] Moutarlier V, Lakard S, Patois T, et al. Thin Solid Films, 2014, 550: 27.

[247] Molchan I S, Thompson G E, Skeldon P, et al. J Anal At Spectrom, 2013, 28: 121.

[248] Bengtson A. Spectrochimica Acta Part B, 2008, 63(9): 917.

[249] Vázquez A S, Martín A, Costa-Fernandez J M, et al. Analytical and Bioanalytical Chemistry, 2007, 389(3): 683.

[250] Menéndez A, Pereiro R, Bordel N, et al. J Anal At Spectrom, 2007, 22: 411.

[251] 张殿英. 冶金分析, 2007, 27(8): 23.

[252] Gamez G, Mohantyb G, Michlerb J. J Anal At Spectrom, 2014, 29: 315.

[253] Takahara H, Kojyo A, Kodama K, et al. J Anal At Spectrom, 2014, 29: 95.

[254] Takahara H, Kobayashi Y, Shono K, et al. J Electrochem Soc, 2014, 161(10): A1716.

[255] Takahara H, Miyauchi H, Tabuchi M, et al. J Electrochem Soc, 2013, 160(2): A272.

[256] Takahara H, Shikano M, Kobayashi H. Journal of Power Sources, 2013, 244(15): 252.

[257] Sanchez P, Fernández B, Menéndez A, et al. Progress in Photovoltaics: Research and Applications, 2014, 22(12): 1246.

[258] Sánchez P, Alberts D, Fernández B, et al. Analytica Chimica Acta, 2012, 714(10): 1.

[259] Hatano Y, Shi J, Yoshida N, et al. Fusion Engineering and Design, 2012, 87(7-8): 1091.

[260] Sánchez P, Fernández B, Menéndez A, et al. J Anal At Spectrom, 2010, 25: 370.

[261] Yuksel B, Sam E D, Aktas O C, et al. Applied Surface Science, 2009, 255(7): 4001.

[262] Encinas E R, Galindo R E, Martín J M A, et al. Thin Solid Films, 2008, 516(18): 6524.

[263] Saito Y, Rahman M K. Journal of Power Sources. 2007, 174(2): 877.

[264] Schwaller P, Aeberhard M, Nelis T, et al. Surface and Interface Analysis, 2006, 38(4): 757.

[265] Fernández B, Martín A, Bordel N, et al. Analytical and Bioanalytical Chemistry, 2006, 384(4): 876.

[266] Schwaller P, Fischer A, Thapliyal R, et al. Surface and Coatings Technology, 2005, 200(5-6): 1566.

[267] Fernández B, Bordel N, Pereiro R, et al. J Anal At Spectrom, 2003, 18: 151.

[268] Dorka R, Kunze R, Hoffmann V. J Anal At Spectrom, 2000, 15(7): 873.

第
二
篇

第九章　激光诱导击穿光谱分析

第一节　激光诱导击穿光谱分析发展历程与现状

激光诱导击穿光谱（laser induced breakdown spectroscopy，LIBS）分析是利用聚焦的高功密脉冲激光照射于物质上，产生瞬态等离子体，辐射出元素的特征谱线进行定性及定量分析的原子发射光谱分析新技术。

激光诱导产生等离子体的研究始于 20 世纪 60 年代，1962 年 Brech 及 Cross[1]论述了激光诱导等离子体用于发射光谱分析的潜力。1963 年诞生了第一台 Q 开关红宝石激光器，1964 年 Maker[2]报道了激光击穿空气产生等离子体的现象，Runge[3]探讨了 Q 开关红宝石激光器分析钢铁材料中的 Ni 及 Cr 元素，第一台 LIBS 仪器诞生于 1967 年，Jarrell-Ash Corp.（美国），VEB Carl Zeiss Jena Co.（德国）及 JEOL Ltd（日本）仪器公司相继推出了商品化的 LIBS，尽管当时的 LIBS 可用于光谱分析，但其准确度、灵敏度及精密度等分析性能无法与传统的商品化 AAS 及 Spark-AES 相比。20 世纪 70 年代初期，前苏联对激光诱导等离子体进行了系统研究，Raizer 针对激光诱导等离子体出版了一本专著《Laser-induced Discharge Phenomena》[4]，Marich[5]认为 LIBS 分析存在物理及化学基体效应，这些基体效应对 LIBS 分析性能有着重要的影响。70 年代后期，Lencioni 等[6]研究了空气中颗粒物对空气击穿阈值的影响，许多研究者采用 LIBS 进行气溶胶光谱化学分析[7]。20 世纪 80 年代，随着激光器、光谱仪及检测器技术的发展，LIBS 分析技术迅速得到发展，1981 年 Los Alamos National Laboratory 实验室发表了两篇重要的 LIBS 文章[8,9]，引起光谱分析界极大兴趣与关注。在这期间，Los Alamos 科学家用 LIBS 对各种不同物质状态有毒元素含量进行分析。80 年代后期，研究集中在 LIBS 定量分析上。20 世纪 90 年代起，LIBS 基础理论研究及应用得到快速发展，有许多文章及专著[10~12]对 LIBS 分析技术进行系统介绍，世界各地 LIBS 研究小组，如美国、意大利、加拿大、西班牙及澳大利亚等国对 LIBS 的定性及定量分析进行了深入研究。澳大利亚 Chadwick 研究小组[13]研发的 LIBS 商品仪器，用于煤炭在线分析，美国 Los Alamos 研究小组[14]通过光纤实现 LIBS 远距离遥测分析，1999 年，意大利 Palleschi 研究小组[15]提出 LIBS 进行无标准物质的绝对分析方法。此外，Russo 研究小组[16]对激光烧蚀物理机理进行深入研究，Winefordner 研究小组[17]对影响 LIBS 分析性能的各种因素进行了深入探讨，Gornushkin[18]等对 LIBS 的光谱自吸效应建立数学模型进行校正。

LIBS 双脉冲技术诞生于 20 世纪 60 年代末期，80 年代兴起了研究热潮，1984 年 Cremers 等[19]对 LIBS 双脉冲技术进行了系统研究，表明 LIBS 双脉冲技术可以明显提高分析灵敏度。进入 90 年代，LIBS 在文物艺术品、生物及土壤中重金属元素分析应用方面引起注意。

随着激光器体积的缩小、成本降低及性能的提高，LIBS 仪器装置也有了很大的发展。目前 LIBS 可以采用高灵敏度 ICCD 检测器检测光信号，同时采用体积小高分辨中阶梯光栅作为分光系统。

由于 LIBS 具有原位、很少或不需样品制备、样品烧蚀量小及可远距离遥测分析等优点，故自 80 年代后期，与 LIBS 研究相关的论文呈指数速率增长，表 9-1 列出 LIBS 分析技术发展重要里程碑[20]。

表 9-1 LIBS 发展里程碑

年 份	事 件
1960	Maiman 研制出第一台红宝石激光器
1963	将激光用于发射光谱分析，标志着 LIBS 的诞生
1963	激光击穿气体产生等离子体
1963	采用辅助电极的方法产生微等离子体
1963	激光击穿液体产生等离子体
1964	介绍时间分辨激光诱导等离子体光谱
1966	对激光击穿空气产生的等离子体进行研究
1966	直接用 LIBS 对熔态金属进行分析
1970	报道了 Q 开关激光器，并与传统的激光器进行比较
1971	采用 LIBS 对生物样品进行分析
1972	采用 Q 开关激光器对钢铁样品进行分析
1978	报道了采用 LIBS 对气溶胶进行分析
1982	利用声光效应研究激光诱导产生的等离子体
1988	通过电场或磁场效应增强分析灵敏度
1989	采用便携式 LIBS 对样品表面的沾污进行监控
1992	探索遥测 LIBS 在空间科学中的应用
1993	采用双脉冲技术对水下的金属进行分析
1995	采用光纤传导激光脉冲
1995	采用多脉冲技术对钢铁样品进行分析
1998	报道了中阶梯光栅与 CCD 检测器结合的 LIBS 系统
1999	提出采用 LIBS 进行绝对分析
2000	出现了第一台商品化分析煤炭的 LIBS 系统
2000	NASA 展示了空间科学探索的 LIBS 系统
2000	第一届国际 LIBS 会议在 Pisa（Italy）举行
2004	宣布 LIBS 于 2011 年执行火星探索任务
2005	LIBS 或 LIBS-Raman 结合对有机分子进行识别
2011	发射火星探测器，探测器系统配有 LIBS 系统

目前关于 LIBS 相关专著见表 9-2。

表 9-2 LIBS 相关专著

书 名	作 者	出版社	出版年份
Laser Microspectrochemical Analysis	Monke H, Moenke-Blankenburg	Adam Hilger Ltd, London	1973
Analytical Applications of Lasers	Piepmeier E H	Wiley and Sons, New York	1982
Laser Spectroscopy and Its Applications	Cremers D A Radziemski L J	Marcel Dekker, Inc., New York	1987
Laser Microanalysis	Moenke-Blankenburg	Wiley	1989
Laser-Induced Breakdown Spectrometry	Lee Y I, Song K, Sneddon	Nova Science Publishers, Huntington	2000
Laser-Induced Breakdown Spectroscopy (LIBS), Fundamentals and Applications	Miziolek A W, Palleschi V, Schechter	Cambridge University Press, Cambridge, UK	2006
Handbook of Laser Induced Breakdown Spectroscopy	Cremers D A, Radziemski L J	Wiley, New York	2006
Laser-Induced Breakdown Spectroscopy	Singh J P, Thakur S N	Elsevier, Amsterdam	2007
Laser-Induced Breakdown Spectroscopy: Fundamentals and Applications	Noll R	Springer, Berlin	2012

书 名	作 者	出版社	出版年份
Handbook of Laser Induced Breakdown Spectroscopy（第二版）	Cremers D A , Radziemski L J	Wiley, New York	2013
Laser-Induced BreakdownSpectroscopy, Theory and Applications	Musazzi S, Perini U	Springer	2014
矿物激光显微光谱分析	李维华，段玉然	地质出版社	1981
激光显微发射光谱岩矿分析法	王昭宏	科学出版社	1990
激光光谱技术原理及应用（第二版）	陆同兴，路轶群	中国科学技术出版社	2009
AOD 炉在线激光光谱检测与分析技术	张德江，林晓梅	科学出版社	2012

在 LIBS 发展历程中，出现许多精彩的综述对不同时期 LIBS 发展状况进行了概括与总结，Noll 等[21]对 LIBS 在冶金行业的应用进行了系统总结，认为 LIBS 在冶金分析领域具有很大的发展潜力，Fortes 等[22]对 LIBS 基础理论、分析方法及其应用进行了阐述，Hahn 等[23]在第一部分对 LIBS 基础理论系统进行回顾与总结，第二部分[24]则对 LIBS 仪器装置、分析方法及在工业、地质、空间探索、生物等领域中的应用进行全面论述。Gaudiuso 等[25]对 LIBS 在环境、文化遗产及空间探索中的分析方法及应用进行小结与总结。Fortes 等[26]对便携式、远距离遥测 LIBS 硬件系统及其应用进行总结与评价。Radziemski 等[27]介绍 LIBS 的发展历史，并对 LIBS 仪器硬件及应用进行较全面小结。Cristoforetti 等[28]对激光诱导产生等离子体处于局部热力学平衡条件进行探讨，认为 McWhirter 判据仅仅是保证等离子体处于 LTE 必要而非充要条件，对于激光诱导等离子体还需进一步考察等离子体温度及电子数密度随时空的演变情况。Winefordner 等[29]系统地介绍各种原子光谱分析技术，重点论述 LIBS 分析原理、仪器及应用，并认为 LIBS 是今后原子分析领域一颗耀眼的新星，Vadillo 等[30]对 LIBS 表面微区分析原理及其应用进行详尽的论述。

Cremers 等[31]对 LIBS 的应用进行全面的论述，并对 LIBS 优缺点作了评论。Russo 等[32]对 LIBS 基础理论、仪器装置及应用进展进行全面系统的评述。Babushok 等[33]对 LIBS 双脉冲分析方法进行了系统的小结与回顾。Capitelli 等[34]对激光诱导产生等离子体后的膨胀过程进行理论分析并与实验结果进行对比。Aragón 等[35]对 LIBS 等离子体诊断方法进行了全面深入系统的评价与论述。Rakovský 等[36]对便携式 LIBS 硬件及应用发展进行了详细回顾与论述。Bogaerts 等[37]对激光与物质相互作用、热扩散及等离子体膨胀基础理论进行小结与评论。Tognoni 等[38]对 Calibration-Free 绝对分析理论及应用进展进行回顾与展望。Piñon 等[39]对 LIBS 表面微区分析在材料科学领域中应用进行评述。

第二节 激光诱导击穿光谱分析原理

一、激光与物质相互作用机理

激光与气体相互作用时，在激光聚焦区域，首先需要有一些自由电子诱导气体等离子体的产生，这些自由电子可由宇宙射线和地球上的自然放射性元素提供，也可通过激光脉冲中少数的几个光子与空气中原子或分子、有机蒸气相互作用产生少量的电子提供。对于高电离能的分子如 O_2 及 N_2（O_2 及 N_2 电离能分别为 12.2eV 及 15.6eV），通常单光子难以使其电离，需要同时吸收几个光子才能使之电离，即所谓"多光子电离"。尽管"多光子电离"碰撞截面非常小，但入射功率密度为 $10^{10}W/cm^2$ 时，足以导致多光子电离的发生。

在激光诱导击穿产生等离子体的第二个阶段产生大量的电子及离子，通常功率密度为 $10^8 \sim 10^{10}$ W/cm^2 时，可通过雪崩或级联碰撞电离。当功率密度较高时，则大量的电子数及离子数可通过"多光子电离"形式提供，多光子电离可用式（9-1）表示：

$$M + mhv \longrightarrow M^+ + e^- \tag{9-1}$$

式中，m 为光子个数，在经典描述中，自由电子在激光脉冲电场作用下加速，并与中性原子发生高速碰撞，从而使中性原子电离产生热电离电子。此外，在等离子体中电子速度分布遵循 Maxwellian 分布定律，少数电子具有很高的运动速度，并与中性原子或分子发生高速碰撞，从而使中性原子或分子电离产生一定数量的电子，可用式（9-2）表示：

$$e^- + M \longrightarrow M^+ + 2e^- \tag{9-2}$$

在激光脉冲持续与物质相互作用期间，电子数密度急剧增加并导致气体被击穿，随着离子数密度的增加，电子-光子-离子碰撞概率也随之增加，电子数密度也倍增。

电子数密度变化可用式（9-3）表示[40]：

$$dn_e / dt = n_e(v_i - v_a - v_r) + W_m I^m n + \nabla(D\nabla n_e) \tag{9-3}$$

式中，v_i、v_a 及 v_r 分别代表碰撞电离、吸附电子及电子与离子复合速率；W_m 表示多光子电离速率因子；m 为产生多光子电离所需光子数目；I（单位 W/cm^2）为产生多光子电离所需的最小功率密度；n 为激光与气体相互作用区域内物种密度；∇ 为梯度算符；D 为电子扩散系数。

若激光引发雪崩电离后，继续用激光聚焦辐照，则电离区域以激波的形式从焦点处向外传播，即所谓的"雪崩波"，因为激光产生的等离子体受热膨胀，这个过程非常迅速，以致形成激光驱动的激波向未扰动气体传播，激波通过后电离了环境气体，开始时激光的很多能量转化为激波能量，然后环境气体大量吸收激波能量造成电离。这个过程与爆炸波很相似，但也有很大的不同，化学爆炸波每个粒子获得的能量近于常数，而从激光产生的"雪崩波"获得的能量与波速、激光功率以及聚焦几何形状有关。考虑到实验条件及激光器的不同，文献中的阈值功率仅供参考，若阈值强度这个参数非常重要时，需实际测定这一值。

功率密度与激光脉冲电场之间关系可用式（9-4）表示[41]：

$$I = c\varepsilon_0 <E^2> = 2.6 \times 10^{-3} E^2 \tag{9-4}$$

I 为入射功率密度（单位 W/cm^2），$<E^2>$ 为电场幅值平方的平均值，当入射功率为 10^{10} W/cm^2 时，所对应的电场强度为 2MV/cm。

在空气瞬间被击穿时，产生的高温等离子体向四周快速扩散，激光脉冲能量一部分透过等离子体，一部分能量被等离子体所散射，还有一部分被等离子体所吸收，在激光脉冲持续时间期间，等离子体向着激光脉冲输出的方向快速扩散，等离子体形貌呈锥形，其尾部朝着透镜方向。

二、LIBS 等离子体光源参数诊断

目前对等离子体诊断主要有光谱诊断、Langmuir 探针及激光诊断（激光散射、激光干涉及荧光共振散射测量）等方法[42]，Langmuir 探针根据其伏安特性计算出等离子体电子温度、密度和空间电位等重要参数，缺点在于探针必须深入到等离子体内部测量，这样它会和等离子体发生强烈的相互作用。激光诊断是通过激光与等离子体相互作用，从而测定电子及离子数密度、温度及磁场等参数，优点在于具有很好的时空分辨能力，且不会对等离子体产生干扰，缺点在于激光诊断理论及实验装置都较为复杂。

　　光谱法诊断等离子体具有很大优点，它在等离子体实验技术中起重要作用，光谱诊断等离子体参数主要是温度及电子数密度，由于是"非接触式诊断"，故对等离子体没有干扰。此外，光谱诊断不仅适合用稳态等离子体而且适用于瞬态等离子体的诊断，缺点在于光谱法对等离子体进行诊断是建立在局部热力学平衡（LTE）基础之上的。

　　激光诱导等离子体温度及电子数密度是等离子诊断过程中非常重要的两个参数，通过这两个参数的时空演变过程，可以对等离子体热力学状态有一个深入了解。等离子体电子数密度估算，通常采用 Stark 场致展宽、Stark 场致位移及 Saha-Boltzmann 方程等方法，对于激光诱导等离子体，与 Doppler、共振展宽及自然展宽相比，Stark 场致展宽占据主导地位，等离子体诊断常用公式见表 9-3[23]。

表 9-3　等离子体诊断常用公式

序号	公式	物理意义	文献
1	$$n_e \geqslant 1.6 \times 10^{12} T^{1/2} \Delta E^3$$	McWhirter 准则，T 为激发温度，ΔE 为最大能级差，通常为跃迁至第一激发态所需能量	28
2	$$\sigma_{lu} = \left(\frac{2\pi^2}{\sqrt{3}}\right)\left(\frac{f_{lu}\bar{g}e^4}{\frac{1}{2}m_e v_i^2 \Delta E_{ul}}\right)$$	非弹性碰撞截面，f_{lu} 为吸收振子强度，$\bar{g}$ 为平均 Gaunt 校正因子，v_i 为电子运动速度，ΔE_{ul} 为两能级之间的能级差	28
3	$$X_{lu}T_e = n_e <\sigma_{lu}v> = 4\pi\frac{f_{lu}e^4 n_e <\bar{g}>}{\Delta E_{lu}}\left(\frac{2\pi}{3mkT_e}\right)\exp\left(-\frac{\Delta E_{ul}}{kT_e}\right)$$	X_{lu} 为碰撞激发速率，n_e 为电子数密度，σ_{lu} 为碰撞截面，v 为电子运动速度，T_e 为激发温度	28
4	$$\tau_{rel} \approx \frac{1}{n_e <\sigma_{lu}v_e>} = \frac{6.3 \times 10^4}{n_e f_{lu} <\bar{g}>}\Delta E_{ul}(kT_e)^{1/2}\exp\left(\frac{\Delta E_{ul}}{kT_e}\right)$$	碰撞弛豫平衡时间，T_e 为激发温度，$<\bar{g}>$ 为平均 Gaunt 校正因子，f_{lu} 为振子强度	28
5	$$\lambda = (D\tau_{rel})^{1/2} \approx 1.4 \times 10^{12}\frac{(kT)^{3/4}}{n_e}\left(\frac{\Delta E_{ul}}{M_A f_{12} <g>}\right)^{1/2}\exp\left(\frac{\Delta E_{ul}}{2kT_e}\right)$$	粒子扩散距离，D 为扩散系数，f_{12} 为振子强度，n_e 为电子数密度，M_A 为粒子相对质量	28
6	$$\lg\left(\frac{\alpha_j}{1-\alpha_j}\right) = \lg\left(\frac{S_{n,j}}{n_e}\right) = -\lg n_e + \frac{3}{2}\lg T - \frac{5040 E_{i,j}}{T} + \lg\left(\frac{Z_{i,j}}{Z_{a,j}}\right) + 15.684$$	不同元素电离度与其电离能之间关系，α_j 为电离度，$E_{i,j}$ 为电离能，$Z_{i,j}$ 及 $Z_{a,j}$ 分别为离子及原子配分函数	43
7	$$n_e\frac{n_i}{n_a} = \frac{2(2\pi m_e kT_{ion})}{h^3}\frac{Z_i}{Z_a}\exp\left(-\frac{E_{ion}-\Delta E_{ion}}{kT_{ion}}\right)$$	Saha 电离平衡，T_{ion} 为电离平衡温度，Z_i 及 Z_a 为离子及原子配分函数，E_{ion} 为电离能，ΔE_{ion} 为由于屏蔽效应对电离的校正	44
8	$$\varepsilon_{\lambda,cont} = \left(\frac{16\pi e^6}{3c^2\sqrt{6\pi m^3 k}}\right)\frac{n_e n_i}{\lambda^2\sqrt{T_e}}\left\{\xi\left[1-\exp\left(-\frac{h\nu}{kT_e}\right)\right] + G\exp\left(-\frac{h\nu}{kT_e}\right)\right\}$$	光谱连续背景强度，T_e 为电子温度，G 为自由-自由跃迁校正因子，ξ 为自由-束缚跃迁校正因子	45
9	$$\frac{I_{ul}}{\varepsilon_c}(\lambda) = \left(\frac{h^4 3^{1/2} c^3}{256\pi^3 e^6 k}\right)\frac{A_{ul}g_u}{Z_i}\frac{1}{T_e}\frac{\exp\left(\frac{E_i-\Delta E_i}{kT_e}\right)\exp\left(\frac{-E_u}{kT_{exc}}\right)}{[\xi 1-\exp\frac{-hc}{\lambda kT_e} + G\exp\left(\frac{-hc}{\lambda kT_e}\right)]}\left(\frac{\lambda}{\Delta\lambda_{meas}}\right)$$	谱线强度与连续背景强度之比，T_e 及 T_{exc} 为电子温度及激发温度，$\Delta\lambda_{meas}$ 为仪器宽度	46
10	$$n_e = \left(\frac{\Delta\lambda_{Stark} \times 10^9}{2.5\alpha_{1/2}}\right)^{3/2} = 8.02 \times 10^{12}\left(\frac{\Delta\lambda_{1/2}}{\alpha_{1/2}}\right)^{3/2}$$	氢原子 Stark 展宽公式，$\Delta\lambda_{Stark}$ 为谱线宽度，$\alpha_{1/2}$ 为常数，温度及压力对其影响较小	47
11	$$\Delta\lambda_{width} = w\left(\frac{n_e}{10^{16}}\right)\left[1 + 1.75 \times 10^{-4} n_e^{1/4}\alpha(1-0.068 n_e^{1/6} T^{-1/2})\right]$$	非氢原子 Stark 展宽公式，W 为电子碰撞半宽，n_e 为电子数密度，α 为离子变宽参数	48
12	$$\Delta\lambda_{shift} = w\left(\frac{n_e}{10^6}\right)\left[\left(\frac{d}{w}\right) + 2.0 \times 10^{-4}(n_e)^{1/4}\alpha(1-0.068 n_e^{1/6} T^{-1/2})\right]$$	非氢原子 Stark 位移公式，W 为电子碰撞半宽，d 为电子碰撞位移参数	49

序　号	公　式	物理意义	文　献
13	$$\frac{\delta \nu_D}{\nu_0} = \frac{\delta \lambda_D}{\lambda_0} = 7.16 \times 10^{-7} \sqrt{\frac{T}{M}}$$	Doppler 展宽，T 为等离子体温度，M 为运动粒子相对质量，ν_0 及 λ_0 为中心频率或中心波长	50
14	$$\Delta \lambda_{res} \approx \frac{3}{16} \left(\frac{g_1}{g_u}\right)^{1/2} \left(\frac{\lambda_0^3 e^2 f_{1u}}{\pi^2 \varepsilon_0 m_e c^2}\right) n$$	谱线共振展宽，g_1 及 g_u 分别为下能级及上能级简并度，n 为粒子数密度，f_{1u} 为吸收振子强度	51
15	$$\Delta \lambda_{vanderWaals,width} = 2.71 C_6^{2/5} v^{3/5} n \frac{\lambda^2}{c}$$	范德华展宽，C_6 为相互作用常数，v 为粒子相对运动速度，n 为粒子数密度	51
16	$$\Delta \lambda_{vanderWaals,shift} = 0.98 C_6^{2/5} v^{3/5} n \frac{\lambda^2}{c}$$	范德华位移，λ 为波长位置，c 为光在真空中传播速度	51
17	$$\ln\left(\frac{I_{ul}^+ A_{ul} g_u}{I_{ul} A_{ul}^+ g_{ul}^+}\right) = \ln\left\{\left[\frac{2(2\pi m_e k)^{3/2}}{h^3}\right]\left(\frac{T^{3/2}}{n_e}\right)\right\} - \frac{(E_{ion} - \Delta E_{ion} + E_u^+ - E_u)}{kT}$$	Saha-Boltzmann 双线法，I_{ul}^+ 及 I_{ul} 分别为离子及原子谱线强度，E_u^+ 及 E_u 分别为离子及原子上能级所对应能量	52

　　实验室中所产生等离子体，如果较大范围是非平衡态（如温度分布不均匀），但划分到足够小范围内可以看作是均匀的温度，而在该微观足够大的范围之内应包含足够多的粒子，可作统计平均。LTE 与电子数密度大小有关，若电子数密度较低，电子与原子或离子的碰撞速率小于自发辐射速率，造成基态粒子数过剩，高能级粒子数偏少，引起激发态粒子偏离 Boltzmann 分布，若电子数密度足够高，电子与重粒子之间的碰撞非常频繁，这样容易使等离子体保持 LTE。原子光谱相关参数（波长、原子能级、能级简并度、跃迁概率及振子强度等）主要见以下数据库：

　　① Weizmann Institute, Israel-Plasma gate databases
　　② National Institute of Standards and Technology(NIST), USA
　　③ Naval Research Laboratory(NRL), USA
　　④ Paris Observatory, France
　　⑤ International Atomic Energy Agency(IAEA), Vienna, Austria
　　⑥ National Institute for Fusion Science(NIFS), Japan
　　⑦ Havard-SmithonianCenter for Astrophysics, USA
　　⑧ University of Strathclyde, UK
　　⑨ Institute for spectroscopy, Troitsk, Russian
　　⑩ P. L. Smith, C. Heise, J. R. Esmond and R.L. Kurucz. Atomic spectral line database, built from atomic data files from R. L. Kurucz' CD-ROM 23

三、LIBS 定性分析

　　与传统经典发射光谱一样，LIBS 依据谱线位置及谱线相对强度进行定性分析，在定性分析过程中，可以根据谱线相对强度进行元素识别，由于相对强度与光源类型相关，相对强度仅供参考。

　　确定一个元素在样品中是否存在，所依靠的是这个元素最后线及特征谱线组，最后线是指随试样中元素含量不断降低而最后消失的谱线，最后线通常是原子线，具有较低激发电位，它容易产生自吸，在试样中元素含量较高时往往不是最强线。一个元素最后线也就是这个元素最灵敏线，但并不一定是这个元素的最强线。例如，Mn 元素在 279.8nm 处三重线，在较高含

量时，比 403.3nm 处的三重线强，但后者却是 Mn 元素的最后线。

特征谱线组往往是一些元素双重线、三重线，或者几组双重线，并不包括这些元素的最后线。例如 Mg 的最后线是 285.213nm 的单重线，而很容易辨认的却是在 277.6~278.2nm 的五重线，由于该五重线不是最后线，故低含量时该五重线没有出现。

在"光谱线波长表"一书和一些化学及物理手册中，以及其他书籍中，都可以查到各元素的最后线或灵敏线。辨别一个元素最后线中的几条，即可判断这个元素是否在样品中存在。但因其他元素谱线与之重叠而引起的干扰，可能使最后线中的一条或两条不能用来判断，在采集 CCD 全谱中，逐条检查最后线是光谱定性分析工作的基本方法。定性分析时，往往样品成分很复杂，元素谱线互相重叠干扰也很有可能，当观察到有某元素一条谱线时，尚不能完全确信该元素的存在，还必须继续进行验证：

➤ 要继续查找该元素的其他灵敏线和特征谱线是否出现，一般有两条以上的灵敏线出现，才能确认该元素的存在。

➤ 要了解该元素的灵敏线可能干扰情况，从谱线表中查出所有可能干扰的元素。在这些元素中，首先去掉那些在仪器参数下根本不可能激发的元素，或者由于样品特点不可能存在于样品中的元素。

➤ 对其余可能干扰元素，应逐个检查它们的灵敏线，若某元素灵敏线没有在光谱中出现，则应认为样品中没有这个元素干扰，如果确有其灵敏线在光谱中出现，只能说分析元素谱线上可能有该元素的谱线叠加在上面，这种情况下，对于要检定的元素，还不能作肯定的判断。

➤ 当分析元素灵敏线被其他元素谱线重叠干扰，但又找不到其他灵敏线作为判断依据时，则可在该线附近现找出一条干扰元素的谱线（与原干扰线强度相同或稍强一些），进行比较，如该分析元素灵敏线谱线强度大于或等于找出的干扰元素谱线强度，则可断定分析元素存在。如样品中铁含量较高时，则 Zr I 343.823nm 被 Fe I 343.831nm 所重叠，可用与 Fe I 343.795nm 强度相比较来确定 Zr 的存在。若 Zr I 343.823nm 强度大于或等于 Fe I 343.795nm，可确信 Zr 是存在的。如 Mo I 317.0347nm 与 Fe I 317.0346nm 相重叠时，可用 Fe I 317.1663nm 的谱线强度进行比较，来确定 Mo 是否存在。

遇到谱线干扰时，首先可以考虑用高分辨光谱仪重新采谱，波长差很小的互相干扰谱线因此有可能分辨开来。为了做好光谱定性分析，如能对于分析样品的来源或历史有所了解，则有利于作出正确判断，如为了做矿石、矿物的定性分析，对于矿石、矿物中元素的伴生情况能有所了解，对工作会有很大的帮助。如铅锌矿中镉元素是经常存在的，分析铅锌矿没有发现镉，就应反复查找。如铝和镓元素是经常伴生的，铝土矿中经常含有镓。当铜含量很高时，应注意是否有银存在。

如果待测物中一个元素原子线与另一个元素高价态离子线（二次或三次）相重叠，则这条谱线很有可能属于中性原子线，这是因为在空气中不太可能产生高价态离子线。LIBS 在大气环境下，经常可以观察到一次离子线，但高价态离子线很难被观察到（电离能小于 6eV 元素离子线可以被观察到，但大于电离能 10eV 的元素则很难被观察到）。在激光诱导等离子体中，电离能大于 10eV 谱线很难被观察到，只有当其浓度非常高时，才能观察到其谱线。

特征谱线的出现还与实验条件相关，Fe I 的电离能为 7.87eV，在大气环境下，Fe 的 Fe I 和 Fe II 可以观察到。在真空环境下，尽管 Fe 元素二次电离能大于 16.18eV，但 Fe III 仍然可以观察到。当氩气气压为 590Torr 时对土壤样品进行激发，未观察到 O 的离子线，随着氩气气

压的降低，O 的离子线逐渐显露出来。

通过元素多条特征谱线进行元素的识别，如 Al 元素强度高的谱线 Al I 394.4nm 及 Al I 396.1nm 出现的话，则 Al 元素的 Al I 308.2nm 和 Al I 309.3nm 也应观察到。当光谱仪分辨本领较低时，Ca 的 Ca II 393.3nm 和 Ca II 396.8nm 对 Al 原子谱线产生干扰。目前许多光谱软件具有谱图叠加功能，可以先对纯物质采集谱图，然后将未知样品谱图与其比较进行，从而确定待测样品中是否含有该元素。

四、LIBS 定量分析

为对定量分析数学模型进行简化，通常假定：

① 激光烧蚀气化的样品蒸气化学组成能够代表待测固体样品真实化学组成，即不存在分馏效应。

② 在检测器所检测的等离子体区域，等离子体处于局部热力学平衡。

③ 不存在自吸或自蚀现象，即光子在穿过等离子体时，不存在吸收现象。

等离子体若处于局部热力学平衡时，谱线的强度与待测原子总数及其温度见式（9-5）：

$$I_{jk} = A_{ji} h \nu_{jk} \frac{g_i}{G} N \exp(-\frac{E_j}{kT}) \tag{9-5}$$

式中，N 为等离子体中待测元素总的原子数密度；G 为原子的配分函数。由此可见，在一定的实验条件下，原子谱线的强度与光源等离子体中待测元素总的原子数密度呈正比关系。

原子光谱分析中，定量分析公式可简化为：

$$I = \alpha \beta C \tag{9-6}$$

式中，C 为试样中待测元素的含量；α 为蒸发系数，取决于样品的物理性质；β 为激发系数，取决于谱线的性质。由式（9-6）可见，谱线强度与待测元素的含量之间成正比，通过谱线强度与待测元素含量之间的线性关系，可以对相似基体的样品进行定量分析。

试样中元素含量较低时（无谱线自吸时），影响谱线强度的因素主要有两个：一方面是试样的蒸发特性，它由试样中元素的含量与该元素进行光源等离子体中的原子数密度所决定，而进入等离子体中的原子数密度则受到试样类型和光源温度的影响；另一方面是谱线激发性质，它是由光源温度、激发电位、统计权重、跃迁概率、辐射频率及配分函数等性质所决定。配分函数则由能级简并度及光源温度所决定。对于确定的谱线来说，光源的温度是一个极其重要的因素，只有在合适的温度下，谱线的强度才有最大值，不同的谱线最合适温度是不同的，多元素同时测定时选择折中的激发温度。

第三节　激光诱导击穿光谱仪器装置

一、LIBS 仪器结构

LIBS 通常由用于产生等离子体的激光器、聚焦光路、对等离子体光信号分光及检测系统、对等离子体光信号收集及传输光学系统（如光纤、透镜及反射镜等）、计算机及电子控制系统、控制激光脉冲的触发、光信号采集延时器及谱图存储等几部分组成。样品室及样品盒可依据分析需求设计，样品室中通入氩气可以提高分析灵敏度，仪器各部分的连接见图 9-1。

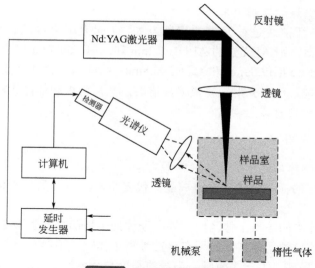

图 9-1　LIBS 仪器装置图

1. 激光器

激光器通常由工作物质、光学谐振腔（两个高度平行的镀银面之间形成的空间）及激励能源三个部分组成，激光器组成见图 9-2。

产生激光并输出通常要克服自发辐射与受激吸收之间及自发辐射与受激辐射之间两个矛盾，自发辐射与受激吸收之间的矛盾是通过粒子数反转实现的，而自发辐射与受激辐射之间的矛盾则是通过光学谐振腔实现的。

对于不同种类的激光器，实现粒子数反转分布的具体方式是不同的，图 9-3 为三能级结构示意图。

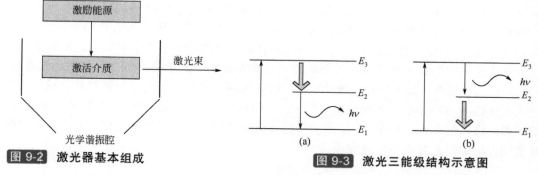

图 9-2　**激光器基本组成**　　　　图 9-3　**激光三能级结构示意图**

E_1 为基态，E_3 和 E_2 为激发态，其中 E_2 为亚稳态，粒子在 E_2 寿命比粒子在 E_3 上的寿命要长得多。一般激发态的寿命在 $10^{-11} \sim 10^{-8}$s，而亚稳态的寿命长达 10^{-3}s 甚至 1s。在外界能源（电源或光源）的激励下，基态 E_1 上的粒子被抽运到激发态 E_3 上，因而 E_1 上的粒子数 N_1 减少，由于 E_3 态的寿命很短，粒子将通过碰撞很快以无辐射跃迁的方式转移至亚稳态 E_2 上。由于 E_2 态寿命长，其上就积累了大量的粒子，即 N_2 不断增加。一方面是 N_1 减少，另一方面是 N_2 增加，以致 N_2 大于 N_1，于是就实现了亚稳态 E_2 与基态 E_1 间的反转分布。利用处在这种状态下的激活介质，就可以制成一台激光放大器，当有外来光信号输入时，其中频率为 $\nu = (E_2 - E_1)/h$ 的成分就被放大。

LIBS 常用激光器性能参数见表 9-4[53]。

表 9-4　LIBS 常用激光器性能参数

激光器类型	波长/nm	脉宽/ns	脉冲频率/Hz	出现年代
Nd: YAG	基频: 1064 及其倍频波长	6～15 4～8	ss~20	1964
准分子激光器	XeCl: 308 KrF: 248 ArF: 194	20	ss~200	1975
CO_2 激光器	10600	200	ss~200	1964
芯片激光器	1064	<1	$1～10^4$	1999
蓝宝石激光器(飞秒)	约 800($\Delta\lambda\approx10$)	20~200fs	$10～10^3$	1998
光纤激光器	Nd^{3+}: 900 Pr^{3+}: 1060 Er^{3+}: 1540	<50	$25～5\times10^5$	20 世纪 90 年代

激光器中常用的术语：

Int. Standard ISO 11146: 1999(E), Lasers and laser-relatedequipment—Test methods for laser beam parameters—Beam widths, divergence angle and beam propagation factor

激光器参数测量国际标准：

a. ISO 11146—1:2005Laser and laser-related equipment-Test methods for laser beam widths, divergence angles and beam propagation ratios-Part 1:Stigmatic and simple astigmatic beams.

b. ISO 11146—2:2005Laser and laser-related equipment-Test methods for laser beam widths, divergence angles and beam propagation ratios-Part 2: General astigmatic beams.

c. ISO/TR 11146—3: 2004Laser and laser-related equipment-Test methods for laser beam widths, divergence angles and beam propagation ratios-Part 3: Intrinsic and geometrical laser beam classification, propagation and details of test methods.

d. IEC 1040, 1990—12Power and energy measuring detectors, instruments and equipment for laser radiation.

2. 分光系统

分光系统是将光源发射的复合光分解为单色光并可从中分出任一波长单色光的光学装置，通常由入射狭缝、准直装置（透镜或反射镜）、色散元件（棱镜或光栅）、聚焦装置（透镜或凹面反射镜）和出射狭缝等部分组成，安装在一个不透光的暗盒中。

LIBS 分光装置与传统的发射光谱仪器相同，常见的光路有 Paschen-Runge、Czerny-Turner 及 Echelle 配合 CCD 或（ICCD）三种构型，Paschen-Runge 光路见图 9-4。

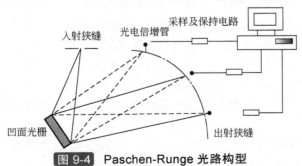

图 9-4　Paschen-Runge 光路构型

Paschen-Runge 分光系统用于多道光谱仪，采用入射狭缝、凹面光栅及出射狭缝均处于安置在 Rowland 圆的圆周上。出射狭缝后放置光电检测器，数目取决于待分析元素谱线个数，这种分光系

统制造上比较方便，但成像质量较差，由于光路只有一个反射面，短波能量损失较小，真空紫外光谱仪均采用这种装置。Czerny-Turner 光路国内称之为水平对称光路，其光路构型如图 9-5 所示。

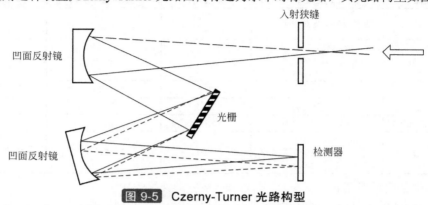

图 9-5 Czerny-Turner 光路构型

狭缝、光栅、光谱焦面处于同一水平面上，狭缝与焦面对称分布于光栅两侧，两块焦距相等的凹面镜分别用作准直与成像。焦面上通常有一个出射狭缝，转动光栅以改变由出射狭缝射出的单色光波长。出射狭缝和入射狭缝宽度同步调节，宽度相等，称为共轭缝宽。这种装置像差较小，但结构不紧凑，占用空间较大。

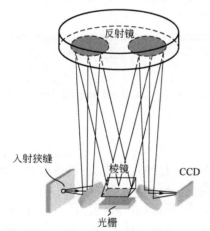

图 9-6 Echelle 中阶梯光栅光路构型

中阶梯光栅采用较大的闪耀角，而刻线密度不大，当实际在近似自准条件下使用时，光束沿工作面法线入射并衍射，即与光栅法线以很大角度入射与衍射，入射角与衍射角近似等于闪耀角，在这种条件下，可以利用很高光谱级次，从而获得大色散率与高分辨率。中阶梯光栅光谱仪以石英棱镜预色散分离谱级，预色散方向与中阶梯光栅的色散方向相垂直，获得二维光谱，从紫外到可见整个光谱由几十个谱级的分段光谱接成，谱级色散率各不相同。中阶梯光栅光路构型见图 9-6。

三种不同类型光路各有其优缺点，Paschen-Runge 光路通常采用光电倍增管（PMT），1m 或 750mm 焦距的光栅分光，其优点在于光谱分辨率及分析灵敏度高，缺点在于可供选择的谱线少，需要根据特定的应用确定元素分析通道，仪器体积较大。Czerny-Turner 通常与线阵 CCD 检测器配合，激光与物质相互作用产生的等离子体光信号通过光纤导入光谱仪，可同时检测某一光谱范围谱线，其优点在于谱线的选择非常灵活，当待测谱线存在自吸收时，可选其他非灵敏线，仪器的体积非常紧凑小巧，适合现场检测。Echelle 光谱仪通常与 CCD 或 ICCD 配合，其优点在于仪器紧凑小巧，可以保持较高的光谱分辨率，当采用 ICCD 作检测器时，可以进行时间分辨光谱的测量，对等离子体诊断机理的研究具有非常重要的价值。

3. 检测器

LIBS 仪器常用的检测器有光电倍增管（PMT）、电荷耦合检测器（CCD）及光电二极管检测器，不同检测器光谱响应范围及响应速度不同。

光电倍增管是一种由多级倍增电极组成的光电管，它的外壳由玻璃或石英制成，内部抽真空，阴极为涂有能发射电子的光敏物质（Sb-Cs 或 Ag-O-Cs 等）电极，在阴极和阳极之间

装有一系列次级电子发射极，即电子倍增极，阴极与阳极之间加有约 1000V 直流电压，当辐射光子撞击光阴极时发射光电子，光电子被电场加速落在第一倍增级上，撞击出更多的二次电子，依次倍增，阳极最后收到的电子数将是阴极发出的电子数的 $10^5 \sim 10^8$ 倍。

硅二极管检测器是在硅片上形成反向偏置的 pn 结构，反向偏置产生一过渡层（阻挡层），使结的导电性降低到接近于零。这种硅二极管，受紫外-近红外辐射照射时（n 区），产生空穴和电子，前者扩散通过过渡层到 p 区，然后湮灭，由此引起电子-空穴对的产生和复合，致使导电性增强，其大小与光强成正比，硅二极管检测器不如光电倍增管灵敏，但在硅片上形成的二极管阵列则非常重要，它是光电摄像管的重要组成部分。

电荷耦合检测器（CCD）是一种以电荷量表示光量的大小，用耦合方式传递电荷量的器件，它是一种金属-氧化物-半导体（MOS）型固体成像器件，它由 p 型或 n 型载流子在硅片上生长一层 SiO_2，并按一定次序沉积一系列金属电极，形成一种二维 MOS 阵列，再加上输入端和输出端即构成了 CCD。增强型电荷耦合检测器（ICCD）是在 CCD 基础上增加了微通道板，微通道板由许多微通管组成，微通道管是一种高电阻率的薄壁玻璃管，内壁具有很高的二次电子发射系数，在两端加上数千伏的高压，入射光打在光阴极产生光电子，在电压驱动下，光电子从入口端进入通道并轰击管壁，管壁发射二次电子，此二次电子被加速再轰击管壁并又发射二次电子，如此形成连续的电子倍增，将微通道板置于光阴极与阳极之间，构成微通道板光电倍增器，通过在微通板前后表面施加高压，可以控制光通路的打开与关闭，从而实现 LIBS 的时间分辨分析。

CCD 检测器波长校准通常采用 Hg 或氩元素的特征谱线进行校准，汞灯及充氩连续光源常用校准谱线见表 9-5[53]。

表 9-5　CCD 波长校准谱线

Hg 灯特征谱线及强度		Ar 特征谱线
波长/nm	相对强度	
253.6521	3000000	696.543
289.3601	160	706.722
296.7283	2600	710.748
302.1504	280	727.294
312.5674	2800	738.393
313.1655	1900	750.387
313.1844	2800	763.511
334.1484	160	772.376
365.0168	5300	794.818
365.4842	970	800.616
366.2887	110	811.531
366.8284	650	826.452
404.6565	4400	842.465
407.7873	270	852.144
434.7506	34	866.794
435.8385	10000	912.297
546.0750	10000	922.450
576.9610	1100	
579.0670	1200	

二、双脉冲 LIBS 系统

与单脉冲 LIBS 相比，双脉冲 LIBS 系统可以显著提高分析灵敏度，降低检出限，一定程度上减弱基体效应，通常双脉冲 LIBS 系统有以下三种方式，见图 9-7。

　　第一种模式称为准直双脉冲，第一个脉冲与第二个脉冲方向相同，但两脉冲之间存在一定的间隔，第二种模式称为预热正交双脉冲，即第一个脉冲先对样品进行激发，第二个脉冲再对第一个脉冲产生的样品蒸气进行激发，第三种模式称为预烧蚀正交双脉冲，即第一个脉冲先对空气进行激发（第一个脉冲平行于样品表面，距离样品表面大约几毫米），通过环境气体产生的等离子体对样品表面剥蚀，第二个脉冲再对第一个脉冲产生的等离子体进行激发，双脉冲 LIBS 系统时序关系见图 9-8。

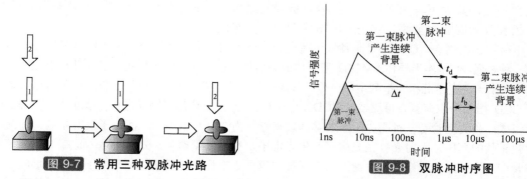

图 9-7　常用三种双脉冲光路　　　　　图 9-8　双脉冲时序图

　　图 9-8 中 Δt 表示两个脉冲先后到达样品表面时间，t_d 表示相对于第二个脉冲延时采集时间，t_b 表示积分时间。双脉冲 LIBS 装置有多种不同的组合方式，如不同波长、不同能量及不同脉宽的组合，不同组合对其分析性能有较大的影响。当仪器装置一定时，两脉冲之间延时时间对其信号增强有非常大的影响，对于不同的样品，两脉冲之间的延时时间也不相同，这需要通过改变延时时间从而确定最佳的两脉冲之间的延时间隔。

　　与单脉冲 LIBS 系统相比，双脉冲装置增强信号的主要原因有以下几点：

　　（1）样品剥蚀效率提高了，即样品烧蚀量增大从而提高了分析灵敏度。与单脉冲相比，样品烧蚀量提高可用式（9-7）进行估算：

$$F_A = \frac{m_{DP}}{m_{SP}} = \left(\frac{1 - R_{T_{SP}}}{1 - R_{T_{amb}}}\right)^{\frac{1}{3}} \exp\left(\frac{\alpha_{T_{amb}} Z_{T_{amb}} - \alpha_{T_{SP}} Z_{T_{SP}}}{3}\right) \tag{9-7}$$

　　式中，m_{DP} 及 m_{SP} 分别代表双脉冲及单脉冲样品烧蚀质量；$R_{T_{SP}}$ 及 $R_{T_{amb}}$ 分别表示第一个脉冲发出后样品表面的反射率及大气环境下样品表面的反射率；$\alpha_{T_{amb}}$ 及 $\alpha_{T_{SP}}$ 分别表示大气环境下及第一个脉冲发出后周围气氛对波长 1064nm 的吸收系数；$Z_{T_{amb}}$ 及 $Z_{T_{SP}}$ 分别表示大气环境下及第一个脉冲发出后烧蚀深度。对于铜及铝光学性质而言，双脉冲与单脉冲相比，其强度分别增加 1.95 及 1.7 倍。如果铜及铝反射系数为零，则强度分别增加 3.0 及 2.3 倍。

　　（2）第一束脉冲发出后，由于等离子体的快速膨胀，故在样品表面产生低压氛围，第二束脉冲直接与样品表面相互作用产生高温等离子体，减弱了单脉冲等离子体屏蔽效应，故提高了分析灵敏度。

　　（3）与单脉冲相比较，双脉冲产生的等离子体温度高于单脉冲等离子体温度，对于同一根谱线，双脉冲与单脉冲的谱线强度比见式（9-8）：

$$F_T = \frac{I_{DP}}{I_{SP}} = \frac{Z_{SP}(T)}{Z_{DP}(T)} \exp\left[-\frac{E_u}{k}\left(\frac{1}{T_{DP}} - \frac{1}{T_{SP}}\right)\right] \tag{9-8}$$

　　式中，I_{DP} 及 I_{SP} 分别代表双脉冲及单脉冲所产生的谱线强度；$Z_{SP}(T)$ 及 $Z_{DP}(T)$ 分别表示单脉冲与双脉冲产生等离子体待分析元素配分函数；T_{SP} 及 T_{DP} 分别表示单脉冲与双脉冲产生的等离子体温度；E_u 表示谱线所对应上能级能量；k 为 Boltzmann 常数。

三、超短脉冲 LIBS 系统

飞秒激光放大技术是与飞秒激光平行发展的技术，从飞秒激光振荡器输出的功率一般在几十到几百毫瓦，重复频率在几十至几百兆赫兹量级，因此从振荡器输出的脉冲能量仅为几十皮焦到几个纳焦，对应光强在兆瓦量级。如此低的脉冲能量一般很难满足应用要求，因此必须对从振荡器输出的飞秒脉冲进行放大，先将飞秒激光脉冲展宽，然后对展宽后脉冲进行放大，最后对经过放大后的脉冲再进行压缩，使其回复到原来的飞秒量级，这就是啁啾脉冲放大技术（CPA）。

与传统纳秒 LIBS 系统不同之处在于，超短脉冲（皮秒或飞秒）LIBS 使用超短脉冲激光器，其仪器装置见图 9-9[54]。

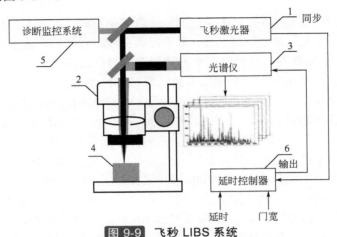

图 9-9　飞秒 LIBS 系统

图 9-9 中 1 为飞秒激光器，2 为光学系统，3 为光谱仪，4 为待分析样品，5 为对飞秒激光器参数进行诊断监控系统，6 为延时控制器。与传统纳秒 LIBS 系统相比，需要脉冲宽度、时间脉冲形状及载频等参数诊断监控系统，脉冲宽度及时间脉冲形状可通过强度自相关方法或快速光电管进行诊断。

纳秒激光与物质相互作用经历了光子与电子相互作用、样品熔融、等离子体形成及等离子体冷却等过程，飞秒激光与物质相互作用则只经历等离子体的形成

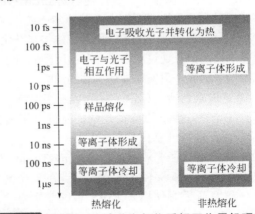

图 9-10　纳秒及飞秒激光与物质相互作用机理过程

与冷却两个过程，样品未经历熔融过程。对于纳秒脉宽而言，等离子体的形成时间大约为 10ns，而对于飞秒脉宽而言，等离子体的形成时间约为 1ps，纳秒及飞秒激光与物质相互作用机理过程见图 9-10[55]。

与传统纳秒 LIBS 系统不同，飞秒 LIBS 系统是采用飞秒激光器对样品进行烧蚀并产生高温等离子体，飞秒激光与物质相互作用的机理与纳秒不同，飞秒 LIBS 光谱背景比纳秒小。由于飞秒激光器脉冲宽度非常窄，故等离子体与激光相互作用可以忽略。与传统纳秒 LIBS 系统相比，超短脉冲 LIBS 系统特点在于[55]：

（1）超短脉冲烧蚀效率更高，降低了能量密度阈值；

（2）随脉冲宽度增加，等离子体温度也随之稍微有所增加，但电子数密度变化不大；

（3）最佳积分时间随脉冲宽度的变化而变化；

（4）若选择合适延时及积分时间，其分析灵敏度与脉冲宽度无关；

（5）表面分析空间分辨率要优于纳秒 LIBS 系统；

（6）非门控的 LIBS 所得检出限比门控的 LIBS 系统要差；

（7）飞秒激光可利用在空气中自聚焦效应实现远距离遥测分析。

飞秒 LIBS 系统缺点在于飞秒激光器的价格要远高于纳秒激光器。

四、便携式 LIBS 系统

便携式 LIBS 系统通常由激光探头及控制单元两部分组成，为了减轻便携式 LIBS 系统重量，激光探头及控制单元放置在不同区域，激光探头主要由激光器及光学器件组成，光谱仪、计算机、电池、电子电路或冲洗气路等部件则放置在控制单元内。激光产生等离子体光信号通过光纤传输至光谱仪，所采集到的光谱信号由计算机进行处理。

目前便携式 LIBS 采用最多的小型激光器型号为 Kigre MK-367，Nd:YAG 灯泵浦固态激光器，输出波长 1064nm，激光器以被动调 Q 方式工作，最大输出能量 25mJ，最高重复频率 1Hz，激光器通常工作在单脉冲模式下，当灯泵加高压时，也可工作在多脉冲模式下。由于半导体泵浦固态激光器（DPSS）与灯泵浦激光器相比具有很多优点，故今后便携式 LIBS 系统、DPSS 激光器将会取代灯泵浦激光器。光束质量 M^2 是影响 LIBS 分析性能重要的一个指标，M^2 为 1 时为高束光束，光束质量越好即 M^2 越小时，则激光束通过透镜后聚焦的斑点可以很小，提高功率密度或能量密度，增加激光对物质的烧蚀效率。此外，光束质量影响焦深，当 M^2 值较小时，则焦深较大，反之，M^2 值较大时，则焦深较小，设计便携式 LIBS 系统，希望焦深越大越好。

多数固体激光器必须配置复杂的冷却系统，这种热效应不仅使激光器能量转换效率很低（通常在 5% 以下），光束质量变差，而且使结构复杂化，可靠性降低。半导体激光器的突出优点在于体积小、效率高，而且通过组分设计和温度控制可以很准确地控制输出波长值。用激光二极管作为固体激光器的泵浦源，只发射固体工作物质吸收带内的激光，能量转换效率大为提高。

将半导体激光器中的激光棒用光纤替代就构成光纤激光器，这种光纤是用稀土材料（Nd、Er、Yb、Tm 等）掺杂的特种光纤，腔镜直接镀在光纤两端，或在光纤中制作光栅代替腔镜，结构简单且更稳定可靠。

便携式 LIBS 通常采用基于 Czerny-Turner 及 Seya-Namioka 光路构型的光谱仪，这种光谱仪具有体积小、重量轻等优点，缺点在于光谱仪分辨率较低，需要增加通道数提高分辨率。检测器体积及质量对便携式 LIBS 系统非常重要，科研级 CMOS 检测器质量可以小于 1kg，如 Raptor Photonics 公司开发出两款小型 CMOS 光谱仪，一款质量 0.5kg，尺寸大小 86mm×65mm×62mm，另一款质量 0.7kg，尺寸大小 89mm×70mm×62mm，这两款检测器均通过电子全局快门同时采集光信号，最小曝光时间分别为 33μs 及 10μs，PCO 公司的 CMOS 检测器质量稍大一些，但具有较好的动态范围及灵敏度。由于 CMOS 采用微透镜阵列技术，故波长覆盖范围局限在 330nm 左右。对于电子倍增型 CCD（EM-CCD）检测器，质量约为 3kg 且体积较大，不适于集成在便携式 LIBS 系统中。

便携式 LIBS 系统由电池供电，最早的便携式 LIBS 是由 Los Alamos National Laboratory 的 Cremers 小组[56]所研发，仪器质量为 14.6kg，体积为 46cm×33cm×24cm，仪器装在手提式箱子中。小型化激光器为体积紧凑成本低廉的 Nd：YAG 激光器，激光器输出波长 1064nm，脉冲能量 15~20mJ/pulse，脉冲宽度 4~8ns，脉冲频率 1Hz，通过 12V 的直流电源进行供电，

通过直径为 12mm、焦距为 50mm 透镜对样品进行激发，2m 长光纤传输等离子体光信号，光纤距离等离子体的距离约为 5cm，通过小型的光谱仪进行分光与检测光信号，采用此便携式的 LIBS 系统对土壤及颜料进行分析，其分析结果与传统的分析方法吻合得较好，虽然 LIBS 系统体积小了，但对其分析性能影响不是太大。对于相同的样品分别采用便携的 LIBS、ICP-AES 及便携的 XRF 进行分析，其分析结果吻合得较好。

Winefordner 研究小组[57]研制了一套便携式 LIBS 系统，此系统是通过可充电的电池进行工作的，这套系统主要由 Kigre 激光器（波长 1064nm，单个脉冲能量 21mJ，脉冲宽度 3.6ns）、小型光谱仪、计算机、光电系统及可充电的电池五部分组成，体积大小 48.3cm×33cm×17.8cm，总重 13.8kg，平均入射功率密度为 0.92GW/cm^2，线阵 CCD 像素 2046，波长覆盖范围 339~462nm，此套系统用于颜料、钢铁及生物样品中的 Pb 及 Mn 等元素分析，其装置见图 9-11。

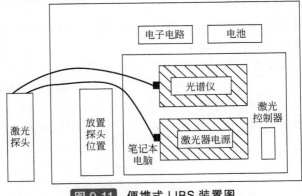

图 9-11 便携式 LIBS 装置图

与便携式 LIBS 相比，便携式 XRF 目前广泛用于各个行业，理论上 XRF 可以检测的最小原子序数为 4（Be 元素），然而在实际分析中，XRF 可以检测至的最小原子序数为 12（Mg 元素），这主要是由于原子序数低于 12 的元素荧光产率太低以及所产生的荧光被空气所吸收引起的。LIBS 不受原子序数的限定，可以对周期表中的所有元素进行检测。此外，激光诱导产生的等离子体可产生许多特征谱线，当元素特征谱线被干扰时，则可选择其他特征谱线进行定性或定量分析。最后，通过光纤传导激光脉冲或等离子体光信号可以实现远距离遥测，这是 XRF 无法实现的。

五、远距离遥测 LIBS 系统

与传统的分析方法相比较，LIBS 不仅可以近距离对样品进行定性与定量分析，而且还可实现远距离遥测分析，LIBS 系统用于无法接触到的样品，如悬崖边的岩石样品、危险环境中的样品、有毒或具有核辐射性样品。工业在线分析需要远距离遥测分析，如熔态玻璃或液态金属在线分析，传统经典遥测 LIBS 系统见图 9-12[53]。

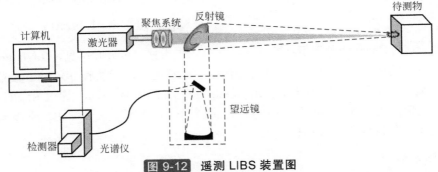

图 9-12 遥测 LIBS 装置图

传统遥测 LIBS 采用纳秒激光器，利用高能量密度激光将样品进行激发，通常能量至少为数十毫焦，通过光纤传导等离子体光信号，遥测 LIBS 对激光器及光学收集系统要求均较高。Blacic 及 Cremers 远距离对岩石样品进行遥测分析，遥测距离为 24m，采用 Nd:YAG 激光器，脉冲能量 300mJ，光谱仪光栅焦距为 0.3m，采用增强型光电二极管阵列检测器检测

光信号，采用直径为 100mm 的透镜收集等离子体光信号后，通过光纤将其传输至光谱仪进行检测。

考虑到球差，烧蚀最小斑点的直径为：

$$d_{\mathrm{aber}} = f(d/f)^3[n^2-(2n+1)k+(n+2)k^2/n]/32(n-1)^2 \qquad (9\text{-}9)$$

式中，f 为透镜焦距；d 为激光束束斑直径；n 为折射率；$k = \dfrac{R_2-R_1}{R_2}$，R_2 及 R_1 分别为透镜的曲率半径，对于平凸透镜而言，当激光束从平面进行入射时，k 为零，当激光束从凸面进行入射时，k 为 1。

发生衍射时，最小斑点的直径为：

$$d_{\mathrm{diff}} = 2.44\lambda f/d \qquad (9\text{-}10)$$

式中，λ 为激光器波长；f 为透镜焦距；d 为激光束束斑直径。

当 $d_{\mathrm{diff}}=d_{\mathrm{aber}}$ 时，烧蚀最小斑点与束腰直径及焦距之间关系见图 9-13[53]。

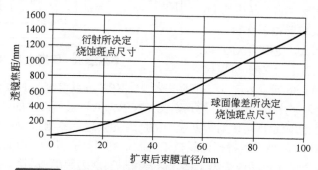

图 9-13 烧蚀最小斑点与束腰直径及焦距之间关系

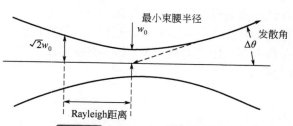

图 9-14 Rayleigh 距离示意图

通过扩束后束腰直径即可确定透镜焦距的长短，LIBS 遥测分析另一个重要的参数是 Rayleigh（瑞利）距离，Rayleigh 距离是指最小束腰半径 w_0 位置至 $\sqrt{2}\,w_0$ 位置处的距离，见图 9-14[53]。

$$Z_R = \pi w_0^2/\lambda = 1.49\pi\lambda(f/d)^2 \qquad (9\text{-}11)$$

由式（9-11）可见，Rayleigh 距离与透镜焦距的平方成正比，与激光束束腰直径的平方成反比，对于波长 1064nm 激光器，激光束束腰直径 4cm，透镜焦距为 10m 时，Rayleigh 距离 Z_R 距离为 31cm，通过 Rayleigh 距离 Z_R 可以确定透镜聚焦的位置。自动聚焦系统可通过飞行时间、相移、三角测距及干涉测量的方法进行实现，远距离测距方法见表 9-6[53]。

表 9-6 远距离测距方法

测量方法	原 理	遥测范围	精 度	所用激光
飞行时间	通过测量激光脉冲到达样品的时间	10m 至数十千米	小于 1m	脉冲二极管激光器
相移测距	通过参考脉冲与测量脉冲的相移进行测距	0.2~200m	小于 1.5m	脉宽 15ns，脉冲功率 0.95mW

测量方法	原　理	遥测范围	精　度	所用激光
调制激光束测距	通过对激光束进行交流调制，用光电二极管阵列检测，从而实现测距	3～9m		连续激光器，功率 50mW，波长 785nm

通常的遥测 LIBS 系统等离子体信号收集光路见图 9-15[53]。

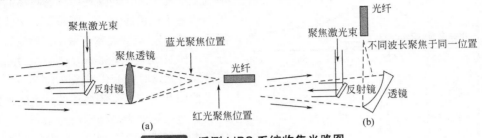

图 9-15　遥测 LIBS 系统收集光路图

收集光路（a），由于透镜对不同波长的光折射率不同，故导致色差的出现，即不同波长的光汇聚在不同的位置。收集光路（b），则可将不同波长的光会聚在同一位置，避免了色差效应。收集光的强度与待测样品至采光系统之间的距离是平方反比关系。

第四节　激光诱导击穿光谱分析技术及方法

一、LIBS 成分分析

1. 基体匹配建立校准曲线

理论上，待测元素浓度与所对应强度在整个含量范围成线性关系且经过（0，0）坐标原点，当浓度增加一倍时，所对应的强度也应增加一倍，但实际建立含量校准曲线时通常偏离线性关系，校准曲线上呈线性关系的区间称为线性动态范围。

校准曲线上某点斜率即为其灵敏度，由图 9-16 可见，在含量较低或较高时校准曲线偏离线性，这是由于当待测元素含量减小，而干扰元素的含量不变时，在校准曲线的低端，待测元素所对应的谱线强度几乎没有变化，杂散光进入到光学系统，待测元素的谱线强度中包含背景强度。如对于 Hg(Ⅰ) 546nm 波长，当土壤中 Hg 元素的含量很低或几乎不含 Hg 时，仍然可以观察到较强的 Hg(Ⅰ) 546nm 谱线，当分析其他样品时也观察到 Hg(Ⅰ) 546nm 谱线，这是由于杂散光进入到光学检测系统。

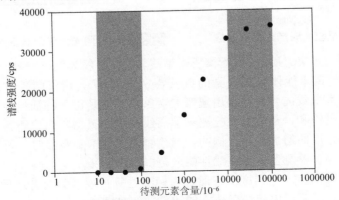

图 9-16　定量分析校准曲线

光谱干扰与光学系统分辨率、谱线的延时采集及跃迁时谱线线宽有关，实际分析中光谱仪的分辨率及谱线的线宽决定了谱线受干扰的情况，分辨率越低则待分析元素受谱线干扰的概率随之越大。

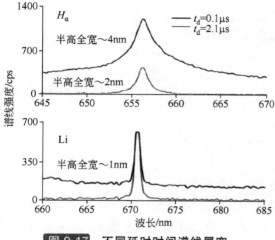

图 9-17　不同延时时间谱线展宽

在激光诱导产生等离子体早期（<1μs），由于 Stark 及 Doppler 谱线展宽效应，有些相距的谱线重叠在一起，即便使用分辨再高的光谱仪也不能将干扰谱线分开，随着等离子体温度的降低（>1μs），谱线展宽变减小，相邻谱线逐渐分开，如 H 元素的 656nm 及 Li 670.7nm 双线，其谱线展宽随时间变化见图 9-17[53]。

由图 9-17 可见，等离子体产生的早期大约 0.1μs，氢的谱线半高峰宽约为 4nm，随着时间变化大约 2.1μs 时，半高峰宽约为 2nm，Li 670.7nm 谱线则随时间变化，其半高峰宽变化不是非常明显，二者的背景强度均随时间的变化而减小，氢元素 Stark 展宽效应非常明显，故通常用于等离子体中电子数密度的测量。

校准曲线浓度的高端曲线出现了弯曲，这是由于产生了自吸效应，激光产生等离子体的中心温度高，周边温度较低，当中心高能态的原子或离子向低能级跃迁时释放出光子，光子通过等离子体时被外围的相同低能级原子所吸收，故导致校准曲线出现了弯曲现象，如在不同气压下，压片后的 KCl 谱线轮廓见图 9-18[53]。

图 9-18 中两个谱峰是 K 元素特征峰，(a)、(b) 及 (c) 分别表示气压为 580Torr、7Torr、0.0001Torr 时谱线轮廓，随着气压的降低，谱线自吸效应越来越弱。谱线自吸效应的出现与光谱仪分辨率有关，如保持相同的激发条件下，不同光谱仪所得到的 K 元素谱线轮廓见图 9-19[53]。

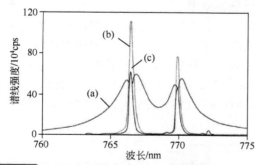

图 9-18　K 元素含量较高时产生自吸效应

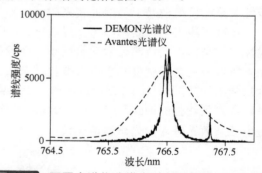

图 9-19　不同光谱仪分辨率对自吸收效应的体现

图 9-19 实线为 DEMON 高分辨光谱所得谱线轮廓，虚线为低分辨 Avantes 光谱仪所得谱线轮廓，低分辨的光谱未能体现 K 元素的自吸效应，高分辨光谱仪则清晰体现出 K 元素的自吸效应。此外，在校准曲线的含量高端出现弯曲现象也可能是由于特征谱线的强度太强使检测器的信号强度出现过饱和，从而导致检测器偏离线性响应范围，在检测器线性响应范围内，含量的增加与信号强度的增加是同比例的，当检测器出现饱和现象时，可通过光学滤波片使其强度进行衰减，保证检测器工作在线性响应范围内。

校准曲线线性范围在一定程度上可通过内标法进行扩展，如对合成的硅酸盐样品中 Cu 元素，采用内标法与不采用内标法所建立的校准曲线见图 9-20[53]。

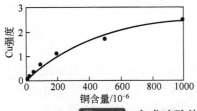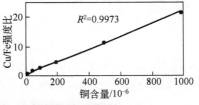

图 9-20　合成硅酸盐中 Cu 元素含量校准曲线

由图 9-20 可见，采用内标法扩展了校准曲线的范围。采用内标法时，通常要求内标元素含量相同，此外，内标元素与待分析元素的物理性质尽可能相近，二者能级能量也要求尽可能相同。另一种改善校准曲线线性响应范围的方法是利用光声现象（声强度与烧蚀样品量之间的关系）对

谱线强度进行归一化，从而减弱脉冲能量波动对分析数据精密度的影响。

影响 LIBS 分析灵敏度的因素有很多，如激光器脉冲能量、环境气体种类及其气压及透镜至样品表面距离等，环境气体种类及其气压对 LIBS 分析性有很大的影响，环境气体对谱线强度的影响见图 9-21[53]。

由图 9-21 可见，一定的气压范围内，随着氩气气压的增加分析灵敏度

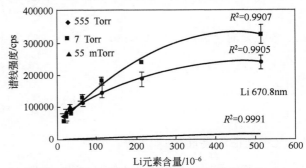

图 9-21　不同气压对 Li 元素含量校准曲线

随之增加，当气压过低时，分析灵敏度则降低，这是由于当气压过低时，所产生的等离子体快速膨胀，等离子体的寿命较短，此外，由于气压较低，原子或离子之间的碰撞概率较小，故等离子体的温度较低。随着气压的增加，激光诱导产生的等离子体被周围的气体所限制，故等离子体膨胀速度减慢，等离子体的寿命增加，等离子体的温度也随之增加，故分析灵敏度增加。当环境气体气压过高时，则由于等离子体对激光吸收作用产生等离子体屏蔽现象，导致后续的激光能量无法到达样品表面，故使分析灵敏度降低。

2. 无标准物质绝对分析

绝对分析方法是指不需要标准物质，直接通过测量等离子体参数得到待测样品的含量，绝对分析方法是建立在以下假设基础之上的：①不存在分馏效应，②在所观察的时间及空间等离子体处于局部热力学平衡，③等离子体空间分布均匀，④不存在自吸效应。在实际测量强度时，所检测到的谱线强度与检测器的效率有关，故谱线强度公式见式（9-12）：

$$\overline{I_\lambda^{ij}} = FC_s A_{ij} \frac{g_i \mathrm{e}^{-[E_i/(kT)]}}{U_s(T)} \qquad (9\text{-}12)$$

$\overline{I_\lambda^{ij}}$ 为实际检测到的光强；C_s 为待测元素的含量；F 为与仪器硬件（脉冲能量、检测器效率及光路设计）相关的实验参数，可通过实验确定，整个实验过程中，激光器输出的能量及在样品表面聚焦的位置等参数需保持不变，以保证 F 为常数。

若令：

$$y = \ln \frac{\overline{I_\lambda^{ij}}}{g_k A_{ij}}, \quad x = E_i, \quad m = -\frac{1}{kT}, \quad q_s = \ln \frac{C_s F}{U_s(T)}$$

这样可以用下式表示：

$$y = mx + q_s \tag{9-13}$$

以 y 及 x 绘制二维平面图，所得到的图为 Boltzmann 平面图，对待测样品中每一个元素绘制 Boltzmann 线，不同元素的 Boltzmann 线是平行的，即斜率是相等的，但截距不同。

理论上，在 LTE 假设条件下，在等离子体温度确定后，根据待测元素的一条谱线强度即可确定待测元素的含量，但由于 A_{ij} 这个参数存在较大的不确定度，为确保分析结果的准确性，通过选择多条谱线确定等离子体的温度，这样可以提高分析结果的准确度。

F 可通过式（9-14）计算：

$$\sum_s C_s = \frac{1}{F} \sum_s U_s(T) e^{q_s} = 1 \tag{9-14}$$

各元素的含量通过式（9-15）及式（9-16）计算：

$$C_s = \frac{U_s(T)}{F} e^{q_s} \tag{9-15}$$

$$C_M^{TOT} = C_M^{(I)} + C_M^{(II)} \tag{9-16}$$

二、LIBS 表面微区分析

作为 LIBS 的一个应用分支领域——表面分析，始于 20 世纪 90 年代中期，与传统扫描电子显微镜/能量色散谱仪（SEM/EDS）、电子探针显微分析（EPMA）及二次离子质谱（SIMS）等高分辨表面分析技术相比具有不需高真空、样品前处理简单、分析速度快等优点，成为传统表面分析工具的有力补充。

由于光的衍射效应，经透镜聚焦后的理论空间横向分辨率见式（9-17）：

$$d = 2.44 \frac{\lambda f}{D} \tag{9-17}$$

式中，d 为烧蚀坑直径；λ 为激光器输出的波长；f 为对激光束聚焦透镜焦距；D 为准直后激光束束腰直径。由式可见，采用较短激光波长，较短透镜焦距，较宽的光束直径可提高空间分辨率，实际应用中，横向分辨率还与材料的熔点、热容、热导率及透镜对光束的聚焦质量有关，通常实际分辨率是理论值的 10 倍左右或更大。

纵向分辨率是指其强度降至最初强度的 84% 和 16% 的宽度或其强度升至 16% 和 84% 的宽度，见图 9-22。

纵向深度分辨率见式（9-18）：

$$\Delta z = \Delta p \cdot AAR = \Delta p \cdot d(p_{0.5})^{-1} \tag{9-18}$$

Δp 为涂层中元素强度降至 84% 到 16% 所需的脉冲数（或强度增强至 16% 到 84% 所需脉冲数），AAR 平均烧蚀速率见式（9-19）：

$$AAR = d(p_{0.5})^{-1} \tag{9-19}$$

d 为涂层厚度，$p_{0.5}$ 为到达涂层界所需的激光脉冲数。

采用 1064nm 波长纳秒激光进行烧蚀时，由于纳秒激光与物质相互作用的热效应，即激光与物质相互作用产生的热量扩散，导致烧蚀坑变大，影响空间分辨率，其影响见图 9-23。

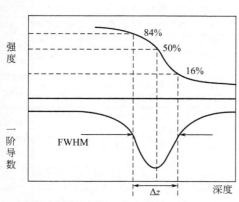

图 9-22 LIBS 表面分析纵向分辨率

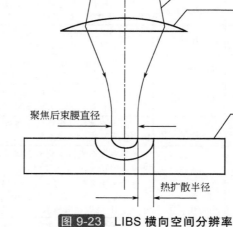

图 9-23 LIBS 横向空间分辨率

烧蚀坑的大小可用式（9-20）表示：

$$r_c \propto w_b + \delta_h \tag{9-20}$$

其中 δ_h 可用式（9-21）表示：

$$\delta_h \propto \sqrt{k_s \tau_1} \tag{9-21}$$

式中，w_b 为激光经透镜聚焦后烧蚀斑点大小；δ_h 为由于热扩散对空间横向分辨率的贡献；k_s 为热扩散系数；τ_1 为激光脉冲宽度。

第五节 激光诱导击穿光谱的应用

一、在工业生产领域中的应用

1. 元素成分分析

由于 LIBS 具有不需或很少样品制备、分析速度快及易于实现在线分析等独特优点，故目前在工业领域具有较为广泛的应用，LIBS 在工业分析中的主要应用见表 9-7～表 9-9。

表 9-7 LIBS 在工业生产领域中成分分析应用

样　品	分析元素	仪器装置分析要点及研究内容	文　献
钢铁炉渣	Ca, Al, Si	通过透镜阵列对光束聚焦，采用多道真空光谱仪，充氩环境中激发。采用多变量拟合方式校准曲线，相关系数大于 0.97。分析开始到传输报告仅需 80s	[58]
炉渣	Ca, Si, Mn, Mg, Al, Ti	准直双脉冲光路激发样品，光室真空小于 10^{-2}mbar（1bar$=10^5$Pa，下同）。多变量回归校准曲线，LIBS 分析技术有望实现对炉渣在线快速分析	[59]
不锈钢	Cr, Ni, Cu, Mo, Ti, Mn	前 150 个预剥蚀脉冲清洗样品表面，除污，多变量回归校准曲线，Fe、Cr、Ni、Cu、Mo、Ti 相关系数>0.97，Fe、Cr、Ni、Cu RSD 小于 3%，Mo 2%~6%，Ti 10%~15%，可判定不锈钢牌号	[60]
高温钢管材料	Mn, Nb, Cr, Fe, Nb	中阶梯光栅光谱仪，高温环境下采用绝对分析方法对钢管样品进行定量分析，与标准样品中认定值吻合较好	[61]
废钢及矿物	Cu, Ni, Cr	中阶梯光栅光谱仪，对废钢中关注元素 Cu 进行分析，Cu 含量 200μg/g 时，可以检测到信号。建立岩矿样品含 Ni 元素校准曲线，并对岩矿样品进行定量分析	[62]

续表

样 品	分析元素	仪器装置分析要点及研究内容	文 献
钢铁合金	Fe, Ni, Cr, Mn	光电二极管阵列检测器光谱仪，内标法建立钢中 Ni、Cr、Mn 校准曲线，对于波长 1.06μm 激光器，Mn 检出限为 113μg/g；对于 355nm 激光器，检出限为 235μg/g	[63]
钢铁材料	Fe, Ni, Cr, Mn	LIBS 系统距样品 700mm，海洋光学 HR2000+光谱仪，用 18 块钢铁标样建立校准曲线，不仅可对铁基、铝基、锌基及铜基样品进行区分，且还可识别不同钢铁牌号	[64]
铁基样品	Ni, Mn, Cr, Si	双脉冲 Modi LIBS 商品仪器，双脉冲模式激发钢铁样品，偏最小二乘法模型建立 Ni、Mn、Cr、Si 等元素校准曲线	[65]
钢铁及铝合金	Mg, Si, Mn, Cu	ICCD 检测器装置，建立 Mg、Si、Mn、Cu 在铝合金及钢铁中线性相关性及检出限，相关性为 0.98~0.99，Cu 及 Mn 检出限钢铁低于铝合金，而 Mg 铝合金低于钢铁	[66]
中低合金钢	C, Si, Cr, Ni	样品室充氩气，最佳实验条件下，对中低合金钢中 C、Si、Cr、Ni 等元素进行分析，各元素线性相关系数大于 0.999，检出限为 6~80μg/g	[67]
钢铁	C	光学多通道检测器检测光信号，在充氮气氛中对样品激发，对于 C 元素分析精密度为 1.6%，检出限为 65μg/g	[68]
铁基样品	Al, C, Cr, Cu, Fe, Fe, Mn, Mo, Ni, P, S, Si	直接采用多脉冲 LIBS 系统对钢中 C、P、S、Al、Cr、Cu、Mn 及 Mo 等元素进行分析，各元素检出限分别为 9μg/g、22μg/g、19μg/g、7μg/g、27μg/g、10μg/g、10μg/g、9μg/g，各元素相关系数均在 0.99 左右	[69]
低合金钢	Cr, Mo, Ni, Mn, Si	芯片激光器对样品激发，便携式 LIBS 对钢铁中 Cr、Mo、Ni、Mn 及 Si 进行分析，内标法建立校准曲线，各元素相关系数在 0.98~0.99，大部分元素检出限小于 100μg/g	[70]
钢铁	Ni, Cr, Mn	大气环境中对延时时间及透镜至样品表面距离优化条件下，用内标法建立 Ni、Cr、Mn 等校准曲线，线性拟合相关性较好，可在线快速对钢铁质量进行控制分析	[71]
钢铁	S	样品室中充入氮气气压维持 1000mbar，用内标法建立钢中 S 元素校准曲线，S 元素检出限为 70μg/g，分析精密度约为 7%	[72]
铁基样品	Fe, Cr, Ni, Mn, Si	氘卤素灯强度辐射校准，无标样绝对分析方法在大气环境中对钢中的 Fe、Cr、Ni、Mn 及 Si 进行定量分析，其测定值与标准值吻合较好，相对误差小于 5%	[73]
钢	P	通过延时方法降低铁基对 S 谱线干扰程度，对于生铁中硫元素，线性相关系数为 0.9992，检出限为 12μg/g，背景等效含量为 0.11%，对于低合金钢而言，线性相关系数 0.995，检出限为 5μg/g，背景等效含量为 0.05%	[74]
铜合金	Fe, Mn, Ni	CF-LIBS 对铜合金中 Fe、Mn 及 Ni 元素定量分析，等离子体中心区域所计算的含量与认定值吻合较好	[75]
铝合金	Bi, Cr, Cu, Fe, Mg, Mn, Ni, Pb, Si, Sn, Ti	样品室气压维持在 0.1mbar，两种不同绝对分析方法模型对不同气压下的铝合金进行定量分析，比较两种模型对主量、少量及痕量元素测定的相对误差	[76]
青铜	Cu, Pb, Sn, Zn	Prokhorov-Bunkin 公式对四块四组分的青铜样品中各元素存在的分馏效应校正，根据校正后的模型采用 CF-LIBS 对青铜样品进行定量分析	[77]
金合金	Au, Cu, Ag	CF-LIBS 对贵金属金进行分析，信号背景、谱线干扰、自吸、延时及积分时间对 CF-LIBS 准确度有重要影响，连续背景较低时采集光谱强度信号	[78]
钢铁	Al, C, Co, Cr, Mn, Mo, N, P, S	对 LIBS 与 Spark-AES 的分析性能作比较，对钢铁样品 LIBS 与 Spark-AES 非常接近，C、P 及 S 检出限低于 5μg/g，N 检出限低于 20μg/g，精密度 LIBS 稍差于 Spark-AES	[79]
铝基及铁基样品	Mg, Si, Cu, Mn	研究不同基体的物理性质对等离子体温度及电子密度的影响，铝合金样品，Mg、Si、Cu、Mn 的 L.D.为 28.2μg/g、283.9μg/g、23.8μg/g、15.3μg/g，铁基样品为 76.8μg/g、6.6μg/g、6.3μg/g、5.0μg/g	[80]
铜合金	Zn, Sn, Cu, Pb	双脉冲 LIBS 系统，两脉冲之间延时时间 15μs。标准曲线及 CF-LIBS 两种不同方法对铜合金样品分析，两种方法均给出半定量的分析结果	[81]
铝合金	Fe, Mg, Mn, Ni, Si, Ti, Zn	LIBS 与 Spark-AES 在保持一致条件下，对铝合金进行定量分析，LIBS 分析准确性可与 Spark-AES 相媲美，LIBS 可用于快速对铝合金进行定量分析	[82]
变形铝及铸铝	Al, Ce, Cr, Cu, Fe, La, Mg, Mn, Nd, Si, Sr, Ti	准直双脉冲光路，Paschen-Runge 光路作为分光系统。通过 3D 扫描系统对变形铝及铸铝的牌号进行分类，对于变形铝的识别正确率大于 95%，快速分拣率为 4t/h	[83]
锡基	Ag, Cu, Pb	二倍频激光器对样品激发，人工神经网络方法建立校准曲线，对 Ag、Cu、Pb 等元素检出限分别为 29μg/g、197μg/g 及 213μg/g	[84]
铝合金	Mg, Mn, Cu, Si	空气环境中对铝合金样品激发，Boltzmann 平面法确定等离子体激发温度，Stark 变宽确定电子密度，用标准样品建立校准曲线，各元素检出限约为 10μg/g	[85]
铝合金	Fe, Mg, Mn, Ni, Si, Zn	芯片激光器对样品激发，对铝合金烧蚀坑直径约为 10μm，Fe、Mg、Mn、Ni、Si、Zn 等元素检出限范围 0.05%~0.14%	[86]

样 品	分析元素	仪器装置分析要点及研究内容	文 献
铝锂合金	Li, Al	样品室充 Xe，利用 Xe 特征谱线对等离子体温度及电子数密度进行估算，对于铝锂合金中锂元素分析，测定的含量下限为 300~400μg/g	[87]
铝合金	Mg, Fe, Mn, Ni, Cu, Ti, Si	半导体泵浦芯片激光器，分别采用高分辨中阶梯光栅光谱仪及小型光纤光谱仪对铝合金进行定量分析，并对二者分析结果进行比较	[88]
润滑油	Na, Mg, Al, Ca, Ti, V, Cr, Mn, Ni, Fe	通过半波片对能量衰减，采用两种方法测定润滑剂中金属元素，一种是将激光直接聚焦在液体表面，另一种是用喷嘴将液体喷出，后者灵敏度高些。	[89]
青铜	Pb, Zn, Sn, Cu	用标准样品绘制校准曲线，对青铜中 Pb、Zn、Sn、Cu 等元素定量分析，研究了分馏效应对分析结果影响，从理论角度计算青铜中各元素含量并与标准值比较	[90]
黄铜	Cu, Zn, Sn, Pb	绝对分析方法对黄铜中各元素进行定量分析。不同元素由于其热导率、熔点及蒸发性质的不同，导致分馏效应产生，从而影响分析结果准确度	[91]
锌合金	Al, Cu, Fe, Pb, Sn	考察延时时间、透镜至样品表面距离及烧蚀脉冲个数对分析性能影响，对等离子体温度及电子密度进行估算，Al、Cu、Fe、Pb、Sn 检出限分别为 9μg/g、544μg/g、22μg/g、54μg/g、33μg/g	[92]
玻璃	Si, Fe	双脉冲模式工作，透镜阵列方式增大采样量，烧蚀坑直径约为 9mm，其中含有 47 个小烧蚀坑，由于采样量比单脉冲大，故减弱样品不均匀性对分析精度影响	[93]
陶瓷	Mg, Si	正交双脉冲 LIBS 系统，考察了不同脉冲能量及不同双脉冲时间间隔对灵敏度及精密度的影响，与单脉冲相比，Mg 及 Si 元素检出限降低 10 倍	[94]
石棉纤维	Mg, Si, Fe	通过 Mg/Si 及 Fe/Si 元素强度比方法区分不同石棉种类，以 SEM/EDS 含量比为横坐标，所对应 LIBS 强度比较纵坐标，二者具有较好线性相关性，可作定性分析	[95]
回收贵金属	Au, Ag, Pd, Rh	准直双脉冲 LIBS 系统，对 Au、Ag、Pd 及 Rh 等贵金属进行回收分析，其分析结果与 XRF 吻合较好，对于这些元素检出限为 0.2mg/g，相对误差为 5%	[96]
矿物	P, Ca, Mg, Al, Si	对矿物中 P_2O_5、CaO、MgO、SiO_2 及 Al_2O_3 分析，矿物中 P 元素相对标准偏差为 2%~4%，Ca、Mg、Al 及 Si 相关系数分别为 0.985、0.980、0.993、0.987 及 0.985	[97]
矿物	Al, Fe, Mg, Ca, Ti, Si	19 块标准样品建立校准曲线，考虑到基体效应，采用多变量进行回归分析，其分析结果与 XRF 吻合较好。取得优于单变量回归法曲线拟合线法的分析结果	[98]
铁矿石	Ca, Si, Mg, Al, Ti	用准分子激光器对样品激发，对矿石样品压片后，通过建立校准曲线对矿石中各元素进行定量分析，分析精密度 2%~25%，检出限约 0.01%	[99]
煤中灰分	Cr, Ni, Mn	在传送带上对煤中灰分分析，用内标法减弱仪器参数变化对分析结果的影响，其分析结果与伽马中子活化分析及传统实验室分析方法吻合较好	[100]
煤灰	C, Ba, Mg, Ti, Fe, Si, Al, Ca, Na, K, Sr	用不同方式对煤灰样品进行前处理，KBr 为黏合剂，对于 C 元素测定更为有利，以标准曲线法对煤灰中元素进行定量分析，LIBS 优势在于分析速度快，只需要几分钟	[101]
粉末状煤	C, H, O, N, S	建立 C、N、O、H、S 等校准曲线，分析元素含量较低时，校准曲线的斜率为 1，当 C 含量较高时，斜率为 0.5，研究发现，当粉末较细时，所产生的等离子体温度较高	[102]
液钢	Cr, Mn, Ni, Cu	光电二极管阵列检测光信号，熔炼炉通入 Ar 或 N_2 气进行冲洗，Fe 元素为内标，建立 Cr(含量范围 0.51%~15.71%)、Ni(含量范围 0.08%~3.56%) 及 Mn(含量范围 0.02%~1.52%)元素含量校准曲线，各元素具有一定线性关系	[103]
液钢	Mn, Al	多通道光电二极管阵列检测光信号，Cr、Cu 及 Mn 检出限分别 0.053%、0.054%及 0.104%，测量一个元素时间为 7s，这套装置用于二次冶金工艺过程的监控分析	[104]
钢铁/液钢	Si, Mn, Cr, Ni, Cu, C, Mo	增强型二极管阵列检测器检测光信号，波长覆盖范围 150~900nm。样品烧蚀面积为 0.1~6mm²，内标法建立 C 元素校准曲线，相对标准偏差为 1%~2%，准确度约 5%，对大部分元素检出限 10~100μg/g	[105]
熔态硅	C, Fe	样品室充入 Ar 氩气，气压 500mbar，B 元素延时时间 500ns，熔态硅中铝元素含量在 1~200μg/g 可以观察到信号，B 元素检出限为 0.2μg/g。此外，还可检测到 Ca 及 C 元素谱线	[106]
液态钢水	C	中阶梯光栅光谱仪，波长覆盖范围 200~850nm，延时时间 10μs，积分时间 20μs。C 测量范围 150~1100μg/g，精密度为 10%，检出限 250μg/g	[107]
高温锅炉	Ni, Cr, Fe	对等离子体光信号收集透镜焦距 2500mm，中阶梯光栅分光，通过建立校准曲线对高温样品进行分析，其测定结果与传统分析方法相吻合	[108]
液态高合金钢	Fe, Cr, Ni, Mn	用 638nm 激光器指示待激发位置，ICCD 检测光信号，光纤传输信号距离 10m，液态钢水温度 1600℃，充氩气保护气，气压 1.7bar，Ni 及 Mn 元素的相关系数为 0.99	[109]
熔态炉渣	Mg, Si	牛顿望远镜系统采集所产生等离子体光信号，ICCD 检测。以 Si/Ca 及 Mg/Ca 强度比绘制校准曲线，研究不同温度下 Si/Ca 及 Mg/Ca 强度比的变化规律，建立校准曲线	[110]

第二篇

样 品	分析元素	仪器装置分析要点及研究内容	文 献
液钢	Mg, Fe, Mn, Cr	LIBS 系统与坩埚距离 7.5m，测定 Cr、Ni 线性范围 0.106%~21.161%、0.199%~14.665%；检出限 1190μg/g、540μg/g；*RSD*2.05%、1.83%；相关系数可在 0.99	[111]
液铝、液钢及熔态玻璃	Fe, Ni, Ti, Cr, Al, Nb, Cu, W	光纤长度 2m，罗兰圆光路分光，光纤传输激光脉冲，同时通过同一根光纤传递等离子体光信号。考察了不同样品至透镜的距离及激光入射角度对谱线强度的影响	[112]
钢管	Fe, Ni, Cr, Mo, Ti, Cu, Nb	位移传感器使透镜至样品表面距离保持恒定，对不同牌号不锈钢样品自动进行分拣，系统考察仪器长期稳定性，LIBS 分析性能可满足在线快速分拣功能	[113]
熔态玻璃	Si, Ca, Al	光电二极管阵列检测光信号，对熔态玻璃中 Si、Al 及 Ca 在线分析，多变量回归法校准曲线，对熔态玻璃生产工艺中产生重金属气溶胶进行在线监控分析	[114]
工业氧化物	Al, Ca, Fe, Mn, Mg, Si, Ti, Cr	中阶梯光栅分光，波长范围 298~864nm，绝对分析方法(CF-LIBS)对钢铁工业中的氧化物进行分析，可用于快速对多组分材料定量分析	[115]
水泥	S	非增强光学多通道检测器检测光信号，检测器制冷温度-20°。以标准物质建立校准曲线。比较了 He、Ar 及空气不同环境中灵敏度，充 He 环境中 S 元素灵敏度最高	[116]
腐蚀玻璃	Si, Al, S	对激光器能量及脉冲个数优化，LIBS 结合 SEM/EDS 及紫外可见光谱对玻璃腐蚀层定性分析，LIBS 灵敏度高于 EDS 灵敏度，可用于对腐蚀玻璃成分快速定性分析	[117]
回收电子产品	Ti, Sb, Zn, Sn, Al, Cd, Cr, Pb	中阶梯光栅分光系统，波长覆盖范围 200~780nm，多变量回归方法建立校准曲线，Ti、Sb、Zn、Sn、Al、Cd、Cr、Pb，检出限分别为 50μg/g、730μg/g、190μg/g、250μg/g、100μg/g、30μg/g、80μg/g、70μg/g。	[118]
塑料	C_2, CN, C, O, N, H	根据不同塑料分子特征发射光谱线，对塑料进行分类分析，选择合适的谱线与主成分分析，偏最小二乘法等化学计量学法，可以对分子结构相似塑料进行识别	[119]
镍基样品	Al, Si	样品室充 0.2mbar 氩气，以空间分辨 LIBS 系统建立校准曲线，对镍基中 Al 及 Si 元素分析，LIBS 优点适合对熔点较高物质进行定量分析	[120]

2. 元素分布分析

元素分布分析是指样品在电机带动下实现线扫描或面扫描分析，所采集谱线强度以线分布、面分布或体分布形式直观体现元素分布情况，如对钢铁样品进行线或面扫描分析，可以获得钢铁中重要组分 C、Si、Mn、P 及 S 等元素分布情况，从而对钢铁材料的性能进行判定，为改善冶金工艺提供指导。对生物样品扫描分析，可以判定生物样品中哪些元素在某一部位容易富集，LIBS 元素分布分析主要实例见表 9-8。

表 9-8 LIBS 元素分布分析

样 品	分析元素	仪器装置、分析要点及研究内容	文 献
Si 光伏电池	Ag, Ti, C	用 N_2 分子激光器对样品激发，扫描面积 4.5mm×3.0mm，空间分辨率约为 80μm，单个脉冲烧蚀深度 13nm，在同一位置进行了 5 次面扫描分析	[121]
钢中夹杂物	Si	ARL 4460 光谱仪，采用 Nd:YAG 激光器，最大能量为 2mJ 时，空间分辨率为 13μm，测定 Mg、Al、Si、Ca、Ti、Mn 夹杂物含量及夹杂物尺寸大小	[122]
太阳能光伏电池	Ag	ICCD 为检测光信号，扫描面积 6mm×2mm，激光烧蚀斑点呈长方形，空间分辨率 20μm，坑与坑之间距离为 250μm，1mm 可以扫描 40~50 行，观察 Ag 及 Ti 的分布	[123]
印刷电路板	Cu	双单色器光谱仪，PMT 检测光信号，扫描面积 5mm×5mm，激光烧蚀区域约为 10μm，步进电机步距 50μm，2.5h 采集 100×100 个数据	[124]
建筑材料	C, Si, Mg, Ca	用光学多通道分析器检测，扫描面积 10cm×10cm，步进电机步距沿水平方向 2mm，沿垂直方向 0.4mm，样品表层厚约 0.2mm 含有 Na 元素，大约 127 个脉冲到达界面	[125]
钢中夹杂物	Al, N, O, Mn, S	二极管泵浦固态激光器，最高频率 1000Hz，氩气压 900mbar，扫描面积 10cm×10cm，步进电机步距 20μm，步距精度 1μm，空间分辨率 15μm，扫描时间 11min	[126]
陶瓷、冶金及地质样品	Ca, Mn, Fe, Ti, Ni, Al, Ca, Si	激光聚焦与显微放大系统共用光路，空间分辨率 3~15μm 可调，扫描面积 600μm×800μm，对火山岩样品扫描时，采用 10μm 分辨率	[127]
铝合金	Mn, Fe, Cu, Mg	Glan-Taylor 偏振片对输出能量衰减，空间分辨率 10μm，Al 2024 合金存在 Mn-Fe-Cu (type Ⅰ)及 Mg-Cu(Ⅱ)相	[128]
工具钢及玻璃缺陷	Si, Fe, Ti, Cu, Ca	在显微镜基础上对光路进行调整，中阶梯光栅光谱仪分光，对玻璃样品进行扫描分析	[129]

样品	分析元素	仪器装置、分析要点及研究内容	文献
印刷电路板	Ni, Cu	通过圆柱形透镜进行聚焦，扫描面积 1550μm×4500μm，平均 1 个脉冲对 Ni 的烧蚀深度为 34nm，这种线扫描方式与传统的点扫描方式比较，具有分析速度快的优点	[130]
光伏电池	C, Si	采用 N₂ 分子激光器，扫描面积 3mm×2.1mm，横向空间分辨率 70μm，沿深度方向分辨率 0.16μm，适合分析表面的多个原子层厚度	[131]
单晶硅	Cu, Ca, Al	Czerny-Turner 光栅光谱仪，CCD 检测光信号，扫描面积 20mm×20mm，横向空间分辨率 750μm，纵向空间分辨率 0.8μm，通过面扫描可判断样品沾污来源	[132]
矿物分析	C, S, Si, Al, P	中阶梯光栅分光，ICCD 检测光信号，氩气压维持在 1000mbar，扫描面积 2.5mm×2.5mm，空间分辨率 25μm，单个脉冲烧蚀深度为 150nm	[133]
汽车尾气转化器	Pt, Rh, Pd	Czerny-Turner 光谱仪，将汽车尾气转化器切割成若干片，用 LIBS 对其扫描，研究了汽车尾气转化器中 Pt、Rh、Pd 等元素的分布	[134]
不锈钢	Mn, Mg, Ca, Al, Ti	通过焦距为 50mm 圆柱形透镜对光束进行聚焦，对 AISI 303 及 AISI321 不锈钢，研究了不锈钢中 Mn、Al、Ca、Ti 等元素的分布	[135]
铝合金	Mg, Mn, Si, Zn, Cr	KrF 准分子激光器，物镜放大倍数 10 倍，对于铝合金空间分辨率为 5~20μm，采用单一标准样品估算检出限，检出限范围为 2~450μg/g	[136]
涂层钢板	Fe	用 Echelle 光谱仪做定性分析，对涂层样品进行缺陷分析，用 Jarrell-Ash 82-025 光谱仪对钢板弥散相 Fe 元素含量做定量分析	[137]
铝合金中的析出相	Al, Mg, Mn, Cu	Ti-sapphire 飞秒激光器，对牌号为 2024 铝合金，分辨率为 10μm，通过 ICCD 可以判断铝合金存在 Al-Cu-Fe-Mn 析出相	[138]
太阳能光伏电池	Ag, C, Ti	氮分子激光器，波长 337.1nm，对光伏电池扫描，扫描面积 3.5mm×0.8mm，空间分辨率为 30μm，以三维分布形式给出 C 元素的分布	[139]
洞穴中地质样品	Mg, Sr, Ca	对地质样品扫描分析，研究 Mg 及 Sr 沿地质样品不同方向的分布情况，以了解不同方向元素的分布情况，对气候的变化有较深了解	[140]
钢中夹杂物	Al, O, N, S, Cu	半导体泵浦激光器，空间分辨率小于 20μm，由 Al 与 O 元素出现异常信号位置，可探明 Al₂O₃ 夹杂物存在，对偏析样品扫描分析可以明显体现偏析带的位置	[141]
生物样品	Gd, Fe, Ca, Si	偏振器及半波片对激光输出能量进行衰减，对老鼠的肾脏进行扫描分析，研究 Ca、Fe、Gd 及 Si 等元素的分布，在某些部位，这些元素发生了富集，可转化为含量分布	[142]
半导体材料	Si, Ge	中阶梯光栅进行分光，研究不同延时时间各谱线强度变化，实验发现延时 90ns 时，Ge 元素灵敏度最高，采用内标法，以掺入不同含量 Ge 建立校准曲线	[143]
钢铁偏析及脱碳样品	C, Mn	半导体 Nd:YLF 激光器，对脱碳样品扫描，其 C 元素分布与样品腐蚀后金相显微分析结果相吻合，LIBS 方法分析速度非常快	[144]
非平面机械阀门	Fe, Cr, Ni, Mn	对非平面机械阀门在大气环境中 Fe、Cr、Ni 及 Mn 元素的三维分布图进行扫描分析，表明 LIBS 可以明显区分非平面机械阀门各区域元素含量的分布	[145]
蔬菜叶片	Pb	ICCD 检测光信号，沿 X 及 Y 方向步距均为 500μm，研究了 K、Mn 及 Pb 等元素分布情况，表明 Mn 及 K 元素在叶片的周边分布，而 Pb 元素则在叶片中心富集	[146]
镁合金	Mo, Ni, Al, Mn, Cr, Fe, Mg, Cu, Zn	准分子激光器，LIBS 与 LA-ICP-MS 联用对镁合金进行扫描分析，Al 及 Mg 轻质量数用 LIBS 采集其光信号，Mn、Cu 及 Ti 等较重质量数元素用 LA-ICP-MS 采集	[147]

3. 表面深度分析

表面深度分析时，激光脉冲能量尽可能均匀分布，这样烧蚀坑底部较为平坦，可以提高深度空间分辨能力，减弱深度轮廓分析曲线拖尾的程度。由光学轮廓仪或激光共聚焦显微镜可以表征烧蚀坑形貌，同时得到烧蚀坑大小及深度信息，估算一个激光脉冲烧蚀平均深度，从而对镀层厚度进行估算，LIBS 在表面深度分析方面的主要应用见表 9-9。

表 9-9 LIBS 在表面深度分析方面的应用

样品	分析元素	仪器装置分析要点及研究内容	文献
硅基质	Cr, Ni, Cu	圆柱形透镜聚焦，在线剥蚀模式下，Ni 及 Cr 单个脉冲平均剥蚀速率分别为 9nm/pulse 及 15nm/pulse，线剥蚀模式下，分析灵敏度、信噪比及精密度要好于点剥蚀模式	[148]

续表

样 品	分析元素	仪器装置分析要点及研究内容	文 献
镀锌板	Zn, Fe, Al	用双脉冲进行烧蚀，由 Pockels 电光衰减片对能量进行衰减，烧蚀坑小于 100μm，Fe I 438/Zn I 472 强度比与镀层厚度之间呈线性关系，可以计算镀层厚度	[149]
镀锌钢板	Zn, Fe	研究热镀电镀锌材料平均烧蚀速率，对于不同种类气体、脉冲能量、透镜至样品表面距离、延时时间等因素对谱线强度、烧蚀形貌及深度空间分辨率的影响	[150]
高温 Ni 基合金	Mn, Cr, Ni, Al	采用 LIBS 及 SIMS 对其氧化层进行深度分析，表明 Alloy 617 易于氧化，氧化层厚度为 8μm，Haynes 230 氧化层厚度为 5μm，与所得到 Mn、Cr、Ni 及 Al 元素深度分布吻合	[151]
生物药片	Ca, Mg, Si, Ti	通过旋转电机带动样品使之移动到新鲜分析表面，对药片进行深度分析，观察 Ca、Mg、Si 及 Ti 元素沿深度方向的分布，以及同一药片及不同样品表面的均匀性	[152]
镀锌板	Zn, Fe	染料激光器，研究了不同环境气体及气压下，对铁箔及锌箔平均剥蚀速率，较低气压下，样品的烧蚀速率较快，单个脉冲的烧蚀深度为 400~800nm	[153]
镀锌板（电镀）	Zn, Fe	准分子激光器，整形后能量分布近似均匀分布，对镀锌板样品进行 LIBS 深度分析，与 GD-OES 深度分布分析相吻合，LIBS 单个脉冲的烧蚀深度为 8nm	[154]
玻璃表面涂 Fe-Ni 薄膜	Fe, Ni	对薄膜(0.15~15μm)中 Fe 及 Ni 元素以含量比对强度比建立校准曲线，二者具有一定的相关性，相对标准偏差大约 5%左右，Fe 元素的检出限为 300μg/g	[155]
超纯石英表面	Ti, Mg	Ti: sapphire 飞秒激光器，以钛元素内标建立 Mg 元素含量校准曲线，强度比与含量之间具有较好相关性，采用飞秒 LIBS，可以避免烧蚀薄膜层下的基质	[156]
氧化铟薄膜	In, InO	研究不同距离、不同气体环境及气压对涂层材料性能的影响，表明 LIBS 可用于对氧化铟、氧化锡薄膜涂镀工艺在线质量监控分析	[157]
艺术品表面	Ag, Au, Cu	中阶梯光栅分光系统，系统研究了不同工作距离对单个脉冲平均剥蚀速率及分辨率的影响，焦平面在样品表面上方	[158]
镀锌板	Zn, Fe	激光作为电离源的同时采集等离子体光信号，对 LIBS 及 LA-TOFMS 深度分析性能进行比较，LA-TOFMS 空间分辨率要高于 LIBS	[159]
硅基体上涂 Cu-Ag	Cu, Ag, Si	飞秒激光器，样品室充氩，对 Cu-Ag 多涂层单个脉冲烧蚀深度为 10~30nm，TiN-TiAlN 涂层厚度为 280nm，各涂层界面清晰，采用飞秒激光器可进一步提高深度分辨率	[160]
镀锌板	Zn	光信号用增强型光电二极管阵列检测器检测，建立 LIBS 镀层深度分析数学模型，此模型不仅适用于 LIBS，而且还适用于 LA-ICP-MS/OES 及 LIMS	[161]
光伏电池表面镀 TiO₂	C, Ti, Si	N₂ 分子激光器，对光伏电池表面镀 TiO₂ 进行深度分析，镀层厚度 40~400nm 时，掺杂深度与到达样品表面的脉冲数成正比，镀层深度分辨率为 40nm	[162]

二、在环境领域中的应用

　　LIBS 目前在环境领域中应用引起广泛关注，土壤中主量组分 N、P、K、Ca、Mg、S 等及微量组分 Fe、Cu、Mn、Zn、B、Mo、Ni、Cl 等元素对农作物的生长起着非常关键的作用，各组分含量应保持在一定的含量范围，含量过高或过低均会影响作物生长，通过 LIBS 原位快速分析可以对土壤中各元素进行半定量或定量分析。此外，LIBS 还可对工业废水及废气中重金属进行在线检测，实时反馈数据对工艺进行指导。LIBS 在环境领域中的应用见表 9-10。

表 9-10 LIBS 在环境领域中的应用

样 品	分析元素	仪器装置分析要点及研究内容	文 献
淤泥	Fe, Al, Na, Ca, Si	采用 Czerny-Turner 分光和增强型二极管阵列检测器系统，另一套中阶梯分光和 ICCD 检测器系统，进行单元素顺序测定和多元素同时检测	[163]
土壤	As, Cd, Cr, Cu, Hg, Ni, Pb, Ti	双脉冲 LIBS 系统，大气环境中对土壤中重金属进行检测，采用 LIBS 与 LIFS 联用技术对土壤中重金属 Cd 及 Tl 进行检测	[164]
土壤	Hg	对影响 LIBS 及 SIBS 分析性能因素如延时时间及激发能量进行了深入研究。LIBS 适合对含量较高的 Hg 进行分析，SIBS 适合于对含量较低的 Hg 进行定量分析	[165]
土壤	有机碳及无机碳	中阶梯光栅进行分光，多变量分析法，对 58 块不同土壤样品，根据总碳、无机碳及有机碳含量进行分类。总碳及无机碳与 Al、Si、Fe、Ti、Ca 及 Sr 等具有一定相关性	[166]

样　品	分析元素	仪器装置分析要点及研究内容	文　献
土壤	C	商品化便携式 LIBS 在大气环境对土壤中 C 含量测定,采用单变量及多变量方法进行拟合,线性相关系数优于 0.91,可快速用于环境中 C 元素的定量分析	[167]
土壤	Pb	增强型 ICCD 检测光信号,人工合成含 Pb 标准物质建立校准曲线,测定 Pb,由于样品自身不均的特点,需要对大量样本进行测量,才能反映样品真实含量	[168]
淤泥	Al, Ca, Fe, Ni	样品放置于旋转样品台上,转速 1~3r/min,采用单变量回归、多变量回归及偏最小二乘法等不同方法建立校准曲线,偏最小二乘法所得分析结果较好	[169]
土壤环境样品	Zn, Pb, Al	采用商品化便携式 LIBS 与台式 LIBS 对土壤及颜料中 Pb 进行分析,低分辨率、未延时便携式 LIBS 系统分析性能与台式的 LIBS 非常接近	[170]
土壤、沙子及污泥	Cr, Cd, Zn	增强型光学多通道检测器检测光信号,对气溶胶产生、烧蚀坑形成、延时时间、脉冲能量及湿度等影响 LIBS 分析性能的因素进行系统研究	[171]
铁矿石废料	Si	Czerny-Turner 分光系统,对铁矿石处理后污染环境样品进行检测,对样品粒度及固溶物含量等影响分析性能因素进行研究,可用于铁矿石废料在线监测	[172]
土壤及矿样	As, Cr, Cu, Pb, Ti	石英光纤数值孔径 0.22,PLS(偏最小二乘法)及 ANN(人工神经网络)方法对土壤及矿样进行定量分析,对于土壤,PLS 法要优于 ANN,而对于矿样则 ANN 法优于 PLS	[173]
大气	Cl, F	PMT 检测光信号,F 及 Cl 延时时间均为 2μs。通过对 SF_6、$C_2Cl_3F_3$ 及 CCl_2F_2 进行激发可以判断分子中所含 F 原子个数	[174]
废弃物燃烧后气体	Sb, As, Be, Cd, Cr, Fe, Hg, Pb, Si, Y	对废弃物燃烧后空气中重金属进行检测。可在线快速对废弃物燃烧后空气中重金属进行检测	[175]
有机分子	Na, K, F	对煤气中 Na 和 K,大气中 Be 及有机分子中的 P、S 及 Cl 元素进行检测,LIBS 可以在线快速对高温气体中这些物质进行分析	[176]
气溶胶	Cd, Pb, Zn	光电倍增管检测光信号,含 Cd、Pb 及 Zn 元素标准溶液用雾化器并经去溶变成气溶胶,采用 Pb I 283.17nm 及 405.78nm 双线测定不同延时时间等离子体温度	[177]
滤膜	Ag, Ba, Cd, Co, Cr, Cu, Hg, V, Mg, Mn, Na	Q 开关 Nd: YLF 激光器,通过级联碰撞方式用滤膜吸附气溶胶,对气溶胶颗粒大小分布进行统计分析。通过对气溶胶组成分析可以判断重金属产生来源	[178]
滤膜	Cd, Ni, As, Co, Mn, Sb, Cr, Tl, Sn, V, Cu, Pb	通过光纤传输激光脉冲,烧蚀坑大小约为 220μm,采用光声归一化方法建立各元素校准曲线,进行测定	[179]
气溶胶	Al, Ba, Ca, Fe, Mg, Na, C	采用 Nd: YAG 激光器,通过 LIBS 结合 Raman 或 LIFS 等多手段判断,对于气溶胶各组分来源进行解释,得到可靠的结论	[180]
环境气体	As, Be, Cd, Cr, Hg, Pb	增强型 ICCD 检测器检测光信号,对环境中的 As、Be、Cd、Cr、Hg 及 Pb 等元素进行检测,不同延时时间条件下确定了不同元素检出限	[181]
土壤	C, Fe, Mg, Mg, Si, Na	对激光束聚焦透镜焦距为 100mm,对各元素强度进行归一化处理,建立 P、Fe、Ca 及 Mg 等元素校准曲线,线性相关系数大于 0.85	[182]

三、在生物医学领域中的应用

LIBS 对于生物样品不需制样即可快速分析,生物样品中主量及微量元素通常通过微波消解处理成溶液后测定,较用传统分析方法 ICP-OES、AAS 或 ICP-MS 等,制样简易,分析速度快。此外,LIBS 不仅可以对生物样品进行成分分析,而且还可提供元素分布分析,对元素在生物样品中的富集有一定的了解。LIBS 在生物医学领域中的部分应用见表 9-11。

表 9-11 LIBS 在生物医学领域中的应用

样　品	分析元素	仪器装置分析要点及研究内容	文　献
生物药片	P, C, F, Cl	增强型光电二极管阵列检测器检测光信号,对生物药片中 P、F 及 Cl 等元素在大气环境中进行分析,采用内标法定量分析,可以提高分析精密度	[183]
植物	Mg, K, Ca, P	ICCD 检测光信号,植物样品进行压片处理,对样品中微量元素 P、K、Ca 及 Mg 等进行分析,测定精密度为 5%~25%	[184]
蔬菜	Mg, Al, Ca, Ti, Mn, Fe	ICCD 检测光信号,紫外激光器对马铃薯中 27 个微量元素定性分析,采用归一化方法研究马铃薯表层、内部及中心部位元素含量的相对高低	[185]

续表

样 品	分析元素	仪器装置分析要点及研究内容	文 献
植物叶片	Mg, Mn, Cu, P, Zn	中阶梯光栅进行分光，对待分析植物进行压片处理，研究不同能量密度及烧蚀斑点大小对谱线强度影响，表明在一定能量密度条件下可以减小基体效应	[186]
植物叶片	B, Cu, Fe, Mn, Zn	ICCD检测光信号，对植物叶片清洗后进行压片分析，采用标准物质建立校准曲线，其分析结果与湿法分析ICP-AES吻合较好	[187]
肾结石	Zn, Sr, Mg, Cu	采用线阵CCD检测光信号，对肾结石中Ca、Mg、Mn及Cu等元素不同部位原位检测，用校准曲线法，测定Zn、Sr、Mg及Cu含量，分析结果与ICP-MS相吻合	[188]
生物化石	Mg, Ca, Sr	显微物镜放大25倍，对生物化石进行线扫描，研究化石生长带与Sr/Ca及Mg/Ca含量比之间关系，通过此方法可以进行地质年代判定	[189]
钙化组织生物	Al, Pb, Sr, Ca	Glan偏振片调节能量，研究生物样品不同部位各元素分布，通过解析元素分布情况以了解元素在生物体内迁移情况	[190]
生物化学试剂	Ca, K, Mg, Mn, P, C, Fe, Si	CCD检测光信号，采用多元线性回归方法对各生化试剂进行定量分析，计算其检出限，采用神经网络方法对生化试剂进行分类与识别	[191]

四、在空间探索及核工业领域中的应用

LIBS可远距离遥测，在空间探索、核工业及熔态金属在线分析等危险环境中具有一定的应用，远距遥测方式主要有两种：一种是通过望远镜系统收集远处的等离子体光信号；另一种是通过光纤传输激光脉冲，从而实现远距离遥测分析。LIBS在空间探索及核工业领域中的部分应用见表9-12。

表 9-12 LIBS遥测技术在空间及核工业中应用

样 品	待分析元素	仪器装置分析要点及研究内容	文 献
岩石样品	Ca, Si, Al, Fe, Mg, Na, K, Ti, Ba, Sr, O	遥测距离3m，采用外标、内标及所有浓度归一化方法进行定量分析，对于主成分则采用绝对分析法进行定量分析，此套LIBS可满足火星远距离遥测分析需求	[192]
土壤及沉积物样品	Al, Ba, Ca, Fe, K, Li, Mg, Mn, Na, Si, Sr, Ti	模拟火星环境，遥测距离5.3m，LLA中阶梯光栅及ICCD系统的精密度及检出限要好于微型光谱仪系统，对于一般矿石分析，微型光谱仪灵敏度及分辨率可满足遥测分析需求，这对火星探测仪器的小型化具有重要意义	[193]
含S元素地质样品	S	牛顿望远镜系统收集等离子体光信号，尝试采用PCA主成分分析方法对S样品进行分类，当同时检测S、H及O三个元素，则可对含S地质样品进行分类	[194]
碳酸盐矿物	Fe, Mg, Ca, Mn, Na, C, Al, Si, K, Os	模拟火星环境，遥测距离7m，采用主成分分析法及偏最小二乘法两种多变量回归分析对自然界碳酸盐矿物进行分类，ChemCam可对火星上矿物进行鉴别	[195]
土壤样品	Al, N, Ba, Cr, Cu, Hg, Li, Ni, Pb, Sn, Sr	声光可调滤光片范围360~600nm，研究了等离子体温度及电子数密度随气压变化规律，在低气压环境中可通过多脉冲技术提高分析灵敏度	[196]
土壤样品	Fe, Si, Mg, Ca, Ti, Mn, Al, Zn, Na, K, Pb, Cu	样品室中充入CO_2：N_2：O_2=95：4：1，对土壤样品进行压片处理，通过LIBS绝对分析方法分析模拟样品，对于主量元素含量，其相对误差为20%~30%	[197]
金属	Al, Si, V, Cu, Mn, Cr, Sn, Pb	光电二极管阵列检测器检测光信号，当透镜至样品表面距离为0.5m时，前后移动样品，距离为41~70cm范围内时元素信号较强，超出此范围时，信号非常弱	[198]
岩矿	O, Si, Fe, Al, Ca, Mg, Na, Ti, K, Sr, Ba	激光束通过扩束后用焦距为3m透镜进行聚焦，采用主成分分析、偏最小二乘法及族类独立软模式法等对玄武岩、石灰岩、辉长岩、黑曜岩、粗面岩及流纹岩等进行分类分析	[199]
合金	Cr, Fe	望远镜系统将激光束聚焦在远处物体表面，产生光信号通过另一个望远镜光学系统以离轴方式收集，对距离45m处不同牌号不锈钢以模式识别方式进行判别	[200]
铁基样品	Cr, Cu, Mn, Mo, Ni, Si, V	远场能量呈近高斯分布，内标法对距离100m处铁基中Cr、Cu等7元素定量分析，各检测下限小于200μg/g，此套LIBS系统可快速对危险环境中样品进行分析	[201]
爆炸物	CN, C_2, H, C, N, O	LIBS与Raman光谱结合方法远距离对爆炸物进行识别，二者结合可快速对远处爆炸物进行识别	[202]

续表

样 品	待分析元素	仪器装置分析要点及研究内容	文 献
核电站高温蒸汽管	Cu	Glan 偏振器控制输出能量，通过光纤传输激光脉冲，对 316H 奥氏体不锈钢中铜元素定量，*RSD* 为 25%，与实验室分析法所测定结果吻合较好	[203]
核反应容器	Ni, Mn, Mo, Si, V	光纤传输激光束，采用内标法对核反应容器中 Ni、Mn、Mo、Si、V 等元素定量分析，这套遥测 LIBS 系统适合在恶劣环境下进行实时在线分析	[204]
U、H、Li 同位素分析	U, H, Li	半导体泵浦激光器，采用便携式高分辨 LIBS 对 U、H 及 Li 同位素进行分析，此光谱仪可将 U 及 Li 同位素谱线位移分离开，并对富集后的 U 及 Li 同位素定量分析	[205]
金属	Al, Ti, H, N, O	通过改变发散角与主反射镜之间距离从而改变遥测距离，对影响 LIBS 遥测分析性能因素如遥测范围、峰值功率、光束质量及激光器输出波长等进行系统研究	[206]
爆炸物、生物样品及金属样品	Ba, Ca, Fe, H, K, Li, Mg, Mn, N, Na, O, Sc, Si, Sr	用 Schmidt-Cassegrain 望远镜系统采集光信号，三通道光谱仪检测，双脉冲 LIBS 系统对处于距离 20m 处爆炸物、生物样品及金属样品进行遥测分析，通过 PCA 主成分分析法可以对爆炸物类别进行分类	[207]
爆炸物	C, H, O, N	LIBS 遥测分析结合化学计量学方法对距离 30m 处爆炸物与非爆炸物进行识别，研究表明数学模型建立优劣对识别准确性具有重要影响	[208]
钢铁	Cu, Fe	飞秒激光器，望远镜系统收集等离子体信号，与传统遥测 LIBS 相比飞秒遥测距离更远且其能量密度更高，飞秒遥测产生等离子体信号不随距离的增加而减弱	[209]
金属	Cu	遥测距离 180m，飞秒 LIBS 系统以对数千米之外样品进行遥测分析，研究表明 LIBS 光谱强度衰减随遥测距离平方而变化	[210]
铜基及铝基样品	Cu, N, Na, Al	对飞秒、皮秒及纳秒激光远距离遥测分析性能进行对比，飞秒及皮秒产生激光信背比要高于纳秒激光，超短脉冲适合远距离对空气、土壤及环境监测分析	[211]

五、在文物鉴定领域中的应用

　　LIBS 激光束斑点可以聚焦到数微米，对样品损伤非常小，可认为是近无损分析，LIBS 可检测元素范围比 X 射线荧光宽泛且对轻质量数灵敏度高于 X 射线荧光仪器，故目前在文物鉴定领域中具有一定应用。LIBS 与 Raman 技术联用，不仅可以提供原子信息而且还可提供分子信息，可对文物的组成有一个深入的了解，LIBS 在文物鉴定中的部分应用见表 9-13。

表 9-13 LIBS 在文物鉴定中的应用

样 品	待分析元素	仪器装置分析要点及研究内容	文 献
陶瓷及铜合金艺术品	Al, Ca, Cu, Fe, Mg, Na, Pb	CCD 检测光信号；建立数学模型对陶瓷及铜合金艺术品表层进行半定量分析，可确定艺术品年代及其来源	[212]
颜料样品	Cu, Al, Na	Raman 光谱采用 Ar^+(514.5nm)激光器；LIBS 结合 Raman 对颜料中元素及分子进行定性分析，两种手段结合可以对颜料样品组成做深入了解	[213]
地质古文物	Cu, Si, Sn, Mg	双脉冲光路结构；研究不同工作距离对烧蚀面积及谱线强度影响，这种方法可对文物的清洗过程进行控制	[214]
古罗马银币	Cu, Pb	准直双脉冲光路；LIBS 与 XRF 结合对古罗马银币中 Cu 及 Pb 含量进行定量分析，通过对 Cu 及 Pb 分析可判断古罗马银币出土时代	[215]
艺术品字迹	Ca, Al, Na, Si, Mg, K, S, Ti	激光入射角度 45°；对不同颜色字迹艺术品进行定性分析，LIBS 分析灵敏度比 SEM/EDS 高。LIBS 还可对艺术品进行深度逐层分析，对艺术品结构有深入了解	[216]
油画中颜料	Ca, Ba, Pb, Zn, Ti	增强型光学多通道阵列检测器；根据 Ca、Ba 及 Pb 等元素特征谱线判断颜料中所含元素。较低能量条件下进行深度分析，可以确定不同颜料层中所含元素	[217]
古代陶瓷	Al, Ba, Ca, Zn, Co, Sn, Fe, Mg, Ni, Pb	线阵 CCD 检测光信号；对古代陶瓷、白色颜料、棕色颜料及黑色颜料进行分析，根据 LIBS 谱图确定样品中所含元素，适合对珍贵地质陶瓷样品快速分析	[218]
壁画中铅白颜料	Pb	能量近似均匀分布；采用 LIBS 对引起壁画褪色根源进行解析，结合 XPS 分析，褪色原因是由于 Pb 与 O 结合生成了 PbO	[219]
中世纪玻璃样品	Mg, Si, Al	KrF 准分子激光器；样品在步进电机带动下可沿平面移动。激光对中世纪玻璃样品进行清洗，同时通过 LIBS 所采集谱线控制样品清洗过程	[220]

续表

样　品	待分析元素	仪器装置分析要点及研究内容	文　献
颜料	Fe, Ca, Ti, Al, Si, Mn,Mg, Sr, Ba, Na, Pb	ICCD 检测器检测光信号；绝对分析法快速对文物遗产定量分析，可对文物原位在线快速检测，待分析样品形貌不受限制	[221]
贵金属	Au, Ag, Cu	电机带动样品移动；采用偏最小二乘法对贵金属中 Au、Ag 及 Cu 定量分析，用成本较低 LIBS 系统结合偏最小二乘法可快速对贵金属定量分析	[222]
大理石	Fe, Si, Al, Ti, Ca	能量密度 7J/cm²；对大理石表面进行元素深度分析，LIBS 对样品烧蚀斑点非常小，接近于无损分析，可快速原位对文物样品定性与定量分析	[223]
古罗马玻璃	Na, Ca, Pb, Cu, Mn, Fe, Co, Sb	ICCD 检测光信号；采用 LIBS 结合 XRF、SEM/EDS 及可见-紫外分光光度计对 13 块古罗马玻璃样品快速定性分析，呈现不同颜色是玻璃含有不同无机元素	[224]
公元前 2000-2500B.C.地质铜样品	Ag, Al, As, Ca, Fe, Si, Mg, Na, Pb, Sb, Cu	显微放大系统确定待分析位置，样品表面烧蚀斑点约为 10μm；采用 CF-LIBS 对地质铜样品定量分析，结合化学计量学对十二块地质样品进行了分类	[225]
古代大理石	Ca, C, Al, Si, Fe, Ti, Mg, Mn, Ba, Cu	激光波长 355nm；以 CaCO₃ 为基体与标准土壤样品混合制备合成大理石标准样品，建立校准曲线对古代大理石样品定量分析	[226]
寺庙中油画	Pb, Fe, Co	KrF 准分子激光器；LIBS 结合光学轮廓仪、LIFS、FT-IR(傅里叶红外光谱仪)、拉曼光谱及 MALDI-MS 质谱等方法对油画中有机物及无机元素进行定性分析	[227]

参 考 文 献

[1] Brech F, Cross L. App Spectrosc, 1962, 16: 59.

[2] Maker P D, Terhune R W, Savage C M. Optical third harmonic generation, Proceedings of the 3rd International Conference on Quantum Electronics. Paris, 1964: 1559.

[3] Runge E F, Minck R W, Bryan F R. Spectrochim Acta, 1964, 20: 733.

[4] Raizer Y P. Laser-induced Discharge Phenomena. New York: Consultants Bureau, 1977.

[5] Marich K W, Carr P W, Treytl W J, et al. Anal Chem, 1970, 42: 1775.

[6] Lencioni D E. App Phys Lett, 1973, 23: 12.

[7] Edwards A L, Fleck J A. J Appl Phys, 1979, 50: 4307.

[8] Loree T R, Radziemski L J. Plasma Chem Plasma P, 1981, 1: 271.

[9] Radziemski L J, Loree T R. Plasma Chem Plasma P, 1981, 1:281.

[10] Adrain R S, Watson J. J Phys D Appl Phys, 1984, 17: 1915.

[11] Radziemski L J. Microchem J, 1994, 50: 218.

[12] Lee Y I, Song K, Sneddon J. Lasers in Analytical Atomic Spectroscopy. New York: Nova Science Publisher, Inc, 1997.

[13] Wallis F J, Chadwick B L, Morrison R J S. Appl Spectrosc, 2000, 54: 1231.

[14] Cremers D A, Barefield J E, Koskelo A C. Appl Spectrosc, 1995, 49: 857.

[15] Ciucci A, Corsi M, Palleschi V, et al. Appl Spectrosc, 1999, 53: 960.

[16] Mao X L, Shannon M A, Fernandez A J, et al. Appl Spectrosc, 1995, 49: 1054.

[17] Castle B C, Talabardon K, Smith B W, et al. Appl Spectrosc, 1998, 52: 649.

[18] Gornushkin I B, Anzano J M, King L A, et al. Spectrochim Acta B, 1999, 54: 491.

[19] Cremers D A, Radziemski L J, Loree T R. Appl Spectrosc, 1984, 38: 721.

[20] Cremers D A, Radziemski L J. Handbook of Laser-induced Breakdown Spectroscopy. New York: John Wiley & Sons, Ltd, 2006.

[21] Noll R, Sturm V, Aydin Ü, et al. Spectrochim Acta B, 2008, 63: 1159.

[22] Fortes F J, Moros J, Lucena P, et al. Anal Chem, 2013, 85: 640.

[23] Hahn D W, Omenetto N. Appl Spectrosc, 2010, 64: 335A.

[24] Hahn D W, Omenetto N. Appl Spectrosc, 2012, 66: 347.

[25] Gaudiuso R, Dell'Aglio M, Pascale O D, et al. Sensors, 2010, 10: 7434.

[26] Fortes F J, Laserna J J. Spectrochimica Acta Part B: Atom Spectrosc, 2010, 65: 975.

[27] Radziemski L J, Cremers D A. Spectrochim Acta B, 2013, 87: 3.

[28] Cristoforetti G, De Giacomo A, Dell'Aglio M, et al. Spectrochim Acta B, 2010, 65: 86.

[29] Winefordner J D, Gornushkin I B, Correll T, et al. J Anal Atom Spectrom, 2004, 19: 1061.

[30] Vadillo J M, Laserna J J. Spectrochim Acta B, 2004, 59: 147.

[31] Cremers D A, Chinni R C. Appl Spectrosc Rev, 2009, 44: 457.

[32] Russo R E, Mao X, Gonzalez J J, et al. Anal Chem, 2013, 85: 6162.

[33] Babushok V I, DeLucia F C, Gottfried J L, et al. Spectrochim Acta B, 2006, 61: 999.

[34] Capitelli M, Casavola A, Colonna G, et al. Spectrochim Acta B, 2004, 59: 271.

[35] Aragón C, Aguilera J A.Spectrochimi Acta B, 2008, 63: 893.

[36] Rakovský J, Čermák P, Musset O, et al. Spectrochim Acta B , 2014, 101: 269.

[37] Bogaerts A, Chen Z, Gijbels R, et al. Spectrochim Acta B, 2003, 58: 1867.

[38] Tognoni E, Cristoforetti G, Legnaioli S, et al. Spectrochim Acta B, 2010, 65: 1.

[39] Piñon V, Mateo M P, Nicolas G. Appl Spectrosc Rev, 2012, 48: 357.

[40] Radziemski L J. Lasers-Induced Plasmas and Applications. New York: CRC Press, 1989.

[41] Hecht E. Optics. Boston: Addison-Wesley, 1987.

[42] 金佑民, 樊友三. 低温等离子体物理基础. 北京: 清华大学出版社, 1983.

[43] Boumans P W J M. Theory of Spectrochemical Excitation. New York: Plenum Press, 1966.

[44] Alkemade C Th J, Hollander T J, Snelleman W, et al. MetalVapours in Flames. Oxford: Pergamon Press, 1982.

[45] Bastiaans G J, Mangold R A. Spectrochim Acta B, 1985: 40: 885.

[46] Sola A, Calzada M D, Gamero A. J Phys D, Appl Phys, 1995, 28: 1099.

[47] Torres J, Jonkers J, van de Sande M J, et al. J Phys D, Appl Phys, 2003, L55: 36.

[48] Torres J, Jonkers J, Sande M J, et al. J Phys D, Appl Phys, 2003, 36: L55.

[49] Holtgreven W L. Plasma Diagnostics. Amstedam:North Holland Publishing Company, 1968.

[50] Thorne A P. Spectrophysics. 2nd edition New York: Chapman andHall. 1988.

[51] Gornushkin I B, King L A, Smith B W, et al. Spectrochim Acta B , 1999, 54: 1207.

[52] Aragon C, Aguilera J A.Spectrochim Acta B, 2008, 63: 893.

[53] Cremers D A, Radziemski L J. Handbook of Laser-Induced Breakdown Spectroscopy. 2nd edition, New York: John Wiley & Sons, Ltd, 2013.

[54] Gurevich E L, Hergenröder R. Appl Spectrosc, 2007, 61: 233A.

[55] Singh J P, Thakur S N. Laser-Induced Breakdown Spectroscopy. Amsterdam: Elsevier, 2007.

[56] Yamamoto K Y, Cremers D A, Ferris M J, et al. Appl Spectrosc, 1996, 50(2): 222.

[57] Castle B C, Knight A K, Visser K, et al. J Anal Atom Spectrom, 1998, 13: 589.

[58] Sturm V, Schmitz H U, Reuter T, et al. Spectrochim Acta B, 2008, 63: 1167.

[59] Kraushaar M, Noll R, Schmitz H U. Appl Spectrosc, 2003, 57: 1282.

[60] Palanco S, Laserna J J. J Anal Atom Spectrom, 2000, 15: 1321.

[61] Bulajic D, Cristoforetti G, Corsi M, et al. Spectrochim Acta B, 2002, 57: 1181.

[62] Vieitez M O, Hedberg J, Launila O, et al. Spectrochim Acta B, 2005, 60: 920.

[63] Bassiotis I, Diamantopoulou A, Giannoudakos A, et al. Spectrochim Acta B, 2001, 56: 671.

[64] Gurell J, Bengtson A, Falkenström M, et al. Spectrochim Acta B, 2012, 74-75: 46.

[65] Sorrentino F, Carelli G, Francesconi F, et al. Spectrochim Acta B, 2009, 64: 1068.

[66] Ismail M A, Imam H, Elhassan A, et al. J Anal Atom Spectrom, 2004, 19: 489.

[67] Aragon C, Aguilera J A, Penalba F. Appl Spectrosc, 1999, 53: 1259.

[68] Aguilera J A, Aragón C, Campos J. Appl Spectrosc, 1992, 46: 1382.

[69] Sturm V, Vrenegor J, Noll R, et al. J Anal Atom Spectrom, 2004, 19: 451.

[70] Moreno C L, Manager K A, Smith B W, et al. J Anal Atom Spectrom, 2005, 20: 552.

[71] Bassiotis I, Diamantopoulou A, Giannoudakos A, et al. Spectrochim Acta B, 2001, 56: 671.

[72] González A, Ortiz M, Campos J. Appl Spectrosc, 1995, 49: 1632.

[73] Shah M L, Pulhani A K, Gupta G P, et al. Appl Optics, 2012, 51:4612.

[74] Li C M, Zou Z M, Yang X Y, et al. J Anal Atom Spectrom, 2014, 29: 1432.

[75] Aguilera J A, Aragón C, Cristoforetti G, et al. Spectrochim Acta B, 2009, 64: 685.

[76] Herrera K K, Tognoni E, Gornushkin I B, et al. J Anal Atom Spectrom, 2009, 24: 426.

[77] Pershin S M, Colao F, Spizzichino V. Laser Phys, 2006, 16: 455.

[78] Bel'kov M V, Burakov V S, Kiris V V, et al. J Appl Spectrosc, 2005, 72: 376.

[79] Hemmerlin M, Meilland R, Falk H, et al. Spectrochim Acta B, 2001, 56: 661.

[80] Ismail M A, Imam H, Elhassan A, et al. J Anal Atom Spectrom, 2004, 19: 489.

[81] Colao F, Fantoni R, Lazic V, et al. J Anal Atom Spectrom, 2004, 19: 502.

[82] Doucet F R, Belliveau T F, Fortier J L, et al. J Anal Atom Spectrom, 2004, 19: 499.

[83] Werheit P, Begemann C F, Gesing M, et al. J Anal Atom Spectrom, 2011, 26: 2166.

[84] Oh S Y, Yueh F Y, Singh J P. Appl Optics, 2010, 49: C36.

[85] Sabsabi, Cielo P. Appl Spectrosc, 1995, 49: 499.

[86] Freedman A, Iannarilli Jr F J, Wormhoudt J C. Spectrochim Acta B, 2005, 60: 1076.

第二篇

[87] Gomba J M, D'Angelo C, Bertuccelli D, et al. Spectrochim Acta B, 2001, 56: 695.

[88] Cristoforetti G, Legnaioli S, Palleschi V, et al. J Anal Atom Spectrom, 2006, 21: 697.

[89] Yaroshchyk P, Morrison R J S, Body D, et al. Spectrochim Acta B, 2005, 60: 986.

[90] Fornarini L, Colao F, Fantoni R, et al. Spectrochim Acta B, 2005, 60: 1186.

[91] Pershin S M, Colao F, Spizzichino V. Laser Phys, 2006, 16: 455.

[92] Onge L S, Sabsabi M, Cielo P. J Anal Atom Spectrom, 1997, 12: 997.

[93] Sturm V. J Anal Atom Spectrom, 2007, 22: 1495.

[94] Čtvrtníčková T, Cabalín L M, Laserna J J, et al. Spectrochim Acta B, 2008, 63: 42.

[95] Caneve L, Colao F, Fabbri F, et al. Spectrochim Acta B, 2005, 60: 1115.

[96] Legnaioli S, Lorenzetti G, Pardini L, et al. Spectrochim Acta B, 2012, 71-72: 123.

[97] Rosenwasser S, Asimellis G, Bromley B, et al. Spectrochim Acta B, 2001, 56: 707.

[98] Laville S, Sabsabi M, Doucet F R. Spectrochim Acta B, 2007, 62: 1557.

[99] Grant K J, Paul G L, O'Neill J A. Appl Spectrosc, 1991, 45: 701.

[100] Gaft M, Dvir E, Modiano H, et al. Spectrochim Acta B, 2008, 63: 1177.

[101] Ctvrtnickova T, Mateo M P, Yañez A, et al. Spectrochim Acta B, 2009, 64: 1093.

[102] Yu L, Lu J, Chen W, et al. Plasma Science and Technology, 2005, 7: 3041.

[103] Gruber J, Heitz J, Arnold N, et al. Appl Spectrosc, 2004, 58: 457.

[104] Gruber J, Heitz J, Strasser H, et al. Spectrochim Acta B, 2001, 56: 685.

[105] Lorenzen C J, Carlhoff C, Hahn U, et al. J Anal Atom Spectrom, 1992, 7: 1029.

[106] Darwiche S, Benrabbah R, Benmansour M, et al. Spectrochim Acta B, 2012, 74-75: 115.

[107] Aragón C, Aguilera J A, Campos J. Appl Spectrosc, 1993, 47: 606.

[108] Blevins L G, Shaddix C R, Sickafoose S M, et al. Appl Optics, 2003, 42: 6107.

[109] Hubmer G, Kitzberger R, Mörwald K. Anal Bioanal Chem, 2006, 385: 219.

[110] Moreno C L, Palanco L S, Laserna J J. Spectrochim Acta B, 2005, 60: 1034.

[111] Palanco S, Conesa S, Laserna J J. J Anal Atom Spectrome, 2004, 19: 462.

[112] Rai A K, Yueh F Y, Singh J P, et al. Rev Sci Instrum, 2002, 73: 3589.

[113] Noll R, Mönch I, Klein O, et al. Spectrochim Acta B, 2005, 60: 1070.

[114] Panne U, Clara M, Haisch C, et al. Spectrochim Acta B, 1998, 53: 1969.

[115] Praher B, Rössler R, Arenholz E, et al. Anal Bioanal Chem, 2011, 400: 3367.

[116] Weritz F, Ryahi S, Schaurich S D, et al. Spectrochim Acta B, 2005, 60: 1121.

[117] Carmona N, Oujja M, Rebollar E, et al. Spectrochim Acta B, 2005, 60: 1155.

[118] Fink H, Panne U, Niessner R. Anal Chem, 2002, 74: 4334.

[119] Grégoire S, Boudinet M, Pelascini F, et al. Anal Bioanal Chem, 2011, 400: 3331.

[120] Tsai S J, Chen S Y, Chung Y S, et al. Anal Chem, 2006, 78: 7432.

[121] Romero D, Laserna J J. Anal Chem, 1997, 69: 2871.

[122] Bigne F B. Appl Spectrosc, 2007, 61: 333.

[123] Mateo M P, Palanco S, Vadillo J M, et al. Appl Spectrosc, 2000, 54: 1429.

[124] Kim T, Lin C T, Yoon Y. The J Phy Chem B, 1998, 102: 4284.

[125] Wiggenhauser H, Schaurich D, Wilsch G. NDT & E Int, 1998, 31: 307.

[126] Bette H, Noll R. J Phy D: Appl Phy, 2004, 37: 1281.

[127] Menut D, Fichet P, Lacour J L, et al. Appl Optics, 2003, 42: 6063.

[128] Cravetchi I V, Taschuk M, Rieger G W, et al. Appl Optics, 2003, 42: 6138.

[129] Loebe K, Uhl A, Lucht H. Appl Optics, 2003, 42: 6166.

[130] Cabalín L M, Mateo M P, Laserna J J. Surf Interface Anal, 2003, 35: 263.

[131] Romero D, Laserna J J. J Anal Atom Spectrom, 1998, 13: 557.

[132] Romero D, Romero J M F, Romero J J. J Anal Atom Spectrom, 1999, 14: 199.

[133] Radivojevic I, Haisch C, Niessner R, et al. Anal Chem, 2004, 76: 1648.

[134] Lucena P, Vadillo J M, Laserna J J. Anal Chem, 1999, 71: 4385.

[135] Mateo M P, Cabalín L M, Laserna J J. Appl Spectrosc, 2003, 57: 1461.

[136] Rieger G W, Taschuk M, Tsui Y Y, et al. Appl Spectrosc, 2002, 56: 689.

[137] Orzi D J O, Bilmes G M. Appl Spectrosc, 2004, 58: 1475.

[138] Cravetchi I, Taschuk M, Tsui Y, et al. Anal Bioanal Chem, 2006, 385: 287.

[139] Vadillo J M, Palanco S, Romero M D, et al. Fresenius J Anal Chem, 1996, 355: 909.

[140] Vadillo J M, Vadillo I, Carrasco F, et al. Fresenius J Anal Chem, 1998, 361: 119.

[141] Bette H, Noll R, Müller G, et al. J Laser Appl, 2005, 17: 183.

[142] Ros M V, Sancey L, Wang X C, et al. Spectrochim Acta B, 2013, 87: 168.

[143] Yalçın S, Örer S, Turan R. Spectrochim Acta B, 2008, 63: 1130.

[144] Bigne F B. Spectrochim Acta B, 2008, 63: 1122.

[145] Quintas I L, Mateo M P, Piñon V, et al. Spectrochim Acta B, 2012, 74-75: 109.

[146] Galiová M, Kaiser J, Novotný K, et al. Spectrochim Acta B, 2007, 62: 1597.

[147] Latkoczy C, Ghislain T. J Anal Atom Spectrom, 2006, 21: 1152.

[148] Mateo M P, Cabalín L M, Laserna J. Appl Optics, 2003, 42: 6057.

[149] Balzer H, Hoehne M, Sturm V, et al. Spectrochim Acta B, 2005, 60: 1172.

[150] Novotný K, Vaculovič T, Galiová M, et al. Appl Surf Sci, 2007, 253: 3834.

[151] Kim T H, Lee D H, Kim D, et al. J Anal Atom Spectrom, 2012, 27: 1525.

[152] Mowery M D, Sing R, Kirsch J, et al. J Pharmaceut Biomed, 2002, 28: 935.

[153] Vadillo J M, Romero J M F, Rodríguez C, et al. Surf Interface Anal, 1998, 26: 995.

[154] Vadillo J M, Garcia C C, Palanco S, et al. J Anal Atom Spectrom, 1998, 13: 793.

[155] Aragón C, Madurga V, Aguilera J A. Appl Surf Sci, 2002, 197-198: 217.

[156] Owens T, Mao S S, Canfield E K, et al. Appl Optics, 2010, 49: C67.

[157] Calì C, Macaluso R, Mosca M. Spectrochim Acta B, 2001, 56: 743.

[158] Abdelhamid M, Grassini S, Angelini E, et al. Spectrochim Acta B, 2010, 65: 695.

[159] Garcia C C, Vadillo J M, Palanco S, et al. Spectrochim Acta B, 2001, 56: 923.

[160] Margetic V, Bolshov M, Stockhaus A, et al. J Anal Atom Spectrom, 2001, 16: 616.

[161] Onge L S. J Analy Atom Spectrom, 2002, 17: 1083.

[162] Hidalgo M, Martín F, Laserna J J. Anal Chem, 1996, 68: 1095.

[163] Oh S Y, Yueh F Y, Singh J P, et al. Spectrochim Acta B, 2009, 64: 113.

[164] Kortenbruck F H, Noll R, Wintjens P, et al. Spectrochim Acta B, 2001, 56: 933.

[165] Srungaram P K, Ayyalasomayajula K K, Yueh F Y, et al. Spectrochimi Acta B, 2013, 87: 108.

[166] Martin M Z, Mayes M A, Heal K R, et al. Spectrochim Acta B, 2013, 87: 100.

[167] Silva R M, Milori D M B P, Ferreira E C, et al. Spectrochim Acta B, 2008, 63: 1221.

[168] Hassan M, Sighicelli M, Lai A, et al. Spectrochim Acta B, 2008, 63: 1225.

[169] Ayyalasomayajula K, Dikshit V, Yueh F, et al. Anal Bioanal Chem, 2011, 400: 3315.

[170] Wainner R T, Harmon R S, Miziolek A W, et al. Spectrochim Acta B, 2001, 56: 777.

[171] Wisbrun R, Schechter I, Niessner R, et al. Anal Chem, 1994, 66: 2964.

[172] Michaud D, Proulx E, Chartrand J G, et al. Appl Optics, 2003, 42: 6179.

[173] Mukhono P M, Angeyo K H, Kamadjeu A D, et al. Spectrochim Acta B, 2013, 87: 81.

[174] Cremers D A, Radziemski L J. Anal Chem, 1983, 55: 1252.

[175] Buckley S G, Johnsen H A, Hencken K R, et al. Waste Manage, 2000, 20: 455.

[176] Loree T R, Radziemski L J. Plasma Chem Plasma P, 1981, 1: 271.

[177] Essien M, Radziemski L J, Sneddon J. Anal Atom Spectrom, 1988, 3: 985.

[178] Kuhlen T, Begemann C F, Strauss N, et al. Spectrochim Acta B, 2008, 63: 1171.

[179] Panne U, Neuhauser R E, Theisen M, et al. Spectrochim Acta B, 2001, 56: 839.

[180] Beddows D C S, Telle H H. Spectrochim Acta B, 2005, 60: 1040.

[181] Fisher B T, Johnsen H A, Buckley S G, et al. Appl Spectrosc, 2001, 55: 1312.

[182] DÍAz D, Hahn D W, Molina A. Appl Spectrosc, 2012, 66: 99.

[183] Onge L S, Kwong E, Sabsabi M, et al. Spectrochim Acta B, 2002, 57: 1131.

[184] Trevizan L C, Santos Jr D, Samad R E, et al. Spectrochim Acta B, 2008, 63: 1151.

[185] Juvé V, Portelli R, Boueri M, et al. Spectrochim Acta B, 2008, 63: 1047.

[186] Carvalho G G A, Junior D S, Nunes L C, et al. Spectrochim Acta B, 2012, 74-75: 162.

[187] Trevizan L C, Santos Jr D, Samad R E, et al. Spectrochim Acta B, 2009, 64: 369.

[188] Singh V K, Rai A K, Rai P K, et al. Laser Med Sci, 2009, 24: 749.

[189] Fabre C, Lathuiliere B. Spectrochim Acta B, 2007, 62: 1537.

[190] Samek O, Beddows D C S, Telle H H, et al. Spectrochim Acta B, 2001, 56: 865.

[191] Snyder E G, Munson C A, Gottfried J L, et al. Appl Optics, 2008, 47: G80.

[192] Sallé B, Lacour J L, Mauchien P, et al. Spectrochim Acta B, 2006, 61: 301.

[193] Sallé B, Cremers D A, Maurice S, et al. Spectrochim

第
二
篇

Acta B, 2005, 60: 805.

[194] Dyar M D, Tucker J M, Humphries S, et al. Spectrochim Acta B, 2011, 66: 39.

[195] Lanza N L, Wiens R C, Clegg S M, et al. Appl Optics, 2010, 49: C211.

[196] Knight A K, Scherbarth N L, Cremers D A, et al. Appl Optics, 2000, 54: 331.

[197] Colao F, Fantoni R, Lazic V, et al. Planet Space Sci, 2004, 52: 117.

[198] Cremers D A. Appl Optics, 1987, 41: 572.

[199] Sirven J B, Salle B, Mauchien P, et al. J Anal Atom Spectrom, 2007, 22: 1471.

[200] Palanco S, Baena J M, Laserna J J. Spectrochim Acta B, 2002, 57: 591.

[201] Davies C M, Telle H H, Montgomery D J, et al. Spectrochim Acta B, 1995, 50: 1059.

[202] Moros J, Lorenzo J A, Laserna J J. Anal Bioanal Chem, 2011, 400: 3353.

[203] Whitehouse A I, Young J, Botheroyd I M, et al. Spectrochim Acta B, 2001, 56: 821.

[204] Davies C M, Telle H H, Williams A W. Fresenius J Anal Chem, 1996, 355: 895.

[205] Cremers D A, Beddingfield A, Smithwick R, et al. Appl Spectrosc, 2012, 66: 250.

[206] Palanco S, Moreno C L, Laserna J J. Spectrochim Acta B, 2006, 61: 88.

[207] Gottfried J L, De Lucia Jr F C, Munson C A, et al. Spectrochim Acta B, 2007, 62: 1405.

[208] De Lucia J F C, Gottfried J L, Munson C A, et al. Appl Optics, 2008, 47: G112.

[209] Stelmaszczyk K, Rohwetter P, Méjean G, et al. Appl Phy Lett, 2004, 85: 3977.

[210] Rohwetter P, Stelmaszczyk K, Wöste L, et al. Spectrochim Acta B, 2005, 60: 1025.

[211] Rohwetter P, Yu J, Mejean G. J Anal Atom Spectrom, 2004, 19: 437.

[212] Colao F, Fantoni R, Lazic V, et al. Spectrochim Acta B, 2002, 57: 1219.

[213] Bicchieri M, Nardone M, Russo P A, et al. Spectrochim Acta B, 2001, 56: 915.

[214] Fortes F J, Cabalín L M, Laserna J J.Spectrochim Acta B, 2008, 63: 1191.

[215] Pardini L, Hassan A E, Ferretti M, et al. Spectrochim Acta B, 2012, 74-75: 156.

[216] Oujja M, Vila A, Rebollar E, et al. Spectrochim Acta B, 2005, 60: 1140.

[217] Anglos D, Couris S, Fotakis C. Appl Spectrosc, 1997, 51: 1025.

[218] Anzano J, Lasheras R J, Bonilla B, et al. Anal Lett, 2009, 42: 1509.

[219] Bruder R, L'Hermite D, Semerok A, et al. Spectrochim Acta B, 2007, 62: 1590.

[220] Klein S, Hildenhagen J, Dickmann K, et al. J Cult Herit, 2000, 1: S287.

[221] Borgia I, Burgio L M F, Corsi M, et al. J Cult Herit, 2000, 1: S281.

[222] Hernandez J A, Garcia-Ayuso L E, Fernandez-Romero J M, et al. J Anal Atom Spectrom, 2000, 15: 587.

[223] Kalaitzaki P M, Anglos D, Kilikoglou V, et al. Spectrochim Acta B, 2001, 56: 887.

[224] Palomar T, Oujja M, M. Heras M G, et al. Spectrochim Acta B, 2013, 87: 114.

[225] Corsi M, Cristoforetti G, Giuffrida M, et al. Microchim Acta, 2005, 152: 105.

[226] Lazic V, Fantoni R, Colao F, et al. J Anal Atom Spectrom, 2004, 19: 429.

[227] Castillejo M, Martín M, Oujja M, et al. Anal Chem, 2002, 74: 4662.

第十章 火焰原子发射光谱分析

用火焰进行激发并以光电系统检测被激发元素辐射强度的分析方法，称为火焰原子发射光谱法（flame atom emission spectrometry，FAES），早期称为火焰光度法，是原子发射光谱研究中最早采用的激发光源，随着现代原子发射光谱仪器的发展，普遍采用电激发光源，火焰发射光谱仪器已经很少采用，只有在某些型号的火焰原子吸收仪器上，还保留有原子发射的功能可进行火焰发射光谱分析[1]。本章仅将有关火焰发射光谱分析资料加以保留，以供参考。

第一节 火焰原子发射光谱分析的基础

一、火焰原子发射光谱法基本原理

火焰原子发射光谱分析法与火焰原子吸收分析相似，是将被测物制成溶液，采用气动雾化器，将试液雾化转化成气溶胶引入火焰中，被测元素在火焰中被原子化、激发而发射光谱，经分光器分解成不同波长的谱线，被光电检测器接受，根据检测到的谱线强度进行定量分析。谱线强度与元素含量的关系为：

$$I=ac^b$$

式中，I 为谱线强度；c 为元素含量；a 和 b 为常数。a 与元素的激发电位、激发温度及样品组分等有关；b 与自吸效应相关。由于用火焰激发，火焰的温度可通过控制燃料气与助燃气的流量来保持其稳定性，所以 a 是一个较稳定的常数。通常分析中因为样品浓度都很低，自吸效应可以忽略不计，因此其定量公式可表示为：$I=kc$。即元素的含量与其发射强度呈线性关系，可用标准曲线法进行定量分析。

火焰发射光谱法火焰中原子化效率与元素的电离势和 MO 分子的解离能有关，表 10-1 为 MO 分子解离能和原子化效率。FAES 适合于碱金属和碱土金属等解离较低和不需要很高激发温度的元素或简单分子的测定。

表 10-1 元素的电离势及原子化效率和 MO 分子的解离能

元素	电离势/eV	原子化效率	MO 的解离能/eV
铝	5.98	A-A[①], <10⁻⁵; N-A[②], 0.42	5.0
锑	8.64		3.2
砷	9.8		4.9
钡	5.21	A-A, 0.0011; N-A, 0.3	5.85
铍	9.32		4.6
铋	7.29		4.0
硼	8.3		7.95
镉	6.11	A-A, 0.50	3.8
钙	6.11	A-A, 0.14; N-A, 0.4	5.0
铈	5.6		8.3

元素	电离势/eV	原子化效率	MO 的解离能/eV
铯	3.87		
铬	6.76	A-A, 0.064	4.2
钴	7.86	A-A, 0.052	约 3.7
铜	7.72	A-A, 0.98; N-A, 1.00	4.9
镝	6.2		
铒	6.08		
铕	5.67		
钆	6.16		5.9
镓	6.0	A-A, 0.16	2.5
锗	7.88		6.7
金	9.22	A-A, 0.63; N-A, 0.71	
铪	6.8		
铟	5.78	A-A, 0.67	1.1
碘	10.45		
铱	9.3		
铁	7.87	A-A, 0.66	4.0
镧	5.61		8.4
铅	7.4	A-A, 0.44	4.1
锂	5.39	A-A, 0.2; N-A, 0.44	
镥	6.15		5.3
镁	7.64	A-A, 0.59	4.3
锰	7.43	A-A, 0.45; N-A, 0.76	4.0
汞	10.43		
钼	7.10		5.0
钕	5.45		7.4
镍	7.63		4.3
铌	6.88		4.0
锇	8.73		
钯	8.33		
磷	10.49		
铂	9.0		
钾	4.34	A-A, 0.25	
镨	5.48		7.7
铼	7.87		
铑	7.45		
铷	4.2	A-A, 0.16	
钌	7.34		6.1
钐	5.6		7.0
钪	6.54		
硒	9.75		3.5
硅	8.15		8.0
银	7.57	A-A, 0.66	1.4
钠	5.14	A-A, 1.00; N-A, 0.33	
锶	5.69	A-A, 0.13	4.85
钽	7.88		

元素	电离势/eV	原子化效率	MO 的解离能/eV
碲	9.0		2.7
铽	5.98		
铊	6.11	A-A, 0.36	<3.9
钍	6.2		8.6
铥	6.2		
锡	7.34	A-A, $<10^{-4}$; N-A, 0.76	5.7
钛	6.82	N-A, 0.3	6.9
钨	7.98		7.2
铀	6.1		7.7
钒	6.74	N-A, 0.91	5.5
镱	6.22		
钇	6.51		7.0
锌	9.39	A-A, 0.45; N-A, 0.91	4.0
锆	6.84		7.8

① A-A 指空气-乙炔火焰。

② N-A 指氧化亚氮-乙炔火焰。

二、火焰成分与温度

火焰的温度对原子的激发很重要。表 10-2 中给出了常见预混合型火焰的特性。

表 10-2　一些常见火焰的特性

火焰类型	燃气流量/(L/min)		火焰温度①/℃	燃烧速度/(cm/s)
	燃气	助燃气		
丙烷-空气	0.3~0.45	8	1925	43
乙炔-空气	1.2~2.2	8	2400	160~266
丙烷-氧化亚氮	4	10	2630	250
乙炔-氧化亚氮	3.5~4.5	10	2800	266
氢气-空气	6	8	2045	324~440
氢气-氧化亚氮	10	10	2690	390

① 指化学计量混合的火焰。

火焰的温度取决于燃气-助燃气比例，一般按化学计量混合的火焰，温度最高。FAES 法通常使用贫燃或者富燃火焰进行粗略调节火焰的温度，很少按特定的燃气-助燃气比，精细地调节火焰温度。通过使用适宜的助燃气-燃气比，可以克服或减少火焰中生成难熔氧化物造成的干扰。特别是使用氧化亚氮-乙炔火焰，使用富燃火焰，如含 23%氧化亚氮的空气与乙炔微富燃火焰，可以消除 2000μg/mL 的铝、硅或钛对镁分析的干扰。

三、火焰分析特性

1. 火焰的燃烧速度

火焰的分析特性与扩散速率或燃烧速度有关。如果燃烧速度超过约 40cm/s，火焰有可能发生回火而引起爆炸。乙炔-氧气火焰一定不能使用预混合室。使用乙炔-氧化亚氮火焰时，首先点燃乙炔-空气混合的火焰，然后用氧化亚氮取代空气直至在内锥区内特有的红色火焰点燃。使用乙炔-氧化亚氮火焰要按安全操作步骤进行，需要特殊的燃烧器头（缝长 5cm，缝宽

0.5mm）和控制装置。

2. 火焰中原子浓度的分布

激发与未被激发的原子浓度随火焰的不同部位而变化。虽然通常富燃火焰（其燃助比超过化学计量燃烧所需的比例）温度较低，但它能提供还原气氛使那些易形成难熔氧化物的元素（碱土金属、铝、硼、锑和钛）更好原子化。这些元素除非在富燃的乙炔-氧化亚氮火焰的还原环境中分析，否则这些元素很难原子化而无法测定。

3. 火焰发射的观测位置

火焰发射的最佳观察区域与要测定的元素有关。例如，在化学计量火焰的外表层，硼的发射谱线（249.7nm）和锑的发射谱线（259.8nm）强度很弱，甚至观测不到，但在富燃火焰的反应区（蓝色锥焰），它们的强度却显示很强。富燃焰中由于高浓度的 CH 自由基，内锥焰将是亮绿色的。CH 自由基为难熔的硼氧化物提供了非常好的还原气氛，最佳观测位置可通过调节光度计的光路或调节燃烧器的高度。

火焰原子发射光谱中常用的分析谱线及其强度，以下各表可供参考：表 10-3 为火焰原子发射光谱中常用的分析线，表 10-4 为火焰原子发射谱线强度，表 10-5 为火焰原子发射光谱分析法的检出限。表 10-6 为火焰原子发射光谱法中元素分析线及其光谱数据。

表 10-3 火焰原子发射光谱中常用的分析线

元素	分析线 λ/nm	元素	分析线 λ/nm	元素	分析线 λ/nm	元素	分析线 λ/nm	元素	分析线 λ/nm
Ag	328.068	Cs	852.110	K	766.491	Pd	340.458	Sr	460.733
	338.289		894.350		769.898		363.470	Ta	474.016
Al	394.401	Cu	324.754	La	579.134	Pr	493.974		481.275
	396.152		327.396		657.851		495.136	Tb	431.885
As	193.696	Dy	404.599	Li	323.263	Pt	265.945		432.647
	234.984		418.678		670.784		306.471	Te	214.275
	286.004		421.172	Lu	331.211	Ra	381.440 II		486.620
Au	242.795	Er	400.797		335.956		482.590	Th	491.982 II
	267.595		415.110		451.457	Rb	780.023		576.055
B	249.678 ⎫		582.679	Mg	285.213		794.760	Ti	365.350
	249.773 ⎭	Eu	459.403	Mn	403.076	Re	346.046		399.864
Ba	455.403 II		601.815		403.307	Rh	369.236	Tl	377.572
	553.548	Fe	371.994	Mo	379.820		437.480		535.046
Be	234.861		385.991		390.296	Ru	372.803	Tm	371.792
Bi	223.061	Ga	417.206		386.411	Sb	259.805 ⎫		410.584
	306.772	Gd	440.186	Na	588.995		259.809 ⎭	U	541.540
	472.219		451.966		589.592		231.147	V	411.178
Ca	393.367 II	Ge	265.118 ⎫	Nb	405.894	Sc	391.181		437.924
	422.673		265.158 ⎭	Nd	488.381		402.040	W	400.875
Cd	228.802	Hf	368.224		492.453		630.567		407.436
	326.106		531.160 II	Ni	341.476	Se	203.985	Y	362.094
Ce	569.700	Hg	253.652		352.454	Si	251.511		410.238
	569.923	Ho	405.393	Os	290.906	Sm	472.844		643.500
Co	345.350		410.384		442.047		476.027	Yb	398.798
	352.685		660.494	P	253.565		488.377 ⎫	Zn	213.856
	425.231	In	410.176		540.800		488.397 ⎭	Zr	351.960
Cr	425.435		451.131	Pb	368.348	Sn	283.999		360.119
	520.604	Ir	380.012		405.783		326.234		

表 10-4 元素的火焰原子发射谱线强度[1]

元素	λ/nm	在各种火焰中的强度					
		空气-氢	(空气-氢)$_n$[①]	氧-氢	(氧-氢)$_n$[①]	氧-乙炔	(氧-乙炔)$_n$[①]
Ag	328.07	100	—	100	乙醚+乙醇+水(1+2+1) 100	50	乙醚+乙醚+水(1+2+1) 30
	338.29	250	—	170	170	50	40
Al	394.40	0.3	—	0.8	甲基异丁基酮 20	1	甲基异丁基酮 100
	396.15	0.35	—	1.0	30 甲基异丁基酮	2	200 甲基异丁基酮
AlO	464.8	0.8	—	1.7	10	0.13	17
	467.2		—	2	10	0.15	17
	469.5		—	1.7	7	0.14	11
	471.6		—	1.7	5	0.13	6
	484.2	1.5	—	3	50	0.3	70
	486.6		—	3	30	0.25	50
	507.9	1	—	2	7	0.15	11
	510.2		—	2	10	0.18	17
	512.3		—	2	10	0.18	17
	514.3		—	2	—	0.17	7
As	228.81	—	异丙醇 2.5	—	—	—	甲基异丁基酮 3
	234.98	—	4	—	—	0.1	5
	249.29	—	50%异丙醇 0.7	—	—	—	—
(As)②	500	2	—	—	—	—	—
AsO	250.4	—	50%异丙醇 0.7	—	—	—	—
Au	242.80	0.1	—	1	—	1.1	—
	267.60	0.3	—	2	—	1.7	—
BO₂	453	1	—	7	4%丁醇 15	1.2	50%甲醇 2.5
	471.5	2.5	—	20	30	2.5	5
	494	5	—	30	50	5	8
	518.0	8	—	50	80	6	15
	547.6	11	—	60	90	15	17
	579	7	—	30	70	10	10
	603	2	—	10	70	7	5
	620	1.5	—	7	50	3	3
Ba	553.56	170	—	40	4%丁醇 100	10	石脑油 50
Ba⁺	455.40	8	—	8	4%丁醇 20	5	石脑油 100
	493.41	80	—	25	40	5	100
BaO	496.5	80	—	25	4%丁醇 35	1.7	石脑油 3
	521.4	80	—	25	35	2	3
	534.9	80	—	20	30	2	2.5
	549.2	80	—	20	25	1.7	2.5
	564.4	80	—	20	22	1.5	2.5
	570.1	80	—	20	25	1.7	2.5
	586.4	70	—	20	25	1.7	—

续表

元素	λ/nm	在各种火焰中的强度					
		空气-氢	(空气-氢)①$_n$	氧-氢	(氧-氢)①$_n$	氧-乙炔	(氧-乙炔)①$_n$
BaOH	488	100	—	30	4%丁醇 40	2	石脑油 5
	502	80	—	25	35	1.7	3
	513	150	—	30	50	3	5
	524	80	—	25	35	3	3
	745	50	—	10	苯,10	7	(100)③
	830	200	—	30	25	15	(300)
	873	80	—	30	25	15	(300)
Be	234.86	0.00	—	0.00	—	25	甲醇,100
BeO	470.9⌉		—	0.7	—	0.25	—
	473.3 }	0.2		0.5	—	0.2	—
	475.5⌋		—	0.4	—	0.11	—
	505.5⌉		—	0.25	—	0.10	—
	507.6 }	0.1		0.25	—	0.10	—
	509.5⌋		—	0.25	—	0.10	—
Bi	223.0	—	异丙醇 7	—	—	—	甲基异丁基酮 1.5
	227.66	—	0.3	—	—	—	—
	306.77	0.2	85%异丙醇 0.2	0.017	—	0.01	—
(BiH)②	472.26	0.5	0.00	0.25	异丙醇 0.005	0.05	—
	439.4	0.3	—	0.04	—	0.003	—
	442.4	0.3	—	0.05	—	0.004	—
BiO	556.4	0.5	—	0.10	—	0.01	—
Ca	422.67	250	—	1000	4%丁醇 1700	250	乙醚+乙醇+水 (1+2+1) 1000
Ca+	393.37	—	—	25	—	30	—
	396.85	—	—	20	—	17	—
CaO	815.3	—	—	1.5	—	5	—
	865.2	—	—	2	—	7	—
CaOH	554	500	—	1700	4%丁醇 2500	170	乙醇+乙醇+水 (1+2+1) 700
	572	25	—	100	200	20	50
	602	100	—	700	1000	250	300
	622	500	—	2500	5000	500	1000
	644	70	—	300	700	70	120
Cd	228.80	0.2	异丙醇 30	1	50%异丙醇 17	0.25	甲基异丁基酮 2.5
	326.11	20	6	2	丙酮 5	0.25	丙酮 5
(Ce)	550~600	70	—	10	丙酮 10	0.7	—
CeO	468.4	25	—	5	丙酮 2.5	0.5	—
	481	30	—	5	5	0.5	—
	494	40	—	7	5	0.7	—

元素	λ/nm	在各种火焰中的强度					
		空气-氢	(空气-氢)[①]	氧-氢	(氧-氢)[①]	氧-乙炔	(氧-乙炔)[①]
Co	340.51	40	—	20	4%丁醇 30	5	—
	341.25	40	—	25	30	3	—
	343.2	10	—	4.5	7	1.5	—
	344.32	20	—	10	20	2.5	—
	344.93	25	—	12	25	3	—
	345.4	45	—	25	50	7	—
	346.5	20	—	12	25	3	—
	347.40	17	—	7	12	2	—
	350.23 ⎱ 350.63 ⎰	30	—	⎱17 ⎰9	30 20	3 2	—
	351.3	20	—	15	25	3	—
	352.8	35	—	35	CCl₄ 100	7	—
	356.94 ⎱ 357.52 ⎰	20	—	⎱8 ⎰15	4%丁醇 15 25	1.7 2.5	— —
	359.49	17	—	10	17	2	—
	384.55	22	—	11	17	2	—
	387.35	30	—	20	30	4	—
	389.44	22	—	10	17	2	—
	399.53	25	—	9	15	2	—
	412.0	25	—	11	20	2	—
CoO	563.5	—	—	17	—	—	—
Cr	357.87	40	25%异丙醇 15	80	石脑油 80	20	甲基异丁基酮 1000
	359.35	35	14	70	70	17	800
	360.53	30	13	55	55	15	500
	425.43	120	15	100	60%丙酮 150	20	900
	427.48	110	8	80	110	17	550
	428.97	100	—	70	80	12	300
	520.6	170	—	70	4%丁醇 70	10	100
CrO	535.6	200	—	20	70	10	—
	541.7	200	—	20	80	10	—
	556.4	200	—	20	90	10	—
	562.3	200	—	20	90	10	—
	579.4	250	—	20	120	15	—
	585.2	250	—	25	100	17	—
	605.2	250	—	25	100	20	—
	639.4	—	—	10	50	17	—
	683.0	—	—	10	50	15	—
Cs	455.54	20	—	25	4%丁醇 30	0.3	—
	459.32	5	—	7	15	0.1	—
	852.11	1000	—	1000	2000	1000	—
	894.35	300	—	500	700	500	—

续表

元素	λ/nm	在各种火焰中的强度					
		空气-氢	(空气-氢)$_n^①$	氧-氢	(氧-氢)$_n^①$	氧-乙炔	(氧-乙炔)$_n^①$
Cu	324.75	60	25%异丙醇 40	100	甲醇 500	100	火油 300
	327.40	40	25	100	500	100	300
	510.55	—	—	8	4%丁醇 11	7	—
CuH	428.0	—	—	3	4%丁醇 2.5	0.7	—
CuO	606.0	—	—	5	4%丁醇 5	3	—
CuOH	505	50	—	7	4%丁醇 9	2.5	—
	524	70	—	12	15	5	—
	537	100	—	17	20	6	—
DyO	457.2	—	—	8	甲基异丁基酮 10	—	—
	515	—	—	20	30	—	—
	520	—	—	25	30	—	—
	526.3	—	—	70	80	—	—
	540.4	—	—	60	70	—	—
	549.3	—	—	60	70	—	—
	572.9	—	—	120	150	—	—
	583.4	—	—	120	150	—	—
	586	—	—	110	140	—	—
	600.6	—	—	15	70	—	—
	605	—	—	15	70	—	—
	608	—	—	15	55	—	—
ErO	504 506.7	—	—	30	甲基异丁基酮 55	—	—
	515	—	—	17	30	—	—
	546	—	—	40	60	—	—
Er	553	—	—	50	80	—	—
	559.6 561.3	—	—	35	70	—	—
	567	—	—	25	50	—	—
Eu	459.40	—	—	25	甲基异丁基酮 35	10	—
	462.72	—	—	20	30	10	—
	466.19	—	—	17	25	10	—
	601.82	—	—	100	120	(10)	—
(EuOH)	598	—	—	100	甲基异丁基酮 120	(10)	—
	623	—	—	70	100	(10)	—
	647	—	—	25	150	(10)	—
	684	—	—	20	100	(10)	—
	702	—	—	50	100	(10)	—
Fe	248.33	—	75%异丙醇 3.5	—	—	—	—
	302.06	4	25%异丙醇 5	2.5	甲基异丁基酮 50	1.5	—

续表

元素	λ/nm	在各种火焰中的强度					
		空气-氢	(空气-氢)[①]$_n$	氧-氢	(氧-氢)[①]$_n$	氧-乙炔	(氧-乙炔)[①]$_n$
Fe	344.06	35	—	6	4%丁醇 10	2	—
	358.12	50	—	6	10	1.2	10
	371.99	80	11	40	CCl₄ 100	15	100
	373.71	80	10	30	4%丁醇 50	8	70
	374.7	70	8	25	50	6	50
	382.04 } 382.5 }	50	3.5	11	20	{ 1.7 / 2	{ 10 / 12
	385.99	70	9	35	50	11	70
	387.86 } 388.63 }	60	—	{ 7 / 12	{ 12 / 20	{ 1.2 / 2.5	{ 8 / 20
	389.97	50	—	5	10	0.9	5
	392.2 } 392.9 }	50	1.7	80	17	{ 1.0 / 1.5	{ 7 / 10
	438.35	50	—	5	15	0.9	丙酮 1.7
	526.95	70	—	17	60	3.5	50%甲醇 1.7
	532.81	70	—	15	60	3.5	1.7
FeO	553.2	100	—	20	4%丁醇 80	6	50%甲醇 2.5
	561.4	150	—	35	110	9	3
	564.7	170	—	40	120	10	3
	579.0 } 581.9 } 586.8 }	170	—	{ 40 / 40 / 40	{ 110 / 120 / 100	{ 10 / 11 / 10	{ 3 / 3 / —
	609.5	100	—	20	50	12	—
	618.1	100	—	20	50	10	—
	621.9	100	—	20	50	10	—
Ga	294.4	—	—	1	—	0.2	
	403.30	10	—	100	4%丁醇 150	10	
	417.21	20	—	200	300	20	
Gd	591.14	(10)	—	80	甲基异丁基酮 250	(20)	
GdO	461.7	—	—	17	甲基异丁基酮 30	—	—
	463.4	—	—	15	15	—	—
	489.3	—	—	12	15	—	—
	491.0	—	—	12	20	—	—
	492.8	—	—	7	15	—	—
	540.5	—	—	12	20	—	—
	545	—	—	15	25	—	—
Gd	569	3	—	35	70	—	—
	581	(5)	—	50	120	(10)	—
	592.7	(10)	—	80	250	(20)	—
	599	(10)	—	80	250	(20)	—
	608.1	(10)	—	70	200	(20)	—
	613	(10)	—	70	200	(20)	—

元素	λ/nm	在各种火焰中的强度					
		空气-氢	(空气-氢)Φ	氧-氢	(氧-氢)Φ	氧-乙炔	(氧-乙炔)Φ
Gd	621	(10)	—	70	250	(20)	—
Ge	259.25	—	异丙醇 0.7	—	50%异丙醇 0.025	0.015	50%异丙醇 0.025
	265.14	0.00	2	0.01	0.03	0.04	0.05
	270.96	—	0.4	—	—	0.01	0.02
	275.46	—	0.7	—	—	0.008	
Hg	253.65	1.7	异丙醇 2.5	0.3	丙酮 1.7	0.2	
HoO	510.5	—	—	35	甲基异丁基酮 40	—	—
	515.7	—	—	50	50	—	—
	527	—	—	50	50	—	—
	532.0	—	—	50	50	—	—
	566.0	—	—	120	170	—	—
	569.6	—	—	110	150	—	—
	584.9	—	—	35	50	—	—
IO	469.4	—	—	(1)	—	—	—
	484.5	—	—	(1)	—	—	—
	496.4	—	—	(1)	—	—	—
	513.1	—	—	(1)	—	—	—
	520.9	—	—	(1)	—	—	—
	530.8	—	—	(1)	—	—	—
	553.3	—	—	(1)	—	—	—
	573.0	—	—	(1)	—	—	—
In	303.94	5	—	3	4%丁醇 3	3	—
	325.61	10	25%异丙醇 3	10	10	2.5	丙酮 30
	410.18	150	50	200	300	50	110
	451.13	250	80	350	500	70	140
InO	428.3	—	—	1	—	—	—
K	404.5	30	25%异丙醇 1	70	4%丁醇 100	10	丙酮 6
	766.49⎫ 769.90⎭	10000	—	30000	50000	⎧30000 ⎩20000	—
LaO	438.4	5	—	25	甲基异丁基酮 25	17	甲基异丁基酮 80
	442.3	5	—	25	30	17	80
	538.1	3	—	⎧15	25	5	15
	540.7		—	20	30	7	20
	543.2		—	20	30	7	25
	545.8		—	⎩17	30	6	20
	560.1	17	—	⎧70	100	17	170
	562.7		—	⎩50	100	17	170
	586.8	3	—	⎧10	25	12	100
	589.5		—	10	25	12	100
	592.2		—	⎩10	25	12	100
	743	30	—	20	1000	100	120
	792	25	—	20	1000	100	150
La	550.13	—	—	—	—	100	—

元素	λ/nm	在各种火焰中的强度					
		空气-氢	(空气-氢)①②	氧-氢	(氧-氢)①②	氧-乙炔	(氧-乙炔)①②
Li	460.29	—	—	2.5	4%丁醇 3	0.5	4
	610.36	30	—	20	30	10	40
	670.78	10000	25%异丙醇 1500	50000	70000	10000	50000
LuO	466.2	—	—	30	甲基异丁基酮 80	—	—
	517.0	—	—	50	110	—	—
	599	—	—	20	40	—	—
	675	—	—	10	30	—	—
Mg	285.21	100	25%异丙醇 20	100	丙酮 250	170(富燃)	乙醚+乙醇+水 (1+2+1)100
	517.1 518.36	—	—	5	4%丁醇 20	0.6	0.5
MgO	500.7	—	—	10	4%丁醇 25	1.7	2
MgOH	362.4	100	25%异丙醇 30	25	乙醚+乙醇+水 (1+2+1) 25	1	—
	370.2	500	60	100	100	5	—
	381~383	500	50	80	80	3.5	—
	387.7	200	—	50	50	1.7	—
	391.2	200	—	50	50	1.7	—
Mn	279.48	—	—	15	汽油 17	1.8	—
	279.83	—	—	11	15	1.7	—
	280.11	—	—	8	11	1.5	—
	403.2	500	—	1000	石脑油 1500	500	2000
MnO	515.9	50	—	20	4%丁醇 30	3	—
	519.2		—	25	40	4	—
	522.9		—	25	35	3.5	—
	536.0	100	—	45	70	8	—
	539.0		—	50	80	8	—
	542.4		—	35	70	7	—
	558.6	120	—	80	120	17	—
	561.0		—	60	100	17	—
	586.0	70	—	40	50	8	—
	588.1		—	50	70	8	—
	591.0		—	40	50	8	—
	617.6	30	—	25	30	5	—
MnOH	363.410	70	—	10	4%丁醇 8	—	—
Mo	379.83	2.5	80%异丙醇 0.00	0.8	石脑油 10	(0.5)	异己酮+丙酮+异 丙醇+水 (5+2+2+1) 20
	386.41	3	0.0	0.8	10	(0.3)	20
	390.30	3	0.0	0.8	5	(0.25)	20

续表

元素	λ/nm	在各种火焰中的强度					
		空气-氢	(空气-氢)①_n	氧-氢	(氧-氢)①_n	氧-乙炔	(氧-乙炔)①_n
(MoO₂)	550~600	25	—	10	—	(3)	—
Na	330.3	2.5	—	20	4%丁醇 10	10	50
	568.6	—	—	30	40	10	—
	589.2	30000	—	50000	70000	25000	100000
	819	—	—	5	10	20	
(Nb)	450	5	—	1		0.17	
	550	5	—	1		0.3	
Nb	405.89	—	—	—	—	0.3	
NdO	461.9	—	—	3	甲基异丁基酮 5	—	—
	531.3	—	—	5	10	—	—
	599	—	—	10	25	1	—
	622	—	—	2.5	20	0.7	—
	637	—	—	2.5	30	2	—
	643	—	—	2.5	40	3	—
	650.0	—	—	5	60	5	—
	661	—	—	10	100	10	—
	691	—	—	10	500	5	—
	702	—	—	10	500	10	—
	712	—	—	10	500	10	—
Ni	231.10	—	75%异丙醇 4	—		—	—
	232.0	—	5	—		—	
	300.3	4	25%异丙醇 3.5	3	4%丁醇 5	1.1	—
	336.96	17	5	9	17	3	丙酮 7
	338.06	12	4	7	10	2.5	5
	339.3	25	7	17	25	5	12
	341.48	80	25	50	60	10	甲基异丁基酮 40
	343.36	15	3	10	12	3	10
	344.63	20	5	12	20	5	15
	346.0	45	15	20	30	7	25
	347.25	7	3	4	6	2.5	5
	349.30	25	10	17	25	7	20
	351.03 } 351.51 }	45	15	7 / 22	10 / 30	5 / 9	8 / 30
	352.45	80	25	50	80	15	60
	356.64	20	5	10	15	3	10
	361.05	15	3	7	10	2.5	5
	361.94	40	10	22	30	5	20
	385.83	10	—	4	10	1.7	—
(Ni)	520~600	—	—	17	4%丁醇 35	—	—
NiO	502.4	—	—	12	4%丁醇 30	—	—
	317.5	—	—	15	35	—	—

续表

元素	λ/nm	在各种火焰中的强度					
		空气-氢	(空气-氢)①	氧-氢	(氧-氢)①	氧-乙炔	(氧-乙炔)①
(P)	520	30	—	—			
PO	237.5	0.4	异丙醇 8	空气-氢-乙炔火焰 1	—	—	—
	238.3	0.4	8	1	—	—	—
	239.6	0.22	4.5	0.5	—	—	—
	246.4	0.5	10	1.4	—	—	—
	247.8	0.4	8	1	—	—	—
	252.9	0.2	4	0.5	—	—	—
	254.0	0.12	2.5	0.3	—	—	—
Pb	217.0	—	异丙醇 1.5	—	汽油 2	—	—
	247.64	—	甲醇 1.1	—	2.5	—	—
	261.42	—	4	—	11	—	—
	266.32	—	1	—	3.5	—	—
	280.20	—	4	—	9	—	—
	283.31	—	1	0.4	2.5	—	汽油 4
	363.96	1.5	汽油 2	5	7	0.1	5
	368.35	3	4	10	15	0.2	10
	405.78	3	4	10	15	0.3	10
Pd	340.46	45	—	70	甲基异丁基酮 200	10	—
	342.12	11	—	10	50	2	—
	346.08	6	—	10	20	2	—
	351.69	8	—	20	40	2	—
	360.95	30	—	45	90	7	—
	363.47	55	—	80	150	10	—
(Pd)	500	30	—	—			
PrO	515.7	—	—	7	甲基异丁基酮 3	—	—
	535.2	—	—	10	6	—	—
	537	—	—	10	6	—	—
	561	—	—	11	8	—	—
	569.1	—	—	12	10	—	—
	576.3	—	—	15	11	—	—
	601.9	—	—	10	20	—	—
	628	—	—	5	11	—	—
	636.3	—	—	5	15	—	—
	648	—	—	5	17	—	—
	695	—	—	(10)	50	—	—
	709.5	—	—	(10)	50	—	—
	732.0 }737.6	—	—	(10)	30	—	—
	766.3	—	—	(10)	20	—	—
	805	—	—	(5)	10	—	—

元素	λ/nm	在各种火焰中的强度					
		空气-氢	(空气-氢)[①]	氧-氢	(氧-氢)[①]	氧-乙炔	(氧-乙炔)[①]
PrO	848.9	—	—	(2)	5	—	—
Pt	265.95	0.11	—	0.8	—	0.5	甲基异丁基酮 0.7
	306.47	0.25	—	1	—	0.7	
Ra	482.59	—	—	(5)	—	—	—
Ra⁺	381.44	—	—	(3)	—	—	—
	468.23	—	—	(1)	—	—	—
(RaOH)	602	—	—	(1)	—	—	—
	627	—	—	(5)	—	—	—
	665	—	—	(5)	—	—	—
Rb	420.19	20	—	35	4%丁醇 50	2	—
	421.56	10	—	15	20	1	
	780.02	3500	—	3500	5000	2000	
	794.96	2500	—	2500	3000	1700	
Re	346.05	0.00	50%异丙醇 0.00	0.00	50%异丙醇 0.00	0.035	50%丙酮 0.08
	346.47	0.00	0.00	0.00	0.00	0.018	0.045
Rh	332.31	2	—	2.5	异丙醇 3.5	1.7	90%异丙醇 3
	339.68	4	—	8	12	5	8
	343.49	2.5	—	15	25	9	17
	350.25	3.5	—	8	10	5	8
	352.80	3	—	7	9	4	7
	358.31	4.5	—	4	4	1.7	3
	359.66	5	—	5	5	2.2	4.5
	365.80	6	—	11	15	6	9
	369.24	7	—	35	40	15	22
	370.09	6	—	11	11	4.5	8
	385.65	7	—	4	3.5	1.5	3
	421.11	11	—	5	3	1.1	1.8
	437.48	15	—	8	4	1.7	2.2
(RhO)	542.5	40	—	15	—	1	
Ru	342.83	—	—	2	50%甲醇 15	1.5	
	343.67	—	—	1	10	1	—
	349.89	—	—	5	30	3	—
	359.3	—	—	1	10	1	—
	366.14	—	—	2	20	2	—
	372.75	—	—	20	150	30	—
	379.9	—	—	10	100	25	—
	369.90	—	—	0.5	5	1	—
Sb	217.58	—	异丙醇 17	—	—	0.09	—
	231.15	0.07	25	—	—	—	甲基异丁基酮 15
	252.85	0.01	8	—	—	0.1	10
	259.81	0.025	7	—	—	0.1	10
SbO	257.4	1	40%异丙醇 0.5	—	—	—	—

续表

元素	λ/nm	在各种火焰中的强度					
		空气-氢	(空气-氢)$_n^{①}$	氧-氢	(氧-氢)$_n^{①}$	氧-乙炔	(氧-乙炔)$_n^{①}$
ScO	467.3	—	—	10	甲基异丁基酮 25	—	—
	470.7	—	—	12	35	—	—
	474.2	—	—	8	25	—	—
	485.8	—	—	20	60	—	—
	489.4	—	—	15	45	—	—
	509.7	—	—	8	30	—	—
	513.4	—	—	9	35	—	—
	517.1	—	—	8	25	—	—
	573.7	—	—	17	60	2	—
	577.3	—	—	35	120	3	—
	581.1	—	—	40	150	5	—
	584.9	—	—	40	150	5	—
	588.8	—	—	35	120	3	—
	592.8	—	—	30	100	3	—
	601.7 603.6	—	—	170	800	20	—
	607.3	—	—	250	1700	30	—
	611.0	—	—	200	1200	25	—
	615	—	—	110	700	10	—
	619.1	—	—	50	400	5	—
	623	—	—	30	250	3	—
	649	—	—	10	70	1	—
Si	250.69	空气-氧-氢-乙炔火焰	50%异丙醇	—	—	0.16	甲醇 0.5
		0.009	0.00				
	251.61	0.025	0.00	—	—	0.5	1.5
	252.41	0.007	0.00	—	—	0.14	0.45
	252.85	0.008	0.00	—	—	0.15	0.5
SiO	234.4	空气-氧-氢-乙炔火焰	50%异丙醇	—	—	—	—
		0.03	0.00				
	241.4	0.02	0.00	—	—	—	—
	248.7	0.01	0.00	—	—	—	甲醇 0.2
Sm	471.66	—	—	10	甲基异丁基酮 10	—	—
	586.81	—	—	30	50	0.3	—
SmO	582.0	—	—	20	甲基异丁基酮 30	0.2	—
	595	—	—	35	60	0.4	—
	598.8	—	—	35	60	0.4	—
	603.5	—	—	35	70	0.5	—
	614	—	—	40	80	2	—
	624.3	—	—	30	80	2.5	—
	633.9	—	—	20	80	2	—
	638	—	—	20	100	2	—

续表

元素	λ/nm	在各种火焰中的强度					
		空气-氢	(空气-氢)$_n$[①]	氧-氢	(氧-氢)$_n$[①]	氧-乙炔	(氧-乙炔)$_n$[①]
SmO	642	—	—	20	100	2	—
	651.0	—	—	20	110	3	—
	667	—	—	5	60	0.5	—
	681	—	—	3	40	0.3	—
Sn	224.61	—	异丙醇 8	0.00	异丙醇 0.6	—	甲基异丁基酮 2
	235.48	—	甲醇 20	0.00	1.5	1.3	5
	242.95	空气-氢-乙炔火焰 7	20	氧-氢-乙炔火焰 6	1.5	1.4	6
	270.65	空气-氢 0.08	16	氧-氢 0.012	—	1.7	甲醇 1.7
	284.00	0.08	12	(0.015)	—	0.2	—
	286.33	0.11	10	0.017	—	0.03	—
	300.91	0.2	8	0.04	—	0.017	—
	303.41	0.4	16	0.05	石脑油 10	0.05	—
	317.50	0.12	异丙醇 7	—	—	0.017	—
	326.23	0.4	10	—	—	0.4	—
	333.06	—	1.7	—	—	0.4	—
	380.10	2.5	3	—	—	0.3	—
SnO	326.2	0.4	—	0.09	60%丙酮 0.08	0.17	—
	332.3	1.5	—	0.35	0.2	0.2	—
	338.8	2.5	—	0.7	0.18	0.2	—
	341.6	3	—	0.7	0.18	0.12	—
	348.5	1.5	25%异丙醇 0.5	0.25	0.17	0.2	—
	358.5	3.5	0.5	0.9	0.22	0.2	—
	369.1	2.5	0.5	0.7	0.15	0.17	—
	372.1	2.5	0.35	0.7	0.15	0.15	—
	383.3	2.5	—	0.6	0.11	0.08	—
	386.5	3.5	0.25	0.7	0.11	0.08	—
	398.4	3	—	0.5	0.08	0.07	—
(SnO)	485	5	25%异丙醇 0.25	1000	60%丙酮 2000	200	—
Sr	460.73	500	25%异丙醇 150	1000	60%丙酮 2000	200	—
Sr^+	407.77	—	—	30	4%丁醇 50	17	—
	421.55	—	—	20	30	12	—
Sr_2O_2	594.3	500	—	90	4%丁醇 100	10	—
	597.0	500	—	80	100	10	—
SrOH	605.9	5000	25%异丙醇 250	1000	4%丁醇 1500	100	—
	646.5	250	—	100	150	10	—

元素	λ/nm	在各种火焰中的强度					
		空气-氢	(空气-氢)①	氧-氢	(氧-氢)①	氧-乙炔	(氧-乙炔)①
SrOH	659	500	—	200	300	20	—
	666	500	—	700	1000	40	—
	682	250	—	1000	1000	30	—
	704	—	—	70	100	—	—
TbO	461	—	—	8	甲基异丁基酮 10	—	—
	535	—	—	40	60	—	—
	544	—	—	30	40	—	—
	563.9	—	—	40	70	—	—
	573	—	—	50	100	—	—
	592.1	—	—	80	170	10	—
	597.9	—	—	70	150	10	—
	607.8	—	—	40	100	10	—
	634.9	—	—	17	30	5	—
Tb	432.65	—	—	—	—	10	—
	390.13	—	—	—	—	2.5	—
Te	238.32 238.58	0.01	异丙醇 1	—	—	0.00	—
TeO	356.1	2.5	—	0.15	—	0.015	—
	360.7	3	—	0.2	—	0.015	—
	366.2	3.5	—	0.2	—	0.015	—
	371.4	3.5	—	0.3	—	0.015	—
	377.2	3.5	—	0.2	—	0.015	—
	382.7	3.5	—	0.25	—	0.017	—
	388.4	3.5	—	0.25	—	0.017	—
	394.7	3.5	—	0.25	—	0.017	—
	400.7	3.5	—	0.22	—	0.017	—
	407.5	3.5	—	0.22	—	0.017	—
	413.2	3.5	—	0.25	—	0.017	—
	420.5	3.5	—	0.22	—	0.017	—
	426.8	3	—	0.22	—	0.017	—
	434.3	3.5	—	0.22	—	0.017	—
	448.7	3	—	0.22	—	0.017	—
	464.0	2.5	—	0.17	—	0.017	—
TiO	480.6	—	—	30	—	0.7	异丙醇 0.7
	484.9	—	—	30	—	0.8	0.8
	495.6	—	—	35	—	1.1	1.1
	500.0	—	—	35	—	1.1	1.1
	516.8	—	—	40	—	1.5	1.5
	545.0	—	—	45	—	1.5	1.5
	576.1	—	—	45	—	1.5	1.5
	673	—	—	20	—	10	
	713	—	—	20	—	10	
Tl	276.79	0.5	—	1.5	—	0.5	—
	351.92	4	—	3	4%丁醇 25	0.7	辛-2-酮 2
	377.57	50	—	100	170	10	30
	535.05	30	—	70	100	5	20

第二篇

续表

元素	λ/nm	在各种火焰中的强度					
		空气-氢	(空气-氢)$_n$[①]	氧-氢	(氧-氢)$_n$[①]	氧-乙炔	(氢-乙炔)$_n$[①]
TmO	481.4	—	—	22	甲基异丁基酮 35	—	—
	490	—	—	30	50	—	—
	495	—	—	25	45	—	—
	523	—	—	17	35	—	—
	532.9	—	—	30	55	—	—
	537	—	—	35	60	—	—
	542	—	—	35	60	—	—
	553	—	—	35	60	—	—
(UO₂)	550	15		5	—	1	
VO	505.7	70	50%异丙醇 10	25	4%丁醇 70	1.2	
	522.9	80	18	30	80	3	—
	527.6	80	20	30	80	3	—
	547.0	100	17	40	100	4	—
	573.7	110	30	40	110	6	—
	608.7	50	25	20	50	3	—
	701.1 707.0	—	—	10		1	—
V	747	—	—	7		7	—
	800	—	—	10		10	—
	318.4	—	—	—	—	0.25	50%甲醇 0.4
YO	465.0	—	—	8	甲基异丁基酮 17	—	—
	467.7	—	—	10	20	—	—
	470.7	—	—	9	18	—	—
	481.8	—	—	30	50	—	—
	484.2	—	—	22	40	—	—
	505.0	—	—	7	20	—	—
	507.8	—	—	6	20	—	—
	574	—	—	8	50	1	—
	587	—	—	10	50	1	—
	599	—	—	300	1000	30	甲基异丁基酮 70
	615	—	—	300	800	30	50
Yb	346.44	—	—	2	—	(1)	—
	398.80	70	—	25	甲基异丁基酮 120	(10)	—
	555 555.65	250	—	70	60	(10)	—
Yb⁺	369.42	—	—	1.5	—	(0.5)	—
(YbOH)	477.8	100	—	22	甲基异丁基酮 35	(2)	—
	485.0	100	—	25	35	(2)	—
	498.1	200	—	50	50	(5)	—
	517.4	150	—	40	40	(3)	—
	532.5	250	—	80	80	(5)	—
	544.3	120	—	35	45	(3)	—
	572.5	300	—	110	100	(10)	—

续表

元素	λ/nm	在各种火焰中的强度					
		空气-氢	(空气-氢)n[①]	氧-氢	(氧-氢)n[①]	氧-乙炔	(氧-乙炔)n[①]
(YbOH)	587	80	—	25	35	(2)	—
	602	30	—	10	25	(1)	—
Zn	213.86	0.04	50%异丙醇 0.15	0.06	丙酮 1	0.017	甲基异丁基酮 0.13
	481.05	0.3		0.06	石脑油 0.6		丙酮 1.7
	307.59	0.1	0.00	0.02	—	—	丙酮
(Zn)	520~600	0.5		0.12	丙酮 12		4
ZrO	564	—	—	1.2	—	(0.1)	—
	574	—	—	1.2	—	(0.1)	—

① *n* 指非水溶剂。

② 元素附加（　）时，指未知源的连续光谱，分子附加（　）时，表示不确定。

③ 强度值附加（　）时，指估计值。

表 10-5　火焰原子发射光谱分析法的检出限（按元素符号次序排列）

元素	λ/nm	火焰	检出限/(μg/mL)	元素	λ/nm	火焰	检出限/(μg/mL)
Ag	328.068	预混氧-乙炔	0.3	Au	267.595	预混氧化亚氮-乙炔	0.5
	328.068	预混 N2O-C2H2	0.002		267.595	氧-氢	5
	328.068	隔离的 N2O-C2H2	0.02	B	249.678	预混氧-乙炔	30
	328.068	氧化亚氮-氢	0.07		548	空气-乙炔	0.2μg
	328.068	隔离的氧化亚氮-氢	0.06		548	空气-乙炔	0.006
	328.068	N2O-MAPP①	0.08		546	空气-氢气	35ng
	328.068	隔离的 N2O-MAPP①	0.05	BO2	518.07	预混 N2O-C2H2	0.05
	338.289	氧-氢	0.06	Ba	455.403	预混氧-乙炔	0.03
	338.289	空气-氢	0.04		553.548	预混氧-乙炔	0.05
	338.289	氧-乙炔	0.03		553.548	预混氧化亚氮-乙炔	0.001
			1.3		234.758	隔离氧化亚氮-乙炔	0.3
Al	396.153	预混氧-乙炔	0.2		553.548	隔离氧化亚氮-乙炔	0.05
	394.403	预混氧-乙炔	0.3		553.548	氧化亚氮-氢	0.05
	396.153	隔离的 N2O-C2H2	0.03		553.548	隔离氧化亚氮-氢	0.02
	396.153	预混 N2O-H2	7		553.548	N2O-MAPP①	0.04
	396.153	隔离的 N2O-H2	5		553.548	隔离 N2O-MAPP①	0.03
	396.153	预混 N2O-MAPP	2.5		553.548	氧-氢	0.05
	396.153	隔离的 N2O-MAPP①	3				0.06
	396.153	预混 N2O-C2H2	0.003		553.6		0.05
	394.403	隔离的 N2O-C2H2	0.2		553.6		0.05
	396.15	空气-乙炔	0.03		553.5	空气-乙炔	0.002
	396.15	N2O-乙炔	0.013		553.6	空气-乙炔	0.83
As	193.696	预混 N2O-C2H2	10		455.4	空气-乙炔	0.04
	234.984	氩-氧-乙炔	5	Be	234.861	预混氧-乙炔	1
	234.984	氧-氢	2		234.861	预混氧化亚氮-乙炔	1
Au	267.595	预混氧-乙炔	7		234.861	隔离的氧化亚氮-乙炔	0.1
					234.861	氧-氢	3

续表

元素	λ/nm	火焰	检出限/(μg/mL)	元素	λ/nm	火焰	检出限/(μg/mL)
Bi	223.061	预混氧-乙炔	40	Co	425.231	预混氧化亚氮-乙炔	0.005
	222.825	预混氧-乙炔	80		352.685	隔离氧-乙炔	0.04
	306.772	预混氧-乙炔	700		352.685	隔离氧化亚氮-乙炔	0.2
	306.772	预混氧化亚氮-乙炔	2		352.685	氧化亚氮-氢	0.3
	306.772	隔离氧化亚氮-乙炔	1.5		352.685	隔离氧化亚氮-氢	0.2
	306.772	氧化亚氮-氢	200		352.685	N$_2$O-MAPP①	0.3
	306.772	隔离氮化亚氮-氢	200		352.685	隔离 N$_2$O-MAPP①	0.25
	306.772	N$_2$O-MAPP①	80		345.35	空气-乙炔	0.05
	306.772	隔离 N$_2$O-MAPP①	40	Cr	357.869	预混氧-乙炔	0.1
	223.061	氩-氧-乙炔	1		359.349	预混氧-乙炔	0.1
	223.061	氧-氢	1		360.533	预混氧-乙炔	0.1
	223.061	空气-乙炔	3		425.435	预混氧化亚氮-乙炔	0.002
	306.772	氧-乙炔	20		425.435	隔离氧-乙炔	0.007
Ca	393.367	预混氧-乙炔	0.005		425.435	氧-空气-乙炔	0.005
	422.673	预混氧-乙炔	0.005		425.435	预混氧化亚氮-乙炔	0.005
	422.673	隔离氧-乙炔	0.003		425.435	隔离氧化亚氮-乙炔	0.001
	422.673	预混氧化亚氮-乙炔	0.0001		425.435	氧化亚氮-氢	0.07
	422.673	隔离氧化亚氮-乙炔	0.003		425.435	隔离氧化亚氮-氢	0.04
	422.673	氧化亚氮-氢	0.002		425.435	N$_2$O-MAPP①	0.02
	442.673	隔离氧化亚氮-氢	0.001		425.435	隔离氧化亚氮-MAPP①	0.007
	422.673	N$_2$O-MAPP①	0.002		425.44	空气-乙炔	0.04
	422.673	隔离 N$_2$O-MAPP①	0.001	Cr(III)		N$_2$O-乙炔	0.000025
	422.673	氧-空气-乙炔	0.0005	Cr(VI)		N$_2$O-乙炔	0.00002
	422.7	空气-乙炔	0.12	Cs	852.110	预混氧-乙炔	0.008
	422.7	空气-乙炔	0.69		455.536	预混氧-乙炔	8
	422.68	空气-乙炔	0.03		852.110	预混氧化亚氮-乙炔	0.00002
Cd	228.802	预混氧-乙炔	6		455.536	预混氧化亚氮-乙炔	0.6
	326.106	预混氧化亚氮-乙炔	0.8	Cu	324.754	预混氧-乙炔	0.1
	326.106	隔离氧化亚氮-乙炔	5		327.396	预混氧-乙炔	0.2
	326.106	隔离氧化亚氮-氢	7		327.396	预混氧化亚氮-乙炔	0.003
	326.106	N$_2$O-MAPP①	12		324.754	预混氧化亚氮-乙炔	0.08
	326.106	隔离 N$_2$O-MAPP①	12		327.396	隔离氧-乙炔	0.04
	326.106	氧-氢	0.5		327.396	氧-空气-乙炔	0.1
	228.802	氧-乙炔	6		327.396	隔离氧化亚氮-乙炔	0.03
	326.106	氧-乙炔	30		327.396	氧化亚氮-氢	0.13
	228.802	空气-乙炔	0.5		327.396	隔离氧化亚氮-氢	0.06
	228.802	氩-氧-乙炔	0.5		327.396	N$_2$O-MAPP①	0.09
	324.106	氩-氧-乙炔	0.2		327.396	隔离 N$_2$O-MAPP①	0.06
Ce	569.700	预混氧-乙炔	10		324.75	空气-乙炔	0.06
	569.923	预混氧-乙炔	10	Dy	418.678	预混氧-乙炔	0.3
	569.923	预混氧化亚氮-乙炔	10		421.178	预混氧-乙炔	0.1
	520.2	N$_2$O-乙炔	10		404.599	预混氧化亚氮-乙炔	0.05
Co	345.350	预混氧-乙炔	1		404.599	氧-氢	0.4
	345.350	预混氧化亚氮-乙炔	0.03		404.6	N$_2$O-乙炔	0.04

元素	λ/nm	火焰	检出限/(µg/mL)	元素	λ/nm	火焰	检出限/(µg/mL)
Er	400.797	预混氧-乙炔	0.3	Hg	253.652	氩-氧-乙炔	0.15
	415.110	预混氧-乙炔	1	Ho	410.384	预混氧-乙炔	0.1
	400.797	预混氧化亚氮-乙炔	0.02		405.393	预混氧化亚氮-乙炔	0.02
	400.8	N$_2$O-乙炔	0.03		405.393	预混氧化亚氮-乙炔	0.01
Eu	459.403	预混氧-乙炔	0.003				(乙醇)
	459.403	预混氧化亚氮-乙炔	0.0002		405.39		50
	459.403	隔离氧化亚氮-乙炔	0.01		405.39	N$_2$O-乙炔	0.03
	459.403	氧化亚氮-氢	0.1	In	451.131	预混氧-乙炔	0.03
	459.403	隔离氧化亚氮-氢	0.06		451.131	预混氧化亚氮-乙炔	0.001
	459.403	N$_2$O-MAPP①	0.06		451.131	氧化亚氮-乙炔	0.04
	459.403	隔离 N$_2$O-MAPP	0.03		451.131	氧化亚氮-氢	0.05
	459.4		2		451.131	隔离氧化亚氮-氢	0.03
	459.4	N$_2$O-乙炔	0.0001		451.131	N$_2$O-MAPP①	0.08
Fe	371.994	预混氧-乙炔	0.7		451.131	隔离 N$_2$O-MAPP①	0.07
	371.994	预混氧化亚氮-乙炔	0.01		451.131	氩-氢	0.005
	371.994	隔离氧-乙炔	0.03		451.13	N$_2$O-乙炔	0.5
	371.994	氧-空气-乙炔	0.2	Ir	351.364	预混氧-乙炔	200
	371.994	隔离氧化亚氮-乙炔	0.05		380.012	预混氧-乙炔	100
	371.994	氧化亚氮-氢	0.09		380.012	预混氧化亚氮-乙炔	3
	371.994	隔离氧化亚氮-氢	0.07	550.0 分子带		预混氧化亚氮-乙炔	0.4
	371.994	N$_2$O-MAPP①	0.12	K	766.491	预混氧-乙炔	0.003
	371.994	隔离 N$_2$O-MAPP①	0.08		769.898	预混氧-乙炔	0.02
	371.994	氧-乙炔	0.5		766.491	预混氧化亚氮-乙炔	10^{-5}
	371.99	空气-乙炔	0.04				0.002
Ga	417.206	预混氧-乙炔	0.07		769.9	空气-乙炔	0.08
	417.206	预混氧化亚氮-乙炔	0.005				0.03
	417.206	隔离氧化亚氮-乙炔	0.08			空气-乙炔	0.008
	417.206	氧化亚氮-氢	0.07		766.5	空气-乙炔	0.01
	417.206	隔离氧化亚氮-氢	0.04		766.5	空气-乙炔	0.0016
	417.206	N$_2$O-MAPP①	0.07	La	579.134	预混氧化亚氮-乙炔	1
	417.206	隔离 N$_2$O-MAPP①	0.05		550.134	预混氧化亚氮-乙炔	4
	434		0.3		579.134	预混氧-乙炔	1
Gd	434.646	预混氧-乙炔	4		441.8	N$_2$O-乙炔	0.8
	451.996	预混氧-乙炔	2	LaO	441.82	N$_2$O-乙炔	0.06
	440.186	预混氧化亚氮-乙炔	1.0	Li	323.263	预混氧-乙炔	0.1
	440.186	预混 N$_2$O-乙炔(乙醇)	1.0		610.364	预混氧-乙炔	0.001
	434.65	N$_2$O-乙炔	0.3		670.784	预混氧-乙炔	3×10^{-6}
Ge	265.118	预混氧-乙炔	0.6		670.784	预混氧化亚氮-乙炔	1×10^{-6}
	265.118	预混氧化亚氮-乙炔	0.4		323.263	预混氧化亚氮-乙炔	>10
	265.158	氩-氧-乙炔	3		460.286	预混氧化亚氮-乙炔	>10
	265.118	隔离氧化亚氮-乙炔	1.3		610.364	预混氧化亚氮-乙炔	0.1
	265.118	空气-乙炔	7		670.784	氧-乙炔	0.05
Hg	253.652	预混氧-乙炔	40		670.8	空气-丁烷-丙烷	0.05
	253.652	预混氧化亚氮-乙炔	10			空气-乙炔	0.097
	253.652	氩-氧-乙炔	1			空气-乙炔	0.002

续表

元素	λ/nm	火焰	检出限/(μg/mL)	元素	λ/nm	火焰	检出限/(μg/mL)
Li	670.8	空气-乙炔	0.005	Na	588.995	预混氧-乙炔	1×10^{-4}
	670.8	空气-乙炔	0.0002		589.592	预混氧-乙炔	2×10^{-4}
			0.0013		588.995	预混氧化亚氮-乙炔	10^{-5}
	670.8	空气-乙炔	0.91		588.995	空气-氢	10^{-4}
Lu	331.211	预混氧-乙炔	0.2		589.592	空气-氢	
	451.857	预混氧化亚氮-乙炔	0.4		589.6	空气-乙炔	0.4
	451.86	N_2O-乙炔	2		589.0	空气-乙炔	0.001
Mg	285.213	预混氧-乙炔	0.2		589.0	空气-乙炔	0.025
	285.213	预混氧化亚氮-乙炔	0.005			空气-乙炔	0.002
	285.213	隔离氧化亚氮-乙炔	0.3				0.01
	285.213	氧-空气-乙炔	0.05		330.2	空气-乙炔	0.03
	285.213	隔离氧化亚氮-乙炔	0.001	Nb	405.894	预混氧-乙炔	1
	285.213	氧化亚氮-氢	0.08		405.894	氧化亚氮-乙炔	0.5
	285.213	隔离氧化亚氮-氢	0.07		405.894	隔离氧化亚氮-乙炔	0.06
	285.213	N_2O-MAPP①	0.05				0.3
	285.213	隔离 N_2O-MAPP①	0.04	Nd	488.381	预混氧-乙炔	1
	285.213	氧-乙炔	0.2		492.453	预混氧-乙炔	2
	285.22	空气-乙炔	0.07		492.453	预混氧化亚氮-乙炔	0.2
MgOH	370.2	氩-氢	0.02		494		0.2
Mn	403.076	预混氧-乙炔	0.1				0.17
	403.076	预混氧化亚氮-乙炔	0.001		494.48	N_2O-乙炔	0.15
	403.307	预混氧化亚氮-乙炔	0.008	Ni	341.476	预混氧-乙炔	1.0
	403.307	隔离氧化亚氮-乙炔	0.005		352.454	预混氧-乙炔	0.6
	403.307	氧化亚氮-氢	0.01		341.476	预混氧化亚氮-乙炔	0.01
	403.307	隔离氧化亚氮-氢	0.004		352.454	预混氧化亚氮-乙炔	0.02
	403.307	N_2O-MAPP①	0.03		352.454	隔离氧化亚氮-乙炔	0.05
	403.3	空气-乙炔	0.02		352.454	氧化亚氮-氢	0.08
	403.307	隔离 N_2O-MAPP①	0.02		352.454	隔离氧化亚氮-氢	0.06
	403.2	氩-氢	0.01		352.454	N_2O-MAPP①	0.2
	403.307	氧-氢	0.01		352.454	隔离 N_2O-MAPP①	0.1
	403.307	氧-乙炔	0.1		352.454	氩-氢	0.02
Mo	379.825	预混氧-乙炔	0.03		352.454	氧-氢	0.3
	390.296	预混氧化亚氮-乙炔	0.01		341.476	空气-氢	0.12
	379.825	隔离氧化亚氮-乙炔	0.3		352.45	空气-乙炔	0.07
	379.825	氧化亚氮-氢	19.0	Os	442.047	预混氧-乙炔	10
	379.825	隔离氧化亚氮-氢	12.0		442.047	预混氧化亚氮-乙炔	2
	379.825	N_2O-MAPP①	9	P	526		5ng
	379.825	隔离 N_2O-MAPP①	8	Pb	368.348	预混氧-乙炔	3
	390.296	隔离氧化亚氮-乙炔	0.2		405.783	预混氧化亚氮-乙炔	0.1
	317.035	隔离氧化亚氮-乙炔	0.5		368.348	预混氧化亚氮-乙炔	0.0002
	315.816	隔离氧化亚氮-乙炔	1.5		405.78	空气-乙炔	0.2
	313.259	隔离氧化亚氮-乙炔	0.5		261.418	氩-氧-乙炔	1
	319.397	隔离氧化亚氮-乙炔	0.3		405.783	隔离氧-乙炔	0.5
	379.825	空气-乙炔	80		405.783	氧-空气-乙炔	2
Na	330.237	预混氧-乙炔	5×10^{-4}		368.348	氧-乙炔	3

续表

元素	λ/nm	火焰	检出限/(μg/mL)	元素	λ/nm	火焰	检出限/(μg/mL)
Pb	405.783	氧-乙炔	10	Rh	369.236	隔离氧化亚氮-氢	0.01
	405.783	隔离氧化亚氮-乙炔	0.4		369.236	N₂O-MAPP①	0.05
	405.783	氧化亚氮-氢	1.0		369.236	隔离 N₂O-MAPP①	0.04
	405.783	隔离氧化亚氮-乙炔	0.8	Ru	372.803	预混氧-乙炔	0.3
	405.783	N₂O-MAPP①	0.8		372.803	预混氧化亚氮-乙炔	0.3
	405.783	隔离 N₂O-MAPP①	0.7		372.803	氧-氢	0.5
Pd	363.470	预混氧-乙炔	1	S		N₂O-乙炔	1
	363.470	预混氧化亚氮-乙炔	0.05		384		0.2μg
	363.470	预混氧化亚氮-乙炔	0.04	Sb	259.805	预混氧-乙炔	20
	363.470	隔离氧化亚氮-氢	0.04		252.852	预混氧化亚氮-乙炔	0.6
	340.470	隔离氧化亚氮-氢	0.09		259.805	氧-氢	0.2
	360.955	隔离氧化亚氮-氢	0.18		231.147	氧-乙炔-氢	1
	324.270	隔离氧化亚氮-氢	2.0		231.147	空气-乙炔	3
	342.124	隔离氧化亚氮-氢	0.70	Sc	390.749	预混氧-乙炔	0.2
	351.694	隔离氧化亚氮-氢	0.70		391.181	预混氧-乙炔	0.07
	346.077	隔离氧化亚氮-氢	1.5		402.040	预混氧-乙炔	0.1
	348.115	隔离氧化亚氮-氢	5.0		402.040	预混氧化亚氮-乙炔	0.03
	355.308	隔离氧化亚氮-氢	1.5		390.749	预混氧化亚氮-乙炔	0.03
	344.791	隔离氧化亚氮-氢	2		391.181	预混氧化亚氮-乙炔	0.01
	363.470	氧化亚氮-氢	0.13		402.040	预混氧化亚氮-乙炔	0.05
	363.470	N₂O-MAPP①	0.08		390.749	氧-乙炔	2
	363.470	隔离 N₂O-MAPP	0.05		391.18	N₂O-乙炔	0.01
Pr	493.974	预混氧-乙炔	2	Se	196.026	预混氧化亚氮-乙炔	100
	493.974	预混氧化亚氮-乙炔	0.5		203.985	氧-氢	3
	495.136	预混氧化亚氮-乙炔	0.5		203.985	空气-乙炔	50
	495.14	N₂O-乙炔	0.3		203.985	氩-氧-乙炔	25
	495		0.3	Si	251.611	预混氧-乙炔	7
Pt	265.945	预混氧-乙炔	40		251.611	预混氧化亚氮-乙炔	3
	265.945	预混氧化亚氮-乙炔	2		251.611	隔离氧化亚氮-乙炔	6
	306.471	隔离氧-乙炔	2		251.611	氧-氢	8
Rb	780.023	预混氧-乙炔	0.002	Sm	488.377	预混氧-乙炔	0.6
	798.1	预混氧化亚氮-乙炔	2×10⁻⁵		488.397	预混氧-乙炔	
	780.023	预混氧化亚氮-乙炔	0.008		517.542	预混氧-乙炔	0.8
	794.760	预混氧化亚氮-乙炔	3		476.027	预混氧化亚氮-乙炔	0.05
			0.19		476.027	预混氧化亚氮-乙炔	0.05
Re	346.046	预混氧-乙炔	1		478.310	预混氧化亚氮-乙炔	0.06
	346.473	预混氧-乙炔	4		488.377	预混氧化亚氮-乙炔	0.05
	345.188	预混氧化亚氮-乙炔	4		488.397	预混氧化亚氮-乙炔	0.05
	488.914	预混氧化亚氮-乙炔	1.5		478.31	N₂O-乙炔	0.03
	577.683	预混氧化亚氮-乙炔	4		478		0.03
	346.046	预混氧化亚氮-乙炔	0.2	Sn	303.412	预混氧-乙炔	9
Rh	369.236	预混氧-乙炔	0.3		383.999	预混氧化亚氮-乙炔	0.1
	369.236	预混氧化亚氮-乙炔	0.03		235.485	氩-氧-乙炔	1
	369.236	隔离氧化亚氮-乙炔	0.01		283.999	隔离氧化亚氮-乙炔	0.8
	369.236	氧化亚氮-氢	0.03		283.999	氧化亚氮-氢	250

第二篇

元素	λ/nm	火焰	检出限/(μg/mL)	元素	λ/nm	火焰	检出限/(μg/mL)
Sn	283.999	隔离氧化亚氮-氢	100	Tm	371.790	预混氧化亚氮-乙炔	0.01
	283.999	N₂O-MAPP①	14		371.790	预混氧化亚氮-乙炔	0.004
	242.949	氧-氢	0.5		409.419	氧-氢	0.4
	235.485	空气-乙炔	2		409.418	氧-乙炔	0.5
Sr	460.733	预混氧-乙炔	0.004		371.79	N₂O-乙炔	0.04
	460.733	预混氧化亚氮-乙炔	0.0001	U	591.540	预混氧-乙炔	10
	460.733	隔离氧-乙炔	0.002		5448	预混氧化亚氮-乙炔	5
	460.733	氩-氢	0.001			N₂O-乙炔	5
	460.733	隔离氧化亚氮-乙炔	0.02	V	437.924	预混氧-乙炔	0.3
	460.733	氧化亚氮-氢	0.009		440.820 440.851 }	预混氧-乙炔	0.3
	460.733	隔离氧化亚氮-氢	0.007		437.924	预混氧化亚氮-乙炔	0.007
	460.733	N₂O-MAPP①	0.05		318.341	隔离氧化亚氮-乙炔	0.2
	460.733	隔离 N₂O-MAPP①	0.02		437.924	隔离氧化亚氮-乙炔	0.5
	460.7	空气-乙炔	0.21		318.540	隔离氧化亚氮-乙炔	0.2
	460.7	空气-乙炔	6.4		318.540	氧化亚氮-氢	125
	460.73	空气-乙炔	0.003		318.540	隔离氧化亚氮-氢	100
Ta	481.275	预混氧-乙炔	18		318.540	隔离 N₂O-MAPP①	400
	474.016	预混氧化亚氮-乙炔	4		318.398	氩-氧-乙炔	25
			0.6		411.178	氧-氢	2
Tb	390.135	预混氧-乙炔	4		437.924	空气-乙炔	0.3
	432.647	预混氧-乙炔	1		437.92	空气-乙炔	0.3
	431.885	预混氧化亚氮-乙炔	0.2	W	400.875	预混氧-乙炔	4
	432.647	预混氧化亚氮-乙炔	0.4		400.875	预混氧化亚氮-乙炔	0.5
	432.65	N₂O-乙炔	0.5		400.875	空气-乙炔	90
Te	238.325	预混氧-乙炔	200	Y	407.738	预混氧-乙炔	0.3
	238.576	预混氧-乙炔	600		412.831	预混氧-乙炔	0.5
	486.62	预混氧化亚氮-乙炔	2		362.094	预混氧化亚氮-乙炔	0.04
	214.275	氧-氢	0.6		362.094	预混氧化亚氮-乙炔	0.1
	214.275	空气-乙炔	5		410.238	氧-氢	2
Ti	365.350	预混氧-乙炔	0.5		362.09	N₂O-乙炔	0.12
	399.864	预混氧-乙炔	0.5	Yb	398.798	预混氧-乙炔	0.05
	365.350	预混氧化亚氮-乙炔	0.03		398.798	预混氧化亚氮-乙炔	0.001
	399.864	隔离氧化亚氮-乙炔	0.5		398.798	预混氧化亚氮-乙炔	3×10^{-4}
	365.350	隔离氧化亚氮-乙炔	1				(乙醇)
	365.350	氧-氢	2		398.798	预混氧化亚氮-乙炔	2×10^{-4}
	399.864	氧-乙炔	5		398.798	氧-氢	0.001
			0.3		398.798	氧-乙炔	0.1
Th	576.055	预混氧-乙炔	150		398.8		5
	491.982	预混氧化亚氮-乙炔	10		398.8	N₂O-乙炔	0.0008
Tl	377.572	预混氧-乙炔	0.09	Zn	213.856	预混氧-乙炔	50
	535.046	预混氧化亚氮-乙炔	0.002		481.053	预混氧-乙炔	1500
	377.572	预混氧化亚氮-乙炔	0.05		213.856	预混氧化亚氮-乙炔	10
Tm	409.419	预混氧-乙炔	0.3		213.856	氩-氧-乙炔	1
	410.584	预混氧-乙炔	0.2		213.856	空气-乙炔	7
	371.790	预混氧化亚氮-乙炔	0.08	Zr	351.960	预混氧-乙炔	50

续表

元素	λ/nm	火焰	检出限/(μg/mL)	元素	λ/nm	火焰	检出限/(μg/mL)
Zr	360.119	预混氧-乙炔	75		351.960	隔离氧化亚氮-乙炔	1.2
Zr	360.119	预混氧化亚氮-乙炔	3				

① MAPP 为甲基乙炔-丙二烯-丙烯。

表 10-6 分析线及其光谱数据（按元素符号次序排列）[1]

元素	λ/nm	能级		统计权重 g_j	跃迁概率 /$10^8 s^{-1}$	跃迁概率最优值/%
		E_i/cm^{-1}	E_j/cm^{-1}			
Ag	328.068	0	50473	4	1.57	<10
	338.289	0	29552	4	0.32	>50
Al	308.215	0	32435	4	0.61	<25
	309.271	112	32437	6	0.73	<25
	309.284	112	32435	4	0.12	<50
	394.401	0	25348	2	0.493	<25
	396.152	112	25348	2	0.98	<25
As	193.696	0	51610	4	44.0	>50
	197.197	0	50694	2	100	>50
	228.812	10915	54605	4	26.0	>50
	234.984	10592	60835	4	20.0	>50
	249.291	10592	50694	2	4.95	>50
	274.500	18186	54605	4	4.75	>50
	278.022	18648	54605	4	15.0	>50
	286.044	18186	53136	2	16.5	>50
Au	267.595	0	37359	2	1.77	<10
B	249.677	0	40040	2	1.20	<50
	249.772	15	40040	2	2.40	<50
Ba	350.111	0	28554	3	0.29	<50
	455.403	0	21952	4	1.19	<10
	493.409	0	20262	2	0.955	<10
	553.548	0	18080	3	1.15	<10
Be	234.861	0	42565	3	5.47	<25
Bi	222.825	0	44865	4	0.38	>50
	223.061	0	44817	6	1.25	>50
	227.658	0	43912	4	0.31	>50
	306.772	0	32588	2	3.50	>50
	472.219	11418	32588	2	0.090	>50
Ca	393.366	0	25414	4	1.50	<25
	396.847	0	25192	2	1.46	<25
	422.673	0	23652	3	2.18	10
Co	340.512	3483	32842	10	1.50	>50
	341.234	4143	33440	10	1.10	>50
	341.263	0	29295	8	0.14	>50
	343.304	5076	34196	4	2.28	>50
	344.364	4143	33173	8	1.62	>50
	344.944	3483	32465	10	0.26	>50
	345.350	3483	32431	10	2.60	>50
	346.580	0	28845	12	0.19	>50
	347.402	0	28777	8	0.45	>50

元素	λ/nm	能级		统计权重 g_j	跃迁概率 /$10^8 s^{-1}$	跃迁概率最优 值/%
		E_i/cm^{-1}	E_j/cm^{-1}			
Co	350.228	3483	32028	8	1.38	>50
	350.632	4143	32654	6	1.57	>50
	351.264	4690	33151	4	1.85	>50
	351.348	816	29270	10	0.20	>50
	352.685	0	28346	10	0.26	>50
	356.938	7442	35451	8	3.25	>50
	357.536	816	28777	8	0.15	>50
	359.487	1407	29216	6	0.17	>50
	384.547	7442	33440	10	0.88	>50
	387.312	3843	29295	8	0.28	>50
	389.408	8461	34134	8	1.50	>50
	399.531	7442	32465	10	0.60	>50
	412.132	7442	31700	10	0.37	>50
	425.231	816	24326	8	0.0008	>50
Cr	357.869	0	27935	9	0.92	>50
	359.349	0	27820	7	1.00	>50
	360.533	0	27650	9	0.58	>50
	425.435	0	23499	9	0.22	>50
	427.480	0	23386	7	0.21	>50
	428.972	0	23305	5	0.19	>50
	520.604	7593	26796	5	0.50	>50
Cs	455.536	0	21947	4	0.35	>50
	459.318	0	21766	2	0.32	>50
	852.110	0	11732	4	0.32	>50
	894.350	0	11178	2	0.24	>50
Cu	324.754	0	30784	4	0.948	<10
	327.396	0	30535	2	0.95	>50
	510.554	11203	30784	4	0.013	>50
Fe	302.049	704	33802	5	0.28	>50
	302.064	0	33096	9	0.60	>50
	302.107	416	33507	7	0.67	>50
	344.061	0	29056	7	0.29	>50
	358.120	6928	34844	13	1.59	>50
	371.994	0	26875	11	0.138	<10
	373.713	416	27167	9	0.17	>50
	374.590	978	27666	3	0.12	>50
	382.588	7377	33507	7	1.18	>50
	385.991	0	25900	9	0.13	>50
	387.858	704	26479	3	0.10	>50
	388.628	416	26140	7	0.072	>50
	389.971	704	26340	5	0.042	>50
	393.030	704	26140	7	0.030	>50
	438.355	11976	34782	11	1.02	>50
	526.954	6928	25900	9	0.012	>50
	532.804	7377	26140	7	0.012	>50
Ga	294.418	826	34782	4	0.45	>50
	403.298	0	24788	6	0.122	<10
	417.206	826	24788	6	0.33	>50
Ge	259.254	557	39118	5	2.20	>50
	265.118	1410	39118	5	5.20	>50

续表

元素	λ/nm	能级 E_i/cm^{-1}	能级 E_j/cm^{-1}	统计权重 g_i	跃迁概率/10^{8}s^{-1}	跃迁概率最优值/%
Ge	265.158	0	37702	3	2.67	>50
	269.134	557	37702	3	2.43	>50
	270.943	557	37452	1	12.0	>50
	275.459	1410	37702	3	3.27	>50
Hf	368.224	0	27150	5	0.15	>50
Hg	253.652	0	39412	3	1.17	>50
In	303.936	0	32892	4	1.78	>50
	325.609	2213	32916	6	2.00	>50
	410.176	0	24373	2	0.396	<25
	451.131	2213	24373	2	1.10	>50
Ir	351.364	0	28452	12	0.082	>50
	380.012	0	26308	10	0.059	>50
K	404.415	0	24720	4	0.0142	<25
	766.491	0	13043	4	0.387	<10
	769.898	0	12985	2	0.382	<10
La	357.443	0	27969	4	0.65	>50
	392.756	0	25454	2	0.40	>50
	403.721	0	24763	4	0.15	>50
	406.032	4122	28743	12	0.24	>50
	406.479	3495	28089	10	0.17	>50
	407.918	0	24508	6	0.080	>50
	408.961	3010	27455	8	0.20	>50
	410.487	2668	270.23	6	0.15	>50
	413.704	1053	25218	6	0.090	>50
	418.732	0	23875	6	0.16	>50
	428.027	1053	24410	8	0.15	>50
	456.791	3495	25380	8	0.11	>50
	457.002	4122	25997	10	0.14	>50
	494.977	0	20197	2	0.20	>50
	514.542	3010	22439	4	0.24	>50
	517.731	3495	22804	6	0.23	>50
	521.186	4122	23303	8	0.25	>50
	523.427	4122	23221	8	0.18	>50
	525.346	1053	20083	4	0.10	>50
	527.119	1053	20019	4	0.10	>50
	550.134	0	18172	4	0.080	>50
Li	323.263	0	39025	6	0.117	<10
	460.286	14904	36623	10	0.230	<10
	610.364	14904	31283	10	0.716	10
	670.780	0	14904	6	0.372	<3
Mg	285.213	0	35051	3	4.95	<3
	517.268	21870	41197	3	0.346	<3
Mn	279.482	0	35770	8	1.04	>50
	279.827	0	35726	6	1.12	>50
	280.106	0	35690	4	1.22	>50
	403.076	0	24802	8	0.176	<10
	403.307	0	24788	6	0.16	>50
	403.449	0	24779	4	0.14	>50
Mo	313.259	0	31913	9	1.09	>50
	315.816	0	31655	7	0.54	>50

元素	λ/nm	能级		统计权重 g_j	跃迁概率 /10^8s^{-1}	跃迁概率最优值/%
		E_i/cm^{-1}	E_j/cm^{-1}			
Mo	317.035	0	31533	7	0.77	>50
	319.397	0	31300	5	0.88	>50
	320.883	0	31155	5	0.34	>50
	379.825	0	26321	9	0.49	>50
	390.296	0	25624	5	0.42	>50
Na	330.237	0	30273	4	0.0290	<25
	330.298	0	30267	2	0.0293	<25
	588.995	0	16973	4	0.628	<3
	589.592	0	16956	2	0.630	<3
	819.482	16973	29173	6	0.945	<25
Nb	353.530	0	28278	4	0.50	>50
	358.027	1050	28973	8	0.78	>50
	369.785	392	27427	8	0.14	>50
	371.301	1050	27975	10	0.27	>50
	373.980	695	27427	8	0.24	>50
	374.239	0	26713	4	0.25	>50
	378.706	154	26552	2	0.50	>50
	379.015	1050	27427	8	0.12	>50
	379.121	1050	27420	10	0.25	>50
	379.812	392	26713	4	0.40	>50
	380.292	695	26983	6	0.28	>50
	405.894	1050	25680	12	0.65	>50
	407.973	695	25200	10	0.49	>50
	410.092	392	24770	8	0.31	>50
	411.040	392	24773	6	0.028	>50
	412.381	154	24397	6	0.30	>50
	413.710	0	24165	4	0.18	>50
	413.971	1050	25200	6	0.18	>50
	415.258	695	24770	8	0.21	>50
	416.366	154	24165	4	0.35	>50
	416.466	392	24397	6	0.23	>50
	416.813	0	23985	2	0.55	>50
Ni	300.249	205	33501	7	0.96	>50
	336.957	0	29669	7	0.30	>50
	338.057	3410	32982	3	2.03	>50
	341.476	205	30913	3	1.90	>50
	343.356	205	29321	7	0.26	>50
	344.626	880	29888	5	0.76	>50
	347.254	880	29669	7	0.17	>50
	349.296	880	29501	3	1.30	>50
	351.034	1713	30192	1	2.30	>50
	351.505	880	29321	7	0.64	>50
	352.454	205	28569	5	0.92	>50
	356.637	3410	31442	5	1.28	>50
	361.046	880	28569	5	0.15	>50
	361.939	3410	31031	7	1.07	>50
	385.830	3410	29321	7	0.16	>50
Os	290.906	0	34365	11	1.00	>50
	301.804	0	33124	7	0.61	>50
	305.866	0	32685	9	0.82	>50

续表

元素	λ/nm	能级		统计权重 g_j	跃迁概率 $/10^8 s^{-1}$	跃迁概率最优值/%
		E_i/cm^{-1}	E_j/cm^{-1}			
Os	330.156	0	30280	11	0.33	>50
	442.047	0	22616	9	0.034	>50
Pb	216.999	0	46069	3	4.5	>50
	261.365	7819	46069	3	0.63	>50
	261.418	7819	46061	5	5.20	>50
	283.306	0	35287	3	0.609	<10
	363.958	7819	35287	3	0.43	>50
	368.348	7819	34960	1	3.10	>50
	405.783	10650	35287	3	3.07	>50
Pd	244.791	0	40839	3	0.28	>50
	340.458	6564	35928	9	1.33	>50
	342.124	7755	36976	5	1.68	>50
	346.077	6564	35451	7	0.47	>50
	348.115	10094	38812	5	2.2	>50
	351.694	7755	36181	3	2.13	>50
	355.308	11722	39858	7	2.6	>50
	360.955	7755	35451	7	1.29	>50
	363.470	6564	34069	5	1.24	>50
Pt	265.945	0	37591	9	0.91	>50
	306.471	0	32620	5	0.52	>50
Rb	420.185	0	23793	4	0.24	>50
	421.556	0	23715	2	0.24	>50
	780.023	0	12817	4	0.75	>50
Re	345.188	0	28962	4	0.50	>50
	346.473	0	28854	6	0.82	>50
	488.914	0	20448	8	0.005	>50
	527.556	0	18950	6	0.003	>50
	577.683	11584	28890	8	0.003	>50
Rh	332.309	1530	31614	10	0.41	>50
	339.685	0	29431	10	0.31	>50
	343.489	0	29105	12	0.34	>50
	350.252	0	28543	10	0.26	>50
	358.310	1530	29431	10	0.27	>50
	359.619	2598	30397	4	0.88	>50
	365.799	1530	28860	6	0.68	>50
	369.236	0	27075	8	0.35	>50
	370.091	1530	28543	10	0.35	>50
	385.652	5691	31614	10	0.67	>50
	421.114	5691	29431	10	0.22	>50
	437.480	5691	28543	10	0.23	>50
Ru	287.498	0	34773	11	0.61	>50
	312.831	0	30348	9	0.46	>50
	343.674	1191	30280	11	0.67	>50
	349.894	0	28572	13	0.46	>50
	359.302	213	30537	7	1.27	>50
	366.135	1191	28495	11	0.40	>50
	372.803	0	26816	11	0.42	>50
	379.935	0	26313	9	0.32	>50
Sb	206.833	0	48332	6	42.0	>50
	217.581	0	45945	4	13.8	>50

续表

元素	λ/nm	能级		统计权重 g_j	跃迁概率 /10^8s^{-1}	跃迁概率最优 值/%
		E_i/cm^{-1}	E_j/cm^{-1}			
Sb	231.147	0	43249	2	3.75	>50
	252.852	9854	49391	4	14.0	>50
	259.805	8512	46991	2	32.0	>50
Sc	326.991	0	30573	2	4.55	>50
	327.363	168	30707	6	2.00	>50
	390.749	0	25585	6	2.00	>50
	391.181	168	25725	8	1.88	>50
	393.338	168	15585	6	0.45	>50
	402.040	0	24866	4	2.50	>50
	402.369	168	25014	6	1.67	>50
	405.455	0	24657	4	0.68	>50
	408.240	168	24657	4	0.72	>50
	475.316	0	21033	6	0.008	>50
	534.971	168	18856	4	0.88	>50
	567.181	11677	29304	12	0.39	>50
	568.684	11610	29190	10	0.37	>50
	621.068	0	16097	4	0.012	>50
	623.978	0	16022	4	0.006	>50
	625.996	168	16141	6	0.003	>50
	630.567	168	16023	6	0.009	>50
	637.882	0	15673	4	0.001	>50
Se	196.026	0	50997	2	100	>50
	203.985	1989	50997	2	65.0	>50
	206.279	2534	50997	2	21.6	>50
Si	251.611	223	39955	5	1.21	<25
Sn	235.484	1692	44145	5	7.70	>50
	242.949	3428	44576	7	4.29	>50
	270.651	1692	38629	5	2.00	>50
	283.999	3428	38629	5	4.20	>50
	286.333	0	34914	3	0.623	<10
	300.914	1692	34914	3	1.30	>50
	303.412	1692	34641	1	4.40	>50
	317.505	3428	34914	3	1.07	>50
	326.234	8613	39257	3	3.67	>50
	333.062	8613	38629	5	0.38	>50
	380.102	8613	34914	3	0.67	>50
Sr	407.771	0	24517	4	0.16	>50
	421.552	0	23715	2	0.19	>50
	460.733	0	21698	3	1.62	<10
Ta	474.016	9976	31066	4	0.028	>50
	481.275	0	20772	4	0.002	>50
Te	214.275	0	46653	3	38.0	>50
	238.325	4707	46653	3	4.27	>50
	238.576	4751	46653	3	5.47	>50
Ti	318.645	0	31374	7	1.16	>50
	319.199	170	31489	9	1.22	>50
	319.992	387	31629	11	1.27	>50
	334.188	0	29915	7	1.86	>50
	335.464	170	29971	9	1.08	>50
	337.145	0	30039	11	1.00	>50

续表

元素	λ/nm	能级		统计权重 g_j	跃迁概率 /10^8s^{-1}	跃迁概率最优值/%
		E_i/cm^{-1}	E_j/cm^{-1}			
Ti	337.748	387	29986	7	1.00	>50
	363.546	0	27888	7	0.89	>50
	364.268	0	27615	9	0.98	>50
	365.350	0	27750	11	0.91	>50
	372.982	387	26803	5	0.62	>50
	374.106	387	26893	7	0.54	>50
	375.286	170	27026	9	0.68	>50
	392.453	170	25644	7	0.13	>50
	398.176	170	25107	5	0.68	>50
	398.976	0	25227	7	0.61	>50
	506.466	387	20126	7	0.050	>50
Tl	276.787	0	36118	4	1.02	>50
	351.924	7793	36200	6	4.00	>50
	377.572	0	264.78	2	0.63	<25
V	305.633	137	32847	6	1.67	>50
	306.046	323	32989	8	1.62	>50
	306.638	553	33155	10	2.30	>50
	318.341	137	31541	8	2.50	>50
	318.398	323	31722	10	3.50	>50
	318.540	553	31937	12	2.17	>50
	319.801	137	31398	6	0.53	>50
	320.741	553	31722	10	0.30	>50
	370.358	2425	29418	8	1.50	>50
	370.470	2311	29296	6	0.92	>50
	370.504	2220	29203	4	0.42	>50
	379.496	2425	28768	10	0.31	>50
	381.349	137	26353	6	0.23	>50
	381.824	0	26183	2	0.85	>50
	382.201	323	26480	8	0.10	>50
	382.856	137	26249	4	0.58	>50
	385.537	0	25931	4	0.38	>50
	385.584	553	26480	8	0.55	>50
	386.486	137	26004	6	0.28	>50
	386.760	323	26172	10	0.030	>50
	390.225	553	26172	10	0.24	>50
	409.269	2311	26738	10	0.22	>50
	410.979	2112	26438	4	0.65	>50
	411.178	2425	26738	10	1.10	>50
	412.357	2153	26397	2	1.15	>50
	412.807	2220	26438	4	0.88	>50
	413.202	2311	26506	6	0.60	>50
	413.449	2425	26605	8	0.34	>50
	437.924	2425	25254	12	0.83	>50
	438.472	2311	25112	10	0.58	>50
	438.997	2220	24993	8	0.49	>50
	439.523	2153	24899	6	0.47	>50
	440.764	2311	24993	6	0.29	>50
	440.820	2220	24899	6	0.47	>50
	459.411	553	22314	12	0.042	>50
W	361.752	2951	30587	7	0.13	>50

续表

元素	λ/nm	能级		统计权重 g_j	跃迁概率 $/10^8 s^{-1}$	跃迁概率最优值/%
		E_i/cm^{-1}	E_j/cm^{-1}			
W	386.798	2951	28797	9	0.052	>50
	400.875	2951	27890	9	0.20	>50
	404.560	2951	27662	5	0.036	>50
	407.436	2951	27488	7	0.14	>50
	426.939	2951	26367	5	0.040	>50
	429.461	2951	26230	5	0.11	>50
	430.211	2951	26189	7	0.043	>50
Y	362.094	530	28140	4	1.55	>50
	404.763	0	24699	2	0.55	>50
	407.738	0	24519	6	0.72	>50
	410.236	530	24900	8	0.64	>50
	412.831	530	24747	6	0.73	>50
	414.285	0	24131	4	0.78	>50
	464.370	0	21529	6	0.063	>50
	467.485	530	21915	8	0.054	>50
	643.500	530	16066	6	0.007	>50
Zn	213.856	0	46745	3	6.3	<25
	277.086	32501	68581	5	0.24	>50
	280.087	32890	68583	7	0.26	>50
	307.590	0	32502	3	0.004	>50
	334.502	32890	62777	7	4.0	>50
	481.053	32890	53672	3	7.00	>50
Zr	351.960	0	28404	7	0.71	>50
	360.119	1241	29002	11	0.91	>50

第二节　仪器装置

　　火焰原子发射光谱法早期的仪器称为火焰光度计，主要包含燃烧器、滤光片及光度计三部分。作为现代光谱仪器可以由下列几个部分组成：

　　① 激发光源——火焰燃烧器；

　　② 单色器——从激发光源中分离出特征波长的光；

　　③ 检测器——测量光辐射强度；

　　④ 信号处理器——处理信号的电子线路和显示结果的数据记录装置。

一、激发光源

　　激发光源包括气体供应系统、喷雾器和喷灯。其作用是将被测试液雾化，再与可燃气体混合在喷头上燃烧，使被测元素在火焰中受到激发而产生光谱。通常利用乙炔-空气、乙炔-氧气、汽油-空气、煤气-空气、氢气-空气等燃烧物产生火焰。

　　火焰发射光源通常采用丙烷/乙炔-空气/氧化亚氮火焰，根据分析元素选用不同温度的火焰，可以有效地离解样品中的分析物，保证待测元素的激发并将干扰降至最低。当元素在较高温度的火焰中太容易电离时，则应使用较低温度的丙烷-空气火焰（1925℃）。

　　整个火焰可分为内焰与外焰两个区。在内焰，由于气体没有完全燃烧，则温度比较低；在外焰，由于气体完全燃烧，则温度比较高（比内焰要高 200～300℃）。分析时使用外焰最

高温度处（即靠近内焰的火焰尖头上），表 10-7 是各种气体燃料可以产生的最高温度。

表 10-7　各种气体燃料可产生的最高温度

燃料	煤气	丙烷气	氢气	乙炔气
在空气中	1700~1840℃	1900~2000℃	2000~2115℃	2100~2400℃
在氧气中	2700~2800℃	2600~2700℃	2500~2810℃	3100~3200℃

火焰的温度取决于燃料，而燃料和空气是通过喷灯的灯嘴喷出燃烧，因此，火焰的温度除与燃料有关外，还与喷嘴的结构和尺寸有关。喷嘴决定火焰燃烧的程度及稳定性，因此也会影响火焰温度。

火焰原子化器有全消耗型及预混合型，使用预混合型形成的层流火焰，比起使用全消耗型燃烧器形成的扩散火焰，背景辐射要低，噪声更小。

在实际工作中，一般将燃料在空气中燃烧，因此火焰温度比较低，激发能力不强，只能激发一些激发电位低的原子线，因而辐射的谱线大为减少，谱线重叠干扰也相对要少，所以火焰原子发射光谱法的准确度要比通常的电弧及火花源发射光谱分析好些，特别是对激发电位低的碱金属和碱土金属。

煤气/丙烷-空气混合的低温火焰，只能激发碱金属和碱土金属原子，所以适用于硅酸盐、碳酸盐、土壤、肥料、植物、血清，组织液中的 K、Na、Ca 等元素的测定。乙炔和空气，乙炔和氧化亚氮，乙炔-富氧火焰以及氢氧焰等高温火焰可激发第三族及部分过渡元素，扩大火焰发射的应用范围，但是使用上不方便。

二、分光器

火焰光度计所采用的分光器最简单时采用滤光片，作为光谱仪器则需要采用棱镜或光栅分光。简单的分光器，就是一个装有几个滤光片的转动圆盘，测定 K 时，把 K 的滤光片置于光路中，它只让 K 的特征光谱透过，其他波长的光被吸收。测定 Na 时，再换 Na 的滤光片。采用棱镜或光栅作为分光器，选择性好，干扰小，可提高测定结果的准确度。

FAES 需要一个单色器，在一级光谱处提供 0.05nm 或更小的通带宽度。应具有足够的分辨率以便将火焰背景发射减至最小，并且将原子发射线与邻近线和分子的精细结构分离开。一个单色器再配备上火焰原子吸收光谱中使用的层流燃烧器能很好地用于火焰发射分析。

在 FAES 法中，火焰本身也有辐射，这种发射称为"火焰背景"，乙炔-空气火焰的背景比丙烷-空气火焰大。火焰本身的背景辐射来自氢分子、OH 自由基以及燃烧不完全的燃气和溶剂分子，加上来自金属、金属氧化物和金属氢氧化物的连续光谱构成了火焰背景，与火焰和基体成分有关。消除干扰及背景校正是 FAES 分析需要特别关注的问题[2]。计算机控制的仪器带有背景自动校正的功能，可保证测量的准确性。

三、检测器

火焰光度计的检测器包括光电池、灵敏检流计等，以接收并测量被分析元素的辐射强度。AAS 仪器的检测器是光电倍增管或是二极管阵列组件。当样品组分的含量太高时，为防止因光强超出光电元件的饱和限度，有时加入一个斩波器用以调制来自样品的辐射。对于低端的测定，通过调节放大器的信号来扩展更低点的仪器量程。当检测系统在放大器的电子学噪声能够被减小至可忽略的水平时，可以使用量程扩展。

四、火焰发射光谱法仪器

有专用的火焰光度计，如 HG-3 型火焰光度计、6400 型火焰光度计（上海分析仪器厂）、FP640 型火焰光度计（上海精密仪器仪表有限公司），采用干涉滤光片及光电管测量。

大多使用带有火焰发射功能的原子吸收光谱仪器进行 FAES 分析，利用 AAS 仪器的雾化系统、分光系统及测量记录系统，以及仪器的自动化功能，如 HG-9002 型原子吸收分光光度计（沈阳华光精密仪器研究所）。

第三节　火焰原子发射光谱法的误差来源及消除方法

一、FAES 法的误差来源及操作注意事项

1. 激发条件不稳定

由于激发条件不稳定，引起辐射强度改变，会产生分析误差。

（1）燃气和助燃气的压力不稳定，影响火焰的燃烧及试液的雾化效率，致使被测元素辐射强度的测量结果不稳定。为了减小并抑制这种误差，在操作时必须保持燃料气和助燃气的压力不变。

（2）雾化器的雾化状况发生变化，如雾化器喷嘴不清洁，雾化试液液面高度不一致，造成雾化效率改变，引起分析误差。因此，要保证分析试液清澈，无微小颗粒，保持液面高度一致。同时还要求在测量之后，用蒸馏水或酒精清洗喷嘴。

2. 被测溶液组成的变化

（1）被测溶液的物理性能改变，例如试液的黏度和表面张力不同，影响试液的雾化效率，而带来分析误差。为了减小并抑制这方面的误差，标准溶液与分析试液的溶质浓度和溶剂及试剂的种类及用量要保持一致。

（2）被测试液的酸介质及共存元素的干扰[2]。实验证明，碱金属能使彼此的辐射强度增强，例如 K 对 Rb、Cs 的辐射有增强作用。有机溶剂，如甲醇、丙酮等，也能增强碱金属元素的辐射强度。无机酸有时则减弱碱金属元素的辐射强度。为了消除这种误差，在 FAES 分析时，尽量使试液与标准溶液的组成相近似。例如测定矿样中的 Rb、Cs，存在碱金属时，可以采取加入大量 KCl，以消除其干扰，同时又提高了方法的灵敏度。使用有机溶剂萃取样品，以有机相直接喷入火焰，既使分析元素得到富集，消除干扰同时又改善了溶液的物理性能，可以提高灵敏度，减小测定误差[3]。

3. 仪器方面

使用火焰光度计时，如果所用滤光片质量不好，用棱镜或光栅分光时，狭缝太宽等，都能造成测定结果的误差，测定时必须考虑这些影响因素，减小误差。使用 FAAS 仪器要选择合适的光谱通带宽。

4. 干扰效应

（1）背景干扰　同原子吸收光谱一样，火焰发射光谱出现火焰或基体的背景发射，使得在复杂基体的情形下，火焰发射测量的检出限显著变差。在实际分析中，需要考虑必要的基体匹配。

（2）电离干扰　适宜于火焰发射光谱分析的元素，都具有较低的激发电位。对于部分元素，与原子吸收光谱类似，会发生电离干扰，可以通过加入合适的电离抑制剂，抑制电离干扰作用。

二、FAES 法与 FAAS 法的比较

现时原子吸收光谱仪器一般带有火焰原子发射的功能，可以方便地用于火焰原子发射光谱分析[4]。相对而言：

（1）原子的发射光谱谱线较吸收光谱更为复杂，因而火焰发射法对仪器的分辨力要求较原子吸收要高。通常采用仪器所能使用的最小光谱通带宽度，才会有较好的分析结果。对于火焰条件的要求，两者相近。

（2）对于激发电位小于 3.5V 的元素，火焰原子发射法与火焰原子吸收法的检出限相当，有的更为灵敏。表 10-8 列出了部分元素的火焰原子发射法与火焰原子吸收法的检出限数据，实验数据为采用空气-乙炔火焰，如果采用温度更高的氧化亚氮-乙炔火焰，将会获得更好的结果。

表 10-8 火焰发射法与火焰原子吸收法的比较[4]

元素	波长/nm	激发电位/eV	检出限/(mg/L)		线性工作范围/(mg/L)	
			火焰发射	原子吸收	火焰发射	原子吸收
Li	670.8	1.85	0.00003	0.0003	0.05~10	1~4
Na	589.0	2.11	0.0001	0.0002	0.1~10	0.18~0.7
K	766.5	1.62	0.003	0.003	0.2~20	0.4~1.5
Ca	422.7	2.93	0.001	0.001	1~40	1~4
Mg	285.2	4.34	0.005	0.0002	2~10	0.1~0.4
Ba	553.6	2.24	0.001	0.01	2~100	8~30
Sr	460.7	2.69	0.0001	0.002	0.05~10	2~8
In	303.9	4.10	—	0.02	—	15~70
In	451.1	3.02	0.005	—	1~50	—
Tl	276.8	4.44	—	0.02	—	10~70
Tl	535.1	3.28	0.02	—	10~100	—

（3）火焰原子发射法工作曲线线性范围一般可以达到 3~4 个数量级，线性相关系数 >0.995。优于火焰原子吸收法（线性范围仅有 1~2 个数量级），为实际应用带来很多方便。

第四节　火焰原子发射光谱法的应用

火焰原子发射光谱法是最早的原子光谱分析方法，近几十年来随着原子吸收光谱法（AAS）、电感耦合等离子体发射光谱法（ICP-AES）等的出现和不断发展完善，已经很少再使用这一分析方法。但实际上，对于激发电位较低的一些元素，火焰发射光谱法与原子吸收光谱法有着相近的检出能力[1]，某些元素甚至更为灵敏且线性范围更宽，因此大多数现代商品原子吸收仪器的设计都附加有发射光谱功能,这对于一些特定的工作环境有着重要的意义。

1. 在标准方法上的应用

GB/T 5009.91—2003《食品中钾、钠的测定》。钾、钠元素含量的测定——火焰发射光谱法。

GB/T8538—2008《饮用天然矿泉水检验方法》。锂含量的测定——火焰发射光谱法。

在实际检测工作中，ICP 法与 AAS 法因其检测速度慢和日常消耗成本过高，使实验室在面对数量众多的日常食品检测样品时，常考虑使用适于大批量样品分析的 FAES 法。故现行的食品中钾、钠分析的国家标准检验方法一直仍为火焰光度法。

2. 实际应用

火焰原子发射光谱法与原子吸收光谱法有着相近的检出能力，相对于原子吸收分析方法，火焰原子发射光谱法不需要附加光源，对于激发电位较低的一些元素的空心阴极灯，性能及耐用性差，而这些元素 FAES 分析的检出限、重复性、线性工作范围良好，而且简便快捷，具有较好的实用性。

当前仍可见 FAES 应用于食品、建材、药品的化验分析，临床物质（血清、血浆和生物体液）、土壤、植物、植物营养素、化工产品的分析测定。测定元素多为钾、钠、锂、铯、铷等碱金属以及钙、镁、锶、钡等碱土金属。表 10-9 为近十多年来公开发表的应用文献，以供参考。

表 10-9　火焰原子发射光谱分析法的应用

测定元素	分析方法及测定条件(除特别指明外均为采用乙炔-空气火焰)	文献
K	悬浮液进样-FAES 法测定米类粮食中的钾　样品磨细制成琼脂悬浮液，测定了大米、小米及高粱米中钾	[5]
K, Ca	悬浮液进样-FAES 法测定豆米中的钾和钙　检出限质量浓度分别为 0.012mg/L、0.041mg/L	[6]
Cs	FAES 法测定水系沉积物中痕量铯　方法的检出限为 1μg/g	[7]
Cs	FAES 法测定水中痕量铯　分析线 852.1nm，光谱带通 1.3nm，加 KCl 作为消电离剂	[8]
Sr	微波消解-火焰发射光谱法测定食品中微量锶　分析线 460.7nm，光谱带通 0.2nm，检测限 0.0008μg/g	[9]
Li, Ca	乳浊液进样-火焰原子发射光谱法测定润滑脂中的锂和钙　样品溶于苯，用乳化剂 OP 乳化成乳浊液进样	[10]
Ca, Ba	乳浊液进样-火焰原子发射光谱法测定润滑油中的钙、钡　分析线 Ca 422.7nm、Ba 553.5nm	[11]
Li	FAES 法测定连铸保护渣中 Li_2O　分析线 670.4nm，检出限为 0.001μg/mL	[12]
K	直接溶样-FAES 法测定金属钠中的杂质钾　检测实验快堆(CEFR)核级钠中钾的含量，乙炔火焰	[13]
K, Ca	乳浊液进样-FAES 法测定螺旋藻中的微量钙、钾元素　Ca 442.7nm，K 766.5nm，加 NaCl 消除电离干扰	[14]
K, Na	FAES 法测定高纯碘化铯中的钠、钾　Na 589.1nm，K 766.5nm，Cs 有增感效应，基体匹配测定	[15]
Mg	饮用水中镁的火焰原子发射光谱测定方法　以盐酸为介质，镧盐为掩蔽剂，线性范围 5～200μg/mL	[16]
K, Na	FAES 法测定水中钾、钠影响因素和干扰的探讨　6400 型火焰光度计，干涉滤光片/光电管	[17]
In	火焰发射法测定冶炼废渣中的铟　空气-乙炔火焰，分析线 451.1nm 和 410.2nm	[18]
K, Ca	FAES 法直接测定蜂蜜中钾和钙　以 NaCl 消电离剂测钙 La(Ⅲ)溶液，检出限：钾 0.012mg/L，钙 0.030mg/L	[19]
Ca	微波消解 FAES 法测定奶粉中钙波长　422.7nm，光谱通带宽 0.5nm，燃烧器高度 7mm，贫燃焰	[20]
K, Na	消解氨溶-FAES 法测定丁苯橡胶中的钾、钠　以 Li^+ 作为消电离剂，K 766.5nm、Na 589.0nm	[21]
Li	用 FAAS 和 FAES 法测定矿泉水中锂　分析线 670.8nm，FAES D.L.$8.1×10^{-5}$μg/mL，FAAS $7.6×10^{-3}$μg/mL，灵敏度提高 50 倍	[22]
K, Na	FAES 法测定磷矿石和磷精矿中氧化钾及氧化钠　采用双通道火焰光度计，测定区间 0.1%～1.0%	[23]
K	FAES 法精确测定化肥中钾的含量　6410 火焰光度计，采用中位数比较法提高测定结果精确度	[24]
Li, Ca	非完全消化-FAES 法测定润滑脂中钙、锂　用 TritonX-100 溶解消解产物，以 La^{3+} 作为钙的释放剂，以 KNO_3 作为锂的消电离剂，线性范围：钙 0～7.0pg/mL、锂 0～8.0pg/mL	[25]

测定元素	分析方法及测定条件(除特别指明外均为采用乙炔-空气火焰)	文献
K, Na	FAES 法测定枣汁饮料中钾和钠　样品直接喷入空气-乙炔火焰中测定，与湿法消化法结果一致，方法检出限分别为 0.0021µg/mL 和 0.0032µg/mL	[26]
K, Na	FAES 法测定牛奶中的钾、钠　用 TCA 消解、空气-乙炔火焰，方法 D.L. K0.0020mg/L，Na0.0023mg/L	[27]
Cs, Rb	FAES 法测定卤水中铷和铯　LaCl$_3$ 作为电离缓冲剂，测定下限为：Rb18µg/L，Cs1.8µg/L	[28]
Na	FAES 法直接测定钠盐表面活性剂中钠　消电离剂为硝酸钾溶液，线性范围 0～1.6g/mL，波长 589.0nm	[29]
K	FAES 法测定合成氨工艺冷凝液中的钾　HG-3 型火焰光度计火焰发射法测定工艺冷凝液中的钾	[30]
Ba	非完全消化-FAES 法测定润滑油添加剂中钙、钡、锌　用硝酸以非完全消化法处理样品，以 La^{3+} 作为钙、钡的释放剂，FAES 测 Ba 553.6nm，FAAS 法测 Ca 422.7nm，Zn 213.9nm	[31]
K, Na	消解乳化技术处理样品-FAES 法测定丁苯橡胶中钠和钾　以钡离子作为钠和钾的消电离剂	[32]
Li	FAES 法测定含锶卤水中的锂　用贫燃火焰，硫酸钠作为掩蔽剂，消除锶的干扰，Li 670.8nm，D.L. 1.18mg/L	[33]
K, Ca	FAES 法快速测定蔬菜中钙和钾含量的技术　用悬浮液技术处理样品制成悬浮液，以 La^{3+} 作为钙的释放剂，以氯化钠作为钾的消电离剂，相对误差小于 ±1.9%	[34]
K, Na	离子交换色谱分离钨基体-FAES 法测定 99.999%高纯钨粉和仲钨酸铵中痕量钾和钠　003×7 型强酸性聚乙烯系阳离子交换树脂富集，检测下限分别为 0.10µg/g，0.50µg/g	[35]
Li, Na, Ca, Mg	FAAS 和 FAES 法测定盐湖卤水的锂、钠、钙、镁离子　方法的灵敏度在 0.04～0.66mL/µg，方法 RSD 均小于 3%	[36]
Na, K, Ca	消解乳化技术-FAES 法测定天然橡胶中微量元素　加氯化锂溶液作为消电离剂，加 La^{3+} 作为钙、镁释放剂，用 FAES 测定钠、钾、钙，以 FAAS 测定镁	[37]
Ca	火焰原子吸收和发射光谱法测定盐湖卤水中的钙　波长 422.7nm，灵敏度优于 FAAS，RSD<2%	[38]
K, Na	FAES 法测定奶粉中的钠和钾含量　灰化法处理奶粉样品，钠和钾最低检出浓度为 0.07mg/L 和 0.39mg/L	[39]
Na	FAES 法测定碳化钛中微量钠　用硝酸-氢氟酸溶样，以 KNO$_3$ 作为消电离剂，硼酸络合 F$^-$，D.L. 0.015µg/mL	[40]
K, Na	FAES 法测定氯化物型湖卤水中钾和钠　按高钠低钾的分布状态，配制分布比例的标准系列，通过逐级稀释，直接测定	[41]
Li	FAES 法测定锂辉石中锂　用氢氟酸-高氯酸消解样品，在 1%硝酸介质中进行测定，100 倍量的钾、钠、钙、钡、锶等共存元素不干扰测定	[42]
K, Na	FAES/FAAS 法测定湖泊水中的钾(FAES)、钠(FAAS)　方法检出限分别为 0.014µg/mL 和 0.03µg/mL	[43]
K, Na	FAES、FAAS 及分光光度法测定转基因抗虫棉组织内的 11 种营养元素　用 FP640 型火焰光度计测 K、Na，FAAS 测 Ca、Mg、Fe、Zn、Cu 含量	[44]
Ca	广西三江县侗族乳母乳汁中钙、锌、铜、铁、锰元素含量的调查分析　用 FAES 法测定钙，用 FAAS 法测定锌、铜、铁、锰的含量，对乳母进行膳食调查	[45]
K, Na	FAES 法测定鼠尾草属植物中钾和钠的含量　K 766.5nm、Na 589.0nm。在优化条件下的检出限分别为 0.0056µg/mL、0.0006µg/mL	[46]
K, Na	FAES 法测定矿石中的钾和钠　检出限分别为 0.01µg/mL 和 0.06µg/mL，乙炔-空气比为 2.0：13.0，观测高度为 3cm	[47]

续表

测定元素	分析方法及测定条件(除特别指明外均为采用乙炔-空气火焰)	文献
K, Na	五合枸杞中 7 种微量营养素含量测定　用 FAES 法测 K、Na;FAAS 法测 Ca、Mg、Fe、Zn、Cu 元素的含量，选择国家小麦粉成分分析标准物质 GBW(E)100195 作为监控标准，并验证测定方法的可靠性	[48]
Sr	FAES 法检查乙酸钙原料药中锶的限量　分析波长 460.7nm，用空气-乙炔火焰，线性范围在 0~40μg/mL	[49]
Na	FAES/FAAS 法对小麦粉中钠的检测比较　采用湿法消解-FAES 法测定，方法精密度高、准确度好	[50]
K, Na	FAES 法测定枸杞中的钾和钠　硝酸-高氯酸电热板消解后，用火焰光度计测定消解液中钾、钠含量	[51]
Li	FAES 法测定钴酸锂及镍酸锂中锂　可满足电池用系列锂盐中常量锂的测定要求，标准偏差 ≤0.14%	[52]
K, Na, Li	FAES 法测定卤水中钾、钠和锂的干扰　表明：钠对钾有增感也有抑制作用，对锂也有干扰，随含量而递增；钾对钠有增敏作用，对锂无明显干扰；镁对钾、钠不干扰，对锂干扰较大	[53]
K	钾含量检测方法的建立　对食品、农产品、肥料中钾含量的检测 FAES 法	[54]
K, Na	微波消解-火焰光度法测定植物叶片中钾和钠含量　用 3mL HNO₃，0.3mL HCl，0.3mL HClO₄，0.15mL HF 微波消解，用 6420 型火焰光度计浓度直读测定	[55]
K, Na	差示火焰光度法测定硼酸盐中钾和钠　在 0~100mg/L 和 0~200mg/L 范围内，采用差示法测量	[56]
K	火焰光度法测定冬枣叶茶中的钾　钾含量在 0.00~400.00μg/mL 范围内呈良好线性关系	[57]
K, Na	火焰原子发射光谱法测定电解质饮料中钾、钠的含量　检测限 0.00422μg/mL 和 0.00216μg/mL	[58]
Na	火焰发射光谱法测定果脯中钠的不确定度分析　本法测定结果 U=6.64 mg/100kg(k=2)	[59]
Li	FAES 法测定矿泉水中锂离子的不确定度评定　本法测定结果的扩展不确定度为 0.69μg/L	[60]

参 考 文 献

[1] B. 威尔茨著. 原子吸收光谱法. 李家照, 等译. 北京: 地质出版社, 1989.

[2] 杨恒锐, 姚淑心. 光谱学与光谱分析, 2006, 26(11): 2143.

[3] 马依群, 潘小敏, 周世兴. 光谱学与光谱分析, 2000, 20(3):352.

[4] 庞海岩, 朱茜, 刘晨湘. 计量技术, 2003, (6): 33.

[5] 刘立行, 杜维贞. 光谱学与光谱分析, 2000, 20(1): 74.

[6] 刘立行, 李金, 王敏娟. 分析试验室, 2000, 19(1): 36.

[7] 丁凤珍, 张丕训. 岩矿测试, 2000, 19(2): 146.

[8] 渠荣遴. 现代科学仪器, 2000, (2): 40.

[9] 鲁丹. 中华预防医学杂志, 2000, 34(3): 174.

[10] 刘立行, 毕文新, 伊秀艳. 分析试验室, 2000, 19(4): 1.

[11] 刘立行, 赵丽, 李萍. 分析化学, 2000, 28(8): 1006.

[12] 李林德. 冶金分析, 2001, 21(2): 51.

[13] 谢淳文, 希孟, 贾云腾, 等. 光谱学与光谱分析, 2001, 21(3): 366.

[14] 张起凯, 刘立行, 赵志芬. 中国药学杂志, 2001, 36(7): 476.

[15] 刘永华. 新疆有色金属, 2002, 25(2): 28.

[16] 刘军, 李小龙. 环境与健康杂志, 2002, 19(3): 254.

[17] 程浙. 科技情报开发与经济, 2002, 12(4): 124.

[18] 庞海岩, 朱茜, 李文峰, 等. 光谱学与光谱分析, 2002, 22(5): 845.

[19] 刘立行, 白瑞刚, 黄明福. 理化检验-化学分册, 2002, 38(7): 346.

[20] 黄树梁. 理化检验-化学分册, 2002, 38(11): 381.

[21] 刘立行, 李秀萍. 分析试验室, 2003, 22(1): 33.

[22] 李萍, 姚丽珠, 吕振波. 抚顺石油学院学报, 2003, 23(1): 26.

[23] 韦厚朵. 化肥工业, 2003, 30(6): 48.

[24] 王明兆, 薛莉, 周鹤, 等. 仪器仪表与分析监测, 2004, (2): 36.

[25] 刘立行, 高广飞. 冶金分析, 2004, 24(6): 13.

[26] 王秀敏, 陈彦昌, 谷俊涛, 等. 分析试验室, 2004, 23(8): 75.

[27] 陆梅. 仪器仪表与分析监测, 2005, (2): 40, 46.

[28] 何文鉴, 赵海英, 王慧, 等. 岩矿测试, 2005, 24(2): 148.

[29] 刘立行, 张伟. 冶金分析, 2005, 25(3): 34.

[30] 吕艳凤. 安徽化工, 2005, (5): 57.

[31] 刘立行, 郑永勇. 冶金分析, 2005, 25(4): 15.

[32] 刘立行, 刘运鹏. 理化检验-化学分册, 2006, (1): 29, 34.

[33] 曹宏杰. 光谱实验室, 2006, 23(3): 616.

[34] 刘立行, 程世刚. 沈阳农业大学学报, 2006, 37(4): 669.

[35] 童坚, 吴辛友. 稀有金属, 2006, 30(1): 122.

[36] 张桂芹, 孙建之, 马培华, 等. 盐业与化工, 2007, 36(1): 10.

[37] 刘立行, 刘旭东. 山东师范大学学报(自然科学版), 2007, 22(1): 79.

[38] 张桂芹, 孙建之, 马培华, 等. 光谱实验室, 2007, 24(3): 416.

[39] 杜姗, 黄伟华, 胡贵祥. 中国卫生检验杂志, 2008, 18(3): 449, 498.

[40] 黄俭惠, 邱丽, 施意华. 岩矿测试, 2007, 26(6): 507.

[41] 邢谦, 董迈青, 谢海东. 岩矿测试, 2008, 27(5): 392.

[42] 左银虎. 岩矿测试, 2009, 28(2): 199.

[43] 向兆, 杨蕾. 资源环境与工程, 2009, 23(6): 863.

[44] 孙彩霞, 张玉兰, 孙玉全, 等. 光谱学与光谱分析, 2009, 29(11): 3038.

[45] 王建政, 江蕙芸, 陈红慧, 等. 广西医学, 2010, 32(7): 769.

[46] 谢显莉, 刘琪, 张利, 等. 安徽农业科学, 2010, 38(27): 14929.

[47] 陈立华, 陆小娟, 王敏蕾, 等. 有色矿冶, 2012, 28(5): 45.

[48] 李玲, 廖明琪, 马海忠, 等. 中国药师, 2012, 15(9): 1250.

[49] 武昕, 赵世芬, 苏冬梅, 等. 中国执业药师, 2013, 10(3): 31.

[50] 刘剑, 刘芳竹, 叶润, 等. 中国粮油学报, 2013, 28(12): 94, 123.

[51] 李彩虹. 宁夏农林科技, 2012, 53(7): 87, 96.

[52] 邹润华, 王国强, 喻生洁. 分析仪器, 2013, (1): 25.

[53] 张旭, 肖玉萍, 刘磊, 等. 光谱实验室, 2013, 30(6): 3069.

[54] 康春生, 汪发, 文于灏. 口腔护理用品工业, 2014, 24(4): 37.

[55] 杨敏文, 葛明菊, 马国芳. 光谱实验室, 2002, 19(6): 800.

[56] 张金平, 杨刚, 李佐虎. 理化检验-化学分册, 2007, 43(10): 855.

[57] 肖忠峰, 赵西梅. 化学工程师, 2010(8): 21.

[58] 黄冬兰, 潘丽君. 韶关学院学报, 2015, 36(2): 29.

[59] 何玥, 陈基耘. 农产品加工·学刊(下), 2014, (6): 35.

[60] 蒋慧, 雷宁生, 陈广林, 等. 环境科学与管理, 2014, 39(1): 117.

第
二
篇

第三篇
原子吸收光谱分析

第十一章 原子吸收光谱分析概论

从 1955 年澳大利亚科学家 A.Walsh（威尔茨）发表原子吸收光谱法（AAS）分析论文并设计出第一台 AAS 仪后，开创了火焰原子吸收光谱分析法（FAAS）。1959 年，前苏联 Б.В.ЛЪВОВ（李沃夫）创建石墨炉原子吸收法（GFAAS），在此基础上，1968 年经过德国学者麦斯曼（H.MassMann）发展和改进，设计出第一台石墨炉原子吸收仪，随后经过 W.Slavin（斯拉文）博士等确认，形成现在的石墨炉原子吸收光谱仪。1965 年 J.B.Willis（威利斯）成功地将氧化亚氮-乙炔用于 FAAS 法，扩大所能测定元素范围，又提高了部分元素 FAAS 分析灵敏度。1977 年 R. J. Watling 提出了缝管原子捕集新技术，从而提高了 FAAS 分析灵敏度。1983 年 S. B. Smith 和 G. M. Hieftje 提出用自吸效应校正背景。1990 年美国 Perkin-Elmer 公司推出纵向磁场调制校正背景，横向加热 GFAAS 仪。1994 年该公司在 SIMAAA 型 AAS 仪器中使用阶梯光栅和半导体图像检测器。1997 年 Leeman Labs 公司在美国 Analyte 公司之后，使用阴极溅射原子化器，生产出 A30 型 AAS 仪快速顺序分析 30 个元素。2004 年德国 Analytik Jena 公司首次推出 ContrAA300 型顺序扫描连续光源 AAS 仪，标志着新型 AAS 仪器时代正在走来。

目前，原子吸收光谱分析广泛应用于国民经济各个领域，包括冶金、地质、机械、材料科学、石油化工、生命科学、食品安全、环境保护科学、航空航天等领域。

第一节 原子吸收光谱分析的特点

AAS 法的特点大致可归纳为如下几方面。

（1）灵敏度高，检出限低 火焰原子吸收光谱法的检出限达 ng/mL 级（有的能达到零点几纳克每毫升级）。石墨炉原子吸收光谱法的检出限已达到 $10^{-10} \sim 10^{-14}$ 元素物质。

（2）分析精度好 火焰原子吸收法测定，在大多数场合下相对标准偏差可<1%，其准确度已接近经典化学方法。石墨炉原子吸收法的分析精度一般约为 3%～5%。

（3）选择性好 原子吸收信号检测是专一性的。由于采用特定的锐线光源（HCL 或 EDL），谱线宽度仅为 0.03nm，个别仪器可达到 0.002nm，光源辐射的光谱较纯，样品溶液中被测元素的共振线波长处不易产生背景发射干扰。

（4）谱线干扰少 由于原子吸收线比原子发射线少得多，因此，AAS 法的光谱干扰少。主要干扰来自化学干扰和基体干扰。

（5）分析速度快 使用自动进样器，火焰法每小时可测定数十个样品，手动进样如果操作熟练，可以每小时进样接近 100 个。

（6）应用范围广 能直接测定大多数金属和准金属元素，间接测定半金属、部分高温难熔元素和有机化合物中金属元素。可测定周期表中大多数的金属与非金属元素近 70 种（可测定 Cu、Pb、Zn、Fe、Co、Ni、Ca、Mg、K、Na、Li、Au、Ag、Pt、Sb、Sr、Bi、Cd、Cr、Mn、Pd、Hg、As、Se、Te，用氧化亚氮或富氧火焰可测定 Al、Mo、V、Sn、Ba，用石墨炉法可测定 Ga、In、Tl、Si 及 Ce 等近 40 种元素）。样品适宜测定含量范围 0.001%～5%（痕量或低常量的元素）。

（7）用样量小　火焰原子吸收光谱法进样量一般为 3～6mL/min，石墨炉原子吸收光谱法的进样量为 5～30μL，固体进样量为数毫克。

（8）仪器比较简单，操作方便。

（9）原子吸收光谱法的不足之处是校正曲线的线性范围较窄，有相当一些元素的测定灵敏度还不能令人满意。另外，使用锐线光源时，多数场合只能进行单元素测定，限制了分析速度。

第二节　原子吸收光谱的基本术语和概念[1]

（1）电子跃迁（electronic transition）　一个原子、离子或分子的一个电子从能级 E_2 到另一个能级 E_1 的过程。电子跃迁可能伴有一个光子 hv 的发射或吸收，$hv=|E_2-E_1|$，因此称为"电磁跃迁"，它通常遵守"电磁选择定则"。其中 h 为普克朗常数，v 为发射或吸收的光子的频率。

（2）基态（ground state）　自由原子、离子或分子内能最低的能级状态。通常将此能级的能量定为零。

（3）能级（energy level）　具有特定内能的自由原子、离子或分子的恒定量子状态。能量常用电子伏特（eV）或 kJ/mol（千焦耳每摩尔）表示。

（4）共振能级（resonance level）　通过直接电磁跃迁能回到基态的受激原子、离子或分子的能级。

（5）原子激发态（atomic excitation state）　原子由基态转变到高于基态的给定能级时状态。

（6）激发能（excitation energy）　原子由基态转变到高于基态的给定能级所需的能量。

（7）共振能（resonance energy）　原子通过吸收一个光子，从基态转变到共振态时所需的能量。

（8）电离能（ionization energy）　从一个基态原子中移去一个电子所需的最小能量。

（9）原子蒸气（atomic vapor）　含有待测元素（被分析物）自由原子的蒸气。

（10）（原子的）谱线（spectral line of an atom）　经历一次电磁跃迁的原子所发射或吸收的电磁辐射，其频率非常狭窄。此辐射形成一个峰，用峰值波长来表示谱线，并对应于发射或吸收谱线轮廓的最大值。原子的跃迁谱线和离子的跃迁谱线应予区别，如 Ba 原子跃迁谱线为 Ba I 553.5nm 和 557.8nm，Ba 离子跃迁谱线为 Ba II 455.4nm。

（11）特征谱线（characteristic line）　用火焰原子发射、原子吸收或原子荧光光谱法测定气相中待测元素浓度时所用的谱线。特征谱线包括共振线和其他谱线。

（12）共振线（resonance line）　对应于共振能级和基态间跃迁的谱线。

（13）谱线轮廓（line profile）　描绘发射辐射强度随波长变化的曲线（发射线的）或描绘吸收率随波长变化的曲线（吸收线的）。

（14）半宽度（half-width）　在谱线轮廓上强度等于最大强度一半的两点间的波长间隔。

（15）自吸（self-absorption）　发射源内部受激发原子所发射的辐射部分地被该发射源中存在的同种原子吸收时发生的现象。与光程很短且每单位体积内发射原子数相同的发射源的谱线相比较，自吸的结果，使观测到的谱线强度减弱、谱线宽度加大。所有的发射源，不管其是否均匀，热发射或非热发射，都会发生自吸。

（16）自蚀（self-reversal）　当谱线中心强度低于中心两侧的强度时发生在辐射源的一种现象。此种现象的发生是由于来自于中心部分的辐射被温度低于中心部分的发射蒸气的外层所吸收。在极端情况下，谱线的中心强度减弱，留下两侧，呈现出两条模糊的线。

（17）谱线变宽（line-broadening）　由于发射原子的热运动（多普勒效应）、电场（斯塔克效

应）、自吸和压力（劳伦茨效应）而引起的谱线理论宽度的增加。此现象导致测量灵敏度的降低。

（18）光谱干扰（spectral interference） 由于待测元素发射或吸收的辐射光谱与干扰物或其影响的其他辐射光谱不能完全分离所引起的干扰。

（19）化学干扰（chemical interference） 待测元素与其他组分之间的化学作用引起的干扰效应。

（20）物理干扰（physical interference） 分析物一种或多种物理性质改变所引起的干扰。

（21）基体效应（matrix effect） 试样中与被分析物共存的一种或多种组分所引起的种种干扰。

（22）基体改进剂（matrix modifier） 它是往石墨炉或试液中加入的一种化学物质，使基体形成易挥发化合物，使其在原子化之前去除，从而避免待测元素的挥发或降低待测元素的挥发性，防止灰化过程中的损失。基体改进剂在控制和消除背景吸收、灰化损失、分析物释放不完全及释放速率的变化、难离解气相化合物的形成等方面起重要作用。

（23）消电离剂（ionization buffer） 是一种提高原子化器中自由电子浓度，以减少和稳定待测元素自由电子电离作用的试剂（缓冲剂）。

（24）火焰原子吸收光谱法（flame atomic absorption spectrometry） 用火焰将欲分析试样中待测元素转变为自由原子，通过测量蒸气相中该元素的基态原子对特征电磁辐射的吸收，以确定化学元素含量的方法。

（25）无火焰原子吸收光谱法（flameless atomic absorption spectrometry） 用非火焰方法（如电热、激光或化学反应等），将欲分析试样中待测元素转变为自由原子，通过测量蒸气相中该元素的基态原子对特征电磁辐射的吸收，以确定化学元素含量的方法。

（26）电热原子吸收光谱法（electrothermal atomic absorption spectrometry） 用电热（如石墨炉等）将欲分析试样中待测元素转变为自由原子，通过测量蒸气相中该元素的基态原子对特征电磁辐射的吸收，以确定化学元素含量的方法。

（27）氢化物发生原子吸收光谱法（hydride generation atomic absorption spectrometry） 基于待测元素还原生成氢化物，经加热（电热或火焰）分解成该元素的自由原子，通过测量蒸气相中该元素的基态原子对特征电磁辐射的吸收，以确定化学元素含量的方法。

（28）冷蒸气发生测汞火焰原子吸收光谱法（determination of mercury by cold vapour generation atomic absorption spectrometry） 将欲分析试样中汞离子，还原为自由原子，通过测量蒸气相中的基态原子对特征电磁辐射的吸收，以确定汞元素含量的方法。

（29）吸光度 A（absorbance） 透光率倒数的以 10 为底的对数：

$$A = \lg \frac{1}{T} = \lg \frac{\Phi_0}{\Phi}$$

（30）（原子的）激发源（atomic excitation source） 使自由原子转变为激发态原子的装置。

（31）空心阴极灯（hollow-cathode lamp） 属于放电灯的一种。其阴极是一种或多种元素的空心体，操作时能使阴极溅射所产生的元素蒸气发射出特别窄的特征线。

（32）无极放电灯（electrodeless-discharge lamp） 此种灯无内电极，灯内元素靠高频电磁场激发。

（33）连续光谱灯（continuum lamp） 此种灯在一定波长范围发出连续发射，即发射不能分解为谱线。

（34）通带（bandpass） 辐射选择器从给定光源中分离出的在某标称波长或频率处的辐射范围。

（35）光谱带宽（spectral band width）　光谱带宽一般参照通带轮廓而定义，如同谱线半强宽度是参照发射谱线轮廓而定义一样。

（36）去溶剂作用（desolvation）　去除溶剂，形成溶质颗粒。

（37）挥发作用（volatization）　将含有被分析物的溶质颗粒，从固相或液相转变为气相。

（38）原子化作用（atomization）　将含有待测元素的化合物转变为原子蒸气。

（39）原子化器（atomizer）　发生原子化作用的装置。

（40）原子化总效率（overall efficiency of atomization）　在原子化器中转变为自由原子的待测元素与进入原子化器的待测元素的质量比。

（41）中性火焰（化学计量火焰）（neutral flame;stoichiometric flame）　按化学当量计算的燃料和氧化剂比率燃烧的火焰。

（42）氧化性火焰（贫燃火焰）（oxidizing flame;fuel-lean flame）　使用过量氧化剂时的火焰。

（43）还原性火焰（富燃火焰）（reducing flame;fuel-rich flame）　使用过量燃料时的火焰。

（44）预混合燃烧器（premix burner）　燃料、氧化剂和气溶胶在到达火焰之前已经预先混合的燃烧器。此种燃烧器通常产生层流火焰。

（45）直接喷入式燃烧器（direct-injection burner）　燃料、氧化剂和气溶胶未经过预先混合而被喷入火焰的燃烧器。此种燃烧器通常产生紊流火焰。

（46）观察高度（observation height）　观察光轴与燃烧器顶端水平面之间的垂直距离。

（47）雾化作用（nebulization）　液粒转变为雾粒。

（48）雾化器（nebulizer）　发生雾化作用的装置。

（49）喷雾室（spray chamber）　雾化器的腔室。喷入的液体在其中转变为雾粒。有的雾粒挥发，有的凝聚或沉积于室内，然后作为废液排出。

（50）雾化效率（efficiency of nebulization）　被分析物进入火焰的量与其提吸量之比。

（51）透光率（transmittance）　透射光通量与入射光通量之比。

（52）吸光率（absorptance）　所吸收的光通量与入射光通量之比。

（53）光谱范围（spectral range）　仪器可使用的波长范围。该范围取决于光源、波长选择器的光学元件和检测器。

（54）分辨率（resolution）　指仪器分开邻近的两条谱线的能力。当两条谱线间最低点的辐射通量与两谱线中较强者的辐射通量之比小于或等于 80% 时，即可认为两条谱线被分开。但此比值仅适用于两条谱线强度相近的情况。分辨率可用该两个波长的平均值（λ）与两个波长之最小差（$\Delta\lambda$）的比值（$\lambda/\Delta\lambda$）表示。

（55）灵敏度（sensitivity）　在一定浓度时，测定值的增量（ΔX）与相应的待测元素浓度的增量（ΔC）之比。$S=\Delta X/\Delta C$。

① 特征浓度（characteristic concentration）　对应于 1% 净吸收的被分析物质的（最小）浓度，或对应于 0.0044 吸光度的被分析物质的浓度，$C_c=0.0044\Delta C/\Delta X$。

② 特征质量（characteristic mass）　0.0044 吸光度所对应被分析物的质量，$M_c=0.0044\Delta m/\Delta X$。

（56）检出限（limit of detection）　能以适当的置信度检出的待测元素的最小浓度或最小质量。它是用其强度或吸光度接近于空白，并显然是可检测的溶液，经若干次重复测定所得强度或吸光度标准偏差的 K 倍求出的量（K 一般取 3）。检出限也可以用元素的绝对量表示。

参 考 文 献

[1] GB/T4470—1998 火焰发射、原子吸收和原子荧光光谱分析法术语. 北京: 中国标准出版社, 1998.

第十二章　原子吸收光谱分析的基本原理

第一节　原子吸收光谱[1~5]

一、不同能级原子的分布

原子吸收光谱法是基于测量蒸气中原子对特征电磁辐射的吸收强度进行定量分析的一种仪器分析方法。按照热力学理论，在热平衡状态下，基体原子和激发态原子的分布符合波尔兹曼公式：

$$\frac{N_i}{N_0} = \frac{g_i}{g_0} \exp[-E_i/(kT)] \qquad (12\text{-}1)$$

式中，N_i 和 N_0 分别表示激发态和基态的原子数；k 是波尔兹曼常数；g_i 和 g_0 分别是激发态和基态的统计权重；E_i 是激发能；T 是热力学温度。表 12-1 列出了在火焰原子吸收通常的温度下，几种元素的共振激发态与基态原子数之比。结果表明，基态原子的数目受温度变化的影响很小，并近似地等于原子总数。

表 12-1　某些元素共振激发态与基态的原子数之比

共振线/nm	g_i/g_0	激发能/eV	N_i/N_0	
			T=2000K	T=3000K
Na 589.0	2	2.104	0.99×10^{-5}	5.83×10^{-4}
Sr 460.7	3	2.690	4.99×10^{-7}	9.07×10^{-5}
Ca 422.7	3	2.932	1.22×10^{-7}	3.55×10^{-5}
Fe 372.0		3.332	2.99×10^{-9}	1.31×10^{-6}
Ag 328.1	2	3.778	6.03×10^{-10}	8.99×10^{-7}
Cu 324.8	2	3.817	4.82×10^{-10}	6.65×10^{-7}
Mg 285.2	3	4.346	3.35×10^{-11}	1.50×10^{-7}
Pb 283.3	3	4.375	2.83×10^{-11}	1.34×10^{-7}
Zn 213.9	3	5.795	7.45×10^{-13}	5.50×10^{-10}

二、原子吸收光谱的产生

当有辐射通过自由原子蒸气，且入射辐射的频率等于原子中的电子由基态跃迁到较高能态（一般情况下都是第一激发态）所需要的能量频率时，原子就要从辐射场中吸收能量，产生共振吸收，电子由基态跃迁到激发态，同时伴随着原子吸收光谱的产生。通过测量气态原子对特征波长（或频率）的吸收，便可获得有关组成和含量的信息。原子吸收光谱通常出现在可见光区和紫外区。

原子吸收光谱的波长和频率由产生跃迁的两能级的能量差 ΔE 决定：

$$\Delta E = h\nu = \frac{hc}{\lambda} \qquad (12\text{-}2)$$

式中，ΔE 为两能级的能量差，eV（1eV=1.602192×10⁻¹⁹J）；λ 为波长，nm；ν 为频率，s⁻¹；c 为光速，cm/s；h 为普朗克常数。

原子光谱波长是进行光谱定性分析的依据。在大多数情况下，原子吸收光谱与原子发射光谱的波长是相同的，但由于原子吸收线与原子发射线的谱线轮廓不完全相同，两者的中心

波长位置有时并不一致。

在原子吸收光谱中，仅考虑由基态到第一激发态的跃迁，元素谱线的数目取决于原子能级的数目。原子吸收谱线的数目很少，在原子吸收光谱分析中，一般不存在谱线重叠干扰。

三、原子吸收光谱的谱线波长

原子吸收光谱是原子发射光谱的逆过程。基态原子只能吸收频率为 $\nu = (E_2-E_1)/h$ 的光，跃迁到高能态 E_2，因此，原子吸收光谱的谱线也取决于元素的原子结构，每一种元素有其特征的吸收光谱线。与共振跃迁相反的过程的谱线称为共振吸收线。原子吸收测量采用的是共振吸收线，即相当于最低激发态和基态间的跃迁谱线。原子吸收线的基本特征常以谱线波长、谱线轮廓及谱线强度来描述。

与发射谱线一样，吸收谱线的波长决定于原子核外价电子产生跃迁的两个能级的能量差。显然，原子的共振吸收线与其共振发射线应具有相同的波长，对大多数元素来说符合该情况，但对某些元素共振吸收线和发射线的轮廓不一样，因而最灵敏的发射线不一定就是最灵敏的吸收线。例如，Co 的最灵敏吸收线的波长是 240.7nm，最灵敏发射线的波长是 352.7nm。

由于在原子吸收分析中，仅考虑由基态产生的跃迁。理论证明共振吸收线的数目 N_{abs} 为

$$N_{abs} = \sqrt{2N_{em}} \tag{12-3}$$

而发射线的数目 N_{em} 为：

$$N_{em} = \frac{n(n-1)}{2} \tag{12-4}$$

式中，n 为原子的总能级数。可见吸收线的数目比发射线的数目少得多。

四、原子吸收光谱的谱线轮廓

原子吸收光谱线并不是严格几何意义上的线，而是占据着有限的相当窄的频率或波长范围，即有一定的宽度。原子吸收光谱的轮廓以原子吸收谱线的中心波长 λ_0 和半宽度 $\Delta\lambda$（或 $\Delta\nu$）来表征。中心波长由原子能级决定。半宽度是指在中心波长的地方，极大吸收系数一半处，吸收光谱线轮廓上两点之间的频率差或波长差。半宽度受多种因素的影响。原子吸收光谱的轮廓如图 12-1 所示。

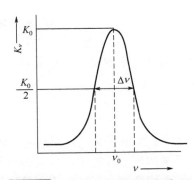

图 12-1　原子吸收光谱的轮廓图

（1）自然宽度　由激发态原子的平均寿命所决定的光谱线的宽度称为自然宽度，对谱线自然宽度记作：

$$\Delta\nu_N = \frac{1}{\Delta\tau} \tag{12-5}$$

式中，$\Delta\nu_N$ 为自然宽度；$\Delta\tau$ 为激发态原子的平均寿命，寿命越短，谱线越宽；$\Delta\nu_N$ 约为 10^{-14}m 量级，自然宽度是谱线的固有宽度。不同谱线的 $\Delta\nu_N$ 是不同的。

谱线的自然宽度一般约为 10^{-5}nm，比之其他因素引起的谱线宽度要小得多，在大多数情况下，谱线的自然宽度可以忽略不计。

（2）多普勒变宽　多普勒（Doppler）变宽即热变宽，是由原子相对于观测器的杂乱无章的热运动引起的。这种变宽用下式描述

$$\frac{\Delta\lambda_D}{\lambda_0} = \frac{\Delta\nu_D}{\nu_0} = 7.16\sqrt{\frac{T}{A_\tau}} \qquad (12\text{-}6)$$

式中，$\Delta\nu_D$、$\Delta\lambda_D$ 表示谱线多普勒变宽；λ_0 或 ν_0 为谱线的中心波长或频率；T 为热力学温度；A_τ 为相对原子质量。

吸收线的多普勒半宽度还受到原子化器内吸收原子随机热运动的影响。多普勒半宽度正比于温度的平方根。在通常的火焰原子化条件下，$\Delta\lambda_D$ 值为 $5\times10^{-5}\sim5\times10^{-4}$nm 量级，比谱线自然宽度大约两个数量级。原子吸收线宽度主要由多普勒宽度决定。多普勒线型函数是高斯函数。

（3）碰撞变宽　在原子化器中，原子与不同种类的局外粒子（原子、离子和分子等）发生非弹性碰撞，引起原子的运动状态发生改变。使碰撞前后的辐射能量和相位发生变化，在碰撞的瞬间使辐射过程中断，导致激发态原子寿命缩短，引起谱线变宽。分析原子与气体中的局外粒子（原子、离子和分子等）相互碰撞引起的谱线变宽，称为洛伦兹（Lorentz）变宽；同种分析原子之间相互碰撞引起的变宽，称为霍尔兹马克（Holtzmark）变宽，又称为共振变宽。碰撞变宽的程度随局外气体的压力和性质而改变，故又称为压力变宽。碰撞变宽谱线的线型函数是洛伦兹型函数。碰撞变宽 $\Delta\nu_c$ 与碰撞寿命 τ_c 成反比，由于 τ_c 远小于激发态原子的平均寿命 τ，所以，谱线的碰撞宽度 $\Delta\nu_c$ 远大于谱线的自然宽度 $\Delta\nu_N$。

洛伦兹变宽 $\Delta\nu_L$ 为：

$$\Delta\nu_L = 9740\times10^{15}\,p\sigma_L^2\sqrt{\frac{2R}{\pi T}\left(\frac{1}{A}+\frac{1}{M_2}\right)} \qquad (12\text{-}7)$$

式中，p 为外部气体压力，mmHg；σ_L 为洛伦兹碰撞有效截面；A 为辐射原子的相对原子质量；M_2 为气体粒子质量；R 为气体常数；T 为热力学温度。用波长表示为：

$$\Delta\lambda_L = 9740\times10^{15}\,p\sigma_L^2\frac{\lambda_D^2}{C}\sqrt{\frac{2R}{\pi T}\left(\frac{1}{A}+\frac{1}{M_2}\right)} \qquad (12\text{-}8)$$

霍尔兹马克变宽又称共振变宽，它是由辐射原子与同类原子之间发生非弹性碰撞而引起的，其值为：

$$\Delta\lambda_R = 4.484\,\lambda_0^3 fc \qquad (12\text{-}9)$$

式中，c 为原子浓度；f 为振子强度；λ_0 为辐射原子的中心波长。由式（12-9）可知 $\Delta\lambda_R$ 与被测元素浓度 c 成正比，与共振吸收线波长立方成正比。

（4）场致变宽　场致变宽包括电场效应引起的斯塔克变宽和磁场效应引起的塞曼变宽。斯塔克变宽是由于在电场作用下原子的电子能级产生分裂的结果，塞曼变宽是由于在强磁场中谱线分裂所引起的变宽。在通常的原子吸收光谱分析条件下可以不予考虑。塞曼扣背景技术正是利用塞曼变宽（谱线分裂）的原理而实现的。在常压和温度 1000～3000K 条件下，吸收线的轮廓主要受多普勒和洛伦兹效应共同控制。谱线的线型函数既不是单一的高斯型，也不是单一的洛伦兹型。多普勒效应主要控制谱线线型的中心部分，洛伦兹效应主要控制谱线线型的两翼。这时谱线线型为综合变宽线型——弗高特（Voigt）线型。

（5）自吸变宽　光源在某区域发射的光子，在其通过温度较低的光路时，被处于基态的同类原子所吸收，致使实际观测到的谱线强度减弱而轮廓增宽，此种现象称为自吸和自吸增宽。

光源辐射共振线被光源周围较冷的同种原子所吸收的现象，称为"自吸"。由于在发射

线中心波长处具有最大的吸收系数，当一条谱线发生自吸收时，中心波长的强度低于其两翼，称为自反转。在极端的情况下，一条谱线分裂为两条谱线，此称为"自蚀"。自吸现象使谱线强度降低，同时导致谱线轮廓变宽。

（6）同位素变宽　同一种元素存在多种同位素，其各自具有一定宽度的谱线。观察到的谱线是组合谱线。这种变宽并不小于多普勒及洛伦兹变宽。

五、原子吸收光谱的谱线强度

原子吸收谱线强度是指单位时间、单位体积内，基态原子吸收辐射能的总量。其大小决定于单位体积内的基态原子数、单位时间内基态原子的跃迁概率及谱线的频率。在一定条件下，吸收谱线强度与单位体积内基态原子数成正比。

吸收辐射的总能量 I_a 等于单位时间内基态原子吸收的光子数，亦即产生受激跃迁的基态原子数 dN_0，乘以光子的能量 $h\nu$。根据爱因斯坦受激吸收关系式有：

$$I_a = dN_0 h\nu = B_{0j}\rho_\nu N_0 h\nu \tag{12-10}$$

式中，B_{0j} 是受激吸收系数；ρ_ν 是入射辐射密度；N_0 是单位体积内的基态原子数。通过分析原子吸收介质前的入射辐射能量：

$$I_0 = c\rho_\nu \tag{12-11}$$

式中，c 是光速。分析原子对入射辐射的吸收率为：

$$\frac{I_a}{I_0} = \frac{h\nu}{c} B_{0j} N_0 \tag{12-12}$$

第二节　原子吸收光谱分析中原子化方法

解离与还原是原子化的主要途径。在高温作用下，分子化合物的键断裂，解离出被测元素的自由原子。分子的键能越小越易解离。解离能小于 3.5eV 的分子容易被解离，解离能大于 5eV 的分子较难解离。由于原子化与键能有关，所以应该考虑将试样制备成何种溶液进行分析对灵敏度较为有利；又由于配位键具有较低的热稳定性，所以选用适当的有机络合剂可获得较高的灵敏度。对于易形成氧化物的元素，应选择合适的燃助比，通常采用微富燃火焰或富燃火焰，降低氧分压，以提高解离度。

原子吸收光谱分析中原子化方法一般有四种：火焰原子化法、石墨炉（或称电热）原子化法、氢化物发生原子化法、冷蒸气发生原子化法（阴极溅射原子化法又称"原子源"或"atomic source"原子化，近年较少用）。

一、火焰原子化

1. 火焰原子化的基本过程

火焰原子化的化学反应过程和机理如下。

反应过程：溶液→雾化（吸喷雾化）→脱溶剂→熔融→升华→蒸发→离解→还原→基态原子。

化学反应原理：在空气-乙炔、一氧化二氮-乙炔火焰内发生着极为复杂的化学反应。在富燃火焰中，除产生 C^*、CH^*、CO^* 自由基外，还产生大量的 NH^*、CN^* 等成分。这些成分具有很强的还原性，促使难解离的气态分子通过还原反应而原子化，而不仅仅是通过热解离。热解离反应可表示为：

$$\text{MX} \underset{}{\overset{}{\rightleftharpoons}} \text{M+X}$$
分子　　　原子

金属氧化物在火焰中的还原反应可表示为：

$$2C+O_2 \longrightarrow 2CO^*$$

$$MO+CO^* \longrightarrow M+CO_2 \uparrow$$

$$2MO+C^* \longrightarrow 2M+CO_2 \uparrow$$

$$5MO+2CH^* \longrightarrow 5M+2CO_2 \uparrow +H_2O$$

$$MO+2NH \longrightarrow M+N_2 \uparrow +H_2O$$

$$4MO+2CN \longrightarrow 4M+N_2 \uparrow +2CO_2 \uparrow$$

C_2H_2-N_2O 火焰

样品原子化过程示意见图 12-2。

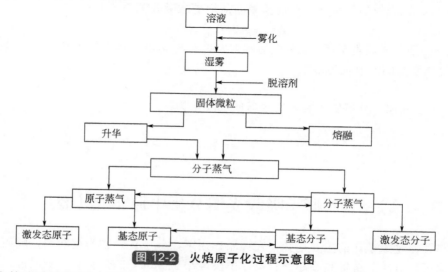

图 12-2 火焰原子化过程示意图

2. 火焰中发生的基本反应

火焰中发生的基本反应可归结为 5 种主要行为，见表 12-2。

表 12-2 火焰中发生的基本反应

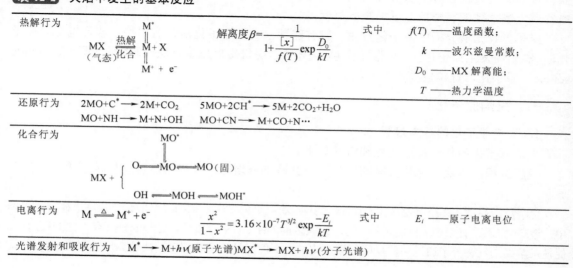

热解行为	$MX \underset{\text{化合}}{\overset{\text{热解}}{\rightleftharpoons}} \begin{matrix} M^* \\ \| \\ M+X \\ \| \\ M^+ + e^- \end{matrix}$ (气态)	解离度 $\beta = \dfrac{1}{1+\dfrac{[x]}{f(T)}\exp\dfrac{D_0}{kT}}$	式中	$f(T)$ ——温度函数； k ——波尔兹曼常数； D_0 ——MX 解离能； T ——热力学温度
还原行为	$2MO+C^* \longrightarrow 2M+CO_2$　　$5MO+2CH^* \longrightarrow 5M+2CO_2+H_2O$ $MO+NH \longrightarrow M+N+OH$　　$MO+CN \longrightarrow M+CO+N\cdots$			
化合行为	$MX + \begin{cases} O \rightleftharpoons MO \rightleftharpoons MO(固) \\ OH \rightleftharpoons MOH \rightleftharpoons MOH^* \end{cases}$　　$MO^* \text{ 上部}$			
电离行为	$M \overset{\triangle}{\rightleftharpoons} M^+ + e^-$	$\dfrac{x^2}{1-x^2} = 3.16 \times 10^{-7} T^{3/2} \exp\dfrac{-E_i}{kT}$	式中	E_i ——原子电离电位
光谱发射和吸收行为	$M^* \longrightarrow M+h\nu$(原子光谱)$MX^* \longrightarrow MX+h\nu$(分子光谱)			

二、无火焰原子化的基本过程和原子化机理

1. 无火焰原子化过程

以石墨炉（简称 HGA）为主（Massmann 型），现代仪器分为纵向加热和横向加热两类。
化学反应原理如下：

$$2MO+C \longrightarrow 2M+CO_2 \uparrow$$
$$2M(NO_3)_2 \longrightarrow 2MO+4NO_2+O_2 \uparrow$$
$$2MO+2NO_2 \longrightarrow 2M+N_2+3O_2 \uparrow$$

不同于火焰原子化，石墨炉高温原子化采用直接进样和程序升温方式，样品需经过干燥—灰化—原子化 3 个阶段。石墨炉原子化过程的升温程序如图 12-3 所示。

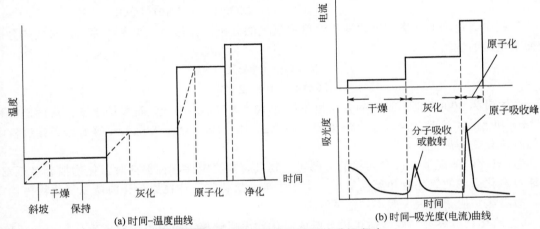

图 12-3　石墨炉原子化过程的升温程序

在石墨炉中随着待测元素的原子化，基态原子的密度不断增大，同时又由于对流，扩散作用和发生再化合或凝聚而减少，其原子化过程及损失途径见图 12-4。

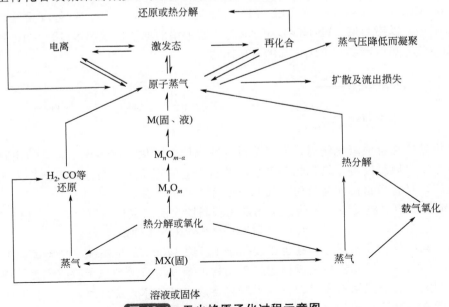

图 12-4　无火焰原子化过程示意图

2. 无火焰原子化机理

搞清原子化的机理对于提高原子化效率和消除各种基体干扰都有重要意义。

被测元素在石墨炉中的反应比火焰内要复杂得多。试液干燥之后，在石墨炉内主要发生以下三种反应。

（1）热解反应　高温石墨炉内的热解反应分为三种类型。

① 氧化物解离型，被测物首先转化为氧化物，气态氧化物随即热解出自由原子。如硝酸盐反应。

$$M(NO_3)_x(s、I) \longrightarrow M(NO_3)_x(s) \longrightarrow MO(s)+NO_2(g)$$

$$MO(g) \longrightarrow M(g)+1/2O_2$$

气相中氧化物的解离程度取决于温度和氧气的分压，在热力学平衡条件下，氧气的分压受如下反应的制约。

$$2C+O_2 \Longrightarrow 2CO$$
$$2CO+O_2 \Longrightarrow 2CO_2$$

在温度为 3000K 时，氧气的分压也不超过 10^{-8} 大气压。因此，石墨炉原子化条件是有利于 MO 和 MOH 这类化合物完全解离的。如 Ag、Bi、Cd、Mg、Mn、Zn 等的原子化过程属于这种氧化物解离型。

② 氯化物解离型，许多元素的金属氯化物具有热稳定性，在加热时氯化物很容易蒸发，再通过氧化而成的氧化物热解而解离。由于大部分氯化物往往在原子化前就以氯化物挥发损失，故石墨炉原子吸收一般不用盐酸介质。

③ 硫化物解离型，硫酸盐可以分解成氧化物而后解离，也可以分解成硫化物而后解离。

（2）还原反应　石墨炉内有较强的碳还原气氛，使一些金属氧化物或由硝酸盐热解而来的氧化物，以及由某些金属氯化物氧化而成的氧化物被碳还原产生自由原子。即：

$$MO(s，g)+C(g) \Longrightarrow M(g)+CO(g)$$

如 Co、Cu、Cr、Cs、Fe、K、Li、Mo、Na、Ni、Pb、Rb、Sb、Sn 等元素就是通过还原反应而原子化。以铅为例：$Pb(NO_3)_2$ 和 $PbCl_2$ 在低于铅的原子出现温度(1040K)进行干燥、灰化时，$Pb(NO_3)_2$ 热解产物和 $PbCl_2$ 氧化为氧化物。

$$Pb(NO_3)_2(s) \xrightarrow{925K} \atop PbCl_2(s) \xrightarrow[氧化]{} PbO(s) \xrightarrow{C} PbO(l) \longrightarrow Pb(g)$$

当分析试样热解成氧化物时，原子化过程究竟属于氧化物解离还是氧化物还原，可根据被测元素原子出现温度时，氧化物与碳反应的自由能的正负来推断，若自由能为正，则不属于还原反应，只有当自由能为负时，还原反应才有可能发生。

（3）碳化物的生成反应　某些金属元素在石墨炉内的高温作用下，易生成稳定的碳化物：

$$MO(s，l)+2C(s) \Longrightarrow MC(s)+CO(g)$$

金属元素碳化物非常稳定，甚至在极高温下（约 3400℃）也不能完全解离。B、Hf、Nb、Si、Ta、V、W、Zr 等元素易生成稳定的碳化物，难以用石墨炉原子吸收光谱法测定。如要用石墨炉测定，必须采用石墨炉改性技术和化学改进剂技术方能进行。

被测元素在高温石墨炉里的反应及其原子化机理是极其复杂的。需根据被测元素和相应

的化合物的熔点、沸点、分解温度、反应自由能以及灰化曲线和原子化曲线，采用 X 射线衍射、电子能谱、扫描电子显微镜、分子光谱等现代分析仪器综合进行研究。

根据不同元素的原子化的反应机理和原子化难易程度可将元素分为三类。

容易原子化的元素：解离能低于 90kcal/mol（1cal=4.1840J），原子化出现温度低于 1450K，包括的元素有 Na、K、Rb、Cs、Cu、Ag、Au、Zn、Cd、Hg、In、Tl、Sn、Pb、Bi、Se、Te 等。

中温原子化的元素：氧化物解离能为 90～135kcal/mol，原子化出现温度 1460～2100K，包括的元素有 Li、Ga、As、Cr、Mn、Fe、Co、Ni、Pd、Be、Mg、Ca、Sr、Al、Ge、Pt、Eu、Yb 等。

难原子化元素：氧化物解离能为 135～170kcal/mol，原子化出现温度为 2100～2640K，包括的元素有 Ti、Zr、V、Mo、Ru、Ir、Sc、Y、La、Ce、Pr、Nd、Sm、Gd、Tb、Dy、Ho、Er、Lu、U、Ba、Si、Rh 等。

三、氢化原子化法

对于 As、Se、Te、Sn、Ge、Pb、Sb、Bi 等元素，可在一定酸度下，用 $NaBH_4$ 或 KBH_4 还原成易挥发、易分解的氢化物，如 AsH_3、SnH_4 等，然后由载气（氩气或氮气）送入置于吸收光路中的电热石英管内，氢化物分解为气态原子，测定其吸光度。其检出限比火焰法低 1～3 个数量级，选择性好，干扰少，灵敏度高，操作简便，但 As、Bi、Pb 等元素的氢化物毒性较大，要注意发生器的质量并在良好的通风条件下操作。这种氢化物发生的气体注入进样技术也可用于 ICP-AES。

生成氢化物是一个氧化还原过程，所生成的氢化物是共价分子型化合物，沸点低、易挥发分离分解。以 As 为例，反应过程可表示如下：

$$AsCl_3 + 4KBH_4 + HCl + 8H_2O \Longrightarrow AsH_3\uparrow + 4KCl + 4HBO_2 + 13H_2$$

$$2AsH_3 \longrightarrow 2As + 3H_2\uparrow$$

AsH_3 在热力学上是不稳定的，在 900℃温度下就能分解析出自由 As 原子，实现快速原子化。

四、冷蒸气发生火焰原子化法

用氯化亚锡将汞化合物还原为汞原子蒸气，并用气流如 N_2、空气等将汞蒸气送入吸收池内测量吸光度。检出限可达 0.2ng/mL。

化学反应如下：

$$HgCl_2 + SnCl_2 \xrightarrow{H^+} Hg + SnCl_4$$

第三节　原子吸收光谱法中的干扰及消除方法

原子吸收法中遇到的干扰初步归纳起来有：化学干扰、电离干扰、光谱干扰、物理干扰、背景吸收干扰几种类型。

一、化学干扰

待测元素与其他组分之间的化学作用引起的干扰效应即为化学干扰。例如，待测元素与一些物质形成高熔点、难挥发、难离解的化合物，导致吸光度下降，甚至使测定不能进行。

主要来自阳离子和阴离子干扰，阳离子往往在一定温度下，生成难熔混晶体或形成难原子化的化合物（或氧化物），如 Ti、Al、Si 对 Ca、Mg、Sr、Ba 产生影响，这些元素与 Ca 可能生成 $CaSiO_3$、$CaTiO_3$、$CaAlO_3$ 等难熔混晶体。B、Be、Cr、Fe、Mo、V、W 和部分稀土元素易与待测元素形成不易挥发的混合氧化物，使吸收降低，产生负干扰。也有的产生增感效应现象，例如 Mn、Fe、Co、Ni 对 Al、Cr 有正干扰。

阴离子的干扰比阳离子复杂得多，往往与待测元素生成难离解高熔点化合物，例如 PO_4^{3-}、SO_4^{2-} 等与 Ba 生成 $Ba_3(PO_4)_2$、$BaSO_4$ 等，对被测元素干扰顺序如下：$PO_4^{3-} > SO_4^{2-} > Cl^- > NO_3^- > ClO_3^-$。

化学干扰主要影响待测元素的原子化效率，是原子吸收光谱法干扰的主要来源。干扰的特点具有选择性，它对试液中各元素的影响是不同的，并随火焰强度、状态及部位，其他组分的存在、雾滴大小等条件而变化。根据具体情况加入某些试剂，是抑制化学干扰的常用方法。消除化学干扰的方法有以下几种：

（1）加入释放剂　加入一种金属元素与干扰物质化合成更稳定或更难挥发的化合物，从而使待测元素释放出来，以抑制化学干扰。这种加入的金属元素称为释放剂。

如试样中 PO_4^{3-} 存在时对钙的测定有严重干扰，这是由于生成难挥发、难离解的焦磷酸钙。如果向试样中加入足量的氯化镧（$LaCl_3$），由于 PO_4^{3-} 生成更难离解的磷酸镧，使钙仍以氯化物的形式进入火焰进行原子化。

（2）加入保护剂　加入的保护剂多为有机配位剂，它们可以与待测金属元素生成稳定的更易于原子化的配合物，从而保护了待测元素，消除了部分干扰。保护剂一般是有机配合剂，如 EDTA、8-羟基喹啉，例如，在一定条件下向试液中加入 EDTA，与钙形成稳定的 Ca-EDTA，能防止钙与 PO_4^{3-} 生成难离解的焦磷酸钙。

（3）加入缓冲剂　即加入大量过量的干扰元素，使干扰达到饱和并趋于稳定，这种含有大量干扰元素的试剂称为缓冲剂。如果在标准溶液和试液中加入同量的缓冲剂，则干扰可抵消。例如，当标准溶液和试液中加入的铝盐为 200μg/mL 时，可以消除铝对钛测定的影响，但灵敏度有损失。

（4）加入基体改进剂　对于石墨炉原子化法，在试样中加入基体改进剂 $Ni(NO_3)_2$、$Mg(NO_3)_2$、$PdCl_2$、$NH_4H_2PO_4$ 等，使其在干燥或灰化阶段与试样发生化学变化，其结果可以增加基体的挥发性或改变被测元素的挥发性，以消除干扰。

（5）使氧化物还原　用还原性强的富燃焰和石墨炉原子化器，使难离解的氧化物还原分解，如测铬时，用空气-乙炔富燃火焰，发生如下反应：

$$CrO + C \longrightarrow Cr + CO$$

（6）选择合适的原子化方法　提高原子化温度，减小化学干扰。使用高温火焰或提高石墨炉原子化温度，可使难离解的化合物分解。采用还原性强的火焰与石墨炉原子化法，可使难离解的氧化物还原、分解。

（7）预先分离　可通过萃取、离子交换、共沉淀、富集、电解等方法，除去干扰物质。

（8）采用标准加入法　当试样存在大量基体或基体含量不明情况下，采用此方法较好，它可以消除化学干扰和物理干扰、基体干扰等。但必须注意：① 不能消除背景和光谱干扰；② 取标准点一般 5 个点（实用中不能少于 3 个点）；③ 校准曲线必须在线性范围内，吸光度值最好应在 0.100～0.200 范围；④ 标准加入法由于工作量大，不太适合大批量样品分析测定。

石墨炉原子吸收分析的化学干扰其实质和火焰中一样，是分析元素与某共存物形成了

化合物。这种化学反应有的在室温时就已发生，有的在升温时发生。引起化学干扰者除共存元素外，还有石墨炉本身，这是火焰法中不存在的。高温石墨炉中的化学干扰来自碳、气氛和基体成分。它们与待测金属元素生成难解离的碳化物、氮化物、氧化物和易挥发的氯化物，从而产生干扰。为消除化学干扰，主要采用基体改进、平台原子化、涂层石墨管等技术。

由于加入一种试剂抑制干扰的方法简单有效，因而得到普遍采用。已用作消除化学干扰的一些试剂列于表 12-3。

表 12-3 用于抑制干扰的一些试剂

试剂	干扰成分	测定元素	试剂	干扰成分	测定元素
La	Al, Si, PO_4^{3-}, SO_4^{2-}	Mg	NH_4Cl	Al	Na, Cr
Sr	Al, Be, Fe, Se, NO_3^-, SO_4^{2-}, PO_4^{3-}	Mg, Ca, Sr	NH_4Cl	Sr, Ca, Ba, PO_4^{3-}, SO_4^{2-}	Mo
			NH_4Cl	Fe, Mo, W, Mn	Cr
Mg	Al, Si, PO_4^{3-}, SO_4^{2-}	Ca	乙二醇	PO_4^{3-}	Ca
Ba	Al, Fe	Mg, K, Na	甘露醇	PO_4^{2-}	Ca
Ca	Al, F	Mg	葡萄糖	PO_4^{3-}	Ca, Sr
Sr	Al, F	Mg	水杨酸	Al	Ca
Mg+$HClO_4$	Al, Si, PO_4^{3-}, SO_4^{2-}	Ca	乙酰丙酮	Al	Ca
Sr+$HClO_4$	Al, P, B	Ca, Mg, Ba	蔗糖	P, B	Ca, Sr
Nd, Pr	Al, P, B	Sr	EDTA	Al	Mg, Ca
Nd, Sm, Y	Al, P, B,	Ca, Sr	8-羟基喹啉	Al	Mg, Ca
Fe	Si	Cu, Zn	$K_2S_2O_7$	Al, Fe, Ti	Cr
La	Al, P	Cr	Na_2SO_4	可抑制 16 种元素的干扰	Cr
Y	Al, B	Cr	Na_2SO_4+$CuSO_4$	可抑制 Mg 等十几种元素的干扰	Cr
Ni	Al, Si	Mg			
甘油、高氯酸	Al, Fe, Th, 稀土, Si, B, Cr, Ti, PO_4^{3-}, SO_4^{2-}	Mg, Ca, Sr, Ba			

二、电离干扰

在高温时，原子失去电子形成离子，使基态原子数目降低，吸光度下降，这种干扰称为电离干扰。

由于某些易电离的元素在火焰中发生电离，减少了参与原子吸收的基态原子数；反之，若火焰中存在能提供自由电子的其他易电离的元素，则使已电离的原子回到基态，使参与原子吸收的基态原子数增加。因此电离干扰对测定结果的影响有正负之分。原子在火焰中的电离度与火焰温度和电离电位的关系用 Saha 公式表示：

$$\lg \frac{X^2}{1-X^2} = -\lg p - \frac{5404}{T}V_t + \frac{5}{2}\lg T - B \qquad (12-13)$$

式中，X 为电离度；p 为火焰气体中金属气体的分压；V_t 为金属原子的电离电位；T 为热力学温度；B 为常数。

由此可知火焰温度越高，元素的电离电位越低，电离度越大。电离干扰主要发生于电离

电位较低的元素。如测定碱金属，使用高温火焰（如 N_2O-乙炔火焰）时，碱土金属和稀土元素也有显著电离。

某一元素的电离还与溶液的组成和它本身的浓度有关。原子在火焰中的电离可表示为

$$M \Longrightarrow M^+ + e^-$$

达平衡时

$$K = \frac{[M^+][e^-]}{[M]}$$

电离度定义为已电离的金属正离子的浓度与该金属的总浓度之比，即 $X = [M^+]/([M]+[M^+])$。如火焰中只存在一种可电离的元素，则 $[M^-] = [e]$ 于是有：

$$\frac{X^2}{1-X} = \frac{K}{[M]+[M^+]} = \frac{K}{[M]_{总}} \tag{12-14}$$

可见元素在火焰中的电离度与电离平衡常数 K 及原子在火焰中的总浓度有关。

碱金属、碱土金属和部分稀土元素，在常用的几种火焰中的电离度如表 12-4 所示。

表 12-4 部分金属元素在常用的几种火焰中的电离度

元素	电离电位/eV	电离度/%			元素	电离电位/eV	电离度/%		
		空气-丙烷	空气-乙炔	N_2O-乙炔			空气-丙烷	空气-乙炔	N_2O-乙炔
Li	5.4	0.6	5.2	63.8	La	5.61	—	—	40.0
Na	5.2	1.1	9.0	78.9	Eu	5.67	—	—	6.0
K	4.3	9.7	48.9	98.4	Gd	6.16	—	—	20.0
Rb	4.2	14.7	85.0	99.1	Dy	6.8	—	—	58.0
Cs	3.9	30.4	95.2	99.7	Ho	—	—	—	47
Be	9.3	<0.1	<0.1	0.1	Er	6.08	—	—	43
Mg	7.6	<0.1	<0.1	2.8	Tm	5.81	—	—	57
Ca	6.1	0.2	2.0	40.5	Yb	6.2	—	—	20
Sr	5.7	0.6	5.2	68.5	Lu	—	—	—	50
Ba	5.2	—	—	92.4	Nb	6.88	—	—	26
Al	5.98	—	—	14.0					

电离干扰可用控制火焰温度的方法使原子的电离减少，但最有效的方法是加入消电离剂，消电离剂是比被测元素电离电位低的元素，相同条件下消电离剂首先电离，产生大量的电子，抑制被测元素的电离，如碱金属、碱土金属。当有大量的比待测元素更易电离的第二种元素存在时，可以抑制被测元素的电离。这种加入的大量更易电离的非待测元素叫作消电离剂。常用的消电离剂有 CsCl、NaCl 和 KCl 等。有时加入的消电离剂的电离电位比待测元素的电离电位要高，但由于加入的浓度较大，仍可抑制电离干扰。但消电离剂的浓度不能太大，否则会产生基体效应或容易堵塞燃烧器缝口。

某些金属在 N_2O-乙炔火焰中的电离度及要完全消除电离干扰所需加入铯的量如表 12-5 所示。

表 12-5 某些金属在 N_2O-乙炔火焰中的电离干扰及其消除

元素及谱线 λ/nm	电离电位/eV	浓度/(μg/mL)	电离度/%	完全消除干扰所需加入 Cs 的量/(mg/L)	吸光强度比[①] (I^*/I)	元素及谱线 λ/nm	电离电位/eV	浓度/(μg/mL)	电离度/%	完全消除干扰所需加入 Cs 的量/(mg/L)	吸光强度比[①] (I^*/I)
Rb 420.2	4.18	20	99	10000	3.44	Ba 553.6	5.21	25	97	10000	3.13
K 769.9	4.34	20	99.7	10000	37.0	Li 670.8	5.39	10	63	2000	1.18
Na 589.6	5.11	2	83	10000	2.04	Sr 160.7	5.69	20	95	10000	3.44

续表

元素及谱线 λ/nm	电离电位/eV	浓度/(μg/mL)	电离度/%	完全消除干扰所需加入 Cs 的量/(mg/L)	吸光强度比① (I^*/I)	元素及谱线 λ/nm	电离电位/eV	浓度/(μg/mL)	电离度/%	完全消除干扰所需加入 Cs 的量/(mg/L)	吸光强度比① (I^*/I)
In 451.1	5.78	25	18	2000	1.10	Ti 364.3	6.82	25		200	1.34
Al 396.1	5.98	25	49	2000	1.05	Sn 286.3	7.34	25		200	5.88
Ga 417.2	5.99	25	16	2000	1.32	Pb 283.3	7.42		9	200	
Ca 422.7	6.11	5	83	2000	1.85	Mn 403.0	7.13	25	9	200	1.08
Tl 535.0	6.11	25	21	2000	1.08	Mg 285.2	7.64	3	11	200	1.11
V 437.9	6.74	50		200	1.54	Cu 324.7	7.72	20	12	200	1.06
Cr 427.4	6.76	28	3	200	1.06	Fe 252.7	7.87	20	5	200	1.06

① I^* 为加入 Cs 后的强度；I 为未加入 Cs 时的强度。

三、光谱干扰

光谱干扰主要来自吸收线重叠干扰，以及在光谱通带内多于一条吸收线和在光谱通带内存在光源发射的非吸收线等。

（1）吸收线重叠干扰 原子吸收光谱分析中吸收线重叠干扰比发射光谱要小得多。当被测元素中含有吸收线重叠的两种元素时，无论测定哪一种元素都将产生干扰，Co 253.649nm 对 Hg 253.652nm 的干扰是典型的吸收线重叠干扰的例子。干扰大小取决于吸收线重叠程度，当两元素吸收线的波长差等于或小于 0.03nm 时，认为吸收线重叠干扰是严重的。若当重叠的吸收线都是灵敏线时。即使相差 0.1nm，也明显显示出干扰。表 12-6 中列出了实际观察到的和理论上分析的吸收线相差 0.03nm 以下的可能发生吸收线重叠干扰的谱线。

表 12-6 光谱干扰线

元素	分析线 λ/nm	干扰线 λ/nm	元素	分析线 λ/nm	干扰线 λ/nm	元素	分析线 λ/nm	干扰线 λ/nm
Ag	328.068	Rh 328.060	Hf	302.053	Fe 302.064	Sc	298.895	Ru 298.895
Al	308.215	V 308.211①	Hg	253.652	Co 253.649①		393.338	Ca 393.366
Au	242.795	Sr 242.810	I	206.17	Ri 206.16①	Si	250.690	V 250.690①
B	249.773	Ge 249.796	In	303.936	Ge 363.906		252.411	Fe 252.429
Bi	202.121	Au 202.138		325.856	Os 325.860	Sn	226.891	Al 226.910
Ca	422.673	Ge 422.657①	Ir	208.882	B 208.884		266.121	Ta 266.134
Cd	228.802	As 228.812①		248.118	W 248.144		270.851	Sc 270.677
Co	227.449	Re 227.462	La	370.454	V 370.470	Sr	421.552	Rb 421.556
	242.493	Os 242.497	Mn	403.307	Ga 403.298①	Ta	263.690	Os 263.713
	252.136	W 252.132	Mo	379.825	Nb 379.812		266.189	Ir 266.198
	252.136	In 252.137①	Os	247.684	Ni 247.687		269.131	Ge 269.134
	346.580	Fe 346.586		264.411	Ti 264.426	Ti	264.664	Pb 264.689
	350.228	Rh 350.252		271.464	Ta 271.467	Tl	291.832	Hf 291.858
	351.348	Ir 351.364		285.076	Ta 285.098		377.572	Ni 377.557
Cu	216.509	Pt 216.517		301.804	Hf 301.831	V	250.738	Ta 250.745
	324.754	Eu 324.753①	Pb	261.365	W 261.382		252.622	Ta 252.635
Fe	248.327	Sn 248.339	Pd	363.470	Ru 363.493	W	265.645	Ta 265.661
	271.903	Pt 271.904①	Pt	227.438	Co 227.449		271.890	Fe 271.903
	351.348	Ir 351.364	Rh	350.252	Co 350.262	Zn	386.387	Mo 386.411
Ga	294.418	W 294.440	Sb	217.023	Pb 216.999①		396.826	Ca 396.847
	403.298	Mn 403.307①		231.147	Ni 231.097①	Zn	213.856	Fe 213.859①
Hf	295.068	Nb 295.088	Sc	298.076	Hf 298.081	Zr	301.175	Ni 301.200

① 是文献上已观察到的干扰谱线，其余为理论上的干扰谱线。由于后者的灵敏度低或在测定条件下原子化效率低，故在通常测定中不表现干扰。

　　为排除这种干扰，一是选用被测元素的其他分析线，二是预先分离干扰元素。也可以利用这种现象测定高含量元素，而避免高倍稀释引入的误差。如已报道了利用 Ge 422.657nm 与 Ca 422.673nm 的重叠，用 Ge 灯作为光源测定高含量的钙。光谱重叠线的应用列于表 12-7。

表 12-7 火焰原子吸收光谱中谱线重叠的实例[6]

辐射		吸收测定			
光源	发射波长/nm	被测元素	吸收波长/nm	谱线间距/nm	灵敏度/(μg/mL)
Al	308.215	V	308.211	0.004	800
Te	217.023	Pb	216.999	0.024	250
Te	217.919	Cu	217.894	0.025	100
Te	231.147[①]	Ni	231.095	0.052	35
Te	323.252	La	323.261	0.009	200
As（EDL）	228.812	Cd	228.802	0.010	45
Cu	324.754[①]	Eu	324.753	0.001	75
Ga	403.298[①]	Mn	403.307	0.009	15
Ge	422.657	Ca	422.673	0.016	6
I（EDL）	206.163	Bi	206.170	0.007	10
Fe	271.903[①]	Pt	271.904	0.001	40
Fe	279.470	Mn	279.482	0.012	0.04[②]
Fe	285.213	Mg	285.213	<0.001	10.0[②]
Fe	287.417[①]	Ga	287.424	0.007	250
Fe	324.728	Cu	324.754	0.026	0.8
Fe	327.445	Cu	327.396	0.049	1.1[②]
Fe	338.241	Ag	338.289	0.048	150
Fe	352.424	Ni	352.454	0.030	0.1[②]
Fe	396.114	Al	396.153	0.039	50
Fe	460.765	Sr	460.733	0.032	20
Pb	241.173	Co	241.162	0.011	15
Pb	247.638	Pd	247.643	0.005	3.5
Mn	403.307[①]	Ga	403.298	0.009	25
Hg	253.652[①]	Co	253.649	0.003	100
Hg	285.242	Mg	285.213	0.029	200
Hg	359.348	Cr	359.349	0.001	250
Ne（EDL）	359.352	Cr	359.349	0.003	15
Si	250.690[①]	V	250.690	<0.001	65
Zn	213.856[①]	Fe	213.859	0.003	200

① 共振线。

② 检出限。

注：1.表中的灵敏度定义为在特征波长处产生的 0.0044 吸光度所需要的浓度（μg/mL）。

2.除了标有 EDL（无极放电灯）外，其他均为空心阴极灯作光源。

　　在理想情况下，光谱通带内只存在一条吸收线。如果光谱通带内有几条吸收线，都参与吸收，例如在锰的最灵敏吸收线 279.5nm 近旁还有 279.8nm 和 280.1nm 两条灵敏度低的吸收线，当光谱通带为 0.7nm 时，它们也进入通带内，由于多重线各组分的吸收系数不一样，因此工作曲线为非线性的。而且，由于多重线其他组分的吸收系数小于主吸收线的吸收系数，故测定灵敏度降低。上述干扰的消除可通过减小狭缝宽度的办法，但当两者的波长相差很小时，减小狭缝仍难消除，并使信噪比大大降低。

在光谱通带内存在光源发射的非吸收线。若它与分析用的谱线不能完全分开则产生干扰。造成这种干扰的原因有：① 具有复杂光谱的元素本身就发射出单色仪不能完全分开的谱线，如铁、钴、镍等；② 使用多元素空心阴极灯时，其他元素可能在分析线近旁发射出单色仪不能完全分开的谱线；③ 阴极材料中的杂质或充入的惰性气体产生的非吸收线所引起的干扰。

表 12-8 列出了由各种元素的空心阴极灯发射的氖谱线所引起的干扰。表 12-9 列出了要想把分析线与光源内可能产生的干扰谱线分开所必须采用的光谱通带。

表 12-8 必须分辨开的临近氖谱线

分析线 λ/nm		氖线 λ/nm	所需分辨率 λ/nm	分析线 λ/nm		氖线 λ/nm	所需分辨率 λ/nm
Cr	359.349	359.353	0.002	Rh	369.236	369.120	0.09
	357.869	357.464	0.20	Ru	372.803	372.186	0.31
	360.533	360.017	0.25	Sc	402.369	404.261	0.94
Cu	324.754	323.238	0.75	Ag	338.289	337.828	0.23
Dy	404.599	404.264	0.16	Na	588.995	588.189	0.40
Er	337.276	336.991	0.14		589.592	588.189	0.70
Gd	371.748	372.186	0.21	Tm	371.792	372.186	0.19
	371.367	370.964	0.19	Ti	365.350	366.411	0.53
Li	670.784	335.505	0.14		364.268	363.367	0.45
		二级为 671.010			337.145	336.981	
Lu	335.956	336.063	0.05			336.991	0.077
Nb	105.894	404.264	0.81	U	358.488	359.353	0.43
Re	346.046	346.053	0.003		356.660	356.853	0.09
	346.473	346.658	0.09	Yb	346.436	346.658	0.11
	345.188	345.419	0.11	Zr	360.119	360.017	0.05
Rh	343.489	344.770	0.64		351.960	352.047	0.01

表 12-9 光源内的干扰谱线和需用通带

测定线 λ/nm		邻近辐射线 λ/nm		需用通带 λ/nm	测定线 λ/nm		邻近辐射线 λ/nm		需用通带 λ/nm
Ag	338.3	Ne	337.8	2.3	Mn	279.5	Mn	280.1	
Au	242.8	Fe	242.82		Na	589.0	Na	589.5	
Co	240.7	Co	240.4				Ne	588.2	4
		Co	241.2			589.5	Ne	588.2	7
	341.3	Co	341.2		Nb	405.9	Ne	404.3	8
Cr	357.9	Ne	357.5	2	Nd	468.3	Nd	468.4	
		Ar	357.7			492.5	Nd	492.5	
Cr	359.35	Ne	359.35	0.02[①]	Ni	232.0	Ni	232.0	
	360.53	Ne	360.0	2.5		233.7	Ni	233.8	
		Ar	360.7			234.6	Ni	234.8	
Cu	324.8	Ne	323.2	7.3		234.8	Ni	234.7	
Dy	404.6	Ne	404.2	1.6		339.1	Ni	339.3	
Er	337.3	Ne	337.0	1.4		341.5	Ni	341.4	
Ga	371.4	Ne	371.0	1.9	Pb	217.0	Ar	271.1	
Ga	371.8	Ne	372.2	2.8			Ne	217.6	
In	325.6	In	325.9				Cu	216.5	
Ir	208.9	In	208.6		Pd	244.8	Pd	244.6	
	209.3	Ir	209.6					244.4	
Li	670.8	Ne	671.0	1.1				245.0	
Lu	336.0	Ne	336.1	0.5	Re	345.2	Ne	345.4	1.1
Mn	279.5	Mn	279.8				Re	345.3	

续表

测定线 λ/nm		邻近辐射线 λ/nm		需用通带 λ/nm	测定线 λ/nm		邻近辐射线 λ/nm		需用通带 λ/nm
Re	346.0	Ne	346.0	0.03[①]	Ti	374.1	Ti	374.1	
	345.9	Re	345.9		Tm	371.8	Ne	372.9	1.9
	346.5	Ne	346.5	0.9	U	356.7	Ne	356.9	0.9
Rh	343.5	Ne	344.1	2.8		358.5	Ne	359.4	4.3
Rh	369.2	Ne	369.4	0.9	V	306.6	V	306.7	
Ru	372.8	Ne	372.2	3		370.4	V	370.5	
Sc	402.4	Ne	404.2	9.4		437.9	V	438.0	
Se	203.98	Cu	202.4		W	255.1	W	255.0	
Si	251.6	Si	251.4		Yb	346.4	Ne	346.7	1
		Si	251.9		Zr	301.2	Zr	301.3	
Ta	227.6	Ta	227.5			303.0	Zr	302.8	
Te	214.3	Te	214.2		Zr	354.8	Zr	354.9	
Ti	337.1	Ne	337.0	0.7		352.0	Ne	352.0	0.4
	364.3	Ne	363.4	4.5		360.1	Ne	360.0	0.5
	365.3	Ne	366.4	5.3			Zr	359.9	

① 光谱重叠。

消除这种干扰常用方法是减小狭缝宽度，使光谱通带小到足以分离掉非吸收线；亦可采用另外的吸收线。如 Co 240.725nm 比 252.136nm 灵敏，但前者只允许用 0.2nm 的通带，而后者可允许用 0.65nm 的通带，信噪比比前者好。

（2）与光源发射有关的非吸收线干扰　原子吸收中使用空心阴极灯，它除了发射很强的元素共振谱线外，往往还发射其他谱线，如 Ni 空心阴极灯，在分析用的 232.0nm 谱线边上还发射 231.6nm 谱线，两者仅差 0.4nm，若使用 1nm 的单色器通带，则有可能使校准曲线弯向浓度轴，使测定灵敏度下降。一般通过减小狭缝宽度与灯电流或另选谱线消除非吸收线干扰。此外，空心阴极灯内的杂质会使灯产生连续背景，使测量灵敏度下降，可以通过在空心阴极灯上反向加电压处理而得到克服。

（3）与原子化有关的光谱干扰　对于火焰原子化器，火焰发射的连续光谱会干扰测定，通过单色器可以将大部分的连续光谱分离掉，但单色器通带区域内仍然有火焰辐射通过，可以对灯的发射谱线进行调制，将火焰的直流信号分离掉。

四、物理干扰

物理干扰是指溶质和溶剂的物理特性发生变化，引起吸光度下降的效应，主要指由于试液的黏度、表面张力、密度等的差异引起的雾化效率、溶剂和溶质的蒸发速率等变化而造成的干扰。含有大量的基体元素及其他盐类或酸类也影响到溶液的物理性质（产生基体效应）也会产生干扰。物理干扰是非选择性干扰。

消除物理干扰的方法有：① 避免使用黏度大的酸作为介质，降低试液黏度；② 加入一些有机溶剂；③ 配制与被测试样组成相似的标准溶液；④ 当样品溶液浓度较高时，可稀释试液。

无火焰原子吸收中的物理干扰包括：① 进样，进样体积的大小、位置和几何形状都会产生影响；② 记忆效应，待测元素残留在原子化器中造成的积累干扰称为记忆效应；③ 石墨管表面状态改变，在使用过程中使其表面变得疏松多孔导致样品流失和渗透，使扩散损失增大；④ 冷凝作用，石墨管中央温度高而两端低，当原子化蒸气从高温区向低温区迁移时可能发生原子蒸气的冷凝。

在无火焰原子吸收中消除物理干扰的方法有：采用自动进样器以保证进样条件一致；为

减少记忆效应而提高原子化温度和延长原子化时间，在一次测量之后用空烧或增加一步高温清洗；采用涂层石墨管；为减小石墨炉产生的误差要经常校正，发现不适于定量时及时更换石墨管；为避免冷凝作用在紧贴原子化器的有限范围内测定，或采用氩-氢混合气作为载气。

五、背景吸收干扰

背景是一种非原子吸收现象，多数人认为主要来自：

（1）光散射（微固体颗粒引起）　火焰中的气溶胶固体微粒存在，会使入射光发生散射，产生高于真实值的假吸收，使结果偏高。

（2）分子吸收　分子吸收是指在原子化过程中生成的气体分子、氧化物及盐类分子对辐射吸收而引起的干扰，包括火焰的成分，如 OH、CH、NH、CO 等分子基因吸收光源辐射；低温火焰中常存在碱金属和碱土金属的卤化物的吸收，如 NaCl、KCl、$CaCl_2$ 等双原子分子在波长小于 300nm 的紫外区有吸收带；在高温火焰中碱土金属的氧化物或氢氧化物也会吸收辐射，如 $Ca(OH)_2$ 的吸收带干扰钡 553.56nm 的吸收峰。

图 12-5 示出了钠的卤化物分子的吸收谱带。光散射是指在原子化过程中产生的固体微粒对光产生散射，使被散射的光偏离光路不为检测器所检测，导致吸光度值偏高。

背景吸收除了波长特征之外，还有时间、空间分布特征。分子吸收通常先于原子吸收信号之前产生，当有快速响应电路和记录装置时，可以从时间上分辨分子吸收和原子吸收信号。样品蒸气在石墨炉内分布的不均匀性，导致了背景吸收空间分布的不均匀性。

提高温度使单位时间内蒸发出的背景物的浓度增加，同时也使分子解离增加。这两个因素共同制约着背景吸收。在恒温炉中，提高温度和升温速率，使分子吸收明显下降。

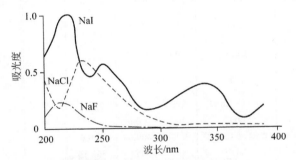

图 12-5　卤化钠的分子吸收谱带

在石墨炉原子吸收法中，背景吸收的影响比火焰原子吸收法严重，若不扣除背景，有时根本无法进行测定。

（3）火焰产生吸收现象　为消除背景干扰的影响，人们提出了各种方法。火焰原子化法中使用高温强还原性火焰，是一种有效的方法，但这样的火焰会使一些元素的灵敏度降低，并非适用于所有元素的测定。利用空白试液进行校正，配制与待测试样含有相同浓度基体元素的空白试液，测定其背景吸收值，再在试液测定中减去，可以达到校正的目的。此法虽然简单易行，但必须事先了解试样的基体元素及含量，往往会存在困难。

表 12-10 列出了空气-乙炔火焰中一些元素分子吸收光谱的分布范围、最大吸收波长及其强弱程度。

表 12-10　空气-乙炔火焰中的分子吸收光谱

	分子吸收带	吸收波长范围/nm	λ_{max}/nm	强度[①]		分子吸收带	吸收波长范围/nm	λ_{max}/nm	强度[①]
Li	LiCl	190.0～270.0	226.0	B	Li	LiI	190.0～350.0	190.0 225.0	B
	LiBr	190.0～310.0	190.0 250.0	B		LiOH	190.0～340.0	200.0 260.0	A

续表

分子吸收带		吸收波长范围/nm	λ_{max}/nm	强度①		分子吸收带	吸收波长范围/nm	λ_{max}/nm	强度①
Na	NaCl	190.0~300.0	236.0	B	Ti	TiO?	200.0~400.0		B
	NaBr	190.0~350.0	190.0 250.0	B	V	VO?	200.0~400.0	250.0 300.0	A
	NaI	200.0~380.0	220.0	B	Cr	CrO	200.0~400.0	219.0 297.5	A
	NaOH	200.0~400.0	234.0 332.0	A	Mo	MoO?	200.0~380.0	208.0	
K	KCl	190.0~285.0	243.0	B	W		200.0~400.0	220.0	B
	KBr	200.0~320.0	210.0	B	Mn	MnOH	200.0~400.0	256.0	A
	KI	190.0~380.0	190.0 240.0	B B	Fe		200.0~400.0		B
	KOH	200.0~400.0	200.0 329.0	A	Co		200.0~400.0		B
Rb	RbCl	190.0~295.0	190.0 250.0	B B	Ni		200.0~400.0		B
	RbBr		215.0	B	Pt		200.0~350.0	205.0	B
	RbI	190.0~380.0	190.0 245.0	B	Au		200.0~400.0		B
Cs	CsCl	190.0~285.0	190.0 248.0	B	Al	AlO?	200.0~430.0	241.0	A
	CsBr	190.0~330.0	190.0 275.0	B	Ga	GaCl GaO	200.0~300.0	240.0	A
	CsI	190.0~380.0	200.0 245.0	B	In	InCl InO	200.0~340.0	267.0	A
Be	BeO 或 BeOH	190.0~400.0	217.0	B	C	C_2			B
Mg	MgOH	200.0~400.0	270.0	B	Si	?	200.0~400.0	225.0	B
Ca	CaO 或 CaOH	200.0~400.0	200.0	A	Sn	SnO	200.0~380.0	322.0	B
	CaOH	540.0~600.0	553.16	A	N	NO	190.0~230.0	214.9	B
Sr	SrO 或 SrOH	590.0~660.0 200.0~400.0	625.0 200.0	A	P	PO	200.0~390.0	246.3	A
	SrOH	620.0~700.0	670.0	B	S	SO_2	180.0~350.0 200.0~400.0	207.0 —	B A
Ba	BaO 或 BaOH	200.0~350.0	200.0	A	Tl	—	200.0~250.0	216.0	B
La	LaO 或 LaOH	200.0~430.0	200.0	A					
Ce	CeO?	200.0~400.0		B					

① A 表示吸收值大，B 表示中等程度吸收。

石墨炉中，分子吸收是在灰化、原子化阶段，某些稳定的化合物以分子形式蒸发进入吸收区或某些化合物分解形成的小分子进入吸收区产生。表 12-11 列出了部分盐类分子吸收波长范围及最大吸收波长。表中分子一列的含义是如 H_2SO_4 的吸收光谱，主要是 SO_2 产生的分子吸收，磷酸盐的吸收光谱是磷的氧化物的分子吸收。

表 12-11 部分盐类分子吸收波长范围及最大吸收波长

化合物	吸收波长范围/nm	分子式	λ_{max}/nm	化合物	吸收波长范围/nm	分子式	λ_{max}/nm
H_2SO_4	190~330	SO_2	200	Ha_2SO_4	190~350	SO_2	200
HNO_3	190~240	NO	205,215			SQ	
H_3PO_4	190~300(弱)	P_xO_y		$NaNO_3$	190~500	NO	205,215
Na_2HPO_4	190~350(强)	P_xO_y, P_2				NO_2	

续表

化合物	吸收波长范围/nm	分子式	λ_{max}/nm	化合物	吸收波长范围/nm	分子式	λ_{max}/nm
LiCl	190~280	LiCl	226	SrCl$_2$	190~300	SrCl	219
LiBr	190~310	LiBr	250	BaCl$_2$	190~300	BaCl	220
LiI	190~350	LiI	225	CdCl$_2$	200~270		210
NaCl	190~310	NaCl	240	Al(NO$_3$)$_3$	200~280	AlO	214,254
NaBr	190~350	NaBr	250	Al-NaBr	276~284	AlBr	279,280
NaI	200~380	NaI	220,234	Al-NaCl	258~265	AlCl	261,262
KCl	190~300	KCl	195,244	Al-NaF	227①	AlF	226,227
KBr	200~330	KBr	254,274	Ga(NO$_3$)$_3$	190~280	CaO	240
KI	190~380	KI	240	GaCl$_3$	241~270	CaCl	247
RbCl	190~295	RbCl	250	GaBr$_3$	265①	CaBr	265
RbBr	190~325	RbBr	215	Ga-NaF	209~220	GaF	211
RbI	190~380	RbI	245		292~305		
CsCl	190~285	CsCl	248	In(NO$_3$)$_3$	206~350	InO	206,270
CsBr	190~330	CsBr	275	InCl$_3$	265~296	InCl	266,267
CsI	190~380	CsI	245	InF$_3$	227~253	InF	234
BeCl$_2$	357	BeCl	357	In-NaBr	285~308	InBr	284
BeF$_2$	300~400	BeF	301	TlCl	190~290	TlCl	252,311
MgF$_2$	220~360	MgF	235,269,358		305~330		323
MgCl$_2$	200~300	MgCl	270,377	SnCl$_2$	190~350	SnCl	198,323
CaF$_2$	300~330	CaF	331,325	PbCl$_2$	200~300		
CaCl$_2$	190~300	CaCl	214				

① 吸收波长的中心位置。

　　散射背景是指原子化过程中产生的固体微粒对光源辐射光的散射而形成的假吸收。当基体浓度大时，由于热量不足，基体物质不能全部蒸发，一部分以固体微粒状态存在。微粒散射光强度与微粒本身的大小和入射光的波长有关，当微粒的直径小于入射光的波长的 1/10 时，服从瑞利散射定律：

$$I = 24\pi^3 \frac{NV^3}{\lambda^4} \tag{12-15}$$

　　式中，I 为散射光强度；N 为产生散射光的微粒数；λ 为入射光的波长；V 为微粒的体积。散射光强度和波长的四次方成反比。随着微粒直径的增大，不再遵守瑞利散射定律，而是遵守米氏散射定律，即散射强度与波长无关。

　　散射对吸收线位于短波区的元素的测定影响较大，当基体浓度高时，或使用长光程火焰、发亮火焰或全消耗火焰进行测定时，更要注意散射的影响。

　　在原子吸收光谱法中，由分子吸收和光散射产生的表观的虚假吸收可以采用各种背景校正技术消除，最常用的一种是连续光谱法（氘灯法），即用氘灯测定背景吸收，再从测得的表观总吸收值中减去背景吸收值，得到真实吸收值；另一种常用的方法是利用塞曼效应校正背景的方法。其他较常用的还有双波长法、共振线吸收法、时间分辨测光法和波长调制法等（以上方法将在第十四章第六节原子吸收光谱分析中的背景校正技术中作较详细的介绍）以上各种背景校正技术都为光学方法，其他的方法还有石墨炉原子吸收中增加灰化温度，加入基体改进剂，利用电容放电高速加热和平台技术，在灰化阶段引入氧气和采用适当的升温程序等。在火焰原子吸收中采用高温火焰和用与试剂溶液相似成分的标准溶液作工作曲线的方法来消除背景吸收干扰。

第四节　原子吸收光谱分析的定量关系

一、吸光度与被测元素浓度关系

1. 吸收曲线的面积与吸光原子数的关系——积分吸收测量

原子吸收光谱产生于基态原子对特征谱线的吸收。在一定条件下，基态原子数 N_0 正比于吸收曲线下面所包括的整个面积。根据经典色散理论，其定量关系式为：

$$\int K_\nu \mathrm{d}\nu = \frac{\pi e^2}{mc} N_0 f \tag{12-16}$$

式中，e 为电子电荷；m 为电子质量；c 为光速；N_0 为单位体积原子蒸气中吸收辐射的基态原子数，亦即基态原子密度；f 为振子强度，代表每个原子中能够吸收或发射特定频率光的平均电子数，在一定条件下对一定元素，f 可视为一定值。

若上式中 $N_0 \approx N$，且对于给定的元素来讲，f 可视为定值，$\pi e^2/(mc)$ 项为常数，用 k 表示，得：

$$\int K_\nu \mathrm{d}\nu = kN \tag{12-17}$$

上式表明，积分吸收与原子密度成正比。如果能求得积分吸收，便可求得待测定元素的浓度。由于大多数元素吸收线的半宽度为 $10^{-3} \sim 10^{-2}$nm，测量其积分吸收，需要高分辨的色散仪，这是长期以来未能实现积分测量的原因，障碍了原子吸收法的应用。现在仍采用低分辨率的色散仪，以峰值吸收测量法代替积分吸收测量法进行定量分析。

2. 吸收曲线的峰值与吸光原子数的关系——峰值吸收测量

从式（12-16）可见，只要测得积分吸收值，即可算出待测元素的原子密度。但由于积分吸收测量的困难，通常以测量峰值吸收代替测量积分吸收，因为在通常的原子吸收分析条件下，若吸收线的轮廓主要取决于多普勒变宽时，则峰值吸收系数 K_0 与基态原子数 N_0 之间存在如下关系：

$$K_0 = \frac{2\sqrt{\pi \ln 2}}{\Delta \nu_\mathrm{D}} \cdot \frac{e^2}{mc} N_0 f \tag{12-18}$$

上式表示峰值吸收系数与单位体积内吸收原子数目的关系。

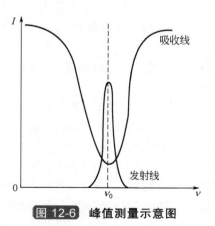

图 12-6　峰值测量示意图

1955 年沃尔什提出采用锐线光源，测量吸收线的峰值吸收。他认为在一定条件下，峰值吸收同被测元素的原子密度也成线性关系，因此，解决了原子吸收光谱分析法的实际测量问题。

以峰值吸收测量代替积分吸收测量的必要条件是：

① 锐线光源辐射的发射线与原子吸收线的中心频率 ν_0（或波长 λ_0）相重合；

② 锐线光源发射线的半宽度比吸收线的半宽度更窄，一般为吸收线半宽度的 $1/5 \sim 1/10$，这样，峰值吸收与积分吸收非常接近，如图 12-6 所示。

在此条件下，用峰值吸收测量法就可代替积分吸收测量法，只要测量吸收前后发射线强度的变化，便可求出被测定元素的含量。

二、原子吸收测量的基本关系式

当频率为 ν、强度为 I_ν 的平行辐射垂直通过均匀的原子蒸气时，原子蒸气对辐射产生吸收，符合朗伯（Lambert）定律，即：

$$I_\nu = I_{0\nu} e^{-k_\nu L} \tag{12-19}$$

式中，$I_{0\nu}$ 为入射辐射强度；I_ν 为透过原子蒸气吸收层的辐射强度；L 为原子蒸气吸收层的厚度；k_ν 为吸收系数。

当在原子吸收线中心频率附近一定频率范围 $\Delta\nu$ 测量时，则

$$I_0 = \int_0^{h\nu} I_{0\nu}\, \mathrm{d}\nu \tag{12-20}$$

$$I = \int_0^{h\nu} I_\nu\, \mathrm{d}\nu = \int_0^{h\nu} I_{0\nu} e^{-k_\nu L}\, \mathrm{d}\nu \tag{12-21}$$

当使用锐线光源时，$\Delta\nu$ 很小，可以近似地认为吸收系数在 $\Delta\nu$ 内不随频率 ν 而改变，并以中心频率处的峰值吸收系数 k_0 来表征原子蒸气对辐射的吸收特性，则吸光度 A 为：

$$A = \lg\frac{I_0}{I} = \lg\frac{\int_0^{h\nu} I_{0\nu}\, \mathrm{d}\nu}{\int_0^{h\nu} I_{0\nu} e^{-k_\nu L}\, \mathrm{d}\nu} = \lg\frac{\int_0^{h\nu} I_{0\nu}\, \mathrm{d}\nu}{e^{-k_\nu L} \int_0^{h\nu} I_{0\nu}\, \mathrm{d}\nu} = 0.4343 K_0 L \tag{12-22}$$

将式（12-18）代入式（12-22），得到：

$$A = 0.4343 \frac{2\sqrt{\pi\ln 2}}{\Delta\nu_D} \cdot \frac{e^2}{mc} N_0 f L \tag{12-23}$$

在通常的原子吸收测定条件下，原子蒸气相中基态原子数 N_0 近似地等于总原子数 N。

在实际工作中，要求测定的并不是蒸气相中的原子浓度，而是被测试样中的某元素的含量。当在给定的实验条件下，被测元素的含量 C 与蒸气相中原子浓度 N 之间保持一稳定的比例关系时，有：

$$N = \alpha C \tag{12-24}$$

式中，α 是与实验条件有关的比例常数。因此，式（12-23）可以写为：

$$A = 0.4343 \frac{2\sqrt{\pi\ln 2}}{\Delta\nu_D} \cdot \frac{e^2}{mc} f L \alpha C \tag{12-25}$$

当实验条件一定时，各有关参数为常数，式（12-25）可以简写为：

$$A = KC \tag{12-26}$$

式中，K 为与实验条件有关的常数。式（12-26）即为原子吸收测量的基本关系式。此式表明，在确定的实验条件下，吸光度与待测元素浓度成线性关系。这是原子吸收光谱分析的实用关系式。因为 K 是与实验条件有关的参数，因此，必须使用校正曲线法进行原子吸收光谱的定量分析。

第五节　原子吸收光谱法常用基本数据

一、元素共振线的跃迁谱项

对于非过渡元素原子吸收共振线的相应谱项，可由它的原子电子构型推导出来。一般先

把基态的 L、S、J 求出来，得到基态谱项。然后，根据选择定则求出激发态的 L、S、J，这样就求出共振跃迁相应的激发态谱项。例如钠的电子构型是（Ar）3s，即在主量子数 3 层有一个电子，于是 $L=0$，$S=1/2$，$J=L+S=1/2$，它的基态谱项为 $3^2S_{1/2}$，由选择原则，它的共振跃迁必定是 P 态，多重性仍为 $2S+1=2$，但 J 有两个不同的值，即 $1+1/2=3/2$，$1-1/2=1/2$，激发态谱项为 $3^2P_{1/2}$ 和 $3^2P_{3/2}$。两种不同的共振跃迁 $3^2S_{1/2}$—$3^2P_{1/2}$ 及 $3^2S_{1/2}$—$3^2P_{3/2}$ 产生 589.592nm 及 588.905nm 波长谱线。

表 12-12 中给出原子基态的电子构型、电子跃迁以及相应于该跃迁所产生的谱线波长。

表 12-12 元素共振线的跃迁谱项[7]

元素		电子构型	基态光谱项	共振跃迁	λ/nm
第 1 族					
	Li	(He)2s	$2^2S_{1/2}$	2s—2p	670.78
	Na	(Ar)3s	$3^2S_{1/2}$	3s—3p	588.995
					589.592
	K	(Kr)4s	$4^2S_{1/2}$	4s—4p	766.491
					769.898
	Rb	(Xe)5s	$5^2S_{1/2}$	5s—5p	852.110
					894.350
第 2 族					
	Be	$1s^22s^2$	2^1S_0	$2s^2$—2s2p	234.861
	Mg	(Ne)$3s^2$	3^1S_0	$3s^2$—3s3p	285.213
	Ca	(Ar)$4s^2$	4^1S_0	$4s^2$—4s4p	422.673
	Sr	(Kr)$5s^2$	5^1S_0	$5s^2$—5s5p	460.733
	Ba	(Xe)$6s^2$	6^1S_0	$6s^2$—6s6p	553.548
第 3 族					
	Sc	(Ar)$3d4s^2$	$4^2D_{3/2}$	$4s^2$—4s4p	399.661
					402.040
					402.369
					404.779
	Y	(Kr)$4d5s^2$	$5^2D_{3/2}$	$5s^2$—5s5p	403.983
					412.831
					414.285
					423.594
	La	(Xe)$5d6s^2$	$6^2D_{3/2}$	$6s^2$—6s6p	515.869
					545.515
					550.134
					583.979
第 4 族					
	Ti	(Ar)$3d^24s^2$	4^3F_2	$4s^2$—4s4p	263.154
					263.242
					264.426
					264.664
	Zr	(Kr)$4d^25s^2$	5^3F_2	$5s^2$—5s5p	298.539
					351.960
	Hf	(Xe)$5d^26s^2$	4^3F_2	$6s^2$—(6s6p)	307.288
					286.637
第 5 族					
	V	(Ar)$3d^34s^2$	$4^4F_{3/2}$	$4s^2$—4s4p	318.540
					318.341
					318.398

续表

元素		电子构型	基态光谱项	共振跃迁	λ/nm
第 5 族					
	Nb[①]	$(Kr)4d^45s$	$^6D_{1/2}$	$5s$—$5p$	407.973
					405.894
	Ta	$(Xe)5d^36s^2$	$6^4F_{3/2}$	$6s^2$—$6s6p$	271.467
					277.588
第 6 族					
	Cr	$(Ar)3d^54s$	4^7S_3	$3d^54s$—$3d^44s4p$	357.869
					359.349
					360.533
	Mo	$(Kr)4d^55s$	5^7S_3	$4d^55s$—$4d^45s5p$	313.259
					317.033
					319.397
	W	$(Xe)5d^46s^2$	$^5D_0$	$6s^2$—$6s6p$	255.135
第 7 族					
	Mn	$(Ar)3d^54s^2$	$4^6S_{5/2}$	$4s^2$—$4s4p$	279.482
					279.827
					280.106
	Tc	$(Kr)4d^55s^2$	$5^6S_{5/2}$	?	?
	Re	$(Xe)5d^56s^2$	$6^6S_{5/2}$	$6s^2$—$6s6p$	345.188
					346.046
					346.473
第 8 族					
	Fe	$(Ar)3d^64s^2$	4^5D_4	$4s^2$—$4s4p$	248.327
					252.285
	Ru	$(Kr)4d^75s$	$^5F_5$	$5s$—$5p$	372.803
					349.894
	Os	$(Xe)5d^66s^2$	6^5D_4	$6s^2$—$6s6p$	290.906
					305.866
第 9 族					
	Co	$(Ar)3d^74s^2$	$4^4F_{9/2}$	$4s^2$—$4s4p$	242.493
					238.486
	Rb	$(Kr)4d^85s$	$5^4F_{9/2}$	$5s$—$5p$	343.489
	Ir	$(Xe)5d^76s^2$	$6^4F_{9/2}$	$6s^2$—$6s6p$	208.882
第 10 族					
	Ni	$(Ar)3d^84S^2$	4^3F_4	$4s^2$—$4s4p$	232.003
	Pd	$(Kr)4d^{10}$	$^1S_0$	$4d^{10}$—$4d^95p$	244.791
	Pt	$(Xe)5d^96s$	$^3D_3$	$6s$—$6p$	265.945
第 11 族					
	Cu	$(Ar)3d^{10}4s$	$4^2S_{1/2}$	$4s$—$4p$	324.754
					327.396
	Ag	$(Kr)4d^{10}5s$	$5^2S_{1/2}$	$5s$—$5p$	328.068
					338.289
	Au	$(Xe)5d^{10}6s$	$6^2S_{1/2}$	$6s$—$6p$	242.796
					267.595
第 12 族					
	Zn	$(Ar)3d^{10}4s^2$	4^1S_0	$4s^2$—$4s4p$	213.856
	Cd	$(Kr)4d^{10}5s^2$	5^1S_0	$5s^2$—$5s5p$	228.802
	Hg	$(Xe)4f^{14}5d^{10}6s^2$	6^1S_0	$6s^2$—$6s6p$	(紫外真空)

第三篇

元素	电子构型	基态光谱项	共振跃迁	λ/nm
第 13 族				
B	$1s^2 2s^2 2p$	$2\,^2P_{1/2}$	$2p$—$3s$	249.772
				249.677
			$2s^2 2p$—$2s2p^2$	208.957
				208.334
Al	$(Ne)3s^2 3p$	$3\,^2P_{1/2}$	$3p$—$4s$	396.152
				394.401
			$3p$—$3d$	308.215
				309.271
				309.284
Ga	$(Ar)3d^{10} 4s^2 4p$	$4\,^2P_{1/2}$	$4p$—$5s$	403.298
			$4p$—$5s$	417.206
			$4p$—$4d$	287.424
				294.364
				294.418
In	$(Kr)4d^{10} 5s^2 5p$	$5\,^2p_{1/2}$	$5p$—$6s$	410.176
				451.131
			$5p$—$5d$	303.936
				325.609
				325.856
Tl	$(Xe)4f^{14} 5d^{10} 6s^2 6p$	$6\,^2P_{1/2}$	$6p$—$7s$	377.572
				535.046
			$6p$—$6d$	276.787
				351.924
				352.943
第 14 族				
C	$1s^2 2s^2 2p^2$	$2\,^4p_0$	$2s^2 2p^2$—$2s2p^4$	(紫外真空)
Si	$(Ne)3s^2 3p^2$	$3\,^3P_0$	$3p^2$—$3p4s$	250.590
				251.432
				251.611
				251.920
				252.411
				252.851
Ge	$(Ar)3d^{10} 4s^2 4p^2$	$4\,^3P_0$	$4p^2$—$4p5s$	259.254
				265.118
				265.158
				269.134
				270.963
				275.459
Sn	$(Kr)4d^{10} 5s^2 5p^2$	$5\,^3P_0$	$5p^2$—$5p6s$	270.651
				283.999
				286.333
				300.914
				303.412
				317.505
Pb	$(Xe)4f^{14} 5d^{10} 6s^2 6p^2$	$6\,^3P_0$	$6p^2$—$6p7s$	283.306
				363.958
				368.348
				405.783

元素		电子构型	基态光谱项	共振跃迁	λ/nm
第15族					
	N	$1s^2 2s^2 2p^3$	$2\,^4S_{3/2}$	$2p^3$—$2p^2 3s$	(紫外真空)
	P	$(Ne)3s^2 3p^3$	$3\,^4S_{3/2}$	$3p^3$—$3p^2 4s$	177.999
					178.287
					178.768
	As	$(Ar)3d^{10}4s^2 4p^3$	$4\,^4S_{3/2}$	$4p^3$—$4p^2 5s$	193.693
					197.197
	Sb	$(Kr)4d^{10}5s^2 5p^3$	$5\,^4S_{3/2}$	$5p^3$—$5p^2 6s$	206.833
					217.581
					231.147
	Bi	$(Xe)4f^{14}5d^{10}6s^2 6p^3$	$6\,^4S_{3/2}$	$6p^3$—$6p^2 7s$	306.772
第16族					
	O	$1s^2 2s^2 2p^4$	$2\,^3P_2$	$2p^4$—$2p^3 2s$	(紫外真空)
	S	$(Ne)3s^2 3p^4$	$3\,^3P_2$	$3p^4$—$3p^3 4s$	180.734
					182.036
					182.626
	Se	$(Ar)3d^{10}4s^2 4p^4$	$4\,^3P_2$	$4p^4$—$4p^3 5s$	196.026
					203.985
					206.279
	Te	$(Kr)4d^{10}5s^2 5p^4$	$5\,^3P_2$	$5p^4$—$5p^3 6s$	214.275
					238.325
					238.576

① 这是原子基态中的反常现象，V、Ta 的 $^6D_{1/2}$ 谱项接近基态，Nb 的 $^4D_{3/2}$ 谱项接近基态。

二、部分原子吸收线的振子强度

见表 12-13。

表 12-13 部分原子吸收线的振子强度

元素	吸收线 λ/nm	振子强度	元素	吸收线 λ/nm	振子强度	元素	吸收线 λ/nm	振子强度
Ag	328.07	0.46	Ca^+	396.85	0.344	K	404.72	0.00305
	338.29	0.22	Cd	228.80	1.3	Li	670.78	0.753
Al	309.27	0.16		326.11	0.001		323.26	0.00552
	309.28	0.18	Co	304.40	0.023	Mg	285.21	1.81
	396.15	0.12		346.58	0.018		202.58	0.22
	237.31	0.11	Cr	357.87	0.3	Mg^+	279.55	0.920
	237.34	0.012		425.44	0.08		280.27	0.313
	256.80	0.044	Cs	852.11	0.73	Mn	279.48	0.57
Au	242.80	0.29		893.45	0.36		403.08	0.056
	267.60	0.13		455.54	0.017	Mo	313.26	0.2
B	249.77	0.11	Cu	324.75	0.32	Na	589.00	0.655
	249.68	0.11		327.40	0.16		589.59	0.327
Ba	553.55	1.5	Fe	371.99	0.035		330.24	0.0094
Be	234.86	1.36	Ga	287.42	0.32		330.30	0.0048
Be^+	313.06	0.505	Hg	253.65	0.025	Ni	341.48	0.14
Bi	306.77	0.12	In	303.94	0.28	P	177.50	0.15
C	165.72	0.17		410.48	0.12	Pb	283.31	0.20
Ca	422.67	1.75	K	766.49	0.682	Rb	780.02	0.675
	239.86	0.0433		769.90	0.339		794.76	0.335
Ca^+	393.37	0.69		404.41	0.0061		420.18	0.015

续表

元素	吸收线 λ/nm	振子强度	元素	吸收线 λ/nm	振子强度	元素	吸收线 λ/nm	振子强度
S	181.37	0.12	Te	225.90	0.0018	V	318.40	0.7
Sb	231.15	0.04	Ti	364.27	0.14		437.92	0.25
Si	251.61	0.12		399.86	0.09		390.22	0.04
Sn	286.33	0.19	Tl	276.79	0.30	Zn	213.86	1.5
Sr	460.73	1.55		377.57	0.13		307.59	0.00013

三、原子吸收光谱分析中元素主要吸收线及相对灵敏度

见表 12-14。

表 12-14 原子吸收光谱分析中元素主要吸收线及相对灵敏度[8]

元素	吸收线 λ/nm	相对灵敏度	元素	吸收线 λ/nm	相对灵敏度	元素	吸收线 λ/nm	相对灵敏度
Ag	328.1	1.0	Er	390.5	20	Lu	451.9	11
	338.3	1.9	Eu	459.4		Mg	285.2	1.0
Al	309.3	1.0	Fe	248.3	1.0		202.5	24
	396.2	1.1		371.9	5.7	Mn	279.5	1.0
	394.4	2.4		373.7	10		280.1	1.9
	236.7	6.3		346.5	110		403.1	9.5
As	193.7	1.0	Ga	287.4	1.0	Mo	313.3	1.0
	197.2	2.0		294.4	1.0		315.8	4.0
Au	242.8	1.0		245.0	9.6		311.2	20
	267.6	1.8		271.9	20	Na	589.0	1.0
B	249.68		Gd	407.8	1.0		589.6	1.0
Ba	553.55	1.0		368.4	1.1		330.2	185
	3501.1	16		394.6	6.5	Nb	334.4	1.0
Be	234.86		Ge	265.1	1.0		357.6	2.5
Bi	233.0	1.0		269.1	3.8		415.3	5.1
	222.8	2.4	Hf	286.6		Nd	463.4	1.0
	306.7	3.7	Hg	253.6			471.9	2.1
Ca	422.7	1.0	Ho	410.4	1.0	Ni	232.0	1.0
	239.8	120		404.1	5.2		305.1	4.5
Cd	228.8	1.0		412.7	11		303.7	12
	326.1	435		395.5	45		294.4	54
Co	240.7	1.0	In	303.9	1.0	Os	290.9	1.0
	252.1	2.0		325.6	1.0		301.8	3.2
	304.4	12		256.0	12		426.1	30
	346.5	30		275.4	29	P	213.8	1.0
Cr	357.8	1.0	Ir	263.9	1.0	Pb	283.3	1.0
	360.5	2.2		254.4	2.1		217.0	0.4
	428.9	4.5		351.3	8.6		261.4	10
Cs	852.1	1.0	K	766.5	1.0		368.4	25
	455.5	85		769.9	2.3	Pd	247.6	1.0
Cu	324.7	1.0		404.4	500		340.5	3.0
	216.5	6.0	La	550.1	1.0	Pr	495.1	1.0
	224.4	157		357.4	4.0	Pr	502.7	2.5
Dy	421.2	1.0		392.8	4.0		503.3	3.7
	419.5	1.6	Li	670.8	1.0	Pt	265.9	1.0
	416.8	6.8		823.3	235		248.7	5.0
Er	400.8	1.0	Lu	336.0	1.0		271.9	8.2
	389.3	5.0		337.7	2.0	Rb	780.0	1.0

元素	吸收线 λ/nm	相对灵敏度	元素	吸收线 λ/nm	相对灵敏度	元素	吸收线 λ/nm	相对灵敏度
Rb	420.2	120	Sm	429.7	1.0	Tm	371.8	1.0
Re	346.1	1.0		472.8	2.0		420.4	3.0
	345.2	2.4	Sn	224.6	1.0	U	58.5	1.0
Rh	343.5	1.0		254.7	5.4		351.5	2.8
	365.8	6.0		266.1	29	V	318.3	1.0
	350.7	45	Sr	460.7			318.5	1.0
Ru	349.8	1.0	Ta	274.2	1.0		390.2	6.5
	379.9	2.2		293.4	2.5	W	400.8	1.0
	392.6	11	Tb	432.7	1.0		255.1	0.5
Sb	217.6	1.0		410.5	3.6		283.1	1.0
	231.2	2.1	Tc	261.4	1.0	Y	410.2	1.0
Sc	394.2	1.0		261.6	1.0		362.1	2.0
	390.8	1.0		318.2	10	Yb	398.8	1.0
	327.4	12		317.3	100		246.5	7.5
Se	196.6	1.0	Te	214.3	1.0		267.2	40
	204.0	3.0		225.9	15	Zn	213.9	1.0
	207.5	35	Ti	365.4	1.0		307.6	4700
Si	251.6	1.0		364.3	1.1	Zr	360.1	1.0
	252.9	3.2	Tl	276.8	1.0		298.5	1.7
	221.1	8		238.0	6.7		362.4	1.9

四、谱线宽度数据

在火焰条件下碰撞截面积的实验测量范围为 $0.5\sim1.2nm^2$，表 12-15、表 12-16 中 $\delta\lambda_C$（低）指截面积 $0.5nm^2$，$\delta\lambda_C$（高）指截面积 $1.2nm^2$，$\delta\lambda_D$ 是多普勒宽度。谱线总宽度 $\delta\lambda_T$ 是按下式计算的：

$$\delta\lambda_T = \frac{\delta\lambda_C}{2} + \sqrt{\frac{\delta\lambda_C}{2} + \delta\lambda_D^2} \tag{12-27}$$

1. 空气-乙炔火焰谱线宽度数据

表 12-15 空气-乙炔火焰谱线宽度数据[7]

元素	λ/nm	$\delta\lambda_D/nm$	$\Delta\lambda_C$(低)/nm	$\Delta\lambda_C$(高)/nm	$\delta\lambda_T$(低)/nm	$\delta\lambda_T$(高)/nm
Ag	328.068	0.0011	0.0008	0.0020	0.0016	0.0025
	338.289	0.0012	0.0009	0.0021	0.0017	0.0026
Al	309.271	0.0021	0.0009	0.0022	0.0026	0.0035
	309.284	0.0021	0.0009	0.0022	0.0026	0.0035
	394.401	0.0027	0.0015	0.0036	0.0036	0.0051
	396.152	0.0027	0.0015	0.0037	0.0036	0.0051
As	193.696	0.0008	0.0003	0.0007	0.0010	0.0012
	197.197	0.0008	0.0003	0.0007	0.0010	0.0013
	234.984	0.0010	0.0004	0.0011	0.0012	0.0016
	249.291	0.0010	0.0005	0.0012	0.0013	0.0018
	286.044	0.0012	0.0007	0.0016	0.0015	0.0022
	289.871	0.0012	0.0007	0.0016	0.0016	0.0022
Au	242.795	0.0006	0.0004	0.0010	0.0009	0.0013
	267.595	0.0007	0.0005	0.0013	0.0010	0.0015
B	249.677	0.0027	0.0008	0.0019	0.0031	0.0038
	249.772	0.0027	0.0008	0.0019	0.0031	0.0038

元素	λ/nm	$\delta\lambda_{\rm P}$/nm	$\Delta\lambda_{\rm C}$(低)/nm	$\Delta\lambda_{\rm C}$(高)/nm	$\delta\lambda_{\rm T}$(低)/nm	$\delta\lambda_{\rm T}$(高)/nm
Ba	455.403	0.0014	0.0016	0.0037	0.0024	0.0042
	553.548	0.0017	0.0023	0.0055	0.0032	0.0060
Be	234.861	0.0028	0.0008	0.0018	0.0032	0.0038
Bi	206.170	0.0005	0.0003	0.0007	0.0007	0.0010
	223.061	0.0005	0.0004	0.0009	0.0008	0.0011
	302.464	0.0007	0.0007	0.0016	0.0011	0.0019
	306.772	0.0008	0.0007	0.0016	0.0012	0.0019
	472.219	0.0012	0.0016	0.0039	0.0022	0.0042
Ca	393.366	0.0022	0.0014	0.0033	0.0030	0.0044
	422.673	0.0024	0.0016	0.0038	0.0033	0.0049
Cd	228.802	0.0008	0.0004	0.0010	0.0010	0.0014
	326.106	0.0011	0.0008	0.0019	0.0016	0.0024
Co	240.725	0.0011	0.0005	0.0012	0.0014	0.0018
	242.493	0.0011	0.0005	0.0012	0.0014	0.0018
	252.897	0.0012	0.0005	0.0013	0.0015	0.0020
	345.350	0.0016	0.0010	0.0024	0.0022	0.0032
	352.685	0.0016	0.0010	0.0025	0.0022	0.0033
	425.231	0.0020	0.0015	0.0036	0.0028	0.0045
Cr	357.869	0.0018	0.0011	0.0026	0.0024	0.0035
	359.349	0.0018	0.0011	0.0026	0.0024	0.0035
	425.436	0.0021	0.0015	0.0037	0.0030	0.0046
	520.604	0.0026	0.0023	0.0055	0.0039	0.0065
Cs	852.110	0.0026	0.0054	0.0131	0.0065	0.0136
	894.350	0.0028	0.0060	0.0144	0.0071	0.0149
Cu	324.754	0.0014	0.0009	0.0021	0.0019	0.0028
	327.396	0.0015	0.0009	0.0021	0.0020	0.0028
Fe	248.327	0.0012	0.0005	0.0012	0.0015	0.0019
	248.975	0.0012	0.0005	0.0012	0.0015	0.0020
	371.994	0.0018	0.0012	0.0028	0.0024	0.0036
	385.991	0.0018	0.0012	0.0030	0.0026	0.0039
Ga	287.424	0.0012	0.0007	0.0016	0.0016	0.0023
	294.364	0.0012	0.0007	0.0017	0.0016	0.0023
	294.418	0.0013	0.0007	0.0017	0.0016	0.0023
	417.206	0.0018	0.0014	0.0034	0.0026	0.0041
Ge	206.865	0.0009	0.0003	0.0008	0.0010	0.0014
	265.118	0.0011	0.0006	0.0014	0.0014	0.0020
	265.158	0.0011	0.0006	0.0014	0.0014	0.0020
Hf	286.637	0.0048	0.0006	0.0014	0.0011	0.0018
	307.288	0.0008	0.0007	0.0017	0.0012	0.0020
	368.224	0.0010	0.0010	0.0024	0.0016	0.0027
Hg	253.652	0.0006	0.0005	0.0011	0.0009	0.0014
In	303.936	0.0010	0.0007	0.0017	0.0014	0.0022
	325.609	0.0011	0.0008	0.0019	0.0016	0.0024
	410.176	0.0014	0.0013	0.0031	0.0021	0.0036
	451.131	0.0015	0.0015	0.0037	0.0025	0.0042
Ir	208.882	0.0005	0.0003	0.0008	0.0007	0.0010
	254.397	0.0007	0.0005	0.0011	0.0009	0.0014
	263.942	0.0007	0.0005	0.0012	0.0010	0.0015
	263.971	0.0007	0.0005	0.0012	0.0010	0.0015
	380.012	0.0010	0.0011	0.0025	0.0016	0.0029
K	766.491	0.0043	0.0052	0.0126	0.0077	0.0139

续表

元素	λ/nm	$\delta\lambda_D$/nm	$\Delta\lambda_C$(低)/nm	$\Delta\lambda_C$(高)/nm	$\delta\lambda_T$(低)/nm	$\delta\lambda_T$(高)/nm
K	769.898	0.0044	0.0053	0.0127	0.0077	0.0140
La	418.732	0.0013	0.013	0.0031	0.0021	0.0036
	545.515	0.0016	0.0022	0.0053	0.0031	0.0058
	550.134	0.0017	0.0023	0.0054	0.0031	0.0059
	576.934	0.0017	0.0025	0.0060	0.0034	0.0064
	657.851	0.0020	0.0032	0.0078	0.0042	0.0082
Li	323.263	0.0044	0.0016	0.0038	0.0052	0.0067
	670.780	0.0090	0.0069	0.0165	0.0131	0.0205
Mg	285.213	0.0021	0.0008	0.0019	0.0025	0.0032
Mn	279.482	0.0013	0.0007	0.0016	0.0017	0.0023
	279.827	0.0013	0.0007	0.0016	0.0017	0.0023
	280.106	0.0013	0.0007	0.0016	0.0017	0.0023
	403.076	0.0019	0.0014	0.0033	0.0027	0.0042
	403.307	0.0019	0.0014	0.0033	0.0027	0.0042
	403.449	0.0019	0.0014	0.0033	0.0027	0.0042
Mo	313.259	0.0011	0.0008	0.0018	0.0016	0.0024
	317.035	0.0011	0.0008	0.0019	0.0016	0.0024
	379.825	0.0014	0.0011	0.0027	0.0020	0.0033
	386.411	0.0014	0.0012	0.0028	0.0021	0.0034
	390.296	0.0014	0.0012	0.0028	0.0021	0.0034
Na	588.995	0.0044	0.0035	0.0084	0.0065	0.0103
	589.592	0.0044	0.0035	0.0085	0.0065	0.0103
Nb	334.910	0.0012	0.0009	0.0021	0.0017	0.0027
	405.894	0.0015	0.0013	0.0031	0.0023	0.0037
	407.973	0.0015	0.0013	0.0031	0.0023	0.0037
Ni	231.096	0.0011	0.0004	0.0011	0.0013	0.0017
	232.003	0.0011	0.0004	0.0011	0.0013	0.0017
	341.476	0.0016	0.0010	0.0023	0.0021	0.0031
	352.454	0.0016	0.0010	0.0025	0.0022	0.0033
Os	290.906	0.0007	0.0006	0.0015	0.0011	0.0018
	442.047	0.0011	0.0014	0.0034	0.0021	0.0038
Pb	216.999	0.0005	0.0003	0.0008	0.0007	0.0011
	283.306	0.0007	0.0006	0.0014	0.0010	0.0017
	368.348	0.0009	0.0010	0.0024	0.0015	0.0027
	405.783	0.0010	0.0012	0.0029	0.0018	0.0032
Pd	244.791	0.0008	0.0005	0.0011	0.0011	0.0016
	247.642	0.0009	0.0005	0.0011	0.0011	0.0016
	340.458	0.0012	0.0009	0.0021	0.0017	0.0026
	360.955	0.0012	0.0010	0.0024	0.0018	0.0029
	363.470	0.0012	0.0010	0.0024	0.0019	0.0030
Pt	265.945	0.0007	0.0005	0.0012	0.0010	0.0015
	306.471	0.0008	0.0007	0.0016	0.0012	0.0020
Rb	780.023	0.0030	0.0048	0.0115	0.0062	0.0122
	794.760	0.0030	0.0050	0.0119	0.0064	0.0126
Re	228.751	0.0006	0.0004	0.0009	0.0008	0.0012
	346.046	0.0009	0.0009	0.0021	0.0014	0.0024
	346.473	0.0009	0.0009	0.0021	0.0014	0.0024
Rh	343.489	0.0012	0.0009	0.0022	0.0017	0.0027
	369.236	0.0013	0.0010	0.0025	0.0019	0.0031
	437.480	0.0015	0.0015	0.0035	0.0024	0.0041
Ru	349.894	0.0012	0.0009	0.0023	0.0018	0.0028

元素	λ/nm	$\delta\lambda_D$/nm	$\Delta\lambda_C$(低)/nm	$\Delta\lambda_C$(高)/nm	$\delta\lambda_T$(低)/nm	$\delta\lambda_T$(高)/nm
Ru	372.803	0.0013	0.0011	0.0026	0.0020	0.0031
Sb	206.833	0.0007	0.0003	0.0008	0.0008	0.0012
	217.581	0.0007	0.0004	0.0009	0.0009	0.0012
	231.147	0.0007	0.0004	0.0010	0.0010	0.0014
	259.805	0.0008	0.0005	0.0012	0.0011	0.0016
Sc	390.749	0.0021	0.0013	0.0032	0.0028	0.0042
	391.181	0.0021	0.0013	0.0032	0.0028	0.0042
	402.040	0.0021	0.0014	0.0034	0.0029	0.0044
	630.567	0.0033	0.0035	0.0083	0.0055	0.0095
Se	196.026	0.0008	0.0003	0.0007	0.0009	0.0012
	203.985	0.0008	0.0003	0.0008	0.0010	0.0013
Si	251.611	0.0017	0.0006	0.0015	0.0020	0.0026
Sn	224.605	0.0007	0.0004	0.0009	0.0009	0.0013
	235.484	0.0008	0.0004	0.0010	0.0010	0.0014
	283.999	0.0009	0.0006	0.0015	0.0013	0.0019
	286.333	0.0009	0.0006	0.0015	0.0013	0.0019
	303.412	0.0010	0.0007	0.0017	0.0014	0.0021
	317.505	0.0010	0.0008	0.0018	0.0015	0.0023
	326.234	0.0011	0.0008	0.0019	0.0015	0.0024
Sr	407.771	0.0015	0.0013	0.0031	0.0023	0.0038
	460.733	0.0017	0.0017	0.0040	0.0028	0.0046
Ta	271.467	0.0007	0.0005	0.0013	0.0010	0.0016
	474.016	0.0012	0.0016	0.0040	0.0023	0.0043
	481.275	0.0013	0.0017	0.0041	0.0024	0.0044
Te	214.275	0.0007	0.0003	0.0008	0.0009	0.0012
	238.325	0.0007	0.0004	0.0010	0.0010	0.0014
	238.576	0.0007	0.0004	0.0010	0.0010	0.0014
Ti	363.546	0.0019	0.0011	0.0027	0.0025	0.0037
	364.268	0.0019	0.0011	0.0027	0.0025	0.0037
	365.350	0.0019	0.0011	0.0027	0.0025	0.0037
	399.864	0.0020	0.0014	0.0033	0.0028	0.0043
Tl	377.572	0.0009	0.0010	0.0025	0.0016	0.0028
	535.046	0.0013	0.0021	0.0050	0.0027	0.0053
V	318.341	0.0016	0.0009	0.0021	0.0021	0.0029
	318.398	0.0016	0.0009	0.0021	0.0021	0.0029
	318.540	0.0016	0.0009	0.0021	0.0021	0.0029
	411.178	0.0020	0.0014	0.0034	0.0029	0.0044
	437.924	0.0022	0.0016	0.0039	0.0031	0.0049
W	255.135	0.0007	0.0005	0.0011	0.0009	0.0015
	268.141	0.0007	0.0005	0.0013	0.0010	0.0016
	400.875	0.0010	0.0012	0.0028	0.0018	0.0032
	407.436	0.0011	0.0012	0.0029	0.0018	0.0033
Y	362.094	0.0014	0.0010	0.0025	0.0020	0.0031
	407.738	0.0015	0.0013	0.0031	0.0023	0.0037
	410.238	0.0016	0.0013	0.0032	0.0023	0.0038
	643.500	0.0024	0.0032	0.0078	0.0045	0.0085
Zn	213.856	0.0009	0.0004	0.0009	0.0011	0.0015
Zr	351.960	0.0013	0.0010	0.0023	0.0019	0.0029
	354.768	0.0013	0.0010	0.0024	0.0019	0.0029
	360.119	0.0013	0.0010	0.0024	0.0019	0.0030

2. 氧化亚氮–乙炔火焰谱线宽度数据

表 12-16 氧化亚氮-乙炔火焰谱线宽度数据[7]

元素	λ/nm	δλ_D/nm	δλ_C(低)/nm	δλ_C(高)/nm	δλ_T(低)/nm	δλ_T(高)/nm
Ag	328.068	0.0012	0.0008	0.0020	0.0017	0.0026
	338.289	0.0013	0.0009	0.0021	0.0018	0.0027
Al	309.271	0.0023	0.0009	0.0021	0.0028	0.0036
	309.284	0.0023	0.0009	0.0021	0.0028	0.0036
	394.401	0.0030	0.0015	0.0035	0.0038	0.0052
	396.152	0.0030	0.0015	0.0035	0.0038	0.0052
As	193.696	0.0009	0.0003	0.0007	0.0010	0.0013
	197.197	0.0009	0.0003	0.0007	0.0011	0.0013
	234.984	0.0011	0.0004	0.0010	0.0013	0.0017
	249.291	0.0011	0.0005	0.0012	0.0014	0.0019
	286.044	0.0013	0.0006	0.0015	0.0016	0.0023
	289.871	0.0013	0.0007	0.0016	0.0017	0.0023
Au	242.795	0.0007	0.0004	0.0010	0.0009	0.0014
	267.595	0.0007	0.0005	0.0013	0.0010	0.0016
B	249.477	0.0030	0.0008	0.0018	0.0034	0.0040
	249.772	0.0030	0.0008	0.0018	0.0034	0.0040
Ba	455.403	0.0015	0.0015	0.0037	0.0025	0.0042
	553.548	0.0018	0.0023	0.0055	0.0033	0.0060
Be	234.861	0.0030	0.0007	0.0017	0.0034	0.0040
Bi	206.170	0.0006	0.0003	0.0007	0.0007	0.0010
	223.061	0.0006	0.0004	0.0009	0.0008	0.0012
	302.464	0.0008	0.0007	0.0016	0.0012	0.0019
	306.772	0.0009	0.0007	0.0016	0.0012	0.0020
	472.219	0.0013	0.0016	0.0039	0.0023	0.0043
Ca	393.366	0.0024	0.0013	0.0032	0.0032	0.0045
	422.673	0.0026	0.0015	0.0037	0.0035	0.0050
Cd	228.802	0.0008	0.0004	0.0009	0.0011	0.0014
	326.106	0.0012	0.0008	0.0019	0.0019	0.0025
Co	240.725	0.0012	0.0005	0.0011	0.0015	0.0019
	242.493	0.0012	0.0005	0.0011	0.0015	0.0019
	252.897	0.0013	0.0005	0.0012	0.0016	0.0020
	345.350	0.0018	0.0010	0.0023	0.0023	0.0033
	352.685	0.0018	0.0010	0.0024	0.0024	0.0034
	425.231	0.0022	0.0015	0.0035	0.0030	0.0045
Cr	357.869	0.0019	0.0011	0.0025	0.0025	0.0036
	359.349	0.0019	0.0011	0.0026	0.0025	0.0036
	425.435	0.0023	0.0015	0.0036	0.0032	0.0047
	520.604	0.0028	0.0022	0.0054	0.0041	0.0066
Cs	852.110	0.0029	0.0054	0.0130	0.0067	0.0136
	894.353	0.0030	0.0060	0.0143	0.0072	0.0149
Cu	324.754	0.0016	0.0008	0.0020	0.0021	0.0029
	327.396	0.0016	0.0009	0.0021	0.0021	0.0029
Fe	248.327	0.0013	0.0005	0.0012	0.0016	0.0020
	248.975	0.0013	0.0005	0.0012	0.0016	0.0020
	371.994	0.0019	0.0011	0.0027	0.0026	0.0037
	385.991	0.0020	0.0012	0.0029	0.0027	0.0039
Ga	287.424	0.0013	0.0007	0.0016	0.0017	0.0023
	294.364	0.0014	0.0007	0.0017	0.0018	0.0024

续表

元素	λ/nm	$\delta\lambda_D$/nm	$\delta\lambda_C$(低)/nm	$\delta\lambda_C$(高)/nm	$\delta\lambda_T$(低)/nm	$\delta\lambda_T$(高)/nm
Ga	294.418	0.0014	0.0007	0.0017	0.0018	0.0024
	417.206	0.0019	0.0014	0.0033	0.0028	0.0042
Ge	206.865	0.0009	0.0003	0.0008	0.0011	0.0014
	265.118	0.0012	0.0006	0.0013	0.0015	0.0020
	265.158	0.0012	0.0006	0.0013	0.0015	0.0020
Hf	286.637	0.0008	0.0006	0.0014	0.0012	0.0018
	307.288	0.0009	0.0007	0.0017	0.0013	0.0021
	368.224	0.0011	0.0010	0.0024	0.0017	0.0028
Hg	253.652	0.0007	0.0005	0.0011	0.0010	0.0015
In	303.936	0.0011	0.0007	0.0017	0.0015	0.0022
	325.609	0.0012	0.0008	0.0019	0.0016	0.0025
	410.176	0.0015	0.0013	0.0030	0.0023	0.0037
	451.131	0.0016	0.0015	0.0037	0.0026	0.0043
Ir	208.882	0.0006	0.0003	0.0008	0.0008	0.0011
	254.397	0.0007	0.0005	0.0011	0.0010	0.0015
	263.942	0.0007	0.0005	0.0012	0.0010	0.0016
	263.971	0.0007	0.0005	0.0012	0.0010	0.0016
	380.012	0.0011	0.0011	0.0025	0.0017	0.0029
K	766.491	0.0048	0.0051	0.0122	0.0080	0.0139
	769.898	0.0048	0.0051	0.0123	0.0080	0.0140
La	418.732	0.0014	0.0013	0.0031	0.0022	0.0037
	545.515	0.0018	0.0022	0.0053	0.0032	0.0059
	550.134	0.0018	0.0023	0.0054	0.0033	0.0060
	576.934	0.0019	0.0025	0.0059	0.0035	0.0065
	657.851	0.0022	0.0032	0.0077	0.0043	0.0083
Li	323.263	0.0048	0.0015	0.0036	0.0056	0.0069
	670.780	0.0099	0.0064	0.0154	0.0136	0.0202
Mg	285.213	0.0023	0.0008	0.0019	0.0027	0.0034
Mn	279.482	0.0015	0.0006	0.0015	0.0018	0.0024
	279.827	0.0015	0.0006	0.0015	0.0018	0.0024
	280.106	0.0015	0.0006	0.0015	0.0018	0.0024
	403.076	0.0021	0.0013	0.0032	0.0029	0.0042
	403.307	0.0021	0.0013	0.0032	0.0029	0.0043
	403.449	0.0021	0.0013	0.0032	0.0029	0.0043
Mo	313.259	0.0012	0.0008	0.0018	0.0017	0.0024
	317.035	0.0013	0.0008	0.0018	0.0017	0.0025
	379.825	0.0015	0.0011	0.0027	0.0022	0.0033
	386.411	0.0015	0.0011	0.0027	0.0022	0.0034
	390.296	0.0016	0.0012	0.0028	0.0022	0.0035
Na	588.995	0.0048	0.0034	0.0081	0.0068	0.0103
	589.592	0.0048	0.0034	0.0081	0.0068	0.0103
Nb	334.910	0.0014	0.0009	0.0021	0.0019	0.0027
	405.894	0.0016	0.0013	0.0030	0.0024	0.0038
	407.973	0.0016	0.0013	0.0031	0.0024	0.0038
Ni	231.096	0.0012	0.0004	0.0010	0.0014	0.0018
	232.003	0.0012	0.0004	0.0010	0.0014	0.0018
	341.476	0.0017	0.0009	0.0023	0.0023	0.0032
	352.454	0.0018	0.0010	0.0024	0.0024	0.0034
Os	290.906	0.0008	0.0006	0.0015	0.0012	0.0018
	442.047	0.0012	0.0014	0.0034	0.0021	0.0038
Pb	216.999	0.0006	0.0003	0.0008	0.0008	0.0011

元素	λ/nm	$\delta\lambda_D$/nm	$\delta\lambda_C$(低)/nm	$\delta\lambda_C$(高)/nm	$\delta\lambda_T$(低)/nm	$\delta\lambda_T$(高)/nm
Pb	283.306	0.0008	0.0006	0.0014	0.0011	0.0017
	368.348	0.0010	0.0010	0.0024	0.0016	0.0027
	405.783	0.0011	0.0012	0.0029	0.0018	0.0032
Pd	244.791	0.0009	0.0005	0.0011	0.0012	0.0016
	247.642	0.0009	0.0005	0.0011	0.0012	0.0016
	340.458	0.0013	0.0009	0.0021	0.0018	0.0027
	360.955	0.0014	0.0010	0.0024	0.0019	0.0030
	363.470	0.0014	0.0010	0.0024	0.0020	0.0030
Pt	265.945	0.0007	0.0005	0.0012	0.0010	0.0016
	306.471	0.0009	0.0007	0.0016	0.0013	0.0020
Rb	780.023	0.0033	0.0047	0.0113	0.0064	0.0122
	794.760	0.0033	0.0049	0.0118	0.0066	0.0126
Re	228.751	0.0007	0.0004	0.0009	0.0009	0.0013
	346.046	0.0010	0.0009	0.0021	0.0015	0.0025
	346.473	0.0010	0.0009	0.0021	0.0015	0.0025
Rh	343.489	0.0013	0.0009	0.0022	0.0018	0.0028
	369.236	0.0014	0.0010	0.0025	0.0020	0.0031
	437.480	0.0017	0.0015	0.0035	0.0026	0.0042
Ru	349.894	0.0014	0.0009	0.0022	0.0019	0.0029
	372.803	0.0014	0.0011	0.0025	0.0021	0.0032
Sb	206.833	0.0007	0.0003	0.0008	0.0009	0.0012
	217.581	0.0008	0.0004	0.0009	0.0010	0.0013
	231.147	0.0008	0.0004	0.0010	0.0010	0.0014
	259.805	0.0009	0.0005	0.0012	0.0012	0.0017
Sc	390.749	0.0023	0.0013	0.0031	0.0030	0.0043
	391.181	0.0023	0.0013	0.0031	0.0030	0.0043
	402.040	0.0023	0.0014	0.0033	0.0031	0.0045
	630.567	0.0037	0.0034	0.0081	0.0057	0.0095
Se	196.026	0.0009	0.0003	0.0007	0.0010	0.0013
	203.985	0.0009	0.0003	0.0008	0.0011	0.0014
Si	251.611	0.0018	0.0006	0.0014	0.0022	0.0027
Sn	224.605	0.0008	0.0004	0.0009	0.0010	0.0014
	235.484	0.0008	0.0004	0.0010	0.0011	0.0015
	283.999	0.0010	0.0006	0.0015	0.0014	0.0020
	286.333	0.0010	0.0006	0.0015	0.0014	0.0020
	303.412	0.0011	0.0007	0.0017	0.0015	0.0022
	317.505	0.0011	0.0008	0.0018	0.0016	0.0024
	326.234	0.0012	0.0008	0.0019	0.0016	0.0025
Sr	407.771	0.0017	0.0013	0.0031	0.0025	0.0038
	460.733	0.0019	0.0016	0.0039	0.0029	0.0047
Ta	271.467	0.0008	0.0005	0.0013	0.0011	0.0017
	474.016	0.0014	0.0016	0.0039	0.0024	0.0044
	481.275	0.0014	0.0017	0.0041	0.0025	0.0045
Te	214.275	0.0007	0.0003	0.0008	0.0009	0.0013
	238.325	0.0008	0.0004	0.0010	0.0011	0.0015
	238.576	0.0008	0.0004	0.0010	0.0011	0.0015
Ti	363.546	0.0020	0.0011	0.0027	0.0027	0.0038
	364.268	0.0020	0.0011	0.0027	0.0027	0.0038
	365.350	0.0021	0.0011	0.0027	0.0027	0.0038
	399.864	0.0022	0.0013	0.0032	0.0030	0.0044
Tl	377.572	0.0010	0.0010	0.0025	0.0017	0.0029

续表

元素	λ/nm	δλ_P/nm	δλ_C(低)/nm	δλ_C(高)/nm	δλ_T(低)/nm	δλ_T(高)/nm
Tl	535.046	0.0015	0.0021	0.0050	0.0028	0.0054
V	318.341	0.0017	0.0008	0.0020	0.0022	0.0030
	318.398	0.0017	0.0008	0.0020	0.0022	0.0030
	318.540	0.0017	0.0008	0.0020	0.0022	0.0030
	411.178	0.0022	0.0014	0.0034	0.0030	0.0045
	437.924	0.0024	0.0016	0.0038	0.0033	0.0050
W	255.135	0.0007	0.0005	0.0011	0.0010	0.0015
	268.141	0.0008	0.0005	0.0013	0.0011	0.0016
	400.875	0.0012	0.0012	0.0028	0.0019	0.0032
	407.436	0.0012	0.0012	0.0029	0.0019	0.0033
Y	362.094	0.0015	0.0010	0.0024	0.0021	0.0031
	407.738	0.0017	0.0013	0.0031	0.0024	0.0038
	410.238	0.0017	0.0013	0.0031	0.0025	0.0039
	643.500	0.0027	0.0032	0.0077	0.0047	0.0085
Zn	213.856	0.0010	0.0004	0.0009	0.0012	0.0016
Zr	351.960	0.0014	0.0010	0.0023	0.0020	0.0030
	354.768	0.0014	0.0010	0.0023	0.0020	0.0030
	360.119	0.0015	0.0010	0.0024	0.0020	0.0031

五、原子化效率（β 值）

原子化效率定义为中性原子浓度与原子、离子、化合物分子所有形态的金属总浓度之比，不同元素在火焰中的原子化程度有很大差别。原子化效率还和共存元素有关。表 12-17 中数据引自 M. L. Parsons 等编著的《Handbook of Flame Spectroscopy》（1975）。

1. 火焰的原子化效率

表 12-17 火焰的原子化效率（β 值）

元素	火焰	T/K	β 值	元素	火焰	T/K	β 值
Ag	氧化亚氮-乙炔	2950	0.57	Ba	氧化亚氮-氢	2900	0.0046
	氧化亚氮-氢	2900	0.72		空气-乙炔	2450	0.0018
	空气-乙炔	2450	0.70		空气-氢	2000	0.005
	空气-氢	2000	0.85	Be	氧化亚氮-乙炔	2950	0.095
	氩-氧-氢	2350	1.00		氧化亚氮-氢	2900	0.0004
Al	氧化亚氮-乙炔	2950	0.13		空气-乙炔	2450	0.00004
	氧化亚氮-氢	2900	<0.0001		空气-氢	2000	0.00002
	空气-乙炔	2450	<0.00005	Bi	氧化亚氮-乙炔	2950	0.35
	空气-氢	2000	<0.00008		氧化亚氮-氢	2900	0.26
As	空气-乙炔	2450	0.0002		空气-乙炔	2450	0.17
Au	氧化亚氮-乙炔	2950	0.27		空气-氢	2000	0.63
	氧化亚氮-氢	2900	0.43	Ca	氧化亚氮-乙炔	2950	0.52[①]
	空气-乙炔	2450	0.40		氧化亚氮-氢	2900	0.036[①]
	空气-氢	2000	0.54		空气-乙炔	2450	0.07[①]
B	氧化亚氮-乙炔	2950	0.0035		空气-氢	2000	0.15[①]
	氧化亚氮-氢	2900	<0.001	Cd	氧化亚氮-乙炔	2950	0.56
	空气-乙炔	2450	<0.0006		氧化亚氮-氢	2900	0.62
	空气-氢	2000	<0.001		空气-乙炔	2450	0.38
Ba	氧化亚氮-乙炔	2950	0.17		空气-氢	2000	0.37

元素	火焰	*T*/K	*β*值	元素	火焰	*T*/K	*β*值
Co	氧化亚氮-乙炔	2950	0.25	Mn	空气-乙炔	2450	0.62
	氧化亚氮-氢	2900	0.28		空气-氢	2000	0.75
	空气-乙炔	2450	0.28	Mo	空气-乙炔	2450	0.03
	空气-氢	2000	0.21	Na	氧化亚氮-乙炔	2950	0.97[①]
Cr	氧化亚氮-乙炔	2950	0.63		氧化亚氮-氢	2900	0.90[①]
	氧化亚氮-氢	2900	0.042		空气-乙炔	2450	1.04[①]
	空气-乙炔	2450	0.071		空气-氢	2000	1.06[①]
	空气-氢	2000	0.31		氧化亚氮-乙炔	2950	0.99[①]
Cs	空气-乙炔	2450	0.02	Ni	空气-乙炔	2450	1
Cu	氧化亚氮-乙炔	2950	0.66	Pb	氧化亚氮-乙炔	2950	0.84
	氧化亚氮-氢	2900	0.92		氧化亚氮-氢	2900	0.93
	空气-乙炔	2450	0.88		空气-乙炔	2450	0.77
	空气-氢	2000	0.96		空气-氢	2000	1.03
	氧化亚氮-乙炔	2950	1.00[①]	Pd	空气-乙炔	2450	1
Fe	氧化亚氮-乙炔	2950	0.83	Pt	空气-乙炔	2450	0.4
	氧化亚氮-氢	2900	0.91	Rb	空气-乙炔	2500	0.16
	空气-乙炔	2450	0.84	Rh	空气-乙炔	2450	1
	空气-氢	2000	0.82	Ru	空气-乙炔	2450	0.3
	氧化亚氮-乙炔	2950	1.00	Sb	空气-乙炔	2450	0.03
Ga	氧化亚氮-乙炔	2950	0.73	Se	空气-乙炔	2450	0.0001
	氧化亚氮-氢	2900	0.16	Si	氧化亚氮-乙炔	2950	0.055
	空气-乙炔	2450	0.16		氧化亚氮-氢	2900	<0.001
	空气-氢	2000	0.45	Si	空气-乙炔	2450	<0.001
Ge	空气-乙炔	2450	0.001		空气-氢	2000	<0.003
Hg	空气-乙炔	2450	0.04		氧化亚氮-乙炔	2950	0.065~0.12
In	氧化亚氮-乙炔	2950	0.93	Sn	氧化亚氮-乙炔	2950	0.82
	氧化亚氮-氢	2900	0.61		氧化亚氮-氢	2900	0.059
	空气-乙炔	2450	0.67		空气-乙炔	2450	0.043
	空气-氢	2000	1.07		空气-氢	2000	0.38
Ir	空气-乙炔	2450	0.1	Sr	氧化亚氮-乙炔	2950	0.26
K	氧化亚氮-乙炔	2950	0.12[①]		氧化亚氮-氢	2900	0.039
	氧化亚氮-氢	2900	0.20[①]		空气-乙炔	2450	0.063
	空气-乙炔	2450	0.32[①]		空气-氢	2000	0.17
	空气-氢	2000	0.40[①]	Te	空气-乙炔	2450	0.01
Li	氧化亚氮-乙炔	2950	0.34[①]	Ti	氧化亚氮-乙炔	2950	0.11
	氧化亚氮-氢	2900	0.094[①]		氧化亚氮-氢	2900	<0.003
	空气-乙炔	2450	0.12[①]		空气-乙炔	2450	<0.001
	空气-氢	2000	0.14[①]		空气-氢	2000	<0.002
	氧化亚氮-乙炔	2950	0.96[①]		氧化亚氮-乙炔	2950	0.33~0.49
Mg	氧化亚氮-乙炔	2950	0.88	Tl	氧化亚氮-乙炔	2950	0.55
	氧化亚氮-氢	2900	0.97		氧化亚氮-氢	2900	0.61
	空气-乙炔	2450	1.06		空气-乙炔	2450	0.52
	空气-氢	2000	0.87		空气-氢	2000	0.68
	氧化亚氮-乙炔	2950	0.99	V	氧化亚氮-乙炔	2950	0.32
Mn	氧化亚氮-乙炔	2950	0.77		氧化亚氮-氢	2900	0.0081
	氧化亚氮-氢	2900	0.54		空气-乙炔	2450	0.015

元素	火焰	T/K	β 值	元素	火焰	T/K	β 值
V	空气-氢	2000	0.018	Zn	氧化亚氮-乙炔	2950	0.54
W	空气-乙炔	2450	0.004		空气-乙炔	2450	0.62
	氧化亚氮-乙炔	2950	0.71				

2. 无焰原子吸收法的原子化效率

在石墨炉原子吸收法中易原子化元素的 β 值为 45%～60%，而绝大部分元素的原子化效率在 10% 左右。如果知道某元素的原子化效率 β，另一种元素的 β' 值可由下式求得：

$$\beta' = \frac{K_V \times N_0 \times \beta}{K' N_0'} \qquad (12\text{-}28)$$

式中，K' 和 N_0' 分别是另一种元素的吸收系数和总原子数，N_0 和 N_0' 可以理解为是能得到相同吸光度的两种溶液的浓度。

表 12-18 给出了部分元素无焰原子吸收法的原子化效率（β）

表 12-18 无焰原子吸收法的原子化效率（β）

元素	原子化温度 T/K	β 计算值	β 实验值	元素	原子化温度 T/K	β 计算值	β 实验值
K	1880	0.18	0.19	Al	2480	0.05	0.09
Rb	1910	0.10	0.20	Ba[1]	2480	0.07	0.06
Cs	1990	0.15	0.30	Zn[2]	1350	0.66	0.45
Na	1800	0.21	0.15	Mg[3]	1820	0.60	0.62
Ba	2480	0.002	0.06	In[2]	1600	0.03	0.02
Ca	2550	0.05	0.06	Cd[2]	1150	0.66	0.43
Sr	2710	0.01	0.01	Ag[2]	1410	0.50	0.35
Ga	2560	0.02	0.04	Cu[4]	2120	0.10	0.19

① 用塞曼效应进行背景校正。
② 用 Na 的 β 值按式（12-28）计算的结果。
③ 用 K 的 β 值按式（12-28）计算的结果。
④ 用 Cs 的 β 值按式（12-28）计算的结果。

六、各种火焰性能

见表 12-19。

表 12-19 各种火焰性能表（预混合型火焰）

燃气	助焰气	化学计量反应	释放能 E/kJ	室温下可燃极限[2] $\varphi/\%$ 下限	室温下可燃极限[2] $\varphi/\%$ 上限	最低着火温度 /K	最大燃烧速度 /(cm/s)	最高火焰温度 /K 计算值	最高火焰温度 /K 测量值
H_2	空气	$H_2 + \frac{1}{2}O_2 \longrightarrow H_2O$	2.41997×10^2	4	75	803	310	2373	2318
	O_2	$H_2 + \frac{1}{2}O_2 \longrightarrow H_2O$	2.41997×10^2	4	94	723	1400	3083	2933
	N_2O	$H_2 + N_2O \longrightarrow H_2O + N_2$	3.34477×10^2				390	2920	2880
	NO	$H_2 + NO \longrightarrow H_2O + \frac{1}{2}N_2$	3.3243×10^2			1593	55	3113	3093

续表

燃气	助焰气	化学计量反应	释放能 E/kJ	室温下可燃极限②φ/% 下限	上限	最低着火温度/K	最大燃烧速度/(cm/s)	最高火焰温度/K 计算值	测量值
H_2	NO_2	$H_2 + \frac{1}{2}NO_2 \longrightarrow H_2O + \frac{1}{4}N_2$	2.5874×10^2				200	2933	1823
	(O_2+Ar)①	$H_2 + \frac{1}{2}O_2 \longrightarrow H_2O$	2.41997×10^2				335		2250
C_2H_2	空气	$C_2H_2 + \frac{5}{2}O_2 \longrightarrow 2CO_2 + H_2O$	1.2565×10^3	2.5	80	623	158	2523	2500
	O_2	$C_2H_2 + \frac{5}{2}O_2 \longrightarrow 2CO_2 + H_2O$	1.25665×10^3	2.0	95	608	1140	3341	3160
	N_2O	$C_2H_2 + 5N_2O \longrightarrow 2CO_2 + H_2O + 5N_2$	1.6810×10^3	2.2	67		160	3152	2990
	NO	$C_2H_2 + 5NO \longrightarrow 2CO_2 + H_2O + \frac{5}{2}N_2$	1.7086×10^3				87	3363	3368
	NO_2	$C_2H_2 + \frac{5}{2}NO_2 \longrightarrow 2CO_2 + H_2O + \frac{5}{4}N_2$	1.3406×10^3				135		
	(O_2+Ar)①	$C_2H_2 + \frac{5}{2}O_2 \longrightarrow 2CO_2 + H_2O$	1.2565×10^3				228		
甲烷	空气	$CH_4 + 2O_2 \longrightarrow CO_2 + 2H_2O$	8.0303×10^2	5.3	15	918	45	2222	2148
	O_2	$CH_4 + 2O_2 \longrightarrow CO_2 + 2H_2O$	8.0303×10^2	5.1	61	918	450	3010	2950
丙烷	空气	$C_3H_8 + 5O_2 \longrightarrow 3CO_2 + 4H_2O$	2.2215×10^3	2.1	9.4	510	82	2198	2198
	O_2	$C_3H_8 + 5O_2 \longrightarrow 3CO_2 + 4H_2O$	2.2215×10^3			490		3123	3123
丁烷	空气	$C_4H_{10} + \frac{13}{2}O_2 \longrightarrow 4CO_2 + 5H_2O$	2.8801×10^3	1.9	8.4	490	82.6	2203	2163
	O_2	$C_4H_{10} + \frac{13}{2}O_2 \longrightarrow 4CO_2 + 5H_2O$	2.8801×10^3			460		3183	3173
乙烷	空气	$C_2H_6 + \frac{7}{2}O_2 \longrightarrow 2CO_2 + 3H_2O$	1.5859×10^3	3.0	12.5	530	85.0		
	O_2	$C_2H_6 + \frac{7}{2}O_2 \longrightarrow 2CO_2 + 3H_2O$	1.5859×10^3	4.1	50.5	500			
煤气	空气	煤气$+0.980O_2 \longrightarrow CO_2 + H_2O$	4.5552×10^3	9.8	24.3	560	55	2113	1980
	O_2	煤气$+0.980O_2 \longrightarrow CO_2 + H_2O$	4.5552×10^3	10.0	73.6	450		3073	3013
氰	空气	$(CN)_2 + O_2 \longrightarrow 2CO + N_2$	5.3047×10^2	7.6	38.0		90		
	O_2	$(CN)_2 + O_2 \longrightarrow 2CO + N_2$	5.3047×10^2				270	4813	

① 与空气等体积混合。

② 为室温下可燃极限，指混合气体在室温下燃烧时燃气所占体积分数。

参 考 文 献

[1] 邓勃. 原子吸收光谱分析的原理、技术和应用. 北京:清华大学出版社，2004.

[2] 邓勃. 实用原子光谱分析. 北京:化学工业出版社，2013.

[3] 李超隆. 原子吸收分析理论基础(上册). 北京: 高等教育出版社，1988.

[4] 李华昌，高介平，符斌. NTC007 原子吸收光谱分析法. 北京:国家质检出版社、国家标准出版社，2012.

[5] 马怡载，何华焜，杨晓涛. 石墨炉原子吸收分光光度法. 北京：原子能出版社，1990.

[6] [美]迪安 JA. 分析化学手册. 常文保等译校. 北京：科学出版社，2003.

[7] 柯以凯，董慧茹. 分析化学手册(第二版)第三分册光谱分析. 北京: 化学工业出版社，1998.

[8] 李玉珍，邓宏筠. 原子吸收分析应用手册. 北京: 北京科学技术出版社，1988.

第三篇

第十三章 原子吸收光谱仪器

原子吸收光谱仪亦称原子吸收分光光度计，是基于蒸气相中被测元素的基态原子对其共振辐射的吸收强度来测定试样中该元素含量的一种光谱分析仪器。原子吸收光谱仪以其应用广泛、定量准确、结构简单、操作简便、价格低廉等特点得到了广泛的应用。

Walsh 提出的原子吸收光谱法的理论基础为：使用锐线光源（空心阴极灯）代替连续光源、用吸收谱线的峰值吸收代替积分吸收、基态原子的浓度和它对特征辐射的吸收符合吸收定律。

原子吸收光谱仪经过中外科学工作者 50 多年的努力，取得了长足的进步。特别是 20 世纪 90 年代以后，随着计算机技术及半导体技术的迅速发展，一系列新技术、新器件的应用，将 AAS 等分析仪器推向了一个新的阶段。

1961 年美国 PerkinElmer 公司推出了 214-AA 型原子吸收分光光度计，拉开了商用 AAS 的序幕。随后，美国 Varian 公司、澳大利亚 GBC 公司也开始了商用 AAS 之旅。在我国，1969 年由北京科学仪器厂与北京矿冶研究院、北京有色金属研究院合作研制的 WFD-Y1 型原子吸收分光光度计成为我国首台实用仪器，1970 年由北京第二光学仪器厂实现商品化，从此拉开了我国 AAS 仪器商品化的序幕。我国第一台石墨炉原子吸收分光光度计由北京第二光学仪器厂和地质科学院、北京矿冶研究院合作于 1975 年研制成功，后因数显软件、石墨管材料、石墨炉电源等主要部件性能不稳定等原因没能形成批量生产，后经改进以 WFX-1B 型原子吸收光谱仪于 1980 年开始批量生产。

20 世纪 80～90 年代，集成电路、单片微处理器、个人微机及图像传感器等新技术的大量运用，推动了分析仪器的技术进步。AAS 仪器的主要特点表现为：自动化程度高，包括多光源自动切换、波长自动寻峰、狭缝自动切换、气路自动控制、原子化器自动切换、自动进样等；集成包括氘灯、自吸收、塞曼效应等多种背景校正功能；大量开发应用新技术，包括横向加热石墨炉、高阻值石墨管、纵向塞曼背景校正、中阶梯光栅、CCD 检测器、多元素灯、石墨炉可视系统等。

进入 21 世纪，AAS 仪器不但在外观、功能、性能方面有了很大提高，而且在新技术的应用上也更加开放。

第一节 原子吸收光谱仪的组成和构造[1~4]

原子吸收光谱仪由五个部分组成，分别为辐射光源、原子化器、分光系统、检测系统及数据处理系统。附件结构有冷却系统装置、自动进样系统装置、背景校正系统。火焰原子吸收光谱仪配有稳压电源装置、氢化物发生装置及空气压缩机等。

原子吸收光谱仪目前分成两大类：①线光源原子吸收（LS-AA）光谱仪，传统的使用锐线光源的原子吸收光谱仪即属此类；②连续光源高分辨原子吸收（CS-HR-AA）光谱仪。

（1）线光源原子吸收光谱仪 图 13-1 为线光源原子吸收光谱仪示意图，其工作方式为：锐线光源（空心阴极灯）发出被测元素的特征谱线，经过原子化器为被测元素吸收，透射光束经过单色器后到达检测器光电倍增管（PMT），测量样品蒸气对锐线光源特征谱线的吸收，

确定被测元素原子的浓度。

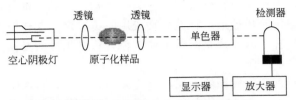

图 13-1　线光源原子吸收光谱仪示意图

（2）连续光源高分辨原子吸收光谱仪　连续光源高分辨原子吸收光谱仪的工作方式为：光源（氙灯）所辐射的连续谱线经过原子化器为被测元素原子蒸气吸收后，由高分辨单色器 DEMON 系统[由棱镜和中阶梯光栅组成的分光系统（double echelle monochromator，DEMON）]分光后获得被测元素吸收谱线波长周围的光谱，然后在 CCD 检测器的各个像素点上分别记录入射辐射光谱能量的变化，转换后，描绘为吸收谱线的轮廓（图 13-2）。

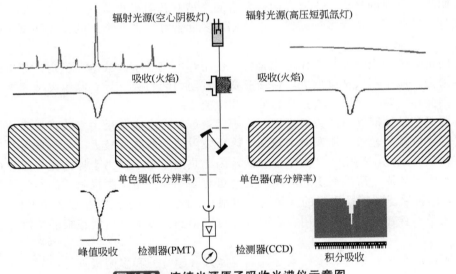

图 13-2　连续光源原子吸收光谱仪示意图

第二节　原子吸收光谱仪的激发光源

原子吸收使用的激发光源有锐线光源和连续光源两种。

一、锐线光源

对锐线光源性能的要求：①有足够强度；②发射谱线宽度小；③光谱纯度高、背景低，共振线两侧背景应＜1%；④稳定性好，30min 内漂移＜1%；⑤寿命应在 5000mA·h（As、Se ＜3000mA·h），操作和维护方便；⑥外观美观、结构牢固。

锐线光源通常有空心阴极灯（HCL）、无极放电灯（EDL）。近年出现调谐二极管激光灯（DL），目前国内很少用。高聚焦短弧氙灯近年已用于 AAS 仪上。

1. 空心阴极灯

空心阴极灯是由玻璃管制成的封闭式低压气体的放电管。主要是由一个阳极和一个空心

阴极组成。阴极为空心圆柱形，由待测元素的高纯金属或合金制成，贵重金属以其箔衬在阴极内壁。阳极为钨棒，上面装有钛丝或钽片作为吸气剂。灯的光窗材料根据所发射的共振线波长而定，在可见波段用硬质玻璃，在紫外波段用石英玻璃。制作时先抽成真空，然后再充入少量氖或氩等惰性气体，其作用是载带电流、使阴极产生溅射及激发原子发射特征的锐线光谱。

由于受宇宙射线等外界电离源的作用，空心阴极灯中总是存在极少量的带电粒子。当极间加上 300～500V 电压后，管内气体中存在着的极少量阳离子向阴极运动，并轰击阴极表面，使阴极表面的电子获得外加能量而逸出。逸出的电子在电场作用下，向阳极作加速运动，在运动过程中与充气原子发生非弹性碰撞，产生能量交换，使惰性气体原子电离产生二次电子和正离子。在电场作用下，这些质量较重、速度较快的正离子向阴极运动并轰击阴极表面，不但使阴极表面的电子被击出，而且还使阴极表面的原子获得能量从晶格能的束缚中逸出而进入空间，这种现象称为阴极的"溅射"。"溅射"出来的阴极元素的原子，在阴极区再与电子、惰性气体原子、离子等相互碰撞，而获得能量被激发发射阴极物质的线光谱。

空心阴极灯发射的光谱，主要是阴极元素的光谱。若阴极物质只含一种元素，则制成的是单元素灯。若阴极物质含多种元素，则可制成多元素灯。多元素灯的发光强度一般都较单元素灯弱。

空心阴极灯的发光强度与工作电流有关。使用灯电流过小，放电不稳定；灯电流过大，溅射作用增强，原子蒸气密度增大，谱线变宽，甚至引起自吸，导致测定灵敏度降低，灯寿命缩短。因此在实际工作中应选择合适的工作电流。

空心阴极灯是性能优良的锐线光源。由于元素可以在空心阴极中多次溅射和被激发，气态原子平均停留时间较长，激发效率较高，因而发射的谱线强度较大；由于采用的工作电流一般只有几毫安或几十毫安，灯内温度较低，因此热变宽很小；由于灯内充气压力很低，激发原子与不同气体原子碰撞而引起的压力变宽可忽略不计；由于阴极附近的蒸气相金属原子密度较小，同种原子碰撞而引起的共振变宽也很小；此外，由于蒸气相原子密度低、温度低、自吸变宽几乎不存在。因此，使用空心阴极灯可以得到强度大、谱线很窄的待测元素的特征共振线。

空心阴极灯有单元素灯、多元素灯、高性能灯（超灯）和多阴极灯等。

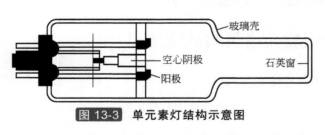

图 13-3　单元素灯结构示意图

（1）单元素灯　结构示意图见图 13-3，这是一种通用型空心阴极灯，由一个钨（W）棒阳极和一种含金属元素或其合金的空心圆柱杯阴极组成。两极之间充满低压的惰性气体（氖气或氩气）密封在一种特制形状玻璃圆筒里，应用辉光放电和阴极溅射原

理将 HCL 点亮，充 Ne 的 HCL 呈橘红色，充 Ar 的 HCL 呈浅蓝色，实际应用最多是单元素灯，目前已经生产了数十种该类型灯。

（2）多元素灯　阴极由 2～7 种金属元素合金或混合物构成，如 Ca-Mg-Zn、Al-Ca-Cn-Fe-Mg-Si-Zn。其优点：可以在不换灯情况下连续测定多种元素，缩小预热时间和换灯麻烦。缺点：比单元素发射强度弱，也有些元素之间配搭不当互相干扰，并有可能降低使用寿命，这种灯价格极高，早期只有美国 Perkin Elmer 公司和日本日立公司生产，国内这种商品的生产不多见。常见多元素空心阴极灯见表 13-1。

表 13-1 常见多元素空心阴极灯

元　素	符　号	元　素	符　号
铝-锑	Al-Sb	钙-镁-铁	Ca-Mg-Fe
铝-锰	Al-Mn	铬-钴-铜-铁-锰-镍	Cr-Co-Cu-Fe-Mn-Ni
铝-硅	Al-Si	铬-钴-铁-锰-钼	Cr-Co-Fe-Mn-Mo
铝-硅-铁	Al-Si-Fe	铬-铁	Cr-Fe
硼-银	B-Ag	铬-铁-锰	Cr-Fe-Mn
镉-铅-银	Cd-Pb-Ag	铬-铁-锰-钼	Cr-Fe-Mn-Mo
镉-锰-铬-钴	Cd-Mn-Cr-Co	铬-铁-镍	Cr-Fe-Ni
镉-银	Cd-Ag	铬-镍	Cr-Ni
镉-锌-铜	Cd-Zn-Cu	铬-镍-铝	Cr-Ni-Al
钙-镁	Ca-Mg	铬-镍-钼	Cr-Ni-Mo
钙-镁-铝	Ca-Mg-Al	钴-锰	Co-Mn
钙-镁-铜-锌	Ca-Mg-Cu-Zn	铜-镉	Cu-Cd

（3）多阴极灯　由一个阳极放置中间位置，其周围放置 6 个（种）金属元素 6 个阴极（见图 13-4）。其原理与单元素 HCL 相同，其价格昂贵，目前只有澳大利亚 GBC 公司生产，由于价格和某些原因没有广泛应用。

图 13-4 多阴极灯结构图

（4）高性能灯或超灯　除了和普通 HCL 一样有 1 个阴极、1 个阳极外，还增加一对辅助电极，辅助电极间通以几百毫安的低压直流电，使其产生电离的气体原子流，使从空心阴极溅射出来的金属原子与之碰撞又进一步激发，从而提高共振线的强度。这种灯光强度比普通 HCL 强几倍到几十倍，不产生谱线变宽，适用于 As、Sb、Bi、Se、Ag、Cd、Pb 或某些稀土元素，近年也应用于 AFS 作为光源（图 13-5）。

2. 无极放电灯

对于砷、锑等元素的分析，为提高灵敏度，亦常用无极放电灯作光源。无极放电灯是由一个数厘米长、直径 5～12cm 的石英玻璃圆管制成。管内装入数毫克待测元素或挥发性盐类，如金属、金属氯化物或碘化物等，抽成真空并充入压力为 200Pa 的惰性气体氩或氖，密封起来，制成放电管，将此管装在一个高频发生器的线圈内，并装在一个绝缘的外套里，然后放在一个微波发生器的同步空腔谐振器中（见图 13-6）。一般用 2450MHz±25MHz 频率微波（振荡下）进行操作。这种灯的强度比空心阴极灯大几个数量级，没有自吸，谱线更纯。目前有 Perkin Elmer 公司生产 As、Sb、Bi、Cd、Hg、Se、Te 和个别稀土元素灯。其他厂商未见有这些产品出售。使用这类灯需要配有特殊辅助电源装置，其稳定较差，而且灯较昂贵，元素种类不全，应用受艰制。

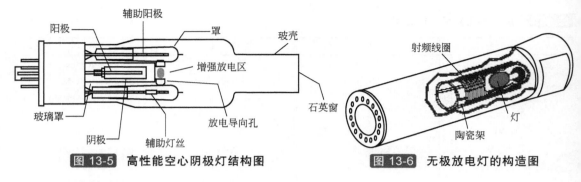

图 13-5　高性能空心阴极灯结构图　　图 13-6　无极放电灯的构造图

二、连续光源

在连续光源高分辨原子吸收光谱仪（CS-HR AAS）中，采用特制的高聚焦短弧氙灯作为连续光源。该灯是一个气体放电光源，灯内充有高压氙气，在高频电压激发下形成高聚焦弧光放电，辐射出从紫外线到近红外的强连续光谱。功率为 300W，能量比一般氙灯高 10～100 倍，这种短弧氙灯（图 13-7）处于热斑（"hot-spot"）模式下工作，电极距离＜1mm，发光点只有 200μm，发光点温度 10000K。这样，采用一个连续光源即可取代所有空心阴极

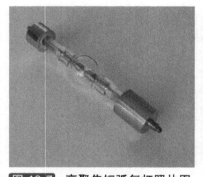

图 13-7　高聚焦短弧氙灯照片图

灯，一只氙灯即可满足全波长（189～900nm）所有元素的原子吸收测定需求，并可以选择任何一条谱线进行分析。另外，也能测定一些具有锐线分子光谱(Po、Cs…)的非金属元素。

采用石英棱镜和高分辨率的大面积中阶梯光栅组成双单色器以及高性能 CCD 线阵检测器，使仪器能同时测定特征吸收和背景吸收，得到时间-波长-信号三维信息，所有背景信号同时扣除，不用传统背景校正方法和附加装置。能同时顺序快速分析 10～20 个元素，线性范围和动态范围宽，检出限优于锐线光源 AAS。连续光源原子吸收可以不用更换元素灯，利用一个高能量氙灯，即可测量元素周期表中 67 种金属元素。图 13-8 为耶拿公司生产的 ContrAA300 连续光源原子吸收光谱仪光学结构示意图。连续光源原子吸收光谱仪改变了原子吸收光谱分析一定要用锐线光源的传统观念，以及只能单元素测定的现状，可以说是原子吸收光谱仪的革命。

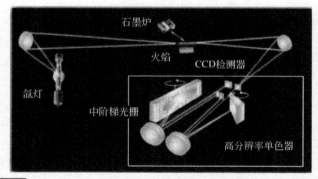

图 13-8　ContrAA300 连续光源原子吸收光谱仪光学结构示意图

三、背景校正连续光源

（1）氘灯（D₂）　可分为普通氘灯（10V）、四线氘灯、空心阴极氘灯（D₂-HCL）三种。其中 D₂-HCL 作为校正背景（190～350nm）的优点在于：使用时在同一轴上，克服了光斑重叠难题。四线氘灯增加一个（对）电极（有 4 条引线），增强了氘灯发射强度，有利于提高背景校正能力。氘灯外观及结构如图 13-9 所示。

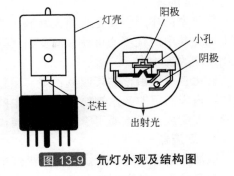

图 13-9　氘灯外观及结构图

（2）碘钨灯（WI）　将背景校正范围提高到 350～900nm。例如美国 Perkin Elmer 公司的 AA5100 仪曾配有这种灯。

第三节　原子吸收光谱仪的原子化器

原子化器的功能是提供能量，使试样干燥、蒸发和原子化，产生被测元素基态原子。在原子吸收光谱分析中，试样中被测元素的原子化是整个分析过程的关键环节。实现原子化的方法有火焰原子化器、电热原子化器、氢化物发生-原子化器、冷蒸气发生-原子化器、阴极溅射原子化器等。

一、火焰原子化器

火焰原子化法中，常用的是预混合型原子化器，它是由雾化器、雾化室和燃烧器三部分组成（见图 13-10）。用火焰使试样原子化是目前广泛应用的一种方式。它是将液体试样经喷雾器形成雾粒，这些雾粒在雾化室中与气体（燃气与助燃气）均匀混合，除去大液滴后，再进入燃烧器形成火焰。此时，试液在火焰中产生原子蒸气。

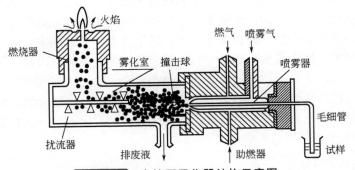

图 13-10　火焰原子化器结构示意图

1. 雾化器（喷雾器）

雾化器是火焰原子化器中的重要部件，其作用是将试液雾化，使之形成直径为微米级的气溶胶（变成细雾）。雾粒越细、越多，在火焰中生成的基态自由原子就越多。目前，应用最广的是气动同心型喷雾器。喷雾器喷出的雾滴碰到撞击球上，可产生进一步细化作用。生成的雾滴粒度和试液的吸入率，直接影响测定的灵敏度、精密度和化学干扰的大小。

目前，喷雾器多采用不锈钢、聚四氟乙烯、玻璃、Pt-Ir 或 Pt-Rh 等制成，国内多以玻璃吹制成，外加钢套。国外近年推出高效雾化器，虽然有其优点，但价格昂贵，其效率不比国产玻璃雾化器优越。

2. 雾化室

雾化室的作用主要是去除大雾滴，并使燃气和助燃气充分混合，以便在燃烧时得到稳定的火焰。其中的扰流器可使雾滴变细，同时可以阻挡大的雾滴进入火焰。一般的喷雾装置的雾化效率约为 10%。

雾化室一般由整体聚四氟乙烯（塑料王）或聚丙烯制成，也有用金属例如不锈钢等材料制作，内表面用非亲水塑料喷涂。其中的撞击球由玻璃制成，近年为了防氟化物腐蚀采用塑料和陶瓷制成。素流器用于过滤大雾滴，增强火焰测定法的稳定性。

3. 燃烧器

试液的细雾滴进入燃烧器，在火焰中经过干燥、熔融、蒸发和离解等过程后，产生大量的基态自由原子及少量的激发态原子、离子和分子。通常要求燃烧器的原子化程度高、火焰稳定、吸收光程长、噪声小等。燃烧器有单缝和三缝两种。燃烧器的缝长和缝宽，应根据所用燃料确定。目前，单缝燃烧器应用最广。

单缝燃烧器产生的火焰与光束传递平行方向的截面较窄，使部分光束在火焰周围通过而未能被吸收，从而使测量灵敏度降低，校正曲线变弯。采用三缝燃烧器，由于上述截面较宽，产生的原子蒸气能将光源发出的光束完全包围，外侧缝隙还可以起到屏蔽火焰作用，并避免来自大气的污染物。因此，三缝燃烧器比单缝燃烧器稳定。

燃烧器缝宽一般为 0.5mm，长度有 50mm（氧化亚氮-乙炔火焰用）和 100mm 两种，材质有不锈钢（旧仪器）、钛钢或全钛，个别仪器有渗铌或用铟-铑合金制成。过去也有人用氧气屏蔽三缝燃烧头，现在很少见到。燃烧器的高度应能上下调节，以便选取适宜的火焰部位测量。为了改变吸收光程，扩大测量浓度范围，燃烧器可旋转一定角度。

4. 火焰的特性

燃烧器火焰的作用是将待测物质分解为基态自由原子。依燃料气体与助燃气体的比例不同，火焰可分为三类：中性火焰、富燃火焰和贫燃火焰。

中性火焰又称化学计量火焰：火焰的燃气与助燃气的比例与它们之间的化学反应计量关系接近。它具有温度高、干扰小和稳定等优点，适用于多种元素测定。

富燃火焰：这种火焰中燃气与助燃气的比例大于化学计量值，因此，燃烧不完全，温度低，火焰具有还原性，适合于易形成难离解氧化物元素（如 Cr）的测定。

贫燃火焰：指燃气与助燃气比例小于化学计量值的火焰。这种火焰的氧化性较强，温度较低，适合于易分解易电离的元素的测定，如碱金属及 Cu、Ag、Au 的测定。

表 13-2 列出了一些类型的火焰温度。

表 13-2 常用火焰的燃烧特性

燃气-助燃气	燃助比	火焰温度 $t/°C$	燃烧速度 /(cm/s)	适合用途
乙炔-空气	1∶4(中性焰)	2300	160	约测 35 种元素，对 W、Mo、V 等灵敏度低
乙炔-空气	小于 1∶4(贫燃焰)	2300	160	适于 Cu、Ag、Au 及碱金属，采用有机溶剂喷雾试样
乙炔-空气	大于 1∶4(富燃焰)	稍低于 2300	160	对 Cr、Sr、Mo、V 等适用
乙炔-氧化亚氮	（1∶3）～（1∶2）	2955	180	适于 Al、B、Si、W、V、Be、Ti 和稀土等难离解元素
氢气-空气	（2∶1）～（3∶1）	2050	320	易回火，但对 Cd、Pb、Sn、Zn 灵敏度高

续表

燃气-助燃气	燃助比	火焰温度 t/℃	燃烧速度 /(cm/s)	适合用途
氢气-氧化亚氮	1:2	1577		适于 Cs、Se，对 Cd、Pb、Sn、Zn 灵敏度高(不常用)
煤气-空气		1840	55	适于碱金属、碱土金属
丙烷-空气	(1:10)~(1:20)	1925	82	适于 Ag、Au、Bi、Fe、In、Pb、Ti、Cd 等，干扰小
氢气-氧气		2700	900	透射性好，适于共振线在短波区的元素，如 As、Se、Sb、Zn、Pb 等(不常用)

　　表中燃烧速度是指火焰由着火点向可燃混合气其他点传播的速度。它影响火焰的安全操作和燃烧的稳定性。要使火焰稳定，可燃混合气体的供气速度应大于燃烧速度。但供气速度不宜过大，否则，将会使火焰离开燃烧器，变得不稳定，反之，供气速度过小，将会引起回火。原子吸收分析中火焰的温度是影响原子化效果的基本因素，它与化学火焰的类型和组成有关，其选择原则就是使得待测元素恰能离解成基态自由原子。温度过高，将会使激发态原子增加，基态原子数减少，造成测量误差偏大。在同一火焰中，火焰温度与火焰的高度、位置有关，如图 13-11 所示，在第一燃烧区燃烧不充分，温度未达到最高；中间区的高度与气体流量、燃气与助燃气的比例有关，是火焰中温度最高的区域，也是原子吸收光谱法主要使用的区域；第二燃烧区燃烧充分，温度逐渐下降，已离解的原子有可能重新结合分子，一般不用于原子吸收光谱分析。

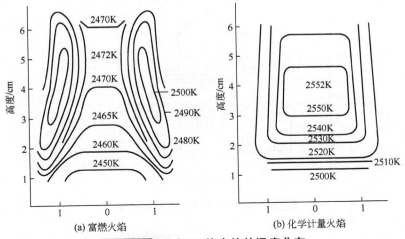

图 13-11　空气-乙炔火焰的温度分布

　　乙炔-空气火焰是原子吸收光谱法中最常用的火焰，它的火焰温度较高（约 2300℃），且燃烧稳定，燃烧速度不是很大，噪声小，重现性好，可测定 40 多种元素。此外，乙炔-氧化亚氮也比较常用，它的燃烧温度比乙炔-空气高（约 2955℃），而燃烧速度并不快，是目前应用较广泛的一种高温火焰，用它使火焰法可扩展测定近 70 种元素，尤其适用于难以原子化的元素的测定。
　　试样溶液在火焰原子化器中经过雾化、脱溶剂、蒸发、解离等一系列的过程而形成原子态的蒸气，但实际过程是复杂的，往往伴随着被激发或电离，原子也可能再缔合成分子。

二、石墨炉原子化器

　　火焰原子化器是应用最广泛的原子化器，但它最大的缺点是原子化效率不高，原子蒸气停留时间短，因而火焰中的自由原子浓度很低。原因是雾化效率低，待测物受到大量气体的

稀释，以及金属原子在火焰中易受氧化作用生成热稳定的难熔氧化物。另一个存在的问题是火焰中的化学反应不易控制，造成火焰温度不稳定，火焰各部分的温度也是不均匀的。应用非火焰原子化器可以提高原子化效率，提高测量的灵敏度。

非火焰原子化器有多种类型，其中以石墨炉应用最为广泛。商品仪器的石墨炉结构多样，但以往很长时间内用得最多的是以 Massmann 型(马斯曼)炉为基础的纵向加热石墨炉(见图 13-12)，近年来发展了横向加热型石墨炉(图 13-13)。石墨炉附件有石墨管(普通管、热解管、涂层管、带有平台管)、石墨锥体和冷却装置、自动进样装置、观察镜(窥视镜)等。

石墨炉原子化器的工作原理是，试样以溶液(5～100μL)或固体(几个毫克)形式，从石墨管壁上侧小孔进入由 Ar 或 N_2 保护的石墨炉管内，管两端加以低电压(8～25V)、大电流(可达 500A)，产生高温(2000～3000K)，使试样原子化。升温加热分干燥、灰化、原子化和净化四步，按试样组成和分析元素的不同，选择各步的温度、温度保持时间和升温方式(阶跃式和斜坡式)。净化是除去残留物，消除记忆效应。与火焰原子化产生的信号不同，石墨炉原子化得到峰形的瞬态信号，分析元素的量与峰高或峰面积成正比。

石墨炉的基本结构包括：石墨管(杯)、炉体(含加热和保护气系统)、电源等。工作是经历干燥、灰化、原子化和净化四个阶段，即完成一次分析过程。

1. 炉体

石墨炉体的设计和改进对提高石墨炉质量是最关键的因素。

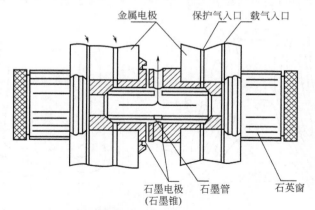

图 13-12 **HGA 石墨炉结构示意**

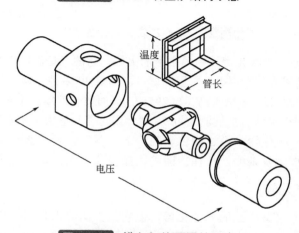

图 13-13 **横向加热石墨炉示意**

图 13-12 为 HGA 石墨炉，炉的两端是金属电极，通过大电缆连接到石墨炉电源。两个金属电极中间紧密装配着石墨电极（又称石墨锥），这是因为仅靠气压或者弹簧压力很难让石墨管和金属电极接触好，它起到了过渡作用；一方面和金属电极接触很紧密，另一方面夹紧石墨管，能让加热大电流通过石墨管，而石墨电极和石墨管之间的接触电阻可以相对较小而且稳定。其中一个石墨电极较长，可以把石墨管罩住，其间流通着惰性保护气体，将石墨管与外界的气氛隔离。两个石墨电极之间是石墨管，管长度为 28mm，外径 8mm，内径 6mm，管中央有一向上的小孔，（近年日立公司生产双孔管）直径约为 1.5～2.0mm，用以注入液体样品，并作为样品蒸气的排放口。石墨管内同样通过惰性气体，通常称之为载气（carry gas）。为了防止高温毁坏石墨炉，并保证使石墨管在一个测定周期后迅速冷却，通常在石墨炉金属电极上装有冷却水管。金属电极的通光部分使用石英窗，使管内载气由石墨管两端向管中心流动，携带样品蒸气从进样孔中逸出。图 13-13 为横向加热石墨炉示意图。

炉体设计和使用中需要注意如下因素：

（1）保证石墨电极和石墨管之间接触良好　对于一支约 30mm 长的石墨管，从室温升高到 3000℃，石墨管长度要增加 1mm，所以石墨炉体的两个金属电极之间需要弹性伸缩，这个接触的好坏直接影响测定的重现性。

（2）载气和保护气　应该选用高纯氩气，有文献报道过氩气中的氧分压会对很多元素的测定灵敏度以及干扰情况产生影响。管内载气可以帮助排放分析过程中的烟雾，保持石墨管内的还原气氛。为了提高测定灵敏度，往往在原子化阶段停气，在加热的其他阶段通常使用 100～300mL/min 的氩气流量，在使用自动进样器时，往往在加样时也停气，直到干燥阶段开始若干秒后才开始通载气，其目的是为了让样品能更好地吸附于石墨管壁或平台上，防止样品被气体吹散。原子化停气，微流量等一般都由仪器自动控制。

与其他情况不同的是，管外保护气在整个石墨炉工作期间是保持畅通的，通常需要 1～2L/min 的流量才能保证石墨管正常的使用寿命。一般而言，常规使用下一支石墨管的使用寿命为 200～400 个测定。

（3）水冷保护　石墨炉在 2～4s 内，可使温度上升到 3000℃，有些稀土元素，甚至要更高的温度。但炉体表面温度不能超过 60～80℃。因此，整个炉体有水冷却保护装置，如水温为 100℃时，水的流量为 1～2L/min，炉子切断电源停止加热，在 20～30s 内，即可冷却到室温。

水冷和气体保护都设有"报警"装置。如果水或气体流量不足，或突然断水、断气，即发出"报警"信号，自动切断电源。

2. 石墨炉电源

石墨炉电源是一种低压（8～12V）、大电流（300～600A）的恒流源或恒压源。通常通过预设加热参数自动完成干燥、灰化、原子化、净化各阶段的加热过程。

石墨管温度取决于流过的电流强度。石墨管在使用过程中，石墨管本身的电阻和接触电阻会发生改变，从而导致石墨管温度与设定温度的差异。

3. 石墨管

目前商品石墨炉主要使用普通石墨管（GT）与热解石墨管（PGT）两种。

普通石墨管升华点低（3200℃），易氧化，使用温度必须低于 2700℃。

热解石墨管（PGT）是在普通石墨管中通入甲烷蒸气（10%甲烷与 90%氩气混合）在低压下热解，使热解石墨（碳）沉积在石墨管（棒）上，沉积不断进行，结果在石墨管壁上沉积一层致密坚硬的热解石墨。

热解石墨具有很好的耐氧化性能，升华温度高，可达 3700℃。致密性能好不渗透试液，对热解石墨其渗气速度是 10^{-6}cm/s。热解石墨还具有良好的惰性，因而不易与高温元素（如 V、Ti、Mo 等）形成碳化物而影响原子化。热解石墨具有较好的机械强度，使用寿命明显地优于普通石墨管。

4. 石墨平台

又称里沃夫平台，它是将全热解石墨片置于石墨管炉［图 13-14（a）］中，以改进石墨炉原子化器。由于石墨平台与管壁只是接触式的，加热电流主要通过管壁，如图 13-14（b）所示，加热石墨管时，平台由管壁辐射间接加热，产生滞后效应，置于平台上的试样也因此而滞后加热，与管壁蒸发相比较，平台上蒸发的蒸气进入温度更高且稳定的气相中，被测元素的原子化更充分，伴生组分的干扰下降。石墨平台技术的采用，改善了基体干扰，提高了高挥发元素的测定精密度和灵敏度，延长了石墨管的使用寿命。

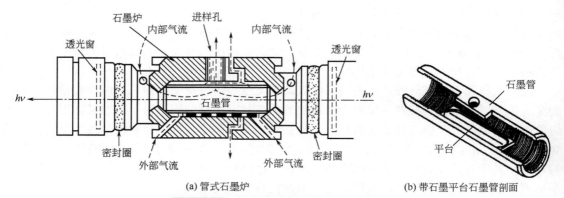

(a) 管式石墨炉　　　　　　　　(b) 带石墨平台石墨管剖面

图 13-14 石墨炉原子化器与石墨平台

与火焰原子化法相比，石墨炉原子化法具有如下特点：

（1）灵敏度高、检出限低　因为试样直接注入石墨管内，样品几乎全部蒸发并参与吸收。试样原子化是在惰性气体保护下，还原性气氛的石墨管内进行的，有利于难熔氧化物的分解和自由原子的形成，自由原子在石墨管内平均滞留时间长，因此管内自由原子密度高，绝对灵敏度达 $10^{-12}\sim10^{-14}$g。表 13-3 列出了石墨炉原子化法与火焰原子化法的灵敏度比较。

（2）用样量少　通常固体样品为 0.1～10mg，液体试样为 5～50μL。因此石墨炉原子化特别适用于微量样品的分析，但由于背景吸收的限制，取样量少，样品不均匀性的影响比较严重，方法精密度比火焰原子化法差，通常约为 2%～5%。

（3）试样直接注入原子化器，从而减小溶液一些物理性质对测定的影响，对悬浮样、乳浊样、有机物、生物材料等样品可直接进样，也可直接分析固体样品。

（4）排除了火焰原子化法中存在的火焰组分与被测组分之间的相互作用，减小了由此引起的化学干扰。

（5）可以测定共振吸收线位于真空紫外区的非金属元素。

（6）石墨炉原子化法所用设备比较复杂，成本比较高。但石墨炉原子化器在工作中比火焰原子化系统安全。

（7）由于石墨管沿光轴方向存在温度梯度，样品蒸气约束在石墨管内狭小空间且滞留时间长，吸收光程较短，因此基体干扰较严重。相比之下，横向加热的石墨管由于温度梯度小，基体干扰也小。另外，特别对于一些能形成难熔碳化物的元素，记忆效应严重。

表 13-3 原子吸收分析线及其 1%吸收灵敏度

元素	波长/nm	火焰法/(μg/mL)	石墨炉法/g	元素	波长/nm	火焰法/(μg/mL)	石墨炉法/g
Ag	328.07	0.05	1.3×10^{-12}	Mo	313.26	0.2	1.1×10^{-11}
Al	309.27	0.8	1.3×10^{-11}	Na	589.00	0.01	1.4×10^{-12}
As	193.64	0.6	1.9×10^{-11}	Ni	232.00	0.1	1.7×10^{-11}
Au	242.80	0.18	1.2×10^{-11}	Os	290.91	1	3.4×10^{-9}
B	249.68	35	7.5×10^{-8}	Pb	283.31	0.20	5.3×10^{-12}
Ba	553.55	0.4	5.8×10^{-11}	Pd	247.64	0.5	1.0×10^{-10}
Be	234.86	0.05	2.5×10^{-13}	Pt	265.95	2.5	35×10^{-10}
Bi	306.8	2.2	3.1×10^{-11}	Rb	780.02	0.5	5.6×10^{-12}
Ca	422.67	0.06	5.0×10^{-12}	Re	346.05	15	1.0×10^{-9}
Cd	228.80	0.01	3.6×10^{-13}	Rh	343.49	0.15	6.7×10^{-11}
Co	240.71	0.08	3.3×10^{-11}	Ru	349.89	2.0	1.4×10^{-10}
Cr	357.87	0.05	8.8×10^{-12}	Sb	217.68	0.5	1.2×10^{-11}
Cs	852.11	0.5	1.1×10^{-11}	Se	196.09	0.1	2.3×10^{-11}
Cu	324.75	0.04	7.0×10^{-12}	Si	251.61	2.0	1.2×10^{-10}
Fe	248.33	0.08	3.8×10^{-11}	Sn	286.33	10	4.7×10^{-11}
Ga	287.42	2.3	5.6×10^{-9}	Sr	460.73	0.04	1.3×10^{-11}
Ge	265.16	1.5	1.5×10^{-10}	Te	214.28	0.5	3.0×10^{-11}
Hg	253.65	5	3.6×10^{-6}	Ti	364.27		1.8×10^{-10}
In	303.94	0.9	2.3×10^{-11}	Tl	276.79	0.2	1.2×10^{-11}
Ir	264.0	20	6.0×10^{-10}	U	358.46	120	5.0×10^{-8}
K	766.49	0.03	1.0×10^{-12}	V	318.40	1.0	5.0×10^{-11}
Li	670.78	0.01	1.0×10^{-11}	Y	410.24	3.0	3.6×10^{-10}
Mg	285.21	0.005	6.0×10^{-14}	Yb	398.80	0.25	2.4×10^{-12}
Mn	279.48	0.025	3.3×10^{-12}	Zn	213.86	0.01	8.8×10^{-13}

三、氢化物发生-原子化器

对于 As、Se、Te、Sn、Ge、Pb、Sb、Bi 等元素，可在一定酸度下，用 $NaBH_4$ 或 KBH_4 还原成易挥发、易分解的氢化物，如 AsH_3、SnH_4 等，然后由载气（氩气或氮气）送入置于吸收光路中的电热石英管内，氢化物分解为气态原子，测定其吸光度。其检出限比火焰法低 1～3 个数量级，选择性好，干扰少，灵敏度高，操作简便，但 As、Bi、Pb 等元素的氢化物毒性较大，要注意发生器的质量并在良好的通风条件下操作。

氢化物发生-原子化器由氢化物发生器和吸收池（石英）组成（见图 13-15）。氢化物发生器将待测元素在酸性介质中还原成氢化物，再由载气导入原子吸收池。原子吸收池由石英管、加热器及温度控制器组成，将氢化物加热分解为基态原子。还原反应产生的氢化物，可以直接导入火焰或石墨炉内原子化，或先捕集在石墨管内壁上再原子化，但最常用的方法是导入加热石英管内，用火焰加热或电热原子化。氢化物的原子化温度较低，在 850～900℃，可获得最大吸光度。图 13-16 是火焰加热石英管式炉的示意图。氢化物由载气带入加热石英管的中间向两端流动，在加热的石英管内被原子化。

氢化物发生原子吸收光谱法的特点是：灵敏度高、干扰少，大多数样品不需分离即可直接测定，检出限可达 ng/mL 级。在地质、冶金、材料、环境、食品、中西药、化妆品样品分析中已有了相当广泛的应用，已有不少方法成为国家标准分析方法。

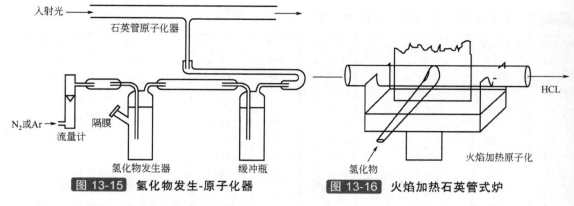

图 13-15　氢化物发生-原子化器　　　图 13-16　火焰加热石英管式炉

四、冷蒸气发生–原子化器

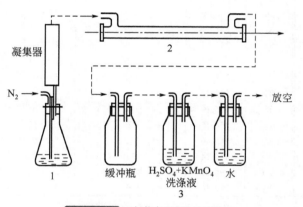

图 13-17　冷蒸气测汞法装置

1—反应瓶；2—吸收管；3—废气处理系统

汞沸点为 357℃，室温下有很高的蒸气压，因此将汞化合物分解为 Hg^{2+}，用氯化亚锡还原为汞原子，并用气流如 N_2、空气等将汞蒸气送入吸收池内测量吸光度。检出限可达 0.2ng/mL。

冷蒸气发生–原子化器由汞蒸气发生器和原子吸收池组成（图 13-17），它专用于汞元素的测定。汞蒸气发生器的功能是将试液中汞离子还原成汞蒸气，再由载气导入原子吸收池。原子吸收池两端有石英窗，并可流通气体。

五、电热丝原子化器

北分瑞利生产的 WFX-910 便携式原子吸收光谱仪采用电热丝原子化器，功耗仅为石墨炉原子化器的 6%，可在无电网供电环境下使用。分光系统采用 CCD 器件，可用于检测谱线波长小于 370nm 的 As、Cd、Cr、Cu、Pb、Se、Tl 等元素。该仪器体积小，主机尺寸仅为 610mm×230mm×335mm，质量轻，仅为 18kg。无运动零件，不用调节，使用简单便捷，方便携带到无电网供电的现场，对不需复杂样品处理的水质样品进行快速检测。

第四节　原子吸收光谱分光系统

一、原子吸收光谱仪的外光路

原子吸收光谱仪外光路的作用是将元素灯的光汇聚，从原子化器的最佳位置通过原子化区，然后聚焦到单色器的入射狭缝。

商品原子吸收光谱仪的外光路各不相同，可简单地分为单光束和双光束两种类型。图 13-18 所示为两种类型的光学系统的原理简图。

图 13-18 中（a）为单光束仪器的光路图。这种光学系统以其结构简单、光能损失少而被广泛采用。元素灯（L）与氘灯（D_2）的光通过半透半反镜或旋转反射镜重合在一起通过原

子化器，实现氘灯背景校正功能。单光束系统的缺点是不能消除光源波动造成的影响，基线漂移较大，空心阴极灯要预热一定时间，待稳定后才能进行测定。近年来随着电子技术的发展，单光束仪器得到不断的完善和改进，使仪器的稳定性有了很大提高。尤其是微机技术的发展，再配合自动进样器，在每次进样的过程中可以自动进行基线校正，有效地消除了基线漂移的影响，使单光束仪器的性能大大提高。

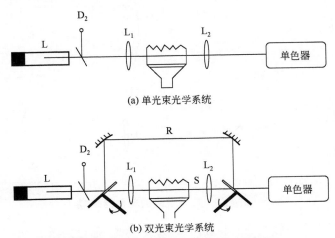

(a) 单光束光学系统

(b) 双光束光学系统

图 13-18 原子吸收光谱仪光学系统简图

　　图 13-18 中（b）为双光束仪器的光路图。用旋转切光器把光源输出的光分为两路光束，其中一束通过原子化器作为样品光束，另一束绕过原子化器作为参比光束，然后用切光器把两路光束合并，交替地进入单色器。检测器根据同步信号分别检出样品信号及参比信号。由于两路光束来自同一光源，光源的波动可以通过参比信号补偿，因此仪器预热时间变短，并可以获得长期稳定的基线。近年来国外原子吸收光谱仪器为了提高仪器性能和竞争力，对双光束仪器关注有加，多数公司推出各类双光束仪器。

二、原子吸收光谱仪的分光系统

1. 通常分光系统

　　分光系统的作用是分出被测元素谱线。分光系统（单色器）有四种类型（见图 13-19）：（a）利特洛型（Littrow），如 Perkin Elmer 公司的 AA600/700/800 等；（b）艾伯特型（Ebert），如 Thermo Fisher 公司 S 型、澳大利亚 GBC 公司多数产品；（c）切尔尼-特纳型（Czerny-Turner），该类型是 Ebert 改良型，如国内有华洋公司、北分瑞利公司、普析通用公司、瀚时公司、上海精密公司，日本岛津公司、日立公司等；（d）漱谷-波冈型凹面光栅单色器等。

　　利特洛型是一种自准直式装置，用一块凹面反射镜（M_1）同时作为准直镜和成像物镜。光束从入射狭缝（S_1）入射至凹面反射镜变为平行光反射至光栅（G）上，被光栅色散后仍然折回凹面反射镜上聚焦成像，从出射狭缝（S_2）射出。这种装置结构简单，光路紧凑。但这种装置是不对称的，入射狭缝和出射狭缝位于光栅的同侧，反射镜引入的慧差使谱线不对称变宽，减小离轴角会使这种慧差减小。

　　艾伯特装置以一块大凹面镜的两半分别作为准直和成像物镜。艾伯特装置又分水平对称式和垂直对称式两种。图中所示为水平对称式，在这种装置中，光路是对称的，出射狭缝与入射狭缝位于光栅的两侧，从入射狭缝入射的光线投射至凹面反射镜的一侧，变为平行光反

射至光栅上，经光栅色散后折回凹面反射镜的另一侧，然后聚焦在出射狭缝的焦面上。这种装置像差很小，因为准直镜的像差被成像物镜所抵消。把艾伯特型略加改进，用两个小凹面镜代替一个大的凹面镜，就是切尔尼-特纳型，由于小凹面镜加工简单、成本低，所以切尔尼-特纳型单色器为现代仪器所普遍采用。

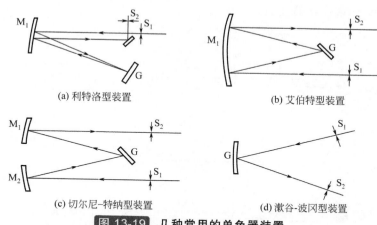

(a) 利特洛型装置　　　　　　　　　　(b) 艾伯特型装置

(c) 切尔尼-特纳型装置　　　　　　　　(d) 漱谷-波冈型装置

图 13-19　几种常用的单色器装置

凹面光栅单色器也有多种类型的装置，图 13-19（d）所示为漱谷-波冈装置。这种类型的单色器可以在一定的范围和条件下，只转动光栅，保持入射和出射狭缝不动，在出射狭缝处得到所需波长的精确聚焦的狭缝像。这种装置的优点是结构简单，缺点是像散很大。专门设计用于这种装置的消像散凹面全息光栅，使漱谷-波冈装置的缺点得以克服，得到了广泛的应用。

2. DEMON 分光系统

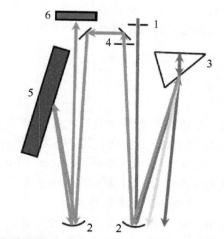

图 13-20　DEMON 系统的谱线分离示意图

1—入口狭缝（固定）；2—偏轴抛物镜；3—棱镜；
4—反射镜中间狭缝（可调）；5—中阶梯光栅；
6—CCD线阵检测器

中阶梯光栅单色器的应用越来越广泛。中阶梯光栅单色器在高级次光谱区工作，高级次光谱自由光谱区很小，为了将不同级次的重叠光谱分开，通常采取交叉色散（在中阶梯光栅光路的前方或后方增加一级辅助色散元件），使谱线色散方向和谱级散开方向正交，在焦面上形成一个二维色散图像。这种光栅分辨率较高，可达 0.002nm，结构小巧。中阶梯光栅单色器结合面阵检测器可同时接收整个工作波段范围的光谱，可实现快速多元素同时测定。如 Perkin Elmer 公司的 SIMAA 6000、Thermo Fisher 公司的 SOLAAR M 系列、Jena 公司的多元素连续测定仪 AAS700 型等就是采用中阶梯光栅单色器。

DEMON 分光系统可以得到较高的光谱分辨率，不会有光谱级次重叠的问题，而且与固态成像检测器联用，可以在一段波长范围内得到极其丰富的光谱信息。图 13-20 为 DEMON 系统的分光示意图。自连续光源的辐射谱线由入口狭缝和反射镜经棱镜预单色器进行初步分光后，再经反射镜和中间狭缝由中阶梯光栅进行色散，最后由 CCD 检测器进行接收和信号转换。

3. Stockdale 双光束光学系统

Stockdale 双光束仪器，其工作原理是在光束通过路径的原子化器前方和后方分别增加一块可以移动或转动的反射镜，反射镜离开光路时光束全部通过原子化器，反射镜移入光路时，光源辐射绕过原子化器完全进入单色器，并将此光信号作为参考光束，与样品光束分别测量运算。在测定时间内反复地将这对反射镜移入和离开光路，达到双光束的效果。这样的双光束系统不减少进入

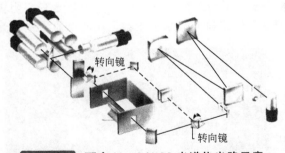

图 13-21　耶拿 NovAA400 光谱仪光路示意

分光系统的光能量，能获得较好的信噪比，对于缓慢的基线漂移有很好的补偿作用。图 13-21 是耶拿 NovAA400 仪器的光路示意，图中转向镜就是完成 Stockdale 双光束功能的关键部件。

Thermo Fisher 公司的 M6 型原子吸收光谱仪和新近推出的 iCE 3500 原子吸收光谱仪都采用这种方式。将石墨炉和火焰分别置于光源仪器两侧（图 13-22），光源置于两个原子化器中间，通过旋转前后两个光束选择器实现原子化器切换。该仪器还利用光束的切换实现了 Stockdale 双光束，并且使用了中阶梯光栅和棱镜交叉色散的分光系统，减小了仪器体积。

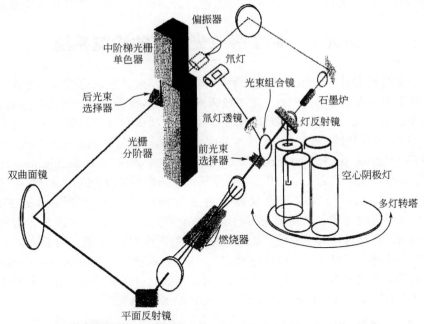

图 13-22　赛默飞世尔 M6 原子吸收光谱仪外光路

4. 光纤技术

光纤的应用可使光路弯曲，从而使仪器结构更加紧凑，体积更小。美国 Perkin Elmer 公司的 PinAAcle 900 型 AAS 仪器采用了光纤技术，它是一台火焰石墨炉一体化 AAS 仪器，采用堆栈式设计，火焰在上面，将石墨炉放在下面，因而在切换时没有任何机械部件的移动，使仪器的稳定性更好。

如图 13-23 所示，空心阴极灯和氘灯的辐射分别经过光纤，在光纤耦合器中混合，然后耦合器将其分为两束光，每束光中包含空心阴极灯和氘灯的辐射，分别经过并行放置的石墨炉原子化器和火焰原子化器。在两个原子化器光束传播路径的后方，经过反射镜又分别汇聚

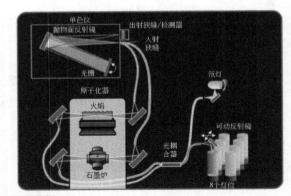

图 13-23 PinAAcle 900 型原子吸收光谱仪光路示意

到两根光纤中，传输到到单色器狭缝的不同部位。单色器内的抛物面镜将这两个光纤传输又经过色散的辐射汇聚到出口狭缝的不同部位。装在出口狭缝处的特制固态检测器分别测量两个光束中的空心阴极灯和氘灯的信号。在石墨炉原子吸收光谱测定时，经过火焰原子化器的光束作为参比光束；在火焰原子吸收光谱测定时，经过石墨炉的光束作为参比光束。两个光束中的空心阴极灯信号和氘灯信号不是由切光器分割而是由光纤分割，是从空间上把两组信号传递到检

测器的不同部位，而不是在时间上分割传递到检测器上，因此信号脉冲相位完全相同，实现了实时双光束测量。高光通量的光学系统和固态检测器的结合，使得该仪器获得极佳的信噪比。

第五节　原子吸收光谱仪的检测系统

检测系统的作用是完成光电信号的转换，即将光的信号转换成电信号，为以后的信号处理做准备。一般借用光电倍增管（PMT）逐级放大来完成。其特点是一次曝光只能检测一条谱线，不同波段有不同灵敏度，但光电倍增管无法同时测定分析线和背景强度，这是光电倍增管主要弱点。20 世纪 70 年代初期，随着 MOS 技术的成熟，光电二极管阵列（photodiode arrays，PDA）、电荷耦合器件（charge coupled devices，CCD）及电荷注入器件（charge injection devices，CID）（统称固态传感器）得到了发展。起初这些器件只用于图像传感器，20 世纪 90 年代器件的性能大大提高，已有商品原子吸收光谱仪器使用了这种器件，如美国 Perkin Elmer 公司的 SIMAA6000 原子吸收光谱仪采用固态传感器及中阶梯光栅技术，可实现多元素同时测定。二极管阵列检测器（固体检测器）有线阵、面阵两种，主要有 PDA 光电二极管阵列（180～300nm 较好），CCD 电荷耦合器件（0～1000nm 较好），工艺结构简单，美国 Perkin Elmer 公司、德国耶拿公司已使用，国内个别仪器公司已开始应用，例如北分瑞利公司 AA910 型仪器已应用。CID 电荷注入感应器波长在 200nm 以上较好，ICP-AES 仪已采用。

一、光电倍增管

光电倍增管是一种多极的真空光电管，内部有电子倍增机构，内增益极高，是目前灵敏度最高、响应速度最快的一种光电检测器，广泛应用于各种光谱仪器上。

光电倍增管由光窗、光电阴极、电子聚焦系统、电子倍增系统和阳极等 5 个部分组成。光窗是入射光的通道，同时也是对光吸收较多的部分，波长越短吸收越多，所以光电倍增管光谱特性的短波阈值取决于光窗材料。用于原子吸收光谱仪的光电倍增管的光窗材料常采用能透过紫外线的玻璃或熔融石英。光电阴极的作用是光电变换，接收入射光，向外发射光电子。光电倍增管的长波阈值取决于光电阴极材料，常用的阴极材料有 Sb-Cs、Sb-K-Cs、Na-K-Sb-Cs 等，Cs-Te 及

Cs-I 阴极材料可用于日盲型光电倍增管。电子聚焦系统使前一极发射出来的电子尽可能没有损失地落到下一个倍增极上，同时保证渡越时间尽可能短。电子倍增系统由二次电子倍增材料构成，受到高能电子轰击时能发射次级电子，从而导致电子的倍增。阳极是用来收集最末一级倍增极发射出来的电子的，典型的侧窗式光电倍增管的基本工作原理及外形如图 13-24 所示。常用光电倍增管有两种结构，分别为端窗式与侧窗式，其工作原理相同。端窗式从倍增管的顶部接收光，侧窗式从侧面接收光。目前光谱仪器中应用较广泛的是侧窗式。

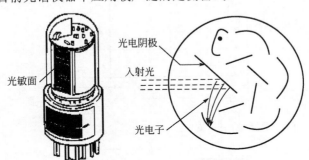

光敏面　　光电阴极　　入射光　　光电子

图 13-24　光电倍增管的工作原理及外观

二、固态检测器

在光谱仪器中常用的固态检测器有电荷耦合器件（CCD）、电荷注入器件（CID）、二极管阵列检测器（PDA）等几种。根据感光元件的排列形式又分线阵和面阵两种。这种器件出现于 20 世纪 70 年代，80 年代后期在光谱仪器上的应用研究取得了进展，进入 90 年代在商品化仪器中已有使用。美国 Perkin Elmer 公司等在原子吸收光谱仪上使用了面阵 CCD，棱镜与中阶梯光栅单色器结合，组成高辨率分光系统，又称 DEMON 分光系统，可实行多元素同时测量。下面简要介绍几种常用的固态检测器。

固态检测器主要由光电转换元件及电信号读出电路两部分组成。光电转换元件是由按照一定规律排列的被称为像素的感光小单元组成，一般为硅光电二极管。将光电二极管通过不同的技术集成在一起形成线阵或面阵。不同种类的器件其电信号读出电路的制作工艺及信号读出方式各不相同，下面就光谱仪器常用的固态器件作一简介。

PDA 是将光电二极管阵列、扫描电路（数字移位寄存器）及晶体管开关电路集成在一起的，图 13-25 是典型的 PDA 内部结构示意图。扫描电路在开始脉冲及相位脉冲的控制下，顺序打开晶体管开关电路寻址相应的光电二极管，并将信号输出。光电二极管工作在电荷积分模式，所以输出信号与曝光量（光强度×积分时间）成正比。

CCD 有线阵及面阵两种。线阵器件在读码器、扫描仪及线性接收的光谱仪器上应用较广。面阵器件常用于数字摄像机、照相机等成像设备。由于 CCD 的像元尺寸较小（几微米至几十微米），在光谱仪器上为接收单色器色散后的光谱带图像也有采用长方形 CCD 检测器的。

CCD 器件是在一块硅片上集成光电二极管阵列与电荷移位寄存器两部分。在积分周期内光电二极管阵列检测入射的光信号并产生与曝光量成比例的光生电荷，储存在势垒中，在移位周期，光生电荷转移到 CCD 移位寄存器并输出。其基本结构如图 13-26 所示。

图 13-26 中，光电二极管阵列与电荷移位寄存器分别由不同的脉冲驱动。图中 ϕ_n 为高电平时，各光电二极管为反相偏置，光生的电子空穴对中的空穴被 p-n 结的内电场推斥，而电子则积件于 p-n 结的耗尽区中。在入射光的持续照射下，得到光生电荷的积累。转移栅接低电平时，使光电二极管阵列与电荷移位寄存器彼此隔离；转移栅接高电平时，使光电二极管

阵列与电荷移位器彼此导通，积累的光生电荷并行流入电荷移位寄存器中，接着在驱动脉冲的作用下，光生电荷按照 CCD 中的空间顺序串行转移出去。

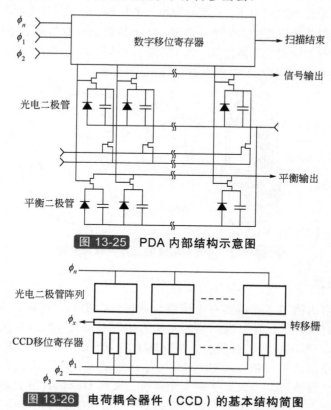

图 13-25 PDA 内部结构示意图

图 13-26 电荷耦合器件（CCD）的基本结构简图

普通光栅（小阶梯光栅）单色器可在单色器的光谱面上采用线阵器件接收，为提高灵敏度可采用像元高度较大的 PDA 线阵器件。中阶梯光栅单色器可采用面阵接收器，同时接收不同级别的光谱图。

三、双检测器

双检测器仪器应用两个完全匹配的光电倍增管做检测器，实现了无时间差的实时检测和背景校正；石墨炉采用双塔载式高阻值石墨管与双塞曼和双检测器相结合，真正实现了在同一时间、同一测量波长、同一观察部位的精确测量和准确的背景校正。这项技术最先应用于日立公司的 Z-2000 系列偏振塞曼法的原子吸收仪器，见图 13-27。其检测原理是：样品中的被测原子在导入磁场时，分析谱线中与磁场平行的偏振组分会被原子吸收；而与磁场垂直的

图 13-27 Z-2000 仪器应用双检测器的光学系统

偏振组分则不被原子吸收。另一方面，由分子和颗粒物散射所形成的背景吸收在磁场作用下不发生变化。对这两个偏光成分的测量值进行差减，背景吸收就被消除，而得到纯原子吸收信号。

第六节　原子吸收光谱仪进样系统

1. 常规进样系统

原子吸收光谱仪进样方式可以手动（包括悬浮液微量注射器手动进样）也可以自动（包括间断连续进样、流动注射进样）。自动进样分为火焰法进样器（见图 13-28）和外置式石墨炉进样器（见图 13-29），近年也有内置式产品推出。

图 13-28　火焰法进样器

图 13-29　外置式石墨炉进样器

2. 流动注射进样法

一般多采用多通道蠕动泵装置，把一定体积液体试样注入到一个运动的、无空气间隔的由适当液体组成的载流中。被注入的试样形成一个带，然后被载带到原子化器中再连续不断地记录其吸光值。该方法已应用到金属铜中痕量 Pb 和地质样品中 Ag、Cd 的测定。流动注射进样分为两类：定容进样和定时进样。

（1）定容进样　是将一定体积或试剂截留在取样环内，然后再将试液或试剂注入载流中。

（2）定时进样　在固定时间内以恒定的流速吸入试液或试剂进入载流中。

3. 原子吸收光谱分析中悬浮液进样法

将固体试样粉末或飘尘悬浮于溶剂中制成悬浮液，在一定外力作用下把悬浮液直接引入原子化器中（通常用于石墨炉原子吸收光谱法）。悬浮液需要在试样中加入液体稀释剂、稳定剂、化学改进剂等几个预处理步骤，使悬浮微粒均匀和稳定。

4. 原子吸收光谱分析中固体直接进样法

直接固体进样技术，只需将固体进行粉碎研磨，即可上机测定。具有用样量少、污染小，避免预处理过程被测定元素损失，不必加入腐蚀性化学试剂等优点。同时，样品不需要稀释，大大地改善了测定的检出限。德国耶拿公司所生产的仪器配有这种进样装置。

第七节　原子吸收光谱仪的一般操作规程

不同生产厂商和不同型号的原子吸收仪器因其规格不同，自动化程度不同，操作步骤也不尽相同。以下仅以一台全手动的仪器操作步骤作为范例说明。此规程表明了通常原子吸收在使用中应该经过的过程和注意事项，对于全自动的仪器，它的调节往往也是按照这样的步骤去进行的。

一、火焰原子吸收光谱仪

1. 空气-乙炔火焰

开机测量步骤:

（1）打开总电源。

（2）打开空气压缩机电源，让其慢慢升压，在点火前必须让其压力达到自动停机或达到仪器规定的压力。

（3）打开主机电源，按照说明书，选元素，装上待测元素的空心阴极灯，并将其置于光路；点灯，分别调整狭缝和波长到仪器推荐值。

（4）交替仔细调节波长和光电倍增管高压（Gain 钮），使分析线的能量在合适的范围(例如：能量=100%或吸光度为零)。

（5）打开排风机电源，通风几分钟。

（6）选定火焰类型为 C_2H_2-air，打开仪器控制部分的助燃气（oxide）开关，调节乙炔流量使其约为 6L/min(装有气压表的仪器可调节气压在 0.16～0.18MPa)。

（7）打开乙炔表的总阀，旋转不得超过 1.5 圈，调节次级压力在 0.05～0.08MPa。绝对不能超过 0.1MPa。

（8）打开燃料气体（fuel）开关，调节乙炔流量到 1.5L/min(在仪器上装有乙炔压力表的，最好不要超过 0.03MPa)。

（9）养成观察仪器废水瓶的液面的习惯，虽然有些仪器在废水瓶无水时气控部分不工作。

（10）按"点火"开关，或者使用点火器点火。

（11）点火后适当调节乙炔流量使火焰状态符合分析要求，再次调节光电倍增管电压，补偿火焰对空心阴极灯辐射的吸收。

（12）待仪器和燃烧稳定后，吸喷蒸馏水，调零。

（13）按照需要选择测量方式，在火焰测定中通常选用"积分"，即时间平均方式，吸喷标准溶液或试样溶液，待吸收信号稳定后按"读数"键。获得吸光度信号和浓度值。在信噪比较差时，可以加长积分时间，加大时间常数。通常也可采用多次测量取平均值获得结果。

（14）测量完毕后，再吸喷去离子水 10min 进行清洗。

关机步骤:

（1）关闭乙炔总阀，直至火焰熄灭。熄火前通过进样毛细管取出蒸馏水或样品溶液。

（2）关闭气控面板上的燃料气体（fuel）开关，如果下一次测定与本次测定的时间间隔不长，可以将空压机的出口节止阀关闭，等下一次测定时再打开。

（3）关闭空压机电源。

（4）将空心阴极灯电流调至 0，降低光电倍增管电压，关闭主机电源。

（5）清洁仪器。

2. 氧化亚氮-乙炔火焰

若使用氧化亚氮-乙炔火焰，操作如下:

（1）将控制气路的"空气/笑气"开关推至"空气"位置。

（2）将 N_2O 输出压力调至 0.3MPa，将乙炔气输出压力调至 0.05MPa，助燃气空气输出压力调至 0.2MPa。按前述气体流量点燃空气-乙炔火焰，待火焰燃烧均匀后，调节乙炔流量至 3L/min 左右，并把"空气/笑气"开关推至"笑气"位置，即点燃氧化亚氮-乙炔火焰，调节乙炔流量使火焰反应区呈现玫瑰红色，内焰高约 1～2cm，外焰高约 30～35cm，就可吸喷试样

溶液进行分析测定

（3）熄灭火焰、关机。首先将"空气／笑气"开关切换到"空气"位置，将 N₂O-乙炔焰转换为空气-乙炔焰(切记!不可直接熄灭 N₂O-乙炔焰!)，然后再关闭 N₂O、乙炔和空气的气源，最后关掉元素灯电源开关和总电源开关。

二、石墨炉原子吸收光谱仪

（1）点燃空心阴极灯，将波长调至元素分析线。

（2）检查电路、载气和冷却水的连接，打开主机电源及其他相关电路开关，开启冷却水，调节水压约 0.15MPa，载气氩气压力约 0.50MPa，使内管氩气流量为 250mL/min，外管流量为 150mL/min。

（3）按下干燥、灰化、原子化手动按钮，调节相应的温度旋钮，选定干燥、灰化、原子化的温度。

（4）扳动干燥、灰化、原子化的时间开关，选定干燥、灰化、原子化时间。

（5）扳动干燥、灰化、原子化的升温速率开关，选定干燥、灰化、原子化的升温速率。

（6）用微量注射器吸取适量试液快速注入石墨管中间的进样口，按下石墨炉的启动按钮，并放下记录仪上的记录笔，记录测定结果。

（7）实验结束后，关闭氩气钢瓶和石墨炉内、外氩气管的流量旋钮，电源开关和冷却水。

（8）反向旋转空心阴极灯的"增益"旋钮，降低灯电流为零，关闭"增益"及灯电流开关和整机主电源开关，结束实验。

实验中应当注意以下几点：

（1）完成一次测量后，石墨管需冷却 10～15s，当进样"准备"灯亮后，才可再注入新的样品。

（2）在原子化过程中，需要停止运行程序时，可按下"止动"开关，石墨炉即停止工作。通常在原子化时不通氩气，以延长气态原子在光路中的停留时间，提高测定灵敏度。

（3）当光路中的镜筒窗上被溅射沾污时，可取下镜筒，用擦镜纸将石英窗擦净后再装好。

三、火焰原子吸收光谱仪性能的判断和要求

仪器调到最佳状态后，应满足下列性能要求。

（1）精密度　测量最高校准溶液的吸光度 10 次，其标准偏差一般不应超过其吸光度平均值的 1.0%～1.5%；测量最低校准溶液（不是"零"校准溶液）的吸光度 10 次，其标准偏差一般不应超过最高校准溶液平均吸光度的 0.5%。

（2）特征浓度　绘制的工作曲线上，在吸光度 0.1 附近查得相当于吸光度改变量 $\Delta A=0.10$ 的质量浓度改变量 $\Delta \rho$（μg/mL）。然后按下式计算特征浓度。

$$\rho_k = \frac{\Delta\rho \times 0.0044}{\Delta A}$$

若所求得的特征浓度，与该仪器说明书所提供的数值相差不超过 25%，一般认为是满意的。

（3）检出限　在选取仪器的阻尼时间常数或积分时间为数秒钟的情况下，用一吸光度为 0.01 左右、已知质量浓度的溶液喷雾。选择适当的标尺放大倍率，使信号的波动清晰可读。在 1min 左右的时间内记录 10 次吸光度（每次用相应的"零"校准溶液调零）。设上述溶液的质量浓度为 ρ，求得的吸光度平均值为 A，吸光度标准偏差为 s，则根据下式求检出限：

$$X_{DL} = \frac{3\rho_k s}{A}$$

若求出的检出限数值不大于该仪器说明书标称值的 3 倍，一般认为是满意的。

（4）校准曲线的线性（弯曲程度）　将工作曲线按浓度等分成 5 段，最高段的吸光度差值与最低段的吸光度差值之比，不应小于 0.7。

第八节　原子吸收光谱仪的安装及维护

一、安装条件

1. 环境要求

原子吸收光谱仪实验室应设置在无强电磁场和热辐射源的地方，不宜建在会产生剧烈振动的设备和车间附近。实验室内应保持清洁，适宜温度在 15～30℃，空气相对湿度不大于 75%，无结露。仪器应避免日光直射、烟尘、污浊气流及水蒸气的影响，防止腐蚀性气体及强电磁场干扰。

实验台应坚固稳定，台面平整。为便于操作与维修，实验台四周应留出足够的空间。

仪器上方应安装排风设备，排风量的大小应能调节，风量过大会影响火焰的稳定性，风量过小有害气体不能完全排出，空气-乙炔火焰最小排风量为 6m³/min，氧化亚氮-乙炔火焰最小排风量为 8m³/min。抽风口位于仪器燃烧器的正上方，临近抽风口的下方应设有一尺寸大于仪器排气口的挡板，以防止通风管道内的尘埃落入原子化器，而有害气体又能沿着挡板与排风管道之间的空间排出。

废液应集入实验台下靠近仪器的大塑料瓶中，其排液管通过盖上的孔直到瓶底。该容器应敞口，不得加盖，不得放入密闭的橱中，容器内和周围务必自由通风，不宜使用玻璃容器。

2. 电源要求

实验室应配有 380V 三相五线制电源，除三相火线外应具备零线与保护地线，保护地线接地电阻应小于 0.1Ω（采用截面积不小于 2.5mm² 的黄绿线接地）。配电箱的容量根据 AAS 的功率匹配，一般单火焰仪器应不小于 15A，火焰石墨炉仪器不小于 30A。为防止触电及短路等事故应安装剩余电流动作断路器。

为减少干扰及均衡三相电流，仪器主机、计算机的电源应与石墨炉电源、空压机和冷却循环水装置分相使用。对每相电源的要求为 220V±22V，频率 50Hz±1Hz。

3. 气源要求

AAS 使用的气体包括空气、乙炔、氧化亚氮、氩气等。除空气外都应采用高纯瓶装气体，有些气瓶属高压易燃气体，使用时应注意以下事项：

① 高压气瓶必须分类保管，直立放置并固定稳妥，气瓶要远离热源，避免曝晒和强烈振动，一般实验室内存放气瓶量不宜超过两瓶。

② 高压气瓶上选用的减压器要按气体分类专用，安装时螺扣要旋紧，防止泄漏；开、关减压器和开关阀时，动作必须缓慢；使用时应先旋动开关阀，后开减压器；用完，先关闭开关阀，放尽余气后，再关减压器。切不可只关减压器，不关开关阀。

③ 使用高压气瓶时，操作人员应站在与气瓶接口处垂直的位置上。操作时严禁敲打撞击，并经常检查有无漏气，应注意压力表读数，一般气体应留有 0.2～0.3MPa 的压力，乙炔气瓶应大于 0.6MPa，避免低压时丙酮进入燃气管道造成仪器损坏。

④ 各种气瓶必须定期进行技术检查。充装一般气体的气瓶三年检验一次；如在使用中发现有严重腐蚀或严重损伤时，应提前进行检验。不得使用标识不清、磕碰严重的钢瓶。

⑤ 钢瓶使用完毕，要关闭气源，排空管道。

注意：不得用火焰做检漏试验，请用肥皂水。

（1）乙炔 乙炔气的出口压力应在 0.06～0.1MPa，纯度 99.9%。乙炔瓶储存、使用时必须直立，不能卧放，其原因有四点。①乙炔瓶装有填料和溶剂（丙酮），卧放使用时，丙酮易随乙炔气流出进入火焰，降低燃烧温度而影响使用，同时会产生回火而引发乙炔钢瓶爆炸。②乙炔瓶卧放时，易滚动，瓶与瓶、瓶与其他物体易受到撞击，形成激发能源，导致乙炔瓶事故的发生。③乙炔瓶配有防震胶圈，其目的是防止在装卸、运输、使用中相互碰撞。胶圈是绝缘材料，卧放等于将乙炔瓶放在电绝缘体上，致使气瓶上产生的静电不能向大地扩散，聚集在瓶体上，易产生静电火花，当有乙炔气泄漏时，极易造成燃烧和爆炸事故。④使用时乙炔瓶瓶阀上装有减压器、阻火器、连接有胶管，因卧放易滚动，滚动时易损坏减压器、阻火器或拉脱胶管，造成乙炔气泄放，导致燃烧爆炸。基于以上原因，故乙炔瓶必须直立，需要放置在离仪器 2.5～3.0m 的安全柜里。

注意：乙炔绝不允许与纯的铜、银或汞直接接触，因为可能生成爆炸性的乙炔化合物，绝不允许用铜管输送乙炔，黄铜接头中含铜量应低于 65%。

（2）氧化亚氮 氧化亚氮又称笑气，是氧化亚氮-乙炔火焰的氧化剂。氧化亚氮-乙炔火焰的燃烧速度为 160cm/s，温度可到达 2800℃。氧化亚氮-乙炔火焰是目前唯一获得了广泛应用的高温化学火焰。

为了保证安全，氧化亚氮-乙炔火焰一般采用短缝燃烧器，在正常燃烧系统的辅助入气口处导入氧化亚氮，在正常的空气-乙炔火焰建立后才使氧化亚氮进入，建立氧化亚氮-乙炔火焰。关闭时顺序相反，先停止氧化亚氮，使火焰恢复到空气-乙炔火焰状态，再按照正常的次序熄灭火焰。也有一些系统用氧化亚氮兼作载气，而不作为辅助气体引入。这些系统先以空气建立火焰，然后加入氧化亚氮，缓慢减小空气流量，使火焰进入氧化亚氮-乙炔火焰。熄灭过程则相反，先打开空气开关，然后慢慢减小氧化亚氮流量，使火焰恢复到空气-乙炔火焰状态，再熄灭火焰。

笑气的出口压力应与空气的出口压力相等，纯度应大于 99.0%。

（3）氩气 氩气是石墨炉电源的保护气或者氢化物发生装置的载气。大量的应用表明纯度大于 99.99%即可。

（4）空气 AAS 厂家一般随机配套空气压缩机。国产 AAS 大量使用的玻璃雾化器，压力一般在 0.25MPa 左右，流量 6～12L/min，进口仪器压力一般在 0.35～0.45MPa，流量 15～25L/min。

AAS 应选择无油静音连续工作的空压机。非连续工作的压缩机采用储气罐储气，压力开关控制储气罐的压力，压力低于一定值如 0.5MPa 启动压缩机工作，压力达到 0.8MPa 时停止工作。气体输出由调压阀将压力罐内 0.5～0.8MPa 的压力减压输出供给 AAS。

注意：压缩机启动瞬间电流很大，容易造成电磁干扰，对 AAS 的测量产生影响，压缩机的频繁启动也会缩短压缩机的寿命。

4. 冷却水要求

AAS 中冷却水的压力要求请根据仪器厂家的要求确定。压力通常为 0.1～0.4MPa，流量 1～5L/min。

冷却循环水装置最好采用不锈钢水箱、不锈钢蒸发器及不锈钢水泵（或工程塑料水泵），保持去离子水较长时间不变质。冷却循环水装置的温度设置为 20～40℃，以石墨炉窗片不结露为好。冷却循环水装置是制冷设备，因此，安装时周围要留有一定空间，冷却循环水装置内应装去离子水，避免用自来水。

二、仪器的日常维护

对一台从未使用过或新的仪器，在动手操作之前，必须认真阅读仪器使用说明书，详细

了解和熟练掌握仪器各部件的功能，严格按照仪器说明书给出的方法操作。在使用仪器的过程中，最重要的是注意安全，避免发生人身、设备事故。使用火焰法测定时排放废液管必须有水封装置，要特别注意防止回火，特别注意点火和熄火时的操作顺序。点火时一定要先打开助燃气，然后再开燃气；熄火时必须先关闭燃气，待火熄灭后再关助燃气。新安装的仪器和长时间未用的仪器，千万不要忘记在点火之前检查气路是否有泄漏现象。使用石墨炉时，要特别注意先接通冷却水和氩气、确认冷却水和氩气正常后再开始工作。仪器的日常维护保养是不容忽视的。这不仅关系到仪器的使用寿命，还关系到仪器的技术性能，有时甚至直接影响分析数据的质量。仪器的日常维护与保养是分析人员必须承担的职责。

为保证原子吸收光谱仪的正常运行，日常维护应注意以下几点：

（1）对新购置的每只空心阴极灯，应进行扫描测试，记录发射线波长、强度及背景发射情况。实验结束待灯充分冷却后，从灯架上取下存放好，若长期不用，应定期点燃，以延长灯的使用寿命。

（2）雾化器喷嘴为铂铱合金毛细管，为防止被腐蚀，每次使用后要用去离子水冲洗，若发现堵塞，应及时疏通。

（3）对不锈钢雾化室，在喷过酸、碱溶液后，应立即用去离子水吸喷 5～10min 进行清洗，以防腐蚀；对全塑结构的雾化室也应定期清洗。

（4）对单缝或三缝燃烧器的喷火口应定期清除积炭颗粒，保持火焰正常燃烧。对由钢或钛钢制作的燃烧器，应注意缝口是否因腐蚀变宽而发生回火，对钛合金燃烧器也应定期检查。

（5）经常检查废液缸的水封是否破坏，防止发生回火。

（6）单色器上的光学元件，严禁用手触摸或擅自调节。仪器中的光电倍增管严禁强光照射。检修时要关掉高压电源。对备用光电倍增管应轻拿轻放，严禁振动。

（7）原子吸收光谱仪应安装在防震实验台上，燃气乙炔钢瓶应远离实验室，助燃气（空气）最好使用可放在室外的空气压缩机，火焰燃烧产生的有害废气，应安装通风设备加以排除。

1. 空心阴极灯的使用与保养

空心阴极灯是 AAS 的关键部件，正确的使用与维护不但能延长元素灯的使用寿命，同时也能提高测试指标。在使用时要注意如下几点：

（1）制造商已规定了灯的最大使用电流及推荐工作电流，使用时不得超过最大额定电流，否则会使阴极材料大量溅射，热蒸发或阴极熔化，寿命缩短，甚至永久性损坏。一般应选用最大工作电流的 1/3～2/3，选择灯电流的原则，以灯能向仪器提供足够能量的前提下，尽量用较小的工作电流。

（2）空心阴极灯若长期搁置不用将会因很缓慢的漏气、灯芯零部件放气等原因而不能正常使用，所以每隔 3～4 个月，应将不常用的灯通电点燃 2～3h，以保障灯的性能，延长寿命。

（3）正常灯阴极口外为橙红色氖光。如发现辉光颜色变淡（灯内有少许氢、氧、氮气体的影响），发射强度降低，噪声增加时，把灯的极性反接，在规定的最大电流下点燃 30min，多数灯的性能可以恢复。如这样处理后灯的性能仍不能恢复，应及时更换灯。要注意的是，碱金属和除镁以外的碱土金属灯不可反向处理。

（4）取放或拆卸灯时，应拿灯座，不要拿灯管，以防灯管破裂或污染窗口，导致光能量下降。如窗口有油污、手印或其他污物，可用脱脂棉蘸上 1∶3 的无水乙醇和乙醚的混合液轻轻擦拭。

（5）对于低熔点、易挥发元素灯，应避免大电流、长时间连续使用。使用完毕后必须待

灯管冷却后再移动，移动时保持窗口朝上，以防止阴极灯内元素倒出。

2. 气路系统的保养

定期检查气路是否漏气。检查时可在可疑处涂一些肥皂水，看是否有气泡产生，千万不能用明火检查漏气！发现管道有老化或接口开裂要及时更新处理。经常查看空气压缩机。在空气压缩机的送气管道上，应安装气油水分离器，经常排放分离器中集存的冷凝水。冷凝水进入仪器管道会引起喷雾不稳定，进入雾化器会直接影响测定结果。

3. 原子化系统的保养

（1）经常保持雾室内清洁、排液通畅。测定结束后应继续喷水 5～10min，将残存的试样溶液冲洗出去。

（2）燃烧器缝口积存盐类，会使火焰分叉，影响测定结果。遇到这种情况应熄灭火焰，冷却后用滤纸插入缝口擦拭，也可以用薄刀片插入缝口刮除，必要时也可用水冲洗。

（3）测定溶液应彻底澄清或经过过滤，防止堵塞雾化器。金属雾化器的进样毛细管堵塞时，可用软细金属丝疏通。对于玻璃雾化器的进样毛细管堵塞，小心拆卸下来用水或稀酸浸泡清洗。但不能用软细金属丝疏通。

（4）每周应对原子化系统清洗一次，包括雾化器、雾化室和燃烧头。若测定高浓度或浑浊溶液，应在测定完毕后，立即清洗一次。

（5）使用有机相喷雾，工作完毕后，要立即先用有机相喷洗 3～5min。关闭火焰，再用丙酮喷洗 5min，再次用硝酸（1+3）喷洗 5min，最后用去离子水喷洗 5min。必要时可拆下燃烧头，对燃烧头、雾化室进行全面清洗。

4. 石墨管的使用与维护

装石墨管之前应将石墨锥与石墨管接触处用酒精棉棒进行清洁处理。

新石墨管首次使用应进行空烧，空烧结束应检查空烧效果，吸收值应接近零。石墨管批次之间会有差异，换新石墨管后，应先进行被测元素的干燥、灰化及原子化温度和时间的选择性试验，确认最佳升温程序。

开始新测试前应检查石墨管，尤其是内壁及平台，有破损或麻点不能使用。

调节自动进样器毛细管插进石墨管内的深度，以液滴下端刚刚接触到石墨管的平台或内壁，而同时液滴上端也脱离进样毛细管为准。

被测样品溶液应尽量避免含有高氯酸、硫酸等强氧化性介质，否则对石墨管的破坏很严重。尤其是用氢氟酸分解样品后用高氯酸赶酸操作，必须将高氯酸清除干净，否则就会出现开始校正曲线测得很好，测样品溶液时很快就出现吸收值相差很大，数据无法使用的情况。

5. 光学系统的保养

（1）不要用手触摸外光路的透镜光敏探头，要保持清洁。当透镜有灰尘时，可以用干净的洗耳球吹去，或用氩气或氮气吹，必要时可用蘸酒精、乙醚混合溶液及镜头纸轻轻擦拭。

（2）单色器罩一般不轻易打开，若不得已需要开启，首先要将光电倍增管的负高压调为零。光栅不能用手触摸其表面，绝对禁止用呵气及擦镜纸去擦拭！只能用氩气或氮气吹灰尘。氘灯、光电倍增管壳必须清洁不沾油污，避免影响透光率，氘灯的弧光是强紫外光，应避免眼睛直视。

（3）光电倍增管负高压输入不宜过高（1000V 以下为好）。

6. 电系统的保养

（1）经常检查电线是否出现断裂或连接不牢固，尤其插头、插座。

（2）经常不工作的仪器，要定期接通电源，使整个电路通电，避免电路元件长期搁置而受损。尤其南方潮湿地区，更应经常通电，防止电路受潮发霉、元件腐蚀而断路，并且防止尘土落入，在不工作时加套防尘罩。

（3）在仪器断电后，至少过 3min 才能再次开启仪器开关。

7. 计算机的使用和维护

（1）计算机和主机开启时不能拔插通讯线。

（2）计算机和主机不要短时间内反复开启或关闭。关计算机一定用鼠标去点击（开始→关闭系统→关闭计算机→是）。不要直接按下开关。

（3）计算机周围不能有强磁场，避免显示器磁化。软件灯亮时不要拔插软盘。

（4）计算机每次更改仪器参数后，应及时存入备盘保存。如果需要升级或修改设置，请由专业人员操作。

三、仪器的安全操作要求

1. 气体安全操作

氧气、氩气、乙炔气均是用瓶装的。①气源离仪器应有适当距离，高压气瓶尽量放在户外，不应暴露于直射阳光、风雨冰雪下，同时保持于 40℃ 以下，为防止可燃性气瓶带静电，不应放置在橡胶或合成树脂板等绝缘物上，应将钢瓶固定在钢瓶架上。②乙炔气瓶附近禁绝一切火源！在室内操作时要保持通风、凉爽。其与主机距离 2.5～3m，并且要放在有报警或通风、固定装置安全柜内。③运送过程要用专用小推车，不要拖、拉、滚、踢或撞击气瓶。④当气瓶连接到仪器时，必须慢慢小心打开瓶阀。⑤还没有使用或空瓶（做标记）的时候要保持阀门处在关闭状态。气路管道最好用橡胶压力管，不允许用铜或铜合金的金属管道。⑥在测定过程中如果有轻微爆炸声等异常现象，应立即熄火！查找原因。⑦瓶内气体严禁用尽，一般低于 0.3MPa 时，应更换钢瓶。

2. 仪器点火操作

仪器点火前需检查排液管水封是否正常，要特别注意防止回火，注意点火和熄火时的操作顺序。点火时一定要先打开助燃气，然后再开燃气；熄火时必须先关闭燃气，待火熄灭后再关助燃气。遇特殊情况，如突然停电，应立即关闭乙炔阀门，避免回火事故发生。新安装的仪器和长时间未用的仪器，千万不要忘记在点火之前检查气路是否有泄漏，电是否有断路现象。乙炔-一氧化二氮点火时，首先点燃乙炔-空气火焰，待火焰稳定后，逐渐增加乙炔流量至火焰呈黄色光亮，然后迅速将阀门从空气转换到一氧化二氮，一氧化二氮流量在未点火前已调节好，熄火时则是迅速从一氧化二氮转换到空气建立乙炔-空气火焰后再熄火，以免发生回火。一氧化二氮火焰要保持红羽毛状态。富氧-空气点火时，先点燃乙炔-空气火焰，逐渐增加乙炔气流量至所需流量，按实验要求逐渐增加氧气流量至所需火焰状态，熄火时，先关闭氧气气路再逐渐减少乙炔量至火焰熄灭，以防回火。

3. 其他

使用石墨炉时，要特别注意先接通冷却水和氩气，确认冷却水和氩气正常后再开始工作，仪器安全操作不容忽视。在原子吸收池上方应安装排风装置。不应在使用可燃气体或氧气的设备附近处理自燃或易燃物质，并且不应放置这些物质。乙炔-一氧化二氮火焰应使用专用燃烧器，绝对禁止使用空气-乙炔燃烧器，以免造成回火事故。一氧化二氮的管道系统绝对禁油。凡疑有油污的管道和仪表，应进行去油清洗。一氧化二氮的减压阀，应使用防冻型减压阀。电源线不应于暖气、散热器上。确认电路连接无误后，方可接通电源。地线不应与其他仪

器共用，应使用接地良好的专用地线。

四、原子吸收光谱仪常见故障及处理

由于各厂家仪器结构不同，故障及排除方法也不尽相同，出现无法解决的疑难问题时应尽快与厂家联系，尤其是涉及安全问题时不应自行解决。

1. 空心阴极灯不正常

（1）灯不亮　仪器使用一段时间后出现元素灯点不亮。首先更换一支灯试一下，如能点亮，说明原灯已坏，需要更换新灯。如更换一支灯后仍不亮，可将灯插在另一个插座上，如果亮了，说明灯插座有接触不良或断线的可能；如果仍不亮，需检查整个灯座的线路是否正常，如果不是灯座线路问题，则需要检查空心阴极灯的供电电源是否工作正常。必要时需要请厂家维修。

（2）充入气体颜色变浅，灯存在杂质气体　将灯电极反接在较大工作电流下激活（吸气）处理。

（3）灯内放电（不停地闪亮）可能由于灯内惰性气体溅射而被吸附，降低气体压力所致。灯起辉电压大于 600V 时，应更换灯。

2. 灯能量低（光强信号弱）

（1）空心阴极灯陈旧，发射强度变弱，必要时换上新灯　长时间搁置不用的元素灯也容易漏气老化，请利用空心阴极灯激活器激活，大部分情况可恢复灯的性能。

（2）检查仪器的原子化器是否挡光　如果是，请将原子化器位置调整好。

（3）波长选择不正确或光束入射位置发生变化　检查使用灯的波长设置是否正确或调整正确，如波长设置错误或调节波长不正确应改正，手动调节波长的仪器显示的波长值与实际的波长偏差较大时应校准波长显示值。

（4）光学系统各镜头污染或有腐蚀现象　检查吸收室两侧的石英窗是否严重污染，用脱脂棉蘸乙醇、乙醚混合液轻轻擦拭。如以上均正常，可能是放大电路或负高压电路故障造成的，通知厂家维修。

（5）放大系统增益下降　关机检查重新调整或更换元件。

3. 特征浓度升高、信号不稳

（1）燃烧器与光束位置不正　应对有关部分进行调整。

（2）空心阴极灯位置不正　应重新校准位置。

（3）灯电流过大　应重新调整灯电流。

（4）试液黏度大（用硫酸、磷酸作为介质）或基体浓度高。

（5）燃烧器和雾化器有堵塞现象　火焰断裂现象应关机做清结处理。吸喷去离子水火焰应是淡蓝色的，如出现其他颜色则应清洗火焰原子化器，最好使用超声波振荡器清洗。必要时检查喷雾器的提升量，一般是 $3\sim6mL/min$，太大信号不稳定，太小灵敏度低。

（6）波长漂移等仪器工作条件变化　关机，检查和调整仪器参数。

4. 石墨炉升温程序不工作

在做石墨炉分析时需给石墨炉通冷却水，自动化程度高的仪器都有水压监测装置，如使用的冷却水压力或流量不够，石墨炉升温程序不工作。长时间使用硬度较大的自来水，会堵塞石墨炉的冷却水循环管道，即使自来水有足够的压力，也无足够的流量打开水压监测装置，致使仪器工作不正常。检查冷却水回水的流量应大于 $1L/min$，否则请检查、维修相关部件。石墨炉分析时，为保护石墨管，需给仪器提供氩气或氮气，自动化程度高的仪器都设有气压

监测装置，如气体压力不够，石墨炉升温程序也不能正常工作，请确认气压。

5. 气路不通

自动化程度较高的仪器使用电磁阀及质量流量计控制燃气及空气的流量，使用一段时间后出现燃气或空气不通的情况，主要原因是使用的燃气或空气不纯，如压缩空气中有水或油、没使用高纯乙炔致使电磁阀堵塞或失灵。如仪器使用的是可拆卸电磁阀，可拆开清洗；如仪器使用的是全密封电磁阀，则要更换新的电磁阀。使用浮子流量计的仪器，流量计中如进了油，会使流量计中的浮子难以浮起而堵塞气路，应拆下流量计，清除流量计中的油。

6. 仪器操作中紧急及其他异常情况的处理

（1）停电 遇到此种情况，须迅速关闭燃气，然后再将各部分控制系统恢复到操作前的状态。待通电后，再按仪器操作程序重新工作。

（2）火焰扰动很大 可能燃气与助燃气流量比不合适或燃气不纯和污染。要检查气路。尤其对空气管道须排除积存水。

（3）信号数据突然较大波动 这类情况多由电学系统故障引起，如光电倍增管负高压失灵。

（4）回火

① 废液排水管口径过大，或未打圈（存水封）。

② 采用氧化亚氮或富氧焰乙炔流量过小。

（5）噪声过大

① 电子元件受潮或损坏，技术参数变化。应更换元件！

② 线路接点接触不良脱焊、短路等，应查找损坏部分进行检修。

③ 仪器有强电磁场或高频电磁波干扰。应暂停使用或撤出干扰源。

④ 雾化室、雾化器腐蚀，气体沾污或不纯。清洁处理有关部件。

（6）分析结果偏高

① 试剂空白没有校正或分析过高浓度试液。

② 存在光谱或背景（分子吸收、光散射等）干扰。

③ 标准溶液已变质或配制标准系列时质量浓度不准确。校正标准时可能落在非线性部分。重新清洁原子化系统，调整空白减小干扰因素。

（7）分析结果偏低

① 有化学（大量）基体电离等干扰存在。

② 容器壁有吸附或标准溶液不够准确。

③ 空白试液被沾污。

④ 试液吸光值在工作曲线非线性部分。可采用稀释试液或二次曲线拟合法操作。

（8）曲线弯曲过大

① 被测溶液浓度范围太大，可改用小浓度范围内工作或选用次灵敏线工作。

② 灯发射谱线被自蚀。可降低灯电流。

③ 存在光散或电离干扰。可用较小光谱通带或加消电离剂。

五、原子吸收光谱仪的校准和期间核查

仪器技术性能的好坏直接影响分析结果的可靠性。无论是新购置的仪器还是经过长期使用的仪器，都必须进行全面的性能测试，并作出综合评价和进行仪器校准。测试的主要项目有波长示值误差、波长重复性、分辨率、基线稳定性、边缘能量、火焰法测定及石墨炉法测

定的检出限、背景校正能力以及绝缘电阻等。各种项目技术的指标和检测方法可参照《原子吸收光谱仪检定规程》（JJG 694—2009）。

1. 仪器校准

主要是根据《原子吸收光谱仪检定规程》（JJG 694—2009）、《原子吸收光谱仪》（GB/T 21187—2007）和最新国家标准《原子吸收光谱分析法通则》（GB/T 15337—2008）制定的。

（1）波长准确度与重现性　仪器的波长误差主要来自波长扫描机构，良好的波长准确度及重复性有利于快速准确地调整元素测量参数。波长示值误差是指灵敏吸收线的波长示值和波长标准值之差，波长准确度≤±0.5nm。波长重复性是指在不考虑系统误差的情况下，仪器对某一波长测量值给出相一致读数的能力，波长重现性≤0.3nm。

选取光谱带宽为 0.2nm，对砷 193.7nm、铜 324.7nm、铯 852.1nm 谱线分别进行 3 次单向扫描测定，从谱图上读取能量最大时的波长值。3 次测定的平均值与波长示值之差即为波长准确度。3 次测定值中最大值与最小值之差，即为波长重复性。为方便起见，也可采用汞空心阴极灯进行波长测试，其参考波长为 253.7nm、365.0nm、404.7nm、435.8nm、546.1nm 等。另外，为检测波长准确性，常采用 435.8nm 的二级光谱进行测试，波长为871.6nm。

（2）分辨率　指仪器对元素灵敏吸收线与邻近谱线分开的能力。当仪器光谱带宽为 0.2nm时，它应能分辨 Mn 279.5nm 和 Mn 279.8nm 双线；或以 0.2nm 光谱带宽测量（汞）谱线，半宽度不超过 0.2nm±0.02nm。

（3）基线稳定性　是指在一段时间内，仪器保持其零吸光度值稳定性的能力。在 30min内，静态基线稳定性最大零漂移应不大于±0.006A 和最大瞬时噪声应不大于 0.006A；其点火基线的稳定性最大零漂移应不大于±0.008A 和最大瞬时噪声不大于 0.008A。

（4）灵敏度（特征浓度或特征质量）　灵敏度与仪器、待测元素及分析方法有关。当仪器用火焰原子吸收法测铜时，应不大于 0.04μg/mL；用石墨炉原子吸收光谱法测镉时，应不大于 2pg。

（5）检出限　检出限与仪器、待测元素及分析方法有关，当给定元素、分析方法后，是仪器的一项综合性指标。当仪器用火焰原子吸收法测铜时，应不大于 0.02μg/mL；用石墨炉原子吸收光谱法测镉时，应不大于 4pg。

（6）重复性（精密度）　精密度与仪器、待测元素及分析方法有关。当仪器用火焰原子吸收法测铜时，应不大于 1.5%；用石墨炉原子吸收光谱法测镉时，应不大于 7%。

（7）边缘波长噪声（边缘能量）　反映仪器边缘波长处对光源辐射集光的能力。在边缘波长处，对 As（193.7nm）和 Cs（852.1nm）进行测量，其峰背比应不大于±2%，且 5min 内瞬时噪声应小于 0.03A。

（8）背景校正能力

① 氘灯法　吸收值接近 1.0A 时，背景校正能力不应小于 30 倍。

② 自吸法、塞曼法　校正能力不应小于 60 倍。（GB/T 21187—2007）

2. 期间核查

期间核查是指为维持设备在两次校准之间的校准状态的可信度，以减少由于设备稳定性变化所造成的测量风险，在两次校准之间进行的核查。期间核查的频次与仪器性能以及使用频次有关，对于原子吸收光谱仪通常需要在两次校准之间至少进行一次期间核查。在仪器进行维修或调整之后，也需要进行期间核查，以确保测量结果的有效性。若关键部件的维修或更换有可能对量值可靠性造成影响时，有必要提前报请具有资质的计量校准机构

进行校准。

期间核查不同于校准/检定，但有条件的情况下也可以参照校准/检定规程或仪器说明书进行。期间核查的方法可以采用以下方法：①分析标准物质；②不同仪器之间进行比对；③不同实验室之间进行比对；④核查仪器的灵敏度、检出限、分辨率等性能指标；⑤重复分析稳定、均匀的样品；⑥其他可以证明仪器可信度的方法。期间核查可根据需要采取以上一种方法或多种方法的组合。

第九节 国内外常见原子吸收光谱仪

表 13-4 列出了国内外生产的原子吸收光谱仪的型号与性能。该表系根据 2013 年北京分析测试学术报告会暨展览会（BCEIA）的参展资料列出了常用的商品仪器，难免以偏概全，仅供参考。

表 13-4 国内外常用原子吸收光谱仪的型号与性能

厂商名称	仪器型号	仪器性能及特点	注释
刘梅克斯（LUMEX）分析仪器公司	MGA-915		
北京普析通用有限公司	TAS-986	双光束 F/G 一体化，氘灯和 S-H 法扣背景，HGA 采用横向加热	
	TAS-990super(TAS-999)	TAS-999 在 986/990 基础作部分改进。增加空气-液化石油气（天然气）原子化装置定名为 A3 型	
	MB-5	用于血液，5 元素五通道，FAAS 仪	医疗专用仪
	MG-2	用于血液，2 元素混合灯，GFAAS 仪	医疗专用仪
北京北分瑞利分析仪器（集团）公司	WFX-810	F/G 并联双灯双原子化器一体结构，恒定磁场塞曼校正背景，流线型外观，仪器新颖，F/G 交替用最短光路	
	WFX-110A/B，120A/B，130A/B	110 型有富氧 FAAS 装置和 HGA 装置，120 无富氧装置，130 无富氧无发射装置，D₂ 校正，4 灯座。A 型有 HGA，B 型无 HGA，110、120 型双背景校正 6 灯座	
	WFX-210	全自动，性能与 110A/B 相同	
	WFX-310/320	普通型	
	WFX-910	首创便携式 AAS 仪，电热丝原子化器，分光系统为 CCD 器件，用 Li 电池供电，体积小，重量轻，便捷，适用现场检测	
北京海光仪器有限公司	GGX-900	准双光束，直流恒定磁场(1T)塞曼扣背景，1800 刻线/mm 平面光栅，GGX-6 改进型	
	GGX-800	准双光束，氘灯扣背景，光栅 1800/mm，5 灯位切换，钛合金燃烧器	
	GGX-600/610，GGX-200	与 800 型相似，自动点火	
	GGX-6	与 GGX-900 型相似，塞曼旧型号	传统仪器
上海光谱仪器有限公司	SP-3520(标准型)/3530(增强型)SP-3800 系列	单光束，氘灯/自吸校背景，8 灯座，全自动仪。SP-3500GA 为石墨炉系统。SP-3801 属火焰型，SP-3802 属石墨炉型，SP-3803 属 F/G AAS，采用断续点灯技术，3800 与 3500 较相似	SP-3800 有多项独特技术
北京翰时制作所（浩天晖公司）	CAAM-2001A、C、D、E、Q 等系列	多功能 F/G AAS 仪，可作为光度计使用	有富氧装置
北京华洋分析仪器公司	AA-2600/2610/2630	单光束，氘灯扣背景，光栅 1200/mm，2630 为 2601/2602 改进型，8 灯座，全自动，氘灯/自吸校背景	富氧装置
沈阳华光精密仪器公司	LAB-600M	多功能仪(F/G AAS，Vis/UV，氢化物发生器一体化。8 灯座，全自动，氘灯/自吸校背景，Pt/Rh 雾化器，电热石英管装不锈钢铠	

厂商名称	仪器型号	仪器性能及特点	注释
北京东西分析仪器有限公司	AA7000/7002/7002A，AA7001/7003/7003A（即AA7000 系列） AA-7020	7001F/G 仪基本型，7003F/G 全自动，7003A 半自动。7000FAAS 基本型，7002FAAS 全自动，7002A 半自动火焰型	单光束氘灯/自吸校背景。AA7002 改装车载(AA4700)
浙江福立分析仪器有限公司	AA1700	结构紧凑，体积小，全自动多功能石墨炉为 3600W 可装 6～10 支灯	
珀金埃尔默仪器(上海)有限公司	AAnalyst400/700	配 HGA，双光束，PC 机中阶梯光栅，700 型是平面光栅，HCL、EDL 两种光源，光栅 1800 线/mm	
	AAnalyst600/800，PinAAcle900 系列 F、T、H、K 等	HGA 横向加热，平面光栅，塞曼扣背景，具有 FIAS 与 HGA 联用，也可与 FIMS、GC、HPLC、TA 联用	采用了光纤技术
岛津企业管理（中国）有限公司	AA-6800	与 6300 相似，氘灯，SR 法扣背景，石墨炉电子双光束	
	AA-6300C，AA-7000	F/G 自动切换，氘灯，SR 法校正背景，火焰法用光学双光束，石墨炉采用电子双光束。AA7000;G/F 一体化双原子化器串联设计，6 灯座，氘灯和自校背景	
	AA-6200	单光束，氘灯扣背景	
日立高新技术公司	ZA3000 系列	直流偏振塞曼扣背景，双光束，双检测器。ZA3300 火焰，ZA3700 石墨炉，ZA3000 火焰/石墨炉	
	Z2300F	是 2000F 的改进型	
	Z2700G，Z3300 系列	双光束，双检测器，塞曼校正背景，石墨炉采用双控温，石墨管有双孔双注入样液功能	
赛默飞色谱质谱及痕量元素分析	S 系列(iCF3300)	火焰-石墨炉，通用，小巧，多功能，氘灯校正背景，双光束仪，6 灯座	
	M 系列(iCF3000)	火焰-石墨炉，中阶梯光栅光学系统，四线氘灯扣背景，Stockdale 双光束技术，交流塞曼石墨炉扣背景，GFTV 石墨炉可视技术	
德国耶拿分析仪器股份公司	ContrAA300/600/700	采用高聚焦氙灯，连续光源，固体检测器 CCD，中阶梯光栅，300 型单火焰型，600 型单石墨炉，700 型火焰/石墨炉	一体化新型仪
	NovAA300/400	智能型 F/GAAS，双光束单光束自动切换，配有氢化物装置，氘灯校正背景，直接固体进样(GFAAS)	
	ZEEnit600/650	G 型仪，配有石墨炉自动进样器，氢化法装置，氘灯和塞曼扣背景	
	ZEEnit 700	F/G 自动切换，带氢化物装置，塞曼扣背景，可调 3 磁场，固体进样器，1800 条/mm 光栅	
江苏天瑞仪器公司	AAS6000	单火焰，单光束，氘灯校正背景，8 灯座，全自动，1800 线/mm 光栅，火焰 AAS 仪	
	AAS8000	单石墨炉，8 灯位，USB2.0 通讯方式	
	AAS9000	火焰石墨炉一体式，8 灯位，USB2.0 通讯方式	
吉必希科学仪器(上海)有限公司（代理澳大利亚 GBC 科学仪器公司）	SensAA	不对称双光束，光栅 1800 条/mm，自动 6 灯座，光谱带宽 0.1～2.0mm 可调(19 或 20 挡)	全自动/手动，波长范围为175～900nm
	SavantAA	不对称双光束，自动 8 灯座，其他同 SensAA	全自动
	SavantAA Σ	不对称双光束，8 灯位(1～4 超灯座)氘灯校正背景，全钛燃烧头可自动旋转 0°～90°	全自动
	SavantAA Zeeman	纵向塞曼校正背景，磁场强度可调（0.6～1.1T）	
	XplorAA	超脉冲背景校正，可选视窗操作系统	

续表

厂商名称	仪器型号	仪器性能及特点	注释
上海精密科学仪器公司	361MC/361CRT	单光束，氘空心阴极灯扣背景，PC 机，带发射	
	AA320N/AA320NCRT	双光束，F/GAAS 仪，可作为 N₂O 火焰，内置微电脑，氘灯校正背景	配氢化物发生器(全自动)
	4530/4530F	双光束，光栅 1800/mm，氘灯/自吸扣背景，4～8 元素自动切换，全自动，钛燃烧器	
	4510F/4520GF	PC 机控制操作，氘灯/自吸校正背景，单光束 F/G	
安捷伦科技(中国)有限公司	Agilent 280 FS AA	火焰，8 灯位	
	Agilent Duo AA	F/G 同时分析 AAS 仪，各具有独立光路和检测系统，氘灯和 Zeeman 扣背景。F/G 原子化器由一台 PC 机控制，无须转换	
	Agilent 240FS AA	快速序列式 AAS 仪，4 灯同时工作 2min 内可测 10 种元素，雾化器用耐 HF 撞击球，高强度 HCL 寿命能达 8000mA·h，240 型是双光束仪	
	Agilent 240AA	自动双光束，4 灯位	
	Agilent 240Z/280E GFAA	同 240 型，全自动塞曼扣背景，HGA 采用交流磁场	
	Agilent 55B	入门级原子吸收系统	

注：F/G 为火焰/石墨炉；HGA 为石墨炉；HS 为氢化物发生装置。

参 考 文 献

[1] 邓勃. 实用原子光谱分析. 北京：化学工业出版社，2013.
[2] 章怡学，何华焜，陈江韩. 原子吸收光谱仪. 北京：化学工业出版社，2007.
[3] 穆佳鹏. 原子吸收分析方法手册. 北京：原子能出版社，1989.
[4] 赵泰. 连续光源原子吸收光谱仪. 现代仪器，2005，11(3):58.

第十四章 原子吸收光谱分析的实验技术

第一节 进样技术

进样方法直接影响原子化效率、检出限、精密度和准确度。一种好的进样方法应该能高效率、可重复地将有代表性的一部分样品引入原子化器，且没有严重的干扰效应。

一、火焰原子吸收光谱法的进样技术

气动雾化进样是火焰原子吸收光谱分析使用最广泛的进样方法，此外还有超声雾化等的进样方法。在火焰原子吸收光谱法（FAAS）中试样溶液是通过喷雾器导入火焰的，其灵敏度在很大程度上取决于喷雾器的工作状态，因此喷雾器的设计、制造和调整十分重要。除了常规的吸入喷雾进样外，目前在 FAAS 中样品的导入技术主要有 3 种：脉冲进样、原子捕集技术和流动注射技术。

脉冲进样技术因取样量少而特别适于少量样品及高盐分样品分析，郑永章[1]等首先介绍了这种方法，近年来已少有人问津该方法，程存归等曾用微量脉冲进样测定螺旋藻中的微量元素[2]，籍雪平等用脉冲进样火焰原子吸收光谱法测定血清、脑和骨中的铁[3]。

原子捕集技术常用来提高 FAAS 的灵敏度，其原因是可使待测元素在火焰中停留时间较长。Lau 等[4]提出的原子捕集技术是把外径 4mm 的石英管（可通入冷水或空气）放在火焰中，在燃烧头上方 5～10mm 处，通入冷水；此时吸喷待测溶液，待测元素即被捕集在冷水石英管上，通入空气排除管中冷水后，管子被迅速加热，被捕集的元素即被原子化。Watling[5]等发展了用于火焰原子吸收的缝管法：在一根长约 120mm，外径 10～12mm 的石英壁上开两条长 50～100mm，宽度分别为 3mm 和 7mm 的长缝，缝间位置可以是相对的，也可以有一定角度，用夹具放于燃烧头上方约 5mm 处，3mm 的缝为火焰入口。国内首先介绍该方法的是文献[6]。关于 FAAS 法中的原子捕集技术先期已有综述文献[7，8]等。

Kılınç E 等对涂钨石英缝管原位捕获 Bi 及干扰进行了研究[9]，缪吉根采用单缝石英管原子捕集测定净水剂中 Pb[10]，卢菊生则采用浊点萃取-石英双缝管捕集分析水中 Cr 价态[11]，Shun-Xing Li 用纳米硅涂覆石英缝管测定了食用植物中 Zn、Cu[12]，原子捕集在中草药分析方面应用较多，如中草药中痕量 Cd[13]、Cr[14]、Co[15]、Zn[16]。

流动注射与原子吸收法联用技术将在第七节中介绍。

二、无火焰原子吸收光谱法的进样技术

1. 液体试样[17]

（1）微量进样器　主要用微量注射器和全塑微量进样器吸取液体试样注入原子化器，一般使用 1～100μL 的微量进样器，有固定和可变体积两种，可变体积进样器精度见表 14-1。

在使用中要注意：在同次实验中，选用材料相同吸管；及时更换吸管尖；吸管尖外部残存试液每次都要用新的试纸擦净；样品要加到进样孔相对的管壁部位，不要碰到管壁，每次进样位置保持一致。

表 14-1 可变体积进样器的精度

标出体积 /μL	实际进样量 /μL	相对标准偏差 /%	标出体积 /μL	实际进样量 /μL	相对标准偏差 /%
10.0	9.7	2.7	100.0	99.3	0.6
20.0	19.6	1.9	150.0	150.1	0.6
50.0	49.7	0.7	200.0	200.5	0.6

（2）自动进样器　采用自动进样器使进样位置、液滴大小、形状保持一致。

（3）其他进样方法　将样品溶液附着在钽丝、钨丝、铱丝、铜线或者石墨电极上，干燥后放入原子化器，或将其浸入试液中电解，使待测元素沉淀在电极上，将电极插入原子化器测定。

2. 固体样品直接进样

分析固体试样时，一般将试样置于小钽舟中，称量后放入炉中，翻转钽舟，将试样倒入石墨炉的正中央。也有直接放入石墨杯、金属舟或者石墨平台，直接放入原子化器测定的。还可将试样和石墨粉混合后放入原子化器。Kurfürst 报道了固体自动进样系统[18]，固体及悬浮液进样由于省去样品前处理而受到欢迎。马玉平自制微量固体进样装置[19]。目前已有商品化的固体自动进样系统，大大方便了固体直接进样进行测定，例如，下列测定均采用了固体直接进样进行石墨炉原子吸收光谱分析：干尿斑中 Mo、Ti[20]，生物及其灰分中 Cd、Cr[21]，药用植物中 Cr[22]，氮化铝中痕量杂质[23]，粉尘中 Sb、Mo[24]。

在悬浮液进样技术中，选择适当的悬浮剂制成均匀、稳定的悬浮液十分重要，有文献介绍以甘油、硝酸和水按（1+0.05+4）混合制成悬浮液[25]、以琼脂作为悬浮剂[26]，用黄原胶作为稳定剂将米粉样品制成悬浮液[27]，以 20％乙醇-1％硝酸水溶液作为悬浮剂等[28]。悬浮液的制备可用超声波装置[29]。采用悬浮液进样法的测定实例有：蜂蜜中 Cd、Pb、Cr[30]，新鲜肉类中 Cd、Pb[31]，土壤和沉积物中 V[32]，环境样品中痕量 Pb[33]，煤中微量 As[34]。上述悬浮液进样技术都是用于石墨炉原子吸收光谱分析，而 Brandao G C 等将悬浮液进样技术用于火焰法测定乳制品中 Ca、Mg[35]。

第二节　基体改进技术

所谓基体改进技术，在 20 世纪 70 年代主要是指在待测样品溶液中加入某种化学试剂，使基体成分转变为较易挥发的化合物，或将待测元素转变为更加稳定的化合物，以便允许较高的灰化温度和在灰化阶段能更有效地除去干扰基体的一种方法。目前人们将无机化合物和有机化合物基体改进剂的应用，石墨管焦化和金属碳化物涂层以及在惰性气体中加入某些活性气体等技术统称为基体改进技术，这里讨论的不包括石墨管的改进技术。

一、基体改进剂的类型

基体改进剂可分为无机化合物基体改进剂、有机化合物基体改进剂和活性气体改进剂 3 种类型。

1. 无机化合物基体改进剂

许多铵盐、无机酸、金属氧化物和金属盐类已作为有效的基体改进剂用于石墨炉原子吸收分析。主要的无机化合物基体改进剂有硝酸铵、硫酸铵、焦硫酸铵、磷酸铵、磷酸二氢铵、硫化铵、硝酸、高氯酸、磷酸、盐酸、过氧化氢、硫化钠、硫氰化钾、过氧化钠、重铬酸钾、高锰酸钾、硝酸锂、镍、铂、钯、镧、铜、铁、钼、铑、银和钙等。

2. 有机化合物基体改进剂

有机化合物基体改进剂主要有抗坏血酸、EDTA、硫脲、草酸、蔗糖、酒石酸、柠檬酸、乳酸、组氨酸、丁氨二酸等有机试剂。

3. 活性气体改进剂

在灰化过程和原子化过程中将活性气体引入屏蔽气流中，主要的活性气体有氧气和氢气。

二、基体改进的机理

基体改进主要通过以下途径降低干扰：

① 使基体形成易挥发的化合物以降低背景吸收。

② 使基体形成难解离的化合物，避免分析元素形成易挥发难解离的一卤化物，降低灰化损失和气相干扰。

③ 使分析元素形成较易解离的化合物，避免形成热稳定碳化物，降低凝相干扰。

④ 使分析元素形成热稳定化合物，降低分析元素的挥发性，防止灰化损失。

⑤ 形成热稳定的合金，降低分析元素的挥发性防止灰化损失。

⑥ 形成强还原性环境改善原子化过程。

⑦ 改善基体的物理特性，防止分析元素被基体包藏，降低凝相干扰和气相干扰。

表 14-2 给出了各种分析元素常用的基体改进剂。

表 14-2 分析元素与基体改进剂

分析元素	基体改进剂	分析元素	基体改进剂	分析元素	基体改进剂	分析元素	基体改进剂
镉	硝酸镁	镉	组氨酸	锗	硝酸	汞	盐酸+过氧化氢
	Triton X-100		乳酸		氢氧化钠		柠檬酸
	氢氧化铵		硝酸	金	Triton X-100+Ni	磷	镧
	硫酸铵		硝酸铵		硝酸铵	硒	硝酸铵
锑	铜		硫酸铵	铟	O_2		镍
	镍		磷酸二氢铵	铁	硝酸铵		铜
	铂、钯		硫化铵	铅	硝酸铵		钼
	H_2		磷酸铵		磷酸二氢铵		锗
砷	镍		氟化铵		磷酸		高锰酸钾、重铬酸钾
	镁		铂		镧	硅	钙
	钯	钙	硝酸		铂、钯、金	银	EDTA
铍	铝、钙	铬	磷酸二氢铵		抗坏血酸		镍
	硝酸镁	钴	抗坏血酸		EDTA	碲	铂、钯
铋	镍	铜	抗坏血酸		硫脲	铊	硝酸
	EDTA、O_2		EDTA		草酸		酒石酸+硫酸
	钯		硫酸铵	锂	硫酸、磷酸	锡	抗坏血酸
	镍		磷酸铵	锰	硝酸铵	钒	钙、镁
硼	钙、钡		硝酸铵		EDTA	锌	硝酸铵
	钙+镁		蔗糖		硫脲		EDTA
镉	焦硫酸铵		硫脲	汞	银		柠檬酸
	镧		过氧化钠		钯		
	EDTA		磷酸	汞	硫化铵		
	柠檬酸	镓	抗坏血酸		硫化钠		

第三节　石墨管改进技术

一、石墨管改进机理

用适当的方法改善石墨管的表面特性，从而改善其分析性能的技术称为石墨管改性技术。石墨由排列成层状六方体的碳原子组成，具有还原性、极好的电性能、热性能和力学性能，是耐热性最好的单质材料。它的电阻很小，平行于石墨 α 轴的电阻与 Ag 相当，可以在大电流、低电压情况下工作；α 轴上的热导率大约为 Cu 的 30 倍；热胀系数极小，在 400～2600℃ 是一般金属的几分之一到几十分之一；它的抗拉强度随温度上升而增加，在 2500℃ 时相当于常温下的 2 倍；有极好的耐热冲击性，是一般耐热性氧化物如 MgO、BeO 等的数百倍。同时，碳在常温下几乎不氧化不溶解，升华温度为 3200℃，说明它在高温下极其稳定。

虽然石墨具有上述优点，但是用它作为原子化器在高温时常产生复杂的化学反应，致使基体对被测元素的信号产生抑制或者增强效应。由于石墨管材料方面的原因，在实际分析过程中，会经常发生下述的一些问题：

① 高温可使石墨管壁飞溅出石墨微粒而增加光散射，尤其在测定高温元素时，高温将引起大量的碳升华，造成石墨管严重劣化，使用寿命缩短。

② 石墨管的多孔性引起试液渗入管壁和原子蒸气透过管壁而造成损失，使灵敏度降低，重现性变差。

③ 用普通石墨管测定高温元素时，记忆效应严重，而且与某些元素易形成难熔碳化物。

上述各种因素都影响测定灵敏度和精密度以及石墨管的寿命。研制一种理想的电热原子化器，是从根本上降低原子化器干扰、提高灵敏度、改善测试精度的根本途径。下面将介绍几种应用得最广和最好的且实用的改性方法及改进后的效果。

二、几种常用的石墨管改进方法

1. 热解涂层石墨管

热解涂层是目前对普通石墨管原子化器改性的最好、最适用的一种方法，工业化生产热解涂层石墨管是在炉温保持 2000～2300℃ 和一定的真空度，在抽气的条件下，通入用氩气或氮气稀释的烃类化合物气体（如甲烷、丙烷），这些气体裂解后生成菱形片状的三维晶体沉积在普通石墨管上，碳沉积速度控制在 ≤0.1mm/h。在石墨管表面上涂镀一层坚固的热解石墨涂层，改善了石墨管表面的物理化学特性。如果管外壁涂层达到约 70μm、管内壁涂层约 100μm，可大大延长涂层管的使用寿命。经过热解涂层的石墨管具有许多优点：

① 具有更高的升华点（3700℃）；

② 抗氧化能力比普通石墨管提高数十倍；

③ 由于升华点高和抗氧化能力强，石墨管的使用寿命大大延长；

④ 透气率低，样液和气态原子不渗透，避免分析元素的损失；

⑤ 表面平滑，容易同时原子化，提高了分析元素的灵敏度；

⑥ 减少了碳化物的生成。

2. 碳化物涂层石墨管

应用易形成碳化物的元素的溶液处理石墨管表面，使之生成更难熔的碳化物，经过这样处理过的石墨管表面形成一层碳化物涂层，使被测元素不与石墨管的碳接触而生成难熔碳化物。在普通石墨管或热解涂层石墨管上可以涂覆 Hf、La、Mo、Nb、Ta、Ti、V、W、Y、Zr

的碳化物，改善石墨管表面的物理化学特性，可使许多元素的分析灵敏度得到提高。

涂覆方法有局部涂层法和整管涂层法。局部涂层法是将难熔元素化合物的溶液，从进样孔滴入石墨管中随后进行程序加热处理，使在石墨管与样液接触部位形成碳化物涂层。整管涂层法也称浸渍法，是将石墨管浸泡在难熔元素化合物的溶液中一段时间，取出后，在一定的温度下干燥，随后装入石墨炉中加热处理，整个石墨管表面形成碳化物涂层。下面介绍几种难熔碳化物涂层管的涂覆方法。

（1）碳化钽涂层 将 5g 金属钽（或钽粉）置于 100mL 的聚四氟乙烯杯中，溶于 25mL 40% HF，缓慢滴加 25 滴 65% HNO_3，用水稀释到 100mL，摇匀。将石墨管浸泡在此溶液中过夜（或将浸有石墨管的杯放入接有通气管的干燥器里，用水泵抽真空，保持 30min）。取出后干燥，而后安装到石墨炉中，采用斜坡升温方式，30s 升到 1000℃，5s 后再升到 2500℃保持 3s～5s，重复上述操作 2～3 次，即获得碳化钽涂层管。也可取上述钽溶液 50μL 直接滴入石墨管中，经烘干，高温加热处理，如此重复 2～3 次而获得碳化钽涂层管。

（2）碳化锆涂层 将 5g $ZrOCl_2 \cdot 8H_2O$ 溶于 100mL 水中，摇匀。将普通石墨管或涂层石墨管放入此溶液中，按（1）的做法进行操作，即可获得碳化锆涂层管。

（3）碳化钨涂层 将 7.8g $Na_2WO_4 \cdot 2H_2O$ 溶于 100mL 水中，摇匀。制成含钨浸泡液。然后按（1）法操作进行处理，即可获得碳化钨涂层管。

（4）碳化钼涂层 将 MoO_3 沉淀悬浮于 50mL 水中，加固体 NaOH 分解，用水稀释至 100mL，摇匀，制成钼浸渍液。然后按（1）法操作进行处理，即可获得碳化钼涂层管。

（5）碳化镧涂层 将 1g La_2O_3 用 10mL HCl 加热溶解后，用水稀释至 50mL，摇匀。然后按（1）法操作进行处理，即可获得碳化镧涂层管。

当样液体积小时，也可将上述制备的溶液与样液混匀，加入到已用上述溶液处理过的石墨管中，进行被测样液的测定。

碳化物可分为三种类型：离子型碳化物、共价型碳化物和间充型碳化物。SiC 和 B_4C 是共价型碳化物。间充型碳化物是碳原子填充在密堆积金属原子结构八面体的空穴中形成的，HfC、MoC、NbC、TaC、TiC、VC、WC、ZrC 属于这种间充型。这种碳化物的特性是致密、高强度、高熔点和在常温下呈化学惰性，但在高温时极易与 O_2、N_2、CO_2 反应，在温度高于 800℃时，具有较强的反应活性，迅速与氧反应。在各种碳化物涂层管中，以 TaC（熔点 4270K）和 ZrC（熔点 3690K）效果最好，可能与其具有较高的熔点有关。这两种碳化物涂层管对测定 Al、As、B、Be、Ge、P、Si、Sn、稀土元素效果好。由于涂覆难熔碳化物方法比较简单易行，现已得到广泛的应用，并已取得了较好的效果。

3. 在石墨管内层表面衬某些金属片

以衬钽管为例说明它的制备[36]：石墨管长 28mm，内径 6.2mm，将 0.1mm 厚金属钽片切割成长 19mm、宽 15mm 的小片，在一端距边 2mm 的中央处钻一直径 2mm 的小孔，借助于比石墨管内径稍小的小圆铁棒，将钽片卷成一圆筒，然后将铁棒与钽筒一起放入稍大于石墨管内径的玻璃管中，用力滚压铁棒与玻璃管，直到钽筒匀滑、圆称为止，然后取出钽筒仔细地套入上述石墨管中，小孔与石墨管上加样小孔对准，当石墨管受热时金属钽片膨胀，使钽片与石墨管内壁紧密接触。常用的还有衬钨管。

第四节　平台原子化技术

1977 年 L'vov 等人提出了一种使吸收脉冲向石墨炉最终平衡温度区移动的通用方法，即

所谓 L'vov 平台原子化技术。将一全热解石墨片置于石墨管炉中，与管壁紧密接触，见图 14-1。图中平台尺寸为 15mm 长、4mm 宽、1mm 厚。中间有一凹槽，深 0.5mm、长 13mm、宽 2mm，能容纳 50μL 试样。

由于平台上试样迟后加热，当平台上的试样蒸发时，石墨管内空间的温度早已达到比较高而且比较稳定的温度，使被测元素化合物在近似等温条件下实现原子化，有利于减轻或消除干扰，提高分析灵敏度。

平台的作用是创造一个原子化时能满足时间和空间要求的等温条件，以提高灵敏度和消除干扰。因为平台与管壁的接触是点接触，加热平台主要靠来自管壁的辐射，而管壁的辐射功率与温度有关。在原子化阶段加热开始时，平台的加热相对于管壁加热在时间上出现延迟，由于这种原因，平台原子化时待测元素的吸收脉冲也出现时间延迟，使其吸收脉冲位置移向炉的温度平衡区。另外，待测元素被蒸发至温度比样品本身的温度更高的陶性气体中，有利于待测元素的原子化和降低伴生组分的干扰。

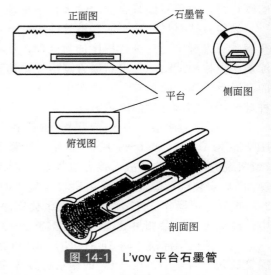

图 14-1 L'vov 平台石墨管

第五节　探针原子化技术

所谓石墨炉原子吸收法的探针原子化技术就是将数微升至数十微升试样溶液加在一根难熔金属丝探针或石墨探针头上，利用红外辐射加热使试样液滴蒸干，然后将探针前端连同试样干渣一起插入已预先加热到恒定温度的石墨炉中，从而使试样蒸发并原子化，同时记录相应的原子吸收信号。

探针原子化技术应用于实际样品测定的优点是：与常规管壁取样或平台原子化相比，对某些元素的测定灵敏度和检测限有较显著改善；显著降低了基体效应和化学干扰对测定结果的影响；与石墨管改进技术相结合，能实现某些元素测定的最佳化；提供了多元素同时测定的潜在可能性。

早期探针装置，都是将滴加有样品的

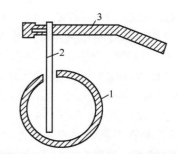

图 14-2 探针插入 HGA-76 型石墨炉的示意图

1—石墨炉；2—探针；3—AS-1型自动进样器的活动加样臂

探针夹在仪器原有的石墨炉自动加样器的夹头上，或固定在与光学导轨底座相连的固体取样器上，然后用手移动自动加样器、将探针插入已恒温到原子化温度的石墨炉中，见图 14-2。周立群等自制石墨探针用于测定人发中痕量镉[37]。手动进样重现性较差，影响准确度和精密度。探针装置自动化的研究取得了很大进展，各种探针自动运动装置相继问世。

第六节 原子吸收光谱分析法中的背景校正技术[38,39]

背景吸收是由分子吸收和光散射造成的。背景校正技术的原理是利用样品光束测量原子吸收及背景吸收的总吸收，测得的吸光度记为 A_s，利用参考光束测量背景吸收（也可能包括部分原子吸收），测得的吸光度记为 A_r，则：

$$A_s = A_{sa} + A_{sb} \tag{14-1}$$
$$A_r = A_{ra} + A_{rb} \tag{14-2}$$

式中，下标 a、b 分别表示分析原子吸收及背景吸收。经背景校正后的测得的吸光度为：

$$A = A_s - A_r = (A_{sa} + A_{sb}) - (A_{ra} + A_{rb})$$
$$= (A_{sa} - A_{ra}) + (A_{sb} - A_{rb}) \tag{14-3}$$

从式（14-3）可以看出，要真实地反映样品的分析原子吸收，参比光束测得的原子吸收 A_{ra} 应尽可能小，参比光束测得的背景吸收应尽可能与样品光束测得的背景吸收相等。

理想的背景校正技术应满足：
① 样品光束与参考光束在原子化器中完全重合；
② 参考光束的波长与样品的分析线波长严格相等；
③ 测量样品信号及参考信号的时间同步。

由于各种背景校正装置的技术特点及适用范围各不相同，因此，现代原子吸收光谱仪器大部分具备一种或一种以上背景校正装置。以下，介绍几种常用的背景校正技术。

一、氘灯法校正背景

氘灯背景校正是由柯蒂奥汉（S. R. Koirtyohann）和皮克特（E. E. Pickett）于 1965 年首先提出来的 [40]。在氘灯背景校正方式中，元素灯的辐射作为样品光束，测量总的吸收信号（原子吸收与背景吸收之和），氘灯的辐射作为参考光束，用以测量背景吸收。其基本原理如图 14-3 所示。

图中（a）、（b）、（c）为元素灯发射光谱，作为样品光束测量原子吸收及背景吸收的情况，（d）、（e）、（f）为氘灯的连续光谱作为参考光束测量原子吸收及背景吸收的情况。背景是连续光谱的宽带吸收，它对元素灯的锐线辐射和连续光源辐射具有相同的吸收 $A_{sb} = A_{rb}$[图中(c)、(f)]。

而原子吸收是锐线吸收，对元素灯的吸收为 A_{sa}[图中(b)]，对参考光的连续辐射吸收则为：

$$A_{ra} = 2.4 \times \frac{\Delta\lambda}{W} A_{sa} \tag{14-4}$$

式中，$\Delta\lambda$ 是以波长为单位分析线的洛伦兹半宽度；W 为单色器光谱带宽。

经校正后的吸光度为：

$$A = A_{sa}\left(1 - 2.4 \times \frac{\Delta\lambda}{W}\right) \tag{14-5}$$

式（14-5）中，$\Delta\lambda$ 一般为 $10^{-3} \sim 10^{-2}$nm，W 为 0.2~2.0nm，这样 $2.4 \times \frac{\Delta\lambda}{W}$ 为 0.001~0.1，即校正后的吸光度与未经校正的吸光度相差不大，而校正吸光度与背景吸收无关，因此实现了背景校正。

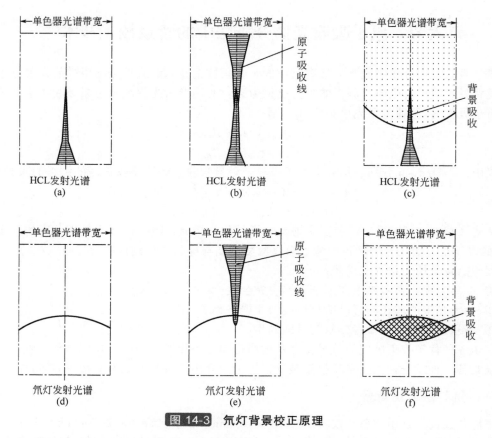

图 14-3 氘灯背景校正原理

氘灯校正背景主要优点是对灵敏度的影响较小，从式（14-5）得 $A_{ra}=(0.001\sim0.1)A_{sa}$，即校正后的吸光度降低 $0.1\%\sim10\%$，这比塞曼法和自吸收法都小。由于锐线光源和氘灯两个光源不易准确聚光于原子化器的同一部位，两种灯的光斑大小也不完全相同，故影响背景校正效果，容易出现校正不足或校正过度的现象。氘灯背景校正装置的结构如图 14-4 所示。

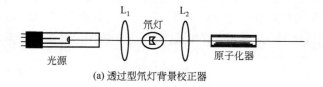

(a) 透过型氘灯背景校正器

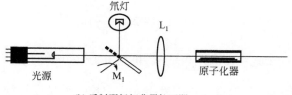

(b) 反射型氘灯背景校正器

图 14-4 氘灯背景校正装置

图 14-4（a）为透过型氘灯背景校正器，该装置使用的氘灯是中心有小孔的氘弧灯。元素灯的共振辐射由 L_1 会聚后通过氘灯中心的小孔，与氘灯辐射合并后由 L_2 会聚通过原子化

器。氘灯与元素灯采用时间差脉冲点灯方式供电，仪器根据同步脉冲分时测量总吸收、背景吸收及原子吸收。

图 14-4（b）为反射型氘灯背景校正器。反射型背景校正器有两种模式。一种模式是用一个旋转切光器 M_1 将空心阴极灯和氘灯发出的辐射交替地通过原子化器，分时测量总吸收（空心阴极灯的辐射吸收信号）及背景吸收（氘灯的辐射吸收信号）。另一种模式是 M_1 采用半透半反镜，元素灯的光透过 M_1，与氘灯的反射光合并进入原子化器，光源采用时间差脉冲点灯方式调制。

氘灯的工作波段为 190～360 nm，超过 360nm 波长，氘灯的能量很低，发射噪声很大，不能进行背景校正。另外，在这个波段进行背景校正必须使用滤光片。防止 200～400nm 氘灯辐射的二级光谱进入检测器。

氘灯的额定工作电流为 300mA。AAS 的氘灯采用脉冲供电，其脉冲电流可以达到几个安培，由于仪器的工作模式不同平均工作电流亦不同（占空比不同），其显示电流也不相同，应参照使用说明书的要求设置电流，超过规定值会对氘灯及灯电路产生不良影响。

氘灯的发光面比空心阴极灯小，在原子化器上会形成大小不同的成像，对于火焰原子吸收，样品蒸气比较均匀，问题不是太大；而对于石墨炉分析，由于样品蒸气在光束通过的截面上极度不均匀，因此会造成背景校正的误差。

氘灯是连续光源，在仪器光谱通带范围内如果有共存元素的强烈吸收，会被误作为"背景"而在总吸光度内扣除，而这个共存元素的吸收因为使用锐线光源而并未观察到，造成的结果是背景校正过度，在没有被测元素时产生负吸光度信号。在石墨炉分析中，由于分析灵敏度高，同样浓度的这类共存元素产生的吸光度远远大于在火焰测定中产生的吸光度，因此，这种影响更为明显。

二、塞曼效应法校正背景

1886 年荷兰物理学家塞曼发现光源在强磁场作用下产生光谱线分裂的现象，这种现象称为塞曼效应。与磁场施加于光源产生的塞曼效应（称正向塞曼效应）相同，当磁场施加在吸收池时，同样可观测到吸收线的磁致分裂，即逆向塞曼效应，亦称吸收线塞曼效应。

塞曼效应按观察光谱线的方向不同又分为横向塞曼效应及纵向塞曼效应，垂直于磁场方向观察的是横向塞曼效应，平行于磁场方向观察的是纵向塞曼效应。横向塞曼效应得到三条具有线偏振的谱线，谱线的频率分别为 $\nu-\Delta\nu$、ν、$\nu+\Delta\nu$，中间频率未变化的谱线，其电向量的振动方向平行于磁场方向，称为 π 成分。其他两条谱线的频率变化分别为 $-\Delta\nu$ 及 $+\Delta\nu$，其电向量的振动方向垂直于磁场方向，称为 $\sigma^{\pm}$ 成分。而纵向塞曼效应则观察到频率分别为 $\nu+\Delta\nu$ 和 $\nu-\Delta\nu$ 的两条圆偏振光，前者为顺时针方向的圆偏振称左旋偏振光，后者为逆时针方向的圆偏振称右旋偏振光，而中间频率不变的 π 成分消失。这是正常塞曼效应的例子。通常大多数元素原子能级结构是双重态、多重态。对这些元素的塞曼效应观测发现，它们谱线的磁致分裂有着更复杂的现象。谱线分裂成 3 组成分——π 组和 $\sigma^{\pm}$ 组，每组都由两条以上谱线组成，这就是反常塞曼效应。

塞曼效应应用于原子吸收做背景校正可有多种方法。可将磁场施加于光源，也可将磁场施加于原子化器；可利用横向效应，也可利用纵向效应；可用恒定磁场，也可用交变磁场；交变磁场又分固定磁场强度和可变磁场强度。

由于条件限制，不是以上所有组合均可应用于原子吸收光谱仪。例如：纵向恒定磁场，由于没有 π 成分而无法测量样品的原子吸收而不能用来校正背景。施加于光源的塞曼效应在

前期的研究中做了大量的工作，但由于需要的特殊光源目前也不普及，只在某些专用装置中获得了应用。如塞曼测汞仪，因为汞灯可以做得很小，能够获得较高的磁场强度。光源调制的另一个缺点是很难保证基线的长期稳定。目前商品化仪器应用较广的大多是施加于原子化器的塞曼效应背景校正装置，主要有 3 种调制形式，分别为横向恒定磁场、横向交变磁场和纵向交变磁场。图 14-5 为三种塞曼效应背景校正装置的示意图。

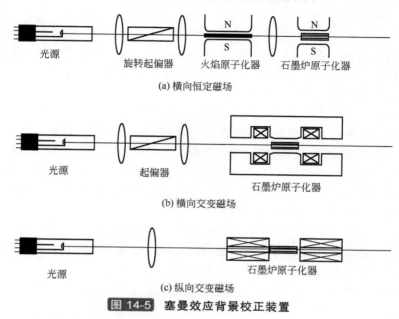

(a) 横向恒定磁场

(b) 横向交变磁场

(c) 纵向交变磁场

图 14-5　塞曼效应背景校正装置

图 14-5（a）为横向恒定磁场装置，这种装置利用永久磁铁产生强磁场，它既可以应用于火焰原子化器，也可以应用于石墨炉原子化器。它是交替将光源的辐射进行偏振光调制，原子吸收线的 π 成分及 σ± 成分分别吸收不同偏振方向的辐射进行背景校正。

利用光的矢量特性（只有偏振特性相同的光才能产生相互作用），引入旋转起偏器将光源发出的共振辐射变成线偏振光。假定磁场方向平行于纸面，当旋转起偏器转动到共振辐射偏振特性平行于纸面时，形成样品光束，测量分析原子吸收及背景吸收，因为原子吸收线的 π 成分的偏振特性与其相同，产生分析原子吸收；当旋转起偏器转动到共振辐射偏振特性垂直于纸面时，形成参考光束，测量背景吸收，因为原子吸收线的 σ± 成分与参考光的波长不同，不产生吸收，π 成分的偏振特性与参考光不同，也不产生样品吸收，而背景吸收通常是宽带的，不产生塞曼分裂，对样品及参考光束的吸收相同。两个光束产生的吸光度相减即得净分析原子吸收产生的吸光度。

图 14-5（b）为横向交变磁场施加于原子化器，起偏器只通过偏振面垂直于磁场偏振光，利用电磁铁产生交变磁场。磁场关闭时，与通常原子吸收一样测量分析原子吸收及背景吸收；磁场开启时，原子化器中的被测元素原子蒸气，其吸收线轮廓发生分裂（逆向塞曼效应），偏离中心波长的吸收线 σ± 成分对光源辐射不吸收，而背景吸收通常是宽带的，不产生塞曼分裂，对光源辐射产生吸收。两个吸光度相减，得到净原子吸收信号，实现了背景校正。

横向磁场置于原子化器都需要加入起偏器，这使得光源的光强至少减小 50％。而在恒定磁场（a）方式下，吸收线塞曼分裂的产生也对共振光的吸收减弱，特别是对于谱线呈反常塞

曼分裂的元素，因此这种背景校正装置存在的主要不足是损失灵敏度。

图 14-5（c）为纵向交变磁场装置，这种装置在磁场开启时，吸收线产生分裂形成 $\sigma^{\pm}$ 成分，此时元素灯的发射线只能测量背景吸收。在磁场为零时，吸收线不产生分裂，此时测量分析原子和背景吸收的总吸收。总吸光度与背景吸光度之差即为分析原子的吸光度。因为纵向塞曼效应没有 π 成分，不需偏振镜，降低了光源的能量损耗，提高了测量信号的信噪比。很好地解决了光能量损失与灵敏度损失的缺陷。

三、空心阴极灯自吸收法校正背景

自吸收法校正背景是利用大电流时空心阴极灯的发射谱线变宽产生自吸收，以此测量背景吸收。图 14-6 是空心阴极灯自吸收法背景校正装置的原理示意图。

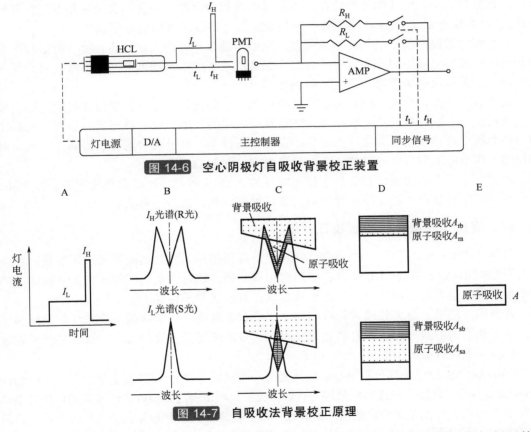

图 14-6 空心阴极灯自吸收背景校正装置

图 14-7 自吸收法背景校正原理

图 14-7 中 A 是空心阴极灯的电流波形，图中 B 的上部为空心阴极灯窄脉冲电流 I_H 的发射光谱，这是因为在大电流的激发下空心阴极里产生大量的原子云，原子间碰撞实现能量交换减弱了共振辐射，光谱带变宽，形成双峰。以此光束作为参考光束测量背景吸收及少量的原子吸收（I_H 电流期间或多或少有部分共振辐射）。图中 C、D 的上部所示为参考光测量背景吸收及部分原子吸收的情况。

宽脉冲电流 I_L 因为电流较低产生的光谱发射为正常的共振辐射，以此光束作为样品光束，测量分析原子及背景的吸收信号，如图 14-7 B、C、D 的下部所示。样品光束的测量信号与参考光束的测量信号之差即为样品的原子吸收信号。

窄脉冲大电流 I_H 是自吸收电流，峰值电流可设置为 300～600mA，宽脉冲小电流 I_L 是正

常测量电流。由于宽、窄脉冲的电流差别很大，因此光电信号的幅值相差也很大，前置信号放大器必须取不同的增益，以平衡信号的输出。

自吸收背景校正法的测定灵敏度与窄脉冲电流 I_H 的大小有直接关系，I_H 越大，自吸越严重，测得的 A_{ra} 越小，对灵敏度的影响就越小。

一些元素的谱线很容易自吸，因而对灵敏度影响小，如锌、镉等元素。而另一些元素空心阴极灯的谱线较难发生自吸，即使在较大的电流下测得的 A_{ra} 仍较大，因而经过背景校正后灵敏度损失较大。

自吸收背景校正的主要优点是：① 装置简单，除灯电流控制电路及软件外不需要任何的光机结构；② 背景校正可在整个波段范围（190～900nm）实施；③ 用同一支空心阴极灯测量原子吸收及背景吸收，样品光束与参比光束基本相同，校正精度较高。另外，自吸收背景校正是在分析线临近的两侧进行的，具有很好的波长吻合性，不仅不会发生如氘灯背景校正那样的"背景校正过度"现象，还能在一定场合克服一些临近线的光谱干扰。

自吸收背景校正的不足是：不是所有的空心阴极灯都能产生良好的自吸发射谱线。低熔点元素在很低的电流下即产生自吸，高熔点元素在很高的电流下也不产生自吸，对这样一些元素测定，灵敏度损失严重，甚至不能测定。

鉴于以上几点，有人专门研究了自吸收用的空心阴极灯。也有人采用高强度空心阴极灯做背景校正，采取的措施是在窄脉冲时切断辅助阴极的供电，以提高自吸收能力，宽脉冲时增加辅助极电流，以使自吸收降至最小。在这种条件下，分析灵敏度得以提高，尤其是对那些通常工作电流下便发生自吸的元素，效果更好，如 Na 的测定。

大部分采用空心阴极灯自吸收法校正背景的 AAS 仪器都用氘灯背景校正装置作为补充，一些用自吸收背景校正法灵敏度较低的元素可以采用氘灯法校正背景。

四、连续光源高分辨率法校正背景

与传统的 LS AAS 相比，CS-HR-AAS 中不需要使用其他附属的背景校正装置，这主要是由于 CS-HR-AAS 中的 CCD 检测器能同时记录分析谱线轮廓及其两侧一定波长范围内的光谱和背景吸收信息，利用这些信息进行背景校正具有优异的性能[41]。

背景吸收通常又分为连续背景吸收和非连续背景吸收。连续背景主要指灯能量漂移和跳跃、原子化器的散射（光、热）和宽带吸收等。非连续背景主要与共存元素、基体元素吸收和基体分子吸收有关。

CS-HR-AAS 可以选择分析中心谱线两侧的一些像素点作为"背景校正像素点"（background correction pixels，BCP）对连续背景进行有效的校正。利用所选择吸收谱线及其两侧的背景校正像素点（BCP），分别记录空白溶液（或参比溶液）的光谱强度和被测元素的光谱强度，将两者的比值作为校正因子，然后利用校正因子对分析谱线上的连续背景进行扣除、校正。手动选择校正像素点要得到精确的连续背景校正，需要选择较多的背景校正像素点，另外所选择像素点的吸收信号波动不能过大，否则会影响校正结果的准确性。

另一种连续背景校正的方法是自动进行的，首先将所记录的全部吸收光谱分为若干个单元，利用最小二乘法对每个单元中的吸光度进行拟合得出最小值，然后以这些最小值作为采集点进行多项式拟合。这种方法对于"斜坡"式的背景进行校正，使基线达到水平状态。

使用"参比光谱"将使参比和样品能量谱图标准化，从而得到波长时间基线图，以校正一些来自光源散射或原子化器散射（光、热）一类不随时间变化的具有相对稳定光谱曲线的背

景。如图 14-8 所示。

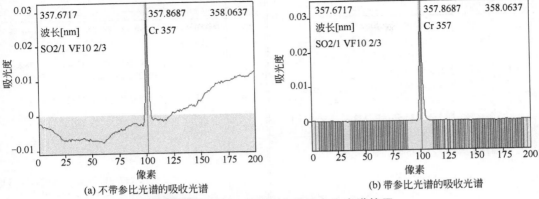

(a) 不带参比光谱的吸收光谱　　　(b) 带参比光谱的吸收光谱

图 14-8　连续光谱干扰背景的参比光谱校正

当连续背景通过上述的"背景校正像素点"方法（或线性最小二乘拟合多项式法）有效校正之后，其他的一些光谱干扰利用 CS-HR-AAS 的特点也可以进行有效的校正。

由于 CS-HR-AAS 的双单色器分光系统具有较高的光谱分辨率及线阵 CCD 对吸收信息记录的可视性，除了谱线重叠之外的分子吸收的精细结构和被测物中其他共存元素的原子吸收（吸收线与分析线波长差大于 0.008nm 时）一般都是"可见"的和可分离的，即在大多数情况下从吸收光谱图上可以实现光谱分离，不需进行校正。

五、双波长法校正背景

这种方法是用共振吸收线测定原子吸收与背景吸收之和，另选一条非吸收线测定背景吸收之和，二者之差即为扣除背景后的原子吸收值。使用这种方法时要注意：①必须确保测量背景用的谱线是非吸收线，否则造成扣除过度；②所选用的波长与待测元素吸收线的波长必须靠近，需经过实验，使得两次测量的背景吸收信号相等；③所用的谱线必须有足够的强度，以保证良好的信噪比。对于没有背景校正器的仪器可以用这种方法，但对于单道仪器而言扣除背景效果差。使用双道原子吸收分光光度计可以克服单道仪器的缺点，它可以同时测定原子吸收信号和背景信号。此法对于石墨炉中瞬态信号的观测优于其他方法。又因为使用了同一光源，样品光束和参比光束完全重叠，因此此方法能准确观测同一吸收层中发生的现象。但双道仪器复杂，价格也较贵。

双波长法中对于非共振吸收线的选择是最重要的，所选的谱线可以是被测元素本身的非吸收线，也可以是其他元素（如惰性气体、阴极材料的发射线等）的谱线，表 14-3、表 14-4 列出了大多数元素用双波长背景校正时所用的分析线对。

表 14-3　双波长法背景校正分析线对（一）

测定元素	分析线 λ/nm	校正线 λ/nm	测定元素	分析线 λ/nm	校正线 λ/nm
Ag	328.07	Cu 327.40；Ag 293.86，312.28；Zn 328.2；In 325.7；Pd 325.1[1]，326.0[1]	Au	267.60	Pt 265.95
Al	309.27	Mg 313.16；Au 312.2；Pt 306.5；Al 307.0		242.80	Mn 249.1[2]；Zn 249.1[3]；Pt 244.0；Pt 240.3；Co 240.7
As	197.20	As 198.97，202.0；Ne 191.6	B	249.67	Cu 244.16
	193.7	As 192.0	Ba	553.55	Ne 556.28；Mo 553.3；Y 557.6

测定元素	分析线 λ/nm	校正线 λ/nm	测定元素	分析线 λ/nm	校正线 λ/nm
Be	243.86	Cu 244.16；Sn 235.4	Na	330.23	Ne 336.98；585.25；588.1；Ar 591.2
Bi	306.77	Al 307.29；Bi 298.90；227.66		588.99	
	223.06	Pb 220.4[④]；Pd 225.5[④]；Te 225.9；Cd 226.5	Ni	232.00	Ni 231.60，231.40；Cu 282.44；Pb 229.6[④]，232.2
Ca	422.67	Ne 430.40；Ar 420.0；Cu 423.9[③⑤]；Sr 421.5；Pt 418.7；Fe 421.9，423.6	Pb	283.31	Pb 280.20，282.32，282.0，220.4；
Cd	228.80	Cd 226.50；Pt 228.8[⑥]；Sb 231.1[⑦]；Pd 225.3,229.6[④]	Pb	217.0	Sb 217.6；Pt 216.5，217.8[⑪]
	326.1	Zn 325.6		246.7	Fe 248.3
Co	240.72	Co 241.16，241.44，238.3；Au 242.8[④]；Pd 240.0；Pt 240.3	P	213.5 /213.6	Zn 212.5
Cr	357.87	In 325.6；Ar 358.27，358.24；Ne 352.0,357.0[④]；Pb 357.2；Ne 359.4；Ti 364.3	Pd	247.64	Pd 247.70，247.75；Si 251.6；Mn 249.1；Zn 249.1[③]；Cu 249.2
Cu	324.75	Cd 326.11；Cu 323.12，296.1；Ne 323.0；Fe 323.0[③]；Mn 322.8[③]；Cu 249.1；Pd 325.1[④]，326.0[④]，324.3[①]	Pt	265.95	Pt 264.69；Zn 268.4
Fe	248.33	Cu 249.21	Sb	217.59	Sb 217.93，215.2；Cu 215.18；Pb 217.0[⑫]；Pt 216.5，217.8
		Fe 251.1；Fe 247.3；Mn 249.1；Pd 247.6；Pd 248.8[③]；Zn 249.1[③]；Pt 248.7	Se	196.03	Se 203.99，198.1
			Si	251.63	Cu 252.67，252.66
Hg	253.65	Al 266.92；Mn 252.7；Cu 249.2	Sn	224.61	Sn 285.06；Cu 224.70，224.91
In	303.94	In 305.12	Sr	460.73	Ne 453.78
K	766.49	Pb 763.22；Ar 763.5；Ba 767.2；K 769.9	Ti	364.26	Ne 352.05
	404.4	Pb 405.7[③，⑩]；Fe 407.3	Tl	276.79	Ne 277.50
Li	670.78	Ne 671.70			Tl 323.00
Mg	285.21	Mg 280.26，281.7；Cu 282.44；Sn 286.3，283.9；Ne 281.7；Pt 283.0；Cd 283.7	V	318.34 318.40	V 319.98
Mo	313.26	Mo 311.22	W	255.10 255.14 255.20	W 255.48
Mn	279.48	Mn 257.6；Cu 282.44；Co 279.5[③]；Bi 280.9[③]；Sb 276.2；Pd 276.3，279.2；Pb 280.1	Zn	213.86	Zn 210.22，210.4；Cd 228.80；Cu 219.28,213.6，216.6[⑬]；Fe 214.3；Sb 217.6

① Sn＞2000μg/mL 时干扰。

② 1000μg/mL Au 对该线不吸收。

③ 高至 1000μg/mL Bi、Co、Cr、Fe、Mn、Ni、Pb、Pd、Pt 对该线不吸收。

④ 高至 10000μg/mL Al、Bi、Ca、Cd、Cu、Fe、K、Mg、Mn、Na、Pb、Sb、Sn、Zn 对该线不吸收。

⑤ 1000μg/mL Ca 对该线不吸收。

⑥ 10μg/mL Cd 产生 1%吸收。

⑦ Sb 量要低于 0.2μg/mL,Ni 量要低于 200μg/mL 时才能使用。

⑧ 200μg/mL Mn 产生 1%吸收。

⑨ Mn 高于 2000mg/L 时干扰。

⑩ 1000μg/mL K 对该线不吸收。

⑪ Fe 高于 1000μg/mL 时有干扰。

⑫ Pb 量要低于 10μg/mL。

⑬ Cu 有干扰。

表 14-4 双波长法背景校正分析线对（二）

元素	分析线 λ/nm	非共振吸收线 λ/nm	元素	分析线 λ/nm	非共振吸收线 λ/nm	元素	分析线 λ/nm	非共振吸收线 λ/nm
铝	309.3	Al 307.0	镍	232.0	Ni 231.4	镧	550.1	Mo 550.6
锑	217.6	Sb 217.9	钯	247.6	Cu 249.2		550.1	Co 548.4
	231.2	Ni 231.4	磷	213.5/213.6	Zn 212.5	铅	283.3	Pb 280.1
砷	193.7	As 192.0	钾	766.5	Ba 767.2		283.3	Cd 283.7
钡	553.6	Ne 540.0		766.5	K 769.9		217.0	Pb 220.4
	553.6	Mo 553.3	铑	343.5	Rh 350.7	硒	196.0	Se 198.1
	553.6	Y 557.6		343.5	Ne 352.0	硅	251.6	Cu 249.2
铍	234.9	Sn 235.4	铷	780.0	Ba 778.0	银	328.1	Ne 332.4
铋	223.1	Cd 226.5	钌	349.9	Ne 352.0		328.1	Sn 326.2
	306.8	Al 307.0	铬	357.9	Fe 358.1	钠	589.0	Mo 588.3
溴	148.9	N 149.3/149.5	钴	240.7	Co 239.3	锶	460.7	Ni 460.6
镉	228.8	Cd 226.5		240.7	Sn 242.1	碲	214.3	Zn 212.5
铯	852.1	Ne 854.5	铜	324.8	Cu 323.1		214.3	Sb 217.9
钙	422.7	Fe 421.9	镝	421.2	Fe 421.6	铊	276.8	Pb 280.1
	422.7	Fe 423.6		421.2	Ag 421.1	锡	224.6	Cd 226.5
铬	357.9	Ne 352.0	铒	400.8	Er 394.4		286.9	Sn 283.9
锂	670.8	Ne 671.7	铕	459.4	Cr 460.1	钛	364.3	Ni 362.5
镁	285.2	Cd 283.7	镓	287.4	Cd 283.7		365.4	Ni 362.5
	285.2	Sn 283.9		287.4	Sn 283.9	铀	358.4	Fe 358.1
锰	279.5	Pb 280.1	金	242.8	Sn 242.1	钒	318.4	Cu 323.1
	279.5	Cu 282.4	铟	303.9	Al 307.0		318.5	Cu 323.1
汞	253.7	Cu 249.2	碘	183.0	I 184.4	锌	213.9	Zn 212.5
钼	313.3	Mo 311.2	铁	248.3	Cu 249.2			

六、背景校正能力的测试

仪器的背景校正性能用背景校正能力来评价。国家标准 GB/T 21187—2007《原子吸收分光光度计》规定氘灯法在背景吸收近于 1.0 Abs 时，仪器应具有 30 倍以上的背景校正能力；自吸背景校正法和塞曼效应背景校正法，在背景吸收值接近 1.0 Abs 时，背景校正能力应不小于 60 倍。国家计量检定规程 JJG 694—2009《原子吸收分光光度计》中没有对背景校正方法做限制。

国标法采用铅空心阴极灯测试，国家计量检定规程中采用镉空心阴极灯测试。

火焰法背景校正能力的检查。将仪器的各项参数调整到最佳状态（参考数据：光谱通带为 0.2nm，灯电流为 2～3mA），在镉 Cd 228.8nm 处寻峰，调零后将紫外区中性滤光片（能产生 1Abs 的吸收）插入光路，读取无背景校正时的吸光度 A_1。然后将仪器置于背景校正工作状态。调零后，再将中性滤光片插入光路，读出背景校正后的吸光度 A_2，计算 A_1/A_2 值，即为背景校正能力。

石墨炉法背景校正能力的检查。将仪器的各项参数调整到最佳状态（参考数据：光谱通带为 0.2nm，灯电流为 2～3mA），在镉 Cd 228.8nm 处寻峰，用微量进样器向石墨炉注入氯化钠溶液，读出仪器无背景校正时的吸光度 A_1（溶液的注入量使 $A_1 \approx 1.0$Abs）。然后将仪器置于背景校正工作状态，再向石墨炉注入等量的氯化钠溶液，读出背景校正后的吸光度 A_2，计算 A_1/A_2 值，即为背景校正能力。

第七节　流动注射（FIA）与原子吸收法联用技术

FIA 与原子吸收光谱法联用技术已得到广泛的应用，该技术在保持精密度的前提下，大大提高了分析速度。通过对流动注射系统分散度的控制和连续富集可改变其分析灵敏度，使用 FIA 合并带法使释放剂、缓冲剂等的添加实现自动化，并减少了用量。由于进样与载流的洗涤过程交替进行，避免了因试样盐分浓度过高而堵塞雾化器，从而可减小稀释样品造成的灵敏度的损失。以上种种的优点，使 FIA 与 AAS 的结合成为重要的研究方向。我国学者方肇伦对 FIA 在 AAS 中的应用进行了多次的综述[42,43]，详细介绍了 FIA 采样法、稀释法、合并带法、校正技术、预浓缩技术、FIA 氢化物发生原子吸收法和 FIA 冷蒸气原子吸收测汞法与火焰原子吸收接口等。

根据泵、试样注入阀、反应器即混合盘管和检测器的不同连接方式，可以设计出用于原子吸收光谱的多种不同形式的 FIA 流路系统。

（1）单一流路系统流动注射　单一流路系统即单线系统，是 FIA 中最简单的一种直线排列连接形式，其流路如图 14-9 所示。它是将试剂溶液（缓冲溶液或高纯水）作为载流，一定体积的试样通过进样阀注入载流中，记录系统即可得到一瞬变峰形信号。从峰信号表明它与常规火焰原子吸收法进样不同，它可视为快脉冲雾化技术。通过泵速、试样量及管径和管长等参数的选择可控制试样在载流中的分散度。由于流速、管道长度及进样体积固定，因而测定结果有良好的重现性。

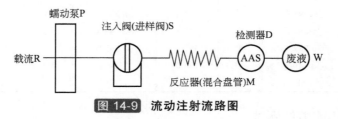

图 14-9　流动注射流路图

（2）双流路系统流动注射　双流路系统有多种连接方式，图 14-10 的（a）、（b）、（c）是最基本的流路。

方式（a）适用于在线自动加入消除火焰法中的释放剂、干扰抑制剂及基体改进剂和用于增感作用等。这些试剂的溶液可以从试剂流路加入。方式（b）是将反应器混合盘管分为 M_1 和 M_2 两个，它们的管内径分别为 1.0mm 和 0.8mm，如果改变它们的长度，则载有试样的载流通过它们时，就会产生时间差，因而检测信号就可观测到大小两个峰。当未知试样浓度过高时，一个峰超出量程，而另一个峰尚可测定。因而，这种方式适用于高浓度范围的试样。方式（c）为合并带方式，如果两个流路均为载流，在两个流路中各装配一个注入阀，分别注入试样和试剂。这种方法不需要试剂一直在流路中通过，因而试剂消耗量极小。

（3）其他流路系统　FIA 流路系统可以根据实验工作的需要进行多种方式的流路设计。通常一些商品仪器设有两个蠕动泵，每个泵可以带动 2～4 条泵管。注入阀可采用 8 通阀或 16 通阀，它们可分别构成 4 条流路或 8 条流路。

流动注射与原子吸收光谱仪联用有以下特点：

（1）取样量少　单次测定一般为 10～300μL，多数情况下在 100μL 以内。对难得到及珍稀试样的分析特别有利，如血液、生物样品等。

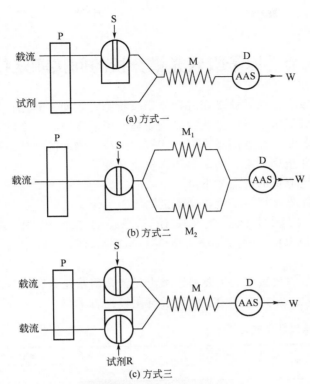

图 14-10 双流路系统流路图

（2）测定速度快　最快可达 500 次/h 以上，通常约为 300 次/h。

（3）绝对检出限低　由于峰值信号低于稳定状态值且易受噪声的影响，多数元素的相对检出限要高于传统进样方式数倍；然而因为试样量减少，FIA 法的绝对检出限低于一般方法。

（4）分析精度高　由于试样由载流连续地输入原子化器中，火焰状态稳定，加之试样采集由进样阀进样，取样体积准确，相对标准偏差一般低于 1%。

（5）降低基体效应　由于用同一台蠕动泵推动载流和试样，减小了试样溶液黏度变化对试样提升量的影响，从而降低了基体效应。此外，当试样体积较小而又需要较高灵敏度时，可以降低泵速来提高雾化效率。

（6）可实现在线富集　溶剂萃取、离子交换与 FIA-AAS 相结合，一般而言，富集倍率可达 20 倍，采样频率约为 80 个样品/h。

（7）可测定高浓度试样　通过控制试样体积和混合管长度即可调节试样在载流中的分散程度（即稀释程度），从而可随意稀释浓度过高的试样。如果需要提高灵敏度，还可增大试样体积或缩短混合管的长度。

（8）直接测定高盐分试样　由于取样量少，又是将试样注入到载流中，因而 FIA 法可以用来直接测定盐分浓度极高的试样而不会堵塞雾化器或燃烧器。此外，载流对雾化器还有洗涤作用。

（9）增感作用　使用不与水混溶的有机溶剂作为载流可以增加有机溶剂的增感作用。

（10）可在线自动加入消除化学干扰的释放剂、干扰抑制剂、化学改进剂等。

（11）FI 与火焰原子吸收光谱分析仪的联用，可使标准加入法更为简便可靠。方法是将试样溶液作为载流，把不同浓度的标准溶液间断地注入到该试样溶液的载流中，测定试样与

标准溶液的吸光度差。

第八节 原子吸收光谱分析的间接测定技术

所谓间接原子吸收光谱法，就是在进行原子吸收测定之前，利用化学反应，使某些不能直接用原子吸收测定或灵敏度低的某些被测物质与易于原子吸收测定的元素进行定量反应，最后测定易于原子吸收测定元素的吸光度，间接求出被测物质的含量。因此，利用间接原子吸收可以成功地测定非金属元素、阴离子和有机化合物。

间接原子吸收光谱分析的特点如下：

（1）可以分析不能直接用原子吸收法测定的元素

① 共振吸收线位于远紫外区的 F、Cl、Br、I、S、O、C、P、N、As、Se、Hg 等元素；

② 多数阴离子如 ClO_4^-、IO_4^-、NO_3^-、NO_2^-、SCN^-、CN^-、PO_4^{3-}、SO_4^{2-} 等；

③ 有机化合物。

（2）提高一些元素的灵敏度　主要用于稀土元素、锕系元素和一些高温元素。间接原子吸收法与直接原子吸收法测定一些物质的灵敏度比较见表 14-5。

表 14-5 间接法与直接法灵敏度的比较

被测物质	测定元素	反应类型	灵敏度/(μg/mL)		倍数
			间接法	直接法	
U	Cu	先氧化还原后络合	0.25	120	480
Re	Cu	与新亚铜灵-铜(Ⅱ)络合	0.13	10	77
Sn	Hg	氧化还原，Hg(Ⅱ)还原为 Hg(Ⅰ)冷原子吸收	0.001	2.4	2400
Hg	Zn	与锌-2,2′-吡啶络合	0.04	7.5	188
B	Cd	与邻二氮杂菲-镉络合	0.005	50	10000
Se	Cd	与 1,10-邻菲罗啉-镉络合	0.006	0.5	83
S、SO_4^{2-}	Ba、Pb	生成硫酸钡或硫酸铅沉淀	0.8	1.0	1.25
NO_2^-	Zn	与锌-二氮杂菲形成络合物	0.007	ND	
ClO_4^-	Cu	与新亚铜灵-铜(Ⅱ)络合	0.025	ND	
CN^-	Fe、Ag	络合反应或生成氰化银沉淀	0.03	ND	
SCN^-	Cu	与新铜试剂络合	0.004	ND	

注：ND 表示无法直接测定。

（3）共存组分干扰大时，选用间接原子吸收法可有较好的选择性。

按照间接原子吸收光谱分析所利用的化学原理的不同，可分为以下几种类型。

（1）利用络合反应的间接原子吸收分析　一些阴离子和有机化合物能与金属离子生成络合物（包括螯合物和离子缔合物），然后可以进行选择性萃取，测定有机相中的金属元素，从而可以间接确定阴离子或有机化合物的含量。例如，测定铼的化合物，在 pH 3～5 的盐酸羟胺溶液中，加入新亚铜灵-铜(Ⅱ)，生成高铼酸与新亚铜灵-铜(Ⅰ)络合物，用乙酸乙酯萃取，空气-乙炔火焰法测定有机相中铜，间接求计铼的含量。卤素、硝酸根、高氯酸根、高锰酸根不干扰测定。方法灵敏度为 0.13μg/mL，测定范围 0～5μg/mL。又如，氟与铁生成络合物，试样中加入一定量铁，反应后再用硫氰酸铵络合过量铁，以 MIBK 萃取 $Fe(SCN)_6$，测定有机相中铁可间接确定氟的含量，测定范围为 0.2～6.0μg/mL。

（2）利用氧化还原反应的间接原子吸收分析　利用氧化还原反应。使被测物质与易于用

原子吸收法测定的某一种元素产生等物质的量的较高或较低氧化态的金属离子，该离子与其他物质形成络合物被萃取，或者直接被萃取，最后测定有机相中的金属，间接求出被测物质的含量。例如，碘化物(I^-)能还原铬(VI)到铬(III)，过量的铬(VI)在 3mol/L HCl 中可被甲基异丁基甲酮萃取，原子吸收测定水相中铬(III)或有机相中铬(VI)，可间接定量碘化物(I^-)。抗坏血酸在酸性介质中将 Cu(II)还原为 Cu(I)，后者与 SCN^- 定量反应生成 CuSCN 沉淀；或先使 Cu(II)与新亚铜试剂作用生成 $[Cu(neocuproine)_2]^{2+}$，用抗坏血酸将其还原为 $[Cu(neocuproine)_2]^+$，NO_3^- 存在用氯仿萃取。通过上述两种方法间接测定沉淀与萃取液中铜，均可间接求计抗坏血酸含量。

（3）利用沉淀反应的间接原子吸收分析　被测组分与可测元素生成沉淀，测定沉淀溶解液中或滤液中过量的可测元素，可间接确定被测组分的含量。例如，测定钨酸根可在 pH 7～11 的溶液中定量加入铅盐溶液，钨酸根与铅生成沉淀，测定滤液中过量铅，铁、锰、铬存在时干扰，测定范围在 3～30μg/mL。丙二酰胺可溶于碳酸钠溶液中，准确加入过量铜，并加入吡啶(或二乙基胺)，生成吡啶(或二乙基胺)-铜-丙二酰胺络合物沉淀，测定沉淀或滤液中过量铜，可间接求出丙二酰胺含量。利用沉淀反应还可以测定 Cl^-、SO_4^{2-} 等，阴离子方法要求沉淀的溶解度越小越好，测定滤液时沉淀仅需澄清，方法简便，无吸附、过滤损失，测定低含量试样时，也可得到较好的准确度。

（4）利用置换反应或分解反应的间接原子吸收分析　利用 $BaSO_4$ 沉淀分析 SO_4^{2-} 的方法，在实际应用中不十分理想。以间接原子吸收光谱法测定可取得满意结果。在含有 SO_4^{2-} 的试液中，加入酸性铬酸钡溶液，生成硫酸钡沉淀，游离出铬酸根离子。再加入氨水-氯化钙溶液，将过量的铬酸钡沉淀。溶液中剩余的铬酸根与硫酸根为等物质的量关系，用原子吸收光谱法测定溶液中铬酸根即可间接求出硫酸根含量，方法简便、准确。此外，Al(III)置换 EDTA-Cu(II)中的铜，Cu(II)与 PAN 生成络合物，经有机溶剂萃取分离，测铜可间接计算出铝含量。含有 CN^- 的试液在 $(STTA)_2Hg$ 的 CCl_4 溶液中，CN^- 可置换 STTA，冷原子吸收间接测定被置换出的 Hg，可确定 CN^- 含量。高锰酸钾分解叶酸，在 2,9-二甲基-4,7-联基苯-1,10-二氮杂菲存在下，加硫酸镍生成 2-氨基-4-羟基蝶啶-6-羧酸与镍的螯合物，用甲基异丁基甲酮萃取，原子吸收测定镍。

（5）利用杂多酸"化学放大效应"的间接原子吸收分析　钼酸盐与多种元素形成杂多酸化合物。例如，与磷、锗、砷、硅等生成二元杂多酸；钼酸盐与磷酸盐又可与铊、钒、铌、钽、钛、铈、铀等生成三元杂多酸。它们被有机溶剂萃取后，原子吸收光谱测定其中的钼，可间接求出上述各元素的相应含量。

这类反应的鲜明特点是，在杂多酸中钼与被测元素的摩尔比很大。例如，硅钼杂多酸盐 $(NH_4)_4·SiO_4·12MoO_2$ 中，钼硅摩尔比为 12∶1，这样通过测定钼间接推算硅，就可以提高测定硅的灵敏度。此外，加上有机溶剂的增感效应和萃取富集，可使上述元素的间接原子吸收法灵敏度比直接法提高 1～6 个数量级。如果用石墨炉法测定杂多酸中的钼，灵敏度还可提高。形成杂多酸间接原子吸收光谱法测定的元素及一些元素间接法与直接法灵敏度的比较见表 14-6。

表 14-6　利用杂多酸间接原子吸收光谱法测定的元素

被测元素	生成的杂多酸	反应条件	萃取剂	灵敏度/(mg/mL)	
				间接法	直接法
P(PO_4^{3-})	磷钼酸	pH 1.9，0.96mol/L HCl	正辛醇，己酸丁酯，甲基异丁基甲酮，己酸异丁酯	0.003	250

续表

被测元素	生成的杂多酸	反应条件	萃取剂	灵敏度/(mg/mL)	
				间接法	直接法
As	砷钼酸	pH 0.9	己酸丁酯+丁醇+己酸戊酯(1:1:2,体积比)	0.025	0.25
Ge	锗钼酸	pH 1.5	1-丁醇 + 乙醚(1:4，体积比)	0.05	1.5
Si	硅钼酸	0.15 mol/L HCl	正丁醇	0.008	1.8
V	磷钒钼酸	0.4 mol/L HNO₃	正丁醇 + 氯仿(1:4，体积比)	0.011	1.5
Tl	铊钼磷杂多酸	0.5 mol/L HClO₄	0.1 mol/L NaOH	0.5	
Nb	磷铌钼酸	0.5 mol/L HCl	正丁醇	0.015	20
Th	磷钍钼酸	0.1 mol/L HCl	正丁醇	0.063	850
Ti	磷钛钼酸	0.5 mol/L HCl	正丁醇	0.013	1.9
Ce	铈钼磷杂多酸	0.4 mol/L HNO₃	己酸丁酯	0.093	2.5

（6）利用干扰效应的间接原子吸收分析　有些物质如某些元素或化合物，当它们本身属于不适宜用原子吸收光谱法测定，但是它们对原子吸收光谱法易测元素的吸收信号有增感或抑制作用，其影响大小与该元素或化合物的浓度成比例。当选择一定量某种原子吸收法易测的元素，加入不同量该物质，进行原子吸收光谱测定，以不同量该物质为横坐标，吸收度值为纵坐标做工作曲线，便可对该物质的未知含量进行分析。例如，0.01～10μg/mL 的钛对一定量的铁有不同程度的增感作用，通过测铁可求得钛含量。同样，铝在 0.2～1.2μg/mL 时，对 25μg 铁呈线性增感，测定铁间接确定铝含量。此外，还可利用氨对银或锆的增感效应，通过测定银或锆，间接求出氨的含量。在盐酸羟胺存在下，钒在 0～6μg/mL 可以使铬的信号成比例下降，在空气-乙炔火焰中测定铬，间接定量钒的灵敏度为 0.2μg/mL。此外，在 N_2O-C_2H_2 火焰中，氟可以使锆的吸收信号增强，当锆的含量一定时，不同氟含量信号增强程度不同，几至几百微克/毫升的氟与信号增强成线性关系，磷酸根的存在不干扰测定。在 N_2O-C_2H_2 火焰中钛对氟也有同类效应。在低温火焰中，氟又可使镁的吸收信号受到抑制，镁为 10μg/mL 时，氟化物在 2～15μg/mL 为线性关系，1000 倍的铝、乙酸根、草酸根不干扰测定，用类似的方法还可以测定磷酸盐、硫酸盐、硅酸盐、铝酸盐。葡萄糖浓度在 10^{-6}～10^{-5} mol/L 范围内，对钙的吸收信号有增感效应并成线性关系，可间接测定葡萄糖。利用 EDTA 的掩蔽作用可以使 8-羟基喹啉铜的螯合物中的铜的吸光度减小，通过测铜确定 EDTA 含量。

（7）同位素分析　原子吸收光谱分析方法的应用，还可以扩展到对一些元素的同位素进行分析。一般而言，空心阴极灯发射的谱线宽度为 0.001～0.004nm。只要某元素谱线的同位素位移，大于光源发射线和吸收线的宽度，见表 14-7，就可以用原子吸收光谱法测定该元素的同位素组成（丰度）。但是，由于大多数元素的共振线的同位素位移很小，真正能用原子吸收光谱法测定同位素组成的元素，还只限于氢、氘、硼、锂、汞、铅和铀等少数几个元素。

表 14-7　某些元素谱线的同位素位移

元　素	同位素		共振线/nm	同位素位移 $\Delta\lambda$/nm
Mg	24	25	285.2	0.0002
K	39	41	766.5	0.0004
Cu	63	65	324.7	0.0002
Rb	85	87	780.0	0.0001
Ag	107	109	328.1	0.0002
Ba	138	134	553.5	0.0005

续表

元　素	同位素		共振线/nm	同位素位移 Δλ/nm
U	238	236	424.4	0.015
	238	235		0.025
	238	234		0.030
	238	233		0.040
Li	6	7	670.8	0.015
B	10	11	249.8	0.002
Hg	202	198	253.7	0.002

用原子吸收光谱法测定同位素组成的优点是，不像在发射光谱那样，需要高分辨率的光谱仪器，而只要测定共振线的吸收就可以了。具体分析方法有发射管法和吸收法两种，前者是将被测试样放在发射管中，后者则将被分析的样品放在吸收管内。

第九节　原子吸收光谱分析的绝对分析法

杨为民，倪哲明[44]对原子吸收光谱分析的绝对分析法有过专门评述。Galan 等[45]指出："如果已知和样品中待分析物浓度相关的吸收信号的理论表达式，并且这一表达式足够可靠，则可以根据它，以单次测定的吸收信号直接计算浓度，即可进行绝对分析"。

L'vov[46]认为实现绝对分析法最主要的问题是：

① 彻底消除分析过程中的基体干扰。

② 校正的时间稳定性和对所有同一型号仪器的校正的一致性。

③ 基于基本参数和实际的实验条件，实现校正的理论计算。

Walsh[47]首先提出将原子吸收光谱分析理论应用于分析化学的定量分析上，并敏锐地发现基于锐线光源共振吸收的 AAS 法可能成为一种绝对分析方法。从此，人们开始了原子吸收光谱绝对分析的研究。

一、火焰原子吸收绝对分析法

最初的研究工作主要集中在火焰原子吸收绝对分析方法上，但无人获得满意结果。Magyar 等[48]研究了火焰原子吸收光谱绝对分析以测定铝。实验结果证明实验与理论值之间的差异在三倍以上，用它做铝的半定量分析都是不可能的。Slavin 等[49]指出火焰原子吸收光谱法不适合于绝对分析，其主要原因是特征浓度与雾化情况、气溶胶中雾滴的大小及分布有很密切的关系。

二、石墨炉原子吸收绝对分析法

1978 年 L'vov[50]提出了描述吸收池内原子分布的模型，从理论上估计了当时广泛使用的几种型号的原子化器的样品利用率，研究了实际电热原子化器与理想电热原子化器之间的一致性问题，并探讨了克服相互之间偏差的具体途径，指出电热原子化是 AAS 走向绝对分析法的途径。十年以后，L'vov[51]系统总结了这十年来绝对分析的研究成果，指出了在实现绝对分析的道路上需要解决的理论和实验问题。随后，L'vov[52]进一步总结了引起特征量变化的各种因素，认为要实现绝对分析必须克服校正的不稳定性。

Hulanicki[53]系统总结了绝对分析的发展情况。对绝对分析的发展历史进行了全面的回顾，并对各种可进行绝对分析的化学和仪器方法进行了评价。作者指出虽然在许多情况下，

标准物质是必不可缺的，但实现绝对分析的目标绝不能放弃。

参 考 文 献

[1] 郑永章, 刘纪琳. 稀有金属, 1982, 6(4): 45.

[2] 程存归, 洪庆红, 李丹婷, 等. 光谱学与光谱分析, 2006, 26(09): 1735.

[3] 籍雪平等. 分析试验室, 2002, 21(06): 90.

[4] Lau C, et al. Can J Spectrosc, 1976, 21: 100.

[5] Watling R J. Anal Chim Acta, 1977, 94: 181.

[6] 卢志昌等. 云南冶金, 1984, (6): 52.

[7] 蒋永清等. 分析试验室, 1988, 7(10): 36.

[8] 米瑞华. 光谱学与光谱分析, 1990, 10(3): 60.

[9] Kılınç E, et al. Spectrochim Acta B, 2013, 89(11): 14.

[10] 缪吉根. 光谱学与光谱分析, 2001, 21(06): 859.

[11] 卢菊生, 田久英, 吴宏. 分析化学, 2009, 39(01): 99.

[12] Shun-Xing Li, et al. J Agric Food Chem, 2012, 60 (47): 11691.

[13] 张艳欣, 高英, 苑春刚, 等. 中国药学杂志, 2002, (02): 50.

[14] 高英, 苑春刚, 张艳欣, 等. 分析仪器, 2002, (02): 28.

[15] 杨莉丽, 苑春刚, 张艳欣, 等. 光谱学与光谱分析, 2002, 22(06): 1045.

[16] 张德强, 苑春刚, 高英, 等. 分析试验室, 2002, 21(01): 9.

[17] 魏复盛, 齐文启. 原子吸收光谱及其在环境分析中的应用. 北京: 中国环境科学出版社, 1988.

[18] Kurfürst U, et al. Z Anal Chem, 1990, 337: 248.

[19] 马玉平, 等. 光谱学与光谱分析, 1994, 14(5): 79.

[20] Rello L, et al. Spectrochim Acta B, 2013, 81(3): 11.

[21] Duarte A T, et al. Talanta, 2013, 115(10): 55.

[22] Virgilio A, et al.Spectrochim Acta B, 2012, 78(12): 58.

[23] Chujie Zeng, et al. J Hazard Mater, 2012, 237-238(10): 365.

[24] Shaltout A A, et al. Atmos Environ, 2013, 81(12): 18.

[25] 张在整, 等. 分析试验室, 1994, 13(2): 72.

[26] 张佩瑜, 等. 岩矿测试, 1994, 13(2): 96.

[27] 傅学起, 等. 分析化学, 1995, 23(9): 1109.

[28] 张秀荣, 等. 理化检验(化), 1996, 32(6): 340.

[29] 张克荣, 等. 理化检验(化), 1990, 26(5): 304.

[30] Andrade C K, et al. Food Chem, 2014, 146(3): 166.

[31] Damin I C F, et al. Anal. Methods, 2011, 3: 1379.

[32] Atilgan S, et al. Spectrochim Acta B, 2012, 70(4): 33.

[33] 刘汉东, 刘国珍, 黄兵, 等. 地球科学, 2000, 5(05): 532.

[34] 陈世忠. 光谱学与光谱分析, 2004, 24(10): 1267.

[35] Brandao G C, et al. Microchemical Journal, 2011, 98(2): 231.

[36] 姚金玉, 等. 光谱学与光谱分析, 1984, 4(4): 40.

[37] 周立群, 等. 湖北大学学报(自然科学版). 1998, 20(03): 273.

[38] 邓勃. 实用原子光谱分析. 北京: 化学工业出版社, 2013.

[39] 杨啸涛, 何华焜, 彭润中, 等. 原子吸收光谱中的背景校正技术. 北京: 北京大学出版社, 2006.

[40] Koirtyohann S R, Pickett E E. Anal Chem, 1965, 37(4): 601.

[41] 赵泰. 连续光源原子吸收光谱仪. 现代仪器, 2005, 11(3): 58.

[42] 方肇伦. 分析化学进展, 1994, 10.

[43] Fang Zhaolun. Flow Injection Atomic Absorption Spectrometry. Chichester: John Wiley and Son Ltd., 1995.

[44] 杨为民, 倪哲明. 光谱学与光谱分析, 1997, 17(2): 104.

[45] De Galan L, Samaey G F. Anal Chim Acta, 1970, 50: 39.

[46] L'vov B V. Spectrochim Acta, 1990, 45B: 633.

[47] Walsh A. Spectochim Acta, 1955, 7: 108.

[48] Magyar B, Ikrenyi K, Bertalan E. Spectrochim Acta, 1990, 45B: 1139.

[49] Slavin W, Carnrick G R. Spectrochim Acta, 1984, 39B: 271.

[50] L'vov B V. Spectrochim Acta, 1978. 33B: 153.

[51] L'vov B V. J Anal At Spectrom, 1988, 3: 13.

[52] L'vov B V. Anal Proc, 1988, 25: 222.

[53] Hulanicki A. Anal Proc, 1992, 29: 512.

第十五章 原子吸收光谱法的分析方法

第一节 原子吸收光谱分析的一般步骤

原子吸收光谱分析的一般步骤包括样品制备、测定条件的选择和分析方法的确定。这部分内容在有关原子吸收分析的专著上都有较详细的介绍。

一、样品制备

1. 取样

取样要有代表性，取样量多少取决于试样中被测元素性质、含量、分析方法及测定要求。

2. 试样处理

（1）待测样品的要求

① 粉末状样品，颗粒应在 150～200 目，一般需在 105℃烘干后置于干燥器冷却后使用。

② 液体应非浑浊体系或黏度小、澄清液。

（2）液体样品的处理

一般对溶液样品视试样浓度进行稀释或浓集。水溶液样品和水溶性液体及固体样品用水稀释至合适浓度范围，有机样品可用甲基异丁酮、石油溶剂或其他合适的有机溶剂稀释至样品黏度和水黏度相近。

（3）固体样品的溶解处理

① 湿法-酸处理 多用于无机盐类、金属及其合金等样品。

常用酸有 HCl、HNO$_3$、HCl+H$_2$O$_2$、HNO$_3$+H$_2$O$_2$、HNO$_3$+HCl、HCl+HNO$_3$+HClO$_4$。王水（或逆王水），HNO$_3$+HF、HCl+HF、HCl+HNO$_3$+HF+HClO$_4$。

HNO$_3$+HF+HClO$_4$、HCl+HF+H$_2$SO$_4$（含 Si 量较高样品需要加 HF 时，必须在聚四氟乙烯塑料杯或铂皿中进行），含 S 和 C 高时，需要在 400℃低温焙烧后，再用酸处理，一般要测定 As、Cd、Pb、Se、Hg 等易挥发元素最好用微波炉在适宜压力下，以 150～260℃温度下密闭消解，防止待测元素损失。

有时需要加入有机酸（如酒石酸或柠檬酸）或氢溴酸、HBrO$_3$、溴水。除个别样品如萤石、独居石、铬铁矿、铌铁矿、钛铁矿和 U、Tb、Mn、V 等矿物外，尽量少用黏度较高的酸如 H$_2$SO$_4$ 和 H$_3$PO$_4$。避免物理干扰，使灵敏度下降，分析结果偏低。

为了提高溶解效率，有时在溶样中加入某种氧化物（如 H$_2$O$_2$）、盐类（如铵盐）或有机溶剂（如酒石酸）等会起到良好的效果。有些试样采用 Br$_2$+HBr、HF+HBrO$_3$ 溶解也是非常有效的。HF 腐蚀玻璃容器或引起干扰，试样溶解后一般用 HClO$_4$ 或 H$_2$SO$_4$ 加热赶 HF，最后将 HClO$_4$ 或 H$_2$SO$_4$ 加热赶尽。在原子吸收光谱分析中，HNO$_3$ 和 HCl 干扰比较小，试样溶解后通常处理成 HNO$_3$ 和 HCl 介质，而较少采用 H$_2$SO$_4$、H$_3$PO$_4$ 或 HClO$_4$ 介质。

微波消解仪已广泛应用于原子吸收光谱分析中生物、土壤、地质、食品等多种试样的消解。

② 干法-碱处理（熔融） 有些试样用酸不易溶解，例如铅锡合金和一些氧化物材料、矿物、无机材料、地质样品等，则可采用熔融法处理。

a．低温处理 400～500℃，适用于不易挥发元素，如 Fe、Cr、Sn、Mg 等。

b．高温处理 500～600℃，适用于难熔元素，如 W、Mo、Zr、Al、Nb 等。

常用熔剂：$Na_2CO_3+Na_2O_2$，$LiBO_2$，Na_2O_2，NaOH（KOH），$NaOH+Li_2CO_3$，Na_3BO_3 及 $K_2S_2O_7$，艾氏熔剂 Na_2CO_3-ZnO（半熔），$CaCO_3$-NH_4Cl（适用于硅酸盐中 K、Na）。

Na_2CO_3 和 K_2CO_3 常用于熔解二氧化硅等酸性氧化物，$K_2S_2O_7$ 常用于熔解氧化铝、氧化锆、氧化铌等碱性氧化物。

$LiBO_2$ 是通用的熔剂，在用 $LiBO_2$ 或 $Na_2B_4O_7$ 熔样时，加入少量 Na_2O_2、$NaNO_3$ 等氧化剂对熔解难熔物质是很有效的。

熔融法分解试样能力强，速度比酸溶法快，熔融物浸取较方便。但溶液中盐浓度较高，存在：稀释倍数小时，易堵塞喷雾器或燃烧头；稀释倍数过大时，将使检出能力降低；在熔融过程中腐蚀下来的坩埚材料或熔剂中的杂质易干扰测定等问题。在实际工作中，有时将试样先进行酸处理，把剩余的不溶物加少量熔剂熔融处理。

熔融器具：根据待测元素不同要求，可用 Fe 坩埚、Ni 坩埚、Ag 坩埚，Pt 坩埚、Au 坩埚、高铝坩埚、瓷坩埚、石英坩埚、石墨坩埚及锆器皿等。

③ 有机基体的样品分解法　一般预先灰化处理破坏样品中的有机物质（有时加入硝酸或硝酸镁助灰化剂）后，再用酸处理。测定易挥发元素可用酸在低温（200℃以下），适宜压力下，进行微波消解。

样品处理时同时处理两个平行样品，并带有一个空白样，用以检验样品处理过程中是否存在问题。对于易污染元素可同时制备两个空白。

3. 被测元素的分离和富集

分离共存干扰组分同时使被测组分得到富集是提高痕量组分测定相对灵敏度的有效途径。目前常用的分离富集方法有萃取分离富集法、沉淀分离法、膜分离法、吸附分离法、电解分离法、色谱分离法和离子交换分离法。

萃取分离富集法可将被测组分抽提到另一相中，使其与干扰组分分离，同时进行富集。包括常规萃取法[1]、浊点萃取法[2,3]、固相微萃取法[4,5]、微波辅助萃取法[6]、超声波辅助萃取法[7]、纳米材料萃取法[8,9]、在线萃取法[10]和超临界流体萃取法等。沉淀分离法利用被测组分与干扰组分的溶解度不同进行分离和富集，应用非常广泛。例如用镍（Ⅱ）-4-（2-吡啶偶氮）间苯二酚共沉淀分离富集测定钢中铜[11]，用氢氧化铝共沉淀分离测定富镓渣中镓[12]。膜分离法利用被测组分对不同膜的透过性不同而进行分离，分离过程有渗析、电渗析和超滤。吸附分离法利用吸附剂（如活性炭、泡沫塑料、壳聚糖、巯基棉等）将被测物吸附，再进行解析后进行分析。活性炭吸附常用于测定金，巯基棉用于测定银和硒等[13~15]。电解分离法广泛应用于利用阴极铜将铜与杂质进行分离。色谱分离法利用色谱柱进行被测组分与干扰物质的分离[16]。离子交换分离法是一种非常有价值的分离方法，其原理与色谱分离较为相似，特别在痕量元素的富集中有广泛应用，例如测定环境水样中的铅和镉，高纯铟中痕量金属等[17,18]。

4. 标准溶液的配制

（1）自配标准溶液（母液）必须采用基准物质，通常用各元素合适的盐类来配制标准溶液，当没有合适的盐类可供使用时，可用相应的高纯金属丝、棒、屑。通常不使用海绵状金属或金属粉末，因为这两种状态的金属易引入污染物或容易氧化，纯度达不到要求。金属在使用前，一定要用酸清洗或打光，以除去表面的污染物和氧化层。

（2）采用国家认可单位，如国家标准物质中心等生产的商品 1mg/mL 或 500μg/mL 有证标准溶液，分取逐级稀释。

（3）储备溶液、标准系列工作溶液必须用超纯水或二次蒸馏水配制。水或酸不纯时，需经亚沸蒸馏提纯。标准系列工作溶液的保存时间一般不要超过一周，浓度很低的标准溶液（<1μg/mL）使用时间最好不超过 1～2 天；母液保存时间视不同元素的稳定性而定，通常为 6 个月～1 年。标准溶液浓度变化的速度与标准溶液本身元素的性质、浓度、介质、容器、保存条件均有关系。

（4）保存标准溶液的容器材质要根据不同元素及介质而定。无机储备溶液通常置于聚四氟乙烯容器中，维持必要的酸度，保存在清洁、低温、阴暗的地方；有机溶液在保存过程中，除保存在清洁、低温、阴暗的地方外，还应该避免它与塑料、胶木瓶盖等直接接触。容器必须洗净，对于不同容器应采取各自合适的洗涤方法，通常将容器浸泡在（1+2）的硝酸或盐酸溶液中。

（5）标准溶液（储备溶液、标准系列工作溶液）要标明溶液名称、介质、浓度、配制日期、有效日期及配制人。

（6）表 15-1 介绍了 70 种标准（母）溶液配制方法。

表 15-1 原子吸收光谱分析常用标准溶液配制方法

元素或离子	配制方法
Ag	（1）将 1.5748g $AgNO_3$ 溶于水并稀释至 1L （2）将 1.0000g Ag 溶于 10 mL HNO_3，稀释至 1L
Al	（1）将 1.0000g Al 丝溶于最小量的 2 mol/L HCl，稀释至 1L （2）将 17.5821g $KAl(SO_4)_2·12H_2O$ 溶于水，稀释至 1L
As	将 1.3203g As_2O_3 溶于 3mL 8 mol/L HCl，并稀释至 1L；或是用 2g NaOH 和 20mL 水处理 As_2O_3，溶解后稀释至 200mL，用 HCl 中和至微酸性，然后稀释至 1L
Au	在逐滴加入 HCl 的条件下将 1.0000g Au 溶于 10mL 热 HNO_3，煮沸除去氮氧化物和氯，然后稀释至 1L
B	将 5.6262g H_3BO_3 溶解，并稀释至 1L
Ba	（1）将 1.7787g $BaCl_2·2H_2O$(新鲜晶体)溶于水，并稀释至 1L （2）将 1.5163g $BaCl_2$(在 250℃干燥 2h)溶于水，并稀释至 1L （3）用 300mL 水处理 1.4370g $BaCO_3$，缓缓加入 10mL HCl，搅拌除去 CO_2 后，稀释至 1L
Be	（1）将 1.9652g $BeSO_4·4H_2O$ 溶于水，加 5mL HCl(或 HNO_3)，然后稀释至 1L （2）将 1.0000g Be 溶于 25mL 2 mol/L HCl，然后稀释至 1L
Bi	将 1.0000g Bi 溶于 8mL 10 mol/L HNO_3，缓缓煮沸以驱除棕色烟雾，稀释至 1L
Br	将 1.4893g KBr(或 1.2877g NaBr)溶于水，并稀释至 1L
Ca	将 2.4973g $CaCO_3$ 放入盛有 300mL 水的容量瓶中，小心加入 10mL HCl；搅拌放出 CO_2 后，稀释至 1L
Cd	（1）将 1.0000g Cd 溶于 10mL 2 mol/L HCl，稀释至 1L （2）将 2.0314g $CdCl_2·2.5H_2O$ 溶于水，稀释至 1L
Ce	将 4.5145g $(NH_4)_2Ce(SO_4)_4·2H_2O$ 溶于 500mL 水，向其中加入 30mL H_2SO_4，冷却，稀释至 1L
Cl	将 1.6484g NaCl(400~450℃灼烧至恒重)溶于水并稀释至 1L
CN^-	将 2.5028g KCN 溶于 20mL 100g/L NaOH 中，并稀释至 1L，准确浓度应用标准 $AgNO_3$ 溶液标定
CO_3^{2-}	将 105~140℃下干燥至恒重的 Na_2CO_3 1.7662g 溶于不含 CO_2 的水中，并稀释至 1L
Co	（1）将 1.0000g Co 用 1∶1 HNO_3 加热溶解，稀释至 1L （2）将 4.7699g $CoSO_4·7H_2O$ 用 20mL 9 mol/L H_2SO_4 溶解，稀释至 1L
Cr	（1）将 2.8289g $K_2Cr_2O_7$ 溶于水，并稀释至 1L （2）将 1.0000g Cr 溶于 10mL HCl，并稀释至 1L
Cs	将 1.2667g CsCl 溶解并稀释至 1L。标定：将 25mL 最终溶液转移至铂坩埚中，加一滴 H_2SO_4，蒸发至干，在 ≤800℃ 加热至恒重。Cs(μg/mL)=0.7345×残渣重×1000/25.00
Cu	（1）将 3.9292g $CuSO_4·5H_2O$ 新鲜晶体溶解，并稀释至 1L （2）将 1.0000g Cu 溶于 10mL HCl，加 5mL 水，向其中滴加 HNO_3(或 30%H_2O_2)，直至溶解完全。煮沸，以除去氮氧化物和氯，然后稀释至 1L

元素或离子	配制方法
Dy	将 1.1477g Dy_2O_3 溶于 50mL 2 mol/L HCl，稀释至 1L
Er	将 1.1435g Er_2O_3 溶于 50mL 2 mol/L HCl，稀释至 1L
Eu	将 1.1579g Eu_2O_3 溶于 50mL 2 mol/L HCl，稀释至 1L
F	将 2.2101g NaF(110~120℃下干燥至恒重)溶于水，稀释至 1L
Fe	将 1.0000g 铁丝溶于 20mL 5 mol/L HCl，稀释至 1L
Ga	将 1.0000g Ga 溶于 20mL 1∶1 HCl 中，并加几滴 HNO_3 加热溶解后，稀释至 1L
Gd	将 1.1526g Gd_2O_3 溶于 50mL 2 mol/L HCl，稀释至 1L
Ge	将 1.4407g GeO_2 于 50g 草酸溶于 100mL 水，稀释至 1L
Hf	将 1.0000g Hf 移入铂盘，加入 10mL 9 mol/L H_2SO_4，然后缓缓滴加 HF，直至溶解完全，用 10% H_2SO_4 稀释至 1L
Hg	（1）将 1.0000g Hg 溶于 10mL 5 mol/L HNO_3，稀释至 1L （2）将 1.6631g $Hg(NO_3)_2 \cdot 1/2\ H_2O$ 溶于 20 mL 25% HNO_3，稀释至 1L
Ho	将 1.1455g Ho_2O_3 溶于 50mL 2 mol/L HCl，稀释至 1L
I	将 1.3081g KI 溶于水，并稀释至 1L
In	将 1.0000g In 溶于 50mL 2 mol/L HCl，稀释至 1L
Ir	（1）将 2.4655g Na_3IrCl_6 溶于水，并稀释至 1L （2）1.0000g 海绵状 Ir 移入一只玻璃管，加 20mL HCl 和 1mL $HClO_4$，将此玻璃管密封，放入 300℃烘箱中 24h，冷却，砸开玻璃管，将溶液转移到一只容量瓶中，稀释至 1L。砸开玻璃管时，要遵守一切安全预防措施
K	将 1.9068g KCl(400~450℃灼烧至恒重)溶于水，并稀释至 1L
La	将 1.1728g La_2O_3(经 110℃干燥过的)溶于 50mL 5 mol/L HCl，稀释至 1L
Li	（1）将 5.3228g Li_2CO_3 放入 300mL 水中制成淤浆，加 15mL HCl 使之溶解，搅拌除去 CO_2，然后稀释至 1L （2）将 6.1077g LiCl 溶于水，并稀释至 1L
Lu	将 1.6079g $LuCl_3$ 溶于水，稀释至 1L
Mg	（1）将 1.0000g Mg 溶于 50mL 1 mol/L HCl，稀释至 1L （2）将 1.6582g MgO 溶于 20mL 1∶1HCl 中，并用水稀释至 1L
Mn	（1）将 1.0000g Mn 溶于 10mL HCl，加 1mL HNO_3，稀释至 1L （2）将 3.0765g $MnSO_4 \cdot H_2O$(在 105℃干燥 4h)溶于水，稀释至 1L （3）将 1.5824g MnO_2 在良好的通风橱中溶于 10mL HCl，缓缓蒸发至干，将残渣溶于水，稀释至 1L
Mo	（1）将 2.0431g $(NH_4)_2MoO_4$ 溶于水，稀释至 1L （2）将 1.5003g MoO_3 溶于 100mL 2 mol/L 氨水，稀释至 1L
N	将 3.8200g 100~105℃干燥至恒重的 NH_4Cl 溶于水，并用水稀释至 1L
NH_4^+	将 2.9654g 100~105℃干燥至恒重的 NH_4Cl 溶于水，并用水稀释至 1L
NO_2^-	将 1.4997g $NaNO_2$ 溶于水，并用水稀释至 1L
NO_3^-	将 1.6306g 120~130℃下干燥至恒重的 KNO_3 溶于水，并用水稀释至 1L
Na	将 2.5421g NaCl(500~600℃烧至恒重)溶于水，稀释至 1L
Nb	将 1.0000g Nb(或 1.4305g Nb_2O_5)移入铂盘，加 20mL HF，缓缓加热至完全溶解，冷却，加 40mL H_2SO_4，蒸发至冒出 SO_3 烟雾，冷却并用 8 mol/L H_2SO_4 稀释至 1L
Nd	将 1.7374g $NdCl_3$ 溶于 100mL 1 mol/L HCl 并稀释至 1L
Ni	将 1.0000g Ni 溶于 10mL HNO_3，冷却，稀释至 1L
Os	将 2.3079g $(NH_4)_2OsCl_6$ 用 1 mol/L HCl 溶解，并用 1 mol/L HCl 稀释至 1L
P	将 4.2635g $(NH_4)_2HPO_4$ 溶于水，稀释至 1L
Pb	（1）将 1.5985g $Pb(NO_3)_2$ 溶于水，加 10mL HNO_3，稀释至 1L （2）将 1.0000g Pb 溶于 10mL HNO_3，并稀释至 1L
Pd	将 1.0000g Pd 溶于 10mL HNO_3，向此热溶液中滴加 HCl 使溶解完全，然后稀释至 1L
Pr	将 1.1703g Pr_2O_3 溶于 50mL 2 mol/L HCl，稀释至 1L

续表

元素或离子	配制方法
Pt	将 1.0000g Pt 溶于 40mL 热王水，蒸发至近干，加 10mL HCl，重蒸至呈湿渣状，加 10mL HCl，稀释至 1L
Rb	将 1.4148g RbCl 溶于水，标定方法同铯(Cs)，Rb(μg/mL)=40×0.6402×残渣重
Re	在冰浴中将 1.0000g Re 溶于 10mL 8 mol/L HNO$_3$，待初始反应平静下来以后，稀释至 1L
Rh	（1）用 Ir 项下所述密封管法将 1.0000g Rh 溶解 （2）将 2.034g RhCl$_3$ 用 1：1 HCl 20mL 溶解，稀释至 1L
Ru	将 1.3166g RuO$_2$ 溶于 15mL HCl，稀释至 1L
S	将 4.1209g (NH$_4$)$_2$SO$_4$ 溶于水，稀释至 1L
S$_2^{-}$	将 7.5g Na$_2$S·9H$_2$O 溶于水，并用水稀释至 1L；使用前用碘量法标定
SO$_3^{2-}$	将 1.5743g Na$_2$SO$_3$ 溶于水，并用水稀释至 1L；使用前用碘量法标定
SO$_4^{2-}$	将 1.4786g 105℃下干燥过的 Na$_2$SO$_3$ 溶于水，并用水稀释至 1L
S$_2$O$_3^{2-}$	将 2.2134g Na$_2$S$_2$O$_3$·5H$_2$O 溶于水，并用水稀释至 1L
SCN^{-}	将 1.3106g NH$_4$SCN 溶于水，并用水稀释至 1L
Sb	将 1.0000g Sb 溶于(1)10mL HNO$_3$，加 5mL HCl，当溶解完全后稀释至 1L；(2)18mL HBr，加 2mL 液体 Br$_2$，当溶解完全后，加 10mL HClO$_4$，在通风橱中加热并搅拌，直至发烟，继续搅拌数分钟，赶尽 HBr，然后冷却并稀释至 1L
Sc	将 1.5338g Sc$_2$O$_3$ 溶于 50mL 2 mol/L HCl，稀释至 1L
Se	（1）将 1.4053g SeO$_2$ 溶于水并稀释至 1L，或将 1.0000g Se 溶于 5mL HNO$_3$，然后稀释至 1L （2）将 1.0000g Se 溶于 20mL 1：1 HCl，加热溶解，并用水稀释至 1L
Si	（1）将 2.1393g SiO$_2$ 与 4.60g Na$_2$CO$_3$ 一起熔融，在铂坩埚中保持熔融 15min，冷却，溶于温水中，稀释至 1L （2）将 10.1191g Na$_2$SiO$_3$·9H$_2$O 用水溶解，并稀释至 1L
Sm	将 1.1596g Sm$_2$O$_3$ 溶于 50mL 2 mol/L HCl，稀释至 1L
Sn	将 1.0000g Sn 溶于 15mL 温热 HCl，稀释至 1L
Sr	将 1.6849g SrCO$_3$ 在 300mL 水中的淤浆用小心滴入 10mL HCl 的方法溶解，搅拌除去 CO$_2$ 后，稀释至 1L
Ta	将 1.0000g Ta(或 1.2210g Ta$_2$O$_5$)移至铂皿中，加 20mL HF，缓缓加热至完全溶解，冷却，加 40mL H$_2$SO$_4$ 并蒸发至冒出 SO$_3$ 浓烟，冷却，用 H$_2$SO$_4$(1+1)稀释至 1L
Tb	将 1.6692g TbCl$_3$ 溶于水，加 1mL HCl 稀释至 1L
Te	（1）将 1.2508g TeO$_2$ 溶于 10mL HCl，稀释至 1L （2）在逐滴加入 HNO$_3$ 的情况下将 1.0000g Te 溶于 10mL 温热 HCl，然后稀释至 1L
Th	将 2.3794g Th(NO$_3$)$_4$·4H$_2$O 溶于水，加 HNO$_3$，稀释至 1L
Ti	在逐滴加入 HNO$_3$ 的情况下将 1.0000g Ti 溶于 10mL H$_2$SO$_4$，然后用 5% H$_2$SO$_4$ 稀释至 1L
Tl	将 1.3034g TlNO$_3$ 溶于水，并稀释至 1L
Tm	将 1.1421g Tm$_2$O$_3$ 溶于 50mL 2 mol/L HCl，稀释至 1L
U	将 2.1095g UO$_2$(NO$_3$)$_2$·6H$_2$O(或 1.7734g 二水合乙酸双氧铀)溶于水，并稀释至 1L
V	将 2.2963g NH$_4$VO$_3$ 溶于 100mL 水，加 10mL HNO$_3$，稀释至 1L
W	将 1.7942g Na$_2$WO$_4$·2H$_2$O 溶于水，稀释至 1L
Y	将 1.2699g Y$_2$O$_3$ 溶于 50mL 2 mol/L HCl，稀释至 1L
Yb	将 1.6146g YbCl$_3$ 溶于水，稀释至 1L
Zn	将 1.0000g Zn 溶于 10mL 2 mol/L HCl，稀释至 1L
Zr	将 3.5325g ZrOCl$_2$·8H$_2$O 溶于 50mL 2 mol/L HCl，稀释至 1L

二、火焰原子吸收光谱测定条件的选择

1. 分析线的选择

一般选用灵敏线或干扰小的谱线。含量较高，可选择次灵敏线，如 Cu 327.4nm、Na

589.5nm、K 766.9nm、Pb 一般不用 217.0nm 线，因它与 Sb 217.6nm 线可能重叠，选分析线必须避免谱线重叠，如 Fe 248.3nm 线与 Pt 247.6nm 线可能重叠，Au 242.8nm 线与 Co 242.5nm 线可能重叠。选谱线还要考虑稳定性和谱线发射（光）的强度。

从灵敏度的观点出发，通常选择由基态向第一受激态跃迁的共振吸收线作分析线。分析线应选用不受干扰而吸光度又适度的谱线，最灵敏线往往用于测定痕量元素，在测定较高含量时，可选用次灵敏线。这样能扩大测量浓度范围，减少试样不必要的稀释操作。从稳定性考虑，由于空气-乙炔火焰在短波区域对光的透过性较差、噪声大，若灵敏线处于短波方向，则可以考虑选择波长较长的次灵敏线。

2. 光谱通带宽度的选择

光谱通带宽度直接影响测定灵敏度和校准曲线的线性范围，单色器的光谱通带宽度取决于出射狭缝宽度和倒数线色效率：

$$\Delta\lambda = DS$$

式中，$\Delta\lambda$ 为光谱通带宽度；D 为分光器的倒数线色散率；S 为狭缝宽度，mm。对确定仪器 D 是固定的，$\Delta\lambda$ 仅由 S 决定。

如果要得到好的信噪比和稳定性一般可选用 0.4～0.7nm 的光谱通带，Fe、Co、Ni、Mn 和个别稀土元素由于周围的谱线复杂，应选用 0.2nm 通带，对于光源稳定性差的元素，应选择较宽的光谱通带，检查或验收仪器一般用 0.2nm。另外，选择光谱通带宽度时应考虑光谱干扰。现代 AAS 仪一般有普通高度的狭缝和较小高度的狭缝（称为矮狭缝）。后者有利于阻挡石墨管壁的强辐射进入光电倍增管。多数仪器有 3～5 挡狭缝供选择，也有用连续宽度调节的狭缝。

3. 空心阴极灯的工作电流

从灵敏度角度考虑应用低灯电流，从稳定性考虑可以用较高电流，同时要注意考虑负高压的高低。灯电流过大往往降低灵敏度，HCL（空心阴极灯）寿命会缩短，一般采用 HCL 标签给出灯电流的 40%～60%为宜。

一般是在保证稳定放电和合适的光强输出前提下，尽可能选用较低的工作电流。灯电流高，灯丝发热量大，导致热变宽和压力变宽，并增加自吸收，使辐射的光强度降低，结果是灵敏度下降、校正曲线下弯，灯寿命缩短。寻找最佳工作电流的方法是，固定其他测量条件，喷雾某一固定浓度溶液，改变灯电流和增益负高压数值，测量吸光度，绘制吸光度-灯电流关系曲线。以选择灵敏度高，增益负高压在 300～800V 的值为佳。为了使灯的光强度达到稳定输出，一般需预热（10～30min），若灯发射的能量已稳定、仪器基线稳定，测定几个标准溶液，若吸光度值稳定，说明预热时间已够。

4. 原子化条件的选择

（1）火焰的选择　不同的元素可选择不同种类的火焰，原则是使待测元素获最大原子化效率。易原子化的元素用较低温火焰，反之就需要高温火焰。当火焰选定后，要选用合适的燃气和助燃气的比例。对于难原子化元素宜选用富焰，对于那些氧化物不十分稳定的元素可采用贫焰或化学计量火焰。调节时要在燃烧点火的工作条件下调节，并经常检查一下设定值是否有变动、并及时校正。

贫燃火焰（燃助比约 1∶6）：适用于 Cu、Ag、Au、Cd、Zn 等元素测定。

化学计量火焰（中性火焰）（燃助比约 1∶4）：适用于 Ca、Mg、Fe、Co、Ni、Mn 等元素的测定。

偏富燃火焰（燃助比约 1∶3.5）：适用于 Ca、Sr 的测定。

富燃火焰（燃助比约 1:3）：适用于 Cr、Sn、Mo 等元素的测定。

富氧或氧化亚氮-乙炔火焰，必须在富燃空气-乙炔火焰情况下，才能转换成富氧或氧化亚氮-乙炔焰工作，这类火焰适用于 Al、Ba、Ca、Mo、Sn 等元素的测定，应用氧化亚氮（N₂O）火焰要保持红羽毛焰状态。富氧火焰较氧化亚氮火焰易操作，某些技术性能较氧化亚氮火焰好（见表 15-2）。

表 15-2　富氧空气-乙炔火焰与其他火焰的特征浓度比较

元素	波长/nm	特征浓度/(μg/mL)		
		富氧空气-乙炔	氧化亚氮-乙炔	空气-乙炔
Ca	422.7	0.009	0.008	0.07
Yb	378.8	0.037	0.08	7.6
Eu	459.4	0.137	0.3	3.0
Al	309.3	0.4	0.3	—
Sr	460.7	0.016	0.02	0.15
Ba	553.5	0.1	0.2	10.0
Mo	313.3	0.15	0.25	0.8
W	255.1	3.2	5.0	—
Ga	287.4	0.4	0.7	1.3
Sm	429.7	2.92	8.5	
La	550.1	37.2	35.0	
Sn	224.6	0.8	2.0	50

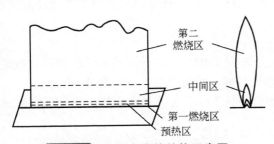

图 15-1　预混合火焰结构示意图

第二燃烧区
中间区
第一燃烧区
预热区

（2）燃烧器高度的选择　选择火焰燃烧器高度，要使来自空心阴极灯的辐射从自由原子浓度最大的火焰区域通过，以获得最高灵敏度。其实验方法可在其他测试条件不变的条件下，喷雾待测元素的标准溶液，改变燃烧器高度，测其吸光度，绘制吸光度对燃烧器高度的关系曲线，找出最佳燃烧器高度。

火焰高度的选择目的是使特征光束通过基态原子最密集区域即中间薄层区（图 15-1），选择原则以光通过中间层区为好。

（3）燃烧器角度的选择　在通常情况下其角度为 0°，即燃烧器缝口与光轴方向一致。在测高浓度试样时，可选择一定的角度，当角度为 90° 时，灵敏度仅为 0° 时的 1/20。

（4）试液提升量的选择　进样量过小，吸收信号弱，不便于测量；进样量过大，在火焰原子化法中，对火焰产生冷却效应，在石墨炉原子化法中，会增加除残的困难。在实际工作中，应测定吸光度随进样量的变化，达到最满意的吸光度的进样量，即为应选择的进样量。

试液吸入量遵守 Poisuue 公式：

$$V = \pi R^4 \Delta p/(8\mu L)$$

式中，V 是试液量，cm^3/s；R 是毛细管内径，cm；Δp 是压强差，g/cm^2；μ 为试样黏度 g/cm；L 是毛细管长度，cm。通常试液提升量为 4～6mL/min。

提升量的观测方法是：试液装至 10mL 量筒刻度，开始吸喷时计时，求出每分钟吸入量。

调节提升量的方法，是根据试液黏度选用适当粗细的毛细管，然后改变压缩空气的压强来调节提升量至所需值。为保持恒定的提升量，要固定试样溶液位置。试液温度要与室温一

致，各连接处勿漏气。

三、无火焰原子吸收光谱测定条件的选择

在无火焰原子吸收测定中仪器参数的选择，包括波长、光谱通带和灯电流的选择等，其原则和火焰原子吸收法相同。

1. 原子化器种类的选择

一般中低温原子化元素选择普通石墨管原子化器，对于容易生成难熔碳化物的金属元素，如 Ti、Zr、Hf、V、Nb、Ta、Mo、W、Si、B、Y、稀土、U、Th 等，可选用热解涂层石墨管或金属舟皿。一些元素，如 Pt、Rh，铂族元素等与 W、Ta 在高温下能生成金属间化合物，故不宜用涂 W、Ta 的原子化器。

2. 保护气的选择

最好应用高纯氩气（Ar）。载气流量影响灵敏度和石墨管寿命，目前大多采用内外单独供气方式，外部供气是不间断的，流量在 $1\sim5L/min$；内气流在 $60\sim70mL/min$，内气流的大小随元素而定，可通过试验确定。有时为了提高灵敏度，在原子化时间内进行停气，以降低自由原子的扩散，延长自由原子在吸收区停留时间。如果使用氮气（N_2），在高温时，它与石墨碳反应生成 CN 分子，产生分子发射和背景吸收，应尽可能不用氮气。

3. 冷却水

为使石墨管温度迅速降至室温，通常使用水温 $20\sim30℃$，水流量为 $1\sim2L/min$ 的冷却水，可在 $20\sim30s$ 冷却。水温不宜过低，流速不宜过大，以免在石墨锥体或石英窗上产生冷凝水。一般用循环水（最好不要用自来水）冷却。

4. 石墨管的预处理

（1）新石墨管的预热处理　建议从室温逐级升温到 $2700℃$，在使用热解涂层管时，石墨管预先在 $2700℃$ 灼烧 3 次，每次 10s，非涂层管在 $2700℃$ 灼烧处理 4 次，每次 10s。

（2）空烧管　除去空白，按操作程序，在不加样品情况下连续加温操作 3 次直至待测元素在管内"空白"接近"零"。

5. 加热程序的选择

（1）干燥　干燥温度应比溶剂沸点略高，水溶液约 $100\sim110℃$，有机物应根据沸点选择温度（如 MIBK 选择 $110\sim120℃$），为了避免样液暴沸或飞溅，干燥分两步进行。最好选用斜坡升温方式干燥。干燥时间视取样量和样品中含盐量来确定，一般取样 $10\sim100\mu L$ 时，干燥时间为 $15\sim60s$。具体时间应通过试验确定。

（2）灰化　灰化温度和时间的选择原则，是在保证待测元素不挥发损失的条件下，尽量提高灰化温度以去掉比分析元素化合物容易挥发的样品基体，减少背景吸收。灰化温度和灰化时间由试验确定，即在固定干燥条件、原子化程序不变情况下，通过绘制 *A*-灰化温度或 *A*-灰化时间的灰化曲线找到最佳灰化温度和灰化时间。

（3）原子化　不同原子有不同的原子化温度，通常把产生最大信号时的最低温度定为原子化温度，这有利于延长石墨管寿命。当使用热解涂层石墨管时，最佳原子化温度随信号测量方式而改变。

原子化时间在记录仪上是表示这一原子化信号回到基线所需的时间，应尽可能短一些，（当采用峰值测量方式时，信号不需回到基线）又要以原子化完全为准。对易形成碳化物的元素，原子化时间可长一些，一般约为 $8\sim15s$。

低温原子化元素一般在 $2000℃$ 以下，例如 Ag、Bi、Pb、Cd 等。

高温原子化元素一般大于2500℃，例如Al、Ba、Cr、Mo、Ni等。

最佳温度需要通过试验来确定，原子化时间一般3～4s（有些仪器要求最好与积分时间匹配），高温元素为4～6s，时间过短有被测元素残留现象。

现在石墨炉增加了斜坡升温设施，它是一种连续升温设施，可用于干燥、灰化及原子化各阶段。

在编制斜坡升温干燥程序时要考虑以下准则：①干燥时间与试液体积和温度范围有关；②所需的最终干燥温度；③在最高干燥温度时采用附加的干燥时间。

在设定斜坡升温灰化参数时要考虑的因素是：①灰化时间与除去基体的数量的关系；②初始灰化温度和最终灰化温度；③斜坡升温灰化速率受石墨炉中所发生的化学反应影响。

在设定斜坡升温原子化阶段的参数时要注意：①初始原子化温度与最终灰化温度相同；②采用停气方式有可能不利；③最高原子化温度可能高于或低于同一元素标准溶液的最高原子化温度；④斜坡升温原子化速率应能获得由待测元素和基体所产生的信号间的最佳分辨。

目前生产的石墨炉已配有最大功率附件，最大功率加热方式即以最快的速率[$(1.5\sim2.0)\times10^3$℃/s]加热石墨管至预先确定的原子化温度。用最大功率方式加热可提高灵敏度并在较宽的温度范围内有原子化平台区，因此可以在较低的原子化温度下，达到最佳原子化条件，延长了石墨管寿命。

6. 净化

为消除记忆效应，可在原子化完成后，一般在3000℃，采用空烧的方法来清洗石墨管以除去残余的基体和待测元素。但时间宜短，否则使石墨管寿命大为缩短。

表15-3列出了石墨炉原子吸收光谱法部分元素条件。

表 15-3　石墨炉原子吸收光谱法部分元素条件

元素	石墨管	化学改进剂	灰化温度/℃	原子化温度/℃	介质
Ag	热解/平台	0.2mg $NH_4H_2PO_4$	650	1900	0.2% HNO_3
Al	热解/平台	0.5mg $Mg(NO_3)_2$	1700	2500	0.2% HNO_3
As	热解/平台	0.02mg $Ni(NO_3)_2$	1300	2300	0.2% HNO_3
Au	热解/平台	0.05mg Ni	1000	2200	0.2% HNO_3
Ba	热解管		1200	2650	0.2% HNO_3
Be	热解/平台	0.05mg $Mg(NO_3)_2$	1500	2500	0.2% HNO_3
Ca	热解管		1100	2600	0.2% HNO_3
Cd	热解/平台	0.2mg $NH_4H_2PO_4$	700	1600	0.2% HNO_3
Cr	热解/平台	0.05mg $Mg(NO_3)_2$	1650	2500	0.2% HNO_3
Cu	热解/平台		1200	2300	0.2% HNO_3
Fe	热解/平台	0.05mg $Mg(NO_3)_2$	1400	2400	0.2% HNO_3
Ge	普通管		800	2600	0.2% HNO_3
In	热解/平台		800	1600	0.2% HNO_3
Mg	热解/平台		900	1700	0.2% HNO_3
Mn	热解/平台	0.05mg $Mg(NO_3)_2$	1400	2200	0.2% HNO_3
Mo	热解/平台		1800	2650	0.2% HNO_3
Ni	热解/平台	0.05mg $Mg(NO_3)_2$	1400	2500	0.2% HNO_3
Pd	热解/平台		1100	2500	0.2% HNO_3
Pt	热解/平台		1300	2500	0.2% HNO_3
Se	热解/平台	0.02mg $Cu(NO_3)_2$	900	2100	0.2% HNO_3
Si	热解/平台		1400	2650	高纯水

第三篇

续表

元素	石墨管	化学改进剂	灰化温度/℃	原子化温度/℃	介质
Sn	热解/平台	$0.2mg\ NH_4H_2PO_4$	800	3100	0.2% HNO_3
Sr	热解管	0.02mg Ni	1300	2600	0.2% HNO_3
Te	热解/平台	0.02mg Ni	1000	2000	0.2% HNO_3
Tl	热解管	1% H_2SO_4	600	1400	0.2% HNO_3
V	热解管		1400	2650	0.2% HNO_3

四、原子吸收光谱分析的定量方法

原子吸收光谱分析是一种动态分析方法，用校正曲线进行定量。常用的定量方法有标准曲线法、标准加入法、简易加标法和浓度直读法。在这些方法中，标准曲线法是最基本的定量方法。

1. 标准（工作）曲线法

这是原子吸收光谱法最常用的方法。此法是根据被测元素的灵敏度及其在样品中的含量来配制标准溶液系列，测出标准系列的吸光度，绘制出吸光度与浓度关系的 A-c 校准曲线。在相同条件下，测得试样溶液的吸光度后，在校准曲线上可查出样品溶液中被测元素的浓度。亦可由一元线性回归，用最小二乘法求出回归方程，由该方程求被测元素含量。

2. 标准加入法

标准加入法也称标准增量法、直线外推法。当样品中基体不明或基体浓度很高、变化大，很难配制相类似的标准溶液时，使用标准加入法较好。这种方法是将不同量的标准溶液分别加入数份等体积的试样溶液之中，其中一份试样溶液不加标准，均稀释至相同体积后测定（并制备一个样品空白）。以测定溶液中外加标准物质的浓度为横坐标，以吸光度为纵坐标对应作图，然后将直线延长使之与浓度轴相交，交点对应的浓度值即为试样溶液中待测元素的浓度。标准加入法的曲线如图 15-2 所示。图中 ρ_x 即为测定溶液中被测元素的质量浓度。

采用标准加入法测定时，也可通过计算求出测定溶液中被测元素的质量浓度 ρ_x。

$$\rho_x = A_x(\rho_2 - \rho_1)/(A_2 - A_1) \tag{15-1}$$

式中，ρ_1、ρ_2 分别为测定溶液中外加标准物质的质量浓度；A_1、A_2 分别为 ρ_{x_1}、ρ_{x_2} 溶液的测定值（吸光度）；ρ_x 为试样溶液的浓度；A_x 为试样溶液的测定值（吸光度）。

为了正确运用这种方法，在使用标准加入法时必须注意以下几点；①标准加入法只能在吸光度与浓度成直线的范围内使用；②为了减小测量误差必须具有足够的标准点，通常需用 5 份溶液（最小不能低于 3 份）；③标准加入法的曲线斜率应适当，添加标准溶液的浓度最好为 c、$2c$、$3c$，尽可能使 A_0 值与 A_1-A_0 值接近，A_1 值最好在 0.1～0.2abs 之间；④标准加入法不能消除背景影响，有背景吸收时应运用背景扣除技术加以校正；⑤标准加入法不能消除光谱干扰和与浓度有关的化学干扰。

3. 内插法

内插法也称双标准比较法。此法可以提高对高含量测定的准确度。这种方法只需两个标准点即可（见图 15-3），这两个标准点的浓度与试样溶液的浓度应该十分接近，其中一个高于试样溶液浓度，另一个低于试样溶液浓度，以使试样的测量值位于两个标准点测量值之间。采用紧密内插法可按下式计算分析结果。

$$c_x = c_1 + (c_2 - c_1)/[(A_2 - A_1)(A_x - A_1)]$$

式中，c_1、c_2、c_x 分别为标准溶液 1、标准溶液 2 和试样溶液的浓度；A_1、A_2、A_x 分别为

标准溶液 1、标准溶液 2 和试样溶液的测量值（吸光值）。

这种校准方法的前提是标准曲线必须是直线。这种方法的优点是简便快速，能获得更好的测定精密度。如果使用与试样组分一致的标准样品制备标准溶液，还可以抵消试样组分的干扰。

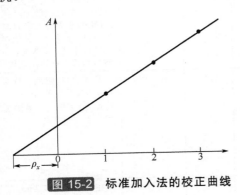

图 15-2　标准加入法的校正曲线

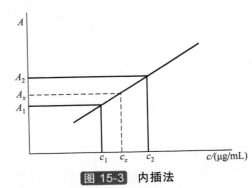

图 15-3　内插法

4. 内标法

本法是在标准试样和被测试样中，分别加入内标元素，测定分析线和内标线的吸光度比，并以吸光度比值与被测元素含量或浓度绘制工作曲线。内标法只适用于双通道型原子吸收光谱仪，常用的内标元素见表 15-4。

表 15-4　常用内标元素

待测元素	内标元素	待测元素	内标元素	待测元素	内标元素
Al	Cr	Cu	Cd, Mn	Na	Li
Au	Mn	Fe	Au, Mn	Ni	Cd
Ca	Sr	K	Li	Pb	Zn
Cd	Mn	Mg	Cd	Si	Cr, V
Co	Cd	Mn	Cd	V	Cr
Cr	Mn	Mo	Sr	Zn	Mn, Cd

5. 浓度直读法

不少原子吸收光谱仪器都可进行浓度直读。浓度直读法的基础是标准曲线法。先用一个标样定标，由该定标点与原点绘制校正曲线，存于仪器内。以后测定试样时，仪器自动地根据测得的样品吸光度值由预存在仪器内的校正曲线换算为浓度值显示在仪器上。浓度直读法测定的准确度，直接依赖于校正曲线稳定性，且要求测得的试样吸光度值必须落在校正曲线上。浓度直读法定量的准确度要逊于校正曲线法和标准加入法。浓度直读法的优点是快速。

第二节　火焰原子吸收光谱法元素的测定条件

本节表 15-5 给出了火焰原子吸收法各元素的测定条件、分析和测定上应注意的问题，数据引自《CRC Handbook of Atomic Absorption Analysis》。目前，在各种原子吸收光谱仪的说明书及分析方法标准中，对各元素的测定条件都有确切的介绍和规定，可作为使用的依据，表 15-5 仅供参考。

表 15-5 火焰原子吸收光谱法元素的测定条件

元素	λ/nm	狭缝宽度/nm	光源	火焰种类	灵敏度/(mg/L)	检出限量/(mg/L)	最佳范围/(mg/L)	干 扰
Ag	328.1 338.3	0.7	HCL	空气-乙炔 （氧化焰，贫燃，蓝）	2.5 5~6	0.002	0.05~4	阴、阳离子几乎无干扰。5%的盐酸及硝酸无干扰；5%硫酸或磷酸使吸收灵敏度下降；大量铝、钍的存在会降低干扰，碘酸盐、高锰酸盐和钨酸盐能沉淀银
Al	309.3* 396.2 308.2 394.4 237.3 237.6 257.5 256.8	0.7	HCL/EDL	富焰 N₂O-乙炔(还原焰、红)	1.0 1.0 1.0 1.0 2.0 4.0 4.0~6.0 6.0~7.0	0.03	10~100	共存的阳、阴离子总浓度在 2%以下几乎无干扰 Al 的离子化随着阳离子种类不同而变化
As	193.7 189.0 197.2	0.7	HCL/EDL	空气-乙炔 （氧化焰，贫燃，蓝） 氩-氢	1 0.8 1.0~2.0	0.1	100	在 193.7~197.2nm 范围内有吸收的火焰气体和物种均干扰 氩-氢火焰中 Al、Ca、Cr、Co、Cu、Fe、Mg、Mo、Ni、Sr、V 都有干扰
Au	242.8 267.6 312.3 274.8	0.7	HCL	空气-乙炔 （氧化焰，蓝） 空气-丙烷	0.3 0.2 90 110	0.01	2~20	使用低温火焰时，有干扰 用空气-乙炔时阳离子几乎无干扰。尤其是贵金属除铂、钯以外几乎无干扰 阴离子有干扰，特别是 SO_4^{2-} 的影响较大
B	249.7 208.9	0.7	HCL	富燃：N₂O-乙炔(还原焰，深红色)	13 27	0.70	400	当钠的浓度远高于 B 时将有干扰
Ba	553.5 350.1	0.4	HCL	N₂O-乙炔（还原焰，富燃，红）	0.02 250	0.008	20	对于空气-乙炔火焰磷酸、硫酸有干扰；CaO 分子吸收光谱也有干扰 氧化亚氮-乙炔火焰有 90%以上的钡原子离子化
Be	234.9	0.7	HCL	N₂O-乙炔(还原焰，富燃，红)	0.01	0.002	1	Cl^-、NO_3^-、SO_4^{2-}、BF_3、Cu 有增感作用；Al 使吸收减少(500mg/L)；Na，Mg，Si 的浓度超过 1000mg/L 有干扰
Bi	223.1 222.8 306.8 206.2 227.7	0.2	HCL	空气-乙炔 （氧化焰，贫燃，蓝）	0.2~0.45 0.5 0.5~1.0 1.7~3.7 4.0~6.1	0.04	15	没有特别明显的干扰
Ca	422.7 239.9	0.7	HCL	空气-乙炔 （氧化焰，贫燃，蓝）	0.01 6~12	0.002	5	磷酸、硫酸、硅酸、钡等存在化学干扰；低温火焰的干扰尤为显著；对空气-乙炔焰还有离子化干扰
Cd	228.6 326.1	0.7	HCL	空气-乙炔 （氧化，贫燃，蓝）	0.01	0.002	2	不存在化学和光谱干扰；高浓度硅降低 Cd 的吸收

元素	λ/nm	狭缝宽度/nm	光源	火焰种类	灵敏度/(mg/L)	检出限量/(mg/L)	最佳范围/(mg/L)	干 扰
Ce	495.1 513.1 473.1 492.5 505.3 503.3 491.4 502.7 504.6	0.4	HCL	N_2O- 乙炔（还原焰、富燃，红）	20~40 20.0~61.0 44.0 44.0~79.0 50.0~100.0 74.0~150 74.0~190 110.0 110.0	10.0	500	
Co	240.7 242.5 241.2 243.6 252.1 304.4 352.7 346.6 347.4 301.8 391.0	0.2	HCL	空气 - 乙炔（氧化焰，贫燃，蓝）	0.12 0.01~0.15 0.09~0.22 0.1~1 0.1~0.28 0.6~1.8 0.1~3.7 1.5~4.1 3.0~7.2 5.5~12.0 130	0.01	5	一些过渡元素和重金属元素在高浓度时有干扰，当 Ni 的浓度超过 1500mg/L，使 Co 的信号强度降低 50%；Ca、Al 有少许干扰
Cr	357.9 359.4 360.5 425.4 427.5 428.9 520.8 520.5	0.7	HCL	N_2O- 乙炔（还原焰，富燃，红）或空气 - 乙炔（还原焰）	0.06 0.08 0.1 0.14 0.2 0.23~0.27 0.23~0.27 12.0 30.0	0.005	5	使用富焰时，所有阴、阳离子及酸浓度均有影响 铁的干扰较大，Ni^{2+}、Mn^{2+}、Cu^{2+}、Co^{2+}、W^{6+}、Al^{3+}、Mo^{6+}的干扰较小
Cs	852.1 894.5 455.5 459.3	1.4	EDL	空气 - 乙炔（氧化焰，贫燃，蓝）	0.15~0.21 0.2 12~25 23~94	0.005	1~10	离子化干扰显著
Cu	324.8 327.4 217.9 218.2	0.7	HCL	空气 - 乙炔（氧化焰，贫燃，蓝）	0.03~0.07 0.1~0.2 0.3 0.4	0.002	5	无显著阴，阳离子干扰
Cu	216.5 222.6 249.2 244.2 224.4				0.47~0.6 1.1~1.5 5.0~5.8 11.0~14.0 15.7~24			—
Dy	421.2 404.6 418.7 419.5 416.8 410.2 422.5 421.8	0.2	HCL	N_2O- 乙炔（还原焰，富燃，红）	0.6 0.7~0.9 0.7~1.0 1.3~1.5 4.1~7.3 15.0 21.9 52.9	0.03	50	存在离子化干扰，磷酸、硫酸有干扰

续表

元素	λ/nm	狭缝宽度/nm	光源	火焰种类	灵敏度/(mg/L)	检出限量/(mg/L)	最佳范围/(mg/L)	干　扰
Er	400.8 386.3 415.1 389.3 393.7 381.0 408.8 390.5 394.4 460.7 402.1	0.2	HCL	N₂O-乙炔 (还原焰,富燃,红)	0.4~0.7 1.0 1.0~1.2 2.0~2.3 2.0~3.6 3.0 3.4~4.0 8.0~13.0 9.0 10.0 20.0~22.0	0.05	40	存在离子化干扰
Fe	248.3 248.8 271.9 302.1 252.7 372.0 273.1 344.1 386.0 305.9 364.6 392.0	0.2	HCL	空气-乙炔 (氧化焰,贫燃,蓝)	0.04~0.1 0.07~0.19 0.13~0.34 0.15~0.4 0.18~0.51 0.4 0.4~1.2 0.6~1.6 0.6 0.9~2.4 4.4~10.0 11.0~13.0	0.004	5	按化学量组成火焰时,阴、阳离子的化学干扰几乎没有,但磷酸、硅的干扰还存在 用低温火焰时,化学干扰增强 血清铁的分析,除磷酸外,蛋白质也有干扰
Ga	287.4 294.4 417.2 403.3 250.0 245.0 272.0	0.7	HCL	N₂O-乙炔 (还原焰,富燃,红)或空气-乙炔	0.4~1.3 1.1~1.3 1.5~1.8 2.8 9.7~12.0 12.0~13.0 23~25.0	0.1	60	浓度在5000mg/L以下的阴阳离子没有明显的干扰 Mg、Cu、Zn等阳离子几乎没有干扰,但Al有干扰
Gd	368.4 378.3 407.9 405.8 405.4 371.4 367.4 404.5 419.1 394.6	0.2	HCL	N₂O-乙炔 (还原焰,富燃,红)	13.0~19.0 13.0 13.0~19.0 22.0 15.0~25 20.0~28 34.0~47 37.0~47 60.0 79.0	3.3	1000	有离子化干扰 化学干扰一般较小
Ge	265.1 271.0 259.2 275.5 269.1 303.9	0.2	HCL	N₂O-乙炔 (还原焰,富燃,红)	0.8~2.2 1.5~5.0 1.8~5.0 2.1~6.1 3.0~8.6 15.0~170.0	0.15	100	在NO₂-乙炔火焰中,化学干扰几乎没有
Hf	307.3 286.6 296.5 294.1 289.8 368.2 377.8	0.2	HCL	N₂O-乙炔 (还原焰,富燃,红)	14~16 7.8~11 10.0 14 20.0~23 20.0~23 105.0	2.0	1200	大多数的元素干扰Hf的吸收,硫酸、碱金属和碱土金属抑制Hf的吸收 Fe、F⁻有增感作用

元素	λ/nm	狭缝宽度/nm	光源	火焰种类	灵敏度/(mg/L)	检出限量/(mg/L)	最佳范围/(mg/L)	干 扰
Hg	253.7	0.7	HCL	空气-乙炔（氧化焰，贫燃，蓝）	2.5~4.2	0.28	200	大量钴的存在会在253.65nm 吸收线上观察到汞和钴的叠加吸收信号；CN^-、I^-、SCN^-、As^{3+}、Se^{4+}、Te^{4+}、Mn^{7+}、Cr^{6+}、有干扰。还原气化法 Se、Te、Au、丙酮、盐酸有干扰
Ho	410.4 405.4 416.3 417.3 404.1 410.9 412.7 422.7 413.6 425.4	0.2	HCL	N_2O-乙炔（还原焰，富燃，红）	0.66~0.87 0.9 1.0~1.4 3.0~5.1 3.0~7.2 6.0~14.0 8.0~15.0 16.0~29.0 23.0~48.0 57.0~65.0	0.11	50	有离子化干扰，化学干扰一般较小
In	303.9 325.6* 410.5 451.1* 256.0 271.0 275.4	0.7	HCL	空气-乙炔（氧化焰，贫燃，蓝）	0.18~0.76 0.2~0.8 0.5~2.5 0.6~2.6 2.0~9.1 4.0~12.0 5.0~21.0	0.5	15	阳、阴离子都有干扰。例如 0.5%磷酸盐、硫酸盐、100mg/L 的 Al、Mg 等共存时，吸光度减少约 5%
Ir	208.8 264.0 266.5 237.3 285.0 250.3 254.4 251.4	0.2	HCL	空气-乙炔（氧化焰，贫燃，蓝）	1.5 3.5~12.0 6.0~13.0 6.5~15.0 7.0~18.0 8.5~22.0 10.0~29.0 43.0~91.0	0.36	120	在空气-乙炔火焰中，铝、镧、铜、铅、铂、钠和钾能使吸收增加 50%以上
K	766.5 769.9 404.4	1.4	HCL	空气-乙炔（氧化焰，贫燃，蓝）	0.02 0.06~0.08 7.5~7.8	0.002	2	有离子化干扰，没有阴、阳离子的干扰
La	550.1 418.7 495.0 403.7 357.4 365.0 392.0	0.4	HCL	N_2O-乙炔（还原焰，富燃，红）	22~48 35.0~63.0 37.0~72 50.0~170.0 190.0~230.0 200.0~230.0 230.0	3.0	2500	有离子化干扰，化学干扰一般较小
Li	670.8 323.4 610.4	0.5	HCL	空气-乙炔（氧化焰，贫燃，蓝）	0.02~0.04 8~10 150	0.0008	2	有离子化干扰，阳、阴离子干扰一般较小
Lu	336.0 331.2 337.7 356.8 298.9 451.9	0.2	HCl	N_2O-乙炔（还原焰，富燃，红）	6.0 11.0 12.0 13.0 55.0 66.0	1.0	500	有离子化干扰；化学干扰一般是小的

元素	λ/nm	狭缝宽度/nm	光源	火焰种类	灵敏度/(mg/L)	检出限量/(mg/L)	最佳范围/(mg/L)	干　扰
Mg	285.2 202.6 279.55** 280.27**	0.7	HCL	空气-乙炔（氧化焰，贫燃，蓝）	0.003~0.008 0.08~0.19	0.0003	0.5	阳、阴离子干扰不明显，但低温火焰变得明显 空气-乙炔火焰 Al、Ti、Si、磷酸、钒酸有干扰，有含氧酸共存时，干扰增大
Mn	279.5 279.8 280.1 403.1 321.7	0.2	HCL	空气-乙炔（氧化焰，贫燃，蓝）	0.02~0.05 0.03~0.067 0.04~0.11 0.4~0.51 83.0	0.05	3	Mo、磷酸、硅等阳、阴离子有干扰，特别是硅的干扰较大，碱金属、碱土金属的干扰较小
Mo	313.3 317.0 319.4 379.8 320.9 386.4 390.3 315.8 311.2	0.7	HCL	N_2O-乙炔（还原焰，富燃，红）	0.2~0.67 1.1~3.0 1.4~4.0 3.0 4.0~7.4 5.0 2.9~7.0 3.5~8.0 9.0~18.0	0.03	60	阳、阴离子和有机物的干扰明显
Na	589.0 589.5 330.2	0.4	HCL	空气-乙炔（氧化焰，贫燃，蓝）	0.001 0.02 2.0	0.0005	0.1~1.0	有离子化干扰；阳、阴离子几乎没有干扰，但在低温火焰中表现出来
Nb	334.9* 334.4 358.0* 408.0 405.9* 335.8 412.4 357.6 353.5 374.0 415.3	0.2	HCL	N_2O-乙炔（还原焰，富燃，红）	12~15 15.0~18.0 20 20~15 21~25 27 26~34 45 42~54 47~57 91	1.0	600	HF、有机物有增感作用
Nd	492.4 463.4 471.9 486.7	0.4	HCL	N_2O-乙炔（还原焰，富燃，红）	5.0~7.3 4.0~11.0 7.0~19.0 35.0~50.0	1.6	400	有离子化干扰；化学干扰一般较小，氟、硅、铝的干扰大
Ni	232.0 231.1 341.5* 352.4 305.1 346.2 351.5 303.8 337.0 323.3 294.4 362.5 247.7	0.2	HCL	空气-乙炔（氧化焰，贫燃，蓝）	0.06~0.14 0.1~0.2 0.3~0.4 0.3~0.39 0.4~0.54 0.6~0.8 0.6~0.88 1.0~1.6 2.0~2.4 3.0~4.2 5.0~7.1 27 33.0	0.008	7	富燃火焰时，阳、阴离子有干扰；贫燃火焰时由于提高温度而使干扰几乎消失

元素	λ/nm	狭缝宽度/nm	光源	火焰种类	灵敏度/(mg/L)	检出限量/(mg/L)	最佳范围/(mg/L)	干扰
Os	290.9 263.7 305.9 301.8 330.2 271.5 280.7 264.4 442.0 426.1	0.2	HCL	N_2O- 乙炔（富燃，红）	1.0 1.0~1.8 1.0~1.6 2.0~3.2 2.0~3.6 3.0~4.2 3.0~4.6 3.0~4.8 12.0~19.0 20.0~30.0	0.2	10~75	在氧化焰中和存在过氧化物时，Os 的信号被抑制，这是由于形成 OsO_4
P	213.6 214.9	0.2	HCL	N_2O-乙炔（还原焰，富燃，红）	250~290 460~500	20	10000	在 N_2O-乙炔火焰中无干扰
Pb	217.0 283.3 261.4* 202.2 368.4 205.3 364.0	0.7	HCL	空气 - 乙炔（氧化焰，贫燃，蓝）	0.1~0.4 0.2~0.5 3.5~11.0 5.0~7.1 5.0~27.0 5.4~34.0 67	0.03	20	阳、阴离子几乎无干扰，但用空气-丙烷低温火焰时，阴离子、铝、硼等有干扰 具有机溶剂效应
Pd	247.6 244.8 276.3 340.5*	0.2	HCL	空气 - 乙炔（氧化焰，贫燃，蓝）	0.14	0.02	2.0~15.0	盐酸、硝酸显出少许干扰，硫酸干扰较大；乙酸具有机溶剂效应，贵金属和钠几乎无干扰
Pr	491.4 495.1 504.6 513.3		HCL	N_2O- 乙炔（富燃）	19 13 42 23	10		离子化干扰显著
Pt	266.0 214.4 244.0 246.7 248.7 264.7 267.7 270.2* 270.6* 283.0 293.0 306.5			空气-乙炔 空气-丙烷	2.2 7.3 100 25 11 11 22 9.5 9.5 7.4 8.2 4.6	0.015		有贵金属干扰，特别是低温火焰时，干扰显著，钠，硫酸干扰较大
Rb	780.0 794.8 420.2 421.6	1.4	HCL	空气 - 乙炔（氧化焰，贫燃，蓝）	0.04 0.1~0.2 3.0~8.7 9.0~19.0	0.005	1~10	离子化干扰显著；阳、阴离子的化学干扰不明显
Re	346.0 242.9 345.2 346.5			N_2O- 乙炔（富燃） 氧-乙炔（富燃）	12 33 20	1		Al、Mn、Ca 的干扰较大，其次是铁、铜、铅、钾、钼干扰较小
Rh	345.5 369.1 339.7 350.2 365.8* 370.1 350.7 328.1	0.2	HCL	空气 - 乙炔（氧化焰，贫燃，蓝）	0.2 0.3 0.5 0.7 0.9~1.0 2.0 9.0 6.5~10.0	0/01	2.0~20.0	盐酸、硝酸、硫酸有干扰，特别是硫酸的干扰较大 共存的碱金属在低浓度显出增感作用，高浓度时灵敏度减小

元素	λ/nm	狭缝宽度/nm	光源	火焰种类	灵敏度/(mg/L)	检出限量/(mg/L)	最佳范围/(mg/L)	干　扰
Ru	349.9 372.8 379.9 392.6	0.2	HCL	空气-乙炔 (氧化焰, 贫燃, 蓝)	0.8 0.86~1.1 1.6~1.8 7.5~9.5	0.2	20~50	Pt、Rh 的存在产生增感
Sb	217.6 206.8 231.2 212.7	0.2	HCL	空气-乙炔 (氧化焰, 贫燃, 蓝)	0.2~0.55 0.25~0.85 0.4~1.3 1.5~12.0	0.07		阳离子干扰几乎没有,但铜有增感作用 盐酸、硝酸有化学干扰,特别是硫酸较大
Sc	391.2 390.8 402.4* 402.0 405.5 327.0 408.2* 327.4* 326.9	0.2	HCL	N₂O-乙炔 (还原焰, 富燃, 红)	0.1~0.3 0.1~0.3 0.1~0.4 0.2~0.41 0.3 0.3 0.7~2.1 1.0 2.0	0.05	25	—
Se	196.0 204.0 206.3 207.5	2.0	HCL	空气-乙炔 (氧化焰, 贫燃, 蓝)	0.59 3.0~6.0 12.0~22.0 40.0~75.0	0.13	50	—
Si	251.6 250.7* 252.8 251.9* 251.4 252.4* 221.7* 221.1* 221.7 288.2 220.8	0.2	HCL	N₂O-乙炔 (还原焰, 富燃, 红)	0.8~2.0 2.0~6.0 2.0~6.0 3.0 3.0 3.0~7.0 3.0~7.5 6.0~14.0 7.5 13.0~37.0 24.0	0.06	150	铝、钙、铁、钠等呈现增感效果
Sm	429.7* 472.8* 476.0* 478.4* 488.4* 520.1* 528.3*			N₂O-乙炔 (富燃氧-乙炔)	15 50 45 60 55 25 50	2		离子化干扰显著;化学干扰一般较小
Sn	235.5 235.4* 286.3 270.6 303.4 219.9 254.7 233.5 300.9 266.1	0.4	HCL	N₂O-乙炔 (还原焰, 富燃, 红)	1.2 1.2~3.2 1.4~3.2 2.0~4.0 3.0~5.0 4.0~7.3 4.0~9.4 5.0~9.2 5.0~9.2 22.0~37.0	0.03	100	用空气-氢火焰时,磷酸、硫酸及阳离子有干扰,但盐酸、硝酸几乎无干扰;用空气-乙炔火焰时,阴离子干扰减小,但存在某种程度的阳离子干扰。如用前者火焰时 Na(减感)、Cu、Pb、Zn、Ni(增感)表现干扰,后者火焰则无干扰
Sr	460.7 407.8**	0.4	HCL	N₂O-乙炔 (还原焰, 富燃, 红)	0.1 2.0	0.004	5	阳、阴离子的化学干扰显著;有离子化干扰;和其他元素不同的是,硝酸干扰比盐酸、硫酸大

续表

元素	λ/nm	狭缝宽度/nm	光源	火焰种类	灵敏度/(mg/L)	检出限量/(mg/L)	最佳范围/(mg/L)	干 扰
Ta	271.5 260.8 260.9 277.6 265.7 293.4 255.9 263.5 269.8 275.8	0.2	HCL	N₂O- 乙炔 (还原焰，富燃，红)	10 20.0 20.0~23.0 24.0 24.0~29.0 24.0 24.0~30.0 26.0~32.0 26.0~32.0 30.0~38.0	1	1200	有阳、阴离子干扰 氟化氢、有机溶剂具增感作用
Tb	432.6 431.9 433.8	7		N₂O- 乙炔 (富燃，红色)	7 9 16	2		有离子化干扰;化学干扰一般较小
Tc	261.4 260.9 429.7 426.2 348.2 423.8 363.6 317.3 346.6 403.2	0.2	HCL	空气 - 乙炔 (还原焰，富燃，黄)	100.0 12.0 20.0 24.0 30.0 33.0 33.0 300.0 300.0 300.0		1000	
Te	214.3 225.9 238.6*	0.4	HCL	空气 - 乙炔 (氧化焰，贫燃，蓝)	0.2~0.4 3.0~4.0 18.0~28.0	0.02	25.0	高浓度的 Cu、Na、Zn、Ca 呈现干扰
Th	324.4			N₂O-乙炔	181			
Ti	364.3* 365.4 320.0 363.5 335.5* 375.3 334.2 319.2* 399.9 399.0 395.6 394.8 337.8	0.2	HCL	N₂O- 乙炔 (还原焰，富燃，红)	1.0 1.5~2.0 2.0 2.0~2.4 2.1~2.6 2.4 2.4~2.8 2.6 2.4~3.0 4.0 4.3 7.9 9.0~15.0	0.05	200	F⁻、Fe、Al 等有干扰
Tl	276.8 377.6 238.0 258.0	0.7	HCL	空气 - 乙炔 (氧化焰，贫燃，蓝)	0.1~0.6 0.3~1.6 3.0~4.0 10.0~13.0	0.02	40	共存的碱金属、碱土金属，Pb、Zn、Ni、Mg、Zr、Cd、Hg、Mn、Ag、Fe、Al、Cr、SO_4^{2-}、PO_4^{3-}、NO_3^-、在 100mg/L 以上有干扰
Tm	371.8 410.6 374.4 409.4 418.8 420.4 375.2 436.0 341.0 530.7	0.2	HCL	N₂O- 乙炔 (还原焰，富燃，红)	0.3~0.45 0.4~0.7 0.5~0.74 0.5~0.8 0.6 0.9~1.5 2.0 3.0~4.0 4.0 6.0~10.0	0.02	20	有离子化干扰

第三篇

续表

元素	λ/nm	狭缝宽度/nm	光源	火焰种类	灵敏度/(mg/L)	检出限量/(mg/L)	最佳范围/(mg/L)	干　扰
U	358.5 348.9 351.5 356.7* 365.9* 381.2 394.4 404.3* 415.4			N$_2$O- 乙炔 (富燃，红色)	100 300 250 130 100 250 350 300			有离子化干扰
V	318.4 306.0 306.6	0.7	HCL	N$_2$O- 乙炔 (还原焰，富燃，红)	0.6~2.0 3.0~5.0 3.0~5.0	0.04	100	磷酸、乙酸有机物碱金属及 Fe^{3+}、Cr^{3+}、Bi^{3+}、Al^{3+}、Ti^{3+}有干扰 具有机溶剂效应
V	305.6* 439.0 437.9 438.5 320.0 390.2				4.0~6.0 6.0 8.0 8.4 8.0~13.0 8.0~13.0			—
W	255.1* 294.4* 268.1* 272.4* 294.7 283.1 400.8 289.6 287.9 400.9 407.4	0.2	HCL	N$_2$O- 乙炔 (还原焰，富燃，红)	5.0~10.0 6.0~13.0 7.0~12.0 7.0~13.0 8.0~15.0 10.0~21.0 10.0 12.0~25.0 17.0~38.0 19.0~20.0 40.0	1.0	500	—
Y	410.2* 407.7 412.8* 414.3* 362.1	0.2	HCL	N$_2$O- 乙炔 (还原焰，富燃，红)	1.6~1.8 2.0 2.0~3.0 3.0 3.0	0.5	200	—
Yb	398.8 364.4 346.4 346.4 267.2 267.5	0.2	HCL	N$_2$O- 乙炔 (还原焰，富燃，红)	0.1 0.45 1.0~3.0 3.0 5.0~34.0 28.0	0.01	15	—
Zn	213.9 307.6	0.7	HCL		0.01 68.0~79.0	0.002	1	阳、阴离子无显著干扰，但硅的干扰较大；盐酸等卤酸及硫酸、磷酸呈现少许干扰
Zr	360.1 301.2* 303.0 298.5 354.8* 362.4* 352.0 468.8	0.2	HCL	空气 - 乙炔 (氧化焰，贫燃，蓝)	7~10 11.0 11.0~15.0 13.0 15.0 17.0~19.0 22.0 75.0	0.4	800	有离子化干扰氢氟酸、盐酸、铁有干扰

　　表中波长一列中的第一个波长数据为首选波长，吸收线的波长中没有"*"号的是原子线，并且是从基态跃迁的，有"*"号的是从比基态稍高的能级跃迁的原子线，"**"号表示离子共振线。

第三节　无火焰原子吸收光谱法元素的测定条件

本节表 15-6 提供的无火焰石墨炉原子吸收测定条件可用来作为选择操作条件时的参考，要注意试样基体或试样中元素的化学形态的影响。

目前，在各种原子吸收光谱仪的说明书及分析方法标准中，对各元素的测定条件都有确切的介绍和规定，可作为使用的依据，表 15-6 仅供参考。

表 15-6　无火焰原子吸收光谱法元素的测定条件

元素	λ/nm	通带宽/nm	W，P[①]	原子化方式	最佳灰化温度/℃	最佳原子化温度/℃	不同气流流速时灵敏度（1%吸收）/pg 50mL/min	不同气流流速时灵敏度（1%吸收）/pg 0mL/min	灵敏度检查/(mg/L)	石墨管
Ag	328.1	0.7	W	常　规	500	2500	6.8	2.7	0.017	未涂层的
				最大功率	500	1300	6.8	3.6	0.020	
				常　规	500	2200	5.9	2.2	0.012	热解涂层的
				最大功率	500	900	6.5	3.0	0.014	
			P	—	650	1600	—	—	—	
Al	309.3	0.7	W	常　规	1500	2700	40	24	0.090	未涂层的
				最大功率	1500	2600	24	14	0.055	
				常　规	1500	2700	40	16	0.12	热解涂层的
				最大功率	1500	2400	49	18	0.10	
			P		1700	2400	—	—		
As	193.7	0.7	W	常　规	900	2700	49	24	0.12	未涂层的
				最大功率	900	2100	40	19	0.10	
				常　规	300	2700	49	18	0.11	热解涂层的
				最大功率	300	1900	46	16	0.10	
			P	—	1500	2500				
Au	242.8	0.7	W	常　规	600	2700	31	14	0.090	未涂层的
				最大功率	600	2000	27	17	0.071	
				常　规	600	2100	22	11	0.057	热解涂层的
				最大功率	600	1600	24	11	0.055	
			P		1000	2200	—	—		
B	249.7	0.7	W	常　规	1000	2700	1760		2.7	热解涂层的
				最大功率	1000	2700	676		1.0	
Ba	553.6	0.2	W	常　规	1500	2700	220	110	0.5	未涂层的
				最大功率	1500	2700	122	80	0.28	
				常　规	1500	2700	44	28	0.15	热解涂层的
				最大功率	1500	2400	35	22	0.087	
Be	234.9	0.7	W	常　规	1000	2700	3.5	1.3	0.0083	未涂层的
				最大功率	1000	2600	1.1	0.7	0.0028	
			P	—	1500	2500				—
Bi	223.1	0.2	W	常　规	400	2300	39	13	0.1	未涂层的
				最大功率	400	1100	39	13	0.1	
				常　规	500	2100	38	12	0.11	热解涂层的
				最大功率	500	1000	61	20	0.15	
			P	—	900	1900				
Ca	422.7	0.7	W	常　规	1200	2700	16	11	0.035	未涂层的
				最大功率	1200	2600	8.8	6.9	0.021	
				常　规	1200	2700	1.8	1.3	0.0047	热解涂层的
				最大功率	1200	2400	2.2	1.6	0.0049	

续表

元素	λ/nm	通带宽/nm	W，P[①]	原子化方式	最佳灰化温度/℃	最佳原子化温度/℃	不同气流流速时灵敏度（1%吸收）/pg 50mL/min	不同气流流速时灵敏度（1%吸收）/pg 0mL/min	灵敏度检查/(mg/L)	石墨管
Cd	228.8	0.7	W	常 规	250	2100	1.5	0.5	0.0036	未涂层的
				最大功率	250	800	1.5	0.6	0.0042	
				常 规	250	1700	1.5	0.5	0.0041	热解涂层的
				最大功率	250	800	2.4	1.5	0.0094	
			P	—	900	1600	—	—	—	—
Co	240.7	0.2	W	常 规	1000	2700	59	41	0.17	未涂层的
				最大功率	1000	2500	46	31	0.11	
				常 规	1000	2400	25	16	0.077	热解涂层的
				最大功率	1000	2200	28	17	0.075	
			P		1400	2400	—	—	—	—
Cr	357.9	0.7	W	常 规	1200	2700	20	14	0.048	未涂层的
				最大功率	1200	2500	13	9.4	0.030	
				常 规	1200	2700	7.6	4.3	0.018	热解涂层的
				最大功率	1200	2300	6.3	3.5	0.014	
			P	—	1650	2500	—	—	—	—
Cs	852.1	0.7	P	—	900	1900	—	—	—	
Cu	324.7	0.7	—	常 规	900	2700	28	20	0.063	未涂层的
				最大功率	900	2250	18	14	0.044	
				常 规	900	2700	15	7.5	0.029	热解涂层的
				最大功率	900	2000	12	6.4	0.026	
			P		1200	2300	—	—	—	—
Dy	421.2	0.2	W	常 规	1800	2700	1000	980	2.0	未涂层的
				最大功率	1800	2700	580	580	1.2	
				常 规	1500	2700	69	54	0.15	热解涂层的
				最大功率	1500	2700	42	38	0.11	
Eu	459.4	0.2	W	常 规	1300	2700	220	169	0.5	未涂层的
				最大功率	1300	2700	163	85	0.33	
				常 规	1300	2700	28	17	0.063	热解涂层的
				最大功率	1300	2600	24	16	0.062	
Er	400.8	0.2	W	—	1700	2700	—	—	—	热解涂层的
Fe	248.3	0.2	W	常 规	1200	2700	20	13	0.045	未涂层的
				最大功率	1200	2500	11	7.6	0.017	
				常 规	1200	2400	12	6.7	0.029	热解涂层的
				最大功率	1200	2000	13	6	0.030	
			P		1400	2400				
Ga	287.4	0.7	P	—	800	2700	—	—	—	
Gd	407.9	0.2	W	—	1600	2700	—	—	—	
Ge	265.1	0.2	P	—	950	2500				
Hg	253.6	0.7	W	常 规	150	2000	489	152	1.3	未涂层的
				最大功率	150	850	880	880	1.3	
			P	—	250	1000				
Ho	410.4	0.2	—	—	—	—	—	—	—	
In	303.9	0.7	W	常 规	800	2100	191	55	0.43	未涂层的
				最大功率	800	1800	100	34	0.26	
				常 规	800	1900	88	44	0.33	热解涂层的
				最大功率	800	1100	135	88	0.51	
			P	—	800	1400	—	—		

续表

元素	λ/nm	通带宽/nm	W，P[①]	原子化方式	最佳灰化温度/℃	最佳原子化温度/℃	不同气流流速时灵敏度（1%吸收）/pg		灵敏度检查/(mg/L)	石墨管
							50mL/min	0mL/min		
Ir	264.0	0.2	W	常　规	1000	2700	1260	880	2.8	未涂层的
				最大功率	1000	2700	846	587	1.9	
				常　规	1000	2700	440	275	1.0	热解涂层的
				最大功率	1000	2500	440	275	1.0	
K	766.5	0.4	W	常　规	1000	2700	4.4	2.4	0.013	未涂层的
				最大功率	1000	1900	4.0	2.6	0.011	
				常　规	950	2100	1.7	0.8	0.0055	热解涂层的
				最大功率	950	1500	1.4	0.8	0.0058	
La	550.0	0.2	W	—	1600	2700	—	—	—	
Li	670.8	0.7	W	常　规	1000	2700	21	18	0.051	未涂层的
				最大功率	1000	2700	11	8.8	0.024	
				常　规	1000	2700	3.4	2.6	0.0090	热解涂层的
				最大功率	1000	2200	3.1	2.4	0.0080	
			P		900	2600	—	—	—	—
Pb	283.3	0.7	W	常　规	500	2300	37	13	0.095	未涂层的
				最大功率	500	1100	37	13	0.095	
				常　规	500	2100	40	13	0.11	热解涂层的
				最大功率	500	1100	44	16	0.13	
Pd	247.6	0.7	P	—	1000	2300	—	—	—	—
Pt	265.9	0.7	W	常　规	1400	2700	733	440	1.6	未涂层的
				最大功率	1400	2700	423	268	0.95	
				常　规	1400	2700	293	141	0.63	热解涂层的
				最大功率	1400	2500	275	117	0.59	
Rb	780.0	0.4	P	—	800	1900	—	—	—	—
Rh	348.5	0.2	W	—	1300	2400	—	—	—	—
Ru	349.9	0.2	W	—	1400	2500	—	—	—	—
Sb	217.6	0.2	W	常　规	1000	2700	59	22	0.13	未涂层的
				最大功率	1000	2000	49	26	0.12	
				常　规	1000	2500	55	20	0.13	热解涂层的
				最大功率	1000	2000	57	27	0.18	
Se	196.0	2.0	W	常　规	200	2700	88	40	0.26	未涂层的
				最大功率	200	200	73	37	0.21	
				常　规	200	2700	160	38	0.40	热解涂层的
				最大功率	200	1800	176	73	0.50	
			P		900	2000	—	—	—	—
Mg	285.2	0.7	W	常　规	1000	2600	0.6	0.3	0.0017	未涂层的
				最大功率	1000	1900	0.5	0.3	0.0019	
				常　规	1000	2400	0.4	0.3	0.0014	热解涂层的
				最大功率	1000	1600	0.5	0.3	0.0021	
			P	—	900	2400	—	—	—	—
Mn	279.5	0.2	W	常　规	1000	2700	7.3	3.4	0.018	未涂层的
				最大功率	1000	2100	6.3	3.3	0.014	
				常　规	1000	2600	6.3	2.8	0.017	热解涂层的
				最大功率	1000	1900	5.8	2.8	0.019	
			P	—	1400	2200	—	—	—	—

第三篇

元素	λ/nm	通带宽/nm	W，P[①]	原子化方式	最佳灰化温度/℃	最佳原子化温度/℃	不同气流流速时灵敏度（1%吸收）/pg		灵敏度检查/(mg/L)	石墨管
							50mL/min	0mL/min		
Mo	313.3	0.7	W	常 规	1800	2700	118	97	0.27	未涂层的
				最大功率	1800	2700	73	73	0.19	
				常 规	1800	2700	28	17	0.06	热解涂层的
				最大功率	1800	2700	13	9	0.03	
Na	589.5	0.7	W	常 规	900	2700	4.4	2.9	0.010	未涂层的
				最大功率	900	2000	2.9	1.8	0.0071	
				常 规	900	2200	2.0	1.2	0.0048	热解涂层的
				最大功率	900	1500	1.8	1.0	0.0054	
Nd	492.4	0.2	W	—	1500	2700	—	—	—	—
Ni	232.0	0.2	W	常 规	1200	2700	88	68	0.21	未涂层的
				最大功率	1200	2700	64	47	0.16	
				常 规	1000	2700	22	12	0.053	热解涂层的
				最大功率	1000	2300	18	10	0.047	
Qs	290.9	0.2	W	—	200	2800	—	—	—	—
P	213.6	0.7	W	常 规	1400	2700	29330	12570	114	未涂层的
				最大功率	1400	2700	13540	4890	23	
				常 规	1600	2700	25880	12570	188	热解涂层的
				最大功率	1600	2700	13750	5870	80	
Si	251.6	0.2	W	常 规	1400	2700	176	98	0.33	未涂层的
			P	最大功率	1400	2700	98	73	0.22	
					1400	2700				
Sm	429.7	0.2	W	—	1400	2600	—	—	—	—
Sn	224.6	0.7	W	常 规	900	2700	56	21	0.13	未涂层的
				最大功率	900	2200	40	17	0.087	
				常 规	800	2700	373	20	1.0	热解涂层的
				最大功率	800	2700	310	19	1.0	
			P	—	1000	2100	—	—	—	
Sr	460.7	2.0	W	常 规	1200	2700	30	16	0.050	未涂层的
				最大功率	1200	2700	13	9.2	0.028	
				常 规	1200	2700	3.2	2.0	0.0087	热解涂层的
				最大功率	1200	2500	2.9	1.6	0.0083	
Te	214.3	0.2	W	常 规	600	2700	60	21	0.15	未涂层的
				最大功率	600	1800	44	21	0.10	
				常 规	600	2500	80	30	0.20	热解涂层的
				最大功率	600	1500	74	33	0.18	
			P	—	900	2000	—	—	—	—
Ti	365.3	0.2	W	常 规	1400	2700	1000	1000	2.0	未涂层的
				最大功率	1400	2700	490	470	1.4	
				常 规	1400	2700	113	88	0.27	热解涂层的
				最大功率	1400	2700	60	43	0.17	
Tl	276.8	0.7	P	常 规	400	2300	37	15	0.10	未涂层的
				最大功率	400	1100	44	20	0.13	
				常 规	400	2300	55	13	0.13	热解涂层的
				最大功率	400	1100	37	15	0.089	
				—	600	1400	—	—	—	—
Tm	371.8	0.2	W	—	1700	2700	—	—	—	—

元素	λ/nm	通带宽/nm	W，P①	原子化方式	最佳灰化温度/℃	最佳原子化温度/℃	不同气流流速时灵敏度（1%吸收）/pg		灵敏度检查/(mg/L)	石墨管
							50mL/min	0mL/min		
U	358.5	0.2	W	常　规	1000	2700	13540		33	热解涂层的
				最大功率	1000	2700	11730		23	
V	318.4	0.7	W	常　规	1500	2700	352	275	0.93	未涂层的
				最大功率	1500	2700	232	191	0.50	
				常　规	1500	2700	88	52	0.19	热解涂层的
				最大功率	1500	2700	45	30	0.11	
Y	410.2	0.2	W	—	1400	2700	—	—	—	—
Yb	398.8	0.2	W	常　规	1300	2700	22	15	0.055	未涂层的
				最大功率	1300	2650	14	10	0.040	
				常　规	1300	2700	5.5	3.0	0.017	热解涂层的
				最大功率	1300	2500	5.0	2.5	0.017	
Zn	213.9	0.7	W	常　规	400	2200	2.2	0.9	0.0057	未涂层的
				最大功率	400	1000	2.2	1.1	0.0057	
				常　规	400	2100	2.2	0.6	0.0050	热解涂层的
				最大功率	400	1000	2.2	0.7	0.0053	
			P	—	600	1800	—	—	—	

① W 是炉壁数据，P 是平台数据。

参考文献

[1] 王增焕, 王许诺. 冶金分析, 2014, (2): 44.

[2] 邓勃. 现代仪器, 2010, (2): 1.

[3] 杜军良, 杨双, 胡杨, 等. 化学研究与应用, 2014, (3): 445.

[4] 邓勃. 现代科学仪器, 2011, (4): 95.

[5] 苑鹤, 王卫娜, 吴秋华, 等. 分析测试学报, 2013, (1): 69.

[6] 夏昊云, 乔秋菊. 江苏农业科学, 2014, (2): 250.

[7] 姜波, 胡文忠, 刘长建, 等. 食品工业科技, 2013, 14: 63.

[8] 邹建平, 马晓国, 党永锋, 等. 分析测试学报, 2013, (9): 1139.

[9] 朱晨燕. 净水技术, 2012, (3): 68.

[10] 徐淑坤, 方肇伦. 分析化学, 1999, (7): 845.

[11] 林建梅, 姚俊学. 冶金分析, 2013, (7): 73.

[12] 左鸿毅. 理化检验(化学分册), 2011, (6): 733.

[13] 杨伟. 云南冶金, 2013, (6): 70.

[14] 祁琦. 地下水, 2013, (5): 156.

[15] 何文鉴, 仲金虎, 曹宏杰. 光谱实验室, 2013, (4): 1626.

[16] 贺攀红, 荣耀, 龚治湘. 岩矿测试, 2011, (4): 457.

[17] 李丹, 俞晓峰, 寿淼钧, 等. 化学试剂, 2013, (2): 153.

[18] 吴文启, 李奋, 谢晓雁, 等. 中国无机分析化学, 2014, (1): 56.

第十六章　原子吸收光谱分析的应用

本章以分析物质分类，将原子吸收光谱分析的应用分成 8 大类：金属及合金分析，地质与矿物分析，能源、石油化工分析，环境分析，水质分析，食品及饲料分析，生化样品分析，中药及植物制品分析，每一类分析应用方法汇总给出了自 2000 年以来国内外发表的原子吸收光谱分析的典型应用方法及其文献。

第一节　金属及合金分析应用

金属及合金包括钢铁材料和有色金属材料，分析对象涉及钢铁、黑色金属、有色金属、贵金属、半导体、各种金属、合金材料等。

金属及合金可用敞开式容器酸分解方法，它是化学分析实验室中最为普通的样品分解方法。常用的酸有盐酸、硝酸、高氯酸、氢氟酸、硫酸等无机酸以及它们的混合酸等。敞开式容器酸分解的优点是便于大批量样品分析，方法操作简单方便，设备简单，空白值低，可在较低的温度下进行，是金属及合金分析中最常用的试样分解方法。密封容器酸消解主要用于难消解的贵金属铑、铱和易挥发的钌、锇及其形成的合金的消解。

原子吸收光谱在金属及合金分析中的应用见表 16-1～表 16-3。

表 16-1　火焰原子吸收光谱法

分析元素和条件	文献	分析元素和条件	文献
混合表面活性剂存在下，合金钢中的 Mo	1	纯铝及铝合金含 Mg 量	15
钴基合金中 Fe	2	流动注射壳聚糖在线微柱预富集，痕量 Pd	16
硅铝铁中 Zn	3	钴镍合金镀层中 Co	17
铝合金中微量 Ca	4	连续测定，铝及铝合金中痕量 Pb、Cu	18
一氧化二氮-乙炔火焰，7715D 高温钛合金中的 Al	5	氢氧化铵沉淀分离-碘量法，铝铜合金中 Cu	19
铝钙母合金中 Ca	6	高纯金锭中 Cu、Ag、Fe、Pb、Bi、Sb	20
锌锭中 Pb、Fe、Cd、Cu	7	In	21
铸铝铜合金拉伸断口毫克级样品中主成分	8	粗硒中 Ag、Cu、Pb、Bi、Fe	22
铝及铝合金中 Cd	9	铜基中微量金属元素	23
快速连续，铸造锌合金中 Cu、Mg、Fe、Al	10	水合二氧化锰共沉淀分离富集，铝及铝合金中痕量 Pb	24
金属硅中 Cu、Mn、Ni	11	铜及铜合金中 Fe	25
纯铜中 Pb、Fe、Bi	12	硫脲络合，低硅铝合金中的 Ag	26
Co-Ni 合金镀层中的 Co 和 Ni	13	铅试金富集，锡及锡合金废料中的 Au	27
快速测定 Au	14		

本表参考文献：

1 李枚枚, 王雅静. 分析化学, 2000, 30(04): 428.

2 张光. 理化检验(化学分册), 2000, 36(08): 368.

3 支国瑞, 苗玉霞. 冶金分析, 2000, 20(04): 52.

4 胡永利. 铝加工, 2000, (02): 48.

5 薛光荣. 化学世界, 2001, 42(10): 519.

6 袁齐. 理化检验(化学分册), 2001, 37(09): 401.

7 金献忠, 欧阳丽丽, 骆劲松, 等. 理化检验(化学分册), 2001, 37(10): 451.

8 杨强, 袁明康, 林良栋, 等. 理化检验(化学分册), 2001, 37(10): 461.

9 李志辉, 吴玉春, 刘海龙. 有色矿冶, 2001, (02): 45.

10 刘忠雅. 现代仪器, 2001, (02): 33.

11 董敏芝, 赵收创. 冶金分析, 2002, 22(06): 28.

12 方志成, 郑丽卿, 周灵君. 冶金分析, 2002, 22(06): 34.

13 周育红, 杜明华, 李宁. 光谱实验室, 2002, 19(04): 488.

14 曾念华. 理化检验(化学分册), 2003, 39(06): 347.

15 乔军, 胡亚伦. 大连轻工业学院学报, 2003, (02): 97.

16 徐晶, 王新省. 分析化学, 2004, 34(02): 157.

17 周育红, 梁桂英. 理化检验(化学分册), 2004, 40(10): 577.

18 郭阳, 李志辉, 刘淑兰, 等. 冶金分析, 2004, 24(06): 57.

19 程先忠, 郑厚德, 邹棣华, 等. 冶金分析, 2005, 25(04): 91.

20 林园. 冶金分析, 2005, 25(02): 75.

21 刘婷. 湖南有色金属, 2006, 22(04): 56.

22 刘云. 浙江冶金, 2006, (01): 33.

23 张豪. 化工之友, 2007, (07): 45.

24 韩春玉, 郭阳, 张颖, 等. 轻金属, 2008, (04): 66.

25 余莉莉, 韦筱香. 杭氧科技, 2009, (01): 26.

26 付二红, 蒙益林, 汪磊, 等. 化学分析计量, 2014, 23(01): 68.

27 田志平, 肖红新, 庄艾春, 等. 再生资源与循环经济, 2014, (04): 38.

表 16-2 石墨炉原子吸收光谱法

分析元素和条件	文献	分析元素和条件	文献
高纯铜中 Sn	1	萃取分离, 铁镍基高温合金中 As、Pb、Sn、Sb、Bi	8
高温合金中痕量 In	2		
钢中 B	3	交联壳聚糖预富集分离, 痕量 Ag(Ⅰ)	9
高纯镍中痕量杂质 Pb、Sn	4	高分辨连续光源, 食品中 Pb、Cd、Cr	10
萃取分离, 金属硅中痕量 Ni	5	离子交换分离, 高纯铟中痕量 Cu	11
钨粉及三氧化钨中微量 Pb、Cd	6	固体进样, 氮化铝中痕量杂质	12
高纯阴极铜中痕量 Si	7	高纯铁合金中痕量重金属, 离子液体萃取	13

本表参考文献:

1 陈天裕, 汪正. 理化检验(化学分册), 2000, 36(04): 145.

2 杨军红. 光谱实验室, 2000, 17(02): 176.

3 李西忠, 张桂华, 李志峰. 山东冶金, 2001, (01): 56.

4 郭兴家, 景遂, 景润, 等. 冶金分析, 2002, 22(06): 17.

5 谢华林, 张萍, 刘宏伟. 冶金分析, 2002, 22(06): 30.

6 李慧玲, 张正培. 四川有色金属, 2002, (02): 35.

7 闻莺, 刘世良, 高介平. 冶金分析, 2003, 23(04): 18.

8 郭兴家, 徐叔坤, 李晓舟, 等. 光谱学与光谱分析, 2006, 26(06): 1167.

9 钱沙华, 邓红兵, 汪光, 等. 分析科学学报, 2007, 23(01): 37.

10 任婷, 赵丽娇, 曹珺, 等. 光谱学与光谱分析, 2012, 32(09): 2566.

11 吴文启, 李奋, 谢晓雁, 等. 中国无机分析化学, 2014, 4(01): 56.

12 Zeng C, et al. J Hazard Mater, 2012, 237-238(10): 365.

13 Matsumiya H, et al. Talanta, 2014, 119(2): 505.

表 16-3 氢化物发生原子吸收光谱法

分析元素和条件	文献	分析元素和条件	文献
流动注射氢化物发生, 镍基合金中的 Se、Sn	1	氢化物发生, 钢中的 As、Sb、Bi	2

本表参考文献:

1 陈天裕, 汪正. 分析试验室, 2001, 20(02): 14.

2 戴亚明. 冶金分析, 2001, 21(06): 16.

第二节 地质与矿物分析应用

地质与矿物样品包括硅酸盐岩石、碳酸盐岩石、地球化学样品、铁矿石、铜矿石、铅矿石、锌矿石、钨矿石、钼矿石、镍矿石、钴矿石等。这类样品组成复杂, 基体的影响及元素之间的相互干扰因素较多, 另外一个问题是样品分解困难, 尤其是含硅酸盐成分的样品更是如此。

大多数地质、矿物样品可用各种酸分解后进行测定。酸分解法操作简便、设备简单, 可在较低的温度下进行, 且不引进除氢离子外的其他阳离子, 是地质与矿物中最常用的分解方法。

分解地质与矿物多用混合酸，如：盐酸+硝酸、盐酸+硝酸+氢氟酸、硫酸+氢氟酸、高氯酸+氢氟酸、盐酸+硝酸+氢氟酸+硫酸、盐酸+硝酸+氢氟酸+高氯酸等。有时也采用熔融法，如过氧化钠、碳酸钠、碳酸钠+过氧化钠、碳酸盐+硼酸盐、偏硼酸锂熔融等。用氢氟酸和其他酸共同分解硅酸盐岩石矿物可达到完全分解的目的。不测定其中的硅时，可最后用高氯酸冒烟赶去 HF 和 SiF_4，残渣用盐酸或硝酸溶解；要测定其中的硅时，则酸分解后，保留不低于 1mL 的溶液，其中 SiF_4 不蒸发而留在溶液中，此时，可加硼酸络合氟，再对溶液中包括硅在内的元素进行测定。

原子吸收光谱在地质与矿物分析中的应用见表 16-4～表 16-6。

表 16-4 火焰原子吸收光谱法

分析元素和条件	文献	分析元素和条件	文献
D(190)型大孔巯基树脂分离富集，地质样品中微量 Au、Pd	1	乙酸丁酯萃取，铝土矿中微量 Ga	25
钼精矿中 Cu、Pb、Fe、Ca	2	D(296)阴离子交换树脂分离富集，地质样品中的痕量 Au 和 Pd	26
混合铜矿中 Cu、Fe、Ni、Zn、Mg、K	3	流动注射在线离子交换柱富集，钨矿中的 Cu、Zn 和 Pb	27
巯基棉分离富集，铜精矿中 Au、Ag	4		
铜精矿中微量 Ag	5	三乙烯四胺型螯合树脂微柱分离富集，地质样品中痕量 Ag	28
铅锌原矿中 Pb、Zn、Cu、Fe、Ca、Mg	6	纳米氧化铝微柱在线预富集，痕量 Ag	29
高纯稀土中的微量 Cu	7	岩石中的 SiO_2	30
辉锑矿中 Sb	8	改性活性炭富集，铜精矿中的 Au	31
重晶石中 Zn、Cu、Fe	9	红土镍矿中的 Cr	32
富氧空气-乙炔火焰，地质样品中的微量 Mo	10	长石中的 K、Na	33
磷矿沙中 Pb	11	连续测定，化探样品中的 Ag、Cu、Pb、Zn	34
矿石中 Au	12	微波消解，硅石中的微量 Fe、Mn、Ca、Mg	35
硫化矿中 Ag	13	云冈石窟风化岩石中的 Ca、Cu、Fe、Mn	36
铜镍矿浮选产品中 Cu、Ni、Mg	14	连续测定，化探样品中的 Ag、Cd	37
铜钴矿中 Ni、Zn、Mn、Ca、Mg	15	连续测定，矿石中的 Cu、Pb、Zn、Fe、Ni、Co、Ag	38
富氧空气-乙炔火焰，地质样品中的微量 Sn	16	矿石中的 Au	39
连续测定，钴矿中 Co、Ni、Cu	17	连续测定，化探样品中的 Cu、Zn、As、Sb、Bi、Hg	40
富氧空气-乙炔火焰，地质样品中的 V	18	红土镍矿中的 Co	41
铁矿石中 Zn、Co、Ni、Pb、Cr	19	盐酸介质，矿石中的 Cu、Pb、Zn、Ag	42
富氧空气-乙炔火焰，地质样品中的 Ti	20	氢氧化镱(Ⅲ)共沉淀，地质和水样品中 Cr(Ⅲ)和 Cr(Ⅵ)	43
金矿石中的 Au	21		
锂辉石中的 Li	22	涂钨石英缝管原位捕获 Bi 及干扰研究	44
火试金-火焰法，矿样中 Pt、Pd	23		
连续测定，Ag、Cu、Zn	24		

本表参考文献：

1 鲍长利, 徐会君, 连洪洲, 等. 吉林大学学报(地球科学版), 2000, (04): 410.

2 卢玉琦, 张遵. 理化检验(化学分册), 2000, 36(12): 536.

3 烟伟. 冶金分析, 2000, 20(01): 54.

4 孙立群, 林力, 郭有康. 光谱实验室, 2000, 17(02): 213.

5 刘本发, 黄裕健. 湖南冶金, 2000, (04): 42.

6 李树芳, 卢宏. 江西冶金, 2000, (05): 41.

7 袁明华, 万荣, 张秋兰. 江西有色金属, 2000, (03): 38.

8 王淑梅, 赵迎. 分析试验室, 2001, 20(01): 95.

9 邓汉金, 廖庆文. 理化检验(化学分册), 2001, 37(01): 19.

10 马艳芳, 池泉, 韩红印, 等. 光谱实验室, 2001, 18(05): 633.

11 蔡泓, 汪丰, 曲强. 检验检疫科学, 2001, (06): 36.

12 杨彦杰, 金大成, 南京熙. 延边大学学报(自然科学版), 2001, (03): 187.

13 程鹏, 胡逢恺. 仪器仪表与分析监测, 2001, (01): 40.

14 邹爱兰, 任凤莲, 邓世林. 光谱实验室, 2002, 19(03): 349.

15 叶先伟. 江西有色金属, 2002, (01): 43.

16 黄建兵, 吴少尉, 马艳芳, 等. 分析试验室, 2003, 22(03): 22.

17 冯学珠, 唐清华, 张秀香, 等. 冶金分析, 2003, 23(03): 36.

18 吴少尉, 葛文, 金萍, 等. 岩矿测试, 2003, 22(04): 300.

19 王世武, 魏春艳, 董玉兰, 等. 包钢科技, 2003, (04): 84.

20 吴少尉, 吴吉炎, 余爱农, 等. 光谱实验室, 2003, 20(06): 856.

21 徐红波, 姜效军, 张晓梅, 等. 冶金分析, 2004, 24(02): 52.

22 杨秀培. 河北冶金, 2004, (03): 25.

23 曾念华, 谢光明. 理化检验(化学分册), 2004, 40(07): 388.

24 李承元, 李蓉, 补涛. 黄金地质, 2004, (04): 81.

25 朱鲜红, 李德生, 张晶华, 等. 冶金分析, 2004, 24(06): 63.

26 何敏, 兰新哲, 朱国才, 等. 稀有金属, 2004, 28(06): 1038.

27 张锂, 韩国才. 光谱实验室, 2005, 22(05): 1056.

28 徐强, 曲荣君, 刘英霞. 化学世界, 2005, 46(03): 151.

29 熊文明, 周方钦, 江放明. 分析化学, 2006, 36(05): 742.

30 杨重九. 光谱实验室, 2006, 23(04): 727.

31 王虹, 马德起, 苏明跃. 冶金分析, 2006, 26(05): 54.

32 王虹, 冯宇新, 苏明跃, 等. 冶金分析, 2007, 27(09): 54.

33 王伟, 王赫男, 马旭红. 冶金分析, 2007, 27(11): 72.

34 刘殿丽, 陈占生, 陈雪. 光谱实验室, 2009, 26(02): 218.

35 郑凤英, 李顺兴, 林路秀, 等. 分析科学学报, 2009, 25(04): 447.

36 刘月成, 王尚芝, 李海, 等. 冶金分析, 2010, 30(02): 38.

37 于阗, 张连起, 陈小迪. 岩矿测试, 2011, 30(01): 71.

38 宋立怀. 黑龙江科技信息, 2011, (20): 29.

39 张颖. 有色矿冶, 2011, (04): 53.

40 王琰, 孙洛新, 张帆. 光谱实验室, 2013, 30(02): 737.

41 石晶晶, 赵理理, 马旭利. 煤炭与化工, 2014, (03): 68.

42 温盛霞, 孙集平, 薛静, 等. 有色矿冶, 2014, (02): 98.

43 Chamsaz M, et al. J Adv Res, 2013, 4(4): 361.

44 Kılınç E, et al. Spectrochim Acta B, 2013, 89(11): 14.

表 16-5　石墨炉原子吸收光谱法

分析元素和条件	文献	分析元素和条件	文献
流动注射在线萃取, 地质样品中痕量 Pd	1	磷矿石中微量 Pb、Cr	9
固体样品直接分析, 重晶石中痕量重金属 Cd、Pb、Cu、Cr、Ni、V、As	2	地质样品中的痕量 Cd	10
固体样品直接分析, 重晶石中痕量重金属 Cd、Pb、Cu、Cr、Ni、V、As（续）	3	铅试金富集-塞曼, 矿石样品中 Pt、Pd、Rh、Ir	11
泡沫塑料吸附富集, 勘查地球化学样品中超痕量 Au	4	矿石中 Pt、Pd、Rh、Ir	12
		化探样中痕量 Ag	13
岩石中的 Ga、In、Ge	5	石墨烯/二氧化钛复合材料富集, Pb、Cd	14
β-环糊精交联树脂富集, 地质样品中的 Pt	6	悬浮进样, 沉积物和土壤中 Sb	15
地质样品中痕量 Au、Pt、Pd	7	碳处理悬浮液进样, 地质样品中 Au	16
		活性炭微萃取, 水和地质样品中痕量 Au	17
岩石和土壤中痕量 Cd	8	流动注射微柱预富集, 矿石中 Au、Pd、Pt	18

本表参考文献:

1 金泽祥, 杨样, 陈文武, 等. 分析试验室, 2000, 19(04): 37.

2 Nowka R, Marr I L. 现代科学仪器, 2000, (01): 44.

3 Nowka R, Marr I L. 现代科学仪器, 2000, (02): 66.

4 孙晓玲, 于照水, 张勤. 岩矿测试, 2002, 21(04): 266.

5 刘敬东, 林茂青, 肖克. 化学分析计量, 2003, 12(01): 31.

6 杨小秋, 邱海鸥, 李金莲, 等. 分析化学, 2005, 35(09): 1275.

7 刘金平. 湖南有色金属, 2006, 22(02): 48.

8 邵文军, 张激光, 刘晶晶. 岩矿测试, 2008, 27(04): 310.

9 杨小丽, 王迪民, 汤志勇. 岩矿测试, 2010, 29(01): 51.

10 郭爱武, 石华, 陶丽萍, 等. 光谱实验室, 2010, 27(01): 80.

11 倪文山, 孟亚兰, 姚明星, 等. 冶金分析, 2010, 30(03): 23.

12 羊波, 杨新周, 李银科, 等. 理化检验(化学分册), 2012, 48(05): 583.

13 夏辉, 张永花, 李景文, 等. 岩矿测试, 2013, 32(01): 48.

14 谷晓稳, 吕学举, 贾琼, 等. 分析化学, 2013, 43(03): 417.

15 Wang Z, et al. Anal Chim Acta, 2012, 725(5): 81.

16 Sadeghi S, Moghaddam A Z, et al. Talanta, 2012, 99(9): 758.

17 Hassan J, et al. Microchem J, 2011, 99(1): 93.

18 Ye J, et al. Talanta, 2014, 118(1): 231.

表 16-6　冷原子吸收和氢化物发生原子吸收光谱法

分析元素和条件	文献	分析元素和条件	文献
微型氢化物发生, 砂岩铀矿中微量 Se	1	流动注射, 铝矾土和赤泥中全 Hg	3
在线双毛细管-氢化物, As、Sb、Bi、Hg、Se、Sn	2		

本表参考文献:

1 龚治湘, 麻映文. 分析化学, 2005, 35(06): 831.

2 龚治湘, 崔利荣. 分析化学, 2006, 36(04): 589.

3 Bansal N, et al. Microchem J, 2014, 113(3): 36.

第三篇

第三节　能源、石油化工分析应用

　　能源包括石油、煤炭。化工产品指石油化学品及各种化工产品，包括染料、农药、涂料、表面活性剂、催化剂、助剂和化学试剂等，也包括食品添加剂、饲料添加剂、电子工业用化学品、皮革化学品、功能高分子材料和生命科学用材料等。石油化工类样品种类繁多、来源复杂，不同样品性质差别很大，既有液态，也有固态、气态；既有有机物，也有无机物。原油、润滑油黏度很大，而石脑油、汽油几乎如同水状，且石油样品易挥发，易燃易爆，而油矿石、催化剂、添加剂等又非常稳定。样品来源和种类的多样性，造成了样品处理和制样方法的多样性，同时也为某些样品的处理带来一定的困难。

　　原子吸收光谱分析方法在石油、化工分析中应用广泛，如原子吸收光谱分析方法用于原油中铁、镍、钠、钒含量的测定，天然气中汞含量的测定，液体燃料油钒含量测定，汽油铅含量测定，石油焦炭中钙、铁、镍、钠含量测定，橡胶中铜、铅、锌、铁、锰含量测定，色漆和清漆中铅、镉、锑、铬含量测定，化学试剂中金属杂质元素测定，无机化工产品中汞含量测定等。

　　石油化工样品处理方法一般使用无机化测定和有机直接进样两种手段。无机化测定时样品分解方法主要有灰化法、萃取浓缩法、压力及微波消解法、高频低温灰化法等，经常用的为灰化法和萃取法。无机化测定应用广泛，优点是取样量灵活，处理过程有一定的浓缩作用，检出限比有机直接进样低；缺点是处理时间长，在一定程度上影响了仪器快速分析的要求。

　　有机进样是将油样直接或使用一定的有机溶剂混合后，直接进样或制成乳浊液于火焰或石墨炉原子化器进行测定的方法。有机进样是目前分析石油样品比较快速而准确的方法，特点是样品预处理比较简单，分析快而方便。

　　原子吸收光谱在能源、石油化工分析中的应用见表 16-7～表 16-9。

表 16-7 　火焰原子吸收光谱法

分析元素和条件	文献	分析元素和条件	文献
四氧化三锰产品中多种杂质元素	1	吡咯烷二硫代氨基甲酸铵及其氧化产物共沉淀分离富集，氯化物中的痕量 Pb	18
煤中形态 S	2		
石油焦中 Fe 和 Na	3	有机残液中的 Rh	19
锰电解液中 Cu、Zn、Cd、Pb	4	氢化丁腈橡胶催化剂脱除液中 Rh	20
乳浊液进样，渣油中的 Fe、Ni	5	脱氢催化剂中 Pt、Sn、Li	21
氧化铝催化剂中 Ni	6	高纯碳酸锂中微量 Cl	22
Mn_3O_3 产品中 Ca、Mg	7	高纯氯化铷中 Li、Na、K、Cs	23
光学新材料钛酸钡锶中 Sr	8	悬浮液进样，硬脂酸钙中 Ca 及硬脂酸锌中 Zn	24
电解金属锰中微量金属杂质元素	9	微波消解，皮革中的 Pb 和 Cd	25
DDTC-Cd 萃取分离，电镉中微量 Pb	10	同时测定，金属酸洗废液中 Cu、Fe、Zn、Ni	26
橡胶中 Cu	11	催化剂中的 Pt	27
乳化技术，涂料中 Mn 和 Co	12	磷酸钇共沉淀分离富集，硫酸钴中 Fe	28
纸、纸板和纸浆中 Cd	13	化妆品中痕量 Hg	29
合金薄膜热电材料中 Sb 和 Te	14	浊点萃取，催化剂中痕量 Pd	30
标准加入法，高纯二硫化钼中微量 Pb、Cu	15	汽车尾气催化剂中 Pd	31
重铬酸钾浸取，镁基脱硫剂中 MgO	16	废酸液中 Pb、Zn、Ca、Na、K	32
直接进样，润滑油中 Cu	17	切削液中 Pb、Cd、Cr	33

分析元素和条件	文献	分析元素和条件	文献
微波消解，美白化妆品中 Pb 和 Cu	34	促进剂 ZDBC 中 Zn	40
拜耳法生产氧化铝赤泥中 Na	35	生物柴油中 Ca、Mg	41
尾气净化金属载体催化剂中 Pt、Pd、Rh	36	三组分溶液，润滑油中 Cd、Mg、Zn	42
赤泥中 Na、K 和 Ca 的离子	37	高分辨连续光源，煤中 S	43
仿真饰品中 Pb、Cd 和 Ba	38	在辣木外皮上吸附和预富集，直接测定汽油中 Cu	44
离子印迹磁性硅胶固相萃取，抗菌食品包装材料 Ag 溶出量	39	报废荧光灯内 Hg 的分布测定	45

本表参考文献：

1 姚俊，姚祖凤，肖卓炳，等. 化学世界, 2000, 41(08): 439.

2 谢建鹰，吴国英. 理化检验(化学分册), 2000, 36(08): 350.

3 金珊. 理化检验(化学分册), 2000, 36(10): 467.

4 周方钦，龙斯华，杨学群，等. 理化检验(化学分册), 2000, 36(11): 512.

5 刘立行，孙立华，马继平. 石油化工, 2000, (06): 446.

6 张秀玲，徐龙权，于玲. 大连轻工业学院学报, 2000, (04): 257.

7 姚俊，麻明友，陈上，等. 吉首大学学报(自然科学版), 2000, 21(01): 50.

8 唐森富. 福建分析测试, 2000, (03): 1280.

9 姚俊，田治中，陈良猛，等. 光谱学与光谱分析, 2001, 21(06): 862.

10 叶世源. 理化检验(化学分册), 2001, 37(01): 44.

11 肖秀梅，苏桂君，李文东，等. 橡胶工业, 2001, (06): 375.

12 刘立行，马学良，刘宝玉. 冶金分析, 2001, 21(04): 12.

13 唐其铮，陈曦. 国际造纸, 2001, (01): 78.

14 韩梅，邹赫麟，张爱丽，等. 光谱实验室, 2001, 18(02): 255.

15 李广济. 中国钼业, 2001, (06): 28.

16 康华峰，马旭红，顾明通，等. 冶金分析, 2002, 22(05): 22.

17 关紫烽. 润滑油, 2002, (01): 50.

18 苏耀东，肖红玺，王玉科，等. 分析化学, 2003, 33(08): 969.

19 韩梅，程舫，顾士芳，等. 光谱学与光谱分析, 2003, 23(01): 87.

20 姚明，赵伟栋，王书俊，等. 光谱学与光谱分析, 2003, 23(02): 377.

21 姚丽珠，杨红苗，宋义，等. 冶金分析, 2003, 23(05): 14.

22 刘兴艳，朱晓帆，刘若冰. 四川大学学报(工程科学版), 2003, (04): 100.

23 张嫦. 理化检验(化学分册), 2003, 39(08): 498.

24 刘立行，于萌. 冶金分析, 2004, 24(01): 15.

25 俞旭峰，华菡蒨. 化学分析计量, 2004, 13(03): 34.

26 巫方才. 安徽农业科学, 2004, (04): 645.

27 单玲，李俊花，刘树文，等. 石油大学学报(自然科学版), 2004, (06): 120.

28 苏耀东，马红梅. 分析化学, 2005, 35(02): 287.

29 崔新玲，张金芳，马果花，等. 光谱实验室, 2006, 23(04): 707.

30 杨柳，周方钦，黄荣辉，等. 分析试验室, 2006, 25(12): 65.

31 魏笑峰，蔡国辉，肖益鸿，等. 光谱学与光谱分析, 2009, 29(12): 3409.

32 耿薇. 应用化工, 2010, (01): 136.

33 雷宏田，郝艳红. 汽车工艺与材料, 2011, (02): 72.

34 刘建波，张萍，范广，等. 理化检验(化学分册), 2011, 47(05): 520.

35 郭端阳，王克勤，李爱秀，等. 冶金分析, 2012, 32(01): 52.

36 施意华，王晟，杨仲平，等. 冶金分析, 2012, 32(03): 14.

37 朱秀珍，孙建之. 光谱实验室, 2013, 30(01): 201.

38 刘崇华，方晗，邢力，等. 理化检验(化学分册), 2013, 49(01): 84.

39 李路路，向国强，马玉龙，等. 河南工业大学学报(自然科学版), 2013, (05): 68.

40 岳敏，李亚静. 橡胶科技, 2014, (05): 48.

41 Jesus A, et al. Energy Fuels, 2010, 24 (3): 2109.

42 Zmozinski A V, et al. Talanta, 2010, 83(2): 637.

43 Baysal A, et al. Talanta, 2011, 85(5): 2662.

44 Do Carmo S N, et al. Microchem J, 2013, 110(1): 320.

45 Zanariah C W, et al. Food Chem, 2012, 134(4): 2406.

表 16-8 石墨炉原子吸收光谱法

分析元素和条件	文献	分析元素和条件	文献
氯化钯中痕量 As	1	皮革制品中 Pb、Cd 和 Cr	5
水处理剂中微量 Pb 和 Cd	2	次磷酸钠中微量 Pb	6
氧化铍中痕量 Pb	3	悬浮体进样，煤中微量 As	7
硬聚氯乙烯饮水管中痕量 Sn	4	交联壳聚糖富集分离，痕量 Pd	8

第三篇

续表

分析元素和条件	文献	分析元素和条件	文献
浊点萃取，不锈钢餐具溶出 Cr 的形态	9	固体进样，废电器塑料中 Cd、Pb	18
浊点萃取，食品包装材料中痕量 Sb	10	化学改进剂研究，肥料和石灰岩中 Pb	19
浊点萃取，食品包装材料中 Sb	11	生物柴油中 Ni、Cd	20
悬浮进样，直接测定，化妆品中的 Pb	12	破乳诱导萃取，生物柴油中 Cu、Mn、Ni	21
直接进样，原油中 As、Cd	13	乳浊液法，原油、汽油和柴油中 Co、Cu、Pb、Se	22
高分辨连续光源，悬浮进样，肥料中 Cd	14		
高分辨连续光源，同时测定，原油中 Ni、V	15	催化裂化原材料的二甲苯溶液中 Ni 的直接测定	23
乳化进样，生物柴油中 Cd、Hg	16		
注入洗涤剂乳剂，航空煤油中 Cu、Fe	17		

本表参考文献：

1 吴辛友，郑永章，蔡绍勤，等. 分析试验室，2000，19(01)：33.
2 郑恩，喻海雅，谢晖. 光谱学与光谱分析，2000，20(03)：379.
3 陆春海，卞敏，刘妙根. 光谱实验室，2000，17(05)：575.
4 郭瑞娣，储黎娟. 光谱实验室，2001，18(04)：542.
5 蒋瑾华，刘江晖，陈斌，等. 光谱实验室，2002，19(05)：702.
6 崔海容，陈建华，谢建峰. 材料保护，2003，(09)：62.
7 陈世忠. 光谱学与光谱分析，2004，24(10)：1267.
8 钱沙华，向罗京，邓红兵，等. 光谱学与光谱分析，2007，27(03)：592.
9 周赛春，江海亮，周先波，等. 分析测试学报，2008，27(04)：405.
10 温圣平，向国强，江秀明. 河南工业大学学报(自然科学版)，2009，(01)：33.
11 陈伊凡，吕宏伟，黎厚斌. 理化检验(化学分册)，2010，46(03)：238.

12 林立，姚继军，杨仁康，等. 岩矿测试，2013，32(04)：644.
13 Dobrowolski R, et al. Food Chem, 2012, 132(1): 597.
14 Paula C E R, et al. J Pharmaceut Biomed Anal, 2012, 66(7): 197.
15 Quadros D C, et al. Energy Fuels, 2010, 24(11): 5907.
16 Wen X, et al. Spectrochim Acta A, 2013, 105(3): 320.
17 Khani R, et al. Desalination, 2011, 266(1-3): 238.
18 Cassella R J, et al. Fuel, 2011, 90(3): 1215.
19 Borges A R, et al. Spectrochim Acta B, 2014, 92(2): 1.
20 Lobo F A, et al. Fuel, 2011, 90(1): 142.
21 Pereira F M, et al. Talanta, 2013, 117(12): 32.
22 Luz M S, et al. Talanta, 2013, 115(10): 409.
23 Kowalewska Z. Anal Methods, 2013, 5: 192.

表 16-9 冷原子吸收和氢化物发生原子吸收光谱法

分析元素和条件	文献	分析元素和条件	文献
超声波辅助浸提-冷原子，化妆品中 Hg	1	流动注射-氢化物发生，涂料中 As、Sb、Se 和 Hg	5
微波消解-冷原子，电池中 Hg	2		
氢化物发生-冷原子，化妆品中 Hg	3	冷蒸汽，直接测定，乙醇燃料中无机 Hg	6
氢化物发生，纺织品中痕量 As	4		

本表参考文献：

1 吴庆晖，黄伯熹，张志军，等. 光谱实验室，2011，28(06)：3222.
2 唐宝英，李玉洁，谢小丹，等. 光谱学与光谱分析，2004，24(05)：622.
3 张宇红. 理化检验(化学分册)，2004，40(09)：519.

4 刘丽萍，乙小娟，杨雪芬. 印染，2001，(08)：38.
5 夏正斌，张燕红. 分析仪器，2002，(01)：29.
6 Almeida I S, Coelho N M. Energy Fuels, 2012, 26(9): 6003.

第四节　环境分析应用

环境样品的种类和成分是多样性的。就样品状态来说，有液态、气态和固态；就种类来说，有水和废水、大气和废气、气溶胶、大气颗粒物、飞灰、土壤、固体废弃物、沉积物（污泥）等。

环境样品具有以下几个特点：

① 成分复杂，干扰多。

② 被测物的浓度比较低，一般在 $10^{-9}\sim10^{-6}g$ 的浓度水平。

③ 样品随时间与空间的变动性，影响因素较多。

④ 同种元素以不同的物相和不同的价态形式存在，易受环境影响而变化、迁移。

⑤ 样品采集后，往往要加入保护剂，以防运输过程中被测物的流失和变化。

⑥ 不同的监测目的有不同的监测方法，环境质量监测、污染源监测和应急监测有着不同的目的，应采取不同的前处理方法和监测方法。

由于大多数环境样品的基体和组成相当复杂，所以在大多数情况下样品处理成为环境分析中不可或缺的重要步骤。环境样品处理方法主要有：①溶解、熔融和烧结；②灰化法；③萃取法；④吸附法；⑤离子交换法；⑥共沉淀法。

原子吸收光谱在环境分析中的应用见表 16-10～16-12。

表 16-10　火焰原子吸收光谱法

分析元素和条件	文献	分析元素和条件	文献
废气中的 Cd 和 Pb	1	高分辨连续光源，土壤中 P	23
土壤样品中的 Ag 与 Cd	2	微波消解，土壤中重金属	24
原子捕集，环境土壤中痕量 Cd	3	茶园土壤中微量元素	25
土壤及钾素肥料中 K	4	钨丝电热，痕量 Zn	26
微波消解，电镀污泥中 Cu 含量	5	土壤和植物中的中微量元素	27
活性炭吸附，环境样品中微量 Tl	6	超声波提取，连续测定，土壤中有效 Cu、Fe、Zn、Mn	28
超声波处理悬浮液直接进样，土壤中的 Pb	7		
连续测定，粉煤灰中 Fe、Ca、Mg	8	某城区污泥中 4 种重金属元素	29
微波消解，土壤中的 Pb、Cd	9	土壤中金属元素	30
干式消解，土壤中部分重金属的探讨	10	污水处理厂污泥中 Pb、Cd、Cr、Ni	31
土壤中 Mo	11	微波消解，土壤中 Pb、Ni、Cu	32
沉积物中重金属元素的形态	12	铁路岩石边坡土壤中重金属	33
微波消解，土壤中 Pb、Cd、Cr、Cu	13	超声波提取，油区土壤中重金属	34
纳米二氧化钛分离/富集，环境样品中痕量 Cd	14	提取方法的比较，土壤中 Cu 及 Mn 形态	35
微波消解，土壤中 Cr	15	污水处理后污泥中 Hg、As、Pb、Cd 和 Cr	36
微波消解，沉积物中 Cu、Zn、Pb、Cd 和 Cr	16	活性污泥中 Cu、Zn、Pb、Cd、Ni	37
土壤中微量金属元素	17	浊点萃取，土壤中的有效态 Co	38
土壤中有效态 Cu、Zn、Fe 和 Mn	18	PM$_{2.5}$ 中的 Cd 和 Pb	39
连续光源，土壤水溶性盐中 Ca、Mg	19	超声辅助分散离子液体-液液微萃取，环境水中 Co、Cu、Zn	40
微波消解，土壤中 Ni	20		
污泥中金属元素	21	动态萃取程序，在线测定空气悬浮颗粒中水溶性 Zn	41
空气中 Pb	22		

本表参考文献：

1 毛志瑛，陈谦，黄媛媛. 甘肃环境研究与监测，2000,(03): 141.

2 林焰，张炯涛，和督虎，等. 甘肃工业大学学报，2001,(02): 109.

3 程志臣，王素兰，杨志杰，等. 石油化工环境保护，2001,(01): 45.

4 苏启英，谢明洁. 理化检验(化学分册)，2003, 39(01): 47.

5 江锦花. 光谱实验室，2003, 20(04): 544.

6 杨春霞，陈永亨，彭平安，等. 理化检验(化学分册)，2004, 40(02): 66.

7 牛草原，宛新生，宁爱民，等. 光谱实验室，2004, 21(05): 1034.

8 李芳，潘富友，贾文平. 冶金分析，2004, 24(06): 60.

9 杨启霞，孙海燕，秦绍艳，等. 环境科学与技术，2005,(05): 47.

10 贾海东. 环境工程，2005,(03): 67.

11 朱青青. 理化检验(化学分册), 2005, 41(05): 351.

12 徐争启, 倪师军, 庹先国, 等. 分析试验室, 2006, 25(04): 1.

13 高芹, 邵劲松, 余云飞. 农业环境与发展, 2006, (03): 99.

14 赵亮, 朱霞石, 封克, 等. 分析化学, 2006, 36(S1): 223.

15 邓香连, 刘颖琪, 聂建荣. 光谱实验室, 2006, 23(06): 1188.

16 简慧兰, 殷小琴, 张健夫. 光谱实验室, 2007, 24(02): 138.

17 肖乐勤, 陈翡运. 应用化工, 2007, (05): 505.

18 金茜, 钟永科, 程学勤. 光谱实验室, 2007, 24(04): 626.

19 陈子学, 肖波, 郑育锁, 等. 岩矿测试, 2008, 27(02): 95.

20 徐小艳, 孙远明, 田兴国. 华南农业大学学报, 2008, (03): 112.

21 卓琳, 傅敏, 陈盛明. 三峡环境与生态, 2008, (01): 22.

22 卢小玲. 微量元素与健康研究, 2009, 26(01): 51.

23 汪雨, 刘晓端. 分析测试学报, 2009, 28(03): 361.

24 任海仙, 王迎进. 分子科学学报, 2009, (03): 213.

25 范宝磊, 张健, 吴仲珍. 分子科学学报, 2010, (01): 62.

26 何绍攀, 范广宇, 蒋小明, 等. 分析化学, 2010, 40(05): 707.

27 郝学宁, 郝嫱嫱, 刘雪莲. 现代农业科技, 2011, (03): 40.

28 彭靖茹, 甘志勇, 农耀京. 分析科学学报, 2011, 27(02): 261.

29 唐杰, 夏娟, 魏成富, 等. 理化检验(化学分册), 2011, 47(05): 545.

30 何晓文, 许光泉, 王伟宁. 理化检验(化学分册), 2011, 47(07): 778.

31 王丽娜, 付华峰, 范春影. 河北化工, 2012, (03): 65.

32 车晓曼, 张金辉, 李萍. 化工科技, 2012, (04): 41.

33 肖宇红, 艾应伟, 陈黎萍, 等. 光谱学与光谱分析, 2012, 32(09): 2576.

34 顾佳丽, 赵刚, 徐娜. 化学研究与应用, 2012, (11): 1705.

35 杨江江, 龙健, 李娟, 等. 理化检验(化学分册), 2012, 48(10): 1146.

36 周静, 王静萍. 光谱实验室, 2013, 30(01): 285.

37 张继蓉, 印成, 李显芳. 中国给水排水, 2013, (04): 91.

38 杨琳, 李雪蕾, 王相舒, 等. 岩矿测试, 2013, 32(05): 775.

39 李卉颖, 李昕馨. 沈阳大学学报(自然科学版), 2014, (01): 38.

40 Rajabi M, et al. J Mol Liq, 2014, 194(6): 166.

41 Mukhtar A, Limbeck A. J Anal Atom Spectrom, 2010, 25: 1056.

表 16-11 石墨炉原子吸收光谱法

分析元素和条件	文献	分析元素和条件	文献
悬浮液进样，环境样品中痕量 Pb	1	土壤中痕量 Bi	15
微波炉溶样恒温平台，沉积物中痕量 Be	2	悬浮液进样，土壤和沉积物中 V	16
悬浮液进样，土壤样品中微量 Se	3	用离子液作为萃取剂的温度控制微萃取，盐湖样品中 Cd	17
以 8-羟基喹啉为化学改进剂，水和空气尘粒物中 Cr	4	高分辨连续光源，PM$_{2.5}$ 颗粒中 Cd、Cu、Ni、Pb	18
土壤中有效 Mo	5	高分辨连续光源，固体样品直接分析，粉尘中 Sb、Mo	19
以硝酸铅为基体改进剂，水和空气中痕量 Cd	6		
土壤样品中 Cd	7	高分辨连续光源，固体进样，空气中悬浮粒子中 Pd 的监测	20
悬浮体进样-基体改进效应，直接测定，土壤中 Pb 和 Cd	8	高分辨连续光源，污水污泥中 Cd、Fe 同时测定	21
土壤中 Cd	9	高分辨连续光源，收集在玻璃纤维过滤器上的空气悬浮颗粒中 Ag	22
微波消解，土壤中多元素	10		
浊点萃取，环境样品中 Cd	11	在线离子液体微萃取系统，环境样品和药剂配方中 Co	23
土壤中 Pb、Cd	12		
微波消解，土壤中 Pb 和 Cd	13		
微波消解，环境空气中 Cd	14		

本表参考文献：

1 刘汉东, 刘国珍, 黄兵, 等. 地球科学, 2000, 5(05): 532.

2 李小英, 曾念华, 罗方若, 等. 理化检验(化学分册), 2000, 36(11): 493.

3 刘汉东, 刘延湘, 涂平, 等. 江汉大学学报, 2002, (02): 44.

4 朱霞石, 江祖成, 李杉, 等. 分析试验室, 2002, 21(04): 13.

5 王献忠. 萍乡高等专科学校学报, 2003, (04): 60.

6 王畅, 游进. 中国卫生检验杂志, 2003, 13(03): 355.

7 卞莉, 曹萍. 吉林地质, 2005, (02): 115.

8 孙汉文, 温晓华, 梁淑轩. 光谱学与光谱分析, 2006, 26(05): 950.

9 黄小红, 卫勇. 环境科学与管理, 2007, (05): 143.

10 陈江, 姚玉鑫, 费勇, 等. 岩矿测试, 2009, 28(01): 25.

11 宋雪洁, 刘欣丽, 段太成, 等. 分析化学, 2009, 39(06): 893.

12 王士贺, 王忠伟. 理化检验(化学分册), 2012, 48(01): 30.

13 曹芳红, 陈晓霞, 丁锦春. 环境与职业医学, 2012, (08): 498.

14 王瑞. 环境与发展, 2014, (Z1): 179.

15 张奇磊. 环境科学导刊, 2014, (01): 94.

16 Atilgan S, et al. Spectrochimica Acta Part B: Atomic Spectroscopy, 2012, 70(4): 33.

17 Rêgo J F, et al. Talanta, 2012, 100(10): 21.

18 Shaltout A A, et al. Microchemical Journal, 2014, 113(3): 4.

19 Shaltout A A, et al. Atmospheric Environment, 2013, 81(12): 18.

20 Wen S, et al. Talanta, 2013, 115(10): 814.

21 Anthemidis A N, et al. Microchemical Journal, 2011, 98(1): 66.

22 Araujo R G O, et al. Microchemical Journal, 2013, 109(7): 36.

23 Berton P, et al. Anal. Methods, 2011, 3: 664.

表 16-12　冷原子吸收和氢化物发生原子吸收光谱法

分析元素和条件	文献	分析元素和条件	文献
微波消解冷原子吸收，环境土壤中微量 Hg	1	氢化物发生-Sb（Ⅲ）和 Sb（Ⅴ）	4
流动注射-氢化物，底泥中 Hg	2	流动注射-氢化物发生，环境样品中 As 的形态	5
在线双毛细管-氢化物，As、Sb、Bi、Hg、Se 和 Sn	3		

本表参考文献：

1 洪茵，丁健华，黄美珍. 中山大学学报论丛, 2005, (04): 376.

2 张莉，聂楚鑫，李浩东，等. 分析测试学报, 2000, 19(05): 75.

3 龚治湘，崔利荣. 分析化学, 2006, 36(04): 589.

4 李建强，周景涛，宋欣荣. 理化检验(化学分册), 2008, 44(02): 168.

5 任凤莲，孟杰，吴元雄，等. 冶金分析, 2009, 29(02): 19.

第五节　水质分析应用

无论作为生活饮用水、工业给水、农业用水、渔业用水，还是特殊用途等都有一定的水质要求。原子吸收光谱法测定的水质样品在分析测定前是否需要处理或需要采取何种处理方法，应依样品的实际情况而异。例如，对于含较高浓度 Fe、Mn、Cu、Zn 等被测元素的较洁净的水样，可不经处理，将水样直接引入火焰原子化器进行测定；对于含较低浓度 Cd、Pb、Zn、Cu 等被测元素的水样，则需进行预富集，如有机溶剂萃取，有机相直接进样或反萃取后水相进样分析。氢化物发生法测定试样中的 As、Se、Sn、Ge 等，所需的氢化物发生过程也可视为是一种样品处理的过程。

原子吸收光谱分析在水质分析中的应用见表 16-13～表 16-15。

表 16-13　火焰原子吸收光谱法

分析元素和条件	文献	分析元素和条件	文献
萃取色层富集，环境水中痕量 Cu	1	间接测定，生活饮用水中硫酸盐	13
水中总 Cr	2	基体改进剂，水中 As	14
废水中 Tl	3	PAN 浊点萃取，水样中的痕量 Co	15
水中痕量 Ag	4	海水中微量 Fe 和 Zn	16
硫化棉富集，水中痕量 Pb、Cd、Cu	5	浊点萃取预富集火焰，水样中痕量 Co	17
流动注射在线富集，环境水样中 Cr（Ⅲ）和 Cr（Ⅵ）	6	水中 Ca	18
共沉淀法，水中 Pb、Cu、Fe、Mn	7	PVC-PP 树脂分离富集，海水中痕量 Cu、Ni、Co	19
浊点萃取，水样中痕量 Cu	8	盐湖卤水的 Li、Na、Ca、Mg 的离子	20
流动注射在线分离富集，环境水样中 Cr（Ⅲ）和 Cr（Ⅵ）的形态	9	废水中微量 Pb	21
		浊点萃取，环境水样中痕量 Pb	22
矿泉水中 Li	10	水样中 Cu 离子	23
萃取富集，水中 Ni	11	卤水中 Cs	24
流动注射在线离子交换预富集，水样中微量 Mn	12	浊点萃取预富集，水样中痕量 Cu	25

续表

分析元素和条件	文献	分析元素和条件	文献
负载纳米二氧化钛分离富集，痕量 Au	26	有机共沉淀，水样及奶茶粉中的微量 Pb	41
水质中 Ca、Mg	27	酸雨中 K、Na、Ca、Mg	42
用流动注射-编结反应器在线预富集，水样中痕量 Cd	28	磁性聚电解质多层膜固相萃取，水样中的三价 Cr	43
		双硫腙-离子液体萃取，复杂体系样品中 Zn	44
铜催化过氧化氢氧化纳米银，H_2O_2	29	电镀废水中的六价 Cr 和总 Cr	45
沉淀富集，水中 Pb 和 Cd	30	新功能树脂的合成与在线固相萃取应用，痕量元素测定	46
浊点萃取，水样中的痕量 Cd	31		
水样中部分金属离子	32	分散液-液微萃取，水中 Cu	47
电镀废水中的 Cr	33	浊点萃取同时富集，水中 Co、Ni、Cu	48
超声辅助分散液-液微萃取，水样中的痕量 Zn	34	新的固化漂浮有机滴微萃取流动注射，水中 Cu	49
浊点萃取富集，水样中痕量 Zn	35	新的快速协同浊点萃取，水中 Bi	50
浊点萃取，痕量 Pb	36	浊点萃取，水和食物中 Pb、Co、Cu	51
固相萃取-钨丝电热，水样中 Ag	37	改性纳米氧化铝作为固相萃取吸附剂预富集，水和草药中 Cd、Pb	52
分子印迹壳聚糖/凹土分离富集，痕量 Pb	38		
流动注射编结反应器，水样中三价 Fe 和二价 Fe	39	石墨烯作为预富集吸附剂，水中痕量 Cr（Ⅲ）	53
分子印迹功能介孔材料富集，溶液中痕量 Pb	40	超分子溶剂萃取，与席夫碱反应前的水中 Cu、Pb	54

本表参考文献：

1 巨振海，司志远，岳玉军，等. 理化检验(化学分册)，2000，36(04): 155.

2 林静. 工业水处理，2000，(12): 37.

3 丁根宝. 理化检验(化学分册)，2001，37(04): 156.

4 李德华，卢华，张兴伍. 理化检验(化学分册)，2001，37(10): 468.

5 周方钦，龙斯华，杨学群，等. 湘潭大学自然科学学报，2001，(04): 81.

6 康维钧，孙汉文，哈婧，等. 冶金分析，2002，22(04): 19.

7 周保新. 中国卫生检验杂志，2002，12(01): 62.

8 陈建荣，林建军. 分析试验室，2002，21(05): 86.

9 康维钧，梁淑轩，哈婧，等. 光谱学与光谱分析，2003，23(03): 572.

10 李萍，姚丽珠，吕振波. 抚顺石油学院学报，2003，(01): 26.

11 王晓. 理化检验(化学分册)，2004，40(07): 399.

12 杨明，杨小秋，韩祺，等. 分析试验室，2004，23(09): 9.

13 郑翠玲，黄树梁. 理化检验(化学分册)，2004，40(09): 552.

14 张贵马，花长庚，邓艳，等. 实用医技杂志，2004，(10): 1293.

15 黄晖，肖珊美，陈建荣. 光谱实验室，2005，22(05): 1003.

16 苏韶兴. 理化检验(化学分册)，2005，41(11): 66.

17 李静，梁沛，施踏青. 分析科学学报，2005，21(02): 164.

18 乔梅琴，安孟华. 漯河职业技术学院学报(综合版)，2006，(02): 14.

19 李善吉. 分析测试学报，2006，25(05): 96.

20 张桂芹，孙建之，马培华，等. 盐业与化工，2007，(01): 10.

21 徐红波，孙挺. 冶金分析，2007，27(01): 67.

22 周庆祥，白画画，代文华，等. 河南师范大学学报(自然科学版)，2007，(02): 115.

23 赵微微，赵松林，梁华定. 科学技术与工程，2007，(19): 5039.

24 张善营，董亚萍，李海军，等. 稀有金属，2007，31(S1): 54.

25 苏耀东，张丽娟，朱圆圆，等. 冶金分析，2008，28(10): 36.

26 刘正华，周方钦，江放明，等. 光谱学与光谱分析，2008，28(02): 456.

27 何建忠，吴胜，邵玉兰. 中国卫生检验杂志，2008，18(09): 1903.

28 苏耀东，王中瑷，李卓，等. 理化检验(化学分册)，2008，44(09): 818.

29 汤亚芳，蒋治良，梁爱惠，等. 冶金分析，2009，29(03): 37.

30 李银保，彭湘君，张道英，等. 光谱实验室，2009，26(03): 599.

31 张美月，李越敏，杜新，等. 河北大学学报(自然科学版)，2009，(04): 407.

32 艾有圣，伍三. 湘潭师范学院学报(自然科学版)，2009，(04): 21.

33 蔡倩倩，韩晓刚，华娟，等. 工业水处理，2010，(01): 60.

34 杜新，刘伟华，张婧雯，等. 河北农业大学学报，2010，(02): 123.

35 徐红波，郭杏林，孙挺，等. 理化检验(化学分册)，2010，46(09): 1020.

36 王记莲. 光谱实验室，2011，28(01): 299.

37 范广宇，蒋小明，郑成斌，等. 光谱学与光谱分析，2011，31(07): 1946.

38 张强华，石莹莹，熊清平，等. 应用化学，2011，28(09): 1073.

39 王中瑷，张宏康，方宏达，等. 冶金分析，2012，32(04): 57.

40 蒲秋梅，任凤莲，江放明，等. 分析试验室，2012，31(09): 110.

41 林建梅, 姚俊学, 赵文岩. 光谱学与光谱分析, 2013, 33(05): 1357.

42 樊颖果, 徐国津. 中国无机分析化学, 2013, 3(02): 28.

43 马玉龙, 向国强, 王博, 等. 化学研究, 2014, (02): 144.

44 韩木先, 田浩, 李豪瑞, 等. 理化检验(化学分册), 2014, 50(03): 338.

45 吴江峰, 韩瑜, 张聪, 等. 电镀与环保, 2014, (01): 39.

46 Karadaş C, et al. Food Chem, 2013, 141(11): 655-661.

47 Pasias I N, et al. Spectrochim Acta B, 2014, 92(2): 23.

48 Xu H, et al. Procedia Environ Sci, 2013, 18: 258.

49 Durukan I, et al. Microchem J, 2011, 98(2): 215.

50 Yildirim E, et al.Talanta, 2012, 102(12): 59.

51 Li S X, et al. J Hazard Mater, 2011, 189(1-2): 609.

52 Gunduz S, et al. J Hazard Mater, 2011, 186(1): 212.

53 Chang Q, et al. Anal Methods, 2012, 4: 1110.

54 Li Z, et al. Anal Methods, 2014, 6: 2294.

表 16-14 石墨炉原子吸收光谱法

分析元素和条件	文献	分析元素和条件	文献
共沉淀富集, 水中 As	1	水中微量 Al	14
衬铂平台, 环境水样中的痕量 Hg	2	在线浓缩富集, 饮用水中 Se	15
锌盐共沉淀, 水质中 Cr（Ⅵ）	3	分散液-液微萃取, 环境水样中的痕量 Cd	16
平台, 水中的重金属 Cu、Cd、Pb、Zn、Fe、Mn、Bi、Co、Ni、Ag	4	生活饮用水中 Al	17
纳米二氧化钛分离富集, 水样中痕量 Pb	5	金属炉, 水中 Cr（Ⅲ）、Cr（Ⅵ）和乙酰丙酮 Cr（Ⅲ）	18
快速测定, 天然矿泉水中 Cr、Ni、Ag	6	凝聚萃取, 天然水中 Pb	19
水中微量 As	7	以 Mg-Al-Fe 的氢氧化物纳米吸附剂预富集, 测定超痕量 As	20
水源水及饮用水中 Pb	8		
溶剂萃取, 水样中的痕量 Pb	9	环境水中 Cr（Ⅲ）和 Cr（Ⅳ）的形态分析	21
水中微量 Ba	10	中空纤维液相微萃取, 水中 Hg	22
高纯水中痕量 Na 离子	11	石油勘探采出水中 Mn	23
水中 Cd	12	原位交换离子液体形成分散液相微萃取, 水中 Cu	24
室温离子液体萃取, 超痕量 Mo	13		

本表参考文献:

1 陈瑞波, 高志刚, 袁广. 环境与健康杂志, 2000, (05): 293.

2 叶平. 固原师专学报, 2000, (03): 14.

3 刘洪升, 周聪. 热带农业科学, 2002, (06): 29.

4 居红芳. 常熟高专学报, 2003, (02): 47.

5 施踏青, 梁沛, 李静, 等. 分析化学, 2004, 34(11): 1495.

6 胡曙光, 彭荣飞, 连晓文, 等. 理化检验(化学分册), 2005, 41(07): 509.

7 卢洁, 刘辉利, 梁延鹏, 等. 桂林工学院学报, 2005, (04): 548.

8 张祥, 高永建. 微量元素与健康研究, 2006, 23(01): 68.

9 卢爱民, 柴辛娜, 高宏宇, 等. 分析科学学报, 2006, 22(02): 190.

10 梁延鹏, 刘辉利, 朱义年, 等. 干旱环境监测, 2006, (02): 65.

11 原霞, 申士刚, 孙汉文. 光谱学与光谱分析, 2007, 27(01): 186.

12 肖乐勤. 仪器仪表与分析监测, 2007, (03): 38.

13 陆娜萍, 李在均, 李继霞, 等. 冶金分析, 2008, 28(07): 28.

14 赵艳霞, 李宁. 中国热带医学, 2009, (04): 755.

15 申屠超, 蒋竹燕, 李立, 等. 药物分析杂志, 2011, (01): 131.

16 马晓国, 罗颂华, 曾情. 生态环境学报, 2011, (12): 1909.

17 吴恩宁, 甘瑛琳. 医学动物防制, 2014, (04): 466.

18 Kamakura N, et al. Spectrochim Acta B, 2014, 93(3): 28.

19 Hagarová I, et al. Spectrochim Acta B, 2013, 88(10): 75.

20 Abdolmohammad-Zadeh H, et al. Talanta, 2013, 116(11): 604.

21 Jiang H, et al. Talanta, 2013, 116(11): 361.

22 Wen X, et al. Spectrochim Acta A, 2012, 89(4): 1.

23 Cassella R J, et al. Talanta, 2011, 85(7): 415.

24 Stanisz E, et al. Talanta, 2013, 115(10): 178.

表 16-15 冷原子吸收和氢化物发生原子吸收光谱法

分析元素和条件	文献	分析元素和条件	文献
冷原子吸收, 污水中总 Hg	1	氢化物发生, 环境水样中 Hg	3
冷原子结合热解, 快速测定, 废水样中痕量无机 Hg 和总有机 Hg	2	浊点萃取-氢化物发生, 痕量 Hg	4
		氢化物发生-Sb（Ⅲ）和 Sb（Ⅴ）	5

续表

分析元素和条件	文献	分析元素和条件	文献
流动注射氢化物，水中 Pb	6	浊点萃取，水中超痕量不同价态 As	9
微波消解-氢化物发生，养殖场水中 Hg	7	聚合物负载离子液体固相萃取，水中无机和有机 Hg	10
流动注射电化学氢化物发生，水中 Cd	8		

本表参考文献：

1 罗国兵. 理化检验(化学分册), 2005, 41(03): 167.
2 区红, 张燕子, 吴庆晖, 等. 分析测试学报, 2004, 23(04): 68.
3 刘国尧, 段海波. 分析科学学报, 2004, 20(03): 327.
4 宋吉英, 李军德, 张利香, 等. 广州化学, 2007, (02): 51.
5 李建强, 周景涛, 宋欣荣. 理化检验(化学分册), 2008, 44(02): 168.
6 李悦, 庞宏. 黑龙江环境通报, 2010, (02): 58.
7 李春, 刘德阳, 马亚楠, 等. 新疆农业科学, 2013, (03): 583.
8 Arbab-Zavar M H, et al. Microchem J, 2013, 108(5): 188.
9 Ulusoy H I, et al. Anal Chim Acta, 2011, 703(2): 137.
10 Escudero L B, et al. Talanta, 2013, 116(11): 133.

第六节　食品及饲料分析应用

食品按照种类可划分为谷类、薯类、淀粉类、豆类、蔬菜、水果类、畜禽类、肉类、乳蛋类、菌藻与鱼虾蟹贝类、坚果、种子、油脂与调味品类。饲料则是动物的食品。

食品及饲料样品待测溶液的制备可根据分析目的和样品特征采用干灰化法、湿灰化法、浸提法或微波消解法。

（1）干灰化法　干灰化法是利用高温除去样品中的有机质，剩余的灰分用酸溶解，作为样品待测溶液。该法适用于食品中大多数金属元素含量分析。但在高温条件下，汞、铅、铜、锡、硒等元素易挥发而损失，故不适用于这类元素分析的处理。

（2）湿灰化法　湿灰化法是利用氧化性的强酸在一定温度条件下除去有机质，使被测元素溶解。该法主要优点是被测金属元素不易损失，特别是对易挥发性元素（如硒、铅、砷、汞和镉等）非常适用。

湿灰化法消化所使用的酸有硝酸、硫酸、高氯酸和过氧化氢等，但实际应用时很少采用单一酸，往往是用两种或三种酸的混合酸，以保证试样分解完全。例如，硝酸-硫酸，硝酸-高氯酸-硫酸等混合酸。但应用这些酸消化处理样品时都有一定危险性，一定要严格遵守消化规程，戴防护眼镜和防酸手套。

（3）微波消解法　微波溶样技术的优点是溶样时间短，耗能低，消耗试剂少、污染小，最主要的优点是能有效地防止易挥发性元素的损失（例如 As、Hg、Pb、Cd、Se 等），而这些元素又是食品分析和食品卫生检验很重要的项目。微波溶样技术的主要缺点是溶样量较小，这对于含量低的元素分析带来一定困难，必须采用高灵敏度的 GFAAS 等方法测定。微波消解炉和专用的溶样压力罐相对较贵，使微波消解技术的应用受到一定限制。

微波法溶解样品一般要使用混合酸，如硝酸-硫酸、硫酸-高氯酸、硫酸-双氧水等，可根据被测元素和样品性质来选用。例如，测定食品中的 Ba、Ca、Pb 等元素最好不用含硫酸的混合酸，最好选用硝酸-高氯酸或硝酸-过氧化氢，可防止硫酸盐沉淀以保证分析准确。对于含乙醇的食品或饮料最好选用硫酸-硝酸混合酸，或者将样品中的乙醇蒸发赶尽，再加酸消化。

原子吸收光谱在食品及饲料分析中的应用见表 16-16～表 16-18。

表 16-16 火焰原子吸收光谱法

分析元素和条件	文献	分析元素和条件	文献
悬浮液进样，豆米类粮食中 Mg	1	5 种不同品牌茶叶中微量元素	26
芦荟中 Mn、Fe、Cu、Zn、Ni、Co	2	微波消解，猪肝中 Cd	27
食品中 I	3	浊点萃取，痕量 Pb	28
流动注射-导数，植物油中的 Ni、Mn、Cr 和 Pb	4	绿豆和红豆中 6 种金属元素	29
悬浮液进样，强化乳粉中 Zn、Fe、Ca	5	浊点萃取，淡水鱼中痕量 Pb	30
富氧空气-乙炔火焰，矿泉水中痕量 Ba	6	浊点萃取，菠菜中 Mg、Zn 和 Cu	31
冷蒸汽发生，食品中痕量 Cd	7	婴幼儿奶粉中 Fe、Zn	32
螺旋藻中 Pb 和 Cd	8	微波消解，粮食中 Cd	33
悬浮液进样，虾仁中的 Ca、Mg	9	微波消解 - 浊点萃取，粮食中 Cu	34
非完全消化，芦荟中 Mn、Zn	10	笑气-乙炔火焰，食用油脂中聚二甲基硅氧烷	35
乳化法，奶茶粉中 Fe	11	奶茶中 Na	36
芦荟中 Ca、Mg 和 Cu	12	纳米硅涂覆石英管，食用植物中 Zn、Cu	37
间接测定，绿茶叶中叶绿素总量	13	高分辨连续光源，二甲苯稀释，植物油和生物柴油中 Si	38
八角茴香中的 8 种微量元素	14	高分辨连续光源，悬浮液进样，乳制品中 Ca、Mg	39
食用花卉中 Fe、Zn、Ca、Mg	15	固相萃取和超滤处理，蜂蜜中 Zn 的直接分析	40
茶叶中 7 种微量元素	16	分散液相微萃取，谷物中 Cu	41
荞麦中 Fe、Zn、Ca	17	浊点萃取，食物中 Fe、Cu	42
无稳定剂悬浮液进样，菠菜中的 Zn、Mn、K、Ca	18	大西洋鱼中 Cd、Hg、Pb	43
紫菜中 Cu	19	浊点萃取，食品和饮料中 Mo（Ⅵ）	44
苹果中重金属元素	20	分散液相微萃取，谷物和蔬菜中 Cu	45
甜菜块根中 Cu、Zn	21	浊点萃取，Cd	46
微波消解，粮谷中 Pb、Cu、Cd、Mg、Mn、Fe	22	白糖中 Ca、 K、 Mg、Na	47
葡萄酒中金属元素	23	虾酱中 As	48
非完全消化，水果中 Cu、Fe、Zn	24	乳化巧克力中 Na、K、Ca、Mg、Zn、Fe	49
浊点萃取，大米样品中的痕量 Cd	25	间接自动，牛奶产品中总 I	50

本表参考文献：

1 刘立行, 张启凯, 吴丽香. 理化检验(化学分册), 2000, 36(04): 159.

2 谢立群. 分析化学, 2001, 31(04): 489.

3 孙孝祥, 修长泽, 孙秀云, 等. 理化检验(化学分册), 2001, 37(11): 521.

4 陈兰菊, 郑连义, 赵地顺, 等. 分析测试技术与仪器, 2002, 8(03): 178.

5 周方钦, 黄玉安, 易兰花. 湘潭大学自然科学学报, 2002, (03): 67.

6 区红, 陈斌, 何志荣, 等. 光谱学与光谱分析, 2002, 22(01): 146.

7 彭谦, 王光建, 张克荣. 理化检验(化学分册), 2003, 39(03): 133.

8 刘红兵. 光谱实验室, 2003, 20(05): 765.

9 刘立行, 葛雪萍. 化学分析计量, 2003, 12(01): 26.

10 刘立行, 张伟. 化学试剂, 2004, 25(03): 159.

11 白锁柱, 陈保国, 张力, 等. 理化检验(化学分册), 2004, 40(11): 648.

12 黄俊盛, 任乃林, 李红. 光谱实验室, 2005, 22(03): 663.

13 钟爱国. 理化检验(化学分册), 2005, 41(12): 892.

14 王新平. 药物分析杂志, 2005, (03): 336.

15 刘凤萍, 吴湘江, 郭舜之. 理化检验(化学分册), 2006, 42(06): 478.

16 余磊, 彭湘君, 李银保, 等. 光谱实验室, 2006, 23(05): 962.

17 刘三才, 朱志华, 张晓芳, 等. 现代科学仪器, 2007, 4(01): 72.

18 梁保安, 付华峰. 化学试剂, 2007, 28(06): 366.

19 王尚芝. 化学试剂, 2007, 28(11): 665.

20 张峰, 仇农学. 食品工业科技, 2008, (12): 230.

第三篇

21 赵丽玲, 李慧洁, 张福顺. 中国甜菜糖业, 2008, (01): 8.

22 张春艳, 袁晶, 潘国卿. 理化检验(化学分册), 2008, 44(04): 355.

23 李丽, 郭金英, 宋立霞, 等. 酿酒科技, 2009, (02): 105.

24 郭文森, 张鹏, 陈燕聪. 理化检验(化学分册), 2009, 45(05): 529.

25 温圣平, 向国强, 王瑞丽, 等. 河南工业大学学报(自然科学版), 2010, (02): 66.

26 王士霞, 王亦军, 张静. 分析测试技术与仪器, 2010, 16(02): 93.

27 解鹏, 司文会, 方志成. 理化检验(化学分册), 2010, 46(10): 1141.

28 王记莲. 光谱实验室, 2011, 28(01): 299.

29 徐燕, 彭湘君, 李银保, 等. 湖北农业科学, 2011, (08): 1685.

30 王秀峰, 李龙, 张春丽, 等. 分析试验室, 2012, 31(03): 86.

31 李丽华, 张金生, 李艳南, 等. 理化检验(化学分册), 2012, 48(05): 547.

32 宋龙波, 赵龙刚, 赵延伟, 等. 安徽农业科学, 2012, (33): 16374.

33 刘建波, 张君才, 王晓玲, 等. 光谱实验室, 2013, 30(01): 364.

34 夏昊云, 乔秋菊. 江苏农业科学, 2014, (02): 250.

35 祖文川, 汪雨, 武彦文, 等. 分析试验室, 2014, 33(05): 561.

36 郑羽茜, 张丹燕, 张慧敏. 饮料工业, 2014, (01): 24.

37 Li S X, et al. J Agric Food Chem, 2012, 60(47): 11691.

38 Oliveira L C C, et al. Energy Fuels, 2012, 26(11): 7041.

39 Brandao G C, et al. Microchem J, 2011, 98(2): 231.

40 Pohl P, et al. Food Chem, 2011, 125(4): 1504.

41 Wu C X, et al. Chinese Chemical Letters, 2011, 22(4): 473.

42 Durukan I, et al. Microchem J, 2011, 99(1): 159.

43 Chahid A, et al. Food Chem, 2014, 147(3): 357.

44 Gürkan R, et al. J Food Compos Anal, 2013, 32(1): 74.

45 Shrivas K, et al. Food Chem, 2013, 141(3): 2263.

46 Katskov D, et al. Spectrochim Acta B, 2012, 71-72(5-6): 14.

47 Mattos J C P, et al. Spectrochim Acta B, 2011, 66(8): 637.

48 Jalbani N, Soylak M. Ecotox Environ Safe, 2014, 102(4): 174.

49 Duran A, et al. Food Chem Toxicol, 2011, 49(7): 1633.

50 Yebra M C, Bollaín M H. Talanta, 2010, 82(2): 828.

表 16-17 石墨炉原子吸收光谱法

分析元素和条件	文献	分析元素和条件	文献
酒中的 Co	1	茶叶中 Pb	20
食品中 Al	2	不同前处理, 红葡萄酒中 Pb	21
蔬菜和水果中 Mn	3	石墨烯/二氧化钛复合材料富集, Pb 和 Cd	22
蘑菇中 Cd、Pb	4	消解方法, 茶叶中 Pb	23
鱼肉中 Pb	5	直接进样-高分辨连续光源, 快速测定, 葡萄酒中 6 种微量元素	24
悬浮液直接进样, 螺旋藻干粉中 Pb	6	食用油中 Pb	25
微波消解, 农产品中 Pb、Cd	7	食品中 Al	26
微波溶样, 石蒜中 Cd、Cr、Pb	8	直接测定, 乳制品中 Cr	27
面制品中 Al	9	微乳液, 巧克力中 Al、Cu、Mn	28
微波消解, 蔬菜中痕量元素	10	液液微萃取-电热原子吸收, 食用油中 Se	29
植物中 Cd	11	固体进样, 干燥番茄酱中 Pb、Cu、Sn	30
茶叶中 Pb	12	固体进样, 口香糖中 Pb	31
茶叶中 Pb	13	悬浮液进样, 蜂蜜中 Cd、Pb、Cr 直接测定	32
离子交换分离, 保健食品中六价 Cr 及三价 Cr	14	反相分散液相微萃取, 食用油中 Cd、Pb	33
微波消解, 连续测定, 水果和蔬菜中 Pb、Cr、Cd	15	校正干扰的替代性方案, 基围虾中 B	34
粮食中 Pb 和 Cd	16	大米和大米粉中全 As, 无机 As 和有机 As	35
微波消解, 快速测定, 食品中 Pb 和 Cr	17	悬浮液进样, 新鲜肉类中 Cd、Pb	36
茶叶中 Pb	18	铝作为化学改性剂, 甘蔗酒中 Pb	37
微乳液直接进样, 食用油中 Mn	19		

本表参考文献:

1 时彦, 王书俊. 北京化工大学学报(自然科学版), 2000, (03): 77.

2 周丹红, 梁永建. 淮北煤师院学报(自然科学版), 2001, (03): 59.

3 韩长秀, 冯尚彩. 光谱实验室, 2002, 19(05): 677.

4 马戈, 谢文兵, 于桂红, 等. 分析化学, 2003, 33(09): 1109.

5 陈若梅, 陈兆君, 王兰. 大连民族学院学报, 2003, (01): 59.

6 涂卫东, 林燕奎, 赵琼晖. 理化检验(化学分册), 2004, 40(04): 217.

7 高芹, 邵劲松. 中国卫生检验杂志, 2005, 15(06): 725.

8 范华均, 李攻科, 栾伟, 等. 光谱学与光谱分析, 2005, 25(09): 1503.

9 宋慧坚. 中国卫生检验杂志, 2006, 16(03): 316.

10 吴为, 武攀峰, 钱允辉. 理化检验(化学分册), 2006, 42(07): 531.

11 巨积红. 甘肃农业, 2006, (11): 400.

12 方从权, 褚敬东, 李春, 等. 分析试验室, 2007, 26(11): 112.

13 钟运技. 广西质量监督导报, 2008, (01): 45.

14 汤鋆, 应英, 于村, 等. 中国卫生检验杂志, 2008, 18(07): 1333.

15 徐小艳, 孙远明, 苏文焯, 等. 食品科学, 2009, (10): 206.

16 李德洁. 职业与健康, 2010, (04): 402.

17 张红辉, 卞金辉, 胡寅瑞, 等. 中国卫生检验杂志, 2010, 20(08): 1913.

18 郑海芳, 刘康, 李仕钦, 等. 湖北农业科学, 2011, (06): 1275.

19 陈尚龙, 刘全德, 李超, 等. 食品科学, 2011, (18): 278.

20 汤文进, 张晓军. 化学工程师, 2012, (02): 22.

21 郭金英, 李丽, 任国艳, 等. 食品与发酵工业, 2012, (05): 185.

22 谷晓稳, 吕学举, 贾琼, 等. 分析化学, 2013, 43(03): 417.

23 付珑. 当代化工, 2013, (08): 1173.

24 陈尚龙, 李超, 刘全德, 等. 酿酒科技, 2013, (10): 92.

25 林凯, 姜杰, 黎雪慧, 等. 职业与健康, 2014, (05): 622.

26 麦浪, 梁雄宇. 海峡预防医学杂志, 2014, (02): 43.

27 王成, 吕佩佩. 中国卫生检验杂志, 2014, 24(01): 41.

28 De La Calle I, et al. Microchem J, 2011, 97(2): 93.

29 López-García I, et al. J Agric Food Chem, 2013, 61(39): 9356.

30 Santos J, et al. Food Chem, 2014, 151(5): 311.

31 Baysal A, et al. Food Chem Toxicol, 2011, 49(6): 1399.

32 Andrade C K, et al. Food Chem, 2014, 146(3): 166.

33 Silvana R, et al. Spectrochim Acta B, 2010, 65(4): 316.

34 Vignola R, et al. Microchem J, 2010, 95(2): 333.

35 Pasias I N, et al. Microchem J, 2013, 108(5): 1.

36 Damin I C F, et al. Anal Methods, 2011, 3: 1379.

37 Ferreira S L C, et al. Anal Methods, 2011, 3: 1168.

表 16-18　冷原子吸收和氢化物发生原子吸收光谱法

分析元素和条件	文献	分析元素和条件	文献
直接进样-冷原子, 保健食品中 Hg	1	微波消解-连续流动进样氢化物, 土壤、蔬菜中痕量 Hg	6
冷原子吸收, 粮食中有害元素 Hg	2	氢化物发生, 食品中 Pb	7
VA-90 氢化物发生, 食品中痕量 Pb	3	流动注射氢化物发生, 食品中无机 As 和总 As	8
氢化物发生, 食品中无机 As	4	流动注射氢化物发生, 禽蛋中的 Se	9
氢化物, 食品中痕量 As	5	蜂蜜中砷酸盐的直接测定	10

本表参考文献：

1 李延志, 李晨辉, 石虹, 等. 中国卫生检验杂志, 2008, 18(06): 1093.

2 汪洪. 粮食加工, 2006, (05): 87.

3 沈志武, 董银根, 沈惠君. 光谱学与光谱分析, 2000, 20(03): 390.

4 张友爱. 中国公共卫生, 2002, 18(08): 90.

5 张传云, 王玉华, 汪洋. 职业与健康, 2003, (01): 41.

6 侯明, 张力, 梁延鹏. 桂林工学院学报, 2005, (02): 217.

7 谢连宏. 理化检验(化学分册), 2005, 41(05): 334.

8 周韬. 中国卫生检验杂志, 2006, 16(03): 313.

9 邓世林, 李新凤, 郭小林. 光谱学与光谱分析, 2010, 30(03): 809.

10 Vieira H P, et al. Anal Methods, 2012, 4: 2068.

第七节　生化样品分析应用

　　测定生物组织、药品中有关微量元素的含量、存在形式和分布, 不仅可为疾病的正确诊断和监测、病理研究等提供重要信息, 也可通过食物、营养保健、医疗等适时控制和调节体内有关微量元素的含量、预防疾病提供重要的依据。因此, 生物组织、药品中微量元素的测定, 在生命科学中具有重要的意义。

　　稀释法　有些生物样品(体液)可以直接稀释后测定。选用何种稀释剂和稀释倍数要视样品基体性质、分析成分性质和含量、选用的原子化方式以及干扰情况而定。用化学改进剂作为稀释剂, 可以降低火焰原子吸收的干扰效应和石墨炉原子吸收分析中的背景干扰, 并

可提高灵敏度和精密度。

　　酸提取法　用酸从样品中提取金属元素是处理样品的基本方法之一。用三氯乙酸可从血清蛋白中提取铁和其他金属元素。

　　萃取法　萃取的目的是为了从大量的共存物中分离所需要的微量组分或使微量组分浓集。常用的萃取方法有有机溶剂萃取和固相萃取。

　　生物样品处理还经常采用湿法分解和灰化分解等样品分解技术。

　　（1）**高温干灰化法**　将生物组织置于石英坩埚等容器内，先在 110℃ 烘箱中烘干，然后放入马弗炉，经 200～250℃ 灰化，以 50℃/h 升温，在 450～550℃，保持一定时间，使有机物氧化，待 CO_2、H_2O、SO_2、NO 等物质挥发掉后，无机物以白色残渣形式存在于容器底部直至灰化完全。从炉中取出样品，用去离子水或酸溶解，采用适当方法测定。

　　（2）**低温干灰化法**　利用高频或超高频激发产生氧等离子体，在低温（70～100℃）下氧化生物组织。消化时间因样品而异，一般需 4～8h。该方法适合于 Se、As、Sb、Pb、Cd 等较易挥发元素的消化处理。

　　（3）**常压湿消化法**　该方法不需特殊设备，只将样品和混合氧化酸置于敞口容器中，是在一定条件下加热分解消化的常用有效破坏有机物的方法。

　　（4）**高压湿消化法**　该方法是在常压湿消化法的基础上，密封加压，以加速样品分解。其特点是酸用量可以减少，并防止外界污染物进入，因而可以降低空白值。由于消化温度可以相对降低，且密闭的消化系统可以防止挥发，从而适宜于易挥发元素的分析测定。

　　（5）**微波消解法**　该方法是利用微波辐射并辅以必要的控压技术或自动控制技术对放在聚四氟乙烯密封罐内的样品（血液、组织、毛发、指甲等）和消化液（硝酸、高氯酸、过氧化氢等）进行加热、消化。这种方法具有样品消解快（一般仅需几分钟）、试剂用量少、空白值低、避免挥发损失、回收完全等突出优点，是近年来迅速推广的样品消解方法。

　　（6）**燃烧法**　将样品置于充满常压或高压氧的密闭容器中进行燃烧分解。燃烧后，待测元素以氧化物或气态形式被吸收液吸收，再测定吸收液中的微量元素。燃烧法可使样品中有机物迅速氧化分解，常用于测定样品中硫、卤素及微量元素的处理，待测元素无挥发，无外环境污染和损失。

　　（7）**水解法**　该方法是样品中有机物在酸、碱、酶的存在下与水作用而分解成简单化合物的分解方法。该法属于非氧化还原法，具有安全、快速、不易引入干扰等优点，只适用于某些样品的测定。常见的水解法有酸水解法、碱水解法、酶水解法。

　　上述 7 种消化方法中，最常用的是常压湿消化法、高温干灰化法。

　　原子吸收光谱在生化样品分析中的应用见表 16-19～表 16-21。

表 16-19　火焰原子吸收光谱法

分析元素和条件	文献	分析元素和条件	文献
淋巴液中 Cu、Zn、Fe、Ca、Mg	1	绵羊血清中 Zn	7
微波溶样，人发中 Zn	2	人发中微量元素	8
儿童头发中 Fe、Zn	3	碱溶法，人发、指甲中微量元素	9
人发中微量元素	4	儿童微量全血 Zn	10
非完全消化，人发中 Fe 和 Cu	5	同时测定，人工肾透析液中 K、Na、Ca、Mg	11
血清中 Zn	6	血清离子 Ca	12

分析元素和条件	文献	分析元素和条件	文献
人发中微量元素	13	黄鳝鱼体中 Zn、Cu、Pb 和 Cd	25
血中 Pb	14	人体血清中的微量元素 Zn、Cu、Fe、Ca 和 Mg	26
丝裂霉素 C-磁性纳米球中 Fe_3O_4 在小鼠体内的分布	15	同时测定，尿液中 K 和 Na	27
半胱氨酸	16	大学生头发中 Zn	28
固体热解塞曼，快速测定，中药和生物样品中痕量 Hg	17	儿童头发中 Zn	29
水生生物体内 Cu、Zn、Ni、Cr、Pb、Cd	18	微波消解，海洋生物体样品中重金属元素	30
漆酶	19	钨丝电热，痕量 Zn	31
间接测定，色氨酸	20	人血红细胞中 Zn、Fe、Mg	32
微波消解，头发中多种金属元素	21	微波消解，人发中 10 种微量元素	33
透析液中 K、Na、Ca、Mg	22	浊点萃取，人尿液中的痕量 Pb	34
血清中不同化学形态的 Cu、Fe、Zn	23	合成螯合树脂富集，水、生物和食物中 Zn	35
全血中 Zn、Cu、Fe、Ca、Mg、Cd、Mn、Pb8 种元素	24	浊点萃取，淡水、血液透析液和金枪鱼样品中 Cd、Ni 和 Zn	36

本表参考文献：

1 陈建荣，吴小华，黄朝表. 光谱学与光谱分析，2000，20(03): 371.

2 苏秀娟，郭琴. 理化检验(化学分册)，2000，36(11): 515.

3 林建原，易萌. 赣南医学院学报，2000，(01): 5.

4 朱美蓉，李宗平. 职业与健康，2000，(06): 33.

5 张起凯，刘立行，李玉泽. 冶金分析，2001，21(03): 47.

6 李永芳，李俊玲. 河南教育学院学报(自然科学版)，2001，(02): 33.

7 莫内，赵树臣，谭海成. 内蒙古兽医，2001，(04): 6.

8 张慧云，李方泰，姜洪波. 哈尔滨师范大学自然科学学报，2002，(06): 85.

9 居红芳. 光谱学与光谱分析，2002，22(04): 681.

10 张洪权，吴予明，常爱武，等. 郑州大学学报(医学版)，2002，(02): 204.

11 陈金素，何鹏彬. 中国医院药学杂志，2003，(02): 29.

12 苏耀东，刘永波，覃俐. 理化检验(化学分册)，2003，39(08): 473.

13 李枚枚. 辽宁化工，2004，(05): 305.

14 刘利娥，刘洁，朱明君，阎素清. 中国卫生检验杂志，2004，14(05): 528.

15 任非，沈梅，刘焰东，等. 中国药科大学学报，2005，(03): 216.

16 刘文涵，张丹，李祖光，等. 浙江工业大学学报，2005，(04): 362.

17 黄汝锦，庄崎厦，魏金锋，等. 光谱学与光谱分析，2005，25(10): 174.

18 姚朝英，杜青. 化学分析计量，2006，17(03): 36.

19 肖海燕，黄俊，刘诚. 化学与生物工程，2006，(06): 53.

20 胡宝祥，杨未，刘文涵，等. 光谱实验室，2006，23(06): 1307.

21 陈忆文，彭谦，赵飞蓉. 中国卫生检验杂志，2007，17(10): 1807.

22 樊铂，李沅，姜熙，等. 中国医疗器械杂志，2008，(01): 50.

23 胡军，常耀明，高双斌，等. 光谱学与光谱分析，2008，28(03): 700.

24 程剑，高燕勤，杨志国. 中国卫生检验杂志，2008，18(05): 926.

25 王敏. 水利渔业，2008，(04): 25.

26 陈艳梅，程素敏，李长青. 光谱实验室，2008，25(05): 974.

27 易海艳，胡建安. 精细化工中间体，2008，(05): 68.

28 兰景凤，张海霞，朱宏伟. 甘肃冶金，2009，(01): 63.

29 张桂文. 辽宁化工，2009，(10): 770.

30 王德鸿. 现代科学仪器，2010，(01): 105.

31 何绍攀，范广宇，蒋小明，等. 分析化学，2010，40(05): 707.

32 徐孝娜，李娅，高双斌，等. 理化检验(化学分册)，2010，46(04): 345.

33 张修景. 理化检验(化学分册)，2012，48(06): 653.

34 杜军良，杨双，胡杨，等. 化学研究与应用，2014，(03): 445.

35 Yılmaz S, et al. J Trace Elem Med Bio, 2013, 27(2): 85.

36 Gunduz S, Akman S, et al. Regul Toxicol Pharm, 2013, 65(1): 34.

第三篇

表 16-20 石墨炉原子吸收光谱法

分析元素和条件	文献	分析元素和条件	文献
尿中 Cd	1	尿中 Pb、Cd	12
基体改进剂和 L'vov 平台技术，全血中 Pb	2	全血中 Pb	13
生物样品中微量 Ge	3	血中 Pb	14
尿中 Pb、Cd	4	以磷酸二氢铵为基体改进剂，直接测定，全血中 Pb	15
奶牛血清中 Se	5	尿中 Mn	16
鼠骨中 Cd	6	高分辨连续光源，固体进样，干尿斑中 Mo、Ti	17
血清中 Mn	7	高分辨连续光源，同时直接测定，生物固体样品中 Fe、Ni	18
全血中 Pb	8	全血和尿中 Mn	19
全血中 Pb	9	高分辨连续光源，直接固体进样，生物及其灰分中 Cd、Cr	20
血中 Pb	10	高分辨连续光源，直接固体进样，药用植物中 Cr	21
微酸量消解，血中 Cr	11		

本表参考文献：

1 李凭建, 汪再娟. 中国公共卫生, 2000, 16(09): 66.

2 开小明, 张群, 凌必文, 等. 光谱学与光谱分析, 2001, 21(02): 244.

3 鲍长利, 连洪洲, 陈博, 等. 理化检验(化学分册), 2001, 37(12): 536.

4 李春玲. 卫生研究, 2002, (04): 303.

5 董银根, 沈惠君. 光谱学与光谱分析, 2002, 22(04): 691.

6 王俊, 刘焕珍. 中国职业医学, 2003, (01): 60.

7 杨秀英. 光谱实验室, 2003, 20(03): 361.

8 王芬, 钟永聪, 王海燕, 等. 理化检验(化学分册), 2004, 40(09): 525.

9 夏卫文, 包青峰. 中国卫生检验杂志, 2005, 15(07): 881.

10 李筱薇, 高俊全. 卫生研究, 2007, (01): 90.

11 张改荣, 高文华, 倪佳, 等. 光谱实验, 2008, 25(04): 595.

12 郑丹, 陆慧萍, 张裕曾. 环境与职业医学, 2009, (01): 65.

13 尹之全, 姜严, 牛丽凤. 微量元素与健康研究, 2010, 27(01): 59.

14 朱建丰, 缪英, 陈军. 中外医学研究, 2011, (24): 178.

15 钱国英, 李纲. 中国卫生检验杂志, 2013, 23(05): 1100.

16 陈榕. 现代预防医学, 2014, (02): 320.

17 Rello L, et al. Spectrochim Acta B, 2013, 81(3): 11.

18 Gómez-Nieto B, et al. Talanta, 2013, 116(11): 860.

19 Meredith L, et al. J Anal At Spectrom, 2011, 26: 1224.

20 Duarte A T, et al. Talanta, 2013, 115(10): 55.

21 Virgilio A, et al. Spectrochim Acta B, 2012, 78(12): 58.

表 16-21 冷原子吸收和氢化物发生原子吸收光谱法

分析元素和条件	文献	分析元素和条件	文献
血中 Pb 含量的方法研究	1	氢化物发生，老鼠肝脏中甲基三价 As	5
流动注射电加热石英管，血清中 Se	2	鱼、甲壳类动物及唾液中 Hg	6
生物材料中的痕量 Hg	3	同时测定，鱼类中甲基 Hg 和无机 Hg	7
流动注射，人发中痕量 Hg	4		

本表参考文献：

1 张裕曾, 刘芸, 吴少平, 等. 工业卫生与职业病, 2001, (06): 339.

2 仇佩虹, 张华杰, 吴丽慧. 理化检验(化学分册), 2001, 37(05): 209.

3 张晓东, 周荣荣, 李峰, 等. 中国公共卫生, 2001, 17(02): 80.

4 王凤兰, 金山, 赵珍义. 中国公共卫生, 2001, 17(04): 95.

5 Currier J M, et al. Chem Res Toxicol, 2011, 24 (4): 478.

6 Borges A R, et al. Spectrochim Acta B, 2011, 66(7): 529.

7 Arbab-Zavar M H, et al. Talanta, 2012, 97(8): 229.

第八节　中药及植物制品分析应用

中药大多数是植物或植物制品，中药样品处理主要采用与生化样品类似的湿法分解和灰化分解等样品分解技术。

原子吸收光谱在中药及植物制品分析中的应用见表 16-22～表 16-24。

表 16-22　火焰原子吸收光谱法

分析元素和条件	文献	分析元素和条件	文献
中成药中微量元素	1	微波消解，下火药材中微量元素	29
人参中微量元素 Pb 和 Cd	2	不同产地夏枯草中重金属	30
悬浮液进样，高锌天麻中 Zn	3	冬虫夏草中 6 种矿物元素	31
悬浮液进样，中草药中 K、Na	4	中江丹参植株不同部位 12 种微量元素	32
大承气颗粒剂中 As、Pb、Cd、Cr、Hg	5	微波消解，9 种中药材中重金属	33
导数-原子捕集，中草药中微量 Cu	6	五倍子中微量元素	34
原子捕集，中草药中痕量 Cd	7	不同采收时间栽培与野生羌活药材中微量元素	35
微波消解，植物样品中 Fe	8	茯苓中微量元素	36
人参和西洋参中微量元素	9	湿法消解和干灰化前处理法，测定三七中总 Pb 和 Cr	37
微波消解，中药材中 Pb、Cd、As、Hg	10	微波消解样品，淡竹叶中痕量元素	38
金银花茶中 Pb、Cu	11	灯台叶中 Ca、Cu、Fe、Zn	39
中药中微量元素	12	微波消解，蜂胶中 11 种金属元素	40
中成药中微量元素	13	离子印迹壳聚糖/凹土分离富集，中药材中痕量 Cd（Ⅱ）	41
菘蓝不同部位的金属元素	14	灰树花中微量金属元素	42
翅果油树体内的 8 种无机元素	15	微波消解，四大怀药中 Fe 和 Zn	43
蜂花粉中的 13 种金属元素	16	金钱草中金属元素	44
清热解毒类中草药中的 11 种微量元素	17	红景天中微量元素	45
中药中微量元素	18	中药枳椇中 6 种微量元素	46
微波消解，桑叶中微量元素	19	6 种止咳化痰类中草药中微量元素	47
植物叶中微量重金属	20	高分辨连续光源，白豆蔻中金属元素	48
中草药中重金属	21	龙船花各器官中金属元素	49
土壤及植物中 Na	22	白芍中 7 种无机元素	50
不同产地白术中的重金属	23	双黄连粉针剂中 Na 与 K	51
微波消解，五味子中的微量元素	24	授粉受精期油茶子房中元素	52
桑叶中微量元素	25	浊点萃取，草药水萃取物中 Zn	53
微波消解，合欢皮中微量元素 Fe、Zn、Mn、Cu	26	固化漂浮有机滴微萃取，植物中 Mo	54
高分辨连续光源，植物中 S	27	高分辨连续光源，植物叶子中营养物	55
干灰化，鱼腥草中微量元素和重金属	28		

本表参考文献：

1　刘彦明. 光谱学与光谱分析, 2000, 20(03): 373.

2　程大明. 黑龙江医药, 2000, (02): 76.

3　淦五二, 何友昭, 孙莉. 理化检验(化学分册), 2001, 37(01): 45.

4　忽巧梅, 薛元英, 高志均. 延安大学学报(自然科学版), 2001, (03): 59.

5　麦惠环, 曾元儿. 广东微量元素科学, 2002, (03): 63.

6　杨莉丽, 张艳欣, 高英, 等. 分析化学, 2002, 32(09): 1143.

7　杨莉丽, 苑春刚, 张艳欣, 等. 光谱学与光谱分析, 2002, 22(06): 1045.

8　覃志英, 陈广林, 盛家荣. 广西预防医学, 2003, (02): 108.

9　韩金土, 王辉. 信阳师范学院学报(自然科学版), 2004, (02): 173.

10　钱春燕, 宋薇, 杨彦丽, 等. 现代科学仪器, 2004, 1(04): 38.

11 王永红，周磊．淮北煤炭师范学院学报(自然科学版)，2004，(04)：48.

12 廖华军，郭素华．福建分析测试，2004，(01)：1927.

13 刘彦明，王辉，韩金土，等．光谱学与光谱分析，2005，25(09)：1510.

14 沈晓芳，王艳琴，张勇，等．光谱实验室，2005，22(01)：80.

15 谢苏婧．光谱学与光谱分析，2006，26(01)：154.

16 汪学英，方孙斌．光谱实验室，2006，23(04)：715.

17 韩金土，刘彦明，王辉．光谱学与光谱分析，2006，26(10)：1931.

18 曾亮，刘慧，慎福策，等．湖北中医学院学报，2006，(04)：20.

19 李茵萍，刘丛，张亚萍，等．光谱实验室，2007，24(03)：428.

20 王喜全．理化检验(化学分册)，2007，43(05)：360.

21 黄东．生命科学仪器，2007，(10)：30.

22 肖忠峰，赵西梅，于祥，等．化学工程师，2008，(02)：20.

23 吕良忠，沈国芳．中国现代应用药学，2008，(02)：143.

24 李铭芳，汪小强，黄志，等．分析试验室，2008，27(S1)：44.

25 熊知行，刘临．微量元素与健康研究，2009，26(01)：29.

26 邓斌，蒋刚彪，陈六平．理化检验(化学分册)，2009，45(02)：163.

27 汪雨，李家熙．光谱学与光谱分析，2009，29(05)：1418.

28 高智席，陈碧，吴艳红．安徽农业科学，2009，(16)：7322.

29 李云，袁明华．光谱实验室，2010，27(01)：257.

30 刘伟，郭兴辉，徐倩．中国实验方剂学杂志，2010，(04)：53.

31 王建光，袁明全，杨书昌，等．云南民族大学学报(自然科学版)，2010，(02)：113.

32 杨振萍，边清泉，罗英，等．理化检验(化学分册)，2010，46(06)：621.

33 何佩雯，杜钢，赵海誉，等．药物分析杂志，2010，(09)：1707.

34 罗常辉，陈红云，蓝海．大理学院学报，2010，(06)：3.

35 李春丽，周国英，胡凤祖，等．光谱学与光谱分析，2011，31(04)：1122.

36 李羿，杨万清．化学研究与应用，2011，(09)：1278.

37 陈颢，张继光，付开林，等．现代仪器，2011，(05)：55.

38 熊海涛．理化检验(化学分册)，2012，48(01)：58.

39 张广求，叶艳青，宋爽，等．江苏农业科学，2012，(01)：272.

40 苏莉，张伟，吴柯静．光谱实验室，2012，29(02)：1268.

41 石莹莹，熊清平，张强华，等．分析科学学报，2012，28(03)：348.

42 孟金荣，沈秋仙．微量元素与健康研究，2013，30(01)：31.

43 斯琴格日乐，李英杰，恩德．光谱实验室，2013，30(01)：89.

44 李云龙，胡久梅，胡炟红，等．中国实验方剂学杂志，2013，(02)：105.

45 王建元，胡久梅，李云龙，等．中国实验方剂学杂志，2013，(05)：139.

46 张剑，廖建华，李银保，等．光谱实验室，2013，30(02)：672.

47 张桂妹，何汝汝，吴润燕，等．微量元素与健康研究，2014，31(02)：42.

48 陈尚龙，等．食品科学，2014，(04)：91.

49 陈怀宇，蔡英卿，李丽明，等．中国农学通报，2014，(13)：178.

50 雷萍，康晓宇，朱奕，等．中医药导报，2014，(04)：53.

51 李文春，孙永慧，解黎雯，等．中医药学报，2014，(01)：19.

52 邹锋，袁德义，高超，等．光谱学与光谱分析，2014，34(04)：1095.

53 Kolachi N F, et al. Food Chem Toxicol, 2011, 49(10): 2548.

54 Oviedo J A, et al. Spectrochim Acta B, 2013, 86(8): 142.

55 Zeng C, et al. Microchem J, 2011, 98(2): 307.

表 16-23 **石墨炉原子吸收光谱法**

分析元素和条件	文献	分析元素和条件	文献
中药漏芦中微量 Cd	1	浊点萃取，中成药中 Cd 残留量	9
中成药中重金属	2	甘草中 Cu	10
中药黄姜中微量 Cd	3	中成药中重金属	11
基体改进，中药丹参中 Cu 和 Zn	4	僵蚕中 Pb、Cd	12
微波消解，中药中微量元素	5	微波消解，桂皮中 Pb、Cd、Cr、Sb、Ni 和 Cu	13
植物提取物中微量 Cd	6	银柴胡中 Pb	14
浊点萃取富集，同时测定，环境水样和中药中超痕量 Pb 和 Cd	7	高分辨连续光源，固体直接进样，药用植物中 Pb	15
微波消解，植物中 Pb	8	高分辨连续光源，复合维生素补充剂中微量和痕量元素	16

本表参考文献：

1 丁健华，廖振环，王雷，等．光谱学与光谱分析，2001，21(04)：552.

2 李仲瑞．江苏药学与临床研究，2002，(03)：22.

3 陈世忠．光谱学与光谱分析，2003，23(05)：993.

4 申世刚，李挥，刘占锋，等．光谱实验室，2004，21(06)：1163.

5 马强，胡海，刘颖，等．吉林大学学报(理学版)，2006，(05)：817.

6 陈练, 陈新焕, 杨万彪, 等. 光谱实验室, 2008, 25(05): 897.

7 孙梅, 吴强华. 理化检验(化学分册), 2009, 45(06): 710.

8 吴彩霞, 张洪荣. 草业科学, 2010, (02): 66.

9 李延志, 张弦. 光谱实验室, 2010, 27(03): 933.

10 邢广恩. 衡水学院学报, 2011, (01): 30.

11 张珏, 徐晖, 李倩. 中国药房, 2012, (03): 261.

12 李婧, 胡久梅, 李云龙, 等. 中国实验方剂学杂志, 2013, (04): 123.

13 郑锡波, 蔡璇, 田雨, 等. 化学工程师, 2014, (04): 20.

14 樊艳茹, 黄宇, 张霞, 等. 广州化工, 2014, (01): 91.

15 Majidi B, Shemirani F, et al. Talanta, 2012, 93(5): 245.

16 Krawczyk M. Journal of Pharmaceutical and Biomedical Analysis, 2014, 88(1): 377.

表 16-24　冷原子吸收和氢化物发生原子吸收光谱法

分析元素和条件	文献	分析元素和条件	文献
流动注射-氢化物发生, 胃必治中 Bi	1	氢化物发生, 黄芪中 Se	6
氢化物, 植物药材中 As	2	流动注射-氢化物发生, 木糖中痕量 As	7
流动注射, 蜂胶样品中的 As 和 Hg	3	纳米 TiO₂ 涂层石英管原子化器, 草药中 Hg、Se	8
氢化物发生, 中药中 As（Ⅲ）和 As（Ⅴ）	4	化学原子化, 金银花中 Cd	9
氢化物发生, 中华白海豚中 Hg 和 As	5		

本表参考文献:

1 杜晓光, 周焕英, 王乃芝. 理化检验(化学分册), 2000, 36(05): 206.

2 李筱薇, 高俊全, 赵京玲. 卫生研究, 2001, (05): 308.

3 韦璐, 张宏志, 隋涛, 等. 检验检疫科学, 2001, (03): 18.

4 杨莉丽, 李娜, 张德强, 等. 分析科学学报, 2004, 20(05): 483.

5 虞锐鹏, 贡小清, 杨健, 等. 光谱实验室, 2005, 22(05): 1090.

6 刘爽, 刘冬莲. 理化检验(化学分册), 2013, 49(01): 81.

7 戴平望. 理化检验(化学分册), 2014, 50(03): 381.

8 López-García I, et al. Talanta, 2014, 124(6): 106.

9 刘利敏, 罗亚虹, 李琦, 等. 药物分析杂志, 2013, (02): 278.

第四篇
原子荧光光谱分析

第十七章　原子荧光光谱分析概述

原子荧光光谱分析法(atomic fluorescence spectrometry, AFS) 经历了近 50 年的发展和不断完善，已成为实验室常规分析仪器，是一种用于痕量和超痕量元素的分析方法。广泛应用于地质、冶金、农业、环境监测、食品卫生、药品检验、城市给排水和材料科学等领域。

第一节　原子荧光光谱分析的发展

火焰原子荧光光谱法作为一种新的化学分析方法，由 Winefordner[1]于 1964 年提出并导出了有关原子荧光光谱分析的基础公式，发表了原子荧光光谱法测定汞、锌、镉的应用论文，由此建立了原子荧光光谱痕量元素分析技术。随后，许多研究工作主要是美国佛罗里达州立大学 Winefordner 教授和英国伦敦帝国学院的 West 教授的两个研究小组合作完成，推动了原子荧光光谱法的发展。

原子荧光光谱分析法发展初期，国外很多学者 Hussen、Thompson 等[2,3]在仪器研制过程中，对一些关键技术进行研究，主要集中在激发光源，如金属蒸气放电灯、无极放电灯、高强度空心阴极灯和等离子体光源等;原子化器方面有各种火焰原子化器及无火焰原子化器等。1974～1975 年，Kirkbright 和 Sychra 等分别发表了《原子吸收和原子荧光光度法》和《原子荧光光谱学》等有关原子荧光光谱的专著[4,5]。

但是，由于这些研究工作局限于实验室，虽然也发表了较多的相关研究论文，均未能形成商品化仪器。到 1981 年，美国 Baird 公司曾推出了 Plasma/AFS-2000 型 12 道非色散原子荧光光谱仪，采用电感耦合等离子体(ICP)作原子化器，空心阴极灯作为激发光源，可同时测定 12 个元素。但是，在实际应用中则难以实现多元素同时测定，其检测灵敏度，有些元素低于 ICP-AES，有的不如 AAS，且运行成本高，仪器本身在技术上也尚未完善，面世不久后就停产。国外再也未发展起有实用价值的 AFS 商品仪器。直至 1993 年，英国 PSA 仪器公司(P S Analytical Ltd)采用了氢化物发生-原子荧光光谱法，推出了 HG-AFS 商品仪器，以高强度空心阴极灯作激发光源，电热石英管原子化器，单道测定砷、锑、铋、硒、碲五种元素;而汞元素的测量，则另外设计了专用的原子荧光测汞仪，技术水平与我国已经发展的 VG-AFS 商品仪器相当，未进入我国 AFS 仪器市场。

我国于 20 世纪 70 年代开始发展原子荧光光谱分析技术，1975 年西北大学杜文虎首先在国内介绍了原子荧光光谱分析技术[6]，采用自制液体滤光片作滤光器，光电倍增管检测，研制成功了冷原子荧光测汞仪。

1983 年，西北有色地质研究所郭小伟和地矿部物化探研究所张锦茂两个研制小组合作，研制成功"WYD-2 型蒸气发生-双道原子荧光光谱仪"科研样机[7,8]，应用该仪器开展了地球化学样品中 As、Sb、Bi、Hg 等元素测定的方法研究[9]。1985 年，地矿部将该项研究成果转化为商品化仪器，由北京地质仪器厂、江苏宝应仪器厂投入小批量生产。从此，开始了我国原子荧光光谱仪器产业化的进程，现已发展成为具有中国特色的蒸气发生-原子荧光光谱(VG-AFS)仪器。

　　我国的科技工作者经过了近 40 年不懈努力，VG-AFS 商品化仪器的研制技术有了很大的发展。由早期仅能分析 As、Sb、Bi、Hg 等 4～5 个元素，扩大到 16 个元素；其检出限比早期降低了 1～2 个数量级；精密度由≤5 %提高到≤1%；且由手工操作发展到半自动、智能化全自动测定。成为具有自主知识产权的国产分析仪器。目前，我国在 VG-AFS 商品仪器的研发、生产、分析方法的研究和应用方面，均处于国际领先水平。

　　VG-AFS 首先在地质找矿系统推广应用[10]，继而在环境监测、食品卫生、城市给排水、农业环境、冶金钢铁、药品检验和商检等领域得到广泛应用。且在各个领域中先后建立了相关的国家标准和行业标准，截至 2014 年已建立的各项标准达 140 多项。这些标准的建立，有力推动了我国原子荧光光谱仪的推广和普及，现已成为众多实验室常规的分析仪器。

　　我国 VG-AFS 的生产企业(公司)由最初的 2～3 家，现已发展到 12 家。仪器产量不仅能满足国内的需求，还出口到加拿大、美国、意大利、阿根廷、伊朗、波兰、乌兹别克斯坦、墨西哥、泰国和老挝等国。

　　我国广大分析工作者应用 VG-AFS 在各个领域中做了大量的分析方法研究和应用，据不完全统计，1980～2014 年在国内外杂志共发表 4638 篇论文，说明 VG-AFS 分析技术在我国已得到普及。但是作为一门光谱分析技术，已形成的商品仪器，在分析能力上还有很大的发展空间，如原子化技术进一步创新，扩大元素的分析范围,仪器的小型化、专用化技术还在发展。

第二节　原子荧光光谱分析的特点

　　原子荧光光谱分析是在原子发射光谱和原子吸收光谱的基础上发展起来的。其特点大致可归纳为以下几个方面：

　　（1）灵敏度高、检出限低　原子荧光辐射强度与激发光源强度成正比，且从偏离入射光的方向进行检测，即在几乎无背景下检测原子荧光强度。

　　（2）谱线简单、选择性好　原子荧光的谱线比较简单、光谱重叠少，且几乎没有光谱干扰。

　　（3）线性范围宽　常规的空心阴极灯或高强度空心阴极灯作为激发光源，线性动态范围达 3 个数量级。采用激光作激发光源，线性动态范围可扩大到 5～7 个数量级。

　　（4）具有多元素同时测定能力　原子荧光可以向各个方向进行辐射，便于制作多道原子荧光光谱仪，实现多个元素的同时测定。

　　（5）分析速度快　VG-AFS 测定的工作效率，采用自动进样器每小时可测定 120 个样品左右。

　　（6）样品用量小　VG-AFS 试样进样量一般仅为 1mL 左右。

　　（7）仪器结构简单　采用无色散系统原子荧光光谱仪，结构简单、价格便宜。

第三节　原子荧光光谱分析的基本术语

　　（1）原子荧光光谱法(atomic fluorescence spectrometry)　基于测量蒸气相中基态原子吸收光源辐射之后,再激发出具有荧光的特征谱线辐射强度,测定化学元素的方法。其吸收和再激发的特征谱线辐射波长,可以相同(共振荧光),也可以不同(非共振荧光)。

　　（2）蒸气发生法(vapour generation method)　被测元素通过化学反应转化为挥发性形态,包括氢化物发生、汞蒸气发生和挥发性化合物发生。

（3）氢化物发生(hydride generation) 利用初生态氢作为还原剂(如硼氢化钾/钠),通过化学反应,使分析元素转化成气态的共价氢化物。

（4）汞蒸气发生(mercury vapour generation) 将汞化合物还原为金属汞蒸气或转化为易于气化的形态。

（5）挥发性化合物发生(volatile compound generation) 在被测元素的样品溶液中加入适宜的还原催化剂与硼氢化物产生化学反应,转化为易分解的挥发性化合物。

（6）空心阴极灯(hollow cathode lamp) 一种利用空心筒状阴极的阴极效应,增大负辉发光强度和电流密度,以获得阴极材料元素原子谱线的辉光放电灯。

（7）高强度空心阴极灯(high-intensity hollow cathode lamp) 空心阴极灯内增加一个辅助阴极,形成三电极的结构,以控制辅助阴极电流来增加原子激发效率,减少阴极溅射、自吸,以此提高光辐射强度及辐射谱线质量的空心阴极灯。

（8）原子化器(atomizer) 用火焰、电加热或非加热方式,实现分析物蒸气原子化的装置。

（9）原子化效率 (overall efficiency of atomization) 在原子化器中转变为自由原子的待测元素与进入原子化器的待测元素的质量比。

（10）液相干扰(liquid phase interference) 在液相内由于干扰离子的竞争反应、络合效应、溶剂性质和酸度等对分析物形成效率和反应速率产生的影响。

（11）气相干扰(vapour-phase interference) 在气相中形成气态化合物的元素对分析物传输和原子化过程所产生的影响。

参 考 文 献

[1] Winefordner J D, Vickers T J. Anal Chem, 1964, 36: 161.

[2] Hussen Ch A M, Nickleses G. England Sheffield, ICAAS Meeting, 1969.

[3] Thompson K C. Analyst, 1975, 100: 307.

[4] Kirkbright G F, Sargent M. Atomic Absorption and Atomic Fluorescence Spectrometry. Acadenic Press, 1974: 1.

[5] Sychra V, Svebody V, Rubeska I. 原子荧光光谱学. 吕尚景等译. 北京: 冶金工业出版社, 1979.

[6] 杜文虎. 西北大学学报(自然科学), 1975, (1): 54.

[7] 郭小伟, 张锦茂, 杨密云,等. 光谱学与光谱分析, 1983, 3(2): 124.

[8] Guo Xiaowei, Zhang Jinmao, Yang Miyun, et al. Journal of Geochemical Exploration, 1989, 33: 237.

[9] 张锦茂, 范凡, 郭小伟, 等. 物探与化探, 1984, 8(3): 150.

[10] 张锦茂, 张勤. 地质技术装备丛书, 第六卷, 实验分析仪器(下). 北京: 地质出版社, 1993.

第十八章　原子荧光光谱分析的基本原理

基于蒸气相中基态原子受到特征波长的光源辐射后，其中一些自由原子被激发跃迁到较高能态，然后去激发跃迁到某一较低能态（常常是基态）或邻近基态的另一能态，将吸收的能量以辐射的形式发射出特征波长的原子荧光谱线。各种元素都有其特定的原子荧光光谱，根据原子荧光谱线的强度可测得试样中待测元素的含量，这就是原子荧光光谱分析。

第一节　原子荧光的产生

原子荧光是激发态的原子，以光辐射的形式放出能量的过程，Mecarthy[1]曾对此进行了详细的研究。一般情况下，气态自由原子处于基态，当吸收外部光源一定频率的辐射能量后，原子的外层电子由基态跃迁至高能态即为激发态，处于激发态的电子很不稳定，在很短的时间（$\approx 10^{-8}$s）内即自发地释放能量返回到基态。同时以光辐射的形式释放出能量，所发射出的特征光谱，即为原子荧光光谱。因此，原子荧光的产生既有原子的光吸收过程，又有原子的光发射过程，它是两种过程综合的结果。原子荧光是基于由激发光源照射作用下，基态原子受激发光，当激发光源停止照射后，再发射过程立即停止，它属于冷激发。因此，也可称之为光致发光或二次发光。

第二节　原子荧光的类型

原子荧光光谱是由光源辐射激发产生的原子发射光谱，当基态原子吸收激发光源发射出的特征波长辐射后被激发，接着辐射去活化而发射出荧光。荧光线的波长和激发线的波长可以相同，也可能比激发线波长为长，但比激发线波长短的情况很少。Omenetto 等[2]对各种类型的原子荧光进行了详细的讨论，原子荧光的类型有十几种之多。一般来说，应用在分析上最基本的形式主要有共振荧光、非共振荧光。

一、共振荧光

当原子受到波长为 λ_A 的光能照射时，处于基态 E_0 的电子跃迁到激发态 E_2，被激发的原子由 E_2 回到基态 E_0 时，它就发射出波长为 λ_F 的荧光，见图 18-1（a）。由于电子 E_0 跃迁到 E_2 所吸收的能量，等于它从 E_2 回到 E_0 时所放出的能量。因此，激发光波长与发射荧光波长相同（$\lambda_A=\lambda_F$），这类荧光称为共振荧光。

例如，荧光谱线 As 193.8nm、Pb 283.3nm 和 Se 203.9nm 等均属于共振荧光。共振荧光由于相应于电子激发态和基态之间的共振跃迁概

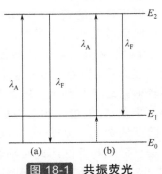

图 18-1　共振荧光

(a)共振荧光；(b)热助共振荧光

率比其他跃迁概率大得多，且发出的共振荧光最强，所以共振跃迁产生的谱线是在分析中最有用的荧光谱线。当原子处于由热激发产生的较低的亚稳态能级，则共振荧光可以从亚稳态能级上产生，见图 18-1（b）。即原子先经过热激发跃迁到亚稳态能级 E_1，再通过吸收激发光源中适宜的非共振线后被进一步激发，跃迁至 E_2 能级，然后再发射出相同波长的共振荧光。这一过程产生的荧光，称之为热助（thermally assisted）共振荧光[3]。也有人建议将这类荧光称为"激发态共振荧光"[4]。如 In 原子可以吸收并再发射出 451.13nm 的共振荧光线，为热助共振荧光的实例。

二、非共振荧光

当激发线波长和观察到的荧光线波长不相同时，就产生非共振荧光。它的主要类型分为斯托克斯（StoKes）和反斯托克斯（anti-StoKes）荧光两类。当发射的荧光波长比激发光波长要长时，即为斯托克斯荧光。根据斯托克斯荧光产生的机理不同，又可分为直跃线荧光和阶跃线荧光。当发射的荧光波长比激发光波长短时，即为反斯托克斯荧光。

1. 直跃线荧光

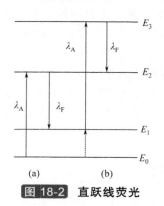

图 18-2 直跃线荧光

(a)直跃线荧光；(b)热助直跃线荧光

直跃线荧光属于非共振荧光，当激发线和荧光线起始于一个共同的高能级的跃迁时产生的荧光。也即一个原子受光辐射而被激发（通常是基态）到较高的激发态，然后直接跃迁到高于基态的亚稳能级。一般发生在两个激发态之间，见图 18-2（a）。处于基态 E_0 的电子被激发到 E_2 能级，当电子回到 E_1 能级（即不回到原来能态）时发出直跃线荧光。在此条件下，由于电子跃迁到中间态所产生的能量要比所吸收的能量小，即激发能大于荧光能，称为 Stoks 过程，所以荧光辐射的波长，要比激发辐射的波长要长（$\lambda_F > \lambda_A$）。如处于基态的铅（Pb）原子吸收 283.3nm 谱线，随后激发出 Pb 405.8nm 和 722.9nm 谱线是直跃线荧光的典型实例[5]，又如用铊（Tl）377.5nm 激发出 Ti 585.0nm 也是直跃线荧光的例子。

同样，当原子处于由热激发产生的较低的亚稳能级，再通过吸收非共振线而激发的直跃线荧光，称为"热助直跃线荧光"，见图 18-2（b）。

2. 阶跃线荧光

阶跃线荧光是指当激发谱线和发射谱线的高能级不同时所产生的荧光，可分为正常阶跃线荧光和热助阶跃线荧光两种类型。

正常阶跃线荧光是电子被激发到第一激发态以上的高能态后，当处于激发态 E_2 电子受激碰撞引起无辐射跃迁，回到某一较低激发态，损失部分能量而降至 E_1 能级，然后再从 E_1 回至基态时，产生阶跃线荧光，见图 18-3（a）。它是在不同的能态进行激发和跃回，此时辐射放出阶跃线荧光的波长，同样要比激发辐射的波长要长（$\lambda_F > \lambda_A$），例如，如钠（Na）原子吸收 330.3nm 谱

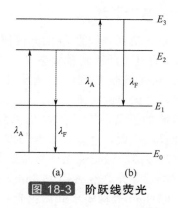

图 18-3 阶跃线荧光

(a)正常阶跃线荧光；(b)热助阶跃线荧光

线后被激发，发射出 Na 589.0nm 的荧光谱线，属于正常阶跃线荧光[6]。

热助阶跃线荧光[7]是指光辐射激发的原子可以进一步热激发到较高的激发态 E_3，然后再辐射跃迁到低能态 E_1 所产生的荧光，见图 18-3（b）。只有在两个或两个以上的能级能量相差很小，足以由于吸收热能而产生由低能级向高能级跃迁时，才能发生热助阶跃线荧光。

3. 反斯托克斯荧光

反斯托克斯荧光是指荧光线的波长比激发线波长为短的荧光。由于光子能量不足，通常由热能来补充，因而在这里也可以使用"热助荧光"这个术语。

当自由原子吸收热能跃迁到比基态稍高能级上再吸收光辐射被激发到较高的能级 E_2 时，然后辐射跃迁至基态 E_0 时，见图 18-4（a）。或者当处于基态 E_0 的原子被激发到较高的能级 E_2，然后通过吸收热能再上升到一稍高的 E_3 能级，最后以辐射跃迁至基态 E_0 时，即产生热助反斯托克斯荧光，见图 18-4（b）。其荧光辐射过程可能是由 E_3 回到 E_0，例如用铟（In）的 451.1nm 的波长激发 In 410.2nm 荧光谱线。上述两种情况，此时辐射放出阶跃线荧光的波长，要比激发辐射的波长短（$\lambda_F < \lambda_A$），故称为反斯托克斯荧光。

除上述情况外，由基态 E_0 激发至 E_2 能级时，由于吸收热能经过 E_3 能级而返回基态 E_0 并放出荧光，铬（Cr）原子吸收用 359.3nm 的辐射被激发后再吸收热能跃迁到更高能态，然而发射出很强的 357.8nm、359.35nm 和 360.53nm 三重线。

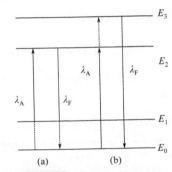

图 18-4　反斯托克斯荧光

(a)、(b)为典型的反斯托克斯荧光

三、敏化荧光

除了上面讨论过的各种原子荧光外，还有另一种是敏化荧光。它是指被外部光源激发的原子或分子（给予体）通过碰撞把自己的激发能量转移给待测原子（接受体），然后接受体通过辐射去激发而发射出的原子荧光，这就是敏化荧光，其过程表示如下：

$$A + h\nu \longrightarrow A^*$$
$$A^* + M \longrightarrow A + M^* + \Delta$$
$$M^* \longrightarrow M + h\nu$$

式中，A 为给予体；M 为接受体。

如汞和铊的混合蒸气，汞原子首先受 253.7nm 的辐射能所激发，被激发的汞原子同铊原子互相碰撞时，将所吸收的辐射能传给铊原子，铊原子就辐射出铊 377.5nm 和 535.0nm 的敏化荧光。产生敏化荧光的条件是给予体的浓度要很高，而在火焰原子化器中原子浓度通常是较低的，同时给予体原子主要通过碰撞去激发，敏化荧光在火焰中非常罕见。因此，这种现象只有理论意义。

四、原子荧光的能级跃迁

对于某一元素而言，原子吸收特征光的辐射后，将发射出一组荧光谱线，这些谱线由于跃迁过程中所涉及能级的差异，具有不同的波长。以铊的 9 条原子荧光谱线为例，如图

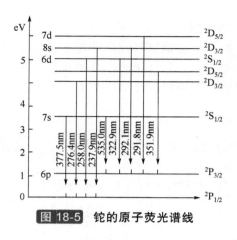

图 18-5 铊的原子荧光谱线

18-5 所示。基态原子 $6p^2P_{1/2}$ 到 $7s^2S_{1/2}$ 的能量为 3.283eV，这相当于原子荧光中最灵敏的共振荧光 377.5nm。

另外三条谱线 276.4nm、268.0nm、237.9nm 也是属于共振荧光，但灵敏度较低。535.0nm、322.9nm、292.1nm 分别为电子由 3.283eV、4.845eV、5.28eV，跃迁至基态的亚稳态能级，从 $^2P_{3/2}$（0.996eV）时所发射出的直跃线荧光。由图 18-5 可见，291.8nm、351.9nm 为热助阶跃线荧光。因此，某一元素的荧光光谱可包括具有不同波长的数条谱线。

五、各元素原子荧光能级跃迁与相对荧光强度

本节给出了各元素的原子荧光光谱能级跃迁与相对荧光强度，引自本书第二版，见表 18-1～表 18-22。

表 18-1 砷的原子荧光光谱

λ/nm	能级/eV	跃迁	相对荧光强度		
			空气-乙炔	N-H	Ar-H
189.04	0~6.557	$^4S^0_{3/2}$—$^4P_{5/2}$	26	32	33
193.76	0~6.398	$^4S^0_{3/2}$—$^4P_{3/2}$	40	34	46
197.26	0~6.285	$^4S^0_{3/2}$—$^4P_{1/2}$	40	37	53
228.81	1.353~6.770	$^2D^0_{5/2}$—$^2P_{3/2}$	58	3	5
234.98	1.313~6.588	$^2D^0_{3/2}$—$^2P_{1/2}$	168	116	208
238.12	1.353~6.557	$^2D^0_{5/2}$—$^4P_{5/2}$	33	52	56
243.72	1.313~6.398	$^2D^0_{3/2}$—$^4P_{3/2}$	9	12	17
245.65	1.353~6.398	$^2D^0_{5/2}$—$^4P_{3/2}$	45	48	67
249.29	1.313~6.285	$^2D^0_{3/2}$—$^4P_{1/2}$	44	56	80
274.50	2.255~6.770	$^2P^0_{1/2}$—$^2P_{3/2}$	—	<0.5	约 0.5
278.02	2.312~6.770	$^2P^0_{3/2}$—$^2P_{3/2}$	—	0.5	1.0
286.04	2.255~6.588	$^2P^0_{1/2}$—$^2P_{1/2}$	—	34	63
289.87	2.312~6.588	$^2P^0_{3/2}$—$^2P_{1/2}$	—	5	85
303.28	2.312~6.398	$^2P^0_{3/2}$—$^4P_{3/2}$	—	11	15
311.96	2.312~6.285	$^2P^0_{3/2}$—$^4P^1_{1/2}$	—	—	—

表 18-2 银的原子荧光光谱

λ/nm	能级/eV	跃迁	相对光源发射强度[①]	相对荧光强度[①]	
				空气-乙炔	Ar-O-H
328.07	0~3.778	$2S_{1/2}$—$2P^0_{3/2}$	100	100	100
338.29	0~3.604	$2S_{1/2}$—$2P^0_{1/2}$	59	56	79

① BOHCL（S-W）光源。

表 18-3 铝的原子荧光光谱

λ/nm	能级/eV	跃迁	相对光源发射强度	相对荧光强度	λ/nm	能级/eV	跃迁	相对光源发射强度	相对荧光强度
236.71	0~5.235	$^2P^0_{1/2}$—$5d^2D_{3/2}$	2	0.03	308.22	0~4.020	$^2P^0_{1/2}$—$3d^2D_{3/2}$	56	12
237.31	0.014~5.235	$^2P^0_{3/2}$—$5d^2D_{5/2}$	4 }	0.05	309.27	0.014~4.020	$^2P^0_{3/2}$—$3d^2D_{5/2}$	100 }	24
237.34		$^2P^0_{3/2}$—$5d^2D_{3/2}$			309.28		$^2P^0_{3/2}$—$3d^2D_{3/2}$		
256.80	0~4.827	$^2P^0_{1/2}$—$4d^2D_{3/2}$	3	0.05	394.40	0~3.143	$^2P^0_{1/2}$—$^2S_{1/2}$	52	50
257.51	0.014~4.827	$^2P^0_{3/2}$—$4d^2D_{5/2}$	6 }	0.05	396.15	0.014~3.143	$^2P^0_{3/2}$—$^2S_{1/2}$	78	100
257.54		$^2P^0_{3/2}$—$4d^2D_{3/2}$							

表 18-4 金的原子荧光光谱

λ/nm	能级/eV	跃迁	相对光源发射强度[1]	相对荧光强度[2]	λ/nm	能级/eV	跃迁	相对光源发射强度[1]	相对荧光强度[2]
242.80	0~5.105	$^2S_{1/2}$—$^2P^0_{3/2}$	100	100	302.92	1.136~5.227	$^2D_{5/2}$—$^4P^0_{5/2}$	42	1
267.60	0~4.632	$^2S_{1/2}$—$^2P^0_{1/2}$	96	52	312.28	1.136~5.105	$^2D_{5/2}$—$^2P^0_{3/2}$	12	5

① 高强度空心阴极灯激发。

② 在 Ar-O-H 火焰。

表 18-5 铋的原子荧光光谱[1]

λ/nm	能级/eV	跃迁	相对荧光强度[2] N-H	相对荧光强度[2] Ar-H	λ/nm	能级/eV	跃迁	相对荧光强度[2] N-H	相对荧光强度[2] Ar-H
206.17	0~6.012	$^4S^0_{3/2}$—$^4P_{5/2}$	6.5	12	298.90	1.416~5.562	$^2D^0_{3/2}$—$^4P_{3/2}$	—	—
222.83	0~5.562	$^4S^0_{3/2}$—$^4P_{3/2}$	—	—	299.33	1.416~5.556	$^2D^0_{3/2}$—$^2D_{5/2}$	—	—
223.06	0~5.556	$^4S^0_{3/2}$—$^2D_{5/2}$	—	—	302.46	1.914~6.012	$^2D^0_{5/2}$—$^4P_{5/2}$	50	100
227.66	0~5.444	$^4S^0_{3/2}$—$^2D_{3/2}$	—	—	306.77	0~4.040	$^4S^0_{3/2}$—$7S^4P_{1/2}$	28	54
262.79	1.416~6.132	$^2D^0_{3/2}$—$^2P_{3/2}$	—	—	339.72	1.914~5.562	$^2D^0_{5/2}$—$^4P_{3/2}$	—	—
269.67	1.416~6.012	$^2D^0_{3/2}$—$^4P_{5/2}$	3	6	351.08	1.914~5.444	$^2D^0_{5/2}$—$^2D_{3/2}$	—	—
278.05	1.416~5.873	$^2D^0_{3/2}$—$8S^4P_{1/2}$	—	—	412.15	2.685~5.692	$^2P^0_{1/2}$—$^2P_{1/2}$	—	—
289.80	1.416~5.692	$^2D^0_{3/2}$—$^2P_{1/2}$	—	—	472.22	1.416~4.040	$^2D^0_{3/2}$—$7S^4P_{1/2}$	—	—
293.83	1.914~6.132	$^2D^0_{5/2}$—$^2P_{3/2}$	—	—					

① 用碘 EDL 激发（用这种光源观察只有 206.1nm 谱线）。

② 在 Ar-H 扩散中以 302.46nm 线得到的相对荧光强度为 100，则其他谱线的相对强度远低于 5%。

表 18-6 钴的原子荧光光谱

h/nm	能级/eV	跃迁	相对光源发射强度[1]	相对荧光强度[1][2]	h/nm	能级/eV	跃迁	相对光源发射强度[1]	相对荧光强度[1][2]
240.73	0~5.149	$a^4F_{9/2}$—$x^4G^0_{11/2}$	91	100	242.49	0~5.111	$a^4F_{9/2}$—$x^4F^0_{9/2}$	61	50
241.16	0.101~5.240	$a^4F_{7/2}$—$x^4G^0_{9/2}$	59	38	243.22	0.101~5.197	$a^4F_{7/2}$—$x^4F^0_{7/2}$	42	16
241.45	0.174~5.308	$a^4F_{5/2}$—$x^4G^0_{7/2}$	54 }	15	252.14	0~4.916	$a^4F_{9/2}$—$x^4D^0_{7/2}$	100	45
241.53	0.224~5.356	$a^4F_{3/2}$—$x^4G^0_{5/2}$	39 }		252.90	0.101~5.002	$a^4F_{7/2}$—$x^4D^0_{5/2}$	58	7

① 用高强度空心阴极灯激发。

② 空气 A-H 火焰。

表 18-7 铜的原子荧光光谱

λ/nm	能级/eV	跃迁	相对光源发射强度①	相对荧光强度②	
				Ar-O-H	空气-乙炔
216.51	0~5.725	$4s^2S_{1/2}-4s4p^2D^0_{3/2}$	9	0.34	0.45
217.89②	0~5.688	$4s^2S_{1/2}-4s4p^2P^0_{3/2}$	13 ⎫	1.25	1.5
218.17②	0~5.681	$4s^2S_{1/2}-4s4^2P^0_{1/2}$	7 ⎭		
222.57	0~5.569	$4s^2S_{1/2}-4s4p^2D^0_{1/2}$	12	0.24	0.30
249.22	0~4.973	$4s^2S_{1/2}-4s4p^4D^0_{3/2}$	23	—	—
324.75	0~3.817	$4s^2S_{1/2}-4p^4D^0_{3/2}$	100	100	100
327.40	0~3.786	$4s^2S_{1/2}-4p^2P^0_{1/2}$	64	50.2	50.7
510.55	1.389~3.817	$4s^2{}^2D_{5/2}-4p^2P^0_{3/2}$	—		
578.21	1.642~3.786	$4s^2{}^2D_{3/2}-4p^2P^0_{1/2}$	—		

① 高强度空心阴极灯激发。

② 谱线在荧光光谱中没有分辨。

表 18-8 锗的原子荧光光谱

λ/nm	能级/eV	跃迁	相对光源发射强度①	相对荧光强度①③	λ/nm	能级/eV	跃迁	相对光源发射强度①	相对荧光强度①②
249.80	0~4.962	$^3P_0-{}^1P^0_1$	8	1	270.96	0.069~4.643	$^3P_1-{}^3P^0_0$	37	31
259.25	0.069~4.850	$^3P_1-{}^3P^0_2$	48	34	275.46	0.171~4.674	$^3P_2-{}^3P^0_1$	40	35
265.12③	0.171~4.850	$^3P_2-{}^3P^0_2$ ⎫	100	100	303.91	0.883~4.962	$^1D_2-{}^1P^0_1$	69	35
265.16③	0~4.674	$^3P_0-{}^3P^0_1$ ⎭			326.95	0.883~4.674	$^1D_2-{}^3P^0_1$	13	12
269.13	0.069~4.674	$^3P_1-{}^3P^0_1$	28	19					

① 用高强度空心阴极灯激发。

② 在 N_2O-乙炔火焰中。

③ 没有分辨的发射及荧光光谱线。

表 18-9 镍的原子荧光光谱

λ/nm	能级/eV	跃迁	相对光源发射强度①	相对荧光强度①②	λ/nm	能级/eV	跃迁	相对光源发射强度①	相对荧光强度①②
229.00	0~5.412	$a^3F_4-x^3F^0_3$	5	5	305.08	0.025~4.088	$a^3D_3-y^3F^0_4$	74	12
231.10	0~5.363	$a^3F_4-w^3F^0_4$	19	52	310.16③	0.109~4.105	$a^1D_2-y^3F^0_3$	57③ ⎫	9③
231.23	0.165~5.525	$a^3F_3-w^3F^0_3$	8	12	310.19③	0.423~4.418	$a^1D_2-y^1F^0_3$	⎭	
231.40	0.275~5.631	$a^3F_2-w^3F^0_2$	13	7	313.41	0.212~4.167	$a^3D_1-y^3F^0_2$	25	7
232.00	0~5.342	$a^3F_4-y^3G^0_5$	32	100	341.48	0.025~3.655	$a^3D_3-z^3F^0_4$	95	13
232.58	0.165~5.494	$a^3F_3-y^3G^0_4$	12	6	346.17	0.025~3.606	$a^3D_3-z^6F^0_4$	99	4
234.55	0~5.284	$a^3F_4-x^3D^0_3$	14	13	351.51	0.109~3.635	$a^3D_2-z^3F^0_3$	58	6
300.25	0.025~4.153	$a^3D_3-y^3D^0_3$	59 ⎫	13④	352.45	0.025~3.542	$a^3D_3-z^3P^0_2$	100	20
300.36	0.109~4.235	$a^3D_2-y^3D^0_2$	22 ⎭						

① 用高强度空心阴极灯激发。

② 在空气-H 火焰中。

③ 在未分辨的发射及荧光光谱线。

④ 谱线在荧光光谱中未分辨。

表 18-10 铅的原子荧光光谱

λ/nm	能级/eV	跃迁	相对光源发射强度		相对荧光强度[1]	
217.00	0~5.712	$^3P_0 - ^3D_1^0$	0.4[2]	15[3]	3.2[2]	16[3]
261.37	0.969~5.712	$^3P_1 - ^3D_1^0$	18.8	49	4.0	13
261.42	0.969~5.711	$^3P_1 - ^3D_2^0$				
280.20	1.320~5.744	$^3P_2 - ^3F_3^0$	17.2	55	2.6	8
282.32	1.320~5.711	$^3P_2 - ^3D_2^0$	32.8	7	1.4	—
283.31	0~4.375	$^3P_0 - ^3P_1^0$	34.3	79	52.5	68
287.33	1.320~5.612	$^3P_2 - ^3F_2^0$	4.4	26	1.3	—
363.96	0.969~4.375	$^3P_1 - ^3P_1^0$	14.7	47	16.1	33
368.35	0.969~4.334	$^3P_1 - ^3P_0^0$	70.5	65	7.6	25
401.96	2.660~5.744	$^1D_2 - ^3F_3^0$	4.8	—	0.7	—
405.78	1.320~4.375	$^3P_2 - ^3P_1^0$	100	100	100	100
722.90	2.660~4.375	$^1D_2 - ^3P_1^0$	77.1	—	65.2	—

① 在 Ar-O-H 火焰中。
② 用 EDL 激发。
③ 用高强度空心阴极灯激发。

表 18-11 钯的原子荧光光谱

λ/nm	能级/eV	跃迁	相对光源发射强度[1]	相对荧光强度[2]	λ/nm	能级/eV	跃迁	相对光源发射强度[1]	相对荧光强度[2]
244.79	0~5.063	$^1S_0 - ^1P_1^0$	9	10	343.34	1.453~5.063	$^1D_2 - ^1P_1^0$	12	7
247.64	0~5.005	$^1S_0 - ^3D_1^0$	8	5	344.14	1.453~5.055	$^1D_2 - ^1D_2^0$	19	4
276.31	0~4.486	$^1S_0 - ^3P_1^0$	7	2	346.08	0.814~4.395	$^3D_3 - ^3F_3^0$	36	13
324.27	0.814~4.636	$^3D_3 - ^3D_1^0$	49	32	348.12	1.251~4.812	$^3D_1 - ^3F_2^0$	33	5
325.16	1.251~5.063	$^3D_1 - ^1P_1^0$	6	4	348.98	1.453~5.005	$^1D_2 - ^3D_1^0$	6	2
325.88	1.251~5.055	$^3D_1 - ^1D_2^0$	9	3	351.69	0.961~4.486	$^3D_2 - ^3P_1^0$	40	17
330.21	1.251~5.005	$^3D_1 - ^3D_1^0$	12	7	355.31	1.453~4.946	$^1D_2 - ^1F_3^0$	49	8
337.30	0.961~4.636	$^3D_2 - ^3D_3^0$	18	13	360.96	0.961~4.395	$^3D_2 - ^3F_3^0$	61	40
340.46	0.814~4.454	$^3D_3 - ^3F_4^0$	100	100	363.47	0.814~4.224	$^3D_3 - ^3P_2^0$	90	98
342.12	0.961~4.584	$^3D_2 - ^3D_2^0$	43	19					

① 使用高强度空心阴极灯激发。
② 在 Ar-O-H 火焰中。

表 18-12 铂的原子荧光光谱

λ/nm	能级/eV	跃迁	相对光源发射强度[1][2]	相对荧光强度[1][2]	λ/nm	能级/eV	跃迁	相对光源发射强度[1][2]	相对荧光强度[1][2]
204.94	0~6.045	$^3D_3 - 32_3^0$	3	9	217.47	?	?　?	16	38
206.75	0~5.994	$^3D_3 - 30_4^0$	1	3	227.44	0.096~5.546	$^3D_2 - ?$	12	3
208.46	0.102~6.045	$^3F_4 - 27_3^0$	2	6	235.71	0.096~5.354	$^3D_2 - 18_1^0$	8	3
210.33	0.102~5.994	$^3F_4 - 30_4^0$	5	8	244.01	0~5.079	$^3D_3 - 15_3^0$	24	6
212.86	0.096~5.919	$^3D_2 - 29_1^0$	10	13	246.74	0~5.023	$^3D_3 - 12_2^0$	17	4
214.42	0~5.780	$^3D_3 - 27_3^0$	11	6	248.72	0~4.983	$^3D_3 - 11_4^0$	43	7

续表

λ/nm	能级/eV	跃迁	相对光源发射强度①②	相对荧光强度①②	λ/nm	能级/eV	跃迁	相对光源发射强度①②	相对荧光强度①②
249.85	0.096~5.057	$^3D_2-13_2^0$	16	3	273.40	0.096~4.630	$^3D_2-6_2^0$	40	21
262.80	0.096~4.812	$^3D_2-10_2^0$	30	16	283.03	0~4.379	$^3D_3-4_3^0$	57	13
264.69	0~4.683	$^3D_2-8_3^0$	12	13	289.39	0.096~4.379	$^3D_2-4_3^0$	16	3
265.09	0.102~4.778	$^3F_4-z^5F_5^0$	60	2	292.98	0~4.230	$^3D_3-3_3^0$	40	13
265.94	0~4.660	$^3D_3-7_4^0$	76	100	299.80	0.096~4.230	$^3D_2-3_3^0$	58	17
267.71	0~4.630	$^3D_3-6_2^0$	7	3	304.26	0.102~4.176	$^3F_4-2_5^0$	100	6
270.24	0.096~4.682	$^3D_2-8_3^0$	31	30	306.47	0~4.044	$^3D_3-1_2^0$	95	73
270.59	0.102~4.682	$^3F_4-8_3^0$	20	22	340.81	0.102~3.739	$^3F_4-z^5D_4^0$	63	3
271.90	0.102~4.660	$^3F_4-7_4^0$	17	18					

① 使用高强度空心阴极灯激发。
② 屏蔽的空气-乙炔焰。

表 18-13 硅的原子荧光光谱

λ/nm	能级/eV	跃迁	相对光源发射强度①	相对荧光强度②	λ/nm	能级/eV	跃迁	相对光源发射强度①	相对荧光强度②
250.69	0.010~4.953	$^3P_1-{}^3P_2^0$	89	45	251.92	0.010~4.929	$^3P_1-{}^3P_1^0$	64	27
251.43③	0~4.929	$^3P_0-{}^3P_1^0$	69 }	} 100	252.41	0.010~4.919	$^3P_1-{}^3P_0^0$	70	36
251.61③	0.028~4.953	$^3P_2-{}^3P_2^0$	100 }		252.85	0.028~4.929	$^3P_2-{}^3P_1^0$	73	48

① 使用 EDL 激发。
② 在 N_2O-乙炔火焰中。
③ 未分辨的荧光谱线。

表 18-14 铁的原子荧光光谱

h/nm	能级/eV	跃迁	相对光源发射强度① 文献[9]①	文献[10]②	相对荧光强度 文献[9]①③	文献[10]②④
248.33	0~4.991	$a^5D_4-x^5F_5^0$	49	}	100	} 100⑤
248.82	0.052~5.033	$a^5D_3-x^5F_4^0$	29	}	46	
248.98	0.121~5.099	$a^5D_0-x^5F_1^0$	} 25⑤	100⑤	} 23⑤	} 51.8⑤
249.06	0.087~5.064	$a^5D_2-x^5F_3^0$				
252.29	0~4.913	$a^5D_4-x^5D_4^0$	33	} 35⑤	34	
252.74	0.052~4.955	$a^5D_3-x^5D_3^0$	12		12	
271.90	0~4.558	$a^5D_4-y^5P_3^0$	36	} 31⑤	15	5.0⑤
272.09	0.052~4.607	$a^5D_3-y^5P_3^0$	—		—	
298.36	0~4.154	$a^5D_4-y^5D_3^0$	—	23		7.0
302.05⑥	0.087~4.191	$a^5D_2-y^5D_2^0$	} 84⑤	24⑤	} 12⑤	8.5⑤
302.06⑥	0~4.103	$a^5D_4-y^5D_3^0$				
302.11⑥	0.052~4.154	$a^5D_3-y^5D_3^0$				

续表

λ/nm	能级/eV	跃迁	相对光源发射强度[①]		相对荧光强度	
			文献[9][①]	文献[10][②]	文献[9][①③]	文献[10][②④]
356.54[⑤]	0.958~4.434	$a^5F_3 - z^3G^0_4$	—	8[⑤]	—	5.4[⑤]
357.01[⑤]	0.915~4.386	$a^5F_4 - z^3G^0_3$	—		—	
371.99	0~3.332	$a^5D_4 - z^5F^0_5$	—	135	—	32.8
373.49	0.859~4.177	$a^5F_5 - y^5F^0_5$	62	—	6	—
373.71	0.052~3.368	$a^5D_3 - z^5F^0_4$	100	—	7	—
382.04[⑤]	0.859~4.103	$a^5F_5 - y^5D^0_4$	—	127[⑤]	—	19.3[⑤]
382.44[⑤]	0~3.241	$a^5D_4 - z^5D^0_3$	—		—	
382.59[⑤]	0.915~4.154	$a^5F_4 - y^5D^0_3$	—		—	
385.99	0~3.211	$a^5D_4 - z^5D^0_4$	—	50	—	2.3

① 用高强度空心阴极灯激发。
② 在空气-乙炔火焰中，用 EDL 激发。
③ 在空气-H 火焰中。
④ 在空气-乙炔火焰中。
⑤ 未分辨的发射及荧光光谱谱线。

表 18-15　锑的原子荧光光谱

λ/nm	能级/eV	跃迁	相对光源发射强度[①]	相对荧光强度[②]	λ/nm	能级/eV	跃迁	相对光源发射强度[①]	相对荧光强度[①②]
206.83	0~5.992	$^4S^0_{3/2} - {}^4P_{5/2}$	52	62	267.06	1.055~5.696	$^2D^0_{3/2} - {}^4P_{3/2}$	8	4
217.58	0~5.696	$^4S^0_{3/2} - {}^4P_{3/2}$	63	100	277.00	1.222~5.696	$^2D^0_{5/2} - {}^4P_{3/2}$	18	3
231.15	0~5.362	$^4S^0_{3/2} - {}^4P_{1/2}$	87	60	287.79	1.055~5.362	$^2D^0_{3/2} - {}^4P_{1/2}$	24	8
252.85	1.222~6.123	$^2D^0_{5/2} - {}^2P_{3/2}$	90	2					
259.805[③]	1.055~5.826	$^2D^0_{3/2} - {}^2P_{1/2}$	100	19					
259.809[③]	1.222~5.992	$^2D^0_{5/2} - {}^4P_{5/2}$							

① 使用高强度空心阴极灯激发。
② 在空气-H 火焰中。
③ 未分辨的发射及荧光谱线。

表 18-16　钛的原子荧光光谱

λ/nm	能级/eV	跃迁	相对光源发射强度[①]	相对荧光强度[①②]	λ/nm	能级/eV	跃迁	相对光源发射强度[①]	相对荧光强度[①②]
264.66	0.048~4.731	$a^3F_4 - u^3D^0_3$	12	8	314.19	0~3.709	$a^3F_2 - x^3G^0_3$	55	39
294.20	0~4.211	$a^3F_2 - v^3F^0_2$	14	6	335.46	0.021~3.715	$a^3F_3 - x^3G^0_4$	52	43
294.83	0.021~4.225	$a^3F_3 - v^3F^0_3$	15	10	337.15	0.048~3.724	$a^3F_4 - x^3G^0_5$	95	84
295.68	0.021~4.213	$a^3F_2 - v^3F^0_2$	20	8	363.55	0~3.409	$a^3F_2 - y^3G^0_3$	86	93
318.65	0~3.890	$a^3F_2 - w^3G^0_3$	34	17	364.27	0.021~3.424	$a^3F_3 - y^3G^0_4$	93	86
319.20	0.021~3.904	$a^3F_3 - w^3G^0_4$	43	33	365.35	0.048~3.433	$a^3F_4 - y^3G^0_5$	100	100
319.99	0.048~3.921	$a^3F_4 - w^3G^0_5$	49	40	399.86	0.048~3.148	$a^3F_4 - y^3F^0_4$	80	82

① 使用高强度空心阴极灯激发。
② 在氧化亚氮-乙炔火焰中。

第四篇

表 18-17 锡的原子荧光光谱

λ/nm	能级/eV	跃 迁	相对光源发射强度		相对荧光强度[①]	
			A[②]	B[③]	A[②]	B[③]
224.61	0~5.518	$^3P_0$—$^3D_1^0$	20	1.00	14	3.70
235.48	0.210~5.473	$^3P_1$—$^3D_2^0$	44	32.1	16	3.61
242.95	0.425~5.526	$^3P_2$—$^3D_2^0$	52	54.3	18	7.42
254.66	0~4.867	$^3P_0$—$^1P_1^0$	13	46.0	4	5.92
270.65	0.210~4.789	$^3P_1$—$^3P_2^0$	51	380	20	81.5
384.00	0.425~4.789	$^3P_2$—$^3P_2^0$	97	500	44	215
286.33	0~4.329	$^3P_0$—$^3P_1^0$	51	330	55	237
300.91	0.210~4.329	$^3P_1$—$^3P_1^0$	38	420	42	200
303.41	0.210~4.295	$^3P_1$—$^3P_0^0$	63	620	80	519
317.51	0.425~4.329	$^3P_2$—$^3P_1^0$	87	780	100	482
326.23	1.068~4.867	$^1D_2$—$^1P_1^0$	100	570	13	8.14
333.06	1.068~4.789	$^1D_2$—$^3P_2^0$	11	725	5	37.0
380.10	1.068~4.329	$^1D_2$—$^3P_1^0$	20	718	19	66.7

① 在 Ar-O-H 火焰中。
② 使用高强度空心阴极灯激发。
③ 使用 EDL 激发。

表 18-18 铊的原子荧光光谱

λ/nm	能级/eV	跃 迁	相对光源发射强度[①]	相对荧光强度[①②]	λ/nm	能级/eV	跃 迁	相对光源发射强度[①]	相对荧光强度[①②]
276.79	0~4.478	$2P_{1/2}^0$—$6d^2D_{3/2}$	13	18	535.05	0.966~3.283	$2P_{3/2}^0$—$7s^2S_{1/2}$	80	36
377.57	0~3.283	$2P_{1/2}^0$—$7s^2S_{1/2}$	100	100					

① 使用 EDL 激发。
② 在空气-H 火焰中。

表 18-19 碲的原子荧光光谱

λ/nm	能级/eV	跃 迁	相对光源发射强度[①]	相对荧光强度[①②]	λ/nm	能级/eV	跃 迁	相对光源发射强度[①]	相对荧光强度[①②]
214.27	0~5.783	$^3P_2$—$^3S_1^0$	29	100	238.33	0.584~5.783	$^3P_0$—$^3S_1^0$	64	22.3
225.90	0~5.486	$^3P_2$—$^5S_2^0$	100	1.9	238.58	0.589~5.783	$^3P_1$—$^3S_1^0$	72	40.8

① 使用高强度空心阴极灯激发。
② 在空气-H 火焰中。

表 18-20 钼的原子荧光光谱

λ/nm	能级/eV	跃 迁	相对光源发射强度		相对荧光强度	
			A[①]	B[②]	A[①③]	B[②④]
313.26	0~3.957	a^7S_1—$y^7P_4^0$	49	100	96	100
315.82	0~3.925	a^7S_3—$z^7D_3^0$	18	26	10	13
317.03	0~3.909	a^7S_3—$y^7P_3^0$	31	63	39	59
319.40	0~3.881	a^7S_3—$y^7P_2^0$	25	58	32	46

续表

λ/nm	能级/eV	跃迁	相对光源发射强度		相对荧光强度	
			A[①]	B[②]	A[①③]	B[②④]
379.83	0~3.263	$a^7S_3—z^7P^0_4$	92	80	100	35
386.41	0~3.208	$a^7S_3—z^7P^0_3$	100	67	83	25
390.30	0~3.176	$a^7S_3—z^7P^0_2$	67	54	46	7

① 用高强度空心阴极灯激发。
② 用 EDL 激发。
③ 在空气-乙炔火焰中。
④ 在 N_2O-乙炔火焰中。

表 18-21　锰的原子荧光光谱

h/nm	能级/eV	跃迁	相对光源发射强度[①]	相对荧光强度[①②]	h/nm	能级/eV	跃迁	相对光源发射强度[①]	相对荧光强度[①②]
279.48	0~4.433	$a^6S_{5/2}—y^6P^0_{7/2}$	13.9	100	403.08	0~3.075	$a^6S_{5/2}—z^6P^0_{7/2}$	10.0	22.1
279.83	0~4.428	$a^6S_{5/2}—y^6P^0_{5/2}$	12.4	73.6	403.31	0~3.073	$a^6S_{5/2}—z^6P^0_{5/2}$	84.8	19.5
280.11	0~4.423	$a^6S_{5/2}—y^6P^0_{3/2}$	11.0	47.7	403.45	0~3.072	$a^6S_{5/2}—z^6P^0_{3/2}$	61.5	14.6

① HCL 光源。
② 在空气-乙炔火焰中。

表 18-22　硒的原子荧光光谱

λ/nm	能级/eV	跃迁	相对光源发射强度[①]	相对荧光强度[①②]	λ/nm	能级/eV	跃迁	相对光源发射强度[①]	相对荧光强度[①②]
196.09	0~6.323	$^3P_2—^3S_1$	8	67	206.28	0.314~6.323	$^3P_0—^3S^0_1$	100	52
203.99	0.247~6.323	$^3P_1—^3S^0_1$	42	100	207.48	0~5.974	$^3P_2—^5S^0_2$	21	2

① 使用 EDL 激发。
② 在空气-丙烷火焰中。

第三节　原子荧光谱线强度及影响因素

一、荧光量子效率

　　根据原子荧光光谱产生的机理，原子荧光发射强度与吸收受激光原子数相关。因此，原子荧光谱线强度与吸收光强度成正比。为了衡量原子在吸收光能后究竟有多少转变为荧光，即荧光猝灭的程度，提出了荧光量子效率（ϕ）的概念，其定义为：

$$\phi = \phi_F / \phi_A$$

　　式中，ϕ_F 为单位时间发射的荧光光子能量；ϕ_A 为单位时间吸收激发光源的光子能量。

　　从上式可见，当荧光量子效率 ϕ 等于 1 时，原子荧光强度最大。但是，实际上受光激发的原子可能发射的是共振荧光或非共振荧光，还可能产生荧光的量子效率在原子化条件变化等因素下使无辐射现象的比重增加，所以荧光量子效率一般总是小于 1。

　　经计算的几个元素在原子荧光不同火焰中的荧光量子效率 ϕ，热氩火焰中可获得较高的荧光量子效率，见表 18-23。这预示着荧光量子效率与原子化器所存在分子种类有重要关系。

表 18-23 原子在不同火焰及热氩气中的荧光量子效率

火焰成分	温度/K	荧光量子效率（ϕ）				
		Na	K	Li	Ti	Pb
$2H_2$-O_2-$4N_2$	2100	0.066	0.047	0.021	0.070	0.079
$6H_2$-O_2-$4N_2$	1800	0.049	0.049	0.014	0.099	0.10
$0.4C_2H_2$-O_2-$4N_2$	2200	0.042	0.028	0.017	0.042	0.067
$2H_2$-O_2-$10Ar$	1800	0.75	0.37	0.15	0.33	0.22
H_2-O_2-$4N_2$	1600	0.044	0.03	—	0.051	0.069
热 Ar	3000	≥0.98	≥0.99	≥0.95	0.99	≥1

原子还可以和分子相撞，受激原子的激发能转换为分子的离解能或其他化学反应能等，而产生分子猝灭效应。猝灭现象将严重地影响原子荧光光谱分析，所以提高原子化效率，使原子蒸气中的未原子化的分子或其他微粒减少，用氩气稀释氢氧火焰等以降低猝灭截面，可减少猝灭现象。

二、荧光猝灭

处于激发态的原子寿命是十分短暂的，当它以高能级跃迁到低能级时原子将发射出荧光。但是除上述过程外，处于激发态的原子也有可能在原子化器中与其他分子、原子或电子发生非弹性碰撞而丧失其能量，以无辐射跃迁返回至低能态，在这种情况下荧光将减弱或完全不产生，这种现象称为荧光猝灭。

荧光猝灭主要有下列几种类型：

（1）与自由原子碰撞

$$M^* + X \Longrightarrow M + X$$

M^*为激发态原子，M 和 X 分别为中性原子。

（2）与分子碰撞

$$M^* + AB \Longrightarrow M + AB$$

这是形成荧光猝灭的主要原因，AB 可能是火焰燃烧的产物。

（3）与电子碰撞

$$M^* + e^- \Longrightarrow M + e^{-\prime}$$

此反应主要发生在离子焰中，$e^{-\prime}$为高速电子。

（4）与自由电子碰撞后中形成不同的激发态

$$M^* + A \Longrightarrow M^\times + A$$

M^*与$M^\times$为原子 M 的不同激发态。

（5）与分子碰撞后，形成不同的激发态

$$M^* + AB \Longrightarrow M^\times + AB$$

（6）化学猝灭反应

$$M^* + AB \Longrightarrow M + A\cdot + B\cdot$$

AB 为火焰中存在的分子，A·B·为相对稳定的自由基。

此外，原子蒸气中还可能存在固体微粒，受激原子与其碰撞也可能产生荧光猝灭效应。荧光猝灭会使荧光量子效率降低，荧光强度减弱。荧光猝灭的程度与原子化器中存在的分子种类有很大关系，一般按下列顺序递减，CO_2 和 O_2 是典型的猝灭剂，而 He、Ar 气氛中荧光的猝灭最小。因此，非常适用于原子荧光测量的载气。

$$CO_2 > O_2 > CO > N_2 > H_2 > Ar > He$$

荧光猝灭将严重影响原子荧光光谱分析,猝灭的程度取决于原子化器的气氛。所以提高原子化效率,使原子蒸气中的分子或其他粒子减少,是减少荧光猝灭现象的关键。

三、原子荧光的饱和效应

根据原子荧光光谱分析基本关系式来看,原子荧光强度 I_f 与激发光源强度 I_0 成正比,随着光源辐射强度的增加,荧光强度亦会线性增加,但是在理论上和实验中,上述关系只在一定的激发光源强度范围内适用。

如当选用脉冲染料激光器作为光源时,可提供 $10^4 \sim 10^7 W/cm^2$ 的光谱辐照度,在这么强的光源照射下,有可能显著改变分析物原子的能态分布,基态原子数大大减少,而是约有 1/2 基态或低能态原子均被激发到高能态,此时光源的吸收达到饱和,进而出现荧光饱和状态,此时基态原子对光源辐射不再吸收,称之饱和荧光[8]。此时荧光强度由于饱和效应信号达到一平台,进一步增加激发光源强度,原子荧光强度基本不变,不再随光源辐射强度的增加而增加。因此,试图通过无限制增加激发光源的强度来改善检出限是不可能的。

第四节　原子荧光光谱分析的定量关系式

关于原子荧光强度与分析元素浓度之间的关系,文献中曾经推导过一些比较复杂的关系式,从实际工作的条件出发,可以近似地推导出荧光强度与分析物质浓度之间的简单方程式。假设基态原子只吸收某一频率的光能,并在激发至特定的能级发射出荧光,且在荧光池中不被重新吸收,整个荧光池处于可被检测器观测到的立体角之内。则特征波长被基态原子所吸收的光强度 I_a 与入射光的强度 I_0 以及其他参数之间存在着一定的函数关系。对于特征波长被基态原子所吸收的光强度可用式（18-1）来表示:

$$I_a = I_0 A (1 - e^{-KLN}) \tag{18-1}$$

式中, I_a 为被吸收的光强度; I_0 为入射光的强度; A 为光源照射在检测系统中所观察到的有效面积; K 为吸收系数; L 为吸收光程长度; N 为能级吸收辐射线的原子总密度。

Winefordner 推导出荧光强度 I_f 有如下关系:

$$I_f = \phi I_a \tag{18-2}$$

ϕ 为原子的荧光量子效率,将式（18-1）代入式（18-2）:

$$I_f = \phi I_0 A (1 - e^{-KLN}) \tag{18-3}$$

在理想情况下,即假设所研究的体系满足下列条件:

① 激发光源是稳定的,照射到原子蒸气上的特征波长的入射光强度可近似看成常量;

② 原子只吸收某一频率的波长,并在被激发至特定的能级后产生原子荧光;

③ 原子化器中基态原子分布是均匀的,原子化器温度也是均匀的;

④ 整个荧光池处于可被检测器观察到的立体角之内,也即荧光池不存在可吸收入射光而不为检测器所观察到的区域;

⑤ 产生的荧光不会在荧光池中被重新吸收。

则原子蒸气所吸收的光强度 I_a 和产生的原子荧光强度 I_f 之间有如下简单关系,即将式（18-3）的括号内展开:

$$I_f = \phi I_0 A [KLN - (KLN)^2/(2!) + (KLN)^3/(3!) - (KLN)^4/(4!) + \cdots]$$
$$= \phi I_0 A KLN [1 - (KLN)/2 + (KLN)^2/6 - (KLN)^3/24 + \cdots]$$

当基态原子的总密度 N 很低时，第二项和更高项可以忽略不计，原子荧光强度简化为：

$$I_f = \phi I_0 AKLN \tag{18-4}$$

式（18-4）即为原子荧光光谱法定量分析的基本关系式。从式中可见，荧光强度与浓度之间的线性关系只有在原子为低密度条件下才能成立。因此，原子荧光光谱法仅适宜于低含量测定的场合。由此可见，原子荧光光谱法的测定灵敏度（原子荧光强度 I_f）主要与荧光量子效率 ϕ、入射光的强度 I_0 和原子蒸气中能吸收辐射线的原子总密度 N 等因素有关。

在原子荧光光谱法的发展过程中，许多研究工作者为提高分析灵敏度，不断地研究开发新的稳定的高强度光源。但应该指出的是，无论是连续光源还是线光源，光源强度越高，其测量线性工作范围越宽，因为这样可以使线性下端延至越低的浓度值，当被分析物浓度较高时荧光发生自吸，自吸可以引起荧光信号减弱和荧光谱线变宽，I_f 与 c 之间的关系不再是线性关系。

对于式（18-4），在确定的仪器测试条件下。当待测定元素的浓度 c 较低时，N 与 c 成正比，即：

$$I_f = ac \tag{18-5}$$

式中，a 为常数，即荧光辐射强度与试样含量在一定浓度范围存在线性关系。因此，原子荧光光谱法是一种痕量元素分析方法。

参 考 文 献

[1] Mecarthy W J, Parsons M L, Wenefordner J D. Spectrochim Acta, 1968, 23B: 25.

[2] Omenetto N, Wenefordner J D. Appl Spectry, 1972, 6: 555.

[3] Omenetto N, Rossi G. Spectrochim Acta, 1969, 24B: 95.

[4] Omenetto N, Wenefordner J D. Appl Spectry, 1972, 26: 555.

[5] Sychra V, MatouseK J. Talanta, 1970, 17: 363.

[6] Christensen C J, Rollefson G K. Phys Rev, 1969, 34: 1157.

[7] Dagnall R M, Thompson K C, West T S. Talanta, 1967, 14: 151.

[8] Ingle J D Jr, 等著. 光谱化学分析. 金钦汉, 等译. 长春: 吉林大学出版社, 1996.

[9] Matousek J, Sychra V. Anal Chem, 1969, 41: 518.

[10] Ebdon L, Kirkbright G F, West T S. Anal Chim Acta, 1969, 47: 563.

第十九章　原子荧光光谱分析仪器

我国研制成功蒸气发生-双道原子荧光光谱仪(VG-AFS)，它是原子荧光光谱法中的一个重要分支，也是目前最具有实用价值的原子荧光光谱分析仪。

第一节　原子荧光光谱仪的类型

原子荧光光谱仪可以分为有色散和非色散两种类型，即具有分光色散系统(单色器)的仪器，称为有色散原子荧光光谱仪；而不需分光色散系统的仪器结构，称为非色散原子荧光光谱仪。

一、有色散原子荧光光谱仪

有色散系统原子荧光光谱仪由激发光源、原子化器、分光系统（单色器）和检测系统四部分组成，见图 19-1(a)。1965 年，Omenetto 等[1] 采用 0.5m 光栅单色器的分光系统组成的有色散原子荧光光谱仪，为了提高原子荧光辐射强度，在入射光学系统采取了一系列措施，如增大照射的立体角来提高聚光本领和椭圆反射镜或狭缝处加上反射镜，以利于进一步提高原子荧光强度。

(a) 有色散系统　　　　　　　　　　　　　　(b) 非色散系统

图 19-1　原子荧光光谱仪结构框图

有色散原子荧光光谱仪的优点：
① 抗杂散光的能力较强，光谱干扰少；
② 可选择波长范围较宽的元素测定。

其缺点是：
① 仪器结构比较复杂，成本较高；
② 荧光辐射的能量损失较大；
③ 要求激发光源的强度很高；
④ 一般仅能单元素测定，难以实现多元素同时测定；
⑤ 测量时每个元素都必须调节波长。

二、非色散原子荧光光谱仪

非色散原子荧光光谱仪不需分光系统，因此可以省去一个单色器，见图 19-1(b)。由于火焰法非色散原子荧光光谱仪在可见光区辐射的背景很强，在检测该波段的荧光谱线时，需要加入滤光片才能有效地消除背景的干扰。而对于仅需检测紫外波段范围的元素的原子荧光光

谱仪，甚至连光学滤光片都不需要，可直接采用日盲光电倍增管（R$_{7154}$）作为检测器，可以检测位于波长 160～320nm 范围内的分析元素。

非色散系统原子荧光光谱仪的优点是：

① 仪器结构简单，价格便宜；

② 光路为短焦距，荧光辐射能量损失少；

③ 可同时检测某些元素辐射 n 条荧光谱线的总量，见表 19-1，有利于大幅度提高分析灵敏度，从而降低检出限；

④ 非色散原子荧光光谱仪可实现多元素同时测定；

⑤ 在仪器测量过程中不需调整不同元素波长，操作方便。

国外曾研究了非色散与色散系统两种原子荧光光谱仪的分析性能，得到一个具有代表性的实验结果：非色散原子荧光光谱仪测量砷、汞等元素检出限可降低 1～2 个数量级。

其缺点是较易受到杂散光的干扰，以及难以选择波长较宽范围的元素测定。

表 19-1 氩氢焰中 As 和 Sb 的主要荧光谱线

As 的主要荧光谱线		Sb 的主要荧光谱线	
波长/nm	相对荧光强度	波长/nm	相对荧光强度
189.04	33	206.83	62
193.76	46	217.58	100
197.26	53	231.15	60
234.98	208	252.85	2
238.12	56	259.805 }	19
243.72	17	259.809 }	
245.65	67	267.06	4
249.29	80	277.00	3
286.04	63	287.79	8
289.87	85		

第二节　原子荧光光谱仪器的关键部件

激发光源、原子化器和检测系统等是原子荧光光谱仪的组成部分，也是在仪器中的关键部件。因此，在原子荧光光谱的发展过程中已成为重要的研究课题，国内外科技工作者做了大量工作。

一、激发光源

原子荧光光谱分析本质上是一种光激发光谱技术，在一定条件下，原子荧光强度与激发光源的发射强度成正比。因此，一个理想的激发光源应当具备下列条件：

① 要有足够的辐射强度、噪声小，无自吸现象；

② 具有良好长时间的辐射能量稳定性；

③ 发射的谱线窄，光谱纯度高，背景低；

④ 预热时间短，使用寿命长、操作方便；

⑤ 光源及电源的成本低。

在原子荧光光谱分析发展过程中，曾经使用过的激发光源有无极放电灯、空心阴极灯、高强度空心阴极灯、ICP 光源和激光等。目前，国内外在 **VG-AFS** 商品化仪器中应用的激发

光源，主要采用空心阴极灯或高强度空心阴极灯，以下对各种激发光源作一简介。

1. 无极放电灯

微波激发无极放电灯作为激发光源曾得到广泛应用。我国早期蒸气发生-原子荧光光谱商品仪器中曾使用这种光源。其主要特点是辐射强度高、谱线锐、自吸收小、结构简单和制作成本低，特别适用于紫外波段区域内易挥发元素的测定。

无极放电灯与谐振腔的结构，如图19-2所示。无极放电灯由灯把和封口后石英玻璃灯管两部分组合而成。灯管内充填入低压稀有气体和被测元素化合物，通常为碘化物、溴化物或纯金属元素，灯管直径为 7～9mm，长度为 30～40mm，壁厚约 1mm。经封口后与灯把连接组成。

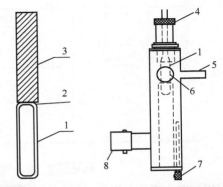

图 19-2　无极放电灯及其 3/4 波长谐振腔示意图

1—无烈极放电灯；2—封口；3—灯把；4—调节器；
5—空气入口；6—放电观察孔；7—调谐杆；
8—同轴连接器

无极放电灯由于没有电极，因此必须放在谐振腔中用微波来激发，微波电源和谐振腔之间用一定电阻的同轴电缆连接。最佳性能和寿命，随微波场功率、灯温度和微波辐射在灯的周围均匀性而变化[2]。因此，灯在微波场内调谐是十分重要的。

该灯的缺点：操作人员必须凭经验调节谐振腔内无极放电灯的正确位置；国产的无极放电灯的品种较少；微波辐射对操作人员身体健康有一定的影响等[3]。因此，这种灯在商品仪器中已不再使用。

2. 空心阴极灯

空心阴极灯是目前国内外在原子荧光光谱仪中应用最广泛的辐射光源。1987 年，电子工业部十二研究所研制成功用于原子荧光光谱分析的空心阴极灯，为了配合我国生产的 VG-AFS 非色散系统结构，单透镜、短焦距光学系统的特点，因此，在灯的结构上作了较大的改进。

（1）用于原子荧光的空心阴极灯与常规空心阴极灯的主要区别

① 根据非色散系统短光程的特征，缩短了灯的阴极至石英窗之间的距离为 45～50mm；

② 空心阴极灯的管径较大为 51mm，可充入足够多的稀有气体，以利于延长易挥发元素灯的使用寿命；

③ 灯内阴极的孔径较大为 4～5mm，即将输出的光斑增大，以利于提高仪器的分析灵敏度。

（2）空心阴极灯的供电方式　原子吸收光谱仪以空心阴极灯作为光源，一般只要求光源发射出适当强度的锐线谱线，光源发射强度与仪器的分析灵敏度无关。但是，原子荧光光谱仪在一定条件下，仪器的分析灵敏度与空心阴极灯的辐射强度成正比。因此，一般采用原子吸收光谱仪空心阴极灯的供电方式，不能激发出足够强的原子荧光信号。影响空心阴极灯辐射光强度的主要因素是工作电流，一般情况下工作电流越大，辐射强度越大，但是灯的使用寿命越短。特别是 VG-AFS 中较多应用一些低熔点、易挥发元素的空心阴极灯，电流过大会导致灯阴极变形、熔化而无法使用。为了使空心阴极灯激发出足够高的发光强度，同时又能延长灯的使用寿命。通常采用短脉冲大电流供电方式，以利于足够高的峰值电流，又可在间歇时间保持较低的平均电流，这样既可以大大地延长灯的使用寿命，同时又能增加原子荧光信号的强度。

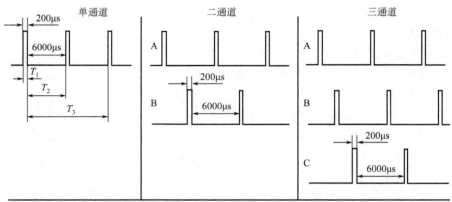

1∶30占空比

图 19-3　空心阴极灯脉冲供电示意图

采用短脉冲大电流供电技术与占空比是提高原子荧光强度的重要参数之一，在脉冲供电条件下，空心阴极灯的峰值电流与所激发的原子荧光信号强度有着密切的关系。当平均电流相同时，占空比越大，峰值电流就越大，则原子荧光信号越强；脉冲供电的脉冲宽度越窄，脉冲激发的原子荧光的信噪比越好。这是由于信号采集系统只有在峰值电流开启时才同步采样，其余时间则保持较低的平均电流，因此可有效地延长灯的使用寿命，且可大幅度降低噪声。根据不同的占空比和脉冲宽度（或脉冲频率），其信噪比可以提高几倍或几十倍。脉冲供电的占空比为 $T_1∶T_2$，T_1 为脉冲点灯的宽度，即占度；T_2 为脉冲关闭时间，即空度；T_3 为采样周期，如图 19-3 所示。

占空比即为一个脉冲周期中的供电时间与断电时间之比，占空比与占空因子的关系是：占空比的分母值加 1，即为占空因子的分母值。例如，脉冲供电的占空比为 1∶5，则其占空因子为 1/6。计算平均电流的经验公式是：

$$平均电流≈峰值电流×占空因子$$

例如：脉冲供电占空比为 1∶5（占空因子为 1/6）；峰值电流为 60mA；则平均电流为 10mA。脉冲供电占空比为 1∶30（占空因子为 1/31）；峰值电流为 60mA；则平均电流为 1.93mA。

由此可见，相同的峰值电流可采用不同的占空比，占空比越大，则平均电流越小，以利于延长空心阴极灯的使用寿命。在原子荧光光谱分析技术中，被测元素的空心阴极灯峰值电流，通常采用 30～120 mA。因此，其平均电流很低，一般仅为 1～4 mA，远低于原子荧光的元素空心阴极灯出厂所规定的额定电流 15～20 mA（即平均电流）的要求。

（3）空心阴极灯的使用寿命　空心阴极灯使用寿命终结的标志，一般表现在以新灯使用时，可激发出的初始荧光强度作为 100%，经长时期的使用后当其荧光强度逐渐衰减至 60% 以下时或灯内产生打弧现象，以及由于阴极产生严重的溅射，致使灯内管壁产生发黑等现象等，则可认为是该灯寿命终结的标志。为了验证灯的使用寿命，作者曾经在实验室将某些元素灯进行大批量地球化学样品的测定[4]，各元素灯寿命经累计测定次数的结果如下：

As 灯（峰值电流 30 mA）　　　　　18787 次测定（寿命终结）

Hg 灯（峰值电流 20 mA）　　　　　＞19250 次测定

Sb 灯（峰值电流 60 mA）　　　　　＞24720 次测定

Se 灯（峰值电流 60 mA）　　　　　＞17500 次测定

由此可见，As 灯由于荧光强度衰减而寿命终结，其余 Sb、Hg、Se 灯仍可继续使用。应该指出，一般情况下，使用较低的峰值电流时能够满足分析灵敏度要求时，尽可能使用较小的工作电流，以利于延长空心阴极灯的使用寿命。

3. 汞的空心阴极灯

用于原子荧光汞的空心阴极灯的结构，与其他元素的空心阴极灯有较大的区别，其中心极并不是空心阴极，而是阳极。实质上这种灯属于低压汞灯，它兼有空心阴极灯与蒸气放电灯的特点，其发光现象也不一样，是一种特殊的汞线光谱光源。

目前，汞的空心阴极灯的制作工艺有两种。一种是在灯内充填物为纯汞（水银）的空心阴极灯，见图 19-4。点亮时空心阴极放电并在常温下呈蒸气状态，使灯内的汞原子激发发光。因为阳极辉光中汞的特征辐射强度很大，从而发射出 253.7nm 汞的光谱线辐射，由于阳极辉光与灯石英窗相距很近，可使自吸降低至最小，因此其特征光辐射强度很大。

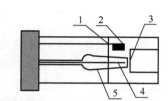

图 19-4　纯 Hg 空心阴极灯示意图

1—云母片；2—阴极；3—石英窗；
4—阳极；5—玻璃屏蔽

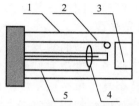

图 19-5　Hg-Al-Zr16 环形电极空心阴极灯示意图

1—玻璃壳；2—阴极；3—石英窗；
4—Hg-Al-Zr16环形电极；5—阳极

另一种汞的空心阴极灯，它的结构是采用汞、铝、锆齐合金（Hg-Al-Zr16）材料制作成灯中心阳极，见图 19-5。点亮时空心阴极放电可在常温下呈蒸气状态，使灯内的合金材料中的汞原子激发发光，这种灯的优点是起辉电压大大降低（$U \leqslant 350V$）。因此，在任何环境条件下起辉性能都很好，且预热时间短、发光均匀、稳定性好。汞灯一般受环境温度的影响较大，为此当仪器处于工作状态时，应关闭仪器上部的灯盖，防止空气流动影响灯的稳定性。

4. 高强度(性能)空心阴极灯

1971 年 Lowe[5]为了克服单阴极空心阴极灯存在着发光强度受到限制的缺点，研制成功了高强度空心阴极灯，在普通空心阴极灯中增加了一个圆柱状空心筒作为阴极，产生空心阴极放电，提高了原子激发效率；另外，高电子密度的二次放电通过的区域，是一次放电所产生的原子浓度最大的区域，从而进一步提高了灯的总辐射强度。比单阴极空心阴极灯的发射强度可提高 10～100 倍。

我国有色金属研究院研制成功了另一种高强度空心阴极灯，被称为高性能空心阴极灯（high performance hollow cathode lamp），在结构上作了较大的改进，增加了一个两端开口的空心圆柱形空心阴极，如图 19-6 所示。主阴极和辅助阴极可分别供电，既避免了主阴极与辅助阴极放电不稳定引起的相互影响，又可分别控制其激发电流，调节最佳放电参数，使阴极溅射效应相对减小，激发效应显著增加，显示出该灯具有很高的特征光辐射强度。可获得较强的原子荧光信号，从而进一步提高了被测元素的分析灵敏度。

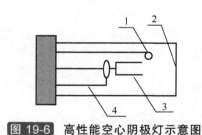

图 19-6　高性能空心阴极灯示意图

1—阳极；2—石英窗；3—阴极；
4—辅助电极

这种用于原子荧光的高性能空心阴极灯的优点是：

① 特征辐射谱线的强度比单阴极空心阴极灯高 5～20 倍；

② 改善了谱线质量，可获得较强的原子荧光信号，可使检出限降低 2～5 倍；

③ 预热时间较短，基线稳定性好；

④ 灯的结构比较简单，易于制作，且供电电源也比较简单。

第四篇

5. 等离子体光源

等离子体作为原子荧光激发光源的研究工作始于 20 世纪 60 年代末，用高浓度待测元素的溶液吸入电感耦合等离子体炬，得到该元素的发射光谱，这就是等离子体（ICP）光源。

在研究工作的初期认为，电感耦合等离子体（ICP）作为激发源具有许多优点，如强度高、能量大、稳定性好、谱线宽度窄、几乎没有自吸等光谱特性，分析不同的元素只要将相应的溶液导入等离子体炬即可，因此操作者可以很方便地更换不同待测元素的溶液吸入电感耦合等离子体炬，从而可获得多种元素的荧光信号。因此，认为 ICP 可作为原子荧光光谱分析的一种理想光源。但是，Hussein 报道的 ICP 作为原子荧光光谱激发光源，所获得的分析结果并不理想。因此，其前景十分有限。

6. 激光光源

激光是一种新型的激发光源，它具有单色性好、相干性强、方向集中和功率密度高等优点，引起了原子光谱学家们的重视。激光作为激发光源具有较多的优点，如检出限低、动态范围宽，甚至具备单个原子检测能力，以及输出信号与光源稳定性无关（即饱和激发）等。其缺点是，仪器结构较为复杂、激光器价格昂贵，以及难以实现多元素同时测定的条件。因此，目前还没有商品化仪器。

Weeks[6]和 Kuman[7]采用激光光源分别与常规火焰法或 ICP 为原子化器的原子荧光相结合，可达到较好的检出限。虽然采用激光光源可获得很低的检出限，对分析工作者非常有吸引力，但是，由于激光光源装置的价格比较昂贵，无疑影响其在实际中的应用。

二、原子化器

原子化器是 VG-AFS 中的关键部件，其主要作用是将被测元素（化合物）原子化，形成基态原子蒸气。其结构将直接影响被测元素的分析灵敏度和检出限，一个理想的原子化器应具有以下特点：

① 荧光量子效率较高，猝灭剂浓度较低；

② 原子化效率高，被测原子的密度大；

③ 在测量波长处具有较低的背景辐射；

④ 被测元素的原子在光路中要有较长的停留时间；

⑤ 保持自由原子导入激发光束中均匀性，且稳定性好；

⑥ 结构简单，操作方便。

我国研制成功的电热石英炉管原子化器，适用于 VG-AFS 被测元素（化合物）原子化，是一种较为理想的原子化器。

1. 高温石英炉管原子化器

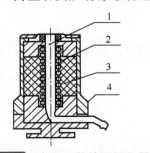

图 19-7　高温石英管原子化器

1—石英管；2—高温炉丝；3—保温材料；
4—金属炉壳

我国早期生产的 VG-AFS 使用的高温石英炉原子化器，其结构由开口式 L 形石英管、电炉丝、保温材料以及金属炉壳等部分组成，见图 19-7。采用 300W 电炉丝直接外绕在石英管外壁，工作状态时必须将石英管的温度加热到 900℃，在炉口才能形成氩氢火焰实现原子化。由于高温的电炉丝在保温材料和密闭的炉体内，电炉丝极容易烧断，且更换非常麻烦，以及某些元素记忆效应较为严重等缺点。因此，长期以来困扰着该项分析技术的进一步发展。

高温石英炉原子化器中曾采用两种不同形式的石英炉管，即单层石英炉管（非屏蔽式）和双层石英炉管（屏

蔽式）。

单层石英炉管的结构比较简单，见图 19-8，将蒸气发生反应产生的氢化物、挥发性化合物气体与氢气，由载气（Ar）直接导入石英炉管内，在石英炉管上部的开口端形成氩氢火焰，且火焰比较稳定、原子化效率较高，氩气的用量较少。

双层石英管的结构见图 19-9，它将石英炉管分为内管和外管两层，蒸气发生反应产生的氢化物、挥发性化合物气体及氢气，由载气（Ar）导入内管，内管和外管的中间层即为屏蔽气，将产生的氩氢火焰与周围空气隔离。因此，氩气用量比单层石英管增加了一倍左右。从理论上说，氩氢火焰本身具有很高的原子化效率，以及氩氢火焰在紫外区具有很低的背景辐射，一般情况下无需将空气隔离，经实验对这两种不同的石英炉管性能的测试进行比较，结果表明，两者的分析灵敏度基本上相同。目前，这两种不同形式的石英炉管在我国的商品仪器中同时被采用。但是，无论采用哪种石英炉管形式的高温石英炉原子化器，都存在着以下共同的缺点：

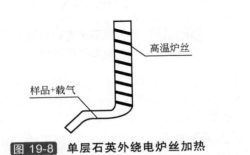

图 19-8　单层石英外绕电炉丝加热

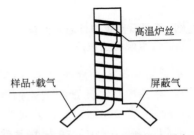

图 19-9　屏蔽式石英管外绕电炉加热

① 加热的电炉丝极易烧断，使用寿命很短，且更换十分麻烦；

② 所有的被测元素的分析灵敏度均有不同程度的降低；

③ 测定砷、锑、铅等元素将会产生严重的记忆效应；

④ 高温石英炉原子化器使在原子化室内产生的热源，被测元素所测得荧光信号的标准偏差（SD）显著增大，严重影响仪器的稳定性。

2. 低温石英炉管原子化器

为了克服高温石英炉原子化器存在的诸多弊端，对蒸气发生原子化机理进行了研究，试验了石英炉原子化器从室温至 900℃不同的预加热温度，对所有被测元素与荧光强度的影响、记忆效应等，取得了突破性的进展。从而研究成功氩氢火焰低温自动点燃装置，即"低温原子化"技术，得到了广泛应用[8]。

低温石英炉管原子化器，不需使用电炉丝外绕在整个石英管外壁加热，仅需在石英炉管口设置一小圈低温炉丝的点火装置，将反应产生的氩氢火焰在石英炉管上部开口端即可自动点燃。低温石英炉原子化器的结构，如图 19-10 所示。从而克服了电炉丝易烧断的弊端，极大地提高了电炉丝的使用寿命，且更换十分方便。

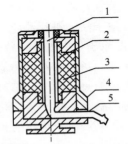

图 19-10　低温石英炉原子化器

1—低温炉丝；2—红外加热；3—保温材料；
4—金属炉壳；5—石英炉管

单层石英炉管与双层石英炉原子化器所采用的电炉丝的功率不相同。单层石英炉管电炉

丝功率仅需 6～8W。同时还采用了低温点火炉丝与红外加热相结合的结构，可根据不同被测元素的预加热温度的需求进行辅助加热，其结构如图 19-11 所示。

双层石英炉管原子化器电炉丝功率为 35～40W，由点火炉丝的热量传导至双层石英炉管，使石英炉中的内管间接加热，平衡温度达到 200℃左右。因此，使用低温点火炉丝的功率要大得多，其结构见图 19-12。

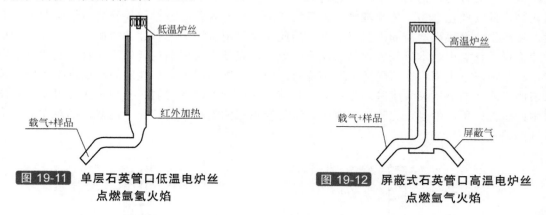

图 19-11　单层石英管口低温电炉丝点燃氩氢火焰

图 19-12　屏蔽式石英管口高温电炉丝点燃氩气火焰

"低温原子化"技术彻底改变了 VG-AFS 原子化机理，即石英炉原子化器在不同预加热温度条件下，对各种被测元素的荧光强度有较大影响。试验结果表明，As、Sb、Bi、Se、Te 等元素预加热温度在 200℃左右，其荧光强度分别都有不同程度的提高。

Pb 元素则可在不需预加热温度条件下，荧光强度提高了 7 倍左右，为了使被测元素能统一在相同的预加热温度 200℃，较低的预加热温度，有利于消除氢化反应过程中产生的少量水蒸气。因此，Pb 元素在预加热温度 200℃时，仍可获得较高的分析灵敏度，且重现性更好。

Zn 元素最佳预加热温度为 400℃左右，可获得较高的分析灵敏度。因此，在单层石英炉管中增加了"红外加热"装置，该装置由微机控制石英炉管预加热温度，在原有预加热 200℃的基础上，再增加 200℃，以适应 Zn 元素的最佳预加热温度，以利于获得更高的分析灵敏度。

关于 Hg 元素低温蒸气发生原子荧光光谱法测定时，可将点火炉丝的电源关闭，开启"红外加热"装置，将石英炉原子化器加热至 200℃，采用低浓度 0.5～1g/L KBH$_4$，在无火焰状态下（冷原子法）进行测定，可获得很高的分析灵敏度。

"低温原子化"技术的另一个重要作用是，能有效地消涂 As、Pb、Sb 等元素的记忆效应。经研究发现，当高温石英炉原子化器预加热温度在 600℃时，砷和铅即可产生严重的记忆效应；锑在预加热温度 800℃时产生严重的记忆效应。产生记忆效应的主要原因，由于加热石英炉管的高温区某些元素氢化反应过程会产生热分解，分解的产物被吸附后再释放所致。因此，低温石英炉原子化器的预加热温度控制在 400℃以下，可完全消除上述元素产生的记忆效应。

采用"低温原子化"技术，可归纳以下优点：

① 可使大多数被测元素的分析灵敏度提高 2～7 倍；

② 由于使用电炉丝的功率很低，可大大地延长电炉丝的使用寿命，且更换十分方便；

③ 消除了 As、Sb、Pb 等元素较为严重的记忆效应；

④ 低温石英炉原子化器在原子化室内的光辐射背景较低，以利于改善仪器的信噪比；

⑤ 消除了高温原子化器在原子化室中产生的热源，从而提高了仪器的稳定性。

三、检测系统

1. 光电倍增管

日本滨松公司生产的日盲光电倍增管（R7154），在 VG-AFS 中得到广泛应用。基于外光电效应，将入射光的光子转变为真空中的电子，再利用二次电子发射效应使电子数倍增。光电倍增管的工作原理，如图 19-13 所示。当入射光照射到光阴极上时，光阴极将光子转变为电子。光阴极与第一打拿极以及各打拿极之间均施加一定的电压，形成电子加速运动的电场。光阴极产生的电子在电场的作用下，轰击第一打拿极上时，常能打出多个电

图 19-13　光电倍增管工作原理示意图

子之后，打拿极再引起新的电子发射。依此类推，电子依此倍增直到电子聚集到阳极。光电倍增管一般约有 12 个打拿极，电子的最大放大倍数（或称为增益）可达 10^9。

通常采用日盲光电倍增管的光阴极由 Cs-Te 材料做成。这种光阴极材料对 $160\sim320$ nm 波长的辐射有很高的灵敏度，而对大于 320nm 的波长突然变得不灵敏。在正常工作条件下，光电倍增管的可靠性很好，使用寿命很长，日本滨松公司给出的平均寿命是 $5\times10^5\sim5\times10^6$h。因此，一般正常使用寿命可达 $10\sim15$ 年。

2. 检测电路

（1）前置放大器　光电倍增管由于暗电流、信号电流的电阻器内部的电子热起伏等原因引起噪声，因此要消除噪声，首先要降低光电倍增管信号源的噪声。通常采用高输入阻抗、低输出阻抗的放大器组成的跟随器电路，将光电倍增管输出的电流信号转换成电压信号，并可提高整个检测系统的抗干扰能力。

（2）主放大器和滤波电路　主放大器的主要功能是将前置放大器输出的电压信号进一步放大，并调整到 A/D 转换器所需的电压范围内。滤波电路普遍采用的是一阶或二阶低通滤波器，其主要功能是滤除电路中的噪声。

（3）解调器和 A/D 转换电路　解调器和 A/D 转换电路，如图 19-14 所示，在该部分电路中，经滤波处理后的连续信号进入多个模拟开关。通过模拟开关后，再经由一个简单的一阶高通滤波器，滤除整个电路系统的直流与低频噪声。由于通过每一道模拟开关的信号只有全波信号的一部分，出现了不连续的信号，所以在通过模拟开关后，使用采样保持器将有用的信号保持下来，经 AD 转换器转换成数字信号，然而由计算机进行数据处理。

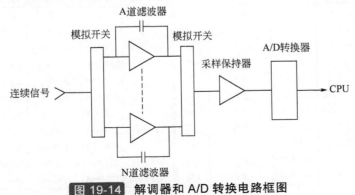

图 19-14　解调器和 A/D 转换电路框图

四、不同激发光源与原子化器各元素的检出限

本节给出了采用不同的激发光源与原子化器各元素的检出限，见表 19-2～表 19-77（引自本书第二版），表中所用缩略语如下：

（1）激发光源

EDL	无极放电灯	LE	激光激发
HCL	空心阴极灯	LPDL	激光泵浦染料激光器
HgDL	汞放电灯	MIP	微波诱导等离子体
HIHCL	高强度空心阴极灯	MVL	金属蒸气灯
CWDL	连续染料激光	PDL	脉冲染料激光器
DHCL	可拆卸空心阴极灯	PHCL	脉冲空心阴极灯
HFDL	高频放电灯	Pxe	脉冲氙弧灯
ICP	电感耦合等离子体	Xe	氙弧灯

（2）原子化器

火焰按如下方式标明：保护气/氧化剂/燃料

Ac	乙炔	MIP	微波诱导等离子体
CGF	连续石墨炉	MNP	亚稳氮等离子体
DCP	直流等离子体	NG	天然气
ETA	电热原子化器	PCGD	平面阴极辉光放电
GDSC	辉光放电溅射池	Pzop	丙烷
GF	石墨炉	RF	射频等离子体
HG	氢化物发生	S	分离焰
ICP	电感耦合等离子体	VC	蒸发室
LAP	激光烧蚀等离子体	W-S	钨螺丝原子化器

（3）激发跃迁

NS	未详细举例说明

（4）荧光跃迁

ND	非色散	SB	日盲光电倍增管
NS	未详细举例说明		

表 19-2 银的原子荧光测定参数及检出限

激发 λ_A/nm	荧光 λ_F/nm	原子化器	激发光源	检出限 c/(ng/mL)	文献	激发 λ_A/nm	荧光 λ_F/nm	原子化器	激发光源	检出限 c/(ng/mL)	文献
328.1	338.3	GF	PDL	0.003(0.1)pg	226	328.1	328.1	ICP	HCL	1	158
328	338	GF	PDL	0.002(0.02)pg	228	NS	328.1	ICP	HCL	30	5
338.3	338.3	Air/Ac	HCL	20	248	328.068	328.068	N_2-S/Air/H_2	EDL	100	7
328.1	328.1	S/Air/Ac	EDL	0.8	44		338.289	Air/Prop	Xe 150	200	163
NS	NS	ICP	HCL	0.2	4		338.289	Air/H_2	Xe 150	100	163
	328.1	He/O_2/Ac	Xe 300	200	148		328.068	O_2/H_2	Xe 450	3	330
	328.07	N_2O/Ac	Xe 300	70	153		328.068	S/Air/H_2	Xe 450	1	330
	328.07	Air/Ac	Xe 300	300	153	328.068	328.068	Ar/Air/H_2	EDL	0.5	291
NS	NS	GDSC	BHCL	1000	119		328.068	Ar/O_2/H_2	Xe 900	500	291
	328.1	He/O_2/Ac	Xe 300	200	156	328.068	328.068	Air/Ac	HIHCL	4	430
	328.1	Air/Ac	Xe 300	10000	156	328.068	328.068	Air/Ac	HCL	80	49

续表

激发 λ_A/nm	荧光 λ_F/nm	原子化器	激发光源	检出限 c/(ng/mL)	文献	激发 λ_A/nm	荧光 λ_F/nm	原子化器	激发光源	检出限 c/(ng/mL)	文献
328.068	328.068	S/Air/Ac	HCL	20	49	NS	NS	ICP	HCL	<0.1	17
	328.068	Air/H₂	Xe 150	50	50	338.3	338.3	ICP	HCL	30	20
328.068	328.068	Air/H₂	EDL	0.1	51	328.07	338.29	ICP	PDL	1.3	276
338.289	338.289	O₂/H₂	PHCL	200	165		328.07	Ar-S/Air-Ac	Xe 300	4	185
328.1	328.1	W loop	EDL	0.8(2pg)	112		328.07	N-S/Air/Ac	Xe 300	7	27
	328.1	Air/Ac	Xe 500	3000	171	328.1	328.1	Air/Ac	PDL	4	29
	328.1	CGF	Xe 150	0.7	117		328.1	Ar-S/Air-Ac	PXe 300	3	187
328.0	328.0	ICP	HCL	2	43		328.1	Ar-S/Air-Ac	Xe 500	1	28
328.1	328.1	S/Air/Ac	ICP	8	44		328.1	GF	Xe 150	0.6(0.3pg)	186
	338.3	Air/Ac	Xe 500	4000	171	328.1	328.1	CGF	EDL	0.4	54
	328.1	Ar/Air/H₂	Xe 150	100	223	328.1	328.1	Air/H₂	EDL	0.8	55
328.1	328.1	Air/H₂	HIHCL	1	12		328.1	Air/Ac	Xe 900	30	30
	328.2	Air/H₂	Xe 150	200	258	328.1	328.1	GF	EDL	0.8(0.4pg)	188
	328.2	N-S/Air/Ac	Xe 300	50	180	NS	NS	GF	HIHCL	0.0005	83
	328.1	GF+MNP	Xe 300	6ng	14	NS	NS	GF	LE	—	431
	328.1	Ar-S/Air-Ac	XeFL	20	16	NS	NS	GF	LE	—	277
	328.1	Ar-S/Air-Ac	Xe 150	4	16	NS	NS	—	ETALE	0.02pg	239

表 19-3 铝的原子荧光测定参数及检出限

激发 λ_A/nm	荧光 λ_F/nm	原子化器	激发光源	检出限 c/(ng/mL)	文献	激发 λ_A/nm	荧光 λ_F/nm	原子化器	激发光源	检出限 c/(ng/mL)	文献
396.2	396.2	MIP	HCL	40	1	308.215	308.215	S/N₂O/Ac	HIHCL	5500	9
308.2	308.2	GF	PDL	0.4（4pg）	2	394.401	396.153	N₂O/Ac	PDL	5	10
	309.3					396.153	396.153	N₂O/Ac	PDL	30	10
309.2	309.2	ICP	HCL	20ng	3	394.401	394.401	N₂O/Ac	PDL	100	10
NS	NS	ICP	HCL	5	4	396.1	396.1	N₂O/Ac	PDL	30	11
NS	394.4	ICP	HCL	100	5	387.0	387.0	Air/H₂	HIHCL	25000	12
	396.2						396.2		ICP	HCL	20	13
394.403	396.153	ICP	PDL	0.4	6		394.4	GF+MNP	Xe 300	3.5mg	14
396.153	396.153	N₂O/H₂	EDL	2000	7	396.2	396.2	ICP	ICP	45	15
396.153	396.153	N₂O/Ac	EDL	200	8		309.2	Ar-S/N₂O/Ac	XeFL	7000	16
394.401	394.401	S/N₂O/Ac	EDL	120	8		309.2	Ar-S/N₂O/Ac	Xe 150	200	16
396.153	396.153	S/N₂O/Ac	HIHCL	1500	9	NS	NS	ICP	HCL	5	17
394.401	394.401	S/N₂O/Ac	HIHCL	2500	9	394.4	396.2	GF	PDL	0.1ng	18
309.271	309.284	S/N₂O/Ac	HIHCL	3500	9	394.4	394.4	ICP	HCL	100	19
396.2	396.2	ICP	HCL	1000	20	309.3	309.3	Ar-S/N₂O/Ac	Xe 500	200	28
394.4	396.2	GF	PDL	100(0.5ng)	21	394.4	396.1	N₂O/Ac	PDL	0.6	29
394.4	394.4	ICP	ICP	10	22	396.2	396.2	N₂O/Ac	Xe 900	800	30
309.28	309.28	ICP	ICP	8000	23		394.4	ICP	ICP	45	31
NS	NS	ICP	ICP	20	24		394.4	ICP	ICP	37	32
	394.4	GF+Air/Ac	Xe 300	1000	25	257.5	308.2	GF+Ar/Ac	PDL	0.1pg	33
308.2	308.2	N-S/N₂O/Ac	ICP	1000	26	257.5	309.3	GF+Ar/Ac	PDL	0.1pg	33
309.27	309.27	N-S/N₂O/Ac	Xe 300	700	27						

第四篇

表 19-4 砷的原子荧光测定参数及检出限

激发 λ_A/nm	荧光 λ_F/nm	原子化器	激发光源	检出限 c/(ng/mL)	文献	激发 λ_A/nm	荧光 λ_F/nm	原子化器	激发光源	检出限 c/(ng/mL)	文献
193.7	193.7	ICP	PDL	10	34	234.984	234.984	Ar/Ac	EDL	2000	78
NS	NS	Air/Ac	EDL	800	69	193.696	193.696	Air/H$_2$	HCL	1000	49
235.1	235.1	Air/Ac	EDL	25000	35	189.0	189.0	Air/H$_2$	EDL	200	79
193.7	193.7	Ar/Air/H$_2$	EDL	2ng	70	NS	ND	Hy+Ar/Air/H$_2$	EDL	0.04	80
193.7	193.7	Hy+Ar/Air/H$_2$	EDL	0.1(0.1ng)	37	193.6	193.6	N-S/Air/Ac	DCP	22000	81
193.7	193.7	Ar/Air/H$_2$	EDL	0.05ng	38	193.7	193.7	Hy+Ar/Air/H$_2$	EDL	25	82
193.7	ND	Ar/Air/H$_2$	EDL	0.12(2.3ng)	71		193.7	N-S/Air/Ac	Xe	1300	52
193.7	ND	N$_2$/Air/H$_2$	EDL	0.24(4.8ng)	71	193.7	193.7	N-S/Air/Ac	EDL	1300	52
	189.0	Ar/Air/H$_2$	Xe 300	0.5ng	72	235.0	235.0	N-S/Air/Ac	ICP	5000	26
	193.7	Ar/Air/H$_2$	Xe 300	0.67ng	72		193.7	Ar-S/Air/Ac	Xe 300	300000	53
	197.2	Ar/Air/H$_2$	Xe 300	1.1ng	72	193.7	193.7	Ar-S/Air/Ac	EDL	15000	53
	235.0	Ar/Air/H$_2$	Xe 300	2.6ng	72	NS	NS	GF	HIHCL	0.5	83
	ND	N$_2$-S/Air/Ac	BHCL	100	40	NS	NS	HG	HCL ICP	30ng	56
	ND	N$_2$-S/Air/Ac	EDL	400	40	NS	ND	HG	EDL	270	84
189	193	ICP	HCL	200	43	NS	ND	HG	EDL	110	85
	ND	Ar/Air/H$_2$	EDL	0.01ng	73	NS	NS	HG	EDL	—	86
	ND	HyVC	EDL	0.2ng	45	NS	NS	HG	EDL	50	87
	ND	Ar/Air/H$_2$	EDL	0.34	74	NS	ND	HG	EDL	1.2ng	57
	ND SB	Hy+Ar/Air/H$_2$	EDL	8pg	75	NS	ND	HG	EDL	0.58ng	88
193.7	193.7	Hy+Ar/Air/H$_2$	EDL	30ng	76	NS	ND	HG	EDL	—	89
193.7	193.7	Ar/Air/H$_2$	EDL	0.01ng	77	NS	ND	HG	—	—	90
234.984	234.984	Ar/Air/H$_2$	EDL	250	78	NS	NS	HG	EDL	1ng	61
234.984	234.984	N$_2$/Air/H$_2$	EDL	500	78	NS	ND	FI-HG	HCL	1.0ng	62
228.812	228.812	N$_2$/Air/H$_2$	EDL	500	78	NS	NS	HG	EDL	—	91
NS	NS	Hy	BHCL	—	92	193.7	NS	HG+Ar/Air/H$_2$	HCL	As(III)35ng	95
NS	NS	Hy	BHCL	50pg	93					As(V)50ng	
193.7	245.7	GF	FLDL	0.0054	94	193.7	245.6	Ar-ICP	LE	20	96
NS	NS	HG	EDL	0.79	64	NS	NS	Hy	EDL	100	68

表 19-5 金的原子荧光测定参数及检出限

激发 λ_A/nm	荧光 λ_F/nm	原子化器	激发光源	检出限 c/(ng/mL)	文献	激发 λ_A/nm	荧光 λ_F/nm	原子化器	激发光源	检出限 c/(ng/mL)	文献
242.8	242.8	Air/Ac	EDL	21	141	267.595	267.595	O$_2$/H$_2$	EDL	200	232
267.6	267.6	Air/Ac	EDL	25	141	—	267.595	Ar/Air/H$_2$	Xe150	4000	162
242	242	Air/H$_2$	HCL	300	143	242.795	242.795	Ar-S/O$_2$/H$_2$	HIHCL	5	274
267	267	Air/H$_2$	HCL	200	143	267.595	267.595	Ar-S/O$_2$/H$_2$	HIHCL	20	274
267.6	267.6	ICP	HCL	10	43	312.282	312.282	Ar-S/O$_2$/H$_2$	HIHCL	2500	274
NS	NS	ICP	HCL	2	4	242.795	242.795	Air/H$_2$	HIHCL	15	274
242.8	242.8	ICP	HCL	20	158	267.595	267.595	Air/H$_2$	HIHCL	70	274
267.595	267.595	Ar/H$_2$	DHCL	50	273	242.795	242.795	Air/Ac	HIHCL	15	274

续表

激发 λ_A/nm	荧光 λ_F/nm	原子化器	激发光源	检出限 c/(ng/mL)	文献	激发 λ_A/nm	荧光 λ_F/nm	原子化器	激发光源	检出限 c/(ng/mL)	文献
267.595	267.595	Air/Ac	HIHCL	70	274	267.7	267.6	Air/H₂	HIHCL	50	12
267.595	267.595	Ar-S/O₂/H₂	HCL	3	255	NS	ND SB	N-S/Air/Ac	HIHCL	0.5	275
267.595	267.595	Ar-S/O₂/H₂	HIHCL	50	255	NS	NS	ICP	HCL	0.3	17
242.795	242.795	Air/Ac	HCL	4000	48	267.60	267.60	ICP	PDL	11	276
242.795	242.795	Air/Ac	HIHCL	150	48		242.79	Ar-S/Air/Ac	Xe 300	300	185
242.795	242.795	S/Air/Ac	HCL	1000	48		267.59	N-S/Air/Ac	Xe 300	100	27
242.795	242.795	S/Air/Ac	HIHCL	50	48		267.5	Ar-S/Air/Ac	PXe 300	200	187
242.795	242.795	S/Air/Ac	HCL	7000	49		267.5	Ar-S/Air/Ac	Xe 500	150	28
242.795	242.795	Air/Ac	HCL	14000	49	NS	NS	GF	HIHCL	0.01	83
267.595	267.595	O₂/H₂	EDL	200	51	242.797	312.28	GF	XeCL	—	277
267.595	267.595	O₂/H₂	PHCL	200	165						

表 19-6　硼的原子荧光测定参数及检出限

激发 λ_A/nm	荧光 λ_F/nm	原子化器	激发光源	检出限 c/(ng/mL)	文献	激发 λ_A/nm	荧光 λ_F/nm	原子化器	激发光源	检出限 c/(ng/mL)	文献
249.7	249.7	ICP	HCL	400	43	249.7	249.7	ICP	ICP	10	22
NS	NS	ICP	HCL	60	4		249.7	ICP	ICP	56	31
249.678	249.773	ICP	PDL	4	6		249.8	ICP	ICP	37	32
249.8	249.8	ICP	HCL	500	13	NS	NS	Hy	HCL	50	130
249.8	249.8	ICP	ICP	56	15	NS	NS	GP	HCL	—	131
NS	NS	ICP	HCL	60	17						

表 19-7　钡的原子荧光测定参数及检出限

激发 λ_A/nm	荧光 λ_F/nm	原子化器	激发光源	检出限 c/(ng/mL)	文献	激发 λ_A/nm	荧光 λ_F/nm	原子化器	激发光源	检出限 c/(ng/mL)	文献
553.5	553.5	Air/Ac	CWDL	8	97	611.1	606.3	N₂O/Ac	CWDL	500	98
553.5	553.5	H/O/Ar	CWDL	2	97	553.7	553.7	N₂O/Ac	CWDL	40	98
553.5	553.5	MIP	HCL	20	1	553.7	553.7	ICP	CWDL	ND	99
585.4	455.4	ICP	CWDL	6	99	455.404	614.172	ICP	PDL	0.7	6
455.4	455.4	ICP	PDL	2	100					4000	104
614.2	455.4	ICP	PDL	30	100	597.2	611.1	GF	FLDL	(40ng)	
416.6	389.2	ICP	PDL	1	101	553.55	553.55	Air/Ac	PDL	100	105
597.2				4000		455.4	455.4	ICP	ICP	8	15
599.7	597.2	Air-Ac	PDL	(80ng)	102		553.55	N-S/Air/Ac	Xe 150?	10	106
455	455	DCP	PDL	1000	103	455.4	455.4	ICP	ICP	0.9	22
455	585	DCP	PDL	45000	103	455.403	455.403	ICP	PDL	40	107
455	614	DCP	PDL	2000	103	553.7	553.7	N₂O/Ac	PDL	8	29
614	455	DCP	PDL	17	103		455.4	ICP	ICP	8	31
614	585	DCP	PDL	3000	103		455.4	ICP	ICP	5	32
614	614	DCP	PDL	8000	103	NS	NS	ICP	HCL	500	108
455.4	455.4	ICP	HCL	50	43						

表 19-8　铍的原子荧光测定参数及检出限

激发 λ_A/nm	荧光 λ_F/nm	原子化器	激发光源	检出限 c/(ng/mL)	文献	激发 λ_A/nm	荧光 λ_F/nm	原子化器	激发光源	检出限 c/(ng/mL)	文献
234.7	234.7	ICP	HCL	0.8	43	234.9	234.9	S/Air/Ac	ICP	10	44

第四篇

续表

激发 λ_A/nm	荧光 λ_F/nm	原子化器	激发光源	检出限 c/(ng/mL)	文献	激发 λ_A/nm	荧光 λ_F/nm	原子化器	激发光源	检出限 c/(ng/mL)	文献
234.9	234.9	S/Air/Ac	EDL	10	44	NS	NS	ICP	HCL	0.8	13
234.861	234.861	N₂O/Ac	EDL	40	109		234.9	Ar-S/N₂O/Ac	XeFL	200	16
234.861	234.861	S/N₂O/Ac	EDL	10	110		234.9	Ar-S/N₂O/Ac	Xe 150	60	16
234.861	234.861	N₂O/Ac	HIHCL	500	111	NS	NS	ICP	HCL	0.2	17
234.861	234.861	O₂/Ac	HIHCL	10000	111		234.86	N-S/N₂O/Ac	Xe 300	30	27
234.861	234.861	S/Air/Ac	HIHCL	50000	9		234.8	Ar-S/N₂O/Ac	Xe 500	15	28
234.861	234.861	S/N₂O/Ac	HIHCL	20	9	NS	NS	GF	HIHCL	0.03	83
234.9	234.9	W loop	EDL	2000		235	—	VC	PDL		113
				(4ng)	112						

表 19-9 铋的原子荧光测定参数及检出限

激发 λ_A/nm	荧光 λ_F/nm	原子化器	激发光源	检出限 c/(ng/mL)	文献	激发 λ_A/nm	荧光 λ_F/nm	原子化器	激发光源	检出限 c/(ng/mL)	文献
	ND	GF	EDL	0.1	114	306.8	306.8	ICP	HCL	50	43
306.772	472.219	GF	PDL	0.016			—	HyVC	EDL	0.1ng	45
				(0.8pg)	115	NS	NS	GDSC	BHCL	10000	119
306.8	306.8	Ar/O₂/H₂	EDL	60	116	302.464	302.464	Ar/Air/H₂	EDL	500	120
	306.8	CGF	Xe 150	10(2ng)	117	302.464	302.464	N₂/Air/H₂	EDL	1000	120
	NDSB	Ar/Air/H₂	EDL	0.005		306.772	306.772	Air/Ac	HCL	33000	48
				(0.1ng)	118		223.1	Ar-S/Air/Ac	Xe 300	8000	53
223.061	223.061	Air/Ac	HCL	40000	48	223.1	223.1	Ar-S/Air/Ac	EDL	12000	53
306.772	306.772	S/Air/Ac	HCL	5000	48	307.7	307.7	CGF	EDL	0.6	54
223.061	223.061	S/Air/Ac	HCL	14000	48	223.1	223.1	GF	EDL	1.2	122
306.772	306.772	Air/Ac	HCL	220000	49	306.8	306.8	W spiral	EDL	6pg	123
306.772	306.772	S/Air/Ac	HCL	55000	49	NS	NS	HG	HCL	15ng	56
	306.772	Ar/Air/H₂	Xe 150	10000	50	—	—	Ar/Air/H₂	EDL	—	58
306.772	306.772	Ar/Air/H₂	EDL	700	51	NS	ND	Hy+Ar	NS	0.2ng	124
306.77	306.77	Air/Ac	EDL	500	121					0.06	
306.77	306.77	N-S/Air/Ac	EDL	40	121	NS	ND	FI-Hy	HCL	(0.03ng)	62
223.06	223.06	Air/Ac	EDL	2000	121	NS	ND	Hy	EDL	—	61
223.06	223.06	N-S/Air/Ac	EDL	200	121	NS	NS	Hy	NS	50	68
				20		NS	NS	Hy	EDL	500	125
306.8	306.8	W loop	EDL	(0.04ng)	112	NS	NS	HG	MIP	15	126
396.8	396.8	Air/H₂	HIHCL	100	12	NS	NS	HG	HCL	0.46	64
NS	NS	ICP	HCL	2	17	223.06	299.334	GC	LE	0.00005	127
	306.9	N-S/Air/Ac	Xe	300	52	223.06	299.334	GC	LE	0.00005	128
306.9	306.9	N-S/Air/Ac	EDL	300	52	223.1	299.3	GC	XeCL	0.00005	129
306.8	306.8	Air/Ac	PDL	3	29						

表 19-10 碳的原子荧光测定参数[208,209]

激发 λ_A/nm	荧光 λ_F/nm	原子化器	激发光源	注释
165.7	165.7	CO Discharge	PDL	
193.1	247.9	C Arc	ArFL	$<10^3$ 个原子/cm^3

表 19-11　钙的原子荧光测定参数及检出限

激发 λ_A/nm	荧光 λ_F/nm	原子化器	激发光源	检出限 c/(ng/mL)	文献	激发 λ_A/nm	荧光 λ_F/nm	原子化器	激发光源	检出限 c/(ng/mL)	文献
422.7	422.7	MIP	HCL	20	1	422.7	422.7	ICP	HCL	0.4	13
	422.7	MIP	Xe 200	20	1	422.6	422.6	N-S/Air/Ac	DCP	8	81
422.7	422.7	Air/Ac	PDL	0.03	200	422.7	422.7	ICP	HCL	1.4	183
396.8						422.7	422.7	ICP	ICP	0.5	15
370.6	373.7	ICP	PDL	0.007	101		422.67	N-S/Air/Ac	Xe 150?	50	106
422	422	DCP	PDL	3	103	393.4	393.4	ICP	ICP	0.4	22
422.7	422.7	Air/Ac	PDL	0.01	201	422.67	422.67	ICP	ICP	60	23
NS	NS	Air/Ac	HCL	50	69	393.37	393.37	ICP	ICP	2	23
422.7	422.7	S/Air/Ac	HCL	7	202		422.67	Ar-S/Air/Ac	Xe 300	2	185
422.7	422.7	ICP	HCL	0.08	43	NS	NS	ICP	ICP	0.4	24
422.7	422.7	S/Air/Ac	ICP	20	44	393.37	393.37	ICP	PDL	8	107
422.7	422.7	S/Air/Ac	EDL	20	44	422.6	422.6	N-S/Air/Ac	ICP	4	26
	422.7	Air/Ac	Xe 300	10	157	422.7	422.7	Air/Ac	ICP	23	205
426.637	426.637	Air/H_2	EDL	20	51	422.7	422.7	Air/Ac	PDL	0.08	29
	426.637	Air/H_2	Xe 900	20	203		422.67	N-S/Air/Ac	Xe 300	2	27
426.673	426.673	Air/Ac	HCL	100	49		422.7	Air/Ac	Xe 900	300	30
	426.637	Ar/Air/Ac	HCL	50	49	NS	NS	GF	HIHCL	0.0001	83
	426.637	Air/H_2	Xe 150	10000	50		422.7	ICP	ICP	0.5	31
426.673	426.673	Air/H_2	PDL	5	10		422.7	ICP	ICP	0.3	32
585.3	585.3	GF	FLDL	2300(23ng)	104	NS	422.7	ICP	—	—	206
422.7	422.7	Air/H_2	PDL	10	11	422.7	422.7	ICP	HCL	3	207
	422.7	Air/Ac	Xe 500	500	171	NS	NS	ICP	HCL	—	197
	422.7	Air/H_2	Xe 450	20	204						

表 19-12　铈的原子荧光测定参数及检出限[210,211]

激发 λ_A/nm	荧光 λ_F/nm	原子化器	激发光源	检出限 c/(ng/mL)	注释
371.637	394.215	N_2O/Ac	PDL	500	离子
371.637	395.254	N_2O/Ac	PDL	500	离子
407.59	401.24	ICP	PDL	400	离子

表 19-13　氯的原子荧光测定参数

激发 λ_A/nm	荧光 λ_F/nm	原子化器	激发光源	注释	文献
210	210	VC	PDL	10^{13} 个原子/cm^3	213
120.14	120.14	VC	MIP		214
134.72	134.72	VC	MIP		214
233.3	725~775	Plasma	PDL	双光子	215
138.0	138.0	VC	EDL	3×10^9 个原子/cm^3	216

表 19-14　镉的原子荧光测定参数及检出限

激发 λ_A/nm	荧光 λ_F/nm	原子化器	激发光源	检出限 c/(ng/mL)	文献	激发 λ_A/nm	荧光 λ_F/nm	原子化器	激发光源	检出限 c/(ng/mL)	文献
228.8	228.8	Ar/Air/H_2	EDL	0.05	132	228.8	228.8	Air/H_2	HgDL	5	134
228.8	228.8	GF	EDL	0.00001	114	228.8	228.8	Ar/Air/H_2	MVL	0.013	135
		ND SB	GF	EDL	0.0001	133	NS	NS	Air/Ac	EDL	5	69

续表

激发 λ_A/nm	荧光 λ_F/nm	原子化器	激发光源	检出限 c/(ng/mL)	文献	激发 λ_A/nm	荧光 λ_F/nm	原子化器	激发光源	检出限 c/(ng/mL)	文献
NS	NS	Air/Ac	HCL	100	69	228.802	228.802	S/Air/Ac	HCL	20	48
228.8	228.8	Arc atomizer	HCL	0.3	136	228.802	228.802	S/Air/Ac	HCL	100	49
228.8	228.8	Air/Ac	EDL	1	35	228.802	228.802	Air/Ac	HCL	150	49
228.8	228.8	Air/Ac	EDL	10	137		228.802	Air/H2	Xe 150	80	50
228.8	228.8	CGF	EDL	0.3	138	228.802	228.802	O2/H2	EDL	0.001	51
NS	NS	S/Air/H2	HCL	20	139	228.802	228.802	Air/H2	PHCL	3	165
NS	NS	Pt loop	HCL	8	139	228.8	228.8	ICP	HCL	0.8	166
	228.8	CGF	Xe 150	1	117	228.8	228.8	ICP	HCL	1.5	166
	228.8	Air/Ac	EW	7000	140	228.802	361.051				
228.8	228.8	Air/Ac	EDL	1.3	141	643.847	361.288	GF	PDL	0.000018	167
228.8	228.8	O2/H2	EDL	100	142	228.8	228.8	Ar/Air/H2	EDL	0.05	168
228.8	228.8	O2/Ac	EDL	300	142	228.8	228.8	Air/Ac	EDL	0.5	168
228.8	228.8	Air/H2	EDL	200	142	228.8	228.8	Pt loop	MVL	40(0.1ng)	169
228.8	228.8	Air/NG	EDL	100	142	228.8	228.8	Pt loop	EDL	0.05pg	170
283	283	Air/H2	HCL	8	143	228.8	228.8	Pt loop	EDL	0.01 (0.02pg)	112
	ND	N2-S/Air/Ac	BHCL	0.1	40						
	ND	N2-S/Air/Ac	EDL	0.2	40		228.8	Air/Ac	Xe 500	10000	171
	ND	N2-S/Air/Ac	EDL	0.01	144	228.8	228.8	Ar/Air/H2	EDL	0.1	172
	ND SB	GF	HFDL	0.1pg	145	228.8	228.8	Air/H2	EDL	0.002	173
	NS	N2O/H2	Xe 300	10	146	228.8	ND SB	GF	EDL	0.1pg	174
228.8	228.8	ICP	HCL	0.8	43	228.8	ND SB	Air/H2	MVL	1	175
228.8	228.8	S/Air/Ac	ICP	6	44	228.8	228.8	Air/H2	MVL	0.01	176
228.8	228.8	S/Air/Ac	EDL	1	44	228.8	228.8	O2/H2	MVL	0.2	177
NS	NS	ICP	HCL	0.1	4	228.8	228.8	O2/H2	MVL	100	178
228.8	228.8	N2/Air/Ac	EDL	70	147	228.8	228.8	O2/Ac	MVL	50	178
228.8	228.8	N2/Air/Ac	TGL	0.5	147	228.8	228.8	Air/H2	Pulsed EDL	90	179
	228.8	He/O2/Ac	Xe 300	50	148						
228.8	228.8	Air/Ac	EDL	—	149		228.8	N-S/Air/Ac	Xe 300	50	180
228.8	228.8	Air/Ac	EDL	0.5	150	228.8	228.8	Ar/Air/H2	ICP	<0.1	181
228.8	228.8	Ar/Air/H2	EDL	0.05	150		326.1	GF+MNP	Xe 300	0.5mg	14
228.8	228.8	Air/H2	EDL	0.7	151	228.8	228.8	N-S/Air/Ac	DCP	4	14
228.8	228.8	GF	EDL	0.2	152	228.8	ND	Air/Ac	EDL	2	182
	228.8	N2O/Ac	Xe 300	40	153	228.8	228.8	ICP	HCL	1.8	183
	228.8	Air/Ac	Xe 300	30	153	228.8	228.8	Air/Ac	HCl	70	184
228.8	228.8	GF	EDL?	0.0014	154		228.8	Ar-S/Air/Ac	XeFL	30	16
228.8	228.8	Air/Ac	ICP	8	155		228.8	Ar-S/Air/Ac	Xe 150	10	16
	228.8	He/O2/Ac	Xe 300	50	156	NS	NS	ICP	HCL	<0.1	17
	228.8	Air/Ac	Xe 300	3000	156		228.8	N-S/Air/Ac	Xe	4	52
228.8	228.8	Air/Ac	EDL	0.05	157	228.8	228.8	N-S/Air/Ac	EDL	2	52
228.8	228.8	ICP	HCL	0.3	158	228.8	228.8	Ar-S/Air/Ac	Xe 300	10	185
228.8	228.8	ICP	HCL	1	159	228.8	228.8	N-S/Air/Ac	ICP	0.8	26
228.8	228.8	Air/Ac	EDL	0.02	160	228.8	228.8	GF	Xe 150	5(2.5pg)	186
228.802	228.802	S/Air/Ac	MVL	0.5	161	228.8	228.8	Ar-S/Air/Ac	Xe 500	6	28
	228.802	Ar/Air/H2	Xe 900	80	162	228.8	228.8	Ar-S/Air/Ac	PXe 300	1.4	187
	228.802	Air/Prop	Xe 150	200	163	228.8	228.8	Air/Ac	PDL	8	29
228.802	228.802	Ar/Air/H2	EDL	—	164	228.8	228.8	N-S/Air/Ac	Xe 300	8	27
228.802	228.802	Air/Ac	HCL	60	48	228.8	228.8	CGF	EDL	0.04	54
228.802	228.802	Air/Ac	MVL	2	48	228.8	228.8	Air/H2	EDL	1	55

续表

激发 λ_A/nm	荧光 λ_F/nm	原子化器	激发光源	检出限 c/(ng/mL)	文献	激发 λ_A/nm	荧光 λ_F/nm	原子化器	激发光源	检出限 c/(ng/mL)	文献
228.1	228.1	GF	EDL	0.02(0.01pg)	188	NS	228.802	GC	LE	0.00007	195
228.8	228.8	Air/H₂	EDL	0.02	189	NS	326.106	GC	LE	0.00031	195
NS	NS	GF	HIHCL	0.00003	83	228.8	228.8	ETA	LE	—	196
228.8	228.8	ICP	EDL	0.4	190	NS	NS	ICP	HCL	—	197
228.8	228.8	N-S/Air/Ac	EDL	0.05	191	—	228.8	MIP	HCL	0.26	198
228.8	228.8	W spiral	EDL	0.03(pg)	192	NS	NS	Hy	NS	0.008	199
NS	ND	NS	NS	0.2	193	NS	228.8	GC	XeCL	0.00007	129
NS	NS	W·S	EDL	0.003	194						

表 19-15 钴的原子荧光测定参数及检出限

激发 λ_A/nm	荧光 λ_F/nm	原子化器	激发光源	检出限 c/(ng/mL)	文献	激发 λ_A/nm	荧光 λ_F/nm	原子化器	激发光源	检出限 c/(ng/mL)	文献
304.4	340.5	GF	PDL	0.002(0.06ng)	226		240.7	ICP	ICP	21	31
240.7	240.7	MIP	HCL	1000	1	240.7	240.7	Ar-S/Air/Ac	EDL	10	237
304.4	340.5	GF	PDL	0.2	227	240.725	240.725	N₂O/H₂	EDL	40	7
304	341	GF	PDL	0.03(0.3pg)	228	240.725	240.725	O₂/H₂	EDL	2000	233
308.262	345.350	GF	PDL	0.004(0.2pg)	115	240.725	240.725	Ar/Air/H₂	EDL	100	51
240.7	240.7	Air/Ac	EDL	10	35	240.725	240.725	Air/Ac	HCL	1000	48
NS	NS	S/Air/Ac	HCL	6	218	240.725	240.725	Air/Ac	HIHCL	40	48
	240.7	Air/Ac	EW	10000	140	240.725	240.725	S/Air/Ac	HCL	150	48
241	241	Air/H₂	HCL	40	143	240.725	240.725	S/Air/Ac	HIHCL	15	48
	345.3					240.725	240.725	Air/Ac	HCL	2500	49
346.6	346.6	Air/Ac	Xe 2500	5	229	240.725	240.725	S/Air/Ac	HCL	1700	49
240.7	240.7	ICP	HCL	5	43		240.725	Ar/Air/H₂	Xe 150	1000	50
240.7	240.7	S/Air/Ac	HCL	700	230	347.453	357.536	N₂O/Ac	PDL	200	10
240.7	240.7	S/Air/Ac	ICP	20	44	357.536	357.536	N₂O/Ac	PDL	50000	10
240.7	240.7	S/Air/Ac	EDL	10	44	304	341	GF	PDL	0.025(5pg)	234
	240.7	S/Air/Ac	Xe 300	30	219	589.0	589.0	GF	FLDL	530000(5.3mg)	104
NS	NS	ICP	HCL	1	4	304.4	340.5	GF	PDL	0.2	235
NS	NS	GDSC	BHCL	10000	118	304.4	304.4	GF	PDL	0.002	235
240.725	240.725	Air/Prop	EDL	5	231		242.5	Air/Ac	Xe 500	20000	171
240.725	240.725	Air/H₂	EDL	5	231	240.7	240.7	Air/H₂	HIHCL	500	12
240.725	240.725	Air/Ac	EDL	10	231		240.7	GF+MNP	Xe 300	460ng	14
240.725	240.725	Air/H₂	HIHCL	20	232	240.7	240.7	N-S/Air/Ac	Xe 300	31	81
240.725	240.725	Ar/O₂/H₂	HIHCL	10	232	240.7	240.7	ICP	ICP	21	15
240.725	240.725	Air/Ac	HIHCL	50	232	—	240.7	Ar-S/Air/Ac	XeFL	100	16
240.725	240.725	Ar/O₂/H₂	HIHCL	10	232	—	240.7	Ar-S/Air/Ac	Xe 150	20	16
240.72	240.72	ICP	ICP	40	23	NS	NS	ICP	HCL	0.4	17
228.62	228.62	ICP	ICP	300	23		240.7	Ar-S/Air/Ac	Xe 300	1000	236
	240.72	Ar-S/Air/Ac	Xe 300	30	185	NS	NS	GF	Laser	0.02	238
NS	NS	ICP	ICP	20	24	NS	NS	Gy	NS	0.01ng	246
240.7	240.7	N-S/Air/Ac	ICP	11	26	NS	NS	NS	Laser	0.02ng	226
	240.1	Ar-S/Air/Ac	Xe 500	15	28	NS	304.4	NS	CWDL	0.3fg	247
359.3	359.3	Air/Ac	PDL	1000	29	NS	NS	GF	LE	0.500pg	240
	240.27	N-S/Air/Ac	Xe 300	20	27	NS	NS	MIP	XeFL	1ng	241
	240.7	GF	Xe 150	10(0.01ng)	186	NS	304.4	电热石墨坩埚	激光光源	<3~10ng	242
240.7	240.7	CGF	EDL	3	54	304.4	340.5	Ar/Air	激光光源	2pg	243

续表

激发 λ_A/nm	荧光 λ_F/nm	原子化器	激发光源	检出限 c/(ng/mL)	文献	激发 λ_A/nm	荧光 λ_F/nm	原子化器	激发光源	检出限 c/(ng/mL)	文献
304	340.5	GT-ETA	LE	20fg	244	NS	NS	ETA	LE	0.3pg	239
NS	NS	GT-ETA	LE	0.001	245						

表 19-16 铬的原子荧光测定参数及检出限

激发 λ_A/nm	荧光 λ_F/nm	原子化器	激发光源	检出限 c/(ng/mL)	文献	激发 λ_A/nm	荧光 λ_F/nm	原子化器	激发光源	检出限 c/(ng/mL)	文献
357.9	357.9	MIP	HCL	2000	1	359.349	359.349	Air/H₂	PDL	20	10
428.9	428.9	LAP	PDL		217	428.9	428.9	LAP	PDL	1000	222
359.3	359.3	Air/H₂	HgDL	5000	134	359.3	359.3	Air/H₂	PDL	30	11
359.3	359.3					—	359.3	Air/Ac	Xe 500	3000	171
359.4	359.4	Air/Ac	EDL	5	35	—	357.9	Ar/Air/H₂	Xe 150	18000	223
NS	NS	S/Air/Ac	HCL	6	218	357.9	357.9	Air/H₂	HIHCL	100000	12
	357.9	CGF	Xe 150	40	117	359	359	Ar/S/Air/Ac	EDL	2500	224
357.9	357.9	Air/H₂	HCL	200	143	—	357.9	N-S/Air/Ac	Xe 300	50	180
357.9	357.9	ICP	HCL	10	43	357.9	357.9	ICP	HCL	6	13
357.9	357.9	S/Air/Ac	ICP	30	44	—	357.9	GF+MNP	Xe 300	8ng	14
357.9	357.9	S/Air/Ac	EDL	9	44	357.8	357.8	N-S/Air/Ac	DCP	11	81
	357.9	S/Air/Ac	Xe 300	4	219	357.9	357.9	ICP	ICP	8	15
NS	NS	ICP	HCL	1	4	—	357.9	Ar-S/Air/Ac	Xe 150	10	16
	357.8	He/O₂/Ac	Xe 300	2000	148	NS	NS	ICP	HCL	0.4	17
	425.43	N₂O/Ac	Xe 300	5	153	359.4	359.4	ICP	HCL	100	19
	425.43	Air/Ac	Xe 300	400	153	357.9	359.4	ICP	HCL	400	20
NS	NS	GDSC	BHCL	4000	119	357.9	ND	ICP	HCL	100	20
	357.9	He/O₂/Ac	Xe 300	2000	156	267.7	267.7	ICP	HCL	10000	20
	357.9	Air/Ac	Xe 300	60000	156	359.9	359.9	ICP	ICP	10	22
357.9	357.9	ICP	HCL	5	158	357.87	357.87	ICP	ICP	900	23
	357.9					205.55	205.55	ICP	ICP	2000	23
NS	359.4	ICP	HCL	100	5	—	357.87	Ar-S/Air/Ac	Xe 300	7	185
	360.5					NS	NS	ICP	ICP	4	24
357.869	357.869	N₂O/H₂	EDL	50	7	357.8	357.8	N-S/Air/Ac	ICP	2	26
357.869	357.869	Air/H₂	BHCL	1000	220	—	357.9	GF	Xe 150	5(2.5pg)	186
357.869	357.869	S/Air/Ac	EDL	5	221	—	357.9	Ar-S/Air/Ac	Xe 500	1.5	28
427.481	427.481	S/Air/Ac	EDL	100	221	—	357.9	Ar-S/Air/Ac	Pxe 300	4	187
359.349	359.349	Air/H₂	EDL	500	221	359.3	359.3	Air/Ac	PDL	1	29
359.349	359.349	S/Air/Ac	EDL	100	221	—	357.87	N-S/Air/Ac	Xe 300	10	27
359.349	359.349	Air/Ac	EDL	50	221	357.9	357.9	Air/H₂	EDL	10	54
425.433	425.433	Air/Ac	HCL	1000	49	—	357.9	Air/Ac	Xe 900	600	30
357.869	357.869	Air/Ac	HCL	14000	49	NS	ND	GDSC	HIHCL	30000	225
425.433	425.433	S/Air/Ac	HCL	500	49	—	357.9	ICP	ICP	8	31
357.869	357.869	S/Air/Ac	HCL	5700	49		357.9	ICP	ICP	5	32
359.349	359.349	Air/H₂	EDL	10000	51	357.9	357.9	ICP	HCL	2	207
357.869	357.869	Air/H₂	PDL	20	10						

表 19-17 铯的原子荧光测定参数及检出限[212]

激发 λ_A/nm	荧光 λ_F/nm	原子化器	激发光源	检出限	
				c/(ng/mL)	m/ng
455.5	455.5	GF	PDL	0.02	0.0012

表 19-18 铜的原子荧光测定参数及检出限

激发 λ_A/nm	荧光 λ_F/nm	原子化器	激发光源	检出限 c/(ng/mL)	文献	激发 λ_A/nm	荧光 λ_F/nm	原子化器	激发光源	检出限 c/(ng/mL)	文献
324.7	510.5	GF	PDL	0.002(0.15ng)	226	—	324.7	GF	Xe 150	6(3pg)	186
578.2	327.4	N2O/Ac	CWDL	100000	98	324.8	324.8	Air/H2	EDL	2	55
324.8	324.8	ICP	PDL	0.7	34	—	324.8	Air/Ac	Xe 900	50	30
327.4	324.8	ICP	PDL	0.4	34	324.7	324.7	GF	EDL	0.6(0.3pg)	188
325	510	GF	PDL	0.06(0.6ng)	228	324.7	324.7	Air/H2	EDL	1	189
324.8	324.8	Air/H2	HgDL	100	134	324.754	324.754	N2O/H2	EDL	30	7
324.755	510.554	GF	PDL	0.016(0.8pg)	115		324.754	Air/Prop	Xe 150	1000	163
NS	NS	Air/Ac	HCL	10	69		324.754	S/Air/Ac	HCL	50	49
324.7	324.7	Air/Ac	HCL	50	248	324.754	324.754	Air/Ac	HCL	140	49
324.75	324.75	O2/Ar/H2	HCL	1.5	249	324.754	324.754	Ar-S/O2/H2	HFHC (PSB)	0.5	255
324.75	324.75	Air/H2	HCL	3	249				(PSB)		
324.75	324.75	Air/Ac	HCL	6	249	324.754	324.754	Ar-S/O2/H2	HIHCL	—	255
324.75	324.75	Air/Ac	HCL	1	250		324.754	Ar/Air/H2	Xe 150	200	50
NS	NS	S/Air/Ac	HCL	4	218	324.754	324.754	O2/H2	PHCL (PSB)	20	165
324.8	324.8	S/Air/Ac	HCL	10	202				(PSB)		
324.8	324.8	S/Air/Ac	HCL	30	251	324.9	324.9	ICP	HCL	3.0	166
324.8	324.8	CGF	EDL	80	138	324.9	324.9	ICP	HCL	4.5	166
—	324.7	CGF	Xe 150	2	117	325	510	GF	PDL	0.3(6pg)	234
324.75	324.75	Air/Ac	—	3	252	325	325	GF	PDL	0.02(4pg)	234
	324.5	S/Air/Ac	Xe 150	20	253	578.2	578.2	GF	FLDL	90000(0.9mg)	104
324.8	324.8	Air/H2	HCL	5	143	324.7	324.7	W loop	EDL	100(0.2ng)	112
	422.67	Air/Ac	Xe 2500	5	229		324.75	Air/Ac	Xe 500	3000	171
	324.7	Air/Ac	Xe 2500	20	229		327.40	Air/Ac	Xe 500	2000	171
—	NS	N2O/H2	Xe 300	10	146		324.7	Ar/Air/H2	Xe 150	600	223
324.8	324.8	ICP	HCL	1	43		324.8	Kerosene	Xe 450	4	256
324.7	324.7	S/Air/Ac	HCL	390	230		324.8	Kerosene	Xe 450	40	256
324.8	324.8	S/Air/Ac	ICP	8	44	324.8	324.8	Air/H2	HIHCL	1	12
324.8	324.8	S/Air/Ac	EDL	2	44	324.8	324.8	Ar/Air/H2	HIHCL	3	257
NS	NS	ICP	HCL	0.4	4	324.8	324.8	Air/H2	HIHCL	20	257
—	324.7	He/O2/Ac	Xe 300	300	148	—	324.7	Air/H2	Xe 150	5300	258
—	324.75	N2O/Ac	Xe 300	80	153	—	324.8	N-S/Air/Ac	Xe 300	100	180
	324.75	Air/Ac	Xe 300	300	153	—	327.4	GF+MNP	Xe 300	15ng	14
NS	NS	GDSC	BHCL	2000	119	324.7	324.7	N-S/Air/Ac	DCP	8	81
	324.7	He/O2/Ac	Xe 300	300	156	324.7	324.7	ICP	HCL	6.2	183
	324.7	Air/Ac	Xe 300	9000	156	324.8	324.8	Air/Ac	HCL	100	184
324.9	324.9	ICP	HCL	1	158	NS	NS	ICP	HCL	0.2	17
324.8	324.8	ICP	HCL	2	159	324.8	327.4	GF	PDL	8pg	18
Ns	324.8					324.8	324.8	ICP	HCL	50	19
	327.4	ICP	HCL	50	5	—	324.75	N-S/Air/Ac	Xe 150	27	106
324.754	324.754	Air/H2	HIHCL	1	254	324.9	324.9	ICP	HCL	20	20
324.754	324.754	Ar/Air/H2	EDL	5	51	324.9	ND	ICP	HCL	0.6	20
324.754	324.754	O2/H2	HIHCL	100	111	224.7	224.7	ICP	HCL	6000	20
324.754	324.754	Air/H2	HIHCL	500	111	324.8	327.4	GF	PDL	0.4(2pg)	21
—	324.7	GF+Air/Ac	Xe 300	90(0.09ng)	25	—	324.8	Ar-S/Air/Ac	Xe 300	70	236
324.7	324.7	N-S/Air/Ac	ICP	2	26	324.7	324.7	ICP	ICP	0.4	22
	324.75	N-S/Air/Ac	Xe 300	7	27	324.75	324.75	ICP	ICP	30	23
324.7	324.7	Air/Ac	PDL	1	29		324.75	Ar-S/Air/Ac	Xe 300	5	185
—	324.7	Ar-S/Air/Ac	PXe 300	4	187	NS	NS	ICP	ICP	4	24
—	324.7	Ar-S/Air/Ac	Xe 500	1.5	28	NS	ND	GDSC	HIHCL	5000	225

续表

激发 λ_A/nm	荧光 λ_F/nm	原子化器	激发光源	检出限 c/(ng/mL)	文献	激发 λ_A/nm	荧光 λ_F/nm	原子化器	激发光源	检出限 c/(ng/mL)	文献
NS	NS	GF	HIHCL	0.005	83	NS	NS	ETA	LE	—	259
	324.7	ICP	ICP	2	31	NS	NS	W-S	EDL	3	194
324.7	324.7	GF	EDL	0.08	121	NS	NS	ICP	HCL	—	197
	324.7	GF	Xe 150	900	121	NS	NS	ICP	HCL	50	260
	324.8	ICP	ICP	2	32						

表 19-19　镝的原子荧光测定参数及检出限

激发 λ_A/nm	荧光 λ_F/nm	原子化器	激发光源	检出限 c/(ng/mL)	文献	激发 λ_A/nm	荧光 λ_F/nm	原子化器	激发光源	检出限 c/(ng/mL)	文献
364.541	353.603	N₂O/Ac	PDL	300	210	407.80	394.47	ICP	PDL	400	211
418.678	418.678	N₂O/Ac	PDL	600	210			ICP	LE		261

表 19-20　铒的原子荧光测定参数及检出限

激发 λ_A/nm	荧光 λ_F/nm	原子化器	激发光源	检出限 c/(ng/mL)	文献	激发 λ_A/nm	荧光 λ_F/nm	原子化器	激发光源	检出限 c/(ng/mL)	文献
400.797	400.797	N₂O/Ac	PDL	500	210	404.84	374.26	ICP	PDL	260	211
369.264	337.276	N₂O/Ac	PDL	2500	210						

表 19-21　铕的原子荧光测定参数及检出限

激发 λ_A/nm	荧光 λ_F/nm	原子化器	激发光源	检出限 c/(ng/mL)	文献	激发 λ_A/nm	荧光 λ_F/nm	原子化器	激发光源	检出限 c/(ng/mL)	文献
287.9	536.1	GF	PDL	10(6pg)	226	420.505	393.045	N₂O/Ac	PDL	200	210
443.556	333.875	ICP	PDL	250	263	305.49	290.67	ICP	PDL	72	211
306.911						NS	NS	GD	LE	2fg	264
459.403	462.722	N₂O/Ac	PDL	20	210	NS	NS	ICP	NS	24	265

表 19-22　铁的原子荧光测定参数及检出限

激发 λ_A/nm	荧光 λ_F/nm	原子化器	激发光源	检出限 c/(ng/mL)	文献	激发 λ_A/nm	荧光 λ_F/nm	原子化器	激发光源	检出限 c/(ng/mL)	文献
296.7	373.5	GF	PDL	0.001(0.1pg)	226	248.3	248.3	S/Air/Ac	HCl	50	289
248.3	248.3	MIP	HCL	600	1	—	252.3	CGF	Xe 150	20	117
296.7	373.5	GF	PDL	0.025(0.75pg)	287	248	248	Air/H₂	HCL	60	143
296.7	373.5	Air/Ac	PDL	0.2	288		371.9				
296.7	373.5	ICP	PDL	50	100	373.7	373.7	Air/Ac	Xe 2500	1000	229
296.7	373.5	Air/Ac	PDL	0.07	200	—	ND	GF+N₂-S/Air/Ac	—	4ng	144
296	373	DCP	PDL	72	103	248.3	248.3	ICP	HCL	10ng	43
248.3	248.3	Air/H₂	HgDL	1000	134	248.3	248.3	S/Air/Ac	HCL	3200	230
302.064	382.043	GF	PDL	0.02(1pg)	115	248.6	248.6	S/Air/Ac	EDL	80	44
NS	NS	Air/Ac	HCL	80	69	248.6	248.6	S/Air/Ac	EDL	20	44
248.0	248.0	Air/Ac	EDL	10	35	—	248.3	Ar/Air/H₂	Xe 300	0.012	290
248.3	248.3	Air/Ac	HCL	30	248	NS	NS	ICP	HCL	1	4
NS	NS	S/Air/Ac	HCL	17	218	—	248.3	He/O₂/Ac	Xe 300	1000	148
248.3	248.3	S/Air/Ac	HCL	100	251	—	371.99	N₂O/Ac	Xe 300	150	153
248.3	248.3	CGF	EDL	4000	138	—	371.99	Air/Ac	Xe 300	700	153

续表

激发 λ_A/nm	荧光 λ_F/nm	原子化器	激发光源	检出限 c/(ng/mL)	文献	激发 λ_A/nm	荧光 λ_F/nm	原子化器	激发光源	检出限 c/(ng/mL)	文献
NS	NS	GDSC	BHCL	100000	119		248.3	Ar/Air/H_2	Xe 150	2000	223
—	248.3	He/O_2/Ac	Xe 300	1000	156		248.3	Kerosene	Xe 450	40	256
	248.3	Air/Ac	Xe 300	20000	156		248.3	Kerosene	Xe 450	160	256
	248.3	Air/Ac	Xe 300	4	157		248.3	N-S/Air/Ac	Xe 300	200	180
248.3	248.3	ICP	HCL	5	158	248.3	248.3	N-S/Air/Ac	DCP	7	81
279.5	279.5	ICP	HCL	17	159	248.3	248.3	ICP	HCL	16	183
	248.3					248.3	248.3	ICP	ICP	19	15
NS	248.8	ICP	ICP	10	5	248.3	248.3	Air/Ac	HCL	600	184
	249.1					NS	NS	ICP	HCL	0.3	17
248.327	248.327	Air/H_2	HIHCL	20	232	248.3	248.3	ICP	HCL	10	19
271.902	271.902	Air/H_2	HIHCL	20	232		371.99	N-S/Air/Ac	Xe 150?	165	106
248.327	248.327	Ar/O_2/H_2	HIHCL	20	232		248.3	Ar-S/Air/Ac	Xe 300	2000	236
NS	NS	ETA	LE	—	259	248.33	248.33	ICP	ICP	1300	23
NS	NS	Hy	NS	2pg	246		248.33	ICP	ICP	100	23
NS	NS	NS	CWDL	1fg	293	259.94	259.94	Ar-S/Air/Ac	Xe 300	20	185
248.327	248.327	Air/Ac	HIHCL	80	232	NS	NS	ICP	ICP	6	24
248.327	248.327	Ar/O_2/H_2	HIHCL	20	232	NS	NS	ICP	ICP	5	24
248.327	248.327	Ar/Air/H_2	EDL	300	291	248.3	248.3	N-S/Air/Ac	ICP	6	26
248.327	248.327	N_2/Air/H_2	EDL	—	7		248.33	N-S/Air/Ac	Xe 300	20	27
	248.327	Air/H_2	Xe 900	2000	203	296.5	373.5	Air/Ac	PDL	30	29
248.327	248.327	Air/Ac	HCL	3000	48		248.3	Ar-S/Air/Ac	Xe 500	10	28
248.327	248.327	S/Air/Ac	HCL	800	48		248	GF	Xe 150	10(5pg)	186
248.327	248.327	S/Air/Ac	HIHCL	50	48	248.3	248.3	Air/H_2	EDL	20	189
248.327	248.327	Air/Ac	HCL	450	49	NS	NS	GF	HIHCL	0.002	83
248.327	248.327	S/Air/Ac	HCL	150	49		248.3	ICP	ICP	19	31
	248.327	Air/H_2	Xe 150	5000	50	248.3	—	ICP	HCL	7	207
371.994	371.994	Air/H_2	PDL	30	10			ETA	LE	1fg	269
372.0	372.0	Air/H_2	PDL	300	11	NS	NS	MIP	XeFL	0.5ng	241
248.3	248.3	Air/Ac	EDL	9	292	NS	296.7	电热石墨坩埚	激光光源	3~10ng	242
372.0	372.0	Air/Ac	EDL	240	292	NS	NS	Ar/ion	EDL	0.004	294

表 19-23　镓的原子荧光测定参数及检出限

激发 λ_A/nm	荧光 λ_F/nm	原子化器	激发光源	检出限 c/(ng/mL)	文献	激发 λ_A/nm	荧光 λ_F/nm	原子化器	激发光源	检出限 c/(ng/mL)	文献
287.4	294.42					294.364	294.364	Air/Ac	MVL	20000	48
	294.36	GF	PDL	1.0(10pg)	2	417.206	417.206	S/Air/Ac	MVL	500	48
417.2	417.2	Air/Ac	EDL	1000	35	294.364	294.364	S/Air/Ac	MVL	10000	48
417.206	417.206	O_2/H_2	PDL	1000	233	403.298	417.205	Ar/H_2	PDL	20	10
287.424	294.418	ICP	PDL	1	6	403.298	403.298	Ar/H_2	PDL	100	10
417.206	417.206	N_2O/H_2	EDL	300	7	403.2	403.2	Ar/H_2	PDL	300	11
403.298	403.298	Ar/H_2	MVL	—	266	417.2	403.3	Ar/H_2	EDL	20	267
417.206	417.206	Ar/Air/H_2	EDL	—	164	403.3	403.3	Pt loop	EDL	0.1mg	170
417.206	417.206	Air/Ac	HCL	40000	48	417.2	417.2	Pt loop	EDL	10000(20ng)	112
417.206	417.206	Air/Ac	HCL	1000000	48	403.3	417.2	Air/Ac	PDL	0.9	29
294.364	294.364	Air/Ac	HCL	20000	48	417.2	417.2	Ar/H_2	EDL	50	189
417.206	417.206	S/Air/Ac	HCL	20000	48	NS	NS	GT-ETA	LE	1fg	268
294.364	294.364	S/Air/Ac	HCL	100000	48			GT-ETA	LE	—	269
417.206	417.206	Air/Ac	MVL	700	48						

表 19-24 钆的原子荧光测定参数及检出限

激发 λ_A/nm	荧光 λ_F/nm	原子化器	激发光源	检出限 c/(ng/mL)	注释	文献
376.839	336.223	N_2O/Ac	PDL	800	离子	210
376.839	368.413	N_2O/Ac	PDL	5000	离子	210
407.84	354.58	ICP	PDL	75	离子	211
—	—	ICP	LE		与 ICP、AES 的结果进行比较	261

表 19-25 锗的原子荧光测定参数及检出限

激发 λ_A/nm	荧光 λ_F/nm	原子化器	激发光源	检出限 c/(ng/mL)	文献	激发 λ_A/nm	荧光 λ_F/nm	原子化器	激发光源	检出限 c/(ng/mL)	文献
265.118	265.158	N_2O/O_2/Ac	EDL	15000	270	265.1	265.1	Ar-S/N_2O/Ac	EDL	100	271
265.118	265.158	S/N_2O/Ac	HIHCL	2000	9	NS	NS	ICP	HCL	200	13
303.906	303.906	S/N_2O/Ac	HIHCL	17000	9	NS	NS	ICP	HCL	50	17
265.118	265.158	Ar/H_2	EDL	10000	51	NS	NS	Hy	NS	5	272
265.1	265.1	N-S/N_2O/Ac	EDL	1100	271						

表 19-26 氢的原子荧光测定参数

激发 λ_A/nm	荧光 λ_F/nm	原子化器	激发光源	文献
243				
656	656	Air/H_2	PDL	279
121.6	121.6	VC	MIP	214
291.7	486.1	O_2/Ac	PDL	280

表 19-27 铪的原子荧光测定参数及检出限

激发 λ_A/nm	荧光 λ_F/nm	原子化器	激发光源	检出限 c/(ng/mL)	文献
368.224	377.764	N_2O/Ac	PDL	105	278
263.9	263.9	ICP	ICP	30	22
263.87	303.12	ICP	PDL	16	276

表 19-28 汞的原子荧光测定参数及检出限

激发 λ_A/nm	荧光 λ_F/nm	原子化器	激发光源	检出限 c/(ng/mL)	文献	激发 λ_A/nm	荧光 λ_F/nm	原子化器	激发光源	检出限 c/(ng/mL)	文献
253.7						253.652	253.652	Air/H_2	MVL	100	142
407.8	185	VC	PDL	—	333	253.652	253.652	O_2/H_2	MVL	100	142
253.7	253.7	ICP	PDL	5	34	253.652	253.652	O_2/H_2	MVL	100	142
NS	NS	S/Air/H_2	HCL	20000	41	253.652	253.652	Air/NG	MVL	7000	142
NS	NS	Pt loop	HCL	500	41	253.652	253.652	N-S/Air/H_2	EDL	100	7
—	ND SB	Hy+Ar/Air/H_2	EDL	15pg	75	253.652	253.652	Air/Ac	HCL	400000	48
—	ND SB	VC	EDL	0.12(8pg)	334	253.652	253.652	S/Air/Ac	HCL	50000	48
253.7	253.7	VC	EDL	0.0016	335	253.652	253.652	Air/Ac	MVL	2000	48
253.65	253.65	VC	EDL	0.0001(0.05ng)	336	253.652	253.652	S/Air/Ac	MVL	500	48
253.9	253.9	VC	HgDL	40	337	253.652	253.652	Air/Ac	HCL	120000	49
253.9	253.9	VC	EDL	0.02(0.01ng)	338	253.652	253.652	S/Air/Ac	HCL	60000	49
253.9	253.9	VC	EDL	0.04	339	—	253.652	Air/H_2	Xe 150	100000	50
253.9	253.9	VC	EDL	5pg	340	253.652	253.652	O_2/H_2	PHCL	2000	165

续表

激发 λ_A/nm	荧光 λ_F/nm	原子化器	激发光源	检出限 c/(ng/mL)	文献	激发 λ_A/nm	荧光 λ_F/nm	原子化器	激发光源	检出限 c/(ng/mL)	文献
253.7	253.7	ICP	HgDL	0.3	166	NS	NS	MIP	NS	3	353
253.7	253.7	ICP	HgDL	45	166	253.6	253.6	Hy+Ar	NS	0.0009	354
253.7	253.7	VC	HgDL	0.04	166	—	—	Hy+Ar	—	—	355
NS	ND	VC	HCL	0.0036	341	NS	NS	冷蒸汽	—	—	356
253.7	253.7	Pt loop	EDL	10ng	170	—	—	冷蒸汽	—	—	357
253.7	253.7	Pt loop	EDL	10(0.02ng)	112	NS	ND	Hy	NS	0.01ng	358
253.7	253.7	Air/Town gas	MVL	0.25	342	NS	ND	Hy	HgDL	0.01	359
253.7	253.7	Ar/Air/H$_2$	EDL	2500	172	NS	NS	Hy	BDHCL	0.05ng	93
253.7	253.7	Air/H$_2$	EDL	30	173	NS	ND	FI-Hy	HCL	0.02(0.01ng)	62
253.7	253.7	Air/Propane	HgDL	2	343	NS	NS	Hy	NS	0.2	360
253.7	ND SB	Air/H$_2$	MVL	1000	175	NS	ND	Hy	NS	2.5	361
253.7	253.7	O$_2$/H$_2$	EDL	100	177	NS	NS	Hy	NS	0.006	362
253.7	253.7	O$_2$/H$_2$	MVL	5000	178	NS	ND	Hy	EDL	—	363
253.7	253.7	O$_2$/Ac	MVL	1000	178	NS	ND	FI-Hy	—	—	364
253.7	253.7	O$_2$/H$_2$	HgDL	2	344	NS	253.7	HG+He	NS	<2	365
NS	ND	Hy+Ar/Air/H$_2$	EDL	0.1	80	NS	NS	冷蒸汽	NS	0.001	366
253.7	ND	Air/Ac	EDL	1600	182	NS	ND	冷蒸汽	NS	0.000006	367
NS	NS	ICP	HCL	5	17					0.00007	368
—	253.7	Ar-S/Air/Ac	Xe 300	28000	53					0.00005	368
253.7	253.7	Ar-S/Air/Ac	EDL	500	53	NS	253.7	—	—	0.23	369
253.7	253.7	Air/H$_2$	EDL	10	55	253.7	546.2	GF-ETA	LE	0.0014	370
253.7	253.7	GF	EDL	14(7pg)	188	NS	NS	冷蒸汽		0.001	371
253.7	253.7	Air/H$_2$	EDL	20	189	NS	254	NS	NS	0.0001	372
253.6	253.6	ICP	EDL	10	190			冷蒸汽			373
253.6	253.6	VC	HgDL	0.06(3ng)	345			冷蒸汽		5~7ng	374
—	—	冷蒸汽	—	—	346						375
NS	NS	Hy	EDL	—	87					—	376
NS	—	Hy	—	15pg	347	NS	NS	冷蒸汽		0.002	377
NS	NS	Hy+Ar	NS	0.000001	348	NS	253.7	NS	NS	40ng	378
NS	NS	Hy+Ar	NS	0.15ng	349	NS	NS	NS	NS	100	379
NS	253.65	Hy+Ar	NS	25pg	350					0.025	380
NS	NS	冷蒸汽	—	—	351					2	381
NS	253.7	Hy+Ar	—	0.18	352						

表 19-29 钬的原子荧光测定参数及检出限

激发 λ_A/nm	荧光 λ_F/nm	原子化器	激发光源	检出限 c/(ng/mL)	注释	文献
410.384	405.393	N$_2$O/Ac	PDL	150		210
410.384	422.704	N$_2$O/Ac	PDL	150		210
345.3	345.3	ICP	ICP	10	离子	22

表 19-30 碘的原子荧光测定参数及检出限

激发 λ_A/nm	荧光 λ_F/nm	原子化器	激发光源	检出限 c/(ng/mL)	注释	文献
206.2	206.2	Air/Ac	EDL	1600000		282
—	ND	MVL	XeFL	—	<10^{10} 个原子/cm^3	283

第四篇

表 19-31 铟的原子荧光测定参数及检出限

激发 λ_A/nm	荧光 λ_F/nm	原子化器	激发光源	检出限 c/(ng/mL)	文献	激发 λ_A/nm	荧光 λ_F/nm	原子化器	激发光源	检出限 c/(ng/mL)	文献
410	451	GF	PDL	0.002(20fg)	228	410.176	410.176	Air/H$_2$	PDL	10	10
410.2	410.2	ICP	PDL	300	100	410	451	GF	PDL	0.004(80fg)	234
303.9	325.6	GF	PDL	0.014(0.14pg)	2	410.4	410.4	Air/H$_2$	PDL	10	11
303.936	325.856	GF	PDL	0.002(0.1pg)	115	451.1	410.5	Air/H$_2$	MVL	15	267
451.1	451.1	Air/Ac	EDL	200	35	—	410.2	Air/Ac	Xe 500	20000	171
—	303.9	CGF	Xe 150	10	116	—	451.1	Air/Ac	Xe 500	15000	171
451.1	451.1	ICP	HCL	10	43	—	410.2	N-S/Air/Ac	Xe 300	3	180
451.131	451.131	Air/H$_2$	MVL	—	266	—	410.2	GF+MNP	Xe 300	40ng	14
410.176	410.176	Ar/Air/H$_2$	EDL	100	232	NS	NS	ICP	HCL	2	17
451.131	451.131	N$_2$O/H$_2$	EDL	1000	7	303.9	325.6	GF	PDL	0.01(500mg)	21
451.131	451.131	Air/Ac	HCL	8000	48	303.94	325.61	GDSC	PDL	11ng	281
303.936	303.936	Air/Ac	HCL	60000	48	—	451.13	Ar-S/Air/Ac	Xe 300	50	185
451.131	451.131	S/Air/Ac	HCL	4000	48	—	451.13	N-S/Air/Ac	Xe 300	30	27
303.936	303.936	A/Air/Ac	HCL	5000	48	410.4	451.1	Air/Ac	PDL	0.2	29
451.131	451.131	Air/Ac	MVL	900	48	—	451.1	Ar-S/Air/Ac	PXe 300	10	187
303.936	303.936	Air/Ac	MVL	7000	48	—	451.1	Ar-S/Air/Ac	Xe 500	25	28
451.131	451.131	S/Air/Ac	MVL	400	48	303.9	303.9	Air/H$_2$	EDL	50	189
303.936	303.936	S/Air/Ac	MVL	2000	48	NS	NS	ETA	LE	0.02pg	239
410.176	410.176	Ar/Air/H$_2$	EDL	100	51	NS	NS	GT-ETA	LE	2fg	268
410.176	451.131	Air/H$_2$	PDL	2	10	NS	NS	GT-ETA	LE	1fg	269

表 19-32 铱的原子荧光测定参数及检出限

激发 λ_A/nm	荧光 λ_F/nm	原子化器	激发光源	检出限 c/(ng/mL)	文献	激发 λ_A/nm	荧光 λ_F/nm	原子化器	激发光源	检出限 c/(ng/mL)	文献
295.1	322.1	GF	PDL	0.2(6pg)	226	284.97	292.68	ICP	PDL	58	276
284.9	357.4	GF	PDL	47.5(0.475ng)	2	295.1	322.1	GF	PDL	16(0.48ng)	284
254.397	254.397	Air/Ac	HCL	600000	48	285.0	357.4	PHCD	CWDL	2pg	285
254.397	254.397	S/Air/Ac	HCL	170000	48	285.0	357.4	GDSC	PHCL	6(0.02ng)	

表 19-33 钾的原子荧光测定参数及检出限

激发 λ_A/nm	荧光 λ_F/nm	原子化器	激发光源	检出限 c/(ng/mL)	文献	激发 λ_A/nm	荧光 λ_F/nm	原子化器	激发光源	检出限 c/(ng/mL)	文献
766.5	766.5	ICP	HCL	3.5	183	—	—				396
NS	NS	ICP	HCL	0.6	17	NS	NS	ICP	HCL	0.92ng	327
—	404.41	N-S/Air/Ac	Xe 150	2000	106	766.5	766.5	ICP	HCL	2	207
766.5	766.5	ICP	ICP	100	22						

表 19-34 镧的原子荧光测定参数及检出限[211,263]

激发 λ_A/nm	荧光 λ_F/nm	原子化器	激发光源	检出限 c/(ng/mL)
457.488				
618.809	421.756	ICP	PDL	240
403.17	379.089	ICP	PDL	170

表 19-35 镥的原子荧光测定参数及检出限[210,211,263]

激发 λ_A/nm	荧光 λ_F/nm	原子化器	激发光源	检出限 c/(ng/mL)
465.802	513.509	N$_2$O/Ac	PDL	3000

续表

激发 λ_A/nm	荧光 λ_F/nm	原子化器	激发光源	检出限 c/(ng/mL)
646.312				
517.394	290.030	ICP	PDL	1800
302.05	296.33	ICP	PDL	85

表 19-36 锂的原子荧光测定参数及检出限

激发 λ_A/nm	荧光 λ_F/nm	原子化器	激发光源	检出限 c/(ng/mL)	文献	激发 λ_A/nm	荧光 λ_F/nm	原子化器	激发光源	检出限 c/(ng/mL)	文献
610.3	610.3	Air/Ac	CWDL	500	19	670.8	670.8	Air/Ac	PDL	0.5	29
610.3	610.3	ICP	CWDL	400	20	—	670.8	ICP	ICP	7	31
670.8	670.8	Laser plume	FLDL	—	326	—	670.8	ICP	ICP	5	32
670.8	670.8	ICP	HCL	0.3	183	NS	NS	ICP	HCL	1.8ng	327
670.8	670.8	ICP	ICP	7	15	NS	NS	GF	LE	0.001	
670.8	670.8	GF	PDL	80(0.4ng)	21						

表 19-37 镁的原子荧光测定参数及检出限

激发 λ_A/nm	荧光 λ_F/nm	原子化器	激发光源	检出限 c/(ng/mL)	文献	激发 λ_A/nm	荧光 λ_F/nm	原子化器	激发光源	检出限 c/(ng/mL)	文献
285.2	285.2	MIP	HCL	20	1	285.2	285.2	ICP	HCL	1.7	183
NS	285.2	ICP	HCL	0.4	5	285.2	285.2	Air/Ac	HCL	4	184
285.213	285.213	Air/Prop	HIHCL	1	329		285.2	Ar-S/Air/Ac	XeFL	4	16
285.213	285.213	N_2O/Ac	HIHCL	5	329		285.2	Ar-S/Air/Ac	Xe 150	0.3	16
	285.213	Ar/Air/H_2	Xe 450	4	203	285.2	285.2	ICP	HCL	0.4	19
	285.213	Air/H_2	Xe 450	10	330	279.1	279.1	ICP	ICP	0.2	22
285.213	285.213	O_2/H_2	EDL	10	233		285.21	Ar-S/Air/Ac	Xe 300	0.3	185
	285.213	Ar/O_2/H_2	Xe 900	200	291	285.2	285.2	N-S/Air/Ac	ICP	0.09	26
285.213	285.213	Air/Ac	HIHCL	0.6	48	285.2	285.2	Air/Ac	ICP	4	205
285.213	285.213	S/Air/Ac	HCL	0.8	48		285.21	N-S/Air/Ac	Xe 300	0.9	27
285.213	285.213	S/Air/Ac	HIHCL	0.15	48	285.2	285.2	Air/Ac	PDL	0.2	29
	285.213	Ar/Air/H_2	Xe 150	40	50		285.2	Ar-S/Air/Ac	PXe 300	0.4	187
285.213	285.213	Ar/Air/H_2	EDL	8	51		285.2	Ar-S/Air/Ac	Xe 500	0.1	28
285.2	285.2	W loop	EDL	2000	112		285.2	GF	Xe 150	0.2(pg)	186
	285.2	Air/Ac	Xe 500	3000	171	285.2	285.2	CGF	EDL	50	54
	285.2	Ar/Air/H_2	Xe 150	50	223	285.2	285.2	Air/H_2	EDL	0.05	55
	285.2	Air/H_2	Xe 450	4	204		285.2	Air/Ac	Xe 900	30	30
	285.2	Air/H_2	Xe 150	100	258	NS	NS	GF	HIHCL	0.00003	83
	285.2	N-S/Air/Ac	Xe 300	1	180		285.2	N-S/Air/Ac	Xe 300	4	191
285.2	285.2	ICP	HCL	0.5	13	285.2	285.2	ICP	HCL	0.9	207
	285.2	GF+MNP	Xe 300	0.5ng	14	NS	NS	ICP	HCL		199
285.2	285.2	N-S/Air/Ac	DCP	1	81						

表 19-38 锰的原子荧光测定参数及检出限

激发 λ_A/nm	荧光 λ_F/nm	原子化器	激发光源	检出限 c/(ng/mL)	文献	激发 λ_A/nm	荧光 λ_F/nm	原子化器	激发光源	检出限 c/(ng/mL)	文献
285.2	285.2	Air/Ac	PDL	0.3	295	279.6					
279.5	279.5	MIP	HCL	500	1	279.8	279.1	ICP	PDL	0.05	101
285.2	285.2	Air/Ac	PDL	0.002	201	279	279	GF	PDL	0.0001(10pg)	228

激发 λ_A/nm	荧光 λ_F/nm	原子化器	激发光源	检出限 c/(ng/mL)	文献	激发 λ_A/nm	荧光 λ_F/nm	原子化器	激发光源	检出限 c/(ng/mL)	文献
285.2	285.2	Air/H$_2$	HgDL	500	134		279.5	GF+MNP	Xe 300	3ng	14
285.2	285.2	Air/Ac	HCL	5	248	279.5	279.5	N-S/Air/Ac	DCP	2	81
285.2	285.2	S/Air/Ac	HCL	4	202	279.5	279.5	Air/Ac	HCL	250	184
285.2	285.2	S/Air/Ac	HCL	8	251		279.9	Ar-S/Air/Ac	XeFL	30	16
	285.2	CGF	Xe 150	3	117		279.9	Ar-S/Air/Ac	Xe 150	4	16
	285.2	S/Air/Ac	Xe 150	2.5	253		279.48	N-S/Air/Ac	Xe 150?	28	107
285.2	285.2	Air/H$_2$	HCL	2	143	279.8	280.1	GF	PDL	0.2(10pg)	21
	285.2	Air/Ac	Xe 2500	5	229		279.5	Ar-S/Air/Ac	Xe 300	70	236
285.2	285.2	ICP	HCL	0.3	43	279.83	279.83	ICP	ICP	150	23
285.2	285.2	S/Air/Ac	HCL	20	230	257.61	257.61	ICP	ICP	9	23
285.2	285.2	S/Air/Ac	ICP	4	44	403.1	403.1	GF	PDL	4(20pg)	331
285.2	285.2	S/Air/Ac	EDL	0.7	44		279.48	Ar-S/Air/Ac	Xe 300	3	185
	285.2	S/Air/Ac	Xe 300	0.6	219	NS	NS	ICP	ICP	8	24
	285.2	He/O$_2$/Ac	Xe 300	30	148	NS	NS	ICP	ICP	0.9	24
	285.21	N$_2$O/Ac	Xe 300	200	153	279.5	279.5	N-S/Air/Ac	ICP	2	26
	285.21	Air/Ac	Xe 300	20	153	—	279.48	N-S/Air/Ac	Xe 300	4	27
	285.2	He/O$_2$/Ac	Xe 300	30	156	279.5	279.5	Air/Ac	PDL	0.4	29
	285.2	Air/Ac	Xe 300	1000	156	—	279.5	Ar-S/Air/Ac	Pxe 300	3	187
	285.2	Air/Ac	Xe 300	2	157	—	279.5	Ar-S/Air/Ac	Xe 500	2	28
279.5	279.5	ICP	HCL	4.5	166	—	279.5	GF	Xe 150	3(1.5pg)	186
279.5	279.5	ICP	HCL	3.0	166	—	279.8	Air/Ac	Xe 900	90	30
279.5	403	GF	PDL	0.03(0.6pg)	234	NS	ND SB	GDSC	HIHCL	70000	225
279.5	279.5	GF	PDL	0.0045(90fg)	234	279.5	279.5	W spiral	EDL	0.3pg	123
403.1	403.1	Air/H$_2$	PDL	300	11	NS	NS	ETA	LE	0.1pg	239
	279.8	Air/Ac	Xe 500	2500	171	NS	NS	ETA	LE		332
	279.5	Air/H$_2$	Xe 150	500	258	NS	NS	ICP	HCL	—	197
	279.5	N-S/Air/Ac	Xe 300	8	180						

表 19-39　钼的原子荧光测定参数及检出限

激发 λ_A/nm	荧光 λ_F/nm	原子化器	激发光源	检出限 c/(ng/mL)	文献	激发 λ_A/nm	荧光 λ_F/nm	原子化器	激发光源	检出限 c/(ng/mL)	文献
585.8	345.6	N$_2$O/Ac	CWDL	14000	98	379.825	379.825	N$_2$O/Ac	PDL	10000	10
313.3	313.3	ICP	HCL	200	43	588.8	588.8	GF	FLDL	18000(180ng)	104
NS	NS	ICP	HCL	20	4	313.5	313.5	ICP	HCL	200	13
313.259	317.035	ICP	PDL	5	6	NS	NS	ICP	HCL	8	17
313.259	313.259	S/N$_2$O/Ac	EDL	460	8	313.3	317.0	GF	PDL	0.1	18
390.296	390.296	N$_2$O/Ac	PDL	300	10	313.3	313.3	ICP	HCL	5000	20
313.3	ND	ICP	HCL	1000	20	313.3	313.3	N-S/N$_2$O/Ac	ICP	400	26
313.26	317.04	ICP	PDL	27	276		313.26	N-S/N$_2$O/Ac	Xe 300	1000	27
386.41	386.41	ICP	ICP	1500	23	379.8	379.8	N$_2$O/Ac	PDL	12	29
202.03	202.03	ICP	ICP	12000	23		313.3	Ar-S/N$_2$O/Ac	Xe 500	100	28
NS	NS	ICP	ICP	100	24		313.3	N$_2$O/Ac	Xe 900	1000	30
386.411	386.411	ICP	PDL	3000	107	NS	NS	ICP	ICP	15	382
	313.3	GF+Air/Ac	Xe 300	400(0.4ng)	25	NS	NS	ICP	ICP	15	383

表 19-40 氮的原子荧光测定参数[389]

激发 λ_A/nm	荧光 λ_F/nm	原子化器	激发光源	注释
211	869	Plasma	PDL	$<10^{10}$ 个原子/cm³

表 19-41 钠的原子荧光测定参数及检出限

激发 λ_A/nm	荧光 λ_F/nm	原子化器	激发光源	检出限 c/(ng/mL)	文献	激发 λ_A/nm	荧光 λ_F/nm	原子化器	激发光源	检出限 c/(ng/mL)	文献
589.0	589.0	VC	HCL	33	432	589.0	589.0	VC	CWDL	—	440
589.0	589.0	VC	MVP	0.5	432	589.0	589.0	GF	FLDL	0.0028(28fg)	104
589.0	589.0	VC	PDL	0.003	432	589.0	589.0	—	PDL	0.003	267
589.0	589.0	VC	PDL	0.000007	433	589.0	589.0	ICP	HCL	2	183
589.0	589.0	VC	CWDL	—	434	589.0	589.0	ICP	ICP	0.2	15
589.0	589.0	H/O₂/Ar	CWDL	2	92	NS	NS	ICP	HCL	0.2	17
589.0	589.0	Air/Ac	PDL	—	435	589.0	589.0	ICP	HCL	6	19
589.0	589.0	Air/Prop	PDL	0.2	436		589.59	N-S/Air/Ac	Xe 150?	7	106
589.6	589.6	GF	PDL	0.02(0.6pg)	226		589.0	ICP	ICP	1	22
589.0	589.0	MIP	HCL	10	1	588.99	588.99	ICP	ICP	100	23
582.0	582.0	VC	PDL	—	437	589.6	589.6	GF	PDL	0.6(3pg)	331
589.6	589.6	Air/Ac	CWDL	0.1	98		589.59	Ar-S/Air/Ac	Xe 300	60	185
589.0	589.0	ICP	CWDL	0.1	99		589.59	N-S/Air/Ac	Xe 300	8	27
589.6	589.6	Air/Ac	CWDL	—	438	589.0	589.0	Air/Ac	PDL	0.1	29
589.0	589.0	Air/Ac	PDL	0.0028(55fg)	102		589.0	ICP	ICP	0.2	31
589	589	DCP	PDL	10	103		589.0	ICP	ICP	0.1	32
589.0	589.0	VC	MVL	—	439	NS	NS	ICP	HCL	0.34ng	327
589.0	589.0	ICP	HCL	0.5	43						

表 19-42 铌的原子荧光测定参数及检出限[278]

激发 λ_A/nm	荧光 λ_F/nm	原子化器	激发光源	检出限 c/(ng/mL)
407.973	405.894	N₂O/Ac	PDL	1500
407.973	415.258	N₂O/Ac	PDL	1500
292.78	269.71	ICP	PDL	11(283ng)

表 19-43 钕的原子荧光测定参数及检出限[98,210,211]

激发 λ_A/nm	荧光 λ_F/nm	原子化器	激发光源	检出限 c/(ng/mL)
562.0	562.0	N₂O/Ac	CWDL	2000
463.424	489.693	N₂O/Ac	PDL	2000
430.358	424.738	N₂O/Ac	PDL	40000
406.11	428.45	ICP	PDL	470

表 19-44 镍的原子荧光测定参数及检出限

激发 λ_A/nm	荧光 λ_F/nm	原子化器	激发光源	检出限 c/(ng/mL)	文献	激发 λ_A/nm	荧光 λ_F/nm	原子化器	激发光源	检出限 c/(ng/mL)	文献
305.1	305.1	Air/Ac	PDL	100	295	300.249	342	Ar-S/Air/Ac	PDL	26	384
232.0	232.0	Air/Ac	HgDL	3000	134	232.0	232.0	S/Air/Ac	HCL	70	251
322.165	361.939	GF	PDL	0.02(1pg)	115		232.0	CGF	Xe 150	30	117
232.0	232.0	Air/Ac	EDL	20	35	232.0	232.0	Air/Ac	HCL	50	143

第四篇

续表

激发 λ_A/nm	荧光 λ_F/nm	原子化器	激发光源	检出限 c/(ng/mL)	文献	激发 λ_A/nm	荧光 λ_F/nm	原子化器	激发光源	检出限 c/(ng/mL)	文献
	349.3						341.5	Air/Ac	Xe 500	5000	171
341.5	341.5	Air/Ac	Xe 2500	1000	229		352.24	Ar/Air/H$_2$	Xe 150	500	223
232.0	232.0	ICP	HCL	25	43	232.0	232.0	Air/H$_2$	HIHCL	100	386
232.0	232.0	S/Air/Ac	ICP	50	44	232.0	232.0	Air/H$_2$	HIHCL	500	12
232.0	232.0	S/Air/Ac	EDL	50	44		232.0	N-S/Air/Ac	Xe 300	500	180
NS	NS	ICP	HCL	0.8	4		352.5	N-S/Air/Ac	Xe 300	50	180
	341.48	N$_2$O/Ac	Xe 300	400	153		232.0	GF+MNP	Xe 300	30ng	14
	341.48	Air/Ac	Xe 300	800	153	232.0	232.0	ICP	ICP	21	15
NS	NS	GDSP	BHCL	10000	119	NS	NS	ICP	HCL	0.2	17
232.0	232.0	ICP	HCL	3	158	231.1	231.1	ICP	HCL	70	19
	231.1					300.25	340	N-S/Air/Ac	PDL	0.5	387
NS	231.2	ICP	HCL	70	5		352.5	N-S/Air/Ac	Xe 300	200	236
	232.5					232.003	232.003	ICP	ICP	380	23
232.003	232.003	Air/H$_2$	HIHCL	5	232	231.60	231.60	ICP	ICP	100	23
313.411	313.411	Air/H$_2$	HIHCL	5	232		232.00	Ar-S/Air/Ac	Xe 300	40	185
232.003	232.003	Ar/O$_2$/H$_2$	HIHCL	3	232		232.00	N-S/Air/Ac	Xe 300	80	27
232.003	232.003	Air/Ac	HIHCL	30	232	361.0	352.4	Air/Ac	PDL	2	29
	232.003	S/Air/H$_2$	Xe 900	1000	203		232.0	Ar-S/Air/Ac	PXe 300	20	187
232.003	232.003	N$_2$-S/Air/H$_2$	EDL	6	7		232.0	Ar-S/Air/Ac	Xe 500	25	28
232.003	232.003	Air/Ac	HCL	600	48		232.0	GF	Xe 150	100(0.05ng)	186
232.003	232.003	S/Air/H$_2$	HCL	300	48	232.0	232.0	Air/H$_2$	EDL	70	55
232.003	232.003	S/Air/H$_2$	HCL	500	49		232.0	Air/Ac	Xe 900	4000	30
232.003	232.003	Air/Ac	HCL	1000	49	NS	NDSB	GDSC	HIHCL	20000	225
	232.003	Air/H$_2$	Xe 150	10000	50		231.1	ICP	ICP	21	31
361.046	352.454	Air/Ac	PDL	50	10	232.0	232.0	Ar-S/Air/Ac	EDL	20	237
232.003	232.003	Air/H$_2$	EDL	40	51	NS	NS	GY	NS	3pg	246
232.003	232.003	Air/H$_2$	PHCL	1000	165	NS	NS	NS	GWDL	3fg	293
589.3	589.3	GF	FLDL	100000(1000ng)	104	NS	NS	MIP	XeFL	0.05ng	241
232.0	232.0	N-S/Air/Ac	HIHCL	7	385	NS	301.9	电热石墨坩埚	激光	<3~10ng	242
	232.0	Air/Ac	Xe 500	8000	171	NS	231.398	GF	LE	15fg	388

表 19-45 氧的原子荧光测定参数

激发 λ_A/nm	荧光 λ_F/nm	原子化器	激发光源	注释	文献
226	844.6	Plasma	PDL	<10^{13} 个原子/cm^3	391
130	130	VC	PDL	<10^{10} 个原子/cm^3	392
226	845	Plasma	PDL	<10^{10} 个原子/cm^3	289

表 19-46 铼的原子荧光测定参数及检出限[278,390]

激发 λ_A/nm	荧光 λ_F/nm	原子化器	激发光源	检出限 c/(ng/mL)
?	?	VC	?	5pg
442.047	426.085	N$_2$O/A	PDL	150000

表 19-47 磷的原子荧光测定参数及检出限

激发 λ_A/nm	荧光 λ_F/nm	原子化器	激发光源	检出限 c/(ng/mL)	文献	激发 λ_A/nm	荧光 λ_F/nm	原子化器	激发光源	检出限 c/(ng/mL)	文献
213.6	213.6	ICP	PDL	15	34	178.3	178.3	ICP	HCL	20000	13

续表

激发 λ_A/nm	荧光 λ_F/nm	原子化器	激发光源	检出限 c/(ng/mL)	文献	激发 λ_A/nm	荧光 λ_F/nm	原子化器	激发光源	检出限 c/(ng/mL)	文献
253.4	253.4	ICP	ICP	80	22	213.6	253.6	GT-ETA	LE	7pg	244
213.68	253.4	ETA	LE	8pg	395						

表 19-48　铅的原子荧光测定参数及检出限

激发 λ_A/nm	荧光 λ_F/nm	原子化器	激发光源	检出限 c/(ng/mL)	文献	激发 λ_A/nm	荧光 λ_F/nm	原子化器	激发光源	检出限 c/(ng/mL)	文献
283.3	405.6	Air/Ac	PDL	30	295	405.783	405.783	Ar-S/O$_2$/H$_2$	EDL	10	308
283.3	405.8	GF	PDL	0.04(0.2pg)	296	405.783	405.783	N$_2$O/Ac	HIHCL	—	308
283.3	405.8	GF	PDL	0.3(1.5pg)	296	405.783	405.783	Air/Ac	HCL	9000	308
283.3	405.8	GF	PDL	1(5pg)	296	283.306	283.306	Air/Ac	HCL	20000	48
283	405	GF	PDL	0.0005	297	283.306	283.306	S/Air/Ac	HCL	3000	48
283	405	VC	PDL	—	297	405.783	405.783	S/Air/Ac	HCL	4000	48
283.3	405.7	GF	PDL	0.000025	226	405.783	405.783	Air/Ac	HCL	2300	48
				(1.5fg)		283.306	283.306	Air/Ac	HCL	6000	49
283.3	405.8	GF	PDL	0.0025	287	283.306	283.306	S/Air/Ac	HCL	3000	49
				(75fg)		405.783	405.783	S/Air/Ac	HCL	1000	49
283.3	405.8	Air/Ac	PDL	0.2	201		405.783	Ar/Air/H$_2$	Xe 150	20000	49
283.3	405.7	Air/Ac	PDL	0.4	298	283	261.4	GF	PDL	—	50
283.3	405.8	GF	PDL	0.068(68fg)	299	600.2	—	—	—	—	309
283	405	GF	PDL	0.001(10fg)	228	283	405	GF	PDL	0.0004	234
	ND SB	GF	EDL	0.02	133					(0.000007ng)	
283.307	405.782	GF	PDL	0.0001(5fg)	115	283.306	405.783	GF	PDL	0.000005	167
405.8	405.8	Air/Ac	EDL	10	35	405.7	405.7	W loop	EDL	2000(4ng)	112
NS	NS	S/Air/H$_2$	HCL	20000	139		405.8	Ar/Air/H$_2$	Xe 150	900	223
NS	NS	Pt loop	HCL	50000	139		405.8	Kerosene	Xe 450	60	256
	283.3	CGF	Xe 150	10	117		405.8	Kerosene	Xe 450	160	256
283	283	Air/H$_2$	HCL	50	143	405.8	ND SB	GF	EDL	0.02ng	174
		N$_2$-S/Air/Ac	BHCL	10	40	405.8	405.8	Air/H$_2$	HIHCL	1000	12
	ND	N$_2$-S/Air/Ac	EDL	50	40		405.8	N-S/Air/Ac	Xe 300	150	180
283.3	283.3	Air/Ac	EDL	0.3ng	300	283.3	283.3	Air/H$_2$	EDL	2.5	310
283.3	283.3	GF	EDL	0.27ng	300		405.8	GF+MNP	Xe 300	0.4ng	14
283.3	283.3	Quartz F	EDL	0.1ng	300	283.3	283.3	N-S/Air/Ac	DCP	500	81
	ND	GF+N$_2$-S/Air/Ac	EDL	5ng	144	283.3	ND	Hy+Ar/Air/H$_2$	EDL	0.003	311
	ND	Ar/Air/H$_2$	EDL	0 06	301	283.3	ND	Hy+Ar/Air/H$_2$	EDL	0.06	311
	ND SB	GF	HFDL	30pg	145	NS	ND	Ar/Air/H$_2$	EDL	0.03ng	312
283.3	405.7	GDSC	PDL	10	302	NS	NS	ICP	HCL	5	17
283.3	405.7	GDSC	PDL	4(20pg)	302	NS	ND SB	Hy+N$_2$/Ar/Air/H$_2$	EDL	20ng	313
283.3	283.3	ICP	HCL	25	43		405.8	N-S/Air/Ac	Xe	300	52
405.7	405.7	S/Air/Ac	ICP	40	44	405.8	405.8	N-S/Air/Ac	EDL	200	52
405.7	405.7	S/Air/Ac	EDL	30	44	283.3	405.8	GF	PDL	0.04(0.2pg)	21
	283.3	S/Air/Ac	Xe 300	200	219		405.8	Ar-S/Air/Ac	Xe 300	1000	236
	405.7	S/Air/Ac	Xe 300	300	219		405.78	Ar-S/Air/Ac	Xe 300	200	185
283.3	283.3	N$_2$/Air/Ac	EDL	6	303	405.783	405.783	ICP	PDL	6000	107
NS	NS	ICP	EDL	20	4	283.3	283.3	N-S/Air/Ac	ICP	800	26
283.3	405.8	Ar/O$_2$/H$_2$	HCL	1.2	304		405.78	N-S/Air/Ac	Xe 300	200	27
280.200	280.200	S/Air/Ac	HIHCL	1000	307		405.78	N$_2$O/Ac	Xe 300	1100	153
405.783	405.783	Air/Ac	HIHCL	—	308		405.78	Air/Ac	Xe 300	1000	153

续表

激发 λ_A/nm	荧光 λ_F/nm	原子化器	激发光源	检出限 c/(ng/mL)	文献	激发 λ_A/nm	荧光 λ_F/nm	原子化器	激发光源	检出限 c/(ng/mL)	文献
NS	NS	GDSC	BHCL	20000	119	405.8	405.8	Ar-S/Air/Ac	EDL	300	53
364.0	364.0	ICP	HCL	50	158		405.8	Ar-S/Air/Ac	PXe 300	30	187
283.3	283.3	ICP	HCL	34	159		405.8	Ar-S/Air/Ac	Xe 500	50	28
283.3	405.8	Ar/Air/Ac	PDL	0.02	305		283.3	GF	Xe 150	70(35pg)	186
283.3	405.8	GF	PDL	0.0006(6fg)	305	283.3	283.3	CGF	EDL	5	54
283.306 383.306	405.783	GF	PDL	0.0003(3fg)	306	405.7	405.7	Air/H2	EDL	30	55
600.193 283.306	261.418	GF	PDL	0.02(2pg)	306		405.8	Air/Ac	Xe 900	5000	30
600.193 283.306	239.379	GF	PDL	0.013(13pg)	306	405.8	405.8	GF	EDL	30(15pg)	188
						NS	NS	GF	HIHCL	0.003	83
600.193 283.306	216.999	GF	PDL	0.027(27pg)	306	283.3	405.78	GF	HIHCL	5(3pg)	83
283.307	405.782	ICP	PDL	1	6		280.2	ICP	ICP	80	31
283.306	283.306	N2/Air/H2	EDL	60	7	283.31	363.96	ICP	ICP	284	31
405.783	405.783	Air/H2	HIHCL	20	254	283.31	368.35	ICP	ICP	1900	31
	405.783	Ar/O2/H2	Xe 900	500	291	283.1	405.78	ICP	ICP	282	31
	405.783	Ar/Air/H2	Xe 900	200	291	405.8	405.8	W spiral	EDL	6pg	123
	283.306	Air/Prop	Xe 150	20000	163	NS	NS	ETA	LE	0.01pg	239
405.783	405.783	Ar/Air/H2	EDL	500	51	283.306	405.783	GT	LPDL	3fg	314
405.783	405.783	Air/H2	HIHCL	100	307	217.0	217.0	ICP	HCL	133	207
283.306	283.306	Air/H2	HIHCL	120	307	NS	ND	Hy	EDL	0.53ng	315
268.347	268.347	Air/H2	HIHCL	300	307	283.30	405.78	GT	LPDL	0.5fg	316
280.200	280.200	Air/H2	HIHCL	800	307	283.3	405.8	GC	Laser	0.00027	317
363.958	363.958	Air/H2	HIHCL	150	307	283.3	405.5	GDSC	PHCL	0.1(0.5pg)	286
261.365	261.418	Air/H2	HIHCL	450	307	NS	NS	ETA	LE	—	259
216.999	216.999	Air/H2	HIHCL	200	307	283.3	405.8	GC	Laser	0.005	318
405.783	405.783	Ar/O2/H2	HIHCL	20	307	NS	NS	IS	LEHCL	2.3	319
283.306	283.306	Ar/O2/H2	HIHCL	50	307	NS	NS	GF	Laser	—	320
363.958	363.958	Ar/O2/H2	HIHCL	50	307	283.33	405.7	PHCD	CWDL	15fg	285
368.347	368.347	Ar/O2/H2	HIHCL	70	307	208.3	405.7	PCGD	LE	2pg	321
261.365	261.418	Ar/O2/H2	HIHCL	150	307	NS	NS	GF	LE	4fg	240
216.999	216.999	Ar/O2/H2	HIHCL	60	307	282.2	405.8	ETA	XeCl	—	196
405.783	405.783	S/Air/Ac	HIHCL	200	307	NS	ND	Hy	NS	—	61
283.306	283.306	S/Air/Ac	HIHCL	150	307	NS	NS	GF	LE	0.0004	322
363.958	363.958	S/Air/Ac	HIHCL	400	307	566	406	GF/Ar/H2	DL	0.001	323
261.365	261.418	S/Air/Ac	HIHCL	300	307	NS	405.8	GC	XeCl	0.00018	129
216.999	216.999	S/Air/Ac	HIHCL	120	307	NS	NS	GF	LE	0.0004	324
283.3	405.7	Air/Ac	PDL	13	29	283.3	405.8	GD	LE	30fg	325
	405.8	Ar-S/Air/Ac	Xe 300	1100	53	NS	NS	NS	CWDL	0.03fg	293
						NS	NS	W-S	EDL	1	194

表 19-49 钯的原子荧光测定参数及检出限

激发 λ_A/nm	荧光 λ_F/nm	原子化器	激发光源	检出限 c/(ng/mL)	文献	激发 λ_A/nm	荧光 λ_F/nm	原子化器	激发光源	检出限 c/(ng/mL)	文献
340.4	340.4	Air/H2	HgDL	10000	134	340.458	340.458	Ar/O2/H2	HIHCL	40	394
	363.47	Ar/Air/Ac	ICP	—	393	363.470	363.470	Ar/O2/H2	HIHCL	50	394
363.5	363.5	ICP	HCL	5	158	360.955	360.955	Ar/O2/H2	HIHCL	100	394
340.458	340.458	Air/H2	HCL	2000	254	324.270	324.270	Ar/O2/H2	HIHCL	200	394

激发 λ_A/nm	荧光 λ_F/nm	原子化器	激发光源	检出限 c/(ng/mL)	文献	激发 λ_A/nm	荧光 λ_F/nm	原子化器	激发光源	检出限 c/(ng/mL)	文献
342.124	342.124	Ar/O$_2$/H$_2$	HIHCL	200	394	351.694	351.694	Air/Ac	HIHCL	500	394
351.694	351.694	Ar/O$_2$/H$_2$	HIHCL	300	394	244.791	244.791	Air/H$_2$	HIHCL	250	394
244.791	244.791	Ar/O$_2$/H$_2$	HIHCL	500	394	330.213	330.213	Air/H$_2$	HIHCL	700	394
330.213	330.213	Ar/O$_2$/H$_2$	HIHCL	500	394	340.458	340.458	S/Air/Ac	HIHCL	150	9
340.458	340.458	Air/H$_2$	HIHCL	60	394	247.642	247.642	S/Air/Ac	HIHCL	5000	9
363.470	363.470	Air/H$_2$	HIHCL	120	394	244.791	244.791	Air/Ac	HIHCL	4000	48
360.955	360.955	Air/H$_2$	HIHCL	200	394	244.791	244.791	S/Air/Ac	HIHCL	2000	48
324.270	324.270	Air/H$_2$	HIHCL	350	394	340.458	340.458	Air/Ac	HCL	3500	49
342.124	342.124	Air/H$_2$	HIHCL	250	394	340.458	340.458	S/Air/Ac	HCL	1000	49
351.694	351.694	Air/H$_2$	HIHCL	450	394	340.458	340.458	Air/H$_2$	PHCL	3000	165
244.791	244.791	Air/H$_2$	HIHCL	250	394	250.0	250.0	Air/H$_2$	HIHCL	500	12
330.213	330.213	Air/H$_2$	HIHCL	500	394	—	363.5	N-S/Air/Ac	Xe 300	500	180
340.458	340.458	Air/Ac	HIHCL	80	394	NS	NS	ICP	HCL	2	17
363.470	363.470	Air/Ac	HIHCL	180	394	324.27	340.46	ICP	PDL	6	276
360.955	360.955	Air/Ac	HIHCL	300	394		340.1	Ar-S/Air/Ac	PXe 300	30	187
324.270	324.270	Air/Ac	HIHCL	400	394		340.1	Ar-S/Air/Ac	Xe 500	100	28
342.124	342.124	Air/Ac	HIHCL	350	394						

表 19-50　铕的原子荧光测定参数及检出限[210,211]

激发 λ_A/nm	荧光波长 λ_F/nm	原子化器	激发光源	检出限 c/(ng/mL)	注释
427.227	430.576	N$_2$O/Ac	PDL	1000	离子
406.13	405.65	ICP	PDL	240	离子

表 19-51　铂的原子荧光测定参数及检出限

激发 λ_A/nm	荧光 λ_F/nm	原子化器	激发光源	检出限 c/(ng/mL)	文献	激发 λ_A/nm	荧光 λ_F/nm	原子化器	激发光源	检出限 c/(ng/mL)	文献
293.0	299.7	GF	PDL	4(0.120ng)	226	214.4	214.4	ICP	ICP	30	22
265.9	265.9	ICP	HCL	75	158	265.94	271.90	ICP	PDL	4	276
265.945	265.945	Air/Ac	HCL	90000	49	—	265.94	Ar-S/Air/Ac	Xe 300	1000	185
265.945	265.945	S/Air/Ac	HCL	60000	49	—	265.94	N-S/Air/Ac	Xe 300	100	27
265.945	265.945	S/Air/Ac	HIHCL	1000	9	—	266.9	Ar-S/Air/Ac	Xe 500	700	28
265.9	270.2	GF	PDL	0.2(1pg)	21	293.0	299.7	GF	PDL	4(0.12ng)	284

表 19-52　钋的原子荧光测定参数及检出限[397]

激发 λ_A/nm	荧光 λ_F/nm	原子化器	激发光源	检出限 c/(ng/mL)
585	NS	ICP	PDL	50

表 19-53　铷的原子荧光测定参数及检出限

激发 λ_A/nm	荧光 λ_F/nm	原子化器	激发光源	检出限 c/(ng/mL)	文献	激发 λ_A/nm	荧光 λ_F/nm	原子化器	激发光源	检出限 c/(ng/mL)	文献
NS	NS	ICP	HCL	3	17	NS	794.67	NS	LE	0.2	399
287.50	366.34	ICP	PDL	34	276	NS	NS	ICP	HCL	2.7ng	327
794	780	GF	Laser	2.1pg	398	NS	NS	GF	LE	0.002	328
NS	780.023	NS	LE	0.2	399						

表 19-54 铑的原子荧光测定参数及检出限

激发 λ_A/nm	荧光 λ_F/nm	原子化器	激发光源	检出限 c/(ng/mL)	文献	激发 λ_A/nm	荧光 λ_F/nm	原子化器	激发光源	检出限 c/(ng/mL)	文献
598.3	339.7	N_2O/Ac	CWDL	300	98	369.236					
369.3	369.3	ICP	HCL	5	158	370.91	350.252	Air/Ac	PDL	150	278
343.489	343.489	Air/Ac	HCL	7000	48	NS	NS	ICP	HCL	0.3	17
343.489	343.489	S/Air/Ac	HCL	3000	48	—	343.49	Ar-S/Air/Ac	Xe 300	80	185

表 19-55 钌的原子荧光测定参数及检出限

激发 λ_A/nm	荧光 λ_F/nm	原子化器	激发光源	检出限 c/(ng/mL)	文献	激发 λ_A/nm	荧光 λ_F/nm	原子化器	激发光源	检出限 c/(ng/mL)	文献
372.803	372.803	Air/Ac	HCL	15000	48	287.5	366.3	GF	PDL	0.1	235
372.803	372.803	S/Air/Ac	HCL	5000	48	287.5	366.3	GF	PDL	1	235
287.498	287.498	S/Air/Ac	HCL	1000000	48	NS	NS	ETA	LE	—	238
372.803	349.894	N_2O/Ac	PDL	500	400	287.5	366.3	GF	PDL	1	401

表 19-56 硫的原子荧光测定参数及检出限[441,442,13]

激发 λ_A/nm	荧光 λ_F/nm	原子化器	激发光源	检出限 c/(ng/mL)	激发 λ_A/nm	荧光 λ_F/nm	原子化器	激发光源	检出限 c/(ng/mL)
	182.0	Air/H_2	Xe 300	—		180.7	ICP	HCL	1000
180.7	?	VC	Xe 300	1.5					

表 19-57 锑的原子荧光测定参数及检出限

激发 λ_A/nm	荧光 λ_F/nm	原子化器	激发光源	检出限 c/(ng/mL)	文献	激发 λ_A/nm	荧光 λ_F/nm	原子化器	激发光源	检出限 c/(ng/mL)	文献
231.1	206.8	ICP	PDL	20	34	217.581	217.581	Air/Ac	HCL	50000	48
	217.6	—	—	4		217.581	217.581	Air/Ac	HIHCL	1500	48
	231.1	—	—	2		217.581	217.581	S/Air/Ac	HCL	20000	48
217.6	217.6	Air/Ac	EDL	900	35	217.581	217.581	S/Air/Ac	HIHCL	600	48
217.58	217.58	Air/Ac	HCL	150	36	231.147	231.147	Air/Ac	HCL	—	49
217.58	217.58	Air/H_2	HCL	100	36		231.147	Air/H_2	Xe 150	10000	50
217.58	217.58	Ar/O_2/H_2	HCL	50	36	231.147	231.147	Air/H_2	EDL	400	51
217.58	217.58	Air/H_2	HCL	30	36	NS	NS	ICP	HCL	10	17
231.1	231.1	Hy+Ar/Air/H_2	EDL	0.1(0.1ng)	37	—	217.6	N-S/Air/Ac	Xe	500	52
217.6	217.6	Ar/Air/H_2	EDL	0.1ng	38	217.6	217.6	N-S/Air/Ac	EDL	700	52
217.6						—	217.6	Ar-S/Air/Ac	Xe300	25000	53
231.1	ND	Ar/Air/H_2	EDL	0.5ng	39	217.6	217.6	Ar-S/Air/Ac	EDL	11000	53
259.8						231.1	231.1	CGF	EDL	10	54
	ND	N_2-S/Air/Ac	BHCL	10	40	231.1	231.1	Air/H_2	EDL	10	55
	ND	N_2-S/Air/Ac	EDL	50	40	NS	NS	ICP	HCL	5ng	56
	ND SB	Ar/Air/H_2	EDL	25(0.5ng)	41	NS	ND	Hy	EDL	0.2ng	57
	ND	Ar/Air/H_2	EDL	0.1ng	42	NS	NS	Ar/Air/H_2	EDL	—	58
231.1	231.1	ICP	HCL	40	43	NS	ND	Hy	EDL	0.1	59
231.1	231.1	S/Air/Ac	ICP	800	44	NS	NS	Hy	EDL	0.68ng	60
231.1	231.1	S/Air/Ac	EDL	50	44	NS	NS	Hy	EDL	0.5mg	61
	ND	HyVC	EDL	0.2ng	45	NS	ND	FI-Hy	HCL	0.4(0.8ng)	62
217.6	217.6	Ar/Air/H_2	EDL	0.02ng	46	NS	NS	NS	LE	(0.01pg)	63
231.147	231.147	Air/H_2	EDL	50	47	NS	NS	Hy	HCL	0.29	64
217.581	217.581	N_2O/H_2	EDL	80	7	NS	NS	Hy		0.19	65

激发 λ_A/nm	荧光 λ_F/nm	原子化器	激发光源	检出限 c/(ng/mL)	文献	激发 λ_A/nm	荧光 λ_F/nm	原子化器	激发光源	检出限 c/(ng/mL)	文献
—	ND	Hy	EDL	22pg	66	NS	NS	Hy	EDL	40	68
NS	NS	Hy	NS	5000	67						

表 19-58　钪的原子荧光测定参数及检出限

激发 λ_A/nm	荧光 λ_F/nm	原子化器	激发光源	检出限 c/(ng/mL)	文献	激发 λ_A/nm	荧光 λ_F/nm	原子化器	激发光源	检出限 c/(ng/mL)	文献
570.8	568.7	N_2O/Ac	CWDL	50000	98	390.748	390.748	Ar/Air/H_2	EDL	10000	51
460.7	460.7	S/Air/Ac	ICP	20	44	391.181	402.040	N_2O/Ac	PDL	10	278
460.7	460.7	S/Air/Ac	EDL	20	44						

表 19-59　硒的原子荧光测定参数及检出限

激发 λ_A/nm	荧光 λ_F/nm	原子化器	激发光源	检出限 c/(ng/mL)	文献	激发 λ_A/nm	荧光 λ_F/nm	原子化器	激发光源	检出限 c/(ng/mL)	文献
	196.0						203.9	Ar-S/Air/Ac	Xe 150	3000	16
196.0	204.0	ICP	PDL	10	33	240.0	240.0	Air/H_2	EDL	290	402
204.1	204.1	Air/Ac	EDL	10000	35	240.0	240.0	N_2-S/Air/Ac	EDL	80	402
196.1	196.1	Hy+Ar-S/Air/H_2	EDL	0.06(60pg)	37	240.0	240.0	Ar/Air/H_2	EDL	66	402
—	ND	N_2-S/Air/Ac	BHCL	150	40	—	ND SB	Ar/Air/H_2	EDL	15(0.3ng)	403
—	ND	N_2-S/Air/Ac	EDL	650	40	196	206.3	ICP	HCL	150	43
240.0	240.0	N_2-S/Air/Ac	EDL	91	402	196.0	196.0	S/Air/Ac	ICP	400	44
196.0	196.0	S/Air/Ac	ICP	100	44	NS	NS	ICP	HCL	10	17
—	ND	HyVC	EDL	0.1ng	45	196.0	196.0	Hy+Ar/Air/H_2	EDL	10	82
—	ND	Ar/Air/H_2	EDL	0.34	74		196.0	N-S/Air/Ac	Xe	1000	52
NS	NS	ICP	HCL	25	4		196.0	Ar-S/Air/Ac	Xe 300	18000	53
196.0	196.0	N_2/Air/Ac	TGL	100	147	196.0	196.0	Ar-S/Air/Ac	EDL	500	53
196.0	196.0	N_2/Air/Ac	EDL	30	147		196.0	Ar-S/Air/Ac	PXe 300	1000	187
	ND SB	Hy+Ar/Air/H_2	EDL	0.02ng	75	NS	NS	Hy	EDL	—	409
	ND SB	Hy	EDL	0.02ng	404	NS	ND	Hy	EDL	—	410
196.03	196.03	Hy+Ar/Air/H_2	EDL	0.02(0.4ng)	405		ND	Hy	—	18pg	411
203.985	203.985	Air/Prop	EDL	200	406	NS	ND	Hy	NS	27pg	412
207.479	207.479	Air/Prop	EDL	200	406	NS	NS	Hy	—	10pg	413
196.026	196.026	Ar/Air/H_2	EDL	400	51			Hy	—	—	414
196.026	196.026	O_2/H_2	EDL	800	51			Hy	—	1.5	415
196.026	196.026	N_2-S/Air/H_2	EDL	200	51	NS	ND	FI-Hy	HCL	0.07(35pg)	62
196.026	196.026	Air/H_2	EDL	40	7	NS	NS	Hy	BHCL	—	92
203.985	203.985	N_2-S/Air/H_2	EDL	200	7	352	497	Hy	NS	0.26	416
196.026	196.026	S/Air/Ac	HCL	50000	48	NS	ND	Hy	NS	—	417
203.985	203.985	Air/Ac	HCL	45000	49	NS	ND	Hy	HCL	4.5	418
196.026	196.026	Air/Ac	HCL	180000	49	NS	ND	Hy	NS	0.5	419
203.985	203.985	S/Air/Ac	HCL	45000	49	196	204	NS	FLDL	0.0015	94
196.026	196.026	S/Air/Ac	HCL	180000	49	NS	NS	HG	NS	0.100	420
	196.026	Ar/Air/H_2	Xe 150	1000000	50	NS	NS	Hy	EDL	1.10	421
196.026	196.026	Air/Ac	EDL	1000	407	NS	NS	Hy	NS	0.02	422
NS	ND	Hy+Ar/Air/H_2	EDL	0.08	80	NS	NS	Hy	HCL	10	423
204.0	204.0	Hy+Quartz	EDL	1.4ng	408	NS	NS	Hy	NS	—	424
		Furnace				NS	NS	Hy	EDL	—	425
NS	ND	Ar/Air/H_2	EDL	0.01ng	312	NS	NS	Hy	NS	0.04	426

表 19-60 硅的原子荧光测定参数及检出限

激发 λ_A/nm	荧光 λ_F/nm	原子化器	激发光源	检出限 c/(ng/mL)	文献	激发 λ_A/nm	荧光 λ_F/nm	原子化器	激发光源	检出限 c/(ng/mL)	文献
	251.4					NS	NS	ICP	HCL	70	17
251.6	251.6	ICP	HCL	200	43	251.4	251.4	ICP	ICP	7	22
NS	NS	GDSC	BHCL	40000	119	NS	NDSB	GDSC	HIHCL	4000000	225
288.158	251.433	ICP	PDL	1	6		250.9	ICP	ICP	120	31
251.611	251.611	N₂O/Ac	EDL	2000	400		250.9	ICP	ICP	80	32
251.611	251.611	S/N₂O/Ac	EDL	500	400	NS	251.432	平面磁控放电	激光	0.8-2	428
251.6	251.6	N-S/N₂O/Ac	EDL	700	427	NS	250	平面磁控放电	激光	0.43ng	429
251.6	251.6	ICP	HCL	300	13	NS	NS	IS	LEHCL	2.3	319
251.6	251.6	ICP	ICP	120	15						

表 19-61 钐的原子荧光测定参数及检出限

激发 λ_A/nm	荧光 λ_F/nm	原子化器	激发光源	检出限 c/(ng/mL)	文献	激发 λ_A/nm	荧光 λ_F/nm	原子化器	激发光源	检出限 c/(ng/mL)	文献
366.136	373.912	N₂O/Ac	PDL	150	210	359.3	359.3	ICP	ICP	20	23
359.260	359.260	N₂O/Ac	PDL	150	210	363.43	363.43	ICP	ICP	30000	261
375.641	429.674	N₂O/Ac	PDL	600	22						

表 19-62 锡的原子荧光测定参数及检出限

激发 λ_A/nm	荧光 λ_F/nm	原子化器	激发光源	检出限 c/(ng/mL)	文献	激发 λ_A/nm	荧光 λ_F/nm	原子化器	激发光源	检出限 c/(ng/mL)	文献
300.9	317.5	ICP	PDL	500	100	303.412	303.412	S/Air/Ac	HCL	70000	48
286.333	317.505	GF	PDL	10(0.5ng)	115	283.999	283.999	S/Air/Ac	HCL	70000	48
—	286.3	CGF	Xe 150	20	117	303.412	303.412	Air/Ac	HCL	100000	49
303.4	303.4	Ar-S/Air/Ac	EDL	50	452	286.333	283.999	Air/Ac	HCL	300000	49
303.4	303.4	Ar/O₂/H₂	EDL	6	452	303.412	303.412	S/Air/Ac	HCL	25000	49
317.5	317.5	Ar/H₂	EDL	6	452	286.333	283.999	S/Air/Ac	HCL	75000	49
284.0	284.0	Ar-S/N₂O/Ac	EDL	300	452		284.0	Ar/Air/H₂	Xe 150	100000	223
317.5	ND	Ar/Air/H₂	EDL	0.6ng	453	303.4	303.4	Ar/O₂/H₂	EDL	120	456
303.4	303.4	ICP	HCL	60	43		286.3	N-S/Air/Ac	Xe 300	1500	180
303.4	303.4	S/Air/Ac	ICP	1000	44	284.0	284.0	ICP	HCL	300	13
303.4	303.4	S/Air/Ac	EDL	500	44	NS	ND	Hy+Ar/Air/H₂	EDL	0.1	80
NS	NS	ICP	HCL	35	4	NS	ND	Hy+N/Ar/Air/H₂	EDL	0.6(1.2ng)	456
—	ND SB	Hy+Ar/Air/H₂	EDL	0.1ng	75	NS	ND	Ar/Air/H₂	EDL	50pg	312
303.4	303.4	Ar/O₂/H₂	EDL	6	454	300.9	317.5	N-S/Air/Ac	PDL	3	387
NS	NS	GDSC	BHCL	60000	119	286.3	317.5	GF	PDL	0.04(0.2pg)	21
300.915	317.502	ICP	PDL	3	6	300.9	317.5	GF	PDL	1(5pg)	331
303.412	303.412	Ar-S/O₂/H₂	EDL	100	446		303.4	Ar-S/Air/Ac	PXe 300	1000	187
317.505	317.505	Ar-S/Air/H₂	EDL	300	446		303.4	Ar-S/Air/Ac	Xe 500	500	28
303.412	303.412	Air/Ac	EDL	600	446		317.5	GF	Xe 150	20(10pg)	186
303.412	303.412	S/Ar/O₂/H₂	EDL	100	446	303.4	303.4	CGF	EDL	20	54
303.412	303.412	N₂-S/Air/H₂	EDL	600	7	303.4	303.4	Air/H₂	EDL	500	55
	303.412	Air/H₂	Xe 150	5000	50	NS	NS	NS	LE	—	457
303.412	303.412	Air/Ac	HCL	200000	48	NS	ND	Hy	EDL	—	61
283.999	283.999	Air/Ac	HCL	300000	48	NS	NS	ICP	HCL	—	197

表 19-63 锶的原子荧光测定参数及检出限

激发 λ_A/nm	荧光 λ_F/nm	原子化器	激发光源	检出限 c/(ng/mL)	文献	激发 λ_A/nm	荧光 λ_F/nm	原子化器	激发光源	检出限 c/(ng/mL)	文献
460.7	460.7	MIP	HCL	20	1	460.733	460.733	Ar/Air/H$_2$	EDL	30	51
553.5	550.4	Air/Ac	CDWL	100	98	460.733	460.733	Air/H$_2$	PDL	10	10
460.7	460.7	Air/Ac	PDL	0.1	201	460.1	460.1	Air/H$_2$	PDL	30	11
407.8							460.7	GF+MNP	Xe 300	20ng	14
430.5	416.2	ICP	PDL	1	101	407.8	407.8	ICP	HCL	20	20
460.7	460.7	ICP	HCL	0.7	43	407.7	407.7	ICP	ICP	0.2	22
	460.7	S/Air/Ac	Xe 300	1	219		460.73	Ar-S/Air/Ac	Xe 300	3	185
	460.7	He/O$_2$/Ac	Xe 300	80	148		460.73	N-S/Air/Ac	Xe 300	3	27
	460.7	He/O$_2$/Ac	Xe 300	80	156	460.7	460.7	Air/Ac	PDL	0.3	29
	460.7	Air/Ac	Xe 300	3000	156		460.7	Ar-S/Air/Ac	PXe 300	3	187
NS	589.0	ICP	HCL	6	5		460.7	Ar-S/Air/Ac	Xe 500	0.9	28

表 19-64 钽的原子荧光测定参数及检出限[13,276]

激发 λ_A/nm	荧光 λ_F/nm	原子化器	激发光源	检出限 c/(ng/mL)
NS	NS	ICP	HCL	2000
268.52	276.17	ICP	PDL	20

表 19-65 铽的原子荧光测定参数及检出限[210, 211]

激发 λ_A/nm	荧光 λ_F/nm	原子化器	激发光源	检出限 c/(ng/mL)
370.285	350.917	N$_2$O/Ac	PDL	500
432.647	433.845	N$_2$O/Ac	PDL	1500
403.31	400.56	ICP	PDL	650

表 19-66 碲的原子荧光测定参数及检出限

激发 λ_A/nm	荧光 λ_F/nm	原子化器	激发光源	检出限 c/(ng/mL)	文献	激发 λ_A/nm	荧光 λ_F/nm	原子化器	激发光源	检出限 c/(ng/mL)	文献
214.3	214.3	ICP	PDL	9	34	214.275	214.275	S/Air/Ac	HCL	20000	49
225.9							214.275	Air/H$_2$	Xe 150	50000	50
214.3	ND	GF	EDL	1(1pg)	114	NS	NS	ICP	HCL	2	17
283.3	283.3	Air/Ac	EDL	1500	35	—	214.3	N-S/Air/Ac	Xe	400	52
241.3	241.3	Hy+Ar/Air/H$_2$	EDL	0.08(80pg)	37	214.3	214.3	N-S/Air/Ac	EDL	3300	52
	ND	Ar/Air/H$_2$	EDL	100(2mg)	3	213.9	213.9	CGF	EDL	3	54
214.3	214.3	S/Air/Ac	ICP	100	44	214.3	214.3	Air/H$_2$	EDL	70	55
214.3	214.3	S/Air/Ac	EDL	60	44	NS	NS	Hy	EDL		409
	ND	HyVC	EDL	2mg	45	—	ND	Hy	—	—	443
225.904	225.904	Air/Prop	EDL	50	406	NS	ND	Hy	—	—	444
214.275	214.275	O$_2$/H$_2$	EDL	500	233	NS	ND	Hy	HCL	0.04(0.02ng)	62
214.275	214.275	Ar/Air/H$_2$	EDL	500	51	NS	NS	GF	LE	20fg	63
214.275	214.275	N$_2$-S/Air/H$_2$	EDL	60	7	NS	ND	Hy	HCL	4	418
214.275	214.275	S/Air/Ac	HCL	20000	48	NS	NS	HG	EDL	1.10	421
214.275	214.275	Air/Ac	HCL	30000	49						

表 19-67 钍的原子荧光测定参数及检出限[22]

激发 λ_A/nm	荧光 λ_F/nm	原子化器	激发光源	检出限 c/(ng/mL)
283.2	283.2	ICP	ICP	100

表 19-68　钛的原子荧光测定参数及检出限

激发 λ_A/nm	荧光 λ_F/nm	原子化器	激发光源	检出限 c/(ng/mL)	文献	激发 λ_A/nm	荧光 λ_F/nm	原子化器	激发光源	检出限 c/(ng/mL)	文献
307.865	316.257	ICP	PDL	1(150ng)		389.5	389.5	Air/H$_2$	HIHCL	5000	12
365.350	365.350	S/N$_2$O/Ac	HCL	10000	9	335.5	335.5	ICP	HCL	400	13
337.145	337.145	S/N$_2$O/Ac	HCL	30000	9	NS	NS	ICP	HCL	30	17
319.992	319.992	S/N$_2$O/Ac	HCL	4000	9	—	319.99	N-S/N$_2$O/Ac	Xe 300	2000	27
295.680	295.680	S/N$_2$O/Ac	HCL	45000	9	365.4	365.4	N$_2$O/Ac	PDL	2	29
399.864	399.864	N$_2$O/Ac	PDL	—	10		320.0	Ar-S/N$_2$O/Ac	Xe 500	200	28
399.8	399.8	N$_2$O/Ac	PDL	100	11						

表 19-69　铊的原子荧光测定参数及检出限

激发 λ_A/nm	荧光 λ_F/nm	原子化器	激发光源	检出限 c/(ng/mL)	文献	激发 λ_A/nm	荧光 λ_F/nm	原子化器	激发光源	检出限 c/(ng/mL)	文献
	352.9					377.572	377.572	S/Air/H$_2$	Xe 450	70	203
276.8	351.9	GF	PDL	0.0005(0.025pg)	445	377.572	377.572	Air/Ac	HCL	200	48
377	535	GF	PDL	0.01(0.1pg)	228	377.572	377.572	S/Air/Ac	HCL	2000	48
	258.0					276.787	276.787	S/Air/Ac	HCL	25000	48
	276.8	GF	EDL	1000(1ng)	114	377.572	377.572	Air/Ac	MVI	400	48
	238.0					276.787	276.787	Air/Ac	MVL	3000	48
377.6	377.6	Air/H$_2$	HgDL	300	134	377.572	377.572	S/Air/Ac	MVL	100	48
276.787	352.943	GF	PDL	0.000014(0.7fg)	115	276.787	276.787	S/Air/Ac	MVL	500	48
377.6	377.6	O$_2$/H$_2$	EDL	1	142	377.572	377.572	Air/Ac	HCL	3000	49
377.6	377.6	O$_2$/Ac	EDL	5	142	276.787	276.787	Air/Ac	HCL	14000	49
377.6	377.6	Air/H$_2$	EDL	2	142	377.572	377.572	S/Air/Ac	HCL	1200	49
377.6	377.6	Air/NG	EDL	1	142	276.787	276.787	S/Air/Ac	HCL	7000	49
377.6	377.6	ICP	HCL	7	43		377.572	Ar-S/Air/H$_2$	Xe 150	1000	50
377.6	377.6	S/Air/Ac	ICP	90	44	377.572	535.046	Air/Ac	PDL	20	10
377.6	377.6	S/Air/Ac	EDL	10	44	377.572	377.572	Air/Ac	PDL	1000	10
276.8	352.9	Ar/Air/Ac	PDL	0.8	305	377	535	GF	PDL	0.005(0.1pg)	234
276.8	352.9	GF	PDL	0.01(0.1pg)	305	276.8	352.9	GF	PDL	0.000006(60ag)	448
276.787	352.943	ICP	PDL	7	6		351.924				
377.572	377.572	Air/H$_2$	EDL	100	447	276.787	352.943	GF	PDL	0.000002	167
377.572	377.572	Ar-S/Air/H$_2$	EDL	8	51	377.6	377.6	Wloop	EDL	1000(2ng)	112
377.572	377.572	O$_2$/H$_2$	WVL	40	446		377.6	Air/Ac	Xe 500	6000	171
377.572	377.572	N$_2$-S/Air/H$_2$	EDL	200	7		535.1	Air/Ac	Xe 200	20000	171
377.6	377.6	O$_2$/H$_2$	MVL	40	177	377.6	377.6	CGF	EDL	2	54
	377.6	Air/H$_2$	Xe 150	200	258	377.6	377.6	Air/H$_2$	EDL	2	55
	377.6	GF+MNP	Xe 300	40ng	14		377.6	Air/Ac	Xe 900	600	30
	535.1	GF+MNP	Xe 300	500ng	14	377.6	377.6	GF	EDL	40(0.02ng)	188
377.572	377.572	ICP	PDL	8000	107	377.6	377.6	Air/H$_2$	EDL	10	189
	377.57	N-S/Air/Ac	Xe 300	40	27	NS	NS	NS	LE	1	449
377.6	377.6	Air/Ac	PDL	4	29	NS	NS	NS	LE	0.00003(6fg)	450
	377.6	Ar-S/Air/Ac	Xe 300	200	53	NS	NS	GF	LE	1pg	451
377.6	377.6	Ar-S/Air/Ac	EDL	300	53	NS	NS	ETA	LE	—	259
	377.6	Ar-S/Air/Ac	PXe 300	10	187	NS	NS	GF	LE	—	320
	377.6	Ar-S/Air/Ac	Xe 500	6	28			ETA	LE	1fg	269
	377.6	GF	Xe 150	4(4mg)	186	NS	NS	ETA	LE	0.1pg	239

表 19-70 铥的原子荧光测定参数及检出限

激发 λ_A/nm	荧光 λ_F/nm	原子化器	激发光源	检出限 c/(ng/mL)	文献	激发 λ_A/nm	荧光 λ_F/nm	原子化器	激发光源	检出限 c/(ng/mL)	文献
371.792	409.419	N_2O/Ac	PDL	100	210	301.53	313.14	ICP	PDL	140	211
376.133	376.133					NS	NS	GD	LE	0.08fg	266
376.191	376.191	N_2O/Ac	PDL	5000	210						

表 19-71 铀的原子荧光测定参数及检出限

激发 λ_A/nm	荧光 λ_F/nm	原子化器	激发光源	检出限 c/(ng/mL)	文献	激发 λ_A/nm	荧光 λ_F/nm	原子化器	激发光源	检出限 c/(ng/mL)	文献
591.5	591.5	N_2O/Ac	CWDL	500000	98	286.57	288.96	ICP	LE	200	458
409.01	385.96	ICP	PDL	20	305						

表 19-72 钒的原子荧光测定参数及检出限

激发 λ_A/nm	荧光 λ_F/nm	原子化器	激发光源	检出限 c/(ng/mL)	文献	激发 λ_A/nm	荧光 λ_F/nm	原子化器	激发光源	检出限 c/(ng/mL)	文献
609.0	609.0	N_2O/Ac	CWDL	300	98	NS	NS	ICP	HCL	25	17
609.0	609.0	ICP	CWDL	5000	99	385.6	411.2	GF	PDL	200ng	18
609	609	DCP	PDL	66	103	309.3	309.3	ICP	ICP	40	22
264.8	354.4	GF	PDL	220(2.2ng)	2	411.18	411.18	ICP	ICP	8000	23
318.4	318.4	ICP	HCL	90	43	309.31	309.31	ICP	ICP	1000	23
NS	NS	GDSC	BHCL	100000	119	NS	NS	ICP	ICP	2000	24
268.8	290.9	ICP	PDL	3	305	390.326	390.326	ICP	PDL	700	107
318.4	318.4	ICP	PDL	5	305	318.5	318.5	N-S/N_2O/Ac	ICP	400	26
268.796	290.882	ICP	PDL	3	6		318.40	N-S/N_2O/Ac	Xe 300	100	27
318.398	318.398	S/N_2O/Ac	EDL	70	8	370.4	411.2	N_2O/Ac	PDL	30	29
370.358	411.178	N_2O/Ac	PDL	500	278		318.4	Ar-S/N_2O/Ac	Xe 500	30	28
370.358	438.472	N_2O/Ac	PDL	500	278		318.4	N_2O/Ac	Xe 900	6000	30
318.4	318.4	ICP	HCL	300	13	NS	NS	GF	LE	0.01ng	459
	318.4	Ar-S/N_2O/Ac	Xe 150	100	16						

表 19-73 钨的原子荧光测定参数及检出限

激发 λ_A/nm	荧光 λ_F/nm	原子化器	激发光源	检出限 c/(ng/mL)	文献	激发 λ_A/nm	荧光 λ_F/nm	原子化器	激发光源	检出限 c/(ng/mL)	文献
295.6	295.6	ICP	HCL	3000	43		295.6	ICP	ICP	923	31
NS	NS	ICP	HCL	200	4		295.6	ICP	ICP	900	32
NS	NS	ICP	HCL	2000	13	NS	295.6	ICP	ICP	65	382
295.6	295.6	ICP	ICP	923	15						

表 19-74 钇的原子荧光测定参数及检出限

激发 λ_A/nm	荧光 λ_F/nm	原子化器	激发光源	检出限 c/(ng/mL)	文献	激发 λ_A/nm	荧光 λ_F/nm	原子化器	激发光源	检出限 c/(ng/mL)	文献
319.56	321.67	ICP	PDL	0.6	305	NS	NS	GD	LE	0.0012ng	264
360.1	360.1	ICP	ICP	20	22	NS	NS	ICP	HCL	1500	108
508.742	508.742	ICP	PDL	30	107						

第四篇

表 19-75 镱的原子荧光测定参数及检出限

激发 λ_A/nm	荧光 λ_F/nm	原子化器	激发光源	检出限 c/(ng/mL)	文献	激发 λ_A/nm	荧光 λ_F/nm	原子化器	激发光源	检出限 c/(ng/mL)	文献
289.138						303.11	297.06	ICP	PDL	25	211
506.731	366.970	ICP	PDL	170	263	369.4	369.4	ICP	ICP	10	22
508.743	371.029	ICP	PDL	0.6	6	398.80	398.80	ICP	ICP	150	23
298.798	346.426	N$_2$O/Ac	PDL	10	210	369.42	369.42	ICP	ICP	30	23
369.419	328.937	N$_2$O/Ac	PDL	30	210	NS	NS	ICP	ICP	30	24
NS	NS	ICP	HCL	20	13	NS	NS	ICP	ICP	10	24
NS	NS	ICP	HCL	0.7	17	NS	NS	GT-ETA	LE	0.22ng	268

表 19-76 锌的原子荧光测定参数及检出限

激发 λ_A/nm	荧光 λ_F/nm	原子化器	激发光源	检出限 c/(ng/mL)	文献	激发 λ_A/nm	荧光 λ_F/nm	原子化器	激发光源	检出限 c/(ng/mL)	文献
213.9	213.9	MIP	HCL	40	1		213.8	He/O$_2$/Ac	Xe 300	30	156
	213.9	MIP	Xe 200	40	1	213.9	213.9	O$_2$/H$_2$	MVL	0.1	177
213.9	213.9	ICP	PDL	0.6	34	213.9	213.9	O$_2$/H$_2$	MVL	40	178
213.9	213.9	GF	EDL	0.01(10fg)	114	213.9	213.9	O$_2$/Ac	MVL	40	178
	ND SB	GF	EDL	0.1pg	133	213.9	213.9	ICP	HCL	0.5	13
213.9	213.9	Air/H$_2$	HgDL	0.5	134	213.9	213.9	N-S/Air/Ac	DCP	6	81
213.9	213.9	Air/H$_2$/Air	MVL	0.025	135	213.9	ND	Air/Ac	EDL	3	182
NS	—	Air/Ac	EDL	2	69	213.9	213.9	ICP	HCL	1.2	183
NS	NS	Air/Ac	HCL	10	69	213.9	213.9	ICP	ICP	6	15
213.8	213.8	Air/Ac	EDL	1	35		213.9	Ar-S/Air/Ac	Xe FL	100	16
213.86	213.86	Air/Ac	HCL	1	250		213.9	Ar-S/Air/Ac	Xe 150	6	16
NS	NS	S/Air/Ac	HCL	2	218	NS	NS	ICP	HCL	<0.1	17
213.9	213.9	S/Air/Ac	HCL	7	202		213.9	N-S/Air/Ac	Xe	10	52
213.9	213.9	S/Air/Ac	HCL	8	251	213.9	213.9	N-S/Air/Ac	EDL	3	52
213.9	213.9	CGF	EDL	0.3	138		213.86	N-S/Air/Ac	Xe 150	45	106
NS	NS	S/Air/H$_2$	HCL	20	139	213.9	213.9	ICP	HCL	70	20
NS	NS	Pt loop	HCL	50000	139	202.5	202.5	ICP	HCL	6000	20
	213.9	CGF	Xe 150	15	117		213.9	Ar-S/Air/Ac	Xe 300	300	236
213.9	213.9	O$_2$/H$_2$	EDL	0.04	142	213.9	213.9	ICP	ICP	2	22
213.9	213.9	O$_2$/Ac	EDL	0.04	142	213.86	213.86	ICP	ICP	6	23
213.9	213.9	Air/Ac	EDL	0.02	142	206.20	206.20	ICP	ICP	600	23
213.9	213.9	Air/NG	EDL	0.01	142		213.76	Ar-S/Air/Ac	Xe 300	20	185
214	214	Air/H$_2$	HCL	20	143	213.9	213.9	N-S/Air/Ac	ICP	0.5	26
	ND	GF+N$_2$-S/Air/Ac	EDL	0.25ng	144	213.9	213.9	Air/Ac	ICP	13	205
	ND SB	GF	HFDL	20000	145		213.86	N-S/Air/Ac	Xe 300	20	27
213.8	213.8	ICP	HCL	0.5	43		213.9	Ar-S/Air/Ac	Xe 300	300	53
213.9	213.9	S/Air/Ac	HCL	40	230		213.8	Air/Ac	Xe 300	4000	157
213.8	213.8	S/Air/Ac	ICP	6	44		213.9	Air/Ac	Xe 300	74	158
213.8	213.8	S/Air/Ac	EDL	5	44	213.9	213.9	ICP	HCL	1	159
	213.3	S/Air/Ac	Xe 300	10	219	213.9	213.9	ICP	HCL	2	462
NS	NS	ICP	HCL	0.1	4	213.856	213.856	Air/H$_2$	EDL	0.04	448
	213.85	He/O$_2$/Ac	Xe 300	30	148	213.856	213.856	O$_2$/H$_2$	MVL	0.2	7
213.9	213.9	Air/Ac	EDL	1	150	213.856	213.856	N$_2$-S/Air/H$_2$	EDL	0.2	203
213.9	213.9	CGF	EDL	6.5	460		213.856	S/Air/H$_2$	Xe 450	10	163
213.9	213.9	GF	EDL	2(0.2ng)	461	213.856	213.856	Air/Prop	MVL	3	161

续表

激发 λ_A/nm	荧光 λ_F/nm	原子化器	激发光源	检出限 c/(ng/mL)	文献	激发 λ_A/nm	荧光 λ_F/nm	原子化器	激发光源	检出限 c/(ng/mL)	文献
213.856	213.856	S/Air/Ac	MVL	0.2	48	213.9	ND SB	Air/H₂	MVL	0.2	
213.856	213.856	Air/Ac	HCL	300	48	213.9	213.9	Ar-S/Air/Ac	EDL	2	53
213.856	213.856	S/Air/Ac	HCL	150	48		213.9	Ar-S/Air/Ac	PXe 300	9	187
213.856	213.856	Air/Ac	HIHCL	5	48		213.9	Ar-S/Air/Ac	Xe 500	15	28
213.856	213.856	S/Air/Ac	HIHCL	3	49		213.9	GF	Xe 150	2(1pg)	186
213.856	213.856	Air/Ac	HCL	130	49	213.8	213.8	CGF	EDL	0.2	54
213.856	213.856	S/Air/Ac	HCL	100	50	213.8	213.8	Air/H₂	EDL	5	55
	213.856	Air/H₂	Xe 150	7000	165	213.9	213.9	GF	EDL	0.2(0.1pg)	188
213.856	213.856	O₂/H₂	PHCL	6	166	213.9	213.9	Air/H₂	EDL	0.2	189
213.9	213.9	ICP	HCL	1.5	166	NS	NS	GF	HIHCL	0.0001	83
213.9	213.9	ICP	HCL	1.5	463		213.9	ICP	ICP	6	31
213.8	213.8	Air/H₂	EDL	0.4	168	213.9	213.9	GF	EDL	0.00029	123
213.9	213.9	Air/Ac	EDL	1	464		213.9	GF	Xe 150	6	123
213.9	213.9	Air/Ac	EDL	10	465	213.8	213.8	ICP	EDL	1	190
213.86	213.86	Air/Ac	HCL	0.05(5pg)	466		213.9	ICP	ICP	4	32
213.9	213.9	Air/Ac	EDL	2	466	213.9	213.9	Air/H₂	HIHCL	30	469
213.9	213.9	Air/H₂	EDL	1	466	213.9	213.9	Air/H₂	MVL	2.4	469
213.9	213.9	Air/H₂	EDL	0.5	466	213.9	213.9	Air/H₂	EDL	0.4	469
213.9	213.9	O₂/H₂	EDL	0.1	467	213.8	213.8	W Spiral	EDL	0.04pg	122
213.9	213.9	Air/Ac	MVL	0.01	468	213.9	213.9	ICP	HCL	1	207
213.9	213.9	S/Air/Ac	MVL	0.8	112			GT	LPDL	—	239
213.8	213.8	W loop	EDL	8(20pg)	171	NS	NS	Tungsten-spiral	EDL	0.005	194
	213.86	Air/Ac	Xe 500	10000	342	NS	213.9	ICP	HCL	0.089	470
213.9	213.9	Air/Town gas	MVL	0.02	172				ICP	0.2	471
213.9	213.9	Ar/Air/H₂	EDL	0.45	174	NS	NS	ICP	HCL	—	197
213.9	ND SB	GF	EDL	0.2pg	175	NS	213.9	MIP	HCL	1.2	198

表 19-77 锆的原子荧光测定参数及检出限

激发 λ_A/nm	荧光 λ_F/nm	原子化器	激发光源	检出限 c/(ng/mL)	文献	激发 λ_A/nm	荧光 λ_F/nm	原子化器	激发光源	检出限 c/(ng/mL)	文献
—	360.1	Furnace	Xe 1000	50pg	472	389.0	389.0	Air/H₂	HIHCL	10000	12
	256.89					339.2	339.2	ICP	ICP	10	22
310.66	257.14	ICP	PDL	3	305	310.66	256.89	ICP	PDL	21	276
310.658	256.887	ICP	HCL	3	6						

表 19-2～表 19-77 参考文献

1　Perkins L D, Long G L. Appl Spectrosc, 1988, 42: 1285.

2　Dittrich K, stärk H J. Anal Atom Spectrosc, 1987, 2: 63.

3　Nakahara T, Wakisaka T, Musha S. Spectrochim Acta, 1981, 36B: 661.

4　Jansen E B M, Demers D R. Analyst, 1985, 110: 541.

5　Yeah K S, Masamba W. Winefordner J D. Anal Sci, 1987, 3: 245.

6　Omenetto N, HumanH G C, Cavalli P, et al. Spectrochim Acta, 1984, 39B: 115.

7　Kachin S V, Smith B W, Winefordner J D. Appl Spectrosc, 1985, 39: 587.

8　Dagnall R M, Taylor M R G, West T S. Spectrosc Lett, 1968, 1 : 397.

9　Dagnall R M, Kirkbright G F, West T S, et al. Anal Chem, 1970, 42: 1029.

10　Fraser L M, Winefordner J D. Anal Chem, 1972, 44: 1444.

11　Fraser L M, Winefordner J D. Anal Chem, 1971, 43: 1693.

12　Dinnin J I. Anal Chem, 1967, 39: 1491.

13　DemersD R. Specrrochim Acta, 1985, 40B: 93.

14　Macaffrey J T, Michel R G. Microchem, 1988, 3: 357.

15　Greenfield S, Thomsen M. Spectrochim Acta, 1986, 41B: 677.

16　Johnson D J, Plankey F W, Winefordner J D. Anal Chem, 1974, 46: 1808.

17　Demers D R. Amer Lab, 1987, (8) : 30.

18　Goforth D, Winefordner J D. Talanta, 1987, 34: 290.

19 Yeah K S, Masamba W, Winefordner J D. Anal Sci, 1987, 3: 245.

20 Masamba W R, Smith B W. Krupa R J, et al. Appl Spectrosc, 1988, 42: 872.

21 Goforth D, Winfordner J D. Anal Chem, 1986, 58: 2598.

22 Krupa R J, Long G L, Winfordner J D. Spectrochim Acta, 1985, 40B : 1485.

23 Koslns M A, Uchlda H, Wmfordner J D. Anal Chem, 1983, 55 : 688.

24 Lone G L, Winfordner J D. Appl Spectrosc, 1984, 38: 563.

25 Wynn T F, Clardy P, Vaughn L, et al. Anal Chim Acta, 1981, 124: 155.

26 Epstein M S, Nikdel S, Omenetto N, et al. Anal Chem, 1979, 51: 2071.

27 Ullman A H, Pollard B D, Boutilllier G D, et al. Anal Chem, 1979, 51: 2382.

28 Johnson D J, Plankey F W, Winfordner J D. Anal Chem, 1975, 47: 1739.

29 Weeks S J, Haraguchi H, Wmhrdner J D. Anal Chem, 1978, 50: 360.

30 Fowler W K, Knapp D O, Winfordner J D. Anal Chem, 1974, 46: 601.

31 Gremfleld S, Malcolmk K F M, Thomsen M J. Anal Atom Spec, 1987, 2: 711.

32 Greenfield S, Thomsen M. Spectrochim Acta, 1988, 40B: 1369.

33 Enller J, Malmsten Y, Ljungberg P. Analyst, 1995, 120: 635.

34 Leong M B, D'Silva A P, Fassel V A. Anal Chem, 1986, 58: 2594.

35 Norris J D, West T S. Anal Chem, 1973, 45: 226.

36 Kolihova D, Sychra V. Anal Chim Acta, 1972, 59 : 477.

37 Thompson K C. Analyst, 1975, 100: 307.

38 Tsujii K, Kuga K. Anal Chim Acta, 1978, 97: 51.

39 Nakahara T, Kohayashi S, Musha S. Anal Chim Acta, 1978, 101: 375.

40 Sullivan J V. Anal Chim Acta, 1979; 105: 213

41 Nakahara T, Kobayashi S, Musha S. Anal Chem, 1979, 51: 1589.

42 Jsujii K. Anal Lett, 1981, 14: 181.

43 Demers D, Allemand C. Anal Chem, 1981, 53 : 1915.

44 Montaser A. Spectrosc Lett, 1978, 12: 725.

45 Braun K, Slavin W, Walsh A. Spectrochim Acta, 1982, 376: 721.

46 Tsujii K, Kitazome E, Yagik. Anal Chim Acta, 1981, 128: 229.

47 Dagnall R M, Thompson K C, West T S. Talanta, 1967, 14: 1151.

48 Larkins P L. Spectrochim Acta, 1971, 268: 477.

49 Browner R F, Manning D C. Anal Chem, 1972, 44: 843.

50 Bratzel M P, Dagnall R M, Winefordner. Anal Chim Acta, 1970, 52: 157.

51 ZachaK E, Bratzel M P, Mansfield J M, et al. Anal Chem, 1968, 40: 1733.

52 Wu M W, Michel R G. Analyst, 1985, 110: 937.

53 Ullman A H, Favez C M P, Vinefordner J D, et al. Spectrosc, 1977, 22: 43.

54 Molnar C J, Winefordner T D. Anal Chem, 1974, 46: 1807.

55 Knapp D O, Molnar C J, Winefordner J D. Anal Chem, 1974, 46: 622

56 陈全武, 王芹香. 岩矿测试, 1989, 8(1): 51.

57 李朝阳. 理化检验——化学分册, 1989, 25(5): 271.

58 戴建中. 分析试验室, 1989, 8(2): 61.

59 索有瑞, 黄雅丽. 光谱学与光谱分析, 1992, 12(2): 87.

60 金泽洋, 汤志勇, 周俊明, 等. 光谱学与光谱分析, 1992, 12(4): 75.

61 胡均国, 岳诚, 雷诗奇, 等. 冶金分析, 1993, 13(1): 51.

62 Guo T, Liu M, Schrader W. J Anal At Spectrom, 1992, 7(4) : 667.

63 Liarg Z W, Lonardo R F, Michel R G. Spectrochim Acta part B, 1993, 48 B(1): 7.

64 乔晋, 刘时芳. 理化检验——化学分册, 1993, 29(5): 265.

65 林守麟, 邱海鸥, 汤志勇. 岩矿测试, 1994, 13(2) : 113.

66 UIivo A D, Lampugnani L, Pellegrini G, et al. Anal At Spectrom, 1995, 10(11): 969.

67 殷尚海. 理化检验——化学分册, 1996, 32(4): 238.

68 肖凡. 岩矿测试, 1992, 11 (4): 361.

69 Barnett W B, Kahn H L. Anal Chem, 1972, 44: 935.

70 Tsuiii K, Kuga K. Anal Chim Acta, 1974, 72: 85.

71 Nakahara T, Tanaka T, Musha S. Bull Chem Soc Japan, 1978, 51: 2046.

72 Heithmar E M, Plankey F W. Appl Spectrosc, 1978, 32: 208.

73 Kuga K, Tsujii K. Anal Lett, 1982, 15 : 47.

74 Ebdon L, Wilkerson J R, Jackson K W. Anal Chim Acta, 1982, 136: 191.

75 D'ulivo A, Panoff P, Festa C. Talanta, 1983, 30: 907.

76 Nakahara T, Kobayashi S, Musha S. Anal Chim Acta, 1979, 104: 173.

77 Tsujii K, Kitazume E. Anal Chim Acta, 1981, 125: 101.

78 Dagnall R M, West T S. Appl Opt, 1968, 7: 1287.

79 Dagnall R M, Thompson K C, West T S. Talanta, 1968, 15: 677.

80 D'ulivo A, Fuoco R, Papoff P. Talanta, 1968, 32: 103.

81 Goliber P A, Hendrick M S, Michel R G. Anal Chem, 1985, 57: 2520.

82 Ebdon L, Wilkerson J R. Anal Chim Acta, 1987, 194: 177.

83 Amos M D, Bennett P A, BrodieK G, et al. Anal Chem, 1971, 43: 211.

84 王烨, 戴佳毅. 理化检验——化学分册, 1988, 24(6): 370.

85 王烨, 张文学. 分析试验室, 1988, 7(10): 61.

86 王烨, 屈桂馥. 岩矿测试, 1989, 8(1): 64.

87 朴哲诛, 杨昌宇. 分析化学, 1988, 16(8): 767.

88 郑英, 罗方若, 郎春燕. 岩矿测试, 1990, 9(1): 65.

89 李朝阳. 理化检验——化学分册, 1990, 26(6): 346.

90 Ji W, Fan M. J Environ Sci, 1990, 2(1): 109.

91 罩维荣, 吴健玲, 黄佩芳. 岩矿测试, 1992, 11(3): 290.

92 Corns W T, Stockwell P B, Ebdon L, et al. J Anal At Spectrom, 1993, 8(1): 71.

93 Stock-Well P B, Crons W T. Spectrosc World, 1992, 4(1): 14.

94 Heitmann U, Sy T, Hese A, et al. J Anal at Spectrom, 1994, 9: 437.

95 Woller A, Mester Z, Fodor P. J Anal at Spectrom, 1995, 10(9): 609.

96 Hueber D, Smith B W, Madden S, et al. Appl Spectrosc, 1994, 48(10): 1213.

97 Green R B, Travis J C, Keller R A. Anal Chem, 1976, 48: 1954.

98 Smith B W, Blackburn M B, Winefordner J D, et al. Spectrosc, 1977, 22: 57.

99 Pollard B D, Blackburn M B, Nikdel S, et al. Appl Spectrosc, 1979, 33: 5.

100 Epstein M S, Nikdel S, Bradshaw J D, et al. Anal Chim Acta, 1980, 113: 221.

101 Omenetto N, Smith B W, Hart L P, et al. Spectrochim Acta, 1985, 40B: 1411.

102 Denisov L K, Loshin A F, Kozlov N A, et al. Zh Prikl Spectrosk, 1985, 43: 566.

103 Hendrick M S, Seltzer M D, Michel R G. Spectrosc Lett, 1986, 19 : 141.

104 Denisov L K, Loshin A F, Nikiforov V G, et al. Z Laboratoriya, 1987, 53: 34.

105 Denton M B, Malmstadt H V. Appl Phys Lett, 1971, 18: 485.

106 Mchard J A, Foulk S J, Nikdel S, et al. Anal Chem, 1979, 51: 1613.

107 Uchida H, Kosinski M A, Winefordner J D. Spectrochim Acta, 1983, 38B: 5.

108 Mazo G N, Glavin G G, Zheleznova A A. Zh Anal Khim, 1992, 4700(10-11): 1901.

109 Bratzel M P, Dagnall R M, Winefordner J D. Anal Chem, 1969, 41 : 1527.

110 Hingle D N, Kirkbright G F, West T S. Analyst, 1968, 93: 522.

111 Robinson J W, Hsu C J. Anal Chim Acta, 1968, 43: 109.

112 Bratzel M P, Dagnall R M, Winefordner J D. Appl Spectrosc, 1970, 24: 518.

113 Dobele H F, Hoerl M, Roewekamp M, et al. Appl Phys, 1986, B39: 91.

114 Hargreaves M, King A F, Norris J D, et al. Anal Chim Acta, 1979, 104: 85.

115 Falk H, Paetzold H J, Schmidt K P, et al. Spectrochim Acta, 1988, 43B; 1101.

116 Hofton M E, Hubbard D P. Anal Chim Acta, 1972, 62: 311.

117 Clyburn S A, Bartschmid B R, Veillon C. Anal Chem, 1974, 46: 2201.

118 Kobayashi S, Nakahara T, Musha S. Talanta, 1979, 26: 951.

119 Gough D S, Meldrum J R. Anal Chem, 1980, 52: 642.

120 Dagnall R M, Thompson K C, West T S. Talanta, 1967, 14: 1467.

121 Hobbs R S, Kirkbright G F, West T S. Talanta, 1971, 18: 859.

122 Murphy M K, Clyburn S A, Veillon C. Anal Chem, 1973, 45: 1468.

123 Atnashev Yu B, Korepanov V E , Muzgin V N. J Appl Spectrosc, 1983, 39: 1230.

124 Chen Y, D'ulivo A. Anal Lett, 1989, 22: 1609.

125 殷尚海, 张双明. 理化检验——化学分册, 1992, 28(6): 369.

126 马聆聆, 华菊如. 理化检验——化学分册, 1993, 29(4): 246.

127 Bolshov M A, Rudner S N, Brust J. Spectrochim Acta Part B, 1994, 49B(12-14) : 1437.

128 EolshovM A, Rudner S N, Candelone J P, et al. Spectrochim Acta Part B, 1994, 49(12-14): 1445.

129 BolshovM A , Boutronc F. Analusis, 1994, 22(7): M44.

130 董灵英. 岩矿测试, 1992, (1-2): 58.

131 Wiltshire G A, BollandD T, Littlejohn D. J Anal at Spectrom, 1994, 9 (11): 1255.

132 Rains T C, Epstein M S, Menis O. Anal Chem, 1974, 46: 207.

133 Kuga K, Tsujii K. Anal Chim Acta, 1976, 81: 305.

134 Orne netto N, Rossi G . Anal Chim Acta, 1968, 40: 195.

135 Denton M B, Malmstadt V . Anal Chem, 1972; 44: 1813.

136 Beiyaev Y I, Maryakin A V, Pchelintsev A M. J Anal Chem, USSR, 197, 25: 852.

137 Murugaiyan P, Natarajan S, Venkateswarlu Ch. Anal Chim Acta, 1973, 64: 132.

138 Black M S, Glenn T H, Bratzel M P, et al . Anal Chem, 1971, 43: 1769.

139 Palermo E F, Montaser A , Crouch S R. Anal Chem, 1974, 46: 2154.

140 Brinkman D W, Sacks R D. Anal Chem, 1975, 47: 1279.

141 Doolan K L, Smythe L E. Spectrochim Acta, 1977, 32B: 115.

142 Winefordner J D, Staab R A. Anal Chem, 1964, 36: 1367.

143 Salin E, Ingle J D. Anal Chim Acta, 1979, 104: 267.

144 Thomassen J lp Y, Butler L R P, Badziuk B, et al. Anal Chim Acta, 1979;110:1

145 Tsujii K, Kuga K, Murayama S, et al. Anal Chim Acta, 1979, 111 : 103.

146 Hughes K, Fry R C. Appl Spectrosc, 1981, 35: 26.

147 Seltzer M D, Michel R G. Anal Chem, 1983, 55: 2444.

148 Wilson D A, Yuen A M, Hieftje G M. Anal Chim Acta, 1985, 171 : 241.

149 Muragaiyan P, Natarajan S, Venkateswarlu Ch. Anal Chim Acta, 1974, 69: 451.

150 Epstein M S, Rains T C, Menis O, et al. J Spectrosc, 1975, 20: 22.

151 Worrell G J, Vickers T J, Williams I D. Anal Chim Acta, 1975, 75 : 453.

152 Dittrich K, Wennrich R. Mikrochim Acta, 1977, 1: 495.

153 Brinkman D W, Whisman M L, Goetzinger J. Appl Spectrosc, 1979, 33: 245.

154 Belyaev Y L, Pchelintsev A M. Zh Anal Khim, 1970, 25(11): 2094.

155 Cavalli P, Omenetto N, Rossi G. Atom Spectrosc, 1982, 3: 1.

156 Wilson D A, Yuen A M, Hieftje G M. Anal Chim Acta, 1985, 171: 241.

157 Ekanem E J, Barnard C L R, Ottaway J M, et al. Talanta, 1986, 33: 55.

158 Lancione R L, Drew D M. Industrial R &D, 1983, 100.

159 Sanzolone R F. J Anal Atom Spectrosc, 1986, 1 : 343.

160 Ekanem E J, Barnard C L, Ottaway J M, et al. J Anal Atom Spectrosc, 1986, 1 : 349.

161 Hobbs P S, Kirkbright G F, Sargant M, et al. Talanta, 1968, 15: 997.

162 Veillon C, Mansfield J M, Parsons M L, et al. Anal Chem, 1966, 38: 204.

163 Dagnall R M, Thompson K C, West T S. Anal Chim Acta, 1966, 36: 269.

164 Bratzel M P, Dagnall R M, Winefordner J D. Anal Chem, 1969, 41: 713.

165 Weide J D, Parsons M L. Anal Chem, 1973, 45: 2417.

166 Lancione R L, Drew D M. Spectrochim Acta, 1985, 4013: 107.

167 Omenetto N, Cavalii P, Broglia M, et al. At Spectrom, 1988, 3: 231.

168 Epstein M S, Rains T C, Menis O. J Spectrosc, 1975, 20: 22.

169 Goode S R, Montaser A, Crouch S R. Appl Spectrosc, 1973, 27: 355.

170 Bratzel M P, Dagnall R M, Winefordner J D. Anal Chim Acta, 1969, 48: 197.

171 Cresser M S, West T S. Spectrochim Acta, 1970, 25B: 61.

172 Elser R C. Appl Spectrosc, 1971, 25: 345.

173 Shull M, Winefordner J D. Anal Chem, 1971, 43: 99.

174 Kuga K, Tsujii K. Anal Chim Acta, 1976, 81: 305.

175 Vikers T J, Vaught R M. Anal Chem, 1969, 41: 1476.

176 Dagnall R M, West T S, Young P. Talanta, 1966, 13: 803.

177 Mansfield J M, Winefordner J D, Veillon C. Anal Chem, 1965, 37: 1049.

178 Winfordner J D, Staab R A. Anal Chem, 1964, 36: 165.

179 Novak J W, Browner R F. Anal Chem, 1978, 50: 1453.

180 Mccaffrey J T, Wu M W, Michel R G. Analyst, 1983, 108: 1195.

181 Omenetto N, Crabi G, NastiA, et al. Spectrochim Acta, 1983, 38B: 549.

182 Naranjit D A, Radziuk B H, Van Loon J C. Spectrochim Acta, 1984, 39B: 969.

183 Sanzolone R F, Meier A L. Analyst, 1986, 111: 645.

184 Tie-Zheng G, Stephens R J. Anal Atom Spec, 1986, 1: 355.

185 Davis L A, Krupa R J, Winefordner J D. Anal Chim Acta, 1985, 173: 51.

186 Chuang F S, Winefordner J D. Appl Spectrosc, 1975, 29: 412.

187 Johnson D J, Fowler W K, Winefordner J D. Talanta, 1977, 24; 227.

188 Patel B M, Fowler W K, Browner R F, et al. Appl Spectrosc, 1973, 27: 171.

189 Patel B M, Browner R F, Winefordner J D. Anal Chem, 1972, 44: 2272.

190 Montaser A, Fassel V A. Anal Chem, 1976, 48: 1490.

191 Ekanem E J. Bull Chem Soc Japan, 1984, 57: 2979.

192 Atnashev Yu B, Korepanov V E, Muzgin V N. J Appl Spectrosc, 1983, 39; l230.

193 D'ulivo A, Chen Y. J Anal at Spectrom, 1989, 4: 319.

194 Dracheva L V, Gonchakov A S. Zavod Lab, 1990, 56(2) : 38.

195 Bolshov M A, Rudnev S N, Huetsch B J. Anal at Spectrom, 1992, 7(1): 1.

196 Bolshov M A, Koloshnikov V G, Rudnev S N, et al. J Anal at Spectrom, 1992, 7(2) : 99.

197 陈云林, 李素拜, 韩波. 理化检验——化学分册, 1993, 29(3): 163.

198 段亿翔, 杜晓光, 刘军等. 分析化学, 1993, 21 (5): 610.

199 Guo X W, Guo X M. Anal Chim Acta, 1995, 310 (2): 377.

200 Seltzer M D, Hendrick M S, Michel R G. Anal Chem, 1985, 57: 1096.

201 Horvath J J, Bradshaw J D, BowerJ N, et al. Anal Chem, 1981, 53: 6.

202 Dagnall R M, Kirkbright G F, West T S, et al. Anal Chem, 1971, 43: 1765.

203 Ellis D W, Demers D R. Atomic Fluorescence Flame Spectrometry in Trace Inorganics in Water, R A Bellar, Ed, Advanced in Chemistry Series No 73 (American Chemical Society Washington. D. C. 1968)

204 DemersD R, Ellis D W. Anal Chem, 1968, 40: 860.

205 Omenetto N, Nikdel S, Bradshaw J D, et al. Anal Chem, 1979, 51: 1521.

206 Greenfield S, Solman M S, Tyson J F. Spectrochim Acta Part B, 1988, 43B: 1087.

207 Zhu S F, Wang H, Keliher P N . Microchem J, 1988, 38: 264.

208 Bogen P, Dobele H F, Mertens P h. J Nuci Mater, 1987, 145-147: 434

209 Dobele H F, Buckle B. J Nucl Mater, 1982, 111-112: 102.

210 Omentto N, Hatch N N, Fraser L M, et al. Anal Chem, 1973, 45: 195.

211 Tremblay ME, Smith B W, Winefordner J D. Anal Chim Acta, 1987, 199: 111.

212 Hohimer J P, Hargis P I. Appl Phys Lett, 1977, 30: 344.

213 Heaven M, Miller T, Freeman R, et al. Chem Phys Lett, 1982, 86: 458.

214 Clyne M A A, Ono Y. Chem Phys Lett, 1983, 94: 597.

215 Selwyn G S, Baston L D, Sawin H H. Appl Phys Lett, 1987, 51: 898.

216 Bemancl P P, Clyne M A A. J Chem Soc Faraclay Trans, 1975, 71: 1132.

217 Kwong K S, Measures R M. Anal Chem, 1979, 51: 428.

218 Jones M, Kirkbright G F, Ranson L, et al. Anal Chim Acta, 1973, 63: 210.

219 Mccaffrey J T, Michel R G. Anal Chem, 1983, 55 : 488.

220 Rossi G, Omenetto N. Talanta, 1969, 16: 263.

221 Norris J D, West T S. Anal Chim Acta, 1972, 59: 355.

222 Measures R M, Kwong H S. Appl Opt, 1979, 18: 281.

223 Miller R L, Fraser L M, Winefordner J D. Appl Spectrosc, 1971, 25: 477.

224 Norris J D, West T S. Anal Chem, 1973, 45: 2148.

225 Gough D S, Hannaford P, Walsh A. Spectrochim Acta, 1973, 28B: 197.

226 Bolshov M A, Zybin A V, Smirenkina L I. Spectrochim Acta, 1981, 36B: 1143.

227 Bolshov M A, Zybin A V, Koloshnikov V G, et al. Spectrochim Acta, 1986, 41B: 487.

228 Preli P R, DoughertyJ P, Michel R G. Anal Chem, 1987, 47: 1784.

229 Gustavsson A, Ingman F. Spectrochim Acta, 1979, 34B: 31.

230 Wolfe T C, Vickers T J. Appl Spectrosc, 1978, 32: 265.

231 Fleet B, Liberty H V, West T S. Anal Chim Acta, 1969, 45: 205.

232 Matousek J, Sychra V. Anal Chem, 1969, 41: 518.

233 Mansfield J M, Bratzel M P, Norgordon H O, et al. SpectrochiM Acta, 1968, 21B: 389.

234 Dougherty J P, Preli F R, Michel R G. J Anal at Spectrom, 1987, 2: 429.

235 Boishov M A, Zybin A V, Koloshnikov V G, et al. Spectrochim Acta, 1988, 43B: 519.

236 KujiralO, Davis L, Winefordner J D. Spectrosc Lett, 1985, 18: 781.

237 Cresser M S, West T S. Spectrochim Acta, 1970, 25B: 61.

238 BolshovM A, Zybin A V, Koloshnikov V G, et al. Spectrochim Acta Part B, 1988, 43B: 519.

239 Dougherty J P, Preli F R, Michel R G. Talanta, 1989, 36: 151.

240 IrwinR L, Wei G-T, Butcher D J, et al. Spectrochim Acta Part B, 1992, 47B (13): 1497.

241 RiginV. Anal Chim Acta, 1993, 283: 895.

242 Gornushkin I B, Zilbershtein Kh I, Rossomakhina M V. Vysokochist Veshchestva, 1993, 6: 114.

243 Zybin A V, Kunets A V. Zh Prikl Spektrosk, 1993, 59: 435.

244 Yuzefovsky A I, Lonardo R F, Michel R G. Anal Chem, 1995, 67 (13): 2246.

245 Yuzefovsky A I, Lonardo R F, Wang M, et al. J Anal at Spectrom, 1994, 9 (11): 1195.

246 Rigin V l. Zh Anal Khim, 1990, 45 (9): 1733.

247 Gornushkin I B, Zil'bershtein Kh l. Zh Prikl Spektrosk, 1990, 52 (3), 363.

248 Mitchell D G, Johansson A. Spectrochim Acta, 1971, 26B: 677.

249 Kolihova K, Sychra V. Anal Chim Acta, 1973, 63: 479.

250 Kolihova K, Sychra V. Chimicke Listy, 1972; 66: 93.

251 Dagnall R M, Kirkbright G F, West T S, et al. Analyst, 1972, 97: 245.

252 Chupakhin M S, Dorofeev V S, Aidarov T K. J Anal Chem, USSR, 1974, 20: 1053.

253 Lipari F, Plankey F W. Anal Chem, 1978, 50: 386.

254 Manning D L, Heneage P. Atom Abs Newslett, 1967, 6; 124.

255 Human H G C. Spectrochim Acta, 1972, 27B: 301.

256 Cotton D H, Jenkins D R. Spectrochim Acta, 1970, 25B: 283.

257 Smith R, Elser R C, Winefordner J D. Anal Chim Acta, 1969, 48: 35.

258 Manning D C, Heneage P. Atom Abs News, 1968, 7: 80.

259 Liang Z, Wei G-T, Irwin R L, et al. Anal Chem, 1990, 62 (14): 1452.

260 Mazo G N, Glavin G G, Zheleznova A A. ZhAnal Khim, 1992, 47 (10-11): 1901.

261 Simeonsson J B, Ng K C, Winefordner J D. Anal Chim Acta, 1992, 258 (1): 73.

262 D'ulivo A, Lampugnani L, Pellegrini G, et al. J Anal at Spectrom, 1995, 10 (I1): 969.

263 Tremblay M E, Simeonsson J B, Smith B W, et al. Appl Spectrosc, 1988, 42: 281.

264 Davis C L, Smith B W, Bolshov M A, et al. Appl Spectrosc, 1995, 49 (7): 907.

265 王小如, 凌东, 林跃何, 等. 光谱学与光谱分析, 1990, 10(5): 31.

266 Orne netto N, Rossi G. Spectrochim Acta, 1972; 27B: 301.

267 Benetti P, Omenetto N, Rossi G. Appl Spectrosc, 1971; 25: 57.

268 Vera J A, Stevenson C L, Smith B W, et al. J Anal at Spectrom, 1989; 4: 619.

269 Vera J A, Leong M B, Stevenson C L, et al. Talanta, 1989, 36: 1291.

270 Dagnall R M, Thompson K C, West T S. Anal Chim Acta, 1988, 41, 551.

271 Dagnall R M, Kirkbright G F, West T S, et al. Analyst, 1970, 95: 425.

272 龚楚舒, 袁园, 郭小伟. 理化检验——化学分册, 1992, 28(2): 116.

273 Dinnin J F. Anal Chem, 1967, 39: 1491.

274 Matousek J, Sychra V. Anal Chim Acta, 1970, 9: 175.

275 Larkins P L. Anal Chim Acta, 1985, 173: 77.

276 Huang X, Lanauze J, Winefordner J D. Appl Spectrosc, 1985, 39: 1042.

277 Masera E, Mauchien P, Lerat Y. J Anal at Spec trom, 1995, 10 (2): 137.

278 Omenetto N, Hatch N N, Fraser L M, et al. Spectrochim Acta, 1973, 28B: 65.

279 Goldsmith J E M, Anderson R J M. Appl Optics, 1985, 24: 607.

280 Alden M, Schawlow A L, Svanberg S, et al. Opt Lett, 1984, 9: 211.

281 Patel B M, Winefordner J D. Spectrochim Acta, 1986, 41B: 469.

282 Thompson K C. Spectrosc Lett, 1970, 3: 59.

283 Brewer L, Tellinghuisen J B. J Chem Phys, 1971, 54: 5133.

284 Bolshov M A, Zybin A V, Koloshnikov V G, et al. Zh Prikl Spektrosk, 1978, 28: 45.

285 Womack J B, Gessler E M, Winefordner J D. Spectrochim Acta Part B, 1991, 46B: 301.

286 Glick M, Smith B W, Winefordner J D. Anal Chem, 1990, 62 (2): 157.

287 Bolshov M A, Zybin A V, Zybina L A, et al. Spectrochim Acta, 1976, 31B: 493.

288 Epstein M S, Bayer S, Bradshaw J, et al. Spectrochim Acta, 1980, 35B: 233.

289 Rippetoe W E, Muscat V L, Vickers T J. Anal Chem, 1974, 46: 796.

290 Rando L C, Heithmar E M. Spectrosc Lett, 1983, 16: 9.5.

291 Smith R, Stafford C M, Winefordner J D. Can Spectrosc, 1969, 14: 2.

292 Ebdon L, Kirkbright G F, West T S. Anal Chim Acta, 1969, 47: 563.

293 Gornushkin I B, Zil'bershtein Kh J. Zh Prikl Spectrosk, 1990, 52: 363.

294 Khvostikov V A, Grazhulene S S, Golloch A, et al. J Anal at Spectrom, 1995, 10 (2): 161.

295 Kuhl J, Spitschan H. Optics Comm, 1973, 7 (3): 256.

296 Neumann S, Kriese M. Spectrochim Acta, 1974, 29B: 127.

297 Bolshov M A, Zybin A V, Koloshnkov V G, et al. Spectrochim Acta, 1981, 36B: 345.

298 Omenetto N, Human H G C, Cavalli P, et al. Analyst, 1984, 109: 1067.

299 Dittrich K, Stark H. J Anal Atom Spectrosc, 1986, 1: 237.

300 Radziuk B, Thomassen Y, Butler L R P, et al. Anal Chim Acta, 1979, 108: 31.

301 D'ulivo A, Papoff P. Talanta, 1985, 32: 383.

302 Smith B W, Omenetto N, Winefordner J D. Spectrochim Acta, 1984, 39B: 1389.

303 Sthapit P R, Ottaway J M, Fell G S. Analyst, 1983, 108: 235.

304 Human H G C, Norval E. Anal Chim Acta, 1974, 73: 73.

305 Human H G C, Omenetto N, Cavalli P, et al. Spectrochim Acta, 1984, 39B: 1345.

306 Leong M, Vera J, Smith B W, et al. Anal Chem, 1988, 60: 1608.

307 Sychrav, Matousek J. Talanta, 1970, 17: 363.

308 Browner R F, Dagnall R M, West T S. Anal Chim Acta, 1970, 50: 375.

309 Miziolek A W, Willis R J. Opt Lett, 1981, 6: 528.

310 Sthapit P R, Ottaway J M, Fell G S. Analyst, 1984, 109: 1061.

311 D' ulivo A, Fuoco R, Papoff P. Talanta, 1986, 33: 401.

312 D'ulivoA, Papoff P. J Anal Atom Spec, 1986, 1: 479.

313 Nakahara T, Wasa T. Anal Sci, 1985, 1: 291.

314 Leong M, Vera J, Smi th B W, et al. Anal Chem, 1988, 60: 1605.

315 吕江南, 郑毅, 徐礼芳等. 岩矿测试, 1988, 7(3): 213.

316 Vera J A, Leong M B, Omenetto N, et al. Spectrochim Acta Part B, 1989, 44: 939.

317 Bolshov M A, Boutron C F, Zybin A V. Anal Chem, 1989, 61: 1758.

318 Boutron C F, Bolshov M A, Koloshnikov V G, et al. Atmos Environ, 1990, 24A: 1797.

319 Dashin S A, Boshov M A, Karpov Yu A, et al. Zh Anal Khim, 1990, 45 (5): 942.

320 Iriwin R L, Butcher D J, Takahashi J, et al. J Anal at Spectrom, 1990, 5: 603.

321 Deavor J P, Becerra E, Smith B W, et al. Can J Appl Spectrosc, 1993, 38 (1): 7.

322 Cheam V, Lechner J, Sekerka I, etal. Anal Chim Acta, 1992, 269 (1): 129.

323 Cheam V, Lechner J, Sekerka I, et al. J Anal at Spectrom, 1994, 9: 315.

324 Cheam V, Lechner J, Desrosiers R, et al. Int J Environ Anal Chem, 1993, 53 (1): 13.

325 Davis C L, Smith B W, Winefordner J D. Microchem J, 1995, 52 (3): 383.

326 Lewis A L, BeenenJ, Hosch J W, et al. Appl Spectrosc, 1983, 37: 263.

327 王芹香. 分析试验室, 1992, 11(2):75.

328 Zybin A V, Schnuerer-Patschan C, Niemax K. Spectrochim Acta Part B, 1992, 47B (14): 1519.

329 West T S, Williams X K. Anal Chim Acta, 1968, 42: 29.

330 Ellis D W, Demors D R. Anal Chem, 1966, 38: 1943.

331 Wittman P, WinefordnerJ D. Can Spectrosc, 1984, 29: 75.

332 Butcher D J, Irwin R L, Takahashi J, et al. Appl Spectrosc, 1990, 44 (9): 1521.

333 Rodgers M O, Bradshaw J D, Liu K, et al. Optics Lett. 1982, 7: 359.

334 Morita H, Kimota T, Shimomuru S. Anal Lett, 1983, 16: 1187.

335 Bertenshaw M P, Wagstaff K. Analyst, 1982, 107: 664.

336 Caupeil J E, Hendrikse P W, Bongers J S. Anal Chim Acta, 1976, 81: 53.

337 Hulton R C, Preston B. Analyst, 1980, 105: 981.

338 Ebdon L, Wilkinson J R, Jackson K W. Anal Chim Acta, 1981, 12: 45.

339 Ebdon L, Wilkinson J R, Jackson K W. Analyst, 1982, 107: 269.

340 Kimoto T, Morimune H, Morita H, et al. Bunseki Kagaku, 1982, 31: 637.

341 Kuhl J, Marowsky G. Opt Commun, 1971, 4: 125.

342 Warr P D. Talanta, 1970, 17: 543.

343 Vitkun R A, Poluektov N S, Zelyukova Y V. Zh Anal Khim. 1969, 25: 474.

344 Vickers T J, Merrick S P. Talanta, 1968, 15: 873.

345 Muscat V I, Vickers T J. Anal Chim Acta, 1971, 57: 23.

346 Godden R G, Stockwell P B. J Anal at Spectrom, 1989, 4: 301.

347 杨世德. 理化检验—化学分册, 1989, 25(2): 97.

348 Borgnon J, Stockwell P B. Spectra 2000, 1989, 17: 51.

349 聂竹兰, 周肇茹. 岩矿测试, 1990, 9(1): 48.

350 Temmerman E, Vandecasteele C, Vermeir G, et al. Anal Chim Acta, 1990, 236(2): 371.

351 Sugimoto M, Morita H, Shimomura S. Bunseki Kagaku, 1990, 39 (5): 251.

352 Morita H, Sugimoto M, Shimomuras. Anal Sci, 1990, 6(7): 91.

353 Duan Y, Kong X, Zhang H, et al. J Anal at Spectrom, 1992, 7 (1): 7.

354 Vermeir G, Vandecasteele C, Dams R. Anal Chim Acta, 1991, 242 (2): 203.

355 朱敏. 岩矿测试, 1990, 9(4): 268.

356 Jian W, Mcleod C W. Anal Proc, 1991, 28(9): 293.

357 Tanaka H, Yamamoto E, Morita H, et al. Anal Sci, 1992, 8 (1): 93.

358 Okumura M, Fukushi K, Willie S N, et al. Fresenius' J Anal Chem, 1993, 345 (8- 9): 570.

359 Corns W T, Ebdon L C, Hill S J, et al. J Autom Chem, 1991, 13(6): 267.

360 Tanaka H, Kouno M, Morita H, et al. Anal Sci, 1992, 8(6): 857.

361 索有瑞, 伊甫申, 黄雅丽. 分析化学, 1992, 20(3): 335.

362 Jian W, Mcleod C W. Talanta, 1992, 39(11): 1537.

363 陆毅伦. 理化检验—化学分册, 1992, 28(5): 294.

364 Tanaka H, Morita H Shimomura S, et al. Anal Sci, 1993; 9: 859.

365 Winfield S A, Boycl N D, Vimy M J, et al. Clin Chem, 1994, 40: 206.

366 Horvat M, Bloon N S, Liang L. Anal Chim Acta, 1993, 281: 135.

367 Horvat M, Liang L, Bloon N S. Anal Chim Acta, 1993, 282: 153.

368 Saouter E. Anal Chem, 1994, 66(3): 2031.

369 Morales Rubio A, Mena M L, Mcleod C W. Anal Chim Acta, 1995, 308(1-3): 364.

370 Pagano S T, Smith B W, Winefordner J D. Talanta, 1994; 41(2): 2073.

371 Corns W T, Stockwell P B, Jameel M. Analyst, 1994, 119(11): 2481.

372 Cossa D, Sanjuan J, Cloud J, et al. J Anal at Spectrom, 1995, 10(3): 287.

373 Ebinghaus R, Hintelmann H, Wilken R D. Fresenius' J Anal Chem, 1994, 350

374 Yoshino M, Tanaka H, Okamoto. Bunseki Kagaku, 1995, 44(9): 691.

375 Stone S F, Backhaus F W, Byrne A R, et al. Fresenius' J Anal Chem, 1995. 352 (1-2): 184.

376 Hempel M, Chau Y K, Dutka B J, et al. Analyst, 1995, 120(3): 721.

377 韦利杭. 分析化学, 1996, 24(2): 247.

378 冯家力, 潘振球, 刘红望. 分析化学, 1996, 24(1): 74.

379 Bryce D W, Izguierdo A, Lugue M D, et al. Anal Chim Acta, 1996, 324(1): 69.

380 Bloxham M J, Hill S J, Worsfold P J. J Anal at Spectrom, 1996, 11(7): 511.

381 Edwarde S C, Macleod C L, Corns W T, et al. Int J Environ Anal Chem, 1996, 63(3): 187.

382 Greenfield S, Durrani T M, Kaya S, et al. Anal Proc, 1989, 26(1): 382.

383 Greenfield S, Durrani T M, Kaya S, et al. Analyst, 1990, 115(5): 531.

384 Epstein M S, Turk G C, Travis J D. J Anal Atom Spectrosc, 1988, 3: 523.

385 Sychra V, Matousek J. Anal Chim Acta, 1970, 52: 376.

386 Armentrout D N. Anal Chern, 1966, 38: 1237.

387 Epstein M S, Bradshaw J, Bayer S, et al. Appl Spectrosc, 1980, 34: 372.

388 Marunkov A, Chekalin N, Enger J, et al. Spectrochim Acta Part B, 1994, 49B(12-14): 1385.

389 Bischel WK, Perry B E, Crosley D R. Appl Opt, 1982, 21: 1419.

390 Rigin V I. J Anal Chem. USSR, 1983, 28: 462.

391 Selwyn G S. J Appl Phys, 1986, 60: 2771.

392 Dobele H F, Hoerl M, Roewekamp M, et al. Appl Phys, 1986, B39: 91.

393 Cavalli P, Rossi G, Omenetto N. Analyst, 1983, 108: 297.

394 Sychra V, Slevin P J, Matousek J, et al. Anal Chim Acta, 1970; 52: 259.

第
四
篇

395 Lonardo R F, Yuzefovsky A I, Yang K X, et al . J Anal at Spectrom, 1996 ;11(4): 279.

396 陈云林, 李素萍. 分析化学, 1991, 19(5): 557.

397 Berthoud T, Mauchien P, Vian A, et al. Appl Spectrosc, 1987, 41: 913.

398 Johnson P A, Vera J A, Smith B W, et al. Spectrosc Lett, 1988, 21: 607.

399 Walters P E, Barker T E, Wensing M W, et al. Spectrochim Acta Part B, 1991, 46B(6-7): 1015.

400 Dagnall R M, Kirkbright G F, West T S, et al. Anal Chim Acta, 1969, 47: 407.

401 Zybin A V, Smirenkina I I, Yakovenko A V. Zh Anal Khim, 1991, 46(0): 2046.

402 Michel R G, Ottaway J M, Sneddon J, et al. Analyst, 1979, 104: 687.

403 Nakahara T, Kobayashi S, Wakisaka T, et al. Appl Spectrosc, 1980, 34: 194.

404 Rigin V I. Zh Anal Khim, 1980, 35: 64.

405 Nakahara T, Wakisaka T, Musha S. Anal Chim Acta, 1980, 118: 159.

406 Dagnall R M, Thompson K C, West T S. Talanta, 1967, 14: 557.

407 Gresser M S, West T S. Spectrosc Lett, 1969, 2: 9.

408 Brown A A, Ottaway J M, Fell G S. Anal Chim Acta, 1985, 172: 329.

409 徐宝玲, 林杏彬, 邱承娟. 分析化学, 1988, 16(10): 921.

410 徐立强, 朱锦方, 张令君等. 理化检验—化学分册, 1988; 24(5): 278

411 郑毅, 吕江南, 金泽详, 等. 分析化学, 1989; 17(10): 909.

412 D'ulivo A, Lampugnani L, Zamboni R. J Anal at Spectrom, 1990, 5: 225.

413 马德正. 分析化学, 1990, 18 (1): 60.

414 D'ulivo A, Lampugnani L, Zamboni R. J Anal at Spectrom, 1991, 6 (7): 565.

415 梁振ئ 林闽生, 许秀芳, 等. 理化检验—化学分册, 1991, 27(4): 242.

416 陈亚华, 刘一真. 分析化学, 1993, 21(1): 102.

417 D'ulivo A, Lampugnani L, Zamboni R. Spectrochirn Acta Part B, 1992, 47B (5): 619.

418 冯先进, 江银潮, 符斌. 分析试验室, 1992, 11(4): 18.

419 D'ulivo A, Larnpugnani L, Zarnboni R, et al. Spectrohirn Acta Part B, 1993, 48B (3): 387.

420 汤志勇, 金泽洋, 刘晋华, 等. 理化检验—化学分册, 1993, 29(5): 280.

421 林猷壁, 朱玉伦. 岩矿测试, 1993, 12: 81.

422 郭玉华, 石威, 汪炳武. 光谱学与光谱分析, 1993; 13(5): 91.

423 任萍, 张勤, 张锦茂. 分析试验室, 1994, 13(4): 65

424 Hill S J, Pitts L, Worsfold P. J Anal at Spectrorn, 1995, 10 (5): 409.

425 D'ulivo A, Dedina J. Spectrochirn Acta Part B, 1996, 51B(5): 481.

426 Bryce D W, Izguierdo A, Lugue M D, et al. J Anal at Spectrom, 1995, 10(12): 1059.

427 Kirkbright G F, Rao A P, West T S. Anal Lett, 1969, 2: 465.

428 Dashiu S A, Maiorov I A, Boishov M A. Spectrochirn Acta Part B, 1993, 48 (4): 531.

429 Dashiu S A, Maiorov I A, Boishov M A. Zh Anal Khirn, 1993, 48: 715.

430 West T S, Williams X K. Anal Chem, 1968, 40: 335.

431 Cheklin N, Marunkov A, Axner O. Spectrochirn Acta Part B, 1994, 49B (12-14): 1411.

432 Kuhl J, Marowsky G. Optics Comm, 1971; 4(2): 125

433 Brad H L, Yeung E S. Anal Chem, 1976, 48: 344.

434 Mayo S, Keller R A, Travis J C, et al. J Appl Phys, 1976, 47: 4012.

435 Gelbwachs J A, Klein C F, Wessel J E. Appl Phys Lett, 1977: 489.

436 Kuhl J, Neumann S, Kriese M. Z Naturforsch, 1973, 282: 273.

437 Coolen F C M, Hagedoorn H L. J Opt Soc Amer, 1975, 65: 952.

438 Smith B, Winefordner J D, Ornenetto N. J Appl Phys, 1977, 48: 2676.

439 Coolen F C M, Baghuis L C J, Hagedoorn H L, et al. J Opt Soc Amer, 1974, 64: 482.

440 Pan C L, Prodan J V, Fairbank W M, et al. Opt Lett, 1980, 5: 459.

441 Shahwan G J, Heithrnar E M. Spectrosc Lett, 1983, 16: 79.

442 Shahwan G J, Heithrnar E M. Spectrosc Lett, 1984, 17: 377.

443 侯明. 冶金分析, 1990, 10(4): 20.

444 戴建中, 周春波. 理化检验—化学分册, 1991, 27(4): 232.

445 Hohirner J p, Hargis P J. Anal Chim Acta, 1978, 97: 43.

446 Browner R F, Dagnall R M, West T S. Talanta, 1969, 16: 75.

447 Mansfield J M, Winefordner J D, Veillon C. Anal Chem, 1965, 37: 1049.

448 Dougherty J P, Costello J A, Michel R G. Anal Chem, 1988, 60: 336.

449 Chearn V, Lechner J, Desrosiers R, et al. Fresenius' J Anal Chem, 1996, 355(3-4): 336.

450 Chearn V, Lawson G, Lechner J, et al. Fresenius' J Anal Chem, 1996, 355(3-4): 332.

451 Axner O, Chekalin N, Ljungberg P, et al. J Environ Anal Chem, 1993, 53(3): 185.

452 Hubbard D P, Michel R G. Anal Chm Acta, 1974, 72: 285.

453 Tsujii K, Kuga K. Anal Chim Acta, 1978, 101: 199.

454 Ebdon L, Hubbard D P, Michel R G. Anal Chim Acta, 1975, 74: 281.

455 Browner R F, Dagnall R M, West T S. Anal Chim Acta, 1969, 46: 207.

456 Nakahara T, Wasa T. J Anal Atorn Spec, 1986, 1: 473.

457 Anwar J, Anzano J M, Petrucci G A. Mikrochirn, 1992, 108(3-6): 285.

458 Vera J A, Murray G M, Weeks S J, et al. Spectrochim Acta Part B, 1991, 46B(13): 1689.

459 Sjoestroem S, Axner O, Norberg M. J Anal at Spectrorn, 1993, 8 (2): 375.

460 Clyburn S A, Serio G F, Bartschmid B R, et al. Anal Biochem, 1975, 63: 231.

461 Dittrich K, Wennrich R, Mathes W. Chemia Analityczna, 1977, 22: 1053.

462 Bratzel M P, Winefordner J D. Anal Lett, 1967, 1: 43.

463 Marshall G B, Smith A C. Analyst, 1972, 97: 1155.

464 Murugaiyan P, Natarajan S, Venkateswarlu Ch. Anal Chim Acta, 1975, 75: 221.

465 Kolihova D, Sychra V. Chimicke Listy, 1974, 68: 1091.

466 Gresser M S, West T S. Anal Chim Acta, 1970, 50: 517.

467 Warr P D. Talanta, 1970, 18: 234.

468 Martin T L, Hamm F M, Zeeman P B. Anal Chim Acta, 1971, 53: 437.

469 Marshall G B, Smith A C. Analyst, 1972, 97: 447.

470 弓振斌, 王小如, 应海等. 分析试验室, 1995, 14(1): 50.

471 林跃何, 王小如, 黄本立. 分析试验室, 1991, 10(5): 36.

472 Rigin V I, Verkhotvrov G N, Zelenlsova A M. Zh Anal Khim, 1980, 35: 1741.

第三节　蒸气发生-原子荧光光谱分析技术

一、方法的特点

蒸气发生-原子荧光光谱法（vapor generation - fluorescence spectrometry，VG-AFS）。是原子荧光光谱法中的一个重要分支，也是目前原子荧光光谱分析方法中唯一成功商品化的仪器，它集中了蒸气发生法与非色散原子荧光光谱仪两者在分析技术上的优点：

① 在氢化化学反应过程中，所有被测元素可以在氩氢火焰中原子化，其荧光波长均位于紫外区，正适合于非色散原子荧光光谱仪日盲光电倍增管的最佳灵敏区。因此，可获得很高的分析灵敏度。

② 能将待测元素充分预富集，与大量可能引起干扰的基体分离，消除了干扰。

③ 蒸气发生法与溶液直接喷雾进样方式相比，进样效率几乎可接近 100%。

④ 非色散原子荧光光谱仪不需分光系统，仪器结构简单。

⑤ 色谱与 VG-AFS 联用，实现元素价态和形态分析。

二、方法的应用范围

VG-AFS 分析技术具有很多的特点，但是它也限定了可测元素的应用范围。ⅣA、ⅤA、ⅥA 族较多元素 As、Sb、Bi、Se、Te、Pb、Sn、Ge 可以生成挥发性共价氢化物，这些氢化物的生成热为正值，非常适于借助载气（Ar）将其导入低温石英炉原子化器氩氢火焰中原子化。此外，ⅡB 族的 Hg 的化合物在常温下用强还原剂还原成 Hg 蒸气，利用催化剂存在下 Zn、Cd、Ag、Cu 等元素能生成气态挥发性化合物。

三、蒸气发生样品导入系统

自硼氢化钠（钾）氢化反应体系建立以来，直接传输法在原子光谱法中得到应用。氢化反应系统是 VG-AFS 中一个重要组成部分，由于系统的装置结构不同，可直接影响仪器的分析灵敏度、重现性、基体分离、气液分离的效果和自动化等。氢化反应系统可按图 19-15 分类。

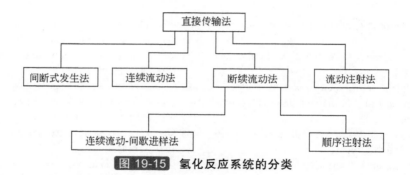

图 19-15 氢化反应系统的分类

我国在 **VG-AFS** 的发展过程中，针对氢化反应系统的研究做了大量工作。在商品仪器中曾使用过的有间断式发生法、连续流动法、流动注射法、断续流动法、连续流动-间歇进样法和顺序注射法等。

1. 间断式发生法

我国早期生产的 **VG-AFS** 商品化仪器，采用的间断式发生法（手动），曾沿用了近 10 年。它的结构由还原剂加入装置和氢化物发生器两部分组成。氢化物发生器的结构由硬质玻璃制成，带有盖塞的样品入口，还原剂和清洗水加入支管，载气由支管导入发生器下部，将反应生成的气体由支管输送至原子化器原子化，废液由发生器底部玻璃旋转阀排出。吊挂在氢化物发生器上部的还原剂、清洗水的储液瓶，由电磁阀控制试剂和清洗水加入时间。这种间断式发生法主要的缺点是，采用手工加入样品，每次测定完成后必须进行清洗；这种化学反应模式属于集中反应，从而影响氢化反应效率；另外，在测试过程中随着储液瓶中还原剂消耗，致使产生液差影响测量重现性，以及工作效率较低和难以实现自动化等。

随着科学技术的发展，样品导入技术系统有了较大的改进。因此，间断式发生法已失去其以往的普及性。但是，应该指出具体情况具体分析，蒸气发生是通过化学反应来实现的，因而当取样量较大时，往往有利于提高测定的相对灵敏度，在这方面间断式发生法具有一定的优点。例如，在分析样品量不受限制，以及成分单纯的样品；又例如，水样中某些元素的分析时，其采样量可达 10mL 以上。因此，在特定的条件下，采用此类发生器还是有利的，可获得较高的分析灵敏度。

2. 连续流动氢化反应系统

连续流动氢化反应系统由一个蠕动泵、混合模块和气液分离器所组成，如图 **19-16** 所示。

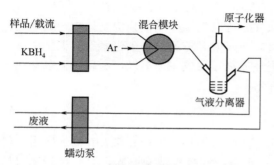

连续流动氢化反应系统

由蠕动泵以固定的转速将样品溶液及还原剂，连续流动进入混合模块进行氢化反应，反应后的混合溶液，由氩气导入气液分离器，进行气体与溶液分离，将生成的被测元素气态氢化物和氢气，由氩气导入原子化器原子化，废液从气液分离器底部下支管中排出。连续流动氢化反应系统的优点是，属于试样与还原剂直接接触的混合反应，其反应均匀而充分，解决了间断式反应系统集中反应的不足，改善了检出限。其缺点是进样量较大，记忆效应较为严重，由于氢化反应过程与清洗阶段为分时实现，因此需要较多的试剂和较长的时间来清洗上一个样品带来的污染，降低了工作效率。

3. 流动注射氢化反应系统

Astrom 等首先提出流动注射氢化反应系统，该系统首先应用于氢化物–原子吸收光谱法（VG-AAS），其突出的优点是降低试样与试剂消耗 80%以上，采样频率可提高 2～3 倍，抗干扰能力明显提高，测定精度优于连续流动法，易于实现自动化。

该系统的结构基本上与连续流动法相类似，由多通道蠕动泵、8 通双层旋转采样阀、混合模块和气液分离器四部分组成，见图

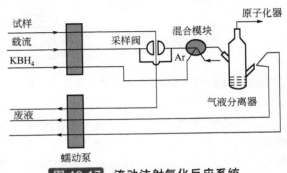

19-17。在测量过程中还原剂(KBH₄)溶液通过蠕动泵直接进入混合模块，载流与试样通过蠕动泵进入旋转采样阀。当采样阀旋转至"采样"位置时，试样经过存样环，存样环的体积为 0.5mL，当存样环充满试样后，多余的试样在旋转采样阀其他孔位自动排出。则载流由采样阀的其他孔位直接进入混合模块。当采样阀旋转至"注入"位置时，载流在旋转采样阀输出的孔位自

图 19-17　流动注射氢化反应系统

动连通存样环，由载流将存样环中试样推入混合模块，进入气液分离器进行氢化反应，将生成的氢化物和氢气进入原子化器形成氩氢火焰并原子化，产生的峰状信号被记录，整个进样和测量过程完成。因此，在整个测量过程中，不仅原子化器一直保持着氩氢焰，而且对整个管路进行清洗。20 世纪 90 年代初，我国曾将流动注射法应用于 VG-AFS。该法的主要缺点是，流路中旋转采样阀极易产生漏液，已成为较难以克服的故障，因此，长期以来未能在商品仪器上得到应用。

4. 断续流动氢化反应系统

断续流动法是一种介于连续流动和流动注射之间的技术，最早由郭小伟等提出断续流动氢化反应系统，其结构见图 19-18。采用一定长度的聚四氟乙烯毛细管作为存样环，取代了流动注射法流路中旋转采样阀，从而使得该法流路变得十分简单。

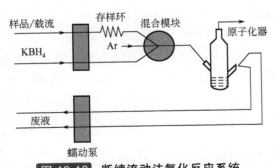

图 19-18　断续流动法氢化反应系统

同时，它克服了连续流动样品和试剂用量较大的缺点，断续流动法的分析技术具有两个特点：

① 采用进样毛细管的长度来实现"定量采样"方式，与流动注射法相比，既能定量采样，又能省去容易漏液的旋转采样阀。

② 样品溶液与载流使用同一个流路交叉进行，载流将存样环中的样品溶液推入混合模块中反应，同时又清洗了进样管道，避免了样品之间的交叉污染；该氢化反应系统在 VG-AFS 中得到了广泛应用。

5. 连续流动–间歇进样氢化反应系统

连续流动-间歇进样氢化反应系统是由张锦茂等在断续流动法的基础上作了进一步的改进，该法分析技术特点是，气液分离器作了较大的改进，采用喷流型二级气液分离器，实现废液自然排放，既可省去一个专用排除废液的蠕动泵，更为重要的是解决了断续流动法中气液分离效果较差，以及蠕动泵排除废液过程中所产生进样量与排废量两者较难平衡等缺点。

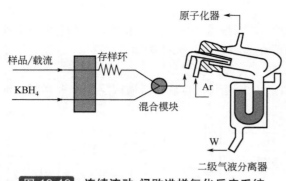

图 19-19 连续流动-间歇进样氢化反应系统

该装置由一个蠕动泵、存样环、三通混合模块和喷流型气液分离系统四部分组成，如图 19-19 所示。由微机控制蠕动泵转速和时间，定时定量采集试样，由载流将试样连续流动推进到三通混合模块与硼氢化钾溶液混合，反应产生的氢化物及氢气直接导入特制的喷流器，载气经喷流器产生负压加速了氢化反应，将生成的被测元素的蒸气和混合溶液进入气液分离器的内层进行一级气液分离，然后进入气液分离器的外层，再次进行二级气液分离，将可能产生的细微的水汽完全分离，然后再进入原子化器。废液在分离器底部经水封后自排除。因此，气液分离更加彻底和完全。可适用于各类样品分析，特别适用于各种有机质较高的样品，易产生较多泡沫时，具有良好的气液分离效果。

6. 顺序注射氢化反应系统

顺序注射氢化反应系统是国外在流动注射技术基础上发展起来的样品导入方式，即用注射泵代替蠕动泵的进样技术，其原理基本上与断续流动法相似。徐淑坤等采用微机程控两个微量注射泵和一个多位阀，首先建立了顺序注射氢化反应系统应用于 HG-AAS，随后将该法引入 VG-AFS 中得到应用。

该装置由样品注射泵（2）、三位阀（1）和多位阀（4）组成进样系统；还原剂注射泵（6）和三位阀（5）组成还原剂加入系统，蠕动泵（8）作为

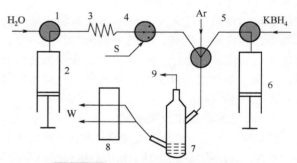

图 19-20 顺序注射氢化反应系统

1, 5—三位阀；2—样品注射泵；3—存样环；4—多位阀；
6—还原剂注射泵；7—气液分离器；8—蠕动泵；9—原子化器；
S—样品；Ar—氢气；W—废液

专用排除废液，该系统的结构见图 19-20。顺序注射氢化反应系统的操作步骤，基本上与断续流动法相同。该法的优点是可以减少样品、清洗液、还原剂和气体等消耗量，进样精度高。因此，可以直接用于单标准浓度在线自动配制标准系列，以及在线对高浓度样品进行自动稀释等功能。其缺点该装置的价格较为昂贵、维修成本高。

第四节　典型的蒸气发生-原子荧光光谱仪

一、仪器的结构与工作原理

蒸气发生-原子荧光光谱仪(VG-AFS)是一种联用分析技术，由氢化反应系统和非色散原子荧光光谱仪两部分组成。以蒸气发生方式样品导入氢氢火焰原子化器实现原子化，自由原子被空心阴极灯激发后发射出原子荧光，以非色散系统光路被光电倍增管接收，获得原子荧光信号，现已成为原子荧光光谱法中唯一成熟的商品化仪器。

1. 仪器的结构

本节以断续流动氢化反应系统与非色散光路及检测系统相结合为例介绍 VG-AFS 的仪器结构，如图 19-21 所示。它基本上能代表典型的 VG-AFS 构成。

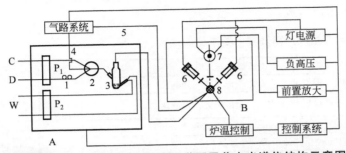

图 19-21　断续流动蒸气发生-双道原子荧光光谱仪结构示意图

A—蒸气发生系统；B—光路及检测系统；C—还原剂；D—样品/载流；W—废液；P_1，P_2—蠕动泵；
1—存样环；2—混合反应模块；3—气液分离器；4—载气；5—气路系统；6—空心阴极灯；
7—光电倍增管；8—原子化器

图中 A 为断续流动法蒸气发生系统，该系统的结构由两个蠕动泵、存样环、混合反应模块和气液分离组成；图中 B 为光路及检测系统，其结构由激发光源、光学系统、原子化器和检测系统四部分组成。

非色散原子荧光光谱仪的特点，具有多元素同时测定能力，原子荧光可以向各个方向进行辐射，采用不同的光学系统可研制成多道原子荧光光谱仪，实现多元素同时测定。根据光学系统的要求，检测器必须从偏离入射光的方向进行检测，即可在几乎无背景条件下检测荧光强度，是单道或多道 VG-AFS 都必须遵循的基本原则，以下分别介绍有关单道和多道非色散原子荧光光谱仪中的光学系统。

"单道 VG-AFS"的光学系统，由一个空心阴极灯发出的光束经聚光镜会聚在石英炉原子化器的火焰中心，经激发产生的原子荧光，光源的入射光线成 90°射向光电倍增管前的聚光镜。以 1∶1 的成像关系，会聚成像在光电倍增管的阴极面上，两块聚光镜的焦距相同。

"双道 VG-AFS"的光学系统，由两个空心阴极灯发出的光束经聚光镜会聚在石英炉原子化器的火焰中心，经激发产生的原子荧光，光源入射光线均成 45°射向光电倍增管前的聚光镜，同样以 1∶1 的成像关系，三块聚光镜的焦距相同，物距=像距=60 mm，可实现两个元素同时测定。

"三道 VG-AFS"的光学系统，即由三个空心阴极灯发出的光束经聚光镜会聚在石英炉原子化器的火焰中心，经激发产生的原子荧光，其中有两道光源入射光线成 45°，另一道光源入射光线成 90°，均射向光电倍增管前方的聚光镜，同样以 1∶1 的成像关系，四块聚光镜的焦距相同，可实现三个元素的同时测定。

2. 仪器的工作原理

断续流动蒸气发生-原子荧光光谱仪的工作原理是，反应系统中蠕动泵（P_1），将样品溶液经由存样环与另一通道的还原剂一起直接输入至混合反应模块（2），在混合反应模块中发生化学反应产生气态氢化物及氢气，同时由气路系统中载气（4）带入气液分离器（3）进行气液分离，然后再导入低温石英管原子化器（8）形成氩氢火焰原子化。自由原子被空心阴极灯（6）激发后，发射出的原子荧光，由日盲光电倍增管（7）接收。经数据处理，计算出被测样品中元素的含量。

第
四
篇

二、国内外主要的商品原子荧光光谱仪

国内外 AFS 的生产企业（公司）及其主要产品见表 19-78，供参考。表中所列国外生产的主要产品，除了加拿大 Aurora 仪器公司生产的 VG-AFS 在我国有少量销售外，其他公司的产品基本上未进入国内市场。

表 19-78 国内外 AFS 生产厂商及其主要产品

厂商名称	仪器型号与名称	光源	元素	注释
北京瑞利分析仪器公司	AF-640 环保型全/半自动双道原子荧光光谱仪	HCL	16 种元素	气态汞-超痕量水样测汞专用装置
	AF-630 环保型全/半自动三道原子荧光光谱仪			
	AF-610D2 型色谱-原子荧光联用元素形态分析仪		As, Se, Hg, Sb	形态分析
	PAF-1100 便携式原子荧光光谱仪		16 种元素	现场分析
北京科创海光仪器公司	AFS-3100 型全自动双道原子荧光光谱仪	HCL	12 种元素	
	AFS-9500 型全自动四灯位顺序注射式原子荧光光谱仪			
	LC-AFS6000 型液相色谱-原子荧光联用仪		As, Se, Hg 元素形态	
北京吉天分析仪器公司	AFS-930 全自动型顺序注射双道原子荧光光度计	HCL	12 种元素	
	DCMA-200 型直接进样汞镉测试仪		Hg, Cd	固体进样
	SA-20 型原子荧光形态分析仪		As, Se, Hg, Sb	形态分析
北京普析通用仪器公司	PF-7 型系列原子荧光光度计	HCL	11 种元素	
	SA-5 型原子荧光形态分析仪		As, Se, Hg, Sb	形态分析
北京金索坤技术开发公司	SK-2003AZ 全自动连续流动双道原子荧光光谱仪	HCL	11 种元素	
	SK-博析型形态分析原子荧光光谱仪		As, Se, Hg, Sb	形态分析
廊坊市开元高技术开发公司	XGY-1016 型原子荧光光谱仪	HCL	11 种元素	
	XGY-6080 型全自动双道原子荧光光谱仪			
北京东西分析仪器公司	AF-7500 型原子荧光光谱仪	HCL	11 种元素	
	AF-7550 型全自动双道原子荧光光谱仪			
江苏天瑞仪器有限公司	AFS-200 型原子荧光光谱仪	HCL	11 种元素	
北京锐光仪器有限公司	RGF-8650 型全自动双检测器双道同测原子荧光光度计	HCL	11 种元素	
	RGF-8780 型全自动注射泵与蠕动泵联用双道原子荧光光度计			
北京卓信博澳仪器有限公司	ZXS-520 型原子荧光光谱仪	HCL	11 种元素	
北京凯迪瑞分析仪器有限公司	KDR-AFS1101Z 原子荧光光谱仪	HCL	11 种元素	
	KDR-AFS1101NS 原子荧光形态分析仪	HCL	As, Se, Hg	形态分析
天津港东科技发展有限公司	AFS-GD300 原子荧光光度计	HCL	11 种元素	
杭州吉光电仪器有限公司	ZYG-Ⅱ 冷原子荧光测汞仪	LPML	Hg	
P S Analytical	10.055 Millenium Excalibur 原子荧光光谱仪	HCL	As, Se, Sb, Bi, Te	
	10.025 Millenium Merlin 原子荧光测汞仪	LPML	Hg	
	10.725 气相色谱-原子荧光联用系统	LPML	Hg	形态分析
	水中砷在线分析仪	HCL	As	在线检测
	天然气/烟道气/水/液态烃汞在线分析仪	LPML	Hg	在线检测
Aurora Biomed	LUMINA-3400 型双道原子荧光光谱仪	HCL	11 种元素	
Brooks Rand Labs	Model Ⅲ 冷蒸气发生原子荧光测汞仪	LPML	Hg	
	MERX 全自动甲基汞分析仪			甲基汞形态

续表

厂商名称	仪器型号与名称	光源	元素	注释
Leeman Labs	Hydra 冷蒸气发生原子荧光测汞仪	LPML	Hg	
Thermo-Fisher	80i CEMS 在线冷原子荧光测汞仪	EDL		在线检测
Tekranlns truments Corporation	Tekran 2600 冷蒸气发生原子荧光测汞仪	LPML	Hg	
	Tekran 1130 气态氧化汞(GOM)在线分析仪		Hg	气态氧化汞形态
	Tekran 2700 甲基汞分析仪		Hg	甲基汞形态
	Tekran 2537X 全自动空气中汞在线分析仪	LPML	Hg	
Analytik Jena	Mercur 冷蒸气发生原子荧光测汞仪	LPML	Hg	
Arizona Instrument	J505 便携式汞蒸气分析仪	LPML	Hg	

注：HCL 为空心阴极灯；LPML 为低压汞灯；EDL 为无极放电灯。

参 考 文 献

[1] Omenetto N. Appl Anal Chim aeta, 1965, 40: 195.

[2] Dagnall R M, Thompson K C, West T S. Talanta, 1968, 15: 677.

[3] 张锦茂, 张勤. 分析测试仪器通讯, 1993, 4: 17.

[4] 张锦茂, 陈浩, 张勤. 光谱学光谱分析, 1994, 14 (4): 89.

[5] Lowe R M. Spectrocchimica Acta, 1971, 26B: 201.

[6] Weeks S J, et al. Anal Chem, 1978, 50: 360.

[7] Kuman H G C, et al. Spectrochim Acta, 1984, 39B: 115.

[8] 张锦茂, 张勤, 宁建统. 岩矿测试, 1998, 17(1): 22.

第四篇

第二十章 蒸气发生-原子荧光光谱分析实验技术

第一节 蒸气发生法的基本原理

蒸气发生法（vapour generation method）是一种将被测元素通过化学反应转化为气态共价氢化物、汞蒸气和挥发性化合物的分析方法。它包括氢化物发生法（hydride generation）、汞蒸气发生法（mercury vapour generation）和挥发性化合物发生法（volatile compound generation）。

一、氢化物发生法

1969 年澳大利亚的 Holak[1]首次利用经典的 Marsh 反应发生砷化氢，开创了氢化物发生-原子吸收光谱分析技术的先河。碳族、氮族、氧族元素的氢化物是共价化合物，其中 As、Sb、Bi、Se、Te、Pb、Sn、Ge 等元素的氢化物具有挥发性，通常情况下为气态。当利用某些能产生初生态氢的还原剂或者化学反应，将样品溶液中的分析元素还原为挥发性共价氢化物，然后借助载气将其导入原子化器中原子化，进行原子荧光光谱法的测量。

氢化物发生是一种氧化还原的反应过程，在反应过程中必须产生新生态氢，氢化物发生方法较多，根据所利用的氧化还原反应体系不同，氢化物发生的体系可归纳为金属-酸还原和硼氢化物-酸还原两类体系。

1. 金属-酸还原体系

早期氢化物发生的方法利用金属-酸还原体系，最常用的是金属锌，它与盐酸反应产生新生态氢，而将分析物质还原成氢化物，反应如下：

$$Zn + 2HCl \longrightarrow ZnCl_2 + 2H^* \xrightarrow{E_m^+} EH_n + H_2\uparrow$$

（m 等于或不等于 n）　　　　　　　　　式中 H^* 为新生态氢

这种反应只能发生 AsH_3，而且反应速率很慢，需要 10min 之久，必须将生成的氢化物储存或收集在适当容器中才能用于分析测试。

Pollock[2]利用 $Mg\text{-}TiCl_3\text{-}HCl$ 反应体系不仅可发生 AsH_3、SbH_3、H_2Se，而且可以发生 BiH_3 和 H_2Te，是一种比较好的还原体系。尽管金属-酸还原体系不断得到改进，但是还存在着一些缺点：

① 能发生氢化物元素很少，仅能用于 As、Sb、Se 等元素；
② 氢化反应时间长，难以实现自动化；
③ 多数情况下，必须采用捕集或收集方法，再用载气快速送入原子化器；
④ 干扰较为严重。

2. 硼氢化物-酸还原体系

1972 年，Bramen[3]首先报道用 $NaBH_4$ 代替金属作为还原剂生成 AsH_3、SbH_3，Schmidt 采用 $NaBH_4$ 作为还原剂去生成 As、Bi、Sb、Se 的氢化物在氩氢火焰进行测定。后来 Femander[4]采用

NaBH$_4$-酸反应体系又扩大到用于 Ge、Sn、Te 和 Pb 的氢化物发生。并相继用于 VG-AFS、HG-AAS 等原子光谱分析方法中，从而实现对这类元素的高灵敏度的测定，开辟了新的分析途径。

从金属-酸还原法过渡到硼氢化钠（钾）-酸还原法是一个很大的发展。以硼氢化钠为还原剂的氢化物发生化学反应可用下式表示：

$$NaBH_4 + 3H_2O + HCl \longrightarrow H_3BO_3 + NaCl + 8H^*$$

$$8H^* \xrightarrow{R^{m+}} RH_n + H_2（过量）$$

式中，R 为形成氢化物的元素；m 可以等于或不等于 n。

该化学反应可以在很短的时间内完成，硼氢化物-酸还原体系的优点是：

① 被测元素与基体分离，并得到富集；

② 气体进样效率很高可接近 100%，从而提高了分析灵敏度；

③ 氢化物反应速率快，大多数情况反应时间仅在 10～15s；

④ 大多数元素可以在较宽的酸度范围内实现氢化物发生；

⑤ 在某些条件下可以分析元素的形态；

⑥ 采用连续氢化物发生系统，有利于实现自动化。

二、汞蒸气发生法

汞蒸气发生法是将 Hg 化合物还原为金属汞蒸气，且在室温时其蒸气压非常高（20℃时约为 0.16Pa），基于这一独特性质，汞可以很容易被载气导入石英炉原子化器进行测定。目前应用 VG-AFS 测汞的分析技术，主要可以分为化学还原-低温蒸气发生法、化学还原-氩氢火焰法和热解析-金汞齐富集法三种。

1. 化学还原–低温蒸气发生法

1963 年，Poluektov 等首先将 SnCl$_2$ 还原 Hg 的蒸气发生化学反应，用于火焰原子吸收光谱分析（FAAS）。在酸性介质中，用 SnCl$_2$ 只能还原无机汞为 Hg^0，如果采用强还原剂（NaBH$_4$）能将无机汞和有机汞全部还原为 Hg^0。低温蒸气原子荧光光谱法测定痕量汞的方法，近年来已在国际上被认为是一种较好的分析方法，其灵敏度优于 ICP-MS。国际标准化组织（ISO）已建立了有关原子荧光测汞分析方法的国际标准。

由于低温石英炉原子化器可以将产生的微小水蒸气消除，可获得很好的重现性。目前，国外汞的测定方法，一般较多采用低温蒸气法，其优点是：

① 低温蒸气发生技术测 Hg 时化学干扰很少，许多阳离子均不干扰测定。

② 采用低浓度的还原剂、氢化物及其他元素不足以发生化学反应。因此，氢化物元素和绝大多数过渡元素的干扰离子在此条件下不会产生干扰。

③ 采用低浓度的还原剂，在反应过程中可以很大程度上减少氢气和水蒸气的产生，以利于消除由此可能产生的光散射。

2. 化学还原–氩氢火焰法

化学还原-氩氢火焰法也是一种在液相中进行的蒸气发生化学反应，不同的是使用较高浓度的 KBH$_4$（10～20g/L）作为还原剂，将产生气态汞的蒸气由载气（Ar）导入原子荧光光谱仪的石英炉原子化器，在形成的氩氢火焰中原子化。这种方法的优点是，测汞时与其他可形成的氢化物 As、Sb、Bi 等元素结合，以利于实现多元素同时测定。其缺点是由于测汞时必须提高 KBH$_4$ 浓度，将同时形成气态的汞原子与氢化物元素，由载气（Ar）同时导入原子化器形成的氩氢火焰原子化，因而不可避免地容易受到过渡元素和氢化物共存元素的干扰，以及由于氩氢

火焰中原子化致使汞的基态原子减少。因此，汞分析灵敏度一般要比化学还原-低温蒸气法低。

3. 热解析–金汞齐富集法

为了测定气态中的超痕量汞，导致了富集分离技术的发展。在更多情况下，采用热解析-金汞齐富集法可以进一步提高和改善测汞的检出限。

采用热解析-金汞齐富集与 **VG-AFS** 联用可检测大气中超痕量汞，现已成为用于环境保护、污染治理等领域的主要分析方法，对环境汞污染的评价起着相当重要的作用。大气中的汞包括气态总汞和颗粒态汞，气态总汞占大气中汞的95%以上，其中全球大气气态总汞的平均背景含量约为 $1.5 \sim 2.0 ng/m^3$。为了充分发挥热解析-金汞齐富集法和原子荧光光谱仪联用技术的特点。梁敬等[5]研制成功了热解析-金汞齐富集的专用装置，可与蒸气发生-原子荧光光谱仪直接联用。该装置适用于空气环境、天然气、烟道及作业环境中的超痕量汞。其检出限可达 $1 ng/m^3$，测量精密度(*RSD*)为 1.65%（*n*=7）。

三、挥发性化合物发生法

1982 年，Busheina[6]用氢化物发生法将所测元素扩展到第Ⅲ主族，以 In 为"突破点"取得了初步研究成果，In 的灵敏度为 $0.3\mu g$。这一研究成果突破了过去蒸气发生测定元素周期表上第Ⅳ、Ⅴ、Ⅵ族中的主族元素 As、Sb、Bi、Pb 等 8 个元素的局限。

严杜[7]改进了 Busheina 的方法，将测定 In 的灵敏度提高到 $0.13\mu g$；并将蒸气发生法扩展到用于 Tl 的测定，用硼氢化物还原法得到了 Tl 的挥发性化合物，测定灵敏度可达 0.12ng，并且发现加入适量的碲（Te），可以加速 Tl 挥发性化合物的生成。

郭小伟等[8]研究了溶液中镉与硼氢化钾反应并生成镉蒸气的条件，采用硫脲与 Co^{2+} 可以极大地增加易挥发组分的生成效率。在原子荧光光谱法中以镉的特种空心阴极灯作为激发光源，电加热石英炉为原子化器，挥发性组分在反应生成的过量氢气与氩气混合产生的氩氢火焰中原子化，信号以峰面积的形式测量，检出限可达 8pg/mL。

第二节 蒸气发生–原子荧光光谱分析中的干扰

干扰主要是指发生在氢化物生成过程中，氢化物从混合溶液中分离后传输到原子化器的过程所受到的干扰，发生于许多过渡金属，特别是Ⅷ和ⅠB 族的元素对被测元素产生较为严重的干扰。

一、干扰的分类

Dedina[9]对氢化物发生-原子吸收光谱分析技术中的干扰效应作了系统分类，见图 20-1。这种分类方法基本上也适用于氢化物发生-原子荧光光谱分析。

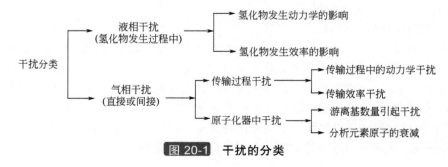

图 20-1 干扰的分类

二、液相干扰的产生与克服

1. 液相干扰的产生

根据 Dedina 对液相干扰的分类，液相干扰实际上可以分为两个部分。即氢化物释放效率减小所引起的干扰（发生效率），这种干扰存在于样品溶液中挥发性物质引起的干扰；另一种是发生速率的干扰（发生过程中的动力学干扰），也就是在液相干扰物的影响下改变了待测氢化物的发生速率。

（1）干扰离子反应产生沉淀造成液相干扰　某些金属离子在酸性介质中可被硼氢化钠还原成金属而沉淀析出，这些新析出的金属沉淀可捕获待测元素的氢化物，从而降低氢化物的释放效率导致负干扰。当溶液中有镍、铂、钯等元素存在时，加入还原剂后会形成分散得很细的黑色金属沉淀，并发现测砷时加入镍粉后会将信号完全抑制。Kirkbright[10]认为这是由于镍和其他Ⅷ族元素是氢化作用的催化剂能大量吸收氢气，因此这些高度分散的金属微粒，可能被捕集和分解氢化物，造成了显著的液相干扰。

（2）可形成氢化物元素的相互干扰　Smith[11]首先研究了以硼氢化钠作为还原剂用氩氢火焰原子化，应用氢化物发生-原子吸收光谱法研究了对可形成氢化物元素在液相中的相互干扰的机理。在一定的实验条件下，测定了砷、铋、锗、锑、硒和碲 6 个元素，并系统研究了 48 种共存元素（包括被测元素）的干扰。在他的实验中干扰的定义为：测定某一元素时存在着干扰元素标准溶液所测得的信号值的相对标准偏差分为三个等级，无干扰（信号差值小于10%）；如果大于 10%就是有干扰，分为中等干扰（信号差值为 10%～50%）和严重干扰信号差值大于 50%。

Smith 对以上 6 个元素的实验结果是：

① 碱金属、碱土金属、硼、铝、镓、钴、锆、汞、锰、钒、镱等元素基本上没有干扰。

② 铜、银、金、铂、钯、铑、钌、镍和钴等元素会产生严重干扰。

③ 上述 6 个被测定元素生成的氢化物，除铋、碲及汞对锑和硒没有干扰外，其他元素都有相互干扰。

（3）干扰离子竞争试剂产生的液相干扰　干扰离子与待测物竞争氢化物发生的试剂，造成氢化物发生试剂不足，可能引起氢化物发生效率的下降。Smith 等报道了铜、钴、镍、铁等过渡元素和绝大多数可形成氢化物元素存在较为严重的干扰，其原因之一是消耗了部分硼氢化钠，使其有效浓度降低，造成待测元素还原不充分产生液相干扰。

（4）元素价态影响氢化物的发生速度和效率　Welz[12]研究了钴、镍、铁对不同价态砷的干扰，发现过渡金属元素对测定 As（Ⅴ）的干扰要比 As（Ⅲ）严重得多，并记录到 As（Ⅴ）的氢化物发生比 As（Ⅲ）要慢。对这些现象的解释为由于 As（Ⅴ）的氢化物形成和发生比As（Ⅲ）要慢一段时间，而在这段时间内干扰金属的沉淀的形成更加完全，因而带来更大的干扰。

（5）干扰离子造成的液相干扰　实验了 20 种不同离子对 As、Sb、Bi、Se 和 Te（待测物浓度为 1μg/mL）干扰测定的影响，实验结果表明，干扰物 Cu（Ⅱ）为 100μg/mL 时对 Bi、Se、Te 测定可产生严重的液相干扰，则对于 As 和 Sb 并无干扰；当 Ni（Ⅱ）为 100μg/mL 时，对以上 As、Sb 等 5 种元素几乎不存在任何干扰，而将 Ni（Ⅱ）含量增加到 1000μg/mL 时，Te 产生严重干扰。这是由于某些氢化物元素与过渡金属的离子生成难溶的化合物或稳定的复合物，被液相中的干扰元素的离子所捕获，造成发生效率的降低，同时液相干扰也与干扰离子的含量有着密切关系。

（6）形成难溶的化合物　如待测元素与干扰元素之间生成了一种难溶于酸的化合物，则

势必影响氢化物的释放效率而引起负干扰。有人解释铜对硒的干扰比对砷的干扰严重，就是因为还原产生的硒化氢与溶液中的铜生成不溶性的硒化铜。而砷化铜是可溶于酸的，因此铜对砷的干扰要比对硒的干扰轻得多。显然，抑制干扰元素与待测元素之间形成难溶于酸的化合物，正是消除这类干扰的根本途径。比如用 8-羟基喹啉、硫脲、EDTA 掩蔽铜或以大量碘盐抑制硒化铜的生成则可克服铜对硒的干扰。

2. 液相干扰的克服

（1）适当增加酸度或采用强氧化性的混合酸可以增加金属微粒的溶解度，从而较好地克服溶液中细小的金属沉淀产生较严重的干扰。与此同时，硼氢化钠还原反应的电位强烈依赖于 pH，酸度低时可以被还原的元素较多，引起的干扰也较严重。例如，Berndt[13]在测定纯铅中的砷时，酸度增加至 6mol/L 盐酸时铅的允许量可达 10mg，而当酸度降低至 0.5mol/L 时，允许存在量仅有 1μg。

（2）对于某些元素加入络合剂是消除干扰的很好的方法。利用掩蔽作用消除重金属和贵金属的干扰，除通过选择最佳的酸介质和还原剂及其用量外，还可以加入适当的络合剂，利用对共存离子的掩蔽作用，防止共存离子与待测元素生成难溶的化合物，避免被硼氢化钠还原成金属沉淀析出，因此可提高氢化物的释放效率。

（3）降低硼氢化钠的浓度可减轻干扰，Yamamoto 等研究了测定砷和锑时碘化钾对共存离子的掩蔽作用，掩蔽效果与硼氢化钠溶液的浓度有极密切的关系，共存离子的干扰程度随着硼氢化钠溶液浓度的降低而降低。

（4）加入氧化还原电位高于干扰离子的元素，可以减慢干扰元素金属的生成速率，从而可以明显地克服一些金属离子的干扰。Verlinden[14]在研究铋对硒的干扰时指出，10 倍左右的铋即可干扰硒的测定。实验表明，在三价铁盐存在时，铋的允许量可以大幅度提高，三价铁盐还可以减少铜及镍对其他可形成氢化物元素测定的干扰。

张锦茂等[15]研究了测定岩石样中痕量 Se 的干扰及消除，实验表明，在样品溶液中含 0.1μg Se，加入 8mg Fe^{3+}存在时，Ni^{2+} 2000μg、Cu^{2+} 400μg、Pb^{2+} 1500μg 等共存离子不干扰测定。

（5）加入某种元素与干扰元素形成不同稳定性的化合物，从而达到减少干扰的目的。Tolg 等发现有碲存在时银以不同的方式影响硒的测定。没有碲存在时，银的浓度为 25μg/L（0.3mol/L 盐酸中）开始干扰硒的测定，而当有 200μg 碲存在时，500μg/L 银才开始影响硒的测定，这样使无干扰的范围扩大了 20 倍。

（6）改变氢化物发生的方式也是克服氢化物法中液相干扰的重要途径，例如采用连续流动或断续流动方式来发生氢化物时的液相干扰要比间歇法少得多。林守麟等报道了氢化物发生-流动注射分析中，铜、镍、钴等元素对铋的不干扰的允许倍数分别为 Cu 2000、Ni 2000、Co 1000，从而对铋的干扰可以大大减弱。

三、气相干扰的产生与克服

1. 气相干扰的产生

发生在气相中的干扰即为气相干扰。这种干扰发生在氢化物传输过程或原子化器中，气相干扰是挥发性干扰物引起的，可能是"直接"形式，也可能是"记忆"形式的干扰。也可以根据干扰发生的地点和场合不同将气相干扰分为以下两种：

（1）氢化物从样品溶液中发生最后进入石英炉原子化器，在路途中发生的干扰称为"传输干扰"，这种干扰引起氢化物传送的滞后（传输动力学干扰）和损失（传输效率干扰）。

（2）另一种是"石英炉原子化器内部干扰"，在固定类型的原子化器内石英炉管发生的

干扰效应（氢基数量引起的干扰或分析元素原子的衰减）造成记忆效应，致使在以后测定空白试液时干扰中还继续存在，显然这取决于氢化物的原子化机理。

2. 气相干扰的克服

关于气相干扰的克服有关文献的报道甚少，根据气相干扰的分类主要有两种，即传输过程中和原子化器中的干扰。因此，气相干扰主要是在传输阶段和原子化阶段产生，设法采取有效手段克服或减轻干扰的发生，其主要还是气液分离器系统与石英炉原子化器的结构及其原子化机理起着决定性的作用。

（1）发生阶段　可以采取一些克服液相干扰的措施，使干扰元素（可形成氢化物元素）不能转化为氢化物或减慢发生速率。例如，在测定 As 或 Sb 等可采用较高的酸度，获得较高的氢化物发生效率，但是在此酸度介质时，Pb、Sn 氢化物发生效率就大为降低，避免了气相干扰的发生。在测定溶液中加入铜盐可以克服硒对砷的干扰，其原因是 Cu^{2+} 存在时，硒化氢几乎不产生，因而就不存在气相干相。

（2）传输阶段　是指氢化物发生到进入原子化器这段时间内在传输过程中，减小其传输效率产生气相干扰，可以采取以下措施：

① 在氢化物发生过程中有可能在气液分离器内的死体积的空间中产生气相干扰。因此，在气液分离器的设计上应避免有任何的死角存在，且影响传输过程中的传输效率。

② 气液分离器连接原子化器中的管道不宜太长，从而降低被测元素传输效率可能产生的气相干扰。

③ 根据被测元素的溶液的介质和酸度，适当选择硼氢化钾的浓度和用量以及载气的流速。

④ 使发生后的元素氢化物通过一个色谱柱，设法将干扰元素与分析元素之间稍分开，使两者进入原子化器的时间不同，被测元素能够比干扰元素提前进入原子化器，干扰就有可能消除。

（3）原子化阶段　是指"石英炉原子化器内部干扰"在原子化阶段主要是保证被测元素在原子化器中充分原子化，并最大程度地减小原子浓度的衰减。其关键是当原子化器不够理想时，氢化物在气相中互相影响并产生干扰。有关研究工作表明，氢自由基浓度的衰减，是原子化器的结构与原子化机理起着决定性作用，各种氢化物同时存在必然会争夺氢自由基，并导致被测元素氢化物的原子化受到影响，这是造成气相干扰的重要原因之一。

参 考 文 献

[1] Holak W. J Anal Chem, 1969, 41: 1712.

[2] Pollock E N，West S. J at Absorpt Newsl, 1971,11: 104.

[3] Bramen R S, Justen L L，ForebacK C C. J Anal Chem, 1972, 44: 2195.

[4] Femander B A, Temprano M C V. Talanta, 1992, 39: 1517.

[5] 梁敬, 董芳, 张锦茂. 光谱仪器与分析, 2005, 2: 22.

[6] Busheina I S，Headridge J B. Talanta, 1982, 29: 519.

[7] Du Yan, Zhang Yan. Talanta, 1984, 31(2): 133.

[8] Guo Xiaowei, Cuo Xu Ming. J Anal at Spectrom, 1995, 10: 987.

[9] Dedina J. Anal Chem, 1982, 54: 2097.

[10] Kirkbright G F. Anal Chim Acta, 1978, 100: 145.

[11] Smith A E. Analyst, 1975, 100: 300.

[12] Welz B, Melcher M. Anal Chim Acta, 1981, 131: 17.

[13] Berndt H, Willmer P G, JacKwerth E. J Anal Chem, 1979, 296: 377.

[14] Verlinden M, Deelstra H. J Anal Chem, 1979, 296: 253.

[15] 张锦茂, 范凡, 任萍. 岩矿测试, 1993, 12(4): 266.

第二十一章　色谱-原子荧光光谱联用技术及其应用

不同的元素形态具有不同的物理化学性质和生物活性，痕量元素形态分析在食品安全、环境科学、临床医学、毒理学和营养学等诸多领域引起高度重视。人们已越来越认识到砷、汞和硒的不同化合物之间毒性存在巨大差异，其毒性不仅与元素总量有关，还与元素存在形态有密切关系。例如，无机砷化合物(包括三价砷和五价砷)毒性最强，一次过量摄入可引起急性中毒，长期低剂量暴露可引起慢性砷中毒，诱发各种皮肤病及肝肾功能受损，甚至导致癌症。而甲基砷酸化合物毒性则较低，而广泛存在于水生物体内的砷甜菜碱（AsB）、砷胆碱（AsC）、砷糖（AsS）等形态砷化物，通常被认为毒性很低或无毒。为此，"元素形态分析"已成为一个崭新的研究领域。

VG-AFS 是具有中国特色的分析仪器，它具有分析灵敏度高、线性范围宽、仪器结构简单、成本低廉、易于维护、光谱干扰及化学干扰少等独特优点。色谱与 AFS 联用技术得到快速的发展，特别是液相色谱与原子荧光光谱联用（HPLC-AFS），已成为检测 As、Sb、Se 等元素不同化学形态分析的最灵敏手段之一，其检测能力基本上接近于价格昂贵的 ICP-MS。

第一节　液相色谱与原子荧光光谱的联用

在色谱-原子荧光联用技术领域中相对 GC 和 CE 而言，HPLC 的应用范围更为广泛。在液相色谱和原子荧光光谱联用技术优化条件下，各种砷形态的蒸气发生效率，见表 21-1。

表 21-1　各种砷形态的蒸气发生效率

砷形态	三价砷 [As(Ⅲ)]	五价砷 [As(Ⅴ)]	二甲基砷 (DMA)	一甲基砷 (MMA)	砷甜菜碱 (AsB)	砷糖 (AsS)
蒸气发生效率/%	97	65~67	95	97	0	0

张磊等[1]以 20mmol/L $NH_4H_2PO_4$（pH 6.0）为流动相，以 Hamilton PRP X-100 阴离子柱进行无机砷、一甲基砷（MMA）和二甲基砷（DMA）有效分离。采用高效液相色谱-紫外消解-蒸气发生-原子荧光光谱法（HPLC-UV-VG-AFS）测定海产品（海藻）中无机砷含量。海藻样品以 2mol/L 三氟乙酸（TFA）溶液为提取剂，热浸提 2h 后，采用 HPLC-AFS 测定无机砷的总量为 68.3mg/kg。参加了 FAPAS 国际上 26 个实验室的比对考核，得到 Z 评分为 0.3（实验室编号为 19）的优良分析结果，见图 21-1。证明了该方法的特异性强以及分析结果准确可靠。

梁敬[2]等以色谱-原子荧光联用仪，建立了对氨苯基砷酸（PASA）、2-硝基苯基砷酸（NPAA）和 4-羟基-3-硝基苯基砷酸（NHPAA）三种有机砷的形态分析方法，其砷形态的分离谱图，如图 21-2 所示。在优化的色谱分离和检测条件下，浓度均为 100ng/mL 的三种砷药物混合溶液 7 次重复测定，色谱峰的相对标准偏差（RSD）分别为 1.74%、1.02%、1.62%。

进样量为 100μL 线性范围在 10～2000ng/mL，线性相关系数均可达到 0.999 以上，检出限分别为 0.22ng/mL、0.24ng/mL、0.42ng/mL。

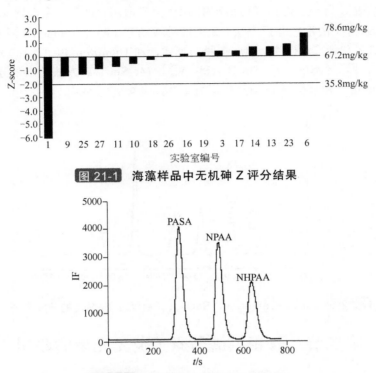

图 21-1　海藻样品中无机砷 Z 评分结果

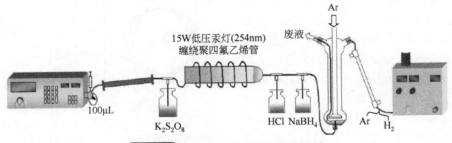

图 21-2　三种含砷兽药的分离谱图

Stéphane Simon[3]等采用离子色谱、15W 低压汞灯和 PSA Excalibur 原子荧光光谱仪，建立了 IC-UV-HG-AFS 联用系统，见图 21-3。

15W低压汞灯(254nm)
缠绕聚四氟乙烯管

废液

Ar

100μL　$K_2S_2O_8$　HCl　$NaBH_4$　Ar　H_2

图 21-3　IC-UV-HG-AFS 联用系统

采用 0.5mmol/L CH_3COOH-CH_3COONa 缓冲液和 25mmol/L HNO_3 作为洗脱液，在 DIONEX AS7 阴离子交换柱上实现了 12 种砷形态 As（Ⅲ）、DMA、MMA、As（Ⅴ）、AsB、AsC、TMAO、TMAs 和四种砷糖 AS（A）、AS（B）、AS（C）、AS（D）的分离，且具有较低的检出限。该方法用于测定标准参考物质 DORM-2 角鲨中的 AsB 和 TMA，测试结果均在参考值允许范围内。因此，可用于检测各类鱼肉、虾和牡蛎中的砷形态。

梁立娜等[4]采用 IC-UV-VG-AFS 联用技术测定了 SeMeCys、SeCys、Se（Ⅳ）、SeMet 四种硒形态。以 AminoPac PA10 阴离子交换柱作为分离手段，其分离谱图，如图 21-4 所示，原子荧光测得以上四种硒形态的检出限，分别为 3ng/mL、5ng/mL、1ng/mL、5ng/mL，7 次重

复测量的精密度均小于 3.8%。该方法用于测定硒酵母和人尿中的硒形态，加标回收率在 86%～102%。

Miravet 等[5]通过离子色谱和氢化物发生-原子荧光联用，建立了无机锑 Sb（Ⅲ）、Sb（Ⅴ）和有机锑（Me$_3$SbCl$_2$）的形态分析方法。采用两种流动相（A：250mmol/L 酒石酸铵，pH 5.5；B：20mmol/L 氢氧化钾，pH 12）梯度洗脱的形式，在 Hamilton PRP-X100 阴离子交换柱上 7min 内完成了三种锑形态的分析，Sb（Ⅲ）、Sb（Ⅴ）和 Me$_3$SbCl$_2$ 的方法检出限分别为 0.04μg/L、0.06μg/L、0.09μg/L，重复性（$n=10$）分别为 4.7%、4.9%、3.5%。

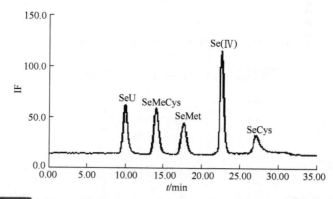

图 21-4 SeU、SeMeCys、SeCys、Se(Ⅳ)、SeMet 的分离谱图

第二节　气相色谱与原子荧光光谱的联用

GC-AFS 联用技术在有机汞的测量上具有较大的优势，其灵敏度和选择性与 GC-ICP-MS 相当。但是，GC-AFS 运行成本低、操作简单、更有实用价值。

史建波等[6]开发了 GC-AFS 联用系统，见图 21-5。加热器的作用是将有机汞转化为无机汞，主要由一段缠有镍铬电阻丝的石英管（长 15cm，内径 1mm）组成。系统工作时电阻丝两端输入一定电压使其温度恒定在 850℃，用一段长 30cm，内径 0.53mm 的石英毛细管连接色谱柱与聚四氟乙烯（PTFE）管，可消除汞化合物的吸附及扩散。尾吹气的作用是将分析物迅速带入检测器。该方法应用于生物和沉积物样品中甲基汞的测定，取得了满意的结果。

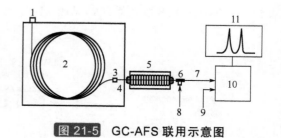

图 21-5 GC-AFS 联用示意图

1—进样口；2—毛细管色谱柱；3—毛细管连接器；4—石英毛细管；5—加热器；6—T形三通；7—PTFE管；8—尾吹气；9—氩气；10—原子荧光光谱仪；11—工作站

在优化的分离检测条件下，浓度均为 20ng/mL 的甲基汞和乙基汞获得了良好的分离谱图，其保留时间分别为甲基汞 2.96min，乙基汞 3.76min。甲基汞（MMC）和乙基汞（EMC）的绝对检出限（3σ）可达 0.005ng。对于 10ng/mL MMC 和 EMC 标准溶液，精密度（RSD）分别为 2.5%和 1.3%；标准参考物（DORM-2）的分析结果与标准值一致。对采自太湖梅梁湾的鲤鱼、鲶鱼、鲫鱼和蚌四个生物样及三个沉积物样品中的甲基汞进行了分析，取得了满意结果。

顾昱晓等[7]建立了在线吹扫捕集-气相色谱-原子荧光光谱联用，测定土壤中甲基汞的方法。土壤样品经 KBr/CuSO$_4$ 溶液提取后，使用二氯甲烷/水萃取与反萃取前处理方法，克服了

土壤复杂基质的影响。使用四乙基硼化钠衍生试剂，将甲基汞转化为易挥发的甲基乙基汞，在线吹扫捕集进行富集并进一步消除基体干扰。经条件优化，萃取时间为 30 min，反萃取的时间和温度分别为 4h 和 65℃。土壤样品检出限可达 0.8ng/g，沉积物标准参考物质 ERM-CC580 的测定回收率为 104%。测定了 3 种土壤样品，其甲基汞浓度在 2.3～5.4ng/g 范围内，加标回收率为 87%～111%。

第三节　毛细管电泳与原子荧光光谱的联用

尹学博[8]采用 CE-HG-AFS 联用技术，建立了四种砷形态 As(Ⅲ)、As(Ⅴ)、MMA、DMA 分析的新方法。使用长 50cm 内径 100μm 的毛细管，20mmol/L 的磷酸盐缓冲溶液（pH 6.5），在 20kV 的电压下可以实现砷的四种形态[As(Ⅲ)、As(Ⅴ)、DMA 和 MMA]的基线分离。该项技术可有效消除 CE 紫外检测时共迁移离子的干扰，以及过渡金属离子对氢化物发生时的干扰。As(Ⅲ)、As(Ⅴ)、MMA、DMA 的检出限分别为 10.3μg/mL、18.3μg/mL、8.9μg/mL、11.2μg/mL，在水样和尿样中的回收率为 91%～115%。此方法还成功应用于底泥样中砷的形态分析。与 CE-ICP-MS 对比，其精密度、灵敏度和检出限等技术指标基本相同。

CE-AFS 联用技术测定有机锡的形态分析有了新的突破，余莉萍采用 50cm 长，75mm 内径的毛细管，选择 50 mmol/L-H_3BO_3-50 mmol/L-Tris-10%体积比甲醇（pH 7.10）缓冲体系，添加 0.008mmol/L CTAB 能有效抑制有机锡阳离子在毛细管内壁的吸附。在 20kV 电压下实现了三甲基锡、一丁基锡、二丁基锡和三丁基锡的基线分离，然后以 KBH_4 为还原剂，把有机锡在线转化为氢化物，进行 AFS 的测定。有机锡化合物的迁移时间、峰面积和峰高的精密度范围（RSD，n=5），分别为 1.7%～3.1%、3.8%～4.7%、1.6%～2.8%。

李峰等[9]讨论了芯片毛细管电泳（Chip-CE）-原子荧光在线联用技术的若干问题，如芯片设计、接口设计、气液分离器的选择、原子化器的优化以及接口中反压的消除等。针对芯片的集成化特点，直接在芯片上蚀刻了一条补充液通道，优化了芯片设计、芯片-原子荧光接口、气液分离器以及原子化器等，成功地消除了引入流体（补充液 HCl、还原剂 KBH_4 和氩气）对芯片电泳分离的不利影响。在优化的实验条件下，所研制的 Chip-CE-AFS 联用体系，成功地应用于 Hg(Ⅱ)和 MeHg(Ⅰ)快速形态分析。

参 考 文 献

[1] 张磊，李筱薇，赵云峰. 中国食卫生杂志，2009，21(2): 97.

[2] 梁敬，张锦茂，侯爱霞，等. 光谱仪器与分析，2009，1: 65.

[3] Stéphane Simon, Huong Tran, Florence Pannier, et al. J Chromatogr A, 2004, 1024: 105.

[4] Lina Liang, Shumin Mo, Ping Zhang, et al. J Chromatogr A, 2006, 1118: 139.

[5] Miravet R, LÓpez Sànchez J F, Rubio R. J Chromatog A, 2004, 1052: 121.

[6] 史建波，廖春阳，王亚伟，等. 光谱学与光谱分析，2006，26(2): 336.

[7] 顾昱晓，孟梅，邵俊娟，等. 分析化学，2013，11: 1754.

[8] 尹学博，江焱，严秀平，等. 高等学校化学学报，2004，25(4): 618.

[9] 李峰，王冬冬，严秀平，等. 光谱学与光谱分析，2006，26(6): 1158.

第二十二章 原子荧光光谱分析在各领域中的应用

第一节 地质领域中的应用

地球化学样品包括土壤、岩石、水系沉积物、海洋沉积物等。在20世纪80年代，地质矿产部在全国开展的《1：20万区域化探全国扫面找矿计划》所建立的39种元素的配套分析仪器和分析方法系统中，确立了VG-AFS测定As、Sb、Bi、Hg等微量元素，具有分析灵敏度高、重现性好、分析速度快等特点，各元素的检出限都可以满足地球化学找矿对分析的要求。

VG-AFS测定地球化学样品As、Sb、Bi、Hg、Se、Te、Pb等元素的另一个优点是采用双道或三道原子荧光光谱仪，实现两个或三个元素同时测定，可大幅度提高工作效率。有关地球化学样品中各元素的测定实例，见表22-1。

表 22-1 地质领域中的应用

测定元素	分析对象	激发光源	分 析 方 法 要 点	检出限/(μg/g)	文献
Ge	地质样品	HCL	直接碱熔和HF分解样品，碱性模式法测定Ge，有效地消除了Cu、Co、Ni、Au、Pt、Pd的干扰	1.3	1
Au	地质样品	HCL	用王水分解，采用特定的金化学发生增敏试剂，使金在硼氢化物-酸体系中产生挥发性物质	0.23	2
Se	地质样品	HCL	样品置于聚四氟乙烯坩埚，用HNO_3-HF-$HClO_4$(10mL+5mL+1mL)加热溶解，蒸至近干加10mL盐酸(1+1)和2mL 9% $FeCl_3$温热提取	—	3
As, Hg	土壤	HCL	加入7mL硫酸(1+1)，10mL硝酸，2mL高氯酸，静置24h，次日缓缓加热消解，蒸至近干	As 0.02 Hg 0.005	4
Au	地质样品	HHCL	试样经650~700℃灼烧，王水分解后，于王水(1+9)介质中用泡沫塑料富集Au，再用硫脲解脱，试液于空气-液化气火焰中测定	0.19ng/g	5
Pb	土壤	HHCL	用浓盐酸预消化，然后加硝酸-氢氟酸-高氯酸(5：5：3)的混酸消解	0.25	6
Ge	土壤	HCL	用氢氟酸、硝酸、硫酸分解后，在磷酸(1+9)溶液中，硼氢化钾为还原剂测定锗	0.02	7
Bi, Hg	水系沉积物	HCL	用盐酸-硝酸-水(3+1+4)混合溶液在水浴锅中煮沸溶解	Bi 0.02 Hg 0.01	8
Cd	土壤	HHCL	采用抗坏血酸-磺胺双络合体系对方法的增效作用，以及Ni^{2+}对测定的显著增感作用；应用核磁共振仪对机理进行实验验证	0.08	9
Te	地质样品	HCL	HCl-NaBr-MIBK体系具有萃取Te(Ⅳ)的能力，当萃取条件为3.6mol/L HCl-100g/L NaBr时，Te(Ⅳ)可被MIBK完全萃取	0.01	10
Se	土壤	HHCL	用艾斯卡试剂(碳酸钠和氧化锌)作为焙烧试剂，半熔法分解样品，沸水提取，分离出Cu、Co、Ni等元素	0.0135	11
As, Hg	土壤	HCL	用体积分数35%的王水作为消解剂，进行微波消解，可将土壤中的As、Hg提取完全，As、Hg同时测定	As 0.22ng/g Hg 0.025ng/g	12
As, Sb	化探样品	HCL	经王水和王水溶液(1+1)分别浸提后以不同顺序预还原，表明预还原时降低王水浓度可减弱王水氧化性	As 0.020 Sb 0.026	13
Ge	地质样品	HCL	用HF-HNO_3-$HClO_4$-H_3PO_4(10+5+2+2)溶解，以L-半胱氨酸-硫脲-酒石酸混合溶液消除干扰	0.08	14

续表

测定元素	分析对象	激发光源	分 析 方 法 要 点	检出限/(μg/g)	文献
Ge	地质物料	HCL	采用 HNO_3-HF-9mol/L H_2SO_4 作为消解液，加热消解后测定	0.22	15
Hg	化探样品	EDL	用电磁搅拌和载气搅拌将粒度 200 目，质量浓度 15g/L 的化探试样，制成稳定的悬浮液	6ng/g	16
Bi	化探样品	EDL	采用王水溶解，用磁力搅拌器搅拌去离子水稀释。再加入硫脲，搅拌待悬浮液黄色褪去，即可将悬浮液直接测定	0.06	17
Se, Te	化探样品	HCL	用硝酸-氢氟酸溶矿，高氯酸冒烟，趁热加入浓盐酸将硒、碲还原成低价；用三价铁盐消除铜等元素的干扰，Se、Te 同时测定	Te 0.01 Se 0.00	18
Se	地质物料	HCL	样品与活性炭混匀，在 750℃ 温度下焙烧，用 MgO-Na_2CO_3 捕集。水提取 Se 并分离共存元素。经盐酸处理后进行测定	0.01	19
Se	岩石	EDL	用 HF-$HClO_4$-HNO_3 混合酸分解样品，Fe^{3+} 作为释放剂，采用适量的 Fe^{3+} 与 HCl 酸度，可消除共存元素对 Se 干扰	0.01	20
Se, Te	岩石	EDL	M17 树脂在 >6mol/L 盐酸介质中能同时吸附 Se 和 Te，可用水和丙酮分别洗脱 Se 和 Te，或用丙酮同时洗脱	—	21
As, Hg	土壤	HCL	用盐酸-硝酸混合酸水浴浸提土壤样品，对浸提条件的优选:6mL HCl、0.5mL HNO_3、酸度 3mL HCl。硫脲-抗坏血酸为预还原剂	As 0.096 Hg 0.031	22
Cd	沉积物	HHCL	在 2.0 mol/L 盐酸介质中，以 717 型强碱性阴离子交换树脂为吸附剂富集镉，与铜、铅分离，用 0.5mol/L 硝酸洗脱镉，Co^{2+}-1,10-二氮杂菲为增感剂	0.058	23
Pb	沉积物	HHCL	控制悬浮液的粒径在 0.088mm 以下，用磁力搅拌器搅拌，以保证悬浮液分散均匀稳定，以盐酸作为介质，$K_3Fe(CN)_6$ 为氧化剂	0.26	24
Se	土壤	HCL	经王水分解，转化成盐酸溶液，再用 NaOH 溶液调至碱性，使硒与干扰元素分离	0.01	25
硫化汞	土壤及河流沉积物	HCL	硝酸浸取样品中有机汞、无机汞(不含硫化汞)和元素态汞，用饱和硫化钠溶液选择性浸取硫化汞，浸取液分别由氯化亚锡溶液还原	—	26
As, Sb	地球化学样品	EDL	1∶1 王水沸水浴消解样品，酒石酸稀释溶液，三价铁盐、硫脲-抗坏血酸为抗干扰剂，As、Sb 同时测定	As 0.14 Sb 0.037	27
	化探样品	HCL	用 HCl-HNO_3(1+9)沸水浴消解样品，硫脲-抗坏血酸为抗干扰剂，As、Sb 同时测定	As 0.06 Sb 0.06	28
Se	地质物料	HCL	样品与活性炭混匀，于 750℃ 下焙烧，用 MgO+Na_2CO_3 捕集，水提取后 Se 进入溶液，经盐酸酸化后直接进行测定	0.01	29
Se, Te	化探样品	EDL	采用巯基棉分离富集 Se 和 Te，在一定酸度介质中 As、Sb、Bi、Sn、Cu、In、Pb、Cd 和 Ag 离子不被巯基棉吸附，Se、Te 同时测定	Se 0.05 Te 0.01	30
Hg	地球化学样品	HgDL	用王水(1+1)沸水浴消解样品，草酸稀释溶液，冷却后加入高锰酸钾，以 10%氯化亚锡作为还原剂	0.042	31
Pb	地球化学样品	EDL	用盐酸-硝酸作为消解液，于电热板上加热微沸消解。加入氧化剂 $(NH_4)_2S_2O_8$ 和酒石酸抑制或消除干扰离子的影响	$5.3×10^{-10}$g/g	32
Sn	多金属矿	HCL	取适量样品置于刚玉坩埚中，加入 Na_2O_2 置于 700℃ 高温炉中，恒温 15min 至样品全熔。以酒石酸作为酸介质和络合剂消除干扰	0.14	33
Ge	海洋沉积物	HCL	用硝酸-氢氟酸-硫酸混合液，于电热板上加热消解。水-磷酸于电热板上温热浸取样品	0.004	34
Bi	地球化学样品	HCL	经王水溶解后，加入 $KMnO_4$ 溶液氧化，用草酸还原，提高了 Au、Pd、As、Sb、Se、Te 等的干扰允许量	0.042	35

注：EDL 为无极放电灯；HCL 为空心阴极灯；HHCL 为高强度空心阴极灯；HgDL 为笔形低压汞灯。

本表参考文献：

1 李刚, 潘淑春, 张哲玮. 岩矿测试, 2004, 23(4): 295.

2 马建学, 路学东, 许卓. 岩矿测试, 2011, 30(3): 343.

3 李林庆. 中国测试, 2013, 39(2): 21.

4 张洪文, 张永辉, 韩康琴. 中国分析无机化学, 2014, 4(1): 18.

5 陈亚南, 范玉峰, 吕晓惠, 等. 现代科学仪器, 2013, (6): 118.

6 王立瑞, 向静, 李丽琼. 微量元素与健康研究, 2013, 30(3): 57.

7 陈曦. 微量元素与健康研究, 2013, 30(5): 77.

8 张廷忠, 何建华. 理化检验-化学分册, 2012, 48(12): 1490.

9 赖冬梅, 邓天龙. 分析化学研究简报, 2010, 38(4): 542.

10 肖凡, 刘金巍, 王永青, 等. 光谱学与光谱分析, 2009, 29(4): 1123.

11 苏文峰, 李刚. 岩矿测试, 2008, 27(2): 120.

12 李波, 崔杰华, 刘东波, 等. 分析试验室, 2008, 27(7): 106.

13 何沙白, 颜蕙园. 化学分析计量, 2013, 22(2): 63.

14 高明姬, 王玉芬, 王丽莉, 等. 吉林地质, 2011, 30(1): 119.

15 张勤, 范凡, 李淑娟, 等. 岩矿测试, 1996, 15(4): 286.

16 王桂清, 刘汉东, 汤志勇, 等. 岩矿测试, 1996, 15(4): 293.

17 刘汉东, 汤志勇, 张惰成, 等. 光谱实验室, 1996, 13(2): 12.

18 雷汉云. 有色金属矿产与勘查, 1995, 4(4): 233.

19 任萍, 张勤, 张锦茂. 分析试验室, 1994, 13(4): 65.

20 张锦茂, 范凡, 任萍. 岩矿测试, 1993, 12(4): 264.

21 林猷璧, 朱玉伦. 岩矿测试, 1993, 12(2): 81.

22 赵立红, 刘亚丽. 光谱实验室, 2007, 24(6): 1090.

23 王义壮, 邱海鸥, 汤志勇, 等. 光谱学与光谱分析, 2007, 27(12): 2581.

24 程祥圣, 秦晓光, 徐韧, 等. 海洋环境科学, 2004, 23(2): 72.

25 巨振海, 张桂芹. 分析化学, 1991, 19(11): 1288.

26 张锦茂, 范凡, 郭小伟, 等. 物探与化探, 1984, 8(3): 150.

27 何琰洁, 姜守君. 甘肃科学学报, 2004, 16(3): 120.

28 陈仲仁. 地质实验室, 1989, 5(3): 162.

29 任萍, 张勤, 张锦茂. 分析试验室, 1994, 13(4): 65.

30 王振福. 辽守地质, 1987, 2: 180.

31 张锦茂, 张勤. 岩矿测试, 1986, 5(1): 264.

32 吕江南, 郑毅, 徐礼芳, 等. 岩矿测试, 1988, 7(3): 213.

33 艾军, 周俊明. 分析试验室, 2001, 20(2): 17.

34 郑凯清, 张学华, 王彦美, 等. 现代科学仪器, 2011, (4): 39.

35 于兆水, 李淑娟, 张勤. 岩矿测试, 2005, 24(3): 217.

第二节　金属与矿物领域中的应用

金属材料可分为两类, 一类是黑色金属材料, 主要包括钢铁及合金、金属锰及合金; 另一类是有色金属及合金, 主要有金属铜、金、银、铝、铅、锌、镍、钴、砷、锑、铋、钛、镁及其合金等。矿物类一般较多为多金属矿石和硫化物矿石。VG-AFS 可用于上述样品中 As、Sb、Bi、Pb、Se、Te 和 Hg 等微量杂质元素的测定, 具有灵敏度高、分析速度快等特点。

近些年来, 已先后建立了 VG-AFS 测定钢铁及合金材料中砷、锡、锑、铋、铅和汞等元素多项国家标准, 如 GB/T 223.80—2007《钢铁及合金中铋和砷含量的测定》等。有关测定金属与矿物分析的应用实例, 见表 22-2。

表 22-2 金属与矿物领域中的应用

测定元素	分析对象	激发光源	分析方法要点	检出限 /(μg/g)	文献
Hg	铜精矿	HCL	用逆王水溶解, 氯化亚锡作为还原剂, 铜精矿中铜和铁含量在 30% 以下不影响测定	0.0042	1
	砷锭	HCL	用盐酸-硝酸(1+1)混合酸溶解, 用正丁醇萃取溶液中的汞(II)。有机相中的汞(II)以 10g/L 硼氢化钾溶液作为还原剂	0.20	2
Pb	金属镁	HCL	用盐酸(1+1)完全溶解, 然后加入 2 滴 H_2O_2 置于电炉上低温加热, 蒸发至近干, 铁氰化钾作为氧化剂	0.37	3
Sn	镉锭	EDL	镉基体严重干扰锡的测定, 为消除基体镉的干扰, 选择基体匹配法消除基体干扰	0.08	4
Se	黄铜	HCL	加入 HNO_3-$HClO_4$(4+1)消解液, 在电炉上低温加热消解。PESA 作为掩蔽剂	0.29	5
Bi	精锑	HCL	用王水(1+1)低温加热溶解, 微沸驱除氮的氧化物, 稍冷加入 5mL 酒石酸溶液(200g/L), 补加 5mL 盐酸用水定容测定	—	6
Se	金属锰粉	HCL	用硝酸溶解样品, 控制盐酸酸度为 0.72mol/L, Mn^{2+}、Al^{3+}、Fe^{3+}、$Si(IV)$、Cu^{2+}、Mg^{2+}、Pb^{2+}、Ca^{2+} 对硒的测定不产生干扰	0.0596	7
Ge	多金属矿	HCL	样品用 HNO_3+HF+H_2SO_4+$HClO_4$ 混合酸溶解	0.024	8

续表

测定元素	分析对象	激发光源	分析方法要点	检出限/(μg/g)	文献
As, Hg	锌锭	HCL	盐酸分解样品，用聚环氧琥珀酸(PESA)掩蔽基体，共存元素 Mg、Al、Cu、Sb 和 Sn 不干扰 As 和 Hg 的测定	As 0.26 Hg 0.043	9
	铁矿石	HIHCL	采用 HCl-HNO₃(1+1)微波消解铁矿样品，试液中加硫脲-抗坏血酸，预还原砷 V 为砷Ⅲ，消除铁等的干扰，As、Hg 同时测定	As 0.085 Hg 0.008	10
As, Sb	核电用钢	HHCL	用王水溶解样品，以 2.0g/L L-半胱氨酸溶液为预还原剂，在低酸度下预还原砷、锑	As 0.032 Sb 0.022	11
Sb, Bi	银锭	HCL	用 HNO₃(1+1)低温加热完全溶解，用 HCl(1+1)沉淀分离银，滤液用硫脲-抗坏血酸还原	Sb 0.002 Bi 0.02	12
Se, Te	银锭	HCL	用硝酸(1+1)溶液完全溶解，盐酸(1+1)溶液沉淀分离基体银	Se 0.05 Te 0.02	13
As	低合金钢	HHCL	经盐酸-硝酸混合酸消解，采用柠檬酸作为掩蔽剂	0.023	14
As, Sb, Bi	红土镍矿	HCL	以王水水浴法溶解样品，降低元素挥发损失，以硫脲和抗坏血酸为掩蔽剂消除干扰元素的影响，As、Sb、Bi 同时测定	As 0.16 Sb 0.10 Bi 0.25	15
Sb, Bi	金锭	HCL	采用稀王水溶解，乙酸乙酯萃取，Sb、Bi 同时测定	Sb 0.012 Bi 0.13	16
Sn	核电用钢	HCL	在酒石酸溶液存在下，用盐酸-硝酸(3+1)溶解，用 50g/L 硫脲-抗坏血酸作为掩蔽剂	0.4	17
Sb	铝合金	HCL	用盐酸及硝酸混合酸溶解，分取部分试样加入碘化钾-硫脲混合溶液后用盐酸(5+95)定容，测定痕量锑	0.016	18
As, Hg	锰矿	HHCL	用硝酸、盐酸、氢氟酸溶样，在微波消解器中消解完全，硫脲-抗坏血酸作为预还原剂和掩蔽剂	As 0.02 Hg 0.05	19
As, Sb	高纯铟	HCL	以 HNO₃ 溶样，硫脲-抗坏血酸为预还原剂。考察了铟基体对被测元素的干扰，采用基体匹配法消除干扰	As 0.18 Sb 0.28	20
Ge	铜铅锌矿石	HCL	经硝酸-氢氟酸-硫酸混合酸溶解，磷酸提取，测定微量锗	0.26	21
Bi	铜合金	HCL	Bi³⁺与 Cl⁻的络阴离子，在 1mol/L 盐酸介质中，被吸附于 717 强碱性阴离子树脂，用 0.75mol/L 硝酸与 0.05mol/L 柠檬酸混合液洗脱	0.04	22
As, Bi, Se, Sn	锑精矿	HCL	在酒石酸、硫脲-抗坏血酸存在下，适当增加酸度可以有效地消除干扰。采用 Na₂O₂ 溶解样品，用 HCl 酸化，不需分离基体，实现砷、铋、硒、锡的连续测定	As 0.35 Bi 0.20 Se 0.65 Sn 0.35	23
Se, Te	高纯阴极铜	HHCL	用次亚磷酸钠和砷将痕量硒、碲先与基体铜分离，再在盐酸介质中加入三氯化铁掩蔽残余铜	Se 0.27 Te 0.11	24
Bi	钢铁	HCL	王水溶样，硫脲和抗坏血酸作为抑制剂消除共存元素干扰	0.187	25
Cd	纯铜	HHCL	用 717 阴离子交换树脂填充柱选择性吸附 CdCl₄²⁻ 阴离子，与铜基体分离	0.2	26
As	铁矿石	HCL	用 HNO₃-HCl-HF 为消解液，微波消解样品，在硫脲和 L-半胱氨酸存在下将 As(Ⅴ)还原为 As(Ⅲ)，在碱性模式下测定铁矿石中砷	0.35	27
Sb	高纯铅	HCL	用硝酸溶样，蒸至有硝酸铅析出后，加盐酸至 20%时，以氯化铅沉淀形式分离基体铅，其他共存离子不干扰锑的测定	0.37	28
As	铜及铜合金	HCL	用王水低温加热溶解，加柠檬酸保持沸腾 5min，赶除氮氧化物。用硫代氨基脲-抗坏血酸为还原剂和沉淀分离铜	0.12	29
Sb	铜矿石	HCL	在 HCl 介质中将 Sb(Ⅲ)用流动注射在线萃取，在磷酸三丁酯(TBP)中，与冰醋酸混合，再与溶解在 N,N-二甲基甲酰胺(DMF)中的 NaBH₄ 混合，在有机相中产生 SbH₃	0.54	30
Se, Te	铜矿	HCL	采用 Fe³⁺盐和 1,10-二氮杂菲作为干扰抑制剂，直接测定铜矿中微量硒和碲。H₂SO₄ 和 HClO₄ 的存在，对硒、碲有明显的增敏作用	Se 0.15 Te 0.20	31
As, Hg	磷矿石	HCL	用盐酸-硝酸(3+1)为消解液，低温加热至沸，微沸 1h 消解样品。硫脲-抗坏血酸混合液作为预还原剂	As 0.5 Hg 0.05	32

续表

测定元素	分析对象	激发光源	分析方法要点	检出限/(μg/g)	文献
As, Sb, Bi	铅锭	HHCL	用硝酸溶样，盐酸沉淀铅，在不分离铅沉淀的情况下，加硫脲和抗坏血酸掩蔽干扰元素	As 0.198 Sb 0.073 Bi 0.165	33
Bi	钢铁及合金材料	HCL	硫代氨基脲-抗坏血酸作为干扰抑制剂，消除镍、钴、铜等元素的干扰，并用磷酸抑制钨、钼、铌、钽等元素的干扰	0.02	34
Se	铅-锑合金	HCL	试样经 33%的硝酸和酒石酸溶解，硫酸沉淀分离基体铅，在 40%盐酸介质中直接测定	—	35
Pb	铁矿石	HCL	采用混酸溶解铁矿，加入掩蔽剂消除测试时某些元素的干扰，并用增感剂增加生成铅烷的概率	0.94	36
Bi	镍基高温合金	HCL	以盐酸和少量硝酸溶解试样，加柠檬酸络合钨，用硫脲-抗坏血酸混合溶液作为预还原剂	0.29	37
Sn	铁矿石	HCL	用氢氧化钾在700℃马弗炉中熔解矿样12min后取出，用沸水提取，硫酸酸化，以硫脲-抗坏血酸溶液为掩蔽剂	0.10	38

注：EDL 为无极放电灯；HCL 为空心阴极灯；HHCL 为高强度空心阴极灯。

本表参考文献：

1 邵海青，陈红. 铜业工程，2013, (1): 38.
2 李艳琳，陆建平，倪湖权，等. 理化检验-化学分册，2013, 49(12): 1462.
3 薛宁，石磊. 分析试验室，2013, 32(9): 83.
4 汤淑芳. 中国无机分析化学，2013, 3(1): 68.
5 陆建平，唐琼，文辉忠，等. 分析化学，2013, 41(8): 1291.
6 陈珍娥，张海，曾启华. 广州化工，2014, 42(4): 116.
7 周庆华，甘露，王佳. 冶金分析，2014, 34(3): 57.
8 李先，罗善霞，焦胜兵，等. 黄金科学技术，2014, 22(1): 78.
9 陆建平，唐琼，谭芳维，等. 光谱实验室，2012, 29(6): 3309.
10 刘曙，罗梦竹，金樱华，等. 岩矿测试，2012, 31(3): 456.
11 王岩，马冲先，李莎莎. 分析试验室，2012, 31(4): 86.
12 李海涛，李中玺，倪迎瑞，等. 分析试验室，2012, 31(5): 59.
13 权斌，倪迎瑞，李海涛，等. 理化检验-化学分册，2012, 48(7): 851.
14 陈忠颖，朱文中. 理化检验-化学分册，2011, 47: 771.
15 何飞顶，李华昌，袁玉霞. 冶金分析，2011, 31(4): 44.
16 倪迎瑞，李中玺，李海涛，等. 分析化学，2011, 39(11): 1774.
17 王岩，马冲先，李莎莎. 理化检验-化学分册，2011, 47(5): 539.
18 申志云，李莎莎，马冲先，等. 理化检验-化学分册，2010, 46(8): 908.
19 苏明跃，杨丽飞，郭芬. 冶金分析，2010, 30(12): 39.
20 张殿凯，郑永章，臧慕文，等. 分析试验室，2010, 29(3): 30.
21 董亚妮，田萍，熊英，等. 岩矿测试，2010, 29(4): 395.
22 郝志红，廖圆圆，任小荣，等. 冶金分析，2008, 28(9): 11.
23 李岩，袁爱萍. 分析化学研究简报，2008, 36(9): 273.
24 张喆文，孔令军，余琼卫，等. 分析科学学报，2007, 23(4): 461.
25 韩华云，刘佳，胥亚云，等. 化学分析计量，2007, 16(5): 32.
26 陈明丽，邹爱美，王建华. 分析化学研究简报，2007, 35(9): 1339.
27 张锂，韩国才. 分析测试学报，2006, 25(6): 120.
28 王肇中，冯先进. 理化检验-化学分册，2006, 42(1): 39.
29 周伟，朱晓红. 冶金分析，2004, 24(2): 55.
30 刘汉东，梅俊，陈恒初，等. 分析试验室，2002, 21(4): 34.
31 李刚，李文莉. 岩矿测试，2002, 21(3): 223.
32 崔海容，陈建华. 光谱实验室，2000, 17(6): 694.
33 张遵，卢玉琦，高若煜，等. 理化检验-化学分册，2000, 36(1): 26.
34 刘庆彬. 光谱学与光谱分析，2000, 20(1): 84.
35 陈殿耿，袁玉霞，王皓莹. 光谱实验室，2012, 29(4): 2551.
36 付冉冉，刘水清，陈颖娜，等. 金属矿山，2010, (7): 83.
37 谢绍金，杨春晟，贾进铎. 理化检验-化学分册，2005, 41(6): 381.
38 李海明，杨少斌. 光谱实验室，2005, 22(2): 372.

第三节　环境领域中的应用

环境样品中包括水体、大气、土壤、沉积物、污水、淤泥、工业烟尘、粉煤灰等。水体是河流、湖泊、水库和陆地地下水等的统称，水体的水质无论是生活饮用水、工业用水、渔业用水、海水等都有一定的要求。在一般情况下，土壤、沉积物、淤泥、烟尘、粉煤灰等，采用 VG-AFS 测定砷、锑、铋、汞等元素，一般都可以采用地球化学样品的前处理方法。但

是，有些固体废弃物中含有机物杂质比较多。因此，可以在加入 $HClO_4$-HF 之前，先加浓 HNO_3 在长时间加温情况下予以分解（100℃，24h，然后在 150℃下再加热 10h），以氧化那些不稳定的有机物质，尤其是油类或脂类存在时更为重要。采用 VG-AFS 测定水质及环境样品的应用实例，见表 22-3。

表 22-3 环境领域中的应用

测定元素	分析对象	激发光源	分 析 方 法 要 点	检出限/(μg/L)	文献
As	水样	HCL	取均匀水样于 25mL 比色管中，加纯水至 17.5mL，加入 2.5mL 浓硝酸和 5.0mL 混合还原掩蔽剂	0.02	1
	排污河水	HCL	加入 HNO_3+$HClO_4$，于电热板上加热消解，加入硫脲-抗坏血酸	0.10	2
As	水样	HCL	纳米二氧化钛选择性吸附痕量 As(Ⅲ)，弃掉样品基体溶液后，直接实现悬浮液的检测	0.004	19
As	生活饮用水	HCL	水样中加浓硝酸，混匀后加入硫脲-抗坏血酸溶液测定	0.0023	10
As	饮用水	EDL	用乙醇作为 $NaBH_4$ 的溶剂，并于 APDC-MIBK 有机相中发生氢化物反应，EDTA 作为掩蔽剂	2.8×10^{-9}g	33
As	排污河水	HCL	采用硝酸-高氯酸(4+1)混合酸为消解液，置于电热板上加热消解，硫脲为预还原剂	0.10	27
As, Sb	水样	HCL	经盐酸酸化后，用硫脲-抗坏血酸将 As^{5+}、Sb^{5+} 还原为 As^{3+}、Sb^{3+}，同时测定，硫脲-抗坏血酸混合液作为还原掩蔽剂	As 0.025 Sb 0.025	26
As, Se	生活饮用水	HIHCL	取 10mL 水样于 25mL 比色管中，依次加 2.5mL 盐酸，加入(5%硫脲+5%抗坏血酸)2.5mL	As 0.075 Se 0.125	5
	水样	HHCL	取 50mL 水样于比色管中，分别向水样、空白和标准溶液管中加入 2.5mL 浓硝酸，再加 10mL 硫脲+抗坏血酸溶液后测定	As 0.21 Se 0.16	6
Cd	水	HCL	在酸性介质中，以铁氰化钾为氧化剂，草酸为掩蔽剂，氯化钴、硫脲提高镉的发生效率，2%盐酸溶液为载流	0.017	9
Cd	饮用水	HCL	在特制测 Cd 固体试剂(CDSR-Ⅰ)存在的水溶液中，Cd 与 KBH_4 反应生成挥发性化合物	0.08	31
Cd	海水	HCL	Co^{2+} 对镉易挥发组分的形成有增强作用，可直接测定痕量镉	0.044	24
Sb	水样	EDL	将锑(Ⅲ)萃取在磷酸三丁酯中，或者生成锑(Ⅲ)-APDC 络合物后萃取在甲基异丁酮中，用溶解在 N,N-二甲基甲酰胺中的硼氢化钠溶液和冰醋酸在萃取有机相中产生锑化氢	—	34
Sb	河水和湖水	EDL	用乙醇作为 $NaBH_4$ 的溶剂，APDC-MIBK 萃取，有机相测定水样中的痕量锑	6.8×10^{-10}g	32
Sb	塌陷湖水	HCL	水样直接加入盐酸后用水定容，硫脲-抗坏血酸作为还原剂	0.29	15
Se	饮用矿泉水	HCL	加入 HNO_3-$HClO_4$(1+1)混合液 2.00mL，加热浓缩至冒 $HClO_4$ 烟，至剩约 1mL，加 8mL 纯水，加 5mL 盐酸，加热微沸 3~5min	0.14	25
Ge	水	HCL	溶液的 pH 值为 6.0~8.0 时，纳米 TiO_2 胶体快速吸附 Ge(Ⅳ)，吸附率为 97.0%~99.0%。对水样中超痕量 Ge(Ⅳ)进行富集，用少量盐酸将富集了 Ge(Ⅳ)的沉积物(纳米二氧化钛)转化成胶体	0.060	17
Zn	水	HCL	将水样过滤，于滤液中加入硝酸(1+1)使水样酸化并保持硝酸浓度(0.25+99.75)，加入适量镍离子和钴离子	0.53	23
Pb, Hg	地下水	HCL	在 pH 值为 5~6 的 HAc-NaAc 介质中，同时富集铅、汞。以 1.0mol/L HCl 溶液洗脱铅离子；以 NaCl 饱和过的 5.0mol/L HCl 溶液洗脱汞	Pb 0.11 Hg 0.006	28
Pb	城市污水	HCL	采用硝酸-高氯酸(4：1)消解液，在电炉上加热消解。草酸-铁氰化钾为干扰抑制剂，消除 Cu、Fe 及其他元素的干扰	0.55	29
Te	水样	HCL	在 0.3mol/L NaOH 介质中，Te(Ⅵ)和 Te(Ⅳ)都可与 KBH_4 作用，生成氢化物。在酸性介质中，只有 Te(Ⅳ)与 KBH_4 反应生成氢化物	0.1	30
Te	水样	EDL	N,N-二甲基甲酰胺(DMF)溶解硼氢化钠，用冰醋酸调节有机相酸度，在有机相中测试痕量碲。预处理过程中用磷酸三丁酯(TBP)萃取使 Te 浓缩 100 倍，同时萃取分离消除了 Cu、Pb 等元素的干扰	1.7×10^{-11}g	36

续表

测定元素	分析对象	激发光源	分析方法要点	检出限/(µg/L)	文献
Zn	饮用水	HCL	水样加一定量的氯化镍溶液和盐酸，定容后直接测试，氯化镍做增敏剂	0.58	8
Hg	水样	HCL	以硫代米氏酮为络合剂，Triton X-114 非离子表面活性剂浊点萃取水样中的硫代米氏酮-汞螯合物	0.015	3
Hg	矿泉水	HCL	将 CI/SiO₂/PDMS 均匀分散于样品溶液中，吸附并富集 Hg^{2+} 与 DDTC 形成的 Hg-DDTC 螯合物，用磁子吸附收集固相萃取剂	0.006	11
Hg	稻田水	HCL	加入氯化溴溶液使其浓度为20g/L，4℃下放置24h，再加入100g/L盐酸羟胺溶液 2 滴还原过量的氯化溴	0.01	13
Hg	海水	HCL	采用 WM-10 型水汞测量装置，海水样品加入 BrCl 溶液，50℃下消解 12h 以上，冷却后加入 NH_2OH-HCl 溶液后测定	3.4ng/L	22
Hg	危险废物焚烧飞灰浸取液	HCL	取适量浸取液（约相当于 50ng 汞），于 50mL 比色管中，加消解液（硝酸 2mol/L-盐酸 4mol/L），于 100℃ 水浴中加热消解 1h	0.0059	4
Hg	工作场所空气	HCL	空气中的汞蒸气及其化合物用酸性高锰酸钾采集，汞被还原剂硼氢化钾还原成汞蒸气后测定	0.04	12
Hg	大气	EDL	以大流量采样器采集样品于石英滤膜上，滤膜采用 1：4 王水，在 85~90℃ 水浴上加热 1h 解吸，用硼氢化钾还原法测定	$2×10^{-5}$ µg/m³	35
As, Hg	锰渣	HCL	取一定量锰渣样，经王水和硫酸消解后，在盐酸-硫脲-抗坏血酸混合介质中，As、Hg 同时测定	As 0.0135 Hg 0.0091	14
Pb	沼液	HCL	浓硝酸湿法消解样品，反应体系采用铁氰化钾-盐酸羟胺	0.1696	16
Sn	工作场所空气	HCL	采样后的滤膜，以硝酸-盐酸(1+10)微波消解或湿法消解后测定	0.4	18
Sb	工作场所空气	HCL	用微孔滤膜采集工作场所空气中气溶胶态锑及其化合物，样品经 $HClO_4$-HNO_3(1+9)消解后测定。硫脲和抗坏血酸为还原掩蔽剂	0.10	7
Sb	作业场所空气	HCL	采用硝酸-超纯水(7+3)微波消解处理，硫脲-抗坏血酸为预还原剂	0.06	20
As, Sb	血液透析用水	HCL	取一定量清洁样品，在盐酸-硫脲-抗坏血酸混合介质中，放置一定时间后 As、Sb 同时测定	As 0.40 Sb 0.50	21

注：EDL 为无极放电灯；HCL 为空心阴极灯；HHCL 为高强度空心阴极灯。

本表参考文献：

1 袁君君，黄选忠. 医学检验，2014，21(3)：287.

2 赫旭，刘吉良. 理化检验-化学分册，2000，36(9)：400.

3 龙军标，王梅，杨冰仪，等. 中国卫生检验杂志，2014，24(1)：21.

4 戴剑波，骆有斌，罗晓灵. 工程技术，2014，(5)：217.

5 张祥楼. 福建分析测试，2014，23(2)：38.

6 陈丽珠，谢丽章，巢猛. 供水技术，2014，8(2)：53.

7 姚科伟，宣坤飞，贺玲敏，等. 化学分析计量，2013，22(1)：54.

8 管克，陈建业，詹珍洁. 中国卫生检验杂志，2013，23(12)：2590.

9 周玉发，李志华. 微量元素与健康研究，2013，30(1)：56.

10 纪万玲，曹慧. 环境卫生学杂志，2012，2(3)：134.

11 孙会会，淦五二，曹方方. 分析试验室，2012，31(7)：90.

12 韩小红，马素艳. 应用化工，2012，41(2)：360.

13 郎春燕，毛玉凤，缪丘健. 理化检验-化学分册，2012，48(10)：1240.

14 庞洁，张立颖，陆建平，等. 分析科学学报，2012，28(5)：724.

15 刘飞，祝鹏飞，王馨光. 光谱实验室，2012，29(3)：1637.

16 张光霞，刘书新，何海成，等. 安徽农业科学，2012，40(19)：10098.

17 钱沙华，鲁敏，张旭. 光谱学与光谱分析，2012，32(5)：1397.

18 曹云，杨佩丽，杨海昕. 中国卫生检验杂志，2012，22(1)：45.

19 张若曦，施泽明，倪师军，等. 化学研究与应用，2011，23(11)：1554.

20 赵飞蓉. 微量元素与健康研究，2011，28(6)：44.

21 汪洋，邵丽华，魏滨，等. 中国卫生检验杂志，2011，21(3)：576.

22 刘锡尧，梁英，袁东星. 分析试验室，2009，28：159.

23 郎春燕，谭张琴，陈雪，等. 理化检验-化学分册，2007，43(9)：756.

24 周泳德，陈志兵，肖灵. 岩矿测试，2004，23(1)：67.

25 彭清. 理化检验-化学分册，2002，38(8)：398.

26 丁根宝. 理化检验-化学分册，2001，37(3)：119.

27 赫旭，刘吉良. 理化检验-化学分册，2000，36(9)：400.

28 郁飞, 于铁力. 光谱学与光谱分析, 2000, 20(6): 898.

29 钱红, 王渤, 高群. 化学分析计量, 2000, 9(3): 31.

30 郭小伟, 郭旭明. 光谱学与光谱分析, 1996, 16(3): 88.

31 郭小伟, 郭旭明. 上海环境科学, 1994, 13(9): 12.

32 金泽祥, 汤志勇, 周俊明, 等. 光谱学与光谱分析, 1992, 12(4): 75.

33 周俊明, 龚育, 李吉鹏, 等. 分析化学, 1991, 19(4): 443.

34 汤志勇, 金泽祥, 钱宏英, 等. 分析试验室, 1991, 10(3): 29.

35 段秀琴. 分析化学, 1991, 19(4): 502.

36 郑毅, 金泽祥, 刘先国, 等. 分析化学, 1987, 15(11): 966.

第四节　食品与饲料领域中的应用

食品安全直接关系到人们的生活质量与安全。特别是有害元素如砷、汞、铅、镉、铬等含量必须符合我国食品卫生标准和《农产品安全质量无公害蔬菜安全要求》中的限量。

食品按照种类可分为谷类、豆类、薯类、蔬菜、水果、肉类、乳类、蛋类、海产品和鱼类等，食品中含有 50 多种元素，具有潜在毒性的元素有 7 种，包括砷、铅、锡、汞、镉、铝和锂。这些元素被人们食用后，人体随着有毒元素蓄积量的增加，机体会出现各种中毒反应，如致癌、致畸甚至死亡。因此，必须严格控制这类元素在食品和饲料中的含量。

近年来，微波消解技术广泛应用于食品或饲料样品分析的处理，突出的优点是试样分解时间短、自动化程度高、安全性高，特别适用于食品或饲料样品中易挥发元素 As、Sb、Hg、Se 等试样的分解。VG-AFS 在食品和饲料领域中已得到广泛应用，见表 22-4。

表 22-4　食品与饲料领域中的应用

测定元素	分析对象	激发光源	分析方法要点	检出限/(μg/g)	文献
Se, Te	家禽肝脏	HHCL	加入 $HNO_3+H_2O_2$ 为消解液，微波消解处理。Fe^{3+} 溶液消除共存离子的干扰	Se 0.11 Te 0.077	1
Se, Ge	家禽内脏	HHCL	采用微波消解，用硝酸和过氧化氢对样品进行消解，以硫脲作为预还原剂，Se、Ge 同测	Se 0.0010 Ge 0.0171	2
Hg	山野菜	HCL	样品置于微波消解罐中，加硝酸 3mL，去离子水 2mL，滴加少量过氧化氢，密封后放入微波消解仪中进行消解	0.0005	3
Se	稻米	HHCL	加入 HNO_3+HClO_4(3+2)，超声提取 20min 热消解，在铁氰化钾-盐酸体系中进行测定	0.2	4
Cd	牡蛎	HCL	用 HNO_3+HClO_4 消解样品，硫脲为掩蔽剂消除干扰离子影响，提高测量稳定性	0.10	5
	菠菜	HCL	用钨丝(TC)常温下捕获镉(Cd)消除基体，泡沫碳材料电热蒸发器串联AES 仪，固体直接进样测定菠菜鲜样中痕量 Cd	0.2μg/kg	6
As	食品添加剂磷酸	HCL	磷酸液体试样直接加酸和还原剂后定容，测定，硫脲-抗坏血酸混合液作为预还原剂	0.02	7
Hg	幼儿乳粉	HCL	样品加入 $HNO_3+H_2O_2$(2+1)消解液，进行微波消解	0.02	8
Te	食品	HCL	采用 HNO_3+HClO_4(9+1)，于电热板上加热消化。浓盐酸为还原剂将 Te^{6+} 还原成 Te^{4+}	0.035	9
Pb	牛奶	HCL	加入 HNO_3+HClO_4(4+1)于电热板上加热消解。铁氰化钾为增敏剂，草酸降低空白，消除铁、铜、镍、锑、锡等元素的干扰	0.30	10
Se	食用菌	HHCL	以 HNO_3+HClO_4 消解液，用超声水浴辅助消解。浓盐酸将还原 Se^{6+} 为 Se^{4+}	0.20	11
Hg	饲料添加剂	HCL	用浓盐酸溶解，$K_2Cr_2O_7$ 作为稳定剂。硫酸盐型饲料添加剂中的共存离子对汞的测定基本无干扰	0.0096	12
Hg	稻谷	HCL	加入 $HNO_3+H_2O_2$(5+7)，于聚四氟乙烯塑料内罐中，于电热恒温干燥箱中加热消解	0.0039	13
As, Hg	米粉	HCL	用硝酸-过氧化氢消解液，微波消解，As、Hg 同时测试	As 0.058 Hg 0.016	14

续表

测定元素	分析对象	激发光源	分析方法要点	检出限/(μg/g)	文献
Sn	罐头	HCL	用 HNO₃+H₂O₂(5+1)消解液，微波消解处理样品，采用标准加入法测定罐头中的锡	—	15
Pb	黄酒	HCL	样品于电热板上加热蒸除酒精，用 HNO₃+HClO₄(4+1)加热消解，以硼氢化钾-铁氰化钾-草酸体系进行测定	0.0295	16
Pb	调味品	HCL	湿法消化样品，反复加水赶酸，用 2%盐酸定容控制溶液酸度	3.0	17
Se	食品	HCL	在 L-半胱氨酸存在下，增敏光谱测定信号，降低了溶液的酸度，金属离子的干扰显著地得到了抑制	0.051	18
Hg	食品	HCL	用 HNO₃水浴消解后，加入 HNO₃-H₂O₂ 消解液，于 120~130℃恒温消解。在 6mol/L 盐酸、硫脲+抗坏血酸(50g/L)溶液中测定	0.051	19
Cd	海产品	HCL	用 HNO₃+HClO₄(9+2)加热消解。在硫脲-抗坏血酸-Co(Ⅱ)体系，用 KBH₄ 还原形成 Cd 挥发性蒸气	0.005	20
Se	猕猴桃	HHCL	经 HNO₃+HClO₄(2+3)酸消化，超声消解 20min	0.01	21
As, Sb	牛奶	HCL	样品加入硝酸于压力消解罐中，置 140℃恒温烘箱中消解。硫脲-抗坏血酸-碘化钾混合作为还原掩蔽剂	As 0.6 Sb 0.27	22
Cd	蔬菜	HCL	加入 HNO₃+H₂O₂ 消解罐中，置于微波炉中消解，以 8-羟基喹啉与钴离子作为协同增效剂	0.03	23
Pb	乳与乳制品	HCL	用干灰化法处理样品，减少硝酸引入的干扰，并将铁氰化钾通过酸洗活性炭处理，有效降低了空白荧光信号值，改善了检出限	0.22	24
As	饲料	HCL	样品于瓷坩埚中，低温炭化后，加入 5mL 硝酸镁溶液，于水浴锅中蒸干后，转入高温炉于 550℃恒温灰化 4h	0.112	25
Se	饲料	HCL	加入硝酸，在控温加热板上先预热消解，然后用 HNO₃+H₂O₂ 微波消解	0.02	26
As	食用菌	HHCL	用 HNO₃+HClO₄(5+1)为消解液，加热消解。硫脲-抗坏血酸为预还原剂。以盐酸介质作为载流，样品酸度在 10%时进行分析测定	0.004	27
Pb	食品	HCL	样品于高温炉内 550℃灰化消解。铁氰化钾-草酸作为氧化剂和掩蔽剂	0.32	28
Sn	肉制品	HCL	样品于瓷坩埚中，在电炉上小火炭化至无烟，放入马弗炉中，于 550℃灼烧 4~6h	0.056μg/kg	29
Se	饲料	HCL	用 HNO₃-H₂O₂(3+1)消解液进行微波消解，或加混合酸(硝酸+高氯酸=4+1)湿法消解。6mol/L 盐酸还原 Se(Ⅵ)→Se(Ⅳ)	0.175	30
As, Sn	罐头食品	HCL	用 HNO₃+H₂O₂(4+1)，浓硫酸，于电热板上加热消解，硫脲+抗坏血酸作为预还原剂，As、Sn 同时测试	As 0.007 Sn 0.011	31
Se	大米	HCL	加入硝酸进行微波消解，采用酸度为 3.0mol/L 盐酸溶液，沸水浴 20min，还原 Se(Ⅵ)→Se(Ⅳ)。铁氰化钾溶液为掩蔽剂	0.008	32
As, Hg	饲料	HCL	加入 HNO₃-H₂O₂ 消解液，进行微波消解。硫脲-抗坏血酸混合溶液作为预还原剂和掩蔽剂	—	33
Ge, Se	奶牛全血和鲜牛乳	HCL	采用 HNO₃-HClO₄ 为消解液，缓缓加热消解。测 Se 时，加入 HCl-Fe³⁺ 盐，放于沸水中煮沸 20~30min，还原 Se(Ⅵ)→Se(Ⅳ)	Ge 1.2 Se 0.33	34
As, Sb	贻贝	HCL	用 HNO₃-H₂O₂ 消化，微波消解后赶酸，L-半胱氨酸为预还原剂，As、Sb 同时测定	As 0.05 Sb 0.09	35
Pb	水产品	HCL	样品，以 HNO₃-H₂O₂-H₂O 为消解液，微波消解水产品。以 K₃Fe(CN)₆-H₂C₂O₄ 作为氧化剂和掩蔽剂	0.4	36
Ge	食用菌	HCL	样品置于坩埚中，低温炭化后，移入消化瓶中，加 H₂SO₄-HNO₃(1+5)进行消解，滴加 KOH 溶液至弱碱性，然后加 KBH₄ 溶液，在碱式模式下测定痕量锗	0.76	37
Pb	食品和饲料	HCL	采用硝酸-高氯酸作为消解液，于消化炉上缓缓升温消解，采用高氯酸做介质，草酸-铁氰化钾作为氧化剂和掩蔽剂	0.3	38

注：EDL 为无极放电灯；HCL 为空心阴极灯；HHCL 为高强度空心阴极灯；HgDL 为笔形低压汞灯。

本表参考文献：

1 郎春燕, 解琼玉, 袁涛. 分析试验室, 2014, 33(2): 225.

2 郎春燕, 李晶, 宋龙跃, 等. 理化检验-化学分册, 2014, 50(1): 58.

3 唐开红. 中国卫生工程学, 2013, 12(2): 156.

4 张万锋, 朱文东, 赵凯. 光谱实验室, 2013, 30(2): 742.

5 吴育廉, 杨捷, 吴晓萍, 等. 化学分析计量, 2013, 22(2): 28.

6 黄亚涛, 毛雪飞, 刘霁欣. 分析化学研究简报, 2013, 41(10): 1587.

7 周大颖, 龚小见. 光谱实验室, 2012, 29(5): 2831.

8 梁晶辉, 马艳君. 中国卫生工程学, 2012, 11(6): 508.

9 范华锋, 陈辉, 袁金华. 中国卫生检验杂志, 2012, 22(12): 2831.

10 张万锋, 何莎莎. 光谱实验室, 2012, 29(2): 1171.

11 吴庆晖, 黄伯熹, 冉文清, 等. 食品科学, 2012, 33(24): 299.

12 彭丁, 陈文俊, 廖衍, 等. 光谱实验室, 2012, 29(1): 145.

13 何应深, 吴毓. 粮食科技与经济, 2011, 36(5): 47.

14 廖朝东, 陆建平, 胡勇辉, 等. 理化检验-化学分册, 2011, 47: 857.

15 夏拥军. 化学分析计量, 2011, 20(6): 57.

16 韦永先, 韦敢, 覃智. 广西科学院学报, 2011, 27(3): 193.

17 邓泽英, 李京晶, 张珺男. 中国卫生检验杂志, 2011, 21(8): 1888.

18 牛晓梅. 中国卫生检验杂志, 2011, 21(6): 1373.

19 胡桂莲, 方素珍. 光谱实验室, 2010, 27(4): 1604.

20 别克赛力克. 库尔买提, 王蕾, 王娟, 等. 分析试验室, 2010, 29(7): 19.

21 张万锋, 鲁绪会, 王浩东, 等. 理化检验-化学分册, 2010, 46(8): 946.

22 边学武, 马全, 郭淑英. 中国卫生检验杂志, 2007, 17(11): 2087.

23 艾伦弘, 汪模辉, 朱霞萍, 等. 分析试验室, 2007, 26(5): 119.

24 高舸, 唐莉嘉, 陶锐. 理化检验-化学分册, 2007, 43(7): 591.

25 陈丕英, 吴燕, 杨海勇, 等. 中国饲料, 2007, (6): 24.

26 肖学彬. 粮食储藏, 2006, (5): 43.

27 杜英秋, 陈国友, 金海涛. 光谱实验室, 2006, 23(6): 1240.

28 李锋格, 全晓盾, 李世雨, 等. 理化检验-化学分册, 2006, 42(4): 260.

29 杨定清, 谢永红, 黄惠兰. 分析科学学报, 2006, 22(5): 613.

30 连槿, 邓香莲. 饲料广角, 2004, (22): 28.

31 王美全, 王海霞. 中国卫生检验杂志, 2003, 13(1): 60.

32 牟仁祥, 陈铭学, 应兴华, 等. 中国粮油学报, 2003, 18(5): 80.

33 孙德辉. 饲料工业, 2002, 23(12): 30.

34 祝建国, 柴昌信, 黑文龙, 等. 微量元素与健康研究, 2002, 19(4): 53.

35 申治国, 黎雪慧, 张慧敏. 光谱实验室, 2001, 18(4): 453.

36 阮新, 杨立红, 李秀勇. 光谱实验室, 2001, 18(4): 449.

37 孙汉文, 锁然, 吕运开, 等. 分析试验室, 2001, 20(1): 82.

38 翟毓秀, 郝林华. 分析化学研究简报, 2000, 28(2): 176.

第五节　生物与医药领域中的应用

　　生物样品中微量元素的分析研究是一门新兴的学科，它与生物学、营养学、环境学、毒理学及临床医学等有着密切关系。

　　生物样品有多种类型，如血液、尿液、毛发、各类脏器和牙齿等；传统中草药多来源于自然界的植物、动物和矿物。这两类样品对于有毒、有害元素测量的浓度通常要求低于 mg/L 级乃至 μg/L 级。VG-AFS 可用于测定生物、医药样品中 As、Sb、Hg、Cd、Pb、Se 等微量元素，具有很高的分析灵敏度，其检出限均可达到 μg/L 级水平，见表 22-5。

表 22-5　生物与医药领域中的应用

测定元素	分析对象	激发光源	分析方法要点	检出限 /(μg/L)	文献
Hg	尿	HCL	尿样于微波消解瓶中加硝酸消化，消解完毕于赶酸仪上赶净酸，加入适量浓盐酸，用水定容，测定	0.003	1
Se, Hg	家禽内脏	HCL	用 HNO_3-H_2O_2 为消解液，微波消解样品，以盐酸为预还原剂和测定介质，Se、Hg 同时测定	Se 0.065 Hg 0.010	2
Pb	中草药	HCL	用 HNO_3+$HClO_4$(4+1)消解样品，以碱性铁氰化钾为氧化剂，柠檬酸为酸介质的氢化物发生体系	0.21	3
Cd	血液	HCL	血样经酸萃取、离心后，取上清液直接测定。简化了前处理的烦琐过程，降低了外来污染和基底干扰	0.00375	4
As	中药材	HHCL	用 HNO_3-H_2O_2(3+1)为消解液，微波消解样品，硫脲-抗坏血酸混合溶液作为预还原剂	0.020	5
Sb	血液	HHCL	用 HNO_3+$HClO_4$(4+1)为消解液，进行微波消解，硫脲-抗坏血酸作为预还原剂	0.112	6
Bi	尿	HHCL	尿液样品用 HNO_3+$HClO_4$(4+1)为消解液，进行微波消解。在酸性溶液中，硫脲-抗坏血酸可消除过渡金属元素的干扰	0.2	7

续表

测定元素	分析对象	激发光源	分析方法要点	检出限/(μg/L)	文献
As, Cd	宫瘤消片	HCL	用 HNO_3-H_2O_2 为消解液，进行微波消解。抗坏血酸-硫脲作为预还原剂	As 0.102 Cd 0.014	8
As, Hg	傣药蓬莱葛	HCL	测 As：用 HNO_3+$HClO_4$ 为消解液，逐级升温控温消解。抗坏血酸-硫脲作为预还原剂； 测 Hg：用 HNO_3-H_2O_2(5+3)消解液微波消解	As 0.0148 Hg 0.1046	9
Pb	全血	HCL	采用硝酸作为消解液，置于微波炉中，进行程控消解	0.15	10
Se	黄芩	HCL	采用 HNO_3+$HClO_4$ 作为消解液，于微波消解仪内消解。消解液加入 6mol/L 盐酸加热至微沸，使六价硒还原为四价硒	0.054	11
As	三七	HCL	采用 HNO_3+$HClO_4$(4+1)的混合溶液，置微波消解炉中进行消解。硫脲作为预还原剂	0.1096	12
	尿	HHCL	儿童尿液经硝酸-过氧化氢消解，抗坏血酸-硫脲预还原	0.03	13
Hg	尿	HCL	采用 HNO_3+$HClO_4$(4+1)的混合溶液，低温消化	0.039	14
	中药材	HCL	用微波消解法对几种常用中药材样品进行前处理，HNO_3+H_2O_2 为消解剂，且按 3+1 比例混合时消化效果最佳	0.014	15
As	指甲	HCL	加入浓硫酸，于电热板上 300℃ 加热至样品消解完全。硫脲-碘化钾混合溶液作为预还原剂	0.0754	16
Hg, As	荆芥	HCL	加 HNO_3+H_2O_2(7+3)消解剂，于微波快速消解仪内微波消解。硫脲-抗坏血酸混合溶液作为预还原剂。Hg、As 同时测定	Hg 0.034 As 0.046	17
As, Hg	中药材	HCL	以 HNO_3+$HClO_4$ 为消解液，在电热板上缓缓加热消解，使样品消化完全。As、Hg 同时测定	As 0.29 Hg 0.013	18
Se	中药材	HHCL	加混酸 HNO_3+$HClO_4$(3+2)，超声处理 15min 后，于电热板上加热在 160~180℃ 控温消解。盐酸溶液(1+1)还原 Se	0.3	19
Bi, Hg	中草药	HCL	加浓硝酸于微波消化罐中，加盖密闭后在微波快速消解仪上消解。试样中共存的离子对测 Bi、Hg 没有干扰	Bi 0.0057 Hg 0.0197	20
As, Hg	冬虫夏草	HCL	用 HNO_3+H_2O_2 为消解液，进行微波消解。硫脲-抗坏血酸混合溶液为预还原剂	As 0.2 Hg 0.02	21
As	中药	HCL	以 HNO_3+H_2O_2 为消解液，采用高压溶样的消解方式消解。硫脲-抗坏血酸作为预还原剂	0.069	22
Se	溪黄草	HCL	经 HNO_3+$HClO_4$(1+1)消解完全、以 6.0mol/L 的盐酸预还原。铁氰化钾-EDTA 作为掩蔽剂，可明显降低金属离子的干扰	0.02	23
Pb	尿	HHCL	采用 HNO_3+$HClO_4$(4+1)作为消解液，置于电热板上加热消化。$K_3Fe(CN)_6$-草酸作为氧化剂和掩蔽剂	0.0866	24
	中草药	HHCL	用水煎煮法提取中草药，HNO_3-H_2O_2 密闭消解体系消解，$K_3Fe(CN)_6$-草酸作为氧化剂和掩蔽剂	0.49	25
As	中草药	HCL	采用硝酸为消解液，于微波消解仪内消解，以盐酸为酸介质，硫脲-抗坏血酸为预还原剂	—	26
Hg	尿	HCL	硫酸-高锰酸钾(5%)为消解液，于电热板上煮沸消解，冷后滴加 20% 盐酸羟胺至高锰酸钾颜色褪尽，放置 30min	0.0044	27
Pb, Hg	冬虫夏草	HCL	以碱性铁氰化钾为氧化剂，在柠檬酸介质中使铅和汞分别产生铅烷和汞蒸气，Pb、Hg 同时测定	Pb 0.3 Hg 0.03	28
Cd	中药材	HCL	以 HNO_3+$HClO_4$(4+1)为消解液，经微波消解后，以二硫腙三氯甲烷、氨基磺酸铵、硫酸钾和氯化钡溶液为掩蔽剂，以硫脲和钴离子为还原催化剂	0.014	29
Ge	灵芝	HCL	用微波密封消解处理，成功地破坏了有机锗，样品最优酸度为 20% H_3PO_4，5%H_2SO_4 增强锗的荧光强度	0.83	30
Hg	中药	HCL	试样于聚四氟乙烯内胆中，加入硝酸-过氧化氢消解液，旋紧压力罐置于烘箱中，控温于 130℃ 加热 2~3h 进行消解	0.03	31
Hg	中药	HCL	采用 HNO_3-H_2O_2 体系和聚四氟乙烯高压釜消解中药样品	0.021	32
Pb	中药	HCL	采用 HNO_3-H_2O_2 体系和高压釜消解法，测定了中药党参、黄芪、巴戟天中的铅。$K_3Fe(CN)_6$+草酸为氧化剂和掩蔽剂	0.08	33

续表

测定元素	分析对象	激发光源	分析方法要点	检出限/(μg/L)	文献
As	中草药	HCL	用 HNO_3-H_2O_2(5+1) 为消解液, 在电炉上加热消解样品。以 50g/L 硫脲+50g/L 抗坏血酸为预还原抗干扰剂	0.103	34
Se	血清	HCL	加入 HNO_3+$HClO_4$(4+1) 混合酸, 于 140℃ 恒温电炉上加热消化	0.51	35
As, Hg	尿	HCL	以 HNO_3+$HClO_4$ 为消解液, 于电热板上, 在 150℃ 左右控温消解。硫脲-抗坏血酸为还原剂, As、Hg 同时测定	As 0.36 Hg 0.048	36

注: EDL 为无极放电灯; HCL 为空心阴极灯; HHCL 为高强度空心阴极灯。

本表参考文献:

1 高丽红, 俎志平, 仝玉平, 等. 河南预防医学杂质, 2014, 25(1): 35.
2 蒋丽容, 郎春燕, 杨海波. 分析试验室, 2013, 32(6): 108.
3 孙汉文, 锁然. 分析测试学报, 2002, 21(3): 67.
4 李坤, 胥艳, 郭文静. 中国卫生检验杂志, 2013, 23(4): 821.
5 刘桂英, 王少斌. 理化检验-化学分册, 2012, 48: 53.
6 朱晓超. 理化检验-化学分册, 2012, 48(6): 720.
7 朱晓超. 中国卫生检验杂志, 2012, 22(12): 2814.
8 运行, 安迎雪, 尤海丹. 药物分析杂志, 2012, 32(2): 289.
9 叶艳青, 马金晶, 杨新周, 等. 药物分析杂志, 2012, 32(3): 443.
10 黄欣, 陈红香, 徐廷富. 微量元素与健康研究, 2012, 29(2): 47.
11 卑占宇, 罗晓冰, 郭小慧. 光谱实验室, 2012, 29(4): 2317.
12 冷静, 魏伯平, 杨华蓉, 等. 中国实验方剂学杂志, 2011, 17(19): 54.
13 辛华, 徐芳, 周伟. 光谱学与光谱分析, 2011, 31(12): 3392.
14 陈宇鸿, 沈仁富. 中国卫生检验杂志, 2011, 21(1): 61.
15 刘桂英, 冯保智. 中国卫生检验杂志, 2011, 21(2): 346.
16 陈兴利. 中国卫生检验杂志, 2010, 20(4): 925.
17 卑占宇, 杨木华. 理化检验-化学分册, 2010, 46(8): 971.
18 曾晓丹, 朱琳, 王建刚. 分析科学学报, 2010, 26(4): 478.
19 谢娟平, 吴星. 光谱实验室, 2010, 27(5): 1933.
20 徐文军. 分析试验室, 2009, 28(11): 102.
21 师存杰, 汪正花. 理化检验-化学分册, 2009, 45(11): 1317.
22 朱永琴, 石杰. 光谱学与光谱分析, 2007, 27(12): 2585.
23 王雪红, 朱红华. 中国卫生检验杂志, 2007, 17(3): 460.
24 王莉坤. 分析试验室, 2007, 26 增刊: 94.
25 宋文同, 鲁立强, 汤志勇, 等. 分析试验室, 2007, 26(12): 56.
26 彭湘君, 李银保, 余磊, 等. 光谱实验室, 2006, 23(6): 1201.
27 张纪满, 程良智. 中国卫生检验杂志, 2006, 16(7): 877.
28 范春蕾, 梁振益. 化学分析计量, 2006, 15(2): 30.
29 杨东才, 宁冬青, 李为理, 等. 药物分析杂志, 2006, 26(1): 30.
30 宋雪洁, 张峰, 段太成, 等. 分析化学研究简报, 2005, 33(9): 1307.
31 石杰, 蒋永贵, 朱永琴, 等. 理化检验-化学分册, 2005, 41(11): 835.
32 石杰, 朱永琴, 龚雪云. 光谱学与光谱分析, 2004, 24(7): 893.
33 石杰, 龚雪云, 朱永琴. 光谱学与光谱分析, 2004, 24(11): 1451.
34 杨莉丽, 张德强, 高英, 等. 分析试验室, 2003, 22(2): 57.
35 叶蔚云, 司徒伟强, 杜二青. 中国卫生检验杂志, 2003, 13(3): 297.
36 陈剑刚, 胡小玲, 任坚, 等. 中国卫生检验杂志, 2002, 12(3): 264.

第六节 化工与轻工产品领域中的应用

化工工业是生产化学制品的化工行业, 主要包括染料、涂料、表面活性剂、化学试剂等。轻工产品可包括皮革和毛衣制品、烟草加工、造纸、玩具、日用化学制品、化妆品等。

VG-AFS 用于测定化工、轻工产品中 As、Hg、Cd、Pb 等重金属元素, 具有灵敏度高、重现性好和分析速度快等特点, 且已建立了各项国家标准。如 GB/T 17593.4—2006《纺织品 重金属的测定 第 4 部分: 砷、汞原子荧光分光光度法》, 应用 VG-AFS 测定化工、轻工产品的应用实例, 见表 22-6。

表 22-6 化工与轻工产品领域中的应用

测定元素	分析对象	激发光源	分析方法要点	检出限/(μg/L)	文献
As	粉底液	HCL	采用 HNO₃-H₂SO₄-HClO₄ 作为消解液,于控温消解器中湿式消解,AFS 检测	0.025	1
	工业硫酸	HHCL	将试样缓慢加于盛有少量水的烧杯中,冷却后加硫脲还原高价砷为三价,并掩蔽部分干扰离子	0.022	2
	硫黄	HCL	用 HNO₃ 进行微波消解,功率经 14min 达到 600W 并保持 20min;硫脲-抗坏血酸作为预还原剂	0.03	3
Hg	聚乙烯	HHCL	取颗粒试样于聚四氟乙烯微波消解罐中,加入浓 HNO₃ 和 H₂O₂,浸泡过夜,再进行微波消解	0.003	4
Pb	化妆品	HCL	取适量化妆品依次加入 HNO₃-HClO₄-H₂O₂ 消解,铁氰化钾作为氧化剂,提高了铅的氢化物生成效率	0.022	5
As	卷烟	HCL	加入 HNO₃ 放置过夜,次日加 H₂O₂ 微波消解。以硫脲-抗坏血酸作为掩蔽剂和还原剂	1ng/g	6
	固体废弃物	HCL	氧化皮粉末样品经盐酸溶解,硫脲-抗坏血酸为还原剂,标准系列不需添加铁基体	0.12	7
	硫酸	HCL	以硫脲-抗坏血酸为还原剂,直接测定硫酸中的砷含量	0.21	8
	工业黄磷	HCL	用 9mol/L 硝酸溶液氧化成磷酸后,再加入(1+2)硫酸溶液,加热缓缓消解	0.11	9
	ABS 固体样品	HCL	采用介质阻挡放电(DBD)方式产生低温等离子体,剥蚀固体样品后产生的元素蒸气引入到原子荧光光谱仪进行检测	0.91 mg/kg	10
Hg	陶瓷样品	HCL	用 HNO₃-H₂O₂ 作为消解液,于烘箱中高压消解法处理陶瓷样品	0.004	11
	粉底液	HCL	用 HNO₃-H₂O₂(3:1)为消解液,于微波消解仪内,梯度加压消解	0.0738	12
Hg, Se	毛绒玩具	HCL	加入 0.07mol/L 盐酸溶液,恒温(37℃±2℃)1min,调节 pH 值到 1.0~1.5,混合物避光,恒温振摇 1h,分离后待测	Hg 0.02 Se 0.01	13
Cd	色母粒	HHCL	用 HNO₃-H₂O₂ 为消解液,微波消解溶样,以 717 型阴离子交换树脂吸附分离 Cd。消除了铅、铜等的干扰	0.100	14
Se	玩具材料	HCL	按 GB 6675—2003 进行采样和萃取,探讨了共存离子干扰,采用 K₃Fe(CN)₆ 掩蔽剂可消除常见共存元素的干扰	0.062	15
Sb, Sn	涉水管材	HCL	在 25℃±5℃ 避光条件下用 pH=8 浸泡水,硬度为 100mg/L,有效氯为 2mg/L 的水浸泡。硫脲-抗坏血酸为还原剂	Sb 0.0424 Sn 0.8507	16
As	接装纸	HCL	在微波条件下,HNO₃+HF+HCl+H₂O₂=6+0.2+1+1 将接装纸样品消解	0.00138	17
Hg	聚合氯化铝	HCL	用 KBrO₃-KBr 反应生成溴以消解试样,并将汞转化为 Hg²⁺。用盐酸羟胺还原过剩的氧化剂	0.054	18
As, Hg	化妆品	HCL	用 HNO₃-H₂O₂ 为消解液,先于沸水浴中加热预消解,再用微波消解处理样品,As、Hg 同时测试	As 0.018 Hg 0.0022	19
Sb	化妆品	HCL	用 HNO₃-H₂O₂ 为消解液,微波炉消解,硫脲-抗坏血酸预还原	0.0266	20
Pb	化妆品	HCL	用 HNO₃-HClO₄(4:1)混合酸 10mL,浓 HNO₃ 2mL,浸泡,放置过夜,加热消解。以铁氰化钾-草酸溶液作为氧化剂和掩蔽剂	0.25	21
As	黄磷	HHCL	采用硝酸-硫酸(1+1)作为消解液,盖上表面皿,在低温电热板上稍加热消解。硫脲-抗坏血酸混合溶液作为预还原掩蔽剂	0.03	22
Se	化妆品	HCL	用 HNO₃-HClO₄ 加热消解,盐酸可以使硒(Ⅵ)还原成硒(Ⅳ)	0.081	23
As, Sb	纺织品	HCL	样品于锥形瓶中,加入人工酸性汗液,塞紧瓶塞。将锥形瓶置于 37℃±2℃ 的恒温水浴中,振荡 1h。L-半胱氨酸为预还原剂	As 0.35 Sb 0.22	24
As	化妆品	HCL	用 HNO₃-H₂O₂(3:2)作为消解液,微波消解处理样品。硫脲-抗坏血酸混合溶液为预还原剂	0.86	25
As, Hg	纺织品	HCL	样品用模拟汗液(酸性、碱性)和唾液,在 37℃±2℃ 下浸泡 1h 后,于 37℃±2℃ 下放置 1h 萃取,硫脲+抗坏血酸溶液为掩蔽剂	As 0.03 Hg 0.01	26
Pb	洗发露	HCL	用 HNO₃-HClO₄(4:1)为消解液,在控温消化炉上加热消解。铁氰化钾+草酸作为氧化剂和掩蔽剂	0.11	27
Bi	化妆品	HCL	用 HNO₃-H₂O₂ 为消解液,在水浴上加热预处理 0.5h,然后微波消解	0.65	28

续表

测定元素	分析对象	激发光源	分析方法要点	检出限/(μg/L)	文献
Hg	化妆品	HCL	用 HNO_3-H_2O_2(5∶2)消解液，沸水浴 2h，浸提法处理样品(不含蜡质)	0.032	29
Se	香波	HCL	用 HNO_3-$HClO_4$ 为消解液，加热消解。6mol/L 盐酸将硒(Ⅵ)还原为硒(Ⅳ)。10g/L $NaBH_4$ 为还原剂，在 2mol/L 盐酸介质中测定	0.5	30
Pb	化妆品	HCL	样品于瓷坩埚中小火炭化，在 500℃ 灰化 4h。加(3+1)HNO_3 和 $HClO_4$ 加热消解。$K_3Fe(CN)_6$ 和 $H_2C_2O_4$ 溶液作为氧化剂和干扰抑制剂	0.02	31
Hg	电池	HCL	加入水和硝酸反应平静后，加入盐酸，加热微沸 15min	0.02	32

注：EDL 为无极放电灯；HCL 为空心阴极灯；HIHCL 为高强度空心阴极灯。

本表参考文献：

1 杨丽君，王小静，李倩，等. 预防医学论坛，2013，19(6)：439.

2 邱爱玲，范晓明，邹惠玲，等. 硫酸工业，2013，(3)：37.

3 刘小莉，乔广军，杜莲，等. 应用化工，2013，42(11)：2100.

4 黄辉，于成广，李本涛，等. 化学分析计量，2013，22(3)：57.

5 邓淼，杨新安，张王兵. 安徽工业大学学报(自然科学版)，2013，30(2)：142.

6 谢恩平，蔡述伟. 化学分析计量，2013，22(1)：51.

7 张庆建，丁仕兵，郭兵. 中国无机分析化学，2013，3(2)：25.

8 李合庆. 有色矿冶，2012，28(2)：52.

9 钟宏波，邵青松，陈泉，等. 贵州化工，2012，37(3)：34.

10 杨萌，薛蛟，李铭，等. 分析化学研究报告，2012，40(8)：1164.

11 白彦真，谢英荷，张小红. 安徽农学通报，2012，18(13)：184.

12 吴远婵. 广东化工，2012，39(13)：140.

13 束琴霞，邹勇平. 光谱实验室，2012，29(4)：2473.

14 周谐非，王琳琳，杨彦丽. 分析试验室，2012，31(4)：106.

15 黄开胜，扈蓉，陈丽琼，等. 光谱实验室，2012，29(5)：3005.

16 袁金华，陈辉，于平胜，等. 中国卫生检验杂志，2011，21(11)：2642.

17 雷敏，李绍晔，杨春平，等. 烟草化学，2010，(4)：44.

18 陈志慧. 供水技术，2010，4(2)：53.

19 刘双德. 现代预防医学，2010，37(7)：1336.

20 刘亚丽，楼文斌，许菲菲，等. 应用化工，2009，38(6)：901.

21 林敏智. 化学分析计量，2008，17(6)：43.

22 任永胜，马红琼，李军，等. 理化检验-化学分册，2007，43(7)：564.

23 吕化鹏，时圣勇，颜秉浩. 光谱实验室，2007，24(6)：1037.

24 吕水源，戴金兰，钟茂生. 光谱学与光谱分析，2006，26(7)：1352.

25 任韧，孙华. 中国卫生检验杂志，2005，15(6)：706.

26 孙建刚，吴亚波，刘丽萍，等. 光谱实验室，2004，21(6)：1088.

27 王章敬，陈华，张青松. 福建分析测试，2004，13(1)：1910.

28 连晓文，杜达安，蔡文华. 中国卫生检验杂志，2003，13(5)：620.

29 刘丽萍，王鹏，马腾蛟. 理化检验-化学分册，2002，38(1)：35.

30 王军，孙维. 微量元素与健康研究，2002，19(3)：58.

31 张平，尚鹏. 武汉化工学院学报，2002，24(4)：22.

32 刘爱洁，傅明，陈新焕. 光谱实验室，2001，18(3)：401.

第七节　石油及其加工产品领域中的应用

石油及石油产品中金属和非金属元素含量的多少，是评价炼油工艺及其产品质量的重要指标之一。目前从原油中鉴定出的金属和非金属元素约有 30 多种，主要有 As、Zn、Pb、Cd、Hg、Fe、Na、Mg、Ni、V、Zn 等。

VG-AFS 具有灵敏度高、检出限低、分析速度快等优点，在金属和非金属元素分析检测中起着重要作用。应用 VG-AFS 测定原油中 As 已有行业标准，如：SY/T 0528—2008《原油中砷含量的测定　原子荧光光谱法》，VG-AFS 测定石油及其产品中 As、Pb、Hg 等元素的应用实例，见表 22-7。

表 22-7 石油及其加工产品领域中的应用

测定元素	分析对象	激发光源	分析方法要点	检出限/(µg/L)	文献
As	原油	HCL	取适量的原油样品加入 HNO_3 进行微波消解。消解液中加入 H_2O_2 于控温加热板上加热，使残余的酸挥发至 2mL 左右	—	1
As	石脑油	HCL	用酸萃取石脑油中的无机金属元素，萃取液加热消解，将其中各种形态的砷转化为 As(V)；加入硫脲-抗坏血酸溶液还原为 As(Ⅲ)	0.020	2
Pb, As, Hg	原油	HHCL HHCL HCL	HNO_3-H_2O_2(10+2) 作为消解剂，微波消解样品，以硫脲为预还原剂	0.05mg/kg 0.05mg/kg 0.01mg/kg	3
As	石脑油	HCL	盐酸溶液(1:1)萃取石脑油中的砷化物，加硫脲溶液为预还原剂	0.02	4
As, Hg	重油	HCL	用 HNO_3-H_2O_2(8:1)消解液，微波消解处理样品，以硫脲为预还原剂，As、Hg 同时测定	As 0.009 Hg 0.007	5
Pb, As	原油和燃料油	HCL	Pb: 将浸泡过 0.1% $NH_4H_2PO_4$ 溶液的定量滤纸盖在油样上，微波灰化，550℃下灰化 1.5h。以铁氰化钾-草酸作为基体改进剂 As: 将 4.0g $Mg(NO_3)_2$ 和 0.4g MgO 覆盖于油样上，微波灰化，450℃炉温下灰化 3h	Pb 0.32 As 0.50	6
As	重整原料油	HCL	H_2SO_4(1+1)+H_2O_2 加热消解样品。硫脲-抗坏血酸作为预还原剂	0.02	7
As	石脑油	HCL	用 H_2SO_4-H_2O_2 溶液萃取砷化物，加热消解，硫脲-抗坏血酸混合溶液作为预还原剂	0.020	8
As, Hg	石脑油	HCL	用 HNO_3-H_2O_2(5:1)为消解液，微波消解法处理样品，硫脲-抗坏血酸溶液为还原掩蔽剂，消除硝酸对砷测定的干扰	As 0.11 Hg 0.045	9

注：EDL 为无极放电灯；HCL 为空心阴极灯；HHCL 为高强度空心阴极灯

本表参考文献：
1 魏哲. 现代仪器, 2012, 18(4): 92.
2 杜莲, 李瑞华. 应用化工, 2012, 41(10): 1828.
3 王豪, 邬蓓蕾, 陈平, 等. 理化检验-化学分册, 2012, 48(9): 1027.
4 李芬, 李永军. 中国石油和化工标准与质量, 2011, (4): 88.
5 赵荣林, 凌凤香, 孙振国, 等. 光散射学报, 2010, 22(1): 90.
6 王楼明, 叶锐钧, 林燕奎, 等. 化学分析计量, 2009, 18(2): 33.
7 安全建, 曹敏. 化学工业与工程技术, 2008, 29(6): 49.
8 王树青, 杨德凤, 张小确. 石油炼制与化工, 2008, 39(1): 66.
9 马名扬, 张丽佳, 徐万祥. 理化检验-化学分册, 2008, 44(12): 1184.

第八节　原子荧光光谱分析方法现行标准

原子荧光光谱分析技术相关方法标准，截至 2014 年底共发布了 140 项，其中国家标准 63 项，行业标准 77 项。收录的范围包括了原子荧光光谱法的通则及规程，涵盖了黑色金属材料、有色金属材料、地质、矿产资源、环境、食品及农副产品、能源及化工、电子材料等领域，见表 22-8。

表 22-8 原子荧光光谱分析方法现行标准目录一览表

标准号	标准名称
1. 通则及规程	
GB/T 21191—2007	原子荧光光谱仪
DZ/T 0183—1997	原子荧光光度计通用技术条件
JJG 939—2009	原子荧光光度计
2. 黑色金属材料	
GB/T 223.80—2007	钢　钢铁及合金　铋和砷含量的测定　氢化物发生-原子荧光光谱法
GB/T 20127.2—2006	钢铁及合金　痕量元素的测定　第2部分：氢化物发生-原子荧光光谱法测定砷的含量

续表

标 准 号	标 准 名 称
GB/T 20127.8—2006	钢铁及合金 痕量元素的测定 第8部分: 氢化物发生-原子荧光光谱法测定锑的含量
GB/T 20127.1—2006	钢铁及合金 痕量元素的测定 第10部分: 氢化物发生-原子荧光光谱法测定硒的含量
SN/T 3323.4—2012	氧化铁皮 第4部分: 砷、汞元素测定 原子荧光光谱法
3. 有色金属材料	
GB/T 3253.6—2008	锑及三氧化二锑化学分析方法 硒的测定 原子荧光光谱法
GB/T 3253.7—2009	锑及三氧化二锑化学分析方法 铋量的测定 原子荧光光谱法
GB/T 3253.10—2009	锑及三氧化二锑化学分析方法 汞量的测定 原子荧光光谱法
GB/T 5121.6—2008	铜及铜合金化学分析方法 第6部分: 铋含量的测定
GB/T 5121.7—2008	铜及铜合金化学分析方法 第7部分: 砷含量的测定
GB/T 5121.12—2008	铜及铜合金化学分析方法 第12部分: 锑含量的测定
GB/T 5121.24—2008	铜及铜合金化学分析方法 第24部分: 硒、碲含量的测定
GB/T 11066.9—2009	金化学分析方法 砷和锡的测定 氢 氢化物发生-原子荧光光谱法
GB/T 12689.2—2004	锌及锌合金化学分析方法 砷量的测定 原子荧光光谱法
GB/T 12689.9—2004	锌及锌合金化学分析方法 锑量的测定 原子荧光光谱法和火焰原子吸收光谱法
GB/T 13293.2—1991	高纯阴极铜化学分析方法 氢化物发生-无色散原子荧光光谱法测定铋量
GB/T 23273.3—2009	草酸钴化学分析方法 第3部分: 砷量的测定 氢化物发生-原子荧光光谱法
GB/T 23364.1—2009	高纯氧纯铟化学分析方法 第1部分: 砷量的测定 原子荧光光谱法
GB/T 23364.3—2009	高纯氧纯铟化学分析方法 第3部分: 锑量的测定 原子荧光光谱法
GB/T 23362.1—2009	高纯氢氧化铟化学分析方法 第1部分: 砷量的测定 原子荧光光谱法
GB/T 23362.3—2009	高纯氢氧化铟化学分析方法 第3部分: 锑量的测定 原子荧光光谱法
SN/T 2092—2008	进出口锑锭中硒含量的测定.原子荧光光谱法
YS/T 521.3—2009	粗铜化学分析方法 第3部分: 砷量的测定 方法1氢化物发生-原子荧光光谱法
YS/T 872—2013	工业镓化学分析方法 汞含量的测定 原子荧光光谱法
YS/T 745.8—2010	铜阳极泥化学分析方法 第8部分 砷量的测定 氢化物发生-原子荧光光谱法
YS/T 226.1—2009	硒化学分析方法 第1部分: 铋量的测定 氢化物发生-原子荧光光谱法
YS/T 226.2—2009	硒化学分析方法 第2部分: 锑量的测定 氢化物发生-原子荧光光谱法
YS/T 536.7—2009	铋化学分析方法 砷量的测定 原子荧光光谱法
YS/T 536.11—2009	铋化学分析方法 汞量的测定 原子荧光光谱法
YS/T 710.4—2009	氧化钴化学分析方法 第4部分: 砷量的测定 原子荧光光谱法
YS/T 74.1—2010	镉化学分析方法 第1部分 砷量的测定 氢化物发生-原子荧光光谱法
YS/T 74.2—2010	镉化学分析方法 第2部分 锑量的测定 氢化物发生-原子荧光光谱法
YS/T 74.2—2010	镉化学分析方法 第9部分 锡量的测定 氢化物发生-原子荧光光谱法
YS/T 227.1—2010	碲化学分析方法 第1部分 铋量的测定 氢化物发生-原子荧光光谱法
YS/T 227.10—2010	碲化学分析方法 第10部分 砷量的测定 氢化物发生-原子荧光光谱法
YS/T 229.2—2013	高纯铅化学分析方法 第2部分: 砷量的测定 原子荧光光谱法
YS/T 229.3—2013	高纯铅化学分析方法 第3部分: 锑量的测定 原子荧光光谱法
4. 地质、矿产资源	
GB/T 3884.9—2012	铜精矿化学分析方法 第9部分: 砷和铋量的测定
GB/T 8151.7—2012	锌精矿化学分析方法 第7部分: 砷量的测定 氢化物发生-原子荧光光谱法等
GB/T 8151.10—2012	锌精矿化学分析方法 第10部分: 锡量的测定 氢化物发生-原子荧光光谱法
GB/T 8151.11—2012	锌精矿化学分析方法 第11部分: 锑量的测定 氢化物发生-原子荧光光谱法
GB/T 8151.13—2012	锌精矿化学分析方法 第13部分: 锗量的测定 氢化物发生-原子荧光光谱法
GB/T 3884.1—2012	铜精矿化学分析方法 第10部分: 锑量的测定 氢化物发生-原子荧光光谱法
GB/T 8151.15—2005	锌精矿化学分析方法 汞量的测定 原子荧光光谱法
GB/T 8152.5—2006	铅精矿化学分析方法 砷量的测定 原子荧光光谱法

标 准 号	标 准 名 称
GB/T 8152.11—2006	铅精矿化学分析方法 汞量的测定 原子荧光光谱法
GB/T 14353.8—2010	铜矿石、铅矿石和锌矿石化学分析方法 第 8 部分：铋量的测定
GB/T 14353.14—2014	铜矿石、铅矿石和锌矿石化学分析方法 第 14 部分：锗量测定
GB/T 14353.15—2014	铜矿石、铅矿石和锌矿石化学分析方法 第 15 部分：硒量测定
GB/T 4325.3—2013	钼化学分析方法 第 3 部分 铋量的测定 原子荧光光谱法
GB/T 4325.4—2013	钼化学分析方法 第 4 部分 锡量的测定 原子荧光光谱法
GB/T 4325.5—2013	钼化学分析方法 第 5 部分 锑量的测定 原子荧光光谱法
GB/T 4325.6—2013	钼化学分析方法 第 6 部分 砷量的测定 原子荧光光谱法
EJ/T 1149—2001	含铀矿石中微量铋、汞的测定 氢化物发生-原子荧光光谱法
EJ/T 754—1993	原子荧光光谱法测定含铀岩石中的微量硒
YS/T 461.6—2013	混合铅锌精矿化学分析方法 第 6 部分：汞量的测定 原子荧光光谱法
YS/T 472.3—2005	镍精矿、钴硫精矿化学分析方法 汞量的测定 氢化物发生-原子荧光光谱法
YS/T 472.5—2005	镍精矿、钴硫精矿化学分析方法 砷量的测定 氢化物发生-原子荧光光谱法
YS/T 555.3—2009	钼精矿化学分析方法 砷量的测定 原子荧光光谱法和 DDTC-Ag 分光光度法
YS/T 555.4—2009	钼精矿化学分析方法 锡量的测定 原子荧光光谱法
YS/T 556.6—2009	锑精矿化学分析方法 第 6 部分 硒量的测定 氢化物发生-原子荧光光谱法
YS/T 556.7—2009	锑精矿化学分析方法 第 7 部分 汞量的测定 原子荧光光谱法
YS/T 820.17—2012	红土镍矿化学分析方法 第 17 部分：砷、锑、铋量的测定 氢化物发生-原子荧光光谱法
YS/T 461.6—2013	混合铅锌精矿化学分析方法 第 6 部分：汞量的测定 原子荧光光谱法
SN/T 2680—2010	铁矿石中砷、汞、镉、铅、铋含量的测定 原子荧光光谱法
SN/T 3349—2012	黄金矿砂中汞含量的测定 原子荧光光谱法
SN/T 3370—2012	钨矿中砷、汞含量的测定 原子荧光光谱法
SN/T 2765.3—2013	铁矿石中砷、汞含量的同时测定 微波消解-原子荧光光谱法
5. 环境	
GB/T 22105.1—2008	土壤质量 总汞、总砷、总铅的测定 原子荧光法 第 1 部分：土壤中总汞测定
GB/T 22105.2—2008	土壤质量 总汞、总砷、总铅的测定 原子荧光法 第 2 部分：土壤中总砷测定
GB/T 22105.3—2008	土壤质量 总汞、总砷、总铅的测定 原子荧光法 第 3 部分：土壤中总铅测定
GB/T 8538—2008	饮用天然矿泉水检验方法
GB/T 5750.6—2006	生活饮用水标准检验方法 金属指标
GB 17378.4—2007	《海洋监测规范》第四部分：原子荧光法测定海水中砷、汞；测定生物体中砷、汞；测定沉积物中砷、汞的技术规程
GBZ/T 160.14—2004	工作场所空气中汞及其化合物的测定方法
CJ/T 142—2001	城市供水 锑的测定
DZ/T 0064.11—1993	地下水质检验方法 气液分离氢化物-原子荧光法测定砷
DZ/T 0064.38—1993	地下水质检验方法 原子荧光法测定硒
HJ/T 341—2007	水质 汞的测定 冷原子荧光法
HJ 542—2009	环境空气 汞的测定 巯基棉富集-冷原子荧光分光光度法(暂行)
HJ 702—2014	固体废物 汞、砷、硒、铋、锑的测定 微波消解原子荧光法
HJ 694—2014	水质 汞、砷、硒、铋和锑的测定 原子荧光法
NY/T 1104—2006	土壤中全硒的测定
NY/T 1121.10—2006	土壤检测 第 10 部分 土壤总汞的测定
NY/T 1121.11—2006	土壤检测 第 11 部分 土壤总砷的测定
SL 327.1—2005	水质 砷的测定 原子荧光光度法
SL 327.2—2005	水质 汞的测定 原子荧光光度法
SL 327.3—2005	水质 硒的测定 原子荧光光度法

标　准　号	标　准　名　称
SL 327.4—2005	水质　铅的测定　原子荧光光度法
HY/T 152—2013	海水中三价砷和五价砷形态分析　原子荧光光谱法
6. 食品及农副产品	
GB/T 5009.12—2010	食品安全国家标准　食品中铅的测定
GB/T 5009.15—2003	食品卫生检验方法　食品中镉的测定
GB/T 5009.15—2014	食品安全国家标准　食品中镉的测定
GB/T 5009.16—2014	食品安全国家标准　食品中锡的测定
GB/T 5009.17—2003	食品卫生检验方法　食品中总汞及有机汞的测定
GB/T 5009.93—2010	食品安全国家标准　食品中硒的测定
GB/T 5009.13—2003	食品卫生检验方法　食品中锑的测定
GB/T 5009.151—2003	食品卫生检验方法　食品中锗的测定
GB/T 13079—2006	饲料中总砷的测定
GB/T 13081—2006	饲料中汞的测定
GB/T 13883—2008	饲料中硒的测定
GB/T 21729—2008	茶叶中硒含量的检测方法
GB/T 23869—2009	花粉中总汞的测定方法
NY/T 1099—2006	稻米中总砷的测定　原子荧光光谱法
NY/T 1945—2010	饲料中硒的测定　微波消解-原子荧光光谱法
SN/T 1643—2005	进出口水产品中砷的测定　氢化物-原子荧光光谱法
SN/T 1910—2007	进出口卷烟纸中汞含量的测定　原子荧光法
SN/T 2679—2010	木材及木制品中砷含量的测定　氢化物发生-原子荧光光谱法
SN/T 2888—2011	出口食品接触材料　高分子材料　高密度聚乙烯中锑的测定　原子荧光光谱法
SN/T 2900—2011	出口食品接触材料　纸、再生纤维材料砷的测定　原子荧光光谱法
SN/T 3941—2014	食品接触材料　食品容器中铅、镉、砷和锑迁移量的测定　氢化物发生-原子荧光光谱法
SN/T 3034—2011	出口水产品中无机汞、甲基汞和乙基汞的测定　液相色谱-原子荧光光谱联用法
SN/T 3134—2012	出口动物源性食品中硫柳汞残留量的测定　液相色谱-原子荧光光谱法
YC/T 221—2007	烟草及烟草制品　硒的测定　原子荧光法
YC/T 250—2008	烟草及烟草制品　汞、铅、砷含量的测定　氢化物原子荧光光度法
7. 能源及化工	
GB/T 16659—2008	煤中汞的测定方法
GB/T 16781.2—2010	天然气　汞含量的测定　第 2 部分：金-铂合金汞齐化取样法
GB/T 22804—2008	纸浆、纸和纸板　汞含量的测定
GB/T 17593.4—2006	纺织品　重金属的测定　第 4 部分：砷、汞原子荧光光度法
QB 2930.2—2008	油墨中某些有害元素的限量及其测定方法　第 2 部分：铅、汞、镉、六价铬
SY/T 0528—2008	原油中砷含量的测定　原子荧光光谱法
NY/T 1978—2010	肥料　汞、砷、镉、铅、铬含量的测定
SN/T3117—2012	皮革中砷、锑和汞的测定　原子荧光光谱法
SN/T 1634—2005	瓦楞纸板中镉、铬、铅、汞的测定(汞/原子荧光光谱法)
SN/T3188—2012	原油中铅、砷、汞元素的测定　原子荧光光谱法
SN/T 3479—2013	进出口化妆品中汞、砷、铅的测定方法　原子荧光光谱法
SN/T 3249.3—2012	仿真饰品　第 3 部分：锑、汞含量的测定　原子荧光光谱法
SN/T 3534—2013	搪瓷及玻璃器皿中砷、锑溶出量的测定　原子荧光法
SN/T 3521—2013	进口煤炭中砷、汞含量的同时测定　氢化物发生-原子荧光光谱法
SN/T 3520—2013	橡胶及其制品中汞含量的测定　原子荧光光谱法

第四篇

标 准 号	标 准 名 称
SN/T 0736.15—2013	进出口化肥检验方法　第 15 部分: 微波消解-原子荧光光谱法同时测定砷、汞含量
HG/T 4550.4—2013	废弃化学品中镉的测定　第 4 部分: 原子荧光法
8. 电子材料	
GB/T 29783—2013	电子电气产品中六价铬的测定　原子荧光光谱法
GB/Z 21274—2007	电子电气产品中限用物质铅、汞、镉检测方法
SN/T 2004.1—2005	电子电气产品中汞的测定　第 1 部分: 原子荧光光谱法
SN/T 2004.7—2006	电子电气产品中铅、镉的测定　第 7 部分: 原子荧光光谱法

第五篇

X 射线荧光光谱分析

X 射线探测与分析技术的发展是随着原子物理学的进步而逐渐发展壮大起来的。自 1666 年牛顿发现光谱之后，原子物理学和光谱学在 19 世纪末 20 世纪初获得了快速发展，1885 年巴尔末发现氢光谱线系，1887 年赫兹发现光电效应，1895 年伦琴发现 X 射线，1896 年贝克勒尔发现放射线，1897 年汤姆逊发现电子，1900 年普朗克提出量子理论，1911 年卢瑟福证实了原子核结构，1913 年玻尔理论发表。特别是在 1910 年，第一次获得了特征 X 射线光谱，从而奠定了 X 射线光谱学的基础。

至 20 世纪 50 年代，开始出现商用 X 射线发射与荧光光谱仪，60 年代出现能量色散 X 射线荧光光谱仪，此后不断研发出全反射 X 射线荧光光谱仪及质子探针、微区 X 射线光谱和 X 射线近边吸收谱等 X 射线光谱分析技术，使其研究和应用领域得到迅速扩展。特别是在最近 10 年，能量探测器和微区 X 射线光谱分析技术的发展十分迅速，极大地推动并促进了相关学科领域的进步。

光的形式多种多样，如红外线、可见光、紫外光、X 射线、伽马辐射等。零下几百摄氏度的极低温仍可产生低能无线电波和微波光子，大约 30℃ 左右的物体（如人体）可产生红外线，数百万摄氏度的极高温物体会发射 X 射线。X 射线是一种人眼看不见的高能光。X 射线光子的能量范围在 0.1～100keV，对应的波长约为 0.001～50nm。例如元素 Li 的特征 X 射线能量为 0.052keV，而 U 和 Am 分别为 98.428keV 和 106.351keV。

X 射线能量大，具有很强的穿透能力。例如可以穿透骨骼、皮肤组织，用于胸透、脑 CT 等疾病诊断；也可以用于工业材料探伤，进行桥梁、钢轨等的裂纹鉴定等。由于 X 射线是一种无损、原位检测技术，因此在安检、文物、珠宝、薄层分析等领域得到了广泛应用。其可以遥控和自控分析的特点，也使其成为核意外、工矿在线测定及宇宙、火星太空探索中的重要工具。在过去 10 多年间发展起来的微区 X 射线光谱分析技术、同步辐射 X 射线吸收谱技术等，将微区和形态分析相结合，更是让该项技术得到了空前的快速发展。同时，将扫描电镜、X 射线能谱、微区及吸收谱技术结合应用也是近年来的一个发展趋势。

本篇分为 X 射线荧光光谱分析原理、X 射线荧光光谱仪、X 射线荧光光谱分析样品制备技术、X 射线荧光光谱定量分析方法与数据处理、微区 X 射线光谱分析技术与应用、X 射线荧光光谱分析应用、XRF 分析标准物质与标准方法 7 个章节，并在后面附录有关 X 射线光谱学与光谱分析所需的重要数据，供大家查阅参考。

第二十三章　X 射线荧光光谱分析原理

当一束能量足够高的入射 X 射线照射物质的组成原子后，原子的内层电子将被激发，外层电子会向内层电子跃迁，并发射二次 X 射线，称为 X 射线荧光。原子受激产生的 X 射线荧光具有特征性，与物质组成原子相关。利用特征 X 射线荧光能量大小可识别物质元素组成，进行物质成分定性分析，特征 X 射线荧光的强度与物质组成元素的含量成正比，可用来进行物质组成元素的定量分析。本章将概述 X 射线荧光的基本物理性质与分析原理。对基本原理更详尽的介绍，读者可参见本章后所列文献和专著[1~7]。

第一节　X 射线产生原理

X 射线主要通过三种方式产生，即宇宙 X 射线、同步辐射源及 X 射线管。

一、宇宙 X 射线

宇宙 X 射线的起源是复杂的，是天体物理中的研究内容之一。X 射线在宇宙中普遍存在，既可由极高温物体产生，也可在双星体系下产生。在太空探索中，例如火星探路者号及中国嫦娥计划中，在进行太空 X 射线光谱分析时，均利用了宇宙 X 射线或高能粒子作为天然激发源，来获取天体物质的 X 射线光谱与组成元素信息。

二、同步辐射 X 射线

加速运动的自由电子会产生电磁辐射，在同步加速器上利用弯转磁铁将高能电子束缚在环形的同步加速器中接近光速作回旋运动时，在圆周切线方向会产生电磁波，即同步辐射。利用同步辐射装置产生的 X 射线是目前为止可人工获得的最亮 X 射线源，在真空紫外和 X 射线波段，同步辐射比常规 X 射线管可产生的 X 射线强度亮 $10^3 \sim 10^6$ 倍。此外，在宇宙中的运动天体也可产生同步辐射。

三、X 射线连续谱

当物质受一束高速电子照射时，电子会与物质组成原子发生相互作用。绝大多数入射电子将因动能转化为热能而损失，只有少数具有一定动能的高速电子会与原子核发生相互作用。进入核磁场作用范围后的电子，受库仑力的作用，会被原子核偏转并减速。根据能量守恒原理，减速运动的电子所引起的能量变化将会转化为光能发射出来。对于以数万伏到几十万伏能量运动的加速电子，能量范围正好对应于 X 射线光子能量。因此由电子加速度的变化所产生的 X 射线光子，将形成连续的 X 射线光谱，其最大能量等于入射电子能量。究其实质，X 射线连续谱其实是由高速运动的电子作负加速度运动时所产生，故由此形成的 X 射线连续谱也称为韧致辐射。韧致辐射源于德语，意为减速辐射。

四、元素特征 X 射线

当原子受一束高能光子照射，若入射光能量高得足以激发出该原子的内层电子，则处于该层级的内层电子会被激发。由于外层电子束缚能小于内层电子的束缚能，此时高能级外层电子将向由于被激发而空出的低能级轨道跃迁。跃迁产生的能量改变将以 X 射线的形式发出。这种由入射 X 射线激发所产生的二次 X 射线，就称为 X 射线荧光（XRF）。

X 射线荧光的产生主要包含以下两个过程，如图 23-1 所示。

（1）设入射 X 射线能量为 E，内层电子束缚能 E_0，当入射能 E 大于内层电子束缚能 E_0，内层电子被击出，并在该能级轨道产生空穴，被击出的电子称为光电子（能量 ΔE），如图 23-1（a）所示。

（2）由于被激发出光电子并产生空穴的原子处于非稳态，因此外层电子会从高能级轨道 E_1 向低能级轨道 E_0 跃迁，在填充轨道空穴的同时以 X 射线形式释放出能量 ΔE_1 或 ΔE_2（如 K_{α_1} 或 K_{β_1} 线），如图 23-1（b）所示。

能级差大小由受激元素的原子轨道和电子能量所决定：

$$\Delta E_1 = E_{L3} - E_K = K_{\alpha_1} \tag{23-1}$$

$$\Delta E_2 = E_{M3} - E_K = K_{\beta_1} \tag{23-2}$$

由上式可见，X 射线荧光与物质组成元素密切相关，不同元素轨道能级不同，受激产生的 X 射线波长或能量也不同，因此称其为元素特征 X 射线。特征 X 射线是一种分离的不连续谱。典型的元素特征谱线能量如表 23-1 所示，各元素的特征谱线波长见本篇附表 1。由此可见，根据元素的特征 X 射线能量或波长差别，可以识别不同的元素。这也正是 X 射线荧光光谱定性分析的基础。

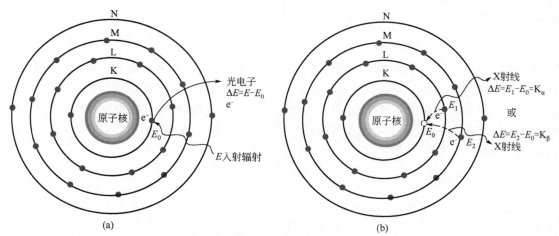

图 23-1 X 射线荧光产生过程

表 23-1 特征谱线

E/keV	Cr	Mn	Fe	Co	Ni
K_{α_1}	5.414	5.898	6.403	6.930	7.477
K_{α_2}	5.405	5.887	6.390	6.915	7.460
K_{β_1}	5.946	6.490	7.057	7.649	8.264
K_{abs}	5.988	6.537	7.111	7.709	8.311

注：K_{abs} 表示 K 吸收边。

第二节 X射线特性

物质组成元素的特征X射线具有很多特性，构成了X射线荧光光谱分析的基础。

一、光电效应与俄歇效应

如第一节所述，当一束能量足够高的入射X射线照射原子内层轨道中的电子，将使该电子被击出，产生光电子，并在相应轨道产生空穴。这一相互作用过程被称为光电效应。

在内层轨道产生空穴后，外层电子将向内层轨道跃迁，其间产生的能量将会释放。由于这一释放的能量仍然可以激发出原子中更外层轨道中的电子，故会产生新的光电子，即二次光电子。这种光电子也称为俄歇电子，这一过程被称为俄歇效应，如图23-2所示。俄歇效应可被用来研究物质组成元素的外层电子结构，如材料组成元素的形态、结构和成键状态信息等。

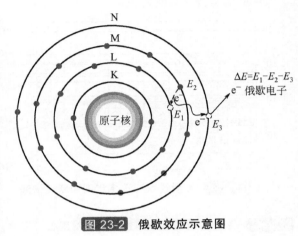

图 23-2 俄歇效应示意图

二、光电方程、Moseley定律

对一特定元素，特征X射线光子能量与元素在初始和最终能态的能量差成正比，如方程式(23-1)和式(23-2)所示，同时也与原子序数的二次方成正比：

$$1/\lambda = v = k(Z-\sigma)^2 \tag{23-3}$$

此即Moseley定律。式中，λ为波长；v为频率；Z为原子序数；k、σ为常数。

X射线光子的能量变化符合能量方程：

$$E = hv \tag{23-4}$$

式中，E为光子能量；h为普朗克常数。

能量（单位keV）与波长的关系为：

$$E = hc/\lambda = 1.2398/\lambda \tag{23-5}$$

式中，c为光速；λ为波长，nm。

三、跃迁选择定则

受激原子产生空穴后，高能级轨道电子向低能级轨道的跃迁不是无规律可循的，会遵守一定的规律和规则。不符合这些规则的原子轨道之间不能发生电子跃迁。

电子在原子轨道中的运动遵守量子理论，并由主量子数n、角量子数l、磁量子数m、自旋量子数s决定。四种量子数的结合原则还必须符合Pauli原理，即任一给定电子组态不能存在一个以上的电子，也即每四个量子数的结合对于一个电子而言是唯一的。对一给定元素，原子的初始和最终状态由电子的量子数以不同结合方式决定，产生的特征谱线遵守跃迁选择定则。每个量子数的取值范围如式(23-6)和式(23-7)所示。

- 主量子数　　n（1, 2, 3, …）；
- 角量子数　　l（0, 1, …, $n-1$）；

$$\tag{23-6}$$

- 磁量子数　　m（$l, 0, -l$）；
- 自旋量子数　s（$\pm 1/2$）

总角动量 J 是角量子数与自旋量子数之和：

$$J = l \pm s \qquad (23\text{-}7)$$

且总量子数 J 不能为负值。

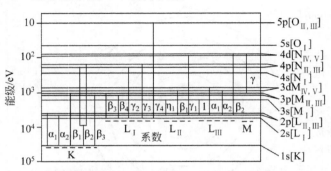

图 23-3 X 射线跃迁选择定则和跃迁谱线

电子跃迁选择定则如图 23-3 所示。图中 K 层电子（1s 电子）被激发后，L 层电子会向 K 层跃迁，但处于 L_1 能级的电子（2s 电子）不能向 K 层跃迁，而只能是 L_2 或 L_3 能级的电子（p 电子）向 K 层电子跃迁。为方便查阅与应用，表 23-2 列出了元素特征 X 射线谱线产生能级、常用名（俗称）以及与国际标准名称的比较。

表 23-2 特征 X 射线谱线产生能级、常用名（俗称）以及与国际标准名称的比较

常用名	IUPAC	常用名	IUPAC	常用名	IUPAC
K_{α_1}	K-L$_3$	L_{α_1}	L$_3$-M$_5$	L_{γ_1}	L$_2$-N$_4$
K_{α_2}	K-L$_2$	L_{α_2}	L$_3$-M$_4$	L_{γ_2}	L$_1$-N$_2$
K_{β_1}	K-M$_3$	L_{β_1}	L$_2$-M$_4$	L_{γ_3}	L$_1$-N$_3$
$K_{\beta_2'}$	K-N$_3$	L_{β_2}	L$_3$-N$_5$	L_{γ_4}	L$_1$-O$_3$
$K_{\beta_2^\tau}$	K-N$_2$	L_{β_3}	L$_1$-M$_3$	$L_{\gamma'_4}$	L$_1$-O$_2$
K_{β_3}	K-M$_2$	L_{β_4}	L$_1$-M$_2$	L_{γ_5}	L$_2$-N$_1$
$K_{\beta_4'}$	K-N$_5$	L_{β_5}	L$_3$-O$_{4,5}$	L_{γ_6}	L$_2$-O$_4$
$K_{\beta_4'}$	K-N$_4$	L_{β_6}	L$_3$-N$_1$	L_{γ_8}	L$_2$-O$_1$
$K_{\beta_{4x}}$	K-N$_4$	L_{β_7}	L$_3$-O$_1$	$L_{\gamma'_8}$	L$_2$-N$_{6,7}$
$K_{\beta_5'}$	K-M$_5$	L_{β_8}	L$_3$-N$_{6,7}$	L_η	L$_3$-M$_1$
$K_{\beta_5^\tau}$	K-M$_4$	L_{β_9}	L$_1$-M$_5$	L_l	L$_2$-M$_1$
		$L_{\beta_{10}}$	L$_1$-M$_4$	L_s	L$_3$-M$_3$
		$L_{\beta_{15}}$	L$_3$-N$_4$	L_t	L$_3$-M$_2$
		$L_{\beta_{17}}$	L$_2$-M$_3$	L_u	L$_3$-N$_{6,7}$
				L_v	L$_2$-N$_{6,7}$

四、受禁跃迁及卫星线

尽管元素的内层电子跃迁需要符合选择定则，但在实际光谱测量中，可以观察、记录到不完全符合选择定则的谱线，例如过渡金属元素的 β_5 线。

实际上，元素特征 X 射线可分为三类：常规 X 射线、受禁跃迁谱线和卫星线。

（1）符合选择定则的常规元素特征 X 射线。例如对 K 系谱线，分别由来自于 L_{II}/L_{III}、M_{II}/M_{III}、N_{II}/N_{III} 壳层的电子形成向 K 层跃迁的三对谱线系。

（2）当外层轨道电子间没有明晰能级差时，可观测到受禁跃迁谱线。例如过渡金属元素的 3d 电子轨道，当电子轨道中只有部分电子充填时，其能级与 3p 电子类似，故可观察到弱的受禁跃迁谱线 β_5 线。

（3）当待测元素中的原子存在双电离情况时，则可观测到第三类谱线——卫星线。

例如，在元素 Cr 的形态分析中，可以观测到 Cr 的卫星线，如图 23-4 所示。Cr 原子在受到大于 K 吸收边（6.005 keV）的能量激发后，产生空穴。M 壳层的电子会向 K 层跃迁（$^2p_{3/2}$, $^2p_{1/2} \rightarrow {}^2s_{1/2}$），并产生 $K_{\beta_{1,3}}$ 谱线（5.947 keV）。Cr(VI)在峰尾 5.986 keV 处呈现出一小的肩峰。主峰、肩峰分别用 Pseudo-Voigt 和 Lorentzian 函数拟合，发现 Cr(VI)呈双峰结构，在 5.986 keV 处有一小的卫星线峰 $K_{\beta''}$，如图 23-4 中右上小图所示，而 Cr(III)只有单主峰。由图 23-5 可以清晰地分辨 Cr 元素的 K 吸收边、边前峰、$K_{\beta''}$ 卫星线及 $K_{\beta_{1,3}}$ 峰的谱线能级。

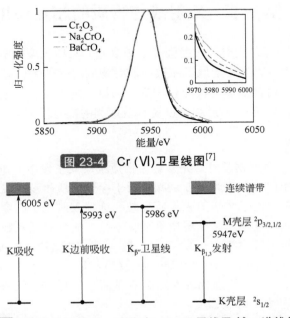

图 23-4　Cr (VI)卫星线图[7]

图 23-5　元素 K 吸收边、边前峰、$K_{\beta''}$ 卫星线及 $K_{\beta_{1,3}}$ 谱线能级

五、荧光产额

入射光与物质相互作用后，并非所有产生的空穴都会有特征 X 射线从原子中出射。产生特征谱线的强度取决于三个因素：①入射光子电离特定壳层电子的概率（光电吸收）；②产生的空穴被某一特定外层电子充填的概率（跃迁概率）；③特征辐射出射时不被原子内部吸收的概率（俄歇效应）。即从一能级产生的特定光子数取决于相对效率。

在某一能级谱系下从受激原子有效发射出的次级光子数（n_K），与在该能级上受原级 X 射线激发产生的光子总数（N_K）之比定义为荧光产额 ω，它代表了某一谱线光子脱离原子而不被原子自身吸收的概率。

对 K 系谱线，有：

$$\omega = \frac{\sum n_K}{N_K} \tag{23-8}$$

荧光产额随原子序数的增加而显著上升，重元素的荧光产额高于轻元素。K 系谱线的荧光产额 ω_K 准确度要明显高于 L 谱线系 ω_L，M 谱线系 ω_M 最差。ω_K 的准确度约为 3%～5%，ω_L 约为 10%～15%。几个典型元素的 K 系荧光产额见表 23-3，K、L、M 系荧光产额理论值、

实验值和平均值等数据请参见本篇附表 2～附表 5。

表 23-3 元素 K 系荧光产额 ω

元素	C	O	Na	Si	K
ω_K	0.0025	0.0085	0.024	0.047	0.138
元素	Ti	Fe	Mo	Ag	Ba
ω_K	0.219	0.347	0.764	0.83	0.901

第三节　X 射线与物质的相互作用

当 X 射线与物质相互作用时，入射强度会被衰减。衰减程度受多种因素影响，如入射 X 射线能量、单色光程度、物质平均原子序数和散射物质的晶体结构等。入射 X 射线照射物质后在产生光电效应的同时，还会与被照射物质中的原子发生吸收、散射或衍射等相互作用。这些相互作用过程是决定特征 X 射线可以被有效探测的决定性因素。

一、X 射线吸收

当一束 X 射线光子穿过物质时，光子会与物质组成原子发生光电吸收、相干散射、非相干散射和衍射等相互作用，入射光强度衰减。对于穿过物质时没有发生上述几类相互作用的入射光子，其强度仍然会由于物质的吸收而衰减。这种入射光子因穿过组成物质而被衰减的作用过程称为质量衰减，其作用强度用质量吸收系数（质量衰减系数）描述。X 射线光子穿过物质时的质量衰减作用规律符合指数衰减定律，即朗伯-比尔（Beer-Lambert）定律：

$$I = I_0\exp[-\mu(E)\rho x] \tag{23-9}$$

式中，I_0、$\mu(E)$、ρ、x、I 分别代表入射 X 射线强度、质量吸收系数、物质密度、入射射线穿过物质的厚度、透射 X 射线强度。

在进行标准物质研制中，若运用 X 射线荧光法进行均匀性检验，则通常采用式（23-9）进行最小取样量的计算。

质量吸收系数 $\mu(E)$ 为物质组成和入射光子能量的函数，由三部分组成：

$$\mu(E)=\tau(E) + \sigma_{coh}(E) + \sigma_{inc}(E) \tag{23-10}$$

式中，$\tau(E)$、$\sigma_{coh}(E)$、$\sigma_{inc}(E)$ 分别是光电质量吸收系数、全相干和非相干散射系数。由于质量吸收系数、光电质量吸收系数、全相干和非相干散射系数均与入射光子能量相关，故常将其函数关系简化表达为 μ、σ_{coh}、σ_{inc}。元素 K、L、M 系质量吸收系数见本篇附表 6～附表 12，有机薄膜及混合气体质量吸收系数见本篇附表 13。

对于由若干元素组成的物质，其质量吸收系数符合加权和规律，即总的质量吸收系数为各组成元素质量吸收系数之和：

$$\mu_s=c_i\mu_{is}+c_j\mu_{js}+\cdots=\sum c_i\mu_i \tag{23-11}$$

二、吸收边

用一束能量可调的入射 X 射线照射物质，当入射光子能量小于原子某一壳层的电子束缚能时，入射光子不能使相应壳层的电子电离。由于该壳层电子不能被激发，故其激发概率为零。根据光电质量吸收系数 τ 为物质组成原子中各电子壳层电离概率之和的原理：

$$\tau = \tau_K +(\tau_{L_1} + \tau_{L_2} + \tau_{L_3}) + (\tau_{M_1} + \tau_{M_2} + \tau_{M_3} + \tau_{M_4} + \tau_{M_5}) +\cdots \tag{23-12}$$

此时对应壳层的光电质量吸收系数为零。但此时的物质会产生质量吸收和质量衰减。

随着入射 X 射线能量的增加，达到相应壳层的电子束缚能这一阈值时，该壳层的电子将被激发，出现光电吸收，产生特征 X 射线，此时相应壳层的光电质量吸收系数突然增加，作为能量函数的 τ 也将呈现突变式不连续变化。在整个质量吸收系数的图上，出现吸收陡变，如图 23-6 所示。此时与之相对应的能量称为吸收边。对于 K、L、M 壳层，分别对应有 1、3、5 个吸收边，即 K、L_1、L_2、L_3、M_1、M_2、M_3、M_4、M_5 吸收边。元素吸收边是 X 射线荧光分析中选定元素激发条件、鉴别排除干扰、有效进行基体校正和元素形态分析等的重要参数。

由于当激发电位达到元素某一特定吸收边时，元素被激发，故此时的激发能量也称为该元素的最小激发能。各元素的吸收边波长和激发电势见本篇附表 14。

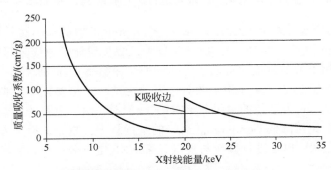

图 23-6　质量吸收系数及 X 射线吸收边

三、X 射线散射

X 射线与物质相互作用时，除了质量衰减和光电吸收外，还会产生散射作用。X 射线散射是由于其与电子相互作用的结果。X 射线散射分为相干散射和非相干散射两种类型，且相干散射和非相干散射同时存在。

相干散射也称为瑞利散射，是一种弹性散射，没有能量损失。相干散射的能量与入射光子的能量相同，在 X 射线光谱图上，就可以观测到与激发光子能量相同的谱线，如来自于 X 射线管的靶线、同位素激发时的 γ 射线等。图 23-7 示例了放射性同位素 ^{109}Cd 发出的 γ 射线在 88.035keV 产生强的相干散射峰，低能一侧则为非相干散射背景。相干散射受物质表面形状等影响相对较小，可被用来进行样品物理形态的校正，在一定程度上补偿形态、粒度等变化对分析结果的影响。

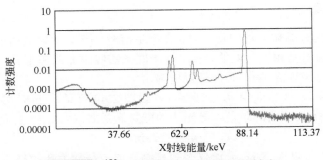

图 23-7　^{109}Cd 激发源 γ 射线相干散射峰

非相干散射也称为 Compton（康普顿）散射。当入射光子照射物质时，光子撞击电子，

产生反冲电子，同时产生散射光子，如图 23-8 所示。由于反冲电子会带走部分能量，根据能量守恒原理，这必然使散射光子的能量降低，即非相干散射有能量损失，非相干散射的能量小于入射光能量，能量大小与入射角相关：

$$\lambda_C = \lambda + \frac{h}{m_e c}(1 - \cos\theta) \tag{23-13}$$

$$E_C = \frac{E_0}{1 + (E_0 / m_e c^2)(1 - \cos\theta)} \tag{23-14}$$

式中，λ 和 E_0 分别代表入射光波长和能量；λ_C 和 E_C 分别代表 Compton 散射波长和能量；h 是普朗克常数；m_e 为电子静止质量；c 为光速；θ 为散射角。常数项 $\frac{h}{m_e c}$ 也被称为 Compton 波长，等于 2.43×10^{-12}m。由式（23-13）可见，Compton 散射的最小波长位移为零（θ=0°），最大为两倍 Compton 波长（θ=180°）。散射角越大，波长或能量位移越显著。

非相干散射与相干散射强度比会随散射体的原子序数增加而下降。一方面，当被散射物质的组成元素原子序数越低时，非相干散射作用越明显。轻元素会产生非常强烈的 Compton 散射峰，在进行以轻元素为基体的痕量元素 XRF 分析时，由于重叠的影响，痕量元素的检出限会受到较大影响，如何降低 Compton 散射峰的干扰就十分重要。另一方面，Compton 散射峰由于受基体影响较大，也是进行微量与痕量元素 XRF 定量分析时，进行基体校正的一个有效方法。

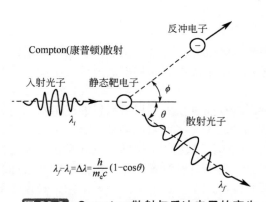

图 23-8 Compton 散射与反冲电子的产生

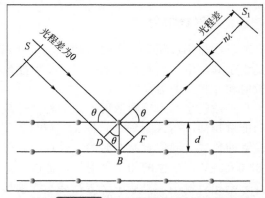

图 23-9 X 射线衍射与布拉格方程

四、X 射线衍射

当 X 射线照射具有晶体结构的物质时，会产生衍射。产生 X 射线衍射的必要条件是波长 $\lambda \leqslant 2$ 倍晶面间距。衍射是相干散射的特例。处于同一法线平面的两束光，且入、出射角相同，当其光程差为波长的整数倍（n）时，衍射增强。

设入射光子波长 λ，晶格间距 d，入射角 θ，由图 23-9 可见，$\sin\theta = DB/d$；$DB = d\sin\theta$，当光程差=$DB + BF = 2d\sin\theta = n\lambda$，即当入射光子的能量满足式（23-15）的衍射条件时，

$$n\lambda = 2d\sin\theta \tag{23-15}$$

衍射强度最大，从而可以被 XRF 光谱仪有效探测。此方程即为布拉格方程，是 X 射线荧光波长色散和衍射分析的基础。有关该式的运用将在 X 射线光谱仪一章中介绍。

参 考 文 献

[1] Ron Jenkins. X-ray Fluorescence Spectrometry. 2nd ed. New York: Wiley, 1999.

[2] Dzubay T G. X-ray Fluorescence Analysis of Environmental Samples. Ann Arbor, Mich: Ann Arbor Science, 1977: 1.

[3] Ahmedali S T. X-ray Fluorescence Analysis in the Geological Sciences: Advances in Methodology. St. John's, Nfld: Geological Association of Canada, 1989: 1.

[4] Hayat M A, Baltimore. X-Ray Microanalysis in Biology. Baltimore: University Park Press, 1980.

[5] 吉昂, 陶光仪, 卓尚军, 罗立强. X 射线荧光光谱分析. 北京: 科学出版社, 2003.

[6] 罗立强, 詹秀春, 李国会编著. X 射线荧光光谱分析: 第二版. 北京: 化学工业出版社, 2015.

[7] Isao T, Yoshihiro M.Anal Chem, 2011, 83: 7566.

第五篇

第二十四章　X射线荧光光谱仪

X射线荧光光谱仪主要由激发源、探测器、计数和控制系统组成。根据对X射线荧光光子探测和分辨方式的不同，分为能量色散和波长色散X射线荧光光谱仪两大类，根据激发方式可分为偏振激发和全反射激发。本章将对激发源、探测器和波长及能量色散X射线荧光光谱仪进行重点介绍。

第一节　激　发　源

任何可激发出元素内层电子的高能光子和粒子均可用作激发源，主要包括X射线管、放射性同位素源、同步辐射光、电子与质子源等[1~4]。

一、X射线管

1. X射线管组成

最常用的X射线激发源是X射线管。常规X射线管主要采用端窗和侧窗两种设计。普通X射线管由真空玻管、阴极灯丝、阳极靶、铍窗、聚焦栅极组成，如图24-1所示。X射线管通过高压电缆与高压发生器相连，高功率X射线管需配备冷却系统。

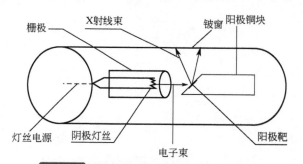

栅极　　X射线束　　铍窗　　阳极铜块

灯丝电源　　阴极灯丝　　电子束　　阳极靶

图 24-1　侧窗X射线管结构与工作原理

2. 靶线和X射线连续谱

X射线管中的阴极加压后产生热电子，在电场作用下加速，经聚焦撞击阳极靶。每个电子获得动能 E。约99%的电子动能将转换为热能在阳极浪费消散，仅小部分会产生X射线连续谱和靶元素特征X射线。

一方面，若撞击阳极的电子能量大于靶材组成元素中某一特定原子轨道的电子束缚能，就会激发出相应的靶元素特征X射线。另一方面，如撞击阳极靶材电子被原子核散射，就会出现偏转，并产生X射线光子。光子的能量可从零到等于入射电子能量，形成了连续的X射线谱。

3. 短波限

通过X射线管可以获得的最大激发能（E_{max}，keV）等于X射线管压（V，keV），对应

的最小短波限 $\lambda_{min}(nm)$ 为：

$$\lambda_{min} = 1.2398/E_{max}=1.2398/V \qquad (24\text{-}1)$$

二、X射线管特性与靶材选择

1. X射线管特性

X射线管特征靶线强度 I 与管流 i 成正比，与管压 V 和临界激发电压 V_c(吸收边)间的能量差成指数幂关系：

$$I=Ki(V-V_c)^n \qquad (24\text{-}2)$$

式中，K 为常数；n=1.5～2。由上式可见，增加管压可更有效提高激发效率。

靶线强度也与阳极靶材的原子序数成正比，原子序数越大，灵敏度越高。重元素阳极靶在大电压下可获得高强度。但当电压增加到一定程度后，因为阳极靶的自吸收，强度会不升反降，从而使激发效率降低。低原子序数靶材组成的阳极靶，靶线与连续谱的强度之比较高。由于连续谱在低能部分衰减厉害，故采用轻元素靶材，利用其特征谱线，可在低能部分获得较高激发效率。

阳极靶吸收会使X射线管强度在低能部分急剧减弱，X射线管的Be窗在低能部分有强烈的吸收衰减。故X射线管通常在高能端有较高激发强度和激发效率，低能端较差。

2. 靶材选择

不同阳极靶材适用于不同分析对象。测定中、高原子序数的K系线，应选择高原子序数的阳极靶材，以利用其高强度的韧致辐射，例如W靶的韧致辐射强度几乎是Cr靶的三倍；分析低 Z 元素时，应选用轻元素靶材，以利用阳极靶材的特征线强度。用靶线进行选择性激发，可增强能量比之略低元素的分析灵敏度。Cr靶适用于原子序数小于24的元素，是水泥等材料分析中常选用的靶材。

阳极靶材一般可选择Cr、Rh、W、Mo、Al、Cu、Ag、Au、Pt等。为获得更灵活、更有效的激发，也可采用双阳极靶材的管，如Cr/W、W/Mo等。轻元素靶材的主要问题是管窗吸收，因此须尽可能减小窗厚或采用低原子序数靶材。针对某些特殊应用，甚至可采用真空无窗设计。

总之，作为一般性原则，高 Z 元素分析采用重元素靶材，低 Z 元素分析采用轻元素靶材。在选择阳极靶材时，最重要的前提是靶线相干与非相干散射不对待测元素特征线产生干扰。

三、激发条件选择

提高管压可更有效激发待测元素分析谱线，但为减小X射线管损耗，应相应降低X射线管电流。通常情况下，重元素分析选择高电压、小电流，轻元素分析选择低电压、大电流。

波长色散X射线荧光光谱仪（WDXRF）的最佳激发电压约为临界激发值的6倍。也有观点认为最佳激发电压为临界激发值的3～5倍。一般情况下，由于X射线管设计和制造工艺带来的最大允许电压限制，多选择大于50keV。对于能量色散X射线荧光光谱仪（EDXRF），尽管激发电压为临界激发电压的4～10倍时，分析线强度可达到90%～100%，但由于受到能量探测器计数率的限制，激发电压通常选择待测元素吸收边能量的2～6倍。

测定样品中痕量元素时，X射线管韧致辐射成为降低检出限的主要障碍，管光谱受样品中轻基体散射进入探测器在轻元素谱峰位置产生了高背景。这种情况下，可以选择单色激发。例如采用滤片或二次靶。利用偏振或全反射X射线激发也可以降低背景、提高峰背比。

第五篇

第二节 探 测 器

待分析样品受 X 射线管照射后，可选用适宜的探测器测量元素特征 X 射线荧光能量和强度，进行定性和定量分析。探测器响应与入射 X 射线荧光光子的能量成正比，强度大小与元素浓度成正比。X 射线探测器现在主要采用正比计数器、闪烁计数器和半导体探测器[1~5]。目前发展最快的是硅漂移探测器、超导体探测器和在小型化 XRF 光谱仪上广泛应用的 Si-PIN 探测器[6~14]。

一、正比计数器

流气式正比计数器为一直径约 2cm 的柱状体，中间有一根 20~30μm 的金属丝作为阳极，并用作前放信号与外部高压的接头。筒内充惰性气体和淬灭气体，通常为 90%氩和 10%甲烷，金属丝和接地柱壳间施加 1400~1800V 电压，如图 24-2 所示。

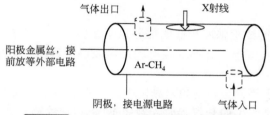

图 24-2 流气式正比计数器结构与原理

探测气体受入射 X 射线照射后，将产生大量正电性氩离子和负电子离子对。在电场作用下，电子加速，在飞向阳极金属丝的过程中引发进一步氩原子电离，出现约为 6×10^4 倍的气体电离增益效应，产生电流，电流经放大后由电容收集。入射 X 射线光子产生的脉冲电压（脉冲高度）与入射光子能量 E 成正比。设入射 X 射线光子产生的平均离子对数为 n，n 与 E 成正比，与离子对有效电离能 V 成反比：

$$n = E / V \tag{24-3}$$

对于脉冲高度和相应的脉冲高度的个数进行计数，即可获得元素的能量信息和含量信息，达到定性和定量分析的目的。脉冲高度指由单个 X 射线光子产生的单个脉冲电压幅度，而 X 射线强度则指每秒测得的脉冲数。

流气式正比计数器适用于长波长的 X 射线探测，对 0.15nm 以下的波长，探测灵敏度低。通常用于 0.15~5 nm 波长的 X 射线探测。

二、闪烁计数器

闪烁计数器由涂铊 NaI 晶体作为闪烁体的荧光物质与光电倍增器组成。受 X 射线照射后，闪烁体产生蓝光，蓝光进而在光电倍增器表面激发出电子。产生的电子数与入射 X 光子能量成正比。经线性放大后，转换成脉冲电压。与正比计数器一样，利用脉冲高度分析器可进行定性和定量分析。

闪烁计数器的 X 射线-光子-电子转换效率很低，要比流气式正比探测器低一个数量级，故闪烁计数器的理论分辨率更差。闪烁计数器主要为检测短波长 X 射线而设计，通常在 WDXRF 中使用，适用范围 0.02~0.2nm。

三、逃逸峰

在X射线入射探测器时，会产生逃逸峰。当入射X光子能量足以激发探测器组成元素内层电子产生特征辐射时，由于特征X射线不易被其组成元素自身所吸收，而逃逸出探测器活性区。该入射光子一方面激发出了探测器组分的特征谱线，损失部分能量；另一方面剩余的能量仍可在探测器中产生光电子，产生逃逸峰。该光子此时产生的逃逸峰脉冲高度（E_e）与入射光子能量（E_x）和探测器材料元素特征X射线能量（E_k）之差成正比：

$$E_e = E_x - E_k \qquad (24\text{-}4)$$

由上式可见，逃逸峰能量低于入射X射线光子能量。对 Ar-CH$_4$ 流气式正比计数器，Ar 的 E_k 约为 2.96keV，故探测器除输出被测元素特征峰外，还将在比特征峰低 2.96keV 的地方产生 Ar 逃逸峰。例如用流气式正比计数器测定 CuK$_{\alpha_1}$（8.046keV）时，会在 5.10keV 处观察到 CuK$_{\alpha_1}$ 线的逃逸峰。对 NaI 探测器，将在低于特征峰约 29keV 处产生 I 的逃逸峰。

四、半导体探测器

半导体探测器分辨率高，探测能量范围宽，使得不需采用晶体分光即可进行无机元素的定性定量分析，从而得到了广泛应用。特别是近年发展迅速的 Si-PIN 探测器[6~9]和硅漂移探测器[9~14]，不需液氮制冷，成为 EDXRF 光谱仪中的主要探测器。

1. Si（Li）探测器

锂漂移硅探测器[Si(Li)探测器]是一种硅单晶半导体探测器。其表层为正电性 P 型硅死层，中间为由锂漂移进 P 型硅中形成的本征区，底层为负电性 N 型硅，组成 P-I-N 型二极管型探测器，如图 24-3 所示。

当在探测器两端施一逆向偏压，产生的电场将耗尽补偿区中的残留电子空穴对载流子，形成辐射敏感区（活性区）。当 X 射线光子入射活性区，耗尽层中将产生光电子和空穴。在负偏压作用下，电子流向 N 型硅，空穴流向 P 型硅，形成电流和脉冲。脉冲幅度大小与入射X射线光子能量成正比。

除半导体探测器本身，完整的能量探测器还需配置前置放大器、主放大器和多道分析器等，以实现记录入射X射线光子能量和数量的目的。

半导体探测器直径越小，低能范围分辨率越高；厚度越大，对高能光子探测效率越高。半导体材料硅的原子序数低，探测器死区对低能X射线吸收也小，故逃逸峰出现的概率低，Si(Li) 探测器对 20keV 以下的能量探测效率较高，一般用于 1～40keV 能量范围的能量检测。

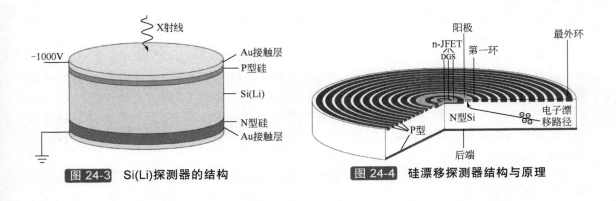

图 24-3　Si(Li)探测器的结构　　　　图 24-4　硅漂移探测器结构与原理

2. 高纯 Ge 探测器

高能射线透射深度大，Si(Li)探测器不适用。需选择高能探测器，如高纯 Ge 探测器。高纯 Ge 探测器根据探测能量范围，又分为了低能、超低能及宽能带 Ge 探测器。低能 Ge 探测器（LEGe）的能量探测范围约为几个至一千千电子伏特（keV）。

Ge 探测器在 11～30 keV 有复杂的逃逸峰，且它的死区对低能 X 射线有强吸收，故高纯 Ge 探测器常用于探测谱线能量在 40keV 以上的元素。

3. Si 漂移探测器

Si 漂移探测器（silicon drift detector, SDD）利用了侧向耗尽原理，即一个具有高电阻率的 N 型硅晶片，在其两面覆盖上 P 触点后，通过施加偏压，可使晶片完全耗尽。只要 N 极到整个非耗尽区的通路不中断，耗尽带就会同时从所有整流结扩张。耗尽带在 P 置入物之间的基质中部以对称形式存在，用作电子通道。

全耗尽、高电阻率硅柱体组成了 SDD 的主体结构，如图 24-4 所示。硅柱体中的电场与表面并行，并驱动由吸收电离辐射而产生的电子向中心部位小型收集阳极移动。在装置表面，由诸多逐渐增强的反向偏压环线形成了覆盖整个装置的电场。装置背面的辐射入射窗由非结构型浅植入节组成，在整个探测区形成均匀的辐射敏感区。N 型基质触点与放大器相连，并作为收集电荷的阳极。阳极只有极小电容，并独立于活性区，从而比常规的光电二极管型 Si(Li)探测器可以有更短的脉冲成型时间，获得更高的分辨率。当 X 射线光子入射活性区，耗尽层中将产生光电子和空穴。在负偏压作用下，电子向阳极迁移，空穴被带型 P 节吸收，形成电流和脉冲。脉冲幅度大小与入射 X 射线光子能量成正比。从而可以实现对入射 X 射线光子的识别。

SDD 在 5.9keV 下的分辨率为 145eV 左右。由于 SDD 的制造工艺已可保证其漏电流很小，用 Peltier 冷却即可工作，故不需再用液氮，因此目前已在能量色散 X 射线光谱分析中得到了广泛应用。

第三节　波长色散 X 射线荧光光谱仪

一、波长色散光谱仪结构与工作原理

波长色散 X 射线荧光光谱仪由 X 射线管、初级滤光片、样品室、初级准直器、分光晶体、次级准直器、探测器、放大器、脉冲高度分析器、定时器、定标器、计数率记录仪和微处理机等部件组成，分别起激发、色散、探测、测量和数据处理及自动控制作用。其特点是以晶体为主要色散元件，依据晶体的布拉格衍射原理实现荧光 X 射线光谱的空间色散，达到谱线分离、元素定性识别及定量测量的目的。

根据上一章关于 X 射线光谱分析的原理和式（23-15），当一元素受激产生特征 X 射线后，对应波长为 λ 的光子在经过分光晶体后，在符合布拉格方程的角度时，会产生可被 X 射线探测器所探测到的 X 射线衍射峰。对于晶格间距已知的晶体，测定 2θ 角，即可利用式（23-15）计算出相应的光子能量和对应的波长 λ，从而实现定性识别元素的目的。此即定性分析的基础。而在特定峰位测定谱线强度，即可获得定量分析信息。几种常见分光晶体的元素特征分析谱线 2θ 角列于本篇附表 15～附表 20 中。

当从 X 射线管发射的原级 X 射线照射到样品，样品中的组成元素将受激发出荧光 X 射线，产生的 X 射线荧光与原级 X 射线散射线一起，通过准直器（索勒狭缝）获得平行光束，

以平行方式投射到分光晶体，符合布拉格定律的衍射线，将经次级狭缝进入探测器，经过探测器的光电转换和电子学线路的信号放大等数字化处理，用于X射线荧光光谱的定性和定量分析。平晶和弯晶波长色散X射线荧光光谱仪结构原理图如图24-5所示。

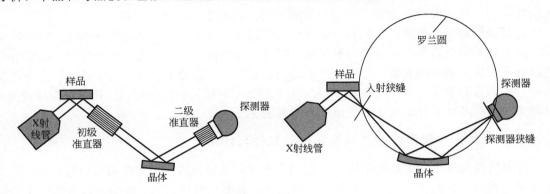

图 24-5　平晶（左图）和弯晶（右图）波长色散X射线荧光光谱仪结构原理图

二、波长色散光谱仪激发源系统主要部件与作用

1. X射线高压发生器

激发元素特征谱线的X射线管需要达到数万伏高压，因此需要有高压发生器为X射线管提供稳定的高压和电流。现在应用的X射线高压发生器主要有两种。一种采用脉冲触发双向可控硅电路输出交流电压，实现稳定的高压控制。另一种采用高频固态发生器，高压控制采用300Hz以上的谐波控制调波信号，以触发可控硅，使之形成方波交流电源，经变压器件变压，再整流为高压直流电源供X射线管使用。

2. 侧窗和端窗X射线管

X射线管主要有侧窗和端窗两类。侧窗X射线管阳极靶接地，灯丝接负高压；端窗管则相反，阳极靶接正高压。端窗X射线管冷却需用电阻大于（5～10）×10^5Ω·cm的纯水，并采用离子交换树脂纯化循环水装置；侧窗X射线管采用自来水冷却。

3. X射线滤光片

在X射线管和试样间的光路中可插入一块金属薄片，称为X射线滤光片。利用滤光片的吸收特性可消除或降低由X射线管发射的原级X射线谱强度，尤其是消除靶材特征X射线和杂质线对被测元素分析线的干扰，提高分析灵敏度和准确度。滤光片可用黄铜、铝、钛、镍和锆等材料制成。

4. 准直器面罩

样品和准直器（狭缝）之间可装上一个准直器面罩（视野限制狭缝），可消除由试样盒组成元素和杂质元素产生的X射线荧光和散射线，减少谱线干扰。

5. 准直器

准直器由间距精密、表面平滑的金属薄片平行叠积组成，分为初级和次级准直器两种。初级准直器安装在样品和晶体之间。样品中的元素X射线荧光各向发射，但经过准直器后，可获得几近平行的光束，以满足布拉格衍射条件。平行光照射到晶体，经晶体分光后，再通过次级准直器进入探测器。初级准直器对谱仪分辨率起着重要作用。

6. 分光晶体

分光晶体是波长色散X射线荧光光谱仪的重要色散元件，其作用是按布拉格衍射定律，

将样品发射的特征 X 射线荧光，按波长分开，以实现对各特征 X 射线的测量，弥补探测器分辨率的不足。

分光晶体分为平晶和弯晶两种。平晶无聚焦作用，用于顺序式 X 射线光谱仪；弯晶可将 X 射线聚焦，用于多道 X 射线光谱仪。弯晶的特点是强度高，分辨率好。

选择分析晶体应遵循以下原则：①可色散的波长范围适于所需测量的分析线；②分辨率高，具有较高角色散能力和窄的衍射峰宽；③衍射强度高，信噪比大；④干扰少，晶体中不包含能发射特征谱线的元素，也不会产生高次衍射干扰；⑤稳定性好，受温度、湿度变化影响小，热膨胀系数低，在空气和真空中，以及在受 X 射线长时间照射后，仍具有高稳定性。几种常用分析晶体的种类及主要性能见本篇附表 21。

三、波长色散光谱仪探测器系统主要部件与作用

X 射线探测器的作用是用来接收 X 射线光子并将其转换成可以测量的电信号。X 射线荧光光谱仪常用的探测器有闪烁计数器和气体正比计数器。气体正比计数器又分为流气式和封闭式两种，流气正比计数器窗口膜可更换。封闭正比计数器窗口膜厚度较厚。流气式计数器用于探测轻元素的长波辐射；封闭式计数器适用于中长波辐射的探测；闪烁计数器适用于波长小于 0.01nm 的重元素探测。

1. 闪烁计数器

闪烁计数器由闪烁体、光导、光电倍增管和附属电路组成。闪烁体受入射 X 射线光子激发产生能量约为 3eV、波长为 410nm 的蓝光。产生的蓝光照射到光电倍增管上产生光电子，光电子在电位不同的各次阴极之间加速、倍增，在阳极形成电脉冲信号。光电倍增管由光阴极和 10 多个次阴极及阳极组成。阳极和阴极间高压为 700～1000V。

闪烁计数器能量分辨率不如正比计数器，噪声较高，波长大于 0.03nm 后信号与噪声的脉冲高度相差无几，两者很难分开。因此，其实际可应用的波长范围为 0.01～0.2nm。

2. 气体正比计数器

（1）流气正比计数器 流气正比计数器由阳极金属丝、阴极金属圆筒、窗口及惰性探测气体构成。阳极多由钨、钼、铂等稳定金属丝制成，直径 25～100μm，在细丝附近可得到更高电场强度。薄窗膜一般采用对 X 射线吸收较小的轻金属片或有机薄膜如聚丙烯或对苯酸酯聚乙烯膜等，厚度 0.6～6μm，目前最薄的窗膜厚度为 0.3μm。

正比计数器中的探测气体主要采用卤族元素 Ne、Ar、Kr、Xe，并加入一定量甲烷、乙烷、丙烷等有机淬灭气体，以防止正离子移向阴极时，从阴极逐出电荷引起二次放电。目前广泛使用的 P10 气体就是 90%的 Ar 和 10%的甲烷的混合气体。

流气正比计数器探测效率和稳定性受以下多种因素影响。①改变有机气体比例可改变气体放大倍数。对于 P10 气体，甲烷比例改变 0.5%，输出脉冲幅度变化可达 10%～20%。因此当瓶内气压在 10 个大气压以下时，即应停止使用。②温度和气压变化，流气正比计数器中气体的密度也会改变，这时，不但输出脉冲幅度改变，计数率也会发生变化。因此，新型 X 射线荧光光谱仪的正比计数器装在恒温分光室内，且使用气体密度稳定器，使流气正比计数器的密度等保持不变，从而保证计数测量的稳定性。③探测死时间。X 射线进入计数器使气体电离生成电子-离子对，触发雪崩放大，该过程约经历 10^{-7}s。由于离子质量大于电子、速度小于电子，因而在阳极丝周围形成阳离子层，阻碍了雪崩效应的持续进行。只有当阳离子散去后，才又恢复到下一个过程。在此时间段，探测器不能探测下一个入射光子，故称之为探测器死时间。随荧光强度增大，死时间增加。出厂时，死时间一般都输入软件，然后根据死

时间进行数学校正，对未被记录的光子数进行补偿。

（2）封闭正比计数器　封闭正比计数器一般充氩、氪或氙，窗口由铍片、云母、铝箔或里德曼玻璃密封，铍片的厚度约为 $25\sim100\mu m$。选择填充不同类型的惰性气体，可适用于不同的波长范围。封闭正比计数器主要用于多道光谱仪的固定通道和单道扫描光谱仪与流气计数器串联使用，以提高 V-CuK 系线和 La-W L 系线的灵敏度。

正比计数器的能量分辨率可用探测器脉冲高度分布宽度表示：

$$R=(FWHM/V)\times100\% \tag{24-5}$$

式中，V 为平均脉冲高度；$FWHM$ 为半高宽。探测器的理论分辨率为 $R=Q/\lambda$，Q 为品质因数，对于气体正比计数器，$Q=45$；对于闪烁计数器，$Q=116$。

3. 脉冲高度分布

探测器产生的电荷脉冲需要经过前置放大器、脉冲成形放大器和脉高分析器才能最终转换为有效的光谱信号。探测器输出的脉冲电压高度与入射光子能量成正比，故利用脉高分析器将不同高度的脉冲信号进行甄别，可以实现对入射 X 射线的定性、定量计数。

输入到脉冲高度分析器的脉冲可分为三类：V1（电噪声），V2（一次线），V3（高次线）。设 V 为下限甄别器电压，ΔV 为窗电压，$V+\Delta V$ 为上限甄别器电压。输入 V1 类脉冲时，上下甄别器未触发、无输出；反符合电路无输出。输入 V2 类脉冲时，下限甄别器触发、有输出，但上限甄别器未触发、无输出；反符合电路一端有输入，故有脉冲输出。输入 V3 类脉冲时，上下限甄别器均触发、有输出；反符合电路两端均有输入，输出端无输出。第二类脉冲是经过选择的脉冲，可直接输入计数电路进行计数。通过调整下限甄别器的电压和窗电压，可将不同能量的电压脉冲进行区分。

脉冲高度分析器有两种工作状态，即微分方式和积分方式。微分方式是上下限甄别器同时起作用，它只记录上下甄别器间的脉冲。积分方式是上甄别器不起作用，它只记录幅度高于上甄别器的所有脉冲。微分方式可起到三个作用：过滤掉重元素高次线对轻元素一次线的干扰；滤掉邻近谱线脉冲逃逸峰干扰；滤掉晶体荧光对分析线的干扰。

几种常用探测器的性能比较见本篇附表 22。

第四节　能量色散 X 射线荧光光谱仪

能量色散 X 射线荧光光谱仪采用半导体探测器，可一次同时获得样品的全谱，并可直接观察到分析元素的特征谱线和背景分布特征。与波长色散方法相比较，能量色散由于不需采用分析晶体及复杂机械装置，因此可使探测器与样品间距离很近，增大了接收辐射的立体角，提高了探测效率。

一、能量色散光谱仪结构及主要部件

能量色散 X 射线荧光光谱仪包括激发源、半导体探测器、前置放大器、主放大器和多道分析器（MCA）、显示和控制单元。

1. X 射线管

能量色散 X 射线荧光光谱仪通常使用小功率侧窗 X 射线管作为激发源。在现场和在线分析应用中，还可以采用放射性同位素利用其 γ 射线作为激发源。X 射线管激发的优点是可以改变 X 射线管的高压和电流，使之能更有效地激发待测元素谱线。通常管压要大于被激发元素的吸收限 5keV 以上。

使用 Si-PIN 和 SDD 探测器的能量色散 X 射线荧光光谱仪使用功率为 4～100W 的 X 射线管，多选用 Cu、Cr、Mo、Rh、Pd 和 Au 等作为靶材。铍窗厚度最薄为 50μm。参数在 50kV 和 3mA 内可调。

2. 二次靶激发

在 X 射线管和样品之间，可以安装一个二次靶，用 X 射线管发射原级 X 射线激发二次靶，由二次靶作为激发源。二次靶发射的 X 射线由三部分组成：二次靶特征 X 射线、X 射线管原级谱中连续谱散射线、X 射线管靶材特征 X 射线的散射线。利用二次靶可显著改善峰背比、提高灵敏度，与直接采用 X 射线管激发相比，检出现降低 5～10 倍；同时二次靶可以用于选择性激发，例如测定铁试样中低浓度钒和铬时，用铁作为二次靶，试样中的铁不被激发，而只激发钒和铬，而用直接的管激发方式将是困难的，从而提高了分析选择性。为覆盖宽广的元素范围将需要几个二次靶。二次靶已被证明是一种单色辐射源。

二次靶主要有荧光靶、巴克拉靶和布拉格靶三种类型：

（1）荧光靶　荧光靶由单质金属元素或化合物组成，用荧光靶的特征 X 射线激发样品，能有效选择性激发吸收边略低于特征靶线的待测元素，避免共存元素的干扰。

（2）巴克拉靶　巴克拉靶的靶材由高密度轻元素组成，如 B_4C 和 Al_2O_3 等。利用 X 射线管原级谱在巴克拉靶产生的散射线高能区激发样品。靶原级谱通过巴克拉靶产生的散射线强度要比重元素组成的荧光靶强度高许多，因此巴克拉靶尤其适用于激发重元素，如用于激发稀土元素的 K 系线。

（3）布拉格靶　布拉格靶由晶体组成，利用布拉格衍射原理在一定方向产生特定能量的谱线，从而可以选用某一特定谱线来激发样品，达到显著降低背景、提高元素检出限的目的。

3. 滤光片

滤光片放置在 X 射线管和样品之间，可以衰减来自于 X 射线管的连续谱强度，降低散射背景；并在一定程度上消除靶线及其杂质干扰，提高分析灵敏度和准确度。

4. 半导体探测器

能量色散 X 射线荧光光谱仪使用的探测器主要是 Si(Li) 和高纯 Ge 半导体探测器，目前已广泛采用硅漂移探测器，分辨率已达 135～145 eV 范围。由入射 X 射线产生的脉冲幅度与入射光子能量成正比，经放大后由多道分析器计数。运用能量探测器测定时，应避免过大的死时间，一般宜控制在 25% 以下。

5. 前置放大器

探测器自身输出的脉冲幅度是很低的，因此在对它进行幅度分析之前，需要有一个前置放大器进行不失真的线性放大。前置放大器具有四个特点：①采用电荷灵敏放大器，使探测器输出电荷量积分转变为电压信号输出，输出电压与输入电荷量成正比，且增益稳定性不受探测器电容的影响，具有良好的线性输出；②前置放大器、场效应管与半导体探测器同置于液氮低温下，使电子噪声最小；③利用场效应管的光敏特性，采用光脉冲反馈电路，进一步降低噪声；④当前置放大器的输出电平超过一定阈值时，复位发生器输出复位信号，使后级输入门关闭，以使电子噪声对系统能量分辨率的影响降至最低。

6. 主放大器

由前置放大器输送的信号经主放大器进一步放大，以达到脉冲幅度分析系统的要求。为使模拟信号与模数转换数字电路相匹配，要将前置放大器输出的毫伏级脉冲放大到伏特级。同时要将脉冲整形成具有不同幅度、有固定整形时间的特定波形。整形时间要适当，既要抑制电子噪声，又要防止脉冲严重堆积。主放大器要求在输出端得到的信号幅度严格与输入端

信号幅度成正比，并具有良好的脉冲形状、上升时间、下降时间、脉冲宽度以及输出阻抗等特性，并可以抑制高频和低频噪声，保证输出脉冲幅度不受输入脉冲重复频率的影响。

7. 多道脉冲分析器

多道脉冲分析器将被测模拟量转变为可被计算机记录的数字量，实现模数转换，是能谱仪测量系统中的核心部分之一。它通常由模数转换器（ADC）、地址寄存器、读出加"1"寄存器、存储器和读出显示单元组成。工作时，从放大器放大传输过来的脉冲信号，经A/D模数转换，将输入脉冲转换成与其幅度成正比的数字量，再以数字量作为存储器道址码记录脉冲数。存储于存储器中各道的计数表征了脉冲幅度大小分布情况。多道脉冲分析器中的道址（道数）对应于能量，每道的计数对应于强度。故通过多道脉冲分析器可以实现对X射线荧光光谱的定性、定量分析。

放大器输出脉冲幅度与X射线能量成正比，并可用线性函数拟合。改变探测器上所施加高压、放大器放大倍数和多道脉冲分析器模数转换工作状态，能量刻度曲线会发生相应的改变。因此在实际应用中，需要进行谱仪能量刻度标定，通过对特定谱线测得的峰位，确定对应入射X射线能量，从而实现对未知元素的定性、定量分析。故有的仪器会在特定位置放Cu-Al合金，CuK_{α}用作增益校正，$Cu\ K_{\alpha}$和$Al\ K_{\alpha}$用作能量刻度校正。以校正谱仪的谱峰位置和强度。通常每1小时或12小时自动作一次增益校正，以确保谱仪测量条件的稳定性。

二、谱处理

能量色散X射线荧光光谱仪测得的谱图是由原级谱在试样中散射线所构成的背景、试样产生的特征X射线荧光光谱、来源于特征X射线荧光光谱的逃逸峰、和峰等组成。为了获取待测元素的特征X射线荧光光谱的峰面积或峰高的净强度，需要对测得的谱进行处理。谱处理的结果直接影响定性和定量结果的质量。

谱处理的功能主要包括下述内容：谱仪能量刻度、谱平滑和识谱、谱背景拟合和扣除、通过解谱获得特征谱的峰面积或峰高的净强度。

第五节　偏振及全反射X射线荧光光谱仪

一、偏振X射线荧光光谱仪

偏振X射线荧光光谱仪利用了X射线的偏振特性。与其他电磁辐射一样，X射线也能形成偏振光。原级轫致辐射是部分偏振光，最大偏振向量与管中的电子运动方向平行。在白光的高能端，X射线光子几乎完全是平面偏振光。但X射线与物质的散射作用可产生偏振X射线。当散射角为90°时，可产生几乎完全偏振的X射线。晶体衍射也可产生偏振光。

如图24-6所示，由X射线管发射的未偏振X射线经与轻元素靶以90°角发生散射后，产生高度偏振的平面X射线。用这一偏振光照射样品，样品中元素产生的X射线为各向异性，故当探测器与样品成90°角放置，并与偏振器和管平面相交时，由于入射平面偏振光是不能沿其平面传播的，故理论上将不会有来自X射线管的散射背景。实际情况则是由于这一偏振特性，由X射线管产生的散射背景显著降低，如图24-7所示。目前偏振X射线荧光光谱仪已得到广泛应用，应用中结合不同二次靶的选用，可以获得高选择性、高灵敏度、高准确度的分析结果[15,16]。

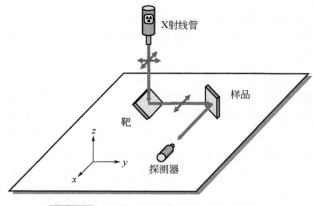

图 24-6 偏振 X 射线荧光光谱仪原理图

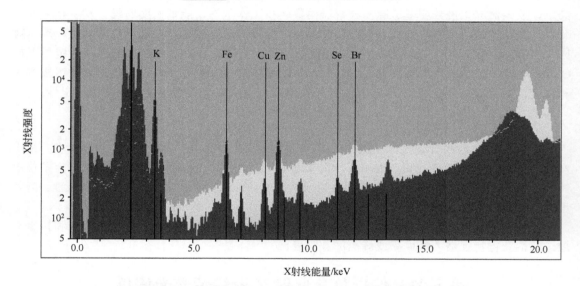

图 24-7 偏振能量色散 X 射线荧光光谱仪可显著降低背景

二、全反射 X 射线荧光光谱仪

X 射线荧光光谱分析的主要局限之一是检出限不够低，主要原因是由于样品散射产生的高背景。为克服这一局限，20 世界 70 年代提出了全反射 X 射线荧光光谱分析概念，并获得了广泛应用[17~20]。

当 X 射线从一种折射率为 n_1 的均匀介质沿直线传播，并以入射角 α_1 照射到折射率为 n_2 的第二种介质时，将遵守斯涅耳(Snell)定律，一部分被反射进入第一种介质，另一部分以 α_2 角被折射进入第二种介质。真空中的折射率 $n_{vac}=1$。如果 $n_1<n_2$，根据斯涅耳定律，$\alpha_2>\alpha_1$，此时为入射光从光疏介质 n_1 进入光密介质 n_2，折射光远离界面；如果 $n_2<n_1$，则 $\alpha_1>\alpha_2$，此时为入射光从光密介质进入光疏介质，折射光靠近界面。如果入射角 α_1 足够小，则可能出现 $\alpha_2=0$ 的情况，这时折射光消失，入射光完全反射进入第一种介质，即产生全反射。这时的入射角称为临界角 θ_{crit}，如图 24-8 所示。

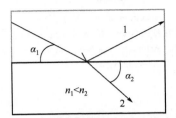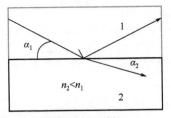

图 24-8　入射光在两种介质界面处的折射与反射

$$\theta_{crit} = \frac{1.65}{E}\sqrt{\frac{Z}{A}\rho} \qquad (24\text{-}6)$$

式中，E 为入射 X 射线光子能量；Z 为原子序数；A 为原子量；ρ 为对应的原子密度。临界角通常非常小，绝大多数仅为几个 mrad。

当入射 X 射线以小于临界角（$\theta < \theta_{crit}$）的角度照射样品或基体时，即在全反射发生时，穿透基体的深度只有几个纳米，反射率几乎为 100%。只有很少量光子穿过基体，这大大减小了本底散射，一般可降低数百倍。同时，在产生全反射时的临界角附近，入射光束和反射光束会发生干涉，形成驻波场，位于驻波场中的原子被激发，产生特征 X 射线。因此全反射 X 射线荧光光谱可以显著降低背景，故特别适合于进行痕量元素分析，也可应用于表面和近表面分析。特别是需要进行痕量元素无损检测时，例如硅单晶片的在线检测，全反射 X 射线荧光光谱分析技术更显得无可替代。目前全反射 X 射线荧光光谱分析的检出限可达 $10^{-9} \sim 10^{-12}$g，结合同步辐射，可达到 10^{-15}g 量级，硅片表面杂质的检测限可达到 10^8 atoms/cm^2。

全反射 X 射线荧光光谱分析的另一突出特点是样品用量少、定量简单。若测定 10^{-6}g 水平的元素，取样量仅需微升级或微克级。由于全反射条件下，样品的基体效应几乎可以忽略，故加入内标即可进行定量分析。

用于全反射 XRF 分析的反射载体的材料多种多样。一般须满足以下几个条件：①拥有光滑的平面以保证较高的反射率，即在 1mm^2 范围内粗糙度 <5nm；1cm^2 内弯曲度 <0.0001°；②材料纯净无杂质，以减少反射载体干扰峰的出现；③化学惰性，能够耐受无机酸和有机溶剂的腐蚀；④易于清洁和重复使用。目前，用作反射载体的材料主要有石英玻璃、有机玻璃、玻璃碳、氮化硼以及单质硅、锗等。

参 考 文 献

[1] Jenkins R. X-ray fluorescence spectrometry. 2nd ed. New York：Wiley, 1999.

[2] 吉昂, 陶光仪, 卓尚军, 罗立强. X 射线荧光光谱分析. 北京：科学出版社, 2003.

[3] 罗立强, 詹秀春, 李国会编著. X 射线荧光光谱分析. 第二版. 北京：化学工业出版社, 2015.

[4] Michihiro M, Hiroyasu S. X-Ray Spectrom, 1981, 10(1)：41.

[5] Goganov D A, Schultz A A. X-Ray Spectrom, 2006, 35(1)：47.

[6] Murty V R K, Devan K R S. Radiat Phys Chem, 2001, 61：495.

[7] Ota N, Murakami T, Sugizaki M, et al. Nucl Instrum Meth A, 1999, 436：291.

[8] Murty V R K, Winkoun D P, Devan K R S. Radiat Phys Chem, 1998, 51：459.

[9] Ferretti M. Nucl Instrum Meth B, 2004, 226：453.

[10] Eggert T, Boslau O, Goldstrass P, Kemmer J. X-Ray Spectrom, 2004, 33：246.

[11] Lechner P, Pahlke A, Soltau H. X-Ray Spectrom, 2004, 33：256.

[12] Longoni A, Fiorini C, Guazzoni C, et al. X-Ray Spectrom, 2005, 34(5)：439.

[13] Streli C, Wobrauschek P, Schraik I. Spectrochim Acta B, 2004, 59：1211.

[14] Osmic F, Wobrauschek P, Streli C, et al. Spectrochim Acta B, 2003, 58：2123.

[15] Heckel J, Brumme M, Weinert A, Irmer K. X-Ray Spectrom, 1991, 20(6)：287.

[16] Kanngiesser B, Beckhoff B, Swoboda W. X-Ray

第五篇

Spectrom, 1991, 20(6): 331.

[17] Streli C, Wobrauschek P, Pepponi G, Zoeger N. Spectrochim Acta B, 2004, 59: 1199.

[18] Samek L, Ostachowicz B, Worobiec A, et al. X-Ray

Spectrom, 2006, 35(4): 226.

[19] Korotkikh E M. X-Ray Spectrom, 2006, 35(2): 116.

[20] Arturs V, Eva S L, Paulis S, Jan J. X-Ray Spectrom, 2004, 33(6): 414.

第二十五章　X射线荧光光谱分析样品制备技术

X射线荧光法的最大特点之一是可以非破坏直接分析固体、液体、粉末等各种各样的物料。但分析元素的激发和辐射行为会因共存元素的含量及存在形态而发生变化，即会受到基体效应的影响，同时也会受到样品粒度和矿物效应的影响。

因此，样品制备要解决的问题就是要减小或消除试样组成的不均匀性、粒度效应[1]和矿物效应的影响，使被测样品转变为适合于XRF测定的形式，并使测定精密度和准确度达到要求。同时，对于重元素分析，还应保证样品具有足够的厚度[2]。

X射线荧光光谱分析是一种比较分析方法，任何试样制备方法都必须保证制样的可重复性，并在一定的校准范围内，保证所制备出的样品具有相似的物理性质，包括质量吸收系数、密度、粒度、颗粒的均匀性等[3]。

本章介绍样品制备的基本思路，并将几种代表性的制备方法加以归纳。最后介绍了几种比较重要的领域的应用实例。

第一节　样品制备中的一般性原则

一、应关注的问题

1. 样品的表面状态

X射线荧光分析中，多数样品的分析深度只有几到几十微米。因此，样品表面状态是造成分析误差的主要原因之一。当样品表面粗糙时，来自X射线管的一次X射线不能均匀地照射在样品表面上，造成样品产生的X射线强度随位置而变化。此外，因表面形状不同而造成的散射也可能会有差别。研磨面的粗糙度会造成X射线强度的变化，保持样品之间（如标准样品和未知样品）表面粗糙度的一致性也很重要。表面越平整，X射线强度越高，表面粗糙度越小，校准曲线的准确度越高，重复精度也越高。元素越轻，越易受样品表面的影响。

2. 不均匀性效应

粉末样品分析中，除粒度效应外，还包含矿物效应、偏析等不均匀性效应。粉末样品中由于矿物种类或矿物组合的不均匀性，会造成X射线吸收系数的差别。矿物效应被细分为矿物间效应和矿物学效应[4]。矿物间效应中，分析元素只存在于某一相之中，两相或多相对于分析线的吸收系数相差很大；此时分析线强度不仅取决于粒度，也取决于两相的吸收系数。矿物学效应中，两相都含有待分析元素，但对分析线的吸收不同。由于矿物效应的影响，不同产地的水泥、铁矿石等样品的校准曲线可能不同。金属浇铸时，由于偏析作用会带来元素的分布不均匀，因此在分析金属样品时须注意，在粉末样品中，颗粒分布的不均匀性也是存在的。为减小或消除不均匀性效应的影响，一般采用玻璃熔片法。

3. 样品粒度与制样压力

不同的粉碎条件或压片时的压力，会造成 X 射线荧光强度的变化。还应注意粉碎过程中可能会引入污染。样品制备时粒度越细，所得到的校准曲线准确度越好。通常，粉末的粒度最好在 300～400 目以下[5]。

4. X 射线分析深度与样品厚度

X 射线在物质中的穿透深度与波长有关。波长越短，穿透深度越大。波长相同时，物质对轻元素的穿透深度更大。测定短波长 X 射线时，应注意保证样品达到饱和厚度。

5. 样品的光化学分解

X 射线照射引起的光化学分解作用、潮湿样品照射后产生的臭氧所带来的氧化作用等，都会改变样品的组成，导致显著的分析误差。比较典型的例子就是用 XRF 分析汽油样品中的四乙基铅时，由于光电离作用，弱的配位键断裂，会导致四乙基铅分解；X 射线束引起的光电离会导致尼龙中大量化学键断裂，以及电离后产生基团的再结合等。

6. 其他问题

当样品随时间而产生明显变化时，由于测样时间的不同，X 射线强度也会不同，从而造成大的分析误差。例如生石灰吸水性很强，若从粉碎及压片到测定的时间不能保持一致，就会造成大的分析误差。此外，锌锭中 Al 和 Mg 的强度在研磨后马上随时间而单调增加（再次研磨后，强度回到原值），从样品制备到测定的时间控制是影响分析精度的十分重要的因素。

粉末样品粒度变小后，比表面积增大，易吸收水分。样品不同，吸湿程度也不同，称量时的误差增大，不可避免造成分析误差。且吸湿后的样品，对仪器的真空度也会产生影响，也可能使 X 射线强度变得不稳定。为此，最好将粉末样品充分干燥后，再进行样品制备和测定。多孔性样品应该在真空干燥器中进行干燥。

二、样品制备的一般性原则[6]

1. 保证制备样品的均匀性和一致性

首先应保证样品制备的均匀性，并使标准物质和待测样品的组成、粒度、制样条件等尽可能保持一致。这样才能进行准确的定性、定量分析[7]。

2. 选择适宜的样品粒度，选用合适的制样方法

根据需要，将样品粉碎至符合分析要求的粒度。同时，尽管 XRF 分析通常可采用粉末压片法，但必要时应采用熔融法制样，以基本消除粒度效应和矿物效应，保证足够的分析精密度与准确度[8]。

3. 应尽可能避免或减小污染

制样过程映入的污染是 XRF 分析误差的主要来源之一。样品制备过程中比较重要的污染来源主要包括：①粉碎、研磨装置构成材料的污染；②由之前所粉碎、研磨的样品残留映入的污染；③样品溶解、熔融时所用容器的污染和分析元素的挥发；④试剂和分析室气氛与环境造成的污染；⑤与样品接触造成的污染等。

4. 需特殊关注的样品

X 射线照射时，如果样品成分产生挥发，会使仪器内部被污染，不仅会影响测定，还会使仪器的性能下降。Cl、P、S 含量高的粉末样品、橡胶等样品，经长时间测定后，因样品发热会造成飞散现象。使用高功率 X 射线管的仪器时，要特别注意以下几点：①避免长时间测定；②降低管电流；③用高分子膜将样品表面保护起来。

第二节　固体块样的制备

一、概述

本节所指的固体块样是样品本身化学组成均匀的固体块状样品，取样时只需将其加工成大小、形状和表面状态符合定量测定要求的试样后便可直接测量。固体块样包括各种金属、合金、玻璃、微晶玻璃、陶瓷、塑料等。针对不同的样品，需根据不同的分析要求采用合适的样品加工及制备方法，如切割、打磨或抛光、表面清洁等，所使用的工具包括车床、铣床、切割机、砂轮、抛光机、砂纸、磨片机等。上述块状样品加工方法及所使用的工具都可能会影响测量的结果，需在制备过程中注意以下事项[9]。

1. 制备工具的影响

块状样品制备工具会对样品表面造成一定污染，应根据分析要求来选择制备工具。其中砂带或砂纸所使用的磨料，如果是金刚砂（碳化硅），则可能造成样品表面硅的污染，对于需要测量硅的钢铁等硅含量较低的样品应避免采用以金刚砂为磨料的工具，建议使用刚玉（烧结氧化铝）磨料；对于需要测量低含量铝的样品，建议使用金刚砂磨料。块状样品制备工具还可能会改变样品表面的粗糙度，从而影响测量谱线的强度，特别是长波长的谱线影响更加显著[10]。

固体样品表面清洁通常采用高纯且易挥发的有机溶剂，如甲醇、乙醇、异丙醇等，也可以先用去离子水清洁样品表面，然后用有机溶剂清洁。在清洁过程中需要注意溶剂和水不能在测量面有残留，必要时可用专用纱布、棉球、吸水纸等擦拭。对表面易氧化的金属样品，不宜用水等可致表面氧化的物质清洁。

2. 制备方法的影响

各种材料，如合金、陶瓷、玻璃、微晶玻璃、塑料等都需要经过不同的生产和制备方法得到，特别是热处理方法的不同，会导致材料中组成的变化，从而改变元素在材料中的分布，影响定量分析的准确度。

制备合金样品一般使用高频真空炉熔融离心烧铸的方法，其中液体合金的冷却方式可能会导致组成的不均匀。实际情况下，液体合金在烧铸后大都会快速冷却，从而导致不平衡结晶，使得固溶体先结晶部分与后结晶部分出现成分差异。虽然采用退火方法能够减小这种差异，但实际分析中，退火处理也很难达到。因此制备该类样品时应予以特别关注。在使用合金标准参考物质作为校正标样时，必须确认未知样和标准参考物质有尽量相同的固溶相。

二、金属及合金样品的制备

1. 取样

在金属分析取样阶段，必须注意取样的方法、深度、模型和样品的形状、尺寸和厚度以及样品的代表性等方面的影响。对于炉前分析，金属的采样方法是用长柄勺舀取，倒入模具中固化（浇铸）。当合金固化时，所形成的固体组成通常与用来浇铸的液体不同。同时，所形成的固体带有某种结构。金属样品在取样过程中要保持表面光洁，不能出现多孔、偏析和非金属夹杂物。如果样品中含有铌、稀土等偏析元素，最好能先进行淬火，以便热滞后一致，并防止偏析。

2. 金属样品的制备方法

块状、板状的金属样品一般采用研磨、抛光的方法进行制备。研磨钢铁等硬质金属时，可采用研磨带（皮带抛光机，60～240号）、砂轮机（36～80号）。若使用研磨带或砂轮，连

续研磨多个样品后，研磨粒子的粒度发生变化，使后续研磨样品与前序样品出现差异。此外，在研磨不同品种的样品时，样品之间会出现交叉污染。对于铝合金、铜合金等软质金属，如果使用研磨带，会使杂质进入到样品中或引起表面钝化，所以应使用车床，也可以使用砂纸。贵金属、焊料等可以用加压成形的方法制备测量面。金属片、金属屑等样品可以采用重熔后离心铸造的方法，经研磨后，可与块状样品同样的方式进行测定。代表性的金属样品的表面处理方法见表 25-1。

表 25-1 金属样品的表面处理方法

样品种类	条件	研磨方法	研磨—分析中的注意事项	备注
钢	普通	用皮带抛光机研磨，一般使用 80 号氧化铝，表面用乙醇擦拭	对新砂带要进行试验，确认可研磨个数（光洁度变化）。为防砂带污染，测定铝时用碳化硅（金刚砂）磨料，硅用刚玉类磨料。对磷、硫的污染也应注意	砂带抛光机使用简便，应用很广
铁	碳分析	使用 36～80 号砂轮（白刚玉类磨料）	要修整磨石表面使其表面露出。试样表面不能过烧，勿用溶剂擦拭分析面，勿用手触摸分析面	白口化铸铁样品用砂轮机最合适
铜合金	普通	用车床对表面进行精加工（10μm 以下）	为使加工良好、防止油污，可往车刀刀头边加甲苯车边，并注意别在中心部位留下突头	适于磨光锌合金、铅合金等硬度低、带黏性的样品
铝合金	普通	用车床对表面进行精加工（10μm 以下）	注意事项同上。对含铜、锌 2% 左右的样品要注意与其他样品的表面加工的差异	
	Si 含量 4% 以上	用锉刀或砂轮将表面稍稍打粗一些	硅呈粒状和岛状，研磨时要特别注意别让硅粒脱落	
贵金属	金等	有时需抛光，多半将切断面或成品加压制成平面。表面用溶剂洗净	薄样品用手一按，表面往往变得凹凸不平	可用于软样。硬样用车床车光

第三节　粉末压片法

为了得到相对稳定、均匀和重复性好的试样，常将预加工后的粉末压制成片状后用于测量。压制时可视情况添加或不添加黏结剂。实践中，有些材料很软并且均匀，可不经粉碎直接压片分析。许多医药产品即可用此技术直接分析，但有时需加入少量的纤维素作为黏结剂。样品太硬且不够均匀时，需减小样品粒度至可接受的尺度并仔细混匀后压制。

一、压环法

压环法中多采用 Al 环或聚氯乙烯(PVC)环盛放样品，其中 PVC 环使用较广泛，适于多类型样品。但对有些样品，压制后压环会反弹（样品表面与压环表面出现高差），这种高差会造成 X 射线强度的变化，引入误差，此时最好改用 Al 环。但要注意 Al 环会带来污染。在炉渣和烧结物分析中，可将样品放在铅环或 O 形橡胶圈中，用平板式压模压制。

二、直接压制法

自成形性能好的粉末样品，可直接放入圆柱形压模中压制，优点是易于固定样品的使用量，可以克服样品厚度影响，不使用压环、衬里、黏结剂等，无附加沾污。直接压制法对模具的加工质量要求高。样品粉末易进入到模具的缝隙中，造成退模困难。特别是压制粒度很细的样品时，常常会因退模问题使制样操作失败，并且压制过程中模具清洗耗时长。

三、镶边法和样品杯法

在分析地质样品时，普遍采用低压聚乙烯或硼酸镶边-衬底技术。即在压制样品时，在圆柱形压模内嵌入一个带三个定位楞的圆筒，筒内装入样品，整平后，在其上方及压模与圆筒之间的缝隙加镶边物料，取出定位圆筒后压制。对于穿透深度大的短波 X 射线，要注意镶边物料的杂质干扰[11]。

四、加入黏结剂压制

有些样品通过加压后无法制成成形好、合适于 XRF 分析的样片，需定量加入 10%～20% 的黏结剂。常用的黏结剂有：甲基纤维素粉末、乙基纤维素、聚乙烯、硬脂酸、硼酸、聚苯乙烯等树脂类粉末，淀粉、石蜡、高纯石墨、乙醇、尿素，或聚乙烯醇、甲苯、聚乙烯吡咯烷酮等液体黏结剂等，混合后加压成形。常用的黏结剂及配方列于表 25-2[12]。

表 25-2　常用的黏结剂及配方

黏结剂	微晶纤维素	聚乙烯	石蜡	硼酸	硬脂酸	石墨
配方	5g 样+2g 黏结剂	5g 样+2g 黏结剂	8g 样+2g 黏结剂	5g 样+2g 黏结剂	10g 样+0.5g 黏结剂	5g 样+5g 黏结剂

黏结剂除了要有良好的自成形特性外，还应该不含污染元素和干扰元素，真空和辐照条件下稳定，且质量吸收系数必须低。黏结剂的加入必然会降低总基体吸收，因此用一定量的黏结剂稀释样品并不一定会使某种元素的灵敏度按被稀释的倍数降低。加入黏结剂会使样品散射增加，从而增加背景。对波长小于 1Å 而含量低的元素，背景增加造成的影响会很严重，因为在波长小于 1Å 的波段，背景扣除很困难。样片压制好后，用 1% Formvar（聚乙烯醇缩甲醛和氯醋聚乙烯醇三元共聚物）氯仿溶液喷洒在样片上，可进一步增加样片的稳定性。

如果粉末颗粒的直径小于 50μm（300 目），样品通常应在 15～20t/in²(1in=2.54cm)压力下压制。自成形特性好的粉末在 2～5t/in² 的压力下压制即可，而自成形特性很差的粉末则需要使用黏结剂。

第四节　玻璃熔片法

一、玻璃熔片法及其优点

尽管不均匀性和粒度效应可通过研磨和高压制饼降低，但如果基体中较硬的化合物不能被破坏，则不均匀性和粒度效应不能被完全消除。在以硅酸化合物为主的炉渣、烧结物和某些矿物组成复杂情况下，这种效应会导致系统误差，需要采用玻璃熔片制样技术消除。

玻璃熔片法是将样品与熔剂、脱模剂、氧化剂等一起放在坩埚中，于 1000～1250℃下熔融，快速冷却后，制成玻璃片。为得到均匀的固态玻璃体，除保证熔融过程的旋转搅拌外，还需控制熔融物冷却过程中的相变过程。熔融可以使样品中的化合物与混合熔剂完全反应形成真溶液，也可以使熔体冷却形成固态玻璃体，得到均匀、可控制尺寸的玻璃片[13]。

玻璃熔片法优点主要有六点：①消除矿物效应、粒度效应；②因熔剂的稀释作用，使共存元素效应和元素间增强效应减小；③可用纯物质试剂配制标准样品，或用已有标准样品通过添加元素的方法扩展浓度范围；④分析主成分元素时样品用量小；⑤分析精度高；⑥相比于粉末样品，玻璃熔片更不易潮解，可长期保存。玻璃熔片是分析准确度最好的制样方法。

二、熔剂

元素周期表中可形成玻璃的元素有硼、硅、锗、砷、锑、氧、硫和硒等，前 6 个元素可形成酸性玻璃，其他元素形成普通玻璃。目前常用到的熔剂多为锂、钠的硼酸盐，对熔剂的基本要求如下：①在一定温度下能将试样快速完全熔融；②容易浇铸成玻璃体，玻璃体有一定的机械强度、稳定、不易破裂和吸水；③溶剂中不含待测元素或干扰元素。

1. 硼酸盐类熔剂

制备均匀粉末样品最有效的方法是硼酸盐熔融法。所用熔剂主要包括四硼酸锂熔剂（LiT）、偏硼酸锂熔剂（LiM）、LiT-LiM 混合熔剂以及四硼酸钠熔剂。$Li_2B_4O_7$ 是一种弱酸性熔剂，熔点 917℃，与碱性样品反应活性更强，黏度流动性较差；$LiBO_2$ 是一种碱性熔剂，熔点 849℃，与酸性样品反应活性更强，高温下流动性较好；$Na_2B_4O_7$ 的熔点为 742℃，是一种中性或弱碱性熔剂，黏性最强[14]。

$Li_2B_4O_7$ 和 $Na_2B_4O_7$ 在 1100~1200℃高温时几乎是万能熔剂，因此比较这两种熔剂时很难得到一般性规律。但 $Na_2B_4O_7$ 熔剂的黏度高，易"润湿"坩埚黏附在坩埚上，必须经常清洗坩埚，用 $Na_2B_4O_7$ 制备的样片吸水性也很强，不易长期保存。分析轻元素时，采用 $Li_2B_4O_7$ 比 $Na_2B_4O_7$ 为好。熔剂中加入 Li_2CO_3 或 LiF 可分别增加熔剂的碱性或酸性，降低熔点，加快反应速率，加大熔体的流动性。对于用纯 $Li_2B_4O_7$ 难以熔解的化合物，如锡石（SnO_2）、硅锌矿（Zn_2SiO_4），可以用 $Na_2B_4O_7$ 和 $NaNO_3$ 的混合物作为熔剂。

不同混比的偏硼酸锂与四硼酸锂混合熔剂是目前最受欢迎的混合熔剂。除了熔点外，这两种试剂的酸碱性也不同，从而使不同样品在高温熔融状态下的溶解度产生明显差异：①$LiBO_2$ 可看作是 $Li_2O-2B_2O_3$，在酸性氧化物（SiO_2）存在时，熔剂能像 Li_2O 一样发生反应，而多余的 B_2O_3 有效地形成 $Li_2O-2B_2O_3$；②$Li_2B_4O_7$ 可看作是硼氧化物的主要来源，能与碱性氧化物（如 K_2O、CaO）反应，形成偏硼酸盐和 Li_2O。Al_2O_3 之类的氧化物与 B_2O_3 的反应比与 Li_2O 更容易；③以 SiO_2 和 Al_2O_3 为主成分的试样，建议用一份试样+4 份 $LiBO_2$ 和 1 份 $Li_2B_4O_7$ 混合熔剂；④对于难熔的含铬耐火材料，建议用一份样品+10 份偏硼酸盐+12.5 份四硼酸盐。混合熔剂的应用实例见表 25-3。

表 25-3 混合熔剂的应用实例

样品	熔剂（比例）	样品/熔剂	熔融时间/min	脱模剂
Auto-catalyst	LiT/LiM（50/50）	1:6	8	+
沸石	LiT/LiM（50/50）	1:6	8	+
FeSi 合金	LiT	1:15	15	+
AlF_3	LiT/LiM（35/65）	1:3	5	
水泥	LiT/LiM（67/33）	1:6	8	+
陶瓷	LiT/LiM（50/50）	1:6	8	+
玻璃	LiT/LiM（50/50）	1:6	8	+
土壤	LiT/LiM（33/67）	1:3	5	+
铝土矿	LiT/LiM（50/50）	1:6	8	+
金属铝	LiT/LiM（50/50）	1:10	15	+
铁、钢	LiT/LiM（50/50）	1:10	15	+
铜	LiT/LiM（67/33）	1:20	15	+
闪锌矿	LiT/LiM（50/50）	1:12	15	+

注：1. LiT 为四硼酸锂；LiM 为偏硼酸锂。

2.本表引自 http://www.claisse.com/en/fusion/preparation-xrf.asp。

尽管硼酸盐类熔剂的使用广泛，但其铸模需缓慢冷却，以避免因残余热弹性张力使样片破裂。制成的样片有时不是真正的玻璃体，而有可能是大量直径为1～3mm的玻璃珠的混合体，测量时因玻璃珠表面散射X射线会引入误差。可采用熔片粉末XRD谱检查熔片的均匀性，如果观测不到衍射线，即表明熔片是均匀的。在熔片制备中遇到的许多问题和失败，都是因为对熔融过程中发生的化学反应不了解所造成的。

2. 磷酸盐类熔剂

磷酸盐熔剂，如$LiPO_3$+各种添加剂、$NaPO_3$（熔点627℃）和焦磷酸钠等，一般较少使用。但这类熔剂中的磷与试样中过渡金属形成络合物，反应活性强。由$LiPO_3$熔剂熔解氧化物样品得到的玻璃片均匀、不需长时间退火或机械加工，可长时间保存。对于含铬矿石和铬镁耐火材料等极难熔样品，可使用六偏磷酸钠熔解，且熔融温度较低。部分实例见表25-4。

表 25-4　$LiPO_3$ 熔剂的应用实例

样品	熔剂	样品/熔剂	温度/℃
$YBa_2Cu_3O_x$	$LiPO_3$	1:2	780
$Bi_{0.7}Pb_{0.3}SrCaCu_2O_x$	90% $LiPO_3$＋10% Li_2CO_3	1:2	850
$LiNbO_3$	$LiPO_3$	1:3	800
$CdWO_4$	$LiPO_3$	1:10	850
$\alpha\text{-}Al_2O_3$	90% $LiPO_3$＋10% Li_2CO_3	1:10	900
$\gamma\text{-}Al_2O_3$	$LiPO_3$	1:20	850
$SrTiO_3$	90% $LiPO_3$＋10% Li_2CO_3	1:10	900
$La_3Ga_5SiO_{14}$	80% $LiPO_3$＋20% Li_2CO_3	1:20	950
La_2O_3	90% $LiPO_3$＋10% Li_2CO_3	1:25	950
Gd_2SiO_5	90% $LiPO_3$＋10% Li_2CO_3	1:30	950
SiO_2	70% $LiPO_3$＋30% Li_2CO_3	1:30	900
Ta_2O_3	70% $LiPO_3$＋30% Li_2CO_3	1:40	900
$SrTiO_3$	80% $LiPO_3$＋20% Li_2CO_3	1:10	900
ZrO_2	80% $LiPO_3$＋20% Li_2CO_3	1:10	900

3. 其他熔剂

针对不同样品，也可采用碳酸钠、硫酸氢钠和硫酸氢钾作为熔剂，并可添加氟化钠、偏磷酸铵，熔融后粉碎压片或溶解于水中进行分析。表25-5是各种不同熔剂的比较。

表 25-5　不同熔剂的比较

熔剂类型	熔剂组成	特性	应用
偏硼酸锂	$LiBO_2$ 或 $LiBO_2$＋$Li_2B_4O_7$（4:1）	力学性能好，对X射线的吸收弱	酸性氧化物（SiO_2、TiO_2）、硅铝质耐火材料
四硼酸锂	$Li_2B_4O_7$	熔片易破裂，对X射线的吸收弱	碱性氧化物（Al_2O_3）；金属氧化物；碱金属、碱土金属氧化物；碳酸岩[15]；水泥
四硼酸钠	$Na_2B_4O_7$	熔体黏度大，熔片易吸湿	金属氧化物；岩石；耐火材料；铝土矿
碳酸钠、碳酸钾及其混合物	Na_2CO_3、K_2CO_3	不适合制备玻璃片	硅酸盐
硫酸氢钠、焦硫酸钠	$NaHSO_4$、$Na_2S_2O_4$		非硅酸盐矿物（铬铁矿、钛铁矿）
偏磷酸钠	$NaPO_3$		各种氧化物（MgO、Cr_2O_3）

三、熔融辅助试剂

样品中有些含还原性物质，有些存在最低氧化态的氧化物，有些易挥发损失。这些样品在熔融前都需加入氧化剂。若预氧化过程是在熔融程序中进行，就会对熔样坩埚造成腐蚀，可在熔融前加入氧化剂，氧化后便可加入熔剂及脱模剂进行常规熔融。常用的氧化剂有 BaO、CeO_2、KNO_3、$LiNO_3$、NH_4NO_3、$NaNO_3$ 等。氧化样品的操作还可在坩埚中用酸、碱等湿化学法处理，再进行熔融。相对于液体碱的太过活泼，一般选用固体碱。

有些元素如碱土金属会使玻璃体稳定性降低、变脆，甚至破裂。加入玻璃化试剂（SiO_2、Al_2O_3、GeO_2 等）可以解决这一问题。加入氟化物（KF、NaF、LiF）可明显提高玻璃体的透明度，增加熔体的流动性。为降低基体中元素间吸收增强效应，在熔融过程可加入重吸收剂如 $BaSO_4$ 或 La_2O_3。对于分析非硅酸盐试样，有时需要加入占样品总量 25% 以上的 SiO_2，以促使形成玻璃体。若样品本身需要分析 Si 和 Al 时，需用 GeO_2 代替 SiO_2。

当玻璃体不易脱模时，可加入脱模剂（非浸润试剂）以防止熔融的玻璃黏附或润湿铂坩埚和模具。脱模剂一般使用碱金属卤化物（KI、NaBr、LiF、NH_4I、CsI、LiI、NH_4Br 等），最常用的是 LiI 或 LiBr。脱模剂会促进玻璃体产生结晶或使玻璃体在浇铸时形成球状，而难以展开或充满铸模，故其用量也不能太多。一般来讲，脱模剂的效率和挥发性随着卤素原子序数的增大而增加。

脱模剂对 XRF 谱线强度有一定的影响。加入脱模剂相当于稀释了样品，结果造成分析元素 XRF 谱线强度随脱模剂加入量的增加而降低。脱模剂中的 I 和 Br 会有一部分残留在熔片中。I L_{β_2} 线与 Ti Kα 线、Br Lα 线与 Al Kα 线波长接近，应注意谱线重叠干扰。

四、坩埚和模具

熔融反应可在 800～1000℃ 的如铂、镍或石英坩埚中进行，但这些坩埚材料都存在熔体润湿坩埚壁的缺点，不能将熔融化合物完全回收。尽管石墨坩埚可在一定程度上克服此问题，但避免此问题的最好方式是采用 95%铂＋5%金制成的坩埚。该合金几乎完全不被硼酸盐熔融化合物润湿，熔融物可方便倒出和脱模，避免了化合物的损失，而且坩埚容易清洗。但当 Pt95%-Au5% 坩埚长期连续使用时，其内表面会变粗糙，这不仅会使熔片表面变粗糙，而且使熔融时形成的气泡不易赶尽，还会使熔片不易脱模，故需要进行定期抛光处理。

金属、有机碳、硫化物等含量高的样品会与坩埚反应，损伤坩埚；在含量不是很高时，可在熔融时加入氧化剂（硝酸锂、硝酸铵等）进行熔融制片。如果熔融时不加入氧化剂，按质量分数，金属总成分应在 0.1%以下，S 应在 0.5% 以下，C 应在 0.1% 以下[16]。如果可能，应事先灼烧处理。使用 Pt95%-Au5% 坩埚时，应严格遵守铂器皿的实验室使用规定。

五、熔样设备

应用于制备玻璃熔片的设备主要有电热型、燃气型和高频感应型三种。电热型采用马弗炉的温控原理，温控精度高，可以保证长时期的熔样条件的一致性。一般可同时熔融 4～6 个样品，速度快、熔样效果好；缺点是在取放样品时，对操作者有一些热辐射。燃气型一般采用丙烷气体火焰加热样品，可同时熔融 4～6 个样品，速度较快，也可在不同的燃烧头上控制不同的温度，通过人为方式移动样品，实现逐级加热，对须预氧化的样品很有利。缺陷是温度控制稍差，不能直观地得到熔样温度，还需要特殊的燃气。高频感应型的操作简单，热源比较集中，对操作者的热辐射小。可通过程序对样品逐级升温，实现预氧化处理。缺点是

一次只能熔融一个样品，速度慢。温度控制采用间接方式，坩埚温度受其在感应圈中的相对位置影响大。由于是靠坩埚底部加热样品，熔体的温度均匀性较差。

六、玻璃熔片法的误差控制

样品与熔剂的称量误差应控制在 0.1mg，标准样品和未知样品要按固定的稀释率制备。样品、熔剂的总量应为 5g 左右，具体应根据坩埚大小确定。玻璃熔片法采用无水熔剂，熔剂批次不同，吸湿量及纯度也不相同。故标准样品和未知样品应采用同批次熔剂制备。熔剂在使用前应进行灼烧，比如四硼酸锂在 650～700℃ 条件下灼烧 4h，在干燥器中冷却后再使用。样品制备的基本要求是条件一致，因此在制备熔片时，必须对熔融温度和时间进行控制。熔片易被湿气侵蚀，要保存在干燥器中。

有些特殊样品，比如明矾石 $[KAl_3(SO_4)_2(OH)_6]$，即使在 1000℃ 下短暂熔融也会挥发。全岩分析中，为避免碱金属和硫酸盐的挥发，温度要控制在 1000℃±25℃。用一份偏硼酸锂加两份四硼酸锂混合熔剂，在 10:1 稀释比下可很好地将硫酸盐保留在熔体中。对于硫化物，用 19.6% 的硝酸锂加 80.4% 的四硼酸锂混合熔剂（稀释比为 10:1），可以定量地将硫化物形态的硫保留在熔体中。

铁含量高的样品黏度高，需多加脱模剂才能倾倒出来。为了完全熔融这类样品，需要更长的熔融时间和更高的温度。

二氧化硅含量高的样品，在熔片内可能会形成硅酸盐-硼酸盐熔体不相混溶区域。需要确保样品颗粒足够细，且均匀分布于熔剂中；并加长熔融时间，以使熔融完全。

用碳化钨振动磨研磨的样品，有时会得到亮蓝色玻璃片，表明碳化钨研磨介质中作为黏结剂的钴进入到了样品中。这种被污染的样品应该被弃去，而用原样重新处理。

所有的熔片技术都有高倍稀释和增加散射背景的缺点。由于稀释降低了待测元素的强度，并含有大量的轻元素如硼、氧等，使得背景强度增加，对测量痕量元素是不利的。用少量熔剂、配合使用高吸收氧化物（如氧化镧），可以减小稀释率。对于因稀释作用造成的灵敏度下降问题，可以考虑低稀释比方法。另外，熔融过程中锑、砷等元素容易挥发，影响测定准确度，应注意避免。

总之，尽管一些不足，但熔融法依然是一种精密度和准确度最好、通常采用的有效制样方法。

参 考 文 献

[1] Feret F. X-Ray Spectrom, 1994, 23(3): 130.

[2] Grieken R V, Markowicz A A. Handbook of X-Ray Spectrometry: Methods and Techniques. New York: Marcel Dekker, 1993.

[3] Lachance G R, Claisse F. Quantitative X-Ray Fluorescence Analysis: Theory and Application. New York: John Wiley & Son Ltd, 1995.

[4] Rose W I, Bornhorst T J, Sivonen S J. X-Ray Spectrom, 1986, 15(1): 55.

[5] Tuff M. Advances in x-ray analysis, 1986 29: 565.

[6] Buhrke V E, Jenkins R, Smith D K. Practical Guide for the Preparation of Specimens for X-Ray Fluorescence and X-Ray Diffraction Analysis. New York: Wiley-VCH, 1998.

[7] Wheeler B. Spectroscopy, 1998, 3 (3): 24.

[8] 吉昂, 陶光仪, 卓尚军, 罗立强. X 射线荧光光谱分析. 北京: 科学出版社, 2003.

[9] Bonetto R, Riveros J. X-Ray Spectrom, 1985, 14(1): 2.

[10] Feret F, Sokolowski J. Spectroscopy, 1989, 4(7): 36.

[11] Geological V K. Assn of Canada, 1989: 272.

[12] Van Zyl C. X-Ray Spectrom, 1982, 11(1): 29.

[13] Ochi H, Okashita H. Shimadzu Rev, 1987, 44: 69.

[14] Metz J G, Davey D E. Adv X-Ray Anal, 1991, 35: 1189.

[15] King B S, Vivit D. X-Ray Spectrom, 1988, 17(3): 85.

[16] Baker J W. Volatilization of Sulfur in Fusion Techniques for Preparation of Discs for X-Ray Fluorescence Analysis, in Advances in X-Ray Analysis. Springer, 1982: 91.

第五篇

第二十六章　X 射线荧光光谱定量分析方法与数据处理

第一节　定量分析概述

X 射线荧光光谱（XRF）定量分析是一种相对分析方法，即在相同测量条件下分别测量组分浓度已知的标样和组分浓度未知的待测样，将它们测得的谱线强度进行比较，从而确定未知样中组分的浓度。前提是 XRF 所测定的谱线强度和相应元素的浓度之间具有如下定量关系：

$$C_i = f\,(I_i) \tag{26-1}$$

式中，C_i 和 I_i 分别是待测元素 i 在样品中的浓度及其测量谱线的净强度。标样用来确定式（26-1）中的函数关系 f。一旦建立了浓度和谱线净强度之间的函数关系，对待测样，只要测得谱线的净强度，就可以通过该函数确定相应元素的浓度。最简单的关系为线性相关，即：

$$C_i = \frac{C_s}{I_s} I_i \tag{26-2}$$

式中，C_s 和 I_s 分别是待测元素 i 在标样中的浓度及其测量谱线的净强度。用通式表达可有：

$$C_i = D_i + E_i I_i \tag{26-3}$$

式中，$E_i = C_s / I_s$，是用标样确定的该线性函数的斜率；D_i 是截距。斜率的倒数称为灵敏度，用 S_i 表示（$S_i = 1/E_i$），它表示在确定的测量条件下指定样品中元素 i 单位浓度变化所引起的谱线强度变化。式（26-3）中的 D_i 和 E_i 可以通过作图得到，也可通过线性回归方法计算得到。

如果只有 1 个标样（单标样），式（26-3）中必须 $D_i = 0$，即直线通过原点；如果有 2 个标样，则可以解二元方程组确定式（26-3）中的 D_i 和 E_i；如果标样数目超过 2 个，一般采用线性回归拟合得到 D_i 和 E_i。

然而，在实际的 XRF 定量分析中，由于基体效应的影响，大多数情况都会偏离式（26-3），即浓度和谱线净强度之间的函数关系为非线性关系。此时，校正曲线可以采用二次多项式（26-4）来拟合：

$$I_i = a_0 + a_1 C_i + a_2 C_i^2 \tag{26-4}$$

或者在式（26-3）中加入基体校正因子：

$$C_i = D_i + E_i I_i M_i \tag{26-5}$$

或

$$C_i = (D_i + E_i I_i)\, M_i \tag{26-6}$$

式(26-5)和式(26-6)中 M_i 是基体校正因子。I_i 是待测元素谱线净强度，也可用相对强度 R_i 代替，$R_i = \dfrac{I_i}{I_j}$，I_j 可以是靶材特征谱线的康普顿散射强度，或是背景强度，也可以是内标

元素强度。

第二节　基体校正理论与方法

基体是指被测样品的整体，XRF中的基体效应是指基体对所测定元素特征谱线强度的影响，主要包括元素间吸收增强效应、元素化学态效应和样品物理状态效应。式（26-5）和式（26-6）中的 M_i 就是用来校正基体对定量分析影响的因子，因此称为基体校正因子。

XRF定量分析的关键步骤之一就是基体校正。基体校正因子可以通过测量与未知样相似的标准样品后通过回归分析得到，这就是基体校正的经验系数法。元素间吸收增强效应也可以通过理论计算的方法进行校正，根据采用的模式不同，相应的方法有理论影响系数法和基本参数法。详细的论述可参见相关文献[1,2]。

一、经验系数法

从20世纪60年代开始，一些作者提出了不同的数学模型对XRF分析中的基体效应进行校正。这些校正模型可分为浓度校正和强度校正模式。其中的系数需通过测量标样，然后通过作图或进行多变量线性回归得到，这些方法通常称为经验系数法。测量未知样时，先测量估算样品中各元素的含量，并以此作为初始值，代入后通过迭代方法求出最后浓度。

1. 浓度校正模式

浓度校正模式以浓度为基础来计算元素之间的相互影响。常见的浓度校正模式有四种。

（1）L-T方程　L-T方程[3]由Lachance和Traill提出，它考虑待测样品中共存元素对待测元素的影响，其数学表达式如下：

$$C_i = R_i(1 + \sum_j \alpha_{i,j} C_j) \tag{26-7}$$

式中，i 为待测元素；j 为基体元素；R_i 为相对强度，是样品中元素 i 与其纯元素（浓度为100%）的强度比；C 为浓度；$\alpha_{i,j}$ 为 j 元素对 i 元素的影响系数。

（2）C-Q方程　C-Q方程[4]由Claisse和Quintin提出，它不仅考虑了待测样品中共存元素对待测元素的影响，而且引入了共存元素浓度的二次项 C_j^2，同时考虑第三元素的影响，两个共存元素的浓度及相应的交叉系数 $\alpha_{i,j,k}$。其数学表达式如下：

$$C_i = R_i[1 + \sum_j \alpha_{ij} C_j + \sum_j \alpha_{ijj} C_j^2 + \sum_j \sum_k \alpha_{ijk} C_j C_k] \tag{26-8}$$

式中，i、j、k 分别为待测元素、基体元素和第三元素基体元素；α_{ij} 为基体元素 j 对待测元素 i 的影响系数；α_{ijj} 为基体元素 j 的二次项对待测元素 i 的影响系数；α_{ijk} 为基体元素 j 和 k 对待测元素的交叉影响系数。

（3）R-H方程　R-H方程[5]是Rasberry和Heinrich提出的，其数学表达式如下：

$$C_i = R_i[1 + \sum_{i \neq j} \alpha_{ij} C_j + \sum_{i \neq j} \frac{\beta_{ij} C_j}{1 + C_i}] \tag{26-9}$$

（4）日本工业标准(JIS)校正方程　将L-T方程中的相对强度 R_i 用表观浓度代替就是日本工业标准校正方程：

$$C_i = (a + bI_i + cI_i^2)(1 + \sum \alpha_{ij}C_j) \tag{26-10}$$

式中，$a + bI_i + cI_i^2 = C_{app}$ 称为表观浓度。

2. 强度校正模式

强度校正模式是以强度为基础来计算元素之间的相互影响。强度校正模式也称 Lucas-Tooth-Price 模式[6]，其表达式为：

$$C_i = D_i + I_i(1 + k_0 + \sum_{j=i}^{n} k_{ij}I_j) \tag{26-11}$$

式中，D_i 是方法的平均背景；校正系数 k_0、k_{ij} 与实验条件有关。

强度校正模式由于基于测量强度计算，所以样品中只需知道待测元素的浓度 C_i，而不管样品中其他元素的浓度。但是，在求校正系数时，应测定基体中所有元素的强度。

在用式(26-11)求系数时，由于测量强度 I_i 或 I_j 通常是较大的数字，所以计算出来的系数往往也很大。同时，测量强度 I_i 或 I_j 和测量条件有关，这有可能对分析结果带来较大误差。基于上述原因，Lucas-Tooth 和 Pyne 对式(26-11)作了修改，用表观浓度代替强度，修改后的模式称为 Lucas-Tooth-Pyne 模式[7]：

$$C_i = D_i + C_i^{app}(k_0 + \sum_{j=i}^{j=n} k_{ij}C_j^{app}) \tag{26-12}$$

式中，k_0、k_{ij} 为常数，但值和式(26-11)中的值不同。

3. 经验系数的确定

（1）用二元标样测定　在 L-T 方程中，经验系数可用一组二元标准样品来测定。这种方法将多元素体系看作是由一系列二元体系组成的，这样 α 系数就可以通过已知浓度的二元标样测定。对于含元素 i 和元素 j 的二元体系，元素 j 对元素 i 的影响系数 α_{ij}，通过 L-T 方程变化就可求得。

$$\alpha_{ij} = \frac{C_i - R_i}{R_i C_j} \tag{26-13}$$

式中相对强度 R 需要分别测量纯的 i 元素和体系中的 i 元素强度后计算得到。若没有纯元素，应至少有两个二元样品。将 L-T 方程改写成以下形式：

$$C_i = \frac{I_i}{I_{i(0)}}(1 + \alpha_{ij}C_j) \tag{26-14}$$

式中，$\dfrac{I_i}{I_{i(0)}}$ 就是相对强度，$I_{i(0)}$ 是纯元素 i 的强度，I_i 是二元体系中元素 i 的强度。如果有两个 i 和 j 浓度已知的二元样品，通过测量 i 和 j 的强度，每个元素在每个样品中都可以得到一个上述方程，总共有 4 个方程，就可以解出 4 个未知数 α_{ij}、α_{ji}、$I_{i(0)}$ 和 $I_{j(0)}$。

用二元体系求得的经验系数，只表示一个元素对另一个元素的影响，而未考虑第三元素的影响。所测定的 α 系数，也与用来测定它们的标样浓度有关，一般也只适用于测定系数标样的浓度范围。同时，由于这样的 α 系数只能在一定浓度范围内近似为常数，且测量存在误

差，所以最好采用多组标样测定的 α 系数平均值。

（2）用相似标样测定　在实际分析中，多数情况都是超过两个元素的多元体系，此时若仍用二元体系求经验系数是不现实的。实际上，只要用一系列含有所有待测元素的多元素标样，同时测定所有元素的强度，将它们代入相应的校正数学模型中，通过解方程组或进行多元回归就可以求出相应模型中的经验系数。采用这样的方法，若需测定元素数为 n，测定 L-T或 R-H 模式中影响系数时，至少需要测量 n 个标样。而测定 C-Q 模式中影响系数则至少要 $2n-1$ 个标样。

经验系数是通过标准样品的测量和回归计算得到的，它们包含了所有基体效应的影响，因此系数本身没有明确的物理意义。经验系数法要将标准样品的"经验"推广到未知样品，所以要求标样和未知样相似，即元素组成相似、元素化学态和相结构相同、物理状态（样品致密度、表面粗糙度、粉末的颗粒度等）相似，而且，待测元素的浓度范围必须在标样的浓度范围之内。为了保证可靠性，计算经验系数时要求有较大自由度，也就是说需要较多标样。如果需要计算的参数数量（包括校正曲线的截距和斜率）为 k，则标样数 n 最好满足 $n \geqslant 3k$。

4. 不同经验系数法分析结果的比较

通过比较化学值与计算值之间平均绝对差可以发现[8]，C-Q 模式在一般情况下均可得到较好的准确度，L-T 模式在特定条件（如吸收增强效应并不太显著，或因稀释而减弱，或在一个较小的分析浓度范围内等）下，L-T 模式为一个简单和有效的校正模式；在 Cr-Fe-Ni 体系中，对 Cr 和 Fe 的平均绝对差，R-H 模式较小，所以 R-H 模式对增强效应的校正效果较好。

经验系数法可能存在的问题[2]主要包括：

（1）由于通过数学方法对强度和浓度进行拟合，对这两个值极其敏感；

（2）参加校正的标样回代结果往往很好，而未参加校正的标样结果则不理想；

（3）需要大量的标样计算影响系数；

（4）经验影响系数没有明确的物理意义。

尽管如此，在实际工作中经验系数法在基体校正中依然是必不可少的。这是因为：有些时候并不需要进行全元素分析，仅需测定试样中某些元素；在分析粉末试样时，如水泥生料、矿渣或矿物样品时，在很多情况下元素间吸收增强效应小至可忽略不计，但颗粒度和矿物结构效应严重，特别是有几种不同类型矿物时，即使有相似标样，用基本参数法或理论影响系数法校正基体效应，也不能制定可用的校正曲线。经验表明在许多情况下，若用经验系数法则可以获得解决。这是因为测得标样的强度，已包含吸收增强效应和矿物结构效应的影响。在有足够多的相似标样基础上用数学方法求得的经验系数，是可以满足实际工作要求的。

二、理论影响系数法

理论影响系数法采用理论方法计算基体校正系数。根据校正模式的不同，理论影响系数有不同的算法。所谓理论计算，主要是计算谱线的理论强度。由于理论强度计算时，没有考虑元素化学态的区别，且假定样品是均匀、致密、表面光滑的厚样，所以，理论影响系数法校正的只是元素间的吸收增强效应。理论影响系数法又被称为理论 α 系数法。和经验系数法相比，理论影响系数法可以大幅度减少使用标样的数量，且在待测元素浓度超出标样浓度范围时，仍能得到准确的分析结果。理论影响系数法也是基于一定的数学模型。下面将就不同模型中理论影响系数的计算进行介绍。

1. L-T 方程

前面介绍了 L-T 方程中系数的实验测定方法，其实这些系数也可以用理论方法计算，方

程式(26-7)中的系数可由一次荧光强度理论公式推导出来。设波长为 λ、强度为 I_λ 的单色光，激发样品中浓度为 C_i 的 i 元素，一次荧光理论公式[1]为：

$$P_{i,\lambda} = I_\lambda C_i \omega_i f_i J_i \frac{1}{\sin\psi_1} \frac{\mathrm{d}\Omega}{4\pi} \frac{\mu_{i,\lambda}}{\mu_s^*} \qquad (26-15)$$

式中，ω_i、f_i 和 J_i 分别为 i 元素相应谱线的荧光产额、谱线分数和吸收限跃迁因子；ψ_1 为激发射线相对于样品的入射角；$\mathrm{d}\Omega$ 为接收准直器的立体角；$\mu_{i,\lambda}$ 为试样 s 中 i 元素对波长为 λ 的入射光的质量吸收系数。μ_s^* 的定义如下：

$$\mu_s^* = \frac{\mu_{s,\lambda}}{\sin\psi_1} + \frac{\mu_{s,\lambda_i}}{\sin\psi_2} \qquad (26-16)$$

式中，$\mu_{s,\lambda}$ 为试样 s 对波长为 λ 的入射线的质量吸收系数；μ_{s,λ_i} 为试样 s 对波长为 λ_i 的 i 元素产生的谱线的质量吸收系数；ψ_2 为产生的荧光相对于样品的出射角。

对于纯元素而言，C_i=1，样品 s 就是纯元素 i，所以同样 μ_i 可以如下计算：

$$\mu_i^* = \frac{\mu_{i,\lambda}}{\sin\psi_1} + \frac{\mu_{i,\lambda_i}}{\sin\psi_2} \qquad (26-17)$$

则纯元素的一次荧光强度可以用下式计算：

$$P_{i(0),\lambda} = I_\lambda \omega_i f_i J_i \frac{1}{\sin\psi_1} \frac{\mathrm{d}\Omega}{4\pi} \frac{\mu_{i,\lambda}}{\mu_i^*} \qquad (26-18)$$

如果计算用相对强度，则有：

$$R_i = \frac{P_{i,\lambda}}{P_{i(0),\lambda}} = C_i \frac{\mu_i^*}{\mu_s^*} \qquad (26-19)$$

对于含 i 和 j 两个元素的二元体系，$C_i + C_j$=1，可得：

$$\alpha_{ij} = \frac{\mu_j^*}{\mu_i^*} - 1 \qquad (26-20)$$

所以，一旦测量仪器和测量条件确定，影响系数就可以通过相关的质量吸收系数和仪器的入射/出射角计算出来。

对多色 X 射线激发，可以通过积分计算理论强度后再计算系数。积分范围是 X 射线管原级谱中短波限 $\lambda_{\min}$ 到元素 i 的谱线对应之吸收限 $\lambda_{\mathrm{abs},i}$，计算式如下：

$$P_i = \omega_i f_i J_i \frac{1}{\sin\psi_1} \frac{\mathrm{d}\Omega}{4\pi} C_i \int_{\lambda_{\min}}^{\lambda_{\mathrm{abs},i}} \frac{I_\lambda \mu_{i,\lambda}}{\mu_s^*} \mathrm{d}\lambda \qquad (26-21)$$

对纯元素 i，其一次荧光强度为：

$$P_{i(0)} = \omega_i f_i J_i \frac{1}{\sin\psi_1} \frac{\mathrm{d}\Omega}{4\pi} \int_{\lambda_{\min}}^{\lambda_{\mathrm{abs},i}} \frac{I_\lambda \mu_{i,\lambda}}{\mu_i^*} \mathrm{d}\lambda \qquad (26-22)$$

相对强度为：

$$R_i = \frac{P_i}{P_{i(0)}} = C_i \frac{\displaystyle\int_{\lambda_{\min}}^{\lambda_{\mathrm{abs},i}} \frac{I_\lambda \mu_{i,\lambda}}{\mu_s^*} \mathrm{d}\lambda}{\displaystyle\int_{\lambda_{\min}}^{\lambda_{\mathrm{abs},i}} \frac{I_\lambda \mu_{i,\lambda}}{\mu_i^*} \mathrm{d}\lambda} \qquad (26-23)$$

理论相对强度计算出来后，结合 L-T 方程，就很容易计算理论影响系数了。

2. C-Q 方程

根据模拟标样浓度，计算出理论相对强度，就可以计算出 C-Q 方程式（26-8）中的系数。

3. COLA 方程

采用假设的二元和三元体系样品，计算理论强度，再依据强度和浓度计算理论影响系数的模式又称为 COLA 方程[1,9]：

$$C_i = R_i \{ 1 + \sum_{j \neq i}^{n} \frac{\alpha_1 + \alpha_2 C_m}{1 + \alpha_3 (1 - C_m)} \cdot C_j + \sum_{j \neq i}^{n} \sum_{k \neq i, k > j}^{n} \alpha_{ijk} C_j C_k \} \tag{26-24}$$

式中，m 代表除分析元素外的整个基体。所以 $C_m = 1 - C_i$，二元系数为：

$$\alpha_{ij} = \alpha_1 + \frac{\alpha_2 C_m}{1 + \alpha_3 (1 - C_m)} \tag{26-25}$$

计算 α 系数的公式为：

$$\alpha_{ij} = \frac{\dfrac{C_i}{R_i} - 1}{C_j} \tag{26-26}$$

计算影响系数时所用的假设样品组分列于表 26-1。

表 26-1　计算影响系数时所用的假设样品组分

序号	C_i	C_j	C_k
1	0.999	0.001	0
2	0.001	0.999	0
3	0.5	0.5	0
4	0.999	0	0.001
5	0.001	0	0.999
6	0.5	0	0.5
7	0.3	0.35	0.35

计算过程如下：

①依据表 26-1 中序号 1 所假设样品组分,计算相对强度 R_i。

②按式(26-26)计算二元影响系数 α_{ij}。

③由于 $C_m = 1 - C_i = C_j = 0.001$，可以近似认为 $C_m = 0$，则根据式(26-25)近似得到 $\alpha_{ij} = \alpha_1$。

④依据表 26-1 中第二个样品，计算二元系数 α_{ij}。

⑤由于 $1 - C_m = C_i = 0.001$，可以近似认为 $1 - C_m = 0$，根据式(26-26)近似得到：

$$\alpha_{ij} = \alpha_1 + \alpha_2 \tag{26-27}$$

⑥由表 26-1 中第三个样品，计算二元系数 α_{ij}。

$1 - C_m = C_i = 0.5$，则根据式(26-25)近似得到：

$$\alpha_{ij} = \alpha_1 + \frac{0.5 \alpha_2}{1 + 0.5 \alpha_3} \tag{26-28}$$

从而可以解出：

$$\alpha_3 = \frac{\alpha_2}{\alpha_{ij} - \alpha_1} \tag{26-29}$$

将计算结果代入式(26-25)，即可求出 α_{ij}。由表 26-1 中第四～六个样品，用前述同样的方法计算 α_{ik}。

⑦计算 α_{ijk}。对于三元样品有：

$$C_i = R_i(1 + \alpha_{ij}C_j + \alpha_{ik}C_k + \alpha_{ijk}C_jC_k) \qquad (26\text{-}30)$$

用表 26-1 中第七个样品计算 α_{ijk}。

$$\alpha_{ijk} = \frac{\dfrac{C_i}{R_i} - 1 - \alpha_{ij}C_j - \alpha_{ik}C_k}{C_jC_k} \qquad (26\text{-}31)$$

该模式是一种综合的 α 算法,介于严格的理论和严格实验之间的一种通用的方法。对于氧化物体系,由于氧元素的稀释缓冲作用, 三个基本 α 系数(α_1, α_2, α_3)中的 α_3 可视为零,而在熔融片体系中可忽略 α_2、α_3 以及交叉系数 α_{ijk}。

4. De Jongh 方程

De Jongh 提出的方程[10]如下:

$$C_i = D_i + E_iR_i(1 + \sum_j^n \alpha_{ij}C_j) \qquad (26\text{-}32)$$

式中,$j \neq e$。e 代表消去项。所谓消去项是指分析过程中不用测定的一个成分。一般可将 X 射线荧光光谱不能直接测定或测定结果不理想的成分作为消去项,此时,虽然有一个成分没有测定,但其他成分依然可获得较好的定量分析结果。例如,可以将不用测定的主量基体元素(如低合金钢标样中的铁)作为消去项;在测定熔融样品时,将烧失量作为消去项,分析试样时就不需要预先测定烧失量。如果将烧失量作为消去项,则可用下式计算消去烧失量后的 α 系数:

$$\alpha_{ij}^{\text{loi}} = \frac{\alpha_{ij} - \alpha_i^{\text{loi}}}{1 + \alpha_i^{\text{loi}}} \qquad (26\text{-}33)$$

De Jongh 方程中的 α 系数包含了第三元素的影响,并根据所用标准样品中各成分的平均浓度计算。所以计算所得 α 系数一般适用于计算系数时所考虑的浓度范围。

5. Rousseau 基本算法(FA)

Rousseau[11,12]严格按照 Sherman 方程[13],推导出用于计算吸收和增强效应的校正系数,所以称为"基本算法"(fundamental algorithm method)。基本算法的表达式如下:

$$C_i = \frac{R_i(1 + \sum\limits_j \alpha_{ij}C_j)}{1 + \sum\limits_j \varepsilon_{ij}C_j} \qquad (26\text{-}34)$$

式中,α_{ij}、ε_{ij} 分别表示元素 j 对元素 i 的吸收效应和增强系数。实际应用中,基本算法的迭代初值采用 C-Q 方程计算得到。

6. 理论影响系数校正结果的比较

Pella 等[14]分别用 L-T 方程、C-Q 方程和 COLA 方程对文献[5]中 Fe-Ni 二元合金进行理论影响系数校正。从比较结果看,对于 Fe-Ni 二元合金,COLA 方程的效果要明显优于 L-T 方程和 C-Q 方程,而 C-Q 方程又比 L-T 方程效果好。

Rousseau[15]则分别用 L-T 方程、C-Q 方程和 FA 方程同样对文献[5]中 Fe-Ni 和 Fe-Cr 二元合金,以及 Fe-N-iCr 三元合金的数据进行理论影响系数校正。比较结果显示,FA 方程的效果要优于 L-T 方程和 C-Q 方程。综合两者比较结果,似乎 COLA 方程的效果最好。

三、基本参数法

基本参数法基于元素浓度和该元素 X 射线荧光强度之间的理论关系。对于元素组成已知的样品，在给定的测量条件下，利用已知的一些基本的物理参数，根据 Sherman 方程[13]就可以计算出测量谱线的荧光强度。对于未知试样，则可以通过测量的谱线荧光强度，计算出相应元素的浓度。所以基本参数法的关键在于准确计算出 X 射线荧光强度或相对强度。

1. 基本参数法的实现

Criss 和 Birks[16]于 1968 年首先提出用基本参数法校正元素间吸收增强效应，并于 1978 年发布了首个基本参数法软件 NRLXRF[17]。用基本参数法求解未知样浓度的基本步骤如下：

第一步：用纯元素或多元素标样，根据浓度和测得的强度计算出纯元素强度。

第二步：测量未知样中各元素强度，将测得的强度除以第一步所得相应纯元素强度，得到相对强度。将该相对强度占样品中所有元素相对强度的分数作为未知样中该元素初始浓度。

第三步：根据初始浓度，计算各元素的理论相对强度，并用实标样进行校正。

第四步：将计算的理论相对强度和测量的相对强度进行比较，并以此为依据不断调整未知样中元素浓度，进行迭代计算，直到所有元素两次调整的浓度差小于设定阈值，则最后一次调整后的浓度即为未知样浓度。

2. 影响基本参数法分析准确度的因素

影响基本参数法分析结果准确度的因素主要包括[2]：

（1）基本参数本身存在不确定度。质量吸收系数一般有 5%～10%的相对误差，在一些区间内不同算法之间相差可达 30%～40%；K 系线的荧光产额相对误差约为 3%～5%，L 系线可达 10%～15%。X 射线管发射出的原级谱，实际上是一束发散的圆锥体，而非基本参数公式中的入射角(ψ_1)。关于基本参数的"优化"的讨论，可参见相关文献[18,19]。

（2）元素在不同化合物中，荧光产额与谱线分数可能发生变化，而在现有以基本参数法为基础的软件中，与激发因子相关的参数均作为固定的常数。为消除这一影响，使用与基本参数法有关的软件要作精确的定量分析时，仍要求标样和试样的物理化学形态相似。

（3）作为激发源的 X 射线管原级谱强度分布，无论是测量谱或计算谱，一般存在约 10%～15%的误差。但通过标样的理论强度计算，只要用其中一种原级谱强度分布数据，对未知样分析结果影响不大。

（4）每台谱仪的 X 射线管阳极靶到试样的距离 r 是有差异的，原级谱到达试样的强度与 $1/r^2$ 成正比。这种影响对在实验室中分析平整试样时并无影响，但对非规则样品则会产生影响；在现场或原位分析的仪器中必须在软硬件的设计中予以考虑。

（5）分析轻元素时，未考虑样品被激发时所产生的大量光电子对样品中超轻元素的再次激发，这种激发有时甚至会超过原级谱激发，引起超轻元素总辐射强度的增加。

（6）在计算理论强度时，忽略了散射对荧光强度的影响[20,21]。

（7）基本参数法分析未知样时要求待测试样所分析元素总和达到 99.5%以上，方能获得准确的定量分析结果，这就要求对 XRF 不能分析的元素或化合物提供可靠信息，通过靶特征谱康普顿散射基本参数法将其测量强度转换为理论强度，可以进行校正，或将 XRF 不能分析的元素或化合物作为平衡项处理。

有专著对基本参数和理论强度计算作详细介绍[22]，感兴趣的读者可以参考。

四、内标法

内标法的关键是建立分析元素浓度与强度比之间的函数关系。强度比既可以是分析线与内标元素的强度比，也可以是分析线与靶线散射线的强度比，或是分析线与邻近背景强度之比。通过强度比，使基体对分析元素的影响得到一定程度的校正，内标法是一种基体经验校正方法。

1. 内标元素加入法

设待测元素 i，向试样中加入内标元素 s（和待测元素不同），如果基体对 i 和 s 的影响（如吸收和增强效应）相似，且内标元素特征谱线的激发与待测元素的分析线也相似，则有：

$$C_i = \frac{C_s}{I_s} I_i \qquad (26\text{-}35)$$

式中，C 和 I 分别表示浓度和强度。将其写成一般形式：

$$C_i = k_s I_i + b_i \qquad (26\text{-}36)$$

可以用多个标样通过线性回归方式求出常数 k_s 和 b_i。

通过与内标元素比，不仅可以补偿可能存在的吸收增强效应和仪器漂移，而且还可以补偿样品物理状态(如表面粗糙度、压片试样的密度等)的影响。另外，由于待测元素和内标元素特征 X 射线的能量很靠近,因此样品对其散射强度也接近,使得它们的背景也非常接近,所以可以不扣背景,而直接用峰的强度比。

加入内标元素之前，试样中应不含内标元素，加入的内标元素必须和试样充分混匀，试样和标样的制样方法和条件要尽量一致,内标元素和待测元素间不能存在强的吸收增强效应。

2. 散射背景内标法

X 射线荧光光谱中，背景主要来源于样品对入射 X 射线的散射，而散射的大小直接和组成样品元素的平均原子序数有关。所以，在式（26-1）中，用分析线强度 I_i 与散射背景强度 I_b 的比值代替 I_i 时，样品对分析元素的影响（基体效应）就得到一定程度校正：

$$C_i = k \frac{I_i}{I_b} + b_i \qquad (26\text{-}37)$$

式中常数 k 和 b_i 可用标样通过线性回归方式求出。

3. 靶线的康普顿散射线内标法

如果将散射背景内标法中用于内标的背景强度 I_b 用靶线的康普顿散射线强度 I_c 代替，就是康普顿散射线内标法，此时式（26-37）变成：

$$C_i = k \frac{I_i}{I_c} + b_i \qquad (26\text{-}38)$$

式中常数 k 和 b_i 也可用标样通过线性回归方式求出。

康普顿散射线内标法也是基于康普顿散射的大小直接和组成样品元素的平均原子序数有关。散射背景法和康普顿散射线内标法不需要加入内标元素或其他试剂，所以操作简便。但是为了获得较好结果，应注意分析线和内标间不应有主要基体元素的吸收限。

五、标准加入法

对于某些类型的样品，如果待测元素在一定浓度范围内，分析线强度 I_i 与元素浓度 C_i 成正比，则可以在该范围内采用标准加入法。

标准加入法是在试样中定量加入待测元素 i，加入的浓度为 ΔC_i，由于分析线强度与元素浓度成正比，若加入前后测得的分析强度分别为 I_1 和 I_2，则有：

$$\frac{C_i}{\Delta C_1} = \frac{I_1}{I_2 - I_1}$$

（26-39）

式中，ΔC_i 已知，强度可以测量，因此可以求出待测元素浓度 C_i。

实际分析中，通常采用多点标准加入法，即取多份未知样样，其中一份不加入待测元素，其他的则加入不同浓度的待测元素，然后测量待测元素分析线的强度。由于分析线强度与元素浓度成正比，即可以用下式表示待测元素浓度和分析线强度之间的关系：

$$C_i = kI_i + b$$

（26-40）

式中的斜率 k 和截距 b 可以通过线性回归求得。分析线强度应是扣除背景后的净强度，如果背景扣除干净，则浓度轴截距的绝对值就是未知样中待测元素的含量 C_0。

标准加入法一般适用于缺少合适标准样品、未知样的量足够，且仅测试个别元素的情况。由于要求分析线强度与元素浓度成正比，所以，也只适用于待测元素浓度较低（通常低于 1%）的情况，且加入的量不宜太多，以免引起基体的较大变化，而使强度与元素浓度之间的关系不成线性。另外，由于加入待测元素后，必须与试样混合均匀，所以样品最好可制成熔融片或溶液。若用粉末压片，加入后应保证混匀，并注意加入的物质颗粒度可能与未知样不一致，化学状态与未知样中待测元素也可能不同，这可能引起误差。

第三节　无标样定量分析

前面介绍的定量分析都需要标样。虽然基本参数法可以使用非相似标样，但标样仍然是不可缺少的。现在的几乎所有主流 XRF 仪器软件都带有所谓"无标样定量分析"或称"半定量分析"功能，甚至有专门的软件。从字面意义看，"无标样定量分析"是不用标样的定量分析，说明从方法上和前面介绍的常规定量分析是有区别的。"半定量分析"则暗示这种分析方法得到的结果准确度可能不如前面介绍的常规定量分析。从实际应用来看，无论是"无标样定量分析"，还是"半定量分析"都不能准确揭示这种分析方法的内涵。由于习惯，本章仍然称"无标样定量分析"。

所谓的"无标样定量分析"实际上是有标样的。现在的无标样定量分析方法基本上是针对所有分析元素，预设一套标样，利用这套标样，在某台仪器上以预设的测量条件测量每个元素的分析线，得到该仪器在此测量条件下对各分析线的灵敏度因子，形成一个灵敏度因子库。对于未知样，先进行定性分析，确定有哪些元素，然后根据定性分析结果，从建立的灵敏度因子库中选择相应谱线的灵敏度因子就可以对元素进行定量。

灵敏度因子库中，多数元素通常有几条谱线的灵敏度因子（除只能用 K 系线测量的超轻元素外），在常用分析线不适合选用时（如存在干扰，强度超过计数器线性范围等情况），可选用其他谱线。由于对所有元素和所有样品形态都采用同一套标样，所以对很多未知样来说都属于非相似标样。

现代 XRF 采用的无标样定量分析方法一般采用基本参数法。用预设的测定条件对纯元素或多元素标样进行测定，每个元素可以使用一个或多个标样，采用扫描或峰位测量的方式测定元素分析线的净强度，然后应用基本参数法计算每条分析线的理论强度，用测量强度对理论强度作校正曲线，设曲线过零点（$B=0$），根据式（26-41），计算校正曲线斜率 S。

$$I_\mathrm{m} = B + SI_\mathrm{th}$$

（26-41）

式中，I_m 和 I_{th} 分别为测量净强度和用基本参数法计算的理论强度。对每个元素的给定分析线，S 仅与所用仪器和测量条件有关，而与样品无关，因此将 S 称为谱仪灵敏度因子。也正因为 S 与样品无关，所以用预设的标样可以对任何样品进行定量分析。

每条谱线的谱仪灵敏度因子都不相同，所以最好都能通过标样求出后储存在谱线灵敏度库中。对于某些元素（如放射性元素），如果没有合适标样求得灵敏度因子，则可用内插法或外推法近似求出。

文献[1]和[2]对无标样定量分析方法有较详细论述，并指出，无标样定量分析（半定量分析）除需要获得待分析元素特征谱线净强度外，还应注意：

（1）尽可能多地了解待测样的信息，如样品的形态、重量、厚度和可能存在的 XRF 无法分析的元素等，并作为样品参数输入程序计算。

（2）当样品可能达不到无限厚时，要对厚度进行校正；应对轻基体存在的体积几何效应（或称楔子效应）的影响进行校正。

（3）可选择相似标样用于主、次量元素的校正曲线制定，或用熔融法制样，以消除试样与标样间物理化学形态差异对分析结果的影响。

（4）对非规则试样或小面积试样而言，可缩小照射面积并采用归一化方法。

（5）软件有对 XRF 不能检测的元素的基体校正的功能，如康普顿散射线基本参数法。若准确知道试样的矿物组成或分子结构，按已知矿物组成或分子结构计算更好。例如石灰石试样中，Ca 和 Mg 不是以氧化物形式参与计算，而是以 $CaCO_3$ 和 $MgCO_3$ 形式参与计算，结果会更准确。

（6）当待测样中所测元素强度和标样的强度相差很大时，可能的情况下，应选择一个强度相近的标样作校正曲线。

第四节　薄样和多层膜分析

一、薄样及其分析

对厚度为 T，密度为 ρ 的试样，若用波长为 λ 的单色光激发，则一次 X 射线荧光理论强度计算公式为：

$$P_{i,\lambda} = I_\lambda C_i \omega_i f_i J_i \frac{1}{\sin\psi_1} \frac{d\Omega}{4\pi} \frac{\mu_{i,\lambda}}{\mu_s^*}[1-\exp(-\mu_s^*\rho T)] \tag{26-42}$$

式中各符号意义参见式（26-15）。如果只考虑一次荧光，并将无限厚试样的荧光强度记为 I_∞，厚度为 T 的试样的荧光强度记为 I_T，将式（26-42）和式（26-15）比较，可得到：

$$\frac{I_T}{I_\infty} = 1-\exp(-\mu_s^*\rho T) \tag{26-43}$$

令 $k = \mu_s^*\rho T$，则上式变为：

$$\frac{I_T}{I_\infty} = 1-e^{-k} \tag{26-44}$$

当 k 值充分小时，$1-e^{-k} \approx k$，上式可变为：

$$\frac{I_T}{I_\infty} = k \tag{26-45}$$

图26-1显示了I_T/I_∞随k值的变化曲线。当I_T/I_∞=0.999时的厚度T称为临界厚度T_c。在临界厚度时，k=6.91。试样厚度大于临界厚度时就当做"无限厚"。即当$T>T_c$（或$k>6.91$）时，就可以认为试样已经达到无限厚，称为厚试样。在$k<0.01$时，分析线的强度和样品厚度几乎成线性关系，此时的样品称为薄试样。对于薄试样，可以用厚度已知的标样作校正曲线来测量未知样的厚度，或用厚度一致、组成已知的标样作校正曲线来测量未知样的组成。

根据k的定义可知，k值与样品的组成、仪器的几何设计、激发波长和分析线波长均有关系。所以，对于同一个试样，是否达到无限厚，对于不同的仪器、用不同的条件激发，以及选择不同波长的分析线的情况下都可能是不一样的。

可以通过选择分析条件，避免测试受样品厚度的影响。例如，测量原子序数较大的元素时，对同样的样品和激发条件，选择L系谱线作为分析线比K系谱线作为分析线时，达到试样无限厚的厚度要小得多。对于基体变化不大的试样，也可以通过保持标样和未知样厚度一致来消除或减小试样厚度对测试结果的影响。

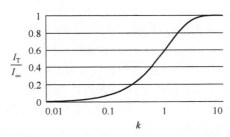

图 26-1　强度比I_T/I_∞随$k(= \mu_s^* \rho T)$值的变化曲线

二、多层膜分析

由于缺乏相似标样，多层膜分析一般利用纯元素或多元素块样，采用基本参数法计算。Mantler[23]推导了多层膜样品中，荧光强度理论计算公式。利用标样，将测得的X射线荧光强度和理论计算强度按式（26-41）回归分析求得相应谱线的谱仪灵敏度因子。分析未知样时，用迭代计算，使理论计算强度和测量强度基本一致。

在用基本参数法分析多层膜时，一般是组成和厚度同时测定，但是必须预先知道每层的元素组成、大致厚度、各层排列顺序等信息，才能计算X射线荧光理论强度。

第五节　常用数据处理方法

一、离群值的判断和处理

XRF定量测定结果，一般认为接近正态分布，所以，离群值的判断和处理可以按GB/T 4883—2008[24]的方法进行。如果需要检验数据是否偏离正态性，则可根据GB/T 4882—2001[25]提供的方法进行检验。造成离群数据的可能原因很多，包括操作失误、偶然因素的干扰（如环境条件的波动）、系统误差等。不能随意舍弃重复测量的一组数据中的最大或最小值，必须进行分析。同时，是否剔除离群数据，要预先制定原则。检验离群值较常用的有格拉布斯（Grubbs）检验和狄克逊（Dixon）检验。检验前应预先设定应用的置信水平，同一组数据，

如果要求的置信水平不同，可能出现不同的检验结果。

1. 格拉布斯检验

如果有 n 个重复测量结果，应先将该组数据按从小到大的顺序排列，即 x_1 最小，x_n 最大，每次只检验其中的一个是否为离群值。首先按下式计算 G_n 值。

$$检验 x_1 时 \ G_n = \frac{\overline{x} - x_1}{s} \tag{26-46}$$

$$检验 x_n 时 \ G_n = \frac{x_n - \overline{x}}{s} \tag{26-47}$$

式中，$s = \sqrt{\dfrac{1}{n-1} \sum\limits_{i=1}^{n} (x_i - \overline{x})^2}$，是 n 次测量结果的标准差；$\overline{x} = \dfrac{1}{n} \sum\limits_{i=1}^{n} x_i$，是 n 次测量结果的平均值。

然后，根据要求的置信水平 p（或显著性水平 α，$p=1-\alpha$，一般选 $p=0.95$ 或 0.99）和测量数据个数 n，查格拉布斯检验的临界值表，查出相应的临界值 $G(p,n)$。如果 $G_n > G(p,n)$，说明所检验的测量结果是离群数据。

例如，在对某土壤样品成分进行分析时，进行了 5 次平行测量，其中 SiO_2 的测量结果（质量分数，%，按从小到大排列）分别为 71.55、71.68、71.75、71.87 和 72.80，判断其中是否有异常数据。计算出这 5 个数据的平均值为 71.93，标准偏差 $s=0.50$。对于这组数据中的最大值来说，计算得 $G_5=(72.80-71.93)/0.50=1.74$。查表，测量次数为 5 时，$G(0.95,5)=1.672$，$G(0.99,5)=1.749$，说明在 95% 置信水平下，$G_5 > G(0.95,5)$，该值为离群数据，而在 99% 置信水平下，$G_5 < G(0.99,5)$，该值则不是离群数据。

2. 狄克逊检验

狄克逊检验法将重复测试结果由小到大排列后，根据顺序及测定次数，以统计量来判断一组数据中最小和最大可疑数据是否离群。狄克逊检验法由于直接从测试数据计算，不需要计算平均值和标准偏差。但应注意，狄克逊检验法根据不同测试结果个数计算统计量的公式也不一样。由于实际测量中一般数据个数不会太多，所以在此只介绍数据个数不超过 30 个的检验方法。当数据个数超过 30 个时，请参阅 GB/T 4883—2008 的附录 C。

狄克逊检验的步骤如下：

（1）将一组重复测量的 n 个数据从小到大顺序排列为 x_1，x_2，x_3，…，x_{n-1}，x_n，异常值出现在两端（即该组数据中的最大和最小值）。

（2）根据测定次数 n，计算相应的统计量 D 值。检验最小值，即第一个数据时，计算 D_1。检验最大值，即最后一个数据时，计算 D_n。D_1 和 D_n 的计算公式根据 n 的大小是不同的。

（3）根据选定的置信水平 p（显著性水平 α）和测定次数 n，查狄克逊单侧检验临界值表，得到相应临界值 $D(p,n)$。

（4）比较。选择计算的 D_1 和 D_n 中较大者和查得的临界值 $D(p,n)$ 比较，如果计算的 D_1 和 D_n 值都小于临界值，说明该组数据中没有异常值；如果 $D_1 > D_n > D(p,n)$，则该组数据中最小的数据（第一个数据 x_1）为异常值，可剔除后重复检验；如果 $D_n > D_1 > D(p,n)$，则该组数据中最大的数据（最后一个数据 x_n）为异常值，可剔除后重复检验。重复检验时应注意，剔出数据后，n 值比剔除数据前减小 1。

在前述土壤样品成分分析的例子中，现在用狄克逊法检验是否有异常数据。SiO_2 的 5 次

平行测量结果（质量分数，%，按从小到大排列）分别为 71.55、71.68、71.75、71.87 和 72.80。由于 $n=5$，分别计算 D_1 和 D_5：

$$D_1 = \frac{x_2 - x_1}{x_n - x_1} = \frac{x_2 - x_1}{x_5 - x_1} = \frac{71.68 - 71.55}{72.80 - 71.55} = 0.104$$

$$D_5 = \frac{x_5 - x_4}{x_5 - x_1} = \frac{72.80 - 71.87}{72.80 - 71.55} = 0.744$$

由于 $D_1 < D_5$，所以比较 D_5 和临界值的大小。查狄克逊单侧检验临界值表，当 $D(0.95,5)=0.710, D(0.99,5)=0.821$，$D(0.99,5) > D_5 > D(0.95,5)$，所以，在 95% 置信水平下，该组数据中的最大值 x_5（72.80）可以作为异常值剔除。而在 99% 置信水平下，该值则不是异常数据，因此不能剔除。这和格拉布斯检验的结果是一致的。

3. 科克伦（Cochran）最大方差检验法

科克伦检验用于检验多组测定值中精密度较差的一组数据是否离群，也用于多组测定值的方差一致性检验，即等精度检验。科克伦检验可用于多实验室的比对实验，或多实验室参加的标样定值过程中，剔除测量精密度较差的实验室的数据。

假设有 m 组数据，每组数据都有 n 个重复测量的结果，则科克伦检验的步骤如下：

（1）将每组的 n 个数据计算标准偏差 $s_i (i=1 \sim m)$，并将标准偏差按从小到大排列：s_1，s_2，s_3，…，s_{m-1}，s_m。

（2）计算科克伦检验统计量 C：

$$C = \frac{s_m^2}{\sum\limits_{i=1}^{m} s_i^2} \tag{26-48}$$

（3）根据置信水平 p（或显著性水平 a）、数据组数 m 和每组的测定次数 n，查科克伦最大方差检验临界值表[26]，得到相应临界值 $C(p,m,n)$。

（4）比较，若计算的统计量 $C \leqslant C(p,m,n)$，说明方差最大的一组数据不是离群的；若计算的统计量 $C > C(p,m,n)$，说明方差最大的一组数据精密度过低，属于离群数据。

二、重复性与再现性

测量结果的再现性（reproducibility）和重复性（repeatability）的定义及其应用在国家标准 GB/T 6379.6—2009[27]中有详细说明。测量结果的重复性是指重复性条件下的精密度。所谓重复性条件是指在同一实验室，由同一分析人员使用相同的设备，按相同的测量方法，在短时间内对同一被测对象相互独立进行的测试条件。"短时间内"是指在这段时间内，测量结果随时间的变化可以忽略，即测量处于统计控制状态。在这段时间内，测量的环境条件（如温度、湿度、空气污染、电源稳定性等）、测量的时间间隔等都应保持不变。特别需要指出，在两次测量之间，设备不应重新校准，除非设备校准是每次独立测量的必需步骤。

测量结果的重复性可以用重复性标准偏差衡量，重复性标准偏差是重复性条件下测量结果分散性的度量，重复性标准偏差越小，测量结果的重复性越好。

重复性限是一个限值，表示在重复性条件下，两个测量结果之差的绝对值不超过此限值的概率为 95%，通常用 r 表示。

测量结果的再现性是指再现性条件下的精密度。所谓再现性条件是指在不同的实验室，由不同的分析人员使用不同的设备，按相同的测量方法，对同一被测对象相互独立进行的测试条件。测量结果的再现性可以用再现性标准偏差衡量。再现性限是一个限值，表示在再现

性条件下，两个测量结果之差的绝对值不超过此限值的概率为 95%，通常用 R 表示。

在现行的 XRF 国家标准方法中，一般会给出重复性限 r 与再现性限 R 的值或计算方法。根据重复性限 r 和再现性限 R 可以计算出重复性标准差 σ_r 和再现性标准差 σ_R。

$$\sigma_r = \frac{r}{2.8} \qquad (26\text{-}49)$$

$$\sigma_R = \frac{R}{2.8} \qquad (26\text{-}50)$$

三、测量结果的比较

在日常工作中，常常要将测量结果进行比较，以判断测量结果的可靠性。常用的比较包括与参考值（标准值）的比较、同一实验室内部的比较和实验室间的比较。

1. 测量结果和参考值的比较

如果一个实验室在重复性条件下，对一个某组分含量已知为 y_0 的样品进行 n 次测量，n 次测量结果的算术平均值为 y，那么只要测量值 y 和参考值 y_0 之差的绝对值，在 95%置信水平下不超过临界值 $CD_{0.95}$，则可认为这种差别是合理的。反之，应查找原因。

$$|y - y_0| \leqslant CD_{0.95} = \frac{1}{\sqrt{2}} \sqrt{R^2 - \left(1 - \frac{1}{n}\right) r^2} \qquad (26\text{-}51)$$

式中，R 和 r 分别是再现性限和重复性限。

2. 一个实验室内两组测量结果的比较

在同一实验室中，在重复性条件下，对一个样品中的某组分测量两组数据，其中第一组数据个数为 n_1，算术平均值为 y_1，第二组数据个数为 n_2，算术平均值为 y_2，那么只要 y_1 和 y_2 之差的绝对值，在 95%置信水平下不超过临界值 $CD_{0.95}$，则可认为这种差别是合理的。反之，应查找原因。

$$|y_1 - y_2| \leqslant CD_{0.95} = \sqrt{\frac{r^2}{2n_1} - \frac{r^2}{2n_2}} \qquad (26\text{-}52)$$

式中，r 是重复性限。

3. 两个实验室之间测量结果的比较

在第一个实验室中，在重复性条件下，对一个样品中的某组分测量的数据个数为 n_1，算术平均值为 y_1；在第二个实验室中，在重复性条件下，对同一个样品中的该组分测量的数据个数为 n_2，算术平均值为 y_2，那么只要 y_1 和 y_2 之差的绝对值，在 95%置信水平下不超过临界值 $CD_{0.95}$，则可认为这种差别是合理的。反之，应查找原因。

$$|y_1 - y_2| \leqslant CD_{0.95} = \sqrt{R^2 - r^2 \left(1 - \frac{1}{2n_1} - \frac{1}{2n_2}\right)} \qquad (26\text{-}53)$$

式中，R 和 r 分别是再现性限和重复性限。

四、测量结果的处理和报告

这里介绍的方法仅适用于测量方法已经形成标准，且重复性限 r 已知的情形，测量结果都是在重复性条件下得到。一般平行测量次数应不低于 2 次。假如有 n 个测试结果，首先计

算极差，即这 n 个测试结果中最大值 x_{max} 和最小值 x_{min} 之差。如果极差不大于临界极差值 CR，则所有 n 个测试结果都是可以接受的，因此报告的结果应是这 n 个测试结果的算术平均值。通常取95%置信水平下的临界极差值，临界极差等于临界极差系数 f 和重复性标准差 σ_r 的乘积。临界极差系数和测量次数 n 有关：

$$CR_{0.95}(n)=f(n)\,\sigma_r \tag{26-54}$$

$$|x_{max}-x_{min}|\leqslant CR_{0.95}(n) \tag{26-55}$$

如果极差大于临界极差值，则 n 个测试结果中至少有数据值得怀疑，应该补测数据。然后，将先测的 n 个测试结果和补测的 m 个数据一起考虑，根据新的数据个数 $(m+n)$ 重新查表，根据 $f(m+n)$，计算临界极差值 $CR_{0.95}(m+n)$，然后将 $(m+n)$ 个结果的极差和临界极差值 $CR_{0.95}(m+n)$ 比较。如果极差不大于临界极差值，则所有 $(m+n)$ 个测试结果都是可以接受的，因此报告的结果应是这 $(m+n)$ 个测试结果的算术平均值。如果补测数据后，极差仍大于临界极差值，则报告的结果应是这 $(m+n)$ 个测试结果的中位值，并表明报告结果的获得过程。

补测的数据个数最好和先前的个数一致，即 $m=n$。但有些时候，可能无法实现，如测试费用较高，测试过程太长，或者样品量不够等情形。此时补测数据可以减少，但一般应满足：

$$\frac{1}{3}n\leqslant m\leqslant\frac{2}{3}n \tag{26-56}$$

例如，如果开始有2个测试结果（$n=2$），查表得 $f(2)=2.8$。则 $CR_{0.95}(2)=2.8\sigma_r$，如果2个测试结果中较大的一个减去较小的一个数据的差值不大于 $2.8\sigma_r$，则报告这两个结果的平均值。否则，补测2个数据（$m=2$），补测后总共有4个数据。查表得 $f(4)=3.6$，则 $CR_{0.95}(4)=3.6\sigma_r$。如果4个测试结果中最大的一个减去最小的一个数据的差值不大于 $3.6\sigma_r$，则报告这4个结果的平均值，否则，报告这4个结果的中位值。如果只补测1个数据（$m=1$），补测后总共有3个数据。查表得 $f(3)=3.3$，则 $CR_{0.95}(3)=3.3\sigma_r$。如果3个测试结果中最大的一个减去最小的一个数据的差值不大于 $3.3\sigma_r$，则报告这3个结果的平均值，否则，报告这3个结果的中位值。

第五篇

参 考 文 献

[1] 吉昂，陶光仪，卓尚军，罗立强. X射线荧光光谱分析. 北京：科学出版社，2009.

[2] 吉昂，卓尚军，李国会. 能量色散X射线荧光光谱. 北京：科学出版社，2011.

[3] Lachance G R，Traill R J.CanSpectrsc, 1966, 11: 43.

[4] Claisse F, Quintin M. Cab J Spectrosc, 1967, 12:129.

[5] Rasberry SD, Heinrich K F. J Anal Chem, 1974, 48：81.

[6] Lucas-Tooth HJ, Traill R J. Metallurgia, 1961, 64:149.

[7] Lucas-tooth H J, Pyne C.Adv X-Ray Anal, 1964, 7: 523.

[8] 陶光仪，吉昂. 化学学报, 1982, 40: 141.

[9] Lachance G R, Claisse F. Quantitative X-Ray Fluorescene Analysis:Theory and Application. Chichester: John Wiley & Sons, 1995.

[10] De Jongh WK. X-Ray Spectrom, 1973,2:151.

[11] Rousseau R M, Boivin J A. Rigaku J, 1998, 15(1): 13.

[12] Rousseau R M. X-Spectrom, 1984, 13: 121.

[13] Sherman J. Spectrochim Acta, 1955, 7: 283.

[14] Pella P A, Tao G Y, Lachance G. X-Spectrom, 1986, 15：251.

[15] Rousseau R M. The Open Spectroscopy Journal, 2009, 3: 31.

[16] Criss J W, Birks L S. Anal Chem,1968, 40:1080.

[17] Criss J W.NRLXRF, COSMIC Program and Documentation DOD-65, Computer Software Management and Information Center, University of Georgia, Athens, GA30602, USA 1977.

[18] Tao G Y, Zhuo S J, Ji A, et al. X-Ray Spectrom, 1998, 27: 357.

[19] Zhuo Shangjun, Tao Guangyi, Ji Aang. X-Ray Spectrom, 2003, 32: 8.

[20] Han Xiaoyuan, Zhuo Shangjun, Wang Peiling, et al. Anal Chim Acta, 2005, 538: 297.

[21] Han X Y, Zhuo S J, Shen R X, et al. Spectrochim Acta, B, 2006, 61: 113.

[22] 卓尚军，陶光仪，韩小元.X射线荧光光谱的基本参数法. 上海:上海科学技术出版社，2010.

[23] Mantler M.Anal Chim Acta, 1986, 188: 25.

[24] GB/T 4883—2008，数据的统计处理和解释正态样本离群值的判断和处理.

[25] GB/T 4882—2001 idt ISO 5479:1997，数据的统计处理和解释正态性检验.

[26]GB/T 6379.2—2004 idt ISO 5725-2:1994，测量方法与结果的准确度（正确度与精密度）第 2 部分：确定标准测量方法重复性与再现性的基本方法.

[27]　GB/T 6379.6—2009 idt ISO 5725-6:1994，测量方法与结果的准确度（正确度与精密度）第 6 部分：准确度值的实际应用.

第二十七章　微区 X 射线光谱分析技术与应用

随着同步辐射装置的发展和 X 射线聚焦透镜技术的进步，微区 X 射线荧光光谱分析技术在过去的 10 年间得到了蓬勃发展。微区 X 射线荧光与微区 X 射线吸收谱技术与方法的结合使用，在物质组成与元素形态的微观探索方面，取得了具有显著科学意义的研究成果，日益为广大科学工作者所重视。扫描电镜与 X 射线能谱技术的结合运用也在物质组成元素的结构与功能识别方面，发挥越来越重要的作用。本章将对同步辐射 X 射线荧光（SRXRF）与 X 射线吸收精细结构谱（XAFS）原理与应用、微区 X 射线荧光光谱分析与应用、扫描电镜原理与应用等进行介绍。

第一节　同步辐射 X 射线荧光光谱分析

加速运动的自由电子会产生电磁辐射。当利用弯转磁铁将高能电子束缚在环形同步加速器中使其以近光速作回旋运动时，在圆周切线方向会产生电磁波，此即同步辐射，产生同步辐射光的装置称为同步辐射光源。同步辐射具有强度大、亮度高、频谱连续、方向性及偏振性好、有脉冲时间结构特性。

一、同步辐射装置：原理与特性

1947 年，人们首次在同步加速器上意外发现一种电磁波，并因此而命名为"同步辐射"。全球同步辐射装置目前正处于第三代发展期，并开始步入第四代。在目前的全球第三代装置中，日本 SPring-8 光源储存环能量最高，达到 8GeV；我国上海光源 SSRF 也属于第三代同步辐射光源，储存环能量为 3.5GeV。第三代光源最高亮度已达 10^{20}ph·S^{-1}·mrad·mm^{-2}·(0.1BW)$^{-1}$，第四代光源的亮度可达 10^{24}ph·S^{-1}·mrad·mm^{-2}·(0.1BW)$^{-1}$。第四代同步辐射光源亮度普遍要比第三代大两个量级以上，且第四代同步辐射光源空间全相干，光脉冲时间可达皮秒级或更小量级。

以加速度运动的带电粒子会辐射电磁波。受向心力的加速作用，在圆形轨道上以近光速运动的带电粒子，会沿轨道切线方向辐射电磁波。质量小的带电粒子较易产生辐射，因此目前的同步辐射装置均采用最轻带电粒子(电子或正电子)，将其加速至近光速来产生同步辐射。同步辐射装置通常由注射器、电子储存环两大部分组成。通过注射器将带电粒子迅速加速至适当能量后注入储存环；储存环再为带电粒子提供一个理想的真空轨道，使其能以接近光速的速度在环中持续运转。储存环的真空环境也有助于将同步辐射光源引出，用于各种研究。

注射器可分为直线加速器和电子同步加速器两类。储存环也有四边形、六边形或多边形等形式。多边形的每一边均有长直段，每个长直段间以圆弧段连接。储存环主要由磁铁系统、真空系统、高频系统和电源系统组成。磁铁系统由弯转磁铁、扭摆磁铁和波荡器组成，是储存环里最重要的部件。同步辐射就产生于磁铁系统中。

二、同步辐射 X 射线光源聚焦方式与原理

要实现同步辐射微区 X 射线荧光光谱分析，首先要对入射光进行聚焦，获得微米或纳米级微束 X 射线，用作微区 XRF 分析激发源。

1. 基本原理与结构

同步辐射微束 X 射线聚焦装置主要由预聚焦镜、单色器、聚焦镜和狭缝组成。从储存环引出的 X 射线经掠入射水冷狭缝限束，通过预聚焦镜在垂直方向平行化，在水平方向聚焦产生次级光源。再经单色器对光子进行能量选择甄别，最后由微聚焦镜将 X 射线聚焦于待测样品。采用分级聚焦方式可以通过调节次级光源狭缝，对照射样品的光斑尺寸和光通量进行有效控制，实现起来较为方便；同时也部分隔离了上游光源和光学部件不稳定对样品处光斑位置的影响。

预聚焦镜为超环面镜，由柱面镜压弯制成。预聚焦镜垂直放置，以减小面形误差对光束线性能的影响。单色器采用出射端固定的双平晶单色器，单色器第一块晶体承受的热功率密度很高，故需采用间接液氮冷却。

在同步辐射荧光线站中，X 射线的聚焦质量直接决定了光束线站的质量和应用。很多线站使用 K-B 镜(Kirkpatrick-Baez mirror)、波带片(fresnel zone plates)等形成线站聚焦体系，如图 27-1 所示。

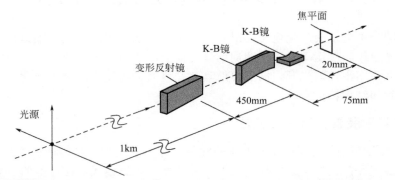

图 27-1 日本 SPring-8 BL29XUL 线站 K-B 镜聚焦 10nm 光学系统结构

2. 聚焦方式

聚焦光学器件是决定 μ-SXRF 线站空间分辨率的最重要装置。通常反射镜用于偏转光束，球面镜、柱面镜、椭球面镜、抛物面镜和超环面镜等曲面镜用于对光束聚焦、放大缩小以及偏转。而双反双射镜系统和波带片等则在 μ-SXRF 中得到广泛应用。目前同步辐射线站使用的聚焦方式主要有反射法、衍射法和折射法三种，如表 27-1 所示。

表 27-1 X 射线聚焦方式[1]

聚焦原理	介质	聚焦方式
反射法	反射镜	Kirkpatrick-Baez 镜(K-B 镜)
	毛细管	聚束毛细管，单毛细管
衍射法	Fresnel 波带片	衍射光栅
折射法	复合折射透镜	抛物面型折射透镜，孔阵列透镜，泡沫型折射透镜，鳄鱼齿透镜，轧制棱镜透镜

（1）双反射镜系统——K-B 镜聚焦　单反射镜系统总是会有像差。对于同步辐射，反射

镜的反射率不高。为保证足够的反射强度，通常采用双反射镜系统来进行 X 射线光源的聚焦。常用的双反射镜系统有两种，即 Kirkpatrick-Baez（K-B 镜）和 Namioka 双反射镜系统。

K-B 镜由两个旋转轴互相垂直的镜面组成，相互间可以修正像差，现代 K-B 镜系统采用双球面镜，如图 27-2 所示。第一个反射镜承担较大热负载并实现水平方向的聚焦，焦点在样品处。热形变造成的散焦只会对样品点的光斑大小产生影响，不会影响光束线的分辨率和总强度；第二个反射镜进行垂直方向的聚焦，焦点在单色器的入射狭缝处。聚焦误差对光束线的分辨率和总强度有决定性的影响。

图 27-2 K-B 镜由两个旋转轴互相垂直的镜面组成

K-B 镜的最大优势是可以修正像差。这一特性使得 K-B 镜的反射率在较大角度范围内与 X 射线能量无关，并具有输送效率高、可通过白光等优点。K-B 镜的掠入射角可调，可抑制高次谐波。

根据二次曲面的优良聚焦成像性质，利用 2 个同轴共焦镜面，对 X 射线进行连续反射，可构成沃特（Wolter）聚焦系统。镜面组合的方式较多，例如抛物面-双曲面、抛物面-椭球面、双曲面-椭球面等。这种聚焦体系可以在生物样品显微成像中实现亚微米级的分辨率。目前在 SPring-8 的 BL29XUL 线站将 K-B 镜和多层膜组合构成聚焦系统，达到了 7nm 的硬 X 射线聚焦光斑。这大概也是目前世界上同步辐射微聚焦线站中达到的最小光斑[2]。

（2）毛细管聚焦　毛细管聚焦通过将中空的毛细管弯曲成一定的角度和形状，使得 X 射线在毛细管中发生一系列的全反射，从而汇聚成一个很小的光斑。将多个毛细管组合起来就是聚束毛细管。如今在很多同步辐射线站也使用这种聚焦装置。同时因为它们与 X 射线管匹配性最好，在很多低能 X 射线实验室中得到了广泛应用。将两个聚束毛细管组合形成共焦 XRF 分析系统，可获得样品组成元素的三维分布信息。

（3）波带片聚焦　双反射镜系统单独使用通常只能聚焦到微米量级。而采用波带片可以聚焦到纳米量级。波带片的聚焦原理是基于光的波动性所引起的衍射效应。通过线密度径向增加、明暗相间的同心圆环，组成圆形衍射光栅，从而实现对 X 射线的聚焦，如图 27-3 所示。

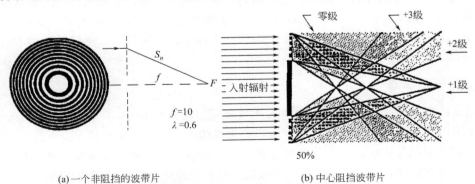

(a)一个非阻挡的波带片　　　　　　(b)中心阻挡波带片

图 27-3 波带片聚焦原理示意图

这些圆环的半径需满足条件 $r_1^2 = nr_n^2$，其中，r_1 为最内环的半径，r_n 为第 n 个环的半径。当环带足够多(>100)时，具有和透镜一样的聚焦功能。

波带片聚焦 X 射线有很多优点，如可以保持光源相干性，容易实现光调节，工作距离大等。但是波带片也有一些缺点，主要是衍射效率不高，相位型波带片的理论效率约为 40%，振幅型波带片的理论效率仅为 10%。

三、SRXRF 应用

微区 SRXRF（μ-SXRF）分析通常采用波长在 $0.01\sim0.1nm$ 的 X 射线，也常称为硬 X 射线。μ-SXRF 具有较显著的优点，例如，与质子和电子探针相比，μ-SXRF 对样品的破坏性很低，特别适用于生物样品非破坏原位分析；入射 X 射线可穿透样品表面几个到几十个微米的深度，可获得元素的三维分布信息；随着聚焦技术的发展，SRXRF 的空间分辨率已达到纳米尺度；μ-SXRF 的背散射噪声比电子探针轫致辐射低很多；高偏振同步辐射光使得 μ-SXRF 可以达到高信噪比和更低的检出限。

目前 SRXRF 已广泛应用于纳米材料、催化工业、生命科学等研究中，如利用 SRXRF 在微米尺度上研究植物中组织水平的二维元素分布，在纳米尺度上探索细胞级别的多元素分布特征，分辨率达到 150nm[3]。使用 SRXRF、STXM 和 AFM 对细胞扫描，可以估测细胞中 C、N、O、S、Mg 总量，并提供摩尔浓度、细胞密度、质量和体积等分布信息，检出限可达到 10^6 个原子/μm^3。这对于认识元素在细胞中的生理过程和生命作用，具有重要科学意义。

第二节　X 射线吸收谱形态分析技术

同步辐射 X 射线吸收精细结构谱（X-ray absorption fine structure spectroscopy, XAFS）的发现与应用可以追溯到 20 世纪初叶。1913 年，Maurice De Broglie 成为第一个发现并测定出吸收边的科学家。1920 年，Hugo Fricke 使用真空光谱仪观察到了元素吸收边附近的精细结构。但在其后的 50 年里，XAFS 的理论研究和应用发展极其缓慢。直到 1970 年，Stern、Sayers 和 Lytle 给出了 XAFS 的合理解释，并指出利用 XAFS 谱可以获得物质组成的结构信息，与此同时，同步辐射技术也在这个时期出现，从而使得 XAFS 获得了快速发展。

X 射线吸收精细结构谱是从原子和分子水平分析样品中目标元素及其相邻元素空间结构的重要工具。它不仅可以应用于晶体分析，还可以用于平移序很低或没有平移序的物质分析，例如，非晶体系、玻璃相、准晶体、无序薄膜、细胞膜、液体、金属蛋白、工程材料、有机和金属有机化合物、气体等。应用 XAFS 技术可以测定元素周期表中的大部分元素，故 XAFS 在物理学、化学、生物学、生物物理学、医学、工程学、环境科学、材料科学和地质学等学科中都得到了广泛应用。

一、XAFS 原理

XAFS 原理是基于 X 射线吸收边和 X 射线质量吸收系数 $\mu(E)$——随着能量增加，质量吸收系数 $\mu(E)$ 逐渐减小，但当能量达到一元素的吸收边时，该元素对该特定能量的 X 射线会出现显著吸收，$\mu(E)$ 急剧增加。从物理学意义上讲，XAFS 是一种基于光电子效应的量子力学现象。在光电效应中，X 射线能量被电子吸收，从而导致电子脱离原子的束缚，产生光电子，并在原子的内层轨道产生一个空穴，如图 27-4 左所示。这时会出现处于次稳定轨道层中的电子向空穴轨道跃迁的过程，并产生 X 射线荧光或俄歇电子，如图 27-4 右所示。当吸收原子

周围存在近邻的配位原子时，受激原子发出的光电子出射波将被吸收原子周围的配位原子散射，散射波与出射波有相同的波长，但相位不同，因而会在吸收原子处发生干涉，这种干涉使得吸收原子处的光电子波函数幅度发生变化，使得探测 X 射线能量吸收特征成为可能。图 27-5 为 Pt 的 K、L 和 M 系吸收边能量与光电吸收系数的关系图，需要注意的是，M 系应有五条吸收边，但图中仅画出一条。

将 XAFS 的信号正确解译以后，就可以得出待测样品中的原子和电子结构信息，主要包括：

> 价态信息(valence)：吸收物质元素的电荷态；
> 形态(species)：吸收物质元素近邻原子的类型与配位特性；
> 数量(number)：近邻原子的配位原子个数；
> 距离(distance)：与吸收原子的距离；
> 无序度(disorder)：在热运动和结构无序条件下的分布特征。

XAFS 包含多种方法与技术，如扩展边 X 射线吸收精细结构(extended X-ray absorption fine structure, EXAFS)，X 射线吸收近边精细结构(X-ray absorption near edge structure, XANES)和表面扩展边 X 射线吸收精细结构(surface EXAFS, SEXAFS)。

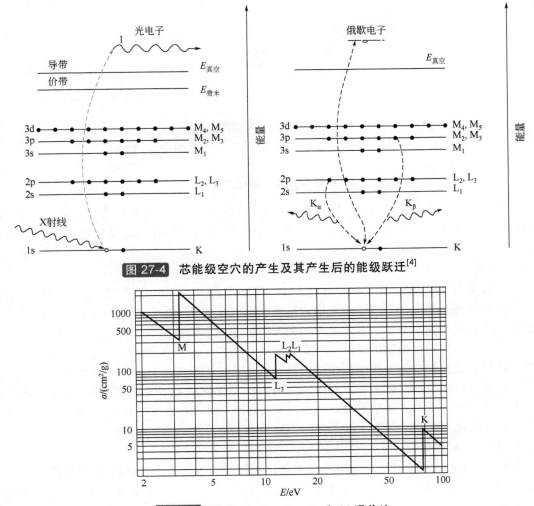

图 27-4　芯能级空穴的产生及其产生后的能级跃迁[4]

图 27-5　Pt 的 K、L_1、L_2、L_3 和 M 吸收边

二、XAFS 光束线设计和光学器件

XAFS 线站主要由准直器、单色器、聚焦镜等光学系统及屏蔽设施和数据采集系统组成。实现对 X 射线能量在 1eV 量级的单色可调，是进行吸收谱精细结构分析的基本要求，也是 XAFS 线站最重要的装置设计要点。

1. 单色器

单色器是 XAFS 的关键部件。同步辐射产生的能量宽度在数百电子伏特(波荡器)到上千电子伏特(弯转磁铁和扭摆器)。对于 XAFS 分析，能量带宽应在 1eV 左右。所以需由单色器产生带宽足够小的单色光。理想状况下，单色器分辨率应比测定吸收边所需达到的分辨率小很多倍。

从同步辐射连续谱中分离出频带极窄的单色 X 射线，最常用的方法就是晶体衍射法，它的实质是相干散射。常用的晶体单色器有固定单色能量的弯晶单色仪，可分辨高能量 X 射线的四晶衍射仪，固定光束输出位置的(+n, −n)型双晶单色仪、切槽晶体单色仪、Laue-Bragg 型单色仪以及兼具弧矢聚焦作用的双弯晶单色仪等。在 XAFS 中，双晶是最常用的单色器，如图 27-6 所示。

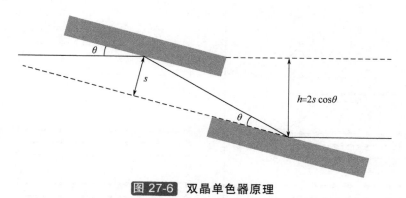

图 27-6 双晶单色器原理

两个平行晶体安装在转台上，通过转动转台可以改变 X 射线对晶体的掠射角，从而按照布拉格方程的规律实现对出射单色 X 射线的能量调节，进行能量扫描。为保持出射 X 射线的高度不变，在转动转台时，需要同时平移晶体。

2. 去谐

当掠射角和出射角对波长为 λ 的光子满足布拉格方程时，波长为 $\lambda/2$、$\lambda/3$、…的光子也同样满足布拉格衍射条件，这些光子通常被称为是波长为 λ 的基波光子的高次谐波。通过晶体衍射可以去除不满足条件的其他波长的光子，但不能去除波长为 $\lambda/2$、$\lambda/3$、…的光子。

双晶单色器的高次谐波可通过使双晶有一微小不平行度而实现。阶数越高，高次谐波的摇摆曲线越窄。若调节第二块晶体相对于第一块晶体有微小非平行度，则高次谐波对于晶体二的掠射角将落在摇摆曲线之外，从而不能被晶体二反射。采用该种方法滤除谐波，基波本身也会有所损失。一般高次谐波抑制在总光强 1%以下时，基本损失约为 50%。另外，非平行度的选择原则是分别小于和大于基波和高次谐波的摇摆曲线宽度。

3. 微区 XAFS 分析

与微区 XRF 分析一样，通过弯晶、双晶、毛细管透镜等方式可以将 X 射线聚焦，从而实现 X 射线吸收谱微区分析。目前在同步辐射装置中，多采用 K-B 镜聚焦方式来进行 XAFS 微区分析。

三、XAFS 的几种探测模式

测量 X 射线吸收精细结构光谱的方式主要有三种：透射模式、荧光模式和电子产额模式。如图 27-7 所示。

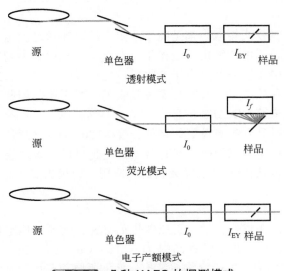

图 27-7 几种 XAFS 的探测模式

1. 透射模式

透射模式是获取 XAFS 信息的最主要方法。通过测定 X 射线透射样品之前（I_0）和之后（I）的强度，由公式（23-9），可以推导获得计算质量吸收系数的公式：

$$\mu(E) = \ln(I_0/I)/(\rho x) \tag{27-1}$$

实验时，通过不断调节单色晶体角度，逐步改变入射 X 射线能量大小，在其吸收边前后做能量扫描，可获得质量吸收系数与入射和透射 X 射线光子的能量关系曲线，从而得到待测元素的 X 射线吸收精细结构谱。

透射法通常适用于浓度较高的样品。对于粉末样品，要求样品粒度在 400 目以下。实验前，应计算吸收长度 $1/\mu$,来确定粒度和样品厚度 x。通常应保证 $\Delta\mu x \approx 1$，一般为 2～3 个吸收长度。

2. 荧光模式

对于荧光模式，首先测定入射光强度 I_0，同时测定样品发射的荧光强度 I_i，根据公式：

$$\mu = CE_{\mathrm{abs}}(12.398/E)^n \tag{27-2}$$

随着入射 X 射线能量的增加，质量吸收系数减小。在入射 X 射线能量小于吸收边以前，不能产生待测元素的特征 X 射线，没有 I_i 产生，I_i/I_0 很小。当入射 X 射线能量大于待测元素的吸收边时，内层电子被激发，出现吸收跃变 r。对于 K 系线，跃变因子 J 为：

$$J_k = (r_k - 1)/r_k \tag{27-3}$$

这时特征 X 射线 I_{if} 产生，I_{if}/I_0 显著上升。随着入射激发能量的进一步增大，质量吸收系数与 X 射线荧光 I_{if} 及入射光强度将按下式变化：

$$I_{if}(E) = I_0 w_i q \frac{r_k - 1}{r_k} f_k \omega_k \frac{\mu_i(E)}{\mu_s(E) + A\mu_s(E_i)} \tag{27-4}$$

由上式可知，X 射线荧光与入射光强度和被测元素的质量吸收系数成正比。由于质量吸

收系数又是入射光能量的函数，随着扫描能量的逐步增加，质量吸收系数下降；样品中的质量吸收系数也会随之下降。因此在假定入射光强度不变的前提下，被测元素荧光强度由被测元素和样品基体元素的质量吸收系数确定。而将 μ_i 与荧光和入射光强度之比作图，则可以得到 X 射线吸收精细结构谱，反映了被测元素的原子结构与配位信息。

3. 电子产额模式

电子产额模式和荧光模式相似，都是间接测定方法，即通过测定填充空穴时的衰变产物间接得到信号。在荧光模式中，测定的是光子，在电子产额模式中测定的是样品表面发射的电子。测量时，从样品中发射的所有电子被收集，包括弹性光电子、俄歇电子及非弹性电子等。产生的二次电子数和俄歇电子数都与质量吸收系数成正比。因此可以通过分别探测二次电子数和俄歇电子数，来获得 XAFS 信息。

电子产额模式探测时具有相对较短的路径长度(≈100nm)，这使得它对表面信号尤其敏感，因而对近表面样品元素形态信息的研究很有帮助，它也可以有效地避免荧光模式中的自吸收效应。电子产额模式更多是在软 X 射线吸收谱中应用。该模式要求样品必须是导电的。

四、XAFS 应用

目前，XAFS 技术已在材料科学、工业催化剂研究、地质与地球化学、环境科学、生命科学等领域得到了广泛应用，提供了样品中 Hg、Fe、Cu、Zn、Cr、As、Pb、Ni、Au、U、Sb、Ce 等的形态和配位信息，为研究物质结构、氧化还原动态过程、生态毒理等提供了强有力的技术支撑。表 27-2 列举了几个地质样品中 XAFS 技术的应用实例，分析了优势和局限及面临的挑战。

表 27-2 几种 XAFS 技术的比较[5]

项目	特点	劣势	挑战
块状样 XANES	可探测大体积样品；所得结果为样品平均形态信息	能探测的形态种类少；含量低于 10%的元素形态无法探测；能量聚焦常造成样品辐照损伤	数据分析；灵敏度有限；需要样品有较低的异质性(尤其对透射模式)
μ-XANES	可探测稀释样品中高浓度点的形态信息；可以探测的形态种类有限	无法进行整体样品形态信息分析；能量聚焦常造成样品辐照损伤	样品选择过于人为主观性；分析高浓度点位时存在强烈自吸收效应
XANES 成像	直观成像；对于高异质性样品可获得丰富信息；提供形态的空间分布数据；能探测到自吸收响应效应	需大量机时；空间数据质量差异大(由元素分布强度导致荧光信号差异)	数据分析(分析方法尚不成熟)；需处理大量数据；局限于扫描时间和探测器灵敏度，只能在一些快速线束站实现

第三节　微区 X 射线荧光光谱分析

微区 X 射线荧光分析技术(μ-XRF)在过去的 10 年发展迅速，不仅可获取元素的二维分布信息，还可用于元素的三维分布成像研究。因 μ-XRF 具有原位、多维、动态和非破坏性特点，目前已在地球科学、材料科学、环境科学、生命科学和考古学等领域得到了广泛应用。

一、毛细管透镜聚焦原理

除同步辐射装置以外，目前实现微区 XRF 分析的最主要途径就是采用毛细管透镜聚焦来获得微米级 X 射线光源。毛细管通过图 27-8 所示的全反射方式实现对 X 射线的聚焦。产生 X 射线全反射的临界角取决于反射材料的密度 ρ，并与入射 X 射线光子的能量 E 成反比（$\theta_{crit} \sim E^{-1}$），对于低原子序数的材料，临界角 $\theta_{crit} = 1.64 \times 10^{-3} \lambda \rho^{1/2}$。

除单根毛细管外，还可以将多根毛细管按照特殊方式排列加工后制成聚束毛细管透镜。毛细管透镜除可以聚焦发散 X 射线束外，还可以将发散 X 射线变成准平行射线束。这种聚束方法具有以下特点：①光源的波动和不稳定性对焦斑位置、大小没有影响，焦斑大小取决于毛细管内径；②能够实现广角(达 30°)与宽带(0.5～100keV，甚至几吉电子伏特)的传输，并能进行有效的偏转；③毛细管传输方式可以显著减小 X 射线的衰减，在毛细管内传输的辐射能量与 X 射线的传输距离 L 成反比，而在自由空间中，辐射能量与 X 射线的传输距离成负二次幂关系。

图 27-8　毛细管内全反射示意图

二、三维共聚焦光谱仪结构与原理

共聚焦微区 X 射线荧光分析装置由两个毛细管透镜系统组成，通过使用第一个毛细管透镜将 X 射线聚焦于样品点作为激发源，同时在探测器前安装另一个同样以样品点为焦点但可产生平行光束的半会聚透镜，形成共聚焦模式，这时只有样品中共焦点汇聚处产生的 X 射线荧光可以进入探测器。

入射 X 射线方向和出射 X 射线方向之间呈 90°夹角，可使进入探测器的康普顿散射最小。在共聚焦状态，探测器只能接收到样品中共聚焦位置的特征 X 射线荧光信号，如图 27-9 中共聚焦点处的荧光信号，这样减少了来自样品周围物质的散射本底，降低了元素探测限。与常规 μ-XRF 相比，共聚焦 μ-XRF 可获得样品中元素的三维分布信息。图 27-10 显示了由国家地质实验测试中心研发的共聚焦微区 X 射线荧光光谱仪，由微束 X 射线激发源(C)、共聚焦 X 射线透镜(E)、三维移动样品台(B)、显微装置(A)、探测器(D)等主要组件以及与组件适配的电源和软件组成，可用于矿物-生物界面、动植物微区元素二/三维分布研究。

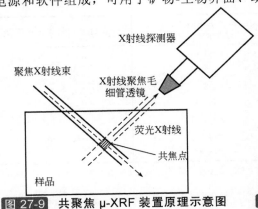

图 27-9　共聚焦 μ-XRF 装置原理示意图

图 27-10　国家地质实验测试中心研发的共聚焦微区 X 射线荧光光谱仪

三、微区 XRF 分析应用

目前 μ-XRF 的应用已十分广泛，本节将重点介绍其在地质与地球化学、医学和生物学、材料科学、环境科学、冶金工业、文化遗产与考古学以及刑侦科学等领域的研究应用。

1. 地质与地球化学

在微米级尺度观察和测定矿物组分，对揭示岩石矿物和矿物包裹体的形成条件、古气候、古环境及沉积纹层形成规律等具有重大意义。

软流层金刚石中包裹体、过渡区和下地幔金刚石中的元素分布特征可为地球深部动力学研究提供独特信息。Brenker 等[6]利用拉曼光谱技术和微区 X 射线衍射，并结合同步辐射共聚焦 μ-XRF 研究了地球内部约 $300\sim360km$ 深度的金刚石内多相包裹体中 Sr、Y、Zr 和 Th 的分布，共聚焦 μ-XRF 发现 Sr 在斜硅钙石中含量较高，Y 和 Zr 在 $CaSiO_3$-硅钙钡石中含量较高，Th 主要存在于富 Th 相中，结合其他两种技术进行源岩性分析发现地幔深部 Ca 的含量丰富，且没有发现常见的几种地幔矿物，如橄榄石、石榴石和低钙辉石等，表明该储层可能是交代型大洋岩石圈(异剥钙榴岩、蛇绿碳酸岩)或变质含碳沉积物。

具有高空间分辨的副矿物分析和年代学测定对于解释其岩石组构、纹理和地质年代学极其重要。Schmitz 等[7]利用共聚焦 μ-SRXRF，进行了较低浓度 Pb 的矿物年代学研究，得到粒变岩的平均年龄为 $33.0\pm4.4Ma(2\sigma)$，其测试结果得到了 ID-TIMS 技术的证实，该方法测定 Pb 的相对检出限为 6.5×10^{-6}(计数时间 1000s)，年代测定线性范围 20 Ma 到 1.82 Ga。

具有微米空间分辨率的微区 X 射线吸收谱(μ-XAFS)和 μ-XRF 应用于分析含锕系元素的地质样品，可为安全评估核废料处理提供必要的信息。Denecke 等[8]利用 μ-XAFS 和共聚焦 μ-XRF 分析了断裂的花岗岩岩心中 Np 的形态和分布，结果显示花岗岩中 Np 以还原态 $Np(\text{IV})$ 形式存在，Np 分布在裂缝和小于 $100\mu m$ 的透水通道中，在一些裂缝中 $Np(\text{IV})$ 的分布与 Zn 的分布呈现较好的相关性，同时观察到在没有检测到 Np 的小的花岗岩裂缝中含有 Fe，结果表明 $Np(\text{V})$ 在较大的裂缝停留的时间较短，在较小的裂缝内迁移得比较慢，以致在较小的裂缝有较长的停留时间，使 $Np(\text{V})$ 还原成不溶的 $Np(\text{IV})$ 而被固定。

通过表征火山灰层的沉积特征，可以评估火山碎屑沉积后对环境的生态效应。Wutke 等[9]利用 μ-XRF 岩心扫描技术分析了 7 个火山碎屑沉积层中 K、Si、Ca、Mn 和 Ti 的变化规律，发现各层中五种元素的相对变化较小，只在特殊纹层有一些变化，μ-XRF 的分析结果和火山碎屑沉积后湖泊的生态响应情况如表 27-3 所示。

表 27-3 火山灰层和火山碎屑沉积后湖泊随时间迁移的生态学响应

主要火山灰层	厚度/mm	沉积物类型	火山碎屑沉积后湖泊硅藻增加的时间	μ-XRF 信号增加的元素
TM-17-2	20	L4	1~3 年	K、Si、Ca
TM-18	230	L2/L3	1~8 年	K
TM-18-1a	32	L1/L2	1~3 年	K
TM-18-1b	6	L1	不明显	n.a
TM-18-1c	5	L2	2~3 年	K、Mn
TM-18-1d	10	L2	1~10 年	K、Mn
TM-18-2	5	L2	不明显	n.a

注：1.L1 由含有大量硅藻和少量矿物质的碎屑状沉积物组成；L2 由叠层沉积物组成；L3 由浊积岩组成；L4 也由叠层沉积物组成，与 L2 的区别在于叠层中的硅藻种类不同。

2.n.a 表示未获得有效信号。

2. 医学和生物学

μ-XRF 能在常温常压下对各种形态的样品进行快速、无损分析，获得元素原位活体分布信息，在医学和生物学研究中具有独特优势。

（1）医学样品分析　μ-XRF 是获取样品中元素时序性信息的重要研究手段，可为探索疾病机理，识别药物真伪，研究骨骼、牙齿、硅肺、头发样品中的元素分布规律等提供有效的技术手段。

目前，药物片剂的化学成像研究是制药工业中的一个新兴领域。寻找片剂内元素的分布规律对于生产质量的控制和真伪鉴别具有潜在应用价值。例如，利用 3D μ-XRF 研究药物片剂中 Zn、Fe、Ti、Mn 和 Cu 的分布规律[10]，发现 Ti 只均匀分布在包衣中，Mn、Zn、Ca 和 Cu 只分布在块状片剂中，Fe 在包衣和块状片剂中都有分布，且元素的分布图可清晰地反映出药物片剂的结构，Ti 分布的厚度直接代表了包衣厚度。

头发中的元素与人的饮食和健康状况有关，对头发中元素的分析，不仅可用于刑事物证的鉴别，还可为疾病的预防和治疗提供依据。利用共聚焦 μ-XRF 对单根头发进行无损扫描分析[11]，发现白发和黑发中 Ca、S 和 Zn 元素含量分布不均匀，且这三种元素的含量沿着头发生长方向降低。

（2）生物样品分析　全样品分析仅代表了样品的平均水平，对在微环境发生的生物化学反应需要从组织、甚至单细胞水平进行测定，获得元素分布及含量信息，才可厘清元素在细胞或组织上的运输途径和富集过程，进而了解环境对生物体生长的影响和抗污染能力。

生物组织薄切片中元素分布的图像化是生物和医学研究领域中重要手段。Gholap 等[12]利用 LA-ICP-MS 和 μ-XRF 分析了水蚤中 Ca、P、S 和 Zn 的分布情况，发现在水蚤不同部位的组织中元素分布规律各不相同。该研究也表明，在检出限方面，μ-XRF 分析 P 的检出限(230 μg/g)比 LA-ICP-MS(410 μg/g)低，LA-ICP-MS 分析 S 的检出限比 μ-XRF(160 μg/g)高 100 倍，μ-XRF 分析 Ca 的检出限(100 μg/g)比 LA-ICP-MS(170 μg/g)低，LA-ICP-MS 分析 Zn 的检出限(20 μg/g)比 μ-XRF(350 μg/g)低。

食品中含有有毒有害元素和如何去除对于降低健康风险、保护人类健康具有重要意义，而将含量测定和分布信息获取相结合无疑可为达到该目的提供重要的技术支撑。为检测日常烹饪过程对大米中重金属元素的去除效果，Mihucz 等[13]选取了 3 种水稻生米，利用 ICP-SF-MS 分析了经冷水提取、热水提取以及米饭中 Ti、Mn、Ni、Cu、Zn、As 和 Cd 的浓度，同时结合共聚焦 μ-SRXRF 分析了稻谷中元素的分布情况，发现热水对糙米中 Mn、Ni、Cu、Zn、As 和 Cd 的去除效率较冷水高，冷水对精米中 Mn、Cu 和 Zn 的去除效率较热水高，共聚焦 μ-SRXRF 三维扫描结果显示，Ti、Mn、Zn 和 As 在米粒的表面分布较高，主要富集在约 80 μm 的表层，这在一定程度上解释了在温和条件下易于去除的结论。

重金属可通过土壤-植根途径被植物吸收进入植物体，也可从大气直接迁移到茎中。结合 μ-XRF、环境扫描电镜-能量色散 X 射线光谱(ESEM-EDX)和拉曼光谱(RMS)研究表明[14]，生菜在暴露于 Pb 污染环境下 43 天后，叶片中 Pb 浓度达（335±50）mg/kg(干重)，μ-XRF 扫描显示主要位于中脉底部的坏死区存在直径几百微米的高 Pb 区，ESEM-EDX 分析结果显示直径为几微米的微粒存在于叶表面之下，纳米尺度的颗粒位于张开的气孔中；RMS 分析表明叶片中的 Pb 矿物主要来源于冶炼厂，其次为 Pb 矿物的风化产物。

通过探寻元素在植物体内的分布规律，可揭示元素在植物中的运输过程和植物耐受机制。利用 μ-XRF 研究 Mn、Fe、Zn 和 Ca 在小叶黄杨叶片中的分布特征[15]，发现 Mn 和 Zn 的分布相似，在中脉上的含量明显高于两侧叶肉组织，且在中脉和两侧叶肉组织分界处变化

分明,表明小叶黄杨中脉中 Mn 和 Zn 向两侧组织转运的能力比较差,导致中脉组织大量富集;Fe 在中脉的含量高于两侧组织,且这种差异在基部表现得更加明显,Fe 从叶脉向叶肉两侧的分布有一个平缓过渡,可以判定 Fe 可以从中脉向两侧叶肉组织转运,从而增强小叶黄杨对 Fe 的抗污染能力;Ca 的分布与以上三种元素明显不同,两侧叶肉细胞中 Ca 含量是中脉处的 2～4 倍,且在中脉与两侧叶肉细胞的分界处达到最高,这一方面与叶片的组织结构有关,另一方面是由于重金属在叶脉处的富集而对 Ca 产生了拮抗作用。

3. 环境科学

利用生态与环境样品中元素分布信息对环境的指示效应来评价环境污染的程度,已成为当前国际环境研究的热点和前沿之一。

(1) 土壤沉积物样品分析　开展土壤中矿物颗粒与重金属的作用机理研究,可为评价土壤重金属对植物种植的毒性风险提供依据。利用 μ-XRF、XRD 和光学显微镜分析变泥质岩和含白云石土壤中 Pb 和 Zn 的分布及矿物学特征[16],发现粒径<20μm 的始成土和铁铝土中含大量 Zn 和 Pb,粒径<20μm 的始成土中晶型较差且存在富含 Mn 的物质强烈地促进 Pb 的吸附,粒径<20 μm 的铁铝土层富含较多的 Al 和 Fe 的氧化物微团聚体,这能强烈地促进金属保留,同时大量的三氧化二物能减少金属的迁移,从而降低了这种土壤用于农业种植时带来的毒性风险。

珊瑚骨骼内痕量和微量元素的微区分布对于古环境条件下的地球化学示踪非常重要。利用 μ-XRF 技术,对采自西北太平洋的地表沉积物冷水珊瑚中的 P、Mg、Sr、O 和 Fe 进行微区扫描分析[17],发现珊瑚由钙化中心和其周围纤维状霰石组成,相比霰石部分,钙化中心的 P 和 Mg 的强度较高,Sr 和 O 的强度较低;这两个部分中 O 的强度值比较均匀,只是钙化中心稍微有点低,且在霰石中形成边界清晰的斑块;霰石部分中 P 的分布比较均匀,可以利用这一特征进行海洋 P 的示踪研究;Fe 的分布与 P 没有相关性,表明在形成 P 耐受成岩作用的锰铁沉淀时没有受到显著性污染。

(2) 颗粒物分析　颗粒物中元素含量及微区分布特征记录了其形成条件、环境暴露等丰富信息。通过 μ-XRF 可对颗粒物的物理、化学性质及元素形态等进行分析研究,探索大气颗粒物来源,揭示其在环境中的演化过程与传播途径等。

释放到环境中的放射性物质大多以颗粒物的形式存在,并与周围环境进行连续的相互作用,既可以导致单一元素的浸出,也可能带来整个粒子的溶解,从而使其成分进入生物圈。通过检测粒子内层组分结构可以了解放射性粒子的潜在浸出结果,采用共聚焦 μ-SRXRF 技术术对核弹事件中微观粒子所含 U、Pu 的分布进行研究[18],发现 Pu/U 平均质量比值在 0.11～0.24,且来自北部格陵兰岛的热颗粒表面 Pu/U 质量比显著增加,据此推测这与 U 的浸出有关。利用共聚焦 μ-SRXRF 检测放射性颗粒中 Ca、Cr、Mn、Fe、Zn、Sr、Ba、Pb 和 U 的空间分布[19],发现 Ca 是样品中最丰富的元素,且分布均匀,构成颗粒的样品基质;其次是 Fe,但分布不均匀,在颗粒 20～50μm 的表面区域含量最高;Cr、Mn、Zn、Pb、Sr 和 Ba 分布在整个粒子中,在粒子表面浓度最高;U 以 20μm 的包裹体形式存在,其平均含量低,但在局部包裹体中 U 是其主要成分,这些分布信息对于研究放射性尘埃的形成、浸出和潜在危害等提供了数据基础。

陨石颗粒是一类直径小于 1mm 的外星微粒物质,包含了丰富的宇宙环境信息。利用 μ-XRF 扫描铁陨石微粒中元素分布[20],借助蒙特卡罗模拟,计算得到了铁陨石中 Fe、Co、Ni、Cu、Ga 和 Ge 的含量,结果与 LA-ICP-MS 的测量值吻合。用 μ-XRF 获得了南极地表富铁微粒陨石中元素浓度[21],发现富铁微粒陨石中 Ni 含量很低(1%～9%),Cr<0.5%,据此

Ni/Cr 比值和磁性征数据，铁微粒陨石可分为低比率(＜7%)、中比率(9%～50%)和高比率(＞100%)三类。

4. 材料科学

目前能够应用于表征样品形貌的技术较多，如光学显微镜(OM)、电子显微镜(EMS)、扫描隧道显微镜(STM)和原子力显微镜(AFM)技术等。这些技术可以检测样品表面凹凸和缺陷，但也存在一些不足。例如，OM 不具有元素灵敏度，EMS 必须在真空下操作，STM 需要样品可以导电，AFM 容易破坏样品等。共聚焦 μ-XRF 可在常温常压下对样品进行原位无损分析，目前已在材料表面形貌测定中得到应用。例如利用 μ-XRF 三维扫描可以测得 Cu 在陶瓷材料表层内的分布，结合表面自适应扫描算法可以获得陶瓷片的表面形貌[22]。

利用 μ-XRF 技术，可以评估镀膜工艺的质量。例如用 μ-XRF 扫描薄膜太阳能电池中 Se 的分布，发现 CIGS 厚层在材料的边缘附近逐渐变薄，其中心厚度为 1.3～1.4 μm，边缘厚度为 0.8～0.9 μm，且不同厚度层中 Se 呈均匀分布[23]。

5. 冶金工业

μ-XRF 已成功应用于金属样品涂层下的腐蚀识别、电解池内电极表面化学反应的在线监测和金属合金制品中的元素分析等。

共聚焦 μ-XRF 可实现对样品的无损、原位深层分析。运用共聚焦 μ-XRF 对涂漆钢材腐蚀和未腐蚀部分进行三维扫描分析发现[24]，元素分布为 3 层，涂料层和钢铁基质中 Ti 和 Fe 均匀分布，Zn、Mn、Ca 和 Cl 分布不均匀，在受腐蚀的钢铁水泡和刮伤点发现，相比刮伤位，水泡位有更多 Zn 进入涂层，少量 Fe 从钢铁基质进入漆层，Mn 仍分布在钢铁基质中。

利用 μ-XRF 对电解槽内稳态扩散条件下电极近表面的离子扩散行为研究表明，无论电解质浓度增大，还是随着槽电压的增大，靠近阴极表面的稳态不均匀 Cu^{2+} 浓度分布层的厚度都呈减小趋势[25]。

运用共聚焦 μ-XRF 在线监测低碳钢板浸入人工海水 90h 后的腐蚀行为发现，钢板在放入 NaCl 溶液后，腐蚀立刻开始，并在约 600min 后腐蚀速率下降，固液界面 FeK_α 强度深度扫描图显示，随着腐蚀时间延长，离固液界面垂直距离为 100～200 μm、400～600μm 范围内 Fe K_α 强度增加，该技术在溶液表面和 500μm 深度处检测 Fe 浓度的检出限分别为 11.0×10^{-6} 和 20.6×10^{-6} [26]。

6. 考古和文化遗产

μ-XRF 的原位、无损分析特性，在考古样品成分分析及来源识别中具有独特优势。

利用 μ-XRF 分析明代青花瓷残片中青花部位的元素分布发现，青花部位 Mn 和 Co 的含量与青花颜色的深浅相一致，Mn 和 Co 的相关性很好(R=0.99)，表明 Mn 和 Co 来自同一种钴料[27]。利用 μ-XRF 研究了死海古卷中 Cl/Br 强度比的分布特征，可以证实 Cl 含量高的古卷来自盐岩岛[28]。利用共聚焦 μ-XRF，并结合 SEM-EDS 技术，分析 16～18 世纪陶瓷的彩色釉面和陶瓷基底中的元素，可以清晰地分辨紫色颜料层、釉面层、陶瓷基底层之间的界面层和各层厚度及元素分布，从而了解、认识当年的釉面陶瓷生产制造过程[29]。

共聚焦 μ-XRF 同样适用于绘画作品中多薄层涂料的元素分析。共聚焦 μ-XRF 也已成功应用于获得卢浮宫文艺复兴时期柏拉图肖像绘画中的多层漆层信息[30]，以及乾隆时期斗彩陶瓷和彩绘样品中的三层釉结构特征[31]。

7. 刑侦领域

目前 μ-XRF 已在伪币和文件油墨识别、枪弹残留物分析、毒品来源、犯罪现场物证快速分析等方面得到了广泛应用，已逐渐成为司法案件侦破的有力助手。

第
五
篇

利用 µ-XRF 对 9 台不同型号激光打印机墨粉、对应的打印字迹和提取的字迹墨粉所含元素进行定性、半定量分析，根据检出元素种类的不同，可以对不同型号激光打印机用的墨粉、对应的打印字迹和提取的字迹墨粉进行识别，区分率在 69%～94%[32]。

运用 µ-XRF 扫描射击残留物中元素分布特征可以估算射击距离，发现射击距离为 20cm 时，射击样本残留物中 Zn 的分布像光晕一样成环形，当射击距离为 40cm 时，Zn 的环形分布特征变宽，当射击距离为 60cm 时，Zn 呈零星点状分布，环状消失[33]。利用 µ-XRF 分析 22 个不同距离(0～1000 cm)的射击样本，发现在 2～80 cm 的射击距离内，S 分布范围随距离增大而逐渐减少，在 0～10 cm 的射击距离内，Cu 分布的范围随距离增大而逐渐增加，而在 10～1000 cm 内随射击距离增大而逐渐减少[34]。

第四节　扫描电镜微区成分分析技术

一、扫描电镜基本原理

扫描电镜利用聚焦电子束在试样表面逐点扫描成像，在超微结构或原子尺度上实现对物质结构和成分的观察，从第一台电镜问世至今，电镜技术已取得了丰硕成果。

扫描电镜由电子光学系统、扫描系统、样品室、信号探测放大系统、图像显示和记录系统、真空系统以及电源系统组成。扫描电镜分析的试样可为块状或粉末颗粒，成像信号可以是二次电子、背散射电子、透射电子或吸收电子，其中二次电子是最主要的成像信号。工作时，由电子枪发射的能量为 5～35keV 的电子，以其交叉斑作为电子源，经二级聚光镜及物镜的缩小形成具有一定能量、一定束流强度和束斑直径的微细电子束，在扫描线圈驱动下，于试样表面按一定时间、空间顺序作栅网式扫描。

聚焦电子束与试样相互作用，产生二次电子发射（以及其他物理信号），二次电子发射量随试样表面形貌而变化。二次电子信号被探测器收集转换成电信号，经视频放大后输入到显像管栅极，调至与入射电子束同步扫描的显像管亮度，得到反映试样表面形貌的二次电子像。

扫描电镜的工作原理与光学显微镜或透射电镜不同：在光学显微镜和透射电镜下，全部图像一次显出，是"静态的"而扫描电镜则是把来自二次电子的图像信号作为时像信号，将一点一点的画面"动态"形成三维图像。

现有的扫描电镜的主要类型包括典型的扫描电镜（SEM）、场发射扫描电镜（FESEM）、环境扫描电镜（ESEM）、扫描隧道显微镜（STM）、原子力显微镜（AFM）、扫描透射电镜（STEM）、扫描探针显微镜（SPM）、冷冻扫描电镜（Cryo-SEM）、低压扫描电镜（LVSEM）等，配合能谱仪、波谱仪、荧光谱仪、二次离子质谱仪、阴极发光仪、电子能量损失谱仪等，可以实现超微表面形貌结构的观察，以及微区组分的定性、定量、定位分析。在这里我们着重就配合扫描电镜使用的微区成分分析技术进行详细介绍。

二、扫描电镜微区成分分析技术

在观察样品微观形貌的同时，如能获得微米量级区域内的元素组分和分布信息，无疑对于研究物质组分和结构及其与形貌的相关性是十分有益的。1968 年 Fitzgerald 等人开始将 Si（Li）探测器 X 射线能谱仪引入到扫描电镜上，到 70 年代初得到了广泛应用。由于能谱仪结构简单、使用方便，已经大量地配置在扫描电镜、透射电镜以及扫描透射电镜中进行微区成

分分析，并且随着半导体探测器能量分辨率的进一步提高和计算机功能的强大，使能谱仪配在扫描电镜上的作用从定性分析发展到定量分析，从分析简单的试样到分析多元组分的试样。将 X 射线显微分析引进到扫描电镜中，已成为目前较为理想的一种微区形貌与成分分析手段。

　　X 射线能谱仪作为扫描电镜附件，其特征 X 射线是由电子枪发射的高能电子，由电子光学系统中的二级电磁透镜聚焦成很细的电子束，来激发样品室中的样品，从而产生特征 X 射线。与 X 射线荧光光谱仪的主要不同在于激发源的差别，X 射线荧光光谱的激发源为 X 射线管，而 X 射线能谱仪的激发源为高能电子束。作为扫描电镜的附件，X 射线能谱仪主要是由半导体探测器、前置放大器、多道脉冲分析器、显示系统和计算机组成的。

　　要进行扫描电镜 X 射线能谱仪定性与定量分析，首先需要进行能谱峰的识别。除可利用 X 射线能谱仪自带数据库中的自动定性分析程序进行初步识别外，还应根据经验进行最终判定。一般原则是先识别高强度峰，再识别低强度峰；先识别高能端峰，再识别低能端峰。首先确定元素谱线系中的主峰 K_α、L_α 和 M_α，随之确认相应线系中的其他各个强度较低的谱峰，如识别 L_α 后，应判断 L_β、L_γ 谱线是否存在，且比例是否符合相应比例。确定样品中存在某个元素，必须要标定两个或两个以上的峰，才可保证定性分析的可靠性。例如，对于原子序数 $Z \geqslant 16$ 的元素，识别出 K_α 峰后，还应该观察到约为 K_α 峰高 10%左右的 K_β 峰，若 K_α 和 K_β 峰高比例不符合，就应该考虑是否存在其他元素的重叠峰；对于原子序数 $Z \geqslant 26$ 的元素，识别 K 线系后还应观察 L 线系是否存在，原子序数 $Z \geqslant 58$ 的元素，识别了 L 线系后还应观察是否有 M 线系存在；能量小于 3keV 的低能 X 射线，无论 K、L 或 M，同一线系中的谱线靠得很近，识别时应尤为小心。

　　X 射线能谱分析，由于分辨率所限，谱线重叠干扰不可避免。主要的重叠现象发生在：谱线能量小于 3keV 的两个相邻元素的 K_α 峰彼此重叠；原子序数 20～28 范围内，相邻元素的 K_β 和 K_α 相互重叠；重元素的 M 或 L 系谱线往往与较轻元素的 K 线重叠。可以根据以下几点判断是否为重叠峰：重叠峰通常较宽、谱峰形状不规则，不满足高斯对称条件，宽度比无重叠时大；每一个元素所有的特征峰一般不会同时与其他峰都重叠，可由非重叠峰来判读；如果没有非重叠峰存在，由于重叠峰会破坏谱线的线权，故可借助谱线的线权来判断。常见的重叠峰见表 27-4。

表 27-4　X 射线能谱分析常见的重叠峰　　　　　　　　　　　　　　　　单位：keV

Ti K_α（4.51）	S K_α（2.31）	Al K_α（1.49）	Si K_α（1.74）	Mn K_α（5.90）	C K_α（0.28）
Ba L_α（4.47）	Mo L_α（2.29）	Br L_α（1.48）	Ta M_α（1.71）	Cr K_β（5.95）	K L_α（0.27）
	Pb M_α（2.35）		W M_α（1.77）		

　　样品中的微量元素，某些元素的低强度谱峰以及系统产生的误差等都会造成假峰。假峰主要有和峰（sum peak）和逃逸峰（escape peak）两种。和峰的峰位能量较高，等于某一含量高、峰高强的元素谱峰能量的两倍或两个独立大峰的能量之和，且形状极不对称，高能边下降很陡，低能边有一明显拖尾，根据峰的形状和峰的能量位置可识别和峰。由于和峰的高度和形状随计数率有明显变化，改变计数率可观察到和峰的高度比发生变化，直至和峰消失。与 X 射线荧光光谱一样，扫描电镜 X 射线能谱也会产生逃逸峰。逃逸峰的位置在待测元素 E 主峰低能侧 $E-1.74\text{keV}$ 处，此即为逃逸峰，可根据此特征来识别逃逸峰。

　　电子束只打到试样上一点，得到这一点的 X 射线谱。与此不同的是，用扫描像观察装置，使电子束在试样上做二维扫描，测量特征 X 射线强度，使与这个强度对应的亮度变化与扫描信号同步在阴极射线管 CRT 上显示出来，就可得到特征 X 射线强度二维分布像。这种观察

方法称为元素的面分布分析方法。进行元素面分布扫描时应采用较大束流和计数率,脉冲处理时间选择最小值,提高输出计数率;适当减小加速电压,可改善边界的清晰度;低凹部位产生的 X 射线会被周围的起伏所阻挡,在分布图中出现阴影,但不意味没有成分信息,因此应选择平整样品,否则样品表面形貌会造成假象。

扫描电镜 X 射线能谱定量分析方法与 X 射线荧光光谱定量分析技术既具有相似之处,也有所不同。因篇幅所限,建议有兴趣的读者参看相关专著。下面重点介绍扫描电镜 X 射线能谱的实际应用。

三、扫描电镜结合微区成分分析技术的应用

1. 在地学中的应用

近年来扫描电镜被广泛应用于微矿物研究。微矿物一般指粒径小于 0.3mm 的矿物,在三大岩系中均存在,此外还包括一些微小的星际尘埃矿物。这些微矿物对于解释矿床和地质体的成因具有重要意义。但由于其微量和微小的特性,使得研究工作难度大,实验测试操作难,易丢失怕损伤。扫描电镜是目前研究微矿物形态特征、化学成分、矿物结构关系、矿物包体的最理想测试手段之一,具有"简、准、快"的特点。现代电子显微镜技术在地球科学中的广泛运用,催生了纳米地球科学的诞生,使得地球科学家能够从纳米尺度解读过去所未知的固体地球演化过程,从而引发了地球科学的一场新革命。

(1)黏土矿物类鉴定　采用扫描电镜观察黏土矿物的形貌并且进行能谱成分分析是区分该类矿物种类的手段之一。高岭石类矿物是具有 1:1 型层状硅酸盐矿物,由于黏土矿物种类繁多,所以首先采用扫描电镜附件 X 射线能谱仪对其成分进行分析,可以区别高岭石类矿物与其他种类的黏土矿物。对高岭石类矿物,由于在化学成分以及衍射峰上都十分相近,所以采用扫描电镜观察形貌的方法是鉴定高岭石类矿物,尤其是高岭石和埃洛石的重要手段,如图 27-11 所示[35]。高岭石的形貌主要有假六方片状、假六方板状、假六方似板状、团粒状,高岭石的晶片较为平直,多为钝角,集合体常呈叠片状、蠕虫状和扇状等。而埃洛石是一种天然含水的高岭石矿物,具有非常独特的管状形貌,管径多小于 0.5μm,长度可达几个微米,此外埃洛石还具有如短圆柱状、网箱状、部分卷曲的羽毛状、板状、"菌褶"状等形貌,但是比较少见,只有在特定的地质条件下才出现。

图 27-11　管状埃洛石(a)与片状高岭石(b)形貌

(2)铁锰矿物　沉积型的铁、锰矿床、大洋结核以及风化壳常见呈胶体状的铁锰矿物,这些矿物颗粒细小,结晶差,晶质与非晶质组分混杂难分,鉴定这些铁锰矿物是矿物学研究中的难点问题。除了铁锰资源之外,大量的 Cu、Co、Ni 等多种金属元素赋存于这些铁锰矿物中,因此对于这些铁锰矿物开展相关研究十分必要。由于这些矿物无法分离和获得单矿物,

用一般常规方法难以进行鉴定，扫描电镜结合成分分析方法为该类矿物的研究提供了新的手段。

以锰矿物为例，锰矿物包括有软锰矿、锰钾矿、钙锰矿、钡硬锰矿、恩苏塔矿等，这些矿物多见一维延伸的针状、棒状、纤维状等晶形，长度从几十纳米到几百微米，宽度多从几个纳米到 2～3μm 左右[36]。利用扫描电镜显微镜和能谱仪对过去比较熟悉的胶体沉积型锰矿重新观测后发现硬锰矿是由多种纳米棒状等晶体构成的超微集合体，包括含钾的锰钾矿（图27-12）、含钡的锰钡矿和钡硬锰矿、含钙的钙锰矿等。

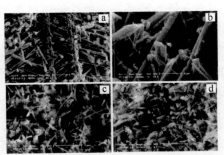

图 27-12 天然锰钾矿的纳米针、棒状晶形 SEM 照片

2. 在材料科学中的应用

扫描电镜结合能谱等各种附件，其在材料学领域的应用范围很广，包括断裂失效分析、产品缺陷原因分析、镀层结构和厚度分析、涂料层次与厚度分析、材料表面磨损和腐蚀分析、耐火材料的结构与蚀损分析等。

（1）材料的组织形貌观察 材料剖面的特征、零件内部的结构及损伤的形貌，都可以借助扫描电镜来判断和分析，可以实现试样从低倍到高倍的定位分析，在样品室中的试样不仅可以沿三维空间移动，还能够根据观察需要进行空间转动，以利于使用者对感兴趣的部位进行连续、系统的观察分析。

一般情况下采用连铸连轧技术生产的中低碳钢中厚钢板，表面裂纹是其常见表面缺陷之一。常见中厚钢板表面的裂纹缺陷为星状裂纹。在裂纹剖面上看到裂纹是沿初生奥氏体柱状晶界走向，深度达 6mm 以上。EDS 分析见裂纹中除铁的氧化物外，还存在含 Ca 的杂质。在较高的放大倍率下观察到裂纹前端部位有金属铜富集。分析表明，中厚钢板表面裂纹和连铸板坯表面星状裂纹具有相同的成分特征，中厚板表面裂纹缺陷是源自连铸板坯的表面星状裂纹缺陷（图 27-13）[37]。

利用扫描电镜还可以快速观察钢铁样品中的杂质物相。采用辉光放电溅射改性有助于钢铁精细结构的扫描电镜观察，如图 27-14 所示，可以清晰地观察到钢铁晶粒结构和杂质物相的成分[38]。

图 27-13 连铸板坯表面星状裂纹形貌

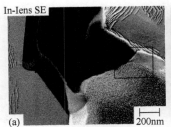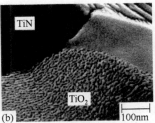

图 27-14 Fe-0.1Ti 样品中的扫描电镜图

（2）显微组织及超微尺寸材料的研究 纳米材料是纳米科学中最基本的组成部分。现在可以用物理、化学及生物学的方法制备出只有几个纳米的"颗粒"。由于纳米材料表面上的原子只受到来自内部一侧的原子的作用，十分活泼，因此纳米材料的应用非常广泛。而纳米材料的一切独特性能主要源于它的超微尺寸，因此必须首先确切地知道其尺寸，否则对纳米材料的研究及应用便失去了基础。高分辨率扫描电镜在纳米材料的形貌观察和尺寸检测方面因具有简便、可操作性强的优势，被大量采用，不仅可以了解制备的纳米材料的成分均匀度，而且通过纳米尺度的观察，为深入研究和开发功能性纳米材料提供了基础。图 27-15 展示了多种典型纳米材料的扫描电镜形貌图，包括碳纳米管、石墨烯、沸石分子筛[39~41]。

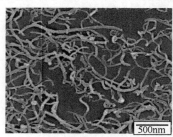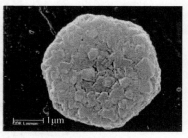

图 27-15 碳纳米管、石墨烯、核壳型沸石分子筛纳米材料扫描电镜图

参 考 文 献

[1] Guilherme A, Buzanich G, Carvalho M L. Spectrochim Acta B, 2012, 77: 1.

[2] Yamauchi K, Mimura H, Kimura T, et al. J Phys-Condens Mat, 2011, 23 (39): 3785.

[3] Kemner K M, Kelly S D, Lai B, et al. Science, 2004, 306, (5696): 686.

[4] Newville M. Rev Mineral Geochem, 2014, 78, (1): 33.

[5] Grafe M, Donner E, Collins R N, Lombi E. Anal Chim Acta, 2014, 822: 1.

[6] Brenker F E, Vincze L, Vekemans B, et al. Earth Planet Sci Lett, 2005, 236, (3): 579.

[7] Schmitz S, Moeller A, Wilke M, et al. Eur J Mineral, 2009, 21, (5): 927.

[8] Denecke M A, Brendebach B, De Nolf W, et al. Spectrochim Acta B, 2009, 64, (8): 791.

[9] Wutke K, Wulf S, Tomlinson E L, et al. Quaternary Sci Rev, 2015, 118: 67.

[10] Mazel V, Reiche I, Busignies V, et al.Talanta, 2011, 85, (1): 556.

[11] 刘鹤贺, 刘志国, 孙天希, 等.光谱学与光谱分析, 2013, 33, (11): 3147.

[12] Gholap D S, Izmer A, De Samber, et al. Anal Chim Acta, 2010, 664, (1): 19.

[13] Mihucz V G, Silversmit G, Szalóki I, et al. Food Chem, 2010, 121, (1): 290.

[14] Uzu G, Sobanska S, Sarret G, et al. Environ Sci Tech, 2010, 44 (3): 1036.

[15] 初学莲, 林晓燕, 程琳, 等. 原子核物理评论, 2008, 25,

(1): 61.

[16] Lang B D, van Oort F, Becquer T, et al. Eur J Soil Sci, 2013, 64, (1): 131.

[17] Yoshimura T, Suzuki A, Tamenori Y, Kawahata H. Geo-Mar Lett, 2014, 34, (1): 1.

[18] Jimenez-Ramos M, Eriksson M, Garcia-Lopez J, et al. Spectrochim Acta B, 2010, 65, (9): 823.

[19] Bielewski M, Himbert J, Niagolova N, et al. Microsc Microanal, 2008, 14, (4): 321.

[20] Garrevoet J, Vekemans B, Bauters S, et al. Anal Chem, 2015, 87, (13): 6544.

[21] Marfaing J, Rochette P, Pellerey J, et al. J Magn Magn Mater, 2008, 320, (10): 1687.

[22] Zhao G, Sun T, Liu Z, et al. Nucl Instru Meth A: 2013, 721: 73.

[23] Lee A. Am Lab, 2014, 46, (1): 13.

[24] Nakano K, Akioka K, Doi T, et al. ISIJ Int, 2013, 53, (11): 1953.

[25] Peng S, Liu Z, Sun T, et al. Anal Chem, 2013, 86, (1): 362.

[26] Hirano S, Akioka K, Doi T, et al. X-Ray Spectrom, 2014, 43, (4): 216.

[27] 程琳, 丁训良, 刘志国, 等. 物理学报, 2008, 56, (12): 6894.

[28] Wolff T, Rabin I, Mantouvalou I, et al. Anal Bioanal Chem, 2012, 402, (4): 1493.

[29] Guilherme A, Coroado J, Dos Santos J M F, et al. Spectrochim Acta B, 2011, 66, (5): 297.

[30] Reiche I, Müller K, Eveno M, et al. J Anal Atom Spectrom, 2012, 27, (10): 1715.

[31] 资明, 魏向军, 于海生, 等. 核技术, 2015, 38, (6): 60101.

[32] 徐彻, 罗仪文, 杨旭, 等. 中国司法鉴定, 2008, (2): 21.

[33] Latzel S, Neimke D, Schumacher R, et al. Forensic Sci Int, 2012, 223, (1): 273.

[34] 黎乾, 温锦锋, 林贤文, 等. 分析测试学报, 2015, 4: 015.

[35] Joussein E, Petit S, Churchman J, et al. Clay Miner, 2005, 40, (4): 383.

[36] 赵东军, 鲁安怀, 王丽娟, 等. 北京大学学报: 自然科学版, 2006, 41, (6): 859.

[37] 曹鹏, 孙黎波, 邵月华. 现代制造技术与装备, 2010, 194, (1): 24.

[38] Tsuji K, Shimizu K. ISIJ Int, 2013, 53, (11): 1936.

[39] Dai J-F, Wang G-J, Wu C-K. Chromatographia, 2014, 77, (3-4): 299.

[40] Abe S, Hyono A, Yonezawa T. J Solution Chem, 2014, 43, (9-10): 1645.

[41] 孔德金, 童伟益, 郑均林, 等. 化学通报, 2008, 71, (4): 249.

第
五
篇

第二十八章　X射线荧光光谱分析应用

X射线荧光光谱法具有快速、原位、无损分析的特点，使其在科学研究和工业生产中得到广泛应用。本章将从生态与环境样品分析、生物样品分析、冶金和材料分析、考古样品分析、刑侦分析、大气飘尘分析、活体分析等方面对其应用实例进行介绍。

第一节　地质、生态与环境样品分析

地质、生态与环境样品基体复杂，种类繁多，多数需要进行原位和无损多元素分析。因此 XRF 光谱分析技术特别适用于生态与环境样品的现场检测和室内研究分析。目前 XRF 已在水体、土壤、大气、沉积物等环境媒介中的元素测定和作用规律研究、工业生产及环境污染治理等方面发挥了重要作用。

采用无水四硼酸锂、偏硼酸锂混合熔剂作为助熔剂，硝酸锂为氧化剂，碘化铵为脱模剂，高温熔融制备烧结锰矿样片的前处理方法，利用 XRF 分析技术，可测定锰矿样品中主、微量元素含量[1]。HR-SRXRF 应用于地质样品中痕量元素定量分析的研究也可见报道[2]。便携式X射线荧光分析仪(PXRF)能快速获得原位表层土的元素信息，与地理信息系统、污染指数等评价技术结合[3,4]，是大面积土壤中元素含量的调查和污染源分析的理想工具。

在土壤中的元素相关性[5]和转化规律[6]研究、土壤修复机理[7]、矿山污染[8,9]和尾矿综合治理[10]，及毒性元素在煤炭[11]、沉积物[12]、生物膜[13]中的积累、转化和生物矿化作用等方面，XAS、μ-XRF、μ-XANES 结合 XRD 等技术的研究已取得了显著进展。

XRF 在工业生产和污染监测中也发挥重要作用。XRF 可以对室内环境中有毒有害成分和来源进行分析[14]，对工业废水处理产生的灰分[15]和燃煤产生的焦炭和飞灰进行成分分析已用于研究物相变化过程和燃烧效率[16]；μ-SRXRF 和微区X射线断层扫描 (μ-XRFT)相结合，可以获得飞灰颗粒中元素二维内部分布，并可实现高灵敏度、多层位立体元素形态分析[17]。WDXRF 可通过基体匹配和 WDXRF-SA 方法有效克服基体中 C、H、O 的多重吸收干扰，比 UVF 等更适合于油品检验[18]；此外，XRF 也已成功用于电子垃圾回收处理[19]和放射性污染物处置[20]和灾难垃圾治理[21]等方面，详情可见表 28-1。

表 28-1　X 射线荧光光谱在生态与环境分析中的应用实例

分析对象(样品类型或名称)	样品形态(固、液、颗粒物、涂层)	制样方法与溶剂	测定元素	分析谱线	基体效应校正	测定方法(WD/EDXRF二次靶滤片激发电压等)	精密度、准确度、不确定度、检出限	应用领域	方法特点或注意事项	参考文献
土壤	固体粉末	原位分析	Pb、Zn、Cu、As			能量色散FP-XRF, 35kV Ag靶		场地污染调查等的快速分析		[3]
土壤	固体粉末	粉末压片；原位分析	Pb			Lab-XRF、field-XRF		土壤环境评价的快速分析		[4]
污泥	固体颗粒	Kapton胶带密封或嵌在环氧树脂上切成薄片	As	K-edge		XAS(十三元固体Ge探测器);XRF(步长2.5～3.0μm,计数时间50ms)		环境样品形态分析、迁移机理		[5]
土壤	固体粉末	嵌在树脂里抛光	Pb	L_{III}13035eV		μ-XRF (Rh靶, 2～20keV, 光斑直径30μm, 驻留时间5s)、μ-XANES(光斑直径15μm, 能量分辨率1.8eV)		元素迁移机理		[6]
土壤	固体粉末	制成薄层，嵌在树脂中	Cu、Ni、Zn	K-edge		μ-XRF、μ-XANES (13.6keV, 九元Ge探测器, 光斑直径4μm)		生物固体修复土壤		[7]
沉积物和水	固体和液态		Fe、Cu、S			XRF、XRD		矿区沉积物相分析		[8]
尾矿	固体粉末	EPOTEC301-2FL环氧树脂包埋3d后切片30μm、两面抛光	Pb、Fe、S	L_{III}-edge		XAS、XRF[焦斑大小2.5μm,步长2.5μm,保留时间250ms,采用配备Si(220), φ=0 或Si(Ⅲ)两个晶体的水冷式双晶单色仪]		土壤颗粒物中重金属扩散机制		[9]
尾矿	固体颗粒		As、Rb、Zr、Pb、Cr			EDXRF		尾矿处理、土壤修复		[10]
泥炭	固体(含水)	冷冻干燥、包埋切片	As、Fe、S	As K-edge(11867 eV), Fe K-edge(7112 eV), S K-edge(2472 eV)		同步辐射 μ-XRF 和 μ-XAS		湿地土壤和泥炭	氮气中转移，无氧手操箱中操作防氧化	[11]

第五篇

续表

分析对象（样品类型或名称）	样品形态（固、液、颗粒物、涂层）	制样方法与溶剂	测定元素	分析谱线	基体效应校正	测定方法(WD/EDXRF 二次靶滤片激发电压等)	精密度、准确度、不确定度、检出限	应用领域	方法特点或注意事项	参考文献
沉积物	固体	干燥粉碎制薄片	U Cu	U L_{III}-edge		μXRF 成像技术、μXANES、μXRD、XAFS		核废料监测		[12]
生物膜	生物膜	水合凝胶	Ni、Mn、C、O	Ni、Mn 2p, C 1s, O 1s 吸收边		扫描透射 X 射线显微镜(STXM)	仪器准确度 ±0.2 eV	生物地球化学转化过程		[13]
室内材料	固体	原位	Cl			PXRF		建筑材料，环境空气		[14]
粉灰沉积物	固体颗粒		Na、Al、Si、S、Ca、Fe、Ni、Zn、Cl			XRF, SEM-XRF, XRD（铜光管，40kV, 30mA）		工业排放		[15a]
污泥	固体	清洗和电镀	Fe、Zn、Cr	$K_{\alpha1}$		XRF, SEM-EDS	XRF: 不确定度 0~0.11%	工业废水处理		[15b]
煤、炭、飞灰	固体块状、颗粒	直接分析	Na、Mg、Ca、K、S、Si、Al、Fe	Na 2p, Cl 1s, Mg 2p, Fe 2p, S 2p		XRF, XPS, SEM/EDX (10kV, 20mA)		煤灰燃烧，大气飘尘中元素形态分析和转化	煤灰标样 SRM 1632c 监控 XRF 结果	[16]
固体飞灰	固体颗粒	单个颗粒（粘在毛细管上）	Cl、Ca、Fe、Cu、Zn、Sr、Cd、Pb	K_{α}: Cl, Ca, Fe, Cu, Zn, Sr, Cd; L_{α}: Pb	基体校正：蒙代算法	SRXRF, X-ray Fluorescence Tomography		固体废弃物，大气飘尘		[17]
原油	液态	7g 样品，35mm 样品杯	S	K_{α}	标准加入法消除干扰	WDXRF (20kV, 50mA, He)	不确定度 2.2~22, PT(υ=1.02c, R=0.995,n=20)	油品监测		[18]
印刷电路板	固体	固体残渣（二甲亚砜溶解）	Cu、Pb、Sn			XRF, SEM-EDS (20kV)		电路板材料回收		[19]
硬化水泥浆	固体	SEM/μ-XRF/XAS（≤30μm 抛光薄片）；bulk-XAS(糊状物粘在树脂样品架上)	放射性元素 Nd、Ca、Si	Nd-L_{III}		SEM (20kV, 7μm, 光斑大约 1μm×1μm，穿透深度约 6μm)，μ-XRF (10keV 单色光，光斑大小 3μm×3μm)，Bulk-XAS		材料		[20]

续表

分析对象(样品类型或名称)	样品形态(固、液、颗粒物、涂层)	制样方法与溶剂	测定元素	分析谱线	基体效应校正	测定方法(WD/EDXRF 二次靶/滤片激发电压等)	精密度、准确度、不确定度、检出限	应用领域	方法特点或注意事项	参考文献
灾难垃圾	固体	原位	Hg、As、Pb、Sn、Ni、Cr、Zn、Cu、Ba、Co			PXRF、碘化钠闪烁计数器		灾难垃圾的放射性和重金属污染		[21]
废水	液态	凝胶状：2mL 废水样品与 0.25g 明胶和 0.05g 琼脂混合制备	Ag、As、Bi、Cd、Co、Cu、Fe、Ga、Ni、Pb、Se、Zn	L_α: Pb K_α:other elements		XRF	准确度：Zn±0.1 mg/dm³；Cr±1.1 mg/dm³；Cd、Pb ±0.3 mg/dm³；Cu±0.2 mg/dm³	矿井水中金属元素分析		[22]
地表水	液态	液液分散微萃取	Cu、Zn			EDXRF（激发电压 45kV，电流 700μA；多道分析器），计数时间 600s	检出限：Cu 1.8 ng/mL，Zn 1.7 ng/mL；RSD:Cu 6.7%；Zn 6.9%；回收率：91%~95%	地表水中痕量元素		[23]
水样	液态	壳聚糖吸附后干燥	Co、Cu、Ni			XRF	检出限：Co 7 ng/mL；Cu 4 ng/mL；Ni 5 ng/mL 回收率：90%~110% 精密度：3.5%~6%	工业废水		[24]

第二节　生物样品分析

Mahawatte 等[25]和 Chuparina[26]分别利用 EDXRF 和 WDXRF 检测了 19 种药物中 19 种元素的浓度，实现了药物中主、微量元素同时分析。Stephens 等[27]采用偏振 X 射线作为激发源降低了初级辐射引起的高背景，获得了 47 种烟草制品中 Pb 的含量。XRF 和 TXRF 已成功用于测定人全血和头发及动物血液中大部分无机元素的含量[28,29]。

SRXRF 与其他表征手段相结合已经成功应用于检测植物、动物组织及细胞体内重金属形态。XANES 的测量过程不需要像 HPLC-ICP-MS 一样进行样品的破坏处理，分析不确定度约为 5%～10%[30]。共聚焦μ-SRXRF 技术已应用于对番茄根内部 Fe 元素的微区分布进行扫描，并获得了其在微区二维和三维水平的定量分布结果[31]。关于受铅蓄电池污染的景天植物对 Pb 的吸收累积机制[32]和 S 在角膜组织中赋存位置的相关关系的研究也已见报道[33]。采用 XRF 及荧光显微镜技术等可以获得病理学微观细胞内金属元素分布及迁移规律，为医学的发展及突破提供更大的可能性[34]。例如，结合量子点选择性标记细胞器，采用 SXRF 可以用于 SKOV3 癌细胞表面标记的研究[35]。同时 X 射线荧光显微镜(XFM)可以实现微量金属在生物样品中高灵敏度(μg/g 级别)、高空间分辨率(可达 100nm)的定量成像，Judy 等[36]利用 X 射线荧光显微镜研究了烟草和小麦对纳米金颗粒的生物效应。Finney 等[37]结合微分干涉显微镜(DIC)与 SRXRF 分析获得了单细胞内微量元素分布的光学图像。Chwiej 等[38]利用高分辨 XRF 成像技术，得到微量元素组成分布信息，用于研究癫痫发作机理研究，观察到了海马体组织受外界刺激后的元素实时在线变化信息及响应作用。其他应用参见表 28-2。

表 28-2　X 射线荧光光谱在生物样品分析中的应用实例

分析对象（样品类型或名称）	样品形态（固、液、颗粒物、涂层）	制样方法与溶剂	测定元素	分析谱线	谱线重叠校正	基体效应校正	测定方法（WD/EDXRF二次靶/滤片激发电压等）	精密度、准确度、不确定度、检出度、检出限	应用领域	方法特点或注意事项	参考文献
草药	固体	25mm压片	Si, P, S, Cl, K, Ca, Ti, Cr, Mn, Fe, Ni, Cu, Zn, As, Br, Rb, Sr, Zr, Hg				EDXRF, Mo 靶 激发电压 50 kV	K、Ca、Fe 的浓度范围可达 0.35%~2.88%, 0.346%~8.65%, 0.007%~36.7%	药物	实现了药物的主、微量元素同时测定的简单化	[25]
黄花菜	固体	粉碎压片	Fe, Ti, Mn, Cu, Cr, Ni, Zn, Sr, Ba				WDXRF, Rh 靶 激发电压 50 kV		药物	采用部分植物样实现了内标法的定量分析	[26]
烟草	固体	32mm压片	Pb, As, Cd, Cr, Fe, Cu				EDPXRF, Rh 靶 激发电压 50 kV		植物	采用偏振 X 射线克服了大部分由 X 射线光管和次级散射辐射对样品初级辐射产生的高背景	[27]
血液和头发	液体与固体	TXRF 采用消解后测定液体样	XRF 检测血液中 S, P, K, Ca, Fe, Br 及头发中 K, Ca, Mn, Fe; TXRF Rb, Sr			基本参数法实现定量分析	EDXRF 采用 Mo 靶 电压 2.0 kV; TXRF 采用 Mo 靶 电压 45kV	检出限:Rb 1μg/g Cr 63.1μg/g Mn 31.6μg/g P 100μg/g S 54μg/g Cl 33μg/g	人体、生物		[28]
人体血液动物血液	液体	干燥后薄膜分析	Na, Mg, P, S, Cl, K, Ca, Fe, Cu, Zn			基本参数法定量分析	EDXRF, Rh 靶 激发电压 50 kV	RSD: Na、P、S、K、Fe、Cu、Zn 为 6.2%, Mg 为 9.2%, Ca 为 10%	生物	该方法实现了与中子活化法中同的可信度	[29]
番茄根和黄瓜叶片	固体	原位分析	Fe 定量及 Mn, Cu, Zn			基本参数法定量分析	德国汉堡 HASYLAB 同步辐射实验室	相对标准偏差在 9.09% 以内	植物	实现了原位微区分析，同时得到的定量分析，同时得到了黄瓜叶片的 Fe 的三维定量结果	[31]

第五篇

续表

分析对象（样品类型或名称）	样品形态（固、液、颗粒物、涂层）	制样方法与溶剂等	测定元素	分析谱线	谱线重叠校正	基体效应校正	测定方法（WD/EDXRF/二次靶/滤片激发电压等）	精密度、准确度、不确定度、检出限等	应用领域	方法特点或注意事项	参考文献
景天	固体	切片原位分析	Pb及其形态				XRF为日本高能加速研机构4A光束线站，EXAFS分析在斯坦福同步辐射实验室完成		植物	结合XRF和EXAFS研究了Pb在压片中的分布及存在形态，同时制作了新的Pb形态标样；Pb-细胞壁结合态(固体)	[32]
角膜组织	固体	原位分析	S形态分析	S K-edge			XANES和微区XRF技术在欧洲同步辐射ID21完成		生物	样品冷冻保存，在N$_2$保护下进行探测	[33]
烟草和小麦	固体	原位分析	Au纳米颗粒的定量分析	Au L$_{\alpha_{\text{III}}}$	Zn K$_{\beta_1}$的干扰		美国Brookhaven国家重点实验室X-26A线站	X射线荧光显微镜检出限为1μg/g	植物	X射线荧光显微镜特有的纳米级的空间分辨率	[36]
海马体	固体	原位分析	Ca, Cu, Zn, Fe				德国汉堡HASYL AB实验室L线站		医学	实时观察到了海马组织内各组织点微量金属的动态分布信息	[38]
成熟稻谷、米粒	固体	切片	As形态	As K-edge (11868eV)			Argonne, IL, USA 实验线站		植物	得到了比HPLC-ICP-MS更为准确的形态组分结果	[39]
大米	固体		Se形态分析			内标法进行定量分析	Photon Factory, Tsukuba, Japan.实验线站		植物	在18 K超低温下进行XANES形态分析	[40]
老鼠海马体组织	固体	切片原位分析	Zn, Cr, Fe, Ni, Ti				XFM实验在澳大利亚同步辐射2-ID-E线站完成		动物	该实验利用XFM对生物样品重金属扫描进行定量测定	[41]
蓝贻贝鳃	固体	匀浆进行形态分析	As及As赋存形态	As K-edge (11868eV)			XANES和XAS实验在西北太平洋联盟X射线开放实验室20号线站完成		生物	结合两种测试技术获得了As在不同生理部位的存在形态	[42]

续表

分析对象(样品类型或名称)	样品形态(固、液、颗粒物、涂层)	制样方法与溶剂	测定元素	分析谱线	谱线重叠校正	基体效应校正	测定方法(WD/EDXRF二次靶/滤片激发电压等)	精密度、准确度、不确定度、检出限	应用领域	方法特点或注意事项	参考文献
动物腺体组织	固体	冷冻切片分析	Co, Fe, Cu				Micro-PIXE 采用两个探测器达到能量范围为 0.6~25 keV，LE-SRXRF 在里雅斯特同步辐射实验室		生物	样品采用液氮保存分析，实验的分辨率达到了亚细胞尺度	[43]
水蚤胸腔组织	固体	切片分析	Zn 的定量及 Ca、Fe 的分布				欧洲同步辐射装置 ID22NI 光束线站	检出限达 0.7 μg/g	生物	空间分辨率达到约 180 nm	[44]
细胞	固体		P, S, K, Mn, Fe, Zn				欧洲同步辐射装置 ID22 光束线站		生物	采用急速冷冻的前处理方式，使元素的天然分布得以保留	[45]
活细胞	固体	薄膜分析	As 及 As 赋存形态	As K-edge (11868eV)			SXRF 和微区 XANES 在欧洲同步辐射装置光束线站 ID22 完成		医学	结合量子点标记细胞器，采用该技术可用于 SKOV3 癌细胞的表面标记研究	[46]
癌细胞	固体	原位分析	Ru, I, P, Zn, S, Cl, K, Ca, Fe, Cu,				美国芝加哥先进光子源 2-ID-D 线站		医学与药学	尝试定量分析，并发现了药物中的 Ru 进入癌细胞内的细胞器水平的微量元素分布	[47]

第五篇

第三节　冶金及材料分析

XRF 在冶金工业中的应用历史悠久，已成为冶金工业过程控制分析和质量检验的必备仪器。X 射线荧光光谱法对冶金样品的分析主要涉及冶金原辅材料分析、钢铁和合金分析、炉渣分析和镀层分析等几大类，近年来，随着三维共聚焦微区 XRF 技术的发展，对于镀层分析尤其是多层膜样品分析已日益成熟和完善。

常规 WDXRF 和 EDXRF 能够对冶金样品进行准确、快速检测。曲月华等[48]采用熔片法对锰矿中 TMn、TFe、SiO_2、Al_2O_3、CaO、MgO、TiO_2、P_2O_5、K_2O 等常见组分进行了分析。以四硼酸锂为熔剂，硝酸铵为氧化剂，碘化铵为脱模剂，1∶12.5 的稀释比高温熔样，并对试样进行烧损校正，制定了锰矿石中主次成分快速分析方法。杨新能等[49]对含碳、碳化硅和金属等还原剂的冶炼辅料添加剂中 SiO_2、CaO、MgO、Al_2O_3、MnO 和 P 等化学成分进行测定。采用 Li_2CO_3 和 $Li_2B_4O_7$ 混合熔剂，有效地将样品中的碳、碳化硅和金属等物质氧化熔融；调整样品与熔剂稀释比为 1∶20 以降低矿物效应和基体效应；用石灰石、白云石、镁砖和炉渣等标准样品经过灼烧减量校正，合成具有一定浓度梯度的标样系列。测定结果与湿法的分析结果对照，并通过 t 检验统计分析，表明测定结果准确、可靠，与湿法分析不存在显著性差异。

炉渣是钢铁冶炼过程中的重要产物，对炉渣的化学组分进行分析，既为冶金工艺的优化提供依据，也是环境保护和冶金废弃物综合利用的要求。李桂云等[50]采用粉末压片法用 EDXRF 法测定铅冶炼鼓风炉渣样品中 Pb、Cu、Zn、S、FeO、SiO_2 和 CaO 7 种组分，方法检出限为 0.002%～0.020%，测定结果与其他化学方法相比一致性良好，10 次测定的相对标准偏差为 0.16%～0.90%。李艳萍等[51]建立了 FeCuNbSiB 纳米晶合金炉渣中 TFe、CaO、MgO、SiO_2、Al_2O_3、MnO、CuO、Nb_2O_5、TiO_2 等组分快速分析方法。通过对混合熔剂和脱模剂用量、基体校正、人工配制标准物质等几方面的探讨，使得测定结果与其他方法吻合较好，各元素连续测定 11 次的仪器精密度均小于 0.7%，制备 11 个样片的相对标准偏差小于 3.0%。

镀层分析中金属表面的镀层厚度、均匀性及镀层组分是衡量产品质量的重要指标。实际应用中，主要从基体校正模型、标样制备和选取、分析线选择等方面进行具体考察。已经有多家公司提出基于基本参数法测定块状样品、单层膜或多层膜的专用程序，这些程序在计算过程中主要考虑了镀层内、层间和层与基材之间的吸收增强效应[52]。De Boer 等[52]应用 FP-MULTI 软件测定镍基镀金层的厚度，以纯金和纯镍块样为标样，讨论了 NiK_α、NiK_β、AuL_α、AuL_{β_1} 和 AuL_{β_2} 几条谱线对 Au 厚度测定的影响。最终作者认为用 5 条特征谱线参与计算增加了计算的自由度，有效地消除了基本参数法计算过程中的不确定度，测得的厚度值更准确，该结果与标准值的偏差在 2%左右。

三维共聚焦μ-XRF 对于未知多层膜样品分析具有独特优势。Kanngießer 等[53]通过实验显示三维共聚焦 XRF 方法能够对层状材料进行无损深度分析。Tsuji 等[54]用三维共聚焦 XRF 分析了一种表面镀有 Ti、Ni、Au 三层膜的样品。对 Ti、Ni、Au 三层膜的样品进行扫描，可观察到样品的深度特征，虽然不能给出每个镀层的厚度，但可以清楚地看出该镀层由 Ti、Ni、Au 三层膜组成，并且层与层之间的距离相等，从获取的特征谱图表明三维共聚焦微区 XRF 比以往的 XRF 谱仪具有更高的分辨率。

利用标准溶液加入法测定硫催化剂中的锌含量，测定标准试样的分析值与理论值的最大相对偏差为 1.67%，测定改性 LDO 催化剂样品的最大相对标准偏差小于 1.50 %[55]。针对不

同分子筛的特点，采用不同的样品制备方法，用 α 经验系数法进行基体校正，结果表明方法准确度和精密度可以满足要求[56]。采用机械研磨的方法克服粒度效应和矿物效应，通过经验系数法校正基体效应，可以实现对分子筛中 La_2O_3 的快速测定，精密度优于 1.00%，准确度偏差小于 1.50%[57]。

冶金及材料分析方面的其他应用实例参见表 28-3（a）和表 28-3（b）。

表28-3(a) X射线荧光光谱在冶金分析中的应用实例

分析对象（样品类型或名称）	样品形态（固、液、颗粒物、涂层）	制样方法与溶剂	测定元素	分析谱线	谱线重叠校正	基体效应校正	测定方法（WDXRF/EDXRF，二次靶/滤片激发电压等）	相对标准偏差	应用领域	方法特定或注意事项	参考文献
纳米晶合金炉渣	固体	熔片法 X射线荧光光光谱仪专用混合熔剂 $Li_2B_4O_7$：熔剂 $LiBO_2$=67：33 氧化剂：NH_4NO_3 脱模剂：LiBr	TFe、CaO、MgO、SiO_2、Al_2O_3、MnO、CuO、Nb_2O_5、TiO_2	K_α		Lucas-Tooth方程	WDXRF Rh 靶；最大电压 60kV；最大电流 111mA	RSD 均 <0.7% （n=11）	冶金	此类样品没有市售标样，以电炉渣标准样品为基体通过添加纯氧化物试剂人工配制FeCuNbSiB纳米晶合金炉渣标准样品	[51]
镍基镀金层	固体	原位	镀金层厚度	讨论 Ni K_α、Ni K_β、Au L_α、Au L_{β_1} 和 Au L_{β_2} 对 Au 镀层厚度的影响		基本参数法			冶金		[52]
多层膜镀层样品	固体	原位	Ti、Ni、Au 及多层样品的深度特征	K_α			EDXRF Mo 靶；管压 50kV；管流 0.6mA；深度分辨率（Au L_β）13.7μm；X 射线管和探测器（灵敏区面积 50mm²，能量分辨率<130 eV at 5.9 keV）光斑尺寸<10μm		地质 冶金		[54]
铁矿石	固体	压片法	As	As 含量高：K_β As 含量低：K_α	Pb L_η 对 As K_α		XRF-XRD 结合型光谱仪 电压 50kV，电流 50mA		地质 冶金		[58]
铁矿石	固体	熔片法 混合熔剂：Li_2B_4O-$LiBO_2$-LiF 氧化剂：NH_4NO_3	TFe、CaO、MgO、Al_2O_3、SiO_2、P_2O_5、TiO_2、 MnO 和 V_2O_5	K_α			WDXRF 端窗 Rh 靶；功率 4.0kW；管压 40kV；管流 90mA	RSD <10% （n=12）	地质 冶金		[59]
锰矿石	固体	熔片法混合熔剂：Li_2B_4O-$LiBO_2$-LiF 氧化剂：NH_4NO_3 保护剂：Li_2CO_3 脱模剂：NH_4Br 稀释比：1：20	Mn、TFe、SiO_2、Al_2O_3、CaO.MgO、K_2O、Na_2O、TiO_2、P、S、BaO、Cu、Co、Ni、V、As	BaO 为 L_α，其余为 K_α		Cr_2O_3 中的 Cr K_α 线为内标	WDXRF 端窗 Rh 靶；最大功率 4.0kW	RSD <10% （n=12）	地质 冶金		[60]
添加剂三氧化钼	固体	压片法	Mo、Pb、Cu、Fe、SiO_2、CaO、K			经验系数法	WDXRF Rh 靶；功率 4.0kW；最大激发电压 60kV；最大电流 125mA	RSD 均 <1% （n=11）	冶金	粒度小于 400 目时，测定结果稳定准确	[61]

续表

分析对象（样品类型或名称）	样品形态（固、液、颗粒物、涂层）	制样方法与熔剂	测定元素	分析谱线	谱线重叠校正	基体效应校正	测定方法（WDXRF/EDXRF 二次靶滤片激发电压等）	相对标准偏差	应用领域	方法特定或注意事项	参考文献
添加剂三氧化钼	固体	熔片法 氧化剂：LiNO₃ 脱模剂：饱和LiBr溶液和NH₄I固体	MoO₃、Pb、Cu、SiO₂、CaO、Fe₂O₃、K₂O	Mo Lα		经验系数和基本参数等结合的综合数学校正	WDXRF Rh靶；功率4.0kW	RSD 均<2.5%（n=11）	冶金	防止熔融过程中Mo升华损失和对铂黄金甘埚的腐蚀，加入1.5g硝酸锂预氧化4min	[62]
造渣原料石灰石	固体	熔片法 熔剂：Li₂B₄O₇ 稀释比：1∶10 脱模剂：NH₄I	SiO₂、Al₂O₃、CaO、MgO、Fe₂O₃	Kα			WDXRF Rh靶；管压50kV；管流60mA；光路：真空；标准准直器；探测器流量35mL/min	RSD 0.28%~4.9%（n=10）	冶金	CaCO₃质量分数在90%以上的，可不进行烧损量校正；超出标准样品范围的部分，在石灰石标准样品中添加纯试剂或硅加光谱纯硅砂等标准样石、镁等标准物质，品配制标准物质，拓宽分析范围	[63]
稀土硅铁	固体	压片法 粒度180目 3~5g 样品硼酸包边	MnO、Si、Al₂O₃、CaO、Ti	Kα		Lucas-Tooth数学模型	WDXRF Rh靶；管压45kV；管流45mA；光路：真空；粗准直缝；合气体流量50mL/min	RSD 0.64%~6.54%（n=9）	冶金	稀土硅铁标准物质作为基体添加光谱纯试剂，按一定比例混合配制4个工标准样品	[64]
耐火材料镁砂	固体	熔片法 熔剂体系：Li₂B₄O₇∶LiBO₂∶LiF=65∶25∶10 稀释比：1∶20 脱模剂：NH₄Br	MgO、Al₂O₃、SiO₂、CaO、TFe₂O₃、TiO₂、P₂O₅、K₂O、Na₂O、MnO	Kα		经验系数法	WDXRF Rh靶；管压最大60kV；管流最大120mA	RSD 0.31%~3.4%（n=10）	冶金	熔融体系中，随着Mg含量增加LiBO₂和LiF的含量应相应减少，当Mg含量达90%以上时，则只能单独以Li₂B₄O₇为熔剂	[65]
炉渣	固体	熔片法 熔剂：Li₂B₄O₇ 氧化剂：LiNO₃ 熔剂与样品比例 Li₂B₄O₇∶LiNO₃∶样品=16∶4∶1 脱膜剂：LiBr	Na₂O、MgO、Al₂O₃、SiO₂、P₂O₅、K₂O、CaO、TiO₂、V₂O₅、Cr₂O₃、MnO、TFe、BaO	Kα	干扰曲线法通过迭次校正Ba、Ti、V、Cr、Mn各元素谱线重叠干扰	理论α经验系数法	WDXRF端窗Rh靶 X射线管管压45kV 管流45mA，PR气体流量50 mL/min，视野光栅<30mm,粗准直器	RSD 0.15%~3.79%（n=10）	冶金		[66]

表28-3(b) X射线荧光光谱在材料分析中的应用实例

分析对象（样品类型或名称）	样品形态（固、液、颗粒物、涂层）	制样方法与溶剂	测定元素	分析谱线	基体效应校正	测定方法（WDXRF/EDXRF、二次靶滤片激发电压等）	精密度、准确度、不确定度、检出限	应用领域	方法特定或注意事项	参考文献
分子筛	固体	熔融 0.4g 试样+4g 混合熔剂	Na_2O, Al_2O_3, SiO_2, RE_2O_3 (La, Ce, Pr, Sm, Gd)	K_α、稀土元素用 L_α（Pr 用 L_β）	理论影响系数	WDXRF	RSD ($n=8$) Na_2O 小于 1%，Al_2O_3 小于3%，SiO_2 小于1%，RE_2O_3 小于 3%	材料		[56]
镧改性分子筛	粉末	压片	La_2O_3	L_α	经验系数	WDXRF	RSD ($n=10$) 1.0%，准确度偏差小于 1.5%	材料		[57]
钨酸铅（PWO）晶体	固体	熔融 0.5g 试样+6.8g 混合熔剂(Li₂B₄O₇：LiBO₂=6：11)	PbO、WO₃、Gd、La、Nb、Mg、Mo、Bi、Sb、Y	Pb L_α、W L_α、Gd L_α、La L_α、Nb K_α、Mg K_α、Mo K_α、Bi L_α、Sb L_α、Y K_α	理论影响系数	WDXRF	PbO 和 WO₃ 的 RSD 分别为 0.25% 和 0.22%；Gd、La、Nb、Mg、Mo、Bi、Sb、Y 的检出限小于 20μg/g	材料		[67]
锗酸铋（BGO）晶体	固体	熔融 0.5g 试样+6.8g 混合熔剂(Li₂B₄O₇：LiBO₂=6：11)	Bi₂O₃、GeO₂、Eu	Bi L_α、Ge K_α、Eu L_α	理论影响系数	WDXRF	Bi₂O₃ 和 GeO₂ 的 RSD 分别为 0.21% 和 0.18%；Eu 的检出限为 8μg/g	材料	熔融温度不超过 1000℃	[67]
复式碳化物	固体	熔融 0.3g 预氧化的试样+3g Li₂B₄O₇	Ti	K_α	理论影响系数	WDXRF	RSD 为 0.22%	材料	试样在 800℃ 预氧化后称量	[68]
聚乙烯树脂	固体	熔化压片	Cr	K_α	理论影响系数	WDXRF	RSD 小于 2%（4.4μg/g，$n=10$）	材料		[69]
不锈钢	固体	加工成圆柱状，用磨样机打磨	Si、Mn、P、Cu、Ti、W、Mo、V、Ni、Cr、Nb	K_α	理论影响系数	WDXRF	RSD ($n=10$) 除 W 为 1.7% 外，其他元素均小于 0.5%	材料		[70]
铌铁合金	固体	离心浇铸	Nb、Si、P	K_α	理论影响系数	WDXRF	RSD ($n=6$) Nb 为 0.14%，Si 为 1.97%，P 为 3.03%	材料、冶金		[71]

续表

分析对象（样品类型或名称）	样品形态（固、液、颗粒物、涂层）	制样方法与溶剂	测定元素	分析谱线	基体效应校正	测定方法（WDXRF/EDXRF二次靶/滤片激发电压等）	精密度、准确度、不确定度、检出限	应用领域	方法特定或注意事项	参考文献
低合金钢	固体	抛光	Si、Mn、Cr、Ni、Mo、V、W、Ti、Cu、P	除 W 用 Lα 外，其他元素用 Kα	理论影响系数	WDXRF		材料		[72]
钼铁	固体	离心浇铸	Mo、Si、P、Cu	Kα	理论影响系数	WDXRF	RSD（n=6）在 0.24%~5.41%	材料，冶金		[73]
锰铁	粉末	压片（试样：微晶纤维素=6∶1）	Mn、Si、P、S	Kα		WDXRF	RSD（n=11）Mn 为 0.05%，Si 为 0.59%，P 为 5.3%，S 为 0.7%	材料	研磨 4min，25t 压力保压 12s	[74]
中、低合金钢、钢筋建材	固体	试样切割后，车床加工至精加工至约 10μm	Si、Mn、P、S、Ni、Cr、Cu、Ti、V、Nb、Mo	Kα	理论影响系数	WDXRF	RSD（n=10）Si 为 1.7%，Mn 为 0.4%，P 为 3.0%，S 为 3.3%，Ni 为 0.7%，Cr 为 0.37%，Cu 为 1.0%，Ti 为 0.53%，V 为 0.73%，Nb 为 0.90%，Mo 为 0.43%	材料		[75]
铝合金建材	固体	试样切割后，车床加工至精加工至约 10μm	Si、Fe、Cu、Mn、Mg、Zn、Ti、Cr、N	Kα	理论影响系数	WDXRF	检出限（μg/g）：Si 为 6.5，Fe 为 1.1，Cu 为 1.4，Mn 为 1.7，Mg 为 8.2，Zn 为 1.2，Ti 为 4.3，Cr 为 1.2，Ni 为 1.1	材料		[76]
含碳化硅铝质耐火材料	粉末	熔融 0.6g 试样 +6g Li₂B₄O₇+1.5g NaNO₃+1.5g BaO₂+50 mg NH₄I	Al_2O_3、TSi、K_2O、Fe_2O_3、MnO、MgO、CaO、TiO_2、P_2O_5	Kα	理论影响系数	WDXRF	RSD（n=11）Al_2O_3（浓度 55.2%）和全硅（浓度 22.5%）分别为 0.20% 和 0.23%，其他组分在 0.27% ~13.3%	材料	先用 $Li_2B_4O_7$ 熔融底部挂壁，然后加试样和氧化剂，750℃ 预氧化 35min，以免腐蚀坩埚	[77]

第五篇

续表

分析对象（样品类型或名称）	样品形态（固、液、颗粒物、涂层）	制样方法与溶剂	测定元素	分析谱线	基体效应校正	测定方法（WDXRF/EDXRF 二次靶/滤片激发电压等）	精密度、准确度、不确定度、检出限等	应用领域	方法特定或注意事项	参考文献
铀锆体系核燃料	固体	溶液 0.2g 左右铀锆固体样品+3mL 硝酸+少量氢氟酸转化为溶液转化样品，定容为 50mL，取 5mL 测量	U、Zr	U Lα、Zr Kα	二元比例法	WDXRF	相对误差小于 3%；RSD（n=6）U（浓度 52.70%）和 Zr（浓度 30.42%）分别为 0.035% 和 0.048%	材料		[78]
古代玻璃	固体		Na₂O、SiO₂、CaO、BaO 等		最小二乘曲线	EDXRF	除了 Na₂O，其余元素测试结果的相对误差均控制在 5% 以内	材料，考古		[79]
透明导电薄膜材料 AZO	固体	熔融 0.25g 试样+6g 混合熔剂+1g NH₄NO₃	Al	Kα	理论影响系数	WDXRF	RSD（n=10）小于 2%	材料		[80]
镍锌软磁铁氧体材料	粉末	熔融 0.3g 试样 + 8g Li₂B₄O₇+4g LiBO₃+300mg/mL LiNO₃2mL+25mg/mL LiBr 2mL	Fe₂O₃、ZnO、NiO、MnO、Co₂O₃、V₂O₅	Kα	理论影响系数	WDXRF	RSD（n=10）小于 1%	材料		[81]
锰锌铁氧体磁性材料	粉末	硼酸垫底压片	Mn₃O₄、ZnO、Fe₂O₃	Kα	理论影响系数	WDXRF	RSD（n=10）Mn₃O₄（浓度 22.95%）、ZnO（浓度 6.94%）和 Fe₂O₃（浓度 70.09%）分别为 0.10%、0.21% 和 0.04%	材料		[82]
稀土铁氧体	粉末	压片	Ba、Fe、La	Ba Lα、Fe Kα、La Lα	经验系数	WDXRF	RSD 小于 1.7%	材料		[83]

第四节　考古样品分析

由于考古中对无损分析的高度需求，使得 XRF 技术在科技考古研究中占据了独一无二的重要地位。其主要应用包括鉴定古物的材质、年代、真伪、产地来源、制作工艺以及进行文物保护等[84]。目前文物特性的研究已从宏观发展到微观，文物微区分析已成为科技考古的焦点。

Kanngießer 等[85]使用共聚焦装置对层状颜料样品进行了深度扫描分析，Mantler 等[86]设计了特殊的原位 μ-XRF 分析装置用于较大油画样品分析，获得了油画表层及深部的元素分布信息。Lin 等[87]利用三维共聚焦 μ-XRF 对故宫棕色壁画进行深度扫描分析，获得了壁画不同深度 Ca、Fe、Pb、As 的分布信息。Uhlir 等[88]和 Buzanich 等[89]分别构建了体积小、能耗低的便携式 μ-XRF 设备，减少了低能量元素特征荧光谱线受空气吸收的影响，并成功用于形状不规则、体积或质量偏大、难以移动的考古样品中轻元素的分析。Padovani 等[90]利用 EXAFS 研究了意大利文艺复兴时期彩陶金色、红色材料中 Ag 和 Cu 元素存在状态；Matsunaga 等[91]测试了土耳其出土陶器 Fe 元素的 XANES 谱，由此研究样品的烧制技术。

对于轻元素的精确定量分析，仍是目前 X 荧光分析考古样品面临的巨大挑战之一，如分析骨骼中的氟(F)和氮(N)含量，可对人和动物的遗骨进行断代。除无机物分析外，对竹、木、漆器、纸张、皮革、皮毛、丝麻棉织品和古生物遗存等有机物的科学分析也是考古研究中一个不可缺少的领域，而对有机遗存物的分析主要集中在轻元素分析。开发无损或微损的纸张分析，以最小限度的微量样品获取更多信息，科学评判纸质文物现存状态及老化机理等是近年来的研究热点[92]。XRF 技术在考古方面的其他应用详见表 28-4。

第五篇

表 28-4　X 射线荧光光谱在考古分析中应用实例

分析对象（样品类型或名称）	样品形态（固、液、颗粒物、涂层）	制样方法与溶剂	测定元素	分析谱线	谱线重叠校正	基体效应校正	测定方法（WDXRF/EDXRF 一次靶滤光片、激发电压等）	精密度、准确度、不确定度、检出限	应用领域	方法特定或注意事项	参考文献
古印第安微型画	漆层	原样	Pb、Hg、Zn、Fe、Sn、Cl、Cu	L_α：Hg、Pb; L_β：Pb; K_α：Zn、Fe、Sn、Cl、Cu			μ-XRF：Si(Li) 探测器；步宽 5μm，每点测量时间 100s		考古（文物断代）	三维共聚焦，同时获取样品表面信息和表层深部信息	[85]
壁画	漆层	原样	Ca、Fe、Pb、As	K_α：Ca、Fe、As; L_β：Pb	As K_α 与 Pb L_β 重叠	Cu、Fe	μ-XRF：测量电压 30kV，电流 150μA，每隔 10μm 采一次谱，每点测定 15s		考古（成分分析）	三维共聚焦，μ-XRF，可对样品不同深度信息进行二维扫描和三维成像	[87]
埃及石碑	固体（完整）	原样	Si、Ca、Cu、Fe、As	K_α：Si、Ca、Cu、Fe、As			μ-XRF; Si 漂移探测器		考古（材料来源分析）	优势：Na 以上轻元素分析	[88]
古陶瓷茶杯	固体（完整）	原样	Na、Al、Si、K、Ca、Ti、Fe、As	K_α：Na、Al、Si、K、Ca、Ti、Fe、As			μ-XRF；真空条件：测量电压 50 kV，电流 1 mA，每点测量时间 1000 s		考古（成分分析）	非掠入式/无损元素原位分析；带有真空室的测量头；适用于 Z 大于 11 的轻元素分析	[89]
意大利文艺复兴时期彩陶	固体残片	原样	Ag、Cu	K_α：Ag、Cu			SR-XRF；矢量聚焦单色器为动态聚焦模式；X 射线吸收模式为全电子效应模式（TEY）和荧光效应模式（XFY）；扫描深度 30μm		考古（成分分析）	元素形态分析（EXAFS）	[90]
土耳其陶器	固体残片	水清洗、钻石刀切去边缘	Fe	K_α：Fe			SR-XRF；BL-7C 线束：Si(Li) 固态探测器，1mm×6mm，0.88eV，173steps；BL-4A 线束：Lytle-type 荧光检测器检测 Fe K_α 强度，100μm×100μm，0.61 eV，121 steps		考古（制作工艺分析）	元素形态分析（XANES）	[91]

续表

分析对象（样品类型或名称）	样品形态（固、液、颗粒物、涂层）	制样方法与溶剂	测定元素	分析谱线	谱线重叠校正	基体效应校正	测定方法（WDXRF/EDXRF 二次靶照片，激发电压等）	精密度、准确度、不确定度、检出限	应用领域	方法特定或注意事项	参考文献
南美印第安陶瓷	固体残片	原样	Al、Si、K、Ca、Ti、Mn、Fe、Co、Ni、Cu、Zn、Ga、Rb、Sr、Y、Zr	K_α: Co、Cu、Ca、Mn、Ni、Rb、Sr、Ti、Y、Zn、Zr、A、Si、K、Fe、Rb	Co K_α线与 Fe K_α线重叠；Cu K_α线与 Sr、Zr、Ni K_α线重叠；Ni K_α线与 Y、Rb K_α重叠；Zr K_α与 Sr K_α重叠		EDXRF；Mo 靶，Zr 过滤器；测量电压 15kV，电流 40mA；Si（Li）探测器		考古（制作工艺分析）		[93]
油画	固体无裂痕残片（包含油画所合油漆层）	外科利用眼手术小刀、柳叶刀、解剖刀割取	Pb、Cu、Ca、Hg、C、Zn、Ti、Cr、Se、Cd、Ba	K_α: Cu、Ca、Hg、C、Zn、Ti、Cr、Se、Cd、Ba；L_β: Pb			μ-XRF；Si（Li）探测器；测量电压 50kV，电流 10mA；每点测量 30s		考古（成分分析）	可通过共聚焦原理获取油画表层深部信息。此实验制样方法不具普适性，但制样方法原则统一为保持涂料层厚度和脆性	[94]
青花瓷	固体残片	原样	K、Ca、Mn、Fe、Co、Ni	K_α: Mn、Co、Ni、K、Fe、Ca	Co K_α线与 Fe K_α线重叠	Si、Fe、Ca、Al	μ-XRF；旋转阴极靶 X 射线源，复合靶 X 射线透镜；测量电压 35kV，电流 10mA；测量时间 1min		考古（成分分析）		[95]
祭祀彩石	固体粉末	平行于截面抛光	元素全谱分析				SR-XRF 线扫描；FP 无标样基本参数法定量分析；入射能量 16.4keV，全谱采集时间 3min，线扫每点 3s		考古（成分分析）	选取入射光能量较高，未对 ^{14}Si 前面元素进行定量分析	[96]
青瓷	固体残片	原样	主、次、微量元素（Na-U）				EDXRF；Rh 靶，Si（Li）探测器；工作电压 40kV，工作电流 150μA		考古（文物断代）	本方法寻找到了青瓷组成元素中的"指纹"元素	[97]
天河石串珠	固体（完整）	原样	Na	K_α	Na K_α与 Mg K_α线重叠	Si、Al、Fe、Ca、Mg、Ti	PIXE（外束原子激发X射线荧光）；质子束到达样品表面实际能量为 2.8 MeV，束斑直径为 1 mm，束流 0.01nA	外束 PIXE 对 K、Ca 分析灵敏度达 2×10^6，对主 Z 分析灵敏度达 20×10^6，常量元素实验统计误差约为 5%，微量元素约为 15%	考古（文物断代）	为测得样品中 Na 质量分数，测量时使用氦气包围以减少大气对轻元素的吸收损耗	[98]

续表

分析对象（样品类型或名称）	样品形态（固、液、颗粒物、涂层）	制样方法与溶剂	测定元素	分析谱线	谱线重叠校正	基体效应校正	测定方法（WDXRF/EDXRF，二次靶/滤片，激发电压等）	精密度、准确度、不确定度、检出限	应用领域	方法特定或注意事项	参考文献
青瓷	固体残片	选取剖面	主、微量元素				微探针 EDXRF（毛细管 X 射线入射系统）；Rh 靶，工作电压 40kV,电流 520μA，每点照射时间 5000ms，FPM（基本参数法）测定		考古（文物产地及材料来源分析）	适用于凹凸不平的陶瓷样品微区化学元素分布分析	[99]
古铜片	固体残片	表面局部轻磨，去掉绿锈层，露出铜本体	Cu、Pb、Fe、As、Cr、Ni、Zn	K_α: Cu、Cr、Fe、Ni、Zn、As；L_β: Pb	Cu K_α 与 Ni K_α 重叠；As K_α 与 Pb K_α 重叠	Fe、Ca、Ti、Mg、Si	EDXRF Rh 靶		考古（制作工艺分析）		[100]
黄铜钱币	固体粉末	不锈钢刀片刮取—酒精浸泡—超声清洗—颗粒分拣—研磨成粉	Cu、Pb、Zn、Fe	K_α: Cu、Zn、Fe；L_β: Pb		Fe、Ca、Ti、Si、Al	EDXRF 探针，Rh 靶，X 射线管压 40kV，管流 150μA		考古（研究地下埋藏环境）		[101]
陈列银币	固体（完整）	去离子水清洗	Al、Si、P、Ca、Fe、Ti、Cu、Zn、Br、Sr	K_α: Cu、Zn、Ti、Al、Fe、Ca、Sr、Br；L_α: Br	Cu K_α 与 Sr K_α 重叠	Fe、Ca、Si、Al、Ti、Mg、K、Na	EDXRF		考古（研究文物地上保护最佳环境）		[102]
铁器锈饰	固体（完整）	原样	Fe	K_α: Fe		Si、Al、Ca、Mg	EDXRF；无标样定量分析法；激发电压 20kV，扫描时间 50s		考古（文物研究及文物保养技术）	使用 Li 窗口，Si(Li)探测器只能检测到原子序数大于 11 的元素，不能检测到 $Z<11$ 的轻元素	[103]

第五节　刑侦样品分析

XRF 光谱分析技术在司法中的应用逐渐增多，主要涉及物证鉴别及犯罪现场分析等方面的应用。玻璃质地较脆且应用广泛，其碎片常现于案发现场，由于玻璃的物理、光学特性稳定，化学成分不随时间发生变化，因此可以很容易地恢复场景或对象、追溯其制造来源，因此玻璃碎片是司法调查中最重要的物证之一。利用 TXRF 技术分析玻璃碎片中的痕量元素，可有效地区分传统上以折射率不能区分的玻璃类别[104]。Trejos 等[105]对 μ-XRF 和 ICP 两种分析方法进行了比较，研究表明，ICP 的精确度稍优于 μ-XRF，但 μ-XRF 无损分析的特点使其在保留证据完整性方面具有 ICP 无法比拟的优势。

射击距离的判断对于分析案件的性质，推断作案过程，确认射击位置和方式具有重要作用，对射击残留物进行分析，是判断射击距离的方法之一。利用样本中元素的 X 射线强度数据，可建立起其与射击距离之间的相关性[106]。将 XRF 法用于点、线模式下对弹痕快速分析，可获得弹痕元素分布信息[107]。采用可控制流量的氮气吹扫系统，使得样品与检测器之间空气中的氩峰维持在最低值，可改善枪击残留物元素测定检测灵敏度[108]。

XRF 在其他刑事犯罪证据鉴定方面也具有极大的应用空间。如 Romão 等[109]采用 EASI-MS 和 XRF 技术对两种摇头丸进行了成分鉴别。采用 GC-MS 和 EDXRF 对死者股骨血液和胃内容物样品进行成分分析，可以判定死者死因[110]。Christensen 等[111]利用 XRF 技术对人类的骨骼和牙齿、有蹄类动物的骨骼和牙齿、其他生物材料(如贝壳、珊瑚等)和非生物材料(如木材、塑料、玻璃等)进行分析，可判断出多个样本的同源性。Shimamoto 等[112]采用便携式 EDXRF 对指甲油进行区分可将该方法应用于犯罪现场与指甲油相关的证据调查。

Trzcinska 等[113]应用 FTIR 和 XRF 技术可以很好地区分激光打印机和复印机所用的黑色打印粉末。Dhara 等[114]利用全反射 XRF 技术开展了区分打印文件所用油墨在添加及未添加稀土情况下的定性及定量分析方面的研究。Chu 等[115]提出了一种微创双层法对激光印刷油墨进行多元素取证分析。Zieba-Palus 等[116]的研究表明 μ-XRF 可有效提供色素类分析结果，用于区分墨汁间的种类。XRF 技术在刑侦方面的其他应用详见表 28-5。

表28-5 **X 射线荧光光谱在刑侦样品分析中的应用实例**

分析对象（样品类型或名称）	样品形态（固、液、颗粒物、涂层）	制样方法与溶剂	测定元素	分析谱线	基体效应校正	测定方法（WDXRF/EDXRF/EDXRF二次靶/滤片、激发电压等）	精密度、准确度、不确定度、检出限	应用领域	参考文献
土壤	固体粉末		Cs, La, Ce, Nd, Sm, Gd, Dy, Yb			HR-SRXRF 光斑尺寸为 0.5mm×0.5mm, Ge 固体探测器，扫描时间 600s，死时间低于 20%	Cs、La、Ce、Nd、Sm、Gd、Dy、Yb 元素的相关系数分别为 0.996、0.974、0.983、0.989、0.998、0.990、0.970、0.974	司法	[2]
玻璃	固体	熔融 溶剂：HF 和 HNO₃	Ti, V, Cr, Mn, Fe, Co, Ni, Cu, Zn, Ge, As, Pb, Rb			全反射 XRF，Mo 靶，工作电压 40kV，工作电流 10~40mA. Si(Li) 探测器	RSD<8.1%	司法	[104]
射击残留物	液体	原位	Cu, Zn, Sb, Ba, Pb		基本参数法	EDXRF，二次靶（Mo）工作电压 50kV，工作电流 20mA，时间 1000s，Si(Li) 探测器，X 射线束斑为 30mm，铍窗 8mm，能量分辨率为 135eV（5.9keV），Nucleus PCA 采集系统		司法	[106]
农药灭多威		原位	Si, S			EDXRF[Rh 靶，工作电压 50kV，透视路径为真空，Si(Li) 探测器，测量为时间 100s]		司法	[110]
尸骨		原位	Ca/P			Micro-XRF Rh 靶，Si(Li) 探测器		司法	[111]
指甲油		定性：原位 定量：熔融 溶剂：HNO₃ 和 HClO₄	Ca, Ti	Ca 和 Ti 的 Kα 线	主成分分析法	便携式 EDXRF，Si-PIN 探测器，工作电压 40kV，工作电流 7μA，扫描时间 20s		司法	[112]
印刷品						全反射 XRF	精确度为 5.5%		[114]

第六节 大气飘尘分析

大气飘尘是粒径小于 10μm(PM$_{10}$)并在空气中可长期飘浮的固体颗粒[117]，主要来自于自然污染和人为污染，会在大气中不断蓄积导致环境污染程度逐渐加重。飘尘中含有多种有毒金属、病原体、细菌和有机污染物等致病致癌物质，飘尘可长距离迁移，影响范围广泛，这对于大气环境及人类健康造成很大危害。由于大气飘尘样品量少，形态和成分复杂，可以进行少量的样品和薄样分析的 XRF 在飘尘样品的分析应用中占有很大优势，主要有：痕量样品可免除前处理过程，避免前处理带来的误差；可同时分析多种元素(O-U)[118]，可反复测定和适当保存，并且同一样品可再进行破坏分析，对比性更强；分析速度快适合日常环境监控中大量样品分析。

采用加装 X 射线管的飘尘采样器 XactTM 620，可实现对飘尘中金属元素(Z>13)的实时在线分析[119]。通过共沉淀重复采样，采用 EDXRF 和 ICP-MS 方法对比分析飘尘样品[120]，显示未经复杂前处理的 EDXRF 结果基本可以到达 ICP-MS 的准确度。杨丽萍等[121]采用 XRF 测定了大气降尘样品中 Fe、Si、Al 等 24 种元素的相对浓度，根据因子分析，推算出了兰州大气降尘的主要来源。

随着 TXRF 技术的发展，部分元素(Z>13)的检出限已经降至 ng/cm^2 级别。Bontempi 等[122]采用曲线校准软件，实现了飘尘样品不需将化学物质从气溶胶中洗脱，且不需添加内标物质的直接定量分析。采用 μ-XRF 分析富铁粒子[123]，发现铁元素在粒子内分布不均，主要分布在近边缘地带，表明粒子中心有空隙或中部有富含其他元素的物质。对飘尘分五个粒级进行采样[124]，通过 ICP-MS 分析发现 80%Pb 富集在细粒飘尘中，再利用 XANES 分析得出大颗粒飘尘(>10.2μm)中 Pb 主要形态为 Pb(NO$_3$)$_2$ 37%、PbC$_2$O$_4$ 36%和 2PbCO$_3$·Pb(OH)$_2$ 27%，精细颗粒飘尘(< 0.69μm)中 Pb 主要形态为 Pb(NO$_3$)$_2$ 40%、PbC$_2$O$_4$ 33%和 PbSO$_4$ 27%。部分应用实例见表 28-6。

第五篇

表 28-6 X 射线荧光光谱在大气飘尘分析中的应用实例

分析对象(样品类型或名称)	样品形态(固、液、颗粒物、涂层)	制样方法与溶剂	测定元素	分析谱线	谱线重叠校正	基体效应校正	测定方法(WDXRF/EDXRF 二次靶或激发电压等)	精密度、准确度、不确定度、检出限	应用领域	方法特点或注意事项	参考文献
飘尘样品	固体粉末	SHARP 5030(测定飘尘浓度)XactTM 620(测定元素浓度)	Ag、As、Ba、Br、Ca、Cd、Co、Cr、Cu、Fe、Hg、Ga、K、Mn、Mo、Ni、Pb、Pd、Sb、Se、Sn、Ti、Tl、V 和 Zn					每小时采样 2 $\mu g/m^3$ 与标准物质给定值的测定误差精度<10%, 各元素检出限在 $10^{-4}\sim10^{-5}\ \mu g/m^3$	飘尘污染物实时监测	实现近实时监测，且研究结果表明冬季飘尘浓度高于其他三季，而铅和砷浓度在秋季最高。将三种采样器结合可同时检测大气中飘尘浓度和碳含量	[119]
	固体粉末	R & P 多功能污染采样器，37mm Teflon 滤膜	Fe、Zn、Mn、Cu、Pb、V、Ti、Ni、As、Cr、Sr	—	—	—	EDXRF 和 ICP-MS	S、Ca、Fe、Mn、Zn 相对偏差合率≥70%, Br、K 为 50%左右	飘尘分析方法比较(XRF 和 ICP-MS 方法进行比较)	采样时间短，采样量少，样品空白污染不好控制。长时间大采样量可以降低检出限，但是降低了时间分辨率，二者要综合考虑	[120]
	固体粉末	Millipore P/N AQFA0700, 石英滤膜	Pb、Br、As、Zn、Ni、Cu、Fe、Mn、Cr、Ti、Ca、Cl、S 和 K	—	在对 As 定量时要考虑 Pb Lα 的干扰	样品制备在干净质上的基成薄膜，可有效去除基体干扰效应	TXRF 低能量金属陶瓷 X 射线管，钼阴极靶，操作电压 40keV，电流 1.0mA	利用全反射技术，使散光的杂散光底的 EDXRF 降低四个量级。使大气飘尘中的 65 个元素检出限达到 20pg	环境监测	不需制样避免了加入内标、完全保持了飘尘样品的原有形态	[122]

续表

分析对象(样品类型或名称)	样品形态(固、液、颗粒物、涂层)	制样方法与溶剂	测定元素	分析谱线	谱线重叠校正	基体效应校正	测定方法(WDXRF/EDXRF 二次靶/滤片/激发电压等)	精密度、准确度、不确定度、检出限	应用领域	方法特点或注意事项	参考文献
飘尘样品	固体粉末	纤维滤膜,沃特曼41滤膜	Pb	Pb L$_{\text{III}}$ 吸收边 (13.041 keV)	REX 2000 软件	—	日本 Hyogo 光源 BL01B1 线站 和 PF-ARTsukuba 光源。Si(311)和 Si(311)滤光片能量分别为 5~30keV 和 10~40keV, SDD 检测器	—	飘尘样品形态分析	分析得出 PbC$_2$O$_4$、2PbCO$_3$·Pb(OH)$_2$ 和 Pb(NO$_3$)$_2$ 富集在大颗粒飘尘中,PbC$_2$O$_4$、PbSO$_4$ 和 Pb(NO$_3$)$_2$ 分布在精细颗粒飘尘中	[124]
	单颗粒	玻璃微珠	Si、Ca、Ti、Fe、Zn、Sr、Pb	Mn K$_\alpha$	—	空气路径下采集的吸收用于进行基体校正	X 射线管微区荧光仪,MonteCarlo 计算方法。Mo 阳极靶 3kW 衍射 X 射线管电压 45kV,电流 40mA。光斑 15μm,硅锂和硅漂移双检测器	相对标准偏差小于 14%,平均值为 6%。样品不确定度随样品半径增大而增大	飘尘样品微区分析	将蒙特卡罗算法与微区荧光分析结合,高原子序数元素 Fe 到 Pb 元素的准确度更高。单颗粒子扫描耗时较长,而且蒙特卡罗算法工作量大,需进一步提高工作效率。两个较大粒子中的 Si 和 Ca 元素结果偏高	[125]

第七节 活 体 分 析

XRF 活体分析的主要对象为人体骨骼和部分器官。自 1968 年 Hoffer 等[126]首先进行人体甲状腺中碘的分析以来，XRF 已可对肾、肝、肺、脾、脑、眼、肠、胃、皮肤及骨骼中的 Fe、Cu、Zn、As、Sr、Ag、Cd、I、Xe、Ba、Pt、Au、Hg、Pb、Bi、Th、U、Mn 等进行定量分析。在 XRF 活体分析中，目前应用较多的是放射性同位素作为激发源，也有应用 X 射线管的尝试。目前常用的放射性同位素源有 ^{57}Co、^{99}Tc、^{109}Cd、^{133}Xe 和 ^{241}Am 等。

使用放射线进行人的活体分析，首先要考虑的就是人体可以承受的放射剂量。一般用于医学诊断的辐射剂量限为 150 mSv。用于活体分析的有效剂量通常小于 1 μSv。例如骨铅活体分析的放射剂量比肺部 X 射线检查低 2~4 个数量级，采用 ^{109}Cd 作为放射源，在 30 min 测量时间内，人受到的有效照射剂量仅相当于 5~10 min 天然本底[127]，对人体损伤可忽略不计。

铅对人体具有较强的神经发育毒性、生殖毒性、胚胎毒性和致畸作用。目前人体内铅的监控主要依靠血铅含量监测，但血铅只能反映出最近 2~4 周内铅的暴露情况，对于长期和慢性铅暴露无法真实反映。而成人体中的铅 90 %沉积在骨骼中，儿童为 70%[128]。活体骨铅测量可以确定骨铅的生物半衰期，现已用作环境与健康、职业病学和 Pb 毒理学等的研究方法。骨铅含量真实地反映了积累性铅暴露，因此骨铅测量在确定慢性铅暴露效应上具有特别的应用价值，对于研究铅代谢机理也非常重要。目前，活体骨铅测定已成为评价人群长期性铅暴露程度的重要技术手段。

Ahlgren 等[129]采用 Co 作为激发源测量了人体手指中骨铅。Somervaille 等[130]采用 ^{109}Cd 激发 Pb 的 K 线谱系，提高了检测灵敏度。Christoffersson 等[131]对冶炼厂在职和退休员工进行了骨铅分析，发现尽管退休人员的血铅浓度很低，但骨铅浓度依然很高，说明在职业接触结束多年以后，退休的冶炼工人的骨铅浓度依然很高。

锶在自然界中存在于水和土壤中，进入人体内后，99%以上的锶聚集在骨骼中。Zamburlini[132]使用 ^{125}I 作为激发源对 22 人的食指和胫骨踝关节中锶进行了活体分析，研究表明，亚洲大陆人骨骼中 Sr 浓度明显高于其他被测人群，揭示了饮食或种族与骨 Sr 含量的潜在相关性及不同种族间骨生物学上可能存在的差异。

铅和镉在肾中有很强的聚积能力，肾镉浓度超标会造成肾功能紊乱，而肾铅浓度超标则导致肾功能损伤。Gerhardsson 等[133]对 22 位经历过长期铅镉暴露的冶炼厂工人进行活体肾铅、肾镉分析，数据显示一位在职职工和 5 位退休职工有早期肾功能紊乱指征，且铅暴露的危害比镉暴露的危害更大。Nilsson 等[134]将偏振 X 射线荧光用于肾镉的活体分析，数据显示瑞士南部吸烟人群中肾镉的浓度(平均 28 μg/g，n=10)比不吸烟人群高(平均 8 μg/g，n=10)，说明吸烟是瑞士南部普通人群重要的肾镉污染源。但是由于肾内部的检测限还不足以进行定量分析，目前还只是获得了肾表的镉浓度信息。

活体 XRF 分析技术作为可直接测定人体中元素浓度的重要手段，目前还在快速发展中。随着技术的进步，相信今后会在人类健康的研究中得到更广泛的应用。部分应用实例见表 28-7。

表 28-7 X 射线荧光光谱在活体分析中的应用实例

分析对象（样品类型或名称）	样品形态（固、液、颗粒物、涂层）	制样方法与溶剂	测定元素	分析谱线	谱线重叠校正	基体效应校正	测定方法（WDXRF/EDXRF 二次靶/滤片激发电压等）	精密度、准确度、不确定度、检出限	应用领域	方法特定或注意事项	参考文献
硅酸盐	固体粉末	熔融（具体熔剂及比例）	Na, Mg, Al, Si, P, S, K, Ca, Ti, Mn, Fe	K_α		理论校正系数	WDXRF	精密度 $RSD<0.5\%$	地质、材料		[135]
土壤	固体粉末	压片：样品：石蜡 = 1:7	Mn, Fe, Cu, Zn, As, Cd, Pb	K_α: Mn, Fe, Cu, Zn, Cd；K_β: As；L_β: Pb	As K_α 与 Pb L_α 重叠	(1)主元素：理论校正系数 (2)微量、痕量元素 Compton 校正	EDXRF		矿区污染土壤重金属分析	高浓度 As 时，可采用 As K_β 线；低浓度 As 时，采用 As K_α 谱线，并扣除 Pb L_α 重叠干扰	[135]
骨骼	固体	原位	Pb,Sr,Cd	K: Pb, Cd；K_α: Sr		蒙特卡罗模拟、理论校正系数	IVXRF Pb: ^{109}Cd 为激发源，激发电压 88.035keV Sr: ^{125}I 为激发源，激发电压 60keV Cd: ^{241}Am 为激发源，激发电压 60keV	Pb: 不确定度 2.40 Sr: 不确定度 ±0.4；精密度 $RSD<0.5\%$ Cd: 检出限 3~4µg/g	健康环境科研	不确定度随骨骼上组织厚度的增加而增加；IVXRF 系统获得的光谱信息随后用改进的内部一致性最小二乘法配合常规分析方法进行分析	[136, 137]
头发	固体	表面清洗处理后经硝酸-双氧水体系消解，所得沉淀物用吡咯烷胺和 0.45µm 孔径的滤膜进行过滤，再将带有沉淀的滤膜放入聚乙烯杯中并用麦拉薄片从一侧盖住，置于干燥器中待测	Fe,Ni,Cu, Zn,Pb	K_α: Fe, Ni,Cu,Zn；L_α: Pb	As K_α 与 Pb L_α 重叠	理论校正系数	EDXRF 钼次级靶，激发电压 35kV	检出限 Fe: 3.32µg/g Ni: 0.10µg/g Cu: 0.591µg/g Zn: 4.26µg/g Pb: 0.456µg/g	健康科研	采用 Pb L_α 谱线，并扣除 As K_α 重叠干扰	[138]

续表

分析对象(样品类型或名称)	样品形态(固、液、颗粒物、涂层)	制样方法与溶剂	测定元素	分析谱线	谱线重叠校正	基体效应校正	测定方法(WDXRF/EDXRF二次靶/滤片激发电压等)	精密度、准确度、不确定度、检出限	应用领域	方法特定或注意事项	参考文献
体液	液体	未经处理的样本（约500μL)转移至配备有3.6μm聚酯薄膜窗口的一次性Accucell样品杯中	Cu,Zn	Kα: Cu K: Zn		理论校正系数	钼次级靶、激发电压 50kV	不确定度：<10%	健康科研	该实验灵敏度不适于对尿液中 Cu、Zn 分析	[139]
甲状腺	固体	原位	I	K: I		模型线性分析	241Am 为激发源，滤光片 (SnO2 和 In2O3)	对误差约为10.6% 检出限：0.25mg/g	健康科研	实验中需加准直器与一对滤光片	[140]
皮肤	固体	原位	Ag	K: Ag		Compton 校正	IVXRF 125I 为激发源	检出限：3~4μg/g	健康科研	选用高纯 Ge 检测器以避免对射线逃逸峰对信号干扰	[141]
牙齿	固体	原位	无机元素			因子分析法	PIXE	统计误差：<5%	科研	对重元素有更低的检出限分析时具有更低	[142]

参 考 文 献

[1] 唐梦奇, 黎香荣, 魏亚娟, 等, 光谱实验室, 2012, 2:076.

[2] Bong W S K, Nakai I, Shunsuke F, et al. Chem Lett 2011, 40:1310.

[3] Carr R, Zhang C, Moles N, Harder M. Environ Geochem Health, 2008, 30:45.

[4] Schwarz K, Weathers K C, Pickett S T, et al. Environ Geochem Health, 2013, 35: 495.

[5] Root R A, Fathordoobadi S, Alday F, et al. Environ Sci Technol, 2013, 47: 12992.

[6] Delphine Vantelon A L, Andreas C S, Ruben K. Environ Sci Technol, 2005, 39: 4808.

[7] Mamindy-Pajany Y, Sayen S, Mosselmans J F, Guillon E. Environ Sci Technol, 2014, 48: 7237.

[8] Marescotti P, Carbone C, Comodi P, et al. Applied Geochemistry, 2012, 27: 577.

[9] Hayes S M, Webb S M, Bargar J R, et al. Environ Sci Technol, 2012, 46: 5834.

[10] Arancibia J R H, Alfonso P. García-Valles M, et al. Boletín de la Sociedad Española de Cerámica y Vidrio, 2013, 52: 143.

[11] Langner P, Mikutta C, Suess E, et al. Environ Sci Technol, 2013, 47: 9706.

[12] David M Singer, John M Zachara, G E B JR. Environ Sci Technol, 2009, 43: 630.

[13] James J D, Tolek T, George D W S, et al. Environ Sci Technol, 2006, 40: 1556.

[14] Kim W, Choi I, Jung Y, et al. Environ Sci Technol, 2013, 47: 12459.

[15] a) Lin Mu, Liang Zhao, Liang Liu, Yin H. Ind Eng Chem Res, 2012, 51: 8684;
b) Leal Vieira Cubas A, de Medeiros Machado M, Gross F, et al. Environ Sci Technol, 2014, 48: 2853.

[16] Binner E, Facun J, Chen L, et al. Energy & Fuels, 2011, 25: 2764.

[17] Maria C C, Bruno G A S, Alexandre S S, et al. Anal Chem, 2004, 76: 1586.

[18] Kowalewska Z, Laskowska H. Energy & Fuels, 2012: 121105161623006.

[19] Zhu P, Chen Y, Wang L, et al. Environ Sci Technol, 2013, 47: 2654.

[20] Peter M, Rainer D, Bernhard W, Wieland E. Environ Sci Technol, 2009, 43: 8462.

[21] Shibata T, Solo-Gabriele H, Hata T. Environ Sci Technol, 2012, 46: 3618.

[22] Kot B, Baranowski R, Rybak A. Polish Journal of Environmental Studies, 9. 2000: 429.

[23] Pytlakowska K, Sitko R. Anal Methods, 2013, 5: 6192.

[24] Zawisza B, Sitko R. Appl Spectrosc, 2013, 67: 536.

[25] Mahawatte P, Dissanayaka K, Hewamanna R. J Radioanal Nucl Chem, 2006, 270: 657.

[26] Chuparina E V, Aisueva T S. Environ Chem Lett, 2011, 9: 19.

[27] Stephens W E, Calder A, Newton J. Environ Sci Technol, 2005, 39: 479.

[28] Khuder A, Bakir M, Karjou J, Sawan M K. J Radioanal Nucl Chem, 2007, 273: 435.

[29] Redígolo M, Aguiar R, Zamboni C, Sato I. J Radioanal Nucl Chem, 2013, 297: 463.

[30] Lombi E, Susini J. Plant and Soil, 2009, 320: 1.

[31] Terzano R, Alfeld M, Janssens K, et al. Anal Bioanal Chem, 2013, 405: 3341.

[32] Tian S, Lu L, Yang X, et al. Environ Sci Technol, 2010, 44: 5920.

[33] Veronesi G, Koudouna E, Cotte M, et al. Anal Bioanal Chem, 2013, 405: 6613.

[34] Roudeau S, Carmona A, Perrin L et al. Anal Bioanal Chem, 2014, 406: 6979.

[35] Corezzi S, Urbanelli L, Cloetens P, et al. Anal Biochem, 2009, 388: 33.

[36] Judy J D, Unrine J M, Rao W, et al. Environ Sci Technol, 2012, 46: 8467.

[37] Finney L, Mandava S, Ursos L, et al. PNAS, 2007, 104: 2247.

[38] Chwiej J, Gabrys H, Janeczko K, et al. J Biol Inorg Chem, 2014, 19: 1209.

[39] Lombi E, Scheckel K, Pallon J, et al. New Phytol, 2009, 184: 193.

[40] Li H-F, Lombi E, Stroud J L, et al. J Agricultural and Food Chem, 2010, 58: 11837.

[41] James S A, Myers D E, de Jonge M D, et al. Anal Bioanal Chem, 2011, 401: 853.

[42] Whaley-Martin K, Koch I, Moriarty M, et al. Environ Sci Technol, 2012, 46: 3110.

[43] Novak S, Drobne D, Golobič M, et al. Environ Sci Technol, 2013, 47: 5400.

[44] De Samber B, De Schamphelaere K, Janssen C, et al. Anal Bioanal Chem, 2013, 405: 6061.

[45] Carmona A, Roudeau S, Perrin L, et al. Metallomics, 2014, 6: 822.

[46] Bacquart T, Devès G, Ortega R. Environ Res, 2010, 110: 413.

[47] Antony S, Aitken J B, Vogt S, et al. J Biol Inorg Chem, 2013, 18: 845.

[48] 曲月华, 王一凌, 亢德华, 等. 物理测试, 2011: 155.

[49] 杨新能, 李小青, 杨大军. 冶金分析, 2014, 34: 40.

[50] 李桂云, 李国会. 冶金分析, 2008, 28: 1.

[51] 李艳萍, 李红, 孙克, 等. 冶金分析, 2012, 32: 41.

[52] De Boer D, Borstrok J, Leenaers A, et al. X-Ray Spectrom,

1993, 22: 33.

[53] Kanngießer W M A I R B. Nucl Instrum Methods Phys Res, Sect B, 2003: 211.

[54] Tsuji K, Nakano K. J Anal Atom Spectrom, 2011, 26: 305.

[55] 潘志爽, 刘明霞, 王亚红, 等. 石化技术与应用, 2012.

[56] 王占琴, 祁桂红, 张银光. 分析测试技术与仪器, 2009: 118.

[57] 潘志爽, 杨一青, 王亚红, 等. 石化技术与应用, 2010: 527.

[58] 杨红, 王新海, 周德云, 赵蕴智. 冶金分析, 2003: 23: 1.

[59] 刘江斌, 党亮, 余宇, 祝建国. 分析测试技术与仪器, 2009, 15: 226.

[60] 刘江斌, 党亮, 和振云. 冶金分析, 2013, 33: 37.

[61] 田文辉, 王宝玲, 赵永宏, 苏雄. 冶金分析, 2010, 30: 28.

[62] 王宝玲, 李小莉, 田文辉. 冶金分析, 2011, 31: 45.

[63] 曲月华, 王翠艳, 王一凌, 张懋. 冶金分析, 2013, 33: 29.

[64] 任玉伟, 胡晓静, 盛向军, 郑江. 冶金分析, 2009, 29: 1.

[65] 赵恩好, 岳明新, 周国兴, 等. 冶金分析, 2013, 33: 62.

[66] 童晓民, 赵宏风, 黄春燕, 赵一波. 冶金分析, 2005, 25: 1.

[67] Zhuo S, Shen R, Sheng C. X-Ray Spectrom, 2011, 40: 385.

[68] 王培, 菅豫梅. 湖南有色金属, 2008, 24: 56.

[69] 程清, 姜鹏翔, 仵春祺, 等. 理化检验(化学分册), 2008, 44: 375.

[70] 杨艳, 余卫华, 张穗忠. 光谱实验室, 2009: 1100.

[71] 陆晓明, 金德龙. 冶金分析, 2009, 29: 1.

[72] 朴英华. 化学分析计量, 2007, 16: 35.

[73] 戴学谦. 理化检验(化学分册), 2009: 549.

[74] 马秀艳, 武映梅, 王震, 邢文青. 南方金属, 2008: 49.

[75] 洪江星. 福建分析测试, 2007, 16: 31.

[76] 陈天文. 分析测试技术与仪器, 2007, 13: 88.

[77] 陆晓明, 金德龙. 冶金分析 2015, 35: 15.

[78] 赵峰, 廖志海, 乔洪波, 等. 冶金分析, 2015, 35: 44.

[79] 刘松, 李青会, 干福熹, 顾冬红. 光谱学与光谱分析, 2010, 30: 2576.

[80] 张红梅, 张俊峰. 湖南有色金属, 2010, 26: 65.

[81] 陈鹏程. 磁性材料及器件, 2010, 41: 74.

[82] 梁智红, 安艳, 黎秀娥. 光谱实验室, 2009: 1626.

[83] 肖国拾, 陈博, 王威. 世界地质, 2008, 27: 329.

[84] 朱剑, 毛振伟, 张仕定. 光谱学与光谱分析, 2006, 26: 2341.

[85] Kanngießer B, Malzer W R, I. Nucl Instrum Methods Phys Res Section B, 2003, 211: 259.

[86] Mantler M, Schreiner M. X-Ray Spectrom, 2000, 29: 3.

[87] Lin X, Wang Z, Sun T, Pan Q, Ding X. Nucl Instrum Methods Phys Res Section B, 2008, 266: 2638.

[88] Uhlir K, Griesser M, Buzanich G, et al. X-Ray Spectrom, 2008, 37: 450.

[89] Buzanich G, Wobrauschek P, Streli C, et al. X-Ray Spectrom, 2010, 39: 98.

[90] Padovani S, Borgia I, Brunetti B, et al. Appl Phys A, 2004, 79: 229.

[91] Matsunaga M, Nakai I. Archaeometry, 2004, 46: 103.

[92] 徐文娟. 文物保护与考古科学, 2012: 41.

[93] Appoloni C R, Quiones E, Aragao P H A, et al. Radiat Phys Chem, 2001, 61: 711.

[94] Mantler M, Schreiner M. The Journal of Gemmology, 2000, 29: 3.

[95] 程琳, 潘秋丽, 丁训良, 刘志国. 原子能科学技术, 2008: 42.

[96] 汪海港, 金正耀, 谢治, 等. 光谱学与光谱分析, 2013, 33: 2305.

[97] 周少华, 付略, 梁宝鎏. 光谱学与光谱分析, 2008, 28: 1181.

[98] 董俊卿, 干福熹, 李青会, 等. 宝石与宝石学杂质, 2011, 13: 46.

[99] 彭子成, 梁宝鎏, 余君岳, 等. 南方文物, 2008: 114.

[100] 魏国锋, 毛振伟, 秦颍, 等. 有色金属, 2007, 59: 117.

[101] 夏冬青, 秦颍, 毛振伟, 等. 腐蚀科学与防护技术, 2010, 22: 234.

[102] 罗曦芸, 吴来明. 文物保护与考古科学, 2006, 18: 14.

[103] 潘郁生, 黄槐武. 文物保护与考古科学, 2006, 23: 0.

[104] Nishiwaki Y, Shimoyama M, Nakanishi T, et al. Anal Sci, 2006, 22: 1297.

[105] Trejos T, Koons R, Becker S, et al. Anal Bioanal Chem, 2013, 405: 5393.

[106] Fonseca J F, Cruz M M, Carvalho M L, X-Ray Spectrom, 2014, 43: 49.

[107] Berendes A. J Forensic Sci, 2006, 51: 1085.

[108] Latzel S, Neimke D, Schumacher R, et al. Forensic Sci Int, 2012, 223: 273.

[109] Romão W, Lalli P, Franco M, et al. Anal Bioanal Chem, 2011, 400: 3053.

[110] Kinoshita H, Tanaka N, Jamal M, et al. Forensic Sci Int, 2013, 227: 103-105.

[111] Christensen A M, Smith M A, Thomas R M. J Forensic Sci, 2012, 57: 47.

[112] Shimamoto G G, Terra J, Bueno M I M S. J Brazilian Chem Soc, 2011.

[113] Trzcinska B M. J Forensic Sci, 2006, 51: 919.

[114] Dhara S, Misra N L, Maind S D, et al. Spectrochim Acta: Part B, 2010: 167.

[115] Chu P C, Cai B Y, Tsoi Y K, et al. Anal Chem, 2013, 85: 4311.

[116] Zieba-Palus J, Kunicki M. Forensic Sci Int, 2006, 158: 164.

[117] 胡弘, 李佳. 环境科学与技术, 2010: 2.

[118] Szilágyi V, Hartyáni Z. Microchem J, 2005, 79: 37.

[119] Sofowote U M, Rastogi A K, Debosz J, Hopke P K. Atmos

Pollut Res, 2014, Vol.5: 13.

[120] Niu J, Rasmussen P E, Wheeler A, Williams R, Chénier M. Atmospheric Environ, 2010, 44: 235.

[121] 杨丽萍, 陈发虎. 环境科学学报, 2002, 22: 499.

[122] Bontempi E, Zacco A, Benedetti D, et al. Environ Technol, 2010, 31: 467.

[123] Guo L, Hu Y, Hu Q, et al. Sci Total Environ, 2014, 496: 443.

[124] Sakata K, Sakaguchi A, Tanimizu M, et al. J Environ Sci, 2014, 26: 343.

[125] Czyzycki M, Bielewski M, Lankosz M. X-Ray Spectrom, 2009, 38: 487.

[126] Hoffer P B, Jones W B, Crawford R B, et al. Radiology, 1968, 90: 342.

[127] Chettle D. Pramana, 2011, 76: 249.

[128] Barry P. Brit J Ind Med, 1975, 32: 119.

[129] Ahlgren L, Lidén K, Mattsson S, Tejning S. Scand J Work Env Hea, 1976: 82.

[130] Somervaille L J, Chettle D R, Scott M C. Phys Med Bio, 1985, 30: 929.

[131] Christoffersson J, Schütz A, Ahlgren L, et al. Am J Ind Med, 1984, 6: 447.

[132] Zamburlini M, Pejović-Milić A, Chettle D, et al. Phys Med Bio, 2007, 52: 2107.

[133] Gerhardsson L, Börjesson J, Grubb A, et al. Appl Radiat Isotopes, 1998, 49: 711.

[134] Nilsson U, Schütz A, Skerfving S, Mattsson S. Int Arch Occ Env Hea, 1995, 67: 405.

[135] Börjesson J, Mattsson S. Powder Diffraction, 2007, 22: 130.

[136] a) Ahmed N, Fleming D E, Wilkie D, O'Meara J M. Radia Phys Chem, 2006, 75: 1.
b) Moise H, Adachi J, Chettle D, Pejović-Milić A. Bone, 2012, 51: 93.

[137] Carew S, Gastaldo J, Roels H, et al. X-Ray Spectrom, 2005, 34: 498.

[138] Khuder A, Bakir M A, Hasan R, et al. Nukleonika, 2014, 59: 111.

[139] McIntosh K G, Cusack M J, Vershinin A, et al. J Toxicol Environ Heal A, 2012, 75: 1253.

[140] 贺士瑜, 于方俊, 沈静, 靳小玉. 核技术, 1991, 11: 004.

[141] Graham S, O'Meara J. Phys Med Bio, 2004, 49: N259.

[142] Oprea C, Szalanski P, Gustova M V, et al. Appl Radiat Isotopes, 2009, 67: 2142.

第
五
篇

第二十九章　XRF 分析标准物质与标准方法

第一节　XRF 分析标准物质和方法概述

一、XRF 分析标准物质概况

标准物质为已经确定了某一种或多种特征量值的材料或物质，特征量值包括物理性质、生物特征、工程参数或化学成分的含量。标准物质在分析质量监控、分析仪器校准、分析方法评价和仲裁分析中发挥着不可替代的重要作用，成为样品组分分析质量保证体系的重要组成部分。国际标准化组织(ISO)的标准物质委员会是国际组织中在标准物质领域最具影响力的单位，协调和促进了国际间标准物质的制作和应用。其技术文件指南对标准物质提出了明确、具体和严格的要求。

标准物质的特性值准确度是划分级别的依据，不同级别的标准物质对其均匀性和稳定性以及用途都有不同的要求。我国通常把标准物质分为一级标准物质和二级标准物质。标准物质的定值结果通常包含标准值和总不确定度。一级标准物质一般用绝对测量法或其他准确可靠的方法确定物质的含量，并且稳定、均一，准确定值为本国最高水平[1]。一级标准物质主要用于标定比它低一级的标准物质、校准高准确度的计量仪器、研究与评定标准方法。一级标准物质由国家技术监督局批准、颁布并授权生产，以国家标准物质的汉语拼音中"Guo""Biao"和"Wu"三个字的字头为一级国家标准物质的代号，以"GBW"表示。二级标准物质使用一级标准物质校准，为参考方法定值。主要用于满足一些一般的检测分析需求，以及社会行业的一般要求，作为工作标准物质直接使用，用于现场方法的研究和评价，用于较低要求的日常分析测量。二级国家标准物质，在一级国家标准物质的代号基础上，加上二级的汉语拼音中"Er"字头"E"，并以小括号括起来，以"GBW（E）"表示。一级标准物质（GBW）和二级标准物质[GBW（E）]是国家权威机构批准的国家级标准物质，属于有证标准物质。

各类标准物质的研制和使用在 XRF 分析中必不可少，XRF 分析通常使用具有确定的化学成分含量的物料作为标准物质，用于校准 XRF 仪器，然后进行未知样品的测试[1,2]。X 射线荧光光谱法是比较分析方法，需要分别对标准物质和未知物质进行测定，建立标准物质样品浓度和仪器响应信号间的函数关系，并利用未知样品的仪器响应信号通过所建函数关系计算未知样品的浓度。作为一种比较分析方法，XRF 对标准物质的依赖度比较高，也需要标准样品和未知样品性质具有较高相似性。实际运用中，寻找不同类型标准样品、制备成待测样品也就成为 X 射线荧光光谱法分析的重要工作之一。

根据 2013 年的国家标准物质信息库数据，具有固体和粉末的物理性质、含有符合 XRF 分析化学成分信息的地质岩石、矿石标准物质超过 100 种，包括岩石中的硅酸盐、碳酸盐、超基性岩，它们有些是人工合成的，矿石中的硫、锰、磷、锂、铜、铅、稀土等矿石、贫矿石、精矿石以及多金属矿石，如表 29-1 所示。

表 29-1　岩石、矿石标准物质目录

编号	类型	规格/g	编号	类型	规格/g	编号	类型	规格/g
GBW07102	超基性岩	150	GBW07158	稀土矿石	100	GBW07252	萤石	65
GBW07103	岩石	70	GBW07160	稀土矿石	100	GBW07253	萤石	65
GBW07104	岩石	70	GBW07161	稀土矿石	100	GBW07261	锰矿石	100
GBW07105	岩石	70	GBW07162	多金属贫矿石	50	GBW07262	锰矿石	100
GBW07106	岩石	70	GBW07163	多金属矿石	50	GBW07263	锰矿石	100
GBW07107	岩石	70	GBW07164	富铜(银)矿石	50	GBW07264	锰矿石	100
GBW07108	岩石	70	GBW07165	富铅锌矿石	50	GBW07265	锰矿石	100
GBW07109	岩石	100	GBW07167	铅精矿	50	GBW07266	锰矿石	100
GBW07110	岩石	100	GBW07168	锌精矿	50	GBW07267	硫化物单矿物	10
GBW07111	岩石	100	GBW07171	铅矿石	40	GBW07268	硫化物单矿物	10
GBW07112	岩石	100	GBW07172	铅矿石	40	GBW07269	硫化物单矿物	10
GBW07113	岩石	100	GBW07173	锌矿石	40	GBW07270	硫化物单矿物	10
GBW07114	岩石	100	GBW07174	锑矿石	40	GBW07701	合成硅酸盐	70
GBW07120	石灰岩	70	GBW07175	锑矿石	40	GBW07702	合成硅酸盐	70
GBW07121	花岗质片麻岩	70	GBW07176	锑矿石	40	GBW07703	合成硅酸盐	70
GBW07122	斜三角岩	70	GBW07177	铝土矿	50	GBW07704	合成硅酸盐	70
GBW07123	辉绿岩	70	GBW07178	铝土矿	50	GBW07705	合成硅酸盐	70
GBW07124	金伯利岩	70	GBW07179	铝土矿	50	GBW07706	合成硅酸盐	70
GBW07125	伟晶岩	70	GBW07180	铝土矿	50	GBW07707	合成硅酸盐	70
GBW07128	碳酸盐岩石	50	GBW07181	铝土矿	50	GBW07708	合成硅酸盐	70
GBW07130	碳酸盐岩石	50	GBW07182	铝土矿	50	GBW07709	合成硅酸盐	70
GBW07131	碳酸盐岩石	50	GBW07201	铬铁矿	200	GBW07710	合成硅酸盐	70
GBW07133	碳酸盐岩石	50	GBW07202	铬铁矿	200	GBW07711	合成硅酸盐	70
GBW07134	碳酸盐岩石	50	GBW07210	磷矿石	100	GBW07712	合成灰岩	70
GBW07135	碳酸盐岩石	50	GBW07211	磷矿石	100	GBW07713	合成灰岩	70
GBW07136	碳酸盐岩石	50	GBW07212	磷矿石	100	GBW07714	合成灰岩	70
GBW07150	铍矿石	100	GBW07220	球团矿	100	GBW07715	合成灰岩	70
GBW07151	铍矿石	100	GBW07222	菱铁矿	100	GBW07716	合成灰岩	70
GBW07152	锂矿石	100	GBW07223	赤铁矿	100	GBW07717	合成灰岩	70
GBW07153	锂矿石	100	GBW07231	锡精矿	100	GBW07718	合成灰岩	70
GBW07154	钽矿石	100	GBW07232	锡精矿	100	GBW07719	合成灰岩	70
GBW07155	钽矿石	100	GBW07249	多金属结核	60	GBW07720	合成灰岩	70
GBW07156	锆矿石	100	GBW07250	萤石	65			
GBW07157	锆矿石	100	GBW07251	萤石	65			

二、XRF 分析标准方法概况

标准方法是指得到国际、区域、国家或行业认可的由相应标准化组织批准发布的国际标准、区域标准、国家标准、行业标准等文件中规定的技术操作方法。另外，由知名的技术组织或有关科学书籍和期刊公布的方法，尽管不属于标准方法，但因为在业内已得到公认，即

属于公认方法，因此是可以直接选用的检测、校准方法，而不需确认[3~5]。标准方法主要应用于大量的日常分析，通常不是最先进的方法，但却是最实用而可靠的方法，具有相当的精度和准确度。通过标准方法的实施，提高分析检测水平，建立科学合理的技术标准体系，也为科学管理奠定基础，促进国际间、实验室间、检测人员间的交流。因此标准方法是一种共同的可以重复使用的统一规定。其与标准物质均是分析测试工作质量保证的重要参考和措施。

我国把标准方法等级分为国家、行业、地方、企业四级。根据标准的性质，分为强制性和推荐性标准方法，一般情况下地质样品分析标准方法属于推荐性标准方法。我国标准方法的代号类似于标准物质，国家强制性标准方法代号为"GB"，推荐性标准方法为"GB/T"；地质行业强制性标准方法代号为"DZ"，推荐性标准方法为"DZ/T"；地方强制性标准方法代号为"DB**"，推荐性标准方法为"DB**/T"，其中**为地方代码；企业强制性标准方法代号为"Q"[1]。

标准方法的用途包括标准物质定值、仲裁分析、质量分析、新分析方法评估、日程分析监控等。在实际使用标准方法过程中，标准方法分析结果的准确度要用正确度和精密度来衡量，正确度是指分析结果的算术平均值与真值之间的一致程度，精密度是指分析结果之间的一致程度，精密度包括重复性和再现性。

XRF 分析的现行国家标准方法有约 20 个，主要应用领域包括传统的石油、地质和钢铁，其他最新应用领域为电子、首饰等，主要测试电子产品中的有毒有害微量元素，首饰中的贵金属和微量元素，以及金属覆盖层的厚度等，详见表 29-2。

表 29-2 我国 XRF 分析国家标准方法的主要指标

标准号	分析对象	测定元素	分析仪器
GB/T 11140—2008	石油产品	硫	波长色散 XRF
GB/T 17040—2008	石油和石油产品	硫	能量色散 XRF
GB/T 17606—2009	原油	硫	能量色散 XRF
GB/T 16597—2012	冶金产品	多元素	波长色散 XRF
GB/T 24198—2009	铸态、锻轧镍铁	镍、硅、磷、锰、钴、铬、铜	波长色散 XRF
GB/T 223.79—2007	铸铁、生铁、非合金钢、低合金钢	硅、锰、磷、硫、铜、铝、镍、铬、钼、钒、钛、钨、铌	波长色散 XRF
GB/T 7118—2008	工业用氟化铝	硫	波长色散 XRF
GB/T 26050—2010	碳化物和硬质合金	钴、铬、铁、锰、钼、镍、铌、钽、钛、钨、钒、铬	波长色散 XRF
GB/T 6609.30—2009	氧化铝	钠、硅、铁、钙、钾、钛、磷、钒、锌、镓	波长色散 XRF
GB/T 24231—2009	铬矿石	镁、铝、硅、钙、钛、钒、铬、锰、铁、镍	波长色散 XRF
GB/T 24519—2009	锰矿石	镁、铝、硅、磷、硫、钾、钙、钛、锰、铁、镍、铜、锌、钡、铅	波长色散 XRF
GB/T 6730.62—2005	铁矿石	钙、硅、镁、钛、磷、锰、铝、钡	波长色散 XRF
GB/T 24578—2009	硅片表面	钾、钙、钛、钒、铬、锰、铁、钴、镍、铜、锌、砷等元素面密度	全反射 XRF
GB/Z 21277—2007	电子电气产品	铅、汞、铬、镉、溴	波长色散 XRF
GB/T 29513—2013	含铁尘泥	铁、硅、钙、镁、铝、钛、锰、磷、锌	波长色散 XRF
GB/T 18043—2008	首饰及其他工艺品	金、银、铂、钯	波长色散 XRF
GB/T 28020—2011	饰品	有害元素	波长色散 XRF
GB/T 14849.5—2010	工业硅	铁、铝、钙	波长色散 XRF
GB/T 16921—2005	金属覆盖层	覆盖层厚度	X 射线发生器
GB/T 21114—2007	耐火材料和制品及技术陶瓷	铝、硅、钛、铁、钙、镁、钠、钾、钨、钴、镍、硫	波长色散 XRF

第二节　XRF 标准方法的主要应用领域

早在 20 世纪 60 年代,国际标准化组织(ISO)和其他一些经济发达国家就开始制定 XRF 分析方法标准,有关 XRF 分析的部分标准如表 29-3 所示,主要采用的 XRF 技术包括 ED-XRF、WD-XRF、T-XRF,应用领域包括石油、矿石、钢铁合金和水泥等。

表 29-3　国际标准方法（ISO）

领域	国际标准号	国际标准名称
石油	ISO 14596—2007	Petroleum products - Determination of sulfur content - Wavelength-dispersive X-ray fluorescence spectrometry
	ISO 14597—1997	Petroleum products - Determination of vanadium and nickel content - Wavelength-dispersive X-ray fluorescence spectrometry
	ISO 15597—2001	Petroleum and related products - Determination of chlorine and bromine content - Wavelength-dispersive X-ray fluorescence spectrometry
	ISO 20847—2004	Petroleum products - Determination of sulfur content of automotive fuels - Energy-dispersive X-ray fluorescence spectrometry
	ISO 20884—2004	Petroleum products - Determination of sulfur content of automotive fuels - Wavelength-dispersive X-ray fluorescence spectrometry
	ISO 8754—2003	Petroleum products - Determination of sulfur content - Energy-dispersive X-ray fluorescence spectrometry
冶金钢铁	ISO 17054—2010	Routine method for analysis of high alloy steel by X-ray fluorescence spectrometry (XRF) by using a near-by technique
	ISO 4503—1978	Hardmetals - Determination of contents of metallic elements by X-ray fluorescence - Fusion method
	ISO 4883—1978	Hardmetals - Determination of contents of metallic elements by X-ray fluorescence - Solution method
	ISO 5938—1979	Cryolite, natural and artificial, and aluminium fluoride for industrial use - Determination of sulphur content - X-ray fluorescence spectrometric method
矿石、材料	ISO 9516-1—2003	Iron ores - Determination of various elements by X-ray fluorescence spectrometry - Part 1: Comprehensive procedure
	ISO 29581-2—2010	Cement - Test methods - Part 2: Chemical analysis by X-ray fluorescence
	ISO 12980—2000	Carbonaceous materials used in the production of aluminium - Green coke and calcined coke for electrodes - Analysis using an X-ray fluorescence method
	ISO 13464—1998	Simultaneous determination of uranium and plutonium in dissolver solutions from reprocessing plants - Combined method using K-absorption edge and X-ray fluorescence spectrometry
其他	ISO 14706—2000	Surface chemical analysis - Determination of surface elemental contamination on silicon wafers by total-reflection X-ray fluorescence (TXRF) spectroscopy
	ISO 17331—2004	Surface chemical analysis - Chemical methods for the collection of elements from the surface of silicon-wafer working reference materials and their determination by total-reflection X-ray fluorescence (TXRF) spectroscopy
	ISO 16795—2004	Nuclear energy - Determination of Gd_2O_3 content of gadolinium fuel pellets by X-ray fluorescence spectrometry

我国 XRF 分析标准方法起步于 20 世纪 80 年代。1981 年,有色金属研究总院起草完成了"氧化铪中氧化锆的测定（X 射线荧光光谱法）"XRF 分析标准方法,并于 1982 年 3 月 1 日正式实施。而且,XRF 分析技术是以大型仪器为基础的分析方法,其仪器参数、性能有差异,仪器本身的更新换代很快,标准方法的制定流程又相对较长,无形中增加了 XRF 分析技术标准方法制定的难度,且缩短其有效使用年限,例如,20 世纪 80 年代,国家标准委员会批准的基于 XRF 分析技术的国家标准方法仅有数个,而且分析元素仅为分析对象中的单一元

素，未充分利用 XRF 分析技术的多元素同时快速测定的优势。经过 XRF 工作者 30 多年的长期努力，目前国家标准委员会批准过的 XRF 的国家标准方法近 30 个，目前现行的基于 XRF 分析技术的国家标准方法见表 29-4，其中，工业用氟化铝中硫量的测定 X 射线荧光光谱分析法的标准方法是 20 世纪 80 年代实施的标准方法，至今还处于有效期，是目前使用年限最长的国家标准方法。这些现行 XRF 分析标准方法有些根据国际标准化组织的标准方法制定，有些根据我国需要而专门制定了国家标准方法，这些国家标准方法大部分为波长色散型 X 射线荧光光谱仪上开发出来。另外，除了国家标准委员会审核的国家标准方法之外，XRF 分析技术也有些行业标准和地方标准。

表 29-4　基于 XRF 分析技术的现行国家标准方法

应用领域	标准号	中文标准名称
石油	GB/T 11140—2008	石油产品硫含量的测定 波长色散 X 射线荧光光谱法
	GB/T 17040—2008	石油和石油产品硫含量的测定 能量色散 X 射线荧光光谱法
	GB/T 17606—2009	原油中硫含量的测定 能量色散 X-射线荧光光谱法
冶金钢铁	GB/T 16597—1996	冶金产品分析方法 X 射线荧光光谱法通则
	GB/T 24198—2009	镍铁　镍、硅、磷、锰、钴、铬和铜含量的测定 波长色散 X-射线荧光光谱法(常规法)
	GB/T 223.79—2007	钢铁　多元素含量的测定 X-射线荧光光谱法（常规法）
	GB/T 8156.10—1987	工业用氟化铝中硫量的测定 X 射线荧光光谱分析法
	GB/T 26050—2010	硬质合金　X 射线荧光测定金属元素含量　熔融法
	GB/T 6609.30—2009	氧化铝化学分析方法和物理性能测定方法 第 30 部分：X 射线荧光光谱法测定微量元素含量
地质矿石	GB/T 24231—2009	铬矿石　镁、铝、硅、钙、钛、钒、铬、锰、铁和镍含量的测定　波长色散 X 射线荧光光谱法
	GB/T 24519—2009	锰矿石　镁、铝、硅、磷、硫、钾、钙、钛、锰、铁、镍、铜、锌、钡和铅含量的测定　波长色散 X 射线荧光光谱法
	GB/T 6730.62—2005	铁矿石　钙、硅、镁、钛、磷、锰、铝和钡含量的测定 波长色散 X 射线荧光光谱法
其他	GB/T 24578—2009	硅片表面金属沾污的全反射 X 光荧光光谱测试方法
	GB/Z 21277—2007	电子电气产品中限用物质铅、汞、铬、镉和溴的快速筛选 X 射线荧光光谱法
	GB/T 29513—2013	含铁尘泥　X 射线荧光光谱化学分析　熔铸玻璃片法
	GB/T 18043—2008	首饰　贵金属含量的测定 X 射线荧光光谱法
	GB/T 28020—2011	饰品　有害元素的测定　X 射线荧光光谱法
	GB/T 14849.5—2010	工业硅化学分析方法　第 5 部分：元素含量的测定 X 射线荧光光谱法
	GB/T 16921—2005	金属覆盖层　覆盖层厚度测量 X 射线荧光光谱方法
	GB/T 21114—2007	耐火材料　X 射线荧光光谱化学分析 - 熔铸玻璃片法

第三节 XRF 标准方法应用实例

一、石油领域 XRF 分析标准方法实例

1. 基本概况

随着科学技术的发展和人类对环境要求的不断提高，对石油产品的质量要求也越来越高。作为机动车辆最大消耗的燃油，其含有的硫是不利因素，需要对其进行准确测定以便作出相应对策。国外石油产品硫含量测定方法主要采用 X 射线荧光光谱法，包括 WDXRF 和 EDXRF 光谱法[6,7]，测定元素集中在硫元素。XRF 法需要的样品量少、分析速度快、操作简单、方便、结果准确、精确度高，且不需破坏样品，特别适合进行石油产品硫含量的测定[8,9]。

2. 样品制备

石油和石油产品 XRF 分析的样品制备包括两类：一是常温下为液态的石油样品，可以直接将其倒入样品盒中加盖进行测定；二是常温下为黏稠或固态的石油样品，可先把样品预热至均匀的液相，然后倒入样品盒中加盖进行测定[10]。

3. 分析过程和数据输出[6,7]

用无硫白油或其他适当的基体物质稀释经鉴定的二正丁基硫醚，得到一系列不同浓度的校准样品，利用其绘制校正曲线。使用波长色散 X 射线荧光光谱仪仔细测量并计算每个校准样品发射的硫辐射净强度，确立校正曲线数据。

将待测的石油和石油产品的样品置于 X 射线荧光光束中，测定 0.5373nm 波长下硫的 K_α 谱线强度。将硫 K_α 谱线最高强度减去在 0.5190nm 推荐波长下测得的背景强度作为净强度（计数率），与制定的标准曲线进行对比，从而获得样品的硫浓度。

当试样校正强度大于校正曲线最大计数率时，应用基体物质稀释试样，直至其校正强度在校准曲线范围之内；当试样硫含量小于等于 100mg/kg 时，需进行重复测定，两次测定之间的误差应等于或低于规定的重复性数值。当试样所含干扰物质的浓度大于所规定的浓度时，应用基体物质稀释试样，直至低于所规定浓度。

4. 石油产品测试过程中应注意的事项[10]

石油产品测试中应注意如下事项：①如果使用的是可重复使用的样品皿时，每次使用前应清洁样品皿并使之干燥，一次性样品皿不能重复使用；②样品皿通常装样至其容量的 2/3 以上，确保样品皿的装样超过最小深度；③样品皿装样后，需要留排气孔；④操作人员手指上的油会影响读数；⑤透明薄膜不平会影响 X 射线穿透强度，薄膜厚度和类型会影响 X 射线强度，从而影响硫含量的测量；⑥校准样品应装入琥珀色的玻璃瓶里，在室温下储存，避免日光直射；⑦避免将可燃性液体遗漏在 X 射线荧光光谱仪内。

二、钢铁领域 XRF 分析标准方法与应用技术

1. 基本概况

我国各类钢材产量及消费量巨大，与以往相比，用户对钢材质量的要求也越来越高。在化学成分方面除主要元素外，用户一般还需要了解材料中各类残余元素含量。化学成分是决定金属材料性能和质量的主要因素[11,12]。X 射线荧光光谱分析可快速、准确地执行钢铁样品从主要元素到各类微量、痕量元素的多元素定量分析。

2. 样品制备[13,14]

根据不同种类试样选择合适的制样方法，试样表面需研磨成平整、光洁的分析面。如试

样暴露于空气中一天以上，测量前需要重新研磨表面。

成品样用磨样机、车床等制取分析表面。盘针状或蘑菇状熔铸样用磨样机研磨，柱状熔铸样先用切割机切断，再用磨样机研磨。

需要去掉表皮的试样，去皮的厚度应大于 1mm。

3. 分析方法[13~15]

根据所使用的 X 射线荧光光谱仪选择合适的分析条件。在选定的分析条件下，进行标准样品、标准物质的测量，绘制校准曲线。X 射线管产生的 X 射线照射至平整、光洁的试样分析表面上，产生特征 X 射线经分析晶体散射后，由检测器在特征 X 射线对应的 2θ 角位置测量 X 射线荧光强度。再根据校准曲线和试样的 X 射线荧光测量强度，计算出样品中相应元素的质量分数。

三、矿石样品 XRF 分析标准方法与应用技术

1. 基本概况

铁矿石主要成分一般采用化学分析方法或原子吸收光谱法分别测定，也有采用电感耦合等离子体原子发射光谱法测定其他部分成分，这些方法存在操作烦琐、样品前处理过程多、分析周期长的缺点。XRF 分析法具有可测元素范围广、浓度范围宽及多元素同时测定的优点，可快速、准确、自动化地进行铁矿石检测，适合大批量、快速的矿石分析。

铁矿石中铁元素是以氧化物形态赋存的，含铁量基本决定矿石的价格；脉石中的硅、铝、钙、镁等金属氧化物以炉渣的形式分离；元素硫、磷、钛等进入生铁，会对铁、钢材的性能产生危害。以上各组分的含量是评价铁矿石优劣的重要依据[11, 16]。

2. 样品制备[17,18]

准确称取 0.6000g 灼烧后试样，0.1548g 碳酸钾，加入 6.000g 熔剂、0.360g 硝酸钠，充分混匀后，于 700℃下预氧化 8～10min。然后在 1050～1100℃下熔融 10min。冷却后加入 0.03g 碘化铵，再熔融 3min，取出后冷却剥离，放入干燥器待测。

3. 分析方法[18]

根据所使用的 X 射线荧光光谱仪选择合适的分析条件。进行 X 射线荧光光谱仪的仪器漂移校正。将样品制备成硼酸盐玻璃状熔融样片，在选定的测量条件下，测量空白样片、校准样片、未知熔融样片的 X 射线荧光强度。根据校准样片的 X 射线荧光强度，计算元素间校正系数。根据未知样片中的 X 射线荧光强度，应用自动校正原理校正元素间基体效应，计算出试样的元素含量。

四、电子电气产品中限用物质铅、汞、铬、镉和溴的快速筛选

1. 基本概况

根据欧盟的报废电子电气设备（WEEE）指令，欧盟市场上流通的电子电气设备的生产商必须在法律意义上承担起支付自己报废产品回收费用的责任。根据欧盟的限制使用特定有害物质（RoHS）指令，所有在欧盟市场上出售的电子电气设备必须限制使用铅、汞、镉、六价铬等重金属，以及聚溴二苯醚和聚溴联苯等阻燃剂。根据指令要求，急需一种快速、准确测试电子电气产品中限制使用有害物质铅、汞、铬、镉和溴的方法[19, 20]。X 射线荧光光谱法可同时测定电子电气产品中限制使用物质铅、汞、铬、镉和溴，是一种快速、非破坏性的适用测试方法。

2. 样品制备[21,22]

均质样品可以直接制样并进行无损检测。如果样品较大，可以通过切割将样品制成直径为 10~40mm 的测试样。如果样品较小，可放入到带薄膜的塑料杯里作为测试样。玻璃等易碎样品应先破碎为小块，再通过研磨机研磨成 200 目以上的粉末样，再用压片机制成片状玻璃试样，或用熔剂经熔样机制成玻璃熔片作为测试样。电子装置元器件类样品，如印刷线路板、配线材料等非均质样品不可以直接测试，应先用液氮低温冷却样品，粉碎机粉碎成小于 1.0mm 的颗粒，然后混匀，再取一定代表性样品经压片机制成压片测试样。样品是液体、粉末、小块状或很小的元器件时，样品须放置在带有透明薄膜的一次性样品杯里进行测试。

3. 分析方法

根据光谱仪的操作规程开启仪器，预热仪器至稳定，优化光谱仪工作条件及参数。选择与测试样品基体相匹配的标准样品制作标准工作曲线[23, 24]。测量待测样品之前，用校准物质对仪器漂移和标准工作曲线进行校正。

将测试样置于从 X 射线管发射出来的 X 射线荧光光束中，测量激发出来的限用物质元素镉、铅、汞、溴和铬的特征 X 射线谱线强度，利用标准工作曲线计算测试样品中限制物质元素的质量分数，从而获得用质量分数表示的元素含量。

五、硅片表面金属沾污的全反射 X 射线荧光光谱测试方法[25]

1. 基本概况

硅片是各种半导体器件的基础载体，其表面必须经过严格清洗，保证表面清洁干净。表面沾污微量金属将严重影响少数载流子寿命和表面电导，导致器件失效。全反射 X 射线荧光光谱分析作为一种无损分析技术，适合进行硅片表面金属分析。该法使用单色 X 射线进行硅片表面分析，单色 X 射线以低于临界角度掠射到硅片表面，激发样品，发生入射 X 射线的全反射。发射出的特征 X 射线荧光光谱，被探测器检测接收。该法对硅片不产生破坏，适合测定硅片表面层的元素面密度，尤其适合清洗后的硅片自然氧化层或经化学方法处理后产生的氧化层中沾污元素的面密度。

2. 样品制备

由于硅片表面沾污元素的测量使用全反射 X 射线荧光光谱法，其对测量样品的分析面要求极高，需要经过化学或机械抛光的镜面作为分析面。而且在使用全反射 XRF 时，设备需要位于 100 级或优于 100 级的环境中。

3. 分析方法

首先保证分析仪器设备处于符合要求的环境中，然后设置与待测样品相同的仪器条件，先测量校准样品，再测量空白样品，该空白样品是指没有测到待测元素的样品。然后根据校准样品和空白样品的待测元素测量强度，计算待测元素的面密度值。保证与校准样品相同的仪器条件测量待测样品，探测器获得待测样品的全反射 X 射线光谱强度，此时就可以使用待测元素的校准样品数据和相对灵敏度因子计算待测样品中的待测元素的面密度。

六、首饰贵金属含量测定

1. 基本概况

随着人们生活水平的不断提高，对各类首饰的需求越来越大，其中包含贵金属首饰。目前，我国首饰质量检测实验室基本上是依据国家标准方法进行贵金属含量检测[26, 27]。该法利用了 X 射线荧光光谱法作为一种非破坏性的仪器分析方法的优势，利用首饰贵金属发出的最

第五篇

基本的特征 X 射线波长和强度进行定性定量分析。

2. 样品制备[26]

由于首饰作为分析对象的特殊性，使用该法时更强调分析的不确定度，注意首饰样品的外观、形状，另外也得考虑被测饰品与标准物质所含元素的差异性。通常，首饰样品测量点需选择干净平整的测量面，并保证足够大的测量面，通常测量之前需要清洗、晾干或烘干样品。并注意在清洗之后，移取首饰样品过程中，保持测量面的干净无污染。

3. 分析方法[28]

为了减小分析不确定度，必须保证仪器分析环境的稳定性。先等待 X 射线荧光光谱仪达到稳定之后，再测定标准物质，根据标准物质的元素含量值和强度值建立标准曲线。然后测量首饰样品，每件首饰样品测量点不少于三个，并且要保证每个测量点的测量强度大于3000cps，时间最好大于 120s。通过比对标准曲线确定每个测量点的贵金属含量值。最后，计算多点的平均值，即为该首饰贵金属元素的含量结果。

参 考 文 献

[1] 尹明，李家熙. 岩石矿物分析. 第 4 版. 北京: 地质出版社，2011.

[2] 刘玉兵，赵鹰立，游良俭. X 射线荧光分析技术及相关标准介绍. 水泥，2004. 12: 43.

[3] 崔祥柱，谢东. 检测工作中非标准方法的控制. 现代测量与实验室管理，2007: 4.

[4] 施昌彦. 什么是标准方法和非标准方法. 中国计量，2005(7): 75.

[5] 高锦雯，毕庶军，孙新华. 试论标准方法. 计量与测试技术，2005. 32(7): 32.

[6] GB/T 17040—2008 石油和石油产品硫含量的测定 能量色散 X 射线荧光光谱法，2008.

[7] GB/T 11140—2008 石油产品硫含量的测定 波长色散 X 射线荧光光谱法，2008.

[8] 韩爱荣. X 射线荧光测定石油产品中硫的探讨. 化工文摘，2007(4): 4.

[9] 毅春.《石油产品硫含量的测定 波长色散 X 射线荧光光谱法》的修订. 标准现在时，2009(2): 4.

[10] GB/T 4756—1998 石油液体手工取样法，1998.

[11] 王筱留. 钢铁冶金学. 北京: 冶金工业出版社，2013.

[12] GB/T 16597—1996 冶金产品分析方法 X 射线荧光光谱法通则，1996.

[13] 张志刚，祈旭丞，李方军. X 射线荧光光谱法分析低合金钢. 理化检验(化学分册)，2009: 4.

[14] 李辉. X 射线荧光光谱基本参数法测定钢铁的组分. 科学技术与工程，2006(9): 5.

[15] GB/T 223.79—2007 钢铁 多元素含量的测定 X-射线荧光光谱法(常规法)，2007.

[16] 许鸿英，张继丽，张艳萍. X 射线荧光光谱分析多矿源铁矿石中 9 种成分. 冶金分析，2009, 29(10): 4.

[17] 吴静，王富仲，许增平. 熔融制样——X 射线荧光光谱法测定铁矿石中主次成分. 冶金分析，2009. 29(9): 4.

[18] GB/T 6730.62—2005 铁矿石 钙、硅、镁、钛、磷、锰、铝和钡含量的测定 波长色散 X 射线荧光光谱法，2005.

[19] 宋武元，郑建国，肖前. X 射线荧光光谱法定性和定量筛选电子电气产品中铅、汞、铬、镉和溴. 检验检疫科学，2005(增刊): 3.

[20] 宋武元，郑建国，肖前. X 射线荧光光谱法同时测定电子电气产品中限制使用物质铅、汞、铬、镉和溴. 光谱学与光谱分析，2006. 26(12): 4.

[21] SN/T 2003.1—2005 电子电气产品中铅、汞、铬、镉和溴的测定 第 5 部分: 能量色散 X 射线荧光光谱定量筛选法. 2005.

[22] SN/T 2003.4—2006 电子电气产品中铅、汞、铬、镉和溴的测定 第 4 部分: 能量色散 X 射线荧光光谱定性筛选法. 2006.

[23] SN/T 2003.1—2005 电子电气产品中铅、汞、镉、铬、溴的测定 第一部分: X 射线荧光光谱法定性筛选法. 2005.

[24] GB/Z 21277—2007 电子电气产品中限用物质铅、汞、铬、镉和溴的快速筛选 X 射线荧光光谱法. 2007.

[25] GB/T 24578—2009 硅片表面金属沾污的全反射 X 光荧光光谱测试方法. 2009.

[26] 陈珊. X 射线荧光能谱法测定贵金属含量的测量不确定度分析. 光谱实验室，2004(5).

[27] 陈珊，张向军，杨燕. 贵金属含量的测量不确定度的来源分析. 宝石和宝石学杂志，2007(1).

[28] GB/T 18043—2008 首饰 贵金属含量的测定 X 射线荧光光谱法. 2008.

附　表

元素的特征 X 射线波长表

原子序数	元素	谱线名称	电子跃迁	λ/nm	固有宽度 /(MJ/mol)	光子能量 /(MJ/mol)	近似的相对强度
3	Li	$K_{\bar{\alpha}}$	K←L	23	—	5.017	150
4	Be	$K_{\bar{\alpha}}$	K←L	11.3	—	10.613	150
5	B	$K_{\bar{\alpha}}$	K←L	6.7	—	17.850	150
6	C	$K_{\bar{\alpha}}$	K←L	4.4	—	27.209	150
7	N	$K_{\bar{\alpha}}$	K←L	3.1603	—	37.822	150
8	O	$K_{\bar{\alpha}}$	K←L	2.3707	—	50.461	150
9	F	$K_{\bar{\alpha}}$	K←L	1.8307	—	65.320	150
10	Ne	$K_{\bar{\alpha}}$	K←L	1.4615	—	82.108	150
		K_{β_1}	K←M_3	1.4460	—	—	15
11	Na	$K_{\bar{\alpha}}$	K←L	1.1909	—	100.440	150
		K_{β_1}	K←M_3	1.1574	—	102.949	15
		K_{β_3}	K←M_2	1.1726	—	—	15
		L_{α_1}	L_3←M_5	40.76	—	—	100
12	Mg	$K_{\bar{\alpha}}$	K←L	0.9889	—	120.991	150
		K_{β_1}	K←M_3	0.9558	—	125.141	15
		K_{β_3}	K←M_2	0.9667	—	—	15
		L_{α_1}	L_3←M_5	25.10	—	—	100
13	Al	K_{α_1}	K←L_3	0.8338	—	143.473	100
		K_{α_2}	K←L_2	0.8341	—	143.376	50
		K_{β_1}	K←M_3	0.7960	—	149.841	15
		K_{β_3}	K←M_2	0.8059	—	—	15
		L_{α_1}	L_3←M_5	16.98	—	—	100
14	Si	K_{α_1}	K←L_3	0.7125	—	167.883	100
		K_{α_2}	K←L_2	0.7127	—	167.787	50
		K_{β_1}	K←M_3	0.6778	—	176.760	15
		K_{β_3}	K←M_2		—		15
		L_{α_1}	L_3←M_5	12.30	—	—	100
15	P	K_{α_1}	K←L_3	0.6154	—	194.416	100
		K_{α_2}	K←L_2	0.6157	—	194.320	50
		K_{β_1}	K←M_3	0.5804	—	206.019	15
16	S	K_{α_1}	K←L_3	0.5372	—	222.686	100
		K_{α_2}	K←L_2	0.5375	—	222.493	50

原子序数	元素	谱线名称	电子跃迁	λ/nm	固有宽度/(MJ/mol)	光子能量/(MJ/mol)	近似的相对强度
16	S	K_{β_1}	$K \leftarrow M_3$	0.5032	—	237.738	15
		L_t	$L_3 \leftarrow M_1$	} 8.3400	—		3
		L_η	$L_2 \leftarrow M_1$		—	—	1
17	Cl	K_{α_1}	$K \leftarrow L_3$	0.4728	—	252.983	100
		K_{α_2}	$K \leftarrow L_2$	0.4731	—	252.886	50
		K_{β_1}	$K \leftarrow M_3$	0.4403	—	271.604	15
		L_t	$L_3 \leftarrow M_1$	6.7840	—	—	3
		L_η	$L_2 \leftarrow M_1$	6.7250	—	—	1
18	Ar	K_{α_1}	$K \leftarrow L_3$	0.4191	—	285.305	100
		K_{α_2}	$K \leftarrow L_2$	0.4194	—	285.112	50
		K_{β_1}	$K \leftarrow M_3$	0.3886	—	307.989	15
		L_t	$L_3 \leftarrow M_1$	5.6212	—	—	3
		L_η	$L_2 \leftarrow M_1$	5.6813	—	—	1
19	K	K_{α_1}	$K \leftarrow L_3$	0.3742	—	319.653	100
		K_{α_2}	$K \leftarrow L_2$	0.3745	—	319.364	50
		K_{β_1}	$K \leftarrow M_3$	0.3454	—	346.283	15
		L_{α_1}	$L_3 \leftarrow M_5$	4.2700	—		100
		L_t	$L_3 \leftarrow M_1$	4.7835	—	—	3
		L_η	$L_2 \leftarrow M_1$	4.7325	—	—	1
20	Ca	K_{α_1}	$K \leftarrow L_3$	0.3359	0.0965	356.125	100
		K_{α_2}	$K \leftarrow L_2$	0.3362	0.0946	355.835	50
		K_{β_1}	$K \leftarrow M_3$	0.3089	—	387.096	15
		L_{α_1}	$L_3 \leftarrow M_5$	} 3.6393	—	32.901	100
		L_{α_2}	$L_3 \leftarrow M_4$				10
		L_{β_1}	$L_2 \leftarrow M_4$	3.595	—	33.191	50
		L_t	$L_3 \leftarrow M_1$	4.1042	—	—	3
		L_η	$L_2 \leftarrow M_1$	4.0542	—	—	1
21	Sc	K_{α_1}	$K \leftarrow L_3$	0.3031	—	394.622	100
		K_{α_2}	$K \leftarrow L_2$	0.3034	—	394.140	50
		K_{β_1}	$K \leftarrow M_3$	0.2780	—	430.321	15
		L_{α_1}	$L_3 \leftarrow M_5$	} 3.1393	—	38.111	100
		L_{α_2}	$L_3 \leftarrow M_4$				10
		L_{β_1}	$L_2 \leftarrow M_4$	3.1072	—	38.497	50
		L_t	$L_3 \leftarrow M_1$	3.6671	—	—	3
		L_η	$L_2 \leftarrow M_1$	3.5200	—	—	1
22	Ti	K_{α_1}	$K \leftarrow L_3$	0.2750	0.140	435.146	100
		K_{α_2}	$K \leftarrow L_2$	0.2753	0.206	434.567	50
		K_{β_1}	$K \leftarrow M_3$	} 0.2514	—	475.766	15
		K_{β_3}	$K \leftarrow M_2$				15

原子序数	元素	谱线名称	电子跃迁	λ/nm	固有宽度 /(MJ/mol)	光子能量 /(MJ/mol)	近似的相对强度
22	Ti	L_{α_1}	$L_3 \leftarrow M_5$	2.7445	—	43.611	100
		L_{α_2}	$L_3 \leftarrow M_4$				10
		L_{β_1}	$L_2 \leftarrow M_4$	2.7074	—	44.190	50
		L_ι	$L_3 \leftarrow M_1$	3.1423	—	—	3
		L_η	$L_2 \leftarrow M_1$	3.0942	—	—	1
23	V	K_{α_1}	$K \leftarrow L_3$	0.2503	—	477.792	100
		K_{α_2}	$K \leftarrow L_2$	0.2507	—	477.020	50
		K_{β_1}	$K \leftarrow M_3$	0.2285	—	523.622	15
		K_{β_3}	$K \leftarrow M_2$				15
		L_{α_1}	$L_3 \leftarrow M_5$	2.4309	—	49.207	100
		L_{α_2}	$L_3 \leftarrow M_4$				10
		L_{β_1}	$L_2 \leftarrow M_4$	2.3898	—	50.076	50
		L_{β_3}	$L_1 \leftarrow M_3$	2.1890	—	—	6
		L_{β_4}	$L_1 \leftarrow M_2$				4
		L_ι	$L_3 \leftarrow M_1$	2.7826	—	—	3
		L_η	$L_2 \leftarrow M_1$	2.7375	—	—	1
24	Cr	K_{α_1}	$K \leftarrow L_3$	0.2290	0.198	522.368	100
		K_{α_2}	$K \leftarrow L_2$	0.2294	0.254	521.499	50
		K_{β_1}	$K \leftarrow M_3$	0.2085	—	573.697	15
		K_{β_3}	$K \leftarrow M_2$				15
		L_{α_1}	$L_3 \leftarrow M_5$	2.1713	—	55.093	100
		L_{α_2}	$L_3 \leftarrow M_4$				10
		L_{β_1}	$L_2 \leftarrow M_4$	2.1323	—	56.058	50
		L_{β_3}	$L_1 \leftarrow M_3$	1.9429	—	—	6
		L_ι	$L_3 \leftarrow M_1$	2.4840	—	—	3
		L_η	$L_2 \leftarrow M_1$	2.4339	—	—	1
25	Mn	K_{α_1}	$K \leftarrow L_3$	0.2102	—	569.066	100
		K_{α_2}	$K \leftarrow L_2$	0.2105	—	568.005	50
		K_{β_1}	$K \leftarrow M_3$	0.1910	—	626.185	15
		K_{β_3}	$K \leftarrow M_2$				15
		L_{α_1}	$L_3 \leftarrow M_5$	1.9489	—	61.364	100
		L_{α_2}	$L_3 \leftarrow M_4$				10
		L_{β_1}	$L_2 \leftarrow M_4$	1.9518	—	62.426	50
		L_{β_3}	$L_1 \leftarrow M_3$	1.7575	—	—	6
		L_ι	$L_3 \leftarrow M_1$	2.2315	—	—	3
		L_η	$L_2 \leftarrow M_1$	2.1864	—	—	1
26	Fe	K_{α_1}	$K \leftarrow L_3$	0.1936	0.236	617.791	100
		K_{α_2}	$K \leftarrow L_2$	0.1940	0.309	616.537	50

原子序数	元素	谱线名称	电子跃迁	λ/nm	固有宽度 /(MJ/mol)	光子能量 /(MJ/mol)	近似的相对强度
26	Fe	K_{β_1}	$K \leftarrow M_3$	0.1757	—	680.892	15
		K_{β_3}	$K \leftarrow M_2$				15
		L_{α_1}	$L_3 \leftarrow M_5$	1.7602	—	67.925	100
		L_{α_2}	$L_3 \leftarrow M_4$				10
		L_{β_1}	$L_2 \leftarrow M_4$	1.7290	—	69.179	50
		L_{β_3}	$L_1 \leftarrow M_3$	1.5742	—	—	6
		L_ι	$L_3 \leftarrow M_1$	2.0201	—	—	3
		L_η	$L_2 \leftarrow M_1$	1.9730	—	—	1
27	Co	K_{α_1}	$K \leftarrow L_3$	0.1789	—	668.638	100
		K_{α_2}	$K \leftarrow L_2$	0.1793	—	667.191	50
		K_{β_1}	$K \leftarrow M_3$	0.1621	—	738.011	15
		K_{β_3}	$K \leftarrow M_2$				15
		L_{α_1}	$L_3 \leftarrow M_5$	1.600	—	74.776	100
		L_{α_2}	$L_3 \leftarrow M_4$				10
		L_{β_1}	$L_2 \leftarrow M_4$	1.5698	—	76.223	50
		L_{β_3}	$L_1 \leftarrow M_3$	1.4269	—	—	6
		L_ι	$L_3 \leftarrow M_1$	1.8358	—	—	3
		L_η	$L_2 \leftarrow M_1$	1.7860	—	—	1
28	Ni	K_{α_1}	$K \leftarrow L_3$	0.1658	0.289	528.446	100
		K_{α_2}	$K \leftarrow L_2$	0.1661	0.357	719.775	50
		K_{β_1}	$K \leftarrow M_3$	0.1500	—	797.349	15
		K_{β_3}	$K \leftarrow M_2$				15
		K_{β_2}	$K \leftarrow N_{2,3}$	0.1489	—	803.524	5
		L_{α_1}	$L_3 \leftarrow M_5$	1.4595	—	81.915	100
		L_{α_2}	$L_3 \leftarrow M_4$				10
		L_{β_1}	$L_2 \leftarrow M_4$	1.4308	—	83.556	50
		L_{β_3}	$L_1 \leftarrow M_3$	1.3167	—	—	6
		L_ι	$L_3 \leftarrow M_1$	1.6693	—	—	3
		L_η	$L_2 \leftarrow M_1$	1.6304	—	—	1
29	Cu	K_{α_1}	$K \leftarrow L_3$	0.1540	—	776.412	100
		K_{α_2}	$K \leftarrow L_2$	0.1544	—	774.482	50
		K_{β_1}	$K \leftarrow M_3$	0.1392	—	859.099	15
		K_{β_2}	$K \leftarrow N_{2,3}$	0.1381	—	866.046	5
		K_{β_3}	$K \leftarrow M_2$	0.1393	—	—	15
		L_{α_1}	$L_3 \leftarrow M_5$	1.3357	—	89.538	100
		L_{α_2}	$L_3 \leftarrow M_4$				10
		L_{β_1}	$L_2 \leftarrow M_4$	1.3079	—	91.467	50
		L_{β_3}	$L_1 \leftarrow M_3$	1.2115	—	—	6

续表

原子序数	元素	谱线名称	电子跃迁	λ/nm	固有宽度/(MJ/mol)	光子能量/(MJ/mol)	近似的相对强度
29	Cu	L_t	$L_3 \leftarrow M_1$	1.5297	—	—	3
		L_η	$L_2 \leftarrow M_1$	1.4940	—	—	1
30	Zn	K_{α_1}	$K \leftarrow L_3$	0.1435	0.328	833.434	100
		K_{α_2}	$K \leftarrow L_2$	0.1439	0.382	831.215	50
		K_{β_1}	$K \leftarrow M_3$	0.1296	—	923.454	15
		K_{β_2}	$K \leftarrow N_{2,3}$	0.1284		931.752	5
		L_{α_1}	$L_3 \leftarrow M_5$	1.2282		97.353	100
		L_{α_2}	$L_3 \leftarrow M_4$				10
		L_{β_1}	$L_2 \leftarrow M_4$	1.2009		99.572	50
		L_{β_3}	$L_1 \leftarrow M_3$	1.1225		—	6
		L_t	$L_3 \leftarrow M_1$	1.4081		—	3
		L_η	$L_2 \leftarrow M_1$	1.3719		—	1
31	Ga	K_{α_1}	$K \leftarrow L_3$	0.1340	—	892.579	100
		K_{α_2}	$K \leftarrow L_2$	0.1344	—	890.939	50
		K_{β_1}	$K \leftarrow M_3$	0.1207	—	990.221	15
		K_{β_2}	$K \leftarrow N_{2,3}$	0.1196	—	1000.063	5
		K_{β_3}	$K \leftarrow M_2$	0.1208	—		15
		L_{α_1}	$L_3 \leftarrow M_5$	1.1313		105.747	100
		L_{α_2}	$L_3 \leftarrow M_4$				10
		L_{β_1}	$L_2 \leftarrow M_4$	1.1045		108.256	50
		L_{β_3}	$L_1 \leftarrow M_3$	1.0365		—	3
		L_{β_4}	$L_1 \leftarrow M_2$				2
		L_t	$L_3 \leftarrow M_1$	1.2976	—	—	3
		L_η	$L_2 \leftarrow M_1$	1.2620	—	—	1
32	Ge	K_{α_1}	$K \leftarrow L_3$	0.1255	0.362	953.750	100
		K_{α_2}	$K \leftarrow L_2$	0.1258	0.403	950.759	50
		K_{β_1}	$K \leftarrow M_3$	0.1129	—	1059.497	15
		K_{β_2}	$K \leftarrow N_{2,3}$	0.1117	—	1070.980	5
		K_{β_3}	$K \leftarrow M_2$	0.1129	—		15
		L_{α_1}	$L_3 \leftarrow M_5$	1.0456		112.501	100
		L_{α_2}	$L_3 \leftarrow M_4$				10
		L_{β_1}	$L_2 \leftarrow M_4$	1.0194		117.325	50
		L_{β_3}	$L_1 \leftarrow M_3$	0.9580		—	3
		L_{β_4}	$L_1 \leftarrow M_2$	0.9640		—	2
		L_t	$L_3 \leftarrow M_1$	1.1944		—	3
		L_η	$L_2 \leftarrow M_1$	1.1608		—	1
33	As	K_{α_1}	$K \leftarrow L_3$	0.1175	—	1017.237	100
		K_{α_2}	$K \leftarrow L_2$	0.1179	—	1013.764	50

原子序数	元素	谱线名称	电子跃迁	λ/nm	固有宽度 /(MJ/mol)	光子能量 /(MJ/mol)	近似的相对强度
		K_{β_1}	$K \leftarrow M_3$	0.1057	—	1131.282	15
		K_{β_2}	$K \leftarrow N_{2,3}$	0.1045	—	1144.597	5
		K_{β_3}	$K \leftarrow M_2$	0.1058	—	—	15
		L_{α_1}	$L_3 \leftarrow M_5$	0.9671	—	123.693	100
33	As	L_{α_2}	$L_3 \leftarrow M_4$				10
		L_{β_1}	$L_2 \leftarrow M_4$	0.9414	—	127.070	50
		L_{β_3}	$L_1 \leftarrow M_3$	0.8930	—	—	6
		L_ι	$L_3 \leftarrow M_1$	1.1069	—	—	3
		L_η	$L_2 \leftarrow M_1$	1.0732	—	—	1
		K_{α_1}	$K \leftarrow L_3$	0.1105	0.396	1082.654	100
		K_{α_2}	$K \leftarrow L_2$	0.1109	0.427	1078.794	50
		K_{β_1}	$K \leftarrow M_3$	0.0992	—	1205.575	15
		K_{β_2}	$K \leftarrow N_{2,3}$	0.0980	—	1220.627	5
		K_{β_3}	$K \leftarrow M_2$	0.0993	—	—	15
		L_{α_1}	$L_3 \leftarrow M_5$	0.8990	—	133.052	100
34	Se	L_{α_2}	$L_3 \leftarrow M_4$				10
		L_{β_1}	$L_2 \leftarrow M_4$	0.8735	—	136.912	50
		L_{β_3}	$L_1 \leftarrow M_3$	0.8321	—	—	6
		L_{β_4}	$L_1 \leftarrow M_2$				4
		L_ι	$L_3 \leftarrow M_1$	1.0293	—	—	3
		L_η	$L_2 \leftarrow M_1$	0.9959	—	—	1
		K_{α_1}	$K \leftarrow L_3$	0.1040	—	1150.386	100
		K_{α_2}	$K \leftarrow L_2$	0.1044	—	1145.948	50
		K_{β_1}	$K \leftarrow M_3$	0.0933	—	1282.280	15
		K_{β_2}	$K \leftarrow N_{2,3}$	0.0921	—	1299.165	5
		K_{β_3}	$K \leftarrow M_2$	0.0933	—	—	15
		L_{α_1}	$L_3 \leftarrow M_5$	0.8375	—	142.797	100
		L_{α_2}	$L_3 \leftarrow M_4$				10
35	Br	L_{β_1}	$L_2 \leftarrow M_4$	0.8126	—	147.235	50
		L_{β_3}	$L_1 \leftarrow M_3$	0.7767	—	—	6
		L_{β_4}	$L_1 \leftarrow M_2$				4
		L_ι	$L_3 \leftarrow M_1$	0.9583	—	—	3
		L_η	$L_2 \leftarrow M_1$	0.9253	—	—	1
		M_{ζ_1}	$M_5 \leftarrow N_3$	19.26	—	—	1
		M_{ζ_2}	$M_4 \leftarrow N_2$	19.11	—	—	1
		K_{α_1}	$K \leftarrow L_3$	0.0980	0.408	1220.337	100
36	Kr	K_{α_2}	$K \leftarrow L_2$	0.0984	0.446	1215.417	50
		K_{β_1}	$K \leftarrow M_3$	0.0879	—	1361.591	15

原子序数	元素	谱线名称	电子跃迁	λ/nm	固有宽度 /(MJ/mol)	光子能量 /(MJ/mol)	近似的相对强度
		K_{β_2}	$K \leftarrow N_{2,3}$	0.0866	—	1380.984	5
		K_{β_3}	$K \leftarrow M_2$	0.0879	—	—	15
		L_{α_1}	$L_3 \leftarrow M_5$	0.7817	—	153.121	100
		L_{α_2}	$L_3 \leftarrow M_4$				10
36	Kr	L_{β_1}	$L_2 \leftarrow M_4$	0.7576	—	158.042	50
		L_{β_3}	$L_1 \leftarrow M_3$	0.7264	—	—	6
		L_{β_4}	$L_1 \leftarrow M_2$	0.7304	—	—	4
		L_ι	$L_3 \leftarrow M_1$	0.8946	—	—	3
		L_η	$L_2 \leftarrow M_1$	0.8626	—	—	1
		K_{α_1}	$K \leftarrow L_3$	0.0926	—	1292.315	100
		K_{α_2}	$K \leftarrow L_2$	0.0930	—	1286.622	50
		K_{β_1}	$K \leftarrow M_3$	0.0829	—	1443.410	15
		K_{β_2}	$K \leftarrow N_{2,3}$	0.0817	—	1465.022	5
		K_{β_3}	$K \leftarrow M_2$	0.0830	—	—	15
		L_{α_1}	$L_3 \leftarrow M_5$	0.7318	—	163.445	100
		L_{α_2}	$L_3 \leftarrow M_4$	0.7325	—	163.252	10
		L_{β_1}	$L_2 \leftarrow M_4$	0.7075	—	169.041	50
37	Rb	L_{β_3}	$L_1 \leftarrow M_3$	0.6788	—	—	6
		L_{β_4}	$L_1 \leftarrow M_2$	0.6821	—	—	4
		L_{γ_2}	$L_1 \leftarrow N_2$	0.6045	—	—	1
		L_{γ_3}	$L_1 \leftarrow N_3$				2
		L_ι	$L_3 \leftarrow M_1$	0.8363	—	—	3
		L_η	$L_2 \leftarrow M_1$	0.8042	—	—	1
		M_{ζ_1}	$M_5 \leftarrow N_3$	12.87	—	—	1
		M_{ζ_2}	$M_4 \leftarrow N_2$	12.77	—	—	1
		K_{α_1}	$K \leftarrow L_3$	0.0875	0.499	1366.608	100
		K_{α_2}	$K \leftarrow L_2$	0.0880	0.480	1360.143	50
		K_{β_1}	$K \leftarrow M_3$	0.0783	—	1527.737	15
		K_{β_2}	$K \leftarrow N_{2,3}$	0.0771	—	1551.762	5
		K_{β_3}	$K \leftarrow M_2$	0.0784	—	—	15
		L_{α_1}	$L_3 \leftarrow M_5$	0.6863	—	174.251	100
38	Sr	L_{α_2}	$L_3 \leftarrow M_4$	0.6870	—	174.155	10
		L_{β_1}	$L_2 \leftarrow M_4$	0.6623	—	180.619	50
		L_{β_3}	$L_1 \leftarrow M_3$	0.6367	—	—	6
		L_{β_4}	$L_1 \leftarrow M_2$	0.6403	—	—	4
		L_{γ_2}	$L_1 \leftarrow N_2$	0.5644	—	—	1
		L_{γ_3}	$L_1 \leftarrow N_3$				2
		L_ι	$L_3 \leftarrow M_1$	0.7836	—	—	3

原子序数	元素	谱线名称	电子跃迁	λ/nm	固有宽度/(MJ/mol)	光子能量/(MJ/mol)	近似的相对强度
38	Sr	L_η	$L_2 \leftarrow M_1$	0.7517	—	—	1
		M_{ζ_1}	$M_5 \leftarrow N_3$	10.87	—	—	1
		M_{ζ_2}	$M_4 \leftarrow N_2$	10.80	—	—	1
39	Y	K_{α_1}	$K \leftarrow L_3$	0.0829	—	1443.120	100
		K_{α_2}	$K \leftarrow L_2$	0.0833	—	1435.884	50
		K_{β_1}	$K \leftarrow M_3$	0.0740	—	1614.766	15
		K_{β_2}	$K \leftarrow N_{2,3}$	0.0728	—	1641.299	5
		K_{β_3}	$K \leftarrow M_2$	0.0741	—	—	15
		L_{α_1}	$L_3 \leftarrow M_5$	0.6449	—	185.443	100
		L_{α_2}	$L_3 \leftarrow M_4$	0.6456	—	185.250	10
		L_{β_1}	$L_2 \leftarrow M_4$	0.6211	—	192.583	50
		L_{β_3}	$L_1 \leftarrow M_3$	0.5983	—	—	6
		L_{β_4}	$L_1 \leftarrow M_2$	0.6018	—	—	4
		L_{γ_2}	$L_1 \leftarrow N_2$	0.5283	—	—	1
		L_{γ_3}	$L_1 \leftarrow N_3$				2
		L_ι	$L_3 \leftarrow M_1$	0.7356	—	—	3
		L_η	$L_2 \leftarrow M_1$	0.7040	—	—	1
		M_{ζ_1}	$M_5 \leftarrow N_3$	9.340	—	—	1
		M_{ζ_2}	$M_4 \leftarrow N_2$				
40	Zr	K_{α_1}	$K \leftarrow L_3$	0.0786	0.550	1521.948	100
		K_{α_2}	$K \leftarrow L_2$	0.0791	0.507	1513.843	50
		K_{β_1}	$K \leftarrow M_3$	0.0701	—	1704.497	15
		K_{β_2}	$K \leftarrow N_{2,3}$	0.0690	—	1733.732	5
		K_{β_3}	$K \leftarrow M_2$	0.0702	—	—	15
		L_{α_1}	$L_3 \leftarrow M_5$	0.6070	0.162	197.022	100
		L_{α_2}	$L_3 \leftarrow M_4$	0.6077	0.147	196.829	10
		L_{β_1}	$L_2 \leftarrow M_4$	0.5836	0.180	204.933	50
		L_{β_2}	$L_3 \leftarrow N_5$	0.5586	0.495	214.099	20
		L_{β_3}	$L_1 \leftarrow M_3$	0.5632	0.531	—	6
		L_{β_4}	$L_1 \leftarrow M_2$	0.5668	0.540	—	4
		L_{γ_1}	$L_2 \leftarrow N_4$	0.5384	0.322	222.108	10
		L_{γ_2}	$L_1 \leftarrow N_2$	0.4953	—	—	1
		L_{γ_3}	$L_1 \leftarrow N_3$				2
		L_ι	$L_3 \leftarrow M_1$	0.6918	—	—	3
		L_η	$L_2 \leftarrow M_1$	0.6606	—	—	1
		M_γ	$M_3 \leftarrow N_5$	3.839	—	—	5
		M_{ζ_1}	$M_5 \leftarrow N_3$	8.210	—	—	1
		M_{ζ_2}	$M_4 \leftarrow N_2$				1

原子序数	元素	谱线名称	电子跃迁	λ/nm	固有宽度/(MJ/mol)	光子能量/(MJ/mol)	近似的相对强度
41	Nb	K_{α_1}	$K \leftarrow L_3$	0.0747	—	1602.995	100
		K_{α_2}	$K \leftarrow L_2$	0.0751	—	1593.926	50
		K_{β_1}	$K \leftarrow M_3$	0.0665	—	1796.640	15
		K_{β_2}	$K \leftarrow N_{2,3}$	0.0654	—	1828.480	5
		K_{β_3}	$K \leftarrow M_2$	0.0666	—	—	15
		L_{α_1}	$L_3 \leftarrow M_5$	0.5725	—	208.986	100
		L_{α_2}	$L_3 \leftarrow M_4$	0.5732	—	208.696	10
		L_{β_1}	$L_2 \leftarrow M_4$	0.5492	—	217.766	50
		L_{β_2}	$L_3 \leftarrow N_5$	0.5238	—	228.379	20
		L_{β_3}	$L_1 \leftarrow M_3$	0.5310	—	—	6
		L_{β_4}	$L_1 \leftarrow M_2$	0.5346	—	—	4
		L_{γ_1}	$L_2 \leftarrow N_4$	0.5036	—	237.545	10
		L_{γ_2}	$L_1 \leftarrow N_2$	0.4654	—	—	1
		L_{γ_3}	$L_1 \leftarrow N_3$		—	—	2
		L_ι	$L_3 \leftarrow M_1$	0.6517	—	—	3
		L_η	$L_2 \leftarrow M_1$	0.6210	—	—	1
		M_γ	$M_3 \leftarrow N_5$	3.490	—	—	5
		M_{ζ_1}	$M_5 \leftarrow N_3$	7.219	—	—	1
		M_{ζ_2}	$M_4 \leftarrow N_2$		—	—	1
42	Mo	K_{α_1}	$K \leftarrow L_3$	0.0709	0.658	1686.358	100
		K_{α_2}	$K \leftarrow L_2$	0.0713	0.656	1676.227	50
		K_{β_1}	$K \leftarrow M_3$	0.0632	—	1891.774	15
		K_{β_2}	$K \leftarrow N_{2,3}$	0.0621	—	1926.219	5
		K_{β_3}	$K \leftarrow M_2$	0.0633	—	—	15
		L_{α_1}	$L_3 \leftarrow M_5$	0.5406	0.179	221.239	100
		L_{α_2}	$L_3 \leftarrow M_4$	0.5414	0.174	220.950	10
		L_{β_1}	$L_2 \leftarrow M_4$	0.5176	0.196	231.081	50
		L_{β_2}	$L_3 \leftarrow N_5$	0.4923	0.511	242.948	20
		L_{β_3}	$L_1 \leftarrow M_3$	0.5013	0.569	—	6
		L_{β_4}	$L_1 \leftarrow M_2$	0.5048	0.558	—	4
		L_{γ_1}	$L_2 \leftarrow N_4$	0.4726	0.363	253.079	10
		L_{γ_2}	$L_1 \leftarrow N_2$	0.4380	—	—	1
		L_{γ_3}	$L_1 \leftarrow N_3$		—	—	2
		L_ι	$L_3 \leftarrow M_1$	0.6150	—	—	3
		L_η	$L_2 \leftarrow M_1$	0.5847	—	—	1
		M_γ	$M_3 \leftarrow N_5$	3.270	—	—	5
		M_{ζ_1}	$M_5 \leftarrow N_3$	6.438	—	—	1
		M_{ζ_2}	$M_4 \leftarrow N_2$		—	—	1

第五篇

原子序数	元素	谱线名称	电子跃迁	λ/nm	固有宽度/(MJ/mol)	光子能量/(MJ/mol)	近似的相对强度
43	Tc	K_{α_1}	K←L₃	0.0675	—	1776.281	100
		K_{α_2}	K←L₂	0.0679	—	1768.370	50
		K_{β_1}	K←M₃	0.0601	—	1986.135	15
		K_{β_2}	K←N₂,₃	0.0590	—	2027.334	5
		K_{β_3}	K←M₂	0.0602	—	—	15
		L_{α_1}	L₃←M₅	0.5114	—	233.879	100
		L_{α_2}	L₃←M₄	0.5123	—	233.493	10
		L_{β_1}	L₂←M₄	0.4887	—	244.878	80
		L_{β_2}	L₃←N₅	0.4636	—	257.999	30
		L_{β_3}	L₁←M₃	0.4737	—	—	3
		L_{β_4}	L₁←M₂	0.4773	—	—	2
		L_{γ_1}	L₂←N₄	0.4440	—	269.385	10
		L_{γ_2}	L₁←N₂	0.4138	—	—	1
		L_{γ_3}	L₁←N₃		—	—	2
		L_{ι}	L₃←M₁	0.5819	—	—	5
		L_{η}	L₂←M₁	0.5518	—	—	2
		M_{γ}	M₃←N₅	3.010	—	—	5
		M_{ζ_1}	M₅←N₃	5.950	—	—	1
		M_{ζ_2}	M₄←N₂		—	—	1
44	Ru	K_{α_1}	K←L₃	0.0643	0.715	1860.030	100
		K_{α_2}	K←L₂	0.0647	0.768	1847.584	50
		K_{β_1}	K←M₃	0.0572	—	2089.374	15
		K_{β_2}	K←N₂,₃	0.0562	—	2129.608	5
		K_{β_3}	K←M₂	0.0573	—	—	15
		L_{α_1}	L₃←M₅	0.4846	0.196	246.808	100
		L_{α_2}	L₃←M₄	0.4854	0.191	246.422	10
		L_{β_1}	L₂←M₄	0.4620	0.210	258.868	50
		L_{β_2}	L₃←N₅	0.4372	0.526	273.630	20
		L_{β_3}	L₁←M₃	0.4487	0.613	—	6
		L_{β_4}	L₁←M₂	0.4532	0.575	—	4
		L_{γ_1}	L₂←N₄	0.4182	0.400	285.980	10
		L_{γ_2}	L₁←N₂	0.3897	—	—	1
		L_{γ_3}	L₁←N₃		—	—	2
		L_{ι}	L₃←M₁	0.5503	—	—	3
		L_{η}	L₂←M₁	0.5204	—	—	1
		M_{γ}	M₃←N₅	2.685	—	—	5
		M_{ζ_1}	M₅←N₃	5.234	—	—	1
		M_{ζ_2}	M₄←N₂		—	—	1

原子序数	元素	谱线名称	电子跃迁	λ/nm	固有宽度/(MJ/mol)	光子能量/(MJ/mol)	近似的相对强度
45	Rh	K_{α_1}	$K \leftarrow L_3$	0.0613	—	1950.340	100
		K_{α_2}	$K \leftarrow L_2$	0.0617	—	1936.639	50
		K_{β_1}	$K \leftarrow M_3$	0.0546	—	2192.227	15
		K_{β_2}	$K \leftarrow N_{2,3}$	0.0535	—	2235.452	5
		K_{β_3}	$K \leftarrow M_2$	0.0546	—	—	15
		L_{α_1}	$L_3 \leftarrow M_5$	0.4597	—	260.122	100
		L_{α_2}	$L_3 \leftarrow M_4$	0.4605	—	259.737	10
		L_{β_1}	$L_2 \leftarrow M_4$	0.4374	—	273.437	50
		L_{β_2}	$L_3 \leftarrow N_5$	0.4130	—	289.550	20
		L_{β_3}	$L_1 \leftarrow M_3$	0.4253	—	—	6
		L_{β_4}	$L_1 \leftarrow M_2$	0.4289	—	—	4
		L_{γ_1}	$L_2 \leftarrow N_4$	0.3944	—	303.348	10
		L_{γ_2}	$L_1 \leftarrow N_2$	0.3685	—	—	1
		L_{γ_3}	$L_1 \leftarrow N_3$		—		2
		L_ι	$L_3 \leftarrow M_1$	0.5217	—	—	3
		L_η	$L_2 \leftarrow M_1$	0.4922	—	—	1
		M_γ	$M_3 \leftarrow N_5$	2.5000	—	—	5
		M_{ζ_1}	$M_5 \leftarrow N_3$	4.767	—	—	1
		M_{ζ_2}	$M_4 \leftarrow N_2$		—		1
46	Pd	K_{α_1}	$K \leftarrow L_3$	0.0585	0.849	2043.061	100
		K_{α_2}	$K \leftarrow L_2$	0.0590	0.888	2027.913	50
		K_{β_1}	$K \leftarrow M_3$	0.0521	—	2297.877	15
		K_{β_2}	$K \leftarrow N_{2,3}$	0.0510	—	2344.286	5
		K_{β_3}	$K \leftarrow M_2$	0.0521	—	—	15
		L_{α_1}	$L_3 \leftarrow M_5$	0.4368	0.213	273.823	100
		L_{α_2}	$L_3 \leftarrow M_4$	0.4376	0.208	273.341	10
		L_{β_1}	$L_2 \leftarrow M_4$	0.4146	0.278	288.489	50
		L_{β_2}	$L_3 \leftarrow N_5$	0.3909	0.543	306.049	20
		L_{β_3}	$L_1 \leftarrow M_3$	0.4034	0.656	—	6
		L_{β_4}	$L_1 \leftarrow M_2$	0.4071	0.596	—	4
		L_{γ_1}	$L_2 \leftarrow N_4$	0.3725	0.434	321.101	10
		L_{γ_2}	$L_1 \leftarrow N_2$	0.3489	—	—	1
		L_{γ_3}	$L_1 \leftarrow N_3$		—		2
		L_ι	$L_3 \leftarrow M_1$	0.4952	—	—	3
		L_η	$L_2 \leftarrow M_1$	0.4660	—	—	1
		M_γ	$M_3 \leftarrow N_5$	2.330	—	—	5
		M_{ζ_1}	$M_5 \leftarrow N_3$	4.360	—	—	1
		M_{ζ_2}	$M_4 \leftarrow N_2$		—		1

第五篇

续表

原子序数	元素	谱线名称	电子跃迁	λ/nm	固有宽度/(MJ/mol)	光子能量/(MJ/mol)	近似的相对强度
47	Ag	K_{α_1}	$K \leftarrow L_3$	0.0559	—	2138.291	100
		K_{α_2}	$K \leftarrow L_2$	0.0564	—	2121.503	50
		K_{β_1}	$K \leftarrow M_3$	0.0497	—	2406.519	15
		K_{β_2}	$K \leftarrow N_{2,3}$	0.0487	—	2455.919	5
		K_{β_3}	$K \leftarrow M_2$	0.0498	—	—	15
		L_{α_1}	$L_3 \leftarrow M_5$	0.4154	—	287.910	100
		L_{α_2}	$L_3 \leftarrow M_4$	0.4162	—	287.331	10
		L_{β_1}	$L_2 \leftarrow M_4$	0.3935	—	304.023	50
		L_{β_2}	$L_3 \leftarrow N_5$	0.3703	—	323.030	20
		L_{β_3}	$L_1 \leftarrow M_3$	0.3834	—	—	6
		L_{β_4}	$L_1 \leftarrow M_2$	0.3870	—	—	4
		L_{γ_1}	$L_2 \leftarrow N_4$	0.3523	—	339.529	10
		L_{γ_2}	$L_1 \leftarrow N_2$	0.3307	—	—	1
		L_{γ_3}	$L_1 \leftarrow N_3$		—	—	2
		L_{ι}	$L_3 \leftarrow M_1$	0.4707	—	—	3
		L_{η}	$L_2 \leftarrow M_1$	0.4418	—	—	1
		M_{γ}	$M_3 \leftarrow N_5$	2.1800	—	—	5
		M_{ζ_1}	$M_5 \leftarrow N_3$	3.977	—	—	1
		M_{ζ_2}	$M_4 \leftarrow N_2$		—	—	1
48	Cd	K_{α_1}	$K \leftarrow L_3$	0.0535	0.946	2235.741	100
		K_{α_2}	$K \leftarrow L_2$	0.0539	1.003	2217.409	50
		K_{β_1}	$K \leftarrow M_3$	0.0475	—	2517.573	15
		K_{β_2}	$K \leftarrow N_{2,3}$	0.0465	—	2570.446	5
		K_{β_3}	$K \leftarrow M_2$	0.0476	—	—	15
		L_{α_1}	$L_3 \leftarrow M_5$	0.3956	0.234	302.286	100
		L_{α_2}	$L_3 \leftarrow M_4$	0.3965	0.232	301.707	10
		L_{β_1}	$L_2 \leftarrow M_4$	0.3739	0.245	319.943	50
		L_{β_2}	$L_3 \leftarrow N_5$	0.3514	0.562	340.398	20
		L_{β_3}	$L_1 \leftarrow M_3$	0.3644	0.698	—	6
		L_{β_4}	$L_1 \leftarrow M_2$	0.3681	0.606	—	4
		L_{γ_1}	$L_2 \leftarrow N_4$	0.3336	0.466	358.537	10
		L_{γ_2}	$L_1 \leftarrow N_2$	0.3137	—	—	1
		L_{γ_3}	$L_1 \leftarrow N_3$		—	—	2
		L_{ι}	$L_3 \leftarrow M_1$	0.4480	—	—	3
		L_{η}	$L_2 \leftarrow M_1$	0.4193	—	—	1
		M_{γ}	$M_3 \leftarrow N_5$	2.046	—	—	5
		M_{ζ_1}	$M_5 \leftarrow N_3$	3.680	—	—	1
		M_{ζ_2}	$M_4 \leftarrow N_2$		—	—	1

原子序数	元素	谱线名称	电子跃迁	λ/nm	固有宽度 /(MJ/mol)	光子能量 /(MJ/mol)	近似的相对强度
49	In	K_{α_1}	$K \leftarrow L_3$	0.0512	—	2335.603	100
		K_{α_2}	$K \leftarrow L_2$	0.0517	—	2315.630	50
		K_{β_1}	$K \leftarrow M_3$	0.0455	—	2631.521	15
		K_{β_2}	$K \leftarrow N_{2,3}$	0.0445	—	2687.964	5
		K_{β_3}	$K \leftarrow M_2$	0.0455	—	—	15
		L_{α_1}	$L_3 \leftarrow M_5$	0.3752	—	317.145	100
		L_{α_2}	$L_3 \leftarrow M_4$	0.3781	—	316.373	10
		L_{β_1}	$L_2 \leftarrow M_4$	0.3555	—	336.442	50
		L_{β_2}	$L_3 \leftarrow N_5$	0.3339	—	358.247	20
		L_{β_3}	$L_1 \leftarrow M_3$	0.3470	—	—	6
		L_{β_4}	$L_1 \leftarrow M_2$	0.3507	—	—	4
		L_{γ_1}	$L_2 \leftarrow N_4$	0.3162	—	378.220	10
		L_{γ_2}	$L_1 \leftarrow N_2$	0.2980	—	—	1
		L_{γ_3}	$L_1 \leftarrow N_3$		—	—	2
		L_{γ_4}	$L_1 \leftarrow O_3$	0.2926	—	—	<1
		L_ι	$L_3 \leftarrow M_1$	0.4269	—	—	3
		L_η	$L_2 \leftarrow M_1$	0.3983	—	—	1
		M_γ	$M_3 \leftarrow N_5$	1.921	—	—	5
		M_{ζ_1}	$M_5 \leftarrow N_3$	3.320	—	—	1
		M_{ζ_2}	$M_4 \leftarrow N_2$		—	—	1
50	Sn	K_{α_1}	$K \leftarrow L_3$	0.0491	1.081	2438.166	100
		K_{α_2}	$K \leftarrow L_2$	0.0495	1.196	2416.167	50
		K_{β_1}	$K \leftarrow M_3$	0.0435	1.139	2748.171	15
		K_{β_2}	$K \leftarrow N_{2,3}$	0.0426	—	2808.281	5
		K_{β_3}	$K \leftarrow M_2$	0.0436	1.061	—	15
		L_{α_1}	$L_3 \leftarrow M_5$	0.3600	0.253	332.293	100
		L_{α_2}	$L_3 \leftarrow M_4$	0.3609	0.253	331.425	10
		L_{β_1}	$L_2 \leftarrow M_4$	0.3385	0.265	353.327	50
		L_{β_2}	$L_3 \leftarrow N_5$	0.3175	0.589	376.676	20
		L_{β_3}	$L_1 \leftarrow M_3$	0.3306	0.743	—	6
		L_{β_4}	$L_1 \leftarrow M_2$	0.3344	0.637	—	4
		L_{γ_1}	$L_2 \leftarrow N_4$	0.3001	0.545	398.578	10
		L_{γ_2}	$L_1 \leftarrow N_2$	0.2835	—	—	1
		L_{γ_3}	$L_1 \leftarrow N_3$		—	—	2
		L_{γ_4}	$L_1 \leftarrow O_3$	0.2778	—	—	<1
		L_ι	$L_3 \leftarrow M_1$	0.4071	—	—	3
		L_η	$L_2 \leftarrow M_1$	0.3789	—	—	1
		M_γ	$M_3 \leftarrow N_5$	1.794	—	—	5

原子序数	元素	谱线名称	电子跃迁	λ/nm	固有宽度 /(MJ/mol)	光子能量 /(MJ/mol)	近似的相对强度
50	Sn	M_{ζ_1}	$M_5 \leftarrow N_3$	3.124	—	—	1
		M_{ζ_2}	$M_4 \leftarrow N_2$				1
51	Sb	K_{α_1}	$K \leftarrow L_3$	0.0470	—	2543.045	100
		K_{α_2}	$K \leftarrow L_2$	0.0475	—	2519.116	50
		K_{β_1}	$K \leftarrow M_3$	0.0417	—	2867.812	15
		K_{β_2}	$K \leftarrow N_{2,3}$	0.0408	—	2931.878	5
		K_{β_3}	$K \leftarrow M_2$	0.0418	—	—	15
		L_{α_1}	$L_3 \leftarrow M_5$	0.3439	—	347.827	100
		L_{α_2}	$L_3 \leftarrow M_4$	0.3448	—	346.862	10
		L_{β_1}	$L_2 \leftarrow M_4$	0.3226	—	341.845	50
		L_{β_2}	$L_3 \leftarrow N_5$	0.3023	—	395.587	20
		L_{β_3}	$L_1 \leftarrow M_3$	0.3152	—	—	6
		L_{β_4}	$L_1 \leftarrow M_2$	0.3190	—	—	4
		L_{γ_1}	$L_2 \leftarrow N_4$	0.2852	—	419.419	10
		L_{γ_2}	$L_1 \leftarrow N_2$	0.2695	—	—	1
		L_{γ_3}	$L_1 \leftarrow N_3$				2
		L_{γ_4}	$L_1 \leftarrow O_3$	0.2639	—	—	<1
		L_ι	$L_3 \leftarrow M_1$	0.3888	—	—	3
		L_η	$L_2 \leftarrow M_1$	0.3607	—	—	1
		M_γ	$M_3 \leftarrow N_5$	1.692	—	—	5
		M_{ζ_1}	$M_5 \leftarrow N_3$	2.888	—	—	1
		M_{ζ_2}	$M_4 \leftarrow N_2$				1
52	Te	K_{α_1}	$K \leftarrow L_3$	0.0451	1.235	2650.528	100
		K_{α_2}	$K \leftarrow L_2$	0.0456	1.274	2624.381	50
		K_{β_1}	$K \leftarrow M_3$	0.0400	1.283	2990.347	15
		K_{β_2}	$K \leftarrow N_{2,3}$	0.0391	—	3058.369	5
		K_{β_3}	$K \leftarrow M_2$	0.0401	1.188	—	15
		L_{α_1}	$L_3 \leftarrow M_5$	0.3290	0.278	363.650	100
		L_{α_2}	$L_3 \leftarrow M_4$	0.3299	0.278	362.589	10
		L_{β_1}	$L_2 \leftarrow M_4$	0.3077	0.286	388.736	50
		L_{β_2}	$L_3 \leftarrow N_5$	0.2882	0.603	414.980	20
		L_{β_3}	$L_1 \leftarrow M_3$	0.3009	0.793	—	6
		L_{β_4}	$L_1 \leftarrow M_2$	0.3046	0.658	—	4
		L_{γ_1}	$L_2 \leftarrow N_4$	0.2712	0.540	440.935	10
		L_{γ_2}	$L_1 \leftarrow N_2$	0.2567	—	—	1
		L_{γ_3}	$L_1 \leftarrow N_3$				2
		L_{γ_4}	$L_1 \leftarrow O_3$	0.2511	—	—	<1
		L_ι	$L_3 \leftarrow M_1$	0.3716	—	—	3
		L_η	$L_2 \leftarrow M_1$	0.3438	—	—	1
		M_γ	$M_3 \leftarrow N_5$	1.593	—	—	5

原子序数	元素	谱线名称	电子跃迁	λ/nm	固有宽度/(MJ/mol)	光子能量/(MJ/mol)	近似的相对强度
52	Te	M_{ζ_1}	$M_5 \leftarrow N_3$	2.672	—	—	1
		M_{ζ_2}	$M_4 \leftarrow N_2$				1
53	I	K_{α_1}	$K \leftarrow L_3$	0.0433	—	2760.424	100
		K_{α_2}	$K \leftarrow L_2$	0.0438	—	2731.961	50
		K_{β_1}	$K \leftarrow M_3$	0.0384	—	3125.329	15
		K_{β_2}	$K \leftarrow N_{2,3}$	0.0376	—	3185.536	5
		K_{β_3}	$K \leftarrow M_2$	0.0385	—	—	15
		L_{α_1}	$L_3 \leftarrow M_5$	0.3148	—	379.860	100
		L_{α_2}	$L_3 \leftarrow M_4$	0.3157	—	378.799	10
		L_{β_1}	$L_2 \leftarrow M_4$	0.2937	—	407.165	50
		L_{β_2}	$L_3 \leftarrow N_5$	0.2751	—	434.856	20
		L_{β_3}	$L_1 \leftarrow M_3$	0.2874	—	—	6
		L_{β_4}	$L_1 \leftarrow M_2$	0.2912	—	—	4
		L_{γ_1}	$L_2 \leftarrow N_4$	0.2582	—	463.126	10
		L_{γ_2}	$L_1 \leftarrow N_2$	0.2447	—	—	1
		L_{γ_3}	$L_1 \leftarrow N_3$				2
		L_{γ_4}	$L_1 \leftarrow O_3$	0.2391	—	—	<1
		L_ι	$L_3 \leftarrow M_1$	0.3557	—	—	3
		L_η	$L_2 \leftarrow M_1$	0.3280	—	—	1
		M_γ	$M_3 \leftarrow N_5$	1.501	—	—	5
		M_{ζ_1}	$M_5 \leftarrow N_3$	2.465	—	—	1
		M_{ζ_2}	$M_4 \leftarrow N_2$				1
54	Xe	K_{α_1}	$K \leftarrow L_3$	0.0416	1.370	2875.434	100
		K_{α_2}	$K \leftarrow L_2$	0.0421	1.457	2844.848	50
		K_{β_1}	$K \leftarrow M_3$	0.0369	1.476	3246.128	15
		K_{β_2}	$K \leftarrow N_{2,3}$	0.0360	—	3323.509	5
		L_{α_1}	$L_3 \leftarrow M_5$	0.3015	0.304	3966.482	100
		L_{α_2}	$L_3 \leftarrow M_4$	0.3025	0.304	3953.939	10
		L_{β_1}	$L_2 \leftarrow M_4$	0.2803	0.309	426.655	50
		L_{β_2}	$L_3 \leftarrow N_5$	0.2626	0.620	455.407	20
		L_{β_3}	$L_1 \leftarrow M_3$	0.2745	0.839	—	6
		L_{β_4}	$L_1 \leftarrow M_2$	0.2784	0.690	—	4
		L_{γ_1}	$L_2 \leftarrow N_4$	0.2462	0.574	485.896	10
		L_{γ_2}	$L_1 \leftarrow N_2$	0.2338	—	—	1
		L_{γ_3}	$L_1 \leftarrow N_3$	0.2331	—	—	2
		L_ι	$L_3 \leftarrow M_1$	0.3421	—	—	3
		L_η	$L_2 \leftarrow M_1$	0.3143	—	—	1
		M_γ	$M_3 \leftarrow N_5$	1.418	—	—	5
		M_{ζ_1}	$M_5 \leftarrow N_3$	2.302	—	—	1
		M_{ζ_2}	$M_4 \leftarrow N_2$				1

原子序数	元素	谱线名称	电子跃迁	λ/nm	固有宽度 /(MJ/mol)	光子能量 /(MJ/mol)	近似的相对强度
55	Cs	K_{α_1}	$K \leftarrow L_3$	0.0401	—	2988.128	100
		K_{α_2}	$K \leftarrow L_2$	0.0405	—	2954.648	50
		K_{β_1}	$K \leftarrow M_3$	0.0355	—	3375.417	15
		K_{β_2}	$K \leftarrow N_{2,3}$	0.0346	—	3455.982	5
		K_{β_3}	$K \leftarrow M_2$	0.0355	—	—	15
		L_{α_1}	$L_3 \leftarrow M_5$	0.2892	—	413.533	100
		L_{α_2}	$L_3 \leftarrow M_4$	0.2902	—	412.182	10
		L_{β_1}	$L_2 \leftarrow M_4$	0.2683	—	445.759	50
		L_{β_2}	$L_3 \leftarrow N_5$	0.2511	—	476.248	20
		L_{β_3}	$L_1 \leftarrow M_3$	0.2628	—	—	6
		L_{β_4}	$L_1 \leftarrow M_2$	0.2666	—	—	4
		L_{γ_1}	$L_2 \leftarrow N_4$	0.2348	—	509.439	10
		L_{γ_2}	$L_1 \leftarrow N_2$	0.2237	—	—	1
		L_{γ_3}	$L_1 \leftarrow N_3$	0.2233	—	—	2
		L_{γ_4}	$L_1 \leftarrow O_3$	0.2174	—	—	<1
		L_t	$L_3 \leftarrow M_1$	0.3267	—	—	3
		L_η	$L_2 \leftarrow M_1$	0.2994	—	—	1
		M_γ	$M_3 \leftarrow N_5$	1.342	—	—	5
		M_{ζ_1}	$M_5 \leftarrow N_3$	} 2.169	—	—	1
		M_{ζ_2}	$M_4 \leftarrow N_2$		—	—	1
56	Ba	K_{α_1}	$K \leftarrow L_3$	0.0385	1.553	3105.936	100
		K_{α_2}	$K \leftarrow L_2$	0.0390	1.621	2954.648	50
		K_{β_1}	$K \leftarrow M_3$	0.0341	1.752	3413.239	15
		K_{β_2}	$K \leftarrow N_{2,3}$	0.0333	—	3594.534	5
		K_{β_3}	$K \leftarrow M_2$	0.0342	1.544	—	15
		L_{α_1}	$L_3 \leftarrow M_5$	0.2776	0.327	430.997	100
		L_{α_2}	$L_3 \leftarrow M_4$	0.2785	0.333	429.453	10
		L_{β_1}	$L_2 \leftarrow M_4$	0.2567	0.333	465.828	50
		L_{β_2}	$L_3 \leftarrow N_5$	0.2404	0.646	497.475	20
		L_{β_3}	$L_1 \leftarrow M_3$	0.2516	0.888	—	6
		L_{β_4}	$L_1 \leftarrow M_2$	0.2555	0.716	—	4
		L_{γ_1}	$L_2 \leftarrow N_4$	0.2442	0.613	533.656	10
		L_{γ_2}	$L_1 \leftarrow N_2$	0.2138	—	—	1
		L_{γ_3}	$L_1 \leftarrow N_3$	0.2134	—	—	2
		L_{γ_4}	$L_1 \leftarrow O_3$	0.2075	—	—	<1
		L_t	$L_3 \leftarrow M_1$	0.3135	—	—	3
		L_η	$L_2 \leftarrow M_1$	0.2862	—	—	1
		M_γ	$M_3 \leftarrow N_5$	1.2700	—	—	5

原子序数	元素	谱线名称	电子跃迁	λ/nm	固有宽度 /(MJ/mol)	光子能量 /(MJ/mol)	近似的相对强度
56	Ba	M_{ζ_1}	$M_5 \leftarrow N_3$	2.064	—	—	1
		M_{ζ_2}	$M_4 \leftarrow N_2$				1
57	La	K_{α_1}	$K \leftarrow L_3$	0.0371	—	3226.445	100
		K_{α_2}	$K \leftarrow L_2$	0.0376	—	3187.176	50
		K_{β_1}	$K \leftarrow M_3$	0.0328	—	3647.021	15
		K_{β_2}	$K \leftarrow N_{2,3}$	0.0320	—	3736.656	5
		K_{β_3}	$K \leftarrow M_2$	0.0329	—	—	15
		L_{α_1}	$L_3 \leftarrow M_5$	0.2665	—	448.750	100
		L_{α_2}	$L_3 \leftarrow M_4$	0.2674	—	447.206	10
		L_{β_1}	$L_2 \leftarrow M_4$	0.2458	—	486.572	50
		L_{β_2}	$L_3 \leftarrow N_5$	0.2303	—	519.473	20
		L_{β_3}	$L_1 \leftarrow M_3$	0.2410	—	—	6
		L_{β_4}	$L_1 \leftarrow M_2$	0.2449	—	—	4
		L_{γ_1}	$L_2 \leftarrow N_4$	0.2141	—	558.549	10
		L_{γ_2}	$L_1 \leftarrow N_2$	0.2046	—	—	1
		L_{γ_3}	$L_1 \leftarrow N_3$	0.2041	—	—	2
		L_{γ_4}	$L_1 \leftarrow O_3$	0.1983	—	—	<1
		L_{ι}	$L_3 \leftarrow M_1$	0.3006	—	—	3
		L_{η}	$L_2 \leftarrow M_1$	0.2740	—	—	1
		M_{α_1}	$M_5 \leftarrow N_7$	1.488	—	—	50
		M_{α_2}	$M_5 \leftarrow N_6$				50
		M_{β}	$M_3 \leftarrow N_6$	1.451	—	—	80
		M_{γ}	$M_3 \leftarrow N_5$	1.2064	—	—	5
		M_{ζ_1}	$M_5 \leftarrow N_3$	1.944	—	—	1
		M_{ζ_2}	$M_4 \leftarrow N_2$				1
58	Ce	K_{α_1}	$K \leftarrow L_3$	0.0357	1.795	3349.656	100
		K_{α_2}	$K \leftarrow L_2$	0.0362	1.881	3307.106	50
		K_{β_1}	$K \leftarrow M_3$	0.0316	1.988	3787.503	15
		K_{β_2}	$K \leftarrow N_{2,3}$	0.0309	—	3881.672	5
		K_{β_3}	$K \leftarrow M_2$	0.0317	1.732	—	15
		L_{α_1}	$L_3 \leftarrow M_5$	0.2561	0.357	466.985	100
		L_{α_2}	$L_3 \leftarrow M_4$	0.2570	0.365	465.345	10
		L_{β_1}	$L_2 \leftarrow M_4$	0.2536	0.360	507.702	50
		L_{β_2}	$L_3 \leftarrow N_5$	0.2208	0.662	541.568	20
		L_{β_3}	$L_1 \leftarrow M_3$	0.2311	0.936	—	6
		L_{β_4}	$L_1 \leftarrow M_2$	0.2349	0.755	—	4
		L_{γ_1}	$L_2 \leftarrow N_4$	0.2048	0.651	583.925	10
		L_{γ_2}	$L_1 \leftarrow N_2$	0.1960	—	—	1

原子序数	元素	谱线名称	电子跃迁	λ/nm	固有宽度 /(MJ/mol)	光子能量 /(MJ/mol)	近似的相对强度
58	Ce	L_{γ_3}	$L_1 \leftarrow N_3$	0.1955	—	—	2
		L_{γ_4}	$L_1 \leftarrow O_3$	0.1899	—	—	<1
		L_ι	$L_3 \leftarrow M_1$	0.2892	—	—	3
		L_η	$L_2 \leftarrow M_1$	0.2620	—	—	1
		M_{α_1}	$M_5 \leftarrow N_7$	1.406	—	—	50
		M_{α_2}	$M_5 \leftarrow N_6$				50
		M_β	$M_3 \leftarrow N_6$	1.378	—	—	80
		M_γ	$M_3 \leftarrow N_5$	1.1534	—	—	5
		M_{ζ_1}	$M_5 \leftarrow N_3$	1.835	—	—	1
		M_{ζ_2}	$M_4 \leftarrow N_2$				1
59	Pr	K_{α_1}	$K \leftarrow L_3$	0.0344	—	3475.665	100
		K_{α_2}	$K \leftarrow L_2$	0.0349	—	3429.835	50
		K_{β_1}	$K \leftarrow M_3$	0.0305	—	3931.362	15
		K_{β_2}	$K \leftarrow N_{2,3}$	0.0297	—	4030.355	5
		K_{β_3}	$K \leftarrow M_2$	0.0305	—	—	15
		L_{α_1}	$L_3 \leftarrow M_5$	0.2463	—	485.703	100
		L_{α_2}	$L_3 \leftarrow M_4$	0.2473	—	483.774	10
		L_{β_1}	$L_2 \leftarrow M_4$	0.2259	—	529.604	50
		L_{β_2}	$L_3 \leftarrow N_5$	0.2119	—	564.435	20
		L_{β_3}	$L_1 \leftarrow M_3$	0.2216	—	—	6
		L_{β_4}	$L_1 \leftarrow M_2$	0.2255	—	—	4
		L_{γ_1}	$L_2 \leftarrow N_4$	0.1961	—	609.976	10
		L_{γ_2}	$L_1 \leftarrow N_2$	0.1879	—	—	1
		L_{γ_3}	$L_1 \leftarrow N_3$	0.1874	—	—	2
		L_{γ_4}	$L_1 \leftarrow O_3$	0.1819	—	—	<1
		L_ι	$L_3 \leftarrow M_1$	0.2784	—	—	3
		L_η	$L_2 \leftarrow M_1$	0.2512	—	—	1
		M_{α_1}	$M_5 \leftarrow N_7$	1.3343	—	—	50
		M_{α_2}	$M_5 \leftarrow N_6$				50
		M_β	$M_3 \leftarrow N_6$	1.306	—	—	80
		M_γ	$M_3 \leftarrow N_5$	1.0997	—	—	5
		M_{ζ_1}	$M_5 \leftarrow N_3$	1.738	—	—	1
		M_{ζ_2}	$M_4 \leftarrow N_2$				1
60	Nb	K_{α_1}	$K \leftarrow L_3$	0.0332	2.074	3604.568	100
		K_{α_2}	$K \leftarrow L_2$	0.0337	2.074	3554.975	50
		K_{β_1}	$K \leftarrow M_3$	0.0294	2.243	4078.308	15
		K_{β_2}	$K \leftarrow N_{2,3}$	0.0287	—	4177.590	5
		K_{β_3}	$K \leftarrow M_2$	0.0294	2.058	—	15

续表

原子序数	元素	谱线名称	电子跃迁	λ/nm	固有宽度 /(MJ/mol)	光子能量 /(MJ/mol)	近似的相对强度
60	Nb	L_{α_1}	$L_3 \leftarrow M_5$	0.2370	0.379	504.614	100
		L_{α_2}	$L_3 \leftarrow M_4$	0.2382	0.394	502.492	10
		L_{β_1}	$L_2 \leftarrow M_4$	0.2166	0.386	552.085	50
		L_{β_2}	$L_3 \leftarrow N_5$	0.2035	0.693	587.591	20
		L_{β_3}	$L_1 \leftarrow M_3$	0.2126	0.994	—	6
		L_{β_4}	$L_1 \leftarrow M_2$	0.2166	0.786	—	4
		L_{γ_1}	$L_2 \leftarrow N_4$	0.1878	0.691	636.991	10
		L_{γ_2}	$L_1 \leftarrow N_2$	0.1801	—	—	1
		L_{γ_3}	$L_1 \leftarrow N_3$	0.1797	—	—	2
		L_{γ_4}	$L_1 \leftarrow O_3$	0.1745	—	—	<1
		L_{γ_6}	$L_2 \leftarrow O_4$	0.1855	—	—	1
		L_{ι}	$L_3 \leftarrow M_1$	0.2675	—	—	3
		L_{η}	$L_2 \leftarrow M_1$	0.2409	—	—	1
		M_{α_1}	$M_5 \leftarrow N_7$	1.2675	—	—	50
		M_{α_2}	$M_5 \leftarrow N_6$		—	—	50
		M_{β}	$M_3 \leftarrow N_6$	1.2440	—	—	80
		M_{γ}	$M_3 \leftarrow N_5$	1.0504	—	—	5
		M_{ζ_1}	$M_5 \leftarrow N_3$	1.6460	—	—	1
		M_{ζ_2}	$M_4 \leftarrow N_2$		—	—	1
61	Pm	K_{α_1}	$K \leftarrow L_3$	0.0321	—	3729.033	100
		K_{α_2}	$K \leftarrow L_2$	0.0325	—	3681.852	50
		K_{β_1}	$K \leftarrow M_3$	0.0283	—	4240.016	15
		K_{β_2}	$K \leftarrow N_{2,3}$	0.0276	—	4337.465	5
		K_{β_3}	$K \leftarrow M_2$	0.0284	—	—	15
		L_{α_1}	$L_3 \leftarrow M_5$	0.2283	—	524.008	100
		L_{α_2}	$L_3 \leftarrow M_4$	0.2292	—	521.789	10
		L_{β_1}	$L_2 \leftarrow M_4$	0.2081	—	574.662	50
		L_{β_2}	$L_3 \leftarrow N_5$	0.1956	—	611.326	20
		L_{β_3}	$L_1 \leftarrow M_3$	0.2042	—	—	6
		L_{β_4}	$L_1 \leftarrow M_2$	0.2081	—	—	4
		L_{γ_1}	$L_2 \leftarrow N_4$	0.1799	—	664.875	10
		L_{γ_2}	$L_1 \leftarrow N_2$	0.1729	—	—	1
		L_{γ_3}	$L_1 \leftarrow N_3$	0.1724	—	—	2
		L_{ι}	$L_3 \leftarrow M_1$	0.2591	—	—	3
		L_{η}	$L_2 \leftarrow M_1$	0.2322	—	—	1
		M_{γ}	$M_3 \leftarrow N_5$	1.0050	—	—	5
		M_{ζ_1}	$M_5 \leftarrow N_3$	1.5680	—	—	1
		M_{ζ_2}	$M_4 \leftarrow N_2$		—	—	1

原子序数	元素	谱线名称	电子跃迁	λ/nm	固有宽度 /(MJ/mol)	光子能量 /(MJ/mol)	近似的相对强度
62	Sm	K_{α_1}	$K \leftarrow L_3$	0.0309	2.509	3871.348	100
		K_{α_2}	$K \leftarrow L_2$	0.0314	2.383	3813.361	50
		K_{β_1}	$K \leftarrow M_3$	0.0274	2.475	4380.401	15
		K_{β_2}	$K \leftarrow N_{2,3}$	0.0267	—	4491.648	5
		K_{β_3}	$K \leftarrow M_2$	0.0274	2.378	—	15
		L_{α_1}	$L_3 \leftarrow M_5$	0.2199	0.398	543.787	100
		L_{α_2}	$L_3 \leftarrow M_4$	0.2210	0.434	541.182	10
		L_{β_1}	$L_2 \leftarrow M_4$	0.1998	0.418	598.783	50
		L_{β_2}	$L_3 \leftarrow N_5$	0.1882	0.716	635.544	20
		L_{β_3}	$L_1 \leftarrow M_3$	0.1962	1.042	—	6
		L_{β_4}	$L_1 \leftarrow M_2$	0.2000	0.830	—	4
		L_{β_5}	$L_3 \leftarrow O_{4,5}$	0.1779	—	—	2
		L_{γ_1}	$L_2 \leftarrow N_4$	0.1726	0.724	692.759	10
		L_{γ_2}	$L_1 \leftarrow N_2$	0.1659	—	—	1
		L_{γ_3}	$L_1 \leftarrow N_3$	0.1655	—	—	2
		L_{γ_4}	$L_1 \leftarrow O_3$	0.1606	—	—	<1
		L_{ι}	$L_3 \leftarrow M_1$	0.2482	—	—	3
		L_{η}	$L_2 \leftarrow M_1$	0.2218	—	—	1
		M_{α_1}	$M_5 \leftarrow N_7$	1.1470	—	—	50
		M_{α_2}	$M_5 \leftarrow N_6$		—	—	50
		M_{β}	$M_3 \leftarrow N_6$	1.1270	—	—	80
		M_{γ}	$M_3 \leftarrow N_5$	0.9599	—	—	5
		M_{ζ_1}	$M_5 \leftarrow N_3$	1.4910	—	—	1
		M_{ζ_2}	$M_4 \leftarrow N_2$		—	—	1
63	Eu	K_{α_1}	$K \leftarrow L_3$	0.0299	—	4006.910	100
		K_{α_2}	$K \leftarrow L_2$	0.0304	—	3944.001	50
		K_{β_1}	$K \leftarrow M_3$	0.0264	—	4537.381	15
		K_{β_2}	$K \leftarrow N_{2,3}$	0.0258	—	4654.514	5
		K_{β_3}	$K \leftarrow M_2$	0.0265	—	—	15
		L_{α_1}	$L_3 \leftarrow M_5$	0.2120	—	564.049	100
		L_{α_2}	$L_3 \leftarrow M_4$	0.2131	—	561.154	10
		L_{β_1}	$L_2 \leftarrow M_4$	0.1920	—	622.905	50
		L_{β_2}	$L_3 \leftarrow N_5$	0.1812	—	660.148	20
		L_{β_3}	$L_1 \leftarrow M_3$	0.1887	—	—	6
		L_{β_4}	$L_1 \leftarrow M_2$	0.1926	—	—	4
		L_{γ_1}	$L_2 \leftarrow N_4$	0.1657	—	721.512	10
		L_{γ_2}	$L_1 \leftarrow N_2$	0.1597	—	—	1
		L_{γ_3}	$L_1 \leftarrow N_3$	0.1591	—	—	2

原子序数	元素	谱线名称	电子跃迁	λ/nm	固有宽度 /(MJ/mol)	光子能量 /(MJ/mol)	近似的相对强度
		L_{γ_4}	$L_1 \leftarrow O_3$	0.1544	—	—	<1
		L_ι	$L_3 \leftarrow M_1$	0.2395	—	—	3
		L_η	$L_2 \leftarrow M_1$	0.2131	—	—	1
		M_{α_1}	$M_5 \leftarrow N_7$	1.0960	—	—	50
63	Eu	M_{α_2}	$M_5 \leftarrow N_6$		—	—	50
		M_β	$M_3 \leftarrow N_6$	1.0744	—	—	80
		M_γ	$M_3 \leftarrow N_5$	0.9211	—	—	5
		M_{ζ_1}	$M_5 \leftarrow N_3$	1.4220	—	—	1
		M_{ζ_2}	$M_4 \leftarrow N_2$		—	—	1
		K_{α_1}	$K \leftarrow L_3$	0.0289	2.846	4147.198	100
		K_{α_2}	$K \leftarrow L_2$	0.0294	2.702	4079.369	50
		K_{β_1}	$K \leftarrow M_3$	0.0255	2.834	4700.537	15
		K_{β_2}	$K \leftarrow N_{2,3}$	0.0249	—	4820.467	5
		K_{β_3}	$K \leftarrow M_2$	0.0256	2.702	—	15
		L_{α_1}	$L_3 \leftarrow M_5$	0.2046	0.430	582.670	100
		L_{α_2}	$L_3 \leftarrow M_4$	0.2057	0.473	581.513	10
		L_{β_1}	$L_2 \leftarrow M_4$	0.1847	0.447	647.798	50
		L_{β_2}	$L_3 \leftarrow N_5$	0.1746	0.743	685.234	20
		L_{β_3}	$L_1 \leftarrow M_3$	0.1815	1.081	—	6
		L_{β_4}	$L_1 \leftarrow M_2$	0.1853	0.876	—	4
64	Gd	L_{γ_1}	$L_2 \leftarrow N_4$	0.1592	0.755	751.422	10
		L_{γ_2}	$L_1 \leftarrow N_2$	0.1534	—	—	1
		L_{γ_3}	$L_1 \leftarrow N_3$	0.1529	—	—	2
		L_{γ_4}	$L_1 \leftarrow O_3$	0.1485	—	—	<1
		L_ι	$L_3 \leftarrow M_1$	0.2312	—	—	3
		L_η	$L_2 \leftarrow M_1$	0.2049	—	—	1
		M_{α_1}	$M_5 \leftarrow N_7$	1.0460	—	—	50
		M_{α_2}	$M_5 \leftarrow N_6$		—	—	50
		M_β	$M_3 \leftarrow N_6$	1.0253	—	—	80
		M_γ	$M_3 \leftarrow N_5$	0.8844	—	—	5
		M_{ζ_1}	$M_5 \leftarrow N_3$	1.3570	—	—	1
		M_{ζ_2}	$M_4 \leftarrow N_2$		—	—	1
		K_{α_1}	$K \leftarrow L_3$	0.0279	—	4290.670	100
		K_{α_2}	$K \leftarrow L_2$	0.0284	—	4219.947	50
		K_{β_1}	$K \leftarrow M_3$	0.0246	—	4861.955	15
65	Tb	K_{β_2}	$K \leftarrow N_{2,3}$	0.0239	—	4991.824	5
		K_{β_3}	$K \leftarrow M_2$	0.0246	—	—	15
		L_{α_1}	$L_3 \leftarrow M_5$	0.1976	—	605.441	100

原子序数	元素	谱线名称	电子跃迁	λ/nm	固有宽度/(MJ/mol)	光子能量/(MJ/mol)	近似的相对强度
65	Tb	L_{α_2}	$L_3 \leftarrow M_4$	0.1986	—	602.160	10
		L_{β_1}	$L_2 \leftarrow M_4$	0.1777	—	673.366	50
		L_{β_2}	$L_3 \leftarrow N_5$	0.1682	—	710.899	20
		L_{β_3}	$L_1 \leftarrow M_3$	0.1747	—	—	6
		L_{β_4}	$L_1 \leftarrow M_2$	0.1785	—	—	4
		L_{β_5}	$L_3 \leftarrow O_{4,5}$	0.1577	—	—	2
		L_{γ_1}	$L_2 \leftarrow N_4$	0.1530	—	781.911	10
		L_{γ_2}	$L_1 \leftarrow N_2$	0.1477	—	—	1
		L_{γ_3}	$L_1 \leftarrow N_3$	0.1471	—	—	2
		L_{γ_4}	$L_1 \leftarrow O_3$	0.1427	—	—	<1
		L_ι	$L_3 \leftarrow M_1$	0.2234	—	—	3
		L_η	$L_2 \leftarrow M_1$	0.1973	—	—	1
		M_{α_1}	$M_5 \leftarrow N_7$	1.0000	—	—	50
		M_{α_2}	$M_5 \leftarrow N_6$				50
		M_β	$M_3 \leftarrow N_6$	0.9792	—	—	80
		M_γ	$M_3 \leftarrow N_5$	0.8485	—	—	5
		M_{ζ_1}	$M_5 \leftarrow N_3$	1.2980	—	—	1
		M_{ζ_2}	$M_4 \leftarrow N_2$				1
66	Dy	K_{α_1}	$K \leftarrow L_3$	0.0270	3.271	4436.844	100
		K_{α_2}	$K \leftarrow L_2$	0.0275	3.107	4360.429	50
		K_{β_1}	$K \leftarrow M_3$	0.0237	3.158	5034.373	15
		K_{β_2}	$K \leftarrow N_{2,3}$	0.0231	—	5161.058	5
		K_{β_3}	$K \leftarrow M_2$	0.0238	3.088	—	15
		L_{α_1}	$L_3 \leftarrow M_5$	0.1909	0.464	626.667	100
		L_{α_2}	$L_3 \leftarrow M_4$	0.1920	0.516	623.001	10
		L_{β_1}	$L_2 \leftarrow M_4$	0.1710	0.485	699.417	50
		L_{β_2}	$L_3 \leftarrow N_5$	0.1623	0.762	736.949	20
		L_{β_3}	$L_1 \leftarrow M_3$	0.1681	1.110	—	6
		L_{β_4}	$L_1 \leftarrow M_2$	0.1720	0.926	—	4
		L_{γ_1}	$L_2 \leftarrow N_4$	0.1473	0.801	812.207	10
		L_{γ_2}	$L_1 \leftarrow N_2$	0.1423	—	—	1
		L_{γ_3}	$L_1 \leftarrow N_3$	0.1417	—	—	2
		L_{γ_4}	$L_1 \leftarrow O_3$	0.1374	—	—	<1
		L_ι	$L_3 \leftarrow M_1$	0.2158	—	—	3
		L_η	$L_2 \leftarrow M_1$	0.1898	—	—	1
		M_{α_1}	$M_5 \leftarrow N_7$	0.9590	—	—	50
		M_{α_2}	$M_5 \leftarrow N_6$				50
		M_β	$M_3 \leftarrow N_6$	0.9364	—	—	80
		M_γ	$M_3 \leftarrow N_5$	0.8144	—	—	5

原子序数	元素	谱线名称	电子跃迁	λ/nm	固有宽度/(MJ/mol)	光子能量/(MJ/mol)	近似的相对强度
66	Dy	M_{ζ_1}	$M_5 \leftarrow N_3$	1.2430	—	—	1
		M_{ζ_2}	$M_4 \leftarrow N_2$				1
67	Ho	K_{α_1}	$K \leftarrow L_3$	0.0261	—	4585.720	100
		K_{α_2}	$K \leftarrow L_2$	0.0266	—	4504.480	50
		K_{β_1}	$K \leftarrow M_3$	0.0230	—	5203.800	15
		K_{β_2}	$K \leftarrow N_{2,3}$	0.0224	—	5334.827	5
		K_{β_3}	$K \leftarrow M_2$	0.0231	—	—	15
		L_{α_1}	$L_3 \leftarrow M_5$	0.1845	—	648.377	100
		L_{α_2}	$L_3 \leftarrow M_4$	0.1856	—	644.517	10
		L_{β_1}	$L_2 \leftarrow M_4$	0.1647	—	726.336	50
		L_{β_2}	$L_3 \leftarrow N_5$	0.1567	—	763.386	20
		L_{β_3}	$L_1 \leftarrow M_3$	0.1619	—	—	6
		L_{β_4}	$L_1 \leftarrow M_2$	0.1658	—	—	4
		L_{γ_1}	$L_2 \leftarrow N_4$	0.1417	—	844.047	10
		L_{γ_2}	$L_1 \leftarrow N_2$	0.1371	—	—	1
		L_{γ_3}	$L_1 \leftarrow N_3$	0.1364	—	—	2
		L_{γ_4}	$L_1 \leftarrow O_3$	0.1323	—	—	<1
		L_ι	$L_3 \leftarrow M_1$	0.2086	—	—	3
		L_η	$L_2 \leftarrow M_1$	0.1826	—	—	1
		M_{α_1}	$M_5 \leftarrow N_7$	0.9200	—	—	50
		M_{α_2}	$M_5 \leftarrow N_6$				50
		M_β	$M_3 \leftarrow N_6$	0.8965	—	—	80
		M_γ	$M_3 \leftarrow N_5$	0.7865	—	—	5
		M_{ζ_1}	$M_5 \leftarrow N_3$	1.1860	—	—	1
		M_{ζ_2}	$M_4 \leftarrow N_2$				1
68	Er	K_{α_1}	$K \leftarrow L_3$	0.0253	3.609	4737.297	100
		K_{α_2}	$K \leftarrow L_2$	0.0258	3.425	4651.040	50
		K_{β_1}	$K \leftarrow M_3$	0.0222	3.493	5373.227	15
		K_{β_2}	$K \leftarrow N_{2,3}$	0.0217	—	5508.113	5
		K_{β_3}	$K \leftarrow M_2$	0.0223	3.445	—	15
		L_{α_1}	$L_3 \leftarrow M_5$	0.1785	0.499	670.375	100
		L_{α_2}	$L_3 \leftarrow M_4$	0.1796	0.553	666.130	10
		L_{β_1}	$L_2 \leftarrow M_4$	0.1587	0.526	753.545	50
		L_{β_2}	$L_3 \leftarrow N_5$	0.1514	0.799	790.016	20
		L_{β_3}	$L_1 \leftarrow M_3$	0.1561	1.143	—	6
		L_{β_4}	$L_1 \leftarrow M_2$	0.1601	0.968	—	4
		L_{γ_1}	$L_2 \leftarrow N_4$	0.1364	0.844	876.949	10
		L_{γ_2}	$L_1 \leftarrow N_2$	0.1321	—	—	1

原子序数	元素	谱线名称	电子跃迁	λ/nm	固有宽度 /(MJ/mol)	光子能量 /(MJ/mol)	近似的相对强度
68	Er	L_{γ_3}	$L_1 \leftarrow N_3$	0.1315	—	—	2
		L_{γ_4}	$L_1 \leftarrow O_3$	0.1276	—	—	<1
		L_{ι}	$L_3 \leftarrow M_1$	0.2019	—	—	3
		L_{η}	$L_2 \leftarrow M_1$	0.1757	—	—	1
		M_{α_1}	$M_5 \leftarrow N_7$	0.8820	—	—	50
		M_{α_2}	$M_5 \leftarrow N_6$				50
		M_{β}	$M_3 \leftarrow N_6$	0.8593	—	—	80
		M_{γ}	$M_3 \leftarrow N_5$	0.7545	—	—	5
		M_{ζ_1}	$M_5 \leftarrow N_3$	1.1370	—	—	1
		M_{ζ_2}	$M_4 \leftarrow N_2$				1
69	Tm	K_{α_1}	$K \leftarrow L_3$	0.0244	—	4894.664	100
		K_{α_2}	$K \leftarrow L_2$	0.0250	—	4801.267	50
		K_{β_1}	$K \leftarrow M_3$	0.0215	—	5555.197	15
		K_{β_2}	$K \leftarrow N_{2,3}$	0.0210	—	5689.600	5
		K_{β_3}	$K \leftarrow M_2$	0.0216	—	—	15
		L_{α_1}	$L_3 \leftarrow M_5$	0.1726	—	692.856	100
		L_{α_2}	$L_3 \leftarrow M_4$	0.1738	—	688.418	10
		L_{β_1}	$L_2 \leftarrow M_4$	0.1530	—	781.815	50
		L_{β_2}	$L_3 \leftarrow N_5$	0.1463	—	817.418	20
		L_{β_3}	$L_1 \leftarrow M_3$	0.1505	—	—	6
		L_{β_4}	$L_1 \leftarrow M_2$	0.1544	—	—	4
		L_{γ_1}	$L_2 \leftarrow N_4$	0.1316	—	909.271	10
		L_{γ_2}	$L_1 \leftarrow N_2$	0.1274	—	—	1
		L_{γ_3}	$L_1 \leftarrow N_3$	0.1268	—	—	2
		L_{γ_4}	$L_1 \leftarrow O_3$	0.1229	—	—	<1
		L_{ι}	$L_3 \leftarrow M_1$	0.1955	—	—	3
		L_{η}	$L_2 \leftarrow M_1$	0.1695	—	—	1
		M_{α_1}	$M_5 \leftarrow N_7$	0.8460	—	—	50
		M_{α_2}	$M_5 \leftarrow N_6$				50
		M_{β}	$M_3 \leftarrow N_6$	0.8246	—	—	80
		M_{γ}	$M_3 \leftarrow N_5$	0.7318	—	—	5
		M_{ζ_1}	$M_5 \leftarrow N_3$	1.0920	—	—	1
		M_{ζ_2}	$M_4 \leftarrow N_2$				1
70	Yb	K_{α_1}	$K \leftarrow L_3$	0.0236	4.052	5051.934	100
		K_{α_2}	$K \leftarrow L_2$	0.0241	3.917	4952.169	50
		K_{β_1}	$K \leftarrow M_3$	0.0208	3.997	5726.554	15
		K_{β_2}	$K \leftarrow N_{2,3}$	0.0203	—	5881.605	5
		K_{β_3}	$K \leftarrow M_2$	0.0209	3.970	—	15

续表

原子序数	元素	谱线名称	电子跃迁	λ/nm	固有宽度/(MJ/mol)	光子能量/(MJ/mol)	近似的相对强度
70	Yb	L_{α_1}	$L_3 \leftarrow M_5$	0.1672	0.521	715.337	100
		L_{α_2}	$L_3 \leftarrow M_4$	0.1682	0.600	710.802	10
		L_{β_1}	$L_2 \leftarrow M_4$	0.1476	0.569	810.567	50
		L_{β_2}	$L_3 \leftarrow N_5$	0.1416	0.828	845.012	20
		L_{β_3}	$L_1 \leftarrow M_3$	0.1452	1.177	—	6
		L_{β_4}	$L_1 \leftarrow M_2$	0.1491	1.061	—	4
		L_{β_5}	$L_3 \leftarrow O_{4,5}$	0.1387	—	—	2
		L_{γ_1}	$L_2 \leftarrow N_4$	0.1268	0.888	943.523	10
		L_{γ_2}	$L_1 \leftarrow N_2$	0.1228	—	—	1
		L_{γ_3}	$L_1 \leftarrow N_3$	0.1222	—	—	2
		L_{γ_4}	$L_1 \leftarrow O_3$	0.1185	—	—	<1
		L_{γ_6}	$L_2 \leftarrow O_4$	0.1243	—	—	1
		L_ι	$L_3 \leftarrow M_1$	0.1894	—	—	3
		L_η	$L_2 \leftarrow M_1$	0.1635	—	—	1
		M_{α_1}	$M_5 \leftarrow N_7$	0.8139	—	—	50
		M_{α_2}	$M_5 \leftarrow N_6$	0.8155	—	—	50
		M_β	$M_3 \leftarrow N_6$	0.7909	—	—	80
		M_γ	$M_3 \leftarrow N_5$	0.7023	—	—	5
		M_{ζ_1}	$M_5 \leftarrow N_3$	1.0480	—	—	1
		M_{ζ_2}	$M_4 \leftarrow N_2$		—	—	1
71	Lu	K_{α_1}	$K \leftarrow L_3$	0.0229	—	5216.247	100
		K_{α_2}	$K \leftarrow L_2$	0.0234	—	5109.728	50
		K_{β_1}	$K \leftarrow M_3$	0.0202	—	5912.769	15
		K_{β_2}	$K \leftarrow N_{2,3}$	0.0197	—	6073.320	5
		K_{β_3}	$K \leftarrow M_2$	0.0203	—	—	15
		L_{α_1}	$L_3 \leftarrow M_5$	0.1619	—	738.493	100
		L_{α_2}	$L_3 \leftarrow M_4$	0.1630	—	733.669	10
		L_{β_1}	$L_2 \leftarrow M_4$	0.1424	—	840.284	50
		L_{β_2}	$L_3 \leftarrow N_5$	0.1370	—	872.993	20
		L_{β_3}	$L_1 \leftarrow M_3$	0.1402	—	—	6
		L_{β_4}	$L_1 \leftarrow M_2$	0.1441	—	—	4
		L_{β_5}	$L_3 \leftarrow O_{4,5}$	0.1342	—	—	2
		L_{γ_1}	$L_2 \leftarrow N_4$	0.1222	—	978.547	10
		L_{γ_2}	$L_1 \leftarrow N_2$	0.1185	—	—	1
		L_{γ_3}	$L_1 \leftarrow N_3$	0.1179	—	—	2
		L_{γ_4}	$L_1 \leftarrow O_3$	0.1143	—	—	<1
		L_{γ_6}	$L_2 \leftarrow O_4$	0.1198	—	—	1
		L_ι	$L_3 \leftarrow M_1$	0.1836	—	—	3

原子序数	元素	谱线名称	电子跃迁	λ/nm	固有宽度 /(MJ/mol)	光子能量 /(MJ/mol)	近似的相对强度
71	Lu	L_η	$L_2 \leftarrow M_1$	0.1478	—	—	1
		M_{α_1}	$M_5 \leftarrow N_7$	0.7840	—	—	50
		M_{α_2}	$M_5 \leftarrow N_6$				50
		M_β	$M_3 \leftarrow N_6$	0.7600	—	—	80
		M_γ	$M_3 \leftarrow N_5$	0.6761	—	—	5
		M_{ζ_1}	$M_5 \leftarrow N_3$	1.0070	—	—	1
		M_{ζ_2}	$M_4 \leftarrow N_2$				1
72	Hf	K_{α_1}	$K \leftarrow L_3$	0.0222	4.371	5379.692	100
		K_{α_2}	$K \leftarrow L_2$	0.0227	4.274	5266.033	50
		K_{β_1}	$K \leftarrow M_3$	0.0195	4.438	6098.695	15
		K_{β_2}	$K \leftarrow N_{2,3}$	0.0190	—	6265.324	5
		K_{β_3}	$K \leftarrow M_2$	0.0196	4.448	—	15
		L_{α_1}	$L_3 \leftarrow M_5$	0.1569	0.563	762.035	100
		L_{α_2}	$L_3 \leftarrow M_4$	0.1580	0.646	756.729	10
		L_{β_1}	$L_2 \leftarrow M_4$	0.1374	0.614	870.388	50
		L_{β_2}	$L_3 \leftarrow N_5$	0.1327	0.861	901.745	20
		L_{β_3}	$L_1 \leftarrow M_3$	0.1353	1.196	—	6
		L_{β_4}	$L_1 \leftarrow M_2$	0.1392	1.235	—	4
		L_{β_5}	$L_3 \leftarrow O_{4,5}$	0.1298	—	—	2
		L_{γ_1}	$L_2 \leftarrow N_4$	0.1179	0.929	1014.439	10
		L_{γ_2}	$L_1 \leftarrow N_2$	0.1144	—	—	1
		L_{γ_3}	$L_1 \leftarrow N_3$	0.1138	—	—	2
		L_{γ_4}	$L_1 \leftarrow O_3$	0.1103	—	—	<1
		L_{γ_6}	$L_2 \leftarrow O_4$	0.1155	—	—	1
		L_ι	$L_3 \leftarrow M_1$	0.1782	—	—	3
		L_η	$L_2 \leftarrow M_1$	0.1523	—	—	1
		M_{α_1}	$M_5 \leftarrow N_7$	0.7539	—	—	50
		M_{α_2}	$M_5 \leftarrow N_6$	0.7546	—	—	50
		M_β	$M_3 \leftarrow N_6$	0.7304	—	—	80
		M_γ	$M_3 \leftarrow N_5$	0.6543	—	—	5
		M_{ζ_1}	$M_5 \leftarrow N_3$	0.9686	—	—	1
		M_{ζ_2}	$M_4 \leftarrow N_2$				1
73	Ta	K_{α_1}	$K \leftarrow L_3$	0.0215	—	5550.180	100
		K_{α_2}	$K \leftarrow L_2$	0.0220	—	5429.188	50
		K_{β_1}	$K \leftarrow M_3$	0.0190	—	6291.761	15
		K_{β_2}	$K \leftarrow N_{2,3}$	0.0185	—	6464.372	5
		K_{β_3}	$K \leftarrow M_2$	0.0191	—	—	15
		L_{α_1}	$L_3 \leftarrow M_5$	0.1522	—	785.867	100

原子序数	元素	谱线名称	电子跃迁	λ/nm	固有宽度/(MJ/mol)	光子能量/(MJ/mol)	近似的相对强度
73	Ta	L_{α_2}	$L_3 \leftarrow M_4$	0.1533	—	780.271	10
		L_{β_1}	$L_2 \leftarrow M_4$	0.1327	—	901.263	50
		L_{β_2}	$L_3 \leftarrow N_5$	0.1285	—	930.980	20
		L_{β_3}	$L_1 \leftarrow M_3$	0.1307	—	—	6
		L_{β_4}	$L_1 \leftarrow M_2$	0.1346	—	—	4
		L_{β_5}	$L_3 \leftarrow O_{4,5}$	0.1256	—	—	2
		L_{γ_1}	$L_2 \leftarrow N_4$	0.1138	—	1050.910	10
		L_{γ_2}	$L_1 \leftarrow N_2$	0.1105	—	—	1
		L_{γ_3}	$L_1 \leftarrow N_3$	0.1099	—	—	2
		L_{γ_4}	$L_1 \leftarrow O_3$	0.1065	—	—	<1
		L_{γ_6}	$L_2 \leftarrow O_4$	0.1114	—	—	1
		L_ι	$L_3 \leftarrow M_1$	0.1728	—	—	3
		L_η	$L_2 \leftarrow M_1$	0.1471	—	—	1
		M_{α_1}	$M_5 \leftarrow N_7$	0.7251	—	—	50
		M_{α_2}	$M_5 \leftarrow N_6$	0.7258	—	—	50
		M_β	$M_3 \leftarrow N_6$	0.7022	—	—	80
		M_γ	$M_3 \leftarrow N_5$	0.6312	—	—	5
		M_{ζ_1}	$M_5 \leftarrow N_3$	0.9316	—	—	1
		M_{ζ_2}	$M_4 \leftarrow N_2$	0.9330	—	—	1
74	W	K_{α_1}	$K \leftarrow L_3$	0.0209	4.607	5722.502	100
		K_{α_2}	$K \leftarrow L_2$	0.0213	4.631	5593.502	50
		K_{β_1}	$K \leftarrow M_3$	0.0184	5.001	6486.949	15
		K_{β_2}	$K \leftarrow N_{2,3}$	0.0179	—	6666.121	5
		K_{β_3}	$K \leftarrow M_2$	0.0185	4.969	—	15
		L_{α_1}	$L_3 \leftarrow M_5$	0.1476	0.627	810.085	100
		L_{α_2}	$L_3 \leftarrow M_4$	0.1487	0.695	804.006	10
		L_{β_1}	$L_2 \leftarrow M_4$	0.1282	0.666	933.006	50
		L_{β_2}	$L_3 \leftarrow N_5$	0.1245	0.874	960.890	20
		L_{β_3}	$L_1 \leftarrow M_3$	0.1263	1.264	—	6
		L_{β_4}	$L_1 \leftarrow M_2$	0.1302	1.409	—	4
		L_{β_5}	$L_3 \leftarrow O_{4,5}$	0.1215	—	—	2
		L_{γ_1}	$L_2 \leftarrow N_4$	0.1098	0.984	1088.636	10
		L_{γ_2}	$L_1 \leftarrow N_2$	0.1068	—	—	1
		L_{γ_3}	$L_1 \leftarrow N_3$	0.1062	—	—	2
		L_{γ_4}	$L_1 \leftarrow O_3$	0.1028	—	—	<1
		L_{γ_6}	$L_2 \leftarrow O_4$	0.1074	—	—	1
		L_ι	$L_3 \leftarrow M_1$	0.1678	—	—	3
		L_η	$L_2 \leftarrow M_1$	0.1421	—	—	1
		M_{α_1}	$M_5 \leftarrow N_7$	0.6983	—	—	50

原子序数	元素	谱线名称	电子跃迁	λ/nm	固有宽度 /(MJ/mol)	光子能量 /(MJ/mol)	近似的相对强度
74	W	M_{α_2}	$M_5 \leftarrow N_6$	0.6990	—	—	50
		M_β	$M_3 \leftarrow N_6$	0.6756	—	—	80
		M_γ	$M_3 \leftarrow N_5$	0.6088	—	—	5
		M_{ζ_1}	$M_5 \leftarrow N_3$	0.8962	—	—	1
		M_{ζ_2}	$M_4 \leftarrow N_2$	0.8993	—	—	1
75	Re	K_{α_1}	$K \leftarrow L_3$	0.0202	—	5898.200	100
		K_{α_2}	$K \leftarrow L_2$	0.0207	—	5760.806	50
		K_{β_1}	$K \leftarrow M_3$	0.0179	—	6686.190	15
		K_{β_2}	$K \leftarrow N_{2,3}$	0.0174	—	6871.633	5
		K_{β_3}	$K \leftarrow M_2$	0.0179	—	—	15
		L_{α_1}	$L_3 \leftarrow M_5$	0.1433	—	834.688	100
		L_{α_2}	$L_3 \leftarrow M_4$	0.1444	—	828.224	10
		L_{β_1}	$L_2 \leftarrow M_4$	0.1238	—	965.618	50
		L_{β_2}	$L_3 \leftarrow N_5$	0.1206	—	991.186	20
		L_{β_3}	$L_1 \leftarrow M_3$	0.1220	—	—	6
		L_{β_4}	$L_1 \leftarrow M_2$	0.1260	—	—	4
		L_{β_5}	$L_3 \leftarrow O_{4,5}$	0.1177	—	—	2
		L_{γ_1}	$L_2 \leftarrow N_4$	0.1061	—	1127.326	10
		L_{γ_2}	$L_1 \leftarrow N_2$	0.1032	—	—	1
		L_{γ_3}	$L_1 \leftarrow N_3$	0.1026	—	—	2
		L_{γ_4}	$L_1 \leftarrow O_3$	0.0993	—	—	<1
		L_{γ_6}	$L_2 \leftarrow O_4$	0.1037	—	—	1
		L_ι	$L_3 \leftarrow M_1$	0.1630	—	—	3
		L_η	$L_2 \leftarrow M_1$	0.1374	—	—	1
		M_{α_1}	$M_5 \leftarrow N_7$	0.6729	—	—	50
		M_{α_2}	$M_5 \leftarrow N_6$		—	—	50
		M_β	$M_3 \leftarrow N_6$	0.6504	—	—	80
		M_γ	$M_3 \leftarrow N_5$	0.5887	—	—	5
		M_{ζ_1}	$M_5 \leftarrow N_3$	0.8629	—	—	1
		M_{ζ_2}	$M_4 \leftarrow N_2$	0.8664	—	—	1
76	Os	K_{α_1}	$K \leftarrow L_3$	0.0196	5.114	6077.661	100
		K_{α_2}	$K \leftarrow L_2$	0.0201	4.766	5931.584	50
		K_{β_1}	$K \leftarrow M_3$	0.0173	5.393	6889.386	15
		K_{β_2}	$K \leftarrow N_{2,3}$	0.0169	—	7081.294	5
		K_{β_3}	$K \leftarrow M_2$	0.0174	5.398	—	15
		L_{α_1}	$L_3 \leftarrow M_5$	0.1391	0.679	859.678	100
		L_{α_2}	$L_3 \leftarrow M_4$	0.1402	0.743	852.924	10
		L_{β_1}	$L_2 \leftarrow M_4$	0.1197	0.716	999.002	50
		L_{β_2}	$L_3 \leftarrow N_5$	0.1169	0.926	1022.351	20
		L_{β_3}	$L_1 \leftarrow M_3$	0.1179	1.049	—	6

原子序数	元素	谱线名称	电子跃迁	λ/nm	固有宽度 /(MJ/mol)	光子能量 /(MJ/mol)	近似的相对强度
		L_{β_4}	$L_1 \leftarrow M_2$	0.1218	1.592	—	4
		L_{β_5}	$L_3 \leftarrow O_{4,5}$	0.1140	—	—	2
		L_{γ_1}	$L_2 \leftarrow N_4$	0.1025	1.028	1166.885	10
		L_{γ_2}	$L_1 \leftarrow N_2$	0.0998	—	—	1
		L_{γ_3}	$L_1 \leftarrow N_3$	0.0992	—	—	2
		L_{γ_4}	$L_1 \leftarrow O_3$	0.0959	—	—	<1
		L_{γ_6}	$L_2 \leftarrow O_4$	0.1001	—	—	1
76	Os	L_t	$L_3 \leftarrow M_1$	0.1585	—	—	3
		L_η	$L_2 \leftarrow M_1$	0.1328	—	—	1
		M_{α_1}	$M_5 \leftarrow N_7$	0.6490	—	—	50
		M_{α_2}	$M_5 \leftarrow N_6$		—	—	50
		M_β	$M_3 \leftarrow N_6$	0.6267	—	—	80
		M_γ	$M_3 \leftarrow N_5$	0.5681	—	—	5
		M_{ζ_1}	$M_5 \leftarrow N_3$	0.8310	—	—	1
		M_{ζ_2}	$M_4 \leftarrow N_2$	0.8359	—	—	1
		K_{α_1}	$K \leftarrow L_3$	0.0191	—	6260.500	100
		K_{α_2}	$K \leftarrow L_2$	0.0196	—	6105.353	50
		K_{β_1}	$K \leftarrow M_3$	0.0168	—	7096.346	15
		K_{β_2}	$K \leftarrow N_{2,3}$	0.0164	—	7294.718	5
		K_{β_3}	$K \leftarrow M_2$	0.0169	—	—	15
		L_{α_1}	$L_3 \leftarrow M_5$	0.1352	—	885.053	100
		L_{α_2}	$L_3 \leftarrow M_4$	0.1363	—	877.817	10
		L_{β_1}	$L_2 \leftarrow M_4$	0.1158	—	1032.964	50
		L_{β_2}	$L_3 \leftarrow N_5$	0.1135	—	1053.419	20
		L_{β_3}	$L_1 \leftarrow M_3$	0.1141	—	—	6
		L_{β_4}	$L_1 \leftarrow M_2$	0.1179	—	—	4
		L_{β_5}	$L_3 \leftarrow O_{4,5}$	0.1106	—	—	2
77	Ir	L_{γ_1}	$L_2 \leftarrow N_4$	0.0991	—	1206.926	10
		L_{γ_2}	$L_1 \leftarrow N_2$	0.0966	—	—	1
		L_{γ_3}	$L_1 \leftarrow N_3$	0.0959	—	—	2
		L_{γ_4}	$L_1 \leftarrow O_3$	0.0928	—	—	<1
		L_{γ_6}	$L_2 \leftarrow O_4$	0.0967	—	—	1
		L_t	$L_3 \leftarrow M_1$	0.1541	—	—	3
		L_η	$L_2 \leftarrow M_1$	0.1285	—	—	1
		M_{α_1}	$M_5 \leftarrow N_7$	0.6261	—	—	50
		M_{α_2}	$M_5 \leftarrow N_6$	0.6275	—	—	50
		M_β	$M_3 \leftarrow N_6$	0.6037	—	—	80
		M_γ	$M_3 \leftarrow N_5$	0.5501	—	—	5
		M_{ζ_1}	$M_5 \leftarrow N_3$	0.8021	—	—	1

原子序数	元素	谱线名称	电子跃迁	λ/nm	固有宽度/(MJ/mol)	光子能量/(MJ/mol)	近似的相对强度
77	Ir	M_{ζ_2}	$M_4 \leftarrow N_2$	0.8065	—	—	1
78	Pt	K_{α_1}	$K \leftarrow L_3$	0.0185	5.818	6447.101	100
		K_{α_2}	$K \leftarrow L_2$	0.0190	5.239	6282.209	50
		K_{β_1}	$K \leftarrow M_3$	0.0163	5.787	7307.358	15
		K_{β_2}	$K \leftarrow N_{2,3}$	0.0159	—	7512.870	5
		K_{β_3}	$K \leftarrow M_2$	0.0164	5.995	—	15
		L_{α_1}	$L_3 \leftarrow M_5$	0.1313	0.733	910.911	100
		L_{α_2}	$L_3 \leftarrow M_4$	0.1325	0.799	903.096	10
		L_{β_1}	$L_2 \leftarrow M_4$	0.1120	0.772	1067.988	50
		L_{β_2}	$L_3 \leftarrow N_5$	0.1102	0.960	1085.355	20
		L_{β_3}	$L_1 \leftarrow M_3$	0.1104	1.553	—	6
		L_{β_4}	$L_1 \leftarrow M_2$	0.1142	1.737	—	4
		L_{β_5}	$L_3 \leftarrow O_{4,5}$	0.1072	—	—	2
		L_{γ_1}	$L_2 \leftarrow N_4$	0.0958	1.081	1248.414	10
		L_{γ_2}	$L_1 \leftarrow N_2$	0.0934	—	—	1
		L_{γ_3}	$L_1 \leftarrow N_3$	0.0928	—	—	2
		L_{γ_4}	$L_1 \leftarrow O_3$	0.0897	—	—	<1
		L_{γ_6}	$L_2 \leftarrow O_4$	0.0934	—	—	1
		L_{ι}	$L_3 \leftarrow M_1$	0.1499	—	—	3
		L_{η}	$L_2 \leftarrow M_1$	0.1243	—	—	1
		M_{α_1}	$M_5 \leftarrow N_7$	0.6046	—	—	50
		M_{α_2}	$M_5 \leftarrow N_6$	0.6057	—	—	50
		M_{β}	$M_3 \leftarrow N_6$	0.5828	—	—	80
		M_{γ}	$M_3 \leftarrow N_5$	0.5319	—	—	5
		M_{ζ_1}	$M_5 \leftarrow N_3$	0.7738	—	—	1
		M_{ζ_2}	$M_4 \leftarrow N_2$	0.7790	—	—	1
79	Au	K_{α_1}	$K \leftarrow L_3$	0.0180	—	6637.562	100
		K_{α_2}	$K \leftarrow L_2$	0.0185	—	6462.539	50
		K_{β_1}	$K \leftarrow M_3$	0.0159	—	7522.711	15
		K_{β_2}	$K \leftarrow N_{2,3}$	0.0155	—	7734.688	5
		K_{β_3}	$K \leftarrow M_2$	0.0160	—	—	15
		L_{α_1}	$L_3 \leftarrow M_5$	0.1277	—	936.962	100
		L_{α_2}	$L_3 \leftarrow M_4$	0.1288	—	928.664	10
		L_{β_1}	$L_2 \leftarrow M_4$	0.1083	—	1103.687	50
		L_{β_2}	$L_3 \leftarrow N_5$	0.1070	—	1117.485	20
		L_{β_3}	$L_1 \leftarrow M_3$	0.1068	—	—	6
		L_{β_4}	$L_1 \leftarrow M_2$	0.1106	—	—	4
		L_{β_5}	$L_3 \leftarrow O_{4,5}$	0.1040	—	—	2

原子序数	元素	谱线名称	电子跃迁	λ/nm	固有宽度/(MJ/mol)	光子能量/(MJ/mol)	近似的相对强度
79	Au	L_{γ_1}	$L_2 \leftarrow N_4$	0.0927	—	1290.867	10
		L_{γ_2}	$L_1 \leftarrow N_2$	0.0905	—	—	1
		L_{γ_3}	$L_1 \leftarrow N_3$	0.0898	—	—	2
		L_{γ_4}	$L_1 \leftarrow O_3$	0.0867	—	—	<1
		L_{γ_6}	$L_2 \leftarrow O_4$	0.0903	—	—	1
		L_ι	$L_3 \leftarrow M_1$	0.1460	—	—	3
		L_η	$L_2 \leftarrow M_1$	0.1202	—	—	1
		M_{α_1}	$M_5 \leftarrow N_7$	0.5840	—	—	50
		M_{α_2}	$M_5 \leftarrow N_6$	0.5854	—	—	50
		M_β	$M_3 \leftarrow N_6$	0.5623	—	—	80
		M_γ	$M_3 \leftarrow N_5$	0.5145	—	—	5
		M_{ζ_1}	$M_5 \leftarrow N_3$	0.7466	—	—	1
		M_{ζ_2}	$M_4 \leftarrow N_2$	0.7523	—	—	1
80	Hg	K_{α_1}	$K \leftarrow L_3$	0.0175	6.247	6833.136	100
		K_{α_2}	$K \leftarrow L_2$	0.0180	6.580	6647.210	50
		K_{β_1}	$K \leftarrow M_3$	0.0154	6.344	7743.661	15
		K_{β_2}	$K \leftarrow N_{2,3}$	0.0150	—	7962.488	5
		K_{β_3}	$K \leftarrow M_2$	0.0155	6.653	—	15
		L_{α_1}	$L_3 \leftarrow M_5$	0.1242	0.782	963.592	100
		L_{α_2}	$L_3 \leftarrow M_4$	0.1253	0.849	954.812	10
		L_{β_1}	$L_2 \leftarrow M_4$	0.1049	0.839	1140.737	50
		L_{β_2}	$L_3 \leftarrow N_5$	0.1040	1.003	1150.386	20
		L_{β_3}	$L_1 \leftarrow M_3$	0.1034	1.679	—	6
		L_{β_4}	$L_1 \leftarrow M_2$	0.1072	1.901	—	4
		L_{β_5}	$L_3 \leftarrow O_{4,5}$	0.1010	—	—	2
		L_{γ_1}	$L_2 \leftarrow N_4$	0.0897	1.139	1334.189	10
		L_{γ_2}	$L_1 \leftarrow N_2$	0.0876	—	—	1
		L_{γ_3}	$L_1 \leftarrow N_3$	0.0869	—	—	2
		L_{γ_4}	$L_1 \leftarrow O_3$	0.0839	—	—	<1
		L_{γ_6}	$L_2 \leftarrow O_4$	0.0873	—	—	1
		L_ι	$L_3 \leftarrow M_1$	0.1422	—	—	3
		L_η	$L_2 \leftarrow M_1$	0.1164	—	—	1
		M_{α_1}	$M_5 \leftarrow N_7$	0.5648	—	—	50
		M_{α_2}	$M_5 \leftarrow N_6$	0.5677	—	—	50
		M_β	$M_3 \leftarrow N_6$	0.5452	—	—	80
		M_γ	$M_3 \leftarrow N_5$	0.4984	—	—	5
		M_{ζ_1}	$M_5 \leftarrow N_3$	0.7232	—	—	1
		M_{ζ_2}	$M_4 \leftarrow N_2$	0.7250	—	—	1

续表

原子序数	元素	谱线名称	电子跃迁	λ/nm	固有宽度/(MJ/mol)	光子能量/(MJ/mol)	近似的相对强度
81	Tl	K_{α_1}	$K \leftarrow L_3$	0.0170	—	7029.868	100
		K_{α_2}	$K \leftarrow L_2$	0.0175	—	6784.797	50
		K_{β_1}	$K \leftarrow M_3$	0.0150	—	7965.576	15
		K_{β_2}	$K \leftarrow N_{2,3}$	0.0146	—	8191.928	5
		K_{β_3}	$K \leftarrow M_2$	0.0151	—	—	15
		L_{α_1}	$L_3 \leftarrow M_5$	0.1207	—	990.511	100
		L_{α_2}	$L_3 \leftarrow M_4$	0.1218	—	981.248	10
		L_{β_1}	$L_2 \leftarrow M_4$	0.1015	—	1178.077	50
		L_{β_2}	$L_3 \leftarrow N_5$	0.1010	—	1183.673	20
		L_{β_3}	$L_1 \leftarrow M_3$	0.1001	—	—	6
		L_{β_4}	$L_1 \leftarrow M_2$	0.1039	—	—	4
		L_{β_5}	$L_3 \leftarrow O_{4,5}$	0.0981	—	—	2
		L_{γ_1}	$L_2 \leftarrow N_4$	0.0868	—	1378.572	10
		L_{γ_2}	$L_1 \leftarrow N_2$	0.0848	—	—	1
		L_{γ_3}	$L_1 \leftarrow N_3$	0.0842	—	—	2
		L_{γ_4}	$L_1 \leftarrow O_3$	0.0812	—	—	<1
		L_{γ_6}	$L_2 \leftarrow O_4$	0.0845	—	—	1
		L_{ι}	$L_3 \leftarrow M_1$	0.1385	—	—	3
		L_{η}	$L_2 \leftarrow M_1$	0.1127	—	—	1
		M_{α_1}	$M_5 \leftarrow N_7$	0.5461	—	—	50
		M_{α_2}	$M_5 \leftarrow N_6$	0.5472	—	—	50
		M_{β}	$M_3 \leftarrow N_6$	0.5249	—	—	80
		M_{γ}	$M_3 \leftarrow N_5$	0.4825	—	—	5
		$M_{\zeta 1}$	$M_5 \leftarrow N_3$	0.6974	—	—	1
		$M_{\zeta 2}$	$M_4 \leftarrow N_2$	0.7032	—	—	1
82	Pb	K_{α_1}	$K \leftarrow L_3$	0.0165	6.590	7232.196	100
		K_{α_2}	$K \leftarrow L_2$	0.0170	7.622	7023.500	50
		K_{β_1}	$K \leftarrow M_3$	0.0146	6.966	8193.665	15
		K_{β_2}	$K \leftarrow N_{2,3}$	0.0142	—	8427.254	5
		K_{β_3}	$K \leftarrow M_2$	0.0147	7.227	—	15
		L_{α_1}	$L_3 \leftarrow M_5$	0.1175	0.851	1017.816	100
		L_{α_2}	$L_3 \leftarrow M_4$	0.1186	0.902	1008.071	10
		L_{β_1}	$L_2 \leftarrow M_4$	0.0982	0.902	1216.767	50
		L_{β_2}	$L_3 \leftarrow N_5$	0.0983	1.307	1217.636	20
		L_{β_3}	$L_1 \leftarrow M_3$	0.0969	1.799	—	6
		L_{β_4}	$L_1 \leftarrow M_2$	0.1007	2.055	—	4
		L_{β_5}	$L_3 \leftarrow O_{4,5}$	0.0953	—	—	2
		L_{γ_1}	$L_2 \leftarrow N_4$	0.0840	1.187	1424.306	10
		L_{γ_2}	$L_1 \leftarrow N_2$	0.0822	—	—	1

续表

原子序数	元素	谱线名称	电子跃迁	λ/nm	固有宽度 /(MJ/mol)	光子能量 /(MJ/mol)	近似的相对强度
82	Pb	L_{γ_3}	$L_1 \leftarrow N_3$	0.0815	—	—	2
		L_{γ_4}	$L_1 \leftarrow O_3$	0.0786	—	—	<1
		L_{γ_6}	$L_2 \leftarrow O_4$	0.0817	—	—	1
		L_ι	$L_3 \leftarrow M_1$	0.1350	—	—	3
		L_η	$L_2 \leftarrow M_1$	0.1092	—	—	1
		M_{α_1}	$M_5 \leftarrow N_7$	0.5285	—	—	50
		M_{α_2}	$M_5 \leftarrow N_6$	0.5299	—	—	50
		M_β	$M_3 \leftarrow N_6$	0.5075	—	—	80
		M_γ	$M_3 \leftarrow N_5$	0.4674	—	—	5
		$M_{\zeta1}$	$M_5 \leftarrow N_3$	0.6740	—	—	1
		$M_{\zeta2}$	$M_4 \leftarrow N_2$	0.6802	—	—	1
83	Bi	K_{α_1}	$K \leftarrow L_3$	0.0161	—	7438.673	100
		K_{α_2}	$K \leftarrow L_2$	0.0165	—	7217.531	50
		K_{β_1}	$K \leftarrow M_3$	0.0142	—	8426.483	15
		K_{β_2}	$K \leftarrow N_{2,3}$	0.0138	—	8667.501	5
		K_{β_3}	$K \leftarrow M_2$	0.0143	—	—	15
		L_{α_1}	$L_3 \leftarrow M_5$	0.1144	—	1045.507	100
		L_{α_2}	$L_3 \leftarrow M_4$	0.1155	—	1035.183	10
		L_{β_1}	$L_2 \leftarrow M_4$	0.0952	—	1256.326	50
		L_{β_2}	$L_3 \leftarrow N_5$	0.0955	—	1252.081	20
		L_{β_3}	$L_1 \leftarrow M_3$	0.0939	—	—	6
		L_{β_4}	$L_1 \leftarrow M_2$	0.0977	—	—	4
		L_{β_5}	$L_3 \leftarrow O_{4,5}$	0.0926	—	—	2
		L_{γ_1}	$L_2 \leftarrow N_4$	0.0814	—	1470.811	10
		L_{γ_2}	$L_1 \leftarrow N_2$	0.0796	—	—	1
		L_{γ_3}	$L_1 \leftarrow N_3$	0.0790	—	—	2
		L_{γ_4}	$L_1 \leftarrow O_3$	0.0761	—	—	<1
		L_{γ_6}	$L_2 \leftarrow O_4$	0.0791	—	—	1
		L_ι	$L_3 \leftarrow M_1$	0.1317	—	—	3
		L_η	$L_2 \leftarrow M_1$	0.1058	—	—	1
		M_{α_1}	$M_5 \leftarrow N_7$	0.5118	—	—	50
		M_{α_2}	$M_5 \leftarrow N_6$	0.5129	—	—	50
		M_β	$M_3 \leftarrow N_6$	0.4909	—	—	80
		M_γ	$M_3 \leftarrow N_5$	0.4531	—	—	5
		$M_{\zeta1}$	$M_5 \leftarrow N_3$	0.6521	—	—	1
		$M_{\zeta2}$	$M_4 \leftarrow N_2$	0.6585	—	—	1
84	Po	K_{α_1}	$K \leftarrow L_3$	0.0156	7.063	7650.843	100
		K_{α_2}	$K \leftarrow L_2$	0.0161	8.327	7416.578	50
		K_{β_1}	$K \leftarrow M_3$	0.0138	7.584	8665.185	15

原子序数	元素	谱线名称	电子跃迁	λ/nm	固有宽度 /(MJ/mol)	光子能量 /(MJ/mol)	近似的相对强度
84	Po	K_{β_2}	$K \leftarrow N_{2,3}$	0.0133	—	8913.826	5
		K_{β_3}	$K \leftarrow M_2$	0.0139	7.994	—	15
		L_{α_1}	$L_3 \leftarrow M_5$	0.1114	0.917	1073.681	100
		L_{α_2}	$L_3 \leftarrow M_4$	0.1125	0.960	1062.681	10
		L_{β_1}	$L_2 \leftarrow M_4$	0.0922	0.974	1296.850	50
		L_{β_2}	$L_3 \leftarrow N_5$	0.0929	1.085	1286.912	20
		L_{β_3}	$L_1 \leftarrow M_3$	0.0909	1.920	—	6
		L_{β_4}	$L_1 \leftarrow M_2$	0.0948	2.190	—	4
		L_{β_5}	$L_3 \leftarrow O_{4,5}$	0.0900	—	—	2
		L_{γ_1}	$L_2 \leftarrow N_4$	0.0788	1.259	1518.668	10
		L_{γ_2}	$L_1 \leftarrow N_2$	0.0772	—	—	1
		L_{γ_3}	$L_1 \leftarrow N_3$	0.0765	—	—	2
		L_{γ_4}	$L_1 \leftarrow O_3$	0.0736	—	—	<1
		L_{γ_6}	$L_2 \leftarrow O_4$	0.0765	—	—	1
		L_ι	$L_3 \leftarrow M_1$	0.1283	—	—	3
		L_η	$L_2 \leftarrow M_1$	0.1024	—	—	1
		M_{α_1}	$M_5 \leftarrow N_7$	0.4955	—	—	50
		M_{α_2}	$M_5 \leftarrow N_6$	0.4958	—	—	50
		M_β	$M_3 \leftarrow N_6$	0.4736	—	—	80
		M_γ	$M_3 \leftarrow N_5$	0.4361	—	—	5
		$M_{\zeta 1}$	$M_5 \leftarrow N_3$	0.6290	—	—	1
		$M_{\zeta 2}$	$M_4 \leftarrow N_2$	0.6349	—	—	1
85	At	K_{α_1}	$K \leftarrow L_3$	0.0152	—	7865.907	100
		K_{α_2}	$K \leftarrow L_2$	0.0157	—	7618.038	50
		K_{β_1}	$K \leftarrow M_3$	0.0134	—	8907.362	15
		K_{β_2}	$K \leftarrow N_{2,3}$	0.0131	—	9163.721	5
		K_{β_3}	$K \leftarrow M_2$	0.0135	—	—	15
		L_{α_1}	$L_3 \leftarrow M_5$	0.1085	—	1102.240	100
		L_{α_2}	$L_3 \leftarrow M_4$	0.1097	—	1090.662	10
		L_{β_1}	$L_2 \leftarrow M_4$	0.0894	—	1338.531	50
		L_{β_2}	$L_3 \leftarrow N_5$	0.0905	—	1322.321	20
		L_{β_3}	$L_1 \leftarrow M_3$	0.0881	—	—	6
		L_{β_4}	$L_1 \leftarrow M_2$	0.0919	—	—	4
		L_{β_5}	$L_3 \leftarrow O_{4,5}$	0.0875	—	—	2
		L_{γ_1}	$L_2 \leftarrow N_4$	0.0763	—	1567.582	10
		L_{γ_2}	$L_1 \leftarrow N_2$	0.0747	—	—	1
		L_{γ_3}	$L_1 \leftarrow N_3$	0.0740	—	—	2
		L_{γ_4}	$L_1 \leftarrow O_3$	0.0713	—	—	<1
		L_{γ_6}	$L_2 \leftarrow O_4$	0.0741	—	—	1

原子序数	元素	谱线名称	电子跃迁	λ/nm	固有宽度 /(MJ/mol)	光子能量 /(MJ/mol)	近似的相对强度
85	At	L_ι	$L_3 \leftarrow M_1$	0.1256	—	—	3
		L_η	$L_2 \leftarrow M_1$	0.0997	—	—	1
		M_{α_1}	$M_5 \leftarrow N_7$	0.4802	—	—	50
		M_{α_2}	$M_5 \leftarrow N_6$	0.4802	—	—	50
		M_β	$M_3 \leftarrow N_6$	0.4581	—	—	80
		M_γ	$M_3 \leftarrow N_5$	0.4234	—	—	5
		$M_{\zeta 1}$	$M_5 \leftarrow N_3$	0.6096	—	—	1
		$M_{\zeta 2}$	$M_4 \leftarrow N_2$	0.6156	—	—	1
86	Rn	K_{α_1}	$K \leftarrow L_3$	0.0148	7.719	8085.409	100
		K_{α_2}	$K \leftarrow L_2$	0.0153	8.635	7822.971	50
		K_{β_1}	$K \leftarrow M_3$	0.0131	8.249	9154.169	15
		K_{β_2}	$K \leftarrow N_{2,3}$	0.0127	—	9418.441	5
		K_{β_3}	$K \leftarrow M_2$	0.0132	8.799	—	15
		L_{α_1}	$L_3 \leftarrow M_5$	0.1057	0.968	1131.185	100
		L_{α_2}	$L_3 \leftarrow M_4$	0.1069	1.013	1118.932	10
		L_{β_1}	$L_2 \leftarrow M_4$	0.0866	1.028	1381.274	50
		L_{β_2}	$L_3 \leftarrow N_5$	0.0881	1.124	1358.214	20
		L_{β_3}	$L_1 \leftarrow M_3$	0.0854	2.026	—	6
		L_{β_4}	$L_1 \leftarrow M_2$	0.0892	2.316	—	4
		L_{β_5}	$L_3 \leftarrow O_{4,5}$	0.0852	—	—	2
		L_{γ_1}	$L_2 \leftarrow N_4$	0.0739	1.037	1617.854	10
		L_{γ_2}	$L_1 \leftarrow N_2$	0.0725	—	—	1
		L_{γ_3}	$L_1 \leftarrow N_3$	0.0718	—	—	2
		L_{γ_4}	$L_1 \leftarrow O_3$	0.0692	—	—	<1
		L_{γ_6}	$L_2 \leftarrow O_4$	0.0717	—	—	1
		L_ι	$L_3 \leftarrow M_1$	0.1223	—	—	3
		L_η	$L_2 \leftarrow M_1$	0.0968	—	—	1
		M_{α_1}	$M_5 \leftarrow N_7$	0.4655	—	—	50
		M_{α_2}	$M_5 \leftarrow N_6$	0.4657	—	—	50
		M_β	$M_3 \leftarrow N_6$	0.4436	—	—	80
		M_γ	$M_3 \leftarrow N_5$	0.4124	—	—	5
		$M_{\zeta 1}$	$M_5 \leftarrow N_3$	0.5911	—	—	1
		$M_{\zeta 2}$	$M_4 \leftarrow N_2$	0.5971	—	—	1
87	Fr	K_{α_1}	$K \leftarrow L_3$	0.0144	—	8309.157	100
		K_{α_2}	$K \leftarrow L_2$	0.0149	—	8031.668	50
		K_{β_1}	$K \leftarrow M_3$	0.0127	—	9405.608	15
		K_{β_2}	$K \leftarrow N_{2,3}$	0.0124	—	9677.888	5
		K_{β_3}	$K \leftarrow M_2$	0.0128	—	—	15
		L_{α_1}	$L_3 \leftarrow M_5$	0.1030	—	1160.613	100

原子序数	元素	谱线名称	电子跃迁	λ/nm	固有宽度/(MJ/mol)	光子能量/(MJ/mol)	近似的相对强度
87	Fr	L_{α_2}	$L_3 \leftarrow M_4$	0.1042	—	1147.588	10
		L_{β_1}	$L_2 \leftarrow M_4$	0.0840	—	1425.078	50
		L_{β_2}	$L_3 \leftarrow N_5$	0.0858	—	1395.071	20
		L_{β_3}	$L_1 \leftarrow M_3$	0.0828	—	—	6
		L_{β_4}	$L_1 \leftarrow M_2$	0.0867	—	—	4
		L_{β_5}	$L_3 \leftarrow O_{4,5}$	0.0829	—	—	2
		L_{γ_1}	$L_2 \leftarrow N_4$	0.0716	—	1669.280	10
		L_{γ_2}	$L_1 \leftarrow N_2$	0.0703	—	—	1
		L_{γ_3}	$L_1 \leftarrow N_3$	0.0696	—	—	2
		L_{γ_4}	$L_1 \leftarrow O_3$	0.0670	—	—	<1
		L_{γ_6}	$L_2 \leftarrow O_4$	0.0695	—	—	1
		L_ι	$L_3 \leftarrow M_1$	0.1199	—	—	3
		L_η	$L_2 \leftarrow M_1$	0.0938	—	—	1
		M_{α_1}	$M_5 \leftarrow N_7$	0.4515	—	—	50
		M_{α_2}	$M_5 \leftarrow N_6$	0.4521	—	—	50
		M_β	$M_3 \leftarrow N_6$	0.4303	—	—	80
		M_γ	$M_3 \leftarrow N_5$	0.4008	—	—	5
		M_{ζ_1}	$M_5 \leftarrow N_3$	0.5737	—	—	1
		M_{ζ_2}	$M_4 \leftarrow N_2$	0.5801	—	—	1
88	Ra	K_{α_1}	$K \leftarrow L_3$	0.0144	8.394	8537.440	100
		K_{α_2}	$K \leftarrow L_2$	0.0149	8.799	8244.223	50
		K_{β_1}	$K \leftarrow M_3$	0.0127	9.089	9661.582	15
		K_{β_2}	$K \leftarrow N_{2,3}$	0.0120	—	9942.545	5
		K_{β_3}	$K \leftarrow M_2$	0.0128	9.547	—	15
		L_{α_1}	$L_3 \leftarrow M_5$	0.1005	1.061	1190.427	100
		L_{α_2}	$L_3 \leftarrow M_4$	0.1017	1.081	1176.533	10
		L_{β_1}	$L_2 \leftarrow M_4$	0.0814	1.119	1469.750	50
		L_{β_2}	$L_3 \leftarrow N_5$	0.0836	1.177	1431.735	20
		L_{β_3}	$L_1 \leftarrow M_3$	0.0803	2.122	—	6
		L_{β_4}	$L_1 \leftarrow M_2$	0.0841	2.431	—	4
		L_{β_5}	$L_3 \leftarrow O_{4,5}$	0.0807	—	—	2
		L_{γ_1}	$L_2 \leftarrow N_4$	0.0694	1.380	1721.768	10
		L_{γ_2}	$L_1 \leftarrow N_2$	0.0682	—	—	1
		L_{γ_3}	$L_1 \leftarrow N_3$	0.0675	—	—	2
		L_{γ_4}	$L_1 \leftarrow O_3$	0.0649	—	—	<1
		L_{γ_6}	$L_2 \leftarrow O_4$	0.0673	—	—	1
		L_ι	$L_3 \leftarrow M_1$	0.1167	—	—	3
		L_η	$L_2 \leftarrow M_1$	0.0908	—	—	1
		M_{α_1}	$M_5 \leftarrow N_7$	0.4383	—	—	50

续表

原子序数	元素	谱线名称	电子跃迁	λ/nm	固有宽度 /(MJ/mol)	光子能量 /(MJ/mol)	近似的相对强度
88	Ra	M_{α_2}	$M_5 \leftarrow N_6$	0.4392	—	—	50
		M_β	$M_3 \leftarrow N_6$	0.4178	—	—	80
		M_γ	$M_3 \leftarrow N_5$	0.3892	—	—	5
		M_{ζ_1}	$M_5 \leftarrow N_3$	0.5579	—	—	1
		M_{ζ_2}	$M_4 \leftarrow N_2$	0.5642	—	—	1
89	Ac	K_{α_1}	$K \leftarrow L_3$	0.0140	—	8769.871	100
		K_{α_2}	$K \leftarrow L_2$	0.0145	—	8459.866	50
		K_{β_1}	$K \leftarrow M_3$	0.0124	—	9923.055	15
		K_{β_2}	$K \leftarrow N_{2,3}$	0.0117	—	10211.737	5
		K_{β_3}	$K \leftarrow M_2$	0.0125	—	—	15
		L_{α_1}	$L_3 \leftarrow M_5$	0.0980	—	1220.530	100
		L_{α_2}	$L_3 \leftarrow M_4$	0.0992	—	1205.961	10
		L_{β_1}	$L_2 \leftarrow M_4$	0.0789	—	1515.966	50
		L_{β_2}	$L_3 \leftarrow N_5$	0.0814	—	1469.171	20
		L_{β_3}	$L_1 \leftarrow M_3$	0.0778	—	—	6
		L_{β_4}	$L_1 \leftarrow M_2$	0.0816	—	—	4
		L_{β_5}	$L_3 \leftarrow O_{4,5}$	0.0786	—	—	2
		L_{γ_1}	$L_2 \leftarrow N_4$	0.0671	—	1775.799	10
		L_{γ_2}	$L_1 \leftarrow N_2$	0.0662	—	—	1
		L_{γ_3}	$L_1 \leftarrow N_3$	0.0655	—	—	2
		L_{γ_4}	$L_1 \leftarrow O_3$	0.0630	—	—	<1
		L_{γ_6}	$L_2 \leftarrow O_4$	0.0653	—	—	1
		L_ι	$L_3 \leftarrow M_1$	0.1144	—	—	3
		L_η	$L_2 \leftarrow M_1$	0.0882	—	—	1
		M_{α_1}	$M_5 \leftarrow N_7$	0.4256	—	—	50
		M_{α_2}	$M_5 \leftarrow N_6$	0.4270	—	—	50
		M_β	$M_3 \leftarrow N_6$	0.4060	—	—	80
		M_γ	$M_3 \leftarrow N_5$	0.3798	—	—	5
		M_{ζ_1}	$M_5 \leftarrow N_3$	0.5389	—	—	1
		M_{ζ_2}	$M_4 \leftarrow N_2$	0.5489	—	—	1
90	Th	K_{α_1}	$K \leftarrow L_3$	0.0133	9.137	9005.294	100
		K_{α_2}	$K \leftarrow L_2$	0.0138	9.359	8678.018	50
		K_{β_1}	$K \leftarrow M_3$	0.0117	9.620	10188.002	15
		K_{β_2}	$K \leftarrow N_{2,3}$	0.0114	—	10485.078	5
		K_{β_3}	$K \leftarrow M_2$	0.0118	10.131	—	15
		L_{α_1}	$L_3 \leftarrow M_5$	0.0956	1.148	1251.019	100
		L_{α_2}	$L_3 \leftarrow M_4$	0.0968	1.139	1235.775	10
		L_{β_1}	$L_2 \leftarrow M_4$	0.0766	1.196	1563.051	50
		L_{β_2}	$L_3 \leftarrow N_5$	0.0794	1.235	1507.089	20
		L_{β_3}	$L_1 \leftarrow M_3$	0.0755	2.205	—	6
		L_{β_4}	$L_1 \leftarrow M_2$	0.0793	2.542	—	4
		L_{β_5}	$L_3 \leftarrow O_{4,5}$	0.0765	—	—	2
		L_{γ_1}	$L_2 \leftarrow N_4$	0.0653	1.447	1830.988	10

第五篇

原子序数	元素	谱线名称	电子跃迁	λ/nm	固有宽度 /(MJ/mol)	光子能量 /(MJ/mol)	近似的相对强度
90	Th	L_{γ_2}	$L_1 \leftarrow N_2$	0.0642	—	—	1
		L_{γ_3}	$L_1 \leftarrow N_3$	0.0635	—	—	2
		L_{γ_4}	$L_1 \leftarrow O_3$	0.0611	—	—	<1
		L_{γ_6}	$L_2 \leftarrow O_4$	0.0632	—	—	1
		L_ι	$L_3 \leftarrow M_1$	0.1115	—	—	3
		L_η	$L_2 \leftarrow M_1$	0.0855	—	—	1
		M_{α_1}	$M_5 \leftarrow N_7$	0.4138	—	—	50
		M_{α_2}	$M_5 \leftarrow N_6$	0.4151	—	—	50
		M_β	$M_3 \leftarrow N_6$	0.3942	—	—	80
		M_γ	$M_3 \leftarrow N_5$	0.3679	—	—	5
		M_{ζ_1}	$M_5 \leftarrow N_3$	0.5245	—	—	1
		M_{ζ_2}	$M_4 \leftarrow N_2$	0.5340	—	—	1
91	Pa	K_{α_1}	$K \leftarrow L_3$	0.0131	—	9248.145	100
		K_{α_2}	$K \leftarrow L_2$	0.0136	—	8902.731	50
		K_{β_1}	$K \leftarrow M_3$	0.0115	—	10459.703	15
		K_{β_2}	$K \leftarrow N_{2,3}$	0.0111	—	10765.269	5
		K_{β_3}	$K \leftarrow M_2$	0.0116	—	—	15
		L_{α_1}	$L_3 \leftarrow M_5$	0.0933	—	1282.377	100
		L_{α_2}	$L_3 \leftarrow M_4$	0.0945	—	1265.878	10
		L_{β_1}	$L_2 \leftarrow M_4$	0.0742	—	1611.293	50
		L_{β_2}	$L_3 \leftarrow N_5$	0.0774	—	1545.876	20
		L_{β_3}	$L_1 \leftarrow M_3$	0.0732	—	—	6
		L_{β_4}	$L_1 \leftarrow M_2$	0.0770	—	—	4
		L_{β_5}	$L_3 \leftarrow O_{4,5}$	0.0746	—	—	2
		L_{γ_1}	$L_2 \leftarrow N_4$	0.0634	—	1887.142	10
		L_{γ_2}	$L_1 \leftarrow N_2$	0.0624	—	—	1
		L_{γ_3}	$L_1 \leftarrow N_3$	0.0617	—	—	2
		L_{γ_4}	$L_1 \leftarrow O_3$	0.0594	—	—	<1
		L_{γ_6}	$L_2 \leftarrow O_4$	0.0613	—	—	1
		L_ι	$L_3 \leftarrow M_1$	0.1091	—	—	3
		L_η	$L_2 \leftarrow M_1$	0.0830	—	—	1
		M_{α_1}	$M_5 \leftarrow N_7$	0.4022	—	—	50
		M_{α_2}	$M_5 \leftarrow N_6$	0.4035	—	—	50
		M_β	$M_3 \leftarrow N_6$	0.3827	—	—	80
		M_γ	$M_3 \leftarrow N_5$	0.3577	—	—	5
		M_{ζ_1}	$M_5 \leftarrow N_3$	0.5092	—	—	1
		M_{ζ_2}	$M_4 \leftarrow N_2$	0.5193	—	—	1
92	U	K_{α_1}	$K \leftarrow L_3$	0.0126	9.938	9496.786	100
		K_{α_2}	$K \leftarrow L_2$	0.0131	10.227	9132.074	50
		K_{β_1}	$K \leftarrow M_3$	0.0111	11.096	10737.675	15
		K_{β_2}	$K \leftarrow N_{2,3}$	0.0108	—	11052.214	5
		K_{β_3}	$K \leftarrow M_2$	0.0112	11.578	—	15

原子序数	元素	谱线名称	电子跃迁	λ/nm	固有宽度 /(MJ/mol)	光子能量 /(MJ/mol)	近似的相对强度
92	U	L_{α_1}	$L_3 \leftarrow M_5$	0.0911	1.196	1313.445	100
		L_{α_2}	$L_3 \leftarrow M_4$	0.0923	1.196	1296.560	10
		L_{β_1}	$L_2 \leftarrow M_4$	0.0720	1.303	1661.272	50
		L_{β_2}	$L_3 \leftarrow N_5$	0.0755	1.283	1584.760	20
		L_{β_3}	$L_1 \leftarrow M_3$	0.0710	2.287	—	6
		L_{β_4}	$L_1 \leftarrow M_2$	0.0748	2.653	—	4
		L_{β_5}	$L_3 \leftarrow O_{4,5}$	0.0726	—	—	2
		L_{γ_1}	$L_2 \leftarrow N_4$	0.0615	1.515	1945.419	10
		L_{γ_2}	$L_1 \leftarrow N_2$	0.0605	—	—	1
		L_{γ_3}	$L_1 \leftarrow N_3$	0.0598	—	—	2
		L_{γ_4}	$L_1 \leftarrow O_3$	0.0577	—	—	<1
		L_{γ_6}	$L_2 \leftarrow O_4$	0.0595	—	—	1
		L_ι	$L_3 \leftarrow M_1$	0.1067	—	—	3
		L_η	$L_2 \leftarrow M_1$	0.0806	—	—	1
		M_{α_1}	$M_5 \leftarrow N_7$	0.3910	—	—	50
		M_{α_2}	$M_5 \leftarrow N_6$	0.3924	—	—	50
		M_β	$M_3 \leftarrow N_6$	0.3715	—	—	80
		M_γ	$M_3 \leftarrow N_5$	0.3479	—	—	5
		M_{ζ_1}	$M_5 \leftarrow N_3$	0.4946	—	—	1
		M_{ζ_2}	$M_4 \leftarrow N_2$	0.5050	—	—	1
93	Np	K_{α_1}	$K \leftarrow L_3$	0.0123	—	9745.427	100
		K_{α_2}	$K \leftarrow L_2$	0.0128	—	9361.225	50
		K_{β_1}	$K \leftarrow M_3$	0.0109	—	11016.708	15
		K_{β_2}	$K \leftarrow N_{2,3}$	0.0105	—	11340.124	5
		L_{α_1}	$L_3 \leftarrow M_5$	0.0889	—	1345.478	100
		L_{α_2}	$L_3 \leftarrow M_4$	0.0901	—	1230.951	10
		L_{β_1}	$L_2 \leftarrow M_4$	0.0698	—	1711.637	50
		L_{β_2}	$L_3 \leftarrow N_5$	0.0736	—	1624.511	20
		L_{β_3}	$L_1 \leftarrow M_3$	0.0689	—	—	6
		L_{β_4}	$L_1 \leftarrow M_2$	0.0727	—	—	4
		L_{β_5}	$L_3 \leftarrow O_{4,5}$	0.0708	—	—	2
		L_{γ_1}	$L_2 \leftarrow N_4$	0.0597	—	2004.371	10
		L_{γ_2}	$L_1 \leftarrow N_2$	0.0587	—	—	1
		L_{γ_3}	$L_1 \leftarrow N_3$	0.0581	—	—	2
		L_{γ_4}	$L_1 \leftarrow O_3$	0.0558	—	—	<1
		L_{γ_6}	$L_2 \leftarrow O_4$	0.0577	—	—	1
		L_ι	$L_3 \leftarrow M_1$	0.1043	—	—	3
		L_η	$L_2 \leftarrow M_1$	0.0781	—	—	1
94	Pu	K_{α_1}	$K \leftarrow L_3$	0.0120	—	10000.918	100
		K_{α_2}	$K \leftarrow L_2$	0.0125	—	9596.069	50
		K_{β_1}	$K \leftarrow M_3$	0.0106	—	11302.785	15
		K_{β_2}	$K \leftarrow N_{2,3}$	0.0103	—	11635.271	5

续表

原子序数	元素	谱线名称	电子跃迁	λ/nm	固有宽度/(MJ/mol)	光子能量/(MJ/mol)	近似的相对强度
94	Pu	L_{α_1}	$L_3 \leftarrow M_5$	0.0869	1.274	1377.704	100
		L_{α_2}	$L_3 \leftarrow M_4$	0.0880	1.254	1358.696	10
		L_{β_1}	$L_2 \leftarrow M_4$	0.0678	1.360	1763.546	50
		L_{β_2}	$L_3 \leftarrow N_5$	0.0720	1.341	1664.745	20
		L_{β_3}	$L_1 \leftarrow M_3$	0.0669	2.325	—	6
		L_{β_4}	$L_1 \leftarrow M_2$	0.0707	2.731	—	4
		L_{β_5}	$L_3 \leftarrow O_{4,5}$	0.0691	—	—	2
		L_{γ_1}	$L_2 \leftarrow N_4$	0.0579	1.582	2064.867	10
		L_{γ_2}	$L_1 \leftarrow N_2$	0.0571	—	—	1
		L_{γ_3}	$L_1 \leftarrow N_3$	0.0564	—	—	2
		L_{γ_4}	$L_1 \leftarrow O_3$	0.0542	—	—	<1
		L_{γ_6}	$L_2 \leftarrow O_4$	0.0560	—	—	1
		L_l	$L_3 \leftarrow M_1$	0.1023	—	—	3
		L_η	$L_2 \leftarrow M_1$	0.0759	—	—	1
95	Am	K_{α_1}	$K \leftarrow L_3$	0.0117	—	10261.234	100
		K_{α_2}	$K \leftarrow L_2$	0.0122	—	9834.868	50
		K_{β_1}	$K \leftarrow M_3$	0.0103	—	11593.879	15
		K_{β_2}	$K \leftarrow N_{2,3}$	0.0100	—	11935.724	5
		L_{α_1}	$L_3 \leftarrow M_5$	0.0849	—	1410.412	100
		L_{α_2}	$L_3 \leftarrow M_4$	0.0860	—	1390.440	10
		L_{β_1}	$L_2 \leftarrow M_4$	0.0658	—	1816.709	50
		L_{β_2}	$L_3 \leftarrow N_5$	0.0701	—	1705.558	20
		L_{β_3}	$L_1 \leftarrow M_3$	0.0649	—	—	6
		L_{β_4}	$L_1 \leftarrow M_2$	0.0686	—	—	4
		L_{β_5}	$L_3 \leftarrow O_{4,5}$	0.0674	—	—	2
		L_{γ_1}	$L_2 \leftarrow N_4$	0.0562	—	2126.714	10
		L_{γ_2}	$L_1 \leftarrow N_2$	0.0554	—	—	1
		L_{γ_6}	$L_2 \leftarrow O_4$	0.0543	—	—	1
96	Cm	K_{α_1}	$K \leftarrow L_3$	0.0114	—	10526.277	100
		K_{α_2}	$K \leftarrow L_2$	0.0119	—	10077.624	50
		K_{β_1}	$K \leftarrow M_3$	0.0101	—	11890.280	15
		K_{β_2}	$K \leftarrow N_{2,3}$	0.0098	—	12241.484	5
		L_{α_1}	$L_3 \leftarrow M_5$	0.0829	1.428	1443.506	100
		L_{α_2}	$L_3 \leftarrow M_4$	0.0841	1.312	1422.472	10
		L_{β_1}	$L_2 \leftarrow M_4$	0.0639	1.515	1871.126	50
		L_{β_2}	$L_3 \leftarrow N_5$	0.0685	1.409	1746.950	20
		L_{γ_1}	$L_2 \leftarrow N_4$	0.0546	1.650	2190.104	10
97	Bk	K_{α_1}	$K \leftarrow L_3$	0.0111	—	10796.241	100
		K_{α_2}	$K \leftarrow L_2$	0.0116	—	10326.071	50
		K_{β_1}	$K \leftarrow M_3$	0.0098	—	12191.987	15
		K_{β_2}	$K \leftarrow N_{2,3}$	0.0095	—	12552.743	5
		L_{α_1}	$L_3 \leftarrow M_5$	0.0810	—	1477.083	100
		L_{α_2}	$L_3 \leftarrow M_4$	0.0822	—	1454.891	10
		L_{β_1}	$L_2 \leftarrow M_4$	0.0621	—	1926.894	50

原子序数	元素	谱线名称	电子跃迁	λ/nm	固有宽度/(MJ/mol)	光子能量/(MJ/mol)	近似的相对强度
97	Bk	L_{β_2}	$L_3 \leftarrow N_5$	0.0669	—	1788.824	20
		L_{γ_1}	$L_2 \leftarrow N_4$	0.0530	—	2254.845	10
98	Cf	K_{α_1}	$K \leftarrow L_3$	0.0108	—	11071.125	100
		K_{α_2}	$K \leftarrow L_2$	0.0113	—	10575.002	50
		K_{β_1}	$K \leftarrow M_3$	0.0097	—	12499.001	15
		K_{β_2}	$K \leftarrow N_{2,3}$	0.0093	—	12869.405	5
		L_{α_1}	$L_3 \leftarrow M_5$	0.0792	—	1511.045	100
		L_{α_2}	$L_3 \leftarrow M_4$	0.0804	—	1487.793	10
		L_{β_1}	$L_2 \leftarrow M_4$	0.0603	—	1983.916	50
		L_{β_2}	$L_3 \leftarrow N_5$	0.0653	—	1831.278	20
		L_{γ_1}	$L_2 \leftarrow N_4$	0.0515	—	2321.034	10
99	Es	K_{α_1}	$K \leftarrow L_3$	0.01052	—	17236.588	100
		K_{α_2}	$K \leftarrow L_2$	0.01103	—	10829.817	50
		K_{β_1}	$K \leftarrow M_3$	0.00933	—	12811.322	15
		L_{α_1}	$L_3 \leftarrow M_5$	0.07740	—	1545.490	100
		L_{β_1}	$L_2 \leftarrow M_4$	0.05850	—	2042.193	50
100	Fm	K_{α_1}	$K \leftarrow L_3$	0.01026	—	11635.850	100
		K_{α_2}	$K \leftarrow L_2$	0.01077	—	11088.589	50
		K_{β_1}	$K \leftarrow M_3$	0.00910	—	13129.142	15
		L_{α_1}	$L_3 \leftarrow M_5$	0.07570	—	1580.321	100
		L_{β_1}	$L_2 \leftarrow M_4$	0.05682	—	2101.917	50

附表 2 K 系荧光产额

原子序数	元素	ω_K	原子序数	元素	ω_K	原子序数	元素	ω_K	原子序数	元素	ω_K
6	C	0.0009	27	Co	0.345	47	Ag	0.83	67	Ho	0.945
7	N	0.0015	28	Ni	0.375	48	Cd	0.84	68	Er	0.945
8	O	0.0022	29	Cu	0.41	49	In	0.85	69	Tm	0.95
10	Ne	0.0100	30	Zn	0.435	50	Sn	0.86	70	Yb	0.95
11	Na	0.020	31	Ga	0.47	51	Sb	0.87	71	In	0.95
12	Mg	0.030	32	Ge	0.50	52	Te	0.875	72	Hf	0.955
13	Al	0.040	33	As	0.53	53	I	0.88	73	Ta	0.955
14	Si	0.055	34	Se	0.565	54	Xe	0.89	74	W	0.96
15	P	0.070	35	Br	0.60	55	Cs	0.895	75	Re	0.96
16	S	0.090	36	Kr	0.635	56	Ba	0.90	76	Os	0.96
17	Cl	0.105	37	Rb	0.665	57	La	0.905	77	Ir	0.96
18	Ar	0.125	38	Sr	0.685	58	Ce	0.91	78	Pd	0.965
19	K	0.140	39	Y	0.71	59	Pr	0.915	79	Au	0.965
20	Sc	0.165	40	Zr	0.72	60	Nd	0.92	80	Hg	0.965
21	Ca	0.190	41	Nb	0.755	61	Pm	0.925	82	Pb	0.97
22	Ti	0.220	42	Mo	0.77	62	Sm	0.93	92	U	0.97
23	V	0.240	43	Tc	0.785	63	Eu	0.93			
24	Cr	0.26	44	Ru	0.80	64	Gd	0.935			
25	Mn	0.285	45	Rh	0.81	65	Tb	0.94			
26	Fe	0.32	46	Pd	0.82	66	Dy	0.94			

附表3 L系荧光产额的实验值

原子序数	元素	ω_1	ω_2	ω_3	原子序数	元素	ω_1	ω_2	ω_3
54	Xe			0.10±0.01	79	Au			0.31±0.04
56	Ba	0.06		0.05±0.01					0.317±0.025
65	Tb	0.18	0.165±0.018	0.188±0.016	80	Hg		0.39±0.03	0.40±0.02
67	Ho			0.22±0.03				0.319±0.010	0.32±0.05
			0.170±0.055	0.169±0.030					0.367±0.050
68	Er			0.21±0.03	81	Tl	0.07±0.02	0.319±0.010	0.300±0.010
			0.185±0.060	0.172±0.032					0.37±0.07
70	Yb			0.20±0.02				0.373±0.025	0.386±0.053
			0.188±0.011	0.183±0.011					0.306±0.010
71	Lu			0.22±0.03	82	Pb	0.07±0.02	0.363±0.015	0.337
				0.251±0.035			0.09±0.02		0.315±0.013
72	Hf			0.22±0.03					0.32
				0.228±0.025					0.35±0.05
73	Ta		0.25±0.02	0.27±0.01					0.354±0.028
			0.257±0.013	0.25±0.03	83	Bi	0.12±0.01	0.32±0.04	0.367
				0.191			0.095±0.005	0.38±0.02	0.36
				0.228±0.013					0.37±0.05
				0.254±0.025					0.362±0.029
74	W			0.207					0.40±0.05
				0.272±0.037					0.340±0.018
75	Re			0.284±0.043	90	Th			0.42
76	Os			0.290±0.030					0.517±0.042
77	Ir			0.244	91	Pa			0.46±0.05
				0.262±0.036	92	U			0.44
78	Pt		0.331±0.021	0.262					0.500±0.040
				0.31±0.04	96	Cm	0.28±0.06	0.552±0.032	0.515±0.034
				0.317±0.029				0.55±0.02	0.63±0.02
				0.291±0.018					
79	Au			0.276					

附表4 L系荧光产额的理论值

原子序数	元素	ω_1	ω_2	ω_3	原子序数	元素	ω_1	ω_2	ω_3
13	Al	3.05×10^{-6}		0.00240	22	Ti	2.80×10^{-4}		0.00118
14	Si	9.77×10^{-6}		0.00108	24	Cr	2.97×10^{-4}		0.00329
15	P	2.12×10^{-5}		4.1×10^{-4}	26	Fe	3.84×10^{-4}	0.00143	0.00559
16	S	3.63×10^{-5}		2.9×10^{-4}					0.00149
17	Cl	5.60×10^{-5}		2.3×10^{-4}	28	Ni	4.63×10^{-4}	0.00269	0.00802
18	Ar	8.58×10^{-5}		1.9×10^{-4}	29	Cu		0.00357	0.00383
19	K	1.15×10^{-4}		2.1×10^{-4}	30	Zn	5.23×10^{-4}		0.0108
20	Ca	1.56×10^{-4}		2.1×10^{-4}	32	Ge	7.70×10^{-4}	0.00772	0.0144

原子序数	元素	ω_1	ω_2	ω_3	原子序数	元素	ω_1	ω_2	ω_3
33	As	0.00140	0.00885	0.00974	54	Xe	0.0584	0.0912	0.0970
34	Se	0.00130	0.00994	0.0178	56	Ba	0.0446	0.0907	0.0899
35	Br		0.0109		60	Nd	0.0746	0.133	0.135
36	Kr	0.00185	0.0220	0.0236			0.0600	0.120	0.120
		0.00219	0.0119	0.0123	65	Tb		0.166	0.160
37	Rb	0.0132			67	Ho	0.112	0.203	0.201
38	Sr	0.00300	0.0224	0.0243			0.094		
40	Zr	0.00397	0.0294	0.0295	70	Yb	0.112		
		0.00396	0.0189	0.0201	74	W	0.115	0.287	0.268
42	Mo	0.00575	0.0350	0.0373			0.138	0.271	0.253
		0.00634	0.0245	0.0259	79	Au	0.105	0.357	0.327
44	Ru	0.00774	0.0418	0.0450	80	Hg	0.098	0.352	0.321
47	Ag	0.0102	0.0547	0.0602	83	Bi	0.120	0.417	0.389
		0.0101	0.0430	0.0449	85	At	0.129	0.422	0.380
50	Sn	0.0130	0.0656	0.0737	90	Th	0.197	0.529	0.461
		0.0130	0.0567		93	Np		0.460	0.472
51	Sb	0.0311	0.0616	0.0633					

附表5　M 系荧光产额的平均值

原子序数	元素	ω_M	原子序数	元素	ω_M	原子序数	元素	ω_M	原子序数	元素	ω_M
37	Rb	0.001	53	I	0.003	69	Tm	0.012	85	At	0.040
38	Sr	0.001	54	Xe	0.003	70	Yb	0.013	86	Rn	0.043
39	Y	0.001	55	Cs	0.004	71	Lu	0.014	87	Fr	0.046
40	Zr	0.001	56	Ba	0.004	72	Hf	0.015	88	Ra	0.049
41	Nb	0.001	57	La	0.004	73	Ta	0.016	89	Ac	0.052
42	Mo	0.001	58	Ce	0.005	74	W	0.018	90	Th	0.056
43	Tc	0.001	59	Pr	0.005	75	Re	0.019	91	Pa	0.060
44	Ru	0.001	60	Nd	0.006	76	Os	0.020	92	U	0.064
45	Rh	0.001	61	Pm	0.006	77	Ir	0.022	93	Np	0.068
46	Pd	0.001	62	Sm	0.007	78	Pt	0.024	94	Pu	0.073
47	Ag	0.002	63	Eu	0.007	79	Au	0.026	95	Am	0.077
48	Cd	0.002	64	Gd	0.008	80	Hg	0.028	96	Cm	0.083
49	In	0.002	65	Tb	0.009	81	Tl	0.030	97	Bk	0.088
50	Sn	0.002	66	Dy	0.009	82	Pb	0.032	98	Cf	0.093
51	Sb	0.002	67	Ho	0.010	83	Bi	0.034	99	Es	0.099
52	Te	0.003	68	Er	0.011	84	Po	0.037	100	Fm	0.106

附表 6 0.01~3nm 元素的 X 射线质量吸收系数

元素	波长 λ/nm												
	0.01	0.015	0.02	0.025	0.03	0.04	0.05	0.06	0.07	0.08	0.09	0.10	0.15
H	0.29	0.32	0.34	0.35	0.37	0.38	0.40	0.42	0.43	0.44	0.45	0.45	0.49
He	0.11	0.12	0.12	0.13	0.14	0.14	0.17	0.86	0.20	0.22	0.23	0.25	0.35
Li	0.12	0.13	0.13	0.14	0.15	0.15	0.18	0.22	0.25	0.30	0.36	0.42	1.02
Be	0.13	0.13	0.14	0.14	0.15	0.16	0.19	0.23	0.28	0.34	0.43	0.53	1.54
B	0.13	0.14	0.14	0.15	0.16	0.19	0.24	0.31	0.40	0.54	0.70	0.92	2.87
C	0.14	0.14	0.15	0.16	0.17	0.23	0.31	0.42	0.59	0.83	1.14	1.54	4.79
N	0.14	0.15	0.16	0.17	0.20	0.28	0.40	0.59	0.88	1.26	1.76	2.37	7.38
O	0.14	0.15	0.16	0.18	0.23	0.34	0.53	0.83	1.27	1.84	2.56	3.45	10.74
F	0.14	0.15	0.18	0.21	0.26	0.43	0.70	1.14	1.77	2.57	3.57	4.81	14.96
Ne	0.14	0.16	0.19	0.24	0.31	0.54	0.93	1.54	2.38	3.45	4.80	6.47	20.11
Na	0.15	0.17	0.21	0.27	0.36	0.66	1.21	2.02	3.11	4.51	6.28	8.45	26.29
Mg	0.15	0.18	0.23	0.31	0.43	0.83	1.54	2.57	3.97	5.76	8.02	10.79	33.56
Al	0.15	0.19	0.26	0.36	0.50	1.03	1.93	3.22	4.96	7.21	10.03	13.50	41.97
Si	0.15	0.20	0.29	0.42	0.59	1.27	2.38	3.97	6.11	8.88	12.35	16.63	51.69
P	0.16	0.22	0.31	0.47	0.70	1.54	2.88	4.81	7.41	10.77	14.98	20.14	62.68
S	0.17	0.23	0.35	0.54	0.84	1.85	3.46	5.77	8.88	12.90	17.95	24.16	75.10
Cl	0.17	0.25	0.39	0.61	0.98	2.19	4.10	5.89	10.52	15.29	21.27	28.63	88.98
A	0.18	0.27	0.45	0.70	1.15	2.57	4.81	8.02	12.34	17.93	24.95	33.58	104.38
K	0.19	0.29	0.50	0.81	1.34	2.99	5.59	9.32	14.36	20.86	29.01	39.05	121.37
Ca	0.20	0.32	0.55	0.92	1.54	3.45	6.44	10.74	16.54	24.04	33.43	44.99	139.85
Sc	0.21	0.36	0.61	1.06	1.77	3.95	7.37	12.29	18.93	27.50	38.25	51.49	160.03
Ti	0.22	0.38	0.69	1.20	2.01	4.49	8.38	13.98	21.53	31.27	43.50	58.55	181.98
V	0.23	0.40	0.76	1.36	2.27	5.07	9.47	15.79	24.31	35.31	49.12	66.11	205.47
Cr	0.24	0.43	0.83	1.53	2.55	5.70	10.63	17.73	27.30	39.66	55.16	74.25	230.78
Mn	0.25	0.46	0.92	1.71	2.85	6.37	11.89	19.82	30.52	44.33	61.66	83.00	257.97
Fe	0.26	0.50	1.02	1.90	3.17	7.09	13.23	22.06	33.96	49.34	68.62	92.36	287.08
Co	0.28	0.56	1.13	2.11	3.52	7.86	14.66	24.45	37.64	54.68	76.06	102.37	318.19
Ni	0.30	0.61	1.25	2.33	3.88	8.68	16.19	27.00	41.57	60.38	83.99	113.04	43.84
Cu	0.32	0.68	1.38	2.56	4.27	9.55	17.82	29.71	45.74	66.45	92.42	120.48	48.58
Zn	0.35	0.72	1.51	2.81	4.69	10.47	19.54	32.58	50.17	72.88	101.37	136.44	53.65
Ga	0.37	0.76	1.73	3.08	5.13	11.46	21.39	35.66	54.91	79.76	110.94	149.32	59.31
Ge	0.40	0.82	1.81	3.35	5.59	12.49	23.31	38.87	59.84	86.93	120.91	162.75	65.10
As	0.42	0.88	1.96	3.65	6.08	13.59	25.36	42.28	65.09	94.56	131.52	177.03	71.02
Se	0.47	0.96	2.13	3.96	6.60	14.75	27.51	45.87	70.63	102.61	142.71	25.02	77.85
Br	0.50	1.04	2.31	4.29	7.15	15.97	29.78	49.66	76.46	111.07	154.49	27.29	84.93
Kr	0.53	1.12	2.49	4.63	7.72	17.25	32.18	53.65	82.60	120.00	22.05	29.69	92.27
Rb	0.57	1.21	2.69	4.99	8.32	18.59	34.68	57.82	89.03	129.33	23.99	32.29	100.38
Sr	0.61	1.30	2.89	5.37	8.96	20.00	37.32	62.22	95.80	18.71	26.03	35.03	108.89
Y	0.65	1.40	3.11	5.77	9.62	21.48	40.08	66.82	102.88	20.24	28.16	37.90	117.80
Zr	0.69	1.50	3.33	6.19	10.31	23.03	42.96	71.63	15.06	21.88	30.43	40.96	127.33
Nb	0.74	1.60	3.57	6.62	11.03	24.65	45.98	76.66	16.19	23.52	32.72	44.04	136.88
Mo	0.79	1.71	3.81	7.07	11.79	26.33	49.12	81.90	17.38	25.25	35.12	47.28	146.95
Tc	0.84	1.83	4.07	7.55	12.58	28.09	52.41	12.12	18.66	27.11	37.70	50.75	157.73
Ru	0.89	1.95	4.33	8.04	13.40	29.93	55.83	12.97	19.97	29.02	40.36	54.33	168.86
Rh	0.94	2.07	4.61	8.55	14.26	31.84	59.39	13.87	21.36	31.03	43.16	58.10	180.58
Pd	1.00	2.20	4.90	9.09	15.14	33.82	63.18	14.81	22.80	33.12	46.07	62.01	192.75
Ag	1.05	2.34	5.19	9.64	16.07	35.89	9.4	15.7	24.3	35.3	49.1	66.1	205
Cd	1.10	2.48	5.51	10.22	17.03	38.04	10.0	16.8	25.8	37.6	52.2	70.3	218
In	1.15	2.62	5.83	10.82	18.03	40.27	10.7	17.8	27.5	39.9	55.5	74.7	232
Sn	1.20	2.77	6.16	11.44	19.06	42.58	11.9	19.9	30.7	44.7	62.1	79.5	260
Sb	1.25	2.93	6.51	12.08	20.14	44.97	12.0	20.1	30.9	45.0	62.5	84.2	261
Te	1.30	3.09	6.87	12.75	21.25	6.85	12.7	21.3	32.7	47.6	66.2	89.1	277

K

0.20	0.25	0.30	0.40	0.50	0.60	0.70	0.80	0.90	1.00	1.50	2.00	2.50	3.00	
							波长 λ/nm							
0.52	0.62	0.75	1.25	2.12	3.28	4.85	7.1	10.0	13.7	32	69	127	208	
0.71	1.04	1.48	3.55	6.90	11.60	18.1	26.6	37.7	51	107	268	540	970	
3.18	3.98	6.60	15.2	28.80	4880	76	113.0	157	213	402	970	1900	3270	
3.45	6.44	10.74	24.04	44.91	74.84	115.2	167.4	232	312	973	2178	4068	6778	
6.43	12.01	20.03	44.80	83.69	139.4	214.7	312.0	434	583	1814	4059	7583	12633	
10.72	20.01	33.35	74.61	139.3	232.2	357.5	519.6	722	970	3020	6760	12627	21037	
16.51	30.83	51.38	114.9	214.6	357.7	550.7	800.4	1113	1495	4652	10413	19450	32407	K
24.02	44.85	74.75	167.1	312.3	520.4	801.2	1164.5	1619	2175	6768	15149	1005	1675	
33.45	62.45	104.0	232.8	434.8	724.7	1115.6	1621.4	2254	3029	9425	932	1741	2900	
44.98	83.98	139.9	313.0	584.8	974.5	1500.3	2180.5	3032	4073	659	1475	2756	4593	
58.79	109.75	182.9	409.1	764.2	1273.5	1960.6	2849.5	3962	5323	951	2130	3979	6629	
75.05	140.11	233.5	522.3	975.6	1625.9	2503.0	3637.8	5059	467	1453	3252	6075	10122	
93.86	175.22	292.0	653.2	1220.1	2033.3	3130.3	336.1	467	628	1954	4373	8168	13608	
115.58	215.78	359.6	804.4	1502.5	2503.9	305.3	443.8	617	829	2579	5773	10784	17966	
140.16	261.66	436.1	975.4	1822.0	251.1	386.6	561.9	781	1049	3266	7310	13655	22750	
167.92	313.48	522.4	1168.6	2182.9	310.7	478.4	695.3	966	1298	4041	9044	16894	28146	
198.97	371.45	619.0	1384.7	225.1	375.2	577.6	839.5	1167	1568	4880	10921	20400	33987	
233.39	435.70	726.1	156.2	291.9	486.5	748.9	1092	1510	2033	6327	14160	26450	44066	
271.38	506.63	844.4	190.8	356.4	594.0	914.5	1329	1848	2483	7725	17289	32295	53804	
312.71	583.78	972.9	232.7	434.7	724.4	1115	1620	2254	3028	9422	21086	39387	65624	L_I
357.84	668.03	121.9	272.6	509.3	848.8	1306	1899	2641	3547	11039	24705	46146	65378	L_II
406.91	85.71	142.7	319.3	596.6	994.2	1530	2224	3093	4155	12930	28939	45874	8845	L_III
459.45	104.07	173.4	387.9	724.7	1207	1859	2702	3757	5048	15707	28265	5960	9930	
516.03	117.54	195.9	438.1	818.5	1364	2099	3051	4244	5701	17740	32301	6897	11490	
70.76	132.11	220.1	492.5	919.9	1533	2360	3430	4770	6408	19938	4155	7761	12930	
79.21	147.88	246.4	551.3	1029	1716	2641	3839	5339	7173	18597	4656	8698	14490	
88.41	165.04	275.0	615.2	1149	1915	2948	4285	5959	8005	20828	5184	9684	16134	
98.04	183.02	305.0	682.3	1274	2123	3269	4752	6608	8877	2623	5872	10968	18273	
108.64	202.82	338.0	756.1	1412	2353	3623	5266	7323	9838	2918	6531	12199	20325	
119.96	223.95	373.2	834.8	1559	2598	4000	5814	8086	10862	3234	7237	13519	22523	
132.61	247.57	412.6	922.9	1723	2872	4422	6428	8939	10315	3584	8021	14982	24961	
145.58	271.78	452.9	1013	1892	3153	4855	7056	8535	11079	3984	8916	16654	27746	
158.81	296.47	494.1	1105	2064	3440	5296	7697	9389	1409	4386	9816	18336	30549	
174.08	324.98	541.6	1211	2263	3771	5805	7397	10287	1548	4818	10783	20141	33556	
189.90	354.52	590.8	1321	2468	4113	5574	994	1383	1858	5781	12938	24166	40262	
206.33	385.19	641.9	1435	2682	4469	6090	1122	1561	2088	6525	14604	27279	45447	
224.45	419.02	698.3	1562	2917	4315	877	1275	1774	2383	7416	16598	31004	51652	
243.49	454.57	757.6	1694	3165	4699	971	1412	1963	2638	8208	18371	34315	57169	
263.41	491.75	819.5	1833	3424	704	1084	1575	2191	2943	9159	20498	38289	62686	M_I
284.71	531.50	885.8	1981	3313	790	1217	1769	2460	3305	10286	23020	42998	55280	
306.07	571.37	952.3	2130	3579	860	1324	1925	2678	3597	11193	25050	46791	60946	
328.59	613.43	1022	2286	568	946	1456	2117	2944	3955	12307	27543	39976	66612	M_II
352.68	658.40	1097	2454	624	1040	1602	2328	3238	4350	13535	30293	44632	39444	M_III
378.03	704.85	1174	2385	678	1131	1741	2531	3520	4728	14713	32929	48957	44717	
403.77	753.78	1256	2423	739	1233	1898	2758	3836	5154	16036	29040	30192	50304	
431.00	804.61	1134	430	804	1340	2063	2999	4170	5603	17433	31764	33872	56432	
459	857	1429	467	873	1455	2240	3255	4527	6082	18924	34727	37812	62996	M_IV
489	913	1522	502	937	1562	2406	3497	4863	6533	20327	22293	41641	18612	
519	970	1485	546	1020	1700	2618	3805	5291	7108	19536	24793	46311	20439	M_V
581	1086	1480	588	1098	1831	2819	4097	5736	7654	20067	27429	12951	21578	
585	1093	282	632	1181	1969	3031	4405	6126	8230	21593	29983	14367	23935	
619	1157	302	677	1265	2109	3247	4719	6563	8816	21580	32605	15196	25317	

L_I　L_II L_III　　　　M_I M_II　M_III　　M_IV M_V

元素	波长 λ/nm												
	0.01	0.015	0.02	0.025	0.03	0.04	0.05	0.06	0.07	0.08	0.09	0.10	0.15
I	1.36	3.26	7.24	13.44	22.40	7.24	13.5	22.5	34.6	50.4	70.1	94.3	293
Xe	1.42	3.43	7.63	14.16	23.59	7.66	14.2	23.8	36.6	53.3	74.1	99.7	310
Cs	1.48	3.61	8.03	14.90	24.82	8.08	15.0	25.1	38.7	56.2	78.2	105.3	327
Ba	1.53	3.80	8.44	15.66	26.10	8.52	15.9	26.5	40.8	59.3	82.5	111.0	345
La	1.60	3.99	8.86	16.45	27.42	8.98	16.7	27.9	42.9	62.4	86.8	116.9	363
Ce	1.66	4.19	9.30	17.27	28.78	9.45	17.6	29.4	45.2	65.7	91.4	123.1	382
Pr	1.72	4.39	9.76	18.11	4.45	9.94	18.5	30.9	47.5	69.1	96.1	129.4	402
Nd	1.80	4.60	10.23	18.98	4.67	10.4	19.4	32.4	49.9	72.6	101.0	135.9	422
Pm	1.86	4.82	10.71	19.88	4.90	10.9	20.4	34.0	52.4	76.2	106.0	142.7	443
Sm	1.93	5.04	11.21	20.80	5.14	11.4	21.4	35.7	55.0	79.9	111.2	149.7	465
Eu	2.02	5.28	11.73	21.76	5.39	12.0	22.4	37.4	57.7	83.8	116.5	156.9	487
Gd	2.09	5.52	12.26	3.38	5.64	12.6	23.5	39.2	60.3	87.6	122.0	164.2	478
Tb	2.18	5.76	12.80	3.54	5.91	13.2	24.6	41.0	63.2	91.8	127.7	171.7	501
Dy	2.26	6.02	13.37	3.70	6.18	13.8	25.7	42.9	66.0	95.9	133.5	179.6	469
Ho	2.33	6.28	13.95	3.87	6.46	14.4	26.9	44.8	69.0	100.3	139.5	187.8	489
Er	2.42	6.55	14.55	4.05	6.75	15.0	28.1	46.8	72.1	104.8	145.8	196.3	107
Tm	2.50	6.82	15.16	4.23	7.05	15.7	29.3	48.9	75.4	109.5	152.3	205.1	113
Yb	2.58	7.11	15.90	4.42	7.36	16.4	30.6	51.1	78.7	114.4	159.1	214.1	118
Lu	2.66	7.40	2.48	4.61	7.68	17.1	32.0	53.3	82.1	119.3	166.0	223.5	124
Hf	2.75	7.71	2.59	4.80	8.01	17.8	33.3	55.6	85.6	124.4	173.0	232.9	131
Ta	2.82	8.02	2.70	5.01	8.35	18.6	34.7	57.9	89.3	129.7	180.4	242.8	136
W	2.90	8.34	2.81	5.22	8.70	19.4	36.2	60.4	93.0	135.1	188.0	253.0	143
Re	2.96	8.67	2.93	5.44	9.06	20.2	37.7	62.9	96.9	140.8	195.8	249.4	150
Os	3.03	9.00	3.05	5.66	9.44	21.0	39.3	65.5	100.9	146.6	204.0	260.1	157
Ir	3.10	9.35	3.17	5.89	9.82	21.9	40.9	68.2	105.0	152.5	212.2	231.5	165
Pt	3.17	9.71	3.30	6.13	10.2	22.8	42.5	70.9	109.2	158.7	210.1	240.0	172
Au	3.23	10.08	3.43	6.37	10.6	23.7	44.2	73.8	113.6	165.1	218.2	249.0	177
Hg	3.30	1.60	3.57	6.62	11.0	24.6	46.0	76.7	118.1	171.5	191.6	257.9	189
Tl	3.36	1.67	3.71	6.89	11.4	25.6	47.8	79.7	122.8	178.4	198.3	63.5	197
Pb	3.41	1.73	3.86	7.16	11.9	26.6	49.7	82.9	127.7	176.5	205.3	66.6	207
Bi	3.45	1.80	4.01	7.44	12.4	27.7	51.6	86.1	132.6	152.7	212.3	69.6	216
Po	3.52	1.87	4.17	7.73	12.8	28.7	53.7	89.5	137.8	157.8	54.1	72.7	225
At	3.56	1.94	4.33	8.03	13.3	29.8	55.7	92.9	143.1	163.1	57.1	76.8	238
Rn	3.61	2.02	4.49	8.33	13.8	31.0	57.8	96.4	141.6	168.5	59.7	80.4	250
Fr	3.66	2.09	4.65	8.64	14.4	32.1	60.0	100.0	119.8	174.0	62.1	83.6	260
Ra	3.70	2.17	4.83	8.96	14.9	33.3	62.2	103.7	123.6	179.6	64.2	86.4	268
Ac	3.75	2.25	5.00	9.29	15.4	34.5	64.5	107.5	127.6	48.5	67.4	90.8	282
Th	3.81	2.33	5.19	9.63	16.0	35.8	66.8	111.4	131.6	50.2	69.9	94.1	292
Pa	3.86	2.42	5.39	9.98	16.6	37.1	69.3	110.5	135.7	52.3	72.7	97.9	304
U	3.91	2.51	5.58	10.35	17.4	38.5	71.8	90.8	139.9	54.3	75.5	101.5	316
Np	3.95	2.58	5.66	10.7	18	40	83	93	143.0	57	77	104	328
Pu	4.00	2.66	5.74	11.0	19	41	85	96	39.1	59	79	107	342
Am	4.05	2.74	5.82	11.4	20	43	87	99	41	61	81	110	354
Cm	2.50	2.82	5.90	11.8	21	44	89	101	43	63	84	113	367
Bk	2.56	2.90	5.97	12.3	21	45	91	104	46	65	86	117	382
Cf	2.62	2.96	6.03	12.8	22	47	89	106	48	67	89	121	395
Es	2.68	3.03	6.09	13.3	22	50	71	110	50	69	92	125	412
Fm	2.74	3.10	6.15	13.7	23	51	73	35	52	71	95	128	427

K　L_I　L_{II}　L_{III}

续表

波长 λ/nm													
0.20	0.25	0.30	0.40	0.50	0.60	0.70	0.80	0.90	1.00	1.50	2.00	2.50	3.00
655	1132	324	725	1355	2258	3477	5053	7027	9440	15831	34719	16259	27088
693	1110	351	786	1469	2448	3769	5478	7619	10235	17221	9323	17414	29012
731	222	370	827	1546	2576	3966	5764	8016	10769	18564	9873	18442	30725
771	236	394	882	1648	2746	4228	6144	8545	9855	20012	10461	19540	32554
755	250	417	934	1745	2908	4478	6508	9051	10506	21612	11061	20661	34422
765	266	444	992	1854	3090	4758	6915	8338	10195	5564	12454	23262	38755
766	283	471	1055	1971	3284	5056	7349	8853	10887	5960	13339	24916	41511
805	298	497	1111	2076	3460	5327	7743	9382	8404	6263	14016	26181	43619
171	320	533	1193	2230	3716	5721	7134	9150	8913	6631	14841	27721	46184
177	331	551	1234	2305	3842	5915	7546	7048	9466	7000	15667	29264	48754
186	349	581	1301	2430	4050	6236	7194	7478	10044	7460	16695	31184	51954
197	367	613	1371	2561	4269	5769	7606	7910	10627	7943	17778	33207	55323
208	388	647	1448	2704	4507	6112	6022	8374	10887	8453	18918	35336	58871
218	407	679	1519	2838	4730	5723	6357	8840	2890	8994	20130	37600	62642
229	427	712	1594	2977	4369	6022	6707	9327	3073	9561	21399	39971	66597
239	446	744	1665	3110	4603	4873	7082	2433	3268	10169	22759	42512	54286
252	472	787	1760	3288	4300	5141	7472	2585	3472	10804	24179	45164	57823
265	495	825	1847	3450	4537	5417	7632	2745	3687	11474	25679	47966	61517
278	520	866	1938	3240	4747	5701	2095	2914	3914	12180	27258	39587	65211
293	547	912	2041	3415	3917	6032	2224	3093	4155	12929	28936	42537	59733
306	571	952	2130	3571	4092	6124	2361	3284	4411	13726	30721	45262	63626
321	599	999	2236	3258	4309	1727	2511	3492	4691	14597	32670	48933	37825
336	628	1046	2341	3406	4530	1837	2670	3713	4988	15520	34735	43618	41124
352	658	1097	2455	3562	4767	1951	2836	3944	5299	16488	29811	46504	44644
369	689	1149	2324	3004	4786	2077	3019	4199	5640	17551	31973	49560	48379
386	721	1202	2444	3144	1433	2207	3208	4461	5993	18647	34038	31491	52468
397	742	1237	2172	3314	1525	2348	3413	4747	6377	19843	29965	34034	56784
423	791	1318	2268	3458	1623	2498	3631	5050	6784	21110	31981	36864	61416
442	826	1377	2370	3455	1723	2652	3855	5362	7110	18501	33997	39791	66048
463	865	1442	2027	1098	1829	2817	4094	5693	7648	19714	22997	42956	21595
484	905	1508	2126	1166	1943	2992	4348	6047	8124	20961	24795	46314	23810
505	943	1447	2222	1238	2063	3176	4616	6420	8625	17953	26718	49906	26221
534	997	1510	2322	1310	2184	3362	4887	6796	9130	19300	28660	17312	28844
559	1043	1305	2424	1386	2310	3557	5170	7190	9659	20448	30902	19023	31694
581	1085	1356	2328	1464	2440	3757	5460	7593	10201	21674	33017	20880	34787
600	1121	1410	2497	1544	2573	3961	5758	8007	10757	15740	33026	24647	41063
631	1005	1459	872	1630	2716	4181	6077	8452	9673	16748	14827	27696	46142
654	1121	1520	923	1724	2873	4424	6429	8942	10250	17797	16640	31082	51783
680	947	1331	964	1801	3001	4620	6715	9339	10852	18837	17647	32963	54918
707	981	1381	1019	1903	3172	4883	7098	8406	9091	19924	19373	36188	60289
729	1000	1435	1070	2020	3360	5170	7450						
755	1021	1470	1120	2140	3750	5460							
785	1042	1400	1170	2260	3960	5750							
530	1063	1450	1220	2370	4180	6080							
420	910	510	1270	2490	4420	6430							
435	930	525	1320	2620	4620								
452	950	540	1370	2750	4880								
470	980	555	1420	2880	5100								

M_I M_II M_III M_IV M_V

附表 7 质量吸收系数(K_{α_1} 线)

发射源	Ag	Pd	Rh	Mo	Cu	Ni	Co	Fe	Cr	Ti	Al
λ/nm	0.0559	0.0585	0.0613	0.0709	0.154	0.166	0.179	0.194	0.229	0.275	0.834
E/keV 吸收体	22.2	21.2	20.2	17.5	8.05	7.48	6.93	6.40	5.41	4.51	1.49
H	0.000174	0.000204	0.000239	0.000398	0.00572	0.00736	0.00953	0.0125	0.0220	0.0410	1.79
He	0.00175	0.00204	0.00238	0.00390	0.0528	0.0676	0.0873	0.114	0.202	0.377	16.9
Li	0.00849	0.00990	0.0116	0.0189	0.251	0.321	0.413	0.536	0.935	1.72	66.5
Be	0.0278	0.0323	0.0378	0.0613	0.787	1.00	1.28	1.66	2.86	5.20	183
B	0.0670	0.0780	0.0912	0.149	1.97	2.50	3.20	4.12	7.05	12.6	383
C	0.143	0.167	0.195	0.317	4.13	5.22	6.66	8.55	14.5	25.7	710
N	0.256	0.298	0.347	0.560	6.94	8.76	11.1	14.3	24.0	42.2	1120
O	0.417	0.483	0.562	0.902	10.9	13.7	17.3	22.1	37.1	64.7	1570
F	0.607	0.703	0.817	1.31	15.2	19.0	24.0	30.6	50.8	87.8	2030
Ne	0.924	1.07	1.24	1.97	22.2	27.8	35.0	44.3	73.1	125	2770
Na	1.24	1.43	1.65	2.61	28.2	35.2	44.2	55.9	92.1	157	3400
Mg	1.74	2.00	2.31	3.63	37.9	47.1	58.9	74.4	122	206	4160
Al	2.24	2.58	2.98	4.66	47.5	58.9	73.6	92.6	150	254	410
Si	2.95	3.39	3.91	6.08	61.1	75.7	94.4	119	192	322	550
P	3.60	4.13	4.76	7.39	72.7	89.9	112	140	226	377	667
S	4.57	5.24	6.04	9.35	90.1	111	138	173	277	458	875
Cl	5.32	6.11	7.02	10.8	103	127	157	196	313	515	979
Ar	5.98	6.86	7.88	12.1	114	140	173	216	342	559	1120
K	7.62	8.73	10.0	15.4	142	174	215	267	421	684	1420
Ca	9.17	10.5	12.0	18.4	167	204	252	312	490	791	1710
Sc	9.82	11.2	12.9	19.8	180	221	271	335	518	816	1850
Ti	11.1	12.7	14.6	22.3	200	244	299	369	566	106	2100
V	12.5	14.3	16.4	25.0	220	267	326	400	72.5	120	2330
Cr	14.5	16.6	19.0	28.9	249	302	367	448	84.1	138	2810
Mn	16.1	18.4	21.0	32.0	270	325	394	59.6	93.4	153	3030
Fe	18.5	21.0	24.1	36.5	300	361	54.8	68.0	108	178	3440
Co	20.3	23.1	26.4	39.9	321	49.3	60.6	75.1	119	197	3800
Ni	23.4	26.6	30.4	45.8	46.5	57.4	71.1	88.7	141	231	4270
Cu	24.7	28.1	32.0	48.1	49.5	60.9	75.4	93.8	149	245	4510
Zn	27.2	31.0	35.3	53.0	55.4	68.0	84.1	105	166	273	4940
Ga	29.0	33.0	37.5	56.1	59.4	73.0	90.1	112	177	291	5230
Ge	31.3	35.5	40.4	60.3	64.7	79.3	97.8	122	193	317	5600
As	34.0	38.6	43.9	65.3	71.1	87.1	107	134	211	347	5260
Se	35.8	40.5	46.0	68.1	76.1	93.2	115	143	226	372	5470
Br	39.3	44.6	50.6	74.7	84.5	103	127	158	250	411	9930
Kr	41.6	47.0	53.3	78.6	89.9	110	136	169	268	441	1140
Rb	44.9	50.8	57.5	84.2	98.6	121	149	185	294	483	1260
Sr	48.1	54.4	61.6	89.9	109	133	163	203	319	522	1360
Y	51.9	58.6	66.2	96.0	119	146	179	223	351	574	1510

发射源	Ag	Pd	Rh	Mo	Cu	Ni	Co	Fe	Cr	Ti	Al
λ/nm	0.0559	0.0585	0.0613	0.0709	0.154	0.166	0.179	0.194	0.229	0.275	0.834
E/keV 吸收体	22.2	21.2	20.2	17.5	8.05	7.48	6.93	6.40	5.41	4.51	1.49
Zr	55.2	62.2	70.2	15.1	128	157	193	239	377	614	1640
Nb	58.8	66.3	74.7	16.2	139	170	209	259	408	665	1820
Mo	61.9	69.7	78.6	17.4	149	182	224	277	435	706	1960
Tc	64.7	72.7	12.4	18.6	158	193	237	294	460	745	2110
Ru	67.9	11.7	13.3	20.0	170	208	256	316	495	796	2330
Rh	11.2	12.7	14.4	21.6	183	223	274	338	529	853	2470
Pd	11.8	13.4	15.2	22.7	194	237	291	360	561	893	2660
Ag	12.7	14.4	16.4	24.6	208	254	311	384	598	954	2900
Cd	13.3	15.1	17.2	25.7	216	263	323	398	620	991	3250
In	14.2	16.1	18.3	27.4	229	279	342	422	654	1040	3220
Sn	14.8	16.8	19.2	28.7	243	295	361	444	681	1060	3330
Sb	15.8	17.9	20.4	30.5	253	308	377	464	716	990	3660
Te	16.2	18.4	20.9	31.4	262	319	389	477	729	740	3840
I	17.8	20.0	22.9	34.1	282	343	419	515	792	257	3920
Xe	18.5	21.0	23.9	35.6	294	356	435	533	707	269	4010
Cs	19.8	22.4	25.5	38.1	313	379	461	563	755	291	4330
Ba	20.6	23.4	26.6	39.9	327	394	478	582	575	310	4440
La	22.0	24.9	28.3	42.3	343	414	503	613	199	330	4590
Ce	23.4	26.5	30.2	45.0	362	435	525	566	217	351	5140
Pr	25.0	28.4	32.3	48.3	382	459	552	434	232	367	5180
Nd	26.1	29.6	33.7	50.4	397	476	506	459	243	384	5270
Pm	27.8	31.5	35.6	53.0	422	511	391	168	258	409	5670
Sm	28.7	32.6	37.0	55.2	425	451	406	173	266	421	5480
Eu	30.3	34.4	39.0	58.1	389	346	150	183	280	444	5770
Gd	31.2	35.4	40.1	59.7	403	357	155	190	291	459	5160
Tb	33.0	37.4	42.4	63.0	303	134	163	199	304	481	5430
Dy	34.3	38.8	44.1	65.3	319	139	169	206	315	499	5660
Ho	36.0	40.8	46.3	68.6	120	145	176	215	330	523	5970
Er	37.9	42.9	48.7	72.1	126	152	185	226	346	548	6230
Tm	39.6	44.8	50.8	75.1	132	160	194	238	364	575	4310
Yb	40.9	46.2	52.3	77.3	137	166	201	246	376	593	1340
Lu	43.1	48.8	55.3	81.5	143	173	210	257	393	620	1410
Hf	44.1	49.9	56.6	83.5	149	181	219	268	407	639	1480
Ta	46.5	52.5	59.4	87.3	154	186	226	276	423	670	1560
W	47.8	54.0	61.1	89.9	160	193	235	287	440	696	1640
Re	50.1	56.7	64.1	94.0	166	201	244	299	458	724	1720
Os	51.5	58.1	65.8	96.5	172	208	253	309	472	746	1790
Ir	53.8	60.6	68.6	100	179	216	263	322	494	781	1890
Pt	56.4	63.6	71.8	104	186	225	273	334	510	806	1980
Au	58.1	65.6	74.1	108	194	234	284	348	532	841	2080

续表

发射源	Ag	Pd	Rh	Mo	Cu	Ni	Co	Fe	Cr	Ti	Al
λ/nm	0.0559	0.0585	0.0613	0.0709	0.154	0.166	0.179	0.194	0.229	0.275	0.834
E/keV 吸收体	22.2	21.2	20.2	17.5	8.05	7.48	6.93	6.40	5.41	4.51	1.49
Hg	60.5	68.1	76.9	112	200	241	293	359	550	868	2180
Tl	61.8	69.7	78.6	114	207	250	304	372	568	893	2270
Pb	63.9	71.9	81.1	118	215	259	314	383	585	920	2360
Bi	66.3	74.7	84.1	121	223	269	327	400	609	952	2480
Po	69.4	77.9	87.5	125	233	281	341	417	634	992	2620
At	72.2	81.2	91.3	115	244	295	358	437	666	1040	2750
Rn	71.1	79.8	89.6	113	243	293	355	433	658	1030	2730
Fr	73.8	82.8	93.1	83.6	253	304	369	451	686	1030	2850
Ra	76.0	85.3	96.0	86.3	261	315	382	466	708	1060	2960
Ac	78.7	88.0	98.6	90.0	272	328	398	486	735	1040	3120
Th	80.6	90.3	88.3	92.1	279	336	408	497	753	1070	3150
Pa	82.6	92.2	65.2	96.9	292	352	427	521	785	1120	3280
U	83.8	82.6	66.0	97.6	295	355	430	524	760	1130	3330
NP	76.9	60.9	69.0	42.6	309	372	451	548	798	1190	3380
Pu	55.2	62.5	70.8	43.5	315	380	460	559	769	1040	3540

附表 8 质量吸收系数(K_{β_1} 线)

发射源	Ag	Pd	Rh	Mo	Cu	Ni	Co	Fe	Cr	Ti	Al
λ/nm	0.0497	0.0521	0.0546	0.0632	0.139	0.150	0.162	0.176	0.208	0.251	0.796
E/keV 吸收体	24.9	23.8	22.7	19.6	8.91	8.26	7.65	7.06	5.95	4.93	1.56
H	0.000115	0.000135	0.000159	0.000266	0.00406	0.00524	0.00681	0.00895	0.0160	0.0303	1.53
He	0.00118	0.00137	0.00161	0.00264	0.0376	0.0482	0.0672	0.0822	0.147	0.277	14.5
Li	0.00571	0.00667	0.00781	0.0128	0.180	0.230	0.297	0.388	0.685	1.27	57.4
Be	0.0188	0.0219	0.0256	0.0417	0.565	0.722	0.929	1.21	2.11	3.89	159
B	0.0451	0.0526	0.0616	0.101	1.42	1.81	2.32	3.00	5.22	9.48	333
C	0.0969	0.113	0.132	0.216	2.97	3.79	4.86	6.27	10.8	19.5	620
N	0.174	0.202	0.236	0.383	5.02	6.38	8.15	10.5	18.0	32.1	983
O	0.284	0.329	0.384	0.619	7.89	9.98	12.7	16.4	27.8	49.3	1380
F	0.415	0.481	0.560	0.902	11.1	14.0	17.7	22.7	38.3	67.3	1790
Ne	0.633	0.734	0.853	1.37	16.3	20.5	25.9	33.1	55.4	96.5	2450
Na	0.854	0.988	1.15	1.82	20.8	26.0	32.9	41.8	69.7	121	3030
Mg	1.20	1.39	1.61	2.54	28.0	35.0	44.0	55.8	92.4	159	3720
Al	1.55	1.79	2.07	3.28	35.3	44.0	55.2	69.8	115	197	357
Si	2.05	2.36	2.73	4.29	45.5	56.6	70.8	89.6	147	250	484
P	2.50	2.89	3.33	5.22	54.2	67.4	84.2	106	173	294	590
S	3.19	3.67	4.23	6.62	67.5	83.6	104	131	213	359	775
Cl	3.72	4.27	4.94	7.70	77.2	93.5	119	149	241	404	868
Ar	4.19	4.81	5.55	8.63	85.3	106	131	164	264	440	990
K	5.35	6.14	7.07	11.0	107	132	164	204	327	541	1260

续表

发射源	Ag	Pd	Rh	Mo	Cu	Ni	Co	Fe	Cr	Ti	Al
λ/nm	0.0497	0.0521	0.0546	0.0632	0.139	0.150	0.162	0.176	0.208	0.251	0.796
E/keV 吸收体	24.9	23.8	22.7	19.6	8.91	8.26	7.65	7.06	5.95	4.93	1.56
Ca	6.44	7.40	8.51	13.2	126	155	192	240	381	627	1510
Sc	6.91	7.93	9.11	14.1	136	168	207	258	407	656	1640
Ti	7.83	8.98	10.3	15.9	152	186	230	285	446	83.2	1860
V	8.83	10.1	11.6	17.9	167	205	252	311	481	93.8	2060
Cr	10.3	11.8	13.5	20.7	191	233	285	351	65.4	108	2490
Mn	11.4	13.1	15.0	23.0	207	252	307	376	72.6	120	2690
Fe	13.1	15.0	17.2	26.3	232	281	341	52.1	83.3	139	3060
Co	14.4	16.5	18.9	28.8	249	300	46.3	57.6	92.0	154	3390
Ni	16.6	19.0	21.7	33.1	279	43.1	53.8	67.6	109	181	3800
Cu	17.6	20.0	23.0	34.9	37.0	45.9	57.1	71.6	115	192	4020
Zn	19.5	22.2	25.4	38.4	41.6	51.4	63.9	79.9	128	214	4420
Ga	20.8	23.7	27.0	40.9	44.6	55.1	68.5	85.7	137	229	4670
Ge	22.4	25.6	29.2	44.0	48.8	60.1	74.5	93.1	149	249	5020
As	24.5	27.8	31.7	47.6	53.7	66.1	81.9	102	164	272	5400
Se	25.8	29.3	33.4	50.0	57.5	70.6	87.6	109	175	292	4920
Br	28.4	32.3	36.6	54.9	63.9	78.5	97.2	121	194	323	3980
Kr	30.1	34.1	38.8	57.9	68.0	83.5	103	129	207	346	1020
Rb	32.6	36.9	42.0	62.3	74.5	91.6	113	142	227	379	1120
Sr	35.0	39.7	45.0	66.7	82.3	101	125	156	248	411	1210
Y	37.8	42.9	48.6	71.6	90.0	111	137	171	273	452	1350
Zr	40.1	45.5	51.6	76.0	97.3	119	148	184	293	484	1470
Nb	43.0	48.6	55.1	80.8	105	129	159	199	317	524	1620
Mo	45.3	51.2	58.0	12.7	113	138	171	213	338	558	1760
Tc	47.5	53.7	60.6	13.5	120	147	181	226	358	590	1890
Ru	50.1	56.5	63.7	14.5	129	158	196	243	386	632	2080
Rh	53.0	59.7	10.4	15.7	139	170	210	261	413	677	2210
Pd	54.8	9.70	11.0	16.5	147	181	223	277	438	713	2390
Ag	9.21	10.5	11.9	17.9	158	193	239	296	468	761	2600
Cd	9.58	10.9	12.4	18.7	164	201	248	307	485	789	2940
In	10.2	11.6	13.2	19.9	174	213	263	326	512	831	2890
Sn	10.7	12.2	13.9	20.8	185	226	278	344	537	857	2990
Sb	11.4	13.0	14.8	22.2	193	236	290	359	563	907	3290
Te	11.7	13.3	15.1	22.8	200	244	300	371	577	805	3450
I	12.8	14.5	16.6	24.9	215	263	323	399	624	868	3520
Xe	13.4	15.2	17.3	26.0	224	274	336	415	644	663	3620
Cs	14.2	16.2	18.4	27.8	240	292	358	440	676	231	3890
Ba	14.8	16.9	19.2	29.0	251	305	372	457	612	244	4010
La	15.8	18.0	20.5	30.8	263	320	391	480	651	254	4150
Ce	16.8	19.1	21.8	32.8	279	338	411	502	505	278	4640
Pr	18.0	20.5	23.4	35.2	296	358	434	528	183	293	4890

发射源 吸收体	Ag	Pd	Rh	Mo	Cu	Ni	Co	Fe	Cr	Ti	Al
λ/nm	0.0497	0.0521	0.0546	0.0632	0.139	0.150	0.162	0.176	0.208	0.251	0.796
E/keV	24.9	23.8	22.7	19.6	8.91	8.26	7.65	7.06	5.95	4.93	1.56
Nd	18.8	21.4	24.4	36.6	307	371	450	481	191	307	4820
Pm	20.0	22.8	26.0	38.8	324	394	482	550	203	326	5100
Sm	20.7	23.5	26.8	40.3	331	398	422	385	209	336	5280
Eu	21.9	24.9	28.3	42.5	346	417	450	410	221	355	5200
Gd	22.5	25.6	29.1	43.6	353	373	334	147	229	367	5330
Tb	23.8	27.1	30.8	46.1	366	396	344	155	240	385	4850
Dy	24.8	28.2	32.0	47.9	333	296	131	161	249	399	5060
Ho	26.0	29.6	33.6	50.3	251	311	136	168	260	418	5330
Er	27.4	31.1	35.4	52.9	264	117	143	176	273	438	5570
Tm	28.7	32.6	37.0	55.2	279	123	150	185	287	460	5830
Yb	29.7	33.6	38.1	56.8	105	128	156	192	297	475	3930
Lu	31.3	35.5	40.3	60.0	110	134	163	200	310	497	1280
Hf	32.1	36.3	41.3	61.4	114	139	170	209	323	513	1340
Ta	33.8	38.3	43.4	64.5	119	144	176	216	334	536	1420
W	34.8	39.4	44.7	66.3	123	149	182	224	347	557	1490
Re	36.5	41.4	46.9	69.5	128	155	190	233	361	579	1560
Os	37.5	42.5	48.1	71.3	133	161	196	241	373	597	1630
Ir	39.3	44.5	50.4	74.3	138	167	204	251	389	625	1720
Pt	41.2	46.6	52.8	77.7	143	174	212	260	403	645	1800
Au	42.5	48.0	54.4	80.3	149	181	220	271	420	673	1890
Hg	44.2	50.0	56.6	83.2	154	187	228	280	434	696	1980
Tl	45.3	51.1	57.9	85.1	160	193	236	290	449	717	2070
Pb	46.8	52.9	59.8	87.8	166	201	244	300	462	738	2150
Bi	48.8	55.1	62.3	90.8	172	208	254	312	482	767	2260
Po	51.1	57.6	65.1	94.5	180	218	266	326	502	798	2380
At	53.1	60.0	67.7	98.6	188	228	278	341	527	837	2510
Rn	52.5	59.1	66.7	96.7	187	227	276	339	521	829	2480
Fr	54.5	61.4	69.3	100	195	236	287	353	548	863	2590
Ra	56.1	63.1	71.3	104	202	244	297	364	561	891	2700
Ac	58.4	65.6	73.8	93.5	210	254	310	380	585	887	2850
Th	59.6	67.1	75.7	67.2	215	260	317	389	598	906	2870
Pa	61.9	69.4	77.9	70.8	225	273	333	408	626	899	3000
U	62.8	70.3	78.8	71.7	228	276	336	411	629	902	3040
Np	65.2	73.1	82.0	75.0	239	289	352	431	657	951	3130
Pu	66.5	74.6	73.3	76.9	243	295	358	439	671	969	3240

附表 9 质量吸收系数(L_{α_1}线)

发射源	W	Ag	Pd	Rh	Mo	Cu	Ni	Co	Fe	Cr	Ti
λ/nm	0.148	0.415	0.437	0.460	0.541	1.33	1.46	1.60	1.76	2.16	2.74
E/keV 吸收体	8.40	2.98	2.84	2.70	2.29	0.930	0.851	0.776	0.705	0.573	0.452
H	0.00496	0.169	0.201	0.239	0.415	8.54	11.5	15.6	21.5	43.0	93.8
He	0.0458	1.59	1.89	2.26	3.96	76.0	99.9	133	179	342	710
Li	0.218	6.85	8.10	9.61	16.4	285	371	490	652	1200	2390
Be	0.685	20.2	23.7	28.0	47.3	739	949	1230	1610	2860	5490
B	1.71	46.0	53.7	62.9	104	1510	1940	2530	3300	5730	10500
C	3.60	90.7	105	123	199	2700	3450	4440	5760	9910	17900
N	6.06	148	172	200	322	4060	5110	6460	8230	13700	24200
O	9.49	221	255	295	469	5540	6960	8790	11200	18100	1790
F	13.3	293	338	391	617	6970	8680	10900	13700	1360	2500
Ne	19.5	411	474	547	858	9050	655	926	1280	2360	4370
Na	24.8	518	597	689	1080	826	1080	1400	1810	3050	5300
Mg	33.4	666	765	882	1370	1210	1530	1950	2480	4070	6960
Al	41.9	804	921	1060	1630	1440	1790	2250	2840	4660	8110
Si	54.0	1000	1150	1310	2000	1840	2290	2870	3630	5960	10400
P	64.3	1150	1310	1500	2250	2220	2770	3490	4430	7360	13000
S	79.8	1370	1560	1770	269	2870	3560	4470	5660	9300	16200
Cl	91.3	1510	1710	199	311	3240	4040	5090	6460	10700	18600
Ar	101	172	198	228	356	3710	4620	5810	7370	12100	20700
K	126	221	254	292	452	4760	5940	7480	9470	15500	26100
Ca	148	258	295	339	527	5880	7320	9170	11500	18000	26900
Sc	160	293	336	385	594	6040	7480	9310	11600	18300	28100
Ti	178	327	374	430	665	6860	8450	10400	12900	19300	3610
V	196	369	422	484	746	7440	9110	11200	13700	19900	4260
Cr	223	430	493	568	885	8830	10700	12800	15200	3330	4310
Mn	241	477	547	629	976	8810	10300	11900	13400	2520	4160
Fe	270	550	630	724	1120	10100	11900	13900	1810	2730	4330
Co	289	612	701	805	1240	10600	12300	1840	2220	2320	5190
Ni	323	698	797	913	1400	11400	1520	1810	2170	3200	4980
Cu	43.8	744	849	973	1490	1460	1750	2100	2530	3730	5680
Zn	49.1	828	946	1080	1660	1750	2080	2490	3000	4460	6900
Ga	52.6	880	1000	1150	1760	1930	2340	2850	3490	5310	8380
Ge	57.5	961	1100	1260	1920	2240	2730	3340	4110	6300	10000
As	63.1	1050	1200	1370	2090	2240	2710	3300	4020	6060	9430
Se	67.7	1120	1280	1460	2210	2700	3260	3970	4860	7350	11500
Br	75.2	1240	1410	1610	2440	3120	3780	4480	5290	7500	11000
Kr	79.9	1330	1510	1720	2590	3220	3840	4620	5570	8180	12300
Rb	87.6	1440	1640	1860	2770	3640	4350	5220	6270	9070	13200
Sr	96.7	1550	1760	2000	2990	4260	5200	6340	7710	11400	16900
Y	106	1670	1890	2150	2810	4510	5410	6460	7700	10900	15300
Zr	114	1790	2020	2300	2150	4980	6130	7610	9380	13700	18900

续表

发射源	W	Ag	Pd	Rh	Mo	Cu	Ni	Co	Fe	Cr	Ti
λ/nm	0.148	0.415	0.437	0.460	0.541	1.33	1.46	1.60	1.76	2.16	2.74
E/keV 吸收体	8.40	2.98	2.84	2.70	2.29	0.930	0.851	0.776	0.705	0.573	0.452
Nb	123	1920	2170	2150	623	5740	6980	8470	10200	14300	19100
Mo	132	2010	1990	2250	678	5770	6940	8330	9930	13700	17900
Tc	141	1900	2110	1730	739	6110	7350	8850	10600	14800	19600
Ru	152	1960	1610	532	793	6880	8190	9690	11300	14800	17500
Rh	163	432	494	566	860	7070	8470	10200	12100	16300	19500
Pd	173	472	541	620	943	7290	8640	10200	11900	14700	14900
Ag	185	517	585	664	997	8130	9500	10900	12400	15200	15500
Cd	192	567	658	763	1180	8140	9450	10900	12600	15900	16600
In	204	602	683	777	1160	8830	10500	12300	14400	18400	16000
Sn	216	628	714	813	1210	9060	10800	12800	12000	18400	3760
Sb	226	680	772	878	1310	10500	12700	15500	14500	22700	4090
Te	234	694	788	897	1350	9230	10800	13200	16600	26300	2790
I	252	749	847	961	1420	10300	11900	14200	17600	2780	3240
Xe	262	782	885	1000	1480	9020	10600	13100	16400	3090	3350
Cs	280	822	929	1050	1560	10300	11800	13700	1750	2790	4240
Ba	292	890	1000	1140	1670	10200	12100	2450	2780	3660	5010
La	307	937	1060	1190	1740	10800	12700	2040	2340	3100	4210
Ce	325	995	1130	1280	1890	11500	2130	2340	2570	3110	3750
Pr	343	1030	1160	1320	1960	1840	2040	2270	2530	3140	3880
Nd	357	1070	1210	1370	2030	1720	1930	2180	2460	3140	3960
Pm	378	1140	1290	1460	2170	2170	2420	2710	3060	3960	5310
Sm	383	1180	1330	1510	2230	2380	2820	3350	4010	5810	8660
Eu	401	1230	1390	1580	2340	2500	2950	3500	4170	6010	8910
Gd	408	1270	1430	1620	2400	2620	3070	3620	4290	6150	9130
Tb	378	1340	1510	1710	2530	2710	3200	3800	4530	6560	9840
Dy	283	1400	1580	1790	2630	2830	3350	3990	4780	6950	10500
Ho	297	1460	1650	1860	2730	2950	3480	4130	4930	7120	10600
Er	313	1520	1710	1930	2840	3130	3700	4410	5280	7660	11500
Tm	118	1580	1790	2020	2830	3290	3890	4630	5530	8010	12000
Yb	123	1630	1840	2070	2920	3500	4150	4950	5940	8660	13000
Lu	128	1700	1910	2160	3040	3710	4400	5260	6320	9250	14000
Hf	134	1750	1980	2250	2960	3960	4720	5660	6820	10100	15400
Ta	138	1830	2060	2230	3130	4030	4770	5680	6800	9870	14800
W	143	1900	2140	2320	3270	4220	4990	5930	7090	10300	15300
Re	149	1980	2130	2420	2900	4350	5130	6080	7240	10400	15400
Os	154	1950	2200	2340	2980	4490	5280	6250	7420	10600	15600
Ir	160	2030	2160	2450	3110	4730	5570	6590	7820	11200	16300
Pt	167	1980	2240	2530	3220	4970	5850	6920	8210	11700	17000
Au	173	2060	2320	2270	3330	5220	6140	7260	8620	12300	18000
Hg	179	2120	2060	2320	859	5460	6420	7590	9000	12800	18600

发射源	W	Ag	Pd	Rh	Mo	Cu	Ni	Co	Fe	Cr	Ti
λ/nm	0.148	0.415	0.437	0.460	0.541	1.33	1.46	1.60	1.76	2.16	2.74
E/keV 吸收体	8.40	2.98	2.84	2.70	2.29	0.930	0.851	0.776	0.705	0.573	0.452
Tl	186	2190	2130	2410	894	5630	6600	7780	9200	13000	19200
Pb	193	1950	2200	2490	936	5880	6900	8130	9600	13400	18800
Bi	200	2020	2290	2590	982	6110	7150	8390	9890	13800	19700
Po	209	2130	2410	1880	1040	6450	7550	8870	10400	14500	4050
At	219	2240	1750	758	1100	6650	7760	9090	10700	14900	3560
Rn	218	1540	677	762	1100	6660	7800	9170	10800	15200	3050
Fr	227	636	713	801	1150	7050	8280	9770	11600	2180	2760
Ra	234	661	742	835	1200	7270	8530	10000	11900	2040	2590
Ac	244	695	782	881	1270	7440	8640	10100	11700	1940	2450
Th	250	710	797	895	1280	7700	9020	10600	12600	1830	2320
Pa	262	753	846	951	1360	7480	8550	9760	1420	1750	2210
U	265	764	857	963	1380	7500	8490	9550	1380	1690	2150
Np	278	828	934	1050	1500	6240	6680	6990	1350	1660	2100
Pu	283	826	925	1040	1480	8000	9090	1220	1350	1660	2100

附表 10 质量吸收系数(L_{β_1}线)

发射源	W	Ag	Pd	Rh	Mo	Cu	Ni	Co	Fe	Cr	Ti
λ/nm	0.128	0.393	0.415	0.437	0.518	1.31	1.43	1.57	1.73	2.13	2.70
E/keV 吸收体	9.67	3.15	2.99	2.83	2.39	0.950	0.869	0.791	0.718	0.583	0.458
H	0.00306	0.140	0.168	0.202	0.359	7.96	10.7	14.6	20.2	40.6	89.8
He	0.0285	1.31	1.58	1.90	3.41	71.0	93.8	125	169	324	681
Li	0.137	5.71	6.80	8.14	14.2	267	349	462	617	1140	2300
Be	0.432	16.9	20.0	23.9	41.1	695	897	1170	1530	2730	5290
B	1.08	38.8	45.6	54.0	90.7	1420	1840	2390	3130	5480	10200
C	2.27	77.0	90.1	106	175	2540	3260	4210	5480	9480	17300
N	3.86	126	147	172	284	3840	4850	6160	7850	13100	23400
O	6.08	188	219	256	415	5240	6610	8370	10700	17500	1710
F	8.57	251	291	339	546	6600	8260	10400	13100	1300	2420
Ne	12.6	353	409	476	761	8610	10600	864	1200	2250	4220
Na	16.2	444	515	599	959	773	1010	1320	1720	2920	5130
Mg	21.9	572	662	768	1220	1140	1450	1850	2370	3910	6760
Al	27.6	693	800	925	1450	1360	1700	2140	2710	4470	7860
Si	35.6	867	998	1150	1790	1750	2180	2740	3460	5720	10100
P	42.5	998	1150	1320	2020	2100	2630	3320	4220	7060	12600
S	53.1	1190	1370	1560	237	2720	3340	4270	5400	8930	15700
Cl	60.9	1320	1500	1710	277	3070	3840	4850	6160	10300	18000
Ar	67.5	147	171	199	316	3510	4390	5540	7040	11600	20100
K	84.6	190	220	255	403	4510	5650	7130	9050	14900	25300
Ca	100	223	256	296	468	5570	6970	8760	11000	17400	26400

第五篇

续表

发射源	W	Ag	Pd	Rh	Mo	Cu	Ni	Co	Fe	Cr	Ti
λ/nm	0.128	0.393	0.415	0.437	0.518	1.31	1.43	1.57	1.73	2.13	2.70
E/keV 吸收体	9.67	3.15	2.99	2.83	2.39	0.950	0.869	0.791	0.718	0.583	0.458
Sc	108	253	292	337	529	5730	7120	8900	11100	17600	27500
Ti	121	282	325	376	592	6510	8060	10000	12400	18700	25900
V	134	319	367	424	665	7080	8700	10700	13200	19300	4200
Cr	152	370	427	495	786	8420	10200	12400	14800	19400	4250
Mn	166	411	474	549	868	8450	9990	11600	13100	2430	4040
Fe	187	475	547	633	996	9650	11500	13500	15400	2640	4210
Co	201	527	608	704	1110	10200	11900	13600	2140	3220	5060
Ni	227	604	694	800	1250	10900	8740	1740	2090	3100	4860
Cu	234	643	740	853	1330	11900	1680	2020	2440	3620	5550
Zn	254	716	824	949	1480	1680	2000	2400	2900	4310	6730
Ga	35.2	762	876	1010	1570	1840	2240	2740	3360	5130	8170
Ge	38.7	832	956	1100	1710	2130	2610	3200	3940	6080	9770
As	42.6	910	1040	1200	1870	2140	2600	3170	3870	5870	9200
Se	45.6	972	1120	1280	1980	2570	3130	3820	4670	7110	11200
Br	50.9	1070	1230	1420	2190	2970	3620	4330	5120	7290	10800
Kr	54.1	1150	1320	1520	2320	3080	3690	4450	5370	7930	12000
Rb	59.3	1250	1430	1640	2500	3480	4180	5030	6050	8800	13000
Sr	65.6	1350	1540	1770	2690	4050	4970	6090	7430	11100	16600
Y	71.6	1460	1670	1900	2840	4310	5200	6240	7440	10600	15000
Zr	77.6	1560	1780	2030	2670	4740	5850	7280	9020	13300	18700
Nb	83.5	1680	1910	2180	2080	5460	6680	8150	9840	14000	18900
Mo	89.7	1760	2000	2000	609	5510	6660	8030	9610	13400	17700
Tc	95.5	1850	1890	2110	663	5830	7050	8520	10200	14400	19400
Ru	103	1710	1950	471	712	6580	7880	9370	11000	14500	17400
Rh	111	1820	430	496	770	6750	8130	9800	11700	16000	19400
Pd	117	405	469	543	845	6980	8320	9900	11600	14500	15000
Ag	126	452	514	587	894	7800	9180	10600	12100	15000	15600
Cd	131	479	564	661	1050	7840	9140	10600	12300	15700	16700
In	139	524	599	686	1040	8460	10100	11900	14000	18200	16600
Sn	148	546	625	717	1090	8680	10400	12400	14700	17700	3710
Sb	154	591	676	775	1180	10100	12200	14900	13900	21900	4050
Te	160	604	690	791	1210	8930	10400	12600	15900	25500	2760
I	172	654	745	850	1280	9930	11500	13700	16800	2750	3210
Xe	180	684	779	888	1330	10900	10200	12500	15700	3070	3330
Cs	193	718	818	933	1410	10000	11400	13300	1670	2690	4150
Ba	201	778	885	1010	1510	9750	11700	14000	2710	3580	4920
La	211	822	933	1060	1570	10400	12200	1990	2280	3030	4140
Ce	225	870	991	1130	1700	11000	2090	2290	2520	3060	3710
Pr	239	897	1020	1170	1760	11500	1990	2220	2480	3090	3840
Nd	248	936	1060	1210	1830	1670	1880	2120	2400	3080	3910

续表

发射源	W	Ag	Pd	Rh	Mo	Cu	Ni	Co	Fe	Cr	Ti
λ/nm	0.128	0.393	0.415	0.437	0.518	1.31	1.43	1.57	1.73	2.13	2.70
E/keV 吸收体	9.67	3.15	2.99	2.83	2.39	0.950	0.869	0.791	0.718	0.583	0.458
Pm	260	998	1140	1290	1950	2110	2360	2650	2990	3870	5220
Sm	268	1030	1170	1330	2010	2280	2710	3230	3870	5640	8470
Eu	281	1080	1230	1400	2100	2400	2840	3380	4030	5840	8710
Gd	287	1110	1260	1440	2160	2520	2960	3500	4150	5970	8930
Tb	298	1170	1330	1520	2280	2600	3080	3660	4380	6370	9620
Dy	310	1220	1390	1580	2370	2720	3230	3850	4610	6740	10200
Ho	320	1280	1450	1650	2470	2830	3350	3990	4760	6910	10400
Er	291	1330	1510	1720	2560	3000	3560	4250	5100	7430	11200
Tm	308	1390	1580	1790	2680	3160	3750	4470	5340	7780	11700
Yb	228	1430	1620	1840	2630	3360	3990	4780	5730	8390	12700
Lu	239	1490	1690	1920	2740	3550	4230	5070	6100	8970	13700
Hf	249	1540	1750	1990	2840	3790	4530	5450	6580	9760	15000
Ta	96.0	1610	1820	2070	2800	3870	4590	5480	6570	9580	14500
W	99.1	1670	1890	2150	2930	4050	4800	5720	6850	9950	14900
Re	103	1740	1970	2140	3050	4180	4940	5870	7000	10100	15000
Os	107	1790	1940	2210	2700	4310	5090	6030	7180	10300	15200
Ir	111	1780	2020	2170	2800	4550	5370	6360	7570	10800	16000
Pt	116	1840	1970	2240	2910	4770	5630	6680	7940	11400	16700
Au	121	1920	2050	2330	3000	5010	5910	7010	8330	11900	17600
Hg	124	1870	2110	2070	3060	5250	6190	7330	8710	12400	18200
Tl	129	1920	2180	2140	2190	5410	6370	7520	8900	12700	18700
Pb	134	1990	1940	2210	849	5650	6650	7860	9290	13100	18400
Bi	139	1770	2020	2300	889	5880	6900	8120	9580	13500	19300
Po	146	1860	2120	2410	941	6200	7280	8580	10100	14200	3990
At	152	1960	2230	1760	999	6400	7490	8800	10400	14500	3510
Rn	152	1950	1530	679	998	6410	7520	8870	10500	14800	3010
Fr	158	2040	633	716	1040	6770	7980	9440	11200	15900	2730
Ra	163	1470	658	745	1090	6990	8220	9710	11500	2010	2550
Ac	170	610	692	785	1150	7170	8350	9750	11400	1900	2420
Th	174	626	707	800	1170	7400	8700	10300	12100	1800	2290
Pa	182	662	749	849	1240	7230	8300	9500	10800	1720	2180
U	184	672	760	860	1250	7260	8260	9330	1350	1660	2120
Np	193	724	824	937	1370	6120	6590	6940	1320	1630	2070
Pu	197	729	822	929	1350	7740	8840	1200	1320	1630	2070

附表 11 质量吸收系数(Mα线)

发射源	Bi	Pb	Tl	Hg	Au	Pt	Ir	Re	W	Ta	Hf
λ/nm	0.512	0.529	0.546	0.564	0.584	0.605	0.626	0.673	0.698	0.725	0.754
吸收体 E/keV	2.42	2.35	2.27	2.20	2.12	2.05	1.98	1.84	1.78	1.71	1.64
H	0.345	0.385	0.430	0.481	0.540	0.607	0.683	0.870	0.986	1.12	1.27
He	3.28	3.66	4.08	4.58	5.15	5.80	6.52	8.31	9.41	10.7	12.1
Li	13.7	15.3	17.0	18.9	21.2	23.7	26.6	33.5	378	42.5	48.3
Be	39.6	44.0	48.8	54.2	60.4	67.5	75.4	94.4	106	119	134
B	87.5	96.6	107	118	131	146	162	201	225	252	283
C	169	186	205	226	250	277	307	380	423	473	529
N	274	301	331	365	403	446	494	608	677	754	842
O	402	440	483	530	584	644	710	869	963	107	1190
F	529	579	634	696	765	842	928	1130	1250	1390	1550
Ne	737	807	882	967	1060	1170	1280	1560	1730	1910	2120
Na	929	1020	1110	1220	1330	1470	1610	1950	2150	2380	2630
Mg	1180	1290	1410	1540	1680	1850	2020	2440	2680	2950	3250
Al	1410	1530	1670	1820	1990	2170	2370	2840	3110	3410	3740
Si	1740	1890	2050	2230	2420	2640	2870	3410	335	373	416
P	1960	2130	2300	2500	253	279	308	376	415	460	511
S	229	251	276	304	335	369	407	495	547	605	671
Cl	268	293	320	350	384	421	462	559	616	681	753
Ar	307	335	365	400	438	480	527	637	703	776	859
K	390	426	465	508	556	610	669	810	893	986	1090
Ca	453	495	541	592	650	715	786	956	1060	1170	1300
Sc	513	559	609	666	728	798	875	1060	1160	1290	1420
Ti	574	626	682	746	817	897	985	1190	1320	1450	1610
V	645	703	766	837	916	1000	1100	1330	1470	1620	1790
Cr	762	832	909	995	1090	1200	1320	1600	1760	1950	2160
Mn	841	918	1000	1100	1200	1320	1440	1750	1920	2120	2340
Fe	966	1050	1150	1250	1370	1500	1650	1990	2190	2410	2670
Co	1080	1170	1280	1400	1530	1670	1830	2210	2430	2680	2960
Ni	1210	1320	1440	1570	1710	1870	2050	2470	2720	3000	3310
Cu	1290	1410	1530	1670	1820	2000	2180	2630	2890	3180	3510
Zn	1440	1560	1700	1850	2020	2210	2420	2910	3190	3510	3860
Ga	1520	1660	1800	1960	2140	2350	2560	3080	3380	3710	4090
Ge	1660	1810	1960	2140	2330	2550	2790	3340	3660	4010	4410
As	1810	1970	2140	2330	2540	2770	3020	3610	3950	4330	4750
Se	1930	2090	2270	2470	2690	2930	3190	3790	4140	4530	4350
Br	2130	2310	2510	2720	2960	3230	3520	4190	3970	4320	4720
Kr	2260	2450	2650	2870	3120	3380	3670	3810	4150	3300	888
Rb	2430	2630	2840	3070	3320	3190	3450	2960	790	876	972
Sr	2620	2830	3070	2890	3130	3400	2680	815	888	970	1060
Y	2770	2660	2870	3110	2450	689	750	894	978	1070	1180
Zr	2600	2810	2210	640	695	757	824	982	1070	1180	1290

续表

发射源	Bi	Pb	Tl	Hg	Au	Pt	Ir	Re	W	Ta	Hf
λ/nm	0.512	0.529	0.546	0.564	0.584	0.605	0.626	0.673	0.698	0.725	0.754
吸收体 E/keV	2.42	2.35	2.27	2.20	2.12	2.05	1.98	1.84	1.78	1.71	1.64
Nb	2020	591	638	690	749	814	887	1060	1160	1280	1410
Mo	592	641	695	755	822	896	976	1170	1280	1400	1540
Tc	645	699	757	822	893	973	1060	1260	1380	1510	1660
Ru	692	750	813	883	961	1050	1140	1370	1500	1650	1820
Rh	748	812	881	959	1040	1140	1240	1480	1620	1770	1950
Pd	820	891	967	1050	1140	1250	1360	1610	1760	1930	2110
Ag	869	942	1020	1110	1210	1320	1440	1720	1880	2070	2270
Cd	1020	1110	1210	1320	1430	1560	1700	2010	2190	2390	2610
In	1010	1100	1190	1290	1400	1520	1650	1960	2130	2330	2550
Sn	1060	1150	1240	1340	1460	1580	1720	2040	2220	2420	2650
Sb	1140	1240	1340	1450	1580	1720	1870	2210	2420	2640	2890
Te	1180	1280	1380	1500	1630	1780	1940	2310	2530	2770	3030
I	1250	1350	1450	1580	1710	1850	2010	2380	2600	2840	3110
Xe	1300	1400	1510	1640	1770	1930	2090	2470	2690	2930	3200
Cs	1370	1480	1600	1740	1880	2050	2220	2640	2880	3140	3440
Ba	1470	1590	1710	1850	2000	2170	2350	2760	3010	3270	3560
La	1530	1650	1780	1920	2080	2250	2430	2860	3100	3380	3680
Ce	1660	1790	1930	2090	2270	2470	2680	3160	3450	3760	4100
Pr	1710	1850	2010	2170	2360	2570	2790	3310	3610	3940	4320
Nd	1780	1920	2080	2250	2450	2660	2890	3430	3740	4080	4470
Pm	1900	2050	2220	2400	2600	2830	3070	3630	3960	4310	4510
Sm	1950	2110	2280	2470	2680	2910	3160	3730	4070	4240	4650
Eu	2050	2210	2390	2590	2810	3050	3310	3920	4100	4490	4920
Gd	2100	2270	2460	2660	2890	3130	3400	3860	4210	4610	4710
Tb	2220	2400	2590	2800	3040	3290	3570	4070	4450	4540	4970
Dy	2310	2490	2690	2910	3150	3410	3550	4220	4320	4710	4430
Ho	2400	2590	2790	3020	3130	3410	3710	4130	4510	4250	4670
Er	2500	2690	2900	3010	3260	3550	3620	4320	4050	4440	4880
Tm	2610	2810	2900	3150	3420	3480	3800	3860	4230	4640	5100
Yb	2670	2760	2990	3240	3300	3600	3920	3960	4320	4710	5150
Lu	2660	2880	3110	3170	3450	3760	3510	4180	4580	5020	5510
Hf	2770	2800	3040	3290	3580	3360	3650	4350	4750	3500	1190
Ta	2720	2950	3210	3490	3240	3520	3830	4550	3350	1160	1260
W	2840	3080	2870	3110	3370	3660	3980	3160	1130	1220	1330
Re	2960	2750	2970	3210	3470	3770	4090	1100	1190	1290	1400
Os	2620	2830	3050	3300	3570	3870	2850	1150	1240	1340	1460
Ir	2730	2950	3180	3440	3730	2740	1030	1210	1310	1410	1530
Pt	2830	3050	3300	2420	2610	1000	1080	1260	1370	1480	1610
Au	2920	3150	2320	910	980	1060	1140	1330	1440	1560	1690
Hg	2980	2220	878	947	1020	1100	1190	1390	1510	1630	1770

续表

发射源	Bi	Pb	Tl	Hg	Au	Pt	Ir	Re	W	Ta	Hf
λ/nm	0.512	0.529	0.546	0.564	0.584	0.605	0.626	0.673	0.698	0.725	0.754
吸收体　E/keV	2.42	2.35	2.27	2.20	2.12	2.05	1.98	1.84	1.78	1.71	1.64
Tl	2130	849	914	986	1060	1150	1240	1450	1570	1700	1850
Pb	827	890	957	1030	1110	1200	1290	1510	1630	1770	1920
Bi	866	933	1000	1080	1170	1260	1360	1590	1720	1860	2020
Po	917	987	1060	1140	1230	1330	1440	1680	1810	1960	2130
At	973	1050	1130	1210	1310	1410	1520	1770	1910	2070	2240
Rn	973	1050	1120	1210	1300	1400	1510	1760	1900	2050	2220
Fr	1020	1090	1170	1260	1360	1460	1570	1830	1980	2140	2320
Ra	1060	1140	1220	1320	1420	1530	1640	1910	2060	2230	2420
Ac	1120	1210	1300	1390	1500	1620	1740	2020	2180	2360	2550
Th	1140	1220	1310	1410	1510	1630	1750	2040	2200	2380	2570
Pa	1210	1300	1390	1490	1610	1730	1860	2150	2320	2500	2700
U	1220	1310	1410	1510	1620	1750	1880	2180	2350	2530	2730
Np	1340	1430	1530	1640	1760	1890	2020	2320	2480	2660	2850
Pu	1310	1410	1510	1620	1740	1870	2010	2330	2510	2700	2920

附表 12 质量吸收系数(M_β 线)

发射源	Bi	Pb	Tl	Hg	Au	Pt	Ir	Re	W	Ta	Hf
λ/nm	0.491	0.508	0.525	0.543	0.562	0.583	0.604	0.650	0.676	0.702	0.730
吸收体　E/keV	2.53	2.44	2.36	2.28	2.20	2.13	2.05	1.91	1.83	1.77	1.70
H	0.299	0.335	0.375	0.422	0.475	0.536	0.604	0.776	0.883	1.00	1.15
He	2.84	3.19	3.58	4.01	4.52	5.12	5.77	7.41	8.43	9.59	10.9
Li	11.9	13.3	14.9	16.7	18.7	21.0	23.6	30.0	34.0	38.5	43.6
Be	34.7	38.6	43.0	48.0	53.6	60.0	67.2	84.9	95.7	108	122
B	77.0	85.3	94.6	105	117	130	145	182	204	229	257
C	150	165	183	202	224	249	276	344	384	430	482
N	242	268	295	326	361	401	445	551	616	688	769
O	357	392	431	476	525	580	641	790	879	979	1090
F	470	517	568	625	689	760	839	1030	1140	1270	1420
Ne	657	721	791	870	957	1060	1160	1420	1580	1750	1950
Na	828	908	996	1090	1200	1330	1460	1780	1970	2190	2420
Mg	1060	1160	1270	1390	1520	1670	1840	2230	2460	2720	3000
Al	1260	1380	1510	1650	1800	1980	2160	2610	2870	3150	3470
Si	1560	1700	1850	2020	2210	2410	2630	3150	304	340	381
P	1770	1920	2090	2270	2470	252	278	342	380	422	469
S	2080	223	246	272	301	333	368	451	501	556	617
Cl	239	262	287	315	347	381	419	511	565	626	693
Ar	274	300	328	360	396	435	478	583	644	713	790
K	349	382	418	458	503	553	608	740	819	906	1000
Ca	405	443	486	533	586	646	712	872	967	1070	1200

续表

发射源	Bi	Pb	Tl	Hg	Au	Pt	Ir	Re	W	Ta	Hf
λ/nm	0.491	0.508	0.525	0.543	0.562	0.583	0.604	0.650	0.676	0.702	0.730
吸收体 E/keV	2.53	2.44	2.36	2.28	2.20	2.13	2.05	1.91	1.83	1.77	1.70
Sc	459	502	549	601	659	724	795	967	1070	1180	1310
Ti	513	561	614	673	739	813	893	1090	1210	1340	1480
V	577	631	690	756	829	911	1000	1220	1350	1490	1650
Cr	679	745	816	896	985	1080	1190	1460	1620	1790	1990
Mn	752	823	901	988	1080	1190	1310	1600	1770	1950	2160
Fe	863	945	1030	1130	1240	1360	1500	1820	2010	2220	2460
Co	961	1050	1150	1260	1380	1520	1670	2030	2240	2470	2730
Ni	1090	1190	1290	1420	1550	1700	1870	2260	2500	2760	3050
Cu	1160	1260	1380	1510	1650	1810	1990	2410	2660	2930	3240
Zn	1290	1410	1530	1680	1840	2010	2200	2670	2940	3240	3570
Ga	1370	1490	1630	1780	1950	2130	2340	2820	3110	3430	3780
Ge	1490	1630	1770	1940	2120	2320	2540	3060	3370	3710	4080
As	1630	1770	1930	2110	2310	2520	2760	3320	3650	4010	4400
Se	1730	1890	2050	2240	2440	2670	2920	3500	3830	4200	4600
Br	1910	2080	2270	2470	2700	2950	3220	3860	4230	4020	4390
Kr	2030	2210	2400	2610	2850	3100	3370	3530	3850	4200	3380
Rb	2190	2380	2580	2800	3040	3310	3180	3770	3010	802	893
Sr	2360	2570	2790	3030	2870	3120	3390	755	823	900	986
Y	2510	2720	2620	2840	3080	2430	687	823	903	992	1090
Zr	2350	2550	2760	2180	634	692	754	904	992	1090	1200
Nb	2520	1980	582	630	684	745	811	974	1070	1180	1300
Mo	1920	579	630	686	748	817	892	1070	1180	1290	1420
Tc	581	632	687	747	814	889	969	1160	1270	1400	1540
Ru	625	678	737	802	875	956	1040	1260	1380	1520	1680
Rh	672	732	798	870	950	1040	1130	1360	1490	1640	1800
Pd	737	803	875	954	1040	1140	1240	1490	1630	1780	1960
Ag	783	851	925	1010	1100	1200	1310	1580	1740	1910	2100
Cd	914	1000	1090	1190	1300	1420	1550	1860	2030	2220	2430
In	914	993	1080	1170	1270	1390	1510	1810	1980	2160	2370
Sn	957	1040	1130	1230	1330	1450	1580	1880	2060	2250	2460
Sb	1030	1120	1220	1320	1440	1570	1710	2040	2240	2450	2690
Te	1060	1150	1250	1360	1490	1630	1770	2130	2330	2560	2810
I	1130	1220	1320	1440	1560	1700	1850	2200	2410	2630	2880
Xe	1170	1270	1380	1500	1620	1770	1920	2280	2490	2720	2980
Cs	1240	1340	1460	1580	1720	1870	2040	2430	2660	2910	3190
Ba	1330	1440	1560	1690	1830	1990	2160	2560	2790	3040	3320
La	1390	1500	1630	1760	1910	2070	2240	2650	2890	3140	3430
Ce	1500	1620	1760	1910	2080	2260	2460	2920	3200	3490	3820
Pr	1550	1680	1820	1980	2150	2350	2560	3050	3340	3660	4010

续表

发射源 吸收体	Bi	Pb	Tl	Hg	Au	Pt	Ir	Re	W	Ta	Hf
λ/nm	0.491	0.508	0.525	0.543	0.562	0.583	0.604	0.650	0.676	0.702	0.730
E/keV	2.53	2.44	2.36	2.28	2.20	2.13	2.05	1.91	1.83	1.77	1.70
Nd	1610	1740	1890	2050	2230	2430	2650	3160	3460	3790	4150
Pm	1720	1860	2020	2190	2380	2590	2820	3360	3670	4010	4380
Sm	1770	1920	2080	2250	2450	2670	2900	3450	3770	4120	4310
Eu	1850	2010	2180	2360	2570	2790	3040	3620	3950	4150	4560
Gd	1900	2060	2240	2430	2640	2870	3120	3720	3900	4270	4690
Tb	2010	2180	2360	2560	2780	3020	3280	3750	4110	4510	4610
Dy	2090	2260	2450	2660	2880	3130	3400	3890	4000	4370	4790
Ho	2180	2360	2550	2760	2990	3120	3400	3800	4170	4570	4320
Er	2260	2450	2650	2870	2980	3250	3540	3970	4360	4110	4510
Tm	2360	2560	2760	2870	3120	3410	3470	4170	3900	4290	4720
Yb	2420	2620	2710	2950	3210	3280	3580	3660	4000	4370	4790
Lu	2510	2610	2830	3070	3140	3430	3750	3850	4220	4640	5100
Hf	2500	2710	2760	3000	3260	3560	3350	4000	4390	4820	3540
Ta	2620	2670	2900	3160	3450	3220	3510	4200	4600	3380	1180
W	2560	2780	3030	3300	3080	3350	3650	4360	3190	1140	1240
Re	2670	2900	2710	2930	3180	3460	3760	3030	1110	1200	1300
Os	2760	2580	2780	3020	3270	3550	3860	1070	1160	1260	1360
Ir	2470	2680	2900	3140	3410	3710	2730	1120	1220	1320	1430
Pt	2560	2770	3000	3260	3540	2600	1000	1180	1280	1390	1500
Au	2650	2870	3100	2290	902	976	1050	1240	1340	1460	1580
Hg	2710	2930	2180	868	939	1020	1100	1290	1400	1520	1660
Tl	2820	2090	835	904	978	1060	1150	1350	1460	1590	1730
Pb	2010	812	876	946	1020	1110	1190	1400	1520	1650	1790
Bi	786	850	918	993	1070	1160	1260	1480	1600	1740	1890
Po	833	899	971	1050	1130	1230	1330	1560	1690	1840	1990
At	884	955	1030	1110	1200	1300	1410	1650	1790	1940	2100
Rn	886	955	1030	1110	1200	1290	1400	1640	1770	1920	2080
Fr	928	1000	1080	1160	1250	1350	1460	1710	1850	2000	2170
Ra	968	1040	1120	1210	1310	1410	1520	1780	1930	2090	2260
Ac	1020	1100	1190	1280	1380	1490	1610	1880	2040	2210	2390
Th	1040	1120	1200	1290	1390	1510	1620	1900	2050	2220	2410
Pa	1100	1190	1280	1380	1480	1600	1720	2010	2170	2350	2540
U	1110	1200	1290	1390	1500	1620	1740	2030	2200	2370	2570
Np	1220	1310	1410	1520	1630	1750	1880	2170	2340	2510	2690
Pu	1200	1290	1390	1490	1610	1730	1860	2170	2350	2540	2740

附表 13 若干有机薄膜和混合气体的质量吸收系数

波长 λ/nm	聚乙烯醇缩甲醛 $(C_5H_7O_2)_x$	聚酯 $(C_{10}H_8O_4)_x$	空气①	P_{10}②	波长 λ/nm	聚乙烯醇缩甲醛 $(C_5H_7O_2)_x$	聚酯 $(C_{10}H_8O_4)_x$	空气①	P_{10}②
0.20	14	14	21	230	5.20	4910	5100	6300	
0.40	113	116	148	162	5.40	5400	5600	7000	
0.60	372	384	481	467	5.60	5900	6100	7600	
0.80	850	870	1090	1020	5.80	6400	6600	8200	
1.00	1580	1630	2020	1850	6.00	7000	7200	8900	
1.20	2600	2680	3310	3010	6.20	7500	7800	9700	
1.40	3920	4040	4980	4500	6.40	8100	8400	10400	
1.60	5600	5800	7100	6400	6.60	8700	9000	11200	
1.80	7500	7800	9500	8400	6.80	9400	9700	12100	
2.00	9900	10200	12400	10900	7.00	10000	10300	12900	
2.20	12500	12900	15700	13500	7.20	10700	11100	13800	
2.40	8200	8500	14100	16400	7.40	11400	11800	14700	
2.60	10100	10400	17100	19600	7.60	12200	12500	15600	
2.80	12000	12400	20400	22800	7.80	12900	13300	16600	
3.00	14300	14700	24000	26300	8.00	13600	14100	17600	
3.20	16700	17200	2290	29700	8.20	14500	14900	18600	
3.40	19300	19900	2650	33300	8.40	15300	15800	19700	
3.60	22100	22800	3040	36900	8.60	16100	16600	20800	
3.80	25000	25800	3460	40500	8.80	17000	17500	21900	
4.00	28200	29100	3810	37600	9.00	17800	18400	23100	
4.20	31500	32500	4270	40900	9.20	18800	19400	24200	
4.40	3250	3350	4780	42600	9.40	19700	20300	25400	
4.60	3640	3760	5300	45600	9.60	20600	21300	26700	
4.80	4050	4170	5900	48900	9.80	21600	22300	28000	
5.00	4450	4590	6400	52000	10.00	22600	23300	29200	

① O_2 含量为 21%，N_2 含量为 78%，Ar 为 1%。

② CH_4 含量为 10%，Ar 为 90%。

附表 14 元素的吸收边波长和激发电势

原子序数	元素	K 吸收边		L_1 吸收边		L_2 吸收边		L_3 吸收边		M_4 吸收边		M_5 吸收边	
		λ/nm	E/keV	λ/nm	E/keV	λ/nm	keV	λ/nm	keV	λ/nm	keV	λ/nm	keV
1	H	91.8	0.014										
2	He	50.4	0.025										
3	Li	22.6953	0.055										
4	Be	10.69	0.116										
5	B	6.46	0.192										
6	C	4.3767	0.283										
7	N	3.1052	0.399										
8	O	2.3367	0.531										
9	F	1.805	0.687										
10	Ne	1.419	0.874	25.8	0.048	56.4	0.022	56.4	0.022				

原子序数	元素	K 吸收边		L₁ 吸收边		L₂ 吸收边		L₃ 吸收边		M₄ 吸收边		M₅ 吸收边	
		λ/nm	E/keV	λ/nm	E/keV	λ/nm	keV	λ/nm	keV	λ/nm	keV	λ/nm	keV
11	Na	1.148	1.08	22.5	0.055	36.5	0.034	36.5	0.034				
12	Mg	0.9512	1.303	19.7	0.063	24.8	0.050	25.3	0.049				
13	Al	0.7951	1.559	14.3	0.087	17.0	0.073	17.2	0.072				
14	Si	0.6745	1.837	10.5	0.118	12.5	0.099	12.7	0.098				
15	P	0.5787	2.142	8.10	0.153	9.61	0.129	9.69	0.128				
16	S	0.5018	2.470	6.42	0.193	7.56	0.164	7.61	0.163				
17	Cl	0.4397	2.819	5.21	0.238	6.11	0.203	6.14	0.202				
18	Ar	0.3871	3.202	4.32	0.287	5.02	0.247	5.06	0.245				
19	K	0.3437	3.606	3.64	0.341	4.18	0.297	4.22	0.294				
20	Ca	0.3070	4.037	3.07	0.399	3.52	0.352	3.55	0.349				
21	Sc	0.2757	4.495	2.68	0.462	3.02	0.411	3.08	0.402				
22	Ti	0.2497	4.963	2.34	0.530	2.70	0.460	2.73	0.454				
23	V	0.2269	5.462	2.05	0.604	2.39	0.519	2.42	0.512				
24	Cr	0.2070	5.987	1.83	0.679	2.13	0.583	2.16	0.574				
25	Mn	0.1896	6.535	1.63	0.762	1.91	0.650	1.94	0.639				
26	Fe	0.1743	7.109	1.46	0.849	1.72	0.721	1.75	0.708				
27	Co	0.1608	7.707	1.33	0.929	1.56	0.794	1.59	0.779				
28	Ni	0.1488	8.329	1.222	1.015	1.42	0.871	1.45	0.853				
29	Cu	0.1380	8.978	1.127	1.100	1.30	0.953	1.33	0.933				
30	Zn	0.1283	9.657	1.033	1.200	1.187	1.045	1.213	1.022				
31	Ga	0.1196	10.365	0.954	1.30	1.093	1.134	1.110	1.117				
32	Ge	0.1117	11.100	0.873	1.42	0.994	1.248	1.019	1.217				
33	As	0.1045	11.860	0.8107	1.529	0.9124	1.358	0.939	1.32				
34	Se	0.0980	12.649	0.7506	1.651	0.8416	1.473	0.867	1.43				
35	Br	0.0920	13.471	0.697	1.78	0.780	1.59	0.800	1.55				
36	Kr	0.0866	14.319	0.646	1.92	0.721	1.72	0.743	1.67				
37	Rb	0.0816	15.197	0.5998	2.066	0.6643	1.865	0.689	1.80				
38	Sr	0.0770	16.101	0.5583	2.220	0.6172	2.008	0.6387	1.940				
39	Y	0.0728	17.032	0.5232	2.369	0.5755	2.153	0.5962	2.079				
40	Zr	0.0689	17.993	0.4867	2.546	0.5378	2.304	0.5583	2.220				
41	Nb	0.0653	18.981	0.4581	2.705	0.5026	2.467	0.5223	2.373				
42	Mo	0.0620	19.996	0.4298	2.883	0.4718	2.627	0.4913	2.523				
43	Tc	0.0589	21.045	0.4060	3.054	0.4436	2.795	0.4632	2.677				
44	Ru	0.0561	22.112	0.383	3.24	0.4180	2.965	0.4369	2.837				
45	Rh	0.0534	23.217	0.3626	3.418	0.3942	3.144	0.4130	3.001				
46	Pd	0.0509	24.341	0.3428	3.616	0.3724	3.328	0.3908	3.171				
47	Ag	0.0486	25.509	0.3254	3.809	0.3514	3.527	0.3698	3.351				
48	Cd	0.0464	26.704	0.3085	4.018	0.3326	3.726	0.3504	3.537				
49	In	0.0444	27.920	0.2926	4.236	0.3147	3.938	0.3324	3.728				
50	Sn	0.0425	29.182	0.2777	4.463	0.2982	4.156	0.3156	3.927				
51	Sb	0.0407	30.477	0.2639	4.695	0.2830	4.380	0.3000	4.131				
52	Te	0.0390	31.800	0.2511	4.937	0.2687	4.611	0.2855	4.340				
53	I	0.0374	33.155	0.2389	5.188	0.2553	4.855	0.2719	4.557				
54	Xe	0.0359	34.570	0.2274	5.451	0.2429	5.102	0.2592	4.780				
55	Cs	0.0345	35.949	0.2167	5.719	0.2314	5.356	0.2474	5.010				

原子序数	元素	K 吸收边		L₁ 吸收边		L₂ 吸收边		L₃ 吸收边		M₄ 吸收边		M₅ 吸收边	
		λ/nm	E/keV	λ/nm	E/keV	λ/nm	keV	λ/nm	keV	λ/nm	keV	λ/nm	keV
56	Ba	0.0311	37.399	0.2068	5.994	0.2204	5.622	0.2363	5.245	1.556	0.7967	1.589	0.7801
57	La	0.0318	38.920	0.1973	6.282	0.2103	5.893	0.2258	5.488				
58	Ce	0.0307	40.438	0.1889	6.559	0.2011	6.163	0.2164	5.727				
59	Pr	0.0295	41.986	0.1811	6.844	0.1924	6.441	0.2077	5.967	1.3122	0.9448	1.3394	0.9257
60	Nd	0.0285	43.559	0.1735	7.142	0.1843	6.725	0.1995	6.213	1.2459	0.9951	2.3737	0.9734
61	Pm	0.0274	45.207	0.1665	7.448	0.1767	7.018	0.1918	6.466				
62	Sm	0.0265	46.833	0.1599	7.752	0.1703	7.279	0.1845	6.719	1.1288	1.0983	1.1552	1.0732
63	Eu	0.0256	48.501	0.1536	8.066	0.1626	7.621	0.1775	6.981	1.0711	1.1575	1.1013	1.1258
64	Gd	0.0247	50.215	0.1477	8.391	0.1561	7.938	0.1710	7.250				
65	Tb	0.0238	51.984	0.1421	8.722	0.1501	8.256	0.1649	7.517				
66	Dy	0.0231	53.773	0.1365	9.081	0.1438	8.619	0.1579	7.848				
67	Ho	0.0223	55.599	0.1317	9.408	0.1390	8.918	0.1535	8.072				
68	Er	0.0216	57.465	0.1268	9.773	0.1338	9.260	0.1482	8.361	0.8601	1.4415	0.8847	1.4013
69	Tm	0.0209	59.319	0.1222	10.141	0.1288	9.626	0.1433	8.650			0.8487	1.4609
70	Yb	0.0202	61.282	0.1182	10.487	0.1243	9.972	0.1386	8.941				
71	Lu	0.0196	63.281	0.1140	10.870	0.1199	10.341	0.1341	9.239				
72	Hf	0.0190	65.292	0.1100	11.271	0.1155	10.732	0.1297	9.554				
73	Ta	0.0184	67.379	0.1061	11.681	0.1114	11.128	0.1255	9.874	0.687	1.804	0.711	1.743
74	W	0.0178	69.479	0.1025	12.097	0.1075	11.533	0.1216	10.196	0.659	1.880	0.683	1.814
75	Re	0.0173	71.590	0.0990	12.524	0.1037	11.953	0.1177	10.529	0.633	1.958	0.6560	1.890
76	Os	0.0168	73.856	0.0956	12.968	0.1001	12.380	0.1140	10.867	0.6073	2.042	0.630	1.967
77	Ir	0.0163	76.096	0.0923	13.427	0.0967	12.817	0.1106	11.209	0.583	2.126	0.605	2.048
78	Pt	0.0158	78.352	0.0893	13.875	0.0934	13.266	0.1072	11.556	0.559	2.217	0.581	2.133
79	Au	0.0153	80.768	0.0863	14.354	0.0903	13.731	0.1040	11.917	0.5374	2.307	0.5584	2.220
80	Hg	0.0149	83.046	0.0835	14.837	0.0872	14.210	0.1008	12.3	0.5157	2.404	0.536	2.313
81	Ti	0.0145	85.646	0.0808	15.338	0.0843	14.695	0.0979	12.655	0.4952	2.504	0.5153	2.406
82	Pb	0.0141	88.037	0.0782	15.858	0.0815	15.205	0.0950	13.041	0.4757	2.606	0.4955	2.502
83	Bi	0.0137	90.420	0.0757	16.376	0.0789	15.713	0.0923	13.422	0.4572	2.711	0.4764	2.603
84	Po	0.0133	93.112	0.0732	16.935	0.0763	16.244	0.0897	13.817				
85	At	0.0130	95.740	0.0709	17.490	0.0739	16.784	0.0872	14.215				
86	Rn	0.0126	98.418	0.0687	18.058	0.0715	17.337	0.0848	14.618				
87	Er	0.0123	101.147	0.0665	18.638	0.0693	17.904	0.0825	15.028				
88	Ra	0.0119	103.922	0.0645	19.229	0.0671	18.478	0.0803	15.439				
89	Ac	0.0116	106.759	0.0625	19.842	0.0650	19.078	0.0782	15.865				
90	Th	0.0113	109.741	0.0606	20.458	0.0630	19.677	0.0761	16.293	0.3557	3.485	0.3729	3.325
91	Pa	0.0110	112.581	0.0588	21.102	0.0611	20.311	0.0741	16.731	0.3436	3.608	0.3618	3.436
92	U	0.0108	115.610	0.0569	21.764	0.0592	20.938	0.0722	17.160	0.3333	3.720	0.3497	3.545
93	Np	0.0105	118.619	0.0553	22.417	0.0574	21.596	0.0704	17.614				
94	Pu	0.0102	121.720	0.0537	23.097	0.0557	22.262	0.0686	18.066				
95	Am	0.0099	124.816	0.0521	23.793	0.0540	22.944	0.0669	18.525				
96	Cm	0.0097	128.088	0.0506	24.503	0.0525	23.640	0.0653	18.990				
97	Bk	0.0094	131.357	0.0491	25.230	0.0509	24.352	0.0637	19.461				
98	Cf	0.0092	134.683	0.0477	25.971	0.0494	25.080	0.0622	19.938				
99	Es	0.0090	138.067	0.0464	26.729	0.0480	25.824	0.0607	20.422				
100	Fm	0.0088	141.510	0.0451	27.503	0.0466	26.584	0.0593	20.912				

附表 15　元素的主要分析线-2θ 表

表中 2θ 各栏对应不同晶体。

原子序数	元素	谱线名称	λ/nm	激发电势 E/keV	ADP(101) 2d=10.642	EDdt(020) 2d=8.803	石英(10$\bar{1}$1) 2d=6.686	NaCl(200) 2d=5.641	LiF(200) 2d=4.027	黄玉(303) 2d=2.712	PET 2d=8.750
12	Mg	K吸收边	0.9512	1.303	126.71	—	—	—	—	—	—
		K_{β_1}	0.9588	1.297	127.84	—	—	—	—	—	—
		$K_{\bar{\alpha}}$	0.9889	1.254	136.63	—	—	—	—	—	—
13	Al	K吸收边	0.7951	1.559	96.69	129.17	—	—	—	—	130.65
		K_{β_1}	0.7981	1.553	97.17	130.09	—	—	—	—	131.60
		K_{α_1}	0.8339	1.487	103.14	142.53	—	—	—	—	144.64
14	Si	K吸收边	0.6745	1.837	78.66	100.02	—	—	—	—	100.85
		K_{β_1}	0.6768	1.832	78.99	100.50	—	—	—	—	101.34
		K_{α_1}	0.7125	1.740	84.06	108.08	—	—	—	—	109.04
15	P	K吸收边	0.5787	2.142	65.88	82.19	119.87	—	—	—	82.80
		K_{β_1}	0.5804	2.136	66.10	82.49	120.46	—	—	—	83.10
		K_{α_1}	0.6157	2.013	70.67	88.72	134.01	—	—	—	89.40
16	S	K吸收边	0.5018	2.470	56.27	69.51	97.27	—	—	—	69.99
		K_{β_1}	0.5032	2.464	56.43	69.72	97.62	126.25	—	—	70.21
		K_{α_1}	0.5372	2.307	60.63	75.21	106.92	144.47	—	—	75.75
17	Cl	K吸收边	0.4397	2.819	48.81	59.93	82.23	102.42	—	—	60.33
		K_{β_1}	0.4403	2.815	48.88	60.02	82.38	102.62	—	—	60.43
		K_{α_1}	0.4728	2.622	52.75	64.97	89.99	113.88	—	—	65.41
18	Ar	K吸收边	0.3871	3.202	42.66	52.17	70.75	86.66	—	—	52.51
		K_{β_1}	0.3886	3.190	—	—	—	—	—	—	—
		K_{α_1}	0.4191	2.957	46.39	56.87	77.64	95.99	—	—	57.25
19	K	K吸收边	0.3437	3.606	37.68	45.96	61.86	75.06	117.17	—	46.25
		K_{β_1}	0.3454	3.589	37.88	46.20	62.20	75.51	118.12	—	46.50
		K_{α_1}	0.3741	3.313	41.16	50.30	68.05	83.09	136.59	—	50.63
20	Ca	K吸收边	0.3070	4.037	33.54	40.82	54.67	65.95	99.36	—	41.08

续表

原子序数	元素	谱线名称	λ/nm	激发电势 E/keV	2θ							
					ADP(101) $2d=10.642$	EDdt(020) $2d=8.803$	石英($10\bar{1}1$) $2d=6.686$	NaCl(200) $2d=5.641$	LiF(200) $2d=4.027$	黄玉(303) $2d=2.712$	PET $2d=8.750$
20	Ca	K_{β_1}	0.3089	4.012	33.75	41.09	55.04	66.42	100.22	—	41.35
		K_{α_1}	0.3358	3.691	36.79	44.85	60.30	73.07	113.02	—	45.14
21	Sc	K 吸收边	0.2757	4.495	30.03	36.51	48.71	58.52	86.43	—	36.74
		K_{β_1}	0.2780	4.460	30.28	36.81	49.13	59.04	87.30	—	37.04
		K_{α_1}	0.3031	4.090	33.10	40.28	53.92	65.01	97.66	—	40.54
22	Ti	K 吸收边	0.2497	4.963	27.14	32.96	43.86	52.55	76.66	134.10	33.17
		K_{β_1}	0.2514	4.931	27.33	33.18	44.17	52.93	77.26	135.92	33.39
		K_{α_1}	0.2748	4.510	29.93	36.39	48.54	58.32	86.09	—	36.61
23	V	K 吸收边	0.2269	5.462	24.62	29.87	39.68	47.44	68.60	113.58	30.06
		K_{β_1}	0.2285	5.427	24.79	30.08	39.95	47.78	69.12	114.61	30.27
		K_{α_1}	0.2503	4.952	29.93	33.04	43.98	52.69	76.88	134.67	33.25
24	Cr	K 吸收边	0.2070	5.987	22.43	27.20	36.07	43.06	61.37	99.52	27.37
		K_{β_1}	0.2085	5.946	22.59	27.40	36.34	43.38	62.36	100.48	27.57
		K_{α_1}	0.2290	5.414	50.97	30.15	40.05	47.89	69.31	115.18	30.34
25	Mn	K 吸收边	0.1896	6.535	20.53	24.88	32.95	39.29	56.19	88.73	25.03
		K_{β_1}	0.1910	6.490	20.68	25.06	33.20	39.59	56.64	89.55	25.22
		K_{α_1}	0.2102	5.898	22.78	27.63	36.64	43.75	62.93	101.61	27.80
26	Fe	K 吸收边	0.1743	7.109	18.86	22.84	30.23	36.00	51.31	80.01	22.98
		K_{β_1}	0.1757	7.058	19.00	23.02	30.46	36.29	51.73	80.74	23.16
		K_{α_1}	0.1936	6.404	20.96	25.41	33.66	40.14	57.47	91.10	25.57
27	Co	K 吸收边	0.1608	7.707	17.38	21.05	27.83	33.13	47.08	72.73	21.18
		K_{β_1}	0.1621	7.649	17.52	21.22	28.06	33.39	47.47	73.40	21.35
		K_{α_1}	0.1789	6.930	19.35	23.45	31.04	36.98	52.75	82.54	23.59
28	Ni	K 吸收边	0.1488	8.329	16.08	19.46	25.72	30.59	43.37	66.55	19.58
		K_{β_1}	0.1500	8.264	16.21	19.62	25.93	30.84	43.74	67.16	19.74
		K_{α_1}	0.1658	7.478	17.92	21.71	28.71	34.18	48.62	75.37	21.84
29	Cu	K 吸收边	0.1380	8.978	14.91	18.04	23.83	28.33	40.10	61.20	18.15

第五篇

续表

原子序数	元素	谱线名称	λ/nm	激发电势 E/keV	ADP(101) 2d=10.642	EDdt(020) 2d=8.803	石英(10\overline{1}1) 2d=6.686	NaCl(200) 2d=5.641	LiF(200) 2d=4.027	黄玉(303) 2d=2.712	PET 2d=8.750
								2θ			
29	Cu	K$_{\beta_1}$	0.1392	8.905	15.03	18.20	24.04	28.58	40.45	61.77	18.31
		K$_{\alpha_1}$	0.1540	8.047	16.65	20.16	26.64	31.70	44.99	69.23	20.28
30	Zn	K 吸收边	0.1283	9.657	13.85	16.76	22.13	26.30	37.17	56.48	16.87
		K$_{\beta_1}$	0.1295	9.572	13.98	16.92	22.34	26.55	37.53	57.06	17.03
		K$_{\alpha_1}$	0.1435	8.638	15.50	18.77	24.79	29.48	41.76	63.90	18.88
31	Ga	K 吸收边	0.1196	10.365	12.90	15.61	20.60	24.47	34.55	52.32	15.71
		K$_{\beta_1}$	0.1208	10.264	13.03	15.77	20.81	24.73	34.91	52.89	15.87
		K$_{\alpha_1}$	0.1340	9.251	14.47	17.51	23.12	27.48	38.88	59.22	17.62
32	Ge	K 吸收边	0.1117	11.100	12.04	14.57	19.23	22.83	32.20	48.62	14.66
		K$_{\beta_1}$	0.1129	10.982	12.18	14.74	19.44	23.09	32.56	49.20	14.83
		K$_{\alpha_1}$	0.1254	9.886	13.53	16.38	21.62	25.69	36.29	55.08	16.48
		L$_{\text{III}}$吸收边	0.994	1.248	—	—	—	—	—	—	—
		L$_{\beta_1}$	1.0175	1.218	146.65	—	—	—	—	—	—
		L$_{\bar{\alpha}}$	1.0436	1.188	158.55	—	—	—	—	—	—
33	As	K 吸收边	0.1045	11.860	11.27	13.63	17.98	21.35	30.08	45.33	13.72
		K$_{\beta_1}$	0.1057	11.726	11.40	13.80	18.20	21.61	30.44	45.89	13.88
		K$_{\alpha_1}$	0.1175	10.543	12.69	15.35	20.26	24.06	33.96	51.39	15.45
		L$_l$	0.8107	1.529	99.25	—	—	—	—	—	135.80
		L$_{\text{II}}$吸收边	0.9124	1.358	118.01	—	—	—	—	—	—
		L$_{\text{III}}$	0.9367	1.32	123.33	—	—	—	—	—	—
		L$_{\beta_1}$	0.9414	1.317	124.41	—	—	—	—	—	—
		K$_{\bar{\alpha}}$	0.9671	1.282	130.68	—	—	—	—	—	—
34	Se	K 吸收边	0.0980	12.649	10.57	12.78	16.85	20.00	28.17	42.36	12.86
		K$_{\beta_1}$	0.0992	12.496	10.70	12.94	17.07	20.26	28.53	42.92	13.02
		K$_{\alpha_1}$	0.1105	11.222	11.92	14.42	19.02	22.59	31.85	48.08	14.51
		L$_l$	0.7505	1.651	89.70	—	—	—	—	—	118.14

续表

原子序数	元素	谱线名称	λ/nm	激发电势 E/keV	2θ						
					ADP(101) 2d=10.642	EDdt(020) 2d=8.803	石英(10$\bar{1}$1) 2d=6.686	NaCl(200) 2d=5.641	LiF(200) 2d=4.027	黄玉(303) 2d=2.712	PET 2d=8.750
34	Se	L_{II}吸收边	0.8416	1.473	104.53	145.89	—	—	—	—	148.23
		L_{III}吸收边	0.8645	1.43	108.66	165.81	—	—	—	—	162.28
		L_{β_1}	0.8736	1.419	110.34		—	—	—	—	173.43
		$L_{\bar{\alpha}_1}$	0.8990	1.379	115.30	—	—	—	—	—	—
35	Br	K吸收边	0.0920	13.471	9.92	12.00	15.82	18.77	26.41	39.66	12.07
		K_{β_1}	0.0933	13.291	10.06	12.16	16.04	19.03	26.79	40.23	12.24
		K_{α_1}	0.1040	11.924	11.21	13.57	17.89	21.24	29.93	45.08	13.65
		L_{II}吸收边	0.780	1.59	—	—	—	—	—	—	—
		L_{β_1}	0.8125	1.526	99.55	134.74	—	—	—	—	—
		$L_{\bar{\alpha}}$	0.8375	1.480	103.81	144.12	—	—	—	—	—
36	Kr	K吸收边	0.0866	14.46	9.33	11.28	14.87	17.65	24.82	37.22	11.35
		K_{β_1}	0.0879	14.112	9.47	11.45	15.10	17.92	25.20	37.80	11.52
		K_{α_1}	0.0980	12.649	10.56	12.78	16.86	20.01	28.17	42.37	12.86
37	Rb	K吸收边	0.0816	15.197	8.79	10.63	14.01	16.62	23.37	35.00	10.70
		K_{β_1}	0.0829	14.961	8.93	10.80	14.24	16.89	23.75	35.58	10.87
		K_{α_1}	0.0926	13.395	9.98	12.07	15.91	18.89	26.58	39.91	12.14
		L_{I}吸收边	0.5997	2.066	68.61	—	127.53	—	—	—	86.54
		L_{II}吸收边	0.6643	1.865	77.26	97.99	167.03	—	—	—	98.80
		L_{III}吸收边	0.6863	1.80	80.32	—	—	—	—	—	103.33
		L_{β_1}	0.7076	1.752	83.35	106.98	—	—	—	—	107.93
		L_{α_1}	0.7318	1.694	86.89	112.47	—	—	—	—	113.51
38	Sr	K吸收边	0.0770	16.101	8.30	10.03	13.22	15.68	22.04	32.98	10.09
		K_{β_1}	0.0783	15.835	8.44	10.20	13.45	15.95	22.42	33.56	10.27
		K_{α_1}	0.0875	14.165	9.43	11.41	15.04	17.85	25.11	37.65	11.48
		L_{I}吸收边	0.5582	2.220	63.28	78.72	113.22	163.49	—	—	79.29
		L_{II}吸收边	0.6172	2.008	70.90	89.04	134.78	—	—	—	89.73

第五篇

续表

原子序数	元素	谱线名称	λ/nm	激发电势 E/keV	ADP(101) 2d=10.642	EDdt(020) 2d=8.803	石英(10 1̄ 1) 2d=6.686	2θ NaCl(200) 2d=5.641	LiF(200) 2d=4.027	黄玉(303) 2d=2.712	PET 2d=8.750
38	Sr	L_III	0.6387	1.940	73.76	93.02	145.58	—	—	—	93.76
		L_β1	0.6624	1.872	76.78	97.60	164.31	—	—	—	98.40
		L_α1	0.6863	1.806	80.31	102.44	—	—	—	—	103.31
39	Y	K 吸收边	0.0728	17.032	7.84	9.48	12.50	14.82	20.82	31.13	9.54
		K_β1	0.0740	16.737	7.98	9.65	12.72	15.09	21.20	31.70	9.71
		K_α1	0.0829	14.958	8.93	10.80	14.24	16.90	23.76	35.59	10.87
		L_I	0.5232	2.369	58.90	72.93	102.99	136.10	—	—	73.45
		L_II 吸收边	0.5755	2.153	65.48	81.65	118.80	—	—	—	82.25
		L_III	0.5962	2.079	68.14	85.26	126.17	—	—	—	85.90
		L_β1	0.6212	1.995	71.42	89.76	136.57	—	—	—	90.46
		L_α1	0.6449	1.922	74.59	94.20	149.35	—	—	—	94.95
40	Zr	K 吸收边	0.0689	17.993	7.42	8.98	11.83	14.03	19.70	29.43	9.03
		K_β1	0.0702	17.668	7.56	9.14	12.05	14.29	20.07	29.99	9.20
		K_α1	0.0786	15.775	8.47	10.24	13.50	16.02	22.51	33.69	10.31
		L_I	0.4867	2.546	54.43	67.13	93.43	119.27	—	—	67.59
		L_III 吸收边	0.5378	2.304	60.71	75.31	107.09	144.86	—	—	75.85
		L_III	0.5583	2.220	63.28	78.72	113.23	163.53	—	—	79.29
		L_β1	0.5836	2.124	66.51	83.05	121.57	—	—	—	83.66
		L_α1	0.6070	2.042	69.56	87.19	130.43	—	—	—	87.85
41	Nb	K 吸收边	0.0653	18.981	7.03	8.51	11.21	13.29	18.66	27.86	8.56
		K_β1	0.0665	18.622	7.17	8.67	11.43	13.56	19.03	28.42	8.73
		K_α1	0.0746	16.615	8.04	9.72	12.81	15.20	21.36	31.94	9.78
		L_I	0.4581	2.705	50.99	62.72	86.49	108.60	—	—	63.14
		L_II 吸收边	0.5026	2.467	—	—	—	—	—	—	—
		L_III	0.5222	2.373	58.78	72.78	102.72	135.51	—	—	73.29
		L_β1	0.5492	2.257	62.14	77.20	110.45	153.61	—	—	77.76

续表

原子序数	元素	谱线名称	λ/nm	激发电势 E/keV	2θ						
					ADP(101) 2d=10.642	EDdt(020) 2d=8.803	石英(10Ī1) 2d=6.686	NaCl(200) 2d=5.641	LiF(200) 2d=4.027	黄玉(303) 2d=2.712	PET 2d=8.750
41	Nb	L_{α_1}	0.5724	2.166	65.08	81.12	117.76	—	—	—	81.71
42	Mo	K 吸收边	0.0620	19.996	6.68	8.07	10.64	12.62	17.71	26.42	8.12
		K_{β_1}	0.0632	19.608	6.81	8.24	10.85	12.87	18.07	26.96	8.29
		K_{α_1}	0.0709	17.479	7.64	9.24	12.18	14.45	20.29	30.32	9.30
		L_I	0.4298	2.883	47.65	58.46	80.01	99.28	—	—	58.84
		L_{II} 吸收边	0.4718	2.627	52.63	64.82	89.76	113.52	—	—	65.26
		L_{II}	0.4912	2.523	54.98	67.84	94.57	121.12	—	—	68.31
		L_{β_1}	0.5177	2.395	58.21	72.04	101.47	133.19	—	—	72.55
		L_{α_1}	0.5406	2.293	61.06	75.78	107.91	146.82	—	—	76.32
43	Tc	L 吸收边	0.0589	21.054	—	—	—	—	—	—	—
		K_{β_1}	0.0601	20.619	6.49	7.85	10.34	12.26	17.20	25.66	7.89
		K_{α_1}	0.0675	18.367	7.26	8.77	11.56	13.71	19.25	28.75	8.83
44	Ru	K 吸收边	0.0561	22.112	6.04	7.30	9.62	11.40	16.00	23.85	7.35
		K_{β_1}	0.0572	21.656	6.17	7.46	9.82	11.65	16.35	24.37	7.50
		K_{α_1}	0.0643	19.279	6.93	8.38	11.04	13.09	18.38	27.43	8.43
		L_{II} 吸收边	0.4180	2.965	46.25	56.69	77.38	95.62	—	—	57.07
		L_{III}	0.4369	2.837	48.48	59.51	81.60	101.52	—	—	59.91
		L_{β_1}	0.4620	2.683	51.46	63.32	87.42	109.99	—	—	63.75
		L_{α_1}	0.4846	2.558	54.17	66.79	92.89	118.40	—	—	67.25
45	Rh	K 吸收边	0.0534	23.217	5.75	6.95	9.16	10.86	15.24	22.70	6.99
		K_{β_1}	0.0546	22.723	—	7.11	9.36	11.10	15.57	23.21	7.15
		K_{α_1}	0.0613	20.216	—	7.99	10.52	12.48	17.52	26.14	8.04
		L_I	0.3626	3.418	39.84	48.65	65.68	80.00	128.44	—	48.96
		L_{III} 吸收边	0.3942	3.144	43.49	53.21	72.26	88.67	156.49	—	53.56
		L_{III}	0.4129	3.001	45.67	55.95	76.29	94.12	—	—	56.32
		L_{β_1}	0.4374	2.834	48.54	59.59	81.71	101.68	—	—	59.98

第五篇

续表

原子序数	元素	谱线名称	λ/nm	激发电势 E/keV	2θ						
					ADP(101) 2d=10.642	EDdt(020) 2d=8.803	石英(10$\bar{1}$1) 2d=6.686	NaCl(200) 2d=5.641	LiF(200) 2d=4.027	黄玉(303) 2d=2.712	PET 2d=8.750
45	Rh	L_{α_1}	0.4597	2.696	51.19	62.97	86.88	109.17	—	—	63.39
46	Pd	$K_{吸收边}$	0.0509	24.341	5.45	6.63	8.73	10.36	14.53	21.64	6.67
		K_{β_1}	0.0521	23.819	—	6.78	8.93	10.59	14.85	22.13	6.82
		K_{α_1}	0.0585	21.177	—	7.63	10.05	11.91	16.72	24.93	7.67
		L_1	0.3428	3.616	37.58	45.83	61.68	74.83	116.68	—	46.12
		$L_{II吸收边}$	0.3724	3.328	40.96	50.05	67.69	82.62	135.27	—	50.37
		L_{III}	0.3908	3.171	43.09	52.71	71.54	87.70	152.12	—	53.06
		L_{β_1}	0.4146	2.990	45.86	56.19	76.64	94.61	—	—	56.57
		L_{α_1}	0.4368	2.838	48.46	59.49	81.57	101.48	—	—	59.89
47	Ag	$K_{吸收边}$	0.0486	25.509	5.23	6.33	8.33	9.88	13.86	20.64	6.37
		K_{β_1}	0.0497	24.942	5.35	6.47	8.53	10.11	14.18	21.12	6.51
		K_{α_1}	0.0559	22.163	6.03	7.29	9.60	11.38	15.97	23.81	7.33
		L_1	0.3254	3.809	35.61	43.39	58.24	70.46	107.82	—	43.66
		$L_{II吸收边}$	0.3514	3.527	38.56	47.05	63.41	77.06	121.53	—	47.35
		L_{III}	0.3698	3.351	40.67	49.68	67.16	81.93	133.40	—	50.00
		L_{β_1}	0.3934	3.151	43.40	53.10	72.03	88.45	155.42	—	53.44
		L_{α_1}	0.4154	2.984	45.95	56.32	76.82	94.85	—	—	56.69
48	Cd	$K_{吸收边}$	0.0464	26.704	5.00	6.04	7.96	9.44	13.24	19.71	6.08
		K_{β_1}	0.0475	26.095	—	6.19	8.15	9.66	13.55	20.18	6.22
		K_{α_1}	0.0535	23.173	—	6.97	9.18	10.88	15.27	22.75	7.01
		L_1	0.3084	4.018	33.70	41.02	54.95	66.30	99.99	—	41.28
		$L_{II吸收边}$	0.3326	3.726	36.42	44.39	59.66	72.25	111.36	—	44.68
		L_{III}	0.3504	3.537	38.45	46.91	63.21	76.80	120.95	—	47.21
		L_{β_1}	0.3738	3.316	41.13	50.26	67.98	83.01	136.35	—	50.58
		L_{α_1}	0.3956	3.133	43.65	53.41	72.56	89.07	158.54	—	53.76
49	In	$K_{吸收边}$	0.0444	27.920	4.78	5.78	7.61	9.03	12.66	18.84	5.82

续表

第五篇

原子序数	元素	谱线名称	λ/nm	激发电势 E/keV	2θ						
					ADP(101) 2d=10.642	EDdt(020) 2d=8.803	石英(10Ī1) 2d=6.686	NaCl(200) 2d=5.641	LiF(200) 2d=4.027	黄玉(303) 2d=2.712	PET 2d=8.750
49	In	K_{β_1}	0.0455	27.276	—	5.92	7.80	9.24	12.96	19.30	5.96
		K_{α_1}	0.0512	24.209	—	6.67	8.79	10.42	14.61	21.77	6.71
		L_l	0.2925	4.236	31.91	38.82	51.90	62.48	93.20	—	39.07
		L_{II吸收边}	0.3147	3.938	34.40	41.89	56.15	67.82	102.80	—	42.16
		L_{III}	0.3324	3.728	36.41	44.38	59.63	72.22	111.30	—	44.66
		L_{β_1}	0.3555	3.487	39.01	47.64	64.24	78.14	123.99	—	47.95
		L_{α_1}	0.3772	3.287	41.52	50.74	68.68	83.93	139.02	—	51.07
50	Sn	K_{吸收边}	0.0425	29.182	4.57	5.53	7.28	8.64	12.11	18.02	5.56
		K_{β_1}	0.0435	28.486	—	5.67	7.46	8.85	12.41	18.47	5.70
		K_{α_1}	0.0491	25.271	—	6.39	8.42	9.98	14.00	20.84	6.43
		L_l	0.2777	4.463	30.25	36.78	49.08	58.98	87.21	—	37.01
		L_{II吸收边}	0.2982	4.156	32.55	39.61	52.98	63.83	95.57	—	39.86
		L_{III}	0.3159	3.927	34.20	42.02	56.33	68.04	103.21	—	42.28
		L_{β_1}	0.3385	3.663	37.09	45.23	60.83	73.74	114.40	—	45.52
		L_{α_1}	0.3600	3.444	39.54	48.28	65.15	79.31	126.76	—	48.59
51	Sb	K_{吸收边}	0.0407	30.477	4.38	5.30	6.97	8.27	11.59	17.25	5.33
		K_{β_1}	0.0417	29.725	—	5.43	7.15	8.48	11.89	17.69	5.46
		K_{α_1}	0.0470	26.359	—	6.13	8.07	9.57	13.42	19.97	6.16
		L_l	0.2639	4.695	28.72	34.90	46.50	55.80	81.92	153.43	35.11
		L_{II吸收边}	0.2830	4.380	30.84	37.50	50.08	60.22	89.29	—	37.74
		L_{III}	0.3000	4.131	32.75	39.85	53.32	64.26	96.32	—	40.10
		L_{β_1}	0.3226	3.843	35.29	42.99	57.69	69.75	106.46	—	43.26
		L_{α_1}	0.3439	3.604	37.71	45.99	61.91	75.13	117.32	—	46.29
52	Te	K_{吸收边}	0.0390	31.800	4.20	5.07	6.68	7.92	11.11	16.52	5.11
		K_{β_1}	0.0400	30.996	—	5.21	6.86	8.13	11.40	16.96	5.24
		K_{α_1}	0.0451	27.472	—	5.88	7.74	9.18	12.87	19.16	5.91
		L_l	0.2510	4.937	27.29	33.14	44.11	52.85	77.14	135.62	33.35
		L_{II吸收边}	0.2687	4.611	29.25	35.55	47.40	56.90	83.73	164.56	35.77
		L_{III}	0.2855	4.340	31.13	37.85	50.56	60.82	90.32	—	38.09
		L_{β_1}	0.3077	4.029	33.01	40.91	54.79	66.10	99.65	—	41.17
		L_{α_1}	0.3289	3.769	36.01	43.88	58.93	71.33	109.54	—	44.16

续表

原子序数	元素	谱线名称	λ/nm	激发电势 E/keV	ADP(101) 2d=10.642	EDdt(020) 2d=8.803	石英($10\bar{1}1$) 2d=6.686	NaCl(200) 2d=5.641	LiF(200) 2d=4.027	黄玉(303) 2d=2.712	PET 2d=8.750
								2θ			
53	I	K吸收边	0.0374	33.155	4.03	4.87	6.41	7.60	10.65	15.84	—
		Kβ₁	0.0384	32.294	—	5.00	6.58	7.80	10.94	16.28	—
		Kα₁	0.0433	28.612	—	5.64	7.43	8.81	12.35	18.39	—
		L₁	0.2388	5.188	25.94	31.49	41.86	50.11	72.77	123.48	31.69
		L_II吸收边	0.2553	4.855	27.76	33.71	44.89	53.81	78.68	140.52	33.92
		L_III	0.2719	4.557	29.61	35.99	48.00	57.64	84.96	—	36.21
		Lβ₁	0.2937	4.220	32.04	38.98	52.12	62.76	93.68	—	39.23
		Lα₁	0.3149	3.937	34.42	41.91	56.13	67.85	102.87	—	42.18
54	Xe	K吸收边	0.0359	34.570	—	—	6.15	7.29	10.22	15.19	—
		Kβ₁	0.0369	33.624	—	—	6.32	7.49	10.50	15.62	—
		Kα₁	0.0416	29.779	—	—	7.13	8.46	11.86	17.65	—
		L₁	0.2273	5.451	24.67	29.94	39.76	47.54	68.76	113.94	30.12
		L_II吸收边	0.2429	5.102	26.39	32.03	42.60	51.01	74.20	127.18	32.23
		L_III	0.2592	4.780	28.20	34.25	45.63	54.72	80.15	145.85	34.47
55	Cs	K吸收边	0.0345	35.949	—	—	5.91	7.01	9.82	14.61	—
		Kβ₁	0.0354	34.987	—	—	6.08	7.20	10.10	15.02	—
		Kα₁	0.0400	30.972	—	—	6.86	8.14	11.41	16.97	—
		L₁	0.2167	5.719	23.50	28.50	37.83	45.19	65.12	106.09	28.68
		L_II吸收边	0.2314	5.356	25.11	30.48	40.49	48.43	70.14	117.11	30.67
		L_III	0.2474	5.010	26.88	32.64	43.43	52.02	75.81	131.62	32.85
		Lβ₁	0.2683	4.619	29.21	35.50	47.32	56.81	83.58	163.35	35.72
		Lα₁	0.2892	4.286	31.54	38.36	51.26	61.69	91.81	—	38.60

续表

原子序数	元素	谱线名称	λ/nm	激发电势 E/keV	ADP(101) $2d$=10.642	EDdt(020) $2d$=8.803	石英(10$\bar{1}$1) $2d$=6.686	NaCl(200) $2d$=5.641	LiF(200) $2d$=4.027	黄玉(303) $2d$=2.712	PET $2d$=8.750
								2θ			
56	Ba	K 吸收边	0.0331	37.399	—	—	5.68	6.74	9.44	14.04	—
		K$_{\beta_1}$	0.0341	36.378	—	—	5.84	6.93	9.71	14.44	—
		K$_{\alpha_1}$	0.0385	32.193	—	—	6.60	7.83	10.98	16.33	—
		L$_\text{I}$	0.2067	5.994	22.41	27.17	36.03	43.01	61.79	99.36	27.34
		L$_\text{II}$ 吸收边	0.2204	5.622	23.91	29.00	38.50	46.01	66.39	108.75	29.18
		L$_\text{III}$	0.2363	5.245	25.66	31.14	41.39	49.52	71.86	121.20	31.33
		L$_{\beta_1}$	0.2568	4.828	27.92	33.91	45.16	54.15	79.22	142.41	34.12
		L$_{\alpha_1}$	0.2776	4.466	30.23	36.75	49.05	58.94	87.13	—	36.98
57	La	K 吸收边	0.0318	38.290	—	—	—	6.47	9.03	13.47	—
		K$_{\beta_1}$	0.0328	37.801	—	—	—	6.67	9.34	13.89	—
		K$_{\alpha_1}$	0.0371	33.442	—	—	—	7.54	10.56	15.71	—
		L$_\text{I}$	0.1973	6.282	21.37	25.90	34.32	40.94	58.67	93.35	26.06
		L$_\text{II}$ 吸收边	0.2103	5.893	22.80	27.64	36.67	43.78	62.97	101.70	27.82
		L$_\text{III}$	0.2258	5.488	24.50	29.73	39.48	47.20	68.22	112.75	29.91
		L$_{\beta_1}$	0.2458	5.042	26.71	32.43	43.14	51.67	75.25	130.03	32.63
		L$_{\alpha_1}$	0.2665	4.651	29.01	35.25	46.98	56.39	82.88	158.65	35.47
58	Ce	K 吸收边	0.0307	40.438	—	—	—	6.23	8.73	12.98	—
		K$_{\beta_1}$	0.0316	39.257	—	—	—	6.42	9.00	13.37	—
		K$_{\alpha_1}$	0.0357	34.719	—	—	—	7.26	10.17	15.13	—
		L$_\text{I}$	0.1889	6.559	20.45	24.79	32.83	39.14	55.97	88.32	24.94
		L$_\text{II}$ 吸收边	0.2011	6.163	21.78	26.41	35.00	41.77	59.91	95.71	26.57
		L$_\text{III}$	0.2164	5.727	23.46	28.46	37.77	45.11	65.01	105.86	28.64
		L$_{\beta_1}$	0.2356	5.262	25.58	31.04	41.26	49.37	71.61	120.60	31.24

续表

原子序数	元素	谱线名称	λ/nm	激发电势 E/keV	ADP(101) 2d=10.642	EDdt(020) 2d=8.803	石英(10Ī1) 2d=6.686	NaCl(200) 2d=5.641	LiF(200) 2d=4.027	黄玉(303) 2d=2.712	PET 2d=8.750
								2θ			
58	Ce	L_{α_1}	0.2561	4.840	27.85	33.83	45.05	54.00	79.00	141.60	34.04
59	Pr	K 吸收边	0.0295	41.986	—	—	—	6.00	8.41	12.50	—
		K_{β_1}	0.0304	40.748	—	—	—	6.18	8.67	12.88	—
		K_{α_1}	0.0344	36.026	—	—	—	6.99	9.80	14.58	—
		L_I	0.1811	6.844	19.59	23.74	31.43	37.45	53.45	83.78	23.89
		L_{II} 吸收边	0.1924	6.441	20.83	25.25	33.45	39.88	57.08	90.38	25.40
		L_{III}	0.2077	5.967	22.51	27.29	36.20	43.21	62.10	99.97	27.46
		L_{β_1}	0.2258	5.489	24.51	29.73	39.48	47.20	68.23	112.77	29.92
		L_{α_1}	0.2463	5.033	26.76	32.49	43.22	51.77	75.41	130.48	32.69
60	Nd	K 吸收边	0.0285	43.559	—	—	—	5.78	8.10	12.04	—
		K_{β_1}	0.0293	42.271	—	—	—	5.96	8.35	12.42	—
		K_{α_1}	0.0332	37.361	—	—	—	6.74	9.45	14.06	—
		L_I	0.1735	7.142	18.77	22.74	30.08	35.83	51.05	79.56	22.88
		L_{II} 吸收边	0.1843	6.725	19.94	24.17	32.00	38.14	54.47	85.61	24.32
		L_{III}	0.1995	6.213	21.61	26.19	34.72	41.42	59.39	94.70	26.35
		L_{β_1}	0.2167	5.721	23.49	28.50	37.81	45.17	65.10	106.05	28.67
		L_{α_1}	0.2370	5.230	25.74	31.24	41.52	49.69	72.11	121.84	31.43
61	Pm	K_{β_1}	0.0283	43.826	—	—	—	5.73	8.03	11.94	—
		K_{α_1}	0.0320	38.724	—	—	—	6.52	9.14	13.58	—
		L_{β_1}	0.2080	5.961	22.56	27.35	36.27	43.30	62.24	100.24	27.52
		L_{α_1}	0.2282	5.432	24.77	30.06	39.92	47.74	69.07	114.64	30.24
62	Sm	K 吸收边	0.0265	46.833	—	—	—	5.38	7.54	11.20	—
		K_{β_1}	0.0273	45.413	—	—	—	5.55	7.78	11.56	—

续表

原子序数	元素	谱线名称	λ/nm	激发电势 E/keV	2θ ADP(101) $2d$=10.642	EDdt(020) $2d$=8.803	石英($10\bar{1}1$) $2d$=6.686	NaCl(200) $2d$=5.641	LiF(200) $2d$=4.027	黄玉(303) $2d$=2.712	PET $2d$=8.750
62	Sm	K_{α_1}	0.0309	40.118	—	—	—	6.28	8.80	13.08	—
		L_I	0.1598	7.752	17.28	20.93	27.67	32.93	46.78	72.24	21.05
		$L_{II吸收边}$	0.1703	7.279	18.41	22.30	29.50	35.13	50.02	77.77	22.44
		L_{III}	0.1844	6.719	19.96	24.19	32.03	38.17	54.53	85.71	24.34
		L_{β_1}	0.1998	6.205	21.64	26.23	34.77	41.48	59.48	94.88	26.39
		L_{α_1}	0.2199	5.636	23.86	28.94	38.41	45.90	66.22	108.39	29.12
63	Eu	$K_{吸收边}$	0.0256	48.501	—	—	—	5.19	7.28	10.81	—
		K_{β_1}	0.0264	47.038	—	—	—	5.36	7.51	11.16	—
		K_{α_1}	0.0298	41.542	—	—	—	6.07	8.50	12.64	—
		L_I	0.1536	8.066	16.60	20.10	26.57	31.61	44.86	69.02	20.23
		$L_{II吸收边}$	0.1626	7.621	17.58	21.29	28.15	33.51	47.63	73.68	21.42
		L_{III}	0.1775	6.981	19.21	23.27	30.79	36.69	52.32	81.78	23.41
		L_{β_1}	0.1920	6.456	20.79	25.20	33.38	39.80	56.96	90.15	25.35
		L_{α_1}	0.2121	5.845	22.99	27.88	36.98	44.16	63.56	102.87	28.05
64	Gd	$K_{吸收边}$	0.0247	50.215	—	—	—	5.02	7.03	10.44	—
		K_{β_1}	0.0254	48.697	—	—	—	5.17	7.25	10.77	—
		K_{α_1}	0.0288	42.996	—	—	—	5.86	8.21	12.21	—
		L_I	0.1477	8.391	15.96	19.32	25.52	30.36	43.04	66.00	19.44
		$L_{II吸收边}$	0.1561	7.938	16.87	20.43	27.01	32.13	45.63	70.29	20.56
		L_{III}	0.1709	7.250	18.49	22.39	29.63	35.28	50.24	78.15	22.53
		L_{β_1}	0.1846	6.713	19.98	24.21	32.06	38.21	54.58	85.81	24.36
		L_{α_1}	0.2046	6.057	22.17	26.88	35.64	42.53	61.08	97.95	27.05

第五篇

续表

原子序数	元素	谱线名称	λ/nm	激发电势 E/keV	2θ						
					ADP(101) $2d=10.642$	EDdt(020) $2d=8.803$	石英($10\bar{1}1$) $2d=6.686$	NaCl(200) $2d=5.641$	LiF(200) $2d=4.027$	黄玉(303) $2d=2.712$	PET $2d=8.750$
65	Tb	$K_{吸收边}$	0.0238	51.984	—	—	—	4.84	6.79	10.09	—
		K_{β_1}	0.0246	50.382	—	—	—	5.00	7.01	10.41	—
		K_{α_1}	0.0279	44.481	—	—	—	5.67	7.94	11.80	—
		L_1	0.1421	8.722	15.35	18.58	24.54	29.18	41.33	63.20	18.69
		$L_{Ⅱ吸收边}$	0.1501	8.256	16.22	19.64	25.95	30.87	43.78	67.22	19.76
		$L_{Ⅲ}$	0.1648	7.517	17.82	21.59	28.55	33.99	48.34	74.88	21.72
		L_{β_1}	0.1776	6.978	19.22	23.28	30.81	36.71	52.35	81.83	23.43
		L_{α_1}	0.1976	6.272	21.40	25.94	34.37	41.00	58.76	93.51	26.10
66	Dy	$K_{吸收边}$	0.0231	53.773	—	—	—	—	6.56	9.75	—
		K_{β_1}	0.0238	52.119	—	—	—	—	6.76	10.05	—
		K_{α_1}	0.0260	45.998	—	—	—	—	7.68	11.21	—
		L_1	0.1365	9.081	14.74	17.84	23.56	28.00	39.62	60.43	17.95
		$L_{Ⅱ吸收边}$	0.1438	8.619	15.53	18.80	24.84	29.54	41.84	64.04	18.92
		$L_{Ⅲ}$	0.1579	7.848	17.07	20.67	27.32	32.51	46.18	71.22	20.80
		L_{β_1}	0.1710	7.247	18.49	22.40	29.64	35.29	50.26	78.18	22.54
		L_{α_1}	0.1909	6.495	20.66	25.05	33.17	39.56	56.59	89.47	25.20
67	Ho	$K_{吸收边}$	0.0223	55.599	—	—	—	—	6.35	9.43	—
		K_{β_1}	0.0230	53.877	—	—	—	—	—	—	—
		K_{α_1}	0.0261	47.546	—	—	—	—	7.43	11.04	—
		L_1	0.1317	9.408	14.22	17.21	22.72	27.01	38.19	58.12	17.32
		$L_{Ⅱ吸收边}$	0.1390	8.918	15.01	18.17	23.99	28.52	40.38	61.65	18.28
		$L_{Ⅲ}$	0.1535	8.072	16.59	20.09	26.55	31.59	44.83	68.96	20.21
		L_{β_1}	0.1647	7.525	17.80	21.56	28.52	33.95	48.28	74.78	21.70

续表

原子序数	元素	谱线名称	λ/nm	激发电势 E/keV	2θ ADP(101) 2d=10.642	EDdt(020) 2d=8.803	石英(10$\bar{1}$1) 2d=6.686	NaCl(200) 2d=5.641	LiF(200) 2d=4.027	黄玉(303) 2d=2.712	PET 2d=8.750
67	Ho	L_{α_1}	0.1845	6.719	19.96	24.19	32.03	38.18	54.53	85.72	24.34
68	Er	K吸收边	0.0216	57.465	—	—	—	—	6.14	9.12	—
		K_{β_1}	0.0223	55.681	—	—	—	—	6.34	9.42	—
		K_{α_1}	0.0252	49.127	—	—	—	—	7.19	10.68	—
		L_I	0.1268	9.773	13.69	16.56	21.87	25.98	36.71	55.75	16.67
		L_{II}吸收边	0.1338	9.260	14.45	17.49	23.09	27.45	38.82	59.14	17.60
		L_{III}	0.1482	8.361	16.01	19.39	25.62	30.47	43.20	66.26	19.50
		L_{β_1}	0.1587	7.811	17.16	20.78	27.47	32.69	46.43	71.65	20.90
		L_{α_1}	0.1784	6.948	19.30	23.39	30.95	36.88	52.61	82.28	23.53
69	Tm	K吸收边	0.0209	59.319	—	—	—	—	5.95	8.84	—
		K_{β_1}	0.0215	57.517	—	—	—	—	6.13	9.11	—
		K_{α_1}	0.0244	50.741	—	—	—	—	6.96	10.34	—
		L_I	0.1222	10.141	13.19	15.96	21.06	25.02	35.33	53.57	16.06
		L_{II}吸收边	0.1288	9.626	13.90	16.82	22.20	26.39	37.29	56.68	16.92
		L_{III}	0.1433	8.650	15.48	18.73	24.75	29.43	41.69	63.78	18.85
		L_{β_1}	0.1530	8.101	16.53	20.02	26.45	31.47	44.66	68.68	20.14
		L_{α_1}	0.1726	7.180	18.67	22.62	29.92	35.64	50.77	79.07	22.76
70	Yb	K吸收边	0.0202	61.282	—	—	—	—	5.76	8.55	—
		K_{β_1}	0.0209	59.37	—	—	—	—	5.94	8.83	—
		K_{α_1}	0.0237	52.389	—	—	—	—	6.74	10.02	—
		L_I	0.1182	10.487	12.75	15.43	20.36	24.19	34.13	51.67	15.52
		L_{II}吸收边	0.1243	9.972	13.41	16.23	21.42	25.45	35.95	54.55	16.33

第五篇

续表

原子序数	元素	谱线名称	λ/nm	激发电势 E/keV	2θ						
					ADP(101) 2d=10.642	EDdt(020) 2d=8.803	石英(10Ī1) 2d=6.686	NaCl(200) 2d=5.641	LiF(200) 2d=4.027	黄玉(303) 2d=2.712	PET 2d=8.750
70	Yb	L_{III}	0.1386	8.941	14.97	18.12	23.93	28.45	40.27	61.47	18.23
		L_{β_1}	0.1476	8.402	15.94	19.30	25.50	30.33	42.99	65.92	19.42
		L_{α_1}	0.1672	7.416	18.08	21.90	28.96	34.48	49.06	76.12	22.03
71	Lu	K 吸收边	0.0196	63.281	—	—	—	—	5.58	8.28	—
		K_{β_1}	0.0202	61.283	—	—	—	—	5.75	8.55	—
		K_{α_1}	0.0229	54.069	—	—	—	—	6.53	9.70	—
		L_I	0.1140	10.870	12.30	14.88	19.64	23.32	32.89	49.72	14.97
		L_{II} 吸收边	0.1198	10.341	12.93	15.65	20.65	24.53	34.63	52.45	15.74
		L_{III}	0.1341	9.239	14.48	17.53	23.15	27.51	38.92	59.29	17.64
		L_{β_1}	0.1424	8.709	15.37	18.61	24.58	29.23	41.40	63.32	18.73
		L_{α_1}	0.1619	7.655	17.51	21.20	28.03	33.37	47.43	73.33	21.33
72	Hf	K 吸收边	0.0190	65.292	—	—	—	—	5.40	8.03	—
		K_{β_1}	0.0196	63.234	—	—	—	—	5.57	8.27	—
		K_{α_1}	0.0222	55.790	—	—	—	—	6.33	9.40	—
		L_I	0.1099	11.271	11.86	14.35	18.93	22.48	31.69	47.84	14.44
		L_{II} 吸收边	0.1155	10.732	—	15.08	19.89	23.63	33.33	50.40	15.17
		L_{β_1}	0.1297	9.554	14.84	16.95	22.37	26.59	37.58	57.15	17.05
		L_{α_1}	0.1374	9.022	16.96	17.96	23.72	28.20	39.90	60.88	18.07
		L_I	0.1570	7.899	—	20.54	27.15	32.31	45.88	70.72	20.67
73	Ta	K 吸收边	0.0184	67.379	—	—	—	—	5.24	7.78	—
		K_{β_1}	0.0190	65.223	—	—	—	—	5.41	8.04	—
		K_{α_1}	0.0215	57.532	—	—	—	—	6.14	9.11	—
		L_I	0.1061	11.681	11.44	13.84	18.26	21.68	30.55	46.06	13.93

续表

原子序数	元素	谱线名称	λ/nm	激发电势 E/keV	2θ						
					ADP(101) 2d=10.642	EDdt(020) 2d=8.803	石英(10ī1) 2d=6.686	NaCl(200) 2d=5.641	LiF(200) 2d=4.027	黄玉(303) 2d=2.712	PET 2d=8.750
73	Ta	L$_{II}$吸收边	0.1114	11.128	12.01	14.54	19.18	22.77	32.11	48.49	14.62
		L$_{III}$	0.1255	9.874	13.55	16.39	21.64	25.71	36.32	55.14	16.49
		L$_{\beta_1}$	0.1327	9.343	14.33	17.34	22.89	27.21	38.48	58.59	17.45
		L$_{\alpha_1}$	0.1522	8.146	16.44	19.91	26.31	31.30	44.41	68.27	20.03
74	W	K吸收边	0.0178	69.479	—	—	—	—	5.08	7.54	—
		K$_{\beta_1}$	0.0184	67.244	—	—	—	—	5.25	7.80	—
		K$_{\alpha_1}$	0.0209	59.318	—	—	—	—	5.95	8.84	—
		L$_I$	0.1024	12.097	11.05	13.37	17.63	20.93	29.48	44.39	13.45
		L$_{II}$吸收边	0.1075	11.533	11.59	14.02	18.50	21.96	30.96	46.69	14.11
		L$_{III}$	0.1215	10.196	13.12	15.87	20.95	24.89	35.14	53.25	15.97
		L$_{\beta_1}$	0.1282	9.672	13.84	16.74	22.10	26.27	37.12	56.41	16.85
		L$_{\alpha_1}$	0.1476	8.397	15.95	19.31	25.51	30.34	43.02	65.96	19.43
75	Re	K吸收边	0.0173	71.590	—	—	—	—	4.93	7.32	2.27
		K$_{\beta_1}$	0.0179	69.310	—	—	—	—	5.09	7.56	—
		K$_{\alpha_1}$	0.0203	61.140	—	—	—	—	5.77	8.58	—
		L$_I$	0.0989	12.524	10.67	12.91	17.02	20.21	28.45	42.80	12.99
		L$_{II}$吸收边	0.1037	11.953	11.18	13.53	17.84	21.18	29.84	44.95	13.61
		L$_{III}$	0.1177	10.529	12.70	15.37	20.28	24.09	33.99	51.44	15.46
		L$_{\beta_1}$	0.1239	10.010	13.37	16.18	21.35	25.37	35.83	54.35	16.27
		L$_{\alpha_1}$	0.1433	8.652	15.48	18.74	24.75	29.43	41.69	63.79	18.85
76	Os	L$_I$	0.0956	12.968	10.30	12.46	16.44	19.51	27.46	41.27	12.54
		L$_{II}$吸收边	0.1001	12.380	10.79	13.06	17.22	20.44	28.79	43.32	13.14
		L$_{III}$	0.1140	10.867	12.30	14.89	19.64	23.33	32.90	49.73	14.98

第五篇

续表

原子序数	元素	谱线名称	λ/nm	激发电势 E/keV	2θ						
					ADP(101) 2d=10.642	EDdt(020) 2d=8.803	石英(10$\bar{1}$1) 2d=6.686	NaCl(200) 2d=5.641	LiF(200) 2d=4.027	黄玉(303) 2d=2.712	PET 2d=8.750
76	Os	L$_{\beta_1}$	0.1197	10.355	12.92	15.63	20.63	24.51	34.59	52.39	15.73
		L$_{\alpha_1}$	0.1391	8.911	15.02	18.19	24.02	28.55	40.42	61.72	18.30
77	Ir	L$_1$	0.0923	13.427	9.95	12.04	15.87	18.83	26.50	39.80	12.11
		L$_{II吸收边}$	0.0967	12.817	10.43	12.61	16.63	19.74	27.79	41.78	12.69
		L$_{III}$	0.1105	11.209	11.93	14.43	19.04	22.61	31.87	48.12	14.52
		L$_{\beta_2}$	0.1135	10.920	12.25	14.82	19.55	23.22	32.75	49.50	14.91
		L$_{\beta_1}$	0.1158	10.708	12.49	15.12	19.94	23.69	33.42	50.55	15.21
		L$_{\alpha_1}$	0.1351	9.175	14.59	17.66	23.32	27.72	39.22	59.77	17.77
78	Pt	L$_1$	0.0893	13.875	9.63	11.65	15.35	18.22	25.63	38.46	11.72
		L$_{II吸收边}$	0.0934	13.266	10.07	12.18	16.06	19.07	26.83	40.30	12.26
		L$_{III}$	0.1072	11.556	11.57	13.99	18.46	21.92	30.89	46.58	14.08
		L$_{\beta_2}$	0.1102	11.250	11.89	14.38	18.97	22.53	31.76	47.95	14.47
		L$_{\beta_1}$	0.1120	11.070	12.08	14.62	19.28	22.90	32.29	48.78	14.71
		L$_{\alpha_1}$	0.1313	9.442	14.17	17.16	22.65	26.92	38.06	57.91	17.26
79	Au	L$_1$	0.0863	14.354	9.31	11.26	14.84	17.61	24.76	37.13	11.33
		L$_{II吸收边}$	0.0903	13.731	9.73	11.77	15.52	18.41	25.91	38.88	11.84
		L$_{III}$	0.1040	11.917	11.22	13.57	17.90	21.25	29.93	45.10	13.65
		L$_{\beta_2}$	0.1070	11.584	11.54	13.97	18.42	21.87	30.83	46.48	14.05
		L$_{\beta_1}$	0.1084	11.442	11.69	14.14	18.65	22.15	31.22	47.10	14.23
		L$_{\alpha_1}$	0.1276	9.713	13.78	16.67	22.01	26.16	36.96	56.15	16.78
80	Hg	L$_1$	0.0835	14.837	9.00	10.89	14.35	17.03	23.94	35.88	10.96
		L$_{II吸收边}$	0.0872	14.210	9.40	11.37	14.99	17.79	25.02	37.52	11.44
		L$_{\beta_2}$	0.1040	11.924	11.21	13.57	17.89	21.24	29.93	45.08	13.65

续表

原子序数	元素	谱线名称	λ/nm	激发电势 E/keV	2θ						
					ADP(101) 2d=10.642	EDdt(020) 2d=8.803	石英(10$\bar1$1) 2d=6.686	NaCl(200) 2d=5.641	LiF(200) 2d=4.027	黄玉(303) 2d=2.712	PET 2d=8.750
80	Hg	L_{β_1}	0.1049	11.822	11.31	13.68	18.05	21.43	30.19	45.49	13.77
		L_{α_1}	0.1241	9.989	13.39	16.21	21.40	25.42	35.90	54.47	16.31
81	Tl	L_I	0.0808	15.338	8.71	10.53	13.88	16.47	23.15	34.67	10.60
		$L_{II吸收边}$	0.0843	14.695	9.09	11.00	14.49	17.20	24.18	36.24	11.06
		L_{III}	0.0979	12.655	10.56	12.77	16.84	19.99	28.15	42.34	12.85
		L_{β_2}	0.1010	12.271	10.90	13.18	17.38	20.64	29.06	43.74	13.26
		L_{β_1}	0.1015	12.213	10.95	13.24	17.47	20.74	29.21	43.97	13.33
		L_{α_1}	0.1207	10.268	13.03	15.77	20.81	24.72	34.90	52.87	15.86
82	Pb	L_I	0.0781	15.858	8.42	10.19	13.42	15.93	22.38	33.50	10.25
		$L_{II吸收边}$	0.0815	15.205	8.79	10.63	14.00	16.62	23.36	34.98	10.69
		L_{III}	0.0950	13.041	10.25	12.39	16.34	19.40	27.30	41.02	12.47
		L_{β_2}	0.0982	12.622	10.60	12.82	16.91	20.07	28.26	42.50	12.90
		L_{β_1}	0.0982	12.613	10.59	12.81	16.89	20.06	28.24	42.47	12.89
		L_{α_1}	0.1175	10.551	12.68	15.34	20.24	24.05	33.93	51.35	15.44
83	Bi	L_I	0.0757	16.376	8.16	9.86	13.00	15.42	21.67	32.41	9.92
		$L_{II吸收边}$	0.0789	15.713	8.50	10.28	13.55	16.07	22.59	33.81	10.34
		L_{III}	0.0923	13.422	9.96	12.04	15.88	18.84	26.51	39.81	12.12
		L_{β_2}	0.0955	12.980	10.30	12.46	16.43	19.50	27.44	41.24	12.53
		L_{β_1}	0.0952	13.023	10.26	12.42	16.37	19.43	27.35	41.10	12.49
		L_{α_1}	0.1144	10.839	12.34	14.93	19.70	23.40	33.01	49.89	15.02
84	Po	L_{β_1}	0.0922	13.447	9.94	12.03	15.86	18.82	26.48	39.76	12.10
		L_{β_2}	0.0929	13.340	10.02	12.12	15.98	18.96	26.69	40.08	12.19
		L_{α_1}	0.1114	11.130	12.01	14.54	19.18	22.77	32.11	48.50	14.63

续表

原子序数	元素	谱线名称	λ/nm	激发电势 E/keV	2θ						
					ADP(101) 2d=10.642	EDdt(020) 2d=8.803	石英(10ī1) 2d=6.686	NaCl(200) 2d=5.641	LiF(200) 2d=4.027	黄玉(303) 2d=2.712	PET 2d=8.750
87	Fr	L_{β_1}	0.0840	14.770	9.05	10.59	14.43	17.12	24.07	36.07	11.01
		L_{β_2}	0.0858	14.45	9.25	11.18	14.74	17.49	24.60	36.88	11.25
		L_{α_1}	0.1030	12.031	11.11	13.44	17.72	21.04	29.64	44.65	13.52
88	Ra	L_{II}吸收边	0.0644	19.229	6.94	8.40	11.06	13.12	18.42	27.50	8.45
		L_{β_1}	0.0814	15.235	8.77	10.61	13.98	16.59	23.32	34.92	10.67
		L_{β_2}	0.0835	14.841	9.00	10.89	14.35	17.03	23.95	35.88	10.96
		L_{α_1}	0.1005	12.339	10.83	13.11	17.28	20.52	28.90	43.49	13.19
90	Th	L_{II}吸收边	0.0606	19.842	6.53	7.89	10.40	12.33	17.30	25.81	7.94
		L_{β_1}	0.0765	16.202	8.25	9.97	10.81	15.59	21.91	32.78	10.03
		L_{β_2}	0.0794	15.623	8.55	10.34	13.14	16.17	22.73	34.03	10.41
		L_{α_1}	0.0956	12.968	10.31	12.47	13.63	19.51	27.47	41.28	12.54
91	Pu	L_{β_1}	0.0742	16.702	8.00	9.67	12.75	15.12	21.24	31.77	9.73
		L_{β_2}	0.0774	16.024	8.34	10.08	13.29	15.77	22.15	33.15	10.15
		L_{α_1}	0.0933	13.290	10.06	12.17	16.04	19.04	26.79	40.23	12.24
92	U	L_{II}吸收边	0.0569	21.764	6.13	7.42	9.77	11.59	16.26	24.24	7.46
		L_{β_1}	0.0720	17.220	7.76	9.38	12.36	14.67	20.60	25.21	9.44
		L_{β_2}	0.0755	16.428	8.13	9.84	12.96	15.38	21.60	30.79	9.90
		L_{α_1}	0.0911	13.614	9.82	11.87	15.65	18.58	26.14	32.31	11.95
93	Np	L_{β_1}	0.0698	17.750	7.52	9.09	11.98	14.21	19.96	29.82	9.15
		L_{β_2}	0.0736	16.840	7.93	9.59	12.63	14.99	21.05	31.48	9.65
		L_{α_1}	0.0889	13.944	9.58	11.59	15.28	18.13	25.50	38.26	11.66

附表 16 元素谱线-2θ表[LiF(200),2d=4.0267][4]

原子序数	元素	n	K$\alpha_{1,2}$	Kα_1	Kα_2	Kβ_1	Lα_1	Lα_2	Lβ_1	Lβ_2	Lβ_3	Lβ_4	Lβ_6	Lγ_1	Lι	Lη
19	K	1	136.68	136.59	136.85	118.12	—	—	—	—	—	—	—	—	—	—
20	Ca	1	113.08	113.02	113.20	100.22	—	—	—	—	—	—	—	—	—	—
21	Sc	1	97.71	97.66	97.81	87.30	—	—	—	—	—	—	—	—	—	—
22	Ti	1	86.13	86.09	86.23	77.20	—	—	—	—	—	—	—	—	—	—
23	V	1	76.93	76.88	77.02	69.12	—	—	—	—	—	—	—	—	—	—
24	Cr	1	69.35	69.31	69.44	62.36	—	—	—	—	—	—	—	—	—	—
25	Mn	1	62.97	62.93	63.06	56.64	—	—	—	—	—	—	—	—	—	—
		2	—	—	—	143.15	—	—	—	—	—	—	—	—	—	—
26	Fe	1	57.52	57.47	57.60	51.73	—	—	—	—	—	—	—	—	—	—
		2	148.40	148.13	148.95	121.49	—	—	—	—	—	—	—	—	—	—
27	Co	1	52.79	52.75	52.88	47.47	—	—	—	—	—	—	—	—	—	—
		2	125.59	125.54	125.86	107.22	—	—	—	—	—	—	—	—	—	—
28	Ni	1	48.66	48.62	48.75	43.74	—	—	—	—	—	—	—	—	—	—
		2	110.99	110.86	111.25	96.33	—	—	—	—	—	—	—	—	—	—
29	Cu	1	45.03	44.99	45.10	40.45	—	—	—	—	—	—	—	—	—	—
		2	99.95	99.84	100.18	87.49	—	—	—	—	—	—	—	—	—	—
30	Zn	1	41.80	41.76	41.88	37.53	—	—	—	—	—	—	—	—	—	—
		2	91.03	90.93	91.24	80.08	—	—	—	—	—	—	—	—	—	—
31	Ga	1	38.92	38.88	38.99	34.91	—	—	—	—	—	—	—	—	—	—
		2	83.55	83.45	83.75	73.73	—	—	—	—	—	—	—	—	—	—
32	Ge	2	34.33	36.29	36.41	32.56	—	—	—	—	—	—	—	—	—	—
		2	77.14	77.05	77.34	68.21	—	—	—	—	—	—	—	—	—	—
33	As	1	34.00	33.96	34.07	30.44	—	—	—	—	—	—	—	—	—	—
		2	71.56	71.47	71.75	63.35	—	—	—	—	—	—	—	—	—	—
34	Se	1	31.89	31.85	31.97	28.53	—	—	—	—	—	—	—	—	—	—
		2	66.65	66.55	66.83	59.05	—	—	—	—	—	—	—	—	—	—
35	Br	1	29.97	29.93	30.05	26.79	—	—	—	—	—	—	—	—	—	—
		2	62.27	62.18	62.45	55.20	—	—	—	—	—	—	—	—	—	—
36	Kr	1	28.21	28.17	28.29	25.20	—	—	—	—	—	—	—	—	—	—
		2	58.35	58.26	58.52	51.74	—	—	—	—	—	—	—	—	—	—
37	Rb	1	26.62	26.58	26.70	23.75	—	—	—	—	—	—	—	—	—	—

第五篇

续表

原子序数	元素	n	$K_{\alpha_{1,2}}$	K_{α_1}	K_{α_2}	K_{β_1}	L_{α_1}	L_{α_2}	L_{β_1}	L_{β_2}	L_{β_3}	L_{β_4}	L_{β_6}	L_{γ_1}	L_ι	L_η
37	Rb	2	54.82	54.73	55.00	48.61	—	—	—	—	—	—	—	—	—	—
		1	25.15	25.11	25.25	22.42	—	—	—	—	—	—	—	—	—	—
38	Sr	2	51.62	51.53	51.80	45.77	—	—	—	—	—	—	—	—	—	—
		1	23.80	23.76	23.88	21.20	—	—	—	—	—	—	—	—	—	—
39	Y	2	48.70	48.62	48.88	43.17	—	—	—	—	—	—	—	—	—	—
		1	22.55	22.51	22.63	20.07	—	—	—	—	—	—	—	—	—	—
40	Zr	2	46.04	45.94	46.21	40.79	—	—	—	—	—	—	—	—	—	—
		1	21.40	21.36	21.49	19.03	—	—	—	—	—	—	—	—	—	—
41	Nb	2	43.59	43.51	43.79	38.62	—	—	—	—	—	—	—	—	—	—
		1	20.33	20.29	20.41	18.07	—	—	—	—	—	—	—	—	—	—
42	Mo	2	41.34	41.25	41.51	36.60	—	—	—	—	—	—	—	—	—	—
		1	19.28	19.25	19.34	17.20	—	—	—	—	—	—	—	—	—	—
43	Tc	2	39.14	39.08	39.26	34.81	—	—	—	—	—	—	—	—	—	—
		1	18.42	18.38	18.50	16.35	—	—	—	—	—	—	—	—	—	—
44	Ru	2	37.34	37.25	37.51	33.04	—	—	—	—	—	—	—	—	—	—
		1	17.55	17.52	17.65	15.57	—	—	—	—	—	—	—	—	—	—
45	Rh	2	35.55	35.47	35.73	31.45	—	—	—	—	—	—	—	—	—	—
		1	16.76	16.72	16.86	14.85	—	—	—	—	—	—	—	136.66	—	—
46	Pd	2	33.89	33.81	34.07	29.97	—	—	—	—	—	—	—	—	—	—
		1	16.01	15.97	16.10	14.18	—	—	—	152.19	—	—	—	135.32	—	—
47	Ag	2	32.35	32.26	32.52	28.58	—	—	—	—	—	—	—	—	—	—
		1	15.31	15.27	15.40	13.55	—	—	155.42	133.74	144.33	147.95	142.04	122.04	—	—
48	Cd	2	30.91	30.82	31.08	27.30	—	—	—	—	—	—	—	—	—	—
		1	14.66	14.61	14.74	12.96	158.54	159.89	136.35	121.55	129.69	132.22	127.70	111.86	—	—
49	In	2	29.56	29.47	29.73	26.09	—	—	—	—	—	—	—	—	—	—
		1	14.04	14.00	14.12	12.41	139.02	139.73	123.99	112.00	119.01	121.12	117.14	103.49	—	163.12
50	Sn	2	28.29	28.20	28.47	24.97	—	—	—	—	—	—	—	—	—	—
		1	13.46	13.42	13.54	11.89	126.76	127.33	114.40	104.10	110.36	112.25	108.57	96.37	—	140.40
51	Sb	2	27.11	27.02	27.28	23.91	—	—	—	—	—	—	—	—	—	—
		1	12.91	12.87	13.00	11.40	117.32	117.82	106.46	97.32	103.05	104.79	101.36	90.17	149.85	127.25
52	Te	2	25.99	25.90	26.17	22.92	—	—	—	—	—	—	—	—	—	—
		1	12.40	12.35	12.48	10.94	109.54	109.99	99.65	91.41	96.70	98.33	95.08	84.69	134.76	117.27
53	I	2	24.94	24.86	25.12	21.98	—	—	—	—	—	—	—	—	—	—
		1	—	—	—	—	102.89	103.30	93.68	86.16	91.09	92.63	89.57	79.78	124.12	109.08

续表

原子序数	元素	n	$K_{\alpha_{1,2}}$	K_{α_1}	K_{α_2}	K_{β_1}	L_{α_1}	L_{α_2}	L_{β_1}	L_{β_2}	L_{β_3}	L_{β_4}	L_{β_6}	L_{γ_1}	L_l	L_{η}
54	Xe	1	11.90	11.86	12.99	10.50	—	—	—	—	—	—	—	—	—	—
		2	23.93	23.85	24.11	21.09	—	—	—	—	—	—	—	—	—	—
55	Cs	1	11.45	11.41	11.54	10.10	91.81	92.21	83.58	77.17	81.49	82.94	80.17	71.33	108.44	96.01
		2	23.02	22.93	23.20	20.27	—	—	—	—	—	—	—	—	—	—
56	Ba	1	11.02	10.98	11.11	9.71	87.13	87.52	79.22	73.32	77.34	78.76	76.12	67.64	102.26	90.59
		2	22.14	22.05	22.32	19.50	—	—	—	—	—	—	—	—	—	—
57	La	1	10.61	10.56	10.70	9.34	82.88	83.23	75.25	69.76	73.53	74.91	72.42	64.26	96.58	85.74
		2	21.31	21.22	21.48	18.75	—	—	—	—	—	—	—	—	—	—
58	Ce	1	10.22	10.17	10.31	9.00	79.00	79.33	71.61	66.53	70.03	71.37	69.03	61.16	91.79	81.18
		2	20.52	20.43	20.70	18.05	—	—	—	—	—	—	—	—	—	—
59	Pr	1	9.85	9.80	9.94	8.67	75.41	75.77	68.23	63.51	66.81	68.10	65.91	58.28	87.47	77.20
		2	19.77	19.68	19.95	17.38	—	—	—	—	—	—	—	153.75	—	—
60	Nd	1	9.59	9.45	9.69	8.35	72.11	72.48	65.10	60.73	63.75	65.10	62.99	55.59	83.29	73.49
		2	19.24	18.97	19.45	16.75	—	—	—	—	—	—	—	137.68	—	—
61	Pm	1	9.18	9.14	9.25	8.03	69.07	—	62.24	—	—	—	—	—	—	—
		2	18.41	18.34	18.57	16.11	—	—	—	—	—	—	—	—	—	—
62	Sm	1	8.85	8.80	8.93	7.78	66.22	66.58	59.48	55.73	58.32	59.58	57.80	50.74	76.11	66.86
		2	17.74	17.65	17.92	15.59	—	—	165.67	138.36	154.05	167.01	150.30	117.96	—	—
63	Eu	1	8.55	8.50	8.64	7.51	63.56	63.93	56.96	53.48	55.87	57.15	55.48	48.62	72.99	—
		2	17.14	17.05	17.33	15.05	—	—	14.99	128.29	139.11	146.12	137.16	110.84	—	—
64	Gd	1	8.26	8.21	8.35	7.25	61.08	61.43	54.58	51.38	53.56	54.80	53.32	46.57	70.07	61.19
		2	16.56	16.47	16.75	14.52	—	—	133.00	120.21	128.65	133.96	127.63	104.49	—	—
65	Tb	1	—	7.94	8.07	7.01	58.76	59.11	52.35	49.39	51.40	52.63	51.24	44.65	67.38	—
		2	16.01	15.92	16.19	14.04	157.74	161.20	123.83	113.36	120.27	124.89	119.70	98.89	—	—
66	Dy	1	—	—	—	—	56.59	56.95	50.26	47.54	49.35	50.56	49.35	42.90	64.82	56.22
		2	15.48	15.39	15.66	13.55	142.90	144.94	116.28	107.44	113.23	117.30	113.23	94.02	—	140.91
67	Ho	1	—	—	—	—	54.53	54.89	48.28	45.79	47.42	48.65	47.51	41.21	62.41	53.92
		2	14.98	14.89	15.16	—	132.77	134.37	109.76	102.20	107.08	110.94	107.35	89.47	—	130.13
68	Er	1	14.50	14.41	14.68	12.70	52.61	52.97	46.43	44.17	45.63	46.84	45.79	39.59	60.19	51.72
		2	—	—	—	—	124.80	126.22	104.07	97.52	101.71	105.32	102.18	85.28	—	121.48
69	Tm	1	14.03	13.94	14.21	12.28	50.77	51.12	44.66	42.61	43.91	45.10	44.19	38.13	58.09	49.81
		2	—	—	—	—	118.06	119.30	98.91	93.22	96.78	100.18	97.57	81.58	152.35	114.75
70	Yb	1	—	—	—	—	49.05	49.37	42.99	41.16	42.28	43.48	42.70	36.70	56.12	47.93

第五篇

续表

原子序数	元素	n	$K_{\alpha_{1,2}}$	K_{α_1}	K_{α_2}	K_{β_1}	L_{α_1}	L_{α_2}	L_{β_1}	L_{β_2}	L_{β_3}	L_{β_4}	L_{β_6}	L_{γ_1}	L_α	L_η
70	Yb	2	13.60	13.51	13.78	11.90	112.24	113.29	94.26	89.33	92.33	95.58	93.46	78.04	140.35	108.65
		1	—	—	—	—	47.43	47.76	41.40	39.78	40.74	41.92	41.26	35.34	54.26	43.05
71	Lu	2	13.17	13.08	13.35	11.52	107.09	108.13	89.99	85.76	88.23	91.37	89.26	74.75	131.56	94.43
		1	—	—	—	—	45.88	46.22	39.90	38.46	39.27	40.45	39.89	34.05	52.51	44.45
72	Hf	2	12.75	12.67	12.95	11.15	102.44	103.43	86.07	82.41	84.44	87.49	86.07	71.69	124.43	98.32
		1	—	—	—	—	44.41	44.74	38.48	37.20	37.87	39.04	38.59	32.83	50.83	42.85
73	Ta	2	12.38	12.29	12.56	10.83	98.21	99.16	82.46	79.28	80.94	83.88	82.75	68.83	118.28	93.88
		1	—	—	—	—	43.02	43.36	37.12	36.01	36.55	37.72	37.37	31.66	49.26	41.33
74	W	2	12.01	11.92	12.19	10.51	94.32	95.25	79.08	76.37	77.69	80.57	79.69	66.13	112.92	89.80
		1	—	—	—	—	41.69	42.03	35.83	34.87	35.28	36.44	36.20	30.55	47.77	39.88
75	Re	2	11.65	11.56	11.84	10.19	90.74	91.64	75.93	73.64	74.61	77.42	76.83	63.60	108.16	86.02
		1	—	—	—	—	40.42	40.76	34.59	33.78	34.07	35.22	35.08	29.49	46.36	38.51
76	Os	2	11.31	11.22	11.49	9.89	87.41	88.29	72.98	71.04	71.73	74.48	74.13	61.21	103.85	82.52
		1	—	—	—	—	39.22	39.56	33.42	32.75	32.92	34.07	34.02	28.49	44.99	37.20
77	Ir	2	10.98	10.88	11.17	9.60	84.32	85.18	70.21	68.65	69.03	71.73	71.62	58.97	99.88	79.28
		1	—	—	—	—	38.06	38.40	32.29	31.76	31.82	32.96	32.99	27.52	43.72	35.95
78	Pt	2	10.67	10.57	10.85	9.33	81.41	82.26	67.59	66.37	66.50	69.12	69.22	56.82	96.27	76.23
		1	—	—	—	—	36.96	37.30	31.22	30.83	30.76	31.89	32.03	26.60	42.51	34.76
79	Au	2	10.36	10.27	10.55	9.06	78.69	79.53	65.12	64.22	64.06	66.68	66.98	54.80	92.93	73.36
		1	—	—	—	—	35.90	36.25	30.19	29.93	29.75	30.88	31.11	25.73	41.35	33.60
80	Hg	2	—	—	—	—	76.12	76.94	62.78	62.18	61.78	64.35	64.86	52.88	89.83	70.64
		1	—	—	—	—	34.90	35.24	29.21	29.06	28.78	29.91	30.22	24.88	40.23	32.53
81	Tl	2	9.79	9.69	9.97	8.55	73.69	74.51	60.56	60.24	59.60	62.15	62.84	51.05	86.91	68.13
		1	—	—	—	—	33.93	34.27	28.24	28.26	27.84	28.98	29.38	24.07	39.17	31.48
82	Pb	2	9.52	9.42	9.70	8.31	71.41	72.21	58.40	58.45	57.54	60.05	60.94	49.30	84.20	65.72
		1	—	—	—	—	33.01	33.35	27.35	27.44	26.96	28.08	28.56	23.30	38.15	30.48
83	Bi	2	9.25	9.16	9.44	8.09	69.24	70.03	56.44	56.64	55.57	58.05	59.12	47.64	81.64	63.44
		1	—	—	—	—	32.11	32.46	26.48	26.69	26.10	27.22	27.79	22.56	—	—
84	Po	2	—	—	—	—	67.16	67.98	54.52	54.98	53.69	56.14	57.42	46.07	—	—
		1	—	—	—	—	31.25	—	25.65	—	—	—	—	—	—	—
85	At	1	—	—	—	—	30.44	—	24.84	—	—	—	—	—	—	—
86	Rn	1	—	—	—	—	29.64	—	24.07	24.60	—	—	—	20.50	—	—
87	Fr	2	—	—	—	—	61.54	—	49.30	50.43	—	—	—	41.69	—	—

第五篇

续表

原子序数	元素	n	Kα1,2	Kα1	Kα2	Kβ1	Lα1	Lα2	Lβ1	Lβ2	Lβ3	Lβ4	Lβ6	Lγ1	Lι	Lη
88	Ra	1	—	—	—	—	28.90	29.24	23.32	23.95	—	24.10	24.08	19.87	33.70	26.05
		2	—	—	—	—	—	—	47.68	49.03	—	49.36	51.26	40.36	70.86	53.57
89	Ac	1	—	—	—	—	28.17	—	22.60	22.73	21.61	22.70	23.73	18.67	32.15	24.50
		2	—	—	—	—	—	—	46.13	46.42	44.03	46.38	48.57	37.86	67.26	50.22
90	Th	1	—	—	—	—	27.47	27.81	21.91	22.15	20.95	22.04	23.15	18.11	31.43	23.78
		2	—	—	—	—	56.70	57.46	44.67	45.20	42.65	44.96	47.31	36.70	65.60	48.66
91	Pa	1	—	—	—	—	26.79	27.13	21.24	21.60	20.32	21.40	22.58	17.56	30.73	23.07
		2	—	—	—	—	55.20	55.96	43.26	44.03	41.31	43.60	46.10	35.56	64.01	47.15
92	U	1	—	—	—	—	26.14	26.49	20.60	21.05	—	—	—	17.06	—	—
		2	—	—	—	—	53.78	54.54	41.91	42.86	—	—	—	34.51	—	—
93	Np	1	—	—	—	—	25.50	—	19.96	—	—	—	—	—	—	—
		2	—	—	—	—	52.39	—	40.56	—	—	—	—	—	—	—

附表 17 元素谱线-2θ表[磷酸二氢铵(ADP)(101), 2d=10.642]

原子序数	元素	n	Kα1,2	Kα1	Kα2	Kβ1	Lα1	Lα2	Lβ1	Lβ2	Lβ3	Lβ4	Lβ6	Lγ1	Lι	Lη
12	Mg	1	—	136.63	—	127.84	—	—	—	—	—	—	—	—	—	—
13	Al	1	103.16	103.14	103.18	97.17	—	—	—	—	—	—	—	—	—	—
14	Si	1	84.08	84.06	84.10	78.99	—	—	—	—	—	—	—	—	—	—
15	P	1	—	70.67	—	66.10	—	—	—	—	—	—	—	—	—	—
16	S	1	60.65	60.63	60.67	56.43	—	—	—	—	—	—	—	—	—	—
17	Cl	1	52.76	52.75	52.78	48.88	—	—	—	—	—	—	—	—	—	—
		2	125.41	125.37	125.50	111.68	—	—	—	—	—	—	—	—	—	—
18	Ar	1	46.40	46.39	46.43	—	—	—	—	—	—	—	—	—	—	—
		2	103.99	103.95	104.05	—	—	—	—	—	—	—	—	—	—	—
19	K	1	41.18	41.16	41.20	37.88	—	—	—	—	—	—	—	—	—	—
		2	89.39	89.35	89.46	80.94	—	—	—	—	—	—	—	—	—	—
20	Ca	1	36.80	36.79	36.83	33.75	—	—	—	—	—	—	—	—	—	—
		2	78.30	78.27	78.36	70.99	—	—	—	—	—	—	—	—	—	—
21	Sc	1	33.11	33.10	33.14	30.28	—	—	—	—	—	—	—	—	—	—
		2	69.48	69.45	69.54	62.98	—	—	—	—	—	—	—	—	—	—
22	Ti	1	29.95	29.93	29.97	27.33	—	—	—	—	—	—	—	—	—	—
		2	62.23	62.20	62.29	56.38	—	—	—	—	—	—	—	—	—	—
23	V	1	27.23	27.21	27.25	24.79	—	—	—	—	—	—	—	—	—	—

续表

原子序数	元素	n	K_α	K_{α_1}	K_{α_2}	K_{β_1}	L_{α_1}	L_{α_2}	L_{β_1}	L_{β_2}	L_{β_3}	L_{β_4}	L_{β_6}	L_{γ_1}	L_l	L_η
23	V	2	56.16	56.13	56.23	50.85										
24	Cr	1	24.86	24.85	24.89	22.59										
25	Mn	2	51.00	50.97	51.07	46.13										
		1	22.80	22.78	22.82	20.68										
26	Fe	2	46.56	46.53	46.62	42.08										
		1	20.98	20.96	21.01	19.00										
27	Co	2	42.70	42.67	42.76	38.55										
		1	19.37	19.35	19.40	17.52										
28	Ni	2	39.32	39.29	39.38	35.47										
		1	17.94	17.92	17.97	16.21										
29	Cu	2	36.34	36.31	36.39	32.75										
		1	16.66	16.65	16.69	15.03										
30	Zn	2	33.69	33.66	33.74	30.33										
		1	15.51	15.50	15.54	13.98										
31	Ga	2	31.32	31.29	31.38	28.18										
		1	14.48	14.47	14.51	13.03										
32	Ge	2	29.20	29.17	29.26	26.24	158.55		146.65						150.56	138.72
		1	13.55	13.53	13.58	12.18										
33	As	1	27.29	27.26	27.35	24.50	130.68		124.41		114.0					
		2	12.70	12.69	12.73	11.40										
34	Se	2	25.56	25.53	25.62	22.92	115.30		110.34							
		1	11.93	11.92	11.96	10.70										
35	Br	1	23.99	23.96	24.05	21.49	103.81		99.55						128.45	120.81
		2	11.23	11.21	11.26	10.06										
36	Kr	1	22.57	22.54	22.62	20.19										
		2	10.58	10.57	10.61	9.47										
37	Rb	1	21.26	21.23	21.32	19.01	86.89	86.99	83.35		79.25	79.72	82.03		103.60	98.15
		2	9.99	9.98	10.02	8.93										
38	Sr	1	20.06	20.03	20.12	17.92	80.31	80.41	76.98		73.50	73.97	75.55		94.83	89.83
		2	9.45	9.43	9.48	8.44										
39	Y	1	18.96	18.93	19.03	16.92	74.59	74.69	71.42		68.42	68.88	69.87		87.45	82.84
		2	8.95	8.93	8.98	7.98										
		2	17.95	17.92	18.01	16.00										

续表

原子序数	元素	n	K_α	K_{α_1}	K_{α_2}	K_{β_1}	L_{α_1}	L_{α_2}	L_{β_1}	L_{β_2}	L_{β_3}	L_{β_4}	L_{β_6}	L_{γ_1}	L_ι	L_η
40	Zr	1	8.49	8.47	8.52	7.56	69.56	69.65	66.51	63.32	63.92	64.36	64.90	—	81.10	76.75
		2	17.02	16.99	17.08	15.16	—	—	—	—	—	—	—	—	—	—
41	Nb	1	8.06	8.04	8.09	7.17	65.08	65.18	62.14	58.97	59.86	60.30	60.50	56.49	75.53	71.41
		2	16.15	16.12	16.21	14.37	—	—	—	159.69	—	—	—	142.32	—	—
42	Mo	1	7.66	7.64	7.69	6.81	61.06	61.16	58.21	55.11	56.21	56.64	56.64	52.73	70.61	66.66
		2	15.35	15.32	15.41	13.65	—	—	153.26	135.40	140.83	143.17	—	125.27	—	—
43	Tc	1	7.27	7.26	7.29	6.49	—	—	—	—	—	—	—	—	—	—
		2	14.56	14.54	14.61	13.00	—	—	—	—	—	—	—	—	—	—
44	Ru	1	6.94	6.93	6.98	6.17	54.17	54.27	51.46	48.51	49.87	50.30	49.87	46.28	62.28	58.56
		2	13.91	13.88	13.98	12.35	131.19	131.60	120.53	110.48	114.95	116.42	114.95	103.62	—	—
45	Rh	1	—	—	—	—	51.19	51.28	48.54	45.68	47.10	47.53	46.98	43.50	58.71	55.09
		2	13.27	13.24	13.33	11.77	119.53	119.88	110.57	101.84	106.09	107.41	105.71	95.65	157.28	135.31
46	Pd	1	—	—	—	—	48.46	48.56	45.86	43.10	44.56	44.98	44.34	40.97	55.47	51.94
		2	12.66	12.63	12.73	11.23	110.33	110.64	102.37	94.54	98.61	99.83	98.01	88.85	137.09	122.28
47	Ag	1	—	—	—	—	45.95	46.05	43.40	40.73	42.22	42.65	41.93	38.66	52.51	49.06
		2	12.10	12.07	12.16	10.72	102.95	102.95	95.36	88.20	92.17	93.33	91.39	82.91	124.42	112.26
48	Cd	1	—	—	—	—	43.65	43.75	41.13	38.56	40.06	40.48	39.71	36.53	49.79	46.41
		2	11.57	11.54	11.64	10.24	96.06	96.34	89.26	82.66	86.47	87.57	85.58	77.64	114.69	104.00
49	In	1	—	—	—	—	41.52	41.62	39.03	36.56	38.06	38.48	37.67	34.57	47.29	43.96
		2	11.08	11.05	11.14	9.80	90.29	90.55	83.85	77.72	81.40	82.46	80.44	72.92	106.68	96.93
50	Sn	1	—	—	—	—	39.54	39.64	37.09	34.72	36.19	36.62	35.78	32.76	44.99	41.71
		2	10.61	10.58	10.68	9.38	85.15	85.41	79.01	73.27	76.82	77.85	75.82	68.67	99.84	90.80
51	Sb	1	—	—	—	—	37.71	37.81	35.29	33.01	34.46	34.89	34.04	31.08	42.86	39.63
		2	10.17	10.14	10.24	8.99	80.53	80.79	74.63	69.25	72.66	73.67	71.67	64.81	93.89	85.37
52	Te	1	—	—	—	—	36.01	36.11	33.61	31.43	32.85	33.27	32.42	29.53	40.88	37.70
		2	—	—	—	—	76.36	76.61	70.65	65.59	68.87	69.86	67.88	61.29	88.62	80.51
53	I	1	—	—	—	—	34.42	34.52	—	—	—	—	—	—	39.06	35.90
		2	—	—	—	—	72.56	72.81	—	—	—	—	—	—	83.91	76.11
54	Xe	1	—	—	—	—	—	—	—	—	—	—	—	—	—	—
		2	—	—	—	—	—	—	—	—	—	—	—	—	—	—
55	Cs	1	—	—	—	—	31.54	31.65	29.21	27.30	28.60	29.02	28.20	25.49	35.75	32.67
		2	—	—	—	—	65.85	66.09	60.57	56.33	59.20	60.15	58.32	52.36	75.75	68.45
56	Ba	1	—	—	—	—	30.23	30.34	27.92	26.11	27.35	27.78	26.98	24.32	34.27	31.20
		2	—	—	—	—	62.87	63.12	57.70	53.72	56.44	57.39	55.62	49.82	72.20	65.08
57	La	1	—	—	—	—	29.01	29.11	26.71	24.99	26.18	26.61	25.83	23.22	32.82	29.83

续表

原子序数	元素	n	K_α	K_{α_2}	K_{α_1}	K_{β_1}	L_{α_1}	L_{α_2}	L_{β_1}	L_{β_2}	L_{β_3}	L_{β_4}	L_{β_6}	L_{γ_1}	L_ι	L_η
57	La	2	—	—	—	—	60.11	60.34	55.03	51.28	53.87	54.80	53.11	47.46	68.80	61.98
		1	—	—	—	—	27.85	27.95	25.58	23.96	25.08	25.50	24.76	22.20	31.53	28.50
58	Ce	2	—	—	—	—	57.54	57.77	52.56	49.05	51.47	52.39	50.78	45.28	65.83	58.99
		1	—	—	—	—	26.76	26.87	24.51	22.97	24.05	24.46	23.75	21.23	30.33	27.31
59	Pr	2	—	—	—	—	55.14	55.38	50.23	46.94	49.24	50.14	48.62	43.25	63.09	56.34
		1	—	—	—	—	25.74	25.85	23.49	22.05	23.05	23.49	22.80	20.32	29.12	26.17
60	Nd	2	—	—	—	—	52.90	53.15	48.05	44.98	47.11	48.05	46.57	41.33	60.38	53.84
		1	—	—	—	—	24.77	—	22.56	—	—	—	—	—	—	—
61	Pm	2	—	—	—	—	50.81	—	46.05	—	—	—	—	—	—	—
		1	—	—	—	—	23.86	23.97	21.64	20.37	21.25	21.67	21.07	18.67	26.97	24.06
62	Sm	2	—	—	—	—	48.83	49.08	44.10	41.42	43.27	44.17	42.91	37.87	55.61	49.28
		1	—	—	—	—	22.99	23.11	20.79	19.61	20.42	20.85	20.29	17.92	26.01	—
63	Eu	2	—	—	—	—	46.97	47.23	42.31	39.82	41.53	42.44	41.25	36.30	53.50	—
		1	—	—	—	—	22.17	22.29	19.98	18.88	19.63	20.06	19.55	17.20	25.09	22.21
64	Gd	2	—	—	—	—	45.23	45.48	40.60	38.30	39.88	40.76	39.70	34.81	51.50	45.30
		1	—	—	—	—	21.40	21.51	19.22	18.19	18.89	19.31	18.83	16.53	24.23	—
65	Tb	2	—	—	—	—	43.59	43.84	39.00	36.86	38.31	39.20	38.20	33.41	49.64	—
		1	—	—	—	—	20.66	20.79	18.49	17.55	18.18	18.60	18.18	15.91	23.40	20.54
66	Dy	2	—	—	—	—	42.04	42.30	37.49	35.52	36.83	37.72	36.83	32.13	47.86	41.78
		1	—	—	—	—	19.96	20.09	17.80	16.93	17.50	17.93	17.53	15.30	22.61	19.76
67	Ho	2	—	—	—	—	40.57	40.83	36.06	34.25	35.43	36.33	35.50	30.89	46.17	40.13
		1	—	—	—	—	19.30	19.43	17.16	16.36	16.87	17.30	16.93	14.73	21.87	19.00
68	Er	2	—	—	—	—	39.18	39.44	34.71	33.06	34.13	35.02	34.25	29.70	44.60	38.55
		1	—	—	—	—	18.67	18.79	16.53	15.81	16.26	16.69	16.36	14.20	21.17	18.34
69	Tm	2	—	—	—	—	37.86	38.12	33.42	31.92	32.87	33.74	33.07	28.62	43.11	37.17
		1	—	—	—	—	18.08	18.20	15.94	15.29	15.69	16.11	15.84	13.68	20.50	17.68
70	Yb	2	—	—	—	—	36.63	36.87	32.20	30.85	31.68	32.55	31.99	27.56	41.70	35.80
		1	—	—	—	—	17.51	17.62	15.37	14.79	15.13	15.56	15.32	13.19	19.87	15.96
71	Lu	2	—	—	—	—	35.44	35.68	31.03	29.84	30.54	31.41	30.93	26.56	40.37	32.24
		1	—	—	—	—	16.96	17.08	14.84	14.32	14.61	15.03	14.84	12.72	19.27	16.46
72	Hf	2	—	—	—	—	34.31	34.56	29.93	28.87	29.46	30.33	29.93	25.60	39.12	33.27
		1	—	—	—	—	16.44	16.56	14.33	13.86	14.11	14.53	14.37	12.28	18.69	15.89
73	Ta	2	—	—	—	—	33.24	33.49	28.88	27.94	28.43	29.30	28.97	24.70	37.91	32.10
		1	—	—	—	—	15.95	16.07	13.84	13.43	13.63	14.05	13.92	11.85	18.15	15.35
74	W	2	—	—	—	—	32.22	32.47	27.88	27.05	27.46	28.32	28.06	23.83	36.77	30.98

续表

第五篇

原子序数	元素	n	K_α	K_{α_1}	K_{α_2}	K_{β_1}	L_{α_1}	L_{α_2}	L_{β_1}	L_{β_2}	L_{β_3}	L_{β_4}	L_{β_6}	L_{γ_1}	L_ι	L_η
75	Re	1	—	—	—	—	15.48	15.60	13.37	13.02	13.17	13.59	13.50	11.44	17.63	14.83
		2	—	—	—	—	31.24	31.49	26.92	26.21	26.52	27.38	27.20	23.00	35.69	29.92
76	Os	1	—	—	—	—	15.02	15.14	12.92	12.62	12.73	13.15	13.09	11.05	17.13	14.33
		2	—	—	—	—	30.31	30.56	26.01	25.40	25.61	26.47	26.36	22.21	34.66	28.90
77	Ir	1	—	—	—	—	14.59	14.71	12.49	12.25	12.31	12.73	12.71	10.69	16.65	13.87
		2	—	—	—	—	29.42	29.67	25.14	24.64	24.76	25.62	25.58	21.47	33.67	27.94
78	Pt	1	—	—	—	—	14.17	14.30	12.08	11.89	11.91	12.32	12.34	10.33	16.20	13.41
		2	—	—	—	—	28.57	28.82	24.30	23.90	23.95	24.79	24.82	20.74	32.73	27.01
79	An	1	—	—	—	—	13.78	13.90	11.69	11.54	11.52	11.94	11.98	9.99	15.77	12.98
		2	—	—	—	—	27.76	28.01	23.50	23.21	23.15	24.00	24.10	20.05	31.84	26.13
80	Hg	1	—	—	—	—	13.39	13.52	11.31	11.21	11.15	11.56	11.65	9.66	15.35	12.56
		2	—	—	—	—	26.98	27.23	22.73	22.53	22.40	23.25	23.41	19.40	30.99	25.27
81	Tl	1	—	—	—	—	13.03	13.15	10.95	10.90	10.79	11.21	11.32	9.35	14.95	12.17
		2	—	—	—	—	26.23	26.48	22.00	21.89	21.68	22.52	22.75	18.77	30.17	24.47
82	Pb	1	—	—	—	—	12.68	12.80	10.59	10.60	10.45	10.86	11.01	9.05	14.57	11.78
		2	—	—	—	—	25.52	25.77	21.27	21.29	20.99	21.83	22.12	18.16	29.39	23.70
83	Bi	1	—	—	—	—	12.34	12.46	10.26	10.12	10.30	10.53	10.71	8.76	14.21	11.42
		2	—	—	—	—	24.83	25.08	20.61	20.32	20.68	21.16	21.52	17.58	28.64	22.95
84	Po	1	—	—	—	—	12.01	12.14	9.94	10.02	9.80	10.22	10.43	8.49	—	—
		2	—	—	—	—	24.16	24.42	19.96	20.12	19.68	20.51	20.94	17.02	—	—
85	At	1	—	—	—	—	—	—	—	—	—	—	—	—	—	—
		2	—	—	—	—	—	—	—	—	—	—	—	—	—	—
86	Rn	1	—	—	—	—	—	—	—	—	—	—	—	—	—	—
		2	—	—	—	—	—	—	—	—	—	—	—	—	—	—
87	Fr	1	—	—	—	—	11.11	—	9.05	9.25	8.65	9.06	9.39	7.72	12.59	9.78
		2	—	—	—	—	22.32	—	18.16	18.55	17.35	18.18	18.84	15.48	25.34	19.64
88	Ra	1	—	—	—	—	10.83	10.96	8.77	9.00	8.13	8.54	8.92	7.48	12.03	9.21
		2	—	—	—	—	21.77	22.03	17.59	18.06	16.31	17.13	17.90	15.00	24.19	18.48
89	Ac	1	—	—	—	—	—	—	—	—	—	—	—	—	—	—
		2	—	—	—	—	—	—	—	—	—	—	—	—	—	—
90	Th	1	—	—	—	—	10.31	10.43	8.25	8.55	7.89	8.30	8.71	7.04	11.77	8.94
		2	—	—	—	—	20.96	20.96	16.54	17.15	15.82	16.64	17.46	14.10	23.66	17.94
91	Pa	1	—	—	—	—	10.06	10.18	8.00	8.34	7.65	8.06	8.50	6.83	11.51	8.68
		2	—	—	—	—	20.19	20.45	16.04	16.72	15.34	16.16	17.04	13.68	23.14	17.41
92	U	1	—	—	—	—	9.82	9.94	7.76	8.13	—	—	—	6.62	—	—
		2	—	—	—	—	19.71	19.97	15.55	16.31	—	—	—	13.27	—	—
93	Np	1	—	—	—	—	9.58	—	7.52	7.93	—	—	—	6.43	—	—
		2	—	—	—	—	19.23	—	15.07	15.89	—	—	—	12.89	—	—

附表 18 元素谱线-2θ表[黄玉（303），2d=2.712]

原子序数	元素	n	K_α	K_{α_1}	K_{α_2}	K_{β_1}	L_{α_1}	L_{α_2}	L_{β_1}	L_{β_2}	L_{β_3}	L_{β_4}	L_{β_6}	L_{γ_1}	L_ι	L_η
22	Ti	1	—	—	—	135.92	—	—	—	—	—	—	—	—	—	—
23	V	1	134.91	134.77	135.19	114.77	—	—	—	—	—	—	—	—	—	—
24	Cr	1	115.29	115.18	115.49	100.48	—	—	—	—	—	—	—	—	—	—
25	Mn	1	101.69	101.61	101.87	89.55	—	—	—	—	—	—	—	—	—	—
26	Fe	1	91.18	91.10	91.34	80.74	—	—	—	—	—	—	—	—	—	—
27	Co	1	82.62	82.54	82.76	73.40	—	—	—	—	—	—	—	—	—	—
28	Ni	1	75.44	75.37	75.57	67.16	—	—	—	—	—	—	—	—	—	—
29	Cu	1	69.29	69.23	69.42	61.77	—	—	—	—	—	—	—	—	—	—
30	Zn	1	63.96	63.90	64.09	57.06	—	—	—	—	—	—	—	—	—	—
		2	—	—	—	145.56	—	—	—	—	—	—	—	—	—	—
31	Ga	1	59.29	59.22	59.41	52.89	—	—	—	—	—	—	—	—	—	—
		2	163.13	162.40	164.70	125.93	—	—	—	—	—	—	—	—	—	—
32	Ge	1	55.15	55.08	55.27	49.20	—	—	—	—	—	—	—	—	—	—
		2	135.57	135.27	136.16	112.72	—	—	—	—	—	—	—	—	—	—
33	As	1	51.45	51.39	51.57	45.89	—	—	—	—	—	—	—	—	—	—
		2	120.48	120.25	120.93	102.46	—	—	—	—	—	—	—	—	—	—
34	Se	1	48.14	48.08	48.26	42.92	—	—	—	—	—	—	—	—	—	—
		2	109.31	109.11	109.70	94.05	—	—	—	—	—	—	—	—	—	—
35	Br	1	45.15	45.08	45.27	40.23	—	—	—	—	—	—	—	—	—	—
		2	100.30	100.12	100.66	86.92	—	—	—	—	—	—	—	—	—	—
36	Kr	1	42.43	42.37	42.55	37.80	—	—	—	—	—	—	—	—	—	—
		2	92.73	92.57	93.06	80.76	—	—	—	—	—	—	—	—	—	—
37	Rb	1	39.97	39.91	40.49	35.58	—	—	—	—	—	—	—	—	—	—
		2	86.24	86.08	86.56	75.34	—	—	—	—	—	—	—	—	—	—
38	Sr	1	37.72	37.65	37.84	33.56	—	—	—	—	—	—	—	—	—	—
		2	80.55	80.40	80.86	70.53	—	—	—	—	—	—	—	—	—	—
39	Y	1	35.65	35.59	35.78	31.70	—	—	—	—	—	—	—	—	—	—

续表

第五篇

原子序数	元素	n	K_α	K_{α_1}	K_{α_2}	K_{β_1}	L_{α_1}	L_{α_2}	L_{β_1}	L_{β_2}	L_{β_3}	L_{β_4}	L_{β_6}	L_{γ_1}	L_{ι}	L_η
39	Y	2	75.50	75.35	75.80	66.22	—	—	—	—	—	—	—	—	—	—
40	Zr	1	33.75	33.69	33.88	29.99	—	—	—	—	—	—	—	—	—	—
41	Nb	2	70.99	70.84	71.28	62.33	—	—	—	—	—	—	—	—	—	—
		1	32.00	31.94	32.13	28.42	—	—	—	—	—	—	—	—	—	—
42	Mo	2	66.91	66.77	67.20	58.81	—	—	—	—	—	—	—	—	—	—
		1	30.38	30.32	30.51	26.96	—	—	—	—	—	—	—	—	—	—
43	Tc	2	63.22	63.07	63.50	55.58	—	—	—	—	—	—	—	—	—	—
		1	28.80	28.75	28.88	25.66	—	—	—	—	—	—	—	—	—	—
44	Ru	2	59.65	59.55	59.84	52.73	—	—	—	—	—	—	—	—	—	—
		1	27.49	27.43	27.62	24.37	—	—	—	—	—	—	—	—	—	—
45	Rh	2	56.76	56.62	57.03	49.94	—	—	—	—	—	—	—	—	—	—
		1	26.20	26.14	26.33	23.21	—	—	—	—	—	—	—	—	—	—
46	Pd	2	53.91	53.78	54.19	47.45	—	—	—	—	—	—	—	—	—	—
		1	25.00	24.93	25.12	22.13	—	—	—	—	—	—	—	—	—	—
47	Ag	2	51.29	51.15	51.57	45.15	—	—	—	—	—	—	—	—	—	—
		1	23.87	23.81	24.00	21.12	—	—	—	—	—	—	—	—	—	—
48	Cd	2	48.86	48.73	49.13	43.00	—	—	—	—	—	—	—	—	—	—
		1	22.82	22.75	22.94	20.18	—	—	—	—	—	—	—	—	—	—
49	In	2	46.61	46.47	46.88	41.02	—	—	—	—	—	—	—	—	—	—
		1	21.83	21.77	21.96	19.30	—	—	—	—	—	—	—	—	—	—
50	Sn	2	44.51	44.38	44.78	39.17	—	—	—	—	—	—	—	—	—	—
		1	20.91	20.84	21.03	18.47	—	—	—	—	—	—	—	—	—	—
51	Sb	2	42.55	42.42	42.82	37.44	—	—	—	—	—	—	—	—	—	—
		1	20.24	19.97	20.17	17.69	—	—	—	—	—	—	—	—	—	—
52	Te	2	40.72	40.59	40.99	35.83	—	—	—	—	—	—	—	—	—	—
		1	19.22	19.16	19.35	16.96	—	—	—	—	—	—	—	—	—	—
53	I	2	39.01	38.88	39.28	34.31	—	—	—	—	—	—	—	—	—	—
		1	18.45	18.39	18.58	16.28	—	—	—	—	—	—	—	—	—	—

续表

原子序数	元素	n	K_α	K_{α_1}	K_{α_2}	K_{β_1}	L_{α_1}	L_{α_2}	L_{β_1}	L_{β_2}	L_{β_3}	L_{β_4}	L_{β_6}	L_{γ_1}	L_s	L_η
53	I	2	37.40	37.27	37.67	32.89	—	—	—	—	—	—	—	—	—	—
		1	17.71	17.65	17.84	15.62	—	—	—	—	—	—	—	—	—	—
54	Xe	2	35.86	35.73	36.12	31.53	—	—	—	—	—	—	—	—	—	—
		1	17.04	16.97	17.17	15.02	—	—	—	—	—	—	—	—	—	—
55	Cs	2	34.47	34.34	34.74	30.30	—	—	163.35	135.66	151.44	158.97	145.90	119.92	—	—
		1	16.39	16.33	16.52	14.44	—	—	—	—	—	—	—	—	—	—
56	Ba	2	33.13	33.00	33.40	29.11	—	—	142.41	124.88	136.16	140.80	132.50	111.46	—	—
		1	15.78	15.71	15.91	13.89	—	—	—	—	—	—	—	—	—	—
57	La	2	31.87	31.73	32.13	27.99	158.65	160.87	130.03	116.22	125.42	129.09	122.59	104.30	—	—
		1	15.20	15.13	15.33	13.37	—	—	—	—	—	—	—	—	—	—
58	Ce	2	30.67	30.54	30.94	26.37	141.60	142.79	120.60	109.05	116.85	120.02	114.55	98.11	—	150.06
		1	14.65	14.58	14.78	12.88	—	—	—	—	—	—	—	—	—	—
59	Pr	2	29.54	29.40	29.80	25.93	130.48	131.49	112.77	102.77	109.66	112.48	107.73	92.60	—	135.72
		1	14.25	14.06	14.41	12.42	—	—	—	—	—	—	—	—	—	—
60	Nd	2	28.73	28.33	29.05	24.98	121.84	122.74	106.05	97.28	103.28	106.05	101.73	87.63	161.23	125.32
		1	13.64	13.58	13.76	11.94	—	—	—	—	—	—	—	—	—	—
61	Pm	2	27.48	27.36	27.72	24.01	114.64	—	100.24	—	—	—	—	—	—	—
		1	13.15	13.08	13.28	11.56	—	—	—	—	—	—	—	—	—	—
62	Sm	2	26.48	26.34	26.75	23.23	108.39	109.17	94.88	87.88	92.68	95.06	91.71	79.08	132.47	109.77
		1	12.71	12.64	12.84	11.16	—	—	—	—	—	—	—	—	—	—
63	Eu	2	25.57	25.43	25.85	22.42	102.87	103.62	90.15	83.84	88.15	90.50	87.44	75.36	124.05	103.62
		1	12.28	12.21	12.41	10.77	—	—	—	—	—	—	—	—	—	—
64	Gd	2	24.70	24.56	24.97	21.63	97.95	98.65	85.81	80.12	83.99	86.20	83.55	71.88	116.95	98.16
		1	11.87	11.80	12.00	10.41	—	—	—	—	—	—	—	—	—	—
65	Tb	2	23.86	23.73	24.13	20.91	93.51	94.18	81.83	76.68	80.15	82.32	79.88	68.67	110.89	—
		1	11.48	11.41	11.61	10.05	—	—	—	—	—	—	—	—	—	—
66	Dy	2	23.07	22.93	23.34	20.18	89.47	90.13	78.18	73.52	76.61	78.73	76.61	65.78	105.47	88.79

续表

第五篇

原子序数	元素	n	K_α	K_{α_1}	K_{α_2}	K_{β_1}	L_{α_1}	L_{α_2}	L_{β_1}	L_{β_2}	L_{β_3}	L_{β_4}	L_{β_6}	L_{γ_1}	L_t	L_η
67	Ho	1	11.10	11.04	11.24	—	85.72	86.36	74.78	70.58	73.32	75.41	73.47	63.00	100.58	84.63
		2	22.31	22.18	22.58	—	—	—	—	—	—	—	—	—	—	—
68	Er	1	10.75	10.68	10.88	9.42	82.28	82.92	71.65	67.87	70.31	72.35	70.58	60.38	96.24	80.73
		2	21.60	21.46	21.86	18.90	—	—	—	—	—	—	—	—	—	—
69	Tm	1	10.41	10.34	10.54	9.11	79.07	79.68	68.68	65.30	67.43	69.42	67.90	58.03	92.26	77.40
		2	20.90	20.76	21.17	18.27	—	—	—	—	—	—	—	—	—	—
70	Yb	1	10.08	10.02	10.22	8.83	76.12	76.70	65.92	62.92	64.76	66.72	65.45	55.73	88.60	74.18
		2	20.25	20.11	20.52	17.71	—	—	—	—	—	—	—	138.38	—	—
71	Lu	1	9.77	9.70	9.90	8.55	73.33	73.90	63.32	60.69	62.23	64.17	63.08	53.57	85.22	66.03
		2	19.61	19.47	19.88	17.14	—	—	—	—	—	—	—	128.67	—	—
72	Hf	1	9.47	9.40	9.60	8.27	70.72	71.29	60.88	58.56	59.85	61.77	60.88	51.53	82.11	68.34
		2	19.00	18.86	19.27	16.58	—	—	—	155.98	172.28	—	—	120.78	—	—
73	Ta	1	9.18	9.11	9.32	8.04	68.27	68.83	58.59	56.54	57.61	59.49	58.71	49.62	79.18	65.69
		2	18.42	18.29	18.70	16.12	—	—	156.24	142.61	149.01	165.82	157.86	114.11	—	—
74	W	1	17.87	17.73	18.14	15.63	65.96	66.52	56.41	54.63	55.50	57.37	56.80	47.79	76.54	63.20
		2	—	—	—	—	—	—	141.91	133.22	137.28	147.48	144.08	108.22	—	—
75	Re	1	17.34	17.20	17.61	15.16	63.79	64.34	54.35	52.83	53.48	55.33	54.94	46.06	73.91	60.85
		2	—	—	—	—	—	—	131.95	125.70	128.29	136.43	134.60	102.96	—	—
76	Os	1	16.83	16.69	17.10	14.71	61.72	62.27	52.39	51.10	51.56	53.39	53.16	44.41	71.52	58.63
		2	—	—	—	—	—	—	123.99	119.23	120.88	127.93	126.98	98.21	—	—
77	Ir	1	16.34	16.20	16.61	14.28	59.77	60.32	50.55	49.50	49.75	51.56	51.49	42.86	69.25	56.54
		2	—	—	—	—	—	—	117.27	113.71	114.57	120.89	120.62	93.90	—	—
78	Pt	1	15.86	15.73	16.14	13.86	57.91	58.46	48.78	47.95	48.04	49.81	49.88	41.37	67.13	54.55
		2	—	—	—	—	151.06	155.20	111.35	108.71	108.99	114.77	114.99	89.89	—	132.83
79	Au	1	15.41	15.27	15.69	13.47	56.15	56.70	47.10	46.48	46.38	48.16	48.36	39.95	65.12	52.65
		2	—	—	—	—	140.54	143.49	106.09	104.23	103.90	109.37	110.02	86.20	—	124.99
80	Hg	1	—	—	—	—	54.47	55.01	45.49	45.08	44.80	46.57	46.92	38.60	63.23	50.83
		2	—	—	—	—	132.50	134.95	101.30	100.12	99.32	104.50	105.54	82.76	—	118.27

续表

原子序数	元素	n	K_α	K_{α_1}	K_{α_2}	K_{β_1}	L_{α_1}	L_{α_2}	L_{β_1}	L_{β_2}	L_{β_3}	L_{β_4}	L_{β_6}	L_{γ_1}	L_ι	L_η
81	Tl	1	—	—	—	—	52.87	53.41	43.97	43.74	43.30	45.06	45.54	37.31	61.41	49.14
		2	14.55	14.42	14.83	12.71	125.84	128.00	96.95	96.33	95.11	100.06	101.44	79.55	—	112.53
82	Pb	1	14.15	14.01	14.43	12.36	51.35	51.89	42.47	42.50	41.87	43.61	44.23	36.07	59.70	47.51
		2	—	—	—	—	120.12	122.08	92.83	92.92	91.23	95.96	97.69	76.52	—	107.34
83	Bi	1	13.76	13.62	14.04	12.02	49.89	50.43	41.10	41.24	40.49	42.23	42.97	34.89	58.06	45.95
		2	—	—	—	—	115.03	116.86	89.18	89.56	87.60	92.18	94.20	73.69	152.13	102.64
84	Po	1	—	—	—	—	48.50	49.04	39.76	40.08	39.18	40.90	41.79	—	—	—
		2	—	—	—	—	110.44	112.21	85.70	86.52	84.22	88.65	91.00	—	—	—
85	At	1	—	—	—	—	—	—	—	—	—	—	—	—	—	—
		2	—	—	—	—	—	—	—	—	—	—	—	—	—	—
86	Rn	1	—	—	—	—	—	—	—	—	—	—	—	—	—	—
		2	—	—	—	—	—	—	—	—	—	—	—	—	—	—
87	Fr	1	—	—	—	—	44.65	—	36.07	36.88	—	—	—	30.64	—	—
		2	11.38	11.24	11.67	9.93	98.87	—	76.52	78.48	—	—	—	63.79	—	—
88	Ra	1	—	—	—	—	43.49	44.03	34.92	35.88	34.43	36.12	37.46	29.68	50.98	39.09
		2	—	—	—	—	95.62	97.12	73.75	76.05	72.59	76.63	79.91	61.63	118.79	84.00
89	Ac	1	—	—	—	—	—	—	—	—	—	—	—	—	—	—
		2	—	—	—	—	—	—	—	—	—	—	—	—	—	—
90	Th	1	—	—	—	—	41.28	41.81	32.78	34.03	32.32	33.99	35.55	27.87	48.56	36.73
		2	—	—	—	—	89.66	91.07	68.71	71.63	67.65	71.53	75.25	57.59	110.64	78.12
91	Pa	1	—	—	—	—	40.23	40.77	31.77	33.15	31.33	32.98	34.66	27.03	47.43	35.62
		2	—	—	—	—	86.93	88.31	66.37	69.58	65.36	69.19	73.13	55.73	107.10	75.43
92	U	1	10.80	10.66	11.08	9.42	39.24	39.77	30.79	32.31	30.36	32.02	33.80	26.20	46.34	34.54
		2	—	—	—	—	84.36	85.73	64.14	67.63	63.17	66.95	71.10	53.92	103.79	72.86
93	Np	1	—	—	—	—	38.26	—	29.82	31.48	—	—	—	25.44	—	—
		2	—	—	—	—	81.90	—	61.95	65.71	—	—	—	52.26	—	—

附表 19 元素谱线-2θ 表 [NaCl (200), 2d =5.6410]

原子序数	元素	n	K_α	K_{α_1}	K_{α_2}	K_{β_1}	L_{α_1}	L_{α_2}	L_{β_1}	L_{β_2}	L_{β_3}	L_{β_4}	L_{β_6}	L_{γ_1}	L_ι	L_η
16	S	1	144.53	144.47	144.65	126.25	—	—	—	—	—	—	—	—	—	—
17	Cl	1	113.91	113.88	113.98	102.62	—	—	—	—	—	—	—	—	—	—
18	Ar	1	96.02	95.99	96.08	—	—	—	—	—	—	—	—	—	—	—
19	K	1	83.12	83.09	83.18	75.51	—	—	—	—	—	—	—	—	—	—
20	Ca	1	73.10	73.07	73.16	66.42	—	—	—	—	—	—	—	—	—	—
21	Sc	1	65.03	65.01	65.09	59.04	—	—	—	—	—	—	—	—	—	—
		2				160.44	—	—	—	—	—	—	—	—	—	—
22	Ti	1	58.34	58.32	58.40	52.93	—	—	—	—	—	—	—	—	—	—
		2	154.26	154.04	154.71	126.06	—	—	—	—	—	—	—	—	—	—
23	V	1	52.72	52.69	52.78	47.78	—	—	—	—	—	—	—	—	—	—
		2	125.26	125.15	125.48	108.17	—	—	—	—	—	—	—	—	—	—
24	Cr	1	47.92	47.89	47.98	43.38	—	—	—	—	—	—	—	—	—	—
		2	108.63	108.63	108.81	95.32	—	—	—	—	—	—	—	—	—	—
25	Mn	1	43.78	43.75	43.84	39.59	—	—	—	—	—	—	—	—	—	—
		2	96.43	96.35	96.59	85.26	—	—	—	—	—	—	—	—	—	—
26	Fe	1	40.17	40.14	40.23	36.29	—	—	—	—	—	—	—	—	—	—
		2	86.76	86.69	86.91	77.04	—	—	—	—	—	—	—	—	—	—
27	Co	1	37.01	36.98	37.06	33.39	—	—	—	—	—	—	—	—	—	—
		2	78.80	78.73	78.93	70.15	—	—	—	—	—	—	—	—	—	—
28	Ni	1	34.21	34.18	34.26	30.84	—	—	—	—	—	—	—	—	—	—
		2	72.06	72.00	72.19	64.26	—	—	—	—	—	—	—	—	—	—
29	Cu	1	31.72	31.70	31.78	28.58	—	—	—	—	—	—	—	—	—	—
		2	66.27	66.21	66.40	59.15	—	—	—	—	—	—	—	—	—	—
30	Zn	1	29.50	29.48	29.56	26.55	—	—	—	—	—	—	—	—	—	—
		2	61.23	61.17	61.35	54.67	—	—	—	—	—	—	—	—	—	—
31	Ga	1	27.51	27.48	27.57	24.73	—	—	—	—	—	—	—	—	—	—
		2	56.79	56.73	56.91	50.71	—	—	—	—	—	—	—	—	—	—
32	Ge	1	25.72	25.69	25.77	23.09	—	—	—	—	—	—	—	—	—	—
		2	52.86	52.80	52.98	47.19	—	—	—	—	—	—	—	—	—	—

第五篇

续表

原子序数	元素	n	K_α	K_{α_1}	K_{α_2}	K_{β_1}	L_{α_1}	L_{α_2}	L_{β_1}	L_{β_2}	L_{β_3}	L_{β_4}	L_{ϕ_6}	L_{γ_1}	L_ι	L_η
33	As	1	24.09	24.06	24.14	21.61	—	—	—	—	—	—	—	—	—	—
		2	49.34	49.28	49.45	44.03	—	—	—	—	—	—	—	—	—	—
34	Se	1	22.62	22.59	22.67	20.26	—	—	—	—	—	—	—	—	—	—
		2	46.18	46.12	46.30	41.19	—	—	—	—	—	—	—	—	—	—
35	Br	1	21.27	21.24	21.33	19.03	—	—	—	—	—	—	—	—	—	—
		2	43.32	43.26	43.44	38.62	—	—	—	—	—	—	—	—	—	—
36	Kr	1	20.04	20.01	20.09	17.92	—	—	—	—	—	—	—	—	—	—
		2	40.72	40.67	40.84	36.29	—	—	—	—	—	—	—	—	—	—
37	Rb	1	18.91	18.89	18.97	16.89	—	—	—	—	—	—	—	—	—	—
		2	38.37	38.31	38.49	34.17	—	—	—	—	—	—	—	—	—	—
38	Sr	1	17.88	17.85	17.94	15.95	—	—	—	—	—	—	—	—	—	—
		2	36.21	36.16	36.33	32.23	—	—	—	—	—	—	—	—	—	—
39	Y	1	16.93	16.90	16.98	15.09	—	—	—	—	—	—	—	—	—	—
		2	34.24	34.18	34.36	30.45	—	—	—	163.99	—	—	—	—	—	—
40	Zr	1	16.05	16.02	16.10	14.29	—	—	—	—	—	—	—	—	—	—
		2	32.42	32.36	32.54	28.81	—	—	153.61	136.40	140.55	142.73	—	126.44	—	—
41	Nb	1	15.23	15.20	15.29	13.56	—	—	—	—	—	—	—	—	—	—
		2	30.74	30.68	30.86	27.30	—	—	133.19	121.55	125.42	127.01	—	113.80	—	—
42	Mo	1	14.48	14.45	14.53	12.87	146.82	147.39	—	—	—	—	—	—	—	—
		2	29.19	29.13	29.31	25.91	—	—	—	—	—	—	—	—	—	—
43	Tc	1	13.73	13.71	13.77	12.26	—	—	—	—	—	—	—	—	—	—
		2	27.67	27.62	27.75	24.66	118.40	118.72	109.99	101.60	105.38	106.60	105.38	95.70	154.64	134.65
44	Ru	1	13.12	13.09	13.18	11.65	—	—	—	—	—	—	—	—	—	—
		2	26.42	26.36	26.54	23.42	109.17	109.45	101.68	94.15	97.84	98.97	97.51	88.70	135.27	121.49
45	Rh	1	12.51	12.48	12.57	11.10	—	—	—	—	—	—	—	—	—	—
		2	25.18	25.12	25.30	22.31	101.48	101.74	94.61	87.72	91.32	92.38	90.78	82.64	122.78	111.41
46	Pd	1	11.94	11.91	12.00	10.59	—	—	—	—	—	—	—	—	—	—
		2	24.02	23.96	24.14	21.27	94.85	95.11	88.45	82.06	85.61	86.64	84.91	77.28	113.13	103.11
47	Ag	1	11.41	11.38	11.47	10.11	—	—	—	—	—	—	—	—	—	—
		2	22.94	22.88	23.06	20.30	—	—	—	—	—	—	—	—	—	—

续表

原子序数	元素	n	K_α	K_{α_1}	K_{α_2}	K_{β_1}	L_{α_1}	L_{α_2}	L_{β_1}	L_{β_2}	L_{β_3}	L_{β_4}	L_{β_6}	L_{γ_1}	L_ι	L_η
48	Cd	1	10.91	10.88	10.97	9.66	89.07	89.31	83.01	77.06	80.50	81.49	79.70	72.50	105.16	96.03
		2	21.93	21.87	22.05	19.30	—	—	—	—	—	—	—	—	—	—
49	In	1	10.45	10.42	10.51	9.24	83.93	84.17	78.14	72.57	75.92	76.88	75.05	68.19	98.35	89.84
		2	20.98	20.92	21.10	18.55	—	—	—	—	—	—	—	—	—	—
50	Sn	1	10.01	9.98	10.07	8.85	79.31	79.54	73.74	68.51	71.75	72.69	70.84	64.28	92.40	84.38
		2	20.09	20.03	20.22	17.75	—	—	—	—	—	—	—	—	—	—
51	Sb	1	9.60	9.57	9.66	8.48	75.13	75.37	69.75	64.82	67.95	68.88	67.04	60.73	87.14	79.51
		2	19.26	19.20	19.38	17.01	—	—	—	—	—	—	—	—	—	—
52	Te	1	9.21	9.18	9.27	8.13	71.33	71.57	66.11	61.45	64.47	65.38	63.56	57.48	82.43	75.11
		2	18.47	18.47	18.60	16.31	—	—	—	—	—	—	—	148.16	—	—
53	I	1	8.84	8.81	8.90	7.80	67.85	68.08	62.76	58.36	61.26	62.16	60.38	54.49	78.19	71.10
		2	17.74	17.67	17.86	15.65	—	—	—	154.40	—	—	—	132.57	—	—
54	Xe	1	8.49	8.46	8.55	7.49	—	—	—	—	—	—	—	—	—	—
		2	17.02	16.96	17.15	15.01	—	—	—	—	—	—	—	—	—	—
55	Cs	1	8.17	8.14	8.23	7.20	61.69	61.91	56.81	52.87	55.54	56.42	54.73	49.19	70.77	64.08
		2	16.38	16.32	16.50	14.43	—	—	—	125.86	137.44	141.96	133.64	112.69	—	—
56	Ba	1	7.86	7.83	7.92	6.93	58.94	59.17	54.15	50.45	52.98	53.86	52.21	46.82	67.53	60.98
		2	15.76	15.69	15.88	13.88	159.43	161.78	144.13	116.95	126.26	129.87	123.31	105.24	—	—
57	La	1	7.57	7.54	7.63	6.67	56.39	56.60	51.67	48.18	50.59	51.46	49.88	44.62	64.40	58.11
		2	15.17	15.10	15.29	13.35	141.78	142.94	131.08	109.45	117.41	120.50	114.99	98.80	161.67	152.47
58	Ce	1	7.29	7.26	7.35	6.42	54.00	54.21	49.37	46.10	48.36	49.22	47.71	42.59	61.67	55.37
		2	14.61	14.55	14.73	12.86	130.48	131.37	121.28	103.08	110.01	112.78	107.98	93.15	143.12	136.53
59	Pr	1	7.03	6.99	7.09	6.18	51.77	51.99	47.20	44.13	46.28	47.12	45.70	40.68	59.14	52.89
		2	14.08	14.02	14.20	12.38	121.65	122.48	113.28	97.41	103.62	106.14	101.90	88.08	161.47	115.91
60	Nd	1	6.84	6.74	6.91	5.96	49.69	49.92	45.17	42.30	44.29	45.17	43.79	38.88	56.63	50.56
		2	13.70	13.51	13.85	11.94	114.34	115.12	106.40	92.39	97.87	100.38	96.46	83.47	143.12	117.33
61	Pm	1	—	—	—	—	47.74	—	43.30	—	—	—	—	—	—	—
		2	13.12	13.06	13.23	11.48	108.06	—	100.38	—	—	—	—	—	—	—
62	Sm	1	—	—	—	—	45.90	46.13	41.48	38.98	40.71	41.54	40.36	35.65	52.51	46.22
		2	12.64	12.58	12.77	11.11	102.49	103.18	95.10	83.71	88.15	90.35	87.26	75.49	123.28	103.73
63	Eu	1	—	—	—	—	44.16	44.40	39.80	37.47	39.08	39.93	38.81	34.18	50.25	—

续表

原子序数	元素	n	K_α	K_{α_1}	K_{α_2}	K_{β_1}	L_{α_1}	L_{α_2}	L_{β_1}	L_{β_2}	L_{β_3}	L_{β_4}	L_{β_6}	L_{γ_1}	L_ℓ	L_η
63	Eu	2	12.22	12.15	12.34	10.73	97.50	98.18	85.81	79.94	83.96	86.13	83.29	71.99	116.25	—
		1	—	—	—	—	42.53	42.77	38.21	36.05	37.53	38.35	37.36	32.78	48.39	42.61
64	Gd	2	11.80	11.74	11.93	10.35	93.01	93.64	81.77	76.46	80.08	82.14	79.67	68.72	110.10	93.20
		1	—	—	—	—	41.00	41.23	36.71	34.70	36.06	36.89	35.95	31.47	46.65	—
65	Tb	2	11.41	11.34	11.53	10.01	88.92	89.54	78.07	73.24	76.49	78.52	76.23	65.69	104.72	—
		1	—	—	—	—	39.56	39.79	35.29	33.44	34.68	35.51	34.68	30.27	44.99	39.31
66	Dy	2	11.03	10.97	11.16	9.66	85.18	85.79	74.64	70.26	73.17	75.16	73.17	62.95	99.86	84.55
		1	—	—	—	—	38.18	38.42	33.95	32.25	33.36	34.20	33.42	29.10	43.41	37.77
67	Ho	2	10.68	10.61	10.80	—	81.69	82.29	71.45	67.49	70.07	72.04	70.21	60.32	95.41	80.68
		1	—	—	—	—	36.88	37.12	32.69	31.14	32.14	32.97	32.25	27.98	41.95	36.28
68	Er	2	10.34	10.27	10.46	9.05	78.49	79.08	68.50	64.93	67.23	69.16	67.49	57.83	91.43	77.03
		1	—	—	—	—	35.64	35.88	31.47	30.07	30.95	31.78	31.15	26.97	40.56	34.99
69	Tm	2	10.01	9.94	10.13	8.76	75.48	76.05	65.70	62.50	64.51	66.40	64.96	55.60	87.76	73.91
		1	—	—	—	—	34.48	34.71	30.33	29.06	29.84	30.66	30.13	25.97	39.24	33.71
70	Yb	2	9.69	9.63	9.82	8.49	72.71	73.25	63.09	60.24	61.98	63.84	62.64	53.41	84.37	70.88
		1	—	—	—	—	33.37	33.59	29.23	28.11	28.77	29.59	29.13	25.03	37.99	—
71	Lu	2	9.39	9.33	9.52	8.22	70.08	70.62	60.62	58.12	59.59	61.42	60.39	51.36	81.23	68.18
		1	—	—	—	—	32.31	32.54	28.20	27.20	27.75	28.57	28.20	24.13	36.81	31.33
72	Hf	2	9.10	9.04	9.23	7.95	67.63	68.16	58.31	56.10	57.33	59.15	58.31	49.42	78.33	65.37
		1	—	—	—	—	31.30	31.53	27.21	26.32	26.79	27.60	27.29	23.28	35.68	30.37
73	Ta	2	—	—	—	—	65.31	65.84	56.13	54.18	55.20	56.99	56.31	47.59	75.58	62.87
		1	—	—	—	—	30.34	30.58	26.27	25.49	25.87	26.68	26.44	22.46	34.61	30.23
74	W	2	—	—	—	—	63.13	63.65	54.06	52.37	53.20	54.97	54.43	45.84	73.02	60.51
		1	—	—	—	—	29.43	29.66	25.37	24.70	24.99	25.80	25.63	21.68	33.60	29.18
75	Re	2	—	—	—	—	61.06	61.58	52.10	50.65	51.27	53.03	52.66	44.19	70.63	58.28
		1	—	—	—	—	28.55	28.79	24.51	23.94	24.14	24.95	24.84	20.52	32.64	28.18
76	Os	2	—	—	—	—	59.11	59.63	50.23	49.01	49.44	51.19	50.96	42.62	68.38	56.17
		1	—	—	—	—	27.72	27.95	23.69	23.22	23.34	24.14	24.11	20.23	31.71	27.23
77	Ir	2	—	—	—	—	57.25	57.77	48.47	47.47	47.72	49.44	49.67	41.14	66.23	54.18
		1	—	—	—	—	26.92	27.16	22.90	22.53	22.57	23.36	23.39	19.55	30.83	26.32
78	Pt	2	—	—	—	—	55.49	56.01	46.79	46.00	46.08	47.78	47.84	39.71	64.23	52.28
		1	—	—	—	—										25.45

续表

第五篇

原子序数	元素	n	K_α	K_{α_1}	K_{α_2}	K_{β_1}	L_{α_1}	L_{α_2}	L_{β_1}	L_{β_2}	L_{β_3}	L_{β_4}	L_{β_6}	L_{γ_1}	L_ι	L_η
79	Au	1	—	—	—	—	26.16	26.39	22.15	21.87	21.82	22.62	22.72	18.91	29.99	24.62
		2	—	—	—	—	53.81	54.33	45.18	44.60	44.49	46.20	46.39	38.35	62.33	50.48
80	Hg	1	—	—	—	—	25.42	25.66	21.43	21.24	21.11	21.91	22.07	18.29	29.19	23.82
		2	—	—	—	—	52.21	52.73	43.65	43.26	42.99	44.68	45.01	37.06	60.53	48.75
81	Tl	1	—	—	—	—	24.72	24.96	20.74	20.64	20.44	21.23	21.45	17.69	28.42	23.06
		2	—	—	—	—	50.69	51.20	42.19	41.98	41.56	43.24	43.69	35.83	58.81	47.13
82	Pb	1	—	—	—	—	24.05	24.28	20.06	20.07	19.78	20.57	20.85	17.12	27.69	22.33
		2	—	—	—	—	49.24	49.75	40.76	40.79	40.19	41.85	42.44	34.64	57.19	45.58
83	Bi	1	—	—	—	—	23.40	23.64	19.43	19.50	19.15	19.94	20.28	16.58	26.98	21.63
		2	—	—	—	—	47.85	48.36	39.45	39.50	38.87	40.53	41.24	33.51	55.63	44.09
84	Po	1	—	—	—	—	22.77	23.02	18.82	18.96	18.55	19.34	19.74	16.05	—	—
		2	—	—	—	—	46.52	47.04	38.17	38.47	37.61	39.26	39.26	32.43	—	—
87	Fr	1	—	—	—	—	21.04	—	17.12	17.49	—	—	—	14.50	—	—
		2	—	—	—	—	42.84	—	34.64	35.41	—	—	—	29.43	—	—
88	Ra	1	—	—	—	—	20.52	20.76	16.59	17.03	16.36	17.14	17.76	14.15	23.88	18.51
		2	—	—	—	—	41.73	42.25	33.54	34.45	33.07	34.68	35.97	28.51	48.89	37.53
90	Th	1	—	—	—	—	19.51	19.76	15.59	16.17	15.38	16.15	16.83	13.30	22.80	17.42
		2	—	—	—	—	39.62	40.13	31.48	32.68	31.04	32.64	34.14	26.78	46.58	35.27
91	Pa	1	—	—	—	—	19.04	19.28	15.12	15.77	14.92	15.69	16.47	12.90	22.30	16.91
		2	—	—	—	—	38.62	39.13	30.51	31.84	30.09	31.68	33.29	25.97	45.50	34.21
92	U	1	—	—	—	—	18.58	18.82	14.67	15.38	14.47	15.24	16.07	12.51	21.81	16.41
		2	—	—	—	—	37.67	38.18	29.58	31.04	29.17	30.75	32.46	25.18	44.46	33.18
93	Np	1	—	—	—	—	18.13	—	14.21	14.99	—	—	—	12.15	—	—
		2	—	—	—	—	36.73	—	28.65	30.24	—	—	—	24.45	—	—

附表 20 元素谱线-2θ表[石英(10$\bar{1}$1)，2d=6.686]

原子序数	元素	n	K_α	K_{α_1}	K_{α_2}	K_{β_1}	L_{α_1}	L_{α_2}	L_{β_1}	L_{β_2}	L_{β_3}	L_{β_4}	L_{β_6}	L_{η_1}	L_ι	L_η
15	P	1	—	134.01	—	120.46	—	—	—	—	—	—	—	—	—	—
16	S	1	106.95	106.92	107.00	97.62	—	—	—	—	—	—	—	—	—	—
17	Cl	1	90.02	89.99	90.06	82.38	—	—	—	—	—	—	—	—	—	—
18	Ar	1	77.67	77.64	77.71	—	—	—	—	—	—	—	—	—	—	—
19	K	1	68.07	68.05	68.12	62.20	—	—	—	—	—	—	—	—	—	—
20	Ca	1	60.32	60.30	60.37	55.04	—	—	—	—	—	—	—	—	—	—
		2				135.09	—	—	—	—	—	—	—	—	—	—
21	Sc	1	53.94	53.92	53.98	49.13	—	—	—	—	—	—	—	—	—	—
		2	130.19	130.10	130.38	112.49	—	—	—	—	—	—	—	—	—	—
22	Ti	1	48.57	48.54	48.61	44.17	—	—	—	—	—	—	—	—	—	—
		2	110.67	110.59	110.81	97.52	—	—	—	—	—	—	—	—	—	—
23	V	1	44.00	43.98	44.05	39.95	—	—	—	—	—	—	—	—	—	—
		2	97.05	96.98	97.18	86.20	—	—	—	—	—	—	—	—	—	—
24	Cr	1	40.07	40.05	40.12	36.34	—	—	—	—	—	—	—	—	—	—
		2	86.51	86.45	86.64	77.16	—	—	—	—	—	—	—	—	—	—
25	Mn	1	36.67	36.64	36.71	33.20	—	—	—	—	—	—	—	—	—	—
		2	77.96	77.91	78.08	69.69	—	—	—	—	—	—	—	—	—	—
26	Fe	1	33.69	33.66	33.73	30.46	—	—	—	—	—	—	—	—	—	—
		2	70.83	70.77	70.94	63.39	—	—	—	—	—	—	—	—	—	—
27	Co	1	31.06	31.04	31.11	28.06	—	—	—	—	—	—	—	—	—	—
		2	64.75	64.70	64.86	58.00	—	—	—	—	—	—	—	—	—	—
28	Ni	1	28.74	28.71	28.78	25.93	—	—	—	—	—	—	—	—	—	—
		2	59.51	59.46	59.61	53.32	—	—	—	—	—	—	—	—	—	—
29	Cu	1	26.66	26.64	26.71	24.04	—	—	—	—	—	—	—	—	—	—
		2	54.93	54.88	55.03	49.22	—	—	—	—	—	—	—	—	—	—
30	Zn	1	24.81	24.79	24.86	22.34	—	—	—	—	—	—	—	—	—	—
		2	50.89	50.84	50.99	45.59	—	—	—	—	—	—	—	—	—	—
31	Ga	1	23.15	23.12	23.19	20.81	—	—	—	—	—	—	—	—	—	—
		2	47.31	47.26	47.41	42.36	—	—	—	—	—	—	—	—	—	—

续表

第五篇

原子序数	元素	n	K_α	K_{α_1}	K_{α_2}	K_{β_1}	L_{α_1}	L_{α_2}	L_{β_1}	L_{β_2}	L_{β_3}	L_{β_4}	L_{β_6}	L_{γ_1}	L_ι	L_η
32	Ge	1	21.64	21.62	21.69	19.44	—	—	—	—	—	—	—	—	—	—
		2	44.11	44.06	44.21	39.47	—	—	—	—	—	—	—	—	—	—
33	As	1	20.28	20.26	20.33	18.20	—	—	—	—	—	—	—	—	—	—
		2	41.23	41.18	41.33	36.87	—	—	—	—	—	—	—	—	—	—
34	Se	1	19.04	19.02	19.09	17.07	—	—	—	—	—	—	—	—	—	—
		2	38.64	38.59	38.74	34.53	—	—	—	—	—	—	—	—	—	—
35	Br	1	17.91	17.89	17.96	16.04	—	—	—	—	—	—	—	—	—	—
		2	36.29	36.24	36.39	32.40	—	—	—	—	—	—	—	—	—	—
36	Kr	1	16.88	16.86	16.93	15.10	—	—	—	—	—	—	—	—	—	—
		2	34.14	34.09	34.24	30.47	—	—	—	—	—	—	—	—	—	—
37	Rb	1	15.94	15.91	15.98	14.24	—	—	—	—	—	—	—	—	—	—
		2	32.19	32.14	32.29	28.70	—	—	—	—	—	—	—	—	—	—
38	Sr	1	15.07	15.04	15.12	13.45	—	—	164.31	—	144.46	146.51	154.31	—	—	—
		2	30.40	30.35	30.50	27.09	—	—	—	—	—	—	—	—	—	—
39	Y	1	14.27	14.24	14.31	12.72	149.35	149.81	136.57	—	126.97	128.35	131.41	—	—	—
		2	28.76	28.71	28.86	25.60	—	—	—	—	—	—	—	—	—	—
40	Zr	1	13.52	13.50	13.52	12.05	130.43	130.73	121.57	113.33	114.80	115.93	117.30	107.27	—	162.30
		2	27.24	27.19	27.34	24.23	—	—	—	—	—	—	—	—	—	—
41	Nb	1	12.84	12.81	12.89	11.43	117.76	118.02	110.45	103.14	105.15	106.16	106.61	97.73	154.19	136.52
		2	25.84	25.79	25.94	22.97	—	—	—	—	—	—	—	—	—	—
42	Mo	1	12.20	12.18	12.25	10.85	107.91	108.14	101.47	94.83	97.14	98.06	98.06	89.95	133.82	121.98
		2	24.55	24.50	24.65	21.80	—	—	—	—	—	—	—	—	—	—
43	Tc	1	11.58	11.56	11.61	10.34	—	—	—	—	—	—	—	—	—	—
		2	23.27	23.24	23.34	20.76	—	—	—	—	—	—	—	—	—	—
44	Ru	1	11.06	11.04	11.11	9.82	92.89	93.09	87.42	81.66	84.29	85.13	84.29	77.43	110.79	102.24
		2	22.23	22.18	22.33	19.72	—	—	—	—	—	—	—	—	—	—
45	Rh	1	10.55	10.52	10.60	9.36	86.88	87.07	81.71	76.31	78.98	79.80	78.75	72.28	102.56	94.80
		2	21.19	21.14	21.29	18.79	—	—	—	—	—	—	—	—	—	—
46	Pd	1	10.07	10.05	10.12	8.93	81.57	81.75	76.64	71.55	74.23	75.01	73.83	67.70	95.58	88.37
		2	20.22	20.17	20.32	17.91	—	—	—	—	—	—	—	—	—	—
47	Ag	1	9.62	9.60	9.67	8.53	76.82	77.01	72.09	67.26	69.96	70.74	69.43	63.58	89.50	82.72

续表

原子序数	元素	n	K_a	K_{α_1}	K_{α_2}	K_{β_1}	L_{α_1}	L_{α_2}	L_{β_1}	L_{β_2}	L_{β_3}	L_{β_4}	L_{β_6}	L_{γ_1}	L_l	L_η
47	Ag	2	19.32	19.26	19.42	17.10	—	—	—	—	—	—	—	—	—	—
48	Cd	1	9.20	9.18	9.25	8.15	72.56	72.74	67.98	63.41	66.07	66.82	65.45	59.85	84.14	77.67
49	In	2	18.47	18.42	18.57	16.34	—	—	—	—	—	—	—	—	—	—
		1	8.81	8.79	8.86	7.80	68.68	68.86	64.24	59.91	62.52	63.27	61.85	56.45	79.35	73.13
50	Sn	2	17.67	17.62	17.78	15.63	—	—	—	—	—	—	—	—	—	—
		1	8.44	8.42	8.49	7.46	65.15	65.33	60.83	56.70	59.26	60.00	58.55	53.34	75.03	69.03
51	Sb	2	16.93	16.88	17.03	14.96	—	—	—	—	162.86	145.19	155.91	127.71	—	—
		1	8.09	8.07	8.14	7.15	61.91	62.09	57.69	53.77	56.26	56.99	55.54	50.49	71.11	65.31
52	Te	2	16.23	16.17	16.33	14.33	—	—	149.53	—	141.11	131.37	137.43	117.07	—	—
		1	7.77	7.74	7.82	6.86	58.93	59.12	54.79	51.07	53.49	54.21	52.76	47.86	67.55	61.89
53	I	2	15.57	15.52	15.67	13.74	159.37	161.23	133.94	119.11	128.32	121.16	125.40	108.45	—	—
		1	7.46	7.43	7.51	6.58	56.18	56.37	52.12	48.58	50.92	51.64	50.21	45.44	64.29	58.75
54	Xe	2	14.95	14.89	15.05	13.19	140.71	141.67	122.95	110.72	118.57	—	116.10	101.15	—	157.68
		1	14.35	14.29	14.45	12.66	—	—	—	—	—	—	—	—	—	—
55	Cs	2	—	—	—	—	51.26	51.44	47.32	44.13	46.29	47.01	45.63	41.11	58.49	53.18
		1	13.81	13.75	13.91	12.17	119.78	120.44	106.77	97.40	103.66	105.80	101.71	89.22	155.45	127.07
56	Ba	2	—	—	—	—	49.05	49.23	45.16	42.15	44.21	44.93	43.59	39.17	55.92	50.69
		1	13.28	13.23	13.39	11.70	112.22	112.82	100.34	91.97	97.63	99.67	95.89	84.20	139.36	117.76
57	La	2	—	—	—	—	46.98	47.15	43.14	40.29	42.26	42.97	41.68	37.36	53.43	48.38
		1	12.79	12.73	12.89	11.26	105.72	106.25	94.67	87.07	92.26	94.19	90.72	79.67	128.10	110.06
58	Ce	2	—	—	—	—	45.05	45.21	41.26	38.58	40.43	41.14	39.90	35.68	51.25	46.14
		1	12.32	12.26	12.42	10.84	100.01	100.50	89.60	82.70	87.44	89.28	86.07	75.57	119.75	103.20
59	Pr	2	—	—	—	—	43.22	43.41	39.48	36.95	38.73	39.41	38.24	34.11	49.21	44.14
		1	11.87	11.82	11.98	10.44	94.89	95.40	84.99	78.67	83.08	84.82	81.87	71.82	112.75	97.43
60	Nd	2	—	—	—	—	41.52	41.71	37.81	35.45	37.09	37.81	36.67	32.62	47.18	42.24
		1	11.55	11.39	11.68	10.07	90.30	90.80	80.79	75.02	79.00	80.79	77.99	68.32	106.33	92.21
61	Pm	2	—	—	—	—	39.92	—	36.27	—	—	—	—	—	—	—
		1	11.06	11.01	11.15	9.68	86.13	—	77.00	—	—	—	—	—	—	—
62	Sm	2	—	—	—	—	38.41	38.60	34.77	32.69	34.13	34.82	33.84	29.93	43.58	38.76
		1	10.66	10.01	10.77	9.37	82.28	82.77	73.39	68.52	71.87	73.51	71.20	62.19	95.88	83.15
63	Eu	2	—	—	—	—	36.98	37.18	33.38	31.45	32.78	33.48	32.56	28.71	41.98	—

续表

第五篇

原子序数	元素	n	K_α	K_{α_1}	K_{α_2}	K_{β_1}	L_{α_1}	L_{α_2}	L_{β_1}	L_{β_2}	L_{β_3}	L_{β_4}	L_{β_6}	L_{γ_1}	L_l	L_η
63	Eu	2	10.30	10.25	10.41	9.04	78.74	79.23	70.11	65.64	68.71	70.35	68.20	59.45	91.52	35.70
		1	—	—	—	—	35.64	35.83	32.06	30.26	31.49	32.18	31.35	27.55	40.46	75.61
64	Gd	2	9.95	9.90	10.06	8.73	75.47	75.94	67.04	62.95	65.75	67.32	65.43	56.87	87.50	—
		1	—	—	—	—	34.37	34.56	30.81	29.15	30.28	30.97	30.19	26.45	39.03	—
65	Tb	2	9.62	9.57	9.73	8.44	72.44	72.90	64.19	60.43	62.97	64.54	62.77	54.46	83.84	32.97
		1	—	—	—	—	33.17	33.37	29.64	28.10	29.12	29.82	29.12	25.45	37.67	69.16
66	Dy	2	9.30	9.25	9.41	8.15	69.63	70.10	61.53	58.09	60.38	61.93	60.38	52.27	80.42	31.69
		1	—	—	—	—	32.03	32.23	28.52	27.11	28.03	28.73	28.08	24.47	36.36	66.20
67	Ho	2	9.00	8.95	9.11	—	66.93	67.44	59.02	55.90	57.94	59.43	58.05	50.16	77.23	30.46
		1	—	—	—	—	30.95	31.16	27.47	26.17	27.01	27.70	27.10	23.54	35.15	63.39
68	Er	2	—	—	—	—	64.51	64.98	56.69	53.86	55.69	57.22	55.89	48.15	74.31	29.38
		1	—	—	—	—	29.92	30.12	26.45	25.28	26.02	26.71	26.18	22.69	34.00	60.96
69	Tm	2	—	—	—	—	62.18	62.62	54.47	51.91	53.52	55.02	53.18	46.34	71.58	28.32
		1	—	—	—	—	28.96	29.15	25.50	24.44	25.09	25.78	25.33	21.86	32.91	58.58
70	Yb	2	—	—	—	—	60.01	60.44	52.38	50.09	51.50	52.99	52.02	44.56	69.02	25.53
		1	—	—	—	—	28.03	28.22	24.58	23.65	24.20	24.88	24.50	21.07	31.88	52.46
71	Lu	2	—	—	—	—	57.95	58.37	50.40	48.39	49.57	51.05	50.22	42.89	66.63	26.34
		1	—	—	—	—	27.15	27.34	23.72	22.88	23.35	24.03	23.72	20.31	30.90	54.21
72	Hf	2	—	—	—	—	56.00	56.42	48.54	46.75	47.74	49.22	48.54	41.30	64.39	25.42
		1	—	—	—	—	26.31	26.51	22.89	22.15	22.54	23.22	22.96	19.60	29.96	52.21
73	Ta	2	—	—	—	—	54.16	54.58	46.77	45.19	46.02	47.47	46.91	39.80	62.26	24.54
		1	—	—	—	—	25.51	25.71	22.10	21.46	21.77	22.45	22.25	18.91	29.07	50.31
74	W	2	—	—	—	—	52.41	52.84	45.09	43.71	44.39	45.83	45.39	38.37	60.26	23.71
		1	—	—	—	—	24.75	24.94	21.35	20.79	21.03	21.71	21.57	18.26	28.23	48.51
75	Re	2	—	—	—	—	50.76	51.18	43.49	42.31	42.82	44.25	43.95	37.01	58.38	22.91
		1	—	—	—	—	24.02	24.21	20.63	20.15	20.32	21.00	20.91	17.64	27.42	46.80
76	Os	2	—	—	—	—	49.18	49.60	41.97	40.96	41.32	42.75	42.57	35.71	56.60	22.15
		1	—	—	—	—	23.32	23.52	19.94	19.55	19.65	20.32	20.29	17.05	26.65	45.19
77	Ir	2	—	—	—	—	47.68	48.10	40.53	39.71	39.91	41.32	41.26	34.48	54.90	21.42
		1	—	—	—	—	22.65	22.85	19.28	18.97	19.01	19.67	19.70	16.47	25.92	—
78	Pt	2	—	—	—	—	—	—	—	—	—	—	—	—	—	—
		1	—	—	—	—	—	—	—	—	—	—	—	—	—	—

续表

原子序数	元素	n	K_α	K_{α_1}	K_{α_2}	K_{β_1}	L_{α_1}	L_{α_2}	L_{β_1}	L_{β_2}	L_{β_3}	L_{β_4}	L_{β_6}	L_{γ_1}	L_l	L_η
78	Pt	2	—	—	—	—	46.25	46.68	39.14	38.49	38.56	39.95	40.01	33.30	53.29	43.64
79	Au	1	—	—	—	—	22.01	22.21	18.65	18.42	18.38	19.05	19.13	15.93	25.22	20.73
80	Hg	2	—	—	—	—	44.89	45.31	37.82	37.34	37.25	38.66	38.82	32.18	51.78	42.17
		1	—	—	—	—	21.40	21.59	18.05	17.89	17.78	18.46	18.59	15.41	24.55	20.05
81	Tl	2	—	—	—	—	43.59	44.01	36.56	36.24	36.02	37.41	37.68	31.11	50.33	40.75
		1	—	—	—	—	20.81	21.01	17.47	17.38	17.21	17.88	18.06	14.91	23.91	19.42
82	Pb	2	—	—	—	—	42.34	42.76	35.36	35.18	34.83	36.22	36.60	30.08	48.94	39.43
		1	—	—	—	—	20.24	20.44	16.89	16.91	16.67	17.33	17.57	14.43	23.29	18.81
83	Bi	2	—	—	—	—	41.16	41.57	34.17	34.20	33.70	35.08	35.56	29.09	47.63	38.15
		1	—	—	—	—	19.70	19.90	16.37	16.43	16.14	16.80	17.09	13.97	22.70	18.22
84	Po	2	—	—	—	—	40.02	40.43	33.09	33.20	32.61	33.98	34.57	28.15	46.37	36.92
		1	—	—	—	—	19.18	19.38	15.86	15.98	15.63	16.29	16.63	13.53	—	—
85	At	2	—	—	—	—	38.92	39.35	32.03	32.28	31.56	32.93	33.63	27.25	—	—
87	Fr	1	—	—	—	—	17.72	—	14.43	14.74	—	—	—	12.30	—	—
		2	—	—	—	—	35.89	—	29.09	29.73	—	—	—	24.75	—	—
88	Ra	1	—	—	—	—	17.28	17.49	13.98	14.35	13.79	14.45	14.97	11.93	20.11	15.60
		2	—	—	—	—	34.98	35.40	28.17	28.94	27.79	29.13	30.20	23.98	40.87	31.50
90	Th	1	—	—	—	—	16.44	16.64	13.14	13.63	12.96	13.62	14.22	11.21	19.20	14.68
		2	—	—	—	—	33.23	33.65	26.46	27.46	26.10	27.43	28.67	22.53	38.97	29.62
91	Pa	1	—	—	—	—	16.04	16.24	12.75	13.29	12.57	13.22	13.88	10.88	18.78	14.25
		2	—	—	—	—	32.40	32.83	25.65	26.76	25.30	26.63	27.97	21.86	38.08	28.73
92	U	1	—	—	—	—	15.65	15.86	12.36	12.96	12.20	12.84	13.54	10.55	18.37	13.83
		2	—	—	—	—	31.61	32.03	24.87	26.09	24.53	25.85	27.28	21.19	37.23	27.87
93	Np	1	—	—	—	—	15.28	—	11.98	12.43	—	—	—	10.25	—	—
		2	—	—	—	—	30.83	—	24.10	25.43	—	—	—	20.58	—	—

附表 21 常用分析晶体的种类及主要性能

分析晶体	晶面指数 (hkl)	$2d$ 值/nm	化学式	实用波长范围 $\lambda(2\theta=10°\sim145°)$/nm	使用说明
1. α-石英,二氧化硅	(502)	0.1624	SiO_2	0.0142~0.155	$2d$ 值最小的分析晶体用于 100kV 发生器激发高原子序元素的 K 线分析更好
2. 氟化锂	(422)	0.1652	LiF	0.0144~0.158	同样应用时比石英(502)好
3. 钢玉,氧化铝	(146)	0.1660	Al_2O_3	0.0145~0.158	使用与石英(502)同
4. 氟化锂	(420)	0.180	LiF	0.0157~0.172	相似于 LiF(422)
5. 黄玉	(303)	0.2712	$Al_2(F,OH)_2SiO_4$	0.0236~0.259	对 V-Ni 的 K 线及稀土的 L 线色散有改善
6. 钢玉,氧化铝	(030)	0.2748	Al_2O_3	0.0240~0.262	衍射强度 2~4 倍于黄玉(303)及石英(203),分辨率相同或更好
7. α-石英,二氧化硅	(203)	0.2749	SiO_2	0.0240~0.262	使用与黄玉(303)及 LiF(220)同
8. 黄玉	(006)	0.2795	$Al_2(F,OH)_2SiO_4$	0.0244~0.267	使用与黄玉(303)及石英(203)同,衍射强度 2~4 倍
9. 氟化锂	(220)	0.2848	LiF	0.0248~0.272	衍射强度相当于 LiF(200)的 0.4~0.8
10. 云母	(331)	0.300	$K_2O\cdot3Al_2O_3\cdot6SiO_2\cdot2H_2O$	0.0262~0.286	光学透光晶体
11. α-石英,二氧化硅	(211)	0.3032	SiO_2	0.0269~0.294	—
12. α-石英,二氧化硅	(112)	0.3636	SiO_2	0.0317~0.347	—
13. 硅	(220)	0.384	Si	0.0335~0.366	—
14. 萤石,氟化钙	(220)	0.3862	CaF_2	0.0337~0.368	—
15. 锗	(220)	0.400	Ge	0.0349~0.382	—
16. 氟化锂	(200)	0.4027	LiF	0.0351~0.384	K 的 K 系线至 L_r 的 L 系线的最好通用晶体 对大多数元素均具有最大的强度与高色散相结合
17. 铝	(200)	0.4048	Al	0.0353~0.386	—
18. α-石英,二氧化硅	(102)	0.4564	SiO_2	0.0398~0.435	—
19. 黄玉	(200)	0.464	$Al_2(F,OH)SiO_4$	0.0405~0.443	—
20. 铝	(111)	0.4676	Al	0.0408~0.446	—
21. 石膏	(002)	0.4990	$CaSO_4\cdot2H_2O$	0.0435~0.476	—
22. 岩盐,氯化钠	(200)	0.5641	$NaCl$	0.0492~0.538	S K 线至 L_r L 线对 LiF(200)好的分析晶体
23. 方解石,碳酸钙	(200)	0.6071	$CaCO_3$	0.0529~0.579	用作波长测量很精确
24. 磷酸二氢铵,ADP	(112)	0.614	$NH_4H_2PO_4$	0.0535~0.586	—
25. 硅	(111)	0.6271	Si	0.0547~0.598	在中等和高原子序元素的测定中无二级衍射的干扰
26. 钾盐,氯化钾	(200)	0.6292	KCl	0.0549~0.600	—

续表

分析晶体	晶面指数 (hkl)	2d 值/nm	化学式	实用波长范围 $\lambda(2\theta=10^{o}\sim145^{o})$/nm	使用说明
27. 萤石，氟化钙	(111)	0.6306	CaF_2	0.0550~0.602	二级衍射很弱，三级衍射强
28. 锗	(111)	0.6532	Ge	0.0570~0.623	无二级衍射干扰 用作中间及低原子序元素，用脉冲分析器消除 GeK_α 发射干扰
29. 溴化钾	(200)	0.6584	KBr	0.0574~0.628	
30. α-石英，二氧化硅	(101)	0.6687	SiO_2	0.0583~0.638	低原子序基体，特别是钙中的磷的 K_α 对 P~K 的 K 线，强度大于 EDdt，但小于 PET
31. 石墨	(002)	0.6708	C	0.0585~0.64	P,S,Cl 的 K 谱线 PK_α 强度>5×EDdt，相对分辨率不好
32. 柠檬酸氢铵	?	0.738	CH_2COONH_4 $C(OH)COOH$ CH_2COONH_4	0.0644~0.704	—
33. 磷酸二氢铵，ADP	(200)	0.75	$NH_4H_2PO_4$	0.0654~0.716	强度高于 EDdt
34. 黄玉	(002)	0.8374	$Al_2(F,OH)SiO_4$	0.0730~0.799	
35. α-石英，二氧化硅	(100)	0.852	SiO_2	0.0742~0.812	使用与 EDdt 及 PET 相同；分辨率较高，但强度较低
36. 季戊四醇，PET	(002)	0.8742	$C(CH_2OH)_4$	0.0762~0.834	Al,Si,P,S,Cl 的 K_α 线 强度为 EDdt 的 1.5~2 倍，为 KHP 的 2.5 倍 为 Al~Sc K_α 的良好通用晶体。背景低，易变质，不用时须存放于干燥器中
37. 酒石酸铵	?	0.880	$COONH_4$ | $CHOH$ | $CHOH$ | $COONH_4$	0.0767~0.84	—
38. 二乙胺-d-酒石酸，EDdt	(020)	0.8808	$NH_2—CH_2—CH_2—NH_2$ $COOH—(CHOH)_2—COOH$	0.0768~0.84	应用与 PET 同，但强度较低
39. 磷酸二氢铵	(101)	1.0640	$NH_4H_2PO_4$	0.0928~1.015	Mg K_α 应用与 PET、EDdt 同，但强度较低
40. 二水草酸	(001)	1.192	$COOH$ |　•$2H_2O$ $COOH$	0.104~1.137	—
41. 山梨糖醇六乙酸酯，SHA	(110)	1.398	$CHOH—COCH_3$ | $(COH—COCH_3)_4$ | $CHOH—COCH_3$	0.122~1.334	应用与 ADP(101)及石膏（020）相似
42. 蔗糖	(001)	1.512	$C_{12}H_{22}O_{11}$	0.132~1.442	—
43. 石膏	(020)	1.5185	$CaSO_4•2H_2O$	0.132~1.449	Na 的 K_α 不如 KHP 及 RHP

续表

分析晶体	晶面指数 (hkl)	$2d$ 值/nm	化学式	实用波长范围 $\lambda(2\theta=10°\sim145°)$/nm	使用说明
44. 绿柱石	(100)	1.5954	$3BeO\cdot Al_2O_3\cdot 6SiO_2$	0.139~1.522	—
45. 钛酸铋	(040)	1.640	$Bi_2(TiO_3)_3$	0.143~1.565	
46. 2-亚甲基丁二酸	(020)	1.850	$CH_2=C(CH_2COOH)-COOH$	0.161~1.765	
47. 云母	(002)	1.984	$K_2O\cdot 3Al_2O_3\cdot 6SiO_2\cdot 2H_2O$	0.173~1.893	可变半径的弯晶光谱仪
48. 乙酸银	(001)	2.00	CH_3COOAg	0.174~1.908	
49. 蔗糖	(100)	2.012	$C_{12}H_{22}O_{11}$	0.175~1.919	—
50. 邻苯二甲酸氢铊	(100)	2.59	苯环-COOTl, -COOH	0.226~2.47	应用与 KHP、RHP 相似
51. 邻苯二甲酸氢铷, RHP	(100)	2.612	苯环-COORb, -COOH	0.228~2.492	对 Na、Mg、Al 的 K_α 线及 Cu L_{α_1} 线衍射强度约 3 倍于 KHP；对 F K_α 约 4 倍于 KHP；对 O 的 K_α 约 8 倍于 KHP
52. 邻苯二甲酸氢钾	(100)	2.6632	苯环-COOK, -COOH	0.232~2.541	小于氧的全部低原子序数元素的良好通用晶体
53. 斜绿泥石	(001)	2.839	$H_8Mg_5Al_2Si_3O_{18}$	0.248~2.709	O K_α 强度约 4 倍于 KHP，但仅为硬脂酸铅的 1/5
54. 叶绿泥石	(001)	2.84	$H_4Mg_3SiO_9$	0.248~2.71	应用与斜绿泥石相似
55. 环己烷-1,2-二乙酸氢钾	—	3.12	环己烷-CH_2COOK, -CH_2COOH	0.272~2.976	
56. 十四酰胺	—	约 5.4	$CH_3(CH_2)_{12}CONH_2$	0.471~5.15	低至 C K_α 超长波长范围的分析
57. 顺丁烯酸氢十六烷酯, HHM	—	5.80	$CH_3(CH_2)_{15}OOC-CH$, $HOOC-CH$	0.506~5.53	低至 C K_α 超长波长范围的分析
58. 顺丁烯酸氢十八烷酯, OHM	—	6.35	$CH_3(CH_2)_{17}OOC-CH$, $HOOC-CH$	0.554~6.06	低至 C K_α 超长波长范围的分析
59. 月桂酸铅,十二(烷)酸铅	LBF	约 7.0	$[CH_3(CH_2)_{10}COO]_2Pb$	0.610~6.68	低至 B K_α 超长波长范围的分析
60. 肉豆蔻酸铅,十四(烷)酸铅, LTD	LBF	8.05	$[CH_3(CH_2)_{12}COO]_2Pb$	0.702~7.68	低至 B K_α 超长波长范围的分析
61. 软脂酸铅,十六(烷)酸铅	LBF	约 9.0	$[CH_3(CH_2)_{14}COO]_2Pb$	0.785~8.59	低至 B K_α 超长波长范围的分析
62. 硬脂酸铅,十八(烷)酸铅, LOD	LBF	10.04	$[CH_3(CH_2)_{16}COO]_2Pb$	0.875~9.58	低至 B K_α 超长波长范围的分析
63. 花生酸铅,二十(烷)酸铅	LBF	约 11.0	$[CH_3(CH_2)_{18}COO]_2Pb$	0.96~10.5	低至 B K_α 超长波长范围的分析
64. 山嵛酸铅,二十二(烷)酸铅	LBF	约 12.0	$[CH_3(CH_2)_{20}COO]_2Pb$	1.05~11.4	低至 B K_α 超长波长范围的分析

续表

分析晶体	晶面指数 (hkl)	2d 值/nm	化学式	实用波长范围 λ(2θ=10°~145°)/nm	使用说明
65. 棕榈酸铅，二十四（烷）酸铅，LTE	LBF	约 12.6	$[CH_3(CH_2)_{22}COO]_2Pb$	1.14~12.4	低至 Be K_α 超长波长范围的分析
66. 二十六（烷）酸铅	LBF	约 14.0	$[CH_3(CH_2)_{24}COO]_2Pb$	1.22~13.4	低至 Be K_α 超长波长范围的分析
67. 蜂花酸铅，三十（烷）酸铅，LTC	LBF	约 15.6	$[CH_3(CH_2)_{28}COO]_2Pb$	1.40~15.6	低至 Be K_α 超长波长范围的分析
68. 顺丁烯二酸氢二十二烷酯，BHM	—	约 7.4	$CH_3(CH_2)_{21}OOC—CH=CH—COOH$	0.645~7.06	适用于超长波区，可到 B K_α
69. 对苯二酸十八烷酯，OTO	—	约 8.4	$COO(CH_2)_{17}CH_3$ 苯环 $COO(CH_2)_{17}CH_3$	0.732~8.01	适用于超长波区，可到 B K_α，结晶性良好
70. 己二酸十八烷酯，OAO	—	约 9.4	$(CH_2)_4[COO—(CH_2)_{17}CH_3]_2$	0.82~8.97	适用于超长波区，可到 B K_α，结晶性很好
71. 丁二酸氢十八烷酯，OHS	—	约 9.7	$CH_3(CH_2)_{17}OOC—CH_2CH_2COOH$	0.846~9.25	适用于超长波区，可到 B K_α
72. 十八烷酸癸酸铅，LSD	LBF	约 10.0	$CH_3(CH_2)_{16}COO—PbOOC(CH_2)_8CH_3$	8.72~95.4 0.872~9.54	适用于超长波区，可到 B K_α

附表 22 常用探测器的性能比较

探测器	闪烁计数器	盖革计数器	短波封闭正比计数器	长波封闭正比计数器	流气式正比计数器	Si(Li)半导体探测器
窗材和窗片厚度	200μm Be 10μm Al	200μm Be 2.5mg/cm² 云母	200μm Be 2.5mg/cm² 云母	25μm Be 6μm Al	0.5~6μm 喷 Al 聚酯薄膜、0.1μm 火棉胶、聚丙烯或聚乙烯醇缩甲醛薄膜（镍网支撑）	7~25μm Be
适用波长范围 λ/nm	0.01~0.3	0.03~0.4	0.03~0.4	0.1~1.0	0.1~10.0	0.01~1.0
输出脉冲幅度/V	≈5×10⁻²	≈1	≈10⁻²	10⁻³~10⁻²	10⁻³~10⁻²	10⁻⁶~10⁻⁵
死时间 t/μs	≈0.1	≈200	≈0.2	≈0.2	≈0.2	<0.1
允许最大计数率/(计数/秒)	≈10⁶	≤10³~10⁴	≈10⁵	≈10⁵	≈10⁵	>10⁶
本底/(计数/秒)	≈10	≈1	≈0.5	≈0.5	≈0.2	—
寿命（总计数）	较短	约 10⁹	约 10⁹	约 10⁹	无限	无限
能量分辨本领	较差	无	较好	较好	较好	最佳

缩 略 语 表

缩略语	英文名称	中文名称
A	absorbance	吸光度
AA	atomic absorption	原子吸收(法)
AAD	atomic absorption detector	原子吸收检测器
AAR	average ablation rate	平均烧蚀速率
AAS	atomic absorption spectrometry	原子吸收光谱法
ABCD	automatic basellne drift correction	自动基线漂移校正
AES	auger electron spectroscopy	俄歇电子能谱
AFS	atomic fluorescence spectrometry	原子荧光光谱法
Arc-AES	arc atomic emission spectrometry	电弧原子发射光谱法
ANN	artificial neural network	人工神经网络
BEC	background equivalent concentration	背景等效浓度
CCD	charge-coupled detector	电荷耦合检测器
CCD	charge coupled devices	电荷耦合器件
CCS	current control source	电流控制光源
CCP	capacitive coupled plasma	电容耦合等离子体
CDS	cathode dark space	阴极暗区
CE-AFS	capillary electrophoresis-atomic fluorescence spectrometry	毛细管电泳与原子荧光联用
CF-LIBS	calibration-free LIBS	LIBS 自由定标分析方法
CID	charge injection devices	电荷注入器件
CID	charge-injection detector	电荷注入检测器
CPA	chirped pulse amplification	啁啾脉冲放大技术
CMOS	complementary metal oxide semiconductor	互补金属氧化物场效应管
CMP	capacitive coupled microwave plasma	电容耦合微波等离子体
CRM	certificate reference material	有证参考物质
CRT	cathode-ray tube	阴极射线管
CS-HR AAS	continuous light source high resolution atomic absorption spectrometer	连续光源高分辨原子吸收光谱仪
CTD	charge transfer device	电荷转移器件
CVG-AFS	chemical vapor generation- atomic fluorescence spectrometry	化学蒸气发生-原子荧光光谱法
CWDL	continuous wavelength dye laser	连续染料激光
DC Arc	direct current arc	直流电弧
DCP	direct-current-plasma	直流等离子体光源

DFPD	dual flame photometric detector	双火焰光度检测器
DL	detection limit	检出限
EDL	electrodeless discharge lamp	无极放电灯
EDS	energy dispersive spectrometer	能量色散谱仪
EDXRF	energy dispersive X-ray fluorescence spectrometer	能量色散 X 射线荧光光谱仪
EM-CCD	electron multiplier CCD	电子倍增电荷耦合检测器
EPMA	electron probe micro-analysis	电子探针微区分析
EPXMA	electron probe X-ray microanalysis	电子探针 X 射线微量分析
FAAS	flame atomic absorption spectrometry	火焰原子吸收光谱法
FED	flame emission detector	火焰发射检测器
FIA	flow injection analysis	流动注射分析
FP	fundamental parameter algorithm	基本参数法
FPD	flame photometric detector	火焰光度检测器
FT-IR	fourier transform infrared spectroscopy	傅里叶变换红外光谱仪
GC-AFS	gas chromatography- atomic fluorescence spectrometry	气相色谱与原子荧光联用
GD-OES	glow discharge optical emission spectrometry	辉光放电原子发射光谱法
GD-MS	glow discharge mass spectrometry	辉光放电质谱法
GDS	gated discharge source	脉冲放电光源
GFAAS	graphite furnace atomic absorption spectrometry	石墨炉原子吸收光谱法
HCL	hollow-cathode lamp	空心阴极灯
HDD	high dynamic detector	高动态(PMT)检测器
HFDL	high frequency discharge lamp	高频放电灯
HG-AFS	hydride generation-atomic fluorescence spectrometry	氢化物发生-原子荧光光谱法
HgDL	mercury discharge lamp	汞放电灯
HIHCL	high intensity hollow cathode lamp	高强度空心阴极灯
HPLC	high pressure liquld chromatograpy	高压液相色谱(法)
HPLC- AFS	high performance liquid chromatography-atomic fluorescence spectrometry	高效液相色谱与原子荧光联用
IC-AFS	ion chromatography- atomic fluorescence spectrometry	离子色谱与原子荧光联用
ICCD	intensified charge couple device	增强型电荷耦合检测器
ICP	inductively coupled plasma	电感耦合等离子体
ICP-AES	inductively coupled plasma atomic emission spectrometry	电感耦合等离子体原子发射光谱法
ICP-OES	inductively coupled plasma optical emission spectrometry	电感耦合等离子体光学发射光谱法
ICP-AFS	inductively coupled plasma-atomic fluorescence spectrometry	电感耦合等离子体原子荧光光谱法
IUPAC	International Union of Pure and Applied Chemistry	国际纯粹化学与应用化学联合会
LA	laser ablation	激光剥蚀

LA-ICP-MS	laser ablation inductively couple plasma-mass spectrometer	激光剥蚀进样电感耦合等离子体质谱仪
LA-ICP-OES	laser ablation-inductively couple plasma-optical emission spectrometer	激光剥蚀进样电感耦合等离子体发射光谱仪
LEAFS	laser excited atomic fluorescence spectrometry	激光原子荧光光谱法
LIBS	laser-induced breakdown spectroscopy	激光诱导击穿光谱
LIFS	laser-induced fluorescence spectroscopy	激光诱导荧光光谱仪
LIMS	laser ionization mass spectrometer	激光电离质谱仪
LOD	limit of detection	检出限
LPDL	diode pump dye laser	激光泵浦染料激光器
LS-AA	line source atomic absorption	线光源原子吸收
LTE	local thermal equilibrium	局部热平衡状态
MIP	microwave induced plasma	微波诱导等离子体
MOS	metal oxide semiconductor	金属-氧化物-半导体
MPD	microwave plasma detector	微波等离子体检测器
M(W)PD	microwave plasma detector	微波等离子体检测器
MPT	microwave plasma torch	微波等离子体炬
MWP	microwave plasma	微波等离子体
MWP-AES	microwave plasma atomic emission spectrometry	微波等离子体原子发射光谱法
NDAFS	non-dispersion atomic fluorescence spectrometry	无色散原子荧光光谱法
NDXF	nondispersive X-ray fluorescence	非色散 X 射线荧光
NG	negative glow	负辉
NIST	national institute of standards and technology	美国国家标准与技术研究所
OAS	optical absorption spectroscopy	光学吸收光谱法
OPA	original position analysis	原位统计分布分析法
PCA	principal component analysis	主成分分析法
PDA	pulse distribution analysis	脉冲分布分析测光法
PDA	photodiode arrays	光电二极管阵列
PHCL	pulse hollow cathode lamp	脉冲空心阴极灯
PMT	photoelectric multiplier tube	光电倍增管
PLS	partial least-squares	偏最小二乘法
PMT	photomultiplier tube	光电倍增管
QMS	quadrupole mass spectrometer	四极杆质谱仪
RE	rare earth	稀土(元素)
RF	radio frequency	射频
RM	reference material	参考物质
RSD	relative standard deviation	相对标准偏差
RSR	relative sputtering rate	相对溅射率
SBPMT	solar blind photomultiplier	日盲光电倍增管
SDA	single discharge analysis	单次放电数字解析法

SDD	silicon drift detector	硅漂移探测器
Spark-AES	spark atomic emission spectrometry	火花放电原子发射光谱法
SIMS	secondary ion mass spectrometry	二次离子质谱法
SEM	scanning electron microscope	扫描电子显微镜
SIMS	secondary ion mass spectroscopy	二次离子质谱法
SRM	standard reference materials	标准参考物质;基准参考物质
SRXRFA	synchrotron radiation X-ray fluorescence analysis	同步辐射 X 射线荧光光谱分析
SUS	setting up sample	标准化样品
TRS	time resolution spectroscopy	时间分解光谱技术
TXRFA	total reflection X-ray fluorescence analysis	全反射 X 射线荧光光谱分析
UVA	ultra-voilet absorption	紫外线吸收
UVF	UV fluorescence	紫外荧光
UV-Vis	ultraviolet-visible	紫外可见(光)
VG-AFS	vapor generation-atomic fluorescence spectrometry	蒸气发生-原子荧光光谱法
WDXRF	wavelength dispersive X-ray fluorescence spectrometer	波长色散 X 射线荧光光谱仪
XAFS	X-ray absorption fine structure spectrum	X 射线吸收精细结构谱
XANES	X-ray absorption near-edge structure spectrum	X 射线近边吸收结构谱
XRD	X-ray diffraction	X 射线衍射
XRFA	X-ray fluorescence analysis	X 射线荧光光谱分析
XPS	X-ray photoelectron spectroscopy	X 射线光电子能谱
XRF	X-ray fluorescence	X 荧光光谱
XRF	X-ray fluorescence	X 射线荧光光谱
XRF	X-ray fluoroscopy	X 射线荧光检查
XRF	X-ray fluorescence	X 射线荧光

主题词索引
（按汉语拼音排序）

表 索 引